Fundamental Molecular Biology

제3판

기초 분자생물학

FUNDAMENTAL MOLECULAR BIOLOGY

LIZABETH A. ALLISON

대표역자 최원재

강인숙 김호식 백광현 서나영
여의주 윤경식 황혜진 공역

월드사이언스
worldscience.co.kr

기초 **분자생물학** 제3판

인　　쇄 | 2023년 7월 20일
발　　행 | 2023년 7월 30일

저　　자 | LIZABETH A. ALLISON
공 역 자 | 최원재 · 강인숙 · 김호식 · 백광현
서나영 · 여의주 · 윤경식 · 황혜진

발 행 인 | 신정숙
발 행 처 | (주)도서출판 월드사이언스
주　　소 | 서울특별시 서초구 도구로 115 (월드빌딩 3층)

등록일자 | 1988년 2월 12일
등록번호 | 제 16-1601호
대표전화 | (02) 581-5811~3
팩　　스 | (02) 521-6418

E-mail | worldscience@hanmail.net
U R L | http://www.worldscience.co.kr

정　　가 | **45,000원**
I S B N | 978-89-5881-320-0

차 례

역자 머리말 xxiii

Chapter 1: 분자생물학의 시작 1

1.1 서론 1

1.2 유전 물질 본질의 이해 4

Mendel의 유전 법칙 4

유전의 염색체 이론 6

형질전달의 원리 DNA 6

1유전자-1효소설을 이끈 접근적 창조성 9

기술적인 진보의 중요성: Hershey-Chase 실험 11

1.3 DNA 구조에 대한 모델: DNA 이중나선 12

1.4 분자생물학의 센트럴 도그마 14

1.5 유전을 위한 진화적 틀 15

선택설(신-다윈설) 15

분자적 진화의 거의 중립 이론 16

장 요약 17

분석 질문 17

발견 질문 18

참고문헌 18

Chapter 2: DNA의 구조 19

2.1 서론 19

2.2 일차구조: 핵산의 구성성분들 20

오탄당 20

질소 염기 21

인산 기능기 22

뉴클레오시드와 뉴클레오티드 22

뉴클레오티드의 명명법 23

DNA와 RNA의 길이 23

5′와 3′의 중요성 24

2.3 DNA의 이차구조 24

염기 사이의 수소결합 형성 25

염기 쌓임은 DNA 이중나선에 화학적 안정성을 제공한다 26
왓슨-크릭 DNA 이중나선의 구조 28
큰 고랑과 작은 고랑 28
다른 이중나선 구조의 특징에서 차이점 29
DNA는 가역적인 가닥 분리가 가능하다 32

2.4 예외적인 DNA 이차구조 36
슬립 구조 36
FOCUS BOX 2.1 DNA 종이접기 나노 기계 37
십자가형 구조 38
삼중나선 DNA 39
G-사중체 구조 40
DISEASE BOX 2.1 프레드릭 기능장애와 삼중나선 DNA 41

2.5 DNA의 삼차구조 41
DNA의 초코일 41
생체 내에서 초코일의 중요성은 무엇인가? 43
장 요약 44
분석 질문 45
발견 질문 45
실제 데이터 질문 46
참고문헌 46

Chapter 3: RNA의 다양성 47

3.1 서론 47

3.2 RNA는 세포의 모든 과정에 광범위하게 관여한다 48

3.3 RNA의 모티프 50
RNA의 이차구조 50
tRNA 구조: RNA 모티프에 대한 비중 있는 이해 53
RNA에서 흔히 발견되는 삼차구조 요소 56
RNA 접힘의 동력학 60

3.4 RNA 촉매작용의 발견 60
FOCUS BOX 3.1 RNA 세계 63
Tetrahymena 자체 이어맞추기 RNA 64
RNase P는 리보자임이다 65
리보자임은 다양한 화학 반응의 촉매로 작용한다 66

3.5 RNA 기반 유전체 70
진핵세포 RNA 바이러스 70
DISEASE BOX 3.1 신종 바이러스 병원체 71
레트로바이러스 74
RNA 박테리오파지 74
바이로이드와 다른 서브바이러스 병원체 74
장 요약 75
분석 질문 76
발견 질문 76
실제 데이터 질문 76
참고문헌 77

Chapter 4: 단백질 구조와 접힘 79

4.1 서론 79

4.2 일차구조: 아미노산과 유전암호 80
22개의 아미노산이 단백질에서 발견된다 80
단백질 1차 구조 80
유전암호의 번역 83
21번째와 22번째 유전적으로 암호화된 아미노산 84
코돈 편향 86
자연계의 D-와 L-아미노산 86

4.3 단백질의 삼차원적인 구조 88
2차 구조 89
3차 구조 89
4차 구조 93
본질적으로 무질서한 단백질 94

4.4 단백질의 기능과 활성의 조절 98
효소는 생물학적 촉매이다 99
번역 후 변형에 의한 단백질 활성의 조절 101
단백질 활성의 다른자리 조절 103

4.5 단백질 접힘과 잘못 접힘 105
분자 샤페론 105
진핵세포에서 단백질 분해 경로 107
원핵세포에서 단백질 분해 과정 110
상 분리 110
단백질 잘못 접힘에 의한 질병 110

DISEASE BOX 4.1 프리온 112

장 요약 115

분석 질문 116

발견 질문 116

실제 데이터 질문 116

참고문헌 117

Chapter 5: 유전체 구성과 진화 119

5.1 서론 119

5.2 유전체 구성은 유기체에 따라 다르다 120

두세 개의 영역으로 생명체가 나누어져 있는가? 120

유전체 크기의 두 가지 클래스: 작거나 소형 또는 크거나 확장 121

5.3 진핵생물의 유전체 꾸리기 123

히스톤은 작은 양전하를 띠는 단백질이다 124

뉴클레오솜은 염색질의 기본 꾸리기 단위이다 126

고차원 염색질 구조 127

DNA의 다음 꾸리기는 고리 영역이 참여한다 129

완전히 압축된 염색질: 중기 염색체 130

유전물질의 구성과 발현 135

5.4 진핵생물 유전체의 대부분은 비부호성이다 137

산재 요소는 주로 전위 요소이다 139

일렬 반복 염기서열은 가변적 숫자의 반복 서열을 가지는 정렬로 배열되어 있다 139

5.5 진핵생물 유전체에서 측면 유전자 전달 140

소기관 유전체는 내공생체 기원을 반영한다 141

DISEASE BOX 5.1 미토콘드리아 DNA와 질병 143

분획 간 DNA 전달 144

5.6 원핵생물 및 바이러스 유전체 구성 145

세균 유전체 구성 145

플라스미드 DNA 146

고세균 유전체 구성 147

바이러스 유전체 구성 148

장 요약 151

분석 질문 151

발견 질문 152

실제 데이터 질문 152
참고문헌 152

Chapter 6: DNA 복제 메커니즘과 말단소체 유지 155

6.1 서론 155

6.2 박테리아 DNA 복제 방식의 초창기 생각들 156
Meselson–Stahl 실험 156
복제한 박테리아 DNA의 시각화 158

6.3 DNA 중합효소는 DNA 합성이 5′에서 3′ 방향으로 촉매하는 효소이다 158
반불연속 DNA 복제 160

6.4 박테리아 리플리솜 162
박테리아 DNA 중합효소들은 다양한 기능을 한다 162
복제의 시작 163
복제는 리플리솜이 매개된다 164
토포아이소머레이즈는 배배 꼬인 DNA를 완화시킨다 165
선도가닥의 합성은 정말로 "지속적일까"? 168

6.5 진핵생물의 리플리솜 169
복제의 기점 지도 작성 169
복제 기점의 선택적 활성 171
복제 공장 171
복제 기점에서 히스톤은 제거된다 172
복제전 복잡한 구성 및 복제 라이센스 173
FOCUS BOX 6.1 DNA 복제에 포함되는 유전자의 네이밍 173
복제 분기점에서 두 가닥 풀림 176
선도가닥과 지연가닥 주형 DNA 합성의 RNA 준비 176
중합효소-스윗칭 177
선도가닥과 지연가닥의 신장 177
PCNA: 많은 단백질 짝과 활주 클램프 178
복제 중합효소에 의한 교정 179
신생 DNA 가닥의 숙성 181
새로 생합성된 DNA에 히스톤 축적 182
토포아이소머레이스가 새롭게 합성된 DNA를 풀어준다 183
DISEASE BOX 6.1 토포아이소머레이즈는 항암제를 표적으로 한다 184

6.6 원형 DNA 복제의 대체 모델 184
롤링 원 복제 184
세포소기관 DNA 복제 모델 185
DISEASE BOX 6.2 RNase MRP와 연골-모발 형성저하증 187

6.7 텔로미어 길이 유지: DNA 복제, 노화 및 암에서 텔로미어의 역할 187
텔로미어 187
말단 복제 문제의 해결 방안 188
텔로머레이즈에 의한 텔로미어의 유지 189
텔로미어 길이 유지의 다른 방식 191
텔로미어에 텔로머레이즈 모집 191
텔로머레이즈 활성의 조절 192
텔로머레이즈, 노화 및 암 193
DISEASE BOX 6.3 각화이상증: 텔로머레이즈의 활성 감소 196
장 요약 198
분석 질문 199
발견 질문 200
실제 데이터 질문 200
참고문헌 200

Chapter 7: DNA 복구 경로 203

7.1 서론 203

7.2 돌연변이와 DNA 손상 204
전이와 염기 변환은 침묵, 오인 또는 무의미 돌연변이를 일으킬 수 있다 204
트리뉴클레오티드 반복의 확장은 유전적 불안정성을 일으킬 수 있다 207
DNA 손상의 일반적 분류 207

7.3 손상의 우회 210

7.4 DNA 손상의 직접적 회복 212
DNA 광분해효소에 의한 티민–티민 2합체의 회복 212
DNA 메틸기전달효소에 의한 손상 회복 212
SPRTN 단백질분해효소에 의한 DNA–단백질 교차결합 제거 213

7.5 DNA 손상 제거에 의한 단일염기 변형과 구조적 비틀림 복구 214
염기 제거 복구 215
미스매치 복구 217
DISEASE BOX 7.1 유전성 비용종성 대장암: 미스매치 복구의 결손 218

뉴클레오티드 제거 복구 220

DISEASE BOX 7.2 색소성 건피증과 관련 질병: 뉴클레오티드 제거 복구의 결손 222

7.6 DNA 손상 제거에 의한 이중가닥 절단 복구 225

상동 재조합 225

DISEASE BOX 7.3 유전성 유방암 증후군: *BRCA1*과 *BRCA2*의 돌연변이 226

비상동 말단-연결 228

장 요약 229

분석 질문 230

발견과 실제 데이터 질문 231

참고문헌 231

Chapter 8: 세균의 전사

Chapter 8: 세균의 전사 233

8.1 서론 233

8.2 전사의 메커니즘 234

세균의 프로모터 구조 234

세균 RNA 중합효소의 구조 235

RNA 중합효소는 유전자 프로모터를 어떻게 찾는가? 239

전사의 개시 240

신장 241

FOCUS BOX 8.1 RNA 중합효소: 분자 모터 244

교정 245

전사의 종결 246

8.3 락토오스(*lac*) 오페론으로부터 유전자 조절의 조망 247

유전자 조절의 Jacob과 Monod의 오페론 모델 248

오페론은 원핵생물에서 흔하다 248

락 억제자의 특성 249

락토오스(*lac*) 오페론 조절 249

lac 프로모터와 *lacZ* 구조 유전자는 분자생물학 연구에 널리 이용된다 254

8.4 전사 조절자의 작용 방식 254

DNA에 대한 단백질들의 협력적 결합 254

다른자리 입체성 변형과 DNA 결합 254

DNA 고리 만들기 257

8.5 RNA에 의한 유전자 발현 조절 258

RNA의 다른 접힘: 트립토판 오페론의 전사 감쇠 259
리보변경자 260
리보변경자 리보자임 262

8.6 유전자 조절 네트워크 263
교체형 시그마 인자들 263
개체 밀도 감지 264
장 요약 266
분석 질문 267
발견 질문 268
실제 데이터 질문 268
참고문헌 268

Chapter 9: 진핵생물에서의 전사 271

9.1 서론 271

9.2 전사 조절에 관한 개요 272
염색체 구역과 전사 공장 272
DISEASE BOX 9.1 세포핵 구조와 조기 노화 증후군 274
진핵생물은 여러 형태의 RNA 중합효소를 가진다 275

9.3 단백질 암호화 유전자의 조절 요소 276
프로모터 요소의 구조와 기능 276
원거리 조절 요소의 구조와 기능 279
DISEASE BOX 9.2 히스패닉 탈라세미아와 DNase 1–과민자리 282

9.4 일반 전사 기구와 메커니즘 284
일반 전사 기구의 구성 요소 284
RNA 중합효소 II의 구조 285
일반 전사 인자들과 전개시 복합체의 형성 286
매개자: 분자 교량 288
전사의 개시 291
신장 294
교정 및 역추적 296

9.5 유전자 발현 조절과 특수 전사 인자의 역할 297
전사 인자는 유전자-특이적인 전사 활성화나 전사 억제를 매개한다 297
전사 인자는 모듈화된 단백질이다 298
DNA-결합 영역 모티프 298

FOCUS BOX 9.1 호메오박스와 호메오도메인 300

DISEASE BOX 9.3 그리그 첨두합지증과 소닉 헤지호그 신호전달 303

트랜스 활성화 영역 306

이합체화 영역 307

개척자 인자들 307

9.6 전사의 공동활성자와 공동억제자 307

염색질 변형 복합체 308

FOCUS BOX 9.2 히스톤 암호가 존재하는가? 310

연결 히스톤 변이체들 312

염색질 재구성 복합체 312

9.7 전사 복합체의 조립: 인핸소좀 모형과 "힛-앤-런" 모형 315

인핸소좀 모형 316

힛-앤-런 모형 316

모형들의 융합 317

뉴클레오솜 장벽을 관통하는 전사 신장 317

종결 319

DISEASE BOX 9.4 일롱게이터 결함과 가족성 자율신경 실조증 320

9.8 전사 인자의 핵 내 유입과 핵 외 배출 조절 321

FOCUS BOX 9.3 핵공 복합체 321

캐리오페린은 핵 내 유입과 핵 외 배출을 매개한다 322

핵 내 유입 경로 323

핵 외 배출 경로 326

핵 내 유입 조절과 신호 전달 경로 328

장 요약 331

분석 문제 333

발견 문제 333

실제 데이터 문제 334

참고문헌 334

Chapter 10: 에피제네틱스에 의한 유전자 조절 메커니즘 339

10.1 서론 339

10.2 에피제네틱스 표지자 341

사이토신 DNA 메틸화가 침묵할 유전자를 표지한다 341

CpG 섬은 유전자 프로모터 가까이에서 발견된다 343
히스톤 변형의 안정적 유지 344
DISEASE BOX 10.1 암과 에피제네틱스 346

10.3 유전체 각인 346
DISEASE BOX 10.2 취약 X 정신지체와 비정상적 DNA 메틸화 347
DISEASE BOX 10.3 유전체 각인과 신경 발달 질환 349
각인의 확립과 유지 352
단일 대립유전자성 발현 메커니즘 353
유전체 각인은 정상적 발생에 필수적이다 355
유전체 각인의 기원 356

10.4 X 염색체 불활성화 357
포유동물의 무작위적 X 염색체 불활성화 357
X 염색체 불활성화를 안정적으로 유지하는 분자적 메커니즘 358
모든 X-연관 유전자가 단일 대립유전자성 발현을 하는가? 359

10.5 에피제네틱스에 의한 전위 요소 조절 360
Barbara McClintock의 옥수수 이동성 유전 요소 발견 361
DNA 트랜스포존은 광범위한 숙주를 가진다 362
DISEASE BOX 10.4 뛰기 유전자와 인체 질환 364
DNA 트랜스포존은 "잘라서 붙여넣기" 메커니즘에 의하여 이동한다 365
레트로트랜스포존은 "복사해서 붙여넣기" 메커니즘에 의해 이동한다 366
일부 LTR 레트로트랜스포존은 포유동물 유전체에서 활동성을 가진다 367
비-LTR 레트로트랜스포존은 LINE과 SINE을 포함한다 367
전위 요소의 메틸화 369
작은 조절 RNA에 의한 전이 요소의 침묵 370

10.6 에피제네틱스와 영양학적 유산 371
엽산이 결핍된 식이는 생쥐에서 레트로트랜스포존을 활성화시킨다 371
부계 에피제네틱스 효과 372
세대를 초월한 후성 유전이 인간에서 발생하는가? 372

10.7 대립유전자 배제 373
효모의 교배형 바꾸기와 침묵 373
트리파노솜의 항원 바꾸기 376
DISEASE BOX 10.5 트리파노솜증: 사람의 "수면병" 377
V(D)J 재조합과 적응 면역 반응 382

FOCUS BOX 10.1 전위 요소의 분자적 길들임: V(D)J 체계의 진화 384

장요약 387
분석 질문 389
발견 질문 389
실제 데이터 질문 389
참고문헌 390

Chapter 11: RNA 가공과 전사 후 유전자 조절 393

11.1 서론 393

11.2 분할 유전자의 발견 394

FOCUS BOX 11.1 인트론이 암호화하는 작은 핵소체 RNA와 "내외전도" 유전자 396

11.3 다양한 메커니즘에 의한 이어맞춤 396

그룹 I 인트론은 이어맞춤을 위해 외부 G 조효소를 필요로 한다 397
그룹 II 인트론은 이어맞춤을 위해 내부의 튀어나온 A를 필요로 한다 397
이동성 그룹 I과 II 인트론 400
고세균 인트론은 핵산내부분해효소에 의해 이어맞춤된다 401
어떤 핵 tRNA 유전자는 인트론을 가진다 401

11.4 핵 pre-mRNA의 동시-전사 가공 과정 402

5′-7-메틸화구아노신 캡의 첨가 404
N^6-메틸아데노신(m^6A) 변형은 동시 전사적으로 발생한다 405
종료와 폴리아데닐레이션 405
대체 폴리아데닐화 408

DISEASE BOX 11.1 눈인두근위축증: 다중(A)-결합 단백질 유전자의 삼뉴클레오티드의 반복 연장 408

이어맞춤 409

DISEASE BOX 11.2 척수성 근위축증: snRNP 생합성 결함 411

DISEASE BOX 11.3 *Prp8* 유전자 돌연변이는 망막색소변성의 원인이다 416

11.5 선택적 이어맞춤 418

선택적 이어맞춤의 유전자 발현에의 효과 419
선택적 이어맞춤의 조절 419

FOCUS BOX 11.2 *Dscam* 유전자: 극심한 선택적 이어맞춤 419

트랜스-이어맞춤 421

11.6 RNA 편집 424
파동편모충에서 RNA 편집 424
포유동물에서의 RNA 편집 427
DISEASE BOX 11.4 근위축측삭경화증: RNA 편집의 결함? 429

11.7 RNAi에 의한 전사 후 유전자 조절 431
siRNA-유도된 RNAi 경로 개요 432
RNAi의 발견 433
RNAi 장치 434
예쁜꼬마선충에서 miRNA의 발견 436
miRNAs의 가공 436
miRNA는 argonaute(Ago) 침묵 복합체에 로드된다 438
miRNAs은 분해와 번역 억제할 mRNA를 표적으로 한다 438
miRNA는 광범위한 표적 mRNA를 조절할 수 있다 438
번역이 차단되거나 mRNA가 “절개”되는지 여부를 결정하는 것은 무엇인가? 439

11.8 핵과 세포질에서의 RNA 전환 439
RNA 질적 조절과 핵 엑소솜 440
세포질 RNA 전환 440
장 요약 443
분석 질문 446
발견 질문 446
실제 데이터 질문 447
참고문헌 447

Chapter 12: 번역 메커니즘 451

12.1 서론 451

12.2 리보솜의 구조와 집합 451
리보솜의 구조 452
핵소체 454
리보솜 생물 발생 456

12.3 아미노아실-tRNA 합성효소 457
아미노아실-tRNA의 장전 458
아미노아실-tRNA 합성효소의 교정 활성 459

12.4 번역의 개시 460

삼원 복합체 형성과 40S 리보솜 소단위체에 싣기 461
40S 리보솜 소단위체에 mRNA 싣기 461
스캐닝과 AUG 인지 462
TOOL BOX 12.1 Translation toeprinting 분석법 463
40S와 60S 리보솜 소단위체의 연결 464
DISEASE BOX 12.1 진핵세포 개시 인자 2B와 백질의 소실 464

12.5 연장과 리보솜 터널에서의 반응 465
메시지 해독 466
펩티드 결합 형성과 자리옮김 467
펩티딜기 전달효소 활성 467
23S rRNA가 리보자임이라는 생화학적 증거 468
rRNA가 리보솜의 활성자리를 형성한다는 구조적 증거 470
리보솜 터널에서의 반응 471

12.6 번역의 종결 473

12.7 번역 및 번역 후 조절 474
eIF2α의 인산화는 삼원 복합체 형성을 방해한다 475
eIF2α 인산화는 4개의 단백질 인산화효소에 의해 일어난다 476
장 요약 478
분석 질문 479
발견 질문 480
실제 데이터 질문 480
참고문헌 480

Chapter 13: 재조합 DNA 기술과 유전자 변형 생명체 483

13.1 서론 483

13.2 재조합 DNA 기술의 시작 484
박테리오파지 람다 접착자리로부터의 통찰 484
세균의 제한과 변형 시스템에서의 통찰 485
첫 번째 클로닝 실험 486

13.3 DNA의 절단과 연결 487
FOCUS BOX 13.1 재조합 DNA 분자에 대한 공포 488
제한효소의 분류 488
II형 제한 핵산내부가수분해효소의 인식 서열 489
DNA 결합효소는 선형 DNA 조각을 연결한다 492

13.4 분자 클로닝 493
벡터의 선택은 삽입할 DNA의 크기와 클로닝의 목적에 따라 정해진다 493
벡터로서의 플라스미드 494
TOOL BOX 13.1 중합효소 연쇄반응(PCR) 495
벡터로서의 박테리오파지 람다(λ) 499
인공 염색체 벡터들 500
TOOL BOX 13.2 액체 크로마토그래피 500
클로닝을 위한 DNA의 원천 503
DNA 라이브러리의 제작 504
TOOL BOX 13.3 상보적 DNA(cDNA) 합성 504

13.5 라이브러리 스크리닝과 탐침자 506
DNA 탐침자와 RNA 탐침자의 종류 507
탐침자의 표지 507
TOOL BOX 13.4 방사성과 비방사성 표지 방법 508
TOOL BOX 13.5 핵산 표지 509
라이브러리 스크리닝 511
발현 라이브러리 스크리닝 512

13.6 제한지도 작성과 RFLP 분석 512
제한지도 작성 513
TOOL BOX 13.6 DNA와 RNA 전기영동 513
제한단편길이다형성(RFLP) 514
TOOL BOX 13.7 서던 블롯 516
DISEASE BOX 13.1 단풍시럽뇨 질환 진단을 위한 PCR-RFLP 518

13.7 DNA 서열 분석 519
생어의 "다이데옥시" DNA 방법에 의한 DNA 서열 분석 519
자동화 DNA 서열 분석 520
차세대 서열 분석 521

13.8 유전자 변형 생명체 기초 소개 523

13.9 형질전환 마우스: 수정란 풋핵 미세주입법 524
형질전환 생쥐의 제조 방법 524
유도 가능한 형질전환 생쥐 527
TOOL BOX 13.8 트랜스포존 태깅 528

13.10 마우스 배아줄기세포의 유전자 표적화 529
녹아웃 생쥐 530
녹인 생쥐 533
녹다운 생쥐 534
조건부 녹아웃 및 녹인 생쥐 534

13.11 CRISPR-Cas 유전자 편집 535
CRISPR-Cas 적응 면역체계 536
CRISPR-Cas의 응용 536
필요한 모든 것을 위한 마우스 539

13.12 형질전환 동물 기술의 응용 539
형질전환 비인간 영장류 539
형질전환 가축과 유전자 파밍 540
유전자 드라이브 541

13.13 핵 이식을 통한 클로닝 542
체세포 핵의 유전적 등가성: 개구리의 클로닝 실험 543
핵 이식을 통한 포유류의 클로닝 543
"올해의 대발명": Dolly의 클로닝 544
핵 이식을 통한 클로닝의 방법 545
클론 내 미토콘드리아 DNA의 기원 547
핵 이식을 통한 클로닝은 왜 효율이 낮을까? 548
FOCUS BOX 13.2 유전자 변형 애완동물 550
핵 이식을 통한 클로닝의 응용 552

13.14 형질전환 식물 555
FOCUS BOX 13.3 유전자 변형 작물: 당신은 유전자 변형 토마토를 먹는가? 556
T-DNA를 매개로 한 유전자 전달 557
전기천공법과 미세발사체법 557
장 요약 558
분석 질문 561
참고문헌 563

Chapter 14: 유전자 발현과 기능, 그리고 유전체를 분석하기 위한 기법들 565

14.1 서론 565

14.2 DNA 타이핑 566
FOCUS BOX 14.1 비인간 DNA 타이핑 567
DNA 다형성: DNA 타이핑의 기초 567
미소부수체 검사 568
고전의 "DNA 지문술": 다지점 탐침을 가지는 미소부수체 검사 568
중합효소 연쇄반응(PCR)을 기초로 한 검사 570
짧은 일렬 반복(STR) 검사 570
사립체 DNA 검사 572
Y 염색체 검사 573
무작위 증폭 다형성 DNA(RAPD) 검사 573

14.3 유전체학, 단백체학과 그 이상 574
생물정보학은 무엇인가? 574
유전체학과 합성유전체학 576
단백체학 577
"-체학"의 시대와 체계 생물학 577

14.4 전체-유전체 염기서열 분석 577
클론 유전체 배열 방식으로 정리된 클론 578
전체 유전체 샷건 접근법 578
개략적 초안 대 최종 염기서열 579
유전체의 비교 분석 580
FOCUS BOX 14.2 유전체의 비교 분석: 복어와 닭에서의 통찰 581
인간 가계 583
유전자는 무엇이며, 인간 유전체에 얼마나 많이 있는가? 583
유전자에서 유전자 발현까지 585
FOCUS BOX 14.3 모델 유기체 585
TOOL BOX 14.1 안티센스 기술 589

14.5 리포터 유전자 590
흔히 사용되는 리포터 유전자 591
유전자 조절의 분석 591
TOOL BOX 14.2 시험관 내 돌연변이 유발 592
정제와 탐지 꼬리표들: 융합 단백질들 593
TOOL BOX 14.3 재조합 단백질의 생산 596
형광 단백질 꼬리표 597
TOOL BOX 14.4 형광, 공초점 그리고 다광자현미경 598

14.6 전사체학: RNA 발현과 위치 602

노던 블롯 603

리보핵산분해효소 보호 분석법(RPA) 604

제자리 부합법 605

역전사효소–중합효소 연쇄반응(RT–PCR) 606

정량적 실시간 중합효소 연쇄반응(Q-PCR) 607

DNA 미세배열 607

RNA 시퀀싱(RNA-seq) 609

제자리 전사체학 610

14.7 프로테오믹스: 단백질 발현과 위치 610

웨스턴 블롯 610

TOOL BOX 14.5 단백질 전기영동 611

TOOL BOX 14.6 항체 생산 614

제자리 분석 615

효소결합면역흡착측정법(ELISA) 616

단백질 배열 616

질량 분광법 617

FOCUS BOX 14.4 핵내 단백체 620

14.8 핵산–단백질 간의 상호작용 분석 621

전기영동 이동 분석법(EMSA) 621

데옥시리보핵산분해효소 I 발자국 감정법 621

염색질 면역침강 분석법(ChIP) 622

가교 및 면역침전(CLIP) 623

14.9 단백질–단백질 간의 상호작용 분석 624

풀-다운 분석법 624

동시면역침강 분석법 625

효모 이중보합계 625

형광공명에너지 전이법(FRET) 626

Proximity-dependent biotinylation(BioID) 627

14.10 단백질의 구조 분석 627

X-선 결정학 627

동결전자현미경(Cryo-EM) 627

핵자기공명분광법(NMR) 628

원자힘현미경(AFM) 629
장 요약 630
분석 질문 633
참고문헌 634

Chapter 15: 의학 분자생물학 637

15.1 서론 637

15.2 유전체 의학 638
GWAS 및 개인 맞춤의학 638
단일염기다형성 638
구조 돌연변이 639
DISEASE BOX 15.1 SNP에 연관된 질병의 지도: 알츠하이머병 640
유전자 다형성과 인간 행동 641
공격적, 충동적, 폭력적 행동 642
조현병 민감 유전자 자리들(loci) 644
인간 마이크로바이옴 644

15.3 암의 분자생물학 645
원종양유전자와 종양유전자의 활성화 647
FOCUS BOX 15.1 암세포는 어떻게 전이되는가: Src의 역할 650
종양억제유전자의 불활성화 651
DISEASE BOX 15.2 Knudson의 “two-hit” 가설과 망막모세포종 652
암에서 비부호화 *RNA*의 부적절한 발현 655
FOCUS BOX 15.2 p53의 발견 656
염색체 재배열과 암 658
바이러스와 암 659
DISEASE BOX 15.3 인유두종 바이러스(HPV)와 자궁경부암 661
화학적 발암 664

15.4 유전자 치료 666
유전자 치료의 진전 666
체세포 유전자 치료를 위한 벡터 666
DISEASE BOX 15.4 암 유전자 치료: “마법의 탄환?” 667
DISEASE BOX 15.5 RNAi 치료법 667

FOCUS BOX 15.3 레트로바이러스 매개 유전자 전달: "안전한 벡터" 만드는 방법 669

유전적 기술의 혁신 672

선천성 면역결핍증후군의 유전자 치료 672

FOCUS BOX 15.4 최초 유전자 치료의 치명성 673

낭포성 섬유증 유전자 치료 674

HIV-1 유전자 치료 675

FOCUS BOX 15.5 HIV-1 수명 주기 676

유전자 치료의 미래 678

장 요약 679

분석 질문 681

실제 데이터 질문 682

참고문헌 682

부록 685

용어해설 707

찾아보기 739

역자 머리말

분자생물학은 폭발적인 성장과 대중화를 이루고 있고, 수많은 분자생물학 교재가 출간되고 있을 뿐 아니라, 더욱더 전문화되는 추세에 이르고 있다. 따라서 분자생물학을 강의하는 교수로서 학생들에게 어떤 교재가 적합할지 고민하게 된다. 현재 우리나라 대학교에서 사용하는 교재는 대부분 영문서이기에 일반 대학생 및 초보자들은 이해하기 어려움이 있다. 뿐만 아니라 처음부터 너무 깊이 있는 내용의 교재는 학생들로 하여금 분자생물학을 공부하기 어려운 과목으로 인식하게 만들 수도 있다. 따라서 기초를 중심으로 체계적으로 먼저 학습하고, 기회가 되면 심화 내용을 함께 참고할 수 있는 교재가 절실히 필요하였다. 이러한 요구를 충족시키기 위해, Allison's Fundamental Molecular Biology를 일반 대학생 및 초보자들도 쉽게 이해할 수 있도록 우리말로 번역한 "기초 분자생물학"을 선보이게 되었다.

기초적인 내용을 토대로 체계적으로 요점만을 기술하고 있어 분자생물학을 처음 접하는 초보자뿐만 아니라, 어느 정도 기초 지식이 있는 중상급자도 유용하게 활용할 수 있도록 구성되어 있다.

이 책은 일선에서 분자생물학 강의를 직접 맡고 있는 교수 입장에서 번역하였고, 다시 수차례 교정을 봐서 완성됐다. 하지만 이 책을 번역하면서 어려움이 많았다. 가장 큰 어려움은 다른 번역서에서도 마찬가지지만 학술 용어의 번역과 통일성이었다. 이러한 문제점을 해결하기 위해 생물학 사전(한국생물과학협회편, 아카데미서적)을 참조하고 번역하기 어려운 용어는 원어를 사용하여 최대한 원본 내용에 충실하려고 했다. 많은 교정을 거쳤음에도 아직도 개선할 부분이 많은 것을 대표역자로서 부인하기 어렵다. 앞으로 독자들의 많은 조언이 있기를 바란다.

끝으로 이 책이 출판될 수 있도록 수고를 아끼지 않은 월드사이언스 출판사 사장님 그리고 편집과 교정에 도움을 준 정창기님께 깊은 감사를 드린다. 특별히 바쁜 와중에도 내조를 아끼지 않은 아내 이언주님과 귀염둥이 아들 최민성, 그리고 언제나 저의 주님이신 하나님께 감사를 드린다. 그 밖에도 많은 분들의 도움이 없었다면 이 책의 출판은 가능하지 않았을 것이다. 아무쪼록 이 책이 분자생물학을 배우려는 학생들에게 큰 도움이 되길 간절히 바란다.

2023년 7월
최원재

역자 소개

최원재 경희대학교 의과대학

강인숙 경희대학교 의과대학

김호식 가톨릭대학교 의과대학

백광현 차 의과학대학교 일반대학원 바이오융합과학과

서나영 순천향대학교 의료과학대학 의약공학과

여의주 가천대학교 의과대학

윤경식 경희대학교 의과대학

황혜진 이화여자대학교 과학교육과/가톨릭대학교 생명공학과

CHAPTER ONE

분자생물학의 시작

"과학과 일상은 분리될 수 없고 분리되어서도 안 된다"

Rosalind Franklin in a letter to her father, Ellis Franklin, ca. summer 1940.

OUTLINE

- 1.1 서론
- 1.2 유전 물질 본질의 이해
- 1.3 DNA 구조에 대한 모델: DNA 이중나선
- 1.4 분자생물학의 센트럴 도그마
- 1.5 유전을 위한 진화적 틀

예술로서의 DNA. (출처: Susan Rankaitis, "DNA 2" from SPR Synthesis Project, 8′ × 16′, combined media, © 2002. Courtesy of Robert Mann Gallery.)

1.1 서론

분자생물학(Molecular biology)이란 무엇인가? 거시적 정의로서의 분자생물학은 분자적 수준에서 생물학적 현상을 연구하는 것이다. 분자생물학자에게 무엇을 하느냐고 물으면, 이들은 DNA의 분자적 구조, DNA가 저장하고 있는 정보, 유전자의 발현에 대한 생화학적 기초와 그에 대한 조절을 연구한다고 미시적 정의를 내릴 것이다. 이와 같은 것은 수십 년 동안 예상하지 못하는 이야기가 될 뻔 했다. DNA는 평범한 가정에서 저녁시간에 하는 잡담의 주제가 아닌, 매우 큰 학문적 주제가 되었다. O.J. Simpson의 살인사건에서, 언론은 1995년에 DNA 지문감식(DNA Fingerprinting)을 전면으로 내세워 전 세계에 알렸다. 2년 후, 복제 양 돌리가 메인 뉴스가 되었다. 그리고 2001년, 과학자들은 인간 유전체 서열의 초안을 발표했다. 이러한 획기적인 업적에 대해 논평할 때, 미국 전 대통령이었던 Bill Clinton은 "생명이라는 책의 해독"을 의학적으로 달 착륙에 비유했다. 흥미롭게도, DNA는 할리우드와 일반 대중을 매혹하였고, 과학자들과 과학소설 작가들을 흥분시켰으며, 예술가에게 영감을 주었고, 최근에 생겨난 윤리적 이슈와 함께 사회문제화가 되었다.

지난 20년 이상 동안, 분자생물학에 대한 대중 인식은 폭발적으로 성장했다. 그러나 이 분야의 실제 시발점은 약 반세기 전에 James D. Watson과 Francis Crick이 **데옥시리보뉴클레익산(deoxiribonucleic acid**, DNA)의 염기 구조를 제안한 것이다. DNA 발견의 역사는—보편적인 유전 물질이라는 것을 증명하기 위해, 얼룩진 붕대에서 분리된 뉴클레인으로부터 시작하여 1953년에 이중나선 구조로 밝혀질 때까지—매혹적인 이야기이다(그림 1.1). 역사적 세부사항은 이 책의 범위를 넘어서기 때문에 다루지는 않을 것이다. 대신에 이번 장에서는 분자생물학의 시작을 이끄는 몇몇 역사적으로 흥미로운 부분을 다룬다. 선택된 예로는 최근에 일어난 많은 흥미로운 발견에 대한 연구 현장을 다룰 것이다. 이 장은 또한 과학의 과정 측면, 즉 연구자가 **가설**을 어떻게 검증하는지—현상이나 일련의 관찰을 설명하는 검증 가능한 진술—그리고 이 과정이 어떻게 근본적인 **이론**으로 이어졌는지를 설명한다. 과학의 용어-이론은 광범위한 증거에 의해 제시되는 폭넓은 종류의 현상을 설명한다. 이 장은 또한 과학적 발견의 중요한 6개 주제를 다룰 예정인데, 이를 간단히 언급하면 다음과 같다.

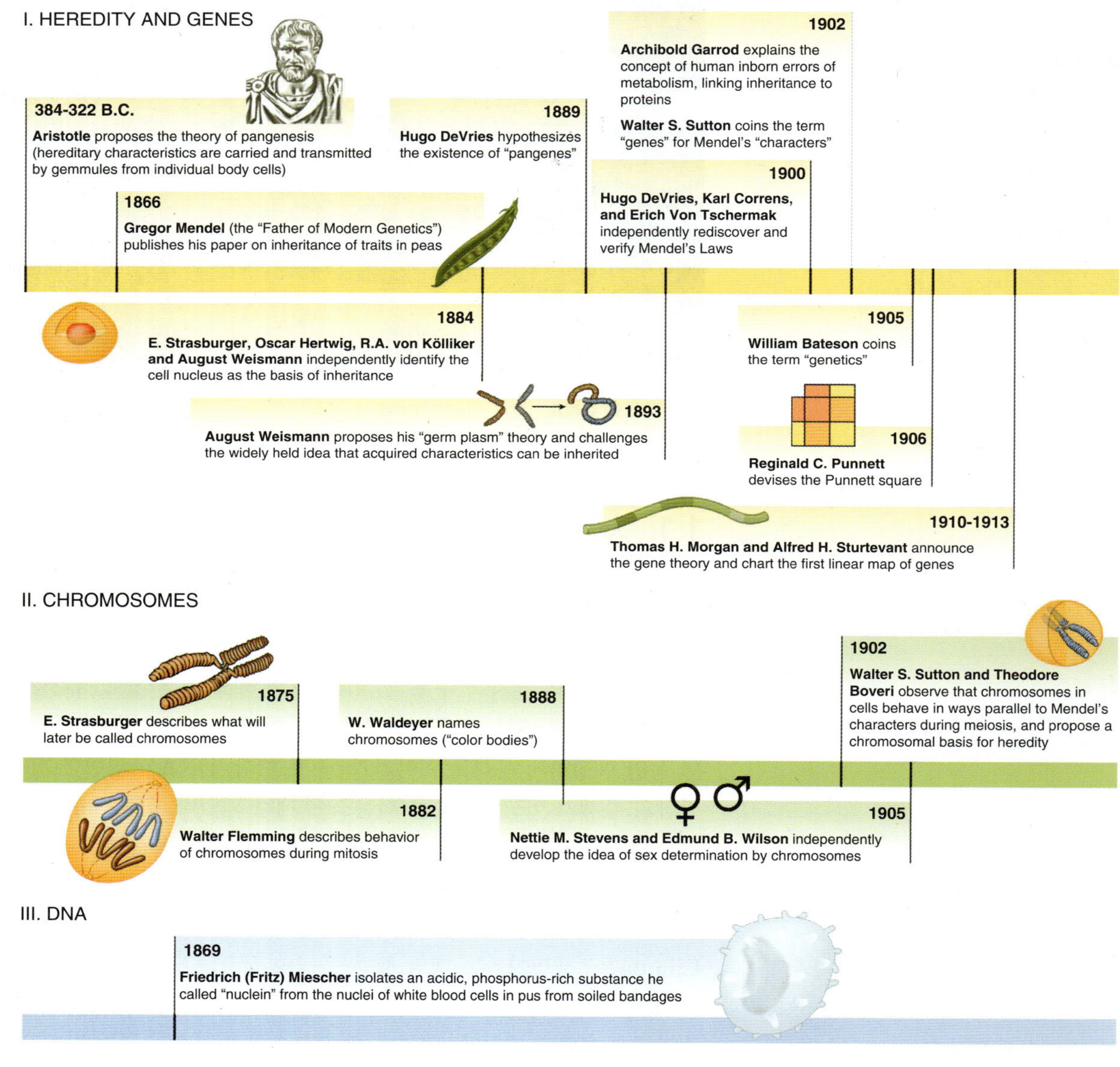

그림 1.1 세 가지 연구 증거는 DNA가 유전 물질이라는 발견을 이끌어냈다.
B.C. 384년부터 1953년까지 알려진 유전자의 본질과 염색체(chromosome) 구조와 기능, 그리고 DNA 구조 연구에 대한 획기적인 사건들.

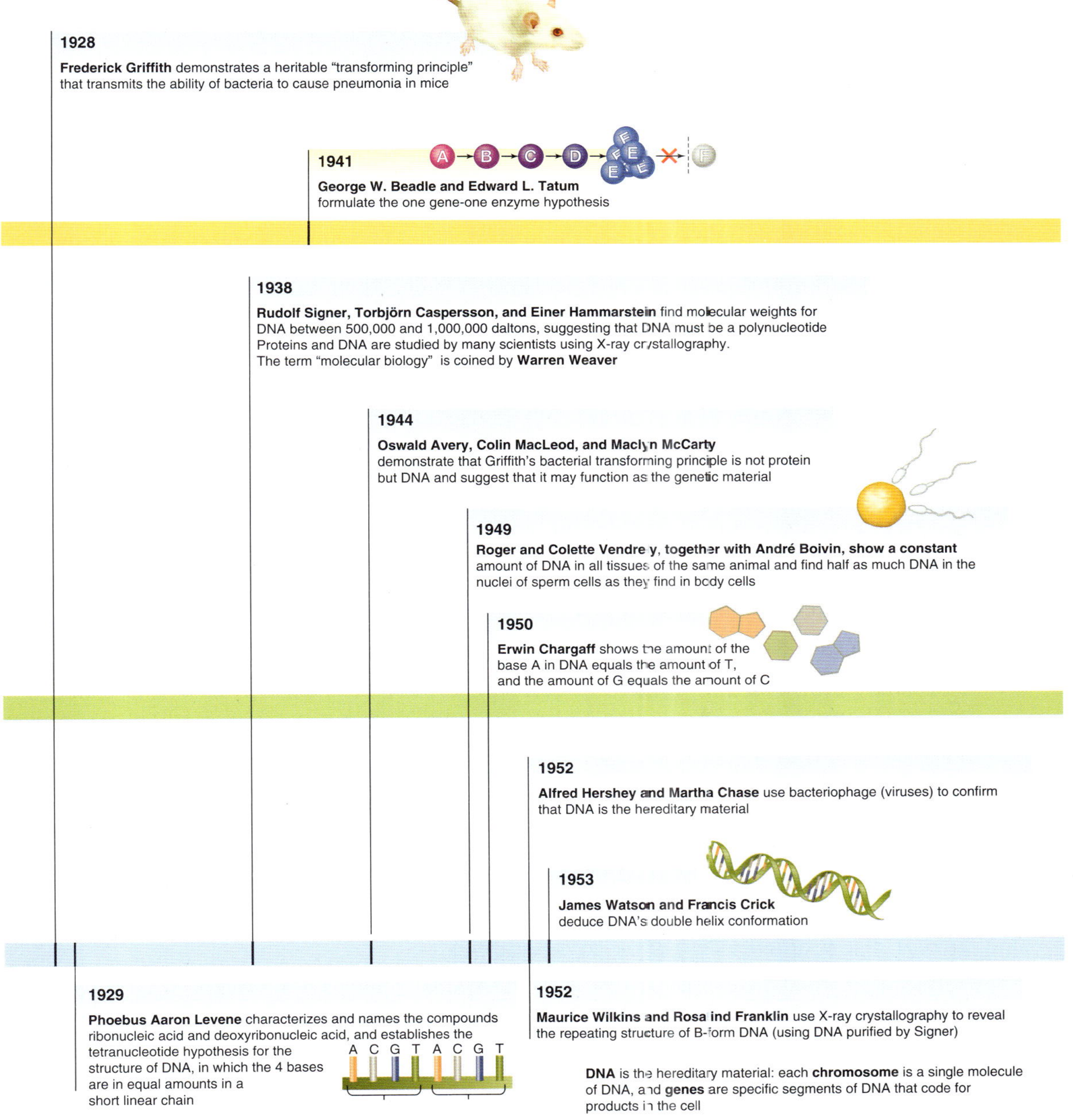

그림 1.1 (계속)

1 몇몇 위대한 발견은 진가를 알아보지 못했거나 발견자가 죽은 후에도 청중들에게 알려지지 못하다가 후에 그들의 발견이 "재발견"되었다.

2 체내(*in vivo*)와 체외(*in vitro*) 연구의 복합적 접근은 상당한 진전을 이끌어냈다.

3 돌연변이 연구는 현대 분자생물학과 유전학의 원동력이 되었다.

4 기술적인 발전으로 주된 눈부신 발견이 뒤따랐다.

5 과학의 발전은 경쟁, 협력, 연구원의 끈기와 창조성으로부터 나오는 결과이다.

6 최근 150년 이상이 넘는 시간 동안 생물학에서 모든 연구자들은 진화의 틀 안에서 발전되어 왔다.

1.2 유전 물질 본질의 이해

유전(heredity)은 유전자를 매개로 하여 부모에서 자손으로 이어지는 형질의 전달을 말한다. 이는 생물학 입문자로서 가장 먼저 배우게 되는 아주 친숙한 개념이다. 그러나 유전적 물질의 본질은 수 세기 동안 미스터리로 남아 있었다. *Germ-Plasm*이라는 표제가 달린 August Weismann의 1893년 저서: *A Theory of Heredity*에서는 다음과 같은 결론을 내린다.

> "유전 현상을 더 깊게 이해할수록 더 확고하게 무언가[생식질이나 유전적인 물질]가 존재한다는 것을 확신하게 된다. 그렇지 않고서는 우리가 관찰한 현상들을 설명할 수 없기 때문이다. 따라서 우리는 매우 거대한 것을 다룰 뿐만 아니라 매우 작은 것도 다루어야 한다는 것을 새로이 깨닫게 된다..."

DNA와 유전 사이의 관계는 20세기 중반에 이르기까지 설명되지 못했다. 대부분 유전 연구의 영향은 1860년대 오스트리아에서 아우구스티누스회 수도사로 있던 Gregor Johann Mendel의 연구로부터 시작되었다. Mendel의 일은 가장 본질적인 질문에서 시작되었다: 부모에서 자손으로 특징을 전달하는 기본적인 패턴은 무엇인가?

Mendel의 유전 법칙

이러한 본질적인 질문의 시작은 Mendel이 둥근 종자와 주름진 종자 같은 다양한 완두콩(*Pisum sativum*)을 재배함으로써 시작되었다. 그 다음에 부모와 자손의 특징을 비교했다. 단일-특성(단성잡종) 교배의 예를 그림 1.2에서 보여주고 있다. Mendel은 둥근 종자의 식물로부터 얻은 화분을 주름진 종자식물의 암컷생식 기관인 암술에 수분을 했다. 이러한 교배를 이용하는 완두콩 식물을 부모 세대라고 부른다. 그들의 후대(자손)를 **F_1 세대(F_1 generation)**라고 한다. F_1은 아들과 딸을 의미하는 라틴어 어원인 *fili*와 *filia*로 "잡종 제1세대"를 의미한다. F_1 자손은 그 형태가 둥근 종자, 주름진 종자 아니면 다른 중간 형태 어느 쪽에 속하는가? 결과적으로, 이러한 교배로부터 나온 자손은 모두 둥근 형태를 지녔다. 그렇다면 주름진 종자 형태에는 무슨 일이 일어난 것일까? Mendel은 그 답을 얻기 위해 F_1의 종자가 자랐을 때, 자가수분시켰다.

Mendel은 그 식물들에 의해 생산된 종자를 수확하여 그 결과물로 **F_2 세대(F_2 generation)**를 생산했을 때, 3/4은 둥근 종자, 1/4은 주름진 종자(3 : 1의 비율)가 나타나는 것을 알 수 있었다. 그러한 발견을 통하여, Mendel은 둥근 형태를 주름진 형태에 대한 **우성형질(recessive trait)**로, 주름진 형태를 둥근 형태에 대한 **열성 형질(dominant trait)**로 지정했다. 유전학에서 형태로 구분이 되는 "우성"과 "열성"은 선천적으로 주어진 2개의 다른 유전학적 결정 요인을 운반하는 각 개체가 있음을 보여 주었다. 한 세기 앞으로 가보면 이러한 **표현형(phenotype)**을 결정하는 것이 유전적 변화라는 놀라운 발견을 하게 된다. 1990년대 초반의 연구자들은 전분 생산에 연관된 효소를 암호화하고 있는 유전자 내로 **전이인자(transposable element)** — 움직일 수 있는 DNA 조각 — 를 삽입함으로써 주름진 형태의 결과를 얻었다. 주름진 콩에 대해서는 전이인자에 대해 심도 깊게 다루는 10장에서 다시 보게 될 것이다.

Mendel의 다양한 실험으로부터 나온 결과는 다른 유전적 결정 요인 또는 그가 명칭한 "특징"과 함께 섞이지 않거나 새로운 특성을 만들어내지 않는다는 제안을 이끌어내었다. 대신에 유전적 결정 요인은 불연속적 실체들처럼 행동하고, 세대에서 세대로 그들의 완전한 상태를 유지한다. Mendel은 그의 관찰을 설명하기 위하여 유전의 세 가지 법칙을 제안하였다.

1 **분리의 법칙(law of segregation)** 각각의 생식세포는 각각의 짝의 숫자만큼 동등하게 포함된

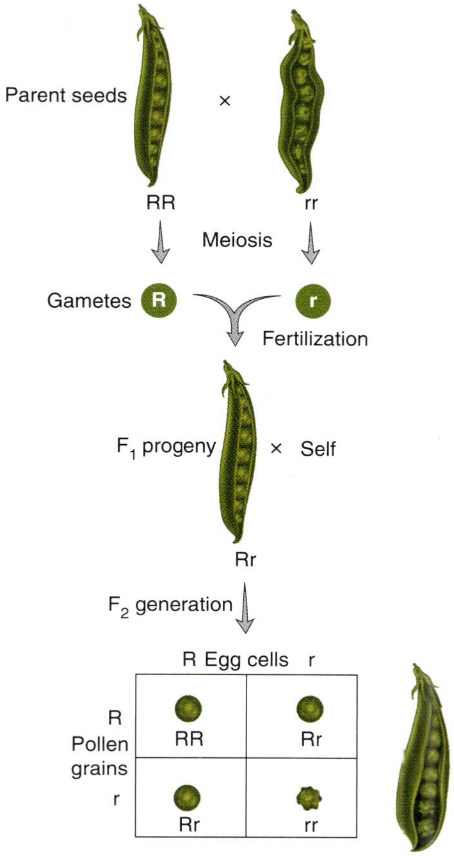

그림 1.2 Mendel의 단일-특성(단성잡종) 교배. Mendel의 유전학 가설은 단성잡종의 F_2 세대에서 우성 : 열성 형질의 비율이 3 : 1로 관찰되는 이유를 설명할 수 있음을 보여주는 모식도.

방식으로, 짝지어진 유전적 결정 요인은 분리되는 상태를 뜻한다.

2 **독립유전의 법칙(law of independent assortment)** 유전적 결정 요인의 어떠한 짝의 멤버 분리는 생식세포가 형성되는 동안 다른 짝의 분리와는 별개로 독립적으로 이루어지는 상태를 뜻한다.

3 **우성의 법칙(law of dominance)** 각각의 물리적 특성을 위해, 유전적 결정 요인 쌍의 하나가 지배적으로 물리적 특성이 3 : 1의 비율로 특정하게 나타나는 상태를 뜻한다. 반대쪽을 열성이라 한다.

Mendel의 유전의 법칙에 대한 보고서는 이후 36년 간 무관심 속에 있었다. 그의 업적에 대한 중요성은 마침내 1900년대에 인정받았고, Hugo DeVries(네덜란드), Karl Correns(독일), 그리고 Erich Von Tschemak(오스트리아)에 의해 이 유전의 법칙이 재발견되었다. 이와 같은 유전학의 기초 법칙들의 확립은—분리의 법칙, 독립유전의 법칙, 그리고 우성과 열성 형질의 개념—Gregor Mendel 덕분이다. 이러한 원칙은 간단한 유전학 시스템에 있어서는 사실을 여전히 유지하고 있으나, 현재 과학자들은 유전의 좀 더 복잡한 특성을 근본적인 분자적 메커니즘을 통해 좀 더 많이 이해하고 있다. 예를 들면, 우성의 법칙의 예외를 금어초 실험에서 보여주었다. 붉은색 꽃(RR)과 흰색 꽃(rr)을 교배를 통해 추측해 보자. 둥근 콩과 주름진 콩에서 기초로 한 우리의 유전학 패턴에 대한 지식을 이용한다면 자손이 붉은색 꽃일 것이라 예측할 수 있다. 그런데, 자손은 분홍색 꽃(Rr)을 보여 준다(그림 1.3). 이러한 유전의 패턴은 불완전 우성(incomplete dominance)을 나타낸다. 만약 분홍색 꽃을 자가수분한다면, 그 다음 세대는 1/4의 흰색 꽃, 1/2의 분홍색 꽃 그리고 1/4의 붉은색 꽃 (1 : 2 : 1의 비율)을 가지게 될 것이다.

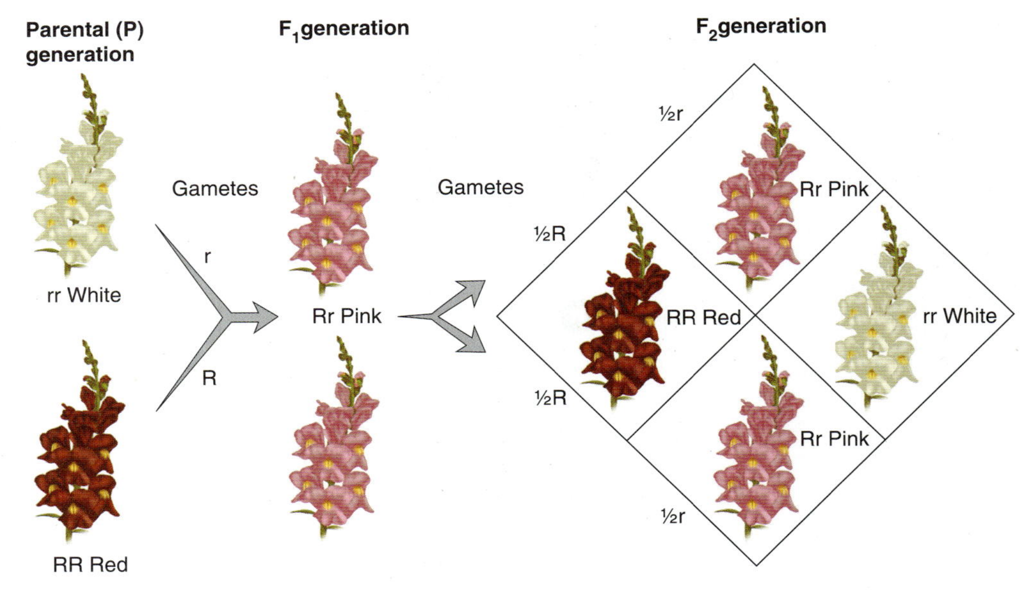

그림 1.3 금어초 꽃 색상을 통한 불완전 우성.
붉은색 꽃(RR)을 가진 순수 금어초와 희색 꽃(rr)을 가진 순수 금어초를 교배했을 때, F_1은 전부 분홍색 꽃(이형접합체, Rr)이 나타난다. 만약 F_1을 자가수분한다면, F_2는 1(붉은색 꽃) : 2(분홍색 꽃) : 1(흰색 꽃)의 비율을 가지게 될 것이다.

유전의 염색체 이론

훗날 Mendel의 관찰은 감수분열(meiosis) 과정과 함께 유전의 염색체 이론으로 병합되었다. Theodore Sutton과 Walter Boveri는 세포내 염색체가 감수분열 동안 Mendel의 특성을 따라 행동하는 것을 관찰하였다. 통찰력의 위대한 순간에, Sutton이 "**유전자(gene)**"라고 명명한 염색체가 Mendel의 "특성" 대로 구성되는 것을 알게 되었다. 감수분열 동안 부모의 염색체는 나뉘어진다. 그 결과, 특성의 특질을 지니는 **대립형질(allele)** — 유전자의 대안 형식 — 이 다른 생식세포로 나뉘게 되었다. Sutton과 Boveri가 현미경 하에서 수시간 동안 관찰한 결과, 감수분열에서 염색체의 수가 절반으로 감소할 뿐만 아니라 분리의 법칙(그림 1.4)과 독립유전의 법칙(그림 1.5)을 명확하게 설명할 수 있었다.

사실 Mendel이 다른 유전체에 있는 유전자에 의해 결정되는 식물인 콩의 물리적 특징을 고른 것은 운이 좋았다. 연관 유전자 — 동일한 염색체 위에 존재하는 한 가지 — 는 감수분열 동안 그들 사이에 교차 없이 함께 유전된다. 유전에 관한 연구와 유전자의 구조와 기능 사이에 이어져서 구축된 이것은 **유전에 대한 염색체 이론**을 이끌었고, 멘델리안이라 불리는 전형적인 유전학의 시대를 특징짓는다. 그럼 이때, 질문은 여전히 계속된다: 무엇이 유전되는 물질을 만드는가?

형질전달의 원리 DNA

1900년대부터, 연구자들은 유전자의 본질과 유사분열 및 감수분열에서의 염색체 움직임 그리고 DNA의 화학적 구성에 대해 지속적으로 탐구해 왔으며, 유전 물질과 DNA 사이의 연관성을 결정적으로 도출하는 데에는 **생체 내(*in vivo*)**와 **시험관 내(*in vitro*)**의 조합적인 연구가 이용되었다. 이 책을 통하여 지속적으로 되풀이될 주제는 배양세포 및 조직 내에서 실행되는 연구와 함께 생체 내(*in vivo*)에서 이루어지는 연구와의 조합 연구 혹은 세포 추출물 또는 세포 구성물의 합성 혼합물(*in vitro*)을 이용한 연구는 강력한 실험적 접근이 될 것이다. 우선 제공된 실험에서 유전적 물질의 구성 일부를 이해하고 있는 쥐를 이용한 실험에 대해 살펴보자.

생체 내 실험 1928년, Fredric Griffith는 쥐에 폐렴 원인 균의 기능을 전달하는 **형질전환의 원리**

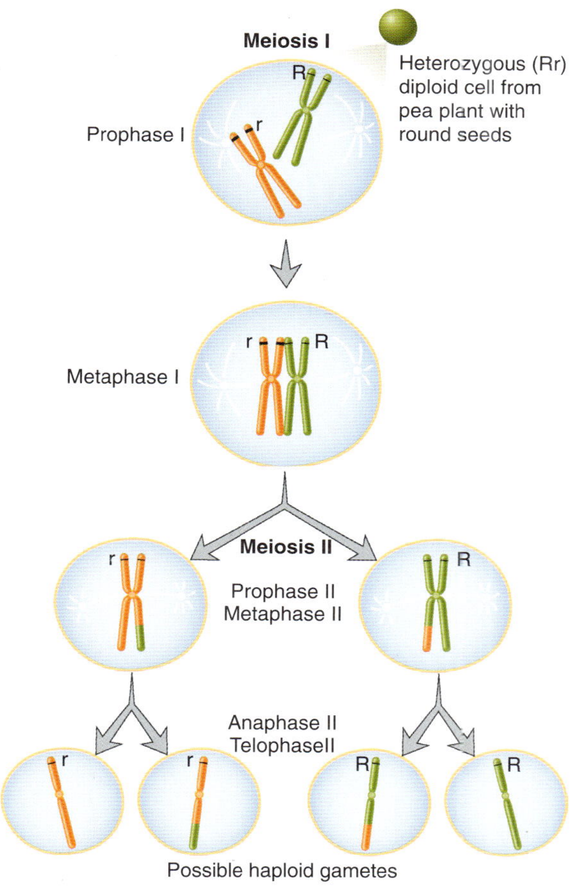

그림 1.4 감수분열은 Mendel의 분리의 법칙을 설명한다. 상동 염색체는 감수분열 동안 나뉘어지기 때문에, 둥근 종자의 유전자 쌍(Rr)인 이형접합체인 2개의 멤버들은 Mendel의 가설대로(그림 1.2 참조) 각기 다른 생식세포로 분리된다. 모계 염색체는 붉은색으로, 부계 염색체는 녹색으로 명료하게 보여준다. 제1감수분열기 동안의 염색체 교차(재조합)는 색상 구역의 교환처럼 설명된다. 퍼넷 스퀘어를 완성해보아라.

(transforming principle)의 원리에 대해 서술하였다(그림 1.6). 정밀한 생체 실험에서, Griffith는 쥐를 감염시키는 *Streptococcus pneumoniae*의 병원성 균주(pathogenic)와 비병원성 균주를 이용하였다. 실험실의 영양 한천 배지에서 성장시킨 병원성 균주는 세균체가 합성하는 다당체 외막 때문에 매끈한 "소면(S)" 콜로니(가시적인 세포의 군집체)를 만든다. 다당체 외막이 결여된 비병원성 균주는 "활면(R)" 콜로니를 형성한다. 이러한 R 균주는 보호체 외막이 결여되어 있기 때문에 동물에 감염되었을 시에 면역체계에 의한 공격으로 폐렴을 유발하지 못한다.

Griffith가 살아 있는 S 균주를 쥐에 주입했을 때는 모든 쥐들이 예외 없이 죽었지만, R 균주를 쥐에 주입하였을 때는 모두 생존하였다. 가열 살균한 S 균주를 주입한 쥐는 생존하였지만, 가열 살균한 S 균주와 살아 있는 R 균주를 함께 주입한 쥐는 죽었다. Griffith는 이것을 "형질전환 원리"라고 하였다. 그는 병원성(S) 균주의 일부 구성물이 전이됨으로써, 비병원성(R) 세균이 다당체 외막을 만들어 쥐의 면역 반응을 피하게 한다는 결론을 내렸다.

Griffith는 그의 생각을 학계에 효과적으로 전달하지 못하였기에, 유전 형질전환 모델은 전반적인 회의론을 겪게 되었다. 사실, 그는 소규모의 청중들 앞에서도 그의 논문을 읽는 것 조차 어려움을 겪을 정도로 부끄러움을 탔다. 회의론은 제쳐두고, "형질전환 원리"의 구성은 무엇인가?

시험관 내 실험 Griffith의 형질전환 실체 이론은 16년 가까이 아무런 진척이 없었으나, 중대한 성과가 나타났다. 가열 살균한 S 균주의 형질전환 효소에 대하여 쥐에 직접 주입하거나 죽을 때를 기다릴 필요 없이 직접적으로 조사할 수 있는 수단으로서 시험관내 분석 방법이 개발되었다. 이 분석 방법은 비형질전환 세포와 형질전환 세포를 선택할 수 있었는데, 이는 R 균주에 직접적으로 결합

Meiosis I
Heterozygous (RrYy) diploid cell from pea plant with round yellow seeds
Prophase I
Metaphase I
Meiosis II
Prophase II
Metaphase II
Anaphase II
Telophase II
Possible haploid gametes

그림 1.5 Mendel의 독립유전의 법칙을 설명하는 감수분열.
Mendel의 가설에 의하면, 다른 특징(종자의 색상과 형태)을 지닌 유전자는 독립적으로 나뉘는데, 이는 비상동 염색체가 감수분열 동안 독립적으로 분리되기 때문이다. 모계 염색체는 붉은색으로, 부계 염색체는 녹색으로 표현하였다.

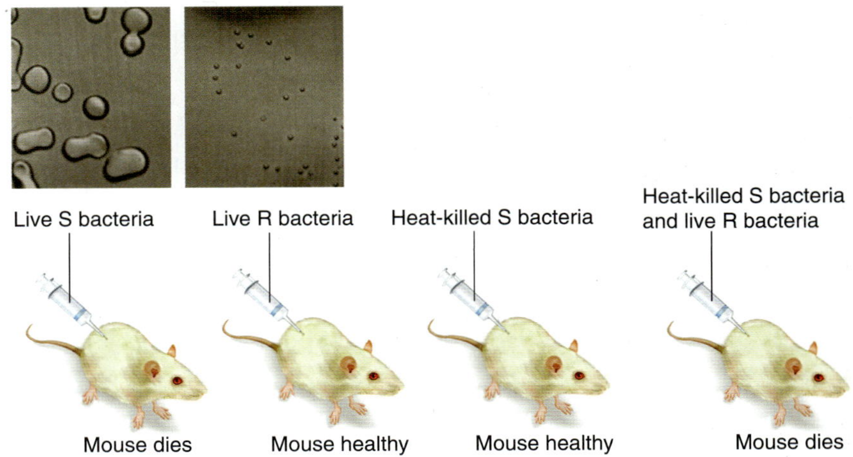

그림 1.6 형질전환의 원리.
*Streptococcus pneumoniae*를 이용한 Griffith의 실험. 소면(S)형 균주는 쥐를 죽게 하였으며, 또한 살아 있는 R 균주와 가열 살균한 S 균주를 함께 주입했을 때에도 같은 결과를 얻었다. 위 그림은 영양배지에서 성장하고 있는 *S. pneumoniae*를 보여준다. 작은 콜로니(우)는 비병원성 R 균주이고, 크고 매끈한 점액성 콜로니(좌)는 병원성(S) 균주이다. (출처: Reproduced from Avery et al. 1944. *Journal of Experimental Medicine* 79:137–158, © The Rockefeller University Press.)

하는 항체를 함유하는 혈청으로 응집(덩어리)에 대한 세포의 저항성을 이용한 것이었다(항체에 대한 배경지식은 Tool Box 14.6에서 다룸). Avery, O., MacLeod, C., McCarty, M.은 1944년 Griffith의 형질전환 실체론에서 그 본질적인 물질이 DNA라는 것을 보여주기 위해 이 분석 방법을 사용하였다. 그들은 정제된 DNA가 형질전환의 원인임을 충분히 설명하였다. 중요한 점은 그들이 형질전환 인자가 **데옥시리보핵산분해효소(deoxyribonuclease)**라고 불리는 DNA 분해효소에 의해 파괴됨을 보여 준 것이다. 따라서 그것은 **단백질(protein)**을 분해하는 **단백질분해효소(protease)**에 의해 파괴되지 않는다. 또한 형질전환 인자는 세포 내에 존재할 수 있는 **리보핵산(ribonucleic acid)**이라 불리는 RNA를 분해하는 **리보핵산분해효소(ribonuclease)**에 의해서도 파괴되지 않는다.

형질전환의 실체가 DNA라는 발견은 놀라움으로 다가 왔다. 동시에 과학자들은 DNA가 **진핵생물(eukaryote)** 염색체의 구성물이라는 것은 알고 있었지만, 그 당시에는 아직 세균이 DNA나 유전자를 함유하고 있을 거라고는 생각하지 못했다. 게다가, 이때는 Phoebus Levene의 테트라뉴클레오티드 모델이 널리 받아들여져 있었다. Levene의 모델은 4개의 다른 **뉴클레오티드(nucleotide)**가 환형에서 한 염기가 다른 **염기(base)**로 이어져 있을 것으로 제안하였다. 그래서 DNA가 식물이나 동물의 발달을 지휘하기에는 너무 단순하다고 생각되었다. 안타깝게도, Griffith는 이러한 설명을 듣지 못했다. 그는 2차 세계대전 중 공습을 피해 실험실을 떠날 것을 거부하였고, 이후 런던에서 발생한 폭격으로 인해 사망했다.

1유전자-1효소설을 이끈 접근적 창조성

Avery, MacLeod와 McCarty의 실험은 세균 DNA가 유전 물질임을, 그리고 DNA가 염색체를 만든다는 것을 명확하게 보여줬다. 퍼즐의 다른 조각은 유전자와 단백질 사이의 연결고리를 구축하는 것이었다. 선두적 작업은 1941년 George Beadle과 Edward L. Tatum에 의해 수행되었다. 그들은 처음으로 효소(단백질)에 의해 촉진되는 대사적 경로 과정과 유전자 사이에 연결 고리를 설명하였다. 그들의 접근은 새로웠다. 알려진 유전적 차이의 화학적 성질을 수행하는 시도 대신, 그들은 역행하여 실험을 진행했고, 분홍빵곰팡이의 돌연변이를 선택하였다. 그 분홍빵곰팡이인 *Neuropora crassa*에서 알려진 화학적 반응이 밝혀졌다. Beadle과 Tatum에 의해 밝혀진 그 첫 번째 경로는 niacin에서 kynurenine과 3-hydroxyanthranilic acid를 통하여 아미노산인 트립토판이 전환되는 것이었다(그림 1.7a).

보통 "**야생형(wild-type)**" *N. crassa*는 당, 무기산, 염, 질소공급원, 그리고 niacin(비타민 B_3)로 구성되어진 최소**배지(medium)**에서 성장할 수 있다. Beadle과 Tatum은 엑스레이 조사와 자라기 위해서 (**영양요구체**, **auxotrophs**) 특정한 부유 화합물을 요구하는 격리된 돌연변이의 방법에 의해서 곰팡이에 돌연변이를 유도하였다. 이를 위해 엑스레이에 의해 **포자(conidia**, 무성포자) 형태로 나타나며, 야생형에서 포자형으로 바뀐다(그림 1.7b). 반수성 포자는 완전배지에서 자라고, 이것으로부터 배양된 것은 최소배지에서 자란다. 최소배지에서 성장의 실패는 생장이 결여된 것을 나타낸다. 이 교배를 통해 생성된 이배체 세포는 자실체로 불리는 구조로 발달하며, 여기서 각 세포는 감수분열을 거쳐 자낭이라는 주머니에 함께 머무르는 4개의 반수체 생성물을 만들어낸다. 자낭의 4개 반수체 생성물은 추가 유사분열을 거쳐 각 자낭 내에 8개의 자낭포자를 형성한다. Beadle과 Tatum은 자실체에서 자낭을 분리한 다음, 8개의 자낭포자 각각의 성장 특성을 조사할 수 있었다. 반수체 자낭포자를 처음에 완전배지에서 성장하여 발아시킨 후, 대량의 균사를 생성하여 눈에 보이는 콜로니를 생성시킨 다음 이를 최소배지로 옮겼다. 자낭세포가 최소배지에서 성장하지 않는다는 것은 성장 실패를 의미한다. Beadle과 Tatum은 niacin 합성 경로에서 다양한 중간물질이 포함된 최소배지에서 돌연변이주의 생장이 결여되는 본성을 확인하였다.

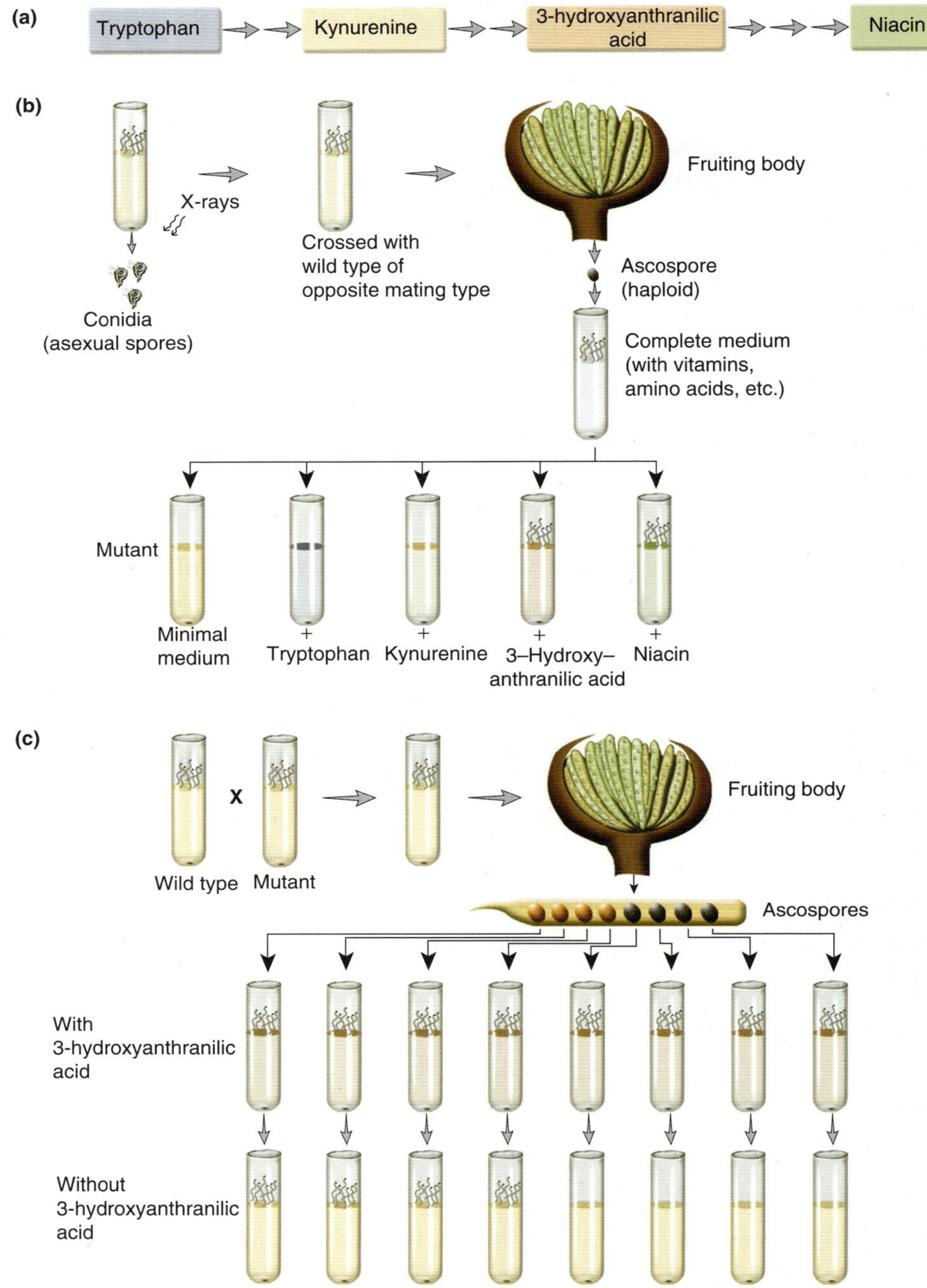

그림 1.7 1유전자-1효소설.

*Neurospora crassa*에서 특정 유전자의 결여와 niacin 합성을 위한 대사 과정에서 특정 결여 사이의 관계는 1유전자-1효소설이 맞는다는 것에 대한 증거임을 보여 준다. (a) *N. crassa*에서 niacin 합성의 대사 경로는 Beadle과 Tatum에 의해 결정되었다. 화살표는 효소-중간자 단계를 보여준다. 대사 경로는 7개의 단계가 연관되어 있음이 알려져 있다. (b) 효소 결여와 돌연변이 측정을 위한 방법. 예시에서, 돌연변이는 niacin 또는 3-hydroxyanthranilic acid를 첨가할 때 성장하지만, tryptophan이나 kynurenine를 첨가하면 성장하지 못한다. 따라서 돌연변이는 kynurenine과 3-hydroxyanthranilic acid 사이의 대사 과정에 영향을 준다. (c) 돌연변이의 유전적 특징을 확인하기 위한 방법.

그림 1.7b는 만약 niacin 또는 3-hydroxyanthranilic acid가 포함될 경우, 돌연변이 균주의 성장을 보여주는 실험이다. 만약 tryptophan 또는 kynurenine이 있다면, 자라지 않을 것이다. 이러한 결과로부터, Beadle과 Tatum은 대사 과정의 전 단계에 결여된 효소가 tryptophan과 kynurenine을

요구한다는 것을 추측할 수 있었다. 그러므로, 돌연변이는 kynurenin과 3-hydroxyanthranilic acid 사이의 대사 단계에 영향을 주는 것이다. 각각의 경우, 특정 화합물의 합성을 이끌어내는 대사의 단계는 막혀 있다. Beadle과 Tatum은 Mendel의 유전의 법칙을 돌연변이의 유전학적 특징에 이용하여 사실임을 보여 주었다. 돌연변이 균주는 야생형과의 교배를 통해 3-hydroxyanthranilic acid 없는 최소배지에 놓아둔다(그림 1.7c). 4개의 반수성 포자는 성장이 불가능하고, 다른 4개가 가능하다는 것이 관찰된다는 것은 돌연변이가 원인인 결여가 Mendel의 유전학의 원리를 따른다는 것을 보여 준다. 따라서 생화학적 과정에서 요구되는 유전적 돌연변이와 특정 효소의 결여 사이에 일대일 대응이 있음을 알 수 있다. 그러한 결과에 기초하여, Beadle과 Tatum은 "1유전자-1효소설"을 만들었다.

Beadle과 Tatum의 가설은 훗날 "1유전자-1폴리펩티드 가설"로 재탄생되었다. 약간의 추가를 통해서 기능성 RNA 분자를 고려하면, 이 가설은 여전히 유효하다. 게다가, 이 책을 보는 동안 내내, 분자생물학에서 놀랄만한 대부분의 진전 일부분은 **유전학적 스크리닝(genetic screen)**과 돌연변이를 이용한 것으로부터 왔음을 알 수 있다. 돌연변이의 연구는 현대 분자생물학과 유전학에서 여전히 구동력이 되고 있다.

기술적인 진보의 중요성: Hershey-Chase 실험

Avery, MacLeod와 McCarty의 실험은 세균에서 DNA가 유전적 물질임을 보여주고 있다. 그러나 DNA가 모든 생물에 있어서 보편적인 유전적 물질인지에 대한 질문이 여전히 남아 있다. DNA 특성 연구의 역사 중 중요한 사항은 2차 세계대전 종전 이후 초기에 기초과학에서 만들어진 방사성동위원소의 이용과 유용성이었다. **방사성동위원소(radioisotope)**는 물질에서의 불안정한 동위원소이다(분자생물학에서 방사성동위원소의 사용에 관한 지식이 필요하다면 Tool Box 13.4 참조). 방사성동위원소는 1952년에 Alfred Hershey과 Martha Chase가 세균을 감염시키는 **바이러스(virus)**인 **박테리오파지 T2(bacteriophage**, 문자 그대로 "세균 포식자") 또는 줄여서 "**파지(phage)**"의 유전적 물질이 DNA임을 보여주는 고전적 실험을 통해 보여주었다(그림 1.8).

박테리오파지 T2—줄여서 파지—는 단백질 코트 내에 포함된 것으로 알려져 있었지만, Hershey와 Chase는 새로운 파지를 만들 때 유전 정보가 단백질 또는 DNA 중 어느 것에 의해 운반되는지를 결정하는 실험을 하였다. 첫째, 그들은 파지 DNA를 방사성동위원소인 32-인(^{32}P)으로, 단백질을 35-황(^{35}S)으로 표지했다. DNA는 인은 포함하지만 황을 포함하지 않는 반면, 단백질은 일부 황을 포함—아미노산 중 메티오닌과 시스테인—하지만(아미노산 메티오닌과 시스테인은 4장에서 볼 수 있다.) 인을 포함하지는 않았다. 다음으로는 표지된 파지와 함께 대장균을 배양하였다. 배양은 특정한 반응을 증폭시키기 위하여 특정한 상태 하에서 유지되었으며—이 경우에서는 세균의 성장과 파지의 감염을 증폭시켰다. 감염이 진행되는 동안 파지는 박테리아에 접착하고서 자신의 DNA를 주입시켰다(그림 1.8).

이 시점에서 Hershey와 Chase는 중요한 문제에 부딪쳤다. 그들은 DNA를 주입한 후 세균 세포벽으로부터 빈 파지 코트를 떼어 낼 수가 없었다. 그들은 이 단계 없이는 다음 실험을 완성할 수 없었다. 이 순간에, 그들은 현명하게 그 당시에 막 발명된 주방용 믹서기를 이용함으로써, 박테리아로부터 파지를 분리할 수 있었다. (유명한 밴드 리더인 Fred Waring은 그의 이름을 딴 믹서기의 발명을 재정적으로 지원했다.) 이 단계에서는 파지 단백질이 세균 안으로 들어갈 수 없었기 때문에 ^{35}S가 제거되었지만, ^{32}P 파지 DNA는 세균 안에 남겨졌다. 파지의 유전적인 물질로부터 파지 구성성분의 합성과 그것들의 조합 후에, 세균의 용해가 일어난다. 새로운 파지를 만들기 위해 요구되는 모든 정보는 주입된 DNA 내에 포함되어 있다는 것을 보이는 분리된 자손 파지 입자는 단지 ^{32}P만을 포함한다.

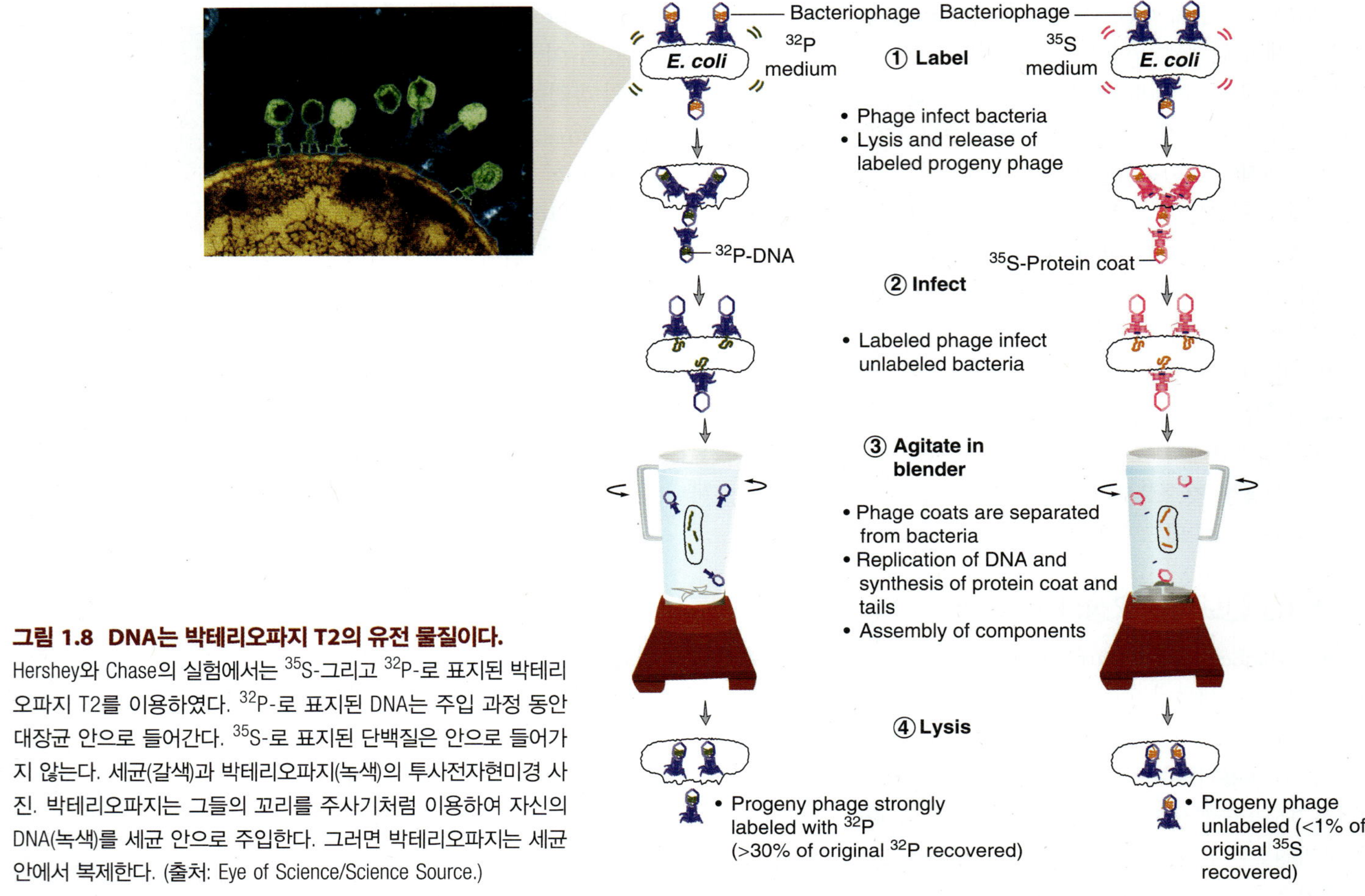

그림 1.8 DNA는 박테리오파지 T2의 유전 물질이다. Hershey와 Chase의 실험에서는 ^{35}S-그리고 ^{32}P-로 표지된 박테리오파지 T2를 이용하였다. ^{32}P-로 표지된 DNA는 주입 과정 동안 대장균 안으로 들어간다. ^{35}S-로 표지된 단백질은 안으로 들어가지 않는다. 세균(갈색)과 박테리오파지(녹색)의 투사전자현미경 사진. 박테리오파지는 그들의 꼬리를 주사기처럼 이용하여 자신의 DNA(녹색)를 세균 안으로 주입한다. 그러면 박테리오파지는 세균 안에서 복제한다. (출처: Eye of Science/Science Source.)

Hershey와 Chase의 발견에 따라서, DNA가 세균 체계에서 유전적 물질임을 명백하게 보여 주었다. 이후 DNA가 보편적인 유전 물질일 수 있는지를 제안하였다. 그러나 다음 도전은 DNA가 어떻게 생물의 삶을 조정하는 정보를 충분히 포함할 수 있는지 설명하는 것이었다. 위에서 언급했듯이, DNA는 그 시점에서 매우 간단한 테트라뉴클레오티드 분자일 뿐이었다. 어떻게 복제되고, 세포에서 세포로 어떻게 전달되며, 그 암호를 어떻게 유지하는가?

1.3 DNA 구조에 대한 모델: DNA 이중나선

1953년, James Watson과 Francis Crick은 DNA 구조에 대한 모델로 **이중나선**을 제안하였다(그림 1.9a). 그들의 발견은 Maurice Wilkins 실험실의 Rosalind Franklin에 의한 **X-선 회절 분석**(14장 참조)에 기초를 두고 수행되었다(그림 1.10). 이 경쟁적인 경주의 재미 있는 이야기는 종지부를 찍었다. Franklin의 사진은 여전히 다른 분자의 어떠한 사진보다도 가장 아름다운 X-선 사진으로 남아 있다. 그 시기의 다른 과학적 발견들은 DNA 구조를 제안하는 데 있어 필연적인 문맥으로 제공되었다. 이러한 발견들은 뒷 장에서 좀 더 심도 있게 다룰 예정이다: (1) 1951년 Linus Pauling에 의해 코일과 나선형 이중 구조를 채택한 단백질을 제안하였지만, (2) Edwin Chargaff가 DNA의 염기가 1 : 1 : 1 : 1의 비율로 존재하지 않음을 보임으로써, Levene의 테트라뉴클레오티드 가설을 반박하였다. 그림 1.9b는 이중나선 구조의 본질적인 특징이다. 그 리본들은 우측형 나선형을 따

(a)

(b)

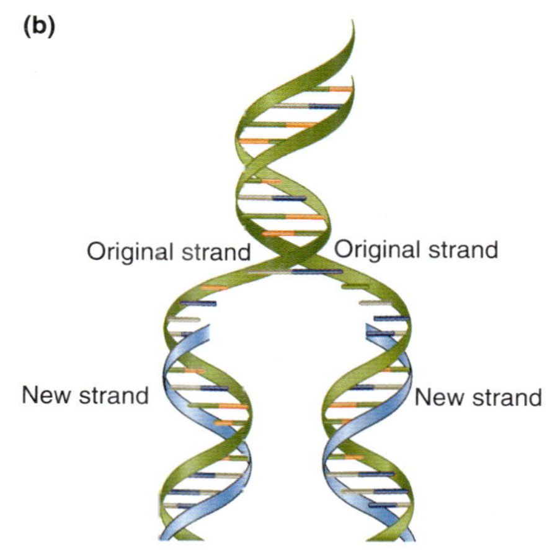

그림 1.9 DNA 이중나선.
(a) James Watson(왼쪽)과 Francis Crick은 1953년 DNA 분자의 일부에 대한 그들의 모델을 보고 있다. (출처: A. Barrington Brown/Science Source.) (b) Watson과 Crick의 구조는 원본 DNA 분자에 짝-염기 개요를 제안함과 더불어 각각의 가닥이 복사가 되어 복제되는 것을 제안하였다.

라 DNA 이중가닥의 당-인산 골격을 나타낸다. 수직으로 된 평면에 누워져 있는 각각의 수소 결합된 염기쌍들은 수평선들로 나타난다. 여기에서는 DNA 염기의 각각 다른 4종류—아데닌, 사이토신, 구아닌, 티민—를 4개의 다른 색상으로 나타내었다. Watson-Crick 구조의 가장 중요한 특징은 특정한 패턴을 따라 염기쌍이 배열되어 있는 것이다. 아데닌 염기는 특별히 티민 염기와 쌍을 이루고(역으로도 같음), 구아닌 염기는 사이토신 염기와 쌍을 이룬다(역으로도 같음). 과학 문헌에서 매우 정제된 표현 가운데 하나로, 1953년 Watson과 Crick이 쓴 *Nature* 논문을 보면: "우리가 상정한 특정한 짝은 유전 물질을 위한 복제 메커니즘이 가능함을 추측하였던 우리의 예측을 빗나가지 않았다."

이중나선은 분자생물학 입문을 위한 시작점이 된다. DNA는 더 이상 간단한 분자처럼 보이지 않을 것이다. 과학자들은 DNA가 유전 물질처럼 전달하는 데 충분한 정보를 가지고 있음을 볼 수 있었다. DNA 골격에 포함된 4개 염기의 다른 배열은 하나의 생물체와 다른 것을 구분할 수 있는

(a)

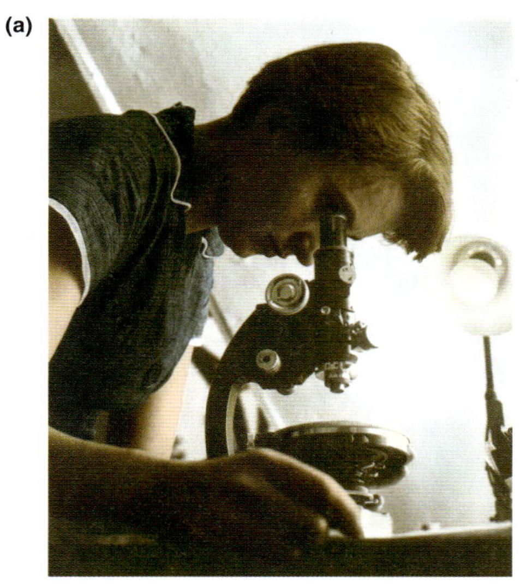

(b)

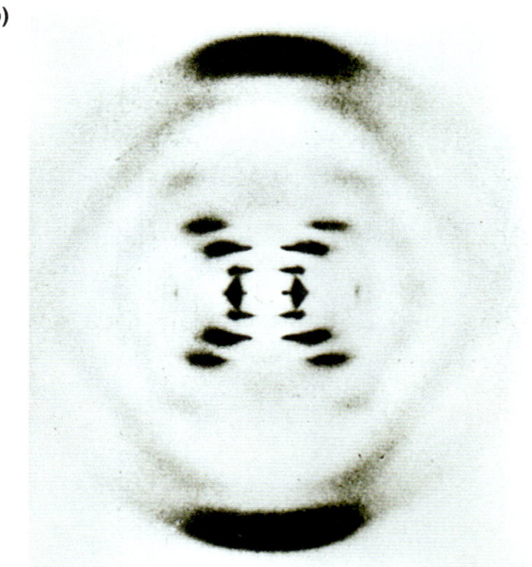

그림 1.10 DNA의 X-선 결정학 사진.
(a) Rosalind Franklin working in the lab. (출처: Science History Images/Alamy Stock Photo.) (b) 이 DNA 이중나선의 이미지는 1953년에 Rosalind Franklin에 의해 얻어졌다. 같은 해 Watson과 Crick은 DNA의 구조를 밝혔고, Franklin의 작업에 도움을 받았다. 이 이미지 결과에서, 결정체화된 DNA에 의해 X-선의 광선이 사진감광판 위에 산란된다. DNA 구조에 관한 특징은 점과 선이 패턴에 의해 결정되는 것이다. 패턴의 정기성과 선의 교차는 DNA의 ㄴ-선 특성을 나타낸다. X-모양의 맨 위와 맨 아래 선 사이의 공간은 나선 구성 물질(염기쌍) 사이의 공간이 3.4 Å이 되도록 한다. 패턴에서 이웃하는 선 사이의 공간은 한 번 꼬이는 나선의 길이가 34 Å의 길이를 만들게 된다. (출처: Omikron/Science Source.)

모든 정보를 암호화할 수 있다. 부모(원래의) 가닥의 쌍으로 되어 있어, 각 가닥은 각기 다른 2개의 이중나선으로 상보적(딸) 사슬로 새로이 합성된다(그림 1.9b). 거의 언급되는 사실은 아니지만, 회고해 보면 당시 제안되었던 DNA의 구조는 과학계로부터 미온적인 반응을 받았다. 단백질의 합성에 있어서 DNA의 역할이 명료하게 밝혀졌을 때 비로소 생화학회는 DNA의 구조에 대하여 진지한 관심을 보이기 시작했다.

1.4 분자생물학의 센트럴 도그마

앞선 절에서 기술한 실험과 관찰은 DNA가 유전 물질임을 이해할 수 있게 해 주었다. 각각의 염색체는 DNA 하나의 분자이며, 유전자는 DNA의 배열이다. 몇몇 바이러스가 RNA 유전체로 이루어졌다는 것은 이미 알려져 있다: 이러한 예외는 3장에서 다룰 예정이다. 다음 퍼즐은 **유전자형(genotypes)**이 어떻게 표현형과 연관되어 나타나는 것인가에 있다. Beadle과 Tatum은 유전자와 효소 사이의 일대일 대응을 보여 주었다. 유전자에 있는 정보는 단백질을 어떻게 만드는가?

1957년 Francis Crick에 의해 유전적 물질을 포함하는 정보의 흐름을 묘사한 것이 **분자생물학의 "센트럴 도그마(central dogma, 중심 원리)"**라고 설명되었다(그림 1.11). 센트럴 도그마는 Crick에 의해 "정보가 단백질로 한번 전달되면 그것을 다시 나갈 수 없다"라고 언급되었다. "도그마"라는 단어를 Crick이 선택한 것은 진정한 중심 가설이 무엇인지에 대한 맹목적인 신념을 위해 이름 붙여진 것이 아니었다. Horace Judson의 저서 *The Eighth Day of Creation*에 따르면, 그것은 Crick이 그의 마음 안에 "도그마는 합리적인 증거가 없는 것을 위한 생각이다"라는 가치를 가지고 있었기 때문이었다. Crick은 Judson에게 "나는 도그마가 무엇을 의미하는지 몰랐다.... 도그마는 단순한 형상을 잡는 것이라는 것을..."이라고 말하였었다.

원리에서, 본질적인 센트럴 도그마는 몇몇 최신 정보를 추가하여도 여전히 유효하다. 간단히 시작하면, DNA는 단백질을 암호화하고 있는 RNA를 암호화한다. 전령 RNA의 발견과 단백질 합성에서 중간자적 역할에 대해서는 8장에서 이야기할 것이다. 많은 유전자들은 전령 RNA과 달리 역할이 없는 RNA 분자—이것들은 단백질로 번역되지 않는다—를 암호화하고 있다는 것이 알려져 있다. 기능적 RNA의 많은 예들은 이 책을 통하여 논의될 것이다. 또한, 몇몇 사례에서는 정보가 RNA로부터 DNA로 되돌아가서 흐른다. 결국, RNA는 직접적으로 RNA로 복사될 수도 있다. 3장에서 어떠한 DNA 간섭 없이 그들의 유전체를 복제하고 RNA 유전체를 지니고 있는 바이러스를 소개한다.

그 다음 장은 유전 정보의 이러한 흐름에서 DNA, RNA, 단백질의 기능에 대해 자세하게 다룰

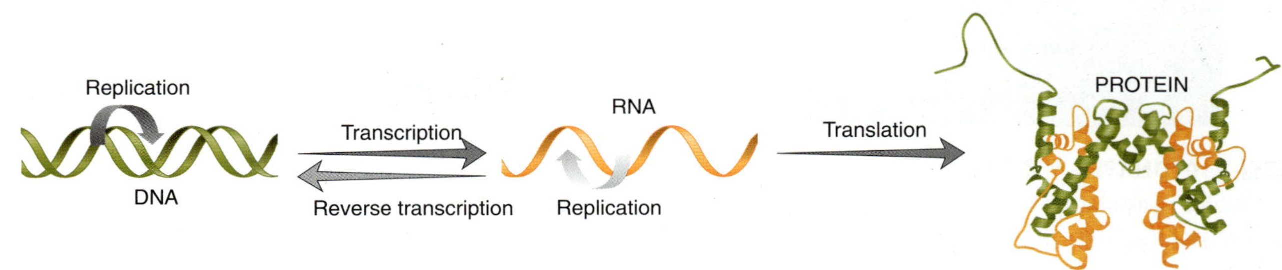

그림 1.11 분자생물학의 센트럴 도그마.
진한 회색 화살표는 모든 세포에서 일어나는 정보의 전달을 보여준다. 밝은 회색 화살표는 특별한 경우에 일어나는 전달을 보여준다.

것이다. 유전적 정보의 흐름을 관리하는 각각의 과정에는 특별한 이름이 주어져 있다. 원본 DNA에서 DNA를 복사하여 만드는 과정은 "**복제(replication)**"라고 불린다. 이 메커니즘은 6장에서 다룬다. 8장과 9장에서는 "**전사(transcription)**"에 대해 살펴본다—이는 이중나선 DNA의 1개 가닥에서 동일한 서열의 단일-가닥 RNA를 생성하기 위한 과정이다. "전사"라는 단어는 정보가 다시 쓰여지거나 "전사되기" 때문에 사용된다. 하지만 뉴클레오티드에서는 다 똑같은 언어이다. RNA 뉴클레오티드 서열의 과정은 "**번역(translation)**"이라고 불리는 단백질의 아미노산 서열로 변환되는 것이다. 이 단어는 뉴클레오티드의 언어 내의 정보는 복사되거나 다른 언어(아미노산이라는 언어)로 "번역되는" 것을 나타낸다. 번역은 12장에서 다룰 것이다. "**역전사(reverse transcription)**"는 단일-가닥 RNA로부터 생성되는 단일-가닥 DNA 복사본을 만드는 과정이다. 이 과정은 진핵생물 염색체의 매우 끝부분을 복제하기 위해서 또는 **레트로바이러스**가 그들의 유전체를 복제하기 위해 사용된다.

분자생물학의 입문 원리에서 단단한 기초를 다진 후, 다음 단계인 기초 지식의 응용으로 옮겨갈 것이다. 일상생활, 의학, 농학, 법의학 분야의 다양한 측면에서 재조합 DNA 기술의 응용을 탐구할 것이다.

1.5 유전을 위한 진화적 틀

DNA가 유전적 물질임을 인식하기 이전부터, 과학자들은 훨씬 더 원대하게 유전을 이해하기 위해 노력했다. 생명은 어떻게 그 장소에서 탄생되었는가? 1859년, Charles Darwin은 "*On the Origin of Species*"이라는 혁신적인 저서를 출판하였다. Darwin과 Alfred Russell Wallace 모두 이전 해에 짧은 개요를 각각 발표하였다. 하지만, Darwin의 책은 생물학적 진화의 전체적인 설명을 처음으로 한 것이었다. Darwin은 유전적 변이가 자손 생산에 있어 다른 성공을 이끌어냈을 때 진화가 일어난다고 결론을 내렸다. 말하자면, 만약에 변이가 존재하고, 다른 자손의 생산과 유전이 있다면, 자연적인 선택에 의한 진화는 결과가 될 것이다. Darwin의 다른 중요한 시점은 모든 **종(species)**은 동일한 조상으로 연관되어 있고, 자연선택에 의한 반응에서 오랜 시간 동안 변화를 가졌다는 것이다. 훗날 이러한 공동의 조상은 **공통 조상[last universal common (cellular) ancestor]** 또는 **LUCA**라고 명명되었다. 이러한 최초의 간단한 생명체는 35억 년 전에 지구에 나타났다. 이런 간단한 시작으로부터, 생명의 모든 것이 진화하였다.

선택설(신-다윈설)

자연선택(natural selection)은 개체의 적응, 집단 내에서 개체의 역할, 생존과 번식을 위한 그들의 능력에 미치는 영향에 따라 모양을 서서히 형성한다. **진화(evolution)**는 오랜 시간 동안 집단의 특성에서 변화한 것이다. Darwin은 발생할 수 있는 세 가지의 변화를 구분하였다: 유리한, 유해한 그리고 중립. **유리한 변이**는 **긍정적 선택(positive selection)**으로 자손에게 전달되거나 다윈설에 관련되어 선택되고, 시간이 흘러 전체 집단에서 좀 더 보편화된다. **유해한 변이(Deleterious changes)**는 부정적이게 사라지는 현상이거나, "정제되는" 선택이다. **중립적 변이(Neutral changes)**는 고정될 수도 있고, 오랜 시간이 지나 집단 내에서 사라질 수도 있다. 놀랄만한 것은 Darwin은 유전 물질의 본성에 대한 이해 없이 자연선택에 의해 그의 진화이론을 만들어낸 것이다. 진화에 대한 유전적 기반은 1900년 Mendel의 법칙들이 재발견되고 난 후에야 정립되었다. Darwin의 이론은 1950년대 후반 집단 유전학자들에 의해 진보되었다—이것을 신-다윈설 또는 현대 합성의 시대라고 부른다. 생물체의 기능과 형태의 진화에 관한 연구는 수년 동안 다윈설의 선택을 따랐다. 그러나 신-다윈설은 진화에서 주된 영향력을 보인 중립적 변화에 따르지 않았다(그림 1.12).

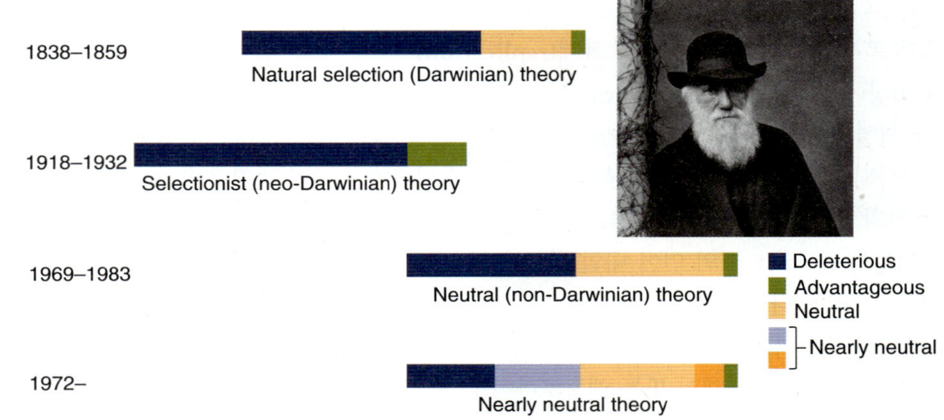

그림 1.12 자연선택에 의한 진화.
각각의 가설은 적응에 의해 고려된 많은 유전적 변이가 다르고, 자연적 선택에 의해 유지되며, 많은 중립성이 다름에 의한 유전적 이동에 의해 유지된다. 사진은 1854년 경의 Charles Darwin. (출처: Biophoto Associates/Science Source.)

분자적 진화의 거의 중립 이론

만약 생명체를 살펴보았을 때 그들의 환경에서 잘 적응하고 있다면, 그것은 아마도 어느 곳에나 긍정적인 선택의 증거가 있다는 것을 볼 수 있다. 그러나 분자생물학자들이 유전적 단계에서의 변화를 자세하게 살펴보기 시작하였을 때, 일부는 Darwin의 선택설에 의해 설명될 수 없었다. 1960년대 후반, Motoo Kimura는 거의 중립 돌연변이 또는 선택적 중립의 무작위적 고정이 분자 단계에서 진화적 변화의 주요 원인이라고 제안했다(그림 1.12). 예를 들어, 한 유전자가 여러 개의 다른 대립유전자를 운반하는 집단을 고려해 보면, 확률 가능성은 그러한 대립유전자들 각각이 기능을 잘 실행할 수 있다는 것이다—다시 말해, 각각의 변이는 중립적인 것이다. 생명체가 유전자의 대립유전자 1을 운반하든 대립유전자 2를 운반하든 생존과 번식에 대한 능력에는 영향을 미치지 않는다는 것이다.

Kimura의 제안은 오늘날까지도 중립론자들과 선택론자들 사이에서 논쟁이 되고 있다. 논쟁의 주요 쟁점은 유전적 변이가 어떻게 받아들여지는가, 자연선택에 의해 유지되는가, 중립이 얼마나 있는가, 유전적 흐름에 의해 유지되는가로 넘어 갔다. **유전적 흐름(genetic drift)**은 세대에서 세대로 집단의 유전적 빈도 내의 무작위적 변화를 주목했다. 이러한 시나리오 내에서, 유전적 특성의 일부 세트를 지닌 생명체들이 다른 유전적 특징을 지닌 생명체보다 더 많은 번식을 한다. 이는 "더 낫기" 때문이 아니라 단지 그들이 운이 좋았기 때문이다. 이러한 과정은 집단 내 유전적 빈도의 원인이지만, 시간이 흐르면 없어질 수도 있다.

중립론자들과 선택론자들 사이의 논쟁은 Tomoko Ohta가 "**거의 중립 이론(nearly neutral theory)**"을 제안했을 때, 어느 정도 흥분이 가라앉았다. 이 가설은 선택의 우성적 방식은 적응 변이의 긍정적인 선택이 아니라, 거의 중립 변이의 무작위적 고정을 따르는 동안 유해한 변이를 제거하는 **정제된 선택(purifying selection)**이라는 것이다. 거의 중립 이론은 생물체들이 환경에 적응하지 못했거나 또는 모든 유전적 변이가 중립적이란 것을 제시하지는 않는다. 돌연변이는 **문자 그대로** 중립적일 필요가 없다. 돌연변이는 단지 정제된 선택에 의해서, 효율적인 제거를 피할수 있을 만큼의 작지만 유해한 영향을 발휘하는 데 필요할 뿐이다. 이러한 거의 중립 이론은 변화된 조건에서의 자연선택설에 의해 이용될 수 있는 변이의 집체(pool)를 형성한다.

거의 중립 이론이 어떻게 폭 넓게 적용되는지를 이해하는 것은 분자생물학자를 사이에서 뿐만 아니라 많은 연구와 논의에서도 주제가 되고 있다. 분자생물학자들은 유전체가 어떻게 구성되어 있고, DNA 염기서열이 진화와 재현에 사용될 수 있는지 여부에 대해 흥미를 가지고 있다. 유전체 조직의 진화는 5장에서 논의될 것이며, 유전체학의 시대에 대해서는 14장에서 더 자세히 살펴볼 것이다. 결론은 지난 150년 이상 동안의 모든 생물학 연구는 Darwin의 기원에 의해 설정된 진화론틀 내에서 발전되었다는 것이다.

장 요약

유전은 유전자를 이용하여 부모에서 자손으로 전달되는 것이다. Mendel은 유전 특징의 불변의 전달자인 유전자를 정의하는 분리의 법칙, 독립유전의 법칙, 우성의 법칙을 설명했다. 유전자의 본성에서 연구의 세 가지는 감수분열과 유사분열 동안 염색체의 행동과 DNA의 화학적 구성성분이 결국 DNA는 유전적 물질이다라는 결론을 보여주는 것으로 수렴되었다. 염색체는 DNA 하나의 분자이고, 유전자는 DNA 배열이다. Avery와 그의 동료들은 DNA가 형질변환 물질임을 보여 줌으로써 유전적 물질임을 설명하였다. Griffith는 쥐에서 *Streptococcus* 박테리아의 형질전환 현상을 입증하였다. Hershey와 Chase는 박테리아에 박테리오파지 T2의 DNA를 넣어 증명하였다. 분석된 돌연변이의 힘을 이용하여 Beadle과 Tatum은 유전자와 효소(단백질)에 의해 촉매된 대사 과정 단계 사이에 연관성이 있음을 처음으로 입증하였다. 1953년 증거는 유전적 물질로 DNA를 강력하게 지지했다. 증거의 많은 것은 Watson과 Crick이 DNA 구조의 이중나선 구조를 제안하여 이끌어낸, Franklin에 의한 X-선 회절사진을 포함한다. 분자생물학의 센트럴 도그마는 세포 내의 정보의 흐름을 요약해준다. 간단하게, 이 도그마는 DNA는 RNA를 암호화하고, RNA는 단백질을 암호화하는 현상을 설명한다. 센트럴 도그마에는 중요한 변화가 있다: 몇몇 경우에는, RNA로부터 DNA로 정보가 역으로 흘러가고, 많은 유전자는 기능을 하지 않는 RNA 분자를 암호화한다. 자연선택에 의한 Darwin의 진화 이론은 모든 생물체들은 공통의 조상과 연관이 있음을 시사했다. 다윈성(긍정적인) 선택은 확실한 특징을 지니는 유전적 변이가 번식하는 동안 성공적인 진보를 이끌게 된다. 집단에서 빈도의 특성 증가는 동일한 특성을 가진 많은 자손들이 생산되기 때문이다: 따라서 진화는 일어난다. 분자적 수준에서 선택적 우성의 방식은 (거의) 중립 변이의 무작위적 고정을 따르는 동안 유해한 변이를 제거하는 정제(부정적) 선택을 제안했다.

분석 질문

분석 및 발견 질문에 대한 해답은 부록을 참조하시오.

1. 둥근(RR) 노란색 종자 및 보라색 꽃(CC)을 가진 완두콩 식물과 주름진(RR) 녹색(YY) 종자 및 흰색 꽃(cc)을 가진 완두콩 식물 사이의 교배를 고려해 보시오. F_1 잡종은 둥근 노란색 종자와 보라색 꽃을 가진 삼중 이형 접합체(RrYyCc)이다. 만일 F_1 자손이 자가 수정되거나 교배된다면 F_2 세대의 유전자형과 표현형은 어떻게 되는가?

2. 수산화나트륨은 단백질과 핵산을 분해하고, 페놀은 단백질을 변성시키지만 핵산은 변성시키지 않는다. Griffith에 의해 행해진 폐렴구균(*Streptococcus pneumonia*)의 형질전환 실험에서 S형 폐렴 구균을 추출해서 페놀로 처리했을 때 예상할 수 있는 결과는? 만약 수산화나트륨으로 처리한다면 예상할 수 있는 결과는?

3. Hershey와 Chase의 감염된 세균 세포를 방사성인 박테리오파지 T2가 존재하는 상황에서 키우면, 파지 RNA와 DNA가 둘 다 인이 표지됨에도 불구하고 실험적 결과는 영향이 없다. 왜일까?

4. *Neurospora*의 4개의 독립적인 메티오닌 영양요구체들은 어떤 관련 화합물들이 그들의 메티오닌 요구에 대한 대체 물질이 될 수 있는지 결정하기 위해 연구되었다. 다음 표에 따르면 "+"는 각각 표시된 화합물들이 최소배지에 첨가되었을 생장함을 의미하고, "−"는 생장하지 않음을 보여준다.

Mutant strain	Nothing added: (minimal medium)	O-Acetyl-homoserine	Methionine	Homocysteine	Cystathione
Wild-type	+	+	+	+	+
Mutant A	−	+	+	+	+
Mutant B	−	−	+	+	+
Mutant C	−	−	+	+	−
Mutant D	−	−	+	−	−

위의 결과에 따라, 메티오닌의 생합성 경로에서 네 가지 화합물의 순서를 지정하시오.

5. 자연선택이 집단에 부정적 영향을 가지는 유전자를 제거하기 위해 사용된다고 예측할 수 있다. 그렇다면, 인간 집단에서 헌팅턴 병의 원인인 유전자가 어떤 이유로 계속 유지되고 있다고 추측되는가? (힌트: 이 병은 청장년이 될 때까지 일반적으로 나타나지 않는다.)

발견 질문

그림 1.7 *N. crassa* 균주의 성장 결함이 유전적 돌연변이로 인한 것임을 확인하기 위해 파트 c에 표시된 방법을 어떻게 사용할 수 있는지 설명하시오.

그림 1.8 만약 당신이 3단계 후에 블렌더의 유체를 분석할 경우, 유체에서 ^{32}P 또는 ^{35}S 또는 둘 모두를 찾을 것으로 예상하는가?

참고문헌

Avery, O., MacLeod, C., and McCarty, M. (1944). Studies on the chemical nature of the substance inducing transformation of *Pneumococcal* types. *Journal of Experimental Medicine* 79: 137–158.

Beadle, G.W. and Tatum, E.L. (1941). Genetic control of biochemical reactions in *Neurospora. Proceedings of the National Academy of Sciences of the United States of America* 27: 499–506.

Bernardi, G. (2007). The neoselectionist theory of genome evolution. *Proceedings of the National Academy of Sciences of the United States of America* 104: 8385–8390.

Chandrasekaran, A.R. (2017) Building nanoscale structures with DNA. *The Scientist* (July/August), 24–32.

Chargaff, E. (1951). Structure and function of nucleic acids as cell constituents. *Federation Proceedings* 10: 654–659.

Darwin, C. (1859). *On the Origin of Species, a Facsimile of the First Edition with an Introduction by Ernst Mayr.* Cambridge, MA: Harvard University Press; reprinted, 1964.

Echols, H. (2001). *Operators and Promoters. The Story of Molecular Biology and its Creators.* Berkeley: University of California Press.

Endo, M. and Sugiyama, H. (2018). DNA origami nanomachines. *Molecules* 23: 1766.

Fuller, W. (2003). Who said "helix"? *Nature* 424: 876–878.

Griffith, F. (1928). Significance of pneumococcal types. *Journal of Hygiene* 27: 113–159.

Hargittai, I. (2009). The tetranucleotide hypothesis: a centennial. *Structural Chemistry* 20: 753–756.

Hershey, A. and Chase, M. (1952). Independent functions of viral protein and nucleic acid in growth of bacteriophage. *Journal of General Physiology* 36: 39–56.

Jiang, Q., Liu, S., Liu, J. et al. (2018). Rationally designed DNA-origami nanomaterials for drug delivery *in vivo. Advanced Materials* 2018: 1804785.

Judson, H.F. (1996). *The Eighth Day of Creation. Makers of the Revolution in Biology.* Cold Spring Harbor, NY: Cold Spring Harbor Laboratory Press.

Kimura, M. (1983). *The Neutral Theory of Molecular Evolution.* Cambridge, UK: Cambridge University Press.

Lee, T.F. (1991). *The Human Genome Project. Cracking the Genetic Code of Life.* New York: Plenum Press.

Lim, X. (2017). The architecture of structured DNA. *Nature* 546: 687–689.

Nei, M., Suzuki, Y., and Nozawa, M. (2010). The neutral theory of molecular evolution in the genomic era. *Annual Reviews of Genomics and Human Genetics* 11: 12.1–12.25.

Ohta, T. (2002). Near-neutrality in evolution of genes and gene regulation. *Proceedings of the National Academy of Sciences of the United States of America* 99: 16134–16137.

Ohta, T. (2011). Near-neutrality, robustness, and epigenetics. *Genome Biology and Evolution* 3: 1034–1038.

Olby, R. (2003). Quiet debut for the double helix. *Nature* 421: 402–405.

Watson, J.D. (1968). *The Double Helix.* New York: Signet.

Watson, J.D. and Crick, F.H.C. (1953). A structure for deoxyribose nucleic acid. *Nature* 171: 737–738.

Weismann, A. (1893). *The Germ-Plasm: A Theory of Heredity.* London: Walter Scott.

DNA의 구조

DNA에 대한 비유는 계속해서 늘어난다. 그것은 일련의 코드, 나선형 계단, 그리고 지금은 종이접기 같은 것이다.

출처: ***From Pennisi, E. (2015). Science, 347(6217), 10. © 2015 AAAS***

O U T L I N E

- 2.1 서론
- 2.2 일차구조: 핵산의 구성 성분들
- 2.3 DNA의 이차구조
- 2.4 예외적인 DNA 이차구조
- 2.5 DNA의 삼차구조

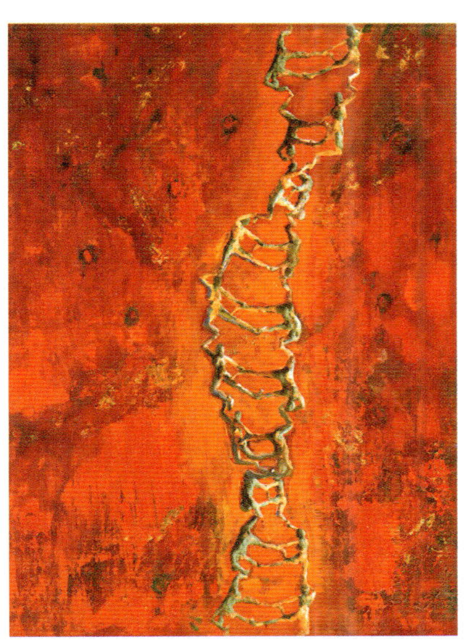

예술에서의 이중나선. (출처: Julie Newdoll/www.brushwithscience.com, "Dawn of the Double Helix," oil and mixed media on canvas, © 2003.)

2.1 서론

DNA 이중나선은 현대생물학을 위한 아이콘이다; 미술관에서 통합된 로고로서 표현되는 양식이다. 화학적 용어로, DNA는 뉴클레오티드라고 불리는 구성요소의 중합체이다. 각 뉴클레오티드는 당, 인산과 염기—아데닌(A), 티민(T), 사이토신(C), 혹은 구아닌(G)으로 이루어져 있다. 당, 인산 그리고 염기가 뉴클레오티드에 배열하는 방식과 뉴클레오티드들이 어떻게 연결되어 있는지는 1953년에 알려졌다. Watson과 Crick은 두 가닥의 DNA가 이중나선 구조를 어떻게 이루는지 밝혀냈다. DNA의 구조는 확실히 보기 좋지만, 그것이 기능과 어떻게 연결되는지 이해하지 못하면 상대적으로 의미가 없다. Watson과 Crick이 제안한 DNA 구조는 단백질 합성에서의 역할을 이해하기 전까지는 큰 관심을 받지 못했다는 사실을 상기하자(1장 참조). 반면에, 기능은 구조에 대한 지식 없이는 완벽하게 이해할 수 없다. 이 장의 한 가지 목표는 DNA의 구조를 설명하는 것이며, 동시에 살아 있는 세포들에서의 기능을 확인하는 것임을 잊지 않아야 한다.

DNA는 종종 불변의, 사다리 모양의, 이중나선 구조로 구성된 매우 긴 염기쌍 서열로서 단순하게 인식되어진다. 이 장에서는 DNA가 삼차원 구조를 갖는 역동적인 분자라는 중요한 개념을 소개한다. 놀랍지 않게도, DNA의 삼차원 구조는 그것의 기능에 굉장히 중요하다. 1988년에 개최된 DNA 굴곡(curvature)과 구부러짐에 관한 유럽분자생물학협회(EMBO) 워크샵에서, 핵산 사슬들과 나선들을 기하학적으로 설명하기 위해 사용되는 파라미터(매개변수)들에 대한 공통의 명명법을 확립하고자 두 회의가 계획되었다. 회의 결과, DNA는 뒤집히고(tip), 프로펠러처럼 꼬이고(propeller twist), 구부러지고(buckle), 구르고(roll), 기울어지고(tilt), 엇갈리고(stagger), 늘어나고(stretch), 가로지르고(shear), 솟아오르고(rise), 미끄러지고(slide), 이동(shift)할 수 있다는 것이다. DNA의 유연성을 고려하기 전에, 보다 잘 알려진 기본 구조에 대해 다시 알아보겠다. 이 장에서는 **데옥시리보핵산(deoxyribonucleic acid**, DNA)과 **리보핵산(ribonucleic acid**, RNA)의 구성요소들을 비교하여 소개한다. RNA 구조는 3장에서 자세하게 다룬다.

2.2 일차구조: 핵산의 구성성분들

현재는 DNA와 RNA가 핵산의 표준명이지만, 그들의 이름은 많은 다른 이름들을 거쳐 온 것이다. 예를 들어, DNA는 소의 흉선으로부터 분리되었기에 thymus nucleic acid라고 처음으로 명명되었고, RNA는 yeast nucleic acid에서 처음 확인되었다. **핵산(nucleic acid)**은 **뉴클레오티드(nucleotide)**라고 불리는 반복된 소단위체의 긴 사슬 또는 중합체이다. 각 뉴클레오티드 소단위체는 오탄당, 인산기, 염기 이렇게 세 부분으로 구성되어 있다. 이러한 기본 성분들의 화학적 구조를 그림 2.1에 나타내었다.

오탄당

RNA의 뉴클레오티드 소단위체는 **리보스(ribose)**라고 불리는 오탄(5-탄소)당을 함유하고 있다.

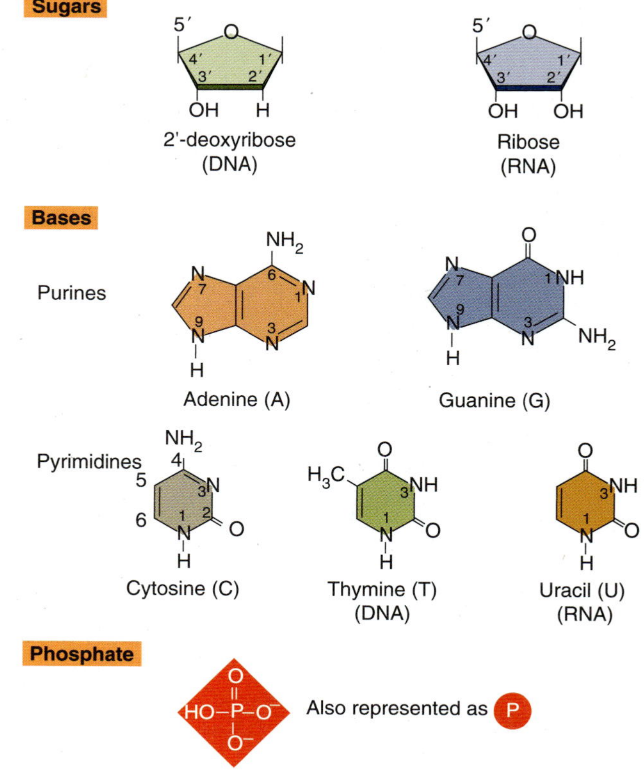

그림 2.1 핵산의 성분들: 당, 염기, 인산.
소수는 염기의 환 위치로부터 당의 환 위치를 구분하기 위하여 당의 환 위치 숫자 부여에 사용된다. 수소와 탄소원자는 일반적으로 명확성을 위해 생략된다.

DNA의 뉴클레오티드 소단위체는 **데옥시리보스(deoxyribose)**당을 함유하고 있다. 이 두 가지 당은 2′ 위치에 산소가 존재하는지 또는 결핍되는지("deoxy")에 따라 다르다. 하지만 RNA와 DNA의 이러한 작은 차이가 그들의 기능에 큰 영향을 준다. RNA의 두드러진 다양성은 이 여분의 2′-수산기에 결정적으로 의존한다(3장 참조). 탄소 배열을 일직선으로 표현하기 위해서, 각 오탄당에서 5개의 탄소원자에 1′에서 5′까지의 숫자를 부여하였다. 당의 환 위치를 염기의 환 위치로부터 구분하기 위해 번호 표시에 ′(prime)이 사용된다. 두 가지 당은 오원자 고리의 한 원소로서 산소를 가지고 있으며, 5′-탄소는 환의 바깥 부분에 있다.

질소 염기

이름에서 제시하는 것처럼, **질소 염기(nitrogenous bases)**는 **염기성(base**, 액상에서 H^+ 이온 또는 양성자를 받아들이는 물질)을 가지고 있는 질소를 함유한 분자이다. 두 염기인 **아데닌(adenine, A)**과 **구아닌(guanine, G)**은 탄소–질소 이중 고리 구조(double carbon–nitrogen ring structure)를 가지고 있다; 이들을 **퓨린(purine)**이라고 한다. 그 외 3개의 염기들, **티민(thymine, T)**, **사이토신(cytosine, C)**, **우라실(uracil, U)**은 단일 고리 구조(single-ring structure)를 가지고 있다; 이들을 **피리미딘(pyrimidine)**이라고 한다. 티민은 DNA에서만 나타나고, 우라실은 RNA에서만 특이적으로 나타난다.

Watson과 Crick이 DNA의 3차원 구조를 제안하기 몇 년 전에, Erwin Chargaff는 DNA 안에 존재하는 각 염기의 양을 분석하기 위하여 종이 크로마토그래피 방법(13장 참조)을 개발하였다. 샤가프는 서로 다른 염기들의 몰 농도에 어떤 일정한 상관성이 있다는 것을 관찰하였다(그림 2.2). 이러한 상관성을 현재 **Chargaff의 법칙(Chargaff's rules)**이라 부른다. 그는 모든 DNA 시료에서, A 잔기의 수는 T 잔기의 수와 동일함을 보여주었다; 즉 [A] = [T], 여기에서 괄호에 둘러싸인 염기의 기호는 염기들의 몰 농도를 나타낸다. 이에 따라 G와 C 염기 수는 동일하다: [G] = [C]. 결국, 퓨린 염기의 양은 피리미딘 염기의 양과 동일하다: [A] + [G] = [T] + [C]. 샤가프는 또한 "G + C 비율"로 정의되는 DNA의 염기 조성은 종마다 다르지만, 한 종내 생물체의 모든 세포에서는 일정하

Source	ADENINE TO GUANINE	THYMINE TO CYTOSINE	ADENINE TO THYMINE	GUANINE TO CYTOSINE	PURINES TO PYRI-MIDINES	AMINO GROUPS TO ENOLIC HYDROXYLS
Ox	1.29	1.43	1.04	1.00	1.1	1.4
Man	1.56	1.75	1.00	1.00	1.0	1.3
Hen	1.45	1.29	1.06	0.91	0.99	1.5
Salmon	1.43	1.43	1.02	1.02	1.02	1.4
Wheat	1.22	1.18[1]	1.00	0.97[1]	0.99	1.4
Yeast	1.67	1.92	1.03	1.20	1.0	1.3
Hemophilus influenzae, type C	1.74	1.54	1.07	0.91	1.0	1.5
B. coli K-12	1.05	0.95	1.09	0.99	1.0	1.6
Avian tubercle bacillus	0.4	0.4	1.09	1.08	1.1	1.7
Serratia marcescens	0.7	0.7	0.95	0.86	0.9	1.6
Hyrdogen organism Bacillus Schatz	0.7	0.6	1.12	0.89	1.0	1.7

[1]이 계산은 사이토신과 메틸사이토신의 합이 사용되었다. 만약 사이토신 만을 고려한다면 사이토신에 대한 티민의 비는 1.62이며, 사이토신에 대한 구아닌의 비는 1.33이다.

그림 2.2 DNA의 염기 구성을 보여주는 Chargaff의 자료.

(출처: Reproduced from Chargaff. 1951. *Federation Proceedings* 10:654–659, by copyright permission of Blackwell Publishing Ltd.)

다는 것을 발견하였다. **G + C 함량(G + C content)**은 생물체에 따라 22~73%로 달라질 수 있다. Chargaff의 법칙은 Watson과 Crick이 DNA가 이중나선 구조를 이룬다는 것을 밝히는 데에 중요한 역할을 했다는 사실을 기억하자(1장 참조).

인산 기능기

인산 기능기(PO_4)가 생리적인 pH에서 DNA와 RNA에 **산(acid)**의 성질(액상에서 H^+ 이온 또는 양성자를 방출하는 물질)을 부여하므로, DNA와 RNA의 이름이 "핵산"으로 명명되었다. 인산으로 이루어진 연결 결합은 에스터(ester) 결합이며, 이것은 좀 더 안정성을 갖지만 효소에 의한 가수분해에 의해 쉽게 깨진다. DNA 또는 RNA 사슬에서 뉴클레오티드가 제거될 때, 뉴클레오티드는 이 과정에서 파괴되지 않는다. 게다가, 인산다이에스터 결합(phosphodiester bond)이 형성된 후에도("Nucleosides and Nucleotides" 아래 참조), 인산기 중 하나의 산소원자는 여전히 음으로 이온화되어 있다. 음전하를 띤 인산염은 지질에 극히 불용성이다. 이것이 왜 중요한가? 세포나 진핵 세포의 핵을 둘러싸고 있는 막의 구성에 대해 잠시 생각해 보자. 삶의 모든 영역에서 인지질은 세포막의 결정적으로 중요한 구성 요소이다. 한편, 음전하를 띤 인산은 지질에 매우 불용성이다. 이를 통해 핵산이 세포 또는 핵막 안에서 머무를 수 있게 한다.

뉴클레오시드와 뉴클레오티드

DNA 또는 RNA 사슬은 세 단계를 통해 형성된다(그림 2.3). 처음 반응에서 각 질소 염기는 당의 1′-탄소와 공유결합을 하여 **뉴클레오시드(nucleoside)**라 불리는 화합물을 형성한다. 또한 동일한 당의 5′-탄소 위치에 인산기가 결합되면 뉴클레오시드는 뉴클레오티드(nucleotide)가 된다. 최종적으로, 하나의 사슬을 이루기 위하여 뉴클레오티드들이 축합 반응에 의해 결합(중합)된다(그림 2.4). 하나의 뉴클레오티드에서 당의 3′-탄소 위치에 있는 수산기는 다른 뉴클레오티드의 인산과 에스터 결합을 형성하며, 하나의 물 분자와 파이로인산($P_2O_7^{4-}$)의 형태로 두 인산을 제거한다. 인접 뉴클레오티드들의 당 성분들을 연결하는 화학적 결합을 인산다이에스터 결합 또는 가닥의 양쪽 극을 가리키는 5′ → 3′ **인산다이에스터 결합**이라 부른다. 이와 관련해서, "극성"이라는 단어는 DNA나 RNA 사슬의 끝 부분이 구별되고 다른 화학적 성질을 갖는다는 것을 의미한다.

여기서 중요한 포인트는 DNA나 RNA 사슬의 구성요소들은 **공유결합(covalent bond)**으로 연결되어 있다는 것이다. 공유결합은 전자가 두 원자 사이에 공유될 때 형성되는 강한 화학적 결합이

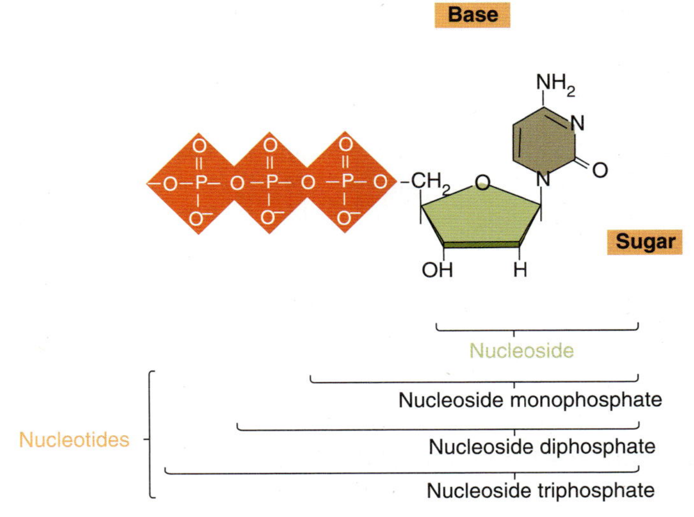

그림 2.3 뉴클레오시드 및 뉴클레오티드 구조. 뉴클레오시드의 구조와 인산염의 수가 다른 3개의 뉴클레오티드 구조가 DNA에서 보여진다.

다. 보통 각 원자는 두 원자에 의해 공유되는 공유전자쌍에서 한 전자씩을 공유한다. 이러한 결합은 매우 안정하며 세포 내에서 자발적으로는 끊어지지 않는다. DNA와 RNA 합성(6장과 8장 참조)에 관한 이후의 단원에서 공유결합을 생성하고 끊는 데 필요한 효소들에 대해 알아볼 것이다. 공유결합보다 더 약한 결합 또한 DNA, RNA와 단백질의 이차와 삼차구조를 형성하는 데 중요하게 작용한다. 예를 들어, 2.3절에서 볼 수 있듯이, 약한 비공유결합은 DNA 이중나선의 두 가닥을 서로 잡아줄 수 있는 데 역할을 한다. 이러한 거대분자들의 모양을 안정화시키는 것 이외에도 약한 결합들은 거대분자들 간의 상호작용을 매개한다. 약한 결합은 세포에서와 같이 생리학적 조건에서 끊어지고 형성될 수 있다. 그러므로 DNA와 RNA, 단백질과 DNA 또는 RNA, 단백질과 다른 단백질간의 역동적인 상호작용이 일어날 수 있게 한다.

뉴클레오티드의 명명법

DNA와 RNA 염기의 뉴클레오시드와 뉴클레오티드 유도체들의 다소 복잡한 명명법은 표 2.1에 요약되어 있다. 뉴클레오티드는 하나(일인산)나 2개(이인산) 또는 3개(삼인산)의 인산 단위를 포함한다. 핵산 사슬에 연결될 때, 하나의 뉴클레오티드는 3개의 구성 요소 중 하나를 포함한다. 세포 내에서 자유로워지면, 뉴클레오티드는 대부분 삼인산으로 존재한다. 삼인산 형태는 DNA 또는 RNA 사슬이 합성되는 동안 전구체 형성 요소(precursor building block)로 작용한다. 명명법이 다소 복잡하기 때문에, 과학자들은 뉴클레오티드들의 이름을 줄여서 사용한다. 예를 들어, DNA인 데옥시시티딘 삼인산과 RNA인 시티딘 삼인산은 각각 dCTP와 CTP로 줄여서 쓴다. A, G, C, T와 U 글자들은 염기를 뜻하기도 하지만, 실제로 그들은 대개 이들 염기를 포함한 전체 뉴클레오티드를 나타낸다. 세포의 에너지 대용물인 ATP와 GTP 역시 뉴클레오시드 삼인산 임을 알아두어야 한다.

표 2.1에서 요약된 용어의 대부분은 이 책 내용을 이해하는 데는 꼭 필요하지는 않다. 그러나 책을 계속 읽어 나가면서 혹은 연구에 몰두하는 학생들은 그것들을 접하게 될 것이므로 포함하였다. **데옥시뉴클레오시드 삼인산(deoxynucleoside triphosphates**, dNTPs)과 **뉴클레오시드 삼인산(nucleoside triphosphates**, NTPs)의 더욱 복잡한 이름을 아는 것은 과학 문헌에 대해 이해하는 데에, 그리고 실험을 계획할 때 온라인 목록에서 정확한 화합물을 주문하는 데 있어서 중요하다.

DNA와 RNA의 길이

분자생물학자들은 DNA가 단지 4종류의 뉴클레오티드들로만 구성되어 있다는 생각들로부터 많은 진전을 보아왔다. 세포내 RNA들은 길이가 뉴클레오티드 100개 미만에서 수천 개까지의 범위에

표 2.1 핵산 명명법.

	Nucleoside		Nucleotide[a]	
Base	DNA	RNA	DNA	RNA
Adenine (A)	Deoxyadenosine	Adenosine	Deoxyadenosine 5′-triphosphate (dATP)	Adenosine 5′-triphosphate (ATP)
Guanine (G)	Deoxyguanosine	Guanosine	Deoxyguanosine 5′-triphosphate (dGTP)	Guanosine 5′-triphosphate (GTP)
Cytosine (C)	Deoxycytidine	Cytidine	Deoxycytidine 5′-triphosphate (dCTP)	Cytidine 5′-triphosphate (CTP)
Thymine (T)	Deoxythymidine	—	Deoxythymidine 5′-triphosphate (dTTP)	—
Uracil (U)	—	Uridine	—	Uridine 5′-triphosphate (UTP)
Generic (N)	Deoxynucleoside	Nucleoside	Deoxynucleoside 5′-triphosphate (dNTP)	Nucleoside 5′-triphosphate (NTP)

[a] 뉴클레오티드는 1개(일인산), 2개(이인산) 또는 3개(삼인산)의 인산 단위를 포함한다. 이 표에서 보이는 삼인산 형태는 핵산 합성에 사용되는 전구체 형성 토막(precursor building block)으로서 작용한다.

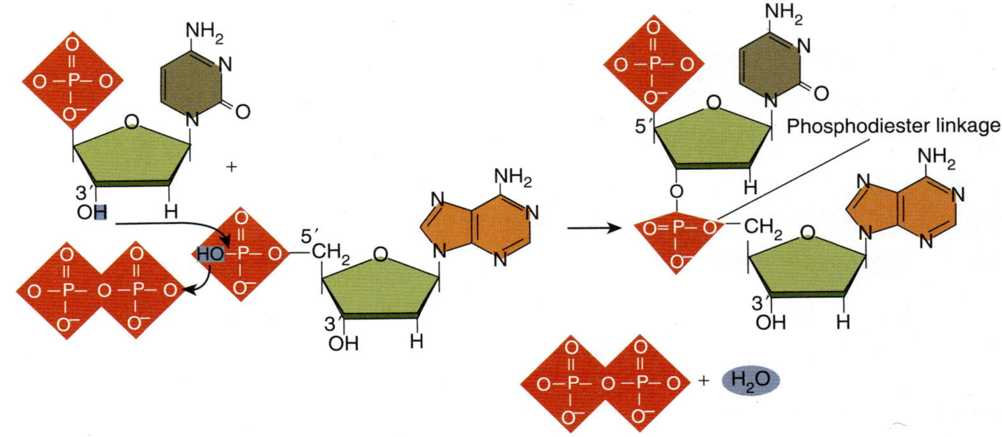

그림 2.4 핵산 사슬의 형성.
DNA 또는 RNA 사슬을 형성하기 위해 인접한 뉴클레오티드들 사이에서 5′에서 3′ 인산다이에스터 결합에 의해 뉴클레오티드들이 연결된다. 결합의 형성은 물과 피로인산의 제거와 관련이 있는 축합 반응에 의해 발생한다.

이른다(1장 참조). 뉴클레오티드(nt)나 "염기"의 수는 길이의 측정에 사용된다. 세포내 DNA 분자는 길이가 뉴클레오티드 수억 개 만큼 될 수 있다. **염기쌍(base pairs, bp)**의 수는 이중가닥 DNA의 길이 측정에 사용된다. 실제로, DNA에 사용되는 길이의 단위는 1,000개의 염기쌍에 해당하는 **킬로 염기쌍(kb 또는 kbp)**, 또는 1,000,000개의 염기쌍에 해당하는 **메가 염기쌍(Mb 또는 Mbp)**이다. 실험실에서 연구자들은 종종 **올리고뉴클레오티드(oligonucleotide)** 또는 올리고스라 불리는 단일가닥 DNA의 짧은 사슬(대개 50염기 이하)을 사용한다.

5′와 3′의 중요성

뉴클레오티드의 비대칭적인 구조로 인해 뉴클레오티드가 서로 연결되어 DNA 또는 RNA 사슬을 형성할 때 극성이 생긴다(그림 2.4). 그 두 말단은 5′와 3′의 기호로 지정된다. **5′** 기호는 당에서 인산 기능기가 붙어 있는 탄소를 의미한다. **3′** 기호는 당에서 수산 기능기가 붙어 있는 탄소를 의미한다. DNA 가닥 말단의 비대칭은 각각의 가닥 말단에 있는 5′의 인산과 3′의 수산기에 의해 결정된 방향성을 가지고 있음을 의미한다.

이 핵산 가닥의 **5′ → 3′ 방향성**은 분자의 매우 중요한 특성이다. 이 방향성(극성)을 이해하는 것은 복제와 전사 양상을 이해하거나, DNA 서열을 읽고, 실험실에서 실험을 진행하는 데 중요하다. 규정상, DNA 또는 RNA 서열은 5′ 말단은 왼쪽에 쓰여지고, 3′ 말단은 오른쪽에 쓰여진다. 이것은 또한 합성의 방향이다. 결국, DNA와 RNA의 일차구조는 굉장히 유사하다. 그렇다면 그들의 이차구조는 어떻게 다를까?

2.3 DNA의 이차구조

DNA와 RNA의 이차구조는 상당히 다르다. 이러한 구조적 차이는 핵산의 두 가지 형태의 다른 기능에 있어 굉장히 중요하다. RNA는 흔히 단일 폴리뉴클레오티드 사슬이나 가닥으로 존재한다. RNA의 이차구조는 짧은 이중나선 구조와 머리핀(hairpin)이라고 불리는 접힌 구조를 포함한다. RNA 분자는 정보를 운반할 뿐만 아니라 화학 반응을 촉매할 수도 있다. RNA의 이차와 삼차구조

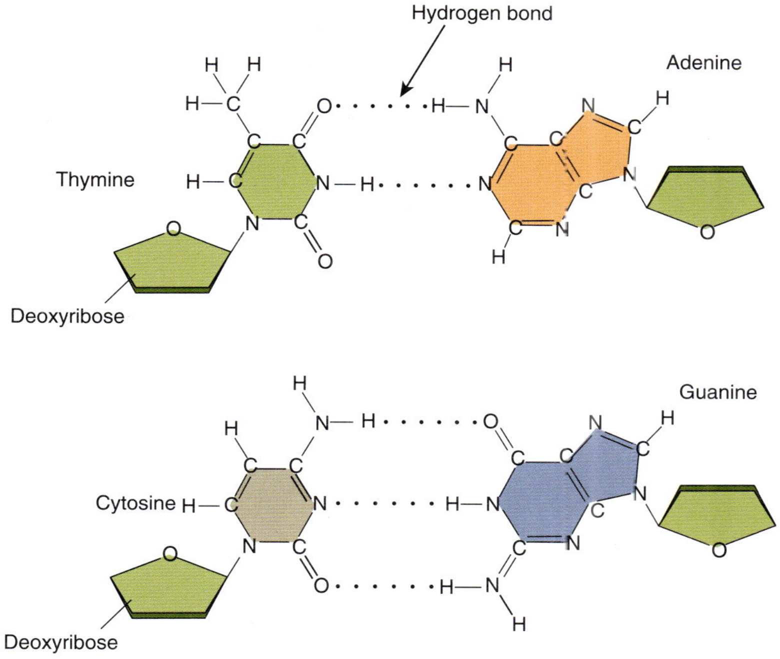

그림 2.5 두 가지의 일반적인 DNA 왓슨–크릭 염기쌍. 아데닌(A)은 티민(T)과 2개의 수소결합으로 결합하는 반면, 구아닌(G)과 사이토신(C)은 3개의 수소결합으로 연결하여 인접한다.

는 3장에서 그들 기능의 다양성과 함께 논의될 것이다. 이 장의 나머지 부분에서는 DNA에 초점을 맞출 것이다. Watson과 Crick이 추론한 것에 따르면, DNA는 세포 내에서 일반적으로 2개의 서로 얽힌 끈으로 존재한다. DNA 이중나선 구조는 또한 몇몇 바이러스들에서 볼 수 있는 **단일가닥 DNA(single-stranded DNA**, ssDNA)와의 구별을 위해 **이중가닥 DNA(double-stranded DNA**, dsDNA) 혹은 겹가닥 DNA이라고 불린다. DNA의 구조는 성장과 생식을 위한 유전 정보를 저장한다. 다양한 화학적 힘들이 DNA 이중나선의 형성을 일으킨다. 이들은 염기들 사이의 수소결합과 소수성 상호작용에 의한 염기 쌓임(base stacking)을 포함한다.

염기 사이의 수소결합 형성

열역학적으로 안정한 **수소결합(hydrogen bonds)**은 서로 얽힌 DNA 사슬의 상대편 가닥의 질소 염기 사이에 형성된다(그림 2.6). 수소결합은 산소와 질소 같은 2개의 음전하 원자 간에 수소를 공유하는 것과 관련이 있는 매우 약한 결합이다. 수소결합은 가닥들을 함께 묶어주는 일종의 힘을 제공한다. 수소결합은 비록 개별적으로는 매우 약하지만, 한 분자 안에 그들의 수가 많음으로써 구조적으로 안정성을 준다. 이중가닥 DNA에는 이 약한 결합을 매우 많이 포함하고 있다. 열운동이 각 가닥 끝의 염기쌍을 지속적으로 끊어도, 두 사슬은 다른 수소결합이 존재하므로 바로 분리되지 않는다. 한 결합이 끊어지면 다른 결합이 끊어지기보다는 같은 수소결합이 다시 형성되기 쉽다.

염기들 사이의 수소결합은 **왓슨–크릭 염기쌍**, **상보성(complementary) 염기쌍** 또는 간단하게 **염기쌍(base pairing)**으로 불린다. 이러한 방식으로, 아데닌(A)은 정상적으로 2개의 수소결합에 의해 티민(T)과 쌍을 이루고, 구아닌(G)은 3개의 수소결합에 의해 사이토신(C)과 쌍을 이룬다. 왓슨-크릭 염기쌍은 두 가닥에서 1′-탄소가 정확하게 동일한 거리로 위치하도록 한다(1.08 nm). 이로써 DNA 이중나선이 일정하고 대칭적인 구조가 된다. 쌍으로 이루어진 상보적인 가닥인 왓슨–크릭 구조는 서로 다른 염기의 몰 농도 간의 상관성을 나타내는 Chargaff의 법칙을 설명한다.

DNA에서 G와 A 또는 C와 T처럼 다른 안정한 염기쌍은 왜 존재하지 않을까? 이들 중 일부는 둘 또는 그 이상의 수소결합의 형성이 어렵기 때문에 배제된다. 그러나 G와 T 같은 나머지는 그

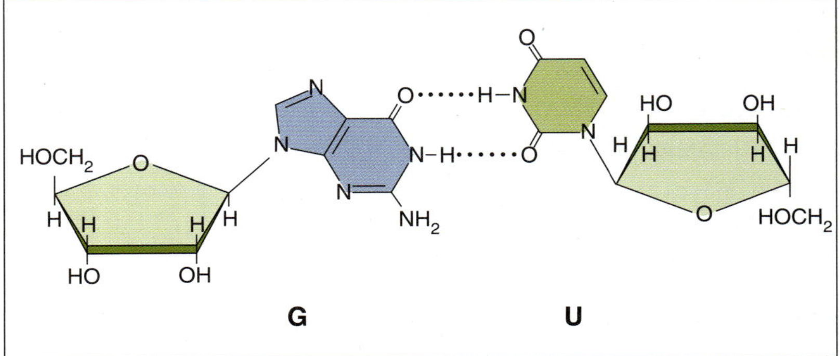

그림 2.6 비-왓슨-크릭 염기쌍. 왓슨-크릭 GC 염기쌍과 2개의 비-왓슨-크릭 염기쌍 GT 및 GU 사이의 수소결합 형성을 비교한다.

이유로는 배제되지 못 한다(그림 2.6). G와 T 사이의 수소결합은 왓슨-크릭 염기쌍과 전반적으로 유사한 모양으로 쌍을 형성한다. 마찬가지로, G-U 염기쌍은 RNA에서 안정하다(그림 2.6 참조). 3장에서 보겠지만, G-U 염기쌍은 안정하고 RNA 구조와 RNA-단백질 상호작용에 중요하다. 그러나 만약 DNA에서 G-C로부터 G-T로 변화가 일어난다면, DNA에서 염기서열은 세포분열에 따라 격렬하게 변화할 수 있다. 실제로는 비왓슨-크릭 염기쌍을 인식하고 대부분의 오류를 교정하는 교정 메커니즘과 DNA 복구 메커니즘이 존재한다(6장과 7장 참조).

염기 쌓임은 DNA 이중나선에 화학적 안정성을 제공한다

세포 생활의 분자적 과정은 일반적으로 수용액에서 일어나고, 세포내 화합물은 대부분 물에 쉽게 녹는 분자들이다. 질소 염기는 무극성이고 **소수성(hydrophobic**, "물을 싫어함")이므로 예외이다. 그들은 독자적으로는 세포의 수성 환경에서 녹지 않는다. 그러므로, 극성 물 분자를 통한 전하의 비대칭적인 분배는 DNA 구조에 중대한 영향을 미친다. 일단 염기가 뉴클레오티드를 형성하기 위해 당과 인산에 결합되면 그들은 물에 용해된다. 그럼에도 불구하고, 그들의 불용성은 용액 상

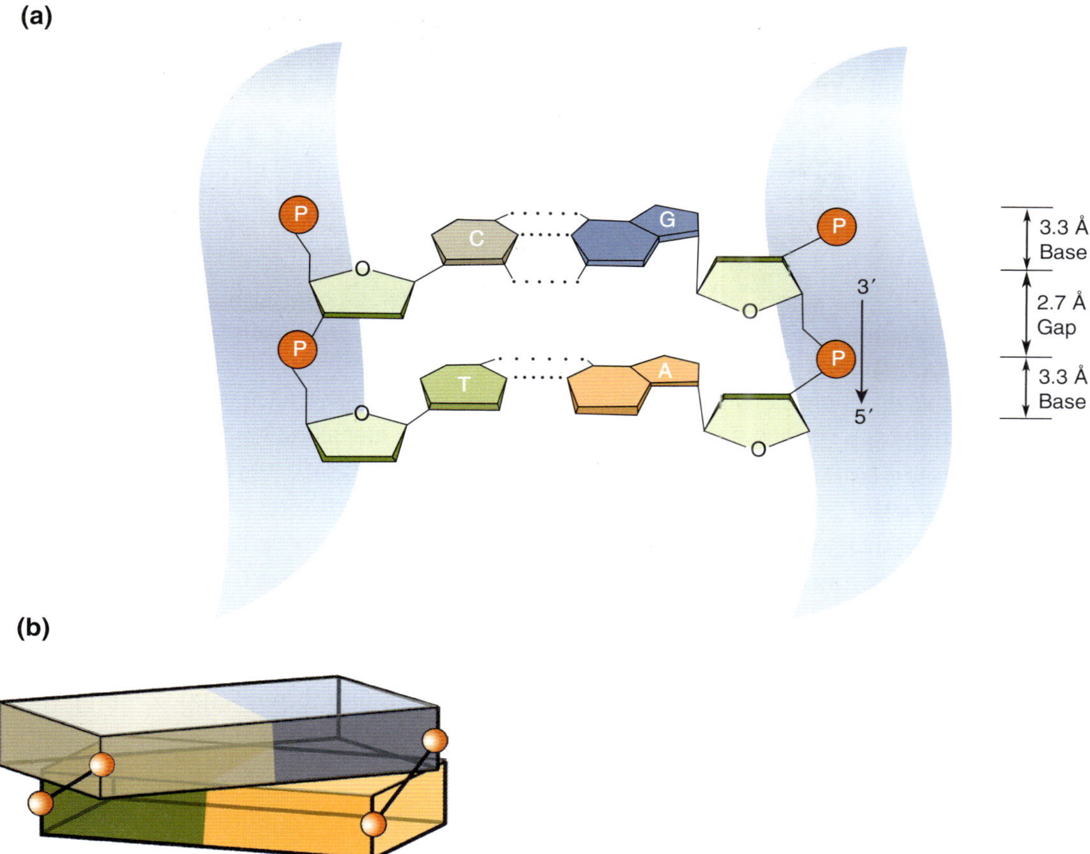

그림 2.7 염기 쌓임.
(A) 염기 사이에 본질적인 수치와 "틈"을 보여주고 있는 도식적 형태의 두 뉴클레오티드. (B) 염기쌍이(채색된 직사각형) 나선 꼬임에 의해 어떻게 간격 없이 서로 쌓여 있는지 보여주는 도식적인 그림. (출처: Redrawn from Calladine, C.R. et al. (2004). *Understanding DNA: The Molecule and How It Works*, 3e. Elsevier Academic Press, New York.)

의 DNA 전체 구조에 여전히 강한 압박을 준다. 쌍을 이룬 상대적으로 편평한 염기는 나선꼬임에 의해 다른 염기 위에 쌓이는 경향이 있다(그림 2.7). 이중가닥 DNA의 이러한 특성은 "**염기 쌓임(base stacking)**"으로 알려져 있다. 이러한 쌓임은 염기 간의 공백을 없애고 이중나선 안쪽으로부터 수분의 양을 최대한 제거한다.

물의 비극성기를 거부하는 강한 경향을 **소수성 결합(hydrophobic bonding)**이라 하는데, 이 결합은 약한 **반데르발스 결합(van der Waals interactions)**의 한 예이다. 소수성 염기가 서로에게 접근하면 비특이적인 전기적 인력에 의해 안정화된다. 이러한 약한 인력은 전자의 끊임 없는 움직임이 계속해서 원자의 전하 불균등을 초래하기 때문에 발생한다. 염기가 서로에게 극도로 가까워지면 한 염기에서 생긴 부분 전하가 다른 염기에 부분 전하를 유도하게 되고, 이로 인해 인력이 발생한다. 비록 이 반데르발스 인력이 공유결합이나 수소결합에 비해서 상대적으로 약하지만, 많은 결합이 모이면 DNA 이중나선과 같은 구조의 안정성을 확연하게 높일 수 있다.

이러한 소수성 결합에 대한 결과로서 이중나선의 DNA 분자는 쌓인 염기로 구성된 소수성 핵심을 가지고 있다. 당과 인산기는 물에 가용성이므로 이들은 나선의 바깥쪽을 향하며, 여기서 극성 인산기가 극성인 환경과 상호작용할 수 있게 된다(그림 2.8). 물에서 염기의 용해성은 DNA가 이중나선을 형성하는 추진력을 제공하며, 염기 쌓임의 에너지는 이중나선에 큰 화학적 안정성을 부여한

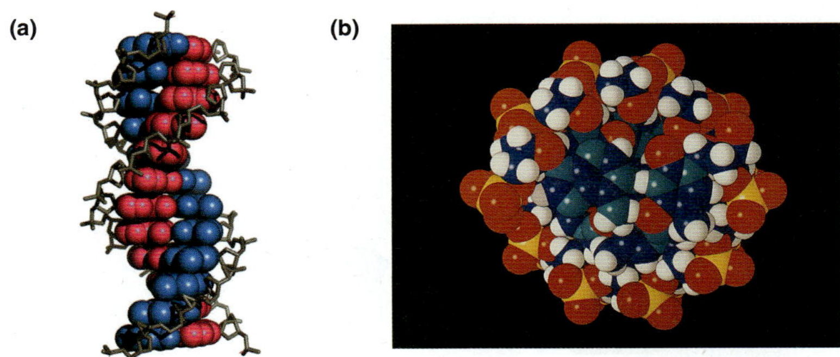

그림 2.8 DNA 이중나선은 소수성 중심부를 갖는다.
(a) 이 그림은 DNA 염기가 이중나선을 따라 어떻게 함께 쌓여 있는지 보여준다. 당-인산염 백본의 원자는 회색으로 표시되고, DNA의 자외선 흡수 부분(염기)은 DNA 가닥의 어느 쪽에 위치하는지에 따라 파란색 또는 자홍색으로 표시된다. (출처: Image courtesy of Bern Kohler, Montana State University.) (b) 이 그림은 축을 아래에서 직접 바라본 것이다. 당-인산 골격이 나선의 바깥 부분에 있어 극성의 인산기(빨간색과 노란색)가 극성의 환경과 상호작용할 수 있다. 질소를 함유하는 염기(파란색)는 안쪽에서 나선축에 수직으로 쌓여 있다. (출처: Reprinted with permission of the University of California, Lawrence Livermore National Laboratory, and the Department of Energy. Image courtesy of Nelson L. Max.)

다. 일반적으로, 염기 쌓임은 전체 염기쌍의 자유 에너지의 절반 만큼 혹은 그 이상 기여한다.

왓슨–크릭 DNA 이중나선의 구조

데옥시리보스 당과 인산기가 교차함으로써 DNA의 골격을 형성한다. 염기들은 당에 붙어서 가닥의 긴 축에 수직으로 놓여 DNA 가닥의 골격 사이에 위치한다. 두 가닥의 골격이 서로의 주위에 감김으로써 이중나선을 형성하게 된다(그림 2.9). DNA 구조를 설명하기 위해 종종 사용되는 사다리라는 용어는 염기쌍의 연속적인 "사닥다리(rungs)" 사이에 열린 공간이 있음을 함축하고 있다. 염기들이 다른 염기의 위에 잇달아 쌓이므로, 동전의 쌓임이 더 나은 비유가 될 것이다(그림 2.8a 참조). 그림 2.9의 왓슨–크릭의 이중나선 그림을 보면 Watson과 Crick이 주목한 사실을 알 수 있다. DNA 분자의 불변하는 당–인산 골격은 한 생명체를 다른 생명체와 구별해 주는 유전 정보를 암호화할 수 없다. 하지만 4종류의 염기 배열은 DNA 분자마다 서열이 변할 수 있고 서로 다른 유전 정보를 내포할 수 있다.

위에서 언급한 바와 같이, DNA 이중나선의 각 가닥(5′ → 3′)에는 극성이 존재한다: DNA 가닥 한쪽 말단에는 5′-인산이 있고, 다른 끝에는 3′-수산기가 위치한다. 왓슨과 크릭은 두 가닥의 극성이 반대 방향을 향해 있을 때에만 상보적인 염기간 수소결합이 발생될 수 있음을 발견했다. 그러므로, DNA 이중나선의 두 가닥들은 역평행하다(5′ → 3′ 그리고 3′ → 5′). 이러한 구조적 특징은 DNA 복제 메커니즘에 있어 중요한 의미를 함축한다(6장 참조).

큰 고랑과 작은 고랑

이 장에서는 이중나선의 기본적인 요소들에 대해 설명해 왔다—당–인산 골격과 염기쌍 간 수소결합. DNA 이중나선의 또 다른 중요한 내용은 그 요소들로 인한 특성에 관한 것이다. 하나의 염기쌍을 데옥시리보스 당 고리에 연결하는 두 결합은 정반대로 되어 있지 않다. 그러므로, 당–인산 골격이 차지하는 공간이 같지 않다. 이러한 결과로서, DNA의 큰 고랑과 작은 고랑이라고 불리는 공간이 생긴다(그림 2.9).

큰 고랑(major groove)은 서열 특이적 DNA–단백질 상호작용에 있어 중요한 역할을 가지고

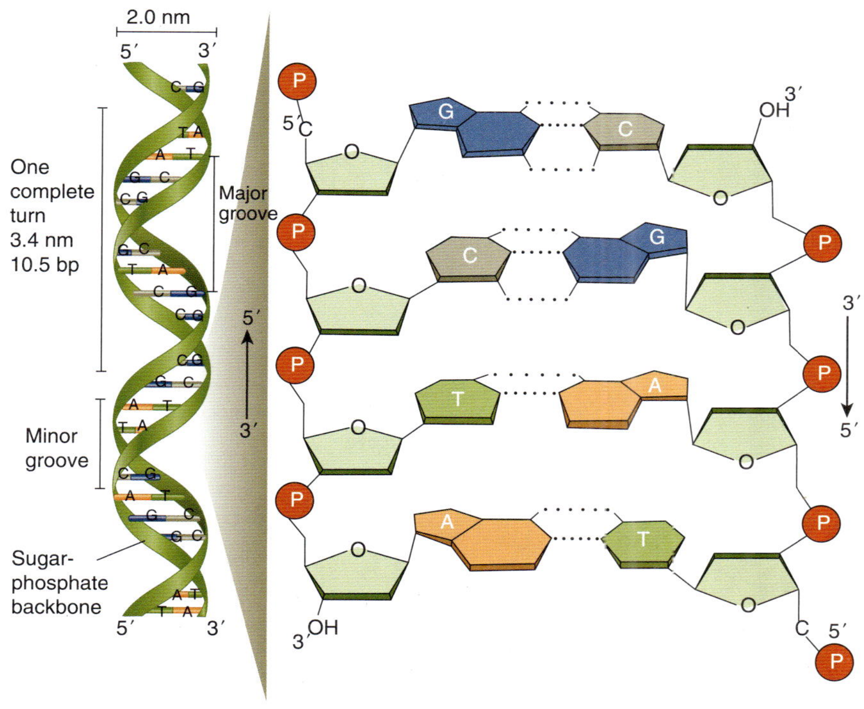

그림 2.9 DNA 이중나선 구조의 중요한 그림.
리본 모양의 가닥은 당-인산 골격을 나타내며, 수평의 사닥다리의 단은 질소 함유 염기쌍으로서 완전한 회전당 10.5개 염기쌍이 존재한다. 큰 고랑과 작은 고랑들을 볼 수 있다. 그림의 화살표는 나선의 두 가닥 역평행의 성질을 강조하는 것이다. 유전 암호는 한 DNA 분자에서 다른 DNA 분자까지 다양한 염기의 서열이다. 나타낸 DNA 서열은 5′-GCTA-3′로 읽는다.

있다. DNA에 결합함으로써 기능을 발휘하는 단백질은 고랑에 느출된 염기 서열을 '읽는다'. 퓨린과 피리미딘 염기쌍의 가장자리는 용매의 접근이 용이하다. 특히, DNA의 큰 고랑의 선상에 있는 용매에 노출된 염기의 질소와 산소원자들은 단백질 아미노산의 곁사슬과 수소결합을 형성할 수 있다. 이러한 수소결합 그룹(공여체든지 수용체든지)의 패턴은 AT, TA, GC 그리고 CG 염기쌍과는 다르다(그림 2.10). 그러므로, 큰 고랑은 DNA-결합 단백질에 의해 읽혀질 수 있는 형태의 메시지(DNA의 염기서열)를 전달한다.

작은 고랑(minor groove)은 큰 고랑에 비해서 단백질에 의해 '읽히기' 어렵다. 작은 고랑에서 수소결합 양식은 염기쌍이 뒤집힌 형태임에도 불구하고 같으며, 오직 AT와 GC 염기쌍 간의 패턴 하나만 다르다(그림 2.10 참조). 그러나 최근 분자생물학자들은 몇 가지 DNA-결합 단백질들에 의해 작은 고랑의 모양이 인식될 수 있음을 알아냈다. 작은 고랑의 너비는 DNA 주변에 어떤 뉴클레오티드가 존재하는지에 따라 변한다. 예를 들어, 짧은 길이의 아데닌 뉴클레오티드(A 트랙이라 칭하자)는 DNA-결합 단백질들에 특이적으로 결합할 수 있는 위치를 제공하는 좁은 작은 고랑을 형성하는 경향이 있다. 대부분의 전사 인자(유전자 발현 조절에 관계된 단백질)는 큰 고랑의 DNA에 결합한다(9장 참조). 예외로서 잘 알려진 것은 **TATA-결합 단백질(TATA-binding protein**, TBP)이다. TBP는 작은 고랑의 **TATA 박스(TATA box)**로 알려진 특이적 DNA 서열에 결합하며, 진핵세포에서 유전자 전사를 시작하는 역할을 한다.

다른 이중나선 구조의 특징에서 차이점

이제는 DNA가 단순한 뉴클레오티드 두 가닥의 줄 이상임을 알게 되었을 것이다. DNA는 역동적인 분자이며, 그 전체적인 모양은 생물학적인 기능에 있어서 매우 중요하다. 이것을 염두에 두고서, 연구자들은 DNA가 다른 나선 구조를 가질 수 있는지를 궁금해 왔다. 이를 해결하기 위해, **X-ray 회절** 분석(**X-ray diffraction** analysis)을 이용하기 시작했다. 1장에서 보았듯이, Rosalind Franklin가 시도한 X-ray 회절 분석결과는 Watson과 Crick이 DNA 이중나선 모델을 완성하는 데 매우 중

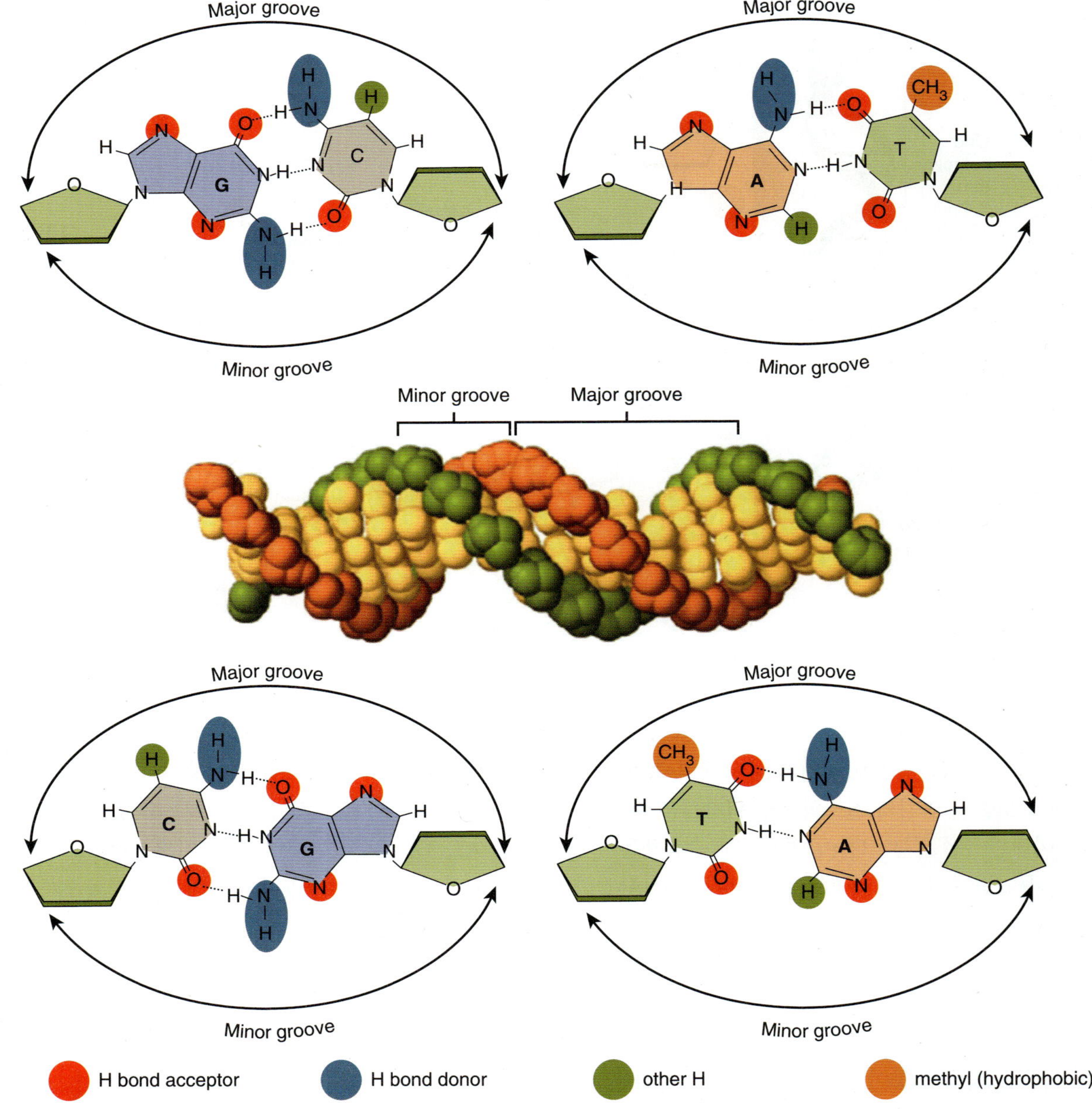

그림 2.10 큰 고랑은 DNA-결합 단백질에 의해 읽힐 수 있는 메시지를 전달한다. 수소 공여체 또는 수용체의 패턴은 큰 고랑과 작은 고랑의 각 염기쌍 조합에 대해 표시된다.

요한 역할을 했다.

원하는 특정한 서열의 올리고뉴클레오티드는 충분한 양을 합성할 수 있고, 단일-결정 X-ray 회절을 통한 연구에 사용될 수 있을 정도로 충분히 순수하게 합성할 수 있다(방법론적 설명은 그림 14.36 참조). 그러나 **X-ray 결정학(X-ray crystallography)**은 순도가 높은 물질을 사용하더라도 기술적 문제가 남아 있다. 이것은 종종 과학자들에 의한 원예(gardening)로 비유된다—결정을 성공적으로 키우는 데에 있어서도, 어떤 연구자들은 식물 같이 잘 키우는 재주가 있는 반면에 다른 연구자들은 그렇지 않다. 구조들은 다양한 조건하에서 많은 합성 올리고뉴클레오티드들(대략 4~24개의 이중나선에 접혀 들어가는 자가-상보적인 염기들)에 의해 결정된다. 연구를 통해 이중나선의 세 가지 대표적인 형태인 **B-DNA(왓슨–크릭 DNA)**, **A-DNA**, 그리고 **Z-DNA**의 구조를 밝혀냈다(표 2.2).

표 2.2 DNA 이중나선의 다른 형태.[a]

	A-DNA	B-DNA	Z-DNA
Orientation	Right-handed	Right-handed	Left-handed
Major groove	Deep and narrow	Moderate depth, wide	Very shallow, virtually nonexistent, sometimes called a "single groove"
Minor groove	Shallow and broad (superficial)	Moderate depth, narrow	Very deep and narrow
Base pairs/turn	11	10.5	12
Conditions	Low humidity (75%), high salt	High humidity (95%), low salt	High $MgCl_2$ (>3 M), NaCl, or ethanol In the presence of methylated cytosine: high humidity and low salt

[a] B′, C, C′, C″, D, E 그리고 T를 포함한 DNA의 다른 형태들은 결정화되어 있다. 이들 모두는 오른손 방향으로 감겨 있는 구조이며, 독특한 상황에서 나타난다. 예를 들어, C-DNA는 리튬 염과 낮은 습도 조건에서 형성된다.

B-DNA (왓슨-크릭 DNA) B-DNA는 Watson과 Crick이 제안한 이중나선 구조다. B-DNA는 오른손 방향으로 감겨 있는 나선이다; 이것은 축을 아래로 내려다 보았을 때 시계 방향으로 회전한다(표 2.2 참조). 염기는 회전당 10.5개로 중심축에 거의 정확하게 수직으로 쌓여 있다. 큰 고랑은 넓고 중간 깊이인 반면, 작은 고랑은 중간 깊이이긴 하지만 훨씬 좁다. B-DNA는 습도가 높고(95%), 상대적으로 염도가 낮은 조건에서 발생한다. 세포 내부는 대부분 물이며, 상대적으로 낮은 염 농도 때문에 생체 내(*in vivo*)에서 DNA의 주된 형태는 B-DNA가 된다.

A-DNA 생체 내 조건에서 주로 B-DNA가 형성된다는 것을 발견한 후, X-ray 결정학자들은 결정 성장 동안의 조건에 대한 실험을 시작했다. 만약 결정이 생성되는 동안 수분량이 감소하고 염 농도가 증가한다면, A-형태의 DNA(A-DNA)가 발생할 것이다(표 2.2). 오른손 방향으로 감기는 나선구조에서는 염기들이 축에 대해 기울어져 있고 회전당 염기 수가 11개 존재한다. A-DNA의 큰 고랑은 깊고 좁은 반면, 작은 고랑은 얕고 넓다. 이러한 형태의 이중나선은 시험관 내 환경에서 존재하는 것이 가능하지만, A-DNA는 세포에서 긴 부분에 존재하지는 않는 것으로 보인다. A-형태의 이중나선은 RNA의 구조적 특징을 결정하는 데 중요한 것으로 밝혀졌다(3장). RNA가 이중가닥 부분을 형성할 때에는 A-형태 나선을 받아들인다. 이는 리보스 당에 있는 2′-수산기가 B-형태 RNA 형성을 방해하기 때문이다.

Z-DNA 1979년, Massachusetts Institute of Technology(MIT)의 Alexander Rich와 동료들은 새로운 발견을 하였다. 그들은 한 가닥은 반복된 GC 서열로 구성되어 있고, 다른 한 가닥은 상보적인 CG 서열로 되어 있는 올리고 뉴클레오티드들이 왼손 방향으로 감기는 나선 구조를 형성하고 있음을 발견하였다. 왼손 방향으로 감기는 나선은 축을 아래로 내려다 보았을 때 보는 사람으로부터 시계 반대방향으로 회전한다(표 2.2). 골격이 지그재그 구조를 형성함에 따라, 그들은 그 구조를 Z-DNA라고 불렀다. Z-DNA는 회전당 12염기쌍을 가진다. 작은 고랑은 매우 깊고 좁다. 반면에 큰 고랑은 실질적으로 존재하지 않을 정도로 얕다. Z-DNA는 고농도의 염분이나 알코올이 존재하는 상황에서 처음 생성되었다. 이후에, 만약 메틸기가 사이토신에 결합되면, 이러한 이중나선 형태는 생리

적으로 정상 상태에서 안정화되는 것으로 보인다. 사이토신 메틸화는 진핵생물의 DNA에서 나타나는 흔한 특징이며, 유전자 발현을 조절하는 데 있어서 메틸화가 중요한 역할을 한다(10장).

수년 동안 존재한다는 가정 하에서도, Z-DNA의 생물학적 기능은 논란이 되었다. 하지만 특정 단백질군이 Z-DNA에 높은 친화성과 큰 특이성을 갖고서 결합한다는 발견이 생체 내 역할에 대한 증거를 제시하였다. Z-DNA는 현재 면역계 반응 경로에 관여하는 유전자를 포함한 일부 유전자 **프로모터** 영역에서 일시적으로 형성되는 것으로 알려져 있다. 프로모터는 유전자 전사(DNA의 RNA 복사본을 만드는 과정)를 시작하기 위해 필요한 DNA의 특정 영역이다(8장 참조). 일단 Z-DNA가 프로모터 영역에 형성되면, 특정한 Z-DNA-결합 조절 단백질은 유전자의 발현을 조절하기 위해 전사 기계와 결합하고 상호작용할 수 있다. 최근 자료들은 Z-DNA에 결합하는 일부 단백질이 우두 바이러스와 천연두(천연두의 병원체)를 포함하는 수두 바이러스의 병리에 관여하고 있다는 것을 보여준다. 또한 Z-DNA는 **알츠하이머 질병**을 가진 환자의 뇌에서 발견되었다. 이러한 흥미로운 발견은 부적절한 Z-DNA의 형성이 신경변성 질환의 진행에 중요한 역할을 한다는 것을 추측할 수 있게 하였다.

연구자들은 B–Z 접합 부분에서 이중나선의 주된 구조적 뒤틀림이 있을 것으로 예상했다. 그러나 B–Z 접합의 결정 구조가 2005년에 밝혀진 후, 놀랍게도 각각의 B–Z 접합점에서 염기를 하나씩 밀어냄으로써 나선의 구조적 뒤틀림을 최소화한다는 사실을 알아냈다(그림 2.11). 에너지적인 관점에서 보면, 염기쌍의 형성은 이중나선의 두 가닥 사이에서 유리한데, 이러한 각 접합점에서의 **염기 밀어냄(base flipping)**은 당–인산 기본축에서의 급회전과 약간의 기울어짐(11°)과의 연결 부위에서 일어난다. 그러므로, 세포 안에서 Z-DNA 짧은 부분은 이전에 생각했던 것보다 에너지 측면에서 더 유리하고 안정하다. 결정 구조에 대한 식견을 통해 Z-DNA 조절 요소의 기능적인 역할을 더 깊게 이해할 수 있을 것이다. 추가적으로, 염기 밀어냄이 손상된 DNA 회복 과정 같은 다른 상황에서도 중요한 것으로 판명되었다(7장)

DNA는 가역적인 가닥 분리가 가능하다

Watson과 Crick은 DNA가 생물학적 기능을 하는 데에 있어서 이중나선 구조가 중요한 역할을 한

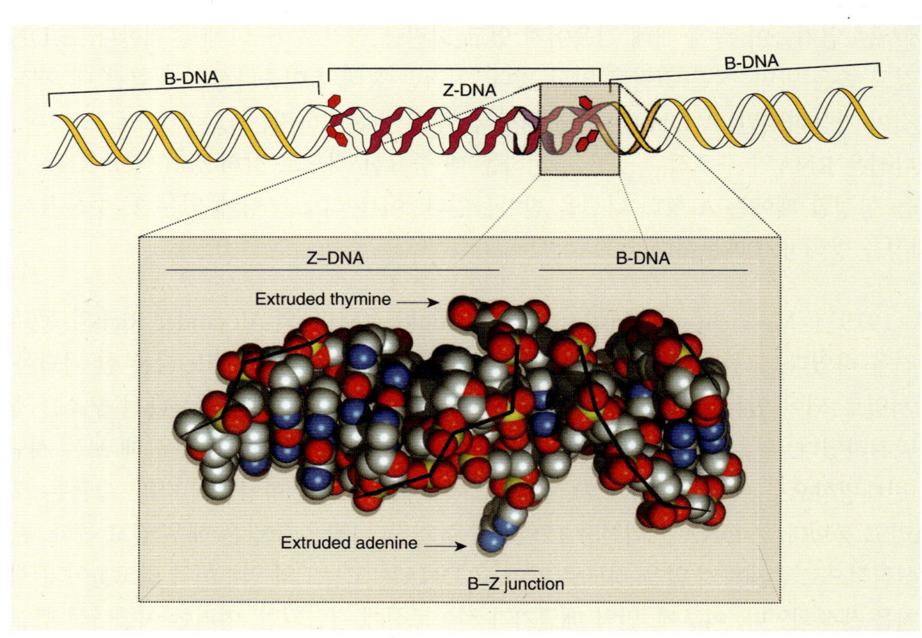

그림 2.11 B-Z 접합의 구조. Z-DNA 부분은 접합점에서 하나의 염기쌍이 DNA 나선으로부터 바깥으로 뒤집히거나, 제외되는 것을 통해 B-DNA와 연결되어 있다. (출처: From Sinden, R. R. (2005). *Nature* 437(7062), 1097–1098. © 2005 Springer Nature.)

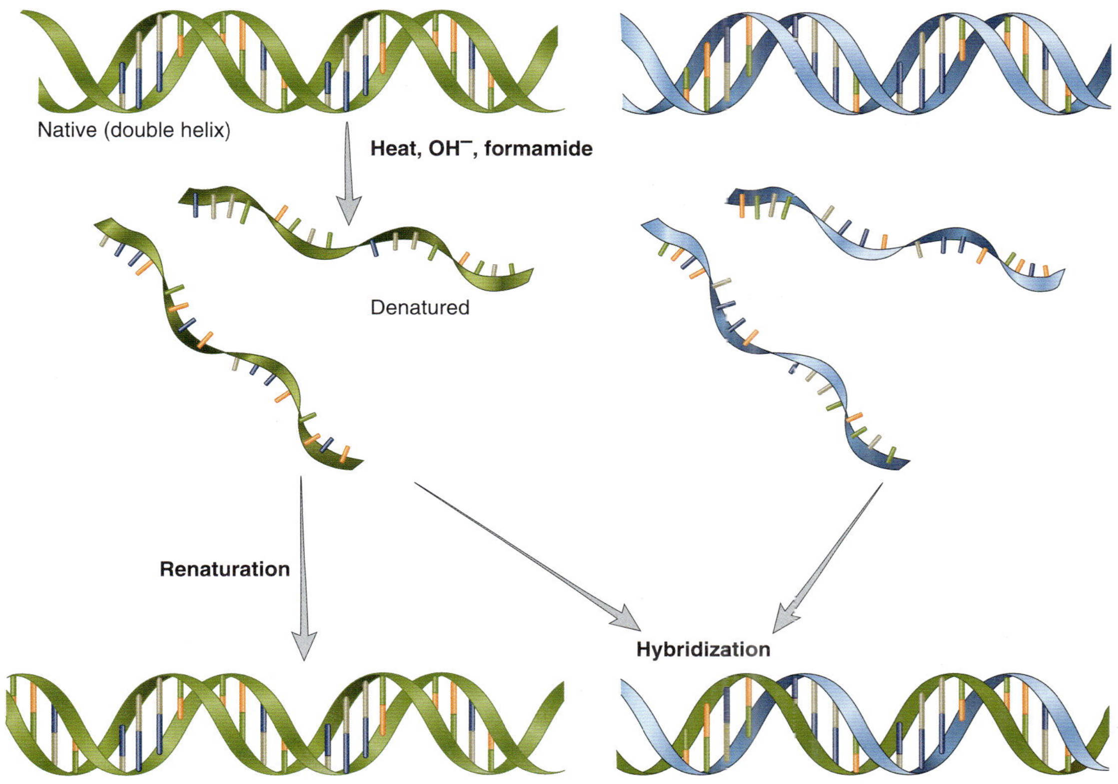

그림 2.12 이중가닥 DNA 분자의 변성, 복원 그리고 이종교배.
DNA는 두 가닥으로 분리되어 변성된다. 변성된 DNA 분자는 녹는점보다 바로 낮은 온도에서 배양하면 다시 복원(풀림)될 수 있다. 대신에 2개의 기원이 다른 변성된 상보적인 DNA는 이종교배될 수도 있다.

다는 것을 발견했다. DNA 각 가닥의 복제물은 상보적인 가닥의 염기서열을 가지면서 하나의 가닥에서 다른 가닥을 만들 수 있다. 분자의 이러한 중요한 특징은 DNA **복제**와 **전사**(DNA에서 RNA 복사본을 만드는 것)와 번역(단백질을 만들기 위해 RNA 메시지를 해독하는 것)이 정확하게 일어나도록 한다. DNA의 복제와 전사가 일어나는 동안, 나선가닥은 순간적이면서 가역적으로 분리가 일어나야만 한다.

DNA 변성 DNA가 이러한 생물학적인 역할을 수행하게 하는 특징은 또한 시험관 내에서 DNA 조작을 가능하게 만든다. 변성(denaturation) 또는 "용해(melting)"라고 불리는, DNA 가닥의 풀림과 분리는 실험실 내에서도 발생시킬 수 있다. DNA 분자를 가열하면 수소결합이 깨져 DNA 가닥이 분리될 수 있지만, 인산다이에스터 결합은 원래 상태로 남게 된다(그림 2.12). 열의 자극으로 이중나선을 안정화시키는 수소결합, 소수성 상호작용 및 다른 DNA를 안정시키는 힘들을 넘어서면 분자들이 "용해"된다. DNA의 이러한 가닥 분리는 260 nm 범위에서 자외선(UV) 흡수를 변화시킨다. 자연적인 이중가닥 DNA는 같은 양의 단일가닥 DNA보다 260 nm에서 빛을 약 40% 정도 적게 흡수한다. 이는 이중가닥 DNA에서 염기 쌓임이 염기의 자외선 흡수능을 억제하기 때문이다. 이처럼, DNA가 변성됨에 따라서 DNA의 자외선 흡수가 증가하는 현상을 '흡광증가성(hyperchromity)'이라고 한다. 이중나선 DNA 시료에서 염기의 반이 변성되는 온도를 녹는점(T_m)이라고 표시한다(그림 2.13). 변성 온도 근처에서, 약간의 온도 상승은 두 가닥 사이를 유지하는 다양한 약한 상호작용(weak interaction) 등의 급격한 감소를 일으켜서 DNA 길이 전체에서 변성이 빠르게 일어나게 한다.

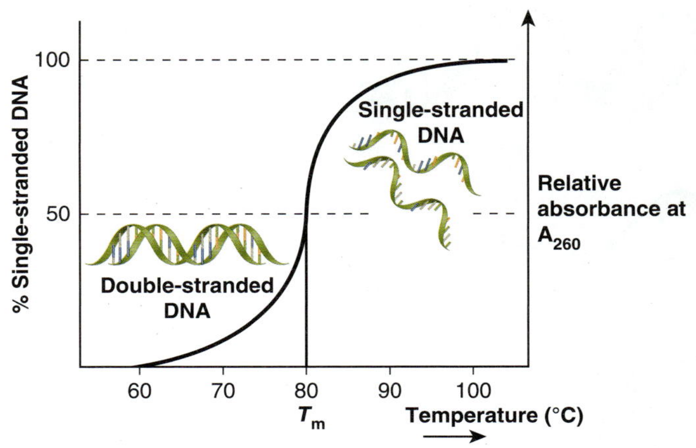

그림 2.13 DNA 변성 곡선. 두 가닥의 DNA가 가열되면, 260 nm에서 흡수 증가에 의해 융해가 측정된다. DNA의 50%가 단일가닥이 되는 점이 융점 또는 T_m이다. 이번 예에서 T_m은 약 80°C이다.

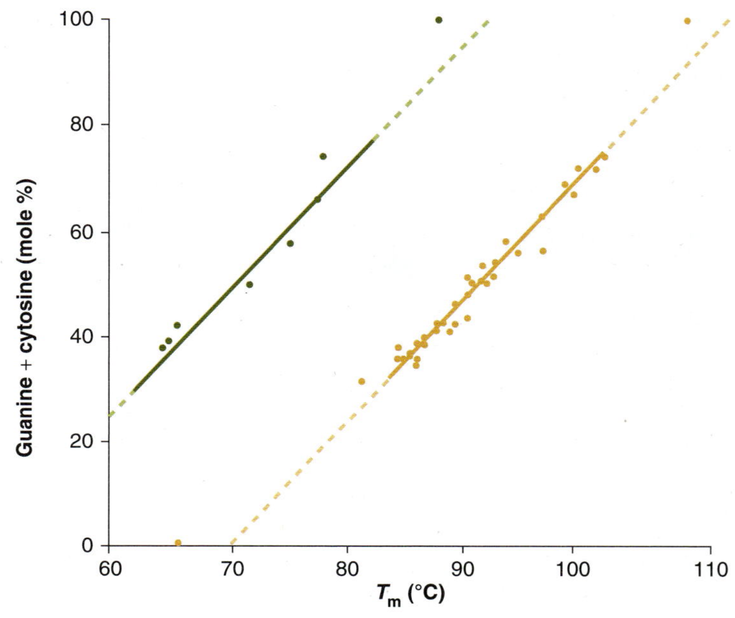

그림 2.14 G + C 양과 염 농도에 대한 DNA 변성 의존도. 많은 다양한 종에서 유래하는 DNA는 pH 7.0에서 낮은(녹색선) 그리고 높은(주황색선) 염 농도 용액에 용해되었다. 점들은 DNA 표본들이 녹는 온도를 그들의 G + C 양에 따라 도식화한 것을 나타낸다. (출처: From Marmur, J., & Doty, P. (1962). *Journal of Molecular Biology*, 5(1), 109–118. © Elsevier.)

DNA 분자에서, G + C 함량은 T_m 온도에 지대한 영향을 미친다. GC 염기쌍은 3개, AT 염기쌍은 2개의 수소결합을 가지고 있으므로, 주어진 DNA 분자에서 GC 함량이 높을수록 이 DNA 분자를 변성시키기 위해서는 더 높은 온도가 필요하다(그림 2.14). 더 중요한 것은, GC 염기쌍과 이웃한 염기쌍과의 쌓임 상호작용은 AT 염기쌍과 인접한 염기쌍 사이의 상호작용보다 에너지적으로 더욱 유리하다는 것이다.

가열뿐만 아니라 다른 방법들도 DNA를 변성시키는 데 사용될 수 있다. DNA 용액의 염 농도를 낮추면 두 가닥 사이에 존재하는 음전하를 보호하는 양이온이 제거되어 변성이 촉진된다. 이온 세기가 낮은 환경에서, 골격 내 인산기들의 음전하 간 상호 반발력은 상대적으로 낮은 온도에서도 DNA 변성을 일으키기에 충분하다. 게다가, 높은 pH나 포름아마이드(formamide) 같은 유기용매들은 DNA 가닥 간의 수소결합을 파괴시켜 변성을 촉진한다.

DNA 재생 DNA가 빠르게 냉각되면, 단일가닥으로 존재한다. 변성된 DNA의 가열된 용액이 서서히 냉각될 때, 단일가닥은 종종 그들의 상보적인 가닥과 만나 새로운 이중나선을 형성한다. 이것을 "재생(renaturation)" 또는 "풀림(annealing)"이라고 한다. 변성된 DNA 분자를 복원하는 능력은 이종교배(hybridization)를 가능하도록 한다 — 기원이 다른 두 가닥의 상보적인 염기쌍(그림 2.12 참조). 이런 중요 원리들은 분자생물학 연구를 위한 수단으로써, 변성, 복원, 이종교배 등의 이용에 대해서는 13장에서 다룬다. 또한 DNA 재생에 대한 연구는 분자생물학자들이 여러 생물체에서의 DNA 서열 종류를 이해하는 데에 기여했다.

DNA가 변성되면, 얼마나 빨리 재생될까? DNA가 재생되는 속도는 DNA의 길이와 초기 농도에 영향을 받는다. 분리된 DNA 가닥이 용액 내에 함께 존재할 때, 재생 속도 결정 단계는 상보적인 단일가닥 쌍 사이의 첫 충돌이다. 첫 충돌은 농도 의존적이므로, 결합 속도는 DNA 농도에 비례하여 증가한다. DNA 재생이 시작된지 t 시간 후에 남아 있는 변성된 단일가닥의 분율은 다음과 같은 식으로 표현된다.

$$C/C_0 = 1/[1 + KC_0t]$$

(C : 1M의 뉴클레오티드에 존재하는 단일가닥 DNA의 농도. C_0 : 초기 농도 K : 상수)
C_0t 항은 보통 **Cot**라 하고, C_0t에 대한 C/C_0의 기울기를 **Cot 곡선(Cot curve)**이라 한다. 재생 과정이 절반 완료되면($t = t_{1/2}$), $C/C_0 = 1/2$이 된다. 이 값을 Cot1/2이라 한다.

Cot 곡선의 특징이 그림 2.15에 나와 있다. Y 축은 단일가닥으로 남아 있는 DNA의 양이다. 이것은 초기 DNA의 총농도에 대한 단일가닥 DNA의 농도 비율로 나타내어진다(C/C_0). x축은 DNA 초기 농도의 로그 값에 반응이 진행된 시간(초)을 곱한 값이다. 그림에 나와 있는 이상적인 곡선은 부드러운데, 이는 복원이 느리지만 점진적으로 일어난다는 것을 나타낸다. 실제로, DNA 공급원에 따라서 Cot 곡선은 이상적인 곡선에서 벗어난다. 이러한 곡선으로부터 다른 생물체들의 유전체에 대한 어떤 것들을 알 수 있을까?

그림 2.16은 대장균과 송아지의 흉선에서 분리된 DNA의 기존 Cot 곡선을 비교하였다. 좀 더 쉽게 분석하기 위해, DNA는 각각 약 500개의 염기쌍씩 잘라졌고, 그 곡선의 모양은 눈에 띄게 차이가 있었다. DNA의 Cot1/2이 대장균보다 송아지에서 더 큰 것이 가장 주된 차이점 중 하나다. 이는 유전체의 크기가 클수록, 하나의 서열이 용액 내에서 상보적인 서열과 결합하는 데 많은 시간이 걸린다는 사실을 통해 쉽게 설명될 수 있다. 또 다른 차이점은 두 곡선의 모양이다 — 대장균의 DNA 곡선은 이상적인 Cot 곡선(그림 2.15 참조)과 비슷한 반면, 송아지의 DNA 곡선은 부드럽지 않다. 이것을 어떻게 설명할 수 있을까? 이 분야의 선구자인 Roy britten과 David Kohne는 1960년대 후반에 이 문제에 대한 답을 제시했다. 송아지 DNA에서 빠르게 복원되는 분획 구간은 **반복 DNA 서열(repeated DNA sequences)**을 의미하는 — 그 생물 종의 유전자에서 한 번 이상 발견되

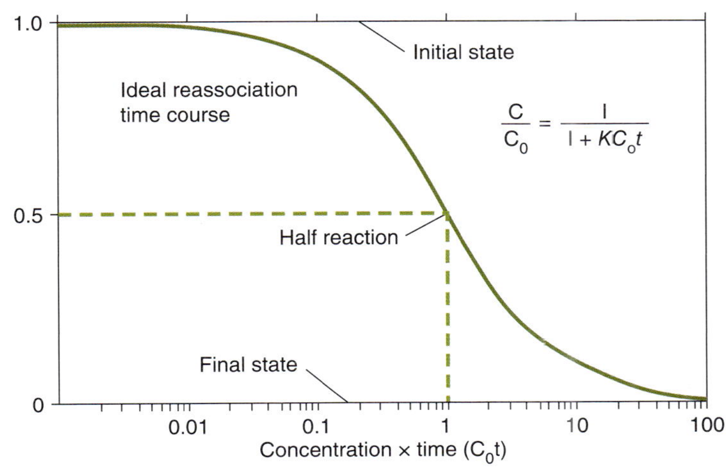

그림 2.15 DNA 재생 Cot 곡선. DNA는 변성되어 두 가닥으로 분리되고 천천히 온도를 낮췄다. 그림의 식은 재생이 일어난 후의 시간에서 남아 있는 단일가닥 DNA의 비율을 나타낸다. 남아 있는 단일가닥 비율을 산물의 농도와 시간의 곱에 대하여 로그 스케일 그래프로 나타냈다. (출처: From Britten, R. J., & Kohne, D. E. (1968). *Science*, 161(3841), 529–540. © 1968 AAAS.).

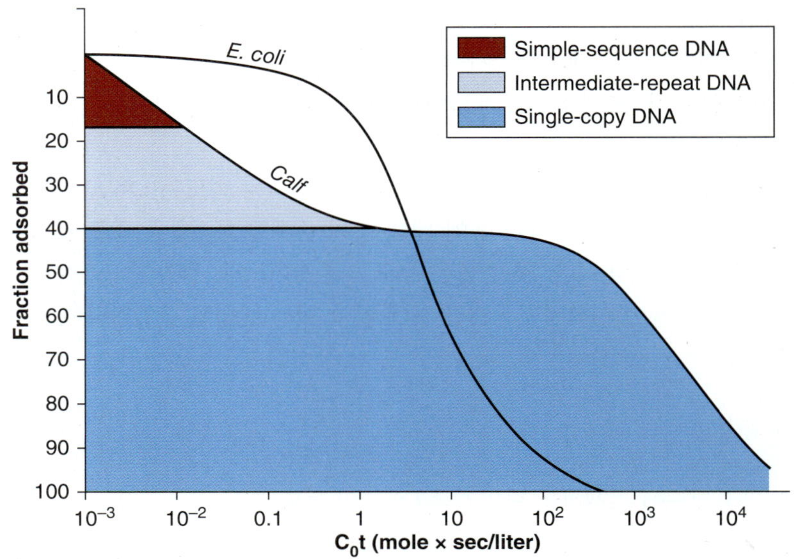

그림 2.16 대장균과 송아지 흉선 DNA의 Cot 곡선 비교. 송아지 유전체에 더 많은 유전체가 있고, 반복서열을 포함하기 때문에, 대장균 DNA와 송아지 흉선 DNA의 Cot 곡선의 모양에 차이가 있다. (출처: From Britten, R. J., & Kohne, D. E. (1968). *Science*, 161(3841), 529–540.)

는—반면, 느리게 복원되는 분획 구간은 특수 DNA 서열을 의미한다. 시료에서 단일가닥의 DNA가 상보적인 가닥을 찾을 확률에 대해 생각해 보면 쉽게 이해할 수 있다. 예를 들어, 특수 서열이 유전체에 두 번 배열되어 있으면 그 서열은 2개의 짝지을 수 있는 상보적인 서열을 갖게 되고, 이로써 한 번 배열된 특수 서열에 비해 절반의 Cot 값을 갖게 된다.

Britten과 Kohne의 연구는 수천 개의 복제 DNA 서열이 진핵세포의 유전체에 혼입됐음을 알려준다. 유전체의 복잡성과 체제에 대한 내용은 5장과 14장에서 다룬다. 또한 반복 서열이 DNA 도처에 산재해 있다는 사실의 발견은 몇몇 특수한 DNA **2차 구조**의 발견으로 이어졌다. 이러한 구조들은 특수한 패턴의 DNA 반복서열의 펼침에서 형성될 수 있다. 이 구조들에 대해 좀 더 자세히 알아보자.

2.4 예외적인 DNA 이차구조

본래 DNA는 변화가 없으며, 선형 유전정보의 끈으로 생각되었다. 1960년대 중반 이후, 형태의 유연성에 대한 인식이 급격히 확대되었으며, DNA의 구조적 특성에 대한 이러한 통찰력을 통해 연구자들은 놀라운 DNA 기반 나노 스케일 모델 및 기계 또는 "DNA 종이 접기"를 구축할 수 있었다(Focus Box 2.1). DNA의 짧은 영역에 의해 채택된 특이한 이차구조는 유전성 신경 질환에서 수행하는 역할 때문에 최근 주목을 받았다. 이 절에서는 DNA 반복서열을 펼쳤을 때 형성되는 네 가지 특징적인 이차구조에 대해 살펴볼 것이다—슬립 구조, 십자가형 구조, 삼중나선 DNA 그리고 G-사중 구조. 2.5절에서 볼 수 있듯이, 이러한 예외적인 DNA 이차구조의 형성은 에너지를 필요로하며, 초코일 DNA에 의해 좌우될 것이다. 초코일은 비틀림 변형(torsional strain)을 제거하고 계속 형태를 유지하기 위한 추진 에너지를 제공한다.

슬립 구조

예외적인 이차구조의 흔한 종류 중 하나는 **슬립 구조(slipped structure)**이다(그림 2.17a). 슬립 구조는 직렬반복에서 발생하는 것으로 가정된다. DNA에서 **직렬 반복(tandem repeat**, 때로는 직접

FOCUS BOX 2.1

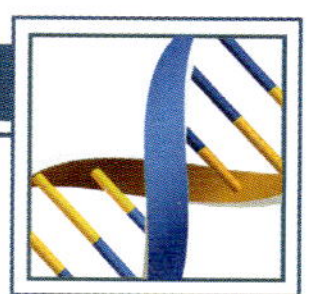

DNA 종이접기 나노 기계

2006년, 스마일 얼굴이 네이처 표지에 등장했다. 왜? 스마일 얼굴이 표지에 나올 가치가 있었나? 그것은 DNA로 만들어졌기 때문이다. 작은 크기에도 불구하고, 원자력현미경으로만 볼 수 있는 이 나노미터 크기의 이모티콘은 큰 관심을 불러일으켰고 서로 만들려고 하는 붐을 일으켰다(원자력현미경에 대한 자세한 정보는 그림 14.37 참조). 초기 창작물에는 3차원 토끼 모양, 삼각형 별 모양, 그리고 뚜껑이 있는 상자가 포함되었다. 이러한 모양은 DNA로 어떻게 만들어졌을까? 원리는 간단하다. 같은 정보와 생명의 청사진을 제공하는 DNA의 구조적 특성은 연구자들이 "DNA 종이접기"라는 과정을 통해 나노 규모의 모델을 구축하는 데 활용될 수 있다. DNA 이중나선은 직경이 약 2 nm이고, 꼬임이 3.4~3.6 nm마다 반복된다. 그것은 약 50 nm의 길이로 상대적으로 뻣뻣하며, 견고한 빌딩 블록을 형성하고, 상보적인 염기쌍은 모양을 디자인하기 위한 기본 코드를 제공한다. 염기서열에 따라, DNA 가닥은 인접한 나선으로 교차하여 분기점을 만들 수 있으며, "끈적끈적한 끝"이라고 불리는 짧고 단일가닥 돌출부는 시퀀스 보완성에 의해 하나의 나선을 다른 나선에 결합하도록 설계되어 더 크고 복잡한 모양의 자가 조립이 가능하다. 웃는 얼굴과 토끼도 재미있는데, 실용화가 가능한가? 확실한 대답은 '그렇다'이다. 예를 들어, DNA 종이접기 형광 태그가 있는 "자"는 바이오 이미징에 유용하다. 그리고 DNA 기반 분자 기계, 분자 로봇 및 기계 장치는 의학을 비롯한 많은 응용 분야에 활용될 수 있는 특정 작업을 수행하기 위해 개발되고 있다. DNA 회전 모터(ATP 합성 효소와 유사; 그림 4.14 참조)가 구성되었다. 그리고 DNA "워커" 또는 "거미"가 만들어졌다. 탄소 나노튜브를 따라 나노입자 화물을 운반하거나 금 나노입자를 집기 위해 DNA 종이접기 트랙을 걷는다. DNA 종이접기 차량에 의한 생체 내 약물 전달은 암 치료를 위한 유망한 방법이다. 한 디자인에서 배럴 모양의 DNA 나노 로봇은 구조를 열고 닫을 수 있도록 힌지로 만들어졌다(그림 1). 배럴은 "자물쇠" 역할을 하는 2개의 상보적인 DNA 가닥의 염기쌍에 의해 닫힌 위치에 유지되고, 특정 항체는 배럴에 둘러싸여 있다(항체에 대한 자세한 내용은 14장 참조). 아이디어는 세포 표면의 표적 분자가 이중 가닥 잠금에서 DNA의 한 가닥에 결합하는 "열쇠" 역할을 한다는 것이다. 그런 다음, 배럴은 두 가닥의 DNA가 분리되어 열리고 항체가 방출된다. 항체는 세포 표면의 수용체에 결합하고 신호 경로를 활성화하여, 일례로 세포자멸사를 유도한다. 이 시스템을 사용하면, 암세포 특이적 세포 마커의 인식을 기반으로 암세포를 특이적으로 표적화하고 죽일 수 있다.

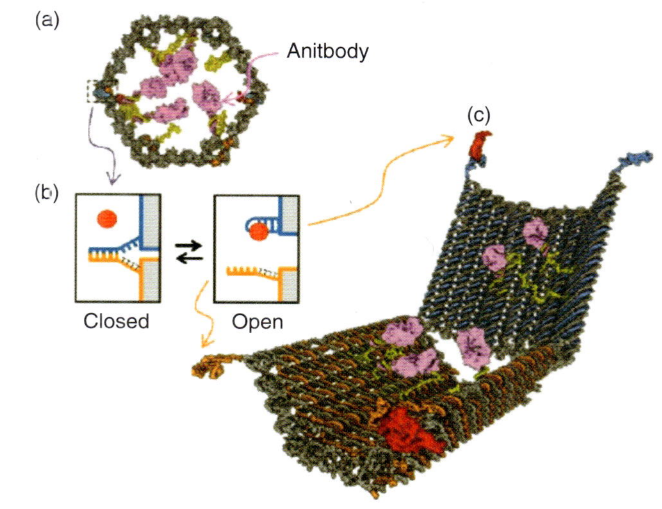

그림 1 약물 전달을 위한 DNA 나노로봇.
(a) 닫힌 상태의 나노봇. 상보적 DNA 가닥은 염기쌍일 때 "자물쇠"(파선 직사각형) 역할을 한다. 항체(보라색)가 배럴에 들어 있다. (b) DNA 가닥 중 하나에 결합해서 다른 가닥에서 분리하는 표적 분자 "열쇠"(빨간색 원)를 사용하여 여는 메커니즘. (c) 열린 상태의 나노봇. 항체는 세포 특이적 항원에 결합하기 위해 방출된다. (출처: From Endo, M., & Sugiyama, H. (2018). DNA Origami Nanomachines. *Molecules*, 23(7), © 2018 MDPI.)

반복이라고 불림)은 뉴클레오티드들의 반복이 둘 혹은 더 많은 수로 인접돼서 머리-꼬리 형식으로 배열되어 있다. 예로 5′-TACGTACGTACGTACG-3′ 서열은 "TACG"라는 4개의 직렬반복을 포함하고 있다(그림 2.16A 참조). 그들은 단일가닥 DNA에서는 인산다이에스터 결합을 자르는 효소를 사용하여 형성되지만 이중가닥에서는 그렇지 않은 특징이 있다. 하지만 연구자들이 실제로 알기 원했던 것은 '슬립 구조가 생물학적 기능을 가지고 있는가?'였다.

수많은 증거들이 슬립 구조가 생물학적 기능을 갖고 있다는 것을 뒷받침하고 있다. 슬립 구조는 시험관 내에서 조절 서열의 상위 메커니즘에서 발견되고(예, 유전자 전사), 이는 그들이 DNA-결합 단백질의 인식 부위로서 기능할 수 있게 한다. 더구나 암호화 드는 비암호화 부위의 단일 3염기 반복 서열 확장에 의해 발생되는 많은 유전적 신경 질환들이 있다. 3염기 반복은 DNA가 예외적인

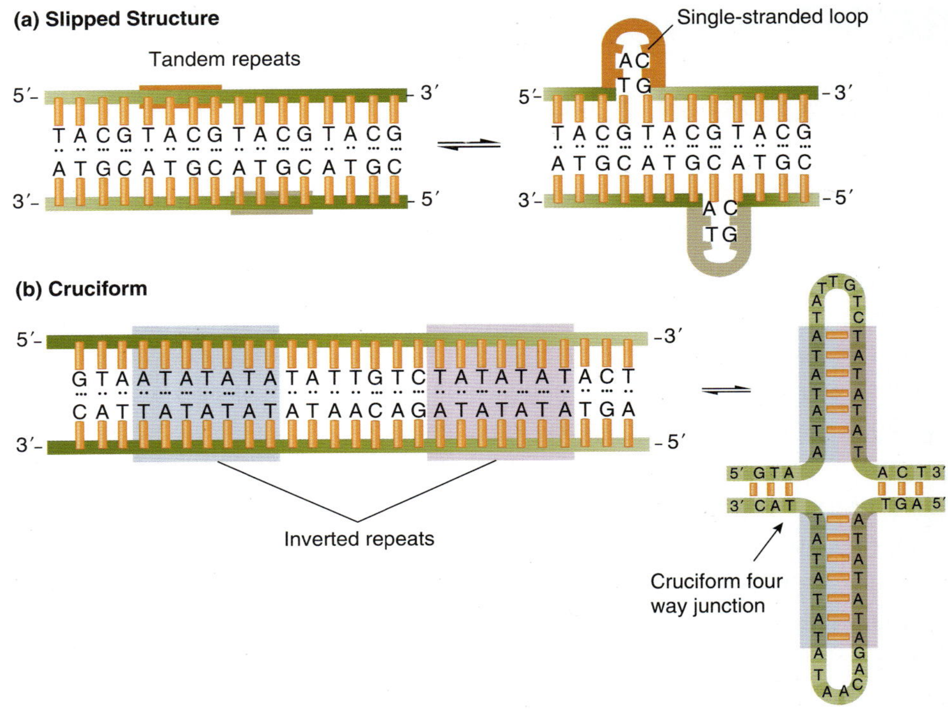

그림 2.17 슬립 구조와 십자가형.
(a) 텐덤 반복에서 대체 가닥에 보정용 고리를 가진 슬립 구조. (b) 역반복 서열에서 짝지어진 줄기-고리 구성을 가진 십자가형.

이차구조를 나타내게 하여 복제 분기점을 차단하고 복구가 일어나도록 함으로써, 결국 복제와 전사에 영향을 준다. 길게 반복되는 CTG, GGC, GAA 가닥들에서, DNA 슬립 구조의 형성은 그들의 상보적인 가닥과 비교했을 때 증식에 있어서 중요한 역할을 한다.

십자가형 구조

DNA 중 AT 염기쌍이 풍부한 지역은 풀리는 경향이 있다. AT가 풍부한 지역이 역반복 서열로 배열되어 있다면, 그들이 열렸을 때 줄기-고리 형성과 쌍을 이루는 **십자가형(cruciform)** 구조를 이룬다(그림 2.17b). 역반복 서열은 상보적인 가닥에서 동일한 구조의 염기서열을 말한다. 각각의 가닥에서 5′에서 3′ 방향으로 정확하게 똑같이 읽힌다(바꾸어 말하면, 왼쪽에서 오른쪽으로 읽었을 때와 오른쪽에서 왼쪽으로 읽었을 때 그 서열이 똑같다). 이 역반복(inverted repeats) 서열은 때에 따라서 "팔린드롬(palindromes)"으로 불리는데, 이것은 "rotor"나 "nurses run"과 같이 거꾸로 읽어도 똑같이 읽히는 단어나 어구와 유사하기 때문이다. 십자가형 구조에서 DNA는 재배열되어 다른 가닥의 서열과 쌍을 이루는 대신 자신의 DNA 가닥에서 상보적인 서열과 각각 쌍을 이룬다.

십자가형 구조는 더 이상 휘갈겨 쓴 낙서 같은 이론이 아니다; 쌍을 이룬 줄기-고리 구조는 전자현미경에 의해 보이게 된다. 십자가형 구조는 시험관 내에서 **플라스미드(plasmids)** — 세균에 의해 운반되는 작은 원형 DNA — 와 박테리오파지 내의 많은 역반복서열로서 특징적으로 나타난다(5장). 실험적인 증거를 통해 십자가형 구조는 다양한 원핵생물과 진핵생물계에서 DNA 복제와 유전자 발현에 조절요소로서 작용할 수 있다는 가설을 유도하였다. 최근에는 십자가형 구조 형성의 단점도 보고되고 있다. AT 반복 서열이 풀려서 십자가 구조를 형성하게 되면 유전적으로 불안정해져서 생체 내에서 염색체 전위(chromosomal translocation)를 일으키는 경향이 있다는 사실이 보고되었다. 유전적 불안정성은 **암(cancer)** 및 기타 인간 질병의 특징이다(15장).

삼중나선 DNA

슬립 구조와 십자가형 구조 모두 이중나선 내의 염기가 쌍을 이루는 방식에서 작은 이동이 있다. 세 번째 예인 삼중나선의 형성은 좀 더 극적인 구조 변화를 포함한다. 삼중나선(triple helix)에서 세 번째 DNA 가닥은 처음 두 가닥과 결합하여 삼중나선 DNA를 형성한다. **삼중나선 DNA(triple helix DNA)**는 DNA에 퓨린–피리미딘 확장 형성에서 나타나며, 거울반복대칭을 포함하는 서열에서 우세하게 나타난다(그림 2.18a). 이러한 반복 형태에서는 대칭축의 양쪽 면의 서열이 서로 거울상을 나타낸다. 여기에 형성되는 세 번째 가닥은 단일 퓨린–피리미딘 구역 내로부터(분자 내 삼중나선) 또는 분리된 서열로부터(분자 간 삼중나선) 기원한다. 삼중나선에는 흥미로운 문제점이 있다. 기존에 존재하고 있던 이중나선에서 염기쌍 사이에 이미 수소결합이 존재한다면, 세 번째 가닥이 이중나선에 어떻게 결합할 수 있는 것일까?

이 질문에 대한 답은 **Hoogsteen AT**와 **GC 염기쌍**이다. 이는 발견자인 Karst Hoogsteen의 이름에서 유래했다. 그는 염기가 두 가지 다른 방식으로 수소결합을 형성할 수 있다는 것을 1963년에 처음으로 발견했다. Hoogsteen AT와 GC 염기쌍은 왓슨–크릭의 염기쌍과 비교했을 때 수소결합의 패턴이 다르다(그림 2.19; 그림 2.4와 비교). Hoogsteen AT 쌍에서 아데닌 염기는 당과의 결합에서 180° 회전되어 있고, 왓슨–크릭 GC 염기쌍은 수소결합이 3개인 데 비해서, Hoogsteen GC

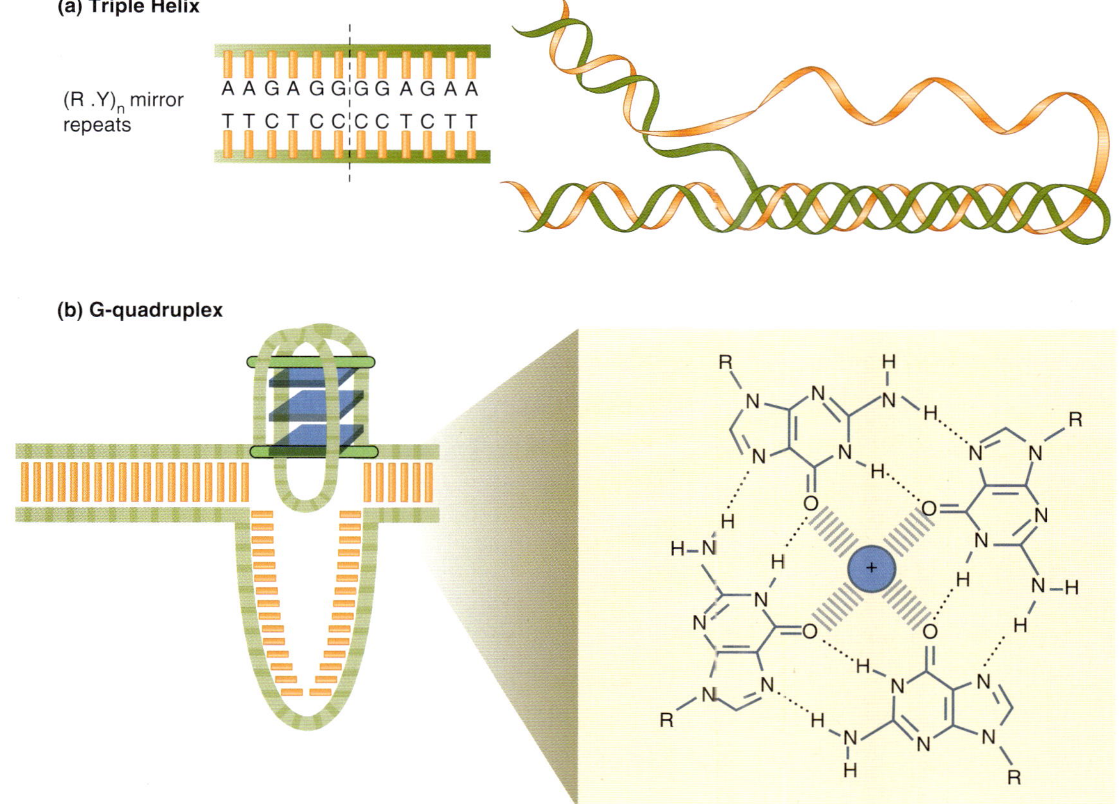

그림 2.18 삼중나선 DNA와 G-사중체.
(a) 퓨린-피리미딘(R·Y) 스트레치에서 미러 반복 대칭을 포함하는 삼중나선 DNA. (b) G-사중체. 삽입된 그림은 G-테트라드를 형성하는 수소결합을 보여준다

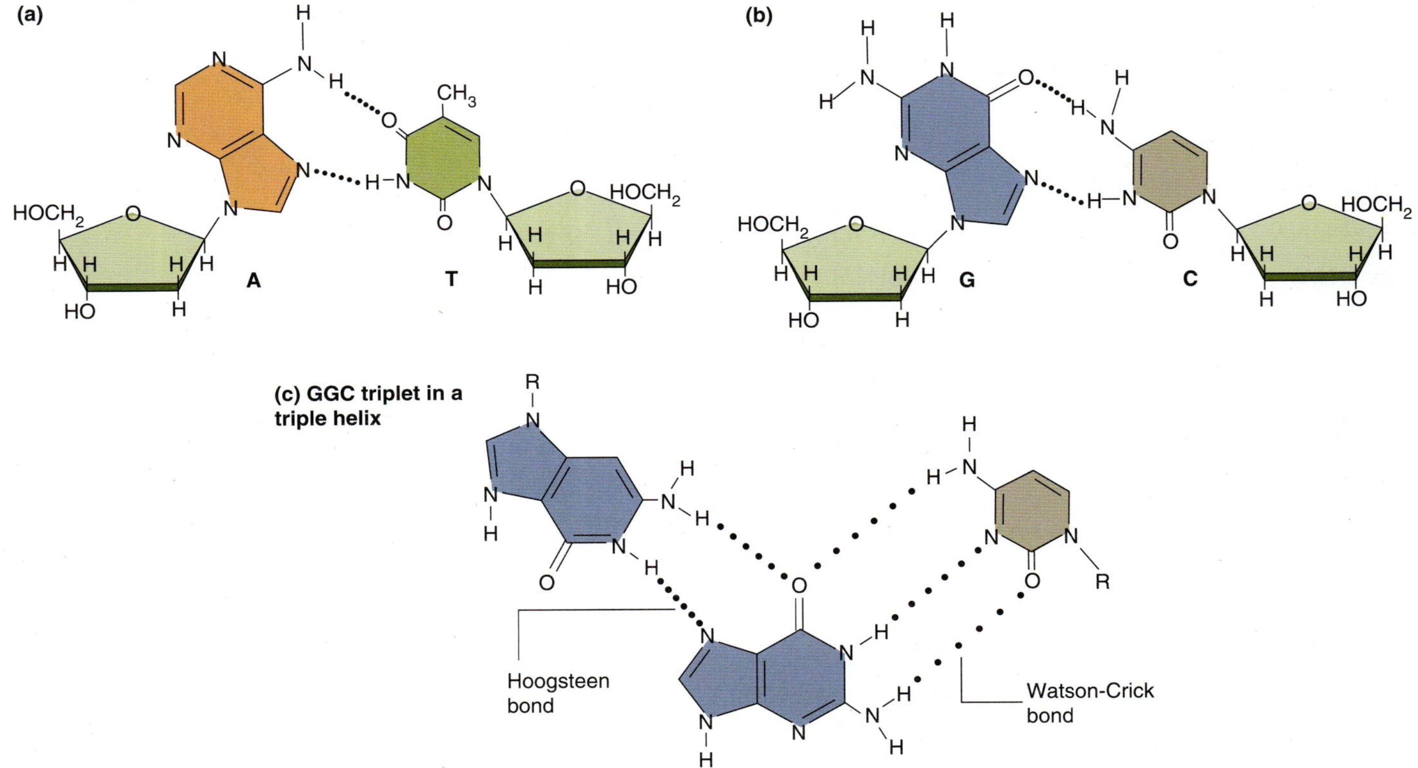

그림 2.19 Hoogsteen 염기쌍.
(a) AT. (b) GC쌍. +와 −기호는 부분적인 전하를 의미한다. 수소결합은 점선들을 이용하여 나타내었다. 간단하게 하기 위해 모든 수소가 나타나 있지 않다. (c) 삼중나선 DNA에서 세 번째 가닥은 Hoogsteen 염기쌍 형성을 통해 왓슨−크릭 이중나선과 결합한다.

염기쌍은 2개이다. Hoogsteen 구조는 용액 내에서는 AT 쌍이 더 선호되지만 이중나선에서는 그렇지 않다. Hoogsteen GC 염기쌍은 세포내 중성 pH(pH 7~8)에서 불안정하다. 사이토신에 있는 질소 중 하나는 이러한 형태의 염기쌍 형성을 위해 수소를 가지고 있어야 하는데, 이 프로톤화는 낮은 pH(pH 4~5)를 요구한다.

삼중가닥을 형성할 때, 왓슨−크릭 이중나선의 퓨린 가닥은 큰 고랑에 있는 Hoogsteen 수소결합을 통해 세 번째 가닥과 결합한다(그림 2.18 참조). 원형이 되는 이중나선 구조는 B형으로 유지된다. Hoogsteen 염기쌍은 DNA와 항암제가 복합체를 형성했을 때 종종 발견되며, 유전질환과 관련되어 있는 삼중나선에서 나타나므로, 최근에 중요성이 증가되고 있다(Disease Box 2.1).

G-사중체 구조

G-사중체(G-quadruplex)는 DNA 서열에서 탠덤 구아닌의 스트레치와 함께 형성되는 4가닥의 대체 DNA 구조이다. 4개의 구아닌은 Hoogsteen 수소결합을 통해 상호작용하여 G-테트라드라고 하는 평면 구조를 형성하며, 종종 중심의 1가 양이온에 의해 안정화된다. 그런 다음, 여러 개의 G-테트라드가 루프로 상호 연결된 적층 구조인 G-사중체가 된다(그림 2.18b). G-사중체는 시험관 내에서 형성되는 것으로 나타났으며, 최근 연구에 따르면 생체 내에서 형성되고 진핵생물과 원핵생물 모두에서 유전자 조절 및 유전체 불안정성에 관여한다고 한다.

이러한 비정상적인 2차 구조는 얼마나 흔한가? 인간 DNA에는 10,000개 염기마다 하나의 G-사중체 형성 서열이 있는 것으로 추정되었다. G-사중체는 **텔로미어(telomeres;** 6장 참조)라고 불리는

Disease Box 2.1

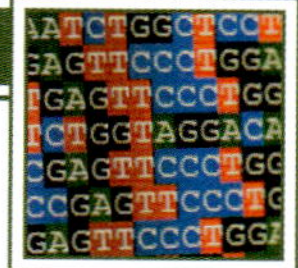

프레드릭 기능장애와 삼중나선 DNA

프레드릭 기능장애는 수의근의 진행성 손실(운동실조증)과 심근 확장을 특징으로 하는 희귀한 신경질환이다. 1863년에 이 질병을 처음으로 기술한 독일 의사 Nikolaus Friedreich의 이름을 따라 명명된 프레드릭 기능장애는 일반적으로 유년기에 진단되며, 여성과 남성 모두에 영향을 미친다.

이 장애는 염색체 9번에 위치한 프레드릭 기능장애 유전자의 첫 인트론 부분에서 5′-GAA-3′ 세 뉴클레오티드의 반복 증식에 의해 유발된다. 정상적인 사람은 이 세 뉴클레오티드 반복이 6~34 사본을 가지고 있는 반면, 프레드릭 기능장애 환자는 66~1,700 사본을 가지고 있다. 반복 사본의 수가 더 많을수록 질병의 발병이 더욱 빨리 시작되고 환자의 쇠퇴가 더욱 빨리 진행된다.

0 팽창된 GAA 구역은 삼중나선 구조를 받아들이는 것으로 잘 알려져 있다. 삼중나선의 형성은 프레드릭 기능장애 유전자의 전사억제와 frataxin 단백질량의 상응하는 감소에 관계되어 있다. Frataxin은 철-결합(Fe-S) 단백질로, 철-황 복합체를 형성할 때 철을 제공하며, 인간의 미토콘드리아에서 발견된다. 철-황 복합체 형성은 미토콘드리아 내의 철 농도를 조절하는 데 중요한 역할을 한다. 철-황 복합체 형성에 문제가 생기면 미토콘드리아 내에는 철이 너무 많아지게 되고 세포질 내에는 부족하게 된다. 철이 많아지면 산화적 손상을 일으키게 되고 에너지 생성과 관련된 효소들의 활성이 떨어지게 된다. 심근세포와 감각 뉴런 내의 미토콘드리아가 왜 frataxin이 감소되는 것에 특별히 민감한지는 아직 명확하지 않다.

특수 영역의 염색체 말단에서 발견된다. 그리고 인간 유전자 프로모터 영역의 43%는 하나 이상의 G-사중체를 포함한다. 예를 들어, G-사중체 구조는 **c-Myc** 유전자의 프로모터 영역에서 형성될 수 있으며 전사를 억제할 수 있다. 나중에 알게 되겠지만, *c-myc*는 부적절하게 발현될 경우 다양한 유형의 암과 관련된 중요한 전사 조절 단백질을 암호화한다(15장).

2.5 DNA의 삼차구조

일부 조건에서, DNA 이중나선은 3차원 또는 **3차 구조(tertiary structure)**를 채택한다. 이것은 어떻게 발생하는가? 왓슨-크릭 이중나선의 두 가닥 모두 중심축을 기준으로 한 회전당 10.5개 염기로 오른손 방향의 나선형 구조를 하고 있다. 긴 DNA 분자들이 약간의 회전 또는 '꼬임'을 잃거나 얻는 것은 상대적으로 쉽다. 이것은 DNA 복제 중 DNA가 풀릴 때나 DNA가 특정 단백질에 결합할 때 일어난다. DNA의 두 말단이 회전할 수 없는 상태라면, 회전수의 작은 변화를 통해 DNA가 일직선으로 뻗기 보다는 휘감기게 된다. 예를 들어, 자연적으로 많이 존재하는 DNA 분자는 원형이며 유리된 5′이나 3′ 말단이 없다(5장). DNA 이중나선 가닥들의 극성 때문에 한 가닥의 5′ 말단이 그 가닥의 3′ 말단에만 결합하여 공유적인 원형을 만든다. 그러므로, 원의 이중나선 DNA는 본질적으로는 단일가닥 DNA의 두 원이 서로 얽힌 상태이다. 각각의 원의 DNA 분자는 때때로 DNA 이중나선의 완전한 회전수에 따라 양성 **초코일(supercoil)**이나 음성 초코일이 된다. 그러면 이 DNA는 초코일이 된다(비틀림 변형이 존재할 때). 초코일은 꼬인 삼차원 구조로서 에너지 측면에서 유리하다. 간단한 예를 통해 DNA 초코일이 어떻게 형성되는지 알아보자.

DNA의 초코일

이중가닥 직선 DNA로서 10.5 bp/회전이면서 10회의 완전한 **회전**(혹은 **꼬임**, **T** = 10) 수를 갖는 것에 대해 생각해보자(그림 2.20). DNA 말단이 서로 결합되어 있다면, 그 결과 편평하게 펴져 있

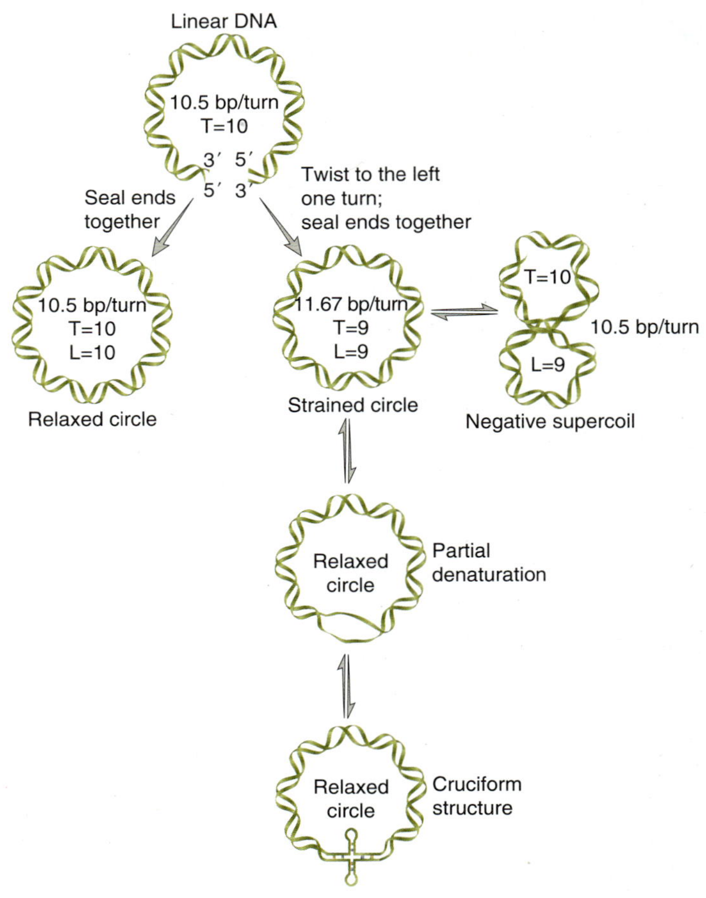

그림 2.20 DNA 초코일.
완전한 회전이 10인(혹은 꼬임, T = 10) 직선 DNA는 10.5 bp/회전을 갖고 있는 것으로 추정된다. DNA 분자의 말단은 이완된 환을 형성하기 위해 같이 결합될 수 있다. 이러한 이완된 환은 연관상수 L = 10을 갖고 있다. 그러나 이중나선이 왼쪽으로 1회의 완전한 회전에 의해 풀리게 되고 말단이 함께 결합한 경우, 결과적으로 11.67 bp/회전, L = 0, T = 9인 긴장된 환이 된다. 1개의 음성(왼손 방향의) 초코일은 자발적으로 형성되며, 나선의 본래 회전의 총횟수를 다시 안정시킨다 (T = 10, L = 9, 10.5 bp/회전). 부분적인 변성이 있을 경우, 초코일 DNA는 비초코일의 이완된 형태로 변화될 것이다. 단일가닥 부분은 변성된 부분에 역반복인 상동서열이 존재할 경우 더욱 안정된 십자가형 구조로 변화될 것이다.

는 에너지적으로 이완된 원이 된다. 각 고리는 다른 고리와 10회 교차되어 있는 것으로 관찰되어 이완된 환은 **연관 상수(linking number, L)**가 10이 된다. 그러나 이중나선이 왼쪽으로 한 번의 완전한 회전에 의해 음성 초코일이 되고 말단이 연결되면, 그 결과 L = 9, T = 9에서 11.67 bp/회전인 긴장된 원이 된다. 두 말단이 공유결합으로 연결되면, 연관 상수는 변할 수 없다. 일반적으로 이중나선의 회전당 평균 염기쌍 수의 변화는 반대 방향에서 초코일이 적절한 수로 형성되는 것에 의해 중화된다. 이것의 예로 **음성**(왼손 방향) **초코일**이 자발적으로 형성되어 나선의 본래 "회전"의 총횟수를 회복한다(T = 10, L = 9). 이중나선의 과꼬임(overtwisting)은 일반적으로 **양성**(오른손 방향으로 감겨 있는) **초코일**이 된다. 일례로서, 이중나선이 오른쪽으로 한 번의 완전한 회전에 의해 양성 초코일이 되고 말단이 연결되면, 그 결과 L = 11, T = 11에서 9.5 bp/회전인 긴장된 환이 된다. 양성(오른손 방향으로 감겨 있는) 초코일이 한번 생기면 나선의 본래 회전의 총횟수를 회복한다(T = 10, L = 11).

이러한 코일의 형성은 무엇을 의미할까? 초코일 상태는 이완된 DNA보다 본래부터 안정하지 못하다. 음성 초코일에서 단일가닥 DNA 내 짧은 기포 형성은 십자가 구조에 의해 안정화될 수 있다(2.4절 참조). 또한 증가된 음성 초코일이 B-DNA → Z-DNA 전이를 촉발한다. 이러한 현상은 DNA 일부에서 꼬임(회전당 염기쌍)이 반대가 되었기 때문에 오른손 방향으로 감겨 있는 나선에서 왼손 방향 나선으로 DNA의 일부를 전환함으로써 음성 초코일에 의해 부과된 긴장을 해소하기 때문이다. 6장에서, DNA 복제에 대한 내용을 다룰 때에, 토포아이소머레이스라는 중요한 효소가 소개될 것이다. 토포아이소머레이즈(Topoisomerases)는 DNA 가닥을 일시적으로 끊음으로써 이러한 긴장을 이완시킬 수 있다. 그러나 다음 절에서 지적하는 것처럼, DNA 초코일은 음성 초코일 나선이 국부적으로 풀리는 것에 의존하는 세포 내에서 필수적인 기능에 관여한다.

생체 내에서 초코일의 중요성은 무엇인가?

원핵과 진핵세포에서 실질적으로 모든 DNA는 음성 초코일 상태로 존재한다. **구조 단백질(arhitectural protein)**군은 모든 생물체에서 발견된다. 대부분의 이 단백질들은 결합 도중 DNA 음성 초코일을 유발한다. 예를 들어, 진핵 세포의 핵 내에 있는 DNA는 **뉴클레오솜**이라는 복합체내에 구조 단백질과 함께 모여 있다(5장에서 뉴클레오솜 구조에 대해 자세히 기술함). 여기서 중요한 것은 이중나선이 음성 초코일과 동등한 왼손 방향으로 뉴클레오솜을 거의 2배로 둘러싸고 있다는 것이다. DNA는 DNA-결합 단백질 주위가 초코일 상태일 때 '억제'된다고 본다. 초코일이 단백질로 억제되어 있을 경우 단백질과 DNA 간의 상호작용 에너지에 의해 안정화된다. 만약 이 도메인들이 억제되어 있지 않다면, 나선의 긴장과 풀림 간에 평형이 존재한다. 실험적인 증거에서 DNA 초코일이 복제, 전사, 재조합과 같은 많은 유전적 과정에서 중요한 역할을 한다는 것을 제시하고 있다.

DNA, RNA 합성 모두 이중나선이 풀려야 단일가닥 주형을 통해 새로운 상보가닥을 합성할 수 있다. 음성 초코일은 DNA에 에너지를 가지게 한다. 덜 감김(underwinding)은 이중나선의 두 가닥을 잡아 당겨 따로따로 분리시키는 것을 용이하게 한다. 그러므로, 음성 초코일은 복제 기점과 유전자 프로모터를 개시하는 것을 용이하게 한다(다음 장에서 더 자세히 다룬다). 이와 반대로, 양성 초코일화는 복제 분기점과 전사 복합체 앞쪽에서 발생한다. 양성 초코일화는 이중나선 개시를 더욱 어렵게 함으로써 중요한 DNA 진행을 차단한다.

세균과 진핵생물에서 정제된 원형 DNA 분자는 보통 음성 초크일화되어 있다. 초코일 DNA는 예를 들어 박테리오파지 PM2와 같은 일부 작은 바이러스의 원형 유전체의 잘 알려진 특징이다. 전자현미경으로 보면, 이러한 유전체는 이완된 환이나 꼬인 외관을 가진 초코일 환으로서 존재할 수 있다(그림 2.21a). 박테리오파지에서 이완된 원형 DNA는 복제와 전사의 활성 감소와 관련되었음을 보여주고 있는 반면, 음성 초코일은 복제와 전사의 활성 증가를 유도한다. 이와 비슷하게, 박테리아는 독립적인 DNA **고리 부위**(DNA **loop domains**)를 형성할 수 있는 큰 원형의 유전체를 가지고 있다(그림 2.21b). 단백질 복합체는 평균 ~40 kb 크기의 원형하(subcircles)를 형성하기 위해 제자리에서 각 부위를 붙들고 있다. 이러한 부위들은 복제와 전사를 위해 중요한 초코일 구조를 형성한다. 구조 단백질 주위의 음성 초코일화는 세균 내에서 염색체 응축을 용이하게 한다. 연구원들은 흥미롭게도 최근 일주기 리듬에 따라 초코일링의 변화를 겪을 수 있는 시아노박테리움을 발견했다. 음성 초코일화가 주로 낮에 일어나며, 밤에는 덜 일어난다. 시아노박테리움의 초코일화 주기는 유전자 발현의 전반적인 조절과 상관이 있는 것으로 알려져 있다.

진핵생물의 염색체는 일반적으로 원형이 아니지만, 직선 DNA의 구획들이 염색질과 연관된 격자 모양의 단백질에 삽입되어 있을 때 초코일이 형성될 수 있다. 이러한 결합은 앞에서 설명한 박테리아처럼 독립적인 고리 부위를 형성하는 고정된 말단들을 생성할 수 있다(그림 2.21b). 진핵생물에서 초코일의 중요성은 박테리오파지나 박테리아에서처럼 간단하지 않다. 음성 초코일일 때 전

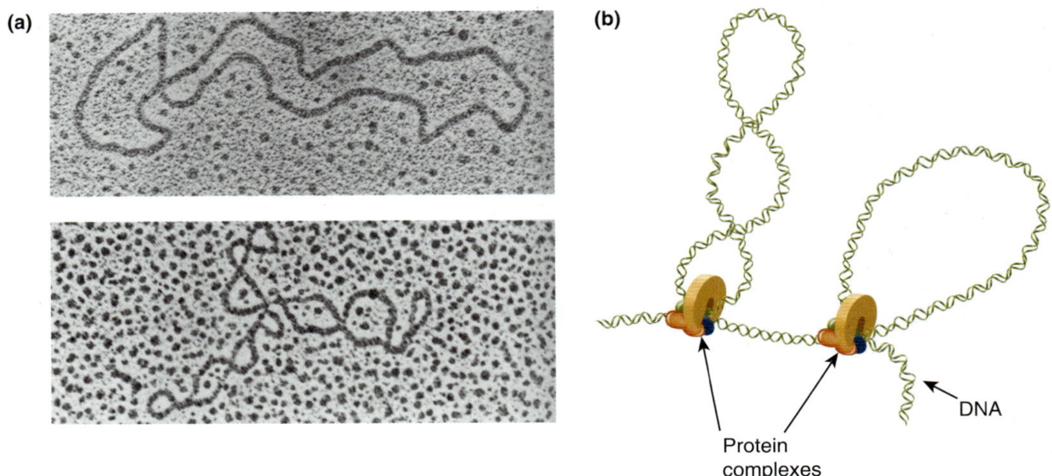

그림 2.21 초코일은 자연에서 발생한다.
(a) 박테리오파지 PM2의 DNA에서 두 가지 위상적인 형태: 이완된 환(위 패널)과 초코일된 환(아래 패널). 후자가 자연적인 형태이다. (출처: Reproduced with permission from Wang 1982. *Scientific American* 247:97.) (b) 박테리아(원형 유전체)나 진핵생물(직선 유전체)의 유전체 DNA에서 DNA 고리 부분의 도식적 표현.

사가 증가된 예가 일부 있지만, 진핵생물은 매우 크고 복잡한 유전체를 갖고 있기 때문에 결과적으로 연구하기 어렵다. 또한 복제와 전사 과정이 자체적으로 DNA 초코일을 생성하기 때문에 DNA 초코일이 유전적 과정에 영향을 미치는 메커니즘을 알아내는 것은 어려운 일이다.

음성 초코일화 장점에 대한 모든 논의를 한 후에는, 양성 초코일화된 DNA 유전체를 갖고 있는 생물체의 존재는 희박해 보인다고 결론짓기 쉬울 것이다. 하지만 이것은 사실이 아닌 것으로 판명되었다. **고세균(Archaea)**에 포함되는 초호열성(Hyperthermophilic) 미생물은 극도로 높은 온도 조건에서 살아간다. 그들은 DNA가 녹지 않도록 어떻게 유지할까? 이는 양성 초코일화를 통해 유지한다. 양성 초코일화는 이중나선을 안정화시킴으로써 높은 온도에서 견딜 수 있게 하는 중요한 요소로 생각된다.

장 요약

DNA와 RNA는 인산다이에스터 결합으로 연결되어 있는 뉴클레오티드라고 불리는 소단위체들로 구성된 고리 같은 분자이다. 각 뉴클레오티드 소단위체는 오탄당, 인산기, 질소 염기 이렇게 세 부분으로 구성되어 있다. 자연 그대로의 RNA는 크기가 100개 이하에서 수천 개의 뉴클레오티드의 범위에 이르는 반면, DNA의 크기는 수 킬로 염기에서 수천 메가 염기만큼 길다. DNA나 RNA 고리의 5′-PO_4와 3′-OH 말단은 뚜렷하게 구분되며, 서로 다른 화학적 성질을 가지고 있다.

DNA는 바깥쪽으로는 당-인산 골격과 안쪽으로는 염기쌍을 가진 이중나선 구조이다. 세포에서 주로 나타나는 형태는 B-DNA로서, 회전당 10.5개 염기를 가진 오른손 방향으로 감겨 있는 나선이다. 이중나선은 염기쌍 사이의 수소결합과 염기 쌓임 간의 소수성 상호작용에 의해 안정화된다. 아데닌(A)은 티민(T), 구아닌(G)은 사이토신(C)처럼 특정된 염기쌍이 형성된다. 자연 그대로의 DNA에서 G + C의 양은 22~73%로 변화할 수 있는데, 이것은 DNA의 물리적 성질, 특히 융점에 강한 영향을 나타나게 할 수 있다. DNA의 융점(T_m)은 두 가닥이 50% 변성되는 온도이다. 분리된 DNA 가닥들은 재생되거나 풀릴 수 있다. 재생 속도는 DNA 길이와 반복 서열의 수에 의존한다. Cot 곡선은 초기 농도(C_0)와 시간을 곱한 값에 대한 DNA 재생 비율을 그래프로 나타낸 것이다. 서로 다른 소스의 상호보완적 가닥은 혼성화라고 불리는 과정에서 이중나선을 형성할 수 있다.

DNA 이중나선에서 반복되는 뉴클레오티드 서열들은 때때로 슬립 구조, 십자가형 구조, 삼중나선 DNA 같은 예외적인 이차구조를 선택한다. 이러한 이차구조는 DNA 복제와 전사에 영향을 미칠 수 있다. 이러한 구조 중 일부는 DNA 초코일에 의존적이다. 원핵과 진핵세포 모두에서 거의 대부분의 DNA는 음성 초코일 상태로 존재한다. 음성 초코일은 복제와 전사 동안에 DNA 가닥들의 분리를 용이하게 만든다. 호열성 미생물의 DNA는 DNA를 변성으로부터 보호하기 위한 양성 초코일화 상태로 존재한다.

분석 질문

분석, 발견 및 실제 데이터 질문에 대한 해답은 부록을 참조하시오.

1 메뚜기 DNA의 염기성분이 결정되었을 때, 염기의 29%가 아데닌인 것으로 밝혀졌다.

(a) 사이토신의 비율은 어떻게 되는가?

(b) DNA의 전체 기본 구성은 어떻게 되는가?

(c) G + C 함량은 어떻게 되는가?

2 아래의 DNA 이중가닥이 변성된 후 재생되었다. 두 분자 중 어떤 것이 높은 T_m을 갖고 있을까? 둘 중 어떤 것이 원래의 구조를 다시 만들기 더 어려울까? 그 이유는 무엇인가?

(a) 5′-ATATCATATGATATGTA-3′
3′-TATAGTATACTATACAT-5′

(b) 5′-CGGTACTCGTGCAGGT-3′
3′-GCCATGAGCACGTCCA-5′

3 당신은 같은 농도의 두 가지 DNA 시료를 가지고 있다. 하나는 오직 고유 DNA 서열을 포함하고 있고, 다른 하나는 반복 DNA 서열을 포함하고 있다. 당신은 각 시료의 재생 속도에 대한 분석을 하고자 한다. 각 시료의 Cot 곡선을 그리시오.

4 인간 세포에서 정제된 유전체 DNA 시료와 정제된 mRNA 시료의 상대 흡수도를 A_{260}에서 측정한다고 가정한다. 자외선의 상대적인 흡광도가 더 클 것으로 예상되는 시료는 무엇인가?

5 당신은 열수 분출공에서 새로운 종의 미생물을 발견했다. 당신은 그것이 작고 원형의 유전체를 갖고 있는지 확인하려 한다. 그 미생물의 DNA가 음성 초코일화되어 있는지 또는 양성 초코일화되어 있는지 혹은 이완된 DNA인지 예측할 수 있을까? 이를 설명하시오.

발견 질문

그림 2.10 수소결합 수용체, 수소결합 공여체, 기타 하이드로겐 또는 메틸(소수성)기를 나타내는 적절한 패턴의 원으로 아래 표를 채우시오. 큰 고랑과 작은 고랑은 어떤 차이가 있는가? AT 염기쌍과 TA 염기쌍을 구분할 수 있는가? GC와 CG 기본 쌍을 구분할 수 있는가? GC와 AT 염기쌍을 구분할 수 있는가?

Major groove							Minor groove				
–					A		T				A
A					T		A				T
C					G		C				G
G					C		G				C

그림 2.20 그림 2.20의 DNA 이중나선이 오른쪽으로 한 바퀴 완전히 회전한 후 끝을 함께 봉인할 경우, 회전당 염기쌍의 수와 연결 횟수 및 회전 수를 예측하시오.

실제 데이터 질문

그림 2.2 연어 DNA 시료에서 염기 G의 비율은 약 20%이다. 그림 2.2에 제시된 비율을 사용하여, 연어 DNA에서 염기 A의 대략적인 비율을 계산하시오.

그림 2.14 그림 2.14의 그래프를 사용하여 저농도의 소금에서 G + C 함량이 50%인 DNA의 용해 온도를 비교하시오.

참고문헌

Bacolla, A. and Wells, R.D. (2004). Non-B DNA conformations, genomic rearrangements, and human disease. *Journal of Biological Chemistry* 279: 47411–47414.

Blackburn, G.M. and Gait, M.J. (1990). *Nucleic Acids in Chemistry and Biology*. Oxford: IRL Press.

Boyer, A.S., Grgurevic, S., Cazaux, C., and Hoffmann, J.S. (2013). The human specialized DNA polymerases and non-B DNA: vital relationships to preserve genome integrity. *Journal of Molecular Biology* 425: 4767–4781.

Britten, R.J. and Kohne, D.E. (1968). Repeated sequences in DNA. *Science* 161: 529–540.

Calladine, C.R., Drew, H.R., Luisi, B.F., and Travers, A.A. (2004). *Understanding DNA: The Molecule and How It Works*, 3rde. New York: Elsevier Academic Press.

Chargaff, E. (1951). Structure and function of nucleic acids as cell constituents. *Federation Proceedings* 10: 654–659.

de Duve, C. (1984). *A Guided Tour of the Living Cell, Volume 2*. New York: Scientific American Books, Inc.

Dickerson, R.E. (1983). The DNA helix and how it is read. *Scientific American* 249: 94–111.

Dickerson, R.E., Bansal, M., Calladine, C.R. et al. (1989). Definitions and nomenclature of nucleic acid structure and parameters. *EMBO Journal* 8: 1–4.

Du, X., Wojtowicz, D., Bowers, A.A. et al. (2013). The genome-wide distribution of non-B DNA motifs is shaped by operon structure and suggests the transcriptional importance of non-B DNA structures in *Escherichia coli*. *Nucleic Acids Research* 41: 5965–5977.

Endo, M. and Sugiyama, H. (2018). DNA origami nanomachines. *Molecules* 23: 1766.

Ha, S.C., Lowenhaupt, K., Rich, A. et al. (2005). Crystal structure of a junction between B-DNA and Z-DNA reveals two extruded bases. *Nature* 437: 1183–1186.

Herbert, A.G., Spitzner, J.R., Lowenhaupt, K., and Rich, A. (1993). Z-DNA binding protein from chicken blood nuclei. *Proceedings of the National Academy of Sciences United States of America* 90: 3339–3342.

Huppert, J.L. and Balasubramanian, S. (2007). G-quadruplexes in promoters throughout the human genome. *Nucleic Acids Research* 35: 406–413.

Javadekar, S.M. and Raghavan, S.C. (2015). Snaps and mends: DNA breaks and chromosomal translocations. *The FEBS Journal* 282: 2627–2645.

Kim, Y.G., Lowenhaupt, K., Oh, D.B. et al. (2004). Evidence that vaccinia virulence factor E3L binds Z-DNA *in vivo*: implications for development of a therapy for poxvirus infection. *Proceedings of the National Academy of Sciences of the United States of America* 101: 1514–1518.

Kogo, H., Inagaki, H., Ohye, T. et al. (2007). Cruciform extrusion propensity of human translocation-mediating palindromic AT-rich repeats. *Nucleic Acids Research* 35: 1198–1208.

Kool, E.T. (2001). Hydrogen bonding, base stacking, and steric effects in DNA replication. *Annual Review of Biophysical and Biomolecular Structure* 30: 1–22.

Marmur, J. and Doty, P. (1962). Determination of the base composition of deoxyribonucleic acid from its thermal denaturation temperature. *Journal of Molecular Biology* 5: 109–118.

Napoli, A., Kvaratskelia, M., White, M.F. et al. (2001). A novel member of the bacterial-archael regulator family is a nonspecific DNA-binding protein and induces positive supercoiling. *Journal of Biological Chemistry* 276: 10745–10752.

Oussatcheva, E.A., Pavlicek, J., Sankey, O.F. et al. (2004). Influence of global DNA topology on cruciform formation in supercoiled DNA. *Journal of Molecular Biology* 338: 735–743.

Pennisi, E. (2015). Inching toward the 3D genome. *Science* 347: 10.

Sinden, R.R. (2005). DNA twists and flips. *Nature* 437: 1097–1098.

Tullis, T. (2009). DNA binding shapes up. *Nature* 461: 1225–1226.

Vannocci, T., Faggianelli, N., Zaccagnino, S. et al. (2015). A new cellular model to follow Friedreichs ataxia development in a timeresolved way. *Disease Models & Mechanisms* 8: 711–719.

Vasudevaraju, P., Bharathi, G.R.M., Sambamurti, K., and Rao, K.S.J. (2008). Role of DNA dynamics in Alzheimers disease. *Brain Research Reviews* 58: 136–148.

Wang, J.C. (1982). DNA topoisomerases. *Scientific American* 247: 94–97, 100–109.

Wittig, B., Wolfl, S., Dorbic, T. et al. (1992). Transcription of human c-myc in permeabilized nuclei is associated with formation of Z-DNA in three discrete regions of the gene. *EMBO Journal* 11: 4653–4663.

Woelfle, M.A., Xu, Y., Qin, X., and Johnson, C.H. (2007). Circadian rhythms of superhelical status of DNA in cyanobacteria. *Proceedings of the National Academy of Sciences of the United States of America* 104: 18819–18824.

Ye, H. and Rouault, T.A. (2010). Human iron-sulfur cluster assembly, cellular iron homeostasis, and disease. *Biochemistry* 49: 4945–4956.

CHAPTER THREE

RNA의 다양성

이 모든 것 중에서 가장 놀랄만한 점은 유전자 조절에 관여하는 RNA의 중요성과 다양한 성질이 널리 인식되었음에도 불구하고 세포생물학 연구에서는 아주 뒤떨어졌다는 점이다.

Philip Sharp*, Cell *(2009), 136:580.

OUTLINE

- 3.1 서론
- 3.2 RNA는 세포의 모든 과정에 광범위하게 관여한다
- 3.3 RNA의 모티프
- 3.4 RNA 촉매작용의 발견
- 3.5 RNA 기반 유전체

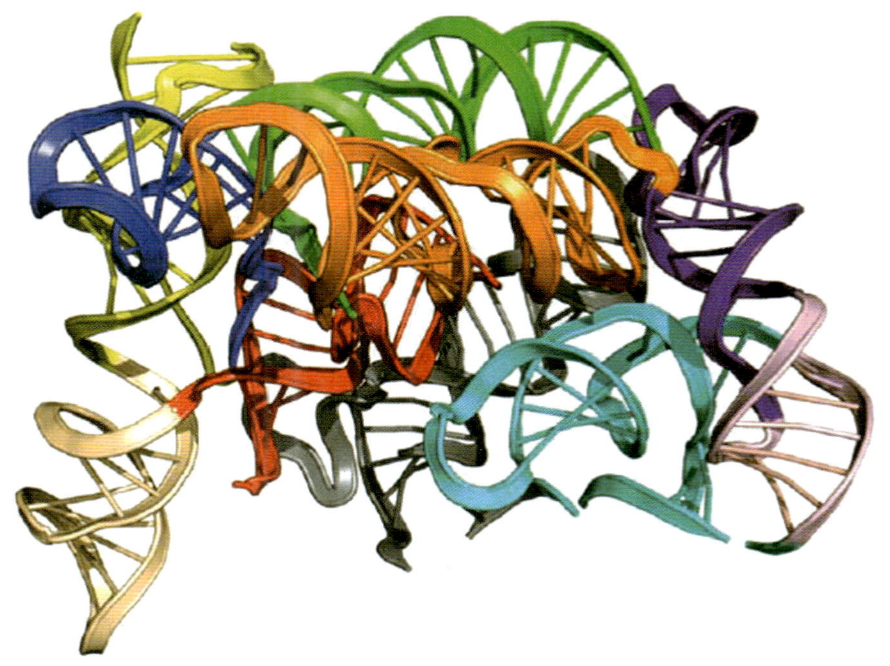

촉매성 RNA의 삼차구조. (출처: Frcm Cruz, J. A., & Westhof, E. (2009). *Cell* 136:604–609, © 2009 Elsevier.)

3.1 서론

2장에서 DNA와 RNA의 일차구조에 대해 일반적인 내용을 기술했지만, 거의 대부분 DNA의 성질에 초점을 갖추었다. 이 장에서는 주로 RNA에 중점을 둔다. RNA 구조에 대한 초기의 연구는 DNA 구조와의 횡적 관계를 추구하였지만, 여러 해가 지나는 동안 유전자에서부터 단백질까지의 정보 흐름에서 RNA가 중개자라는 사실이 알려졌다. 1장을 상기해보면, 중심원리는 특정 DNA 서열이 전령 RNA로 전사되고 이어서 단백질로 번역되는 것이라고 설명한다. RNA 중간체를 통해 DNA에서 기능성 결과로의 유전자 발현 경로에 대한 이러한 일반적인 사고 방식은 단백질을 너무 궁극적 목표로 지나치게 강조하는 면이 있다. 초기에 놀라웠던 것은 기능적 RNA 분자의 엄청난 다양성과 융통성의 발견이었다. RNA는 DNA 복제, RNA 다듬기, mRNA 전환, 단백질 합성 및 단백질 표적화를 포함하는 광범위한 세포 과정에 관여한다.

RNA를 다재다능한 분자로 만드는 이유는 무엇인가? 결론적으로, RNA는 DNA에 비해 구조적 다양성이 훨씬 더 크다는 것이다. RNA 사슬은 구형 단백질과 유사하게 작용하는 독특한 3차원으로 접힌다. 접힘 패턴은 단백질, 핵산 및 작은 리간드를 포함한 다른 분자와의 화학적 반응성 및 특정 상호작용의 기초를 제공한다. RNA의 알려진 세계는 비단백질 암호화 RNA의 크고 성장하는 패밀리의 발견에 의해서 촉발된 놀라운 속도로 확장되고 있다.

3.2 RNA는 세포의 모든 과정에 광범위하게 관여한다

실제로 기능을 나타내는 모든 형태의 RNA를 가진 진핵세포를 묘사하는 것은 아주 곤란하다. 대신에 유전정보의 흐름에서 결정적인 중개 역할을 하는 8가지 주요 RNA 종류들을 그림 3.1에서 보여준다.

리보솜 RNA(rRNA): 단백질 합성이 일어나는 **리보솜(ribosome)**의 필수 구성성분임.

전령 RNA(mRNA): 유전자 생성물을 암호화하는 유전체 DNA 서열의 복사물로서 세포질에서 리보솜과 결합함.

전달 RNA(tRNA): 특정 **아미노산(amino acid)**으로 "채워진" 작은 RNA. tRNA는 mRNA 코

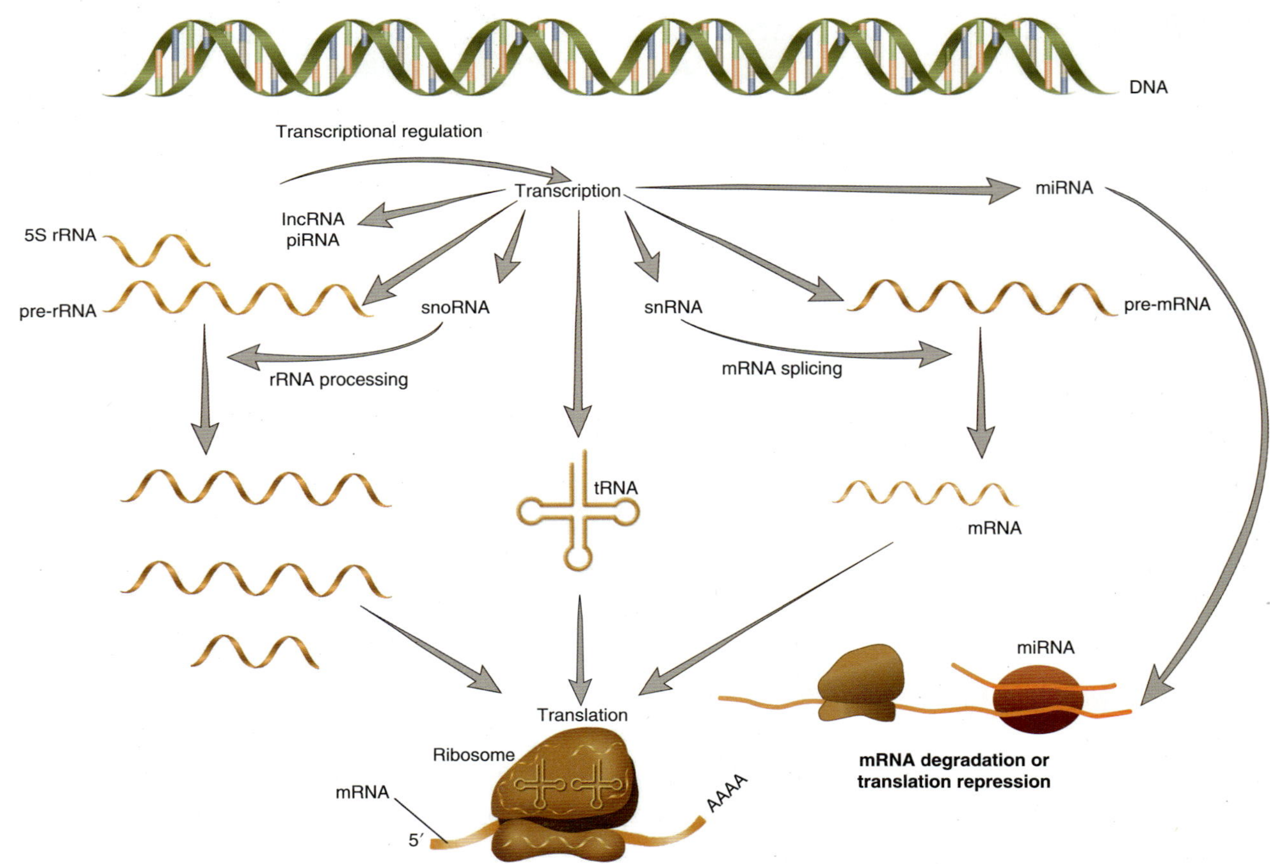

그림 3.1 유전자 발현에 관여하는 6종류의 주요 RNA 사이의 관계.
리보솜 RNA(rRNA), 전령 RNA(mRNA), 전달 RNA(tRNA), 작은 핵 RNA(snRNA), 작은 핵소체 RNA(snoRNA), 미세 RNA(miRNA) 등이 RNA 다듬기와 단백질 합성에서 수행하는 역할의 개요.

돈과 tRNA 대응코돈의 상호작용을 통해 특정 아미노산을 리보솜으로 운반함.

작은 핵 RNA(snRNA): mRNA의 번역을 준비하는 과정인 전구-mRNA **이어맞추기**에 작용함.

작은 핵소체 RNA(snoRNA): rRNA가 작동하도록 준비하기 위해 rRNA 다듬기에 작용함.

미세 RNA(miRNA): 전사후 유전자 조절에 관여함; 각각의 미세 RNA는 표적 mRNA의 상보서열과 결합하여 mRNA의 분해를 촉진하거나 리보솜의 번역을 차단함으로써 결과적으로 보통은 유전자 침묵화가 일어남.

PIWI-상호작용 RNA(piRNA): 길이가 24~31개의 뉴클레오티드인 생식선 세포에 존재하는 작은 RNA. 그들은 PIWI 단백질과 결합하여 유도된 piRNA를 형성한다. 전사 또는 전사 후 메커니즘을 통해 전이 요소를 억제시킴.

Long noncoding RNA(lncRNA): 단백질을 암호화하지 않는 크고 다양한 종류의 RNA 분자; 유전자 전사조절을 포함한 여러 세포 기능에서 역할을 함.

다양한 RNA 기능에 기여하는 것은 다른 RNA 분자 또는 외가닥 DNA와 상보적 염기쌍을 이룰 수 있는 RNA의 능력이다. 전사후 유전자 침묵화에서부터 번역에 이르는 전 과정에서 RNA가 담당하는 역할을 이해할 때, 특별한 염기쌍을 만드는 RNA의 능력이 핵심이 된다. RNA−단백질 상호작용 또한 아주 중요하다. 진핵세포에서 대부분의 RNA는 **리보핵단백질(RNP) 입자[ribonucleoprotein (RNP) particles]**라는 RNA−단백질 복합체의 일부로서 단백질과 회합하고 있다. 더구나, 전부는 아니지만 대부분의 RNA 기반 촉매 반응들은 단백질과 맞닿은 부위에서 일어나는 것으로 생각된다. RNP 복합체 중에서 리보솜처럼 중요한 것들은 다른 장에 자세히 설명되어 있다. RNA-핵산 상호작용과 RNA−단백질 상호작용의 기능적 결과는 아래에 분류되어 있으며, 특별한 예들은 표 3.1에 강조되어 있다.

1 RNA는 '지지대' 역할을 할 수 있다. **신호인식입자(signal recognition particle, SRP)**의 경우와 마찬가지로, RNA 분자는 지지대 또는 골격으로 작용하여 단백질들이 그 위에 질서정연한 형태

표 3.1 리보핵단백질(RNP)은 세포의 모든 과정에 광범위하게 관여한다.

RNP	Point in pathway of gene expression	Function	Composition	Role of RNA component	Cross-reference
Telomerase	DNA replication	Adds telomeric repeats to the ends of chromosomes during DNA replication	Telomerase RNA plus protein (reverse transcriptase)	Template for reverse transcriptase	Chapter 6
RNase MRP (ribonuclease mitochondrial RNA processing)	DNA replication and RNA processing	Cleaves RNA primer in mitochondrial DNA replication; role in processing 5.8S ribosomal RNA in the nucleolus	7-2 RNA plus proteins	Catalytic RNP	Chapter 6
Spliceosome	RNA processing	Removal of introns from nuclear pre-mRNA	snRNAs plus ~200 proteins	Catalytic RNP: U2 and U6 snRNA catalyze splicing	Chapter 11
RNase P	RNA processing	Generates 5′ end of mature tRNAs	*Escherichia coli*: M1 RNA plus C5 protein Human: H1 RNA plus ~10 proteins	*E. coli*: catalytic RNA Human: catalytic RNP	Chapter 3
Ribosome	Translation	Protein synthesis machinery	Four rRNAs plus >50 ribosomal proteins	23S rRNA catalyzes peptide bond formation	Chapter 12
Signal recognition particle (SRP)	Protein targeting	Mediates protein targeting to the endoplasmic reticulum	7S RNA plus six proteins	RNA serves as a scaffold for organized binding of proteins	Chapter 12

로 조립될 수 있다(12장). 단백질은 일차 RNA 뉴클레오티드 서열과 이차구조 및 삼차구조의 모티프를 동시에 또는 따로따로 인식한다.

2 RNA-단백질 상호작용은 단백질의 촉매 활성에 영향을 줄 수 있다. 일부의 촉매성 RNP에서 단백질이 효소로 작용하지만, 이 효소를 기질에 결합시키거나 표적화할 때에는 반드시 RNA가 필요하다. 이에 대한 예로 **텔리머레이즈(telomerase)**를 들 수 있는데, 이 효소에서 RNA는 역전사효소 단백질이 삼인산 데옥시뉴클레오시드(dNTP)를 이어 붙일 때 본틀로 이용된다(6장). 또 다른 예는 박테리아와 고세균이 사용하는 **CRISPR-Cas** 방어 시스템이다(13장). 이 경우, 짧은 CRISPR(clustered regular interspaced short palindromic repeats) 유래 RNA 가이드(**CRISPR RNA** 또는 **crRNA**)는 CRISPR 관련(Cas) 단백질과 함께 crRNA 가이드에 상보적인 외래 핵산 표적에 결합하고 파괴하는 대형 RNP 기계로 조립된다.

3 RNA는 촉매작용을 할 수 있다. "**리보자임(ribozymes)**"으로 불리는 RNA 분자는 살아 있는 세포에서 일어나는 많은 화학 반응을 촉진할 수 있다(3.4절 참조). 예를 들어, **리보핵산분해효소 P (RNase P)**와 리보솜에서 단백질이 아닌 RNA가 촉매작용을 한다.

4 작은 비암호화 RNA(<200개 뉴클레오티드) 및 긴 비암호화 RNA(>200개 뉴클레오티드)들은 유전자 발현을 직접 조절할 수 있다. 유전자 조절에서 RNA가 어떻게 작용하는가에 대한 예들은 뒷장에서 자세하게 설명할 것이다(8장~11장).

5 RNA는 유전물질이 될 수 있다. 많은 종류의 바이러스가 RNA 유전체를 가지며, 스스로 복제를 하거나 또는 DNA 중간체를 통해 복제한다(5장 참조).

이제 RNA 기능에 대한 기본적인 이해를 하였으므로, 이 다재다능한 핵산의 구조에 대해 자세히 살펴보자.

3.3 RNA의 모티프

2장에서 소개한 바와 같이, RNA는 사슬형 분자로서 포스포다이에스터 결합으로 연결된 뉴클레오티드라고 부르는 소단위체로 구성된다(그림 3.2). 각각의 뉴클레오티드 소단위체는 리보스 당, 인산기, 질소 염기의 세 부분으로 구성된다. RNA에 공통적으로 존재하는 염기는 아데닌(A), 구아닌(G), 사이토신(C), 우라실(U)이다. 외가닥 RNA 분자는 접혀져서 다양한 이차구조 요소를 형성하고, 이들은 왓슨-크릭 염기쌍과 비전형적인 염기쌍을 형성함으로써 안정화된다. 펜을 꺼내 mRNA를 그린다면, 아마도 선형 가닥으로 그릴 것이다. 이것은 단순함을 위해 mRNA가 일반적으로 그림으로 표현되는 방식이기 때문이다. 그러나 mRNA조차도 전사 후 처리 및 번역의 효율성을 조절하는 복잡한 구조로 접힌다. 대부분의 RNA 분자는 2개의 끝을 가지고 있지만, 원형의 mRNA를 대체 접합하는 동안 생성된 진핵 세포에는 특수한 유형의 비암호화 RNA가 있다. **원형 RNA(circular RNAs, circRNA)**는 포유동물의 뇌에 특히 풍부하며, 암 발병 및 바이러스 감염에 대한 면역 반응과 관련이 있지만 그 특정 기능은 여전히 수수께끼로 남아 있다.

RNA의 이차구조

RNA의 **이차구조**는 컴퓨터 분석을 통해 합리적으로 상당히 정확하게 예측할 수 있다. 분석의 기초가 되는 것은 다양한 입체형태의 자유에너지에 대한 열역학적 자료, 염기서열의 비교 분석, 용해 결정 구조 등이다. 그러나 주목해야 할 중요한 점은 서로 다른 RNA 분자 사이에서 고도로 보존되고

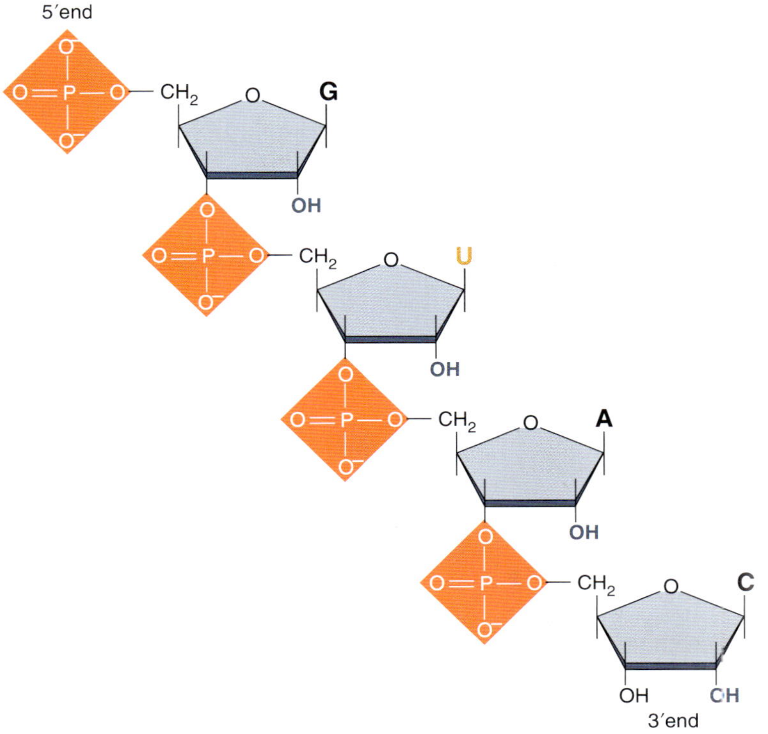

그림 3.2 RNA의 성분. RNA의 뼈대는 인산염과 리보스 당이 교대로 존재하는 구조이다. DNA와 구별되는 RNA의 특징적 부위는 강조되어 있다. 리보스는 2′ 위치에 하이드록실기를 갖고 있고, RNA는 염기 티민 대신에 염기 우라실을 포함한다.

있는 것은 거의 대부분 RNA 서열이 아닌 RNA 구조라는 것이다. RNA 구조물의 구조 성분(building block)을 이루는 흔한 이차구조의 일부가 그림 3.3에 도시되어 있다. 이 이차구조들은 팽대부, 염기쌍 나선 또는 "줄기", 외가닥 헤어핀 또는 내부 고리, 접합부 등을 포함한다.

2장에서 보았듯이, DNA 이중나선은 2개의 분리된 DNA 사슬로부터 만들어진다. RNA에서 나선 형성은 하나의 외가닥 뉴클레오티드 사슬 안에서 일어난다. DNA의 경우처럼, RNA 나선은 염기쌍 사이의 수소결합과 염기-치쌓기 소수성 상호작용에 의해 안정화된다. X-선 결정학 연구를 통해 RNA는 기본적으로 1회전당 11염기쌍을 가진 오른손잡이 A형을 취하는 것으로 밝혀졌다(그림 3.3 참조). RNA에서 리보스 당의 2′-하이드록실기의 방해에 의해 B형 나선(쌍가닥 DNA의 우세형)은 만들어지지 않지만, A형 나선은 형성될 수 있다. 왓슨–크릭 염기쌍으로 이루어진 일반적인 A형 RNA 나선에는 깊고 좁은 큰 고랑이 있는데, 이것은 리간드와 특별한 상호작용을 하기에는 적합하지 않은 구조이다. 2장에서 보여주듯이, 작은 고랑은 큰 고랑에 비해 상대적으로 적은 염기서열 정보를 나타낸다. 반면에 RNA 이중나선에 있는 작은 고랑은 우수한 수소결합 받개인 리보스 2′-OH기를 갖고 있고, 또한 고랑이 얕고 넓기 때문에 리간드에 접근하는 것이 가능해진다. 이러한 구조적 특징 때문에 작은 고랑에 결합되는 RNA-결합 단백질을 확인하여 RNA를 검증하는 일이 흔해졌다.

RNA 이중나선에는 전통적인 왓슨–크릭 염기쌍 염기쌍뿐만 아니라, 종종 **비정통적 염기쌍(noncanonical base pairs)** 또는 **비왓슨–크릭 염기쌍(non-Watson–Crick base pairs)**이 아닌 다른 염기쌍도 포함되어 있다. RNA 구조에서 발견되는 비정통적 염기쌍은 그 종류가 20가지가 넘는다. 이들의 형태가 어떻게 이루어져 있는지를 알려주기 위해 그중 가장 흔한 것들을 그림 3.4에서 나타내었다. 여기에는 GU 흔들림, 잘라낸 GA 쌍, AU 역 후그스틴 쌍, GA 이미노 쌍 등이 포함된다. GC 쌍에는 3개의 수소결합이 들어 있는 반면에, GU 쌍에는 수소결합이 2개 밖에 없기 때문에 염기 1개가 전통적인 왓슨–크릭 구조의 위치에서 옆 방향으로 이동해야 한다. 수소결합이 줄어들면서 약해진 상호작용은 염기의 옆 방향 이동이 일어날 때마다 개선되는 염기 치쌓기로 극복될 수 있다.

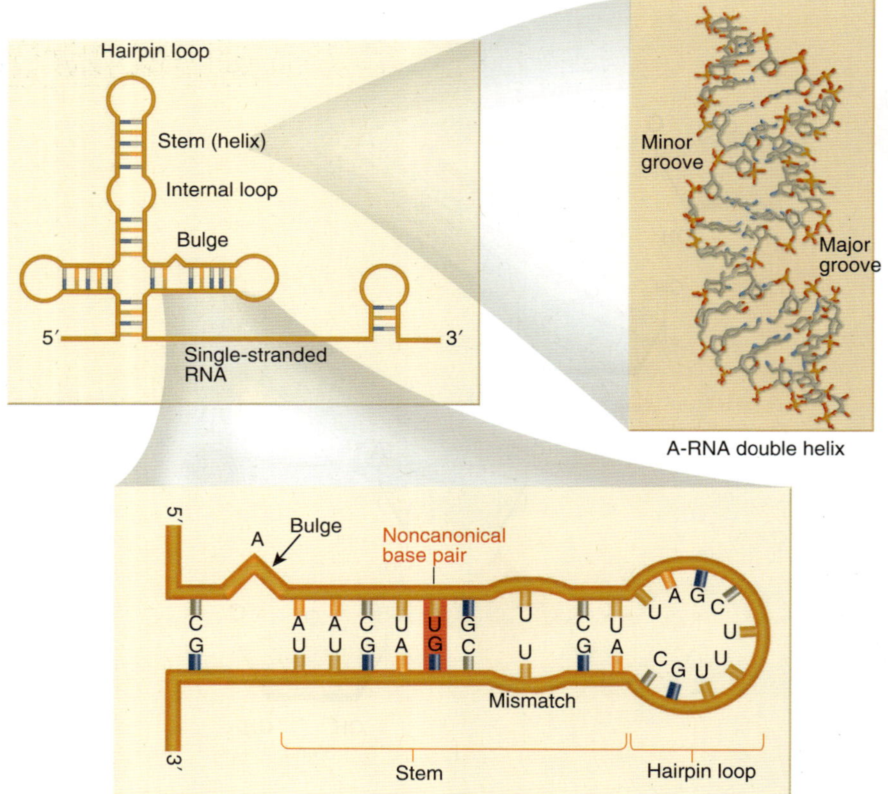

그림 3.3 RNA의 이차구조. 전형적인 RNA 이차구조에 존재하는 모티프. 모티프에는 비정통적 염기쌍을 포함하는 염기쌍 줄기(하단의 삽입된 상자), 헤어핀 고리, 내부 고리, 팽대부, 접합부 등이 있다. 염기쌍 줄기는 A형 나선을 이룬다(상단의 삽입된 상자).

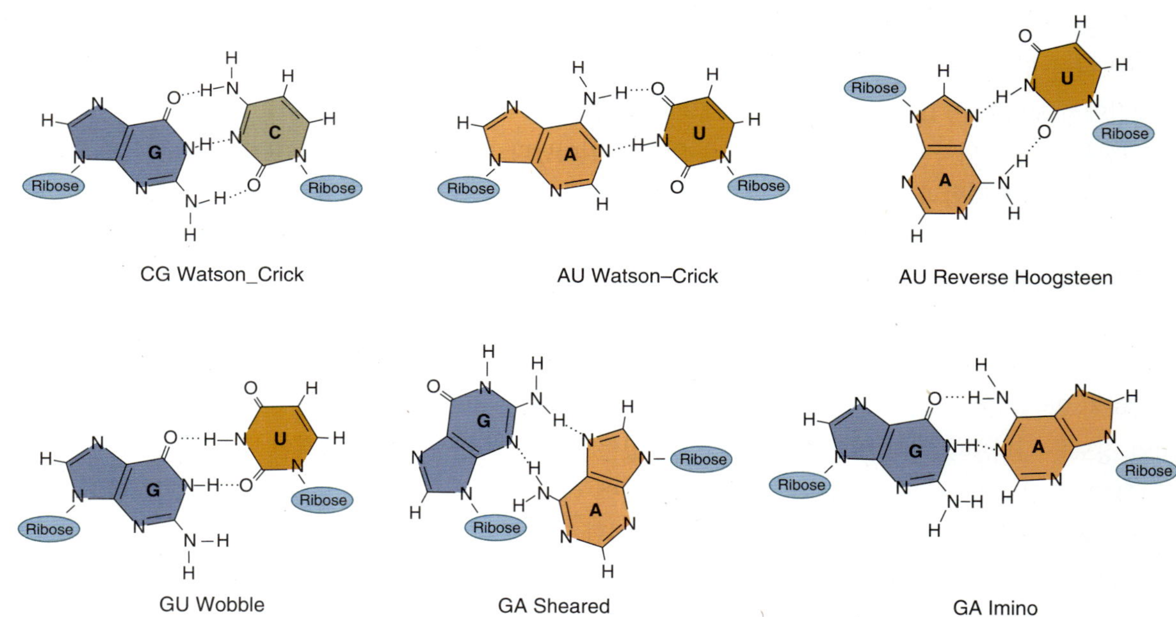

그림 3.4 RNA 이중나선에서 발견되는 염기쌍. 표준형 왓슨–크릭 염기쌍(CG, AU) 사이의 수소결합(점선)과 비정통적 염기쌍 사이의 수소결합을 비교 도시하였다. 흔히 발견되는 네 가지 염기쌍, 즉 AU 역 후그스틴, GU 흔들림, GA 베어냄, 그리고 GA 이미노 등의 구조를 보여주고 있다.

또한 RNA 구조는 흔히 **염기 삼중자(base triples)**와 같은 비전통적 염기쌍의 형성에 관여한다(그림 3.5). 이러한 염기 삼중자는 전형적으로 표준 염기쌍 중 하나를 포함하고 있는데, 그중에서 가장 흔한 것이 왓슨–크릭 쌍이나 역 후그스틴 쌍이다. 세 번째 염기는 다양하게 비전통적 상호작용

AGC amino-N3,N1-amino;
Watson-Crick

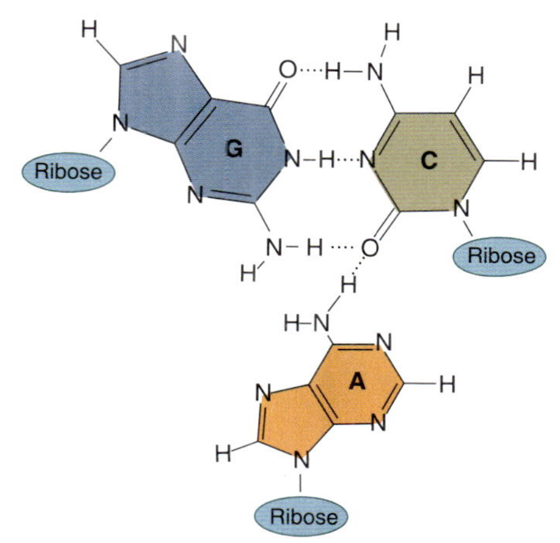

ACG amino-carbonyl;
Watson-Crick

그림 3.5 AGC 및 ACG 염기 삼중자. 이 구조들은 흔하지 않은 삼중자 염기쌍 형성을 가능하게 하는 두 가지의 수소결합 구조의 예를 보여주고 있다. 두 가지의 예에서 표준형 왓슨-크릭 GC 쌍이 삼중자의 중심부를 차지하고 있다. 왼쪽 예에서 세 번째 염기 A는 2개의 수소결합에 의해 G와 연결된다. 오른쪽 염기 삼중자에서 A는 단 1개의 수소결합에 의해 C와 연결된다.

을 할 수 있다. 이 시점에서 이들의 흔하지 않은 염기 상호작용이 기능적으로 어떤 의미를 갖는가 의심스러울 것이다. 그 대답은 '의미가 있다'이다. 비정통적 염기쌍과 염기 삼중자는 RNA 자체 조립, RNA-단백질 상호작용, RNA-리간드 상호작용 등의 중요한 매개체이다. 비정통적 염기쌍이 큰 고랑을 더 넓게 만들어서 리간드에 더욱 쉽게 접근할 수 있게 하는 것이 한 예가 된다.

한때 RNA 구조는 왓슨-크릭 염기쌍으로 이루어진 비교적 딱딱한 줄기와 이 줄기에 의해 구분되는 외가닥 고리들이 단순하게 집합체를 이루는 형태일 것으로 생각되었다. 처음 알려진 전달 RNA의 구조는 이와 다르게 나타났다. 실제로 앞으로 알게 되겠지만, RNA는 Harry Noller가 2005년 사이언스지 종설 논문에서 "숨이 막힐 정도로 복잡하고 우아하다"라고 표현할 정도의 구조를 갖고 있다.

tRNA 구조: RNA 모티프에 대한 비중 있는 이해

RNA 사슬은 접힘을 통해 독특한 삼차원 구조를 이루는데, 이것은 마치 둥근 단백질처럼 작용한다. 실제로, 1966년에 *Cold Spring Harbor Symposium on Quantitative Biology*에 게재된 논문에서 Francis Crick은 "tRNA를 보면 마치 대자연이 RNA를 단백질 역할을 하도록 만든 것처럼 보인다"라고 기술하였다. Crick이 이 표현을 한 시점은 R.W. Holly와 그의 동료들이 효모에 있는 알라닌에 대한 전달 RNA(tRNA)가 '토끼풀잎(cloverleaf)' 이차구조를 갖고 있다는 것을 발표하고서 2년이 지난 후였다(그림 3.6a). 그림에서 볼 수 있듯이, tRNA는 짧은 뉴클레오티드 사슬로 이루어져 있다. tRNA의 크기가 작다는 것은 초기의 RNA 구조의 연구에서 좋은 선택감이 되었다. tRNA는 최종 형태보다 길이가 2배인 분자로 전사된다. 이 전구-tRNA 전사체는 이후 여러 가지의 핵산분해효소에 의해 5′끝과 3′끝에서 절단된다. 다듬기 과정이 끝났을 때 평균 tRNA 길이는 76 뉴클레오티드 정도가 된다.

X-선 결정학 연구가 좀더 진행됨에 따라 세포의 기능성 tRNA의 실제 형태가 열린 토끼풀잎 모양이 아님이 밝혀졌다. 실제로는 tRNA가 비틀어진 L자 모양의 삼차원 구조를 하고 있다(그림 3.6b). 세포 속의 모든 종류의 tRNA는 대부분 이처럼 같은 형태로 접혀져 있다. 더 큰 RNA 분자의 결정 구조를 밝힐 경우에는 더 많은 노력이 필요했다. 무려 20년 이상이 지난 후에야 일부 대형 RNA의 구조가 밝혀진 경우도 있다. 따라서 RNA 구조에 대해 비중 있게 이해해야 할 많은 점들은 초기의 tRNA 특성 분석에서 도출되었다. 첫 번째 관찰한 것 중의 하나는 다듬어진 tRNA가 그 후에 염기들의 변형에 의해 더 변형되느냐는 것이었다.

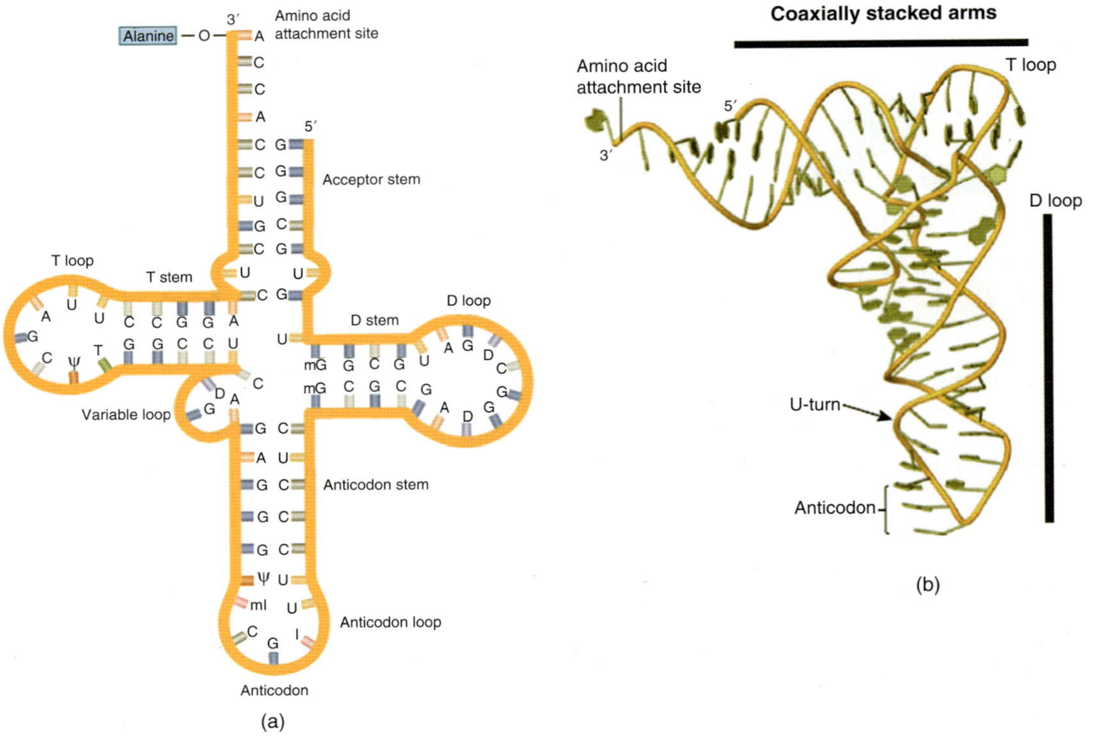

그림 3.6 tRNA의 이차구조 및 삼차구조.
(a) 효모 알라닌 tRNA의 거꾸로 된 "토끼풀잎" 이차구조. 핵심이 되는 구조적 특징에는 표시가 되어 있다; 고리에 있는 변형 염기를 주의 깊게 살펴보자(see Figure 3.7 for key to abbreviations). (b) L자 모양의 tRNA의 삼차원 구조에서 받개 줄기와 T 줄기, 그리고 D 줄기와 대응코돈 줄기의 동축 치쌓기로 형성된 나선 팔(검정색 막대)을 보여주고 있다. 화살표가 가리키는 부분은 대응코돈 고리의 U-돌이(U-turn)로서 RNA 사슬 방향에서 갑작스런 역전을 유발한다.

변형된 염기 뉴클레오시드 변형은 tRNA에서만 일어나는 것이 아니다. 비암호화 RNA와 mRNA의 성숙 과정에서 광범위한 변형이 발생한다. RNA 전체에서 최초로 발견된 변형 뉴클레오시드는 널리 존재하는 **슈도우리딘(pseudouridine, Ψ)**인데, 이것은 고리의 5번 자리가 질소 대신에 탄소로 대체된 우리딘의 유도체이다(그림 3.7). tRNA의 변형된 뉴클레오시드 중에서 최초로 발견된 것은 **이노신(Inosine, I)**이다. 이노신이 아데노신과 다른 점은 고리의 탄소 6번 자리의 아미노기가 산소로 대체되어 있다는 점이다. 슈도우리딘은 이노신보다 약 20년 전에 일찍 발견되었지만, tRNA 기능 중에서 그것의 역할은 훨씬 오랜 시간이 지난 후에야 밝혀졌다. 일반적으로 RNA는 100개 이상의 고유한 변형된 뉴클레오시드를 포함한다. 변형은 와이오신에서와 같이 메틸기의 단순한 추가(메틸화)에서부터 퓨린 고리의 완전한 재구성에 이르기까지 다양하다(그림 3.7 참조). 와이오신은 페닐알라닌용 tRNA에서만 발견되는 번역 충실도에 필수적인 변형된 뉴클레오시드이다. 흥미롭게도, 와이오신은 고세균과 진핵생물에만 존재하며 박테리아에서는 발견되지 않는다. mRNA의 가장 흔한 변형 중 하나는 메틸기가 아데닌의 N6 위치에 부착된 N^6-메틸아데노신(m^6A)이다. 최근 연구는 메틸화 패턴이 mRNA의 대체 스플라이싱에 역할을 한다고 제안한다(11장).

tRNA 고리는 각각 다른 작용을 한다 당연히 tRNA의 구조 성분 중에는 독특한 tRNA 기능을 가진 것도 있다. 예를 들어, 지금까지 연구된 모든 tRNA는 아미노산이 결합하는 부위인 3′끝에 모두 ACC 서열을 갖고 있다(그림 3.6 참조). 그러나 tRNA에 대한 연구를 통해 성립된 일반 원칙은 고리 모티프의 중요성이다. '토끼풀잎' 이차구조를 구성하는 3개의 tRNA 고리는 각각 특정한 역할

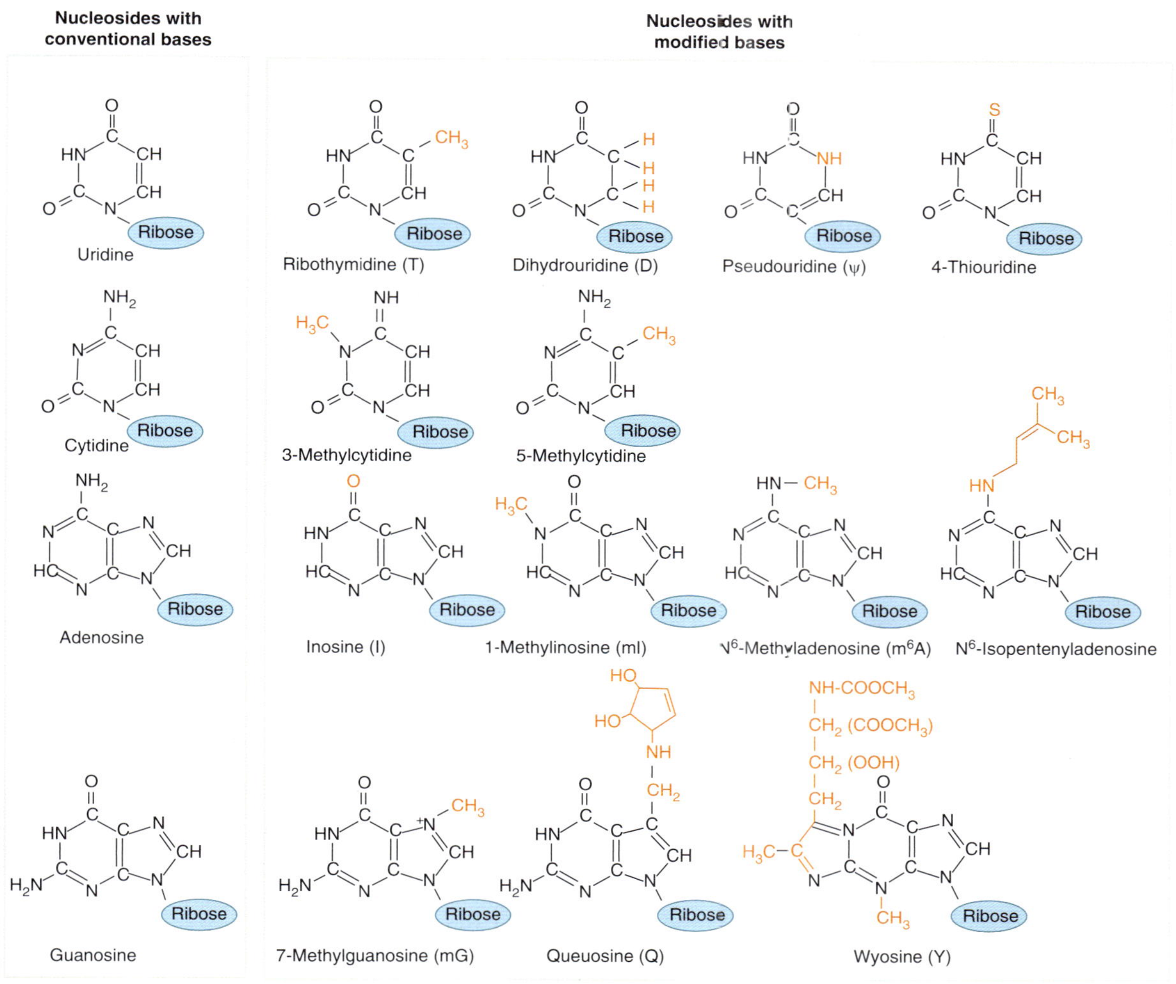

Nucleosides with conventional bases

Nucleosides with modified bases

Uridine
Ribothymidine (T)
Dihydrouridine (D)
Pseudouridine (ψ)
4-Thiouridine
Cytidine
3-Methylcytidine
5-Methylcytidine
Adenosine
Inosine (I)
1-Methylinosine (ml)
N^6-Methyladenosine (m^6A)
N^6-Isopentenyladenosine
Guanosine
7-Methylguanosine (mG)
Queuosine (Q)
Wyosine (Y)

그림 3.7 tRNA에서 발견되는 변형 염기의 구조.
일반 염기와 변형 염기를 가진 뉴클레오시드를 비교하여 도시하였다. 염기 변형은 빨간색으로 표시하였다.

을 수행하는 것으로 보인다. 이들에 관한 기능들은 번역 메커니즘을 상세하게 다루는 12장에서 더 많이 배우게 될 것이다. 간략히 설명하면, **T-고리(T-loop**, 또는 t-Ψ-C 고리)는 리보솜에 의한 인식 과정에 관여하고, **D 고리(D-loop**, 또는 다이하이드로우리딘 고리)는 적합한 아미노산을 tRNA에 "채우는" 아미노아실 tRNA 합성효소에 의한 인식 과정에 참여하며, **대응코돈 고리(anticodon loop)** 염기쌍의 **대응코돈(anticodon)**은 mRNA의 **코돈(codon)**과 관계가 있다. 모든 tRNA 분자의 대응코돈 고리는 5′ 쪽에는 우라실이 그리고 3′ 쪽에는 변형된 퓨린이 나란히 자리 잡고 있다. 이곳의 퓨린은 항상 변형되어 있지만, 변형 자체는 tRNA 분자 사이에서 상당히 다양한 형태로 나타난다. 많은 RNA에서 흔히 발견되는 또 다른 모티프가 바로 '**U-돌이(U-turn)**'이다. tRNA의 대응코돈 고리에서 우리딘과 3개의 위치만큼 떨어져 있는 뉴클레오티드의 인산기 사이에 형성되는 수소결합에 의해 RNA 사슬쪽 방향으로 갑작스런 역전, 즉 'U-돌이'가 만들어진다(그림 3.6 참조).

줄기의 동축 치쌓기 tRNA 구조의 연구를 통해 얻은 또 다른 중요한 원칙은 염기쌍으로 이루어진 줄기끼리는 흔히 동축 치쌓기를 통해 원거리 상호작용을 한다는 것이다. **동축 치쌓기(Coaxial stacking)** 또는 나선 치쌓기는 2개의 분리된 염기쌍 줄기에서 뉴클레오티드 염기들이 차곡차곡 쌓이고 정리되어 연속적인 나선 형태를 형성할 때 나타난다. 2개의 나선이 실제로 연결되지 않고 직선상으로 서로서로 치쌓기만 할 때, 이를 "불완전하게 연속된다"라고 한다. 이 구조는 2개의 나선 사이에서 염기 치쌓기에 의해 안정화된다. tRNA에서 7-염기쌍 받개 줄기는 5-염기쌍 T 줄기 위에 차곡차곡 쌓여져서 A형 12염기쌍을 형성한다(그림 3.6 참조). 다른 2개의 나선, 즉 D 줄기와 대응 코돈 줄기 또한 불완전하게 치쌓기를 하여 두 번째 나선 팔을 형성한다. 이 2개의 동축 치쌓기 팔이 바로 친숙한 L 모양의 tRNA를 만드는 형태이다. 동축 치쌓기는 흔히 나타나는 RNA의 특징이다. 예를 들어, 70염기쌍 만큼이나 많은 동축 치쌓기가 발견되는 것은 리보솜 RNA에서 흔한 일이다. 다음 절에서 설명하겠지만, 동축 치쌓기는 RNA가 접혀서 다양한 삼차원 구조를 형성할 때 중요한 역할을 한다.

RNA에서 흔히 발견되는 삼차구조 요소

큰 RNA는 독립적으로 조립되고 접히는 여러 개의 구조 영역으로 구성된다. RNA 접힘에는 DNA와 RNA의 이중나선 구조에서 처음 관찰된 두 가지의 주요 도구, 즉 수소결합과 염기 치쌓기가 사용된다. 미리 만들어진 RNA의 이차구조 영역은 상호작용을 통해 삼차구조를 형성한다. 짝지어지지 않을 것으로 예상되는 고리나 팽대부의 염기들은 종종 다양한 원거리 상호작용에 관여하여 비정통적 염기쌍을 이룬다. 삼차원 구조는 멀리 떨어진 뉴클레오티드 사이의 상호작용과 2′-OH기 사이의 상호작용에 의해 유지된다. 그러나 이러한 원거리 상호작용은 표준형 왓슨–크릭 염기쌍보다 안정성이 떨어져 약한 변성 조건에도 쉽게 무너진다.

연구자들이 이러한 장거리 상호작용을 해결하고 어떤 RNA 서열이 세포에서 서로 직접 짝을 이루고 있는지 정확히 찾아내는 것은 어려운 일이었다. PARIS(RNA 상호작용 및 구조의 소랄렌 분석), SPLASH(소랄렌 가교, 결찰 및 선택된 하이브리드의 시퀀싱) 및 LIGR-Seq(고처리량 시퀀싱에 의한 상호작용 RNA의 결찰)와 같이 눈에 띄는 이름을 가진 새로운 방법이 존재한다. 세 가지 방법 모두 유사한 접근 방식을 사용한다. 즉, 세포에서 RNA 이중체의 두 가닥을 모두 캡처하고 높은 처리량 시퀀싱을 사용하여 서열 쌍을 결정한다. SHAPE-MaP(프라이머 확장 및 돌연변이 프로파일링에 의해 분석된 선택적 2′-하이드록실 아실화)라는 또 다른 강력한 기술은 RNA 구조의 단일 뉴클레오티드 분해능 측정을 얻기 위해 화학적 프로빙을 사용한다. 이러한 기술적 발전은 보다 확실한 RNA 분자의 복잡한 접힘 패턴이 기능의 다용성을 어떻게 조절하는지에 대한 미래의 답변이다.

보존성이 높고 복잡한 RNA 접힘 모티프에 대한 자료들이 급속하게 쌓여가고 있다. 이 모든 것들에 익숙해지는 것은 매우 감당하기 어려운 일이다. 다만 예로서 몇 가지 흔한 모티프에 대해 집중해 보자.

유사매듭 모티프: 이 모티프는 외가닥 고리가 이 고리 바깥에 있는 상보서열과 염기쌍을 이루고 동축 치쌓기에 의해 삼차원 구조로 접힐 때 형성된다(그림 3.8). RNA가 매듭에 묶여 있는 것으로 보이지만, 실제로는연속적인 가닥이 아니므로 유사매듭이라고 부른다. 유사매듭 형성에 대한 실험적 증거가 최초로 제시된 것은 1987년에 수행된 식물 RNA 바이러스에 대한 연구이다. 이제는 다양한 종류의 RNA에서 다른 유사매듭이 많이 발견되었다. 예를 들어, 텔리머레이즈(표 3.1 참조)의 RNA 성분은 효소의 기능에 필수적인 보존성 높은 유사매듭을 갖고 있다. 사람의 텔리머레이즈 RNA에서 추출한 유사매듭의 용액 구조는 **핵자기공명**(NMR) **분광법**을 사용하여 분석되었다(측정 방법의 배경에 대해서는 14장 참조). 연구 결과에서, 유사매듭은 복잡한 삼중나선 구조를 형성하였는데, 이 구조는 염기 삼중자에 의해 안정화되는 것으로 밝혀졌다. 척추동물, 섬모충, 효모들은 서로 상당히 다른 텔리머레이즈 RNA를 갖고 있음에도 불구하고 모두 유사매듭 모티프를 포함하고 있다. 6장에서 텔리머레이즈가 염색체의 끝 부위를 어떻게 유지하는

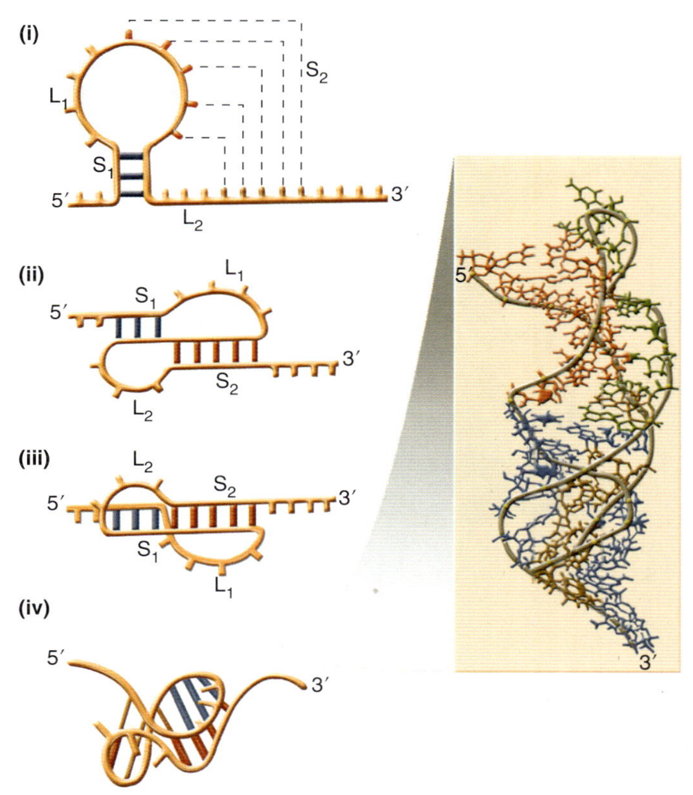

그림 3.8 RNA 유사매듭 모티프. (i) 유사매듭의 전통적 이차구조. S_1과 S_2는 이중나선 줄기 부위를 나타낸다. L_1과 L_2는 외가닥 고리를 가리킨다. (ii) S_1, S_2 줄기가 동시에 형성된다. (iii) S_1과 S_2의 동축 치쌓기는 불완전하게 연속되는 이중나선을 형성한다. (iv) 유사매듭 삼차구조. (출처: Redrawn from Pleij, C. W. A., Rietveld, K., & Bosch, L. (1985). *Nucleic Acids Research* 13:1717–1731.) 그림은 사람의 텔리머레이즈 RNA 유사매듭의 삼차구조를 보여준다. 인산 뼈대는 회색 리본으로 나타내었다. 뉴클레오티드는 구조 성분에 따라 색깔로 구분된다: 줄기 1(빨간색), 줄기 2(파란색), 고리 1(주황색), 고리 2(초록색). (출처: Reproduced from Theimer, C. A. et al. 2005. *Molecular Cell* 17:671–682, © 2005 Elsevier.)

가에 대하여 자세히 다룬다.

A-작은 고랑 모티프: 이 모티프는 큰 RNA 분자에서 가장 많이 발견되는 원거리 상호작용 중의 하나이다. 이것은 많은 촉매성 RNA 분자에서 처음 관찰되었으며, 또한 리보솜 RNA에서도 발견된다. 이 접힘 형태에서 외가닥 아데노신 서열과 RNA 이중나선의 작은 고랑이 수소결합과 반데르발스 작용으로 3차 접촉을 이룬다(그림 3.9). 작은 고랑에서 일어나는 상호작용은 "자물쇠와 열쇠"로 비유되기도 하는데, 그 이유는 아데노신이 그 만큼 꼭 맞게 고랑에 삽입되기 때문이다. 이 모티프는 염기–염기 상호작용과 뉴클레오시드–뉴클레오시드 상호작용에 의해 안정화된다. 결정적인 접촉은 염기들 뿐만 아니라 리보스 당들에서도 일어난다. 그림 3.9에서 총길이 4,500 뉴클레오티드인 큰 리보솜 RNA의 일부분을 보여주고 있다.

사중고리 모티프: 이 모티프는 줄기-고리 구조의 안정성을 강화시킨다. "**사중고리**" 서열인 UUUU를 갖고 있는 줄기-고리는 고리에 존재하는 특별한 염기-치쌓기 상호작용에 의해 특별히 안정적으로 된다(그림 3.10). 사중고리는 "G 돌이"를 포함하는 경우가 많은데, 이 부위에서 뼈대 인산과의 수소결합을 안정화시키는 것이 구아닌 염기의 1-질소 위치에서 일어난다.

리보스 지퍼 모티프: 이 모티프는 작은 고랑 사이의 나선-나선 상호작용을 안정화시킨다. 이 상호작용은 한쪽 나선에 존재하는 리보스의 2′-OH와 다른 쪽 나선에 존재하는 피리미딘 염기의 2-산소 (또는 퓨린 염기의 3-질소) 사이의 수소결합에 관여한다. 그림 3.11은 촉매성 RNA 분자에서 발견되는 2개의 리보스 지퍼를 보여주고 있다. 그중에서 하나는 A가 풍부한 팽대부와 염기쌍 줄기 사이의 상호작용을 매개한다. 다른 하나는 사중고리 모티프에 관여하는 원거리 상호작용을 매개한다.

꺾임-돌이 모티프: 이 모티프는 RNA 이중나선에 묻혀 있는 비대칭 내부 고리이다. 가장 눈에 띄는 특징은 이 구조와 회합하고 있는 3-뉴클레오티드 팽대부의 포스포다이에스터 뼈대에서 급

그림 3.9 A-작은 고랑 모티프.
(a) 정확한 자물쇠-열쇠 작은 고랑 상호작용을 보여주는 고세균 *Haloarcula marismortui*의 23S 리보솜 RNA (rRNA)에 존재하는 A-작은 고랑 모티프의 예. (b) *H. marismortui* 리보솜의 23S rRNA(갈색)와 5S rRNA(파란색) 사이의 상호작용. 두 분자 사이에 하나 밖에 없는 직접적 접촉은 6개의 A-작은 고랑 상호작용을 포함하며, 23S rRNA에 있는 3개의 A와 5S rRNA에 있는 3개의 A에 관여한다. 2차 구조 다이어그램은 상호작용하는 서열을 보여주고 A는 주황색으로 표시된다. (출처: Reproduced from Nissen, P., et al. 2001. *Proceedings of the National Academy of Sciences of the United States of America* 98:4899–4903, copyright © 2001 PNAS.)

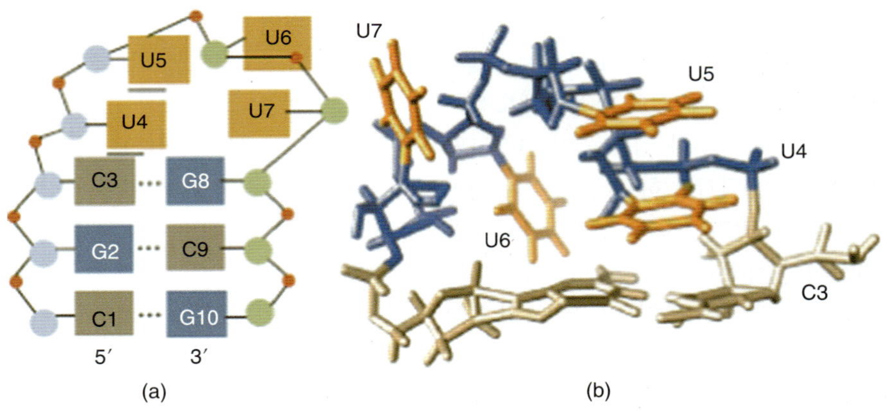

그림 3.10 사중고리(테트라루프) 모티프.
사중고리 서열 UUUU가 들어 있는 줄기 고리를 보여주고 있다. (a) 염기-치쌓기 상호작용이 사중고리 구조의 형성을 촉진하고 구조를 안정화시킨다. 리보스(파란색과 초록색 원) 사이의 빨간색 원은 RNA 뼈대의 인산기를 나타낸다. 점선은 왓슨–크릭 쌍을 의미하며 두꺼운 선은 염기-치쌓기 상호작용을 나타낸다. (b) Three-dimensional representation of the tetraloop motif structure. (출처: From Koplin et al. 2005. *Structure* 13:1255–1267, © 2005 Elsevier.)

격하게 꺾이는 것이다("꺾임"). 잘 연구된 꺾임-돌이의 예가 고도로 염에 내성을 갖는 호염성 고세균인 *Haloarcula marismortui*의 큰 리보솜 RNA에서 발견되었다. 각각의 비대칭 고리는 한쪽에 CG 염기쌍이, 다른 쪽에 절단된 GA 염기쌍이 나란히 위치하고 있다. 다양한 모티프가 어떤 방식으로 협조하여 RNA의 형태가 결정되는가, 즉 2개의 나선형 줄기가 A-작은 고랑 상호작용에 의해 합쳐지는 양상까지도 그림으로 보여주고 있다(그림 3.12).

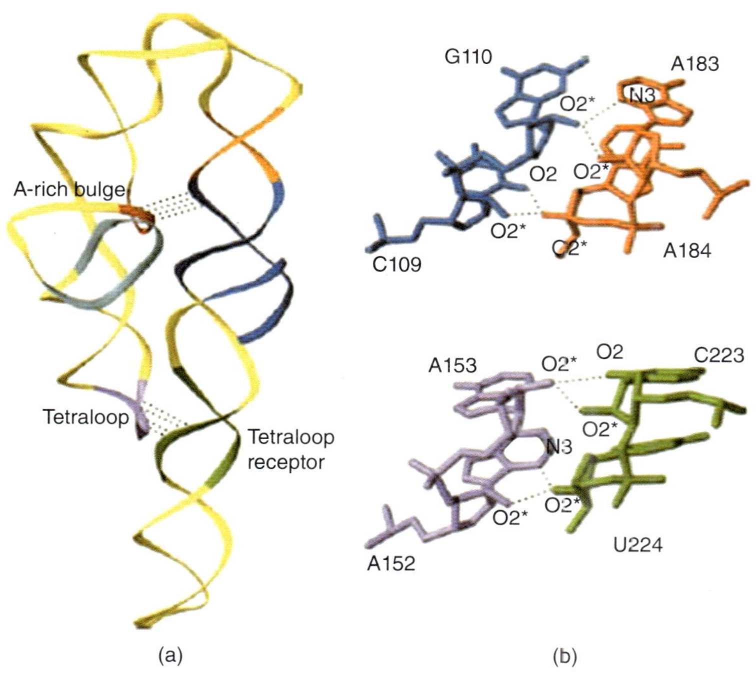

그림 3.11 리보스 지퍼 모티프.

(a) 원생동물 *Tetrahymena thermophila*의 큰 촉매성 RNA의 이차구조(일부분). 강조된 뉴클레오티드들은 다음과 같다: 보존적 촉매 핵심부의 일부분은 파란색과 노란색; A-풍부 팽대부는 빨간색; GAAA 사중고리는 보라색, 보존적 11-뉴클레오티드 사중고리 수용체는 짙은 초록색. (출처: Reprinted with permission from Cate et al. 1996. *Science* 273:1678–1685. © 1996, with permission from AAAS.) (b) 2개의 리보스 지퍼의 구조. (i) 한쪽 리보스 지퍼는 A-풍부 팽대부(빨간색)와 줄기(파란색) 사이의 상호작용을 매개한다. 다른 리보스 지퍼는 사중고리(보라색)와 사중고리 수용체(짙은 초록색) 사이의 상호작용을 매개한다. 리보스 지퍼에서는 양쪽 옆에 2개의 잔기가 있는데(109–110, 184–83 및 152–53, 223–24), 여기에서 리보스는 2개의 사슬 분절의 2′-하이드록실기(02′) 사이에 존재하는 수소결합(검은색 점선)을 통해 상호작용을 한다. 3′ 끝 잔기의 2′-하이드록실기도 또한 퓨린(G110, A152)의 N3 원자나 반대편 사슬 분절의 5′끝 잔기에 있는 피리미딘(C109, C223)의 0_2 원자와 작은 고랑에서 수소결합을 형성한다. (출처: Reproduced from Tamura, M., & Holbrook, S. R. (2002). *Journal of Molecular Biology* 320:455–474, copyright © 2002, with permission from Elsevier.)

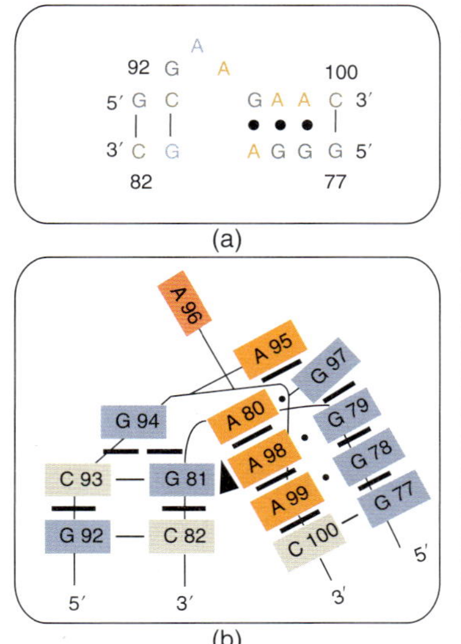

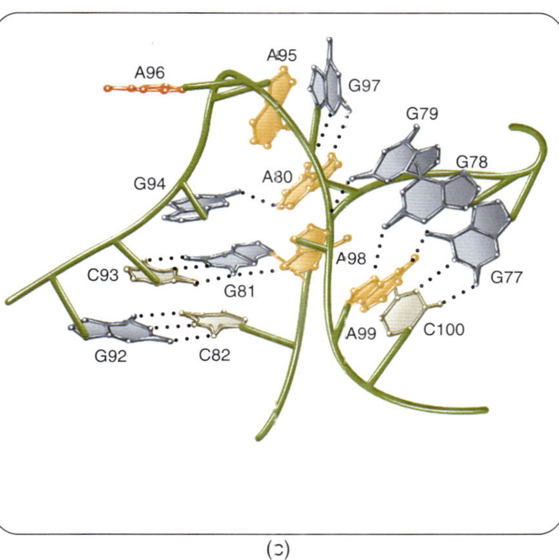

그림 3.12 꺾임-돌이 모티프.

(a) 고세균 *Haloarcula marismortui*의 23S rRNA에서 발견되는 꺾임-돌이 모티프의 이차구조. (b) 상대적 염기-치쌍기와 염기쌍 상호작용의 개요도. 검은색 삼각형은 A-작은 고랑 상호작용을 나타낸다. (c) 꺾임-돌이의 삼차원적 도식. 수소결합은 점선으로 표시되어 있다. (출처: Adapted from Klein et al. (2001). *EMBO Journal* 20:4214–4221, © 2001 John Wiley and Sons.)

그림 3.13 입맞춤 헤어핀 고리 모티프.
RNA에 존재하는 2개의 헤어핀 고리는 "입맞춤 상호작용"을 한다(PDB: 1 KIS).

입맞춤 헤어핀 고리: 2개의 헤어핀 고리는 상보서열을 가진 2개의 헤어핀 고리의 외가닥 부위 사이에 이루어지는 염기쌍 형성을 통해 "**입맞춤 헤어핀 고리**"를 만든다. 동축 치쌓음은 헤어핀과 왓슨-크릭 줄기 사이의 염기쌍 형성에 의해 만들어진다. "입맞춤"의 결과 중 하나는 "작은 고랑"이 불완전하게 연속적인 헤어핀 뼈대에 의해 형성되는 것이다(그림 3.13).

위에서 예를 들은 RNA 모티프는 서로 다른 모티프가 어떤 조정 방식으로 상호작용을 하여 복잡한 접힘 양상을 만들 수 있는가를 강조하고 있다. 세포에서 어떻게 이 복잡한 형태로 적절하게 접히는가?

RNA 접힘의 동력학

RNA 뼈대의 구조적 유연성과 염기쌍 형성이 짧은 상보가닥 사이에서 일어날 수 있다는 사실로 인해 RNA의 고유 구조를 한 가지 형태로 단정하기는 어렵다. 따라서 큰 RNA 분자에서 RNA 사슬이 취할 수 있는 구조는 여러 가지가 있을 수 있다. 예를 들어, 부정확한 염기쌍 형성에 의한 잘못된 접힘은 이차구조 및 삼차구조에 문제가 된다. 이와 같은 "RNA 접힘 문제"는 예상하는 RNA 이차구조에 따른 기능의 의미를 찾으려는 분자생물학자에게만 문제가 되는 것은 아니다. 실제로, 기능을 가지는 것은 한 개나 몇 개의 구조에 불과하기 때문에 RNA 자체는 생체에서 고유 구조와 달리 기능이 없는 구조로 잘못 접히는 것을 피해야 한다. 특이성 있는 RN-결합 단백질은 표적 RNA와 단단한 복합체를 이루어 RNA 접힘을 돕는 보호자 단백질(chaperone)로 작용한다(그림 3.14). 그 예로 **이형 핵 리보핵단백질(heterogeneous nuclear ribonucleoprotein, hnRNP)** 집단을 들 수 있다. 20가지가 넘는 서로 다른 단백질로 이루어진 이 군은 전구-mRNA가 잘못 접히거나 응집하는 것을 방지하는 데 도움을 준다. 또 다른 예는 rRNA군으로서 리보솜 단백질과 조립체가 되어야만 올바르게 접혀진다. 리보솜 단백질들은 리보솜이 조립되는 동안 rRNA가 차례대로 접히도록 하여 잘못 접힌 RNA가 동력학적 접힘 덫에 갇히지 않게 한다.

동력학적 접힘에 대한 전체 구조가 최초로 확립된 것은 tRNA이다. 이 작은 RNA 분자의 이차구조는 10^{-4}~10^{-5}초에 만들어지고, 이어서 10^{-2}~10^{-1}초에 삼차구조가 형성된다. 큰 촉매성 RNA의 접힘 구조는 최근에 **하이드록실 라디칼 발자국 측정법(hydroxyl radical footprinting assay)**을 사용하여 분석되었다(그림 3.15). 이 방법에서, 싱크로트론 X-선으로 물을 방사분해하여 하이드록실 라디칼을 발생시킨다. 존재 시간이 짧은 하이드록실 라디칼은 접근이 가능한 곳에서만 RNA 뼈대를 분열시킬 수 있다. RNA가 삼차원 구조를 형성함과 동시에 구조의 내부에 위치하는 뼈대 부위는 접근할 수 없게 되어 분열로부터 보호된다. 이후 시간이 지나면서, 가려진 보호 부위가 나타나기 때문에 RNA 접힘을 관찰할 수 있다. 가장 안정적인 부위는 몇 초 내에 형성되지만, 이 큰 RNA의 촉매 중심부가 완전하게 접힐 때까지는 몇 분이나 걸린다. 촉매 중심부는 부분적으로 접힘이 잘못되거나 원래와 다른 나선이 만들어지기 쉽다. 잘못된 나선을 올바른 나선으로 교정하는 것은 상당히 더딘 과정이다. 그런 촉매성 RNA의 기능을 좀 더 자세히 살펴보자.

3.4 RNA 촉매작용의 발견

살아 있는 세포에서 필수적인 여러 작용이 일어나기 위해서는 수천 가지의 서로 다른 화학 반응이 요구된다. 이러한 반응은 자발적으로 일어나기도 하지만, 생명 유지를 위해 필요한 속도로 일어나는 경우는 거의 없다. 따라서 이런 생화학 반응이 유용하기 위해서는 촉매작용이 필수적이다. 생리적인 조건에서 어떤 반응의 진행 속도는 **촉매(catalyst)**의 존재 하에 무려 10억 배 또는 많게는 1조

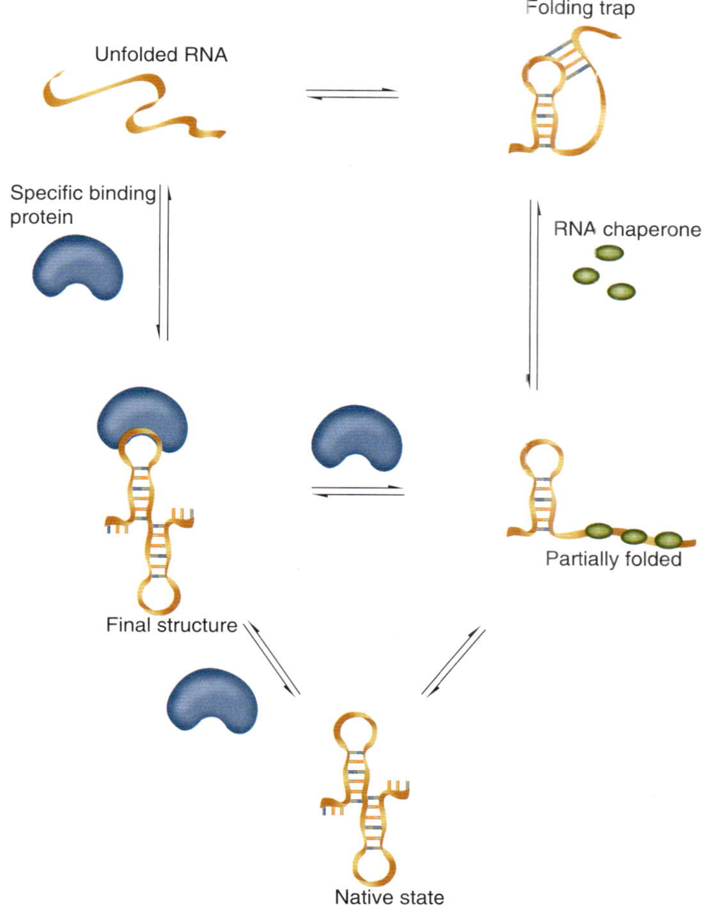

그림 3.14 단백질 매개 RNA 접힘.
접히기 전의 RNA 분자(왼쪽 상단)는 잘못 접혀 그 상태로 덫에 빠지거나(접힘 덫) 직접 원래 상태로 접힐 수 있다. RNA가 바르게 접힐 수 있도록 도와주는 단백질에는 2종류가 있다. 특이성 있는 결합 단백질(파란색)은 원래 구조(왼쪽 경로)를 안정화시킨다. RNA 보호자 단백질(초록색 타원)은 잘못된 접힘 구조가 생기는 것을 방지하거나 잘못 접힌 상태로 갇혀버린 구조를 다시 풀어줌으로써 RNA가 다시 원래의 구조로 접힐 수 있는 기회를 제공한다(오른쪽 경로). (출처: Adapted from Schroeder et al. 2004. *Nature Reviews Molecular Cell Biology* 5:908–919, © Springer Nature.)

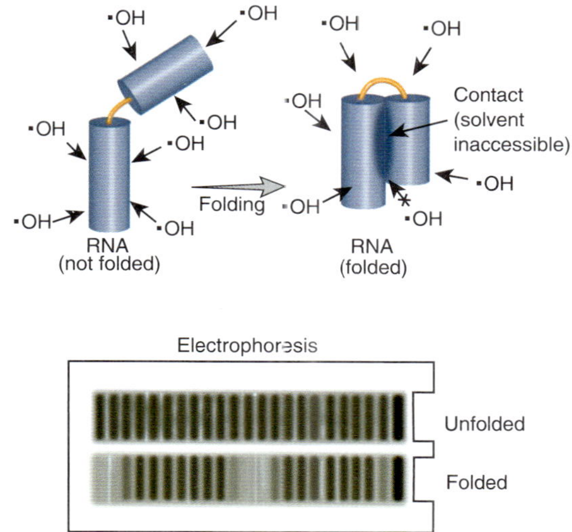

그림 3.15 RNA 구조의 하이드록실 라디칼 발자국.
큰 RNA는 적절한 용액 상태에서 접힘을 통해 삼차구조를 형성할 수 있다. 접힌 RNA 분자 내의 삼차 접촉의 결과로써 용매의 접근성은 국소적으로 감소한다(진하게 칠한 경계면). 하이드록실 라디칼은 가려진 뼈대의 당과 반응할 수 없고, 따라서 가려진 뉴클레오티드의 절단이 덜 일어난다. 원은 뉴클레오티드 각각을 가리킨다. 원에 표현된 명암의 차이는 가설적 구조에 대한 전기영동에서 실제로 관찰될 띠의 강도를 반영한다. 이와 같은 밝은 부분을 '발자국'이라고 칭한다. 명확한 구별을 위해 나선의 한 가닥만 도시하였다. (출처: Redrawn from Brenowitz et al. 2002. *Current Opinion in Structural Biology* 12:648–653.)

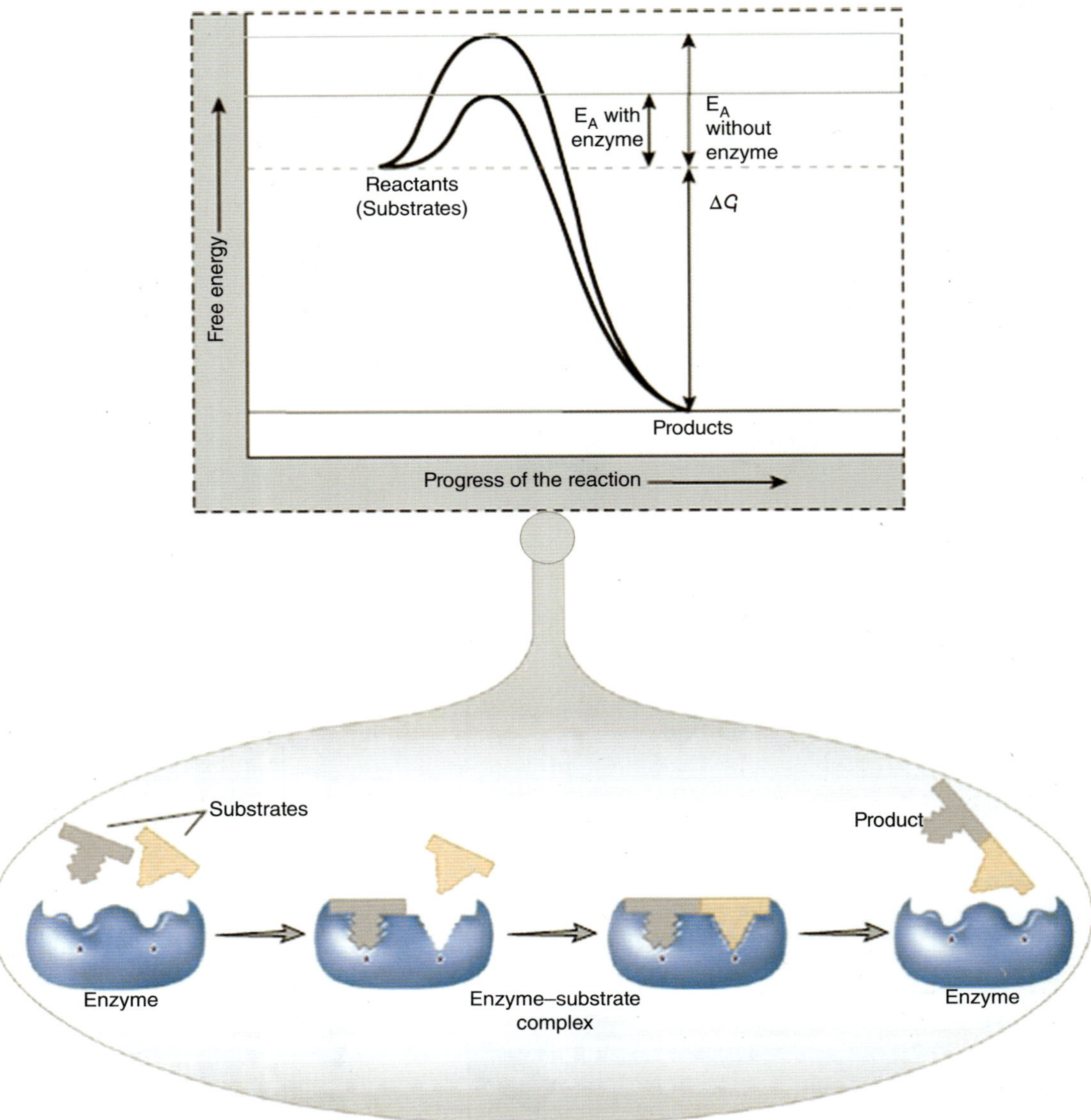

그림 3.16 촉매는 활성화 에너지를 낮춘다.
촉매가 존재할 때 활성화 에너지(E_A)는 촉매가 없는 반응의 E_A 보다 낮기 때문에 반응속도가 빨라진다. 자유에너지의 변화(ΔG)는 평형위치가 변하지 않고 남아 있으므로 변하지 않는다. 유도적합 모형에서 촉매는 기질과 결합할 때 형태가 변한다. 활성자리는 기질이 결합한 후에만 기질에 상보적인 형태를 취한다.

배까지도 빨리질 수 있으며, 이는 상당히 특이성이 있고 통제된 방법으로 일어난다(그림 3.16). 생물학적 촉매작용은 오직 단백질 효소에 의존한다는 생각이 아주 오랜 시간 동안 당연한 것으로 간주되었다. 단백질 효소는 4장에서 논의할 것이다. 그러나 1980년대 초에 공개된 획기적인 발견에서, RNA 또한 촉매로 작용함을 두 가지 실험을 통해 서로 독립적으로 증명하였다.

Thomas Cech와 그의 동료들은 과학계에 상당한 파장을 일으킨 보고서를 1982년에 출판하였다. 논문의 내용은 *Tetrahymena thermophila*의 큰 리보솜 RNA에서 1개의 **인트론**이 시험관 실험에서 **자체 이어맞추기** 활성을 갖고 있다는 것이다. 1년 후 Sidney Altman과 그의 동료들은 *Escherichia coli*의 리보핵산분해효소 P(RNase P)의 RNA 성분은 시험관 내에서 단백질 소단위체가 없어도 전구-tRNA의 다듬기를 할 수 있음을 보여주었다. 자체 이어맞추기를 하는 RNA의 발견은 전

Focus Box 3.1

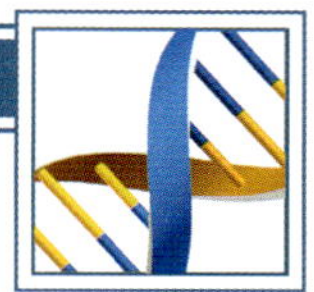

RNA 세계

지구 상의 생명의 기원에 대해 심사숙고하는 분자생물학자들은 '닭이 먼저냐 달걀이 먼저냐?'라는 고전적인 문제에 직면한다. 즉, 단백질과 핵산 중 어느 것이 먼저 있었냐는 것이다. 현대 세계에서 DNA와 RNA 복제는 단백질 효소에 의해 일어나며, 단백질 효소의 합성은 DNA와 RNA에 의해 가능하다. "RNA 세계"라는 용어는 약 40억 년 전에 존재했을 생명 진화의 가설적 단계를 묘사하기 위해 1986년에 Walter Gilbert에 의해 도입된 용어로서, RNA가 유전 정보를 보유하는 동시에 자체 복제의 촉매 역할을 했을 시기를 일컫는다. 물론 이러한 RNA 세계의 기원과 생물발생 이전의 화학은 아직 밝혀져야 할 일로 남아 있다.

RNA 세계 가설(RNA world hypothesis)에 의하면, 태초의 "생명"은 복제하는 RNA 분자의 형태로 존재하였다(그림 1). 이 고대 세계에는 아직 단백질도 DNA도 존재하지 않았다는 것이다. 단백질은 RNA 중간체가 포함되는 메커니즘을 거치지 않으면 스스로 복제할 수 없다는 사실이 이 가설을 뒷받침하고 있다. 그 반면에, RNA는 자체 복제에 필요한 모든 구조적 필요조건을 갖추고 있다. RNA 유전체는 바이러스에 널리 퍼져 있으며, 감염 세포 내에서 바이러스의 복제는 상보적 RNA 사슬을 통해 진행된다. DNA나 단백질에 비하면, RNA는 확실히 셋 중에서 자급자족을 가장 잘한다. RNA 분자는 기본적으로 단백질이 할 수 있는 거의 모든 일을 할 수 있다. 특이성 있는 삼차원 구조로 스스로 접힐 수 있고, 다른 거대분자와 작은 리간드를 정확히 인식할 수 있으며, 공유결합 반응을 촉진할 수 있다. 리보자임은 뉴클레오티드 중합반응, DNA 연결, DNA 포스포다이에스터 결합 끊기, 펩티드 합성 등과 같은 다양한 반응에 대한 촉매로 작용할 수 있다. 세포에서 거의 모든 단백질 합성을 담당하는 촉매인 리보솜이 사실은 리보자임이라는 것이 후에 밝혀졌는데, 이러한 발견은 RNA 세계가 존재했음을 강하게 뒷받침한다.

더욱 다양한 작용기, 더 안정된 삼차구조, 그리고 더 우월한 촉매 성능을 갖춘 효소가 필요해지면서, RNA 기반 촉매작용에서 현재의 DNA/RNA/단백질 세계에 존재하는 단백질 기반 촉매작용으로 전환하는 것이 유리한 어느 시기가 있었을 것으로 생각한다(그림 1 참조). 지구 상에 실제로 존재한 적이 있다고 하더라도 원래의 RNA 세계는 이미 사라진지 오래이다. 그러나 현재에도 RNA 세계가 존재하고 있는데, 이것은 대단히 과소평가되어 있다. 해마다 세포에서 중요한 역할을 하는 신종 비부호 RNA가 점점 더 많이 발견되고 있다.

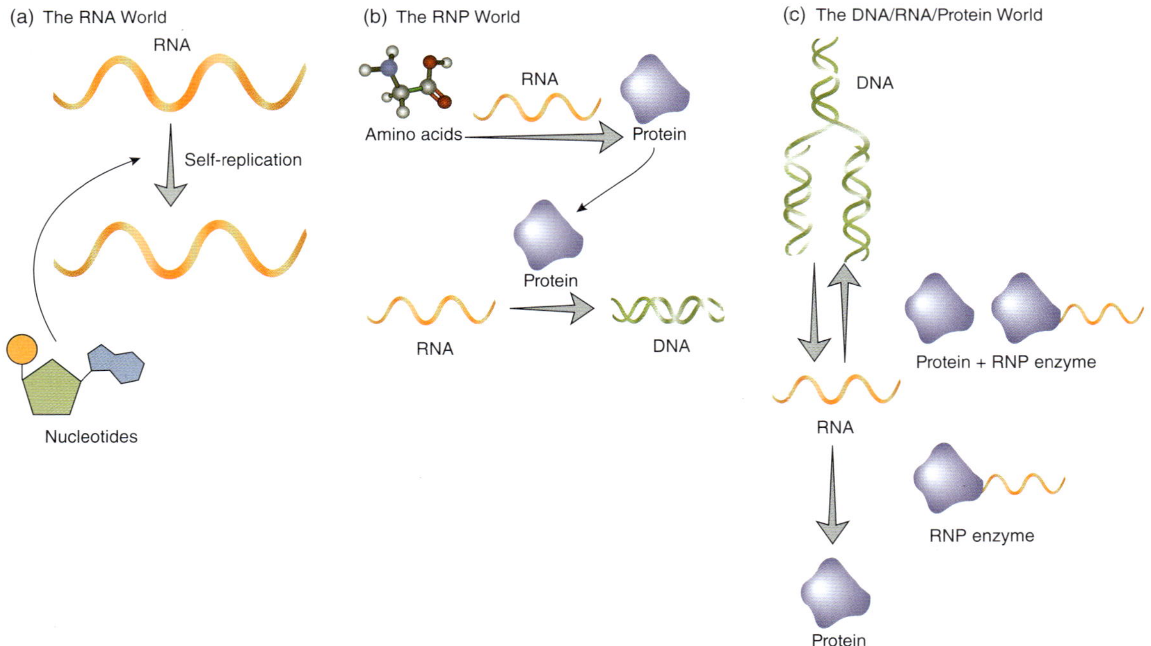

그림 1 RNA 세계와 현재의 DNA/RNA/단백질 세계로의 전환.
(a) RNA 세계에서, RNA는 정보 운반체와 촉매의 역할을 모두 하였다. 자신의 복제에서 촉매로 작용하였다. (b) 전환 기간에는 RNA가 단백질 합성에 대한 촉매로 작용했으며 이 단백질들은 RNA가 DNA로 되는 전환을 촉진하였다. (c) 현재는 단백질과 리보핵단백질(RNP) 복합체가 DNA 복제의 촉매로 작용한다. 이들은 또한 DNA가 RNA로 되는 전사와 RNA가 DNA로 되는 역전사도 촉진한다. mRNA를 단백질로 번역하는 과정은 큰 리보자임인 리보솜에 의해 매개된다.

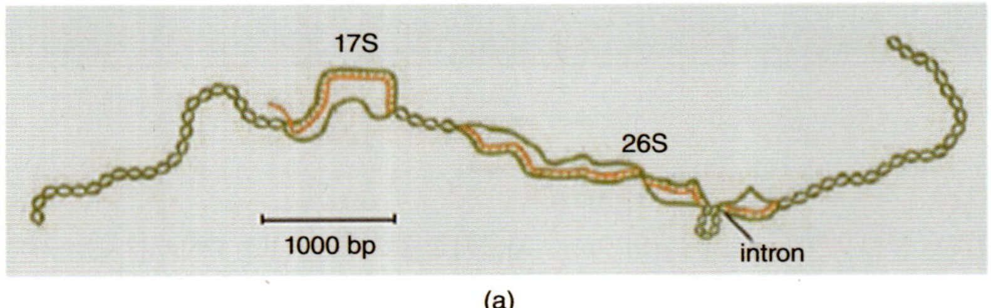

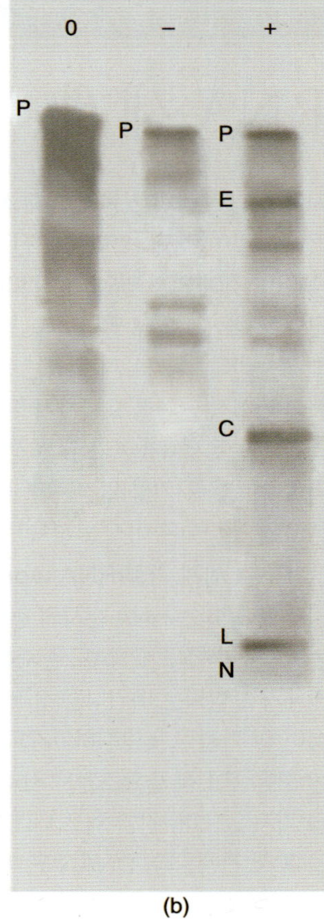

그림 3.17 Tetrahymena 전구리보솜 RNA(전구-rRNA)의 자체 이어맞추기.
(a) 17S rRNA와 26S rRNA를 rDNA와 혼성화시켰을 때 예상되는 2개의 R 고리를 전자현미경 상으로 볼 수 있었다. 도형 그림에서 초록색 선은 외가닥 DNA를, 주황색 선은 RNA를 나타낸다. (출처: Redrawn from Echols. 2001. *Operators and Promoters: The Story of Molecular Biology and Its Creators*. University of California Press, Berkeley.) (b) 다양한 조건하의 인트론 제거에 대해 방사능 표지된 *Tetrahymena* 26S rRNA 전구물질을 실험하였다: 0, 더 이상 배양하지 않음; −, GTP를 제거한 이어맞추기 완충액에서 30°C에 75분 간 배양; +, GTP 존재하에 같은 조건으로 배양. 시료는 폴리아크릴아마이드 젤 전기영동으로 분리하였으며 자가방사기록법으로 시각화하였다. P, 인트론을 포함하는 전구물질 RNA; E, 연결된 엑손; C, 이어맞추기를 한 원형 인트론 RNA; L, 이어맞추기를 한 선형 인트론 RNA; N, 이어맞추기를 한 틈이 생긴 원형 인트론 RNA. 이 실험은 인트론 이어맞추기에 GTP가 필요함을 보여준다. (출처: Reproduced from Price et al. 1985. *Nucleic Acids Research* 13:1871–1889, © Oxford University Press.)

혀 예상 밖의 일이었다. 두 말할 필요도 없이, RNA 자체가 촉매 활성을 갖고 있다는 것을 모든 회의론자에게 납득시키기 위해서는 대조 실험을 여러 번 반복해야 했다. 1989년에 Cech와 Altman은 이 혁명적인 발견으로 노벨 화학상을 수상하였다. 화학적 진화에 관한 다른 연구 결과들과 함께 이 발견에 힘입어 생물 탄생 이전의 세계는 'RNA 세계'라는 가설이 도출되었다. **RNA 세계(RNA world)**는 DNA의 정보 기능과 단백질의 촉매 기능을 모두 수행하는 RNA 분자가 지배하는 곳이었다는 의견이 제시되었다(Focus Box 3.1).

Tetrahymena 자체 이어맞추기 RNA

1979년, Thomas Cech는 섬모를 갖고 있는 원생동물인 *T. thermophila*의 리보솜 RNA 유전자의 전사를 연구하고 있었다. 17S rRNA와 26S rRNA를 리보솜 DNA와 섞기 위해 "**R 고리화(R-looping)**" 전자현미경 검사법을 사용하였는데, 예상대로 rRNA에 의해 형성된 R 고리가 상보적 DNA와 혼성체를 이루는 것을 확인하였다. 각각의 R 고리는 RNA−DNA 혼성체를 이루며, 이때 겹가닥 DNA의 한쪽 가닥은 벌어진 채 분리된다. 또한 그는 R 고리에서 26S rRNA와 DNA 사이에 작은 고리 구조물이 끼어 있는 것을 발견했다. RNA−DNA 혼성체 내에서 루프 아웃된 DNA 스트레치는 인트론으로 분리된 반면, 나머지 **엑손**은 최종 RNA 산물을 형성하기 위해 함께 결합되었다.

Cech와 그의 동료들은 이 발견에 대한 추적 연구를 계속하기 위해 세포 추출물을 분획으로 분리하여 이어맞추기에 필요한 단백질을 찾을 수 있는 시험관 측정법(실험적 검사법)을 개발하고자 시도하였다. 그런데 전혀 예상하지 못했던 일이 벌어졌다. 세포 추출물 없이 진행한 반응, 즉 대조 실험에서도 rRNA 인트론의 이어맞추기가 일어났던 것이다. 실험자의 실수를 배제한 상태에서 내린 결론은 놀랍게도 RNA가 스스로 이어맞추기를 한다는 것이었다. 당시에는 오직 단백질만이 촉매작용을 가진 것으로 생각하고 있었다. Cech와 그의 동료들은 이 현상을 설명할 방법을 찾기 위해 1년을 소비하였다. RNA를 분리할 때 잔여 단백질이 RNA와 혼합되어 있을 가능성은 반드시 배제해야 했다.

이들은 클론한 리보솜 RNA 유전자로부터 전구물질 rRNA를 1982년에 합성하였다. 시험관 내 실험에서 탄생한 이 rRNA는 그 어떤 세포 단백질도 없는 상태에서 순전히 RNA 중합효소만을 사용하여 만들어졌다. GTP와 Mg^{2+} 존재 하에서 이 "발가벗은" rRNA가 여전히 이어맞추기를 한다는 결과는 RNA가 스스로 이어맞추기를 한다는 사실을 명백히 증명하였다. 자체 이어맞추기의 활성은 인트론 RNA의 5′끝에 공유결합을 하는 ^{32}P-GTP의 양에 다라 결정되었다. 이어서 이어맞추기 경로의 다른 단계를 관찰하기 위해 여러 가지 다른 실험들을 시행하였다. 그중 하나의 실험을 그림 3.17b에서 보여주고 있다. *Tetrahymena* 전구-26S rRNA를 시험관 실험에서 전사시킬 때 RNA는 방사성 동위원소로 표지하였다(분자생물학에서 사용하는 동위원소에 대한 내용을 좀 더 알고 싶으면 Tool Box 13.4를 참조). 이어서 방사선 표지를 하지 않은 GTP를 넣거나 넣지 않는 실험을 포함하여 여러 가지 조건으로 전구-rRNA 인트론의 이어맞추기에 대해 연구하였다. 시료들은 폴리아크릴아마이드 젤 전기영동(PAGE)으로 분리하여 자가방사선사진법으로 시각화하였다. 만약 이어맞추기가 일어났다면 연결된 엑손과 이어맞추기가 일어난 인트론을 나타내는 여러 개의 띠가 사진에서 보일 것이다. GTP은 인트론 이어맞추기에 필요하다는 결과가 나왔다. 인트론은 GTP가 반응 혼합액에 들어있을 때에만 26S rRNA로부터 제거되었다.

잘 생각해 보면, 이러한 촉매성 RNA 이어맞추기 자체의 특징은 고전적인 효소의 정의에 맞지 않는 것이다. 효소는 "어떤 화학 반응 전체에서 스스로는 변하지 않으면서 반응의 속도를 높여주는 물질"로 정의된다. 자체 이어맞추기를 하는 촉매성 RNA는 반응이 진행되는 동안 비가역적으로 변한다. 그래서 연구학자들은 새로운 용어를 사용하게 되었다. 이에 따라, 촉매 활성을 갖는 RNA 분자를 기존의 효소와 구별하기 위해 "리보자임(ribozyme)"이라고 칭했다. 1986년에, Cech와 그의 동료들은 진짜 촉매로 작용하는 변이 리보자임을 인공적으로 합성하였다. 이 RNA 효소는 서열-의존적인 방법으로 올리고뉴클레오티드 기질의 절단과 재결합 반응에 대한 촉매작용을 하였으며, 이 반응에서 재생되어 활성을 반복적으로 나타내었다.

발견 22년 후, 결정 구조를 통해서 원자 수준에서 *Tetrahymena* 자체 접합 인트론의 구조를 밝혀내었는데, 이는 리보자임이 기질 결합과 촉매 작용을 조정하는 방법에 대한 중요한 통찰력을 제공한다. *Tetrahymena* 리보자임은 여전히 RNA 촉매작용의 연구에 있어 하나의 전형으로 남아 있다.

RNase P는 리보자임이다

1971년에, Sidney Altman과 그의 동료들은 대장균에서 전구물질 tRNA의 5′-선도자 서열을 다듬기하는 효소인 리보핵산분해효소(ribonuclease P, RNase P)를 정제하여 그 특성을 밝히려고 시도하였다. 시료에서 "오염" RNA를 제거하려는 시도를 여러 번 반복하다가, 결국 12년 후에야 RNA 성분 자체가 실제로 생물학적 촉매라는 사실을 증명하였다. RNAse P RNA는 진짜 RNA 효소로서, 스스로 화학적 변형이 일어나지 않고 다른 RNA 분자에 작용한다. 대장균의 RNase P는 M1 RNA, 촉매성 RNA, C5 단백질 등으로 구성된다. 시험관 내 실험에서는 오직 M1 RNA만이 고농도의 일가 및 이가 양이온의 존재 하에 전구물질 tRNA의 다듬기를 할 수 있다. 생체 내에서 M1 RNA의 촉매적 효율을 향상시키기 위해서는 C5 단백질이 필요하다.

반면에, 사람 세포에서는 H1 RNA가 적어도 10개의 서로 다른 단백질 소단위체와 회합하여 사람 RNase P를 구성한다. 여기에 제시된 H1 RNA의 삼차구조는 대장균 M1 RNA의 촉매 핵심부

(a)

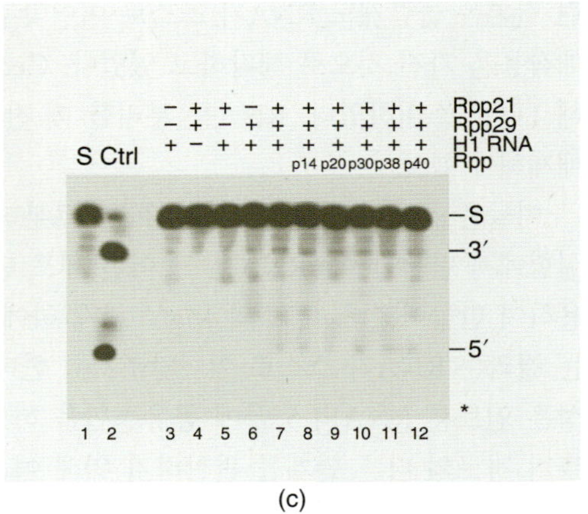

(c)

그림 3.18 RNase P의 촉매작용에 의한 tRNA의 성숙.
(a) tRNA의 5′-끝의 선도자서열(점선으로 된 리본)은 RNase P에 의해 촉진되는 다듬기 반응을 통해 제거된다. (b) 사람 RNase P의 핵산내부분해효소 활성의 재구성. Rpp로 표시된 재조합 RNase P 결합 단백질 소단위체와 H1 RNA는 방사능으로 표지된 전구물질 $tRNA^{Tyr}$을 절단 반응을 위해 함께 배양하였다. 절단 결과물인 tRNA(3′)과 5′-끝 선도자서열(5′)은 폴리아크릴아마이드 젤 전기영동으로 분리하여 자가방사기록법으로 시각화하였다. 잘리지 않은 기질 (S)과 정제된 사람 RNase P를 사용한 대조실험(Ctrl)은 각각 통로 1과 통로 2에 나타나 있다. 이 실험은 RNase P의 단백질 소단위체가 촉매 활성에 필요하다는 것과 H1 RNA는 홀로 tRNA의 5′-끝 선도자서열을 제거할 수 없음을 보여주고 있다. (출처: Reprinted from Mann et al. 2003. *Molecular Cell* 12:925–935, © Elsevier.)

구조의 입체배열과 일치한다. H1 RNA는 시험관 실험에서 촉매 활성을 갖고 있는가? 이 질문에 답하기 위해 연구자들은 RNase P-회합 단백질 단위(Rpp)들을 여러 가지로 조합하여 H1 RNA에 첨가하거나 넣지 않고서 배양하는 실험을 시행하였다. 방사선 표지를 한 전구물질 RNA가 절단 반응의 기질로 포함되어 있다(그림 3.18). H1 RNA가 촉매 활성을 갖고 있다면, 그 경우에는 폴리아크릴아마이드 젤 전기영동으로 분리하여 자가방사선사진법으로 관찰할 때 절단 생성물이 보다 빠르게 이동하는 띠로 나타나야 한다. 실험 결과, Rpp21과 Rpp29로 고안된 단백질 소단위체가 H1 RNA의 촉매 활성에 필요한 것으로 밝혀졌다. H1 RNA 자체는 tRNA의 5′ 선도자 서열을 제거하지 못한다. 따라서 세균의 RNase P는 RNA 효소인 반면에 진핵세포에서 이에 상응하는 것은 촉매성 리보핵단백질이나 RNP 효소로 작용한다. 그러나 최근 발견에 따르면, RNP 기반 RNase P가 어디에나 있지는 않다. PRORP(**단백질성 RNase P**)라고 하는 단백질 전용 RNase P 효소는 미토콘드리아와 진핵생물의 엽록체에 존재한다.

리보자임은 다양한 화학 반응의 촉매로 작용한다

위에서 예를 들은 것처럼, 자연계에 존재하는 리보자임들은 자체를 변형시키는 자체촉매이거나 진짜 효소이다. 특히 대표적인 예를 들 수 있는 것이 리보솜의 23s rRNA이다. 이 커다란 효소는 반응 과정에서 변형이 일어나지 않는 채 펩티드 결합 형성을 촉진한다. 이 RNA 기반 단백질 합성기구에 대한 내용은 14장에서 밝혀질 것이다. 리보솜이 어떻게 촉매로 작용할까?

근본적으로 리보자임은 단백질과 똑같은 방법으로 반응을 촉진한다. 즉, 기질이 결합하는 자리를 만들고 반응의 활성화 에너지를 낮춰서, 결국 반응이 훨씬 빨리 진행되도록 한다(그림 3.16 참조). 많은 리보자임들은 금속효소이다. 이가 양이온(예, Mg^{2+})이 활성자리에 결합해야만 리보자임이 접혀 활성형으로 된다. 흥미롭게도, RNA 효소와 단백질 효소는 진화학적으로 서로 관련이 없음에도 불구하고, 자체 이어맞추기를 하는 인트론의 활성자리는 단백질 기반 **DNA 중합효소(DNA**

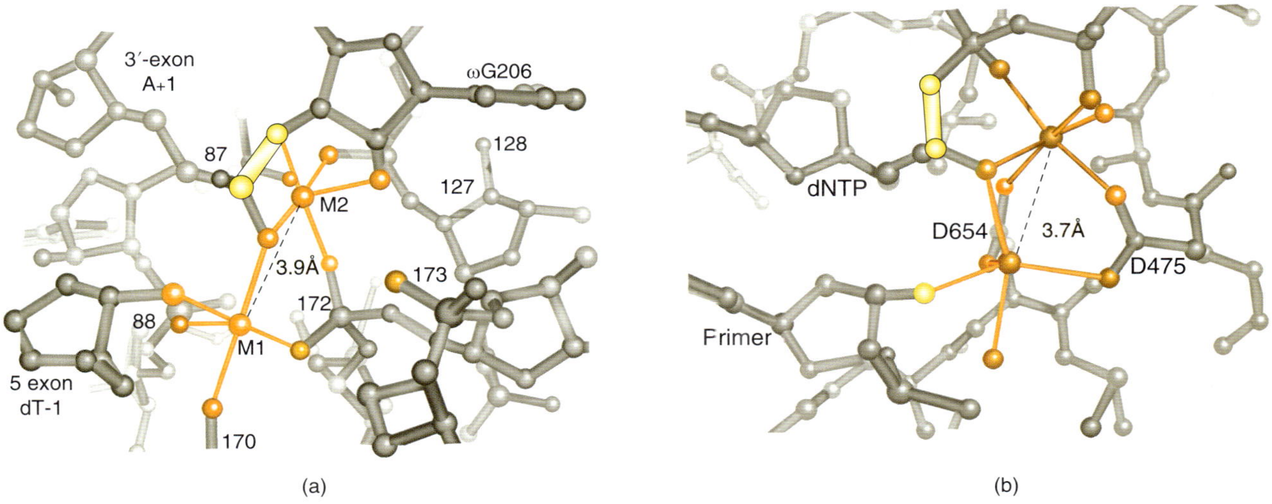

(a) (b)

그림 3.19 자체 이어맞추기 RNA와 단백질 기반 DNA 중합효소 활성자리 사이의 유사점.
자체 이어맞추기 인트론 (A)과 박테리오파지 T7 DNA 중합효소의 활성자리를 비교하였다. 5′-엑손은 시발체인 올리고뉴클레오티드 가닥과 유사하고, 3′-엑손은 내부로 들어오는 삼인산 데옥시뉴클레오티드(cNTP), 그리고 ωG(인트론의 마지막 뉴클레오티드)는 밖으로 떨어져 나가는 파이로인산기와 유사하다. 두 곳 모두 M_1(금속 이온 A)과 M_2(금속 이온 B) 금속 이온을 포함하고 있으며, 둘 다 유사한 형태로 배위결합을 한다. DNA 중합효소에서 2개의 금속은 보존성이 아주 높은 2개의 아스파트산 잔기(D654와 D475)와의 상호작용에 의해 자리에 고정되고, 금속 간의 거리는 방사능으로 표지되어 있다. 주황색 선은 내부 영역의 배위결합를 나타낸다. (출처: Structures reprinted from Stahley and Strobel. 2005. *Science* 309:1587–1590. © 2005 AAAS.)

polymerase)에서 볼 수 있는 것처럼 똑같은 2개의 금속 이온의 배향을 갖고 있다(그림 3.19). 이러한 관찰은 인산기 전달이 포함되는 반응에서 두 금속 이온 메커니즘이 얼마나 중요한가를 강조한다. 그러나 리보자임이 촉매작용에서 사용하는 작용기가 금속 이온에 극한되어 있지는 않다. 리보자임 중 일부는 일반적인 산–염기 화학법칙을 따른다. 즉, 화학 반응이 단계적으로 진행되는 동안 뉴클레오티드 염기, 당 하이드록실기, 심지어 인산 뼈대까지도 양성자를 주거나 받는 식으로 촉매작용에 직접적으로 기여한다.

자연계에 존재하는 리보자임은 그 크기와 반응 메커니즘을 기준으로 2개의 서로 다른 군, 즉 큰 리보자임과 작은 리보자임으로 분류된다. 이들의 일반 성질에 관심을 갖으면서 먼저 큰 리보자임부터 시작하자.

큰 리보자임 RNase P의 RNA 성분과 I군 및 II군 인트론 집단 구성원들은 큰 리보자임에 속한다. **I군 및 II군 리보자임**은 자체 이어맞추기를 하는 인트론으로서 13장에서 보다 자세히 설명할 것이다. 큰 리보자임의 크기는 수백 뉴클레오티드에서 약 3,000 뉴클레오티드에 이른다. 큰 리보자임은 상대적으로 크다는 것 외에도 여러 다른 주요 특징들에 의해 작은 리보자임과 구별된다. 큰 리보자임은 RNA를 절단하여 3′-OH 말단을 만드는 반면에, 작은 리보자임은 2′,3′-고리 인산염과 5′-OH 말단을 생성한다(표 3.2). 이 표를 자세히 살펴보면, 전부는 아니지만 어떤 리보자임은 포스포다이에스터 결합의 절단 반응을 촉진한다. 주목할 만한 것은 리보솜 RNA가 완전히 다른 화학 반응, 즉 단백질 합성에서 아미노산 사이의 펩티드 결합의 형성을 촉진한다는 점이다.

작은 리보자임 작은 리보자임 군에는 **망치머리 및 헤어핀 리보자임, 간염 델타 바이러스(HDV) RNA 리보자임, 바르쿠드 위성(VS) RNA 리보자임, *glmS* 리보스위치 리보자임** 등이 포함된다(표

표 3.2 자연계에 존재하는 리보자임의 종류.

Ribozyme	Source	Function	Reaction products
Small ribozymes			
Hammerhead	Plant viroids Newt satellite DNA transcripts Eukaryotic and prokaryotic genomes; introns of reptiles, birds, and mammals	Replication Unknown Unknown; possible role in mRNA splicing?	5′-OH; 2′,3′-cyclic phosphate
Hairpin	Plant satellite RNAs	Replication	5′-OH; 2′,3′-cyclic phosphate
HDV RNA	Hepatitis delta virus (human)	Replication	5′-OH; 2′,3′-cyclic phosphate
VS RNA	*Neurospora crassa* mitochondria	Replication	5′-OH; 2′,3′-cyclic phosphate
Riboswitch ribozyme	*Bacillus subtilis*	*glmS* mRNA self-degradation	5′-OH; 2′,3′-cyclic phosphate
Large ribozymes			
RNase P	Eukaryotes, prokaryotes	tRNA processing	5′-phosphate and 3′-OH
Group I introns	Eukaryotes (nucleus, organelles), prokaryotes, bacteriophages	Splicing	Intron with 5′-guanosine and 3′-OH, 5′/3′-ligated exons
Group II introns	Eukaryotes (organelles), prokaryotes	Splicing	Intron with 2′–5′-lariat and 3′-OH; 5′/3′-ligated exons
Spliceosome	Eukaryotes (nucleus)	Pre-mRNA splicing	Intron with 2′–5′-lariat and 3′-OH; 5′/3′-ligated exons
Ribosome	Eukaryotes, prokaryotes	Translation	Peptide bond

3.2). 이 5종류의 서로 다른 리보자임의 크기는 50 뉴클레오티드에서 150 뉴클레오티드까지의 범위를 갖는다. 망치머리 리보자임은 3개의 나선이 T 모양을 하고 있어 그렇게 불리며, **바이로이드(viroid)**라고 불리는 식물 병원성 RNA에서 가장 자주 발견되는 촉매성 구성요소이다(그림 3.20). 최초의 유전체 망치머리 리보자임은 20여 년 전에 뉴트 위성(반복) DNA에서 보고되었다. 위성 DNA는 자가 절단을 겪는 약 300개 뉴클레오티드의 직렬 반복으로 전사된다. 보다 최근에 망치머리 리보자임에 대한 이야기는 예상하지 못한 반전이 있었다. 이 리보자임 모티프는 식물에서 동물에 이르기까지 원핵생물 내에서 수많은 진핵 유전체에서 확인되었다. 머리망치 모티프의 대부분은 DNA 직렬 반복에 존재하지만, 파충류, 조류 및 포유류에서는 인트론에 존재하여 mRNA의 스플라이싱 조절에서 잠재적인 새로운 역할을 할지도 모른다. 이 고대 리보자임 모티프는 편재성으로 연구자를 계속 놀라게 하지만, 그 유전체 기능은 여전히 파악하기 어렵다.

반대로 헤어핀 리보자임은 바이루소이드(virusoid)라고 불리는 식물 병원체의 일부에서만 발견되고 있다. HDV RNA는 사람 B형 간염 바이러스(HBV)의 **위성 RNA(satellite RNA)**로서 감염된 환자에게 특별히 위중한 간염을 유발한다. VS RNA 리보자임은 큰 RNA의 일부로서 잔섬유형 곰팡이인 *Neurospora crassa*의 일부 균주의 사립체에서 발견되는 플라스미드로부터 전사된 것이다. 특별히 주목해야 할 것은 *glmS* 리보스위치 리보자임인데, 이것은 세균 유전자 발현의 조절에 관여한다(8장).

유전자 조절에 관여하는 리보스위치 리보자임을 제외하면, 작은 리보자임에 존재하는 촉매 구성요소는 모두 서브바이러스 RNA 유전체의 복제에 관여한다(3.5절 참조). 이 복제 과정에서 단일체가 일렬로 연결된 긴 선형의 전사물이 만들어진다. 이들은 촉매 구성요소에 의해 단일체로 자체-절단되어 새로운 서브바이러스 유전체가 된다. 포스포다이에스터 결합의 자체-절단은 "**직렬(in line)**" **친핵성 치환**에 의해 일어난다(그림 3.20 참조). 절단되는 포스포다이에스터 결합 옆에 있는 리보스 내부의 2′-OH기가 인산을 공격하면 인 주변의 위치 배열이 반전하게 된다. 안쪽으로 들어오는 작용기는 반응의 중심에서 벗어나는 전이 상태의 하이드록실기와 "한 줄로 늘어선" 상태가 된다. 이

(a)

그림 3.20 망치머리 리보자임.
망치머리 리보자임 공통서열의 이차구조를 원래 도식(a)에 따라, 그리고 최근 X-선 결정학 자료(b)에 따라 도시하였다. 삼차구조 역시 나타냈다. 화살표는 자체절단 자리를 나타낸다. Y = C, U; X = A, C, U. 새로운 모델에서, 줄기 I, II, III는 보존 뉴클레오티드 중심 주변에 Y자 모양으로 배향되어 있는 염기쌍 나선들이다. 자체절단 반응은 "한 줄로 늘어선" (S_N2 형태) 친핵치환에 의해 진행된다. 실제 공격을 하는 친핵체는 2′-하이드록실기(파란색)이며, 떠나는 작용기는 다리에 참여하는 5′-산소(빨간색)이다. 공격을 받는 인에 결합된, 다리에 참여하지 않는 산소원자들의 입체화학적 위치 배열이 반전되어 중간 또는 전이 상태가 된다. 이 상태에서는 음전기를 띠는 5개의 산소원자들이 인(노란색 음영)과 일시적인 결합을 이룬다. 반응성 포스포다이에스터 결합의 5′측 및 3′측에 있는 뉴클레오티드 염기는 각각 N − 1과 N + 1이다. ‡ 표시는 전이 상태를 의미하며, (H)는 산소와 연관이 있는지 또는 얼마나 가깝게 연관되어 있는지가 불분명한 수소를 나타낸다. (출처: Redrawn from Fedor & Williamson, J.R. 2005. *Nature Reviews Molecular Cell Biology* 6:399–412.)

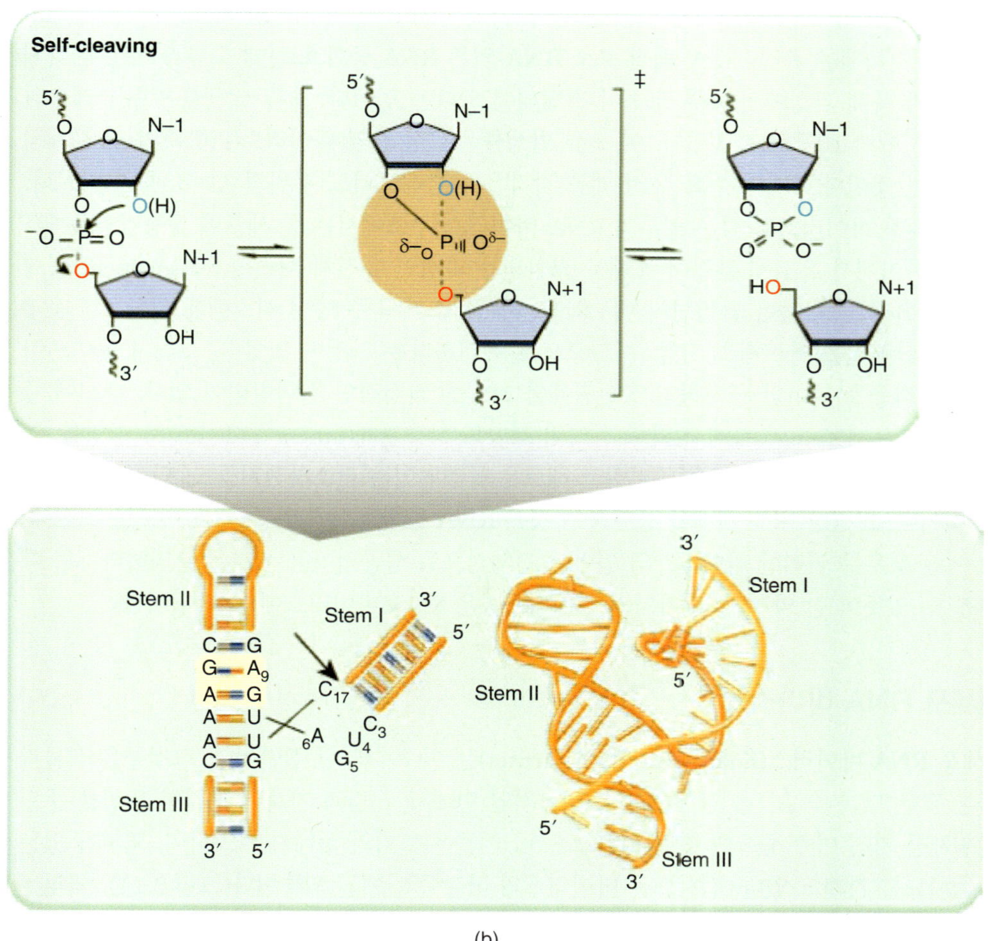

(b)

반응으로 인해 2′,3′-고리 인산을 가진 생성물과 5′-OH 말단이 달린 생성물이 만들어진다. 이 촉매의 특징에 의하면, 바이로이드나 위성 RNA와 같은 다른 서브바이러스 병원체들이 시간적으로 RNA 세계까지 거슬러 올라가는 바이러스와 무관한 먼 옛날의 진화적 기원을 갖고 있다는 것을 암시한다(Focus Box 3.1 참조).

처음 발견된 이래로 작은 리보자임은 바이러스 질병에 맞서 싸울 도구가 될 수 있는 가능성에 따라 상당한 관심을 받아 왔다. 한 예로서, 리보자임이 **후천성면역결핍증**(AIDS)의 원인이 되는 병원체인 **1형 사람 면역결핍바이러스**(HIV-1)의 복제를 억제하는 능력에 대한 연구가 진행되고 있다. 지금까지의 시험은 항 HIV-1 리보자임이 환자에서 안전하게 발현될 수 있음을 보여주었다. 그러나 이 치료법이 바이러스 퇴치에 효과적인지 여부는 두고 봐야 한다.

3.5 RNA 기반 유전체

RNA 바이러스는 사람에서 새로 발생하는 질병의 주요 원인이다. RNA는 진핵생물의 RNA 바이러스, 레트로바이러스, 바이로이드, 그 밖의 서브바이러스 병원체 등을 포함하는 수많은 감염체들의 유전체로서 작용한다. 그들은 보편적으로 평균 10,000 뉴클레오티드 크기의 작은 유전체를 갖고 있다. RNA 기반 유전체에 돌연변이가 일어날 확률은 DNA 기반 유전체의 경우보다 1,000배 정도 더 높다. RNA 바이러스에서 그 이유는 두 가지 주요 요인에 기인한다: 그 두 가지는 RNA 본틀에서 RNA 복제를 촉진하는 단백질 효소(**RNA-의존 RNA 중합효소**)에 오류가 아주 심하게 일어난다는 점과 복제 과정에서 오류 교정이 결핍되어 있다는 점이다. 오류 발생률은 뉴클레오티드 사이트당 10^{-3}에서 10^{-5}로 추정된다. 이 오류 발생률은 C형 간염 바이러스(HCV)의 전 세계적 다양성을 고려한 것이다. 7개의 주요 유전 계통 각각은 뉴클레오티드 부위의 31~33%가 다르다. 더구나 인플루엔자 바이러스와 같은 일부의 RNA 바이러스 구조에서는 한 세포에 공동감염을 일으키는 바이러스 사이에서 유전체 분절이 통째로 교환되는 과정인 유전체 재편성(reassortment)이 가능하다(Disease Box 3.1). 높은 돌연변이율은 RNA 바이러스가 숙주 방어 시스템에 의한 인식을 회피할 수 있도록 단백질을 빠르게 변경할 수 있으므로 유리하다는 가정이 있었다. 그러나 돌연변이 발생률과 환경 적응률 사이의 긍정적인 상관관계를 보여줄 직접적인 실험방법이 없다. 대신에, 돌연변이 발생률은 복제 속도와 복제 정확도 사이의 적합도 상충관계(fitness trade-off)로 설명할 수 있다. 교정 활성에 의해 복제 정확도가 증가하고 해로운 돌연변이는 감소하겠지만 그 만큼의 대가를 치러야 할 것이다. 교정을 위해 복제를 중단하는 것은 RNA 중합효소에 따른 복제 속도를 느리게 할 것이다. 어떤 경우든 이러한 바이러스의 전략이 전체적으로 성공적이라는 것은 분명하다. 즉, 다음 항에서 볼 수 있듯이 잘 알려진 몇 가지의 바이러스병은 RNA 바이러스에 의한 것이다.

진핵세포 RNA 바이러스

진핵세포 RNA 바이러스(Eukaryotic RNA viruses)는 아주 다양한 집단이다. 그것들은 식물과 동물은 물론 많은 다른 숙주들을 감염시킨다. 의학적인 면에서, 사람과 가축에 심각한 위협을 주는 수많은 병원체를 가진 아주 중요한 집단이다(표 3.3). 이들은 크기와 형태가 다양하며, 외피가 있는 또는 없는 캡시드를 가지고 있다. 캡시드는 바이러스의 바깥쪽 단백질 외투이다(그림 3.21). 외피는 캡시드 주위를 둘러싸고 있으며, 지질과 단백질로 이루어진 층이다. 전형적인 RNA 바이러스는 DNA 중간체를 형성하지 않고서 복제를 하는데, 이것이 레트로바이러스의 경우와 구별되는 특징이다.

RNA 유전체의 유형에 따라서 RNA 바이러스는 크게 세 가지 범주로 나뉜다: 즉, 플러스 가닥 바이러스, 마이너스 가닥 바이러스, 겹가닥 RNA 바이러스이다. "플러스"와 "마이너스"라는 용어는 각각 부호 가닥과 비부호 가닥을 말한다. 플러스 가닥 바이러스는 RNA 유전체가 약 12개의 유전자에 대한 mRNA로도 작용하므로 단백질을 직접 만들 수 있다. 플러스 가닥 바이러스의 예로서, 자궁 내에 감염된 아기에서 소두증(비정상적으로 작은 머리)을 유발할 수 있는 지카 바이러스(Disease Box 3.1), 그리고 피코르나바이러스를 들 수 있는데, 이들은 사람에게 소아마비와 감기를 일으키고, 가축에게는 발과 입에 병을 유발하는 병원체를 가지고 있다. 마이너스 가닥 바이러스

Disease Box 3.1

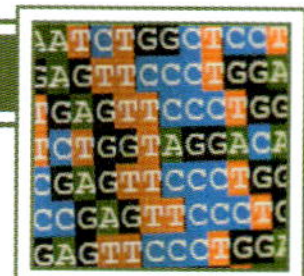

신종 바이러스 병원체

인플루엔자 범유행의 위협

세계적으로 유행하는 (범유행, pandemic) 독감은 어떻게 진행될 것인가에 대해 가장 낙천적으로 예상을 하더라도 불길하다. 세계 인구의 20% 정도가 병에 걸릴 것이라 예측되며, 그것 때문에 거의 3,000만 명의 인구가 입원해야 할 것이고, 그들 중 약 4분의 1이 사망할 것이다. 보통 조류 계통의 바이러스와 같은 바이러스들은 대부분의 사람이 이에 대한 면역력을 갖고 있지 않아서 동물로부터 사람에게 쉽게 전달되는 능력을 얻은 후에, 사람에서 사람으로 전달됨으로써 전 세계적 유행병(pandemic)이 발생하게 된다. 이것은 바이러스가 사람들 사이에 전달될 수 있도록 돌연변이가 일어나든지, 또는 재편성(reassortment)을 통해 흔하게 접할 수 있는 사람 독감 바이러스와 유전자를 교환할 때 가능해진다(그림 1). 바이러스의 바깥 껍질을 구성하는 두 가지 단백질, 즉 헤모글루티닌(H)과 뉴라민산분해효소(N)에 대한 유전자는 지속적으로 돌연변이가 일어나 서로 다른 다양성이 많이 나타난다. 각각의 독감 바이러스는 이 두 가지 단백질의 형태에 따라 명명된다. 1918년에 발생한 극도로 병원성이 높은 H1N1 "스페인" 독감 바이러스는 5,000만 명 이상의 사망자를 남겼다. 건강관리 수준이 더 향상되었음에도 불구하고, 1968년에 상대적으로 약한 H3N2 바이러스에 의해서도 여전히 세계적으로 50만 명이나 사망하였다. 독감 대유행의 가능성에 대한 최근의 관심은 1997년에 중국에서 최초로 출현하여 높은 사망률을 나타낸 H5N1 조류독감 바이러스를 우선적으로 주목하고 있다. 그러나 당장 세계적으로 주목을 받는 것은 H1N1 "돼지독감" 또는 2009 H1N1 독감으로 알려진 새로운 종류의 독감 바이러스이다. 다행히 2009년 H1N1 바이러스는 우려했던 것보다 덜 치명적이었다. 미국에서 독감 사망자에 대한 보수적인 추정치는 약 7,500~12,000명으로, 계절성 인플루엔자 H1N1으로 인해 미국에서 매년 발생하는 숫자의 절반 미만이다. 이제 H5N1 및 H7N9를 포함하여 야생 및 가금류에서 순환하는 인플루엔자 바이러스가 감시 목록에 있다. 두 바이러스 모두 아직 사람에서 사람으로 쉽게 전염되는 능력을 얻지 못했지만, H7N9는 다른 조류 바이러스와 DNA를 교환하고 있어 대유행 균주가 나타날 수 있다는 우려가 높아지고 있다.

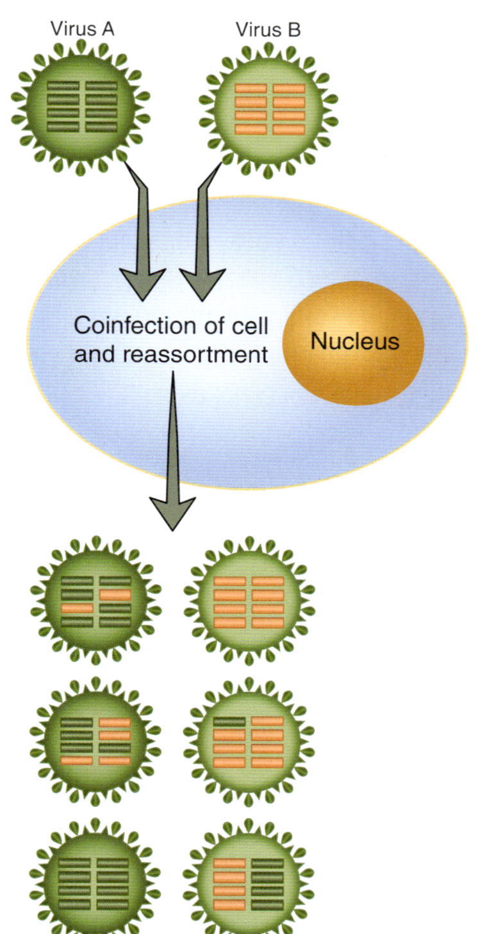

그림 1 독감 A 바이러스의 재편성.
독감 바이러스 A 유전체는 8개의 RNA 분절(열린 직사각형과 닫힌 직사각형)로 구성된다. 두 종류의 다른 바이러스(A와 B)에 의해 하나의 숙주세포가 감염될 때, 다양한 분절의 조합에 의한 재편성에 의해 새로운 바이러스가 생성된다. (출처: From Holmes (2009). *The Journal of Clinical Investigation* 119:2488–2495, © 2009 American Society for Clinical Investigation.)

지카 바이러스: 글로벌 공중보건 비상사태

지카 바이러스는 70년 동안 존재했지만, 2016년 하계 올림픽 이전에 브라질에서 발병할 때까지 대체로 무시되었다. 이 바이러스가 처음에 주목받지 못한 이유는 무엇인가? 대답은 간단하다. 대부분의 사람들에게 지카 바이러스 감염은 눈에 띄지 않게 진행되거나 가벼운 독감과 유사한 증상을 나타내었다. 이 바이러스는 1947년 우간다 빅토리아 호수 근처의 지카 숲에 사는 센티넬 레서스 원숭이에서 처음 분리되었다. 플라비바이러스로 분류되며, 뎅기열 바이러스, 웨스트 나일 바이러스, 일본뇌염 바이러스 등 다른 병원체와 관련이 있다. 지카 바이러스에 의한 인간 감염은 1954년 나이지리아에서 처음 발견되었다. 후속 보고된 사례는 드물고 비교적 양성이었다. 2007년에 미크로네시아에서 대규모 발병이 있었고, 동남아시아와 태평양 제도 전역에서 전염병이 발생하였는데, 일부 개별 보고에서는 전신 근육 약화와 걷지 못하는 것을 특징으로 하는 자가면역 질환인 길랭–바레 증후군이 발병하는 성인에 대한 보고가 있었다. 하지만 아직 백신 개발에 대한 시급함은 없었다. 8년이 지난 후, 브라질에서는 놀랄 만큼 많은 수의 아기가 소두증(머리 둘레가 작고 뇌 부피 감소)을 갖고 태어났고, 곧 지카 바이러스가 범인이라는 것이 분명해졌다(그림

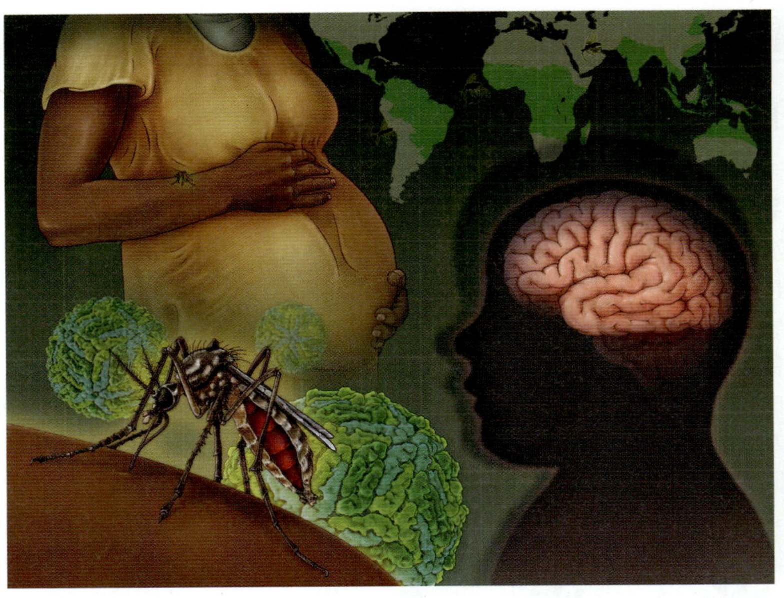

그림 2 모기 매개 지카 바이러스는 유아에게 소두증을 유발할 수 있다.
(출처: Evan Oto/Science Source.)

2). 2016년 2월 1일 WHO는 황열모기, 이집트 숲모기(*Aedes aegypti*)에 의해 미주 지역으로 급속히 확산됨에 따라 지카 바이러스를 세계적인 공중보건 비상사태의 원인으로 선언했다. 또한, 바이러스는 태반, 성병, 수혈을 통해 산모에서 태아로 전염될 수 있다. 이제 임신 중에 감염이 발생하면, 신생아의 소두증 및 기타 선천적 결함과의 원인 관련성이 있음이 분명하다. Guillain-Barre 증후군과 같은 성인의 심각한 결과는 여전히 드문 것으로 보인다. 2017년 이후, 북미와 남미 지역의 지카 감염 사례가 낮은 수준으로 급감하면서 긴박감을 덜었다. 그러나 효과적인 백신, 항바이러스 치료제 및 신속한 검출 방법을 개발하기 위해 지카 바이러스에 대한 자세한 분자 조사가 아직 진행 중이다. 지카가 위협으로 다시 등장할 때 과학자들이 준비가 되어 있기를 바란다.

표 3.3 사람이나 가축의 병원체가 되는 주요 RNA 바이러스의 종류.

Type of virus	Mode of replication	Virus family	Some pathogenic members
Eukaryotic RNA viruses	RNA → RNA	Togaviridae	Rubella (German measles)
		Picornaviridae	Rhinovirus (common cold)
			Foot-and-mouth disease
			Polio
		Coronaviridae	Coronaviruses: common cold, SARS, COVID-19
		Rhabdoviridae	Rabies
		Paramyxoviridae	Measles
			Mumps
		Filoviridae	Ebola
			Marburg
		Reoviridae	Rotavirus
		Orthomyxoviridae	Influenza
		Flaviviridae	Zika virus
			Yellow fever
			West Nile virus
Retroviruses	RNA → DNA → RNA	Lentiviridae	HIV-1

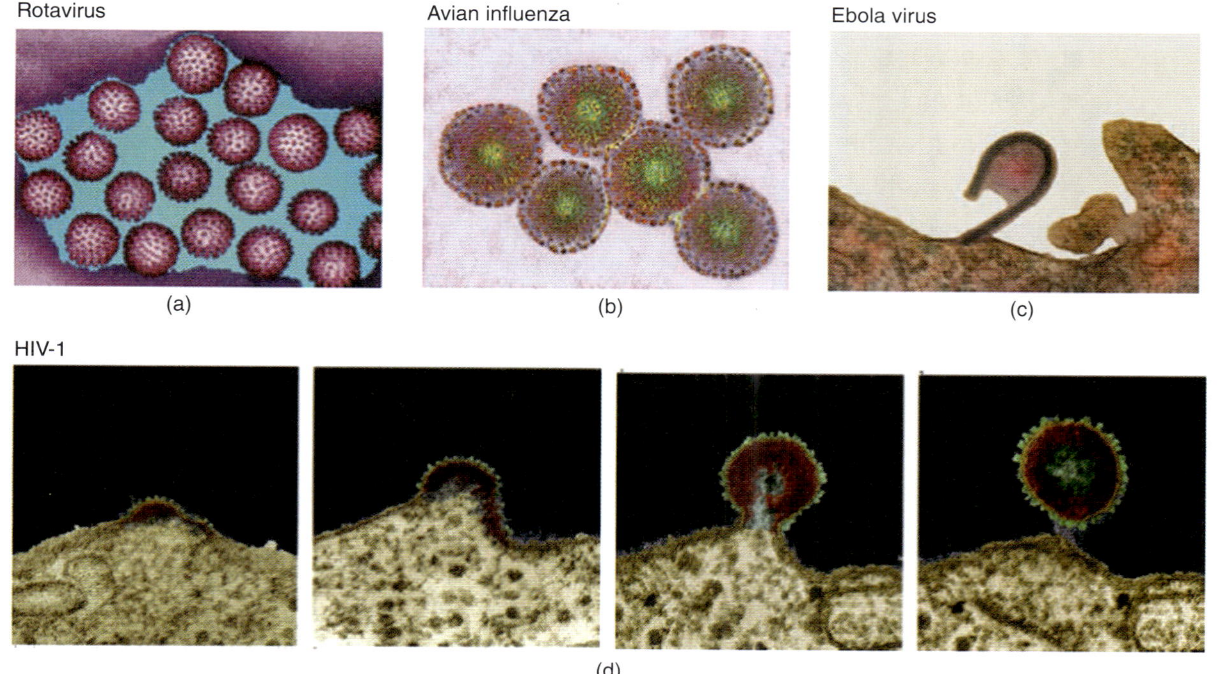

그림 3.21 다양한 진핵세포 RNA 바이러스의 예.
(a) 로타바이러스 군집의 천연색 투과전자현미경(TEM) 사진. 로타바이러스란 이름은 둥근 중앙부와 바깥쪽 단백질 껍질 밖으로 대못이 방사형으로 뻗쳐 있는 바퀴 같은 모습에서 유래되었다. (출처: Dr. Linda M. Stannard, University of Cape Town/Science Source.) (b) 오르쏘믹소바이러스과에 속하는 조류독감 바이러스의 현미경 사진. 이 바이러스는 껍질로 둘러싸인 캡시드를 갖고 있다. (출처: James Cavallini/Science Source.) (c) 에볼라 바이러스. 숙주세포(빨간색)로부터 나오고 있는 에볼라 바이러스(갈고리 모양, 파랑색)의 천연색 TEM 사진. 껍질로 둘러싸인 필로바이러스가 밖으로 나갈 때 숙주세포의 세포막(분홍색, 중앙)의 일부를 제거하여 둘러싸므로, 숙주세포의 방어 체계가 이것을 외래물질로 인식하지 못한다. (London School of Hygiene & Tropical Medicine/Science Source.) (d) 백혈구인 T 림프구의 표면에서 싹터 나오고 있는 HIV-1 바이러스(빨간색/초록색)의 천연색 TEM 사진. (출처: Eye of Science/Science Source.)

는 단백질을 합성할 때 RNA를 사용하기 전에 상보적인 플러스 가닥을 먼저 만들어야 한다. 마이너스 가닥 바이러스들이 가장 흔하게 퍼져 있으며, 여기에는 광견병, 볼거리, 홍역, 급성호흡기증후군(SARS), 중증급성호흡기증후군(SARS), 인플루엔자 그리고 COVID-19를 유발하는 새로 출현한 코로나바이러스 SARS-CoV-2 등이 속한다(Disease Box 3.1 참조). 코로나바이러스는 낙타, 박쥐, 사향고양이, 생쥐, 개, 고양이, 인간을 포함한 다양한 포유류뿐만 아니라, 여러 조류 종에서 확인된 복잡한 병원체이다. 대부분의 인간 코로나바이러스는 경미한 임상 증상과 관련이 있다. 2019년 말 비정형 바이러스성 폐렴의 발병은 중국 우한의 야생 동물 도매 시장에서 발생했으며, 이는 시장의 살아 있는 동물에서 인간으로의 초기 전염을 시사했다. 몇 주 안에 SARS-CoV-2(COVID-19) 바이러스가 사람에서 사람으로 전염되는 능력을 획득함에 따라 곧바로 전염병 수준에 도달한 범인으로 확인되었다. 이 바이러스는 중국에서 다른 국가로 빠르게 확산되었으며, 2020년 3월 11일 세계보건기구(WHO)는 COVID-19를 팬데믹(세계적 대유행)으로 선언했다. 이러한 도전적인 시기와 불확실한 시대에 살아가면서, 아마도 잘 알고 있듯이, 이 바이러스는 전 세계적으로 큰 피해를 입혔고, "자택 대피" 명령과 학교 및 기업 폐쇄로 이어지게 되었다. 2020년 12월 기준으로 7,420만 명 이상이 감염되었고 165만 명 이상이 사망했으며, 바이러스는 여전히 급증하고 있다. 고령자와 심장, 폐 질환 또는 당뇨병과 같은 심각한 기저 질환이 있는 사람들은 COVID-19로 인해 더 심각하고 오래 지속되는 합병증이 발생할 위험이 더 높은 것으로 보인다. 보건 및 정부 관리들은 전 세계적으로 높은 경계를 유지하고 있으며, 과학자들은 안전하고 효과적인 백신을 개발하고 제공하기 위해 경쟁하고 있다.

진핵생물 RNA 바이러스는 또한 보다 이국적인 에볼라 및 마르부르크 필로바이러스를 포함하는데, 이러한 바이러스가 아프리카에서 치명적인 출혈열의 전염병을 일으켰다. 2013년 12월 서아프리카에서 에볼라가 발생하여 11,000명 이상이 사망했다. 이중가닥 RNA 바이러스는 비교적 드물지만, 이중가닥 RNA 바이러스 중 레오바이러스는 가장 잘 알려져 있다. 이것은 주로 심각한 유아 설사 유형을 일으키는 한 가족 구성원인 로타바이러스 때문이다. 그것의 유전체는 각각 단일 바이러스 단백질을 암호화하는 12개 정도의 분리된 이중가닥 RNA 분자를 포함한다.

레트로바이러스

레트로바이러스가 암에서 작용하는 역할에 따라, **레트로바이러스(Retrovirus)**를 애초부터 RNA 종양 바이러스라고 불렀다(15장). 레트로바이러스는 **역전사(reverse transcription)**에 의해 만들어진 DNA 중간체를 통해서 복제하는 외가닥 RNA 유전체이다. 레트로바이러스에 의해 동물 세포가 감염되면, 이 바이러스의 외가닥 RNA는 겹가닥 DNA 복사본으로 전환된다. 그런 다음, 레트로바이러스 DNA는 숙주세포 DNA에 삽입된다. 한번 결합된 레트로바이러스 DNA는 숙주세포의 유전체에 삽입된 채로 영원히 남는다. 결론적으로, 감염되어 결합된 후에 레트로바이러스를 완전히 제거하는 것은 현재까지 불가능하다. 잘 알려져 있는 다수의 동물 병원체들과 유일하게 유명한 인간 병원체인 사람면역결핍바이러스 1(HIV-1)이 여기에 포함된다(표 3.3 참조). HIV-1의 특징은 역전사 과정에서 발생하는 많은 오류에 따라 광범위하게 나타나는 유전자의 다양성과 높은 재조합 비율이다. 레트로바이러스는 유전체 RNA의 복사본을 2개 갖고 있어 "이배수체(diploid)"로 생각할 수 있다. 그들은 자신들의 유전체 내에서, 그리고 숙주세포에 이미 존재하는 바이러스와 새로 들어오는 바이러스 사이에서 재조합을 이루려고 하는 경향이 있다. 예상할 수 있듯이, 염기서열의 돌연변이와 재조합이 뒤섞여서 일어나므로, 바이러스 치료제에 대한 저항성도 빠르게 변하게 될 것이다.

RNA 박테리오파지

파지(phage)라고도 하는 **박테리오파지(bacteriophage**, 박테리아를 감염시키는 바이러스)는 박테리아 개체군에 미치는 영향 때문에 동물, 해양, 담수 및 육상 생태계의 많은 생물학적 과정에서 역할을 한다. DNA 유전체를 가진 파지의 중요성을 설명하는 많은 연구가 있지만(5장 참조), RNA 유전체를 가진 파지는 이에 비해 잘 이해되지 않는다. 지금까지 120가지 이상의 매우 다양한 유형의 RNA 파지가 설명되었으며, 두 개의 주요 그룹, 즉 단일가닥 RNA 유전체와 분절된 이중가닥 RNA 유전체가 있는 그룹으로 나뉜다. 훨씬 더 어려운 것은 고세균의 바이러스이다. DNA 유전체를 가진 고세균 바이러스가 확인되었지만, 고세균을 감염시키는 RNA 바이러스가 있는지 여부는 아직 밝혀지지 않았다. RNA 유전체를 가진 바이러스가 고세균이 풍부한 옐로스톤 국립공원의 온천 시료에서 검출되었다. 그러나 이 바이러스의 실제 숙주는 고고학적이든 아니든 아직 밝혀지지 않았다.

바이로이드와 다른 서브바이러스 병원체

바이로이드(viroid)는 고등식물에서 감염성 질병을 일으키는 서브바이러스(subvirus) 병원체이다. 놀랄 만한 발견은 바이로이드 RNA 자체가 감염원이라는 것이다. 바이러스 RNA와 달리, 이 괴상한 병원체는 어떤 단백질의 부호도 갖지 않으며, 어떤 단백질 껍질에 의해서도 보호 받지 못한다.

이것은 RNA 기능의 다양성에 있어 또 다른 예를 여전히 보여준다. 바이로이드는 작은 크기와 독특한 성질에 의해 잘 연구된 RNA 분자 중의 하나이다. 바이로이드 유전체는 아주 작은 외가닥의 원형 RNA 분자로 이루어져 있으며, 그 크기는 250~400 뉴클레오티드 정도이다. 약 30여 개의 바이로이드 종과 수백 개의 변이종이 존재하며, 이들은 24개 이상의 작물에서 아보카도 선블로치 바이로이드와 코코넛 카당 카당 바이로이드 같은 여러 가지 병들을 일으킨다.

다른 서브바이러스 병원체로는 위성 RNA(satellite RNA)와 **바이루소이드(virusoid)**가 있다. 바이로이드는 숙주의 RNA 중합효소를 사용하여 복제한다. 이와 대조적으로, 위성 RNA는 적절한 RNA-의존 RNA 중합효소를 제공하는 도우미 바이러스(helper virus)가 있을 경우에만 복제를 할 수 있다. 몇몇의 보다 큰 위성 RNA는 단백질을 암호화하고 있는 경우도 있다. 위성 RNA는 식물(예, 위성 담배괴사바이러스)과 동물에서 발견된다. 잘 알려져 있는 사람 위성 RNA는 간염 델타 바이러스(HDV)이다. HDV가 B형 간염 바이러스의 작은 외가닥 위성 RNA인 점을 생각해 보라.

차례로 설명된 각 병원체가 이전 병원체보다 더 단순해지는 것을 눈치챘을 것이다. 승자는 바이루소이드이다. 바이루소이드는 어떠한 단백질도 전혀 암호화하고 있지 않은 RNA 분자이고, 복제와 캡시드를 형성할 때 전적으로 도우미 바이러스에 의존한다. 바이루소이드는 식물에서 벨벳 담배 반점과 지하 토끼풀 반점 같은 병을 일으키는 바이러스와 관련성을 갖고 있다. 그들은 이 두 가지 분류가 다소 구별이 되지 않기에, 때때로 위성 RNA의 아류형으로 취급하기도 한다. 바이루소이드 유전체는 바이로이드와 유사하며, 자체 절단 활성을 가지고 있는 원형의 외가닥 RNA로 구성된다.

장 요약

RNA는 DNA 복제로부터 단백질 합성에 이르기까지 유전자 발현 과정에서 광범위한 세포의 모든 과정에 관여한다. RNA에는 6종류의 주요 RNA, 즉 rRNA, mRNA, tRNA, snRNA, snoRNA, miRNA 등이 있고, 아주 다양한 기능을 가진 RNA 생성물들이 함께 존재한다. 이러한 다양성은 다른 RNA나 외가닥 DNA와 상보적 염기쌍을 이루고, 또한 RNP의 성분으로서 단백질과 상호작용을 하는 RNA의 능력에 의해 나타난다.

RNA는 포스포다이에스터 결합에 의해 연결된 뉴클레오티드로 불리는 소단위체들로 구성된 사슬 모양의 분자이다. RNA 구조의 구축 단위(building block)를 형성하는 일반적인 이차구조에는 팽대부, 염기쌍으로 이루어진 A형 이중나선(줄기), 외가닥 헤어핀 또는 내부 고리, 이음부, 돌이(turn) 등이 있다. 염기쌍으로 이루어진 줄기는 GU 쌍이나 염기 삼중자와 같은 비정형적인 염기쌍을 포함하는 경우가 많다. 또한 RNA에서 이노신이나 슈도우리딘과 같은 다양한 변형 뉴클레오티드도 흔히 발견된다. RNA 사슬은 둥근 단백질과 비슷한 작용을 하는 독특한 삼차원 구조로 접힌다. RNA 접힘 모티프에 대한 중요한 통찰력은 tRNA, 촉매성 RNA, rRNA들의 구조에 대한 X-선 결정학적 연구로부터 나온다. RNA에서 미리 형성된 이차구조 영역은 광범위한 상호작용에 의해 안정적인 삼차구조를 이루는데, 이 상호작용에는 나선의 동축 치쌓기 그리고 유사매듭, A-작은 고랑, 사중고리, 리보스 지퍼, 꺾임-돌이, 입맞춤 헤어핀 모티프 등의 형성이 포함된다. RNA 뼈대의 구조적 유연성과 뉴클레오티드가 상보적 영역과 염기쌍을 형성하려는 경향은 자칫 RNA가 잘못 접히는 결과를 초래할 수 있다. 특이성 있는 RNA 결합 단백질은 생체에서 표적 RNA와 견고한 복합체를 이루어 적합한 RNA 접힘을 도와주는 보호자 단백질 역할을 한다.

1970년대 후반에서 1980년대 초반 사이의 역사적인 발견은 RNA가 촉매작용을 할 수 있다는 사실이었다. "리보자임"이라고 불리는 RNA 분자는 포스포다이에스터 결합의 절단에서 펩티드 결합 형성까지 살아 있는 세포에서 일어나는 수많은 화학 반응을 촉진한다. 처음 발견된 리보자임은 *T. thermophila* rRNA에 있는 자체 이어맞추기 인트론과 대장균 RNase P의 RNA 성분이었다. 그 후로 더 많은 리보자임의 특성이 밝혀졌다. 거기에는 또 다른 자체 이어맞추기 인트론, 스플라이스오솜(spliceosome)의 성분, rRNA, 자체 복제에 관여하는 망치머리 리보자임과 같은 작은 리보자임 등이 포함된다.

RNA는 진핵세포의 RNA 바이러스, 레트로바이러스, 바이로이드, 다른 서브바이러스 병원체 등을 포함한 수많은 중요한 감염원의 유전체로서 작용한다. 진핵세포 바이러스는 외가닥이거나 겹가닥으로 된 RNA 유전체를 가지며, DNA 중간체를 형성하지 않고서 복제가 가능하다. 이 특징에 의해 레트로바이러스와 구별된다. 레트로바이러스는 외가닥으로 된 RNA 유전체를 가지며, DNA 중간체를 통해 복제된다. 위성 RNA와 바이루소이드 같은 다른 서브바이러스 병원체와 바이로이드의 유전체는 외가닥의 RNA로 이루어져 있다. 바이로이드와 바이루소이드는 어떤 단백질 부호도 가지고 있지 않은 식물 병원체들이다. 위성 RNA는 식물과 동물에서 모두 발견된다. 더 큰 위성 RNA 중 일부는 단백질을 암호화할 수 있다.

분석 질문

분석, 발견 및 실제 데이터 질문에 대한 해답은 부록을 참조하시오.

1 RNA는 많은 세포 과정에서 역할을 한다. RNA의 어떤 구조적 특징이 RNA를 DNA보다 더 다재다능한 분자로 만드는가?

2 9 bp 줄기와 7 bp 루프로 헤어핀을 형성할 RNA 서열을 설계한다. 1차 구조와 2차 구조를 모두 그린다. 유사매듭 형성을 허용하기 위해서는 기본 시퀀스에 어떤 추가가 필요한가?

3 당신은 다른 RNA 전사체에서 새로운 유형의 인트론을 제거하는 것과 관련된 작은 RNA를 발견했다. 작은 RNA가 촉매 RNA 또는 RNP로 기능하는지 확인하기 위한 실험을 설계한다. 시료 양성 결과를 표시한다.

4 새로 분리된 바이러스의 유전체를 특성화하고, 그것이 DNA로 구성되어 있는지 또는 RNA로 구성되어 있는지 확인해야 한다. 뉴클레에이스를 사용하여 시료를 구성 뉴클레오티드로 완전히 분해한 후 뉴클레오티드의 대략적인 상대 비율을 결정한다. 분석 결과는 다음과 같다.

0%	15%	0%	33%	0%	22%	0%	30%
dGTP	GTP	dCTP	CTP	dATP	ATP	dTTP	UTP

바이러스 유전체의 구성에 대해 어떤 결론을 내릴 수 있는가?

발견 질문

그림 3.14 큰 리보자임의 촉매 중심 부분은 잘못 접힘으로써 대체 나선이 형성되기 쉽다. 리보자임 기능에 대한 이 대체 나선의 가능한 결과에 대해 논의하시오.

그림 3.15 당신은 테트라루프가 리보자임을 활성 형태로 접는데 중요하다고 생각한다. 테트라루프가 제거될 때 RNA가 유사한 3차 구조로 접히는지 여부를 입증하기 위한 실험을 설명하시오.

실제 데이터 질문

그림 3.17 방사성 표지된 pre-26S rRNA가 다음 두 가지 조건에서 인트론 제거에 대해 테스트된 경우 결과를 예측하시오; GTP가 있는 스플라이싱 버퍼에서 75분 동안 30°C에서 인큐베이션, 그리고 GTP가 있는 스플라이싱 버퍼에서 75분 동안 95°C에서 인큐베이션.

그림 3.18 연구자들이 레인 1과 2에 표시된 시료를 실험에 포함하지 않았다면 결과를 완전히 해석할 수 있었을까? 당신의 대답을 설명하시오.

참고문헌

Brenowitz, M., Chance, M.R., Dhavan, G., and Takamoto, K. (2002). Probing the structural dynamics of nucleic acids by quantitative time-resolved and equilibrium hydroxyl radical "footprinting". *Current Opinion in Structural Biology* 12: 648–653.

Butler, D. (2010). Portrait of a year-old pandemic. *Nature* 464: 1112–1113.

Cate, J.H., Gooding, A.R., Podell, E. et al. (1996). Crystal structure of a group I ribozyme domain: principles of RNA packing. *Science* 273: 1678–1685.

Cech, T.R. (2009). Crawling out of the RNA world. *Cell* 136: 599–602.

Cech, T.R. and Steitz, J.A. (2014). The noncoding RNA revolution – trashing old rules to forge new ones. *Cell* 157: 77–94.

Cohen, J. (2010). What's old is new: 1918 virus matches 2009 H1N1 strain. *Science* 327: 1563–1564.

Cohen, J. (2018). Steep drop in Zika cases undermines vaccine trial. *Science* 361: 1055–1056.

Correll, C.C. and Swinger, K. (2003). Common and distinctive features of GNRA tetraloops based on the GUAA tetraloop structure at 1.4 A resolution. *RNA* 9: 355–363.

Crick, F.H. (1966). The genetic code – yesterday, today, and tomorrow. *Cold Spring Harbor Symposium on Quantitative Biology* 31: 1–9.

Cruz, J.A. and Westhof, E. (2009). The dynamic landscapes of RNA architecture. *Cell* 136: 604–609.

Doudna, J.A. and Lorsch, R.A. (2005). Ribozyme catalysis: not different, just worse. *Nature Structural and Molecular Biology* 12: 395–402.

Echeverria, N., Moratorio, G., Cristina, J., and Moreno, P. (2015). Hepatitus C virus genetic variability and evolution. *World Journal of Hepatology* 7: 831–845.

Echols, H. (2001). *Operators and Promoters: The Story of Molecular Biology and Its Creators*. Berkeley: University of California Press.
Fedor, M.J. and Williamson, J.R. (2005). The catalytic diversity of RNAs. *Nature Reviews Molecular Cell Biology* 6: 399–412.

Flores, R., Hernandez, C., Martinez de Alba, A.E. et al. (2005). Viroids and viroid–host interactions. *Annual Review in Phytopathology* 43: 4.1–4.23.

Flores, R., Gago-Zachert, S., Serra, P. et al. (2014). Viroids: survivors from the RNA world? *Annual Review of Microbiology* 68: 395–414.

Furio, V., Moya, A., and Sanjuan, R. (2005). The cost of replication fidelity in an RNA virus. *Proceedings of the National Academy of Sciences of the United States of America* 102: 10233–10237.

García-Robles, I., Sanchez-Navarro, J., and de la Pena, M. (2012). Intronic hammerhead ribozymes in mRNA biogenesis. *Biological Chemistry* 39: 1317–1326.

Gesteland, R.F., Cech, T.R., and Atkins, J.F. (1999). *The RNA World*, 2e. Cold Spring Harbor, NY: Cold Spring Harbor Laboratory Press.

Gilbert, W.V., Bell, T.A., and Schaening, C. (2016). Messenger RNA modifications: form, distribution, and function. *Science* 352: 1408–1412.

Gobert, A., Pinker, F., Fuchsbauer, O. et al. (2013). Structural insights into protein-only RNase P complexed with tRNA. *Nature Communications* 4: 1353.

Graveley, B.R. (2016). RNA matchmaking: finding cellular pairing partners. *Molecular Cell* 63: 186–189.

Guo, F., Gooding, A.R., and Cech, T.R. (2004). Structure of the *Tetrahymena* ribozyme: base triple sandwich and metal ion at the active site. *Molecular Cell* 16: 351–362.

Halder, S. and Bhattacharyya, D. (2013). RNA structure and dynamics: a base pairing perspective. *Progress in Biophysics and Molecular Biology* 113: 264–283.

Hammann, C., Luptak, A., Perreault, J., and de la Pena, M. (2012). The ubiquitous hammerhead ribozyme. *RNA* 18: 871–885.

Hang, J., Wan, R., Yan, C., and Shi, Y. (2015). Structural basis of pre-mRNA splicing. *Science* 349: 1191–1198.

Hendrix, D.K., Brenner, S.E., and Holbrook, S.R. (2005). RNA structural motifs: building blocks of a modular biomolecule. *Quarterly Reviews of Biophysics* 38: 221–243.

Holmes, E.C. (2009). RNA virus genomics: a world of possibilities. *The Journal of Clinical Investigation* 119: 2488–2495.

Klein, D.J., Schmeing, T.M., Moore, P.B., and Steitz, T.A. (2001). The kink-turn: a new RNA secondary structure motif. *EMBO Journal* 20: 4214–4221.

Koplin, J., Mu, Y., Richter, C. et al. (2005). Structure and dynamics of an RNA tetraloop: a joint molecular dynamics and NMR study. *Structure* 13: 1255–1267.

Kruger, K., Grabowski, P.J., Zaug, A.J. et al. (1982). Self-splicing RNA: autoexcision and autocyclization of the ribosomal RNA intervening sequence of *Tetrahymena*. *Cell* 31: 147–157.

Lan, P., Tan, M., Zhang, Y. et al. (2018). Structural insight into precursor tRNA processing by yeast ribonuclease P. *Science* 362: 657.

Lessler, J., Chaisson, L.H., Kucirka, L.M. et al. (2016). Assessing the global threat from Zika virus. *Science* 353: 663.

Li, X., Yang, L., and Chen, L.L. (2018). The biogenesis, functions, and challenges of circular RNAs. *Molecular Cell* 71: 428–442.

Mann, H., Ben-Asouli, Y., Schein, A. et al. (2003). Eukaryotic RNaseP: role of RNA and protein subunits of a primordial catalytic ribonucleoprotein in RNA-based catalysis. *Molecular Cell* 12: 925–935.

Moore, P.B. and Steitz, T.A. (2003). The structural basis of large ribosomal subunit function. *Annual Review of Biochemistry* 72: 813–850.

Mustoe, A.M., Busan, S., Rice, G.M. et al. (2018). Pervasive regulatory functions of mRNA structure revealed by high-resolution SHAPE probing. *Cell* 173: 181–195.

Nagaswamy, U., Voss, N., Zhang, Z., and Fox, G.E. (2000). Database of non-canonical base pairs found in known RNA structures. *Nucleic Acids Research* 28: 375–376.

Nissen, P., Ippolito, J.A., Ban, N. et al. (2001). RNA tertiary interactions in the large ribosomal subunit: the A-minor motif. *Proceedings of the National Academy of Sciences of the United States of America* 98: 4899–4903.

Noller, H.F. (2005). RNA structure: reading the ribosome. *Science* 309: 1508–1514.

Normile, D. (2005). New focus. Vietnam battles bird flu ... and critics. *Science* 309: 368–373.

Orgel, L.E. (2004). Prebiotic chemistry and the origin of the RNA world. *Critical Reviews in Biochemistry and Molecular Biology* 39: 99–123.

Pierson, T.C. and Diamond, M.S. (2018). The emergence of Zika virus and its new clinical syndromes. *Nature* 560: 573–581.

Pleij, C.W.A. (1990). Pseudoknots: a new motif in the RNA game. *Trends in Biochemical Sciences* 15: 143–147.

Price, J.V., Kieft, G.L., Kent, J.R. et al. (1985). Sequence requirements for self-splicing of the *Tetrahymena thermophila* pre-ribosomal RNA. *Nucleic Acids Research* 13: 1871–1889.

Ramirez, B.C., Simon-Loriere, E., Galetto, R., and Negroni, M. (2008). Implications of recombination for HIV diversity. *Virus Research* 134: 64–73.

Roundtree, I.A., Evans, M.E., Pan, T., and He, C. (2017). Dynamic RNA modifications in gene expression regulation. *Cell* 169: 1187–1200.

Salomon, R. and Webster, R.G. (2009). The influenza virus enigma. *Cell* 136: 402–410.

Salzman, J. (2016). Circular RNA expression: its potential regulation and function. *Trends in Genetics* 32: 309–316.

Sample, P.J., Koreny, L., Paris, Z. et al. (2015). A common tRNA modification at an unusual location: the discovery of wyosine biosynthesis in mitochondria. *Nucleic Acids Research* 43: 4262–4273.

Scarborough, R.J. and Gatignol, A. (2015). HIV and ribozymes. In: *Advances in Experimental Medicine and Biology*, vol. 848, 97–117.

Schroeder, R., Barta, A., and Semrad, K. (2004). Strategies for RNA folding and assembly. *Nature Reviews Molecular Cell Biology* 5: 908–919.

Sclavi, B., Sullivan, M., Chance, M.R. et al. (1998). RNA folding at millisecond intervals by synchrotron hydroxyl radical footprinting. *Science* 279: 1940–1943.

Sharp, P.A. (2009). The centrality of RNA. *Cell* 136: 577–580.

Spirin, A.S. (2002). Omnipotent RNA. *FEBS Letters* 530: 4–8.

Stahley, M.R. and Strobel, S.A. (2005). Structural evidence for a two-metal-ion mechanism of group I intron splicing. *Science* 309: 1587–1590.

Tamura, M. and Holbrook, S.R. (2002). Sequence and structural conservation in RNA ribose zippers. *Journal of Molecular Biology* 320: 455–474.

Theimer, C.A., Blois, C.A., and Feigon, J. (2005). Structure of the human telomerase RNA pseudoknot reveals conserved tertiary interactions essential for function. *Molecular Cell* 17: 671–682.

Vandegrift, K.J., Sokolow, S.H., Daszak, P., and Kilpatrick, A.M. (2010). Ecology of avian influenza viruses in a changing world. *Annals of the New York Academy of Sciences* 1195: 113–128.

Vicens, Q. and Cech, T.R. (2006). Atomic level architecture of group I introns revealed. *Trends in Biochemical Sciences* 31: 41–51.

Waas, W.F., de Crecy-Lagard, V., and Schimmel, P. (2005). Discovery of a gene family critical to wyosine base formation in a subset of phenylalanine-specific transfer RNAs. *Journal of Biological Chemistry* 280: 37616–37622.

Zaug, A.J. and Cech, T.R. (1986). The intervening sequence RNA of *Tetrahymena* is an enzyme. *Science* 231: 470–475.

C H A P T E R F O U R

단백질 구조와 접힘

생명은. . . 분자들 간의 관계이다.

Linus Pauling, as quoted in T. Hager,* Force of Nature: The Life of Linus Pauling *(1997), p. 542. © 1997 Simon & Schuster.

O U T L I N E

- 4.1 서론
- 4.2 일차구조: 아미노산과 유전암호
- 4.3 단백질의 삼차원적인 구조
- 4.4 단백질의 기능과 활성의 조절
- 4.5 단백질 접힘과 잘못 접힘

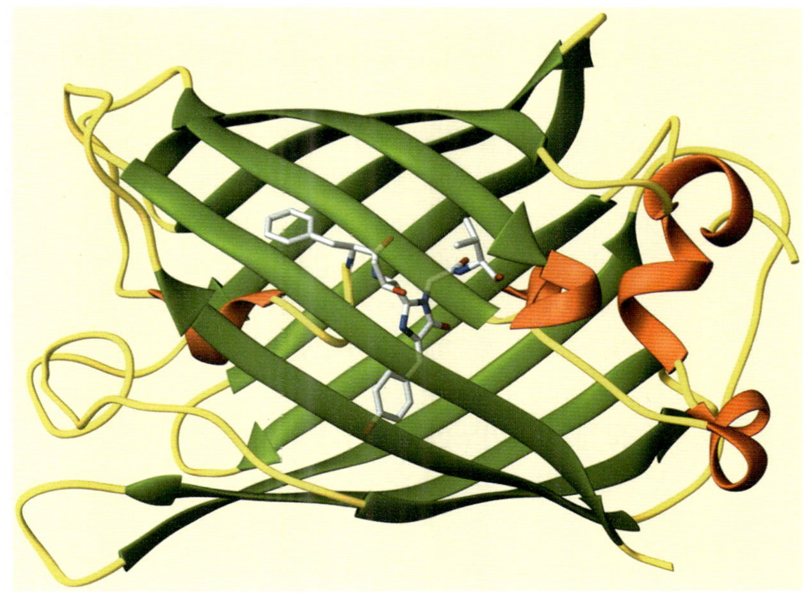

녹색형광 단백질. 11개 가닥의 β-배럴(초록색)이 4.2 nm 길이와 2.4 nm 직경의 원통을 형성하며, 중앙에는 하나의 α-나선(빨간색)이 있다. 형광물질(공과 막대 모델)은 중앙 나선 구조의 가운데에 위치하고, 주위의 β-가닥들로 인해 용매로부터 보호된다. (출처: Protein Data Bank, PDB:1EMB.)

4.1 서론

단백질은 세균과 고세균에서부터 단세포 진핵생물, 식물, 균, 동물에 이르기까지 모든 생물계에서 발견된다. 책 읽는 것을 멈추고서 주위를 둘러보면, 모든 곳 — 머리카락을 형성하는 케라틴, 구석의 거미줄을 구성하는 피부로인 — 에서 단백질을 볼 수 있다. 그리고 당신 몸속의 모든 생체 과정에 관여하는 수많은 단백질, 즉 혈액에서 산소를 수송하는 헤모글로빈부터 책장을 넘길 때 근육이 수축하게끔 하는 액틴과 미오신이 있다. 모든 생명체에서 단백질은 동일한 구성요소인 아미노산으로 구성된다. 이 장에서는 이러한 필수 거대분자의 구조와 기능, 그리고 이들이 암호화되는 방식에 대해 알아볼 것이다.

1930년대 후반, 유전학자들은 유전되는 기본 단위가 유전자임을 알았다. 그들은 유전자가 어떤 기능을 하는지는 알았지만, 유전자가 어떻게 구성되어 있는지에 대해서는 몰랐다. 그러한 설명은 막연했고, "많은 원자가 모여서 살아 있는 분자를 만든다"에서 "생명체의 최종 단위"라는 말로 설명하고 있었다. 우리는 지금 **유전자(gene)**는 특정한 RNA 분자를 만들기 위한 정보를 담고 있는 DNA(또는 몇몇 바이러스에서 RNA)의 특이적인 뉴클레오티드 서열이라는 것을 알고 있다. 3장에서 RNA의 다재다능함과 RNA가 많은 세포 과정에서 어떻게 기능하는지 알아보았다. RNA의 중심적인 역할은 전령으로서, 특정 유전자로부터 전사된 RNA는 특정 단백질을 만드는 데 사용된다. 각각의 세포는 수천의 다른 유전자를 포함하며, 수천의 다른 단백질을 만든다. 유전암호가 어떻게 아미노산 서열로 번역되는가? 그리고 이런 아미노산 사슬들이 어떻게 기능을 가지는 단백질로 접히는가? 단백질이 잘못 접히면 어떻게 되는가? 이러한 중요한 질문에 대한 답을 이 장에서 알아볼 수 있다.

4.2 일차구조: 아미노산과 유전암호

핵산처럼, **단백질(protein)**은 작은 소단위체의 사슬 같은 중합체이다. DNA와 RNA의 경우 사슬의 연결 고리는 뉴클레오티드이다. 단백질에서는 유전암호에 의해 지정되는 **아미노산(amino acid)** 사슬의 연결이다. DNA는 오로지 4개의 다른 뉴클레오티드에 의해 구성되고, 단백질은 보통 20개의 아미노산을 갖지만, 특별한 경우 2개의 아미노산이 추가된다. 몇몇 단백질들은 하나의 아미노산이 풍부하게 있는 반면에, 다른 단백질들은 아미노산의 하나 또는 두 가지 유형이 부족할 수 있다. 단백질 구조를 자세히 탐구하기 전에 아미노산의 이런 일반적인 성질을 알아보고자 한다.

22개의 아미노산이 단백질에서 발견된다

각각의 아미노산은 **아미노기(amino group**, NH_3^+)와 **카복실기(carboxyl group**, COO^-)를 가지며, 이들은 α-탄소라 불리는 중심 탄소에 연결되어 있다(그림 4.1). α-탄소에 결합하는 나머지 기는 수소원자(H)와 곁사슬 또는 "R기"이다. 20개의 일반적인 아미노산은 2개의 덜 일반적인 아미노산인 셀레노시스테인 및 피롤리신과 함께 그림 4.1에 나타내어져 있다. 각각의 아미노산은 세 단어 약어를 갖고 있지만, 긴 단백질 서열을 나타내기 위해 각 아미노산을 단일 문자로도 표시한다. 단일- 과 삼중- 약어 모두를 R기와 함께 보여준다. 어떤 경우에는 단일문자 부호가 기억하기 쉽다; 즉 "A"는 알라닌, "L"은 류신을 나타낸다. 다른 경우에 부호가 암호같이 애매하다; 즉, "Q"는 글루타민을, "W"는 트립토판을 나타낸다. 각각의 아미노산은 다른 R기를 가지는 것에 주목하라. R기는 단백질의 기능을 이해하는 열쇠로서 아미노산 간의 차이점은 곁사슬뿐이다. 각 곁사슬은 전하, 소수성, 극성 등 특별한 성질을 가진다.

생리적인 pH(~pH7.4)에서 아미노와 카복실기들은 전하를 띠게 되지만, 1에서 14까지의 pH 범위에서 아미노와 카복실기들이 양성자와 결합하고 해리된 형태로 존재한다(그림 4.2). 아미노산들의 약한 산-염기 성질은 서로 다른 아미노산들의 확인과 14장에서 다룰 단백질 분리에 관한 많은 기술적 근거를 제공한다.

근본적인 것은 특정한 곁사슬을 갖는 아미노산의 배열이 각 단백질에 그 특징적인 구조와 기능을 부여한다는 것이다. 아미노산이 어떻게 결합하는가?

단백질 1차 구조

아미노산들은 **펩티드 결합(peptide bond)**에 의해 연결되어 1차 구조를 형성한다(그림 4.3). 한 분자의 아미노기는 다른 분자의 카복실기와 축합 반응으로 물이 제거되고 다이펩티드가 생성된다. 아미노산들의 짧은 서열은 **펩티드(peptide)**로 불리는데, 더 긴 아미노산 사슬들로 이루어지며, 일반

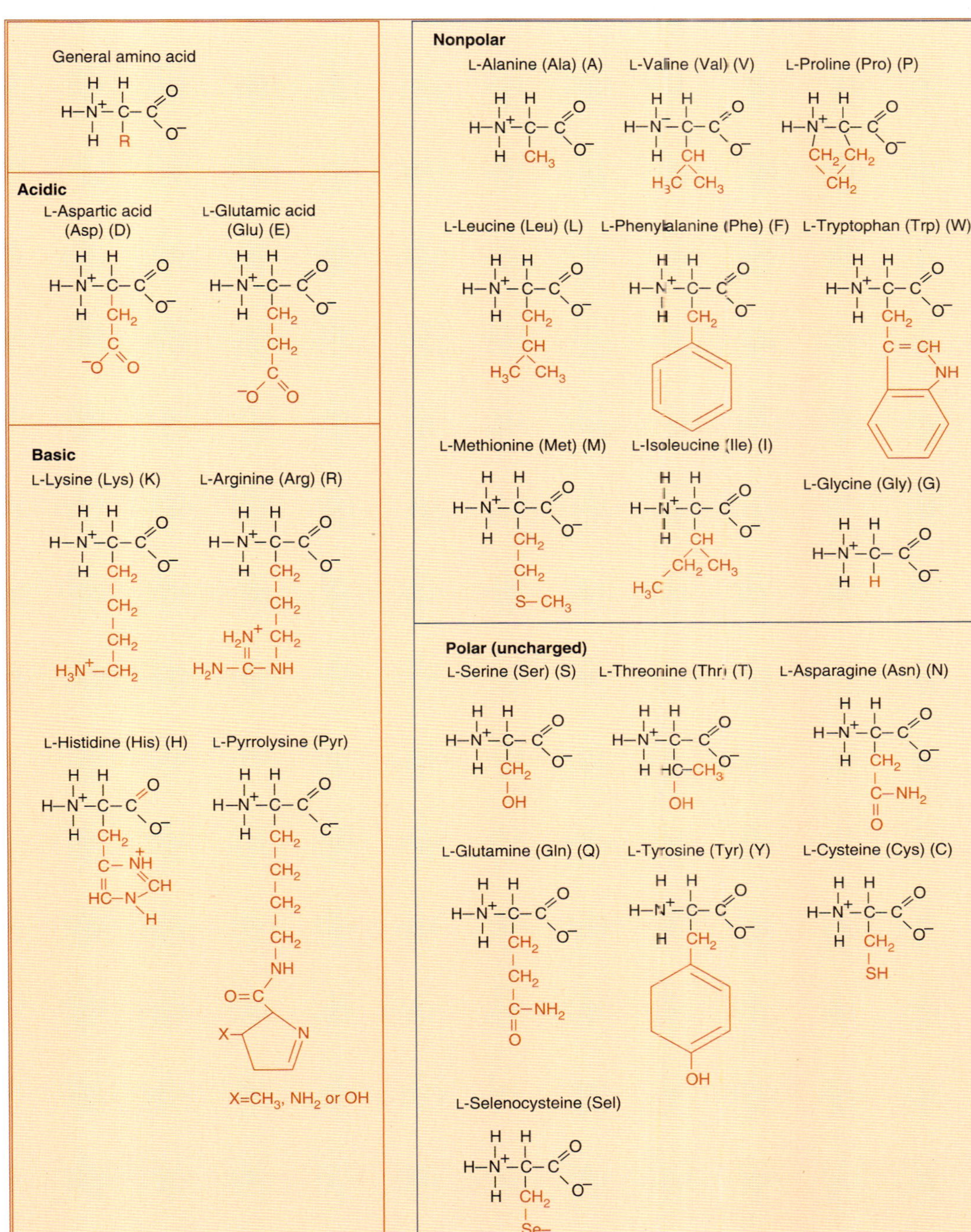

그림 4.1 단백질에서 발견되는 유전적으로 암호화된 22개 아미노산들. 생리학적인 pH에서, 아미노산은 일반적으로 이온으로 존재한다. 다양한 R기들을 모둠으로 나타내었다(빨간색으로 표시). 표준 삼중문자 약어와 단일문자 약어는 괄호로 표시하고 있다.

적으로 서열과 길이가 알려진 것을 **폴리펩티드(polypeptide)**라 한다. 펩티드 결합으로 연결된 아미노산은 자유 아미노산과 단백질에 있는 아미노산을 구별하기 위해 **잔기(residues)**라고 부른다. 펩티드 결합은 부분적인 이중결합 성질을 가지고 있다(그림 4.4). 자유 회전은 오로지 α-탄소와 펩티드 단위 사이에서만 발생한다. 펩티드 사슬은 유연하지만, 모든 결합이 회전에 자유로운 것은 아니다.

단백질의 1차 구조는 2개의 주요 구성분으로 나뉘지는데, 하나는 모든 단백질에서 존재하는 폴리펩티드 골격이고, 다른 하나는 다양한 곁사슬기이다(그림 4.3 참조). 폴리펩티드 사슬에는 극성이 있다. 관례에 따라, 보통 자유 아미노기는 폴리펩티드 사슬의 왼쪽 끝에 묘사되며, 이것을 **아미**

pH		Charge
pH~2	$H_3N^+-CH(CH_3)-COOH$	+1
pH~7	$H_3N^+-CH(CH_3)-COO^-$	0
pH~12	$H_2N-CH(CH_3)-COO^-$	−1

그림 4.2 아미노산의 산-염기적 인 성질.
pH 2와 pH 12 사이에서 적정 동안에 나타나는 알라닌의 세 가지 주요한 형태를 보여주고 있다.

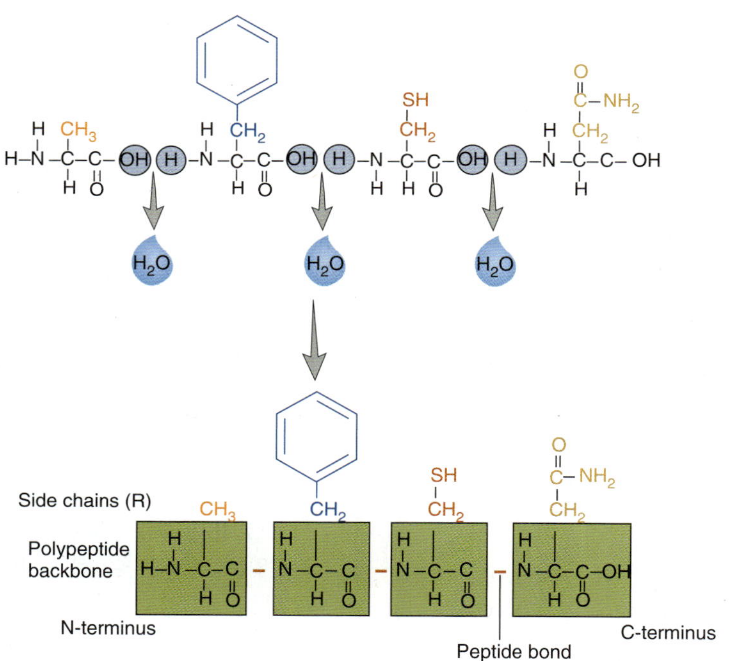

그림 4.3 펩티드 결합 형성.
아미노산들은 축합 반응에 의해 연결되어 공통적인 골격과 다양한 곁사슬을 가진 폴리펩티드 사슬을 형성한다.

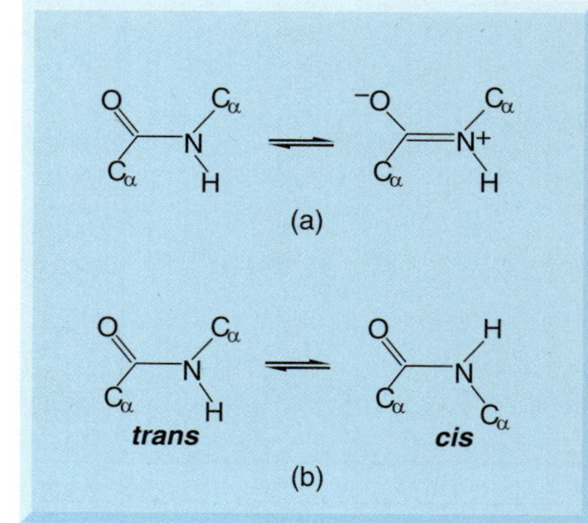

그림 4.4 펩티드 결합의 단단함.
(a) 펩티드 결합은 공명구조의 결과로 부분적인 이중결합처럼 행동한다. (b) 단단한 펩티드 결합에 대해 트랜스-와 시스- 구성이 가능하다.

노 말단(amino terminus)** 또는 **N-말단(N-terminus)**이라 부른다. 폴리펩티드 사슬은 또한 오른쪽 끝에 자유 카복실기를 가지며, 이것을 **카복실 말단** 또는 **C-말단**이라고 부른다. DNA와 mRNA 서열처럼, 단백질의 아미노산들의 서열은 왼쪽에서 오른쪽으로 읽힌다. 이러한 아미노산 배열을 지정하는 정보는 어디에서 오는가? 답은 **유전암호**가 특정 아미노산 서열로 번역되는 방식에 있다.

유전암호의 번역

유전암호의 해독을 포함한 정밀한 과정을 이해하려면 리보솜 번역 시스템에 대한 심층적인 이해가 필요하다. 하지만 자세한 내용은 번역 메커니즘에 관해 설명하는 나중 장(12장)에서 소개된다. 지금은 몇 가지 주요 기능에 집중해야 한다. 두 아미노산 사이에 펩티드 결합이 형성되는 중요 단계에 도달하기에 앞서서 많은 일들이 일어나야 한다. 리보솜은 다양한 유전자 생성물에서 조합된다는 사실을 상기하자(그림 3.1 참조). 전달 RNAs(tRNAs)는 적절한 아미노산과 결합하여야 하는데 이를 "장전(charged)"이라고 표현하며, 모든 역할을 하는 분자들은 세포질에서 결합하여야 한다. 리보솜 및 tRNA와 더불어, 단백질 합성 과정에서 중요한 다른 분자로는 전령 RNA(mRNA)가 있다. mRNA라는 것이 유전암호 형태로 유전정보를 옮겨주는 역할을 한다.

DNA 서열은 3중체(triplet)로 읽히며, 각 세 염기서열을 **코돈(codon)**이라 한다. **안티센스(antisense)** 또는 **비부호 가닥(noncoding strand)**을 주형으로서 상보적인 염기쌍을 통해 RNA 합성을 유도한다(그림 4.5). 다른 DNA의 비주형 가닥은 **센스(sense)** 또는 **부호 가닥(coding strand)**이라고 불린다. DNA의 센스 가닥은 "이해한다(make sense)"라는 가닥으로 RNA와 동일한 염기서열을 가진 DNA 가닥이다(U 대신에 T를 가지는 것이 예외임). mRNA에서 **열린 판독틀(open reading frame, ORF)**은 **개시 코돈(start codon)**과 일련의 아미노산들에 대한 코돈에 이어 **종결 코돈(stop codon)**으로 연결되어 있다. 전사가 되기는 하지만 번역되지 않는 **비번역 지역(untranslated region, UTR)**은 시작 코돈 앞과 종료 코돈 뒤의 mRNA 부분이다. 개시 코돈은 메싸이오닌(methionine)이라는 아미노산으로 읽히고, 폴리펩티드의 N-말단에서 번역 도중 또는 번역 후에 잘리게 된다.

유전암호는 50년 전 해독되었으며, 번역이라는 수단에 의해 폴리펩티드의 유전적 정보를 해독하는 근본적인 실마리를 제공하였다. 유전암호는 역사적으로 4개의 세-글자 코드로 규정된 "코돈 상자"로 나타내며, 총 64개이다(표 4.1). 61개의 코돈은 20개의 일반적인 아미노산 결합을 위해 tRNA에 의해 인식된다. 3개의 "종결" 코돈은 단백질 합성의 종결 신호이다: UAA, UAG, UGA. 유전암호는 20개의 아미노산 중 18개가 여러 개의 코돈에 의해 암호화되그로, **퇴화부호(degenerate code)**라 한다. 유전암호의 이러한 특징은 특정 아미노산에 특이적인 tRNA가 세 번째 염기에서만 다른 여러 코돈에 반응하는 것을 필요로 한다. 예를 들어, 류신은 6개의 다른 코돈에 의해 암호화되

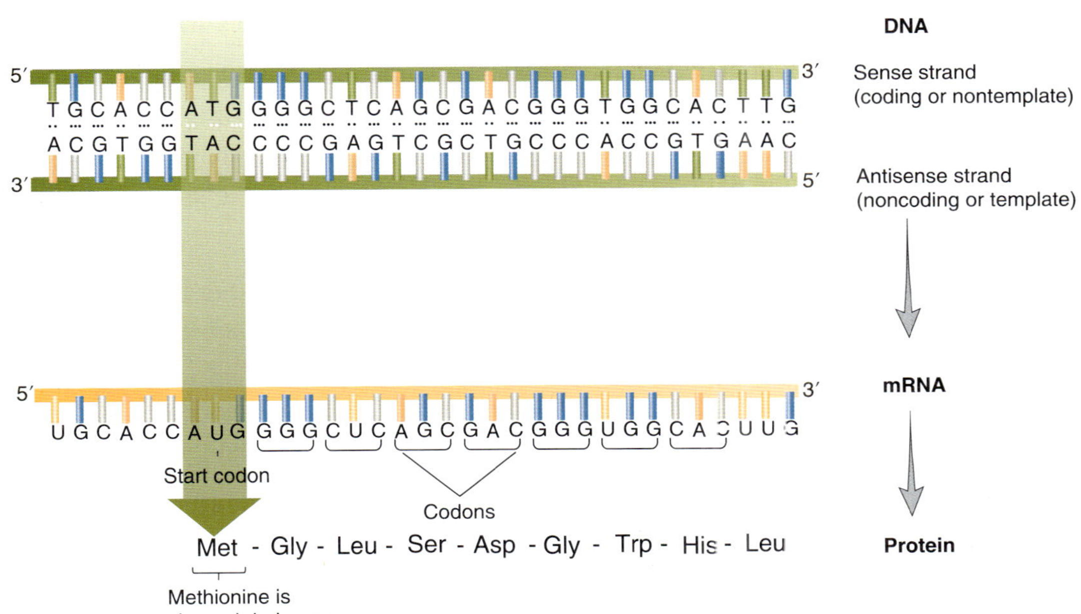

그림 4.5 유전부호의 번역. 도표는 DNA 센스와 안티센스 가닥과 mRNA의 관계를 나타낸다. mRNA 삼중 코돈은 아미노산의 서열로 번역되어 단백질이 생성된다.

표 4.1 유전암호.

FIRST LETTER	SECOND LETTER				THIRD LETTER
	U	C	A	G	
U	UUU Phe	UCU Ser	UAU Tyr	UGU Cys	U
	UUC Phe	UCC Ser	UAC Tyr	UGC Cys	C
	UUA Leu	UCA Ser	UAA **Stop**	UGA **Stop** → Sel	A
	UUG Leu	UCG Ser	UAG **Stop** → Pyr	UGG Trp	G
C	CUU Leu	CCU Pro	CAU His	CGU Arg	U
	CUC Leu	CCC Pro	CAC His	CGC Arg	C
	CUA Leu	CCA Pro	CAA Gln	CGA Arg	A
	CUG Leu	CCG Pro	CAG Gln	CGG Arg	G
A	AUU Ile	ACU Thr	AAU Asn	AGU Ser	U
	AUC Ile	ACC Thr	AAC Asn	AGC Ser	C
	AUA Ile	ACA Thr	AAA Lys	AGA Arg	A
	AUG Met **(Start)**	ACG Thr	AAG Lys	AGG Arg	G
G	GUU Val	GCU Ala	GAU Asp	GGU Gly	U
	GUC Val	GCC Ala	GAC Asp	GGC Gly	C
	GUA Val	GCA Ala	GAA Glu	GGA Gly	A
	GUG Val	GCG Ala	GAG Glu	GGG Gly	G

지만, 메싸이오닌은 오로지 1개의 코돈만을 가진다. 이러한 현상은 Francis Crick에 의해 **위블가설(wobble hypothesis)**로 제안되었다. 이 가설은 처음 두 코돈 위치에서 mRNA 코돈과 tRNA **안티코돈(anticodon)** 사이의 쌍은 항상 상보성에 대한 일반적인 규칙을 따르지만, G와 U(그림 4.6)의 쌍처럼 예외적인 **위블 염기쌍(wobble base pairs**, 비왓슨-크릭 염기쌍)은 코돈의 세 번째 위치에서 발생할 수 있다는 것이다(표 4.2).

이노신 및 슈도우리딘 같은 변형된 뉴클레오티드(그림 3.7 참조)는 올바른 또는 **동족(cognate)** 코돈 및 워블 코돈을 해독하는 데 중요한 역할을 한다. 안티코돈의 염기가 수정되면 추가 쌍 패턴이 가능해진다. 일부 변형은 안티코돈-코돈 상호작용을 선택적으로 제한하는 반면, 다른 변형은 tRNA가 다중 코돈에 반응하도록 허용한다. 진핵생물에서는 안티코돈의 첫 번째 위치에 자주 존재하고, 박테리아에서는 덜 존재하는 이노신(I)은 A, C, U의 세 가지 염기 중 하나와 쌍을 이룰 수 있다(표 4.2). 박테리아에서만 발견되는 안티코돈의 또 다른 주요 tRNA 변형은 우리딘의 탄소-질소 고리에서 5번 위치에 수산기를 추가하는 것이다(그림 2.1 참조). 생성된 5-하이드록시우리딘(ho5U)은 A, G 및 U와의 워블 쌍을 허용한다.

처음에는 유전암호가 보편적일 것으로 생각했다. 지금은 특정 개체와 소기관에서 코돈의 선택에 변화가 있다는 것이 알려져 있다. 예를 들어, *Candida albicans*에서는 CUG에 의해 세린이 지정되고, 미토콘드리아에서는 UGA에 의해 트립토판이 지정된다(표 4.3). 또한 특정 mRNA에서 종결코돈 UGA는 셀레노 시스테인을 암호화할 수 있고, UAG는 피롤라이신을 암호화할 수 있다. 비록 종종 이들 아미노산은 간과되고 있으나 많은 단백질의 기능에 중요한 역할을 한다.

21번째와 22번째 유전적으로 암호화된 아미노산

셀레늄은 인간을 포함한 많은 개체의 필수 영양분이다. 셀레늄의 주된 생물학적 형태는 셀레노시스테인이라는 21번째 아미노산의 구성체이다. 셀레노단백질은 포유류가 발달하는 데 필수적이라는 것

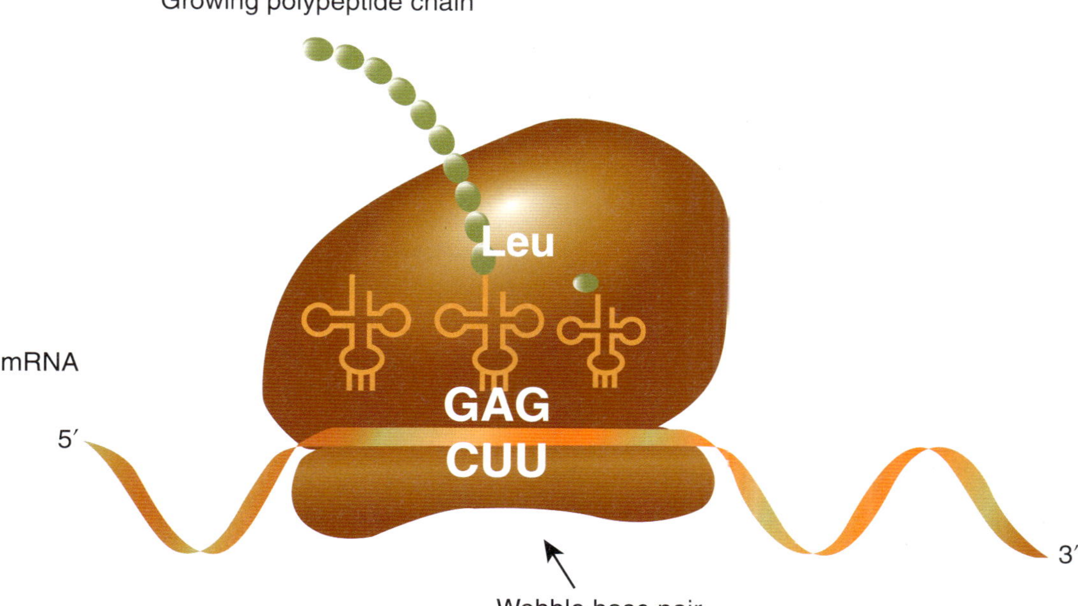

그림 4.6 리보솜 번역 기계에 의한 워블 염기쌍 해독.
tRNA GAG 안티코돈은 mRNA의 CUU 코돈과 염기쌍을 이루어 리보솜에서 성장하는 폴리펩티드 사슬에 류신(Leu)을 추가한다.

표 4.2 워블 가설.

Base in first (5′) position of anticodon	Base(s) recognized in third (3′) position of codon
U	A or G
C	G only
A	U only
G	C or U
I (in eukaryotes, to a lesser extent in bacteria)	A, C, or U
Hydroxy-U (exclusively in bacteria)	A, G, or U

이 밝혀졌다. UGA 코돈에서 셀레노시스테인의 통합을 유발하는 mRNA 2차 구조는 (자세한 내용은 그림 12.12 참조) 원핵세포에서 15개 이상의 유전자로부터 발견되었고, 산화 환원 반응에 관여한다. 또한 진핵세포에서는 40개 이상의 유전자로부터 발견되었으며, 다양한 항산화 단백질과 흉선의 제1형 요오드티로닌 탈요오드효소(iodotyronine deiodinase)를 암호화한다. 흥미롭게도, 효모와 고등식물에서 단백질에 셀레노시스테인이 삽입되는 메커니즘은 소유하지 않는 것으로 나타난다.

몇몇 예시에서, UAG 코돈은 종결보다는 오히려 22번째 아미노산인 피롤라이신의 삽입을 유도할 수 있다. 소수의 고세균과 진정세균에서 피롤라이신이 확인되었다. 예를 들면, 고세균에 속하는 *Methanocarcina barkeri*에서, 피롤라이신은 몇몇 메틸아민 메틸트랜스퍼레이즈에서 발견되었다. 메타노젠기의 하나인 *M. barkeri*는 메틸아민을 포함한 광범위한 메탄 형성(methanogenic) 물질에서 번성하게 된다. 메틸아민 메틸트랜스퍼레이즈는 이런 물질에서 메탄을 신진대사의 부산물로 생성한다. 피롤라이신이 이 소수의 유기체에만 국한되는지 여부는 아직 밝혀지지 않았다.

표 4.3 코돈의 공통적 및 대안적 의미.

Codon	General meaning	Alternative meaning
CUU, CUC, CUA, CUG	Leu	Thr in yeast mitochondria
CUG	Leu	Ser in *Candida albicans* (yeast that causes thrush)
AUA	Ile	Met in yeast mitochondria, *Drosophila*, and vertebrates
UGA	Stop	Trp in mycoplasma and mitochrondria of higher plants Sel in some eukaryotic and bacterial genes
UAA	Stop	Gln in ciliated protozoa
UAG	Stop	Gln in ciliated protozoa Pyr in some archaebacteria and eubacteria
AGA/AGG	Arg	Stop in mitochondria of yeast and vertebrates
CGG	Arg	Trp in mitochondria of higher plants

코돈 편향

앞서 밝혀진 것처럼, 암호의 퇴화는 결과적으로 몇몇 아미노산이 6개 코돈까지 해독하게 되지만, 다른 것들은 1개만 해독하게 된다(예: 메싸이오닌, 트립토판). 와블 염기쌍과 tRNA에 있는 변형된 염기들에 대한 근본적인 내용은 일련의 tRNA 세트가 모든 61개의 코돈을 인식할 수 있는 여러 방법이 있다는 것이다. 특정 코돈 계열은 서로 다른 유기체에서 서로 다른 안티코돈을 가진 tRNA에 의해 읽힌다. 다른 코돈이 사용되는 빈도는 다른 개체와 같은 개체에서 높게 또는 낮게 발현되는 단백질에서 다양하다. 이것을 **코돈 편향(codon bias)**이라 말한다. 예를 들어, 포유류 유전자에서는 일반적으로 알지닌에 대한 AGG와 AGA 코돈이 사용되는데, 이런 것들은 대장균에서는 매우 드물게 사용된다. 이러한 관찰과 관련하여, 대장균에서 AGG와 AGA를 알지닌으로 읽는 $tRNA^{Arg}$는 매우 낮은 정도로 존재한다. 박테리아, 고세균 및 진핵생물에 존재하는 tRNA에 대한 심층 분석은 61개의 서로 다른 mRNA 코돈 모두에 상보적인 안티코돈을 가진 완전한 tRNA 세트를 가지고 있지 않음을 보여준다. 예를 들어, tRNA를 조사하면 45개를 찾을 수 있고 대장균에서는 훨씬 더 적은 39개 tRNA를 셀 수 있다. 또한 많은 유전자는 "코돈 풍경(codon landscape)"을 형성하는 희귀하고 빈번한 코돈의 국지적으로 편향된 분포를 하고 있다. mRNA에서 이 코돈 풍경은 가변적인 지역적 단백질 합성 속도를 유발한다. 개시 코돈 근처의 희귀 코돈의 "램프(ramp)"는 mRNA에서 리보솜의 간격을 고르게 함으로써, "리보솜 교통체증"을 감소시켜 전체적인 번역 효율을 증가시킨다고 제안되었다.

이종 숙주(즉, 다른 종의 숙주)에서 기능성 단백질의 발현은 분자생물학 연구의 초석이다. 대장균은 종종 재조합 인간 단백질의 발현을 위한 숙주세포로 사용된다. 코돈 편향은 원하는 숙주에서 거의 사용되지 않는 코돈을 포함하는 단백질의 발현 효율에 큰 영향을 미칠 수 있다. 특히, 분자생물학의 여러 중요한 발견에서 중요한 역할을 한 섬모류인 *Tetrahymena*는 종결 코돈 UAA와 UAG를 글루타민(Gln)으로 읽는 tRNA를 가지고 있으므로, 이러한 유전자 또는 숙주의 재설계 전략 없이는 대장균에서 발현될 수 없다.

자연계의 D-와 L-아미노산

이제까지 그림으로 묘사된 아미노산은 단순화를 위해 골격 도표로 나타냈지만, 실제에서는 아미노, 카복실, 수소, R기가 중심 α-탄소 주위에 사면체로 배열되어 있다. 따라서 이 중심탄소 주위로 원자들의 두 가능한 배열이 가능하다. 두 가지 배열을 **거울상이성질체(enantiomer)**라 한다. 하나의

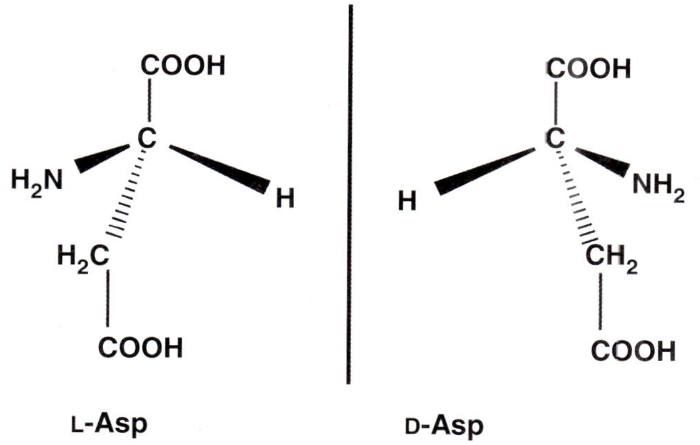

그림 4.7 아스파트산(Asp)의 D- 및 L-배열.

거울상이성질체는 왼손과 오른손처럼 같지만 서로 반대인 겹치지 않는(동일하지 않음) 거울상인 2개의 입체이성질체(stereoisomer) 중 하나이다. 아미노산은 이론적으로는 오른손(D-enantiomer) 또는 왼손(L-enantiomer) 구조 둘 다 가능하다(그림 4.7). 하지만 두 가지 형태가 자연계에 다 있는가?

생화학자들은 생명체가 나타나기 전 초창기의 지구에는 **D-와 L-아미노산**이 같은 양으로 존재했다고 가정하였다. 화학 진화 동안, L-아미노산만이 중합체를 형성하는 것으로 제안되었다. 그 후 생명체가 나타나면서 L-아미노산만이 펩티드와 단백질을 형성하게 되었다. L-아미노산과 D-아미노산은 편광 빛 속에서 같은 양만큼 반대 방향으로 회전한다는 것을 제외하고는 화학적 물리적 성질이 아주 비슷하다. 모든 생명체는 왜 D-아미노산 대신 L-아미노산으로 대부분 구성되는지는 알려지지 않았다. 하지만 대부분의 현재 유기체에서 리보솜은 단백질을 만드는 데 L-아미노산만을 사용한다.

분자생물학에서 종종 발견되는 경우처럼, 모든 단백질이 L-구조를 갖는 아미노산으로 구성된다는 일반적인 규칙에 예외는 있다. 40년 전쯤, 미생물체에서 몇 가의 D-아미노산이 발견되었다. 이러한 것은 세균 세포벽의 펩티도글리칸층과 많은 펩티드 항생제에 있었다. 하지만 이러한 아미노산은 리보솜을 포함하지 않는 경로에 의해 만들어진다. 1980년대에 새로운 분석 방법의 개발로 놀라운 발견이 있었다. D-아미노산은 사람을 포함한 다른 유기체에도 자유 아미노산, 펩티드, 단백질의 형태로 존재한다. 이제까지의 모든 경우에서, D-아미노산은 유전암호에 대응하는 L-아미노산에서 번역 후 가공 때문에 만들어진다.

D-아미노산은 쌍 조개류, 달팽이, 거미와 오스트레일리아 오리너구리의 독에 있는 펩티드에서 발견된다. 놀라운 것은 D-아미노산의 존재가 독을 더 강력하게 하는 것과 관련 있다는 것이다. 예를 들어, 남미의 나무개구리는 D-알라닌을 가진 오피오이드 펩티드를 지니고 있는데, 이는 모르핀보다 1,000배나 강력하다. 연구자들이 D-알라닌을 L-알라닌으로 치환시키면 펩티드는 강력한 독성을 잃게 되는데, 이는 D-알라닌이 펩티드의 생리활성에 필수적임을 나타낸다. 비슷하게, 통거미줄독에는 D-세린이 펩티드 독소에 존재하며, 이는 L-세린을 포함하는 것보다 훨씬 강력한 독소이다. 연구자들은 최근에 펩티드 에피머레이즈를 거미 독에서 발견하였는데, 이 효소는 L-세린을 D-세린으로 변형시킨다(그림 4.8).

비록 주로 독과 관련이 있지만, D-아미노산은 진핵세포에서 중요한 역할을 한다. 한 예로서, D-세린은 포유류 뇌에 존재하며 신경전달과 신경퇴화에 관련된다. D-세린과 D-아스파트산 둘 다 노화 개체의 다양한 조직에서 발견되며, D-세린은 알츠하이머병의 β-아밀로이드 단백질에서 발견되었다. 이제 연구자들이 D-아미노산에 관심을 가지게 됨에 따라 더 많은 기능이 밝혀질 것으로 생각된다.

(a)

Toxin with L-serine

Epimerase

Toxin with D-serine

(b)

그림 4.8 거미 독의 D-아미노 세린.
(a) 미국산 깔때기형 거미줄거미(*Agelenopsis aperta*)가 앞에서 본 거미줄 위에 자리 잡고 있다. (출처: Reprinted with permission from Adam, M.E. 2004. *Toxicon* 43:509–525. © Elsevier.) (b) 거미 독의 펩티드 에피머레이즈에 의해 촉매되는 *R*-Gly-Ile-L-Ser-Phe-Ala와 *R*-Gly-Ile-D-Ser-Phe-Ala의 상호 전환. (출처: Reprinted with permission From Murkin, A. S., & Tanner, M. E. (2002) . *Journal of Organic Chemistry* 67:8389–8394. © 2002 American Chemical Society.)

4.3 단백질의 삼차원적인 구조

단백질의 크기와 복잡성에는 엄청난 다양성이 있다. 타이틴(Titin)은 근육수축에서 분자 용수철처럼 작용하는 단백질이며, 가장 큰 폴리펩티드로 알려져 있다. 사람에서 이 단백질은 34,350개나 되는 아미노산으로 구성된다. 단백질의 분자량과 폴리펩티드 사슬의 소단위체 수는 많은 다양성을 보인다. 분자생물학자들은 일반적으로 단백질의 분자량을 설명하기 위해서, 영국의 화학자이자 물리학자인 John Dalton의 이름에서 유래한 **달톤**(Dalton, **Da**) 단위를 사용한다. 1달톤은 1원자 질량 단위와 동등하다. 더 정확하게, 이것은 단백질 1몰의 그램으로 질량을 나타내는 절대 분자량이다. 분자량 또는 상대 분자량(Mr)은 12 amu인 탄소(^{12}C) 동위원소 질량의 1/12에 상대적인 분자의 질량이고, 정의상 무차원 양이며, 어떤 단위도 가지지 않는다. 하지만 많은 목적으로 "분자량"이란 용어는 단백질 분자생물학에서 개략적으로 사용된다. 전형적인 폴리펩티드 사슬은 20에서 70 kDa(20,000~70,000 Da) 범위의 분자량을 갖는다. 반대로 그리스어 타이탄에서 적절하게 명명한 타이틴은 분자량이 3906 kDa이다. 접힌 단백질을 형성하는 더 작은 단백질은 분자량이 11 kDa이다. 아미노산의 평균 분자량은 110이므로, 전형적인 폴리펩티드 사슬은 181에서 636개의 아미노산을 포함한다. 그러나 모든 단백질이 전형적인 것은 아니다. 예를 들어, 쥐의 근육 발달에 중요한 역할을 하는 "마이크로 단백질"인 미니온(Minion)에는 84개의 아미노산만 포함되어 있다. 100개 미만의 아미노산을 포함하는 다른 smORF(Small Open Reading Frame)로 암호화된 미세 단백질이 확인되었다; 그러나 지금까지 단지 12개 정도의 기능만 밝혀졌다.

사슬에서 아미노산의 개수와 상관없이 이웃한 아미노산과의 상호작용이 폴리펩티드의 이차구조를 유도한다. 이제 이러한 상호작용에 대하여 살펴보도록 하자.

2차 구조

사슬에서 이웃하는 아미노산들의 상호작용들은 수소이온들에 의하여 주로 안정화되지만, 또한 이황결합, 반데르발스 상호작용, 소수성 작용, 비골격 그룹 사이에서의 수소결합과 전기적인 상호작용에 의존한다. 예를 들면, 2개의 R기가 양성 또는 음성으로 같은 전하를 가지고 있다면, 서로 반발할 것이다. 따라서 같은 전하들은 사슬의 접힘보다는 확장을 일으키는 경향이 있다. 단백질 **2차 구조(secondary structure)**의 세 가지 기본적인 요소에는 α-나선 구조, β-병풍 구조, 그리고 이러한 요소들을 연결하는 구조가 없는 회전(turns)이 있다. 모든 다른 구조들은 이러한 기본적인 구조들의 다양성을 나타낸다.

1 **α-나선 구조:** 오른쪽으로 꼬아진 α-나선 구조는 단백질에서 발견되는 가장 일반적인 구조적인 모티프이다(그림 4.9). 구형 단백질에 있는 모든 잔기들의 약 30%가 α-나선이다. 이 구조는 Linus Pauling과 Robert Corey에 의한 이론상의 모델로부터 유래되었다. 1960년에 미오글로빈의 결정학 구조를 풀면서, 실제로 α-나선이 단백질에서 발생하고 대체로 예측한 대로임을 확인했다. 이러한 α-나선 구조는 가까이 이웃하는 아미노산들 사이에 그리고 각각의 잔기는 2개의 다른 잔기들과 수소결합에 의해 안정화된다. 이 α-나선 구조는 반복되는 5.4 Å의 피치를 갖고, 2.3 Å의 지름을 가지며, 한 번의 회전마다 3.6개의 아미노산으로 구성되어 단단한 나선 구조를 구성하게 된다. 이러한 측정을 더 친숙한 맥락에서 설명하자면, 19세기 스웨덴 물리학자 Anders Jonas Ångström의 이름에서 유래한 옹스트롬(Å)은 10^{-10}m 또는 0.1 nm에 해당하는 매우 작은 길이 단위이다. 대부분 아미노산은 α-나선 구조에 기여할 수 있다. 하지만, 고리 화학 구조 때문에 프롤린은 α-나선 구조에서 안정화를 이루는 수소결합에서의 기여자로 참여할 수 없다(그림 4.1 참조). 그래서 프롤린은 "나선 구조-파괴 잔기"로서 언급된다.

2 **β-병풍 구조:** 단백질에서 발견되는 또 다른 일반적인 2차 구조는 β-병풍 구조 또는 β-가닥이다(그림 4.9). 그리스 문자인 "β"는 역사적인 명칭이며, β-병풍 구조는 Pauling과 Corey의 모델 구조 연구에서 예측되었던 2차 구조의 두 번째 타입이다. β-병풍 구조는 수소결합에 의해 연결된 단백질에서 펼쳐진 형태의 아미노산 사슬들을 포함한다. 사슬들은 나란히 채워져 주름을 형성하고, 7.0 Å의 반복 거리를 가지며, 아코디언 같은 모양으로 나타나게 된다. 한 폴리펩티드 사슬의 2개의 구획(또는 2개의 개별적인 폴리펩티드 사슬)은 β-구조의 2개의 다른 타입을 형성할 수 있다. 만약 두 구획이 N-말단에서 C-말단 또는 C-말단에서 N-말단으로 같은 방향을 가진다면 이러한 β-구조를 평행이라 한다. 만약 한 구획이 N-말단에서 C-말단이고 다른 구획이 C-말단에서 N-말단이면 이를 역평행이라 한다.

3 **회전:** 단백질에서의 α-나선 구조와 β-병풍 모티프를 연결하는 구조를 "회전"이라고 한다. 회전은 상대적으로 짧은 아미노산들의 루프로 구성되며, 그 자체로 명확한 2차 구조를 나타내지 않지만 단백질의 전체적인 접힘에 필수적이다. 단백질에서 다른 무질서 또는 불규칙한 구조들은 일반적으로 N-과 C-말단에 한정되며, 더 드물게 하나 이상의 도메인을 연결하는 단백질 또는 링커 영역 내의 루프 영역으로 제한된다. 이러한 무질서한 영역은 이 장의 뒷부분에서 설명한다.

3차 구조

폴리펩티드의 3차원 공간에서 접힌 모양이 **3차 구조(tertiary structure)**이다(그림 4.9). 1차 구조에서 넓게 떨어진 이러한 아미노산 잔기들의 공간적인 구성은 공유결합과 비공유결합에 의해 안정화된다. 대부분의 상호작용은 비공유결합이다. 폴리펩티드 내부와 사이의 주요 공유결합은 시스테인 사이의 **이황화(S−S) 결합(disulfide bond)** 또는 "이황화 다리"이다(그림 4.10). 이황화 결합은 오

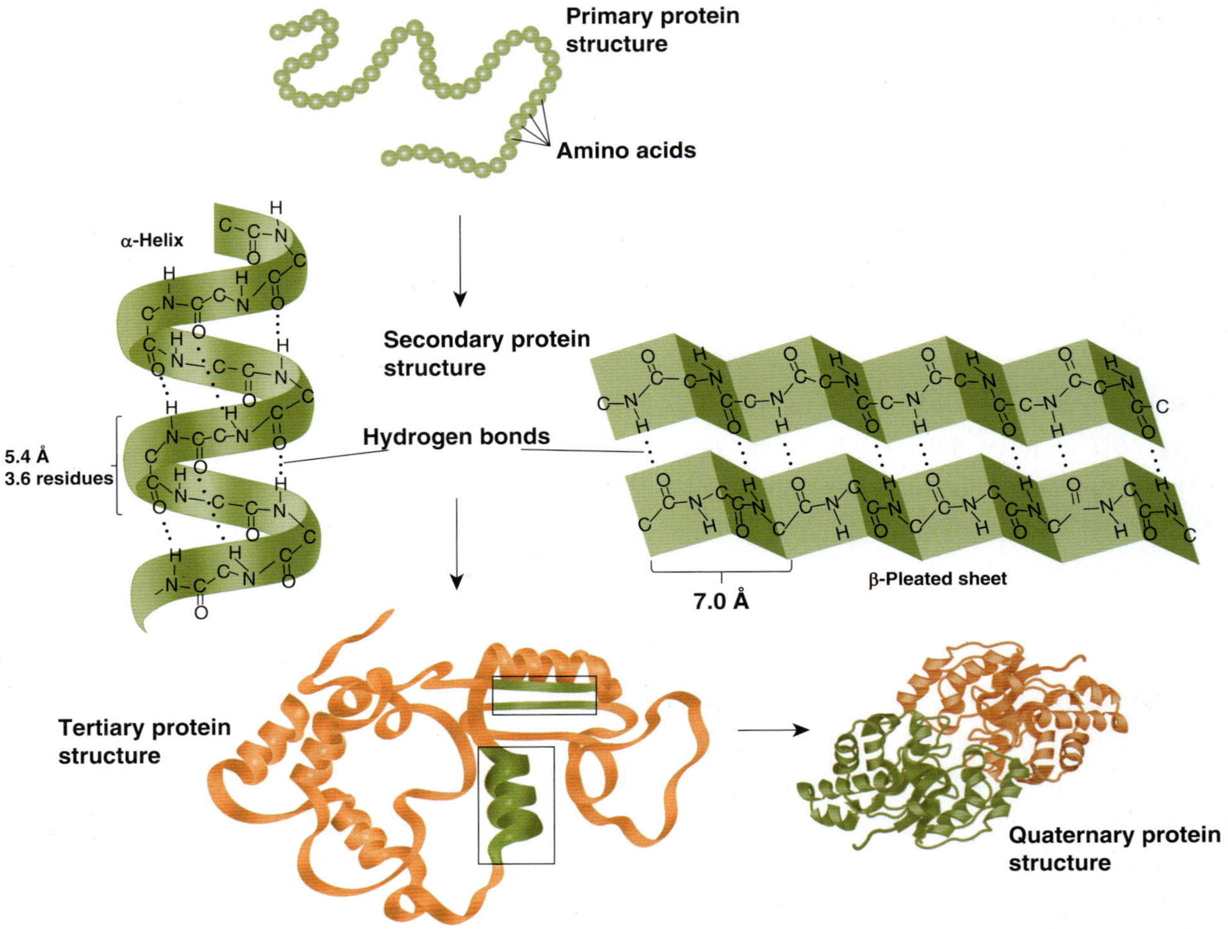

그림 4.9 단백질 구조의 4단계.
단백질 1차 구조는 아미노산 사슬의 서열이다. α-나선 구조와 β-병풍 구조 같은 2차 구조는 사슬에서 이웃하고 있는 아미노산들 사이의 수소결합에 의해서 안정화된다. 2차 구조는 비공유결합과 공유결합 상호작용을 통하여 3차원 공간의 3차 구조로 접힌다. 단백질의 4차 구조는 하나 이상의 폴리펩티드 사슬로 구성된다.

로지 높은 온도, 산성 pH, 또는 환원제의 존재 하에서 깨어질 수 있다. 비공유결합은 주로 소수성 상호작용, 전하쌍 상호작용과 수소결합이다. 예측대로, 소수성 아미노산들은 폴리펩티드 내부에 함께 모여 있거나 폴리펩티드들 사이의 경계면에 존재하므로, 물과의 접촉을 피할 수 있다. 소수성 상호작용은 단백질의 3차 구조에서 중요한 역할을 한다. 놀라운 예로는 이 장의 시작 그림에 있는 녹색 형광 단백질(GFP)이 있다. 실린더 형태로 접혀 있는 GFP는 형광 부분이 용매에 노출되지 않도록 보호하는 역할을 한다. GFP의 특성과 분자 도구로서의 용도는 14장에서 자세히 설명한다. 3차 구조에서 3개의 중요한 카테고리는 구형, 섬유상, 그리고 막 단백질이다.

1 **구형 단백질:** 대부분 단백질의 전체적인 모양은 대략 둥글다. 이러한 형태를 가진 단백질을 구형 단백질이라고 한다. 그림 4.11은 리소자임(lysozyme) 효소가 어떻게 구형 3차 구조로 접혀서, 접힌 구역의 깊은 골에 활성자리를 형성하는지를 나타내 주고 있다. 리소자임의 구조는 1974년에 보고되었다; 이것은 X-선 회절에 의해 구조가 밝혀진 첫 효소이다. 리소자임은 달걀의 흰자 및 눈물 같은 동물의 분비물에서 널리 찾을 수 있는 효소이다. 이것은 세균 세포벽의 구성 물질에서 특정한 잔기들 사이의 글리코시드 결합의 분해를 촉매하여 결과적으로 세균의 용해가 일

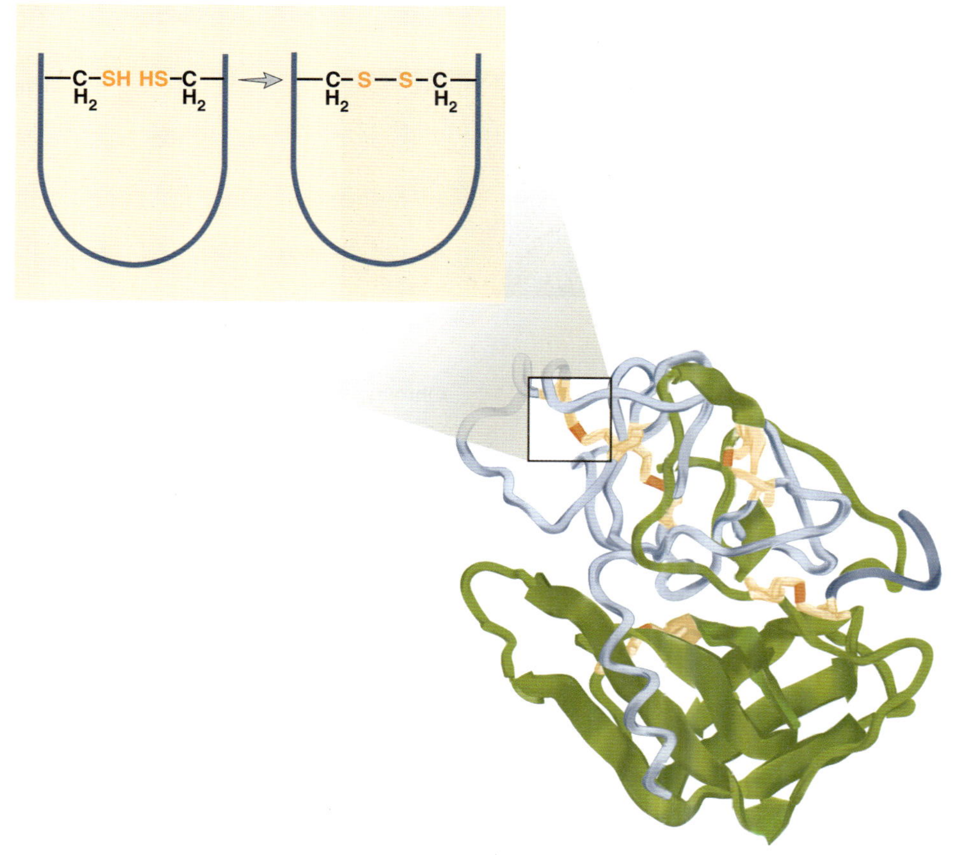

그림 4.10 삼차 접힘에서의 이황화 결합.
소장의 단백질 소화에 관여하는 효소인 α-키모트립신의 골격 구조를 보여준다(Protein Data Bank, PDB: 5CHA). 이 구조는 5개의 이황화 결합(빨간색 막대)을 포함하고 있다. 시스테인들은 밝은 주황색으로 나타낸다. 삽입된 부분은 루프 영역 반대쪽의 2개의 시스테인 곁사슬을 나타낸다. 2개의 싸이올기는 2개의 수소를 잃고, 그들 사이에 이황화 공유결합을 형성할 수 있다. 키모트립신은 췌장에서 분비되는 비활성 전구체인 키모트립신노젠의 분해에 의해 활성화된다. 단백질 분해 과정에 의해 생성된 폴리펩티드 사슬의 세 부분(녹색, 하늘색 및 진한 파란색)은 이황화 결합으로 연결된 상태로 남아 있다. (출처: Protein Data Bank, PDB: 5CHA.)

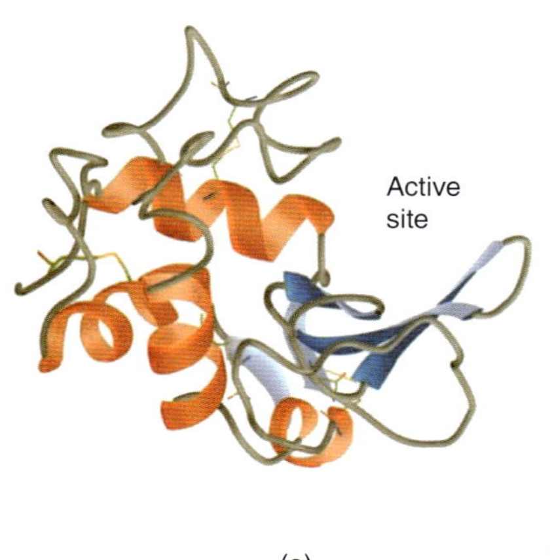

(a)

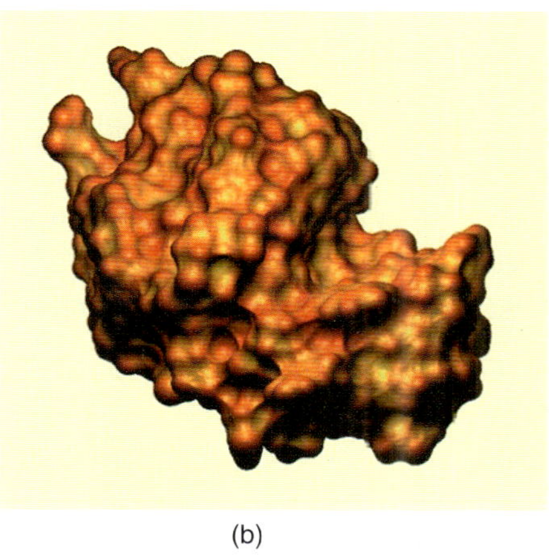
(b)

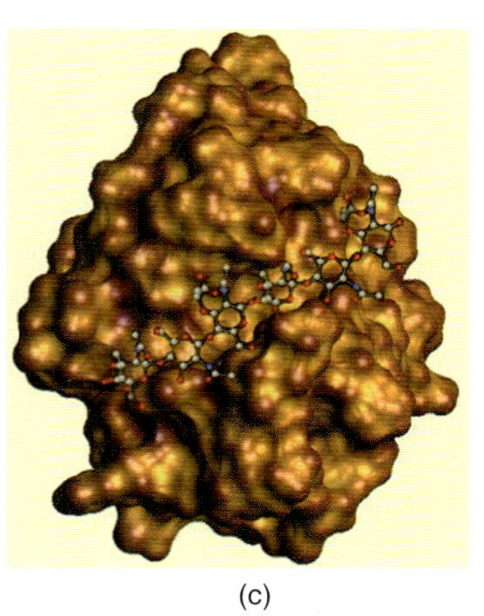
(c)

그림 4.11 구형 단백질 리소자임의 구조.
(a) 리본 모델은 리소자임에서 α-나선(코일 리본)과 β-병풍 구조(평면 화살)가 어떻게 상호작용하여 구형 단백질을 형성하는지 보여준다. 효소 활성자리의 위치를 보여준다. (출처: Based on Protein Data Bank, FDB: 1HEW.) (b) 리소자임의 공간 채움 모델. (c) 다당류 기질과 결합한 리소자임. (출처: Based on Protein Data Bank, PDB: 1GXV.)

어난다. 이러한 촉매적인 성질 때문에 리소자임은 분자생물학자에 의해 단백질 또는 핵산 정제의 첫 단계에서 세균의 분해를 위해 종종 사용되었다.

2 섬유상 단백질: 섬유상 단백질은 구형 단백질과 다른 특성을 가진다. 대부분의 섬유상 단백질의

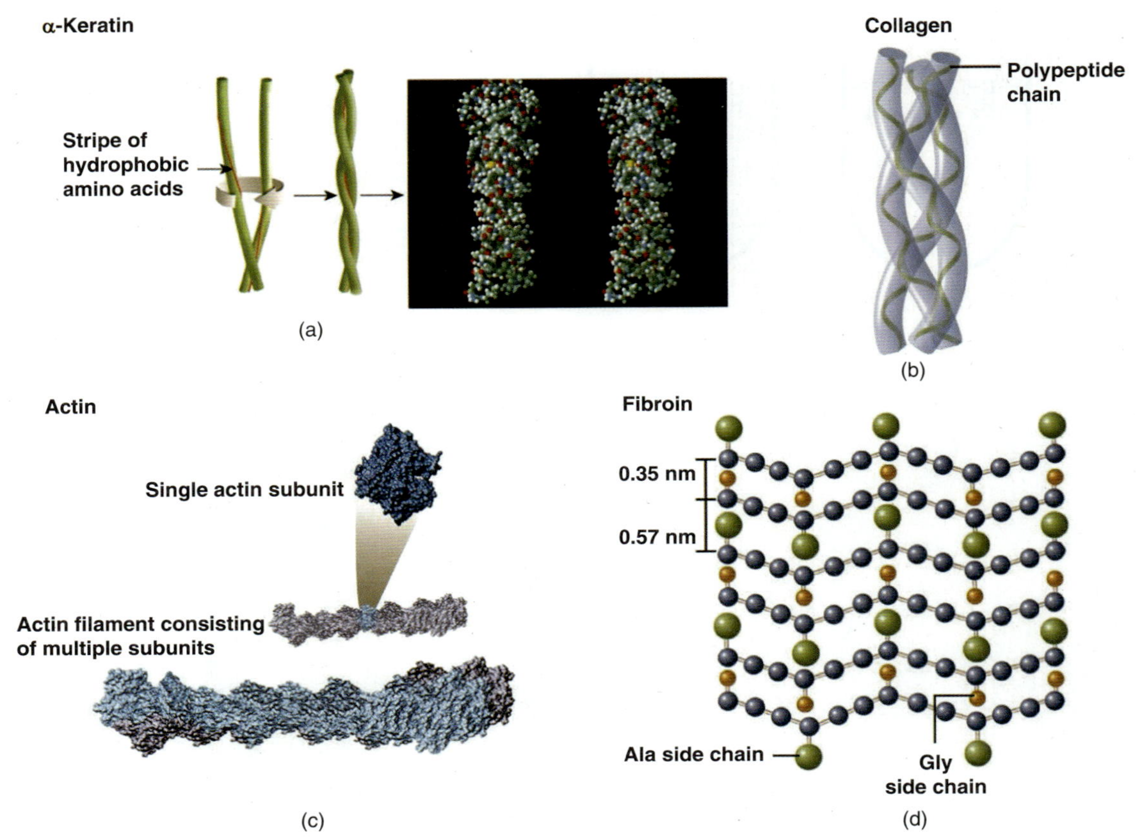

그림 4.12 몇 개의 섬유상 단백질 구조의 예들.
(a) α-케라틴은 2개의 α-나선이 코일 형태로 된 코일로 구성되며, 소수성 상호작용에 의해서 안정화된다. 소수성 잔기들은 각각의 나선이 꼬여진 "줄무늬"에서 생성되는 7개 잔기가 반복되는 단위에서 1번과 4번에 위치한다. 분자 그래프에서 색칠된 구들은 원자를 나타낸다: 탄소는 회색, 수소는 흰색, 질소는 파란색, 산소는 빨간색 그리고 황은 노란색으로 나타낸다. (출처: National Institutes of Health/Science Source.) (b) 콜라겐은 섬유상 단백질로 3개의 폴리펩티드 사슬이 서로 감긴 나선 서열로 이루어져 있다. 콜라겐은 매 3번째 잔기가 글리신이며 또한 프롤린 잔기도 반복적으로 나타난다. (출처: Based on Protein Data Bank, PDB: 1BKV.) (c) 액틴 필라멘트는 2개의 중합된 액틴 소단위체로 구성된다. (출처: Based on Protein Data Bank, PDB: 1NWK, 1RDW.) (d) 피브로인은 알라닌(녹색)과 글리신(주황색) 잔기가 많은 역평행의 β-병풍 구조층으로 구성된다. 가닥 사이의 공간은 0.35 nm와 0.57 nm 사이로 번갈아 나타난다. 작은 곁사슬들은 옆면에서 보듯이, 서로 맞물리고 각각의 층으로 된 막이 가깝게 쌓이는 것을 허용한다. (출처: Based on Protein Data Bank, PDB: 2SLK.)

일반적인 특징은 그들의 긴 필라멘트 또는 "막대-같은" 구조이다. 섬유상 단백질은 많은 주요한 모양을 포함한다(그림 4.12). 포유류의 발톱, 손톱 그리고 머리카락의 구조적인 구성성분인 α-케라틴은 α-나선 구조의 "코일드-코일"의 구조적인 성분으로 구성되었다. 폴리펩티드 사슬의 삼중-나선 배열은 피부, 힘줄, 인대, 치아, 그리고 뼈의 중요한 구조적인 구성성분인 콜라겐 그룹에 의해 예시된다. 이 나선형 구조의 다양성은 액틴 필라멘트로 보인다. 세포골격의 이 구성요소는 2개의 중합된 액틴 단위체의 필라멘트로 구성되며, 서로 꼬여 나선형으로 된다. 이와는 대조적으로, 거미 또는 누에에 의해 만들어지는 단백질의 집합인 실크 피브로인은 확장된 역평행 β-병풍 구조로부터 만들어진 구조로 구성된다.

3 **막 단백질:** 구형 단백질과 다른 두 번째 큰 단백질 그룹은 막 단백질이다. 이러한 단백질의 1차 구조는 특징적인 막횡단 나선 구조 단백질로 접힌다. 수용성 단백질과의 중요한 차이점은 소수성 아미노산 잔기의 상대적인 분포이다. 7회 막횡단 나선 구조는 막 단백질의 일반적인 모티프

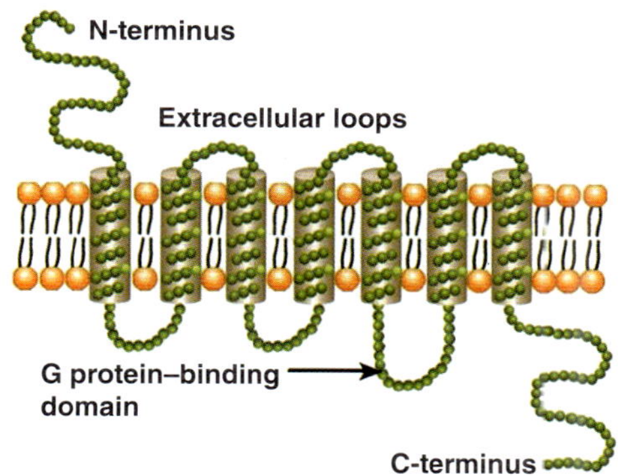

그림 4.13 막횡단 단백질 구조의 예.
G 단백질-결합 수용체. 이러한 세포 표면 수용체 족의 구성체들은 원통형 모양으로 묘사된 7번-막횡단-나선 구조를 공유한다. G 단백질-결합 영역은 세포 내 루프 안에 존재한다.

로써, G 단백질 결합 수용체를 예로 들 수 있다(그림 4.13). 또 다른 예는 낭성섬유증 막전도 조절자(cystic fibrosis transmembrane conductance regulator, CFTR)이며, 염소 이온 채널을 형성하는 2개의 막-걸침(spanning) 도메인을 가진다(그림 15.26 참조). CFTR은 낭포성 섬유증 환자에게서 결여되어 있다.

삼차원적인 단백질의 구조는 아미노산 서열에 의해서 결정된다. 그러나 이 구조의 예측은 분자 생물학자들의 도전으로 남아 있다. 구조 모델은 컴퓨터 알고리즘을 사용해서 특정 아미노산 서열이 가지는 가장 낮은 자유에너지 구조를 찾으려고 노력한다. 하지만, 관련된 구조적 공간의 크기가 엄청나고 용액에서 단백질 구조에 대한 자유에너지의 정확한 계산의 부족으로 인해 이것은 어렵다. 1.5 Å 미만의 분해능에서 작은 단백질 도메인(85개 미만의 잔기)에 대한 구조를 예측하는 데 진전이 있었고, α-나선과 같은 특정 모티프의 예측이 더욱 신뢰할 수 있게 되었다. 게다가, 더 많은 수의 구조가 X-선 결정학 혹은 핵자기공명(NMR), 극저온전자현미경(cryo-EM)에 의해 결정되어 관련 있는 3차 구조를 가지는 아미노산 서열을 결정하는 데 도움을 주었다(14장의 방법을 참조). 구조가 알려지지 않은 단백질의 서열을 결정된 것과 비교함으로써, 확인된 유사성에 기초하여 구조적 예측을 하는 것이 종종 가능하다.

4차 구조

기능적인 단백질은 하나 또는 그 이상의 폴리펩티드로 구성될 수 있으며, **4차 구조(quaternary structure)**를 형성한다(그림 4.9 참조). 4차 구조의 안정적인 상호작용은 3차 구조를 안정화시키는 힘들과 비슷하다. 즉, 이황화 결합, 소수성 상호작용, 전하쌍 상호작용 그리고 수소결합이다. 예외적인 것은 이들이 하나 혹은 그 이상의 폴리펩티드 사슬 사이에서 벌어진다는 것이다. **소단위체(subunit)**는 일반적으로 복합 단백질에서 각각의 폴리펩티드 사슬을 말한다. 4차 구조는 같은 소단위체 혹은 다른 소단위체의 단백질로 이루어질 수 있다. 서로 다른 하위 단위를 배열하여 만들 수 있는 모든 가능한 조합에 대해 생각해 보면, 이 고차 구조의 존재가 기능의 더 큰 다양성을 허용한다는 것을 깨닫게 될 것이다. 당연히 포유류 단백질의 많은 부분이 세포에서 이량체 또는 다량체로 기능한다.

이량체 이량체 단백질의 기능적 및 구조적 레퍼토리는 두 폴리펩티드의 상호작용 또는 **이량체화(dimerization)**를 통해 크게 확장된다. **동종이량체**는 2개의 동일한 소단위체를 가지고 있는 반면,

이종이량체(heterodimers)는 2개의 다른 소단위체를 가지고 있다. 이량체화는 많은 효소와 유전자 발현을 조절하는 전사인자의 조절에서 핵심적인 역할을 한다(9장에서 자세히 다룰 주제).

다량체 촉매 부위 또는 결합 부위는 종종 폴리펩티드 소단위체 사이의 경계면에서 형성된다. 4차 구조의 고전적인 예는 혈액에서 산소 수송 단백질로 기능하는 헤모글로빈이다. 헤모글로빈은 4개의 소단위체, 2개의 α-글로빈과 2개의 β-글로빈 폴리펩티드(보통 $\alpha_2\beta_2$로 표기됨)를 포함하는 사량체이며, 산소와 결합하는 중심 철 원자가 있는 헴 그룹에 대한 결합자리를 형성하기 위해 연결된다(그림 4.14a). 유사하게, 항체는 2개의 중사슬과 2개의 경사슬을 포함하며, 두 사슬의 상호작용으로 형성된 항원 결합자리가 있다(그림 10.26 참조).

4차 구조의 가장 놀라운 예 중 하나는 **ATP 합성효소**, 분자 회전 모터이다(그림 4.14b). ATP 합성효소는 세포 호흡과 광합성의 핵심 효소임을 생물학 입문 수업에서 배웠을 것이다. 세포에서 형성되는 아데노신 삼인산(ATP)의 90% 이상이 이 효소에 의해 촉매된다. ATP 합성효소는 2개의 회전 모터로 구성된 거대 다중 소단위체 단백질 복합체(~600 kDa)이다: 막 한쪽 면에서 양성자(수소 이온)를 적재한 다음 반대쪽 면에서 방출하는 막 내장형 모터 F_o와 ATP-결합 부위가 있는 말초 모터 F_1. (F_o는 "인자 올리고마이신"을 나타낸다. 이는 실험에서 항생제 올리고마이신이 이 모터에 결합하는 것을 의미하며, F_1은 "인자 1"을 나타낸다.) 두 모터는 고정자(고정 부분)에 의해 연결되므로 F_o가 회전할 때 F_1도 회전한다. 이 작은 모터는 어떻게 ATP를 만들까? F_1은 F_o를 통해 흐르는 양성자의 전기화학적 구배의 자유에너지를 사용하여 회전하면서 아데노신 이인산(ADP)과 무기 인산염(P_i)으로부터 ATP를 생성한다. 복합체의 비대칭으로 인해 회전함에 따라 주변 촉매 소단위체의 모양이 바뀐다. 이 모양 변화는 ATP가 형성되는 고친화성 결합 부위를 파괴하여 방출을 허용한다.

똑같이 정교한 4차 구조는 세균에서 발견되는 특수한 단백질 주입 "나노머신"에서 발생한다. 그림 4.14c는 숙주세포와 병원성 및 공생 관계를 가진 광범위한 세균에서 발견되는 III형 분비 시스템의 예를 보여준다. 유형 III 분비 시스템은 바늘과 같은 구조를 통해 진핵 또는 원핵 세포에 단백질을 주입한다. "분류 플랫폼"은 특별히 수화물을 선택한 다음 숙주세포에서 세균 세포질을 분리하는 다중 막 장벽을 통해 이동한다. 일단 주입되면, 단백질 인산화효소와 단백질 분해효소 같은 세균 단백질은 박테리아 감염을 촉진하기 위해 세포 과정을 조작할 수 있다.

거대분자 집합체 세포는 개별 단백질 및 기타 거대 분자의 집합체 그 이상이다. 단일 폴리펩티드로 구성되든 다중 폴리펩티드로 구성되든 상관없이 단일 단백질은 생화학적 반응을 촉매할 수 있지만, 더 높은 세포 기능은 신중하게 조직된 단백질 상호작용 네트워크에 의존한다. 원핵생물과 진핵생물에서 유전정보의 발현은 크고 역동적인 거대분자 집합체 또는 분자 기계의 순차적인 작용에 의존한다. 한 단백질은 다른 단백질을 특정 위치나 기질로 끌어들일 수 있으며, 그런 방식으로 단백질이 작용하는 것을 제어할 수 있다. 유전자 발현 경로에서 단백질의 협력적 결합의 많은 예가 있다. 이러한 거대분자 집합체는 DNA 복제, DNA 복구, 재조합, 전사, 염색질 리모델링, RNA 가공 및 번역을 매개하는 역할과 관련하여 다음 장에서 자세히 논의될 것이다. 4.5절에서는 진핵세포에서 선택적 단백질 분해를 처리하는 프로테아좀이라는 정교한 2.5-mDa 분자 기계를 마주할 것이다.

본질적으로 무질서한 단백질

지금까지 이 절에서는 정렬된 구조를 강조했지만, 모든 단백질이 안정적인 α- 나선 및 β-병풍 구조로 접히는 것은 아니다. **본질적으로 무질서한 단백질(intrinsically disordered protein, IDP)**이라고 하는 단백질은 잘 정의된 2차 또는 3차 구조가 없다(그림 4.15). 아밀로이드-β 및 α-시누클레인과 같은 IDPs는 아미노산 서열의 특징과 "확장된", "임의 코일", "녹은 구체(molten globe)" 또

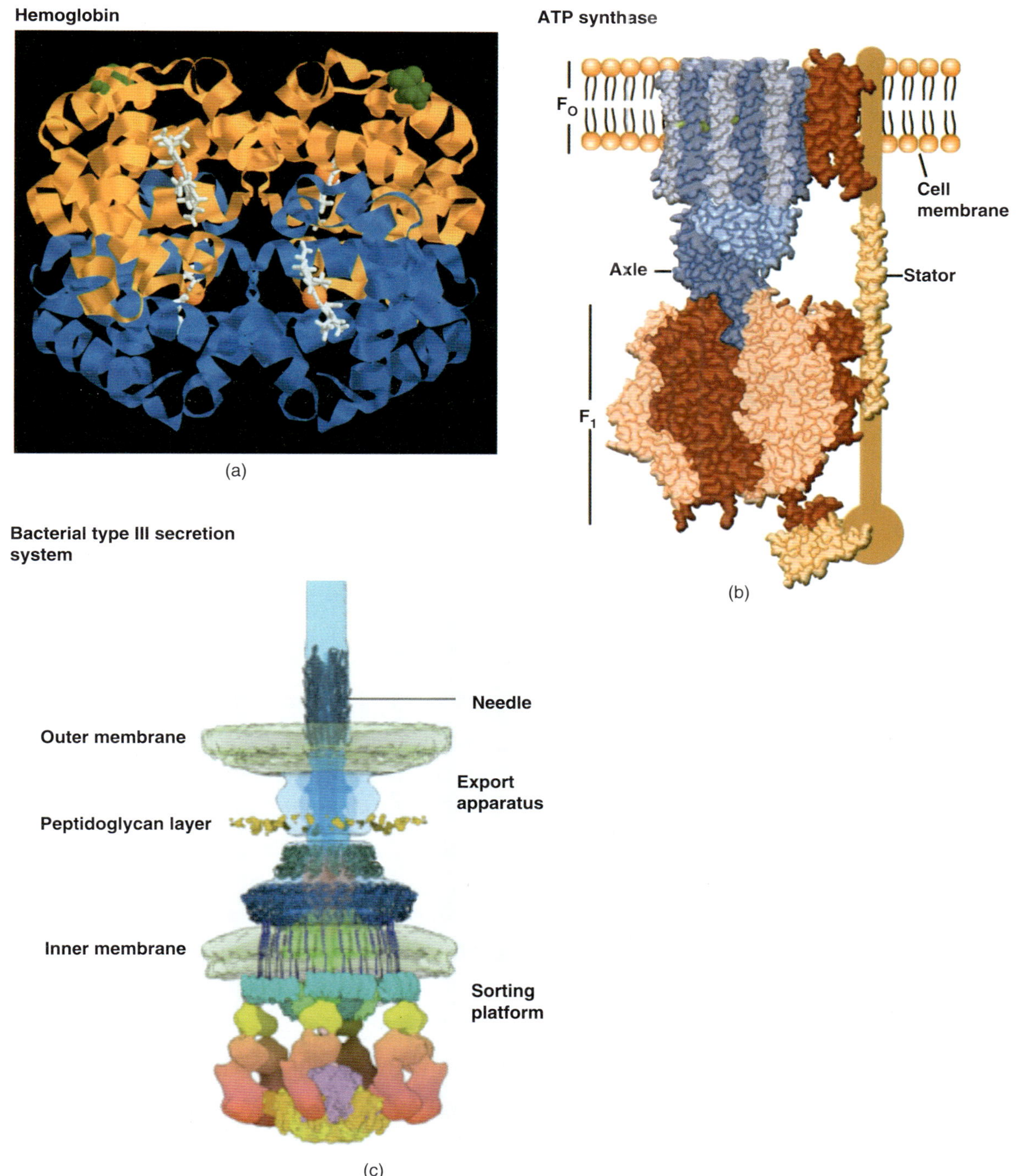

그림 4.14 단백질 4차 구조의 예.

(a) 헤모글로빈. 헤모글로빈 분자의 컴퓨터 그래픽은 4개의 글로빈 폴리펩티드 사슬(파란색의 α-글로빈, 노란색의 β-글로빈)로 구성되어 있으며, 각각은 산소와 결합하는 중심 철 원자가 있는 헴 그룹(흰색)을 가지고 있다. 녹색 구조는 β-사슬의 6번 잔기에 있는 글루탐산이다. 겸상적혈구병에서 이것은 돌연변이로 인해 발린으로 대체된다. (출처: Kenneth Eward/Science Source.) (b) ATP 합성효소. "전기 모터"(F_0)는 세포막에 내장되어 있으며, 막을 가로지르는 양성자(수소 이온)의 흐름에 의해 작동된다. 양성자는 모터를 통해 흐르면서 원형 회전자(파란색으로 표시)를 돌린다. 이 회전자는 세포 내 "화학 모터"(F_1)에 축과 고정자(주황색)로 연결되어 회전하면서 ATP를 생성한다(PDB: 1C17, 1E79, 2A7U, 112P). (출처: Based on Protein Data Bank, PDB: 1C17, 1E79, 2A7U, 112P.) (c) 세균성 III형 분비 시스템의 분자 모델. (출처: Redrawn from Galán, J. E., & Waksman, G. (2018). *Cell* 172:1306–1318).

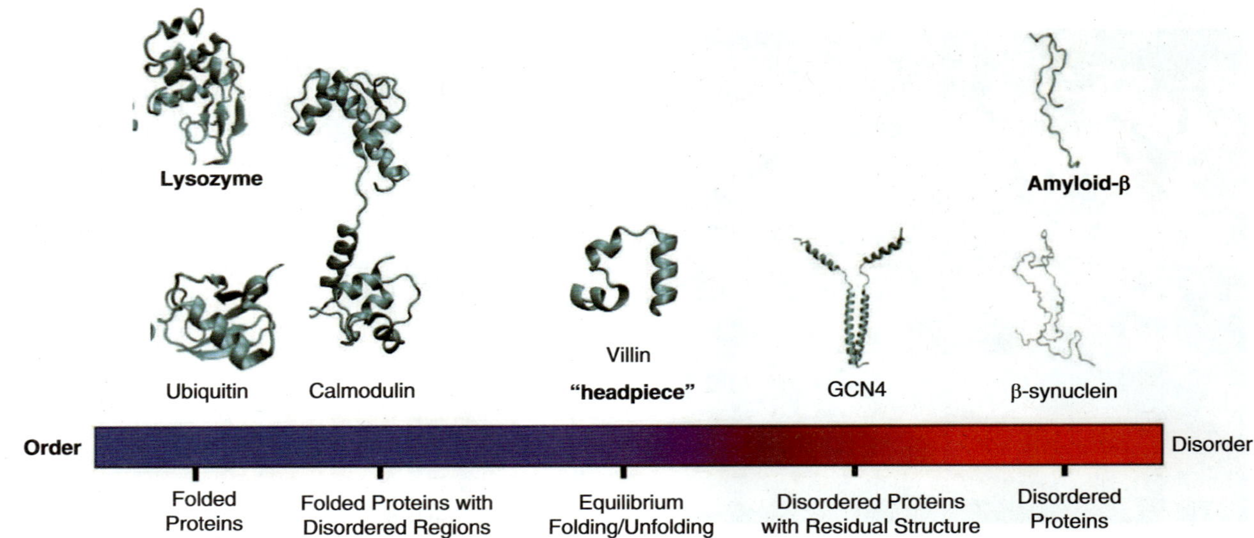

그림 4.15 본질적으로 무질서한 영역이 있는 단백질의 질서와 무질서 수준의 구조적 비교.
(출처: Modified from Robustelli, P. et al. 2018. *Proceedings of the National Academy of Sciences of the United States of America* 115:E4758–E4766.)

는 "미리 녹은 구체" 같은 전체적인 모양의 조합에 의해 특성지어진다. 일부 무질서한 단백질은 전사인자 GCN4의 이량체화 도메인과 같은 잔류 구조를 가질 수 있다(그림 4.15). 또한 칼모듈린(칼슘 결합 단백질)처럼, 대부분 구조화된 단백질에는 **본질적으로 무질서한 단백질 영역(intrinsically disordered protein regions, IDPR)**이라고 하는 일부 무질서 영역이 있을 수 있다. 무질서한 구조의 짧은 부분은 일반적으로 단백질 도메인을 제어된 방식으로 움직이는 경첩(hinge), 개방 또는 폐쇄 구조를 갖는 루프, 또는 액틴-결합 단백질 빌린의 "헤드피스"와 같은 빠르게 접히는 도메인의 형태로 관찰된다. 빌린 단백질의 역동적인 움직임을 일련의 3차원 "스냅샷"에서 설명할 수 있다. 상상할 수 있듯이, 무질서한 단백질의 구조적 특성화는 구조의 이질적인 형태의 집합 또는 "앙상블"의 형태를 띠기에 어려운 일이다. 분자 역학 시뮬레이션은 매개변수가 정확한 경우 원자 분해능에서 구조적으로 무질서한 상태를 파악하는 계산 경로를 제공할 수 있는 한 가지 접근 방식이다.

IDP와 IDPR은 안정적인 3차원 구조를 형성하지 않지만, 이것이 기능을 하지 않는다는 의미는 아니다. 대신, 구조적 유연성으로 인해 다양한 생물학적 기능에서 중요한 역할을 할 수 있다. 그들은 단백질, DNA, RNA 및 기타 리간드와의 상호작용에 반응하여 모양을 변경할 수 있어 다양한 파트너에 특이적으로 결합할 수 있다. 예를 들어, 광합성 세균 *Halorhodospira halophila*를 고려해보자. 이 작은 유기체가 어떻게 환경의 변화에 반응하는가? 여기에는 고유 장애 영역과 광 흡수 발색단이 있는 특수 단백질인 **광반응성 황색 단백질(photoreactive yellow protein, PYP)**이 있다. 발색단이 청색광을 흡수하면, 피코초(짧은 시간)도 안 되어 직선에서 구부러진 형태로 변하고(*p*-쿠마르산의 트랜스에서 시스 광이성질체화) 단백질의 전체 형태를 극적으로 변화시킨다(그림 4.16). 이 구조적 변화는 세균이 청색광에서 멀어지고 광합성에 사용될 수 있는 빛 쪽으로 헤엄칠 수 있도록 방향을 제어하는 세균의 다른 감지 단백질을 활성화한다. 0.5초 후에 발색단은 다시 직선 형태로 이동한다.

무질서한 구조가 중요한 기능을 전달하는 또 다른 예는 물곰이라고 불리는 완보동물이다. 이 미세한 동물은 건조를 포함하여 수많은 극한 스트레스에서 살아남을 수 있는 놀라운 능력을 가지

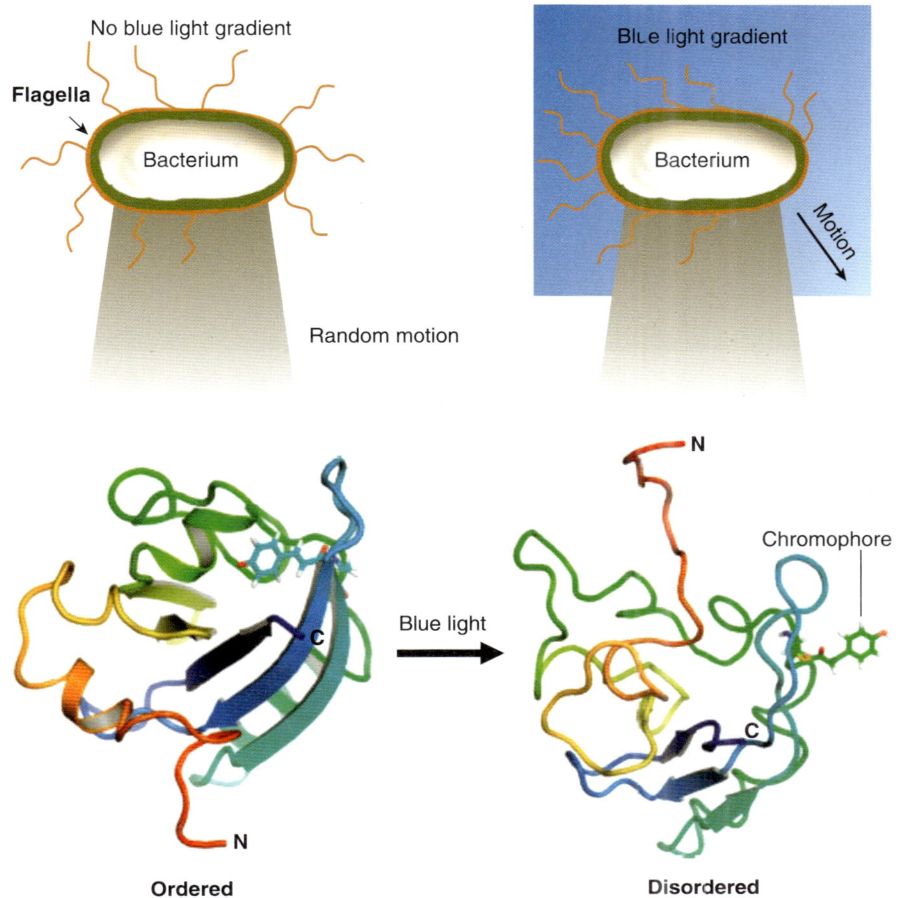

그림 4.16 광활성 황색 단백질 광수용체는 청색광에 노출되면 모양이 바뀐다.
단백질 구조 앙상블의 정돈되고 무질서한 극단이 표시되어 있다. 단백질의 25-잔기 N-말단 도메인이 접히지 않고(빨간색), β-병풍 구조(파란색)가 잠재적인 결합 파트너에 노출돼서 박테리아가 파란색 빛에서 멀어지도록 신호를 보낸다(PDB: 2KX6, 3PHY). (출처: Modified from PDB: 2KX6, PDB: 3PHY; Ramachandran et al. 2011. *Journal of the American Chemical Society* 133:9395–9404.)

고 있는 것으로 수년 동안 알려져 왔다. 그러나 근본적인 메커니즘은 얼마 전까지만 해도 미스터리로 남아 있었다. 완보동물이 건조한 환경에 있을 때 대부분의 물을 흘리고 "tun"이라고 하는 껍질로 휘어진다. 연구자들은 이 건조 상태에서 완보동물의 본질적으로 무질서한 단백질(Tardigrade intrinsically disordered proteins, TDP)이 유리화된다는 것을 발견했다. 즉, 그들은 비결정질의 유리 같은 고체를 형성한다(그림 4.17). TDP가 생존에 필요한지 조사하기 위해 연구자들은 **RNA 간섭(RNA interference, RNAi)**을 사용하여 TDP mRNA를 특이적으로 분해하는 실험을 수행했다(RNAi 작동 방식에 대한 자세한 내용은 11장 참조). 수화 조건에서, 대조군과 TDP RNAi 처리 동물 사이의 생존에는 유의한 차이가 없었다. 그러나 완보동물이 건조한 조건에 노출되었을 때, TDP RNAi 처리 동물의 생존은 재수화후 현저히 감소하였고, 이는 TDP가 완보동물이 건조에서 생존하는 데 필수적임을 시사한다. 연구자들은 이제 이러한 발견을 건조 내성 작물을 엔지니어링하거나 의료용으로 세포와 조직을 보존하는 기술 개발에 적용하는 데 관심을 가지고 있다.

지금까지 단백질 구조의 다른 단계에 대하여 이해하였으므로, 이제는 이러한 구조가 기능과 어떻게 관련되는지 자세히 알아보도록 하자.

(a)

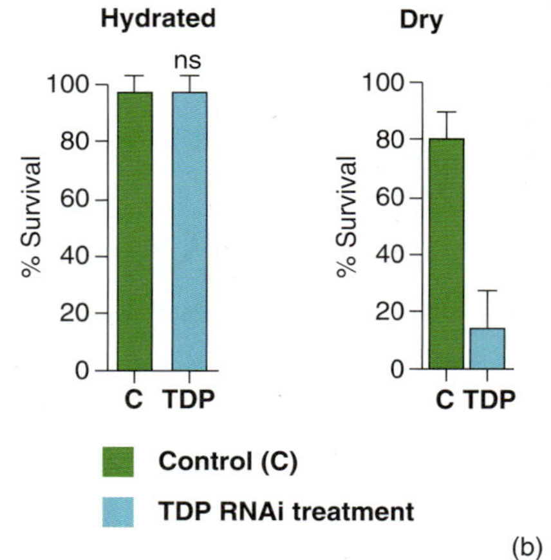

(b)

그림 4.17 Tardigrade 본질적으로 무질서한 단백질(TDP)은 건조로부터 단백질을 보호한다.
(a) 완보동물(*Macrobiotus sapiens*) 또는 물곰의 색상 강화 주사전자현미경 사진, 축축한 이끼 속에서 활성 상태(왼쪽 패널, 배율: 10 cm 너비로 인쇄 시 250배); tun(오른쪽 패널, 배율: 10 cm 너비로 인쇄 시 750배)으로 알려진 탈수 휴면 상태(cryptobiotic) 상태의 건조한 조건. 이 상태에서, 완보동물은 최대 10년 동안 생존할 수 있다. (출처: Eye of Science/Science Source.) (b) TDP는 건조 생존에 필수적이다. 막대 그래프는 대조군 완보동물과 수화(왼쪽 패널) 및 건조(오른쪽 패널) 조건에서 TDP mRNA가 RNAi에 의해 분해된 완보동물의 생존을 보여준다. ns, 유의하지 않음; $^{**}P < 0.001$. 오차 막대는 표준편차를 나타낸다. (출처: Modified from Boothby et al. Tardigrades use intrinsically disordered proteins to survive desiccation, 2017. Molecular Cell 65:975–984.)

4.4 단백질의 기능과 활성의 조절

단백질은 놀랍도록 다양한 생물학적 기능을 가진다. 20 kDa보다 큰 단백질은 2개 또는 그 이상의 일반적으로 특정 기능을 갖는 도메인에서 형성되는 경우가 많다. 단일 **도메인(domain)**은 일반적으로 연속적인 아미노산 서열로 형성되며, 폴리펩티드 전체에 흩어져 있는 서열 부분이 아니다. 이러한 것은 이 책을 통하여 반복되는 주제이다. 예를 들면, 전사인자는 나선-회전-나선형 모티프 또는 징크 핑거(8장과 9장에서 자세히 설명)라고 하는 손가락 모양의 모티프와 같은 일반적인 구조적 기능적 **모티프(motif**, 특징이 있는 접는 패턴)를 통해 DNA에 결합한다. 다양한 단백질 배열에서 발견되는 또 다른 모티프는 유비퀴틴을 원형으로 하는 "β-그래스프(grasp) 접힘"이며(그림 4.15 참조), 4개의 β-판이 α-나선을 둘러싸고 있다.

단백질은 세포골격 구성요소와 핵의 구조처럼 세포가 완전성과 형태를 갖도록 구조를 제공한다. 다른 것들은 한 세포에서 다른 세포로 신호를 전달하거나 다세포 유기체의 몸 주위에 산소를 운반

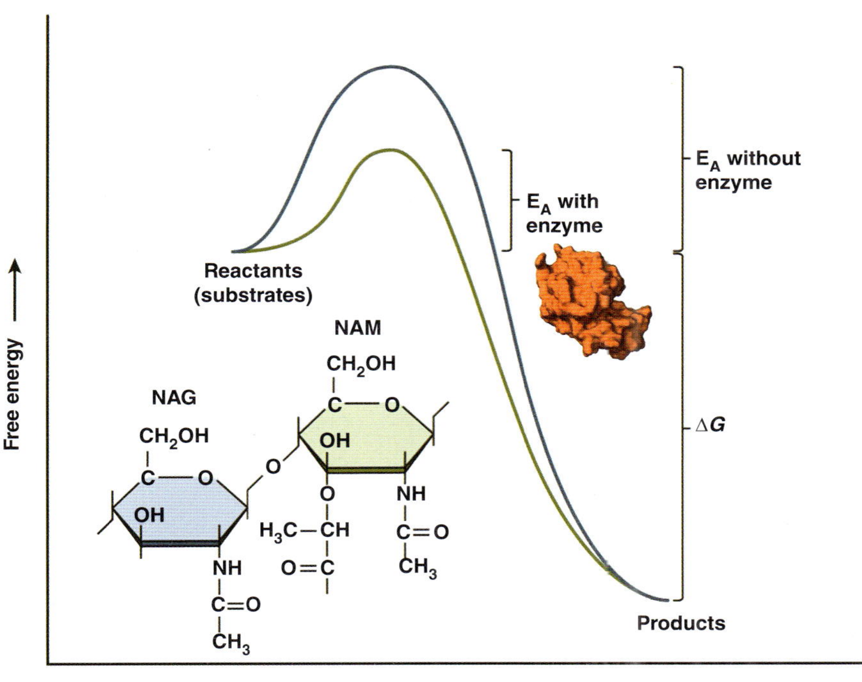

그림 4.18 리소자임 같은 효소는 활성화 에너지를 낮춘다. 효소가 있는 활성화 에너지(E_A)는 비촉매 반응의 E_A보다 낮아 반응속도를 증가시킨다. 평형상태는 변하지 않으므로 자유에너지 변화량(ΔG)은 동일하다.

하는 호르몬 역할을 한다. 분자생물학자에게 특히 중요한 것은 DNA 복제에서 전사, 번역에 이르는 유전정보 흐름의 모든 지점에서 유전자의 활동을 매개하는 일련의 단백질이다. 단백질의 중요한 역할 중 하나는 생명체에 필요한 수백 가지 화학 반응을 촉매하는 효소 역할을 하는 것이다. 효소는 이 기능을 어떻게 수행하는가?

효소는 생물학적 촉매이다

3장에서, 일부 RNA 분자들과 리보핵산단백질(RNP) 입자들이 촉매로서 작용할 수 있다는 사실을 알았다. 그러나 대부분 세포 내 효소들은 구형 단백질이다. **효소(enzyme)**는 반응에 참여하는 화학작용기들의 활성화 에너지를 낮추어 반응속도를 증가시킨다(그림 4.18). **기질(substrate)**은 효소의 **활성자리(active site)**라고 하는 부분에 결합하여 효소와 단단한 복합체를 형성한다. 활성자리는 효소의 갈라진 틈이나 홈에 해당하며, 일부 아미노산의 곁사슬들은 기질과 결합하는 데 관여하고 다른 것들은 촉매 반응에 기여한다. 효소-기질 복합체가 형성되면 기질 자체는 촉매작용을 쉽게 하는 반응 구조가 되도록 모양에서 작은 변화를 겪는다. 활성화된 효소-기질 복합체는 일련의 화학적 변화 과정을 거쳐 기질이 생성물로 전환된다. 그 후 생성물은 효소에서 분리되어 효소가 다른 기질에 결합하여 촉매 과정에 다시 참여할 수 있게 한다. 효소 대부분은 **유도적합(induced-fit)** 메커니즘을 통해 작용한다. 즉, 효소는 기질에 결합할 때 모양의 변화가 일어나며, 기질에 결합한 이후 활성자리는 기질과 상보적인 모양으로 된다. 이러한 기본 개념을 이해하기 위해, 효소작용의 예로서 리소자임을 이용하려 한다(그림 4.19).

앞에서 보았듯이, 리소자임은 세균벽을 분해한다. 이것은 펩티도글리칸층의 *N*-아세틸글루코사민(NAG)과 *N*-아세틸뮤라민산(NAM) 잔기들 사이의 β(1 → 4) 글리코시드 결합을 가수분해한다. 어떻게 이러한 일을 하는가? 모든 다른 효소들처럼 리소자임은 반응종들을 반응에 유리하도록 기하학적으로 배치한다. 이것의 활성자리는 NAG−NAM 중합체들이 결합하는 단백질 표면의 길고 깊은 갈라진 틈이다(그림 4.11 참조). 갈라진 틈은 활성자리 결합 표면을 따라 배열된 개별 자리들에

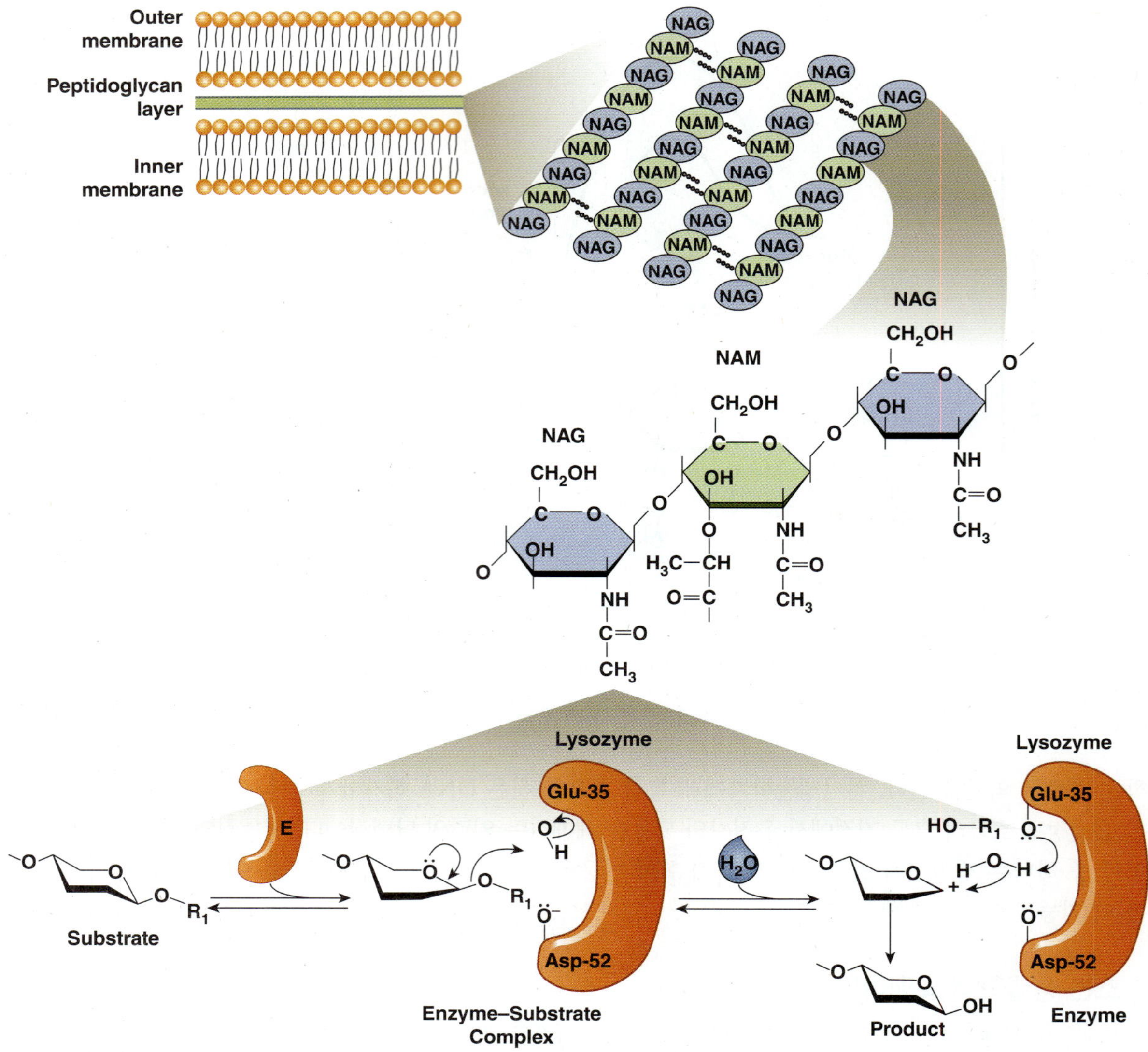

그림 4.19 리소자임은 대장균 펩티도글리칸층에서 유래한 다당류를 분해한다.
N-아세틸글루코사민(NAG)과 *N*-아세틸뮤라민산(NAM) 사이의 β(1 → 4) 글리코시드 결합은 리소자임에 의해 촉매되는 반응에서 절단된다; 효소는 반응에 유리한 방향으로 두 반응종을 기하학적으로 결합하게 한다.

서 6개의 NAG–NAM 단위를 수용할 수 있다. 결과적으로, 다당류 기질은 수소결합과 소수성 상호작용으로 적절하게 위치한다. 그러나 네 번째 당 단위는 그 위치에 맞게 하도록 비틀어져서 덜 안정한 구조를 형성한다. 이러한 비틀림은 끊어질 결합인 네 번째와 다섯 번째 당 단위의 글리코시드 결합에 부담을 증가시킨다.

활성자리에 있는 두 아미노산이 리소자임의 촉매 활성에 필수적이다. N-말단부터 헤아리면, 이들은 52번 위치 아스파트산(Asp52)과 35번 위치의 글루탐산(Glu35)이다. 이러한 잔기들은 네 번째와 다섯 번째 당 단위와 결합하여 이 위치에 물 분자를 넣음으로써(가수분해) 탄소와 산소결합을 끊는다. 첫째, Glu35의 카복실산 곁사슬은 산촉매로 작용한다. 이것은 양성자를 불안정한 탄소–산소결합에 있는 산소에 주고서 이 결합을 끊는다. 이는 양으로 전하된 불안정한 탄소원자를 가지는 중간체를 형성한다. Asp52는 정전기적 상호작용 또는 탄소에 공유결합을 함으로써 이 중간체를 안정화한다. 다음으로 물의 하이드록실기가 탄소를 공격하여 가수분해된 생성물을 만든다. 물의 여분의 H^+는 Glu35의 COO^-를 공격하여 앞서 잃었던 양성자를 다시 제공한다. 마지막으로, 리소자임은 생성물—잘라진 다당류 사슬—을 방출하고 새로운 기질과 결합할 수 있다.

리소자임은 잘 밝혀진 단백질 촉매의 예를 제공한다. 다음 장에서는 제한효소, 중합효소, 연결효소를 비롯한 많은 다른 효소들의 구조와 작용 방법에 대하여 알아볼 것이다. 지금으로서 다음 질문은 효소와 다른 단백질의 활성이 어떻게 조절되는가이다. 효소와 그 외 단백질의 기능 활성은 유전자 전사와 단백질 합성을 비롯한 다양한 수위에서 조절될 수 있다(그림 4.20). 단백질 구조와 기능에 대한 논의에 있어 중요한 것은 단백질 활성 조절에 번역 후 변형(post-translational modification)과 다른자리(allosteric) 조절 과정의 역할에 관한 것이다.

번역 후 변형에 의한 단백질 활성의 조절

번역 후, 단백질은 다른 분자들과 공유와 비공유결합을 통해 연결된다. 지질과 단백질 간에 형성된 복합체를 **지질단백질(lipoprotein)**이라고 한다. 탄수화물 부분이 첨가된 단백질을 **당단백질(glycoprotein)**이라 하고, 금속이온이 붙은 복합체는 **금속단백질(metalloprotein)**이라고 한다. 추가로, 아미노산은 폴리펩티드로 삽입된 후 변형된다. 이러한 번역 후 변형 단계는 구조적, 조절상의 기능을 갖는다. 중요한 변형으로는 메틸화, 아세틸화, 유비퀴틴화, 스모화 등이 있다. 이러한 번역 후 변형이 유형과 유전자 발현에 미치는 영향에 관한 자세한 내용은 9장에서 다룬다.

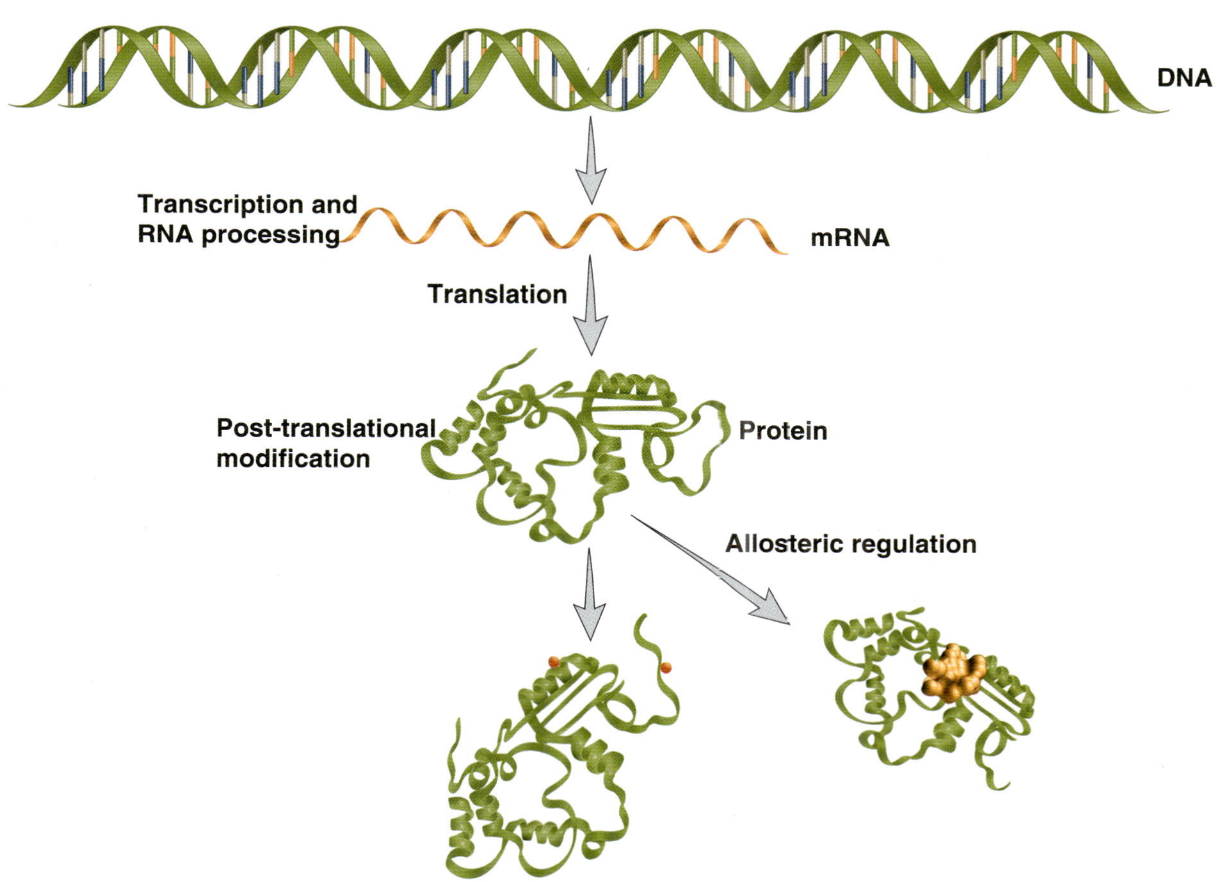

그림 4.20 단백질 활성조절 단계.
단백질 활성은 전사, RNA 가공, 인산화(빨간색 기호) 또는 다른자리 효과기(갈색 기호) 같은 번역 후 변형에 의해 조절된다.

분자생물학에 있어 가장 공통적인 조절 반응은 아미노산 사슬의 가역적 **인산화(phosphorylation)** 반응이다(그림 4.21). 인산화에 의한 단백질의 번역 후 변형은 많은 유전자 발현 과정과 신호 전달 경로에 포함된다. 이러한 내용이 이 책의 여러 지점에서 핵심 주제가 될 것이다. **인산화효소(kinase)**는 인산기의 첨가를 촉매하는 반면, **인산염분해효소(phosphatase)**라고 하는 효소는 인산기를 제거한다. 인산화효소는 극소수의 기질에 작용하는 매우 특이적인 경향이 있다. 반면, 인산염분해효소는 비특이적인 경향이 있다. 많은 인산화효소는 자동 인산화를 통해 활성을 스스로 조절한다; 또한 많은 인산화효소는 다른 음성 되먹임 시스템 일부가 되는 반응을 개시한다.

진핵생물의 경우 두 가지 단백질 인산화효소군이 광범위하게 연구되었는데, 티로신 잔기를 인산화하는 인산화효소군과 세린 및 트레오닌 잔기를 인산화하는 인산화효소군이 여기에 해당한다. 세균은 또한 히스티딘 및 아스파트산 인산화효소, 세린/트레오닌 인산화효소, 티로신 및 알지닌 인산화효소를 비롯한 다양한 단백질 인산화효소 저장소를 보유하고 있다. 인산기를 단백질에 첨가하면 그 형태가 변화하는데, 예를 들어 촉매 영역을 감추거나 드러내기도 한다; 또는 인산화된 곁사슬은 그 자체가 다른 단백질에 의해 인식되는 결합 부위의 일부가 되어 단백질을 결합시키거나 다단백질 복합체의 형성 또는 역으로 복합체의 분리를 촉진한다.

그러나 어느 정도 "인산화 소음"이 있을 가능성이 있다는 점을 지적할 가치가 있다. 즉, 특정 기능을 수행하도록 선택되지 않은 인산화 부위가 진화 과정에서 단백질에서 우연히 등장할 수도 있다. 곰팡이 종에 걸친 수천 개의 인산화된 부위에 대한 최근 분석에 따르면, 인산화된 부위의 ~2%는 약 7억 년 전 균류의 마지막 공통 조상 이후로 보존되었으며, 단백질 도메인의 >73%는 유지되었다. 대조적으로, 인산화 부위의 69%는 1,800만 년 미만이어서 보존되지 않았다. 여기서 중요 핵

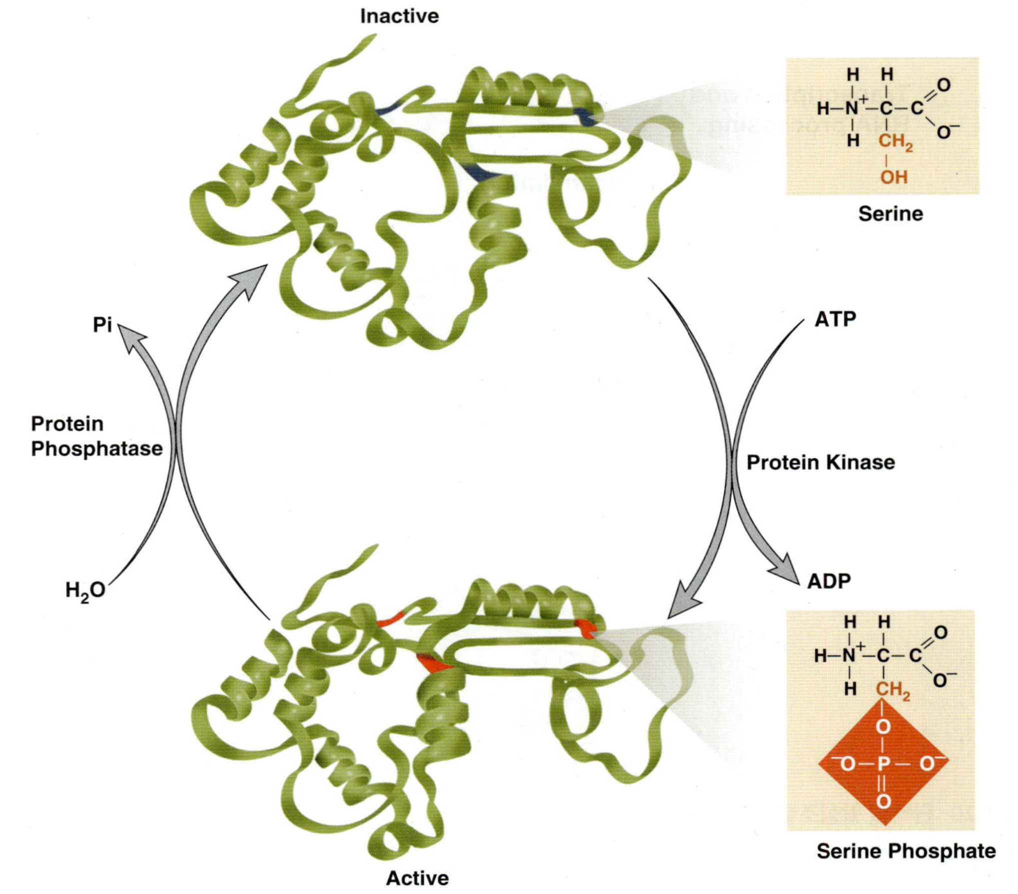

그림 4.21 단백질 인산화. 가역적 인산화와 탈인산화는 단백질 활성조절을 위한 공통적인 세포 메커니즘이다. 본 예에서, 표적 단백질은 인산화될 때 활성을 나타내고(예, 아미노산 세린에), 탈인산화될 때 비활성을 나타낸다: 일부 단백질의 경우 정반대의 패턴이 발생하기도 한다.

심은? 가역적 단백질 인산화는 모든 살아있는 유기체에서 기본적인 신호전달 사건을 조절하는 주요 메커니즘이다. 그러나 특정 단백질의 인산화 사건이 항상 중요한 기능의 조절과 상관관계가 있는 것은 아니라는 것이다.

단백질 활성의 다른자리 조절

리간드(ligand)가 단백질의 한 부위에 결합하면, 그 단백질에 상당한 구조상 변화가 일어난다. 리간드에 의해 유도된 이러한 구조상 변화는 **다른자리 조절(allosteric regulation**; allostery는 "다른 모양"을 의미한다)로서 알려졌다. 모양 변화의 결과로서 활성자리 뜨는 다른 결합자리, 단백질의 다른 부위에서 활성이 증가 및 감소하는 방향으로 변화한다(그림 4.22). 이러한 방식으로 조절되는 단백질의 예는 대사효소에서 전사조절 단백질까지 해당한다. 리간드 또는 **다른자리 효과기(allosteric effector)**는 종종 당 또는 아미노산 같은 작은 분자이다. 예를 들어, Lac 전사 억제인자는 분자량이 작은 효과기인 알로락토스(8장 참조)에 의해 조절된다. 주어진 단백질의 다른자리 조절 과정은 다른 단백질이 결합하여 이루어질 수도 있으며, 일부 경우에는 매우 유사한 효과가 인산화처럼 조절된 단백질 내 단일 아미노산 잔기의 효소에 의한 변형을 통해 유도되기도 한다.

고전적인 단백질 활성의 번역 후 조절의 예는 **사이클린-의존성 인산화효소(cyclin-dependent kinases, CDK)**로 알려진 인산화효소 집단에서 볼 수 있다. CDK 활성은 인산화와 효소 및 사이클린이라고 하는 조절 단백질 간의 상호작용으로 유도된 다른자리 변형에 의해 조절된다. 세포 주기 전반에 걸친 과정을 조절하는 데 있어 사이클린-CDK 복합체의 핵심적인 역할에 관해서는 6장과 15장에서 논의한다. 몇몇 기본 원칙을 규명하기 위해 사이클린과 CDK를 살펴보도록 하자.

CDK는 2개의 주요 영역, 작은 N-말단 영역과 이보다 훨씬 큰 C-말단 영역으로 구성된다(그림 4.23). CDK 구조를 구성하는 2개의 요소는 조절 작용에 있어서 매우 중요하다: (i) N-말단 영역의 PSTAIRE α-나선(보존 잔기 서열 Pro-Ser-Thr-Ala-Ile-Arg-Glu에 따라 명명함)과 (ii) 아미노산 사

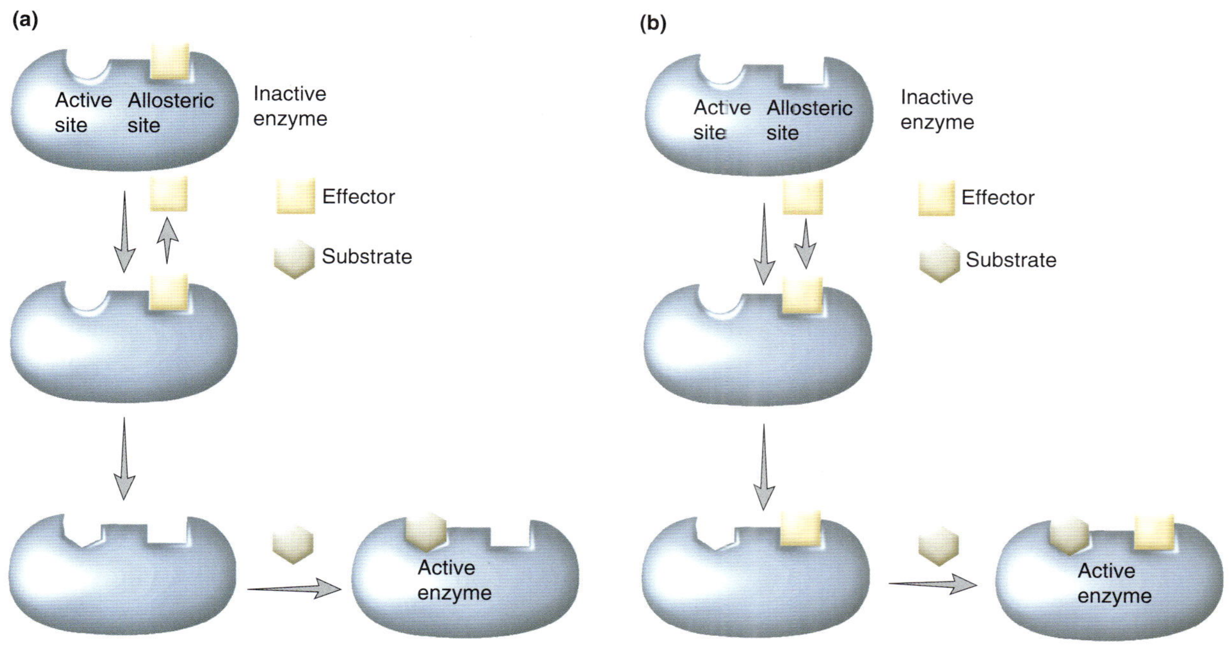

그림 4.22 효소활성의 다른자리 조절.
(a) 음성 조절. 효과기 분자가 효소의 다른자리 부위에 결합하면, 효소는 비활성 형태로 잠기게 되어 기질이 결합할 수 없게 된다. (b) 양성 조절. 효과기의 결합으로 효소의 형태가 활성형으로 변화하여 기질이 결합할 수 있게 된다.

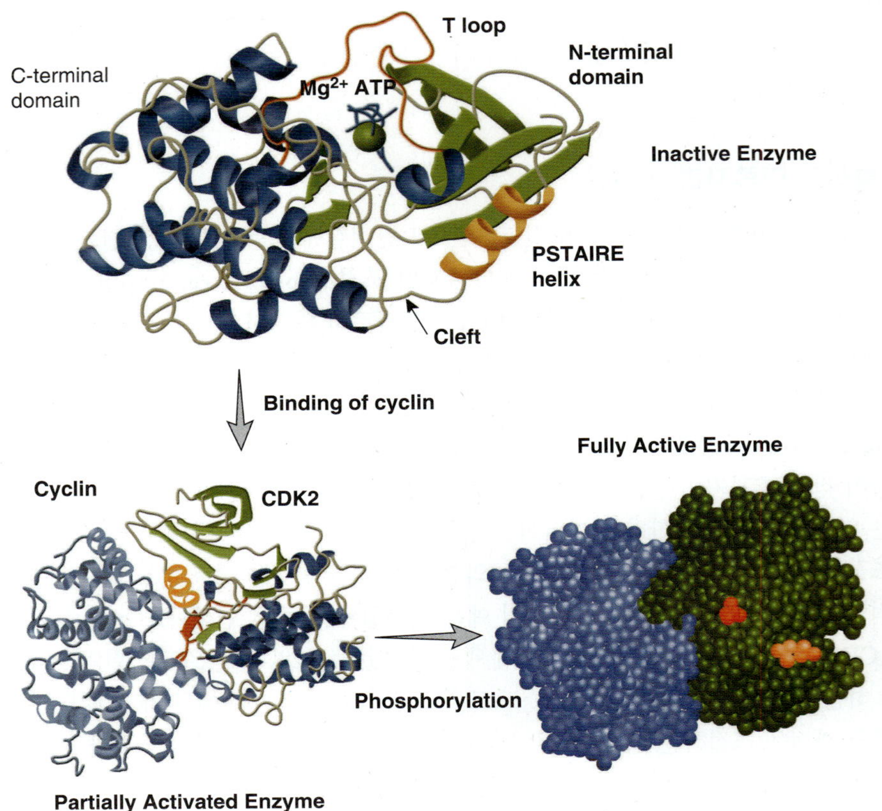

그림 4.23 사이클린 결합과 인산화에 의한 사이클린-의존성 인산화효소(CDK)의 활성화.
비활성 CDK의 C-말단 영역은 진한 파란색으로 표시되고, N-말단 영역은 초록색으로 표시된다. PSTAIRE α-나선(주황색) 위치는 ATP(어두운 파란색)와 Mg^{2+} 이온(초록색)이 있는 촉매 부위의 중요한 잔기들을 포함하며, T 루프(붉은색)는 폴리펩티드 기질의 접근을 막는다. 사이클린(밝은 파란색)이 결합하면서 PSTAIRE 나선과 T 루프가 이동한다. T-루프의 Thr160이 인산화되면 사이클린과 CDK 복합체가 완전히 활성화된다. 공간채움 모델은 사이클린(밝은 파란색)과 CDK(초록색) 복합체, 인산화된 Thr160(붉은색), ATP(주황색)를 함께 나타낸다. (출처: Based on Protein Data Bank, PDB: 1FIN, 1JST.)

슬 160번(Thr160)에 위치한 트레오닌 잔기에 인산화 부위를 가진 유연한 루프, 일명 T 루프가 이에 해당한다. ATP 1분자는 두 도메인간의 활성자리에 결합한다. 뉴클레오티드 ATP는 두 영역 사이의 틈에 결합한다. 이 ATP는 폴리펩티드 기질에 인산기를 제공한다. 사이클린이 없으면 CDK는 활성이 없다. 비활성 구조로 존재할 때 T 루프는 활성자리의 입구에 위치하여 폴리펩티드 기질이 ATP 분자에 접근하지 못하게 한다. 추가적으로, 촉매 과정에 결정적인 PSTAIRE 나선상의 글루탐산 잔기는 활성자리로부터 먼 거리에 위치한다. 사이클린이 CDK에 결합하면 구조상의 변화가 일어나서 T 루프는 활성자리의 입구로부터 멀리 이동하여 폴리펩티드 기질의 접근을 허용하고 T 루프상의 인산화 자리가 노출된다. 모양의 변화로 PSTAIRE 나선은 활성자리로 이동하며, 결정적인 글루탐산 잔기가 촉매 과정에 참여할 수 있게 한다. 그러나 효소는 이러한 첫 번째 다른자리 변화를 통해 일부분만 활성화된다. T 루프상의 Thr160의 인산화 과정은 CDK-활성 인산화효소(CDK-activating kinase, CAK)라는 별도의 인산화효소에 의해 중개된다. 일단 첨가되면, 트레오닌의 인산기는 촉매 틈새 부근의 각기 다른 부위에 각각 위치한 3개의 알지닌 잔기와 상호작용한다. 이러한 상호작용으로 완전한 활성에 유리하도록 구조상의 촉매 틈새가 재구성되고 안정화된다. 사이클린-CDK 복합체가 완전한 활성 상태가 되면, 표적 단백질의 특이적인 세린 및 트레오닌 잔기를 인산화하고 세포 주기의 다음 단계로 넘어갈 준비가 되었음을 세포에 신호를 보낸다.

4.5 단백질 접힘과 잘못 접힘

IDP를 제외하고는, 올바르게 기능하기 위해서는 단백질이 안정한 3차 구조로 접히는 것이 필요하다. 몇몇 경우에서 단백질 접힘은 리보솜에서 단백질 합성의 완성 전에 시작된다. 다른 단백질은 리보솜으로부터 해리된 후에 세포질, 미토콘드리아 또는 소포체처럼 특정 구역에서 접힘의 주요 부분이 진행된다. 대부분 단백질이 생물체 내에서 접히기 위해서는 분자 샤페론이라 불리는 다른 단백질이 필요하다. 잘못 접힌 단백질은 일반적으로 분해의 표적이 된다. 그러나 잘못 접힌 단백질이 분해되지 않고 세포에 축적되면 이러한 축적은 인간에 많은 질병을 유발할 수 있다. 구조화된 단백질의 경우와 마찬가지로, 유전적 및 환경적 변화는 IDP를 잘못된 접힘 및 잘못된 조절에 취약하게 만들 수 있다. 질병 관련 IDP의 가장 잘 알려진 예는 타우(tau), α-시누클레인(α-synuclein), 아밀로이드-β(amyloid-β) 및 프리온 단백질과 같은 신경퇴화와 관련이 있다(다음 섹션 참조). 이러한 IDP의 구조적 유연성은 응집된 상태를 촉진할 수 있다.

분자 샤페론

분자 샤페론(Molecular chaperone)은 집합체와 같은 경쟁적 반응을 줄임으로써 단백질 접힘의 전반적인 과정의 효율을 증가시킨다. ATP는 대부분의 분자 샤페론이 완전한 효율성으로 기능을 하는 데 필요하다. 폴딩을 촉진하는 “foldase” 활동과 폴딩을 지연시키는 “holdase” 또는 antifolding 활동을 포함하여 뚜렷한 기능을 가진 다양한 샤페론 계열이 있다. 예를 들어, 대장균 세균의 SecB는 단백질 응집 및 잘못된 접힘을 방지할 뿐 아니라 분비 단백질을 분비되기 쉬운 접히지 않은 형태로 유지하는 데 도움이 되는 강력한 접힘 방지 활성을 가지고 있다. 진핵생물의 분자 샤페론에는 **열 충격 단백질(heat shock proteins)**이 포함된다. 이들을 “열 충격” 단백질로 지정하는 것은 세포 스트레스 동안 이들의 농도가 상당히 증가한다는 사실을 반영한다. 열 충격 단백질은 아미노산의 소수성 스트레치에 결합하여 응집체 형성을 방지한다. 다른 부류의 분자 샤페론인 DNAJ 단백질과 함께 작은 열 충격 단백질은 접히지 않거나 잘못 접힌 단백질을 가용성 상태로 유지시킨다. 이러한 포획된 단백질은 Hsp70과 같은 더 큰 열 충격 단백질로 옮겨질 수 있으며, Hsp40으로도 알려진 DNAJ 단백질과 결합하여 단백질 재접힘을 촉진하고, 잘못 접힌 단백질의 파괴를 돕는다(그림 4.24). 반면에 Hsp90은 잘못 접힌 단백질과 상호작용하여 응집을 방지할 수 있지만 잘못 접힌 단백질을 원래 상태로 다시 접을 수는 없다. 대신, Hsp90은 200개 이상의 단백질의 활성화 및 안정화에 필요하며, 이들 중 다수는 세포 신호, 세포 주기 진행 및 전사 조절과 같은 필수 세포 과정에 관여한다.

접히지 않거나 잘못 접힌 “클라이언트”는 먼저 Hsp70과 상호작용한 다음 어댑터 단백질 Hop (Hsp70−Hsp90-organizing protein)을 통해 Hsp90으로 전달된다. 클라이언트에 대한 리간드 결합 또는 번역 후 변형과 같은 다른 형태의 클라이언트 활성화는 Hsp90−클라이언트 복합체에서 발생할 수 있다. ATP 가수분해는 복합체의 해리로 이어진다. Hsp90이 그 기능을 수행하면서 겪는 극적인 형태 변화는 정말 놀랍다. Hsp90은 C-말단에서 연결된 2개의 폴리펩티드의 유연한 이합체를 형성한다. 이 복합체는 부품의 대규모 역동적 변동이 가능하다. 이 활동을 위한 에너지는 자연의 표준 연료인 ATP를 ADP로 전환함으로써 생성된다(그림 4.25). ATP 결합 시 Hsp90의 N-말단 ATPase 도메인은 극적인 형태 변화를 겪어 ATP “뚜껑”이 닫힌다. 뚜껑을 닫은 후 2개의 Hsp90 폴리펩티드는 클라이언트 단백질과 결합하여 단단히 닫힌 구조를 형성하기 위해 서로 뒤틀린다. ATP의 가수분해 후 Hsp90 폴리펩티드는 N-말단에서 분리되고, ATP 뚜껑이 열리고, ADP와 무기 인산염이 활성 클라이언트 단백질과 함께 방출된다. 이 시점에서 전체 복잡한 주기가 다시 시작될 수

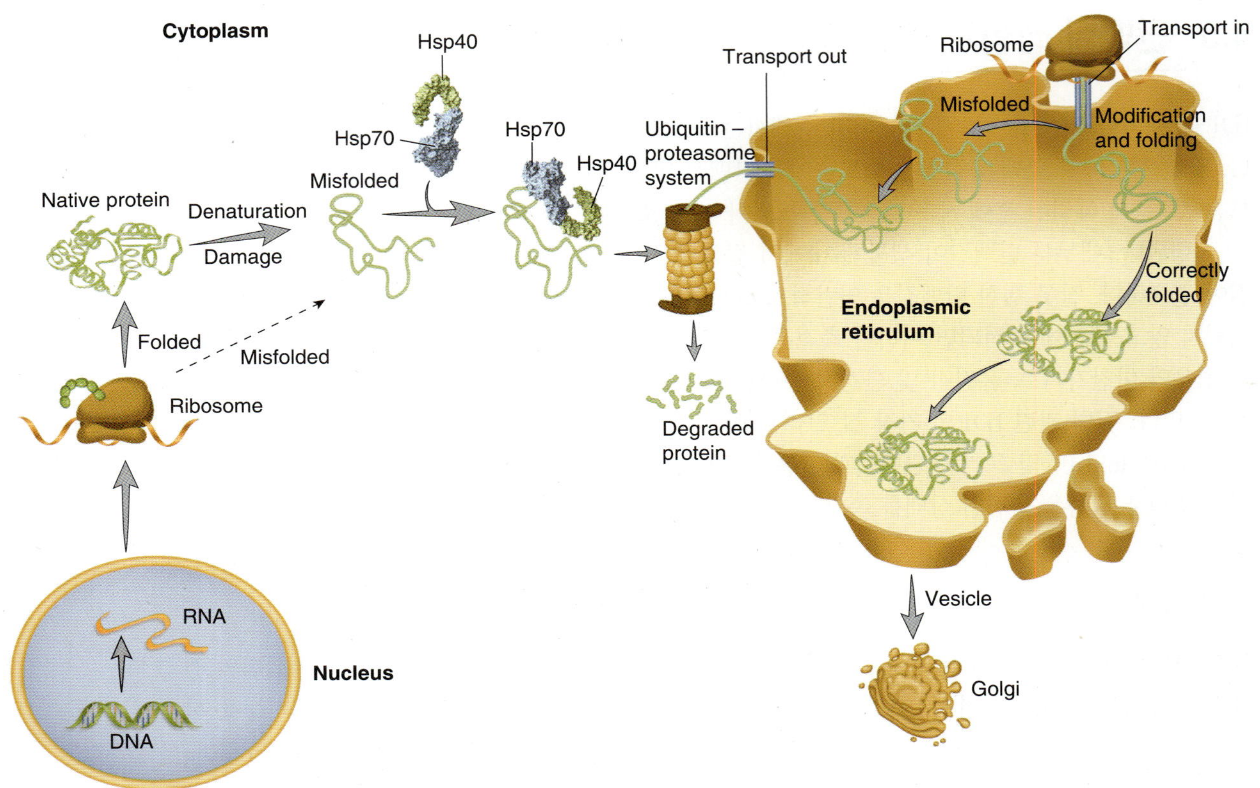

그림 4.24 단백질 접힘의 조절.
노출된 소수성 영역과 결합하여 분자 샤페론 Hsp70과 Hsp40은 새롭게 합성된 단백질의 접힘을 증진시킨다. 또는 잘못 접힌 단백질과 상호작용할 수 있고, 유비퀴틴-프로테아좀 시스템에 의해 분해를 촉진한다. 많은 새롭게 합성된 단백질은 소포체에 옮겨지고 분자 샤페론의 도움으로 접히게 된다. 올바르게 접힌 단백질은 골지체로 이동하고 세포로부터 분비된다. 잘못 접힌 단백질은 품질 조절 메커니즘에 의해 발견되고 분해되도록 표적화된다. (출처: Adapted from Goldberg 2003. *Nature* 426:895–899; and Dobson, C.M. 2003. *Nature* 426:884–890.)

있다.

세포 단백질 분해 기계에 대한 성공적인 표적화는 단백질이 가용성 상태를 유지하는 것을 요구한다. 샤페론은 이러한 용해도를 유지하는 데 도움이 된다. 예를 들어, 일부 분비된 단백질은 골지체를 통해 세포 외 환경으로 분비되기 전에 접힘이 일어나는 소포체로 전위된다. 소포체에는 광범위한 분자 샤페론과 접힘 촉매가 포함되어 있다. 예를 들어, 샤페론 외에도 접는 과정에서 잠재적으로 느린 단계를 가속화하는 여러 부류의 접힘 촉매가 있다. 가장 중요한 펩티드 프롤린 이성화 효소(peptidylprolyl isomerase, PPI)는 프롤린 잔기를 포함한 펩티드 결합의 시스-트랜스 이성체를 바꾸는 속도를 증가시키고, 단백질 이황화 이성화 효소(protein disulfide isomerase, PDI)는 이황화 결합의 형성과 재조직의 속도를 증진시킨다. 중요한 것은 단백질이 소포체로부터 나오기 전에 "품질 관리"라는 검사를 받는다는 것이다(그림 4.24 참조). 잘못 접힌 단백질은 **접히지 않은 단백질 반응(unfolded protein response, UPR)**에 의해 발견되고, 다른 경로로 보내진 후 유비퀴틴화되어 프로테아좀에 의해 세포질에서 분해된다.

또한, 단백질 잘못 접힘이 아닌 잘못된 구성을 가진 적어도 일부 유형의 단백질 복합체를 감지하는 **이량체화 품질 관리(dimerization quality control)** 경로가 진핵세포에도 존재한다. 예를 들어, 동종이량체로 기능하는 폴리펩티드를 암호화하는 단일 대립형질에서 돌연변이가 발생하면 돌연변이 폴리펩티드는 다른 대립형질에 의해 암호화되는 야생형 폴리펩티드와 상호작용하여 불활성

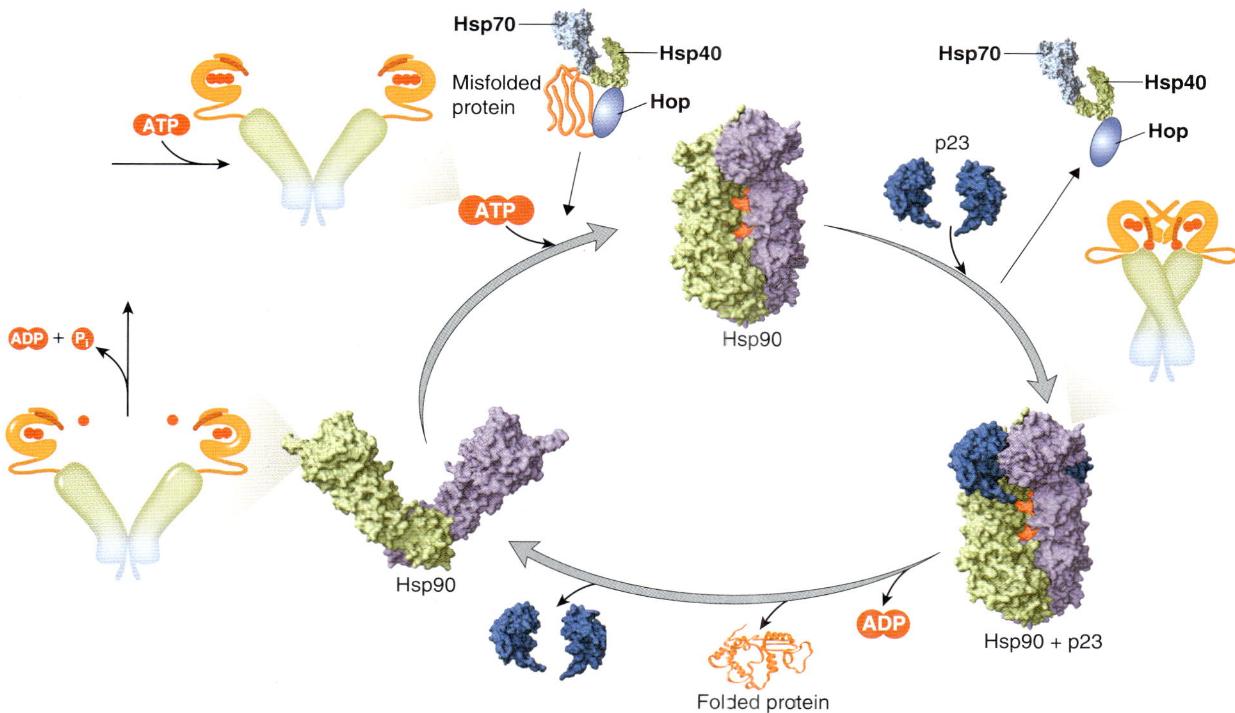

그림 4.25 Hsp90 샤페론 기능.
Hsp90는 ATP 결합과 가수분해 및 p23과의 상호작용에 의해 주요 모양 변화를 겪으면서 단백질 활성화를 매개한다. (출처: Modified from PDB: 3A3C7N; Wandinger et al. 2008. *Journal of Biological Chemistry* 283:18473–18477; and Mayer and Le Breton. 2015. *Molecular Cell* 58:8–20.)

이종이량체를 형성할 수 있다. 비활성 이종이량체는 이량화 품질 제어 경로에 의해 검출되고 프로테아좀 매개 분해로 표적화된다. 야생형 동종이량체는 분해되지 않고서 기능을 수행한다.

진핵세포에서 단백질 분해 경로

진핵세포는 농도를 급격히 감소시켜야 하는 세포 단백질을 분해하고 잘못 접히거나 변성된 단백질 및 세포가 흡수하는 외래 단백질을 파괴하기 위한 여러 세포 내 경로를 가지고 있다. 새로 합성된 단백질의 약 30%는 정상적인 조건에서 잘못 접혀 있다. 잘못 접힌 단백질은 위에서 설명한 대로 다시 접히거나 분해될 수 있다. 잘못 접힌 단백질은 처음에 분자 샤페론에 의해 인식되어 기질을 **유비퀴틴-프로테아좀 시스템(ubiquitin-proteasome system, UPS)**, **샤페론 매개 자가포식(chaperone-mediated autophagy, CMA)** 또는 **거대자가포식(macroautophagy)** 경로로 전달하며, 이는 잘못 접힘, 크기 및 용해도의 특성에 따라 다르다. 일반적으로 가용성 및 단량체성 잘못 접힌 단백질은 주로 UPS 및 CMA에 의해 분해된다.

1 **유비퀴틴-프로테아좀 시스템(UPS):** 진핵세포에서 가장 잘 규명된 단백질 분해 경로 중 하나는 UPS이다. **유비퀴틴(ubiquitin)**은 76개 아미노산으로 구성된 폴리펩티드로 세포에 널리 퍼져 있는 것에서 명명되었다. 기질 단백질과 유비퀴틴의 공유결합을 **유비퀴틴화(ubiquitination)**라 한다. 분해 경로에서 유비퀴틴은 E1, E2 E3의 세 가지 효소와 관련된 일련의 효소 반응을 통해 기질 단백질에 부착된다(그림 4.26). 유비퀴틴 활성화 효소 E1에 의한 활성화 후, 유비퀴틴은 유비퀴틴 결합 효소 E2로 전달된다. 그런 다음, E2 복합체는 E3 유비퀴틴 단백질 연결효소

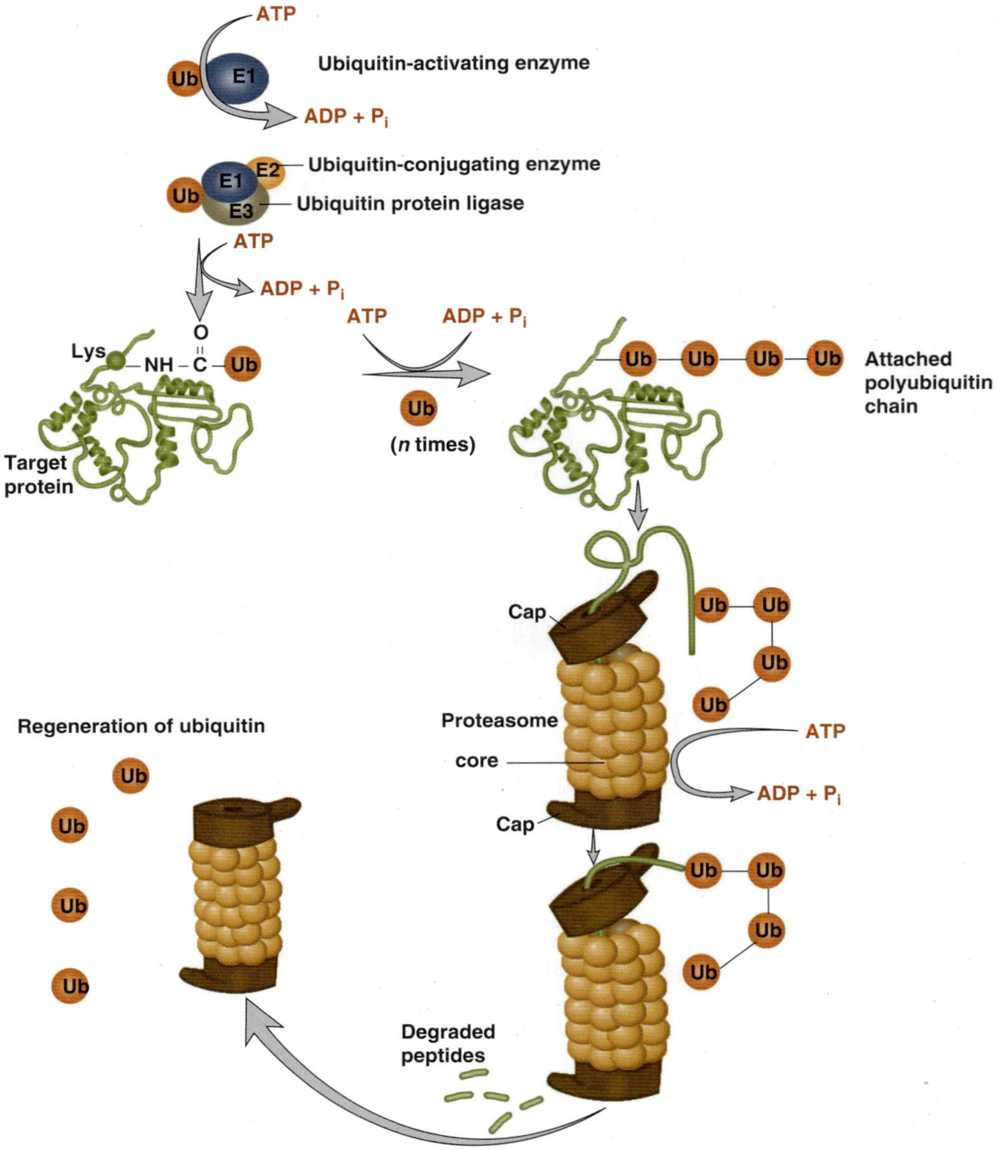

그림 4.26 유비퀴틴에 의해 매개되는 단백질 분해. 유비퀴틴(Ub)은 일련의 효소 매개 반응에 의해 단백질에 부착되고, 유비퀴틴이 연결된 단백질은 프로테아좀으로 표적화된다. 유비퀴틴은 해리되고 표적 단백질은 분해된다.

(ligase)에 결합하여 기질 단백질의 라이신(Lys) 잔기에 유비퀴틴을 부착시키는 복합체를 형성한다. 그런 다음, 또 다른 유비퀴틴 분자가 기질에 연결된 유비퀴틴 분자의 위치 48(Lys48)에 있는 라이신에 추가된다. 추가적인 유비퀴틴 전달은 유비퀴틴 분자의 Lys48 연결 사슬(폴리유비퀴틴)을 생성한다. Lys48과 연결된 유비퀴틴 사슬은 일반적으로 **프로테아좀(proteasome)**에 의한 기질 단백질의 분해 신호로 작용하는 반면, Lys63 연결 유비퀴틴 사슬은 세포 신호 전달 경로의 구성요소 또는 자가포식을 위한 표적 단백질을 함께 가져오는 분자 지지대 역할을 할 수 있다.

프로테아좀은 단백질분해효소(protease) 활성을 포함하는 중심부와 각 끝에 조절 캡으로 구성된 큰 통 모양의 단백질 복합체이다. 캡은 다시 뚜껑과 베이스로 나뉜다. 베이스는 6개의 ATPase 링으로 구성되어 있는데, 이 링은 기질을 중심부의 내강으로 접히지 않은 상태로 이동시키는 것으로 생각된다. 뚜껑–밑면 경계면 및 뚜껑에는 유비퀴틴 사슬 수용체와 분해되기 전에 기질 단백질로부터 유비퀴틴 사슬을 절단하는 이소펩티다제가 각각 포함되어 있다.

2 **샤페론 매개 자가포식(CMA):** CMA에서 라이신–페닐알라닌–글루탐산–알지닌–글루타민

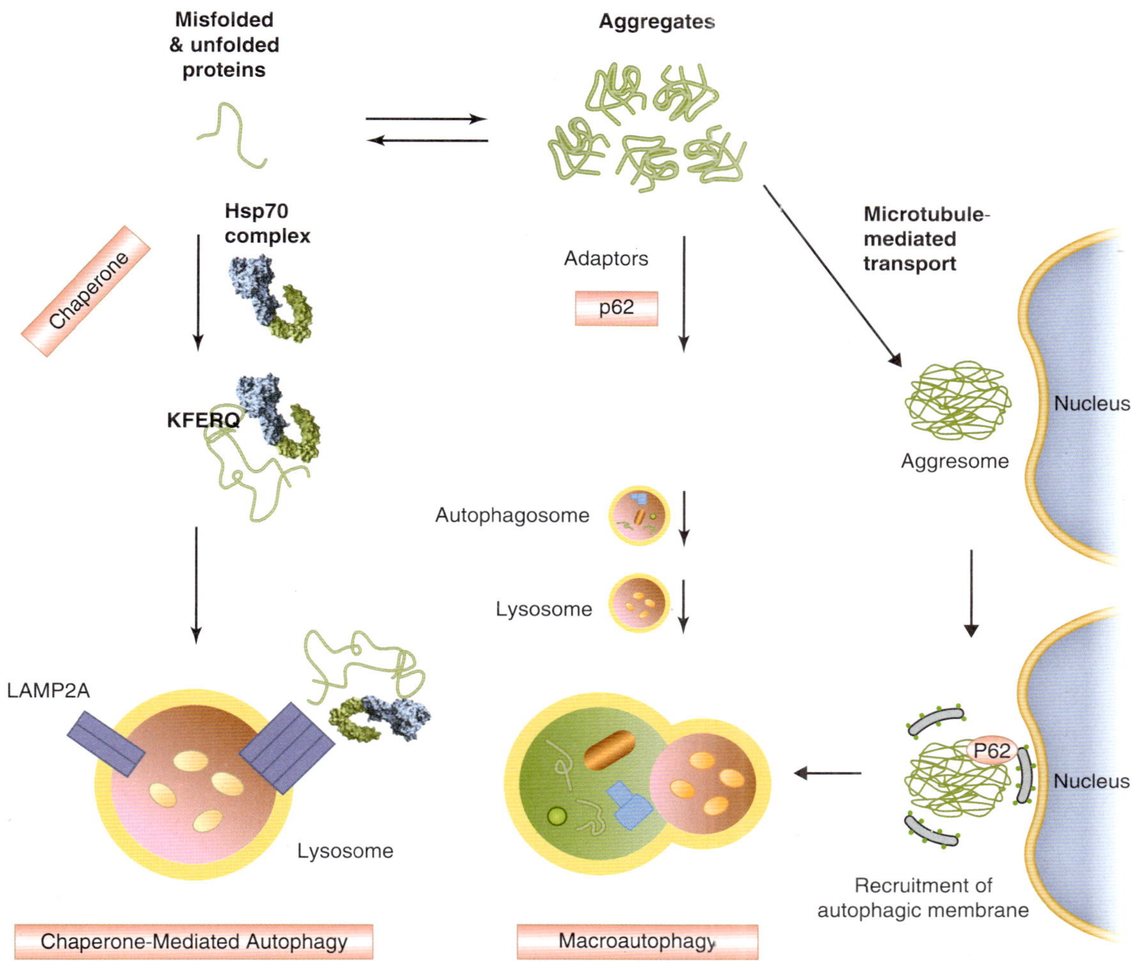

그림 4.27 샤페론 매개 자가포식과 자가포식.
KFERQ 모티프가 있는 잘못 접힌 단백질과 접히지 않은 단백질은 분해를 위해 리소자임으로 직접 전달된다. 응집된 단백질 또는 어그레솜은 자가포식소체에 의해 삼켜지고 리소자임과 융합된다.

(KFERQ)으로 구성된 아미노산 모티프를 가지는 잘못 접힌 단백질은 다른 샤페론과 결합한 Hsp70에 의해 인식되고 결합된다(그림 4.27). 잘못 접힌 단백질은 이후 산성 내부를 가진 막 결합 소기관인 **리소좀(lysosome)** 막의 리소좀 결합 막 단백질 2(lysosomal-associated membrane protein 2, LAMP2) 복합체로 전달된다. 내강으로 전위되면 잘못 접힌 단백질은 리소좀 가수분해효소에 의해 구성요소 아미노산으로 분해된다.

3 **거대자가포식:** 잘못 접힌 단백질의 집합체는 Hsp70과 같은 분자 샤페론에 의해 직접 인식되고, 유비퀴틴 연결효소에 의해 유비퀴틴화된 다음, 거대자가포식 경로로 전달될 수 있다(그림 4.27). 표적 단백질 응집체는 어댑터 단백질 p62와 결합하고, 이어서 **자가포식소체(autophagosome)**에 의해 삼켜지며 분해를 위해 리소좀과 융합된다. 또는 단백질 응집체는 **어그레솜(aggresome)**과 같은 특정 세포 부위에서 능동적으로 격리될 수 있다. 어그레솜은 잘못 접힌 단백질, 샤페론 및 미세소관 구성 센터의 핵 옆에 위치한 프로테아좀 구성요소의 집합이다. 잘못 접힌 단백질의 집합체는 모터 단백질 다이네인에 의해 미세소관을 따라 어그레솜으로 표적화된다. 이러한 격리는 잠재적으로 독성이 있는 단백질 응집체의 축적을 감소시켜서, 결국 프로테아좀 매개 분해 또는 거대자가포식에 의해 제거될 수 있다고 생각된다.

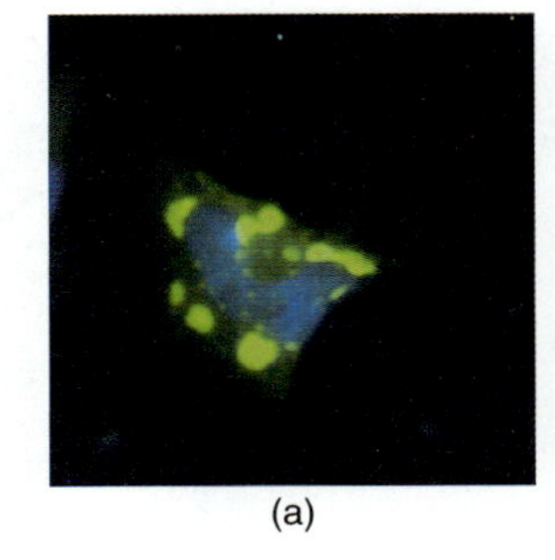
(a)

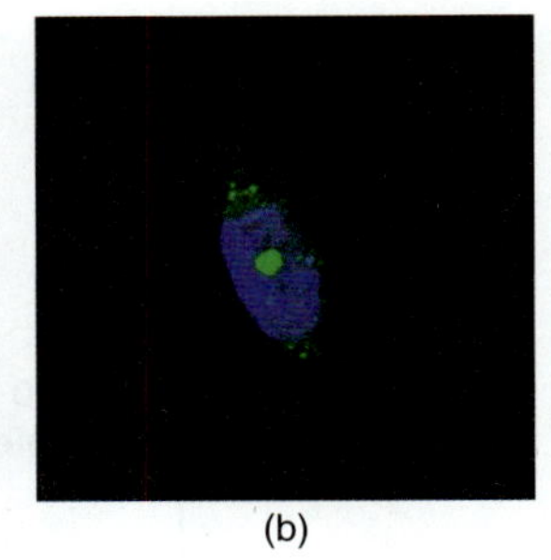
(b)

그림 4.28 거대분자의 상분리는 막이 없는 소기관을 형성한다.
(a) 스트레스 과립, 단백질 및 RNA 분자로 구성된 세포질 응집체(대부분 정지된 번역 개시 복합체)는 열, 기아 또는 감염과 같은 세포 스트레스에 반응하여 가역적인 방식으로 형성된다. (b) 어그레솜은 잘못 접힌 단백질, 샤페론 및 프로테아솜의 구성 요소의 집합이다. (출처: Photos courtesy of Veronica Nagle and Dr. Shantà Hinton, College of William and Mary.)

원핵세포에서 단백질 분해 과정

지금까지 초점이 진핵세포에 있었지만, 원핵생물(세균 및 고세균)도 잘못 접힌 단백질을 선택적으로 표적하여 파괴하는 메커니즘을 가지고 있다. 손상되거나 잘못 접힌 단백질을 처리하는 것은 급변하는 환경과 스트레스가 많은 조건에 지속적으로 직면하는 원핵생물에게 있어 특히 중요하다. 단백질은 단백질의 일부인 아미노산 모티프 **데그론(degron)**을 노출시키는 형태의 변화에 의해 또는 특정 조건에서만 이용 가능한 특정 어댑터 단백질에 결합함으로써 분해의 표적이 될 수 있다. 일부 세균 단백질 내의 특정 알지닌 잔기의 인산화 또는 일부 고세균 단백질에 대한 비-유비퀴틴 폴리펩티드 태그의 추가는 또한 파괴를 위해 단백질을 표시할 수 있다. 과정이 어떻게 시작되는지와 관계없이 단백질은 분해되는 단백질 가수분해효소 복합체로 전달된다.

상 분리

세포가 어떻게 구성되어 있는지 생각할 때, 미토콘드리아 및 리소좀과 같은 친숙한 막 결합 세포소기관의 집합체를 상상할 것이다. 그러나 세포의 내용물은 기름과 식초를 섞을 때 형성되는 물방울과 유사하게 **상 분리(phase separation)**에 의해 막이 없는 구획으로 분리될 수도 있다. 상 분리 또는 더 정확하게는 액체-액체 상 분리(LLPS)는 반응을 촉진하기 위해 특정 거대분자를 집중시키고 다른 분자는 배제함으로써, 세포의 혼잡한 혼돈에서 질서를 만드는 데 도움이 된다. 리보솜이 조립되는 핵소체(12장 참조), 어그레솜, 그리고 **스트레스 과립(stress granules**; 그림 4.28)과 같이 상 분리에 의해 형성되는 막 없는 구획은 매우 역동적이다. 그들은 세포의 특정 위치와 환경에 반응하여 빠르게 조립되고 용해되며, 주변 세포와 물질을 교환한다. 상 분리는 어떻게 발생하는가? 세포의 세포질 내의 균질한 용액은 나머지 세포질과 비교하여 거대분자의 농도를 100배까지 가질 수 있는 단백질 및 RNA의 조밀한 액체 방울로 합쳐진다. 그 액체 방울은 분자 사이의 긴밀한 연결에 의해 함께 유지되는 하이드로겔과 유사한 특성을 가진다. 여러 상호작용 도메인 또는 본질적으로 무질서한 영역이 있는 단백질은 상 분리를 촉진할 수 있다. 세포에 대한 효과적인 구획화 전략이지만, 단점은 결함이 있는 상 분리가 질병과 관련되어 있다는 것이다. 응집된 액체 방울이나 하이드로겔은 유해하고 단단한 응집체를 형성할 수 있으며, 자발적인 근육을 조절하는 신경세포의 죽음을 유발하는 진행성 신경 퇴행성 질환인 **근위축성 측색 경화증(amyotrophic lateral sclerosis**, ALS; 루게릭병으로도 알려짐) 같은 장애를 초래할 수 있다.

단백질 잘못 접힘에 의한 질병

복잡하게 접힌 기능적 형태의 단백질이 응집체로 전환되고, 단백질 분해체계가 손상되는 것은 적어도 20가지 질병과 관련이 있다. 이러한 질병에서, 일반적으로 용해되는 단백질은 **아밀로이드 미세섬유(amyloid fibrils**; 또는 아밀로이드 유사 미세섬유)로 알려진 불용성 독성 침전물로서 다양한 조직의 세포 외 또는 세포 내 공간에 축적된다. 아밀로이드 유사 미세섬유에 있는 단백질은 “교차

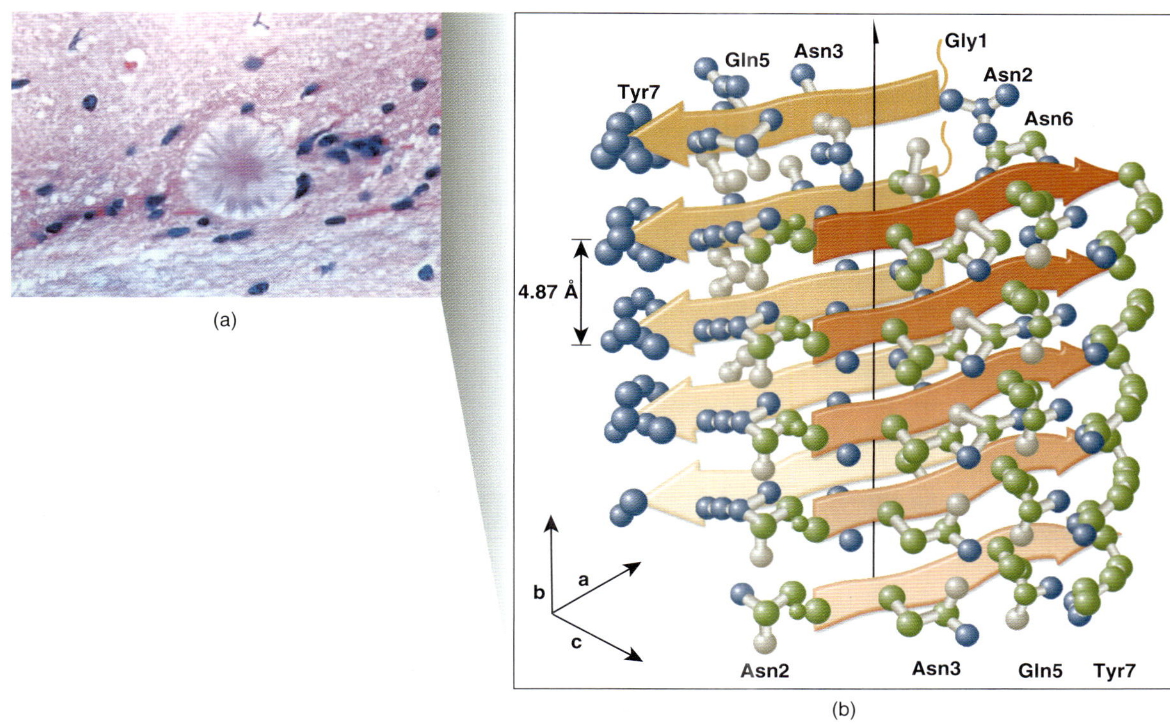

그림 4.29 아밀로이드 유사 미세섬유.
(a) 새로운 변이체 Creutzfeldt–Jakob 질병에 감염된 생쥐의 뇌 부위를 보여주는 광학현미경 사진. 신경세포의 핵(진한 파란색점)을 보여준다. 중앙에는 잘못 접힌 단백질의 침전인 둥근 아밀로이드 플라크가 있다. (출처: James King-Holmes/Science Source.) (b) 아밀로이드 유사 미세섬유의 크로스 β-골격의 원자 구조. 구조는 건조한 경계면이 있는 한 쌍의 역평행 β-병풍 구조이다. 각 β 가닥의 골격은 평평한 화살표로 표시된다. 두 장의 병풍은 지퍼의 이(teeth)와 같은 역할을 하는 곁사슬로 단단히 결합되어 있다. (출처: Reprinted from Nelson, R., et al. 2005. *Nature* 435:773–778, copyright © 2005 Springer Nature.)

β-판"이라고 하는 배열에서 미세섬유축에 수직으로 배향된 β-병풍 구조의 연속 배열로 접힌다(그림 4.29). 이러한 과정에 관여하는 단백질은 가용성 단백질에서 불용성 크로스-β 판이 풍부한 미세섬유로 전환하는 능력을 제외하고는 공통점이 거의 없다. 접힘 오류를 방지하기 위한 특정 보호 메커니즘이 없으면, 많은 단백질이 이 아밀로이드 상태에 빠질 수 있다.

단백질 잘못접힘 질환은 **알츠하이머병(Alzheimer's disease**; Disease Box 15.1 참조), **파킨슨병(Parkinson's disease)** 및 **헌팅턴병(Huntington's disease)** 같은 신경 퇴행성 질환뿐만 아니라, **제2형 당뇨병(type 2 diabetes**; 표 4.4)을 포함한다. 알츠하이머병과 파킨슨병은 가장 흔한 인간의 신경퇴행성 질환이다. 알츠하이머병은 기억과 학습에 영향을 미치며, 파킨슨병은 운동 장애이다. 이 질환들은 전 세계적으로 약 5천만 명의 사람들에게 영향을 미치며, 대다수의 질병 사례는 꽤 산발적이다. 알츠하이머병과 파킨슨병에서는 각각 IDP인 아밀로이드-β와 α-시누클레인의 수치가 높아진다(그림 4.15 참조). **다운 증후군**이 있는 사람은 생애 초기에 알츠하이머 증상이 나타난다. 아밀로이드 전구체 단백질 유전자는 21번 염색체에 위치하며, 다운증후군 환자는 21번 염색체(21번 삼염색체)의 전체 또는 부분 사본이 3개 있기 때문에 유전자 발현 수준이 증가하고 아밀로이드-β가 축적된다.

단백질 잘못접힘 질병에는 가축의 스크래피 및 광우병(소 해면상 뇌병증), 엘크 및 사슴의 **만성 소모성 질환(chronic wasting disease, CWD)**, 인간의 **쿠루** 및 **크로이츠펠트–야콥병** 같은 **전염성 해면상 뇌병증(transmissible spongiform encephalopathies)**도 포함된다(Disease Box 4.1). 전염

표 4.4 몇몇 잘못 접힌 단백질 관련 사람의 질병들.

Disease	Misfolded protein	Nature and location of lesions
Alzheimer's disease	Amyloid-β Tau	Extracellular plaques and tangles in neuronal cytoplasm
Parkinson's disease	α-Synuclein	Neuronal cytoplasm
Huntington's disease	Polyglutamine expansion in huntingtin protein	Neuronal nuclei and cytoplasm
Type 2 diabetes	Islet amyloid polypeptide (amylin)	Aggregates in pancreas
Creutzfeldt–Jakob disease	Prion protein (Prp^{Sc})	Extracellular plaques and oligomers, inside and outside of neurons

Disease Box 4.1

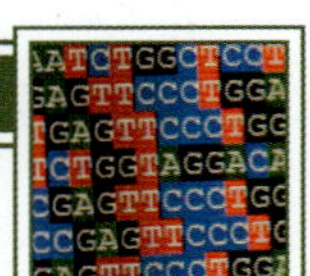

프리온

프리온(prion, 단백질성 감염성 입자)은 매우 특이한 감염성 매체이다. 그들은 포유류에서 전염성 해면상뇌증이라 불리는 희귀한 뇌-소모병의 원인이다. 이 진행성 퇴행성 뇌질환은 뇌에 해면과 같은 구멍, 치매 그리고 자발적인 움직임의 근육조절상실(운동실조)이 특징이다. 치료법은 아직 없고 상당히 진행될 때까지는 확실한 진단 방법도 없다. 증상이 한번 나타나면, 6~12개월 안에 죽는다. 프리온 질병은 사람과 동물들에게서 발생한다. 이 질병의 원조는 양과 염소에서 발견되었는데, 감염된 동물들이 똑바로 서 있기 위해 울타리에 문지르는 것을 발견하고서 "스크래피"라고 불렀다.

"프리온 만으로" 감염의 가설

연구자들은 전염성 해면상뇌증에 대한 감염원을 분리하기 위해 노력을 시작했을 때, 그들은 유별난 특징들을 알아냈다: 감염성 질병의 특징적인 면역 반응의 결핍, 긴 잠복기(40년 이상), 그리고 세균과 바이러스를 파괴하는 방사선에 대한 전염성의 저항력. 여러 연구 방법의 결론은 감염원은 신체 내에서 스스로 복제할 수 있는 놀라운 능력을 가진 단백질이라는 것이었다. 그 감염성 단백질은 스크래피 프리온 단백질(PrP^{Sc})로 지정되었다. 그 다음 놀라운 발견은 프리온 PrP^{Sc}가 세포의 유전자에 의해서 지정된 정상적인 숙주 단백질 PrP^{C}와 같은 아미노산 서열을 가진다는 것이었다. 정상 단백질과 감염성 단백질의 유일한 차이점은 구조에 있다. PrP^{Sc}는 PrP^{C}와 비교하여 변경된 삼차원 접힘 모양을 가진다(그림 1). 이 구조적 변형에 따라 PrP^{Sc}는 집합체가 되고, 비변성 세제에서 녹지 않으며, 단백질 분해효소와 열에 저항성이 있고, 표준 살균기술로부터 살아남을 수 있다. 가장 중요한 것은, PrP^{Sc}는 감염성이고 숙주세포 내에서 내재하는 PrP^{C}를 PrP^{Sc} 형태로 바꿀 수 있다는 것이다. 이러한 프리온 단백질의 특성은 이들이 위험하고 이들을 대상으로 하여 연구하는 것을 특히 어렵게 만든다.

정상적인 PrP^{C} 단백질은 28 kDa 세포 표면 당단백질로 신경세포에 발현된다. PrP^{C}는 신경 주위의 미엘린 껍질의 유지를 돕고, G 단백질 결합 수용체인 Adgrg6를 통해 작용하여 슈반세포에서 cAMP의 수준을 증가시켜서 적합하게 기능하도록 한다. 감염에 대한 "프리온만으로" 또는 "단백질만으로" 모델은 다음과 같다. 프리온은 숙주 단백질 PrP^{C}이 번역 후 잘못 접혀 새로운 프리온을 형성하는 연쇄 반응을 통해 전파된다(그림 2). 정상적인 세포의 프리온이 비정상적으로 접힌 형태로 변하면 섬유체와 집합체의 형태로 된다. 집합체는 함께 뭉쳐서 뇌세포 주위를 둘러싸는 아밀로이드 플라크를 형성하여 뇌세포를 붕괴하도록 유도함으로써 뇌에 특징적인 구멍을 만든다. 1997년에, Stanley B. Prusiner가 프리온 병리학의 모델에 관한 연구로 노벨상을 받았다. 감염에 "프리온 만으로" 가설은 회의론적으로 받아들여졌고, 몇몇 연구자들은 감염성 매체가 바이러스라고 믿었다. 형질전환 동물 실험은 PrP^{C} 유전자 생성물과 프리온 질병과의 연관성을 강화했다. PrPC의 필수적인 역할은 PrPC가 결핍된 생쥐가 질병에 저항성이 있고 프리온을 전파할 수 없다는 사실을 발견함으로써 확립되었다. 지금까지 가장 강력한 증거는 시험관 내에서 만들어진 PrP^{Sc}가 야생형 햄스터에서 프리온 질병을 일으킬 수 있음을 보여주는 실험에서 나온다.

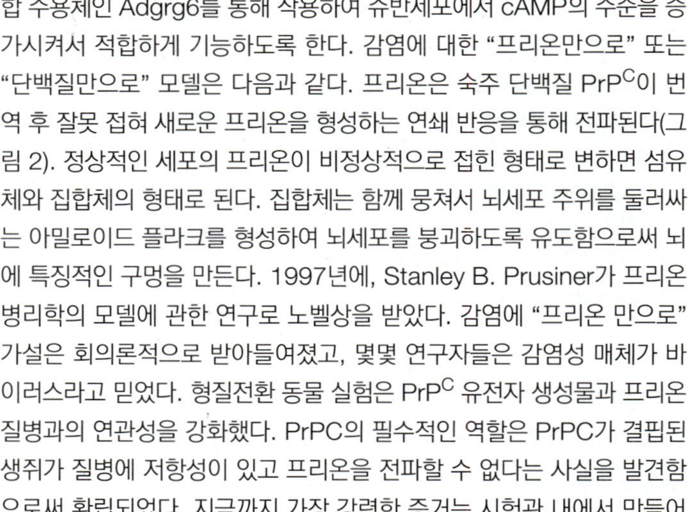

산발성, 유전성, 감염성의 전염성 해면상뇌증

프리온은 고유한 작용으로 인해 산발적이고 유전되며, 감염성이 있다. 산발적인 형태인 Creutzfeldt–Jakob야곱 질병(CDJ)은 백만 명 중의 한 명이 영향을 받는다. 이 질병에서, PrP^{C} 잘못 접힘은 자발적이고 "자가감염"에 의해 더 많은 프리온이 발생한다. 일부 사례는 인간 시체의 뇌하수체에서 추출한 성장 호르몬의 사용과 관련이 있다. 1958년부터 1985년까지 약 30,000명의 사람, 대부분이 키와 몸무게가 정상 범위로 성장하지 않은 아이에게 시체에서 파생된 인간 성장 호르몬이 주사되었다. 이후 일부 성장호르몬 제제가 프리온에 오염되어 현재까지 226건의 CJD가 발생했다는 사실이 밝혀졌다. CJD는 잠복기가 길기에 시간이 지남에 따라 더 많은 사례가 발생할 수 있다. Gerstmann–Sträussler–Scheinker 증후군과 치명적 가족 불면증처럼, 이 질병 유전성의 상염색

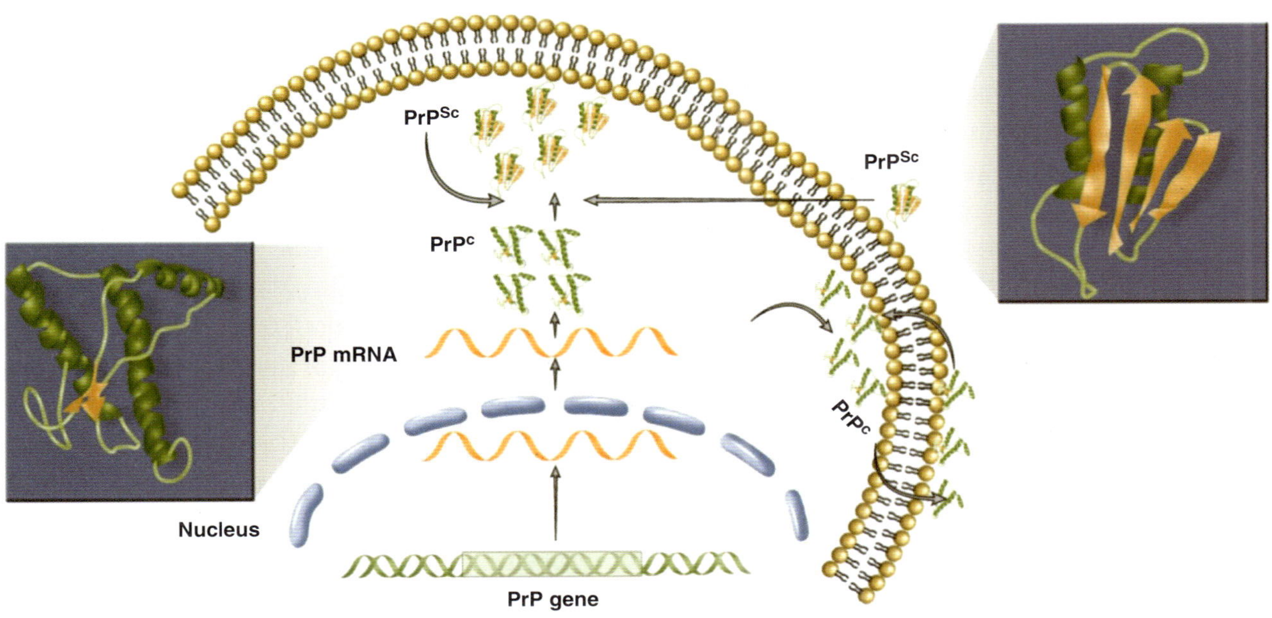

그림 1 프리온은 감염성 단백질이다.
PrP^{c}는 합성되고 세포 표면에 운송되어 결국 내재화된다. PrP^{Sc}로 표시된 프리온은 세포 표면 혹은 내재화된 후에 PrP^{C}를 PrP^{Sc}로 촉매적 변화를 유발한다. PrP^{C}(왼쪽 삽입)가 PrP^{Sc}(오른쪽 삽입)로 잘못 접히며, PrP^{Sc}는 많은 수의 β-병풍 구조(평면의 화살모양)와 소수의 α-나선(코일 리본모양) 구조를 가진다. (출처: Redrawn from Weissmann 2004. *Nature Reviews Microbiology* 2:861–871.)

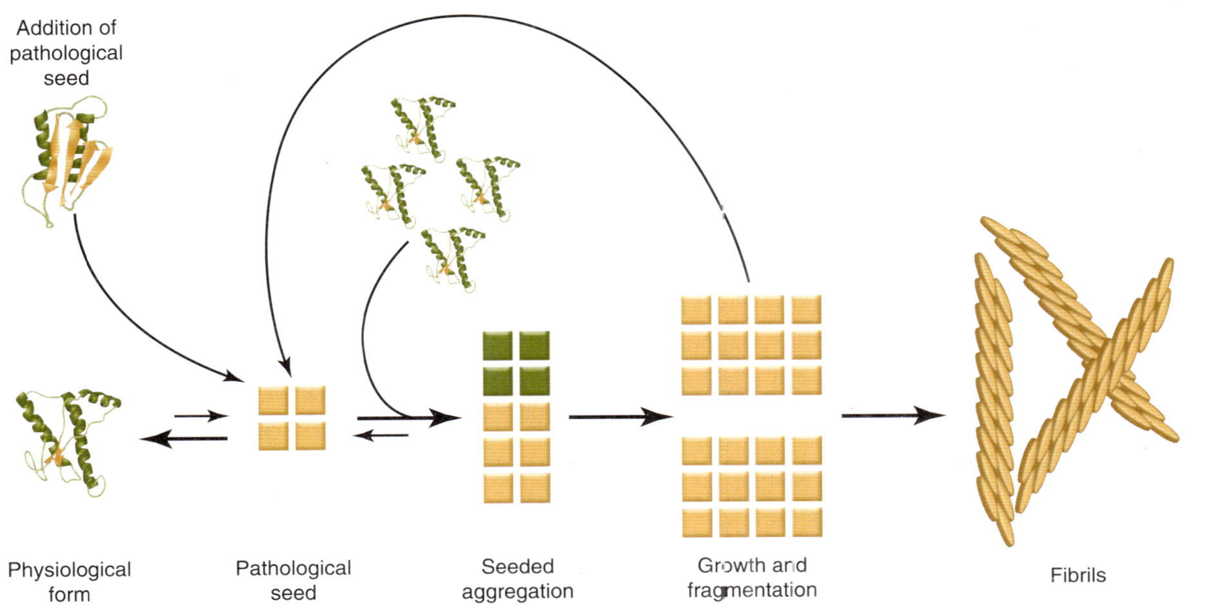

그림 2 프리온 전파 모델.

체 우성 소질은 자발적으로 프리온 형태로 잘못 접히는 경향이 더 큰 단백질 생성물을 가진 돌연변이 PrP^C 유전자를 포함한다. 첫 번째로 사람에게 나타난 감염성 질병은 1957년에 기술되었으며, 쿠루병(떨림)이라고 불리었다. 종교적인 식인주의의 결과로 한때 뉴기니아 포어 인구집단에서 만연하였다. 127번 잔기(G127V)에서 글리신 대신 발린이 있는 새로운 PrP^C 변이체는 이형접합 상태의 프리온에 대한 강력한 보호 기능을 제공한다. 실험 결과, G127V 변이체와 야생형 인간 PrP^C를 모두 발현하는 형질전환 생쥐는 쿠루 및 고전 CJD 프리온을 포함한 다양한 프리온 변형에 완전히 내성이 있는 것으로 나타났다. 연구자들은 PrP^C의 다른 내성 변이체의 구조적 차이점을 이해하는 것이 치료제 개발에 대한 통찰력을 제공할 수 있기를 희망하고 있다.

더 이상 감염된 뇌를 먹지 않으며, 환자 치료에 재조합 성장 호르몬만 사용되었지만, 소 해면상뇌(광우병)를 가진 소로부터 만들어진 산물을 먹음으로써 새로운 변이체 CJD(vCJD)가 사람에게서 나타나게 되었다. 고기근육은 안전해 보이지만, 감염된 소로부터 뇌 혹은 척수 조직에 오염된 근육은 치명적일 수 있다. 1995년에, 유럽에서 150명 이상의 사람들이 인간 광우병에 걸렸다. 이제까지 한 번의 광우병이 미국에서 발견되었으며, 감염된 동물은 제거하였다. 만성적인 소모병은 미국의 엘크와 사슴에 있는 비슷한 질병이다. 그 만성 소모병이 사람에게 전염된다는 증거는 아직 없지만 만성 소모병이 훨씬 더 널리 퍼지고 있기 때문에 우려가 커지고 있다. 프리온은 또한 효모와 다른 곰팡이에서 발견된다. 효모 프리온은 기능적으로 또는 구조적으로 포유류의 것과 관련 없으나, 안정적으로 유전될 수 있는 형질과는 연관되어 있다. 효모 프리온은 인위적으로 도입할 수 있을지라도 자연적으로 세포를 감염시키지는 않는다.

감염으로부터 질병에 이르기까지의 경로

프리온 감염은 4단계로 구분된다. 침투, 전좌, 증식, 그리고 발병 병리. 말단에서 침투와 증식이 빠르게 (생쥐에게서 며칠에서 몇 주 안에) 발생하더라도, 징후가 쥐에게서는 몇 달 후에 나타나고 사람에게서는 몇 년에서 몇 십 년 후에 나타난다. 포유류의 프리온은 대개 입을 통해 받아들여진다. 위장계의 내벽을 침투한 후에 임파선계에 들어가고, 말초신경계에 침투하며, 궁극적으로 중앙신경계까지 이르게 된다. 프리온은 뇌에서 증식하며, 어떤 숙주에서는 비장에서도 증식한다. 프리온 증식을 위해서는 PrP^C의 발현이 필요하다. 프리온은 혈액에서 발견되지만 감염 전파에 있어서 순환계의 역할은 아직 알려지지 않았다. 프리온은 별개의 스트레인이 있으며, 징후가 처음 나타났을 때까지의 잠복시간과 징후의 특별한 성질에 의해서 구분된다. 이 단백질이 면역계를 회피하고 뇌에 손상을 주는 방법은 아직 밝혀지지 않은 채 남아 있다.

성 단백질 접힘 질병은 자가 전파 및 감염이 되는 대체 구조를 채택하는 단백질인 **프리온(prions)**에 의해 발생한다. 내포물은 소수의 세포에서 형성되는 것으로 생각되며, 시간과 유전적 소인이 주어지면 확률론적 방식으로 뇌 전체에 퍼질 수 있다. 프리온 이외의 잘못 접힌 단백질이 전염될 수 있을까? 보다시피 이 질문에 대한 답은 여전히 논쟁의 대상이다.

최근 연구 결과는 제2형 당뇨병이 발병하는 동안 췌장 조직에 침착된 섬 아밀로이드 폴리펩티드(islet amyloid polypeptide, IAPP)로 구성된 잘못 접힌 응집체가 개인의 췌도 전체에 퍼질 수 있음을 시사한다. 이 확산은 인간 프리온 질병을 연상하게 하지만, 제2형 당뇨병, 알츠하이머병, 파킨슨병의 전염은 개인 간에 입증되지 않았기 때문에 이러한 잘못 접힌 단백질에 대하여 "프리온"이라는 용어를 사용하기는 꺼려진다. 그러나 문제는 잘못 접힌 α-시누클레인 단백질이 프리온과 같은 형태로 전환돼서 인간에게 다계통 위축(multiple system atrophy, MSA)을 유발할 수 있다는 최근 보고이다. MSA는 자율 신경계 기능의 느리고 점진적인 상실을 특징으로 하는 드문 성인 발병 신경퇴행성 질환(50세 이상 인구 100,000명당 3명)이다. 실험에 따르면, 인간 MSA 형태의 α-시누클레인에 감염된 생쥐 뇌 조직이 다른 건강한 생쥐의 뇌에 직접 주입되었을 때 주입된 생쥐가 MSA와 유사한 증상을 나타내었다. 그러나 질병은 생쥐의 우연한 접촉이 아니라 뇌 조직과의 직접적인 접촉에 의해서만 퍼졌다. 이 발견은 전문 의료 또는 연구 환경 외에, 잘못접힌 MSA형 α-시누클레인에 의한 감염의 명백한 위험이 없음을 시사한다.

좀 더 밝은 관점에서, 최근 연구에 따르면 숙면은 뇌에서 아밀로이드-β와 타우 단백질 제거를 촉진하는 반면, 수면 부족은 알츠하이머병 병리를 촉진한다. 그러므로 숙면을 취하고 마음과 몸을 건강하게 유지하자. —특히 분자생물학 시험 전날 밤에.

장 요약

유전자는 유전정보를 리보솜으로 전달하는 mRNA로 전사된다. mRNA 서열은 단백질의 아미노산 서열로 번역된다. mRNA는 5′에서 3′ 방향으로 읽히며, 같은 방향으로 번역된다. 단백질은 아미노 → 카복실 방향으로 만들어지는데, 이는 아미노 말단에 있는 아미노산이 처음 더해진다는 것을 의미한다.

유전암호는 mRNA의 3개 염기 코돈의 집합체로서 리보솜이 특정 아미노산을 폴리펩티드로 삽입되도록 지시한다. 각 염기는 단지 한 코돈의 부분이다; 즉, 삼중부호는 겹치지 않는다. 3개의 종결 코돈을 포함하여 모두 64개의 코돈이 있다. 특별한 상황에서는 종결 코돈이 21, 22번째 아미노산인 셀레노시스테인과 피롤라이신을 지정한다. 아미노산보다 더 많은 코돈을 갖는다는 것은 부호가 매우 퇴화되었다는 것을 의미한다. 몇몇 tRNA는 같은 아미노산에 붙지만 다른 mRNA 코돈을 인식한다. 추가로, 코돈의 세 번째 염기는 GU 와블 쌍 또는 변형 염기인 이노신이 U, C, A와 결합하는 것처럼, 안티코돈과 비정상적인 왓슨-크릭 염기쌍(non-Watson-Crick)을 허용한다. 서로 다른 코돈이 사용되는 빈도는 서로 다른 유기체와 동일한 유기체 내의 단백질 사이에서 상당히 다르다. 이러한 차별적 사용을 코돈 편향이라 한다. 유전 암호는 엄격하게 보편적이지는 않다. 어떤 진핵세포 핵과 미토콘드리아 그리고 마이코플라즘에서, 표준 유전암호에서의 종결 코돈이 트립토판과 글루타민 같은 아미노산을 지정할 수 있다. 몇몇 미토콘드리아 유전체와 적어도 한 효모의 핵에서, 코돈의 의미는 한 아미노산에서 다른 아미노산으로 바뀐다.

단백질은 아미노산이 펩티드 결합으로 연결된 중합체이다. 폴리펩티드에서 아미노산 서열은 1차 구조이다. 이것은 각 단백질의 특징적인 구조와 기능을 주는 서로 다른 곁사슬을 가진 아미노산의 배열로 되어 있다. 단백질의 삼차원 공간에서 구조는 아미노산 서열에 의해 결정되며, 이러한 구조를 예측하는 것은 과학자들에게 도전으로 남아 있다. 아미노산은 이웃에 있는 아미노산과 상호작용하여 α-나선과 β-병풍 구조를 포함하는 2차 구조를 형성한다. 폴리펩티드의 전체적인 삼차원 공간에서 모양이 단백질의 3차 구조이며, 다른 폴리펩티드(소단위체)와 상호작용하여 4차 구조가 만들어진다. 3차와 4차 구조는 비공유 상호작용과 시스틴잔기 사이에 형성된 이황화 결합 같은 공유결합에 의해 안정화된다. 단백질 대부분은 전체 모양이 구형이다. 3차 구조의 다른 뚜렷한 부류는 섬유상 단백질과 막 단백질이다. 단백질은 특정 기능과 관련된 여러 도메인을 포함한다. IDPs와 무질서한 영역이 있는 구조화된 단백질은 안정적인 3차 구조를 형성하지 않지만, 구조적 유연성으로 인해 다양한 생물학적 기능에서 핵심적인 역할을 할 수 있다.

단백질은 생명에 필수적인 화학 반응을 촉매하는 효소 역할을 포함하여 매우 다양한 구조와 기능을 가진다. 효소는 반응에 참여하는 화학작용기의 활성화 에너지를 낮춰 반응의 속도를 증가시킨다. 효소 대부분은 기질이 결합하면 효소의 구조가 바뀌는 유도적합 메커니즘으로 작용한다. 특정 티로신, 세린, 트레오닌 잔기에 가역적인 인산화 같은 번역 후 변형은 효소와 다른 단백질의 기능을 조절하는 중요 메커니즘이다. 다른자리 변형은 도 다른 중요한 조절 메커니즘이다. 예를 들어, 다른자리 효과 분자가 효소에 결합하면 효소는 활성을 띠거나 불활성화될 수 있다. 사이클린, 의존 인산화효소(CDK)는 조절 단백질인 사이클린과 결합하고 인산화 변형을 거쳐야만 활성화된다.

단백질 대부분은 세포 내에서, 리보솜에 있을 때나 세포질로 방출된 후에 또는 소포체 같이 특정 구획에서, 올바르게 접히기 위해서는 분자 샤페론이 필요하다. 진핵생물에서 잘못 접힌 단백질은 UPS에 의해 분해되도록 표적화될 수 있다. 이 경로에서 일련의 효소 반응을 통해 유비퀴틴 분자 사슬이 잘못 접힌 단백질에 부착된다. 폴리유비퀴틴은 단백질 분해를 위해 단백질을 프로테아좀으로 표적화한다. 잘못 접힌 단백질의 집합체는 CMA 또는 자가포식에 의한 분해를 위해 리소좀으로 전달된다. 원핵생물에서 잘못 접히거나 손상된 단백질은 여러 경로를 통해 프로테아제 복합체로 전달된다.

세포의 내용물은 상 분리에 의해 액체 방울로 분리되어 핵소체, 응집체 및 응력 과립처럼 매우 역동적인 막 없는 구획을 형성할 수 있다. IDP, 다중 상호작용 도메인이 있는 단백질 및 RNA 분자는 상 분리를 유도할 수 있다. 단백질 잘못 접힘은 알츠하이머병 및 전염성 해면상뇌증(프리온 질환) 같은 신경퇴행성 장애를 비롯한 여러 질병과 관련이 있다. 잘못 접힌 단백질은 응집하여 아밀로이드(또는 아밀로이드 유사) 미세섬유로 알려진 독성 침착물을 형성한다.

분석 질문

분석, 발견 및 실제 데이터 질문에 대한 해답은 부록을 참조하시오.

1 어떤 유전자 일부의 서열은 다음과 같다.

5′-AGCAATGCATGCATCGTTATGG-3′

3′-TCGTTACGTACGTAGCAATACC-5′

(a) 만약 DNA 주형가닥(밑의 가닥)에서, 첫 번째 T에서 전사가 시작되어 끝까지 진행한다면, 전사된 mRNA의 5′-3′ 서열은 무엇인가?

(b) (a) 부분의 mRNA에서 개시코돈을 나타내시오.

(c) DNA 주형가닥의 첫 번째 C를 G로 바꾸면 번역에 효과가 나타날까? 그렇다면, 그 효과는 무엇일까?

(d) DNA 주형가닥의 세 번째 G를 T로 바꾸면 번역에 효과가 나타날까? 그렇다면, 그 효과는 무엇일까?

(e) DNA 주형가닥의 끝에서 두 번째 C를 T로 바꾸면 번역에 효과가 나타날까? 그렇다면, 그 효과는 무엇일까?

(f) 만약 피롤라이신이 있었다면, e 부분의 mRNA 번역에 있어서 그 효과는 무엇일까?

2. 헤모글로빈 β-사슬의 인간 유전자 구역에서 A가 T로 치환된 것은 겸상적혈구 빈혈과 연관이 있다.

Normal (sense 가닥):

5′-ATGGTGCACCTGACTCCTGAGGAGAAGTCT-3′

Sickle Cell (sense 가닥):

5′-ATGGTGCACCTGACTCCTGTGGAGAAGTCT-3′

(a) 정상과 겸상적혈구 빈혈 헤모글로빈의 mRNA 뉴클레오티드 서열은 무엇인가?

(b) β-폴리펩티드 사슬의 이 부분에서 아미노산 서열은 무엇인가? 겸상적혈구 빈혈 헤모글로빈을 생성하는 아미노산 치환은 무엇인가?

(c) 이 아미노산 치환이 어떻게 단백질 구조에 차이를 만들 수 있는가?

3 당신은 기능을 모르는 단백질의 구조를 결정하고자 한다. 이 단백질은 두 α-나선 필라멘트형의 감겨진 코일 구조를 가지고 있다. 이 단백질이 효소이겠는가? 설명하시오.

4 그림 4.16에 나와 있는 PYP의 구조를 살펴보시오. 그림 4.15와 같이 "질서"에서 "무질서"까지의 연속체에 PYP를 배치해보고 설명하시오.

5 프리온-유사 아밀로이드-β 변종은 알츠하이머병과 관련이 있다. 돌연변이 아밀로이드-β가 진정한 프리온으로 작용한다는 가설을 뒷받침하기 위해서 연구자는 어떤 실험적 증거가 필요할까?

발견 질문

그림 4.19 라이소자임의 35번 위치에 있는 글루탐산을 류신으로 바꾸는 것이 효소 활성에 미치는 영향을 예측하시오.

그림 4.25 ATP-γ-S는 가수분해되지 않는 ATP 형태이다. ATP-γ-S를 Hsp90-매개 단백질 접힘 주기에 추가하면, Hsp90이 열린 위치 또는 닫힌 위치에서 "뚜껑"에 고정되게 될까?

실제 데이터 질문

그림 4.17 연구자가 TDP RNAi 처리된 완보동물을 수화 조건과 건조에 이어서 재수화 조건 모두에서 생존에 대해 시험을 한 이유를 설명하시오.

참고문헌

Abbott, A. (2015). Alzheimer's fear in hormone patients. *Nature* 525: 165–166.

Abeliovich, A. and Gitler, A.D. (2016). Defects in trafficking bridge Parkinson's disease pathology and genetics. *Nature* 539: 207–216.

Adam, M.E. (2004). Agatoxins: ion channel specific toxins from the American funnel web spider, *Agelenopsis aperta*. *Toxicon* 43: 509–525.

Agris, P.F. (2004). Decoding the genome: a modified view. *Nucleic Acids Research* 32: 223–238.

Aguzzi, A. and Polymenidou, M. (2004). Mammalian prion biology: one century of evolving concepts. *Cell* 116: 313–327.

Alberti, S., Gladfelter, A., and Mittag, T. (2019). Considerations and challenges in studying liquid-liquid phase separation and biomolecular condensates. *Cell* 176: 419–434.

Asante, E.A., Smidak, M., Grimshaw, A. et al. (2015). A naturally occurring variant of the human prion protein completely prevents prion disease. *Nature* 522: 478–481.

Atkins, J.F. and Gesteland, R.F. (2000). The twenty-first amino acid. *Nature* 407: 463–465.

Atkins, J.F. and Gesteland, R.F. (2002). The twenty-second amino acid. *Science* 296: 1409–1411.

Bansal, P.S., Torres, A.M., Crossett, B. et al. (2008). Substrate specificity of platypus venom L-to-d-peptide isomerase. *Journal of Biological Chemistry* 283: 8969–8975.

Boothby, T.C., Tapia, H., Brozena, A.H. et al. (2017). Tardigrades use intrinsically disordered proteins to survive desiccation. *Molecular Cell* 65: 975–984.

Bradley, P., Misura, K.M.S., and Baker, D. (2005). Toward highresolution *de novo* structure prediction for small proteins. *Science* 309: 1868–1871.

Breton, S. and Stewart, D.T. (2015). Atypical mitochondrial inheritance patterns in eukaryotes. *Genome* 58: 423–431.

Castilla, J., Saa, P., Hetz, C., and Soto, C. (2005). *In vitro* generation of infectious scrapie prion. *Cell* 121: 195–206.

Cho, H.S., Schotte, F., Dashdorj, N. et al. (2016). Picosecond photobiology: watching a signaling protein function in real time via time-resolved small- and wide-angle X-ray scattering. *Journal of the American Chemical Society* 138: 8815–8823.

Cremers, C.M., Knoefler, D., Gates, S. et al. (2016). Polyphosphate: a conserved modifier of amyloidogenic processes. *Molecular Cell* 63: 768–780.

DeForte, S. and Uversky, V.N. (2016). Order, disorder, and everything in between. *Molecules* 21: 1090.

Dickerson, R.E. (2005). *Present at the Flood: How Structural Molecular Biology Came About.* Sunderland, MA: Sinauer Associates.

Dobson, C.M. (2003). Protein folding and misfolding. *Nature* 426: 884–890.

Dong, Y., Zhang, S., Wu, Z. et al. (2019). Cryo-EM structures and dynamic of substrate-engaged human 26S proteasome. *Nature* 565: 49–55.

Fujii, N. and Saito, T. (2004). Homochirality and life. *The Chemical Record* 4: 267–278.

Galan, J.E. and Waksman, G. (2018). Protein-injection machines in bacteria. *Cell* 172: 1306–1318.

Glatzel, M., Giger, O., Seeger, H., and Aguzzi, A. (2004). Variant Creutzfeldt–Jakob disease: between lymphoid organs and brain. *Trends in Microbiology* 12: 51–53.

Goedert, M. (2015). Neurodegeneration. Alzheimer's and Parkinson's diseases: the prion concept in relation to assembled Aβ, tau, and α-synuclein. *Science* 349: 601.

Goldberg, A.L. (2003). Protein degradation and protection against misfolded or damaged proteins. *Nature* 426: 895–899.

Grangeasse, C., Nessler, S., and Mijakovic, I. (2012). Bacterial tyrosine kinases: evolution, biological function and structural insights. *Philosophical Transactions of the Royal Society London B Biological Sciences* 367: 2640–2655.

Gustafsson, C., Govindarajan, S., and Minshull, J. (2004). Codon bias and heterologous protein expression. *Trends in Biotechnology* 22: 346–353.

Hahn, A., Vonck, J., Mills, D.J. et al. (2018). Structure, mechanism, and regulation of the chloroplast ATP synthase. *Science* 360: 620.

Hayden, M.R., Tyagi, S.C., Kerklo, M.M., and Nicholls, M.R. (2005). Type 2 diabetes mellitus as a conformational disease. *Journal of the Pancreas* 6: 287–302.

Hetz, C. and Papa, F.R. (2017). The unfolded protein response and cell fate control. *Molecular Cell* 69: 169–181.

Huang, C., Rossi, P., Saio, T., and Kalodimos, C.G. (2016). Structural basis for the antifolding activity of a molecular chaperone. *Nature* 537: 202–206.

Jones, E.M. and Surewicz, W.K. (2005). Fibril conformation as the basis of species- and strain-dependent seeding specificity of mammalian prion amyloids. *Cell* 121: 63–72.

Judson, H.F. (1996). *The Eighth Day of Creation: Makers of the Revolution in Biology.* Cold Spring Harbor, NY: Cold Spring Harbor Laboratory Press.

Kostylev, M.A., Tuttle, M.D., Lee, S. et al. (2018). Liquid and hydrogel phases of PrPC linked to conformation shifts and triggered by Alzheimer's amyloid-β oligomers. *Molecular Cell* 72: 426–443.

Krishnan, N., Koveal, D., Miller, D.H. et al. (2014). Targeting the disordered C terminus of PTP1B with an allosteric inhibitor. *Nature Chemical Biology* 10: 558–566.

Kuffer, A., Lakkaraju, A.K.K., Mogha, A. et al. (2016). The prion protein is an agonistic ligand of the G protein-coupled receptor Adgrg6. *Nature* 536: 464–468.

Lee, T.F. (1991). *The Human Genome Project: Cracking the Genetic Code of Life.* New York: Plenum Press.

Li, J., Soroka, J., and Buchner, J. (2012). The Hsp90 chaperone machinery: conformational dynamics and regulation by co-chaperones. *Biochimica et Biophysica Acta* 1823: 624–635.

Ma, J. and Lindquist, S. (2002). Conversion of PrP to a

selfperpetuating PrPSc-like conformation in the cytosol. *Science* 298: 1785–1788.

Martinelli, A.H.S., Lopes, F.C., John, E.B.O. et al. (2019). Modulation of disordered proteins with a focus on neurodegenerative diseases and other pathologies. *International Journal of Molecular Sciences* 20: 1322.

Matalon, O., Dubreuil, B., and Levy, E.D. (2016). Young phosphorylation is functionally silent. *Science* 354: 176.

Mayer, M.P. and Le Breton, L. (2015). Hsp90: breaking the symmetry. *Molecular Cell* 58: 8–20.

Mena, E.L., Kjolby, R.A.S., Saxton, R.A. et al. (2018). Dimerization quality control ensures neuronal development and survival. *Science* 362: 198.

Mogk, A., Bukau, B., and Kampinga, H.H. (2018). Cellular handling of protein aggregates by disaggregation machines. *Molecular Cell* 69: 214–226.

Murkin, A.S. and Tanner, M.E. (2002). Dehydroalanine-based inhibition of a peptide epimerase from spider venom. *Journal of Organic Chemistry* 67: 8389–8394.

Nelson, R., Sawaya, M.R., Balbirnie, M. et al. (2005). Structure of the cross-β spine of amyloid-like fibrils. *Nature* 435: 773–778.

Noble, W. and Spires-Jones, T.L. (2019). Sleep well to slow Alzheimer's progression? *Science* 363: 813–814.

Nonno, R., Di Bari, M.A., Agrimi, U., and Pirisinu, L. (2016). Transmissibility of Gerstmann-Straussler-Scheinker syndrome in rodent models: new insights into the molecular underpinnings of prion infectivity. *Prion* 10: 421–433.

Pirisinu, L., Di Bari, M.A., D'Agostino, C. et al. (2016). Gerstmann-Straussler-Scheinker disease subtypes efficiently transmit in bank voles as genuine prion diseases. *Scientific Reports* 6: 20443.

Prusiner, S.B., Woerman, A.L., Mordes, D.A. et al. (2015). Evidence for α-synuclein prions causing multiple system atrophy in humans with parkinsonism. *Proceedings of the National Academy of Sciences of the United States of America* 112: E5308–E5317.

Quax, T.E.F., Claassens, N.J., Soll, D., and van der Oost, J. (2015). Codon bias as a means to fine-tune gene expression. *Molecular Cell* 59: 149–161.

Ramachandran, P.L., Lovett, J.E., Carl, P.J. et al. (2011). The shortlived signaling state of the photoactive yellow protein photoreceptor revealed by combined structural probes. *Journal of the American Chemical Society* 133: 9395–9404.

Robustelli, P., Piana, S., and Shaw, D.E. (2018). Developing a molecular dynamics force field for both folded and disordered protein states. *Proceedings of the National Academy of Sciences of the United States of America* 115: E4758–E4766.

Selkoe, D.J. (2003). Folding proteins in fatal ways. *Nature* 426: 900–904.

Srivastava, A.P., Luo, M., Zhou, W. et al. (2018). High-resolution cryo-EM analysis of the yeast ATP synthase in a lipid membrane. *Science* 360: 619.

Takalo, M., Salminen, A., Soininen, H. et al. (2013). Protein aggregation and degradation mechanisms in neurodegenerative diseases. *American Journal of Neurodegenerative Disease* 2: 1–14.

Tripathi, A. and Gottesman, S. (2016). Phosphate on, rubbish out. *Nature* 539: 38–39.

Tuite, M.F. (2004). The strain of being a prion. *Nature* 428: 265–267.

Wandinger, S.K., Richter, K., and Buchner, J. (2008). The Hsp90 chaperone machinery. *Journal of Biological Chemistry* 283: 18473–18477.

Wang, F., Wang, X., Yuan, C.G., and Ma, J. (2010). Generating a prion with bacterially expressed recombinant prion protein. *Science* 327: 1132–1135.

Wang, J., Choi, J.M., Holehouse, A.S. et al. (2018). A molecular grammar governing the driving forces for phase separation of prionlike RNA binding proteins. *Cell* 174: 688–699.

Weissmann, C. (2004). The state of the prion. *Nature Reviews Microbiology* 2: 861–871.

Weissmann, C. (2005). Birth of a prion: spontaneous generation revisited. *Cell* 122: 165–168.

Whitford, D. (2005). *Proteins: Structure and Function*. Chichester, UK: Wiley.

Wolosker, H., Dumin, E., Balan, L., and Foltyn, V.N. (2008). D-Amino acids in the brain: D-serine in neurotransmission and neurogeneration. *FEBS Journal* 275: 3514–3526.

Zhang, Q., Vashisht, A.A., O'Rourke, J. et al. (2017). The microprotein minion controls cell fusion and muscle formation. *Nature Communications* 8: 15664.

C H A P T E R F I V E

유전체 구성과 진화

따라서 TOL[생명의 나무]는 네트워크가 되거나 아마도 가장 적절하게는 나무, 덤불, 덩굴 식물 덤불, 물론 수많은 죽은 줄기와 가지로 구성된 생명의 숲이 된다.

From Koonin, E. V., Nucleic Acids Research (2009a) 37:1027

O U T L I N E

- 5.1 서론
- 5.2 유전체 구성은 유기체에 따라 다르다
- 5.3 진핵생물의 유전체 꾸리기
- 5.4 진핵생물 유전체의 대부분은 비부호성이다
- 5.5 진핵생물 유전체에서 측면 유전자 전달
- 5.6 원핵생물 및 바이러스 유전체 구성

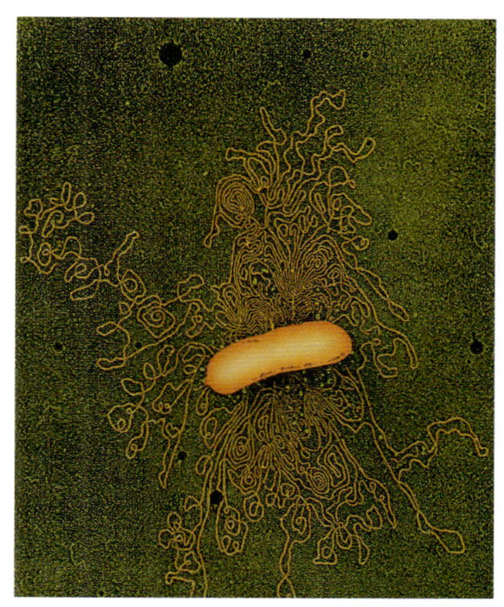

세균 유전체. 용해된 세균 세포(*E. coli*)의 위색채 투과전자현미경(TEM) 사진. DNA는 세균 주위에 놓여 있는 황금색의 섬유상 물질처럼 보인다. 배율: ×15,700. (출처: G. Murti / Science Source.)

5.1 서론

제1장과 2장에서 DNA가 유전물질이라는 발견에 대해 알아보았다. 그러나 DNA 구조는 분리된 상태에서 검토하였다. 하지만, 나비, 침팬지, 금어초 또는 세균이든 간에 유전체 DNA가 틀림 없이 복잡하게 접혀져서 세포 내에 맞게끔 되어 있을 것이다. 그러기 위해서 DNA는 "건축" 단백질과 연합하여 염색체로 꾸려진다. 동시에, 복제, 재조합, 전사, 수선 및 염색체 분리 등 필수적인 과정에 관여하는 DNA 결합 인자들이 유전 정보에 접근 가능해야만 한다. 그러므로, **건축 단백질(architectural protein)**과 DNA 사이의 상호작용은 접힘과 열림 같은 상반되는 기능 사이의 전환이 충분할 만큼 유연해야 한다. 이 장에서는 분자생물학에서 빈번히 마주치게 되는 **유전체(genome)**의 고차원적 구성을 비교하고 대비하고자 한다. 이 장은 진핵생물, 원핵생물 및 바이러스 유전체의 독특한 특징들의 복습에 필요한 기준점이 될 것이다. 1976년에 첫 번째 유전체 염기서열인 박테리오파지의 유전체 염기서열이 보고되었다. 그 이후로 바이러스, 세균, 고세균 및 진핵생물의 수많은 유전체의 염기서열이 해독되었다. 전체 유전체 시퀀싱 및 비교 유전체에 대한 보다 철저한 내용는 14장에 있다.

엄청난 양의 염기서열 정보가 축적됨에 따라서, 유전체, 그들의 구조, 그리고 그들 간의 상호관계에 대한 많은 이해가 수반되었다. 드러난 상황은 흥미진진하며 또한 위압적이었다. 유전체를 꾸리는 건축 단백질은 여러 가지 형태로 나타났다. 유전체는 모자이크이며, 복잡한 진화적 역사를 반영하였다. 유전자는 하나의 유기체에서 다른 유기체로 전달되어 왔고, 복제가 되며, 유전체 상에서 장소 이동을 하는 이동 유전 요소가 있다. 1장에서 언급한 다윈에 의하면, 공통조상으로부터 다른 종이 갈라져 나오듯이, 시간의 흐름에 따라 다른 점의 느린 축적 과정을 통하여 생명체는 진화한다. 그 결과는 가지치는 나무(branching tree) 혹은 "생명의 나무(tree of life)"이다. 유전체 진화의 복잡성을 본 후에 많은 과학자들은 이제 "생명의 숲 (forest of life)" 혹은 "생명의 그물(net of life)"이 지구 상의 생명체에 대한 보다 정확한 표현이라고 여기게 되었다.

5.2 유전체 구성은 유기체에 따라 다르다

1900년대 중반에, 과학자들은 처음으로 생명체를 **원핵생물(prokaryotes)**과 **진핵생물(eukaryotes)**로 나누었다. 1970년대에 Carl Woese와 그의 동료들은 원핵 및 진핵생물의 16S 리보솜 RNA(16S rRNA)의 염기서열을 광범위하게 비교하였다. 16S rRNA는 시간 경과에 따라 느리지만 일정한 속도로 염기서열에 변화가 일어날 것으로 예상되는 리보솜들 중 하나이다. 보다 관련성이 가까운 유기체는 관련성이 먼 유기체에 비하여 16S rRNA 염기서열이 보다 비슷할 것, 그리고 이 정보가 계통 발생을 정리하는 데 사용될 수 있을 것이라고 가정되었다. Woese와 그의 동료들은 원핵생물이 2개의 주요 가지를 형성한다는 놀라운 발견을 하였는데, 그중 한 가지는 대장균(*E. coli*) 같은 세균을 포함하고, 다른 한 가지는 심해, 열수분출구, 온천, 염호와 같은 극한 환경에서 사는 미생물을 포함한다. Archaea는 극한 환경에 국한되지 않는다. 그들은 온화한 환경에서 다른 풍부한 미생물과 잘 경쟁하지 않는다. 그러나 박테리아가 덜 풍부한 가혹한 조건에서 고세균은 번성한다. 그들의 발견에 기초하여 Woese와 그의 동료들은 생물의 세 가지 영역(주요 그룹)이 있다고 제안했다: 진핵생물, 박테리아, 그리고 그들이 **고세균(archaea)**이라고 부르는 영역("오래된 것들"에 대한 그리스어에서 유래). 현미경으로 고세균을 보면 박테리아로 오인할 수 있다. 그러나 분자 수준에서 고세균은 여러 가지 특징을 가지고 있다. 일부 기능은 DNA 복제, 전사 및 번역을 위한 분자 기계와 같은 진핵생물과 밀접하게 관련되어 있다. 일부는 외부 DNA에 대한 방어 시스템과 같은 박테리아와 공유된다. 또 일부는 고유한 것으로 보인다. 고고학적 특징 중 하나는 메탄을 생성하는 능력이다. 또 다른 하나는 다른 모든 원핵생물과 진핵생물에서 발견되는 보다 친숙한 인지질막 대신에 에테르 기반 세포막이다. 극도로 더운 환경에 사는 일부 고세균에서 막은 전형적인 이중층 대신 단층을 형성한다. Woese와 동료들이 수행한 16S rRNA 분석은 고세균이 박테리아보다 진핵생물과 더 밀접하게 관련되어 있음을 시사했다. 그렇다면, 고세균은 생명의 나무에서 어디에 해당하는가?

두세 개의 영역으로 생명체가 나누어져 있는가?

1984년, James Lake와 동료들에 의한 16S rRNA 분석은 생명의 근원에 대한 토론을 촉발시켰다. 분석 결과를 토대로, 그들은 단지 2개의 생명의 가지—세균과 고세균—가 있다고 제안하였다. Lake와 동료들은 진핵생물은 단지 원시세포체(시조 세포)라 불리는 조상에서 유래한 고세균의 한 유형이라고 제안했다. 즉, 진핵생물의 혈통은 고고학적 영역 내에서 기원한 것이다. 과학자들은 3영역설과 2영역설에 대해 계속하여 논쟁 중이다(그림 5.1). 하지만, 2영역 가설이 최근의 계통발생수와 고고학적 생물학에 대한 새로운 통찰에 의해 지지를 얻고 있으며(5.5절 참조), 선호되는 가설이 되는 방향으로 나아가고 있다. 생명의 영역에 대한 최종 합의가 무엇이든 간에 서로 다른 유기

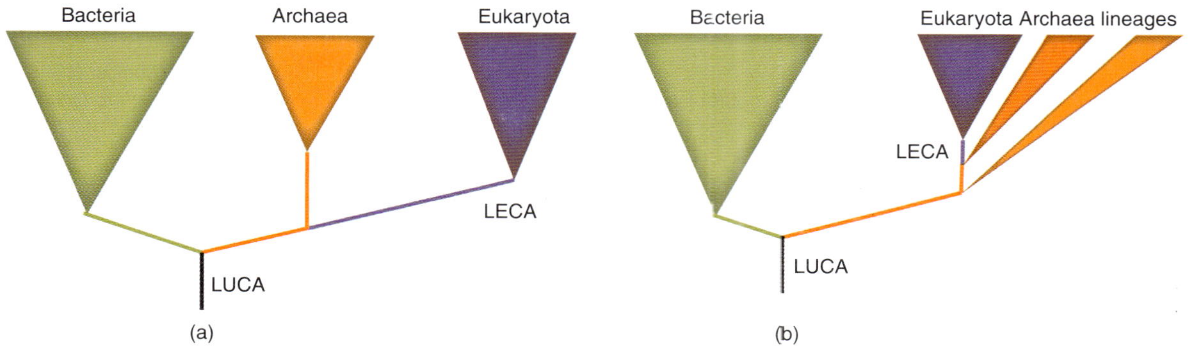

그림 5.1 생명 분기의 세 영역 나무[A]와 원시세포체 나무[B].
LUCA, last universal common (cellular) ancestor; LECA, last eukaryotic common ancestor.

체의 유전체 배치가 근본적으로 다르다는 것은 분명하다.

유전체 크기의 두 가지 클래스: 작거나 소형 또는 크거나 확장

세포로 만들어지지 않았기에 유기체로 간주되지는 않지만, **바이러스(virus)**는 유전체를 가지고 있으며 진화한다. DNA 유전체를 가지는 바이러스에 대하여 원핵생물 및 진핵생물과 함께 이 장에서 다루어진다. 바이러스의 유전체는 상대적으로 작으며, 일반적으로 염기서열이 중복되는 유전자를 포함한 유전자들로 꾸려져 있다(그림 5.2; 표 5.1과 5.2). 원핵생물(고세균과 세균)의 유전체는 비록 바이러스에 비해 유전자 사이가 넓고 유전자 간의 중복이 거의 없지만 조밀하다. 8장에서도 언급하지만, 많은 원핵생물 유전자들은 오페론이라고 불리는 공동 전사 그룹으로 이루어져 있다. 진핵생물의 유전체 크기는 원핵생물의 유전체 크기에서부터 수십 배에 이르기까지 굉장히 넓은 범위

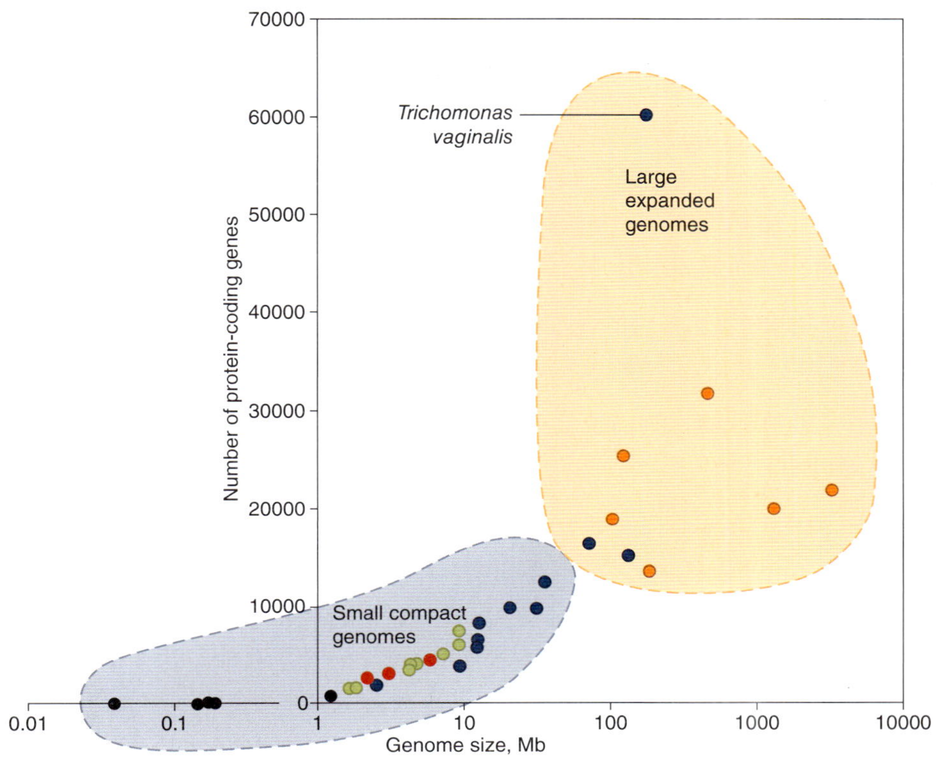

그림 5.2 유전체 크기 및 구성 대 다양한 생명체에서 선택된 바이러스 및 유기체에 대한 단백질 암호화 유전자의 수. 도표는 세미 로그 눈금으로 작성되었다. 검은색 원, 큰 DNA 바이러스; 녹색 원, 세균; 빨간색 원, 고세균; 파란색 원, 단세포 진핵생물(진균류 포함); 주황색 원, 다세포 진핵생물(식물과 동물). (출처: Redrawn from Koonin, E.V. 2009b. *The International Journal of Biochemistry and Cell Biology* 41:298–306.).

표 5.1 여러 유기체 또는 바이러스의 세포 DNA 양.

Organism or virus	Number of base pairs	DNA length (mm)[a]	Size of viral or cellular space (mm)	Number of chromosomes[b]
Bacteriophage lambda (λ)	4.85×10^4	0.017	<0.0001	1
Bacterium (*Escherichia coli*)	4.7×10^6	1.4	0.001	1
Archaeon (*Methanosarcina acetivorans*)	5.75×10^6	1.7	0.001	1
Yeast (*Saccharomyces cerevisiae*)	1.25×10^7	4.6	0.005	16
Mouse-ear cress (*Arabidopsis thaliana*)	1.25×10^8	46	0.010	5
Fruit fly (*Drosophila melanogaster*)	1.65×10^8	56	0.010	4
Human (*Homo sapiens*)	3.2×10^9	999	0.010	23

[a] 주어진 길이는 포장되기 전의 길이이다.
[b] 주어진 값은 반수체. 대부분 진핵세포에서 이배수체 체세포는 이 숫자의 2배의 염색체를 갖는다.

표 5.2 DNA 기반 유전체 구성의 다양성.

Genome	Form	Size (kb)
Eukaryotes	ds linear	10^4 to 10^6
Archaea	ds circular	10^3
Bacteria	ds circular	10^3
Plasmids	ds circular, some ds linear	2–15
Mammalian DNA viruses	ss linear, ds linear, ds circular	3–280
Bacteriophage	ss circular, ds linear	~50
Archaeal viruses	ds linear, ds circular, some ss linear	5–140
Chloroplast DNA	ds circular, some ds linear	115–165
Mitochondrial DNA	ds circular, some ds linear	Animals: 16.5
		Plants: 100–2500

ds, double-stranded; ss, single-stranded.

에 걸쳐 있다. 그러나 진핵생물 유전체는 독특한 유전자 구조를 공유한다. 진핵생물 유전자의 단백질 암호화 서열의 조각인 **엑손(exon)**은 스플라이싱 중에 제거되는 인트론이라는 여러 개의 비암호화 영역에 의해 분리된다(11장에서 논의). **인트론(intron)**과 유전자 사이의 긴 부위들의 존재로 인해서 진핵생물의 유전체는 원핵생물의 유전체보다 덜 조밀하다.

따라서 유전체는 대략 두 종류로 분류될 수 있다.

1 바이러스, 고세균, 세균(일반적으로 <10 Mb) 및 많은 단세포 진핵생물(일반적으로 <20 Mb)의 작은 유전체. 단백질 부호 및 RNA 부호 염기서열이 대부분의 뉴클레오티드 서열을 차지한다.

2 다세포 및 일부 단세포 진핵생물(일반적으로 >100 Mb)의 큰 유전체. 대부분의 뉴클레오티드 서열은 비암호화 부위이다.

당연히 생물학에는 대부분 규칙에 예외가 있고, 영역 간의 경계가 명확하지 않을 때도 있다(그림 5.2 참조). 거대 바이러스의 발견, 아주 작은 유전체를 가진 세균과 고세균 기생체의 발견으로 세포 및 바이러스 유전체를 항상 크기로 구분지을 수 없다는 것이 명확해졌다. 예를 들면, 아메바에서 분리된 거대 바이러스인 미미바이러스는 최소 지름 400 nm의 단백질 캡시드 안에 수용된 1.2×10^6 염기쌍을 가진다. 따라서 미미바이러스의 크기는 작은 세균 정도와 비슷하다. 그것뿐만 아니라, 미미바이러스는 기생체 세균 미코플라즈마 제니탈리움(*Mycoplasma genitalium*)(5.8×10^5 염기쌍)과 원시생물 나노아케온 이퀴탄스(*Nanoarchaeon equitans*)(4.9×10^5 염기쌍) 같은 알려진 가장 작은 원핵생물보다 2.5배 정도 많은 유전자를 가진다. 마찬가지로, 단세포 진핵생물이 항상 작고 조밀한 유전체를 가지는 것은 아니다. 질편모충(*Trichomonas vaginalis*)은 성매개 감염질환인 질편모충증의 원인이 되는 기생체 원생동물이다. 이것은 조밀한 유전체 대신 초파리 유전체 크기와 비슷한 1.6×10^8염기쌍의 크고 확장된 유전체를 가진다.

유전체 조직의 분석은 많은 질문을 제기한다. 유기체는 고유한 요구 사항을 충족하도록 특별히 조정된 고유하게 조직화된 유전체를 가지고 있는가? 아니면 유전체 조직의 진화는 대부분 중립적인 과정인가? 일부 연구자들은 유전체 조직 진화의 주요 요인은 음성(정화) 또는 양성 선택이 아니라 유전자의 중립적 재배열이라고 결론을 내린다. 당연하게도, 이것은 여전히 많은 논쟁의 주제이다. 다른 연구자들은 유전자의 특정 조직이 전사를 보다 효율적으로 지어할 수 있으므로, 진화 중에 계통에서 선택된다고 주장한다.

모든 유기체가 공유하는 것 중 하나는 아주 긴 DNA 분자를 아주 작은 공간에 꾸릴 필요가 있다는 것이다. 꾸리기 메커니즘의 다양성은 정말로 주목할 만하다. 진핵생물부터 시작하여 이러한 다양성에 대해 더욱 자세히 알아보기로 한다.

5.3 진핵생물의 유전체 꾸리기

진핵생물에서, "유전체"라는 용어는 세포내 소기관 혹은 플라스미드 DNA와 구별하기 위해 "**유전체 DNA(genomic DNA)**" 또는 "염색체 DNA"라는 용어와 상호 교환되어 사용된다. 진핵세포의 유전체 DNA는 세포핵의 핵막에 갇혀 있다. 진핵세포는 약 2 m까지의 거대한 양의 DNA를 10미크론의 지름(1 μm = 10^{-6} m)의 공간보다 작은 구형의 핵 안에 넣어야만 한다(그림 5.3; 표 5.1 참조). 이것은 DNA의 압축률이 대략 1,000배에서 10,000배 정도임을 나타낸다. 1990년에 집필한 화학과 생물학에서의 핵산(*Nucleic Acids in Chemistry and Biology*)이라는 책에서 G. Michael Blackburn은 이러한 현상의 놀라운 본질을 "진핵생물 DNA가 세포 핵 내에 꾸려지는 방법은 거대분자 구조의 불가사의 중 하나이다"라고 기술하였다.

진핵생물 유기체들의 유전체를 구성하는 염색체 숫자의 다양성도 역시 놀라운 일이다. 예를 들면, 나비는 200개 이상의 염색체를 가지는 데 반해 캥거루에는 단지 12개, 사람에게는 46개의 염색체가 있다. 고사리의 한 종류인 살모사의 혀라고도 불리는 좀나도고사리삼(*Ophioglossum*)은 생존하는 어떤 유기체보다 염색체 수가 많은데, 염색체 수가 1,260개에 이른다. 가장 작은 숫자의 염색체를 가지는 것은 호주 토종의 잭점퍼개미(*Myrmecia pilosula*)이다. 암컷은 2개의 염색체를 가지고 있고, 홀배수체인 수컷은 단지 1개의 염색체를 갖고 있다(그림 5.4). 아무렇지 않은 것 같지만, 개

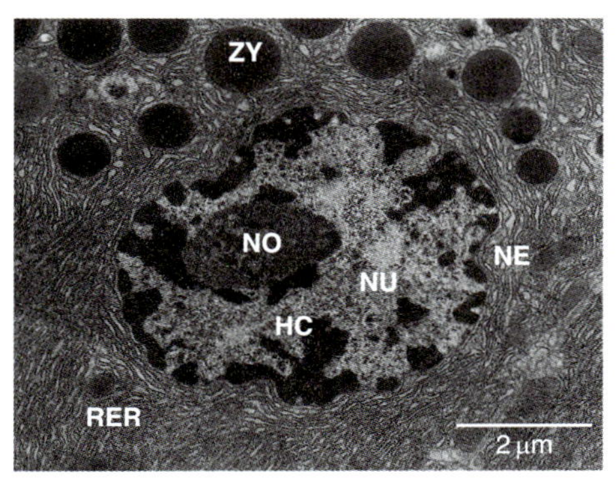

그림 5.3 진핵세포의 유전체는 세포의 핵 안에 위치한다. 전자현미경으로 본 췌장의 소포 세포. 세포 핵(NU)은 전형적인 이중막(NE)으로 둘러싸여 있다. 전자 밀도가 높은 이질염색질(HC)은 주로 핵 둘레에서 나타나는 반면에, 밀도가 중간 정도인 난형의 핵 구상 소체(NO)는 좀 더 중앙에 위치한다. 많은 양의 조면소포체(RER)와 발생 초기의 소화 효소 혼합물을 구성하고 있는 전자 밀도가 높은 효소원 과립(ZY) 또한 세포질 내부에서 관찰할 수 있다. (출처: Photograph courtesy of Julia P. Galkiewicz, College of William and Mary.)

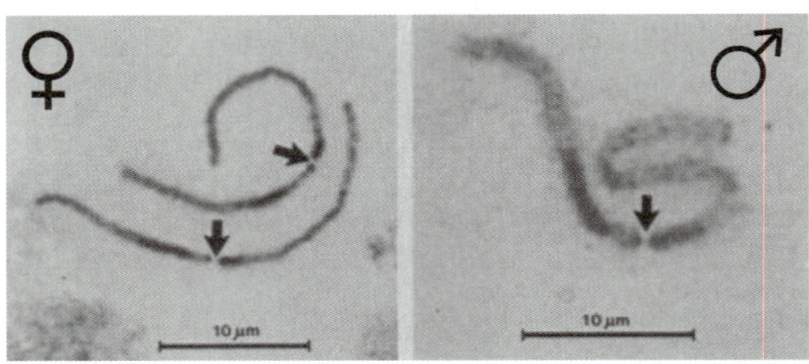

그림 5.4 수컷 잭 점퍼 개미의 염색체는 단지 하나이다.
(출처: Top photograph from www.alexanderwild.com. Bottom photograph from Visuals Unlimited/Alex Wild/Getty Images. Reprinted with permission from Crossland & Crozier, 1986, Myrmecia pilosula, an Ant with Only One Pair of Chromosomes. Science 231:1278. © AAAS.)

미는 인간에게 심각한 알레르기 반응을 일으킬 수 있는 독침을 갖고 있으며, 사납고 공격적이다. 연못에 서식하는 원생동물인 *Oxytricha trifallax*는 가장 특이한 유전체 구조를 가지고 있을 수 있다. 이 단세포 진핵생물에는 큰 핵과 작은 핵의 두 가지 유형이 있다. 큰 핵에는 15,600개의 "나노염색체"가 있는데, 이것은 보다 일반적인 작은 핵에서의 1,900개 염색체 사본을 단편화 및 재배열하여 형성되게 된다.

그 숫자의 다양성에도 불구하고, 염색체들은 비슷한 방법으로 꾸려진다—각 DNA 분자는 히스톤 단백질 주위를 감아서 뉴클레오솜을 형성하고, 전체 염색체를 만들기 위해 복잡하고 체계적 방법으로 압축된다. 먼저 히스톤 단백질의 구조와 기능을 자세히 살펴본다.

히스톤은 작은 양전하를 띠는 단백질이다

1928년에 Albrecht Kossel은 거위 적혈구의 핵, 또는 적혈구 전구체에서 작은 염기성 단백질을 분리하였다. Kossel은 이 단백질을 **히스톤(histone)**이라고 명명하였다. 1970년대에 이르러서야 Roger Kornberg와 Pierre Chambon 연구실에서 **염색질(chromatin)**의 가장 기본적인 포장 단위가 **뉴클레오솜(nucleosome)**이고, 뉴클레오솜은 히스톤 단백질로 이루어져 있다는 것을 밝혔다. 이 발견은 전자현미경과 생화학적 연구를 조합하여 이루어졌다. 염색질 구조에 대한 첫 번째의 명확한 식견은 우연히 얻어졌다. 다른 목적으로 핵산가수분해효소 실험을 하고 있었는데, 염색질이 180 bp 정도의 연속적이며 뚜렷이 구별되는 분절 형태의 크기로 분해되는 것이 밝혀졌다(그림 5.5). 이제는 이러한 절편 크기가 하나의 뉴클레오솜 또는 모노 뉴클레오솜과 결합된 DNA를 나타낸다는 것이 알려져 있다. 이 실험에서, 염색질과 노출 DNA를 저농도의 구균 핵산분해효소로 처리한 후 단백질을 제거하고 DNA를 아가로즈 젤에서 전개하였다(Tool Box 13.6 참조). 염색질 시료에서 보이는 사다리 모양의 밴드들은, DNA의 단일 뉴클레오솜의 반복 길이(~180 bp의 배수)만큼 각각

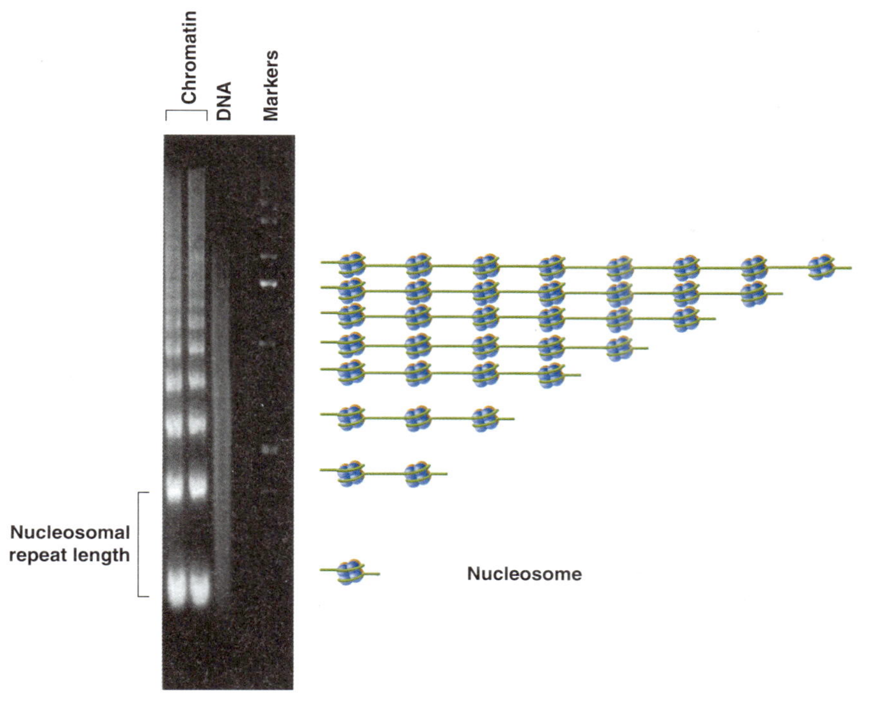

그림 5.5 구균 핵산분해효소로 염색질 절단 시 뉴클레오솜 반복 형태가 나타난다. 염색질과 노출 DNA를 낮은 농도의 구균 핵산분해효소로 처리하고, 단백질을 제거한 후 DNA 단편들을 아가로즈 젤 상에서 분리하였다. (출처: Reproduced from Wolffe. 1998. *Chromatin*: *Structure and Function*, 3e. Academic Press, New York, copyright © 1998, with permission from Elsevier.)

분리되었다. 구균 핵산분해효소로 처리된 염색질이 단지 부분적으로 절단되었기 때문에 사다리 모양이 관찰된다. 좀 더 강하게 분해를 하면, 모든 연결 DNA들이 절단되고 뉴클레오솜 중심 입자들과 하나의 ~146 bp 절편이 형성된다. 노출 DNA의 절단의 경우에는 분리되는 절편 크기의 분포가 더 넓어져 끌리는 것처럼 보이는데, 이것은 DNA의 전체 길이가 보호되지 않아서 효소 접근이 가능하기 때문이다.

계속된 연구에 의해서, 히스톤에는 두 가지 주요 유형의 히스튼, 즉 **핵심 히스톤(core histones)**과 **연결 히스톤(linker histones)**이 존재한다는 것이 밝혀졌다. 보존이 잘된 핵심 히스톤은 분자량이 11,000~16,000달톤(daltons, Da)이다. 히스톤은 알려진 단백질 중에서 가장 진화가 느린 쪽에 속한다. 어느 정도 보존적인지에 대해 예를 들면, 소의 히스톤 H4를 콩의 H4와 비교했을 때 단지 두 군데의 아미노산 차이를 보이는데, 발린과 리신이 각각 이소류신과 알기닌으로 바뀌져 있다. 훨씬 더 가변적인 연결 히스톤은 약간 크며, 분자량이 20,000 Da 이상이다. 그림 5.6에는 닭 적혈구에서 분리한 히스톤 단백질들이 변성 폴리아크릴아마이드 젤 상에서 크기 별로 분리되어 보여진다(Tool Box 14.5 참조). 보여준 예시에서 서로 다른 히스톤 혼합물을 함유하는 단백질 시료를 젤 상의 웰에 채웠다. 웰은 이 사진의 가장 윗부분에 있다. 전기영동을 하는 동안 단백질은 위에서 아래로 젤을 통과하여 이동한다. 작은 히스톤 단백질(H3, H2B, H2A와 H4)은 큰 히스톤(H1과 H5)에 비해 구멍 사이를 더욱 쉽고 빠르게 이동한다. 따라서 히스톤은 젤 사이를 이동함에 따라 그 크기에 의해 밴드로 분리되어 나타난다. 전기영동 후에 젤 속의 단백질과 결합하는 염료를 사용함으로써 히스톤은 가시화된다.

비록 대다수의 진핵생물들이 히스톤을 사용하여 유전체를 압축시키지만, 이 규칙에는 예외가 있다. 이러한 한 예외가 와편모충이다. 이들 진핵생물 조류들은 히스톤과는 전혀 다른 작은 염기성 단백질들로 그들 DNA 대부분을 압축한다. 히스톤이 DNA와 1 : 1의 비율을 이루는 것과는 달리, 이들 염기성 단백질들은 DNA 질량의 10% 정도만 존재한다. 와편모충들은 뉴클레오솜과 유사한 구조를 형성하지는 않지만, 여전히 DNA를 뚜렷한 염색체로 압축시킨다. 또 다른 예는 포유류의 배우자 형성 과정에서 찾아볼 수 있다. 정자 세포에서 대부분의 DNA는 히스톤 대신에 프로타민이라

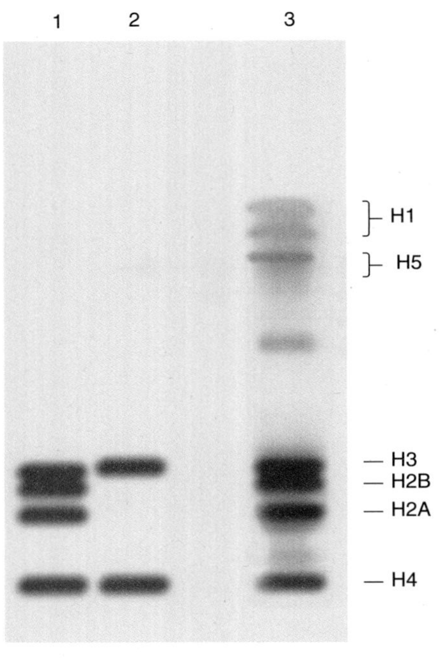

그림 5.6 히스톤.
닭 적혈구에서 분리한 히스톤 단백질이 변성 폴리아크릴아마이드 젤 상에서 크기 별로 분리되어 보여진다. 레인 1–3에서 서로 다른 히스톤의 혼합물을 포함하는 단백질 시료를 젤의 웰에 넣었다. 핵심 히스톤(H3, H2B, H2A 및 H4)과 연결 히스톤(H1, H5)이 표시되어 있다. (출처: Reproduced from Wolffe. 1998. *Chromatin: Structure and Function*, 3e. Academic Press, New York, © Elsevier.)

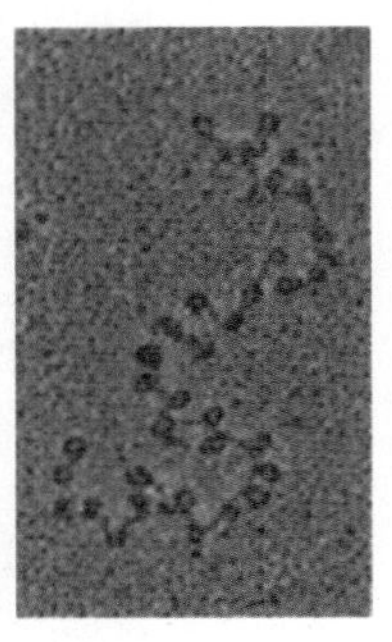

그림 5.7 비드-온-어-스트링 구조를 보여주는 10~11 nm 섬유.
(출처: Electron micrograph reproduced from Thoma et al. 1979. *Journal of Cell Biology* 83:403–427. © The Rockefeller University Press.)

는 염기성 단백질과 상호작용하여 압축된다. 이 절의 나머지 부분은 일반적인 히스톤에 집중할 것이다. 히스톤은 뉴클레오솜을 형성하기 위해 어떻게 상호작용할까?

뉴클레오솜은 염색질의 기본 꾸리기 단위이다

1975년, Pierre Chambon의 실험실은 진핵생물 유전체의 놀라운 전자현미경 이미지를 발표했다. 이 이미지는 끈에 구슬 모양으로 반복되는 패턴으로 균일한 크기의 입자가 존재함을 명확하게 보여주었다. 그러한 구슬 이미지는 그 이전 시대에 좀 더 낮은 해상도의 이미지에 나타나기도 했었다. Amram Scheinfeld는 1939년에 그의 저서 당신과 유전적 형질(*You and heridity*)에서 "어떤 시기에 염색체들은 필라멘트 구조처럼 뻗어서 더욱 더 길게 되는데, 그들은 외관적으로 많은 젤라틴 구슬들이 가까이 배열된 형태로 구성되는 것이 발견된다. 이러한 구슬들은 그 자체가 유전자이거나 또는 '유전자'를 포함한다"고 기록했다. 줄 위의 구슬 모양의 염색질은 낮은 염 농도에서 추출한 후에 전자현미경 하에서 약 **10~11 nm 섬유**로 가시화될 수 있다(그림 5.7). 각 구슬은 DNA가 히스톤 중심 팔합체를 감싸고 있는 것을 나타낸다. 줄은 DNA 이중나선을 나타낸다. 연결 히스톤은 이 단계의 압축 과정에는 필요하지 않다. 생리적 조건이 아닌 상태에서 분리되었기 때문에, 과연 10~11 nm 섬유가 실제로 생체 내(*in vivo*)에서도 존재하는지 혹은 추출 과정의 결과물인지에 대한 의문이 남는다. 그렇지만, 뉴클레오솜 "구슬" 구조에 대해서는 잘 알려져 있다.

뉴클레오솜 내의 핵심 히스톤은 H2A, H2B, H3 및 H4 핵심 히스톤 각각이 2개의 분자로 이루어진 팔합체로 존재한다. **핵심 히스톤 팔합체(core histone octamer)**는 실패와 같은 역할을 한다; 음전하를 띠는 DNA는 양전하의 히스톤에 거의 두 번, 왼쪽 방향으로 감기게 된다(그림 5.8). 2장에서 언급한 대로, 사실상 모든 원핵생물과 진핵생물의 DNA는 초코일 상태로 있다. DNA가 뉴클레오솜 주변을 감을 때 1.67의 왼쪽 방향 초나선 회전 안에 구속된다. 최근 모델은 뉴클레오솜의 DNA의 형태가 노출 DNA와는 다르다고 제안하고 있다. 이중나선은 뉴클레오솜의 중심 주변에 팽팽히 구부러져 있고, 평균적으로 1~2 bp 정도 "늘어나" 있어서 노출 DNA가 회전당 10.5 bp인 것과는 달리, 뉴클레오솜에서는 결과적으로 회전당 10.17 bp라는 차이점이 있다. 비록 "뉴클레오솜"이라는 용어가 실제로는 느슨하게 사용되지만, 그것은 구체적으로 히스톤 팔합체의 핵심 히스톤과

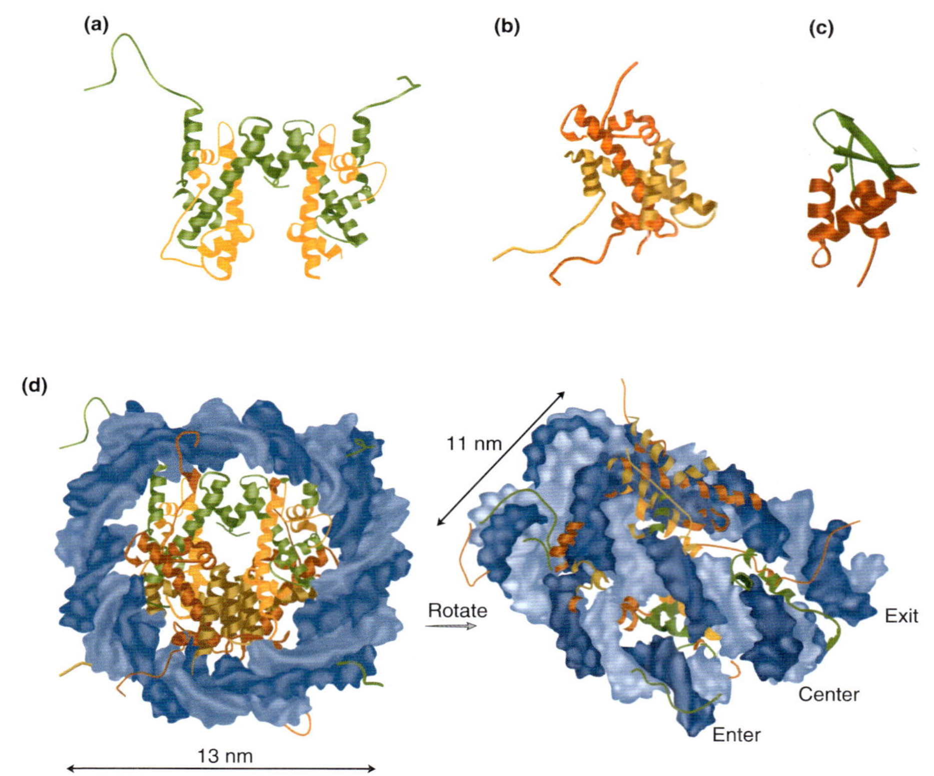

그림 5.8 핵심 및 연결 히스톤의 원자 구조. (a) 히스톤 H3(녹색)과 히스톤 H4(주황색)의 사합체. (b) 히스톤 H2A(빨간색)와 히스톤 H2B(갈색)의 이합체. (c) 연결 히스톤은 보존된 나선의 날개 나선 접힘 구조를 가지고 있다; H5 변이체를 보여주고 있다. 연결 히스톤의 N-말단과 C-말단의 꼬리는 무질서하며 수많은 리신과 세린 잔기들로 이루어져 있다; 인간의 H1에 상응하는 아미노산 서열을 보여주고 있다. (d) 2개의 각도로 보여주는 뉴클레오솜 중심 입자의 원자 구조. DNA 가닥은 각각 다른 색조의 파란색으로 나타내었다. DNA는 히스톤 팔합체 주위를 1.7번 회전하여 원반 같은 구조를 가진 입자를 형성한다. 히스톤들은 (a)와 (b)에서와 같은 색깔로 나타내었다. (출처: Reproduced from Khorasanizadeh, S. (2004). *Cell* 116:259–272, copyright © 2004 Elsevier.)

연결 히스톤 그리고 약 180 bp DNA를 말한다. 연결 히스톤 H1 또는 히스톤 H5와 H1° 같은 대체 형태가 핵심 팔합체 사이에 있으며, DNA가 여기를 통해 뉴클레오솜을 출입하게 된다. 연결 히스톤은 2회의 DNA 회전을 봉인한다.

핵심 팔합체 내에 4개의 핵심 히스톤이 짝을 이루어 상호작용한다. 2개의 H3–H4 이합체가 결합하여 사합체를 만들고, DNA 존재 하에 H3–H4 사합체 말단에 H2A–H2B 이합체 2개가 결합한다(그림 5.8 참조). 높은 염 농도에서, 히스톤은 DNA에서 분리되는 것으로 보아 DNA와 핵심 히스톤 사이의 주요 상호작용은 본질적으로 전자기적인 것으로 보인다. 게다가, 뉴클레오솜 형성에 필요한 이합체들 및 사합체의 접촉면에 복수의 소수성 상호작용과 수소결합이 있다. 4개의 핵심 히스톤 각각은 본질적으로 무질서하고 뉴클레오솜과 다른 단백질 사이의 상호작용을 매개하는 긴 "꼬리" 도메인을 가지고 있다. **히스톤 폴드 도메인**[카르복실(C) 말단 끝에 있는 2개의 짧은 구조화되지 않은 루프로 연결된 3개의 α-나선]이라는 영역은 다른 히스톤 및 DNA와 상호작용한다. 히스톤 접힘은 마치 악수하는 것처럼 히스톤 단일체들이 한 곳에서 합쳐지게 한다. 이러한 구조로 인해서, 이 합체는 "악수 모티프"를 이룬다고 한다. 또한 4개의 핵심 히스톤은 대부분의 리신 잔기들을 포함하는 전하를 띠는 꼬리부가 아미노(N) 말단에 있다. 전하를 띤 꼬리부가 아세틸화 및 메틸화 등 히스톤 단백질의 번역 후 수식이 되는 장소이다. 번역 후 수식의 중요성에 대해서는 유전자 발현 조절에서의 역할이라는 관점에서 9장과 10장에서 자세히 다룬다. 유전자 조절 및 염색체 구성에 중요한 작용을 하는 히스톤 변이체들이 있다. 핵심 히스톤 중에는 H2A의 변이체가 가장 많은 반면에, 히스톤 H4의 변이체는 없다. 히스톤 H3의 주요 변이체 중 하나인 중심체 H3(CenH3 또는 CENP-A)가 염색체 분리에서 얼마나 중요한 역할을 하는가에 대해서는 이 장의 뒷부분에서 다룰 것이다.

고차원 염색질 구조

모든 염색질은 핵의 작은 공간에 채워져야 함을 상기하자. 하지만 복잡한 요소가 있다. 염색질 내에

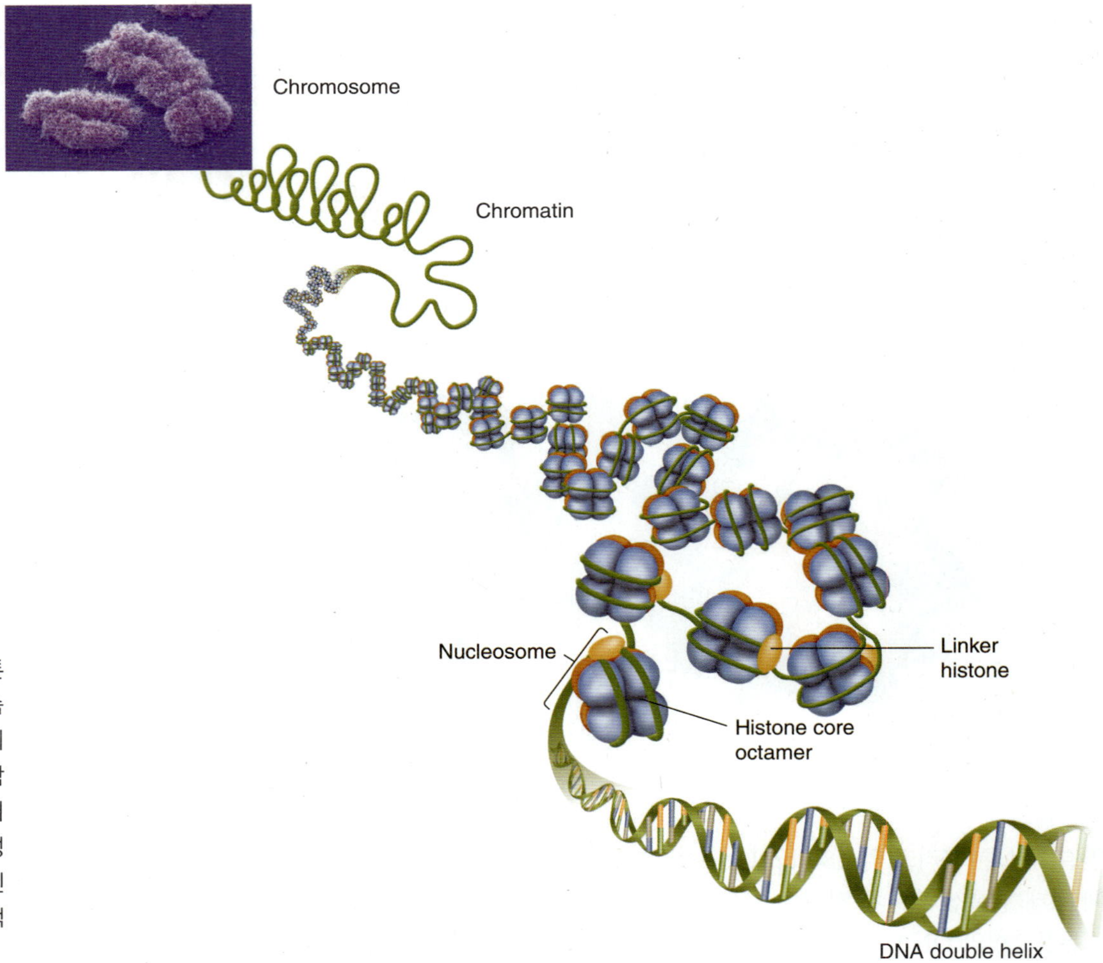

그림 5.9 염색질 압축 모델. DNA 이중나선(직경 2 nm)은 히스톤 코어 팔량체를 감싸서 뉴클레오솜을 형성한다. 염색질 섬유는 직경이 120 nm인 DNA 루프 도메인을 포함하여 보다 압축된 구조로 포장되어 궁극적으로 유사분열 염색체를 형성한다. 컬러 주사 전자 현미경 사진은 인간 X(오른쪽) 및 Y(왼쪽) 성염색체를 보여준다.

서 DNA 인산염 골격의 음전하는 코어 히스톤의 양전하에 의해 부분적으로만 차폐되어 염색질의 인접한 영역 사이에서 전체적인 음전하와 정전기적 반발을 초래한다. 즉, 염색질 영역은 서로 반발하게 된다. 추가 접힘을 위해서, 나머지 음전하는 양이온, 링커 히스톤 및 기타 양전하를 띤 단백질로 보호되어야 한다. 위에서 설명한 바와 같이, 뉴클레에이스 소화에 의해 핵에서 방출된 염색질은 염 농도가 더 낮을 때 비드-온-어-스트링 구조를 가지고 있다. 염을 첨가하면(즉, 이온 강도 증가), 또는 시험관 내에서 관찰될 때 뉴클레오솜 어레이는 직경이 약 30 nm인 조밀한 섬유를 형성하며, **30-nm 섬유(30-nm fiber)**라고 적절하게 명명된다. 오래된 모델에 의하면, 이 30 nm 섬유가 120 nm 섬유, 300~700 nm 염색분체, 궁극적으로 유사분열 염색체로 묘사된 구조로 더 압축된다는 것이다(그림 5.9). 30 nm 섬유의 고전적인 모델은 나선의 회전으로 배열된 6개의 연속적인 뉴클레오솜이 있는 상대적으로 정렬된 나선 솔레노이드에서부터 꼬이거나 초코일을 하는 지그재그 리본 구조에 이르기까지 다양하다(그림 5.10). 그러나 분리하는 동안, 이 깨지기 쉬운 염색질 구조의 무결성을 유지하는 것이 어렵기 때문에 30 nm 섬유는 제대로 이해되지 않고 있으며, 그것이 생체 내에서도 존재하는지 여부에 대해 의문이 제기되었다. 염색질 구조에 대한 고전적 모델은 시험관 내 구조 또는 투과성 세포의 염색질 섬유에서 파생되었으며, 여기서 사용된 막을 누출되게 만들어서, 용해성 단백질 및 기타 세포 성분을 제거하게 하였다. 과거의 연구자들은 왜 온전한 세포에서 염색질을 관찰하지 않았을까? 두 가지 주요 이유는 5~100 nm 크기 범위가 염색질은 대부분의 광학현미경 이미징 방법의 해상도 한계 아래에 있고, 염색질은 전자 밀도가 높지 않으므로, 기존 전자현미경

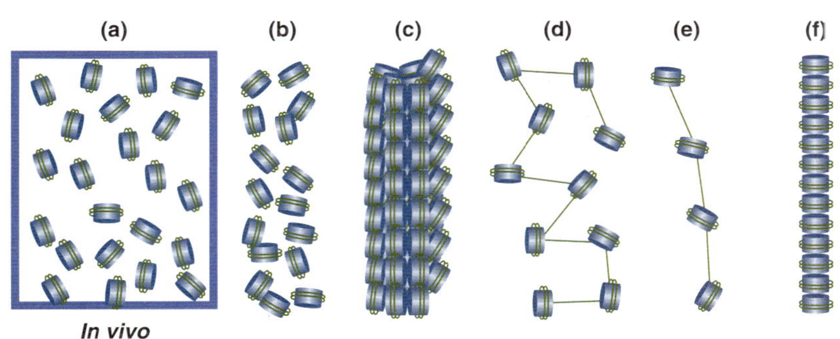

그림 5.10 가능한 고차 뉴클레오솜 배열. (a) 염색질 덩어리, (b) 불규칙한 30 nm 섬유, (c) 규칙적인 30 nm 섬유, (d) 열린 지그재그, (e) 끈 위의 구슬, (f) 10 nm 필라멘트. 파란색 실린더, 뉴클레오솜; 녹색 선, 링커 DNA. 생체 내에서 극저온 전자현미경 및 극저온 전자 단층 촬영 데이터는 염색질 질량과 가장 일치한다. (출처: Redrawn from Cai et al. 2018. *Molecular Biology of the Cell* 29:1652–1663.)

으로 염색질 섬유를 온전한 상태로 명확하게 시각화하는 데 사용할 수 없었기 때문이다.

이제 새로 개발된 기술이 염색질 구조의 비밀을 밝히기 시작했다. 지금까지 결론은 도발적이다. 염색질에 대한 관점은 정적이고 규칙적인 구조에서 보다 불규칙하고 역동적인 구조로 바뀌었다. 많은 최근 연구의 결론은 30 nm 섬유가 생체 내에 존재하지 않는다는 것이다. 적어도 효모와 포유류 세포에서는 그러하지만, 30 nm 섬유가 일시적으로 형성될 가능성은 있다. 대신에, 고차 염색질 구조는 염색질덩어리를 형성하는 불규칙하게 접힌 10 nm 섬유로 구성되어 있는 것으로 보인다(그림 5.10 참조). 추가적인 압축 수준을 통해 이러한 10 nm 섬유를 작은 부피의 핵으로 포장할 수 있다. 이러한 일이 어떻게 발생하는지에 대하여 논쟁이 계속해서 벌어지고 있는 것은 놀라운 일이 아니다.

DNA의 다음 꾸리기는 고리 영역이 참여한다

30 nm 섬유는 다시 아직 완전히 이해되지 않은 구조로 더욱 압축된다. 이러한 고리 구조에 대한 이해는 광학현미경으로도 관찰이 가능한 양서류 난자의 특별한 "**램프솔 염색체(lampbrush chromosome)**" 연구를 통해 얻어졌다(그림 5.11). 비록 예외적인 경우이지만, 이러한 독특한 염색체는 정상적인 염색체의 간기에서 보이는 고리 영역의 전형으로 생각된다. 패킹 비율이 1,000배인

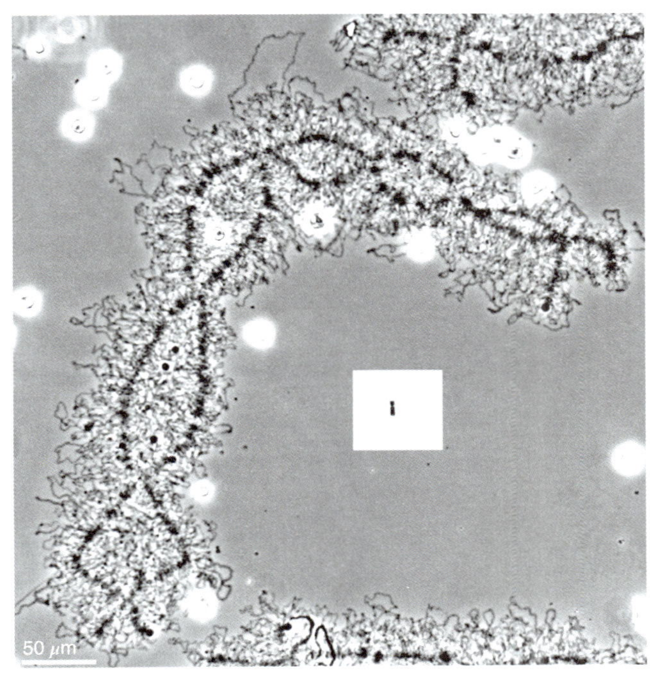

그림 5.11 램프솔 염색체. 도롱뇽(*Ambystoma mexicanum*) 난자의 중간 크기 램프솔 염색체를 위상차현미경으로 관찰하였다. 크기 비교 목적으로 동일 배율의 도롱뇽 애벌레의 중간 크기 유사분열 중기 염색체가 내부에 삽입되어 있다. 난자 발생 말기에, 램프솔 염색체가 조밀한 중기 형태로 되돌아간다. (출처: Dr. Garry Morgan, University of Nottingham, England, UK.)

간기에서, 정상 염색체는 각 루프의 길이가 약 0.25 μm인 50−100 kb DNA의 **고리 영역(looped domain)**을 형성하는 걸로 보인다. 이러한 고리는 DNA가 핵의 골격을 이루는 데 관여하는 단백질들과 결합함으로써 생길 수도 있다. 더 최근의 또 다른 모델은 고전적인 루프 및 스캐폴드 모델 대신 염색체가 뉴클레오솜의 판형 배열의 적층 스택으로 구성되어 있다고 제안한다. ChromEMT(크로마틴 전자현미경 단층 촬영)라고 하는 새로 개발된 방법은 염색체 구조에 대한 추가 통찰력을 제공했다. 이 방법에서는 형광 염료를 DNA에 결합한 다음 특정 파장의 빛에 노출시켜 광변환한 후 DNA를 장식하는 전자 밀도 침전물을 생성하여 전자현미경으로 볼 수 있게 한다. 단층 촬영(절편에 의한 영상화)을 사용하여 세포 조각을 전자빔에서 반복적으로 기울이고 여러 각도에서 영상화하여, 원 위치에서 염색질 섬유의 미세 구조를 3차원으로 볼 수 있다. ChromEMT에 의해 시각화된 뉴클레오솜은 직경이 5−24 nm인 무질서한 과립 사슬로 조립되는 것으로 보인다. 그런 다음, 이 사슬은 서로 다른 밀도로 함께 모여서 조밀한 루프를 형성하고 유사분열 염색질에서 상호작용하는 배열을 형성한다. 염색질의 정확한 구조는 아직 파악하기 어렵지만, 각각의 새로운 기술 개발은 세포의 이 기본 구성 요소의 복잡한 접힘 패턴에 대한 또 다른 감질나게 하는 일면을 제공한다.

완전히 압축된 염색질: 중기 염색체

전형적인 인간 염색체의 염색질 섬유는 고리로 응축되거나 상호작용하는 배열을 하는 경우에도 핵 주위를 여러 번 통과할 만큼 충분히 길다. 염색질의 추가 축합에는 다수의 ATP(아데노신 삼인산)-가수분해 효소와 축합 복합체가 필요하다. **콘덴신(condensin)**은 중기 염색체의 풍부한 구조적 구성 요소인 5개의 소단위체로 구성된 큰 고리 모양의 단백질 복합체이다. 최근에서야 염색체 구조에서 중추적인 역할이 실현되었다. 연구원들이 아프리카발톱개구리 *Xenopus laevis* 알에 히스톤이 포함되지 않은 추출한 쥐 정자 핵을 추가했을 때 놀라운 발견을 했다. "핵체가 고갈된" 염색분체가 더 약하기는 했지만, 콘덴신의 중심축을 가진 염색분체 유사 구조는 조립될 수 있었다. 결론은? 염색체는 히스톤 없이 거의 정상적으로 형성될 수 있다. DNA 상호작용을 촉진하고 염색체의 전체 모양을 정의하는 것은 콘덴신 고리이며, 히스톤은 압축 및 보호 기능을 추가한다(그림 5.12).

복제되지 않은 각 염색체에는 단일 DNA 분자, 즉 이중가닥 DNA 이중나선이 포함되어 있음을 기억하자. DNA 복제 후, 완전히 압축된 염색체는 각각 DNA 이중나선으로 구성된 2개의 자매 염색분체를 포함한다(그림 5.9 참조). 전형적인 인간 염색체는 ~100 Mb의 DNA를 포함한다. 단백질과 결합된 이러한 큰 DNA 단위는 염료로 염색되고, 유사분열 또는 감수분열 동안 광학현미경으

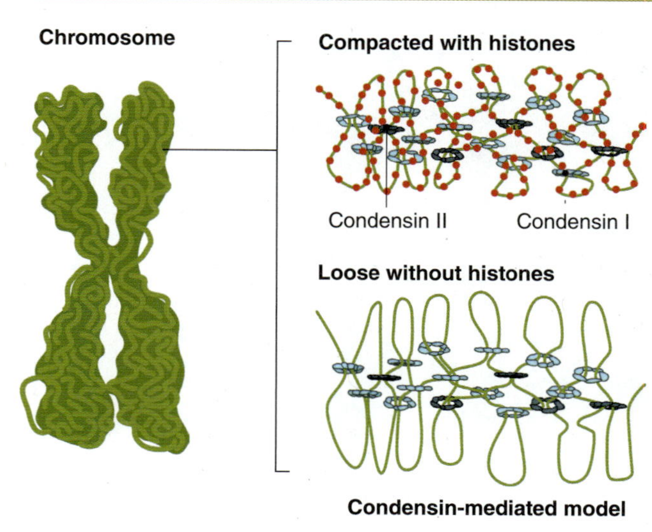

그림 5.12 콘덴신은 염색체 구조를 형성한다.
한 모델은 콘덴신 II(진한 파란색)가 먼저 느슨하게 조직된 루프와 콘덴신 I(밝은 파란색)으로 축을 설정한 다음, 루프의 측면 압축을 촉진한다. 히스톤(빨간색)의 코어 옥타머는 더 압축을 시켜준다. (출처: Redrawn from Kakui and Uhlmann. (2017). *Science* 356:1233–1234.)

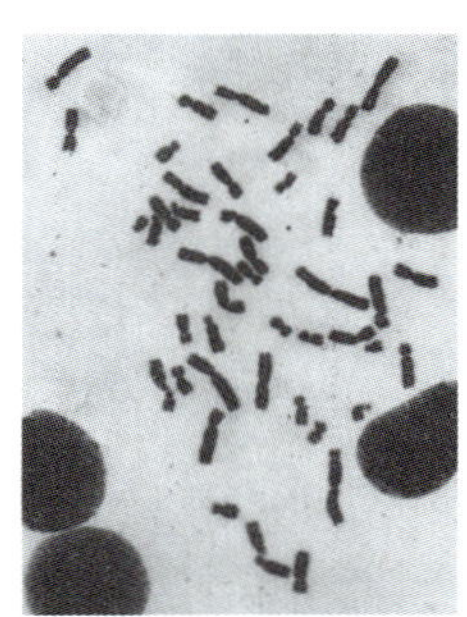

그림 5.13 인간 염색체의 광학현미경 사진.
염색체는 Giemsa 염료로 염색된다. 큰 타원형은 온전한(분해되지 않은) 백혈구이다. (출처: Photograph provided by the author.)

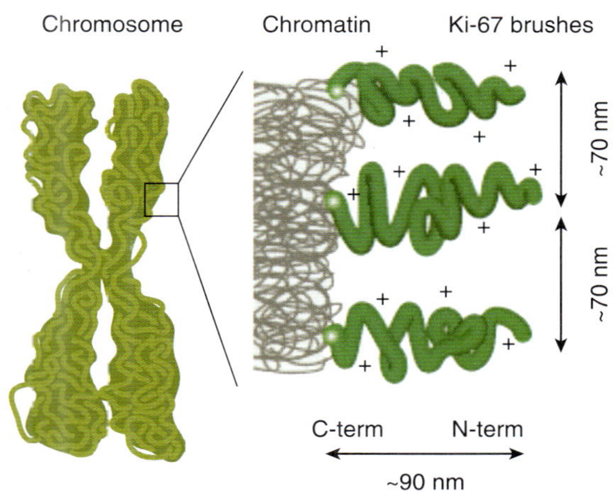

그림 5.14 Ki-67은 중기 염색체가 서로 달라붙는 것을 방지한다.
약 270,000개의 Ki-67 분자가 중기 염색체에 결합하며, 이는 Ki-67 분자 사이의 평균 간격이 69 nm인 μm^2당 약 210개의 Ki-67 분자의 표면 밀도에 해당한다. (출처:Redrawn from Cuylen et al. 2016. *Nature* 535:308–312.)

로 시각화될 수 있다(그림 5.13). 압축 계층의 이 시점에서, 패킹 비율은 아무것도 없는 DNA와 비교하면 10,000배이다. 복제된 염색체의 두 자매 염색분체는 **중심체(centromere)**에 연결된다. 또한 자매 염색분체는 **코헤신(cohesin)**이라고 하는 고리 모양의 단백질 복합체에 의해 길이를 따라 함께 묶여 있다(위에서 설명한 또 다른 고리 모양의 복합체인 콘덴신과 혼동하지 마시오). 포유류 세포에는 중심체를 포함하여 염색체의 응집을 위한 결합 부위가 25,000~120,000개 있다. 일단 결합되면, 코헤신은 그 고리 안에 염색질을 가둔다. 염색질을 캡처한 후, 링은 "고정"된다. 예상하지 못한 반전으로 중기 염색체의 대부분이 염색질이 아니라는 것이 밝혀졌다. 대신에, 중기 염색체는 높은 양전하를 띤 장벽으로 작용하는 Ki-67이라는 큰 단백질로 전체가 코팅되어 있다(그림 5.14). Ki-67의 한쪽 끝은 염색체에 결합하고, 이 본질적으로 무질서한 단백질의 나머지 부분은 브러시의 강모처럼 세포질로 확장되어 다른 염색체를 밀어낸다. 세포 분열 사이에서, Ki-67은 핵소체에 위치하지만 그것이 하는 일은 명확하지 않다. Ki-67은 염색체가 다른 염색체에 달라붙는 것을 방지하지만, 염색분체는 세포 분열 중에 어떻게 분리되는가?

DNA가 복제된 후, 세포는 분열 과정을 거친다(그림 5.15; 감수분열에 대해서는 그림 1.5 참조). 유사분열 동안 염색체는 전술한 바와 같이 응축되고, 중기판에 모이고, 배향되고, 미세소관에 부착되고, 분리된다. 유사분열은 중심체, 미세소관, 그리고 중심체에 고이는 놀라운 분자 기계인 키 **동원체(kinetochore)** 사이의 상호작용에 의해 가능하다. 먼저 중심체의 구조를 살펴본다.

중심체는 세포 분열 동안 분리되기 위한 부착점을 제공한다 중심체는 특히 복잡한 구조이다(그림 5.16). 중심체 DNA는 일반적으로 염색체의 특정 영역에 국한되며, 인간의 경우 0.1~4 Mb에 이르는 많은 반복 DNA 시퀀스로 구성된다. 평소와 같이 매우 단순한 것부터 매우 복잡한 것까지 예외가 있다. 한 예시인 출아효모의 중심체는 125 bp 밖에 안 되는 짧고 보존된 염기서열이다. 반면에, 예쁜꼬마선충(*Caenorhabditis elegans*)은 염색체 전체에 걸쳐서 형성되는 분산형 중심체를 가진다. 다양한 유기체에서 중심체가 한 세대에서 다음 세대로 승계되고, 수천만 년 동안 보존되어 왔다면, DNA 염기서열이 매우 잘 보존되어 있을 것이라고 예측할 수 있을 것이다. 그러나 염기서열을 분석해 보면 보존된 부분이 적거나 거의 없다. 그렇다면 특별한 염색질 구조 형성을 통해서 중심체의 위치가 지정되는 것일까?

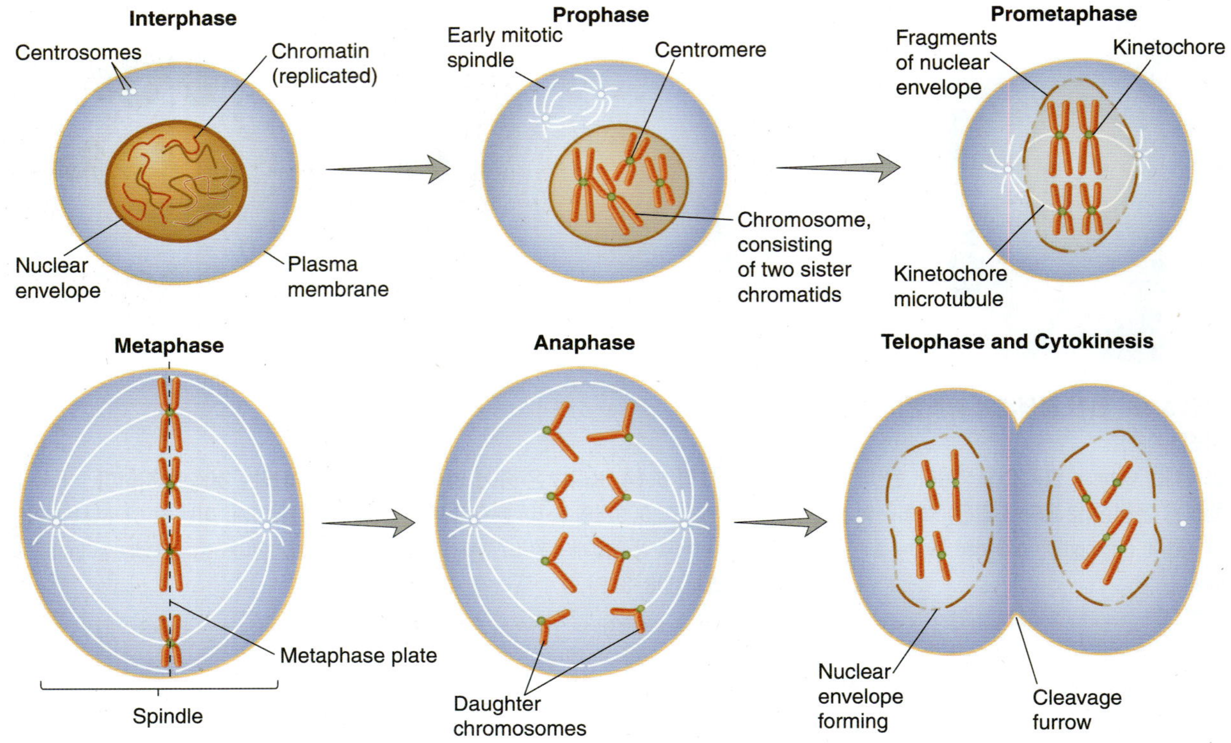

그림 5.15 유사분열.
유사분열 동안, 염색체는 응축되어 중기 판에 모여서 방향을 잡고 미세소관에 부착된다. 완전히 응축된 중기 염색체는 중심체에서 연결된 2개의 자매 염색분체로 구성된다. 중심체에서 키네토코어는 방추 미세소관을 포착하여 자매 염색분체가 딸세포로 올바르게 분리되도록 한다.

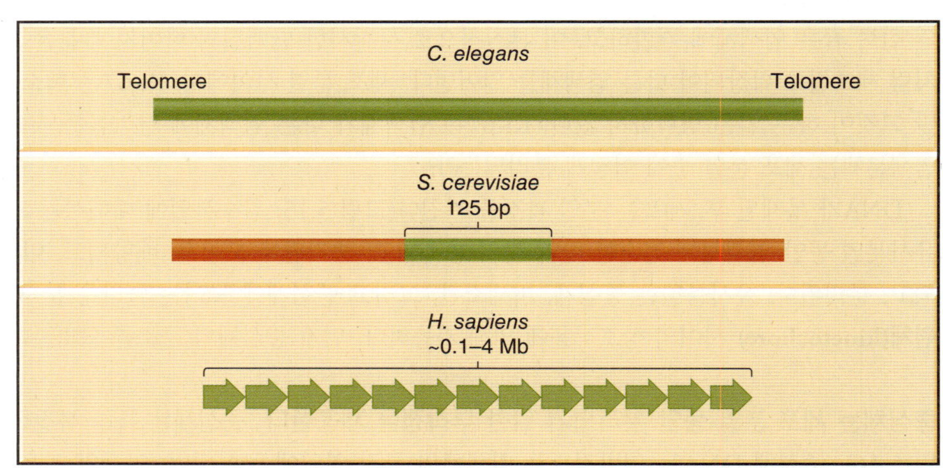

그림 5.16 중심체 구조.
*Caenorhabditis elegans*에서 중심체는 전체 염색체를 따라 형성된다. 신진 효모 *Saccharomyces cerevisiae*에서 중심체는 작은 125 bp 길이의 보존된 DNA 서열이다. 호모 사피엔스(인간)와 같은 많은 진핵생물은 다수의 반복된 DNA 서열(녹색 화살표)이 있는 일반적으로 큰 단일 염색체 영역에서 형성되는 중심체를 가지고 있다. (출처: Modified from Torras-Llortet al. 2009. *EMBO Journal* 28:2337–2348.)

이 질문에 대한 답은 '그렇다'이며, 해답은 히스톤 변이체에 있다. 중심체는 H3 대신에 **CENP-A** (또는 CenH3라고 불리는) 중심체 특이적 히스톤 H3 변이체를 가지는 특별한 뉴클레오솜을 포함한다. CENP-A는 오직 중심체에만 국한되어 있으며, 중심체 기능에 중요하다(그림 5.17a). CENP-A의 주요 특성은 두 가지로 볼 수 있다. 첫째, 지금까지 알려진 진핵생물에서 CENP-A 결손은 치명적이다. 둘째, CENP-A 결핍 세포는 동원체 단백질을 국재화시키지 못하고 분리 과정에 결합을 보인다. 동원체는 그 구조가 다양한 커다란 고분자 구조이다. 유기체에 따라서, 동원체는 12개에서 수백 개에 이르는 서로 다른 단백질 구성물로 이루어진다. 그들이 어떻게 형성되는지는 오랫동안 수수께끼였다. 이제 CENP-A가 그 수수께끼를 푸는 열쇠로 보인다. 히스톤 변이체는 완전히 조립된 동원체가 되도록 이끄는 상호작용의 복잡한 네트워크를 촉발하는 것으로 보인다. 이 과정에서, CENP-A-포함 뉴클레오솜이 서로 모여서 동원체의 기저를 형성하고, 동시에 H3-포함 뉴클레오솜을 배제하는 것으로 여겨진다. 최근 데이터로 CENP-A/H4 사합체가 H3/H4 사합체보다 더 조밀하고 단단하다는 것이 밝혀졌다. 이 특별히 단단한 기저가 유사분열 동안 중심체에서 미소관 견인력에 대해 저항하도록 돕는 것이 가능하다. 코어 옥타머를 포함하는 CENP-A에서 연장되는 유연한 DNA 말단은 링커 히스톤 H1이 결합하는 것을 차단한다. 히스톤 H1의 결핍은 중심체의 구조적 완전성에 있어서 필수적이다.

중심체는 세포 분열 및 번식 동안 염색체 분리에 분명히 중요하다. 좀 더 실용적인 관점에서, 염색체는 종종 중심체의 위치에 따라 분류된다. **중앙중심체(macrocentric)** 염색체는 중앙에 중심체를 가지고 있다. **끝곁중심체(acrocentric)** 염색체는 중심체가 한쪽 끝에 더 가깝게 위치한다. **말단중심체(telocentric)** 염색체는 끝에 중심체가 있다. 중심체 외에도 각 염색체는 하나 이상의 복제기점과 말단소체를 포함해야 한다. 텔로미어는 염색체의 끝 부분을 덮고 서로 연결되는 것을 방지하는 특수 구조이다. 복제와 텔로미어의 기원은 6장의 DNA 복제와 염색체 말단 유지의 맥락에서 논의된다.

방추사부착점과 미세소관은 염색체를 움직이는 힘을 생성한다 1980년대 중반에 처음 확인된 방추사부착점은 염색체와 연결되는 단백질과 방추 미세소관을 포착하는 단백질을 포함하여 100가지 이상의 서로 다른 단백질로 구성된다. 이 특별한 분자 기계는 유사분열 전에 조심스럽게 조절되고 역동적인 조립을 거쳐 유사분열 후에 분해되며, 미세소관과 상호작용하여 염색체를 이동시키는 데 필요한 힘을 생성한다. 여기서 핵심은 성장(튜불린 소단위체의 중합) 및 수축(해중합)을 통해 길이가 변화하는 미세소관의 능력이다. 전중기 동안, 한 쌍의 자매 염색분체의 방추사부착점은 반대편 방추극의 미세소관에 의해 포착된다(그림 5.15 참조). 중기 동안, 자매 염색분체에 작용하는 반대의 미는 힘과 당기는 힘으로 인해 염색분체가 중기 판에 정렬될 때까지 앞뒤로 진동한다.

후기가 시작되면, 코헤신은 프로테아제에 의해 절단되어 쌍을 이루는 자매 염색분체가 분리된다. 방추사부착점은 염색체를 2개의 새로운 딸세포로 올바르게 분리하기 위해 반대쪽 방추극 쪽으로 당겨진다. 이 움직임은 어떻게 발생하는가? 미세소관 내에서 튜불린 이량체는 직선 구성이다(그림 5.17b). 미세소관이 분해되기 시작하면, 튜불린이 구부러진 모양이 되어 뒤로 벗겨질 수 있다. 튜불린의 여러 필라멘트의 구부러짐에 의해 생성된 파워 스트로크는 최대 65피코뉴턴(pN)의 힘을 생성하는 것으로 추정되는데, 이는 이 분자 스케일에서는 많은 양이다. 이 힘을 고려하면 수소결합을 끊는 데 약 4 pN이 필요하고, 다른 유형의 비공유 결합을 끊는 데 160 pN이 필요하다. 짝을 이룬 자매 방추사부착점이 반대쪽 방추극에서 미세소관에 종단 부착을 만들 때 염색체 운동은 미세소관 해중합에 의해 거의 전적으로 동력이 공급될 수 있다. 본질적으로, 세포는 미세소관 해중합을 통해 염색체를 각 방추극 쪽으로 "감아준다". 키네신 및 다이네인과 같은 미세소관 기반 운동 단백질은 이 과정에 기여하지만, 염색체의 물리적 이동 및 분포에 반드시 필요한 것은 아니다.

보통염색체와 성염색체 염색체는 **성염색체(sex chromosome)**와 **보통염색체(autosome)**로 다시 분류된다. 성염색체는 배아에서부터 남성 또는 여성이 되는 발생 과정을 활성화시키는 유전 정보를 지닌다. 이 일반적인 규칙의 이목을 끄는 예외가 파충류에서 발견된다. 모든 악어와 큰 도마뱀, 일부 거북이와 도마뱀에서 온도-의존적 성 결정 현상이 보이는데, 이는 성이 부화 온도에 영향을 받

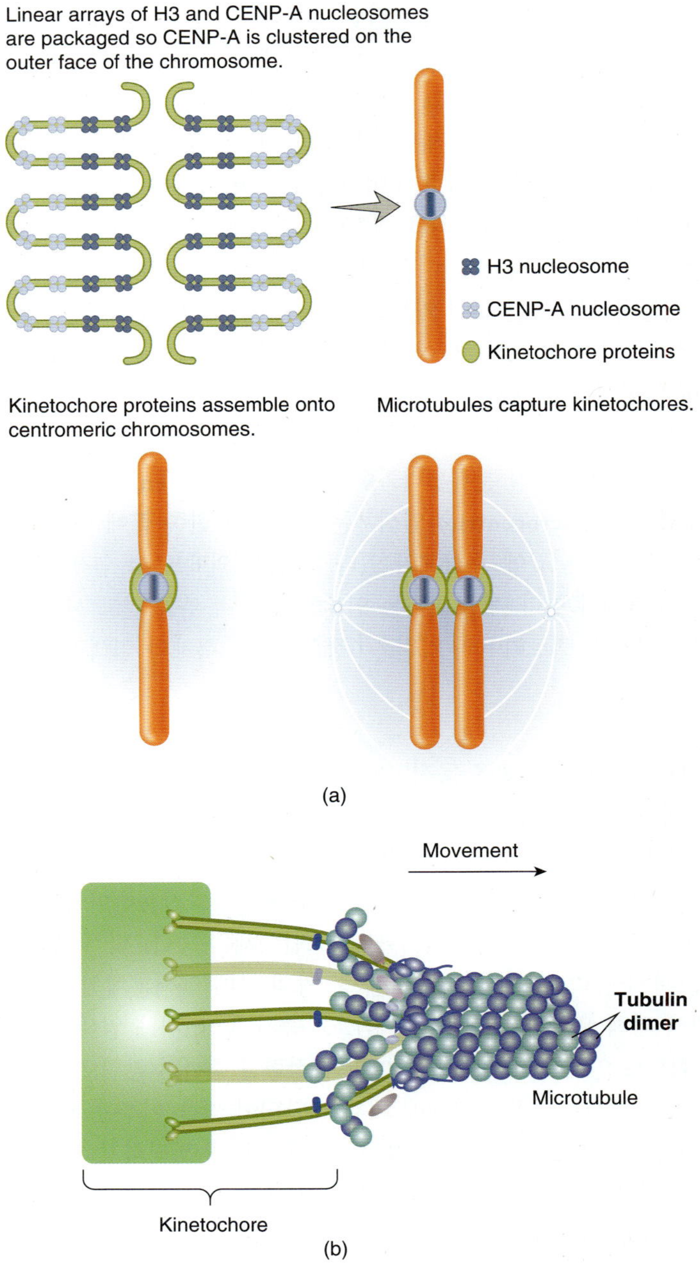

그림 5.17 CENP-A와 동원체. (a) 히스톤 변이체 CENP-A는 완전히 조립된 동원체로 이어지는 복잡한 상호작용 네트워크를 촉발한다. (출처: Redrawn from Kamakaka and Biggins. 2005. *Genes and Development* 19:295–316.) (b) 미세소관 해중합과 관련된 동원체를 보여주는 다이어그램 미세소관 해중합에 의해 생성된 힘은 세포 분열 동안 염색체 운동에 전력을 공급하는 데 활용된다. (출처: Redrawn from Cheeseman. 2014. *Cold Spring Harbor Perspectives in Biology* 6:a015826.)

는다는 것을 말한다. 이 경우, 이러한 파충류들은 성염색체가 결핍되어 있다.

염색체의 개수, 크기, 형태가 종 특이적 세트 또는 핵형을 만든다. 성염색체 시스템은 생명의 나무 전반에 걸쳐 서로 다르다. 예를 들어, 사람의 핵형은 보통염색체 44개와 성염색체 2개—여성의 경우 X 염색체 2개, 남성의 경우 X 염색체 1개와 Y 염색체 1개—이다. 남성 생식세포는 X 또는 Y이므로 이형 배우자성이고, 여성 생식세포는 동성 배우자성이다. 인간 Y 염색체의 남성 특정 부분에 있는 27개의 유전자 중 20개는 *SRY* 유전자에 의해 암호화된 고환 결정 인자를 포함하여 X에 있는 유전자에서 진화했으며, 연구자는 "Y는 기본적으로 분해된 X 염색체"라는 결론을 내렸다. 반면에, 모든 조류에서는 암컷이 다른 종류의 성염색체(Z와 W 염색체)를 갖고, 수컷이 2개의 Z 염색체를 가진다. 메뚜기, 바퀴벌레와 다른 곤충들의 개별 성 결정 시스템은 다르다. 성체 수컷은 Y 성염색체가 결여되어 오직 X 염색체만을 갖는다. 그들은 정자세포를 생산하지만, 정자세포는 X 염색

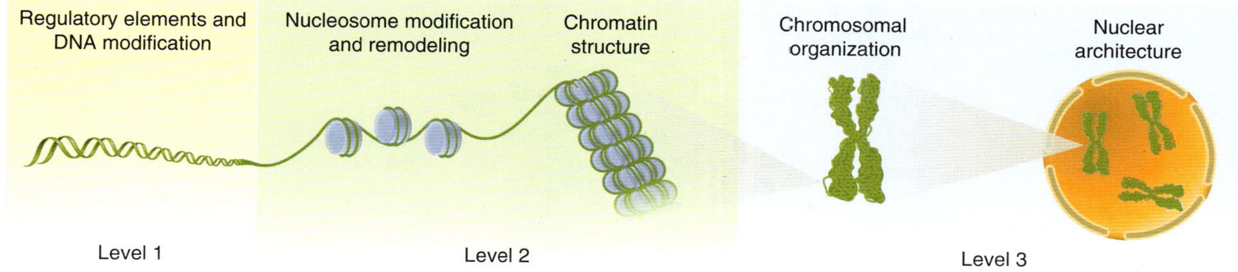

그림 5.18 유전자 발현의 3단계.
진핵세포의 유전자 발현은 DNA 염기서열 단계, 염색질 단계 및 핵 내부에서 염색체 위치를 정하는 단계에서 조절된다. (출처: Redrawn from Babu et al. 2008. *Current Opinion in Genetics & Development* 18:571–582.)

체를 갖거나 성염색체가 아예 없으며, 이런 경우 O형이라 표시한다. 암컷은 XX이고, X 염색체를 지닌 난세포를 생산한다.

더 복잡한 성염색체 시스템의 놀라운 예로서, 오리너구리(*Ornithorhynchus anatinus*)에는 10개의 성염색체 사슬이 있다. 오리너구리는 5개의 수컷 특이적 Y 염색체와 수컷에는 한 복사본이, 암컷에는 두 복사본이 있는 5개의 X 염색체를 가지고 있다. 이 10개의 염색체는 수컷 분열시 XXXXX-포함 정자, YYYYY-포함 정자 등으로 분리되는 교차 패턴을 수용하는 다가염색체 사슬을 형성한다. 인간 X 염색체와 상동적이며, 가장 큰 X 염색체가 사슬의 한쪽 끝에 위치한다. 조류 Z 염색체와 상동적인 염색체는 그 반대편 끝 가까이에 위치한다. 이 발견은 각각 독립적으로 진화되어 왔다고 생각되어 온 포유류와 조류의 성염색체 시스템 사이에 진화적 연결고리가 있다는 것을 제시하기에 매우 흥미롭다.

유전물질의 구성과 발현

DNA의 압축은 세포 분열과 번식에 필요하다. 하지만 DNA-결합 단백질이 어떻게 염색질에 접근할 수 있는가? 진핵생물의 유전자 발현은 최소한 세 가지 주요 수준에서 조절된다(그림 5.18). 첫 번째는 DNA-결합 단백질이 전사를 조절하기 위해 DNA의 조절 요소와 결합하는 DNA 서열의 수준이다. 두 번째는 염색질의 수준이고, 세 번째는 핵 내 염색체의 위치이다.

뉴클레오솜 변형 및 리모델링 및 염색질 구조 히스톤 핵심 팔합체 주위를 DNA가 감싸는 것은 연결 DNA 부분과 비교하여 이 부분의 DNA로의 접근을 막는 메커니즘으로서 오랫동안 인정되어 왔다. 이는 염색체 내의 분절이 다른 전사 상태로의 전환이 가능하게 한다. 염색질의 풀림 및 탈축합의 일부는 DNA가 히스톤 주위를 감싸는 방식의 변화로 인해 발생한다. 예를 들어, 조절 영역에서 뉴클레오솜 위치의 변화는 유전자 발현에 직접적인 영향을 미칠 수 있다. 뉴클레오솜 위치는 부분적으로 DNA 서열에 대한 친화도를 달리하여 결정되지만, 뉴클레오솜은 다른 단백질 인자와 경쟁하거나 협력하여 대체되거나 모집될 수 있다. 마지막으로, 뉴클레오솜은 리모델링 복합체에 의해 능동적으로 이동되거나 변위될 수 있다. 염색질 역학과 유전자 조절에서의 역할은 9장에서 자세히 논의될 것이다.

응축되어 전사를 억제하는 염색질은 **이질염색질(heterochromatin)**이라 부르는 반면에, 더 열려 있으면서 유전자 활성화가 가능한 염색질은 **진정염색질(euchromatin)**이라 부른다. 흥미롭게도, 최근 ChromEMT 데이터는 진정염색질과 이질염색질의 고차적 구성에 거의 차이가 없음을 보여준다. 차이점은 동일한 유형의 섬유의 포장 밀도에 있는 것으로 보인다. 생체 내 효모 유사분열 염색

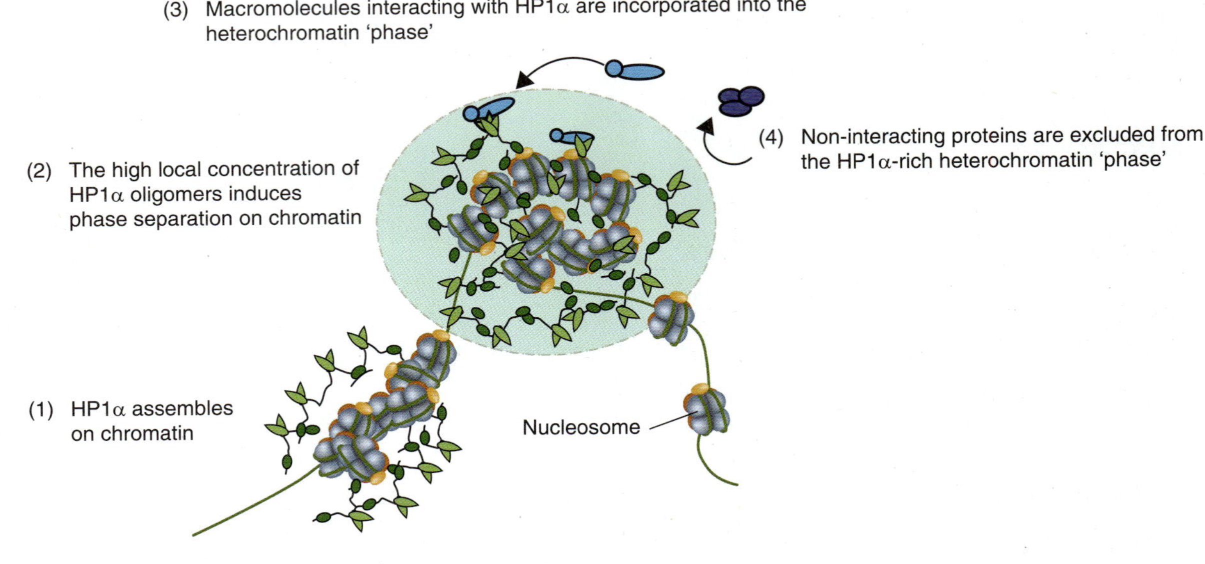

그림 5.19 상 분리에 의한 이질염색질의 형성.
(출처: Redrawn from Larson et al. 2017. *Nature* 547:236–240.)

체에 대한 다른 연구에서는 염색체가 고르지 않게 응축되고, 진정염색질 주머니가 있음을 시사한다. 이 발견은 대부분의 유전자가 침묵하는 유사분열 동안 작은 유전자 세트가 어떻게 발현되는지 설명할 수 있다. 이질염색질에 의한 유전자 침묵은 부분적으로 **이질염색질 단백질 1α**(HP1α)의 모집에 의해 발생하는 것으로 제안되며, 이는 유전체의 넓은 영역에 걸쳐 퍼지고 다른 모집된 요인과 함께 염색질 압축을 유도한다. HP1α는 포유류 세포와 초파리 배아 모두에서 상 분리(4장 참조)를 촉진하는 본질적으로 무질서한 영역을 가지고 있음이 밝혀졌다. 연구자들은 막에 결합되지 않은 다양한 핵 및 세포질 구획을 생성하는 과정과 유사한 "이질염색질 단계"가 형성된다고 가정한다. 이 모델에서 압축된 염색질은 물리적으로 상이-분리된 HP1α 액방울으로 격리되며, 그 안정성은 약한 소수성 상호작용에 의존한다. 액방울은 핵 함량에 따라 용해되거나 형성될 수 있으며, 유전자 억제 조절 단백질을 모집할 수 있다(그림 5.19).

전사 중 염색질 구조 변화가 어떻게 일어나는지에 대한 초기 이해는 초파리 연구 결과로 부터 얻어졌다. 초파리의 일부 특수한 세포는 세포 분열 없이 DNA 복제를 반복하여 거대한 다사염색체를 형성한다. **다사염색체(polytene chromosome)**는 서로 연접된 많은 자매 염색분체를 가진다. 그 크기가 커서 광학현미경으로 쉽게 관찰된다. 염색체에는 유전자의 위치, 염색체 재배열 및 결실을 식별하는 데 사용할 수 있는 특징적인 밝고 어두운 띠 패턴이 있다(그림 5.20). 어두운 줄무늬는 비활성 이질염색질에 해당하는 반면에, 밝은 줄무늬는 높은 전사 활성 영역에서 발견된다. 염색체는 특유의 명암줄무늬를 갖는데, 이것으로 유전자 위치, 염색체 재배열 및 결손 부위를 알 수 있다. **염색체 퍼프(chromosome puff)** 부위는 다사염색체의 덜 조밀한 부분으로 RNA 전사가 일어나는 곳이다. 유전자에는 다수의 복사본이 있어서 유전자 발현이 높은 수준으로 되게 한다. 예를 들어, 초파리에서는 번데기가 되기 전에, 애벌레 침샘 염색체는 접착질을 대량 생산하기 위해서 여러 번의 유전자 복제를 한다. 연구자들은 이러한 염색체 퍼프가 나타나고 사라지는 것을 추적하여 발생 과정 중 켜지거나 꺼지는 유전자 위치를 조사해 왔다.

염색체 조직과 핵 구조 유전자 발현 조절의 세 번째 단계는 염색체 전체에 대한 것이다(그림 5.18 참조). 이 단계는 핵 공간 내에서 염색체의 위치 선정과—예를 들면, 핵 주변부에 가깝거나 핵 내

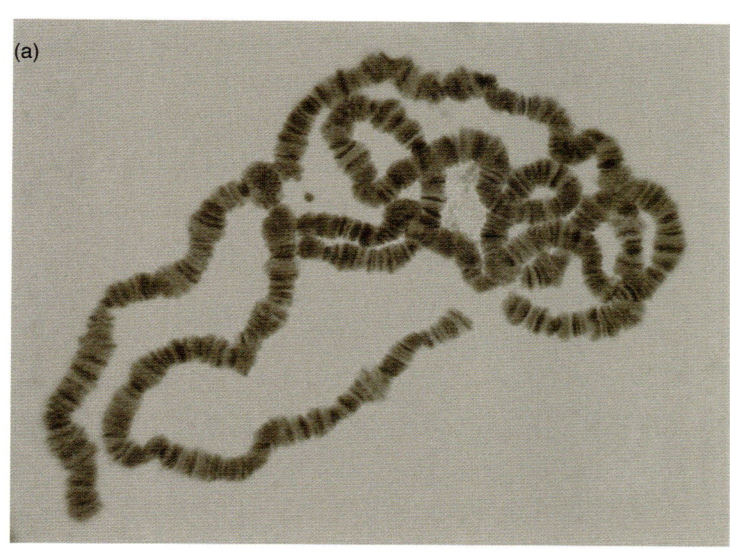

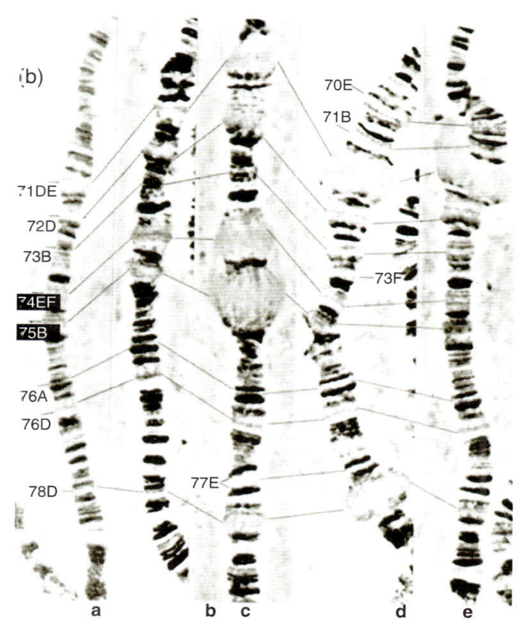

그림 5.20 다사염색체.
(a) 초파리의 다사염색체는 중심체에 의해 "염색체 중심립"에서 연결된다. (출처: Andrew Syred/Science Source.) (b) 초파리 애벌레 발생 과정에서 염색체 3L의 퍼프 패턴. a~e의 염색체는 제3령 애벌레의 점진적인 후기 발달 단계에서 분리되었다. 연하게 염색된 퍼프가 확장된 곳은 전사 활동이 높은 영역을 나타낸다. 발생 관련 유전자 발현이 시작되거나 멈추게 되면, 퍼프는 나타나거나 사라진다. (출처: Reproduced from Ashburner. (1972). In *Developmental Studies on Giant Chromosomes*, ed. W. Beermann, 101–151. © Springer Nature.)

부 구획에 인접한—핵 내 특정 염색체 위치의 공간적 구성을 포함하는데, 이들 둘 다 유전자 발현에 영향을 미치는 것으로 알려져 있다. 개별 간기 염색체가 핵 내에서 별개의 지역 혹은 "**염색체 구역(chromosomal territories)**"으로 압축되어 유전자 발현을 촉진 또는 억제하는 것이 실험적으로 증명되었다. 100 kb 스케일에서, 염색질은 공간적으로 서로 분리되는 경향이 있는 **위상적으로 연관된 도메인(topologically associating domains)** (종종 TAD로 약칭됨)이라고 하는 큰 접촉 도메인으로 구성된다. TAD는 종종 공동 조절된 유전자를 포함한다. 예를 들어, 다사염색체의 밴딩 패턴(그림 5.20 참조)이 TAD에 해당한다는 것을 이제 이해할 수 있다. 이러한 염색질 도메인의 공간적 조직은 세포 신호 경로 및 환경 조건에 대해 반응하여 변경될 수 있다.

5.4 진핵생물 유전체의 대부분은 비부호성이다

전통적인 유전학에서는 유전체의 모든 부분이 특정 기능을 가지고 있다고 여긴다. 하지만, 이 부분은 1960년대와 1970년대에 이르러 유전체 크기와 유기체 표현형의 복잡성 사이에 직접적 연관성이 없었기에 의문시되었다. 예를 들어, 자주복어(*Takifugu rubripes*)는 단지 365 Mb의 유전체를 가진 반면, 폐어(*Protopterus aethiopicus*)는 130,000 Mb의 유전체를 가진다. 또 다른 일면으로, 인간이 식물보다 훨씬 많은 DNA를 가지고 있을 것이라고 예상할 수 있지만, 인간은 단지 3,200 Mb를 가지는 반면에, 밀(*Triticium aestivum*)은 16,000 Mb의 DNA를 가진다. 이러한 예시들은 소위 **C-값 역설(C-value paradox)**이라고 불리는 놀라운 예시들이다. "C-값"이라는 용어는 반수성 핵 내에 포함된 DNA의 양을 말한다. "C"는 "상수(constant)"를 나타낸다—특정 유전자형의 특징인 DNA

양을 의미한다. 이러한 역설은 대부분의 유전체 DNA는 "건너뛰기 유전자"의 복제에서 유래된 다양한 반복적 유형 또는 유전체 내에서 자주 위치를 변경하는 경향이 있는 유전자 **전위 요소(transposable element)**들로 구성되어 있다는 발견에 의해 부분적으로 해결되었다.

인간의 예를 살펴보자. 인간 유전체의 40% 미만은 유전자와 인트론 혹은 거짓유전자 같은 유전자 관련 서열로 구성되어 있다(그림 5.21). **거짓유전자(pseudogene)**는 보통유전자와 매우 유사한 DNA 염기서열로 구성되어 있지만, 조금 변형되어 있어서 더 이상 발현되지 않는다. 또한 여러 연구에 따르면, 약 2,000개의 유전자 세트만이 인간 세포에 없어서는 안 된다고 한다. 이 필수 유전자 세트는 DNA 복제, 전사, 번역, 세포 주기 제어 및 기본 대사와 같은 기본 기능을 위한 단백질을 암호화한다. 이것이 의미하는 바는 대부분의 인간 유전자가 실험실 배양 조건에서 필수적이지 않다는 것이다. 인간 유전체의 대부분은 유전자 사이의 DNA이다. 유전체의 **유전자 사이 영역(intergenic regions)**은 일반적으로 도태 압력에 의해 조절되지 않으며, 이들 영역에서의 돌연변이는 보통 유지되어 다음 세대에 전달된다. 유전자 사이 DNA(Intergenic DNA)는 고유하거나 낮은 복제수의 서열, 그리고 중간에서 높은 정도의 반복 염기서열로 구성되어 있다. 인간은 다른 개체들을 대표하는가? 반드시 그렇지는 않다. 닭의 유전체 염기서열 분석에 의해 유전체의 단 10%만 산재 요소로 구성되어 있다는 것이 밝혀졌다. 사실상, 조류 사이의 DNA 함량의 변화는 적은데, 이는 일반적으로 조류 유전체는 반복성이 낮다는 것을 나타낸다. 유사하게, 초파리(*Drosophila Melanogaster*) 또한 이러한 유형의 염기서열이 훨씬 적으며, 매우 조밀한 유전체를 가지고 있다.

유전체 일부가 반복 부분으로 구성된 것과 상관 없이, 반복 서열은 두 가지 종류로 구분된다: (i) 산재 요소(interspersed element)와 (ii) 일렬 반복 염기서열(tandem repetitive sequence).

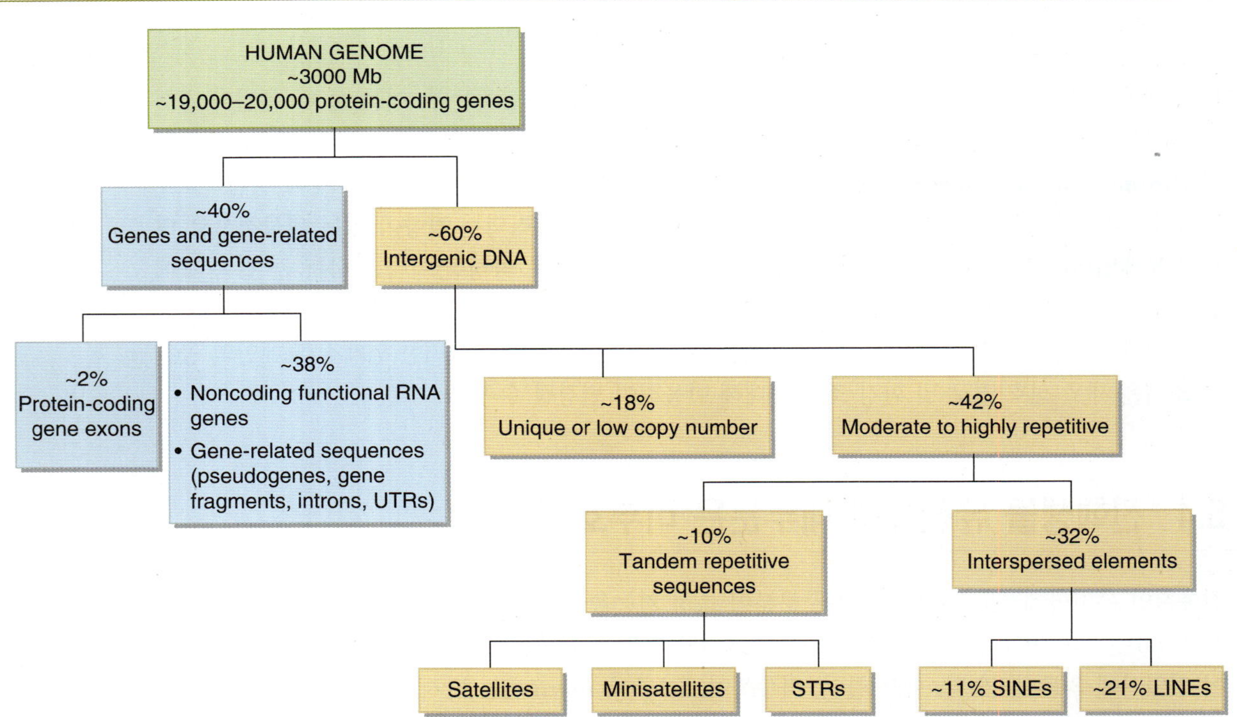

그림 5.21 인간 유전체 구성.

인간 유전체는 많은 서로 다른 유형의 DNA 염기 서열로 이루어져 있는데, DNA 염기서열 대부분은 단백질을 암호화하지 않는다. 그림의 계통도는 다양한 종류의 염기서열 각각의 분포를 나타낸다. LINEs(long interspersed nuclear elements), 긴 산재성 핵 요소; SINEs(short interspersed nuclear elements), 짧은 산재성 핵 요소; STRs(short tandem repeats), 짧은 일렬 반복; UTRs(untranslated regions), 비해독 부위.

산재 요소는 주로 전위 요소이다

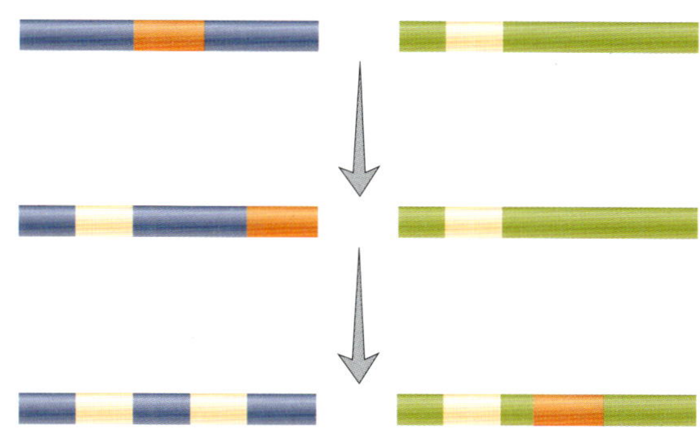

그림 5.22 전위 요소.
전위 요소는 원래의 세포 내 유전체에서 새로운 위치로 이동 가능한 DNA 염기 서열로서, 때때로 복사본을 남긴다.

산재 요소(interspersed elements)는 주로 전위 요소(transposable element)의 포용 복사본이며, 유전체 전반에 걸쳐진 반복 서열이다. "**전위(transposition)**"하는 동안, 이 요소는 유전체 내 새로운 위치로 이동하며, 종종 원본을 남긴다. 따라서 이러한 서열은 증식하게 되고 유전체에 축적하게 된다(그림 5.22). 10장에서 전위 요소가 유전체에서 자주 움직이는 메커니즘과 그 이동의 제어에 대해 알아볼 것이다. 인간 세포에서 전위 요소의 이동은 비교적 드물지만, 진화의 오랜 기간 동안 이러한 요소는 유전체 구성의 32%에 이르는 성공적 증가를 보였다. 이러한 반복 서열은 집단화되지 않고, 유전체 내 여러 위치에 분산된다. 산재 반복적 DNA 요소는 길이를 기준으로 2개의 부류로 더욱 세분화된다. 500 bp 미만의 염기서열은 SINEs(**short interspersed nuclear elements**), 500 bp 이상의 염기서열은 LINEs(**long interspersed nuclear elements**)라고 부른다. 스스로 유전자 근처에 삽입됨으로써, 빠르게 새로운 조절 염기서열을 만들 수 있는 가능성을 포함하여, 전위 요소는 유전자 조절에서 많은 다양한 영향력을 가진다.

그 외에도, 그들의 반복적 특성으로 인해 전위 요소는 염기서열-매개 염색체 재배열을 촉진한다. 예를 들어, 침팬지 및 인간 유전체를 비교해 보면 염색체 역위와 연관된 변곡점의 44%에서 전위 요소가 있다는 것을 알 수 있다. 전위 요소는 현재까지 분석된 모든 유전체 염기서열에서 관찰되었지만, 다른 종의 유전체 사이에서 전위 요소는 엄청나게 가변적이다. 예를 들어, 옥수수 유전체의 85%가 전위 요소인 데 반해 애기장대에서는 단지 14%를 차지한다. 밀접하게 관련된 종 간 유전체 크기의 차이는 종종 전위 요소의 양의 차이와 관련이 있다. 유전체 내에서 복제 및 이동하는 것 외에도, 훨씬 더 놀랍게도, 전이 가능한 요소는 한 유기체에서 다른 유기체로 전달될 수 있다. 이에 따라, 연구자들은 전위의 격발이 종분화의 과정에 기여할 것이라고 가설을 세웠지만, 이는 논의의 대상이다.

일렬 반복 염기서열은 가변적 숫자의 반복 서열을 가지는 정렬로 배열되어 있다

최근 법의학에서의 용도 때문에 **일렬 반복 DNA 염기서열(Tandem repetitive DNA sequences)**, 혹은 **일렬 반복(tandem repeats)**이 많은 관심을 받고 있다. 14장에서는 개인의 DNA 프로필 생성에 사용될 수 있지만, 개인의 표현형 특성에 대한 정보를 제공하지 않기 때문에, 일렬 반복 염기서열이 특히 법의학적 유전학에서 어떻게 유용한지에 대해 다룰 것이다. 일렬 반복 DNA 염기서열 혹은 일렬 반복은 인간 유전체의 약 10%를 차지하고 그 길이에 따라 세 가지로 세분된다(그림 5.21 참조). **위성체(satellite)**는 반복 길이가 하나에서 수천 개의 염기쌍에 이르는 반복성이 아주 높은 반복 DNA로서 밀도 구배 원심분리 시 부력 밀도가 대다수의 DNA와 다르다(그림 5.23). 이러한 염기서열은 일반적으로 중심체와 끝분절 근처 염색체의 이질염색질 부위에서 대형 집합체로 이루어져 있다. 이들은 염기서열은 Y 염색체에서도 많이 발견된다. 반복 부위의 길이에 따라, 이런 짧은 일렬 반복 DNA 염기서열은 **소위성체(minisatellite)** 또는 **짧은 일렬 반복(short tandem repeats**, STRs)으로 분류된다.

가변 횟수 일렬 반복(variable number tandem repeats, VNTR) 부위로도 알려진 소위성체는 약 15에서 50 bp에 이르는 염기서열 모티프로 구성되어 있다. 전체 일렬 반복 길이는 50 bp와 20 kb 사이이다. 작은 위성체라고도 알려진 짧은 일렬 반복(STR)의 길이는 훨씬 짧다. 전체 길이 50 및 500 bp 사이에 비해 반복 단위는 2에서 6 bp 사이이다. 가장 일반적인 STR 서열은 다이뉴클레오티드 반복이다. 소위성체와 STRs의 개인 간 유전 변이는 주로 반복적인 요소가 일렬로 배치된 개수를 근거로 하지만, 염기서열에서도 약간의 차이가 있을 수 있다.

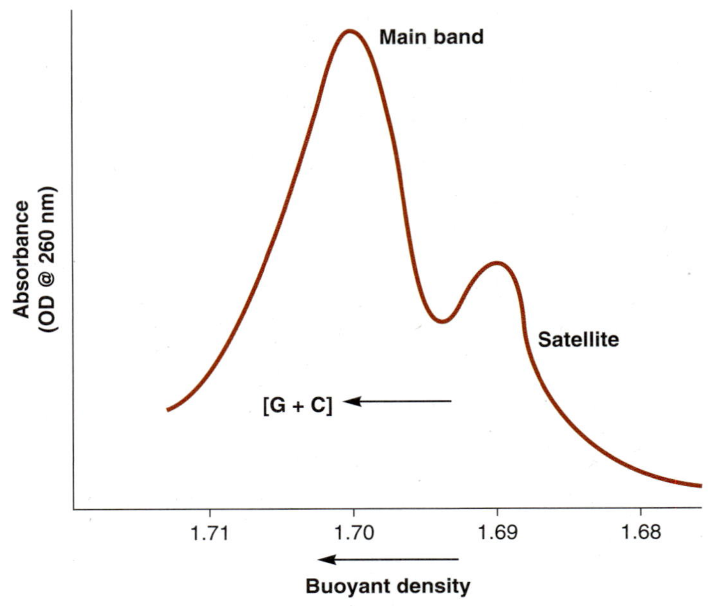

그림 5.23 위성 DNA. CsCl의 밀도 구배를 이용한 초원심 분리로 생쥐의 주 DNA 밴드와 위성 DNA의 분리. 도표는 260 nm에서의 밴드들의 광학 흡광도(OD)를 정량적으로 주사한 결과이다. 주 밴드는 평균 GC 함량 42%에 해당하는 1.701 g cm^{-3}의 부력 밀도를 중심으로 폭 넓은 피크로 나타난다. 작은 위성 피크는 GC 함량이 30%인 생쥐 위성 DNA에 상응하는 1.690 g cm^{-3}의 뚜렷한 부력 밀도를 보인다.

5.5 진핵생물 유전체에서 측면 유전자 전달

측면(Lateral gene transfer) 또는 **수평 유전자 이동(horizontal gene transfer)**은 세균 진화의 중요한 메커니즘으로 인식되고 있다. 박테리아에서 고세균으로의 측면 유전자 전달은 그 반대의 경우보다 5배 더 빈번하며, 주로 대사 기능을 가진 유전자와 관련된다. 이러한 유전자 전달은 주요 고고생물 그룹의 기원과 진핵생물의 기원을 뒷받침한다. 그러나 측면 유전자 전달이 다세포 진핵생물에서 중요한 역할을 하는지 여부는 명확하지 않다. 인간 유전체의 초기 시퀀싱은 인간이 그 과정에서 미생물 유전자를 선택했음을 시사했지만, 나중에 이것들은 시퀀싱 중에 도입된 오염 물질인 것으로 확인되었다. 2015년에 많은 종에 걸쳐 수백만 개의 염기서열을 분석한 후, 일부 연구자들은 원핵생물 유전자가 진핵생물로 상당히 지속적으로 전이되고 있는 것은 없으며, 모든 전이는 내부 공생 소기관에서 구획 간 전이를 포함하는 진화 초기 단계에서 이루어졌다고 결론지었다(다음 절 참조). 그러나 이 결론이 최종적이지는 않다. 전체 유전체 서열 데이터의 가용성이 증가함에 따라서, 균류, 곤충 및 식물에서 측면 유전자 전달에 대한 강력한 증거가 꾸준히 축적되었다. 예를 들어, 많은 대사 유전자 클러스터는 유당 대사와 같은 새로운 기능을 부여하면서 균류 사이 및 균류로 옮겨졌다. 그리고 홍조류의 경우 약 1%의 유전자가 외래 기원을 가지고 있다. 초파리 전체 유전체 연구에 의하면, 2천만 년마다 이식 가능한 요소 패밀리당 대략 하나의 측면 유전자 전달 이벤트가 발생한다고 추정했다. 또 다른 연구에서는 포유류, 조류, 그리고 포유류의 혈액을 먹이로 하는 것으로 알려진 침노린재(*Rhodnius prolixus*)에서 발견된 두 전위 요소가 이 곤충의 선호 숙주인 남아메리카의 주머니쥐와 다람쥐 원숭이에서도 발견되었다. 전위 요소 DNA는 먹이를 섭취하는 동안 숙주 혈액과 기생충 사이에 발생하는 혈액과 타액의 빈번한 교류를 통해서 곤충에 의해 섭취되거나 전달되었을 것이다. 전위 요소가 숙주에게 선택적 혜택을 준다면, 이것은 보유되고, "길들여졌다"라고 한다.

결론은 배심원단이 내공생체와 숙주 사이의 측면 유전자 이동의 특별한 경우를 제외하고는 진핵 생물 유전체의 장기 유전자 함량 진화에 대한 측면 유전자 이동의 상대적 기여도에 대하여 아직 의견이 일치하지 않는다는 것이다. 진핵생물 유전체 진화에 대한 이러한 유형의 DNA 전달의 영향을 탐구해 본다.

소기관 유전체는 내공생체 기원을 반영한다

진핵생물의 기원은 아직 풀리지 않은 수수께끼로 남아 있지만, 현재 연구에 따르면 진핵생물 세포는 고세균 숙주 세포와 미토콘드리아가 출현한 α-프로테오박테리움 사이의 합병에서 진화한 DNA를 핵에 가지고 있다(그림 5.24). 숙주 세포에 대한 일부 통찰력은 북유럽의 신들인 Heimdall, Loki, Thor 및 Odin의 이름을 딴 혈통을 포함하여 아스가르드 상위문에서 가장 가까운 것으로 알려진 고고 친척에서 비롯된다. 아스가르드 고세균은 진핵생물의 복잡한 특성의 발달을 지원할 수 있는 "유전체 스타터 키트"인 진핵생물 유사 단백질 세트를 암호화한다. 이 스타터 키트는 심해 고고생물 그룹이 풍부하게 함유되어 있는 해양 퇴적물에 대한 메타게놈 분석(결합 유전체 시퀀싱)을 기반으로 발견되었다. 진핵생물은 핵이 있는 것으로 정의된다. 미토콘드리아; 내막 시스템에서 막 결합 구획의 복잡한 내부 시스템; 세포골격이라고 하는 액틴과 같은 단백질의 동적 네트워크. 유사하게, 아스가르드 고세균은 액틴 단백질의 동적 네트워크를 갖고 있는 것으로 보이며, 진핵생물-유사 DNA 중합효소, 막 수송 단백질, 유비퀴틴 변형 시스템 및 작은 Ras-유사 GTPase 등을 암호화한다. Asgard 고세균 세포는 아직 자연에서 관찰되지 않았으며, 최초의 Asgard 세포(Lokiarchaeota 문)가 2020년 초에 실험실에서 방금 배양되었으므로, 생태, 진화 및 세포 생물학에 대한 많은 주요 세부 사항이 설명되어질 것이다. 그러나 분자적 유사성을 감안할 때, **마지막 진핵생물 공통조상(last eukaryotic common ancestor**, LECA)은 약 180만 년 전 아스가르드 고세균과 공유되었을 가능성이 크다.

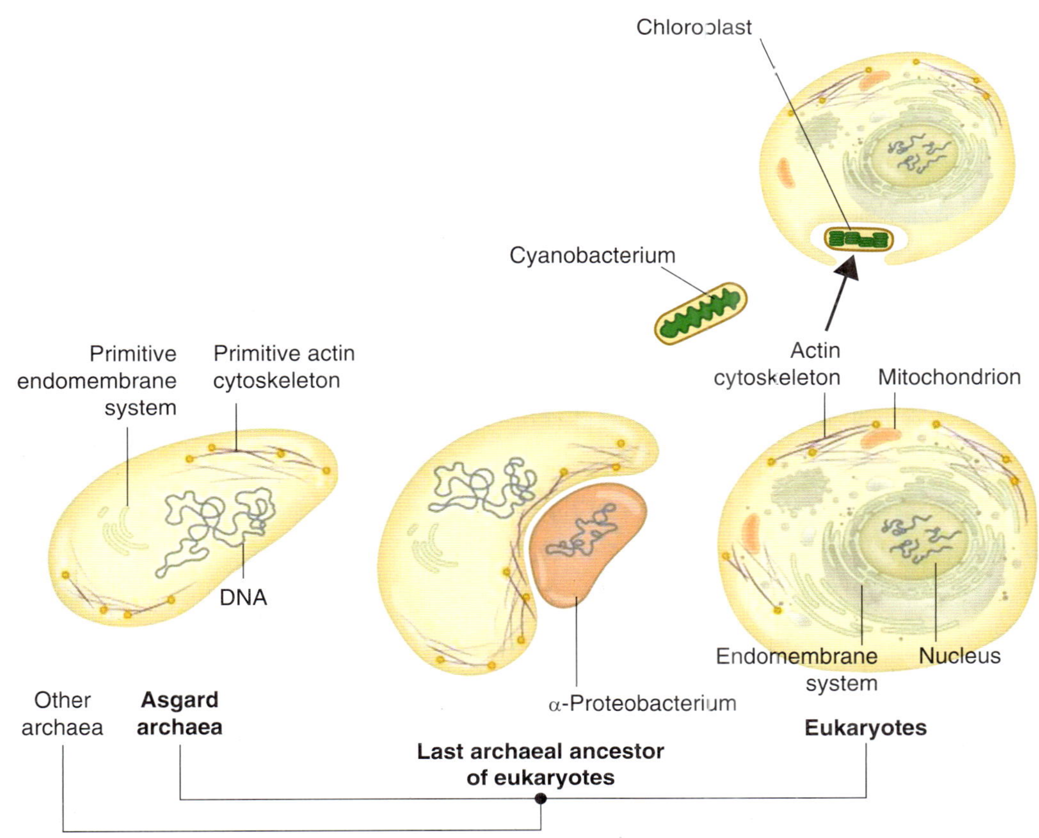

그림 5.24 진핵 세포의 기원에 대한 모델.
진핵생물은 아스가르드 고세균 숙주 세포와 α-프로테오박테리움 사이의 합병에서 발생했을 수 있다. 2차 내부 공생 사건에서 진핵 세포가 시아노박테리움을 삼켰다. (출처: Redrawn from Eme & Ettema. The eukaryotic ancestor shapes up, 2018. *Nature* 562:352–353.)

(a)

(b)

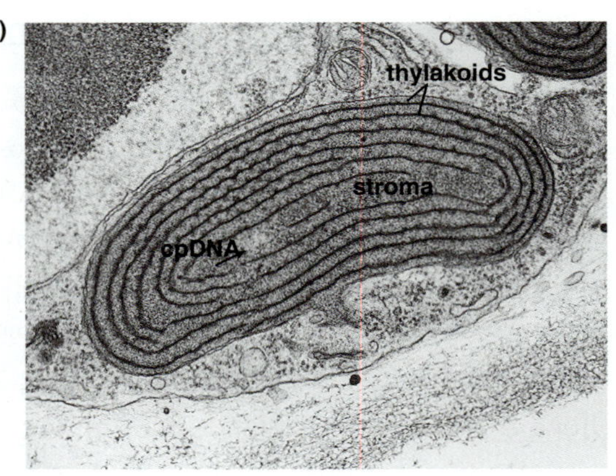

그림 5.25 소기관 DNA.
(a) 생쥐(*Peromyscus*) 심장 조직의 2개 미토콘드리아. 미토콘드리아 DNA(mt DNA)가 있을 가능성이 있는 2개 지점이 바탕질뿐만 아니라, 이중막 피막과 선반 같은 능선 안에 있는 것이 분명하게 보인다. (b) 담수 적색 조류인 민물털말속(*Compsopogon*)의 엽록체. 적색 조류의 엽록체는 전형적인 이중막이 있다는 점에서 녹조류 및 육지 식물과 유사하다. 엽록체 버팀질의 중앙에 있는 작고, 전자 반투명한 지점은 많은 엽록체 DNA(cp DNA) 지점들 중에 하나이다. 틸라코이드는 일반적으로 쌓여 있지 않고, 가끔 파이코빌리솜이라고 알려진 작고 부착된 과립이 보이는데, 이곳은 빨간색 및/또는 파란색의 보조 색소가 있는 지점이다. (출처: Photographs courtesy of Joe Scott, College of William and Mary.)

내공생체 가설(endosymbiont hypothesis)에 의하면, 진핵세포의 소기관 유전체는 독립적이고 자유로운 세포로 살던 이전의 생명체를 반영한다. 그들은 진핵생물의 내공생 파트너로서 들어온 원핵 생물의 유전체의 잔재이다. **미토콘드리아(mitocondria)**와 **엽록체(chloroplast)**는 각각 α-단백세균-유사 및 남조류-유사 원핵생물인 세균성 **내공생체(endosymbiont)**에서 진화하였다(그림 5.24 참조). 미토콘드리아와 엽록체는 그들 고유의 유전 정보를 가지고 있다(그림 5.25). 유전자 전달에 대해 알아보기 전에 우선 소기관 유전체들에 대해 더욱 자세히 조사해 본다.

미토콘드리아 DNA(mtDNA) 미토콘드리아는 식물, 동물, 진균류와 원생생물에서 발견된다. 처음에는 일부 진핵생물에서 미토콘드리아가 결핍되었다고 생각되었는데, 최근 연구에 의해, 모든 진핵생물에 미토콘드리아가 있거나 과거에 있었다는 것이 제시되었다. 생존하는 모든 진핵생물의 공통 선조는 이미 내공생체를 지니고 있었다. 예를 들면, 기생체 원생동물 람블편모충(*Giardia lamblia*)은 오랫동안 미토콘드리아가 없는 진핵생물로 알려져 왔으나, 지금은 미토솜이라고 불리는 퇴화한 미토콘드리아를 가진다고 알려졌다. 비록 이러한 미토솜이 ATP 생산에 관여하지는 않지만, 미토콘드리아처럼 철-인 복합체를 만든다(Disease Box 2.1 참조).

일부 진균류와 원생동물들은 하이드로제노솜이라고 불리는 막으로 둘러싸인 소기관을 사용하여 ATP를 생산한다. 이제 연구자들은 하이드로제노솜과 미토콘드리아 모두가 동일 내공생체의 후손이라고 생각한다.

소기관 유전체는 핵 유전체와 독립적으로 유전되며, 일반적으로 어머니에게서만 자손에게 유전되는 특성과 함께 엄격하게 모성, 일친성 유전 방식을 나타낸다. 인간의 경우, 부계 **미토콘드리아 DNA(mitochondrial DNA**, mtDNA)가 자손에게 전달되는 드문 예외적인 경우가 있는데, 이는 상염색체 우성 유전자에 의한 과정의 제어와 일치한다. 단일 부모 유전은 개인의 모든 mtDNA 유전체이 유전적으로 동일할 때 후손의 **호모플라스미(homoplasmy)**에 부분적으로 책임이 있다. 대조적으로, **헤테로플라스미(heteroplasmy)**은 개인 내에 다른 형태의 mtDNA가 존재하는 경우를 나타낸다. 소기관은 모체 배우자(예, 난자)에서만 제공되고, 부계 배우자(예, 정자 세포 또는 꽃가루

알갱이)에서는 제공되지 않다. 선충류와 포유류에 대한 연구는 자가포식에 의한 정자 미토콘드리아의 분해를 암시한다. 그러나 일부 비정형 미토콘드리아 유전 패턴이 있는데, mtDNA의 부계 누출, 양친자 상속 또는 엄격한 부계 상속이다. 양친의 유전은 드물지만, 일부 균류, 점균류 및 식물에서 발생하는 것으로 보이는데, 부계 "누수"로 설명할 수 있다. 세쿼이아, 바나나, 오이, 멜론 및 녹조류 *Chlamydomonas*를 포함하여 육상 식물과 조류에서 엄격한 부계 상속을 주로 보여주었다. 더 이상하게도, 일부 이매패류 연체동물에는 2개의 고도로 분화된 미토콘드리아 계통이 있으며, 이 혈통은 성별에 따라 유전된다(이중 단일 부모 유전). 따라서 배아는 항상 이형상체이다.

mtDNA는 ATP를 생성하는 산화적 인산화(OXPHOS) 반응에 필요한 필수 효소를 암호화한다. 그들은 "세포의 발전소"이지만, autophagy 및 apoptosis 같은 다른 많은 세포 기능에도 통합적으로 관여한다. 결과적으로, 미토콘드리아 유전자의 유전적 또는 자발적 돌연변이는 골격근 및 뇌와 같이 에너지 요구량이 높은 여러 기관에 영향을 미치는 유전 질환을 유발한다. 미토콘드리아 질환이 있는 환자는 유해한 돌연변이가 있거나 없는 mtDNA를 갖고 있으며, 질병의 중증도를 결정하는 것은 돌연변이된 사본의 비율(이형질 비율)이다. 임상 증상은 일반적으로 mtDNA의 60% 이상이 돌연변이된 경우에서 나타난다(Disease Box 5.1 참조).

mtDNA는 일반적으로 히스톤으로 포장되지 않은 원형의 이중가닥 DNA 분자이다. mtDNA가 선형인 몇 가지 예외가 있으며, 일반적으로 효모 및 기타 진균과 같은 하등 진핵생물에서 그렇다. mtDNA는 유기체마다 크기가 크게 다르다. 동물에서는 mtDNA가 일반적으로 16~18 kb인 반면에, 식물에서는 100 kb~2.5 Mb 크기이다. 소기관당 mtDNA 사본이 여러 개 있으며, *Euglena* 원생동물 에는 여러 개에서 많게는 30개까지 있다.

Disease Box 5.1

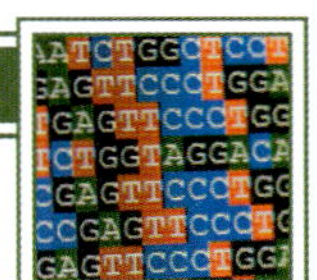

미토콘드리아 DNA와 질병

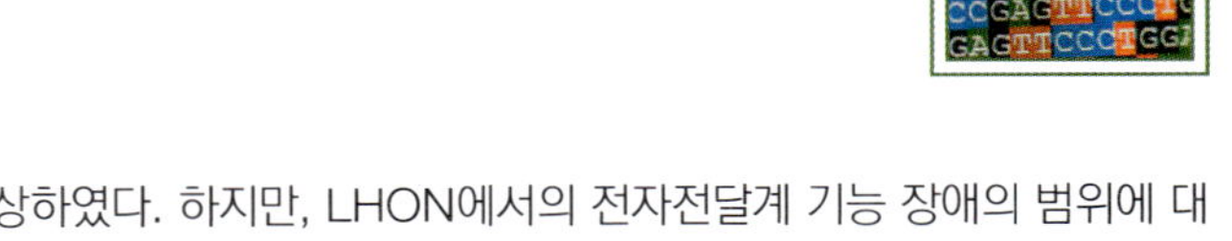

미토콘드리아가 그들 자체 유전자를 가지고 있음이 밝혀지고 나서 25년 후인 1988년에, 연구자들은 특정 인간 질병과 mtDNA 사이의 관련성을 밝혀내었다. 대부분의 mtDNA 결함은 특히 뇌와 근육에 퇴행성 장애를 초래하지만, ATP를 생산하는 미토콘드리아의 필수 기능 때문에 그 영향은 넓게 퍼질 수 있다. 미토콘드리아 유전자의 작은 유전적 변이와 관련되어 처음 밝혀진 질병들 중 하나가 청소년기 실명의 한 형태인 레버 유전성 시각 신경 장애(Leber's hereditary optic neuropathy, LHON)이다. 또한 한꺼번에 많은 유전자에 영향을 미치는 삭제나 중복과 같은 mtDNA 돌연변이들이 확인되었다. 일례로, 컨스 세르(Kearns-Sayre) 증후군을 들 수 있는데, 이것은 눈 근육 마비, 진행성 근육 퇴화, 심장병, 청력 상실, 당뇨병, 신장 기능 상실과 관련되어 있다.

산화적 인산화(OXPHOS)로 세포가 필요로 하는 대부분의 ATP를 공급한다. 이 과정은 미토콘드리아 내막에 있는 5개의 단백질 복합체인 전자전달계를 통해 이루어진다. LHON과 관련된 가장 일반적인 결함은 전자전달계의 복합체 I의 단백질 구성원을 암호화하는 유전자들에서 일어난다. 그러므로, 연구자들은 LHON 환자들은 전자전달계에 이상이 있어서, ATP 합성 저하와 에너지 부족의 결과로 오는 세포 퇴화를 초래할 것이라고 여상하였다. 하지만, LHON에서의 전자전달계 기능 장애의 범위에 대한 상반된 연구결과들이 나왔다. 유전형과 표현형에 대한 정확한 연결고리가 아직 밝혀지지 않았다.

mtDNA 관련 질병은 연구하기에 복잡하다. 일반적으로, 한 개인의 세포 내에 있는 mtDNA는 모두 동일한데, 이러한 상태를 호모플라스미(homoplasmy)라고 한다. 하지만, mtDNA의 한 복사본에서 생기는 하나의 돌연변이는 결국 동일 세포 안에 돌연변이와 정상적인 mtDNA를 같이 존재하게 하는데, 이러한 상태를 헤테로플라스미(heteroplasmy)라고 한다. 결론적으로, 한 개인의 어떤 조직들은 정상적인 mtDNA가 많고, 다른 조직들은 돌연변이 mtDNA가 많을 수도 있다. 이것은 특정 질병에서 나타나는 증상의 심각성과 종류에서 차이를 초래한다. LHON 보유자가 발병을 할 것인지, 또는 언제 발병할 것인지에 대해 정확한 예측을 할 수 없게 된다. 실명에 대한 두 가지 주요 예측 인자는 나이와 성별인데, 여성의 경우 평생 실명위험률이 단지 10%인 데 비해서 남성의 평생 실명위험률은 50%이다. LHON에 이환된 남성이 더 많은 현상을 미토콘드리아 유전만으로 설명하기는 어려우며, 따라서 열성의 X-연관 감수성 유전자의 존재 등 다른 인자가 이 질병에 관여한다는 것을 암시한다.

엽록체 DNA(cpDNA) 엽록체는 고등식물, 일부 원생동물과 조류에서 발견된다. 엽록체 유전은 주로 모계 유전이지만, 양친 유전은 꽃 피는 식물(속씨식물)에서 여러 번 발생한다. 엽록체 변이체의 존재는 잡종 식물 세포가 핵 유전체와 양립할 수 있는 엽록체를 상속받을 기회를 증가시키므로, "세포핵 비호환성"에서 잡종을 얻을 수 있다. **엽록체 DNA**(cpDNA) plastid DNA(ptDNA)라고도 하며, 광합성에 관여하는 효소를 암호화한다. cpDNA의 가장 표준적인 묘사는 크기가 115~165 kb이고 세포소기관당 20~40개 사본이 있는 원형의 이중가닥 DNA 분자이다. 그러나 cpDNA의 형태는 논쟁의 대상이다. 일부 증거는 대부분의 cpDNA가 선형이고 소량만이 원형 형태임을 시사하지만, 이 모델은 몇 가지 예외를 제외하고는 명확하게 확인하기가 어렵다. 옥수수, Cladophorales에 대한 선형 구조가 확인되었다. 녹조류는 조각난 머리핀 모양의 cpDNA를 가지고 있다. 형태가 무엇이든 cpDNA에는 진핵생물 DNA의 특징인 관련 결합 단백질이 없다. 동일 유기체의 핵 DNA와 비교하여 부력 밀도와 염기 구성이 다르다. 이러한 차이는 유전체의 내공생체 기원을 시사한다.

엽록체와 미토콘드리아 DNA 설명에서 알아야 할 점은 소기관 유전체에는 아주 조밀하고 최소한의 유전자를 포함한다는 것이다. 원래의 자유롭게 살던 유기체의 유전체에 무슨 일이 일어난 것일까?

분획 간 DNA 전달

이 질문에 대한 대답은 소기관으로 되는 과정 중에 내공생체의 독립성을 점차적으로 잃어가는 것과 관련된 측면 유전자 전달의 특수한 형태에 있다. 내공생체와 숙주 간의 밀접한 관계에는 유전자의 큰 흐름이 연루되어 있다. 이 현상은 적어도 25년 전에 발견되었으며, 내공생체적 유전자 전달 혹은 **분획 간 DNA 전달(intercompartmental DNA transfer)**이라고 알려져 왔다(그림 5.26). DNA가 소기관을 어떻게 벗어날 수 있을까? 아마 DNA는 세포 분열이나 세포 스트레스 중 소기관 막이 파열되는 동안 유리되고, 이어서 핵 유전체에 삽입되었을 것이다. 삽입은 염기서열의 상동이 거의

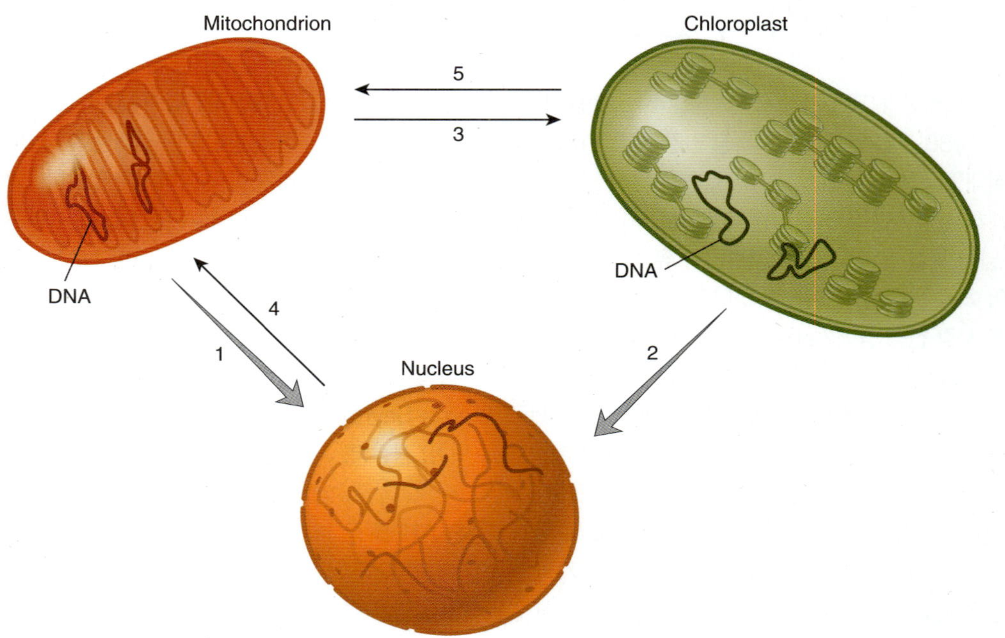

그림 5.26 분획 간 유전자 전달.
소기관 간 DNA 전달의 기지 유형의 개요: (1) 미토콘드리아에서 핵으로 (2) 엽록체에서 핵으로 (3) 엽록체에서 미토콘드리아로 (4) 핵에서 미토콘드리아로 (5) 미토콘드리아에서 엽록체로. 선의 굵기는 현대 식물 유전체에서 발견된 전달 빈도를 나타낸다. (출처: Redrawn from Kleine et al. 2009. *Annual Review of Plant Biology* 60:115–138.)

필요 없는 비동종 말단 결합이라는 과정으로 일어난다. 이 과정은 이중가닥 틈의 수선과 관련 있는데, 이는 7장에 설명된다.

현대의 미토콘드리아 및 엽록체 유전체는 그들의 기능에 필요한 많아도 수백 혹은 수천 개보다 조금 많은 단백질을 암호화하고 있는데, 미토콘드리아에서 3개에서 67개의 단백질, 엽록체에서 15개에서 250개의 단백질에 이른다. 그들 단백질의 대부분은 숙주의 핵 유전체에 암호화되어 있다. 이러한 단백질들은 특별한 단백질 수송 장치를 통하여 소기관으로 운송된다. 처음에는 내공생체의 유전자가 숙주의 핵으로 이동하는 것에는 내공생체로의 산물의 반환과 항상 연관되었다고 여겼다. 하지만 현재에는 많은 전달된 유전자가 세포의 다른 곳에서의 기능과 관련된 단백질을 암호화하도록 더욱 진화하였다는 것이 명백해졌다. 예를 들면, 애기장대에서는 핵 유전자 중 18%가 남조류 유래이며, 이들 중 절반 가량이 지금은 비엽록체 기능을 하고 있다.

진화적으로 최근 시간에도 개화 식물에서 특정 미토콘드리아 및 엽록체 유전자의 핵으로의 이동은 상당히 빈번하게 일어나고 있다. 하지만, 동물을 포함한 많은 진핵생물에서는 기능성 유전자 전달이 이제는 드물거나 아니면 아예 멈춘 것으로 보인다. 더 나아가서, 현재의 미토콘드리아 또는 엽록체 DNA 핵으로의 전달의 거의 대부분은 알려진 기능이 없는 비암호화 염기서열에서 일어난다. 과거에는 전달된 염기서열이 엑손이 되기도 하여, 기존의 핵 유전자에 새로운 암호화 염기서열이 되기도 하고는 했다. 진핵생물 유전체가 많은 다른 재료를 이용하여 수선될 수도 있다. 어떤 경우에는 유기체가 이차 혹은 삼차 내공생체에서 유래할 수도 있다. 이차 혹은 삼차 내공생은 다른 자유로이 생활하는 진핵생물에 의해 일차 혹은 이차 내공생 산물을 삼키고 보유하는 것과 관련이 있으므로, 복수의 유전체 혼합을 초래한다.

내용은 점점 더 복잡해진다. 연구자들이 더 많은 유전체 염기서열을 비교할수록 대부분의 사람 유전자가 내공생체에서 전달되어 온 것으로 나타난다. 고세균 유러의 유전자가 정보 처리와 관련되어 보인다. 세균 유래의 유전자는 대사와 세포 구조와 관련되어 보인다. 하지만, 핵막을 만드는 단백질은 고세균과 세균 양쪽 유래의 유전자에 암호화되어 있다. 따라서 진핵생물의 유전체는 모자이크이며 복잡한 진화 역사의 산물이다.

5.6 원핵생물 및 바이러스 유전체 구성

원핵생물 유전체의 크기는 180 kb에서 13 Mb까지로 그 범위가 넓다(그림 5.2 참조). 내공생체와 기생체의 원핵생물 유전체는 자연적으로 진화한 "최소 세포"의 예시이다. 이러한 유전체는 "생명에 필요 및 충분한 기능의 최소 숫자는 무엇인가?"라는 질문의 답변에 대한 관심 때문에 탐구되어 왔다. 자유롭게 사는 원핵생물의 가장 작은 염기서열 유전체 중에 1,377에서 1,394 유전자를 가지는 해양 세균이 있다. 이것으로 자유롭게 사는 원핵생물의 최소한의 유전자 수는 약 1,400이라는 것을 알 수 있다. 숙주 관련 원핵생물의 유전체 크기는 훨씬 작다. 원핵생물에는 핵이 없다. 그러나 그들은 여전히 세포막 내에서 세포 길이의 1,000배인 DNA에 맞아야 한다. 유사하게, 바이러스는 DNA를 작은 단백질 캡시드로 포장해야 한다. 그들은 그것을 어떻게 해냈을까? 박테리아와 고세균의 유전체 구성과 관련 바이러스, 플라스미드 DNA에 대해 자세히 살펴본다.

세균 유전체 구성

이 책 전반에 걸쳐 세균인 대장균(*Escherichia coli*)에서 이루어진 중요한 발견이 기술되어 있다. 대부분의 박테리아는 크기가 2–8 Mb인 단일 원형 염색체를 가지고 있다. 대장균 유전체는 크기

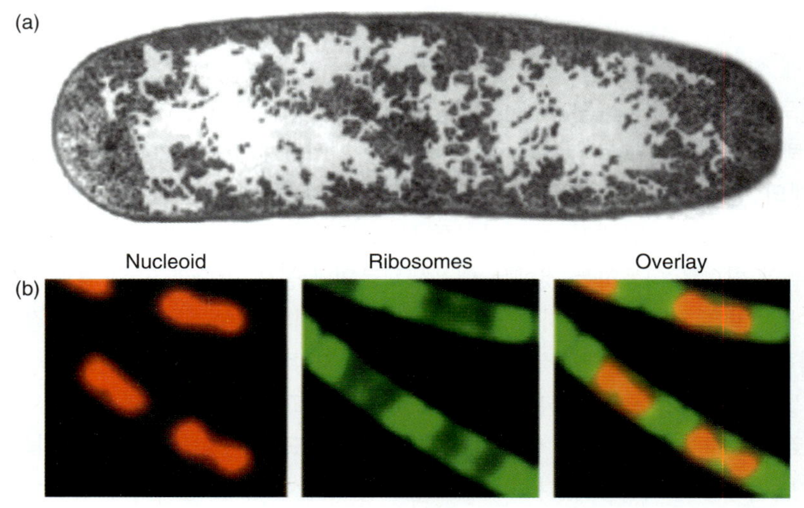

그림 5.27 박테리아 뉴클레오이드. (a) 리보솜이 없는 공간이 강조된 고초균의 얇은 섹션의 전자 현미경 사진. (b) 살아있는 *B. subtilis* 세포의 형광 현미경 사진 이미지, DNA 염료(빨간색)와 리보솜(녹색 형광 단백질[GFP] 태그가 붙은 리보솜 단백질로 표시됨, 녹색으로 표시됨)으로 염색된 뉴클레오이드를 보여준다. (출처: Reproduced from Wang et al. 2013. *Nature Reviews Genetics* 14:191–203. © Springer Nature.)

가 4,700 kb이며, 자유로운 5′ 또는 3′ 말단이 없는 이중가닥으로 된 하나의 원형 DNA 분자로 존재한다. 염색체 DNA는 **뉴클레오이드(nucleoid)**라고 불리는 압축된 난형 구조로 형성된다(그림 5.27). 일반적으로 묘사되는 세균 염색체의 구름과 같은 모양에도 불구하고, 염색체 형태는 박테리아마다 다르며 성장 속도와 환경 조건의 영향을 받는다. 예를 들어, 느리게 성장하는 대장균에서, 뉴클레오이드는 더 확산되고 세포질의 더 많은 부분에 퍼진다. 히스톤 유사 단백질 또는 뉴클레오이드 관련 단백질이라고 하는 상당한 수의 구조적 단백질이 DNA 압축 및 유전체 구성에 관여하는 것으로 생각되지만, 세균 염색체가 압축되는 주요 메커니즘은 음성 DNA 초코일링에 의한 것이다. 건축 단백질에는 HU(열-불안정한 단백질), IHF(통합 숙주 인자), HNS(열-안정한 핵형 구조) 및 SMC(염색체의 구조적 유지) 콘덴신 복합체가 포함된다. HU와 HNS는 특히 풍부하다. 추가 응축은 박테리아 유전체를 20~100 kb의 음으로 초코일 도메인으로 압축한다. DNA 초코일링의 약 50%는 억제되지 않는다. 이러한 루프 도메인은 매우 동적이고, 염기서열특이적 도메인 경계를 가질 가능성이 거의 없으며 초코일 루프를 강모로 사용하여 병 브러시와 유사한 구조를 만든다. 뉴클레오이드는 물리적으로 서로 절연된 매크로도메인이라고 하는 800~1,000 kb 고차적 구조로 추가로 구성된다.

세균 유전체는 작을 수 있지만, 결코 간단하지 않다. 측면 유전자 전달은 변화하는 환경에 신속한 대응이 가능하도록 하는 세균의 유전 물질 공급원이다. 예를 들어, 최근 연구자들은 인간 장내 세균인 *Bacteroides plebeius*는 해양 의간균류인 *Zobellia galactanivorans*에서 유전자를 얻었다고 설명하였다. 획득된 유전자는 장내 세균이 김(*Porphyra*) 종류의 홍조류에 풍부한 포르피란이라는 다당류를 절단하는 효소를 생성 가능하게 한다. 이것이 왜 중요한가? 첫째, 이 유전자를 획득한 *B. plebeius* 종은 미국 거주자로부터 얻은 시료가 아닌 일본인 개인의 대변에서 분리되었다. 둘째, 초밥을 싸는 데 사용되는 해초는 김 종류인데, 아마 이것이 이들 유전자를 전달하는 세균의 출처일 것이다. 장내 세균은 인간 숙주의 지속적인 해초 공급에 직면함에 따라, 이들 유전자를 보유하는 쪽으로 선택하였을 것이다. 연구자들은 비멸균 식품과 접촉하는 것이 식물 식이 다당류를 분해하는 효소 다양성의 일반적인 원인이 될 수 있다는 결론을 내렸다. 이들 효소는 인간 유전체에서가 아닌, 인간의 장내 미생물에 암호화되어 있다.

플라스미드 DNA

플라스미드(plasmid)는 작고, 이중가닥으로 된 원형 또는 선형의 DNA 분자이며, 세균, 일부 진균류 및 일부 고등식물에 있다. 플라스미드는 염색체 외적이고(숙주 세포의 염색체와 별개로 떨어져

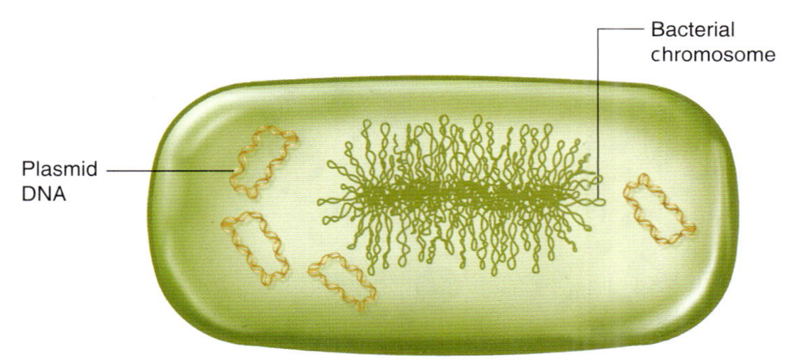

그림 5.28 플라스미드 DNA를 함유하는 세균 모식도. 플라스미드는 작은 원형의 DNA 분자이고, 염색체 외부에 위치하며, 숙주 세균 내에서 자가 복제 능력이 있다.

있음), 독립적이며, 자가 복제한다. 세포 분열 동안 적어도 플라스미드 복사본 하나가 딸세포로 전달된다. 숙주 세포와의 관계에서는 기생 혹은 공생 관계일 수 있다. 일반적으로, 크기는 2~100 kb 정도이다. 대부분의 플라스미드는 원형이다; 하지만 다양한 선형의 플라스미드들도 분리되었다. 눈에 띄는 예는 호밀에서 발견되는 진균인, 맥각균(*Claviceps purpurea*)의 선형 플라스미드인 pC1K1이다. 이 진균은 독성 알칼로이드를 가지고 있어서 감염된 곡물을 먹은 인간에서 환각 그리고 때때로 사망에 이르는 맥각 중독을 일으키며, 고대 살렘 마녀 사냥의 원인이 되었을 것으로 생각된다.

이 책에서는 주로 세균의 원형 플라스미드에 집중할 것이다(그림 5.28). 플라스미드가 중요한 두 가지 이유가 있다: 항생제 저항성의 전달체이고, 재조합 DNA 기술에 사용되는 편리한 운반체를 제공하기 때문이다. 분자생물학에서의 플라스미드 DNA 용도에 대해서는 13장에서 자세히 다룰 것이다.

고세균 유전체 구성

고세균 유전체의 염기서열 분석은 세균 유전체에 비해 뒤쳐지고 있지만, 여전히 많은 정보가 있다. 고세균은 0.5에서 5.5 Mb의 크기에 이르는 원형 유전체를 가진다. 고세균의 매우 작은 (<1 Mb) 유전체들 모두 기생충과 진핵생물의 세포내 공생체로부터 온 것이다. 일반적으로, 고세균 유전체는 유전자 사이 영역이 짧으며, 세균 유전체보다 더욱 조밀하다. 고세균 유전자의 대다수는 다른 알려진 단백질과 유사성이 없는 단백질 서열을 암호화하고 있다. 이들은 염기서열이 분석된 유전체에서 예측된 유전자의 10~15% 정도까지 차지한다. 이들 염기서열의 일부는 고세균 바이러스로부터 측면 유전자 전달로 얻어진 것일 수 있다.

고세균 연구에서 얻어진 가장 흥미로운 결과 중 일부는 유전체 구성과 관련된 것이다. 진핵세포의 염색질 조절 장치의 주요 구성 요소는 고세균과 진핵생물 계통의 공통조상에서 이루어진 것으로 나타난다(5.5절 참조). 진핵세포 히스톤의 진화적 기원은 1990년에 *Methanothermus fervidus*에서 처음으로 발견된 고세균 히스톤으로 거슬러 올라간다. 대부분의 고세균 히스톤은 하나의 히스톤 접힘 영역을 가지고 있고, 진핵생물에 존재하는 N- 및 C- 말단 꼬리 연장 부분이 결핍되어 있다. 이러한 히스톤 단백질 사합체 주위를 60 bp의 DNA가 한번 둘러싸는 모양이 형성된다. 진핵세포의 뉴클레오솜에서와 같이, 이 사합체는 DNA의 초코일 구조를 유도한다. *M. fervidus*는 독특한 성질의 적어도 2개의 특징적인 히스톤, HMfA 및 HMfB를 가지고 있다. HMfB는 HMfA보다 더 조밀하게 DNA를 포장한다. 이것은 중요한 기능적인 유의성이 있음을 나타낸다. 연구자는 유기체를 배양할 경우에 HMfA와 HMfB의 상대적 비율이 변함을 발견했다. 더욱 조밀한 염색질과 연관되어, 유전자 발현이 제한되었을 때 세포가 정지상에 가까워질수록 HMfB 농도가 증가한다.

모든 고세균이 동일한 히스톤 2개를 가지고 있는 것은 아니다. 유전자 개수가 1개에서 6개까지 있을 수 있지만, *Thermoplasma* 같은 경우에는 히스톤 유전자가 하나도 없다. 그들은 세균 HU

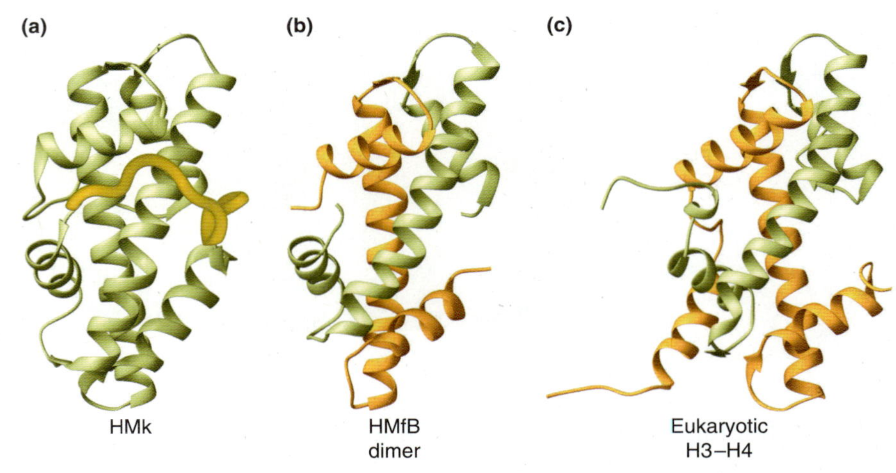

그림 5.29 고세균과 진핵생물의 히스톤 구조. "doublet histone" HMk(PDB: 1F1E), HMfb 이량체(PDB: 1BFM) 및 H3–H4 이량체(PDB: 1AOI)의 결정 구조 비교. H3–H4 이합체에서 H3은 주황색이고 H4는 녹색이다. HMk의 두 히스톤 접힘 사이의 링커 영역은 노란색으로 강조 표시되었다. (출처: Redrawn from White and Bell. 2002. *Trends in Genetics* 18:621–626.)

유사 단백질을 가지고 있는데, 이것은 측면 유전자 전달로 해당 암호화 염기 서열을 얻었다는 것을 나타낸다. *Sulfolobus*속 구성원도 히스톤이 없다. 그 대신에 Sul7d 및 Alba라고 불리는 2개의 DNA-결합 단백질을 풍부하게 가지고 있다. Sulf7d는 히스톤과 유사한 기능을 할 수 있지만, Alba는 고차원 염색질 꾸리기에 중요한 역할을 할 수 있다. *Methanopyrus kandleri*와 염생세균 *Halobacterirum*종에서 "이중체 히스톤"이 발견됨에 따라, 과학계는 이 HMk 이중체는 고세균에서 진핵세포의 히스톤으로 전환되는 중간물질을 나타내는 것일 것이라고 추정했다. HMk는 2개 히스톤의 이량체로 존재하기 보다는 짧은 링커에 의해 분리된 2개의 히스톤 접힘이 있는 하나의 더 큰 단백질이다(그림 5.29).

바이러스 유전체 구성

바이러스에 대한 대부분 초기 연구의 동기는 바이러스의 병원성에 있었지만, 분자생물학의 기본적인 원리를 분석하는 데 바이러스 또한 아주 유용한 시스템이라는 것이 입증되었다. 예를 들어, DNA 바이러스는 하나의 DNA 분자에 생리학적으로 의미 있는 배열로 구성된 유전자 세트를 제공한다. 유전자 클로닝 기술이 등장하기 전에 바이러스는 유전체의 발현, 기능 그리고 복제를 연구하는 데 필요한 순수 DNA를 즉시 제공할 수 있는 공급원이었다. **박테리오파지(Bacteriophages)**, **고세균 바이러스(archaeal viruses)**와 **포유류 DNA 바이러스(mammalian DNA viruses)**는 이중가닥에서 단일가닥에 이르는, 그리고 선형에서 원형에 이르는 무수한 형태로 나타나는 DNA 유전체를 가지고 있다(표 5.2). 3장에서 나온 일부 바이러스 유전체는 RNA로 구성되어 있다는 것을 상기해 보자.

원핵생물 바이러스 1915년, Frederick Twort는 박테리아를 감염시키고 그곳에서 복제하여 세포를 죽이는 바이러스에 대한 첫 번째 보고서를 발표했다. 원핵생물 바이러스의 초기 연구는 대장균(*E. coli*)을 감염시키는 박테리오파지에 집중되었다. 세균 바이러스의 유전체는 보통 하나의 DNA 분자로 이루어져 있는데, 대개 단백질과 결합하지 않는다. 예를 들어, 박테리오파지 람다(λ)는 이중가닥으로 된 선형의 유전체를 가진다. 숙주인 세균을 감염시키게 되면 DNA가 닫혀서 원형이 된다. 13장에 언급되겠지만, 이러한 파지는 분자생물학 연구 도구로 널리 이용된다. 분자생물학자들이 많이 사용하는 또 하나의 파지는 M13인데, 람다 파지와는 대조적으로 단일가닥으로 된 원형의 유전체를 가지고 있다. 모든 박테리오파지들은 대단히 긴 DNA 분자를 상대적으로 작은 부피로 압축시킬 수 있는 능력이 있다(표 5.1 참조). 람다 박테리오파지의 경우엔 17 μm의 DNA를 사방이 0.1

μm보다 작은 "머리"(캡시드)라는 미리 형성된 단백질 안으로 압축시키는 데 터미네이즈라는 효소를 사용한다. 유전체를 압축시킨 후에 미리 형성된 꼬리가 바이러스의 머리에 부착된다(그림 1.8 참조). 실험실에서 배양된 대부분의 박테리오파지는 "꼬리" 구조를 가지고 있지만, 해양 시료의 전자현미경 분석은 해양 바이러스가 대개 꼬리가 없는 것으로 나타났다. 고세균 바이러스권은 크게 두 가지 주요 그룹으로 나눌 수 있다. 고세균 특이성 바이러스는 병, 방추(그림 5.30), 코일 또는 물방울 모양의 바이러스를 포함하여 박테리아 또는 진핵생물의 바이러스에서 볼 수 없는 유전체 및 형태학적 특징을 가지고 있다. 사상형 바이러스와 피막형 바이러스가 있다. 대다수는 선형 또는 원형의 이중가닥 DNA의 유전체를 가지고 있지만, 일부는 단일가닥 DNA를 가지고 있다. 유전체의 크기는 약 5~140 kb이다. 코스모폴리탄 고세균 바이러스는 꼬리가 있는 박테리오파지와 구별할 수 없다.

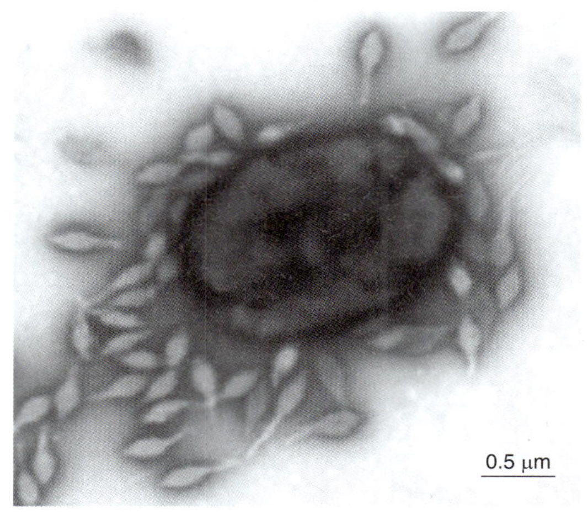

그림 5.30 방추사 모양의 고고학적 바이러스. 고세균 숙주 세포를 둘러싸고 있는 온천에서 새로 분리된 바이러스를 보여주는 전자현미경 사진. (출처: From Erdmann et al. 2014. *Extremophiles* 18:51–60. © Springer Nature.)

박테리오파지 및 고세균의 바이러스 연구는 현재 이 분야의 연구자들이 황금기라 부르는 시기이다. 이 분야 활동의 돌풍은 "**바이러스계(virosphere)**" 내의 전 개체의 유전체 염기서열을 분석하는 **범유전체학(metagenomics)**의 발전과 주요 환경적 중요성을 띠는 많은 새로운 바이러스–숙주 시스템 분리에서 유래된다. 바이러스 범유전체학 연구는 해양, 토양 그리고 하구와 같은 많은 다양한 환경에서 정보를 얻는 것에 집중된다. 종합하면, 생물권에는 예외적으로 유전적 및 형태적 다양성이 높은 10^{31}개로 추정되는 광대한 총 개체수가 있다(그림 5.31). 모든 박테리아 세포에는 대략 10개의 파지 입자가 있으며, 고세균의 경우 세포당 2~3개의 다른 바이러스가 있는 것으로 추정된다.

다양한 파지의 유전체 분석으로 알려진 기능 또는 상동체가 없는, 모호하고 많은 유전자군이 발견되었다. 이들 유전자는 파지 올판스(ORFans)라고 불리는데, "해독틀(open reading frame)"을 나타내는 ORF을 재치 있게 바꾼 것이다. 해독틀은 번역 개시 코돈이 있고, 코돈에 의해 연속되며, 따라서 단백질이 암호화되었으리라 예측되는 DNA 염기서열을 말한다. 고세균을 감염시키는 바이러스 또한 흥미롭다. 예를 들어, 약 80°C 온도의 수중 생태계에는 초고온성 고세균을 감염시키는 매우 다양한 이중가닥 DNA 바이러스들이 살고 있다. 그들 유전자의 90% 이상이 생물권에서 상동성을 찾을 수가 없다. 또한 염기서열 정보로부터 바이러스 및 세포성 유기체가 측면 유전자 전달에 의한 공통의 유전자들을 공유하는 것을 알 수 있다. 예를 들어, 밀접하게 관련된 박테리아 간의 주요 유전체 차이는 통합되어 들어간 파지에서 파생된다. 인간에서 두 개인 간의 주요 유전적 차이는 장에 있는 파지이며, 이는 대사 또는 항생제 내성과 같은 숙주 박테리아 세포의 생리를 조절할 수 있다. 바이러스는 분명 생명의 진화에 중요한 역할을 한다. 종합하면, 이러한 유형의 발견은 특히 항생제 내성이 더 우려되는 상황에서 박테리아 기원의 질병을 제어하거나 예방하기 위한 "파지 요법"을 위해 박테리아 병원체를 감염시키는 바이러스의 다양성을 이용하는 것에 대한 관심을 다시 일깨웠다.

포유류 DNA 바이러스 포유류 DNA 바이러스는 포유동물의 세포를 감염시키고, 숙주세포의 장치를 이용하여 복제한다. 이런 이유로 파포바바이러스(papovaviruse; *pa*pilloma, *po*lyoma 및 *va*cuolating에서 유래)는 특히 진핵생물의 분자생물학적 특성과 유전학적 특성을 이해하는 데 가장 중요한 모델 체계 중 하나이다. 이 책을 읽는 동안, 여러분은 이들 바이러스를 다시 보게 될 것이다. 그들의 유전체 형태는 다양하다. 예를 들면, 자궁경부암 및 다른 암의 원인인 **인간 유두종 바이러스(human papilloma virus, HPV)**는 이중가닥으로 된 원형의 유전체를 가진다. 마찬가지로, 붉은털원숭이의 바이러스인 **SV40(simian virus 40)**도 이중가닥으로 된 원형의 유전체를 가진다. 이들과

그림 5.31 꼬리 길이와 캡시드 크기에 있어서 박테리오파지 간의 다양성. 파지 형태를 보여주는 복합 전자현미경 사진이다. (a, b, f) 북부 델라웨어 농경지의 환경 세균으로부터 유도된 파지. (c, d, e 및 배경 이미지) 남극 대륙 맥머도 드라이 계곡의 환경 세균으로부터 유도된 파지. 각 삽입도의 축적자 50 nm를 나타낸다. (a, b, c, d, e 및 배경) 형태학적으로 *Siphoviridae*군의 파지는 유연한 비수축성 꼬리를 가지며, 분리된 모든 파지 중 가장 일반적이다. (F) 상대적으로 두꺼운 수축성 꼬리를 가진 형태학적 *Myoviridae*군의 파지. 대부분의 캡시드는 등축성인 데 반해, (f) 및 (d)는 (한 축 방향으로 연장된) 장형 캡시드를 가진다. (출처: Images courtesy of Kurt Williamson, College of William & Mary.)

는 대조적으로 유전자 치료에 벡터로 사용되는 **아데노바이러스(adenovirus)**는 이중가닥으로 된 선형의 유전체를 갖는다.

포유류의 DNA 바이러스가 어떻게 그들의 유전체를 바이러스의 **캡시드(capsid**; 바이러스 유전자에 암호화되어 있는 단백질 껍질) 안에 압축시키는지는 거의 알려져 있지 않다. 어떤 바이러스들은 그들 자체의 염기성 단백질들을 암호화하고 있지만 다른 바이러스들은 숙주세포의 장치를 사용한다. 예를 들면, 파포바바이러스는 그들의 유전체를 압축시키기 위하여 숙주세포의 히스톤 단백질들인 H2A, H2B, H3 및 H4를 이용한다. 뉴클레오솜 유사 입자에 히스톤 H1은 없다. SV40의 전자현미경 사진을 보면, 공유결합으로 닫힌 원형의 이중가닥으로 된 DNA가 소형 염색체라 불리는 염색질 유사 구조로 이루어져 있다(그림 5.32).

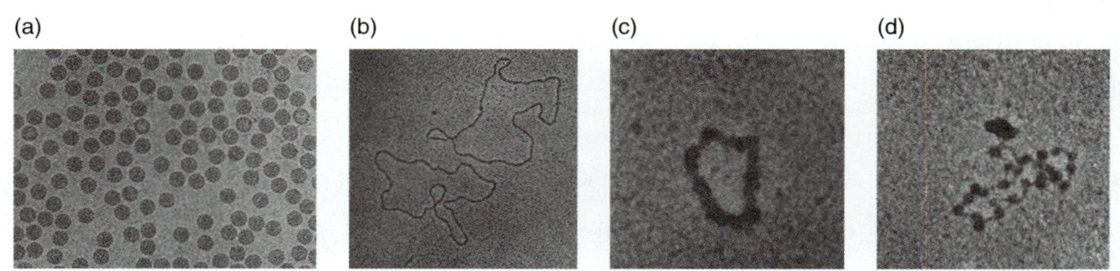

그림 5.23 원숭이 바이러스 40(simian virus 40, SV40)에서 염색질 형성.
(a) SV40 바이러스 입자의 전자현미경 사진. (출처: Photograph courtesy of Norm Olson and Timothy Baker, University of California, San Diego.) (b) SV40 DNA. (c) SV40의 응축된 미니 염색체. (d) 숙주세포 히스톤과 결합한 SV40의 펼쳐진 미니 염색체. (출처: Parts b–d reproduced from Singer and Berg. 1997. *Exploring Genetic Mechanisms*. University Science Books, Sausalito, CA. © 1997, with permission from University Science Books.)

장 요약

대부분의 원핵생물, 진핵생물 및 바이러스의 유전체는 DNA로 구성되어 있다; 어떤 바이러스들은 RNA 유전체를 가지고 있다. 유전체는 2개의 주요 종류로 나눌 수 있다. 첫 번째로 바이러스, 고세균, 세균 및 많은 단세포 진핵생물들의 작은 유전체로 단백질 암호화 및 RNA 암호화 염기서열이 뉴클레오티드 서열의 대부분을 차지하고 있다. 두 번째는 다세포 및 일부 단세포 진핵생물의 큰 유전체로 대부분의 뉴클레오티드 서열이 비암호화 부위이다. 유전체 구성은 전위 요소의 이동, 측면 유전자 이동 및 분획 간 유전자 전달 등으로 구체화되는 복잡한 진화 역사를 반영한다.

진핵세포의 DNA는 히스톤이라 불리는 염기성 단백질 분자와 결합하여 뉴클레오솜이라는 구조를 형성한다. 각각의 뉴클레오솜은 쐐기 모양의 원반에 4쌍의 핵심 히스톤(H2A, H2B, H3, H4)을 포함하고, 그 주위를 146 bp의 DNA가 둘러싸고 있다. 연결 히스톤 H1은 핵심 히스톤 팔합체들 사이에서 DNA와 결합하는데, 이곳을 통해 DNA가 뉴클레오솜을 출입한다. 염색질 접힘의 첫 번째 정렬은 뉴클레오솜의 줄 형태로 나타난다. 이러한 10 nm 뉴클레오솜 섬유는 더욱 접혀서 지그재그 리본 구조의 30 nm 섬유가 되고, 더 나아가 고리 영역으로 접히게 되며, 마침내 중기 염색체가 된다. 각 염색체는 하나의 선형으로 된 이중가닥 DNA 분자로 이루어져 있다. 진핵생물의 염색체 수는 차이가 큰데, 하나에서 수천 개에 이른다. 염색체는 보통염색체와 성염색체로 분류되고, 또한 중심체의 위치에 따라 분류된다. 중심체 DNA는 히스톤 변이체 CENP-A을 포함하는 뉴클레오솜과 결합한다. 동심체는 유사분열 동안 딸 염색분체를 분리하기 위하여 중심체에 부착한다.

진핵생물 유전체의 대부분은 비암호화 부위이다. 유전자 사이 비암호화 DNA는 고유하거나 낮은 복제수의 염기서열과 중간에서 높은 정도의 반복 염기서열로 구성되어 있다. 반복 염기서열은 전위 요소의 포용 복제본인 산재 요소와 일렬 반복 서열을 포함한다. 전위 요소는 측면 유전자 전달을 통하여 유전체 내와 유기체 사이를 이동할 수 있다. 미토콘드리아와 엽록체는 그들의 내공생체 기원으로, 고유의 유전정보를 가지고 있다. 작고 이중가닥으로 된 DNA 유전체는 항상 그렇지는 않지만 대개 원형이며, 소기관당 다수의 복사본이 있다. 이러한 소기관 유전체들은 모계 유전된다. 원래의 내공생체 유전체와 숙주의 핵 유전체 사이에는 많은 유전자 전달이 있어 왔고, 진핵생물 유전체의 복잡한 진화 역사를 이끌어왔다.

세균 염색체 DNA는 이중가닥으로 된 원형의 DNA 한 분자로 존재해서 뉴클레오이드라는 응축된 구조로 존재한다. 플라스미드는 자가 복제의 능력을 가진 작고 이중가닥으로 된 원형 또는 선형의 DNA 분자로서, 이들은 세균, 일부 진균류 및 일부 고등식물에 있다. 플라스미드는 재조합 DNA 기술에 중요한 도구이다. 고세균 염색체 DNA도 이중가닥으로 된 원형의 DNA 분자로 존재한다. 진핵생물 히스톤의 진화적 기원은 고고생물 히스톤으로 거슬러 올라갈 수 있으며, 진핵생물 계통이 아스가르드 고세균의 공통조상에서 나온 모델에 추가 지원을 추가할 수 있다. 박테리오파지, 고세균 바이러스 및 포유류 DNA 바이러스는 이중가닥에서 단일가닥 DNA 및 선형에서 원형 형태에 이르기까지 다양한 형태로 발생하는 DNA 유전체를 가지고 있다. 바이러스는 그들 자신의 염기성 단백질을 이용하거나 숙주세포의 히스톤을 이용하여 자신의 유전체를 압축한다.

분석 질문

분석, 발견 및 실제 데이터 질문에 대한 해답은 부록을 참조하시오.

1 유전체 크기가 100 Mb인 유기체를 발견했다. 유기체가 가질 것으로 예상되는 단백질 암호화 유전자의 수를 예측하고 답을 설명하시오.

2 다음 진술을 평가하시오. “30 nm 진핵생물 염색질 섬유는 솔레노이드 모양이다.”

3 새로 분리된 바이러스 유전체의 특징을 분석하고, 그것이 DNA 또는 RNA 중 어느 것으로 이루어져 있는지 알아보고자 한다. 핵산분해효소를 사용하여 그 시료를 구성하는 뉴클레오티드로 완전히 분해시킨 후에 뉴클레오티드의 대략적인 상대 비율을 측정하였다. 그 분석 결과는 다음과 같다.

0%	15%	0%	33%	0%	22%	0%	30%
dGTP	GTP	dCTP	CTP	dATP	ATP	dTTP	UTP

바이러스 유전체의 조성에 대하여 어떤 결론을 낼 수 있는가?

4 미토콘드리아를 포함하는 진핵 세포의 기원에 대한 모델을 그리시오. 귀하의 모델에 대한 증거를 제공하기 위해서는 자연에서 어떤 유형의 세포를 찾아야 하는가?

발견 질문

그림 5.9 유사분열 염색체를, 그리고 각 염색분체와 전체 염색체에 존재하는 이중가닥 DNA 분자의 수를 표시하시오.

그림 5.26 진핵생물의 mtDNA 염기서열을 분석했다. 당신은 세포 호흡에 관여하는 효소의 필수 소단위체를 암호화하는 미토콘드리아 유전자가 없다는 것을 발견했다; 그러나 효소의 다른 서브유닛을 암호화하는 유전자가 존재한다. 당신의 발견에 대한 가능한 설명을 하고, 어디서 "누락된" 염기서열을 찾을 수 있는지를 제안하시오.

실제 데이터 질문

그림 5.5 진핵생물 염색질을 미세구균 뉴클레에이스로 간단히 분해하면, ~200 bp 길이의 DNA 단편이 생성된다. 실험을 반복해서 수업 중에 시료를 더 오랜 시간 동안 배양한다. 이 더 긴 분해 과정으로 인해 146-bp 단편이 생성된다. 왜 그러한가?

그림 5.6 그림 5.6에 표시된 젤에서 30 kDa 단백질이 나타나는 위치를 표시하고 답을 설명하시오.

그림 5.20 다사염색체에서 HP1α의 위치를 예측하시오.

참고문헌

Abrahào, J., Silva, L., Silva, L.S. et al. (2018). Tailed giant Tupanvirus possesses the most complete translational apparatus of the known virosphere. *Nature Communications* 9: 749.

Akil, C. and Robinson, R.C. (2018). Genomes of Asgard archaea encode profilins that regulate actin. *Nature* 562: 439–443.

Archibald, J.M. (2008). The eocyte hypothesis and the origin of eukaryotic cells. *Proceedings of the National Academy of Sciences of the United States of America* 105: 20049–20050.

Ashburner, M. (1972). Puffing patterns in Drosophila melanogaster and related species. In *Developmental Studies on Giant Chromosomes*, ed. W. Beerman, 101–151, Springer, New York.

Babu, M.M., Janga, S.C., de Santiago, I., and Pombo, A. (2008). Eukaryotic gene regulation in three dimensions and its impact on genome evolution. *Current Opinion in Genetics and Development* 18: 571–582.

Barnard-Kubow, K.B., McCoy, M.A., and Galloway, L.F. (2017). Biparental chloroplast inheritance leads to rescue from cytonuclear incompatibility. *New Phytologist* 213: 1466–1476.

Bendich, A.J. (2004). Circular chloroplast chromosomes: the grand illusion. *Plant Cell* 16: 1661–1666.

Blackburn, G.M. and Gait, M.J. (eds.) (1990). *Nucleic Acids in Chemistry and Biology*. Oxford: IRL Press.

Boone, C. and Andrews, B.J. (2015). The indispensable genome. *Science* 350: 1028–1029.

Booth, D.G., Beckett, A.J., Molina, O. et al. (2016). 3D-CLEM reveals that a major portion of mitotic chromosomes is not chromatin. *Molecular Cell* 64: 790–802.

Bourque, G. (2009). Transposable elements in gene regulation and in the evolution of vertebrate genomes. *Current Opinion in Genetics and Development* 19: 607–612.

Cai, S., Song, Y., Chen, C. et al. (2018). Natural chromatin is heterogeneous and self-associates *in vitro*. *Molecular Biology of the Cell* 29: 1652–1663.

Cheeseman, I.M. (2014). The kinetochore. *Cold Spring Harbor Perspectives in Biology* 6: a015826.

Comeau, A.M., Hatfull, G.F., Krisch, H.M. et al. (2008). Exploring the prokaryotic virosphere. *Research in Microbiology* 159: 306–313.

Cook, P.R. (2001). *Principles of Nuclear Structure and Function*. New York: Wiley-Liss, Inc.

Crosland, M.W.J. and Crozier, R.H. (1986). *Myrmecia pilosula*, an ant with only one pair of chromosomes. *Science* 231: 1278.

Cuylen, S., Blaukopf, C., Politi, A.Z. et al. (2016). Ki-67 acts as a biological surfactant to disperse mitotic chromosomes. *Nature* 535: 308–312.

Dalal, Y., Furuyama, T., Vermaak, D., and Henikoff, S. (2007). Structure, dynamics, and evolution of centromeric nucleosomes. *Proceedings of the National Academy of Sciences of the United States of America* 104: 15974–15981.

Del Cortona, A., Leliaert, F., Bogaert, K.A. et al. (2017). The plastid genome in *Cladophorales* green algae is encoded by hairpin chromosomes. *Current Biology* 27: 3771–3782.

Embley, T.M. and Williams, T.A. (2015). Steps on the road to eukaryotes. *Nature* 521: 169–170.

Eme, L. and Ettema, T.J.G. (2018). The eukaryotic ancestor shapes up. *Nature* 562: 352–353.

Erdmann, S., Chen, B., Huang, X. et al. (2014). A novel single-tailed fusiform *Sulfolobus* virus STSV2 infecting model *Sulfolobus* species. *Extremophiles* 18: 51–60.

Fierz, B. (2019). Revealing chromatin organization in metaphase chromosomes. *EMBO Journal*: e101699.

Graves, J.A.M. (2015). Twenty-five years of the sex-determining gene. *Nature* 528: 343–344.

Grunstein, M. (1992). Histones as regulators of genes. *Scientific American* 267: 40–47.

Kakui, Y. and Uhlmann, F. (2017). Building chromosomes without bricks *Science* 19: 1233–1234.

Kamakaka, R.T. and Biggins, S. (2005). Histone variants: deviants? *Genes and Development* 19: 295–310.

Khorasanizadeh, S. (2004). The nucleosome: from genomic organization to genomic replication. *Cell* 116: 259–272.

Kleine, T., Maier, U.G., and Leister, D. (2009). DNA transfer from organelles to the nucleus: the idiosyncratic genetics of endosymbiosis. *Annual Review of Plant Biology* 60: 115–138.

Koonin, E.V. (2009a). Darwinian evolution in the light of genomics. *Nucleic Acids Research* 37: 1011–1034.

Koonin, E.V. (2009b). Evolution of genome architecture. *The International Journal of Biochemistry and Cell Biology* 41: 298–306.

Koonin, E.V. and Wolf, Y.I. (2008). Genomics of bacteria and archaea: the emerging dynamic view of the prokaryotic world. *Nucleic Acids Research* 36: 6688–6719.

Krupovic, M., Cvirkaite-Krupovic, V., Iranzo, J. et al. (2018). Viruses of archaea: structural, functional, environmental and evolutionary genomics. *Virus Research* 244: 181–193.

Ku, C., Nelson-Sathi, S., Roettger, M. et al. (2015). Endosymbiotic origin and differential loss of eukaryotic genes. *Nature* 524: 427–432.

Larsen, D.R. and Misteli, T. (2017). The genome – seeing it clearly now. *Science* 357: 354–355.

Larson, A.G., Elnatan, D., Keenen, M.M. et al. (2017). Liquid droplet formation by HP1α suggests a role for phase separation in heterochromatin. *Nature* 547: 236–240.

Leger, M.M., Eme, L., Stairs, C.W., and Roger, A.J. (2018). Demystifying eukaryote lateral gene transfer. *BioEssays* 40: 1700242.

Lis, J.T. (2007). Imaging *Drosophila* gene activation and polymerase pausing *in vivo*. *Nature* 450: 198–202.

Luo, S., Valencia, C.A., Zhang, J. et al. (2018). Biparental inheritance of mitochondrial DNA in humans. *Proceedings of the National Academy of Sciences of the United States of America* 115: 13039–13044.

Maeshima, K., Ide, S., and Babokhov, M. (2019). Dynamic chromatin organization without the 30-nm fiber. *Current Opinion in Cell Biology* 58: 95–104.

Malik, H.S. and Henikoff, S. (2003). Phylogenomics of the nucleosome. *Nature Structural Biology* 10: 882–891.

Mattiroli, F., Bhattacharyya, S., Dyer, P.N. et al. (2017). Structure of histone-based chromatin in Archaea. *Science* 357: 609–612.

McFarland, R., Taylor, R.W., and Turnbull, D.M. (2002). The neurology of mitochondrial DNA disease. *Lancet Neurology* 1: 343–351.

McInerney, J.O. and O'Connell, M.J. (2017). Mind the gaps in cellular evolution. *Nature* 541: 297–299.

Moronta-Gines, M., van Staveren, T.R.H., and Wendt, K.S. (2019). One ring to bind them – Cohesin's interaction with chromatin fibers. *Essays in Biochemistry* 63: 167–176.

Nelson-Sathi, S., Sousa, F.L., Roettger, M. et al. (2015). Origins of major archaeal clades correspond to gene acquisitions from bacteria. *Nature* 517: 77–80.

Oldenberg, D.J. and Bendich, A.J. (2004). Most chloroplast DNA of maize seedlings in linear molecules with defined ends and branched forms. *Journal of Molecular Biology* 335: 953–970.

Oldenberg, D.J. and Bendich, A.J. (2016). The linear plasmid chromosomes of maize: terminal sequences, structures, and implications for DNA replication. *Current Genetics* 62: 431–442.

Ou, H.D., Phan, S., Deerinck, T.J. et al. (2017). ChromEMT: visualizing 3D chromatin structure and compaction in interphase and mitotic cells. *Science* 357: 370.

Richmond, T.J. and Davey, C.A. (2003). The structure of DNA in the nucleosome core. *Nature* 423: 145–150.

Rohwer, F. and Segall, A.M. (2015). A century of phage lessons. *Nature* 528: 46–48.

Roulland, Y., Ouarahni, K., Naidenov, M. et al. (2016). The flexible ends of CENP-A nucleosome are required for mitotic fidelity. *Molecular Cell* 63: 674–685.

Schaack, S., Gilbert, C., and Feschotte, C. (2010). Promiscuous DNA: horizontal transfer of transposable elements and why it matters for eukaryotic evolution. *Trends in Ecology and Evolution* 25: 537–546.

Schalch, T., Duda, S., Sargent, D.F., and Richmond, T.J. (2005). X-ray structure of a tetranucleosome and its implications for the chromatin fibre. *Nature* 436: 138–141.

Scheinfeld, A. (1939). *You and Heredity*. New York: Frederick A. Stokes Co.

Sherratt, D.J. (2003). Bacterial chromosome dynamics. *Science* 301: 780–785.

Shintomi, K., Inoue, F., Watanabe, H. et al. (2017). Mitotic chromosome assembly despite nucleosome depletion in *Xenopus* egg extracts. *Science* 356: 1284–1287.

Singer, M. and Berg, M. (1997). *Exploring Genetic Mechanisms.* Sausalito, CA: University Science Books.

Song, F., Chen, P., Sun, D. et al. (2014). Cryo-EM study of the chromatin fiber reveals a double helix twisted by tetranucleosomal units. *Science* 344: 376–380.

Sonnenburg, J.L. (2010). Genetic pot luck. *Nature* 464: 837–838.

Strom, A.R., Emelyanov, A.V., Mir, M. et al. (2017). Phase separation drives heterochromatin domain formation. *Nature* 547: 241–245.

Suttle, C.A. (2005). Viruses in the sea. *Nature* 437: 356–361.

Swedlow, J.R. and Hirano, T. (2003). The making of the mitotic chromosome: modern insights into classical questions. *Molecular Cell* 11: 557–569.

Thoma, F., Koller, T., and Klug, A. (1979). Involvement of histone H1 in the organization of the nucleosome and of the saltdependent superstructures of chromatin. *Journal of Cell Biology* 83: 403–427.

Torras-Llort, M., Moreno-Moreno, O., and Azorin, F. (2009). Focus on the centre: the role of chromatin on the regulation of centromere identity and function. *EMBO Journal* 28: 2337–2348.

Vandegrift, K.J., Sokolow, S.H., Daszak, P., and Kilpatrick, A.M. (2010). Ecology of avian influenza viruses in a changing world. *Annals of the New York Academy of Sciences* 1195: 113–128.

Wallace, D.C. (1997). Mitochondrial DNA in aging and disease. *Scientific American* 277: 22–29.

Wang, S., Su, J.H., Beliveau, B.J. et al. (2016). Spatial organization of chromatin domains and compartments in single chromosomes. *Science* 353: 598–602.

Wang, X., Llopsis, P.M., and Rudner, D.Z. (2013). Organization and segregation of bacterial chromosomes. *Nature Reviews Genetics* 14: 191–203.

Wargo, M.J. and Rizzo, P.J. (2001). Exception to eukaryotic rules. *Science* 294: 2477.

White, M.F. and Bell, S.D. (2002). Holding it together: chromatin in the Archaea. *Trends in Genetics* 18: 621–626.

Wolffe, A. (1998) *Chromatin: Structure and Function*, 3rd ed. Academic Press, New York.

Yu-Wai-Man, P., Griffiths, P.G., Hudson, G., and Chinnery, P.F. (2009). Inherited mitochondrial optic neuropathies. *Journal of Medical Genetics* 46: 145–158.

Zhou, Z., Liu, Y., Li, M., and Gu, J.D. (2018). Two or three domains: a new view of tree of life in the genomics era. *Applied Microbiology and Biotechnology* 102: 3049–3058.

CHAPTER SIX

DNA 복제 메커니즘과 말단소체 유지

DNA 가닥이 특이하게 쌍을 이루는 것으로 보아 그에 맞는 유전 정보 복제 메커니즘이 존재할 것이라는 우리의 생각이 틀리지 않았다.

James D. Watson and Francis Crick,* Nature *(1953) 171:737.

OUTLINE

- 6.1 서론
- 6.2 박테리아 DNA 복제 방식의 초창기 생각들
- 6.3 DNA 중합효소는 DNA 합성이 5′에서 3′ 방향으로 촉매하는 효소이다
- 6.4 박테리아 리플리솜
- 6.5 진핵생물의 리플리솜
- 6.6 원형 DNA 복제의 대체 모델
- 6.7 텔로미어 길이 유지: DNA 복제, 노화 및 암에서 텔로미어의 역할

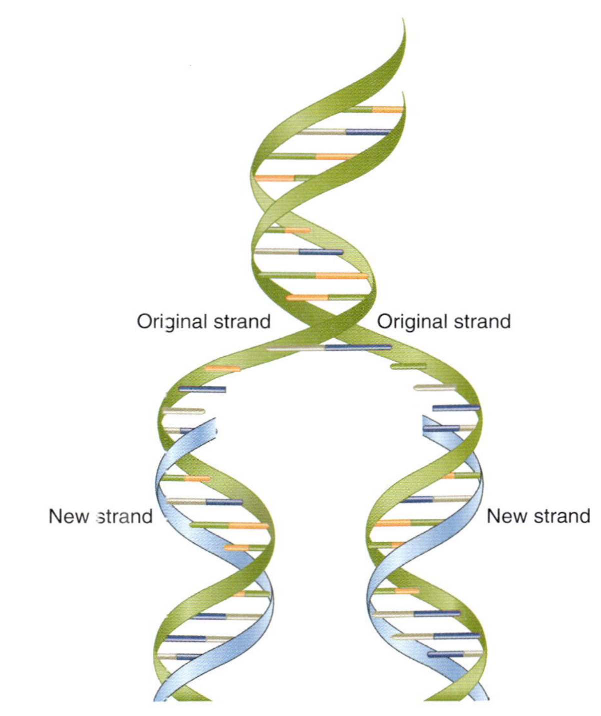

반보존적 DNA 복제. 반보존적 DNA 복제는 2개의 딸 DNA를 필요로 하며, 각각은 원본 가닥과 새로운 가닥이다.

6.1 서론

제5장에서는 유전체 형성에 대해 자세하게 알아보았다. 그렇다면, 유전 정보는 다음 세대에 어떻게 전해지는 것일까? 이번 장에서는 DNA가 어떻게 복제되는지 알아 볼 것이다. DNA 복제는 생명의 연속성을 이해하기 위한 기본 원리이다. 세포가 증식하고 새로운 세포를 만들 때, 유전체는 반드시 정확하게 2배로 복제되어야 하고 최소한의 오류로 각각의 새로운 개체에 정보가 전달되어야 한다. DNA 이중가닥의 복제는 이중나선의 두 가닥이 부분적으로 녹으면서 주형 단일가닥을 토대로 새로운 상보가닥의 중합작용이 이루어지는 간단한 과

정을 통해 일어난다. 지난 수십 년 간 DNA 복제에 관한 훨씬 더 복잡한 의견이 제시되었다.

사실, DNA는 정확하고 능률적으로 활동하는 다양한 단백질의 복합체에 의해 복제된다. 이런 다양한 단백질들은 각자의 다양한 활동에 의해 높은 협동을 보인다. 최초의 조건 중 하나는 뉴클레오솜으로 응축된 DNA에 접근하는 복제 장치이다. 게다가, 진핵세포의 분열 과정은 세포를 분열시키기 전에 유전체의 단 하나의 완전하고 정확한 복제를 확보하기 위해서, 언제, 어디서, 어떻게 복제를 개시할지 결정한다. 선형 염색체의 경우, 복제 시 텔로미어(염색체 말단)에서 문제가 생긴다. 텔로미어의 길이 유지를 조절하는 분자 장치인 텔로머레이즈는 노화와 암의 가장 중요한 요소이다.

복제 장치들을 자세하게 알아보기 전에, 우선 DNA 복제 모델의 초창기 통찰 몇 가지를 고전적인 실험들을 통해 알아보기로 한다.

6.2 박테리아 DNA 복제 방식의 초창기 생각들

DNA 이중나선에 대한 Watson과 Crick의 모델에 기초를 두고서, 과학자들은 이중가닥 DNA가 어떻게 복제되는지에 대한 세 가지의 가능성을 제시했다(1장 참조). 그들은 DNA가 준보존적, 보존적, 분산적으로 복제할 수 있다고 가정을 했었다. 준보존적 모델은 각각의 새로운(딸) DNA 분자는 원래 가닥(주형 또는 어버이) 하나에 의해서 만들어진다고 예상했다. 반면에, 보존적 복제에 의하면 하나의 딸 분자는 원래의 어버이 가닥으로 구성되고, 다른 딸 분자는 모두 새로운 DNA로 구성된다. 분산적 복제에 의하면 원래 나선의 어떤 부분은 보존적이고, 어떤 부분은 아닌 것이다. 딸 분자는 기존의 주형과 새로 합성된 DNA가 함께 존재할 것이다. 과학자들은 궁극적으로 이 세 가지 가설 중 어느 것이 옳았는지 어떻게 알아냈는가?

Meselson–Stahl 실험

복제 방법은 Matthew Meselson과 Franklin W. Stahl에 의해 1958년에 결정되었다. 그들은 준보존적, 보존적, 분산적 복제를 구분하기 위한 실험 방법을 고안하였다. 그들은 새로 합성된 DNA로부터 원래 DNA를 구분하기 위한 방법이 먼저 필요하였다. 이 때문에 질소의 무거운 동위원소인 ^{15}N가 포함된 배지에서 대장균을 배양하였다. ^{15}N는 자연히 발생하는 ^{14}N보다 중성자를 하나 더 함유하고 있다. 방사성 동위원소와는 다르게, ^{15}N는 안정하고 방사능이 없다. 질소의 주성분이 무거운 동위원소로 혼합되어 있으므로, ^{15}N 배지에서 박테리아를 수 세대 동안 배양하면 대장균의 DNA는 무거워진다. 밀도를 어떻게 측정했을까?

Meselson과 Stahl은 주형의 밀도를 **밀도기울기 원심분리법(density-gradient centrifugation)**이라는 실험으로 측정했다. 이 실험에서, CsCl(무거운 금속염)에 DNA 시료를 용해시켜 몇 시간 동안 높은 속도로 초원심분리하였다. 결국, 원심력과 확산이 평형상태가 되어 CsCl의 농도 차에 의해서 고농도는 튜브의 아래쪽에 위치하고, 저농도는 위쪽에 위치하는 기울기가 형성된다. DNA는 CsCl과 밀도가 일치하는 위치에 밴드를 형성한다. DNA 밴드는 DNA가 흡수하는 260 nm 파장의 자외선으로 관찰되어 검출된다. 이미 2장에서, DNA가 강하게 흡수할 수 있는 빛의 파장대가 260 nm라는 것을 알았다.

수 세대 후, Meselson과 Stahl은 무거운(^{15}N) DNA를 가진 박테리아를 ^{14}N만 함유한 배지로 옮겼다. ^{14}N 배지에서의 DNA 복제로, 그들은 가볍고(^{14}N) 무거운(^{15}N) 밀도 사이의 중간물을 발견하게 되었다. 다음 세대에서는 가벼운 밀도의 DNA만 존재하였다. 그림 6.1의 결과는 **준보존 복제(semiconservative replication)**에 모순이 없음을 보여준다. 만약 복제가 보존적이었다면, 복제의 첫 번째 세대에서 원래 ^{15}N(무거운) 이중나선과 새로운 ^{14}N(가벼운) 이중나선의 2개의 밴드가 존재

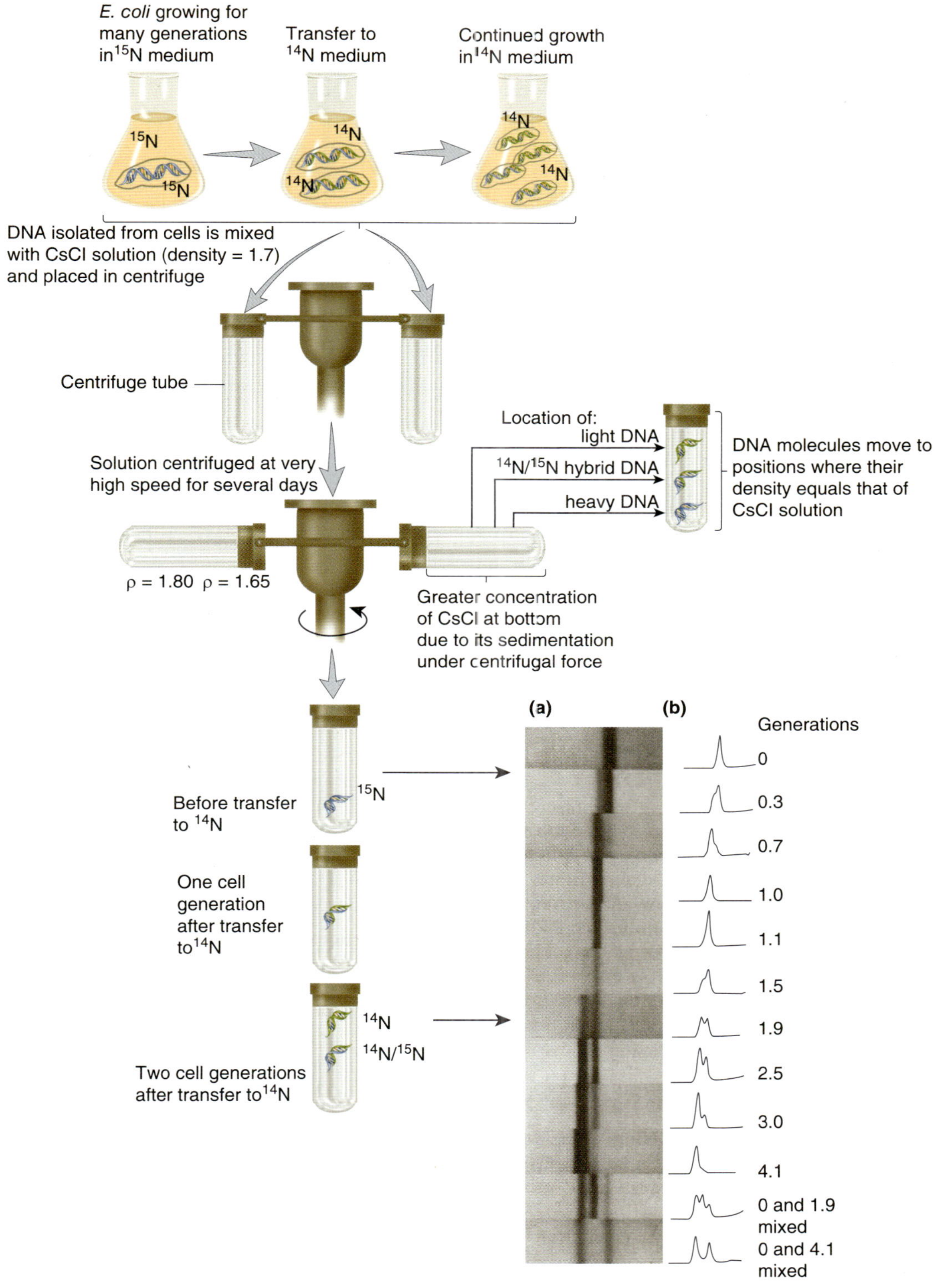

그림 6.1 DNA 복제 방법을 결정하기 위한 Meselson과 Stahl 실험. Meselson과 Stahl은 ^{15}N로 표지한 대장균을 ^{14}N 배지에서 수 세대 동안 배양시킨 후 이 박테리아 DNA를 CsCl 밀도 기울기 원심분리하였다. ^{14}N 배지에서(녹색) 복제한 ^{15}N DNA(파란색)의 준보존적 복제에 의해 원심분리 후 밴드가 형성되었다. (삽입 그림) (a) 자외선 조명 아래의 원심분리 튜브 사진. 진한색의 밴드는 무거운 ^{15}N로 표지된 DNA(오른쪽) 그리고 가벼운 ^{14}N로 표지된 DNA(왼쪽)와 일치한다. 중간 밀도의 밴드 또한 2개의 밴드 사이에서 관찰되고, 1.0과 1.1세대 사이에서 두드러지게 관찰된다. 이 밴드는 한 가닥은 ^{15}N, 다른 가닥은 ^{14}N으로 표지된 두 가닥 DNA 분자와 일치한다. 1.9세대 후, 대략 같은 양의 $^{15}N/^{14}N$ 밴드와 ^{14}N 밴드가 있었다. 3 또는 4세대 후, $^{15}N/^{14}N$ 밴드는 점진적으로 소모되고, ^{14}N 밴드는 증가하여 준보존적 복제가 예상되었다. (b) 각 밴드에서 DNA 양을 정량하는 방법을 사용하여 (A)판 밴드의 농도계 추적하였다. (출처: Reprinted from Meselson and Stahl. 1958. *Proceedings of the National Academy of Sciences of the United States of America* 44:671–682.)

했을 것이다. 게다가, 이 실험을 하는 동안 원래 DNA가 계속 존재한다는 것이 ^{15}N(무거운) 밴드로 표시된다. 만약 복제의 방법이 분산적이었다면, 그 결과는 분산의 정도에 따라서 다양한 복합적인 밴드가 형성되었을 것이다. Meselson과 Stahl은 DNA가 준보존적인 방법으로 복제를 한다고 결론지었다. 그러나 연구자들은 실험 과정을 보기 원하였다. 이들이 어떤 실험을 했는지 자세히 살펴보자.

복제한 박테리아 DNA의 시각화

준보존적 복제는 **자가방사선술(autoradiography)**을 이용한 J. Cairns에 의해 1963년 가시화되었다. 이 기술은 방사성 시료가 사진용 필름에 노출된다는 사실을 이용한 것이다. 방사성 물질의 정량을 추정하기 위해 필름 위에 보이는 입자를 센다. Cairns는 수소의 방사성 동위원소인 3중 수소(^{3}H)로 표지된 티민을 함유하고 있는 배지에서 대장균을 배양하였다. DNA는 대장균에서 분리된 후 방사능 사진으로 만들어졌다(방사성 동위원소에 대한 배경지식은 Tool Box 13.4를 참조) 유전체 전체를 복제하는 데에는 약 42분이 소요된다. 박테리아의 경우, 어떤 경우에서는 전 세대를 위해 복제를 하고 방사성 핵산의 존재에서 부분적으로 복제하기도 한다. Cairns는 박테리아에서 DNA를 추출하고, DNA가 복제하는 동안 시간을 달리하면서 방사선 사진을 찍었다(그림 6.2a). 결과는 두드러졌다. 복제가 일어나면, DNA의 한 부분이 표지된 가락과 다른 부분은 표지되지 않은 가닥을 보였다. 두 번 복제를 한 DNA는 2배로 표지된 가닥도 있었고, 하나로 표지된 가닥도 있었다. 이 결과들은 DNA 복제가 반보존적이라는 것을 일관되게 보여준다. 그러나 Cairns는 또 다른 중요한 관찰을 하였다.

그림 6.2a를 자세히 보면, 복제를 하기 위해 이중가닥으로 된 원형이 열리면서 생성된 2개의 **복제 분기점(replication fork)**에서 만들어진 3개의 고리를 볼 수 있다. 이런 관찰들을 통해, Cairns는 각각 다른 시각에 DNA를 분석함으로써, 원형 유전체는 양쪽 방향으로 복제한다는 것을 증명하였다. Cairn의 발견은 그 뒤에 자가방사선 사진법과 유전자 분석으로 입증되었다. 이중나선의 2개 가닥은 **복제 기점(origin of replication)**에서 분리되고, 2개의 복제 분기점을 포함한 복제 "눈" 또는 "방울"을 형성하기 위해 염기를 노출한다. 2개의 복제 분기점은 원형에서 서로 반대 방향으로 진행한다(그림 6.2b). 전자현미경 상에서, 복제하는 동안의 염색체는 그리스 문자의 세타(θ)처럼 보인다. 따라서 복제 중간체들을 "**θ 구조(theta structure)**"라고 한다. 이 발견은 많은 질문을 만들었다. 복제를 위해서는 어떤 효소들과 단백질이 필요한가? 이중나선의 각 가닥은 정확히 같은 방법으로 복제하는가?

6.3 DNA 중합효소는 DNA 합성이 5′에서 3′ 방향으로 촉매하는 효소이다

DNA의 성장 가닥에 뉴클레오티드를 중합하는 효소를 **DNA 중합효소(DNA polymerase)**라고 한다. DNA 중합효소의 수수께끼 같은 특징은 DNA 합성을 *de novo*(라틴어로 "처음부터")로 시작할 수 없다는 것이다. 왜 그러한지 궁금할 것이다. 분자생물학에서 "왜"라는 질문에 항상 답할 수 있는 것은 아니지만, 가능한 설명은 다음과 같다. DNA 중합효소가 자신의 뉴클레오티드 사슬을 시작할 수 없는 것은 세포에 존재하는 DNA 구성 요소인 디옥시뉴클레오시드 5′-삼인산(dNTP)의 농도가 낮기 때문일 수 있다(용어 검토는 2장 참조). 이러한 제한 조건에서, DNA 중합효소는 활성자리에서 한 번에 2개의 dNTP에 결합하도록 진화하지 않았을 것이다. 활성자리에 2개의 dNTP가 없으면 초기 포스포디에스테르 결합을 형성할 수 없다. 대신 "프라이메이즈" 활성은 DNA를 주형으로 사용하여 **프라이머(primer**, 짧은 RNA 사슬)를 합성하기 위해 더 풍부한 NTP를 사용하는 모

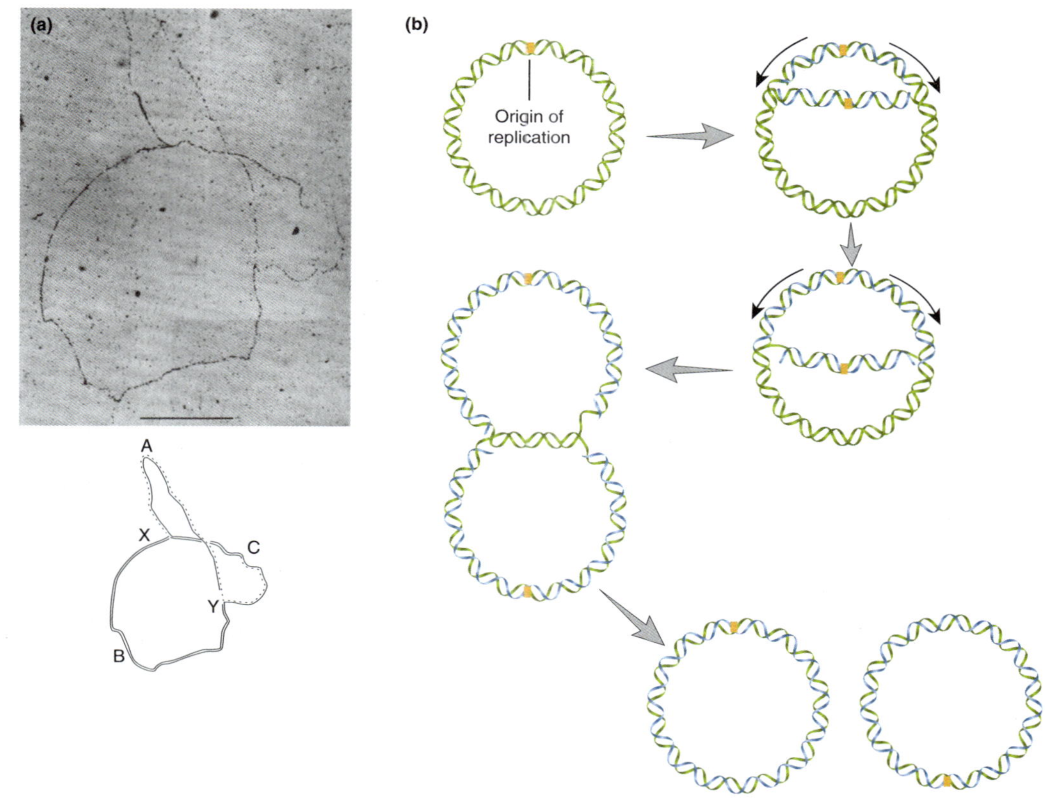

그림 6.2 박테리아 DNA 복제.
(a) 복제하는 동안 대장균 DNA의 방사능 사진. 아래쪽에 해석된 그림은 DNA에서 2개의 복제 분기점인 X와 Y의 존재로 만들어진 A, B 및 C 3개의 고리로 표시되었다. 염색체의 길이는 약 1300 μm이다. 대부분의 DNA는 복제가 단 한 번 일어나며, 표시된 가닥(실선)과 표시되지 않은 가닥(점선)(고리 A와 C)이 있다. 복제가 두 번 일어나는 DNA는 두 가닥으로 표시된(고리 B, 2개의 실선) 한 부분과 표시된 가닥(고리 A, 실선과 점선) 한 부분이 있다. (출처: Reprnted from Cairns. 1963. *Cold Spring Harbor Symposium in Quantitative Biology* 28:43–46, copyright ©1963, with permission from Cold Spring Harbor Laboratory Press and John Cairns.) (b) 대장균 염색체의 이중 복제. 검은색 화살표는 전진하는 복제 분기점을 표시한다.

든 세포에 존재한다. 그런 다음, DNA 중합효소는 프라이머 끝에 있는 유리 3′-하이드록실기에 결합하여 합성을 시작하고 한 번에 하나의 dNTP를 추가할 수 있다. 말단 2개의 인산염은 반응에서 손실되어 DNA 사슬에 뉴클레오티드를 추가하는 것을 본질적으로 비가역적으로 만든다. 박테리오파지, 선형 플라스미드 및 아데노바이러스 같은 일부 바이러스에서 프라이밍은 다른 메커니즘을 사용한다. RNA 프라이머 대신 프라이밍 뉴클레오티드는 DNA에 결합하는 단백질에 의해 제공된다. 데옥시뉴클레오시드 모노포스페이트(dNMP)는 단백질의 특정 세린, 트레오닌 또는 티로신 잔기에 공유적으로 부착된다.

일단 시작이 되면, 중합효소들은 이미 존재한 사슬들을 정확하게 하거나 연장할 수 있다. 박테리아 중합효소들은 1초당 650개의 뉴클레오티드를 추가할 수 있다. 포유동물 DNA 중합효소들은 느리게 작용해 1초당 대략 50개의 뉴클레오티드를 추가할 수 있다. 사슬에 추가할 뉴클레오티드의 선택은 주형가닥과의 상보적인 염기쌍에 의해 결정된다. DNA 중합효소의 다른 중요한 특징은 5′ → 3′ 방향으로 뉴클레오티드를 추가할 수 있는 점이다. 다시 말하면, DNA 중합효소는 새로 합성되는 가닥에서 새로운 dNTP의 첫 번째 5′-인산기와 마지막 뉴클레오티드의 3′-히드록실기 사이에 인산다이에스터 결합의 형성을 촉매한다(그림 6.3). 그러나 DNA 중합효소는 이미 DNA에 존재하는 뉴클레오티드의 5′-인산기와 새로운 뉴클레오티드의 3′-히드록실기의 인산다이에스터 결합을 만들기 위해 반대 방향으로 진행하지 않는다.

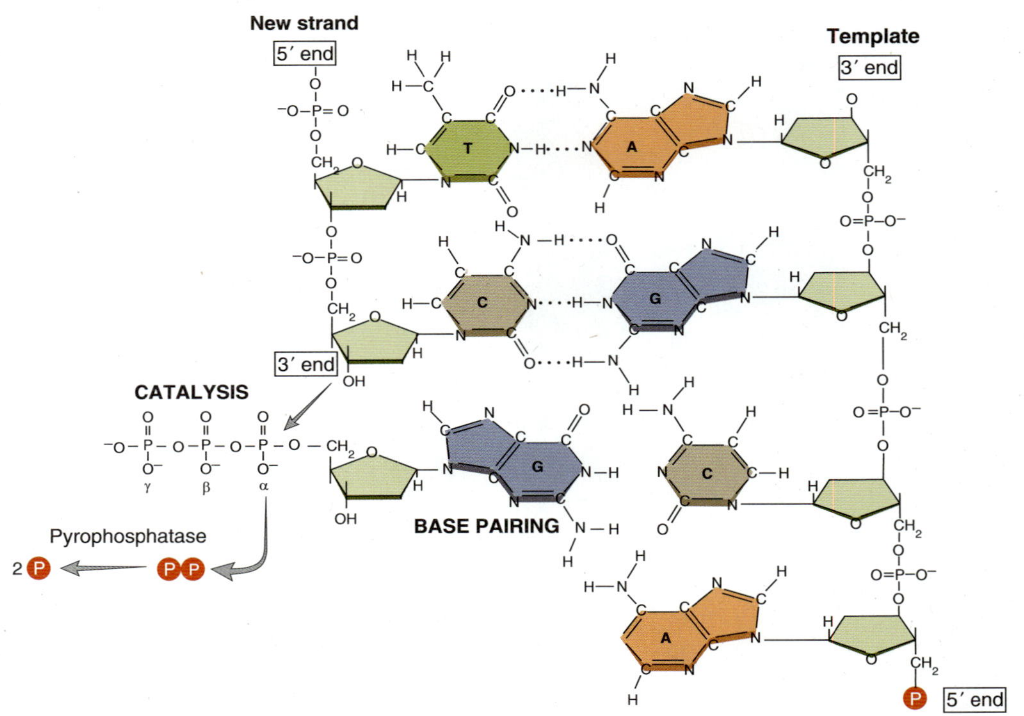

그림 6.3 DNA 합성은 5′에서 3′ 방향으로 발생한다. 주형가닥은 4종류의 dNTPs 중 어느 것이 첨가될 지를 지시한다. 주형가닥과 염기쌍(검은색 화살표)을 이루는 dNTP는 성장하는 주형에 첨가되기에 매우 유리하다. DNA 합성은 새로 들어오는 dNTPs(회색 화살표)의 α-인산의 친핵성 공격으로 개시된다. 이로써 새로운 가닥의 3′은 하나의 뉴클레오티드에 의해 신장되고 한 분자의 피로인산은 유리된다. 피로인산 분해효소는 신속히 이인산을 2개의 인산 분자로 가수분해한다.

DNA 이중나선의 두 가닥이 반대 방향으로 움직인다는 사실을 상기하자(2장 참조). DNA 중합효소가 5′ → 3′ 방향으로 뉴클레오티드를 추가하면, DNA 이중나선의 두 가닥 역평행 구조가 복제에 문제를 일으킬 것이다. 해결책은 무엇일까?

반불연속 DNA 복제

핵 DNA, 몇몇 바이러스 및 박테리아에서 나타나는 복제의 주요 형태는 **반불연속 DNA 복제(semidiscontinuous DNA replication)**이다. 비록 DNA의 두 가닥이 5′ → 3′ 방향으로 합성이 되지만, 서로 다른 메커니즘을 거친다—한 가닥은 시작 지점에서 끝나는 지점까지 지속적으로 합성이 되지만, 다른 한 가닥은 비지속적으로 짧게 합성이 된다. 3′ → 5′ 방향의 가닥과 5′ → 3′ 방향의 가닥을 비교해서 살펴보자.

일단 DNA 합성이 시작되면, 3′ → 5′ 방향의 주형가닥이 지속적인 복제를 할 수 있다(그림 6.4). 연속적인 DNA 복제를 하는 가닥을 '**선도가닥(leading strand)**'이라고 한다. 선도가닥 합성은 복제 분기점의 이동과 같은 방향으로 발생한다. 선도가닥 주형에 있는 DNA 중합효소는 높은 진행도를 갖는다: 그것이 붙으면, 반대 방향의 복제 분기점을 만나거나, DNA 손상 부위(7장 참조)를 만나거나, 모든 가닥을 복제할 때까지 방출되지 않는다. 가장 큰 과정은 5′ → 3′ 방향 주형가닥에서 일어난다. 이 '**지연가닥(lagging strand)**'의 DNA는 복제 분기점의 반대 방향으로 이동하며, 짧은 단편으로 복사된다(그림 6.4). 이 짧은 가닥은 1969년 Reiji와 Tuneko Okazaki에 의해 처음으로 기술됨에 따라 "**오카자키 절편(Okazaki fragment)**"이라 한다. 박테리아에서는 이 절편들의 뉴클레오티드 크기가 1,000~2,000개 범위 내에 존재한다. 진핵생물에서는 100~200개의 뉴클레오티드의 짧은 오카자키 절편들이 존재한다. 다음 절에서는 지연가닥의 네 가지 복제 과정을 살펴본다—프라이머 합성, 연장, 틈 메우기 위한 프라이머의 제거, 오카자키 절편들의 결합. 이러한 추가 단계에도 불구하고, 각 가닥에 대해 별도의 DNA 중합효소를 사용하여 두 가지 새로운 가닥의 합성이 동시에 발생한다. 오랫동안 품어 온 질문는 뉴클레오티드가 선도가닥 및 지연가닥에 동일한

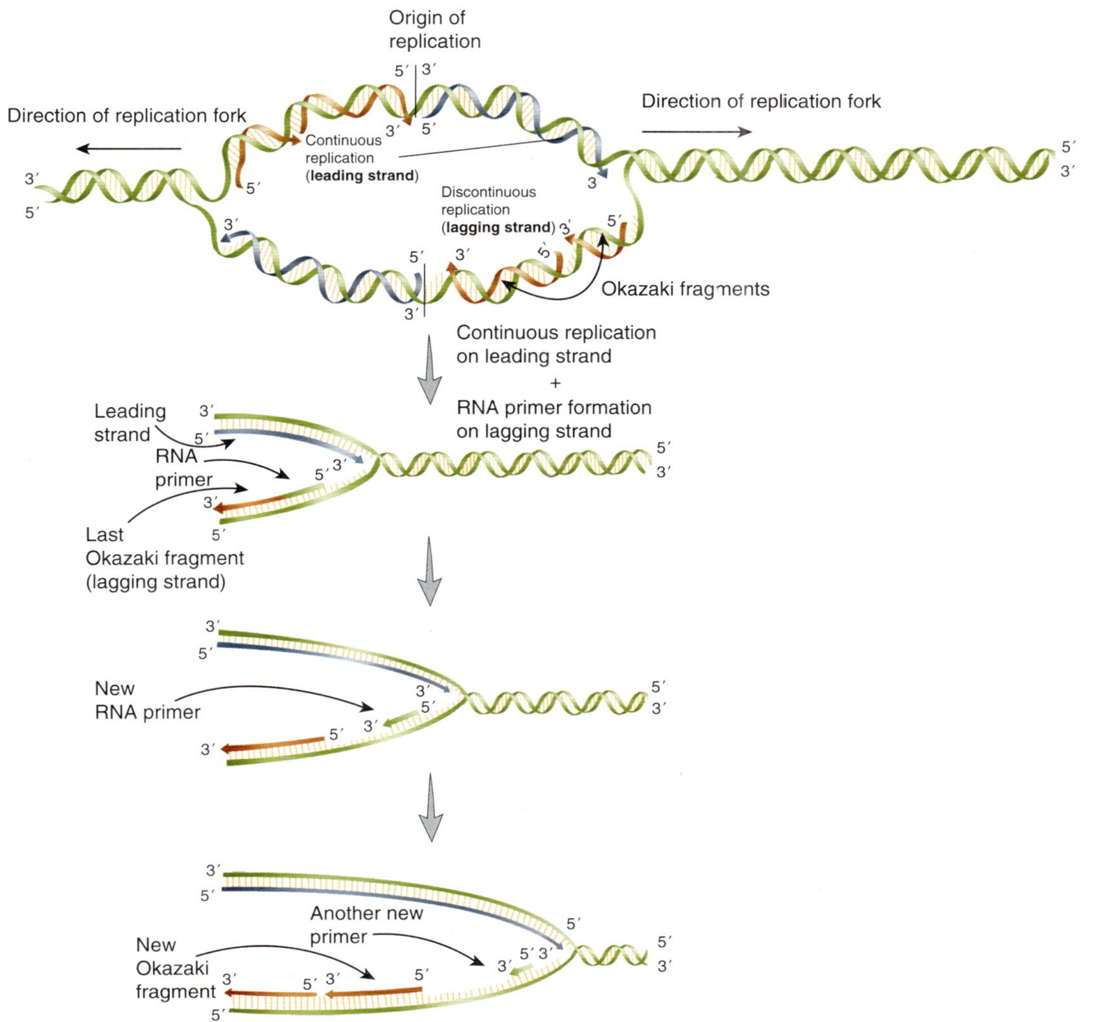

그림 6.4 반불연속 DNA 복제 방법. 이 그림은 반대 방향으로 진행하는 2개의 복제 분기점의 이중 복제 기점을 보여준다. 연속 복제는 복제 분기점의 이동 방향에 있는 선도가닥에서 5′에서 3′으로 발생한다. 간단하게, 하나의 복제 분기점만 묘사했다. RNA 시발체의 형성과 신장은 지연가닥에서 불연속 DNA 복제가 일어나는 동안 오카자키 절편을 만든다.

시간과 속도로 추가되는지 여부이다. 이제는 실시간 단일 분자 추적 기술이 개발됨으로써, 연구자들은 작동 중인 개별 중합효소를 포착할 수 있다. 데이터에 따르면, 합성의 평균 속도는 선도 및 지연가닥에서 유사하지만, 각 DNA 중합효소의 이동경로는 독립적이고 확률적(임의)이다. 각각의 중합효소는 뚜렷하게 일시중지하다가 다시 다양한 속도로 움직이는데, 이로 인해 DNA 중합효소와 나머지 복제 기구 사이의 접촉은 지속적으로 깨지고 다시 형성되게 된다. 하나의 중합효소가 멈추면, 나머지 복제 기구 전체 프로세스는 선행 및 후행 가닥의 조정 없이 완전한 DNA 복제를 보장한다. 전체 속도는 80%까지 감소하여 중합효소가 복합체에 다시 결합하고 따라잡는 데 시간이 걸릴 수 있다. 전체 프로세스는 선도 및 지연가닥의 조정 없이 완전한 DNA 복제를 보장한다.

복제 과정에서 불필요한 것을 제거한 상황에서의 복제 메커니즘들을 확인해 보자. DNA 복제의 세포적 메커니즘은, 박테리아의 유전체가 더 작고 쉽게 다룰 수가 있기 때문에, 박테리아를 처음 연구하면서 밝혀졌다. 1984년 진핵세포 복제에 관한 연구를 진행하기 위해 cell-free system이 허용되었다. 진핵세포 DNA 복제 연구의 모델은 진핵세포 효소를 이용한 시험관 내에서 시미안 바이러스 40(SV40)의 복제였다. SV40는 ~5 kb의 유전체와 65 bp의 기점을 갖는다(5장 참조). 바이러스는 본래 숙주세포의 복제 메커니즘을 사용하지만, 세포의 나선효소와 다른 필수 복제 단백질은 바이러스 T 항원 자체 다기능 단백질로 대신한다. 더욱이 최근에는 진핵생물의 유전체 DNA 복제 시에 필요한 세포의 요소들이 엄청난 과정으로 이루어져 있음이 밝혀졌다.

표 6.1 DNA 복제 메커니즘에서 작동하는 주요 단백질들

Function	*E. coli*	Archaea	Human (SV40 model)
Helicase	DnaB Homohexamer, moves 5′ → 3′ on lagging strand	MCM Homohexamer, moves 3′ → 5′ on leading strand; may contain a CMG complex	CMG complex: Mcm2–7 (subunits encoded by separate genes), Cdc45, GINS (heterotetramer) Moves 3′ → 5′ on leading strand
Single-strand maintenance	SSB	Archaeal SSB	RPA
Priming	DnaG (primase)	Primase	Pol α/primase
Sliding clamp	β homodimer	PCNA homotrimer	PCNA homotrimer
Clamp loading (ATPase)	γδ complex		RFC
Strand elongation	Pol III	Pol δ/Pol ε	Lagging strand: Pol δ Leading strand: Pol ε
RNA primer removal	Pol I	FEN-1	FEN-1
Ligation of Okazaki fragments	Ligase	Archaeal ligase	Ligase I

FEN, flap endonuclease; PCNA, proliferating cell nuclear antigen; Pol, DNA polymerase; RFC, replication factor C; RPA, replication protein A; SSB, single-stranded DNA–binding protein.

기본적인 특징은 대장균에서 인간까지 보존된다. 모든 세포 유전체 DNA는 나선효소, 프리메이즈, DNA 중합효소 및 3′ → 5′ 엑소뉴클레에이스와 같은 기본 효소 기능을 가진 다중 단백질 기구인 **리플리솜(replisome)**에 의해 복제된다. 차이점은 세부 사항에 있다. 고세균과 진핵생물의 레플리솜은 공통조상에서 진화한 것으로 보이지만, 박테리아 레플리솜은 독립적으로 진화했다. 박테리아 레플리솜의 구성 요소는 진핵생물 레플리솜에서와 동일한 기능을 수행하지만, 아미노산 서열이 상동하지 않고 상이한 3차 및 4차 구조를 갖는다. DNA 복제의 주요 참여자는 표 6.1에 요약되어 있다. 먼저 이러한 효소와 단백질이 박테리아 유전체를 복제하기 위해 상호작용하는 방식을 살펴보겠다.

6.4 박테리아 리플리솜

1956년, Arthur Kornberg에 의해 최초의 DNA 중합효소가 발견된 이후로 원핵생물과 진핵생물 모두에서 알려진 DNA 중합효소의 목록이 엄청나게 늘어났다. 이러한 중합효소 중 일부는 유전체 복제를 매개하는 반면, 다른 중합효소는 손상된 DNA를 복구하는 데 필수적인 역할을 한다. 이 장은 복제에 관여하는 DNA 중합효소에 대해 더 깊이 파고들고, 복구 중합효소는 7장에서 더 자세히 살펴볼 것이다.

박테리아 DNA 중합효소들은 다양한 기능을 한다

박테리아 대장균에는 5개의 주요 DNA 중합효소가 존재한다: DNA 중합효소 I, II, III, IV 그리고 V. DNA 중합효소 I은 정제되고 동정된 유기체로부터 가장 먼저 발견된 중합효소이다. DNA 중합효소 I의 유용성과 유일한 특성으로 인해 분자생물학 연구에 널리 사용된다. 가장 풍부한 중합효소인 DNA 중합효소 I이 *E. coli*의 주요 복제 중합효소가 아니라는 사실을 알았을 때 연구자들은 놀라움을 금치 못했다. 사실, 훨씬 덜 풍부한 효소인 DNA 중합효소 III는 유전체 복제를 촉매하는

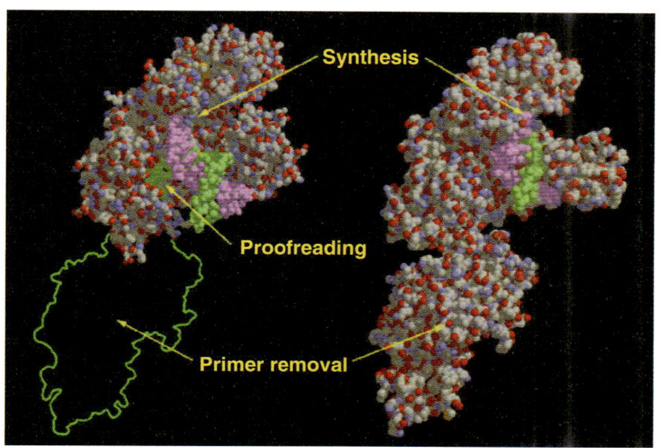

그림 6.5 박테리아 DNA 중합효소 I은 손과 같은 모양으로 생겼다.
왼쪽은 *Escherichia coli*에서 추출한 효소이다. 대장균 효소의 단면을 보면 손상된 부분은 녹색으로 보인다. 오른쪽은 *Thermus aquaticus*에서 추출한 효소이다. DNA 주형가닥은 보라색이고, 새로운 가닥은 녹색이다. 대장균 효소가 세 가지의 구분되는 활성자리를 포함하고, *Th. aquaticus*는 수정 기능이 없다. (출처: RSCB Protein Data Bank.)

반면, DNA 중합효소 I은 오카자키 단편 사이의 프라이머 제거 및 간격을 채우는 데 역할을 한다. DNA 중합효소 I은 또한 일부 복구 경로에서도 역할을 한다(7장).

DNA 중합효소 I은 2개의 소단위체를 가진다. 2개의 소단위체 모두 완전효소(holoenzyme)이다. 그림 6.5를 보면, 완전효소는 거의 손과 같은 모양을 한다. DNA는 효소가 작용하는 손바닥에 깔끔하게 들어맞는다. 5′ → 3′ 방향의 소단위체를 **클레노우 조각(Klenow fragment)**이라고 한다. 3′ → 5′ 방향 소단위체는 DNA 말단 부분의 인산다이에스터 결합을 깨면서 단일인산(dNMP)을 제거할 수 있는 핵산말단분해효소 활성을 가진다. 이런 핵산말단분해를 "**교정(proofreading)**"이라고 한다. 만약 중합효소가 실수를 하면, 염기가 일치하지 않는 뉴클레오티드를 제거하기 위해 역추적할 수 있다(6.5절 참조). 유사하게, DNA 중합효소 III의 완전효소는 10개의 다른 폴리펩티드 소단위체를 포함한다. 이들 중 하나는 5′ → 3′ 중합효소 활성을 갖고, 다른 하나는 3′ → 5′ 엑소뉴클레에이스 교정 활성을 갖는다. 모든 박테리아의 중합효소들이 같은 방식의 수정을 가지고 있는 것은 아니다. 뜨거운 지역에서 자라는 박테리아로부터 발견된 *Thermus quaticus*에서 나온 중합효소에는 수정 기능이 없다.

박테리아 DNA 중합효소 I의 특이한 특징은 5′ → 3′ 방향의 핵산말단가수분해효소 기능을 가지고 있는 것이다. 완전효소는 DNA 당–인산 골격의 "틈" 또는 절단된 인산다이에스터 결합에서 복제를 시작할 수 있는 유일한 능력을 지녔다. 이 특성은 "**틈 번역(nick translation)**"이라 불리는 방법으로, 방사성 동위원소로 표지된 DNA를 만들기 위해 이용된다. 클레노우 조각은 다른 DNA 표지 방법과 같은 DNA 합성 같은 기술로 분자생물학 연구에 널리 사용된다(Tool Box 13.5의 예를 참조).

*E. coli*의 다른 세 가지 중합효소는 손상된 DNA를 처리하는 데 특화되어 있다. DNA 중합효소 II는 DNA 중합효소 IV 및 V와 마찬가지로 DNA 복구 메커니즘에 관여한다. DNA 중합효소 IV와 V는 모두 DNA 중합효소 III에 의한 복제를 차단하여 DNA 손상을 우회할 수 있다. 실수를 하기 쉬우므로, 이러한 중합효소는 박테리아 진화에 중요한 역할을 한다.

복제의 시작

복제 기점은 복제 분기점의 시작자리의 양방향성에 존재하는 복제 염색체 DNA에 있다. 대부분의 박테리아는 명확한 기점을 하나 가지고 있다. 예를 들어, 대장균의 기점 서열이 어떤 원형 DNA에 더하여지면 이 서열은 박테리아에서 DNA 복제를 허락한다. 그러나 모든 생물들에서 작은 원형 유전체가 기점을 하나만 가지고 있는 것은 아니다. 예를 들어, *Sulfolobus*속의 원생생물은 원형 유전체의 복제 기점을 3곳이나 가지고 있다. 고세균은 한 생애에서 세 가지의 도메인을 가지고 있는 반면에, 원핵생물들은 박테리아에서 계통이 이어진다.

OriC 같은 기점 DNA 서열은 보통 "A-T 부유 지역"이라 불리는 많은 아데닌-티민(AT) 염기쌍을 갖는다. 2장에서 DNA 구조에 대해 살펴보았다. A와 T가 결합한 이중수소결합을 녹이기 위해 사용되는 에너지는 GC 염기쌍의 삼중수소결합을 녹이기 위해 사용되는 에너지보다 적게 사용된다. 게다가, GC 염기쌍과 이웃한 염기쌍과의 중첩 상호작용은 근접한 염기쌍과 AT 염기쌍의 상호작용보다 더 강력하다. 음의 초코일(supercoil, 쉽게 풀리는 서열) 같은 DNA의 구조적인 특징 또한 기점에 중요하다. 대장균의 개시 단백질(DnaA)은 음성적으로 초코일된 DNA 기점에만 결합할 수 있다. 일단 기점에서 복제가 시작이 되면, 원형 유전체에서 양쪽 방향으로 복제가 일어난다(그림 6.2 참조). 즉, 두 자매 레플리솜은 개시 동안 oriC에서 합체된다.

복제는 리플리솜이 매개된다

37°C에서, 박테리아 복제체는 대장균의 4.6 Mbp 염색체 복제를 완료하는 데 약 40~60분이 걸린다. 이 다중 단백질 기구는 13개 이상의 서로 다른 단백질로 구성되어 있지만, 여기서는 주요 선수만 강조 표시한다. 주요 구성 요소는 부모 이중나선을 풀어 주는 **나선효소(helicase)**, 선행 가닥과 지연가닥을 동시에 복제하는 분리된 DNA 중합효소, 지연가닥 오카자키 조각을 시작하는 프리메이즈를 포함한다. 대장균 복제 분기점에서 이 요소들의 나열은 그림 6.6에 있다. 선도 및 지연가닥 모두를 적시에 합성하기 위해 복제 기구는 어떻게 함께 작동하는가?

우선, 고리 모양의 나선효소(DnaB)는 지연가닥을 둘러싸고, 이중나선 DNA를 풀기 위해 ATP를 사용한다. 나선효소는 DNA의 한 가닥을 따라 이동할 때 이중나선을 녹이기 위해 움직이는 쐐기처럼 작용한다. 다음에는 고리 모양으로 된 **미끄럼 조임쇠(sliding clamps**, β)가 DNA 주변에서 ATP의 가수분해로 에너지를 얻어 여닫게 되는 **조임쇠 적재기(clamp loader)**를 이용하여 동종이량체인 상태로 DNA에 옮겨진다. 조임쇠 적재기는 ATPase 활성을 가지며, ATP 가수분해의 에너지를 사용하여 DNA 주위의 미끄럼 조임쇠를 열고 닫는다. 마지막으로, 3개의 DNA 중합효소 III 분

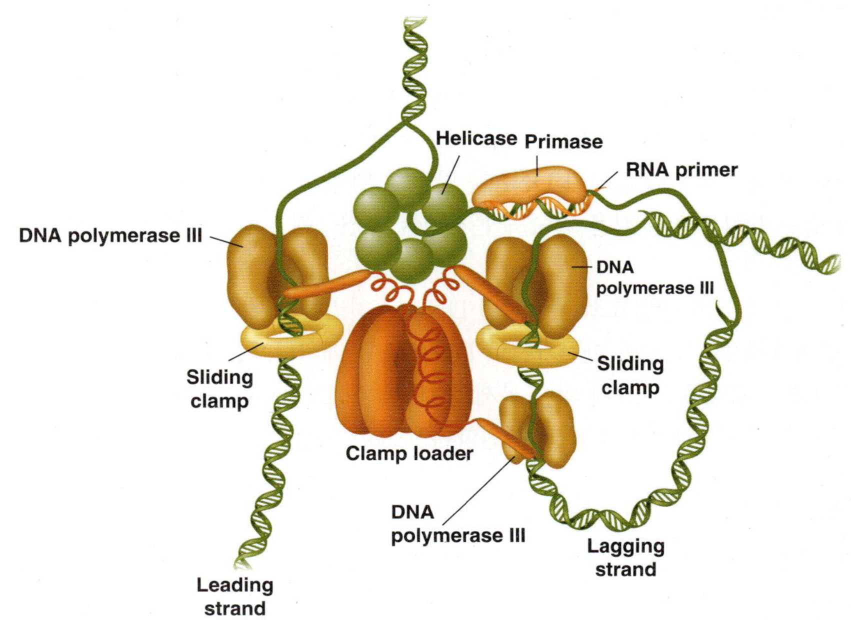

그림 6.6 박테리아 리플리솜. DNA 복제에 필요한 효소들은 복합 단백질 장치로 구성되어 있다.

자가 유연한 타우 도메인에 의해 조임쇠 적재기에 묶여 있다. 이 3개의 중합효소 중 2개는 미끄럼 조임쇠에 의해 DNA에 묶여 있다. 이렇게 묶여 있는 시스템은 DNA 합성을 매우 진행적으로 만든다. 하나의 DNA 중합효소 III−미끄럼 조임쇠 복합체는 선행 가닥을 확장하는 반면, 지연가닥은 다른 DNA 중합효소 III 분자에 의해 복사되어 RNA 프라이머를 오카자키 단편으로 확장할 가능성이 높아진다. DNA 중합효소 III가 오카자키 단편을 마친 후 새로운 RNA 프라이머로 이동하여 "사용된" 미끄럼 조임쇠를 남겨두는데, 이는 다른 복제 단백질에 의해 사용될 수 있다. 그 결과, DNA의 빠른 풀림과 새로운 선도 및 지연가닥의 중합을 위해 미세하게 조정된 복제 기구에서 탄생된다. 지연가닥 합성에는 추가적인 단계가 필요하다.

나선효소가 부모 이중나선을 풀면서, 지연가닥에서 생성된 단일가닥 DNA는 핵산분해효소의 공격으로부터 DNA를 방어하는 **단일가닥 DNA에 결합하는 단백질(single-stranded DNA−binding proteins, SSB)**에 결합하게 된다. 지연가닥의 오카자키 절편은 **프리메이즈(primase)**라고 불리는 효소에 의해 합성이 되는 RNA 프라이머를 통해 형성된다. 프리메이즈는 DNA를 주형으로 사용하고 길이가 10−12 뉴클레오티드 정도의 RNA 프라이머를 만드는 RNA 중합효소 중 특별하다. 프리메이즈는 나선효소와 결합하면서 복제 메커니즘에 융합된다. 프리메이즈는 복제 분기점에서 프라이머들을 만든다. 복제 분기점이 활성되면, 지연가닥 중합효소는 리플리좀에 남게 되고, 그 결과 오카자키 절편 합성 동안 DNA 고리를 형성한다. 오카자키 절편이 연장되면서 고리가 길어진다. 절편이 완성되면, 중합효소는 다음 오카자키 절편이 시작되는 DNA로부터 방출된다. 트럼본을 연주하는 것처럼, DNA 고리가 길어지고 다시 사라지기 때문에, 이 DNA 고리 메커니즘은 종종 복제의 "트럼본 모델"이라고도 불린다.

빠른 중합효소 방출은 오카자키 절편의 완성을 촉진하거나 이전 절편과의 충돌을 유발한다. 새로운 조임쇠들은 RNA의 중요한 위치에 빠르게 조립이 되고, DNA 중합효소 III은 다음 오카자키 절편을 만드는 위치에 자리 잡는다. 이 과정은 2개의 딸 분자를 형성하면서, 종결 지점에서 복제 분기점이 서로 만날 때까지 원형 유전체 주변에서 지속된다. 말단 영역에는 분기 진행을 차단하는 Ter 자리라고 하는 23개 염기쌍 시퀀스 특이적 복제 정지 자리의 10개 사본이 포함되어 있다. 2개의 반대 방향으로 배열된 Ter 자리는 Tus 단백질에 단단히 결합되어 있다. Ter 자리 클러스터의 대칭성 부족은 "트랩"을 형성한다. 여기에서 도착하는 포크는 들어갈 수 있지만 다른 포크의 도착을 기다리는 동안 떠날 수는 없다. 지연가닥이 완전히 복제될 때 오카자키 조각은 어떻게 연속적인 새로운 가닥으로 연결되는가? 이 시점은 다른 중합효소가 중심이 되는 시점이다. DNA 중합효소 I은 RNA 프라이머의 리보뉴클레오티드를 제거하고, 적절하고 상보적인 데옥시리보뉴클레오티드로 대체한다. 마지막으로, **DNA 라이게이즈(DNA ligase)**라는 효소가 인접한 단편 사이의 포스포디에스테르 결합 형성을 촉매한다. DNA 라이게이즈가 어떻게 작용하는지 진핵생물 DNA 복제의 맥락에서 더 자세히 살펴볼 것이다.

DNA 분자를 따라 복제 포크 기구가 움직이면 포크 앞에서 양으로 초코일링이 생성되는 반면, 이미 복제된 부모가닥은 그 뒤에서 음으로 초코일링된다. 축적된 비틀림 변형의 결과, DNA 토포아이소머레이즈라는 효소에 의해 완화되지 않으면 포크 움직임이 억제될 수 있다. 복제의 이러한 필수 구성 요소를 자세히 살펴본다.

토포아이소머레이즈는 배배 꼬인 DNA를 완화시킨다

제2장을 다시 보면, 이중가닥 DNA 분자들은 너무 감기거나 풀리면서 초코일을 형성한다. 각 가닥들이 같은 서열에 교차를 많이 하면서 염기 배열을 갖지만 링킹 번호가 다른 DNA의 형성을 위상적인 아이소머 또는 토포아이소머의 단편으로 언급한다. 토포아이소머레이즈는 DNA의 **토포아이소머(topoisomer)**를 변환하는 매우 보존적인 효소들이다. **토포아이소머레이즈(topoisomerase)**

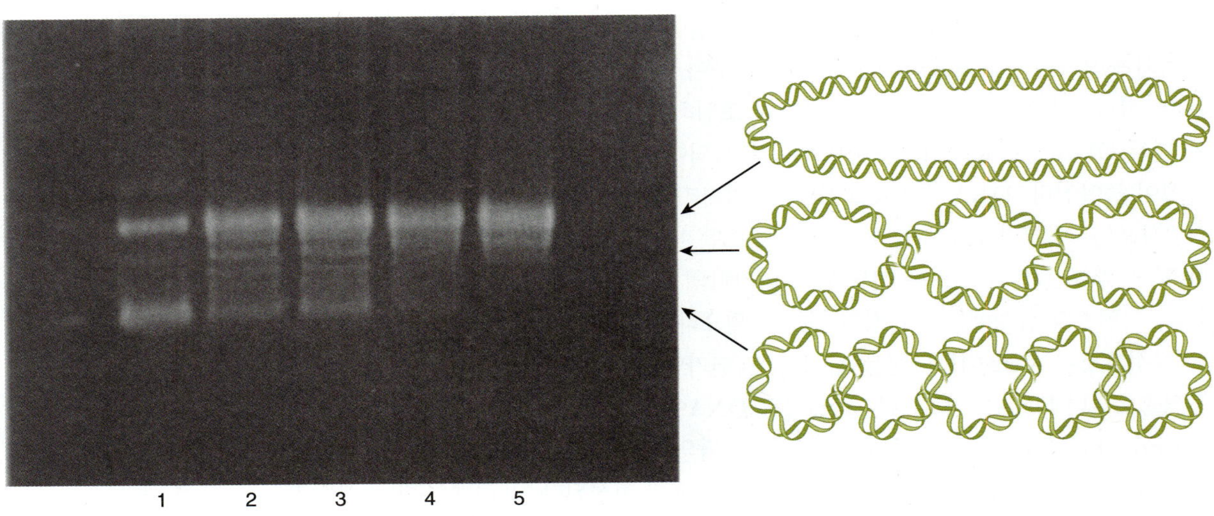

그림 6.7 토포아이소머레이즈 I에 의해 초코일된 플라스미드 DNA의 이완.
1번 줄: 플라스미드 DNA의 초코일되고 이완된 토모아이소머들. 2번~5번 줄: 토포아이소머레이즈 I의 2, 4, 6 또는 8번 소단위체를 37°C에서 45분 동안 처리한 후의 플라스미드 DNA. DNA 시료는 아가로오즈 젤 전기영동에 의해 분리되었고, 브로민산 에티듐으로 염색해서 볼 수 있다. DNA 분자들의 이동 속도는 초나선형 회전이 증가한 수에 따라 증가하였다.

는 변화하면서 연결된다. 토포아이소머는 아가로오즈 전기영동으로 분리될 때 그들의 유동성을 볼 수 있다. DNA 분자의 이동 속도는 초코일 횟수가 증가하면 같이 증가한다. 그림 6.7은 플라스미드 DNA에 높은 농도의 토포아이소머레이즈를 처리한 실험의 결과를 보여주고 있다(Tool Box 13.6에 과정이 있다). 처리를 하지 않으면, 플라스미드 DNA는 완화되고 초코일을 형성하는 것을 보여준다. 아가로즈 젤에서 느리게 이동한(완화된) 밴드와 빠르게 이동한(초코일) 밴드를 볼 수 있다. 토포아이소머레이즈의 양이 많아지면, 완화된 플라스미드 DNA가 증가한다. 이 실험은 특정 단백질이 토포아이소머레이즈의 활성을 결정짓는다는 것을 보여주는 간단한 실험이다.

최초의 토포아이소머레이즈는 Jim Wang이 DNA 복제 중에 형성되는 음성 및 양성 초코일을 완화시키는 효소를 찾는 과정에서 발견되었다. 그 이후 다양한 토포아이소머레이즈가 발견되었다. 이들은 두 가지 주요 부류, 즉 DNA에 일시적인 단일가닥 파손을 도입하는 유형 I 토포아이소머레이즈와 이중가닥 파손을 도입하는 유형 II 토포아이소머레이즈로 분류된다. 토포아이소머레이즈의 두 부류는 구조와 작용 메커니즘의 세부 사항에 따라 더 세분화될 수 있지만, 여기서는 이 두 가지 주요 부류에 중점을 둘 것이다.

토포아이소머레이즈 I은 DNA의 일시적 단일가닥의 분열의 원인이 된다 토포아이소머레이즈 I은 초코일 DNA를 이완시키는 데 능숙하며, 얽힌 DNA 분자를 풀거나 분해할 수 있다. **카테네이션(catenation)**은 연결 사슬의 링크와 같은 원형 DNA들이 맞물려진 상태이다. 박테리아 토포아이소머레이즈 I은 음으로 초코일된 DNA만 이완할 수 있는 반면, 진핵생물 토포아이소머레이즈 I은 양성 및 음으로 초코일된 DNA를 모두 이완할 수 있다. 역자이레이즈는 고온성 고세균과 DNA에 양성 초코일을 도입하는 일부 박테리아에서 발견되는 토포아이소머레이즈 I이다. 고온에서 이러한 유기체의 DNA가 손상되지 않도록 보호하기 위해 양성 초코일링이 제안되었다(2장 참조). 토포아이소머레이즈 I은 ATP 에너지를 필요로 하지 않는 특이한 "가닥 파손" 반응을 촉매한다. 그림 6.8에서 볼 수 있듯이, 토포아이소머레이즈 I은 하나의 음의 초코일을 가진 원형 DNA 분자에 결합하고 이중나선을 푼다. 그 다음, 토포아이소머레이즈는 인접한 뉴클레오티드 사이의 포스포디에스테르 결합을 절단함으로써 DNA에서 일시적인 단일가닥 파손을 일으킨다. 예상하지 못한 움직임으

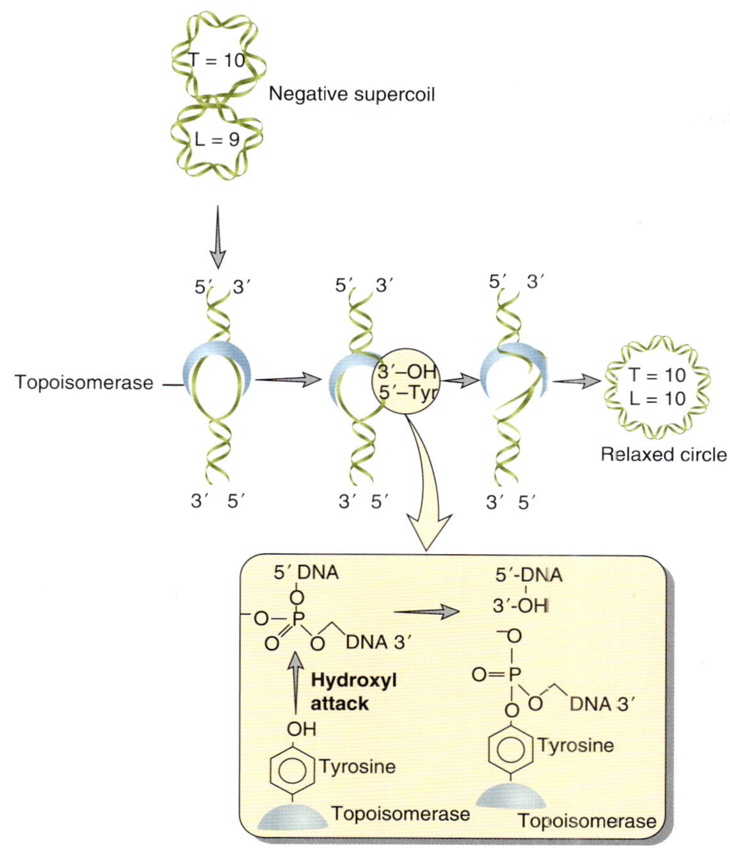

그림 6.8 토포아이소머레이즈 I의 활동 메커니즘. 효소는 DNA의 순간적으로 단일가닥을 절단한다. 절단의 끝이 구불구불할 때, 토포아이소머레이즈는 절단을 통해 다른 가닥을 지나친다.

로, 토포아이소머레이즈 I은 자유 말단을 생성하지 않는 대신에, DNA의 부러진 두 말단 중 하나에 공유적으로 부착된다. 어느 쪽 끝은 특정 효소에 따라 다르다. 표시된 예에서 5′ 끊어진 말단은 아미노산 티로신에 공유결합으로 부착되고, 3′ 말단은 효소의 다른 영역에 비공유결합으로 결합된다. 부러진 끝을 감는 동안 효소는 끊어지지 않은 가닥을 끊어진 부분으로 통과시키고 잘린 끝을 연결하여 DNA의 연결 수를 1 증가시킨다. 이것은 어떻게 발생하는가? 토포아이소머레이즈의 활성 자리에 있는 티로신 수산기의 산소는 DNA 인을 공격하여 DNA와 효소 사이에 공유 포스포티로신 연결을 형성하고, 동시에 DNA 포스포디에스테르 연결을 끊는다. DNA 가닥의 재결합은 역과정에 의해 발생한다. 유리 DNA 3′-OH 그룹의 산소는 포스포티로신 연결의 인을 공격하여 단백질과 DNA 사이의 공유결합을 끊고 포스포디에스테르 연결을 다시 형성한다. 그림 6.8에 표시된 간단한 예에서 최종 결과물은 이완된 원이다.

토포아이소머레이즈 II은 DNA의 일시적 이중가닥 분열의 원인이 된다 토포아이소머레이즈 II는 일반적으로 ATP-의존적이다. 그들은 음성 및 양성 초코일 DNA를 모두 이완시키는 데 능숙하며, 또한 얽힌 DNA 분자를 풀거나 분해할 수 있다. 종종 **자이레이스(gyrase)**라고 불리는 세균성 토포아이소머레이즈 II는 진핵생물 토포아이소머레이즈에는 없는 특별한 특성을 가지고 있다. 즉, 음성 초코일을 도입할 수 있다. 박테리아의 원형 유전체는 일반적으로 음으로 초코일되어 있음을 상기하자(2장 참조). 연구자들은 자이레이스가 억제되면 기점에서 복제 개시가 감소한다는 것을 보여주었다. 생각해보면, 이것은 말이 된다. 음의 초코일링을 사용하면 원점에서 이중나선의 두 가닥을 더 쉽게 분리할 수 있다.

토포아이소머레이즈 II은 어떻게 작동을 할까? 이중나선에서 이중가닥의 순간적인 분열을 야기한다. 일단 잘리게 되면, DNA의 말단은 구분이 되고 두 번째 DNA의 이중나선은 일시적인 틈, 즉

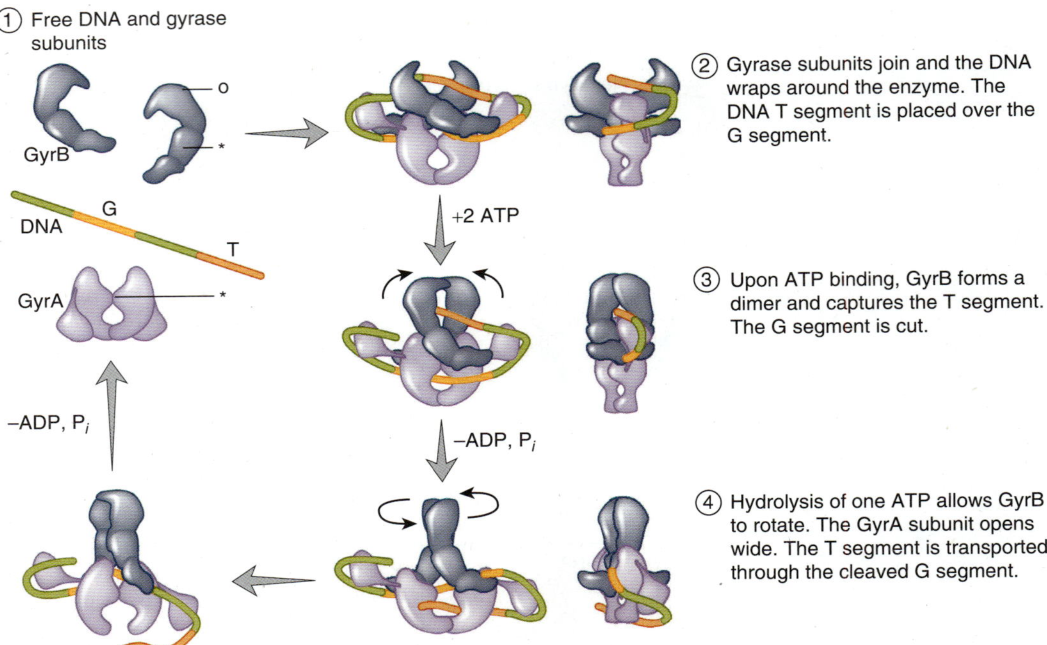

그림 6.9 토포아이소머레이즈 II인 DNA 자이레이즈의 활동 메커니즘. 별 모양은 DNA 분할 동안 활동하는 자리를 표시하며, 원은 ATP가 붙는 곳을 표시한다. 오른쪽 그림은 복합체의 옆면을 보여준다. (출처: Adapted from Costenaro et al. 2007. *Structure* 15:329–339.)

DNA와 연결된 "단백질 문"을 통해 통과한다. 다음 단계에서 잘린 DNA는 다시 연결된다. 이 반응은 2개 유닛만큼 DNA가 링킹 번호를 증가 또는 감소하게 해서 염색체를 풀어준다. 예를 들어, 박테리아 DNA 자이레이즈가 초코일을 유발할 때 자이레이즈는 2개 유닛만큼 DNA 링킹번호를 감소시킨다. DNA 자이레이즈의 활성 모델은 그림 6.9에서 볼 수 있다. 자이레이즈 주위에 DNA를 감싸면, DNA 이중나선의 한 부분인 T 분절이 DNA 이중나선의 다른 부분인 G 분절 위에 놓인다. ATP 결합 시, 하나의 소단위체(GyrB)가 T 분절을 파악하는 이합체를 형성한다. 동시에 G 분절은 일시적으로 절단된다. 다음 단계는 단백질 모양의 현저하고 정확한 변화를 포함한다. 한 ATP의 가수분해는 GyrB가 회전할 수 있게 하며, 다른 소단위체(GyrA)가 넓게 열린다. T 분절은 이 구멍으로 떨어지고, 쪼개진 G 분절을 통해 이동한다. G 분절의 연결은 2개의 음의 초코일을 DNA에 도입한다. 마지막으로, T 분절은 효소에서 방출되고 두 번째 ATP의 가수분해는 자이레이즈를 원래 모양으로 재설정한다. 자이레이즈는 다른 DNA 분자를 받아들일 준비가 되어 있다.

유형 I 및 유형 II 토포아이소머레이즈는 모두 DNA 복제에 필수적인 역할을 한다. 그러나 염색체 응축 및 분리, 유전자 전사 및 재조합을 비롯한 많은 다른 세포 과정에서도 중요한 역할을 한다는 점을 기억하자.

선도가닥의 합성은 정말로 "지속적일까"?

지금까지 박테리아 DNA 복제에 필요한 많은 효소와 기타 단백질에 대해 알아보았다. 리플리솜은 한번 시작되면 신속하고 효율적으로 작업을 완료하는 원활하게 작동하는 기구로 종종 묘사된다. 그러나 "반불연속" DNA 복제라는 용어를 너무 문자 그대로 받아들이지 않는 것이 좋다. 선도가닥 합성은 한때 생각했던 것만큼 "연속적"이지 않을 수 있음을 기억하자. 중합효소는 일시중지, 해리, 리플리솜과 재결합할 수 있다. 또한 대장균 DNA 중합효소 III의 이동은 주형 DNA의 손상된 부위에 의해 멈춰질 수 있다. 손상된 부위 앞의 선도가닥에 새로운 RNA 프라이머가 형성되면 정지된 중합효소가 빠질 수 있는 경로가 생긴다. 클램프 로더는 슬라이딩 클램프를 새 RNA 프라이머에

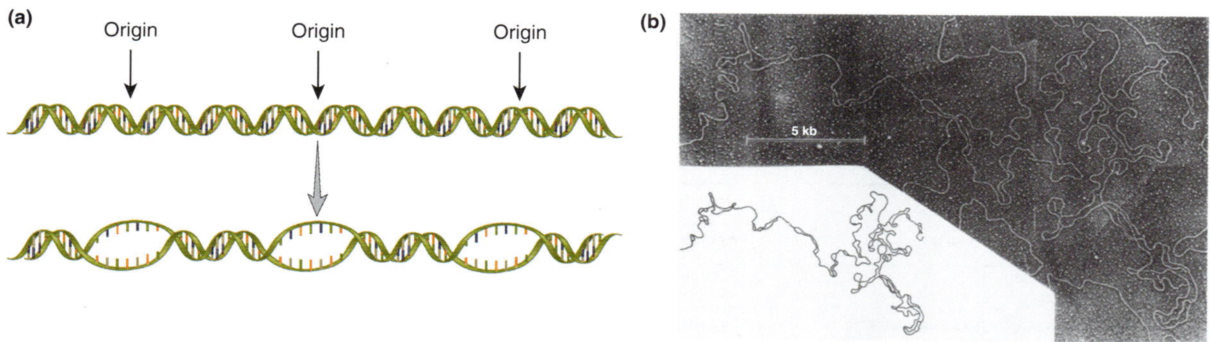

그림 6.10 진핵효소 DNA 복제는 다양한 기점에서 발생한다.
(a) 진핵세포 DNA의 다양한 복제 거품을 보여주는 그림. (b) 초파리 DNA의 다양한 복제 거품을 전자현미경으로 보여준다. (출처: Reprinted with permission of Kriegstein, H. J., & Hogness, D. S. (1974). *Proceedings of the National Academy of Sciences of the United States of America* 71:135–139, by permission of David S. Hogness.)

부착한다. 지연된 주요 DNA 중합효소는 이에 도달하고 리플리솜은 계속 진행된다. 때때로 DNA 중합효소 III는 RNA 중합효소와 충돌하여 정지된다(8장 참조). 이 경우 복제 분기점에서 새 프라이머를 형성하여 선도가닥에서 복제를 다시 시작할 수 있다. 광표백 후 형광 회복(FRAP) 및 단일 입자 추적(이러한 기술에 대한 자세한 내용은 9장 및 14장 참조)을 사용하여 살아있는 세포에서 결합 역학 연구는 DNA 중합효소 III가 오카자키 절편 합성의 약 몇 사이클마다 선도가닥과 지연가닥 모두에서 대체됨을 시사한다. 그러나 나선효소가 안정적으로 결합된 상태로 남아 있기 때문에 나머지 리플리솜은 그대로 유지된다. 나선효소의 안정성으로 인해 리플리솜이 DNA의 장애물을 우회하는 동시에 전반적인 진행성을 유지할 수 있다. DNA 중합효소 III의 호핑온앤오프 최종 결과는 선도가닥과 지연가닥 모두에 연결이 필요한 틈이 있다는 것이다.

각 세포에는 세포가 분열할 때마다 복사되어야 하는 60억 개 이상의 DNA 염기쌍이 있다. 한 쌍의 양방향 복제 포크가 복제 시작점 하나만 있는 경우, 염색체 1을 복사하는 데만 40일 이상이 걸린다. 훨씬 더 큰 선형 진핵생물 유전체는 어떻게 복제를 하는가?

6.5 진핵생물의 리플리솜

진핵세포의 이중 복제는 선형 염색체의 말단에서는 시작되지 않지만 내부의 많은 부위에서 대략 50 kb 간격으로 발생한다(그림 6.10). 예를 들어, 쥐는 25,000개의 기점(약 150 kb 마다)을 갖고, 사람은 50,000~80,000개의 기점을 갖는다. 대부분의 박테리아는 하나의 명확한 기점을 가지고 있다. 비슷하게, 12.5 MB 유전체를 가진 효모균인 *Saccharomyces cerevisiae*는 약 200 bp **자율복제서열(autonomous replicating sequence, ARS)**이라고 불리는 공통서열을 약 500곳을 가지고 있다. 반면에, 포유동물 기점 서열은 쉽게 동일함을 증명할 수 있는 공통 서열이 없다. **공통 서열(consensus sequence**, 또는 표준 서열)은 다른 유전체의 약간 다른 형태에서 찾을 수 있는 DNA 서열의 "이상적인" 형태이고 같은 기능을 갖고 있다고 생각되어진다. 공통 서열은 자주 발견되는 뉴클레오티드 각 위치에 존재한다. 동물세포 복제의 기질이 몇 년 간 많은 논쟁의 주제가 되어 왔던 이유는 공통 서열이 없기 때문이다. 만약 공통 서열이 없다면, 복제 기점을 어떻게 알 수 있을까?

복제의 기점 지도 작성

복제 개시 동안 DNA 중간체 형성의 일반적인 구조를 이용하여 기점을 증명하는 연구방법이 사용

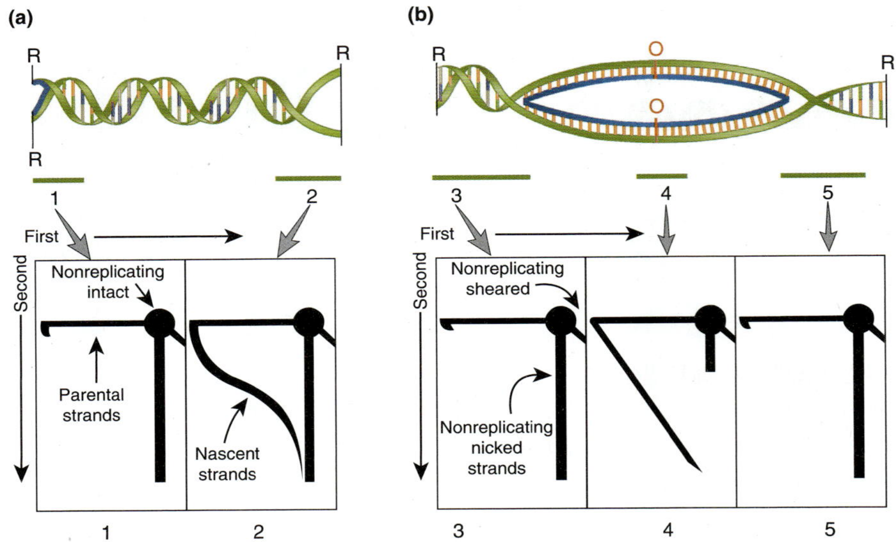

그림 6.11 진핵세포 DNA 복제 기점 지도 작성.
(a) 복제 기점을 포함하지 않는 DNA 조각에 의해 생성된 양식. 제한된 핵산 내부분해효소의 잘리는 부분은 R로 표시했다. 이 그림은 복제 분기점이 단편의 오른쪽 말단 근처에 있는 복제 중간체(RI)를 보여준다. 호 형태의 신생가닥은 복제의 정도에 따라 크기가 다양하다. 이 호는 가장 작은 복제 중간체에 의해 풀린 매우 작은 가닥에서부터 가장 큰 복제 중간체에서 풀린 전체 길이에 가까운 가닥에 까지 뻗은 것이다. 보여준 예에서, 탐침자 2만 신생가닥 호에서 모든 가닥을 검출할 수 있다. 탐침자 1은 가장 큰 신생가닥만 검출하였고, 이 가닥이 최초로 오른쪽에서 왼쪽으로 복제되었다는 것을 나타낸다. (b) 복제 기점을 제한 단편의 중앙에 포함할 때. 단편의 말단 가까이에 있는 2개의 탐침자(탐침자 3과 5)는 긴 신생가닥만 검출하지만, 기점 가까이에 위치한 내부의 탐침자(탐침자 4)는 완전한 신생가닥 호를 검출한다. (출처: Redrawn from Huberman. 1997. *Methods: A Companion to Methods in Enzymology* 13:247–257)

되었다. 복제되는 과정에 있는 DNA는 선형이 아니다. 복제가 개시되는 즉시 기점을 포함한 DNA 조각은 그림 6.11에 설명된 것처럼 "방울" 모양을 만들 것이다. 복제가 진행되면서 방울 모양은 "Y" 모양으로 전환할 것이다. 다른 모양 때문에 분자생물학자는 복제되지 않은 DNA와 완전히 복제된 DNA를 구별할 수 있다. 이 방법을 통해, DNA는 성장하는 세포에서 분리되었다. 그런 다음, DNA는 제한 엔도뉴클레에이스(13장 참조)라는 특수 효소로 절단되어 관심 영역이 사용 가능한 크기(2−10 kb)로 조각된다. DNA 조각들은 2차원 아가로오즈 젤 전기영동으로 분리한다. 1차원은 크기와 모양으로 DNA 조각을 분리하고, 동시에 2차원은 그들을 크기 만으로 분리한다. 젤에서 분리된 DNA는 나일론 막으로 옮겨지고, "침탑"이라 불리는 DNA의 방사능으로 표지된 시퀀스가 부합된다. 침탑은 절편의 양 끝에 존재한다. 마지막 과정은 방사능 사진으로 준비되어 있다(Tool Box 13.7 참조). 연구자들이 DNA 복제를 눈으로 확인할 수 있는 결과이다. 그림 6.11a에서는 오른쪽 손 모양의 복제 분기점이 복제 기점에 포함되지 않는 DNA의 모양을 보여주고 있다. 비교를 위해, 그림 6.11b는 DNA 조각이 기점의 중간 부분에 있을 때, 복제가 어떻게 일어나는지 보여주고 있다.

이 방법은 다중 복사 효모 플라스미드에서부터 포유동물 세포의 단일 복사 염색체 부위에 이르기까지 다양한 형태의 DNA 복제 기점을 지도로 작성하기 위해 사용되어 왔다. 그러나 2차원 젤 전기영동은 특정 위치에서 복제가 개시되는 것인지 또는 일정 기점의 아무 곳인지는 알 수 없다. 새롭게 개발된 다른 기술들은 뉴클레오티드 수준에서 DNA 합성을 위해 시작 부분의 탐지를 허락한다. 효모와 인간 세포에서의 이 기술은 전사 개시와 매우 유사한 위치에 복제를 개시하는 정확한 시작점이 하나만 존재한다는 것을 보여준다. 더 새로운 기술은 전체 유전체의 기원 조사를 가능하게 한다. 유전체 마이크로어레이(ChIP-칩) 또는 차세대 시퀀싱(ChIP-seq)(14장 참조)과 결합된 염색질 면역침전(ChIP)을 사용해서, 연구자들은 복제 개시 단백질과 같은 특정 DNA 결합 인자와 관련된 유전체 유전자좌를 매핑했다. 예를 들어, 인간 유전체에서 기점 결합 단백질과 관련된 50,000개의 서열이 매핑되어 이것이 잠재적인 복제 개시 부위임을 시사한다. 이러한 포괄적인 연구의 일반적인 합의는 많은 유전체가 낮은 수준의 복제 개시 이벤트를 지원할 수 있지만, 기원은 활성 또는 개방 염색질의 조절 요소(전사 시작 부위 및 인핸서)에서 풍부하게 존재한다는 것이다.

복제 기점의 선택적 활성

다세포 동물 유전체는 많은 잠재적인 복제 기점을 포함한다. 그 유전체들은 모두 사용이 될까? 서로 다른 DNA 사슬의 신장 속도는 조금 다르다. 초기의 발생 동안, 배아가 신속한 분열(세포 분열)을 겪을 때 기점 부위는 서열이 선택되는 것 없이 균등하게 활성화된다. 발생 후 중간 포배 전위에서는 세포 분열의 속도가 천천히 떨어지고 접합성 유전자 발현이 시작된다. 이 단계에서는 복제의 개시가 특정한 기점 부위로 제한된다. 어떤 기점은 다른 것들이 억제되는 동안 선택적으로 활성화된다. 비특이적에서 부위에서 부위 특이적 개시로의 변화를 조절하는 요인은 명백하지 않지만 뉴클레오티드 집체(pool)의 수준, 염색질 구조의 변화 및 개시체 단백질 비율의 변화가 포함될 것이다. 포유동물 유전체는 핵 구조와 진정염색질 및 이질염색질 영역에 따라 수백에서 수천 킬로 염기쌍에 이르는 별개의 초기 및 후기 복제 도메인으로 구성된다. 복제의 전체적인 속도는 주로 기점의 수와 그들이 개시할 때의 속도에 의해 결정된다. 다른 DNA 사슬들의 연장 비율은 차이가 적다.

이러한 관찰은 많은 질문을 이끌어낸다. 기점이 시작될 때, 그것들은 핵의 어디에 위치하는가? 핵 내에 복제 분기점이 존재하거나 또는 다른 곳에서 서로 뭉치거나 혹은 더 존재하는 것일까?

복제 공장

복제 분기점이 핵의 특정 지점에 존재하는 것을 확인하기 위해서, 연구자들은 복제되고 있는 DNA의 부분을 표지하는 복제 분기점이 핵 내의 특정 위치에 존재하는지 여부를 시험하기 위해 연구자들은 **펄스 추적 기술**을 사용하여 DNA 복제 위치에 표식을 했다(그림 6.12). 우선, 세포 분열 중 S기의 세포들에 고농도의 **5-브로모-2′-데옥시우리딘(5-bromo-2-deoxyuridine, BrdU)**을 6시간 동안 진동시키고, 티미딘과 함께 추적했다. BrdU는 아데닌과 염기쌍을 이루는 티미딘과 유사하다. 새로운 DNA가 세포 내에서 합성이 되면, BrdU는 티미딘 대신에 새로운 가닥에 포함된다. DNA의 존재하는 BrdU는 간접적으로 면역형광법을 통해 눈으로 볼 수 있다(실험에 대한 더 많은 정보를 보려면 그림 14.25를 참조하면 된다). 세포들을 현미경 슬라이드에 고정시킨 후 BrdU 항체를 처리하고서 2차 항체로 녹색 형광을 띠는 물질을 처리했다. 연구자들을 또한 모든 DNA를 파란색 염색으로 염색해서 세포의 핵의 위치를 보았다. S기 동안 DNA는 핵에 존재하고, 핵은 타원형으로 파란색 형광으로 보여진다.

실험 결과는 놀라웠다. 형광현미경으로 연구자들이 표지된 세포를 볼 때, 파란색으로 염색된 핵에 녹색 형광이 밝은 점으로 보이는 것을 확인하였다. 결론적으로, 포유류 세포의 복제 분기점은 핵을 통해 산만하게 존재하지 않는다는 것이다. 만약 핵에 산만하게 존재한다면, 전체 핵에서 희미하게 녹색으로 보여질 것이다. 그 대신에, 복제 기점은 **"복제 공장(replication factories)"**이라는 분리된 원자핵 안에 뭉쳐서 나타난다. 각 공장은 수백 개의 복제 분기점에 40개를 가지고 있다. 공장의 크기에 의존하여 분기점의 40에서 수백 개 사이는 각각의 소립자에서 활성된다. 이 공장은 고농도의 복제 인자를 포함한다. 세포들은 복제 분기점에서 DNA 중합효소 같은 특이적인 항체들을 처리한다.

주형을 남기고 DNA 중합효소가 이동하는 것인지 아니면 중합효소는 고정되어 남아 있는 대신에 주형이 이동하는 것인지는 아직 논쟁 중이다. 현재 고정된 복제 공장을 통해서 감긴 DNA 모델이 증명되었다. 다른 경우로 보면, DNA는 복제 메커니즘에 다가

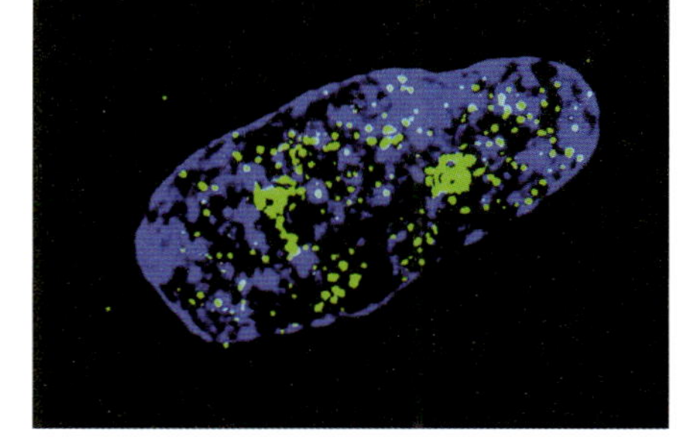

그림 6.12 진핵세포 DNA 복제는 다양한 기점의 복제 공장에서 발생한다.
S기의 BrdU로 표지된 세포와 BrdU 항체로 표지된 것은 분리된 핵 소구획 또는 foci로 나타나는 다양한 "복제 공장"을 보여준다. (출처: Reprinted from Barbie et al. 2004. *Molecular and Cellular Biology* 24:595–607, © 2004 American Society for Microbiology. Photograph courtesy of Brian K. Kennedy, University of Washington.)

가기 쉽다. 진핵세포 DNA는 노출된 DNA보다 염색질로 핵 내에 존재한다(5장 참조). 복제 메커니즘은 어떻게 뉴클레오좀을 지나 복제 기점과 상호작용할 수 있을까?

복제 기점에서 히스톤은 제거된다

복제 시, 핵 속에 염색질로 뭉쳐 있는 DNA에 접근하기 위해서는 세포의 메커니즘이 필요하다. 어떻게 이뤄지는지는 아직 결정되지 않았다. 히스톤의 번역 후 변형과 염색질 재구성 인자는 뉴클레오솜을 분해하기 위하여 염색질을 풀고 주형 DNA에 접근할 것이다. 전사 시 DNA에 접근하는 전사 인자와 같은 방법일 것이다(8장 참조). 또한 G-이중합체 모티프의 존재(2장 참조)는 뉴클레오솜이 없는 영역의 형성을 선호하거나 복제 기원-결합 단백질을 모집할 수 있다. DNA 복제의 첫 번째 단계는 복제의 기점에서 히스톤이 제거되는 것을 보여준다(그림 6.13). 뉴클레오좀의 재배치 또한 다른 중요한 기능이다. 이전에 배웠지만, 대장균의 음성 초코일은 자이레이즈가 유지시킨다. 그러나 진핵세포의 경우 자이레이즈는 활성화되지 않는다. 그 대신, 히스톤이 제거가 될 때 음성적인 DNA 초코일의 형성을 유도한다. 일단 DNA 기점이 노출되면, 복제 메커니즘은 기점의 조립으로부터 시작된다.

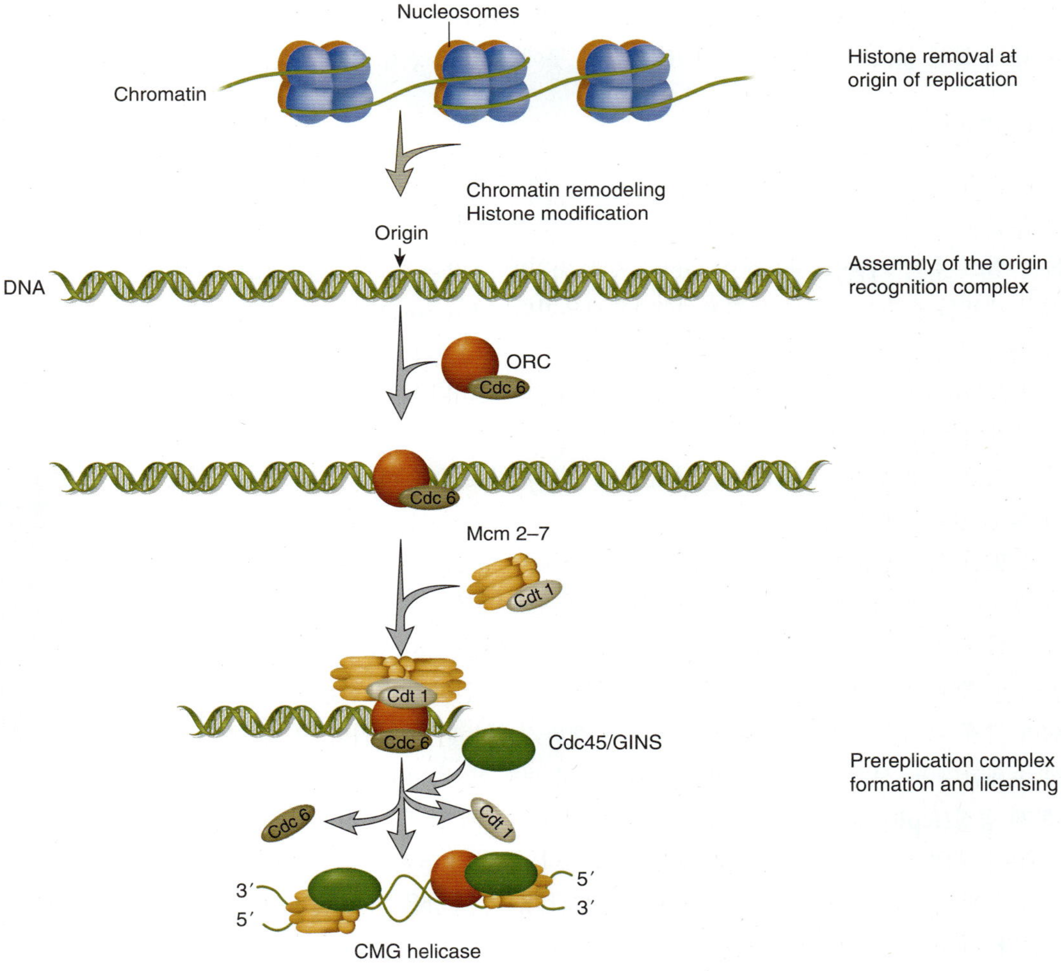

그림 6.13 복제의 기점에서 전-복제 복합체의 형성.
복제의 기점에서 히스톤이 제거된 후, 전-복제 복합체가 조립된다. 복제 허가는 세포 주기 중에 한 번은 꼭 DNA 복제를 하는 것을 말한다.

복제전 복잡한 구성 및 복제 라이센스

생명이 지속되기 위해서는, 모든 생물은 매번 세포 분열 전에 그들의 DNA를 복제해야만 한다. 놀랍게도, 세포 분열 주기는 빽빽하게 조정이 되는 과정이다. DNA 합성은 **S기(S phase)**로 알려진 **세포 주기(cell cycle)**의 특정 시기로 제한된다. 유사분열(**M기**) 후에 세포는 **G_1기**를 지나 S기로 가고, 그 후 **G_2기**로 진행한다. 박테리아와 진핵세포 DNA 복제 사이의 주요한 다른 점은 박테리아 세포에서는 개시단백질들이 기점에 모이자마자 DNA 나선효소가 기점에 결합하게 되고 개시가 시작된다. 반면에, 진핵세포는 전-복제 복합체의 형성에 의해 개시로부터 기점 선택이 분리된다. 이 두 사건이 분리됨으로써 유전체가 과복제되는 것을 방지한다.

기점 인식 복합체의 조립 일단 진핵세포 염색질이 열리면, 특정한 개시인자 단백질이 **기점인식 복합체(origin recognition complex, ORC)**를 형성하는 기점 DNA 서열을 인식하고서 결합한다(그림 6.13). ORC는 6가지의 폴리펩티드 소단위체로 구성된 DNA-결합 복합체이다. 다세포 진핵생물에서 정제된 ORC는 결합에 대한 서열 선호도를 거의 나타내지 않으며, 이는 추가 염색질 특징이 기원을 지정하는 것과 관련될 가능성이 있음을 시사한다. G_1 세포 주기 단계 동안, ORC는 먼저 단백질 **Cdc6**과의 복합체에서 각 기원에 결합한다. 개시는 느슨하게 4단계로 나눌 수 있다. (i) ORC−Cdc6 복합체는 단백질 **Cdt1**과 복합체에서 단일 **Mcm2−7** 나선효소를 모집한다; (ii) Mcm2−7과 Cdt1의 두 번째 복합체가 동원되어 비활성 이중 육량체를 형성한다; (iii) Cdc45 및 GINS를 포함한 기타 보조 요소가 로드되어 개시 전 복합물을 형성한다; (iv) 비활성 Mcm2−7 이중 6량체는 2개의 분기된 복제 분기 각각에서 선도가닥을 둘러싸는 단일 활성 CMG 나선효소 복합체(<u>C</u>dc45, <u>M</u>cm2−7 및 <u>G</u>INS 포함)로 변환된다. 이름이 궁금하다면, Cdc6, Mcm 및 Cdt1은 원래 세포 분열에 결함이 있는 효모 돌연변이로 분리되었다(효모 돌연변이 명명법에 대한 자세한 내용은 Focus Box 6.1 참조). 약어 GINS는 일본어 *Go-Ichi-Ni-San*에서 따온 것이다. "5-1-2-3"을 의미하는 복합체의 4가지 관련 하위 단위(Sld<u>5</u>, Psf<u>1</u>, Psf<u>2</u> 및 Psf<u>3</u>) 뒤에 있다. 고세균이 ORC 및 Cdc6과 상동성인 단백질을 갖고 있으며, 동종육량체 MCM 나선효소 복합체를 갖고 있어 진핵생물과의 진화적 관련성에 대한 추가 증거를 제공한다는 점은 주목할 가치가 있다.

복제 허가 복합체 진핵세포의 "**복제 허가(replication licensing)**"는 세포 주기에서 DNA 복제를 반드시 한 번만 하게 하는 체계이다. 효모 세포 추출물의 시험관 내 조립 작용은 복합체 조립 허가의 분자적 메커니즘의 통찰을 제공한다. 그림 6.14의 실험을 보면, 정제된 기점 인식 복합체(ORC)를 ATP 또는 가수분해되지 않은 변형체인 ATP-γS와 섞는다. 뉴클레오티드에 결합된 ORC는 그

Focus Box 6.1

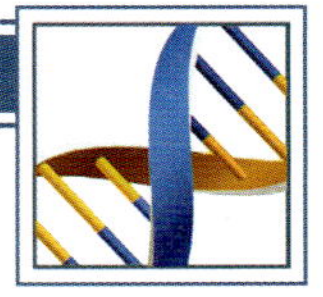

DNA 복제에 포함되는 유전자의 네이밍

진핵세포 DNA 복제에 포함되는 많은 유전자들은 발아효모의 세포 주기와 관련하여 동정되었다. 그들의 이름은 이 역사를 반영한다. 예를 들어, Cdc6은 "세포 분열 주기 6"을 나타내고, Mcm은 "미니염색체 유지 보수"를 의미한다. 세포 주기에서 Cdt1의 발현은 Cdc10-의존적 방식으로 조절되므로 이름을 그렇게 붙였다. 효모의 세포 주기에 영향을 미치는 돌연변이에 대한 조사는 1960년대 후기에 시작되었다. 세포 분열은 생명에 필수적이므로, 세포 주기에 영향을 미치는 돌연변이는 조건에 따라 분리된다. 온도-민감성 돌연변이는 허용 온도(보통 상온, 20~30°C)에서 유전자 생산물의 기능이 유지되지만, 제한적인 온도(35~37°C)에서서는 기능을 잃는다. 연구자들은 높은 온도로 올린 후 세포 주기의 각 지점에 있는 효모를 관찰했다. 일정한 세포 주기 정지는 세포 주기의 각 지점에서 유전자 생산물을 요구하는 것이라고 설명했다.

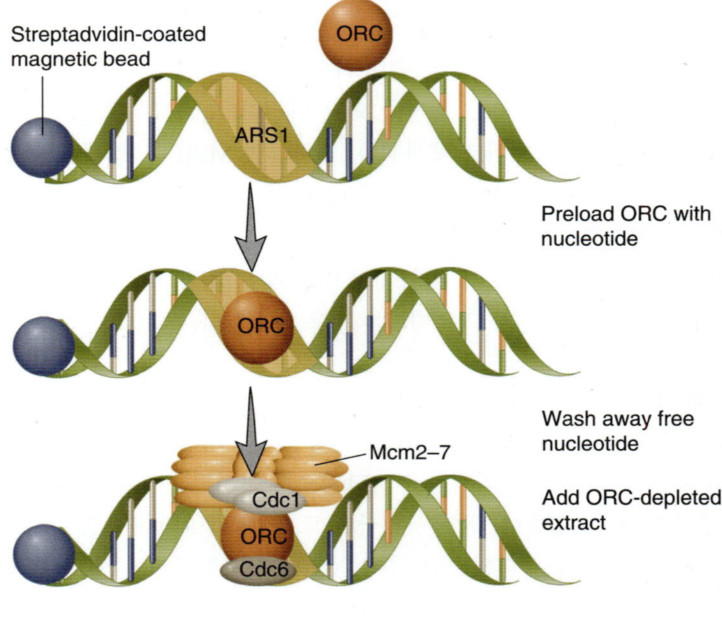

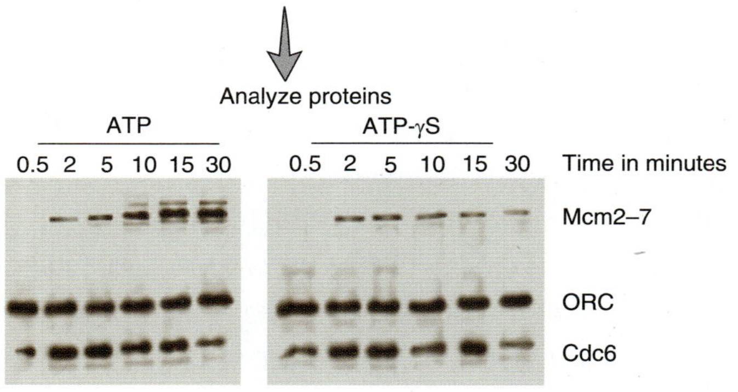

그림 6.14 ORC는 전복제 복합체를 형성하는 분자 기구이다. ORC에 의한 ATP 가수분해는 전복제 복합체 조립을 형성하고, 전복제 복합체 조립은 ATP-γS-가 둘러싼 ORC에 의해 억제된다. (출처: Adapted from Bowers et al. 2004. *Molecular Cell* 16:967–978, © 2004 Elsevier.)

후 스트렙타비딘으로 둘러싸인 자기 비드와 결합한 효모 기원 DNA와 섞는다(Tool Box 13.4 참조). 섞는 동안 자유 ATP 또는 ATP-γS는 씻어내고 ORC가 감소된 추출물을 더한다. 연구자들은 30분 동안 시료를 가지고 있다. 비드를 수집하고 세척한 후, 결합된 단백질은 전-복제 복합체: Mcm2−7, ORC 그리고 Cdc6의 구성성분에 특이적인 항체를 이용하여 면역분석한다(그림 14.24의 방법 참조).

그림 6.14의 아래를 보면, Mcm2−7과 동시에 연관된 줄을 볼 수 있다. ATP와 결합된 ORC는 Mcm2−7보다 더 길게 축적이 되면서 크고 검은 줄을 볼 수 있다. ATP-γS에 결합하는 ORC는 줄을 더 희미하게 하고, 더 긴 시간 동안 유지되게 한다. 결론은? ORC의 의한 ATP의 가수분해는 전-복제 복합체 조립을 유도한다. ORC가 ATP를 가수분해할 수 없을 때 기점 DNA 상의 Mcm2−7 복합체의 조립은 억제된다. 이러한 결과 및 기타 결과로부터, 연구자들은 ORC가 Cdc6 및 Cdt1의 도움으로 라이선스 단백질 복합체 Mcm2−7을 로드하는 ATP-의존적 분자 기구로 기능한다는 것을 발견했다.

Mcm2−7 복합체가 로드되면, 기원 DNA와 밀접하게 결합된다(그림 6.13). 이 시점에서 ORC, Cdc6 및 Cdt1은 더 이상 DNA에 대한 결합을 유지하는 데 필요하지 않다. Mcm2−7은 복제에서 두 가지 주요 기능을 가지고 있다. 복제 라이선스 단백질로 작용하고 활성화되면 CMG 복합체에서 나선효소로 작용한다. Mcm2−7에 의한 라이선스는 어떻게 조절되는가?

CDKs에 의한 복제 허가 시스템의 조절 기점 포함이 허가된 Mcm2–7만 한 쌍의 복제 분기점을 개시할 수 있다. 허가는 **사이클린-의존성 인산화효소(cyclin-dependent kinase**, CDK)의 수준에 의해 전-복제 복합체 형성과 활성의 조절을 통해 매개된다. 사이클린-의존성 인산화효소는 세포 주기 변화의 중요한 조절자이다. 그들은 특정 단백질 상에서 선택된 세린과 트레오닌을 인산화하고, 이로 인해 활성화된 단백질들은 그들의 기능을 수행한다. 4장에서 살펴본 촉매 반응에 대해 상기해 보면, CDKs는 각각 **사이클린(cyclin)**이라는 조절 인자와 결합하여야 한다. 사이클린은 신속하게 분열하는 성게와 동죽조개 배아에서 처음 발견되었으며, 간기 동안 차츰 축적되고 유사분열 동안 갑자기 파괴된다. CDK 활성은 사이클린의 오르고 떨어지는 것에 영향을 받는다. CDK의 활성 조절이 허가 복합체의 조립에 어떻게 영향을 받을까?

M기와 G_1기에서 CDK의 활성이 낮으면, Mcm2–7은 복제를 위한 준비를 위해 기원 쪽으로 옮겨진다(그림 6.15). S기와 G_2기에서 CDK의 활성이 높으면, 허가된 기원이 작동된다. 하지만, 어떻게 복제가 방어될까? 높은 CDK 활성은 이미 작동된 허가된 기원을 막는다. 다시 말하면, CDK 활성이 높으면 더 이상 Mcm2–7이 기점으로 옮겨지지 않는다는 것이다. CDK에 의한 조절은 허가 복합체의 각 단백질들과 다르고 효모와 야채 사이에서도 서로 다르다. 설명과 같이, CDK/사이클린은 포유동물 세포의 유사분열을 개시하고 또한 같은 시기에 ORC(Orc1)의 큰 소단위체에 결합하여 기점에서 허가 단백질의 조립을 억제한다. 실험적인 증거 또한 CDK 활성이 Mcm2–7을 인

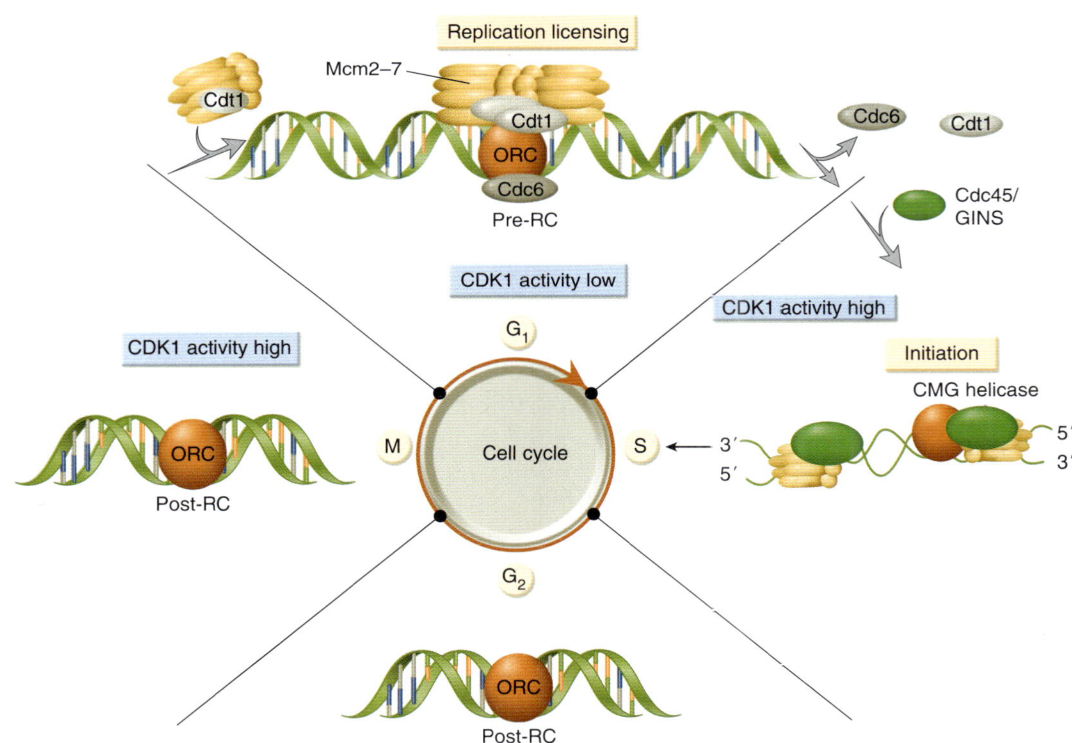

그림 6.15 복제 허가는 세포 주기 동안 기점 활성이 한번만 일어나도록 조절한다.
DNA 합성은 합성(S)기로 알려진 짧은 기간으로 제한된다. S기는 하나의 간(G)기를 앞에 두고 다른 하나는 뒤를 잇게 한다. 세포는 유사분열(M)기에 분열되기 전에 G_1, S 및 G_2기를 거치면서 성장한다. 각 기간은 특정 사이클린-의존성 인산화효소(CDK)/사이클린 복합체의 관리 하에 있다. 복제 허가 시스템과 CDKs의 활성은 다른 단계에서 발생한다. 이 그림은 출아법으로 발생하는 효모에서 활성화 기점으로 가는 과정을 묘사하였다. 기점 인식 복합체(ORC)는 효모의 자율복제서열(ARS)에 결합한다. CDK 활성이 낮은 G_1기 동안 전-복제 복합체(pre-RC)의 조립이 순차적으로 발생한다. G_1에서 S기로의 이동으로 CDK 활성이 올라갈 때 pre-RC는 분해된다. CDK 활성이 높기 때문에 pre-RC는 이 시기에는 재결합하지 않는 한편 다음 G_1기를 기다려야만 하고 후-복제 복합체(post-RC)는 유사분열이 끝날 때까지 안정적으로 남는다.

산화한다고 보여준다. 이 변형은 핵 내에 다른 단백질들과 결합하고 복제의 기점에 붙으면서 보존하는 원인이 된다. 모든 경우의 최종 결과는 같다. S기가 전-복제 복합체의 형성을 막는 동안 기점으로부터 허가되는 단백질이 제거되고, 기점은 한 세포 주기 중 한 번은 반드시 양방향성의 분기점에서 시작된다. 복제 개시 조절는 최근 약 42개 단백질의 최소 상보체로부터 시험관 내 실험으로 재구성되었다.

복제 분기점에서 두 가닥 풀림

복제오리진이 시작되면 활성화된 CMG 나선효소 복합체는 오리진에서 옮겨져 복제 분기점과 함께 이동한다(그림 6.16). DNA의 풀림은 복제 분기점에서 일어난다. 풀린 DNA 복합체의 헬리케이즈 활성은 각 복제 분기점의 앞에서 일어난다. 복합체의 나선효소 활성은 각 복제 분기보다 앞서 DNA를 풀어준다. CMG는 ATP 가수분해에 의해 구동되는 DNA를 따라 움직이는 "자벌레"로 생각된다. 단일가닥 DNA에 붙는 단백질인 **복제 단백질 A(replication protein A**, RPA)는 뉴클레아제의 공격으로부터 단일가닥 DNA를 보호한다. 박테리아 DNA 복제를 보면, DNA 나선효소는 이중나선의 2개의 가닥을 녹이거나 ATP를 분리하여 에너지를 사용하는 효소이다. 그들은 복제 분기점의 이동 방향으로 이중가닥에서 단일가닥 DNA로 변화하는 것을 연속적으로 촉매한다. CMG 나선효소 복합체는 선도가닥 템플릿에 결합하여 3′ → 5′ 방향으로 이동한다. 대장균에서는 이 상황이 정확히 반대로 나온다. 나선효소(DnaB)는 DNA가 풀리는 동안 5′ → 3′ 방향으로 이동하고, 따라서 DNA 복제 시 지연가닥 주형에 결합한다(그림 6.6 참조).

또한 박테리아 DNA에서, 진핵생물의 복제 활동은 복제 분기점이 DNA 분자를 따라서 이동하면 분기점 앞쪽에 양의 초코일을 유발하고 이미 복제된 어버이 가닥은 음의 초코일이 된다(그림 6.16). 비틀림 변형의 축적은 DNA 토포아이소머레이즈에 의해 완화된다. 유형 I 또는 유형 II 토포아이소머레이즈는 포크보다 앞서 양성 초코일을 이완할 수 있지만, 대부분의 모델은 토포아이소머레이즈 I이 포크보다 앞서 작용하고 토포아이소머레이즈 II가 포크 뒤에서 작용한다고 제안한다.

선도가닥과 지연가닥 주형 DNA 합성의 RNA 준비

대부분의 DNA 복제 시스템의 새로운 DNA 사슬 시작 과정은 확립된 사슬의 신장 과정과 구분된다. 진핵세포에서 RNA 시발체는 DNA 중합효소 α와 결합한 프라이메이스 활성에 의해 합성된다

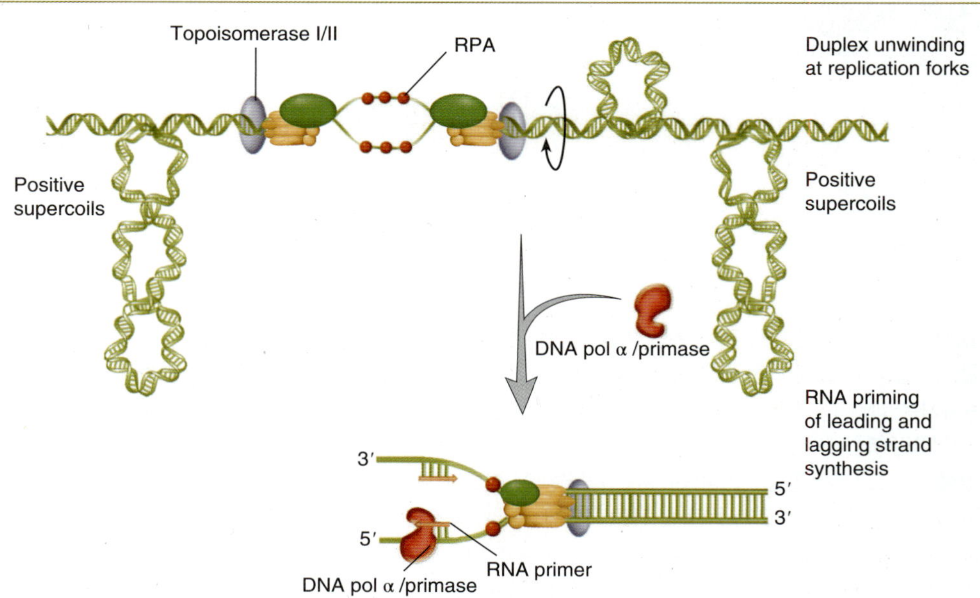

그림 6.16 복제 분기점에서 두 가닥이 풀리고, 선도와 지연 가닥에 RNA 시발체가 합성된다. 간단하게, 하나의 복제 분기점만 묘사했다. 토포아이소머레이즈가 분기점의 앞부분에 위치한 양성의 초코일을 이완시킨다.

(그림 6.16 참조). 진핵세포 효소는 DNA 중합효소 활성을 가진 소단위체로 이루어진 복합체로 존재하고, 2개의 작은 단백질은 함께 프라이메이스 활성을 제공한다. 이 복합체는 보통 중합효소 α/프라이메이스라고 부른다. 중합효소 α/프라이메이스 복합체는 기점에서 개시 복합체에 결합하고, 약 7~10개의 RNA 뉴클레오티드와 25~35개의 DNA 뉴클레오티드로 구성된 짧은 가닥을 합성한다. DNA 부분을 개시자 DNA라고 한다. 중합효소 α/프라이메이스는 움직이는 레플리솜의 필수 구성 요소이다. 흥미롭게도, 새로운 데이터는 선도가닥이 복제 기원 반대쪽의 레플리솜에 의해 합성된 지연가닥의 프라이머로부터 확립되었음을 시사한다. 이 새로운 메커니즘은 전용 선도가닥 프라이밍의 필요성을 무효화한다.

중합효소-스윗칭

다양한 역동적인 단백질 상호작용은 DNA 복제에 수반된다. 복제 과정의 중요한 특징은 하나의 단백질에서 다른 단백질로 또는 복합체에서 복합체로 DNA의 전환 또는 "장소 바꾸기"가 일어나는 것이다. 시발체 합성 이후 발생하는 "장소 바꾸기" 예는 완벽하다—중합효소/프라이메이스 복합체는 사슬을 확장할 DNA 중합효소로 대체한다(그림 6.17). 하나의 DNA 중합효소로부터 다른 중합효소로의 DNA 주형의 전환을 중합효소-스윗칭(polymerase switching)이라고 한다. 이 과정에 포함된 중합효소에 대해 알아보자.

선도가닥과 지연가닥의 신장

동물 세포는 적어도 14개의 구별되는 DNA 중합효소가 알려졌다(표 6.2). 진핵세포에서 3개의 DNA 중합효소는 염색체 DNA 복제에 관여한다: DNA 중합효소 α, DNA 중합효소 δ, DNA 중

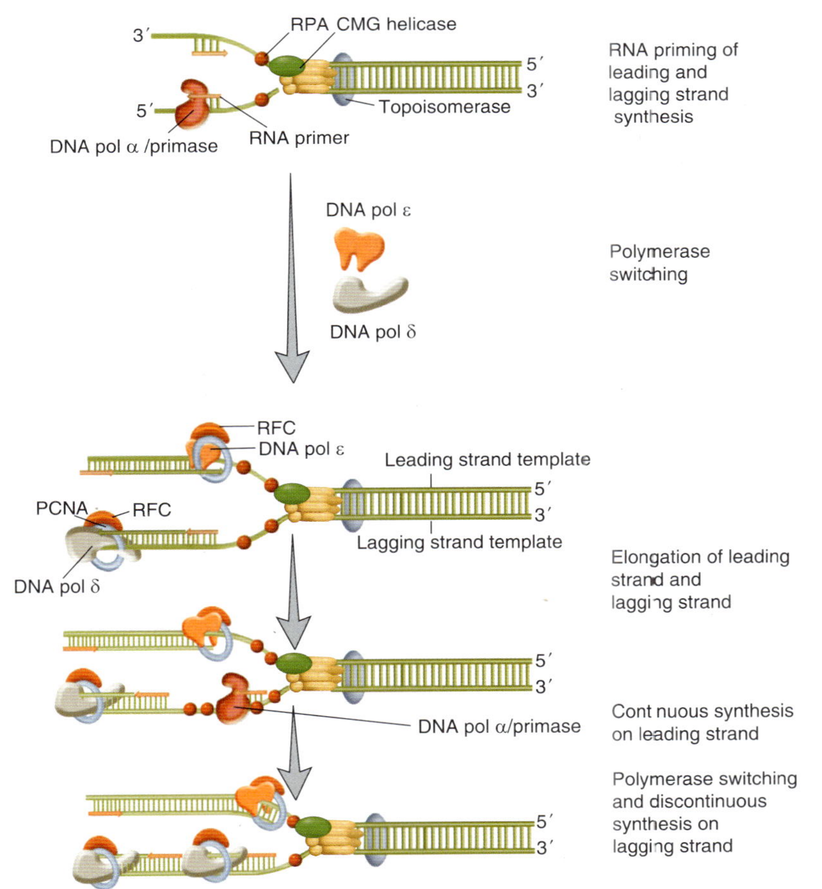

그림 6.17 중합효소-스윗칭과 가닥 신장. 미끄럼 조임쇠 적재자(RFC)는 프라이밍된 부위에 미끄럼 조임쇠(PCNA)를 조립한다. DNA 중합효소 ε 또는 중합효소 δ는 개시자를 인식하고 선도가닥과 지연가닥의 합성을 시작한다.

표 6.2 진핵세포 DNA 중합효소.[a]

Name	Function
High-fidelity replicases	
Pol α (alpha)	Priming DNA synthesis during replication and repair
Pol δ (delta)	DNA replication of lagging strand during replication and repair (BER, DSBR, MMR, NER)
Pol ε (epsilon)	DNA replication of leading strand during replication and repair (BER, DSBR, NER)
Pol γ (gamma)	Mitochondrial DNA replication and repair
High-fidelity repair	
Pol β (beta)	BER, DSBR
Pol η (eta)	Translesion DNA synthesis (relatively accurate replication past thymine–thymine dimers)
Error-prone repair	
Pol ζ (zeta)	Translesion DNA synthesis (thymine dimer bypass)
Pol θ (theta)	Repair of DNA interstrand cross-links
Pol ι (iota)	Translesion DNA synthesis (required during meiosis)
Pol κ (kappa)	Translesion DNA synthesis (deletion and base substitution), DSBR (nonhomologous end-joining)
Pol λ (lambda)	Translesion DNA synthesis
Pol μ (mu)	DSBR (nonhomologous end-joining)
Pol ν (nu)	DNA cross-link repair?
Pol σ (sigma)	Sister chromatid adhesion
POP	Plant and protist organellar DNA polymerase; present in chloroplasts and mitochondria of photosynthetic eukaryotes
PrimPol	Restart during replication stress, mitochondrial translesion synthesis
Rev1	Abasic site synthesis (deoxycytidyl transferase activity inserts C across from a nucleotide lacking a base)

BER, 염기 삭제 수정; DSBR, 이중가닥 깨짐 수정 ; MMR, 부조화 수정 ; NER, 핵산 삭제 수정.

[a]말단데옥시뉴클레오티드전달효소(TdT)는 때때로 DNA 중합효소의 종류에 속한다. 이 효소는 림프, 세포 특성, V(D)J 재조합 동안 부호화하는 말단에 거의 비반복적이도록 전사에 비의존적인 중합효소이다(그림 10.27).

합효소 ε. DNA 중합효소 γ는 미토콘드리아 DNA(mtDNA)의 정확한 복제에 사용된다. 이 4개의 중합효소는 수선 과정에 관여하는 나머지 중합효소와 구분하기 위하여 **복제중합효소(replicative polymerases)**라고 불린다. 수년 동안 논쟁의 대상이 되었지만, 대부분의 연구는 DNA 중합효소 ε가 주로 선행 가닥을 복제하고, DNA 중합효소 δ가 주로 후행 가닥을 복제하는 모델을 지지한다. 일단 DNA 중합효소 ε가 선도가닥에 모집되면 합성은 "연속적"이다. 비록 *E. coli* DNA 중합효소 III에서 볼 수 있듯이, 일시 중지, 분리 및 재결합될 수 있지만 말이다. 지연가닥 합성은 새로운 오카자키 단편이 시작될 때마다 DNA 중합효소 α에서 DNA 중합효소 δ로, 중합효소 전환 주기를 반복해야 한다(그림 6.17 참조). DNA 중합효소 δ는 진핵생물의 레플리솜에 강한 접촉이 없기 때문에 박테리아 레플리솜에서 볼 수 있는 것처럼 지연가닥의 DNA 루핑에 대한 증거가 없다(그림 6.18, 그림 6.6과 비교). 중합효소 전환은 또한 DNA 중합효소 α, δ 및 ε를 포함하는 경쟁적인 단백질–단백질 상호작용에 의해 조절된다; **증식성 세포 핵 항원(proliferating cell nuclear antigen**, PCNA), **복제 인자 C(replication factor C**, RFC); 그리고 RPA. 이 과정에서 중심 요소은 PCNA이다.

PCNA: 많은 단백질 짝과 활주 클램프

증식성 세포 핵 항원(PCNA)의 이름은 분열하는 세포의 핵에 풍부한 구성 요소로서 단백질의 본래 특징을 반영한다. CNA는 다양한 짝과 상호작용할 수 있다. 그리고 세포 내에서 매우 다양한 기능

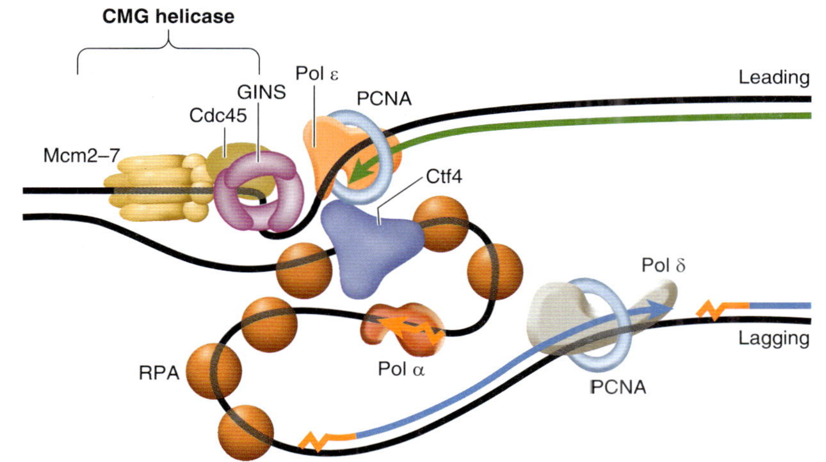

그림 6.18 진핵생물의 리플리솜.
지연가닥은 DNA pol ε 및 DNA pol α/primase가 리플리솜 조정자(replisome coordinator) Ctf4에 의해 복합체에 유지되는 동안 동일한 방향으로 이동하게끔 위치하는 것으로 표시된다. (출처: Redrawn from Burgers and Kunkel. 2017. *Annual Review of Biochemistry* 86:417–438.)

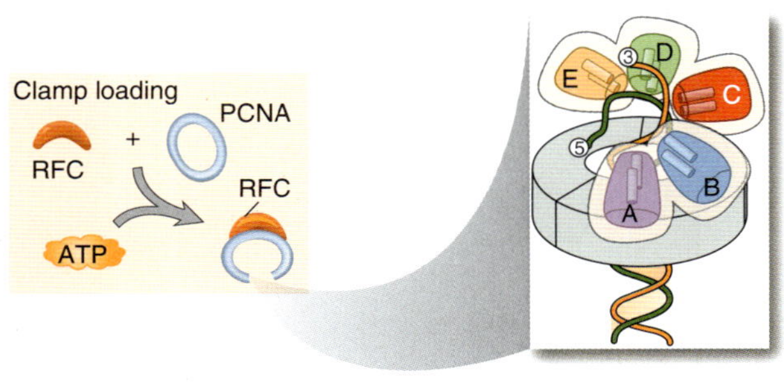

그림 6.19 DNA–RFC–PCNA 복합체의 도식적 표현.
이중나선의 작은 고랑과 RFC-A의 정렬은 RFC-E와 RFC-A 사이의 개구부 근처에 템플릿 가닥의 5′ 말단을 배치한다. (출처: Adapted from Bowman et al. 2004. *Nature* 429:724–730, copyright © 2004, with permission from Nature Publishing Group and Macmillan Publishers Ltd.)

들을 수행한다. 게다가, DNA 복제를 위한 PCNA의 역할은 DNA 수선, DNA 메틸화, 염색질 재구성 및 세포 주기 조절을 포함한다. DNA 복제에서, PCNA는 DNA 중합효소의 점진적 증가를 위해 "활주 클램프"와 같이 행동한다. 3개의 동일한 PCNA 단량체는 고리 구조의 삼량체를 형성하기 위해 머리-꼬리 배열로 결합한다. 중앙의 구멍은 DNA 이중나선을 둘러싸기에 충분한 크기이다. ATP-의존적으로 RFC("클램프 장전자")가 PCNA 삼량체를 열면, DNA가 고리 안으로 들어가고 다시 고리는 닫힌다. RFC는 5개의 소단위체로 구성된다. 그것의 ATPase 도메인은 PCNA의 중심 채널 위로 나선형 배열식으로 확장되어 있다. RFC의 구조는 기능에 매우 적합하게 이루어져 있다. 구조적 분석에 의해 클램프 장전자 복합체는 틀어서 여는 뚜껑처럼 준비된 DNA 위에 고정되는데, 클램프 장전자는 나선형으로 DNA 이중나선의 작은 홈과 잘 맞는다고 제시되었다(그림 6.19).

PCNA가 없으면, 이중나선 DNA의 생산에서 상당한 회전력이 발생하여 중합효소는 복제 분기점에서 자리를 잃을 것이다. PCNA는 중합효소를 보유하면서 풀어 주고 다시 잡을 수 있다. 중합효소가 떨어지기 전에 수천 개의 뉴클레오티드가 중합되고, PCNA는 DNA 주형에서 떨어진 중합효소를 보유한다. 복제 분기점의 능률적인 이동은 RFC에 의해 지연가닥의 새로 준비된 위치에서 PCNA의 신속한 배치에 의존한다. 이것은 선도가닥의 연속적인 DNA 합성과 보조를 맞추기 위해 오카자키 절편을 합성한다. "지속적인"이라는 단어는 중합효소의 속도가 감소하는 것이 없다라는 의미가 아니다. 사실, DNA 중합효소 δ와 DNA 중합효소 ε는 정지하고서 오류를 수정하는데, 이를 "교정"이라고 한다.

복제 중합효소에 의한 교정

고성능 효소로 분류됨에도 불구하고, 복제 중합효소는 완벽하지 않다. DNA 중합효소 δ의 경우 염

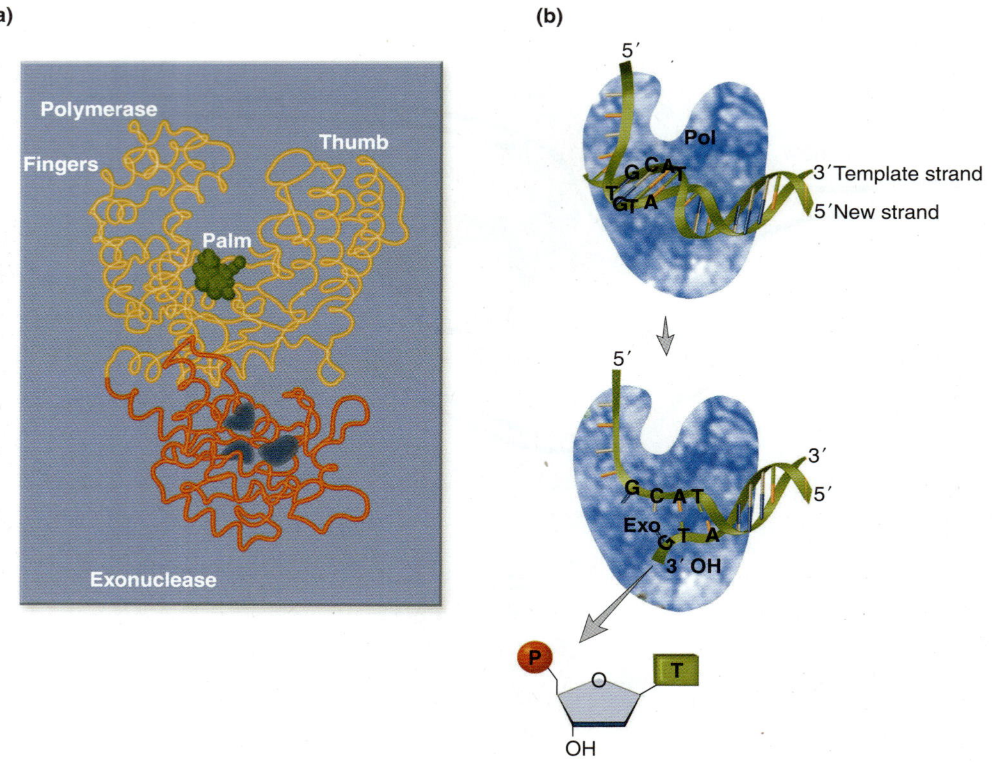

그림 6.20 DNA 중합효소 교정 기능 모델.
(a) DNA 중합효소는 손 모양을 하고 있다. 중합효소 활성자리는 녹색으로 표시되고, 엑소뉴클레에이스 활성자리는 파란색으로 표시된다. (출처: Adapted from Kunkel and Bebenek. 2000. *Annual Review of Biochemistry* 69:497–529, © 2000 Annual Reviews.) (b) 일치하지 않는 염기로 인해 새로 형성된 이중가닥 DNA가 풀린다. 중합효소가 멈추고, 새로운 가닥의 3′ 말단이 엑소뉴클레에이스 도메인으로 옮겨지고, 일치하지 않는 염기가 절단된다.

기쌍당 10^{-4}에서 10^{-6}, DNA 중합효소 ε의 경우 염기쌍당 10^{-5}에서 10^{-6} 범위의 돌연변이율로 자발적으로 오류를 생성한다. 이것은 복제하는 동안 10,000에서 100,000 bp마다 한 번 실수를 한다는 뜻이다. 많은 복제 중합효소는 잘못 짝지어진 뉴클레오티드의 90~99%를 삭제하는 교정 핵산외부가수분해효소와 관련되어 10^{-6}에서 10^{-7}의 범위 내로 자연적인 중합효소 실수 비율을 줄인다. 예를 들어, DNA 중합효소 δ는 3′ → 5′ 핵산외부가수분해효소 활성의 소단위체를 가진다. 이에 반해, 프라이머 합성에 관여하는 중합효소인 DNA 중합효소 α는 3′ → 5′ 엑소뉴클레에이스 활성이 없지만, 염기쌍당 10^{-3}~10^{-4}의 오차율을 보이거나 1000~10000 염기쌍당 한 번 실수를 하게 된다.

X-선 결정학에 의한 DNA 중합효소의 구조는 DNA를 쥔 손 모양을 하고 있다(그림 6.20). 박테리아 DNA 중합효소와 매우 비슷한 구조를 하고 있다(그림 6.5 참조). 중합효소 활성은 손가락, 엄지 및 손바닥의 엑소뉴클레에이스 영역에 있다. 중합효소가 뉴클레오티드를 결합시킬 때, 핵산외부가수분해효소 도메인은 닫힌 형태를 띠고 있다. 이 형태는 단일가닥 DNA의 결합을 막지만, 교정 과정할 때는 비교적 열린 형태로 변화한다. 올바른 뉴클레오티드가 새로운 가닥의 3′ 말단에 추가되는 한, 3′ 말단은 중합효소 활성자리에 남아 있다. 잘못된 뉴클레오티드의 추가는 새로 형성된 이중가닥 DNA의 용해를 유발한다. 잘못 연결된 염기를 어떻게 인식할 수 있을까? Watson과 Crick이 상보적인 염기쌍이 형성하는 특정한 수소결합을 알아낸 이후, 이것은 오랫동안 DNA 복제의 성능을 위한 주요 기여자로 여겨졌다. 염기-염기 수소결합은 성능에 기여한다: 그러나 정확한 뉴클레오티드의 선택은 이제 왓슨-크릭 염기쌍의 모양과 크기에 달려 있다고 여긴다. AT와 GC 염기쌍의 모양과 크기는 서로 매우 유사하지만(2장 참조), 잘못 짝지어진 염기쌍에서는 다르다. 잘못 짝지어진 염기쌍의 비정상적 기하학은 활성자리에서 입체적 장애물을 만들고 효율적인 촉매작용을 억제한다. 이러한 입체 장애의 결과에 의해 중합효소가 멈추고, 새로운 가닥의 3′ 말단이 엑소뉴클레에이스 도메인으로 이동하며, 여기서 불일치 뉴클레오티드가 절단되어 dNMP로 방출된다. 일치하지 않는 뉴클레오티드가 제거된 후 신장이 재개된다.

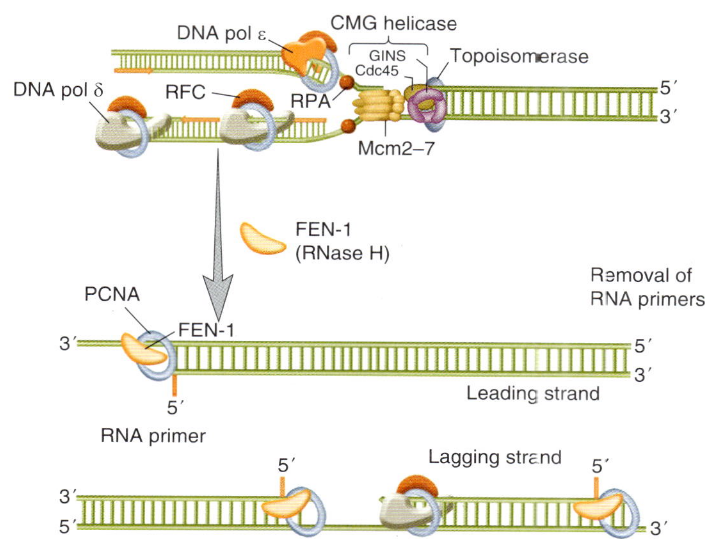

그림 6.21 FEN-1의 엑소뉴클레에이스 활성에 의한 RNA 시발체 제거.
PCNA는 DNA pol δ 및 FEN-1의 순차적 활성을 조정한다. 중합효소는 하류 오카자키 단편의 가닥 변위를 유발하고, FEN-1은 RNA-함유 5′ 플랩을 제거한다.

신생 DNA 가닥의 숙성

지연가닥과 선도가닥이 합성되어도 DNA 합성이 완료된 것이 아니다. 복제 과정을 마치려면 새로 합성된 (신생) 가닥은 반드시 "성숙"의 과정을 거쳐야 한다. 신생 가닥의 성숙은 몇 가지의 다른 과정들을 포함한다: 시발체 제거, 틈 메우기, 지연가닥의 오카자키 절편 연결하기(그림 6.21). 박테리아에서 기억할 것은, 시발체의 제거와 유전체의 틈 메우기는 DNA 중합효소 I에 의해 이루어진다는 점이다. 원핵생물에서의 이러한 과정은 더 많은 인자들을 포함하지단, 복제 CMG 나선효소는 성숙 단계에 필요하지 않다. 모여든 CMG는 서로 통과한 다음 최종 연결 단계 후에만 dsDNA에서 최종적으로 해리될 수 있다.

RNA 시발체 제거 DNA 중합효소 δ가 앞의 오카자키 단편의 5′ 말단에 도달하면, 하류의 오카자키 단편의 가닥 변위가 발생한다(그림 6.21). 그 다음은 **FEN-1(플랩 엑도뉴클레이즈 1)**의 엑도뉴클레이즈 활성이 뒤따르며, 이는 RNA 함유 5′ 플랩을 제거한다. 변위된 플랩은 두 가지 과정에 의해 최소 크기로 유지된다. (i) 각 뉴클레오티드가 변위됨에 따라 DNA 합성 속도가 현저하게 느려지고, "점진적 분자 브레이크"처럼 작용한다. (ii) DNA 중합효소 δ의 3′ → 5′ 엑도뉴클레이즈 활성은 플랩을 다듬는 역할을 할 수 있다. 나선효소와 엑도뉴클레이즈 활성을 모두 가지고 있는 또 다른 효소인 Dna2는 변위된 플랩이 지나치게 길어지면 일부 경우에서 필요할 수 있다. 중요한 내용은? 한때 생각되었던 것처럼 플랩 엑도뉴클레이즈 1은 항상 긴 5′ 플랩의 밑부분을 절단하는 대신, 초기 플랩은 종종 단일 치환된 뉴클레오티드로 다시 평형을 이루며, 이는 높은 친화력으로 플랩 엑도뉴클레이즈 1에 결합한다. RNA 프라이머가 제거되면 복제되지 않은 DNA가 남는다. 유전체 복제를 완료하기 위해 이 간극을 어떻게 채우는가?

오카자키 절편의 틈을 메우고 결합함 지연가닥 상에서 시발체 제거로 인해 남겨진 틈은 DNA 중합효소 δ에 의해 메워지고, 그 결과 이중가닥 DNA에 틈이 생긴다. 라이게이션은 새로운 인산다이에스터 결합을 형성하는 촉매작용으로 오카자키 절편을 연결하는 DNA 연결효소 I의 작용에 의해 발생한다(그림 6.22와 그림 6.23). 라이게이즈의 촉매 반응은 효소와 기질의 형상 변화 두 가지에 대한 중요성을 중심적으로 강조하고 있다. X-선 결정학은 포유동물 연결효소의 유일한 특징을 보여준다. DNA-결합 영역은 기형의 구조에서 DNA를 안정시키는 DNA 기질과 틈에서 작용 중

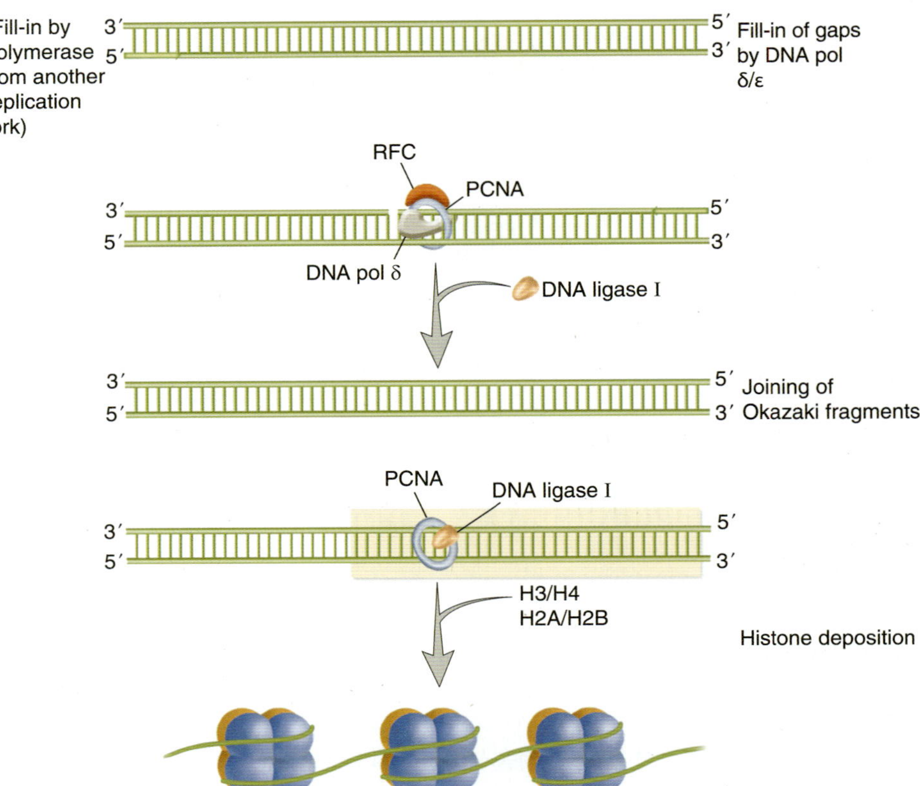

그림 6.22 시발체 제거와 오카자키 단편의 결합에 의한 남은 틈 메우기. 인산디에스테르 결합은 PCNA와 관련된 DNA 라이게이즈 I의 작용에 의해 인접한 오카자키 단편 사이에 형성된다. 히스톤은 새로 합성된 DNA에 모여서 뉴클레오솜을 형성한다.

심 위치를 둘러싸는 라이게이즈를 허용한다(그림 6.24). 놀랍게도, 틈 바로 위쪽의 DNA는 확장된 작은 홈이 있는 A형 나선을 채택하는 반면, 하류의 DNA는 정상적인 B 형태이다. 지금까지 A형 DNA는 시험관 내 조건에서만 관찰되었다. DNA 라이게이즈 I의 DNA-결합 영역은 DNA 좁은 홈과 상호작용하는 상대적으로 평편한 표면인 넓은 폭을 만든다. DNA 라이게이즈 I은 RNA를 함유한 기질을 구별하므로, 5′ RNA가 제거되기 전에 오카자키 절편이 연결되는 것을 방지한다. 오카자키 절편의 마지막 과정은 플랩 엔도뉴클레에이스 1과 DNA 라이게이즈 I가 각각 PCNA와 결합하여 발생하는 작용에 의해 일어난다(그림 6.21 및 6.22 참조). 오카자키 단편 성숙을 위한 핵심 기계를 구성하는 세 가지 효소(DNA 중합효소 δ, 플랩 엔도뉴클레에이스 1및 라이게이즈) 각각은 하나 이상의 PCNA-상호작용 모티프를 가지고 있다. PCNA는 삼량체이므로, 각 효소가 소단위체를 점유하고 효소 "교환 장소" 없이 진행성 성숙을 수행할 수 있다. 이 모델에서, PCNA는 대신 "도구 벨트"처럼 작동한다.

이 마지막 과정에서, 유전체의 복제가 완료된다. 간단하게, 복제된 DNA는 히스톤과 연합되어 있지 않으면 "naked" DNA로 묘사된다. 그러면 새로 합성된 DNA는 뉴클레오솜에 언제 의해 포장될까?

새로 생합성된 DNA에 히스톤 축적

복제 분기점이 염색질을 통해 이동할 때 분기점 앞에 있는 뉴클레오솜은 H3–H4 사량체(또는 이량체)와 H2A–H2B 이량체로 분해된다. 뉴클레오솜은 복제 분기점 뒤에서 대략 250 bp 이내에 다시 만들어진다. 따라서 히스톤 축적은 뉴클레오솜을 형성할 수 있는 (대략 180 bp) 충분한 DNA가 만들어지자마자 발생한다(그림 6.22 참조). 새로 합성된 DNA를 뉴클레오솜으로 조립하는 것은 두 가지 별개의 경로에 의해서 발생한다. (i) 복제 포크의 통과에 의해 분해된 부모 히스톤의 이동 및

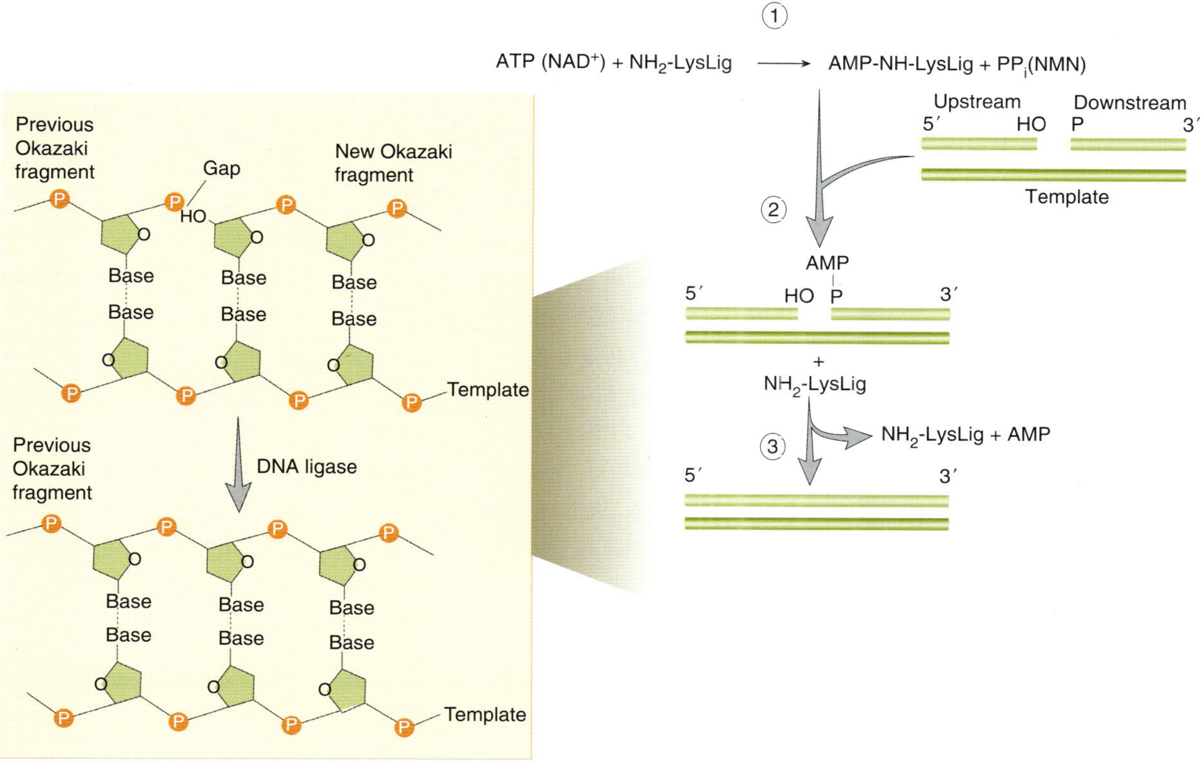

그림 6.23 DNA의 효소적 연결에는 세 단계가 포함된다.
(1) 효소–AMP 복합체는 ATP(또는 NAD^+)의 α-인산에 대한 라이신(Lys)의 공격에 의해 형성되어 무기 피로인산(PP_i) 또는 니코틴아미드 모노뉴클레오티드(NMN)를 방출한다. (2) 틈이 있는 DNA 가닥(하류)의 5′ 인산염(5′ P)은 Lys-AMP 중간체를 공격하여 AppDNA 중간체(AMP의 5′ 인산염에 대한 5′ P 파이로인산염 결합)를 형성한다. (3) 틈이 있는 가닥(상류)의 3′-OH 말단이 AppDNA의 5′ P를 공격하여 DNA 가닥을 공유결합하고 AMP를 방출한다.

(ii) 복제 DNA 가닥에 새로 합성된 히스톤의 새로운 침착. 뉴클레오솜의 H2A–H2B 이량체는 세포 주기 동안 새로 합성된 H2A–H2B와 빠르게 교환할 수 있는 것으로 알려져 있으므로, 뉴클레오솜 형성에서 모체 H3–H4 사량체의 전달과 새로운 H3–H4 사량체의 침착이 속도 제한 단계로 생각된다. 한 모델은 리플리솜이 부모 히스톤의 "분포 센터" 역할을 한다고 제안한다. CMG 복합체는 부모 H3–H4 사량체를 지연가닥의 원래 위치로 지정시키고, DNA 중합효소 ε는 선도가닥에서 부모 H3–H4 사량체를 원래 위치로 지정한다.

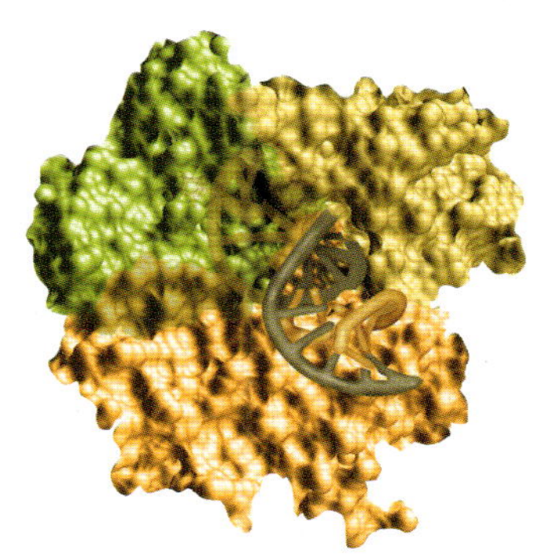

그림 6.24 인간 DNA 연결효소 I은 연결시 DNA를 둘러싼다.
연결효소 I의 3개의 영역은 AppDNA 작용 중간체를 둘러싼다. 작용 중심은 아데닐화 영역(녹색)과 OB 접힙(노란색)으로 구성된다. DNA-결합 영역은 주황색으로 표시되었다. 아데닐화 영역은 활성자리 내부에서 반투명의 강조된 AMP 보조인자를 잡고 있다. (출처: Protein Data Bank, PDB: 1X9N.)

토포아이소머레이스가 새롭게 합성된 DNA를 풀어준다

진핵생물에서 복제는 하나의 분기점이 인접한 복제 단위에서 이를 향해 진행하는 또 다른 분기점를 만날 때까지 계속된다. 진핵 세포의 유전체에서 DNA 복제 분기점의 진행을 저지할 수 있는 특정 위치에서 일부 서열이 확인되었지만, 이것이 모든 기원과 관련된 공통 특징인지 여부는 분명하지 않다. 분명한 것은 DNA 합성 과정 동안 부모가닥과의 사이 연결을 모두 제거하는 것이 실패함에 따라서 자손의 DNA 분자가 꼬여져 있는 상태로 남겨진 것이다. 복제가 완료될 때 이 얽힌 구조를 2개의 개별 자손 유전체로 분해하려면 토포아이소머레이즈 II가 필요하다. DNA 복제 동안, 토포아이소머레이즈가 수행하는 중요한 역할에 의해서, 이러한 효소의 활성을 억제하는 다수의 항암제가 개발되었다. 암세포는 빠르게 분열하기 때문에 항-토포아이소머레이즈 약물에 특히 민감하다 (Disease Box 6.1).

Disease Box 6.1

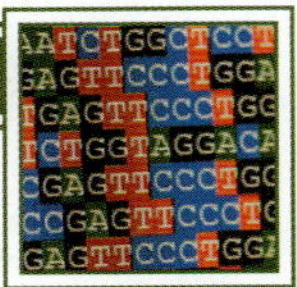

토포아이소머레이즈는 항암제를 표적으로 한다

토포아이소머레이즈는 다수의 항암제를 표적으로 한다. 토포아이소머레이즈 II-표적 약물은 모든 화학 요법의 약 절반에 사용된다. 토포아이소머레이즈 I은 캠토테신을 포함하는 유망한 작용 물질로서 중국의 희수나무 껍데기에서 유래하였다. 캠토테신은 1996년에 Dr. Monroe E Wall과 Dr. Mansukh C. Wani에 의해 처음 정제되었으며, 몇몇 종류의 암세포를 죽인다는 것을 알아냈다. 1985년이 되어서야 다른 연구자 그룹이 캄프토테신이 토포아이소머레이즈 I 독이라는 결론을 내렸다. 현재 이리노테칸, 벨로테칸 및 토포테칸으로 시판되는 캄프토테신 유도체는 난소암, 결장암, 자궁경부암, 비소세포폐암 및 소세포폐암의 치료에 사용되고 있다.

토포아이소머레이즈-표적 항암제들은 두 가지 메커니즘을 통해 작용하는데, 하나는 촉매회로 중 한 과정을 억제하거나 독으로 작용한다. 자연에서 일어나는 토포아이소머레이즈에 의한 붕괴는 보통 일시적이다. 항암제가 독으로 작용할 땐, 붕괴된 DNA는 토포아이소머레이즈에 갈협함으로써 중간 단계에 안정적으로 갇혀 있다. 이러한 전환은 유전체 안에서 영구적인 붕괴가 일어날 가능성이 아주 높다. 이러한 약들은 우선적으로 암세포들을 표적으로 한다. 왜냐하면, 암세포들은 빠르게 자라나며 보통 천천히 자라나는 세포보다 많은 양의 토포아이소머레이즈를 포함하고 있다. 그러한 치명적인 이유에 의해 약으로 사용된다. 게다가, 암세포들은 종종 제기능을 못하는 DNA 수선 경로를 가지고 있어, DNA-손상 작용물질들로부터 영향을 받기 쉽다. 캠토테신 물질과 같은 약물은 토포아이소머레이즈를 표적으로 하며, 또한 백혈구, 위장계 내벽, 모낭과 같은 정상-성장 세포에 영향을 준다. 이러한 이유로 인해 암 환자들은 메스꺼움, 설사, 탈모 등을 겪으며, 감염 등에 영향을 받기 쉽다.

6.6 원형 DNA 복제의 대체 모델

이전 장에서는 DNA 복제-반보존적 복제를 주요 방식으로 하여 중점을 두었다. 그러나 바이러스나 세포소기관 DNA에서는 다른 방식의 복제가 발생한다. 우선 롤링 원 복제 메커니즘에 대해 알아본다. 이 과정은 박테리아에서 발견되는 세타(θ) 모양의 중간체를 포함하지 않는다. 어떻게 작동하는가?

롤링 원 복제

롤링 원 복제(Rolling circle replication)는 수많은 박테리아와 진핵계 바이러스 DNA의 증가를 발생시키고, 박테리아의 교배가 이루어지는 동안 F(번식능)의 증가와 관련되어 있다. 또한 특정한 유전자의 증폭을 통한 DNA 양의 증가를 이루며, 엽록체 DNA 복제의 일환으로써 이 메커니즘을 사용하게 된다. 이 복제 모델에서, 만약 가닥 중 하나가 원형이면 포스포디에스터 결합이 깨진다. 이는 자유 3′-하이드록실 말단과 자유 5′-인산 말단을 만들어낸다. 새로운 원형가닥의 합성은 3′ 말단을 상보적 주형으로 뉴클레오티드를 추가하면서 생성된다. 다른 말단은 5′-인산 꼬리로 대체된다. 롤링 원 복제의 최종 결과는 복제되었던 원형 DNA의 유형에 의존한다. 그림의 설명을 통해, 롤링 원 복제의 두 가지 예시 가운데 파지에서와 리보솜 DNA에서의 복제를 살펴보기로 한다.

파지 ϕX174 복제 파지 ϕX174에서 한 번의 복제가 완료되면, 전체 길이, 단일가닥의 원형 DNA가 방출된다(그림 6.25). 파지 ϕX174 복제는 네 가지 단계를 수반한다. (i) 핵산내부가수분해효소가 파지의 이중가닥 복제 형태의 양(+)의 가닥에 틈을 만든다. (ii) 양의 가닥의 5′ 말단이 자리를 이동하면서 틈에 의해 만들어진 자유 3′ 말단은 양의 가닥에 뉴클레오티드를 첨가하기 위해 시발체로 사용된다. 음의(−) 가닥은 주형처럼 사용된다. 또한 복제는 양의 가닥이 단위 길이에 가까워지면서 발생한다. (iii) 치환된 단일가닥(+) DNA의 단위 길이는 핵산내부가수분해효소에 의해 절단되고 원형을 형성하기 위해 말단이 연결된다. (iv) 음의 가닥을 주형으로 사용하여 또 다른 새로운

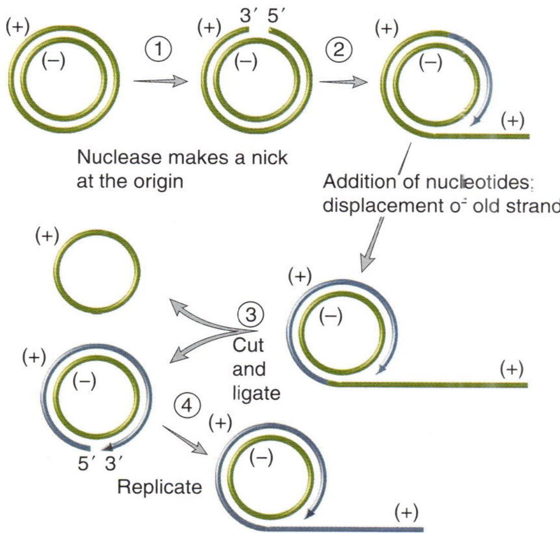

그림 6.25 롤링 원 DNA 복제 모델에 의한 파지 ϕX174 증폭. 이 과정은 원형 파지 유전체의 많은 복사본을 생성하기 위해 계속 반복된다.

양의 가닥을 만드는 복제를 지속한다. 이 과정은 원형 파지 유전체의 많은 복사본을 만들기 위해 몇 번이고 반복된다.

Xenopus 난모세포 라이보솜 DNA(rDNA) 증폭 남아프리카발톱개구리(*Xenopus laevis*)의 난모세포 DNA, 염색체 외의 rDNA 원의 많은 수는 성숙한 개구리 난모세포에서 리보좀의 거대한 남아프리카발톱개구리의 난모세포에서는 성숙한 개구리 난모세포에서 발견되는 대량의 리보솜을 위한 충분한 리보솜 RNA 성분을 생산하기 위해서 매우 많은 염색체 외 티보솜 DNA(rDNA) 원이 필요하다. 증폭된 원형의 이중나선 라이보좀 DNA 발생이 그림 6.26에 보여진다. 지연가닥은 주형과 같은 회전하지 않는 선도가닥과 각각의 오카자키 절편의 RNA 시발체를 사용하여 불연속적으로 신장한다. 하나의 rDNA 반복이 잘려지고 원형을 형성하기 전에, 이중가닥 DNA는 많은 rDNA 반복 단위 길이를 위해 성장한다. 마지막 단계로, DNA 라이게이즈는 말단에 결합하여 원형을 형성한다.

세포소기관 DNA 복제 모델

현재, 세포소기관 DNA의 복제 방법에 대한 합의가 없다. 미토콘드리아 DNA(mtDNA) 및 엽록체 DNA(cpDNA) 복제를 위해 제안된 다양한 모델은 논란이 아직 남아 있다. 엽록체 DNA의 경우, 원형인지 선형이지에 대한 논쟁이 지속되고 있다는 것이다. 대부분 유기체의 연구에서는 2개의 다

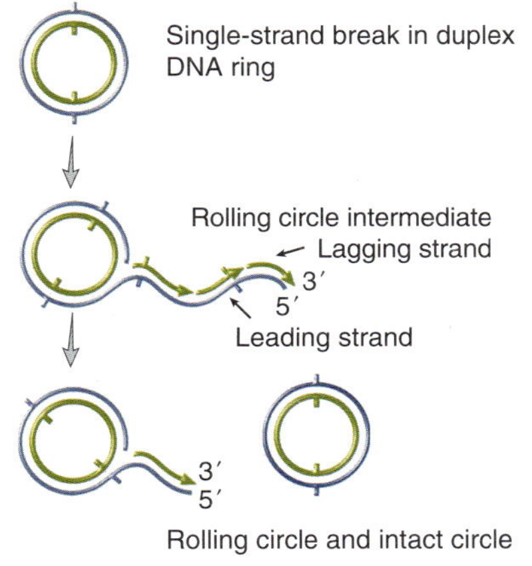

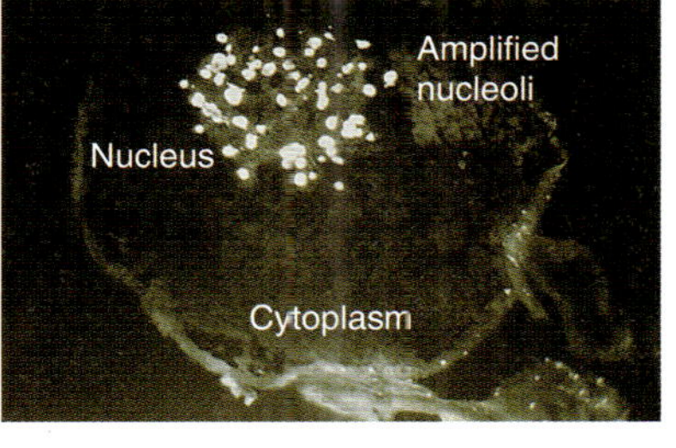

그림 6.26 롤링 원 복제에 의한 *Xenopus* oocyte ribosomal DNA(rDNA) 증폭. 사진은 *Xenopus* 난모세포의 한 부분에서 증폭된 각 rDNA 원 주위에 형성된 핵소체를 보여준다. 증폭된 핵소체는 핵소체 특이적 항체로 면역염색하여 가시화하였다. (출처: Photograph courtesy of Aimee Hayes Bakken, University of Washington.)

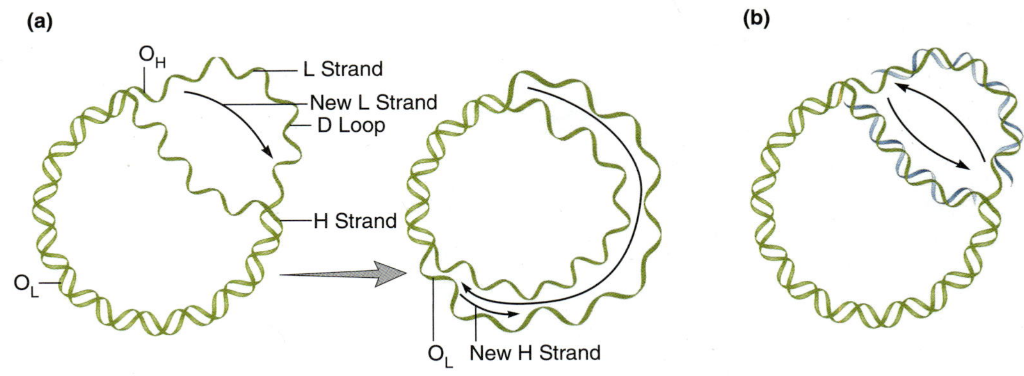

그림 6.27 미토콘드리아 DNA 복제를 위한 모델.
(a) 가닥 변형 모델은 폭넓게 받아들여져 왔다. 복제는 무거운(H) 기원 가닥(O_H)과 가벼운(L) 기원 가닥(O_L)으로부터 단방향성의 가닥이 계속해서 복제될 수 있다. (b) 한 쌍이 된 가닥 모델은 보다 최근에 제시되었다. 이 모델에서 복제는 양방향성이고 약간 불연속적인 모델에서 발생하였으며, 오카자키 단편에 뒤쳐진 가닥의 합성을 포함하고 있다.

른 복제 분기, oriA과 oriB이 mtDNA에서 가닥 대체 모델을 지지하는 것을 제안한다(다음 내용 참조). 그러나 다른 모델은, 세타(θ) 복제 중간을 형성하기 위한 D loop의 결합과 롤링 원형 과정으로의 전환을 위해 2개의 D loop 형성의 시작을 제안한다. 지난 10년 동안, 식물 및 조류에서 cpDNA 및 mtDNA 복제에 관여하는 대부분의 효소가 POP라는 전용 중합효소를 포함하여 "식물 및 원생생물 소기관 DNA 중합효소"에 대한 특성이 규명되었다(표 6.2 참조).

확실하게 알려진 것은 DNA 중합효소 γ가 독점적으로 mtDNA 복제와 수선을 위해서 사용된다는 것이다. 그러나 현재 문헌은 다른 DNA 중합효소도 미토콘드리아에서 작용할 수 있음을 시사한다. 그러나 논란의 여지가 많이 남아 있다(표 6.2 참조). mtDNA 복제 모델로서 두 가지가 제안되고 있다. 먼저, 가닥 교체 모델이라 불리는 모델은 계속되는 DNA 복제를 야기하고, 가닥 결합 모델이라 불리는 다른 하나는 반불연속 DNA 복제를 제안한다.

가닥 교체 모델 포유동물 미토콘드리아 DNA 복제의 **가닥 교체 모델(strand displacement model)**은 길게 지속되는 모델로 가장 널리 인정되었다(그림 6.27a). 이 모델에서, 복제는 원형 주위에서 단방향성이고 각각의 가닥에는 하나의 복제 분기점이 있다. 하나의 가닥은 가벼운 가닥(L)이라 불리고, 다른 가닥은 무거운 가닥(H)이라 불린다. H와 L 가닥의 지정은 기본 조성에서 가닥 치우침 때문에 변성 CsCl 밀도 구배에서 다른 부력 밀도를 갖는 두 가닥의 관찰로부터 기인하였다. 주형가닥당 한 번의 준비만 일어나고, 따라서 2개의 기점(O_H와 O_L)이 있다. 복제는 교체 또는 "D" 고리라고 불리는 지역(500~600 nt)에서 시작한다. 미리 형성된 RNA 시발체는 두 기점에 모두 요구된다. RNA 시발체는 미토콘드리아 RNA 중합효소에 의해 미토콘드리아 DNA의 다른 장소에서 합성된 RNA 전사체로 여겨진다. H 가닥은 먼저 O_H에서 시작하는 새로운 L 가닥을 만들기 위한 주형처럼 사용된다. DNA 중합효소에 의해 미토콘드리아 DNA의 대략 3분의 2가 복제된 후, 복제 분기점은 L 가닥 합성의 주요한 기점을 지나간다. 치환된 H 가닥이 L 가닥 상의 기점을 지난 다음 단일가닥으로 형성되어 드러난 부위는 O_L에서 시작하는 새로운 H 가닥을 합성한다. 합성은 양쪽 가닥 상의 원형 주위에서 연속적으로 일어난다. RNA 시발체는 다기능 엔도리보핵산분해효소 **RNase MRP**에 의해 분해된다. 최근에 리보뉴클레오프로테인 복합체의 RNA 구성에서의 변이는 드문 형태의 왜소증인 연골-모발 형성저하증의 원인이 된다(Disease Box 6.2).

가닥 결합 모델 최근 몇 년 사이에 포유동물 미토콘드리아 DNA 복제의 또 다른 모델로서 **가닥**

Disease Box 6.2

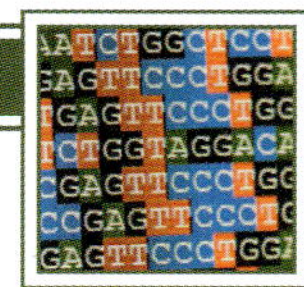

RNase MRP와 연골-모발 형성저하증

엔도리보뉴클레이즈 RNase MRP(미토콘드리아 RNA 공정)는 적어도 두 가지 기능을 가지고 있다. 달리 말하면, mtDNA 복제에서 RNA primer의 분할과 전-리보솜 RNA의 핵의 가공이다. 연구원들이 정리하는 동안 2개로 완전히 분리되어진 세포소기관들에서 RNase MRP의 두 가지 기능은 이 논문에서 몇몇 논쟁과 혼돈을 야기하고 있다. RNase MRP는 리보핵산단백질 복합체이다. RNase MRP의 RNA 구성성분의 돌연변이는 연골-모발 형성저하증이라 불리는 희귀한 형태의 왜소증을 유발한다. 이 장애는 상염색체 열성 방식으로 유전된다. 이 질병은 짧은 사지, 작은 키, 가늘고 듬성듬성한 털, 세포의 면역 감소, 빈혈과 몇몇 암들의 성질들을 포함하고 있는 다발 표현형 발현이다. 왜소증의 형성은 1,000명의 신생아 중 1.5명에서 나타나며, 미국의 oldorder Amish에서 처음 발견되었다. 연골-모발 형성저하증은 또한 핀란드에서 자주 발생하는데, 대략 23,000명의 신생아 중 1명에서 발견된다. 여러 장기 체계에 영향을 미치는 RNase MRP의 기능이 중단되는 것 같다.

결합 모델(strand coupled model)이 제시되었다(그림 6.27b). 연구자들은 2차원 아가로오스 젤 전기영동에 의한 미토콘드리아 DNA 복제 중간체의 분석에서, 지연가닥 복제(L 가닥)는 짧은 오카자키 절편의 불연속적 합성을 포함한 다양한 부위에서 개시되며 다양한 시발체를 요구한다고 제안하였다. 따라서 선도(H 가닥)와 지연가닥 결합 모델에서 합성은 DNA 복제의 반불연속성, 양방향성 방식으로 일어난다. 이 두 모델을 구별하기 위해서는 연구가 더 필요하다. 그 동안에 논쟁은 계속될 것이다.

6.7 텔로미어 길이 유지: DNA 복제, 노화 및 암에서 텔로미어의 역할

연구원들은 DNA 복제의 세부 사항을 연구함으로써, 선형 염색체의 경우 염색체 말단 복제 시 문제가 생긴다는 것을 알게 되었다. 이 **말단 복제 문제(end replication problem)**는 1970년대 초 James Watson과 A. Olovnikov에 의해 정의되었다(그림 6.28). DNA 중합효소는 짧은 RNA 시발체를 요구하고 5′에서 3′ 방향으로만 진행한다. 마지막 시발체가 염색체 말단의 지연가닥에서 제거되면, 이 8~12 nt 지역은 복제되지 않은 상태로 남는다. 그곳에는 틈을 메울 수 있는 DNA 중합효소에 오를 상류 가닥이 없다. 선형 염색체에 이 규칙을 엄격히 적용하면 매회 복제에 비례하여 염색체가 짧아지게 될 것이라고 한다. 이것은 명확하게 항상 그렇지는 않지만, 텔로미어의 단축이 진행되면 결국 염색체 불안정과 세포 또는 세포기관 사멸로 이어진다. 말단 복제 문제의 해결 방안의 발견은 매년 새로운 방식으로 전개되는 흥미진진한 이야기이다. 이 이야기는 진핵세포 선형 염색체의 말단을 보호하는 기능 염색체 구성 요소인 텔로미어에서 시작한다.

텔로미어

텔로미어(telomere)는 1938년 옥수수를 다루었던 Babara McClintock에 의해 확인되었고, 초파리를 다루었던 H.M. Muller에 의해 정의되었다. 텔로미어는 단순한 구아닌(G)-부유 서열의 직렬 반복으로 구성된다. 이 서열은 효모에서부터 섬모충, 식물과 동물에 이르기까지 진화론적으로 보존되었다. 예를 들어, 인간 텔로미어는 100~200개 뉴클레오티드의 3′ 돌출부에 대략 2~150,000 반복된 TTAGGG 서열을 포함한다(그림 6.29). 섬모충 *Tetrahymena*의 서열은 TTGGGG이다. 텔로미

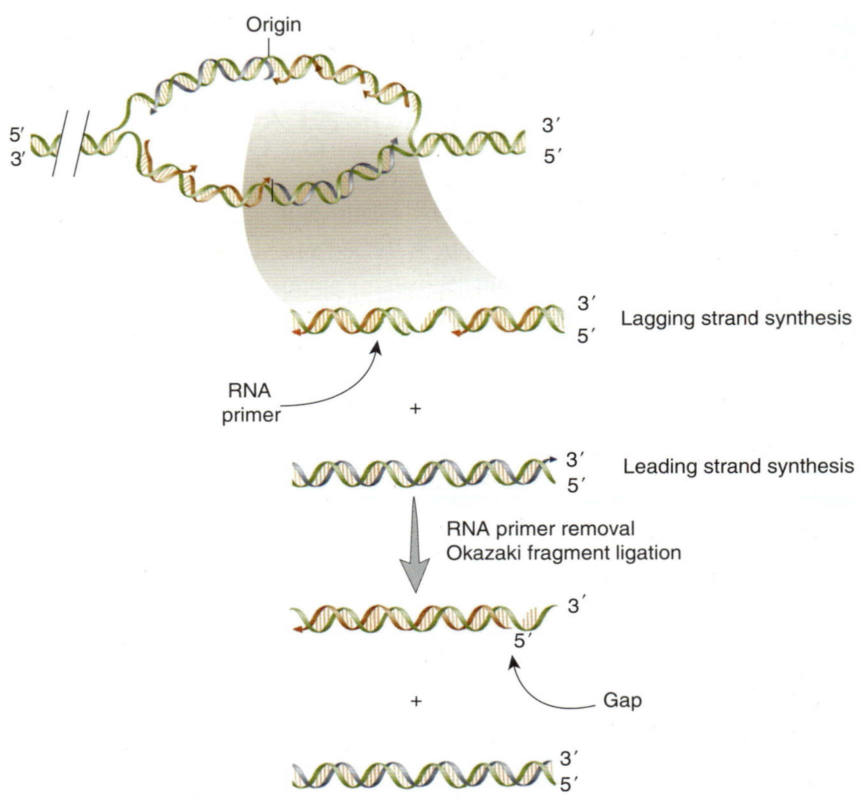

그림 6.28 DNA 말단 복제 문제.
염색체 상의 내부 위치로부터 이동한 복제 분기점은 염색체 말단으로 향해 이동하는 것으로 보여진다. 선도가닥 합성은 마지막 뉴클레오티드까지 멈추지 않고 주형가닥을 복사할 수 있다. 하지만 마지막 시발체가 지연가닥에서 제거되면 8~12 nt 부위는 복제되지 않고 틈으로 남는다. 이 틈은 염색체를 연속적으로 짧아지게 했을 것이다.

어는 적절하게 **쉘터린(shelterin)**이라고 불리는 단백질 복합체와 관련하여 염색체의 끝을 보호하고 염색체의 맨 끝이 이중가닥 파손으로 인식되지 않게 하며, 염색체가 서로 연결되는 것을 막아 안정성을 부여한다. 텔로미어의 손실은 말단과 말단이 이어지는 염색체 융합, 증가된 유전적 재조합 촉진 및 세포자멸사를 통한 세포의 죽음을 유발시킨다.

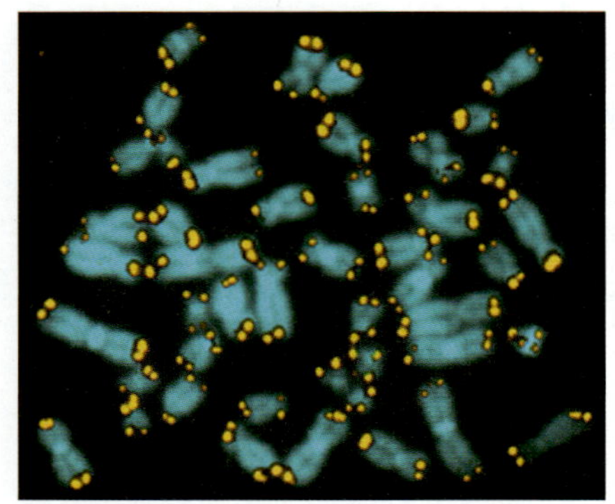

그림 6.29 인간 세포에서 개별 텔로미어의 FISH(Fluorescence *in situ* hybridization) 분석.
DNA는 파란색으로 염색되었고 텔로미어는 노란색 형광점으로 나타나 있다. (출처: Reprinted from Ning et al. 2003. *Human Molecular Genetics* 12:1329–1336, © 2003 Oxford University Press and Yi Ning et al.)

말단 복제 문제의 해결 방안

불완전한 복제 문제에 대한 명쾌한 해결 방안은 1985년 Carol Greider와 Elizabeth Blackburn에 의해 보고되었다. 2009년에, 그들은 Jack Szostak과 함께 텔로미어가 어떻게 복제되는지 이해하는 데에 대한 공헌으로 노벨 의학상을 수여했다. 그들은 연못에 사는 섬모충 원생동물(단일 세포 진핵생물)이 40,000개 이상의 텔로미어를 가지고 있기에 *Tetrahymena thermophila*를 대상으로 이 어려운 문제를 연구했다. 비교해 보면, 대부분의 다른 진핵생물은 100개보다 적은 텔로미어를 갖는다. 그들은 또한 *Tetrahymena*에는 매우 많은 텔로미어가 있기 때문에 말단 복제 문제를 해결하는 데 요구되는 장치의 풍부한 자원이 될 것이라고 가정하였다. 그들의 가설을 실험하기 위해, Greider와 Blackburn은 *Tetrahymena*로부터 세포 추출물을 준비하였다. 그리고 그들은 일련의 반응을 준비하였다. 각각의 시료는 추출물 그리고 합성된 네 가지 TTGGGG 텔로미어 반복서열을 가진 올리고뉴클레오티드 시발체를 포함하고 있다. 시료 간의 차이점은 dATP, dCTP, dGTP, dTTP를 포함하는 ^{32}P로 표시된 염기서열과 표시되지 않은("cold") dNTPs이다. 반응 후에, 그들은 반응물을 전기영동으로 분리시키고서 방사능 사진을 통해 관찰하였다.

Greider와 Blackburn의 실험 결과는 그림 6.30에 보여진다. dATP로 표지된 레인 1

은 오직 점만 보이고, 레인 2와 4는 합성 텔로미어의 신장이 보이지 않는다. dGTP로 표지된 레인 3은 텔로미어의 주기적인 신장이 명확하게 보인다. 선에서 각각의 무리는 하나 이상의 TTGGGG 서열이 첨가된 것을 나타낸다, 완성의 정도에 따라서 다소 변동이 있다. 결과는 예상치 못한 획기적인 것이었다. Greider와 Blackburn은 텔로미어가 반복되면 염색체 말단에 새로운 추가를 촉매하는 텔로머레이즈 말단 이동효소라는 새로운 효소 활성을 발견했다. 후에 그들은 "**텔로머레이즈(telomerase)**"라고 줄여서 명명했다.

그들의 예상하지 못했던 결과를 확인하기 위해서, 그들은 더 많은 부가적 실험을 수행하였다. 부가적인 실험이 책에는 표시되지 않았지만, 높은 농도의 dTTP 또한 텔로미어에 합성될 수 있다는 것을 증명하였다. 레인 5–8은 하나의 표지와 하나의 표지되지 않은 뉴클레오티드로 실험한 결과를 보여준다. 이 실험으로 텔로머레이즈 활성은 dGTP와 dTTP를 둘 다 요구한다는 것을 증명하였다. 레인 9–12는 *Tetrahymena*의 세포 추출물 대신 대장균 DNA 중합효소 I의 Klenow 단편이 포함되었다. 반복이 첨가되지 않았고, 보통의 DNA 중합효소는 텔로미어를 신장하지 못한다는 것을 증명하였다. 레인 13–16은 세포 추출물을 포함하였지만 시발체가 없다. 반복이 추가되지 않았고, 텔로머레이즈 활성은 시발체 같은 텔로미어에 의존한다는 것을 보여준다. 모든 최종 복제 문제에 대한 해결책으로서 텔로머레이즈의 활성을 바라보고 있다. 연구 활동의 활성화에 따라 이 효소의 더 많은 특성을 찾기 시작했다.

텔로머레이즈는 라이보핵산단백질(RNP) 복합체로 알려져 있다 — 이 효소는 RNA 소단위체와 단백질 소단위체를 가지며 둘 다 활성에 필요하다. 1989년 *Tetrahymena*에서 정제된 첫 번째 텔로머레이즈 구성성분은 **텔로머레이즈 RNA(telomerase RNA, TER)** 또는 **텔로머레이즈 RNA 성분(telomerase RNA component, TERC)**이다. 같은 해에, 인간 세포에서 텔로머레이즈 활성이 문서화되었으며 잠재적인 의학적 관련성에 따라 이 RNP에 대한 관심이 높아졌다. 10년 후, 텔로머레이즈의 단백질 성분은 정제되어 RNA 주형을 사용하여 DNA를 합성하는 중합효소인 역전사효소로 특성화되었다. 단백질 성분은 **텔로머레이즈 역전사효소(telomerase reverse transcriptase, TERT)**라고 불린다. 텔로머레이즈 복합체는 또한 일반적으로 RNP 조립을 조절하는 데 중요한 여러 종 특이적 단백질을 포함했다. 2018년에 *Tetrahymena* 텔로머레이즈와 인간 텔로머레이즈 모두 고해상도 극저온 전자현미경에 의해 구조가 밝혀짐으로써, 텔로머레이즈가 작동하는 방식에 대하여 절실히 필요한 통찰력을 제공했다. 이 놀라운 효소가 어떻게 텔로미어를 유지하는지 살펴보겠다.

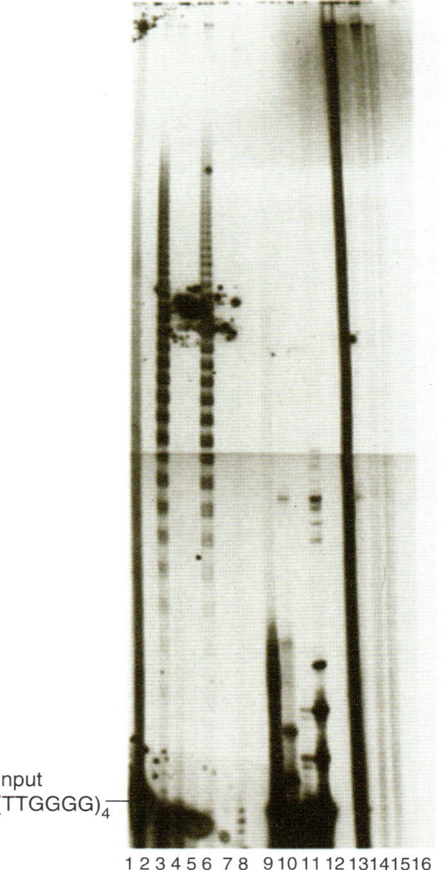

그림 6.30 *Tetrahymena*에서 텔로머레이즈 활성의 증명.

Tetrahymena 무세포 추출물을 TTGGGG 텔로머 반복서열과 함께 반응시킨 후 전기영동과 방사선 자동사진법으로 분석하였다. 각각의 1–4번 레인의 차이점은 ^{32}P로 표지된 뉴클레오티드를 포함하고, 표지되지 않은("cold") 것은 dNTPs로 표시되었다. 5–8번 레인은 각각 레인 하나의 표지된 뉴클레오티드와 표지되지 않은 뉴클레오티드이다. 9–12번 레인은 *Tetrahymena* 무세포 추출물 대신 대장균 DNA 중합효소 I에서 추출한 클레노브 절편을 사용하였다. 13–16번 레인은 무세포 추출물을 포함하지만 시발체를 포함하고 있지 않다. (출처: Reprinted from Greider and Blackburn. 1985. *Cell* 43:405–413, © 1985 Elsevier.)

텔로머레이즈에 의한 텔로미어의 유지

전에 언급 하였듯이, 지연가닥의 합성과 시발체 제거의 완료시 5′ 가닥이 짧아진다. 이 가닥을 C-풍부 가닥(C-rich strand) 또는 C 가닥이라 부른다. 이 짧은 5′ 말단에 12~16개의 뉴클레오티드가 3′ 가닥에 돌출되어 있으므로, G-풍부 가닥(G-rich strand) 또는 G 가닥이라고도 부른다. 연구자들은 텔로머레이즈 RNA에 C 가닥 텔로미어 반복 부위와 상보적인 지역이 있다는 것을 발견했다(그림 6.31). RNA가 텔로미어 반복을 합성하기 위한 주형을 제공한다. RNA의 유사 매듭 구조는 반복 추가의 진행성에 중요하다(그림 6.32; 3차 구조의 경우 그림 3.8 참조). 반직관적으로, 텔로머레이즈는 짧은 5′ 지연가닥을 연장하지 않는다. 대신에 텔로머레이즈는 지연가닥 5′ → 3′을 위한 3′ 주형을 신장시킨다(그림 6.31 참

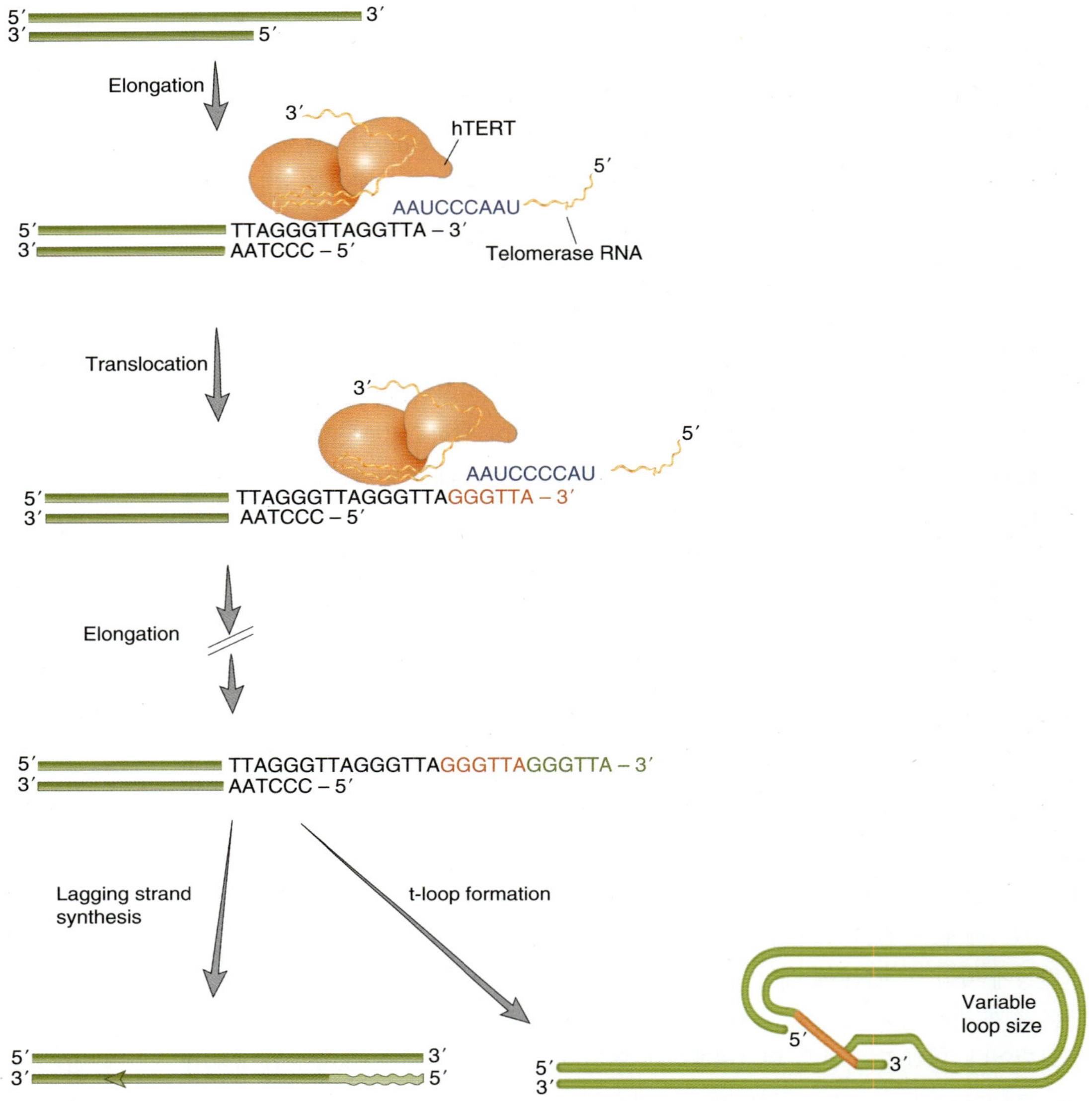

그림 6.31 인간 텔로머레이즈에 의한 텔로미어 DNA의 합성.
염색체 말단에 있는 G-부유 돌기의 3′ 뉴클레오티드는 텔로머레이즈 RNA에 있는 서열과 상보적으로 염기쌍을 형성한다. 3′ 말단은 RNA를 주형으로 사용한 dGTP, dTTP 및 dATP의 첨가에 의해 신장된다. DNA말단의 신장은 C-부유 텔로미어 가닥의 지연가닥 합성을 위해 주형으로 사용하는 텔로머레이즈 및 또는 DNA pol α/프라이메이즈에 의해 다른 신장을 일으키는 데 이용할 수 있게 된다. 선택적으로 3′ 돌기는 T 고리 구조로 접힌다.

조). 텔로미어 말단의 신장은 하나의 텔로미어 반복의 첨가를 유발한다. 재정위는 지연가닥을 위하여 주형 상에서 복제를 하게 한다. 반복된 전위와 신장 과정은 직렬 반복의 배치를 가진 염색체 말단을 형성한다. 3′ G 가닥의 신장 후, 짧아진 5′ C 가닥의 합성은 텔로미어 DNA 이중가닥을 만드는 데 필요하다. 그러나 이 과정의 자세한 사항은 효모와 섬모충에서만 조사되었다. 대신에, 3′ 돌출 부위는 **텔로미어 루프(telomeric loop; t-loop)** 구조로 접힌다.

C 가닥 메움이 DNA pol α/프라이메이스, DNA 중합효소 δ, RFC 및 PCNA를 포함한 지연가닥 복제 장치에 의해 실행되는 *S. cerevisiae*(효모)와 *Euplotes crassus*(hypotrichous 섬모충)은 좋은 증거이다. *E. crassus*에서는 텔로머레이즈와 DNA pol α/프라이메이스 사이의 물리적 연결과 동등한 조절로 텔로미어의 G와 C 가닥을 합성한다. *S. cerevisiae*에서는 텔로머레이즈와 DNA pol α/프

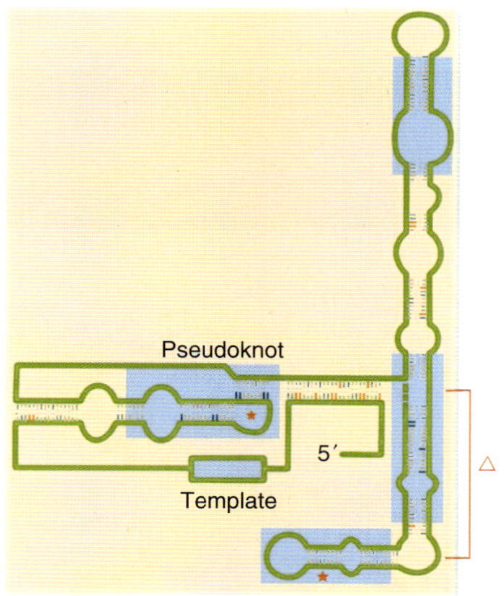

그림 6.32 척추동물 텔로머레이즈 RNA의 2차 구조. 보존된 구조적 모티프(파란색 상자)의 위치와 선천성 각화이상증과 연결된 텔로머레이즈 RNA 유전자의 돌연변이(빨간색 기호)가 표시된다. (출처: Adapted from Smogorzewska, & de Lange, T. 2004. *Annual Review of Biochemistry* 73:177–208, copyright © 2004 Annual Reviews.)

라이메이스는 직접적으로 연결되지 않는다—G-돌기 결합 단백질에 의해 다른 효소가 텔로미어에 보충되는 듯하다.

텔로미어 길이 유지의 다른 방식

텔로머레이즈를 기반으로 한 말단의 유지는 매우 고전적인 방법으로 생각된다. 텔로미어 길이 유지의 텔로머레이즈 중간체 방식은 진핵세포 중에 섬모충에서 효모, 사람까지 광범위하다. 예외적으로 과일파리 *Drosophila melanogaster*는 텔로머레이즈 활성이 없다. 대신에 과일파리는 텔로미어 반복의 복합적인 배열을 형성하는 염색체 말단에 큰 레트로 트랜스포손 (10장 참조)을 주기적으로 첨가하여 텔로미어를 유지한다. 다른 유기체에서조차 텔로머레이즈는 단지 텔로머의 길이에만 영향을 주진 않는다. 인간 세포와 곰팡이에서, 텔로미어는 또한 재조합에 기초한 메커니즘에 의해 유지되고 핵산외부가수분해효소의 작용에 의해 짧아진다—예를 들어, 텔로머레이즈 음성 종양에 존재하는 텔로미어의 재조합-의존적 **대안적 연장(alternative lengthening of telomeres, ALT)** 경로—그리고 엑소뉴클레에이스의 작용에 의해 단축될 수 있다. 이중가닥 DNA 파손이 텔로머레이즈 음성 암세포의 텔로미어에서 발생하면, 이 DNA 손상이 "절단 유도 텔로미어 합성"이라고 하는 ALT의 기초가 되는 과정을 촉발한다. 이중가닥 파손은 RFC, PCNA 및 DNA 중합효소 δ에 의해 빠르게 결합된다. 이 형태의 상동 재조합에서, 단백질 복합체는 상보적인 DNA 가닥을 주형으로 사용하여 긴 텔로미어 DNA를 합성한다.

텔로미어에 텔로머레이즈 모집

텔로머레이즈는 세포당 약 250개 사본으로 존재하며, 세포 주기의 S기 동안에만 텔로미어에 모집된다. 나머지 세포 주기 동안 텔로머레이즈는 Cajal 소체에 집중된다(11장 참조). 이 작은 텔로머레이즈 개체군은 텔로미어를 찾기 위해 Cajal 신체에서 어떻게 이동하는가? 이 질문에 답하기 위해 연구자들은 움직임을 추적하는 우아한 실험을 개발했다. 그들은 세포에서 CRISPR(clustered regular interspaced short palindromic repeat)-Cas9-매개 유전체 편집을 사용하여 내인성 TERT(텔로머레이즈의 역전사효소 구성 요소) 및 TRF2(텔로미어에서 쉘터린의 구성 요소)에 대한 유전자좌에서 형광 단백질에 대한 암호화 영역을 도입했다. 따라서 TERT는 적색 형광 융합 단백질로, TRF2는 녹색 형광 융합 단백질로 표현된다(이러한 기술에 대한 정보는 13장 및 14장 참조). 그들은 또한

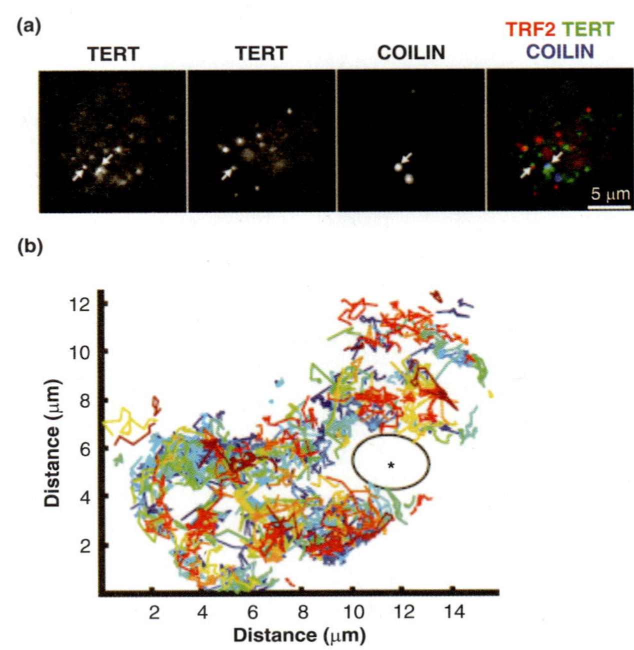

그림 6.33 텔로미어에 텔로머레이즈 모집.
(a) S 단계의 살아있는 세포 동영상의 정지 이미지. 텔로머레이즈(TERT, 녹색), 텔로미어(TRF2, 빨간색) 및 Cajal 몸체(코일린, 파란색)를 동시에 시각화했다. 흰색 화살표는 colocalization을 나타낸다. (b) 45초 영상에서 감지된 모든 텔로머레이즈(TERT) 궤적. 별표로 표시된 "미개척" 영역은 텔로머레이즈가 핵소체를 피한다는 것을 보여준다. (출처: Schmidt, Zaug, & Cech. 2016. Cell 166: 1188-1197. Fig. 2B, D © 2016 Elsevier.)

청색 형광 단백질 태그 코일린(Cajal 신체의 구성 요소)에 대한 발현 플라스미드를 세포에 도입하여 Cajal 신체를 추적했다. 연구자들은 단일 분자 생세포 현미경을 사용하여 개별 단백질이 실시간으로 움직이는 것을 관찰할 수 있었다. 그들이 관찰한 것은 빠르고 역동적이었다. 텔로머레이즈의 약 85%는 핵 직경의 약 30%에 해당하는 거리에서 초당 4~5 μm를 가로질러 빠른 확산으로 핵을 "탐색"한다(그림 6.33). 텔로미어에 대한 광범위한 "검색"에서 텔로머레이즈는 S 단계에서 각 텔로미어와 수천 번 접촉할 수 있지만 안정적으로 결합되는 경우는 거의 없다. 하지만, 결합할 때 텔로머레이즈는 작용할 준비가 된다.

텔로머레이즈 활성의 조절

유전체 길이 유지의 한 부분은 텔로미어 보호와 관련된다 — 텔로미어는 또한 너무 짧거나 길어지지 않아야 한다. 텔로머레이즈의 활성은 어떻게 조절되는가? 효모에서 인간에 이르기까지 모든 세포기관에서 텔로미어 길이 조절은 텔로머레이즈에 텔로미어의 접근성을 포함한다. 불완전한 복제에 의해 텔로미어가 짧아지면서 단백질 결합 부위의 수는 감소하고, 텔로머레이즈에 접근을 복원하기 위해 염색질이 풀린다. 텔로미어 특이적 단백질 복합체인 쉘테린은 염색체 말단을 보호하는 역할을 하며, 접힌 염색질 구조를 형성하여 텔로미어에 대한 텔로머레이즈의 접근을 방지할 수도 있다(그림 6.34). 쉘테린은 6가지 단백질로 구성되어 있다: POT1(텔로미어 보호), TRF1(TTAG-GG 반복 결합 인자 1), TRF2(TTAGGG 반복 결합 인자 2), RAP1(억제 활성 단백질 1), TIN2 (TERF1-상호작용 핵 인자 1) 및 TPP1(원래 TINT1/PTOP/PIP1로 명명됨). POT1은 3′ 단일가닥 DNA 꼬리에 결합하는 반면, TRF1과 TRF2는 텔로머 이중가닥 DNA-결합 단백질이다.

포유류, 새(닭), 원생동물(*Trypanosoma brucei* 및 *Oxytricha fallax*), 정원 완두콩(*Pisum sativum*)을 포함한 광범위한 진핵생물에서, 텔로미어 DNA는 독특한 t-loop 구조를 형성하는 것으로 나타났다(그림 6.35). 이 구조에서, 3′ 단일가닥 DNA 꼬리는 이중가닥 텔로미어 DNA를 침범하여 3′ 돌출부가 C 가닥 서열과 염기쌍을 이루는 루프를 형성한다. 텔로머레이즈가 기능을 위해 짝을 이루지 않은 3′ 말단을 필요로 하므로, 루프는 쉘터린과 관련하여 텔로머레이즈 접근을 방지하는 데 도움이 될 수 있다. 또한, G-quadruplexes(2장 참조)는 텔로미어 DNA에서 형성되는 경향이 있

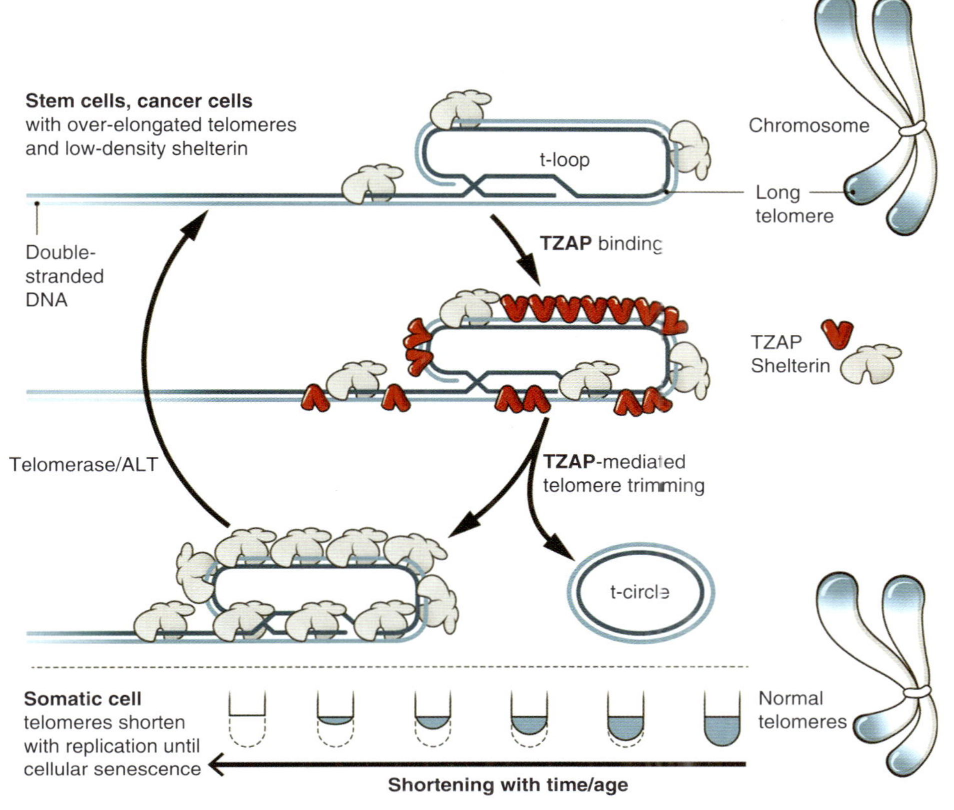

그림 6.34 텔로미어 길이 조절 모델.
쉘레틴 복합체는 텔로미어를 보호하고, 고밀도일 때 t-loop 형성과 함께 텔로머레이즈 활성을 차단한다. TZAP는 텔로머레이즈 및 ALT(텔로미어의 대체 연장) 경로의 작용을 통해 지나치게 길어지는 텔로미어의 급속한 단축을 유발한다. (출처: Redrawn from Lossaint and Lingner. 2017. *Science* 355:578–579.)

다. 이 2차 구조는 텔로머레이즈 활성을 차단할 수 있다. 재활성화된 텔로머레이즈는 악성 종양의 90% 이상에 존재하므로, 암 치료 표적으로 G-quadruplexes의 소분자 안정제에 관심이 있다. 텔로미어 t-루프는 **텔로미어 트리밍(telomere trimming)**이라고 하는 지나치게 긴 텔로미어를 줄이는 과정에도 관여한다. 징크 핑거 단백질 TZAP는 쉘레틴이 적게 존재하는 지나치게 긴 텔로머 반복에 직접 결합하고, t-루프를 신속하게 절제하여 t-원으로 방출한다(그림 6.34 참조). TZAP가 텔로미어 트리밍을 유발하는 정확한 방법은 아직 연구 중이다.

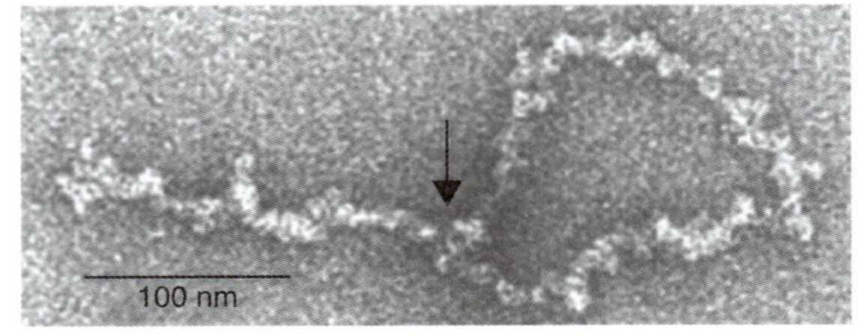

그림 6.35 닭 적혈구의 염색질에 있는 t-루프를 보여주는 전자현미경 사진.
화살표는 루프-테일 접합을 나타낸다. (출처: Reproduced from Nikitina and Woodcock. 2004. *Journal of Cell Biology* 166:161–165, © The Rockefeller University Press.)

텔로머레이즈, 노화 및 암

대부분의 단세포 생물에서 텔로머레이즈는 그것의 중심 성분이 항상 발현된다는 의미인 “housekeeping” 기능을 갖는다. 또한, 텔로머레이즈는 무척추동물의 체세포, 어류, 양서류, 파충류에서도 그 활성이 계속된다. 연구자들은 텔로머레이즈 활성이 힘을 가진 동물들의 수명 동안 엄청난 에너지의 재생을 위해 요구된다고 주장한다. 대조적으로, 조류, 많은 포유동물 및 사람에 있어서 대부분의 체세포 염색체 복제 주기 동안 일정 텔로미어 길이를 유지하는 데 충분한 텔로머레이즈를 발현하지 않는다(표 6.3). 높은 수준의 텔로머레이즈 활성은 난소, 정소, 몇몇 분열하는 상피세포 및 림프구로 제한된다. 성체 **줄기 세포(stem cell)** — 무제한으로 분열할 수 있고, 하나 또는 몇 개의 다른 세포를 발생시킬 수 있는 분화하지 않은 세포 — 는 약한 텔로머레이즈 활성을 가진다. 인간 **섬유아세포(fibroblast**; 결합 조직 세포)에서 텔로머레이즈 활성의 수준은 표준 분석으로는 탐지할 수 없다. 최근에 고감도의 기술을 사용한 연구원들은 섬유아세포에서 약간

표 6.3 텔로머레이즈 활성.

Cell type	Telomere length	Telomerase activity
Single-celled eukaryotes, e.g. *Tetrahymena*	Maintained	+
Human germline cells, e.g. sperm, oocytes (eggs)	Maintained	+
Human somatic cells:		
Not rapidly dividing, e.g. fibroblast cells	Progressively shorten (50–200 nt/division)	–[a]
Rapidly dividing, e.g. epidermis, bone marrow, gastrointestinal mucosa	Maintained	+
Human malignant cancer cells (advanced tumors)	Maintained	+

[a] 섬유아세포에서 일시적, 주기적 발현이 낮은 수준으로 발생한다.

의 텔로머레이즈 활성을 보였다. 그러나 텔로머레이즈의 발현은 일시적으로 나타났고, 전체적인 텔로미어 길이를 안정시키지 못했다. 이 관찰에서 텔로머레이즈의 주기적인 발현보다 연속적인 발현이 인간 체세포에서 텔로미어 길이의 안정된 유지를 위해 요구된다고 한다. 텔로미어의 유지 방법이 없을 경우, 곰팡이, 트리파노소마, 파리 및 모기는 세포 분열마다 말단에서 3~5 염기쌍의 비율로 말단 서열을 잃는다는 것이 실험적으로 나타났다. 대조적으로, 사람과 쥐의 텔로머는 세포 분열당 50~200 뉴클레오티드가 더 빨리 짧아진다.

텔로머레이즈와 노화: 헤이플릭 한계 위에서 설명된 관찰은 "헤이플릭 한계"로 알려진 현상을 설명하는 데 제공한다. 1962년에, 레너드(Leonard Hayflick)는 오랜 정설과 상반되게 배양된 보통의 인간과 동물 세포는 한정된 복제 능력 — **헤이플릭 한계(Hayflick limit)**라 불리는 세포 분열 정지 지점 — 을 갖는다는 것을 발견했다. 죽는 세포와 죽지 않는 세포 사이의 구분은 대다수 현대 암 연구에 기초를 둔다. 체세포가 견딜 수 있는 분열 횟수의 한계는 연속적으로 텔로미어가 짧아지는 것의 결과가 된다고 제시된다. 헤이플릭 한계 후 텔로미어의 단축은 돌이킬 수 없는, 더 이상의 세포 분열 없이 지속된 세포의 생존 능력으로 묘사된 세포의 **노화(senescence)** 상태를 발생시킨다.

텔로미어 단축: 노화의 분자시계? 세포의 노화와 텔로머레이즈 활성 사이의 상호작용에 근거를 두고서, 과학자들은 텔로미어 단축이 노화를 유발하는 "분자시계"라고 제안하였다. 이 제안은 일반 대중의 상상을 붙잡았다. 텔로머레이즈의 재가동은 대중매체를 통하여 "젊음의 분수"로 불리우며 환영받았다. 반대로 세포 노화는 암세포가 되기 위해 필요한 모든 변화를 축적하는 데 많은 분열이 필요하기 때문에 "암 브레이크"로서 역할을 하여 다세포 유기체를 암으로부터 보호하는 중요한 메커니즘일 수 있다. 암세포의 특징 중 하나는 불멸화되고 통제할 수 없을 정도로 성장할 수 있다는 것이다(15장 참조). 인간 암세포의 85~90%에서 텔로머레이즈가 재활성화되었다. hTERT의 프로모터 영역에 있는 체세포 돌연변이는 암에서 가장 흔한 비암호화 돌연변이이지만, 일부 암세포는 텔로미어 유지를 위해 ALT 경로도 사용한다. 따라서 텔로머레이즈는 노화 방지 요법보다 항암 요법의 더 매력적인 표적이 될 수 있다. 그러나 20년이 넘도록 승인된 텔로머레이즈 표적 치료제는 아직 없다.

텔로미어 단축과 노화 사이의 관계에 대한 직접적인 증거 위에 설명된 관찰로부터 세포 분열의 수를 기록하는 분자 계산 장치 같은 텔로미어의 기능이 제시되었다. 그들은 특정 길이까지 텔로미어가 짧아지면 분열을 막는다. 몇몇의 증거들은 텔로미어 단축과 노화 사이의 인과 관계에 대한 이 모델을 지지한다. 이것은 배양된 인간 세포와 형질전환 쥐에서의 실험을 포함한다. 그러나 텔로미어 길이, 텔로머레이즈 활성 및 세포의 수명 사이의 관계는 처음의 생각보다 훨씬 더 복잡한 것으로 밝혀졌다. 텔로머레이즈 활성이 없는 세포에서는 텔로미어의 단축이 세포 분열의 수를 측정하는 데 항상 사용되지는 않는다. 예를 들어, 짧은 텔로미어의 길이가 세포의 노화로 진입하는 것과 서로 관련이 없는 경우의 보고서가 있다. 텔로미어의 단축과 노화 사이의 관계를 뒷받침하는 세 가지의 증거를 살펴보자.

1 ***정상 인간 체세포 상의 텔로머레이즈의 실험적인 활성의 효과.*** 1998년 정상 인간 체세포 상의 텔로머레이즈의 실험적인 활성의 효과를 시험하기 위한 실험이 수행되었다. 제한하는 체세포의 구성성분은 역전사효소(hTERT)이다. 역전사효소 유전자의 전사 억제는 텔로머레이즈 활성을 잃게 한다. 반면에, 텔로머레이즈 RNA의 발현은 사실상 어디에나 존재한다. 2개의 텔로머레이즈-음성적인 정상 인간 세포 형태: 망막 색소 상피세포와 포피섬유아세포에서 비슷한 실험이 수행되었다. 플라스미드 DNA 벡터만 있는 ("공벡터") 조절 세포에서 텔로머레이즈 활성을 발견할 수 없는 정상 수명을 가진 세포가 전해졌고(9장의 방법 참조), 그들의 텔로미어는 한번 분열할 때 100 뉴클레오티드를 잃으면서 짧아진다. 약 20번 분열 후 그들은 노화(염색체 말단에서 몇 개의 킬로베이스 쌍이 손실되었을 때)되었고, 분열하지 않는 상태가 되었다(그림 6.36). 실험용 세포에서 hTET의 유전자를 포함한 플라스미드 DNA 벡터가 전해졌다. 이 세포에서 텔로머레이즈 활성은 회복되었다. 이 결과에서 뜻하는 것은 세포가 뚜렷하게 수명이 크게 늘어났다는 것이었다. 정상 수명의 20배 이상이 지난 후에도 그들은 아직 표현형적으로 젊었는데, 이것은 그들이 일반적인 핵형(예, 한쪽 끝과 다른 한쪽 끝을 잇는 융합을 하지 않음)을 가졌으며, 텔로미어가 길게 남아 있다는 것을 뜻한다.

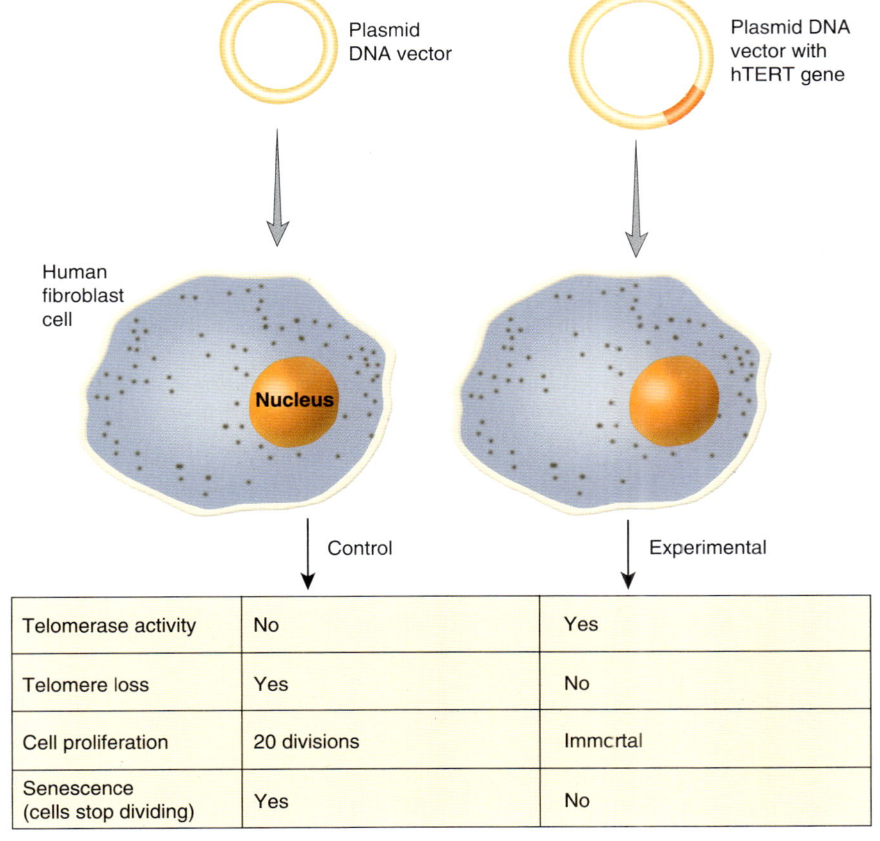

Telomerase activity	No	Yes
Telomere loss	Yes	No
Cell proliferation	20 divisions	Immortal
Senescence (cells stop dividing)	Yes	No

그림 6.36 텔로머레이즈 활성으로 수명 증가. 플라스미드 DNA 벡터와 hTERT 유전자를 포함한 플라스미드 DNA 벡터가 텔로머레이즈 활성이 없는 인간섬유아세포에 전해졌다. 텔로머레이즈 활성이 회복되면 세포는 지속적으로 분열하고 텔로미어는 유지된다.

2 ***텔로머레이즈가 결핍된 쥐의 통찰.*** 유전자의 두 대립형질이 결손되도록 쥐를 설계할 수 있다(그림 13.21 방법 참조). 이런 쥐를 "**녹아웃**" 쥐라고 한다. 텔로머레이즈 RNA를 구성하는 쥐를 녹아웃하였다. 텔로머레이즈 RNA 구성성분이 결핍된 쥐의 세포를 배양하였고, 세포는 20번 분열 후에도 여전히 분열하였다. 따라서 그들은 처음으로 쥐와 인간은 그들의 텔로머레이즈 조건에 대하여 근본적으로 다르다고 생각되었다. 하지만, 300번 분열 후에 세포는 심한 성장 부족과 연속적인 텔로미어 단축을 보였다. 무슨 일이 있었던 걸까? 이에 대한 설명은 쥐는 인간 텔로미어(10~60 kb) 길이보다 3배 이상으로 매우 긴 텔로미어로 시작한다는 것이다. 따라서 연구진이 더 길어진 텔로미어를 고려하기 위해 세포를 장기간 배양하였을 때 그들은 효과를 보았다. 450번 분열 후 세포 성장이 멈추었다.

비슷하게, 텔로머레이즈 RNA가 결핍된 녹아웃 쥐에서 쥐의 초기 세대는 완전한 정상으로 나타났다. 그러나 텔로미어가 효과를 나타낼 만큼 충분히 짧아진 16번째 세대에서 이른 노화와 세포 노년기로 바뀌는 것이 관찰되기 시작했다. 그들은 정자 형성의 결함, 조혈 세포 (혈구 전구체) 분열의 손상, 치유 반응의 손상, 탈모 및 소화 장벽이 변화하였다. 연구자들은 즉시 분명한 연관성에 부딪혔다—유전적 장애가 일어난 선천성 각화이상증을 가진 환자는 후기에 발생한 텔로머레이즈 결함 쥐의 표현형과 매우 비슷한 증상을 가졌다(Disease Box 6.3).

Disease Box 6.3

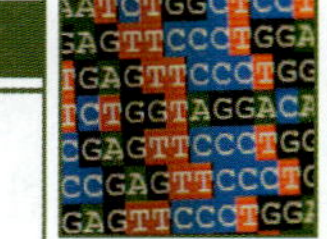

각화이상증: 텔로머레이즈의 활성 감소

텔로미어의 구조와 기능의 변화는 노화가 진행되는 동안 발생한다. 나이가 들수록 짧아지는 텔로미어는 건강이 악화되는 것과 관련이 있다. 살아가는 데 있어서 텔로미어의 기능이 천천히 감소되어지는 것은 아마도 보다 불안정한 유전체를 생성하고 암의 발생에 공헌하였을 것이다. 적어도 성숙 이전 노화병 사람들 중 한 명은 선천성 각화이상이 텔로머레이즈 기능과 관련 있다.

선천성 각화이상증은 세포가 빠르게 증식하거나 텔로머레이즈가 정상적으로 발현되는 곳에 문제를 가지고 있는 환자에서 드물게 유전되는 질병이다(표 1). 전 세계적으로 180개의 사례가 보고되어져 있다. 환자들은 피부에 비정상적인 색소 형성, 손톱 영양 부족(물결이 생기고, 손톱이 깨져 없어짐), 빠른 노화, 강경변, 소화기관 장애를 겪는다. 약 70%의 사례에서 이 질병은 골수 이상과 관련되어 결국 빈혈과 출혈 또는 감염 위험 증가로 이어진다. 또한 피부암과 위암이 증가하고 있다. 증상은 보통 어린 시절에 나타난다. 피부 색소침착과 손발톱 변화가 일반적으로 10세 이전에 처음 나타난다. 보다 구체적으로 보면, 20~30세 가량이 되면 골수 기능 상실로 인한 합병증과 악성으로 발전할 수 있다. 골수 기능 상실로 인해 보통 16에서 50세 사이에 사망한다. 이 질병은 X-링크(X-linked) 열성 질환과 상염색체 우성 질환의 두 가지 형태가 있다.

X-링크되어진 열성 각화이상증

디스캐린이라 불리는 단백질을 암호화하는 유전 부위에서의 돌연변이는 X-링크되어진(X-linked) 열성 각화이상증을 유발한다. 디스케린 유전자는 1998년에 발견되었다. 디스케린은 많은 양의 핵소체내 저분자와 결합하여 유사 우리딘을 만들고, 이는 리보솜 RNA 공정에서 많은 역할을 한다고 제안된다. 이 기능을 더 살펴보면, 이는 핵소체 안에서 발견되며 리보솜의 조립은 세포의 핵 안에서 이루어진다. 디스케린 돌연변이를 갖는 환자는 그렇지 않은 형제보다 5배 낮은 텔로머레이즈 RNA의 양을 갖고, 디스케린은 텔로머레이즈 RNA의 진행성과 안전성에 영향을 준다. 더 많은 분석의 결과, 텔로머레이즈 RNA는 디스케린-결합 모티프를 가지고 있다. 텔로머레이즈 활성과의 상관관계에서, 백혈구 세포와 섬유아세포를 포함하는 많은 환자 세포들에서 텔로머레이즈가 비정상적으로 짧았다. 단일 아미노산의 치환에 의한 유전자 돌연변이에서, 단일 아미노산

표 1 각화이상증의 증상

Organ system	Defect in dyskeratosis congenita
General	Reduced telomerase activity, abnormally short telomeres, age-dependent increase in chromosomal rearrangements
Hair	Hair loss (including eyelashes and eyebrows), premature graying
Mouth	Precancerous oral lesions (leukoplasia), tooth loss, cavities
Skin	Abnormal pigmentation, skin cancer
Finger and toenails	Nail dystrophy
Lung	Fibrosis
Liver	Cirrhosis
Intestine	Gut disorders, cancer
Testes	Hypogonadism (defects in sperm formation)
Bone marrow	Poor wound healing, frequent infections, failure to produce blood cells

이 바뀌어도 단백질의 기능을 제거하지는 않는다. 예를 들어, 활성이 없는 돌연변이 텔로머레이즈는 리보솜 생합성에서 디스케린의 다른 역할에 영향을 미치지 않는다.

보통염색체 우성 소질의 각화이상증

각화이상증의 보통염색체 우성 소질 형성은 텔로머레이즈 RNA 유전자에서 돌연변이를 야기시킨다. 텔로머레이즈 RNA와 이 장애 사이의 연관성은 2001년에 입증되었다. 질병은 텔로머레이즈 RNA의 기능 일부를 잃는 것을 야기하고, 제거되어 이동한 것 또는 1개 또는 2개의 싱글 염기가 변화한 것을 이동하는 것을 야기한다. 돌연변이 분열은 RNA의 기초 구조에서 중요하다. 돌연변이들은 슈도노트 도메인에서 발견되었다. 또한 X-링크되어진 질병의 열 형성은 텔로머레이즈가 정상적으로 발현되어 분열된 세포 형태에서 짧은 텔로미어는 비정상적으로 발현된다.

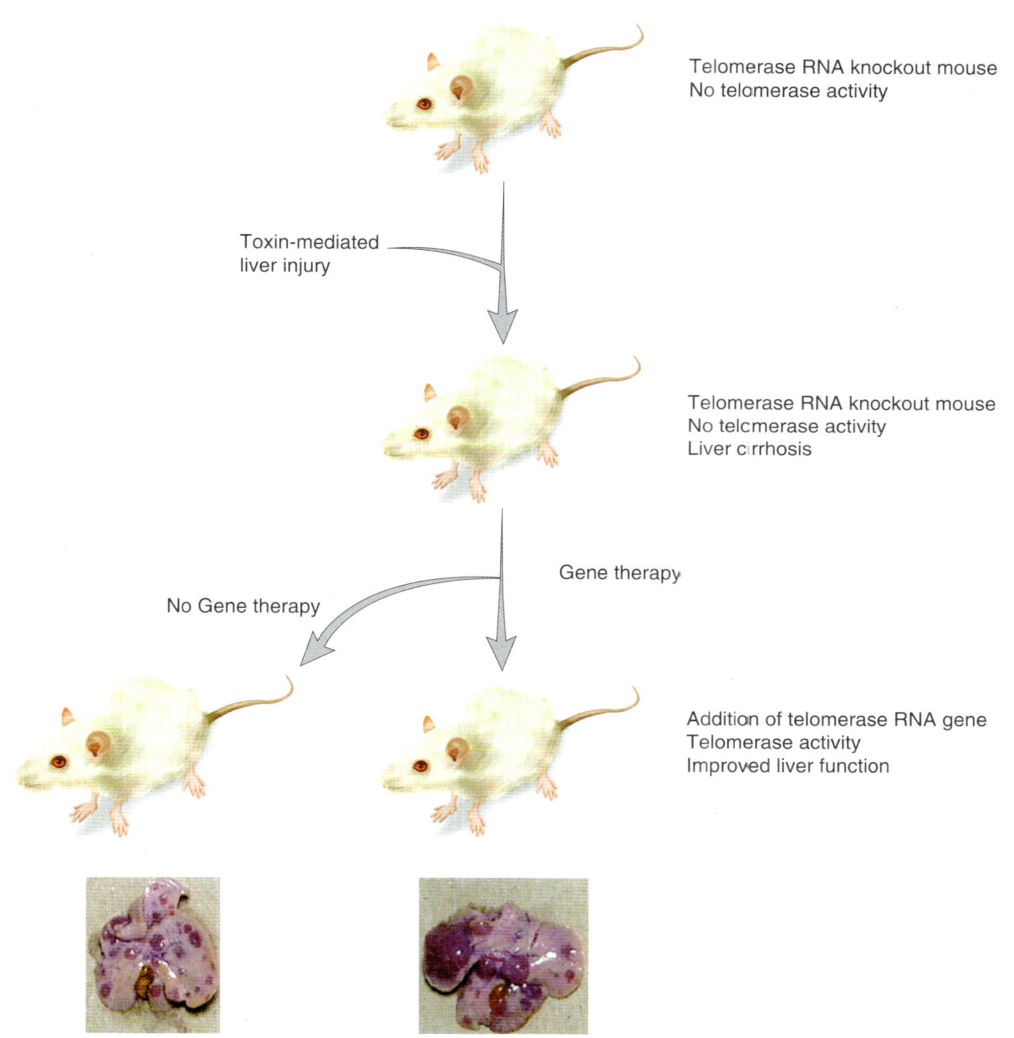

그림 6.37 텔로머레이즈 유전자 치료.
텔로머레이즈 RNA 유전자에 의한 텔로머레이즈의 재활성은 마우스의 간경변증과 같은 간 기능을 증진시킨다. (확대 그림) 텔로머레이즈 활성이 있는 쥐(왼쪽)와 텔로머레이즈 활성이 결핍된 쥐(오른쪽)의 간을 비교한 사진. 텔로머레이즈 활성이 결핍된 쥐의 작은 재생결절(보라색)이 또렷이 보인다. (출처: Reprinted from Rudolph et al. 2000. *Science* 287:1253–1258, © 2000 AAAS.)

3 ***간경변의 유전자 치료.*** 인간의 만성 알코올 중독 간경변—간의 쓰라린 상처. 간경변 환자에서 과도한 텔로미어의 단축이 발견되었다. 가능한 치료방법은 간이식이다. 이 가능성을 시험하기 위해서, 텔로머레이즈 유전자 전달을 통해 생쥐에서 간경변증을 억제하려는 실험을 수행했다(그

림 6.37). 이 실험에는 텔로머레이즈 결함 녹아웃 쥐가 사용되었다. 먼저, 간경변은 독소를 매개로 한 간 손상, 특별히 사염화탄소 용액 처리에 의해 실험적으로 유도되었다. 이 결과에서 높은 세포의 교체와 텔로미어의 단축이 발생하였다. 텔로머레이즈 RNA를 운반하는 아데노바이러스 벡터의 주입으로 텔로머레이즈 활성이 회복되었고, 간의 손상이 줄고 간 기능이 향상되었다. 물론 다른 변수로 종양 형성이 가능하기 때문에, 이런 유전자 치료 전략은 아직 인체 실험으로 까지는 진행되지 않았다.

장 요약

이중가닥 DNA는 반보존적 방법에 의해 자가복제를 한다. 부모의 분리된 가닥은 각각의 새로운 상호 보완적인 가닥을 만들기 위한 형판의 역할을 한다. 가장 일반적인 DNA 복제의 구성은 반불연속적인 면이다. 일단 준비된 계속적인 복제는 선도가닥 위에서 가능하다. 다른 가닥은 반대 방향의 오카자키 절편들의 성형이 일관성 없이 복제된다. 5′ → 3′ 방향으로 복제될 두 가닥은 가능하다. 그러나 과정은 다른 메커니즘들을 포함한다.

진핵세포에서의 DNA 복제는 별개의 원자핵 속에 구획 또는 복제 공장들에서 발생한다. 히스톤은 DNA로 복제 기구의 접근 가능한 복제의 근원에 의해서 제거된다. 복제의 근원은 개시 분기점의 두 방향으로 작용하는 한 쌍이 시작하는 염색체 DNA에 위치하고 있다. *E. coli*에는 단일의 명확한 근원이 있다. 진핵생물에서 양방향 복제는 약 50 kb마다 간격을 두고 있는 많은 AT가 풍부한 내부 구간에서 시작된다. 다세포의 동물들에서 발현하는 동안, 복제의 근원에는 선택적인 활성 또는 억제가 있다. 효모에는 일치 유전자 배열이라 불리는 자율적인 복제 유전자 배열(ARS)이 있다. 그러나 포유류의 기원에는 명확한 일치 유전자 배열이 없다. 복제와 전사가 일어나는 동안, DNA 가닥들은 쉽게 분리되어 부정적인 초나선을 만든다. *E. coli*에서 부정적인 초나선은 포이소머레이즈라 불리는 자이레이즈에 의해서 유지되어진다. 토포이소머레이즈들은 안정된 초나선 DNA와 연결된 숫자들의 변화에 의해 DNA의 1개 토포아이소머에서 다른 토포아이소머로 전환시키는 효소들이다 토포아이소머레이즈의 작용은 DNA 복제와 유전자 전사에 중요한 역할을 한다.

진핵세포에서 일단 염색질이 열리면, 특정 개시 단백질이 기점 DNA 서열을 인식하고 결합하여 기점인식복합체(ORC)을 형성한다. ATP-의존적 과정을 통해 ORC는 다른 복제 인자를 보충하고, 기점 DNA에 Mcm2–7 복합체를 형성한다. 오직 “허가된” Mcm2–7을 포함한 기점만이 복제 분기점 쌍을 개시할 수 있다. 이런 복제 허가 시스템은 사이클린에 의해 활성화되는 인산화효소에 의해 조절되고, DNA를 세포 주기 동안에만 복제하도록 해준다.

DNA 합성은 DNA 중합효소라 불리는 효소와 초기의 DNA 가닥으로 4개의 dNTP 전구체를 더함으로써 촉매된다. DNA 중합효소 III는 대장균에서 주요 복제 중합효소이다. 진핵생물에서, 세 가지 다른 DNA 중합효소는 염색체의 DNA 복제에 포함된다: DNA 중합효소 α, δ, ε. DNA 중합효소 γ는 단지 미토콘드리아 DNA 복제에 사용된다. DNA 중합효소의 구조는 DNA를 쥔 손 모양을 하고 있다. 중합효소 활성은 손가락과 엄지, 그리고 손바닥 부위에서 3′ → 5′ 교정하는 엑소뉴클레에이스 영역에 있다. 뉴클레오티드 선택성과 부정확하게 첨가된 뉴클레오티드에 의존하는 염기–염기 수소결합의 인식과 왓슨과 크릭 염기쌍의 기하학적 구조이다.

복제 기관은 복제를 조절하는 DNA 중합효소와 결합하여 일하는 많은 보조 단백질을 포함한다. DNA 헬리케리즈는 복제 분기점의 이동 방향에 이중 DNA를 계속적으로 녹이는 데 ATP 에너지를 사용하는 효소이다. 복제 중에 생성되는 양성 및 음성 초코일은 DNA 토포아이소머레이즈에 의해 완화된다. DNA 복제의 개시에는 프라이머가 요구된다. 박테리아에서의 프라이머는 프리메이즈에 의해서 합성된다. 다목적 단백질 기관에서 박테리아에서 복제를 조정하는 것을 리플리솜이라고 한다. 리플리솜은 프라이마제, 클램프 로더 그리고 슬라이딩 클램프에 의해서 묶인 DNA 중합효소 III의 두 분자들을 포함한다. 리플리솜은 DNA를 풀어 주고 새로운 선도가닥과 지연가닥에 동시에 중합을 조직화하여 빠르게 조정한다.

진핵생물에서, RNA프라이머는 DNA 중합효소 α와 이와 관련된 프리메이즈의 활성에 의해서 합성된다. 그런 다음, pol α/primase 복합체는 사슬을 확장할 DNA 중합효소로 대체된다. DNA 중합효소 ε는 선도가닥을 복제하고, DNA 중합효소 δ는 지연가닥을 복제한다. 중합효소 전환은 슬라이딩 클램프 PCNA의 부분에서 조절되어진다. PCNA는 또한 DNA 중합효소 반응 진행성을 증가시키는 것을 도와준다: 중합효소가 기질에 결합할 때마다 많은 뉴클레오티드를 추가한다. 지연가닥 복제는 5단계의 반복 요구한다: 프라이머 합성, 신장, 플랩 엔도뉴클레에이스 1의 엑소뉴클레에이스에 의한 프라이머 제거, DNA 중합효소에 의해서 제거된 프라이어에 의해 남겨지는 틈을 채우고, 오카자키 절편이 DNA 라이게이즈 I의 작용에 의해서 연결하는 것. 박테리아에서 프라이머의 제거와 틈을 채우는 것은 DNA 중합효소 I에 의해서 수행된다. 그럼에도 불구하고, 새로운 가닥들이 동시에 합성이 발생하는 것은 추가 단계이다. 진핵생물에서, 복제 분기점은 염색질을 통하여 이동하고, 분기점의 앞부분의 뉴클레오좀은 히스톤 H3−H4 사합체(또는 이합체)로 분해된다. 뉴클레오좀은 복제 분기점의 뒷부분을 개정한다.

어떤 고리 모양 DNA들은 구르는 원형의 구조에 의해서 복제된다. DNA 이중가닥의 한 가닥은 틈이 있고, 3′ 말단은 온전한 DNA 형판을 사용하여 연장된다. 이것은 5′ 말단을 대신한다. 파지에서 ϕX174 복제는 복제를 한 번할 때 전체 길이는 완성되고, DNA의 단일가닥 원형은 풀어진다. *Xenopus* 개구리 난모세포 리보솜 DNA 증폭에서 변위된 가닥은 불연속 지연가닥 합성을 위한 주형 역할을 한다.

두 모델은 mtDNA 복제의 방식 동안에 제안되어 보다 넓게 받아 들여져 왔으며, 모델 결합 가닥은 반보존적 DNA 복제를 제안하였다. 엽록체 DNA 복제는 가닥 이동 모델과 흐르는 원형 장치 또는 재결합에 의존하는 과정에 의해서 발생하는 것으로 제안되었다.

지연가닥 합성과 선형 염색체상의 시발체를 제거함에 따라 짧아진 5′ 가닥과 3′ 가닥상에 12~16개의 염기 돌기가 만들어진다. 복제 분기점 장치에 의한 전통적인 합성 방식은 염색체 말단의 지속적인 손실을 일으키는데, 텔로머레이즈 효소는 염색체의 3′ 말단(텔로미어)을 신장하여 이것을 방지한다. 텔로머레이즈는 역전사효소와 텔로미어 반복 합성을 위한 주형을 제공하는 RNA로 구성된 라이 보핵산단백질 복합체이다. 텔로미어가 너무 길어지면 텔로미어에 대한 접근을 방지하여 텔로미어 복합체와 t-루프라고 불리는 접힌 염색질 구조가 추가 텔로머레이즈 활성을 억제한다. 지나치게 긴 텔로미어의 트리밍은 단백질 TZAP에 의해 유발된다. 대부분의 인간 체세포는 DNA 복제 주기 동안 일정한 텔로미어 길이를 유지하기에 충분한 텔로머레이즈를 발현하지 않다. 실험에 의해서 텔로미어의 단축과 노화 사이의 관계가 증명되고 있다. 대부분의 암세포는 텔로머레이즈가 재활성화되어 성장이 조절되지 않는 것이 특징이다.

분석 질문

분석, 발견 및 실제 데이터 질문에 대한 해답은 부록을 참조하시오.

1. DNA 중합효소는 DNA 복제 동안 중합효소로만 작용하는가? 당신의 대답을 설명하시오.
2. 아래 모식도는 핵 DNA에서의 복제 분기점을 보여준다.

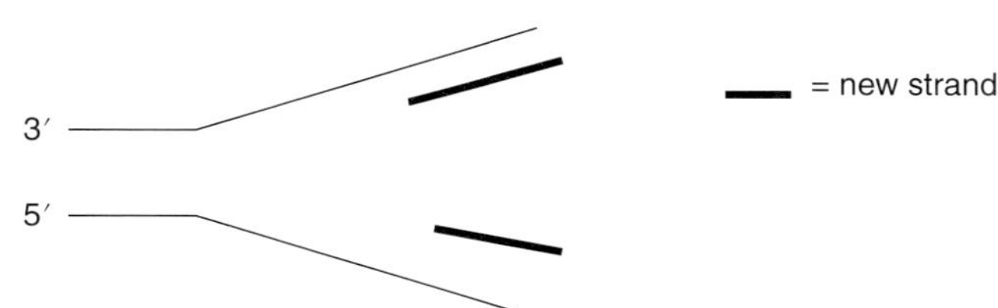

   (a) 선도가닥과 지연가닥을 표시한 후 어떤 가닥에 텔로머레이즈가 붙는지 표시하시오.

   (b) 위 그림에서 복제 분기점이 이동하여 보다 많은 이중나선 DNA가 풀어지면 어떤 일이 벌어지는지 나타내시오. 화살표를 사용하여 각 가닥의 합성 방향을 나타내시오. 여러분이 복제 장치의 모든 단백질 구성을 표시하여 보여줄 필요는 없다.

3. 당신은 진핵생물 DNA 복제를 위해 허가 단백질 복합체의 다른 구성 요소를 모집하는 기능이 있을 것으로 의심되는 단백질을 연구하고 있다. 이 단백질 활성을 검증하기 위한 실험방법을 고안하여 보고 가능한 결과를 보이시오.
4. 당신은 DNA 토포아이소머레이즈 활성을 가진 단백질을 연구하고 있다. 생체 내(*in vivo*)에서의 그 활성을 어떻게 시험해야 할지 고안하여 보고 가능한 결과를 보이시오.
5. 당신은 포유류의 200-kb 크기의 기반을 둔 이중가닥 유전체 DNA 바이러스를 연구하고 있다. 당신은 이 유전체가 1개보다 많은 복제 시작점을 가지고 있을 것으로 생각한다. 당신의 가설을 시험할 실험을 고안하고 복제 시작점을 찾을 수 있는 실험을 제안하시오.
6. 세포들은 보통 20번 분열한 후에 급격한 노화현상을 겪다 사멸한다. 그러나 몇몇 세포들은 비정상적으로 성장하고 죽지 않는다. 텔로미레이스가 비정상적으로 활성화되어 있을 것으로 생각된다. 텔로머레이즈 활성을 어떻게 시험해야 할지 고안하여 보고 가능한 결과를 보이시오.

발견 질문

그림 6.1 DNA 복제가 보존적이었을 경우, Meselson과 Stahl이 얻었을 결과를 도표로 나타내시오.

그림 6.3 그림 6.3에 나타난 반응의 생성물을 그리시오.

그림 6.9 이완된 DNA 원으로 시작하여, 그림 6.9에 표시된 자이레이즈 활성 모델의 1−5 단계에서 DNA 분자가 어떻게 나타날지 그리시오.

그림 6.11 복제 포크가 그림 6.11a의 다이어그램 오른쪽이 아닌 왼쪽에 있는 경우, 프로브 1과 2를 사용하여 2차원 젤에서 어떤 모양이 보일지 예측하시오.

그림 6.31 최종 프라이머가 제거되면, 5′ 가닥은 여전히 3′ 가닥보다 짧지만 더 이상 문제가 되지 않는다. 이유를 설명하시오.

실제 데이터 질문

그림 6.2 한 번만 복제된 DNA의 경우, 대장균 염색체에서 방사성 ^{3}H-티미딘을 검출할 것으로 예상되는 위치를 설명하시오.

그림 6.7 젤 전기영동 장치에서 초코일 DNA가 양극 또는 음극 쪽으로 더 빠르게 이동하는가? (힌트: Tool Box 8.6을 참조하시오.)

그림 6.12 복제 포크가 핵 전체에 분포되어 있는 경우 녹색 형광의 분포 패턴이 어떻게 될지 예측하시오.

그림 6.14 연구자들은 실험에서 ORC가 고갈된 추출물을 왜 사용했는가?

그림 6.30 그림 6.30의 9−12 레인에 표시된 결과를 해석하고, 실험에 DNA 중합효소 I을 포함하는 목적을 설명하시오.

그림 6.33 연구자들이 세포 주기의 G_1기에서 세포를 분석했다면, TERT, TRF2 및 코일린의 형광 분포 패턴이 어떻게 나타날지 예측하시오.

그림 6.37 연구자들은 실험에서 텔로머레이즈 역전사효소를 녹아웃시킬 필요가 왜 없었나?

참고문헌

Aeby, E. and Lingner, J. (2015). ALT telomeres get together with nuclear receptors. *Cell* 160: 811–813.

Aria, V. and Yeeles, J.T.P. (2019). Mechanism of bidirectional leadingstrand synthesis establishment at eukaryotic DNA replication origins. *Molecular Cell* 73: 199–211.

Bailey, L.J. and Doherty, A.J. (2017). Mitochondrial DNA replication: a PrimPol perspective. *Biochemical Society Transactions* 45: 513–529.

Barbie, D.A., Kudlow, B.A., Frock, R. et al. (2004). Nuclear reorganization of mammalian DNA synthesis prior to cell cycle exit. *Molecular and Cellular Biology* 24: 595–607.

Beattie, T.R., Kapadia, N., Nicolas, E. et al. (2017). Frequent exchange of the DNA polymerase during bacterial chromosome replication. *eLife* 6: e21763.

Bendich, A.J. (2004). Circular chloroplast chromosomes: the grand illusion. *Plant Cell* 16: 1661–1666.

Bielinsky, A.K. and Gerbi, S.A. (2001). Where it all starts: eukaryotic origins of DNA replication. *Journal of Cell Science* 114: 643–651.

Blow, J.J. and Hodgson, B. (2002). Replication licensing – defining the proliferative state? *Trends in Cell Biology* 12: 72–78.

Bochman, M.L. and Schwacha, A. (2008). The Mcm2-7 complex has *in vitro* helicase activity. *Molecular Cell* 31: 287–293.

Bodnar, A.G., Ouellette, M., Frolkis, M. et al. (1998). Extension of life-span by introduction of telomerase into normal human cells. *Science* 279: 349–352.

Bogenhagen, D.F. and Clayton, D.A. (2003). The mitochondrial DNA replication bubble has not burst. *Trends in Biochemical Sciences* 28: 357–405.

Bowers, J.L., Randell, J.C.W., Chen, S., and Bell, S.P. (2004). ATP hydrolysis by ORC catalyzes reiterative Mcm2-7 assembly at a defined origin of replication. *Molecular Cell* 16: 967–978.

Bowman, G.D., O'Donnell, M., and Kurlyan, J. (2004). Structural analysis of a eukaryotic sliding DNA clamp–clamp loader complex. *Nature* 429: 724–730.

Burgers, P.M.J. and Kunkel, T.A. (2017). Eukaryotic DNA replication fork. *Annual Review of Biochemistry* 86: 417–438.

Bush, N.G., Evans-Roberts, K., and Maxwell, A. (2015). DNA topoisomerases. *EcoSal Plus* 6 https://doi.org/10.1128/ecosalplus.ESP-0010-2014.

Cairns, J. (1963). The chromosomes of *E. coli. Cold Spring Harbor Symposium in Quantitative Biology* 28: 43–46.

Chan, S.R. and Blackburn, E.H. (2004). Telomeres and telomerase. *Philosophical Transactions of the Royal Society of London B* 359: 109–121.

Chen, J.L. and Greider, C.W. (2004). Telomerase RNA structure and function: implications for dyskeratosis congenita. *Trends in Biochemical Sciences* 29: 183–192.

Cook, P.R. (2001). *Principles of Nuclear Structure and Function*. New York: Wiley Liss, Inc.

Cortes, F., Pastor, N., Mateos, S., and Dominguez, I. (2003). Roles of DNA topoisomerases in chromosome segregation and mitosis. *Mutation Research* 543: 59–66.

Costenaro, L., Grossmann, J.G., Ebel, C., and Maxwell, A. (2007). Modular structure of the full-length DNA gyrase B subunit revealed by small-angle X-ray scattering. *Structure* 15: 329–339.

de Lange, T. (2009). How telomeres solve the end-protection problem. *Science* 326: 948–952.

del Toro Duany, Y., Jungblut, S.P., Schmidt, A.S., and Klostermeier, D. (2008). The reverse gyrase helicase-like domain is a nucleotidedependent switch that is attenuated by the topoisomerase domain. *Nucleic Acids Research* 36: 5882–5895.

Dewar, J.M., Budzowska, M., and Walter, J.C. (2015). The mechanism of DNA replication termination in vertebrates. *Nature* 525: 345–350.

Duderstadt, K.E., Geertsema, H.J., Stratmann, S.A. et al. (2016). Simultaneous real-time imaging leading and lagging strand synthesis reveals the coordination dynamics of single replisomes. *Molecular Cell* 64: 1035–1047.

Elshenawy, M.M., Jergic, S., Xu, Z.Q. et al. (2015). Replisome speed determines the efficiency of the Tus-*Ter* replication termination barrier. *Nature* 525: 394–398.

Gan, H., Serra-Cardona, A., Hua, X. et al. (2018). The Mcm2-Ctf4-Polα axis facilitates parental histone H3-H4 transfer to lagging strands. *Molecular Cell* 72: 14–151.

Gerhold, J.M., Aun, A., Sedman, T. et al. (2010). Strand invasion structures in the inverted repeat of *Candida albicans* mitochondrial DNA reveal a role for homologous recombination in replication. *Molecular Cell* 39: 851–861.

Gomes, N.M.V., Shay, J.W., and Wright, W.E. (2010). Telomere biology in Metazoa. *FEBS Letters* 584: 3741–3751.

Graham, J.E., Marians, K.J., and Kowalczykowski, S.C. (2017). Independent and stochastic action of DNA polymerases in the replisome. *Cell* 169: 1201–1213.

Greider, C.W. and Blackburn, E.H. (1985). Identification of a specific telomere terminal transferase activity in *Tetrahymena* extracts. *Cell* 43: 405–413.

Hevener, K.E., Verstak, T.A., Lutat, K.E. et al. (2018). Recent developments in topoisomerase-targeted cancer chemotherapy. *Acta Pharmaceutica Sinica B* 8: 844–861.

Huberman, J.A. (1997). Mapping replication origins, pause sites, and termini by neutral/alkaline two-dimensional gel electrophoresis. *Methods: A Companion to Methods in Enzymology* 13: 247–257.

Hunt, T. (2004). The discovery of cyclin. *Cell* S116: S63–S64.

Jafri, M.A., Ansari, S.A., Alqahtani, M.H., and Shay, J.W. (2016). Roles of telomeres and telomerase in cancer, and advances in telomerase-targeted therapies. *Genome Medicine* 8: 69.

Jiang, J., Wang, Y., Sušac, L. et al. (2018). Structure of telomerase with telomeric DNA. *Cell* 173: 1179–1190.

Kaguni, L.S. (2004). DNA polymerase γ, the mitochondrial replicase. *Annual Review of Biochemistry* 73: 293–320.

Krasich, R. and Copeland, W.C. (2017). DNA polymerases in the mitochondria: a critical review of the evidence. *Frontiers in Bioscience, Landmark* 22: 692–709.

Kriegstein, H.J. and Hogness, D.S. (1974). Mechanism of DNA replication in *Drosophila* chromosomes: structure of replication forks and evidence for bidirectionality. *Proceedings of the National Academy of Sciences of the United States of America* 71: 135–139.

Kunkel, T.A. and Bebenek, K. (2000). DNA replication fidelity. *Annual Review of Biochemistry* 69: 497–529.

Lai, C.K., Miller, M.C., and Collins, K. (2003). Roles for RNA in telomerase nucleotide and repeat addition processivity. *Molecular Cell* 11: 1673–1683.

Larsen, A.K., Escargueil, A.E., and Skladanowski, A. (2003). Catalytic topoisomerase II inhibitors in cancer therapy. *Pharmacology and Therapeutics* 99: 167–181.

Li, C.J., Vassilev, A., and DePamphilis, M.L. (2004). Role for Cdk1 (Cdc2)/cyclin A in preventing the mammalian origin recognition complex's largest subunit (Orc1) from binding to chromatin during mitosis. *Molecular and Cellular Biology* 24: 5875–5886.

Li, J.S.Z. and Denchi, E.L. (2018). How stem cells keep telomeres in check. *Differentiation* 100: 21–25.

Li, J.S.Z., Fuste, J.M., Simavorian, T. et al. (2017). TZAP: a telomere-associated protein involved in telomere length control. *Science* 355: 638–641.

Li, X. and Rosenfeld, M.G. (2004). Origins of licensing control. *Nature* 427: 687–688.

Lin, J., Kaur, P., Countryman, P. et al. (2014). Unraveling secrets of telomeres: one molecule at a time. *DNA Repair* 20: 142–153.

Lossaint, G. and Lingner, J. (2017). TZAP or not to zap telomeres. *Science* 355: 578–579.

Lujan, S.A., Williams, J.S., and Kunkel, T.A. (2016). DNA polymerases divide the labor of genome replication. *Trends in Cell Biology* 26: 640–654.

Lundgren, M., Andersson, A., Chen, L. et al. (2004). Three replication origins in *Sulfolobus* species: synchronous initiation of chromosome replication and asynchronous termination. *Proceedings of the National Academy of Sciences of the United States of America* 101: 7046–7051.

Maga, G. and Hubscher, U. (2003). Proliferating cell nuclear antigen (PCNA): a dancer with many partners. *Journal of Cell Science* 116: 3051–3060.

Masutomi, K., Yu, E.Y., Khurts, S. et al. (2003). Telomerase maintains telomere structure in normal human cells. *Cell* 114:

241–253.

Meselson, M. and Stahl, F. (1958). The replication of DNA in *Escherichia coli. Proceedings of the National Academy of Sciences of the United States of America* 44: 671–682.

Moriyama, T. and Sato, N. (2014). Enzymes involved in organellar DNA replication in photosynthetic eukaryotes. *Frontiers in Plant Science* 5: 1–12.

Mughal, M.J., Mahadevappa, R., and Kwok, H.F. (2019). DNA replication licensing proteins: saints and sinners in cancer. *Seminars in Cancer Biology* 58: 11–21.

Muhlbauer, S.K., Lossl, A., Tzekova, L. et al. (2002). Functional analysis of plastid DNA replication origins in tobacco by targeted inactivation. *Plant Journal* 32: 175–184.}

Nick McElhinney, S.A., Gordenin, D.A., Stith, C.M. et al. (2008). Division of labor at the eukaryotic replication fork. *Molecular Cell* 30: 137–144.

Niida, H., Matsumoto, T., Satoh, H. et al. (1998). Severe growth defect in mouse cells lacking the telomerase RNA component. *Nature Genetics* 19: 203–206.

Nikitina, T. and Woodcock, C.L. (2004). Closed chromatin loops at the ends of chromosomes. *Journal of Cell Biology* 166: 161–165.

Ning, Y., Xu, J., Li, Y. et al. (2003). Telomere length and the expression of natural telomeric genes in human fibroblasts. Human *Molecular Genetics* 12: 1329–1336.

Oberlies, N.H. and Kroll, D.J. (2004). Camptothecin and taxol: historic achievements in natural products research. *Journal of Natural Products* 67: 129–135.

Pascal, J.M., O'Brien, P.J., Tomkinson, A.E., and Ellenberger, T. (2004). Human DNA ligase I completely encircles and partially unwinds nicked DNA. *Nature* 432: 473–478.

Petropoulos, M., Tsaniras, S.C., Taraviras, S., and Lygerou, Z. (2019). Replication licensing aberrations, replication stress, and genomic stability. *Trends in Biochemical Sciences* 44: 752–764.

Pommier, Y., Sun, Y., Huang, S.N., and Nitiss, J.L. (2016). Roles of eukaryotic topoisomerases in transcription, replication, and genomic stability. *Nature Reviews Molecular Cell Biology* 17: 703–721.

Prioleau, M. and MacAlpine, D.M. (2016). DNA replication origins – where do we begin? *Genes & Development* 30: 1683–1697.

Rampakakis, E., Gkogkas, C., Di Paola, D., and Zannis-Hadjopoulos, M. (2010). Replication initiation and DNA topology: the twisted life of the origin. *Journal of Cellular Biochemistry* 110: 35–43.

Rhoades, D. and Lipps, H.J. (2015). G-quadruplexes and their regulatory roles in biology. *Nucleic Acids Research* 43: 8627–8637.

Ridanpää, M., van Eenennaam, H., Pelin, K. et al. (2001). Mutations in the RNA component of RNase MRP cause a pleiotropic human disease, cartilage-hair hypoplasia. *Cell* 104: 195–203.

Roake, C.M. and Artandi, S.E. (2016). Telomere-lengthening mechanism revealed. *Nature* 539: 35–36.

Robinson, N.P., Dionne, I., Lundgren, M. et al. (2004). Identification of two origins of replication in the single chromosome of the archaeon *Sulfolobus solfataricus. Cell* 116: 25–38.

Rochaix, J.-D., Bird, A., and Bakken, A. (1974). Ribosomal RNA gene amplification by rolling circles. *Journal of Molecular Biology* 87: 473–587.

Rudolph, K.L., Chang, S., Millard, M. et al. (2000). Inhibition of experimental liver cirrhosis in mice by telomerase gene delivery. *Science* 287: 1253–1258.

Samson, R.Y., Abeyrathne, P.D., and Bell, S.D. (2016). Mechanism of archaeal MCM helicase recruitment to DNA replication origins. *Molecular Cell* 61: 287–296.

Schmidt, J.C., Zaug, A.J., and Cech, T.R. (2016). Live cell imaging reveals the dynamics of telomerase recruitment to telomeres. *Cell* 166: 1188–1197.

Shay, J.W. (2017). Role of telomeres and telomerase in aging and cancer. *Cancer Discovery* 6: 584–593.

Smogorzewska, A. and deLange, T. (2004). Regulation of telomerase by telomeric proteins. *Annual Review of Biochemistry* 73: 177–208.

Stillman, B. (2008). DNA polymerases at the replication fork in eukaryotes. *Molecular Cell* 30: 259–260.

Stone, M.D. (2018). A closer look at human telomerase. *Nature* 557: 174–175.

Tagami, H., Ray-Gallet, D., Almouzni, G., and Nakatani, Y. (2004). Histone H3.1 and H3.3 complexes mediate nucleosome assembly pathways dependent or independent of DNA synthesis. *Cell* 116: 51–61.

Takara, T.J. and Bell, S.P. (2009). Putting two heads together to unwind DNA. *Cell* 139: 652–654.

Wang, J.C. (2002). Cellular roles of DNA topoisomerases: a molecular perspective. *Nature Reviews Molecular Cell Biology* 3: 430–440.

Wang, J.C. (2009). *Untangling the Double Helix. DNA Entanglement and the Action of the DNA Topoisomerases.* Cold Spring Harbor, NY: Cold Spring Harbor Laboratory Press.

Watson, J.D. and Crick, F.H.C. (1953). A structure for deoxyribose nucleic acid. *Nature* 171: 737–738.

Yamaguchi, R. and Newport, J. (2003). A role for RanGTP and Crm1 in blocking re-replication. *Cell* 113: 115–125.

Yao, N. and O'Donnell, M. (2016). Bacterial and eukaryotic replisome machines. *JSM Biochemistry and Molecular Biology* 3 (1013).

Yasukawa, T., Yang, M.Y., Jacobs, H.T., and Holt, I.J. (2005). A bidirectional origin of replication maps to the major noncoding region of human mitochondrial DNA. *Molecular Cell* 18: 651–662.

Ye, X., Franco, A.A., Santos, H. et al. (2003). Defective S phase chromatin assembly causes DNA damage, activation of the S phase checkpoint, and S phase arrest. *Molecular Cell* 11: 341–351.

Yeeles, J.T.P., Deegan, T.D., Janska, A. et al. (2015). Regulated eukaryotic DNA replication origin firing with purified proteins. *Nature* 519: 431–435.

C H A P T E R   S E V E N

DNA 복구 경로

우리는 DNA 복구에서 효소가 어떤 역할을 담당하리라고는 전혀 예상하지 못했다. . . . 나는 나중에서야 DNA가 매우 소중하기 때문에 수많은 별개의 복구 메커니즘이 존재한다는 사실을 깨닫게 되었다. 오늘날 복구를 동시에 고려하지 않고서는 돌연변이를 논의할 수 없다.

Francis Crick*, Nature *(1974) 248:766.

O U T L I N E

- 7.1 서론
- 7.2 돌연변이와 DNA 손상
- 7.3 손상의 우회
- 7.4 DNA 손상의 직접적 회복
- 7.5 DNA 손상 제거에 의한 단일염기 변형과 구조적 비틀림 복구
- 7.6 DNA 손상 제거에 의한 이중가닥 절단 복구

런던과 케임브리지 사이에 있는 길이 1마일의 자전거 도로에는 BRCA2 유전자의 염기쌍 서열이 각기 다른 색깔의 밴드로 하나씩 순서대로 표시되어 있다. 이 유전자의 돌연변이는 유방암의 위험성과 관련이 높다. (Reprinted from DNA cycle. 2007. *Nature* 447:911.)

7.1 서론

DNA 복제(replication)는 생명 유지에 필수적이다. 대부분의 경우에 한 세포가 증식하고 분열함에 따라 유전체는 정확하게 복사되어 극미한 오차를 갖고서 정보를 다음 세대에 전달한다. 오류가 발생했을 때는 무슨 일이 일어날 것인가? DNA 중합효소 작용에 오류가 있었을 때는 일반적으로 자체의 교정 활성(proofreading activity)에 의해 그 오류가 수정된다는 점을 상기해 보자(6장). 하지만, DNA 복제 중에 삽입된 미스매치(mismatched) 뉴클레오티드가 유일한 오류의 근원은 아니다. 복제 과정과 연관되지 않은 유형의 DNA 손상도 비교적 흔히 발생한다. 이러한 손상은 산소성 유리라디칼(oxygen free radicals), 자외선(ultraviolet, UV), 이온화 방사선(ionizing radiation), 그리고 각종 화학물질과 같은 수많은 유형의 인자에 노출되었을 때 발생한다. DNA 손상은 본질적으로 유전체 보존과 생명 자체에 끝없는 위협을 가한다. 이러한 문제에 대처하기 위해서, 세포는 DNA 복제 장치만큼 복잡한 여러 유형의 DNA 복구 효소와 복구용 중합효소를 진화 발전시켜 왔다.

DNA 복제와 마찬가지로, DNA 복구와 재조합도 복합적인 단백질 기구에 의해 실행된다. 복제와 복구가 공유하는 많은 공통 기능을 잘 살펴보라. 복구 경로에서 새로운 DNA 연장사슬(stretches)을 합성하기 위해서는 DNA 복제가 필요하며, 이 두 과정은 서로 밀접하게 얽혀 있다. 먼저 DNA 복제 및 DNA 손상의 오류로 인해 발생할 수 있는 몇 가지 돌연변이 유형부터 살펴본다.

7.2 돌연변이와 DNA 손상

분자생물학자들은 한 세포의 유전체에서 매일 10,000개 이상의 DNA 변형이 일어난다고 추정하고 있다. 이런 일이 어떻게 발생할까? **돌연변이(Mutation)**는 DNA의 뉴클레오티드 서열 변화나 유전체 상의 DNA 서열 삭제(deletions), 삽입(insertions) 또는 재배열(rearrangements)로 인해 초래된다. 이러한 변화는 자연적으로 발생하거나 유도될 수 있다. **자연 발생 돌연변이(spontaneous mutation)**는 DNA 복제 오류처럼 자연적인 세포내 과정들의 결과로서 초래되거나 호기성 대사 중에 생성된 활성산소종(reactive oxygen species)에 의해 발생한다. 반면에, **유도 돌연변이(induced mutation)**는 DNA 손상을 일으키는 외부 약제나 돌연변이원(mutagen)이 DNA와 상호작용한 결과로서 초래된다. 논리적인 가설에 의하면, 돌연변이는 항상 해롭고, 복구되지 않은 DNA 손상은 질병이나 세포자멸사를 촉진하는 돌연변이를 일으킬 수 있다. 하지만 실제로는 장단점이 있다. 신뢰도가 높은 DNA 복제는 여러 세대를 거치면서 유전 정보를 유지하는 데에 이점이 있다. 반면에 신뢰도가 낮은 DNA 복제는 종의 진화에 기여한다는 이점이 있는데, 이는 다양성을 제공하여 환경 변화에 직면한 생명체의 생존율을 높일 수 있다.

요컨대, 돌연변이에 관한 연구는 아래와 같은 여러 가지 이유 때문에 분자생물학에서 근본적으로 중요한 위치를 차지한다.

1 돌연변이는 진화적 변화를 주도하는 유전적 변이의 주된 원인이 되므로 중요하다.

2 돌연변이는 한 생명체나 그 자손에게 해롭거나 아주 드물게 이로운 결과를 초래하기도 한다. 생식세포의 돌연변이는 자손에게 유전 질환을 물려 줄 수 있으며, 한편으로 체세포의 돌연변이는 암이나 퇴행성 신경질환과 같은 후천성 질병을 초래할 수 있다.

3 돌연변이 생명체는 분자생물학자가 세포 과정과 관련된 유전자의 특성을 규명하는 연구에서 중요한 도구가 된다.

분자 수준에서, 가장 단순한 유형의 돌연변이는 뉴클레오티드 치환(nucleotide substitution) 또는 **점 돌연변이(point mutation)**이다. 이 점 돌연변이에서는 DNA 이중가닥에 있는 하나의 뉴클레오티드 쌍이 다른 뉴클레오티드 쌍으로 치환된다. 트리뉴클레오티드 반복(trinucleotide repeats)의 확장, 광범위한 삽입과 삭제, 그리고 주요 염색체 재배열(chromosomal rearrangements)과 같은 다른 유형의 돌연변이는 DNA에 더 치명적인 변화를 초래한다. 일부 주요 염색체 재배열은 암과 관련되어 있다(15장 참조). 여러 연구자들의 주의를 끈 하나의 흥미로운 특징은 염색체 상의 특정 부위에 다른 DNA 영역보다 돌연변이가 더 빈번하게 발생하는 "핫스팟(hotspots)"이 있다는 것이다. 이제 점 돌연변이로부터 시작하여 돌연변이 유형과 이들의 표현형 결과를 자세히 살펴보자.

전이와 염기 변환은 침묵, 오인 또는 무의미 돌연변이를 일으킬 수 있다

전이 돌연변이(transition mutation)는 하나의 피리미딘 염기가 다른 피리미딘 염기로, 또는 하나의 퓨린 염기가 다른 퓨린 염기로 치환되는 것이다. 반대로, **염기 변환 돌연변이(transversion**

표 7.1 뉴클레오티드 치환의 유형.

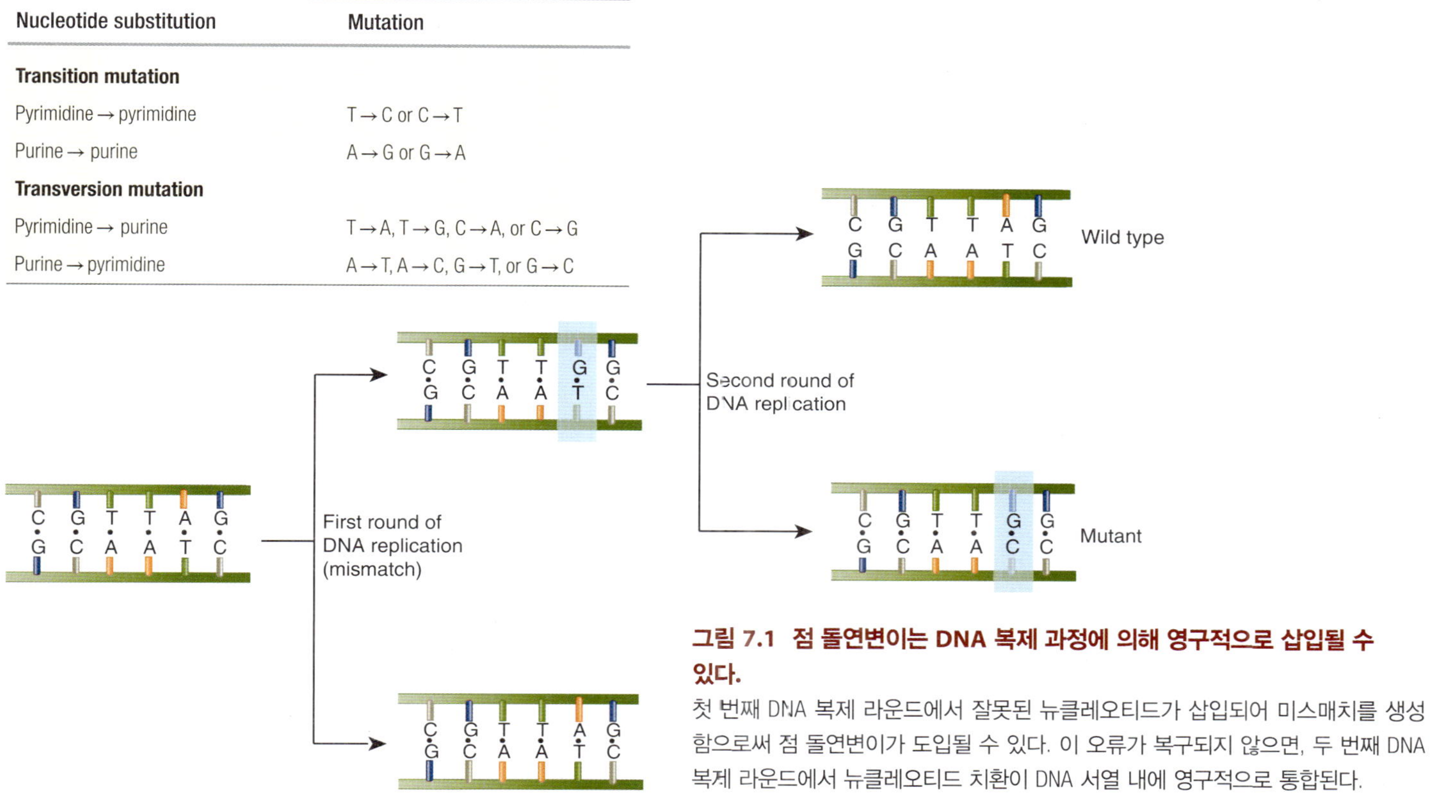

Nucleotide substitution	Mutation
Transition mutation	
Pyrimidine → pyrimidine	T → C or C → T
Purine → purine	A → G or G → A
Transversion mutation	
Pyrimidine → purine	T → A, T → G, C → A, or C → G
Purine → pyrimidine	A → T, A → C, G → T, or G → C

그림 7.1 점 돌연변이는 DNA 복제 과정에 의해 영구적으로 삽입될 수 있다.
첫 번째 DNA 복제 라운드에서 잘못된 뉴클레오티드가 삽입되어 미스매치를 생성함으로써 점 돌연변이가 도입될 수 있다. 이 오류가 복구되지 않으면, 두 번째 DNA 복제 라운드에서 뉴클레오티드 치환이 DNA 서열 내에 영구적으로 통합된다.

mutation)는 피리미딘 염기가 퓨린 염기로 또는 퓨린 염기가 피리미딘 염기로 치환되는 것이다(표 7.1). 예를 들어, 2회의 DNA 복제 라운드를 거치는 동안 A → G 치환이 미치는 영향을 살펴보자. 그림 7.1에서 보여주는 것처럼, 먼저 한 가닥의 DNA 사슬에서 A가 G로 치환된다. 이러한 치환은 일시적으로 미스매치 GT 염기쌍을 생성한다. 다음의 DNA 복제 라운드에서 이러한 전이 돌연변이는 영구적으로 DNA 서열 내로 통합된다. 미스매치는 하나의 딸 분자에서는 GC 염기쌍을 이루고, 다른 딸 분자에서는 AT 염기쌍을 이루며 분리된다. 이 경우에 GC 염기쌍은 돌연변이체(mutant)이고, AT 염기쌍은 비돌연변이체(nonmutant) 또는 **야생형(wild type**, 정상)이다. 자연적인 뉴클레오티드 치환은 흔히 전이를 선호하는 경향이 있다. 예를 들어, 인간 유전체에서 전이 대 염기변환의 비율은 대략 2 : 1이다.

이러한 변화가 세포나 생명체에 영향을 미칠 것인가? 아마도 그럴 것이다. 뉴클레오티드 치환이 표현형 발현에 어느 정도로 중요한 영향을 미칠 것인지는 이들이 DNA 서열상에서 어디에 위치하는지에 따라 달라진다. 이들이 유전자의 단백질-암호화 영역 내에서 침묵(silent), 오인(missense) 또는 무의미(nonsense) 돌연변이를 일으킬 것인가? 그림 7.2에서 유전자의 단백질-암호화 서열에 존재하는 여러 유형의 돌연변이 효과를 비교해서 보여주고 있다. 그러나 일부 비암호화 서열에도 필수적인 기능이 있다는 점을 기억하자(9~11장 참조). 한 유전자의 조절 영역이나 기능적 RNA 분자의 주형 안에서 중요한 뉴클레오티드의 치환이 일어나면 표현형 발현에 영향을 미칠 수 있다.

침묵 돌연변이 단백질-암호화 유전자에서의 뉴클레오티드 치환은 번역된 단백질의 아미노산을 변화시킬 수도 있고 그렇지 않을 수도 있다. 특정 아미노산은 여러 개의 코돈을 가질 수 있음을 상기해 보자(표 4.1 참조). 뉴클레오티드 서열이 바뀌어도 아미노산 서열이 변화되지 않는 돌연변이를 동의(synonymous) 돌연변이 또는 침묵 돌연변이(silent mutation)라 한다(그림 7.2a 참조).

(a) Silent mutation

UAU → UAC
Tyr Tyr

(b) Missense mutation

UAU → UCU
Tyr Ser

(c) Nonsense mutation

(d) Frameshift mutation

Wild-type nucleotide sequence:	AUG Met	AAA Lys	GAG Glu	UAU Tyr
Nucleotide addition:	AUG Met	AAG Lys	AGA Arg	GUA U Val
Nucleotide deletion: (missing A)	AUG Met	AAG Lys	AGU Ser	AU

그림 7.2 단백질-암호화 서열에서의 점 돌연변이 유형의 예.
(a) 침묵 돌연변이(silent mutation). (b) 오인 돌연변이(missense mutation). (c) 무의미 돌연변이(nonsense mutation). (d) 틀이동 돌연변이(frameshift mutation). 빨간색 글자는 영향을 받은 코돈과 이에 상응하는 아미노산을 나타낸다.

오인 돌연변이 단백질-암호화 영역의 뉴클레오티드 치환이 아미노산을 변화시키면, 이를 **오인 돌연변이(missense mutation)** 또는 비동의(nonsynonymous) 돌연변이라 한다(그림 7.2b). 한 단백질의 아미노산 서열의 변화는 그 단백질의 생물학적 특성을 바꿀 수 있다. 예를 들어, 오인 돌연변이는 주요 단백질 상호작용을 방해함으로써 단백질 기능을 상실하여 종종 질병을 일으킨다. 단일 아미노산의 변화로 표현형이 달라지는 전형적인 예를 겸상적혈구 질환 중 가장 심각한 형태인 겸상적혈구빈혈증(sickle cell anemia)에서 볼 수 있다. 이 질환에서 유전성 장애는 몸 전체의 세포에 산소를 전달하는 적혈구 속 분자인 헤모글로빈에 영향을 미친다(그림 4.14 참조). 겸상적혈구빈혈증 돌연변이의 분자적 기초는 A → T 염기 변환이며, 이는 헤모글로빈의 β-글로빈 사슬에서 글루탐산 코돈을 발린 코돈으로 바꾼다(그림 13.13 참조). 헤모글로빈 S라고 불리는 이러한 비정형 헤모글로빈 분자는 적혈구를 낫 모양 또는 초승달 모양으로 변형시켜서 기능 장애를 일으킨다.

질병 돌연변이의 약 20%는 단백질의 본질적으로 무질서한 영역(intrinsically disordered regions) 안에서 발생한다(4장 참조). 본질적으로 무질서한 영역은 약 2~10개 아미노산으로 구성된 짧은 선형 모티프(linear motifs)로서 단백질 상호작용에서 어떤 역할을 수행하는데, 이는 종종 번역 후 변형에 의해 조절될 수 있다. 오인 돌연변이는 이러한 모티프를 변경하여 단백질 상호작용을 방해할 수도 있지만, 이는 또한 짧은 선형 모티프에 있는 아미노산을 치환하여 기능을 향상시킴으로써 새로운 파트너와 상호작용할 수도 있다.

무의미 돌연변이 새로운 종결코돈을 만들어 내는 뉴클레오티드 치환을 **무의미 돌연변이(nonsense mutation)**라고 한다(그림 7.2c). 무의미 돌연변이에 의해 단백질 사슬의 합성 과정이 조기에 중단되기 때문에 거의 대부분의 경우에서 번역된 폴리펩티드 조각은 기능을 상실하게 된다. 예를 들어, 갑상샘 호르몬 저항성(Resistance to Thyroid Hormone, RTH) 증후군이라고 불리는 인간 유전 질환에서, 어떤 경우 무의미 돌연변이가 갑상샘 호르몬 수용체의 조기 절단을 일으켜서 리간드 결합 도메인을 파괴한다. 결과적으로, 이 수용체는 더 이상 갑상샘 호르몬에 결합할 수 없게 된다.

삽입 또는 삭제는 틀이동 돌연변이를 일으킬 수 있다 DNA에서 뉴클레오티드의 삽입 또는 삭제가 발생할 수 있지만, 뉴클레오티드 치환보다는 상당히 더 낮은 비율로 일어난다. 작은 부분의 삭제로 표현형 변화를 일으킨 전형적인 예를 인간 유전질환인 낭포성 섬유증(cystic fibrosis)에서 볼 수 있다. 낭포성 섬유증 막전도 조절(cystic fibrosis transmembrane conductance regulator, CFTR) 유전자의 뉴클레오티드 서열에서 3개의 염기쌍이 삭제되면, 결과적으로 페닐알라닌 코돈이 손실되어 염화물 이온 수송에 결함이 발생한다(그림 15.26 참조).

삽입이나 삭제의 길이가 3개 뉴클레오티드의 정확한 배수가 아닌 경우, 이 돌연변이는 리보솜이 3개 1벌씩 코돈을 읽던 양상을 바꾸므로, 결과적으로 돌연변이 부위로부터 아래로 모든 아미노산을 바꾼다. 이러한 돌연변이는 mRNA 코돈의 판독틀을 "이동"시키기에 **틀이동 돌연변이(frameshift mutation)**라 불린다(그림 7.2d 참조). 이러한 유형의 돌연변이 예도 RTH 증후군에서 볼 수 있는데, 이 경우 갑상선 호르몬 수용체를 암호화하는 유전자의 돌연변이가 틀 이동을 일으켜서 수용체의 리간드 결합 도메인에서 조기 종결코돈을 생성한다.

트리뉴클레오티드 반복의 확장은 유전적 불안정성을 일으킬 수 있다

DNA의 일부 영역은 CGG, CAG 또는 GAA와 같은 **트리뉴클레오티드 반복(trinucleotide repeats)**의 존재로 인해 유전적 불안정성이 높아졌다. 트리뉴클레오티드 반복 확장은 삼중나선 구조를 형성할 수 있고, 비정상적인 DNA 2차 구조가 예상된다는 점을 상기해 보자(2장). 이러한 2차 구조는 전사 및 DNA 복제를 방해할 수 있다. 트리뉴클레오티드 반복의 동적 확장은 취약 X 증후군(fragile X syndrome; Disease Box 10.2 참조), 헌팅턴병(Huntington's disease), 케네디병(Kennedy's disease), 프리드라이히 운동실조(Friedreich's disease, Disease Box 2.1 참조), 척수소뇌 운동실조 1형(spinocerebellar ataxia type 1), 근긴장성 이영양증(myotonic dystrophy) 및 안인두 근이영양증(oculopharyngeal muscular dystrophy, Disease Box 11.1 참조)을 포함하여 적어도 24가지 인간 유전 장애의 원인이 된다. 이러한 모든 질병은 일부 신경학적 기능 장애의 특성을 나타내는데, 이는 신경계가 트리뉴클레오티드 반복의 확장에 특히 민감함을 시사한다. 질병을 유발하는 임계값은 일반적으로 35~45개의 직렬 반복 정도이다. 이러한 반복의 확장은 어떻게 발생할까? 복제, 복구 및 상동 재조합과 관련된 DNA 합성 과정 중에 원래 가닥에서 새로 합성된 가닥이 **미끄러짐(slippage)**에 따라 반복적인 확장과 수축이 일어나고, 잘못 정렬된 반복이 서로 쌍을 이루게 된다. 그림 7.3은 복제 과정 중에 DNA 중합효소의 미끄러짐에 의한 잠재적인 반복의 확장 결과를 보여준다.

지금까지는 DNA 복제 중 염기 미스매치로 인해 발생하는 점 돌연변이와 DNA 서열 변화를 일으키는 재배열에 중점을 두었다. DNA가 손상을 일으킬 수 있는 물질에 노출될 경우 무슨 일이 일어나며 어떤 유형의 손상이 발생할 수 있겠는가?

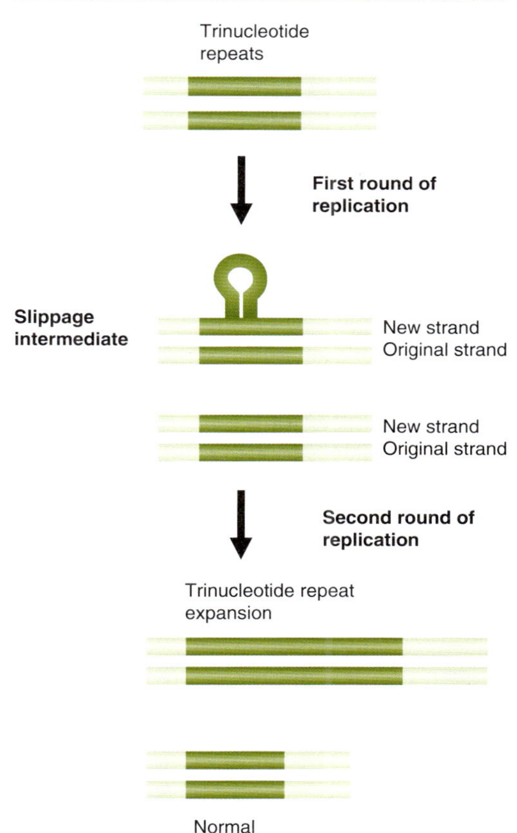

그림 7.3 DNA 복제 과정 중에 미끄러짐에 의한 트리뉴클레오티드 반복의 확장. 트리뉴클레오티드 반복이 있는 새로 합성된 DNA는 용해된 후 반복 영역을 가진 원래 가닥과 잘못 재결합하여 트리뉴클레오티드 반복이 추가로 복제되고 미끄러짐 중간체를 형성한다. 두 번째 복제 라운드 후에 새로 합성된 DNA에는 두 가닥 모두에 추가 반복이 포함된다.

DNA 손상의 일반적 분류

놀랍게도 세포의 수용성 환경에 있는 물의 작용으로 자연적인 DNA 손상이 일어날 수 있다. 다행히 이러한 유형의 손상은 매우 드물게 일어난다. 하지만, 물 이외의 화학물질에 노출되면 손상 비율이 크게 높아질 수 있다. Hermann Muller는 1927년에 처음으로 X-선이 초파리에서 돌연변이를 일으킨다는 것을 보고하였다. 그 이후로 돌연변이원이라 불리는 수많은 물리적 제제(agents)와 화학물질들이 DNA 손상을 유발함으로써 돌연변이율을 증가시킨다는 사실이 밝혀지고 있다. **돌연변이원(mutagen)**은 자연 배경 이상으로 돌연변이율을 증가시키는 화학적 또는 물리적 제제이다. 이 사실을 명시하기 위해서, 인체에는 대략 10^{13}개의 세포가 있고, 각 세포마다 하루에 수만 건의 DNA 손상이 가해진다고 추정했다. 담배 산물에서 발견된 수많은 화학물질들처럼, 일부의 환경 오염물질들이 돌연변이원이므로, 돌연변이원은 공중보건에 중요한 영향을 미친다(15장 참조). DNA가 돌연변이원에 노출되면 세 가지 주요 부류의 DNA 손상, 즉 단일염기 변형(single base changes), 구조적 비틀림(structural distortion), 그리고 DNA 골격 손상(backbone damage)으로 이어진다. 이들 각각을 차례대로 살펴보자.

단일염기 변형 단일염기 변형 또는 **변환(conversion)**은 DNA 서열에 영향을 미치지만, 전체 구조에는 단지 미미한 영향만 미친다. 예를 들면, 그림 7.4a에서 볼 수 있는 것처럼, 사이토신(cytosine)의 아미노기를 산소로 치환하면 사이토신이 RNA 사슬에만 존재하는 염기인 우라실(uracil)로 변환된다. 이러한 종류의 변환 과정을 **탈아미노화 반응(deamination)**이라 한다. 탈아미노화 반응은 가장 흔하고 중요한 가수분해성 손상 유형이며, 물의 작용에 의해 자연적으로 일어나거나 화학적 돌연변이원에 의해 유도될 수 있다. UG 염기쌍이 CG 염기쌍을 대신할 때 DNA 이중나선에서는 중요하지 않은 작은 구조적 비틀림만 일어난다. 이러한 유형의 손상은 복제나 전사 과정을 완전히 차단하지는 않지만 돌연변이 RNA나 단백질 제품을 생산할 수 있다.

척추동물의 DNA는 흔히 사이토신 대신 5-메틸-사이토신(5-methylcytosine)을 포함한다. 5-메틸-사이토신의 탈아미노화 반응으로 티민(thymine)이 생성되므로, 메틸화된 사이토신은 척추동물의 DNA에서 자연 발생 돌연변이가 많이 일어나는 핫스팟이 된다. 이 변환은 손상된 DNA가 복제될 때 GC 염기쌍을 AT 염기쌍으로 바꾸는 결과를 초래한다. 10장에서는 메틸화된 DNA 양상의 변화로 인한 결과에 대해 논의된다.

DNA는 또한 알킬화 반응(alkylation), 산화 반응(oxidation), 그리고 방사선(radiation)에 의해 손상될 수 있다. 니트로사민(nitrosamine)과 같은 알킬화제는 O^6-메틸구아닌(O^6-methylguanine)을 생성한다(그림 7.4b). 이러한 변형된 염기는 흔히 티민과 잘못된 염기쌍을 이루고, 손상된 DNA가 복제되면 결과적으로 GC 염기쌍이 AT 염기쌍으로 바뀐다. 이온화 방사선이나 유리라디칼을 생성하는 화학물질은 강력한 산화제를 생성한다. 또한 슈퍼옥시드 라디칼과 과산화수소를 포함한 활성산소종(예를 들면, O_2^-, H_2O_2 그리고 OH[·])은 정상적인 미토콘드리아 호흡과 염증에 의해 생성된다. 이러한 활성산소종은 손상된 구아닌 염기인 8-옥소구아닌(8-oxoguanine, oxoG)을 만들 수 있다(그림 7.4c). OxoG는 아데닌과 Hoogsteen 염기쌍을 형성할 수 있으므로(그림 2.17 참조), 매

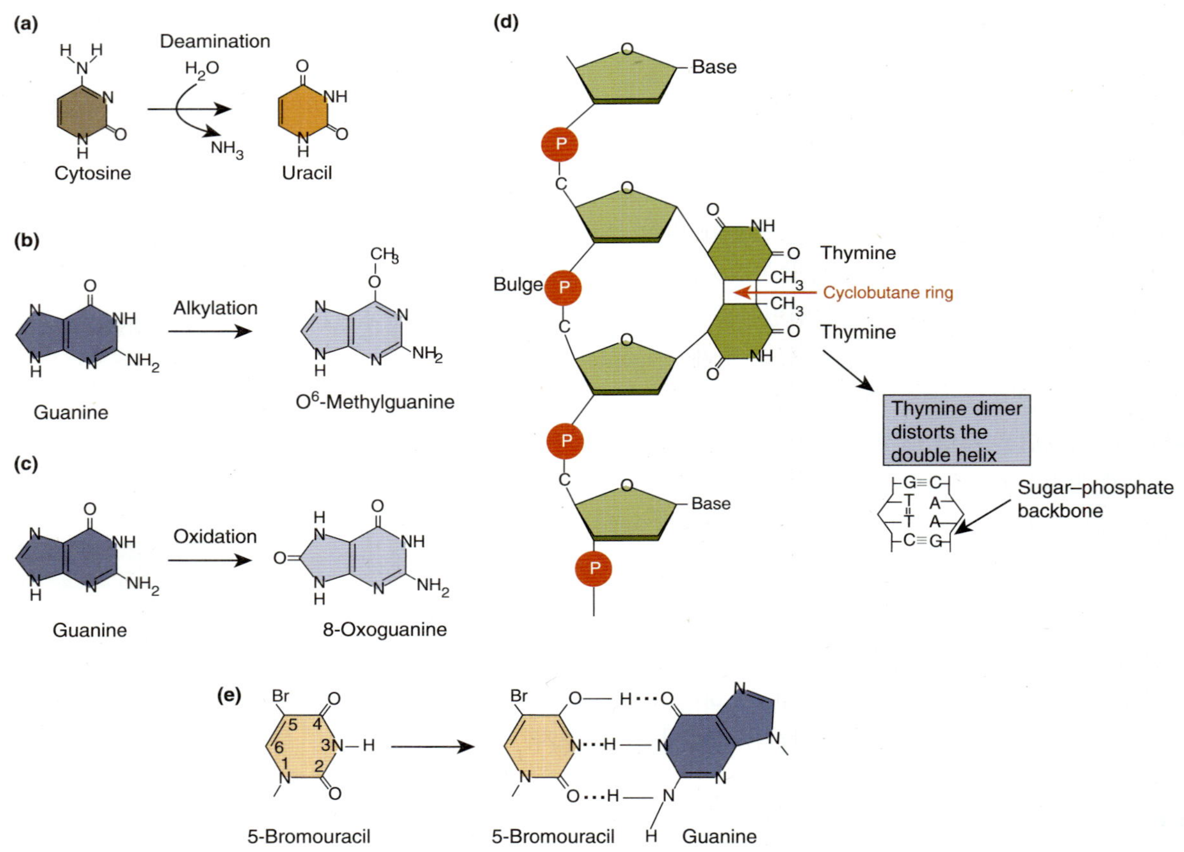

그림 7.4 DNA 손상 유형.
(a) 사이토신의 탈아미노화 반응에 의한 우라실 생성. (b) 구아닌의 6번째 탄소 원자에 부착된 산소의 알킬화 반응은 O^6-메틸구아닌(O^6-methylguanine)을 생성한다. (c) 구아닌의 산화는 8-옥소구아닌(8-oxoguanine)을 생성한다. (d) 자외선 조사는 인접한 티민 사이에 사이클로부탄(cyclobutane) 고리를 형성하여 티민 2합체를 만든다. 이는 DNA 이중나선의 구조적 비틀림을 유발한다. (e) 티민의 염기 유사체인 5-브로모우라실(5-bromouracil)은 구아닌과 잘못된 염기쌍을 이룬다.

우 강한 돌연변이원이 된다. 이 잘못된 염기쌍은 인체 암에서 발견되는 가장 흔한 돌연변이 중의 하나인 GC → TA 염기 변환을 초래한다. 중추 신경계의 뉴런에서 대사 과정은 DNA 손상의 가장 흔한 원인이 된다. 뇌의 높은 산소 요구량으로 인해 뇌 세포는 수많은 활성산소종에 노출되고 있다.

구조적 비틀림 자외선 빛은 자외선의 선택적 흡수를 일으켜서 세포에 해로운 영향을 미친다. 약 260 nm 파장의 방사선은 염기에 의해 강하게 흡수된다. 가장 흔한 자외선-유도 DNA 손상을 그림 7.4d에 보여주고 있는데, 이는 자외선 조사로 이웃하는 두 티민 염기 사이에 **피리미딘 2합체(pyrimidine dimers)**가 생성되는 것이다. 이것은 이웃하는 티민의 탄소원자 5번과 6번이 서로 연결되어 사이클로부탄 고리가 형성되기에 사이클로부탄−피리미딘 2합체(cyclobutane−pyrimidine dimers)라고도 부른다. 같은 가닥 위에 있는 티민 사이에 공유결합이 생성되며, 이는 이중나선을 위한 상보적 염기쌍 형성을 방해한다. 따라서 티민 2합체는 이중나선 DNA의 구조를 비튼다. 구조적 비틀림은 중합효소의 이동을 막아 전사와 복제를 방해할 수 있다. 결과적으로, 피리미딘 2합체는 단일염기 변형보다 더 심각한 손상이 된다. 자외선 조사는 사이토신과 티민 사이의 2합체, 즉 피리미딘 (6,4)-피리미돈 광생성물을 만들 수도 있다. 화학적 돌연변이에 의해 부피가 큰 다른 **DNA 부가물(DNA adducts)**도 생성될 수 있다(DNA 부가물, 즉 발암성 화학물질에 결합된 DNA는 15장에서 좀 더 깊이 논의될 것이다).

DNA 손상은 **삽입제(intercalating agent)**나 **염기 유사체(base analog)**에 의해서도 일어날 수 있다. 이티디움 브로마이드(ethidium bromide) 같은 삽입제(Tool Box 13.6 참조)는 여러 개의 다환식 고리(polycyclic ring)를 포함한다. DNA 이중나선에서 염기들이 서로 결합하거나 겹쳐 쌓이듯이 삽입제의 편평한 고리도 DNA 염기 사이에 끼어들어 DNA 염기와 결합하고 겹쳐 쌓이게 된다. 결과적으로, 이중나선의 구조적 비틀림 때문에 삽입제는 DNA 복제 과정 중에 하나 이상의 염기쌍을 삽입하거나 삭제할 수 있다. 염기 유사체는 정상적인 염기를 대체할 수 있는 화합물로서 티민의 유사체인 5-브로모우라실(5-bromouracil)이 그 예이다. 이들은 정상적인 염기와 비슷해서 세포에 들어온 후 디옥시뉴클레오티드로 전환되고 복제 과정 중에 DNA로 삽입된다. 하지만, 이들의 구조적 차이 때문에 염기 유사체는 정상적으로 염기쌍을 형성하지 못한다. 예를 들면, 5-브로모우라실은 티민과 짝을 이루는 대신에 구아닌과 잘못 짝을 지어 GU 염기쌍을 형성한다(그림 7.4e).

복제와 연계된 **DNA−단백질 교차 결합(DNA−protein cross-links, DPC)**은 질소성 염기, 당 또는 끊어진 DNA 골격의 포스포다이에스터 결합(phosphodiester bond)에 단백질이 공유결합된 것이다. 이러한 DPC의 존재는 DNA 복제의 진행을 차단한다. 이들은 포름알데히드와 같은 대사산물의 영향으로 형성될 수 있으며, 또한 자외선이나 이온화 방사선 또는 암 치료에 사용되는 백금 기반 약물에 의해서도 형성될 수 있다. 포름알데히드는 주로 생물학 실험실에서 사용되는 개구리의 방부제로 생각할 수 있지만, 이는 히스톤 탈메틸화의 부산물로서 자신의 세포내 핵에서 직접 생산되기도 한다.

DNA 골격 손상 DNA 골격 손상에는 뉴클레오티드로부터 질소성 염기를 상실한 **무염기 자리(abasic site)** 생성, 가닥 사이의 가교결합, 그리고 **이중가닥 DNA 절단(double-strand DNA break)**을 포함한다. 무염기 자리는 불안정한 염기 부가물의 형성에 의해 자연적으로 생성된다. 예를 들면, 퓨린 뉴클레오티드에서 당과 퓨린 결합은 비교적 불안정하다. 물의 작용으로 퓨린 염기의 *N*-글리코실 결합(*N*-glycosyl linkage)이 가수분해되면 탈퓨린화된 DNA에 수산기(−OH)가 대치된다. 이중가닥 DNA 절단은 이온화 방사선(예를 들면, X-선, 방사성 물질)과 다양한 범주의 화학물질들에 의해 유도될 수 있다. 이온화 방사선은 직접 또는 활성산소종을 생성하여 간접적으로 DNA 골격의 디옥시리보스 당을 공격할 수 있다. 이중가닥 절단은 DNA의 두 가닥을 모두 파괴시키기에 가장 심각한 유형의 DNA 손상으로 간주된다.

표 7.2 DNA 복구 시스템.

Type	Damage	Repair proteins
Damage bypass		
Translesion DNA synthesis	Pyrimidine dimer or apurinic site	DNA polymerases IV and V in *Escherichia coli* Pol ζ, pol η, pol ι, pol κ, and pol λ in humans
Damage reversal		
Photoreactivation	Pyrimidine dimers	DNA photolyase[a]
Removal of methyl groups	O^6-methylguanine	Methyltransferase
Removal of DNA–protein cross-links	DNA–protein cross-links	SPRTN protease
Damage removal		
Base excision repair	Damaged base	DNA glycosylases
Mismatch repair	Replication errors	MutS, MutL, and MutH in *E. coli* MutSα, MutLα, and EXO1 in humans
Nucleotide excision repair	Pyrimidine dimer Bulky adduct on base	UvrA, UvrB, UvrC, and UvrD in *E. coli* XPA, XPB, XPC, XPD, ERCC1/XPF, and XPG in humans
Double-strand break repair	Double-strand breaks	RecA and RecBCD in *E. coli* MRN complex, Rad51, Rad 52, BRCA1, BRCA2, XRCC3, etc. in humans for homologous recombination Ku proteins, Artemis/DNA-PK_{CS}, XRCC4 in humans for nonhomologous end-joining

[a] 인간을 포함한 태반성 포유류에는 존재하지 않음.

환경 속에는 DNA를 손상시키는 수많은 유형의 다른 물질들이 존재한다는 사실을 감안한다면, 생명체가 이러한 손상에 대처하는 수많은 방법들을 개발하여 진화했다는 사실도 놀라운 일이 아니다. 포유류 세포에 존재하는 대략 17개의 DNA 중합효소 중에서 적어도 13개는 특별히 DNA 복구에 사용된다는 사실을 상기해 보자(표 6.2 참조). 표 7.2는 원핵생물과 진핵생물 모두에 존재하는 다양한 유형의 DNA 손상에 대한 수많은 복잡한 반응을 요약한 것이다. 이 반응은 세 가지 주요 범주로 나뉜다: (i) 손상을 우회하는 것; (ii) 손상을 직접적으로 되돌리는 것; 그리고 (iii) 절단 또는 재조합 복구 시스템으로 DNA의 손상된 부분을 제거하고 손상되지 않은 DNA로 대체하는 것. 그러나 이러한 경로에서 복구 효소에 의해 수행되는 복구 반응은 "양날의 검"이라는 점을 명심하자. 이들은 복구 실패로 인한 유전적 불안정성의 원인이 될 수도 있다. 먼저, 자신의 세포 안에서 손상 또는 장애의 우회가 어떻게 일어나는지를 자세히 살펴보자.

7.3 손상의 우회

진핵세포의 정상적인 복제 기구는 신뢰도가 높은 DNA 중합효소를 이용한다는 사실을 기억해 보라. 이러한 신뢰도 높은 중합효소는 손상되지 않은 DNA 주형을 정확히 복사하지만, DNA 나선의 구조적 비틀림을 유발하는 DNA 손상은 우회할 수 없다. 따라서 특별히 신뢰도가 낮은 "오류를 범하기 쉬운(error-prone)" DNA 중합효소들(표 6.2 참조)이 복제 중합효소를 일시적으로 대체하여 **장애물 통과 합성(translesion synthesis)** 또는 "DNA 손상 내성 경로"라고 불리는 과정을 이용하여 손상된 DNA를 건너뛰고서 복사를 계속한다(그림 7.5). 티민–티민 2합체와 같은 손상 외에도 머리핀, 십자형, 미끄럼 DNA, 삼중 DNA 및 G-사중체(2장 참조)와 같은 반복 서열 또는 B DNA가 아닌 DNA 구조는 복제 분기점의 진행에 문제를 일으킬 수 있다.

손상 우회에 대해서 두 가지 모델, 즉 "틈새 채우기(gap filling)"와 선호 모델인 "중합효소 전환하기"(그림 7.5에 표시됨)가 제안되었다. 틈새 채우기 모델에서는 DNA 복제 기구가 손상 반대편의 틈새에 단일가닥 DNA를 남긴다. 복제 분기점이 이동한 후 장애물 통과 중합효소가 틈새를 채운다. 중합효소 전환하기 모델에서는 복제 중합효소가 손상에 도달할 때 DNA에서 떨어지거나 단순히 손상의 하류로 건너뛰어 복제를 계속한다. 이러한 복제 중합효소의 이동은 손상 부위를 복제할 수 있는 다른 DNA 중합효소의 투입을 허용하게 되는데, 이는 증식성 세포핵 항원(proliferating cell nuclear antigen, PCNA)이 매개한다. DNA 복제의 "공장 모델(factory model)"에 따르면, 오류를 범하기 쉬운 중합효소와 보조 인자는 신속한 투입을 위해 이러한 핵 내부의 특정 구역에 저장된다고 한다. 결국, 복제 중합효소는 복제가 완료될 때까지 또는 복제를 방해하는 DNA 손상을 다시 만날 때까지 주형 조절에 맞추어 복제를 계속한다.

미끄럼 꺽쇠(sliding clamp)인 PCNA와 다른 단백질인 Rev1은 복제 중단 부위에 복구용 중합효소를 모집하는 역할을 하는 "허브(hub)" 단백질이다. PCNA는 동종삼량체(homotrimer)이므로, 각 소단위체의 소수성 포켓을 통해 여러 결합 파트너와 동시에 상호작용할 수 있는 '공구 벨트(tool belt)"로 작용할 것으로 예상된다. 반면에, Rev1은 C-말단 소수성 포켓에서 복구용 중합효소를 모집하여 가교 역할을 한다. 최근 연구에 따르면, 공구 벨트와 가교 사이에 동적 전환이 일어난다는 것이다. 예를 들어, 복구용 중합효소가 먼저 PCNA에 결합한 다음 Rev1에 결합하거나, 중합효소가 먼저 Rev1에 결합한 다음 PCNA에 결합할 수 있다.

오류를 범하기 쉬운 DNA 중합효소는 손상된 DNA 주형을 관대하고 효율적으로 복제할 수 있다. 하지만, 오류가 발생하기 쉬우므로 돌연변이를 일으킬 수 있다. 일반적인 오류율은 손상되지 않은 DNA의 염기쌍당 10^{-1}에서 10^{-3} 범위이다. 구조 연구를 통해 이와 같은 중합효소 작용이 어떻게 가능한지에 대한 통찰력이 생겼다. 이들은 다른 중합효소와 마찬가지로 오른손 모양을 하고 있지만(그림 6.18 참조), 활성자리가 더 넓다. 이와 대조적으로, 신뢰도가 높은 중합효소에서는 손가락이 새로 형성된 염기쌍에 단단히 밀착되어 미스매치를 확인해 준다.

대부분의 손상은 기존 염기의 짝짓기 특성을 완전히 변경한다는 점을 기억하자. 오류를 범하기 쉬운 중합효소는 이러한 유형의 손상을 어떻게 처리할까? 이 경우 중합효소는 손상 반대편에 잘못된 뉴클레오티드를 삽입하여 뉴클레오티드 치환 돌연변이를 유발한다. 또는 중합효소가 손상을 건너뛸 때 손상의 다음 염기 반대편에 올바른 뉴클레오티드를 삽입하여 틀이동 돌연변이를 생성한다. 오류를 범하기 쉬운 복구용 중합효소의 일반적인 경향에 대한 중요한 예외는 DNA 중합효소 에타(η)이다. DNA 중합효소 η는 2개의 아데닌 잔기를 올바르게 삽입하여 티민-티민 2합체를 우회한다. 이것이 어떻게 가능할까? 구조 연구에 따르면, DNA 중합효소 η는 오류를 범하기 쉬운 다른 중합효소보다 훨씬 더 넓은 활성자리를 가지고 있다. 매우 넓은 활성자리는 한 번에 하나가 아닌 2개의 뉴클레오티드를 수용할 수 있다. 반데르발스 힘과 수소결합 상호작용은 티민-티민 2합체를 고정시켜서 2개의 티민이 아데닌과 짝을 이룰 수 있도록 한다. 따라서 DNA 중합효소 η의 존재는 자외선 손상으로부터 세포를 보호한다.

장애물 통과 합성은 세포로 하여금 복제를 중단시키는 치명적인 손상으로부터 생존할 수 있게 하지만, 세포는 높은 확률의 돌연변이 위험을 감수해야 한다. 이러한 이유로, 대장균에서는 장애물

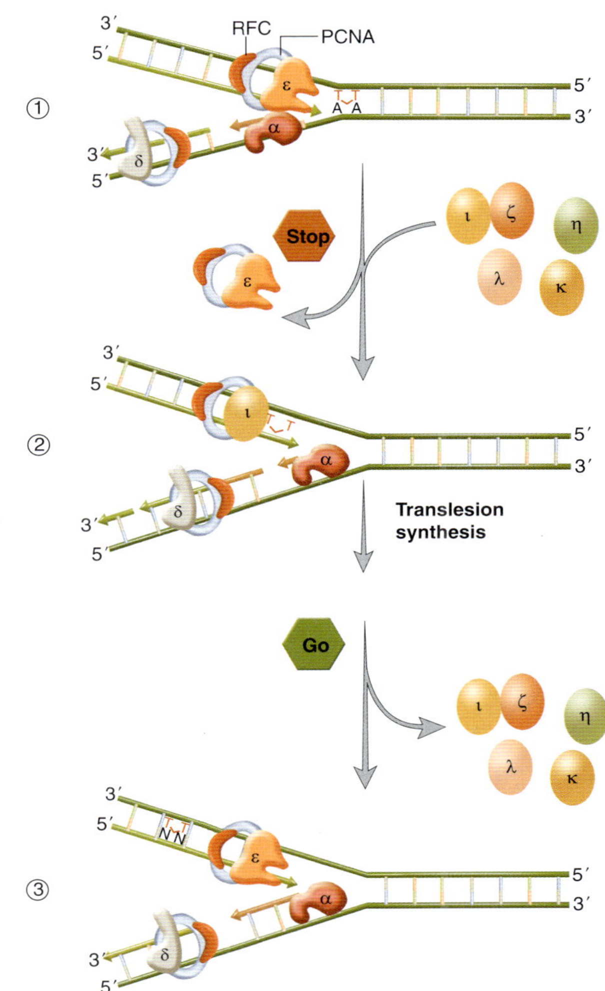

그림 7.5 장애물 통과 DNA 합성 모델.
(1) 복제 기구가 선도가닥 합성을 위한 주형(template) 위에 있는 티민-티민 2합체에서 정지한 것을 볼 수 있다(정지 신호). 정지된 복제 분기점 근처에 있는 핵 내부의 특정 구역에 다수의 오류를 범하기 쉬운(error-prone) 특화된 DNA 복구용 중합효소(DNA pol ι, λ, ζ, η, 그리고 κ)가 저장되어 있다. (2) 복제 분기점이 손상에서 정지될 때, DNA pol ε이 오류를 범하기 쉬운 중합효소 중의 하나로 교체된다. (3) 장애물 통과 합성이 손상을 우회하면 중합효소 교체가 다시 일어난다. 이후 신뢰도가 높은 DNA 복제는 계속된다(진행 신호).

통과 중합효소(DNA 중합효소 IV와 V)가 정상적인 상황에서는 존재하지 않는다. 이들의 합성은 단지 DNA 손상에 대한 반응으로만 유도될 수 있는데, 이는 "SOS 반응"이라고 알려진 경로의 일부가 된다.

아마 여러분도 느꼈겠지만, 실제로 손상의 우회는 진정한 복구 경로라 할 수 없다. 그림 7.5에서 보여준 예처럼, 장애물 통과 합성 후에도 DNA 이중나선의 원래 부모가닥에는 티민-티민 2합체가 여전히 남아 있기 때문이다. 이러한 손상은 어떠한 경로로 복구될 수 있을까? 가장 간단한 메커니즘은 DNA 손상을 직접 회복시키는 것이다.

7.4 DNA 손상의 직접적 회복

DNA 복구효소는 매우 효율적인 과정에 의해 DNA 손상을 직접 되돌릴 수 있다. 이 과정을 잘 이해하기 위해 세 가지의 중요한 예, 즉 DNA 광분해효소(photolyase), DNA 메틸기전달효소(methyltransferases), 그리고 단백질분해효소(protease) SPRTN("스파르탄"으로 발음)에 의한 복제-연계 DNA-단백질 복합체의 복구를 살펴보기로 한다.

DNA 광분해효소에 의한 티민-티민 2합체의 회복

대부분의 생명체에서, 피리미딘 2합체를 형성하는 자외선에 의한 DNA 손상은 **광부활(photoreactivation)** 또는 "광선 복구(light repair)"라는 과정에 의해 직접 복구될 수 있다. 이 과정을 촉매하는 주목할 만한 효소는 DNA 광분해효소로이며, 1958년에 발견되어 DNA 복구 분야를 처음으로 널리 드러냈다. 광부활 과정 중에 **DNA 광분해효소(DNA photolyase)**는 근접자외선(near-UV)부터 청색 가시광선까지의 에너지를 이용하여 2개의 인접한 피리미딘 사이의 공유결합을 파괴시키는 "광자-구동 나노머신(photon-powered nanomachine)" 역할을 한다(그림 7.6). 단백질은 청색광을 흡수하지 못함에도, 이러한 반응이 어떻게 일어날 수 있을까?

구조 연구를 통해서, DNA 광분해효소가 2개의 보조인자(cofactors)를 포함한 구형 3차 구조 단백질임이 밝혀졌다. 이 보조인자 중의 하나는 청색 근접자외선 빛을 흡수하는 색소인 엽산(folate)이고, 다른 하나는 완전히 환원된 상태에 있는 플라빈 아데닌 2중뉴클레오티드(flavin adenine dinucleotide, $FADH^-$)이다. 엽산은 "태양 전지판(solar panel)"과 같은 역할을 한다. 즉, 빛을 흡수하고 활성화 에너지를 $FADH^-$로 전달한다. 티민-티민 2합체의 분열은 빛에 의해 흥분된 $FADH^-$에서 전자가 광분해효소의 활성자리에 위치한 티민-티민 2합체로 전달되면서 시작된다. 티민-티민 2합체는 DNA 이중나선에서 밖으로 뒤집어져 나와 효소의 FAD 보조인자에 가까이 다가간다. 이후 순간적으로 $FADH^-$에서 전자가 이동하여 2합체가 분리된다. 그런 다음, 전자는 일시적으로 형성되었던 플라빈 라디칼로 되돌아간다. 이러한 전체 과정은 1나노초(10억분의 1초)도 채 걸리지 않는다.

광분해효소는 자외선에 의해 손상된 DNA를 복구할 수 있는 가장 오래되고 효율적인 수단 중 하나로 여겨진다. 하지만 놀랍게도 인간을 포함한 태반형 포유동물은 광부활 경로를 가지고 있지 않다. 7.5절에서 인간 세포는 피리미딘 2합체에 어떻게 대처하는지를 살펴볼 것이다.

DNA 메틸기전달효소에 의한 손상 회복

DNA 손상의 직접적 회복의 또 다른 예는 메틸화된 염기인 O^6-메틸구아닌의 복구이다. DNA 광분해효소와 달리, **메틸기전달효소(methyltransferases)**는 대장균부터 인간에 이르기까지 모든 생명체에 존재한다. 이는 매우 선택적인 효소로서, 손상된 구아닌에서 메틸기 제거 반응을 촉매한다(그

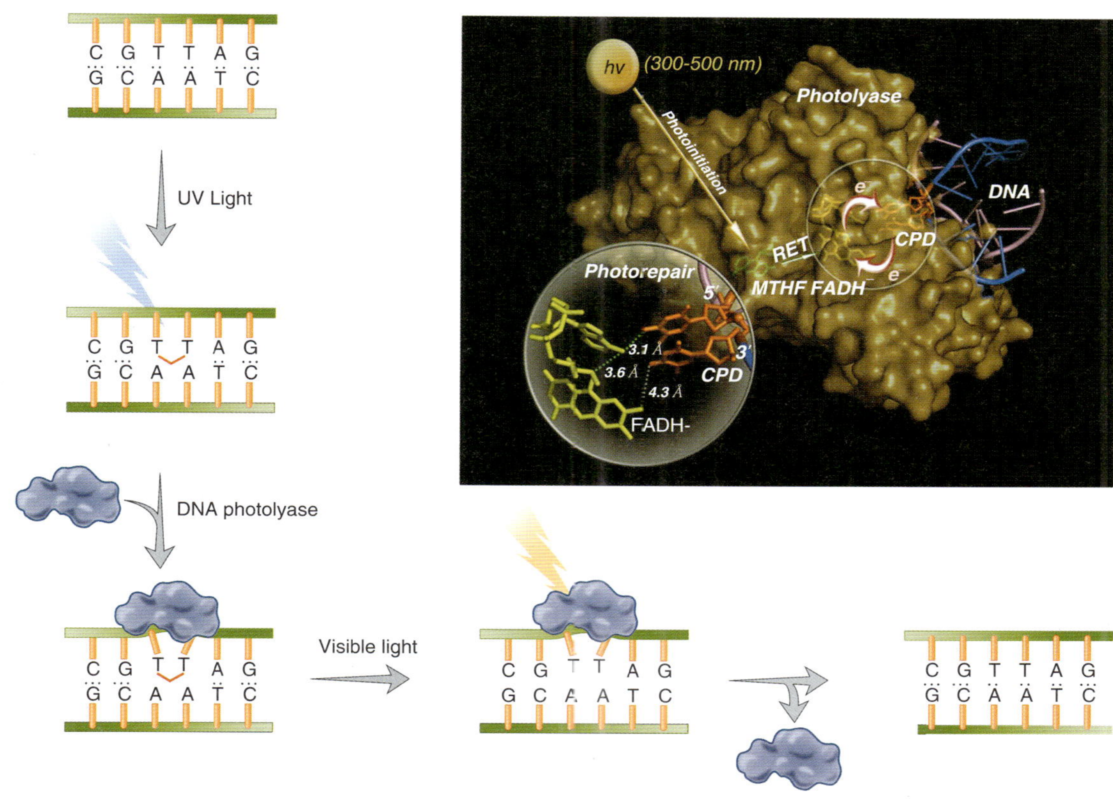

그림 7.6 광부활(photoreactivation)에 의한 DNA 복구. (a) 자외선(보라 빛 전광)은 티민-티민 2합체(빨간색)를 형성하게 한다. DNA 광분해효소(파란색)는 DNA의 이 부위에 결합한다. 이 효소는 근접 자외선에서 가시광선(복숭아 빛 전광)을 흡수하고 피리미딘 2합체 고리를 파괴하여 2개의 티민 잔기를 복원한다. 이 효소는 복구된 DNA에서 분리되어 나온다. (b) 광분해효소는 손상된 DNA 가닥의 인산염 잔기와 이온 결합을 하고 활성자리에 티민-티민 2합체를 뒤집어 넣어 $FADH^-$와 접촉하게 한다. 엽산 메틸테트라히드로폴레이트(MTHF)에 의한 자외선 광자(300~500 nm)의 흡수로 반응이 시작된다. 흥분된 엽산은 포스터 공명 에너지 전이(Foster resonance energy transfer, RET)를 통해 $FADH^-$에 활성화 에너지를 전달한다. 흥분된 $FADH^-$는 순환형 산화환원 반응에 의해 티민–티민 2합체의 사이클로부탄 고리를 끊는다. 내부 삽화에 표시된 숫자는 $FADH^-$와 사이클로부탄 피리미딘 2합체(CPD)의 원자간 거리를 나타낸다. (출처: Reprinted from Sancar, A. 2016. *Agnewandte Chemie International Edition* 55:8502–8527.)

림 7.7). 이 효소는 DNA 이중나선의 작은 고랑에 결합하여 이 고랑을 넓히고 DNA가 단백질에서 약 15° 각도로 굽어지게 만든다. 이러한 변화는 이중나선 구조를 바꾸어서 손상된 뉴클레오티드가 깊은 고랑에서 돌출되어 나와 활성자리로 들어가도록 만든다. 이후 활성자리에 있는 시스테인 잔기의 황화수소기가 구아닌으로부터 메틸기를 받아들인다. 이는 매우 효과적이지만, 비용이 많이 드는 복구 과정이다. 일단 메틸기전달효소가 구아닌으로부터 메틸기를 받아들이면 이 효소는 다시 사용될 수 없다.

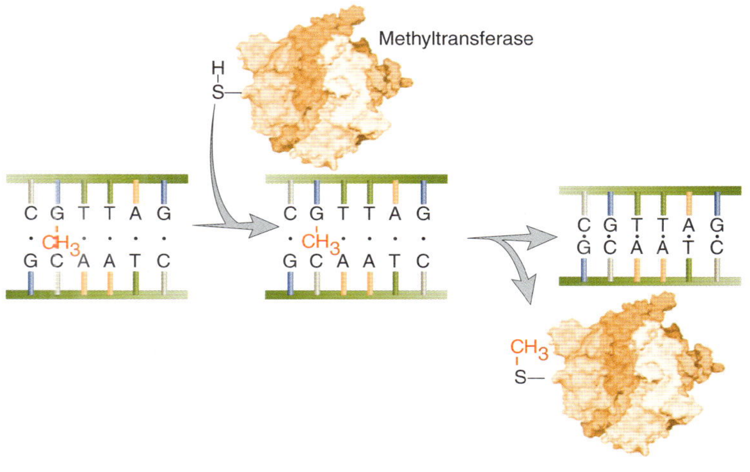

그림 7.7 메틸기 제거에 의한 DNA 복구. 메틸기전달효소는 O^6-메틸구아닌의 메틸기(빨간색)가 효소 시스테인 잔기의 황화수소기(SH)로 이동하는 것을 촉매한다. 이 반응은 DNA 서열에서 정상적인 G를 복원하고 효소를 불활성화시킨다.

SPRTN 단백질분해효소에 의한 DNA–단백질 교차결합 제거

다세포 진핵생물에서, DNA-의존성 금속 함유 단백질분해효소(metalloproteinase)인 **SPRTN**은 DNA 복제 기구와 결합하여 DNA 합성 동안 DNA–단백질 교차결합을

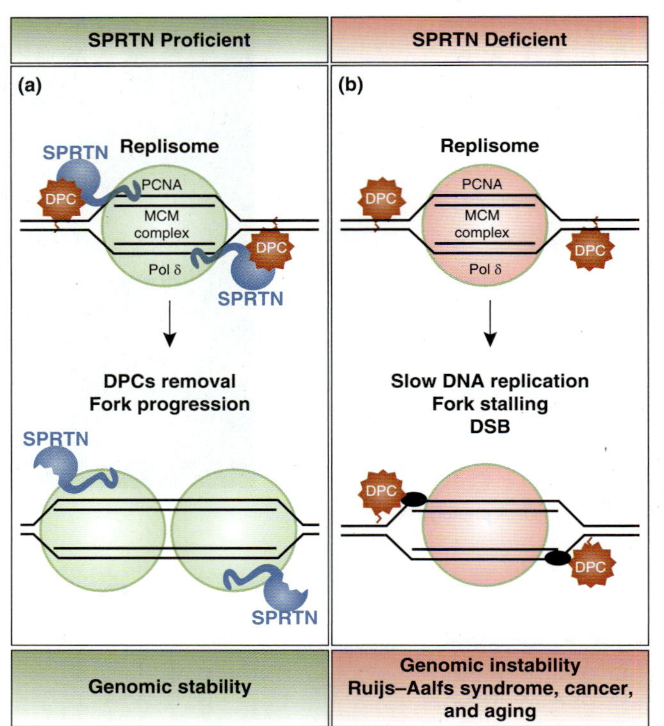

그림 7.8 DNA 복제와 연계된 DNA-단백질 교차결합(DPC) 복구 모델.
(a) 정상 세포에서, SPRTN은 복제 분기점의 진행 중에 DPC를 제거하는 리플리솜(replisome)의 구성 요소이다. (b) SPRTN이 결핍된 세포에서, DPC는 DNA 복제 분기점을 정지시켜 이중가닥 절단(DSB) 및 유전체 불안정성을 초래한다. (출처: Redrawn from Stingele et al. 2016. *Molecular Cell* 64:688–703.)

제거한다(그림 7.8). 생각해 보면, SPRTN에 의한 DNA–단백질 교차결합의 제거는 세포에 매우 유독할 수 있다. 적절하게 조절되지 않으면 이론상으로는 이 효소가 염색질 단백질을 분해할 수도 있다. 하지만, 염색질 접근성은 "유비퀴틴 스위치"라고 불리는 번역 후 변형에 의해 조절된다는 것이 밝혀졌다. SPRTN이 단일 유비퀴틴화되면 염색질에서 배제된다. 예를 들어, 포름알데히드에 의해 DNA–단백질 교차결합이 유도되면, 탈유비퀴틴화를 촉발하고 SPRTN의 자가 절단이 뒤따른다. SPRTN의 중요성은 결손의 결과로 잘 알 수 있다. 스파르탄(Spartan) 증후군이라고도 알려진 Ruijs–Aalfs 증후군은 염색질 불안정, 조기 노화 및 어린이의 조기 발병 간세포 암종을 특징으로 하는 인간의 보통염색체 열성 질환으로서, SPRTN 유전자의 돌연변이로 인해 DNA 복구 결함이 발생한 것이다.

7.5 DNA 손상 제거에 의한 단일염기 변형과 구조적 비틀림 복구

손상된 DNA를 제거하는 복구 시스템에는 단일염기 변형, 구조적 비틀림, 그리고 이중가닥 DNA 손상의 복구가 포함된다(표 7.2 참조). 이 경로들의 주된 특징은 많은 단백질들의 역동적 상호작용이 복구 과정에 관여한다는 것이다. 한 단백질이나 복합체에서 다른 단백질이나 복합체로 DNA를 순차적으로 주고받는다(hand-off). 이 DNA 복구 단백질들은 모듈 형태로서, 독특한 생화학적 기능을 갖는 다수의 구조적 도메인으로 구성되어 있다. 이들은 또한 다른 복구 단백질과도 어느 정도의 친화력을 가진 다수의 결합자리를 갖는다. 여러 결합자리의 존재는 결합자리의 직접적 경쟁 또는 알로스테리 구조의 재배열을 통해서 "거래 장소(trading places)"를 활성화시킨다.

모든 경로에서 첫 번째 단계는 복구 기구가 DNA에 접근하는 것이다. 포유동물 DNA의 복구 과정 중의 염색질 변성 모델을 살펴보면 다음과 같다. DNA에 있는 손상이 감지되면, 히스톤의 아세틸화(acetylation)와 함께 염색질 재구성(chromatin remodeling)이 일어나서 염색소체(nucleosomes)가 느슨해진다. (염색질의 구조 변화는 전사 기구에 대한 DNA의 접근성을 촉진하는 맥락으로, 9장에서 좀 더 심도 있게 논의된다.) 다음 단계로 복구 기구는 손상을 제거한다. 결과적으로, 생성된 틈은 DNA 중합효소에 의해 채워진다. 그 이후 PCNA는 염색질 조합인자들을 모집하고, 이들은 함께 DNA 복제 후에 볼 수 있는 것과 같은 방식으로 새로운 DNA 위에 히스톤을 채워 넣는다(그림 6.22 참조).

단일염기 변형의 복구에는 두 가지의 주된 경로, 즉 **염기 제거 복구(base excision repair)**와 **미스매치 복구(mismatch repair)**가 있다. 염기 제거 복구는 손상 때문에 생긴 단일염기 변형을 수정한다. 복제 과정 중에 DNA 중합효소 오류에 의해 생성되는 미스매치 염기쌍은 미스매치 복구에 의해 수정된다. **뉴클레오티드 제거 복구(nucleotide excision repair)** 경로는 일례로 자외선에 의해 유도된 티민-티민 2합체로 인한 부풀림과 같은 구조적 비틀림의 복구에 이용된다. 이러한 경로의 중요성은 1970년대와 1980년대에 손상 복구의 핵심 메커니즘을 발견한 세 과학자에게 2015년 노벨 화학상을 수여하면서 인정되었다: 염기 제거 복구에서는 Tomas Lindahl, 미스매치 복구에서는 Paul Modrich, 뉴클레오티드 제거 복구에서는 Aziz Sancar가 수상했다. 이제 염기 제거 복구부터 살펴보자.

염기 제거 복구

염기 제거 복구는 **DNA 당화효소(DNA glycosylase)**라고 하는 효소 그룹에 의해 시작된다. 이 효소는 데옥시리보스 당을 손상된 염기에 연결하는 *N*-글리코시드 결합을 절단한다. 이후 손상된 염기는 제거되고, DNA에는 무염기 자리가 생긴다. 산화되거나 환원된 염기, 메틸화된 염기, 탈아미노화된 염기를 각각 인식하는 DNA 당화효소들이 존재한다. 예를 들면, 우라실 DNA 당화효소는 UA나 UG 염기쌍에서 우라실을 제거하고, 인간 옥소G(oxoG) 복구 효소인 hOGG1은 oxoG의 제거를 촉매한다.

염기 제거 복구의 1단계는 손상을 인식하는 것이다. DNA 복구 단백질이 어떻게 광활한 정상 DNA 공간에서 매우 드문 손상 부위를 발견하는지는 분자생물학적으로 아직 잘 이해되지 않는다. 몇 가지 증거를 통해서, 단백질이 세포질 및 핵질에서의 3차원 확산과 DNA에 비특이적으로 결합되는 동안의 1차원 확산을 조합해서 사용한다는 사실을 알 수 있다. 이 1차원적 "촉진 확산" 과정은 손상에 대한 유전체 DNA를 효율적으로 "검색"하는 데 사용된다. 염기쌍당 체류 시간은 50 ns에서 300 μs까지 다양하다. 정상적인 상대인 구아닌(G)과는 단지 두 원자만이 다른 oxoG와 같은 손상을 인식하는 것은 특히 주목할 만하다. 최근에 복구 복합체의 X-선 구조 분석 연구에서는 손상된 염기가 효소 내부에 있는 일련의 "통로(gates)" 또는 문소(checkpoint)를 통과해 나아간다고 주장한다. hOGG1은 먼저 DNA에 비특이적으로 결합한다. 효소가 사이토신(C)과 염기쌍을 이룬 oxoG를 만나면, oxoG는 이중나선 구조로부터 "G-특이성 주머니(G-specific pocket)"로 밀려난다(그림 7.9). 그 후 계속해서, oxoG는 효소의 손상 인식 주머니(oxoG 주머니)로 깊숙이 들어간다. 이 주머니에 나열된 아미노산이 oxoG와 직접 접촉하고 특이적 인식을 위한 기초를 제공한다. 이 효소가 DNA에 있는 정상적인 GC 염기쌍을 만나면, G는 일시적으로 효소의 G-특이성 주머니로 밀려나지만 oxoG 주머니로의 접근은 제한되어 다시 이중나선으로 되돌아온다.

염기가 제거된 뉴클레오티드는 손상된 염기보다 더 나을 것이 없다. 다라서 다음 단계의 복구는 무염기 뉴클레오티드를 제거하는 것이다. 포유동물 세포의 염기 제거에서는 초기 반응에 따라 복구 조각이 단일 뉴클레오티드(짧은 조각)이거나 2~10개의 뉴클레오티드(긴 조각)일 수 있다(그림 7.10). 짧은 조각이나 긴 조각 복구에서 모두 손상된 염기를 제거하는 핵산내부분해효소(endonuclease)로부터 복구 합성을 일으키는 DNA 중합효소와 연결효소(ligase)로 DNA를 "주고받기"하는 특징을 볼 수 있다. 짧은 조각 복구에서는 당화효소-결합 β-분해효소(glycosylase-associated β-lyase)

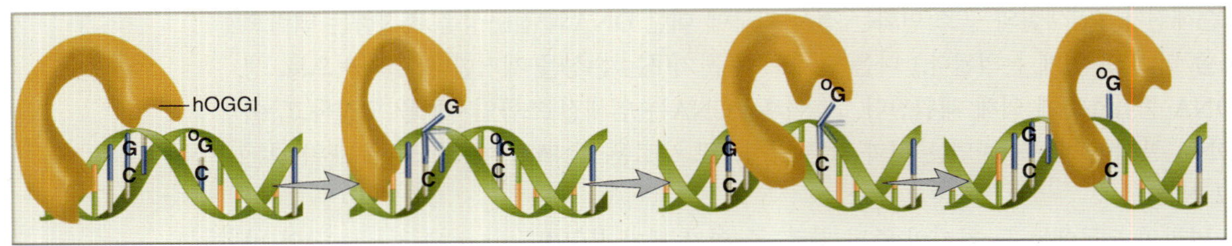

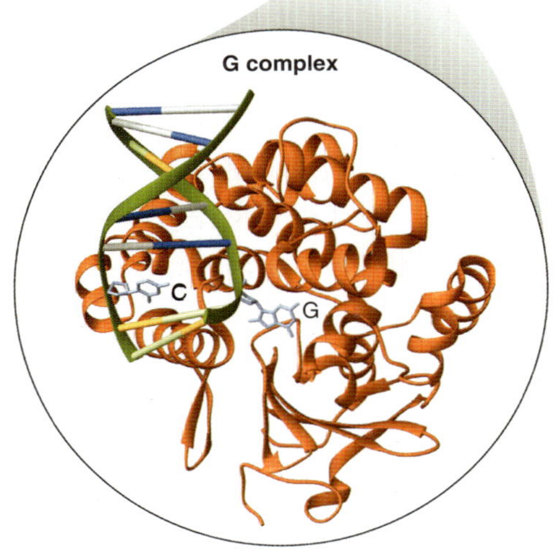

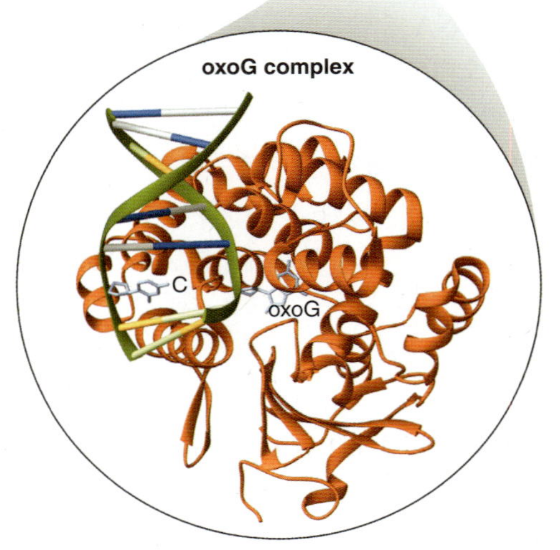

그림 7.9 8-옥소구아닌 DNA 당화효소-1(8-oxoguanine DNA glycosylase 1, hOGG1)에 의한 DNA 손상 인식 모델. 효소 hOGG1은 먼저 DNA에 비특이적으로 결합한다. 효소가 정상적인 GC 염기쌍을 만나면, G 염기는 효소에 있는 G-특이성 주머니로 일시적으로 밀려났다가 다시 DNA 이중나선으로 되돌아온다. hOGG1이 oxoGC 염기쌍을 만나면, oxoG는 먼저 G-특이성 주머니로 밀려났다가 그 이후에 oxoG-특이성 손상 인식 주머니로 끼어들어가 이곳에서 DNA로부터 잘려나간다. G를 포함하는 DNA(왼쪽)나 oxoG를 포함하는 DNA(오른쪽) 복합체의 전반적인 구조 비교. 단백질(황금색)과 DNA(녹색)가 모두 골격리본추적법(backbone ribbon traces)으로 표시되었다. C, 옅은 파란색; oxoG 또는 G, 짙은 파란색. (출처: Adapted from David. 2005. *Nature* 434:569–570; and Banerjee et al. 2005. *Nature* 434:612–618, © 2005 Nature Publishing Group and Macmillan Publishers Ltd.)

와 무퓨린/무피리미딘 핵산내부분해효소(apurinic/apyrimidinic endonuclease 1, APE1)가 DNA 무염기 자리의 3′과 5′을 각각 절개한다. DNA 중합효소 β가 뉴클레오티드의 빈 곳을 채워주고, DNA 연결효소 3–XRCC1 복합체가 당-인산 골격에 있는 틈을 이어준다.

긴 조각 복구에서는 APE1이 무염기 자리의 5′을 절개한다(그림 7.10). 이후, DNA 복제효소 δ 또는 ε과 PCNA가 새김눈의 3′ 쪽 가닥을 치환해서 2~10개의 뉴클레오티드 플랩(flap)을 형성한다. 이 플랩은 단일가닥에서 이중가닥으로 전환하는 교차점에서 플랩 핵산내부분해효소(flap endonuclease 1, FEN-1)에 의해 절단된다. PCNA의 도움으로 DNA 중합효소 δ 또는 ε에 의해 같은 크기의 조각이 합성되고, DNA 연결효소 1에 의해 틈이 이어진다.

모든 단백질의 이름은 이들의 기능에 대한 힌트를 주지 않으면 때때로 이해하기 어려운 점이 있다. 다행히 복구에 관련된 많은 단백질과 효소는 DNA 복제를 학습하면서 친숙해진 것들이다. 나머지의 경우에는 그 이름이 어떻게 지어졌는지를 알면 도움이 될 것이다. XRCC1이라는 이름은 인간의 복구 유전자를 복제하는 과정에서 한 설치류인 중국 햄스터(Chinese hamster) 돌연변이 종의 이용에서 유래했다. 인간의 유전자가 설치류 상보 그룹의 돌연변이를 교정할 수 있는 능력에 따라 분리되었는데, 이와 같이 교정할 수 있는 인간 유전자를 "설치류 복구 결손을 교차로 상보하는 X-선 복구(*X*-ray *r*epair *c*ross-*c*omplementing rodent repair deficiency)"라고 명명하였다. 이에 따라 단백질 생성물의 이름이 약어인 XRCC1으로 지정되었다.

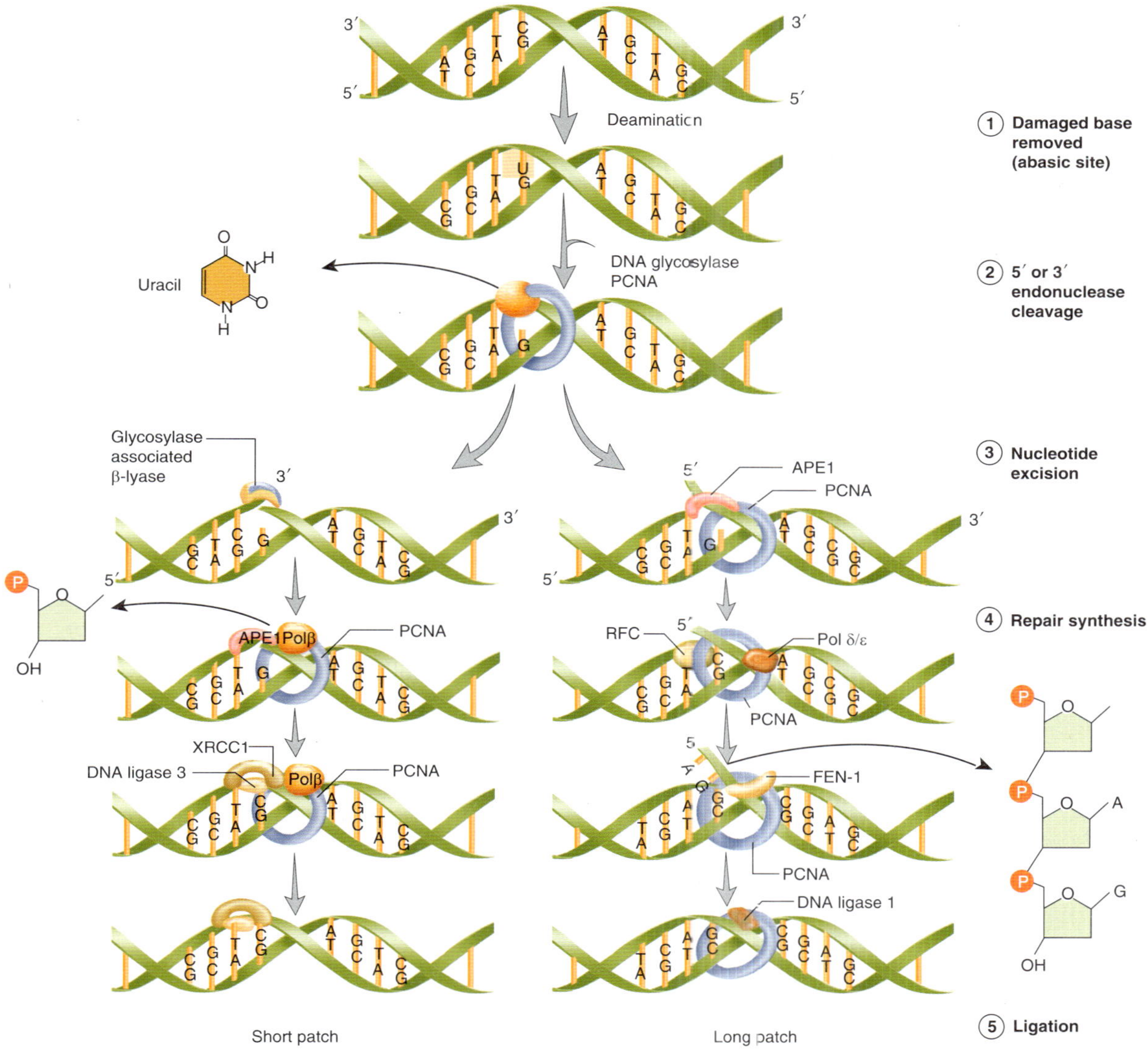

그림 7.10 포유동물 세포의 염기 제거 복구 경로.
이 그림은 사이토신이 우라실로 탈아미노화된 것을 복구하는 5가지 주요 단계를 보여준다.

미스매치 복구

염기 제거 복구가 손상된 염기를 바로 잡는 반면에, 미스매치 복구는 DNA 복제 과정 중에 벌어진 실수와 DNA 중합효소에 의해 교정되지 않은 오류를 수정한다. 미스매치 복구 경로의 기본 양상은 대장균에서부터 인간에 이르기까지 보존되어 있지만, 오직 경로에 있는 두 유사 단백질인 MutS와 MutL만이 전 진화 과정 동안 실제로 보존되어 왔다. 박테리아에서 처음 확인된 이 유전자의 돌연변이는 자연 발생 돌연변이 비율을 크게 증가시키는 것으로 관찰됨에 따라서, "Mutator" 유전자 또는 줄여서 Mut로 명명되었다. 이 복구 경로의 본질적인 특성은 매우 분명하다. 미스매치 복구의 유전적 결손은 유전자 돌연변이율을 증가시키고, **유전성 비용종성 대장암(hereditary nonpolyposis colorectal cancer**; Disease Box 7.1)을 포함하는 특정 유형의 암에 걸릴 위험성을 증가시킨다. 이제 인체 세포에서 일어나는 미스매치 복구 경로를 자세히 살펴보기로 한다.

인체 세포에서의 미스매치 복구는 수많은 활성들을 필요로 한다. 이 활성에는 MutS 동종체(MSH), MutL 동종체(MLH/PMS), 핵산말단분해효소(exonuclease) EXO1, DNA 중합효소 δ,

Disease Box 7.1

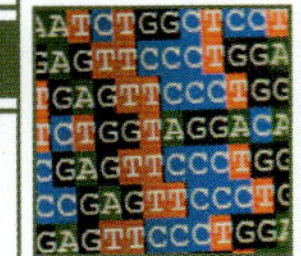

유전성 비용종성 대장암(Hereditary nonpolyposis colorectal cancer): 미스매치 복구의 결손

대장암은 미국에서 암 사망으로 이끄는 두 번째로 중요한 원인이다. 병에 걸린 환자 중 약 80%에서는 암이 산발적으로 발생한다. 반면 나머지 20%는 질병에 대한 유전적 소인을 갖는다. 유전성 비용종성 대장암(hereditary nonpolyposis colorectal cancer, HNPCC 또는 Lynch syndrome)은 가장 흔한 유전성 대장암의 한 유형으로서 이러한 암의 20~25%를 차지하고, 모든 대장암 중에서는 3~5%를 차지한다. 대략 200명 중 1명꼴로 이 암에 걸린다. HNPCC는 유전과 다양한 암 사이의 연관성을 발견한 헨리 린치(Henry Lynch) 박사의 이름을 따서 린치 증후군으로도 알려져 있다. 특징적인 표현형은 대장에 약간의 용종(polyps, 폴립)이 있고, 이른 나이(45세 이전)에 횡행결장과 상행결장 부위에 다수의 종양이 생기는 것이다. HNPCC는 여러 개의 DNA 미스매치 복구 유전자 중 하나에 돌연변이가 일어나면 발병을 하는 보통염색체 우성 유전 방식을 따른다. 다른 복구 유전자들에 다른 결손이 있을 수도 있지만, 각각 MSH 및 MLH/PMS의 구성 요소인 *MutS*α 또는 *MutL*α 유전자 중의 하나에 발생한 돌연변이가 HNPCC 가계의 돌연변이 중 90% 이상을 차지한다. 이러한 돌연변이를 유전으로 물려받은 사람이 일생 동안 대장암에 걸릴 위험률은 약 80%에 달하며, 자궁내막암(endometrial cancer)과 같은 다른 유형의 암에 걸릴 위험률도 증가한다. 위험군에 속한 사람은 가족력과 유전자 검사를 통해 확인할 수 있다. 최근에는 대장내시경검사(colonoscopy)로 위험군을 추적하며, 어떤 경우에는 질병 예방차원의 수술(prophylactic surgery)이 추천되기도 한다.

HNPCC는 다단계 과정으로 진행된다:

1 **미스매치 복구 유전자들 중에서 하나의 대립유전자(allele)의 생식계열(germline) 돌연변이.** 개인은 이형접합체(heterozygous)이다. 이 사람은 대장암으로 발전할 소인을 제공하는 하나의 불활성형 대립유전자를 유전으로 물려받는다.

2 **야생형 대립유전자를 체세포에서 상실.** 분열 중인 세포에서 돌연변이 가능성이 증가하기 때문에 야생형(정상) 대립유전자가 자연 발생적으로 체세포에서 상실되거나 불활성화된다.

3 **미스매치 복구 메커니즘의 결손.** 대장 또는 다른 조직에서 분열 중인 세포에 2개의 불활성형 대립유전자가 있으면 미스매치 복구 경로가 완전히 결손된다.

4 **DNA 복제의 오류 축적.** DNA 복제 과정 중에 오류가 축적되고, 따라서 자연 발생 돌연변이 비율이 증가한다. 이는 종양 진행의 초기 단계이며, 종양억제유전자(tumor suppressor genes)와 종양유전자(oncogenes)의 돌연변이가 축적되어 조절되지 않는 세포 증식을 유도한다.

5 **미소부수체 불안정성(microsatellite instability).** 미스매치 복구 유전자가 결손되면 미소부수체 DNA 영역의 돌연변이도 축적된다. 암 조직과 정상 조직 사이에 반복 횟수의 다양성이 존재하는데, 이를 미소부수체 불안정성이라고 한다. 연구에 따르면 미소부수체 불안정성을 보이는 종양의 90% 이상에서 성장 조절에 관여하는 유전자인 제2형 형질전환성장인자-β 수용체[the type II transforming growth factor-β(TGF-β) receptor]의 돌연변이를 볼 수 있다. 이 유전자의 미소부수체 영역 돌연변이는 이 수용체가 정상적인 대장 상피세포 증식억제인자인 TGF-β에 결합할 수 없게 한다. 미소부수체 불안정성은 또한 중요한 세포자멸사(apoptosis)의 촉진인자인 BAX 유전자의 돌연변이를 초래한다.

DNA 복제 꺾쇠 PCNA, 꺾쇠-장전기(clamp-loader) RFC(replication factor C), 그리고 외가닥 DNA-결합 단백질 RPA(replication protein A)가 포함된다(6장 참조). 미스매치 복구의 1단계는 오류를 인식하는 것이다(그림 7.11). 포유동물 세포에서 가닥을 식별하는 방법(예를 들어, 어느 가닥이 오류를 가진 자손 가닥인지)은 아직 연구 중에 있다. 한 모델에서는 오카자키 절편(Okazaki fragment)의 5′ 말단과 초기 가닥의 3′ 말단에 결합한 중합효소 기구가 DNA 복제의 최종 단계에서 미스매치 복구가 발생할 때 가닥 식별을 위한 표지를 제공할 것이라고 주장한다. 또한 미스매치 부근에 있는 단일 리보뉴클레오티드가 미스매치 복구의 개시제로 작용할 수 있음이 밝혀졌다. 이 경로에서 미스매치 복구의 활성화는 리보핵산분해효소 H에 의존하며 리보뉴클레오티드와 짝이 맞지 않는 염기가 서로 1 kb 미만 내에 있어야 하므로 아마도 작은 경로를 나타낼 것이다. 박테리아의 가닥 식별은 더 쉽게 이해된다. 대장균에서 오류가 있는 새로 합성된 가닥은 GATC 서열에 메틸기가 없는 것으로 확인된다(박테리아 DNA 메틸화에 대한 자세한 내용은 13장 참조). 박테리아

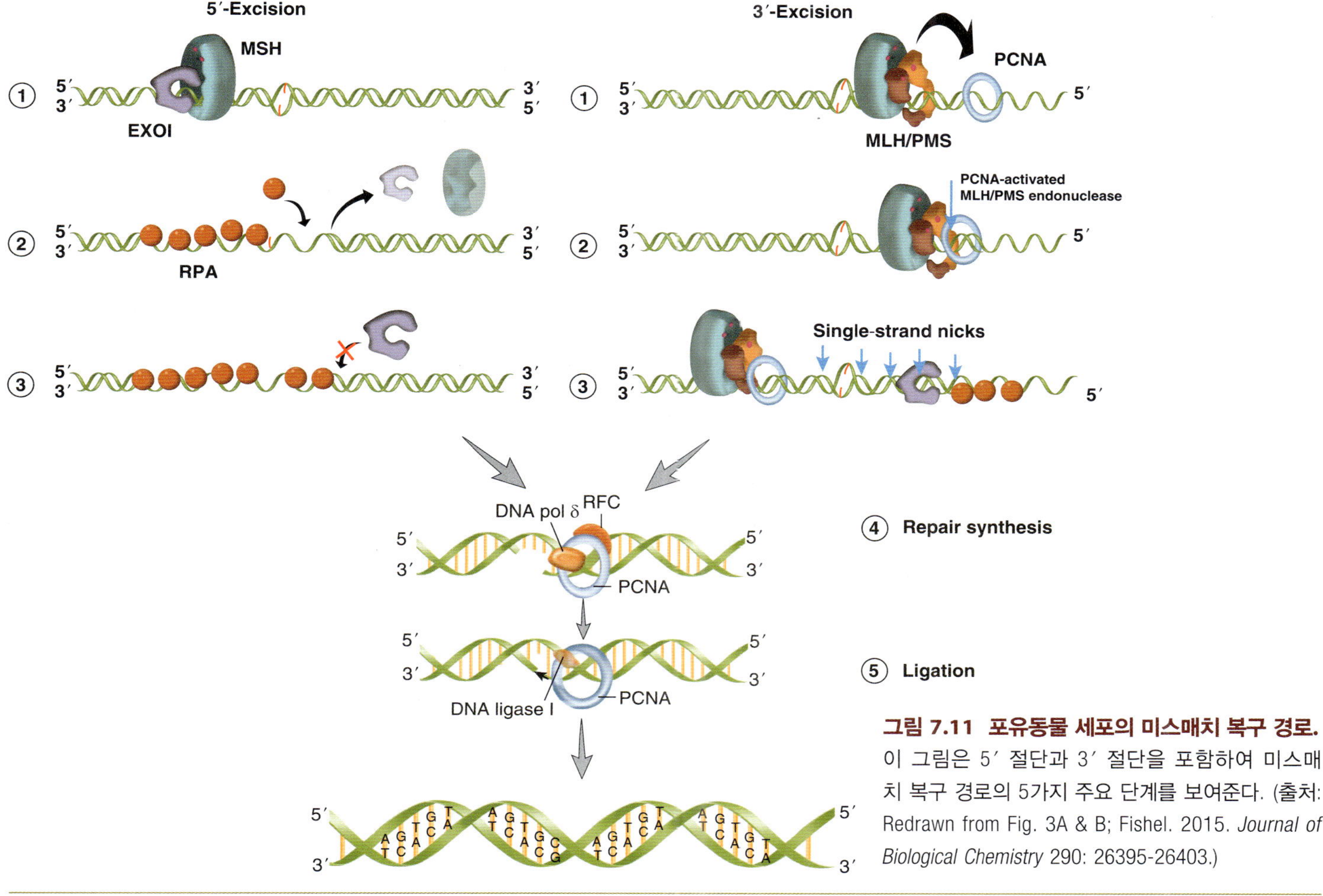

그림 7.11 포유동물 세포의 미스매치 복구 경로. 이 그림은 5′ 절단과 3′ 절단을 포함하여 미스매치 복구 경로의 5가지 주요 단계를 보여준다. (출처: Redrawn from Fig. 3A & B; Fishel. 2015. *Journal of Biological Chemistry* 290: 26395-26403.)

MutH 핵산내부분해효소는 GATC에서 단일가닥을 절단한다. 유전체에는 GATC가 드물기 때문에 미스매치 부위에서부터 수백 개 염기만큼 떨어진 곳에서 MutH에 의한 절단이 일어날 수 있다.

일단 미스매치가 인식되면 잘못 짝지어진 뉴클레오티드만 간단히 제거되지 않는다. 대신 미스매치를 포함하는 큰 영역의 DNA가 절제된다(그림 7.11 참조). 인간의 경우, 이 과정은 미스매치 DNA에 여러 ATP(아데노신 삼인산)-결합 MSH 미끄럼 꺽쇠를 장전하는 것으로 시작하여 추가적인 미스매치 복구 단백질을 모집할 수 있는 플랫폼을 제공한다. MSH는 ATP 조절 "분자 스위치" 역할을 한다. 미스매치가 없는 경우, MSH는 3차원 확산으로 "검색"한다(그림 7.12). 미스매치로 인해 MSH 단백질의 ADP → ATP 교환이 일어나면 형태가 변한다. 이 활성 형태의 미끄럼 꺽쇠는 DNA 위에서 ~600배 더 안정적이며, 1차원적 회전 확산에 의해 DNA 골격을 따라 빠르게 이동한다. 이 시점에서 절단이 미스매치의 5′ 또는 3′에서 발생하는지 여부에 따라 경로에 관련된 구성 요소가 구분된다(그림 7.11 참조).

5′ 절단의 경우, ATP-결합 MSH 미끄럼 꺽쇠가 DNA의 5′ 가닥 절개 부위에 EXO1을 고정하고 5′ → 3′으로 이동하는 데 도움을 준다. MSH–EXO1 복합체가 자발적으로 DNA에서 떨어져 나가면, 다른 MSH 미끄럼 꺽쇠가 EXO1과 상호작용하여 핵산말단분해효소에 의한 분해를 다시 시작한다. 새로 형성된 틈새에 RPA가 결합하면 EXO1이 다른 MSH 미끄럼 꺽쇠와 결합될 때까지 EXO1 작용을 방해한다. 이 과정은 미스매치가 제거될 때까지 DNA 골격을 따라 수천 개의 뉴클레오티드에 대해 계속될 수 있다. 복구 복합체의 이동에는 ATP 가수분해 에너지가 필요하지 않다. 대신 MSH 미끄럼 꺽쇠가 DNA에서 최종적으로 분리될 때 ATP 가수분해가 일어난다.

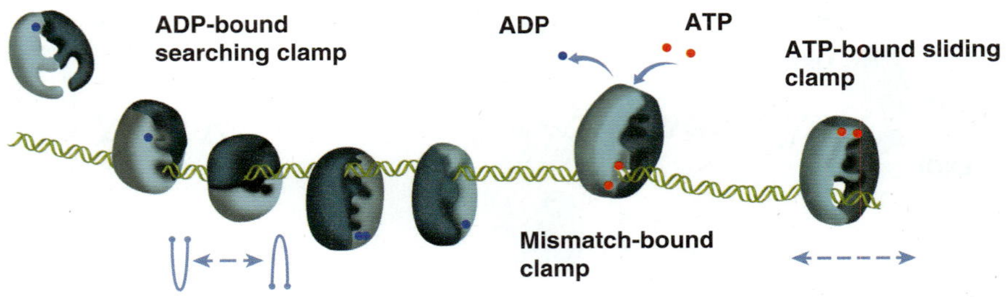

그림 7.12 MSH 미끄럼 꺽쇠의 분자 스위치 모델.
미스매치 검색 동안, ADP 결합 MSH는 DNA와 지속적으로 접촉하고 나사에서 회전하는 너트처럼 1차원 회전 확산이 촉진된다. 약 1000 bp의 DNA를 1초에 검사한다. 미스매치를 인식하면 약 3초 동안 ADP가 ATP로 교환된다. ATP-결합 미끄럼 꺽쇠 형태의 MSH는 DNA에서 약 10분의 수명을 갖는다. 이 단계에서 나사의 와셔(washer, 나사받이, 똬리쇠)처럼 DNA와 불연속적으로 접촉하면서 자유롭게 회전한다. (출처: Redrawn from Fishel. 2015. *Journal of Biological Chemistry* 290:26395–26403.)

3′ 절단의 경우, MLH/PMS는 ATP-결합 MSH 미끄럼 꺽쇠와 결합하고, 이 복합체는 3′ 틈에 결합된 PCNA 쪽으로 DNA를 따라 확산 이동한다. MSH−MLH/PMS와 PCNA 사이의 상호작용은 MLH/PMS의 핵산내부분해효소를 활성화시킨다. MSH−MLH/PMS−PCNA 복합체가 확산 이동되거나 또는 MLH/PMS를 PCNA로 넘겨줘서 MLH/PMS−PCNA 복합체가 확산 이동되면, 활성형 MLH/PMS 핵산내부분해효소가 3′ 말단에서 5′ 방향으로 여러 개의 단일가닥 틈을 만들 수 있다. 이 틈은 EXO1 5′ 핵산말단분해효소의 기질로 작용한다. 이 과정은 미스매치가 해제되고 추가적인 MSH 미끄럼 꺽쇠가 장전되지 않을 때까지 반복된다. 다음으로, DNA 중합효소 δ 및 관련 인자에 의해 절단된 가닥을 새로운 DNA로 대체하기 위한 복구 합성이 일어난다. 마지막으로, DNA 연결효소 I은 마지막 포스포다이에스터 결합을 형성해서 틈을 밀봉한다.

위에서 언급한 모든 요소가 복구에 절대적으로 필요한가? 이 문제를 해결하기 위해서, 연구자들은 미스매치 복구를 재구성할 수 있는 시험관 내 시스템을 개발했다(그림 7.13). 이 강력한 도구를 사용하여 연구자들은 다양한 조합의 정제된 단백질을 시스템에 체계적으로 추가하고 미스매치 복구가 발생했는지 여부를 조사할 수 있었다. 이 시험관 내 시스템은 GT 미스매치의 5′ 쪽에 외가닥 끊김이 있는 원형 DNA 주형을 포함했다. 이 GT 미스매치의 복구 효율성은 간단한 실험으로 측정되었다. 미스매치가 복구되면, *Hin*dIII 제한 핵산내부분해효소(제한효소) 인식 자리가 생성된다(제한효소에 대한 자세한 내용은 13장 참조). 미스매치의 복구는 아가로스 젤 전기영동(Tool Box 13.6 참조)으로 다양한 크기의 DNA 조각을 분리하여 시각화했다. 원형 DNA가 복구된 경우, *Hin*dIII 및 *Bsp*DI로 제한효소 분해가 일어나서 3.1 및 3.3 kb의 두 복구 생성물을 만든다. 미스매치가 복구되지 않은 경우, *Hin*dIII은 DNA 기질을 절단할 수 없으며, *Bsp*DI로 한번 절단하면 6.4 kb 조각만 생성된다. 복구 반응은 그림 7.13과 같이 GT 미스매치 DNA와 정제된 인자가 있는 상태에서 연구자에 의해 수행되었다. MutSα는 MSH 복합체의 구성 요소이고, MutLα는 MLH/PMS 복합체의 구성 요소이다. 최근의 연구에 따르면, Mcm2−9 계열의 마지막 구성원인 나선효소(helicase) Mcm9를 이 경로에 추가했다(DNA 복제에서의 Mcm2−7 나선효소의 역할에 대해서는 6장 참조). 미스매치 복구에서 Mcm9는 핵산말단분해효소에 의한 분해 전에 틈새 지점에서 DNA를 푸는 것으로 여겨진다.

뉴클레오티드 제거 복구

햇빛은 지구 상에 존재하는 생명체를 위한 에너지원을 제공한다. 하지만 햇빛의 자외선 영역이

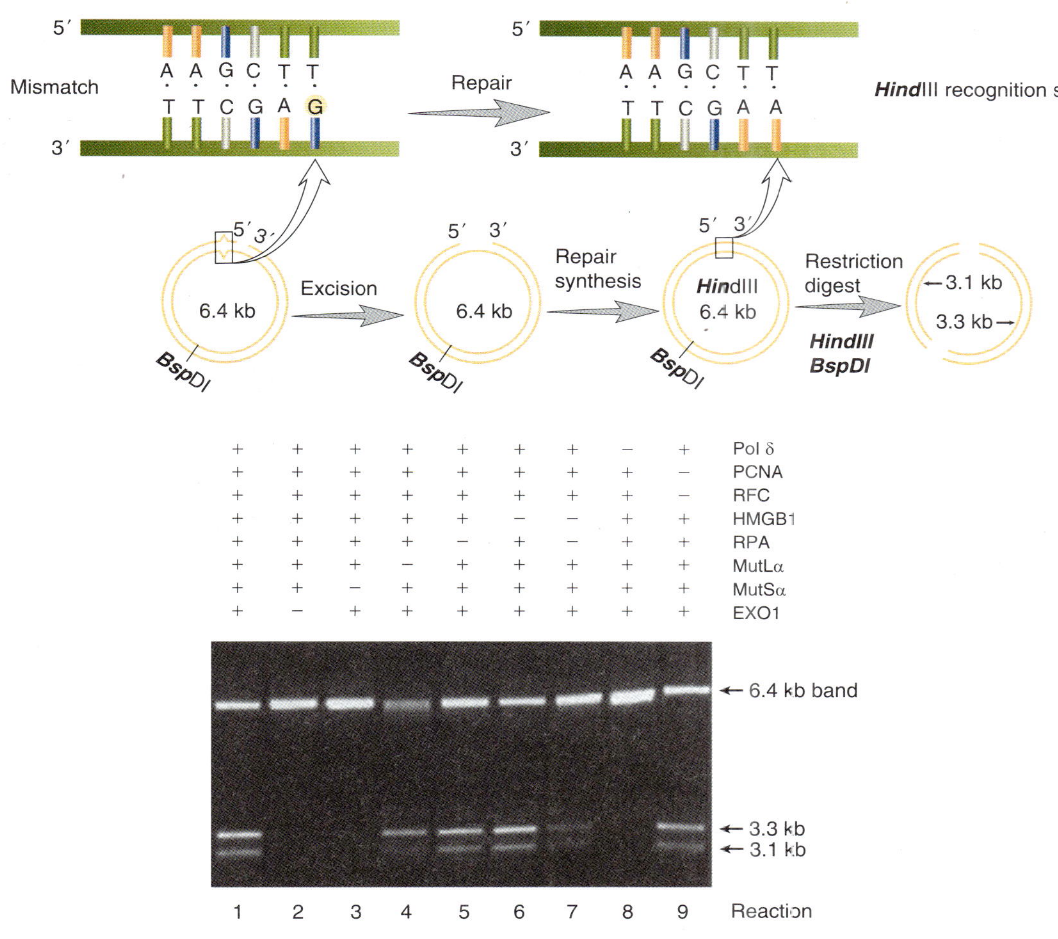

	1	2	3	4	5	6	7	8	9
Pol δ	+	+	+	+	+	+	+	−	+
PCNA	+	+	+	+	+	+	+	+	−
RFC	+	+	+	+	+	+	+	+	−
HMGB1	+	+	+	+	+	−	−	+	+
RPA	+	+	+	+	−	+	−	+	+
MutLα	+	+	+	−	+	+	+	+	+
MutSα	+	+	−	+	+	+	+	+	+
EXO1	+	−	+	+	+	+	+	+	+

그림 7.13 시험관 내 시스템에서 인간 미스매치 복구의 재구성. 미스매치의 복구가 플라스미드 DNA에 있는 *Hin*dIII 제한 핵산내부분해효소 인식 자리의 복원으로 입증되었다. 원형 DNA가 복구되면 *Hin*dIII와 *Bsp*DI로 제한 분해되어 2개의 복구 생성물, 즉 3.1과 3.3 kb를 만들 것이다. 표시된 것처럼, 복구 반응에 정제된 DNA 중합효소 δ, PCNA, RFC, HMGB1, RPA, MutLα, MutSα, 그리고 EXO1을 첨가하였다. DNA 절편은 아가로스 젤 전기영동법에 의해 분석되었다. (출처: Reprinted from Zhang et al. 2005. *Cell* 122:693–705, © 2005 Elsevier.)

DNA에 흡수되면 세포 DNA에 광범위한 손상을 일으킬 수 있음을 기억하자. 생명체는 끊임없이 햇빛에 노출되기 때문에 자외선으로 인한 손상에 대해 하나 이상의 복구 경로를 진화시켜 왔다. 오류를 범하기 쉬운 중합효소는 손상을 우회할 수 있고, 태반성 포유동물이 아닌 다른 생명체들은 손상을 직접 되돌릴 수도 있음을 상기하자. 대장균에서부터 인간에 이르기까지 보존된 또 다른 중요한 경로는 뉴클레오티드 제거 복구이다. 완벽하게 볕에 그을리고 싶다는 인간의 욕망은 이 복구 경로와 특히 관련이 있다. 뉴클레오티드 제거 복구의 결손은 유전질환인 **색소성 건피증(xeroderma pigmentosum)**의 유발 원인이 된다. 이 질병은 자외선 빛에 비정상적으로 높은 민감도를 보이고, 피부암의 발병 위험도가 크게 증가하는 특징이 있다(Disease Box 7.2).

인간의 경우에서, 뉴클레오티드 제거 복구는 6개의 복구 인자들, 즉 RPA, XPA, XPC, TFIIH, XPG, 그리고 XPF/ERCC1에 의해 이루어진다. ERCC1은 설치류 복구 결손을 교차로 상보하는 제거 복구(*e*xcision *r*epair *c*ross-*c*omplementing rodent repair deficiency)에서 유래했다. 이 경로에서 특히 놀라운 사실은 6가지 요소 중에 3가지 요소가 세포 내에서 또 다른 필수적인 역할을 담당한다는 것이다. RPA는 DNA 복제 과정에서 필수적인 역할을 담당하고(6장 참조), XPF/ERCC1은 상동 재조합(homologous recombination)에서 필수적이다(7.6절 참조). RNA 중합효소 II H 전사 인자(TFIIH)는 다중 단백질 복합체로서 유전자 전사 과정에서 중요한 역할을 담당한다(9장 참조).

뉴클레오티드 제거 복구의 첫 번째 단계에서, DNA 손상이 RPA, XPA, XPC, 그리고 TFIIH 복합체가 협동적으로 결합함으로써 인식된다(그림 7.14). XPC가 먼저 결합하고, 다른 단백질들이 뒤를 이어 결합한다. 적은 숫자의 인식 단백질들이 수백만 개의 염기쌍을 스캔하여 어떻게 이처럼 드

Disease Box 7.2

색소성 건피증과 관련 질병: 뉴클레오티드 제거 복구의 결손

색소성 건피증(Xeroderma pigmentosum, XP)은 보통염색체 열성 형질로 유전되는 희귀 질환이다. 유럽과 북아메리카에서의 발병률은 정상 분만아 기준으로 1/250,000이며, 일본에서는 1/40,000이다. 색소성 건피증을 가지려면, 소아는 2개의 결손 유전자를 각각의 부모로부터 하나씩 받아야 한다. 증상은 자외선에 대한 비정상적으로 높은 민감성과 색소 이상을 포함한다. 아주 어린아이들의 경우에도 피부가 빛에 고도로 민감하며, 햇빛에 매우 짧게 노출되어도 심각한 일광 화상을 입는다. 색소성 건피증의 첫 번째 징후는 태양에 노출된 피부에 주근깨가 생기는 것이다(그림 1). 피부 표면은 양피지처럼 되고 건조해진다(건피증이라는 용어는 그리스어의 "건조한 피부"에서 유래). 신경학적 퇴화가 14~40% 환자에서 나타난다. 이 사람들은 햇빛으로 피부암에 걸릴 위험도가 크게 증가한다(>1000배). 악성으로 진행되는 평균 연령은 8세이다. 환자의 2/3는 피부암으로 인해 성인이 되기 전에 사망한다.

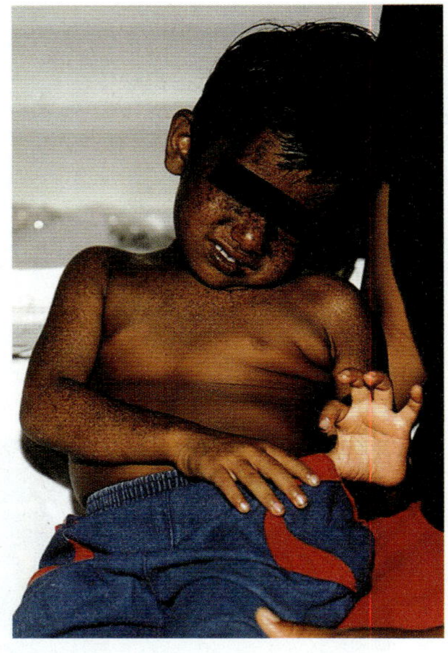

그림 1 색소성 건피증을 앓고 있는 소아 환자.
햇빛에 노출된 신체 부위에서 비정상적으로 진한 색소 침착에 주목하라.
(출처: Photograph courtesy of Michael J. Levine, M.D.)

색소성 건피증 상보군

색소성 건피증 환자의 자외선에 대한 민감도가 비정상적으로 높은 이유는 자외선-유도 DNA 손상에 적절히 대처하는 능력이 없기 때문이다. 복구 단백질의 유전자 결손에 의해 DNA 손상은 돌연변이 비율을 증가시킨다. 7개의 상보군(XPA부터 XPG까지)과 색소성 건피증 변이형(XPV) 사이에는 차이가 있다(표 1). 상보군은 교배 후 정상 표현형으로 바뀌지 못하는 다양한 돌연변이를 나타내는 용어이다. 이 경우에 상보군은 같은 결손을 가진 두 다른 환자의 피부 섬유아세포가 시험관 내에서 융합되었을 때 DNA 손상이 유지되는 것으로 규정짓는다. 자외선 조사 후 뉴클레오티드 제거 복구를 수행할 수 있는 능력은 방사성 동위원소로 표지된 티민이 DNA로 흡수되는 것을 측정함으로써 정량화된다. 색소성 건피증 환자에서는 뉴클레오티드 제거 복구 활성이 감소하여 DNA로 통합되는 방사성-표지 티민의 양이 더 적다. 만약 두 환자가 서로 다른 유전자 결손을 가지면, 이 세포들은 서로를 상대적으로 수정하여 DNA 손상이 복구된다.

DNA 중합효소 에타(eta, η)를 암호화하는 유전자는 색소성 건피증 변이형(XPV) 결손을 가진 환자에게서 결핍된다. XPV는 8개의 XP 상보군 중에서 유일하게도 DNA 손상에 대한 뉴클레오티드 제거 복구가 결핍되지 않았다. DNA 중합효소 η는 손상의 반대 가닥에 2개의 아데닌을 삽입하여 비교적 정확한 양상으로 티민–티민 2합체를 우회할 수 있다. 기

표 1 색소성 건피증(XP)에서 결손된 유전자.

Complementation group	Relative frequency	Symptoms	Function
XPA	High (most common)	Very severe	DNA damage recognition (GGR and TCR)
XPB	Rare	Severe	Helicase
XPC	Third most common	Severe	DNA damage recognition (GGR only)
XPD	Intermediate	Variable	Helicase
XPE	Rare	Mild	DNA damage recognition (GGR only)
XPF	Rare/intermediate	Mild	Endonuclease
XPG	Rare	Variable	Endonuclease
XPV	Second most common	Severe	Polymerase η (translesion repair)

GGR, 전체 유전체 복구(global genome repair); TCR, 전사-연계 복구(transcription-coupled repair).

능을 하는 DNA 중합효소 η가 없으면, 자외선-유도 티민–티민 2합체는 아마도 오류를 범하기 쉬운(error-prone) DNA 중합효소 ζ와 같은 다른 중합효소에 의해 우회할 것이다. 티민–티민 2합체에 대한 장애물 통과 DNA 합성(translesion DNA synthesis)의 정확도가 낮아짐으로써 돌연변이 확률이 증가하고, 이는 XPV 질환의 발생에 영향을 미친다.

색소성 건피증의 치료

색소성 건피증 치료의 기본은 조기 진단과 예방이다. 만약 어린 나이에 햇빛으로부터 보호받는다면, 이 사람은 피부 손상이 전혀 없이 유지될 수 있다. 완벽한 빛-차단 생활양식을 받아들이고, 광범위한 파장에서 자외선을 차단하는 햇빛차단제(sunscreen)를 바르는 것이 필수적이다. 국소적인 DNA 복구 효소들의 이용이 성공했다는 보고들도 있다. 재조합 T4 핵산내부분해효소 V를 리포좀(인공 지질 구체)에 넣어 제조한 약물을 피부에 부분적으로 매일 1회씩 발랐다. 리포좀은 세포막과 융합되고, 세포 내 유입을 통해 핵산내부분해효소를 피부세포로 전달한다. 핵산내부분해효소는 손상된 DNA에 있는 자외선-유도 피리미딘 2합체를 복구할 수 있다. 보고에 의하면, 이 치료법은 색소성 건피증 환자의 피부암 발생률을 30%까지 줄였고, 전암성 손상(precancerous lesions)의 발생률을 68%만큼이나 줄였다. 미래에는 유전자 치료가 가능해질 것이다. 온전한 복구 유전자를 피부세포에 주입하면, 이 세포가 뉴클레오티드 제거 복구 경로에 있는 한 구성원을 합성할 수 있다.

2개의 다른 DNA 복구 결손 증후군

색소성 건피증은 2개의 다른 DNA 복구 결손 증후군, 즉 모발유황이영양증(trichothiodystrophy)과 코케인 증후군(Cockayne syndrome)의 진단에서 서로 구별된다. 2개의 다른 뉴클레오티드 제거 복구 결손 증후군이 존재한다는 것은 이 복구 경로가 얼마나 필수적인지에 대한 본질적인 특성을 더욱 강조해 준다.

문 손상 부위를 찾을 수 있을까? 이 질문에 대한 통찰력 있는 답변은 세균의 연구로부터 얻어졌다. 뉴클레오티드 제거 복구 과정 중에 손상 인식을 담당하는 대장균 단백질은 순간적으로 DNA에 결합하고, 그곳에서 무작위로 확산되거나 또는 DNA를 따라 방향성을 가지고 미끄러져 간다. 이것은 그들의 운동 능력 정도가 아니다. 그들은 심지어 1 μm의 놀라운 거리에 걸쳐 한 DNA 분자에서 다른 분자로 점프할 수 있다. 이러한 방식으로, 그들은 신속하고 효율적으로 유전체를 스캔한다. 이와 비슷하게, XPC의 효모 동족체인 Rad4는 염기쌍당 약 100~500 μs가 걸리는 고속 스캔 모드를 가지고 있다. 그리고 "비틀어 열기(twist-open)" 메커니즘을 사용하는 일시적으로 중지된 "심문(interrogation)" 모드를 갖기도 하는데, 이는 염기쌍당 5~10 ms가 걸린다. Rad4는 DNA를 비특이적으로 비틀어(변형시켜) 준다. 그런 다음 표적 티민–티민 2합체를 인식하면 이중나선에 β-헤어핀 구조 모티프를 삽입하고 2개의 손상을 포함한 뉴클레오티드를 뒤집음으로써 DNA를 특이적으로 열어준다(그림 7.15).

위에서 언급한 바와 같이, 포유동물 세포에서 인식 복합체의 한 구성원은 TFIIH이다. TFIIH 자체는 XPB 및 XPD를 포함한 다수의 폴리펩티드로 구성된다. XPB 및 XPD의 5′ → 3′ 나선효소 활성은 DNA 이중나선을 풀어준다. 다음으로, 핵산내부분해효소(XPG)에 의해 손상 부위의 3′ 쪽에 절개가 이루어지는데, 이는 손상 부위로부터 약 6개 뉴클레오티드 떨어진 거리에 있다. 두 번째 핵산내부분해효소(XPF-ERCC1)는 손상의 5′ 쪽에 또 다른 절개를 이루는데, 이는 손상으로부터 약 20개 뉴클레오티드 떨어진 거리에 있다. XPB 및 XPD의 나선효소 활성이 이중나선 DNA를 풀고 나면 손상을 포함하는 DNA 서열(24–32개 뉴클레오티드)이 방출된다. 그 후 복구 합성을 위해 DNA를 DNA 중합효소 ε 또는 DNA 중합효소 δ, PCNA, RFC 및 RPA로 "주고받기"한다. DNA 중합효소 ε가 가장 일반적으로 사용될 수 있지만, 특정 중합효소는 세포 유형에 따라 다르다. DNA 골격에 남겨진 틈은 DNA 연결효소 I에 의해 닫힌다.

뉴클레오티드 제거 복구는 전사와도 연계되어 있어서 전사된 유전자 가닥을 통해 복구 과정이 빠르게 진행된다. 전체 **유전체 복구(global genome repair**, GGR)라고 일컫는 복구 경로는 전체 유전체에서 손상을 인식하는 반면에, **전사-연계 복구(transcription-coupled repair**, TCR) 경로는 활동 유전자의 전사 가닥에 있는 손상을 인지한다. 이 두 경로는 온전한 유전체를 재생하기 위해 함께 협조함으로써 생명체가 강력한 태양 광선 아래에서도 살아남게 한다.

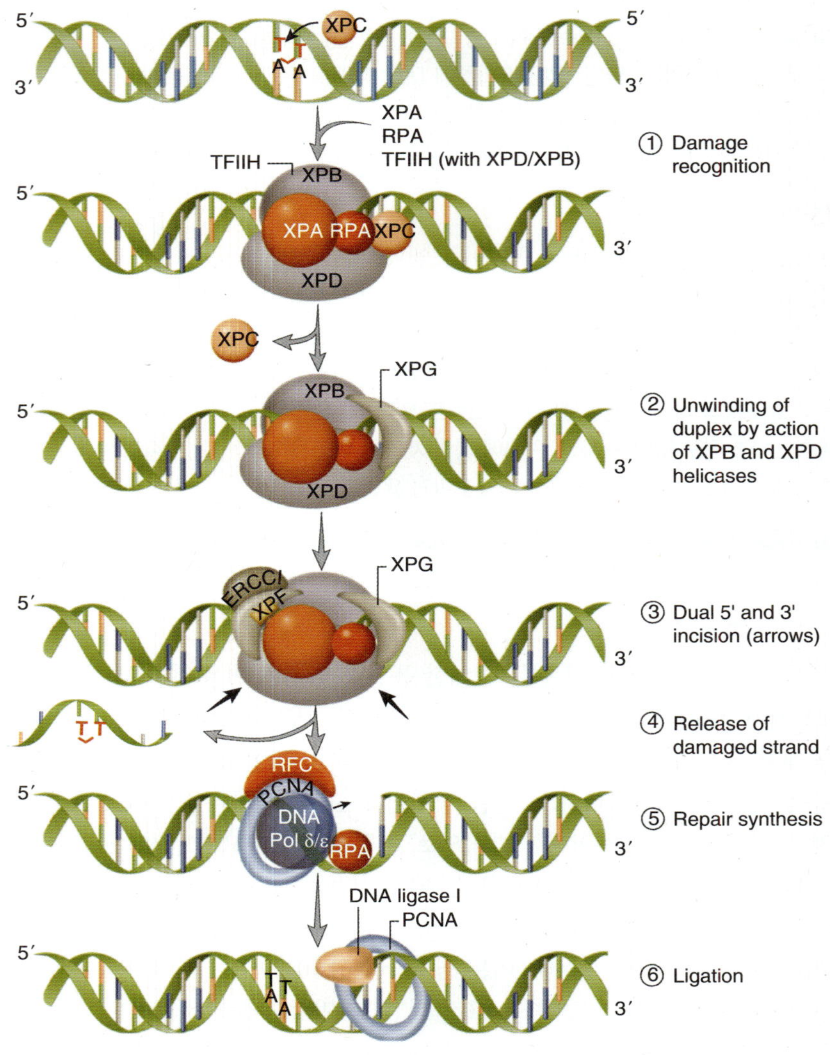

그림 7.14 포유동물 뉴클레오티드 제거 복구 경로.
이 그림은 티민–티민 2합체를 복구하는 뉴클레오티드 제거 복구 경로의 6가지 주요 단계를 보여준다.

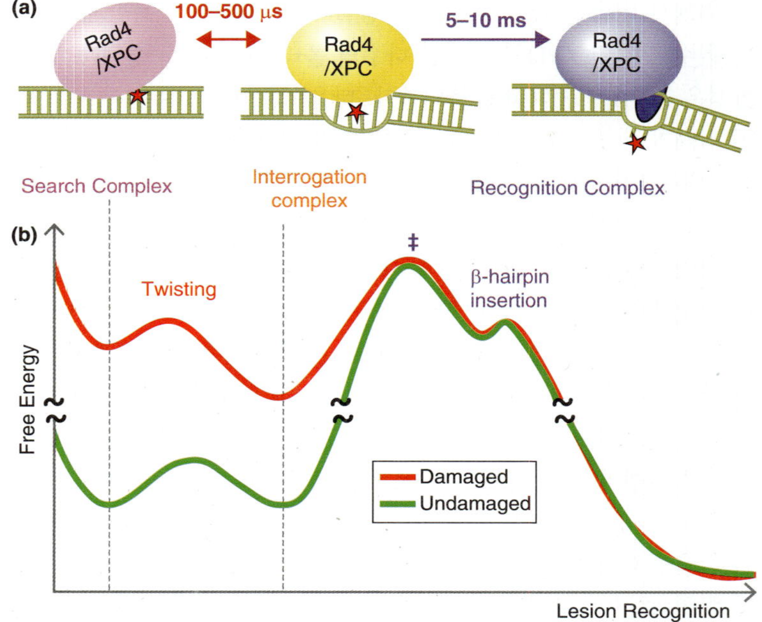

그림 7.15 Rad4/XPC에 의한 손상 인식 모델.
(a) DNA에서 Rad4/XPC에 대한 세 가지 고유한 결합 모드가 표시되어 있다. (b) 탐색 복합체에서 손상된 DNA는 불안정하고 손상되지 않은 DNA보다 더 높은 자유 에너지를 갖는다. 꼬임(twisting) 단계는 100–500 μs 동안 지속되며, 5–10 ms에서의 뒤틀림(distortion) 단계(‡)보다 에너지 장벽이 더 작다. 이 속도 제한 단계에서는 β-헤어핀 삽입 및 손상된 뉴클레오티드의 뒤집기가 뒤따른다. (출처: Redrawn from Velmurugu et al. 2016. *Proceedings of the National Academy of Sciences of the United States of America* 113:E2296–E2305.)

7.6 DNA 손상 제거에 의한 이중가닥 절단 복구

세포에 있는 여러 유형의 DNA 손상 중에서도 이중가닥 절단이 가장 해롭다. 이 손상은 흔히 세포 자멸사나 암과 연관되어 있다. 세포의 생존을 보장하기 위해 이러한 손상에 반응하는 복잡한 다단계 과정이 진화 발전된 것은 놀라운 일이 아니다. 이중가닥 DNA 절단은 활성산소종, X-선과 같은 이온화 방사선, 그리고 활성산소종을 생성하는 화학물질과 같은 제제들에 의해 유도된다. 이중가닥 DNA 절단은 상동 재조합(homologous recombination)이나 비상동 말단-연결(nonhomologous end-joining) 메커니즘에 의해 복구된다. **상동 재조합**은 손상되지 않은 상동 염색체로부터 유전 정보를 검색함으로써 이중가닥 절단을 복구한다. 이와 대조적으로, **비상동 말단-연결**은 어떤 서열의 상동성에 대한 요구 사항 없이 DNA 말단의 직접적 연결을 통해서 이중가닥 절단을 다시 이어준다. 최근의 연구에 따르면, 이러한 복구 기구와 함께 핵 내부 중합 작용이 유전체 안전성을 유지하는 데 도움이 될 수 있다고 한다. 하지만, 그 작용 메커니즘은 아직 조사 중이다.

이중가닥 절단 복구 메커니즘은 진화 과정에서 보존되어 왔으며, 원핵생물과 진핵생물에서 모두 작동한다. 상동 재조합은 원핵생물과 단세포 진핵생물에서의 이중가닥 절단 복구에서 주된 역할을 담당한다. 이는 다세포 진핵생물에서도 중요하지만, 그 역할은 상대적으로 더 작다. 포유동물 세포에서는 이중가닥 DNA 절단이 주로 비상동 말단-연결을 통해 복구된다. 이 복구 경로는 세포주기의 진행 기간 동안 계속 작동한다. 이와 대조적으로, 상동 재조합의 주된 기능은 복제 분기점에서 이중가닥 절단을 복구하는 것이다. 상동 재조합은 세포주기의 후반부 S-G_2 단계에 가동된다. 상동 재조합에서부터 시작하여 이 경로들에 대해 좀 더 자세히 살펴보자

상동 재조합

상동 재조합은 진핵생물에서 많은 필수적인 역할을 수행한다. 이 과정은 감수분열 과정에서 적절한 염색체 분리를 중재함으로써 본래의 유전체 모습을 유지하게 만든다. 감수분열 재조합은 2개의 어버이 상동 염색체 위에 존재하는 유전자들 사이에 교차를 일으킨다. 이로부터 다음 세대로 넘겨지는 유전자 세트의 다양성을 확보한다. 또한 상동 재조합은 전위(transposition, 유전자 자리 옮김), 효모의 교배형 전환(mating-type switching), 그리고 트리파노솜(trypanosomes, 파동편모충)의 항원 전환(antigen switching)의 중심에 있다(10장 참조). 이 장과 관련해서, 상동 재조합은 또한 이중가닥 DNA 절단의 복구를 위해 매우 중요한 메커니즘이다. 이중가닥 절단은 DNA 손상 중에서 특히 치명적인 형태이다. 예를 들어, 이중가닥 DNA 절단 복구의 유전적 결손은 유방암에 대한 감수성 증가와 관련되어 있다(Disease Box 7.3). 복구와 함께 세포주기 진행을 통합적으로 조절하려면 이러한 손상에 대한 세포 반응이 신속하고 정교하게 편성되어야 한다.

ATM(ataxia telangiectasia mutated)이라고 불리는 핵에 존재하는 세린-트레오닌 인산화효소는 주된 신호 전달자이다. 이온화 방사선이나 이중가닥 절단을 유도하는 제제에 세포가 노출되면 ATM 인산화효소 활성이 증가하기 시작한다. ATM은 절단 부위로 유인되어 DNA 복구와 세포주기 조절에 관여하는 일부 단백질들을 인산화시킨다. ATM의 중요한 표적 중 하나는 종양억제단백질인 p53이다. ATM이 결핍된 사람은 모세혈관확장성 **운동실조증(ataxia telangiectasia)**이라고 불리는 증후군을 앓는다. 이 질병은 방사선에 대한 고도의 민감성, 암 발생에 대한 감수성 증가, 면역 결핍, 조기 노화, 그리고 신경퇴행성 장애를 특징으로 한다.

이중가닥 절단에 대한 세포 반응은 절단 부위를 복구 중심점에 위치하게끔 하는 것이다. 이 복구 중심점은 ATM를 유인함과 동시에 세포에 있는 복구 단백질인 Rad52의 대부분을 포함하고 있다(그림 7.16). 이 중심점은 하나 이상의 DNA 손상을 둘러쌀 수 있다. 다음으로, MRN(Mre11–Rad50–Nbs1) 복합체가 이중가닥 절단 부위로 유인되어 복구를 시작한다. DNA는 먼저 MRN 복

Disease Box 7.3

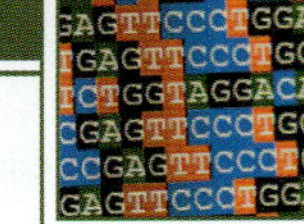

유전성 유방암 증후군: *BRCA1*과 *BRCA2*의 돌연변이

유방암은 미국인 여성 8명 중 1명이 걸리는 질병이다. 가장 흔하게 암은 관련된 수많은 다양한 유전자들의 체세포 돌연변이에 의해 발생한다. 모든 사례 중 약 5~10% 경우에 유방암으로 진행되기 쉬운 단일 유전자 돌연변이와 연계되어 있다. 이 여성들은 유방암에 걸리기 쉬운 유전적 소인을 가졌다고 일컫는다. 대략 80~90%의 유전성 유방암이 *BRCA1*과 *BRCA2* 유전자의 돌연변이에 의해 발생한다. 더욱이 이 유전자 돌연변이를 가진 일부 유전성 유방암 환자 가족은 또한 난소암(ovarian cancer)의 병력을 가지고 있다. *BRCA1*과 *BRCA2*는 모두 손상된 DNA의 복구에서 역할을 하는 종양억제유전자(tumor suppressor genes)로 작용한다. BRCA1은 mRNA 이어맞춤(splicing), DNA 손상 신호전달, 그리고 세포가 DNA를 복제하고 있을 때 DNA를 풀어 주고 염색체를 분리시키는 위상 이성질체화효소(topoisomerase II)에 결합하여 그 활성을 증가시키는 등 수많은 생물학적 과정에 관여한다고 보고되었다. 특히 중요한 것은 BRCA1이 BARD1(BRCA1-associated RING domain protein)과 복합체를 형성해서 RAD51이 매개하는 상동 재조합 과정을 촉진하는 데 필수적인 역할을 한다는 것이다. BRCA2는 400 kDa 크기의 거대한 단백질로서 상동 재조합 과정에서 RAD51과 상호작용하는 단백질이다. *BRCA1*과 *BRCA2* 유전자는 모두 상염색체 우성 방식으로 유전된다. *BRCA1*과 *BRCA2* 유전자 돌연변이를 보유한 여성이 일생 동안 유방암과 난소암에 걸릴 확률은 각각 50~87%와 15~44%에 해당한다. 이 유전자들의 돌연변이에 대한 유전자 검사가 가능하다. 유방암에 걸릴 위험이 높은 여성이 선택할 수 있는 것은 감시, 화학적 예방, 그리고 예방 차원의 외과적 수술을 포함한다.

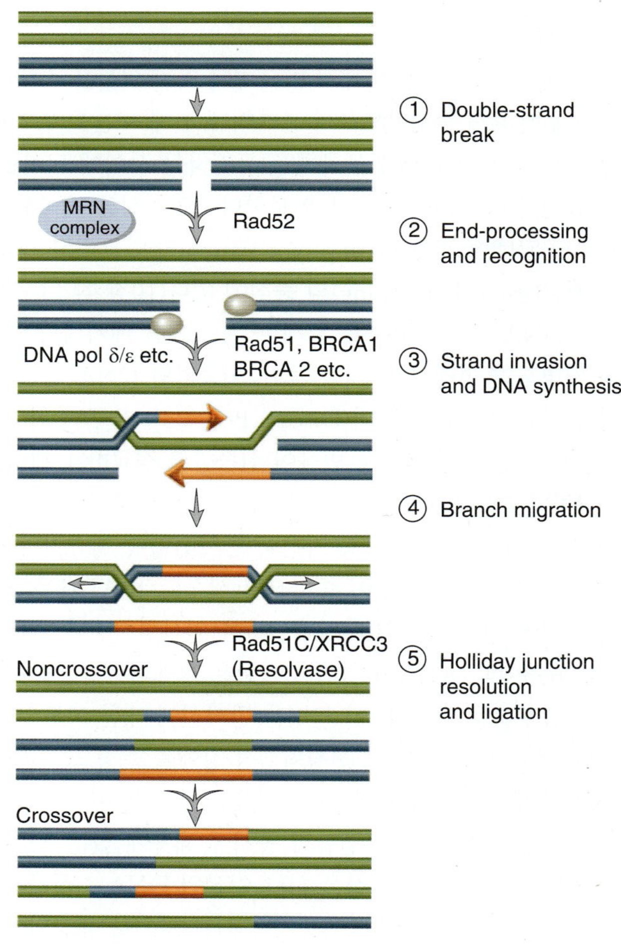

그림 7.16 상동 재조합에 의한 포유동물의 DNA 이중가닥 절단 복구 모델. 이 모델에서 녹색과 파란색 이중가닥 DNA(dsDNAs)는 상동 서열을 나타낸다. (1) 이온화 방사선에 의해 이중가닥 절단(double-strand break, DSB)이 일어난다. (2) MRN(Mre11-Rad50-Nbs1) 복합체가 재빨리 DSB 자리로 유인된다. Mre11의 3′ → 5′ 핵산말단분해효소 활성으로 3′ 단일가닥 DNA 꼬리가 생성되고 이는 Rad52에 의해 인식된다. (3) 3′ 꼬리는 상동 유전자의 본래 완전한 서열로 침투해 들어간다. 가닥 교체로 인해 손상된 DNA와 손상되지 않은 이중 DNA의 혼성 분자가 생성된다. DSB 자리에서 잃어버린 서열정보는 DNA 합성에 의해 복원된다(새로 합성된 DNA는 빨간색으로 표시됨). (4) 그런 다음 상호 연결된 분자들은 가지 이동(branch migration)에 의해 처리된다(오른쪽 및 왼쪽 화살표로 표시됨). (5) 마지막으로 홀리데이 교차점(Holliday junction)이 분해되고 다시 연결된다.

합체에 있는 Mre11의 3′ → 5′ 핵산말단분해효소 활성에 의해 처리되어 단일가닥 꼬리를 형성한다. MRN 복합체는 Rad50 2합체의 코일-코일(coiled-coil) 도메인을 통해 DNA 말단 사이에 다리를 놓는다. 이후에 단일가닥 DNA 꼬리는 Rad 52에 의해 인식된다. 본래의 상동 서열을 가진 3′ 꼬리의 가닥 침투(strand invasion)가 Rad51에 의해 이루어진다. 이밖에 Rad54, Rad55, Rad57, BRCA1 및 BRCA2 단백질도 이 단계에서 상동 재조합에 관여한다. 가닥의 교체는 손상된 이중나선 DNA와 손상되지 않은 이중나선 DNA가 서로 연결된 혼성 분자를 생성한다. 서열 정보는 DNA 복제 기구를 이용한 DNA 합성에 의해 다시 복원된다. 그런 다음, 상호 연결된 혼성 분자에서 가지 이동(branch migration)과 **홀리데이 교차점(Holliday junction)** 분해가 일어나고, 이후에 복구된 DNA 가닥은 다시 이어진다. 이 과정을 좀 더 충분히 이해하기 위해서 홀리데이 교차점을 좀 더 면밀히 살펴보자.

홀리데이 교차점 1960년대 초반에 Robin Holliday는 그의 획기적인 논문을 통해 균류에서 얻은 유전자 데이터를 기반으로 일반적인 재조합 모델을 제안했다. 그 이후로 홀리데이 교차점은 가상 구조에서 원자 구조 모델로 발전되어 왔다. 홀리데이가 제안한 2개의 중간산물, 즉 이질중복부위(heteroduplex) DNA와 지금은 홀리데이 교차점이라고 불리는 "염색체 교차-유사 구조(chiasma-like structure)"는 시간이 지나서도 살아남았다.

이질중복부위 DNA는 재조합 과정 중에 형성되는 이중나선 DNA를 일컫는 용어이다. 이는 원래 다른 상동 유전자에서 유래한 단일 DNA 가닥들로 구성되어 있다. 홀리데이 교차점은 2개의 재조합 이중나선이 단일가닥 교차(crossovers)에 의해 공유결합으로 연결되어 있는 중간산물이다. 이 홀리데이 교차점은 "**리졸베이좀(resolvasome)**"이라고 불리는 효소 복합체에 의해 2개의 이중나선으로 분해된다. 홀리데이 교차점을 분해시키는 효소에 대한 최초의 단서는 박테리오파지 T4 핵산내부분해효소 VII의 발견에서 시작되었다. 이 효소는 결합된 플라스미드를 잘라서 가지가 없는 이중나선 생성물을 만들고 이들을 나중에 다시 이을 수 있다. 이러한 발견 이후에 얼마 안 되어 대장균에서 리졸베이스(resolvase) 활성이 정제되었다. 대장균 RuvC 단백질은 2합체로서 홀리데이 교차점에서 RubA와 RubB의 가지 이동 활성과 함께 작용한다는 것을 알 수 있었다. RubABC 효소 복합체는 홀리데이 교차점 팔을 펼쳐 주고, ATP 분해효소(ATPase) 활성을 이용하여 가지 이동을 촉진한다. 이후 RubC는 서열-특이적인 방식에 따라 교차점을 대칭적으로 절단한다(그림 7.17).

인간의 생화학적 리졸베이스 활성이 1980년대 후반에 발견되었지만, 그 정확한 정체는 40년 동

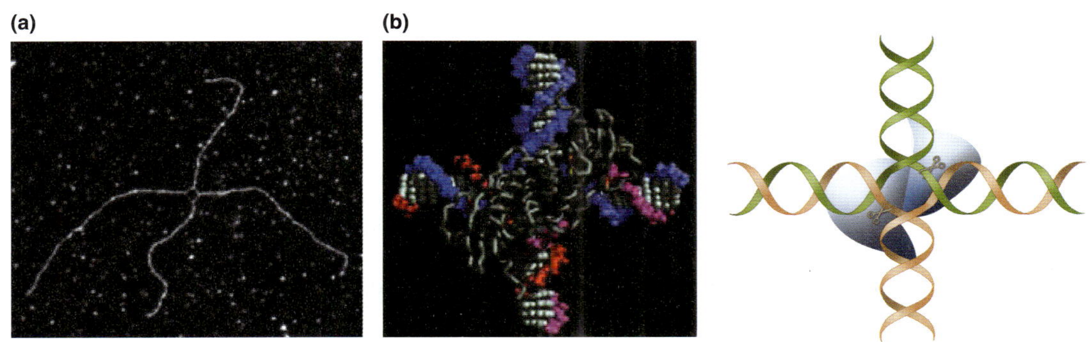

그림 7.17 홀리데이 교차점의 구조.
(a) 재조합 중간산물의 전자현미경 사진. 더 쉽게 볼 수 있도록 홀리데이 교차점을 부분적으로 변성시켰다. (출처: Reprinted with permission from Potter, H., & Dressler, D, 1976. *Proceedings of the National Academy of Sciences of the United States of America* 73:3000–3004, © Potter.) (b) 홀리데이 교차점에 결합한 대장균 단백질 RuvC의 3차원 구조(왼쪽). 오른쪽 그림은 2합체 RuvC 단백질이 어떻게 같은 극성을 가진 가닥에서 대칭되는 위치에 새김눈을 넣는지를 보여준다. (출처: Reprinted from Rafferty et al. 1996. *Science* 274:415–421, © 1996 AAAS.)

안 신비에 쌓여 있었다. 2004년이 되어서야 홀리데이 교차점의 리졸베이좀이 정제되었다. 이 놀라운 성과는 50리터의 HeLa(인간) 세포로부터 6가지 크로마토그래피 단계를 통해 단백질을 분획화시켜서 달성되었다. 이 노동-집약적인 정제 기획은 Rad51C 단백질이 포유동물 세포에서 홀리데이 교차점 처리에 필요하다는 사실을 알려주었다. Rad51C와 복합체를 형성하는 관련 단백질인 XRCC3의 돌연변이도 리졸베이스 효소 활성을 감소시킨다. 더 최근에 들어서 홀리데이 교차점 분리에서 역할을 수행하는 다른 단백질들의 특성도 밝혀지고 있다. 예를 들면, Rad54는 수송 단백질의 일종으로 가지 이동에서 중요한 역할을 한다.

비상동 말단-연결

위에서 언급한 것처럼, 포유동물의 이중가닥 DNA 절단은 일차적으로 비상동 말단-연결을 통해 복구된다. 이는 이온화 방사선에 의해 유도되는 이중가닥 절단의 복구를 위한 주된 경로로 생각된다. 비상동 말단-연결에서 주된 효소 단계는 핵산가수분해 과정, 중합 과정, 그리고 연결 과정이 포함된다. 포유동물의 비상동 말단-연결을 위해 생화학적으로 규정된 시스템이 최근 계속 밝혀짐에 따라서 이 복구 경로에 대해 좀 더 깊은 통찰을 할 수 있게 되었다. 이러한 시험관 내 분석을 통해 이 세 가지 주된 효소 단계의 순서에도 유연성이 있다는 것을 알 수 있었다. 예를 들면, 한 가닥의 연결은 다른 가닥의 핵산 분해나 중합 과정에 선행할 수 있다. 한 가지 가능한 시나리오를 그림 7.18에 제시하였다.

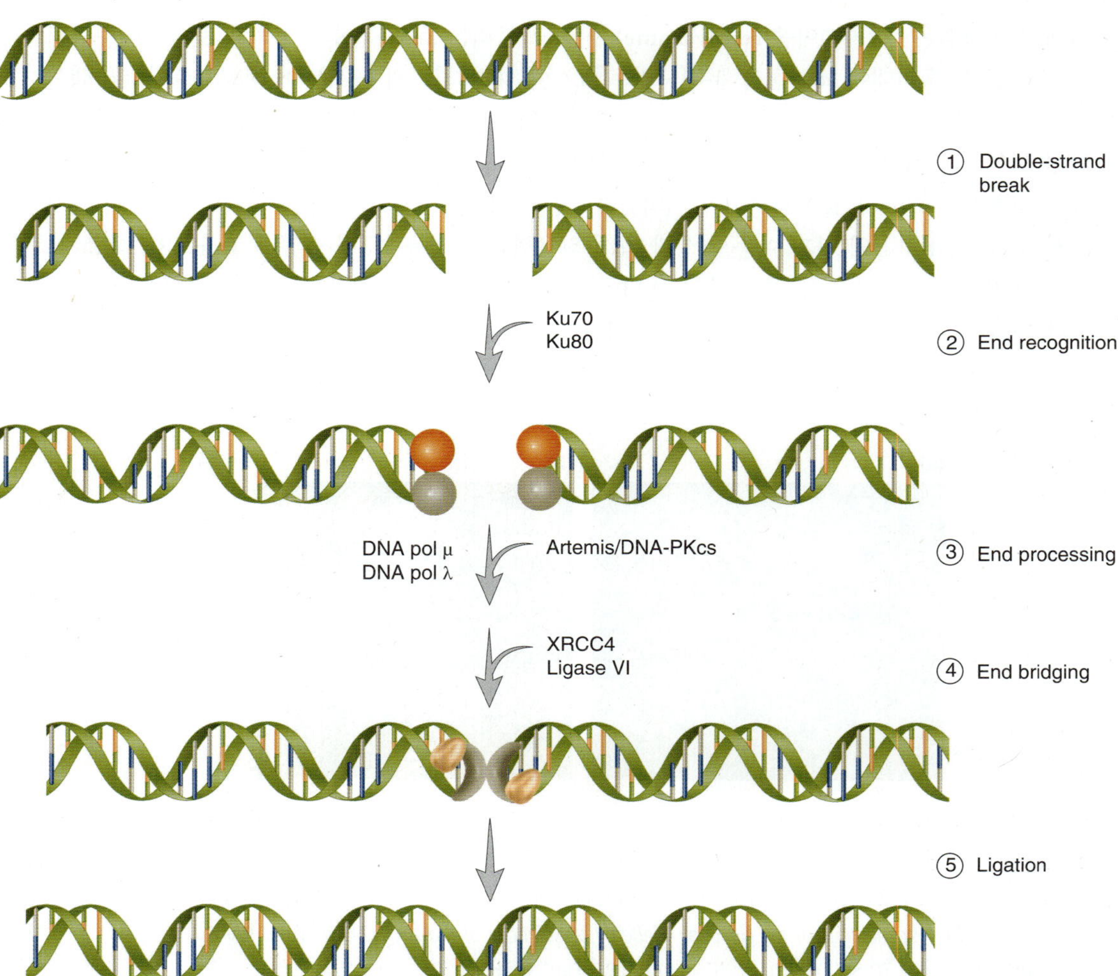

그림 7.18 비상동 말단-연결에 의한 포유동물의 DNA 이중가닥 절단 복구 모델. 이 그림은 비상동 말단-연결 과정에 포함된 5개의 단계를 보여준다.

이중가닥 절단 후에 DNA의 끊긴 말단은 Ku70과 Ku80 단백질들로 구성된 2개의 이종 2합체(heterodimer)에 의해 인식된다. 이종 2합체는 끊긴 말단을 근접하게 붙들어 주는 뼈대를 형성하여 다른 효소들이 작용할 수 있도록 해준다. Ku 이종 2합체는 핵산분해효소(Artemis/DNA-PK_{CS}), 중합효소(DNA 중합효소 μ와 λ), 그리고 연결효소 복합체(XRCC4−DNA 연결효소 IV)를 손상 부위로 유인한다. 핵산내부분해효소인 Artemis는 DNA-의존성 단백질 인산화효소 촉매 아단위(DNA-PKCS)에 의해 인산화된 후 활성화된다. 그런 다음, 활성화된 Artemis/DNA-PK_{CS} 복합체가 절단 부위에서 손상된 DNA를 광범위하게 잘라낸다. DNA 중합효소 μ와 λ 또는 효소 TdT는 틈을 채워주거나 3′ 또는 5′ 돌출 부위(overhang)를 연장시켜 주는 방식으로 비상동 말단-연결 반응에 관여하다. 절단된 말단의 재연결은 XRCC4와 결합된 DNA 연결효소 IV에 의해 이루어진다.

어떤 삼중가닥 "리보-NHEJ" 복구 메커니즘의 경우, 이중가닥 절단 복구는 먼저 리보뉴클레오티드의 통합을 유도한다. 이 경로에서, DNA 중합효소 μ 및 TdT에 의해 몇 개의 리보뉴클레오티드가 이중가닥 절단의 3′ 말단에 추가된다. 말단 리보뉴클레오티드는 DNA 연결효소 4에 의해 직접 연결되며, 리보뉴클레오티드는 세포에서 디옥시리보뉴클레오티드보다 더 풍부하기 때문에 이 경로가 더 신속한 복구를 허용하는 것으로 생각된다. 결론적으로, 이 빠른 연결 단계는 관련이 없는 절단된 DNA 말단이 서로 재결합될 가능성을 낮춰준다. 그런 다음, DNA 중합효소, 분해효소 및 연결효소의 일부 조합에 의해 디옥시리보뉴클레오티드를 추가하여 다른 절단된 가닥을 복구하지만, 정확한 효소는 아직 밝혀지지 않았다. 리보-NHEJ의 마지막 단계는 RNase H2−의존적 과정에 의해 리보뉴클레오티드가 절단되는 것이다.

이중가닥 절단의 복구는 유전체의 온전한 형태 보존을 위해 필수적이지만, 이 복구 과정 자체는 돌연변이를 일으킬 수 있다. 예를 들어, 2개의 절단된 말단은 동일한 염색체에서 왔든지 그렇지 않든지에 상관없이 이 복구 메커니즘에 의해 함께 연결될 수 있으며, 비상동 말단-연결은 종종 이 절단 부위에서 삽입이나 삭제 반응을 일으킬 수 있다. 세포는 생존해야 하고 생명이 계속 유지되어야 한다. 일부 돌연변이의 축적은 복구되지 않으면 치명적이 될 수 있는 유전체 손상에 대한 일종의 절충안이 된다.

장 요약

돌연변이는 DNA 뉴클레오티드 서열의 변화로부터 초래되거나 또는 유전체 DNA 서열의 트리뉴클레오티드 반복(trinucleotide repeats) 확장, 삭제, 삽입 또는 재배열로부터 초래된다. 단일 뉴클레오티드 쌍을 변화시키는 돌연변이를 점 돌연변이(point mutation)라고 한다. 전이(transition) 돌연변이는 하나의 피리미딘 염기를 다른 피리미딘 염기로, 또는 하나의 퓨린 염기를 다른 퓨린 염기로 치환한다. 염기 변환(transversion) 돌연변이는 한 피리미딘을 퓨린으로 또는 반대로 퓨린을 피리미딘으로 치환한다. 이러한 미스매치는 DNA 복제 중에 DNA 서열로 영구히 삽입될 수 있다. 뉴클레오티드 치환이 표현형 발현에 어떤 영향을 미치는지는 이들이 유전자 조절 부위나 기능성 RNA 분자를 위한 주형, 또는 단백질을 암호화하는 유전자의 코돈에서 아주 중요한 뉴클레오티드를 바꾸었는지 여부에 따라 달라진다.

자연 발생 돌연변이는 교정에 의해 수정되지 않은 DNA 복제 오류 또는 대사 부산물에 의한 손상과 같이 세포에서 자연적인 과정의 결과로서 발생하는 것이다. 유도 돌연변이는 산소성 유리 라디칼, 자외선, 이온화 방사선, 그리고 다양한 화학물질처럼 DNA 손상을 일으키는 제제와 상호작용하는 결과로서 초래된다. 세 가지 주된 유형의 DNA 손상에는 단일염기 변형(single base changes), 구조적 비틀림(structural distortion), 그리고 DNA 골격 손상(DNA backbone damage)이 있다. 단일염기 변형은 염기의 탈아미노화, 알킬화 및 산화 반응을 통해 일어난다. 티민 2합체(thymine dimers) 또는 DNA−단백질 교차결합처럼, DNA 이중나선의 구조적 비틀림을 유발하는 부피가 큰 부가물은 자외선이나 화학적 돌연변이, 또는 대사 부산물에 의해 유도될 수 있다. DNA 손상은 삽입제(intercalating agents)

나 염기 유사체(base analog)에 의해서도 발생한다. 골격 손상은 무염기 자리(abasic sites)의 생성과 이중가닥 DNA 절단을 포함한다. DNA 손상의 유형에 따라 다양하고 복잡한 세포 반응들, 즉 손상을 우회하여 통과하는 반응, 손상을 직접 되돌리는 반응, 그리고 DNA의 손상된 부분을 제거하거나 재조합 복구 시스템을 통해 손상되지 않은 DNA로 치환하는 반응들이 일어난다.

손상의 우회에서는 특별한 DNA 중합효소가 일시적으로 복제 중합효소를 대신하여 장애물 통과 합성(translesion synthesis, TLC)이라고 부르는 과정에 의해 손상된 DNA를 통과하여 복사한다. 대부분의 복구용 중합효소는 오류를 범하기 쉽지만, 그 중 하나인 포유동물 DNA 중합효소 에타(eta, η)는 오류 없이 티민 2합체를 지나는 장애물 통과 합성을 실시한다.

태반성 포유동물을 제외한 대부분의 생명체에서는 피리미딘 2합체가 광부활(photoreactivation)이라 불리는 과정에 의해 직접 복구될 수 있다. 이 과정에서는 DNA 광분해효소(photolyase)가 손상을 복구한다. 메틸기전달효소(methyltransferases)는 메틸화된 염기인 O^6-메틸구아닌을 복구할 수 있다. 유비퀴틴 스위치에 의해 조절되는 단백질분해효소 SPRTN은 DNA−단백질 교차 결합을 되돌린다.

손상된 DNA를 제거하는 복구 시스템은 많은 역동적인 단백질 상호작용을 포함하며, 한 단백질 복합체에서 다른 단백질 복합체로 손상된 DNA의 순차적인 주고받기(hand-off)가 일어난다. 염기 제거 복구(base excision repair)는 염기 변환으로 인해 발생한 단일염기 변형을 수정하는 역할을 담당한다. 포유동물에서 손상된 염기는 DNA 당화효소(glycosylase)에 의해 인식되어 제거된다. 그 후 무염기 부위는 핵산내부분해효소 작용에 의해 하나의 손상된 뉴클레오티드 또는 2−10개의 인접한 뉴클레오티드가 절단되고, DNA 중합효소에 의해 복구 합성이 일어나며, 이어서 연결 반응에 의해 복구된다. 복제 중에 DNA 중합효소의 실수로 초래되는 미스매치 염기쌍은 미스매치 복구에 의해 교정된다. 포유동물의 세포 경로에서, 미스매치는 MSH 미끄럼 꺽쇠 복합체에 의해 인식되며, 미스매치를 포함하는 큰 영역의 DNA는 5′ 절제의 경우 EXO1 단독으로, 3′ 절제의 경우 MLH/PMS 및 EXO1 핵산말단분해효소 활성에 의해 절제된다. 복구 합성은 절단된 가닥을 대체하고, DNA 연결효소는 마지막 포스포다이에스터 결합(phosphodiester bond)을 형성하여 틈을 밀봉한다. 뉴클레오티드 제거 복구 경로는 자외선에 의해 생성된 티민 2합체와 같이 부피가 큰 부가물의 복구에 이용된다. 인간의 뉴클레오티드 제거 복구는 6개의 복구 인자들(RPA, XPA, XPC, TFIIH, XPG, 그리고 XPF/ERCC1)에 의해 수행되며, 여기에는 손상을 인식하는 단백질, 3′과 5′ 핵산내부분해효소, 그리고 나선효소(helicase) 활성이 포함된다. 손상된 가닥이 복구 인자에 의해 제거된 후, DNA 중합효소에 의한 복구 합성이 가닥을 대체하고, 나머지 틈새는 DNA 연결효소(ligase)에 의해 이어진다.

DNA 이중가닥 절단은 상동 재조합(homologous recombination)이나 비상동 말단-연결(nonhomologous end-joining)에 의해 복구된다. 상동 재조합은 원핵생물과 단세포 진핵생물의 복구에서 중요한 역할을 담당한다. 포유동물 세포의 이중가닥 절단은 비상동 말단-연결에 의해 주로 복구된다.

상동 재조합은 손상되지 않은 상동 염색체로부터 유전 정보를 받아 이중가닥 절단을 복구한다. 손상은 MRN 복합체에 의해 인식되는데, 이는 말단 인식과 핵산말단분해효소 작용을 촉매한다. 생성된 3′ 꼬리의 가닥 침투는 Rad51에 의해 시작된다. 가닥 교체는 손상된 이중가닥 DNA와 손상되지 않은 이중가닥 DNA가 서로 연결된 혼성 분자가 생성되고 복구 합성이 일어난다. 그런 다음, 상호 연결된 분자에서는 가지 이동이 일어나고 홀리데이 교차점은 리졸베이좀(resolvasome)이라 불리는 효소복합체에 의해 분해된다. 이후 복구된 DNA 가닥들은 서로 연결된다.

비상동 말단-연결은 어떠한 서열 상동성이 필요 없고 DNA 말단의 직접적 연결에 의해 이중가닥 절단을 다시 이어준다. 이중가닥 절단 이후에 끊긴 DNA 말단은 Ku 이종 2합체에 의해 인식된다. 이 말단은 핵산내부분해효소 복합체(Artemis/DNA-PK_{CS})와 복구용 중합효소에 의해 처리된다. 끊긴 말단은 DNA 연결효소에 의해 다시 이어진다.

분석 질문

분석, 발견 및 실제 데이터 질문에 대한 해답은 뒤에 나오는 부록을 참조하시오.

1 다음과 같은 일이 일어난다면, 판독틀(reading frame)과 유전자 기능에는 어떠한 영향을 미치겠는가?

(a) 2개의 뉴클레오티드가 mRNA의 중간 부위로 삽입되었다면?

(b) 3개의 뉴클레오티드가 mRNA의 중간 부위로 삽입되었다면?

(c) 한 코돈으로 1개의 뉴클레오티드가 삽입되고 다음 코돈에서 1개가 제거되었다면?

(d) DNA 복제 과정 중에 G → A 전이 돌연변이가 일어났다면? 2회의 DNA 복제 라운드 후에 그 영향은 무엇인가?

(e) 알킬화제에 노출되어 O^6-메틸구아닌이 형성되었다면? DNA 복제 후에 그 영향은 무엇인가?

2 색소성 건피증(xeroderma pigmentosum)을 앓고 있는 여러분의 친구가 봄방학 기간 동안 미국 플로리다주에서 열리는 햇볕에 그을리기 대회에 참가하기 위해 당신에게 조언을 얻고자 한다. 적당한 조언을 하시오.

3 DNA 복구 단백질이 손상되지 않은 방대한 양의 DNA에서 아주 드문 손상 부위를 찾는 방법에 대한 다양한 모델을 비고하시오.

4 포유동물 세포에서 효율적인 미스매치 복구를 위하여 필수적이라고 의심되는 새로운 단백질 인자를 분리하였다. 복구 활성을 시험관에서 검사하기 위한 실험을 설계하시오. 그리고 긍정적인 결과를 보이는 표본을 제시하시오.

발견과 실제 데이터 질문

그림 7.13 이 그림에 표시된 데이터에서 생체 내 미스매치 복구에 필수적인 요소는 무엇인가?

그림 7.16 가지 이동 및 분해 후 생성된 DNA 이중가닥은 원래 상태로 "복구"되는가?

참고문헌

Abraham, R.T. and Tibbetts, R.S. (2005). Guiding ATM to broken DNA. *Science* 308: 510–511.

Acharya, S., Foster, P.L., Brooks, P., and Fishel, R. (2003). The coordinated functions of the *E. coli* MutS and MutL proteins in mismatch repair. *Molecular Cell* 12: 233–246.

Banerjee, A., Yang, W., Karplus, M., and Verdine, G.L. (2005). Structure of a repair enzyme interrogating undamaged DNA elucidates recognition of damaged DNA. *Nature* 434: 612–618.

Boehm, E.M., Spies, M., and Washington, M.T. (2016). PCNA toolbelts and polymerase bridges form during translesion synthesis. *Nucleic Acids Research* 44: 8250–8260.

Boyer, A.S., Grgurevic, S., Cazaux, C., and Hoffmann, J.S. (2013). The human specialized DNA polymerases and non-B DNA: vital relationships to preserve genome integrity. *Journal of Molecular Biology* 425: 4767–4781.

Brettel, K. and Byrdin, M. (2010). Reaction mechanisms of DNA photolyase. *Current Opinion in Structural Biology* 20: 693–701.

Broyde, S. and Patel, D.J. (2010). How to accurately bypass damage. *Nature* 465: 1023–1024.

Costa, R.M.A., Chigancas, V., da Silva-Galhardo, R. et al. (2003). The eukaryotic nucleotide excision repair pathway. *Biochimie* 85: 1083–1099.

Crick, F.H.C. (1974). The double helix: a personal view. *Nature* 248: 766–769.

Daniels, D.S., Woo, T.T., Luu, K.X. et al. (2004). DNA binding and nucleotide flipping by the human DNA repair protein AGT. *Nature Structural and Molecular Biology* 11: 714–720.

David, S.S. (2005). DNA search and rescue. *Nature* 434: 569–570.

DNA cycle (2007). DNA search and rescue. *Nature* 447–911.

Dudas, A. and Chovanec, M. (2004). DNA double-strand break repair by homologous recombination. *Mutation Research* 566: 131–167.

Dzantiev, L., Constantin, N., Genschel, J. et al. (2004). A defined human system that supports bidirectional mismatch-provoked excision. *Molecular Cell* 15: 31–41.

Fishel, R. (2015). Mismatch repair. *Journal of Biological Chemistry* 290: 26395–26403.

Friedberg, E.C., Lehmann, A.R., and Fuchs, R.P.P. (2005). Trading places: how do DNA polymerases switch during translesion DNA synthesis? *Molecular Cell* 18: 499–505.

Genschel, J. and Modrich, P. (2003). Mechanism of 5′-directed excision in human mismatch repair. *Molecular Cell* 12: 1077–1086.

Ghodgaonkar, M.M., Lazzaro, F., Olivera-Pimentel, M. et al. (2013). Ribonucleotides misincorporated into DNA act as strand-discrimination signals in eukaryotic mismatch repair. *Molecular Cell* 50: 323–332.

Heyer, W.D., Ehmsen, K.T., and Solinger, J.A. (2003). Holliday junction in the eukaryotic nucleus: resolution in sight? *Trends in Biochemical Sciences* 28: 548–557.

Holliday, R. (1974). Molecular aspects of genetic exchange and gene conversion. *Genetics* 78: 273–287.

Jones, L., Houlden, H., and Tabrizi, S.J. (2017). DNA repair in the trinucleotide repeat disorders. *The Lancet* 16: 88–96.

Kad, N.M., Wang, H., Kennedy, G.G. et al. (2010). Collaborative dynamic DNA scanning by nucleotide excision repair proteins investigated by single-molecule imaging of quantum-dot-labeled proteins. *Molecular Cell* 37: 702–713.

Lehmann, A.R. (2003). DNA repair-deficient diseases, xeroderma pigmentosum, Cockayne syndrome and trichothiodystrophy. *Biochimie* 85: 1101–1111.

Li, X.H. and Babu, M.M. (2018). Human diseases from gain-offunction mutations in disordered protein regions. *Cell* 175: 40–42.

Lisby, M., Mortensen, U.H., and Rothstein, R. (2003). Colocalization of multiple DNA double-strand breaks at a single Rad52 repair centre. *Nature Cell Biology* 5: 572–577.

Liu, Y., Masson, J.Y., Shah, R. et al. (2004). RAD51C is required for Holliday junction processing in mammalian cells. *Science* 303: 243–246.

Liu, Y. and West, S.C. (2004). Happy hollidays: 40th anniversary of the Holliday junction. *Nature Reviews Molecular Cell Biology* 5: 937–946.

Ma, Y., Lu, H., Tippin, B. et al. (2004). A biochemically defined system for mammalian nonhomologous DNA end joining. *Molecular Cell* 16: 701–713.

Maga, G. and Hubscher, U. (2003). Proliferating cell nuclear antigen (PCNA): a dancer with many partners. *Journal of Cell Science* 116: 3051–3060.

Massey, T.H. and Jones, L. (2018). The central role of DNA damage and repair in CAG repeat diseases. *Disease Models and Mechanisms* 11: dmm031930.

Mazin, A.V., Mazina, O.M., Bugreev, D.V., and Rossi, M.J. (2010). Rad54, the motor of homologous recombination. *DNA Repair* 9: 286–302.

Mentegari, E., Kissova, M., Bavagnoli, L. et al. (2016). DNA polymerases λ and β: the double-edged swords of DNA repair. *Genes* 7: 57.

Mosbach, V., Poggi, L., and Richard, G.F. (2019). Trinucleotide repeat instability during double-strand break repair: from mechanisms to gene therapy. *Current Genetics* 65: 17–28.

Norgauer, J., Idzko, M., Panther, E. et al. (2003). Xeroderma pigmentosum. *European Journal of Dermatology* 13: 4–9.

O'Driscoll, M. and Jeggo, P.A. (2005). The role of double-strand break repair – insights from human genetics. *Nature Review Genetics* 7: 45–54.

Pasternak, J.J. (1999). *An Introduction to Human Molecular Genetics: Mechanisms of Inherited Diseases*. Bethesda, MD.: Fitzgerald Science Press.

Potter, H. and Dressler, D. (1976). On the mechanism of genetic recombination: electron microscopic observation of recombination intermediates. *Proceedings of the National Academy of Sciences of the United States of America* 73: 3000–3004.

Potter, H. and Dressler, D. (1979). DNA recombination: *in vivo* and *in vitro* studies. *Cold Spring Harbor Symposium for Quantitative Biology* 43: 969–985.

Rafferty, J.B., Sedelnikova, S.E., Hargreaves, D. et al. (1996). Crystal structure of DNA recombination protein RuvA and a model for its binding to the Holliday junction. *Science* 274: 415–421.

Roukos, V. (2018). Actin proteins assemble to protect the genome. *Nature* 559: 35–37.

Sancar, A. (2016). Mechanisms of DNA repair by photolyase and excision nuclease (Nobel lecture). *Agnewandte Chemie International Edition* 55: 8502–8527.

Sancar, A., Lindsey-Boltz, L.A., Unsal-Kacmaz, K., and Linn, S. (2004). Molecular mechanisms of mammalian DNA repair and the DNA damage checkpoints. *Annual Review of Biochemistry* 73: 39–85.

Stauffer, M.E. and Chazin, W.J. (2004). Structural mechanisms of DNA replication, repair, and recombination. *Journal of Biological Chemistry* 279: 30915–30918.

Stingele, J., Bellelli, R., Alte, F. et al. (2016). Mechanism and regulation of DNA-protein crosslink repair by the DNA-dependent metalloprotease SPRTN. *Molecular Cell* 64: 688–703.

Sugasawa, K., Akagi, J.I., Nishi, R. et al. (2009). Two-step recognition of DNA damage for mammalian nucleotide excision repair: directional binding of the XPC complex and DNA strand scanning. *Molecular Cell* 36: 642–653.

Sun, B. (2019). Rescuing replication from barriers: mechanistic insights from single-molecule studies. *Molecular and Cellular Biology* 10: e00576–e00518.

Tippin, B., Pham, P., and Goodman, M.F. (2004). Error-prone replication for better or worse. *Trends in Microbiology* 12: 288–295.

Traver, S., Coulombe, P., Peiffer, I. et al. (2015). MCM9 is required for mammalian DNA mismatch repair. *Molecular Cell* 59: 831–839.

Vaz, B., Popovic, M., Newman, J.A. et al. (2016). Metalloprotease SPRTN/DVC1 orchestrates replication-coupled DNA-protein crosslink repair. *Molecular Cell* 64: 704–719.

Velmurugu, Y., Chen, X., Sevilla, P.S. et al. (2016). Twist-open mechanism of DNA damage recognition by the Rad4/XPC nucleotide excision repair complex. *Proceedings of the National Academy of Sciences of the United States of America* 113: E2296–E2305.

Yu, H.A., Lin, K.M., Ota, D.M., and Lynch, H.T. (2003). Hereditary nonpolyposis colorectal cancer: preventive management. *Cancer Treatment Reviews* 29: 461–470.

Zhang, Y., Yuan, F., Presnell, S.R. et al. (2005). Reconstitution of 5′-directed human mismatch repair in a purified system. *Cell* 122: 693–705.

Zhou, W., Steinfeld, J.B., Liang, F. et al. (2017). BRCA1-BARD1 promotes RAD51-mediated homologous DNA pairing. *Nature* 550: 360–365.

Zou, L. (2010). A protein giant in its entirety. *Nature* 467: 667–668.

C H A P T E R E I G H T

세균의 전사

락(*lac*) 억제자 같은 몇 개의 단백질들은 분자생물학 분야에 중대한 영향을 미쳤다.

Mitchell Lewis*, Comptes Rendus Biologies *(2005) 328:521.

OUTLINE

- 8.1 서론
- 8.2 전사의 메커니즘
- 8.3 락토오스 오페론으로부터 유전자 조절의 조망
- 8.4 전사 조절자의 작용 방식
- 8.5 RNA에 의한 유전자 발현 조절
- 8.6 유전자 조절 네트워크

Electron micrograph of RNA polymerase molecules from *Escherichia coli* bound to several promoter sites of phage T7 DNA. Magnification: ×200 000. (Reprinted from Fisher and Williams. 1979. *Annual Review of Biochemistry* 48:649–679, © Annual Reviews.)

8.1 서론

유전자 발현의 중심 사건은 유전자의 주형가닥 서열에 상보적인 RNA 전사체로 복사하는 것이다. 모든 세포는 적어도 한 종류의 RNA 중합효소—DNA로부터 RNA를 전사하는 효소—와 전령 RNA를 단백질로 번역하는 장치를 가지고 있다. 전사체 형성의 생화학은 한 방향으로 진행되지만, 개체들에 의해 발달된 전사를 통제하는 조절 메커니즘은 복잡하고 매우 다양하다.

이 장에서는 원핵생물의 전사 과정에 중점을 두고 있다. 유도 과정의 대표적인 예인 락토오스 오페론은 많은 중요한 원리를 설명할 수 있고, 분자생물학 연구에 지대한 영향을 미치고 있기에 집중적으로 다룬다. 세균에 있어서 전사 조절의 다른 주요 형태인 아라비노스와 트립토판 오페론에 대해 서술한다. 전사 조절자들의 작용 방식을 설명하고, 특별히 DNA에 대한 단백질의 협력적 결합, 단백질 활성화의 다른자리 입체성 변형 메커니즘과 떨어져 있는 DNA 조절자리가 단백질–단백질 결합에 의한 DNA 고리 만들기를 초래하여 어떻게 작용하는지 구체적으로 알아볼 것이다.

이들 전사 조절의 전형적인 패러다임은 단순하고 현명하다. 그러나 개별 유전자의 조절을 구체적으로 파헤쳐 보면, 그 과정은 종종 놀랄 만큼 복잡하다. 세균 유전자 전사는 많은 DNA-결합 단백질들의 관여, 협력적 조절의 순차성, RNA의 상이한 접힘, RNA 전사체에 의한 대사물질의 인지를 요구한다. 마지막으로, 세균은 독립된 상태로 살아가지 않는다. 세균은 확산성 신호 분자들을 생산하여 서로 소통할 수 있다. 신호 분자들이 어느 특정한 농도에 다다르면, 이들 신호는 세균 집단 내에서 표적 유전자를 활성화하거나 억제할 수 있다. 유전자 조절의 복잡함으로 빠져들기 전에, 우선 전사의 일반적인 메커니즘을 알아보도록 하자.

8.2 전사의 메커니즘

1967년에, **RNA 중합효소(RNA polymerase)**가 RNA 합성을 촉매하는 효소임이 밝혀졌다. DNA가 주형으로 사용될 때, 이 효소가 5′에서 3′ 방향으로 포스포디에스터(phosphodiester) 결합으로 뉴클레오시드 삼인산을 연결 또는 중합시킨다. 대장균과 같은 세균에서는 한 종류의 RNA 중합효소를 갖고 있다. 반면에, 진핵세포는 다양한 핵 DNA−의존성 RNA 중합효소와 세포소기관 특이성 중합효소를 갖고 있다(9장 참조). 핵심 중합효소의 서열, 구조 및 기능은 세균에서부터 인간에 이르기까지 진화적으로 보존되어 있다.

세균에서, 전사와 번역은 그들이 단일 세포 영역에서 일어나므로 '**짝지어져 있다(coupled)**'고 말한다. 전령 RNA의 전사가 시작된 즉시 전령 RNA의 5′ 말단에 접근이 가능해져 리보솜이 붙게 되고, 단백질 합성이 시작된다(그림 8.1). 전령 RNA의 5′ 말단으로부터 첫 번째 리보솜이 떨어지면, 두 번째 리보솜이 붙을 수 있다. mRNA 리보솜의 효율적인 결합과 이동은 RNA 중합효소의 속도를 증가시킨다. 리보솜이 없는 경우, 중합효소는 속도를 낮추고 리보솜이 결합되기를 기다린다. 이러한 '짝지움'이 어떻게 일어나는가? 두 가지 별개의 결합 모드에 대한 증거가 있다. 한 가지 모드는 리보솜 단백질과 RNA 중합효소에 결합된 전사 인자(예, NusG 또는 RfaH)의 상호작용이 있는 인자 매개 커플링이다. 이 상호작용은 전사 및 번역 기구를 함께 묶는다. 다른 모드는 RNA 중합효소와 리보솜이 직접 상호작용하는 factor-free coupling이다.

전사는 어떻게 개시되는가? RNA 중합효소는 **프로모터(promoter)**라고 불리는 DNA 영역에 결합한다. 프로모터는 DNA의 같은 가닥에 물리적으로 연결된 유전자들의 전사 개시 전에 적합하게 위치한다. 그들의 구조를 자세히 살펴보자.

세균의 프로모터 구조

만약 DNA의 뉴클레오티드 서열을 서로 맞추어보고 각각의 주어진 영역에서 뉴클레오티드의 완벽히 일치되는 부위가 있다면, 이 서열은 **보존(conserved)**되어 있다고 말한다. 만일 서열상에 다소 변이가 존재하나 특정 뉴클레오티드가 높은 빈도로 존재한다면, 이들 뉴클레오티드는 **일치성 서열(consensus sequence)**을 이루고 있다고 말한다(그림 8.2). 프로모터는 드물게 완벽한 일치성을 갖는다. 일반적으로, 한 프로모터와 더욱 근접된 영역들이 일치성 서열과 유사할수록, 프로모터의 강도가 크다라고 한다. **프로모터 강도(promoter strength)**는 상대적인 전사 개시의 빈도를 일컬으며, 프로모터 영역에 결합하는 RNA 중합효소의 친화력과 관련된다. 부가적으로, 대장균의 리보솜 RNA 유전자들에 있는 몇 개의 매우 강한 프로모터들은 RNA 중합효소의 결합력을 증가시키기 위해 **UP 인자(UP element)**라고 불리는 더욱 상위에 위치하는 부가적 인자를 가지고 있다.

대장균 유전자들의 대부분에서 프로모터 일치성 서열은 2개의 6자리 서열로 구성되어 있다. 이

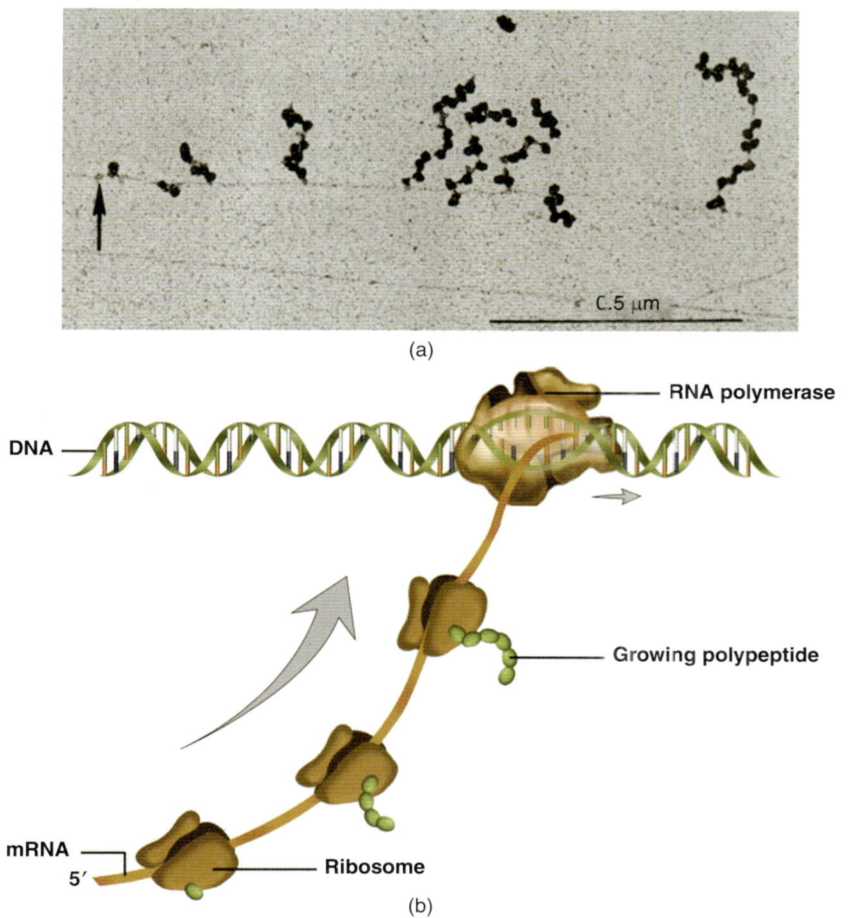

그림 8.1 세균에서 전사와 번역은 짝지어져 있다. (a) 작동하는 세균 유전자의 전자 미세 사진. 신장하는 폴리펩티드 사슬을 이 사진에서 관찰할 수 없다. 44,000배 확대 사진. (출처: Reprinted from Miller et al. 1970. *Science* 169:392–395, © AAAS.) (b) a에서 나타나는 메커니즘의 도식.

들 서열들은 약 17 염기쌍에 의해 나뉘어져 있고, 전사되는 첫 번째 염기의 상단에 위치한다(그림 8.2 참조). 전사의 개시를 +1로 나타내고, 양수는 전사 방향으로 DNA를 따라 셀 수 있으며, 그 방향을 다운스트림(하위)(전사 개시 부위의 3′ 위치)이라고 한다. 만약, 전사의 방향이 오른쪽으로 진행된다면, 전사 방향의 왼쪽(전사 개시 부위의 5′ 위치)을 상위라고 하고, 음수로 각 염기를 나타낸다. −10에서 중심이 되는 일치성 서열 TATAAT는 TATA 상자 또는 Pribnow 상자(이 상자 서열을 밝힌 발견자인 David Pribnow 이름을 따옴)라고 알려졌다. 지금은 일반적으로 **−10 서열**(혹은 −10 부위 또는 인자)이라고 부른다. 많은 프로모터에서 비슷한 서열의 다른 영역은 **−35**에서 중심이 되며, 일치성 서열은 TTGACA이다. −10과 −35 서열 사이의 거리와 전사 개시 부위는 중요하며, 결실과 첨가에 의한 거리의 변화는 유해하다. RNA 중합효소는 어떻게 프로모터를 인지하고 결합하는가? 이 질문에 답은 세균의 RNA 중합효소와 시그마 인자라고 불리는 다른 필수적인 단백질의 구조에서 찾을 수 있다.

세균 RNA 중합효소의 구조

세균 RNA 중합효소의 구조는 원소 해상도 수준으로 결정되었다. 과거 20여 년이 넘게 축적된 많은 양의 생화학적, 유전학적 결과들에 의해 이제 그 구조를 설명할 수 있게 된 것이다. 세균 RNA 중합효소는 중심효소(core enzyme)와 부가적인 전사 요소인 **시그마 인자(sigma factor, σ)**로 구성된다. 이들이 함께 완전히 기능을 수행하는 **완전효소(holoenzyme**, '*holos*'는 그리스어로 '전체'를 의미함)를 형성한다. 대장균 세포 내에는 약 1,500~5,000개의 RNA 중합효소 분자가 있다.

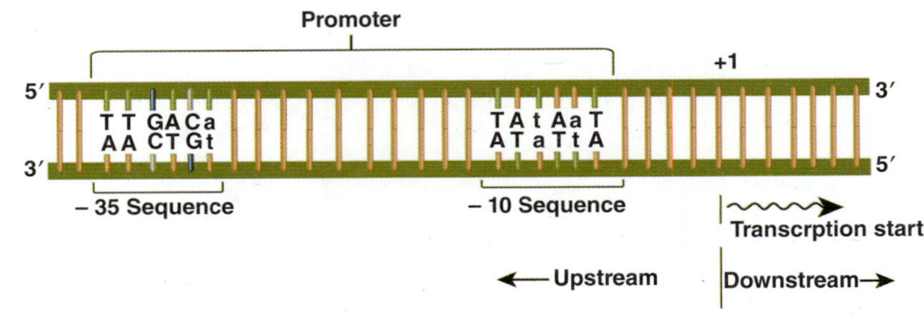

그림 8.2 세균 프로모터는 2개의 구별된 일치성 서열을 가지고 있다.
전형적인 대장균의 −35와 −10 서열을 보여준다. 대문자는 분석된 프로모터의 50%보다 많은 위치에서 발견되는 염기를 나타내며, 소문자는 이들 위치에서 50% 이하로 나타나는 경우를 표시하였다.

RNA 중합효소의 중심효소(Core enzyme) 중심효소는 완전효소의 한 구성분으로 중합 반응을 촉매한다. 이는 400 kDa의 크기로 5개의 소단위체를 갖는다: 2개의 α-소단위체(αI, αII)와 각 하나의 β-, β′-, 그리고 ω-소단위체이다. 중심 중합효소의 서열, 구조와 기능은 진화적으로 세균에서부터 인류에 이르기까지 진화적으로 보존되어 있다. 세균 *Thermus thermophilus*로부터 중심 RNA 중합효소의 X-선 구조결정 분석에서 이 구조가 마치 게의 집게발 같은 형태로, β-, β′-소단위체가 집게 부위를 형성한다(그림 8.3). 게 발톱은 연구원들이 코어, 선반, 클램프 및 턱 엽이라고 명명한 4가지 기능 모듈로 구성된다. 코어와 선반 사이에는 2개의 채널이 실행된다. 더 큰 1차 채널이 핵산에 결합하고 촉매 마그네슘 이온을 포함하는 반면, 더 작은 2차 채널은 NTP 빌딩 블록을 가져온다. 촉매 부위 근처의 다른 두 가지 기능은 다리 나선과 이동식 방아쇠 루프이며, 접힐 때 효율적인 뉴클레오티드 추가를 지원한다. 선반과 코어에서 각각 돌출된 부분은 클램프와 턱 엽이다. 그들은 채널을 완성하고 DNA/RNA 하이브리드 및 다운스트림 DNA를 제자리에 고정한다.

RNA 중합효소 핵심효소의 이 정교한 구조는 기능을 수행함에 따라 모양이 역동적으로 변화하지만, 자체적으로는 제대로 기능하지 못한다. 중심효소는 대부분의 DNA를 위한 높은 친화력을 갖는다. σ가 없을 때, 시험관 내에서 DNA 주형의 어디에서든 합성을 시작할 수 있다. 이는 시그마 인자가 RNA 중합효소의 비특이적 결합 친화력을 감소시키는 데 작용하는 것이다. 그렇다면 시그

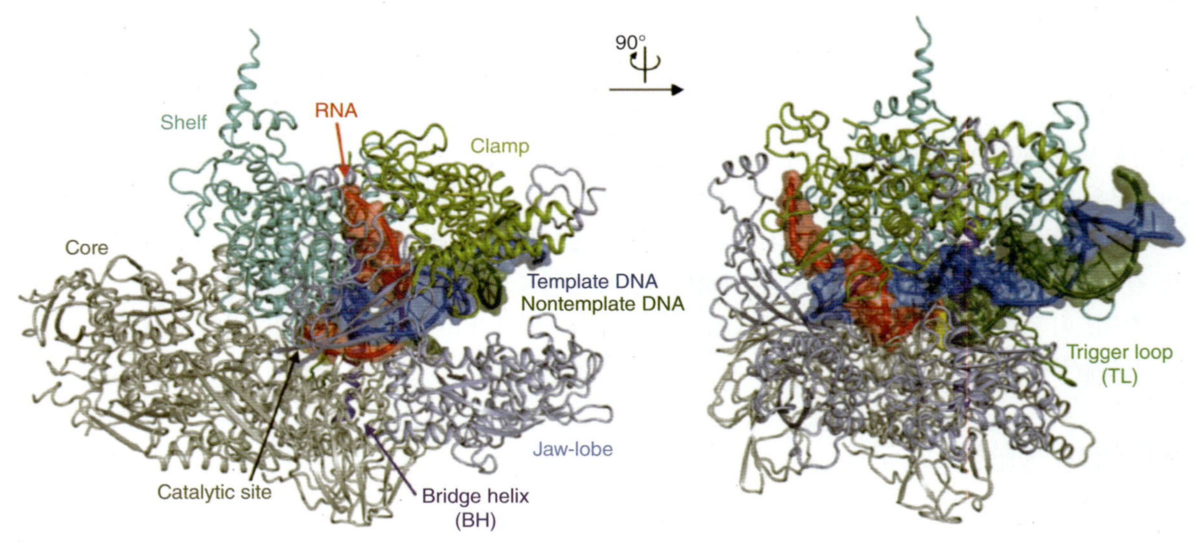

그림 8.3 *Thermus thermophilus* RNA 중합 중심효소의 결정 구조.
주형 DNA로부터 RNA를 전사하는 과정에서 게의 집게발 모양과 비슷한 RNA 중합효소 핵심효소의 두 방향이 나타난다. 구조 모듈은 색상으로 구분된다(코어, 회색; 선반, 청록색; 클램프, 황록색; 턱뼈, 연보라색; 브릿지 나선, 자주색; 트리거 루프, 녹색). (출처: Reprinted from Sekine et al. 2015. *Molecular Cell* 57:408–421. © 2015 Elsevier.)

마 인자가 어떻게 중합효소와 결합하고 유전자 프로모터를 인지하는지 알아보자.

시그마 인자 그리스 문자 σ로 축약된 시그마 요인은 구조적으로나 진화적으로 서로 다른 두 가지 계열인 σ^{54}(RpoN)와 σ^{70}(RpoD)으로 나뉜다. 세균에서 발현되는 다양한 시그마 인자 중에서 가장 풍부한 것은 70kDa의 단백질로 σ 70이라고 하며, 이는 다른 시그마 인자보다 RNA 중합효소 핵심 효소에 대한 결합 친화도가 더 높다. 모든 세균 유전체는 대부분 또는 모든 필수 유전자의 전사에 관여하는 주요 "하우스키핑" 인자로서 적어도 하나의 σ^{70} 계열 단백질을 발현한다. 모든 세균은 아니지만, 많은 세균이 1~2개의 σ^{54}를 발현하는데 그것들은 질소 대사를 위한 유전자 조절에 관여한다. 시그마 인자는 세균에서 세 가지 중요한 기능을 수행한다. (i) 특정 프로모터에 대한 RNA 중합효소 단일효소를 표적으로 한다. (ii) 프로모터 이중가닥 DNA(dsDNA)의 −10 영역을 녹이고, 단일가닥 "열린 복합체"로 안정화한다. (iii) 다른 전사 인자와 상호작용한다. 시그마 인자의 구조가 기능과 어떻게 관련되는지 자세히 알아보자.

시그마 인자는 기능과 관련이 있다. 시그마 인자의 대부분은 아미노산 서열이 유사한 네 영역을 공유하고 있다(그림 8.4A). 이들 네 영역은 다시 특별한 기능을 수행하는 서브도메인으로 나뉘어진다. 완전효소(holoenzyme)에서, σ의 구상 도메인은 게 집게발의 면을 가로질러 퍼져있다(그림 8.4B). 시그마 인자가 중심효소에 결합하여 집게를 닫게 하고, 내부 통로의 형태 변화는 전사를 유발한다. 효소의 활성자리는 이 내부 통로의 뒤편에 위치하고, 필수적인 마그네슘 이온(Mg^{2+})이 결합한다. 집게의 닫힘은 아마도 전사가 지속되는 동안 효소의 높은 진행 특성을 위해 기여기여할 것이다. −35 및 −10 서열은 σ^{70} 인자(그림 8.2 참조)에 의한 인식에 필요한 반면, −10 서열은 핵심효소의 접촉 영역이다. 또한, −10 서열은 주형가닥을 노출시키기 위해 DNA의 초기 용융에 필요하다. σ^{70} 인자의 도메인은 열린 복합체를 안정화시키는 서열 특이적 방식으로 −10 서열의 비주형가닥에 결합한다. 시그마 인자는 유전자 프로모터를 인식하는 데에 있어 RNA 중합효소의 특이적 결합에 꼭 필요할까?

연구자들은 지난 40여 년 전에 이 질문에 대한 답을 찾기 위해 RNA 중합효소−DNA 복합체의 분리 비율을 측정하는 니트로셀룰로스 막 결합 실험을 이용하였다. 니트로셀룰로스 막 결합 실험은 DNA−단백질 결합을 측정한다. 이중가닥 DNA(dsDNA)는 니트로셀룰로스 막에 결합하지 않는다. 반면, 단백질은 결합할 수 있어 만약 이중가닥 DNA가 단백질에 결합된다면, 그 단백질−DNA 복합체는 니트로셀룰로스 막에 결합될 것이다. 그림 8.5에 표시된 실험에서, *E. coli* core RNA 중

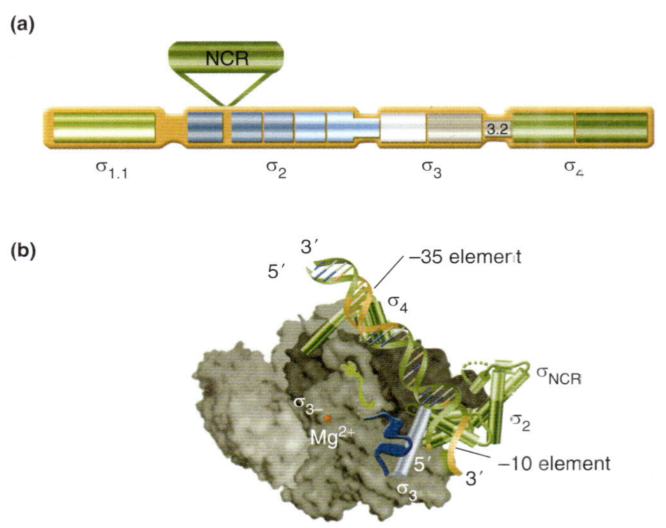

그림 8.4 세균 시그마 인자와 RNA 중합효소 완전효소의 구조. (a) σ^{70}에 기초한 시그마 인자 도메인. 보존된 도메인은 숫자와 색으로 나타내었다. NCR, 비보존 영역. (b) 프로모터 DNA에 결합된 RNA 중합효소 전효소의 구조. 시그마 인자의 α-나선은 원통으로 표시된다. −35와 −10 프로모터 인자들은 노란색으로 표시하였다.

합효소(시그마 인자 결여) 또는 holoenzyme(시그마 인자 포함)이 세균에서 분리되었다. 그런 다음, 그들은 *E. coli* RNA 중합효소에 의해 인식되는 프로모터가 있는 3개의 H-표지된 T7 파지 DNA에 결합하게 했다. 다음으로, 과량의 표지되지 않은 T7 DNA를 첨가하여 표지된 DNA로부터 해리된 중합효소가 표지되지 않은 DNA에 재결합할 가능성이 더 커질 수 있게 하였다. 이 혼합물은 표지된 T7 DNA–중합효소 복합체의 해리를 모니터링하기 위해 다양한 시점에서 니트로셀룰로오스 필터를 통과했다. 필터와 여과액의 방사능을 액체 섬광 계수로 모니터링했다(Tool Box 13.4 참조). 표지된 DNA는 여전히 RNA 중합효소에 결합되어 있는 경우에만 필터에 결합하므로, 이 분석은 중합효소–DNA 복합체의 해리 속도를 측정한다. 그래프는 시그마 인자를 포함하는 완전효소가 중심 폴리머레이즈에 비해 주형 DNA에서 더 천천히 해리됨을 보여준다.

이 결과로부터, 연구자들은 시그마 인자가 RNA 중합효소의 특이적 결합을 위해 요구된다고 결론지었다. 계속된 연구에서 σ^{70}는 대장균 유전자들의 대부분 프로모터에 RNA 중합효소의 단단한

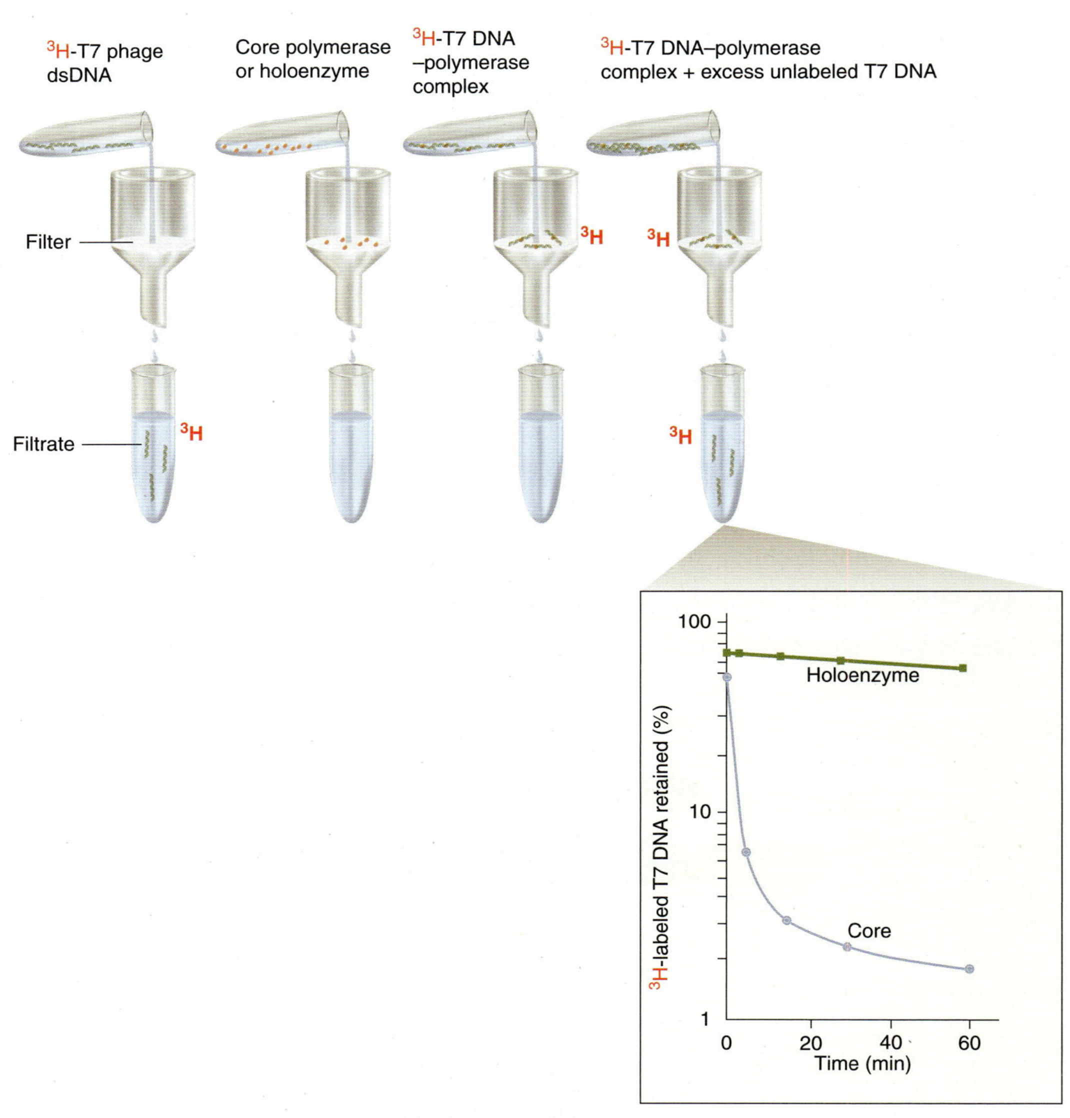

그림 8.5 시그마 인자는 RNA 중합효소가 프로모터에 단단히 결합하는 것을 촉진한다.
니트로셀룰로오스 여과지-결합 방법에서 중심 중합효소(파란색)에 상대적으로 완전효소(녹색)의 매우 느린 분리 비율은 T7 DNA와 완전효소 사이의 매우 단단한 결합이라는 걸 보여준다. (출처: Reprinted from Hinkle and Chamberlin. 1972. *Journal of Molecular Biology* 70 :157–185, © 1972 Elsevier.)

결합을 촉진하는 것을 보여주었다. 일부 유전자의 발현을 위해 세균 세포는 프로모터의 다른 하위 집합에 특정한 대체 시그마 인자를 사용한다. 세균 유전자 조절 네트워크에서의 대체 시그마 인자와 그 역할에 대하여는 8.6절에서 논의된다.

RNA 중합효소는 유전자 프로모터를 어떻게 찾는가?

세균에서, DNA는 뉴클레오이드 관련 단백질에 의해 조직화되고 응축된다는 것을 기억하자(5장 참조). 그렇다면 RNA 중합효소는 이 응축된 DNA 덩어리에서 유전자 프로모터를 어떻게 찾을까? 초고해상도현미경(14장 참조)은 약간의 통찰력을 제공해 주었다. 연구원들은 이동 중인 RNA 중합효소와 DNA에 특이적으로 결합된 RNA 중합효소를 구별하기 위해 광활성화된 단일 분자 추적을 사용했다(그림 8.6). 그들은 이동성 RNA 중합효소가 프로모터를 "검색"하면서 핵체의 전체 영역을 탐색할 수 있으며, 검색 시간의 약 85%를 DNA와 비특이적으로 상호작용하는 데 보낼 수 있음을 보여주었다. 낮은 수준의 전사는 뉴클레오이드 전체에서 발생할 수 있지만, 전사 RNA 중합효소의 조밀한 클러스터는 주로 리보솜 집체(pool)에 더 가까운 뉴클레오이드 주변에서 형성되어 결합된 전사 및 번역이 발생할 수 있다(그림 8.6 참조).

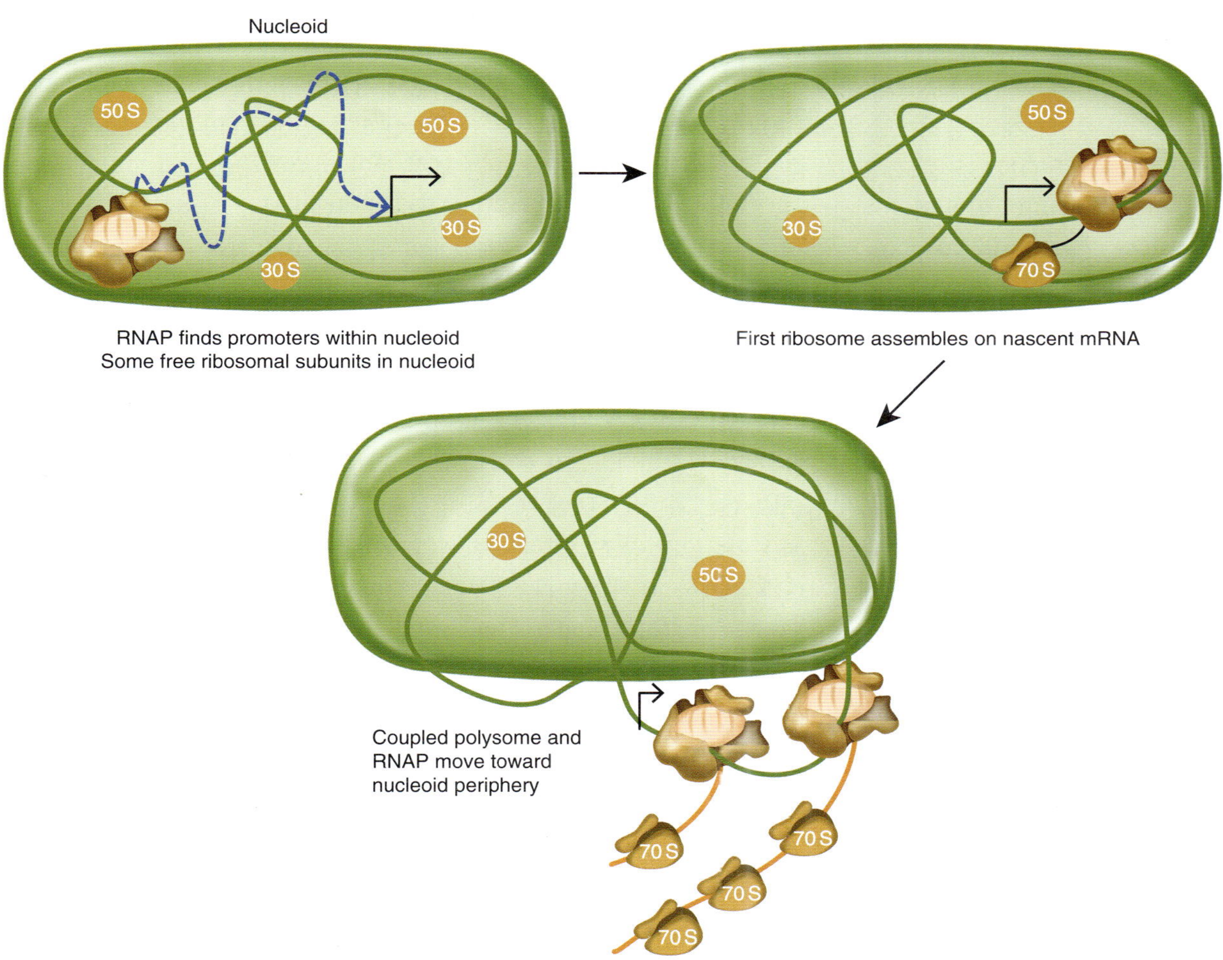

그림 8.6 RNA 중합효소는 유전자 프로모터를 "검색"하는 전체 뉴클레오이드를 탐색한다.
RNA 중합효소(RNAP)는 뉴클레오이드 내에서 유전자 전사를 시작하고, 첫 번째 리보솜은 새로운 mRNA에 결합한다. 더 많은 리보솜이 결합하고 다른 RNAP가 전사를 시작함에 따라, 그들은 뉴클레오이드 주변부로 이동한다. (출처: Redrawn from Stracy et al. 2015. *Proceedings of the National Academy of Sciences of the United States of America* 112:E4390–E4399.)

놀랍게도, 가장 조밀하고 가장 조밀한 형태의 뉴클레오이드가 존재하는 느리게 성장하고 스트레스를 받는 세포에서도 RNA 중합효소는 여전히 DNA에 접근할 수 있다. 단일 분자 분석은 굶주린 세포에서 고도로 발현되는 DNA-결합 단백질이 진행을 방해하지 않으면서 늘어나는 RNA 중합효소 주위에서 DNA를 동적으로 응축한다는 것을 보여준다. 어떻게 이럴 수 있을까? 당신이 "상 분리"를 생각하고 있다면, 옳을 것이다. 연구원들은 RNA 중합효소의 밀집된 클러스터와 뉴클레오이드의 가장 밀집된 영역 사이에서 "상분리"가 발생한다고 생각한다. RNA 중합효소는 투과하지만 유해한 단백질은 배제할 수 있는 상분리 세포소기관을 만들어 유전체를 손상으로부터 보호하면서 능동적으로 전사할 수 있다. RNA 중합효소 완전효소가 유전자 프로모터에 결합하면 다음 단계는 무엇일까?

전사의 개시

전사 개시에는 5가지 주요 단계가 있다: (i) DNA 스캐닝, 프로모터 인식 및 결합; (ii) 사전 개시 폐쇄형 프로모터 복합체의 형성; (iii) 개시 전 개방 프로모터 복합체의 형성; (iv) 전사 불능; (v) 프로모터 탈출(그림 8.7). RNA 중합효소 단독효소는 처음에 전사 시작 부위(+1)에 대해 뉴클레오티드 위치 −35 및 −10에서 프로모터에 결합하여 개시 전 **폐쇄 프로모터 복합체**를 형성한다. "닫힌"이라는 용어는 DNA가 이중가닥으로 남아 있고 복합체가 가역적임을 나타낸다. 그런 다음, 복합체는 개시 전 **열린 프로모터 복합체**로 구조적 전환을 겪는다. 전사 시작 부위 주변의 약 12~14개의 염기쌍이 녹아서 DNA의 주형가닥이 노출되고 적절하게 명명된 **전사 거품**이 형성된다. DNA 복제의 헬리카제와 달리(6장 참조), RNA 중합효소 완전효소는 아데노신 5′-삼인산(ATP) 가수분해 없이 이중 DNA를 풀고, RNA 중합효소 완전효소는 가닥 분리 과정 동안 비주형가닥 −10 모티프로부터 뒤집힌 염기(하나 이상)를 포획하기 위해 시그마 인자를 사용하여 아데노신 5′-삼인산(ATP) 가수분해 없이 이중 DNA를 풀어준다. 예를 들어, *E. coli*에서 2개의 뒤집힌 염기(위치 −7의 T와 −11의 A)는 시그마 인자의 영역 2에 있는 바인딩 포켓에 의해 포착된다(그림 8.8). 염기 뒤집기는 dsDNA 나선 밖으로 염기가 180° 회전하는 것이며, 많은 DNA 복구 효소에 의해 사용된다(7장 참조).

전사는 몇몇 유전자의 프로모터 영역의 음성적 초코일형(negative supercoiling)에 의해 도움을 받는다. 가닥 분리는 초코일 구조의 변형을 완화한다. 따라서 개시 복합체에서 DNA의 초기 개시 벌어짐에 더 적은 자유 에너지가 필요하다. −10 서열과 같은 AT-과다 프로모터 또한 벌리는 데에 적은 에너지가 필요하다. 이는 GC-과다 DNA에 비교하여 응축결합(stacking interactions)(소수성)과 수소결합에서 다르기 때문이다(2장 참조). 열린 복합체의 형성은 일반적으로 비가역적이고, 전사는 삼인산-뉴클레오시드가 존재할 때 개시된다. 대부분의 DNA 중합효소와는 달리(6장 참조), RNA 중합효소에 의한 개시에는 프라이머가 필요 없다. RNA 중합효소는 RNA 합성을 새로이 개시할 수 있다.

열린 프로모터 복합체가 형성되면, 몇 가지 중단된 전사 개시 이벤트가 2~15개 뉴클레오티드 길이의 RNA 전사체를 생성한다. 최근에, 초기 전사 동안 긴 일시중지가 약 20초 동안 지속되는 긴 휴지가 특징지어졌으며, 6-뉴클레오티드 RNA에서 7-뉴클레오티드 RNA로의 전환을 표시하는 것이 특징이다. σ^{70}의 영역 3.2는 RNA 출구 채널을 차단하는 루프를 포함하기에 이 일시중지를 매개하는 것으로 보인다. 전사 개시가 세균의 유전자 발현에서 가장 많이 조절되는 단계라는 점을 감안할 때, 이 일시중지는 조절 체크포인트 역할을 할 수 있다. 몇 차례의 전사 실패 후에 RNA 중합효소는 프로모터를 빠져나온다.

몇 차례의 실패한 전사 후 RNA 중합효소는 프로모터를 빠져나간다. **프로모터 탈출** 단계(**프로모터 제거**라고도 함) 동안 시그마 인자-핵심 효소 상호작용이 단계적으로 중단된다. 일부 시그마 인자에 적용되는 고전적 모델은 중합효소가 프로모터 탈출을 겪고 개시 모드에서 연장 모드로 전

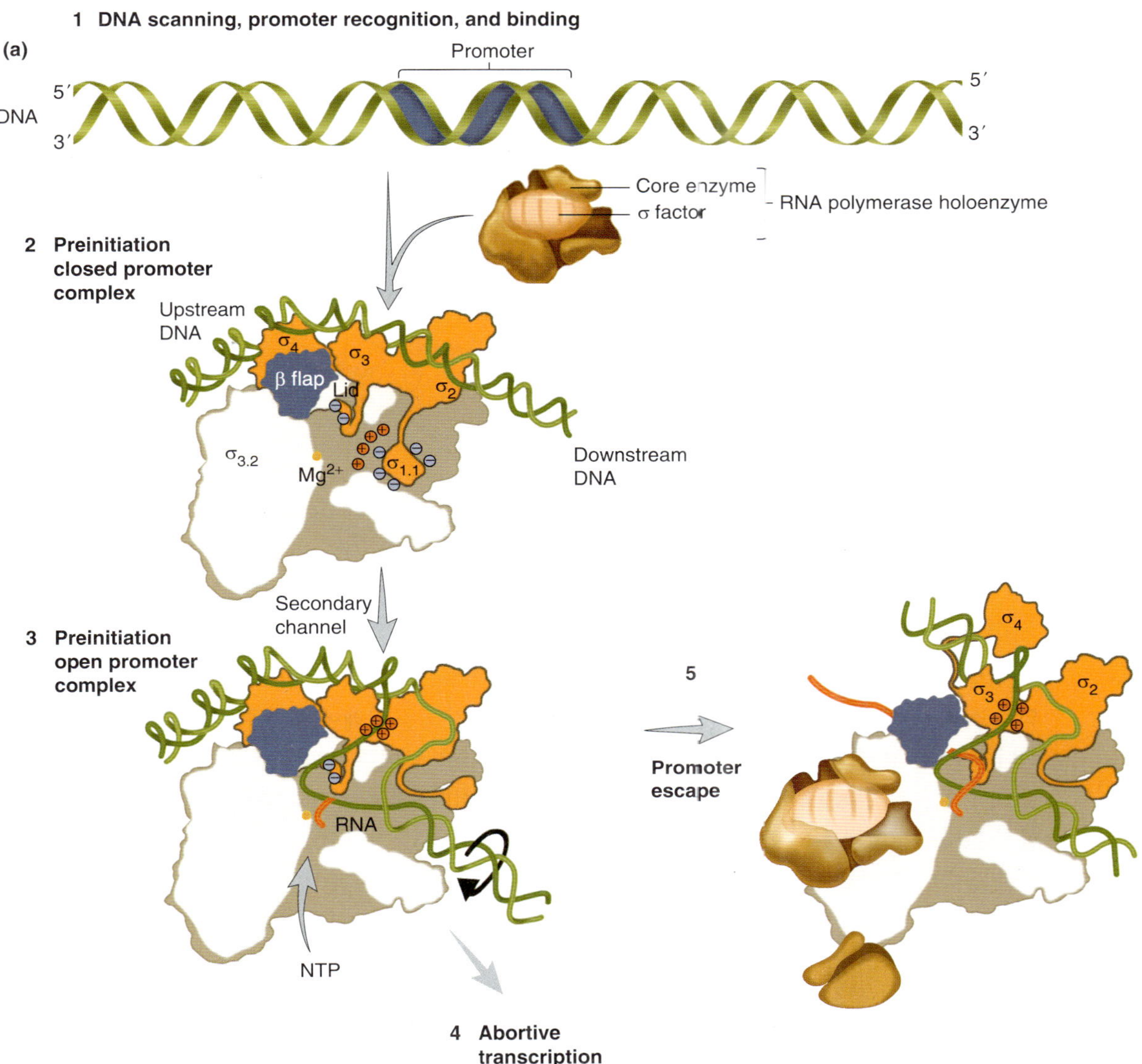

그림 8.7 전사 개시 5단계 동안의 구조적 변화.
프로모터 DNA에 대한 RNA 중합효소 완전효소의 단면도. 보기는 β-서브유닛의 위에서 아래로 내려다보고 있지만, 대부분의 β가 제거되어 RNA 중합효소 활성자리 채널의 내부가 드러나 있다. (출처: Adapted from Murakami and Darst. 2003. *Current Opinion in Structural Biology* 13 :31–39, © 2003 Elsevier.)

환함에 따라 σ가 중심에서 해리된다고 한다. 이 모델에서, 시그마 인자는 새로운 핵심 중합효소와 결합하여 다른 RNA 사슬을 시작한다. 그러나 최근 실험 및 구조 연구에 따르면, σ^{70}이 코어 폴리머레이즈에서 완전히 해리되지는 않는다. 대신 σ^{70}의 일부 영역이 순차적으로 변위된다. 그렇지 않으면, RNA 출구 채널에서 나올 때 초기 RNA의 신장에 장벽으로 작용할 수 있다. 변위된 부분은 RNA 출구 채널 내에 위치하는 영역 3과 RNA 중합효소의 β- 플랩과 상호작용하고 RNA 출구 채널의 끝에 인접하게 위치하는 영역 4를 포함한다(그림 8.4 및 8.7 참조). σ^{70} 영역 4와 β-플랩 사이의 상호작용 강도를 변경하는 돌연변이는 전사 개시뿐만 아니라 연장 단계에도 영향을 미친다.

신장

RNA의 약 8개 이상의 뉴클레오티드가 합성된 후, 개시 복합체는 연장 단계에 들어간다. 단일 분

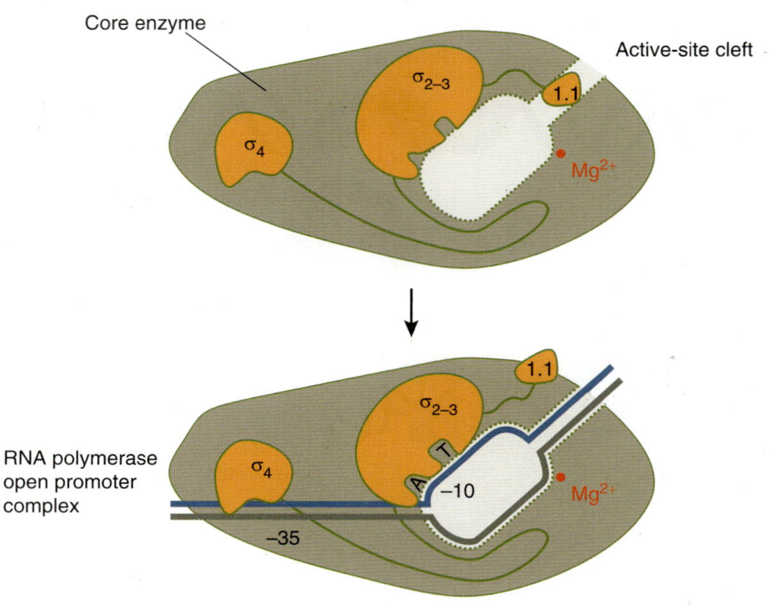

그림 8.8 시그마 인자는 −10 요소의 고도로 보존된 두 염기를 포착하여 프로모터 용해를 유발한다.
완전효소의 활성자리와 DNA의 비특이적 상호작용은 시그마 인자($\sigma_{1.1}$)의 1.1 영역에 의해 방지된다. (출처: Redrawn from Feklistov et al. 2014. *Annual Review of Microbiology* 68:357–376.)

자 방법은 σ^{70}이 신장의 초기 단계 전반에 걸쳐 유지됨을 시사한다. 그림 8.9에서처럼, 유전자 서열의 도식적 표식에서 비주형가닥을 위에 나타내고 주형가닥을 아래에 보여주는 것은 일반적인 경향이다. 이것은 비주형가닥과 전사된 RNA에서 같은 서열을 보여주기 때문인데, RNA는 T 대신 U를 갖고, 이들 모두는 왼쪽에서 오른쪽으로 (5′ → 3′) 읽힌다. 하지만 만약 대장균의 전체 이중가닥의 환형 DNA 유전체를 그릴 경우, 전사가 언제나 “상위(top)” 가닥으로부터 그려지는 것은 아니다. 전사 방향이 알려진 50개의 오페론이나 유전자들에서, 27개는 시계 방향으로, 23개는 반시계 방향으로 (반대 가닥을 주형으로 이용하므로) 환형을 따라 전사된다. 모든 경우에 있어서, 주어진 오페론 DNA의 오직 한 가닥만이 전사를 위한 주형으로 작용한다.

이러한 체계를 위한 이유가 있는가? 대장균의 많은 형태들은 복제의 관점과 상통한다. 복제의 시작과 종결은 유전체를 반대편으로 복제된 반쪽, 또는 “**리플리코아(replichores)**”로 나눈다. 하나의 리플리코아는 시계 방향으로 복제되고, 다른 하나의 리플리코아는 반시계 방향으로 복제된다. 고도로 전사되는 필수 유전자는 우선적으로 리플리솜과 같은 방향으로 위치되며, 이러한 구성은 연구된 모든 알려진 세균에서 보존된다. 예를 들어, 모든 rRNA 유전자와 전달 RNA(tRNA) 유전자의 61%는 복제 방향으로 전사된다. 단백질 암호화 유전자의 약 55%는 또한 대장균에서 복제 방향으로 정렬되고, *Bacillus subtilis*에서는 약 75%가 정렬된다. 이러한 배열은 DNA와 RNA 중합효소의 낮은 충돌을 가져오고, 복제와 전사 중에 발생하는 반대적인 초코일들로부터 형태적 긴장을 완화시킨다(Focus Box 8.1 참조). 세균성 리플리솜은 RNA 중합효소보다 10배 이상 빠르게 움직이기에 전사·복제 간 충돌이 불가피하며 정면 충돌이나 양방향 충돌이 발생할 수 있다.

반시계 방향 또는 시계 방향으로 이동하는가에 따라서, RNA 중합효소의 이동에서 중합효소는 마치 앞쪽에서는 가닥을 풀고, 뒤쪽에서는 이들을 다시 감는 방식으로 특징적인 전사 “거품(bubble)”을 형성한다(그림 8.9). 이동하는 중합효소는 뉴클레에이스 절단에 대해 DNA를 따라 약 30 염기쌍의 “발자국(footprint)”을 보호한다. 이 발자국은 전사 거품과 양쪽의 이중가닥 DNA를 포함한다. 전사 거품 안에서 DNA의 한 가닥은 상보적인 염기쌍에 의해 RNA 합성을 위한 주형으로 작용한다.

중합효소의 촉매자리는 들어온 삼인산 뉴클레오시드가 중합효소와 주형의 상보적인 뉴클레오티드 잔기에 결합하는 **기질-결합 부위**와 성장하는 RNA 사슬의 3′ 말단이 위치하는 **산물-결합 부위**를 갖는다(그림 8.9). 삼인산 뉴클레오시드로부터 피로포스페이트가 이탈되고, 포스포디에스터 결

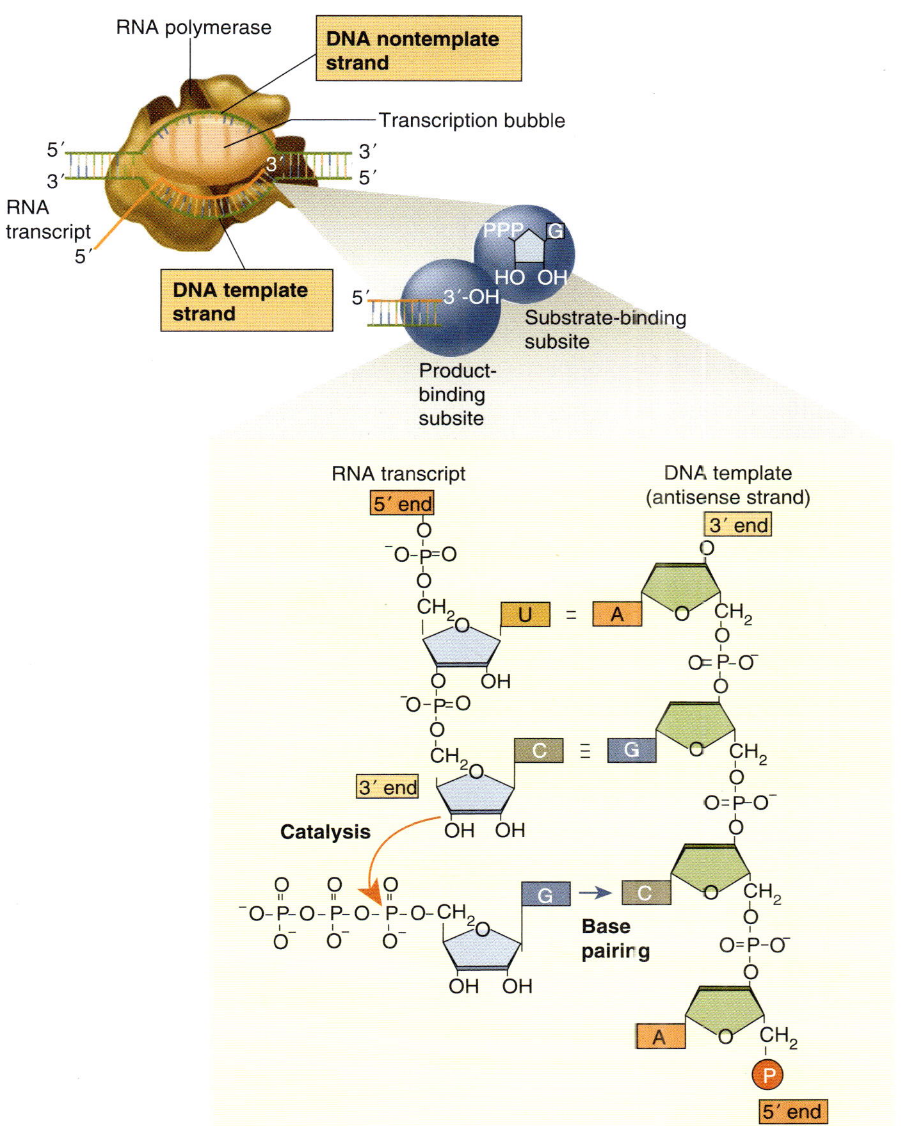

그림 8.9 전사 연장.
전사 거품과 신장 복합체의 필수 구조적 특징이 묘사된다.

합이 RNA 사슬의 마지막 뉴클레오티드의 3′-OH 그룹에 형성된다. 마그네슘(Mg^{2+})은 활성자리에 결합하여 3′-OH의 뉴클레오필리서티를 증가시키거나 피로포스페이트의 이탈 그룹에서 음성 전기를 안정화시키는 데 도움이 된다. DNA 복제와 같이 전사는 5′ → 3′ 방향으로 진행된다.

단일 뉴클레오티드 부가 순환의 완결은 RNA 중합효소의 활성자리가 DNA 주형을 따라 한 염기씩 앞으로 이동하는 것에 따라 이루어진다. 결과적으로, 9–12 염기쌍의 RNA–DNA 혼성은 일정한 길이로 유지되지만 하위 부위는 한 자리씩 늘어나고, 상위 부위는 한 자리씩 줄어드는 것이다. 전사는 상보적인 염기의 쌍을 이루는 법칙에 따라서 RNA 중합효소에 의해 성장하는 RNA 가닥에 뉴클레오티드가 부가되는 방법으로 지속된다. 활성 신장 복합체는 초당 약 30–100개의 뉴클레오티드로 RNA를 합성한다. 그러나 RNA 중합효소는 계속해서 움직이지 않는다. 평균적으로 100개 염기쌍마다 1초 이상의 시퀀스-의존적인 일시중지가 발생한다. RNA 중합효소의 일시중지는 전사–번역 커플링 및 올바른 RNA 접힘을 촉진하고(8.5절 참조), RNA 중합효소가 조절 전사 인자

Focus Box 8.1

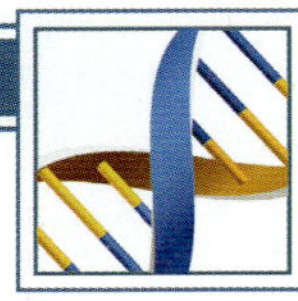

RNA 중합효소: 분자 모터

DNA 주형의 RNA 사본을 만드는 과정에서, 각각의 새로운 주형 염기는 차례로 활성 중합 부위를 차지해야 한다. 전사 자체의 전체 과정은 DNA 구조에 상당한 국부적 영향을 미친다. RNA 중합효소가 이중나선을 앞으로 밀거나 DNA가 따라 움직이고 회전함에 따라서, DNA는 더 단단히 감겨서 양성 초코일을 형성한다(그림 1). 중합효소 뒤에서 DNA가 감겨져 음성 초코일이 형성된다. 상황을 해결하기 위해 토포아이소머레이즈가 필요하다(2장 참조). 토포아이소머레이즈 I은 음의 초코일을 이완시키는 반면, 자이레이즈(세균 토포아이소머레이즈 II)는 음의 초코일을 도입하여 중합효소 앞에 있는 양의 초코일을 상쇄한다.

시험관 내 실험 RNA 중합효소가 DNA 이중나선을 따라 이동할 때 정확하게 따라가는지 여부를 다루었다. 이 질문에 답하기 위해 실시간 광학현미경을 사용하여 전사하는 과정에서 RNA 중합효소를 포착했다(그림 2). 이 실험에서는 하나의 강력한 프로모터를 포함하는 DNA 주형을 구성했다. 더 작은 형광 비드로 장식되고 스트렙타비딘으로 코팅된 850

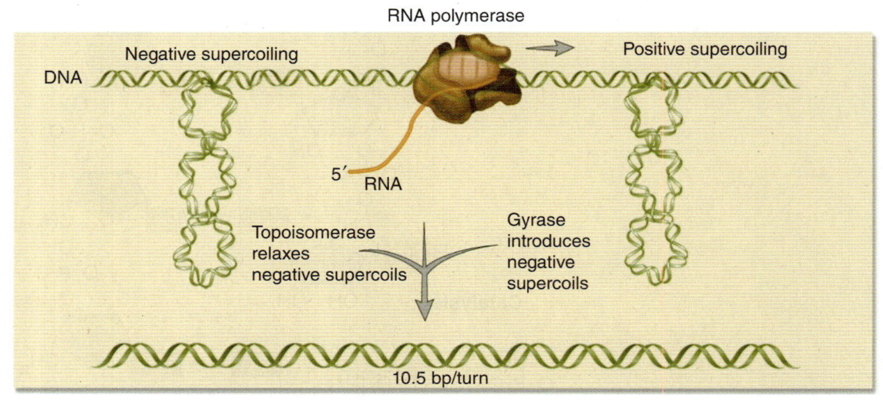

그림 1 RNA 중합효소와 주형의 가능한 움직임. 두 모델을 예시하였다. 모델 1에서, RNA 중합효소는 이동하며 DNA를 회전시킨다. 모델 2에서, RNA 중합효소는 정지되어 있고, DNA가 이동하며 회전한다. 두 모델에서, RNA 중합효소는 비틀림으로 경직된 DNA를 따라 이동하며, RNA 중합효소 앞쪽의 DNA는 더욱 단단히 감겨서, 양성적 꼬임(+)을 이룬다. 중합효소의 뒷편에서 DNA는 덜 단단히 감기고, 음성적 꼬임(−)을 이끈다. 토포이소머레이즈 I와 자이레이즈(gyrase)(세균 토포이소머레이즈 II)는 이러한 초코일을 풀고, DNA가 회전당 10.5 염기쌍의 이완된 형태가 되게 한다.

Magnet
Fluorescent beads
Magnetic bead coated with streptavidin
DNA
RNA
RNA polymerase
(a)

128 162 498 4999 5098
ATCGAGAGGGACACGGCGAAT
T7A1 promoter
+1 start of transcription
+20
Biotin
4971 base pairs (1.7 μm)
(b)

그림 2 RNA 중합효소는 분자모터이다. (a) RNA 중합효소에 의한 DNA 회전을 위한 관찰 시스템(크기는 고려되지 않음). (b) DNA 주형. 위에 표기된 숫자는 T7 파지 DNA 서열에서 왔다. 회전 실험은 위치 +20에서부터 시작된다. 금속 구슬은 9개의 바이오틴에 결합한다. (출처: Adapted from Harada et al. 2001. *Nature* 409:113–115, copyright © 2001, with permission from Nature Publishing Group and Macmillan Publishers Ltd.)

nm 자기 비드가 3′에 부착되었다. 비오틴/스트렙타비딘 시스템은 분자 생물학에서 널리 사용된다. 비타민 비오틴은 뉴클레오티드에 접합될 수 있으며, 이는 DNA에 표지로 통합될 수 있다. 세균 단백질 스트렙타비딘은 비오틴에 특별한 친화력으로 결합하여 비오틴 표지(비오틴화) DNA를 포착하고 검출할 수 있다.

RNA 중합효소가 +20 위치의 아데닌에서 멈추도록 우리딘 5′-트리포스페이트(UTP)가 없는 상태에서 전사가 시작되었다. 그런 다음, 정지된 중합효소를 유리 표면에 부착했다. 추가 전사를 허용하기 위해 4개의 NTP를 모두 첨가했다. 현미경으로 형광 비드의 움직임을 모니터링함으로써 DNA의 회전을 직접 관찰할 수 있었다. 실험에서, RNA 중합효소가 분자 모터처럼 작용하고 충실도가 높은 추적과 일치하는 속도로 DNA를 회전시키는 것으로 나타났다. 중합효소는 수천 개의 염기쌍에 걸쳐 DNA 오른쪽 나선을 추적하여 측정 가능한 토크를 생성한다. 추가적인 단일 분자 추적 실험에서는 전사 기포가 유연하다는 것을 보여주었다. DNA가 코어에서 당겨질 때 촉매 센터 내부의 DNA가 “스크런치”되면서 확장되고 나중에 프로모터 탈출 중에 코어에서 방출될 때 이완 시 닫힌다.

및 소분자와 상호작용할 시간을 허용하기에 중요하다.

결론은 뉴클레오티드가 함께 결합되어 DNA 주형에 대한 정확한 보완체인 RNA 사슬을 형성한다는 것이다. 하지만, 중합효소가 실수를 하여 일치하지 않는 뉴클레오티드를 추가하면 어떻게 되는가?

교정

RNA 중합효소는 전사가 시작되는 동안 “래칫” 형태라고 하는 독특한 도양을 취하여 신장 동안 존재하는 “꽉 조인” 형태와 구별된다. 래칫 형태는 3′ → 5′에서 긴 역추적, Gre-의존성 RNA 절단, 헤어핀-의존성 일시중지 및 종료와 같은 RNA 중합효소의 다른 활동을 촉진한다. 꽉 조인 형태는 신장, 불일치 종속적 일시중지, 1개 뉴클레오티드 역추적 및 절단 또는 “교정” 동안 뉴클레오티드 추가와 상관 관계가 있다(그림 8.10).

E. coli RNA 중합효소는 생체 내에서 놀라운 정확도로 RNA를 합성한다. 낮은 오류율은 부분적으로 DNA 중합효소에서 발견되는 것과 유사한 교정 메커니즘에 의해 달성될 수 있다(6장 참조). 교정에는 두 가지 주요 이벤트가 포함된다. 첫 번째 이벤트는 몇 개의(~5) 염기쌍을 통해 DNA 주형을 따라 효소가 짧게 역추적하는 것이다(그림 8.10 참조). 움직임은 전사 신장과 반대 방향으로 상류로 향한다(3′ → 5′). 이 역방향 운동은 초기 RNA 전사체의 3′ 말단을 효소 활성자리에서 멀리 이동시킨다. 두 번째 사건은 중합효소의 가변적 일시중지 후에 발생하는 뉴클레에이스 활동이다. 이 지연은 시험관 내에서 20초에서 30분까지 지속될 수 있다. 뉴클레에이스 활성에 의해 가장 최근에 추가된 염기(들)를 제거하고 폐기한다. 이 과정에서 활성자리에 새로운 3′ 말단이 생성되어 새로

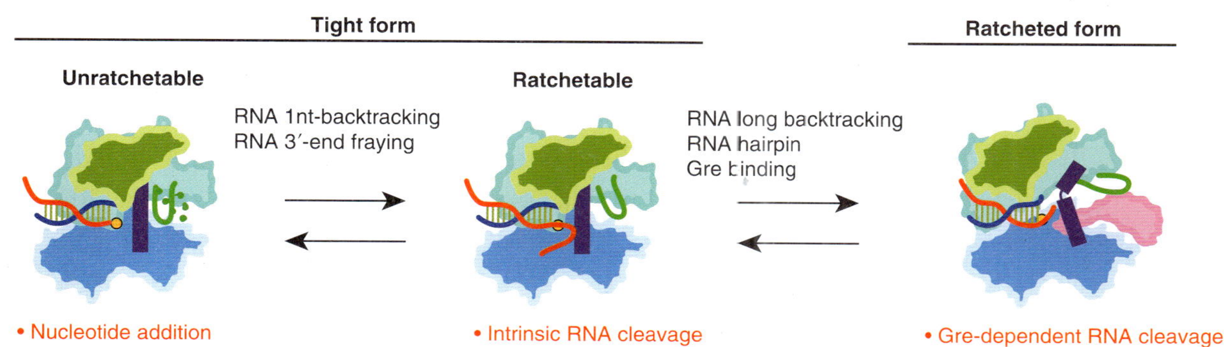

그림 8.10 RNA 중합효소(RNAP)는 단단한 구조적 형태에서 톱니 모양으로 전환된다.
래칫 형태는 교정 및 RNA 절단과 같은 RNAP 역추적/일시중지와 관련된 여러 전사 기능의 기초가 된다. RNA와 전사 인자는 구조적 변화를 매개한다. (출처: Redrawn from Sekine et al. 2015. *Molecular Cell* 57:408–421.)

운 RNA 사슬로의 연속된 중합 반응을 위해 준비한다.

전사의 종결

RNA 중합효소의 중심효소는 DNA를 따라 RNA 중합효소가 정지 신호나 종결 서열에 다다를 때까지 이동한다. 세균에서 인식되는 종결에는 Rho-독립적(내재적) 종결과 Rho-의존성 종결 두 가지 유형이 있다. 이름에서 말해 주듯이, 두 형태 사이의 차이는 그들의 Rho 단백질(그리스 기호 ρ)에 대한 의존성으로 결정된다. Rho-비의존성 종결자는 "원래 intrinsic 종결자"라고 불리기도 하는데, 이들의 전사 종결은 어떤 외부적인 인자 없이 이루어지기 때문이다. 반면, Rho-의존성 종결자는 Rho 단백질을 필요로 하는데, RNA 중합효소는 종결 위치 전까지는 Rho 단백질 없이 읽어 내려가기(readthrough) 과정으로 전사를 수행한다. 대장균은 전사 종결자의 두 종류를 모두 이용한다. 이것이 모든 세균에 적용되는 것은 아니다; *Mycoplasma*는 *rho* 유전자가 결여되어 있다. 세균 체계와 달리 고세균 RNA 중합효소는 초기 전사체의 2차 모티프에 엄격하게 의존하지 않는다. 7–9T의 스트레치는 RNA 중합효소를 일시중지시키기에 충분하다. 진핵생물에서 *rho*-유사 유전자의 증거는 아직 없다. 먼저 Rho-독립성 종결에 대해 상세히 알아보도록 하자.

Rho-독립성 종결 **Rho-독립성 종결(Rho-independent terminators)**은 역방향 반복(inverted repeat)의 일치성 서열로 특징지어진다(그림 8.11A). 줄기-고리 구조가 마지막 염기의 전사 전에 역방향 반복서열 내의 상보적 염기 간의 짝지음에 의해 전령 RNA 내에서 형성된다. 이 구조는 전사에서 어떤 효과를 가져오는가? 줄기-고리 구조는 전사 거품을 불안정하게 하여 충돌을 유발한다. 전령 RNA 안에 있는 역방향 반복서열 다음에는 7~8개의 우라실을 포함하는 뉴클레오티드가 따라온다. DNA의 A와 짝을 이루는 RNA의 U의 혼성 나선(hybrid helix)은 다른 상보적 염기쌍보다 덜 안정적이다(예, GC, CG 또는 AT). 이러한 특성들은 RNA 중합효소의 방출 통로에서 줄기-고리의 형성과 결합하여 효소의 정지를 유도하고, 결과적으로 전사체를 방출한다.

Rho-의존성 종결 *E. coli*에서 전사 사건의 약 20%는 Rho-의존적이다. **Rho-의존성 종결자(Rho-dependent terminator)**는 Rho-독립성 종결자와 많은 차이점을 갖는다. 비록 그들이 역방향 반복서열로 구성되어 있지만, 비주형가닥에는 T의 배열이 없고, 단순한 일치성 서열에 의해 결정되지 않는다. 대신에 Rho-의존성 종결자는 전령 RNA에 접근하는 **Rho 단백질(Rho protein)**의 능력에 의해 조절된다. 리보솜의 존재는 전령 RNA가 전사되는 것과 같은 비율로 번역을 초래하기 때문에 Rho는 유전자나 오페론의 말단까지 새로이 형성된 RNA로 진행되는 것으로부터 차단된다(8.3절 참조). 그 부위에서 리보솜은 더 이상 전령 RNA를 따라 이동하지 않게 되고, RNA 중합효소에 의해 새롭게 만들어진 RNA의 절편은 Rho에 접근가능하게 된다.

Rho는 특이적으로 RNA 중합효소의 출구로부터 노출된 새로이 만들어진 RNA의 5′ 말단에 위치한 ***R*ho 이용(*R*ho *ut*ilization 또는 *rut*)자리**라고 불리는 C-다수 서열에 결합한다(그림 8.11b). Rho는 반지 모양의 **RNA 나선효소(RNA helicase)**로 구별된 RNA-결합 도메인과 ATP-결합 도메인을 갖는다. Rho 육량체의 한 단량체가 일시적으로 방출되어 새로운 전사체의 3′ 말단이 Rho 링의 중심 통로로 진입하는 것을 허용한다. ATP-의존 과정에서 Rho는 5′ → 3′ 방향으로 RNA를 따라 이동하며 RNA 중합효소를 "쫓는다". 중합효소가 종결자의 줄기-고리 구조에 정지되었을 때, Rho가 낚아채고 중합효소의 활성자리가 불활성되는 형태 변화를 유도하는 것에 의해 중합효소가 "잡힌다". 그러고 나서, Rho는 약한 DNA–RNA 혼성을 푼다. 이것이 RNA 합성의 종결을 유도하고 모든 구성분들을 이탈시킨다. Rho가 전사 기구들의 해체를 가져오기 전에 중합효소를 잡아 두므로, 연구자들은 Rho를 거미에 비유한다—"먼저 잡은 후, 나중에 죽인다."

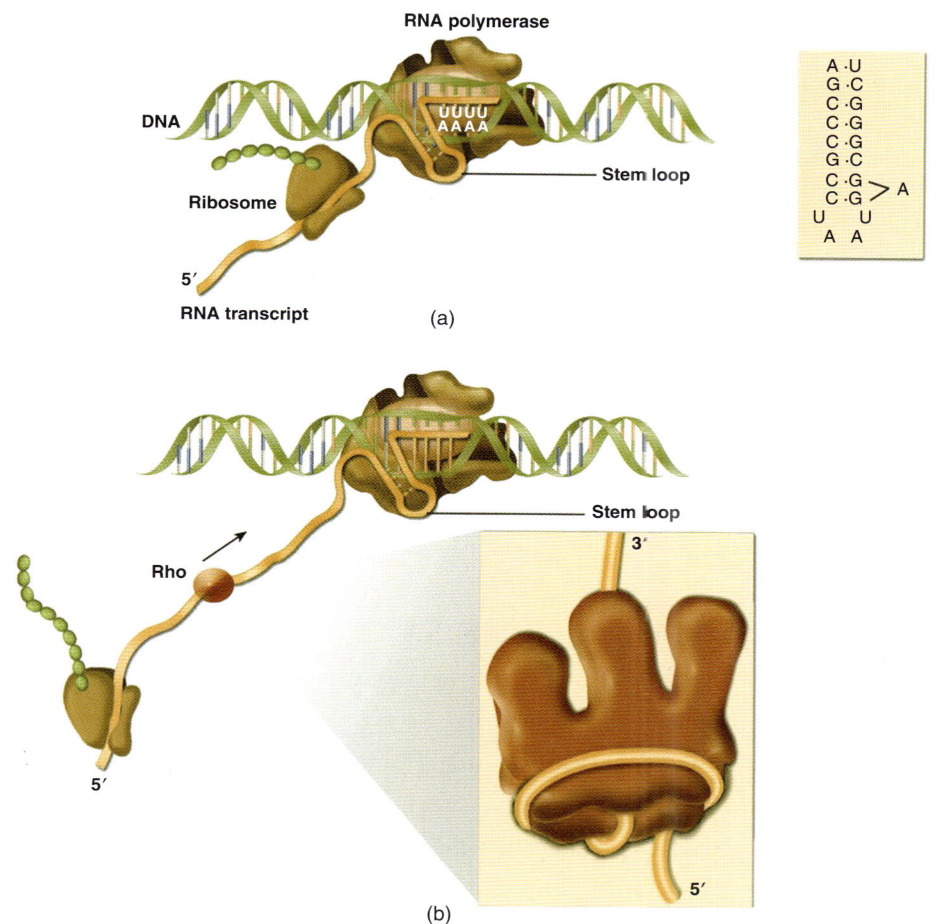

그림 8.11 전사의 종결.
전사의 Rho-독립성(a)과 Rho-의존성(b) 종결은 종결서열에서 RNA 중합효소의 정지에 의하여 일어난다. (위쪽) 트립토판(*trp*) 감쇠자에서 역방향 반복서열을 나타내었다. (아래쪽) RNA의 5′ 말단은 Rho의 상단 주위를 감싸는 늘어난 연속된 틈에 결합한다. RNA의 3′ 부위는 Rho 육량체의 중심을 통과하고, RNA 중합효소의 활성자리에서 끝난다. (출처: Modified from Richardson. 2003. *Cell* 114:157–159, © Elsevier.)

8.3 락토오스(*lac*) 오페론으로부터 유전자 조절의 조망

유전자들이 어떻게 조절되는가에 대한 첫 번째 실제적인 접근 관점들은 1959년 François Jacob와 Jacques Monod의 오페론 모델에서 왔다. **오페론 모델(operon model)**은 다른 유전자들을 조절할 수 있는 산물을 담고 있는 조절 유전자의 새로운 개념을 소개하였다(그림 8.12). 당시의 과학자들은 대사과정에 포함된 효소를 담고 있는 유전자에 대한 Beadle과 Tatum의 한 유전자–한 효소 이론의 용어에 대하여 생각만 하고 있었다. Jacob와 Monod의 오페론 모델은 혁신적이었다. 그 모델은 실험적인 많은 가설들을 실행시켰다. Jacob와 Monod는 한 오피론이 유도되었을 때 유전자로부터 단백질로의 진행이 매우 빠름을 밝혔다. 이러한 발견으로부터, Jacob는 1959년에 단백질 합성에 있어 중간산물로 작용하는 불안정한 RNA의 존재를 가정하였다. 몇몇 실질적인 발견들이 당시에 수행되었다. 1년 반 후에, Jacob, Sydney Brenner, James Watson, Charles Kurland, François Gros를 포함하여 많은 연구 실험실에서 수행한 다른 실험적 접근들은 전령 RNA의 발견을 이끌었고, 정보 분자로서의 역할을 규명하였다.

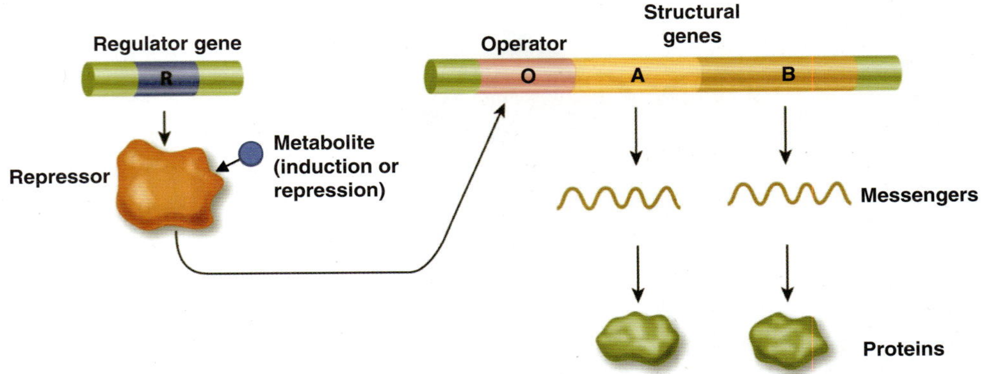

그림 8.12 Jacob–Monod의 오페론 모델.
이 모델은 조절 유전자(R)로부터 만들어지는 억제자 분자의 존재를 예견하였고, 이는 연산자 자리(O)에 결합하므로(원래의 모델에서 연산자도 유전자로 불렸다), 구조 유전자들(A, B)의 발현이 정지된다. 억제자는 대사산물과 결합하여 연산자에서 억제자의 친화도를 낮추어 중간산물 전령 분자를 거쳐 구조 유전자들의 발현을 허용한다.

유전자 조절의 Jacob과 Monod의 오페론 모델

Jacob와 Monod의 모델은 그들의 세균과 파지 실험 관찰에서 기원되었다. Monod는 효소 β-갈락토시데이즈가 세균이 당 락토오스를 사용하기 위해 이 효소를 필요로 할 때만 세균 세포에서 어떻게 생산되는지 발견하였다. Jacob 역시 비슷한 문제로 연구하였는데, 파지 λ(lambda)가 어떻게 세균 숙주의 유전체를 따라 λ의 유전체를 복제하는 동안 용원 상태(lysogenic state)에서 λ가 빠르게 많아지고, 숙주 세포를 분해하는 과정인 용균 상태(lytic state)로 전환되는가에 관한 것이었다(그림 13.1 참조). 그들의 공동작업은 락토오스 대사에 관여하는 세 가지 효소의 조절이 유전자 발현 수준에서 일어나고, 이는 전사의 억제자에 유도자인 락토오스의 작용에 의한 것임을 보여주었다.

lac 오페론 유도를 위해 설명되는 유전자 조절의 필수적인 형태는 **λ 스위치(λ switch)**에서도 역시 적용되어졌다. **락토오스 오페론(*lac* operon)**은 락토오스 대사에 포함되는 효소들의 음성적 조절의 한 예를 보여준다. 초기에 Jacob와 Monod는 모든 유전자의 조절이 음성적 통제에 의해 이루어지는 것으로 생각하였다. 지금은 사실, *lac* 오페론 역시 특정한 환경조건에서 양성적 통제에 의해 조절된다는 것이 밝혀졌다.

오페론은 원핵생물에서 흔하다

수많은 후속 연구에 따르면, 원핵생물과 진핵생물의 주요 차이점은 유전자가 구성되는 방식이다. 원핵생물에서 유전자는 종종 오페론으로 구성된다. **오페론(operon)**은 구조 유전자 및 조절 유전자 산물 DNA 인식의 제어 요소를 포함하는 multigene 전사 단위이다. 오페론의 유전자는 단일 프로모터에서 전사되어 단일 1차 전사체(pre-mRNA) 또는 **폴리시스트론 mRNA**를 생성한다. 오페론은 대부분의 진핵생물 분류군에서 드물다. 여기서 각 유전자는 일반적으로 자체 독립적인 mRNA의 발현을 유도한다. 그러나 예외가 있다. 오페론은 튜니케이트, 사상균, 모델 유기체 *Caenorhabditis elegans*를 포함한 두 가지 주요 선충류 웜에서 자주 발견된다. *C. elegans*는 유전자의 약 15%가 오페론으로 분류되어 있다. 그러나 원핵생물과 달리, 각 *C. elegans* pre-mRNA는 단위로 번역되지 않고 각 유전자에 대해 별도의 mRNA로 처리된다. *C. elegans* 오페론의 일부 유전자는 동일한 생화학적 기능에 관여하는 것으로 보이지만, 대부분의 경우는 그렇지 않을 수 있다. 흥미롭게도, 철 흡수 및 저장 시스템의 일부인 사이드로포어 생합성을 위한 전체 세균 오페론의 측면 유전자 전달(5장 참조)이 신진 효모에서 발생했다.

유전자는 왜 오페론으로 구성되어 있을까? 세균은 한 기질에서 다른 기질로 빠르고 에너지적으로 효율적으로 대사를 전환하기 위해서는 환경 변화에 신속하게 대응해야 한다. 포도당이 풍부하면, 세균은 다른 설탕이 존재하는 경우에도 이를 독점적으로 음식 공급원으로 사용한다. 그러나 포도당 공급이 고갈되면 세균은 유당과 같은 대체 당을 빠르게 흡수하고 대사하는 능력을 갖는다. 특정 기질의 출현에 대한 반응으로 효소의 합성(**유도**라고 하는 과정)은 효모와 같은 단세포 진핵생물과 세균에서 널리 퍼져 있는 메커니즘이다.

락(Lac) 억제자의 특성

RNA 중간산물이 요구되는 것에 추가하여, 유전자 조절을 위한 Jacob−Monod의 모델은 또한 억제자 단백질의 존재를 예견하였다. 1966년과 1972년 사이에, 락토오스(Lac)와 λ 억제자 단백질들이 밝혀졌다. 그들은 프로모터 근처의 연산자 DNA에 결합하고, RNA 중합효소의 전사 능력을 억제한다. 오늘날 우리가 사용하는 많은 민감한 기술들이 이용되지 않았던 1966년에, Walter Gilbert와 Benno Müller-Hill에 의해 세균 세포들은 *lac* 오페론 억제자를 단지 10~20개를 함유하는 것으로 확인되고 분리되었다.

Lac 억제자(Lac repressor)가 **연산자 DNA(operator DNA)**에 어떻게 결합하는지 결정하기 위하여, Gilbert와 Müller-Hill은 체외−결합 실험을 수행하였다. 유전자 클로닝의 진보가 있기 전까지, 세균 유전자의 연구는 세균 유전자의 일부를 담고 있는 세균 파지의 변형체에 의존하였다(그림 13.1 참조). 적절하게, *lac* 오페론 DNA를 포함하는 파지가 사용되었다. Gilbert와 Müller-Hill은 방사성으로 표지된 정제된 Lac 억제자와 *lac* 연산자를 담고 있거나 없는 파지 파이(phi, ϕ) 80 DNA를 섞었다(그림 8.13). 그들은 이들 혼합물을 원심분리하여 작은 단백질 분자들이 매우 천천히 가라앉는 것으로부터 빠르게 침전되는 큰 DNA 분자들을 분리하였다. 방사성 Lac 억제자는 *lac* DNA와 함께 침전되었지만, *lac* 연산자가 없는 대조 DNA는 침전되지 않았다. 이러한 발견들은 Lac 억제자 단백질이 연산자 DNA에 결합하는 것을 보여준다. 거의 같은 시기에, Mark Ptashne와 동료들은 λ 파지 오페론에 대한 람다 cI 억제자를 분리하였다. 그 이후 좀 더 정교한 기술들, 즉 DNase I 발자국 검증법과 전기영동 젤 이동분석법, 엠자(EMSA; 그림 14.30과 14.31 참조)를 통해서 Lac 억제자가 *lac* 연산자에 서열-특이적으로 결합하는 것을 확인하였고, 지금은 Lac 억제자와 많은 다른 DNA-결합 단백질의 결정 구조가 알려졌다.

락토오스(*lac*) 오페론 조절

대장균에서 *lac* 오페론은 세균의 유전자 발현을 이해하는 전형이다. *lac* 오페론의 형태는 유전자 조절의 원리가 세균에서부터 사람에 이르기까지 보편적임을 설명해 준다. 일정하게 활성화된 RNA 중합효소는 특정한 빈도로 혼자 일한다. 전사 활성자는 유전자 프로모터에 RNA 중합효소를 데려오는 것에 의해 개시의 빈도를 증가시키고, 전사 억제자는 중합효소를 제외시킴으로써 개시의 빈도를 감소시킨다. 억제자와 활성자 모두는 DNA-결합 단백질로 다른자리 입체성 변형을 유도한다. 유전자 전사의 조절에서 일괄적인 주제는 한 단백질 복합체가 ***cis*-작용 서열(*cis*-acting sequence)** 또는 조절인자(element)라고 알려진 DNA 서열에 결합하는가이다. 조절 DNA 서열의 이러한 형태는 전사 또는 번역되는 역할을 갖는 DNA 서열과는 다르다. 한 *cis*-작용 서열은 한 조절 단백질에 의해 인지되는 유일한 기능을 갖는 DNA 서열로서 독점적으로 작용한다. 조절 단백질들은 어떻게 구분되는가? *cis*-작용 서열에 결합하는 한 조절 단백질은 ***trans*-작용 인자(*trans*-acting factor)**라고 일컫는다. 그러므로 *trans*-작용 인자를 위한 DNA 서열은 전사되고 번역된다. *trans*-작용 유전자 산물은 그들의 표적인, 대체로 유전자의 상부에 위치한 *cis*-작용 서열로 확산되며, 그들의 전사를 조절한다.

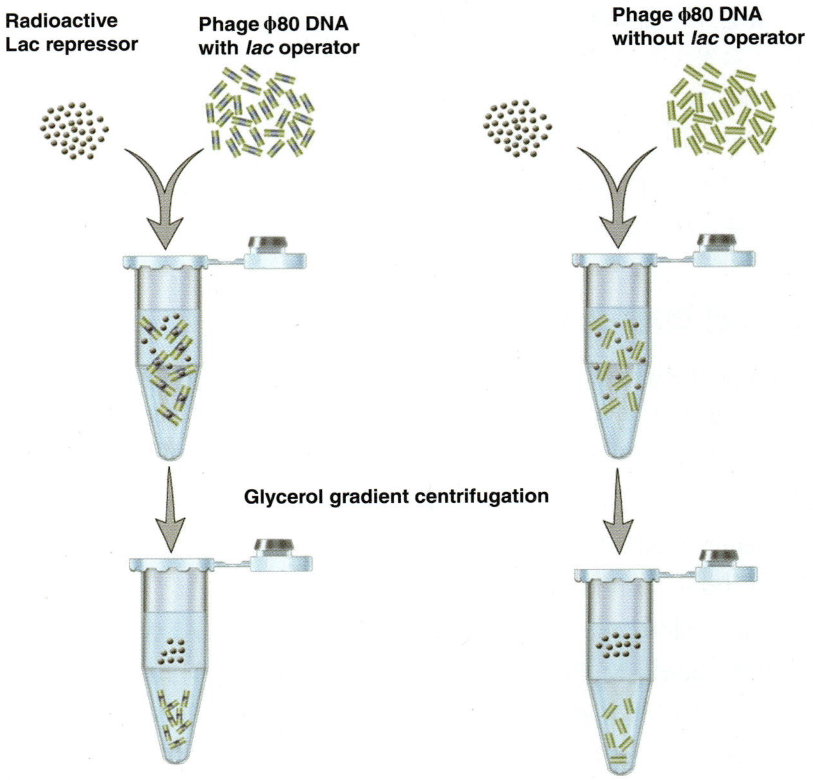

그림 8.13 Gilbert와 Müller-Hill의 실험은 Lac 억제자가 오퍼레이터 DNA에 결합함을 보여준다.
글리세롤 구배 원심분리 후에, 방사선으로 표지된 Lac 억제자는 *lac* 오퍼레이터를 갖는 파지 φ80 DNA와 함께 침전되지만, *lac* 오퍼레이터를 갖지 않는 파지 φ80 DNA는 그렇지 않다. (출처: Redrawn from Gilbert and Muller-Hill. 1967. *Proceedings of the National Academy of Sciences of the United States of America* 58:2415–2421.)

생명의 도메인들을 관통하는 유전자 전사를 위한 최소한의 요구조건은 유전자 프로모터와 RNA 중합효소이며, 부가적인 요소들은 전사의 조절을 위해 요구된다. 그러므로, *lac* 오페론을 보다 자세히 들여다보면서 전사 조절에 대해 알아보기로 한다.

lac* 오페론 유도** *lac* 오페론은 3개의 구조 유전자들, ***lacZ, ***lacY***와 ***lacA***로 구성되어 있다(그림 8.14a). *lacZ* 유전자는 **β-갈락토시데이즈(β-galactosidase)**를 담고 있다. 이 효소는 락토오스를 갈락토오스와 글루코오스(포도당)로 나누는데, 이 둘은 세포에 의해 에너지원으로 사용된다. β-갈락토시데이즈의 활성 형태는 약 500 kDa의 사량체이다. *LacY*는 **락토오스 퍼메이즈(lactose permease)**를 담고 있으며, 이는 30 kDa의 막 결합 단백질로 락토오스와 같은 β 갈락토시드를 세포 내로 가져오는 수송체계의 한 부분이다. *LacA*는 퍼메이즈에 의해 유입된 유독성 티오갈락토시드를 세포에서 제거하는 **트랜스아세틸레이즈(transacetylase)**이다. *lacA*는 락토오스 대사를 위해 절대적으로 요구되는 것은 아니다. 즉, *lacZ* 또는 *lacY*에서의 돌연변이는 락토오스를 사용할 수 없는 세포들을 만드는 반면, *lacA* 돌연변이체는 락토오스를 여전히 대사할 수 있다. *lac* 오페론의 상위 부위에는 38 kDa의 Lac 억제자를 담고 있는 조절 유전자가 있다. 관례적으로, 유전자의 이름은 소문자 이탤릭체를 사용하는 반면, 단백질 이름은 첫 자를 대문자로 쓰는 평범한 글자를 이용한다. Lac 억제자는 그 자신의 프로모터의 조절 하에서 일상적으로 전사된다. 락토오스가 없을 때, Lac 억제자는 연산자 DNA 서열에 사량체로 결합한다. *lac* 연산자 서열이 프로모터 영역에 중복되어 있기 때문에, Lac 억제자는 RNA 중합효소의 프로모터 결합을 억제한다. 결과적으로, *lac* 오페론의 구조 유전자들의 전사는 억제된다.

락토오스가 존재할 때(포도당이 없을 때) *lac* 오페론은 유도된다(그림 8.14b). 실제의 유도자는 **알로락토오스(allolactose)**라는 락토오스의 변형된 형태이다. *lac* 오페론의 억제가 완전하지 않기 때문에 항상 매우 낮은 수준의 *lac* 오페론 산물이 존재한다. *lac* 오페론의 억제가 완벽하지 않기

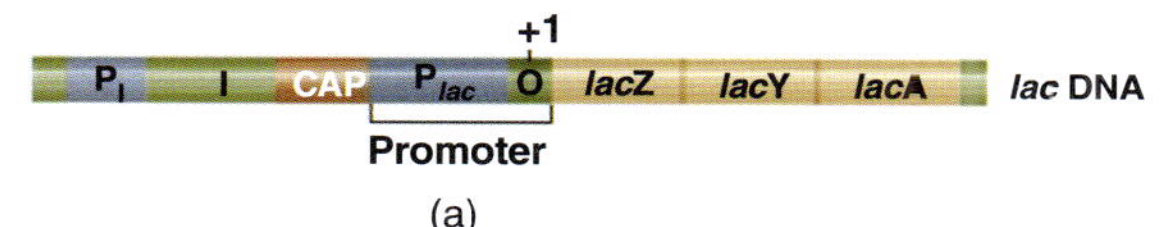

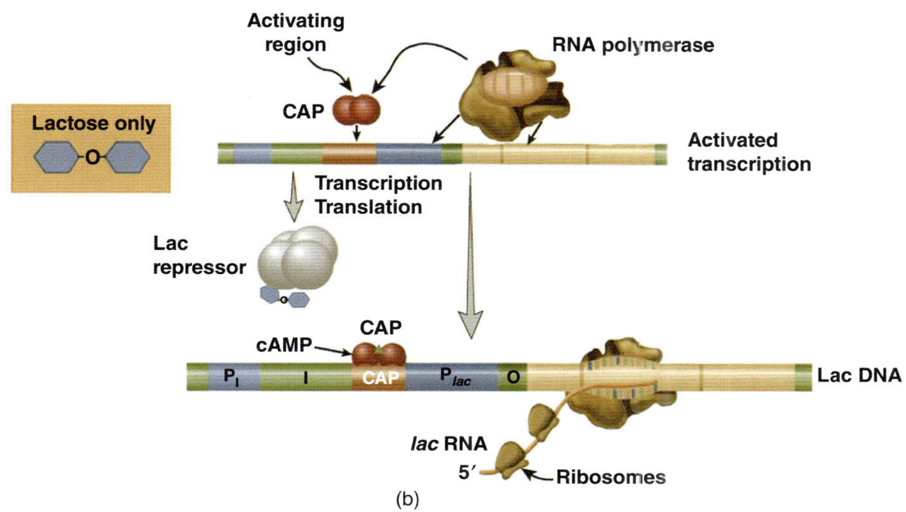

그림 8.14 락토오스에 의한 *lac* 오페론의 유도.
(a) *lac* 오페론의 구성성분들. Lac 억제자 단백질은 억제자 유전자(I)에 담겨 있으며, 그 자신의 프로모터(P_I)의 조절 아래에 있다. Lac 억제자는 lac 연산자(O)에 사량체로 결합한다. 전사의 개시는(+1)로 나타내었다. 대사 활성자 단백질(CAP) 부위는 활성자 단백질 CAP를 위한 DNA 결합자리이다. CAP 단백질은 *lac* 오페론으로부터 떨어져 있는 분리된 유전자에 의해 담겨 있다. 그것은 이합체로 DNA에 결합한다. *lac* 오페론의 구조 유전자들은 락토오스 프로모터(P_{Lac})의 조절 하에 있다. (b) 유도체 알로락토오스(그림 8.15 참조)의 결합은 Lac 억제자의 형태를 변화시키고, 그것의 연산자 결합 도메인을 바꾼다. CAP는 작은 분자 효과자 cAMP와 함께 RNA 중합효소를 데려오고 CAP 부위에 결합하여 전사를 20~40배 촉진한다.

때문에, 언제나 매우 낮은 수준의 *lac* 오페론 산물이 존재하고(세포당 β-갈락토시데이즈 5 분자 이하), 약간의 락토오스는 세균 안으로 흡수되어 대사된다. β-갈락토시데이즈가 락토오스를 갈락토오스와 포도당으로 자를 때, 락토오스의 적은 양이 알로락토오스로 저배열된다(그림 8.15). 비록 적은 양의 유도자라도 *lac* 오페론의 활성을 개시하기에는 충분하다. 알로락토오스가 결합되면, Lac 억제자는 형태적인 변화를 겪게 되고, 이는 그것의 연산자-결합 도메인을 변화시킨다. 이러한 다른자리 입체성 변화는 억제자의 DNA-결합력을 비특이적 수준으로 낮추고, 결과적으로 *lac* 억제를 억제를 줄이게 된다.

거기에는 억제로부터의 놓임과 전사의 활성 작용이 있다. *lac* 오페론으로부터 떨어진 한 위치에 **이화 활성자 단백질(catabolic activator protein, CAP)**을 담고 있는 유전자가 있다. 동일한 단백질을 종종 CRP라고 부르는데, 이는 **고리형 아데노신 모노포스페이트(cyclic adenosine monophosphate, cAMP)** 수용체 단백질이다. CAP는 CAP 부위라고 불리는 *lac* 오페론에 포함된 DNA 서열에 결합한다. RNA 중합효소의 보급은 CAP, 중합효소와 DNA의 중합체 형성을 요구한다(그림 8.14b 참조). 이 장의 말미에서, 이들 복합체의 형성은 단백질이 DNA에 협동적으로 결합하는 예임을 언급하므로, 이 복합체를 잘 기억해두자.

lac 오페론이 활성화되었을 때, RNA 중합효소는 프로모터로부터 전사를 시작하고 3개의 구조 유전자들을 위한 하나의 전령 RNA는 5′에서 3′ 방향으로 전사된다(그림 8.16). 전령 RNA는 개시 코돈(AUG)과 각 단백질의 정지 코돈을 갖는다. 리보솜은 전령 RNA의 5′ 말단에 결합하여 번역을

(a) (b)

그림 8.15 락토오스, 알로락토오스 그리고 락토오스 유사체 IPTG의 구조.
(a) 효소 β-갈락토시데이즈는 락토오스를 포도당과 갈락토오스로 가수분해하고, 락토오스가 유도체인 알로락토오스로 재배열된다. 이는 락토오스에서 β-1,4로부터의 갈락토시딕 결합이 알로락토오스에서는 β-1,6로 변한다. (b) β-갈락토시데이즈는 락토오스의 황을 포함하는 유사체인 이소프로필사이오갈락토시드(IPTG)를 대사할 수 없으며, 이는 분자생물학 연구에 이용된다.

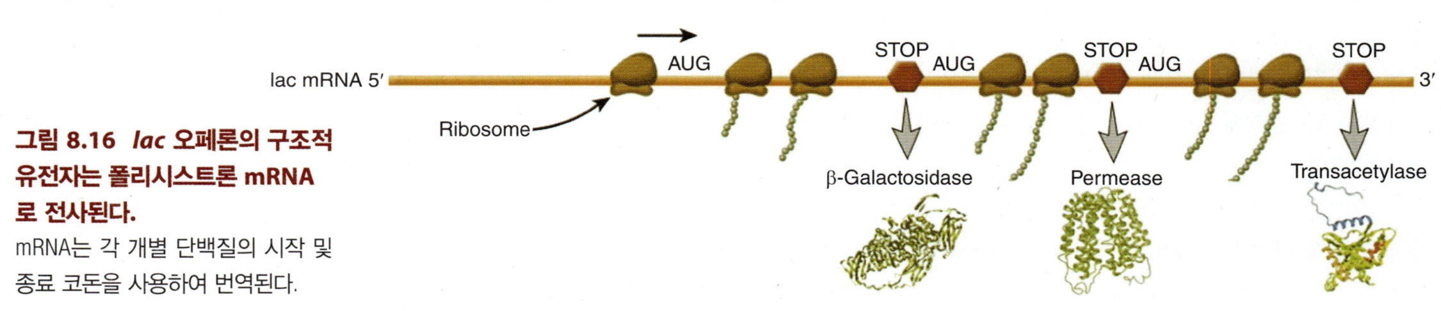

그림 8.16 *lac* 오페론의 구조적 유전자는 폴리시스트론 mRNA로 전사된다.
mRNA는 각 개별 단백질의 시작 및 종료 코돈을 사용하여 번역된다.

시작한다. 리보솜이 β-갈락토시데이즈를 담고 있는 영역의 끝에 위치한 정지 코돈에 다다르면 분리되지만, 대부분은 지속적으로 다음에 합성되는 퍼메이즈와 뒤따르는 트랜스아세틸레이즈로 움직인다. 확연하게 유도 이후 8분 안에, 세포당 β-갈락토시데이즈는 대략 5000 분자가 합성된다.

***lac* 오페론의 기본 전사** 더 많은 발견을 통해서 분자생물학자들은 *lac* 오페론이 두 가지 양성적 그리고 음성적 조절 방식이 있음을 곧 알아채었다. 위에서 언급한 것처럼, *lac* 오페론은 만약 배지

에 락토오스도 존재하거나 락토오스만 존재할 때 전사된다. 하지만, 이러한 신호는 락토오스보다 더 효율적인 에너지원인 포도당의 동시 존재에 의해 거의 완전히 소멸된다(그림 8.17). 포도당이 포함된 당의 혼합물이 제공되었을 때, 세균은 포도당을 우선 사용한다. 포도당이 오랫동안 존재하면, *lac* 오페론은 효과적으로 전사되지 않는다. 오직 포도당의 공급이 고갈된 이후에만, 세균은 *lac* 오페론의 발현을 충분하게 개시한다.

연구자들은 유당이 존재하는 경우, 포도당이 *lac* 오페론 발현을 방지하기 위해 어떻게 작용하는지에 대한 두 가지 다른 메커니즘을 제안했다. (i) 포도당이 갈락토시드 투과효소의 활성에 의해 세포로의 유당 수송을 억제하는 유도제 배제 및 (ii) 활성화 단백질 CAP가 DNA에 결합하는 데 필요한 **cAMP** 합성 감소. 두 과정 모두 *E. coli*에서 발생하는 것으로 생각된다. 그러나 일부 실험 에서는 포도당이 풍부한 경우에도 cAMP 수준이 충분히 높아서 CAP가 항상 DNA 조절 서열에 결합할 수 있다고 제안한다. 유도제 배제 또는 CAP가 반응을 조절하는 데 더 중요한 역할을 하는지에 대한 논쟁은 계속되고 있다. 최근 연구에 따르면, 포도당이 존재할 때 락토오스 퍼메이즈의 불활성화가 이화 억제에 더 중요한 역할을 한다고 밝혔다. CAP의 협력적 결합 없이 RNA 중합효소는 *lac* 유전자들을 낮은 수준으로 전사하게 되는데, 이를 기본 수준(basal level)이라고 부른다(그림 8.17). 이러한 전사의 기본 수준은 RNA 중합효소가 자발적으로 프로모터에 결합하고 전사하는 빈도에 의하여 결정된다. 기본 수준은 전사의 활성 수준에 비해 약 20~40배 낮다.

Rho에 의한 *lac* 오페론의 조절 대장균의 *lac* 오페론은 오페론의 앞부분에서 감추어진 Rho-비독립성 종결자들을 가지고 있다. Rho는 세포의 아미노산이 고갈되었을 때 전사의 합성을 종결하는 것으로 보여진다. 유전자 상의 종결자는 정상적인 발현 조건에서 기능하지 않는데, 아마도 RNA 중합효소의 방출자리로부터 나타난 RNA를 번역하는 리보솜이 존재하기 때문일 것이다. 하지만, 리보솜의 이동이 아미노산의 결핍에 의해 늦어지거나 막혔을 때, Rho 이용(*rut*)자리를 갖는 전사체의 한 부분이 노출되고, Rho의 결합이 허용되어 부분적 전사가 종결된다. 이것은 세포에게 번역되지 않는 전사체의 생산을 위한 에너지 소실을 막는 이점을 제공한다.

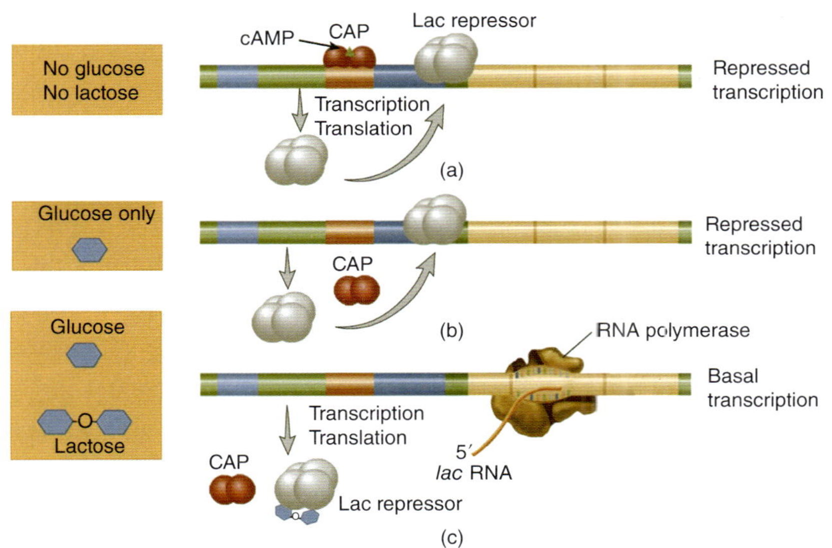

그림 8.17 *lac* 오페론은 Lac 억제자와 포도당에 의해 억제된다.
lac 오페론의 전사는 락토오스와 포도당이 없을 때(a)나 포도당만 있을 때(b) 억저 된다. 두 조건에서는 Lac 억제자 단백질이 연산자에 붙고 RNA 중합효소를 방출한다. (c) 포도당과 락토오스가 둘 다 존재하는 경우, RNA 중합효소는 *lac* 프로모터에 매우 약하게 결합하여, 결과적으로 전사가 낮은 수준으로 이루어진다.

lac 프로모터와 *lacZ* 구조 유전자는 분자생물학 연구에 널리 이용된다

lacZ 유전자에 대한 지식과 유전자가 담고 있는 효소의 기능은 연구실에서 분자생물학자에 의해 활용되었다(13장과 14장 참조). 효소의 활성은 색조 반응에 의해 쉽게 검색되고 그 발현은 유도적이기 때문에, β-갈락토시데이즈는 DNA 생명공학에서 중요한 효소가 되었다. 이것은 종종 유전자 클로닝 단계 동안 재조합 DNA로 전환된 세균의 군락을 위한 식별 전략에 사용될 뿐만 아니라 형질전환 동물 또는 배양 세포들에서 유전자 조절 연구를 위한 보고 유전자(reporter gene)로 이용된다. *lac* 오페론의 전사 기구는 대장균에서 외래 단백질의 발현을 유도하는 데 널리 이용된다. 실험실에서, 황을 포함하는 락토오스의 유사체인 **이소프로필싸이오갈락토시드(isopropylthiogalactoside, IPTG)**는 *lac* 오페론의 유도자로서 이용된다(그림 8.15 참조). 락토오스 대신 IPTG의 이점은 IPTG가 Lac 억제자와 결합하여 *lac* 오페론은 유도하지만 β-갈락토시데이즈에 의해 대사되지 않는다는 것이다. 따라서, IPTG는 실험실에서 긴 시간 동안 오페론을 지속적으로 유도할 수 있다는 것이다.

8.4 전사 조절자의 작용 방식

세균에서 *lac* 오페론과 다른 여러 오페론의 연구는 전사 조절 단백질의 작용 방식에 대한 많은 기본적인 형태를 나타내었다. 단백질은 DNA-결합 그리고 단백질–단백질 결합과 같은 구별되는 기능들을 갖는 도메인들로 구성되는 조절자이다. 많은 경우에서, 이들 조절 단백질은 다른 단백질들과 협력적인 방식으로 DNA에 결합한다. 다른자리 입체성 변형은 그들의 활성의 조절에 중요한 역할로 작용한다. 떨어진 DNA 조절 부위들은 협력적인 단백질–단백질 결합을 통해 거리를 좁히게 되고, 결국 DNA 고리 만들기를 유도한다. 세 가지 기본적인 원리를 설명하기 위해 몇 가지 특이적인 사례를 알아볼 것이다.

DNA에 대한 단백질들의 협력적 결합

DNA에 대한 단백질들의 **협력적 결합(cooperative binding)**은 원핵과 진핵생물 모두에 있어서 유전자 조절의 중심적인 역할로 작용한다. 협력 결합은 다른자리 입체성 변화를 요구하지 않는다. 그 효과들은 단백질–단백질과 단백질–DNA 결합들에 의해 중재된다. 예를 들면, CAP는 두 가지 주요 기능적 도메인인 DNA-결합 도메인과 RNA 중합효소와 접촉하는 "활성자리"를 가지고 있다. 이들 도메인의 구별된 기능은 돌연변이 연구에 의해 밝혀졌다. 화학적 교차-연결은 CAP-활성자리가 직접적으로 RNA 중합효소의 α-소단위체 중의 하나인 C-말단 도메인과 결합하는 것을 보여주었다. 이러한 결합을 통해, CAP는 RNA 중합효소를 프로모터로 가져온다(그림 8.14b 참조).

CAP과 RNA 중합효소가 둘 다 존재하여 그들의 결합자리가 거의 채워진다 하더라도 이는 매우 낮은 농도에서 일어나는데, 이는 그들이 각기 다른 단백질의 DNA 결합을 돕기 때문이다. 한 단백질이 DNA로부터 이탈되어져야 하지만, 다른 DNA-결합 단백질과의 지속적인 결합을 하고 있어, 완전히 떨어져 나가는 것이 아니라 그것의 DNA 결합자리에 재결합하는 것을 용이하게 한다. 이러한 결합을 통해, CAP는 RNA 중합효소가 프로모터에 단단히 결합하는 것과 중합효소가 닫힌 형태에서 열린 복합체로의 변화와 전사의 개시까지 돕는다.

다른자리 입체성 변형과 DNA 결합

CAP(그림 8.18)와 Lac 억제자(그림 8.19) 둘 다 **나선-돌림-나선(helix-turn-helix, HTH)**이라는 비슷한 구조적 모티프를 사용하여 그들의 DNA 부위에 결합한다. 각 HTH는 DNA의 큰 홈 안으

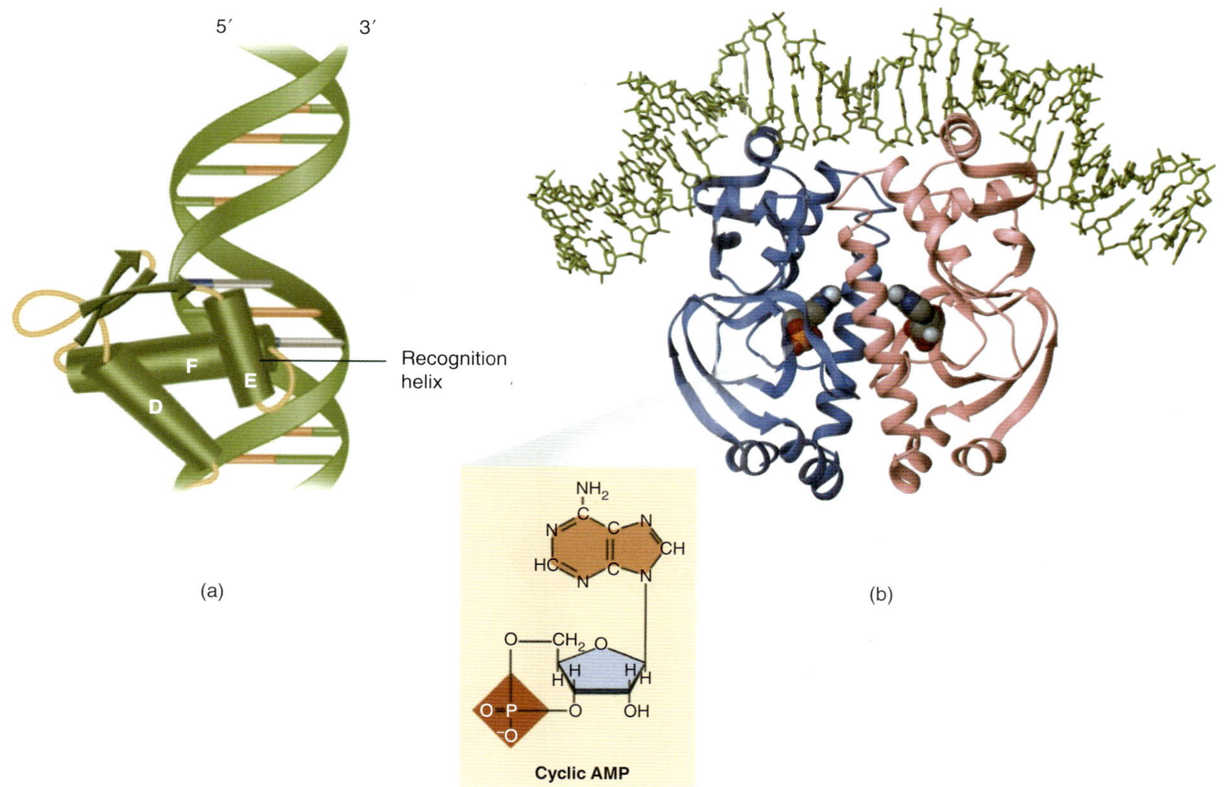

그림 8.18 CAP–DNA 복합체.
(a) 모델은 CAP의 한 소단위체의 나선-돌림-나선(HTH) DNA-결합 모티프를 보여준다. 인지 나선 (F)은 큰 홈에서 DNA에 접촉한다. 3개의 α 나선은 원통형으로, β-쉬트는 평면 리본으로 나타내었다. (b) CAP–DNA 복합체 모델의 리본 모델은 DNA와 함께 결정 구조에서 왔다. 그림에서, 결합된 두 cAMP 분자들(빨간색)의 위치를 나타내었다. DNA(녹색)는 전체적으로 약 90° 구부려져 있다. 단백질의 이량체(파란색과 분홍의 소단위체)는 2개의 긴 α-나선들 사이의 결합으로 함께 붙어 있다. (출처: Protein Data Bank, PDB:1CGP, 1O3R, 1O3S.)

로 들어가는 **인지 나선(recognition helix)**이라고 불리는 하나의 α-나선을 가지고 있다. 아미노산의 주변 사슬이 인지 나선을 따라 노출되어 염기쌍에 노출된 기능적 그룹과 서열-특이적으로 접촉한다. 두 번째 α-나선은 DNA를 가로지르며 놓여 있다. 이 α-나선은 인지 나선의 위치와 결합친화력의 강도에 도움이 된다. 인지 나선의 바깥쪽 잔기의 차이는 조절자들의 DNA-결합 특이성의 차이를 갖는 것에 크게 기여한다. HTH 모티프는 대장균의 전사 조절 단백질에서 발견되는 대표적인 DNA 인지 모티프이다. 9장에서 서술한 대로, 다소 변형된 HTH 모티프 형태가 진핵생물의 몇몇 DNA-결합 단백질에서 발견되었다.

CAP는 cAMP와의 결합에 의해 **다른자리 입체성 변화(allosteric change)**가 일어나서 DNA에의 결합력을 증가시킨다(그림 8.18 참조). 인지 나선에서 일어난 형태의 변화는 단지 DNA의 큰 홈에 결합하기 위해 정확히 위치를 잡기 위함이다. 최근 연구에서, DNA와의 강한 결합이 DNA 결합에 의해 유도되어 증가된 단백질 움직임에 의해 부분적으로 진행되었다고 제안한다. 반면에, Lac 억제자는 유도체인 알로락토오스 또는 락토오스 유사체인 IPTG와 결합하여 구조적 변화를 일으켜서 DNA 결합력이 감소한다(그림 8.19). IPTG의 첨가는 Lac 억제자 이량체의 N-말단에서 형태 변화의 유발을 보여주어 꺾임 나선의 분리를 이끈다. HTH DNA-결합 모티프들은 제대로 배열되지 않게 되어 큰 홈 결합자리로부터 이탈된다.

Lac 억제자의 α-나선들 사이의 꺾임 영역은 또한 비특이적 결합과 특이적 결합 방식의 구조적 스위치로 작용한다. DNA 수선 단백질(7장 참조)과 제한효소에 대한 내용을 상기해 보면, 일반적으로 조절적 DNA-결합 단백질이 그들의 표적자리에 결합하는 것은 비특이적 DNA의 결합에 의

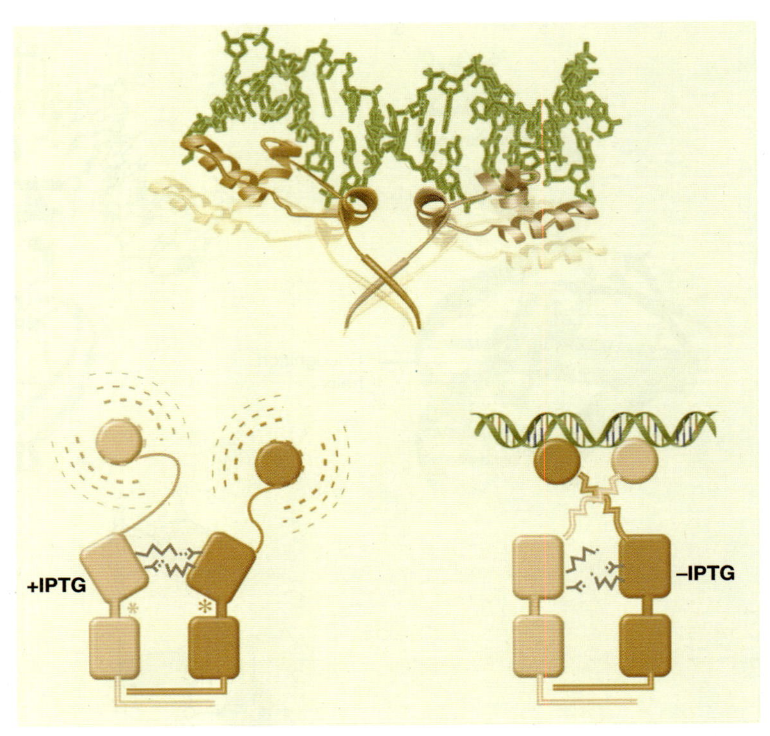

그림 8.19 Lac 억제자에서 다른자리 입체성 변화.
Lac 이량체–DNA 복합체의 리본 그림은 어두운 갈색 명암으로, 락토오스 억제자-IPTG 복합체는 밝은 갈색 명암으로 나타내었다. IPTG가 존재할 때, 나선-돌림-나선 (HTH) DNA-결합 모티프는 무질서해지고 큰 홈 결합자리로부터 이탈한다(밝은 갈색 음영). 왼쪽 그림은 IPTG(별표)에 결합한 Lac 억제자의 이량체를 보여준다. 염 다리(회색 표시)의 많은 수가 이량체들 사이에 존재하지만 HTH 도메인들은 멀리 떨어져 있고, 꺾임 나선은 형성되지 않는다. 오른쪽의 락토오스 억제자–DNA 복합체에서, 염 다리는 끊어지고, 꺾임 나선이 형성되며, HTH 도메인은 정렬되어 DNA에 결합한다. (출처: Redrawn from Lewis. 2005. *Comptes Rendus Biologies* 328:521–548.)

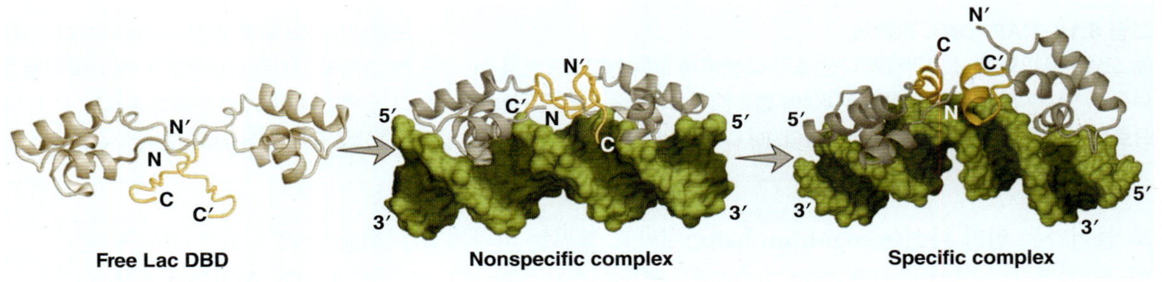

그림 8.20 Lac 억제자–DNA 인지.
Lac 억제자(주황색)의 DNA-결합 도메인(DBD)의 꺾임 영역은 자유 상태와 비특이적 복합체 상태에서 비구조 상태를 유지한다. 그것은 *lac* 연산자 DNA와의 특이적 복합체 내에서 HTH 모티프로 접혀진다. 비특이적 구조체 안에서, DNA 이중가닥은 B-DNA 형태를 보인다. 특이적 복합체에서 DNA는 약 36° 구부려진다. (출처: Reprinted from Kalodimos et al. 2004. *Science* 305:386–389, © 2004 AAAS.)

해 진행된다. 단백질은 그 후 DNA를 따라 "무작위 걸음(random walk)"에 의해 자신의 특이적 자리로 이동한다. 마치 Lac 억제자가 세균의 DNA를 따라 무작위 걸음을 하는 것과 같다(그림 8.20). DNA에 비특이적으로 결합되어 있을 때, Lac 억제자의 꺾임 영역은 불규칙한 상태로 남아 있다. 그것의 비겹침 상태는 DNA 작은 홈과 접촉하지 않게 된다. DNA는 특이적 결합에서 관찰되는 굽힘이 되는 대신 유사적인 B 형태를 유지한다. 연산자의 특이적 DNA 서열에 결합되었을 때, Lac 억제자 꺾임 부위는 급격한 형태 변화를 하며, 불규칙한 영역은 거의 α-나선을 형성한다.

단백질의 형태 변화뿐만 아니라, DNA도 큰 변화를 겪는다. Lac 억제자의 특이적 결합으로, DNA는 거의 36° 구부려져서, 결과적으로 연산자의 중앙이 뒤틀리게 된다(그림 8.20 참조). 이것은 Lac 억제자가 자신의 HTH 모티프에 의해 크고 작은 홈 양쪽에 접촉하게 한다. 단백질-결합자리의 수소결합 공여자와 수용자 사이와 DNA 이중가닥의 크고 작은 홈에 있는 염기쌍의 특이적 결합은 결합 특이성과 표적 인지를 위한 분자적 기초가 된다. 결합은 DNA의 당–인산 골격의 음성적 인산과 Lac 억제자의 결합자리 주변의 염기적 아미노산 잔기 사이의 전기적 결합에 의해 지원되고 안정화된다.

DNA 고리 만들기

DNA 고리(DNA loop)는 세균에서부터 사람에 이르기까지 유전자 조절에 널리 이용되는 것으로 알려진 메커니즘이다. DNA 고리는 인접된 부위와 떨어져 있는 부위의 몇몇에서 다량체 단백질이 RNA 중합효소에 결합하도록 해 준다. 서두에 논의한 것처럼, 다량의 DNA-결합자리에 단백질의 협력적 결합은 그들의 결합 상수를 증가시키고, 세포에서 조절 단백질이 매우 낮은 농도에서 기능하도록 해 준다. DNA 고리의 대표적인 예는 다른자리 입체성 변형과 더불어 아라비노스 당을 이용하는 오페론 조절에서 발견되었다. **아라비노스 오페론(arabinose operon)** 체계에서 DNA 고리의 발견 이후, 고리는 *lac* 오페론을 포함하여 다른 원핵생물의 체계에서도 많이 이루어지는 것으로 발견되었다. Lac 억제자는 사량체로서 DNA에 결합하지만, "이합체의 이합체"로 기능한다(그림 8.21). 각 연산자는 4개의 소단위체 중 오직 2개에만 접촉한다. 사량체 내에 있는 다른 2개의 소단위체는 프로모터에 근접한 일차적 연산자의 400 염기 하위와 90 염기 상위 부위에 위치한 2개의 다른 *lac* 연산자 중의 하나와 결합할 수 있다. 각 경우에서, DNA 고리의 간섭은 그 반응을 원활하게 한다.

아리비노스 오페론에서 DNA 고리 만들기와 이러한 유전자 조절의 기본 방식이 어떻게 처음 발견되었는지 자세히 알아보자. 이 오페론에서, 조절 단백질 AraC는 *lac* 오페론처럼 Lac 억제자와 CAP으로 두 기능이 나누어지지 않고, 전사의 억제자와 활성자의 두 역할로 작용한다. 아라비노스가 AraC에 결합하여 활성자의 모양을 변화시키고, 두 조절 서열의 반쪽 부위에 이합체로서 결합한다(그림 8.22). AraC의 한 단량체가 프로모터에 근접하게 위치하여 전사를 활성할 수 있다. 프로모터는 CAP가 RNA 중합효소를 영입함으로써 더욱 활성화된다. 아라비노스의 존재 하에, 프로모터는 3초 이내에 기저 수준보다 약 300배 높게 유도된다.

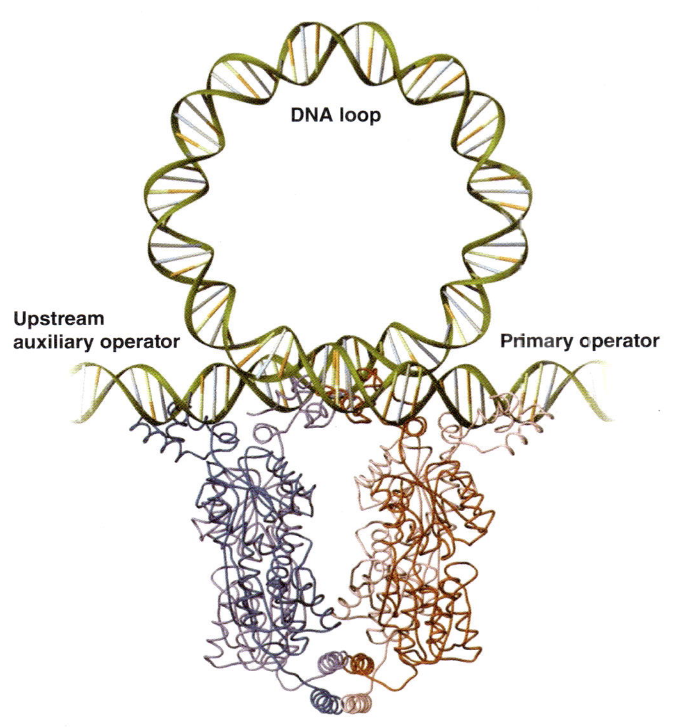

그림 8.21 Lac 억제자는 이량체와 이량체의 묶임이다. Lac 사량체는 상위 부가적인 연산자와 일차적 연산자 DNA 서열에 결합하여 두 부위 사이에 DNA 고리를 형성한다(크기에 맞게 그려지지 않음).

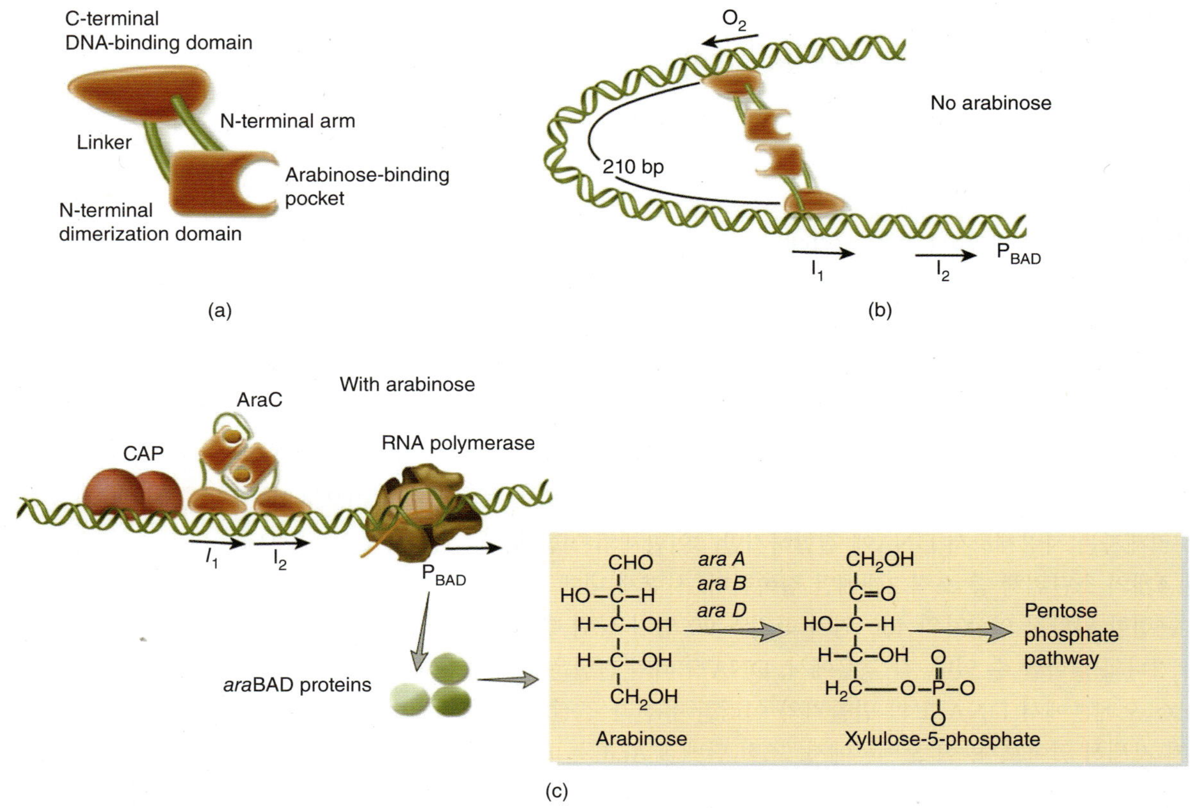

그림 8.22 아라비노스 오페론의 조절.
(a) 도메인 구조는 이량체 조절 단백질 AraC의 한 소단위체를 나타내었다. AraC는 아라비노스가 없을 때 DNA에 고리를 형성하여 억제자로서 작용하고(b), 아라비노스가 존재할 때는 활성자로 작용한다(c). P_{BAD} 프로모터의 활성을 위해 하나의 CAP 결합자리가 요구된다. *ara*BAD 오페론은 아라비노스를 xylulose-5-phosphate로 전환시키는 데 작용하는 효소들을 담고 있다. (출처: Adapted from Schleif. 2000. *Trends in Genetics* 16 :559–565, © 2000 Elsevier.)

DNA 고리 만들기는 언제 작동하는가? DNA 고리는 음성적 조절 요소인 *ara*O_2가 양성적 조절을 위해 요구되는 모든 서열의 거의 200 염기 상위에 위치하는 것을 발견함으로써 처음으로 예견되었다. 아라비노스가 없을 때, AraC 이합체는 다른 형태로 접히고 한 단량체는 반쪽 부위 194 염기의 상위 부위에 결합한다. AraC가 이러한 방식으로 결합하였을 때, 두 부위 사이의 DNA는 고리를 형성한다(그림 8.22 참조). DNA 고리는 입체적으로 RNA 중합효소가 프로모터에 다가오는 것을 막는다. 헬리컬-꼬임 실험은 이러한 모델을 확증하였다. 이 실험에서, DNA 나선의 반 회전이 아라비노스 오페론 서열의 충분한 억제를 위해 요구되는 *ara*O_2 자리와 유도를 위해 요구되는 하위 자리(I_1) 사이 어딘가에 추가된다. 부가된 반 회전은 두 부위의 하나를 돌리고, DNA의 반대 부위에 AraC가 결합하게 하여, 단백질–단백질 결합을 방해하고 고리 형성을 가로막는다. 반 회전의 도입은 아라비노스 오페론의 억제를 감소하는 반면, 회전의 누적된 수의 도입은 DNA의 같은 면에 유지된 AraC-결합자리들을 억제한다. 결론적으로, 이 경우에서 DNA 고리 만들기는 아라비노스 오페론의 억제를 위해 필수적이다.

8.5 RNA에 의한 유전자 발현 조절

하나의 중요한 개념이 과거 수년 넘게 유전자 조절 연구로부터 나왔는데, 이는 RNA가 전에 생각되었던 것보다 많은 경우에서 더욱 유전자 발현 조절에 직접적으로 작용한다는 것이다. 오랫동안 RNA의 다른 접힘이 세균에서 전사의 약화에 중요한 역할을 한다는 것이 알려졌었다. 다른 RNA에 기초한 조절 작용은 더욱 최근에 발견되었는데, 이는 리보변경자(riboswitches)라는 RNA 분자가 대사산물과 결합하는 경로를 포함한다. 우선, 트립토판 오페론에서 사용되는 RNA의 다른 접힘의 기본을 확인해 보자.

RNA의 다른 접힘: 트립토판 오페론의 전사 감쇠

세균에서 **트립토판 (*trp*) 오페론**의 조절은 **전사 감쇠(transcriptional attenuation)**의 전형적인 예이다. *trp* 오페론의 162 bp 리더 영역이 전사되는 동안 새로 합성된 RNA 전사체의 도메인이 접혀서 **항종결자(antiterminator)** 또는 **종결자(terminator)**라는 2개의 경쟁 헤어핀 구조 중 하나를 형성할 수 있다(그림 8.23a). 리더 RNA는 14 뉴클레오티드를 포함하는 영역인 *trpL*에서 항종결자를 만들며, 이는 두 트립토판 코돈을 갖는다. 세균 세포가 단백질 합성을 위해 트립토판이 결합된 운반 RNA^{Trp}의 적절한 수준을 가지고 있다면, 안내 펩티드(*trpL*)는 합성되고, 종결자는 안내 전사체에 형성되어 전사는 종결된다. 이 경우에, 트립토판 생합성을 위해 포함되는 효소의 구조 유전자(trpEDCBA)는 전사되지 않는다.

다른 한편으로, 세포에 장전된 운반 RNA^{Trp}이 부족할 때, 리보솜은 이들 트립토판 코돈의 하나에서 *trpL*을 전사하다가 정지한다(그림 8.23a). 이러한 정지는 하위 서열의 접힘을 가져오고 항종결자의 구조를 형성하므로 경쟁적 종결자의 형성을 막는다. 종결이 억제되고, 트립토판 합성에 관여하는 구조적 유전자들(*trpEDCBA*)을 담고 있는 서열의 전사를 허용한다. 트립토판의 합성은 단

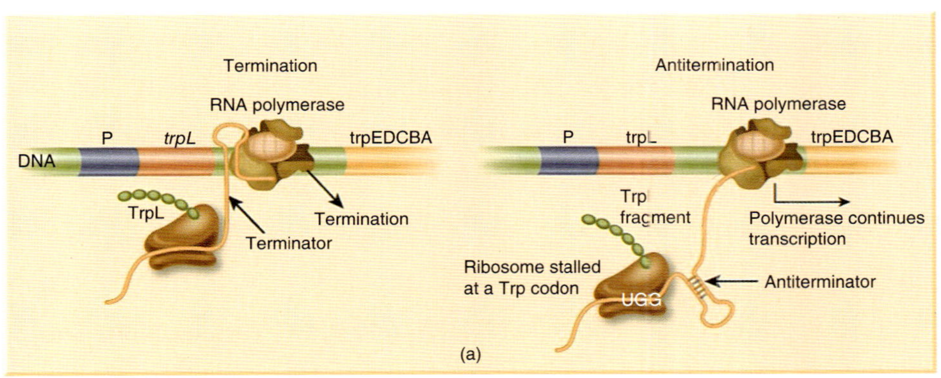

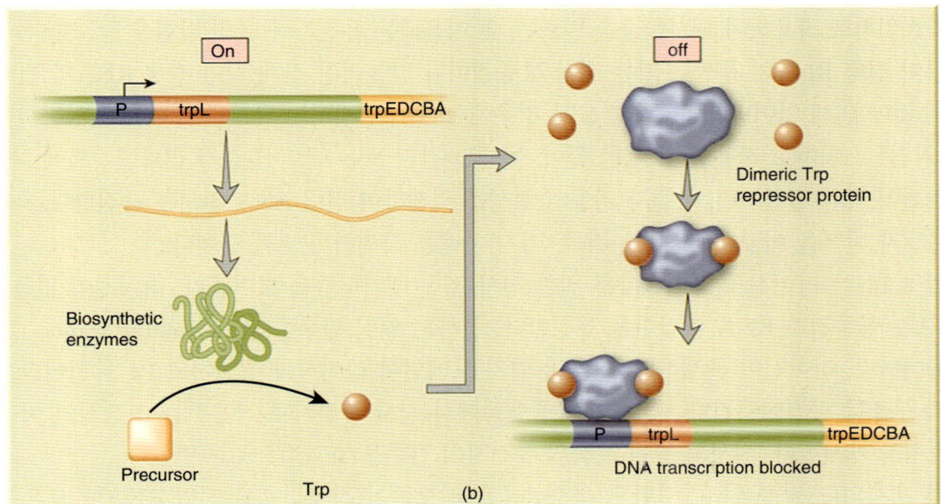

그림 8.23 대장균 *trp* 오페론의 조절.
(a) 억제는 RNA가 다른 형태 접힘 또는 전사 감쇠에 의해 중재된다. (b) 이량체 트립토판 억제자 단백질에 의한 단백질-중재 억제.

백질 합성을 위해 다시 이용될 수 있는 적절한 수준까지 진행된다.

다른 RNA-접힘에 의한 후-전사 조절에 부가적으로, *trp* 오페론에 있어서 전사 개시는 더욱 편리한 방법에 의해 조절된다(그림 8.23b). 트립토판이 없으면, 트립토판을 위한 생합성 효소를 담고 있는 유전자들은 전사되고 번역된다. 트립토판이 넉넉히 만들어졌을 때, 트립토판은 이량체인 Trp 억제자 단백질에 결합하여 형태를 변화시킴으로써, *trp* 연산자에 결합하고, RNA 중합효소가 *trp* 프로모터에 접근하는 것을 막는다. 전사의 주요 효과는 *trp* 억제에 의해 이루어지는데, 전사에 대한 감쇠 효과는 약 8배이고, Trp 억제 인자는 70~80배 범위에서 *trp* 발현을 독립적으로 제어한다. 종합적으로, 이 두 조절 작용은 *trp* 구조 유전자들의 전사 수준의 약 600배 범위를 허용한다.

리보변경자

대부분의 유전자 발현은 단백질 인자들에 의해 조절된다. 하지만, 특정한 전령 RNA에 있는 특별한 도메인은 스위치와 같은 "켜짐-꺼짐" 요소 또는 "**리보변경자(riboswitches)**"로 작용하는데, 이는 선택적으로 대사산물과 결합하거나 단백질 전사 인자 없이 유전자 발현을 조절한다. 이들 RNA 리보변경자는 온도, 염 농도, 금속이온, 아미노산, 그리고 다른 작은 유기 대사물과 같은 다양한 신호를 위한 감지자로서 기능하는 뚜렷한 능력을 갖는다. 리보스위치는 세균에 널리 퍼져 있으며, 특정 세균에서 최대 4%의 유전자 발현을 조절할 수 있다. 리간드가 확인된 적어도 40가지 클래스의 리보스위치가 있다. 그러나 지금까지 진핵생물에서는 한 가지 유형의 리보스위치만이 발견되었다. 한 티아민 피로포스페이트-감지 리보변경자는 섬유성 곰팡이, 녹조류와 고등식물에 존재하며, 조절 스플라이싱과 전령 RNA의 안정성에 작용한다.

리보변경자는 전형적으로 세균성 전령 RNA의 5′ 말단의 번역되지 않는 영역에서 발견된다. 대부분의 리보변경자는 대략 2개의 구조적 도메인—**압타머(aptamer**, RNA 수용체)와 "**발현 플렛폼 (expression platform)**"—으로 나누어 볼 수 있다. 압타머 도메인은 선택적으로 표적 대사물에 결합한다. 발현 플렛폼은 대사물-결합 작용으로 전환되고, 리간드의 결합에 의해 RNA 접힘의 변화를 통해서 유전자 발현의 변화를 초래한다. 발현 플렛폼은 *trp* 오페론을 위해 서술된 감쇠 작용의 형태를 일컫는 또 다른 이름이다. 발현 플렛폼 도메인은 교체되는 항-종결자와 종결자 머리핀을 형성할 수 있다.

대사물 감지자들 리보변경자에 의해 조절되는 유전자들은 종종 감지된 대사산물의 수송과 합성에 포함되는 단백질을 포함한다. 대부분의 경우, **대사산물-감지 리보변경자(metabolite-sensing riboswitch)**는 되먹임 억제의 형태로서 이용된다. 대사산물이 리보변경자에 결합하므로, 유전적으로 "꺼짐" 스위치로 작용하여 대사산물을 만드는 데 이용되는 유전자 산물의 발현을 감소한다. 억제는 전체 길이 전령 RNA의 생산을 막는 전사의 종결이나 만들어진 전체 길이 전령 RNA의 번역 개시를 막는 것에 의해 일어난다. 몇 가지 드문 경우에서, 리보변경자는 유전자 발현을 활성화시키는 유전적 "켜짐" 스위치로 작용한다. 예를 들어, 아데닌-감지 또는 글리신-감지 리보변경자에 아데닌이나 글리신이 각각 결합하면, 종결자 기둥의 형성을 억제하여 전령 RNA 전사를 증진한다. 리보변경자가 유전자 발현을 어떻게 억제하는지 두 가지 사례를 자세히 살펴볼 것이다.

그림 8.24a는 라이신 리보변경자를 위한 전사 조절 메커니즘을 보여준다. 라이신이 없을 때, 전령 RNA는 항종결자 RNA 머리핀을 형성한다. 전사는 열린 판독틀(open reading frame, ORF)을 거쳐 일어난다. 라이신이 존재하면, 압타머 인지 도메인이 라이신과 결합하고 P1 나선이라고 부르는 줄기 구조를 안정화시킨다. 이는 발현 플랫폼에서 전사 종결자로 작용하는 경쟁적인 머리핀 구조의 형성을 개시한다. 전사의 종결은 하위 유전자의 발현을 효과적으로 차단한다.

번역 개시의 조절을 위해, 결합된 대사산물은 리보좀이 정상적으로 전령 RNA에 붙은 위치를

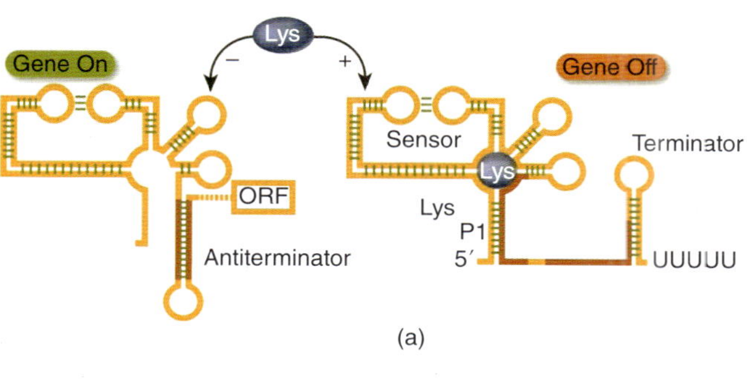

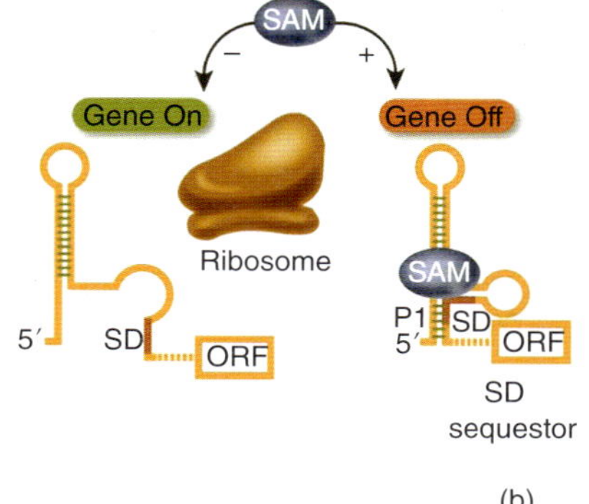

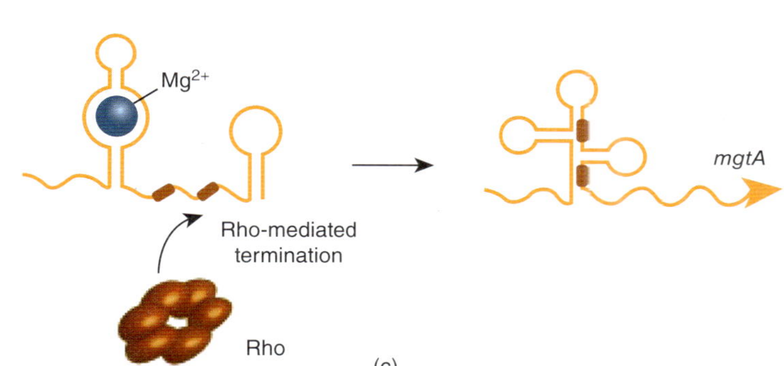

그림 8.24 리보변경자 유전자 조절 메커니즘.
(a) 라이신 리보스위치의 전사 감쇠 메커니즘. 상보적 안티터미네이터는 진홍색으로 표시된다. (b) III형 *S*-아데노실메티오닌(SAM) 리보스위치에 의한 번역 개시의 조절. SD, Shine–Dalgarno 리보솜 결합 서열. (출처: Parts a and b redrawn from Serganov. 2009. *Current Opinion in Structural Biology* 19:251–259.) (c) Mg^{2+}(파란색 공)가 있는 경우 리보스위치(주황색)는 전사 종결 인자 Rho에 대한 결합자리(진홍색)를 노출시키는 형태를 채택하여 전사 종결을 유도한다. Mg^{2+}가 없는 경우 Rho-결합자리는 리보스위치에서 격리되어 전사 연장이 발생한다. (출처: Part c redrawn from Mellin and Cossart. 2015. *Trends in Genetics* 31:150–156.)

막는다. 이 자리를 **Shine–Dalgarno 서열(Shine–Dalgarno sequence)**이라고 부른다. 그림 8.24b의 사례는 III형 *S*-adenosylmethionine(SAM)에 의한 번역 개시 조절을 보여준다. Shine-Dalgarno 서열은 리보솜의 접근을 허용하게 되고 번역이 개시된다. SAM이 존재할 때는 Shine–Dalgarno 서열은 줄기 구조에서 염기쌍을 이루게 되어 리보좀 결합을 막는다.

마지막 예로서, *Salmonella enterica*에서 Mg^{2+} 결합 리보스위치는 Mg^{2+}에 대한 반응으로 Rho 매개 전사 종결을 제어함으로써 마그네슘 수송체의 발현을 조절한다. Mg^{2+}에 결합하면, Rho와의 상호작용이 촉진된다(그림 8.24c). 세 가지 예 모두에서, 대체 RNA 2차 구조는 세균이 환경의 변화를 감지하고 유전자 발현을 조절하여 신속하게 반응할 수 있는 강력한 수단을 제공한다.

RNA "온도계" *Bradyrhizobium japonicum*과 다른 뿌리결절 세균에서 많은 열충격 유전자의 발현은 ROSE(repression of heat shock gene expression)라고 불리는 보존된 RNA 서열 인자에 의해 조절된다. ROSE는 온도-감지 "**RNA 온도계(RNA thermometer)**" 리보변경자이다. 리보변경자는 30~40°C 사이의 온도에 반응한다. 낮은 온도에서, 번역 개시는 합성된 전체 길이 전령 RNA에서 억제된다. 리보솜 접근은 전령 RNA에 있는 신장된 이차 구조에 의해 억제된다.

온도가 올라가면, 이 이차 구조는 부분적으로 풀리게 되어 전령 RNA로의 리보솜 접근을 허용한다. 시험관 내에서 ROSE RNA는 세포 구성분의 협조 없이 온도에 반응하여 풀릴 수 있다. 열충격 전사 요소 RpoH(σ^{32})의 조절을 위한 비슷한 메커니즘이 대장균에 존재한다. 주요한 냉충격 단백질(CspA)을 담고 있는 전령 RNA는 37°C와 15°C에서 다른 이차 구조를 갖는 반대 메커니즘으로 작용한다. 다시 말해, 이러한 사례들은 RNA 분자가 그들의 접힘 패턴을 통해 절묘한 감수성과 가변성을 높인 것이다.

리보변경자 리보자임

위에서 설명한 리보변경자는 유전적 조절을 위한 그들 메커니즘의 부분으로서 촉매 RNA로 사용되지 않았다. 2004년에 Ronald Breaker와 동료들은 대사물-반응 리보자임의 놀라운 발견을 보고하였다(그림 8.25). *B. subtilis*에서 *glmS* 유전자는 효소 글루타민 프룩토스-6-인산 아미도트랜스퍼레

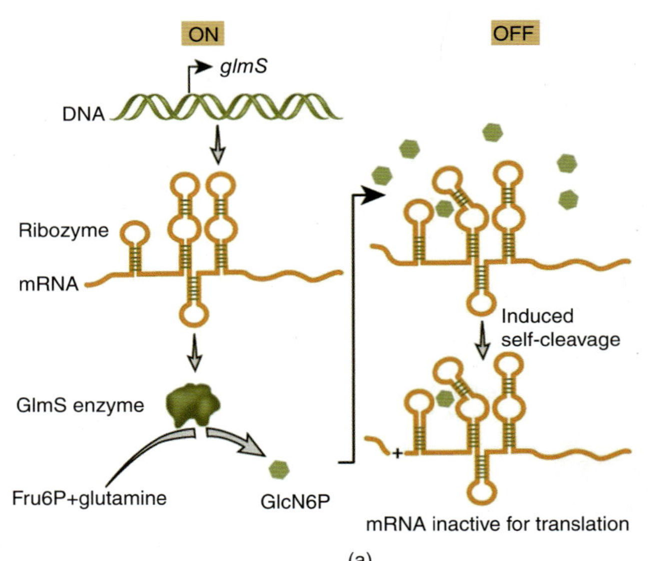

(a)

(b)

그림 8.25 리보자임 리보변경자. (a) GlcN6P가 존재할 때, GlmS 리보자임은 그 자신의 전령 RNA를 절단한다. (b) (i) *GlmS* 리보자임의 기질 특이성을 실험하기 위해 사용한 다양한 화합물의 화학적 구조와 이름. (ii) 리보자임 절단 실험. *glmS* RNA와 다양한 화합물을 사용하여 표시한 시간 동안 배양하였을 때, 유의한 절단(Clv)은 오직 GlcN6P와 마그네슘 이온이 존재할 때 일어났다. (출처: Reprinted from Winkler et al. 2004. *Nature* 428:281–286, © 2004 Springer Nature.)

이즈(glutamine fructose-6-phosphate amidotransferase)를 담고 있다. 이 효소는 fructose-6-phosphate와 glutamine으로부터 glucosamine-6-phosphate(GlcN6P)를 만든다. *glmS* 리보자임은 스스로 절단되는 자신의 전령 RNA에 의해 부가된 GlcN6P에 반응한다. 자발적 절단은 다른 작은 리보자임에서처럼 2′,3′-cyclic phosphate와 5′-OH 산물을 만든다(3장 참조). *glmS* 전령 RNA의 자발적 붕괴는 GlcN6P의 더 많은 생산을 억제한다.

어떻게 기질을 위한 **리보변경자 리보자임(riboswitch ribozyme)** 특이성을 갖는가? 이 물음에 답하기 위해서, 연구자들은 *glmS* 리보자임의 기질 특이성을 검증하는 실험을 설계하였다. 그들은 *glmS* RNA와 구조적으로 GlcN6P와 관련된 다양한 화합물을 사용하여 리보자임 절단 실험을 실행하였다. 전구체 RNA들을 동위원소 인산-32로 5′ 말단을 표지하였다(Tool Box 13.4와 13.5 참조). 전 RNA들은 각 레인에 표시한 다른 화합물이 없거나 존재하는 다양한 시간 동안 배양하였다. 자가 절단 RNA는 전구체 RNA로부터 분리된다는 것이 아크릴아마이드 전기영동과 필름 인화를 통해 나타내었다. 깜짝 놀랄만한 결과는 의미 있는 절단이 오직 GlcN6P와 마그네슘 이온이 존재할 때만 일어났다. 이것은 GlcN6P와 마그네슘 이온이 존재하는 레인에서만 인화지에 어두운 낮은 밴드를 나타내었다. 다른 화합물의 경우, 절단은 방사선 사진의 다른 모든 레인에서 매우 희미한 낮은 밴드로 표시되는 것과 같이 화합물이 첨가되지 않았을 때 관찰된 동일한 배경 수준이었다. 리보자임 리보변경자는 그 기질을 완전히 특이적으로 감지한다.

8.6 유전자 조절 네트워크

이 장의 주안점은 전사의 일반적인 메커니즘과 개별 유전자나 오페론의 전사 조절에 관한 것이다. 그러나 세균에 있어서 유전자 조절은 더 광범위한 수준에서 일어난다. 세균의 **조절 네트워크(regulatory network)**는 환경 변화에 더 긴밀히 반응하도록 변모했다. 이들 조절 그물망은 서로 연결되고, 중복되며, 세포적 반응에 대해 더욱 복잡하고 가변적이다. 이번 장의 앞 부분에서, 일반적인 시그마 인자들과 그들의 프로모터 인지와 RNA 중합효소와의 높은 친화력 결합에서의 필연적인 역할들에 대해 알아보았다. **교체형 시그마 인자(alternative sigma factor)**는 특정한 시그마 인자를 위한 특이적 프로모터를 갖는 유전자나 오페론의 다른 묶음의 발현을 협력하는 것으로 인해 세균에서 유전자 조절의 다른 수준을 제공한다. 다른 것에 의한 한 시그마 인자의 활성은 나누어진 환경 신호의 통합을 허용한다. 세균 또한 **자기유도물질(autoinducer)**이라고 하는 확산되는 신호 분자의 생산에 의해 서로 소통한다. 이 분자들은 기본 수준에서 생산되고 세균의 분화 과정을 거치면서 점진적으로 축적된다. 어느 특정한 농도에 다다르면, 자기유도물질은 집단 내에서 많은 수의 표적 유전자를 활성화하거나 억제한다. 이제 교체형 시그마 인자에 대해 자세히 알아보자.

교체형 시그마 인자들

세균에서의 시그마 인자의 수는 *Mycoplasma genitalia*에서 1개에서부터 일부 종에서는 100개 이상에 이르기까지 다양하다. 예를 들어, 토양에 서식하는 세균인 *Streptococcus coelicolour*에는 63개가 있다. 일반적으로 개체들은 시그마 인자를 더 많이 가질수록 더 다양한 생존 패턴을 갖는다. 대장균은 7개의 교체형 시그마 인자를 갖는데, 예를 들면 증가된 온도는 열충격 단백질의 발현을 유도하거나 플라겔라 유전자의 발현을 위한 환경 변화에 대응하는 데 이용한다(표 8.1). 이들 교체형 시그마 인자들은 σ^{70}에 의해 인지되는 것과 다른 프로모터 서열을 인지한다. 다른 세균인 *Bacillus subtilis*는 18개의 시그마 인자를 가지며, 이들 가운데 5개는 연속적으로 연결된 방식으로 포자 형성에

표 8.1 대장균의 교체형 시그마(σ) 인자.

Sigma factor	Inducer	Target genes
σ^{70}	Normal requirements during exponential growth	General "housekeeping" genes
σ^{S}	Stress signals: oxidative stress, ultraviolet radiation, heat shock, hyperosmolarity, acidic pH, ethanol, transition from growth to stationary phase	General stress regulator genes (>70 genes)
σ^{32}	Heat shock and other stresses: unfolded proteins in the cytoplasm	Heat shock proteins: chaperone proteins and proteases that fold or degrade damaged proteins
σ^{E}	Unfolded proteins in the cell envelope	Genes that restore envelope integrity
σ^{F} (σ^{28})	Conditions that promote production of multiple flagella	Flagellum assembly and chemotaxis
FecI	Iron starvation (and the presence of iron citrate in the environment)	Transport machinery for iron citrate uptake
σ^{54}	Nitrogen starvation (absence of ammonia)	Metabolism of alternative nitrogen sources

특이적인 유전자의 전사를 조절함으로써 포자 형성 과정에 참여한다. 지나치게 단순화된 견해는 각 시그마 인자가 고유한 −10 및 −35 서열 조합을 인식하고, 이 고유한 서열이 선행하는 모든 유전자가 조절되는 유전자의 집합인 **레귤론(regulon)**을 구성한다는 것이다. 실제로, 일부 별개의 시그마 인자는 다른 요소와 매우 유사한 인식 요소를 공유하며, 상당한 교차 인식이 발생할 수 있다. 조절된 전사는 특정 시그마 인자의 상대적 농도, 핵심 RNA 중합효소에 대한 상대적 친화성, 활성제 전사 인자와 같은 보조 단백질에 따라 달라진다.

좀 더 친숙한 사례를 통해 살펴보자. 당신은 진드기가 우글거리는 지역의 나무들 사이로 산책을 나가 본 경험이 있는가? 만약 그렇다면, 당신은 라임질병(Lyme disease)을 유발하는 진드기의 쏘임을 피하기 위해 머리에서 발끝까지 곤충 기피제를 뿌린다든지, 긴 바지와 긴 소매의 옷을 입어야 했을 것이다. 병원성을 유발하는 라임질병 스피로헤타인 *Borrelia burgdorferi*의 복잡한 생명주기에서 시그마 인자는 중요한 역할을 수행한다(그림 8.26). *B. burgdorferi* 유전체는 3개의 시그마 인자, σ^{70} 및 대체 시그마 인자 σ^{N}(RpoN) 및 σ^{S}(RpoS)을 암호화한다. 연구원들은 세균이 포유류에서 질병을 일으키는 데 σ^{N}과 σ^{S}가 모두 필요하다는 것을 보여주었다. σ^{N}은 또한 스피로헤타가 진드기 침샘으로 들어가는 데 필요하고, σ^{S}는 σ^{70}-전사된 진드기 단계 유전자의 억제에 필수적이다. 실험 결과는 시그마 인자가 배양 배지에서의 성장에 필수적이지 않다는 것을 보여주지만, 이러한 레귤론이 주로 스트레스 반응에 관여함을 시사한다. 하지만 이게 다가 아니다. 시그마 인자 σ^{N}은 시그마 인자 σ^{S}를 암호화하는 *rpoS* 유전자의 전사를 직접 자극하는 것으로 보인다. 따라서 σ^{N}의 활성화는 적어도 진드기에서 포유류로의 전이와 포유류의 독성에 필요한 104개 유전자를 조절하는 σ^{N} – 및 σ^{S}의 발현을 향상시킬 수 있다. 시그마 인자들 간의 상호규제 작용은 일반적인 스트레스 반응의 발현을 유도하는 것에 의해 변하는 환경에 새로운 수준으로 대응한다.

개체 밀도 감지

오랫동안 세균은 단독으로 행동하며 단순한 과정만 수행할 수 있는 것으로 생각되었다. 그러나 그들은 서로 "대화"하고 개체 밀도 감지를 통해 다세포 그룹에서 집단적으로 행동할 수 있음이 밝혀졌다. **개체 밀도 감지(quorum sensing)**는 세균에서 이용하는 집단의 밀도 변화에 대응하여 유전자 발현에 관여하는 세포와 세포의 소통 과정이다. 소통의 이러한 유형은 해양 발광 세균인 *Vibrio fischeri*에서 처음으로 알려졌다. 이러한 연구는 개체 밀도 감지의 결과 때문에 특히 극적이었다. *V. fischeri* 균주는 하와이의 봅테일 오징어(Bobtail squid)의 발광기관에 정착한다. 발광기관 내에서, 세균은 높은 세포 밀도로 성장하고 루시퍼레이즈 오페론(luciferase)의 발현을 활성화하여 개체 밀도 감지에 이용한다. *V. fischeri*는 하와이짧은꼬리오징어 *Euprymna scolopes*의 빛 기관에 서식한다.

그림 8.26 시그마 인자의 계단형 작용.
(a) 진드기에 물렸을 때 사람에게 전염되는 질병인 라임병을 일으키는 박테리아인 *Borrelia burgdorferi*의 주사전자현미경 사진(SEM). (출처: CDC/Science Source.) (b) 인간의 피를 먹고 사는 진드기(*Ixodes* sp.)의 색상이 강화된 SEM. (출처: Eye of Science/Science Source.) (c) *B. burgdorferi*에서 교체형 시그마 인자 σ^N은 시그마 인자 σ^S를 암호화하는 *rpoS* 유전자의 전사를 자극한다.

빛 기관 내부에서 세균은 높은 세포 밀도로 성장하고 정족수 감지를 사용하여 루시퍼레이즈 오페론의 발현을 활성화합니다. 이러한 균주의 서식으로부터 숙주인 오징어가 갖는 이점은 세균이 발생하는 빛을 이용하여 자신의 그림자를 감춤으로써 포식자로부터 피할 수 있는 것이다.

세균 소통의 전형적인 사례를 자세히 알아보자. 2개의 단백질, LuxI와 LuxR는 *V. fischeri*에서 생체 발광의 개체 밀도 감지 조절을 위해 필수적이다. 개체 밀도 감지는 3개의 주요 단계를 포함한다(그림 8.27). 첫 번째, 자기유도물질이라고 불리는 작은 분자량의 분자들이 세균의 체내에서 생산된다. *V. fischeri* 균주에 있어서, 이 자기유도물질은 *N*-3-(oxo-hexanoyl)-homoserine lactone (3OC6HSL)이다. LuxI가 자기유도물질의 합성을 촉진한다. 합성을 따라, 두 번째 단계로 자기유

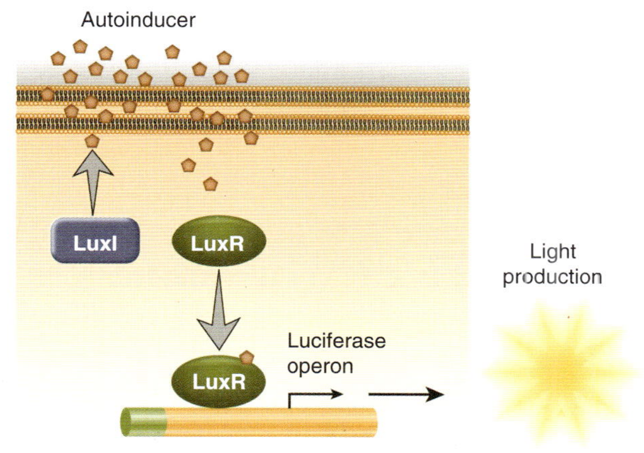

그림 8.27 세균에서의 개체 밀도 감지.
LuxIR 유형 정족수 감지 시스템. 루시퍼레이즈 오페론의 전사는 높은 자가유도물질 농도가 존재할 때만 발생하며, 이는 임계 세균 세포 밀도를 필요로 한다. (출처: Modified from Ng and Bassler. 2009. *Annual Review of Genetics* 43:197–222.)

도물질이 자유롭게 체내외로 확산되는데, 그것의 농도는 집단의 세포 밀도가 커지면 증가한다. 셋째로, 자기유도물질이 검출을 위해 요구되는 최소 임계수준을 넘을 정도로 축적되면, 세포질의 수용체인 LuxR이 자기유도물질에 결합하고 유전자 발현에 있어서 집단 수준의 변화를 유도한다. 자기유도물질이 없다면, LuxR 단백질은 빠르게 분해된다. 자기유도물질이 LuxR과 결합했을 때, 이 복합체는 *luxICDABE* 오페론의 상위에 있는 DNA 조절 서열(lux box)에 결합하고 그것의 발현을 촉진한다. *luxAB* 유전자는 루시퍼레이즈의 소단위체를 담고 있는데, 이 효소는 빛의 생산을 위해 필요하다. 또한 *luxCDE*는 이 효소를 위한 기질의 생산과 재생을 위한 복합체를 담고 있다.

수년 동안, 개체 밀도 감지는 몇몇 해양 개체에 한정되어진 것으로 생각되었다. 지금은 많은 세균 종들이 유전자 조절을 위해 개체 밀도 감지를 이용하는 것이 명확해졌다. 개체 밀도 감지는 한 집단 내에서 세균이 바이오 필름 형성이나 병원성 인자를 생산하고 분비하는 그들의 행동과 관련하여 이용한다. 많은 경우, 인체 병원균의 병원성이 개체 밀도 감지에 의해 조절된다는 발견은 개체 밀도 감지 연구에 부흥을 일으켰다. 최근에는 비브리오가 숙주 개체 밀도 감지 경로에서 "떨어짐"을 일으켜 숙주 세포가 고밀도에 도달하면 바이러스 자손의 생성을 유도하는 것으로 밝혀졌다.

장 요약

전사와 번역의 과정은 세균에서 짝지어져 있다. 전사의 개시는 대부분의 유전자가 조절되는 단계이다. RNA 중합효소는 프로모터라고 불리는 DNA에 있는 *cis*-작용 서열에 결합한다. 대장균 유전자의 대부분은 전사 개시의 −10과 −35 상위에 프로모터 일치 서열을 가지고 있다. 충분히 기능적인 세균 RNA 중합효소(holoenzyme)는 중심효소와 시그마(σ) 인자로 불리는 조절 단백질로 구성되어 있다. 몇몇 유전자의 발현을 위해 세균 세포는 교체형 시그마 인자를 이용한다. 시그마 인자는 중합효소의 특별한 결합을 위해 요구된다. RNA 중합효소는 게-집게-유사 구조를 가지고 있다. σ의 결합은 집게의 닫힘을 초래하고 효소 활성자리를 형성한다.

전사의 과정은 개시, 신장과 종결의 세 단계로 구성되어 있다. 개시는 더욱 다섯 단계로 나뉜다: (i) DNA 스캐닝, 프로모터 인식 및 결합; (ii) DNA가 여전히 이중가닥인 초기 개시 폐쇄형 프로모터 복합체의 형성; (iii) DNA가 용융되어 DNA의 주형가닥이 노출되는 개시 전 개방 프로모터 복합체의 형성; (iv) 여러 차례의 전사 실패; (v) 프로모터 탈출. 프로모터 탈출 동안, 시그마 인자의 특정 영역은 RNA 출구 채널에서 초기 RNA의 출구를 허용하도록 변위된다. RNA 중합효소는 5′에서 3′ 방향으로 이동하면서 앞 부분의 가닥은 풀고, 뒷부분은 다시 감기게 하여 특징적인 전사 거품을 형성한다. 전사는 자라는 RNA 사슬에 뉴클레오티드를 부가하는 지속적인 과정으로 실수가 일어날 수 있다. 이런 경우, 중합효소는 뒷걸음질을 통해 가장 최근에 부가된 뉴클레오티드를 제거한다. 종결자 줄기-고리 서열에 다다르면, Rho-독립성, 의존성 모두에서 RNA 중합효소는 정지되고 새로운 전사체를 방출한다. 대부분의 대장균 유전자의 전사는 복제의 방향과 일치한다. 몇몇 오페론이나 유전자는 시계 방향으로 전사되고, 몇몇은 환형 염색체를 따라 반시계 방향으로 전사된다.

Jacob와 Monod의 오페론 모델은 당시에 다른 유전자를 조절하는 산물을 담고 있는 조절 유전자에 대한 새로운 개념을 소개하였다. 그들의 모델은 전령 RNA의 발견과 첫 억제자 단백질의 특성을 찾게 하였다. 세균 유전자는 오페론으로 구성되어 있다. 한 오페론은 발현과 조절의 한 소단위체로 조절 유전자 산물들에 의해 인지되는 DNA 안에 구조적 유전자들과 조절 요소들로 구성되어 있다. 락토오스(*lac*) 오페론은 락토오스 대사의 조절에 포함되는 효소를 담고 있다. 락토오스가 없을 때(포도당이나 적절한 당이 있을 때), *lac* 오페론은 억제된다. Lac 억제자가 연산자 DNA 부위에 결합하여 RNA 중합효소의 프로모터 결합을 막는다. 락토오스가 존재하면, *lac* 오페론은 유도된다. 알로락토오스(실제적인 유도체)가 결합하면, Lac 억제자는 형태 변화를 하여 연산자 결합자리를 변화시킨다. Lac 억제는 줄고, CAP가 자신의 DNA 부위에 결합하면 RNA 중합효소는 프로모터에 영입된다. CAP의 협력적 결합 없이는 오직 전사의 기본 수준만 일어난다. 세포에 아미노산이 부족하면, Rho-위존성 종결자는 전령 RNA 합성을 정지한다. *lac* 프로모터와 *lacZ* 구조 유전자는 분자생물학 연구에서, 예를 들면 보고 유전자나 세균에서 외래 단백질의 발현을 위해 널리 이용된다.

전사 조절자는 DNA-결합과 단백질–단백질 결합과 같은 구별된 기능을 갖는 도메인으로 구성된 조절 단백질이다. 일반적인 DNA-결합 모티프는 나선-돌림-나선 모티프로, 한 α-나선이 DNA의 큰 홈에 결합한다. 많은 경우에서, 조절 단백질은 다른 단백질과 협력적인 방법으로 DNA에 결합하는데, 이는 CAP에 의해 RNA 중합효소가 프로모터에 결합하는 것으로 설명되어진다. 다른자리 입체성 변형은 그들의 활성력의 조절에 역할을 한다. 그러한 변형은 Lac 억제자가 유도자와 결합함으로써 형태의 변화를 가져오는 것으로 예를 들 수 있다. 이들 변화는 나선-돌림-나선 DNA-결합 모티프와 이합체를 함께 잡아주는 중요한 꺾임 영역을 분열시킨다. 반면에, cAMP의 CAP에의 결합은 DNA를 위한 그것의 친화력을 증가시킨다. 협력적인 결합을 통하여, DNA 조절자리의 거리가 단백질–단백질 결합에 의해 가까운 접근을 가져오고, 이는 DNA-고리 만들기를 유도한다. DNA-고리는 아라비노스 오페론에서 처음 발견되었다. 아라비노스는 조절 단백질 AraC에 결합하고, 그것의 형태 변화는 이량체로 프로모터 근처의 조절 서열에 결합한다. 아라비노스가 없을 때, AraC의 한 단량체는 떨어져 있는 한 결합자리에 붙어 DNA 고리를 형성하고, 이는 RNA 중합효소가 프로모터에 근접하는 것을 억제한다.

RNA의 다른 접힘은 항종결자 또는 종결자 구조를 형성하고 트립토판 연산자의 전사 감쇠를 이끈다. 세포가 단백질 합성을 위해 적절한 수준의 트립토판을 가지고 있을 때, 종결자는 형성되고 전사는 종결된다. 프로모터 영역에 있는 한 연산자 위치에 결합하는 트립토판에 의해 활성화된 억제자에 의한 조절은 역시 RNA 중합효소가 프로모터에 접근하는 것을 막는다. 세포에 트립토판이 결핍되면, 억제자 단백질은 연산자에 결합할 수 없다. 부가적으로, 항종결자는 형성되고 트립토판 생합성에 포함되는 구조 유전자들의 전사는 허용된다.

리보변경자는 선택적으로 대사산물과 결합하거나 유전자 발현을 조절하는 스위치의 '켜기-끄기' 요소로 작동하는 특정 전령 RNA를 갖고 있는 도메인이다. 리보변경자는 온도, 염 농도, 금속이온, 아미노산과 다른 유기 대사산물로 나타나는 신호 감지자로서 기능할 수 있다. 리보변경자는 2개의 구조적 도메인을 갖는다: 압타머는 표적 대사산물에 결합하며, 발현 플랫폼은 교체된 항종결자와 종결자 머리핀을 형성하는 능력을 가지고 있다. 억제는 전사의 종결과 번역 개시를 억제하는 것으로 일어난다. 리보변경자 리보자임의 하나인 *glmS*는 glucosamine-6-phosphate의 부가에 반응하여, 이 대사산물을 만드는 효소를 발현하는 전령 RNA를 자가절단시킨다.

교체형 시그마 인자는 유전자나 오페론, 총체적으로 조절군(regulon)이라는 묶음의 발현을 조절한다. 시그마 인자 사이의 조절적 결합은 일반적 반응의 발현을 유도하는 것에 의해 환경 변화에 대응할 수 있다. 세균은 자기유도물질이라고 불리는 확산되는 신호 분자의 생산을 통해 소통한다. 그 분자는 성장하는 동안 기본 수준에서 생산되고 축적된다. 한 번 특정한 농도에 이르면, 자기유도물질은 빛 생산, 바이오필름 형성, 병원성 등과 같은 통합적 반응을 위한 표적 유전자의 많은 수를 활성화하거나 억제한다. 자기유도물질에 의한 유전자 발현의 조절이 세포 밀도에 의존적이므로 이 현상을 개체 밀도 감지라고 불린다.

분석 질문

분석, 발견 및 실제 데이터 질문에 대한 해답은 부록을 참조하시오.

1 6개 염기쌍을 갖는 한 특정 서열이 10개의 다른 개체들에 위치한다. 발견된 서열은 5′-ACGCAC-3′, ATACAC, GTGCAC, ACGCAC, ATACAC, ATGTAT, ATGCGC, ACGCAT, GTGCAT와 ATGCGC였다. 무엇이 일치성 서열인가?

2 전사되고 번역되는 세균 유전자의 도표를 그리시오. 리보솜이 부착된 초기 mRNA를 표시한다. 화살표로 전사 방향을 나타낸다.

3 아래의 돌연변이를 각각 하나씩 갖는 대장균 세포들이 있다:

(a) *lac* 연산자 서열에 일어난 돌연변이로 Lac 억제자가 결합할 수 없다.

(b) Lac 억제자에 일어난 돌연변이는 *lac* 연산자에 결합할 수 없다.

(c) Lac 억제자에 일어난 돌연변이는 알로락토오스와 결합할 수 없다.

(d) *lac* 프로모터에 일어난 돌연변이로 cAMP와 CAP에 결합할 수 없다.

각각의 돌연변이가 *lac* 오페론의 기능에 미치는 영향은(포도당이 없다고 가정)?

4 당신은 세균의 티로신 생합성에 포함된 새로운 오페론에 대해 연구하고 있다.

(a) 당신은 오페론의 서열을 분석하여 티로신을 위한 두 코돈을 가지는 오페론의 5′ 말단에 위치한 짧은 열린 판독틀을 발견하였다. 당신은 이러한 리더 서열, RNA 전사체와 펩티드에 대하여 어떤 예측을 할 수 있는가?

(b) 이 오페론이 어떻게 조절될 것으로 예견하는가? 티로신에 의해 유도 혹은 억제되는가? 왜 그러한가?

(c) 진핵세포에서는 이런 종류의 조절 메커니즘이 존재하는지 어떻게 설명할 수 있는가?

5 당신이 억제자 단백질에 대해 연구하던 중 하나는 프로모터에 매우 근접되고, 다른 것은 어떤 간격을 둔 자리 상위에 놓인 두 연산자 자리들 사이에서 하나의 DNA 고리를 형성한다고 생각한다. 당신의 가설을 실험하는 방법에 대해 서술하시오.

발견 질문

그림 8.7 다음 진술을 평가하시오. "개시가 유전자 발현에서 가장 고도로 규제되는 단계이다."

그림 8.14 그림 8.14에 표시된 다음 구성 요소 각각에 대해 *cis*-작용인지 *trans*-작용인지 표시하시오: Lac 억제제(P_I), CAP-결합자리, *lac* 오페론 프로모터(P_{lac}), 오퍼레이터(O), Lac 억제인자 및 CAP.

그림 8.22 포도당과 아라비노스에 세균 세포가 노출되면 아라비노스 오페론에 미치는 영향을 예측하시오.

그림 8.23 *E. coli* 배양물에 트립토판을 추가 하면, *trp* 오페론 전사체에서 터미네이터 또는 안티터미네이터 헤어핀이 형성되는가? 당신의 대답을 설명하시오.

실제 데이터 질문

그림 8.5 가장 단단히 결합된 RNA 중합효소가 표지된 DNA에서 해리되는 시점은 언제일까?

그림 8.25 "No Mg^{2+}"라고 표시된 레인에 나타난 결과를 해석하시오.

참고문헌

Blattner, F.R., Plunkett, G. III, Bloch, C.A. et al. (1997). The complete genome sequence of *Escherichia coli* K-12. *Science* 277: 1453–1462.

Borukhov, S. and Nudler, E. (2003). RNA polymerase holoenzyme: structure, function and biological implications. *Current Opinion in Microbiology* 6: 93–100.

Charenton, C., Wilkinson, M.E., and Nagai, K. (2019). Mechanism of 5′ splice site transfer for human spliceosome activation. *Science* 364: 362–367.

Chowdhury, S., Ragaz, C., Kreuger, E., and Narberhaus, F. (2003). Temperature-controlled structural alterations of an RNA thermometer. *Journal of Biological Chemistry* 278: 47915–47921.

Conn, A.B., Diggs, S., Tam, T.K., and Blaha, G.M. (2019). Two old dogs, one new trick: a review of RNA polymerase and ribosome interactions during transcription-translation coupling. *International Journal of Molecular Sciences* 20: 2595.

Cook, P.R. (2001). *Principles of Nuclear Structure and Function*. New York: Wiley.

Davis, M.C., Kesthely, C.A., Franklin, E.A., and MacLellan, S.R. (2017). The essential activities of the bacterial sigma factor. *Canadian Journal of Microbiology* 63: 89–99.

Duchi, D., Bauer, D.L.V., Fernandez, L. et al. (2016). RNA polymerase pausing during initial transcription. *Molecular Cell* 63: 939–950.

Echols, H. (2001). *Operators and Promoters: The Story of Molecular Biology and Its Creators*. Berkeley: University of California Press.

Epshtein, V., Dutta, D., Wade, J., and Nudler, V. (2010). An allosteric mechanism of Rho-dependent transcription termination. *Nature* 463: 245–249.

Fang, F.C. (2005). Sigma cascades in prokaryotic regulatory networks. *Proceedings of the National Academy of Sciences of the United States of America* 102: 4933–4934.

Fedor, M.J. and Williamson, J.R. (2005). The catalytic diversity of RNAs. *Nature Reviews Molecular Cell Biology* 6: 399–412.

Feklístov, A., Sharon, B.D., Darst, S.A., and Gross, C.A. (2014). Bacterial sigma factors: a historical, structural, and genomic perspective. *Annual Review of Microbiology* 68: 357–376.

Fica, S.M., Oubridge, C., Wilkinson, M.E. et al. (2019). A human postcatalytic spliceosome structure reveals essential roles of metazoan factors for exon ligation. *Science* 363: 710–714.

Fisher, H.W. and Williams, R.C. (1979). Electron microscope visualization of nucleic acids and their complexes with proteins. *Annual Review of Biochemistry* 48: 649–679.

Grove, A.P., Liveris, D., Iyer, R. et al. (2017). Two distinct mechanisms govern RpoS-mediated repression of tick-phase genes during mammalian host adaptation by *Borrelia burgdorferi*, the Lyme disease spirochete. *mBio* 8: e01204–e01217.

Gruber, T.M. and Gross, C.A. (2003). Multiple sigma subunits and the partitioning of bacterial transcription space. *Annual Review of Microbiology* 57: 441–466.

Hamperi, S. and Cimprich, K.A. (2016). Conflict resolution in the genome: how transcription and replication make it work. *Cell* 167: 1455–1467.

Harada, Y., Ohara, O., Takatsuki, A. et al. (2001). Direct observation of DNA rotation during transcription by *Escherichia coli* RNA polymerase. *Nature* 409: 113–115.

Harden, T.T., Wells, C.D., Friedman, L.J. et al. (2016). Bacterial

RNA polymerase can retain σ^{70} throughout transcription. *Proceedings of the National Academy of Sciences of the United States of America* 113: 602–607.

Henkin, T.M. and Yanofsky, C. (2002). Regulation by transcription attenuation in bacteria: how RNA provides instructions for transcription termination/antitermination decisions. *BioEssays* 24: 700–707.

Hinkle, D.C. and Chamberlin, M.J. (1972). Studies of the binding of *Escherichia coli* RNA polymerase to DNA. I. The role of sigma subunit in site selection. *Journal of Molecular Biology* 70: 157–185.

Jacob, F. and Monod, J. (1961). Genetic regulatory mechanisms in the synthesis of proteins. *Journal of Molecular Biology* 3: 318–356.

Janissen, R., Arens, M.M.A., Vtyurina, N.N. et al. (2018). Global DNA compaction in stationary-phase bacteria does not affect transcription. *Cell* 174: 1188–1199.

Kalodimos, C.G., Biris, N., Bonvin, A.M.J.J. et al. (2004). Structure and flexibility adaptation in nonspecific and specific protein–DNA complexes. *Science* 305: 386–389.

Kominek, J., Doering, D.T., Opulente, D.A. et al. (2019). Eukaryotic acquisition of a bacterial operon. *Cell* 176: 1356–1366.

Kramm, K., Endesfelder, U., and Grohmann, D. (2019). A singlemolecule view of archaeal transcription. *Journal of Molecular Biology* 431: 4116–4131.

Kuznedelov, K., Minakhin, L., Niedziela-Majka, A. et al. (2002). A role for interaction of the RNA polymerase flap domain with the σ subunit in promoter recognition. *Science* 295: 855–857.

Le, K., Prabhakar, B.S., Hong, W., and Li, L. (2015). Alternative splicing as a biomarker and potential target for drug discovery. *Acta Pharmacologica Sinica* 36: 1212–1218.

Lee, Y. and Rio, D.C. (2015). Mechanisms and regulation of alternative pre-mRNA splicing. *Annual Review of Biochemistry* 84: 291–323.

Lewis, M. (2005). The *lac* repressor. *Comptes Rendus Biologies* 328: 521–548.

Lewis, M. (2013). Allostery and the *lac* operon. *Journal of Molecular Biology* 425: 2309–2316.

Ma, D., Cook, D.N., Pon, N.G., and Hearst, J.E. (1994). Efficient anchoring of RNA polymerase in *Escherichia coli* during coupled transcription-translation of genes encoding integral inner membrane polypeptides. *Journal of Biological Chemistry* 269: 15362–15370.

Maler, L.K. and Marchfelder, A. (2019). It's all about the T: transcription termination in archaea. *Biochemical Society Transactions* 47: 461–468.

Marchetti, M., Malinowska, A., Heller, I., and Wuite, G.J.L. (2017). How to switch the motor on: RNA polymerase initiation steps at the single-molecule level. *Protein Science* 26: 1303–1313.

Maxwell, K.L. (2019). Phages tune in to host cell quorum sensing. *Cell* 176: 7–8.

Mellin, J.R. and Cossart, P. (2015). Unexpected versatility in bacterial riboswitches. *Trends in Genetics* 31: 150–156.

Miller, O.L., Hamkalo, B.A., and Thomas, C.A. (1970). Visualization of bacterial genes in action. *Science* 169: 392–395.

Mukherjee, S. and Bassler, B.L. (2019). Bacterial quorum sensing in complex and dynamically changing environments. *Nature Reviews Microbiology* 17: 371–382.

Murakami, K.S. and Darst, S.A. (2003). Bacterial RNA polymerases: the wholo story. *Current Opinion in Structural Biology* 13: 31–39.

Ng, W.L. and Bassler, B.L. (2009). Bacterial quorum-sensing network architectures. *Annual Review of Genetics* 43: 197–222.

Nguyen, T.H.D., Galej, W.P., Bai, X.C. et al. (2015). The architecture of the spliceosomal U4/U6.U5 tri-snRNP. *Nature* 523: 47–52.

Nickels, B.E., Garrity, S.J., Mekler, V. et al. (2005). The interaction between σ70 and the β-flap of *Escherichia coli* RNA polymerase inhibits extension of nascent RNA during early elongation. *Proceedings of the National Academy of Sciences of the United States of America* 102: 4488–4493.

Nojima, T., Rebelo, K., Gomes, T. et al. (2018). RNA polymerase II phosphorylated on CTD serine 5 interacts with the spliceosome during co-transcriptional splicing. *Molecular Cell* 72: 369–379.

Pettitt, J., Philippe, L., Sarkar, D. et al. (2014). Operons are a conserved feature of nematode genomes. *Genetics* 197: 1201–1211.

Ptashne, M. and Gann, A. (2002). *Genes and Signals*. Cold Spring Harbor, NY: Cold Spring Harbor Laboratory Press.

Rajaure, M. and Adhya, S. (2019). Molecular basis of phage communication. *Molecular Cell* 74: 1–2.

Richardson, J.P. (2002). Rho-dependent termination and ATPases in transcript termination. *Biochimica et Biophysica Acta* 1577: 251–260.

Roberts, J.W. (2010). Syntheses that stay together. *Science* 238: 436–437.

Samuels, D.S. (2011). Gene regulation in *Borrelia burgdorferi*. *Annual Review of Microbiology* 65: 479–499.

Schleif, R. (2000). Regulation of the L-arabinose operon of *Escherichia coli*. *Trends in Genetics* 16: 559–565.

Schleif, R. (2010). AraC protein, regulation of the L-arabinose operon in *Escherichia coli*, and the light switch mechanism of AraC action. *FEMS Microbiology Reviews* 34: 779–796.

Sekine, S., Murayama, Y., Svetlov, V. et al. (2015). The ratcheted and ratchetable structural states of RNA polymerase underlie multiple transcriptional functions. *Molecular Cell* 57: 408–421.

Serganov, A. (2009). The long and the short of riboswitches. *Current Opinion in Structural Biology* 19: 251–259.

Shaevitz, J.W., Abbondanzieri, E.A., Landick, R., and Block, S.M. (2003). Backtracking by single RNA polymerase molecules observed at near-base-pair resolution. *Nature* 426: 684–687.

Shen, B.A. and Landick, R. (2019). Transcription of bacterial chromatin. *Journal of Molecular Biology* 431: 4040–4066.

So, B.R., Di, C., Cai, Z. et al. (2019). A complex of U1 snRNP with cleavage and polyadenylation factors controls telescripting, regulating mRNA transcription in human cells. *Molecular Cell* 76: 590–599.

Steitz, T.A. (1993). *Structural Studies of Protein–Nucleic Acid Interaction: The Sources of Sequence-Specific Binding*. Cambridge, UK: Cambridge University Press.

Stracy, M., Lesterlin, C., Garza de Leon, F. et al. (2015). Live-cell superresolution microscopy reveals the organization of RNA polymerase in the bacterial nucleoid. *Proceedings of the National Academy of Sciences of the United States of America* 112: E4390–E4399.

Tucker, B.J. and Breaker, R.R. (2005). Riboswitches as versatile gene control elements. *Current Opinion in Structural Biology* 15: 342–348.

Turnbough, C.L. (2019). Regulation of bacterial gene expression by transcription attenuation. *Microbiology and Molecular Biology Reviews* 83: e00019–e00018.

Turunen, J.T., Niemela, E.H., Verma, B., and Frilander, M.J. (2013). The significant other: splicing by the minor spliceosome. *WIREs RNA* 4: 61–76.

Tzeng, S.R. and Kalodimos, C.G. (2009). Dynamic activation of an allosteric regulatory protein. *Nature* 462: 368–372.

Von Hippel, P.H. (1998). An integrated model of the transcription complex in elongation, termination, and editing. *Science* 281: 660–665.

Von Hippel, P.H. (2004). Completing the view of transcriptional regulation. *Science* 305: 350–353.

Winkler, W.C., Nahvi, A., Collins, J.A., and Breaker, R.R. (2004). Control of gene expression by a natural metabolite-responsive ribozyme. *Nature* 428: 281–286.

Zhang, G., Campbell, E.A., Minakhin, L. et al. (1999). Crystal structure of *Thermus aquaticus* core RNA polymerase at 3.3 Å resolution. *Cell* 98: 811–824.

CHAPTER NINE

진핵생물에서의 전사

. . . 전사 조절을 연구하는 현대의 연구자들은 고려해야 할 것이 매우 많다.

***James T. Kadonaga*, Cell *(2004)* 116:247.**

OUTLINE

- 9.1 서론
- 9.2 전사 조절에 관한 개요
- 9.3 단백질 암호화 유전자의 조절 요소
- 9.4 일반 전사 기구와 메커니즘
- 9.5 유전자 발현 조절과 특수 전사 인자의 역할
- 9.6 전사의 공동활성자와 공동억제자
- 9.7 전사 복합체의 조립: 인핸소좀 모형과 "힛-앤-런" 모형
- 9.8 전사 인자의 핵 내 유입과 핵 외 배출 조절

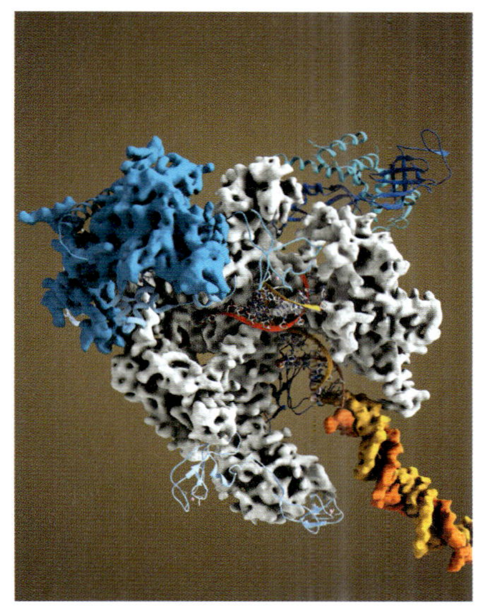

이중가닥 DNA(노란색 및 주황색)에서 노란색 가닥을 주형으로 사용하여 상보적인 mRNA 가닥(빨간색)을 전사하는 RNA 중합효소 II(파란색 및 흰색)의 분자 모델. (출처: Ramon Andrade/Science Source.)

9.1 서론

진핵생물에서의 전사 조절에 관한 연구는 두려울 정도로 흥미롭다. 진핵생물은 20,000~25,000개의 유전자를 가지는 것으로 추산된다. 그중 얼마 정도는 모든 세포에서 항상 전사되고, 나머지는 세포가 특정 분화 경로로 들어가거나 변화할 때 전사된다. 유전자는 어떻게 조절되는 것일까? 전사 기구를 구성하는 요소는 어떤 것들일까? 1980년대 초반, 전사를 연구하는 과학자들은 14장에서 설명된 기술들을 이용하여, 주로 시험관 내에서의 DNA–단백질 상호작용들을 탐구했다. 친화성 크로마토그래피를 이용한 서열 특이적 DNA-결합 단백질의 정제, 리포터 유전자 분석을 이용한 프로모터의 전사 활성 분석, 일반 전사 기구의 분획을 가능하게 했던 시험관 내 전사 분석법, 그리고 시스-작용 DNA 요소와 트랜스 작용 인자를 분석하기 위한 젤 이동성 변화 분석(gel mobility shift assay, EMSA) 및 DNase I 지문분석법 같은 기술에 연구가 집중되었다.

1980년대 말에는 많은 서열 특이적 DNA-결합 단백질이 발견되어 정제되었으며, 그 유전자도 분리되었다. 여러 개의 새로운 DNA 조절 요소도 밝혀졌다. 그러나 연구가 진행되면서 DNA–단백질 상호작용뿐 아니라, 단백질–단백질 상호작용이 유전자의 전사 조절

에 매우 중요하다는 것이 분명해졌다. 1990년대에는 이런 통찰이 염색질의 구조, 핵의 구성, 그리고 세포 구획화 역시 고려되어야 한다는 깨달음으로 이어졌다. 이러한 여러 수준에서의 조절이 바로 이 장의 주제이다. 여기서는 진핵성 유전자 전사의 일반적 특징에 대하여 전체적으로 살펴본 후에 단백질 암호화 유전자의 조절 요소; 일반 전사 기구; 전사 인자와 그들의 DNA-결합 모티프; 염색질 변형과 재구성 복합체를 포함한 전사 공동활성자와 공동 억제자; RNA 중합효소 II에 의한 뉴클레오좀 관통 신장; 그리고 유전자 전사를 조절하는 데 관여하는 단백질의 신호 매개성 핵 유입과 유출에 대해 다루고자 한다. 이제 하나씩 살펴보도록 하자.

9.2 전사 조절에 관한 개요

이전 장에서는 세균에서의 전사와 번역이 하나의 세포 구획 내에서 연계되어 발생한다는 것을 배웠다(8장 참조). mRNA의 전사가 시작되자마자 리보솜이 달라붙어 단백질 합성을 개시한다. 전사와 번역의 전체 과정이 몇 분 내에 발생한다. 대조적으로, 진핵생물의 mRNA 합성과 단백질 합성은 2개의 세포 구획에서 나뉘어 발생한다. 전사는 핵에서 일어나고, 번역은 세포질에서 이루어진다. 전 과정은 몇 시간 혹은 발생에 따른 조절 유전자의 경우 몇 달이 걸리기도 한다. 전사가 시작되는 것은 원핵생물이나 진핵생물 모두에서 대부분의 유전자가 조절되는 지점이다. 그러나 진핵생물에서는 전사와 번역이 "분리"되어 있기 때문에, 유전자 발현의 조절이 RNA 전사체의 공정 과정을 포함하여, RNA의 세포질로의 수송, mRNA 안정성, 그리고 단백질로의 번역 등 추가적인 수준에서도 일어날 수 있다(그림 9.1). 이 추가적 수준에서의 조절은 10장~12장에서 다루었다.

그림 9.1은 세포의 핵에서 발생하는 전사를 보여주고 있지만, 정확히 어디에서 발생하는 것일까? 최근의 연구들에서는 전사적으로 활성인 유전자가 핵의 특정 지역에 위치하고 있음을 제시해준다.

염색체 구역과 전사 공장

전형적인 인간 염색체의 염색사는 꼬여서 응축되어 있어도 핵 주위를 여러 번 통과할 만큼 충분히 길다. 다세포 진핵생물의 유전체는 **위상적 연관 영역(topologically associated domain, TAD)**이라고 불리는 별개의 자체 상호작용 고리들로 접히며, 이들은 다시 더 작은 하위 영역들로 구성된다는 것을 상기해 보자(5장 참조). 염색체 특이적 탐침자를 이용한 제자리 혼성화 기법인 **염색체 채색법(chromosome painting)**은 핵 내에서 각 염색체가 자신만의 특정 영역 혹은 구획을 차지하고 있음을 보여준다(그림 9.2a). 그 구역들은 대체로 섞이지 않는다. 특정 유전자가 3차원적 공간에서 항상 같은 상대적 위치를 점유하고 있는 것은 아니지만, 많은 척추동물에서, 유전자 밀도가 낮은 염색체는 핵의 주변에 위치하는 반면, 높은 유전자 밀도를 가지는 염색체는 핵의 내부에 위치한다. 전사는 염색질 구역을 탈응축(decondense)시키는 것으로 보인다.

한 가지 모형에 따르면 탈응축된 영역을 형성하는 DNA 고리나 TAD는 많은 수의 활성화된 유전자와 RNA 중합효소, 그리고 관련 인자를 포함하는 **전사 공장(transcription factory)** 또는 "허브(hubs)"와 연관이 있다고 한다(그림 9.2b). 추산하기로는 한 개의 공장은 약 16개의 고리들을 포함한다. 그 고리들은 종종 공장을 둘러싸는 "구름(cloud)"처럼 보인다. 그리고 전사적으로 활성인 유전자는 핵막에 퍼져 있는 **핵공 복합체(nuclear pore complex)**와 먼저 연계되는 것으로 나타난다. 이런 위치 선정은 아마 pre-mRNA가 공정 과정으로 들어가 핵 바깥으로 나갈 수 있도록 촉진하는 것 같다. 연구자들은 또한 발생학적으로 중요한 일부 유전자가 핵 내부에서 주변부로 이동하며, 이

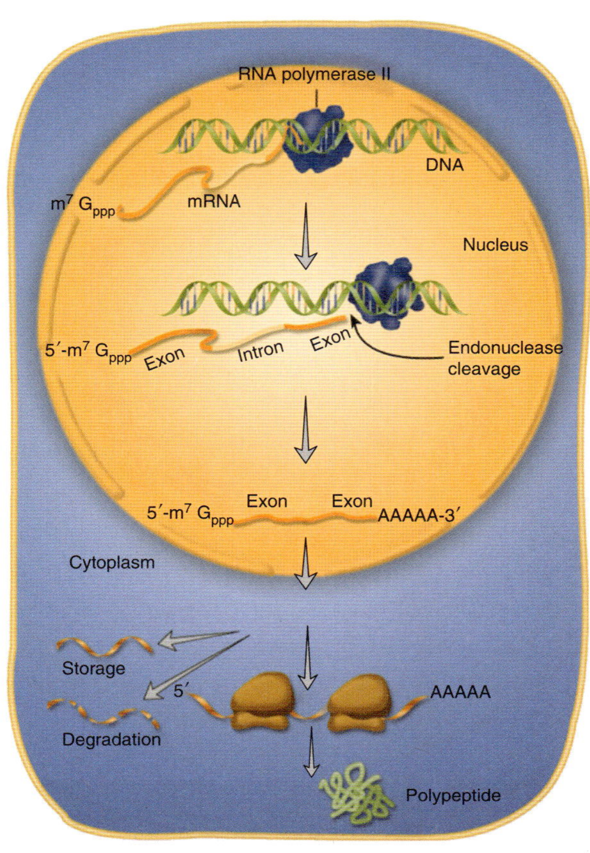

그림 9.1 진핵생물에서는 전사와 번역이 분리된다.
이 그림은 진핵생물의 단백질 암호화 유전자에 대한 전사, 전사 후, 번역, 번역 후 단계에서의 유전자 발현 조절을 나타낸 것이다.

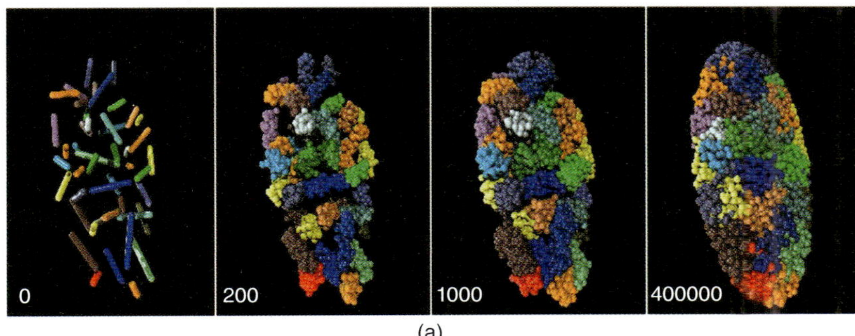

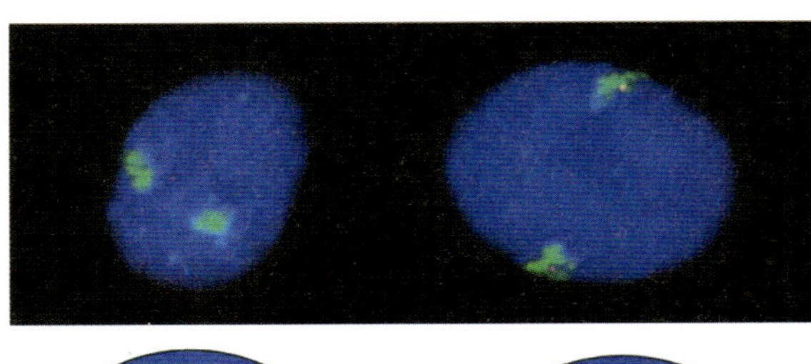

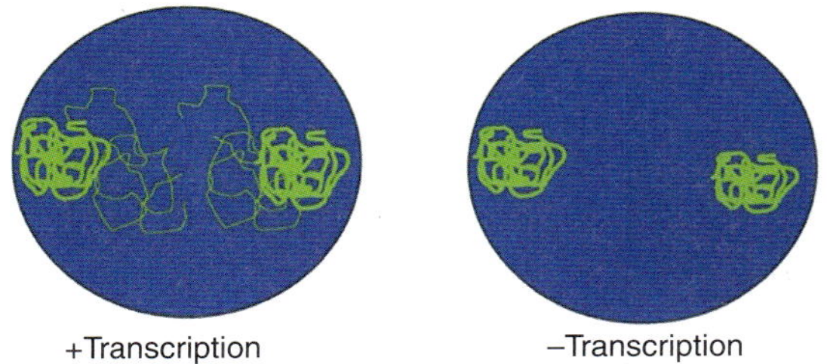

그림 9.2 염색체 구역과 전사 공장.
(a) 24가지의 색으로 형광 제자리 혼성화(fluorescent *in situ* hybridization, FISH)된 염색체에 기초하여 만들어진 인간의 모형 핵. 첫 번째 사진은 46개의 인간 염색체를 나타내는, 통계적으로 위치를 정한 46개의 막대를 보여준다. 다음 사진은 탈응축 과정을 모사한 것(0~400,000배)으로, 염색체 구역이 어떻게 배열되는지를 보여준다. (출처:Reprinted from Bolzer et al. 2005. *PLoS* Biology 3:826–842.) (b) 전사는 염색질을 탈응축시킨다 (위쪽 칸) 매우 높은 전사 활성 지역의 좌위(빨간색)는 염색체 구역(초록색)의 바깥쪽에서 자주 발견된다. 전사가 억제되면(예, 저해제를 사용하여), 좌위는 염색체 구역 내에서 더 자주 발견된다. (아래 칸) 전사가 염색체 구역을 탈응축시킨다는 것을 보여주는 한 가지 모형; 전사가 끝나면 고리는 뒤의 응축된 구역 안으로 사라진다. (출처: Reprinted from Chubb and Bickmore. 2003. *Cell* 112:403–406, © 2003 Elsevier.)

것이 발생의 주요 과정을 조절하는 유전자 발현과 연관되어 있음을 발견했다. 핵 구조물의 파괴와 조로증 사이의 연관성도 핵의 공간적 조직화가 중요하다는 것을 더 강조한다(Disease Box 9.1).

Disease Box 9.1

세포핵 구조와 조기 노화 증후군

핵막 하층(nuclear lamina)은 주로 중간 섬유 단백질인 라민 A, B, C로 구성되는 핵막 아래의 단백질 그물망을 가리킨다. 내부의 라민(lamin)들은 핵의 내부 전체로 가지가 뻗은 것처럼 보이는 그물 덮개(베일)를 형성한다. 라민 A/C 단백질을 암호화하는 LMNA 좌위에서의 돌연변이는 인간에서 다양한 질병을 발생시키므로, 핵막 하층의 중요성이 강조된다. 예를 들어, 라민 A 유전자의 스플라이싱 돌연변이는 조기 종결된 형태의 단백질을 만들며, 환자의 평균 수명이 약 13년 정도인 치명적 형태의 조로증인 Hutchinson–Gilford progeria syndrome을 유발한다. 절단된 형태의 라민 단백질은 프로제린(progerin)으로 불리며 핵막에 축적된다. 환자의 세포는 핵의 크기와 모양이 변하며, 핵막이 망가져서 염색질이 흘러나온다(그림 1). 또한, 병든 세포는 산화-환원의 항상성 역시 변화하는데, 이것은 활성 산소종들의 해로운 효과로부터 자신을 보호하지 못함을 뜻한다. 이들의 연관성은 무엇일까? 핵 인자인 에리트로이드 2–연관 인자(nuclear factor erythroid 2–related factor 2)인 NRF2는 중요한 산화-환원 감지기로 작용하는데, 프로제린에 의해 핵 주변에 갇히면 NRF2 신호전달이 제대로 일어나지 못하고 만성 산화 스트레스가 발생하며 유전체가 불안정해진다. 그리고 장수 촉진에 관여하는 것으로 알려진 또다른 단백질인 서투인 6(sirtuin 6, SIRT6) 역시 핵막에 불활성 상태로 갇혀버린다. 연구자들은 이런 발견을 이용하여 노화 과정을 늦추는 전략을 개발하려고 한다.

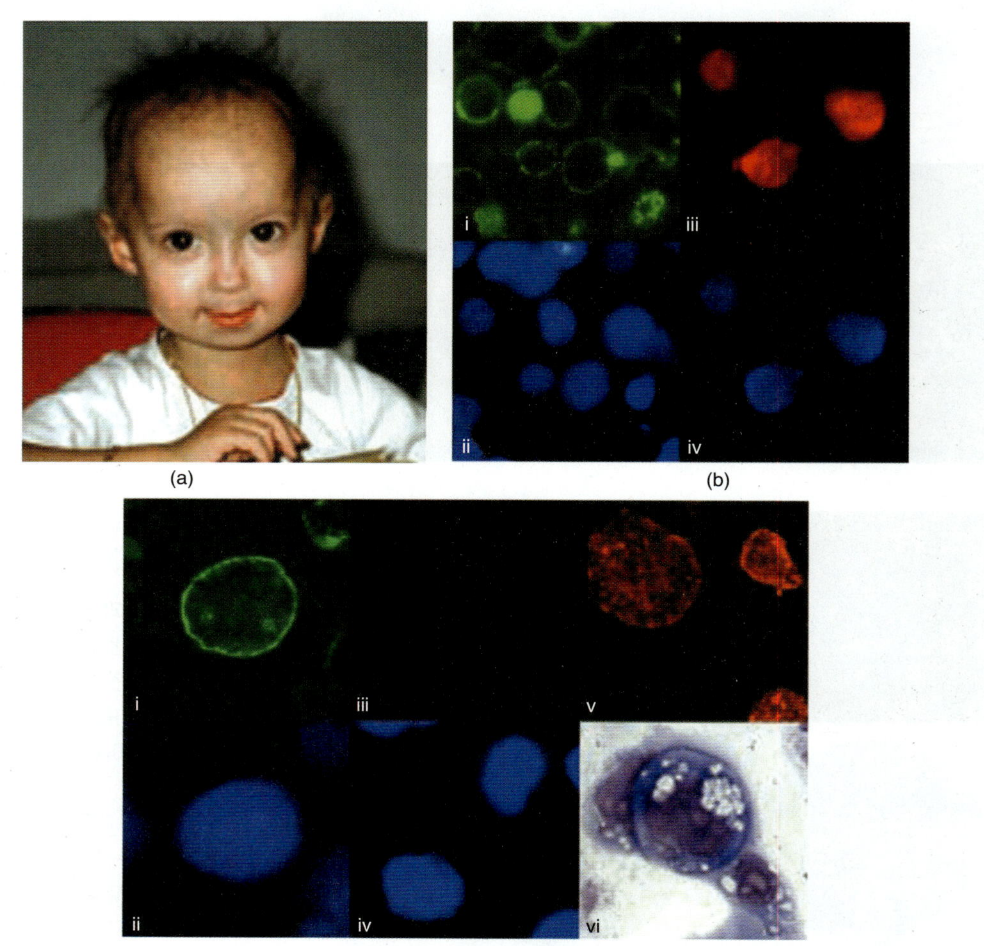

그림 1 절단된 형태의 라민 A 단백질과 조기 노화 증후군인 Hutchinson–Gilford 조로증. (a) Hutchinson–Gilford 조로증을 보이는 6세 소녀. (b) 정상 림프구의 핵들: 사진 (i)은 항체 염색으로 라민 A/C를 검출한 것이고, (iii)은 라민 A를 검출한 것이다; (ii와 iv)는 DNA를 DAPI(4′,6-diamidino2-phenylindole)로 염색한 것이다. (c) 환자 세포의 핵들: (i)은 항체 염색으로 라민 A/C를 검출한 것이고, (iii)은 라민 A가 없음을 보여준다; (ii와 iv)는 DNA의 DAPI 염색 사진이다; (v)는 라민 B1이 핵막(정상 분포)과 핵질(비정상 분포)에 있음을 보여준다; (vi)는 김자 염색(Giemsa staining)으로 망가진 핵과 세포질 소낭들을 보여준다. 형광 이미지의 폭은 80 μm이고, 명시야현미경 이미지의 폭은 120 μm이다. (출처: Reprinted from De Sandre-Giovannoli et al. 2003. *Science* 300:2055. © AAAS.)

앞서 지적한 바와 같이, 이런 공장의 주요 분자 기계는 RNA 중합효소로서, 이것은 뉴클레오티드를 RNA 사슬로 결합되도록 한다. 모든 전사 공장이 같은 형태의 RNA 중합효소를 가지는 걸까?

진핵생물은 여러 형태의 RNA 중합효소를 가진다

고세균이나 대장균 같은 진정 세균은 한 종류의 RNA 중합효소를 가지고 있으며, 이들이 모든 유전자의 전사를 맡는다는 것을 기억할 것이다(8장 참조). 대조적으로, 진핵생물은 핵 DNA를 전사하는 다수의 RNA 중합효소와 소기관 특이적인 중합효소를 가진다(표 9.1). 핵 유전자를 전사하는 3개의 진핵성 RNA 중합효소는 고세균 조상으로부터 진핵성 세포가 진화하는 과정에서 유전자 중복 사건에 의해 생겨났을 것이라고 한다. 이 중합효소들에 의한 조절을 모두 다루는 것은 이 장의 한계를 넘는 것이다. 그러나 기본 원리는 모든 중합효소에서 동일하다. 이 장에서는 **RNA 중합효소 II(RNA polymerase II)**(종종 RNA pol II로 줄여 쓴다)에 의한 단백질 암호화 유전자들의 전사 조절을 핵심적으로 다루려고 한다. RNA pol II는 핵에 위치하며 mRNA를 암호화하는 유전자와 작은 인 RNA(snoRNA), 일부 소형 핵 RNA들(snRNAs), 그리고 마이크로 RNA (miRNA)를 포함한 대다수의 유전자를 전사한다.

다른 두 가지의 중요한 진핵성 중합효소는 **RNA 중합효소 I**과 **RNA 중합효소 III**이다. RNA 중합효소 I은 인에 위치하면서 커다란 리보솜 RNA(rRNA) 전구체를 합성한다. RNA 중합효소 III도 핵에 있으며, 운반 RNA(tRNA)와 5S 리보솜 RNA(5S rRNA), 그리고 일부 snRNA를 합성한다. 식물은 핵의 중합효소를 2개 더 가지는데, **RNA 중합효소 IV**와 **RNA 중합효소 V**이다. 둘 다 작은 간섭 RNA(siRNA)에 의한 DNA 메틸화 및 유전자 침묵화에 관여한다(10장 참조).

유전자의 전사는 엄청나게 복잡한 과정이다. 수만 개의 서로 다른 진핵성 mRNA의 합성은 RNA pol II에 의해 수행된다. 전사 과정 동안 RNA pol II는 주형 DNA뿐 아니라 일반 전사 인자를 포함한 여러 가지의 단백질과 일시적으로 결합한다. 전사 개시 단계에만 수십 개의 인자가 전개시 복합체(pre-initiation complex)로 조립된다. 핵심 RNA pol II 전사 기구와 함께 서열 특이적 DNA-결합 전사 인자가 결합하고, 그 DNA-결합 인자를 전사 기구들에 연결시켜 주는 공동 조절자가 모여서, 히스톤 및 다른 단백질의 공유적 변형을 촉매하는 여러 효소가 종합적으로 작용함으로써 전사가 이루어진다. 당연히 전사 관련 논문에는 자주 곤혹스러운 이름과 약어들이 난무한다. 여기서 여러분은 전사 기구의 핵심 인자 몇 가지와 그 기구가 상호작용하는 유전자 조절 요소에 대해서 배우게 될 것이다.

표 9.1 DNA-의존성 RNA 중합효소.

Polymerase	Genes transcribed
Bacteria	
RNA polymerase	All bacterial genes
Eukaryotic nuclei	
RNA polymerase I	rRNA genes
RNA polymerase II	mRNA, snoRNAs, some snRNAs, miRNAs
RNA polymerase III	tRNA, 5S rRNA, some snRNAs
RNA polymerase IV and V (plants only)	siRNA-directed DNA methylation and gene silencing
Eukaryotic organelles	
Mitochondrial RNA polymerase	Mitochondrial genes
Chloroplast RNA polymerases (multiple; both chloroplast- and nuclear-encoded)	Chloroplast genes

9.3 단백질 암호화 유전자의 조절 요소

단백질을 암호화하는 유전자의 발현은 부분적으로, 전사 인자라고 불리는 수많은 서열 특이적 DNA-결합 단백질의 네트워크에 의한 것이다. **전사 인자(transcription factor)**는 유전자의 프로모터와 기타 조절 요소에 존재하는 정보를 해석하여 적절한 반응을 RNA pol II 전사 기구에 전달한다. 조절 DNA 서열의 엄청난 다양성 그리고 유전자 발현을 조절하는 여러 단백질 복합체의 복잡성 및 다양성 때문에, 유전적 수준에서의 정보 내용이 매우 다양하게 확장된다. 한 생물체 내의 서로 다른 여러 유전자와 여러 가지 형태의 세포에서 동일한 전사 인자가 사용될 수 있다. 그러나 특정 세포에서 특정 유전자를 켜는 것은 조절 요소와 거기에 결합하는 전사 인자의 독특한 조합이다.

단백질-암호화 서열은 전형적인 다세포성 진핵생물의 유전체 중 아주 일부만을 구성한다. 예를 들어, 인간 유전체에서는 2% 미만을 차지한다. 일반적인 진핵성 단백질 암호화 유전자는 전사 개시 부위(+1이라고 불림)의 5′ 쪽에 가까이 위치하는 많은 수의 뚜렷한 전사 조절 요소를 포함한다. 효모 같은 단세포성 진핵생물의 조절 영역은 보통 핵심 프로모터에 인접해 있는 짧은 서열로만 구성된다(그림 9.3a). 대조적으로, 다세포성 진핵생물에서의 조절 영역은 유전체 DNA에서 평균 10 kb 거리에 걸쳐 흩어져 있고, 실제 전사되는 DNA 서열은 2~3 kb에 지나지 않는다. 전사 개시 자리는 프로모터의 약 30~35 bp 하류에 나타난다(그림 9.3b).

유전자의 크기는 히스톤 유전자처럼, 인트론도 없고 500 bp 정도 밖에 안되는 매우 작은 크기의 유전자에서부터 매우 큰 유전자에 이르기까지 다양하다. 가장 큰 것으로 알려진 인간의 유전자는 디스트로핀(dystrophin) 단백질을 암호화하는 것으로서, 근육 이영양증(muscular dystrophy)에서는 소실되었거나 비기능적이다. 전사된 서열은 250만 뉴클레오티드 길이로 79개의 인트론들을 포함한다. 이 유전자는 단 하나의 전사체를 만드는 데 16시간 이상이 걸리며, 그중 99% 이상이 성숙한 mRNA를 만드는 스플라이싱 과정에서 제거된다.

유전자 조절 요소는 *trans*-작용 전사 인자에 의해 인식되는 특수한 *cis*-작용 DNA 서열들이다(8장 참조). 다세포성 진핵생물에서 *cis*-작용 조절 요소는 전사 개시 부위와 얼마나 가까운지에 기초하여 2개의 커다란 범주로 분류될 수 있다: 즉, 프로모터 요소(promoter element)와 원거리 조절 요소(long range regulatory element)이다. 다른 다세포성 진핵생물에서 특정 유전자의 조절 영역을 비교하면, 특정 조절 요소의 존재 유무나 수, 전사 개시 부위에 대한 방향, 그리고 그들 사이의 거리 등에는 차이가 있다. 이 요소 중 몇 가지의 구조에 대해 좀 더 자세히 살펴보자.

프로모터 요소의 구조와 기능

유전자 프로모터(gene promoter)는 전사 개시에 요구되는, 혹은 전사 개시 부위 근처에 위치했을 때만 개시 빈도를 증가시키는 *cis*-조절 요소의 집합이라고 정의된다. 유전자 프로모터 영역은 **핵심 프로모터(core promoter)**와 **근접 프로모터 요소(proximal promoter element)**를 포함한다. 근접 프로모터 요소는 가끔 상류 프로모터 요소(upstream promoter elements)나 상류 조절 요소(upstream regulatory elements)로 표현되기도 한다. 핵심 프로모터 요소와 근접 프로모터 요소를 구분하는 특징을 살펴보자.

핵심 프로모터 요소 핵심 프로모터는 RNA 중합효소 II 및 일반 전사 인자에 대한 인식 부위 역할을 하는, 전사 시작 부위(+1)(그림 9.3 참조)에 가까운 DNA 서열이다. 프로모터 요소는 전사 시작 부위에서 짧은 거리라도 이동하거나 방향이 변경되면 작동하지 않는다. 인간 유전자 프로모터의 40% 이상이 하나 이상의 G-사중체를 포함하고 있으며(2장 참조), 이 대체형 DNA 2차 구조가 유전자 조절에 특정 역할을 하고 있음을 시사한다.

TATA 박스(TATA box)는 공통 염기서열(TATAAA)에 의해 이렇게 불리는데, 진핵성 단백질 유전자에서 발견된 최초의 핵심 프로모터 요소이고, 현재는 고세균 유전자에도 존재하는 것으로 알려졌다. Pierre Chambon과 동료들에 의해 수행된 연구는 바이러스의 TATA 박스가 RNA pol II에 의한 특이적 개시에 반드시 필요하며 이것만으로도 충분하다는 것을 보여준다. 그들이 바이러스 프로모터를 플라스미드인 pBR322에 클로닝하였을 때, 시험관 내에서 특이적 전사가 촉진될 수 있었다(그림 9.4). 연구자들은 이것을 어떻게 증명했을까?

우선, 그들은 제2형 아데노바이러스로부터, 후기 주 전사체의 프로모터(major late promoter)에서 TATA 박스를 포함하고 있는 짧은 DNA 단편을 잘라내어 플라스미드인 pBR322에 삽입했다. 플라스미드 "C"는 그 프로모터 영역을 두 번 같은 방향으로 포함하도록 클로닝되었다. 플라스미드 "F"는 같은 영역을 반대 방향으로 두 번 포함하고 있었다. 그런 후에 Chambon과 동료들은 **시험관 내 런-오프 분석(*in vitro* run-off assay)**을 이용하여 전사량을 측정하였다. 그들은 플라스미드 주형을 제한효소로 잘라 선형 분자로 만들고, 그것을 방사성 뉴클레오시드 삼인산(NTPs)을 포함하고 있는 세포 추출액에 담가 온도를 유지했다(13장 참조). 런-오프 분석의 원리는 단순하다: RNA pol II가 선형 주형 분자의 끝에 도달하면, 그것은 떨어져 나가고 표지된 런-오프 전사체가 방출된다. 런-오프 전사체는 폴리아크릴아마이드 젤 전기영동에 의해 분리되고 자가방사법에 의해 시각적 자료가 된다. 전사체의 크기는 전사 개시 부위와 주형의 말단까지의 거리와 같다. 주형이 활발하게 전사될수록 방사능 사진의 밴드가 짙어진다. 만약 여러분이 그림 9.4의 방사능 사진을 자세히 살펴본다면, TATA 박스가 없는 pBR322에 의해서는 생산된 밴드가 없다는 것을 알 수 있을 것이다. 모든 경우에서, TATA 영역은 RNA pol II가 첫 "T"의 약 30 bp 아래에서 전사를 개시하도록 지시했다. 전사체의 크기들은 연구자들이 예상한 것과 유사했다. 결론적으로, Chambon과 동료들은 TATA 박스로부터 전사가 시작됨을 증명할 수 있었다. TATA 박스는 일종의 유전자 프로모터였다.

초기의 연구에서는 TATA 박스가 대부분의 단백질 암호화 유전자에 존재하는 것 같았다. 그러나 최근 인간 유전자의 서열 데이터베이스 분석에 따르면, TATA 박스는 잠재적 핵심 프로모터들의 32% 정도에만 존재한다. 따라서, 분자생물학자들은 이제 서열 자료를 분석할 때 가능한 프로모터 요소를 모두 찾고 계속해서 새로운 조절 요소들을 탐색해야 한다. 다른 핵심 요소들은 공통서열이 TATA 박스와 다르고, 전사 개시부에 대한 위치나 전사 인자가 붙는 장소에서도 차이가 난다. 핵심 프로모터 요소의 예가 표 9.2에 제시되어 있다. 이 서열 모티프 각각은 핵심 프로모터의 일부

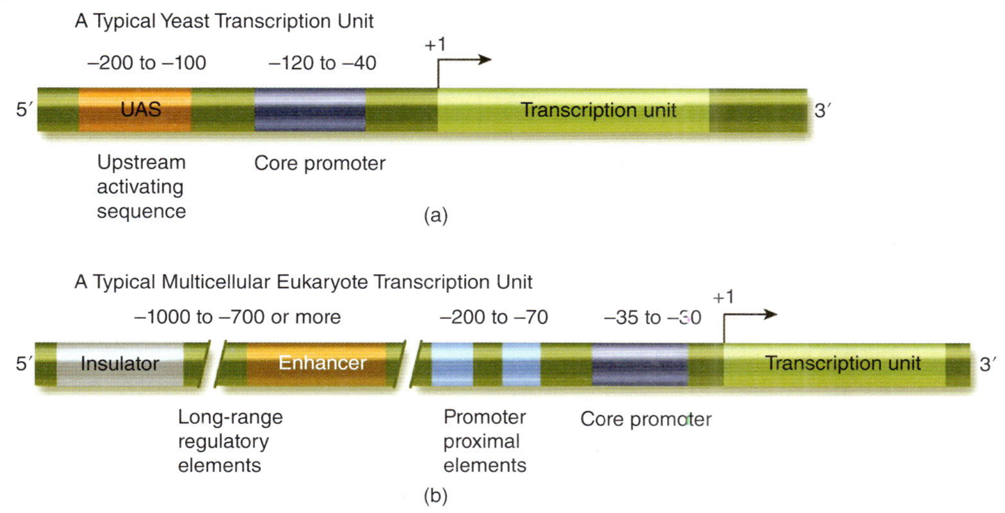

그림 9.3 단순한 RNA pol II 전사 단위와 복잡한 RNA pol II 전사 단위의 비교.
(a) 효모의 전형적인 전사 단위. 단백질 암호화 유전자(전사 단위)의 전사 개시(+1)는 화살표로 표시되어 있다. (b) 전형적인 다세포 진핵생물의 전사 단위. 핵심 프로모터(TATA)의 상류에 자리한 근접 프로모터 요소와 원거리 조절 요소가 나타나 있다. 그림은 직선으로 그려져 있지만, 전사 인자가 서로 결합하면 조절 DNA 서열이 고리처럼 굽는다.

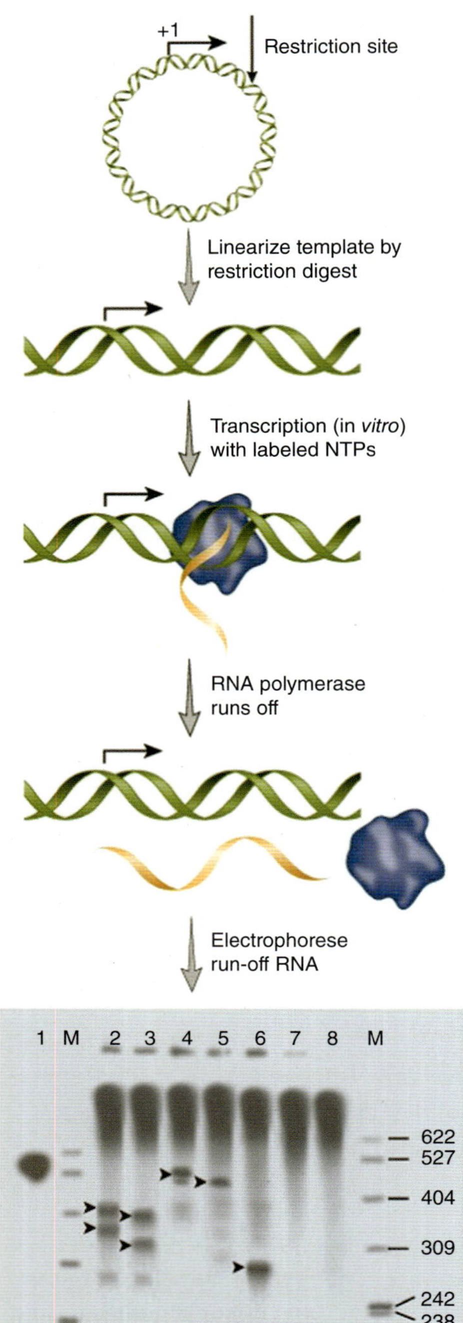

그림 9.4 TATA 박스 포함 영역은 시험관 내에서 특이적 전사 개시를 촉진한다.

전사는 시험관 내 런-오프 분석법을 이용하여 측정되었다. 1번 레인과 M 레인은 크기 표준자이다; 2번 레인은 *Eco*RI으로 처리한 플라스미드 C이고; 3번 레인은 *Hin*dIII으로 처리한 플라스미드 C; 4번 레인은 *Eco*RI으로 처리한 플라스미드 F; 5번 레인은 *Hin*dIII으로 처리한 플라스미드 F; 6번 레인은 *Sal*I으로 처리한 플라스미드 F; 7번 레인은 (TATA 박스가 없는) 야생형 pBR322 플라스미드를 *Eco*RI으로 처리한 것이다; 8번 레인은 야생형 pBR322를 *Sal*I으로 자른 것이다. 전기영동 이미지 상의 화살 머리표는 런-오프 전사체를 가리킨다. (출처: Reprinted from Sassone-Corsi et al. 1981. *Nucleic Acids Research* 9:3941–3958, © Oxford University Press.)

표 9.2 진핵세포에서 자주 나타나는 프로모터 요소들.

Promoter	Position	Transcription factor	Consensus sequence
Upstream core promoter elements			
TFIIB recognition element (BRE)[a]	−37 to −32	TFIIB	(G/C)(G/C)(G/A)CGCC
TATA box[a]	−35 to −30	TBP	TATA(A/T)AA(G/A)
Initiator (Inr)	−2 to +4	TAF1, TAF2	PyPyA$_{+1}$N(T/A)PyPy
Downstream core promoter elements			
Motif ten element (MTE)	+18 to +27	TFIID	C(G/A)A(A/G)C(G/C)(C/A/G)AACG(G/C)
Downstream promoter element (DPE)	+28 to +32	TAF6, TAF9	(A/G)G(A/T)(C/T)(G/A/C)
Promoter proximal elements[b]			
CAAT box	−200 to −70	CBF, NF1, C/EBP	CCAAT
GC box	−200 to −70	Sp1	GGGCGG

CBF, CAAT-binding protein; C/EBP, CAAT/enhancer-binding protein; N, any (A, T, C, or G); Py, pyrimidine (C or T).
[a] Also present in Archaea.
[b] Most, but not all, CAAT and GC boxes are located between −200 and −70.

에서만 발견된다. 특정 유전자의 한 가지 핵심 프로모터는 이 요소를 일부만 포함하거나 모두 포함할 수도 있고, 아예 포함하지 않을 수도 있다. 몇몇 경우에 프로모터 요소는 협동적으로 작용하여 전사 개시의 효율을 증가시킨다. "**협동적(synergistic)**"이라는 것은 그들이 같이 작용하면 두 프로모터가 각각 작용하는 것의 합보다 더 큰 효과를 나타낸다는 뜻이다.

TATA 박스는 **TFIID 복합체(TFIID complex)**의 주요 소단위체 중 하나인 **TATA-결합 단백질(TATA-binding protein, TBP)**의 결합자리이다. 9.4절에서 보게 될 TFIID는 일반 전사 인자 중 하나이다. **TFIIB 인식 요소(TFIIB recognition element)**라고 불리는, TFIIB에 의해 인식되는 한 가지 요소만 제외하면, TFIID는 알려진 모든 핵심 프로모터 요소를 인식하는 일을 담당한다.

근접 프로모터 요소 효모에서, 핵심 프로모터 요소에 TFIID가 결합하기 위해서는 프로모터에서 수백 염기쌍 거리에 위치하는 **상류 활성화 서열(upstream activating sequence, UAS)**이 필요하다(그림 9.3a 참조). 대부분의 효모 유전자는 하나의 UAS를 포함하고 있으며, 여기에는 한두 가지의 서로 다른 전사 인자들이 결합하는 두세 개의 결합자리가 밀접하게 연관되어 있다. 이와는 대조적으로, 전형적인 다세포성 진핵생물 유전자는 다수의 근접 프로모터 요소를 가지는 것으로 보인다. 근접 프로모터 요소는 핵심 프로모터의 5′ 쪽 바로 앞, 보통 전사 개시 부위의 70~200 bp 상류 내에 위치한다. 전사 인자의 인식 부위는 몰려 있는 경향을 보인다. CAAT와 GC 박스를 예로 들어보자. CAAT 박스는 CAAT-결합 단백질(CAAT-binding protein, CBF)과 CAAT/인핸서-결합 단백질(C/EBP)이 붙는 자리이다. GC 박스는 전사 인자인 Sp1의 결합자리이다. Sp1은 처음에 유인원 바이러스 40(simian virus 40, SV40)에서 초기 및 후기 프로모터의 전사에 요구되는 세 요소 중 하나로 발견되었다.

프로모터 근접 요소는 전사 개시의 빈도를 증가시키지만 전사 개시 부위 근처에 있을 때만 효과를 발휘한다. 프로모터 근접 요소에 결합하는 전사 인자가 직접 전사를 항상 활성화하거나 억제하는 것은 아니다. 그보다는, 이 인자들이 인핸서 같은 원거리 조절 요소를 프로모터에 불러들여 "묶는 요소(tethering element)"로 작용하는 것 같다. 그들은 다음 장에서 설명될 매개자 단백질(mediator protein)을 통해 이러한 작용을 한다.

원거리 조절 요소의 구조와 기능

다세포성 진핵생물의 단백질 암호화 유전자는 일반적으로 그 유전자 프로모터로부터 100 kb 이상의 거리에 떨어져 있으면서 작용을 나타내는 추가적인 조절성 DNA 서열들을 포함한다. 이런 **원거리 조절 요소(long-range regulatory element)**는 발생 과정 중 서로 다른 세포 형태에서의 복잡한 유전자 발현 패턴을 매개하는 데 필수적이다. 비록 몇몇 유전자는 UAS보다 더 상류에 위치한 조절 서열을 가지고 있지만(예, 교배형 좌위의 사일런서; 10장 참조), 이러한 장거리 조절은 효모에서는 일반적으로 관찰되지 않는다. 여러 원거리 조절 요소의 기능은 **유전자 이식 동물(transgenic animals**; 13장 참조)에서의 유전자 발현에 대해 그 요소들이 어떤 영향을 미치는지를 살펴봄으로써 확인되었다. 이 요소들은 통합 부위의 염색질에 의해 나타나는 긍정적 혹은 부정적 영향으로부터 **이식 유전자(transgene)**를 보호하는 경향이 있다. 다세포성 진핵생물들의 원거리 조절 요소에는 **인핸서(enhancer)**와 **사일런서(silencer)**, **인설레이터(insulator)**, 그리고 **좌위 조절 영역(locus control region**, LCR) 등이 포함된다. 이 DNA 서열 요소 각각의 주요 특징에 대해 자세히 살펴보자.

인핸서와 사일런서 전형적인 단백질-암호화 유전자는 멀리서 작용하는 몇 개의 인핸서를 포함하는 경향이 있다. 포유동물의 한 유전체는 놀랍게도 10^6개의 인핸서를 가지지만, 특정 형태의 세포 내에서는 인핸서의 1~2%만이 유전자 조절에 참여한다. 유전자의 활성을 억제하는 유사한 요소는 사일런서라고 불린다. 이런 DNA 서열 요소는 전사 개시 부위에서 보통 700~1,000 bp 혹은 그 이상 떨어져 있다. 인핸서(그리고 사일런서도)의 가장 큰 특징은 프로모터 요소와는 달리 하류나 상류 혹은 인트론 내부에 존재할 수 있으며, 이들이 프로모터에 대해 어느 방향으로 있어도 작동할 수 있다는 점이다(그림 9.5a~c). 전형적인 인핸서는 약 100~500 bp 길이로, 몇 가지의 서로 다른 전사 인자가 붙는 10여 개의 결합자리를 포함한다. 한 인핸서 내에서 전사 인자 결합자리의 형태, 숫자, 그리고 구성이 인핸서 기능의 열쇠로 작용한다. 인핸서는 전사 인자를 위한 플랫폼으로 작용하여 일반 전사 인사 기구가 특정 유전자의 프로모터에 결합하도록 돕는다. 이런 방식으로 인핸서는 여러 조직에서 유전자 프로모터의 활성을 증가시키거나, 잘 조절된 방식으로 유전자 활성을 촉진한다; 즉, 이들은 조직-특이적이거나 발생 단계 특이적인 방식으로 작용할 수 있다. 사일런서는 유전자 프로모터의 활성을 감소시키는 반대의 효과를 나타낸다. 이런 개념을 극단적으로 적용한 것이 **슈퍼-인핸서(super-enhancer)**이다. 슈퍼-인핸서는 상호작용하는 전사 인자의 밀도가 비정상적으로 높고, 따라서 일반적인 인핸서들보다 전사를 더 높은 수준으로 일으키는 인핸서 집단으로 정의된다.

조직 특이적 인핸서는 포유류 유전체 내에서는 단백질 암호화 유전자의 수를 능가하며, 인핸서의 수가 많은 것은 일반적인 것으로 보인다. 왜 그렇게 많은 수의 인핸서가 왜 존재하는가? 한 가지 가능한 답은 다수의 인핸서 사본이 조절성 "완충제"로 작용하므로 만약 하나뿐인 인핸서에서 돌연변이가 발생하면 생길 수 있는 잘못된 유전자 발현을 막는다는 것이다. 그러나 개별 인핸서가 오로지 하나의 유전자에만 영향을 미칠까? 인핸서는 **트랜스벡션(transvection)**이라고 불리는 과정을 통해 근처 다른 염색체의 프로모터에서 전사를 일으킬 수 있는 것으로 밝혀졌다(그림 9.5d). 멀리 떨

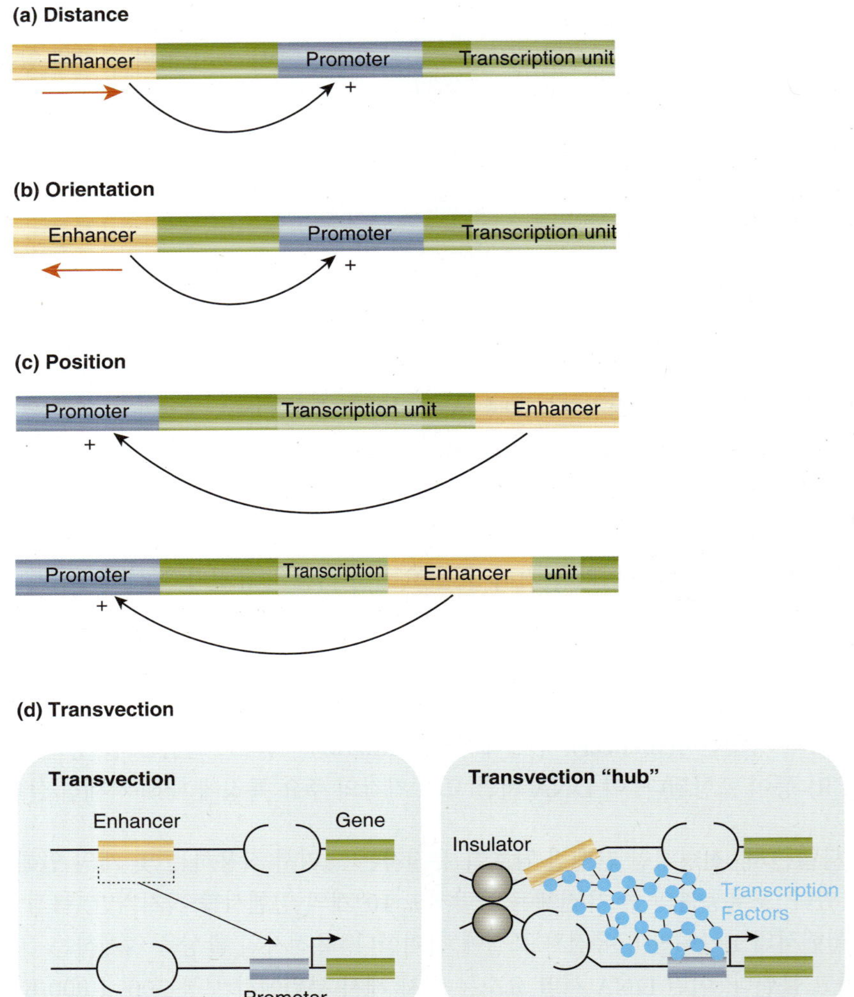

그림 9.5 인핸서 요소의 특징. 인핸서 요소는 멀리서도(a), 방향과 관계없이(b), 전사 단위의 상류나 하류 혹은 그 내부에 위치해서도(c) 또는 다른 염색체(d)에 있을 때도 프로모터를 활성화할 수 있다. 아래의 왼쪽 패널은 고전적인 트랜스벡션 모형을 보여준다. 오른쪽 패널은 인설레이터, 인핸서 및 프로모터 간의 상호작용으로 형성되는 전사 "허브"와 전사 인자의 집합체를 보여준다. (출처: Redrawn from Tsai et al. 2018. *Molecular Cell* 70:195–196.)

어진 유전자를 조절하는 이런 놀라운 방식은 함께 작용하는 다수의 인핸서, 전사 인자 그리고 중합효소 사이에 상호작용 네트워크가 존재한다는 전사 공장 혹은 "허브" 모델을 지지한다. 다른 한편으론, 인핸서와 사일런서가 유전자 프로모터로부터 상당히 먼 거리에서 작용할 수 있으므로, 근처의 다른 유전자 프로모터를 잘못 활성화하거나 침묵시킬 수도 있을 것이다. 인설레이터라고 불리는 또다른 원거리 조절 요소가 이 문제를 해결해 준다.

인설레이터 진핵성 유전체는 유전자가 많은 진정염색질(euchromatin) 그리고 유전자가 적고 고도로 응축되어 있는 이질염색질(heterochromatin)로 나뉜다(5장 참조). 이질염색질은 인접한 DNA로 퍼져나가는 경향이 있기 때문에, 근처에 활성 유전자가 있다면 이런 확장을 막는 자연 장벽은 매우 필수적이다. 초파리에서의 어떤 돌연변이는 이런 염색질 장벽에 영향을 미치는 것으로, 1970년대에 Ed Lewis에 의해 처음 관찰되었다. 그러나 "절연체(insulator)"로 작용하는 경계 요소에 대한 일반적인 개념은 1990년대 초까지도 제대로 확립되지 못했었다. 인설레이터란 보통 300 bp~2 kb의 길이로 전사 인자인 CTCF가 결합하며, 적어도 다음 두 가지의 뚜렷한 기능을 가지는 DNA 서열 요소를 말한다(그림 9.6):

1 **염색질 경계의 표시:** 인설레이터는 이질염색질과 진정염색질 사이의 경계를 표시한다.

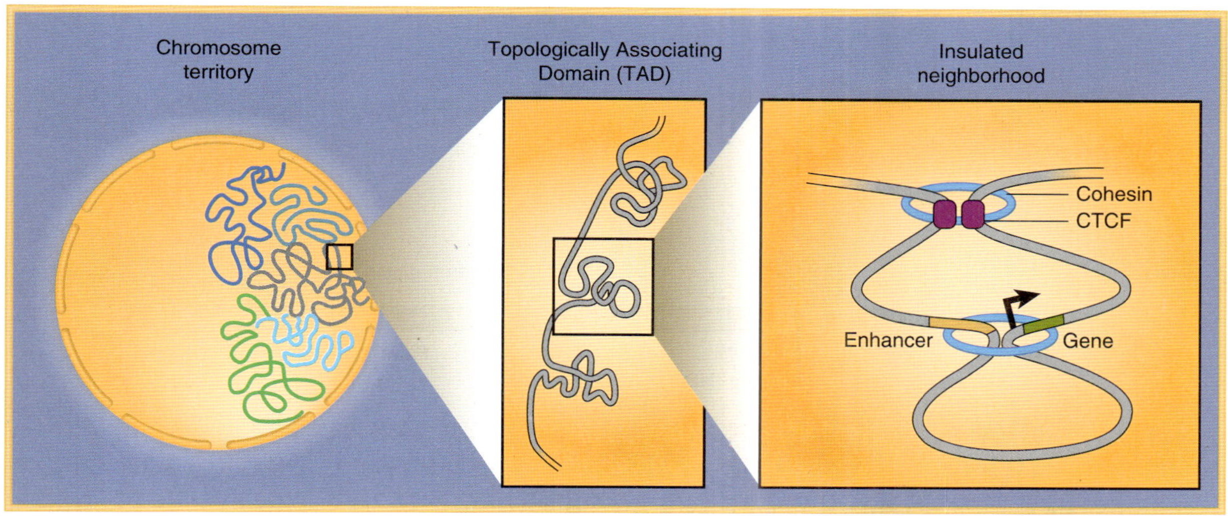

그림 9.6 절연된 이웃들.
CTCF가 결합하는 DNA 자리는 다른 CTCF 결합자리와 상호작용하며, 코헤신 고리에 의해 함께 묶여 있다. (출처: Redrawn from Hnisz et al. 2016. *Cell* 167:1188–1200).

2 **절연된 이웃의 형성:** 인설레이터는 인핸서와 사일런서의 작용을 차단하여 인접 유전자의 부적절한 교차 활성화 또는 억제를 방지한다. 절연된 이웃은 TAD의 하위 영역이다. 이들은 **CCCTC-결합 인자(CCCTC-binding factor, CTCF)** 동형이합체와 코헤신(cohesin) 단백질이 붙은 두 DNA 지점에 의해 형성된 염색체 고리 구조이다. 유전자의 조절은 인핸서 또는 사일런서가 표적 유전자에만 작용하도록 함으로써 루프 경계 내에서 유지된다. 인간의 배아 줄기세포에는 1~10개의 유전자가 포함된 약 13,000개의 절연된 이웃들이 존재한다(그림 9.6).

척추동물의 β-글로빈 좌위(β-globin locus)는 인설레이터 요소와 염색질 구조 사이의 상호작용을 검증하는 훌륭한 모형이다. Gary Felsenfeld와 동료들은 그 좌위 내에서 β-글로빈 유전자와 근처 이질염색질을 분리시키는 염색질 경계를 최초로 발견했다. 이 경계는 HS4라고 불리는 DNA 분해효소 I(DNase I) 과민자리(hypersensitive site, HS)에 위치한다. DNase I 과민자리는 활성 유전자와 조절 요소의 가장 큰 특징이다. Felsenfeld와 동료들은 연구를 계속하여 HS4 인설레이터가 인접 유전자에 대한 인핸서 억제 활성도 가지고 있음을 보여주었다. CTCF와 결합하는 것 외에도, 절연체 DNA 서열 요소는 상류 자극 인자(USF) 1과 USF2라는 두 가지 다른 DNA-결합 단백질에 의해 인식된다. CTCF는 인핸서 차단 활성을 매개하는 반면에, USF 단백질은 절연체에 결합하여 여러 염색질 변형 효소를 끌어들인다. β-글로빈 유전자 좌위의 DNase I-과민성 부위에 대한 추가 조사는 또 다른 원거리 조절 요소인 LCR의 발견으로 이어졌다.

좌위 조절 영역들 좌위 조절 영역들(locus control regions, LCRs)은 활성 염색질의 기능적 영역을 구성하고 유지하여 하위 유전자들의 전사를 촉진시키는 DNA 서열들이다. 비록 이들이 때때로 전사의 "인핸서"로 작용한다고 언급되기는 하지만, 전통적인 인핸서 요소들과는 달리 LCR은 방향 의존적인 방식으로 작용한다. 초기의 LCR은 1980년대 중반에 β-글로빈 유전자 클러스터 상류의 DNase I-과민자리 뭉치로 발견되었다(그림 9.7). 당시에는 DNase I-과민자리가 염색질 구조와 전사 활성을 조절하는 데 중요한 요소인 것으로 알려져 있었다(Disease Box 9.2). 처음에는 이 일련의 과민자리를 모두 합쳐 "좌위 활성화 영역"이라고 불렀지만, 나중에 "좌위 조절 영역"으로 알려지게 되었다.

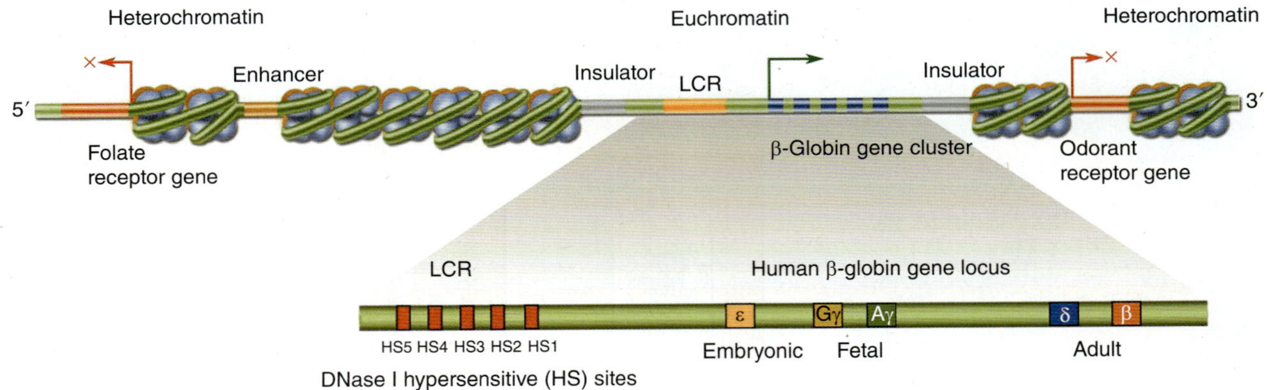

그림 9.7 인설레이터는 염색질 경계 표시로 작용하며 인핸서 저해 활성을 가진다. 인설레이터가 이질염색질과 진정염색질 지역 사이의 경계를 표시한다. 적혈구에서는, 인설레이터가 활발히 전사되는 β-글로빈 유전자(녹색 화살표로 표시)를 불활성인 엽산 수용체 유전자(빨간색 X 기호로 표시됨)로부터 분리한다. 다른 인설레이터는 불활성인 후각 수용체 유전자가 β-글로빈 유전자의 상류에 있는 좌위 조절 영역(LCR)에 의해 잘못 활성화되지 않도록 막고, 다른 세포형에서는 반대로 작용한다. (출처: Adapted from Bell et al. 2001. *Science* 291:447–450.) (확대한 부분) 인간의 β-유사 글로빈 유전자 좌위는 배아의 ε-글로빈, 2개의 태아형 γ-글로빈들, 그리고 성인의 δ-글로빈 및 β-글로빈을 암호화한다. LCR은 5개의 DNase I 과민(DNase I hypersensitive, HS) 자리(HS1–HS5)를 가진다.

Disease Box 9.2

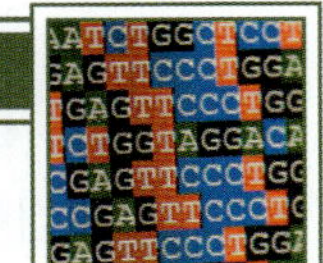

히스패닉 탈라세미아와 DNase 1-과민자리

γδβ-탈라세미아(γδβ-thalassemia)는 β-유사 글로빈 유전자 클러스터의 5′ 서열이 부분적으로 혹은 완전히 결실되어 혈중 헤모글로빈의 양이 감소하는 희소 질환이다. 일반적으로 이 질환을 앓는 아기들은 6~18개월 사이에 진단을 받는다. 결실되는 정도에 따라, 그리고 환자가 그 돌연변이에 이형접합성인지 동형접합성인지에 따라 증상이 심하거나 약한 빈혈이 생긴다. 생명을 유지하기 위해서는 정기적인 적혈구 수혈이 필수적이다. 이 환자에 대한 분석을 통해 β-글로빈 유전자 좌위의 좌위 조절 영역(locus control region, LCR)을 이해하는 데 큰 발전이 이루어졌다.

히스패닉 탈라세미아

1989년에, LCR에서 자연적으로 발생한 약 35-kb 결실이 한 스페인계 환자에서 발견되었다. 이 환자는 "히스패닉 탈라세미아(Hispanic thalassemia; 지중해 빈혈)"라고 불리는 γδβ-탈라세미아(thalassemia)를 앓고 있었다. 그 LCR 부위의 결실은 β-글로빈 좌위의 활성을 크게 변화시켰던 것으로 보인다. 유전자 자체는 온전했지만, β-글로빈 유전자 클러스터의 LCR 결실이 유전자의 침묵화를 일으킨 것이 분명해졌다. (이형접합자인 환자로부터 얻은 이 염색체를 세포로 이동시킨 후) 생쥐의 적혈구계 세포(erythroid cell)에서 결실 대립유전자와 야생형 대립유전자를 분석한 결과, 그 히스패닉 좌위는 전사적으로 불활성이었고 β-유사 글로빈 유전자 좌위 전체 영역이 DNase I에 저항적임을 알 수 있었다(그림 1). 이런 발견으로 연구자들은 LCR이 정상적으로 염색질을 "열린" 상태로 유지하며, 독립적인 영역을 구축해 줌으로써 전사를 활성화시킨다고 제안하게 되었다. LCR의 결실로 인해 "닫힌" 염색질이 생기며 β-유사 글로빈 유전자가 불활성화된다.

DNase I 감수성 분석

염색질이 그 상태(*in situ*)로 낮은 농도의 DNase I으로 처리되면, 어떤 영역은 이 핵산 분해효소에 매우 민감해진다. 그런 DNase I 감수성은 전사되는 유전자의 한 가지 특징이다. 핵산 분해효소는 전사적으로 활성인 염색질일 때 불활성인 염색질에 비해 100배 이상의 빈도로 이중가닥 절단을 일으킨다. 핵산분해효소에 대한 이런 일반적인 감수성에 더해, DNase I 과민자리(DNase I hypersensitive sites)라고 불리는 짧은 DNA 서열(100~200 bp)이 존재한다. 이런 자리는 염색질에서 DNase I이 가장 먼저 이중가닥 절단을 일으키는 장소이자, 주변의 활성 염색질과 비교하여 100배 이상으로 절단이 더 자주 일어나는 곳이기도 하다. 이런 자리는 전형적으로 서열-특이적 DNA-결합 단백질에 대한 인식자리로 이루어져 있다. DNase I 과민자리에 반드시 뉴클레오좀이 없어야 하는 것은 아니다. 그것은 아마도 뉴클레오좀 표면의 안정적인 전사 인자 혹은 전사 복합체의 결합자리를 나타내는 것일 수 있다. 그림 1은 15일된 닭 배아의 적혈구에서, 염색질의 핵산분해효소 감수성 정도를 보여준다. 적혈구에서 발현되는 α-글로빈 유전자와, 간에서만 발현되는 비텔로제닌(vitellogenin) 유전자에 대해 DNase I–절단 정도를 비교하였다. 결과는 불활성인 비텔로제닌 유전자가 DNase I–저항성이며 전사적으로 활성인 글로빈 유전자는 DNase I 감수성임을 보여준다.

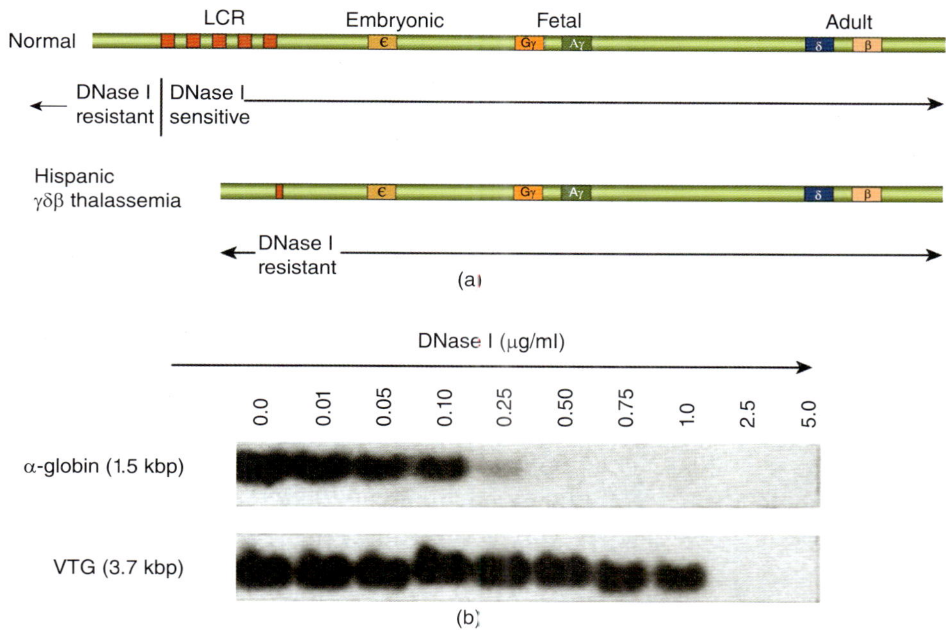

그림 1 히스패닉 탈라세미아와 DNase I 감수성. (a) β-글로빈의 LCR에서 생기는 약 35-kb의 결실은 히스패닉 γδβ-탈라세미아(thalassemia)를 일으킨다. (b) 적혈구 모세포(erythroblast)의 핵 DNA를 추출하여 제한 효소인 *Bam*HI으로 자르면 α-글로빈 유전자에서는 1.5-kb 단편이 생기고, 비텔로제닌 유전자는 3.7-kb의 조각들을 만든다. 잘린 DNA는 표지된 α-글로빈 유전자를 이용한 서던 블롯으로 분석되었다(13장 참조). 15일된 적혈구 모세포에서 얻은, 전사적으로 활성인 α-글로빈 DNA는 DNase I에 감수적이며, 이것은 높은 농도의 핵산분해효소에서 1.5-kb 밴드가 사라지는 것으로 알 수 있다. 대조적으로, 불활성인 비텔로제닌 DNA(VTG)는 고농도의 핵산분해효소에서 3.7-kb 밴드가 그대로 있는 것으로 보아 DNase I 절단에 저항적임을 알 수 있다. (출처: Reprinted from Conklin and Groudine. 1986. *Molecular and Cellular Biology* 6:3999–4007, copyright © 1986, with permission from the American Society for Microbiology.)

헤모글로빈은 철을 함유하고 있으며, 포유류 및 기타 동물들의 적혈구 세포에서 산소를 수송하는 금속단백질(metaloprotein)이다. 성인의 가장 흔한 헤모글로빈은 2개의 α-형 글로빈 폴리펩티드와 2개의 β-형 폴리펩티드가 헴 그룹과 연계된 사합체이다(4장 참조). 그들의 핵심적인 기능을 고려하면, α와 β-글로빈 유전자가 조절을 많이 받는다는 사실은 놀라운 일이 아니다. 특히, β-형 글로빈 유전자 클러스터의 LCR은 조절 영역의 복잡성을 잘 보여준다(그림 9.7 참조). β-형 글로빈 암호화 영역은 각각 2~3 kb의 크기이며, 대략 100 kb에 걸쳐 몰려 있다. 적혈구 계통의 세포에서 이 유전자들은 조직 특이적이고 발생 단계 특이적인 방식으로 발현된다: 엡실론(ε) 글로빈 유전자는 배아 단계에서 활성화되고, 감마(γ) 글로빈 유전자는 태아 단계에서 활성화되는 반면, 베타(β) 글로빈 유전자는 성인에서 발현된다. 이 유전자들은 모두 LCR의 하류에 위치할 때만 생리학적 수준의 발현이 이루어진다. 앞에서 설명한 바와 같이, DNase I-과민자리는 전사 인자 결합자리가 몰려 있는 부분을 포함하며, 광범위한 단백질-DNA 상호작용과, 단백질-단백질 상호작용을 통해 영향을 미친다. 곧이어 다른 좌위들에서도 LCR이 존재하는 것으로 밝혀졌는데, α-글로빈을 암호화하는 유전자 클러스터를 포함하여, 시각 색소, 주조직 적합성 단백질, 인간 성장 호르몬, 단백질 분해효소를 저해하는 구조적 연관 단백질 집단인 서핀(serpins: a family of structurally related proteins that inhibit proteases) 그리고 면역 반응에 관계된 도움 T 세포의 제2형 사이토카인을 암호화하는 유전자이다.

지금까지 핵심 프로모터, 근접 프로모터 요소 그리고 원거리 조절 요소를 살펴보았으므로, 이제 이런 DNA 서열과 상호작용하는 단백질 복합체에 대해 살펴보기로 하자. 다음 절은 핵심 프로모터 상에 조립되는 일반 전사 인자에 대한 설명이다.

9.4 일반 전사 기구와 메커니즘

그 중요성을 강조하듯, 다세포성 진핵생물의 유전체에서 약 5~10%의 암호화 유전자가 전사를 조절하는 단백질을 만든다. 효모 유전체는 전사 조절에 관여하는 약 300개의 단백질을 암호화하고 있으며, 초파리에서는 약 1,000개, 그리고 사람에서는 약 3,000개의 유전자가 사용된다. 이 단백질은 3종류로 구분된다:

1 **일반(기본) 전사 기구(general/basal transcription machinery):** 여러 단백질로 구성된 RNA 중합효소 기구에서, 프로모터 인식과 RNA 합성 촉진을 위한 다양하지만 일반적(기본적)인 성분이다.

2 특수 전사 인자(specific transcription factor; 9.5절 참조): 프로모터의 근접 부위와 원거리 조절 요소에 결합하는 서열 특이적 DNA-결합 단백질로, 유전자 특이적 전사 활성화나 억제를 매개한다.

3 전사 **공동활성자(coactivator)**와 전사 **공동억제자(corepressor)**(9.6절): 직접적으로 DNA에 결합하는 것은 아니지만, 단백질–단백질 상호작용을 통해 전사 활성을 증가시키거나 감소시키는 단백질. 공동활성자는 전사를 활성화시키는 데 필요한 요소이지만, 활성자 비의존적 전사(기본적 전사)에는 필요하지 않다. 공동활성자와 공동억제자는 염색질 구조를 변화시키는 효소 활성을 가진 단백질을 불러 모으는 발판으로 작용하거나 그 자신이 그러한 효소 활성을 가진다. 이들은 전사 기구가 결합하여 염색질을 관통해 이동할 수 있도록 도와주는 염색질 재구성 복합체와 변형 복합체를 포함한다.

일반 전사 기구의 구성 요소

RNA 중합효소 II(RNA pol II)는 정확한 시기에 RNA 합성을 촉매하는 아주 정교한 기구에 의해 특정 프로모터로 소집된다. 중합효소와 일반 전사 인자를 포함한 다른 여러 인자는 서로 협동하여 핵심 프로모터 상에서 **전개시 복합체(preinitiation complex**; 약칭 PIC)를 형성함으로써 전사 개시가 일어나게 한다. 지난 수십 년 동안, 생화학적 세포 추출물 분획법이나 시험관 내 전사 분석법 등에 의해서 일반 전사 기구의 세 가지 주요 요소들이 발견되었다.

1 RNA pol II: 12개의 소단위체로 구성된 중합효소 중 하나로서 RNA 합성과 초기 전사체의 교정이 가능하다.

2 일반 전사 인자: **TFIIB**, **TFIID**, **TFIIE**, **TFIIF**, 그리고 **TFIIH**로 표시되는 5개의 일반 전사 인자 한 세트가 프로모터 DNA를 인식하여 풀어준다. 명명법은 개별 인자를 나타내는 문자와 함께 "RNA 중합효소 *II*에 대한 전사 인자"임을 나타낸다. RNA 중합효소 II가 전사를 시작하기 위해서는 이러한 보조 전사 인자가 반드시 필요하다.

3 **매개자(mediator)**: 20개 소단위체의 복합체로, 활성자나 억제자 단백질로부터 오는 조절 정보를 RNA pol II에 전달해 준다.

RNA 중합효소 II의 구조

핵에서 작용하는 세 가지 RNA 중합효소 중에서 RNA pol II가 가장 잘 밝혀져 있다. 가장 자세한 분석은 출아성 효모인 *Saccharomyces cerevsiae*의 RNA pol II에 대한 것이다. 0.5 MDa 크기의 효소 복합체는 크기에 따라 번호가 붙여진 12개의 소단위체(Rpb1~12)로 이루어져 있는데, 이들은 진핵생물 사이에서 매우 잘 보존되어 있다. 결정 구조 분석에 따르면, 효모의 RNA pol II는 2개의 뚜렷한 구조물로 되어 있어서, 10개 소단위체인 촉매 핵심부와, Rpb4 및 Rpb7 소단위체인 이형이합체 구조(Rpb4/7 복합체)로 분리될 수 있다(그림 9.8). 이 RNA pol II의 핵심 효소는 촉매적으로는 활성을 갖고 있으나 프로모터 DNA에서 전사를 개시하기 위해서는 Rpb4/7 복합체와 일반 전사 인자를 요구한다. Rpb4/7은 mRNA를 핵 밖으로 수송하고, 전사에 연관된 DNA 수리에 참여함으로써 전사와 전사 후 기구의 접점에서 작용한다(7장 참조). RNA pol II의 추가적 성분은 Rpb1의 이동성 **C-말단 영역(C-terminal domain, CTD)**으로, 결정 구조에서는 보이지 않는다.

RNA 중합효소 II의 촉매 핵심부 10개의 소단위체인 효모 RNA pol II의 3차원 구조는 2001년에 보고되었다. RNA pol II 단독일 때 그리고 DNA 및 RNA와 함께 있는 전사 복합체 형태일 때의 구조가 모두 결정되었다. 최근 포유동물의 RNA 중합효소에 대해 고해상도의 구조가 밝혀졌다. 몇 가지 차이가 있긴 하지만, 전체적으로 포유류의 중합효소는 효모의 RNA 중합효소 II와 비슷하다. 이들의 구조를 밝힘으로써, 이 중합효소가 어떻게 기능을 수행하는지에 대하여 많은 통찰을 얻을 수 있었다. 2개의 큰 소단위체인 Rpb1과 Rpb2는 효소의 중심부를 구성하면서 양으로 하전된 "틈(cleft)"을 만든다(그림 9.8c 참조). 핵산이 이 깊은 틈을 차지하는데, 중앙에 9염기쌍의 RNA-DNA 혼성 분자가 자리한다. 이 틈의 한쪽 면은 "집게(clamp)"라고 불리는 상당한 크기의 가동성 단백질에 의해 형성된다. 활성 중심은 틈에 걸쳐 있는 "교각나선(bridge helix)" 형태인 이 집게와 그 틈의 말단을 막고 있는 "벽(wall)" 사이에서 형성된다. 이 "벽"은 핵산이 그 틈을 통과하여 일직선으로 빠져나가지 못하도록 하므로, RNA-DNA 혼성체의 축은 들어오는 DNA 이중나선에 대해 거의 90° 가까이 꺾인다. 활성자리 밑의 "구멍(pore)"은 아래로 향해 넓어져서 마치 거꾸로 된 깔때기 모양이다. 그 구멍의 가장자리는 금속 이온인 Mg^{2+}과 결합하고 있는 큰 Rpb1 소단위체 단백질의 고리 하나를 포함한다. 구멍에는 두 번째 금속 이온이 더 약하게 결합할 수 있다. 이 소단위체의 CTD에 연결된 링커가 그 집게의 바닥에서 튀어나와 있다. Rpb4/7은 집게의 아래, 핵심 효소 표면에 자리한다.

RNA 중합효소 II의 C-말단 영역(CTD) CTD는 RNA pol II의 가장 큰 소단위체로 독특한 꼬리 모양을 하고 있으며, Tyr-Ser-Pro-Thr-Ser-Pro-Ser의 공통된 7개 아미노산 서열(한 문자 아미노산 표시를 이용하면, YSPTSPS)이 52번까지 반복되어 있다(그림 9.8 삽입 참조). CTD의 길이와 반복된 서열의 특이성 퇴화는 진핵생물마다 크게 다르게 나타난다. 효모에서는 공통 서열이 26회 반복된다. 포유동물에서는 26번 반복된 공통서열과 크게 퇴화된 26번의 반복서열이 나타난다. 이 스펙트럼의 한쪽 끝에는 초파리 RNA 중합효소 II를 놓을 수 있는데, 여기에서는 42회 반복되지만 공통서열과 맞는 것은 2개 뿐이다. 연구자가 공통서열에 맞는 42개의 반복서열을 가진 중합효소를 가진 초파리를 만들었을 때, 그들은 이것이 치명적임을 발견했다. 결론적으로, 공통 반복 서열 사이에서 생기는 너무 많은 상호작용은 단백질을 응집시킬 수 있으며, 따라서 전사 활성을 잃게 할 수 있다.

CTD는 생체 내 mRNA의 가공 과정에 필요하며, 시험관 내에서는 가공 과정 인자에 결합하는 것으로 확인되었다. 전사 과정이 반복되는 동안, CTD는 반복서열의 2번째와 5번째의 Ser 잔기에 역동적으로 인산화가 발생한다. 전사의 개시에는 인산화되지 않은 형태의 CTD가 요구되는 반면, mRNA 신장 과정에는 인산화된 CTD가 필요하다. 인산화되면, 전사 종결이 이루어지는 동안 CTD가 mRNA 가공 인자에 결합할 수 있다. RNA pol II의 재순환 및 전사의 재개시를 위해서는

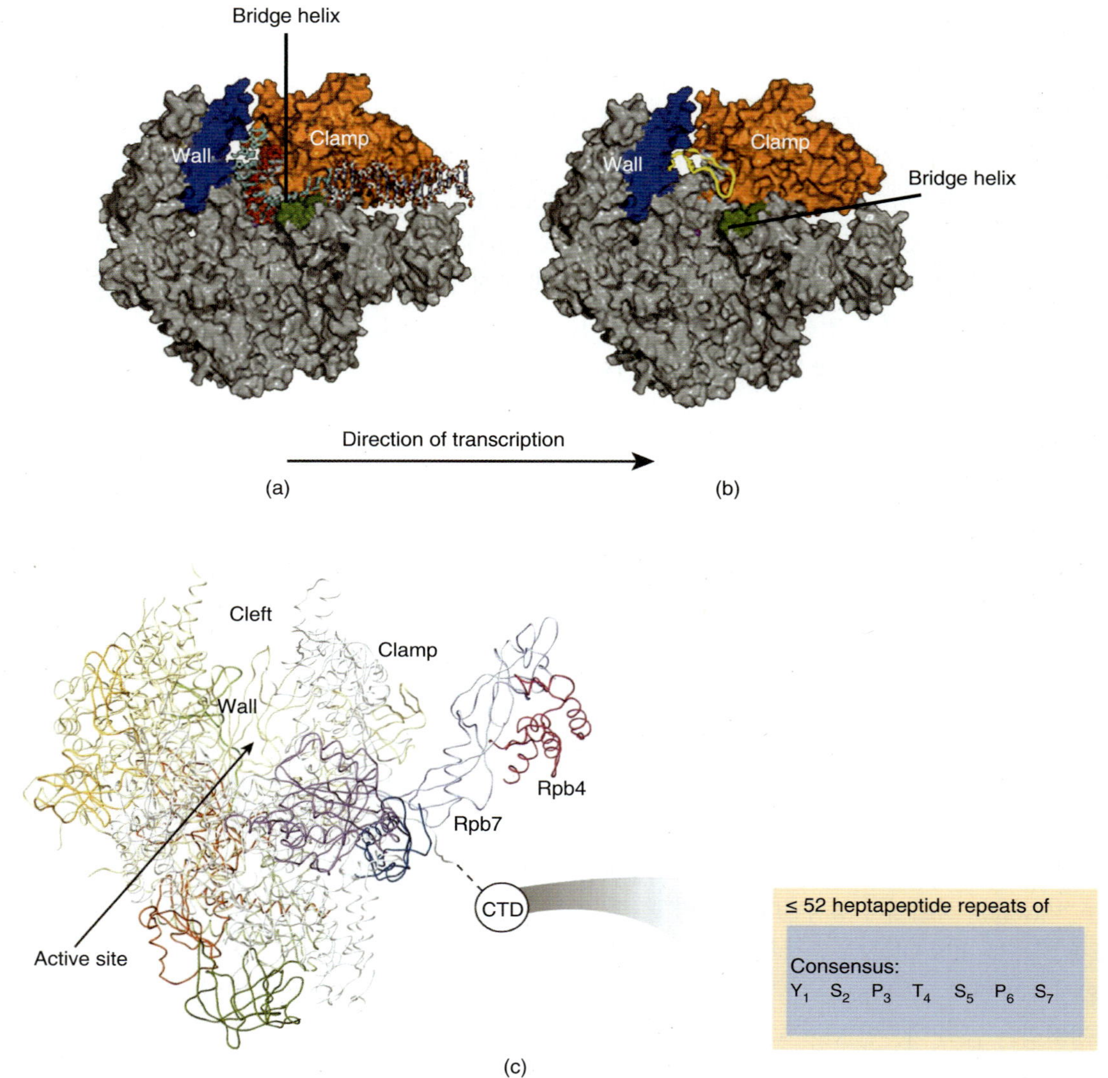

그림 9.8 RNA 중합효소 II 구조의 여러 측면들. (a) 전사 중인 RNA 중합효소 II(RNA pol II) 복합체의 활성 중심 틈을 보여주기 위해서 간단히 표시한 원자 모형의 표면을 나타낸 것. 본문에서 설명한 특징은 다음과 같다: 집게(clamp), 주황색; 벽(wall), 푸른색; 다리나선(bridge helix), 녹색; 활성 중심의 Mg^{2+} 이온, 분홍색; 중합효소의 나머지 부분, 회색; 주형 DNA, 청록색; 그리고 RNA, 빨간색. (b) RNA pol II–TFIIB 복합체. 노란색의 TFIIB 골격 모형과 함께 나타냈다. (출처: Reprinted from: Boeger et al. 2005. *FEBS Letters* 579:899–903. © 2005 John Wiley & Sons.) (c) 효모의 완전한 RNA pol II에 대한 리본 모형을 앞에서 본 것. 구조를 표시하지 않은 RNA pol II의 C-말단 영역(CTD)은 점선으로 표시했다. (확대 그림) 7 펩티드 반복서열의 공통 서열. 2번과 5번 세린은 주된 인산화 잔기이다. (출처: Adapted from Cramer. 2004. *Current Opinion in Genetics and Development* 14:218–226, © 2004 Elsevier.)

CTD가 반드시 다시 탈인산화되어야 한다.

비록 RNA 중합효소가 RNA 합성에 능숙하다고는 해도, 유전자의 프로모터로 이들을 안내하기 위해서는 일반 전사 인자로 불리는 다른 단백질이 더 필요하다. 이제 일반 전사 인자가 RNA 중합효소 II와 상호작용하여 전개시 복합체를 형성하는 방법에 대해 자세히 살펴보도록 하자.

일반 전사 인자들과 전개시 복합체의 형성

세균의 RNA 중합효소가 프로모터를 인식하기 위해서는 시그마 인자만 있으면 된다(8장 참조). 대조적으로, 고세균과 진핵생물은 여러 인자를 요구한다. 일반 전사 인자는 '시험관 내에서 전통적인 TATA 박스와 강한 개시자(initiator, Inr) 요소 상에서 RNA pol II의 전사가 올바르게 시작될 수 있도록 하는 데 필요한 인자들'이라고 생화학적으로 정의되어 왔다. 결정학 연구는 전사가 개시되는 동안 일반 전사 인자의 작은 영역이 RNA pol II의 "구멍들"로 들어가 이 효소의 기능을 조정할 수 있음을 시사한다. 일반 전사 기구의 조립은 매우 질서 정연한 단계로 이루어진다(그림 9.9).

TFIID의 결합으로 다른 일반 전사 인자와 RNA pol II가 프로모터에 결합할 수 있는 플랫폼이 만들어진다. 시험관 내에서는, 이 단백질이 다음과 같은 순서로 프로모터에 조립된다: TFIIB가 붙고; 매개자 단백질 같은 다른 단백질과 복합체를 이룬 RNA pol II과 함께 TFIIF가 오며; 그 다음에는 TFIIE와 TFIIH가 RNA pol II의 하류 쪽에 결합한다. 어떤 경우에는 TFIIA가 TFIIB에 앞서 결합하여 복합체의 안정성에 기여한다. TFIIA와 그 소단위체인 TFIJ는 시험관 내의 전개시 복합체 형성과 전사 개시에는 절대적으로 필요한 것이 아니므로, 보통 일반 전사 인자로는 생각되지 않는다. TFIID와 기타 일반 전사 인자로는 일부 핵심 프로모터에서 전사를 일으키기에는 충분하지 않다는 것을 알아야 한다; 다른 인자가 더 요구될 수 있다(표 9.2 참조). 이제 TFIID가 핵심 프로모터와 어떻게 상호작용하는지 좀 더 자세히 살펴보자.

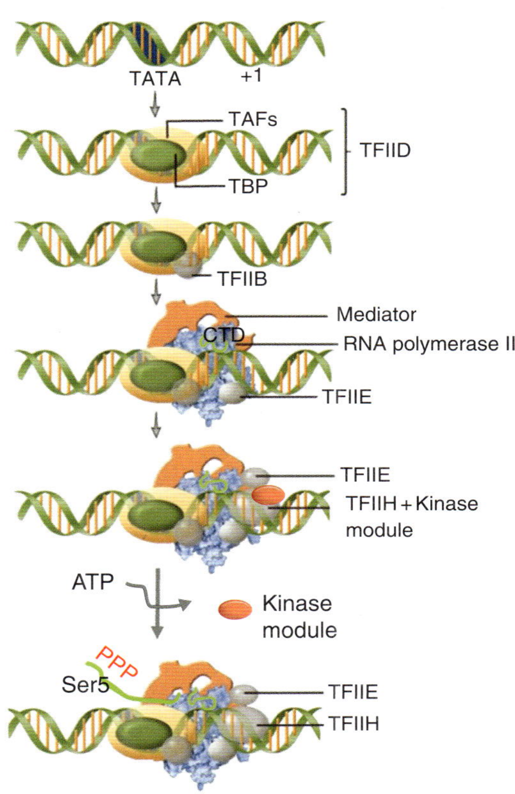

그림 9.9 RNA 중합효소 II의 전사를 위한 안정적인 전개시 복합체의 조립.

TFIID는 전사 기구의 나머지 인자를 끌어들인다 주형 DNA와 결합하는 첫 번째 일반 전사 인자는 TFIID이다(그림 9.9 참조). TFIID는 **TATA-결합 단백질(TATA-binding protein, TBP)**과 **TBP-연관 인자(TBP-associated factors, TAFs)**로 구성된 복합체다. TBP는 서열 특이적 DNA-결합 단백질로, TATA 박스 및 몇몇 다른 핵심 프로모터 요소를 인식한다. TBP는 진화적으로 매우 보존되어 있으며, 진핵생물의 세 가지 주요 RNA 중합효소에 의한 전사에 필요한 것으로 보인다. TBP의 모양은 놀랍다. 이 단백질은 DNA의 부홈(minor groove)에 말안장처럼 올라앉은 역평행한 β-판을 포함하고 있어서 DNA를 굽어지게 한다(그림 9.10). 전사 인자와 DNA 사이에서 가장 흔한 인식 모티프는 단백질의 α-나선 영역과 주홈(major groove) 나의 염기쌍이다(8장 참조). TBP는 이런 일반적인 규칙에서 확실히 벗어난다. TBP의 "안장"에서 좌석은 닮은 단백질-단백질 상호작용 자리로서, TAFs와 일반 전사 인자가 결합한다.

핵심 프로모터에 TFIID가 붙는 것은 전사를 조절할 수 있는 활성자나 염색질 재구성 인자가 얼

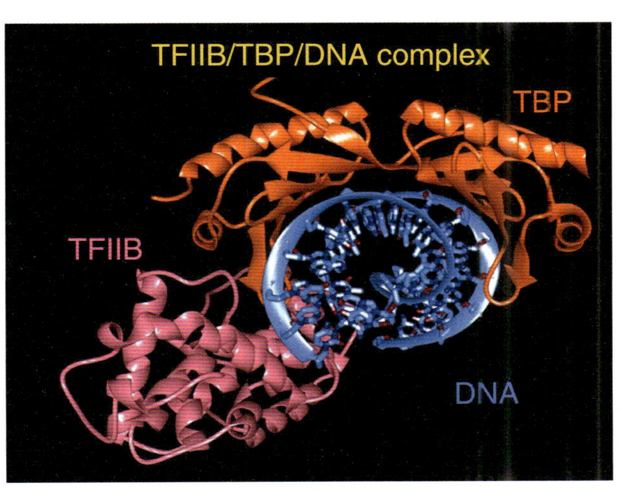

그림 9.10 DNA에 결합한 TBP. TATA-결합 단백질(TBP)의 안장형 구조가 DNA의 TATA 포함 서열에 결합해 있다. 이것이 DNA를 풀어 급격히 꺾는다. TAF는 TBP-연관 인자(TBP-associated factor)이다. (출처: Image courtesy of Song Tan, Pennsylvania State University.)

마나 빨리 결합할지를 결정하는 핵심적인 속도 조절 단계이다. 전사 개시는 또한 핵심 프로모터에서 전개시 복합체가 얼마나 빨리 형성되느냐에 따라서도 조절될 수 있다. 다세포성 진핵생물은 몇 가지 서로 다른 TBP-유사 인자와 조직 특이적 TAFs을 사용함으로써, 서로 다른 프로모터에서 작동할 수 있는 다수의 연관된 TFIID 복합체를 진화시켰다. 적어도 13개의 진화적으로 보존된 TAF가 있으며, 다른 TFIID 복합체에는 일반적으로 각각 2개의 사본으로 존재하는 6개의 TAF 세트가 포함된다. 이러한 TAF들은 특수 전사 인자의 trans-활성화 영역과 상호작용한다. 예를 들어, 전사 인자인 Sp1에서는 글루타민이 많은 트랜스 활성화 영역이 TAF4에 결합한다.

TFIIB는 프로모터 상의 복합체 방향을 결정한다 TFIID가 결합하자마자 TFIIB가 점점 커지는 조립체에 결합한다(그림 9.9 참조). TBP가 결합하는 TATA 박스 프로모터 요소는 대략 2중 회전 대칭 구조를 가진다(표 9.2 참조). TBP는 이론적으로 DNA 이중나선의 양가닥 상에서 이쪽 혹은 저쪽 방향으로 배열될 수 있다. 그러나 TFIIB의 결합은 특이적인 단백질-단백질 상호작용과 단백질–DNA 접촉을 통해 복합체의 방향을 결정한다. TFIIB는 TBP의 단 한쪽 말단에만 결합하며, 동시에 TATA 모티프에 이어지는 GC가 많은 DNA 서열에 결합한다. 이 TFIIB-TBP-DNA 복합체는 RNA pol II에 의한 전사 시작 방향을 알리는 지표이며, DNA 이중나선의 어느 가닥이 주형이 될지 알려 준다. TFIIB의 N-말단에 있는 "아연 리본(zinc ribbon)" 영역은 시스테인이 많고 아연과 결합된 부분으로, RNA pol II와 결합하므로 중합효소를 불러오는 데 필수적이다. 이로 인해 개시 복합체는 RNA pol II 표면의 한 지점으로 이동되는데, 여기서부터 DNA가 직선 경로를 따라 활성자리로 이동한다. TATA 박스로부터 전사 개시 부위(+1)까지의 거리가 보존되어 있어서, 개시자리는 중합효소의 활성 중심부에 정확하게 위치한다. 이렇게 되어도 아직은 전사를 시작할 준비가 된 것은 아니다. 부가적인 인자가 점차 커지는 이 조립체에 더해져야 한다.

TFIIE, TFIIF 그리고 TFIIH가 전사 기구에 결합한다 RNA pol II 위로 프로모터가 자리를 잡기 위해서는 TFIIF도 역시 필요한데, 이것은 중합효소와 단단한 복합체를 형성한다(그림 9.9 참조). TFIIB와 핵심 프로모터 DNA, 그리고 TFIIF가 점차 커지는 조립체로 들어오면, 이제 TFIIE가 결합할 수 있게 되고, 여기에 TFIIH가 소환된다. TFIIH는 일반 전사 인자 중에서 가장 복잡한 복합체이다. 이것은 기능이 매우 다양한데, 전사에서 뿐만 아니라 DNA 수리에서도 작용했음을 기억할 것이다(7장 참조). TFIIH는 적어도 10개의 다양한 기능을 가지는 폴리펩티드 소단위체를 포함한다. 여기에는 **사이클린-의존성 단백질 인산화효소-7(cyclin-dependent protein kinase 7**, CDK7)과 사이클린 H가 포함된 **인산화효소 단위(kinase module)**, 5′ → 3′ **나선효소(helicase)**, 3′ → 5′ 나선효소, 2개의 아연 손가락 단백질(zinc finger proteins) 그리고 고리 손가락 단백질(ring finger protein)이 포함된다. TFIIE는 전개시 복합체 속의 TFIIH에서 인산화효소 단위를 고정하는 데 필요하다. ATP(아데노신 삼인산)가 있으면, RNA 중합효소 II는 DNA를 열기에 앞서 CTD의 Ser5가 인산화되고 인산화효소 단위가 프로모터 영역에서 방출된다(그림 9.9 참조). 전개시 복합체가 처음 발견되었을 때, 연구자들은 **매개자(mediator)**라고 불리는 핵심 성분을 빠뜨렸었다. 이 복합체의 기능은 무엇일까?

매개자: 분자 교량

매개자는 약 25~30개의 단백질로 이루어진 1 MDa이 넘는 무게의 복합체이다. 그것은 RNA 중합효소 II의 CTD와 결합하는 보존된 영역과, 핵심 프로모터로부터 멀리 떨어진 영역에서 전사 인자와 상호작용하는 다양한 단백질 소단위체를 가진다. 보존되어 있지 않은 이 소단위체는 프로모터, 프로모터 근접요소, 인핸서와 사일런서 등 여러 DNA 요소에서 전사 인자와 결합할 수 있다. 매개

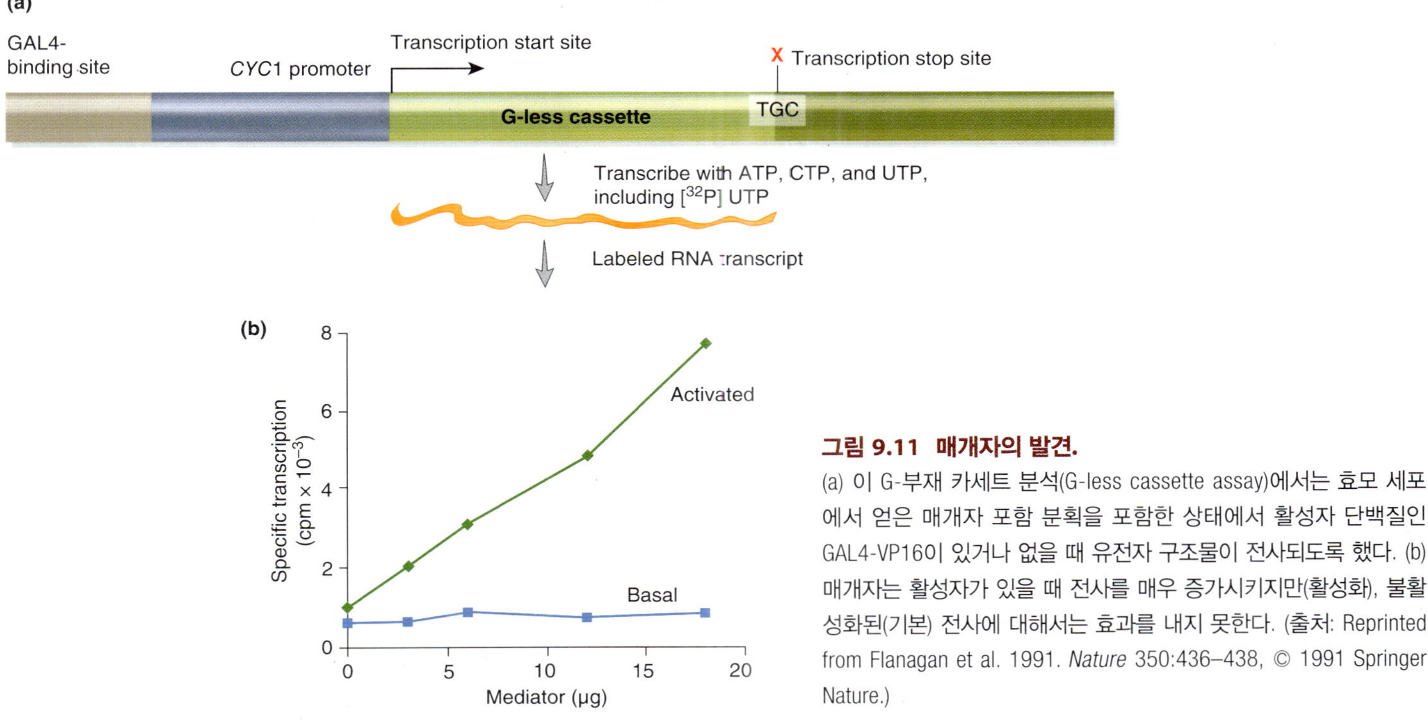

그림 9.11 매개자의 발견.
(a) 이 G-부재 카세트 분석(G-less cassette assay)에서는 효모 세포에서 얻은 매개자 포함 분획을 포함한 상태에서 활성자 단백질인 GAL4-VP16이 있거나 없을 때 유전자 구조물이 전사되도록 했다. (b) 매개자는 활성자가 있을 때 전사를 매우 증가시키지만(활성화), 불활성화된(기본) 전사에 대해서는 효과를 내지 못한다. (출처: Reprinted from Flanagan et al. 1991. *Nature* 350:436–438, © 1991 Springer Nature.)

자는 어떻게 발견되었을까?

최소한의 일반 전사 인자 세트와 정제된 핵심 RNA pol II를 이용하면 시험관 내 전사 분석(*in vitro* transcription assay)을 수행할 수 있다. 그런 분석에서는 RNA pol II와 그 연관 인자가 낮은 수준의 전사를 촉진할 수 있으므로, 기본적인 전사(basal transcription)라고 불린다. 그러나 이런 조건에서는 RNA pol II가 생체 내에서처럼 전사 개시의 빈도나 유전자 활성을 증가시킬 수 있는 전사 활성자에 대해 반응하지 않는다. 이런 관찰을 바탕으로, Roger Kornberg와 동료들은 활성자에 반응하는 전사에는 추가적인 인자가 필요하다는 최초의 증거를 제시하였다(그림 9.11). 실험을 위해, Kornberg와 동료들은 G 부재 카세트 분석(G-less cassette assay)이라고 불리는 약간 변형된 런-오프 분석(run-off assay)을 이용하였다(그림 9.4 참조). 그들은 효모의 *CYC1* 프로모터를 GAL-4 결합자리의 아래쪽 하류, G-부재 카세트의 상류에 위치시켰다. 따라서 G-부재 카세트의 전사는 *CYC1* 프로모터와 CAL4 전사 인자 모두에 의존적이다.

런-오프 분석에서처럼 제한효소로 주형 DNA를 자르는 대신에, 비주형가닥에 구아닌이 없는 일련의 뉴클레오티드를 프로모터 하류에 삽입했다. CTP, ATP, 그리고 UTP 중 하나를 표지하여 첨가한 상태에서 이 주형을 전사시켰지만, GTP는 넣지 않았다. 이 원리는 다음과 같다: 전사로 인해 카세트 말단의 첫 번째 G가 필요한 곳에서 중지되어 예측 가능한 크기의 전사체를 생성하면 방사성 표지의 양을 측정할 수 있다. 더 많은 전사물이 생성될수록 ^{32}P-UTP가 더 많이 포함되고 분당 방사성 방출량(cpm) 수가 증가한다(13장 참조). 그림 9.11의 그래프를 살펴보면, 매개자는 활성자가 있을 때 전사를 크게 자극하지만 활성화가 발생하지 않는(기본) 전사에는 영향을 미치지 않는다는 것을 알 수 있다.

Kornberg와 연구자들의 발견에 의해서, “매개자(Mediator)”는 분자 교량으로서 인핸서나 다른 원거리 조절 요소에 결합한 전사 활성자를 RNA pol II와 연계시킨다는 결론이 얻어졌다(그림 9.12). 단순히 고정된 발판 역할을 하는 다리가 아니라 형태를 바꾸는 다리인 접이식 다리(도개교)처럼 작용한다. 구조적 유연성으로 인해 매개자는 광범위한 조절 신호를 통합하여 전송할 수 있다.

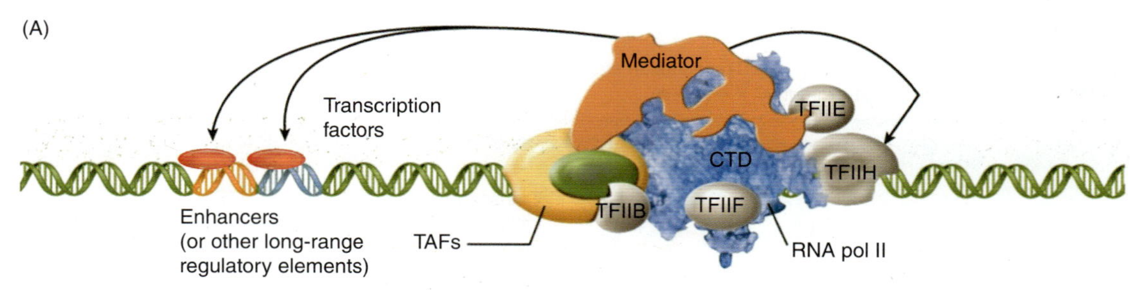

그림 9.12 분자 교량 역할을 하는 매개자. 매개자는 다양한 전사 인자의 트랜스 활성화 영역과 RNA 중합효소 II 사이에서 분자 교량으로 작용한다.

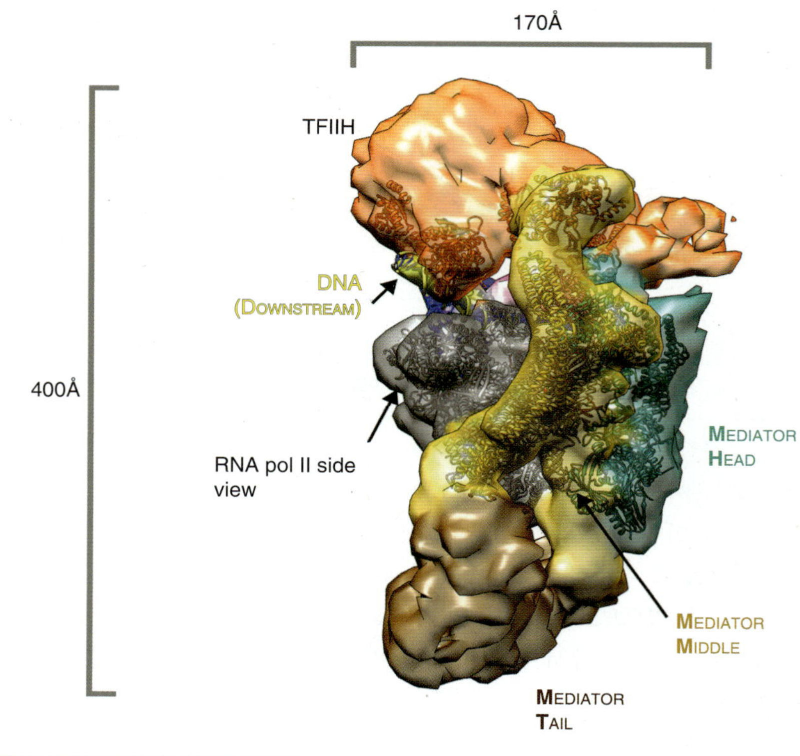

그림 9.13 초저온전자현미경법으로 분석한 매개자-전개시 복합체의 구조. (출처: Reprinted from Robinson et al. 2016. *Cell* 166:1411–1422. © 2016 Elsevier.)

매개자의 복잡한 구조는 이러한 기능의 다양성을 반영한다. 매개자의 머리 부분과 중간 단위는 필수적인 매개자 핵심부를 형성하며, 꼬리 부분과 인산화효소 단위는 조절 역할을 맡는다. 중간 및 머리 단위는 "hook", "knob", "tooth" 및 "movable jaw"와 같은 생생한 이름을 가진 영역으로 더 세분화된다(그림 9.13).

매개자는 시험관 내에서 핵심 프로모터로부터 RNA pol II가 기본적인 전사를 하는 데는 필요하지 않으므로, 일반 전사 인자로 분류되지는 않는다. 이것은 종종 공동활성자(co-activator)로 불리기도 한다; 그러나 이런 분류는 매개자가 전개시 복합체의 한 성분이고 여러 개의 매개자 소단위체가 거의 모든 유전자들의 전사에 필요하므로 잘못된 호칭이다. 매개자는 전개시 복합체 조립을 촉진하는 것 외에, TFIIH의 인산화효소 활성에 의한 CTD의 인산화를 자극한다. 매개자는 효모에서 포유류에 이르기까지 진핵생물들에서 공통적으로 발현된다. 효모에는 그러한 복합체가 하나뿐이지만, 다세포 진핵생물에는 여러 개의 관련 복합체가 존재한다. 대부분의 매개자 복합체는 전사의 공동활성자로 작용한다. 그러나 전사를 억제하는 매개자 복합체뿐 아니라, 억제자와 활성자 모두로 작용하는 것으로 보이는 매개자 복합체가 적어도 한 가지 이상 존재하는 것으로 보인다. RNA 중합효소 II와 일반 전사 인자는 세균에서도 이에 상응하는 요소가 있음을 상기해 보자(8장 참조). 그러나 매개자는 진핵생물에 고유한 것이다.

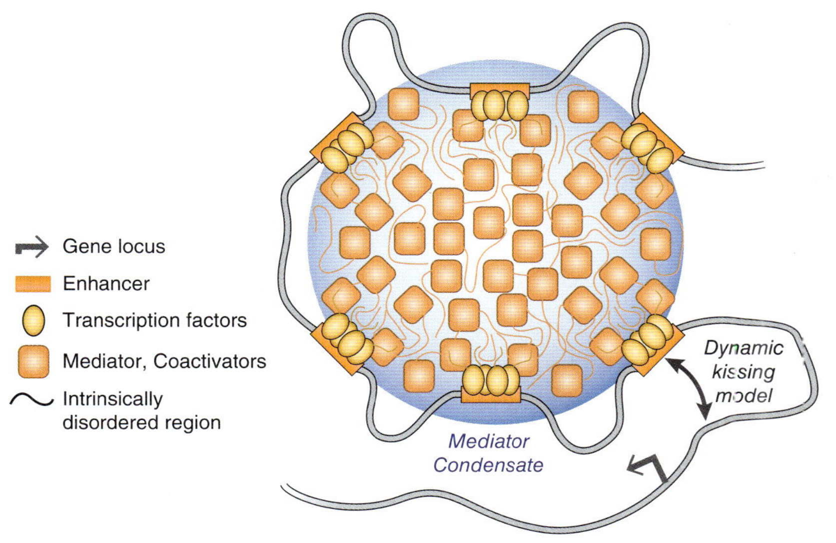

그림 9.14 매개자와 공동활성자의 상 분리는 전사 기구를 구획화하고 집중시킨다. DNA의 구부러짐과 함께, 매개자 덩어리와 활발히 전사되는 유전자 사이의 역동적 상호작용을 통해 인핸서들과 프로모터가 원거리에서 상호작용할 수 있다고 제안하는 "접촉" 모형에 대한 설명. 상 분리는 부분적으로 단백질의 내재적 무질서 영역이 상호작용함으로써 이루어진다. (출처: Modified from Cho et al. 2018. *Science* 361:412–415; and Sabari et al. 2018. *Science* 361:379.)

슈퍼-인핸서 및 상-분리 그림 9.12는 매개자가 도개교 역할을 하는 간단한 그림을 제공하지만, 이것만으로는 그 작동 방식에 대해 전혀 알 수 없다. 그렇다면 프로모터와 인핸서의 시/공간적 상호작용은 어떻게 발생할까? 이 문제를 설명하기 위해 수년 동안 여러 가지 메커니즘이 제안되어 비교되었다. 우리는 이미 세균의 프로모터와 다른 조절 영역 사이에서 발생하는 단거리의 고리화 유형을 이미 살펴보았다(8장 참조). 진핵생물의 경우 장거리 상호작용이 어떻게 발생하는지 설명하기 위한 더 정교한 다른 메커니즘이 탐색되었다. 예를 들어, 전사 기구가 인핸서에서 전사 인자에 결합할 수 있으며, 이때 RNA 중합효소는 인핸서를 끌어당기면서 DNA를 따라 이동할 수 있다. 다른 방식으로는, 서로 상호작용하는 다수의 전사 인자가 인핸서와 프로모터 사이에 사슬을 형성할 수 있다는 것이다. 또 다른 모형은 고리 형성과 당기며 이동하기 및 사슬 형성 방식을 통합한 것이다. 이제 연구자들은 **상 분리(phase separation)**와 전사 조절 사이에서 잠재적인 연결 고리를 찾고 있다. 무질서한 성질의 단백질 영역 사이에서 다수의 저-친화성 상호작용으로 생기는 상-분리 용액 방울은, 세포 내의 생화학적 반응을 구획화하여 농축시킬 수 있는 수단을 제공한다는 사실을 기억할 것이다(4장 참조). 포유류와 효모에서, 전사 인자의 활성화 영역은 매개자와 상-분리 축합물을 형성하여 유전자 발현을 촉진한다. 매개자 및 RNA 중합효소 II는 상 분리된 액체 방울 같이 크고 안정적인 클러스터에 공존하는 것으로 나타났다. 또한, 슈퍼-인핸서에는 매개자의 밀도가 높았다. 이러한 관찰을 통해서, 연구자들은 슈퍼-인핸서에 의해 조절되는 유전자의 활성적 전사에 매개자 클러스터의 역동적 접촉(dynamic kissing model)이 필요하다고 제안하게 되었다(그림 9.14).

마지막으로, 핵심 프로모터, 일반 전사 인자 및 RNA 중합효소 II가 매개자와 연합하여 모든 요소가 결합하면, 전개시 복합체가 완성되고 전사 준비가 완료된다(그림 9.9 참조). 다음에는 어떤 일이 발생할까?

전사의 개시

새로운 생화학적 자료 및 전자현미경 자료들과 더불어, 전체 RNA 중합효소 II에 대한 결정학적 모형은 분자생물학자에게 전사 개시 과정에 관한 신선한 통찰을 제공해 주었다. 결론적으로, 중합효소가 작동하려면 시간이 필요하다. 개시 과정은 몇 단계로 나뉘는데, 프로모터의 풀림(promoter melting), 불완전 전사 개시(abortive initiation), 프로모터 탈출(promoter escape), 일시중지(pausing) 및 중지 해제(pause release)가 포함된다(그림 9.15).

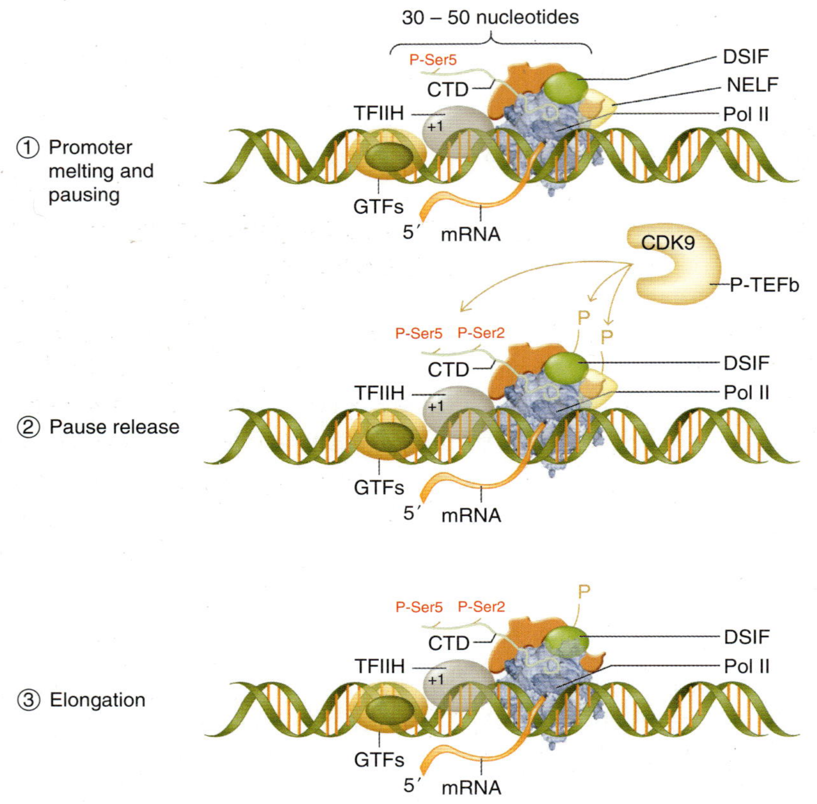

그림 9.15 전사 개시.

(1) 프로모터 풀림과 중지. TFIIH의 인산화 모듈에 있는 CDK7에 의해 CTD의 Ser5가 인산화된 후, RNA 중합효소 II(Pol II)는 전사 개시 자리 (+1)의 30−50 nt 하류에서 중지한다. 이런 중지는 DRB 감수성 유도 인자(DSIF)와 반 신장 인자(NELF)의 소집에 의해 발생하며, 전사 개시 자리에 위치한 뉴클레오솜에 의해서도 중지가 촉진된다. (2) 중지 해제. P-TEFb의 일부인 CDK9은 DSIF, NELF, 그리고 CTD의 Ser2를 인산화하여 RNA 중합효소 II가 중지 상태에서 벗어나게 한다. 인산화된 NELF는 RNA 중합효소 II로부터 분리된다. (3) 신장. 인산화된 DSIF는 신장 중인 RNA 중합효소 II와 연결된 상태이다. GTF는 일반 전사 인자이다. (출처: Redrawn from Coin and Egly. 2015. *Molecular Cell* 59:513–514.)

프로모터 풀림: TFIIH는 나선효소 활성을 가진다

프로모터 풀림, 즉 이중가닥의 DNA가 풀리기 위해서는 ATP의 가수분해가 필요하다. 모든 진핵생물에서 프로모터의 풀림은 TATA 박스의 약 20~30 bp 하류에서 시작되며, 세균의 RNA 중합효소(8장 참조)에서처럼, 닫힌 복합체가 열린 복합체로 바뀐다. 풀린 후 TFIIF가 비주형가닥을 포획하면, 주형가닥은 RNA 중합효소 II의 활성자리로 내려간다(그림 9.9 참조). TATA 박스와 전사 시작 부위 사이의 거리에 따라, RNA 중합효소 II는 전사를 시작하기 전에 더 검색하는 것으로 생각된다. TFIIE 및 TFIIH는 모두 프로모터 열림에 관여하는 반면, TFIIK는 프로모터 검색을 담당하는 것으로 생각된다. 또한, RNA 중합효소 II 틈에서 DNA의 비틀림은 프로모터 DNA의 열림에 기여한다.

초기의 연구자들은 TFIIH가 ATP-의존성 헬리케이즈 활성을 가지고 있음을 입증했다. 전통적인 실험 방법을 통해, 연구자들은 효모의 TFIIH(RAD25라고도 함)를 과발현시켜 복합체를 거의 순수하게 정제한 다음, 이 단백질이 시험관 내에서 나선효소 활성을 가짐을 보여주었다(그림 9.16). 이 간단하지만 우아한 실험에서는, 표지된 41 nt 단일가닥 DNA 조각이 훨씬 더 큰(>7000 nt) 표지되지 않은 M13 파지 DNA의 상보적 영역에 혼성화되었다. 그런 다음, 이 기질을 ATP를 넣거나 넣지 않은 채 효모 TFIIH와 함께 또는 이 단백질 없이 항온시켰다. 연구자들은 단백질이 DNA 나선효소 활성을 가진다면, 부분 이중가닥을 풀어 파지 DNA에서 표지된 41 nt의 DNA를 방출할 수 있을 것이라고 예측했다. 그런 다음, 41 nt의 DNA는 젤 전기영동을 통해 혼성체(>7000 nt)와 구별될 수 있을 것이다. 그림 9.16의 결과를 살펴보자. 레인 4와 5는 ATP가 존재하는 것으로, 효모 TFIIH의 양이 증가하면 혼성화가 풀린다는 것을 보여준다. 이 레인에 여전히 >7000-nt 밴드가 있는 이유는 무엇일까? 나선효소 반응에서는 단백질의 양이 제한되어 있으므로, 시험관 내에서 100% 효율적이지 않았을 가능성이 크다. 결론적으로, TFIIH는 나선효소 활성을 가진다.

불완전 개시 및 프로모터 탈출 RNA 중합효소 II가 이동함에 따라서, DNA 가닥이 분리되어 전사 버블(transcription bubble)이 형성된다. 프로모터가 풀리기 시작할 때, TFIIH는 7~9 bp가 풀리도록 한다. 그 후, 전사 버블은 약 18~25개의 뉴클레오티드로 풀린다. 불완전 개시 기간에는, 중합효소가 일련의 짧은 전사체들을 합성하지만, 곧 정지하며 프로모터 영역을 벗어나지 않는다. TFIIB는 전사 버블 내에서 두 DNA 가닥에 모두 접촉하여 전사 복합체를 안정화한다. 약 18개 염기쌍이 풀리고 RNA가 적어도 7개 뉴클레오티드 길이가 될 때까지 버블은 하류로 확장된다. 이 지점에 도달하면 버블의 상류 염기들이 재결합한다. 버블의 붕괴는 TFIIH 나선효소가 더이상 필요

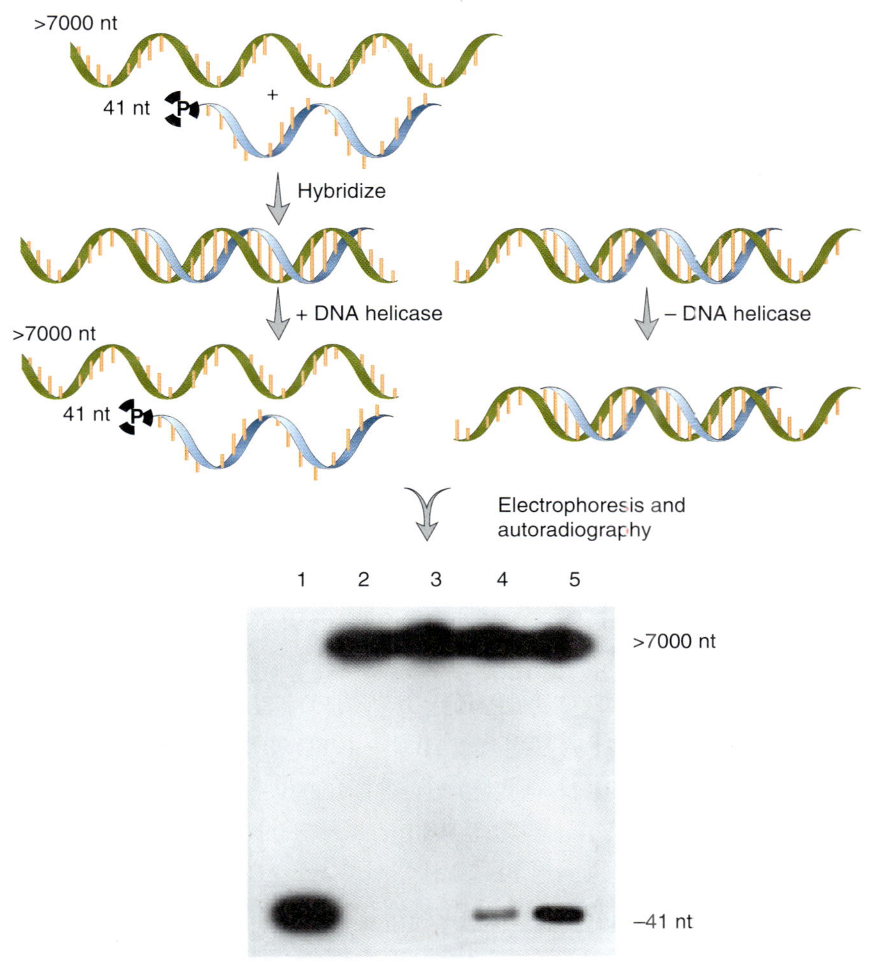

그림 9.16 TFIIH의 나선효소 활성.
DNA 나선효소 활성이 부분적 이중체를 풀어 7000 nt 이상의 파지 DNA로부터 표지된 41 nt DNA가 분리되게 한다. 1번 레인은 열로 변성된 41-nt DNA(크기 표준자)이고; 2번 레인에는 단백질이 없다(음성 대조군); 3번 레인에는 ATP가 없는 상태로 20 ng의 RAD25를; 4번 레인에는 ATP를 첨가한 10 ng의 RAD25를 넣었다; 5번 레인은 ATP가 추가된 20 ng의 RAD25이다. (출처: Reprinted from Guzder et al. 1994. *Nature* 369:578–581, © 1994 Springer Nature.)

하지 않음을 나타낸다. 결국, 여러 차례의 전사 실패 후에 10개 이상의 뉴클레오티드 전사체가 프로모터 탈출을 일으킨다. TFIIB-결합 부위가 RNA 출구 부위와 겹치므로, 길이가 약 10개보다 큰 RNA가 합성되면 RNA 중합효소 II로부터 TFIIB가 분리된다.

프로모터 탈출, 전사 일시중지 및 일시중지 해제 프로모터 탈출을 위해서는 RNA 중합효소 II의 CTD가 인산화되어야 하는데, 7개 아미노산이 반복된 서열 여러 곳에서 발생한다. 프로모터 상의 RNA 중합효소는 먼저 TFIIH 매개성 인산화에 의해 활성화되어 DNA 주형과 결합하여 짧은 RNA를 전사할 수 있다. 그러나 중합효소는 전사 개시 부위의 약 30–80 bp 하류에서 일시적으로 중지한다. RNA 중합효소 II가 중지하는 이유는 무엇일까? 한 모형에 따르면, 신장을 방해하는 인자에 의한 중지 현상은 중합효소가 안정된 양으로 축적되어 자극에 반응하여 빠르게 유전자를 활성화할 수 있게 한다. 일례로, 초파리(*Drosophila*)의 열 충격 유전자에 관한 연구에서는, 초기 신장에서 RNA 중합효소 II의 일시중지가 유전자 조절에 중요한 역할을 한다는 것이 처음으로 밝혀졌다. RNA 중합효소 II는 열 충격 전에 RNA의 25~50개 뉴클레오티드를 합성한 다음 일시중지한다. 열 충격은 중합효소를 빠르게 활성화시켜 전사를 개시하도록 한다. 열 충격에 대한 신속한 반응을 촉발하는 것 외에도, 중합효소의 일시중지는 뉴클레오솜이 프로모터 영역에서 재조립되는 것을 방지하는 데 도움을 준다. 그러나 그렇게 간단하지 않을 수도 있다. 수정된 모형에 따르면, 전사가 중지되면 전사를 시작한 중합효소 대부분이 빠르게 조기 전사 종결을 일으키고, 활성인 프로모터에서는 계속해서 빠르게 RNA 중합효소 II의 전환이 발생한다고 한다. 어느 경우든, 중지된 RNA 중합효소 II 복합체가 생산적인 신장 복합체로 전환되기 위해서는 RNA의 5′-캡핑(5′-capping)이 필요하다(RNA의 5′-캡핑은 11장에서 설명함).

신장

전사체 신장의 기본 과정은 여러 단계로 나뉜다: DNA 주형에 상보적인 NTP의 선택, 인산디에스터 결합의 형성, 그리고 RNA와 DNA의 자리 이동이다. 본질적으로, 전 과정은 8장에서 다룬 세균의 RNA의 전사에 관해 설명한 것과 같다; 그러나 세부 사항은 다른데, RNA 중합효소 II에 의한 전사에 관여하는 추가적 인자들 때문이다. 활성적인 전사는 전형적으로, 동시에 하나의 유전자를 전사하는 여러 개의 RNA 중합효소 II 복합체가 형성되게 한다. 단일 세포 RNA 서열화(14장 참조)에 의한 최근 발견은 포유류의 유전자 발현은 본질적으로 확률적이며, 유전자의 각 대립유전자로부터 뚜렷하게 RNA 전사체의 폭발적 생성("bursts")을 일으킴을 보여주었다. 핵심 프로모터 요소는 폭발의 크기에 영향을 미치는 반면, 폭발 빈도는 주로 인핸서에 의해 조절된다.

TFIIH에 의해 RNA 중합효소 II의 CTD "꼬리"가 과인산화되는 것은 중합효소를 활성화시켜 신장 단계로 들어가도록 하는 데 필수적이다. 어떤 인산화효소가 관여할까?

RNA 중합효소 II의 CTD 인산화 전사 개시에는 인산화되지 않은 CTD가 필요하지만, 신장에는 인산화된 CTD가 필요하다. RNA 중합효소 II에서, CTD의 인산화는 처음에는 TFIIH에 의해 매개되지만 곧 P-TEFb와 DYRK1A 등 다른 인산화효소들이 수행한다. P-TEFb는 CDK9과 사이클린 T1으로 구성되는데, 양성 전사 신장 인자 b(positive transcription elongation factor b)를 뜻하며, DYRK1A는 이중 특이성을 가진 타이로신 인산화효소(dual-specificity tyrosine-regulated kinase)를 의미한다. P-TEFb는 CTD를 과인산화하여 RNA 중합효소 II에 의한 mRNA 전사체의 신장을 자극한다. 인산화되면, CTD는 종결 과정 중에 mRNA 가공 인자와 결합할 수 있다. RNA 중합효소 II를 재사용하여 전사를 재개하기 위해서는 CTD가 반드시 탈인산화되어야 하는데, 이 반응은 탈인산화효소인 Fcp1d 의해 촉매된다. 그러나 인산화는 이야기의 일부일 뿐이다; 전사 중에는 반복서열의 7번째에 있는 비보존성 라이신과 아르기닌 자리가 아세틸화 및 메틸화된다. 게다가, 세포가 정상적으로 성장하기 위해서는 31번째 반복서열의 아르기닌 잔기가 시트룰린으로 바뀌어야 한다. 이런 변형 아미노산 잔기는 P-TEFb를 소환하여 RNA 중합효소 II를 중지된 신장 복합체로부터 빠져나오도록 하는 데 중요하게 작용한다.

사이클린 T1 및 DYRK1A의 내생적 무질서 영역인 히스티딘이 풍부한 도메인은 상 분리된 물방울의 형성을 촉진한다. CTD 역시 본질적으로 무질서하지만, 상-분리를 일으키지 않으며 사이클린 T1 방울 내에 갇혀 있다. 상 분리된 이런 기능 구획 내에서 과인산화 및 효율적인 신장이 보장된다. 신장하는 동안, 중합효소는 프로모터에서 멀어지기 시작한다. CTD에 인산염을 추가하면 RNA 중합효소 II가 개시에 사용되었던 대부분의 일반 전사 인자를 남기고 떠나는 데 도움이 된다. TFIID는 결합된 상태로 유지되어 새로운 전개시 복합체를 빠르게 형성할 수 있게 한다.

신장의 방법 일단 RNA 중합효소가 과인산화되어 신장이 확실시되면, 이것은 DNA를 풀어 RNA를 합성하며, 실수를 교정할 수 있다. RNA 중합효소 II와 연합하는 인자의 변화로 전사 개시에서 신장으로의 전이가 일어난 것을 알 수 있다. 일반적인 전사 신장 인자인 Spt4/5는 생명의 모든 영역에서 보존된 일반 신장 인자이며; 유전체 전체에 걸쳐 신장 중인 RNA 중합효소 II에 결합하는 Elf1가 있고; TFIIS는 RNA 중합효소 II에 결합하여 DNA 주형과 RNA 전사체를 터널 형태의 구조물로 감싼다(그림 9.17).

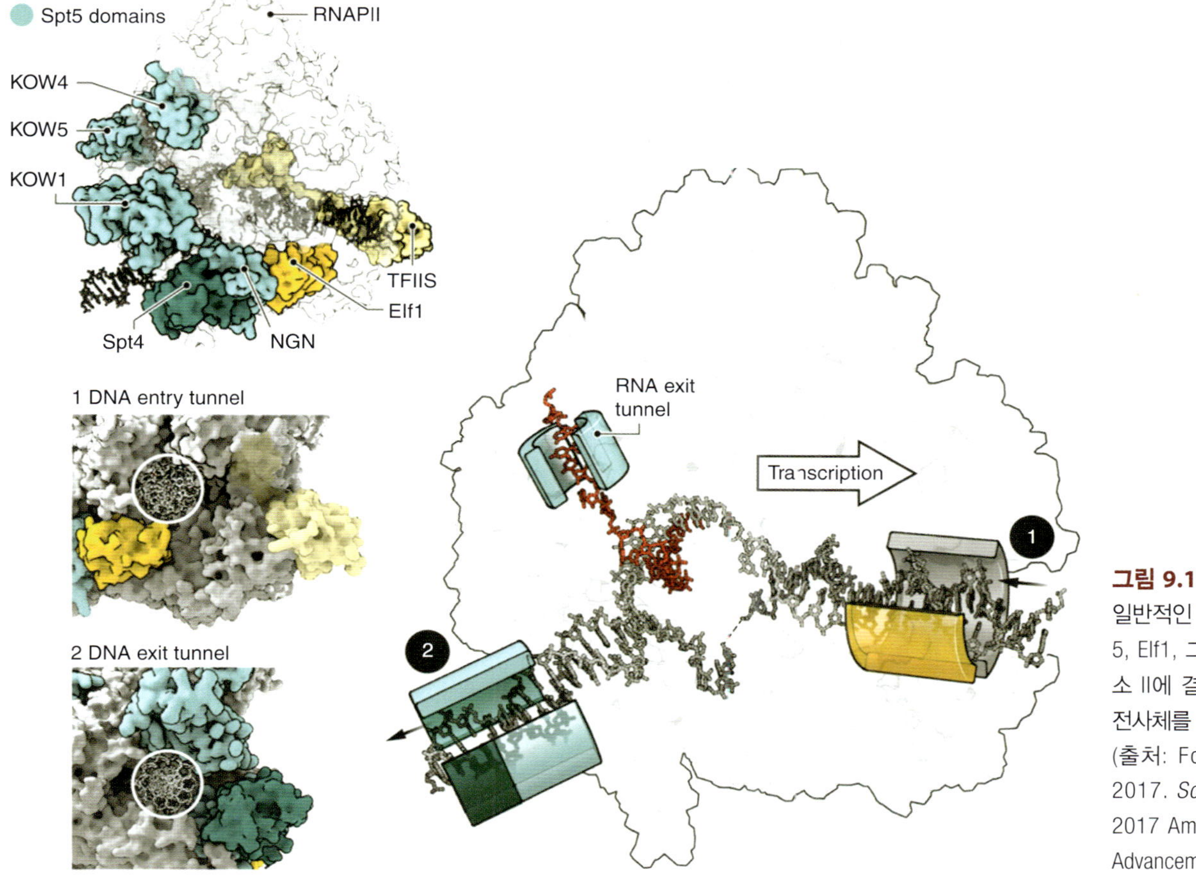

그림 9.17 전사 개시. 일반적인 전사 신장 인자들인 Spt4/5, Elf1, 그리고 TFIIS가 RNA 중합효소 II에 결합하여 DNA 주형과 RNA 전사체를 터널 구조로 감싼다. (출처: Fouqueau, T., Werner, F. 2017. *Science* 357:871–872. © 2017 American Association for the Advancement of Science.)

전사 신장은 RNA 중합효소 II가 프로모터에서 mRNA 합성을 개시한 후 유전자의 암호화 영역을 따라 이동하는 과정이다. 진입하는 (하류의) DNA는 중합효소의 활성자리 앞에서 풀리고 뒤에서는 다시 감겨 기존 (상류의) 이중가닥 형태를 형성한다. 풀리는 지역에서는 DNA 주형가닥이 자라나는 mRNA와 혼성 이중체를 형성한다. RNA 중합효소 II는 주형가닥이 NTP를 지정하는대로 선발한다. 하나의 NTP가 RNA 중합효소 II의 전사 복합체에 결합하여 주형 DNA와 염기쌍을 형성하는 것이 X-선 결정학을 통해 관찰된 바 있다. 이 결과는 뉴클레오티드가 선택되고 추가되는 네 단계 회로와 부합한다.

첫째, 들어오는 뉴클레오티드는 활성 중심 바로 아래의 진입부에 뒤집힌 방향으로 결합한다. 둘째, 그 NTP는 주형 DNA와의 올바른 결합과 리보스의 2′-OH가 없는 dNTP와 구별되는지 보기 위해 뉴클레오티드 첨가 부위로 돌아서 들어간다. 오직 올바르게 짝지어진 NTP들만 삽입 부위에 일시적 결합이 가능하다. 세 번째는 인산디에스테르 결합 형성이 일어나는 자리바꿈 전 단계이다. 네 번째로, 자리바꿈 단계(translocation step)가 발생하고 같은 과정이 반복된다. 자리바꿈 후의 복합체에서는 방금 RNA에 첨가된 그 뉴클레오티드가 다음 위치로 옮겨져 다음 뉴클레오티드가 들어오도록 A 자리가 열린 상태가 된다. 혼성 이중체의 상류서열 말단에서는 RNA pol II가 새로 생긴 RNA를 DNA로부터 분리시킨다. 전사 주기의 개시 및 개시 후 단계인 5′-일시중지 및 중지 해제, 신장 및 종결(11장에서 논의됨)은 유전자 발현 조절에 영향을 미칠 수 있다.

5′ 일시중지 부위를 지난 후, 유전자 내에서의 신장 속도는 유전자마다 10배 정도 다르게 진행된다. 신장은 천천히 시작되어 유전자 내에서 가속화된다. 신장 속도를 결정하는 메커니즘은 잘 알려지지 않았지만, 속도를 제한하는 사건 중 하나는 RNA 중합효소 II의 중단(arrest) 및 역추적

(backtracking)으로서, 효소가 불일치 뉴클레오티드를 잘못 통합하거나 DNA 결합 인자 또는 뉴클레오솜과 같은 장애물에 부딪힌 곳에서 발생한다.

교정 및 역추적

DNA 중합효소에서는 신장 중인 DNA 가닥이, 상당히 멀리 떨어져 있는 합성 활성자리와 교정을 위한 절단 활성자리의 사이를 오간다(6장 참조). 놀랍게도, RNA 중합효소 II에서는 신장 중인 RNA가 합성과 절단이 전환되는 단일 활성자리에 그대로 남아 있다. 신장 인자인 TFIIS와 결합한 RNA pol II에 대한 X-선 결정 분석은 중합효소가 mRNA 합성과 절단 사이에서 "바뀔 수 있는(tunable)" 활성자리를 가지고 있다는 생각을 지지해 준다(그림 9.18).

RNA 중합과 절단에는 모두 금속 이온 "A"(예, Mg^{2+})가 필요하지만, 다른 금속 이온 "B"와의 차별적 조합은 RNA 중합효소 II 활성을 중합에서 절단으로 변화시킨다(그림 9.18a와 b 비교). 이 모형에서는 RNA 중합을 위해서 금속 B가 기질인 NTP의 인산기에 결합한다. 교정 중에 절단이 일어나기 위해서는 활성 중심에 자리한 추가적 비결합 뉴클레오티드에 의해 금속 B가 결합된다. RNA 절단에 의해 금속 A에서 새로운 RNA 3′ 말단이 생겨나서 거기서부터 다시 중합이 지속될 수 있으므로, 변형이 가능한 중합효소의 활성자리는 효율적인 mRNA 교정을 가능하게 한다. 두 가지 형태의 교정 반응이 발생한다: 잘못 끼워진 뉴클레오티드가 추가된 직후에 제거되거나 잘못된 삽입이 발생하고, 한 뉴클레오티드 뒤에서 역추적이 일어나 2개의 뉴클레오티드가 잘리는 것이다.

mRNA가 신장되는 동안, RNA 중합효소 II는 효소의 역방향 이동 또는 "역추적(backtracking)"을 유발하는 DNA 서열을 만날 수 있다. 역추적 동안, RNA-DNA 염기쌍은 유지되지만 전사체의 3′ 말단은 짝을 형성하지 않고 활성 중심에서 돌출된다. 이것은 전사 억제(transcriptional arrest)로 이어질 수 있다. 억제에서 벗어나려면 TFIIS의 도움으로 돌출된 RNA를 절단해야 한다. RNA 중

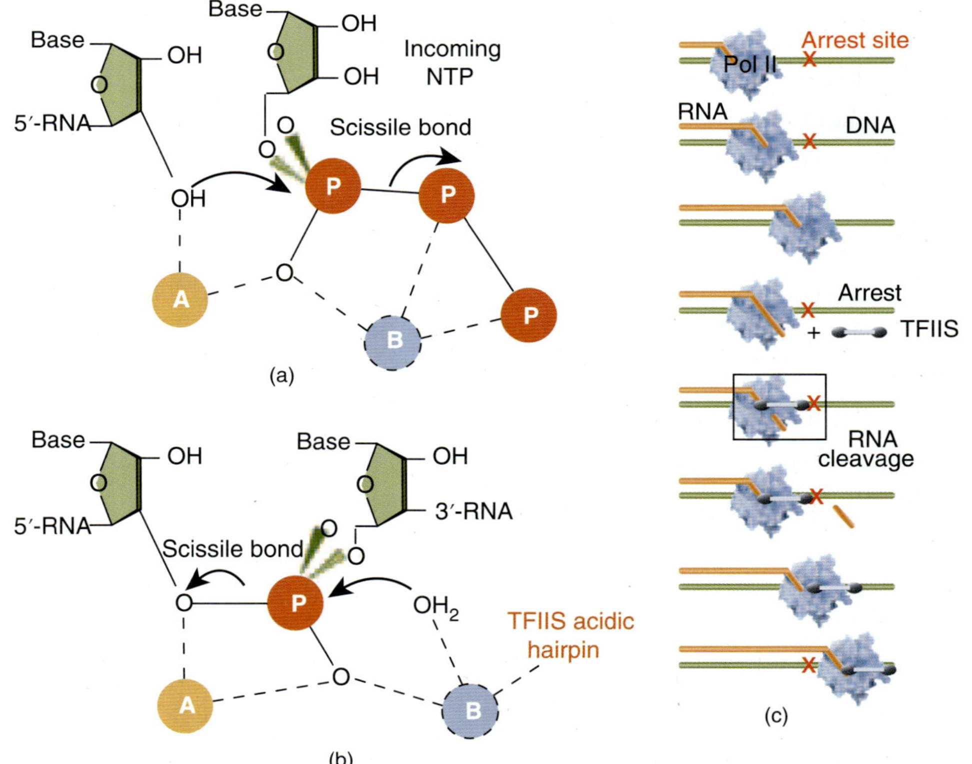

그림 9.18 조정 가능한 RNA 중합효소 II의 활성자리.
(a) RNA 중합 과정 동안 뉴클레오티드(NTP)가 삽입되는 방법에 대한 제안. (b) 역추적 동안 발생하는 TFIIS-매개성 RNA 절단 방법에 대한 제안. (c) TFIIS-매개성 mRNA 절단으로 억제된 RNA 중합효소 II가 해제되는 모형. 전사 중에 RNA 중합효소 II(푸른색)가 DNA(녹색)에서 중단 부위(붉은 X)를 만나면, 전사를 중지하고 역추적을 일으켜 전사 억제가 발생한다. 튀어나온 RNA(오렌지색)의 절단은 TFIIS(푸른 아령)에 의해 유도된다. 그러면 억제 지점을 지나 전사가 계속된다. (출처: Adapted from Cramer. 2004. *Current Opinion in Genetics and Development* 14:218–226, © 2004 Elsevier.)

합효소 II의 약한 뉴클레에이스 활성을 자극하기 위해, TFIIS가 활성 중심에 산성 β-머리핀 고리를 삽입하여 금속 B와 친핵성 물 분자를 배치함으로써 RNA를 절단할 수 있도록 한다고 생각된다. 역추적은 전사 시작 후 2 kb 이내에서 가장 자주 발생한다. RNA를 잘라 역추적에서 벗어나도록 하는 것은 5′ 일시중지 자리로부터의 탈출을 촉진하고 긴 전사체의 조기 종결을 방지한다. TFIIS에 의해 역추적 중인 RNA 중합효소 II를 구조하는 것이 전사 신장을 자극하는 주요 요인이다.

이제 전사의 전 과정에 익숙해졌으므로, 전사 인자가 개시 속도를 어떻게 증가 혹은 감소시킬 수 있는지 살펴보자.

9.5 유전자 발현 조절과 특수 전사 인자의 역할

전사 수준에서의 유전자 발현 조절은 일반적으로 전사 인자의 양이나 활성 변화를 통해 발생한다. 물론, 전사 인자를 암호화하는 유전자 자체도 다른 조절 단백질에 의해 전사가 유도되거나 억제될 수 있고, 전사 인자 자체도 단백질이 분해되거나 공유결합에 의한 변화, 혹은 리간드가 결합함으로써 활성화되거나 불활성화될 수 있다. 전사 인자는 근접 프로모터 요소, 인핸서, 사일런서 그리고 다른 원거리 조절 요소 및 기타 단백질과의 특수한 상호작용에 의해 특정 유전자를 활성화(활성자에 의해) 또는 억제(억제자에 의해)하는 방식으로 전사율에 영향을 미친다. 일반적으로 전사 인자는 그림에서 단일 분자로 표현된다. 그러나 단일-분자 형광현미경법의 결과는 전사 인자가 "나노 축구공(nano-footballs)"이라는 7~10개의 분자덩어리로 작용함을 시사한다. 이미 짐작할 수 있듯이, 이 덩어리들은 내생적 무질서 영역에 의해 안정화된다고 한다. 나노 축구공은 DNA 절편을 따라 구르다가 튀어 올라 근처의 다른 조각으로 이동하여 특정 유전자를 더 빨리 찾는 것으로 생각된다.

전사 인자는 유전자-특이적인 전사 활성화나 전사 억제를 매개한다

억제자로 작용하는 전사 인자는 일반 전사 기구를 방해하는 반면, 활성자로 작용하는 전사 인자는 여러 가지 방법으로 전사율을 증가시킨다:

1 핵심 프로모터에 일반 전사 인자와 RNA pol II를 소집하여 결합시킴으로써 전개시 복합체의 형성을 촉진한다.

2 일반 전사 인자 기구의 효소 활성을 촉진시키는 인산화처럼, 구조적 변화나 번역 후 변형을 유발한다.

3 염색질 재구성 및 변형 복합체와 상호작용하여, 주형 DNA와 전사 인자 혹은 특수 활성자와의 접근을 향상시킨다.

이런 여러 역할은 일반 전사 기구와의 단백질–단백질 상호작용이나, 다음 절에서 다뤄질 전사 공동활성자 및 공동 억제자와의 상호작용을 통해 직접적으로 촉진될 수 있다.

많은 전사 인자가 여러 단백질을 포함하는 단백질 패밀리(protein family)의 구성원이다. 예를 들면, 핵 수용체들(nuclear receptors)은 스테로이드 호르몬과 갑상선 호르몬, 그리고 비타민 D에 대한 수용체가 포함된 연관 단백질의 슈퍼패밀리(superfamily)를 구성한다. NF-κB는 다른 단백질 패밀리이며, 최초로 분리된 전사 인자 중 하나인 Sp1은 Sp1 단백질 패밀리의 구성원이다. 각 패밀리 내의 각 구성원은 종종 매우 유사하거나, 중요한 DNA-결합 능력은 동일하지만 서로 다른 활성자 혹은 억제자 능력을 보인다.

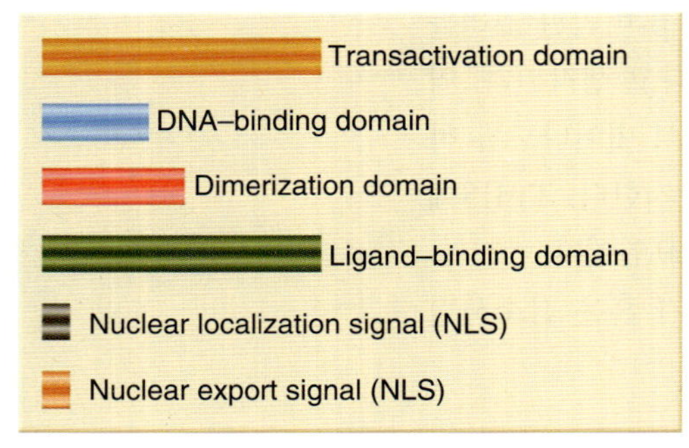

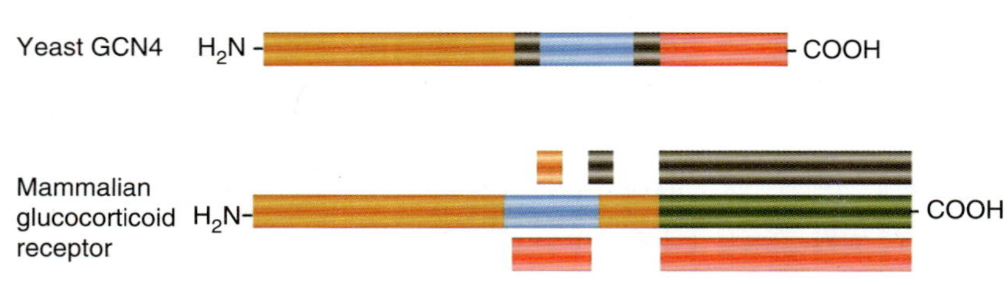

그림 9.19 전사 인자는 모듈식 영역으로 구성된다.
효모의 GCN4 전사 인자와 포유류의 글루코코르티코이드 수용체의 영역별 구조를 비교하였다. 글루코코르티코이드 수용체의 색깔별 상자를 쌓으면 기능적 영역이 중첩될 수 있다.

전사 인자는 모듈화된 단백질이다

전사 인자는 여러 영역으로 구성되는 모듈화된 단백질이다(그림 9.19). 이런 특징에 대한 인식은 생체 내에서 단백질–단백질 상호작용을 분석하는 강력한 기술인 효모 이중 혼성화 분석(yeast two hybrid analysis)의 개발을 이끌었다(14장 참조). **DNA-결합 영역(DNA-binding domain)**, **트랜스 활성화 영역(transactivation domain)**, 그리고 **이합체화 영역(dimerization domain)**이 전사 인자의 특징적 모듈이다. 그리고 전사 인자는 전형적으로 핵으로 진입하기 위한 **핵 위치화 서열(nuclear localization sequence**, NLS)을 가지며, 일부 전사 인자는 세포질로 다시 돌아오기 위한 **핵 외 배출 서열(nuclear export sequence, NES)**을 갖기도 한다(9.8절 참조). 몇몇 전사 인자는 호르몬-결합 영역처럼 리간드-결합 영역을 가지기도 하는데, 이들의 활성 조절을 위해서는 이런 부분이 필수적이다.

DNA-결합 영역 모티프

DNA-결합 영역은 전사 인자를 특정 DNA 서열에 위치시킨다. 단백질과 DNA의 결합은 DNA 염기의 화학적 특징과 DNA 분자의 3차원 모양을 인식함으로써 이루어진다(2장 참조). 지금까지 수많은 단백질-DNA 복합체가 X-선 결정학 연구로 분석되었다. 그리고 핵자기공명 분광학(NMR spectroscopy)은 용액 상태에서 이런 복합체를 연구하는 데 사용되어 왔다(방법은 14장 참조). 이런 연구들은 DNA-결합 영역이 DNA의 염기들과 어떻게 특이적으로 상호작용하는지에 대한 자세한 사진을 제공해 왔다. 친화도가 높은 결합은 전체적인 3차원적 구조와 특이적인 수소결합의 형성에 의존한다. 한 단백질의 아미노산은 염기의 잔기에서 튀어나온 원자와 수소결합을 하거나 DNA의 주홈(major groove)이나 부홈(minor groove)의 면을 따라서 특이적인 수소결합을 형성할 수 있다.

전사 인자와 DNA 사이에서 발생하는 가장 흔한 인식 패턴은 단백질의 α-나선 영역과, DNA 이중나선의 주홈 내에서 약 5 염기 정도가 상호작용하는 것이다(그림 9.20). 이 α-나선 영역은 염기쌍과 인산에 의해 형성되는 DNA의 표면에 대해 딱 들어맞는 모양을 하고 있다. 친화성이 높은 결합을 위해서는 두 표면이 수소결합 면에서나 소수성 상호작용에 의한 접촉 시 잘 맞아야만 한다. 전사 인자와 DNA가 서로 가까워지기에 앞서 그들의 "극성 잔기들"(예, N-H, O-H, N, 혹은 O)은 주변의 물 분자와 수소결합을 형성한다. 물과의 그 수소결합은 전사 인자-DNA 복합체에서 단백질과 DNA 사이의 직접적인 수소결합으로 대체된다. 이 물 분자가 대체됨으로써 그 복합체는 안정성을 유지한다. 전사 인자-DNA 복합체에서 단 몇 개의 수소결합이나 소수성 접촉만 사라져도 보통은 특정 DNA 조절 요소의 특이성이 크게 손상된다.

DNA-결합 영역을 비교해 보면, 많은 전사 인자가 유사한 "모티프(motif)"에 의해 정의되는 그룹으로 나뉜다. **모티프(motif)**란 특징적인 3차원적 접힘 구조를 가지며, 특정 기능을 수행하는 아미노산 잔기들의 모임이라고 정의할 수 있다. 다음은 보다 흔하고 잘 알려져 있는 서열 특이적 DNA-결합 모티프 몇 가지에 대해 요약한 것이다: 이들은 **나선-꺾임-나선 모티프(helix-turn-helix**

motif), 아연 **손가락 모티프(zinc finger motif)**, **염기성 류신 지퍼 모티프(basic leucine zipper motif)**, 그리고 **염기성 나선-고리-나선 모티프(helix-loop-helix motif)**이다.

나선-꺾임-나선 모티프(helix-turn-helix, HTH motif) 이 모티프는 잘 알려진 최초의 DNA-결합 영역이었다. 이것은 1982년 CAP(대장균의 이화물 활성화 단백질)과 Cro(박테리오파지 λ로부터 나온 억제자 단백질)의 구조를 비교하면서 처음 발견되었다. 이제 HTH 모티프는 대장균의 Lac 억제자 단백질과 CAP을 비롯하여, 원핵성 조절 단백질 대부분에 존재하는 것으로 알려져 있다(8장 참조). 전통적인 HTH 영역은 3개의 핵심 α-나선으로 구성되는 단순한 아미노산 접힘을 말하는 것으로서, 이들은 약간 열린 구조의 오른 꼬임나선 다발로 되어 있다(그림 9.20a). 세 번째 나선 혹은 "인식나선(recognition helix)"은 DNA의 주홈에 쏙 들어감으로써 보통 주된 DNA-단백질 접촉면을 형성한다. 몇 개 아미노산의 날렵한 꺾임은 이 구조의 특징으로서 β-꺾임(β-turn)이라고 불리며, 두 번째와 세 번째 나선을 분리시킨다.

호메오도메인(homeodomain)은 전통적인 HTH의 한 가지 변이형으로, 발생 단계를 조절하는 많은 전사 인자에 존재한다. 이것은 180 bp의 DNA인 "호메오박스(homeobox)" 서열에 암호화되는, 매우 잘 보존되어 있는 60개의 아미노산 서열 영역이다(Focus Box 9.1). 3개의 나선을 가지는 HTH의 또 다른 변이형은 추가적인 장식을 더 갖기도 하는데, 이는 날개형 HTH(winged HTH) 모티프 같은 것들로 1993년에 발견되었다. 이 변이체의 특징은 "날개"로, 약간 열려 있는 3나선 핵심부에서 얕은 틈과 반대로 접히는 C-말단의 β-가닥 헤어핀 구조를 말한다(그림 9.20a). 적어도 80개의 유전자가 이런 모티프를 가지는 것으로 알려져 있으며, 많은 것이 발생학적으로 특이적인 발현 패턴을 나타낸다. 날개형 HTH는 이 그룹의 구성원인 초파리의 포크 헤드(*fork head*) 유전자가

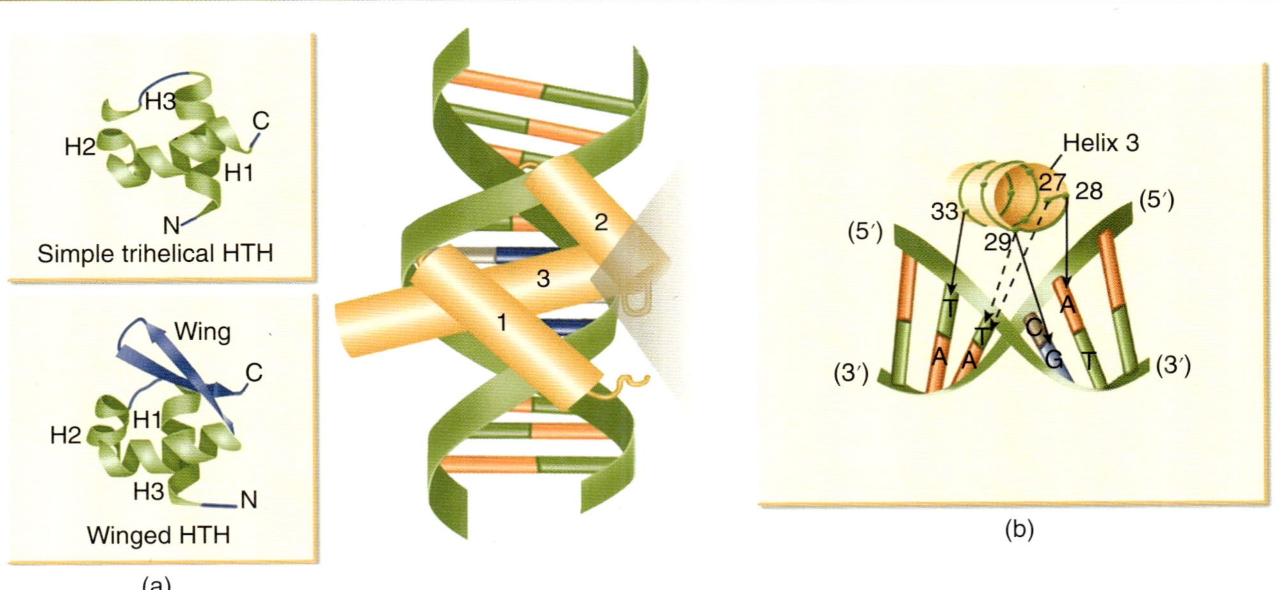

그림 9.20 나선-꺾임-나선(HTH) DNA-결합 모티프.
(a) 고전적인 나선-꺾임-나선(HTH) 모티프와 날개형 HTH 변이체(winged HTH) 모티프의 구조적 특징. 3개의 핵심 α-나선이 녹색 및 "H"로 표시되어 있다(H1~H3); β-꺾임은 푸른색으로 나타냈다. 모든 HTH 영역에서 강하게 보존된 아미노산은 선으로 표시되어 있다. (출처: Reprinted with permission from Aravind et al. 2005. *FEMS Microbiology Reviews* 29:231–262, © 2005 Elsevier.) (b) 세 번째 나선 혹은 인식나선은 DNA의 주홈에 삽입되어 주된 DNA–단백질 접촉부를 구성한다. (확대 그림) 박테리오파지 434 억제자 단백질의 인식나선(α-나선 3)에서 27, 28, 29, 33번 아미노산이 어떻게 주홈의 TTGT 서열 내의 여러 염기쌍과 접촉하는지를 자세히 보여준 것. 아미노산과 염기쌍 사이의 수소결합은 실선 화살표로 그려져 있다. 반면에 소수성 접촉은 점선 화살표로 나타냈다. (출처: Modified from Calladine et al. 2004. *Understanding DNA: The Molecule and How It Works*, 3rd ed. Elsevier Academic Press, San Diego, CA.)

Focus Box 9.1

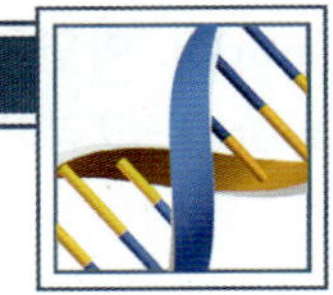

호메오박스와 호메오도메인

1970년대 후반, 발생학자들은 발생 중인 초파리의 배아에서 패턴 형성에 관한 우아하고 간결한 원리를 이해하기 시작했다. 유전자의 무리가 차례대로 켜져, 앞에서 위, 그리고 등에서 배로 이어지는 전신의 패턴을 결정하며, 연속적 유전자 작용이 발달 중인 배아의 다양한 체절에 존재하는 세포에게 다리나 날개 혹은 촉수 등 그들이 만들어야 하는 구조가 무엇인지를 알려주는 신호를 보낸다. 당시의 큰 발전 중 하나는 1970년대 말, 처음으로 초파리에서 호메오박스 유전자를 발견한 것으로, 이후에는 사람과 식물인 애기장대(Arabiodopsis)에서도 이 유전자가 발견되었다. "호메오박스(homeobox)"라는 이름은 이 유전자에서의 돌연변이가 호메오틱 형태 변환(homeotic transformation)을 일으켜 신체의 일부나 식물체 부분이 다른 신체 부분으로 대체되거나 중복되는 상황 때문에 붙여진 것이다. 호메오박스 유전자는 60개의 아미노산으로 이루어지는 DNA-결합 모티프를 포함하는 전사 인자를 암호화한다. 이 모티프는 고전적인 나선-꺾임-나선(HTH) 모티프의 변이 형태로 호메오도메인(homeodomain)이라고 불린다. 호메오도메인 전사 인자는 체축 형성(axis formation), 사지 발달(limb development) 그리고 기관 형성(organogenesis) 등 여러 가지 배아 발생 프로그램을 조절한다. 일부 호메오도메인 전사 인자는 간이나 신장, 그리고 장 등 성체의 조직에서도 발현되는데, 이들은 여기에서 세포의 재생성 분화에 일정 역할을 담당할 것으로 생각된다. 가장 잘 알려진 호메오박스 유전자 소집단은 Hox 패밀리이다. 초파리의 ***Hox* 유전자**를 파괴하면 다리가 촉수 자리에 생기는 촉수다리(Antennapedia)라는 표현형을 발생시킬 수 있다(그림 1a). 인간에서는, *Hoxd13* 유전자에서의 돌연변이가 6개의 손가락을 만드는 가락지 중복(다지증, polydactyly)을 일으킨다.

호메오박스 유전자의 공선적 발현

Hox 유전자는 큰 무리(클러스터)로 존재한다. 이런 유전자 클러스터는 인간과 쥐에서 우연히 발생할 것으로 예측되는 것보다 더 적은 염색체 절단 부위를 포함하는 경향이 있는데, 이것은 이들이 함께 붙어 있는 것이 자연 선택되었음을 시사한다. 많은 *Hox* 유전자가 유전자 클러스터에서 그들의 위치에 의해 결정되는 공선적 발현 양상(colinear pattern of expression)을 보인다.

호메오박스 유전자 클러스터는, 부분적으로 폴리콤(Polycomb) 그룹의 단백질에 의해 조절된다. 호메오박스 유전자가 서로 몰려 있으므로, 발현 정도가 공간적으로나 시간적으로 혹은 양적으로, 유전자 클러스터 내의 각 유전자가 차지하고 있는 위치에 따라 점차 달라지는 형태로서,

(a) The *Hox* genes of *Drosophila*

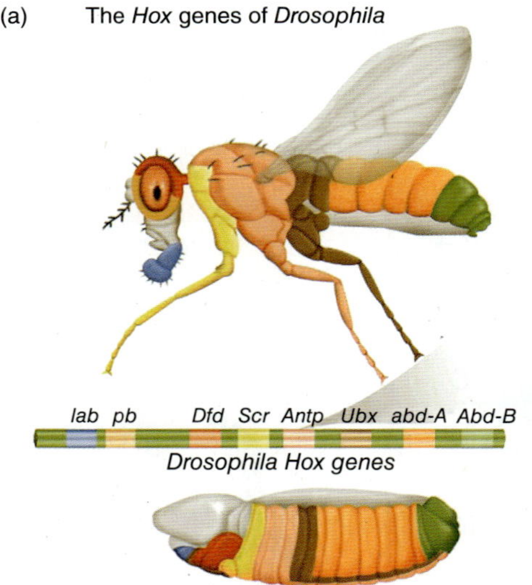

(b) The *Rhox* genes of mouse

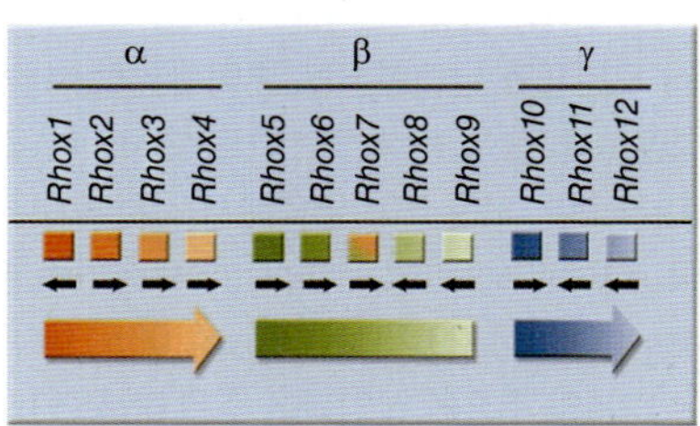

그림 1. 호메오박스 유전자.
(a) 초파리의 *Hox* 유전자. 8개의 *Hox* 유전자가 초파리 성체와 배아 내 영역의 정체성을 조절한다. 색깔 표시는 *Hox* 유전자에서의 돌연변이에 영향을 받는 체절과 구조물을 나타낸다. (출처: Adapted from Carroll. 1995. *Nature* 376:479–485, © 1995 Springer Nature.) (삽입 사진) 촉수가 다리로 바뀐 촉수다리 호메오틱 돌연변이. (출처: Reprinted from Carroll et al. 2004. *From DNA to Diversity: Molecular Genetics and the Evolution of Animal Design*, 2nd ed. Blackwell Publishing, Malden, MA.) (b) 생쥐의 *Rhox* 유전자. X 염색체의 12개 *Rhox* 유전자가 암컷과 수컷의 생식 조직에서 특이적으로 발현된다. 각 하위 클러스터(α, β, γ)의 유전자는 정자가 분화하는 중에 염색체에 나타나는 순서대로 서로 다르게(차차 옅어지는 화살표) 발현되고, α와 γ 하위 클러스터의 유전자는 다른 시기에 발현된다. 각 하위 클러스터의 첫 번째 유전자들은 그 다음에 오는 것들보다 더 빠르고 많이 발현된다. 검은색 화살표는 유전자 전사의 방향을 나타낸 것이다. *Rhox7* 유전자의 분홍색 그림자는 그 DNA 서열에 기초하면 β-클러스터보다는 α-클러스터와 더 유사함을 나타낸 것이다. (출처: Adapted from Spitz and Duboule. 2005. *Nature* 434:715–716, © 2005 Springer Nature.)

조직화되고 차등적인 유전자 전사가 가능해진다. **공간적 공선성(spatial colinearity)**은 클러스터 내 유전자의 위치가 그 발현 영역과 관계된 것으로, 예를 들자면 5′ 말단의 *Hox* 유전자는 발생 중인 배아의 뒤쪽에서, 3′ 말단의 *Hox* 유전자는 발생 중인 배아의 앞쪽 부분에서 발현된다(그림 1a). **시간적 공선성(temporal colinearity)**은 유전자 클러스터의 한쪽 끝에 있는 유전자가 처음으로 켜지고 반대쪽 말단의 유전자는 마지막에 꺼지는 식이다. **양적 공선성(quantitative colinearity)**이란 유전자 클러스터의 첫 번째 유전자는 최대 수준의 mRNA 발현을 나타내고, 그 하류 유전자는 점차적으로 발현이 낮아지는 상황을 뜻한다. *Hox* 유전자의 공선적 발현은 원거리의 염색체 영역을 만드는 글로벌 인핸서에 의해 조절되는 것으로 보고되었다.

호메오박스 DNA 요소가 처음 발견되고서 거의 30년이 지나, 새로운 12개의 호메오박스 유전자 클러스터가 보고되었다(그림 1b). 이 클러스터는 X 염색체에 존재하며, 생식 호메오박스 X-연관성(reproductive homeobox X-linked, *Rhox*) 유전자로 이루어지는 소집단으로서, 생식에서의 중요한 조절 역할을 담당하는 것으로 보인다. 그들은 정소, 부정소, 난소, 그리고 태반에서 선택적으로 발현된다. 그들의 발현 양상은 염색체의 위치와 공선적으로 대응한다. 3개의 소집단 중 2개의 클러스터가 시간적 공선성을 나타내며, 3개 모두 양적 공선성을 보인다.

폴리콤 그룹 단백질은 호메오박스 유전자를 침묵화시킨다

폴리콤(*Polycomb*) 유전자는 거의 60년 전에 초파리의 돌연변이들에 대한 관찰을 통해 발견되었다. 정상적인 수컷 초파리는 앞다리에 성즐(sex comb)이라 불리는 구조물을 가진다. 이것은 교미 중에 암컷을 꽉 붙잡는데 사용된다. 돌연변이 초파리는 두 번째와 세 번째 다리 쌍에도 역시 성즐을 가지기 때문에 "**폴리콤(Polycomb)**"이라는 이름이 붙었다. 이후의 연구는 폴리콤 단백질이 정상적으로는 이중가슴(*bithorax*) 유전자의 발현을 막아 성즐이나 날개 같은 구조가 잘못된 체절에 생기지 않도록 함을 제시해 주었다. 폴리콤 그룹(PcG)의 단백질은 "폴리콤 반응 요소"라 불리는 DNA 서열과 협동하여 특정 세포 계통에 특이적으로, 호메오틱 유전자를 "꺼진" 전사 상태로 유지한다. 그들은 염색질의 고차원적 구조를 변화시킴으로써 유전자 침묵을 매개한다. PcG 패밀리의 창립 멤버인 폴리콤은, 이질염색질 연관 단백질 1(HP1)이라고 불리는 단백질에서 염색질-결합 영역으로 알려진 것과 유사한, 37개의 아미노산 모티프인 염색질 영역(chromodomain)을 가진다. 최근의 연구는 초파리에서의 유전자 침묵화가, 다양한 PcG 단백질로 되어 있는 2개의 서로 다른 복합체들을 요구한다는 것을 보여준다. PRC2(Polycomb repressive complex 2)가 침묵화되어야 할 유전자를 우선 표시한다. 그 복합체의 성분 중 하나는 제스테(zeste)의 인핸서를 뜻하는 E(Z)라고 알려진 성분으로, 히스톤 H3의 27번 라이신 아미노산에 메틸기를 추가한다. 그러면 두 번째 단백질 세트인 PRC1이 이 표식에 의해 몰려 들어 표지된 유전자의 전사를 막는데, 아마도 SWI/SNF 염색질-재구성 복합체의 효과를 차단하기 때문인 것 같다(그림 2).

PcG 단백질은 이제 유전자 침묵화에 훨씬 많은 역할을 담당하는 것으로 알려져 있다. 인간은 구조적으로 이와 유사한 단백질을 가지는데, 이들은 비슷한 활성을 가지는 복합체를 형성한다. 예를 들어, 인간의 PcG 복합체인 EED–EZH2(embryonic ectoderm development/enhancer of zeste 2 homolog 2) 복합체는 메틸기 전이효소 활성을 가지며, X 염색체 불활성화 시기 중의 히스톤 메틸화와 이질염색질 형성에 필요하다. 그리고 PcG 단백질은 세포 성장과 분열을 조절하는 데 관여하는 다양한 유전자의 억제에 일정 역할을 담당하는 것으로 보인다. 이런 내용과 부합하듯, 다른 조직으로 전이를 일으킨 전립선암에서는 EZH2의 발현이 정상 조직이나 국부적 종양에서보다 훨씬 높다. 이것은 종양-억제 유전자를 방해하기 때문인 것 같다. EZH2 과발현은 PRC2와는 단백질 성분이 다른 폴리콤 단백질 복합체의 형성을 유발하는데, 이것 역시 유전자 발현에서의 변화를 유발할 수 있다.

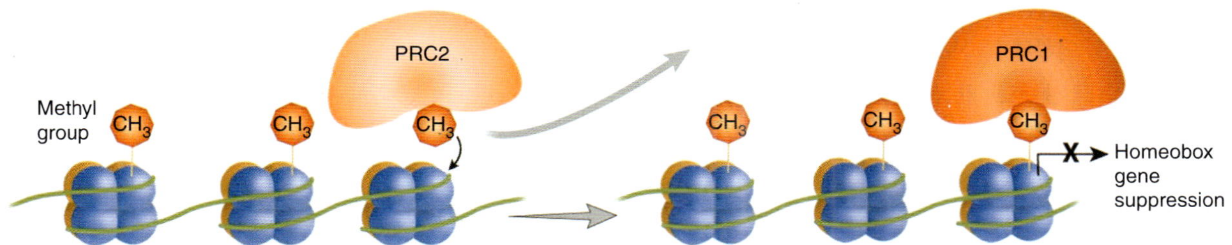

그림 2. 폴리콤 그룹의 단백질에 의한 발생 조절 유전자의 침묵화 모형.
폴리콤 그룹의 단백질 복합체인 PRC2에 의해 염색질의 H3에 추가된 메틸기는 PRC1을 끌어들이고, 이것이 호메오박스 유전자 같은 근처 유전자의 활성을 침묵화시킨다.

발견된 이후로 포크 헤드 영역(fork head domain)으로 불리기도 한다. 포크 헤드 돌연변이는 장 부분에서 극적인 호메오 형질전환을 일으킨다; 즉, 초파리의 전장과 후장이 머리 구조로 바뀐다. **호메오 돌연변이(homeotic mutation)**는 신체의 일부분을 다른 부분으로 변화시킨다(Focus Box 9.1 참조).

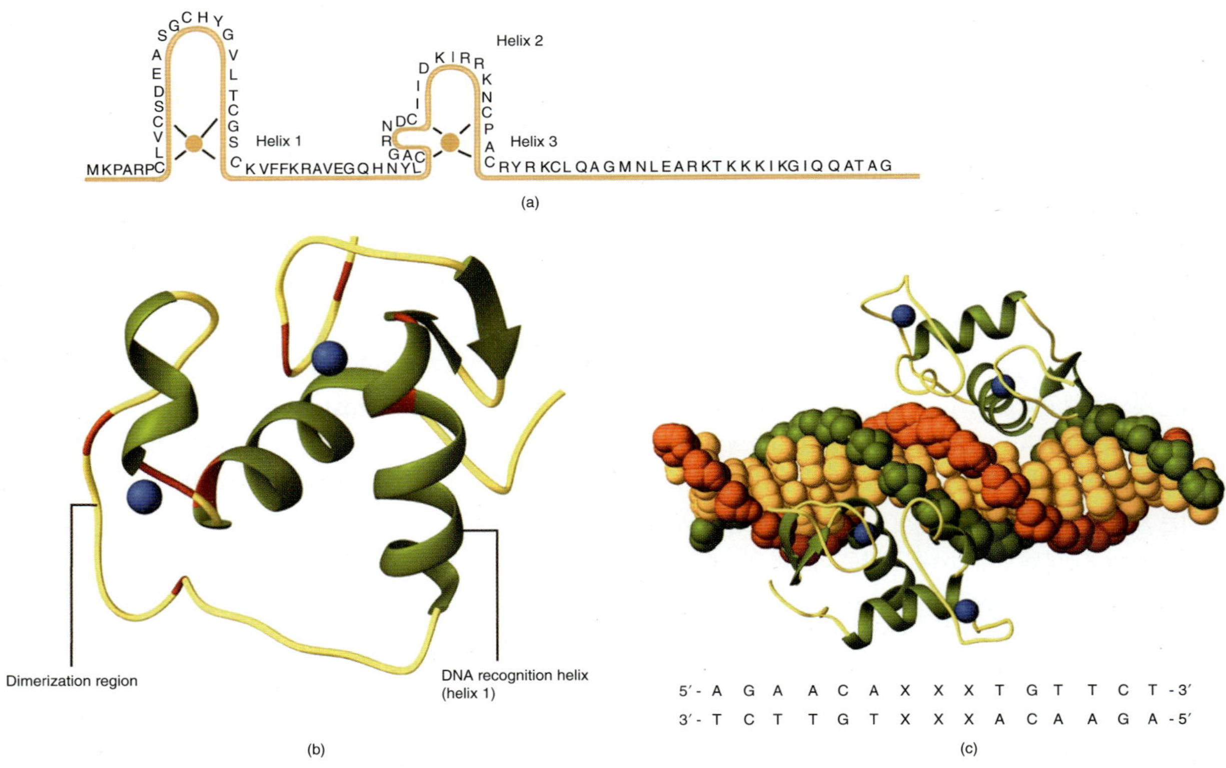

그림 9.21 아연 손가락 DNA-결합 영역.
(a) 글루코코르티코이드 수용체(GR)의 DNA 결합 영역에서 2개의 아연 손가락 모티프를 모식도로 나타낸 것. 주황색 구들은 시스테인 잔기와 결합된 아연 이온을 나타낸다. (b) GR DNA-결합 영역의 3차원 구조. (출처: Reprinted from Low et al. 2002. Journal of Molecular Biology 319:87–106, © 2002 Elsevier.) (c) DNA에 결합한 GR 동형이합체의 3차원 구조. (출처: Protein Data Bank, PDB: 1GDC, 1LAT.) GR에 의해 인식되는 글루코코르티코이드 반응성 요소(GRE)의 서열이 아래쪽에 제시되어 있다.

아연 손가락(Zinc finger, Zif) 모티프 아연 손가락 구조의 모티프는 가장 흔한 DNA-결합 모티프들 중 하나이다. 이것은 1985년에 발톱 개구리(*Xenopus laevis*)의 TFIIIA — RNA 중합효소 III에 의한 5S 리보솜 RNA(rRNA) 유전자의 전사에 필수적인 전사 인자 — 에서 처음 발견되었다. TFIIIA는 5S rRNA 유전자 프로모터에 결합할 뿐 아니라 5S rRNA 자체에도 결합한다. "아연 손가락"이라는 이름은 이 구조의 2차원 그림이 손가락을 닮았기에 붙여진 것이다(그림 9.21). 이 "손가락"은 간헐적으로 나타나는 시스테인(Cys) 혹은 히스티딘(His)이 중앙의 아연(Zn^{2+}) 이온과 공유결합을 형성하여 짧은 길이의 아미노산 사슬을 조밀한 고리 영역으로 구부리기 때문에 형성되는 것이다. 3차원 구조가 풀리자, 그 손가락 구조의 왼쪽 면이 뒤로 접혀서 하나의 β-판을 형성한다는 것을 알게 되었다. 오른쪽 면은 α-나선으로 꼬인다. β-판의 시스테인과 α-나선의 히스티딘에 의한 아연 이온과의 결합은 두 반쪽이 손가락의 기저 부근에 가깝게 오도록 한다. 또한 소수성 아미노산은 손가락 끝에 서로 모이게 하는데, 여기서 서로의 인력이 그 모티프 구조를 안정화시키는 데 도움을 준다. 손가락은 α-나선 부분을 DNA의 주홈에 끼워 넣는다. 일반적으로, 각 아연 손가락 모듈 사이에는 7~8개의 아미노산에 의한 연결부가 존재한다. 손가락의 수는 아연 손가락을 포함하는 전사 인자에 따라 다양하다.

여러 가지 형태의 아연 손가락 모티프가 존재한다. 예를 들어, TFIIIA는 9개의 손가락을 가지고, GLI3(Disease Box 9.3)은 위에서 설명한 5개의 전통적인 Cys_2-His_2 (C_2H_2) 패턴을 가지는 반면, 핵 수용체는 Cys_2-Cys_2(C_2C_2) 패턴의 손가락 2개를 가진다. 그림 9.21은 글루코코르티코이드

Disease Box 9.3

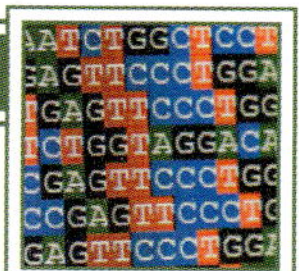

그리그 첨두합지증과 소닉 헤지호그 신호전달

그리그 첨두합지증(Greig cephalopolysyndactyly syndrome)은 매우 드문 질병으로서 상염색체 우성 양상으로 유전된다. 이 질병은 손가락, 발가락, 머리, 그리고 얼굴에 영향을 미치는 신체적 기형이 특징이다. 증상의 범위나 심각성은 환자마다 매우 다양하다. 환자는 종종 튀어나온 이마(frontal bossing), 비정상적으로 넓은 콧등, 넓게 벌어진 두 눈(ocular hypertelorism), 여분의 손발가락(polydactyly), 그리고 손발가락 사이가 물갈퀴로 연결되거나 혹은 손발가락이 합쳐지는(syndactyly) 것이 특징이다(그림 1a). 이 증후군은 ***GLI3* 유전자**에서의 여러 돌연변이에 의해 발생할 수 있다; 전좌, 큰 결실, 엑손 결실과 중복, 작은 크기의 번역틀 내 결실, 미스센스 돌연변이, 틀이동/종결 돌연변이 그리고 스플라이싱 돌연변이 등이 보고되어 있다. GLI3은 전사 인자인 GLI-Krüppel 패밀리의 구성원이다. *GLI1*, *GLI2*, 그리고 *GLI3* 유전자는 모두 매우 보

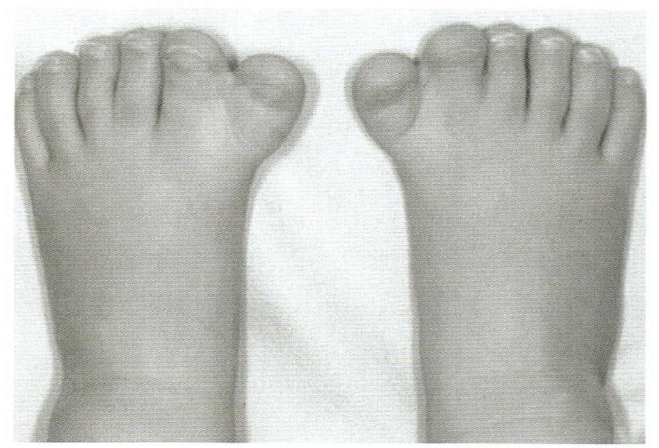

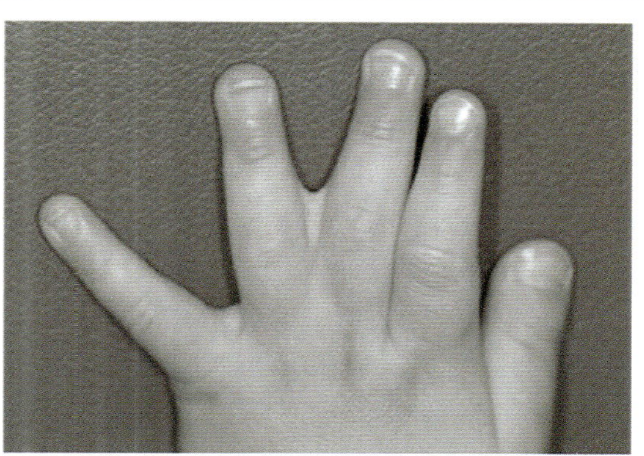

(a)

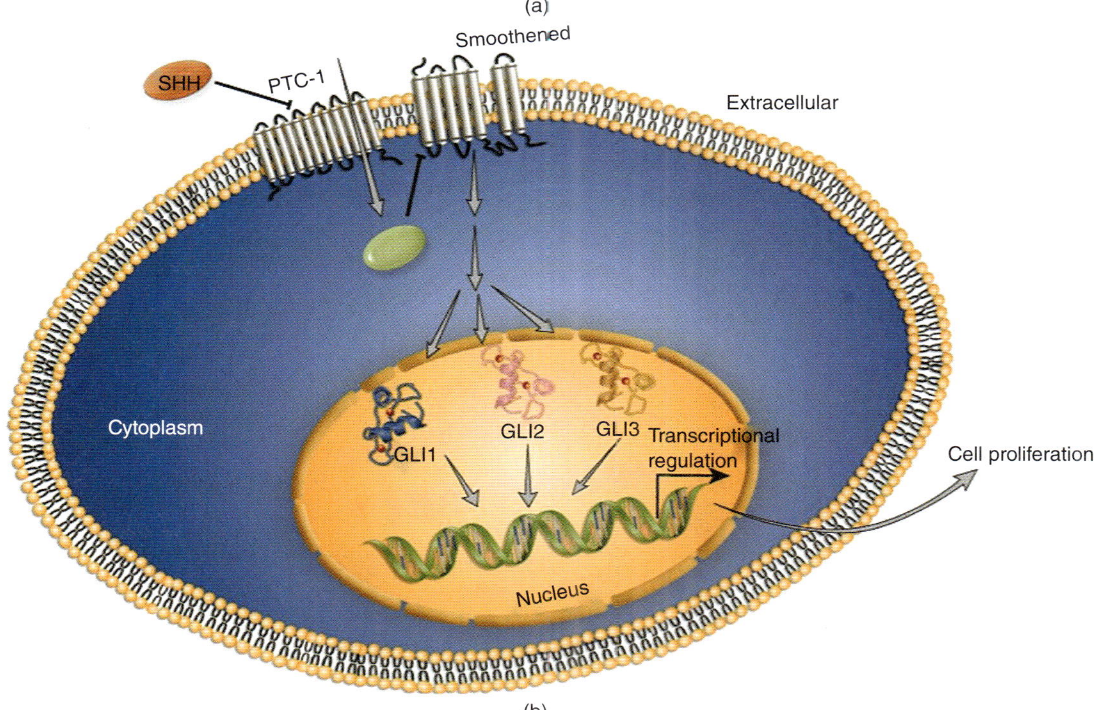

(b)

그림 1 그리그 첨두합지증과 소닉 헤지호그 신호전달.
(a) 이 환자의 발(왼쪽 칸)은 합다지증(polysyndactyly)을 보인다. 왼쪽의 두 번째와 세 번째 발가락, 오른쪽의 첫 번째와 두 번째 발가락 사이에서 합지증을 가졌다. 오른쪽 칸의 손은 세 번째와 네 번째 손가락 사이에서 합지증을 보인다. (출처: Reprinted from Sakiyama et al. 2005. Clinical Genetics 67:429–433. © John Wiley & Sons, Inc.) (b) 소닉 헤지호그(SHH) 신호전달 경로.

존된 5개의 직렬 Cys_2-His_2 아연 손가락을 공유하는 전사 인자를 암호화한다. *GLI1* 유전자는 원래 악성 교모세포종(glioblasoma)에서 중복되는 유전자로 밝혀졌던 것이다. 이에, 머리 문자를 따서 이름이 붙여졌다. *GLI3*는 발생 중에 소닉 헤지호그 경로에서 하류의 표적에 대한 전사 활성자 및 전사 억제자로 모두 작용한다(그림 1b).

배 발생은 정상 발달에 필수적인 여러 가지 복잡한 신호전달 연쇄 작용에 의해 조절된다. 그런 경로 중 하나는 분비성 단백질인 **"소닉 헤지호그(Sonic hedgehog)"**에 의해 개시된다. 소닉 헤지호그는 초파리의 *hedgehog* 유전자에 상동인 3개 유전자 중 하나이다. 원래의 *hedgehog* 유전자는 초파리의 배아가 마치 고슴도치처럼 끝이 뾰족한 이빨 모양 돌기들로 뒤덮이는 돌연변이 표현형을 나타내기에 이런 이름이 붙었다. *hedgehog*의 첫 두 가지 상동체는 사막 헤지호그(desert hedgehog)와 인디언 헤지호그(indian hedgehog)로서, 헤지호그의 종에 따라 이름이 붙여졌다. 세 번째 상동체는 세가 제네시스(Sega Genesis)의 유명한 비디오 게임에 나오는 캐릭터인 "고슴도치 소닉(Sonic the hedgehog)"에서 이름을 얻었다.

소닉 헤지호그는 표적 세포에서 연쇄 반응을 가동시켜 GLI 패밀리의 전사 인자에 의한 표적 유전자의 활성화 및 억제를 일으킨다. 소닉 헤지호그가 존재하면, 완전한 길이의 GLI3이 표적 유전자를 활성화시키는 반면, 소닉 헤지호그가 없을 때는 GLI3가 하류 표적 유전자의 전사 억제자를 만들도록 잘린다. 소닉 헤지호그는 막관통 수용체 단백질인 Patched-1과 Patched-2에 결합하여 작용하는 분비성 리간드이다. 정상적으로 이 수용체는 또 다른 막관통 수용체인 Smoothened와 상호작용하여 하류의 신호전달 작용을 억제한다. 소닉 헤지호그가 발현될 때는 이것이 Patched-1과 Patched-2에 의한 Smoothened의 억제를 풀어주고, Sonic hedgehog-Patched-GLI 신호전달이 진행되게 한다. 소닉 헤지호그는 여러 조직과 기관의 발생 패턴을 위한 중요한 신호전달 분자이다. 이것은 복부 신경관, 사지의 전/후 축, 그리고 체절의 연골-생산 지역을 결정하는 핵심 인자이다. 인간의 GLI3 단백질에 관한 연구는 이것이 흔한 전사 공동활성자인 CBP(CREB-결합 단백질)와 상호작용함을 보여준다.

CBP의 돌연변이는 1963년 Rubinstein와 Taybi에 의해 최초로 기술된 희귀병인 루빈슈타인-테이비 증후군을 유발할 수 있다. 이것은 상염색체성 우성 양식으로 유전되며, 대략 125,000명의 출생당 한 명꼴로 발생한다. 이 질병은 안면 기형과 넓은 손발가락, 발육부진 및 학습장애와 장기 기억 형성에 문제가 있는 지적 장애가 특징이다. 환자들은 점돌연변이와 5′ 방향 결실이나 3′ 부위 결실을 포함하여, CBP 유전자에 다양한 돌연변이를 가진다. 이들은 전형적으로 CBP 돌연변이에 대해 이형접합성이다. 동형접합성 돌연변이는 인간에서는 배아 치사성인 것으로 보인다. 루빈슈타인-테이비 표현형과 그리고 첨두합지증 사이의 유사성 때문에, CBP와 GLI3 사이의 생화학적 상호작용이 소닉 헤지호그 신호전달에 중요한 역할을 할 것이라 제안되었다.

수용체의 아연 손가락 DNA-결합 영역을 보여준다. 첫 번째 손가락 기부의 서너 개 아미노산들이 결합의 특이성을 부여한다. 두 번째 손가락 기저부 근처의 이합체화 영역은 다른 **글루코코르티코이드 수용체(glucocorticoid receptor)**와 상호작용하여 동형이합체(homodimer)를 형성하도록 하는 부분이다. 한 세트를 이루는 두 단백질 각각이 **글루코코르티코이드 반응 요소(glucocorticoid response element, GRE)**라고 불리는, 두 부분으로 구성된 DNA 조절 요소를 반쪽씩 인식한다. 이 결합자리는 3개의 끼인 염기쌍을 사이에 두는 두 부분이 회문 구조로 되어 있다. 다른 호르몬 수용체는 반쪽 부분의 서열은 같지만 둘 사이의 간격이 다르다. 글루코코르티코이드 수용체는 염기서열과 두 반쪽 사이의 간격, 이 두 가지 요소에 의해 구별된다.

염기성 류신 지퍼(basic leucine zipper, bZIP) 모티프 bZIP 모티프는 HTH 모티프나 아연 손가락 모티프만큼 흔하지는 않다. 이 모티프는 1987년 CAAT/인핸서-결합 단백질(C/EBP)에서 처음 발견되었는데, 이것은 많은 바이러스 유전자와 포유류 유전자의 프로모터에서 발견되는 CCAAT 박스 그리고 여러 인핸서에서 공통적으로 나타나는 서열인 "핵심 상동(core homology)" 서열 모두에 결합한다. DNA-결합 영역의 이 구조는 다른 두 연관 단백질인 GCN4 조절 단백질(효모에서 분리)과 전사 인자인 Jun의 비교 연구로부터 해석되었다. Jun 단백질은 원암 유전자인 *c-jun*에 의해 암호화된다. **원암 유전자(proto-oncogene)**는 세포에서 정상적인 기능을 하지만 어떤 돌연변이를 겪게 되면 암을 유발하도록 변화되는 유전자이다.

bZIP 모티프는 전사 인자의 DNA-결합 영역 자체는 아니며, DNA와 직접 접촉하지도 않는다. 대신, 이것은 2개의 비슷한 전사 인자들이 이합체가 되도록 촉진함으로써, DNA에 결합이 이루어지도록 간접적으로 구조적 역할을 담당한다. 2개의 bZIP-포함 전사 인자들이 결합하면, 2개의 근

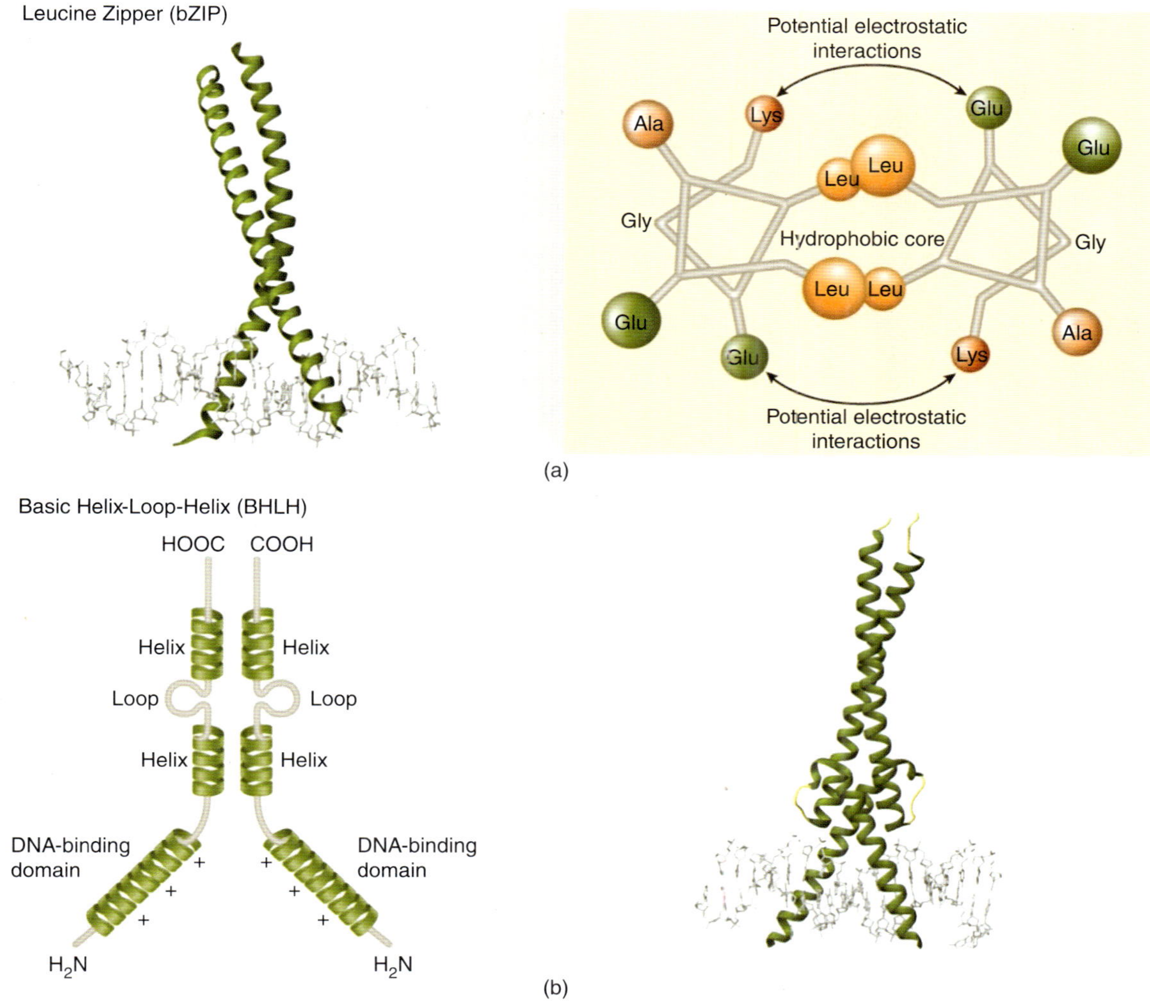

그림 9.22 류신 지퍼와 염기성 나선-고리-나선 모티프.
(a) 전사 인자 AP-1과 DNA 복합체에서 류신 지퍼와 염기성 DNA-결합 영역이 ㄴ-타나 있다. AP-1은 Jun과 Fos에 의해 형성되는 이합체이다(Protein Data Bank, PDB: 1FOS). 상자 그림은 글루탐산(Glu)과 라이신(Lys) 잔기들 사이에서 생길 수 있는 정전기적 상호작용, 그리고 류신(Leu) 잔기들 사이의 상호작용으로 생기는 소수성 "지퍼"를 보여준다. (b) (왼쪽) 염기성 나선-고리-나선 모티프와 염기성 DNA-결합 영역에 대한 모식도. (오른쪽) Myc–Max–DNA 복합체의 3차원 이미지. (출처: Protein Data Bank, PDB: 1NKP.)

접한 DNA-결합 영역이 이량체 복합체에서 올바른 위치에 놓이게 된다(그림 9.22a). 이 bZIP 모티프는 α-나선으로 접히는 아미노산 서열에서 7번째마다 류신 잔기를 가진다. 이 류신은 α-나선의 표면에서 소수성 "띠(stripe)"를 형성한다. 이런 모티프를 가진 2개의 폴리펩티드 사슬은 서로 꼬여 "꼬인-코일(coiled-coil)" 구조로 이합체화된다. 하나의 α-나선으로부터 이 아미노산이 튀어나와 상대나선의 돌기들 사이로 끼어 마치 지퍼처럼 보인다. 이량체는 Y-자 모양의 구조를 만들고, 각 α-나선의 한쪽 말단은 DNA의 주홈 안으로 끼인다. 이로써 2개의 염기성 결합 영역(아르기닌과 라이신이 많은)이 DNA와 접촉하게 된다. 그 이량체는 동일한 폴리펩티드 2개를 뜻하는 **동형이합체(homodimer)**이거나, 서로 다른 2개의 폴리펩티드가 서로 지퍼를 이룬 **이형이합체(heterodimer)**일 수 있다. 예를 들어, C/EBP는 서로 다른 변이체가 혼합되어 동형이합체와 이형이협체를 모두 형성한다. 전사 인자인 AP-1은 서로 다른 전사 인자인 Fos와 Jun 패밀리의 구성원이 조합된 것이다. Tony Kouzarides와 Edward Ziff는 전기영동 이동성 분석(EMSA; 14장 참조)을 이용하여, 낮은

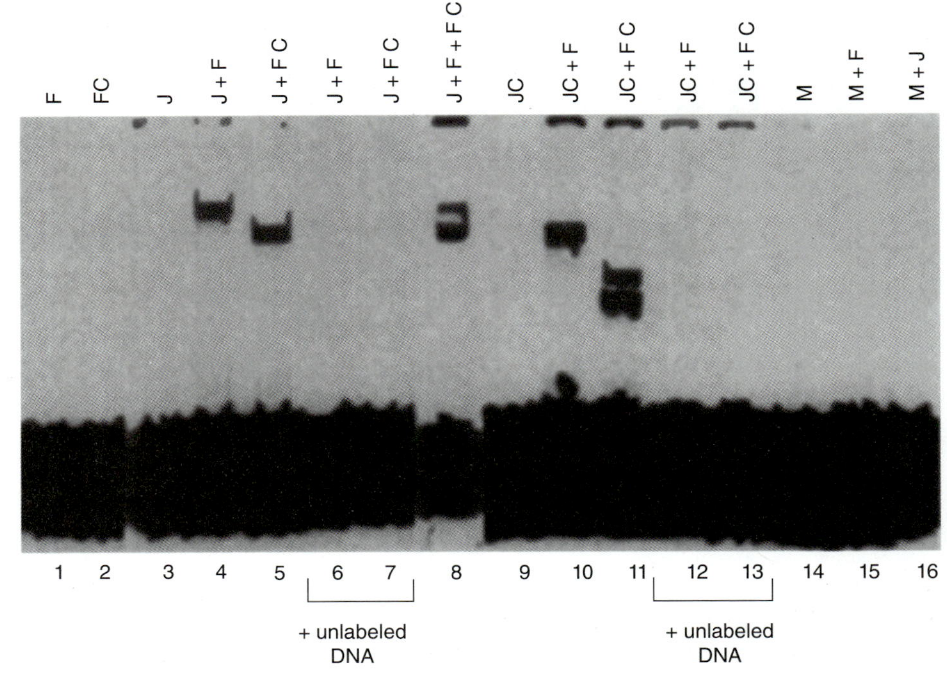

그림 9.23 DNA에 대한 Fos와 Jun의 협동적 결합. AP-1 결합자리를 포함한 DNA를 ^{32}P로 표지하고서, 시험관 내 번역 산물들인 Fos(F), Jun(J), Fos의 bZIP 도메인(Fos core, FC), Jun 핵심부(Jun core, JC), 그리고 Myc(M)를 상단에 표시된 조합대로 섞어 항온시켰다가 EMSA로 분석하였다. 6, 7, 12, 그리고 13번 레인은 과량의 비표지 DNA 경쟁자(+ cold FSE)를 포함하고 있는데, 이것은 표지된 DNA와 단백질의 상호작용을 방해한다. Fos 혹은 FC와 Jun 혹은 DNA에 결합한 JC와의 조합은 레인 4, 5, 8, 10, 11에 있다. 그러나 이 단백질 각각은 하나씩 추가되었을 때는 결합하지 않았다. 결론적으로, Fos–Jun 이형이합체는 Fos나 Jun 동형이합체보다 AP-1 결합자리에 더 잘 붙는다. (출처: Reprinted from Kouzarides and Ziff. 1988. *Nature* 336:646–651, © 1988 Springer Nature.)

농도에서 Jun과 Fos가 각각 존재했을 때보다 함께 있을 때 DNA 표적에 더 잘 결합한다는 것을 보여주었다(그림 9.23). 그들은 각 단백질의 bZIP 영역이 결합에 필수적임을 증명하였다. Jun은 동형이합체와 이형이합체를 모두 형성할 수 있었던 반면, Fos는 이형이합체만 형성할 수 있었다.

염기성 나선-고리-나선(basic helix-loop-helix BHLH) 모티프 BHLH 모티프는 HTH 모티프와는 구분된다(그림 9.22b 참조). 이것은 2개의 양쪽성 나선을 형성하는데, 나선이 아닌 고리에 의해 분리되어 있는 나선의 한쪽에는 모두 전하를 띤 아미노산을 가진다. bZIP 모티프처럼, BHLH 모티프는 그 자체가 전사 인자의 DNA-결합 영역은 아니며 DNA와 직접 접촉하지는 않는다. 대신에, 비슷한 2개의 전사 인자가 이량체가 되는 것을 촉진함으로써, DNA 결합에서 간접적으로 구조적 역할을 맡는다. BHLH를 포함한 2개의 전사 인자가 합쳐지면, 그 이량체에서는 2개의 근접한 DNA-결합 영역이 올바른 위치에 오게 된다. 이 DNA-결합 영역은 염기성 아미노산이 많아서 산성인 DNA와 직접 상호작용할 수 있다. 한 예로, 생쥐의 전사 인자인 Max는 또 다른 BHLH 단백질과 이량체가 되어야 효과적으로 DNA에 결합할 수 있다. Max는 Myc이나 Mad와 이형이합체로 DNA에 결합한다. 결합 상대를 바꾸는 것의 중요성을 잘 보여주는 사례로서, Myc-Max 복합체는 전사 활성자인 데 반해, Mad-Max 복합체는 억제자로 작용한다.

트랜스 활성화 영역

전사 인자의 트랜스 활성화 영역은 단백질-단백질 상호작용을 통해 전사 활성화에 관여한다. 트랜스 활성화 영역은 염색질 재구성 및 전사 개시와 관련된 다양한 효소 활성 및 단백질 복합체를 소집할 뿐만 아니라, 유전자 프로모터에서 일반 전사 인자의 조립을 촉진하거나 가속화함으로써 작동할 수 있다. 그들은 또한 내생적 무질서 영역을 통해 프로모터 뉴클레오솜의 구조를 비틀 수 있다. 일부 전사 인자는 일반 전사 기구와 직접 접촉하지는 않지만, 공동 활성자와 결합하여 그들을 통해 일반 전사 기구와 접촉한다. 잘 알려진 DNA-결합 영역과는 달리, 트랜스 활성화 영역은 구조적으로 잘 알려지지 않았다. 그들은 8~12개의 아미노산 정도로 짧을 수 있으며, 종종 산성 아미노산이 많은 모티프들, 소위 산성 방울(acid blobs)이 특징이다. 산성 방울 외에도 다른 독특한 모티프가 존재한다. 예를 들어, 전사 인자인 Sp1은 글루타민이 많은 모티프가 여러 개 있는 비-산성 트랜스 활성화 영역을 포함한다. 트랜스 활성화와 관련된 다른 모티프로는 프롤린이 많은 영역(proline rich region)과 소수성 β-판(hydrophobic β-sheet)이 있다. 현재, 살아있는 세포 단일 분자 영상화는, 많은 트랜스 활성화 영역이 내생적 무질서 영역을 포함하며 이들의 상호작용이 국소적으로 고농도의 "허브(hub)" 형성을 돕는다는 것을 밝혀냈다(그림 9.14 참조).

이합체화 영역

대부분의 전사 인자는 동형이합체나 이형이합체로 DNA에 결합한다. 다라서 그들은 똑같거나 비슷한 단백질이 이합체가 되도록 매개하는 영역을 가진다. 우리가 자세히 알고 있는 DNA-단백질 상호작용과는 대조적으로, 이 단백질-단백질 접촉에 대해서는 정확한 분자적 특성에 대해 알려진 바가 별로 없다. 위에서 설명한 바와 같이, 비교적 구조적으로 잘 밝혀져 있는 2개의 이합체화 영역은 나선-고리-나선 모티프(helix-loop-helix motif)와 류신 지퍼 모티프(leucine zipper motif)이다(그림 9.22 참조).

개척자 인자들

개척자 인자(pioneer factor)란, 이름에 걸맞게, 닫힌(침묵) 염색질에서 DNA 표적 부위에 접근할 수 있는 특별한 종류의 전사 인자이다. 그들은 다른 전사 인자가 접근할 수 있는 결합자리를 만들 수 있는 개척자이다. 처음으로 기술된 개척자 인자는 FoxA1(포크헤드 박스 단백질 A1)과 GATA4(GATA 결합 인자 4)였다. 개척자 인자는 다양한 유형의 DNA 결합 모티프를 사용한다. 예를 들어, FoxA1은 날개형 DNA-결합 모티프(그림 9.20 참조)를 가지는데, 이것은 연결 히스톤인 H1의 유사 모티프와 닮았다. 이 모티프를 통해 그것은 뉴클레오솜 및 응축된 염색질의 표적 부위에 결합한다.

지금까지 특정 전사 인자가 서열 특이적 방식으로 DNA에 결합하는 방법에 대해 여러 사례를 살펴보았다. 여러분은 아마도 유전자 전사가 별개의 복합체로 기능하는 매우 많은 수의 단백질이 관여하는 복잡한 다단계 과정이라는 것을 깨달았을 것이다. 그렇다면 유전자 조절을 위해서는 무엇이 더 필요할까? 전사 인자의 한 가지 기능은 공동활성자나 공동억제자를 동원하여 유전자를 활성화하거나 억제하도록 표시하는 것이다.

9.6 전사의 공동활성자와 공동억제자

공동활성자(coactivator)와 공동억제자(corepressor)는 DNA와 직접적으로 결합하지 않은 채 전사 활성을 증가시키거나 억제시키는 단백질이다. 이들은 전사 인자와 직접 결합하여 효소 활성을 가진 다른 단백질을 불러들이는 골격 구조로 작용하거나 그 자신이 염색질 구조를 변화시키는 효소 활성을 갖기도 한다. 공동활성자와 공동억제자는 전사 인자에 비해 연구하기가 훨씬 더 힘들다. 일반적으로, 단백질-단백질 상호작용에 대한 분석은 DNA-단백질 상호작용을 연구하는 기법보다 훨씬 수행하기가 힘들다(14장 참조). 그리고 어떤 공동활성자가 생체 내에서 특정 전사 인자와 결합하는지를 결정하는 기술은 최근까지도 사용할 수 있는 것이 많지 않았다.

공동활성자는 넓은 의미에서 다음 두 가지 주요 그룹으로 나뉠 수 있다:

1 **염색질 변형 복합체(chromatin modification complexes):** 번역된 후에 히스톤을 변형시키는 단백질의 복합체로서, 다른 단백질이 DNA에 더 쉽게 접근하게 한다.

2 **염색질 재구성 복합체(chromatin remodeling complexes):** SWI/SNF 패밀리 및 연관 패밀리로서 ATP-의존성 DNA 풀림 활성을 가지는 단백질 복합체이다.

공동억제자는 염색질 구조에 대해 상반된 효과를 나타내는데, 전사 인자의 결합을 불가능하게 하거나 그들의 활성을 저해한다. 전사적으로 침묵화시키는(silencing) 메커니즘은 10장에서 보다 자세하게 설명될 것이다.

염색질 변형 복합체

비교적 좁은 핵 안으로 DNA를 집어넣기 위해서는 진핵성 유전체가 염색질로 조립되는 과정이 필수적이다. 10년 전까지만 해도, 히스톤은 DNA를 뉴클레오솜으로 포장하는 불활성 소단위체쯤으로 간주되었다. 뉴클레오솜은 DNA 서열에 전사 인자가 접근하지 못하도록 하는 일반적인 전사 억제자로 비춰졌다. 그러나 염색질 분야에서의 최근 발전으로 전사 연구자의 관점이 크게 바뀌었다. 염색질 변형 복합체는 이제 유전자 활성화와 억제 모두에서 중추적 역할을 담당하는 것으로 알려져 있다.

히스톤 H2A, H2B, H3, 그리고 H4의 꼬리가 핵심 팔합체로부터 바깥으로 튀어나와 있으며, 번역 후 변형에서 크게 변하는 부분이라고 했던 것을 기억하기 바란다(5장). 이들 공유결합성 변형이 일반 전사 기구에 대한 염색질의 접근성을 변화시키기 때문에, 이들은 유전자가 활성화될지 비활성화될지를 결정하는 최상위 스위치로 기능할 것이라고 제안되었다. 1960년대에 히스톤 아세틸화 및 메틸화가 발견된 이후 히스톤의 수십 가지 공유 변형이 발견되었다. 유전자 발현을 조절한다고 알려진 히스톤 꼬리의 변형에는 네 가지 형태가 있다: (i) 라이신의 **아세틸화(acetylation)**, (ii) 라이신과 아르기닌의 **메틸화(methylation)**, (iii) 라이신의 **유비퀴틴화(ubiquitiylation)**, 그리고 (iv) 세린과 트레오닌의 **인산화(phosphorylation)**이다. 다른 덜 일반적인 변형은 글루탐산의 **ADP-라이보실화(ADP-ribosylation)** 및 라이신 잔기의 **수모화(sumoylation)**뿐 아니라, 숙시닐화(succinylation), 부티릴화(butyrylation), 프로피오닐화(propionylation), 크로토닐화(crotonylation) 등 덜 연구된 변형들이다. 아마도 가장 특이한 변형은 신경전달 물질인 세로토닌이 히스톤 H3에 공유 결합될 수 있다는 2019년의 발견일 것이다. 웰빙과 행복감을 증진시키는 세로토닌의 역할을 감안할 때, 연구자들은 세로토닌 변형 히스톤을 "행복한 히스톤"이라고 불렀다. 히스톤의 세로토닌화는 유전자 전사와 상관관계가 있어 신경전달 물질의 신호전달에 복잡성을 더한다.

특정 히스톤 변형 또는 "표식"의 수준은 각각 **기록자(writer)**와 **지우개(eraser)**라고 적절하게 불리는, 변형 효소와 변형 제거 효소의 균형 잡힌 활동에 의해 유지된다(그림 9.24). 기록자 효소는 변형을 만들고, 지우개 효소는 그 변형을 제거한다. 기록자와 지우개의 작용은 세포 내 분포의 변화, 염색질에 대한 표적화 또는 특정 억제자를 통해 변경될 수 있다. 또한, 일부 히스톤 변형은 다른 변형물의 기록을 허용하거나 차단하는 분자 스위치 역할을 할 수 있다. 종합하면, 이러한 변형은 염색질과 결합하여 염색질을 응축하거나 전사 조절과 같은 다음 과정을 시작하는 다른 단백질에 의해 인식되는 표식으로 사용된다(Focus Box 9.2 참조). 히스톤 표식의 특정 조합을 인식하는 400개 이상의 **판독자(reader)** 단백질이 있다. 유전자 조절에서의 핵심적 기능 때문에, 많은 히스톤 판독자, 기록자 및 지우개는 암을 비롯한 다양한 질병에서 유전자 발현을 수정하기 위한 약물의 표적이다.

히스톤 변형 외에도 연결 히스톤의 하위 유형들이 선택적 유전자 발현을 촉진할 수도 있다. 히스톤 아세틸 전이효소부터 시작하여 다양한 유형의 히스톤 변형과 이러한 동적 과정을 조절하는 효소에 대해 자세히 살펴보도록 하자.

히스톤 아세틸 전이효소들 **히스톤 아세틸 전이효소(histone acetyltransferase, HAT)**는 히스톤의

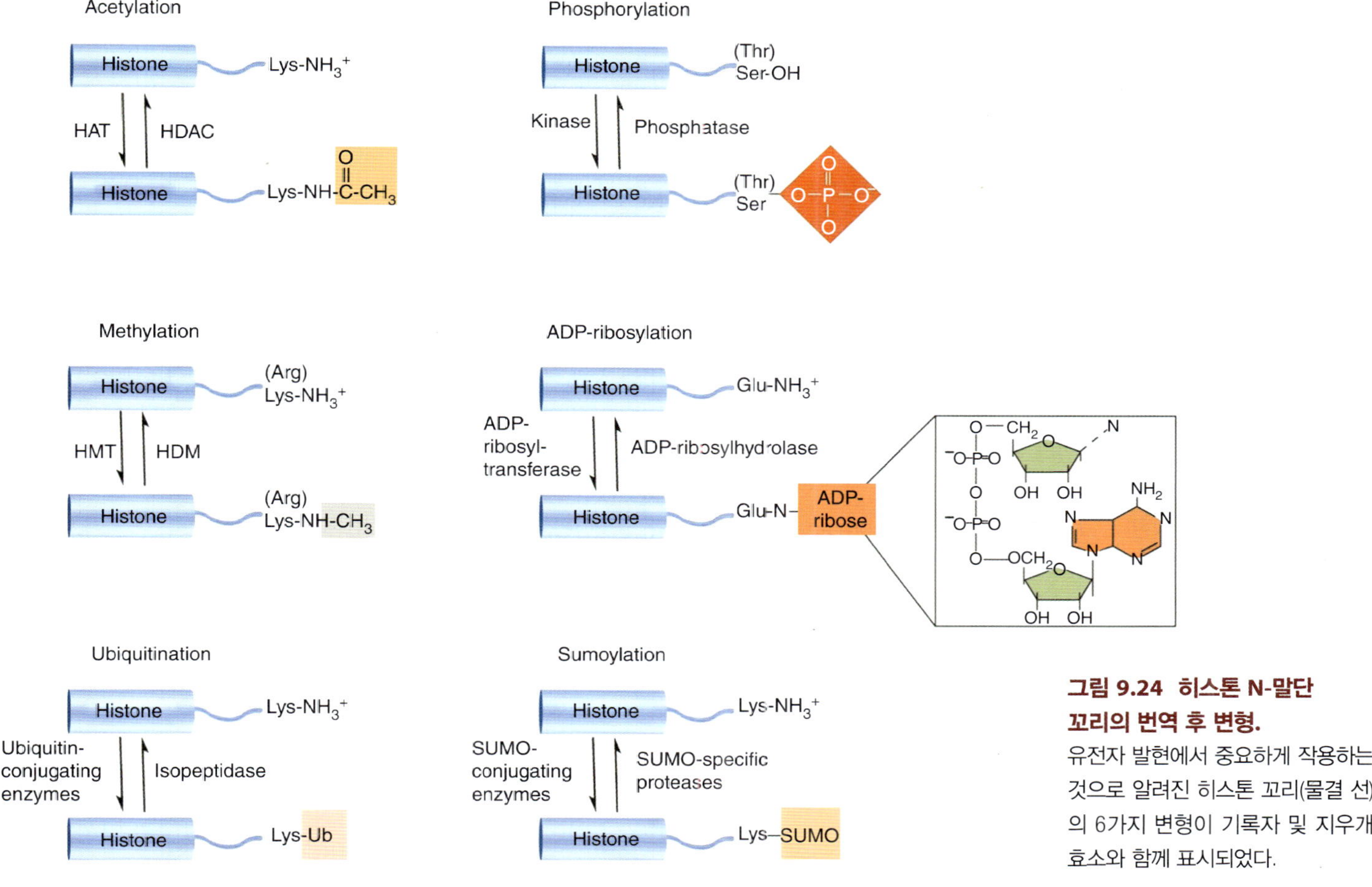

그림 9.24 히스톤 N-말단 꼬리의 번역 후 변형. 유전자 발현에서 중요하게 작용하는 것으로 알려진 히스톤 꼬리(물결 선)의 6가지 변형이 기록자 및 지우개 효소와 함께 표시되었다.

아세틸화를 일으킨다. 히스톤이 아세틸화될 때는, 아세틸기(CH_3CO)가 라이신 잔기의 ε-아미노기에 하나 이상 첨가됨으로써 양(+) 전하가 사라진다(그림 9.24). 음(−)으로 하전된 아세틸기의 첨가는 히스톤의 전체적인 양 전하를 감소시킨다. 이것은 음으로 하전된 DNA에 대한 히스톤 꼬리의 친화도를 감소시킨다. **히스톤 탈아세틸화 효소(histone deacetylase, HDAC)**는 히스톤의 N-말단 근처에 있는 라이신으로부터 아세틸기를 제거한다. 아세틸화된 히스톤 꼬리는 DNA에 대한 친화도가 감소하므로, 히스톤의 과아세틸화는 일반적으로 유전자 활성화와 관련되는 것으로 생각된다. 이런 관점은 다음 두 가지 증거에 의해 바뀌었다. 첫째는, 유전체 수준의 분석 결과가 특정 라이신의 아세틸화와 탈아세틸화 모두가 유전자 활성과 관련된다는 것을 보여준다는 점이다. 둘째로, HDAC에 의한 히스톤의 탈아세틸화는 특정 유전자의 활성에 필수적인 것으로 보인다. 현재의 모형은 라이신 잔기의 아세틸화가 염색질의 표면을 변화시켜서 상황에 따라 활성자 혹은 억제자와의 상호작용을 가능하게 한다는 것이다.

히스톤 탈아세틸화효소는 또한 RNA 중합효소 II가 신장 단계로 진행하기에 앞서 일시중지를 조절하는 역할을 한다(9.4절 참조). 히스톤 탈아세틸화효소인 SIRT6은 RNA 중합효소 II와 상호작용하여 라이신 9 및 라이신 56(H3K9 및 H3K56)에서 히스톤 H3의 아세틸화 수준을 감소시킨다. 이러한 방식으로 NELF(negative elongation factor)로부터 RNA 중합효소 II의 탈출을 막아 RNA 중합효소 II를 안정화시킨다.

히스톤 메틸기 전이효소들 기록자 효소인 **히스톤 메틸기 전이효소(histone methyltransferase, HMT)**는 히스톤의 메틸화를 유발한다. 라이신(K)에서만 발생하는 히스톤 아세틸화와는 달리, 메틸

Focus Box 9.2

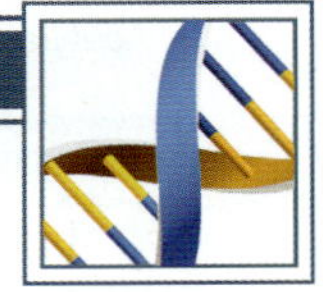

히스톤 암호가 존재하는가?

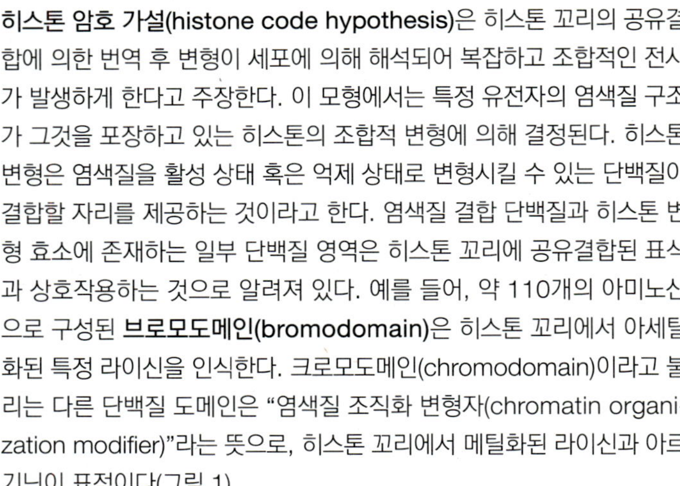

히스톤 암호 가설(histone code hypothesis)은 히스톤 꼬리의 공유결합에 의한 번역 후 변형이 세포에 의해 해석되어 복잡하고 조합적인 전사가 발생하게 한다고 주장한다. 이 모형에서는 특정 유전자의 염색질 구조가 그것을 포장하고 있는 히스톤의 조합적 변형에 의해 결정된다. 히스톤 변형은 염색질을 활성 상태 혹은 억제 상태로 변형시킬 수 있는 단백질이 결합할 자리를 제공하는 것이라고 한다. 염색질 결합 단백질과 히스톤 변형 효소에 존재하는 일부 단백질 영역은 히스톤 꼬리에 공유결합된 표식과 상호작용하는 것으로 알려져 있다. 예를 들어, 약 110개의 아미노산으로 구성된 **브로모도메인(bromodomain)**은 히스톤 꼬리에서 아세틸화된 특정 라이신을 인식한다. 크로모도메인(chromodomain)이라고 불리는 다른 단백질 도메인은 "염색질 조직화 변형자(chromatin organization modifier)"라는 뜻으로, 히스톤 꼬리에서 메틸화된 라이신과 아르기닌이 표적이다(그림 1).

일부 실험 자료는 히스톤 암호 가설의 다른 측면에 대한 증거를 내놓고 있지만, 그 가설은 계속해서 많은 논쟁의 주제가 되고 있다. 히스톤 아세틸화 양상에 대한 유전체 수준에서의 분석은 11개 라이신 조합이 포함된 일관적인 아세틸화 양상을 나타내는 유전자가 있음을 보여준다. 그러나 일부 연구자들은 변형의 총 숫자가 필연적으로 개별 변형의 총 숫자보다 더 많은 정보를 포함할 수 없기 때문에 히스톤 변형은 개별적인 것이든 순차적인 것이든 암호로 고려될 수는 없다고 주장한다. 이 논쟁에 대한 최근의 견해는 히스톤 변형이 그들의 상호작용이나 서로의 접속이 암호라기보다는 "복잡한 언어"처럼 문맥-의존적인 효과를 가진다는 것이다. 그렇다면, 히스톤 암호가 있다는 것인가? 가장 엄격한 의미에서는, 안정적으로 해독 가능한 암호가 존재하는 것으로 보이지는 않지만, 어떤 히스톤 변형은 열려 있거나 활성적으로 전사되는 곳 혹은 닫혀서 억제되는 염색질 영역에 풍부하다.

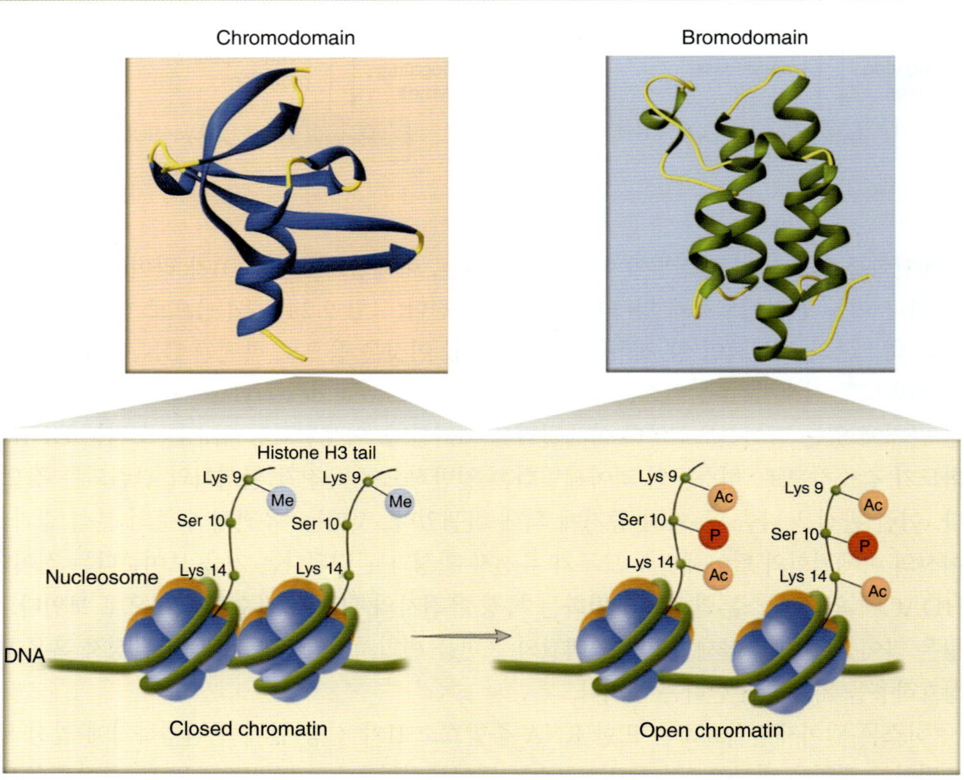

그림 1 히스톤 변형은 염색질 결합 단백질을 위한 인식표로 작용한다. 크로모도메인(왼쪽 삽입, PDB: 1N72)을 포함하는 단백질은 히스톤 꼬리의 메틸화된 라이신을 인식하여 단단히 포장된 "닫힌" 염색질을 만든다. 히스톤 H3의 9번 위치에 있는 라이신 아미노산의 탈메틸화는 10 위치의 세린 인산화와 9번과 15번의 라이신 아세틸화를 촉진하여 보다 열린 염색질 구조를 만든다. 브로모도메인 단백질 모티프(오른쪽 삽입, PDB: 1PFB)는 나선 쌍 사이에 고리가 있는 4개의 나선 무리를 형성한다. 이 두 고리의 보존된 잔기가 아세틸화된 라이신의 결합 자리 역할을 하는 소수성 포켓을 형성한다.

화는 라이신과 아르기닌(R) 잔기 모두에서 발생한다. 하나나 둘 혹은 3개의 메틸기(CH_3)가 라이신 잔기에 첨가되고, 일-, 이- 및 삼-메틸화가 분명한 역할을 수행한다. 마찬가지로, 아르기닌은 하나 이상의 메틸기를 추가하여 변형될 수 있다. 메틸기는 히스톤의 부피는 증가시키지만 전체적인 전하는 변화시키지 않는다(그림 9.24). 히스톤 메틸화는 활성화 및 억제 모두와 관련이 있다.

특정 라이신이나 아르기닌에 부착되는 메틸기의 숫자뿐 아니라, 라이신이나 아르기닌 메틸화의 자리 특이성은 전사에 뚜렷한 효과를 미칠 수 있다. 예를 들어, 히스톤 H3의 9번 라이신에 2중-메틸화(dimethylated H3-K9으로 요약)가 일어나는 것과 히스톤 H3의 27번 라이신에 3중-메틸화(trimethylated H3-K27)가 일어나는 것은 모두 유전자 침묵화 및 이질염색질 형성과 매우 관련이 깊다. 대조적으로, H3-K4, H3-K36, 혹은 H3-K79에서의 메틸화는 활성 염색질과 관련되어 있다. 또 한 가지 주목해야 할 점은 서로 다른 형태의 히스톤 변형들 사이에 "대화(cross-talk)"가 존재한다는 것이다. H3-K9의 탈메틸화는 10번 세린에서의 인산화와 14번 라이신에서의 아세틸화를 촉진시킨다. 그리고 10번 세린의 인산화는 9번 라이신에서의 아세틸화를 촉진시켜 9번 라이신에 억제성 메틸화 표시가 생기는 것을 방해한다(Focus Box 9.2 참조). 이런 변형은 조밀하게 응집된 "닫힌" 염색질을 "열린" 염색질로 변화시킨다. 히스톤 메틸화는 일반적으로 변형된 염색질 구조를 만드는 것과 연계될 수 있는 다른 단백질을 소집한다.

히스톤의 아세틸화는 HATs와 HDACs에 의해 역동적으로 조절되는 것으로 알려져 있지만, 히스톤의 메틸화는 히스톤 탈메틸화 효소가 발견되지 않았었기 때문에 영구적인 변화인 것으로 간주되어 왔었다. 그러나 2004년, 연구자들은 마침내 **히스톤 탈메틸화효소(histone demethylase, HDM)**로 작용하는 효소를 분리하는 데 성공했다. 이 효소—**라이신 특이성 탈메틸화효소1(lysine-specific demethylase1, LSD1)**—는 메틸화되지 않은 히스톤을 유지함으로써 특정 유전자를 억제한다. LSD1는 분열 효소인 *Schizosaccharomyces pombe*로부터 인간에까지 공통적으로 나타난다. 이 효소의 발견은 히스톤 메틸화도 역동적인 과정이며 메틸화효소와 탈메틸화효소 모두에 의해 조절된다는 것을 시사했다. 실제로, 다수의 패밀리 구성원을 가진 두 가지 HDM 패밀리가 연속적으로 발견되었다. 한편, 아르기닌 탈메틸화는 아르기닌을 시트룰린으로 전환시키는 펩티딜 아르기닌 탈이민화효소(peptidyl arginine deiminase)라는 효소에 의해 촉매된다. 이 경우 아르기닌에서 시트룰린으로 전환되면 메틸기가 사라진다.

유비퀴틴-연결 효소 보통, 다중 유비퀴틴 사슬의 첨가는 프로테아좀에 의한 단백질의 분해를 일으킨다(4장 참조). 그러나 하나의 **유비퀴틴(ubiquitin)**이 첨가되는 것(mono-ubiquitinylation)은 단백질 파괴 신호를 주지 않고서 기능을 변화시킬 수 있다. 연결 효소(conjugating enzyme)는 표적 단백질의 라이신 잔기에 있는 $-NH_2$ 곁사슬과 유비퀴틴 사이에 펩티드 결합을 만든다. 예를 들어, 히스톤 H2B의 단일 유비퀴틴화는 유전자에 따라 다르지만, 전사물 신장 및 전사 활성화나 침묵화와 관련된다. 연결 히스톤인 H1에 단일 유비퀴틴화가 발생하면 DNA에서 방출된다. 연결 히스톤이 없어지면 염색질은 덜 조밀해지고 유전자는 활성화된다.

인산화효소 특수한 인산화효소(kinases)에 의해 히스톤이 인산화될 때는 보통 하나 혹은 그 이상의 세린이나 트레오닌 아미노산에 인산기가 첨가되며, 이로써 음전하가 증가한다(그림 9.24 참조). 연결 히스톤인 H1의 인산화는 DNA로부터 H1을 떨어져 나가게 하거나 더 약하게 붙어 있게 만든다. 어느 경우든 유전자 활성화와 관련되어 있다. 앞서 지적한 대로, 히스톤 H3의 인산화 역시 특정 유전자의 활성화를 일으킨다. 인산화는 역동적인 과정이며, 인산가수분해효소(phosphatase)에 의한 조절을 받는다.

ADP-라이보실기 전이효소 단일 ADP-라이보실화(mono-ADP-ribosylation)는 ADP-라이보실기 전이효소(ADP-ribosyltransferase)에 의해 ADP-리보스 잔기가 NAD^+로부터 수용 단백질의 특정 아미노산으로 옮겨지는 것을 말한다(그림 9.24 참조). 히스톤은 글루탐산 잔기에서 변형된다; 그러나 다른 단백질에서는 시스테인, 아스파라긴, 그리고 아르기닌 잔기가 변형될 수 있다. ADP-리보스 잔기의 제거는 ADP-라이보실기 가수분해효소(ADP-ribosylhydrolase)에 의해 매개된다.

SUMO-연결 효소 히스톤은 **소형 유비퀴틴-유사 변형자(Small ubiquitin-like modifer, SUMO)**가 첨가되는 수모화(sumoylation)에 의해서도 변형될 수 있다. SUMO는 유비퀴틴과 20%가 일치한다. SUMO 연결에는 유비퀴틴 연결에서와 동일한 세트의 효소적 단계들이 관여한다. SUMO는 97개의 아미노산으로 이루어진 단백질로서, 카르복시 말단을 통해 표적 단백질의 라이신에 있는 아미노 작용기에 첨가된다(그림 9.24 참조). 전형적으로, 수모화(sumoylation)되는 라이신 잔기는 공통 모티프인 ψ-Lys-*x*-Glu(ψ는 커다란 소수성 잔기이며, *x*는 불특정 잔기를 표시함) 내에서 발견된다. SUMO의 분리는 SUMO-특이적 단백질 분해효소(SUMO-specific protease)에 의해 매개된다. 현재까지 보고된 대부분의 경우에서 수모화는 전사 억제와 관련된다.

한때는 비교적 드문 번역 후 변형인 것으로 생각되었던 수모화가 이제는 단백질의 이동 조절과 유사분열 중에서의 염색체 분리, 그리고 손상된 DNA의 수리에서 핵심적인 역할을 하는 것으로 알려져 있다. 비록 SUMO가 세포 전체에서 작용할 수 있지만, 그 주된 활동은 핵 내부에 집중되어 있다. SUMO의 새로운 기능은 계속 밝혀질 것이다.

연결 히스톤 변이체들

뉴클레오솜에서 연결 히스톤인 H1은 전사 억제와 관련이 있다. 억제 효과는 히스톤 H1이 염색질 변형, 주로 아세틸화를 차단하기 때문에 나타난다. FOXA1과 같은 개척자 인자는 뉴클레오솜에 결합하기 위해 연결 히스톤인 H1과 경쟁하는 것으로 보고되어 있어 H1 축출과 관련이 있음을 시사한다. 어떤 경우에는 서로 다른 히스톤 연결 단백질을 선택하는 것이 유전자 조절에 중요하다. 포유동물은 8개의 H1 히스톤 아형(subtype)을 가지는데, 체세포에서 발견되는 H1a부터 H1e, 그리고 H1°, 생식세포형인 두 가지의 아형인 $H1_t$와 $H1_{oo}$이다. 포유동물에서의 이 H1 아형의 발현은 조직의 형태나 세포주기의 시기, 그리고 발생 단계에 따라 달라진다. 예를 들어, Msx1 호메오도메인 단백질이 연결 히스톤인 H1b와 복합체를 형성할 때, 복합체는 *MyoD* 유전자의 인핸서 요소에 결합하여 유전자 발현을 억제한다. 이것은 나선-고리-나선(HLH)형 전사 인자인 MyoD가 골격근 세포 분화의 주요한 조절자이므로 근육 전구 세포의 분화를 방해한다. 발생 동안 히스톤 H1b와 Msx1의 생산 감소는 *MyoD* 유전자의 억제를 완화하여 골격근 분화가 진행되게 한다(그림 9.25).

X 염색체 불활성화와 관련된 히스톤 변이체인 MacroH2A에는 히스톤 H2A와 서열 상동성이 높은 N-말단 영역이 있지만, 25 kDa의 비히스톤성 매크로 도메인(macro domain)도 존재한다(10장 참조). 최근의 결정학적 연구는 매크로 도메인이 히스톤의 ADP-리보실화에서 기능할 수 있음을 지적한다. 이것은 히스톤 변이체가 고유한 효소 활성을 가질 수 있음을 처음으로 밝힌 것이어서 매우 흥미로운 발견이었다.

염색질 재구성 복합체

ATP-의존성 염색질 재구성 복합체에 관한 최근의 발견은 염색질 분야의 흥미로운 발전을 나타내준다. 이 새로운 분자 모터 집단은 ATP 가수분해로부터 나오는 에너지를 이용하여 히스톤과 DNA의 접촉을 변화시켜 전사 인자가 DNA의 조절 요소에 결합하도록 한다. 염색질 재구성 복합체는 염색질 구조에서 적어도 네 가지의 서로 다른 변화를 매개할 수 있다(그림 9.26):

1 **뉴클레오좀 밀기(nucleosome sliding):** DNA 상에서 뉴클레오좀의 위치를 변화시킨다.

2 **뉴클레오좀 재구성(remodeled nucleosome):** 히스톤은 붙어 있으나 DNA로의 접근성이 좋아진다.

3 **뉴클레오좀 분리(nucleosome displacement):** DNA와 히스톤이 완전히 떨어진다.

4 **뉴클레오좀 대체(nucleosome replacement):** 핵심 히스톤을 변이형 히스톤으로 바꾼다.

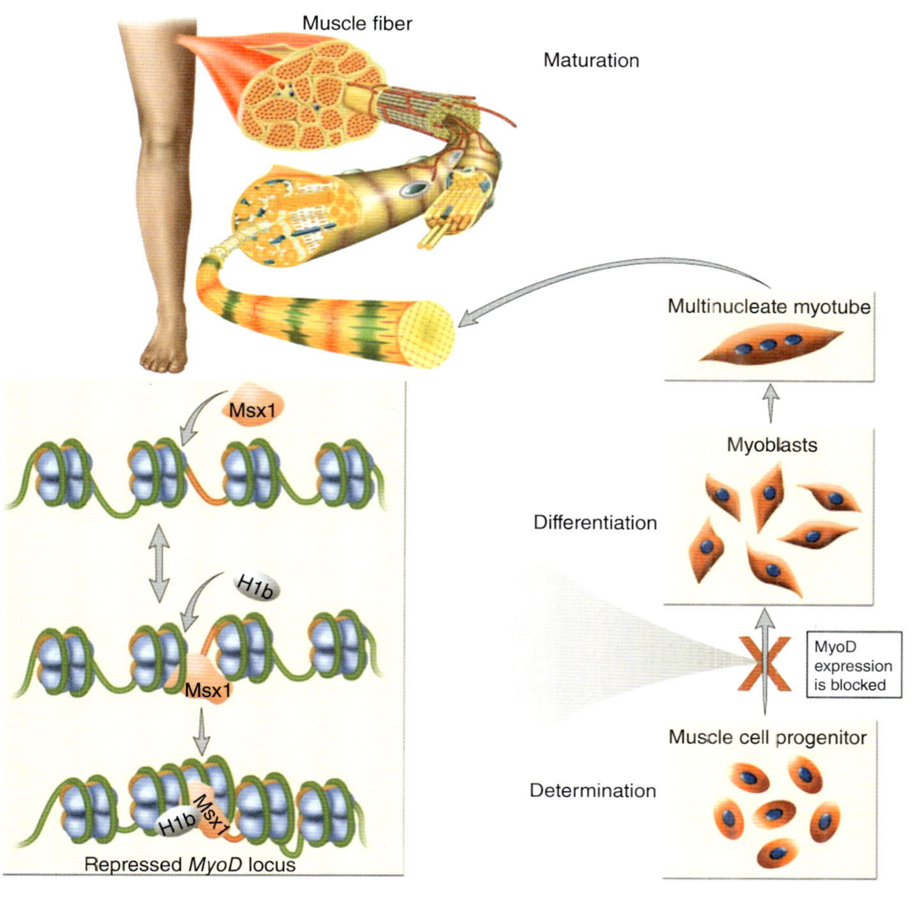

그림 9.25 연결 히스톤인 H1b에 의한 *MyoD* 유전자의 억제. Msx1 호메오도메인 단백질은 연결 히스톤인 H1b와 복합체를 형성하는데, 이것은 *MyoD* 유전자의 인핸서에 결합한다. 이것은 MyoD의 발현을 막고 근육의 전구 세포가 분화되지 못하게 한다(출처: Modified from Lee et al. 2004. *Science* 304:1675–1678.)

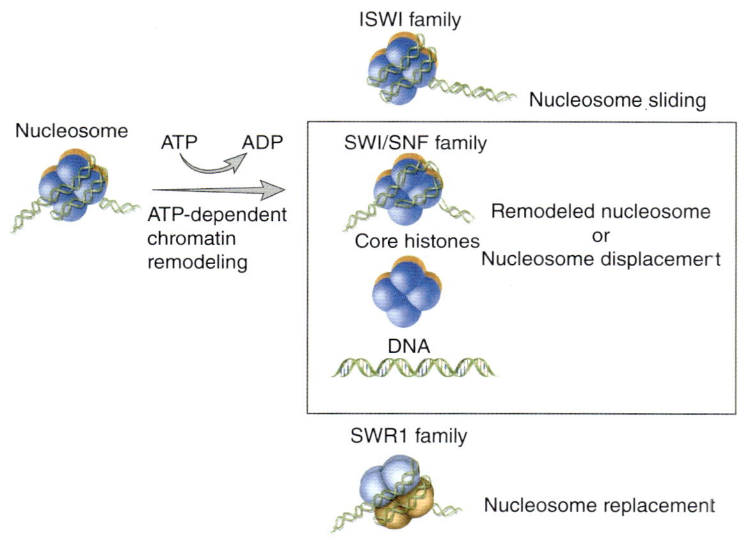

그림 9.26 다양한 방식의 ATP-의존성 염색질 재구성. 뉴클레오솜은 다른 위치로 미끄러지든지(ISWI 패밀리), 재구성되거나 분리되며(SWI/SNF 패밀리), 핵심 히스톤이 다른 변이체로 대체된다(SWR1 패밀리).

여러 가지의 ATP-의존성 염색질 재구성 복합체 패밀리가 존재한다: SWI/SNF(교배형 변화/설탕 비발효), ISWI(모방 변화), INO80(이노시톨)/SWR1(*Swi*2/Snf2-관련) 및 CHD(염색체 영역 헬리케이즈 DNA 결합) 복합체 패밀리이다. 각 패밀리는 고유한 소단위체 구성 및 SNF2 슈퍼패밀리에 속하는 고유한 **ATPase**에 의해 분류된다. 정확한 재구성 방식은 패밀리의 구성원마다 다른 것으로 보인다. 각 복합체를 차례로 살펴보도록 하자.

SWI/SNF의 작용 방식: 뉴클레오좀 밀기와 분리 SWI/SNF 복합체("switch-sniff"로 발음한다)는 출아 효모인 *S. cerevisiae*로부터 분리된 것으로, 최초로 발견된 염색질 재구성 복합체이다. 이것은 적어도 11가지의 폴리펩티드로 이루어진 2-MDa의 거대 복합체이다. 이 이름은 촉매성 ATPase 소단위체 성분으로부터 유래한 것인데, 이것은 교배형 변화 결손(*swi*tching defective, Swi2)과 설탕 비발효성(*s*ucrose *non*-*f*ermenter, Snf2)을 가진 돌연변이체에서 처음으로 규명되었다(10장 참조). 이후로 다른 여러 염색질 재구성 인자가 발견되었는데, BAF(*B*RG-1 *a*ssociated *f*actor), 브라마(Brahma, hBRM), 그리고 브라마 연관 유전자 1(*B*rahma-*r*elated *g*ene *1*, BRG1)로 구성된 SWI/SNF의 인간 상동체가 있다. SWI/SNF 유전자 패밀리에는 현재까지 27개 구성원들이 밝혀졌다.

SWI/SNF와 기타 관련 염색질 재구성 복합체는 뉴클레오솜이 미끄러지게 하여 그 구조를 상당히 불안정하게 만든다. SWI/SNF의 일반적인 작동 방식이 그림 9.26에 제시되어 있다. SWI/SNF의 ATPase 활성이 ATP를 가수분해하며, 그 에너지는 히스톤 8합체 주변의 DNA 사슬을 변형시키는 데 사용된다. 뉴클레오솜 가장자리로부터 약 50 bp의 DNA는 노출되어 있다. 따라서 뉴클레오솜 표면에 DNA가 드러나 있으며, 뉴클레오솜은 새로운 자리로 밀리게 된다.

사실, 효모의 *PHO5* 유전자처럼 매우 활성인 유전자들에서는 뉴클레오솜들이 DNA로부터 완전히 떨어져 나간다. *PHO5*는 분비형인 산성 포스파테이즈(acid phosphatase)를 암호화하며, 성장 배지의 무기 인산 결핍에 대한 반응으로 유도된다. 재구성 복합체가 히스톤 8합체 주변의 DNA 경로를 변화시킨 후에는 전사 인자와 일반 전사기구가 DNA에 접근할 수 있다. 염색질 재구성에서는 종종 SWI/SNF와 히스톤 아세틸 전이효소(HAT) 사이의 협력이 나타난다.

ISWI 염색질 재구성 복합체는 히스톤 8합체가 DNA를 따라 미끄러지게 한다 SWI/SNF와는 대조적으로, ISWI(*i*mitation *Swi*2) 패밀리의 구성원은 뉴클레오솜의 구조를 크게 망가뜨리지 않으면서도 DNA를 따라 히스톤 8합체를 미끄러지게 함으로써 그 위치를 변화시킨다(그림 9.26 참조). 이 과정은 SWI/SNF의 전형적인 작용 방식에서 나타나는 뉴클레오솜의 해체나 형태의 변화 없이 뉴클레오솜을 DNA 상의 다른 위치로 이동시키는 것이다. 이에 대한 증거는 ISWI 복합체가 뉴클레오솜 핵심 입자에 대한 핵산 분해효소의 감수성을 변화시키지 않는다는 것을 증명한 실험으로부터 얻어졌다.

INO80 및 관련 SWR1 염색질 재구성 복합체는 히스톤을 변형 히스톤으로 대체한다 INO80/SWR1 복합체의 기능 중 하나는 뉴클레오솜 미끄러짐을 촉진하는 것이다. 뉴클레오솜은 어떻게 DNA를 따라 이동할까? 극저온전자현미경법(Cryoelectron microscopy) 및 단일 분자 형광 공명 에너지 전달(smFRET) 분석이 이에 대한 몇 가지 해답을 제공했다. ADP 결합 상태의 SNF는 열린 염색질에 존재하며, DNA의 한쪽 가닥에서 1염기쌍이 튀어나오게 유도한다(그림 9.27). 이런 비틀림은 인접 말단으로 전파되어 두 가닥이 엇갈려가며 자리를 바꾸게 한다. ATP의 결합은 닫힌 형태를 촉발하여 DNA 왜곡이 긴 범위에서 코르크 마개가 도는 방식의 DNA 자리바꿈에 의해 출구 자리를 향해 전파되도록 하는데, 이것은 뉴클레오솜이 이완된 상태로 재설정되도록 한다. INO80/SWR1 복합체의 두 번째 기능은 염색질 재구성에 새로운 주제를 추가한다: 즉, 핵심 8합체에서 히스톤을 변이 히스톤으로 교체하는 것이다(그림 9.28). 핵심 8합체의 분해는, SWR1 복합체가 H2A-H2B 이합체 대신에 H2A.Z-H2B 이합체를 뉴클레오솜 배열로 전달할 수 있지만 유리된 DNA로는 전달할 수 없다는 연구에 의해 입증되었다. 반응은 SWR1의 ATPase 소단위체에 의존적이다. 히스톤 변이체인 H2A.Z는 텔로미어 근처와 같이 전사적으로 억제된 영역에 인접한 일부 활성 유전자에 매우 풍부하다. 이 변이 히스톤은 침묵성 이질염색질이 이웃하는 진정염색질로 확산되는 것을 방해한다.

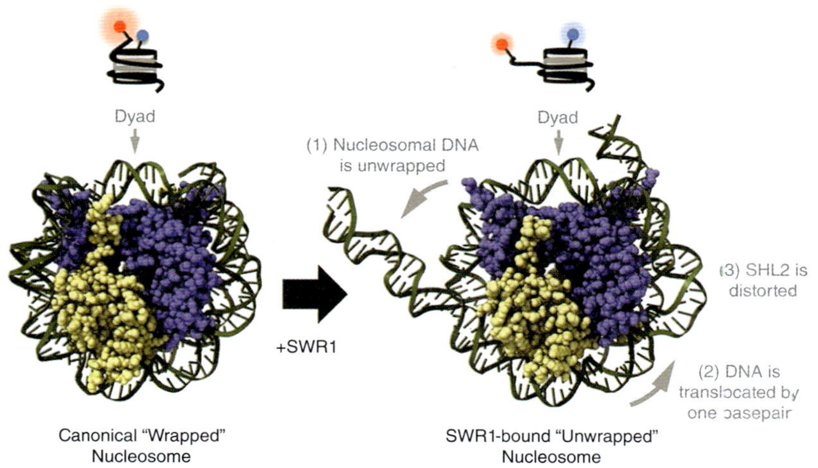

그림 9.27 뉴클레오솜에 SWR1이 결합하면 다양한 변화가 유발된다.
(1) 뉴클레오솜의 DNA는 약 2.5회전 정도 풀리며, (2) DNA가 1 염기쌍 정도 자리를 옮긴다. 그리고 (3) 수퍼헬릭스 2(SHL2)가 비틀린다. 이런 왜곡은 단일-분자 FRET(smFRET)로 검사할 수 있는데, 여기서는 히스톤 2A와 DNA 끝에 위치한 형광 탐침자를 이용하여 SWR1과 ATP 결합에 따른 뉴클레오솜의 역동적 변화를 감시할 수 있다. (출처: Reprinted from Willhoft et al. 2018. *Science* 362:199. © AAAS.)

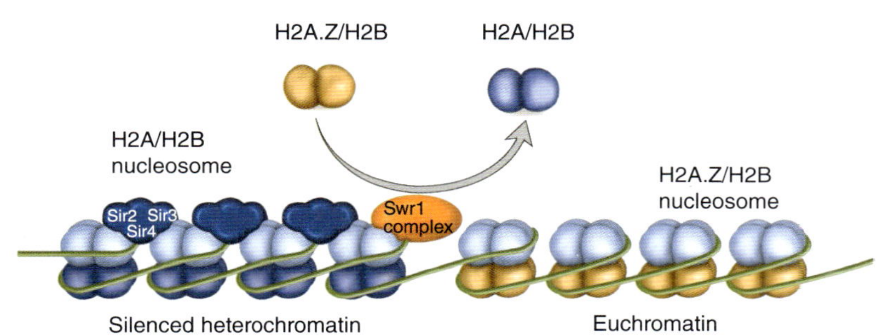

그림 9.28 SWR1 복합체는 핵심 히스톤이 변이 히스톤으로 대체되도록 한다.
H2A-H2B 이합체(하늘색)가 효모의 SWR1 복합체의 작용으로 H2A.Z-H2B 이합체(갈색)로 대체된다. 변이형 히스톤인 H2A.Z는 텔로미어의 침묵화된 이질염색질과 관련된 Sir 단백질(짙은 푸른색)이 근처의 진정염색질 영역으로 퍼지지 않게 한다.

이제 이런 히스톤 변이체는 기후 변화와도 관계된 것으로 보인다. H2A.X는 주변 온도 변화에 대한 식물의 반응을 제어하는 역할을 한다. 저온에서 키울 때 애기장대(*Arabidopsis thaliana*) 식물은 옥신(auxin) 호르몬의 수준이 낮으며 개화가 지연된다. 유전자 발현에서의 이런 변화는 뉴클레오솜의 H2A.Z와 연관되어 있다. 온도가 12°C에서 27°C로 상승했을 때, H2A.Z가 뉴클레오솜에서 축출되었다. 유전자 발현 패턴의 변화로 옥신 수준이 증가하고 개화가 가속화되었다. H2A.Z는 식물의 온도 감지를 위한 감지기일까? 아마 H2A.Z 수준이 온도에 따라 어떻게 변하는지에 대한 추가 연구가 이루어진다면 대답이 가능할 것이다.

전사 인자 및 보조활성자의 정체 및 역할에 대한 지식은 많이 알려져 있다. 그러나 이러한 단백질이 DNA와 상호작용하여 어떻게 전사를 활성화하는지에 관한 동적 과정에 대해서는 아직도 많은 연구가 필요하다. 염색질 재구성과 변형 복합체 사이에는 분명한 상호작용이 존재한다. 두 가지 유형의 보조활성자가 모두 같은 유전자 프로모터에 소집될 수 있지만, 유전자 전사에 관련된 여러 단백질의 소집 순서에 일반적인 규칙이 존재하는 것일까?

9.7 전사 복합체의 조립: 인핸소좀 모형과 "힛-앤-런" 모형

유전자 전사를 조절하는 여러 단백질의 모집 순서에 대한 일반적인 규칙은 없다. 그보다는 유전자 특이적으로 사건의 순서가 결정된다. 예를 들어, 어떤 경우에는 원거리 조절 요소에 결합한 활성자 단백질에 의해 SWI/SNF가 소환된다. SWI/SNF에 의한 유전자 프로모터 재구성 후에는, HAT 복합체가 소환된다. SWI/SNF와 HAT의 협력 작용으로 유전자 특이적 전사 인자가 결합하고, 이어 일반 전사 인자와 RNA 중합효소 II의 결합이 촉진된다. 다른 예에서는, 염색질 재구성 복합체나

HAT가 소환되기에 앞서 전체 전개시 복합체가 유전자 프로모터에 조립된다. 또는 DNA-활성자 복합체가 유전자 프로모터 상류의 뉴클레오솜이 없는 영역에 결합할 수 있다. 이것은 유전자 프로모터의 TATA 박스에서 HAT의 신속한 소집 및 뉴클레오솜의 아세틸화로 이어진다. 이후, SWI/SNF 복합체가 TATA 박스에서 뉴클레오솜을 밀어내어 일반 전사기구가 접근할 수 있게 한다.

일반적으로 개별 전사 인자는 시험관 내에서나 생체 내 모두에서 상대적으로 낮은 특이성으로 프로모터 및 인핸서 등의 DNA 조절 요소에 결합한다. 그러나 다수의 전사 인자가 DNA 조절 요소에 결합할 때는 종합적인 상호작용에 의해 높은 수준의 특이성이 생긴다. DNA에 대한 조절성 단백질의 협동적 결합은 세균 유전자 조절을 위한 주요 메커니즘으로 도입된 것으로(8장 참조), 진핵성 유전자 조절에서도 마찬가지로 중요하다. 다수의 전사 인자가 "동적 협력 조립(dynamic assisted loading)"이라 불리는 메커니즘을 통해 서로의 결합 양식을 조절할 수 있다. 이 모형의 한 가지 방식은 한 인자가 일시적으로 열린 염색질 상태를 만드는 ATP-의존적 재구성 복합체를 소집하여, 다른 인자가 결합할 수 있게 접근성을 개선해 주는 것이다. 전사 인자의 결합과 전사 복합체의 조립을 위한 두 가지 모형이 제안되었다: **인핸소좀 모형(enhanceosome model)**과 **"힛-앤-런" 모형("hit-and-run" model)**이다. 최근의 연구에서, 이런 모형들이 서로 배타적이 아님을 제시해준다.

인핸소좀 모형

인핸소좀 모형은 전사 인자 사이의 상호작용이 DNA 위에서의 협동적이고 단계적인 조립을 촉진하고, 그 복합체에 상당한 안정성을 제공한다고 주장한다. 광범위한 단백질-단백질 상호작용이나 DNA-단백질 상호작용이 중요한 것과 마찬가지로, 각 성분이 3차원적 공간 내에 배열되는 방식 또한 전사 조절에 필수적이다. 이 모형은 IFN-β 유전자 인핸서 내에서의 전사 복합체 조립과 잘 부합한다. 이 유도성 인핸서는 전사 인자인 NF-κB, IRF1(*i*nterferon *r*egulatory *f*actor *1*), 활성화 전사인자 2(activating transcription factor 2, ATF2), 그리고 c-Jun에 대한 다중 결합자리로 구성되어 있다. 비록 어떤 자리도 독자적으로는 전사를 활성화시키지 못하지만, 모두가 협동하면 활성화 과정을 촉진한다. 예를 들어, HMG-I/Y(*h*igh *m*obility *g*roup protein isoform *I* and *Y*)은 IFN-β 유전자 인핸서가 "인핸소좀(enhanceosome)"을 형성하도록 적당히 구부러지게 하는 데 꼭 필요하다(그림 9.29). HMG 패밀리의 구성원은 "건축 단백질(architectural protein)"로서 포유동물 염색질의 주된 비히스톤성 성분이다. 그들은 DNA의 부홈 내에서 AT가 많은 부분에 결합하여, 다수의 단백질로 이루어진 복합체 형성이 촉진되도록 DNA 이중나선에서의 구조적 변화를 유도한다. NF-κB 결합자리와 ATF2/c-Jun 결합자리 근처의 DNA에 붙음으로써 HMG-I/Y는 이 두 전사 인자와 직접적인 단백질-단백질 접촉을 일으키며 DNA에 대한 그들의 친화도를 증가시킨다.

힛-앤-런 모형

전통적인 인핸소좀 모형은, 핵심 히스톤을 제외하면 모든 염색질 단백질의 공통적 특징이 일시적이고 역동적인 결합이라는 관찰 결과와는 언뜻 어울리지 않는 것처럼 보인다. **광표백 후 형광회복(fluorescence recovery after photobleaching, FRAP)** 실험들(그림 9.30a)은, 대부분의 핵 단백질이 매우 이동성이 크며, 염색질 혹은 핵 구획과 단백질의 상호작용이 매우 동적임을 보여준다. 한 FRAP 실험에서는, 형광으로 표지된 단백질을 발현하는 세포 내에서 핵의 작은 영역이 표적화된 레이저파로 빠르고 가역적인 방식으로 표백되었다. 광표백으로 작은 영역에서 형광 표지가 나타나지 않게 되었다. 형광 신호의 회복은 공초점현미경(confocal microscopy)을 이용하여 시간의 함수로 측정되었다. 형광이 회복되는 것은 표백되지 않은 단백질이 표백된 장소로 이동하기 때문이다. 회복에 대한 역학은 형광 표지된 단백질의 이동성과 연관된다.

예를 들어, 글루코코르티코이드 수용체에 관한 FRAP 결과는 단 수초 동안의 주기로서, 이들이 염색질에 붙거나 떨어진다는 것을 보여주었다. 그러나 그런 순간적인 상호작용도 수 시간 동안 지속되는 거대한 염색질 재구성을 일으키기에 충분하며, 전사 활성화와도 충분히 연계될 수 있다. 힛-앤-런 모형에서의 전사 활성화는, 이에 필요한 모든 요소가 특정 염색질 부위에서 만날 가능성을 반영한다("hit") — 즉, 전사 복합체들은 자유롭게 확산될 수 있는 단백질이 확률적 방식으로 조립되며 — 그리고 그들의 결합은 일시적("run")이다. 이 모형이 확장되어, 마스터 전사 인자가 프로모터에 결합하여 전사 복합체를 구성함으로써 전사를 시작하게 한(hit) 다음, 전사 인자가 프로모터를 떠난(run) 후에도 RNA 중합효소 II에 의한 전사는 계속된다는 생각으로 이어졌다. 힛-앤-런 모형은 질소 영양분 신호에 반응하여 식물에서 활성화되는 유전자처럼, 외부 신호에 대한 유전자의 네트워크를 빠르게 활성화시킬 수도 있다.

모형들의 융합

최근의 연구는 위 두 모형이 서로 배타적이지 않음을 시사한다. 복합체 내의 개별 단백질은 그들이 상호작용하는 상대의 결합 동역학에 영향을 미친다. 기본적인 것은 복합체 자체가 매우 제한된 시간 동안만 존재한다고 해도, 그들 사이의 조합적 상호작용과 복합체 안정성의 원리가 힛-앤-런 모형에 적용된다는 것이다. 한 연구에서, 연구자들은 살아있는 세포의 고이동성 그룹 박스 1 단백질(high-mobility group box 1 protein, HMGB1)과 글루코코르티코이드 수용체(glucocorticoid receptor, GR)를 각각 황색 형광 단백질(YFP) 및 청록색 형광 단백질(CFP)로 표지하여 분석했다(자세한 내용은 14장 참조). 살아있는 세포에서 CFP-GR과 HMGB1-YFP 사이의 상호작용은 **형광 공명 에너지 전달(FRET)**을 통해 추적되었다. 두 단백질은 염색질 내에서만 상호작용하며, 염색질에서 서로가 머무는 시간을 연장시키는 것으로 나타났다. 염색질에 결합할 수 없는 돌연변이는 FRET를 나타내지 않았으며, FRAP으로 추적된 녹색 형광 단백질(GFP) 표지의 GR은, HMGB1이 없는 세포(예, *Hmbg1*$^{-/-}$ 세포)에서 더 이동성이 커지는 것으로 드러났다(그림 9.30b).

뉴클레오솜 장벽을 관통하는 전사 신장

비록 전사 개시 때 염색질이 재구성되기는 하지만, DNA는 전사될 유전자의 암호화 영역이 뉴클레오솜으로 포장된 상태이다. RNA 중합효소 II가 유전자-암호화 영역으로 이동함

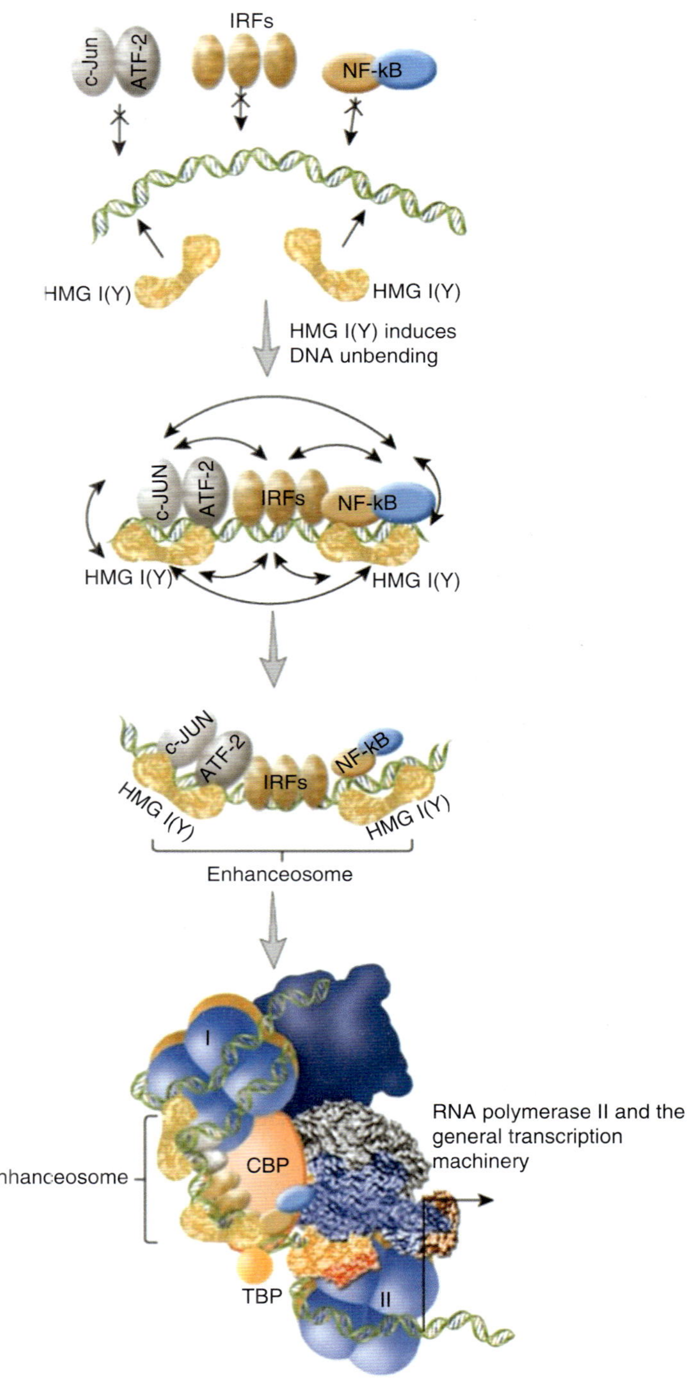

그림 9.29 IFN-β 인핸소좀.
인핸소좀 조립에 대한 두 단계 모형. DNA의 본질적 굴곡 때문에 전사 인자가 INF-β 프로모터 영역에서 그들의 결합자리를 인식하여 낮은 친화성으로 결합한다. 프로모터 영역에 결합한 HMG-I/Y가 DNA를 펴주면 전사 인자가 결합하는 데 필요한 자유에너지가 감소한다. 인핸소좀 조립은 단백질-단백질 상호작용(화살표들)에 의해 완성된다. 인핸소좀은 핵심 프로모터에서 히스톤 아세틸 전이효소 CBP를 포함하는 일반 전사 기구와 상호작용한다. 뉴클레오좀 I과 II는 SWI/SNF 복합체에 의해 재구성되었다. 검은색 꺾인 화살표는 전사 시작점을 나타낸다.

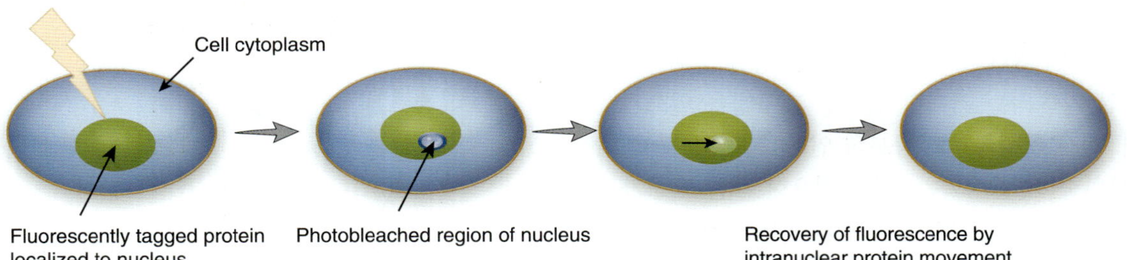

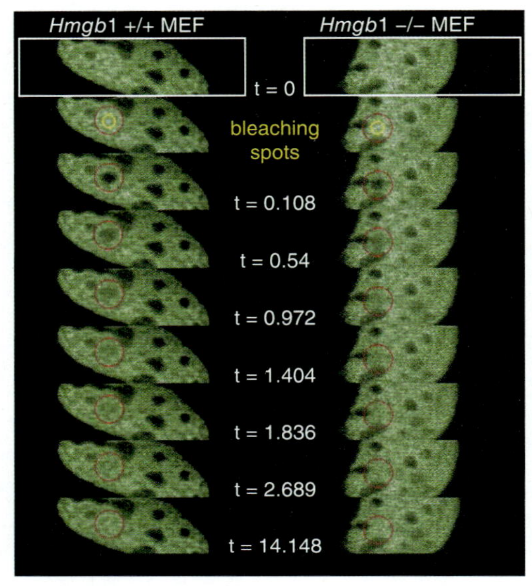

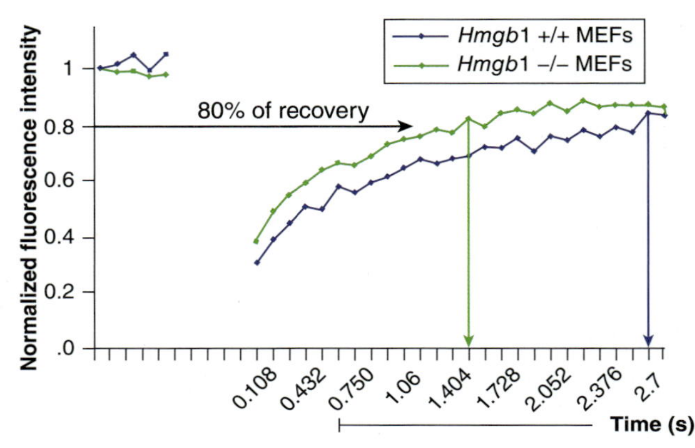

그림 9.30 핵 내부의 단백질 변화.
(a) 광표백 후의 형광 회복(Fluorescence recovery after photobleaching, FRAP). (b) 돌연변이인 *Hmgb1*$^{-/-}$ 생쥐 배아의 섬유아세포(MEF)에서, GFP로 표지된 글루코코르티코이드 수용체(GR)는 *Hmgb1*$^{+/+}$ 야생형의 생쥐 MEF 세포와 비교해 이동성이 더 증가함을 보여준다. 노란색 원은 핵(녹색)에서 광표백된 영역을 나타내며, 빨간색 원은 관심 영역을 강조한 것이다. 사진은 매 108 ms마다 찍은 것이다. 크기 막대는 10 μm이다. (c) *Hmg1*$^{-/-}$ 생쥐의 GFP-GR(녹색 점)과 *Hmgb1*$^{+/+}$인 생쥐 세포들의 GFP-GR(푸른색 점)에 대한 FRAP 분석. 그래프는 두 세포에서의 회복 속도(80% 회복까지)가 그 그룹의 평균에 가장 가깝다는 것을 보여준다. 회복은 야생형에서보다 유전자가 제거된 세포에서 더 빠르다: 유전자 제거 세포에서는 1.4초 만에 80% 회복에 도달했고, 야생형은 2.7초 걸렸다. 유전자 제거 세포에서의 완전한 회복에는 9초가 걸렸지만, 야생형에서는 16초 이상 걸렸다. (출처: Reprinted from Agresti et al. 2005. *Molecular Cell* 18:109–121, copyright © 2005 Elsevier.)

에 따라, 그 효소는 약 200 bp마다 뉴클레오솜을 만나게 된다. RNA 중합효소 II는 이 뉴클레오솜 장벽을 어떻게 극복할 수 있을까?

RNA 중합효소 II에 의해 전사되는 활성 유전자에서는 H2A-H2B 이합체를 제거함으로써 뉴클레오솜이 분해된다(그림 9.31). 이런 방식으로 뉴클레오솜 장벽을 극복하기 위해서는 많은 보조 신장 인자가 필요하다. 시험관 내에서 RNA 중합효소 II의 신장을 촉진하는 것으로 알려진 최초의 단백질 인자는 염색질 전사 촉진자로 불리는 **FACT(*f*acilitates *c*hromatin *t*ranscription)**이다. 시험관에서 염색질 전사를 촉진하는 다른 복합체는 **일롱게이터(Elongator)**와 TFIIS이다. FACT, 일롱게이터 혹은 TFIIS가 존재해도, 시험관에서 RNA 중합효소 II가 뉴클레오솜을 관통하는 전사 속도는 세포 내에서의 전사 신장 속도보다 훨씬 느리다. 시험관에서는 상당수의 RNA 중합효소 II 분자가 뉴클레오솜에 의해 방해를 받는데, 이것은 뉴클레오솜 장벽을 극복하기 위해서는 추가적 인자가 협동할 필요가 있음을 시사한다. 심지어 세포 내에서도 뉴클레오솜은 신장 중인 중합효소에 부담을 주며, 이런 장벽은 잦은 중합효소 중지와 역추적을 일으킨다.

FACT는 뉴클레오솜의 자리 이동을 촉진한다 FACT는 DNA-결합 영역과 히스톤 H2A 및 H2B와 상호작용하는 영역을 포함하는 2개의 단백질 소단위체로 구성된다. 큰 소단위체는 또한 히스톤 아세틸기 전이효소의 촉매 소단위체와도 상호작용하므로, 전사 활성 영역에서 관찰되는 히스톤의 풍부한 아세틸화와 관련되어 있음을 나타낸다. FACT는 어떻게 뉴클레오솜 자리 이동을 촉진할까? FACT는 RNA 중합효소 II 앞에서 H2A-H2B의 이합체를 떼어낼 수 있어서 초기 8합체와 동일한 위치에 히스톤 6합체를 남긴다. 뉴클레오솜 구조의 이러한 주요 변화에도 불구하고, FACT가 작용하는 데 ATP 가수분해가 필요하지 않다. 중합효소를 통과한 후 FACT는 H2A-H2B 이합체가 즉각적으로 재조립되도록 한다(그림 9.31).

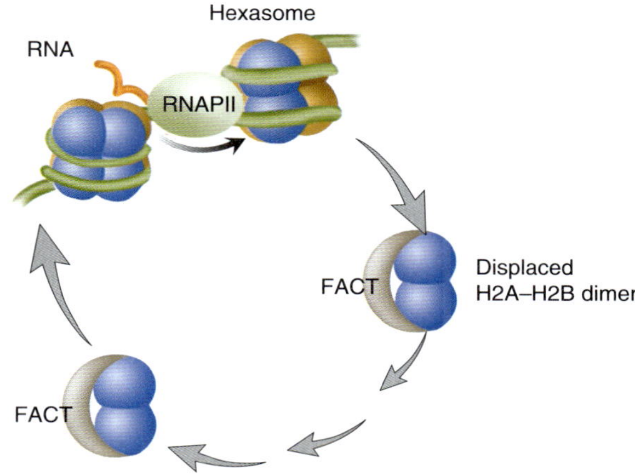

그림 9.31 RNA 중합효소 II에 의한 뉴클레오솜 관통 전사 방식.
히스톤 H2A-H2B 이합체 고갈 모형. FACT가 H2A-H2B 이합체를 핵심 8합체에서 제거하여 DNA에 6합체만 남긴다. RNA 중합효소 II(RNAPII)가 지나가면, FACT의 히스톤 샤페론 활성으로 이합체가 DNA에 다시 결합하게 된다.

일롱게이터는 전사체 신장을 촉진한다 일롱게이터 복합체(Elongator complex)는 효모에서 처음 분리되었지만 전사체 신장에서의 정확한 기능은 아직 모호하다(Disease Box 9.4). 일롱게이터는 ELP1~ELP6으로 표시되는 6개의 주요 하위 단위로 구성된다. ELP3는 히스톤 아세틸기 전이효소 활성을 갖는 것으로 나타났다. 효모 복합체와 마찬가지로, 인간 일롱게이터도 히스톤 H3에 특이성을 나타내며, 히스톤 H4에 대해서는 더 적은 정도로 특이성을 갖는 히스톤 아세틸기 전이효소를 포함하는 6개의 소단위체로 구성된다. 일롱게이터는 중합효소 경로에서 히스톤을 아세틸화하고 염색질 구조를 열어줌으로써 RNA 중합효소 II와 직접 상호작용하여 전사를 촉진하지만, FACT를 포함한 다른 신장 인자와는 직접 상호작용하지 않는 것으로 보인다.

TFIIS는 전사 억제를 풀어준다 신장 인자인 TFIIS는 전사 억제를 유발할 수 있는 DNA 영역을 RNA 중합효소 II가 잘 지나갈 수 있게 한다. 전사 억제를 유발하는 DNA 부분에는 AT가 풍부한 서열, DNA-결합 단백질 자리, 혹은 전사된 DNA 가닥의 손상부가 포함된다. TFIIS는 RNA pol II의 활성 중심에 의해 바로 합성된 RNA를 핵산분해효소 활성으르 자를 수 있도록 자극하는 역추적 메커니즘으로 인해 발생하는 전사 억제를 풀어줄 수 있다(그림 9.18 참조). 결론적으로, 방해하는 뉴클레오솜이나 전사 중지 그리고 역추적 등에도 불구하고, RNA pol II가 주형 DNA를 따라 앞으로 이동할 수 있다는 것이다. 이로써 초당 20~70 뉴클레오티드의 속도로 RNA 사슬의 길이가 빠르게 늘어난다.

종결

전사의 종료는 개시, 신장 및 종료로 구성되는 주기를 완성하는 필수적인 단계이다. RNA 중합효소 II를 재사용하고, 인접한 전사 단위 간의 간섭 방지를 위해서는 기존의 전사가 종결되어야 한다. 대부분의 유전자에서, RNA 중합효소 II에 의한 종결은 폴리(A) 부위를 인식함으로써 시작되므로 mRNA의 전사가 완료된 후에 발생한다. RNA 중합효소 II의 전사 종결은 유전자 암호화 영역의 하류에서 10 kb에 이르기까지 다양한 거리의 여러 곳에서 발생한다. 본질적으로, 종결 과정은 RNA 가공 과정과 관련되므로, 전사 종결에 대한 세부 사항은 11장에서 논의하였다.

이제 유전자의 전사 조절에 관여하는 수많은 단백질에 대해 알게 되었으므로, 다른 중요한 질문을 고려해 보자. 단백질 합성은 세포질에서 일어나기 때문에 전사 조절 단백질은 핵의 활성자리로 이동되어야 한다. 이런 수송은 어떻게 이루어질까?

Disease Box 9.4

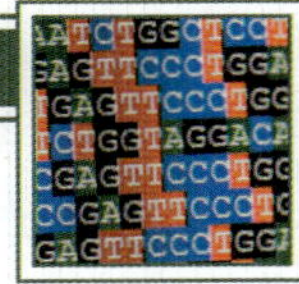

일롱게이터 결함과 가족성 자율신경 실조증

가족성 자율신경 실조증(familial dysautonomia)은 비수초성 감각 신경과 자율신경이 점차 사라지는 감각 및 자율 신경계 질병이다. 이것은 상염색체성 열성으로 유전되며, 아쉬케나지 유태인 집단에서는 매우 흔하다; 독일, 폴란드, 오스트리아, 그리고 동유럽의 유태인 후손에서는 30명당 1명 정도의 빈도로 보인자가 존재한다.

자율신경계(autonomic nervous system)는 삼키기, 소화, 그리고 체온조절 및 혈압 같은 불수의적 기능을 조절한다. 이 질병의 가장 뚜렷한 특징은 울 때 눈물이 안 나온다는 것이다. 신경 기능의 손실로 인해 열, 통증, 맛의 감각이 점차 둔해진다. 예를 들어, 이 질병을 앓는 사람은 물이 끓는 솥에 기대어 있어도 그것을 잘 느끼지 못해 심하게 화상을 입을 수 있다. 다른 증상들로는 호흡중지 발작, 스트레스에 대한 구토 반응, 다한증 등이 있으며, 척추측만증은 13살까지의 환자 중 90%에서 나타난다. 평균 기대 수명은 약 30년 정도이며, 환자는 자주 병원 신세를 진다. 현재의 치료는 주로 예방적 차원의 것과 생활 지원 위주로 진행된다. 예를 들면, 인공 눈물을 사용하거나 특별식 섭취, 그리고 상해로부터의 보호 등이다.

IKBKAP 유전자에서의 결함이 가족성 자율신경 실조증을 일으킨다

IKBKAP 유전자에서의 두 가지 돌연변이가 가족성 자율신경 실조증을 일으킨다. *IKBKAP*는 원래 I-κB 인산화효소-연관 단백질(I-κB kinase-associated protein)로 기능하는 것으로 생각되었던 단백질(그래서 그 단백질 이름이 "IKAP"인)을 암호화하는 유전자로 밝혀졌던 것이다(9.8절 참조). 곧이어 IKAP는 사실 일롱게이터 복합체의 소단위체로서 효모의 ELP1 단백질과 상동인 것이 밝혀졌다. *IKBKAP*에서의 두 돌연변이 중 어느 것도 IKAP 단백질의 발현을 막지는 않는다. 가장 흔한 돌연변이(>99.5%의 사례들)는 mRNA 스플라이싱 과정에서 엑손 하나를 건너뛰는, 조직-특이적 스플라이싱을 일으키는 것이다. *IKBKAP* 유전자는 37개의 엑손을 포함한다. 인트론 20번의 스플라이싱 공여 좌위에 있는 한 염기쌍이 T → C로 변화하면 동형접합자에서는 증상이 나타난다. 엑손 20번째가 우연히 빠지게 되면, 스플라이싱 효율이 감소하고 야생형의 KIBKAP mRNA의 수준이 감소한다. 모든 가족성 자율신경 실조증 세포형은 야생형과 돌연변이형의 IKAP를 발현하는데, 그 비율은 다양하다(그림 1). *IKBKAP* mRNA는 주로 섬유아세포와 림프아세포에서 야생형으로 존재한다. 그러나 뇌에서는 20번 엑손이 빠진 돌연변이 mRNA가 주로 발현된다. 뇌세포들이 이 엑손 탈락에 왜 특별히 예민한지는 분명하지 않다. 두 번째로, 한 엑손에서 G → C로 변화한 아주 드문 돌연변이는 아르기닌에서 프롤린으로 미스센스 돌연변이를 만들어 이 단백질에서의 트레오닌 인산화를 방해한다. 이 돌연변이는 이형접합성 환자에서만 발견되었고 동형접합성 상태에서는 아직 발견된 적이 없다.

연구자들은 아직도 전사 신장에서의 결함이 인간의 특정 감각 신경세포와 자율 신경 세포들을 퇴화시킬 수 있는지 대해 의문을 가진다. 바꿔 말하자면, 이 질병의 증상이 IKAP 단독으로 작용하는, 아직 밝혀지지 않은 세포내 경로가 파괴되어 생기는 것일 수도 있다는 것이다. IKAP가 세포 내에서 다양한 역할을 한다는 증거가 몇 가지 있다. 최근의 한 연구는 효모에서의 IKAP 상동체인 ELP1P가 골지 이후의 분비 소낭이 세포 외로 물질을 방출하는 극성 배출 과정을 방해한다고 제안한다. 뉴런의 발달과 기능에 극성화된(방향이 정해진) 세포외 방출 과정(polarized exocytosis)이 매우 중요하므로, IKAP 기능 저해에 매우 민감해질 수 있다.

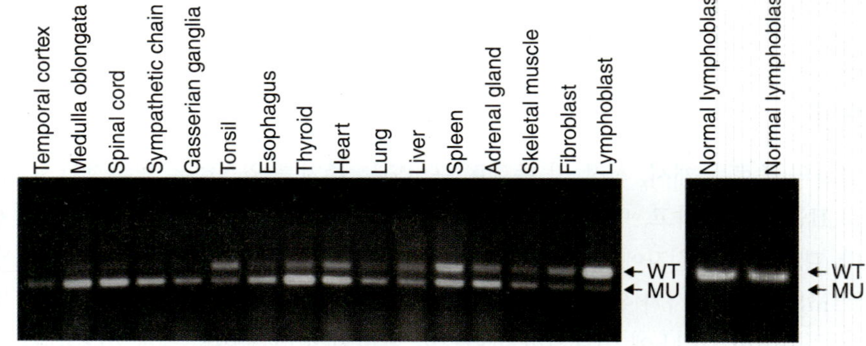

그림 1 가족성 자율신경 실조증(FD). 부검 시료와 세포주에서 야생형(WT)과 돌연변이형(MU) *IKBKAP* mRNA 발현을 관찰한 것. 모든 시료는 역전사-중합효소연쇄 반응(RT-PCR)으로 분석되었고, PCR 산물은 에티디움 브로마이드로 염색한 아가로스 젤에서 분리되었다(이 방법에 대해서는 Tool Box 13.6과 그림 14.20 참조). WT:MU 전사체의 상대적 비율은 FD 림프아세포에서 가장 높고, FD 신경조직에서는 가장 낮으며, 다른 조직들에서는 중간쯤으로 기존의 자료와 부합한다. 돌연변이 *IKBKAP* 전사체는 정상 세포나 조직에서는 전혀 관찰되지 않는다. (출처: Reprinted from Cuajungco et al. 2003. *American Journal of Human Genetics* 72:749–758, © 2003 by the American Society of Human Genetics, with permission from the University of Chicago Press.)

9.8 전사 인자의 핵 내 유입과 핵 외 배출 조절

진핵세포의 한 가지 큰 특징은 유전체가 소기관인 핵 내에 따로 분리되어 있다는 점이다. 전사 조절 단백질의 핵 내 유입 조절은 곧 원핵생물에는 존재하지 않는 진핵생물만의 전사 조절 수준을 드러낸다. 핵과 세포질 사이의 물질 수송은 **핵공 복합체(nuclear pore complex, NPS)**를 통해 일어난다. NPC는 거대한 다중 단백질 복합체로서 **핵막(nuclear envelope)**—핵을 둘러싸고 있는 이중의 막(Focus Box 9.3 참조)—에 묻혀 있다. NPC는 이온과 작은 분자가 수동적 확산에 의해 양방향으로 이동할 수 있게 한다. 보통 40 kDa보다 작은 단백질은 핵공을 통해 확산된다. 그러나 작은 단백질이 높은 전하를 띠면, 이들이 NPC를 통과하기 위해서는 유입 수용체(import receptor)가 필요하다; 예를 들어, 단백질이 응집되거나 비특이적 상호작용이 미리 발생하지 않도록 하려면, 리보솜 단백질이나 히스톤은 덮일 필요가 있다. 핵 단백질, RNA, 그리고 리보핵단백질(RNP) 입자는 지름이 ~9 nm 이상이며, 대략 40~60 kDa보다 크기 때문에, 신호 매개성 방법이나 에너지 의존적 방식에 의해 선택적이고 능동적으로 핵을 출입한다. RNP 입자나 바이러스 캡피드처럼 더 큰 거대분자 조립체는 소낭 이동(vesicular trafficking) 방식으로 핵막을 가로질러 이동한다. 이런 경로는 핵 내막에서의 소낭 형성과 핵 외막에서의 소낭 융합 과정을 포함한다.

단백질은 **핵 위치화 신호(nuclear localization signal, NLS)**라고 하는 특정 아미노산 서열에 의해 핵으로 이동한다. 어떤 경우에는 NLS가 없는 핵 단백질이 NLS를 포함하는 단백질과 이합체화되어 편승하는 방식으로 핵 안으로 이동한다. 또한, 일부 핵 단백질은 핵과 세포질 사이를 반복적으로 왕래한다. 이들이 핵 밖으로 나오기 위해서는 **핵 배출 신호(nuclear export signal, NES)**가 필요하다. 핵 유입 및 배출 경로는 **임포틴(importin)** 또는 **엑스포틴(exportin)**이라는 수용성 수용체 계열에 의해 매개되며, 이들은 종합적으로 **캐리오페린(karyopherin)**이라고 불린다. 여러 가지 서로 다른 NLS 및 NES와 다수의 캐리오페린의 존재로 미루어, 핵으로의 물질 수송 방식에 여러 경로가 있음을 알 수 있다.

Focus Box 9.3

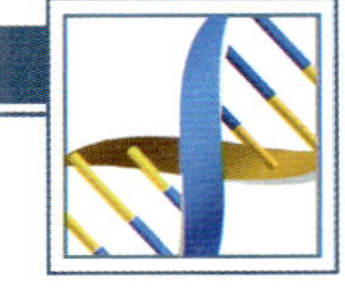

핵공 복합체

지난 수년에 걸쳐 핵공 복합체의 구조와 분자 구성에 대한 지식이 크게 발전했다. NPC는 "핵막(nuclear envelope)"에 묻혀 있는, 모듈식으로 된 매우 역동적인 기구이다(그림 1). 핵을 둘러싸고 있는 핵막은 이중의 지질 이중층이다. 바깥쪽의 막과, 내강(20~40 nm의 핵 주변 공간), 그리고 내막이 존재한다. 전자현미경용 박편 조직은 외막이 소포체의 막과 연계되어 있으며, 막 외면은 조면소포체의 세포질 표면처럼 리보솜이 붙어 있음을 보여준다. NPC는 핵과 세포질 사이의 물질 교환을 위한 관문으로 작용한다. 인간 세포의 핵은 핵막 하층에 의해 연결된 수천 개의 NPC를 가진다. NPC의 전체 구조는 효모에서는 약 50 MDa 크기이다. 포유동물에서는 60~125 MDa 범위로 측정된다. 질량은 달라도 전체적인 구성은 종 사이에서 잘 보존되어 있는 것으로 보인다.

NPC의 가장 놀랄만한 특징은 8중 방사대칭이다. 이들은 중앙의 이동 통로를 둘러싼 원통형 구조를 포함하여 가운데의 바퀴살 고리 복합체(spoke–ring complex)를 만드는 8개의 구형 소단위체로 구성된다(그림 1). 세포질면과 핵 안쪽의 양면에서 바퀴살 고리 복합체 옆에 고리형 구조물이 자리한다. 8개의 섬유들이 이 고리 구조물에 부착되어 있다. NPC의 세포질 쪽에서 그 섬유들은 세포질을 향해 뻗어 있는 자유 말단을 가진다. 핵질로 향해 있는 면에서는 이 섬유들이 말단의 고리에서 끝나는 바구니형 구조를 형성한다. NPC는 모두 합쳐 뉴클레오포린(nucleoporins)이라고 불리는 한 세트의 단백질이 여러 개 모여 만들어진다. 효모와 포유동물로부터 얻은 NPC에 대한 프로테옴 분석은 약 30 가지의 서로 다른 뉴클레오포린이 존재함을 보여주었다. NPC의 8 방사대칭 때문에, 각 뉴클레오포린은 8개 혹은 8의 정수배로 존재한다. 개별 뉴클레오포린은 NPC 기능과 핵 내 수송 및 핵 외 배출을 조절하는 데 독특한 역할을 담당한다. 면역 금 전자현미경법(immunogold electron microscopy)은 뉴클레오포린들이 아주 소수만 NPC의 핵 면 혹은 세포질 면에 비대칭으로 존재하는 반면 대부분은 양면에 대칭으로 존재하고 있음을 보여준다.

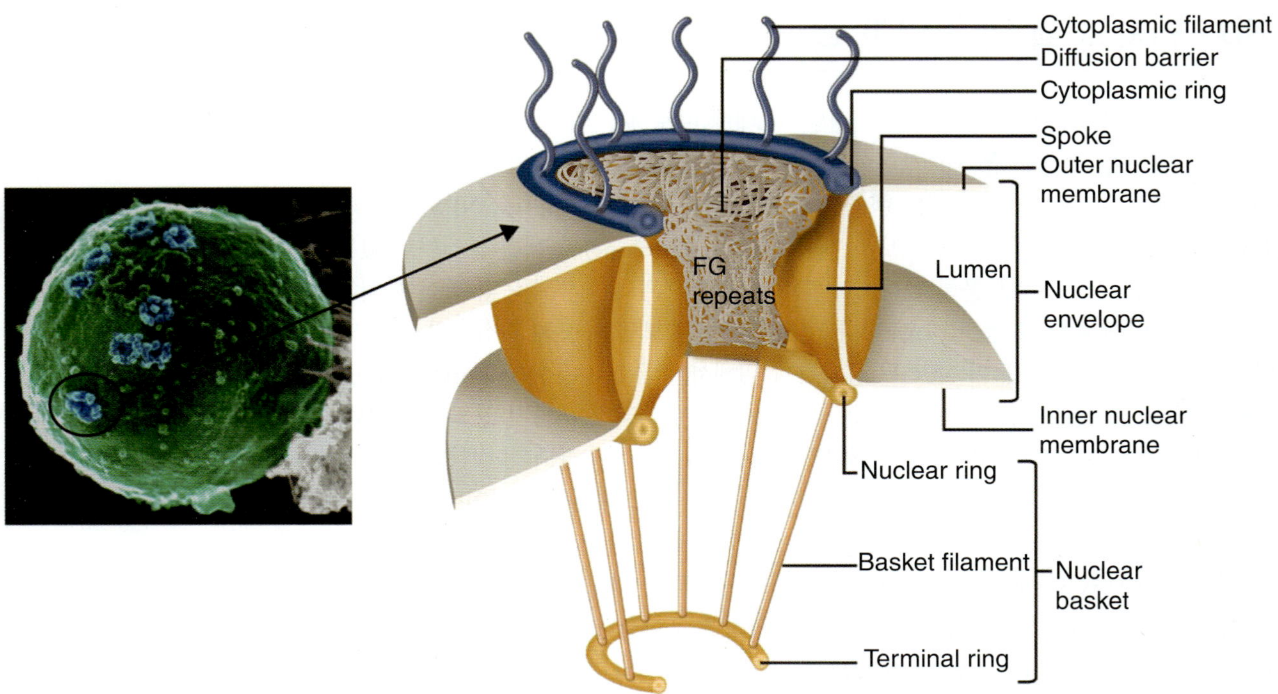

그림 1 핵공 복합체.
효모의 핵을 시야 방사 주사 전자현미경(Field emission scanning electron microscope)으로 관찰한 이미지. 푸르게 칠한 부분은 NPC를 강조해서 보여준다; 녹색으로 칠한 부분은 리보솜이 붙어 있는 핵막을 드러낸다. 축적자의 크기는 100 nm이다. (출처: Reprinted from Kiseleva. 2004. *Nature Cell Biology* 6:497, copyright © 2004, with permission from Nature Publishing Group and Macmillan Publishers Ltd. Photograph kindly provided by Elena Kiseleva, Institute of Cytology and Genetics, Novosibirsk-90, Russia). 삽입 그림은 중요한 구조적 특징을 보여주는 NPC의 단순 모형이다. NPC는 핵막에 묻혀 원통을 만드는 8개의 바퀴살(spoke)로 구성된다. 여러 개의 환형 구조물이 이 바퀴살을 연결한다. 부수적인 섬유상 구조물은 핵의 내강과 세포질을 향해 뻗어 있다.

세포질과 핵을 연결하는 NPC의 가운데 통로는 약 100 nm 길이이다(그림 1). 많은 통로나 운반체들과는 달리, NPC는 수송을 조절하기 위해 열리거나 닫히지 않는다. 투시도로 볼 때, 중앙의 구멍은 애초에 "중앙 마개" 혹은 "수송자"라고 불렸던 것에 의해 막혀 있는 것처럼 보인다. 사실, 이 "마개"는 그물망처럼 생긴 확산 장벽으로서, 스스로 조립되는 경향의, 본질적으로 무질서한 FG 반복체(페닐알라닌과 글리신의 반복)를 가진 뉴클레오포린에 의해 생성된다. 이 반복체가 중앙의 수송 터널로 쑥 들어가 그물망 형태의 단백질 장벽을 만든다. 이 그물망은 지름 3 nm 이상인 단백질의 확산을 막지만, 몇 배나 더 큰(40 nm까지도) 선별된 수송물은 관통할 수 있게 한다. 또한 ER이나 미토콘드리아로의 수송을 위해서는 단백질이 막통과 기구를 지나가기 위해 펼쳐져야 하지만, NPC를 지나는 단백질은 원래의 상태로 유지된다.

그리고 뉴클레오포린인 Nup98은 구조 단백질로서 기능하여, 활성화되기 전후에 핵공과 연계하여 안정적으로 유지되는 일부 유전자의 인핸서-프로모터 굽어짐을 매개한다. 이런 위치 지정은 또한 mRNA의 효율적인 배출 작용을 촉진할 수 있다. 당연하게도, 핵과 세포질 사이의 수송 파괴는, 근위축성 측삭 경화증(amyotrophic lateral sclerosis, ALS) 및 전측두엽 치매(frontotemporal dementia, FTD)를 포함하여, 단백질 응집체와 관련된 여러 가지 신경 퇴행성 질병과 연계되어 있다. 일부 가족성 ALS/FTD 사례에서는, NLS의 돌연변이 때문에 RNA-결합 단백질인 FUS(fused in sarcoma)의 핵 내 수송이 망가진다. 세포질에 FUS가 축적되면 상 분리가 발생하고 독성 세포질 응집체가 형성된다.

캐리오페린은 핵 내 유입과 핵 외 배출을 매개한다

캐리오페린은 HEAT 반복서열 혹은 아르마딜로 반복서열(Armadillo repeat)이라고 불리는 나선형 분자 모티프로 구성되는 단백질이다. "HEAT"라는 이름은 네 가지 단백질로부터 얻은 것이다: 헌팅틴(*H*untingtin), 일롱게이터 인자 3(*E*longation factor 3), 단백질 인산가수분해효소 2(protein phosphatase 2)의 "*A*" 소단위체, 그리고 토르1 인산화효소(*T*OR1 kinase)이다. 아르마딜로 반복

서열은 이것이 초파리의 아르마딜로 단백질에서 발견되었기에 그렇게 불린다. 이 반복서열은 서로 겹쳐 쌓여서 매우 유연한 초나선 혹은 "달팽이 같은" 구조를 형성한다(그림 9.32). 가장 큰 수용성 수용체 집단은 **캐리오페린-β-패밀리(karyopherin-β family)**로서, 단백질과 RNP 화물의 수송에 관여한다. 두 번째 수용체 집단은 구조적으로 캐리오페린-β 패밀리와는 연관이 없는 것으로서, 핵 외 배출 인자(nuclear export factors, NXFs)로 이루어진 패밀리인데, 여러 mRNA의 배출에 관여한다. 세 번째 집단은 작은 핵 수송 인자 2(nuclear transport factor 2, NTF2)가 대표적인 것으로, 작은 GTPase인 Ran을 핵 내로 수송한다. 척추동물 캐리오페린-β 패밀리에 속하는 20가지 이상의 구성원 중에서, 10가지는 핵 내 유입에 작용하는 반면 7가지는 핵 외 배출에 작용하며, 나머지는 양방향 수송 인자이다. 임포틴-β1은 유입을 일으키는 가장 많은 캐리오페린 중 하나이다. **임포틴-β1(importin-β1)**은 유입을 일으키는 가장 주된 캐리오페린 중 하나이다. 비록 다수의 화물 단백질이 임포틴-β1과 직접 결합할 수 있지만 대부분의 화물은 어댑터 단백질인 **임포틴-α(importin-α)**를 요구한다. 포유동물에서는 7가지의 임포틴-α 어댑터가 밝혀져 있다.

비록 시험관 내에서는 많은 화물에 대해 바꿔 사용할 수 있는 것으로 보이지만, 생체 내에서는 특정 임포틴-α 어댑터가 선호된다고 한다. 이 수용체는 화물의 신호서열과 **FG 반복서열(FG repeat)**이라는 뉴클레오포린의 하위 구조에 결합한다. 이 서열에는 페닐알라닌과 글리신 아미노산 반복서열이 포함되며 내생적 무질서 영역이다. FG 반복서열은 핵공의 중앙을 향해 있으며, 임포틴 및 엑스포틴과의 약하고 일시적인 상호작용을 통해 능동적인 자리 이동을 촉진한다. FG 반복서열과의 결합은 NPCs를 관통하도록 매개한다. 특정 수송 경로는 여러 가지가 존재한다. 예를 들어, 포유동물 세포를 이용한 시험관에서의 유입 분석에서는 5가지의 서로 다른 임포틴이 히스톤의 핵 내 유입을 매개할 수 있었으며, 적어도 네 가지의 임포틴-β-유사 인자가 리보솜 단백질을 핵 내로 이동시켜 리보솜 조립이 일어날 수 있게 했다.

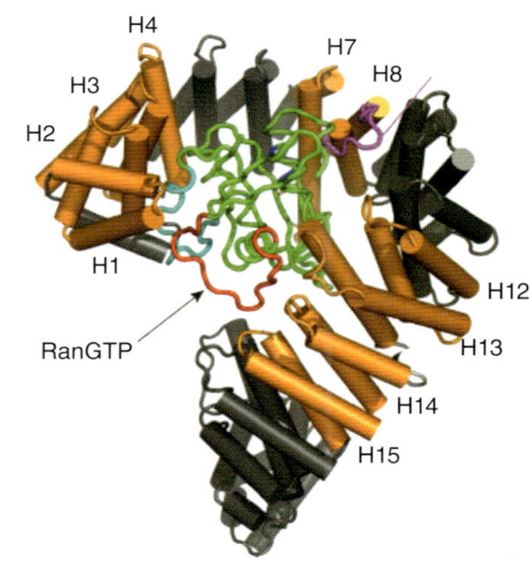

그림 9.32 캐리오페린은 달팽이 모양의 구조를 가진다.

RanGTP와 복합체를 형성한 임포틴-β1의 결정 구조. 15개의 HEAT 반복 단위가 H1~H15로 표시되어 있다. (출처: PDB: 2BKU; Güttler & Görlich. 2011. *EMBO Journal* 30:3457–3474.© 2011. John Wiley & Sons.)

핵 내 유입 경로

일반적으로 소포체나 미토콘드리아로 이동하는 단백질에서는 이동 중에 단백질로부터 신호서열이 제거되는 것과는 달리, 핵 단백질은 자신의 핵 내 위치화 서열(NLS)을 그대로 유지한다. 이것은 세포의 유사분열 후에도 그들이 핵에 다시 축적되도록 하기 위한 것 같다. 가장 잘 연구된 NLS는 염기성 아미노산 서열로, 주로 라이신(lysine)과 아르기닌(arginine)이 풍부하다. 상당히 많은 수의 수용체-화물 단백질 상호작용이 연구되었음에도 불구하고, 후보 단백질에서 NLS를 예측하기는 매우 어렵다. NLS의 실질적인 공통서열은 없다. 게다가, 뉴클레오플라스민(nucleoplasmin) 같은 어떤 단백질은 **두 부분으로 된 NLS(bipartite NLS)**를 가진다; 즉, 가운데 끼인 아미노산 서열 양쪽에 NLS가 존재한다(표 9.3). NLS는 캐리오페린-β 패밀리의 구성원과 직접 결합하거나 어댑터인 임포틴-α를 통해 상호작용한다.

핵 내 유입에 관여하는 인자는 생화학적으로 잘 연구되어 있다. 조절 메커니즘에 관한 최근의 발전은 온전한 세포에서 예측된 것을 검증하기 위한 컴퓨터 시뮬레이션과 실시간 분석을 조합하여 얻어진 것이다. 핵 유입의 과정에는 세 가지 주요 단계가 포함된다: (i) 화물 인식과 결합, (ii) 핵공 복합체(NPC)를 통한 이송, (iii) 화물 방출과 수용체 재활용(그림 9.33)이다.

화물 인식과 결합 라이신과 아르기닌이 많은 전형적 NLS에 대한 유입 수용체는 임포틴-α 어댑터와 임포틴-β1의 복합체이다. 임포틴-α 패밀리의 구성원은, NLS를 포함하는 화물 단백질에 직접적

표 9.3 핵 위치화 서열(NLS)과 핵 배출 서열(NES).

Signal type	Protein	Amino acid sequence[a]
Nuclear localization sequence (NLS)	SV-40 T antigen (monopartite NLS)	P**KKKRK**V
	Nucleoplasmin (bipartite NLS)	**KR**PAATKKAGQA**KKKKLD**
Nuclear export sequence (NES)	HIV-1 Rev	**L**-PP**L**-ER**L**T**L**
	I-κBα	**M**VKE**L**-QEI**RL**
	TFIIIA	**L**-PV**L**-EN**L**T**L**
	Consensus	$\phi x_{2\text{-}3}\phi x_{2\text{-}3}\phi x\phi$ (φ = conserved hydrophobic residues L, I, V, F, or M; x is any amino acid)

[a] See Figure 4.1 for standard one-letter amino acid designations.

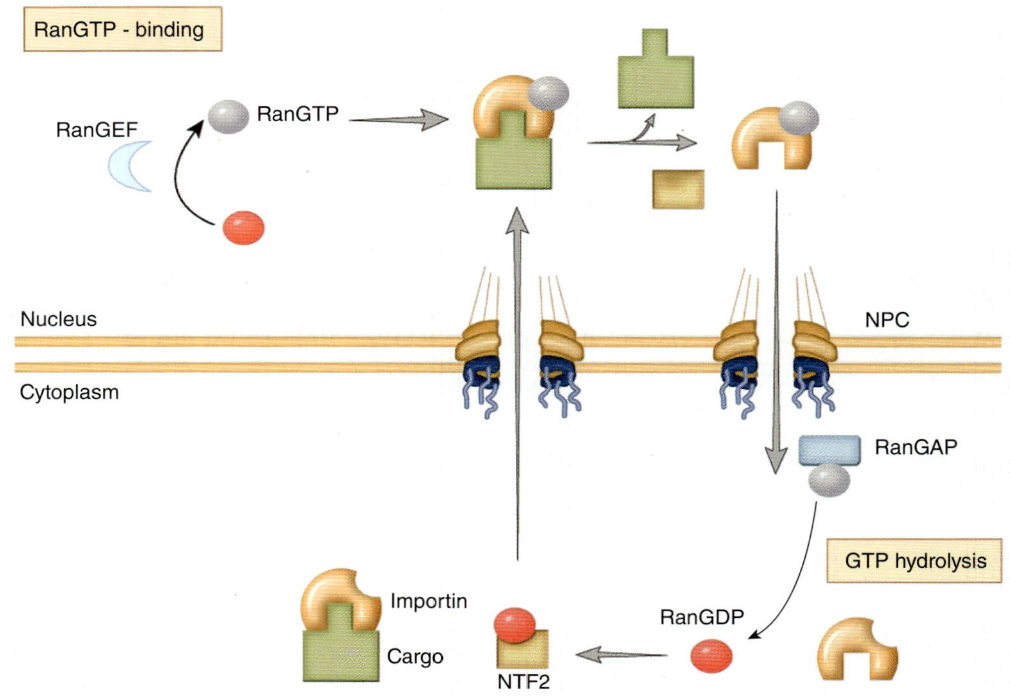

그림 9.33 핵 내 유입 회로.
임포틴은 세포질에서 NLS를 포함한 화물에 결합한 후 핵공 복합체(NPC)를 통과하여 핵 내부로 수송한다. 핵 내부에서는 임포틴이 RanGTP와 결합하면서 화물이 분리된다. 임포틴–RanGTP 복합체는 다시 세포질로 복귀하여 재사용된다.

으로 결합하는 C-말단 영역을 가진다. 임포틴-β1은 임포틴-α와 핵공 복합체(NPC) 단백질에 모두 결합한다. NPC의 세포질 쪽 섬유에서 결합이 발생한다. 화물 인식과 결합에는 ATP나 GTP 가수분해 에너지가 필요하지 않다.

핵공 복합체를 관통하는 이송 NPC를 관통하는 화물 이송에 대한 정확한 분자적 메커니즘은 아직도 활발한 연구 주제이다. 그러나 임포틴과 뉴클레오포린의 FG 반복서열 사이에서 발생하는 약한 소수성 상호작용이 필수적인 것으로 보인다. 여러 해 동안, NPC를 통한 수송은 일종의 ATP-가동형 모터에 의해 발생하는 것으로 생각되었다. 그러나 실험을 통해 ATP나 GTP 가수분해가 이송에 필요하지 않다는 점이 점차 분명해졌고, 대체 모형들이 개발되었다. 좀 더 오래된 "친화도 경사(affinity gradient)" 모형은 캐리오페린이 수송되는 동안 점차 증가하는 친화도로 뉴클레오포린을 만

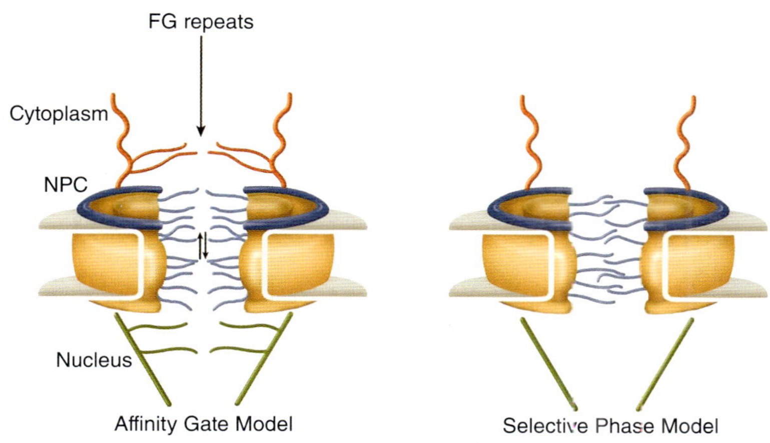

그림 9.34 핵공 복합체(NPC) 수송 모형에 관한 모식도. (왼쪽) 친화성 입구 모형. (오른쪽) 선택적 상 모형.

나면서, 뉴클레오포린-결합자리의 경사를 따라 이동한다고 제시한다. 그러나 NPC의 세포질 섬유는 제거되어도 수송에 별다른 영향이 관찰되지 않는다. 또한, 실험을 통해 RanGTP 경사가 없는 상태에서 수송 방향은 역전이 가능하고, 모든 비대칭 FG 반복서열을 없애면 핵 내 유입 경로는 소소한 영향만 받는다는 것이 드러났다. 이런 발견은 NPC가 내재된 방향성을 갖지는 않음을 시사한다.

가장 많은 지지를 얻고 있는 두 가지 모형은 친화도 관문 모형(affinity gate model)과 선택적 상 모형(selective phase model)이다(그림 9.34). 친화도 관문 모형에서는 FG 반복서열을 가진 뉴클레오포린들이 NPC의 양 끝에서 물결치는 섬유들을 여러 개 만든다. FG 반복서열은 핵 단백질이 아닌 것의 확산에 대해 선택적 장벽으로 작용한다. 브라운 운동으로 움직이는 이런 유연한 섬유에 대한 임포틴이나 엑스포틴의 친화도는 캐리오페린-화물 복합체가 핵 주변에 머무는 시간을 증가시키고, 그들이 NPC의 중앙 통로로 접근할 가능성도 높아진다. 단백질은 통로로 접근하여 캐리오페린-화물 복합체가 FG 반복서열에서 다음 반복서열로 옮겨지면서('hopping') NPC를 통해 확산된다. 높은 친화도의 뉴클레오포린-결합자리가 목적지 부분에 존재하므로 수송의 방향이 정해진다.

친화도 관문 모형에서처럼, 선택적 상 모형은 캐리오페린-화물 복합체가 중앙 통로를 통해 확산됨으로써 무작위로 이동한다고 간주한다. 소수성 FG 반복서열이 선택적인 준액체상(semiliquid phase) 혹은 망(meshwork)을 만들며, 그 안에 캐리오페린들이 분리되어 있다고 제안한다. 이런 상호작용은 이 체(sieve) 안으로 확산될 수 없는 비-핵단백질을 배제할 수 있게 한다. 화물과 연결된 소수성 캐리오페린은 FG 반복서열과의 일시적이고 낮은 친화도를 통해 그 망 구조 안으로 들어오거나 확산되어 NPC를 건넌다. 이 두 모형이나 혹은 같은 주제를 가진 다른 모형들 역시 중앙 통로를 통한 이동이 확산에 의한 것이라는 데는 동의하지만, NPC의 투과도 장벽 및 중앙 통로의 구조에 대해서는 서로 입장이 다르다.

NPC를 통한 핵과 세포질 사이의 수송은 농도 경사를 거슬러 발생하며, 이 수송 회로가 양방향성이기 때문에 에너지 공급 및 방향 지시가 필요하다. 두 가지 모두 소형 **GTPase Ran**에 의해 제공된다(그림 9.35). 24-kDa 단백질인 Ran(*Ra*s-related *n*uclear)은 GDP와 GTP-결합 상태를 왕복하는 분자 스위치로서 GTP-결합 단백질로 구성된 슈퍼패밀리에 속한다. GDP에서 GTP-결합 상태로의 전환에는 뉴클레오티드 교환이 관여한다. 대조적으로, RanGTP에서 RanGDP로의 전환은 결합된 GTP로부터 말단의 인산기가 제거됨으로써 발생한다. Ran이 GDP-결합 형태와 GTP-결합 형태 사이를 오갈 때 극적인 형태 변화를 일으킨다.

RanGTP는 핵에서의 농도는 높지만, 세포질에서는 낮다. 핵과 세포질의 자유로운 RanGTP 농도는 적어도 200배나 차이가 난다. 이런 경사는 **Ran 구아노신-뉴클레오티드 교환인자(Ran gua-**

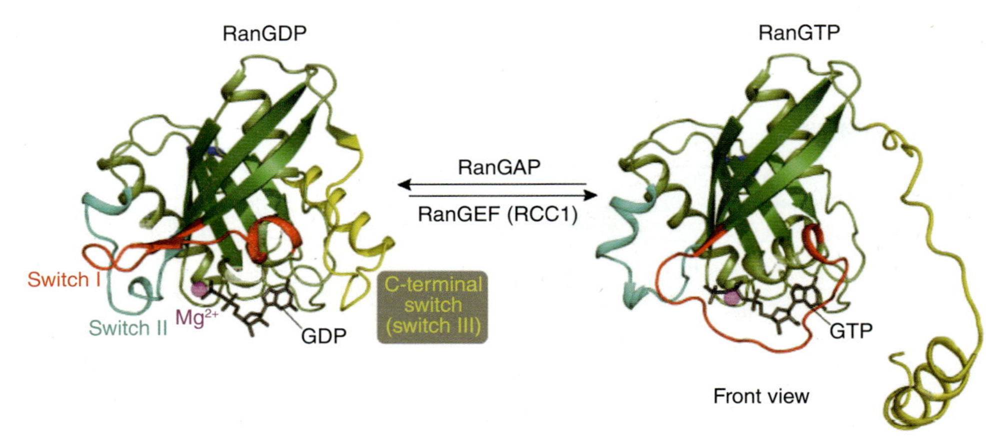

그림 9.35 Ran 구아닌 뉴클레오티드 스위치.
뉴클레오티드 상태가 변화할 때 Ran의 스위치 영역은 급격한 형태 변화를 겪는다. (출처: RanGDP, PDB: 3GJ0; RanGTP, PDB: 1RRP; from Güttler & Görlich. 2011. *EMBO Journal* 30:3457–3474. © 2011 John Wiley & Sons.)

nosine-nucleotide exchange factor, RanGEF; RCC1으로도 알려짐)와 **Ran-특이적 GTPase-활성화 단백질(Ran-specific GTPase-activating protein, RanGAP)**이 불균형적으로 분포하기 때문에 생긴다. RanGEF는 핵에 상주하는 핵단백질로서 히스톤 H2A와 H2B와의 상호작용을 통해 뉴클레오좀에 결합하며, Ran에 결합한 GDP를 GTP로 바꿈으로써 뉴클레오티드 교환을 촉진한다. 반면, RanGAP는 핵에서 배출되어 세포질에서 Ran을 GDP-결합 상태로 유지시킨다. RanGAP는 NPC의 바깥면에서 가장 높은 농도로 발견되는데, 여기서 SUMO 변형을 통해 뉴클레오포린인 RanBP2와 상호작용한다. 실제 NPC 수송 과정 자체는 RanGTP 가수분해를 요구하지 않는다. NPC 프로테옴의 약 30개 단백질 중 어느 것도 모터나 ATPase 영역을 암호화하지 않는 것은, 이 복합체가 핵막을 가로질러 화물들을 능동적으로 펌프질하는 것이 아니라는 증거가 된다.

화물 방출과 수용체 재생 일단 화물-유입 수용체 복합체가 NPC의 핵 쪽 면에 도달하면, RanGTP가 해당 임포틴에 결합하여 화물을 내려놓는다(그림 9.33 참조). 화물의 분리는 해당 임포틴의 RanGTP에 대한 결합으로 인해 화물-결합 영역의 형태가 변화하는 다른 자리 입체성(allosteric) 메커니즘에 의해 발생한다. 경로 내의 이 지점에서 화물은 핵 내에서의 기능을 수행할 수 있게 풀려난다. RanGTP-임포틴 복합체는 곧 세포질로 자리를 옮긴다. 임포틴-α/임포틴-β1-매개성 경로에서는 엑스포틴인 CAS(Cse1p로도 알려짐)가 RanGTP와 상호작용하여 임포틴-α와 결합함으로써 그것의 핵 외 배출을 매개한다.

수용체의 재생 단계는 핵 내 유입에서의 유일한 에너지 요구 단계인데, NLS 유입 회로당 적어도 2개의 GTP 분자가 소모된다. 보조 단백질인 RanGAP와 RanBP1의 도움을 받아 GTP 가수분해가 일어남으로써 RanGTP는 RanGDP로 전환된다. GTP 가수분해가 일어난 뒤에는 배출 복합체들이 분리되고 임포틴은 다음 번 유입을 위해 재생된다. RanGDP는 수송 인자인 NTF2에 의해 빠르게 핵 안으로 유입되는데, 이곳에서 RanGEF의 도움을 받아 RanGTP로 전환된다. 활발하게 분열하고 있는 포유동물 세포에서는, 핵에서의 유입과 배출 회로가 매우 빈번하게 요구되므로 1분에 수백만 개의 Ran 분자가 핵 내부로 유입되어야만 한다.

핵 외 배출 경로

진핵생물에서 발견된 핵 외 배출 신호들 중에서 가장 잘 알려진 것은 작은 크기의 소수성 류신-함유 NES(small hydrophobic leucine-rich NES)인데, 이는 인간 면역결핍 바이러스 1(HIV-1)의 Rev 단백질에서 처음 발견되었다(표 9.3). 전통적인 Rev형 NES 서열은 배출 인자인 CRM1과의 상호

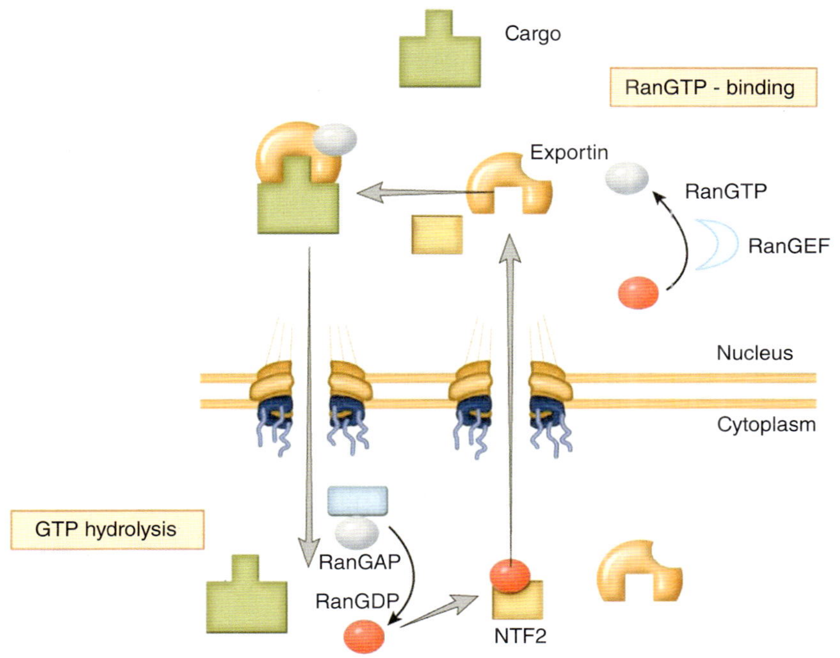

그림 9.36 핵 외 배출 회로. 엑스포틴은 RanGTP가 존재하면 핵 내의 화물에 결합한다. 세포질에서는 GTP 가수분해로 배출 복합체가 분리되어 배출 수용체가 재사용된다.

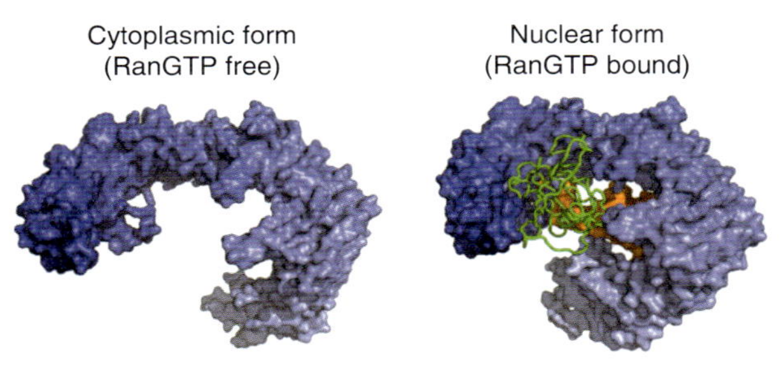

그림 9.37 엑스포틴의 세포질 내 형태와 핵질에서의 형태 비교. 엑스포틴의 표면이 푸른색으로 표현되어 있으며, RanGTP는 녹색, 그리고 수송 화물은 주황색으로 나타냈다. (출처: PDB: 3IBV, 3ICQ; from Güttler & Görlich. 2011. *EMBO Journal* 30:3457–3474. © 2011 John Wiley & Sons.)

작용을 통해 작용한다. CRM1은 분열 효모인 *S. pombe*의 돌연변이로부터 이름이 유래하였으며, 증식과 "염색체 영역 유지(*c*hromosome *r*egion *m*aintenance)"에 필수적인 것으로 보였다. 캐리오페린-β 패밀리의 구성원에 의한 RNP 복합체의 핵 수송은 종종 그 단백질 성분에 존재하는 신호에 의해 결정되지만, 엑스포틴-t와 엑스포틴 5, 두 엑스포틴은 tRNA와 직접 상호작용한다.

위에서 설명한 것처럼, RanGTP는 유입과 배출에서 매우 다른 기능을 갖는다. 이것은 핵 내 유입 경로에서는 유입 복합체의 분해를 유발한다. 그러나 핵 외 배출에서는 화물–엑스포틴 복합체의 조립에 필요하다(그림 9.36). 그 화물은 임포틴-α일 수도 있고, 핵과 세포질 사이를 왕복하는 핵 단백질일 수도 있다. 결합이 되면, 배출 수용체에서 RanGTP는 구조적 변화를 유도해 결과적으로 에너지가 저장된다. 그 엑스포틴은 S 모양에서 말편자 모양의 구조로 뒤틀린 다음 말편자의 두 아치가 RanGTP와 상호작용하는 형태로 바뀐다. 배출 복합체가 NPC의 중앙 통로를 통과하여 바깥쪽(세포질 쪽) 면에 도달하면, 그것은 GTP 가수분해를 일으키는 단백질에 노출된다. 이것이 "용수철이 장착된(spring-loaded)" 엑스포틴에 저장되었던 에너지를 방출시키면서 "튀어올라(pop)" 열림으로써 화물이 방출된다(그림 9.37).

NLS와 NES를 둘 다 가진 단백질은 모두 핵과 세포질 사이를 왕복할 수 있다. 만약 그런 단백질이 전사 인자라면, 이 단백질의 왕복은 유전자 조절에 대한 분명한 암시를 드러낸다. 예를 들어,

전사 인자는 특정한 발생 단계나 자극 받지 않은 세포에서는 세포질에 잡혀 있는 상태로 존재하므로, 세포 외에서 신호가 그들의 핵 내 유입을 유발할 때까지는 세포질에 남아 있게 된다. 핵에서 내쫓아 표적 DNA와 전사 인자를 공간적으로 분리하는 것은 강력한 기능 억제자로 작용한다.

핵 내 유입 조절과 신호 전달 경로

전사 인자 내 NLS와 NES의 활성은 몇 가지 방법으로 조절될 수 있는데, 번역 후 변형, 예를 들어 NLS나 NES를 가리거나 노출시키는 인산화 및 탈인산화 등이다. 단백질이 어느 곳에서 "안정 상태(steady state)"로 존재할 것인지는, 유입, 보유, 그리고 배출 사이의 균형에 의존적이며, 어떤 신호가 우세한가에 따라 달라진다. 염색질이나 핵 건축 단백질 같이 핵 성분과 상호작용하는 단백질 영역은 단백질이 핵에 머물도록 매개할 수 있다.

세포가 신호를 찾고 유전자와 소통하는 방법에는 여러 가지가 있다. 그 효과는 당이나 스테로이드 호르몬 같은 작은 분자가 세포로 들어와 전사 인자와 직접 결합하는 방식의 직접적인 것일 수 있다. 혹은 신호의 효과가 간접적일 수도 있는데, 신호는 전사 조절자나 관련 저해 단백질을 인산화시키는 인산화효소의 작용을 유도한다. 이런 형태의 간접적 신호작용은 신호전달 경로의 한 예이다. 여기서는, 신호에 의해 매개되는 전사 인자(NF-κB와 글루코코르티코이드 수용체)의 핵 내 유입을 예로 들어 유전자 활성을 조절하는 다양한 방식을 설명하고자 한다.

NF-κB의 핵 내 유입 조절 **NF-κB(nuclear factor of κ-light polypeptide gene enhancer in B cells)**는 인간의 스트레스 반응을 매개하는 중심 분자로서, 이합체로 이루어진 전사 인자이다. 이것은 세포 분열, 아폽토시스, 그리고 면역 및 염증 반응에서 중요한 역할을 담당한다. NF-κB의 발견은 큰 관심을 끌었는데, 그것을 활성화시키는 세포 밖 자극이 매우 다양하고, 이에 의해 조절되는 유전자가 꽤나 많으며, 그에 의해 다양한 생물학적 반응이 나타날 뿐만 아니라, 패밀리 구성원의 구조와 기능에서 매우 진화적 보존성이 크게 나타났기 때문이었다. NF-κB는 1986년에 성숙한 B 림프구의 핵 내 전사 인자로 처음 발견되었다. 이것은 카파(κ) 면역글로불린 경사슬 유전자의 인핸서에서 10-bp의 DNA 요소에 결합한다. 그 이후로 다양한 소단위체로 구성되는 패밀리가 발견되었다. 신호에 의해 NF-κB의 핵 내 유입을 일으키는 사건은 세 단계를 포함한다: (i) **I-κB**의 세포질 내 저장; (ii) I-κB의 인산화와 분해를 유도하는 신호전달 경로; (iii) I-κB 분해로 NF-κB에서 NLS가 노출되고 NF-κB가 핵 내로 유입된다(그림 9.38).

1 **I-κB에 의한 세포질 내 저장:** 휴지기의 B 림프구에서는, NF-κB 소단위체가 세포질에서 동형이합체(homodimer)나 이형이합체(heterodimer)를 형성한다. 이 이합체는 하나의 DNA-결합 소단위체(예, p50)와 하나의 전사-활성화 소단위체(예, p65)로 구성된다; p65도 DNA 결합 영역을 가지므로 동형이합체로 DNA에 결합한다. 외부의 신호를 받지 못한 세포에서는, 이 이합체들이 불활성 형태로 세포질에 머무른다. 전형적으로, 이들은 I-κB(inhibitor κB)라고 불리는 고정 단백질에 의해 묶여 있다(그림 9.38 참조). 이 I-κB 패밀리는 구조적으로 연관된 적어도 8개의 단백질을 포함하는데, 그중 I-κB는 가장 많은 저해성 단백질이다. I-κB는 NF-κB 내의 NLS를 가리는 5~7개의 앤키린 반복 영역(ankyrin repeat domains)을 포함하는 것이 특징이다. 이 반복 영역은 세포골격 단백질인 앤키린(ankyrin)에서 이 구조가 발견되었기에 이렇게 불린다. 그들은 옆으로 쌓인 한 쌍의 역평행한 α-나선들로 구성되는데, 이들은 중간에 있는 일련의 β-머리핀 꺾임 모티프에 의해 연결된다.

2 **신호전달 경로에 의한 I-κB의 인산화와 분해 유발:** 외부 신호를 받으면, 궁극적으로 세린-특이

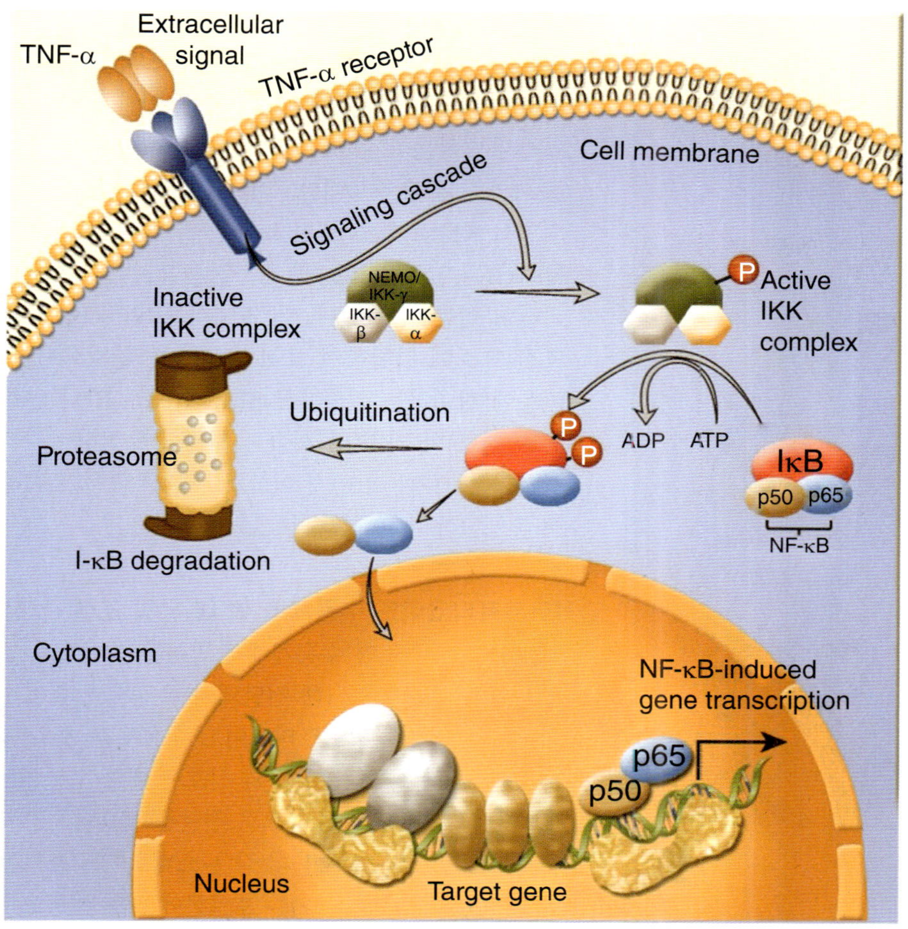

그림 9.38 NF-κB의 신호-매개성 핵 내 유입.
NF-κB 활성화 경로는 다음과 같은 단계로 발생한다: TNF-α 수용체에 의해 세포 외 신호가 전달되고, I-κB 인산화효소(IKK) 복합체가 활성화된다. I-κB가 인산화되면, I-κB의 유비퀴틴화에 연이어 프로테아좀 활성에 의한 분해가 발생하며, I-κB로부터 NF-κB가 방출된다. 그러면 NF-κB가 핵 내로 유입된다. 이후에는 표적 유전자가 활성화된다. 인산화는 빨간색 원인 "P"로 표시되었다.

적 I-κB 인산화효소(I-κB kinase, IKK) 복합체의 일시적 활성화를 일으키는 신호전달 경로가 촉발된다(그림 9.38 참조). 인터류킨(interleukin), 세균의 지질다당체(lipopolysaccharid), 림프독소-β(lymphotoxin-β), 종양 괴사 인자-α(tumor necrosis factor-α, TNF-α), 바이러스, 다양한 스트레스 자극, 그리고 화학치료제를 포함하는 150가지 이상의 많은 신호와 개시 리간드가 이 경로를 자극한다. 신호가 무엇이든 간에, 특수한 세포 표면 수용체에 의해 감지된다. 그 리간드는 수용체의 세포 외 영역에 결합하고, 이 결합은 수용체의 세포 내 영역과 소통하여 신호전달 연쇄 반응이나 2차 신호전달자 시스템을 활성화한다. 이 연쇄 반응에는 특정 신호와 수용체에 따라 수많은 복잡한 단계들이 관여한다. 예를 들어, TNF-α 신호는 인산화효소의 연쇄 반응으로 중계되어 IKK의 활성화로 끝난다. IKK는 2개의 촉매성 소단위체인 IKKα와 IKKβ 그리고 구조적이며 조절성 소단위체인 IKKγ로 구성된다. 이 조절 소단위체는 NEMO라고도 불리는데, 디즈니 영화 '니모를 찾아서'의 그 니모가 아니라, "*N*F-κB *e*ssential *mo*dulator"라는 뜻이다. IKKβ 소단위체는 I-κB의 N-말단에 보존된 2개의 세린을 인산화한다. 이런 번역 후 변형은 NF-κB로부터 I-κB가 분리되게 한다.

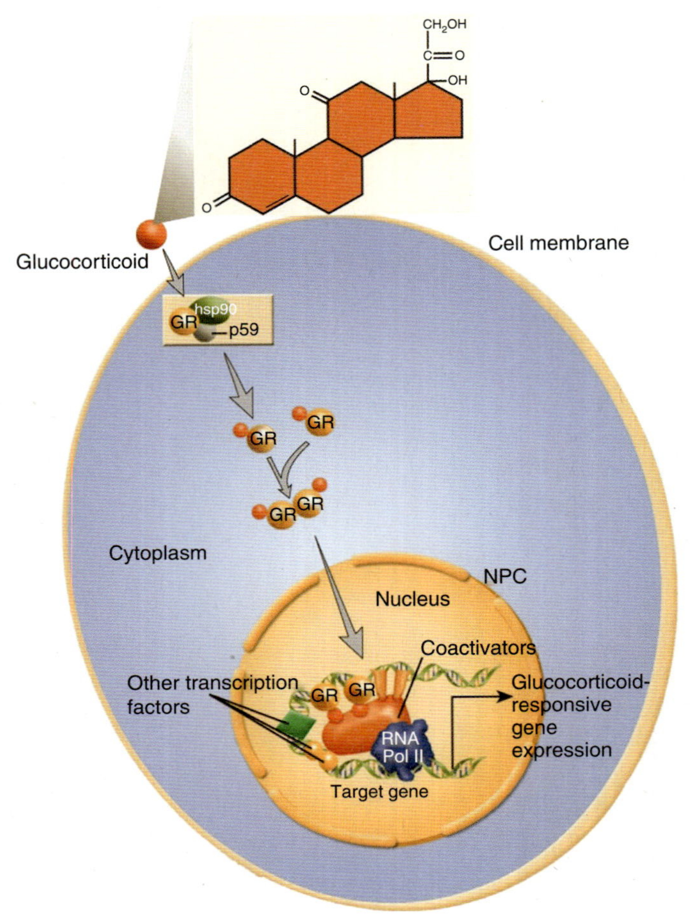

그림 9.39 글루코코르티코이드 수용체(GR)의 신호 매개성 핵 내 유입.
이 고전적 모형에서는, 글루코코르티코이드에 의한 GR의 활성화로 인해 억제성 Hsp90–p59 복합체로부터 분리된다. 이로써 GR이 이합체가 되어 핵 내로 유입된다.

3 **I-κB 분해로 NF-κB의 NLS가 노출된다:** 원래는 인산화가 단순히 형태적 변화를 일으켜 NF-κB로부터 I-κB가 방출되게 한다고 생각되었다. 사실, I-κB의 인산화는 또 다른 경로 역시 유발하는데, 유비퀴틴화(ubiquitinylation) 및 프로테아좀 매개성 분해 경로이다(그림 9.38 참조). I-κB로부터 방출되면서 NF-κB의 NLS가 노출된다. 일단 NLS가 드러나면, NF-κB는 임포틴-α/β1과 상호작용할 수 있으며 NPC를 통과하여 이동할 수 있다. 핵 안에서는 NF-κB가 특정 DNA 조절 요소에 결합하여 표적 유전자를 활성화시킨다. 면역 반응에 관여하는 인터페론-β(interferon-β)의 인핸서(그림 9.29 참조)와 카파(κ) 사슬 유전자를 포함하여, NF-κB 결합자리를 가지는 150개 이상의 대단히 많은 표적 유전자들이 존재한다.

글루코코르티코이드 수용체의 핵 내 유입 조절 앞선 NF-κB의 예에서는 세포 표면 수용체에서 받아들인 신호가 세포 내의 신호전달 연쇄 반응에 의해 전달돼서 유전자 발현이 유도되었다. 대조적으로, 글루코코르티코이드 수용체는 매우 단순한 신호전달 경로를 매개한다: 세포 외 신호에 대한 수용체는 세포질에 있으며, 그 신호는 직접 핵으로 전달된다(그림 9.39).

글루코코르티코이드 수용체 같은 **스테로이드 호르몬 수용체(steroid hormone receptor)**는 호르몬에 대한 반응으로 유전자 발현을 활성화시킨다. **스테로이드 호르몬**(예, 코티졸)은 세포 표면 수용체를 요구하지 않는다. 친지질성이기 때문에, 그것들은 확산에 의해 세포막을 통과할 수 있다. 일단 세포질에 도달하면, 그들은 세포질 수용체에 결합한다. 호르몬이 없을 때 글루코코르티코이드 수용체는 **열-충격 단백질 90(heat shock protein 90, Hsp90)** 및 59-kD 단백질과 결합하여 세포질에서 복합체로 존재한다. Hsp90은 스트레스에 반응하여 합성되는 단백질로 처음 발견되었기에 이런 이름이 붙었다. Hsp90은 GR 수용체에서 스테로이드 호르몬과 결합하는 C-말단 영역을 통해 글루코코르티코이드 수용체에 결합하는데, 이 때문에 DNA 결합이나 이합체화에 필요한 글루코코르티코이드 수용체의 영역을 가린다.

고전적인 모형에서는 글루코코르티코이드 수용체의 활성화가 리간드-유도성 형태 변화를 일으켜 빠르게 억제성 Hsp90 단백질을 분리시킨다. 곧이어 2개의 글루코코르티코이드 수용체가 서로 결합하여 동형이합체를 형성한다. NLS가 임포틴과 상호작용하고, 수용체는 핵의 핵공복합체를 통해 이동한다. 그러나 최근의 몇몇 연구에서는 Hsp90과의 지속적인 연합이 핵 내로의 유입에 필수적임을 시사하고 있다. 따라서 리간드 결합 후에 Hsp90과 GR의 상호작용은 더 연구해야 할 필요가 있다. 일단 핵 내로 들어오면, 글루코코르티코이드 수용체 이합체는 DNA의 글루코코르티코이드 반응성 요소(glucocorticoid responsive element, GRE)에 결합한다(그림 9.21 참조). DNA가 단백질-단백질 상호작용으로 안정화되는 고리를 형성하여 원거리 조절 영역이 핵심 프로모터와 가까운 위치로 옮겨지는 것에 주목하자. 공동활성자는 GR과 일반 전사 기구 사이에 다리를 만든다. 호르몬-반응성 표적 유전자의 활성화는 혈당 증가에서부터 항염증 작용까지 여러 가지 다양한 세포 반응을 이끈다.

장 요약

수만 가지의 서로 다른 진핵성 mRNA의 합성은 RNA 중합효소 II(RNA pol II)에 의해 수행된다. 전사 과정 중에는, RNA pol II가 주형 DNA뿐만 아니라 일반 전사 인자를 포함하는 여러 단백질과도 일시적으로 결합한다. 전사 인자는 서열 특이적인 DNA-결합 단백질로서, 유전자 프로모터 및 다른 조절 요소와 결합하며, 이 조절 요소에 내재된 정보를 해석하여 RNA pol II 전사 기구에 적당한 반응을 전달한다. 유전자 프로모터는 전사 개시에 필요하거나 전사 개시 부위 근처에 위치했을 때만 전사 빈도를 증가시키는 핵심 프로모터 요소 및 근접 프로모터 요소들로 구성된다. 개시 과정은 전개시 복합체를 형성하기 위해 수십 개의 인자가 조립되는 과정이다. 일반 전사 인자인 TFIID는 알려진 핵심 프로모터 요소를 인식하는데, 그중 가장 잘 알려진 것은 TATA 박스이다. 원거리 조절성 DNA 요소는 유전자 프로모터로부터 100 kb 이상의 거리에서 작용한다. 인핸서는 프로모터의 하류나 상류에서, 혹은 방향과 관계없이 유전자 프로모터의 활성을 증가시킨다. 이와 유사하지만 유전자 활성을 억제하는 요소는 사일런서라고 불린다. 인설레이터는 이질염색질과 진정염색질 사이의 장벽으로 작용하며 근처 유전자의 인핸서나 사일런서 활성을 막는다. 좌위 조절 영역(LCR)은 활성인 염색질의 기능적, 독립적 영역을 유지하게 한다. 그들은 종종 DNase I－과민자리로 나타나는 것이 특징인데, 이것은 "열린" 염색질 형태를 암시하는 것이다. β-글로빈 유전자 클러스터의 LCR은 그 클러스터의 모든 유전자를 높은 수준으로 전사하는 데 필요하지만, 염색질 고리의 형성이 발생에 따른 발현을 조절한다. 위상적 연관 영역(TAD)은 염색질을 독립적 영역들로 조직화하여 전사 인자가 활발하게 전사되는 유전자 내에 위치하도록 한다.

전사는 서열 특이적인 DNA-결합성 전사 인자와 일반적인 RNA pol II 전사 기구, DNA-결합 인자와 전사 기구를 연결하는 공통조절자(coregulators)의 배열, 뉴클레오솜을 움직일 수 있게 만드는 수많은 염색질 재구성 인자, 그리고 히스톤 및 기타 단백질을 공유적으로 변형시키는 다양한 효소의 종합적 작용에 의해 매개된다.

RNA pol II는 12개의 소단위체로 이루어지는 중합효소로서, RNA를 합성하고 합성 중인 RNA를 교정할 수 있다. TFIIB, TFIID, TFIIE, TFIIF, 그리고 TFIIH라고 표시되는 5개의 일반 전사 인자 세트는 프로모터 DNA를 인식하고 풀어주는 일을 맡는다. RNA pol II가 전사를 개시하기 위해서는 이 보조 전사 인자가 절대적으로 필요하다. 전사의 전개시 복합체 조립은 고도로 질서정연한 단계로 이루어진다. TFIID(TBP와 연관 TAFs)가 TATA 박스에 결합하여 유전자 프로모터에 다른 일반 전사 인자와 RNA pol II를 위한 플랫폼을 만들어 준다. 시험관 내에서는, 이 단백질이 다음과 같은 순서로 조립된다: TFIIF가 RNA pol II와 함께 오고, 그 다음에 TFIIE와 TFIIH가 동원된다. TFIIH는 인산화효소 및 나선효소 활성을 모두 가진다. RNA pol II의 C-말단 영역(CTD)에 대한 인산화는 전사체가 신장하는 데 필요하다. RNA pol II가 재사용되어 전사를 다시 시작하기 위해서는 CTD가 반드시 탈인산화되어야 한다. 매개자(Mediator)는 활성자와 억제자 단백질로부터 RNA pol II로 조절 정보를 전달하기 위한 분자 교량으로 작용하는 20개 소단위체의 복합체이다.

전개시 복합체와 나머지 전사 기구가 조립된 후, 중합효소가 프로모터 영역을 탈출하여 신장 기간으로 돌입하기 전에는 일정 기간의 불완전한 개시가 발생한다. 대부분의 일반 전사 인자는 방출된다. 그러나 TFIID는 유전자 프로모터에 남아 새로운 전개시 복합체가 빠르게 형성될 수 있도록 한다. 약 30－50 뉴클레오티드 길이의 RNA가 합성된 후 중합효소는 멈춘다. 일지중지 해제 및 전사체 신장을 위해서는 RNA 중합효소 II의 CTD에서 일련의 헵타펩티드 반복서열 여러 곳이 과인산화되어야 한다. 일단 인산화되면, RNA pol II는 TFIIH의 나선효소 활성의 도움 없이도 DNA를 풀 수 있다. 신장 시기는 몇 단계로 세분된다: DNA 주형에 상보적인 NTP의 선택, 인산디에스테르 결합의 형성, 그리고 RNA 전사체와 DNA 주형의 이동이다. 신장 중인 RNA는 RNA 중합효소 II의 단일 "조정 가능" 활성자리에 머무른다. 이 부위는 RNA 합성과, 잘못 삽입된 뉴클레오티드를 교정 중에 잘라내는 기능 사이를 왕복할 수 있게 변형될 수 있다. 이 두 가지 반응은 두 가지 금속 이온 중 활성자리에 어떤 것이 오느냐에 따라 달리 매개된다. RNA 중합효소 II의 재활용 및 전사의 재개를 위해서는 CTD가 탈인산화되어야 한다.

전사 인자와 유전자 특이적 전사 활성화 혹은 억제를 매개한다. 그들은 DNA 결합 영역, 단백질－단백질 상호작용을 통해 전사를 활성화시키는 트랜스 활성화 영역, 그리고 이합체화 영역 등 다수의 영역으로 구성되는 모듈식 단백질이다. 전사 인자 대다수는 동형이합체나 이형이합체로 DNA에 결합한다. 더 일반적인 DNA-결합 영역 모티프 중 몇 가지는 나선-꺾임-나선(HTH), 아연 손가락, 염기성 류신 지퍼, 그리고 염기성 나선-고리-나선 모티프이다. 3차원적 구조는 모두 다르지만, 이 공통 모티프는 모두 단백질의 α-나선 영역과 DNA 이중나선 주홈 내의 약 5 염기쌍 사이에서의 상호작용을 포함한다. 호메오도메인은 나선-꺾임-나선 모티프의 변이형으로, 발생에서 중요하게 작용하는 전사 인자에서 발견된다. 아연 손가락은 중간중간 존재하는 시스테인/히스티딘이 중앙의 아연 이온과 공유결합하면서 아미노산 사슬을 짧게 접어 한쪽 면이 α-나선을 가지는 조밀한 고리 영역을 만든 것이다. 류신 지퍼와 나선-고리-나선 모티프는 DNA와 직접 접촉하지는 않는다; 하지만, 그 대신에 염기성-α 나선 DNA-결합 영역을 가지는 유사한 전사 인자의 이합체화를 촉진함으로써 DNA-결합에서의 간접적이고 구조적인 역할을 담당한다.

전사 공동활성자와 공동억제자는 직접 DNA에 결합하지 않고 단백질-단백질 상호작용을 통해 전사 활성을 증가시키거나 감소시키는 단백질이다. 두 가지 주요 집단이 존재하는데: (i) 히스톤을 번역 후에 변형시키는 염색질 변형 복합체들로서 다른 단백질이 DNA에 더 잘 접근할 수 있도록 한다; (ii) 효모의 SWI/SNF 패밀리나 연관 패밀리(ISWI 및 SWR1)처럼 ATP-의존성 DNA 풀림 활성을 포함하는 염색질 재구성 복합체이다. 염색질 변형 복합체는 히스톤의 라이신 잔기를 직접 아세틸화시키는 히스톤 아세틸 전이효소(HAT)와, 라이신과 아르기닌을 직접 메틸화시키는 히스톤 메틸기 전이효소를 포함한다. 이런 변형은 히스톤 탈아세틸화 효소와 탈메틸화 효소에 의해 조절을 받는 역동적 과정이다. 히스톤의 변형은 염색질 상태를 활성형 혹은 억제형으로 변화시킬 수 있는 단백질을 위한 결합자리를 제공한다. 히스톤 암호 가설은 히스톤 꼬리의 공유적 번역 후 변형이 세포에 의해 읽혀져 복잡하고 조합적인 전사적 결과를 초래한다고 주장한다. 다른 중요한 히스톤 변형으로는 유비퀴틴화, 인산화, ADP-라이보실화 그리고 수모화 등이 있다. 몇몇 경우에서, 연결 히스톤 변이체를 선택하는 것이 유전자 조절에 중요하다. 염색질 재구성 복합체는 염색질 구조에 적어도 네 가지 변형을 매개할 수 있다: (i) 뉴클레오좀 미끄러짐 현상에서는 DNA 상에서의 뉴클레오좀 위치가 변화한다; (ii) 뉴클레오좀 재구성 과정에서는 DNA가 보다 접근하기 쉬워지지만 히스톤은 붙은 채로 존재한다; (iii) DNA와 히스톤의 완전한 분리; 혹은 (iv) 핵심 히스톤이 변이형 히스톤으로 대체되는 것이다. ATP-의존성 염색질 재구성 복합체는 독특한 소단위체 구성이나 특징적인 ATPase의 존재, 그리고 염색질을 재구성하는 정확한 메커니즘 등에 의해 각 패밀리들이 분류된다.

히스톤 H2A-H2B 이합체의 제거에 의해 DNA 주형의 뉴클레오티드 배열을 따라 RNA pol II가 이동할 수 있다. H2A-H2B 이합체 제거는 FACT, 일롱게이터 그리고 TFIIS를 포함한 다수의 보조 신장 인자에 의해 매개된다.

인핸소좀 모형은 전사 인자 사이의 상호작용이 DNA 상에서 그들의 협동적이고 단계적인 조립을 촉진하며, 그 복합체가 매우 안정화되도록 한다고 제안한다. 힛-앤-런 모형은 전사 활성화가 활성화에 필요한 전체 성분이 특정 염색질 부위를 만날 확률을 나타내는 것이라고 주장한다; 즉, 전사 복합체는 자유롭게 확산이 가능한 단백질이 확률적 방식으로 조립되며, 그들의 결합은 매우 일시적이고 역동적이라는 것이다. 가장 가능성 있는 것은, 전사 복합체의 형성은 두 모형의 요소가 조합된 방식으로 이루어질 것이라는 점이다. 비록 복합체 자체가 매우 제한된 시간만 존재한다고는 해도, 조합적 상호작용과 복합체 안정성의 원리가 적용된다.

단백질 합성은 세포질에서 일어나기 때문에, 핵에서 전사 조절 단백질이 작용하기 위해서는 그 자리로 수송되어야만 한다. 핵과 세포질 사이의 수송은 핵공 복합체(NPCs)에 의해 일어난다. NPC는 거대한 다중 단백질 복합체로서 핵막에 묻혀 있는 원통을 만드는 8개의 바퀴살 구조로 이루어진다. NPC는 이온과 작은 분자의 양방향 확산을 가능하게 한다. 핵 단백질, RNA 그리고 RNP는 신호에 의해 매개되며, 에너지-의존적인 선택적 출입을 나타낸다. 핵 위치화 서열(NLS)이라고 불리는 염기성 아미노산 서열(전형적으로 라이신과 아르기닌이 많은)에 의해 단백질들이 핵으로 가도록 표적화된다. 핵과 세포질을 왕복하는 핵 단백질은 핵 외 배출 서열(NES)도 가진다; 이들 중 가장 흔한 것은 류신이 많은 공통서열을 포함한다. 핵 내 유입 및 핵 외 배출 경로는 임포틴 혹은 엑스포틴 등 종합적으로 캐리오페린이라고 불리는 수용성 수용체로 구성된 단백질 패밀리에 의해 매개된다. 몇 가지 서로 다른 집단의 NLS와 NES 및 여러 형태의 캐리오페린에 의해 매개되는 경로는 여러 개가 존재한다. NPC를 통한 양방향의 핵-세포질 수송은 농도 경사를 거슬러 발생한다. 에너지원 및 방향 지시 모두 소형 GTPase Ran에 의한 것이다.

핵 내 유입 회로에서, 임포틴은 세포질에서 자신의 NLS를 가진 화물에 결합하고 NPC를 통해 그것을 핵 안으로 이동시킨다. 화물이 이송되는 정확한 메커니즘은 잘 알려져 있지 않다. 핵에서는, 임포틴이 RanGTP에 결합하고 화물을 방출한다. 임포틴-RanGTP 복합체는 다시 세포질로 되돌아온다. 세포질로 돌아온 후에는 RanGAP가 Ran의 GTP 가수분해를 매개하여 복합체 분리를 일으킨다. 수송체인 NTF2는 RanGDP를 핵 안으로 나른다. RanGDP에서 RanGTP로의 전환은 염색질에 결합하는 RanGEF에 의해 매개된다. 핵 외 배출 회로에서는, 엑스포틴이 RanGTP 존재하에서 핵 내의 화물과 결합한다. 세포질에서는, GTP 가수분해로 인해 배출된 복합체가 분리되고 수용체는 재순환된다.

신호전달 경로에 의한 전사 인자의 핵 내 유입 조절은 유전자를 조절하는 강력한 방법이다. 인간의 스트레스 반응에서 중추적 매개자이자 전사 인자인 NF-κB가 신호에 의해 핵 내부로 들어가게 하는 사건은 세 가지 주요 단계를 포함한다: (i) 저해 단백질인 I-κB에 의해 세포질에 머문다; (ii) I-κB의 분해를 일으키는 인산화 유발성 세포외 신호(예, 세균의 지질다당체 혹은 TNF-α)에 의해 신호전달 경로가 유발된다; (iii) I-κB 분해로 NF-κB의 NLS가 노출되면, NF-κB가 핵 내로 유입된다. 일단 핵 내로 들어오면, NF-κB는 특정한 DNA 조절 요소에 결합하여 표적 유전자를 활성화한다.

글루코코르티코이드 수용체(GR)는 혈당 증가에서부터 항염증 작용까지, 여러 가지 다양한 세포 반응을 일으키는 매우 간결한 신호전달 경로를 매개한다. 호르몬이 없을 때는, GR이 Hsp90 및 p59와 결합한 복합체로 존재한다. 동형이합체 형성과 DNA 결합에 필요한 GR의 일부 영역은 Hsp90에 의해 가려진다. 고전적인 모형에서는, 글루코코르티코이드에 의한 GR의 활성화가 리간드에 의해 유도되는 형태 변화를 포함하며, 이것이 Hsp90-p59 복합체로부터의 방출을 일으키고 이합체화와 핵 내 유입으로 이어진다고 한다. 그러나 최근의 증거들은 Hsp90이 효율적인 핵 내 유입에 중요한 역할을 할 수도 있음을 시사한다. 일단 핵 내로 들어오면, GR은 특정 DNA 조절 요소에 결합하여 표적 유전자를 활성화한다.

분석 문제

분석, 발견 및 실제 데이터 질문에 대한 해답은 부록을 참조하시오.

1 당신은 전사 개시 부위 상류의 어떤 서열이 인핸서로 작용하지만 프로모터는 아닌 것으로 생각하고 있다. 당신의 가설을 검증하기 위해 할 수 있는 실험을 설명하고 결과를 예측하시오.

2 당신은 류신이 많은 영역을 포함하고 있는 전사 인자 하나를 분리해냈다. 이미 다른 연구들의 생체 내 실험으로, 이 전사 인자가 인식하는 부위라고 알려진 부분을 포함하게 해서 올리고뉴클레오티드를 만들었다. 이것을 이용하여 전기영동 이동성 분석(EMSA)을 수행하였는데, 그 전사 인자는 당신이 만든 표지된 올리고뉴클레오티드에 결합하지 않았다. 이 결과에 대해 어떤 설명을 제안할 수 있겠는가?

3 당신은 지금 새로운 RNA 중합효소에 의해 인식되는 새로운 진핵성 프로모터 집단을 연구 중이다. 당신은 이 프로모터의 전사에 필요한 두 가지 일반 전사 인자를 발견했다. 당신은 그중 하나가 나선효소 활성을 가지며, 다른 하나는 나선효소와 RNA 중합효소를 프로모터로 불러들이는 데 필요한 것으로 생각하고 있다. 이러한 가설을 검증하기 위해 수행해야 할 실험을 설명하시오. 그 실험 결과의 예를 드시오.

4 당신은 시험관 내 전사 분석에서 TFIIH의 단백질 인산화효소 활성에 대한 저해제를 첨가했다. 전사의 어떤 단계가 방해를 받을 것으로 예상하는가? 여러분의 가설을 검증하기 위해 수행해야 할 실험을 설명하시오. 그 결과는 어떻겠는가?

5 당신이 전사 인자(TF)를 연구 중이라고 가정하자. 당신은 GFP로 표지된 TF를 발현할 수 있도록 플라스미드를 구성했다. 그 TF가 때로는 핵에, 때로는 세포질에 존재한다는 것을 발견했다. 그 TF가 어떻게 세포질에 저장되었다가 신호에 의해 핵으로 유입되는지를 설명할 수 있는 가능한 메커니즘을 설명하시오. 당신의 가설을 검증할 수 있는 실험을 고안해 보고 결과를 예측하시오. (힌트: 방법은 13장과 14장을 참조.)

발견 문제

그림 9.9 전개시 복합체 조립을 위한 시험관 내 시스템을 가지고 있다고 가정하자. 가수분해되지 않는 ATP 유사체(6장 참조)인 ATP-γS를 첨가할 때 어떤 효과가 나타날지 예측하시오.

그림 9.33 핵 내 유입과 핵 외 배출에서 RanGTP의 역할을 비교하시오(그림 9.36 참조).

Disease Box 9.1의 그림 1 DNase I에 의해 분해되는 것은 무엇인지 설명하시오(즉, 어떤 결합이 끊어지는가).

실제 데이터 문제

그림 9.4 당신이 이 실험에서 레인 7과 8에 표시된 시료를 포함시킨 이유는 무엇인가?

그림 9.11 G-부재 카세트 분석법에 20 μg 이상의 매개자가 첨가되면 그래프가 어떻게 나타날지 예측하시오.

그림 9.16 레인 4와 5에 여전히 7000 nt보다 큰 밴드가 있는 이유는?

그림 9.23 레인 14~16에 대해 해석하시오. 이러한 결과로부터 어떤 결론을 내릴 수 있는가?

그림 9.30 주어진 전사 인자에 대해, 전사 복합체 조립의 인핸소좀 모형을 지지하는 FRAP 실험이라면 시료 회복 곡선이 어떻게 나타날지 그려보시오.

참고문헌

Abe, N., Dror, I., Yang, L. et al. (2015). Deconvolving the recognition of DNA shape from sequence. *Cell* 161: 307–318.

Adelman, K. and Lis, J.T. (2002). How does pol II overcome the nucleosome barrier? *Molecular Cell* 9: 451–452.

Agalioti, T., Lomvardas, S., Parekh, B. et al. (2000). Ordered recruitment of chromatin modifying and general transcription factors to the IFN-β promoter. *Cell* 103: 667–678.

Agresti, A., Scaffidi, P., Riva, A. et al. (2005). GR and HMGB1 interact only within chromatin and influence each other's residence time. *Molecular Cell* 18: 109–121.

An, S., Yoon, J., Kim, H. et al. (2017). Structure-based nuclear import mechanism of histones H3 and H4 mediated by Kap123. *eLife* 6: e30244.

Anastas, J.N. and Shi, Y. (2019). Histone serotonylation: can the brain have "happy" chromatin? *Molecular Cell* 74: 418–419.

Aravind, L., Anantharaman, V., Balaji, S. et al. (2005). The many faces of the helix-turn-helix domain: transcription regulation and beyond. *FEMS Microbiology Reviews* 29: 231–262.

Armache, K.J., Kettenberger, H., and Cramer, P. (2005). The dynamic machinery of mRNA elongation. *Current Opinion in Structural Biology* 15: 197–203.

Bartman, C.R., Hamagami, N., Keller, C.A. et al. (2019). Transcriptional burst initiation and polymerase pause release are key control points of transcriptional regulation. *Molecular Cell* 73: 519–532.

Baumli, S., Hoeppner, S., and Cramer, P. (2005). A conserved Mediator hinge revealed in the structure of the MED7/MED21 (Med7/Srb7) heterodimer. *Journal of Biological Chemistry* 280: 18171–18178.

Bell, A.C., West, A.G., and Felsenfeld, G. (2001). Insulators and boundaries. Versatile regulatory elements in the eukaryotic genome. *Science* 291: 447–450.

Belotserkovskaya, R., Oh, S., Bondarenko, V.A. et al. (2003). FACT facilitates transcription-dependent nucleosome alteration. *Science* 301: 1090–1093.

Bernecky, C., Herzog, F., Baumeister, W. et al. (2016). Structure of transcribing mammalian RNA polymerase II. *Nature* 529: 551–554.

Bird, R.C., Stein, G.S., Lian, J.B., and Stein, J.L. (1997). *Nuclear Structure and Gene Expression*. New York: Academic Press.

Bode, J., Goetze, S., Heng, H. et al. (2003). From DNA structure to gene expression: mediators of nuclear compartmentalization and dynamics. *Chromosome Research* 11: 435–445.

Boeger, H., Griesenbeck, J., Strattan, J.S., and Kornberg, R.D. (2004). Removal of promoter nucleosomes by disassembly rather than sliding *in vivo*. *Molecular Cell* 14: 667–673.

Boeger, H., Bushnell, D.A., Davis, R. et al. (2005). Structural basis of eukaryotic gene transcription. *FEBS Letters* 579: 899–903.

Boija, A., Klein, I.A., Sabari, B.R. et al. (2018). Transcription factors activate genes through the phase-separation capacity of their activation domains. *Cell* 175: 1842–1855.

Bolzer, A., Kreth, G., Solovei, I. et al. (2005). Three-dimensional maps of all chromosomes in human male fibroblast nuclei and prometaphase rosettes. *PLoS Biology* 3: 826–842.

Brooks, A.R., Nagy, B.P., Taylor, S. et al. (1994). Sequences containing the second-intron enhancer are essential for transcription of the human apolipoprotein B gene in the livers of transgenic mice. *Molecular and Cellular Biology* 14: 2243–2256.

Cairns, B.R. (2009). The logic of chromatin architecture and remodeling at promoters. *Nature* 461: 193–197.

Calladine, C.R., Drew, H.R., Luisi, B.F., and Travers, A.A. (2004). *Understanding DNA: The Molecule and How It Works*, 3e. New York: Elsevier Academic Press.

Carroll, S.B. (1995). Homeotic genes and the evolution of arthropods and chordates. *Nature* 376: 479–485.

Carroll, S.B., Grenier, J.K., Weatherbee, S.D. (2004). *From DNA to Diversity: Molecular Genetics and the Evolution of Animal Design*, 2e. Malden, MA: Blackwell Publishing.

Chen, P., Dong, L., Hu, M. et al. (2018). Functions of FACT in breaking the nucleosome and maintaining its integrity at the singlenucleosome level. *Molecular Cell* 71: 284–293.

Cho, W.K., Spille, J.H., Hecht, M. et al. (2018). Mediator and RNA polymerase II clusters associate in transcription-dependent condensates. *Science* 361: 412–415.

Chong, S., Dugast-Darzacq, C., Liu, Z. et al. (2018). Imaging dynamic and selective low-complexity domain interactions that control gene transcription. *Science* 361: 378.

Chubb, J.R. and Bickmore, W.A. (2003). Considering nuclear compartmentalization in the light of nuclear dynamics. *Cell* 112: 403–406.

Churchman, L.S. and Weissman, J.S. (2011). Nascent transcript sequencing visualizes transcription at nucleotide resolution. *Nature* 469: 368–373.

Cirillo, L. and Zaret, K. (2004). Developmental biology. A linker histone restricts muscle development. *Science* 304: 1607–1609.

Coin, F. and Egly, J.M. (2015). Revisiting the function of CDK7 in transcription by virtue of a recently described TFIIH kinase inhibitor. *Molecular Cell* 59: 513–514.

Compe, E., Genes, C.M., Braun, C. et al. (2019). TFIIE orchestrates the recruitment of the TFIIH kinase module at promoter before release during transcription. *Nature Communications* 10: 2084.

Conklin, K.F. and Groudine, M. (1986). Varied interactions between proviruses and adjacent host chromatin. *Molecular and Cellular Biology* 6: 3999–4007.

Cook, P.R. (2001). *Principles of Nuclear Structure and Function*. New York: Wiley-Liss.

Corda, D. and Di Girolamo, M. (2003). Functional aspects of protein mono-ADP-ribosylation. *EMBO Journal* 22: 1953–1958.

Crabtree, G.R., Aebersold, R., and Groudine, M. (2004). Dynamic changes in transcription factor complexes during erythroid differentiation revealed by quantitative proteomics. *Nature Structural and Molecular Biology* 11: 73–80.

Cramer, P. (2004). RNA polymerase II structure: from core to functional complexes. *Current Opinion in Genetics and Development* 14: 218–226.

de la Cruz, X., Lois, S., Sanchez-Molina, S., and Martinez-Balbas, M.A. (2005). Do protein motifs read the histone code? *BioEssays* 27: 164–175.}

Cuajungco, M.P., Leyne, M., Mull, J. et al. (2003). Tissue-specific reduction in splicing efficiency of *IKBKAP* due to the major mutation associated with familial dysautonomia. *American Journal of Human Genetics* 72: 749–758.

Da Cruz, S. and Cleveland, D.W. (2016). Disrupted nuclear importexport in neurodegeneration. *Science* 351: 125–126.

De Sandre-Giovannoli, A., Bernard, R., Cau, P. et al. (2003). Lamin A truncation in Hutchinson–Gilford progeria. *Science* 300: 2055.

Dienemann, C., Schwalb, B., Schilbach, S., and Cramer, P. (2019). Promoter distortion and opening in the RNA polymerase II cleft. *Molecular Cell* 73: 97–106.

Dion, M.F., Altschuler, S.J., Wu, L.F., and Rando, O.J. (2005). Genomic characterization reveals a simple histone H4 acetylation code. *Proceedings of the National Academy of Sciences of the United States of America* 102: 5501–5506.

Doidy, J., Li, Y., Neymotin, B. et al. (2016). "Hit-and-Run" transcription: *de novo* transcription initiated by a transient bZIP1 "hit" persists after the "run". *BMC Genomics* 17: 92.

Ehara, H., Yokoyama, T., Shigematsu, H. et al. (2017). Structure of the complete elongation complex of RNA polymerase II with basal factors. *Science* 357: 921–924.

El Khattabi, L., Zhao, H., Kalchschmidt, J. et al. (2019). A pliable Mediator acts as a functional rather than an architectural bridge between promoters and enhancers. *Cell* 178: 1145–1158.

Erkine, T.Y. and Erkine, A.M. (2016). Nucleosome distortion as a possible mechanism of transcription activation domain function. *Epigenetics & Chromatin* 9: 40.

Etchegaray, J.P., Zhong, L., Li, C. et al. (2019). The histone deacetylase SIRT6 restrains transcription elongation via promoter-proximal pausing. *Molecular Cell* 75: 683–699.

Eustermann, S., Schall, K., Kostrewa, D. et al. (2018). Structural basis for ATP-dependent chromatin remodeling by the INO80 complex. *Nature* 556: 386–395.

Flanagan, P.M., Kelleher, R.J. III, Sayre, M.H. et al. (1991). A mediator required for activation of RNA polymerase II transcription *in vitro*. *Nature* 350: 436–438.

Fouqueau, T. and Werner, F. (2017). The architecture of transcription elongation. *Science* 357: 871–872.

Fox, B.W. and Tibbetts, R.S. (2015). Problems at the nuclear pore. *Nature* 525: 36–37.

Franklin, K.A. (2010). Plant chromatin feels the heat. *Cell* 140: 26–28.

Freibaum, B.D., Lu, Y., Lopez-Gonzalez, R. et al. (2015). GGGGCC repeat expansion in *C9orf72* compromises nucleocytoplasmic transport. *Nature* 525: 129–139.

Fry, C.J. and Peterson, C.L. (2002). Unlocking the gates to gene expression. *Science* 295: 1847–1848.

Fuda, N.J., Ardehali, M.B., and Lis, J.T. (2009). Defining the mechanisms that regulate RNA polymerase II transcription *in vivo*. *Nature* 461: 186–192.

Fujioka, H., Ariga, T., Horiuchi, K. et al. (2005). Molecular analysis of non-syndromic preaxial polydactyly: preaxial polydactyly type-IV and preaxial polydactyly type-I. *Clinical Genetics* 67: 429–433.

Furlong, E.E.M. and Levine, M. (2018). Developmental enhancers and chromosome topology. *Science* 361: 1341–1349.

Gilchrist, D.A., Dos Santos, G., Fargo, D.C. et al. (2010). Pausing of RNA polymerase II disrupts DNA-specificed nucleosome organization to enable precise gene regulation. *Cell* 143: 540–551.

Goldfarb, D.S., Corbett, A.H., Mason, D.A. et al. (2004). Importin α: a multipurpose nuclear-transport receptor. *Trends in Cell Biology* 14: 505–514.

Gorbunova, V., Rezazadeh, S., and Seluanov, A. (2016). Dangerous entrapment for NRF2. *Cell* 165: 1312–1313.

Gozalo, A. and Capelson, M. (2016). A new path through the nuclear pore. *Cell* 167: 1159–1160.

Green, M.R. (2005). Eukaryotic transcription activation: right on target. *Molecular Cell* 18: 399–402.

Guo, Y.E., Manteiga, J.C., Henninger, J.E. et al. (2019). Pol II phosphorylation regulates a switch between transcriptional and splicing condensates. *Nature* 572: 543–548.

Guttler, T. and Gorlich, D. (2011). Ran-dependent nuclear export mediators: a structural perspective. *EMBO Journal* 30: 3457–3474.

Guzder, S.N., Sung, P., Bailly, V. et al. (1994). RAD25 is a DNA helicase required for DNA repair and RNA polymerase II transcription. *Nature* 369: 578–581.

Hagen, C., Dent, K.C., Zeev-Ben-Mordehai, T. et al. (2015). Structural basis of vesicle formation at the inner nuclear membrane. *Cell* 163: 1692–1701.

Hahn, S. (2018). Phase separation, protein disorder, and enhancer function. *Cell* 175: 1723–1725.

Hay, R.T. (2005). SUMO: a history of modification. *Molecular Cell* 18: 1–12.

Heng, H.H.Q., Goetze, S., Ye, C.J. et al. (2004). Chromatin loops are selectively anchored using scaffold/matrix-attachment regions. *Journal of Cell Science* 117: 999–1008.

Hnisz, D., Day, D.S., and Young, R.A. (2016). Insulated neighborhoods: structural and functional units of mammalian gene control. *Cell* 167: 1188–1200.

Hnisz, D., Shrinivas, K., Young, R.A. et al. (2017). A phase separation model for transcriptional control. *Cell* 169: 13–23.

Hofweber, M., Hutten, S., Bourgeois, B. et al. (2018). Phase separation of FUS is suppressed by its nuclear import receptor and arginine methylation. *Cell* 173: 706–719.

Huppert, J.L. and Balasubramanian, S. (2007). G-quadruplexes in promoters throughout the human genome. *Nucleic Acids Research* 35: 406–413.

Isaac, R.S. and Churchman, L.S. (2019). The long and short of the RNA polymerase C-terminal domain and phase separation. *Molecular Cell* 73: 1087–1088.

Kadonaga, J.T. (2004). Regulation of RNA polymerase II transcription by sequence-specific DNA-binding factors. *Cell* 116: 247–257.

Kalderon, D., Richardson, W.D., Markham, A.F., and Smith, A.E. (1984). Sequence requirements for nuclear location of simian virus 40 large-T antigen. *Nature* 311: 33–38.

Kassabov, S.R., Zhang, B., Persinger, J., and Bartholomew, B. (2003). SWI/SNF unwraps, slides, and rewraps the nucleosome. *Molecular Cell* 11: 391–403.

Kettenberger, H., Armache, K.J., and Cramer, P. (2004). Complete RNA polymerase II elongation complex structure and its interactions with NTP and TFIIS. *Molecular Cell* 16: 955–965.

Kim, J.H., Lane, W.S., and Reinberg, D. (2002). Human Elongator facilitates RNA polymerase II transcription through chromatin. *Proceedings of the National Academy of Sciences of the United States of America* 99: 1241–1246.

Kiseleva, E. (2004). Cell of the month: nuclear pore complexes in yeast. *Nature Cell Biology* 6: 497.

Korber, P. and Horz, W. (2004). SWRred not shaken: mixing the histones. *Cell* 117: 5–7.

Koster, M.J.E., Snel, S., and Timmers, H.T.M. (2015). Genesis of chromatin and transcription dynamics in the origin of species. *Cell* 161: 724–736.

Kouzarides, T. and Ziff, E. (1988). The role of the leucine zipper in the fos–jun interaction. *Nature* 336: 646–651.

Kramm, K., Endesfelder, U., and Grohmann, D. (2019). A singlemolecule view of archaeal transcription. *Journal of Molecular Biology* 431: 4116–4131.

Krebs, A.R., Imanci, D., Hoerner, L. et al. (2017). Genome-wide single-molecule footprinting reveals high RNA polymerase II turnover at paused promoters. *Molecular Cell* 67: 411–422.

Kujirai, T., Ehara, H., Fujino, Y. et al. (2018). Structural basis of the nucleosome transition during RNA polymerase II passage. *Science* 362: 595–598.

Kurdistani, S.K., Tavazoie, S., and Grunstein, M. (2004). Mapping global histone acetylation patterns to gene expression. *Cell* 117: 721–733.

Kutay, U. and Guttinger, S. (2005). Leucine-rich nuclear export signals: born to be weak. *Trends in Cell Biology* 15: 121–124.

Larsson, A.J.M., Johnsson, P., Hagemann-Jensen, M. et al. (2019). Genomic encoding of transcriptional burst kinetics. *Nature* 565: 251–254.

Latchman, D. (2004). *Eukaryotic Transcription Factors*, 4e. New York: Elsevier Academic Press.

Laudet, V. and Gronemeyer, H. (2002). *The Nuclear Receptor Facts Book*. New York: Academic Press.

Lee, H., Habas, R., and Abate-Shen, C. (2004). MSX1 cooperates with histone H1b for inhibition of transcription and myogenesis. *Science* 304: 1675–1678.

Lee, J.S., Smith, E., and Shilatifard, A. (2010). The language of histone crosstalk. *Cell* 142: 682–685.

Levine, M. and Tjian, R. (2003). Transcription regulation and animal diversity. *Nature* 424: 147–151.

Lewis, B.A., Sims, R.J. III, Lane, W.S., and Reinberg, D. (2005). Functional characterization of core promoter elements: DPEspecific transcription requires the protein kinase CK2 and the PC4 coactivator. *Molecular Cell* 18: 471–481.

Li, M., Xia, X., Tian, Y. et al. (2019). Mechanism of DNA translocation underlying chromatin remodeling by Snf2. *Nature* 567: 409–413.

Lim, C.Y., Santoso, B., Boulay, T. et al. (2004). The MTE, a new core promoter element for transcription by RNA polymerase II. *Genes and Development* 18: 1606–1617.

Liu, X., Bushnell, D.A., Wang, D. et al. (2010). Structure of an RNA polymerase II-TFIIB complex and the transcription initiation mechanism. *Science* 327: 206–209.

Low, L.Y., Hernández, H., Robinson, C.V. et al. (2002). Metaldependent folding and stability of nuclear hormone receptor DNAbinding domains. *Journal of Molecular Biology* 319: 87–106.

Lu, H., Zawel, L., Fisher, L. et al. (1992). Human general transcription factor IIH phosphorylates the C-terminal domain of RNA polymerase II. *Nature* 358: 641–645.

Lu, H., Yu, D., Hansen, A.S. et al. (2018). Phase-separation mechanism for C-terminal hyperphosphorylation of RNA polymerase II. *Nature* 558: 318–322.

MacLean, J.A. II, Chen, M.A., Wayne, C.M. et al. (2005). *Rhox*: a new homeobox gene cluster. *Cell* 120: 369–382.

Maier, L.K. and Marchfelder, A. (2019). It's all about the T: transcription termination in archaea. *Biochemical Society Transactions* 47: 461–468.

Margueron, R. and Reinberg, D. (2011). The Polycomb complex PRC2 and its mark in life. *Nature* 469: 343–349.

Marx, J. (2005). Combing over the Polycomb group proteins. *Science* 308: 624–626.

Matsuura, Y. and Stewart, M. (2004). Structural basis for the assembly of a nuclear export complex. *Nature* 432: 872–877.

McKnight, S.L. (1991). Molecular zippers in gene regulation. *Scientific American* 265: 32–39.

McKnight, R.A., Shamay, A., Sankaran, L. et al. (1992). Matrixattachment regions can impart position-independent regulation of a tissue-specific gene in transgenic mice. *Proceedings of the National Academy of Sciences of the United States of America* 89: 6943–6947.

Mikhaleva, S. and Lemke, E.A. (2018). Beyond the transport function of import receptors: what's all the FUS about? *Cell* 173: 549–553.

Mohrmann, L. and Verrijzer, C.P. (2005). Composition and functional specificity of SWI2/SNF2 class chromatin remodeling complexes. *Biochimica et Biophysica Acta* 1681: 59–73.

Mosammaparast, N. and Pemberton, L.F. (2004). Karyopherins: from nuclear-transport mediators to nuclear-function regulators. *Trends in Cell Biology* 14: 547–556.

Motta-Mena, L.B., Partch, C.L., and Gardner, K.H. (2010). The three Rs of transcription: recruit, retain, and recycle. *Molecular Cell* 40: 855–858.

Müller, F. and Tora, L. (2004). The multicolored world of promoter recognition complexes. *EMBO Journal* 23: 2–8.

Narwade, N., Patel, S., Alam, A. et al. (2019). Mapping of scaffold/matrix attachment regions in human genome: a data mining exercise. *Nucleic Acids Research* 47: 7247–7261.

Navas, P.A., Li, Q., Peterson, K.R. et al. (2002). Activation of the β-like globin genes in transgenic mice is dependent on the presence of the β-locus control region. *Human Molecular Genetics* 11: 893–903.

Nozawa, K., Schneider, T.R., and Cramer, P. (2017). Core Mediator structure at 3.4 A extends model of transcription initiation complex. *Nature* 545: 248–251.

Osterwalder, M., Barozzi, I., Tissieres, V. et al. (2018). Enhancer redundancy provides phenotypic robustness in mammalian development. *Nature* 554: 239–243.

Owen-Hughes, T. and Bruno, M. (2004). Breaking the silence. *Science* 303: 324–325.

Pal, M., Ponticelli, A.S., and Luse, D.S. (2005). The role of the transcription bubble and TFIIB in promoter clearance by RNA polymerase II. *Molecular Cell* 19: 101–110.

Pascual-Garcia, P., Debo, B., Aleman, J.R. et al. (2017). Metazoan nuclear pores provide a scaffold for poised genes and mediate induced enhancer-promoter contacts. *Molecular Cell* 66: 63–76.

Patel, A.V., Louder, R.K., Greber, B.J. et al. (2018). Structure of human TFIID and mechanism of TBP loading onto promoter DNA. *Science* 362: 1376.

Pederson, T. (2000). Half a century of "the nuclear matrix". *Molecular Biology of the Cell* 11: 799–805.

Pemberton, L.F. and Paschal, B.M. (2005). Mechanisms of receptor-mediated nuclear import and nuclear export. *Traffic* 6: 187–198.

Petrenko, N., Jin, Y., Wong, K.H., and Struhl, K. (2016). Mediator undergoes a compositional change during transcriptional activation. *Molecular Cell* 64: 443–454.

Poss, Z.C., Ebmeier, C.C., and Taatjes, D.J. (2013). The Mediator complex and transcription regulation. *Critical Reviews in Biochemistry and Molecular Biology* 48: 575–608.

Rachez, C. and Freedman, L.P. (2001). Mediator complexes and transcription. *Current Opinion in Cell Biology* 13: 274–280.

Rahl, P.B., Chen, C.Z., and Collins, R.N. (2005). Elp1p, the yeast homolog of the FD disease syndrome protein, negatively regulates exocytosis independently of transcriptional elongation. *Molecular Cell* 17: 841–853.

Razin, S.V., Iarovaia, O.V., and Vassetzky, Y.S. (2014). A requiem to the nuclear matrix: from a controversial concept to 3D organization of the nucleus. *Chromosoma* 123: 217–224.

Ream, T.S., Haag, J.R., Wierzbicki, A.T. et al. (2009). Subunit compositions of the RNA-silencing enzymes Pol IV and Pol V reveal their origins as specialized forms of RNA polymerase II. *Molecular Cell* 33: 192–203.

Renault, L., Kuhlmann, J., Henkel, A., and Wittinghofer, A. (2001). Structural basis for guanine nucleotide exchange on Ran by the regulator of chromosome condensation (RCC1). *Cell* 105: 245–255.

Rhoades, D. and Klug, A. (1993). Zinc fingers. *Scientific American* 268: 32–39.

Riddick, G. and Macara, I.G. (2005). A systems analysis of importin-α-β mediated nuclear protein import. *Journal of Cell Biology* 168: 1027–1038.

Robinson, P.J., Trnka, M.J., Bushnell, D.A. et al. (2016). Structure of a complete Mediator-RNA polymerase II pre-initiation complex. *Cell* 166: 1411–1422.

Robson, M.I., Ringel, A.R., and Mundlos, S. (2019). Regulatory landscaping: how enhancer-promoter communication is sculpted in 3D. *Molecular Cell* 74: 1110–1122.

Sabari, B.R., Tang, Z., Huang, H. et al. (2015). Intracellular crotonyl-CoA stimulates transcription through p300-catalyzed histone crotonylation. *Molecular Cell* 58: 203–215.

Sabari, B.R., Dall'Agnese, A., Boija, A. et al. (2018). Coactivator condensation at super-enhancers links phase separation and gene control. *Science* 361: 379.

Sakamoto, T. and Kimura, S. (2018). Plant temperature sensors. *Sensors* 18: 4365.

Sassone-Corsi, P., Corden, J., Kedinger, C., and Chambon, P. (1981). Promotion of specific *in vitro* transcription by excised "TATA" box sequences inserted in a foreign nucleotide environment. *Nucleic Acids Research* 9: 3941–3958.

Schwartz, T.U. (2005). Modularity within the architecture of the nuclear pore complex. *Current Opinion in Structural Biology* 15: 221–226.

Semenza, G.L. (1999). *Transcription Factors and Human Disease*. New York: Oxford University Press.

Shank, L.C. and Paschal, B.M. (2005). Nuclear transport of steroid hormone receptors. *Critical Reviews in Eukaryotic Gene Expression* 15: 49–73.

Sheridan, R.M., Fong, N., D'Alessandro, A., and Bentley, D.L. (2019). Widespread backtracking by RNA pol II is a major effector of gene activation, 5′ pause release, termination, and transcription elongation rate. *Molecular Cell* 73: 107–118.

Shi, Y., Lan, F., Matson, C. et al. (2004). Histone demethylation mediated by the nuclear amine oxidase homolog LSD1. *Cell* 119: 941–953.

Shimada, M., Chen, W.Y., Nakadai, T. et al. (2019). Genes-specific H1 eviction through a transcriptional activator→p300→NAP1→H1 pathway. *Molecular Cell* 74: 268–283.

Shrinivas, K., Sabari, B.R., Coffey, E.L. et al. (2019). Enhancer features that drive formation of transcriptional condensates. *Molecular Cell* 75: 549–561.

Slaugenhaupt, S.A. and Gusella, J.F. (2002). Familial dysautonomia. *Current Opinion in Genetics and Development* 12: 307–311.

Smale, S.T. and Kadonaga, J.T. (2003). The RNA polymerase II core promoter. *Annual Review of Biochemistry* 72: 449–479.

Smith, C.L., Horowitz-Scherer, R., Flanagan, J.F. et al. (2003). Structural analysis of the yeast SWI/SNF chromatin remodeling complex. *Nature Structural Biology* 10: 141–145.

Soutourina, J. (2019). Mammalian mediator as a functional link between enhancers and promoters. *Cell* 178: 1036–1038.

Spiegelman, B.M. and Heinrich, R. (2004). Biological control through regulated transcriptional coactivators. *Cell* 119: 157–167.

Spitz, F. and Duboule, D. (2005). Developmental biology: reproduction in clusters. *Nature* 434: 715–716.

Stadhouders, R., Filion, G.J., and Graf, T. (2019). Transcription factors and 3D genome conformation in cell-fate decisions. *Nature* 569: 345–354.

Stillman, B. (2018). Histone modifications: insights into their influence on gene expression. *Cell* 175: 6–9.

Studitsky, V.M., Walter, W., Kireeva, M. et al. (2004). Chromatin remodeling by RNA polymerases. *Trends in Biochemical Sciences* 29: 127–135.

Sun, F., Chronis, C., Kronenberg, M. et al. (2019). Promoterenhancer communication occurs primarily within insulated neighborhoods. *Molecular Cell* 73: 250–263.

Svejstrup, J.Q. (2003). Histones face the FACT. *Science* 301: 1053–1055.

Swinstead, E.E., Miranda, T.B., Paakinaho, V. et al. (2016). Steroid receptors reprogram FoxA1 occupancy through dynamic chromatin transitions. *Cell* 165: 593–605.

Swinstead, E.E., Paakinaho, V., Presman, D.M., and Hager, G.L. (2016). Pioneer factors and ATP-dependent chromatin remodeling factors interact dynamically: a new perspective. *BioEssays* 38: 1150–1157.

Tolhuis, B., Palstra, R.-J., Splinter, E. et al. (2002). Looping and interaction between hypersensitive sites in the active β-globin locus. *Molecular Cell* 10: 1453–1465.

Tsai, A., Singer, R.H., and Crocker, J. (2018). Transvection goes live – visualizing enhancer-promoter communication between chromosomes. *Molecular Cell* 70: 195–196.

Underwood, E. (2015). Plugged pores may underlie some ALS, dementia cases. *Science* 349: 911–912.

Vakoc, C.R., Letting, D.L., Gheldof, N. et al. (2005). Proximity among distant regulatory elements at the β-globin locus requires GATA-1 and FOG-1. *Molecular Cell* 17: 453–462.

Vieira, K.F., Levings, P.P., Hill, M.A. et al. (2004). Recruitment of transcription complexes to the β-globin gene locus *in vivo* and *in vitro*. *Journal of Biological Chemistry* 279: 50350–50357.

Villavicencio, E.H., Walterhouse, D.O., and Iannaccone, P.M. (2000). The Sonic hedgehog–Patched–Gli pathway in human development and disease. *American Journal of Human Genetics* 67: 1047–1054.

Vos, S.M., Farnung, L., Urlaub, H., and Cramer, P. (2018). Structure of paused transcription complex Pol II-DSIF-NELF. *Nature* 560: 601–612.

Wang, G., Balamotis, M.A., Stevens, J.L. et al. (2005). Mediator requirement for both recruitment and postrecruitment steps in transcription initiation. *Molecular Cell* 17: 683–694.

Weeber, E.J., Levenson, J.M., and Sweatt, J.D. (2002). Molecular genetics of human cognition. *Molecular Interventions* 2: 376–391.

Weis, K. (2003). Regulating access to the genome: nucleocytoplasmic transport throughout the cell cycle. *Cell* 112: 441–451.

Willhoft, O., Ghoneim, M., Lin, C.L. et al. (2018). Structure and dynamic of the yeast SWRI-nucleosome complex. *Science* 362: 199.

Wilson, E.B. (1925). *The Cell in Development and Heredity*. New York: Macmillan Co.

Woerner, A.C., Frottin, F., Hornburg, D. et al. (2016). Cytoplasmic protein aggregates interfere with nucleocytoplasmic transport of protein and RNA. *Science* 351: 173–176.

Wolffe, A. (1998). *Chromatin Structure and Function*, 3e. New York: Academic Press.

Wollman, A.J.M., Shashkova, S., Hedlund, E.G. et al. (2017). Transcription factor clusters regulate genes in eukaryotic cells. *eLife* 6: e27451.

Yie, J., Merika, M., Munshi, N. et al. (1999). The role of HMG I(Y) in the assembly and function of the IFN-β enhanceosome. *EMBO Journal* 18: 3074–3089.

Yusufzai, T.M., Tagami, H., Nakatani, Y., and Felsenfeld, G. (2004). CTCF tethers an insulator to subnuclear sites, suggesting shared insulator mechanisms across species. *Molecular Cell* 13: 291–298.

Zhang, K., Donnelly, C.J., Haeusler, A.R. et al. (2015). The *C9orf72* repeat expansion disrupts nucleocytoplasmic transport. *Nature* 525: 56–61.

Zhang, K., Daigle, J.G., Cunningham, K.M. et al. (2018). Stress granule assembly disrupts nucleocytoplasmic transport. *Cell* 173: 958–971.

Zhou, J. and Berger, S.L. (2004). Good fences make good neighbors: barrier elements and genomic regulation. *Molecular Cell* 16: 500–502.

C H A P T E R T E N

에피제네틱스에 의한 유전자 조절 메커니즘

당신이 옳다는 것을 알고 있다면, 다른 사람이 어떻게 생각하든 상관하지 않을 것이다. 이르든 늦든 옳은 것은 밝혀지기 때문이다.

Barbara McClintock, quoted in Claudia Wallis, "Honoring a modern Mendel," Time (1983) 24 October: pp 43–44.

O U T L I N E

- 10.1 서론
- 10.2 에피제네틱스 표지자
- 10.3 유전체 각인
- 10.4 X 염색체 불활성화
- 10.5 에피제네틱스에 의한 전위 요소 조절
- 10.6 에피제네틱스와 영양학적 유산
- 10.7 대립유전자 배제

1947년 Cold Spring Harbor 실험실의 Barbara McClintock.
(National Library of Medicine; http://profiles.nlm.nih.gov/LL/B/B/P/P.)

10.1 서론

지난 십년 간 새롭게 대두된 **에피제네틱스(epigenetics)** 분야의 연구가 빠르게 발전하였다. 이 놀라운 발견은 과학계에 큰 관심을 불러일으켰을 뿐 아니라, 일반 대중과 언론, 방송의 주목을 끌었다. 아버지의 식단이 에피제네틱한 변화를 통해서 딸의 건강에 정말로 영향을 미칠 수 있을까? 환경적 요인이 DNA 서열 변화 없이 여러 세대에 영향을 미칠 수 있을까? 현재 더 중요한 질문은 아마도 "무엇이 에피제네틱스인가?"일 것이다. 이 용어는 발생생물학자인 Conrad H. Waddington이 1942년 처음 사용한 것으로 인정받고 있으며, 여기서 "*epi*"는 유전학 "외(外)의" 또는 "추가적으로"라는 의미이다. 그의 관심은 일차적으로 발생의 유전학적 조절 연구에 있었다. 이 이론의 토대는 1930년대에 국제적으로 인정받는 아프리카계 미국인 발생학자 Ernest Everett Just에 의해 처음으로 발전되었다(그림 10.1). 그

그림 10.1 Ernest E. 1916년 하워드 대학교의 그의 연구실에서. (출처: Scurlock Studio Records, Archives Center, National Museum of American History, Smithsonian Institution.)

러나 후성유전학을 예측한 그의 생각은 당시에는 제대로 고려되지 않았다. 오늘날 후성유전학은 유기체의 1차 DNA 염기서열의 변화 없이 일어나는 유전자 발현에서의 상속 가능한 변화에 대한 연구로 더 널리 정의된다. 일부 후성유전학자는 유전적 요소가 명시적으로 언급되지 않은 경우에도 후성적 조절 과정에 대한 연구를 포함하는 훨씬 더 넓은 정의, 즉 "동일한 DNA 서열의 맥락에서 대체 유전자 활성 상태를 영속화할 수 있는 분자 및 메커니즘에 대한 연구"를 옹호한다.

이러한 연구 초점의 이동은 Barbara McClintock이 1940년대에서 1950년대 사이에 옥수수에서 전위 요소를 발견한 시점으로 거슬러 올라간다. 포유동물에서의 에피제네틱스 현상에 대한 연구는 1961년, Mary Lyon이 X 염색체 불활성화를 유전적으로 해석하는 데서 시작하여 식물 유전학 분야와는 독립적으로 발전해왔다. 포유동물과 식물에서의 이러한 초기 발견이 통합되면서, 대부분의 세포 분화 경로가 에피제네틱 과정을 통하여 유지된다는 모델이 만들어졌다. 이러한 변화가 무엇을 포함하는지는 아직도 분명하지 않다. 그러나 많은 연구자들은 에피제네틱한 변화가 염색질을 구성하는 DNA와 단백질 변형 모두에 의해서 일어난다는 것에 동의한다. 유전체를 장식하는 이러한 화학적 "표식"의 광범위한 배열을 **후생유전자(epigenome)**라고 한다.

에피제네틱 변화가 유전자 발현에 미치는 영향은 무엇일까? 이 장에서는 이 질문에 대한 답을 탐구할 것이다. 그 영향은 깊고 광범위하다. 세포 분화 중 일어나는 에피제네틱한 변화는 정상적으로는 생식세포에서는 사라지지만, 감수분열을 통해 다음 세대로 전달되는 에피제네틱 변종의 뚜렷한 예가 식물과 포유동물 모두에서 발견된다. 5장에서 처음 소개된 전위 요소는 대개 숙주 유전체에서 엄격하게 에피제네틱스 조절을 받는다. 이러한 에피제네틱스 조절은 전위 요소의 잠재적으로 해로운 효과로부터 유전체를 보호한다. 이러한 조절에 실수가 있으면 전위 요소의 이동과 그에 따른 잠재적 돌연변이가 발생할 수 있다. 마지막으로, 개개의 세포에서 선택적으로 하나의 대립유전자에서 유전자 전사가 일어나는 단일 대립유전자 발현(monoallelic gene expression)에 에피제네틱 침묵(epigenetic silencing)이 중심적 역할을 한다. 유전자 발현의 후성 유전적 변화가 염색질 구조의 변형을 통해 어떻게 전달될 수 있는지 살펴보는 것으로 이 장을 시작한다.

10.2 에피제네틱스 표지자

염색질 구조의 변형은 에피제네틱한 특성의 고전적 예이다. 대부분의 동식물에서 발견되는 주된 DNA 변형은 사이토신 염기의 메틸화이다. **DNA 메틸화(DNA methylation)** 양상은 가장 많이 연구되었고, 가장 잘 이해하고 있는 에피제네틱 표지자(epigenetic markers)이지만, 히스톤의 번역 후 변형과 같은 다른 중요한 에피제네틱스 조절 방식도 있다. 먼저 DNA 메틸화의 결과를 자세히 살펴보겠다.

사이토신 DNA 메틸화가 침묵할 유전자를 표지한다

사이토신 DNA 메틸화는 공유결합에 의한 DNA 변형이다. 이 반응에서, 메틸기는 *S*-아데노실 메티오닌(*S*-adenosylmethionine)으로부터 일군의 사이토신 **DNA 메틸기 전달효소(DNA methyltransferase)**에 의하여 사이토신의 C-5 위치로 전달된다(그림 10.2a). **5-메틸시토신(5-Methylcytosine)**은 진핵생물에서 가장 흔히 발견되는 변형된 염기인 반면, **N^6-메틸아데닌(N^6-methyladenine)**은 세균에서 가장 널리 퍼진 변형으로 제한 엔도뉴클레에이스의 작용으로부터 DNA를 보호한다(13장 참조). 그러나 예쁜꼬마선충이나 초파리, 효모에서는 5-메틸기-사이토신이 거의 발견되지 않는다. 초기에 많은 유전학적 연구가 이들 모델 생물체에서 이루어졌으므로, 유전자 발현 조절에서 DNA 메틸화의 중요성은 여러해 동안 간과되었다. 최근 연구에 따르면, N^6-메틸아데닌은 예쁜꼬마선충, 초파리, 녹조류 *Chlamydomonas reinhardtii* 및 섬모류 *Oxytricha*를 포함한 제한된 수의 진핵생물에서 후성유전학적 표시로 작용할 수 있다. 인간과 같은 다른 진핵생물에서는 매우 낮은 수준의 N^6-메틸아데닌만이 유전체에 존재한다고 오랫동안 생각해 왔다. 단일 분자 실시간 시퀀싱 기술의 최근 발전으로 연구자들은 유전체를 보다 광범위하게 조사할 수 있게 되어 예상보다 더 많은 양의 N^6-메틸아데닌이 밝혀졌다. 인간 유전체의 총 아데닌 중 약 0.051%가 N^6-메틸아데닌으로 존재한다. 뿐만 아니라, N^6-메틸아데닌 부위는 활발하게 전사된 유전자와 상관관계가 있으며, 이 변형의 하향(down-regulation) 조절은 종양 형성을 촉진한다. N^6-메틸아데닌이 인간과 다른 포유동물에서 후성유전학적 표지로 작용할 수 있는지 여부는 아직 결정되지 않았다.

포유동물에서 DNA 메틸화는 거의 항상 CG 다이뉴클레오티드(dinucleotide)에 일어난다. 약 2,800만 개의 CG가 유전체 전체에 고르지 않게 분포되어 있다. CG 디뉴클레오티드는 종종 "CpG"로 표시되며, 여기서 "p"는 인산염기를 나타낸다. 식물 DNA에서, 시토신 메틸화는 CG 또는 CNG에서 발생하며, 여기서 N은 임의의 염기일 수 있다. 포유류와 식물 모두에서 DNA의 양쪽 가닥에 있는 C 잔기는 메틸화된다. 세포분열 동안 메틸화 패턴은 어떻게 유지되는가? 메틸화는 DNA 복제 자체와 같은 반보존적 과정에 의한 DNA 복제를 통해 유지된다(그림 10.2b). 복제 후 DNA 이중나선은 반메틸화된다. 이전 주형가닥은 메틸화되고, 새로 합성된 가닥은 메틸화되지 않다. 복제 분기점에서 헤미메틸화된 DNA는 유지 DNA 메틸트랜스퍼레이즈인 DNMT1을 모집하는 "리더" 단백질인 UHRF1(유비퀴틴 유사 PHD 및 RING 핑거 도메인 1)에 의해 인식된다. 그런 다음, DNMT1은 새로운 DNA 가닥을 적절하게 메틸화하여 대칭 메틸화를 복원한다. 그러나 DNA 메틸화는 동적 변형이라는 점을 명심하자. 5-메틸시토신은 TET(ten-eleven translocation) 패밀리의 탈메틸화효소에 의해 제거될 수 있으며, 새로운 메틸화를 촉매하는 DNMT3L과 함께 DNA 메틸트랜스퍼레이즈 DNMT3A 및 DNMT3B에 의해 축

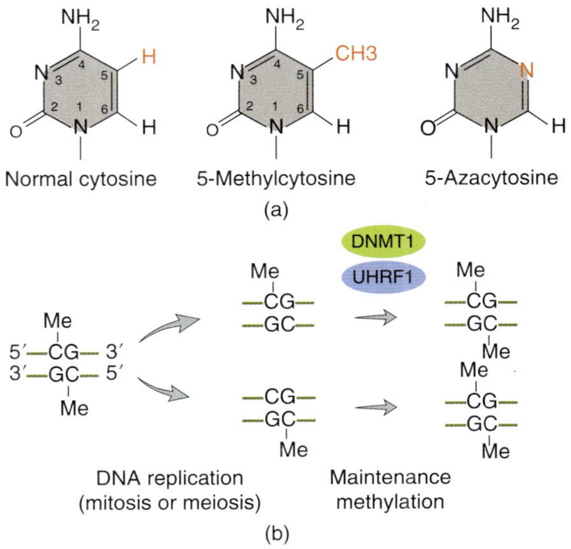

그림 10.2 메틸화 상태의 유전.
(a) 정상적인 DNA 염기인 사이토신의 구조를 5-메틸 사이토신과 약제인 5-아자사이토신의 구조와 비교하였다. (b) 메틸화된 DNA가 복제되면 반메틸화된 후손 DNA가 만들어진다.

적될 수 있다. 간, 폐 및 뇌 내의 분열되지 않고 분화된 세포에서도 CpG의 메틸화와 탈메틸화 사이에는 역동적인 균형이 있다. 많은 연구자들이 DNA 메틸화 패턴에 대한 연령 관련 변화를 보고했으며, 이는 "DNA 메틸화 시계"가 개인의 연대순 연령을 측정하는 데 사용될 수 있다는 아이디어로 이어진다(그림 10.3). 이 메틸화 시계의 똑딱이가 건강한 노화와 건강하지 못한 노화 및 질병 위험을 예측하는 "생물학적 시계"로 사용될 수 있는지 여부는 아직 밝혀지지 않았다. 그러나 분명한 것은 메틸화가 유전자에 침묵을 표시하는 방법이라는 것이다.

많은 유전자에서 메틸화 패턴은 대부분의 CG 디뉴클레오티드 부위에서 일정하지만 일부 부위에서는 다양하다. 일반적으로, 대부분의 CG 디뉴클레오티드 부위가 메틸화된(과메틸화) 유전자는 비활성화되는 경향이 있는 반면, 소수의 CG 부위가 메틸화된(하이포메틸화) 유전자는 활성인 경향이 있다. DNA 메틸화의 손실이 일부 경우에 감소된 유전자 활성과 상관관계가 있는 것으로 나타났기에 이것은 보편적인 규칙이 아니다. DNA 메틸화가 유전자의 활성화 또는 억제와 연관되어 있는지를 증명하는 방법 가운데 하나는 배양 중인 세포에 변형된 염기인 **"5-아자사이토신(5-azacytosine)"**을 [대개 뉴클레오시드 형태인 **"5-아자데옥시시티딘(5-azadeoxycytidine)"**의 형태로] 처리하는 것이다. 5-아자사이토신은 정상적인 사이토신의 유사체로 복제 중 DNA에 끼어들어 갈 수 있지만, 정상 사이토신의 5-탄소가 질소로 치환되어 있으므로 메틸화될 수는 없다(그림 10.2a 참조). 그 질소는 사이토신의 5번 위치에 메틸기를 붙여 주는 대부분의 세포내 효소에 강력한 억제제로 작용한다.

시험관 내에서, 이러한 처리는 중요한 유전자의 활성 억제를 되돌리는 효과가 있음을 증명하였다. 고전적 의미의 돌연변이에서처럼 DNA 서열을 바꾸지 않고도 에피제네틱스 정보가 유전자 발현을 조절할 수 있다는 것을 보이는 데 이러한 유형의 실험이 처음으로 사용되었다. 식물과 포유동물의 조직 배양에서 의미 있는 비율의 돌연변이가 5-아자데옥시시티딘 처리에 의하여 반전되어, 이

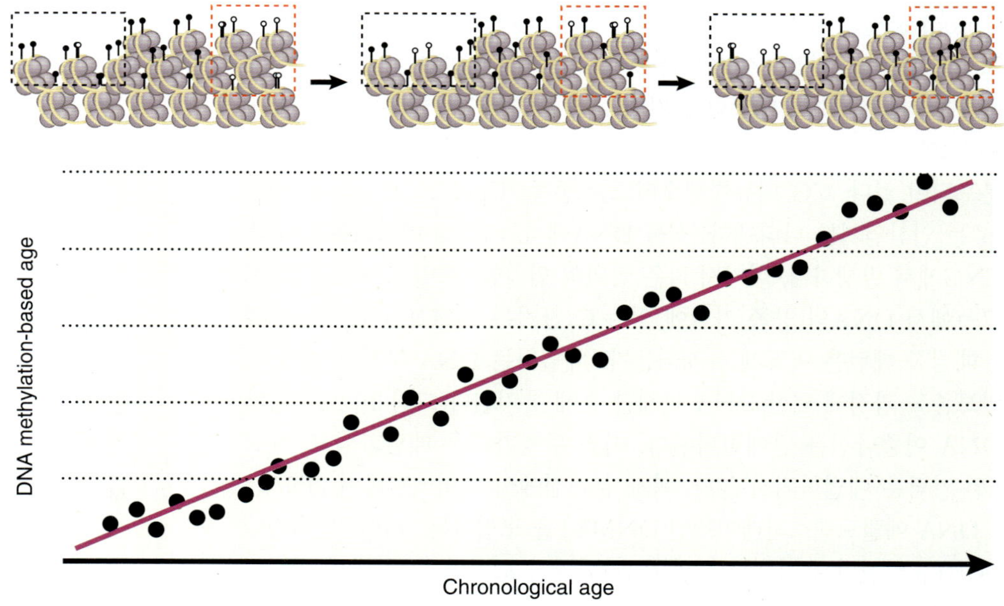

그림 10.3 DNA 메틸화 시계.
이 "에피제네틱 시계" 모델에서, 유전체 CpG 부위의 특정 세트는 연대기적 연령과 상관관계가 있는 DNA 메틸화 수준의 변화를 겪는다. 일부 연령-관련 CpG 자리는 메틸화 증가(검은 막대 사탕, 빨간색 윤곽선)를 보여준다. 반면 다른 것들은 감소된 메틸화를 나타낸다(흰색 막대 사탕, 검은색 윤곽선). (출처: Redrawn from Cavalli and Heard. 2019. *Nature* 571:489–499.)

들 돌연변이가 고전적 의미의 돌연변이가 아니었음이 증명되었다. 이러한 유형의 치료가 암치료에 사용될 수 있을까? 예를 들면, 일부 췌장암세포에서 *BNIP3*의 발현이 프로모터 부위의 메틸화로 억제되어 있다. 정상 세포에서 *BNIP3*의 발현은 정상 수준의 조직 산소압력이 감소하는 저산소증에서 세포자멸사를 유도하지만, 암세포는 저산소증에서도 살아남아 계속 증식한다. 암세포에서 *BNIP3*의 침묵을 되돌릴 수 있을까?

이 질문에 답하기 위하여, Tamaki Abe와 동료들이 세포 배양하고 있는 췌장암세포를 5-아자데옥시시티딘(5-azadC)으로 처리하고, 5-azadC를 처리한 세포와 생리식염수를 처리한 대조군 세포에서 전체 RNA를 분리하여 RT-PCR 분석(방법은 14장 참조)으로 *BNIP3* mRNA가 존재하는지 측정하였다. 그 결과는 매우 명백하였다. 그림 10.4a의 아가로스 젤 사진에서 보는 바와 같이, 대조세포에서는 *BNIP3* PCR 산물이 보이지 않지만, 5-azadC를 처리한 세포에서는 매우 뚜렷한 밴드를 볼 수 있다. 즉, *BNIP3*의 침묵이 되돌려졌다.

이러한 극적인 결과를 정량화하고 확장하기 위하여, Abe와 그의 동료들은 정상 또는 저산소 조건에서 배양한 췌장암세포의 *BNIP3* mRNA 수준을 측정하기 위하여 실시간e PCR을 사용하였다. *BNIP3* 신호는 살림유전자(housekeeping)인 *GAPDH*(glyceraldehyde-3-phosphate dehydrogenase) mRNA의 발현 수준으로 보정하였다. 이는 *BNIP3* 발현 수준의 차이가 실험 중 시료의 소실이나 기타 기술적 실수에 의한 것이 아님을 확실히 하기 위한 것이다. 이 결과는 놀라웠다. 5-azadC를 처리한 세포에서는 대조 세포에 비하여 *BNIP3* 발현이 상당히 증가하였다. *BNIP3*의 발현이 탈메틸화에 의하여 회복되어(그림 10.4b), 저산소증에 의한 세포사를 유도하였다. 이 약제 처리의 단점은 유전체 전체에서 다른 많은 사이토신 염기의 메틸기가 소실된다는 것이다. 이러한 전체적인 영향에도 불구하고, 5-아자데옥시시티딘은 급성 골수성 백혈병 및 만성 골수단구성 백혈병을 비롯한 다양한 유형의 백혈병 환자를 치료하는 데 사용되었다.

유전체에 있는 대부분의 5-메틸시토신은 전위 요소 또는 기타 반복적인 서열 내에 있다(10.5절 참조). 이러한 관찰 때문에 과학자들은 메틸화가 이러한 요소의 증원을 방지하고 염색체 재배열의 발생을 줄이기 위한 숙주 방어 메커니즘으로 진화했다고 제안했다. 일반적으로, 포유류 유전체의 모든 CG 디뉴클레오티드 중 약 70~80%가 메틸화되어 있다. 나머지 CG 디뉴클레오티드는 유전자의 5′ 말단 근처에 CpG 섬으로 알려진 클러스터에서 발생한다. 이 **CpG 섬(CpG island)**은 메틸화로부터 보호된다(그림 10.5). 이러한 보호 영역의 특성을 자세히 살펴보기로 한다.

CpG 섬은 유전자 프로모터 가까이에서 발견된다

CpG 섬은 CG가 많이 존재하는 DNA의 작은 지역들로, 1,000−2,000 bp의 크기이다. 인간 유전체에는 대략 50,000개의 CpG 섬이 흩어져 있다. 이들은 ~40−50%의 살림유전자(housekeeping gene)와 연관되어 발견된다. CpG 섬은 메틸화되지 않은 CCGG만을 자르는 제한효소인 *Hpa*II에 의해 잘리는 것이 처음 발견되었다. 유전체 DNA를 *Hpa*II로 자르면 작은 DNA 조각이 메틸화되지 않은 CG 부위로부터 잘려 나온다(그림 10.5a). 제한효소 *Hpa*II는 메틸화된 CCGG 제한효소 자리는 자르지 못한다. 그러므로, 유전체 DNA를 *Hpa*II로 처리한 후 아가로스 젤 전기영동을 하여 에티디움 브로마이드(EtBr)로 염색하면, 크기가 다른 두 부류의 DNA 조각이 발견된다(Tool Box 13.6 참조). 젤 위쪽 끝 부분에는 잘리지 않은 메틸화된 DNA의 긴 조각이 있고, 젤 아래쪽 끝 부분에는 500~1,000 bp의 메틸화되지 않은 CG 지역에서 잘려 나온 짧은 조각이 있다. 이에 비하여 제한효소 *Msp*I은 메틸화된 CCGG와 메틸화되지 않은 CCGG를 모두 자를 수 있다. 유전체 DNA를 *Msp*I으로 자르면 젤 위쪽의 긴 DNA 조각에서 아래쪽의 짧은 DNA 조각에 이르는 연속적인 크기의 DNA 조각이 나온다. "CpG 섬"이라는 용어는 아가로스 젤 상에서 나타나는 DNA 조각의

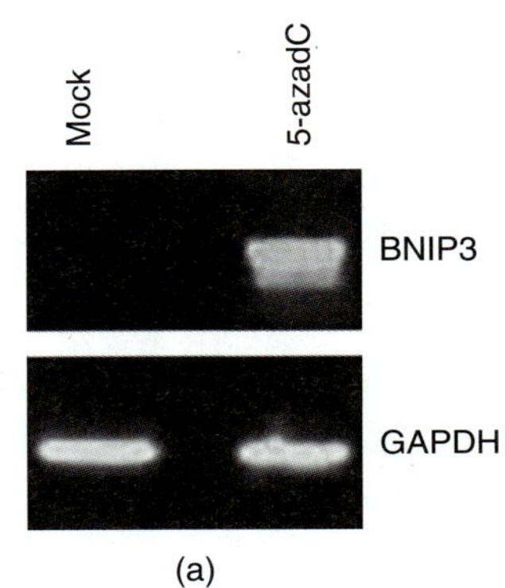

(a)

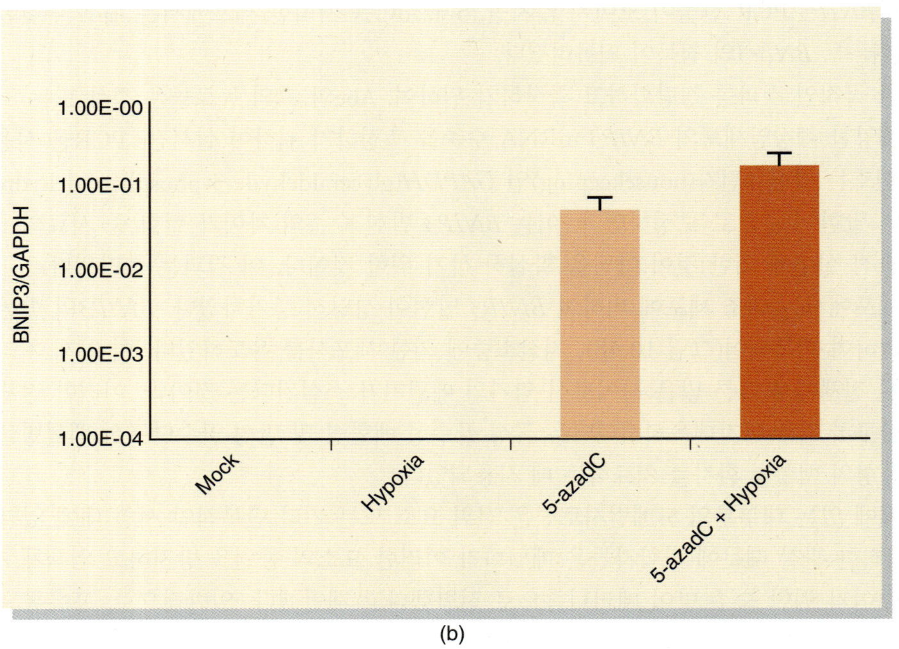

(b)

그림 10.4 5-아자디옥시사이토신(5-azadC) 처리에 의한 BNIP3 유전자의 발현 유도.
(a) 5-azadC 또는 식염수(mock)로 처리한 췌장암 세포주에서, *BNIP3* 발현을 RT–PCR로 분석. (b) 정상 또는 저산소 조건에서 배양하고, 5-azadC 또는 식염수(mock)로 처리한 췌장암 세포에서 *BNIP3* 발현을 실시간 정량적 PCR로 분석. *BNIP3* mRNA 수준의 신호는 GAPDHmRNA 수준에 따라 보정하였다. 값은 평균 ± SEM(standard error of the means)으로 표시하였다. 5-azadC로 처리한 세포에서는 가상 처리한 세포에 비하여 *BNIP3*의 발현에 의미 있는 증가가 있었다. (출처: Reprinted from Abe et al. 2005. *Journal of Gastroenterology* 40:504–510, © 2005 Springer Nature.)

이러한 양상을 반영한다. 즉, 메틸화되지 않은 지역의 짧게 잘린 DNA 조각은 메틸화된 잘리지 않은 긴 DNA 조각으로부터 "섬"처럼 분리된다.

사이토신과 다르게, 5-메틸사이토신은 C → T **디아민화(deamination)**가 자발적으로 잘 일어나 TG 다이뉴클레오티드를 생성한다(그림 10.5b). 결과적으로, 포유동물 유전체에서 CG 다이뉴클레오티드는 진화 중 점차 고갈되었다. 그러나 CpG 섬은 정상적으로 메틸화되지 않으므로 자발적인 디아민화가 일어나지 않는다(그림 10.5c). CpG 섬은 일반적으로는 메틸화되지 않지만, 이 장의 뒷부분에서 배우게 되는 바와 같이, 각인 유전자, X 염색체 불활성화의 영향을 받는 유전자, 전위 요소 등의 CpG 섬은 이에 대한 중요한 예외이다.

히스톤 변형의 안정적 유지

아세틸화나 메틸화 같은 히스톤 변형은 전사 조절에 중요하다는 사실을 기억하자(9장 참조). 다수의 이러한 번역 후 변형(posttranslational modification)은 세포분열 후에도 안정적으로 유지되지만, 이들의 에피제네틱한 유전에 대해서는 잘 알려져 있지 않다. 그러나 특정 히스톤 번역 후 변형만이 후성유전적이라고 규정하는 뚜렷한 "쓰기 및 읽기" 메커니즘을 가지고 있다. 예를 들어, 라이신 9(H3K9me3) 및 라이신 27(H3K27m3)에서 히스톤 H3의 트리메틸화와 같은 유전 가능한

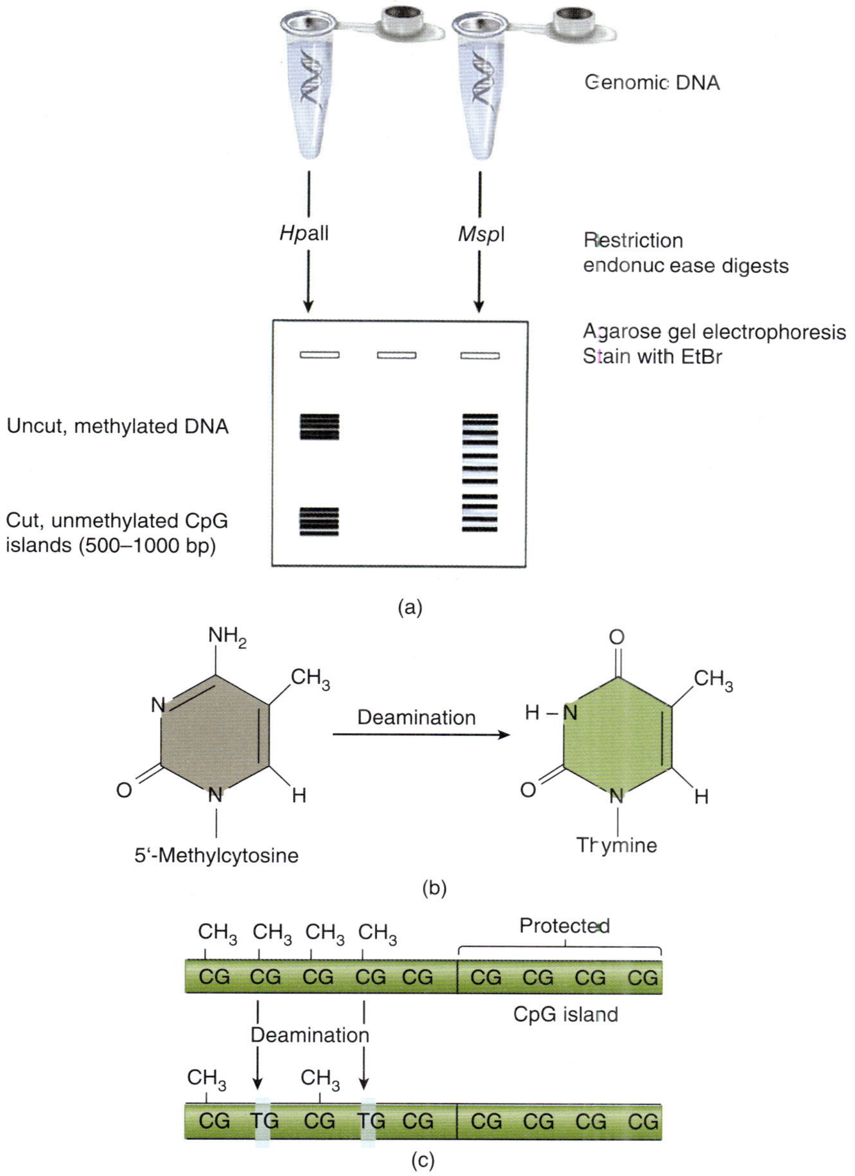

그림 10.5 CpG 섬은 탈아미노화로부터 보호된다.
(a) 제한효소 *Hpa*II는 메틸화된 CCGG 제한효소자리는 자르지 못하므로, CpG 섬이 드러난다. (b) 5-메틸사이토신은 자발적인 탈아미노화에 의하여 티민으로 된다. (c) 메틸화된 CG 다이뉴클레오티드는 천천히 탈아미노화되어 TG로 되지만, 근처 CpG 섬의 탈메틸화된 CG 다이뉴클레오티드는 변하지 않는다.

변화는 억제된 염색질과 관련이 있는 반면, 라이신 16(H4K16ac)에서 히스톤 H4의 아세틸화는 DNA 복제의 각 라운드 후에 열린 염색질을 확립시킨다. 한 모델에 따르면, 히스톤 변형(histone modification)은 DNA 복제 중 이웃하는 기존 히스톤의 변형을 복사함으로써 유지된다. 흔히 이들 히스톤 변형을 매개하는 단백질은 DNA 메틸화를 조절하는 복합체 내에 같이 포함되어 있다. 정상 세포에서 히스톤 저아세틸화 및 고메틸화는 메틸화된 불활성 DNA 서열의 전형적인 특징이다. 반면, CpG 섬 내의 염색질에는 메틸화된 히스톤이 없는데, 이는 CpG 섬이 직접 히스톤 탈메틸화 효소를 소집하기 때문이다.

에피게놈(epigenome) — 유전체 전반에 걸친 메틸기와 다른 에피제네틱 표지자의 양상 — 에 대한 연구는 정상 세포와 질환 세포 사이의 유전자 발현 차이에 대한 중요한 통찰을 제공하였다. 예를 들면, 이상이 있는 DNA 메틸화 양상과 히스톤 변형이 인체 암세포(Disease Box 10.1)와 취약 X 증후군(fragile X syndrome) 환자(Disease Box 10.2)에서 발견된다. 에피제네틱한 변형이 유전자 발현에 영향을 주는 방식의 일부를 좀 더 자세히 살펴보자.

Disease Box 10.1

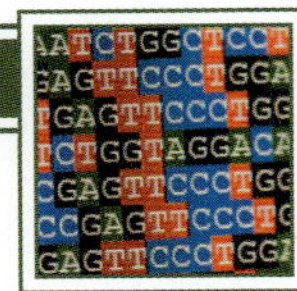

암과 에피제네틱스

CpG 섬의 고메틸화와 유전체의 전반적인 저메틸화는 암세포의 일반적인 에피제네틱의 특징이다. 유전체 전체에 메틸화가 너무 적은 것이나, CpG 섬에 메틸화가 너무 많은 것은 문제를 유발할 수 있는데, 전자는 주변의 암유전자를 활성화시킬 수 있고, 후자는 암억제 유전자를 억제할 수 있다. 전체적인 저메틸화는 암유전자 발현을 증가시킬 수 있지만, 이는 일차적으로 DNA 반복 서열에 일어나기 때문에 그 주된 효과는 염색체 불안정성과 관계가 있다. 유전체 전반의 탈메틸화는 연령이 증가함에 따라 진행된다. 메틸화가 소실되는 것을 통해 노인에서 암 빈도가 증가하는 것을 부분적으로는 설명할 수 있을 것이다. 메틸화의 소실은 또한 영양의 결핍과도 관계가 있다. 예를 들면, 엽산(folic acid) 유도체인 S-아데노실메티오닌은 세포 내에서 메틸기의 일차적인 공여자이다(그림 1). 식이에서 엽산이 결핍되면 생체 내의 세포가 암화되기 쉽다.

비정상적 메틸화 양상 이외에도, 암세포는 히스톤 H4에 "암 서명(cancer signature)"을 가지고 있다. 이는 백혈병에서부터 뼈, 자궁경부, 전립선, 고환에 이르기까지 여러 종류의 암에서 발견되며, 라이신 16의 모노아세틸화와 라이신 20의 트리메틸화 소실이 특징이다. 탈아세틸화는 반복 DNA 부위에 주로 일어나는데, 이 부위는 또한 암세포에서 저메틸화가 일어나는 부위이기도 하다. 암세포에서 히스톤 아세틸화의 소실이 관찰되므로, 암 억제유전자를 다시 활성화시키기 위해서, 히스톤 탈아세틸화 효소(histone deacetylase, HDAC)의 억제제를 단독 사용하거나, DNA 탈메틸화 약제와 병용해서 사용하는 것에 대해 관심이 높다. 이러한 억제제가 안전한지, 또 여러 종류의 암 치료에 있어서 원하는 효과를 나타내는지를 조사하기 위한 다수의 임상 시도가 이루어지고 있다.

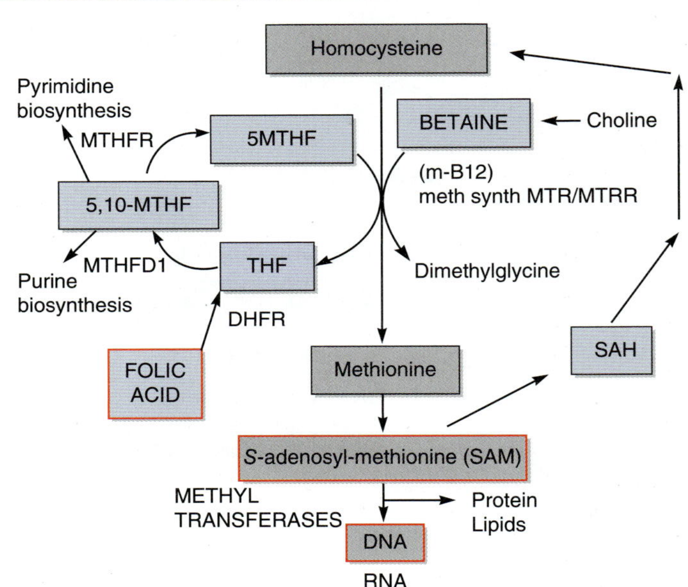

그림 1 엽산과 S-아데노실메티오닌(SAM) 합성에 대한 관련 경로. SAM은 DNA와 히스톤 메틸화 반응에서 메틸기 공여자이다. DHFR, dihydrofolate reductase; MTHF; methyltetrahydrofolate; MTHFD, methylenetetrahydrofolate dehydrogenase; SAH, *S*-adenosylhomocysteine; THF, tetrahydrofolate.

10.3 유전체 각인

X, Y 이외의 염색체에 존재하는 보통염색체 유전자에 대해서 세포는 정상적으로 2개의 사본(copy) 또는 "**대립유전자(allele)**"를 가진다. 하나의 대립유전자는 어머니에게서 받은 것이고(maternal allele), 다른 하나는 아버지에게서 받은 것이다(paternal allele). 대부분의 유전자는 세포에서 양쪽 대립유전자가 모두 발현된다. 소수의 유전자는 "**단일 대립유전자성**" **발현(monoallelic expression)**을 한다. 이들 유전자는 각각의 세포에서 선택적으로 하나의 대립유전자로부터만 전사가 일어난다(표 10.1). 대부분의 단일 대립유전자성 발현의 경우, 세포는 그 유전자가 암호화하는 RNA와 단백질을 발현하기 위해 하나의 대립유전자만을 무작위로 선택하며, 전형적으로 면역계 세포나 후각 신경세

Disease Box 10.2

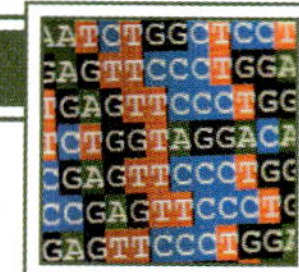

취약 X 정신지체와 비정상적 DNA 메틸화

취약 X 정신지체 증후군(Fragile X mental retardation)은 이름이 표시하는 대로 X-연관 질환이다. 이것은 가장 흔한 형태의 유전성 정신지체로 남성의 약 3,600명 중 하나에서 발생한다. 남성 환자에서 나타나는 표현형적 특징은 큰 머리(macrocephaly), 길고 가는 얼굴, 유난히 긴 귀, 그리고 근육긴장 저하(hypotonia) 등이다. 정신지체의 정도는 중간에서 심한 수준이다. 취약 X는 여성에서는, 7,000명의 생존 출생(live birth) 중 하나에서 나타난다. 표현형적 특징이 조금이라도 있는 경우는 여성 환자의 약 30% 뿐이며, 모든 여성 환자들은 경증의 정신지체를 보인다. 이형접합 여성인 경우, 결함이 있는 X가 불활성화될 가능성이 50/50이므로 증상이 덜 심하다. 취약 X 증후군 환자는 X-염색체에 위치하는 *FRM1* 유전자의 5′-비번역 부위(UTR)에 트리뉴클레오티드(CGG) 반복이 증가되어 있다(그림 1).

트리뉴클레오티드 반복 증가의 결과

트리뉴클레오티드 반복의 증가는 대개 한 번에 일어나지 않고 여러 세대에 걸쳐 일어난다. 반복 회수가 ~50에서 200 사이이면 정상 단백질이

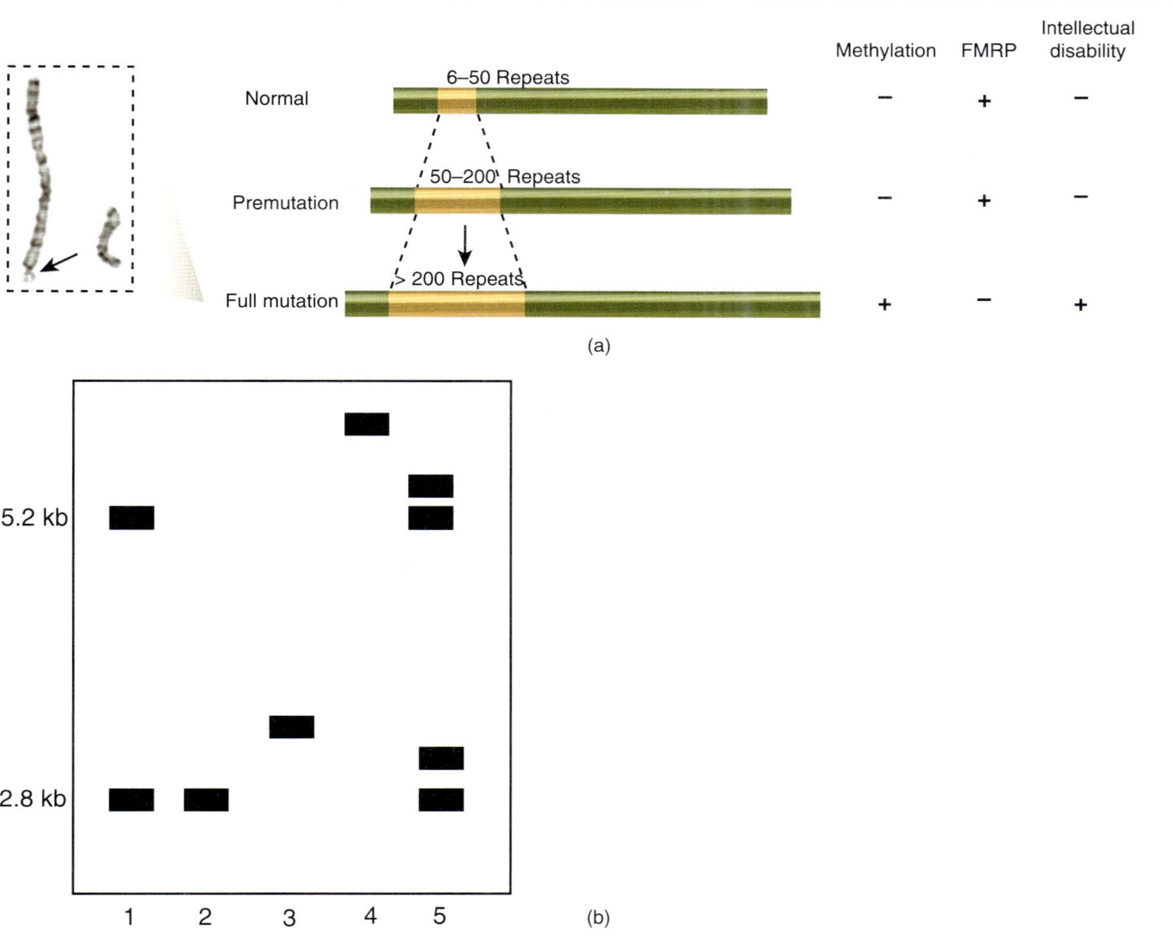

그림 1 취약 X 증후군에서 트리뉴클레오티드 반복 확장.
(a) *FRM1* 대립유전자에서 CGG 반복 횟수의 범위를 보여주는 도식적 그림. 이들이 서로 다른 대립유전자에서 메틸화되어 있는지와 단백질(FMRP)로 번역되는지, 또 이런 대립유전자를 가지는 개인이 정신지체를 나타내는지를 보여주었다. (확대 그림) 취약 X 증후군을 가지는 남아에서 X와 Y 염색체, "취약"점을 보여주고 있다(화살표). (출처: Photograph courtesy of Barbara Jackson and Rebecca Galczynski, Kennedy Krieger Institute, Baltimore.) (b) 취약 X 증후군의 서던 블롯 분석의 결과를 보여주는 도식 그림. 1번 줄, 정상 여성; 2번 줄, 정상 남성; 3번 줄, 전돌연변이 남성; 4번 줄, 돌연변이 남성; 5번 줄, 동일한 X 염색체 불활성화를 가지는 18회 및 ~80회 반복 대립유전자를 가진 여성. (출처: Modified from Maddalena et al. 2001. *Genetics in Medicine* 3:200–205.)

만들어지며, 아무런 증상이 나타나지 않는다. CGG 반복이 200회를 넘어 증가되면, 질환의 증상이 나타난다. 일부에서는 1,000회 이상의 반복이 관찰되기도 하였다. *FMR1* 유전자에 트리뉴클레오티드 반복이 증가하면 프로모터 지역의 DNA 고메틸화와 히스톤 저아세틸화가 유발된다. 변화된 염색질 구조에 의해서 *FMR1* 유전자는 발현되지 않는다. *FMR1* 유전자는 신경계의 성숙 및/또는 발달에 관여하는 세포질의 RNA 결합 단백질인 취약 X 정신지체 단백질(fragile X mental retardation protein, FMRP)을 암호화한다. FMRP는 거의 1,000개의 다른 단백질의 활성을 조절하는 세포질 RNA-결합 단백질로, 그중 많은 단백질이 뉴런 간의 상호작용에 필수적이다. 발달 중인 시냅스에서 단백질 합성을 위한 "분자 브레이크" 역할을 하며, 시냅스 가소성의 유지에 필수적인 역할을 한다. 흥미롭게도 FMRP는 특정 mRNA의 번역을 억제하지만 평균보다 더 긴 여러 mRNA의 번역을 증가시킨다.

취약 X의 진단 검사

"취약 X"라는 이름은 대부분의 환자에서 X 염색체의 한쪽 끝(취약 부위)에 매달린 것처럼 보이는 취약한 단편을 가지기 때문이다(그림 1a). 취약 X 환자를 진단하는 원래의 검사법은 세포 유전(염색체) 분석이었다. 그러나 많은 취약 X 보인자(carrier)에서는 X 염색체가 정상으로 보인다. 가장 확실한 검사법은 환자의 DNA에서 CGG 반복의 길이를 직접 측정하는 DNA 분석이다. 여기에는 중합효소 연쇄반응(PCR)과 서던 블롯 분석(그림 1b) 두 가지 주된 접근법이 사용된다. PCR 분석은 반복 부위를 포함하는 DNA 단편을 증폭하기 위해 반복 부위에 인접한(flanking) 시발체를 사용한다. PCR 산물의 크기는 검사 받는 개인의 개개 대립유전자에 존재하는 반복의 대략적인 숫자를 나타낸다. 그러나 PCR의 효율성은 CGG 반복의 수가 증가할수록 감소하므로, 반복의 확장이 심한 경우 PCR 산물을 검출하지 못할 수도 있다. 이 경우에는 서던 블롯이 모든 크기의 대립유전자를 정확하게 검출하기 위하여 사용된다. 서던 블롯의 추가적인 장점은 반복 부위의 크기와 메틸화 상태를 동시에 분석할 수 있다는 것이다. 메틸화된 위치를 자르지 못하는 메틸화-민감성 제한효소가 대립유전자의 메틸화 상태를 구별하는 데 사용된다. 서던 블롯의 단점은 대립유전자의 정확한 크기 측정이 불가능하고, PCR에 비하여 더 많은 노력이 들며, 더 많은 양의 유전체 DNA를 필요로 한다는 것이다. 현재 취약 X 증후군에 대한 치료법이나 치료법은 없지만 유전자 비활성화를 역전시키기 위해 후성유전체 편집 도구를 사용하는 데 관심을 갖고 있다.

포에서 볼 수 있다. 이러한 발현 방식은 세포 표면에 한 가지 종류의 수용체만이 발현되도록 하기 위한 것으로 생각된다. 유전체 각인은 예외적인데, 여기서는 활성화되는 대립유전자가 무작위적으로 선택되지 않고, 대립유전자가 부모 중 누구에게서 온 것인지에 따라 선택된다. 어떻게 이러한 선택이 일어날까?

유전체 각인(Genomic imprinting)은 소수의 유전자에 일어나며, 부모에게서 받은 2개의 염색체에 위치하는 두 대립유전자 중 1개만이 발현되는 결과를 가져온다. 이 놀라운 현상은 부모의 생식세포(germ cell)에서 일어나는 에피제네틱 지시(각인)에 의하여 발생하는데, 이 지시는 각인된 유전자의 2개 대립유전자에 차등적으로 일어나는 메틸화이다. 각인은 포유동물에서 일어나지만, 다른 척추동물에서는 아직 연구된 바 없다. 현재 포유류에 각인된 것으로 알려진 약 200개의 서로 다른 유전자(모든 유전자의 1% 미만)가 있으며, 이 중 거의 절반이 뇌에서 각인된 발현을 보인다. 이들 유전자는 주로 발생에 중요한 역할을 하며, 각인이 소실되는 것이 다수의 유전질환 및 여러 종류의 암 발생과 관계가 있는 것으로 생각된다(표 10.2, Disease Box 10.3).

거의 모든 각인된 유전자는 유전체의 클러스터로 구성된다. 이러한 클러스터 내에는 일반적으로

표 10.1 포유동물 유전자의 단일 대립유전자성 발현.

Gene	Chromosome	Selection of allele
Imprinted genes	Autosomal	Nonrandom
X-inactivated genes	X	Random
Immunoglobulin genes	Autosomal	Random
T cell receptor genes	Autosomal	Random
Natural killer cell receptor genes	Autosomal	Random
Interkeukin-2 gene	Autosomal	Random

표 10.2 유전체 각인과 신경 발달 질환.

Disorder and prevalence	Symptoms	Genetic mechanism	Genes suspected or known to be affected
Prader–Willi syndrome (PWS): 1 in 25 000 births	Feeding difficulties as infants due to poor motor skills Gross obesity Obsessive-compulsive behavior Hypogonadism (underdeveloped genitals) Behavioral problems Mild intellectual disability Characteristic facial appearance (small, narrow mouth) Life expectancy may be normal if weight is controlled	Defect in genomic imprinting of PWS/AS locus on chromosome 15 Missing paternal allele(s) due to: Deletion (65–75% of cases) Uniparental disomy (20–30%) ICR mutation (≤5%)	Numerous paternally expressed genes present in imprinted region: *MKRN3* *MAGEL2* *NDN* *SNURF-SNRPN* *HBII* snoRNA genes
Angelman syndrome (AS): 1 in 15 000–20 000 births	Seizures Lack of speech Puppet-like gait Unusually wide mouth Bouts of inappropriate laughter Autistic-like behavior Hyperactivity Sleep disorders Life expectancy may be normal	1) Defect in genomic imprinting of PWS/AS locus on chromosome 15 Missing maternal allele(s) due to: Deletion (65–75% of cases) Uniparental disomy (≤5%) ICR mutation (≤5%) 2) Mutation in *UBE3A* gene (~10% of cases)	*UBE3A*: maternally expressed in a brain region–specific manner; encodes a protein degradation regulator
Rett syndrome: 1 in 15 000 females	Continuous, rhythmic hand-wringing and clasping Intellectual disability Seizures Decreased growth Breathing problems Autism Neurodegeneration (generally confined to a wheelchair by school age)	Mutation in *MeCP2* gene on X chromosome: Leads to loss of imprinting of *UBE3A* antisense gene and reduced UBE3A protein expression in the brain	*MeCP2* (methyl-CpG-binding protein 2)

Disease Box 10.3

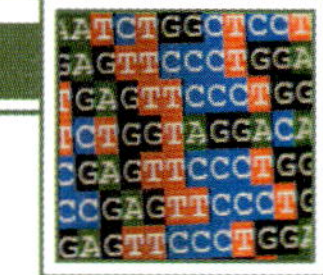

유전체 각인과 신경 발달 질환

세 가지 신경계 발달 질환, 프라더–윌리 증후군, 안젤만 증후군 및 레트 증후군(모두 이 질환들을 처음 보고한 의사들의 이름에서 명명되어짐)은 각인된 유전자의 직간접적인 조절 이상에 의한 것이다. 최근 이들 질환의 분자유전학을 이해하고 진단하는 데 큰 발전이 있었으나, 치료에 있어서는 그렇지 못하다.

유전체 각인의 결함은 프라더–윌리 증후군과 안젤만 증후군을 유발한다

프라더-윌리 증후군과 안젤만 증후군 모두에 관여된 유전자는 15번 염색체 장완(q)에 위치하는 것으로 알려졌다(15q11-13). 전체 2-Mb의 각인된 영역은 2개의 DNA 서열 요소로 구성된 각인 조절 부위(ICR)에 의하여 공통적인 조절을 받는다. 각인 센터는 양쪽 방향으로 각인된 유전자의 발현을 조절한다. 정상 어린이에서 프라더–윌리 증후군 대립유전자는 부계 15번 염색체에서만 발현되고, 모계 15번 염색체에서는 불활성화되어 있다. 프라더-윌리 증후군은 정상적으로는 발현되는 부계 대립유전자가 소실되었을 때 일어난다. 정상 어린이에서 안젤만 증후군 대립유전자는 모계 염색체 15에서만 발현되고, 부계 15번 염색체의 대립유전자는 불활성화되어 있다. 안젤만 증후군은 정상적으로 발현되는 모계 대립유전자가 소실되었을 때 일어난다. 대립유전자가 "소실"되는 메커니즘으로는 프라더-윌리 증후군/안젤만 증후군 유전자좌를 포함하는 15번 염색체의 큰 영역에 새로 일어난 결손(deletion), 2개의 염색체를 모두 한쪽 부모에서 받은 경우인 한부모 이체증(uniparental disomy), ICR 돌연변이 등이 포함된다(그림 1). 안젤만 증후군은 24%에서는 고전적 유전자 돌연변이에 의해서 일어난다. 고전적 유전자 돌연변이는 프라더–윌리 증후군에서 아직 발견된 바 없다.

프라더–윌리 증후군과 안젤만 증후군의 임상적 진단

각인된 유전자는 DNA 메틸화에 차등적 양상을 보이기 때문에, 프라더–윌리 증후군과 안젤만 증후군의 임상적 진단은 5-메틸사이토신을 DNA 시료에서 검출하는 것이다. 한 가지 진단 검사법을 그림 1에 나타내었다. **바이설파이트(bisulfite)-PCR 방법**과 같은, 5-메틸사이토신 함량을 임상적 DNA 시료에서 분석하는 더 민감한 기술도 사용할 수 있다(그림 2).

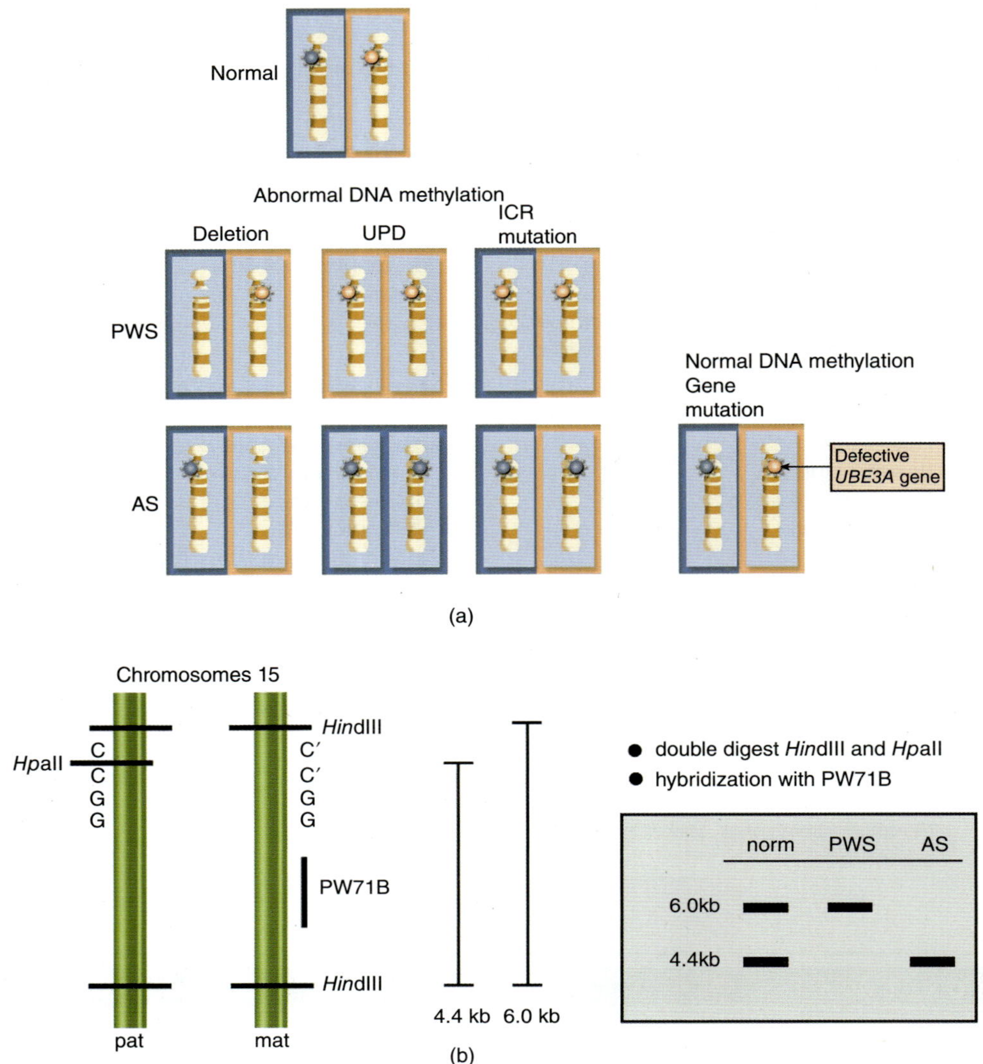

그림 1 프라더-윌리 증후군(PWS)과 안젤만 증후군(AS) 검사를 위한 DNA 메틸화 검사.
(a) PWS와 AS의 공통적 메커니즘을 보여주는, 모계(분홍색 상자)와 부계(파란색 상자) 염색체 15번의 도식적 그림이다: 염색체 지역 15q11-13의 결손(deletion), 한부모 이체증(uniparental disomy, UPD), 각인 조절 지역(ICR) 돌연변이 및 고전적 유전자 돌연변이. 정상적 메틸화 양상은 파란색(부계 ICR) 또는 분홍색(모계 ICR) 태양 기호로 표시하였다. 부계 염색체의 ICR에 모계 각인을 유도하는 돌연변이가 있는 경우, PWS가 유발된다. 반대로, 모계 염색체의 ICR에 부계 각인을 유도하는 돌연변이가 있는 경우, AS가 유발된다. (b) DNA 메틸화 분석. 환자의 혈액 시료에서 유전체 DNA를 추출하여, *Hin*dIII와 *Hpa*II 2개의 제한효소로 이중 절단한 후, 서던 블롯으로 분석하였다. *Hin*dIII는 드물게 자르는 제한효소이며, *Hpa*II는 부계 염색체의 메틸화되지 않은 제한효소자리(CCGG)에서만 자르고, 모계 염색체의 메틸화된 제한효소자리(C′C′GG)에서는 자르지 않는다. 탐침자는 2개의 제한효소자리 사이에 위치하는 DNA 서열에 상보적이다(PW71B). 서던 블롯에서 부계 염색체의 4.4 kb *Hpa*II-*Hin*dIII 단편이 탐침자와 부합하지만, 모계 염색체에서는 6.0 kb *Hpa*II-*Hin*dIII 단편만이 탐침자와 부합한다. 정상 어린이는 모계와 부계 단편을 모두 가진다(6.0과 4.4 kb 밴드). PWS 환자 어린이에서는 각인 지역에 대한 부계의 기능적 기여가 없어서, 모계 단편(6.0 kb)만이 보인다. AS가 양쪽 부모 대립유전자 모두의 결손, 한부모 이체증 또는 ICR 돌연변이에 의해서 발생될 경우, 환자 어린이는 각인 지역에 대한 기능적인 모계 기여가 없다. 이 경우 부계 단편(4.4 kb)만이 보인다. AS가 *UBE3A* 돌연변이에 의한 경우에 메틸화 양상은 정상 어린이와 동일할 것이다. (출처: Buchholz et al. 1998. *Human Genetics* 103:535–539.)

각인 유전자좌에 위치하는 부계 및 모계 발현 유전자

각인 지역에는 1개의 모계 발현 단백질을 암호화하는 유전자와 4개의 부계 발현 단백질을 암호화하는 유전자 및 여러 개의 작은 핵소체 RNA(small nucleolar RNA, snoRNA) 유전자가 존재한다. 1997년에, 안젤만 증후군 유전자가 **E6-AP 유비퀴틴-단백질 연결효소(UBE3A**, 유비퀴틴화 전에 기질과 결합하는 데 관여하는 효소)인 것이 확인되었다. 고전적 돌연변이에 의해서 유발되는 안젤만 증후군에서, *UBE3A* 유전자에 기능 소실을 유발하는 4개의 돌연변이가 발견되었다. 이것이 유비퀴틴-매개성 단백질 분해 경로와 관련된 유전질환의 첫 번째 예였다. E6-AP 유비퀴틴-단백질 연결효소는 결합이 매우 특이적이어서, 지금까지 단 4

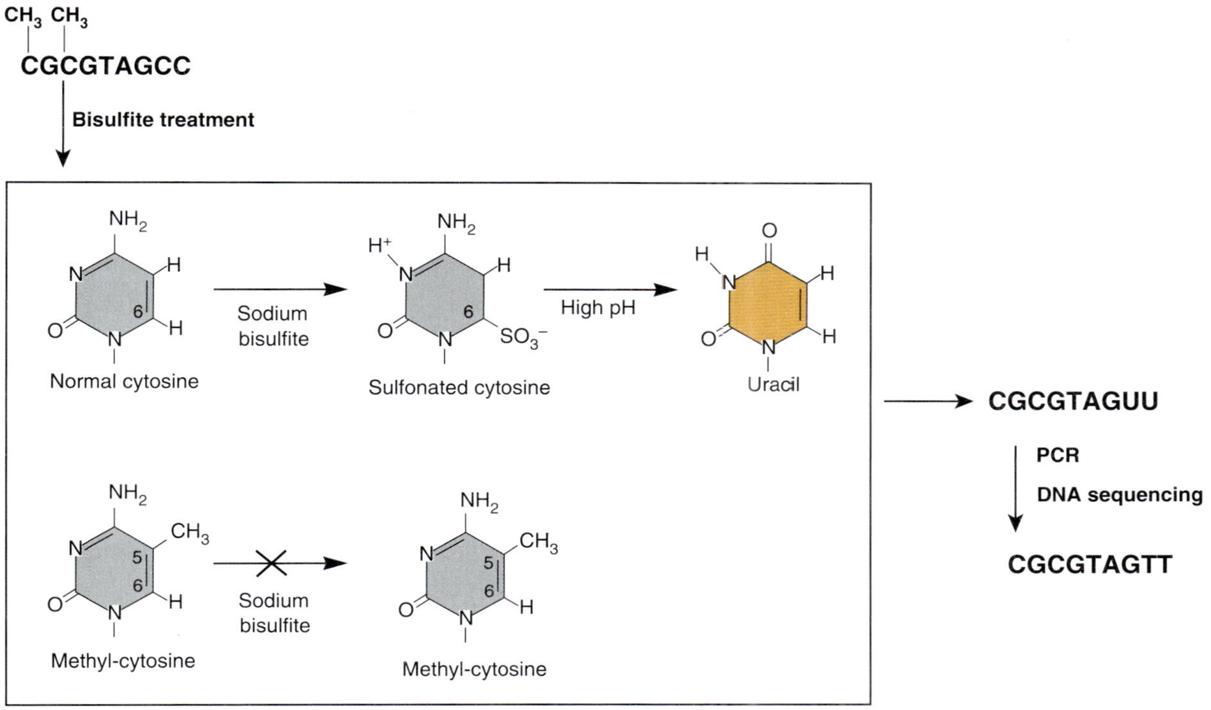

그림 2 정상 사이토신과 5-메틸사이토신을 구별하기 위한 바이설파이트(bisulfite)-PCR 실험법. 유전체 DNA 시료를 변성시키고, 소디움 바이설파이트($NaHSO_3$)를 더하면, 사이토신이 메틸화되어 있지 않을 때만 설파이트기(SO_3)가 사이토신의 6번 위치에 더해진다. 고리 6번 위치와 커다란 5-메틸기 사이의 공간적 방해(steric hinderance) 때문에 소디움 바이설파이트가 5-메틸사이토신에 작용하지 못한다. 처리한 DNA를 높은 pH에 노출시키면, 설포닐화된 사이토신은 우라실로 전환된다. 이어서, 전환된 시료를 관심 있는 지역에 특이적인 2가의 시발체를 이용하여 PCR로 증폭하고, PCR 산물의 염기 서열을 결정한다. 모든 메틸화된 사이토신은 C로 읽힐 것이다. 모든 메틸화되지 않은 사이토신은 바이설파이트에 의해서 C에서 U로 전환될 것이므로, PCR과 염기서열 결정에서 T로 읽힐 것이다.

개의 기질 만이 알려졌다. 사람의 안젤만 증후군에서 정신지체의 분자적 메커니즘은 아직 알려지지 않았다. 최근 연구에서 Arc라고 하는 UBE3A 기질이 신경계 AMPA-형 글루탐산 수용체의 세포내 이입(endocytosis)을 촉진한다는 것이 알려졌다. Arc의 축적이 안젤만 증후군의 일부 증상을 설명할 수 있을 것이다.

부계가 발현되는 단백질-암호화 유전자와 snoRNA가 프라더–윌리 증후군에 어떻게 기여하는지도 분명하지 않다. MKRN3(makorin ring finger protein 3)는 유비퀴틴 결합효소(ubiquitin conjugating enzyme) E2–의존적 유비퀴틴화를 매개하며, 모든 조직에서 발현된다. MAGEL2(melanoma antigen-like gene 2)는 뇌에서 발현된다. NDN(necdin)은 신경과 시상하부(높은 수준으로 발현)에서 발현되는 핵단백질로, 유사분열 후의 신경-특이적 성장억제에 관여한다. SNURF(SNRPN upstream reading frame proteins)와 SNRPN(small nuclear ribonucleoprotein-associated polypeptide N)은 여러 개의 새로운 사람 뇌(HBII) snoRNA를 암호화하는 매우 복잡한 유전자좌를 형성한다. HBII snoRNA는 커다란 SNURF–SNRPN 전사물의 인트론 내에서 발현되는데, 이 SNURF-SNRPN 전사물은 엑손으로 볼 수 있는 것이 148개 이상이며, 대체 스플라이싱(alternative splicing)이 일어난다. 다수의 snoRNA를 암호화하는것 외에, 스플라이스된 전사물은 *UBE3A*에 대한 대응 RNA 역할을 함으로써 부계 *UBE3A* 대립유전자의 발현을 조절한다. *UBE3A* 유전자는 대부분 인체 조직의 부계와 모계 대립유전자 모두에서 발현되지만, 뇌의 일부에서는 모계만 발현된다. 부계 *UBE3A* 유전자의 침묵은 뇌 부위-특이적 방식으로 일어난다; 모계 대립유전자는 해마(hippocampus)와 소뇌의 신경세포에서 거의 배타적으로 활성화된다.

MeCP2 유전자의 돌연변이는 레트 증후군을 유발한다

레트 증후군 환자는 X 염색체의 **메틸-CpG-결합 단백질 2(MeCP2)**를 암호화하는 유전자에 돌연변이를 가진다. 여성에서는 돌연변이 X가 불활성화될 가능성이 50/50이므로, 이 증후군이 치명적이지 않다. MeCP2는 히스톤 탈아세틸화효소(HDAC)를 포함하며, 핵심 히스톤(core histone)의 탈아세틸화를 통해서 전사를 조절하는 보조억제자 복합체(corepressor complex)의 구성원이다. MeCP2는 메틸-CpG-결합 영역과 보조 억제자 복합체과 결합하는 전사 억제 영역을 가진다. MeCP2는 원래는 뚜렷한 서열-특이성 없이 메틸화된 DNA에 결합하는 일반 전사억제자로 생각되었다. 그러나 마이크로어레이 분석을 사용한 실험은 이 개념에 의문을 제기한다.

레트 증후군과 안젤만 증후군은 일부 표현형적 특징을 공유하며, 유전적 검사법을 사용하기 전에는 때때로 진단이 잘못 내려진다. MeCP2가 결핍되면, 프라더–윌리 증후군/안젤만 증후군 각인 조절 지역(ICR)에 히스톤 아세틸화와 메틸화 양상을 포함하는 에피제네틱 변화가 초래되는 것으로 밝혀졌다. 히스톤 변형의 변화는 뇌에서 *UBE3A* 대응 유전자의 각인 소실과 *UBE3A* 대응 RNA 수준의 증가, 그리고 결과적으로 *UBE3A*의 발현 감소를 초래한다. 이러한 변화는 부계 발현되는 대립유전자에는 아무런 영향을 미치지 않으므로, 프라더–윌리 증후군과는 표현형의 유사성이 없다. 레트 증후군 환자의 뇌에서 UBE3A 단백질의 발현 감소는 유전자 발현과 MeCP2 결핍의 직접적인 연관성에 대한 첫 번째 예를 제공하였다.

적어도 하나의 모계에서 발현되는 유전자와 하나의 부계에서 발현되는 유전자가 있다. 그러나 전사 방향이나 모계 및 부계 각인 유전자의 분포를 지시하는 특정 규칙은 없는 것으로 보인다. 각인 유전자 군집은 **각인 조절 부위(imprinting control region, ICR)**라고 부르는 100 kb에 이르는 커다란 비유전자성 부위(intergenic region)의 DNA 메틸화에 의하여 공통적으로 조절된다. ICR은 차등적 각인이 확립되는 데에, 또한 또 발생 중 각인이 유지되도록 하는 데 중요한 역할을 한다. ICR에는 CG 다이뉴클레오티드가 많고, 다수의 ICR이 CpG 섬에 해당한다. 생식세포 형성(gametogenesis) 중 각인된 유전자좌(gene locus)의 침묵되는 대립유전자(silenced allele)에는 사이토신 잔기의 메틸화가 일어나는 데 비하여, 발현되는 대립유전자좌에는 일반적으로 비교적 저메틸화된 상태로 남아 있다. 침묵되는 대립유전자는 초기 배 발생 중에 일어나는 전반적인 탈메틸화(global demethylation)로부터 보호되어, 발생 후기에 단일 대립유전자성 발현이 일어날 수 있게 된다. 또한, 일부 유전자는 다른 세포 유형에서 관찰되는 모계, 부계 및 이대립유전자 발현과 함께 조직 특이적 각인된 유전자 발현을 나타낸다.

각인은 개화 식물(flowering plant)에서도 일어나지만, 개화 식물에서는 포유동물의 각인에서 사용되는 것과는 다른 DNA 메틸화 조절 메커니즘이 관여한다—식물의 생활사(life cycle) 중에는 전반적인 탈메틸화는 관찰되지 않으며, 부모로부터 받은 2개의 대립유전자 중 하나에서 메틸화 표지가 제거됨으로써 각인되는 것으로 보인다. 식물의 각인 상태는 유전되는 것이 아니며, 다음 세대에 기여하지 않는 내배유(endosperm)에 국한되는 것으로 보인다. 각인이 어떻게 한 세대에서 다음 세대로 유지될 수 있을까?

각인의 확립과 유지

생식세포 발생과 배 발생은 DNA 메틸화의 전체적인 손실과 획득의 기간으로 특징지어진다. 원시 생식세포에서 DNA 메틸화 표지와 히스톤 변형을 지움으로써, 각인은 생식계열(germline)에서 재프로그램 또는 "재설정(reset)"된다(그림 10.6). 각인된 유전자는 이후 정자와 난모세포에서 서로 다른 표시를 획득하며, 이러한 DNA 메틸화 표시는 이후의 세포분열을 통해 유전될 수 있다. 수정 후 DNA 메틸화 패턴이 부모 유전체에서 모두 지워지는 또 다른 전체적 탈메틸화가 있지만, ICR은 부모 특이적 DNA 메틸화를 유지한다.

메틸화 표지는 생식자(gamete) 중의 하나에서 새로운 메틸화 과정(*de novo* methylation)에 의해 확립될 수 있으므로 각인에 이상적인 표지이다. 일단 메틸화 표지가 확립되면, 그 차등적 양상은 유지 메틸화효소인 DNA 메틸전달효소(DNMT1, DNA methyltransferase 1)에 의하여 자동적으로 보존된다. 수정이 일어난 후, DNMT1은 복제 중 반만 메틸화된(hemimethylated) DNA 기질에 선별적으로 작용하여 세포분열 후에도 메틸화 양상이 유지되도록 한다. 대부분의 ICR에서 대립유전자 메틸화는 난자에서 유래되며, 소수의 ICR에서만 정자 발생 중 메틸화가 확립된다. 메틸화 양상이 어떻게 확립되고 유지되는지에 관한 많은 지식은 **조건부 녹아웃 생쥐(conditional knockout mice)**의 분석으로부터 얻어졌다(13장 참조). *DNMT* 유전자를 파괴하면, 배 발생 중 죽기(배아 죽

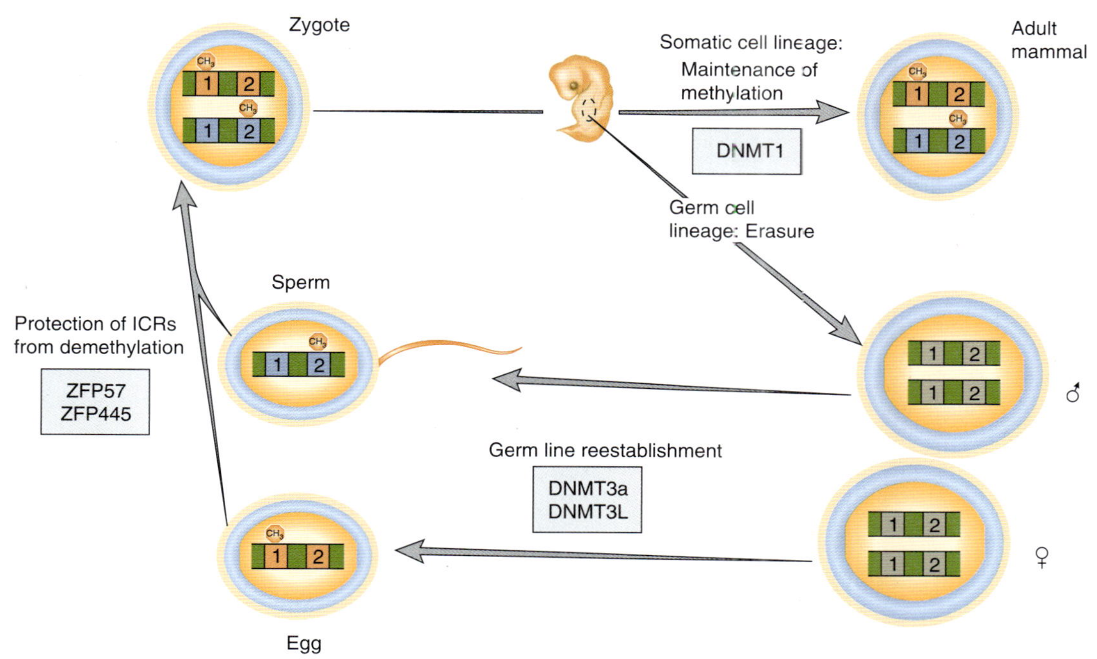

그림 10.6 발생 과정 중 유전체 각인.
각인된 유전자는 DNA 메틸화에 의하여 침묵된다(빨간색 기호). 생식세포 발생 중, 모계(분홍색)와 부계(파란색) 염색체에 존재하는 각인 표지는 탈메틸화에 의해서 지워지고(회색), 생식세포에서 성(gender)-특이적 각인이 재확립된다. ICR의 두 예를 보여준다: 모계에서 메틸화된 ICR(ICR1)과 부계에서 메틸화된 ICR(ICR2).

음) 때문에 조건부 녹아웃이 필요하였다.

생식자 발생 동안 ICR의 차등 메틸화를 수행하는 특정 각인 기구가 있을까? 수년 간의 검색 끝에 대부분의 연구자들은 아니오라고 답할 것이다. 그렇다면 각인은 어떻게 재건되는가? 유전체 전체의 DNA 메틸화는 DNMT3L 단백질 보조인자와 함께 보편적인 메틸전달 효소 DNMT3a에 의해 촉매되어 새로 발생한다. 정자에서 시토신 메틸화는 유전자간 서열과 트랜스포존에서 우선적으로 발생하며, 난자 발생 동안 유전자 내 CpG 섬에서 발생한다. ICR을 생식자의 나머지 메틸화된 영역과 구별하는 것은 수정 후 발생하는 전체적인 탈메틸화의 시기 동안 유지되는 능력이다. 탈메틸화에 대한 ICR의 이러한 탄력성은 크루펠 관련 상자(KRAB) 징크 핑거 단백질 ZFP57 및 ZFP445에 대한 여러 결합 부위의 존재와 관련이 있다. ZFP57과 ZFP445는 모두 서열 특이적, 메틸화-의존적 방식으로 ICR DNA에 결합한다.

각인이 설정되고 보호되면 유전자 전사 기구에 의해 어떻게 해석되는가? 각인된 유전자의 부계 또는 모계 대립유전자가 발현될지 여부를 조절하는 다양한 메커니즘이 있음이 밝혀졌다. 몇 가지 메커니즘을 더 자세히 살펴보겠다.

단일 대립유전자성 발현 메커니즘

옳은 대립유전자가 발현되는 것을 확실하게 하는 것은, 수정 후 염색질에서 DNA 메틸화 및 관련 차이점이 "읽힘"으로써 가능하다. 이는 유전자에 따라 서로 다른 방식으로 일어난다. 더욱 복잡하게 만드는 것은 읽는 메커니즘이 조직에 따라 다르다는 것인데, 이에 따라 일부 유전자에서는 조직 특이적 각인이 나타난다. 단일 대립유전자성 발현은 세 가지 주된 메커니즘에 의하여 성립된다. (i) 유전자 프로모터의 염색질 구조 변화; (ii) 대응 RNA(antisense RNA) 전사물의 차별적 발현; (iii) 절연체(insulator)에 의한 인핸서 차단(그림 10.7).

유전자 프로모터의 염색질 구조 변화 대립유전자를 침묵시키는 가장 간단한 메커니즘은 DNA 메틸화에 의하여 한쪽 대립유전자의 프로모터 지역에 억제성 염색질 구조를 형성하는 것이다. 이것의 예로는 **프라더-윌리(Prader-Willi) 증후군**과 **안젤만(Angelman) 증후군**이라는 두 가지 신

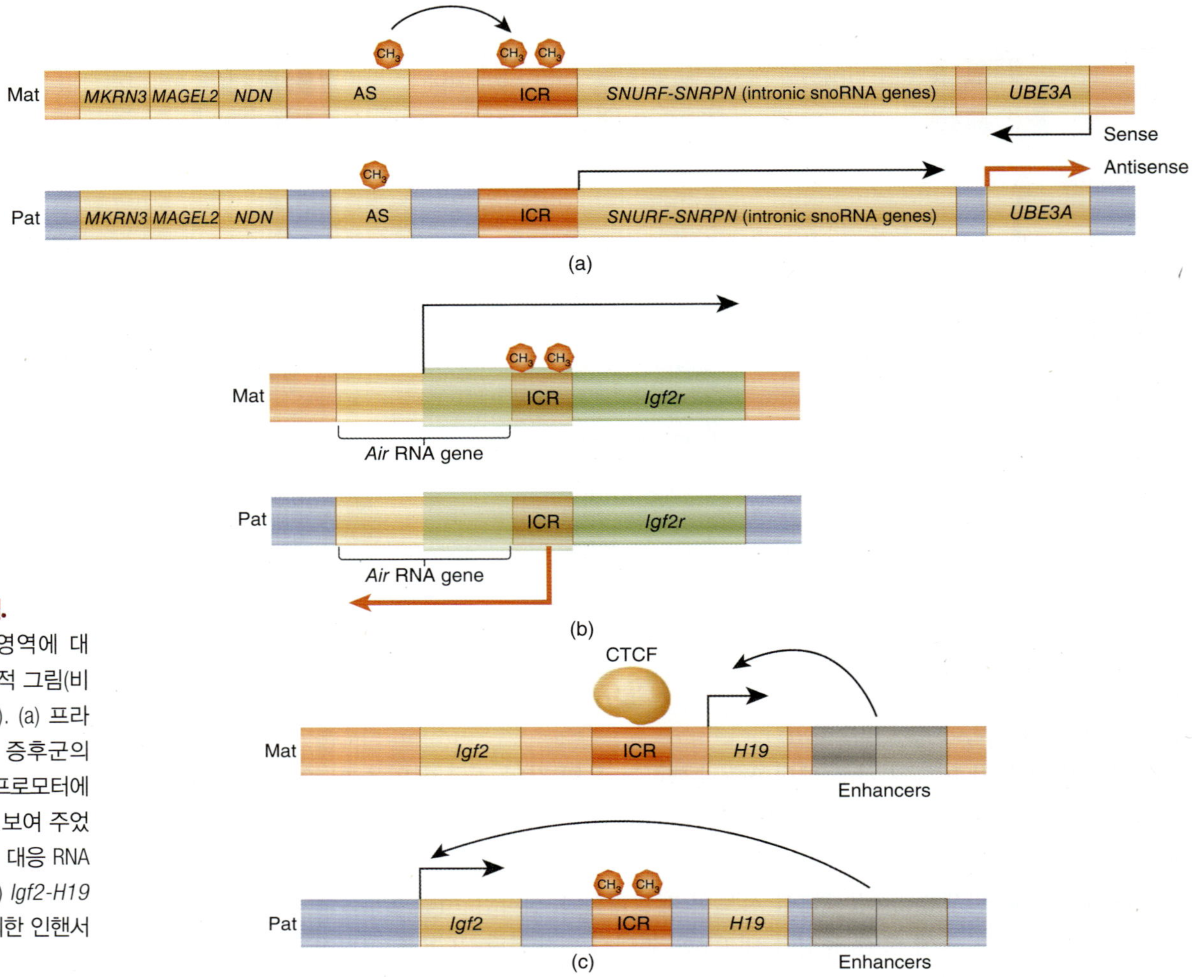

그림 10.7 각인의 조절. 3개의 서로 다른 각인 영역에 대한 조절 메커니즘의 도식적 그림(비율에 따라 그려지지 않음). (a) 프라더-윌리 증후군/안젤만 증후군의 각인영역을 예로 유전자 프로모터에서의 염색질 구조 변화를 보여 주었다. (b) *Igf2r* 유전자좌에서 대응 RNA 전사물의 차등적 발현. (c) *Igf2-H19* 유전자좌에서 절연체에 의한 인핸서의 차단.

경발생 질환의 원인이 되는 큰 각인 영역의 조절 이상을 들 수 있다(그림 10.7a 참조; Disease Box 10.3 참조). 프라더-윌리 증후군 유전자자리의 *SNURF-SNRPN* 유전자 상류에 위치하는 ICR은 커다란 염색체 영역의 각인을 조절한다. 부계 염색체의 ICR은 메틸화되지 않아서, 양방향으로 *UBE3A* 대응(antisense) 유전자를 포함한 이 지역 모든 각인 유전자의 발현을 유도한다. 모계 염색체의 ICR 메틸화에는 >30 kb 더 상류에 위치한 안젤만 증후군(AS) 요소라고 부르는 지역이 필요하다. AS 요소는 차별적으로 메틸화되는 것은 아니지만, 열린 염색질 구조를 가지고 있어서 ICR 요소가 메틸화되도록 지시한다. 이 ICR 메틸화는 모계 염색체에 있는 모든 부계 발현 유전자를 침묵시킨다. 대응 *UBE3A* 발현이 없으면, 모계 *UBE3A* 대립유전자는 발현된다.

대응 RNA 전사물의 차별적 발현 이것은 간접적 메커니즘으로서, ICR은 비단백질 암호화 유전자(non-protein-coding gene)의 프로모터를 포함한다. ICR이 메틸화되지 않은 염색체의 유전자는 발현되어 대응 RNA(antisense RNA)를 생산한다. 이 대응 RNA는 아직 알려지지 않은 메커니즘에 의하여 같은 염색체에 위치하는 각인된 단백질 암호화 유전자를 침묵시킨다. 다른 염색체에서는 ICR이 메틸화되어 대응 RNA가 발현되지 않는다. 대응 RNA가 없으므로, 이 염색체의 단백질 암호화 유전자는 활성화된다(그림 10.7b 참조).

이 메커니즘의 예는 태아의 성장을 조절하는 단백질을 암호화하는 **유사-인슐린 성장인자 2 수용체(insulin-like growth factor 2 receptor, *Igf2r*)** 유전자이다. *Igf2r*은 17번 염색체의 모계 대립유전자에서만 배타적으로 발현된다. 결손분석(deletion analysis)으로 *Igf2r*의 첫 번째 인트론에 존재하는 작은 CpG 섬이 ICR로 작용한다는 것이 알려졌다. 이 지역은 또한 대응 RNA를 암호화하는 ***Air* 유전자**의 프로모터를 포함한다. 이 메커니즘에서는 DNA 메틸화와 함께 작용하는 대립유전자-특이적 히스톤 변형의 차이가 각인을 공고하게 한다. 침묵된(DNA가 메틸화된) 모계 ICR에는 히스톤 H3의 9번 리신(H3-K9)에 메틸화가 일어나는 데 비하여, ICR이 메틸화되지 않은 활성화된 부계 ICR에는 히스톤 H3의 아세틸화와 H3-K4 메틸화가 일어난다. ICR이 메틸화되지 않은 부계 염색체에서는 *Air* 유전자가 전사되어, 대응 RNA가 부계 *Igf2r* 대립유전자의 발현을 억제한다. 모계 ICR의 메틸화는 *Air* 발현을 억제하므로, 모계 *Igf2r* 대립유전자의 발현이 활성화될 수 있다.

절연체에 의한 인핸서 차단 세 번째 메커니즘에서는 각인된 유전자 2개가 하나의 인핸서를 공유하며, 이 인핸서가 2개의 유전자 중 하나를 활성화시키는 능력은 메틸화되지 않은 대립유전자 상의 두 유전자 사이에 위치하는 절연체(insulator)에 의해서 결정된다. 이러한 상황의 예는 ***Igf2-H19* 각인 유전자위(*Igf2-H19* imprinted locus)**에서 볼 수 있다(그림 10.7c). *Igf2*와 *H19* 유전자는 생쥐의 7번 염색체에 하나의 군집으로 존재하며, 상반된 각인을 보인다. 즉, *Igf2*는 부계 유전자가 발현되고, *H19*은 모계 유전자가 발현된다. 유사-인슐린 성장인자 2(Igf2)는 태아와 태반의 성장을 촉진하는 강력하고 잘 보존된 성장인자이다. *H19* 유전자는 RNA 중합효소 II에 의해서 캡(cap)과 다중(A) 꼬리(poly(A) tail)가 있고, 스플라이싱된 RNA로 전사된다. 이러한 특징은 모두 단백질을 암호화하는 mRNA를 시사하지만, 현재까지 H19 단백질을 찾으려는 노력은 모두 실패하였다. 이에 따라 *H19* 유전자 산물은 조절 RNA 또는 "ribomodulator"로 기능한다고 제안되었다.

여러 인자가 *Igf2*과 *H19*의 각인된 발현에 관여한다. 예를 들어, 연구자들은 *H19* 프로모터 영역의 과메틸화 및 응축된 염색질이 부계 유전된 유전자의 억제와 관련이 있음을 보여주었다. 대조적으로, 이들 부위의 대부분은 정자에서 메틸화되지 않고, 수정 후에 부계 프로모터 영역의 메틸화가 일어난다. 그 이후의 연구에 따르면, 두 유전자 모두 발현을 위해 *H19*의 하류에 위치한 인핸서 세트가 필요하다.

또한, 각인된 발현에 필수적인 ICR은 *H19* 프로모터의 상류에 존재한다. CTCF(CCCTC-binding factor) 단백질은 메틸화되지 않은 모계 ICR에 결합하고, 메틸화된 부계 ICR에는 결합하지 않음으로써 각인된 발현을 조절한다. CTCF는 β-글로빈 유전자의 발현을 조절하는 역할에 의해 가장 먼저 알려졌는데, 여기서 CTCF는 절연체에 결합하여 염색체 경계를 형성한다(9장 참조). CTCF가 메틸화되지 않은 모계 DNA에 결합하면, 하류의 인핸서가 *Igf2* 유전자의 프로모터와 상호작용하는 것을 차단하여 *H19* 유전자만이 발현된다. 부계 ICR은 메틸화되어 CTCF가 결합하지 않는다. 이 경우에는 부계 *Igf2* 대립유전자의 프로모터가 하류 인핸서에 의해 활성화된다. 인핸서는 *H19* 프로모터와는 더 이상 상호작용하지 못하므로, 부계 *H19* 유전자는 침묵된다. 이에 따라 침묵은 염색질 고리(chromatin loop) 형성에 의한 원거리 염색질 상호작용에 의하여 매개된다고 제안되었다.

살펴본 바와 같이, 각인된 유전자의 발현을 조절하는 메커니즘은 비교적 단순한 것에서부터 아주 복잡한 것에 이르기까지 존재한다. 각인된 유전자의 단일 대립유전자성 발현이 얼마나 중요한 것일까?

유전체 각인은 정상적 발생에 필수적이다

정상적인 배 발생은 에피제네틱스의 조절 없이는 진행될 수 없다. DNA 메틸전달효소와 히스톤 변형 인자를 녹아웃시킨 실험 생쥐는 배아 사망(embryonic lethal)하는 것으로 알려졌다. 유전체의 각인된 지역들이 (이 지역의 조절 저하, 유전자 산물의 양적 변화 또는 돌연변이에 의하여 발생하는) 여러 다양한 발생 질환과 연관되어 있다는 것은 놀랍지 않은 일이다.

각인된 유전자는 흔히 ICR에 의하여 협동적으로(coordiately) 조절되는 군집 내에 위치하므로, 이러한 주요 지역 중 하나에만 이상이 생겨도 여러 유전자의 이상을 초래하여 다수의 질환을 유발한다. 에피제네틱한 유전은 **실버-러셀 증후군(Silver-Russel syndrome**; 비대칭 난장이증), 프라더-윌리 및 안젤만 증후군(Disease Box 10.3 참조), 망막모세포종(retinoblastoma) (망막의 종양; Disease Box 15.2 참조), **벡위드-위더만 증후군(Beckwith-Wiedemann syndrome)** 등 다수의 인체 질환과 연관되어 왔다. 벡위드-위더만 증후군은 *Igf2*의 대립유전자 2개가 모두 발현되는 것이 원인인, 출생시 결함을 보이는 드문 질환이다. 2배 용량의 *Igf2*는 세포자멸사를 억제하고 세포 증식을 촉진함으로써 질환을 유발하는 것으로 추측된다. 벡위드-위더만 증후군을 가지고 태어난 유아에서는 흔히 복벽(abdomainal wall)의 결손, 여러 종류의 악성종양, 거대 혀(macroglossia, enlarged tongue) 등이 발생한다. 직장 대장암 환자의 ~30%를 포함하여, 인체의 많은 흔한 암에서 *Igf2*의 각인의 손실이 일어난다. *Igf2*의 각인이 손실된 유전자 이식 생쥐 모델에서는 대조군에 비하여 장종양(intestinal tumors)의 발생이 2배 증가하였다.

일부 연구에서는 각인 결함에 의한 질환의 빈도가 인공 수정 등의 보조생식(assisted reproduction) 기술의 도움으로 태어난 아기에서 더 높다고 결론짓고 있다. 그러나 시험관 아기 등의 보조생식 기술은 매우 강력하며, 그 이점이 어떤 잠재적 위험보다도 훨씬 더 크다. 보조생식 기술은 난자와 정자 모두를 실험실에서 조작하는 수정 치료(fertilization treatment), 즉 시험관 수정과 관련 처치를 포함한다. 에피제네틱 기술과 보조생식 기술의 연관에 대해서는 강력한 정황적 증거가 존재하지만, 이 연관성을 증명하고 그 메커니즘을 밝히기 위해서는 더 심층적인 연구가 필요하다. 에피제네틱한 변화는 시험관 배양에 의해서 직접적으로 일어날 수 있다. 또는 에피제네틱한 변화가 불임을 치료하기 위한 처치의 결과로 생기는 것이 아니라, 불임의 중요한 원인일 수도 있다. 결론은 자녀가 없는 부부를 위한 이러한 시험관 내 접근 방식의 이점이 잠재적인 위험을 훨씬 능가한다는 것이다.

각인 유전자를 정확하게 조절하는 것이 포유동물의 발생에 결정적으로 중요하다는 것은 명백하지만, 이는 이러한 정교한 조절 메커니즘의 필요성이 어떻게 발생되었는가라는 의문을 제기한다.

유전체 각인의 기원

초기 포유동물 진화에서 각인의 기원에 대해서는 여러 가설이 있다. 가장 널리 받아들여지는 가설은 "**갈등 가설(conflict hypothesis)**"이다. 이 가설에서는 각인은 개개의 암컷이 여러 수컷과 교배하는 일처다부(polyandry)제의 초기 포유동물 단계에서 유래된 것으로 본다. 이러한 경우에는 수컷에게는 암컷의 자원(maternal resources)이 태아에게로 모두 소모되지 않게 보존하는 유전자를 침묵시키는 것이 유리하다. 이러한 전략은 태아가 자궁 내 환경에서 성장하고 경쟁력을 확보하는 데 수컷의 유전자가 영향을 미칠 수 있도록 하기 때문에, 수컷이 번식에 즉각적으로 성공할 가능성을 극대화시킬 수 있다. 암컷의 유전자 또한 태반을 통해 태아에 영양과 에너지를 배분하는 것을 조절할 수 있다. 암컷은 어미의 자원을 모두 태아에게로 보내는 유전자를 침묵시키는 것이 유리하다. 왜냐하면, 이러한 전략이 암컷의 장기적 번식의 성공을 극대화하기 때문이다.

이러한 논리에 의하면, 유전자 각인은 태아의 발달이 일차적으로 자궁 내에서 일어나는 포유동물에서만 적절하고, 알을 낳는 난생 종(egg-laying species)에는 없어야 한다. 지금까지 각인은 유대류와 태반을 가지는 포유동물에서만 발견되었고, 단공류(monotreme, egg-laying) 포유동물에서는 발견되지 않았다. 또한 일부 각인 유전자가 예측되는 방향으로 어머니와 태아 간의 자원 배분에 영향을 미친다는 사실도 "갈등 가설"을 지지한다. 반면, 각인되는 많은 유전자는 암컷-태아 갈등 가설과의 명백한 관련성이 없다.

지금까지, 이 장에서는 개개 유전자의 에피제네틱한 조절을 중점적으로 살펴보았다. 그러나 에피제네틱 표지는 포유동물에서 훨씬 더 극적인 사건 — X 염색체 전체의 침묵 — 에서도 역할을 한다. 다음 절에서 이 놀라는 현상을 살펴볼 것이다.

10.4 X 염색체 불활성화

X 염색체 불활성화는 1961년 Mary Lyon에 의해서 처음 기술되었다. 그녀는 생쥐의 털 색깔 얼룩에 대한 연구를 통해, 암컷 생쥐에서 개개의 세포마다 2개의 X 염색체 중 하나가 무작위적으로 불활성화된다는 결론을 얻었다. 그녀는 X 염색체 전체의 침묵 과정이 XX인 암컷과 XY인 수컷 간의 전사 용량을 맞추기 위해서 진화된 것이라고 가정하였다. X-연관 유전자가 두 성(sex)에서 모두 균등하게 잘 발현된다면, 암컷은 개개 유전자의 산물을 수컷에 비하여 2배 더 가지게 될 것이다. 이제는 Lyon의 이러한 가설을 "**Lyon 가설(Lyon hypothesis)**" 또는 "**용량 보상(dosage compensation)**"이라고 부른다. 칼리코(calico) 고양이는 유전학과 발생생물학 간의 에피제네틱한 연관에 대한 친숙한 시각적 예를 보여준다(Focus Box 13.2 참조: 유전자 조작 애완동물). 생물체는 서로 다른 방식으로 용량 보상 문제를 해결한다. 초파리에서는 수컷의 X 염색체 유전자가 암컷 X의 2배로 발현되고, 예쁜꼬마선충(*C. elegans*)에서는 암컷 X 염색체의 유전자 발현이 수컷 X에 비하여 반으로 감소된다.

포유동물의 무작위적 X 염색체 불활성화

접합체(zygote) 내에서는 모계와 부계 X 염색체가 모두 활성화되어 있다. 그 이후의 결과는 다양하다. 소와 설치류의 경우, 2~4세포 단계에서 부계 X가 우선적으로 비활성화되는 반면(그림 10.8), 인간과 토끼는 무작위 X 염색체 비활성화만 나타난다. 유대류에서는 X 염색체 비활성화가 각인된다. 부계 X는 모든 조직에서 비활성화된 상태로 남아 있다. 반면, 태반이 있는 포유동물(예, 사람이

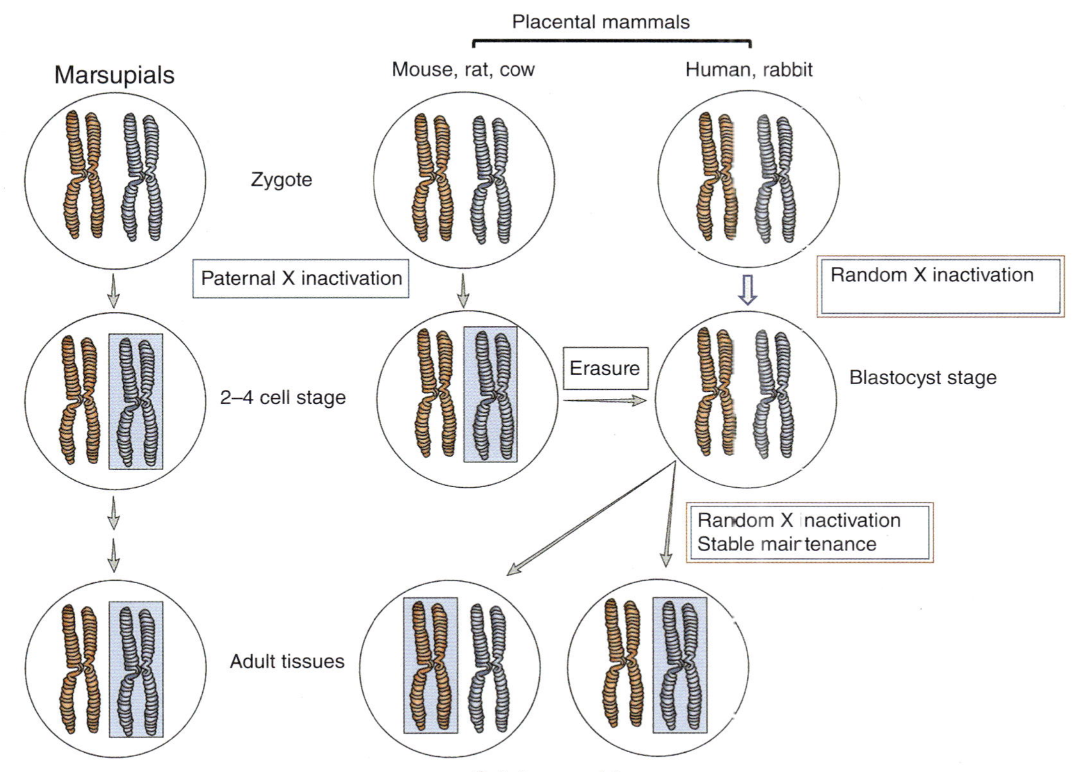

그림 10.8 유대동물과 태반 포유동물에서 X 염색체의 불활성화. 유대동물에서 부계 X 염색체(파란색)는 2-4세포기 무렵에 선택적으로 불활성화되고(밝은 파란색 상자로 표시), 모든 조직에서 불활성화된 채로 존재한다. 태반 포유동물에서, 표지는 태아로 되는 배반포(balstocyst) 세포에서 지워지고, 이후 발달 과정 중, 부계 또는 모계(분홍색) X 염색체가 무작위적으로 불활성화된다. X 염색체 불활성화는 특정 세포의 모든 자손 세포에서 안정적으로 유지되어, 성체 조직에서 세포의 모자이키즘을 유발한다.

나 생쥐)에서는 부계 각인은 이후 태아가 되는 세포에서는 후기 단계에 지워지지만, 태반 조직에서는 불활성화된 채로 남아 있다. 배아기 6.5일 무렵 창자배형성(gastrulation)이 시작될 때, 태아 조직에서 1개의 X 염색체가 무작위적으로 불활성화된다. 이 시점부터 X 염색체 불활성화는 계속 안정적으로 유지되므로, 한 세포의 모든 자손 세포에서는 동일한 X가 불활성화되어 있다. 성체 조직에서의 모자이키즘(mosaicism)은 이에 의한 것이다. 불활성화된 X는 간기(interphase) 핵에서 "**바르체(Barr body)**"라고 하는 고도로 응축된 물체를 형성하여 어둡게 염색되는 이질염색질로 보인다. X 불활성화가 어떻게 조절될까?

X 염색체 불활성화를 안정적으로 유지하는 분자적 메커니즘

X 염색체 비활성화는 17 kb 길이의 비암호화 RNA인 X 비활성화 특이적 전사체 ***XIST***(X inactivation specific transcript; "exist"로 발음됨)에 의해 시작된다. *XIST*는 **X 불활성화 중심부(X inactivation center)**에 위치한 유전자에서 전사된다. *XIST*의 발현은 차례로 일련의 RNA 스위치에 의해 정확하게 조절된다. X 불활성화가 개시되기 전에, *XIST*는 겹치는(overlapping) 대응전사물인 ***Tsix***와 함께 양쪽 X 염색체 모두에서 낮은 수준으로 발현된다. 분화 중 X 불활성화의 개시가 유도될 때, 불활성화될 X 염색체로부터 전사되는 *XIST* 전사체는 증가하는 반면, 억제하는 역할을 하는 *Tsix* 발현은 감소한다. 활성화된 X가 활성을 유지하기 위해서는 *Tsix*가 계속 그 염색체로부터(in *cis*) 발현되어야 한다(그림 10.9). *XIST*는 활성화된 X에서 음성 조절을 받을 뿐 아니라 불활성화된 X에서 ***Jpx*** 전사물에 의해 양성 조절을 받는다.

불활성화된 X에는 일련의 에피제네틱한 염색질 변형이 특징적으로 일어나는데, 여기에는 히스톤 H3 메틸화, 히스톤 H4 저아세틸화, 변이 히스톤인 macroH2A와 DNA 메틸화의 증가가 포함된다. 불활성화된 X에는 많은 CpG 섬이 고도로 메틸화되어 있다. 정량적 질량 분석법을 사용한 최근 연구(14장 참조)에서 *XIST*와 상호작용하는 단백질 제품군을 찾아냈다. XIST는 염색질에 직접 결합하는 SAF-A 단백질에 결합하여 X 염색체의 부위에 위치한다(그림 10.10). SHARP(SMRT 및 HDAC-관련 억제 단백질)와 관련된 XIST는 불활성화된 X에 존재하는 이러한 DNA 부위로 SMRT를 모집한다. 이 XIST-SHARP-SMRT 복합체는 HDAC3을 X 염색체에 직접 모집하거나 HDAC3의 효소 활성을 유도하는 작용을 할 수 있다. 또한 XIST는 X 염색체를 핵라미나로 끌어들이는데, 여기서 XIST는 라민 B 수용체와 상호작용하여 DNA의 3차원 구조를 변화시킨다. 그렇다면 최종 결과는? 연색체는 응축하게 되고, RNA polymerase II는 XIST-코팅된 염색체에서 배제된다.

XIST RNA와 다른 후성유전학적 변형이 비활성 X 염색체를 따라 부위로 어떻게 전달되는지, 그리고 불활성화가 어떻게 155 Mb X 염색체에 퍼지는지는 여전히 의문이다. X 염색체의 3분의 1

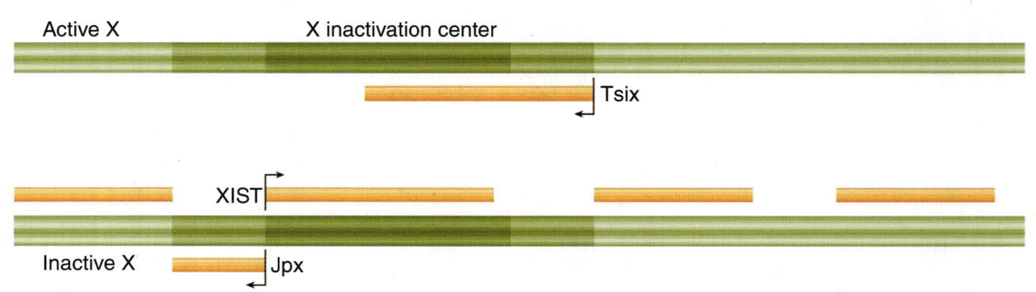

그림 10.9 X 염색체 불활성화의 개시.
한 X 염색체가 무작위적으로 불활성화되는 것은 긴 비암호화 RNA *XIST*에 의해 발생한다. 활성화된 X 염색체에서는 대응 *Tsix* 전사물의 발현 증가가 *XIST*의 발현 억제를 유도하고, 불활성화된 X 염색체에서는 *Jpx*에 의해 XIST 발현이 증가한다.

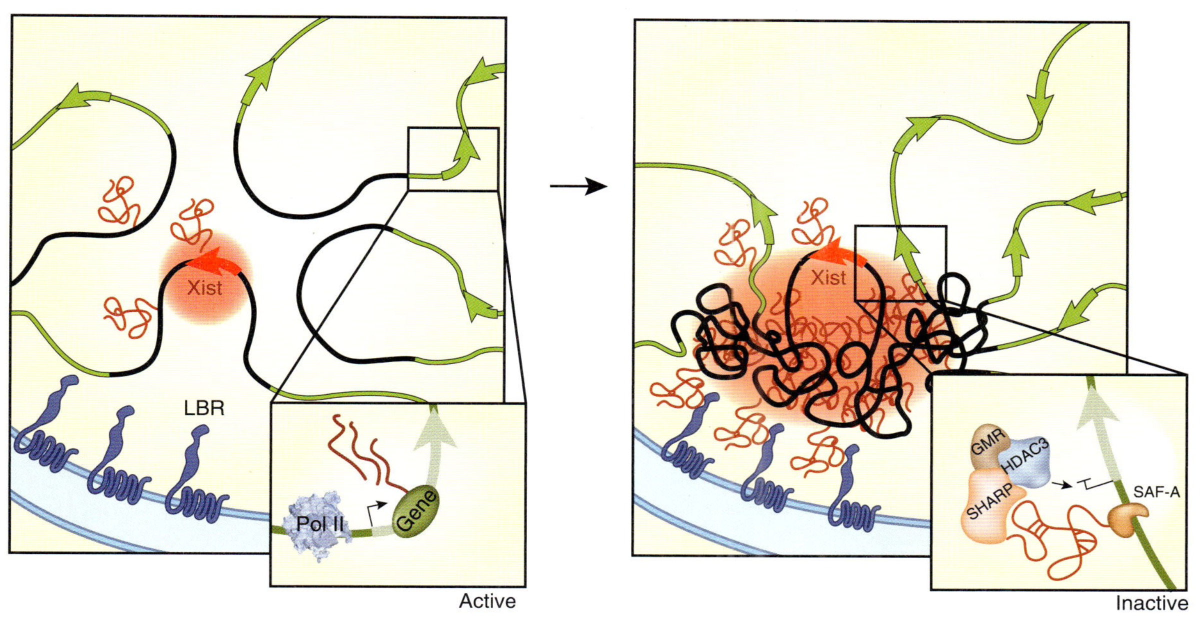

그림 10.10 *XIST*는 라민 B 수용체(LBR)와 상호작용한다.
이 상호작용은 미래의 비활성 X 염색체를 핵라미나 층으로 모집하여 *XIST*와 그 전사 침묵 단백질이 염색체를 가로질러 퍼질 수 있도록 한다. (출처: Redrawn from Chen et al. 2016. *Science* 354:468–472.)

이상은 반복적으로 길게 흩어진 핵 요소(LINE)로 구성되어 있다(5장과 10.5절 참조). 이들의 분포는 X 염색체 불활성화 과정에서 "간이역(way stations)"으로 기능한다는 제안과 부합한다.

모든 X-연관 유전자가 단일 대립유전자성 발현을 하는가?

용량 보상(dosage compensation)에 대한 필요 때문에, X-연관유전자가 단일 유전자성 발현을 한다는 것이 지난 40여 년 간의 정설이었다. 비활성 X에 있는 대부분의 유전자는 비활성인 것으로 추정되지만, 침묵 과정에 관여하는 일부는 활성인 것으로 알려져 있다. 그러나 2005년에 비활성화된 X 염색체에 대한 유전자 활성 대규모 조사 결과에서 이러한 견해가 바뀌었다(그림 10.11). 그들은 실험에서 설치류와 인체의 체세포 교잡세포를 이용하여 인체의 활성화된 X(X_a)와 불활성화된 X(X_i) 염색체를 분석하였다. RNA 전사물 수준을 측정하기 위해서, 또한 유전자 발현이 활성화된 X 염색체를 가지고 있는 세포에서만 일어나는지(즉, 유전자가 X 불활성화의 영향을 받는지), 또는 X_a 교잡세포주와 X_i 교잡세포주 모두에서 유전자 발현이 일어나는지 확인하기 위해 실시간 PCR이 사용되었다. 9개의 X_i 교잡세포에서 624개의 유전자를 검사하였는데, 그 결과는 놀라웠다. 75%의 유전자는 기대했던 대로 영구히 침묵되어 있지만, 15%는 불활성화를 피해가는 것으로 나타났다. 또 다른 10% 유전자에서는 발현 수준이 개인마다 달랐다. 불활성화를 피해간 유전자들은 군집되어 있어서, 조절이 염색질 영역(chromain domain) 수준에서 일어난다는 것을 시사한다. 군집은 일차적으로 X 염색체 단완(short arm)의 끝부분에 있는 "**가성보통염색체(pseudoautosomal)**" 지역에 존재한다. 포유동물의 X와 Y 염색체는 원시(ancestral) 보통염색체의 동일한 짝으로부터 갈라져 나온 것으로 생각된다. 가성보통염색체 지역의 유전자는 두 성염색체에 공통적으로 존재한다. 이러한 발견은 몇 가지 중요한 점을 시사한다. 이들 유전자는 2개의 X 염색체에서 모두 활성화되어 있으므로 남성에서보다 여성에서 2배 더 많이 발현된다. 이러한 유전자는 두 성에서 다르게 나타나는 형질(sexually dimorphic trait)에 기여할 수 있으며, X-연관 질환에 대하여 이형접합인 여성에서 관찰되

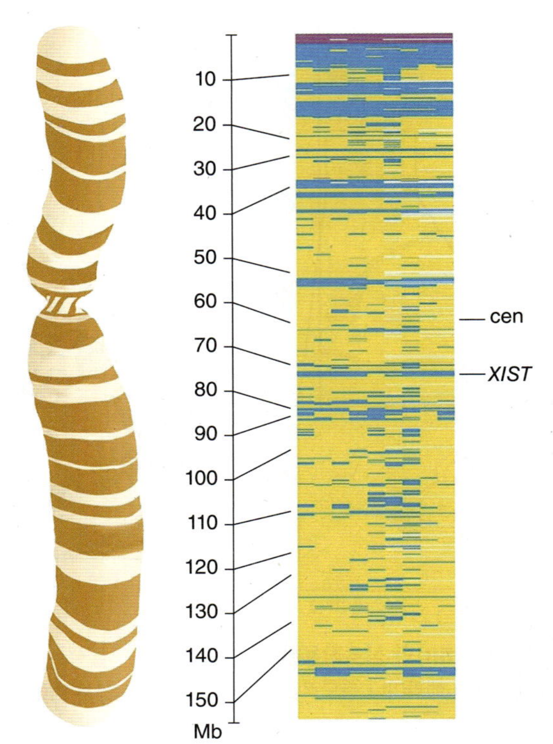

그림 10.11 사람 X 염색체의 X 불활성화 양상.
사람의 활성화된 X(X_a)와 불활성화된 X(X_i) 염색체의 유전자 발현을 분석하였다. 개개의 유전자는 일렬로 나열하였다. 파란색은 의미 있는 X_i 유전자의 발현이고, 노란색은 침묵된 유전자이며, 유사-보통염색체(psuedoautosomal) 유전자는 보라색으로 표시하였다. 동원체, cen.
(출처: Reprinted from Carrel and Willard. 2005. *Nature* 434:400–404, © 2005 Springer Nature.)

는 표현형의 다양성을 설명할 수도 있다.

10.5 에피제네틱스에 의한 전위 요소 조절

이동성 또는 전위 유전 요소(mobile or transposable genetic elements)와 이들의 파생물은 박테리아, 식물, 동물 유전체에 풍부하게 존재한다는 내용을 상기하자(5장 참조). 포유동물에서는 **전위 요소(transposable element)**가 유전체의 거의 반을 차지하며, 고등식물에서는 유전체의 90%를 차지할 수 있다. 전위 요소는 동일한 세포 내에서 유전체의 새로운 위치에 삽입될 수 있는 능력이 있는 DNA 서열이다. 이들은 숙주 DNA에서 기생충처럼 증폭될 수 있는 것으로 보이므로, 전위 요소를 때로는 "이기적 DNA(selfish DNA)"라고 부른다. 유전체의 한 곳에서 다른 곳으로 이동하는 뛰기(jumping) 또는 "**전위(transposition)**"는 유전자의 기능을 파괴하거나 표현형의 변화를 가져올 수 있다. 식물과 동물의 유전체에 전위 요소가 얼마나 많은지를 고려하면, 자연적 돌연변이의 극히 일부만이 이들에 의한 것이라는 사실이 놀랍다. 실제로, 전위 요소는 유전체를 변형시키는 능력을 통해, 개체에 대한 유해한 영향과 종(spcies)에 대한 장기적으로 유리한 영향 사이에서 섬세한 균형을 이루어낸 듯하다. 에피제네틱한 세포 방어 메커니즘이 이들 요소의 무절제한 전위를 억제하는 것으로 보인다.

높은 비율의 반복 서열을 가지는 진핵세포 유전체는 일반적으로 메틸화된 사이토신 함량이 높다. 포유동물 유전체에서 메틸화 사이토신의 대부분은 전위 요소 및 기타 다른 형태의 반복 DNA에서 발견된다. 초파리에서와 같이, 유전체 DNA의 메틸화가 더 적은 일부 진핵 종은 척추동물이나 고등식물에 비하여 트랜스포존에 의한 돌연변이가 더 많다. 이러한 관찰로부터 진핵세포 DNA 메틸화의 일차적 기능이 이동성 전위 요소에 의한 잠재적 유해 효과로부터 유전체를 방어하는 것이라는 제안이 나왔다. 전위 요소의 에피제네틱한 조절을 살펴보기 전에, 전위 요소의 종류, 이들의 삽입 메커니즘, 이들이 유전체 내에서 이동하는 데 따른 표현형적 결과를 개괄적으로 설명할 것이다. 이들 이동성 요소의 기념비적 발견으로부터 시작하기로 한다.

Barbara McClintock의 옥수수 이동성 유전 요소 발견

Barbara McClintock이 옥수수에 이동성 유전 요소(mobile genetic element)가 존재한다는 혁명적 발견을 한 것은 1940년대에서 1950년대의 일이다. 그녀는 옥수수에서 염색체 절단(chromosome breakage)을 연구하던 중, 높은 수준의 얼룩 형질(예를 들면, 흰색 옥수수 알에 보라색 색소 반점들과 같은)을 발견하였다(그림 10.12a). 이렇게 착색된 부위는 유전적으로 주변의 정상 조직과는 다르고, 유전적 변화는 흔히 염색체 절단이 나타나는 것과 일치하였다. 이러한 절단점(points of breakage)은 같은 종자의 다른 옥수수 개체에서도 동일한 위치에 발견되었으나, McClintock은 절단점이 사라지거나 염색체의 새로운 위치로 이동할 수 있다는 것을 발견하였다.

이러한 "전위(transposition)" 후에는 염색체의 전위된 새 위치에서 절단이 선택적으로 일어났다. McClintock은 이러한 절단이 일어나는 이동하는 핫스폿(hot spot)을 "**분리(Dissociation, *Ds*)" 요소**라고 이름지었다. 그녀는 계속적인 유전적 교배 실험으로 *Ds* 요소가 혼자 작동하는 것이 아닌 다른 염색체 위치에 존재하는 또 다른 인자가 전위에 필요하다는 것을 밝혔다. 이 인자는 *Ds*에 대한 효과 때문에 "**활성자(Activator, *Ac*)**"로 명명되었다. McClintock은 *Ds* 요소가 염색체를 절단할 뿐만 아니라, 옥수수 유전자에 새로운 돌연변이를 유도할 수도 있다는 것을 발견하였다. 이들 돌연변이는 *Ac* 요소가 그 종자에 존재하는 경우에는 불안정할 수 있지만, *Ac* 요소가 없는 경우에는 안

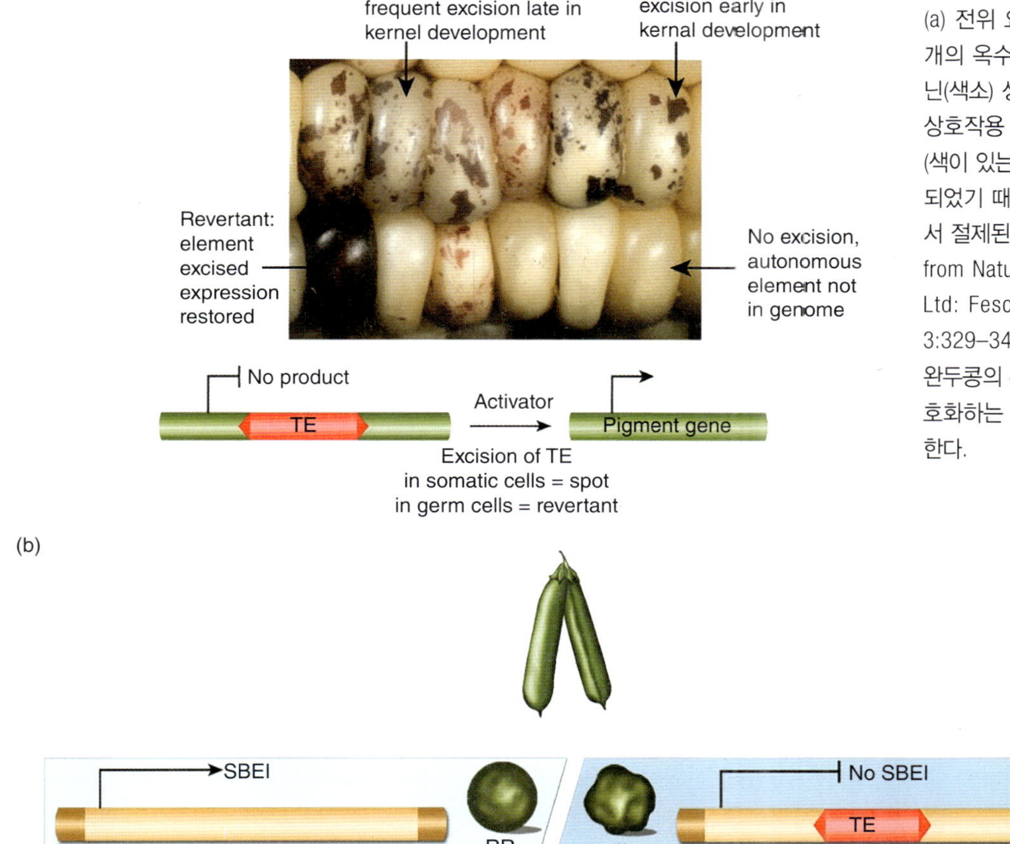

그림 10.12 식물의 전위 요소.
(a) 전위 요소 연구에 옥수수 알의 형질을 이용하였다. 1개의 옥수수에서 옥수수 알은 전위 요소(TE)와 안토시아닌(색소) 생산에 관여하는 효소를 암호화하는 유전자 간의 상호작용 때문에 불안정한 형질을 보였다. 복귀돌연변이(색이 있는) 조직 부위가 TE가 동일 세포 내에서 전위(절제)되었기 때문이다. 부위의 크기는 옥수수알의 발달 과정에서 절제된 시점을 반영한다. (출처: Adapted by permission from Nature Publishing Group and Macmillan Publishers Ltd: Feschotte et al. 2002. *Nature Reviews Genetics* 3:329–341, © 2002 Springer Nature.) (b) 멘델이 기술한 완두콩의 주름진 성질(*rr*)은 녹말-가지치기 효소(SBEI)를 암호화하는 유전자에 전위 요소(빨간색)가 삽입되어서 발생한다.

정하였다. 더욱이 활동성 전위 요소는 흔히 이동할 수 있는 능력을 잃고, 이 비활동성 상태가 다음 세대에 전달되고 유지된다. 옥수수 알들은 전위 요소와 안토시아닌(색소) 생산에 관여하는 효소를 암호화하는 유전자 간의 상호작용에 의하여 얼룩 표현형을 보인 것이다(그림 10.12a 참조).

유사한 전위 요소 가계(family)가 금어초(snapdragon), 페튜니아, 나팔꽃의 얼룩착색 양상이나 포도색의 얼룩 등 다른 식물의 불안정한 돌연변이 형질을 유발한다는 것이 후에 밝혀졌다. 1990년대 초반에, Mendel의 주름진 콩(1장 참조) 형질이 녹말-가지치기 효소(starch-branching enzyme) I의 유전자가 전위 요소에 의해 파괴되어 유발된다는 놀라운 사실이 발견되었다(그림 10.12b). 이 인자는 McClintock의 *Ac* 전위 요소와 유사하다. 0.8-kb의 삽입에 의해 기능을 할 수 없게 된 녹말-가지치기 효소가 생산되면, 이로 인해 설탕(sucrose)이 축적되고, 전분합성이 결핍되며, 수분 함량은 증가하게 된다. 삼투압 때문에 이 콩은 발생 과정 중 더 많은 수분을 포함하게 되므로, 건조시켰을 때 더 많은 수분을 잃게 되어 주름이 생긴다.

전위 요소는 오랫동안 식물에만 있는 것으로 생각되었으나, 현재는 세균에서부터 사람에 이르기까지 여러 생물체에 존재하는 것으로 알려졌다. 이 분야의 선구적 업적으로 McClintock은 1983년 노벨상을 수상하였다. 그 이후 이 분야의 연구가 전성기를 이루면서 다수의 독특한 전위 요소가 발견되었다. 현재 전위 요소는 **DNA 트랜스포존(DNA transposon)**과 **레트로트랜스포존(retrotransposon)**, 2개의 주된 군으로 분류된다.

DNA 트랜스포존은 광범위한 숙주를 가진다

DNA 트랜스포존은 전위 중 DNA 중간물이 있는 전위 요소이다. 이것이 RNA 중간물을 가지는 레트로트랜스포존과 구별되는 점이다(표 10.3; 그림 10.13). DNA 트랜스포존은 박테리아에 흔하며, 박테리오파지 뮤(Mu)와 **삽입 서열(insertion sequences)**이라고 부르는 전위 요소를 포함한다. 삽입 서열은 삽입에 관련된 기능만을 암호화하는 이동성 유전 요소로 정의된다. 반면, Tn7과 같은 박테리아 트랜스포존은 그 DNA 서열 내에 삽입 과정과 관련이 없는 기능을 가지는 세균 유전자를 1개 이상 포함한다. 예를 들면, *Staphylococcus aureus*의 한 항생제 내성 균주는 반코마이신(vancomycin) 저항성 유전자를 포함하는 트랜스포존 플라스미드가 횡적으로 전달(lateral transfer)되어 발생한 것으로 보인다. 횡적 전달은 부모로부터의 "수직적" 계승에 의한 유전자 유전과는 다르게, 한 생물체에서 다른 생물체로 DNA가 전달된다는 것을 상기하자(5장 참조). 반코마이신은 *S. aureus*를 확실히 죽일 수 있는 몇 개 남지 않은 항생제 중의 하나이다. *S. aureus*는 병원에 흔한 병원성 미생물이므로, 저항성 균주가 발생하는 것은 걱정스러운 일이다. 이 플라스미드는 원래 족부궤양(foot ulcer) 환자에 존재하는 반코마이신 저항성 *Enterococcus Faecalis*에 있던 것으로, 같은 부위에 있던 *S. aureus*로 전달되었다.

DNA 트랜스포존은 곤충, 선충류(nematodes), 사람을 포함하는 많은 진핵 다세포생물체에서도 발견된다. 이들은 초파리 **P 요소(P element)**와 ***Tc1/mariner* 대가계(*Tc1/mariner* superfamily)**를 포함한다(표 10.3). 대개는 **트랜스포세이스(transposase)**의 발현이 억제되어 있으므로, P 인자는 초파리에 거의 해를 미치지 않는다. 그러나 P 인자를 가진 수컷 초파리와 이를 가지고 있지 않은 암컷 초파리가 교배하면, 트랜스포세이스가 배계열(germline)에서 활성화되어 많은 돌연변이를 유발하므로 자손은 불임이 된다(hybrid dysgenesis). *Tc1/mariner* 대가계의 전위 요소는 가장 다양하고 널리 분포되어 있는 전위 요소 가계 중 하나이다. 이들은 무척추동물에 흔하며, 일부 척추동물에서도 발견된다. 숙주 범위가 넓은 것으로 미루어 볼 때, 이들은 멸종을 피하기 위하여 수평적 전달에 의하여 숙주를 바꿀 수 있게 진화한 것으로 생각된다. 포유동물에서, DNA 트랜스포존은 전위 요소 중 가장 드물다. 사람에서, 트랜스포존은 유전체의 약 3%를 차지하며, 대부분은 완전히 불활성화된 것으로 보인다. 그러나 *mariner*의 경우에는 염색체 17에 존재하는 한 인자가 사람에서 신

표 10.3 전위 요소의 종류.

Class	Transposition intermediate	Examples
Class I		
LTR retrotransposons	RNA	Yeast: Ty elements Human: Human endogenous retroviruses (HERV) Mouse: Intracisternal A particles (IAPs)
Non-LTR retrotransposons LINES (autonomous) SINES (nonautonomous)	RNA	Human: *L1* elements *Alu* elements
Class II		
DNA transposons	DNA	Bacteria: Insertion sequence Bacteriophage Mu Transposons (e.g. Tn7) *Drosophila*: P elements Maize: *Ac* and *Ds* elements Invertebrates and vertebrates: *Tc1/mariner* superfamily

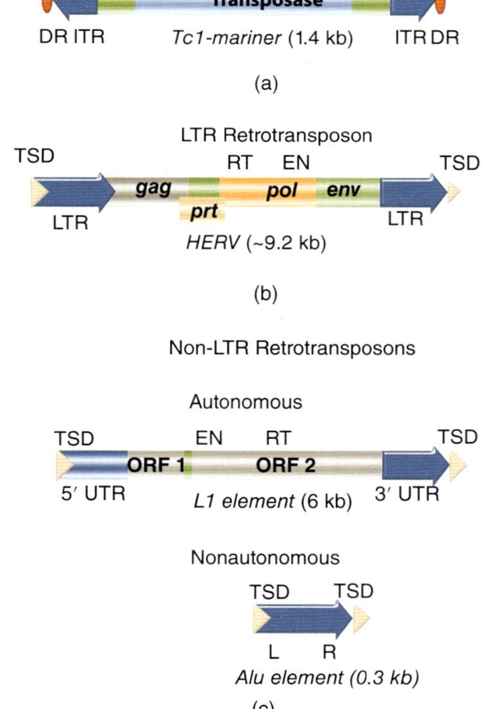

그림 10.13 전위 요소의 종류.
(a) DNA 전위 요소, 예를 들면, *Tc1/mariner*는 역방향 말단 반복 서열(inverted terminal repeats, ITRs)과 트랜스포세이즈를 암호화하는 1개의 열린 판독틀(ORF)을 가지며, 양끝에 짧은 순방향 반복 서열(direct repeats, DRs)이 있다. (b) LTR 레트로트랜스포존은 인체 내재 레트로바이러스(HERV) 등을 포함하는데, 이들 요소는 장말단 반복 서열(LTR), 역전사효소(RT)와 핵산내부가수분해효소(EN) 영역 및 약간 겹치는 판독틀에 의해 암호화되는 그룹-특이적 항원(group-specific antigen, *gag*), 단백분해효소(*prt*) 중합효소(*pol*), 그리고 외피(*env*) 유전자를 가진다. 이들은 삽입될 때 표적 자리 복제(target site duplications, TDSs)를 만든다. (c) Non-LTR 레트로트랜스포존에는 내부 프로모터가 있는 5′ 비번역 영역(5′ UTR), 2개의 열린 판독틀(ORF1 및 ORF2), RT 및 EN 도메인, TSD로 구성된 자율 *L1* 요소가 포함된다. 비자율 *Alu* 요소는 왼쪽(L)과 오른쪽(R)이라는 2개의 유사한 단량체를 포함한다. (출처: Adapted from Ostertag and Kazaziar. 2001. *Annual Review of Genetics* 35:501–538. © 2001 Annual Reviews.)

경질환과 관련이 있는 재조합의 핫스폿으로 생각된다(Disease Box 10.4 참조).

이동성은 트랜스포존이 성공적으로 숙주 유전체 전체에 퍼지는 데 핵심이 된다. 이들은 어떻게 이동할까?

Disease Box 10.4

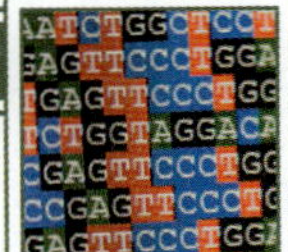

뛰기 유전자(jumping gene)와 인체 질환

전위 요소는 반복 서열 간의 DNA 짝짓기 이상(mispairing)과 비대칭적 유전자 교환(unequal crossing-over)(상동 재조합)의 재료를 제공하며, 삽입 돌연변이를 통한 인체 질환의 잠재적 원인 인자가 된다. 사람에서 질환을 유발하는 전위 요소의 삽입에 대해 적어도 65개가 알려져 있다. 예를 들면, mariner 요소 간의 재조합은 짧은 부위의 결손이나 중복을 유도할 수 있다. 두 가지 인체 신경질환, Charcot−Marie−Tooth 질환형 1A(CMT1A)와 압박 마비가 잘 생기는 유전성 신경병증(hereditary neuropathy with liability to pressure palsies, HNPP)은 모두 17번 염색체에서 이 지역의 재배열(각각 작은 중복과 작은 결손)에 의한 것이다.

전위 요소는 유전자의 암호화 서열을 파괴할 수 있으며, 스플라이싱에 영향을 미치거나, 만약 프로모터/인핸서 내 또는 가까운 위치에 삽입되면, 유전자 발현에 영향을 미칠 수도 있다. 또한 전위 요소 내의 프로모터는 인접한 유전자의 전사를 유도할 수 있고, 이들에게 잘 일어나는 에피제네틱 침묵은 주변 염색질로 퍼진다. 어떤 경우에는 LINE이 역전위의 "행위에 사로잡히게 된다." 예를 들면, 두 명의 관련 없는 혈우병 환자에서 X 염색체 혈액-응고 인자 VIII 유전자의 엑손 14에 *L1* 요소가 삽입된 것을 발견하였다. 부모에서, *L1* 요소는 상염색체인 22번 염색체에 존재하였으므로, 이것은 어머니의 생식자 형성 세포(gamete forming cell)에서, 레트로트랜스포존이 한 염색체에서 다른 염색체로 이동했다는 것을 시사한다. 후쿠야마-형의 선천성 근육퇴행위축(Fukuyama-type congenital muscular dystrophy, FCMD)은 삽입 돌연변이에 의해서 발생하는 질환의 또 다른 예이다. 이 질환에서는 FCMD 유전자의 3′-비번역 지역에 3-kb의 삽입이 있다. 삽입은 LINE의 특징을 가지지만, SINE과 같은 반복 서열도 가진다. FCMD는 약 10,000명의 신생아 중 1명에서 발견되며, 일본에서 가장 흔한 상염색체 열성 질환의 하나이다. 이 삽입은 FCMD mRNA의 안정성에 영향을 미쳐서, FCMD 유전자 산물인 후쿠틴(fukutin)이라고 하는 분비 단백질이 발현되지 않는다.

100~200명의 신생아마다 1명이 새로운 *Alu* 삽입을 가지는 것으로 추정되며, Alu 삽입은 인간에서 돌연변이의 중요한 요인이 된다. *Alu* 요소는 개인의 다른 조직 간에도 다르며, 정상인과 환자 DNA에서도 다르다. *Alu* 삽입은 20개 이상의 인체 유전질환을 유발하는데, X-연관 중증복합 면역결핍증(X-linked severe combine immunodeficiency,

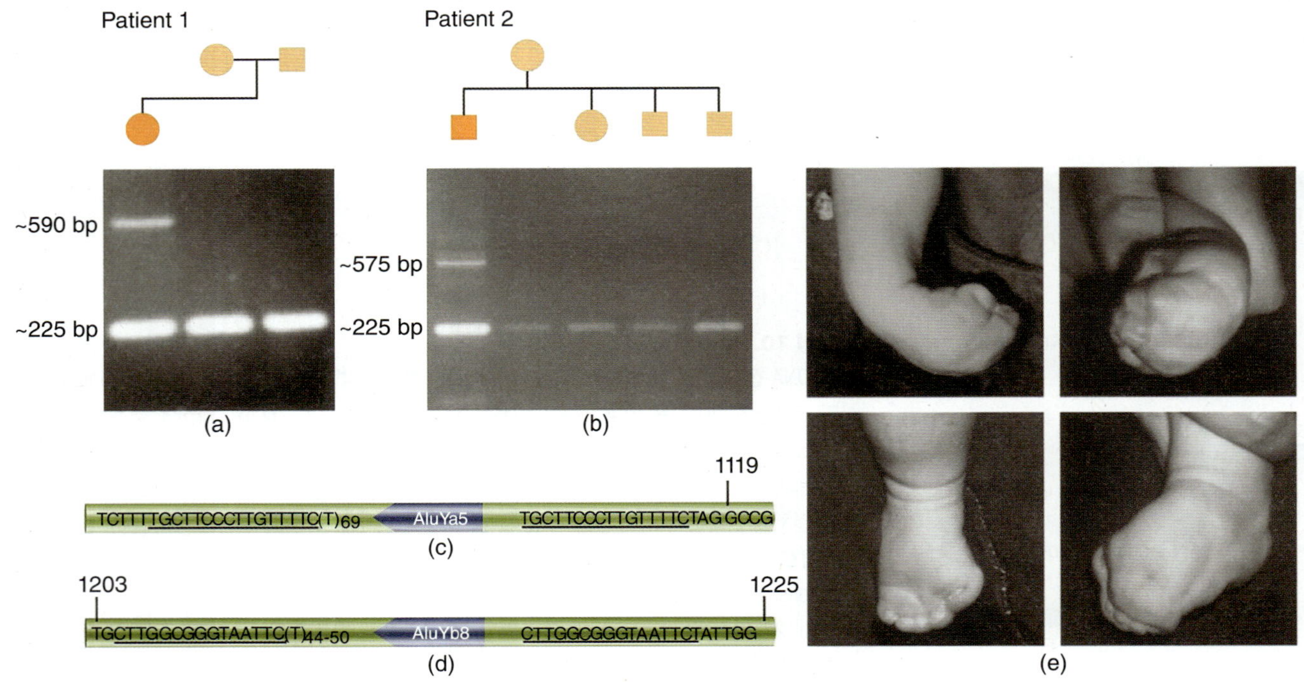

그림 1 Apert 증후군 환자에서 *Alu* 요소 삽입.
(a, b) 섬유아세포 성장인자 수용체 2 유전자(*FGFR2*)의 엑손 9과 그 양옆의 인트론 서열을 PCR로 증폭. 환자 1(a), 2(b)와 그 가족 구성원의 PCR 산물을 아가로스 젤에 전기영동하였다. 모든 시료는 225-p의 예상 PCR 산물을 포함하였으나, 환자 1과 2에서는 삽입된 *Alu* 요소를 포함하는 각각 ~590 및 ~575-bp의 DNA 단편도 보였다. (c) PCR 산물의 염기서열 분석으로 결정한 환자 1의 인트론 8에 삽입된 *Alu* 요소의 위치와 방향. (d) 환자 2의 엑손 9내에 삽입된 *Alu* 요소의 위치와 방향. 양옆의 반복 서열에는 밑줄 표시가 되었고, 엑손 서열은 굵은 글씨로 표시하였다. 숫자는 *FGFR2* 유전자 내의 위치를 표시한다. (e) *Alu* 요소 삽입에 의한 Apert 증후군 환자의 손과 발 모양. (출처: Reprinted from Oldridge et al. 1999. *American Journal of Human Genetics* 64:446–461, © Elsevier.)

SCID)(X-SCID; 15장 참조)의 일부형과, 혈우병, 백혈병, 유방암, Apert 증후군과 X-연관 무감마글로불린증(X-linked agammaglobulinem 등이 여기에 포함된다. Apert 증후군은 10번 염색체에 존재하는 섬유아세포 성장인자 수용체 II(fibroblast growth factor receptor II) 유전자의 한 대립유전자 7번 엑손에 미스센스 돌연변이가 일어나서 발생한다; 그러나 2개의 보고에서는, 이 질환이 *Alu* 요소가 한 대립유전자의 9번 엑손 내부나 그 근처에 삽입되어 발생한 것으로 보고하였다(그림 1). 이 질환은 머리-얼굴 이상(craniofacial abnormalities, 머리뼈 봉합의 미성숙 융합)과 손과 발의 손가락붙음증(syndactyly)이 특징이다. X-연관 무감마글로불린증에서는 특징적으로 성숙한 B 세포가 없는데, 이는 일부 환자에서는 Bruton 무감마글로불린증 타이로신 카이나제(Btk) 유전자에 삽입이 일어나서 발생되기 때문이다.

DNA 트랜스포존은 "잘라서 붙여넣기" 메커니즘에 의하여 이동한다

활동성이 있는 DNA 트랜스포존은 "**잘라서 붙여넣기(cut and paste)**" **메커니즘**에 의하여 유전체의 한 위치에서 잘려 나와 다른 위치로 끼어들어간다(그림 10.14). 박테리아 삽입 서열이나 *Tc1/mariner* 가계(family) 요소와 같은 많은 DNA 트랜스포존은 매우 간단하게 설계되어 있다. 이들 인자들은 트랜스포세이스 유전자와 그 양옆에 위치하는 역방향 말단 반복 서열(inverted terminal repeat)로 구성되는데, 말단 반복 서열에 트랜스포세이스가 결합하여 전위를 매개하게 된다. 트랜스포세이스 효소는 촉매 영역과 DNA-결합 영역 등 다수의 기능적 영역을 가진다(그림 10.15 참조). 예를 들면, *Tc1* 트랜스포세이스는 2개의 DNA-결합 영역을 가지는데, 하나는 초파리 paired의 DNA-결합 영역과 유사하고, 다른 하나는 호메오도메인의 DNA-결합 모티프와 유사하다.

Tc1 트랜스포세이스는 다수의 기능을 수행한다. 이 효소는 뛰어난 효율로 DNA 전위에 필요한 일련의 반응 모두를 촉매할 수 있다. 트랜스포세이스는 역방향 반복 서열(inverted repeats)이나 그 근처에 그리고 표적 DNA(target DNA)에 결합한다. 트랜스포세이스의 3개의 핵심적 아미노산(2개의 아스파르산과 하나의 글루탐산)은 단백질 접힘 후 2개의 금속 원자(Mg^{2+}나 Mn^{2+})와 결합하는 "DDE" 모티프라고 하는 3차원 구조를 형성하는데, 이 금속 원자는 DNA를 자르고 붙이는 화학 반응에 중심적 역할을 한다. 트랜스포세이스는 트랜스포존을 원래의 자리에서 제거하기 위

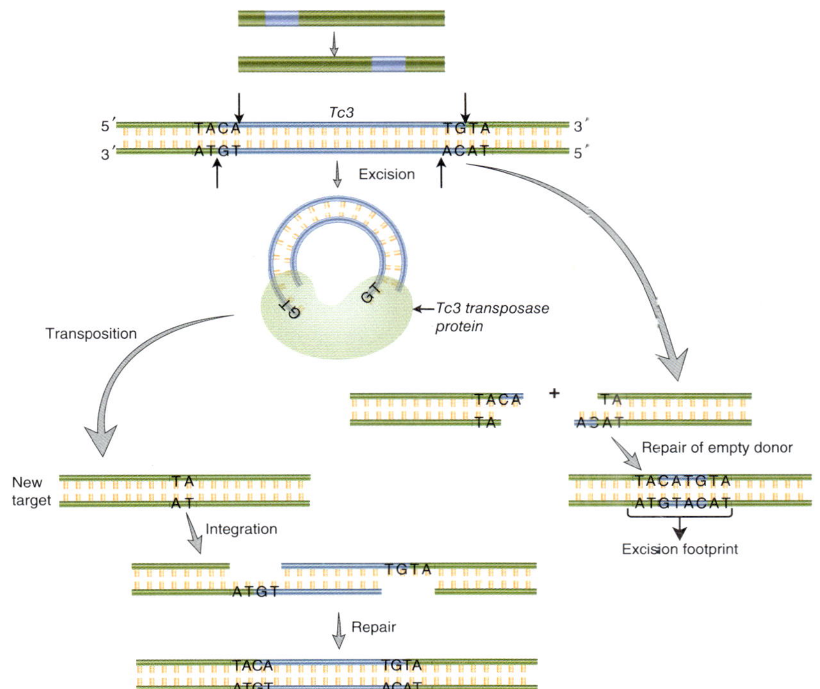

그림 10.14 DNA 트랜스포존은 "잘라서 붙여넣기" 메커니즘에 의해 이동한다.
DNA 트랜스포존인 *Tc1/mariner* 가계 구성원인 *Tc3*의 절제(excision)와 통합(integration) 주기를 보여 주었다.

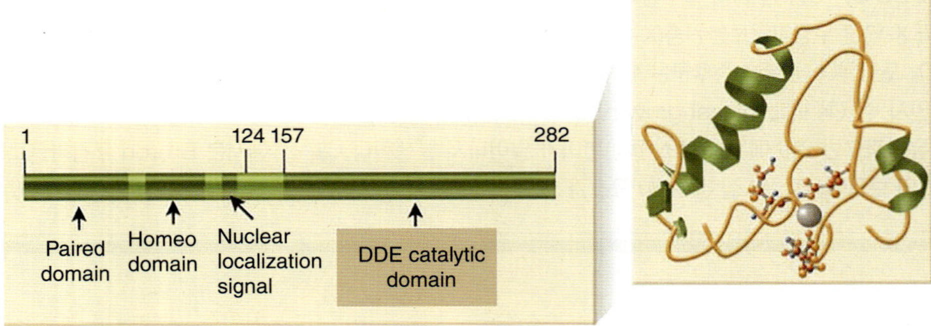

그림 10.15 ***Tc1/mariner*** **트랜스포세아제의 구조.**
전형적인 DDE 모티프의 기능적 영역과 예측되는 구조를 보여준다. DDE 아미노산 잔기는 공-막대(ball-and-stick) 모델을 이용하여 보여주었으며, 가운데 구는 금속이온 Mg^{2+}이다. (출처: Adapted from Lin et al. 2003. *Protein Engineering* 16:819–829, © 2003 Oxford University Press.)

해, 트랜스포존과 그 양옆 DNA 간의 포스포다이에스터 결합을 가수분해시킨다(그림 10.14 참조). DNA가 절단되면서 생기는 자유 3′-OH 잔기는 새로운 위치를 공격하고, 트랜스포존은 결합 반응에 의해 새 위치에 삽입된다. 삽입되는 위치의 서열특이성은 몇 개의 뉴클레오티드에 국한되므로, 유전체 내의 많은 위치에서 삽입이 일어날 수 있다. *Tc1/mariner* 형의 트랜스포존은 TA 다이뉴클레오티드에 특이성이 있다. 새로 삽입될 표적 위치의 DNA 양쪽 가닥이 엇갈린 위치에서 공격 받게 되어, 삽입된 트랜스포존의 양 옆에는 작은 갭이 생기고, 이들이 숙주의 DNA 복구효소에 의해 채워지면서 표적 위치에 짧은 중복 서열이 만들어진다. 빈 공여자리(donor site)는 DNA 중합효소에 의해 채워진 후, 둔단 연결(blunt-end ligation)에 의하여 재결합되는데, 이때 흔히 전위 요소가 남긴 몇 개의 뉴클레오티드가 "절제 발자국(excision footpring)"을 형성한다.

트랜스포세이스를 암호화하지 않고, 트랜스포세이스가 결합하는 한 쌍의 역방향 반복 서열만을 가지는 비자율적인(nonautonomous) 트랜스포존도 있다. 비자율적 가계 구성원은 대개 자율적 가계 구성원의 내부 결손(internal deletion)에 의하여 만들어진다. 예를 들면, 옥수수의 *Ds* 요소는 *Ac* 요소로부터 유래된 것이다.

레트로트랜스포존은 "복사해서 붙여넣기(copy and paste)" 메커니즘에 의해 이동한다

레트로트랜스포존(retrotransposon)은 선조(ancestral)에서 일어난 레트로바이러스 감염의 잔재로 생각된다. 즉, 레트로바이러스 감염 후, 이것이 배계열 DNA에 고착되고, 점차 사본수가 증가하여 유래된 것으로 보인다. 레트로트랜스포존은 이들 요소를 복제하는 **"복사해서 붙여넣기(copy-and-paste)" 메커니즘**에 의하여 이동한다. 이들은 먼저 RNA로 전사된 후, cDNA로 역전사되어 유전체 내로 삽입된다. 그림 10.16은 *L1* 요소라고 하는 레트로트랜스포존의 이동을 보여준다. *L1* 요소를 암호화하는 DNA 서열은 RNA로 전사되어 ORF1p, ORF2p라고 하는 *L1* 단백질로 번역된다. RNA와 단백질은 복합체를 이루어 표적 단백질에 결합한다. 다음에, 엔도뉴클레에이스가 DNA에 새김눈을 만들어 자유 말단을 생성한다. 역전사효소는 자유 말단을 시발체(primer)로 이용하여 *L1* RNA의 DNA 복사본을 합성한다. RNA는 분해되고, 외가닥 DNA는 이중가닥 DNA를 합성하기 위한 주형으로 이용된다. 이중가닥 DNA는 DNA 절단과 복구 과정을 통하여 표적 위치로 삽입된다.

레트로트랜스포존은 전위 메커니즘과 구조에 따라 두 그룹으로 나뉜다. **LTR 레트로트랜스포존**

(LTR retrotransposons)은 긴 말단 반복 서열(long terminal repeat, LTR)을 양쪽 말단에 가지며, **비-LTR 레트로트랜스포존(non-LTR retrotransposons)**은 긴 말단 반복 서열이 없고 3′ 말단에 다중(A) 서열을 가진다(표 10.3과 그림 10.13 참조). 이제 포유동물 유전체에서 이들 요소들의 활동을 살펴보자.

일부 LTR 레트로트랜스포존은 포유동물 유전체에서 활동성을 가진다

LTR 레트로트랜스포존은 역전위(retrotransposition)에 필요한 기능들을 암호화하므로 — 이들이 과정을 완성하는 데 숙주 단백질이 필요할 수도 있지만 — 자율적(autonomous)이라고 한다. LTR 레트로트랜스포존과 레트로바이러스는 구조적으로 매우 유사하다(Focus Box 15.5 참조). 이들은 모두, 바이러스 단백질 막(coat), 역전사효소, 리보뉴클레에이스 H와 인테그레이즈를 암호화하는 *gag*와 *pol* 유전자를 가진다. 이들의 유전자 산물은 RNA로부터 cDNA를 만들고, 이를 숙주 유전체로 삽입하는 데 필요한 효소 활성을 제공한다. 레트로트랜스포존은 완전한 *env* 유전자가 결핍되어 있다는 점에서 레트로바이러스와는 다르다. *env* 유전자가 없으므로, 레트로트랜스포존은 현재 숙주의 유전체에만 재삽입될 수 있으며, 숙주 간의 이동은 불가능하다. 반면, 완전한 레트로바이러스의 *env* 유전자는 바이러스 입자가 한 세포에서 다른 세포로 이동하는 것을 도와주는 외피(envelope) 단백질을 암호화한다. LTR 레트로트랜스포존 RNA의 역전사는 세포질 내의 바이러스 같은 입자(viral-like particle) 내에서 여러 단계를 통하여 일어난다. 많은 LTR 레트로트랜스포손은 유전체 내의 비교적 특이적인 위치로 삽입된다. 예를 들면, 효모 *Saccharomyces cerevisieae*의 *Ty3* 요소는 RNA 중합효소 III의 프로모터에 존재하는 몇몇 보존된 뉴클레오티드에만 특이적으로 삽입된다.

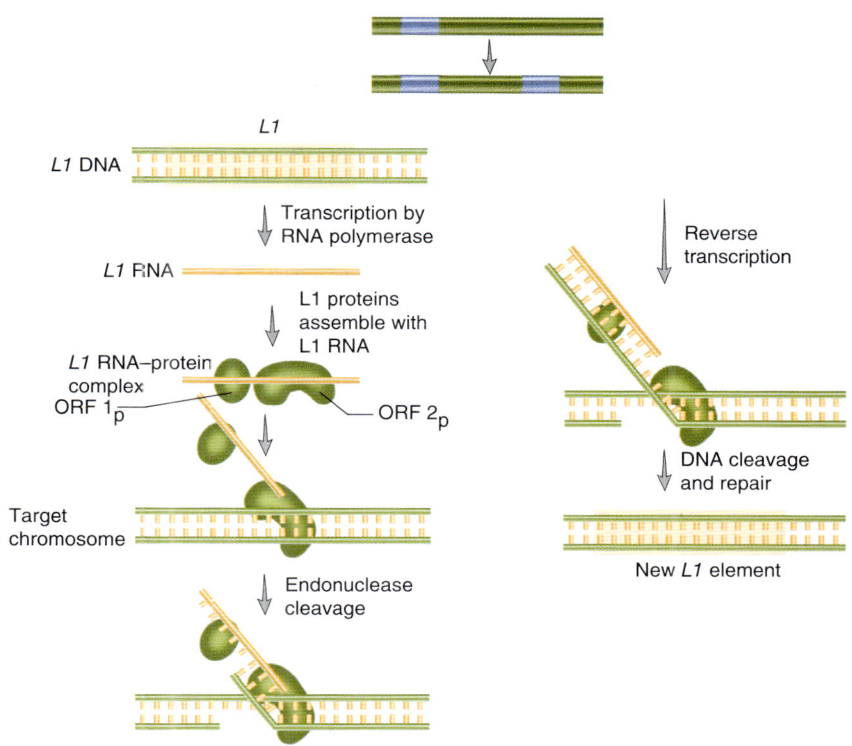

그림 10.16 리트로트랜스포존은 "복사해서 붙여넣기" 메커니즘에 의해서 이동한다. *L1* 요소의 역전위를 보여주었다. (출처: Redrawn from Bushman. 2004. *Nature* 429:253–255.)

다양한 LTR 레트로트랜스포존이 존재하지만, 포유동물에 특이적인 내재(endogenous) 레트로바이러스만이 포유동물 유전체에서 활동성을 가지는 것으로 보인다. 인체 내재 레트로바이러스(human endogenous retrovirus), HERV 등이 여기에 포함된다(그림 10.13 참조). 사람과 생쥐의 LTR 레트로트랜스포존에는 뚜렷이 구별되는 세 가지 형태가 있는데, 사람에서는 거의 모두가 비활동성이고, 생쥐에서는 세 가지 형태 모두가 활동성이다. 생쥐에서 질병을 유발하는 돌연변이의 약 15%를 설명해 주는 활동성 LTR-포함 **IAP(intracisternal A particle)**에 대해서는 대부분이 알려져 있다. *agouti* 유전자에 4개의 다른 IAP가 삽입된 것도 그 예이다. 유전자에 IAP가 삽입되면, 암호화 서열이 파괴되어 기능을 하지 못하는 단백질을 생산하거나 mRNA 안정성이 감소하거나 또는 이웃 유전자의 발현 양상에 영향을 미치게 된다.

비-LTR 레트로트랜스포존은 LINE과 SINE을 포함한다

비-LTR 레트로트랜스포존은 긴 말단 반복 서열이 없고, 3′ 말단에 다중(A) 서열을 가진다. 이들은

2개의 주된 형태로 나뉘는데, **장산재 핵 요소(long interspersed nuclear elements, LINEs)**와 **단산재 핵 요소(short interspersed nuclear elements, SINEs)**가 그것이다. 이미 5장에서 알아보았듯이, LINE은 자율적 레트로트랜스포존이고, SINE은 비자율적이다(표 10.3과 그림 10.13 참조). 최근의 연구에 따르면, LINE과 SINE은 이전에 생각했던 것보다 빠르게 유전체 내를 이동해 다니며, 인간 유전체 내에 수백만 개의 새로운 삽입을 생성한 것으로 보인다. 레트로트랜스포존의 계속적인 이동은 개인 간의 유전적 다양성을 생성하는 중요한 원인일 수 있다.

LINE은 사람의 유전체에 광범위하게 분포한다 현재 활동성인 사람의 비-LTR 레트로트랜스포존은 반복 서열인 LINE1 가계에 속하는데, LINE1 가계의 반복 서열을 흔히 "***L1* 요소(*L1* elements)**"라고 한다. LINE은 RNA 중합효소 II의 전사물에서 유래된다. *L1* 가계는 20,000~50,000사본으로 증가하여, 인체 DNA의 21%를 차지한다. 사람에서 먼 연관이 있는 2개의 다른 LINE 가계, *L2*와 *L3*가 발견되었는데, 이들은 비활동성이다. 비-LTR 레트로트랜스포존은 총길이가 4~6 kb이고, 대개 2개의 열린 판독틀(open reading frame)을 가지는데, 하나는 RNA-결합 단백질을 암호화하고, 다른 하나는 엔도뉴클레에이스와 역전사효소를 암호화한다(그림 10.13 참조). 포유동물의 LINE은 유전체의 아주 많은 위치에 삽입될 수 있는데, 이는 엔도뉴클레이즈가 유전체에 흔한 짧은 공통서열(5′-TTT/A-3′, /는 잘리는 위치를 표시)에서 DNA를 자르기 때문이다. 핵에서 일어나는 역전사 반응을 제외하면, LINE의 역전위가 일어나는 과정에 대해서는 아직 잘 알려진 바가 없다. *L1* 요소는 2~30개체마다 한 번의 빈도로 전위되어 삽입이 일어나는 것으로 추정되는데, 이는 특히 이 종류의 전위 요소가 사람에게 큰 영향을 미친다는 것을 시사한다(Disease Box 10.4 참조).

이 장의 초반에 언급한 바와 같이, 최근 *L1* 요소가 포유동물에서 X 불활성화에 역할을 할 가능성이 제시되었다. X 불활성화 중심부 주변에 군집한 *L1* 요소가 XIST RNA가 X 염색체를 따라 퍼져나가는 것을 촉진하는 "촉진제(booster)" 또는 "중간역" 역할을 한다는 것이다. 단일 유전자성 발현을 하는 유전자(무작위적 단일 유전자성 유전자와 각인 유전자)도 양옆에 *L1* 서열이 고밀도로 위치한다는 것이 알려졌다. 그러므로 LINE 요소는 삽입 돌연변이원(insertional mutagen)이나 주변 유전자를 조절하는 조절 요소로만 작용하는 것이 아니고, 원거리에서 염색질을 변형시키는 변형자로도 작용할 수 있다.

***Alu* 요소는 활동성 SINE이다** SINE은 전형적인 비자율적 레트로트랜스포존이다. 이들은 자신의 역전위에 필수적인 효소 활성을 암호화하지 않는 전위 요소이다(그림 10.13 참조). 사람 유전체에서 유일하게 활동성인 SINE은 풍부한 ***Alu* 요소 가계(*Alu* element family)**의 구성원이다. *Alu* 요소는 *Alu* I 제한효소에 의하여 잘리는 특이 서열을 가지는 것에서 그 이름이 유래되었다. 이들 ~300-bp의 요소는 2개의 유사하지만 동일하지는 않은 DNA 서열로 구성되어 있는데, 이들은 약 1억 년 전 영장류와 설치류의 공통조상에서 7SL RNA로부터 독립적으로 유래된 것으로 생각된다. 7SL RNA는 신호 인지 입자(signal recognition particle)의 핵심 구성 요소인데, 신호 인지 입자는 리보솜과 결합하는 RNA-단백질 복합체로서, 단백질이 번역되는 중 ER막을 통과하는 데 관여한다(12장 참조). *Alu* 요소는 단백질을 암호화하지 않는 데도, 110만 개의 사본으로 늘어나 사람 유전체의 11%를 차지한다. 사람의 *Alu* 가계는 많은 소가계로 구성되어 있으며, 그 일부는 계속 활발하게 유전체 내에서 이동하고 있다(Disease Box 10.4 참조).

Alu 요소는 전위에 필요한 효소를 암호화하지 않으므로, 이들이 유전체 상에서 어떻게 활발하게 이동할 수 있는지에 대한 의문이 제기된다. *Alu* 요소의 양옆에는 *L1* 요소와 상동성을 가지는 대개 7~20 bp의 표적 위치 중복서열이 존재한다(그림 10.13 참조). 일부 LINE에 의하여 암호화된 역전사효소가 *Alu* 요소들이 공유하는 3′ 말단 서열에 결합하여, *trans*로 *Alu* 요소를 이동시킨다고 제안

되었다. *Alu* 반복 서열과 다른 포유동물 SINE은 보존된 공통서열인 5′-TTAAAA-3′를 포함하는 약 15 bp의 표적 위치에 선택적으로 끼어들어간다.

전위 요소에 대한 지금까지의 설명은 유전체 내에서 전파되는 이들의 놀라운 능력에 중점을 두었다. 여기까지 읽었다면, 여러분은 어떤 유전체도 안전하지 않다는 결론에 이르렀을지 모르겠다. 그러나 전위 요소가 유전체 내 새로운 위치로 계속 들어오고 있음에도, 이들의 삽입에 의한 표현형을 변화시키는 돌연변이는, 초파리, 옥수수와 밀은 예외이지만, 대부분의 유전체에서 점돌연변이보다 훨씬 드물다. 많은 유전체가 다수의 활동성 요소를 포함하지만, 이들은 비교적 안정한 상태로 있다. 적어도 두 가지의 에피제네틱한 조절 방법이 전위를 침묵시키는 것으로 알려져 있다: (i) 전위 요소의 메틸화와 (ii) RNA 간섭(RNA interference, RNAi) 및 RNA-지시성 DNA 메틸화에 의해서 매개되는 이질염색질(heterochromatin) 형성.

전위 요소의 메틸화

전위 요소의 사이토신 메틸화는 숙주 방어 메커니즘이라고 제안된 바 있다. 실제로, 이것이 고등 진핵세포에서 DNA 메틸화가 존재하는 일차적인 이유라고 생각된다. 메틸사이토신 잔기는 티민으로 트랜지션(transition) 돌연변이가 일어나기 쉬우므로(그림 10.5 참조), 사이토신 메틸화는 전위 요소의 돌연변이와 불활성화를 도울 수 있다. 추가적으로 메틸화는 전위 요소의 전사 활성과 전위를 침묵시키는 데 기여한다.

전위 요소가 메틸화에 의해 조절될 수 있다는 첫 번째 증거는 옥수수 *Ac*와 *Spm*(suppressor-mutator) 요소에 대한 연구에서 나왔다. 이들 중 비활동성 요소는 메틸화된 사이토신을 가지는 데 비하여 활동성 요소는 메틸화되지 않은 것으로 나타났다. 이러한 메틸화 양상의 변화는 세대 간 유전되었다. 최근에는 나팔꽃(*Ipomoea*)에서 전위 요소와 관련된 꽃 착색의 유전학과 에피제네틱스에 관한 연구가 광범위하게 이루어졌다. 자연적인 돌연변이의 대부분은 안토시아닌(보라색) 색소화에 관여하는 유전자에 DNA 트랜스포존이 삽입됨으로써 발생하였다.

그림 10.17에서 보는 바와 같이, 진주색으로 얼룩진 *Ipomera tricolor*의 돌연변이는 0.4-kb의 *Mu*-관련 전위 요소가 *DFR-B* 유전자의 프로모터 지역에 삽입된 결과이다. *DFR-B*는 안토시아닌 생합성에 관여하는 효소인 dihydroflavonol-4-reductase를 암호화한다. 야생형 나팔꽃에서는 *DFR-B*가 발현되므로, 꽃은 얼룩 없는 푸른 보라색이다. DNA 트랜스포존이 프로모터 지역에 삽입되는 것만으로는 유전자 발현에 큰 영향은 없다; 그러나 트랜스포존이 심하게 메틸화되어 있고, 메틸화는 주변 프로모터 지역으로 퍼지게 되어 *DFR-B*의 전사를 막는다. 이러한 유전되는 메틸화 양상의 변화는 푸른 보라색과 흰색 부분이 있는 얼룩 꽃이라는 놀라운 표현형을 초래한다.

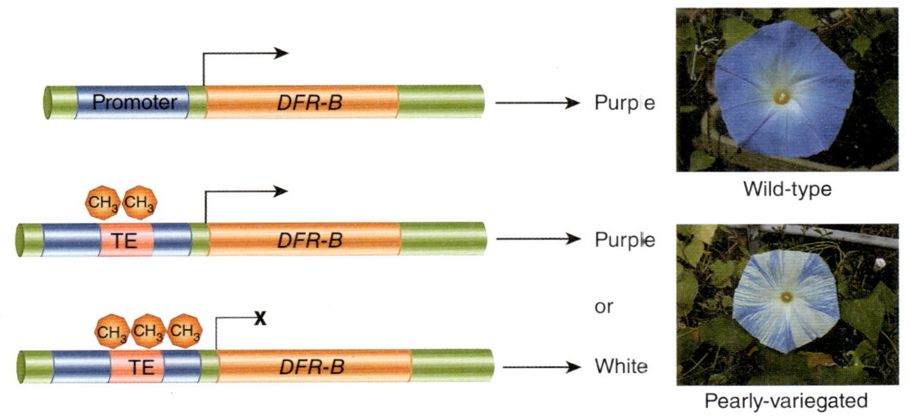

그림 10.17 DNA 트랜스포존의 메틸화는 나팔꽃의 얼룩을 유도한다.
진주색 얼룩을 가지는 *Ipomoea tricolor*의 얼룩 돌연변이는 *DFR-B* 유전자의 프로모터 부위에 삽입된 전위 요소(TE)가 차등적으로 메틸화(빨간색 태양 심볼)되어 생긴다. (출처: Photographs courtesy of Atsushi Hoshino; kindly provided by Shigeru Iida, National Institute for Basic Biology, Japan.)

작은 조절 RNA에 의한 전이 요소의 침묵

전위 요소에 대한 숙주의 일차 방어선은 이들을 이질염색질(heterochromatin) 형성의 표적이 되게 하여, 전사, 전위 및 재조합 활성을 억제하는 것이다. 이질염색질 영역은 대체로 DNA 결합 단백질이 접근할 수 없어서 전사가 일어나지 않는다. 이질염색질 영역은 안정적으로 유지되고, 여러 번의 세포분열에 걸쳐 유전된다. 히스톤 변형에 더하여 DNA 메틸화가 이질염색질의 안정성에 기여한다. 이 방어 메커니즘은 어떻게 작동하는가? **RNA 간섭(RNA interference, RNAi)** 경로는 두 가지 유형의 작은 조절 RNA, 즉 **heterochromatic small interfering RNA(siRNA)** 또는 **PIWI-interacting RNA(piRNA)**에 의해 유발된다. RNAi는 전사 후 유전자 침묵에서 잘 알려진 역할을 하는 RNA 기반 침묵 메커니즘이다(11장 참조). 표준 RNAi 경로에서 이중가닥 RNA(dsRNA)는 상보적 서열을 갖는 전사체의 분해를 유발한다. dsRNA는 먼저 Dicer 엔도뉴클레에이스에 의해 20~24개 뉴클레오티드 siRNA로 "다이싱"되며, 이러한 siRNA 중 일부는 **RNA 유도 침묵 복합체(RISC)에** 통합되고 서열 상보성에 의해 표적 전사체의 분해를 안내하는 데 사용된다. 전이 가능한 요소와 관련하여 RNAi 경로에는 비틀림이 있다. 먼저 이질염색체 siRNA의 경로를 따라가서 piRNA를 살펴보자.

이질염색체의 작은 간섭 RNA(siRNA) 안티센스 및/또는 트랜스포서블 요소 및 기타 반복적인 DNA 서열의 센스 전사체에서 유래된 dsRNA 및/또는 siRNA는 상보적 서열로 DNA의 메틸화를 지시하고 히스톤 변형 효소를 모집할 수 있다. 이 작은 조절 RNA는 이질염색질 형성을 촉진하는 역할 때문에 이질염색체 siRNA라고 한다(그림 10.18). 식물에서, RNA 중합효소 IV는 이색성 siRNA 전구체 합성을 전문으로 한다. RNA-지시성 DNA 메틸화에서는 표적 부위의 CG와 비-CG 사이토신 모두가 심하게 메틸화되는데, 이는 메틸화 양상을 확립하거나 유지하는 특이적 DNA 메틸전달효소(methyltransferase)에 의한 것이다. 이 메틸화 과정은 고도로 서열-특이적이며, 작은 이질염색질 siRNA와 상보적인 부위 밖으로 많이 퍼져 나가지 않는다. RNA 기반 메커니즘이 효모에서 인간에 이르는 진핵 유기체에서 전이 요소 및 외래 DNA 서열의 발현을 침묵시키는 것으로 잘 알려져 있지만, 단백질 암호화 RNA가 침묵을 피하는 방법은 수수께끼였다. 효모에서, 결과는 3′ mRNA 암호화 유전자의 번역되지 않은 영역은 이질염색질 형성을 촉진하는 siRNA의 능력을 억제한다.

PIWI-상호작용 RNA(piRNA)에 의한 생식계열의 전이성 요소 침묵 23~32개 뉴클레오티드 길이의 PIWI-상호작용 RNA(piRNA)는 단일가닥 전구체에서 유래하고 Dicer-독립-메커니즘에 의해 생성된다. 대다수의 piRNA는 유전체 내의 이질염색체성 유전자좌의 클러스터에서 유래한다. 원래

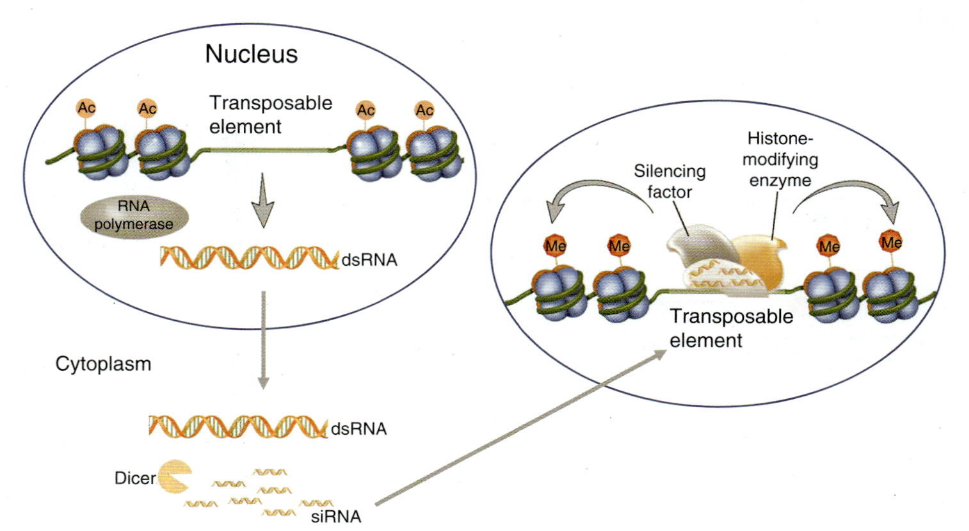

그림 10.18 이질염색체성 siRNA는 전위 요소를 침묵시킨다.
전이 요소 센스 및 안티센스 전사체로부터 형성된 이중가닥 RNA(dsRNA)는 세포질로 내보내지고 Dicer에 의해 siRNA로 처리된다. 그런 다음, siRNA는 핵으로 돌아가 이질염색질 형성에 대한 신호 역할을 한다.

는 트랜스포서블 요소를 억제하기 위해 생식계열에 국한된 것으로 생각되었지만, 절지동물에 대한 새로운 연구에 따르면 그들의 마지막 공통 조상에는 체세포와 생식계열 세포 모두에서 활성인 경로가 포함되어 있다. 핵 유출 후, piRNA 전구체는 "핑퐁 주기"에 들어가거나 주키니(Zucchini)라고 불리는 보존된 엔도뉴클레에이스에 의해 처리된다. 핑퐁 주기는 이차 piRNA를 생성하고 트랜스포서블 RNA의 절단 종속적인 "슬라이싱"을 지시하는 전사 후 침묵 메커니즘이다. 주키니에 의해 처리된 piRNA는 핵으로 돌아가서, 여기에서 이질염색체 형성을 촉발하여 트랜스포서블 요소의 전사 침묵에 관여한다.

10.6 에피제네틱스와 영양학적 유산

인간에 대한 광범위한 역학 연구 결과는 산전 및 조기 산후 영양이 성인이 된 후, 심혈관 질환, 제2형 당뇨병, 비만과 암 등을 포함하여 식이-관련 만성 질환에 걸릴 위험성에 영향을 준다는 것을 시사하였다. 현재 연구자들은 환경적 정보가 다음 및 그 이후 세대에 어떻게 전달될 수 있는지를 에피제네틱스로 설명하려고 한다. 최근 생쥐에서 식이가 생쥐 유전치의 DNA 메틸화 양상을 변화시키고 이에 따라 레트로트랜스포존을 활성화함으로써, 유전되는 표현형 변화를 초래할 수 있다는 것을 보여주는 놀라운 연구가 있었다. 이를 자세히 살펴보기로 하자.

엽산이 결핍된 식이는 생쥐에서 레트로트랜스포존을 활성화시킨다

초기 배아에서 전체적인 탈메틸화가 일어나는 짧은 기간 동안, 포유동물의 레트로트랜스포존은 탈메틸화되고, 활성화되어 역전위(retrotranspose)할 수 있다. 반면, 체세포에서 이들은 전형적으로 과도하게 메틸화된다. 따라서 이들은 발현되지 않으며, 이동할 수도 없다.

A^{vy} 대립유전자(*agouti variable yellow*)를 가지는 특정 종의 노란 *agouti* 생쥐에서는 LTR 레트로트랜스포존이 ***agouti* 유전자** 상류에 삽입되어 있다(그림 10.19a). 이것은 이웃하는 유전자의 발

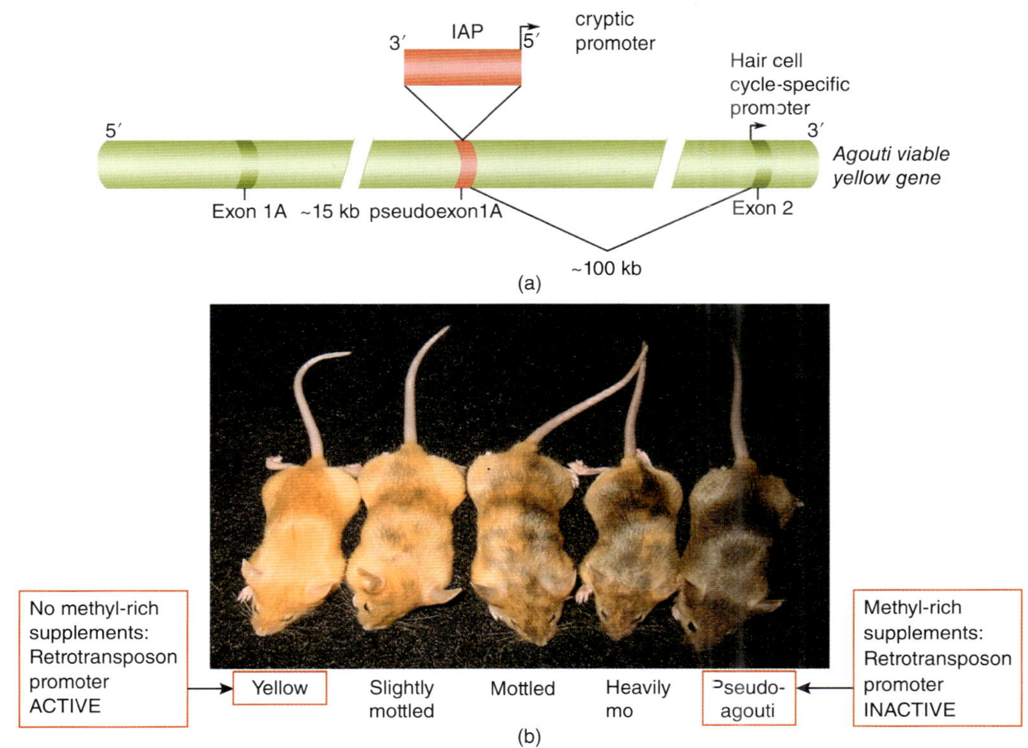

그림 10.19 모체의 식이를 통한 메틸기 보충과 자손의 외피 색. (a) 생쥐 *agouti variable yellow* (A^{vy}) 대립유전자의 유사 엑손 1A(pseudo-exon 1A, PS1A) 내의 레트로트랜스포존(IAP) 삽입 위치. (b) 형질을 분류하기 위해서 사용하는 5가지 외피 색 종류. 노란색 생쥐의 A^{vy} 대립유전자는 레트로트랜스포존 LTR이 저메틸화되어 *agouti*가 최고로 발현된다. 밤색 생쥐의 A^{vy} 대립유전자는 레트로트랜스포존 LTR이 고메틸화되어 있어서, *agouti* 발현은 머리카락 세포주기-특이적 프로모터에 의해 조절 받는다. (출처: Reprinted from Barrett et al., 2017. Journal of Evolutionary Biology 30:1612–1632. © John Wiley & Sons, Inc. Photograph courtesy of Randy Jirtle, Duke University Medical Center.)

현 양상이 전위 요소에 있는 프로모터에 의해서 영향을 받는 놀라운 예이다. *agouti* 유전자는 털 성장주기 중에 발현되는 신호단백질을 암호화한다. 이 유전자의 전사는 *agouti* (*A*) 대립유전자의 엑손 2에 있는 털 성장주기에 특이적인 프로모터로부터 개시된다. *agouti*는 모낭(hair follicle)의 멜라닌 세포에서 검은색(eumelanin)과 노란색(phaeomelanin) 염색소 합성 간의 일시적 전환을 조절하여 검정털에 노란색 띠를 만든다. 레트로트랜스포존의 삽입에 의해서 *agouti* 유전자는 레트로트랜스포존의 5′ LTR에 있는 잠복(cryptic) 프로모터의 영향하에 놓이게 된다. 이에 의해 *agouti* 유전자는 구성성으로 발현(constitutive expression)되고, 생쥐는 완전히 노란색 털을 가지게 된다. 삽입된 레트로트랜스포존에서 CpG 메틸화 정도는 개별 A^{vy} 마우스에 따라 극적으로 달라져서 개체의 털 색상에 다양한 변화를 일으킨다(그림 10.19b).

메틸기 대사에 필요한 메틸기 공여자와 필수 보조 인자가 식이로부터 얻어지므로, 초기 영양이 DNA 메틸화에 영향을 미칠 수 있다(Disease Box 10.1, 그림 1 참조). 일례로, 식이로 섭취하는 메티오닌과 콜린은 1-탄소 단위(one-carbon unit)의 주된 공급원이며, 엽산, 비타민 B_{12}, 피리독살 인산(pyridoxal phosphate)은 메틸대사의 중요한 보조 인자이다. Robert A. Waterland와 Randy L. Jirtle은 그들의 기념비적인 실험에서 엽산과 다른 메틸기가 풍부한 보조식을 A^{vy} 대립유전자를 가진 임신한 *agouti* 생쥐에 먹였다. 이들 생쥐는 대체로 밤색 털(**pseudoagouti**)을 가진 새끼를 낳아, 레트로트랜스포존이 불활성화되었음을 보여주었다(그림 10.19b). 이러한 생쥐에서는 레트로트랜스포존의 프로모터 부위가 과도하게 메틸화되어, 하류의 *agouti* 유전자가 발현되지 않는다. 놀라운 사실은 *agouti* 유전자의 발현이 보조식을 먹인 어미에게서 뿐만 아니라 그 새끼에서도 차단된다는 것이다. 메틸기가 풍부한 보조식을 먹이지 않은 어미에서는 대체로 노란색의 새끼를 낳았으며, 이들은 비만, 당뇨, 암 발생률이 높았다. 이들 생쥐에서는 LTR 레트로트랜스포존의 프로모터가 활성화되어 있었다. 이후 연구에서는 DNA 메틸화 양상의 이러한 변화가 한 세대를 훨씬 넘어 지속된다는 것을 보여주었다.

부계 에피제네틱스 효과

위에서 기술한 *agouti* 생쥐에 대한 발견은 모체의 영양이 에피제네틱 유전자 조절에 미치는 영향을 통해서 이후의 대사와 만성질환에 대한 위험성 증가와 연관성을 가진다는 것을 시사한다. 아버지도 만만치 않다. 쥐에 대한 최근의 연구는 수컷 쥐가 고지방 식이를 하면, 그 딸 쥐에서 당뇨병 같은 상황이 발생할 가능성이 높다는 것을 보여준다. 이에 대한 가능한 설명은 수컷 정자의 에피제네틱 변형에 의하여 염색질 "표지(mark)"를 딸에게 전달함으로써 질병이 촉진된다는 것이다. 그러면 F_0-세대 아버지에서 F_1-세대 딸로 전달된 이 "세대(generational)" 표현형이 "세대 간(transgenerational)" 유전에 의해 다음 세대로 계속 전달될 것인지에 대한 의문이 남는다. 다른 연구에서는 아버지 생쥐의 DNA 메틸화의 변화와 자손에서의 콜레스테롤 및 지질 대사의 변화가 연관됨을 보여주었다.

세대를 초월한 후성 유전이 인간에서 발생하는가?

세대 간 후성 유전(Intergenerational epigenetic inheritance)은 한 세대 동안 생식자에서 배아로 후성 유전적 표시가 전달되는 것으로 정의된다. 대조적으로, **초세대 후성 유전(transgenerational epigenetic inheritance)**은 특히 여러 세대에 걸쳐 후성 유전적 표식과 표현형의 전달을 나타낸다. 통제된 조건에서 모델 실험실 유기체에 대한 연구가 세대 간 유전에 대한 몇 가지 강력한 증거가 있지만, 당연히 인간의 세대 간 후성 유전에 대한 연구는 복잡하다. 스웨덴 인구를 대상으로 한 한 연구에서는 외할아버지의 제한된 음식이 손자의 당뇨병 및 심혈관 질환 위험 감소와 관련이 있음을 보여주었다. 대조적으로, 외할아버지가 풍부한 식량 공급을 받았을 때 손자녀의 사망률은 더 높았다. 특히 놀라운 것은 조부모가 음식에 접근하는 것이 자녀의 질병 위험과는 관련이 없고 손자녀의 질병 위험과만 관련이 있다는 것이다. 이러한 세대 간 영향은 조부도가 영양학적으로 풍부하거나 불량한 식단에 노출된 정확한 기간에 따라 달라졌다.

그러나 확실히 "너는 너의 친조부가 먹은 것의 결과이다(you are what your grandfather ate)"라는 사실에 대해서는 아직 미정이다. 여러 세대에 걸쳐 유전을 분명히 나타내려면 개별 유전적 변이(예, 이형접합), 확률적 차이, 문화적 영향, 심지어 미생물 군집까지 고려하는 종단적 다세대 연구(예, 3~4세대)가 필요하다. 황금 표준은 진정으로 유전적으로 동일한 개체가 유전 가능한 다양한 표현형을 나타낸다는 것을 보여주는 것이다. 그럴 때만 이러한 차이가 후성 유전적 변이에 기인할 수 있다.

10.7 대립유전자 배제

지금쯤은 유전자 발현의 조절에서 에피제네틱한 변형의 중요성이 명백할 것이다. 우리는 각인 유전자 발현, X 염색체 불활성화와 전위 요소 활성에서, DNA 메틸화와 히스톤 변형의 변화된 양상에 의한 영향을 살펴보았다. 이 절에서는 **대립유전자 배제(allelic exclusion)**의 예와 이러한 현상이 에피제네틱 메커니즘에 의해서 어떻게 조절되는지를 살펴볼 것이다.

많은 생물체에서, 단일 대립유전자성 유전자 발현(유전자나 유전자 카세트 가계에서 하나의 대립유전자만이 발현되도록 선택됨)은 세포 분화에 중요한 역할을 한다. 대립유전자 배제의 주된 메커니즘 중 하나는 프로그램된 유전자 재배열이다. 프로그램된 유전자 재배열은 일부 유전자에서 유전자 발현을 조절하는 DNA 재배열이다. 이 절에서는 이에 대한 세 가지 예를 비교할 것이다: (i) 서로 다른 2개의 교배형 카세트(mating-type cassette) 간의 발현 전환에 의한 출아효모(budding yeast)의 교배형 바꾸기; (ii) 표면 항원을 만들 수 있는 여러 유전자들 중 활성화되는 유전자를 전환함으로써 면역 반응을 회피하는 트리파노솜(trypanosome); (iii) 서로 다른 DNA 조각의 조립에 의한 활성화된 면역글로불린 유전자 생산. 재조합에 더하여, 유전자 발현을 조절하는 에피제네틱 메커니즘이 대립유전자 배제의 유지에 중요한 역할을 한다.

효모의 교배형 바꾸기와 침묵

일부 효모종은 *a*와 α, 2개의 교배형(mating-type)을 바꿀 수 있는 놀라운 능력을 가진다. **HO 핵산내부가수분해효소**를 암호화하는 우성 대립유전자를 가지는 "**동주성 균주(homothallic strain)**"는 교배형을 매 세대마다 한 번 정도씩 바꿀 수 있다(그림 10.20). 그러나 열성 대립유전자 *ho*를 가지는 종은 안정적 교배형을 가져서, 100만에 1의 빈도로만 교배형을 바꾼다. 관련성이 먼 두 효모종, *Saccharomyces cerevisiae*와 *Schizosaccharomyces pombe*에서의 교배형(mating-type, MAT) 바꾸기에 대한 연구는 유전자 조절의 중요한 두 가지 측면에 대한 통찰을 제공하였다: 하나는 염색질 구조의 에피제네틱 변형에 의한 유전자 침묵이고, 다른 하나는 1개의 수용자좌(recipient locus)와 가능한 2개의 유전정보 공여자(donor) 사이의 선택적 재조합의 원칙에 대한 것이다. 교배형 바꾸기(Mating-type switching)는 고도로 프로그램된 위치-특이적 상동재조합(site-specific homologous recombination)에 의하여 이루어진다. 재조합 중, 교배형 유전자좌는 2개의 침묵된 공여자좌(donor locus) 중 하나로부터 정보를 복사함으로써, 2개의 선택 가능한 대립유전자 간의 전환을 달성한다. 이 절에서는 출아효모(budding yeast), *S. cerevisiae*의 교배형 바꾸기를 중점적으로 다룰 것이다.

기아(starvation) 상태에서, *a*와 α 반수체(haploid)는 융합하여 반수치 포자를 생산하는 이형접합 이배체(heterozygous diploid)가 된다(그림 10.20). 효모는 페로몬(확산되는 신호전달 분자)에

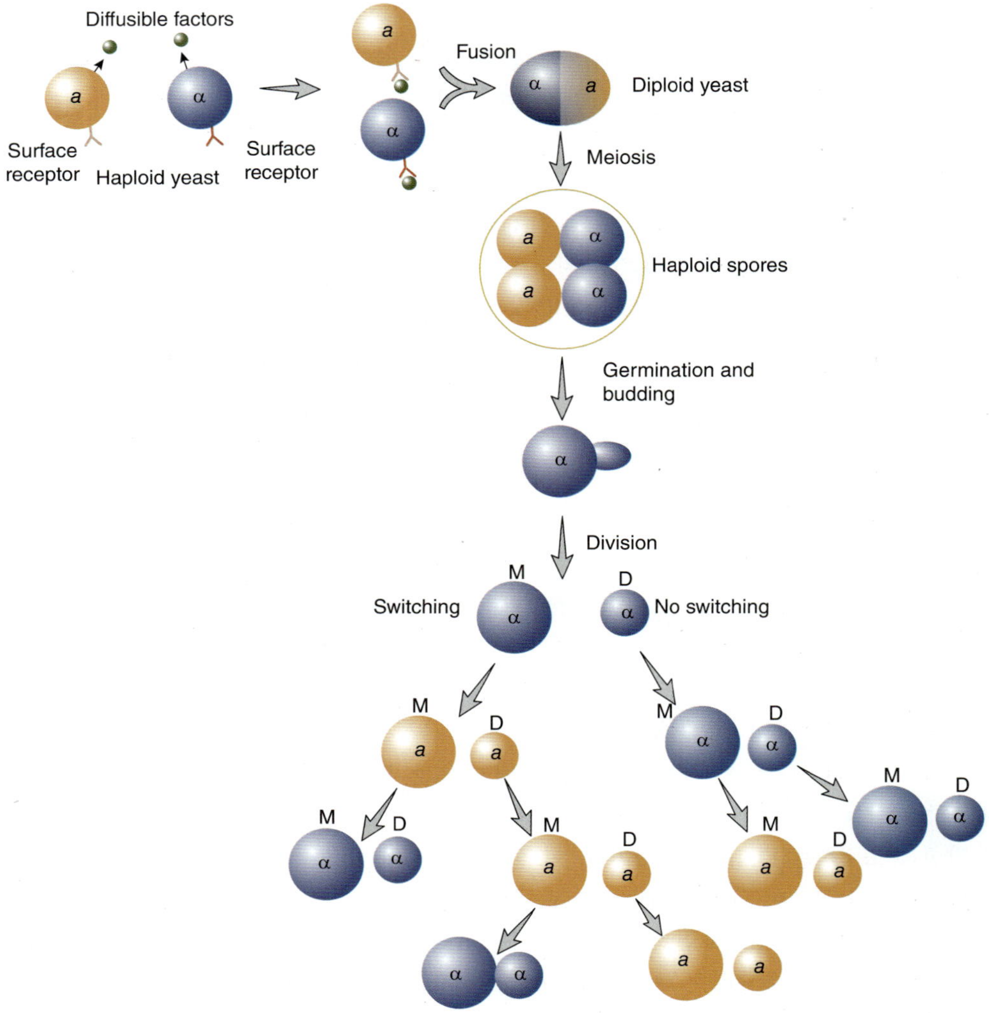

그림 10.20 *Saccharomyces cerevisiae*의 동주성(homothallic) 생활주기. 세포분열을 한 교배형 *a*의 반수성 효모세포는 반대 교배형으로 전환할 수 있으며, 원래 세포와 교배형 전환을 한 짝은 접합(conjugation)을 통해 *a*/α 이배체 세포를 형성할 수 있다. 감수분열과 포자 형성으로 반수체 세포가 다시 만들어진다. 동주성(homothallic, mating-type) 전환은 이전에 세포분열을 거친 세포에만 일어난다(M, 모세포, mother cells). 딸세포(daughter cells, D)는 전환하려면 출아해서 한 번 분열해야만 한다.

의하여 서로 이끌리게 된다. ***MATa***가 생산하는 *a* 인자는 ***MATα***가 생산하는 수용체에 결합하고, 그 반대도 성립한다. 감수분열과 포자형성 과정을 통하여, 이배체로부터 4개의 반수체 포자가 생성된다. 영양이 풍부한 상태에서는, 반수체 포자는 발아하여 출아(budding)에 의한 세포분열을 한다. 더 큰 모세포(mother cell)에서는, 항상 짝으로 일어나는 교배형 바꾸기가 일어날 수 있다. 더 작은 "싹(bud)" 또는 딸세포는, 적어도 한 번 출아하고 분열하여 전환이 가능한 모세포가 될 때까지는 교배형 바꾸기를 할 수 없다. "경험이 있는" 모세포는 높은 빈도로 교배형을 바꾼다. 바꾸기의 비대칭적 양상은 모세포에서 HO 핵산내부가수분해효소를 암호화하는 유전자의 선택적 발현 때문이다.

효모 교배형 바꾸기는 세포 분화의 간단한 형태이다. 바꾸기의 주요 분자적 특성은 다음과 같다: (i) 두 교배형은 2개 유전자 카세트(cassette) 중 하나의 발현에 의해서 결정된다, (ii) 상동재조합에 의한 DNA 재배열(유전자 전환, gene conversion), (iii) 바꾸기의 방향성, (iv) 에피제네틱 메커니즘에 의한 침묵된 카세트 억제. 이들 주요 특성들을 하나씩 자세히 살펴보기로 하자.

상동재조합에 의한 DNA 재배열(유전자 전환, gene conversion) 교배형 유형 전환은 활성화된 **표현된 유전자좌**가 침묵하는 **공여자 유전자좌**의 정보로 대체될 때 발생한다. 단 하나의 유전자좌가 선택적으로 발현되는 것은 3번 염색체의 세 가지 교배형 유전자좌인 ***HMRa***, ***HMRα***, 및 *MAT*의 염색질 상태에 의한 것이다. 교배형은 발현되는 *MAT* 유전자좌에 의해서 결정되는데, *MAT* 유전자좌는 *a* 또는 α 유전 정보를 가질 수 있다. 침묵된 공여좌는 3번 염색체의 양쪽 끝 텔로미어 근처(subtelomeric)에 위치한다(그림 10.21). 모세포에서 교배형 바꾸기는 HO 엔도뉴클레에이스에 의한 *MAT* 유전자좌의 이중가닥 절단에 의하여 시작된다. HO는 염색질 리모델링에 역할을 하는 SWI 단백질에 의하여 활성화된다(9장 참조). 이중가닥 절단은 상동재조합 경로에 의한 DNA 복구를 유도하는데(7장 참조), 반대의 교배형 정보를 포함하는 교배형 공여자 카세트가 이 반응에 사용된다. 상동재조합 반응에 필요한 유사성은 *MAT*, *HML*α 및 *HMRa*, 3개 카세트 모두의 양 옆에 존재하는 유사성 영역이 제공한다.

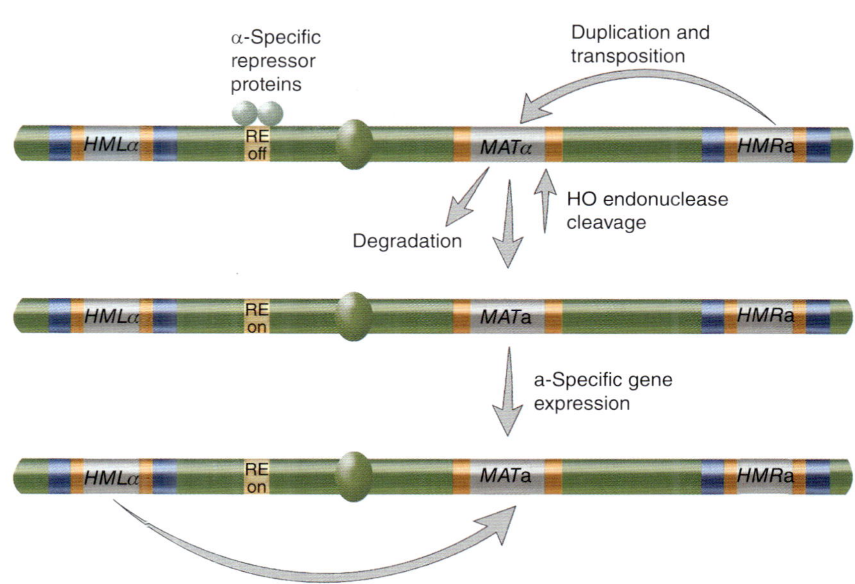

그림 10.21 *Saccharomyces cerevisiae* 3번 염색체의 교배형 유전자좌. 발현되는 *MAT* 유전자좌 외에 3번 염색체는 염색체의 양쪽 끝 부근에 2개의 발현되지 않는 공여 유전자좌인 *HML*α와 *HMRa*를 가진다(크기에 비례하지 않음). 동원체는 녹색 타원으로 표시되었다. 공여자는 2개의 인접한 침묵 서열(파란색 상자)에 의하여 침묵된 상태로 유지된다. HO 엔도뉴클레에이스가 발현되면, *MAT* 대립유전자는 유전자 전환(gene conversion)에 의해서 바뀐다. 유사성 부위는 빨간색 상자로 표시하였다. 상동재조합 인핸서(RE)(주황색 상자)가 바뀌는 방향성을 조절한다. *MAT*α 세포에서, RE는 α-특이적 억제 단백질에 의해서 꺼진다.

그림 10.21의 예에서 보여주는 바와 같이, 바꾸기 전에는 *MAT*α가 활동성 유전자좌에서 발현된다. 유전자 전환(gene conversion)의 최종 결과는 *HMRa* 유전자의 사본이 만들어지고, 복사된 유전자가 *MAT* 유전자좌에 삽입되는 것이다. 상동재조합 과정 중, 원래의 *MAT*α 유전자는 "방출(eject)"되어 분해된다. 그러나 침묵된 *HML*α 교배 유전자좌 사본이 존재하므로, *MAT*α의 정보는 없어지지 않는다. 세포 정체성의 차이는, 최종적으로 적합한 교배 인자와 수용체를 생산하게 하는 교배형 특이적인 유전자 산물에 의하여 확립된다. 개개의 교배형 카세트는 2개의 열린 판독틀(ORF)을 가진다. *MAT*α*1*은 다른 α-특이적 유전자를 활성화시키는 전사 인자를 암호화하며, *MAT*α*2*는 *a*-특이적 유전자에 대한 억제자를 암호화한다. 기본적인 세포형은 *a*이므로, 반수체 세포에서 세포형을 결정짓는 데 *MATa1*과 *MATa2*가 필요하지는 않다. 대신, *MATa1* 유전자는 이배체에서 중요한데, 이배체에서는 그 산물이 *MAT*α*2* 유전자 산물과 결합하여 HO와 *MAT*α*1* 등의 반수체-특이적 유전자를 억제하기 때문이다.

바꾸기의 방향성 바꾸기는 선택적으로 반대 교배형에 일어난다. 85–90%에서 α에서 *a*(또는 *a* → α)로의 바꾸기가 일어나고, 교배형의 변화가 없는 *a*에서 *a*(또는 α → α)로의 바꾸기는 거의 일어나지 않는다. **재조합 인핸서(recombination enhancer, RE)**라고 하는 244-bp의 DNA 요소는 *HML*α와 *MAT* 사이에 존재하며, 바꾸기의 방향성을 조절한다(그림 10.21 참조). 재조합 인핸서는 α-교배형 카세트 유전자인 *MAT*α2가 암호화하는(또는 유도하는) 억제 단백질이 결합하면 "꺼진다"(turned off). 재조합 증진자는 "꺼진" 상태에서는 *MAT*α와 *HML*α 간의 재조합을 억제하므로, *HMRa*와의 재조합이 선택적으로 일어나게 된다. *MATa*가 발현되면 억제 단백질이 더 이상 생산되지 않으므로, 재조합 증진자는 기본적으로 "켜진다". 이 상태에서 재조합은 선택적으로 *HML*α와 일어난다.

침묵된 카세트는 에피제네틱 메커니즘에 의하여 억제된다 침묵된 교배형 공여자의 발현은 에피제네틱 메커니즘에 의하여 억제된다. E와 I로 표시되는 "침묵자(silencer)"라고 하는 DNA 조절요소는 침묵된 교배형 유전자좌 옆에 위치한다. 이들 *cis*로 작용하는 서열은 여러 특이적 조절 단백질,

히스톤 탈아세틸화효소(histone deacetylase)와 이질염색질 조립 인자(heterochromatin assembly factor) 등을 소집한다. 이들 인자는 함께 작용하여, 전사는 억제하지만 재조합은 억제하지 않는 이질염색질 상태를 공여 유전자좌에 확립한다.

첫째, Rap1이라는 단백질이 텔로미어에서 단순 반복 서열에 결합하여 텔로미어-결합 단백질 yKu70과 히스톤 H3 및 H4의 저아세틸화된 N-말단 꼬리와 상호작용한다. 그런 다음, **침묵 정보 조절(Sir) 단백질[Silent information regulatory (Sir) proteins]**이 단계적 방식으로 침묵자와 텔로미어로 모집된다. 이질염색질의 억제된 도메인의 확산은 세 가지 Sir 단백질 모두와 Sir2의 NAD^+-의존성 탈아세틸화 활성과 다른 단백질 복합체를 필요로 하다. 히스톤으로부터 ADP-리보스로 전송되는 아세틸기가 신규 화합물을 형성하는데, 이는 2′,3′-*O*-아세틸-ADP-리보스이다. 최종 결과는 침묵하는 유전자좌에서는 DNA에 크게 접근할 수 없다는 것이다. 대조적으로, *MAT* 유전자좌에서 염색질은 활성 형태에 있다. 히스톤 N-말단 꼬리는 과아세틸화되고, 프로모터 영역에는 DNase I–과민성 부위가 있다. 종합하면, 염색질 변형은 발현된 유전자좌의 활성화와 공여자 유전자좌의 침묵 모두에서 짝짓기 유형 전환을 조절하는 데 중심 역할을 한다.

효모 교배형은 그 조절의 복잡성이 인상적이지만, 단 두 가지의 서로 다른 교배형만이 존재한다. 이제 수천 개의 유전자가 전환에 관여하는 예를 살펴보자.

트리파노솜의 항원 바꾸기

아프리카 트리파노솜(African trypanosome)은 사람에서 흔히 **수면병(sleeping sickness)**이라고 부르는 치명적 질환을 유발한다(Disease Box 10.5). 이들은 포유동물의 혈류에 사는 원충류(protozoa) 기생충으로, 혈류에서 계속적으로 이들에 대한 면역 반응에 직면하게 된다. 1970년대 중반에 두꺼운 단백질 외막이 이 기생충의 표면 전체를 덮고 있다는 것이 발견되었다. 트리파노솜은 이 변이 표면 당단백질(variant surface glycoprotein, VSG) 분자를 주기적으로 바꿈으로써, 포유동물의 면역계에 의한 공격을 효과적으로 피해간다. 이 전환 메커니즘을 보기 전에 외피 단백질의 구조를 먼저 살펴보자.

트리파노솜의 외막은 대략 1×10^7의 동일한 VSG 분자로 된 단단한 망(tight mesh)으로 되어 있다(그림 10.22). VSG 외막 전환은 세포분열을 하는 상태의 기생충에서는 1~2주마다 일어난다. 번역 후 변형 과정을 통해 탄수화물 부분이 단백질에 결합하므로, 이들은 당단백질로 분류된다. 소포체와 골지에서 *N*-당화와 **글리코실 포스파티딜이노시탈(glycosyl phosphatidylinosital, GPI)** 분자가 결합함으로써, VSG 전구체는 빠르게 59 kDa 형태로 변형된다. GPI는 지방산(myristate) 사슬을 가지는 복합당(complex sugar) 분자이다. 변형된 단백질은 합성된 후 ~30분 이내에 세포 표면으로 운반된다. 대다수의 진핵세포에서는 막통과 영역 단백질(transmembrane domain protein)이 세포 표면을 대부분 차지하고 있지만, 트리파노솜에서 VSG는 GPI 분자에 의하여 세포막에 박혀 있다. 시험관에서 VSG는 지방산을 제거하는 효소에 의하여 방출될 수 있으므로, GPI 고정(anchor)은 생체 내에서 "빠른 방출(quick release)" 메커니즘을 제공할 것으로 제안되었다. 개개의 VSG는 유사성 부위와 변이 부위를 가진다. VSG는 세포막에 결합하면, 3차원 형태로 인해서 유사성 부위는 단백질 내에 묻혀서 변이 부위만 노출된다.

변이 표면 당단백질(VSG) 유전자의 특징 항원 변이 과정에는 단일 대립유전자성 발현과 다수의 *VSG* 유전자 중 발현되는 하나의 유전자를 바꾸는 것이 중요하다(그림 10.23). 트리파노솜은 전사되는 발현자리의 *VSG* 유전자를 다른 *VSG* 유전자로 치환함으로써 외막을 바꿀 수 있다. 대부분의 잠재적 공여 *VSG* 유전자는 11개쌍의 염색체 중 어디든 텔로미어가 아닌 부위에 일렬반복(tandem)으로 군집을 형성하고 있다. 이들 "염색체-내부" 유전자는 원래의 유전자를 다른 유사한 유전자로

Disease Box 10.5

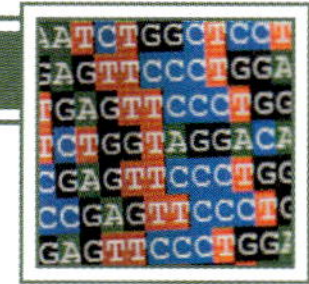

트리파노솜증: 사람의 "수면병"

아프리카 트리파노솜인 Trypanosoma brucei는 단세포 편모충(약 15–30 μm 길이)으로 사람에서 수면병을 유발하고, 가축에서는 N'gana를 유발한다(그림 1). 가징 많이 연구된 종은 *T. brucei*이다. 이것은 실험실 동물(예, 토끼)에서 잘 자라지만, 연구자에게는 감염성이 없다. 2개의 하위종(subspecies)인 *T. b. gambiense*와 *b. rhodesiense*는 사람을 숙주로 하도록 적응하였다. 가축 질환에 문제가 되는 주된 종은 *T. congolense*와 *T. vivax*이다. *T. b. gambiense*는 중부와 서부 아프리카에서 발견되며, 증상이 나타나기까지 수개월에서 수년까지 걸리는 만성감염을 유발한다. *T. b. rhodesiense*는 남부와 동부 아프리카에서 발견되며, 독력(virulence)이 매우 높은 급성 감염을 유발하여, 중추신경계 침범 증상이 단 수주 만에 나타날 수 있다.

아프리카 트리파노솜의 생활사

아프리카 트리파노솜은 그 생활사의 일부를 사람과 다른 포유동물의 혈액 내에서 기생충으로 보내며, 또 다른 일부는 체체 파리(Tsetse fly) 숙주에서 보낸다(그림 1). 포유동물 숙주가 기생충을 보유한 체체 파리에 물리면, 많은 수의 기생충이 림프와 혈액에서 무성생식(asexual reproduction, 유사분열)에 의해 생겨나게 된다. 분열하는 형태의 기생충이 결국 신경계로 들어가서, 분열하지 않는 형태로 변한다. 혈류에 존재하는 형태의 *T. brucei*는 VSG 외막으로 덮혀 있다. 기생충이 체체 파리에 먹히면, 그것은 곤충형 또는 프로싸이클(procyclic)형으로 분화하여 VSG 외막를 벗고, 프로싸이클린이라고 하는 단백질로 구성된 불변의 당단백질 외막으로 바꾼다. 마침내, 트리파노솜은 침샘에 도달하여 침에 존재하는 메타싸이클(metacyclic)형으로 분화한다. 메타싸이클형은 한 가지 VSG만으로 구성된 외막으로 덮여 있다. 그러나 체체 파리 전체의 트리파노솜을 집합적으로 보면 15~20개의 서로 다른 *VSG* 유전자가 발현된다. 메타싸이클형이 곤충에 물렸을 때 새로운 포유동물 숙주로 들어가는 형태이다. 트리파노솜은 숙주의 혈류로 들어간 후 7일 후 까지 계속 메타싸이클 VSG를 발현하다가, 그 후 혈류 VSG로 발현을 바꾼다.

트리파노솜증의 증상

사람의 수면병은 아프리카에서 아마도 수세기 간 존재하였을 것이지만, 이 질환을 처음으로 분명하게 기술한 것은 1800년대와 1900년대 초기의 유럽 탐험가와 식민지 이주자였다. 1910년에 의사들이 환자의 체온이 현저한 주기성(periodicity)을 나타내는 것을 기록하였다. 열(fever)이 주기적으로 나타나는 것은 혈액내 트리파노솜의 수가 급격한 상승을 이루는 것과 일치하는 것으로 밝혀졌다(그림 2). 이 질환에는 두 단계가 있다. 첫 단계에서는 혈관과 림프샘이 감염되고, 지속적 감염에 따른 간헐적 열, 발진, 부기(swelling)와 심한 피로감을 초래한다. 혈액내 트리파노솜의 증식은 환자의 면역계 반응을 유발한다. 그 반응은 특정 VSG에 결합하는 항체 생산을 포함하며, 항체를 생산하여 이 기생충을 파괴하기 위한 일련의 반응이 개시된다. 항체는 ~99% 트리파노솜의 파괴를 매개하지만, 몇몇 트리파노솜은 자발적인 VSG 외막 교환에 의해서 이를 피해 간다. 실험실에서, 5~10시간의 배가시간(doubling time) 중에 10^2~10^7 트리파노솜 중 하나가 외피를 교환한다. 최근 야생에서 분리한 종의 VSG 교환 속도는 실험실에 적응된 종보다 훨씬 더 높다. 새로운 VSG 외막을 가지는 트리파노솜은 숙주 면역계의 공격을 피해 증식한다. 환자는 처음 발현된 VSG에 대한 적응 면역만을 가지므로, 가용 항체

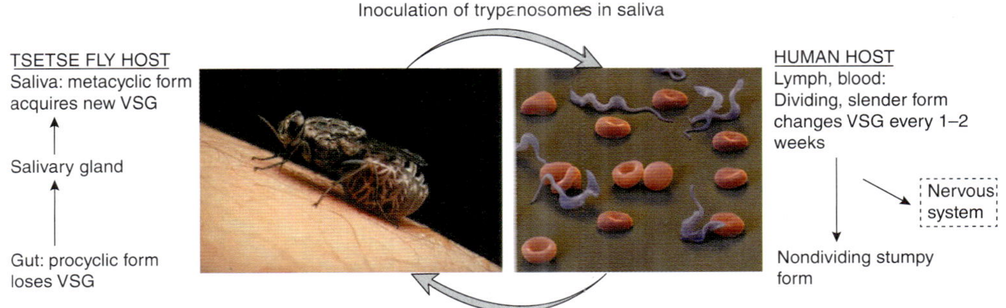

그림 1 아프리카 트리파노솜의 생활사.
오른쪽은 *Trypanosoma brucei* 원충(protozoa)과 적혈구의 주사전자현미경 사진(scanning electron micrograph)이다. (Credit: Eye of Science/Science Source.) 리본 같은 *T. brucei*는 흡혈 체체 파리인 *Glossina morsitans*의 침으로부터 전달된다. 왼쪽 사진은 사람 팔에서 흡혈을 거의 끝내서 배가 불룩해진 체체 파리를 보여준다. (Credit: Martin Dohrn/Science Source.) 트리파노솜은 체체 파리의 흡혈로 만들어진 상처를 통해 사람 숙주 내로 들어온다. 이들은 혈액과 림프, 척수(spinal fluid)를 감염하고, 분열하기 시작한다. 이 형태에서 트리파노솜은 주기적인 VSG 외막 전환을 거친다. 감염에 의한 신경계 손상은 최종적으로 졸음증(lethargy), 떨림(tremor)과 정신적 및 육체적 황폐(deterioration)를 유발한다. 환자는 결국 혼수상태가 되어 사망에 이르게 된다. 분열하지 않는 형태는 흡혈 중 다른 체체 파리에 먹힌다. 파리 숙주 내에서 트리파노솜은 형태를 바꾸어 프로싸이클형에서 VSG 외피를 소실하고, 메타싸이클형에서 새로운 VSG를 얻는다.

(available antibodies)는 이 새로운 VSG 외막을 외래 항원으로 인지하지 못한다. 이 싸이클이 반복되어, 면역계가 새로운 항체를 만들 무렵에 트리파노솜은 그 외막을 벗고, 또 다른 외막으로 치환한다.

이 질환의 두 번째 단계는 기생충이 중추신경계를 침범하여, 여기서 뇌의 외막(outer membrane)에 염증을 유발하는 것이다. 이 단계가 진행하면, 두통이 심해지고, 수면병이 나타난다. "수면병"이라는 이름은 환자의 전체적인 수면시간에는 변화가 없지만, 낮에는 매우 졸리고, 밤에는 불면증을 겪는 것에서 붙여졌다. 또한 인격의 변화도 일어나며, 신체 협동이 잘 되지 않고, 정신기능이 저하되어 혼돈(confusion) 상태에 이른다. 점진적인 중추신경계 감염으로 졸음증(lethargy), 혼수(coma)가 오고, 치료하지 않으면 사망에 이르게 된다. 소의 N'gana는 우유와 고기의 생산을 저하시키므로, 간접적으로 사람에 영향을 미친다.

트리파노솜증의 치료

트리파노솜증은 열대 아프리카 지역의 풍토병으로, 일반적으로 치료하지 않으면 치명적이다. 이 질환의 유행(epidemics)이 1896년에서 1906년 사이와 1920년에 있었다. 이 질환은 1950년대에 살충제 살포, 덤불숲 청소, 감염된 마을의 이주와 빠른 약물 치료로 조절되었으며, 1965년에 이르러서는 거의 사라졌다. 내란과 정치적 불안정, 광범위한 빈곤 때문에 이러한 조절 조치가 종료되자, 1970년에 새로운 유행이 시작되었다. 사하라 남쪽 아프리카에서 트리파노솜증의 유병률은 증가하고 있다. 매해 적어도 500,000명이 감염되며, 이 질환에 의한 것으로 알려진 사망자가 적어도 매해 100,000명이다. 그러나 더 많은 사람들이 진단을 못하고서 사망한다. 세계보건기구(World Health Organization, WHO)의 최근 발표 수치에 따르면, 해마다 알려진 사망자가 700,000명을 넘지 않을 것으로 추정된다. 그러나 많은 수의 사람들이 진단 받지 못 한 채로 사망하며, 이들 지역에서 10%만이 치료를 받는다.

트리파노솜이 표면에 전시하는 표면 항원의 레퍼토리가 광대하여, 지금까지 이 파괴적인 질환에 대한 백신은 없다. 현재 이 질환을 관리하는 데 적어도 약간은 효과가 있는 약제가 5가지 있다. 이 중 하나가 eflornithine이다. eflornithine은 원래 항암제로 개발되었지만 별 효과가 없어서 이 목적으로는 시판되지 않았다. 이 약제는 배양 중 자라는 트리파노솜의 분열을 막지만, 죽이지는 않는다. 그러므로, 아마도 이 기생충을 완전히 제거하는 데는 면역계의 기능이 필수적일 것이다. 항트리파노솜 약제는 충분한 수익을 창출하지 못하였기 때문에, 제약업체는 한때 eflornithine을 포함한 대부분의 항트리파노솜 약제 생산을 중단하였다. eflornithine은 우연한 기회에 구제되었다. 항트리파노솜 약제로서의 eflornithine의 생산을 중단하였을 때, eflornithine을 포함한 화장품이 북아메리카 시장에 도입되었다. 이 약제("Vaniqa"라는 이름으로 판매)가 여자들에서 원하지 않는 얼굴 털이 자라는 것을 늦추는 탈모 크림으로 사용될 수 있다는 것이 발견되었다. eflornithine은 털이나 모발이 자라는 데 필요한 폴리아민 생합성(polyamine biosynthesis)의 주된 효소인 오르니틴 디카르복실레이즈(ornithine decarboxylase)를 억제한다. Vaniqa가 시장이 출시된 직후, 곧 보건단체는 시위를 하였으며, 언론이 이를 이어 받아 제약회사에게 항트리파노솜 약제를 생산하도록 압력을 주었다. 2001년에, 아반티스(Avantis), 바이에르(Bayer), 세계보건기구, 국경없는의사회 간에 협의가 이루어져서, Avantis와 Bayer는 5가지 필수적인 항트리파노솜 약제를 5년 간 무료로 생산하고, WHO와 국경없는의사회가 배분을 조정하기로 하였다.

(적어도 단기적으로는) 약제를 공급할 수 있도록 하기 위한 이러한 성공에도 불구하고, 이 질환이 풍토병인 많은 지역에서는 적당한 치료 프로토콜(protocol)을 시행하기가 어렵다. 예를 들면, eflornithine은 효과를 얻기 위해서는 하루 4번의 정맥주사가 필요하다. 더욱이, (증가하는 약제 내성 문제 때문에) 치료 후 재발률이 높으며, 현재 약제들은 비싸고 독성이 크다. 특히 비소(arsenic)를 함유하는 약제인 Melarsoprol은 4~12%에서 환자가 사망하며, 일부 지역에서는 25~30%에서 치료에 실패한다. *T. brucei*의 유전체 서열이 완성되면, 비교 유전학의 도움으로 혈액-뇌 장벽(blood-bain barrier)을 통과할 수 있는 약제의 잠재적 표적 분자를 찾을 수 있으리라는 희망이 있다. 하지만, 새롭고 더 나은 약제를 연구, 개발, 생산하기 위한 경제적 동기가 있을 것인가는 또 다른 문제

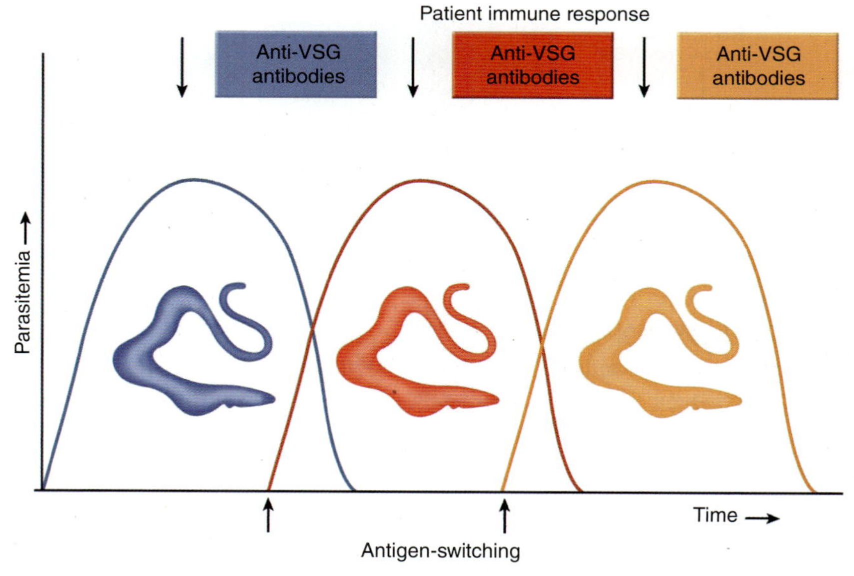

그림 2 트리파노솜증의 증상. 수면병 환자(트리파노솜증)에 특징인 주기적으로 열이 나는 것(기생충혈증, parasitemia)은 대부분 시간이 지나면서 트리파노솜이 다른 VSG(파란색, 빨간색, 주황색)을 발현하고, 그에 따른 면역 반응이 일어나기 때문이다.

이다. 아프리카에서 트리파노솜을 통제하는 데 가장 큰 희망은 살충제와 덫, 불임 수컷 파리(sterile male flies) 방출을 통한 매개체의 통제에 있다고 오랜 기간 동안 생각되었지만, 많은 기술적, 정치적 장애 때문에 완전한 박멸을 달성할 수 있을 것 같지 않다.

치환하는 유전자 전환(gene conversion) 메커니즘에 의해서 활성화된 발현자리로 전위될 수 있다. *VSG* cDNA를 탐색자로 한 느슨한 부합 반응으로 서던 블롯을 한 결과 *Trypanosoma brucei*의 유전체에 1,000개 이상의 서로 다른 *VSG* 유전자 및 위-VSG(pseudo-VSG) 유전자가 있는 것으로 나타났다. 염색체-내부 *VSG* 유전자의 이 큰 레퍼토리는, 말단에 *VSG* 유전자를 가지는 50−100 kb 길이의 100여 개 미니 염색체에 의해서 더욱 확대된다. 결과적으로, 유전체의 2−10%가 항원 변이에 할애되고 있으며, 전체 생산 단백질의 약 10%가 VSG이다.

VSG 유전자의 전체 레퍼토리를 발현하는 데에는 단 1개의 **텔로미어 발현자리(telomeric expression site)**로도 충분하겠지만, 실제로는 20개의 서로 다른 발현자리가 있다. *VSG* 유전자 발현 전환은 활성화된 발현자리의 *VSG* 유전자를 바꾸거나 또는 활성화된 발현자리가 자체의 전환 때문이다. 후자는 낮은 빈도로 일어난다. 서로 다른 발현자리는 일차적으로는 외막을 바꾸는 방법을 제공하는 것이 아니다. 그보다는 이들은 서로 다른 세트의 **발현자리 연관 유전자(expression site-associated genes, ESAGs)**를 발현하는 데 이용된다. 개개의 발현자리 내에는 12개의 각기 다른 ESAG가 있다(그림 10.22 참조). ESAG는 *VSG* 유전자와 함께 긴 전사 단위의 일부로 전사된다. ESAG의 대부분은 표면 단백질을 암호화한다. 예를 들면, 이들 중 2개는 트랜스페린 수용체 소단위체를 암호화한다. 트리파노솜은 서로 다른 포유동물의 트랜스페린에 대한 친화도에 약간씩 차이가 있는 트랜스

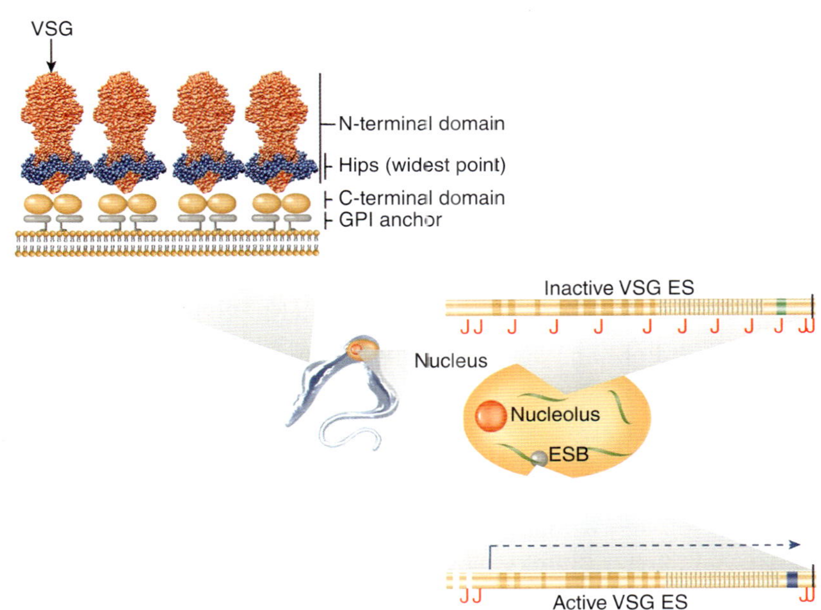

그림 10.22 변이 표면 당단백질(VSG)의 전사 조절과 발현자리체(expression site body).
(왼쪽 확대 그림) 트리파노솜 VSG의 N-말단 X-선 결정 구조에 근거해서, 트리파노솜 표면의 고밀도 VSG 단일층을 공간채움(space-filling) 모델로 나타내었다. GPI 닻(anchor)이 원형질막에 결합되어 있다. (출처: Reprinted from Field and Carrington. 2004. *Traffic* 5:905–913, © 2004 Blackwell Munksgaard.) (오른쪽 확대 그림) *VSG* 유전자의 발현은 발현자리체(ESB)에서 일어난다. 간략하게 하기 위해서 *T. Brucei* 핵 내에 4개의 염색체만을 나타내었다. 삽입된 그림은 2개의 VSG 발현자리(ES)를 보여준다. 활성화된 VSG(파란색 상자)는 여러 개의 ES-연관 유전자와 함께 전사되고(주황색 상자), 그 바로 위쪽에는 여러 개의 축퇴성 70-bp 반복 서열(degenerate 70-bp repeats)이 배열되어 있다(밤색 선). 불활성화된 *VSG* 유전자(상부)는 암호화 서열 전체에 변형된 염기 J(빨간색으로 표시)를 포함한다. 활성화된 ES는 ESB 내에 존재하며, 전사(파란색 점선)는 단백질 암호화 서열 전체에 걸쳐서 일어난다. (출처: Adapted from McCulloch. 2004. *Trends in Parasitology* 20:117–121, © 2004 Elsevier.)

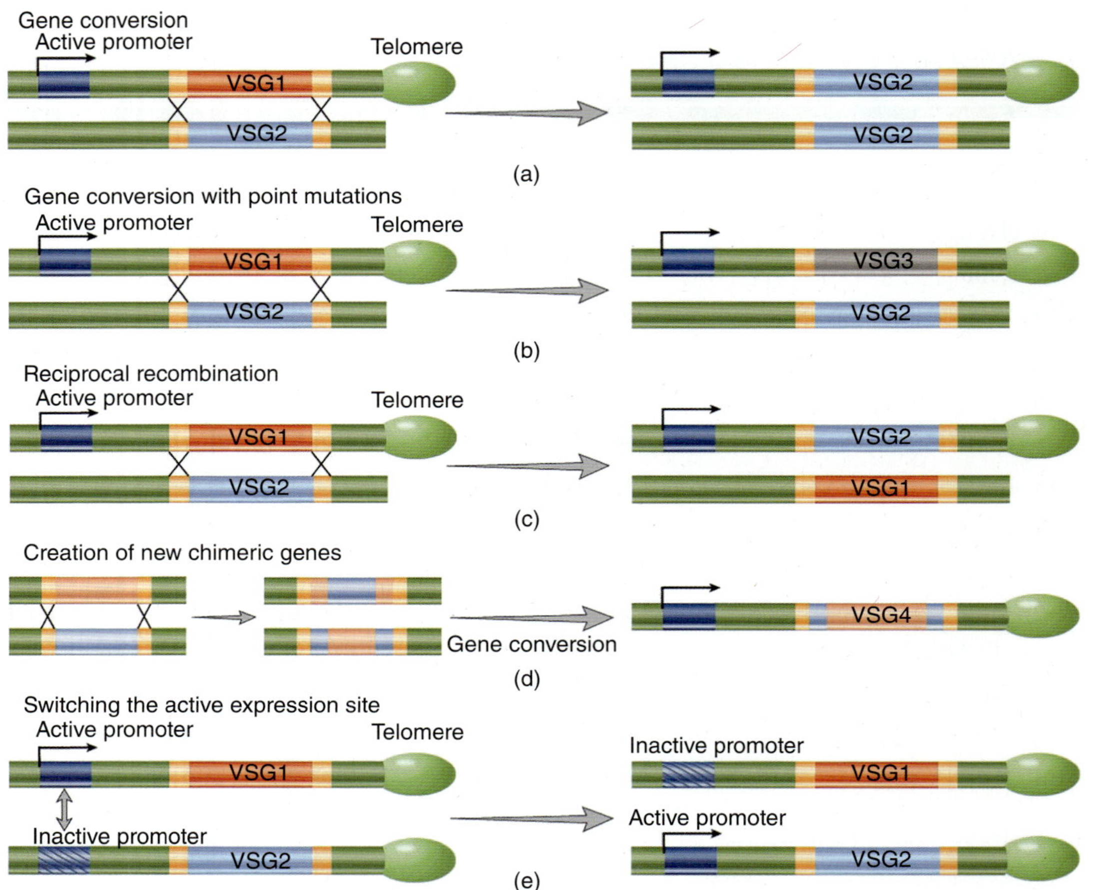

그림 10.23 트리파노솜에서 항원 바꾸기 메커니즘. *VSG* 바꾸기 메커니즘은 다음을 포함한다: (a) 유전자 전환; (b) 유전자 전환 중 일어나는 점 돌연변이에 의한 새로운 *VSG* 유전자를 생성; (c) 상보적 재조합; (d) 키메라 유전자 형성과 일련의 재조합 과정에 의한 활성화된 발현자리로의 이동; (e) 활성화된 발현자리 바꾸기. 활성화된 프로모터는 검은색 화살표로 표시하였다.

페린 수용체를 20개까지 만들 수 있다. 트랜스페린은 혈장에서 발견되는 철분을 운반하는 단백질로, 이는 트리파노솜이 생존하는 데 중요하다.

상동재조합에 의한 VSG 바꾸기 트리파노솜에서 항원 바꾸기는 주로 공여자와 수용자 유전자 옆에 위치하는 짧은 유사서열 간의 DNA 상동재조합에 의해서 일어난다(그림 10.23). 그러나 항원 변이를 조절하거나 VSG 유전자 전환을 촉매하는 효소를 암호화하는 트리파노솜 유전자에 대해서는 알려진 것이 별로 없다. 현재까지는 DNA 복구 단백질인 Rad51이 VSG 전환을 매개하는 데 관여하는 것으로 알려진 유일한 유전자이다. 그러나 재조합에 의한 항원 변이가 Rad51 돌연변이체에서도 여전히 일어난다.

효모의 교배형 바꾸기와 유사한 유전자 바꾸기가 항원 바꾸기의 가장 흔한 방식이다(그림 10.23a). 유전자 전환에서 활성화된 발현자리의 *VSG*는 분해되고, 염색체 내부나 다른 텔로미어에 위치하는 발현되지 않는 "공여자" *VSG*의 복제된 사본이 상동재조합에 의하여 치환된다. 항원 다양성은 유전자 전환 중 발생하는 점돌연변이에 의하여 더욱 증가한다(그림 10.23b). 어떤 경우에는 복제된 사본에서 산재한 점 돌연변이가 11개까지 발견되었다. 바꾸기는 **상호재조합(reciprocal recombination)**에 의해서도 일어나지만, 이것은 드문 일이다(그림 10.23c). 이 메커니즘에서는 어느 쪽 *VSG* 유전자도 중복되거나 분해되지 않고, 활성화된 자리의 재배열이 일어난다. 트리파노솜은 외막을 바꿀 수 있을 뿐만 아니라, 외막 분자를 추가적으로 창조해낸다. 발현자리로 이동하기 전에 상동재조합에 의해서 2개나 그 이상의 매우 유사한 *VSG* 유전자 또는 유사유전자(pseudogene) 조각을 조합함으로써 새로운 유전자를 합성할 수 있다(그림 10.23d).

앞에서 살펴본 바와 같이, 가능한 *VSG* 유전자의 공여자 집체(pool)가 광대하고, 한 유전자에서 다른 유전자로 발현을 전환하는 메커니즘도 다수로 존재한다. 그러나 1개 이상의 발현자리가 존재하므로, 추가적 차원의 복잡성이 존재하게 된다. 단일 대립유전자성 *VSG* 유전자 발현은 20개의 가능한 발현자리 중 하나를 제외한 모든 부위를 침묵시키는 에피제네틱스 조절 메커니즘에 의해 유지된다.

활성화된 발현자리의 에피제네틱스 조절 *VSG* 유전자는 RNA 중합효소 I에 의하여 전사되며, "발현자리체(expression site body, ESB)"라고 하는 구별되는 핵 부위에 국한되어 전사가 일어난다(그림 10.22 참조). ESB는 핵에 가깝기 때문에 "핵외체"라고도 불린다. 다른 진핵세포에서 mRNA는 RNA 중합효소 II에 의해서만 합성된다. 전구-mRNA 성숙의 필수 단계인 mRNA의 캡 형성은 전사와 동시에 일어나며, 캡 형성 효소는 RNA 중합효소 II의 가장 큰 소단위체의 C-말단과 결합한다. 반면에, *VSG* 유전자에서 캡은 전사 후 메커니즘에 의해 추가된다(11장 참조).

연구자들은 *VSG* 유전자 전사에서 RNA 중합효소 I의 역할을 확인하기 위하여, RNA 중합효소 I이 활성화된 발현자리와 같은 위치에 존재하는지 조사하였다. 그림 10.24에서는 활성화된 발현자리가 RNA 중합효소 I에 대한 항체로 염색이 되는 데 반하여, 불활성화된 텔로미어 부위는 염색되지 않는 것을 보여준다. ESB에서 단일 대립유전자성 발현이 보장되는 것은 한 시점에 단 1개의 텔로미어 부근 발현자리 만이 ESB에 들어가서, "특별 격리 부위(privileged site)"를 구성하기 때문이다. 세포분열이 종결되기 전에, 후-유사분열 핵(postmitotic nuclei)에서 ESB가 관찰되므로, 개개의 딸세포가 ESB와 그에 포함된 활성화된 발현자리를 물려 받는 것으로 보인다. ESB에 위치하는 발현자리 바꾸기는 감염 초기에 일어난다(그림 10.23e 참조).

변형된 염기 "J" 및 변이 히스톤. 트리파노솜에서, 티민의 일부는 "J"라고 불리는 변형된 염기 **β-D-글루코실 하이드록시메틸 우라실(β-D-glucosylhydoxymethyluracil)**로 대체된다. 부피가 큰

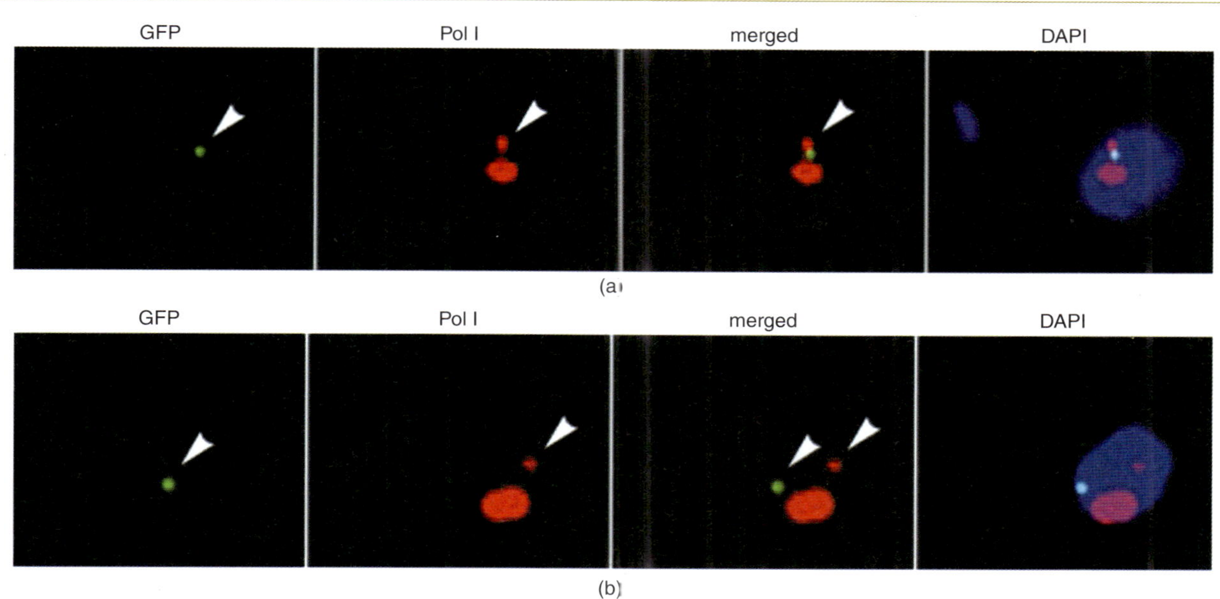

그림 10.24 *Trypanosoma Brucei*의 발현자리체(ESB).
(a) RNA 중합효소 I(Pol I) 항체(빨간색)와 GFP 항체(녹색)의 이중 표지를 사용하여 보면, ESB(화살촉)는 GFP로 표지한 활성화된 발현자리 서열과 결합하고 있다. 항-Pol I 항체는 ESB와 더 큰 핵소체를 모두 검출한다. DNA는 DAPI(4′,6′-diamidino-2-phenylindole dihydrochloride)로 염색하였고, 핵과 더 작은 운동핵(미토콘드리아)을 보여준다. (b) ESB체는 불활성화된 GFP로 표지된 ES 서열과는 결합하지 않고 있다. (출처: Reprinted from Navarro and Gull. 2001. *Nature* 414:759–763, © 2001 Nature Publishing Group and Macmillan Publishers Ltd.)

포도당 부분이 티민 염기에 부착되어 DNA의 큰 홈(major groove)으로 확장된다. J는 *T. brucei*에 존재하지 않는 포유동물의 변형 염기인 메틸사이토신의 역할을 할 수 있다. J는 텔로미어 반복부와 ~19개의 비활성 텔로머 *VSG* 유전자 발현 부위 내에 존재 하지만 활성 발현 부위에는 존재하지 않다(그림 10.22 참조). H3.V 및 H4.V라고 하는 히스톤 단백질의 두 가지 변형 버전도 침묵 과정에서 역할을 한다. 실험실에서 H3.V 또는 H4.V가 결핍되도록 조작된 *T. brucei*에서 *VSG*-암호화 서열의 염색질 접근성이 증가하였고, 집단의 일부 세포는 한 번에 최대 4개의 서로 다른 *VSG* 유전자를 발현하였다. 또 다른 수준의 통제가 최근에 확인되었다. 이노시톨 포스페이트 신호전달 경로의 특정 단계는 텔로미어 발현자리 및 *VSG* 유전자 전환에서의 단일 대립유전자 전사를 조절한다. 유전자 발현의 후성적 조절에 대한 통찰력을 제공하는 것 외에도, 이러한 발견은 트리파노솜에 치명적인 이노시톨 인산염 경로 억제제와 같은 새로운 약물 표적을 개발할 수 있는 기회를 제공한다.

트리파노솜에서 항원 전환의 주요 기능은 숙주 면역체계를 회피하는 것이다. 숙주 면역체계가 프로그램된 유전자 재배열을 사용하여 병원체와 싸우기 위해 엄청나게 다양한 무기를 생성한다는 사실을 알게 된 것은 놀라운 일이 아니다.

V(D)J 재조합과 적응 면역 반응

척추동물 면역계에는 2개의 주된 지류가 있다: 즉, **선천 면역 반응(innate immune response)**과 **적응 면역 반응(adaptive immune response)**이다. 선천 면역은 병원균을 비특이적으로 죽이는 자연 살해세포(natural killer cell)와 포식세포(phagocyte)를 포함하는 여러 체계에 의해서 이루어진다. 적응 면역은 숙주가 특이적으로 병원균에 저항할 수 있게 하며, 체액성 및 세포성 반응에 의해 매개된다. 체액성 반응에는 **B 세포**가 관여하고, 세포성 반응에는 **T 세포**가 관여한다. 세균이나 바이러스 같은 외부 **항원(antigen**, *anti*body *gen*erator에서 이름이 유래됨)은 광범위한 레퍼토리를 가지는 항원 특이적 수용체를 통하여 T 및 B 세포에 의해 인지된다.

그림 10.25는 **항체-매개성 면역(antibody-mediated immunity)**을 보여준다. 여기서 보이는 예에서는 큰 포식세포와 같은 **항원제시세포(antigen presenting cell, APC)**가 세균을 삼켜서 세포 표면에 외부 항원으로[외부 항원–**MHC 복합체**(major histocompatibility complex class II 단백질)의 형태로] 제시한다. 항원 특이적 B 세포는 특이적 항원에 결합하고, 활성화된 보조 T 세포가 생산하는 싸이토카인에 노출되면 활성화된다. 활성화된 B 세포가 분열하면 그 세포의 클론이 생긴다. 클론을 형성하는 대부분의 세포는 형질세포(plasma cell)로 분화하여 항체를 분비하고, 항체는 혈액과 림프를 통하여 감염된 부위로 이송된다. 소수의 세포가 기억 B 세포로 되어, 적응 면역을 제공한다. 즉, 항원이 다시 나타나면 더 빠르고 강한 면역 반응이 개시된다.

효모 교배형 바꾸기 그리고 트리파노솜 항원 바꾸기와 유사하게, 세포 분화를 유도하는 프로그램된 유전자 재배열이 발생 과정 중에 일어난다. 항원 수용체 레퍼토리의 다양성은, 체세포에서 **V(D)J 재조합[V(D)J recombination]**이라고 하는 과정을 통해 재배열되는 비교적 적은 수의 V, D 및 J 유전자 조각에 의해서 생성된다. 괄호 안의 D는 중사슬에만 적용된다. 항원 수용체의 2개 대립유전자 중 하나만이 B 또는 T 세포에서 발현된다. 유사한 대립유전자 배제 과정이 B 세포의 항체 유전자와 T 세포의 T 세포 수용체 유전자에 각각 일어난다. 여기서, **항체 유전자(immunoglobulin genes)**는 이러한 놀라운 조절 메커니즘에 대한 한 예로 강조될 것이다. 흥미롭게도, 이러한 유전자 조각을 재배열하는 체계가 DNA 트랜스포손을 포획함으로써 진화되었다는 증거가 있다 (Focus Box 10.1).

면역글로불린 유전자와 항체 다양성 면역글로불린(항체) 분자는 2개의 동일한 **중사슬**과 2개의 동일한 **경사슬**로 구성되어 있으며, 이들 개개의 사슬은 **불변부 지역(constant region, C)**과 **가변부 지**

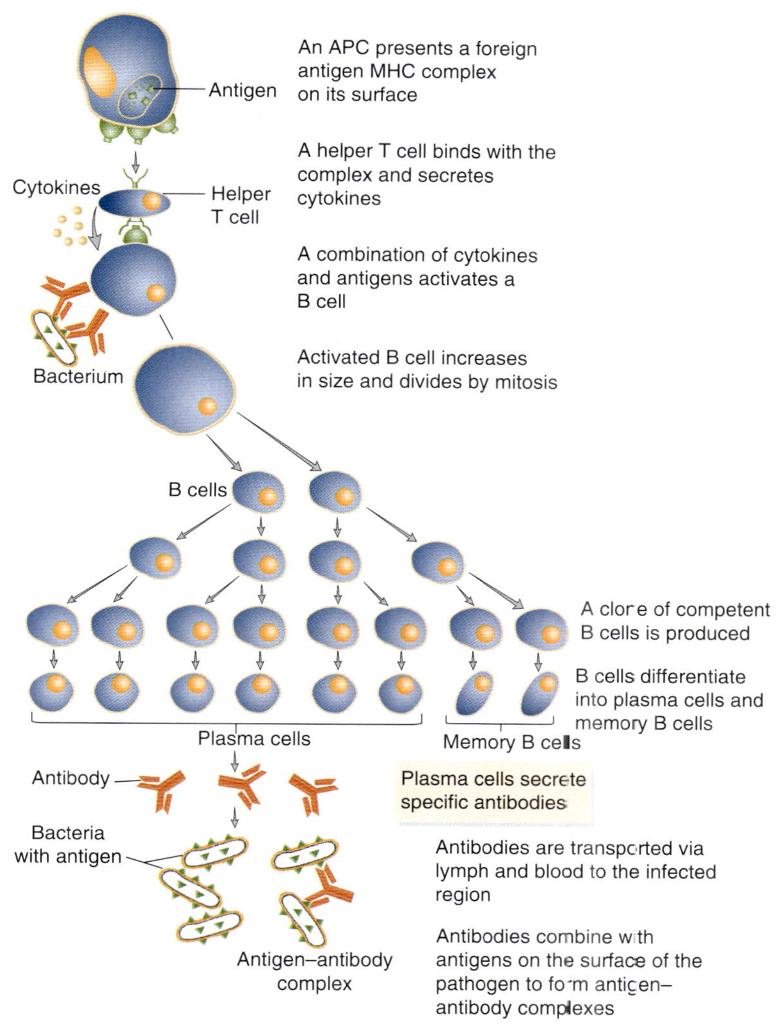

그림 10.25 항체-매개성 면역. 항체 생산 단계를 보여준다.

역(**variable region, V**)으로 이루어져 있다(그림 10.26; Tool Box 14.6 참조). 단백질 서열과 구조의 관찰은 가변부와 불변부 지역이 어떻게 하나의 유전자에 통합되었는지에 대한 의문을 제기한다. 경사슬 유전자의 가변부와 불변부가 새로운 DNA 재배열에 의하여 발생되었다는 증거는 1970년대 후반에 완료된 연구로부터 나왔다. 생쥐 배아와 성숙한 림프구 세포주에서 얻은 DNA 조각을 동일한 세포주에서 얻은 경사슬 RNA와 부합 반응(hybridization)을 시켰다. RNA가 배아 DNA에서는 2개의 특정 DNA 조각에 부합된 데 반해, 성숙한 림프구 DNA에서는 하나의 새로운 DNA 조각에 부합하였다. 전자현미경 R-고리(R-looping) 실험과 서던 블롯은 배아 DNA에서는 DNA 가변부와 불변부 지역이 상당히 떨어져 있고, 성숙한 림프구에서는 이들 부위가 인접해 있음을 시사하였다.

V(D)J 재조합의 주된 특징을 결정하는 일이 분자적 클로닝과 DNA 서열분석 기술의 개발에 의하여 빠르게 진행되었다. 배계열 세포에서 면역글로불린 유전자는 가변(variable, V), (중사슬에만 있는) **다양성(diversity, D)** 및 연결(joining, J) 조각이 불변(constant, C) 지역 상류에 일직선으로 나란히 배열되어 있다(그림 10.27). 생쥐의 중사슬 유전자가 위치하는 염색체에 V 조각은 100~1,000개가 있고, D 조각은 12~16개, J 조각은 4개가 있으며, 경사슬 유전자 지역에는 약 300개의 V와 4개의 J 조각이 있다. 중사슬 C 지역은 항체의 각기 다른 동종형에 해당하는 여러 유전자 조각을 포함한다. 추가적으로, 각각 독립적으로 일련의 유전자 조각을 가지는 두 종류의 경사슬인 κ와 λ가 있다. 두 가지 형의 경사슬이 모두 중사슬과 결합할 수 있지만, 1개의 주어진 세포에서는 한 종류의 경사슬만이 발현된다.

Focus Box 10.1

전위 요소의 분자적 길들임: V(D)J 체계의 진화

V(D)J 재조합과 전위 간의 유사성 때문에 V(D)J 체계가 트랜스포존에서 진화된 것으로 추정된다. 첫째, 두 가지 과정에서 모두, 이동하는 DNA 조각 양 끝에 재조합효소가 인지하고 작용하는 짧고 특이적 인 서열이 관여한다. 둘째, V(D)J 재조합의 각 단계가 전위의 "잘라서 붙여넣기" 메커니즘의 단계들과 유사하다. 두 가지 반응에서 모두 인지 서열과 그 옆에 위치하는 DNA를 분리하는 이중가닥 절단(double-strand break)이 만들어진다. "잘라서 붙여넣기" 전위에서는 트랜스포존을 잘라낸 후, 공여 위치의 잘린 DNA 말단은 숙주의 DNA 복구 메커니즘에 의해서 연결된다. 유사하게, V(D)J 재조합에 의해서 생긴 암호화 말단(coding ends)의 연결은 세포의 DNA 이중가닥 절단 복구 기능(DNA double strand break repair functions)을 필요로 하는 비상동 말단-연결 경로(nonhomologous end-joining pathway)에 의해서 일어난다. 전위와 V(D)J 재조합의 주된 차이점은 트랜스포존의 말단은 트랜스포세이스에 의해서 표적 DNA 분자에 삽입되는 반면, RSS 말단은 세포의 이중가닥 절단 복구 경로에 관여하는 인자를 이용한 연결 반응(ligation)에 의해 결합된다는 것이다.

옥수수 *Ac/Ds*를 포함하는 트랜스포존 가계와 유사한 고대 DNA 트랜스포존이 세포 표면 단백질을 암호화하는 유전자로 수평 전달(lateral transfer)되면서 V(D)J 재조합 체계가 파생되었다는 가설이 있다(그림 1). 유전자 조각과 양옆의 트랜스포존 말단 서열을 암호화하는 DNA 단위가 증폭되어, 각각 양옆에 트랜스포세이스 결합자리를 가지는 다수의 유전자 조각을 만들게 되었을 것이다. 트랜스포세이스는 유전체의 불특정한 곳에 암호화되어 있다고 제안되었다. *RAG1* 및 *RAG2* 유전자는 또한 고대 RAG(재조합 활성화 유전자)에서 진화한 것으로 추정되는 반면 쪼개진 면역글로불린 및 T 세포 수용체 유전자는 트랜스포존이 수용체 유전자에 삽입되어 발생했다. 이 모델이 뒷받침하듯이, RAG1과 RAG2는 시험관 내에서 트랜스포존 유사체의 DNA 전이를 표적 DNA로 촉매할 수 있다. 또한, RAG 트랜스포존의 후손으로 추정되는 많은 특징을 가진 트랜스포존인 ProtoRAG가 두족 척색류 *Amphioxus*에서 발견되었다.

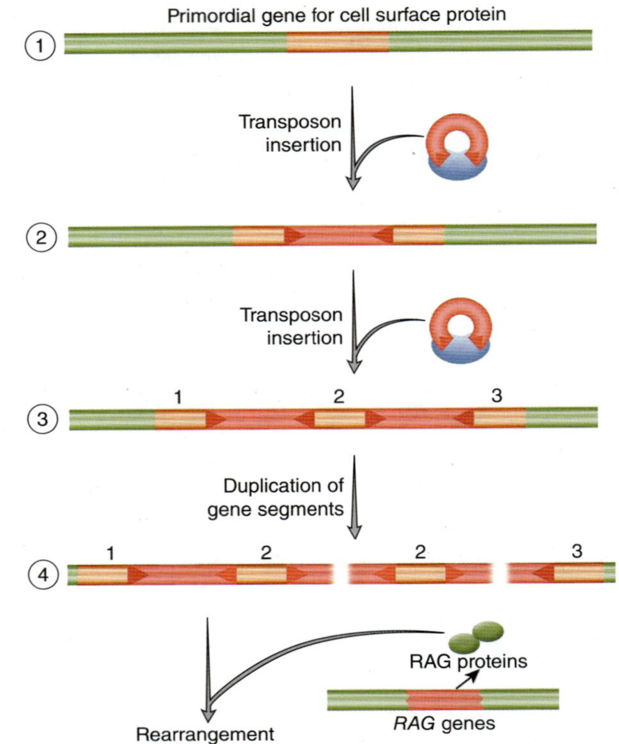

그림 1 V(D)J 체계의 트랜스포존 유래설에 대한 추론적 모델. (1) 세포 표면 단백질에 대한 가상 원시 유전자(빨간색)의 도식적 그림. (2) DNA 트랜스포존(자홍색)이 이 유전자 내부에 삽입된다(전위 자리는 진한 자홍색 삼각형으로 표시하였다). (3) 또 다른 삽입에 의해서 유전자가 더 파괴된다. (4) 유전자 조각의 복제에 의해서 양옆에 RSS 신호(원래는 트랜스포존의 말단)를 가지는 배계열 유전자 조각을 암호화하는 유전자좌가 만들어진다. 현재는 트랜스포존 작용자리가 없는 전위 요소에 의해 암호화된 RAG 단백질이 DNA 재배열을 매개한다. (출처: Modified from Bushman. 2002. *Lateral DNA Transfer: Mechanisms and Consequences*. Cold Spring Harbor Laboratory Press, Cold Spring Harbor, NY.)

B 세포 발달 중, 수백만 개의 B 세포 형태들이 생산된다. 개개의 B 세포는 V, D, J 유전자 조각에 일어나는 일련의 위치-특이적 재조합 과정에 의하여 생성된 각기 다른 항원 수용체를 가진다. 수용체가 특이 항원에 결합하면, B 세포는 세포분열을 겪고 항체를 분비한다. 사람의 면역계는 10^{12}개의 서로 다른 항체 분자를 생산할 수 있다고 추정된다. 항원은 놀라운 특이성에 의해 인지된다. 예를 들면, 단 1개의 아미노산 치환을 가진 유사한 단백질도 항체에 의해서 구별될 수 있다.

V(D)J 재조합의 메커니즘 유전자 재배열에 대한 최초의 발견 이후 이 분야에서 가장 중요한 진전은 **RAG 재조합효소(RAG recombinase)**의 발견이었다. V(D)J 재조합은 두 단계로 나눌 수 있다: DNA 절단과 결합이다. 절단은 RAG1/2(*r*ecombination *a*ctivating *g*ene) 재조합효소 복합체에 의

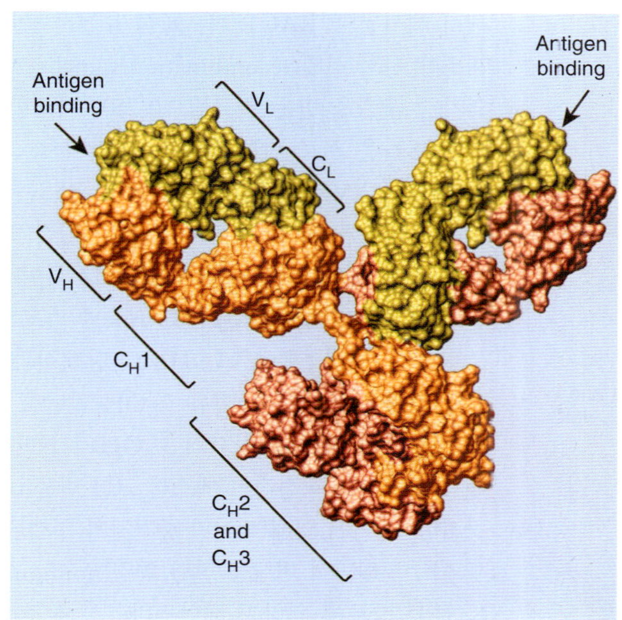

그림 10.26 항체 분자의 구조.
경사슬은 금색으로, 중사슬은 주황색과 분홍색으로 보여주었고, 항원 결합자리를 표시하였다. (출처: Modified from Protein Data Bank: 1IGT, 1IGY.)

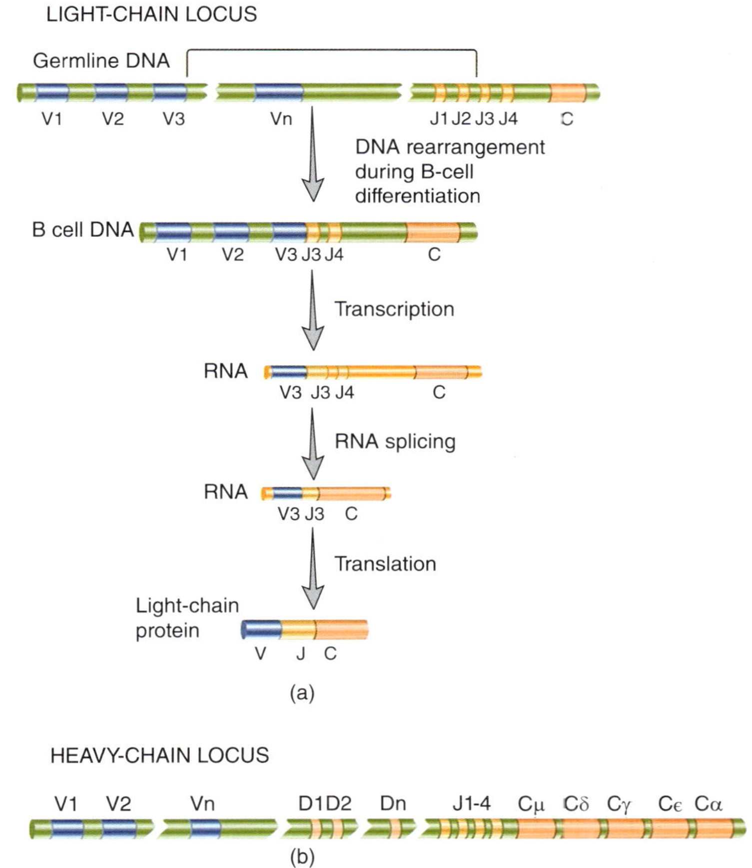

그림 12.27 V(D)J 재조합 과정의 개요.
(a) 경사슬 유전자좌. (b) 중사슬 유전자좌.

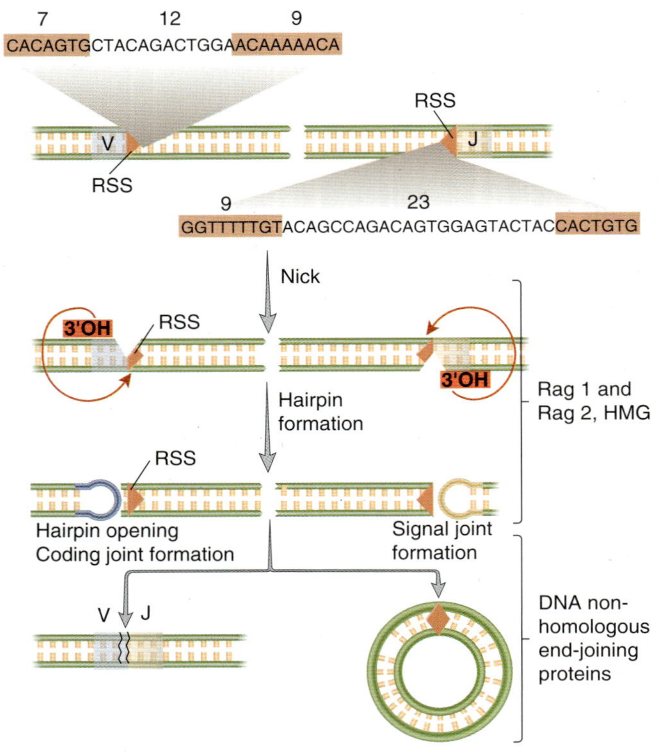

그림 10.28 V(D)J 재조합 메커니즘.
재조합 신호 서열(RSS)은 V(D)J 재조합 동안 RAG1/2 재조합효소 복합체에 의해 인식된다. RSS는 빨간색 삼각형으로 표시된다.

해서 개시된다. RAG1/2는 표적 유전자 조각의 양옆에 위치하는 재조합 신호 서열(recombination signal sequence, RSS)에 DNA 외가닥 끊김을 만든다(그림 10.28). 재조합될 표적 유전자 조각의 RSS들은 서로 반대 방향으로 있어서, 그 사이에 있는 DNA가 제거되고 V와 J 조각이 이어진다. RSS는 heptamer(7-bp 서열)와 nonamer(9-bp 서열)로 구성되어 있다. 재조합은 heptamer와 nomamer 사이가 12 bp인 RSS와 그 사이가 23 bp인 RSS 간에 일어난다—**12/23 법칙(12/23 rule)**이라고 한다.

RAG1/2 재조합효소는 HMG 단백질과 함께 RSS의 끝에 외가닥 절단을 촉매하여, 자유 3′-OH 말단을 만든다. DNA를 완전히 절단하기 위해서, 각각의 3′-OH기가 반대편 가닥의 인산다이에스터 골격을 직접적인 에스터 교환 반응(transesterification)으로 공격한다. 이에 의해 헤어핀 중간자가 형성된다. 헤어핀 구조는 이후 가수분해되어 비상동 말단 연결(nonhomologous end joining, NHEJ) 경로에 의하여 결합된다(7장 참조). 비상동 말단 연결은 하나의 V, 하나의 D(중사슬만) 및 하나의 J 조각과 μ-형 C 조각을 모아 놓는다. 이후, B 세포 분화 중 μ-형 C 조각은 다시 재배열 반응에 의해서 다른 C 조각(α, γ, δ, 또는 ε) 중의 하나로 치환될 수 있다. RSS를 포함하는 잘려 나온 DNA의 양끝도 결합되어 단일 연결부를 형성하는데, 이것은 결국 제거된다.

단일 대립유전자성 재조합의 에피제네틱스 조절과 발현 개개의 세포는 중사슬과 κ 및 λ 경사슬 각각의 유전자좌에 대해서 부계와 모계 대립유전자를 가진다. 여러해 동안 재배열은 2개의 대립유전자에서 무작위적으로 일어난다고 생각하였다. 일단 기능을 할 수 있는 수용체가 세포 표면에 발현되면, 더 이상의 재조합은 억제된다고 추정하였다. 최근, 대립유전자 배제의 유지는 물론 재배열될 대립유전자에 대한 초기 선택이 에피제네틱스 조절을 받는다는 증거가 제공되었다. 모든 항원 수용체 유전자 조각은 양옆에 RSS를 가지기 때문에, RAG 재조합효소에 대한 이들 서열의 접근성은 고도로 조절되어야 한다. 생체 내에서, 이들의 접근성은 DNA 메틸화, 히스톤 아세틸화, 세포주기 S 단계 중의 복제 시기에 의하여 조절된다. 히스톤 아세틸화와 DNA 탈메틸화로 판단한 염색질의 열린 상태(open chromatin state)는 재조합의 증가와 상관관계를 가진다. 면역글로불린 유전자좌의 올바른 재배열 순서는 다음과 같다: 먼저, 기능을 하는 중사슬 유전자가 조합되고, 그 이후 경사슬 유전자좌에 재배열이 일어날 수 있다.

중사슬의 V(D)J 재조합은 시간적으로 순차적으로 일어나는 과정이다. 먼저, D-J 재조합이 중사슬 유전자의 대립유전자 양쪽에 일어난다. 그러나 V-D-J 재조합은 진행성 히스톤 과아세틸화에 의해 매개되는 하나의 대립유전자에서만 발생한다. 피드백 신호는 두 번째 중사슬 대립유전자의 추가 재배열을 억제하고 리콤비나제 복합체를 경사슬 유전자좌로 지시한다. 경사슬 유전자좌에서 두 대립유전자는 차등적으로 메틸화된다. 하나의 대립유전자는 S기에서 조기 복제되고, 다른 하나는 후기 복제된다. 초기 복제 대립유전자는 일반적으로 재배열을 겪는 반면, 후기 복제 대립유전자는 핵의 이성염색질의 하위 도메인으로 이동된다. 그 최종 결과는 V(D)J 재조합은 항체 생산의 광대한 잠재력을 생성하지만, 대립유전자 배제를 위한 에피제네틱스 조절은 특정 세포에서 한 종류의 항원 수용체만이 표면에 전시되도록 한다.

장요약

이배체 세포에서 일부 유전자는 선택적으로 1개의 대립유전자로부터만 전사된다. 대부분의 단일 유전자성 유전자 발현의 경우, 활성화된 대립유전자의 선택은 무작위적으로 일어난다. 활성화된 대립유전자가 작위적으로 선택되는 유전체 각인은 예외적인 경우이며, 이 경우 선택은 유전자가 부계인지 또는 모계 유전자인지에 따라 일어난다. 에피제네틱 침묵 메커니즘과 프로그램된 유전자 재배열은 단일 유전자성 발현에 역할을 한다. 에피제네틱스는, DNA 서열의 변화 없이, 유사분열 또는 감수분열 후에도 전해지는 유전자 발현의 변화에 대하여 연구하는 학문이다. CG 다이뉴클레오티드의 사이토신 DNA 메틸화는 침묵될 유전자를 표지한다. 메틸화는 DNA 복제 동안 준보존적 과정에 의하여 유지된다. CpG 섬이라고 부르는 메틸화되지 않은 CG가 풍부한 DNA의 작은 부위가 유전자 프로모터와 연관되어 발견된다. 이들은 메틸화되지 않았기 때문에, C → T 탈아미노화 반응으로부터 보호된다. 아세틸화와 메틸화 같은 히스톤 변형의 안정적 유지가 또 다른 중요한 에피제네틱 표지이다. DNA 메틸화와 히스톤 변형의 비정상적 양상은 암이나 다른 질환과 연관되어 있다.

포유동물(그리고 식물)에서 유전체 각인은 일부 유전자에 영향을 미치며, 부모로부터 받은 2개의 염색체 중 1개의 유전자만이 발현되는 결과를 가져온다. 각인은 배계열에서 재정립된다. 먼저, 원시 생식세포(primordial germ cell)에서 DNA 메틸화 표지가 지워지고, 그 후 DNA 메틸전달효소와 다른 인자들이 각인 조절 부위(imprinting control region, ICR)의 차별적 메틸화를 유도하여, 발생 중 각인을 재확립되고 유지되게 한다. 모계 또는 부계 대립유전자 중 하나만이 발현되도록 보장하는 세 가지 메커니즘이 있다: (1) 한 대립유전자의 프로모터에서 DNA 메틸화의 변화와 억제성 염색질 구조 — 예로 2개의 신경발달 질환, 즉 프라더-윌리 증후군과 안젤만 증후군에서 조절에 이상이 있는 큰 각인 영역; (2) 같은 염색체 상의 단백질-암호화 각인 유전자를 침묵시키는 대응 RNA 전사물의 차별적 발현 — 예로는 모계 유전자가 발현되는 유사 인슐린 성장인자 2 수용체(insulin-like growth factor 2 receptor, *Igf2r*)와 부계 유전자가 발현되는 대응 *Air* 유전자; (3) 메틸화되지 않은 대립유전자에서 두 유전자 사이에 절연체(insulator)가 결합함으로써 인핸서를 차단 — 예로는 *Igf2*는 부계 유전자가 발현되며, *H19*은 모계 유전자가 발현되는 *Igf2-H19* 각인 유전자좌. 마지막 메커니즘에서, 침묵은 염색질 고리(chromatin loop) 형성을 포함하는 원거리의 염색질 상호작용에 의해서 매개된다.

유전체 각인은 정상적 발생을 위해서 필수적이며, 유전체의 각인된 부위의 조절 기능 저하, 유전자 용량 변화 또는 돌연변이는 다수의 다양한 발달 질환과 연관되어 있다. "갈등 가설(conflict hyprothesis)"에 따르면, 암컷의 자원을 태아에게 모두 쓰지 않고 보존하는 유전자를 침묵시키는 것이 수컷에는 유리하기 때문에, 각인이 포유동물 진화의 초기에 나타났다고 한다.

포유동물 암컷에서 일어나는 X 염색체의 무작위적 불활성화는 XX 암컷과 XY 수컷 간의 전사 용량의 균형을 맞춘다. 조기 배아에서 X 염색체 1개에 무작위적 불활성화가 일어난다. 이후 불활성화된 X는 그 세포의 모든 자손 세포에서 안정적으로 유지된다. 이에 따라 성장한 암컷에서는 세포 모자이크가 형성된다. X 불활성화는 X 불활성화 센터(X inactivation center)에 의해서 조절된다. XIST 전사물의 수준은 불활성화될 X 염색체로부터 전사되는 대응 전사물인 *Jpx*에 의해서 증가하는 반면, XIST와 암호화가 겹치는 대응 *Tsix* 전사물은 감소한다. X 염색체 침묵에는 X 염색체가 *XIST* RNA로 코팅되는 것, 히스톤 메틸화, 히스톤 저아세틸화 그리고 변이 히스톤인 macroH2A의 증가를 포함하는 일련의 에피제네틱한 염색질 변형이 관여한다. X 염색체의 약 15%의 유전자는 불활성화되지 않고, 추가적인 10% 유전자는 (여자) 개인마다 발현 수준이 다르다.

전위 인자는 세균, 식물, 동물의 유전체에 풍부하게 존재한다. 전위 인자는 이들이 유래한 세포 내에서 이동하고 유전체의 새로운 위치에 삽입될 수 있는 능력을 지닌 DNA 서열이다. 이들 인자의 전위를 통제하기 위한 에피제네틱 메커니즘이 존재하며, DNA 메틸화의 일차적 기능이 유전체의 방어일 것으로 제안되었다.

전위 인자는 Babara McClintock에 의해서 1940년대에서 1950년대에 처음 발견되었다. 옥수수에 나타나는 높은 수준의 얼룩 형질은 *Ac*/*Ds* 이동성 요소의 이동에 의한 것으로 밝혀졌다. DNA 트랜스포존은 광범위한 숙주 영역을 가지며, 잘라서 붙여넣기 메커니즘에 의해서 DNA 중간 분자를 통해 전위한다. 이들 인자는 트랜스포세이스 유전자와 그 양옆에 존재하는 역방향 말단 반복 서열(inverted terminal repeat)로 구성되는데, 역방향 말단 반복 서열에 트랜스포세이즈가 결합하여 이동을 매개한다. DNA 트랜스포존은 흔히 항생제 내성 유전자를 가지는 세균의 삽입 서열과 초파리의 P 요소, 광범위하게 존재하는 *Tc1*/*mariner* 대가계를 포함한다. 레트로트랜스포존은 레트로바이러스 조상으로부터 유래되었다. 이들은 RNA 중간 분자를 통하여 이 요소를 복제하는 복사해서 붙여넣기 메커니즘에 의해서 이동한다. 이들은 양쪽 끝에 긴 말단 반복 서열(long terminal repeat, LTR)을 포함하거나, 또는 LTR 없이 3′ 말단에 다중(A) 서열을 가진다. 일부 자율적인 LTR 레트로트랜스포존은 포유동물 유전체에서 활동성인데, 인체 내재 레트로바이러스(HERV)와 생쥐의 수조내 A 입자(IAP)를 포함한다. 비-LTR 레트로트랜스포존은 자율적인 장산재 핵 요소(long interspersed nuclear elements, LINE)와 비자율적인 단산재 핵 요소(short interspersed nuclear elements, SINE)를 포함한다. LINE은 인간 유전체에 광범위하게 분포한다. 현재 이 가계의 활동성 구성원은 *L1* 요소이다. *L1* 가계는 확장되어 인체 DNA의 약 21%를 차지한다. 이들 요소는 삽입 돌연변이원, 인접 유전자에 대한 조절 요소 및 염색질의 원거리 변형자로 작용한다. X 불활성화 센터 주변에 군집된 *L1* 요소는 X 불활성화에 역할을 할 수도 있다. *Alu* 요소는 인간 유전체의 11%를 차지하는 활동성 SINE이다. *Alu* 요소와 *L1* 요소에 의한 삽입 돌연변이는 다수의 인체 질환과 연관되어 있다.

전위 요소의 삽입에 의한 형질 전환 돌연변이는 전형적인 점 돌연변이보다 훨씬 드물게 일어난다. 적어도 두 가지의 전위를 침묵시키는 조절 방법이 알려져 있다. 그 하나는 전위 요소의 메틸화이다. 예를 들면, 식이는 *agouti* 생쥐에서 유전되는 형질 변화를 바꿀 수 있는데, 이는 식이에 의해 생쥐 유전체의 DNA 메틸화 양상이 바뀌고, 그에 따라 *agouti* 유전자 상류의 레트로트랜스포존 프로모터가 활성화되기 때문이다. 두 번째 조절 방법은 이질염색성 siRNA 또는 piRNA에 의해 매개되는 RNA 유도 침묵이다. 일단 처리되면, siRNA와 piRNA는 다른 인자와 결합하여 전이 요소의 전사 후 또는 전사 침묵을 매개한다.

세대 간 후성 유전은 한 세대 동안 배우자에서 배아로 후성유전적 표시가 전달되는 것이다. 예를 들어, 암컷 생쥐의 메틸이 부족한 식단은 생쥐 유전체의 DNA 메틸화 패턴을 변화시켜 비만, 당뇨병 및 암에 대한 높은 감수성을 초래함으로써 생쥐 새끼의 유전 가능한 표현형 변화를 유발할 수 있다. 세대 간 후성 유전학적 유전은 여러 세대에 걸친 후성 유전학적 특징과 표현형의 전달이다. 모델 유기체에 대한 연구는 세대 간 후성 유전에 대한 증거를 제공했지만 인간에 대한 연구는 해석하기 어렵다.

단일 대립유전자성 발현은 다양한 생물체에서 세포 분화에 중요한 역할을 한다. 대립유전자 배제를 매개하는 주된 메커니즘은 재조합에 의한 프로그램된 유전자 재배열이다. 출아효모의 교배형 바꾸기에서, 세포는 2개의 서로 다른 교배형 카세트 중 발현되는 1개의 카세트를 바꾼다. 유전정보는 2개의 침묵된 공여 유전자좌(*HMAa* 또는 *HMA*α) 중 하나로부터 *MAT* 유전자좌로 복사된다. DNA 재배열은 HO 엔도뉴클레에이스가 매개하는 위치-특이적 상동재조합(site-specific homologous recombination)(유전자 전환)에 의하여 일어난다. 적어도 한 번 이상 분열한 세포에서는 반대 교배형으로의 전환이 선택적으로 일어난다. 전환의 방향성은 재조합 인핸서에 의하여 조절된다. 재조합 인핸서는 α-교배형이 암호화하는 억제 단백질에 의하여 억제된다. 침묵된 교배형 공여자 서열의 발현은 에피제네틱스 메커니즘에 의하여 억제된다. 공여 유전자좌의 양옆에 위치하는 침묵 서열은 여러 특이적 조절 단백질(Sir1−Sir4와 Rap1)과 히스톤 탈아세틸화효소, 이질염색질 조립 인자 등을 소집한다. 이들 인자는 함께 전사를 억제하는 닫힌 염색질 영역(a domain of closed chromatin)을 확립시킨다.

"인체 수면병"의 원인이 되는 아프리카 트리파노솜에서, 면역 반응의 회피는 주된 표면 항원을 만들 수 있는 여러 유전자 중 사용되는 하나의 유전자를 교환함으로써 일어난다. 트리파노솜은 변이 표면 당단백질(VSG)로 된 외막을 바꿀 수 있는데, 이는 텔로미어의 발현자리(expression site)에 있는 전사되는 *VSG* 유전자를 1,000개 이상의 다른 *VSG* 유전자 중 하나로 치환하거나 또는 활성화되는 발현자라를 변화시킴으로써 가능하다. 20개의 서로 다른 발현자리가 존재하지만, 한 시점에는 하나의 발현자리만이 활성화되어 있다. 항원 바꾸기(antigen switching)는 유전자 전환 또는 상보적 재조합에 의한 DNA 상동재조합을 통하여 일어난다. 활성화되는 발현자리를 바꾸는 것은 어떤 발현자리가 핵의 발현자리체(ESB) 내에 들어갈 것인지를 조절하는 에피제네틱스 메커니즘에 의하여 조절된다. 변형된 염기 "J"(커다란 글루코스 부분을 가지는 티민)는 유전자 침묵에서 메틸사이토신과 유사한 역할을 할 수 있다.

활성화된 면역글로불린 유전자의 형성은 서로 다른 DNA 조각의 조립에 의해서 일어난다. 면역글로불린(항체) 단백질은 2개의 동일한 중사슬과 2개의 동일한 경사슬로 구성되어 있는데, 개개의 사슬은 불변 부위(C)와 가변 부위(V)로 되어 있다. 배계열 세포에서 면역글로불린 유전자좌에는 V, 다양성(D)(중사슬에만)과 결합(J) 부위 유전자 조각이 C 부위 유전자 조각 상류에 일렬로 존재한다. B 세포(전구-B 세포)에서는 일련의 위치-특이적 재조합에 의하여 각기 서로 다른 항원수용체를 암호화하는 특이 V(D)J 서열이 만들어진다. V(D)J 재조합은 RAG1/2 재조합효소 복합체가 매개한다. 표적 재조합 신호 서열(RSS)은 개개 유전자 조각의 양옆에 위치한다. 양쪽 가닥이 모두 잘린 후, DNA 조각은 비상동 말단-결합 경로(nonhomologous end joining pathway)에 의하여 연결된다. V(D)J 재조합과 전위가 유사하기 때문에, V(D)J 체계가 트랜스포존에서 진화한 것으로 추정된다. 재배열될 대립유전자의 초기 선택과 대립유전자 배제는 에피제네틱스 조절을 받는다.

분석 질문

분석, 발견 및 실제 데이터 질문에 대한 해답은 부록을 참조하시오.

1 생쥐의 *MAMA* 유전자의 모계 대립유전자는 활성화되어 있고, 부계 대립유전자는 억제되어 있는 것을 발견하였다. 이 유전자는 성장인자를 암호화한다.

(a) 다 자란 생쥐를 5-아자데옥시시티딘(5-azadeoxycytidine)으로 처리하였을 때 대립유전자 발현에 미치는 영향을 예측해 보시오.

(b) 실험 과정 중 생쥐의 새끼들이 예측된 밤색 털 대신 완전한 노란색 털을 가지고 태어난 것을 발견하였다. 그 원인을 설명하시오.

2 아래 그림은 1명의 정상아와 1명의 프라더–윌리 증후군 어린이, 그리고 2명의 안젤만 증후군 어린이의 DNA 메틸화를 분석하기 위해, 유전체 DNA를 *Hin*dIII와 *Hpa*II로 자르고, 염색체 15번 특이적 탐침자인 PW71B로 탐침한 서던 블롯의 결과이다. 각 줄(lane)의 결과를 설명하시오.

Lane 1: “Unaffected” child
Lane 2: Child with Prader-Willi syndrome
Lane 3: Child with Angelman syndrome
Lane 4: Child with Angelman syndrome

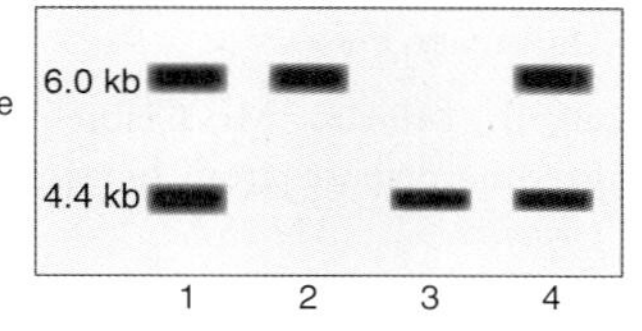

3 불활성화된 X 염색체에는 많은 CpG 섬이 고도로 메틸화되어 있다. 이것이 *XIST* 유전자 상류의 CpG 섬에도 적용이 되는가? 또 그 이유를 설명하시오.

4 효모 *Ty* 요소와 척추동물 *Tc1/mariner* 요소에 대한 두 가지 시험관 내 전위 체계를 가지고 있다고 가정할 때, 다음 억제자는 이 두 체계에 어떤 효과를 가지며, 그 이유는 무엇이겠는가?

(a) 번역 억제제

(b) 전사 억제제

(c) 이중가닥 DNA 복제 억제제

(d) 역전사 억제제

5 분자생물학자가 출아효모(budding yeast)에서 반대 교배형으로의 선택적 교배형 바꾸기가 일어난다는 것을 증명하였다. 교배형 변화를 유발하지 않는 *a* → *a* (또는 α → α) 전환은 거의 일어나지 않는다. *MATa* 유전자좌의 DNA 서열은 공여자 *HMRa*와 동일한 것인데, *a* → *a*가 일어났는지 또는 그렇지 않은지를 어떻게 보일 수 있겠는가?

6 트리파노솜 항원 바꾸기의 가장 흔한 방식에서, 활성화된 발현자리의 *VSG* 유전자는 분해되고 공여자 *VSG* 유전자로 치환된다. 시간이 지나도 *VSG* 유전자가 점차 소실되지 않는 이유는?

7 골수 줄기세포의 유전체 DNA는 성숙한 B 세포의 유전체 DNA와 동일한가? 그 이유를 설명하시오.

발견 질문

그림 10.6 각인이 재설정되지 않은 경우 다음 세대에 어떤 일이 일어날지 묘사하는 모델을 그리시오.

그림 10.8 취약 X 증후군이 있는 여성 환자가 이형접합체인 경우 증상이 다양한 이유를 설명하시오. (힌트: Disease Box 10.2 참조.)

그림 10.25 새로운 외래 항원이 APC(항원 제시 세포)에 의해 제시된다고 가정한다. 그림과 같은 B 세포가 활성화될지 예측하시오.

실제 데이터 질문

그림 10.4 연구자들이 *BNIP3* mRNA 수준을 *GAPDH* mRNA 수준으로 정규화한 이유는 무엇인가?

그림 10.19 일부 쥐의 얼룩덜룩한 털 색깔에 대한 설명을 하시오.

그림 10.24 항-RNA 중합효소 I 항체가 핵소체도 염색하는 이유를 설명하시오.

참고문헌

Abe, T., Toyota, M., Suzuki, H. et al. (2005). Upregulation of BNIP3 by 5-aza-2′-deoxycytidine sensitizes pancreatic cancer cells to hypoxia-mediated cell death. *Journal of Gastroenterology* 40: 504–510.

Allis, C.D., Jenuwein, T., Reinberg, D., and Caparros, M.L. (eds.) (2007). *Epigenetics*. Cold Spring Harbor, NY: Cold Spring Harbor Laboratory Press.

Aryal, S. and Klann, E. (2018). Turning up translation in fragile X syndrome. *Science* 361: 648–649.

Ash, C. and Jasny, B.R. (2005). The trypanosomatid genomes. *Science* 309: 399–442.

Beck, C.R., Collier, P., Macfarlane, C. et al. (2010). LINE-1 retrotransposition activity in human genomes. *Cell* 141: 1159–1170.

Beh, L.Y., Debelouchina, G.T., Clay, D.M. et al. (2019). Identification of a DNA N6-adenine methyltransferase complex and its impact on chromatin organization. *Cell* 177: 1781–1796.

Bender, J. (2004). Chromatin-based silencing mechanisms. *Current Opinion in Plant Biology* 7: 521–526.

Bergman, Y., Fisher, A., and Cedar, H. (2003). Epigenetic mechanisms that regulate antigen receptor gene expression. *Current Opinion in Immunology* 15: 176–181.

Bhattacharyya, M.K., Smith, A.M., Ellis, T.H. et al. (1990). The wrinkled-seed character of pea described by Mendel is caused by a transposon-like insertion in a gene encoding starch-branching enzyme. *Cell* 60: 115–122.

Blackledge, N.P., Zhou, J.C., Tolstorukov, M.Y. et al. (2010). CpG islands recruit a histone H3 lysine 36 demethylase. *Molecular Cell* 38: 179–190.

Borst, P. (2002). Antigenic variation and allelic exclusion. *Cell* 109: 5–8.

Brack, C., Hirama, M., Lenhard-Schuller, R., and Tonegawa, S. (1978). A complete immunoglobulin gene is created by somatic recombination. *Cell* 15: 1–14.

Buchholz, T. and Smith, E. (1997). Testing for genomic imprinting. *Today's Life Science* 9: 36–39.

Buchholz, T., Jackson, J., Robson, L., and Smith, A. (1998). Evaluation of methylation analysis for diagnostic testing in 258 referrals suspected of Prader-Willi or Angelman syndromes. *Human Genetics* 103: 535–539.

Bushman, F. (2002). *Lateral DNA Transfer: Mechanisms and Consequences*. Cold Spring Harbor, NY: Cold Spring Laboratory Press.

Bushman, F. (2004). Selfish elements make a mark. *Nature* 429: 253–255.

Byrnes, W.M. (2015). The forgotten father of epigenetics. *American Scientist* 103: 106–109.

Carone, B.R., Fauquier, L., Habib, N. et al. (2010). Paternally induced transgenerational environmental reprogramming of metabolic gene expression in mammals. *Cell* 143: 1084–1096.

Carrel, L. and Willard, H.F. (2005). X-inactivation profile reveals extensive variability in X-linked gene expression in females. *Nature* 434: 400–404.

Cavalli, G. and Heard, E. (2019). Advances in epigenetics link genetics to the environment and disease. *Nature* 571: 489–499.

Cestari, I. and Stuart, K. (2015). Inositol phosphate pathway controls transcription of telomeric expression sites in trypanosomes. *Proceedings of the National Academy of Sciences of the United States of America* 112: E2803–E2812.

Cestari, I., Haas, P., Moretti, N.S. et al. (2016). Chemogenetic characterization of inositol phosphate metabolic pathway reveals druggable enzymes for targeting kinetoplastid parasites. *Cell Chemical Biology* 23: 608–617.

Chen, C.K., Blanco, M., Jackson, C. et al. (2016). Xist recruits the X chromosome to the nuclear lamina to enable chromosome-wide silencing. *Science* 354: 468–472.

Chow, J.C., Ciaudo, C., Fazzari, M.J. et al. (2010). LINE-1 activity in facultative heterochromatin formation during X chromosome inactivation. *Cell* 141: 956–969.

Clayton-Smith, J. and Laan, L. (2003). Angelman syndrome: a review of the clinical and genetic aspects. *Journal of Medical Genetics* 40: 87–95.

Comfort, N.C. (2001). *The Tangled Field: Barbara McClintock's Search for the Patterns of Genetic Control*. Cambridge, MA: Harvard University Press.

Czech, B., Munafo, M., Ciabrelli, F. et al. (2018). piRNA-guided genome defense: from biogenesis to silencing. *Annual Review of Genetics* 52: 131–157.

Dalgaard, J.Z. and Vengrova, S. (2004). Selective gene expression in multigene families from yeast to mammals. *Science's STKE* 256: 1–10.

Delaval, K. and Feil, R. (2004). Epigenetic regulation of mammalian genomic imprinting. *Current Opinion in Genetics and Development* 14: 188–195.

DiPaolo, C., Kieft, R., Cross, M., and Sabatini, R. (2005). Regulation of trypanosome DNA glycosylation by a SWI2/SNF2-like protein. *Molecular Cell* 17: 441–451.

Druker, R. and Whitelaw, E. (2004). Retrotransposon-derived elements in the mammalian genome: a potential source of disease. *Journal of Inherited Metabolic Disease* 27: 319–330.

Elbarbary, R.A., Lucas, B.A., and Maquat, L.E. (2016). Retrotransposons as regulators of gene expression. *Science* 351 aac7247.

Emerson, J.J., Kaessmann, H., Betran, E., and Long, M. (2004). Extensive gene traffic on the mammalian X chromosome. *Science* 303: 537–540.

Feng, S., Jacobsen, S.E., and Reik, W. (2010). Epigenetic reprogramming in plant and animal development. *Science* 330: 622–627.

Ferber, D. (2003). Triple-threat microbe gained powers from another bug. *Science* 302: 1488.

Ferguson-Smith, A.C., Sasaki, H., Cattanach, B.M., and Surani, M.A.

(1993). Parental-origin-specific epigenetic modification of the mouse *H19* gene. *Nature* 362: 751–755.

Feschotte, C., Jiang, N., and Wessler, S.R. (2002). Plant transposable elements: where genetics meets genomics. *Nature Reviews Genetics* 3: 329–341.

Field, M.C. and Carrington, M. (2004). Intracellular membrane transport systems in *Trypanosoma brucei*. *Traffic* 5: 905–913.

Field, A.E., Robertson, N.A., Wang, T. et al. (2018). DNA methylation clocks in aging: categories, causes, and consequences. *Molecular Cell* 71: 882–895.

Fraga, M.F., Ballestar, E., Villar-Garea, A. et al. (2005). Loss of acetylation at Lys16 and trimethylation at Lys20 of histone H4 is a common hallmark of human cancer. *Nature Genetics* 37: 391–400.

Furlan, G. and Rougeulle, C. (2016). Function and evolution of the long noncoding RNA circuitry orchestrating X-chromosome inactivation in mammals. *WIREs RNA* 7: 702–722.

Gabel, H.W., Kinde, B., Stroud, H. et al. (2015). Disruption of DNA-methylation-dependent long gene repression in Rett syndrome. *Nature* 522: 89–93.

Gartenberg, M.R., Neumann, F.R., Laroche, T. et al. (2004). Sirmediated repression can occur independently of chromosomal and subnuclear contexts. *Cell* 119: 955–967.

Goldmit, M. and Bergman, Y. (2004). Monoallelic gene expression: a repertoire of recurrent themes. *Immunological Reviews* 200: 197–214.

Greenblatt, E.J. and Spradling, A.C. (2018). Fragile X mental retardation 1 gene enhances the translation of large autism-related proteins. *Science* 361: 709–712.

Grewal, S.I.S. and Moazed, D. (2003). Heterochromatin and epigenetic control of gene expression. *Science* 301: 798–802.

Haber, J.E. (1998). Mating-type gene switching in *Saccharomyces cerevisiae*. *Annual Review of Genetics* 32: 561–599.

Hajkova, P. and Surani, M.A. (2004). Programming the X chromosome. *Science* 303: 633–634.

Halic, M. and Moazed, D. (2009). Transposon silencing by piRNAs. *Cell* 138: 1058–1060.

Han, B.W., Wang, W., Li, C. et al. (2015). piRNA-guided transposon cleavage initiates Zucchini-dependent, phased piRNA production. *Science* 348: 817–821.

Hanna, C.W. and Kelsey, G. (2014). The specification of imprints in mammals. *Heredity* 113: 176–183.

Hekimi, S. and Guarente, L. (2003). Genetics and the specificity of the aging process. *Science* 299: 1351–1354.

Heyn, H. and Esteller, M. (2015). An adenine code for DNA: a second life for N6-methyladenine. *Cell* 161: 710–713.

Hoppe, G.J., Tanny, J.C., Rudner, A.D. et al. (2002). Steps in assembly of silent chromatin in yeast: Sir3-independent binding of a Sir2/Sir4 complex to silencers and role for Sir2-dependent deacetylation. *Molecular and Cellular Biology* 22: 4167–4180.

Horie, K., Kuroiwa, A., Ikawa, M. et al. (2001). Efficient chromosomal transposition of a *Tc1/mariner*-like transposon *Sleeping Beauty* in mice. *Proceedings of the National Academy of Sciences of the United States of America* 98: 9191–9196.

Horn, D. (2004). The molecular control of antigenic variation in *Trypanosoma brucei*. *Current Molecular Medicine* 4: 563–576.

Huang, C.R.L., Schneider, A.M., Lu, Y. et al. (2010). Mobile interspersed repeats are major structural variants in the human genome. *Cell* 141: 1171–1182.

Huang, S., Tao, X., Yuan, S. et al. (2016). Discovery of an active RAG transposon illuminates the origins of V(D)J recombination. *Cell* 166: 102–114.

Iida, S., Morita, Y., Choi, J.D. et al. (2004). Genetics and epigenetics in flower pigmentation associated with transposable elements in morning glories. *Advances in Biophysics* 39: 141–159.

Iskow, R.C., McCabe, M.T., Mills, R.E. et al. (2010). Natural mutagenesis of human genomes by endogenous retrotransposons. *Cell* 141: 1253–1261.

Iwasaki, Y.W., Murano, K., Ishizu, H. et al. (2016). Piwi modulates chromatin accessibility by regulating multiple factors including histone H1 to repress transposons. *Molecular Cell* 63: 408–419.

Jiang, Y., Bressler, J., and Beaudet, A.L. (2004). Epigenetics and human disease. *Annual Review of Genomics and Human Genetics* 5: 479–510.

Jones, J.M. and Gellert, M. (2004). The taming of a transposon: V(D)J recombination and the immune system. *Immunological Reviews* 200: 233–248.

Jung, D. and Alt, F.W. (2004). Unraveling V(D)J recombination: insights into gene regulation. *Cell* 116: 299–311.

Jurka, J. (2004). Evolutionary impact of human *Alu* repetitive elements. *Current Opinion in Genetics and Development* 14: 603–608.

Kaneda, M., Okano, M., Hata, K. et al. (2004). Essential role for *de novo* DNA methyltransferase Dnmt3a in paternal and maternal imprinting. *Nature* 429: 900–903.

Kato, Y. and Sasaki, H. (2004). Imprinting and looping: epigenetic marks control interactions between regulatory elements. *BioEssays* 27: 1–4.

Kazazian, H.H. (2004). Mobile elements: drivers of genome evolution. *Science* 303: 1626–1632.

Kazazian, H.H., Wong, C., Youssoufian, H. et al. (1988). Haemophilia A resulting from *de novo* insertion of L1 sequences represents a novel mechanism for mutation in man. *Nature* 332: 164–166.

Kelly, S. and Carrington, M. (2018). Chromatin clues to a parasite's coat switch. *Nature* 563: 40–41.

Kim, Y.J., Lee, J., and Han, K. (2012). Transposable elements: no more 'junk DNA'. *Genomics & Informatics* 10: 226–233.

Kim, M.S., Chuenchor, W., Chen, X. et al. (2018). Cracking the DNA code for V(D)J recombination. *Molecular Cell* 70: 358–370.

Kishino, T., Lalande, M., and Wagstaff, J. (1997). UBE3A/E6-AP mutations cause Angelman syndrome. *Nature Genetics* 15: 70–73.

Kobayashi, K., Nakahori, Y., Miyake, M. et al. (1998). An ancient retrotransposal insertion causes Fukuyama-type congenital muscular dystrophy. *Nature* 394: 388–392.

Kobayashi, S., Goto-Yamamoto, N., and Hirochika, H. (2004). Retrotransposon-induced mutations in grape skin color. *Science* 304: 982.

Lin, T.H., Tsai, K.C., and Lo, T.C. (2003). Homology modeling of the central catalytic domain of insertion sequence IS*LC3* isolated from *Lactobacillus casei* ATCC 393. *Protein Engineering* 16: 819–829.

Liu, X.S., Wu, H., Krzisch, M. et al. (2018). Rescue of fragile X syndrome neurons by DNA methylation editing of the FMR1 gene. *Cell* 172: 979–992.

Lund, A.H. and van Lohuizen, M. (2004). Epigenetics and cancer. *Genes and Development* 18: 2315–2335.

Maddalena, A., Richards, C.S., McGinniss, M.J. et al. (2001). Technical standards and guidelines for fragile X: the first of a series of disease-specific supplements to the Standards and Guidelines for Clinical Genetics Laboratories of the American College of Medical Genetics. *Genetics in Medicine* 3: 200–205.

Makedonski, K., Abuhatzira, L., Kaufman, Y. et al. (2005). MeCP2 deficiency in Rett syndrome causes epigenetic aberrations at the PWS/AS imprinting center that affects UBE3A expression. *Human Molecular Genetics* 14: 1049–1058.

Matsuura, T., Sutcliffe, J.S., Fang, P. et al. (1997). *De novo* truncating mutations in E6-AP ubiquitin-protein ligase gene (*UBE3A*) in Angelman syndrome. *Nature Genetics* 15: 74–77.

McCulloch, R. (2004). Antigenic variation in African trypanosomes: monitoring progress. *Trends in Parasitology* 20: 117–121.

McHugh, C.A., Chen, C.K., Chow, A. et al. (2015). The Xist lncRNA interacts directly with SHARP to silence transcription through HDAC3. *Nature* 521: 232–236.

Miska, E.A. and Ferguson-Smith, A.C. (2016). Transgenerational inheritance: models and mechanisms of non-DNA sequence-based inheritance. *Science* 354: 59–63.

Mohn, F., Handler, D., and Brennecke, J. (2015). piRNA-guided slicing specifies transcripts for Zucchini-dependent, phased piRNA biogenesis. *Science* 348: 812–816.

Monk, D. (2015). Germline-derived DNA methylation and early embryo epigenetic reprogramming: the selected survival of imprints. *The International Journal of Biochemistry & Cell Biology* 67: 128–138.

Murphy, S.K. and Jirtle, R.L. (2003). Imprinting evolution and the price of silence. *BioEssays* 25: 577–588.

Navarro, M. and Gull, K. (2001). A pol I transcriptional body associated with VSG mono-allelic expression in *Trypanosoma brucei*. *Nature* 414: 759–763.

Niemitz, E.L. and Feinberg, A.P. (2004). Epigenetics and assisted reproductive technology: a call for investigation. *American Journal of Human Genetics* 74: 599–609.

Oldridge, M., Zackai, E.H., McDonald-McGinn, D.M. et al. (1999). De novo *Alu*-element insertions in *FGFR2* identify a distinct pathological basis for Apert syndrome. *American Journal of Human Genetics* 64: 446–461.

Ostertag, E.M. and Kazazian, H.H. Jr. (2001). Biology of mammalian L1 retrotransposons. *Annual Review of Genetics* 35: 501–538.

van Otterdijk, S.D. and Michels, K.B. (2016). Transgenerational epigenetic inheritance in mammals: how good is the evidence? *The FASEB Journal* 30: 2457–2465.

Patil, D.P., Chen, C.K., Pickering, B.F. et al. (2016). m6A RNA methylation promotes *XIST*-mediated transcriptional repression. *Nature* 537: 369–373.

Pembrey, M.E., Bygren, L.O., Kaati, G. et al. (2006). Sex-specific, male-line transgenerational responses in humans. *European Journal of Human Genetics* 14: 159–166.

Reinberg, D. and Vales, L.D. (2018). Chromatin domains rich in inheritance. *Science* 361: 33–34.

Runt, M., Varon, R., Horn, D. et al. (2005). Exclusion of the C/D box snoRNA gene cluster *HBII-52* from a major role in Prader–Willi syndrome. *Human Genetics* 116: 228–230.

Russo, V.E.A., Martienssen, R.A., and Riggs, A.D. (1996). *Epigenetic Mechanisms of Gene Regulation*. Cold Spring Harbor, NY: Cold Spring Harbor Laboratory Press.

Sakatani, T., Kaneda, A., Iacobuzio-Donahue, C.A. et al. (2005). Loss of imprinting of *Igf2* alters intestinal maturation and tumorigenesis in mice. *Science* 307: 1976–1978.

Scott, R.J. and Spielman, M. (2004). Epigenetics: imprinting in plants and mammals – the same but different? *Current Biology* 14: R201–R203.

Sharif, J. and Koseki, H. (2018). Hemimethylation: DNA's lasting odd couple. *Science* 359: 1102–1103.

Siomi, H. and Siomi, M.C. (2015). Phased piRNAs tackle transposons. *Science* 348: 756–757.

Skinner, M.K. (2010). Fathers' nutritional legacy. *Nature* 427: 922–923.

Stoyanova, V. and Oostra, B.A. (2004). The CGG repeat and the FMR1 gene. *Methods in Molecular Biology* 277: 173–184.

Tai, H.C. and Schuman, E.M. (2010). Angelman syndrome: finding the lost arc. *Cell* 140: 608–610.

Tian, D., Sun, S., and Lee, J.T. (2010). The long noncoding RNA, Jpx, is a molecular switch for X chromosome inactivation. *Cell* 143: 390–403.

Tucci, V., Isles, A.R., Kelsey, G. et al. (2019). Genomic imprinting and physiological processes in mammals. *Cell* 176: 952–965.

Wallis, C. (1983). Honoring a modern Mendel. Time 24 October: 43–44.

Waterland, R.A. and Jirtle, R.L. (2003). Transposable elements: targets for early nutritional effects on epigenetic gene regulation. *Molecular and Cellular Biology* 23: 5293–5300.

Wilkinson, L.S. (2010). Which parental gene gets the upper hand? *Science* 329: 636–637.

Xiao, C.L., Zhu, S., He, M. et al. (2018). N6-methyladenine DNA modification in the human genome. *Molecular Cell* 71: 306–318.

Xu, M., Long, C., Chen, X. et al. (2010). Partitioning of histone H3-H4 tetramers during DNA replication-dependent chromatin assembly. *Science* 328: 94–98.

Yu, R., Jih, G., Iglesias, N., and Moazed, D. (2014). Determinants of heterochromatic siRNA biogenesis and function. *Molecular Cell* 53: 262–276.

Zhang, Y., Cheng, T.C., Huang, G. et al. (2019). Transposon molecular domestication and the evolution of the RAG recombinase. *Nature* 569: 79–84.

C H A P T E R E L E V E N

RNA 가공과 전사 후 유전자 조절

분할 유전자의 발견은 최근의 다른 연구 결과물들과 함께 세포의 유전 기관이 우리가 생각했던 것 보다 더 복잡하고 더 다양하며 더 역학적이라는 것을 보여준다.

Pierre Chambon,* Scientific American *(1981) 244:60.

OUTLINE

- 11.1 서론
- 11.2 분할 유전자의 발견
- 11.3 다양한 메커니즘에 의한 이어맞춤
- 11.4 핵 pre-mRNA의 동시-전사 가공 과정
- 11.5 선택적 이어맞춤
- 11.6 RNA 편집
- 11.7 RNAi에 의한 전사 후 유전자 조절
- 11.8 핵과 세포질에서의 RNA 전환

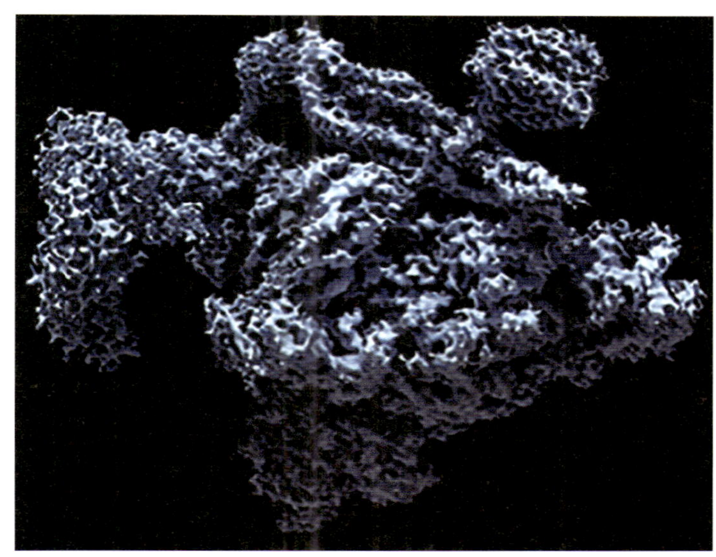

효모 스플라이스오솜의 3차원 구조. Reproduced from C. Bickel/Science, AAAS structure based on the cryo-electron microscopy map of a yeast spliceosome (EMDB ID: EMD-6413).

11.1 서론

RNA를 연구하는 과학자들은 분자생물학의 지난 몇 십 년 동안 다른 어떤 연구 분야보다도 더 혁명적이고 예상하지 못한 발견들에 직면해 왔다. DNA와 단백질 간의 단순한 중개자로서의 RNA 관점이 빠르게 사라지게 되었다. 전사 후 RNA 가공에 대한 연구는 pre-mRNA의 염기 서열을 바꾸는 "분할 유전자", 촉매성 RNA, 그리고 길잡이 RNA와 같은 예견하지 못한 발견을 이끌었다. 전에는 발견되지 않았던 작은 조절성 RNA들이 이제 세포의 "암흑 물질"이라고 불릴 만큼 많이 발견되고 있다.

9장과 10장에서 유전자 전사의 개시 또는 침묵을 조절하는 인자에 대해서 다루었다. 이 장에서는 진핵 유전자 조절에서 전사 후 가공 과정이 중요하게 나타난다는 것에 초점을 두었다. mRNA 발현의 전사 후 조절 수준은 5′ cap의 추가, 다중 아데닐화, RNA 가공, 핵외 수송, RNA의 질적 조절, 그리고 넌센스 매개성 분해를 포함한다. 이런 모든 과정들은 전사 과정과 밀접하게 연결되어 있다. RNA 조효소에 의해 이어맞춤 또는 염기 변형이 되었는지 등의 가공 과정에 있어서 되풀이되는 주제는 RNA가 상보적인 염기쌍에 의해 특이성을 부여 받아 이용된다는 데 있다. 분자생물학의 연속된 획기적인 순간에서 분할 유전자의 발견을 먼저 살펴보도록 하자.

11.2 분할 유전자의 발견

유전자 암호를 해독한 이후 오랫동안, DNA의 불연속적이고 끊임 없는 확장으로 인한 뉴클레오티드의 선상 서열은 단백질 아미노산의 선상 서열과 완전히 일치할 것이라고 추정되었다. 이러한 "등방향성"의 법칙은 1977년, Phillip Sharp, Richard Roberts 그리고 그의 동료들에 의해 잘못되었음이 증명되었다. 바이러스성 DNA인 아데노바이러스 감염의 후기 단계 동안 세포질 mRNA로 발현되는 서열의 상보성 비교는 결과적으로 분할 유전자의 발견을 낳았다. Sharp와 그의 동료들은 일차 RNA 전사체로부터 개재 서열이 제거되거나 이어맞춤이 일어나고, 4개의 분리된 부분이 연결되어 성숙한 아데노바이러스 mRNA를 만든다는 가설을 세웠다. Richard K. Roberts와 Phillip A. Sharp는 분할 유전자의 발견으로 1993년 노벨 생리의학상을 공동으로 수상하였다. 아데노바이러스에서 분할 유전자와 RNA 가공 과정 발견 이후, 수많은 세포 유전자도 개재 서열을 가진다고 알려졌다.

예를 들어, 난알부민 유전자는 **R-고리 지도 작성(R-loop mapping)**에 의해 8개의 서열 세트로 잘린다(그림 11.1). 이 실험에서, 난알부민 유전자에 포함된 단일가닥 DNA 단편을 정제된 난알부민 mRNA와 결합시켰다. 상보성을 가지는 DNA와 RNA 단편을 서로 결합시켜 이중가닥 부분을 만들었다. 이러한 부분들의 DNA 서열은 8개의 엑손이다. RNA와 상보적인 서열을 가지고 있지 않은 DNA 고리의 7개 개재 서열 또는 인트론이 보합체에서 벗어난다.

1978년, Walter Gilbert는 분할 유전자의 개재 서열로 "**인트론(intron)**"이라는 용어를 만들어냈다. **엑손(exon)**은 성숙한 RNA 분자의 기능적인, 발현된 서열로서 정의되었다. 인트론은 최소 100 nt부터 수많은 뉴클레오티드 크기의 범위를 갖는 것으로 나타났다. 이에 비해 엑손은 일반적으로 인트론 보다 적은 50~300 nt 크기의 범위를 갖는다고 알려졌다. 1990년대 초까지 인트론은 엑손과 함께 전사되지만 "잡스러운 부분"은 잘려지고 분해된다고 알려졌다(그림 11.2). 이러한 인트론의 수동적인 역할은 인트론이 증강 인자 혹은 침묵 인자와 같은 전사 조절 요소를 가지고 있을지도 모른다는 발견에 의해 약간 수정되었다. 그러나 연구자들은 여전히 새롭게 확인된 유전자의 기능을 성립할 때, 엑손 서열만을 상세히 보는 경향을 가지고 있다. 그 후에, 두 가지 중요한 발견은 쟁점의 전환을 가져왔다. 먼저, 인트론이 작은 핵소체 RNA와 마이크로 RNA와 같은 작은 RNA를 암호화한다는 것이 발견되었다. 이어서 인트론이 기능을 암호화하고 엑손이 퇴화되는 곳에서 "내외전도(inside-out)" 유전자가 발견되었다(Focus box 11.1). 따라서 오늘날 인트론은 절단 후에 물리적으로 분리된 서열로서 정의된다. 엑손은 절단 후에 함께 이어 붙인 서열로 정의된다. 유전자의 어떤 부분이 기능을 발현하는지에 대한 결론은 다른 분석을 기반으로 한다.

RNA 이어맞춤(RNA splicing)은 인트론이 일차 RNA 전사체로의 정확한 접합자리에서 제거되고, 남은 RNA의 끝이 연결되어 연속된 mRNA, 리보솜 RNA 또는 전달 RNA를 형성하는 과정이다. 인트론의 잘림과 엑손의 연결은 **접합자리(splice sites)**라고 불리는 인트론-엑손 사이의 특별한

그림 11.1 난알부민 유전자의 개재 서열. 난백단백질인 난알부민을 암호화하는 DNA의 분할 유전자 구조의 전자현미경 사진과 (a; 180,000배 확대) R-고리 지도 (b). (c) 유전자의 도식화된 그림은 인트론(L, 1~7)과 8개의 엑손(A~G), 그리고 각 엑손에서 염기쌍의 수를 보여준다. 인트론의 크기는 251 bp (*B*)에서 1,600 bp (*G*) 사이의 범위이다. (출처: Reproduced from Chambon. 1981. *Scientific American* 244:60–71. Image courtesy of Pierre Chambon, Institut de Genetique et de Biologie Moleculaire et Cellulaire, Strasbourg, France.)

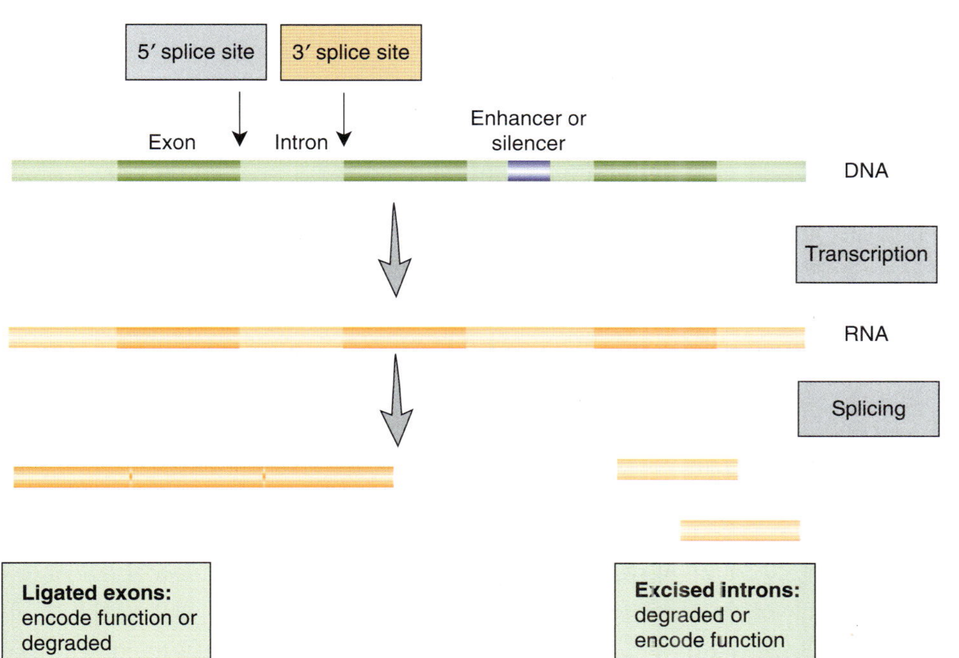

그림 11.2 전형적인 분할 유전자는 엑손과 인트론으로 구성된다. 유전자의 DNA 서열은 일차 전사체로 전사된 뒤, 이어맞춤으로 가공된다.

Focus Box 11.1

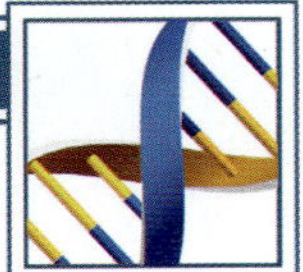

인트론이 암호화하는 작은 핵소체 RNA와 "내외전도" 유전자

작은 핵소체 RNA(snoRNA, snow RNA로 발음)은 핵소체 안에서 리보솜 RNA(rRNA)의 가공 과정에 RNA 샤페론으로서 주로 기능한다. snoRNA 염기쌍의 주요 두 분류는 rRNA의 특이적인 자리를 인지하고 변형을 유도한다. RNA 상보성의 원리는 특이성을 확립하는 데 이용되는데, 이 경우 RNA–단백질 상호작용에 의해 필수적인 변형 효소가 구성된다. 두 분류는 짧은 일치 서열 모티프를 가지는지 여부에 따라 분류된다. 각 snoRNA는 단일 또는 한쌍의 안티센트 요소를 통해 하나 또는 최대 2개의 rRNA 변형을 유도할 수 있다. C/D snoRNA은 메틸전이효소 피브릴라린을 포함하는 4개의 주요 핵심 단백질과 결합하여 snoRNPs(snorps로 발음)를 형성해서 2′-*O*-메틸화를 유도한다. H/ACA snoRNPs는 슈도유리딘 형성을 유도하고 슈도유리딘 합성효소인 디스케린을 포함한 4개의 핵심 단백질과 결합한다. 최근 연구에서, snoRNA의 역할은 리보솜 합성에 국한된 것이 아님을 밝혔다. 새로운 구성체들은 척추동물의 스플라이스오솜 snRNA, 고세균의 tRNA, mRNA의 변형에도 관여한다. 알려진 RNA 대상이 없는 "고아" snoRNA가 많이 밝혀졌으며, 이들 중 몇몇은 조직 특이적으로 별현되고 유전체 각인을 수행한다.

1990년대 초, snoRNA의 유전자는 종종 인트론 내에서 암호화되고 pre-mRNA가 이어맞춤 반응을 거쳐 형성된다는 것이 발견되었다. 인트론이 잘린 후, 핵산말단분해효소가 인트론을 성숙한 snoRNA의 형태로 잘라낸다. U3와 U8 같은 다른 snoRNA는 작은 핵 RNA (snRNA) 유형의 RNA 중합효소 II 유전자에 의해 암호화된다. 인트론을 암호화하는 snoRNA는 전형적으로 핵의 기능, 리보솜 생합성, 혹은 mRNA 번역에 관여하는 단백질을 암호화하는 어미 유전자에 위치한다. 예를 들어, 개구리(Xenopus) U14 snoRNA는 리보솜 단백질 S13 유전자의 인트론 내에서 암호화된다. 이러한 연구들은 다른 유전자 내의 인트론 서열의 정밀한 조사를 이끌었다.

1994년의 놀라운 발견은 "내외전도" 유전자의 발견이다. 18S rRNA 가공에 필요한 U22 snoRNA는 U22 호스트 유전자의 인트론 내에서 발견되었다. 쥐와 사람의 U22 호스트 유전자의 부분적인 서열 분석에서 일반적인 유전자와는 다르게 인트론이 높게 보존되고 엑손이 거의 보존되지 않은 것으로 나타났다. 인트론 내의 rRNA에 상보적인 광범위한 서열은 snoRNA의 특징이다. 연구자들은 U22 호스트 유전자가 분리된 인트론 내에서 8개의 다른 snoRNA를 암호화한다는 것을 알아냈다. snoRNA 연구 분야의 분자생물학자들은 이를 새로운 snoRNA의 "눈보라"라고 부르며 매우 흥분했다. 이와는 대조적으로, U22 호스트 유전자 전사체의 이어맞추어진 엑손은 매우 적은 가능성의 단백질 암호화를 보였고, 세포질 내에서 빠르게 분해되었다. 연구자들은 이러한 U22 호스트 유전자에 대해 인트론은 기능을 수행하고 이어맞춤된 엑손은 "쓰레기"로 남아 결국 분해된다는 결론을 내렸다. U22 호스트 유전자 구조가 특별하지 않다는 것을 곧 알게 되었다. 1998년, 사람의 U19 호스트 유전자는 또 다른 "내외전도" 유전자로 밝혀졌는데, 이 U19 snoRNA는 단백질 암호화에 매우 적은 가능성을 가진 긴 전사체로부터 가공된다. 이제 과학자들은 그러한 "호스트" 유전자(11.7절 참조)의 인트론 내에 존재하는 마이크로 RNA를 찾고 있다. 틀림 없이, 인트론 서열은 미래에 더 놀라운 발견을 제공할 것이다.

서열에서 일어난다(그림 11.2). 5′ 접합자리는 인트론의 5′ 말단에 있는 인트론-엑손 사이를 가리킨다. 인트론의 또 다른 끝은 3′ 접합자리로서, 다음 엑손과 연결되는 부분이다. 이 설명은 이어맞춤이 간단한 과정처럼 들리게 한다. 사실, 이어맞춤은 다양한 메커니즘에 의해서 일어나고, 어떤 경우에는 전사 기구 장치의 복잡성을 능가하는 정밀한 기구 장치를 필요로 한다.

11.3 다양한 메커니즘에 의한 이어맞춤

이어맞춤 메커니즘에 근거하여 자가촉매 그룹 I과 그룹 II 인트론, tRNA 인트론, 고세균 인트론, 스플라이스오솜 인트론의 5가지 주요 분류가 밝혀졌다. 핵 pre-mRNA의 복잡한 이어맞춤 경로는 다음 절에서 다룬다. 여기서는 인트론 분류를 스스로 이어맞춤할 수 있는 것을 시작으로 비교하기로 한다. 그룹 I과 그룹 II 인트론은 구조와 이어맞춤 메커니즘에서 구분되는 큰 촉매적 RNA이다.

만약 자가-이어맞춤이 주목할 만큼 충분하지 않으면, 인트론의 드 종류는 인트론이 없는 유전자에 삽입될 수 있는 메커니즘을 가진 이동성 구성체를 갖게 된다.

그룹 I 인트론은 이어맞춤을 위해 외부 G 조효소를 필요로 한다

그룹 I 인트론(Group I intron)은 섬모를 가진 원생동물인 테트라히메나에서 핵 rRNA의 자가-이어맞춤 요소로서 처음 밝혀졌다(3장 참조). 그들은 근래에 미토콘드리아, 엽록체, 그리고 지금까지 1,500개 이상으로 밝혀진 다양한 진핵생물의 핵 유전체 내에 널리 분포되어 있음이 알려졌다. 흥미롭게도, 그룹 I 인트론이 소기관에서는 rRNA, tRNA, mRNA에서 발견되는 데 반해, 핵에서는 rRNA에서만 발견된다. 90%의 그룹 I 인트론은 곰팡이, 식물, 그리고 적색과 녹색 조류에서 발견된다. 동물에서는 그룹 I 인트론이 바다 anemone(*Metridium senile*)과 산호(*Acropora tenuis*)의 미토콘드리아 유전체에서만 발견되고 있다. 현재까지 고세균에서 발견된 그룹 I 인트론은 없다. 그것들은 세균에서는 드물고 바이러스와 박테리오파지에서는 드물게 발생하지만, 최근 서열 분석의 민감도가 향상되면서 그룹 I 인트론이 고세균에 널리 퍼져 있음이 밝혀졌다.

그룹 I 인트론은 외부 구아노신 (G) 뉴클레오티드를 조효소로 하는 잘 알려지고 구분되는 두 단계 경로를 통해 자가 이어맞춤된다(그림 11.3a). 그룹 I 인트론 사이에는 오직 7개의 뉴클레오티드만이 보존되지만, 이들 모두 같은 기본 구조를 가지고서 동일한 화학 반응을 수행한다. RNA는 나선의 나란한 스택의 복잡한 3차원 접힘 패턴을 형성하여 두 엑손을 서로 가깝게 만들고 접합 과정에서 분리되지 않게 한다(그림 11.3b 및 c). 성공적인 촉매 작용은 인트론이 제대로 접혔는지에 따라서 결정된다. 자가-이어맞춤은 G 결합자리라 불리는 인트론의 촉매 중심 내의 오목한 부분과 연결된 GTP의 독립된 3′-OH에 의해 시작된다. 인트론은 엑손의 내부 길잡이 서열(IGS)과의 상보적인 염기쌍에 의해 5′ 말단 서열을 인지한다. 3차 구조는 일반적으로 U인 5′ 접합자리(5′ SS)에 위치하는 인산기를 공격하는 데 가장 유리한 부분인 3′-OH에 위치한다. 수산기 (친핵성) 공격은 첫 번째 **에스터 교환(transesterification)** 반응 또는 간단히 말해 포스포다이에스터 결합의 "교환"을 개시한다. 이 반응에서 GTP는 인트론의 5′ 말단에 더해져, 결국 상위 간계의 엑손을 방출시킨다. 그 뒤에 새롭게 더해진 G (ωG)는 G-결합자리를 떠난다. 두 번째 에스터 교환은 방출된 엑손의 3′ 접합자리(3′ SS)의 3′ 말단에 의한 공격으로 시작된다. 이어맞춤은 2개의 생산물을 만들게 되는데, 2개의 엑손이 서로 붙어 만들어진 성숙한 RNA와 잘려져서 분해되는 인트론이 그것이다.

비록 많은 그룹 I 인트론이 시험관 내에서 자가-이어맞춤을 할 수 있지만, 생체 내에서 효과적인 이어맞춤을 위해서는 단백질이 필요하다. 이러한 단백질 조효소는 인트론 RNA가 촉매적으로 활성화된 구조로 접히는 것을 돕는다. 이어맞춤에 필요한 몇몇 단백질은 인트론 자체에 의해 암호화된다. 어떤 경우에서는 이어맞춤이 단백질 의존적으로 생체 내와 시험관 내에서 일어난다. 예를 들어, 몇몇 단백질은 효모 미토콘드리아 안에서 시토크롬-b pre-mRNA의 이어맞춤에 필요하다. 필요한 단백질 중에는 인트론 자체의 해독틀에 의해 암호화되는 "성숙화 효소"도 포함된다.

그룹 II 인트론은 이어맞춤을 위해 내부의 튀어나온 A를 필요로 한다

그룹 II 인트론(Group II intron)은 그룹 I 인트론보다 흔하지 않다. 그들은 박테리아 유전체뿐만 아니라 어떤 원생생물, 곰팡이, 조류, 그리고 식물의 미토콘드리아와 엽록체 유전체 내에 존재한다. 그룹 II 인트론은 그룹 I 인트론과 다른 경로를 통해 자가-이어맞춤 하지만, 스플라이스오솜에 의한 pre-mRNA의 이어맞춤 메커니즘은 유사하다(그림 11.4a; 11.4절 참조). 그룹 II 인트론의 5′ 이어맞춤 연결지점(GUGYG, Y는 피리미딘 계열의 C와 U)과 3′ 이어맞춤 연결지점(AY)은 보존된다. 게다가, RNA는 촉매적으로 필수인 Mg^{2+} 이온을 포함하는 활성자리를 형성하는 보존된 구조로 접

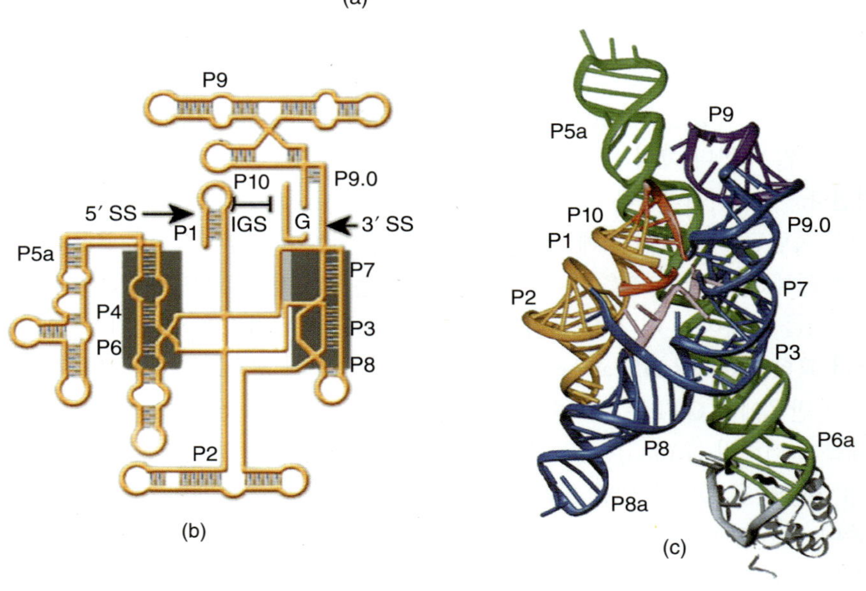

그림 11.3 그룹 I 인트론 이어맞춤 경로.
(a) 그룹 I 인트론은 2단계 스플라이싱 반응을 통해 전구체 RNA에서 제거된다. (b) 그룹 I 인트론의 전형적인 2차 구조는약 10개의 염기쌍 나선 요소(P1–P10), 3차 영역에서 3개의 스택 도메인으로 구성된다. 인트론 RNA의 중심 촉매 코어는 약 100개의 뉴클레오티드(음영 영역)이다. (c) 보라색 세균인 Azoarcus의 tRNA 그룹 I 인트론의 3차 구조. (출처: Adams et al. 2004. *RNA* 10:1867–1887.)

힌다. 그러한 2차 구조는 중심축으로부터 방사로 뻗어 나가는 6개의 이중나선 영역으로 된 꽃 모양을 닮아 있다(그림 11.4b와 c).

이어맞춤은 순차적인 두 에스터 교환 반응에 의해 일어난다. 첫 번째 친핵성 공격은 인트론 내의 돌출된 내부 아데노신 (A) 뉴클레오티드의 2′-OH에 의해 시작된다. 그 결과, 5′ 접합자리가 잘리고 연결되어 전자현미경 상에서 올가미 구조를 형성한다. 인트론의 한쪽 끝은 인트론 3′ 말단 가까이에 있는 돌출된 A와 새로운 2′-5′-포스포다이에스터 결합을 이룬다. 이는 루프 외에 RNA의 조각으로 떨어져 나간다. 두 번째 친핵성 공격은 잘려진 5′ 엑손의 3′-OH에 의해 3′ 접합자리에서 시작된다. 그 결과, 엑손이 연결되고 인트론의 **올가미(lariat)** 부분이 떨어져 나간다. 그런 다음, 올가미 부분은 가지 부분이 없어지고 분해된다.

비록 몇 개의 그룹 II 인트론은 시험관 내에서 자가-이어맞춤 하지만, 이러한 반응은 일반적으로 고염도와 같은 물리적인 상태가 요구된다. 생체 내에서 효과적인 이어맞춤의 경우, 그룹 II 인트론

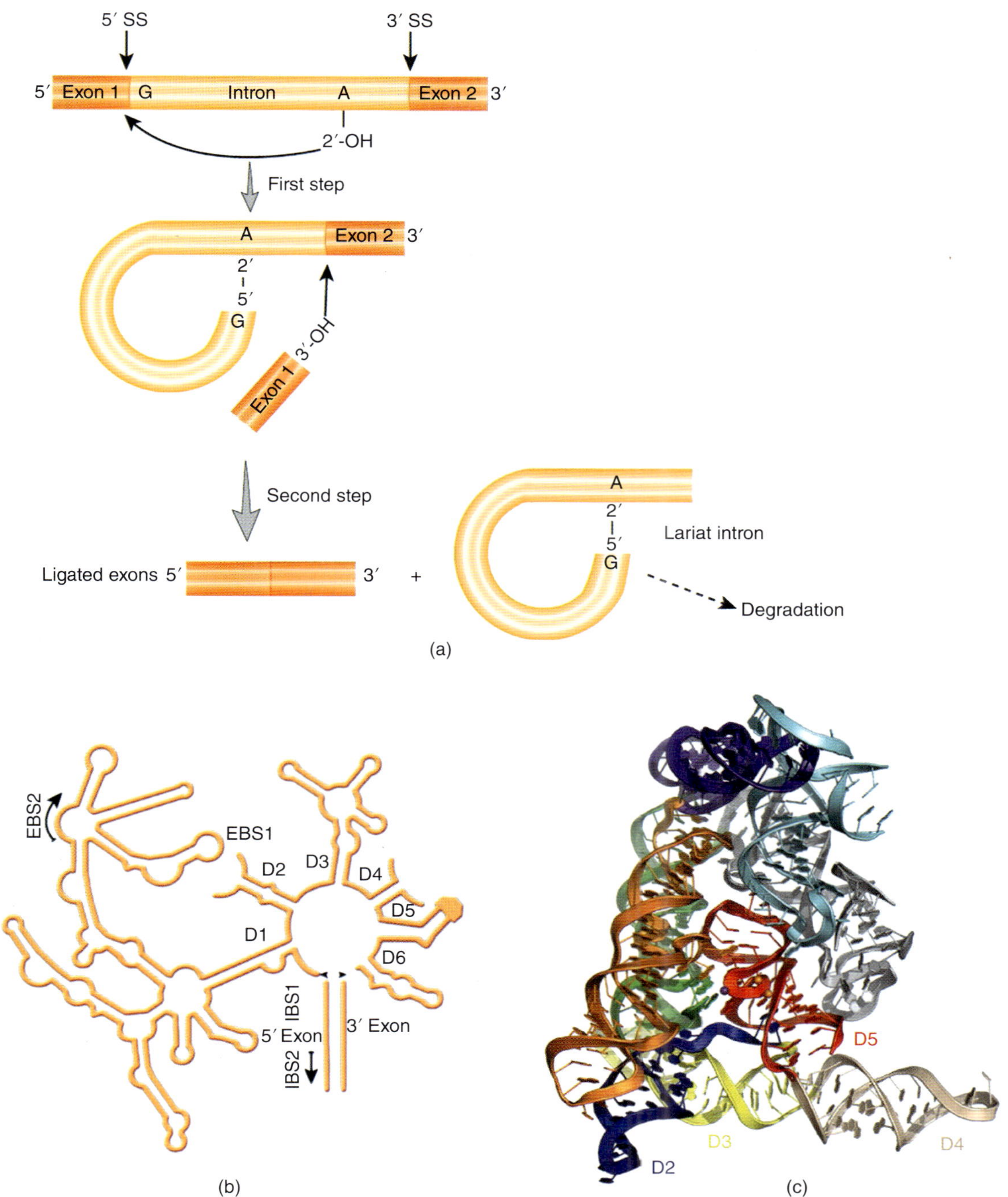

그림 11.4 그룹 II 인트론 이어맞춤 경로.
(a) 그룹 II 인트론 접합은 돌출된 A의 2′-OH에 의해 시작된 2단계 반응에 의해 발생한다. (b) 그룹 II 인트론 구조의 전형적인 2차 구조는 다음을 포함하는 6개의 주요 도메인(D1–D6)을 가지고 있다. 중앙 바퀴에서 방출되는 촉매 영역 D5. 5′ 엑손에 위치한 인트론 결합자리(IBS1 및 2)는 2개의 인트론 엑손 결합자리(EBS1 및 2)와 염기쌍을 이룬다. (c) 극한성 세균인 *Oceanobacillus iheyensis*의 II군 인트론의 3차 구조. (출처: Toor et al. 2008. *Science* 320:77–82. © 2008 American Association for the Advancement of Science.)

은 인트론 RNA를 촉매적으로 활성화된 구조로 접기 위해서 단백질을 필요로 한다. 그룹 I 인트론의 경우처럼, 단백질은 인트론 자신에 의해 암호화되거나 숙주 소기관의 다른 유전자에 의해 암호화된다.

이동성 그룹 I과 II 인트론

자가-이어맞춤이 되는 데 있어 부가적으로, 그룹 I과 II 인트론 유전체 세트들은 인트론의 다른 분류들과는 구별되는 이동 능력을 가진다. 몇몇의 이동성 요소는 "**회귀(homing)**"(그림 11.5)라는 과정에 의해 인트론이 부족한 형질의 상동 위치로 효율적으로 퍼져 나갈 수 있다. 이들은 자신의 내재된 이어맞춤 장치를 가지기 때문에, 소기관에서 핵 유전체로 혹은 그 역방향으로, 심지어 다른 기관으로도 퍼질 수 있다. 그들의 새로운 자리로의 삽입은 원칙적으로 그들이 효과적으로 이어맞춤되면 유전자 발현에 작은 영향을 준다.

이동성 그룹 I 인트론의 움직임은 자가-이어맞춤 인트론에 의해 암호화되는 위치-특이적 회귀 핵산내부분해효소에 의해 조절된다. 그림 11.5a에 나타나 있는 예에서, 공여 대립유전자 안에 있는 이동성 인트론은 자리-특이 DNA 핵산내부분해효소를 암호화하는 해독틀(ORF)를 가진다. 핵산내부분해효소는 인트론이 없는 수용 대립유전자 내의 엑손 I(E1)과 엑손 II(E2) 사이의 연결 서열을 인식하고, 인트론 삽입자리 혹은 그 인근에 이중나선 틈을 만든다. DNA의 절단 이후, 인트론은 세포적 효소를 포함하는 이중나선 틈 수선 메커니즘에 의해 공여 대립유전자에서 수용 대립유전자로 복제된다. 회귀는 5′와 3′ 엑손 서열 옆구리를 따라 인트론의 삽입을 유도한다.

자연 상태의 그룹 I 인트론의 상당수는 회귀 핵산내부분해효소 유전자를 지니지 않는다. 이와는 반대로 그룹 I 인트론의 1/3 정도는 역전사효소와 상동한 해독틀을 암호화한다. 잘려진 인트론 RNA는 DNA 표적자리로 직접 역이어맞춤된 후 인트론-암호화된 단백질에 의해 역전사된다. 그

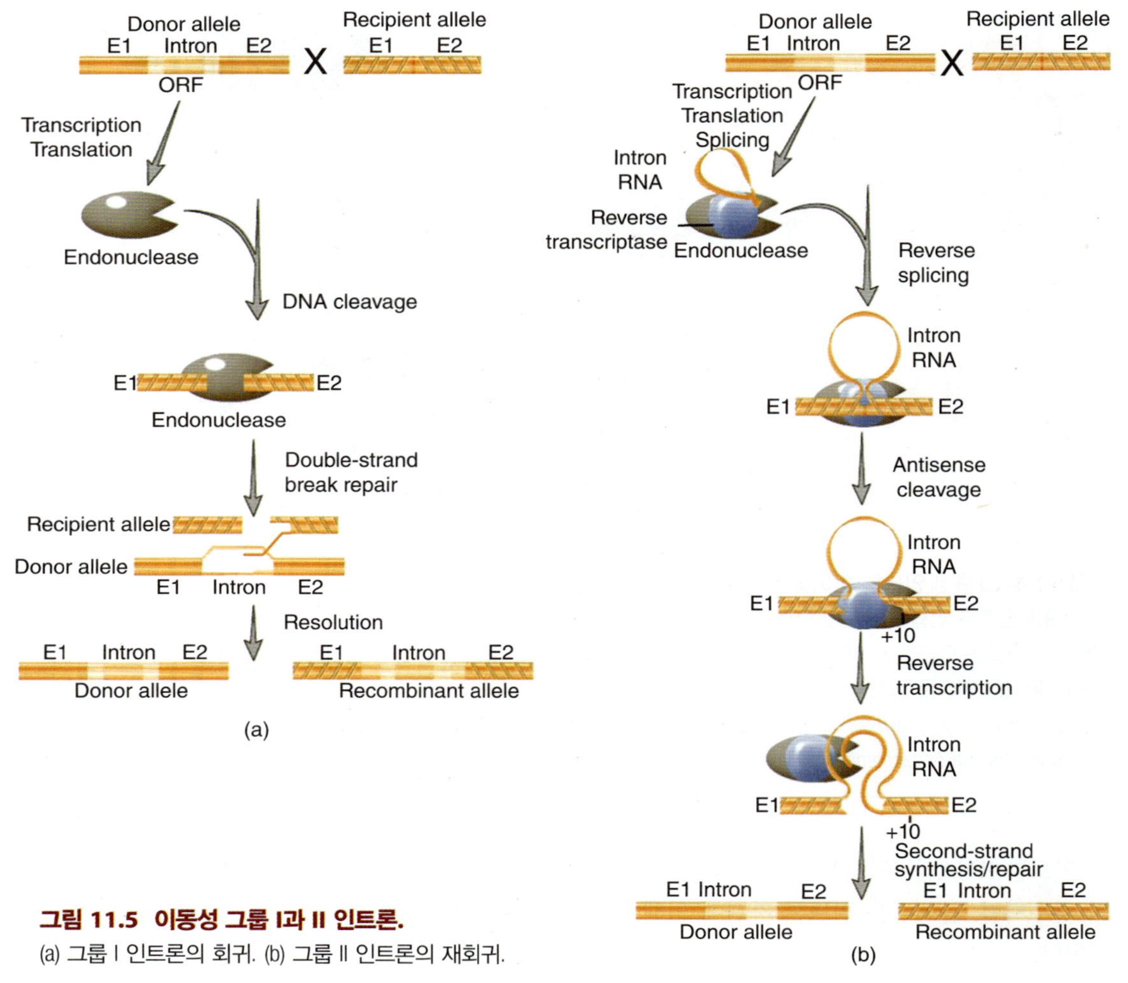

그림 11.5 이동성 그룹 I과 II 인트론.
(a) 그룹 I 인트론의 회귀. (b) 그룹 II 인트론의 재회귀.

림 11.5B에 나타난 예에서, 이동성 인트론은 DNA 핵산내부분해효소와 역전사효소를 암호화하는 해독틀을 가진다. **역회귀(retrohoming)**는 인트론으로 암호화된 단백질과 잘려진 인트론 올가미 RNA를 포함하는 RNP 복합체에 의해 개시된다. 핵산내부분해효소는 수용 DNA를 두 단계로 자른다. 첫 번째로, 인트론 RNA는 역이어맞춤 반응으로 인트론 삽입자리의 DNA 센스 가닥을 자른다. 이는 인트론이 없는 대립유전자의 E1과 E2 사이의 선상 인트론 RNA의 삽입을 야기시킨다. 다음으로, 핵산내부분해효소 3′ 엑손의 +10 자리 뒤의 안티센스 DNA 가닥을 자른다. 이중나선이 잘린 후, 잘려진 안티센스 가닥의 3′ 말단은 삽입되는 인트론 RNA의 역전사를 위한 시발자로 사용된다. 통합 과정은 두 번째 가닥의 합성과 세포 효소에 의한 수선 메커니즘에 의해 완성된다. 일반적으로 이동성 그룹 II 인트론은 회귀한다. 그러나 아주 낮은 빈도로, 상동성이 없는 위치로 역자리옮김에 의해 움직이기도 한다.

이동성 그룹 II 인트론은 역전사효소 활성뿐만 아니라 "성숙화효소" 활성을 가진 단백질도 필요로 한다. 성숙화효소는 종종 인트론에 암호화되고 활성 구조를 안정화하기 위해서 인트론 RNA에 특이적으로 결합한다. 해독틀이 없는 그룹 II 인트론은 핵 유전자에 의해 암호화되는 성숙화효소-관련 단백질의 도움을 받기도 한다. 달리 말하면, 이러한 핵 유전자는 이동성 소기관에 의해 암호화된 그룹 II 인트론으로부터 저절로 발생하였을 수도 있다. 다른 숙주-암호화된 이어맞춤 인자는 성숙화효소와 결합하여 RNA 샤페론으로 기능하기도 한다. 이동성 그룹 II 인트론과 유전자 전위 요소와의 유사성은 이 인트론이 핵의 비-긴 말단반복 유전자 전위 요소의 조상일 것이라는 제안을 이끌었다(10장 참조).

첫 번째 세균 그룹 II 인트론은 1990년대 초에 발견되었다. 유전체 서열 분석 프로젝트의 등장과 함께 이동성 그룹 II 인트론이 세균에서 넓게 분포하고 있다는 것이 명확해졌다. 분석된 박테리아 유전체의 약 1/4이 그룹 II 인트론에 해당된다. 대부분의 세균 그룹 II 인트론은 삽입 요소나 플라스미드처럼 유전자들 사이 혹은 이동성 DNA 안에 삽입되어 있다.

고세균 인트론은 핵산내부분해효소에 의해 이어맞춤된다

진핵체와 세균에서 발견되는 그룹 I, II 그리고 핵 mRNA 유형 인트론은 고세균에서 아직 발견되지 않았다. 대신, 후자는 인트론을 고세균-특이적으로 보이는 메커니즘에 의해서 이어맞춤되는 tRNA, rRNA, mRNA로 옮긴다. 이 경로는 스플라이스오솜 인트론의 경로와는 완전히 다르지만, 진핵생물의 핵 tRNA 인트론의 이어맞춤 메커니즘과는 유사성이 조금 있다. 대부분의 고세균 tRNA 인트론과 핵 tRNA 인트론은 대응코돈 서열의 3′ 뉴클레오티드에 위치한다.

모든 고세균 인트론은 ATP, 핵산내부분해효소, 엔도리보뉴클레아제, 연결효소가 요구되는 자르고-붙이는 메커니즘에 의해서 효소적으로 제거된다. 고세균 인트론 전사체는 엑손-인트론 연결 부위에 "돌출-나선-돌출" 모티프를 만든다. 이 모티프는 **이어맞춤 핵산내부분해효소(splicing endoribonuclease)**에 의해 인지되어 돌출된 세 뉴클레오티드 내의 대칭 위치를 자른다(그림 11.6). 그 뒤, 엑손은 알려지지 않은 메커니즘에 의해 연결되고, 가끔은 연결된 이후에 구조적 재배열이 일어난다. 큰 고세균 rRNA 인트론의 경우, 잘려진 인트론은 원형을 이룬다.

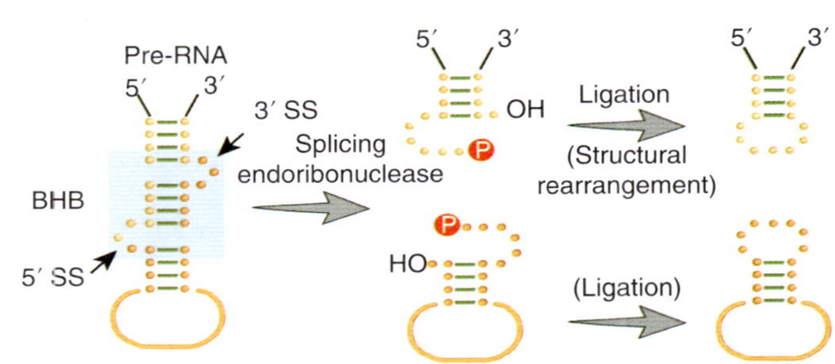

그림 11.6 고세균 인트론 이어맞춤 경로.
고세균 인트론의 보존된 이차 구조를 나타낸다. 돌출-나선-돌출 모티프는 그림자진 파란색, 인트론은 어두운 주황색으로 표시하였다. 이어맞춤 핵산내부분해효소는 3′과 5′ 접합자리(3′ SS와 5′ SS, 화살표로 표시)의 엑손-인트론 연결 부위를 자르고 5′-OH와 2′,3′-고리 인산기를 생성한다.

어떤 핵 tRNA 유전자는 인트론을 가진다

인트론의 유무에 따라 진핵체의 핵 tRNA 유전자를 두 분류로 나

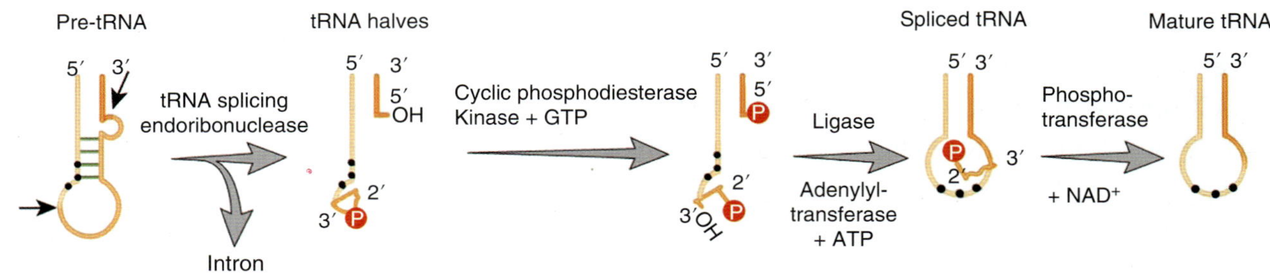

그림 11.7 tRNA 인트론의 이어맞춤 메커니즘.
식물과 곰팡이의 tRNA 이어맞춤 경로가 묘사되었다.

누는데, 이들의 전사체는 이어맞춤에 있어서 다른 것을 필요로 한다. 알려진 진핵체 핵 유전체 전부는 적어도 몇 개의 인트론을 포함한 tRNA 유전자를 암호화한다. 인트론을 포함하는 tRNA 유전자는 효모인 *Saccaromyces cerevisiae*에서 처음 발견되었다. 다른 RNA 종류의 인트론과는 다르게 효모에서는 14−60 뉴클레오티드 그리고 식물에서는 12~25 뉴클레오티드로 비교적 작다. 효모 tRNA의 약 1/5은 인트론을 가진다. 식물에서는 $tRNA^{Tyr}$과 $tRNA^{Met}$를 암호화하는 핵 tRNA 유전자의 두 종류만이 인트론에 의해 방해받는다고 알려졌다. 인간에서는 $tRNA^{Tyr}$과 $tRNA^{Leu}$만이 인트론을 가진다.

tRNA 이어맞춤의 일반적인 메커니즘은 두 주요 반응으로 이루어진다(그림 11.7). 첫 번째로, 인트론을 지닌 pre-tRNA가 tRNA 이어맞춤 핵산내부분해효소에 의해 개재 서열의 5′과 3′ 주변이 잘린다. 이는 짝지어진 tRNA의 반을 2′,3′-고리 인산기, 5′-OH 말단, 선형 인트론으로부터 분리시킨다. 두 번째로, 짝지어진 절반은 GTP-와 ATP-의존적인 반응으로 tRNA 연결효소에 의해 결합되어 접합 연결 부위에 2′ 인산기와 3′-OH이 남는다. 식물과 곰팡이에서는 2′ 인산기가 NAD^+-의존적인 인산기전달효소에 의해 제거된다. 척추동물의 주요 접합 반응은 식물이나 곰팡이와는 다르다. 척추동물은 5′-tRNA 절반의 3′ 말단 인산기가 접합 연결 부위에 정상 3′,5′-포스포다이에스터 연결로 삽입된다.

지금까지는 인트론 이어맞춤 자체가 강조되어 왔다. 그러나 핵 pre-mRNA의 성숙을 일으키는 다른 가공 과정이 존재한다. RNA 중간에서 인트론을 제거할 뿐 아니라, 매우 특이적인 방법으로 양쪽 말단을 변형한다. 다음 절에서 핵을 떠나기 위한 mRNA의 준비 과정에 대해서 살펴본다.

11.4 핵 pre-mRNA의 동시-전사 가공 과정

진핵체의 pre-mRNA는 핵으로부터 외수송되기 전에 세 방법으로 공유적으로 가공된다. (i) 전사체의 5′ 말단에 메틸화된 구아노신 뉴클레오티드 캡이 만들어진다. (ii) 인트론은 이어맞춤에 의해 제거되고, (iii) 3′ 말단은 잘리고 다중(A) 꼬리로 확장된다. 또한 RNA 전사체의 N^6-메틸아데노신(m^6A) 변형은 동시 전사적으로 발생한다. 세 가공 과정 모두 전사와 깊이 연결되어 있고, RNA 중합효소 II의 카르복실-말단 영역(CTD)을 필요로 한다(그림 11.8). CTD는 기질 RNA 가까이 위치한 RNA 가공 인자의 "착륙장"으로 기능한다. 가공 인자의 결합은 CTD의 특이적 아미노산, 다시 말하면 7개의 아미노산 반복 내에 2와 5자리에 있는 세린의 인산화에 의해 조절된다(9장 참조). 전사 개시 중에 CTD는 각각의 반복 서열 내 세린 5자리에서 인산화된다. 이는 CTD의 형태적인 변

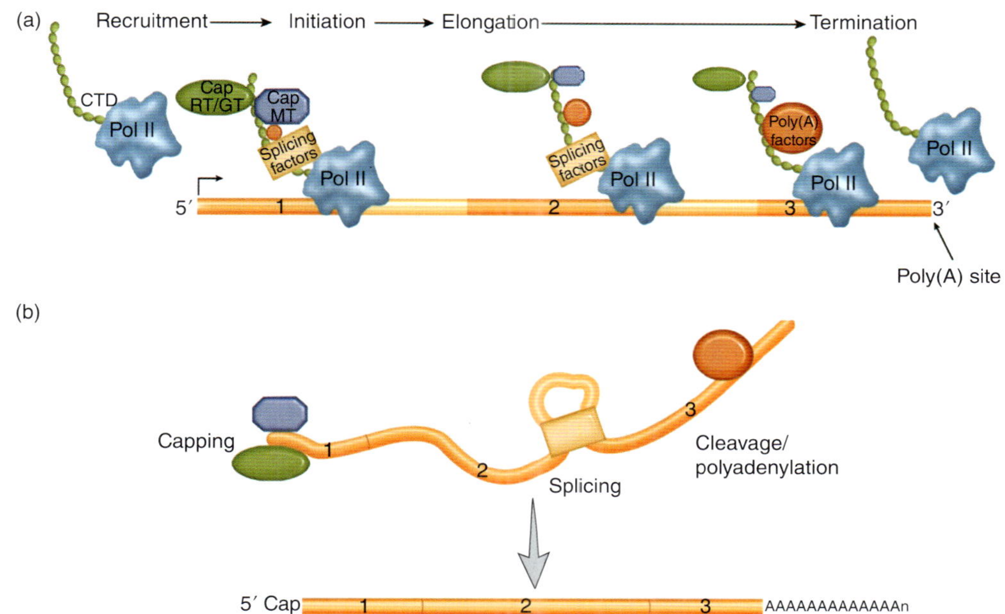

그림 11.8 RNA 가공은 전사와 연결되어 있다.
(a) RNA 가공 인자는 RNA 중합효소 II (pol II) 장치와 카르복실-말단 영역(CTD)을 통하여 상호작용한다. 캡 형성 효소들(GT, RNA 구아닐전이효소; MT, RNA 구아닌 7-메틸화 전이효소; RT, RNA 삼인산염분해효소)과 3′ 말단 변형 인자(poly(A))가 모여든다. RNA 중합효소 II가 유전자를 따라 움직임으로써, 이어맞춤 인자는 전사복합체와 결합한다. 가공 인자를 나타내는 표식의 증가된 크기는 다양한 단계에서 증가된 정도를 나타낸다. 엑손 수는 어두운 주황색 네모 상자로 표시하였다. 인트론은 밝은 주황색 네모 상자로 나타내었다. (b) 캡, 이어맞춤, 절단 및 폴리아데닐화 후 처리된 mRNA는 핵에서 내보낼 준비가 된다.

화를 초래하고, 첫 번째 RNA 가공 과정을 위한 5′-캡핑 효소와의 결합을 가능하게 한다. 각 7개 아미노산의 반복에서 세린 두 자리의 CTD 인산화는 전사체 연장과 효율적인 3′-RNA 가공을 위해 필요하다. 또한, CTD 인산화는 전사 개시를 위한 상분리 허브에서 신장 및 RNA 처리를 위한 상분리 허브로 RNA 중합효소 II의 교환을 유도하기 위해 제안된다.

RNA 중합효소 II CTD의 결손은 캡핑, 이어맞춤, 그리고 다중(A) 자리의 절단을 방해하는 것으로 보인다. 이런 관찰을 통해서, 연구자들은 CTD의 다른 지역이 pre-mRNA 가공 과정에서 별개의 기능을 담당하는지 여부를 결정하기 위한 방법을 고안하였다(그림 11.9). 포유동물 세포에 β-글로빈 유전자 발현 벡터와 전체(1−52), 결손된 CTD(Δ0), 혹은 끊어진 CTD의 α-아마니틴 저항성을 가진 RNA 중합효소 II 소단위체 발현 벡터를 함께 형질감염하였다. **α-아마니틴(α-amanitin)**은 *Amanita*속의 독버섯에서 발견된 높은 독성을 가진 기질이다. 이 독성물질은 아주 낮은 농도에서 RNA 중합효소 II를 완전히 억제한다. 내부 RNA 중합효소 II에 의한 전사를 막기 위해서 형질감염 후 12~16시간 뒤에 α-아마니틴을 첨가하였다.

36~48시간 후, 연구진은 세포로부터 RNA를 모으고 인트론 1의 3′ 접합자리에 대한 표지된 안티센스 탐침자를 이용한 리보핵산분해효소 보호 분석법으로 이어맞춤 정도를 측정하였다(방법은 14장 참조). 그림 11.9에서 보여주는 결과는 β-글로빈 인트론의 효과적인 이어맞춤은 헵타드 1−25가 아닌 헵타드 27−52에 의해 유지됨이 아주 명확하다. 연구진은 헵타드 1−25가 이어맞춤이나 3′ 가공이 아니라 5′ 캡 추가에 관여한다는 것을 보여주기 위하여 유사한 실험을 수행해 나갔다. 결론은 어떠했는가? C-말단 7펩티드 반복은 캡 형성, 이어맞춤, 그리고 3′ 가공을 지원하지만, 아미노-말단 반복은 단지 캡 형성만을 지원한다고 결론내렸다. “캡 형성”의 과정에 대해 더욱 자세하게 살펴보자.

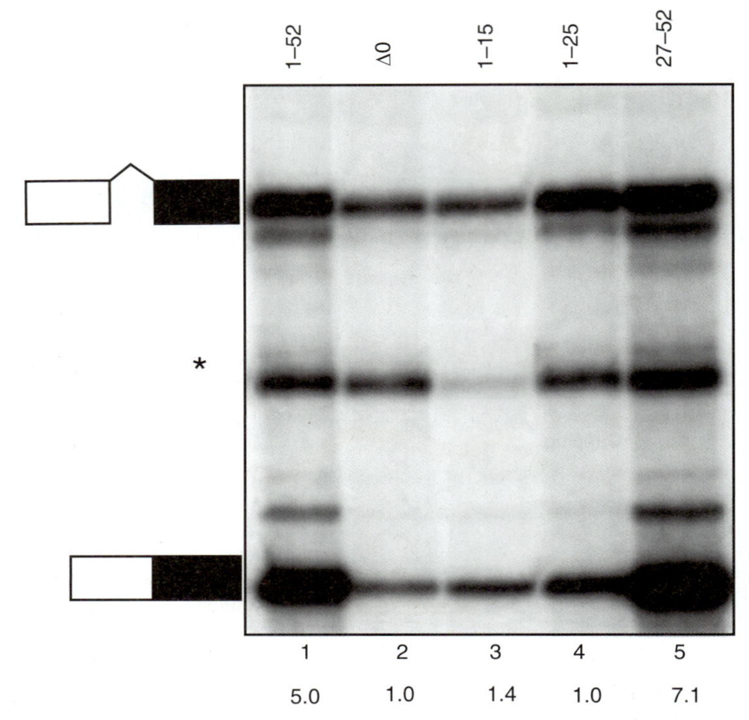

그림 11.9 RNA 중합효소 II (pol II)의 카르복실 말단 CTD는 이어맞춤을 유도하는 데 필요충분하다.
포유동물 세포에 β-글로빈 유전자 발현 벡터와 전체(1−52), 결손된 CTD(Δ0), 혹은 끊어진 CTD의 α-아마니틴 저항성을 가진 RNA 중합효소 II 소단위체 발현 벡터를 함께 형질감염하였다. 이어맞춤 정도를 리보핵산분해효소 보호 분석법으로 측정하였다(방법은 14장 참조). 이어맞춤된 전사체(짧게 보호된 단편)와 이어맞춤되지 않은 전사체(길게 보호된 단편)의 비율을 표시하였다. *, 상관없이 잘려지지 않은 탐침자. (출처: Reprinted from Fong and Bentley. 2001. *Genes and Development* 15:1783–1795, © 2001 Cold Spring Harbor Laboratory Press.)

5′-7-메틸화구아노신 캡의 첨가

mRNA와 snRNA를 포함하는 RNA 중합효소 II 전사체의 독특한 특징은 **5′-7-메틸화구아노신 캡(5′-7-methylguanosine cap)**이다. 캡의 구별되는 화학적 특징은 mRNA의 개시 뉴클레오티드에 7-메틸화구아노신의 5′→5′ 연결이다(그림 11.10). 캡의 이름은 종종 이러한 연결을 반영하여 m^7GpppN이라는 약어로 사용된다. 캡 형성 효소는 전사 개시 중에 인산화되기 시작할 때, RNA 중합효소 II의 CTD에 결합함으로써 제때 제자리에서 일어난다. 일단 전사가 시작되고 초기 RNA가 약 22−40 base 정도로 길어지면, 캡은 효소-매개 단계의 서열에 의해 첨가된다. 대조적으로, 박테리아 RNA는 전사 개시 동안 캡이 씌워진다. 코엔자임 니코틴 아미드 아데닌 디뉴클레오티드 NAD^+)는 전사 시작 시 ATP를 능가하며 위치 +1에 통합된다. 이 캡의 존재는 박테리아 RNA 안정성을 크게 증가시킨다.

진핵생물에서, **RNA 삼인산염분해효소(RNA triphosphatase)**는 길어지는 RNA의 5′ 말단의 삼인산염에서 γ-인산염을 잘라내어 이인산염이 남는다. 다음으로, **RNA 구아닐전이효소(RNA guanylyltransferase)**는 RNA 말단의 이인산염의 GMP를 GTP로 붙여서 5′→5′ 삼인산염 연결을 형성한다. 후생동물은 RNA 삼인산염분해효소와 RNA 구아닐전이효소 영역을 모두 가진 양기능성 단일 폴리펩티드를 가진다. 결국, **RNA (구아닌 7) 메틸화 전이효소[RNA (guanine 7) methyltransferase]**는 S-아데노실메티오닌의 메틸기를 구아닌 캡의 탄소-질소 고리의 7번 위치로 옮긴다. 또 다른 메틸화 전이효소는 전종단 뉴클레오티드의 2′-OH를 메틸화시킨다. 다른 동물과 고등생물의 세포에서는 첫 번째 뉴클레오티드만 메틸화되는 데 반해, 척추동물에서 메틸기는 첫 번째와 두 번째 뉴클레오티드의 2′-수산화 리보스에 첨가된다. 효모에는 이러한 메틸기가 존재하지 않는다.

mRNA 가공과 번역 과정에서 캡의 중요성은 실험적으로 잘 증명되었다. 캡의 화학적 성질은 5′-핵산말단분해효소가 mRNA의 5′ 말단을 접근하기 어렵게 만들고, 캡의 분해를 위해서는 특이적인 탈-캡 활성이 필요하다. 게다가, mRNA 분해를 보호하기 위해, 캡은 특이적인 캡-결합 단백

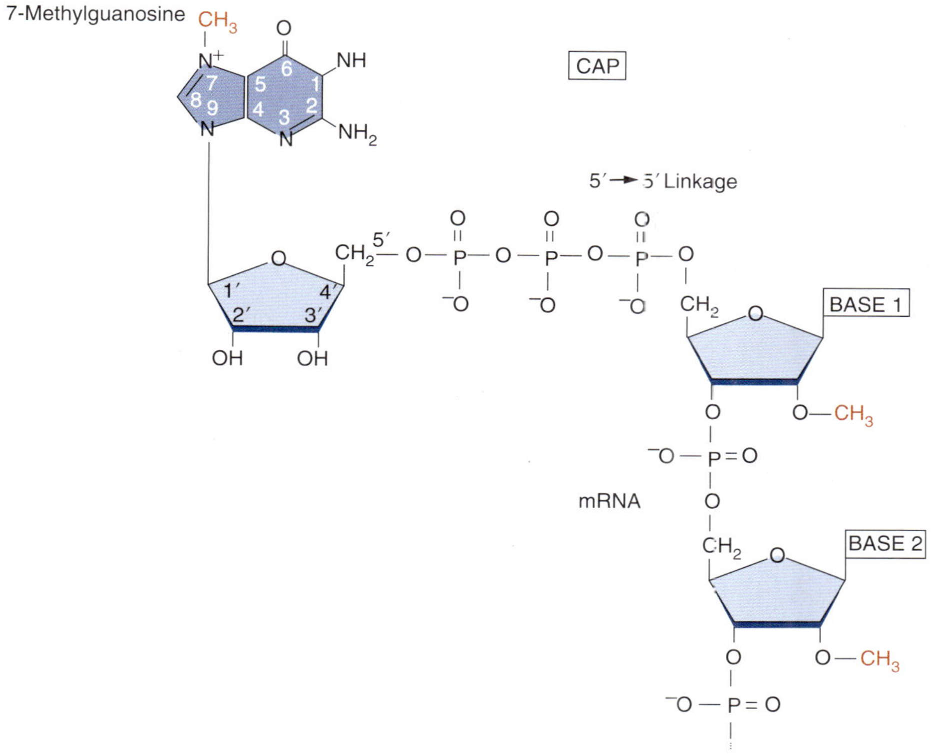

그림 11.10 7-메틸구아노신 캡의 구조.
캡은 mRNA의 개시 뉴클레오티드에 "잘못된" 방향인 5′→5′으로 첨가된다.

질에 의해 매개되는 또 다른 기능을 수행한다. pre-mRNA 이어맞춤의 효율성, 3′ 말단 형성, 그리고 U snRNA 핵 이탈은 **캡-결합 복합체(cap-binding complex**, CBC)에 의해 촉진된다. 세포질에서, CBC는 세포질의 캡-결합 인자인 리보솜에 의한 mRNA 번역을 촉진하는 **진핵체 번역개시 인자 4E(eukaryotic translation initiation fac-tor 4E, eIF4E)**로 대체된다(12장 참조).

N^6-메틸아데노신(m^6A) 변형은 동시 전사적으로 발생한다

뉴클레오시드의 광범위한 변형은 비암호화 RNA 및 mRNA의 성숙 동안 발생한다는 것을 상기해 보자(3장 참조). 진핵생물 RNA에서 화학적으로 구별되는 100개 이상의 내부 변형 중에서 가장 풍부하고 가역적인 변형은 N^6-메틸아데노신(m^6A)이다. 이를 쉽게 살펴보면, 당신이 당신의 세포 중 하나에서 RNA 전사체를 분석하면 m^6A가 포함된 수천 개의 전사체를 발견할수 있을 것이다. m^6A 변형은 공동 전사적으로 발생하며, 선택적 스플라이싱(11.5절 참조), 핵 수출, 안정성 및 번역 효율성(그림 11.11)을 포함하여 mRNA 구조 및 기능의 여러 측면을 조절한다.

아데노신의 메틸화는 특정 메틸트랜스퍼레이스 복합체인 "작성자"에 의해 촉매되며, 특정 m^6A "삭제자"에 의해 역전될 수 있다. 메틸화 "판독기"는 변형을 인식하고 RNA 기능을 변조한다. 최근 연구에 따르면, 전사 또는 전사 일시중지 속도가 느려지면 m^6A가 더 높아져서 번역 효율이 떨어진다. 좀 더 쉽게 말하면, m^6A는 세포 구획을 가로질러 소통하는 표시로, 전사 속도와 번역 속도 사이의 직접적인 연결을 제공한다.

종료와 폴리아데닐레이션

전사 개시와 신장의 메커니즘에 대해서는 많이 알려져 있지만(9장 참조), 종료 메커니즘은 거의 알

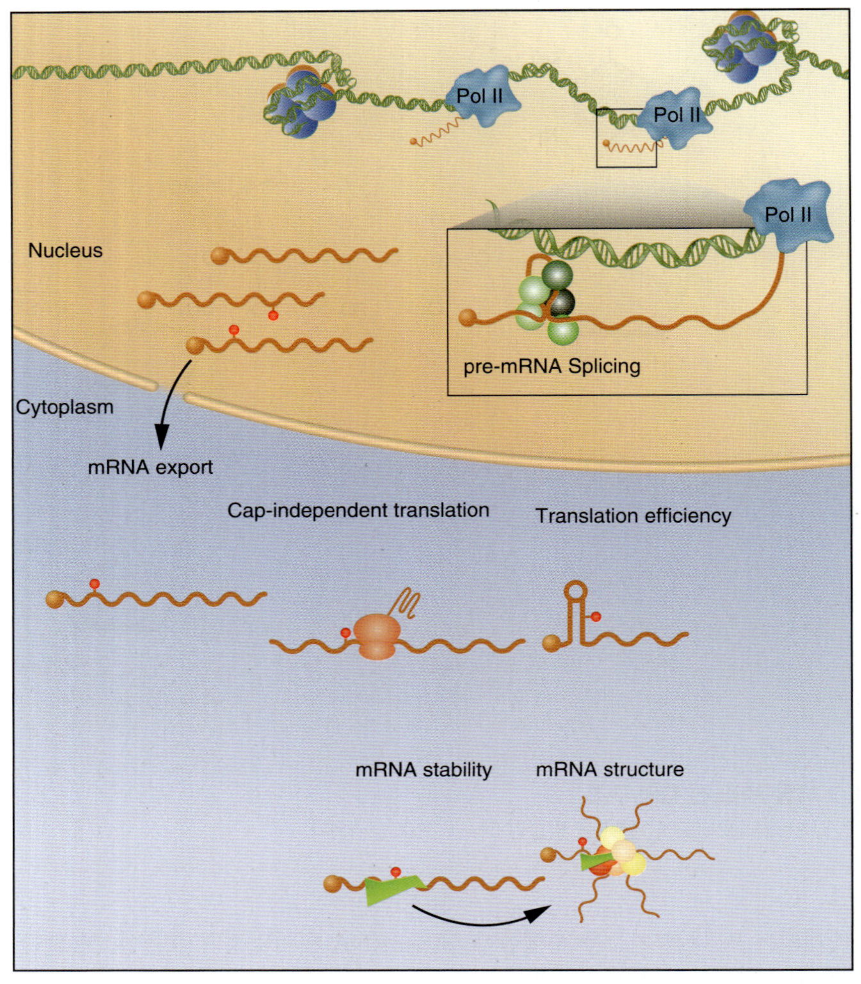

그림 11.11 N^6-메틸아데노신에 의한 RNA 변형(m^6A)의 다양한 기능에 영향을 미친다.
진핵 세포의 RNA 전사체는 다음 위치에서 수정된다(빨간색 점). m^6A "라이터" 효소에 의한 특정 부위. 핵에서 m^6A pre-mRNA의 처리를 변경한다. 세포질로 내보낸 후, m^6A에 의해 강화된 mRNA 변형은 번역의 효율성과 전사체의 회전율을 변경한다. (출처: Redrawn from Gilbert et al. 2016. *Science* 352:1408–412.)

려져 있지 않았다. 처음에 그것은 별개의 "정지" 서열이 있을 것으로 추정되었다. 그러나 대부분 유전자의 전사 종료는 단일 자리보다는 다양한 위치에서 일어나고, 일치된 종료 서열은 밝혀지지 않았다. 대부분 후생동물의 mRNA 3′ 말단은 보존된 AAUAA와 대략 20 뉴클레오티드로 나눠진 G/U-풍부 서열 사이에서 pre-mRNA의 절단에 의해 생성된다. 그 위치들는 **절단과 폴리아데닐화 특이적 인자(leavage and polyadenylation specificity factor, CPSF)**와 **절단 촉진 인자(cleavage stimulation factor, CstF)**에 의해 각각 인지된다. 절단은 2개의 부가적인 다중 소단위체 복합체인 **포유류 절단 인자 I과 II(CFIm과 CFIIm)**가 필요하다.

최근 연구는 합성이 진행되는 동안 mRNA가 잘려나간다고 제안하고 있다. 방출된 5′ 부분은 성숙한 mRNA를 형성하고, 남아 있는 전사체는 RNA 중합효소 II와 결합되어 있는 동안 **핵산말단분해효소(exonuclease)**인 **Xrn2**(효모에서는 Rat1)에 의해 공격받는다. Xrn2는 중합효소 뒤를 "추적"하고, 중합효소를 따라 잡았을 때 전사가 종결된다(그림 11.12). 상호배타적인 "알로스테릭" 모델은 아니지만 대안은 폴리아데닐화 부위의 전사가 RNA 중합효소 II를 제거하는 중합효소 신장 복합체의 구조적 변화를 유발한다. 최근 데이터는 이 두 모델을 새로운 "앉아있는 오리 어뢰" 메커니즘으로 결합한다. 이 모델에서, RNA 중합효소 II가 다중(A) 부위를 통과할 때 >2의 속도에서 <1 kb min^{-1}로 감속한다. 브레이크를 밟는 것은 무엇인가? 연구진은 포스파타제(PNUTS-PP1)에 의한 신장 인자(Spt5)의 탈인산화가 RNA 중합효소 II를 빠르게 움직이는 Xrn2 "어뢰"에서 느리게 움직이는 "앉아 있는 오리" 표적으로 전환시킨다는 것을 보여주었다.

종결과 3′ 말단 형성의 연결은 RNA 중합효소 II는 전체 길이 전사체가 완벽하게 합성된 후에만 주형으로부터 방출된다는 것을 확신하게 한다. mRNA의 절단과 방출 후에 거의 모든 진핵체 mRNA의 3′ 말단은 **폴리아데닐레이션(polyadenylated)**된다. 이는 효소인 **다중(A) 중합효소[poly(A) polymerase]**에 의해 수행되는데, 100−250 아데노신 5′-모노인산(AMP)을 3′ 말단에 첨가한다(그림 11.13). CPSF 없이는 다중(A) 중합효소는 거의 작용하지 못하고 RNA에 대한 낮은 친화력을 가진다. 히스톤을 암호화하는 후생동물의 mRNA는 폴리아데닐레이션되지 않는 유일한 진핵체 mRNA이다. 대신에 mRNA는 3′ 말단에 특별한 단백질과 결합하는 줄기-고리 구조를 가진다. 실용적인 면에서, 다중(A) 꼬리는 세포의 전체 RNA(대부분이 rRNA)에서 mRNA를 정제하는 데 편리한 수단으로 작용한다(Tool Box 13.3 참조).

다중(A) 꼬리는 서열-특이적 **다중(A)-결합 단백질[poly(A)-binding protein]**로 둘러싸여 있는데, 핵에서는 PABPN1과 세포질에서는 PABPC에 쌓여 있다(그림 11.13 참조). PABPN1는 다중(A) 꼬리 합성에 관여하여 다중(A) 중합효소의 진행성을 증가시키고 새로이 합성된 꼬리의 길이를 결정한다. PABPC는 전사의 개시와 mRNA 붕괴를 조절하는 기능을 한다. PABPN1은 핵공 복합체에 결합할 때까지 mRNA와 대부분 결합하여 존재하다가 세포질에서 PAPBC와 교체된다. 유전자 발현의 조절에 있어서의 다중

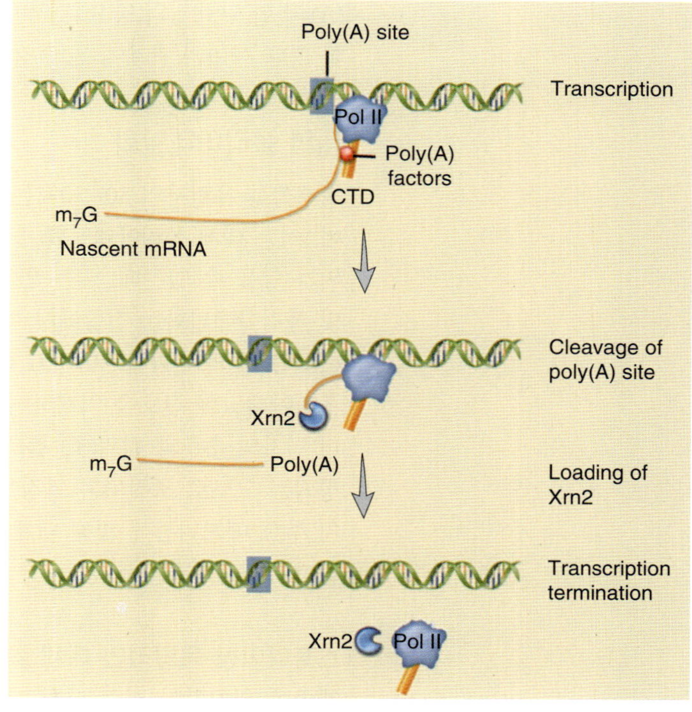

그림 11.12 전사 종료 모델.
새로 합성된 mRNA는 다중(A) 부위에서 절단된다. 또한 엑소뉴클레에이스 Xrn2의 진입을 허용하며, 이는 RNA 중합효소 II(Pol II)를 따라잡을 때까지 mRNA를 점진적으로 절단한다.

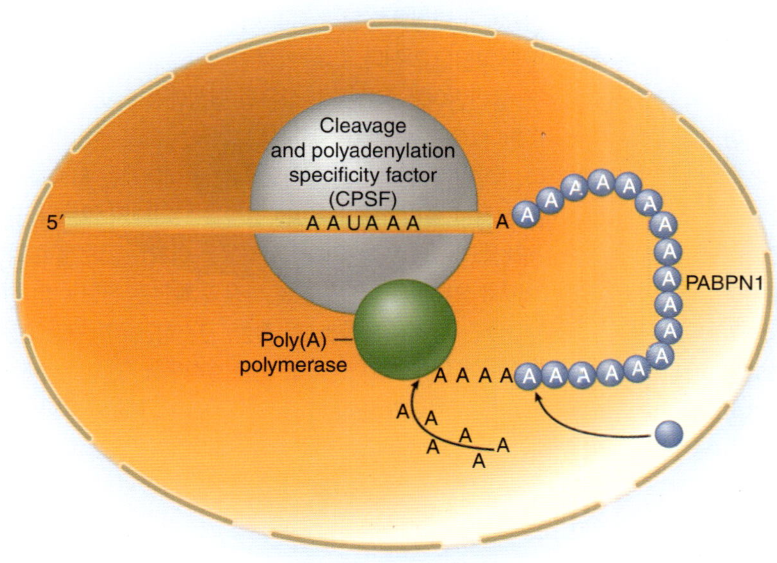

그림 11.13 폴리아데닐레이션 복합체.
절단과 폴리아데닐레이션 특이적 인자(CPSF)는 mRNA의 3′ 말단에 있는 폴리아데닐레이션 신호인 AAUAAA와 결합하고, 다중(A)-결합 단백질 PABPN1은 다중(A) 꼬리와 결합한다. 이와 함께, 이들은 다중(A) 중합효소의 진행성을 보충하고 증가시킨다.

(A)-결합 단백질의 중요한 역할은 다중(A)-결합 단백질 내의 결점과 근육 이영양증의 유전적인 질환 형태 사이의 관계에 의해 강조되었다(Disease Box 11.1).

대체 폴리아데닐화

진핵생물 유전자의 30~70%는 엑손에 하나 이상의 절단/폴리아데닐화 부위를 갖는 것으로 추정되며, 이는 **대체 폴리아데닐화**(종종 APA로 약칭됨)를 유발한다. 또한 인트론에 비밀 폴리아데닐화 부위가 있을 수 있는데, 이는 인트론이 큰 유전자의 경우 특히 문제이다. 그러나 이 경우 조기 절단 및 폴리아데닐화는 접합에서 핵심 역할로 가장 잘 알려진 풍부한 작은 핵 RNA-단백질 입자인 U1 snRNP에 의해 차단된다. U1 snRNP는 "**텔레스크립트(telescripting)**"라고 하는 과정을 통해 비밀 폴리아데닐화 신호를 억제하여 유전자의 전체 길이를 전사할 수 있다. 대체 폴리아데닐화는 3′ 처리 인자의 수준과 원위(3′) 폴리아데닐화 부위의 사용을 촉진하는 핵 수출 수용체 NXF1에 의해 조정되는 고도로 조절되는 과정이다. Pre-mRNA는 스플라이싱 독립 또는 스플라이싱-의존의 두 가지 주요 메커니즘에 의해 대체 폴리아데닐화를 겪는다(그림 11.14). 각 메커니즘을 차례로 자세히 살펴보자.

스플라이싱-독립적인 대체 폴리아데닐화 대체 폴리아데닐화 부위의 대부분은 유전자의 마지막 엑손에 위치하여 서로 다른 3′ 비번역 영역(3′ UTR)을 갖는 mRNA 동질효소로 이어진다(그림 11.14a). 이러한 대체 부위가 암호화 영역 밖에 있다는 것을 고려하면, 유전자 발현에 어떤 영향을 미치는가? 최근의 연구는 다른 크기의 mRNA 동질효소가 mRNA 위치, 번역 효율성, mRNA 안

Disease Box 11.1

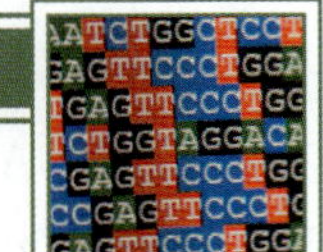

눈인두근위축증: 다중(A)-결합 단백질 유전자의 삼뉴클레오티드의 반복 연장

눈인두근위축증(OPMD)은 눈과 목의 근육에서 시작하는 근위축증으로 우성 유전질환이다. 대개 40에서 60세 사이에서 나타나고 서서히 진행된다. 초기 증상은 눈꺼풀이 늘어지고 목 삼킴이 어렵고 사지의 근육위축이 공격적으로 진행된다. OPMD는 세계적으로 분포되어 있긴 하지만, 발병률은 1634년에 캐나다로 이민해 온 프랑스 이민자 남녀에서 전래된 프랑스-캐나다인에게서 가장 높다.

OPMD는 1915년에 처음으로 발견되었으나, 그 병에 대한 유전적인 기초는 1998년까지 밝혀지지 않았다. OPMD는 PABPN1 유전자의 엑손 1 내에 안정적인 삼뉴클레오티드 반복 확장에 의해 야기된다. 정상적인 단백질은 $(GCG)_6$ $(GCA)_3$GCG로 일렬로 암호화된 10개의 알라닌 연속을 포함한다. 대부분의 OPMD 환자들은 $(GCG)_6$이 2–7 반복으로 확장되어 12–17 알라닌의 전체 길이를 나타낸다. 2개 혹은 부가적인 알라닌을 생성하는 돌연변이는 보통염색체 우성이다. 드문 $(GCG)_7$ 동형접합체가 변형으로 알려졌다. 이 경우에, 단일 부가 알라닌이 보통염색체 열성 형질을 가진다.

돌연변이는 규칙적인 섬유의 형성에서 PABPN1의 핵 내 응집을 유도한다. OPMD 환자들에게서 보여지는 세포 손상 이유는 밝혀지지 않았다. 돌연변이 단백질은 적어도 시험관 내에서는 활성화되어 보이고, 환자는 심각한 폴리아데닐레이션 결함을 나타내지 않는다. 단백질 응집은 불용해성의 독성 포함물과 세포 죽음을 이끄는 것으로 보여진다. 특정 유전자에서 삼뉴클레오티드 반복 확장의 확인은 헌팅턴병, 여린 X증후군, 척수연수근위축증이나 케네디 질환, 근긴장근위축증과 같은 유전되는 신경 질환의 흔한 주제가 되었다. 이런 질환들에 대해 아직까지 이용되고 있는 의학적인 치료가 없다. 미래에 OPMD와 또 다른 삼뉴클레오티드 반복 질환의 분자적인 기초에 대한 이해를 통해 치료법이 개발될 수 있기를 희망한다.

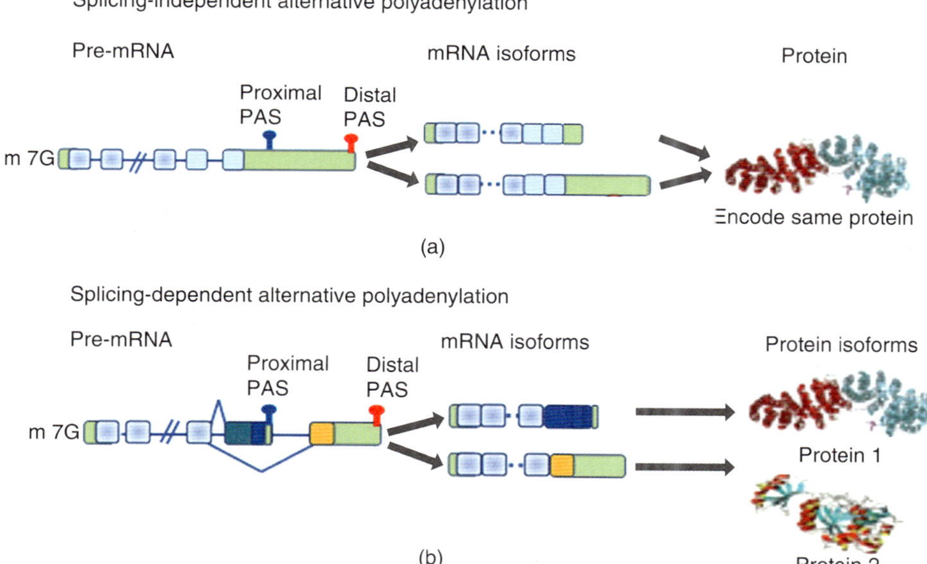

그림 11.14 스플라이싱 독립 및 스플라이싱 종속 폴리아데닐화.
단백질 암호화 엑손은 파란색과 노란색으로 표시된다. 번역되지 않은 영역은 녹색으로 표시된다.

정성의 차이로 이어진다는 것을 시사한다. 긴 3′ UTR은 긴 비암호화 RNA 또는 번역 개시 인자와 같은 조절 인자에 대한 결합자리를 제공할 수 있다. 최종 결과—다소 적은 단백질 생성물.

스플라이싱-의존적 대체 폴리아데닐화 스플라이싱 의존성 대체 폴리아데닐화에서 대체 절단/폴리아데닐화 부위는 대체 스플라이싱에 의해 다른 방식으로 결합될 수 있는 구별된 엑손 내에 국소화된다(11.5절 참조). 이 경우, 터미널 엑손과 다른 3′ UTR은 일반적으로 공통 시퀀스를 공유하지 않는다. 따라서 mRNA 동질효소는 암호화 서열에서 서로 다르다. 스플라이싱-의존적인 대체 폴리아데닐화의 최종 결과는 다른 단백질 생성물이다.

대체 폴리아데닐화는 스플라이싱-독립적이든 스플라이싱-의존적이든 진핵생물의 유전자 조절을 위한 광범위한 메커니즘이다. 당연히 mRNA 3′ 처리의 잘못된 조절은 다양한 유형의 암에서부터 신경퇴행성 장애에 이르는 인간의 질병과 관련이 있다. 이제 mRNA 말단의 변형이 설명되었으므로, 스플라이싱으로 돌아가서 핵 사전 mRNA 인트론이 뒤따르는 경로를 조사해보자.

이어맞춤

이어맞춤 기구는 RNA 중합효소 II CTD와 직접 상호작용하면서 인트론을 포함하는 전사체를 역동적으로 사용하기 위해 모집된다. 사람의 경우, 전사 신장 기간 동안 최소 65%의 인트론이 5분 이내에 사전 mRNA에서 제거된다. 이어맞춤은 빠를 수 있지만, 반드시 효율성의 모델은 아니다. 발현된 인트론의 약 5~15%는 전형적으로 mRNA와 함께 유지된다. 이러한 인트론 중 일부는 핵 내에서 전사 후 이어맞춤되는 반면에, 다른 인트론은 무의미 매개 붕괴의 대상이 될 수 있다(11.8절 참조). 비록 핵 전령 RNA 전사체로부터 인트론 절단의 기본적인 2단계 전이 메커니즘이 자가-분할-그룹 II 인트론과 유사하지만(그림 11.4 참조), pre-mRNA 인트론은 자가 이어맞춤이 아니며 보존된 2차 또는 3차 구조로 접히지 않는다. 이어맞춤에 필요한 3차원 구조는 **스플라이스오솜(spliceosome)**이라고 불리는 거대한 RNA-단백질 복합체(그림 11.15)에서 생성된다.

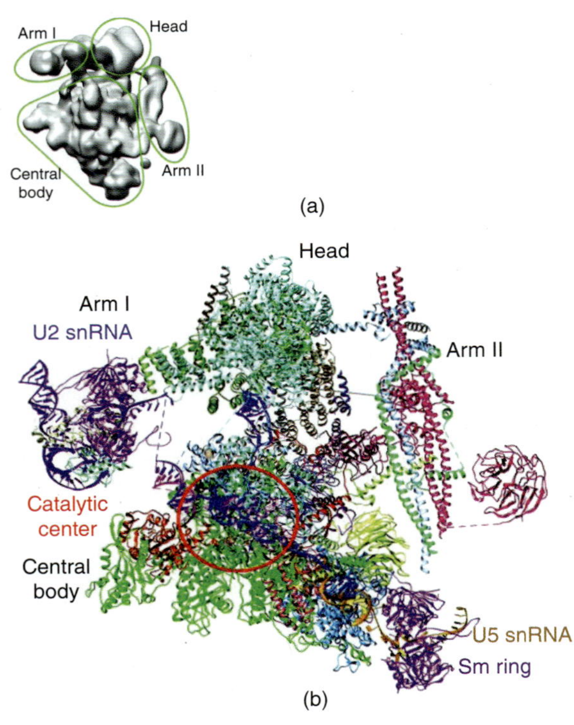

그림 11.15 스플라이스오솜의 구조.
(a) 20 Å(2.0 nm) 분해능에서 효모 스플라이스오솜은 삼각형 중앙 몸체, 머리 및 2개의 팔(I 및 II)이 있는 구형 입자로 나타난다. (b) 단일 입자 극저온 전자현미경(cryo-EM)을 사용하여 스플라이스오솜에서 일부 RNA 및 단백질 성분의 위치는 3.6 Å 분해능에서 드러난다. 스플라이스오솜의 촉매 중심은 중앙 몸체의 심장에 있다. (출처: Reprinted from Yan et al. 2015. *Science* 349:1182–1190. © 2015 American Association for the Advancement of Science.)

스플라이스오솜의 구성 요소 스플라이스오솜은 현재 알려진 것 중 가장 크고 복잡한 분자 기구이다. 발견 이후 40년 이상 동안, 극저온 전자현미경(cryo-EM)의 발전과 복잡한 혼합물의 질량 분석으로 구조 생물학자들이 이 화려한 기구의 주요 구성 요소를 알아낼 수 있게 되었다. 이 놀라운 장치는 5개의 서로 다른 RNA와 100개 이상의 단백질을 포함한다. 스플라이스오솜은 5개의 서로 다른 **작은 핵 RNA(snRNA)**와 100개 이상의 단백질을 포함한다. 그러나 스플라이스오솜은 매우 역동적이어서, 이어맞춤이 진행됨에 따라 구성 요소가 제거되고 이어맞춤 기구가 조립되며, 반응이 촉매됨에 따라 다른 구성 요소가 추가된다. 놀랍지 않게도, 모든 snRNA와 단백질의 정확한 기능과 상호작용을 알아내는 것은 어려운 일이었다.

스플라이스오솜의 주요 구성은 "작은 핵 리보핵산 단백질 미립자"인 **snRNPs**(snurps로 발음)라 불리는 5개의 작은 RNA–단백질 복합체이다. 그룹 II 인트론과 집합소체 인트론의 공유된 이어맞춤 메커니즘으로 인해 스플라이스오솜의 snRNA 구성 요소는 이동성 그룹 II 인트론에서 파생된 것으로 알려져 있다. 이런 snRNPs는 유리딘-풍부(U-rich) snRNA 요소의 발견 순서대로 번호 매겨진 U1, U2, U4, U5 그리고 U6 snRNP들이다. "U3"에 무슨 일이 있었는지 궁금한 사람을 위해 좀 더 설명한다. "U3 snRNA"는 후에 rRNA 가공에 관여하는 snoRNA로 밝혀졌다(Focus Box 11.1 참조). U1, U2, U4와 U5 snRNA는 7개의 **Sm** 보통 중심단백질 및 몇몇의 미립자-특이적 단백질과 결합한다. 각 snRNP는 또한 여러 입자 특정 단백질을 포함한다. Sm 단백질은 그것들을 탐지하기 위해 처음으로 자가면역 혈청을 사용하게 된 환자의 이름에서 명명되었다. 그들은 snRNA 내에 있는 유리딘-풍부 요소와 결합하는 도넛 모양의 복합체를 형성한다(그림 11.16). Sm 계열의 snRNP는 매우 잘 조직화되어 조립되었고, 복합 부세포 구획 내에서 점차적인 반응이 일어난다. 그 과정은 SMN 단백질에 의해서 중재되고, 척추 근육 쇠퇴에서 결핍되어 있다(Disease Box 11.2). 스플라이스오솜의 조립은 어떻게 일어날까?

이어맞춤 기구의 조립 스플라이스오솜 인트론을 위한 "이어맞춤 순환" 경로는 대부분 효모나 포유동물 세포 핵으로부터 추출한 외인 pre-mRNA와 전체 핵 추출물을 이용한 시험관 내 연구를 통하여 밝혀졌다. 일례로, 연구자들은 효모 핵 추출물에서 pre-mRNA를 처음 결합하는 snRNP를 결정하기 위해 친화성 정화 방법을 사용했다. 그들은 효모 액틴 pre-mRNA를 시험관 내에서 합성하여 비드에 바이오틴-아비딘 연결로 부착되어 있는 "고정 RNA"에 부합시킴으로써 mRNA를 아가로스 비드에 고정시켰다(바이오틴-아비딘에 대한 자세한 내용은 Focus Box 8.1을 참조). 그런 다음, RNA 비드 복합체를 효모 핵 추출물과 항온 반응시켰다. 반응 후, 결합되지 않은 것들을 씻어 버리고, 복합체로부터 RNA를 추출하여 액틴 pre-mRNA, U1, U2, U4, U5, 그리고 U6 snRNA에 대한 특이적 탐침자를 이용하여 노던 블롯을 실시하였다(방법은 14장을 참조). U5의 두 유형(U5 L과 U5 S)이 블롯에서 감지되었다. Ruby와 Abelson은 이 결과를 정량하기 위하여 농도 측정기를 사용하였는데, 그 결과는 그림 11.17에서 그래프 형태로 볼 수 있다. 타임 코스를 따라 추적하면 U1 snRNA가 1분 이내에 pre-mRNA에 빠르게 결합하고 10분 후에 약 80%가 결합되었음을 알 수 있다. 대조적으로, 다른 snRNP는 약 5분 후에 pre-mRNA에 더 느리게 결합했고, 10분 후에 20%만이 결합했다. 이러한 결과와 다른 관련 실험으로부터, 연구진은 U1이 pre-mRNA에 결합하

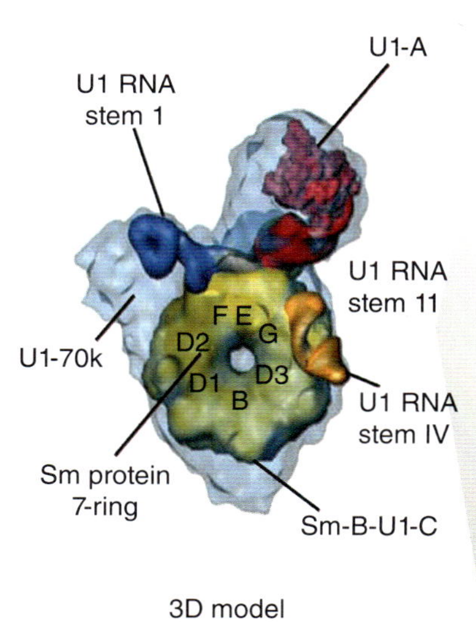

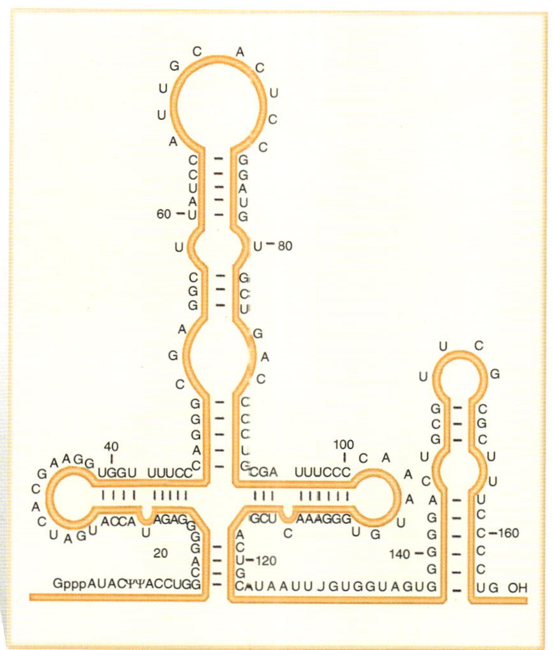

그림 11.16 인간 U1 snRNP의 구조.
3D 모델은 Sm 단백질의 위치를 보여주고, 단백질 U1-70K와 U1A가 U1 snRNA와 결합하는 자리를 보여준다. (출처: Reprinted from Stark et al. 2001. *Nature* 409:539–542, © 2001 Springer Nature.)

Disease Box 11.2

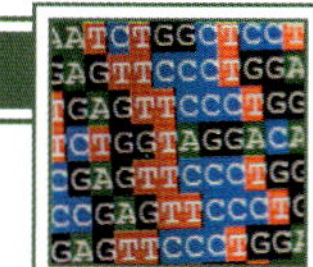

척수성 근위축증: snRNP 생합성 결함

척수성 근위축증은 가장 흔한 치명적인 보통염색체 열성 질환 중 하나로 10,000명 중 1명의 빈도로 발생한다. 질환의 병리적 특성은 척수의 앞뿔에 있는 운동 신경세포의 퇴화로 나타나는데, 사지와 등의 근육이 소멸되어 결국 마비된다. 이 질환은 *SMN1*(운동 신경 생존 1) 또는 *SMN2* 유전자에 돌연변이가 생성되어 나타난다. *SMN1* 유전자는 대부분의 척수성 근위축증 환자에서 결실되어 SMN 단백질 생성이 감소한다. 어떤 경우에는 *SMN2* 유전자의 단일 뉴클레오티드 변화가 엑손성 이어맞춤 인핸서를 침묵자로 전환시킨다. 이 돌연변이는 SMN2 premRNA에서 엑손 7을 자주 건너뛰게 하여 절단된 SMN 단백질을 암호화하는 mRNA를 생성한다. 표현형 중증도는 전체 SMN 발현 수준에 반비례하며, 가장 심각한 형태의 기대 수명은 2년 미만이다. *SMN* 유전자가 처음 동정되었을 때 예측된 아미노산 서열은 데이터베이스의 다른 단백질 서열과 유의한 상동성을 나타내지 않았다. 따라서 그 기능을 결정하는 것은 분자 생물학자에게 어려운 일이었다. 40 kDa SMN 단백질이 snRNP 생합성에 필요한지는 알려져 있지 않다.

세포질에서 SMN-매개 snRNP 조립

Sm-계열 snRNP의 조립은 다수 세포하 공간에서 일어나는 단계적인 과정이다. SMN은 snRNA 핵 외 수송복합체의 인식, Sm 중심의 조립, snRNA 5′ cap의 과메틸화, 그리고 3′ 말단의 절단 등에 관여한다. 다른 중심 구성 요소와 마찬가지로 이들 기능이 필요한데, SMN은 통합적으로 "gemins"라 불리는 큰 거대분자 복합체를 형성한다. 이 복합체들은 세포질 전체에 균일하게 분포한다. SMN는 importin-β1과 import adaptor snurportin 1과 함께 세포질 pre-유입 RNA 복합체도 형성한다. U snRNP 유입은 snRNA 5′-삼메틸구아노신 캡과 Sm 단백질 중심으로 구성된 핵 위치 신호(NLS)에 관여한다. SMN은 Sm 중심과 importin-β1의 연결로 제안된다(그림 1). 조립된 snRNP는 핵으로 들어가고 분산된 초점으로 나타나는 특이적인 핵하 공간으로 이동한다. 성체 조직과 대부분의 배양된 세포에서 이러한 초점들은 Cajal 소체에 해당한다. 대조적으로, 배아 세포에서 SMN은 "gemini of coiled bodies" 또는 "gems"이라고 하는 별도의 핵 구조에 축적된다. Cajal 몸체에서 snRNA는 2′-*O*-메틸화 및 슈도우리딜화를 포함하는 추가 변형을 겪는다. 성숙한 snRNP는 결국 Cajal 본체를 떠나 이어맞춤이 발생하는 곳으로 이동한다.

SMN은 핵에서 카잘바디 및 gem과 결합한다

1903년, 스페인의 신경생물학자 Santiago Ramon y Cajal은 척추동물 신경세포의 핵 안에서 새로운 기관을 발견하였다. 이 기관은 매우 다양한 동물과 식물에서 발견되었고, 그것이 밝혀진 기관에 따라서 "coiled body"에서 "spheres"에 이르는 범위의 매우 다양한 이름으로 불리게 되었다. 1999년, 연구진은 이런 보편적인 핵 기관에 대한 공통된 명명

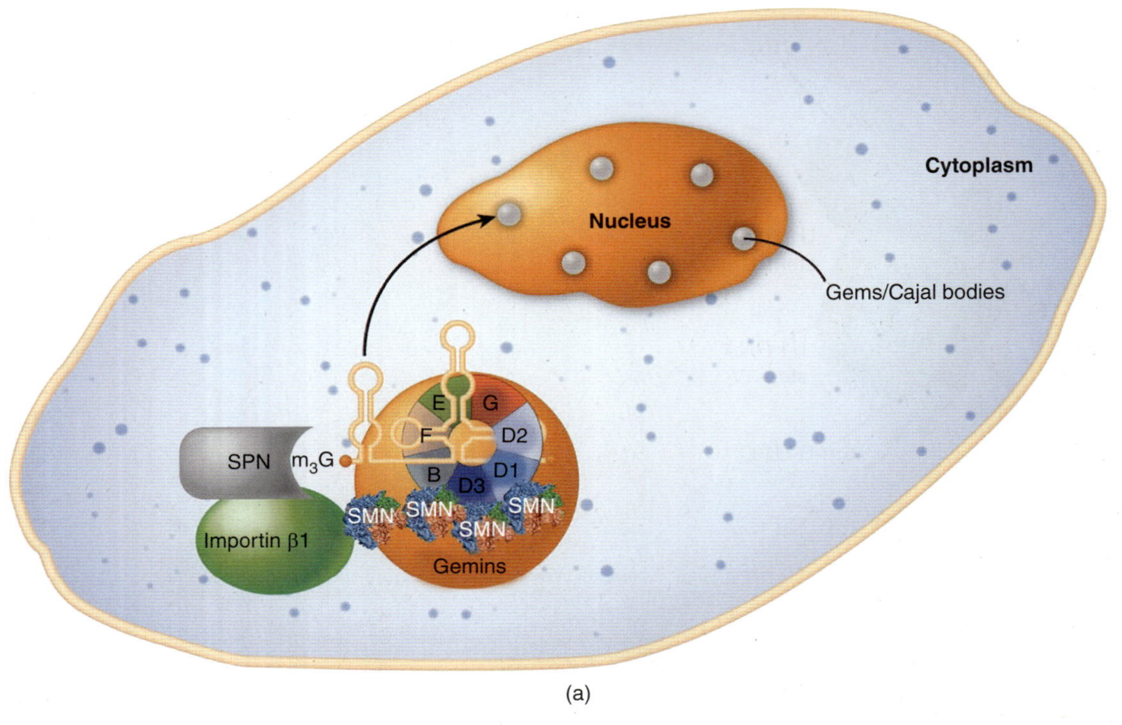

(a)

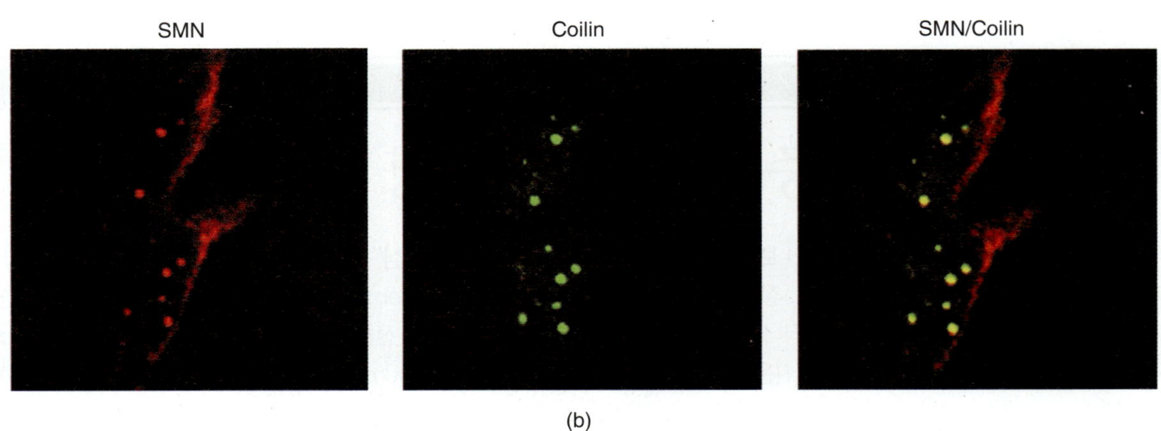

(b)

그림 1 SMN 매개 snRNP 조립과 위치 선정.
(a) U snRNP 핵유입 복합체의 모델은 다음 그림과 같다. Snurportin1(SPN)은 U1 snRNA의 삼메틸구아노신 캡(m^3G)과 결합하고, importin-β1과 상호작용한다. SMN은 snRNP의 Sm 중심을 조립하고, Sm-B, -D1, 그리고 -D3와의 결합을 유지한다. SMN 복합체(gemins)의 부가적인 요소들이 유입을 위해 필요하다. Importin-β1과의 연결은 SMN 자체(SMN?) 또는 알려지지 않은 인자에 의해 만들어질 것이다. (출처: Adapted from Narayanan et al. 2004. *Molecular Cell* 16:223-234.) (b) 핵에서 germs와 카잘바디의 공동 위치 선정. 세포는 각각 gems에 위치한 항-SMN(빨간색, 왼쪽 그림)과 카잘바디에 위치한 항-coilin(녹색, 가운데 그림)으로 이중 면역 염색하였다. 핵체의 두 유형의 유의성 있는 동시 위치 선정을 관찰하라(노란색, 오른쪽 그림). (출처: Photograph courtesy of C.-K. James Shen, National Taiwan University.)

법에 동의하였고, "카잘바디"라는 용어가 채택되었다. 카잘바디는 핵에서의 전사와 RNA-가공 장치의 변합이나 변형 등에서 수많은 역할을 담당한다. 그러나 카잘바디에서 실제로 일어나는 이어맞춤, rRNA 가공 혹은 전사에 대한 증거는 없다. 자가면역 질환자의 혈청에서 밝혀진 카잘바디의 특징적인 단백질은 p80-콜린이다. 카잘바디는 SMN, snRNPs, snoRNPs, RNA 중합효소, 전사 인자를 포함하는 다른 단백질과 RNA의 배열을 가지는데, 최근 snRNA 변형에 관여하는 작은 카잘-특이적 RNA(scaRNAs)가 발견되었다. 콜린 유전자 제거 생쥐를 이용한 연구에서 콜린이 없을 때, SMN과 이어맞춤 snRNP는 카잘바디에 정확하게 가지 않는다는 것을 알 수 있다.

척추 근위축증에 대한 "이어맞춤 교정" 요법

정상 개체에서 SMN 단백질이 모든 조직에서 발현되지만, 운동 신경세포에서 특히 많이 발현된다. 이는 신경 분화와 유지에는 특히 엄격하게 이어맞춤이 조절된다는 것을 의미한다. 게다가, 척수성 근위축증 환자의 SMN 돌연변이의 작은 부분 집합 내에 핵유입 결합이 나타나는데, 이는 SMN과 snRNP 유입 사이의 연결이 SMN 기능상실을 유도할 것이다.

2016년, 미국 식품의약국(FDA)은 *SMN2* 이어맞춤 돌연변이 환자의 치료를 위해 뇌척수액에 주사하는 스핀라자(Spinraza)라는 약물의 사용을 승인했다. 스핀라자는 *SMN2* pre-mRNA 인트론 7-이어맞춤 침묵자와 염기쌍을 이루는 안티센스 RNA 올리고뉴클레오티드로 구성되어 이어맞춤 조절 단백질의 결합을 차단한다. 이러한 방식으로 Spinraza는 엑손 7의 포함 및 전장 *SMN2* mRNA의 형성을 증가시킨다. 이어맞춤 교정 요법은 척수의 전장 SMN 단백질 수준을 증가시키고 환자의 운동 기능을 향상시킨다.

는 첫 번째 snRNP라고 결론지었다.

위에서 설명한 것과 같은 체외 실험에서, 스플라이스오솜 조립은 원래 E, A, B, C라고 명명된 일련의 단기 중간 단계를 통해 단계적으로 진행된다는 것을 보여주었다. 이러한 하위 복합체는 고유 젤 또는 밀도 그레이디언트, snRNP 구성 그리고 pre-mRNA의 처리 단계에 있는 서로 다른 이동성에 의해 구별될 수 있다. 보다 최근에, 스플라이스오솜 성분과 그 작용의 다른 단계에 있는 스플라이스오솜의 구조 연구는 스플라이스오솜이 어떻게 조립되고 pre-mRNA 이어맞춤이 작동하는지에 대한 흥미로운 통찰력을 제공했다.

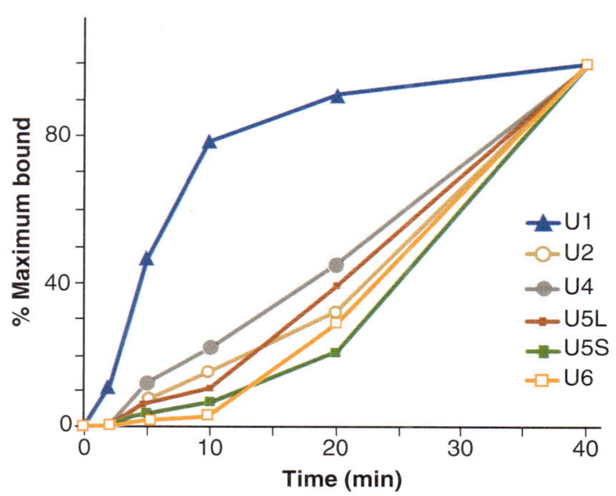

그림 11.17 U1 snRNP는 pre-mRNA와 결합하는 첫 snRNP이다.
그래프는 시간에 따른 복합체와 결합하는 각 snRNP를 나타낸다. 각 snRNA의 양은 노던 블롯을 실시한 후, 농도 측정계로 측정하여 나타내었다. U1 snRNA가 명확하게 처음 결합하고, 이후 다른 snRNA가 결합한다. (출처: Reprinted with permission from Ruby & Abelson. 1988. *Science* 242:1028-1035, © 1988 AAAS.)

이어맞춤 주기 단순화를 위해서, 그림 11.18에는 대부분의 단계에서 핵 pre-mRNA 이어맞춤 경로의 snRNP 구성 요소만 표시되어 있다. pre-mRNA의 5′ 이어맞춤 부위는 더 크고 덜 보존된 공통 서열 내의 인트론 말단에 GU 디뉴클레오티드를 포함한다. 인트론의 다른 쪽 끝에 있는 3′ 이어맞춤 부위 영역에는 3개의 보존된 서열 요소가 있다. 분기점(A), 그 뒤에 **폴리피리미딘 길(polypyrimidine tract**, 포유류의 경우), 인트론의 맨 끝 3′ 말단에 있는 말단 AG. 스플라이스오솜은 이러한 서열에 조립되고, 스플라이싱 반응의 두 가지 화학적 단계를 촉매한다.

E(조기) 또는 커밋 콤플렉스 스플라이스오솜 조립 중에 U1 snRNP는 이어맞춤 부위와 U1 snRNA 사이의 염기쌍을 통해 5′ 이어맞춤 부위(GU)에 결합한다(그림 11.18 참조). RNA 보조 인자를 포함하는 처리 사건은 상호 보완적인 염기쌍에 의해 특이성을 제공하기 위해 RNA를 사용한다. 단백질 SF1과 **U2 snRNP 보조 인자(U2 snRNP auxiliary factor, U2AF)**는 각각 3′ 이어맞춤 자리에서 분기점과 AG에 결합한다. 2개의 인트론 끝에 있는 U1, SF1, U2AF의 결합은 E(초기) 또는 커밋 콤플렉스라고 불리는 스플라이스오솜 어셈블리에서 가장 먼저 정의된 콤플렉스를 형성한다.

Pre-스플라이스오솜(A 복합체) 및 사전 촉매에서 촉매로 활성화된 B 복합체 E 복합체가 U2 snRNP에 의해 결합되면, 분기점에서 snRNA 염기쌍과 SF1 및 U2AF가 방출된다(그림 11.18 참조). 이 새로운 어셈블리는 A 복합체 또는 pre-스플라이스오솜이라고 불린다. A 복합체는 사전 조립된 U4/U6/U5 tri-snRNP에 의해 결합되어 사전 촉매 B 복합체를 형성한다. tri-snRNP만 해도 U5 snRNA, 광범위하게 염기쌍 U4/U6 snRNA 및 스플라이스오솜의 활성화와 활성자리의 형

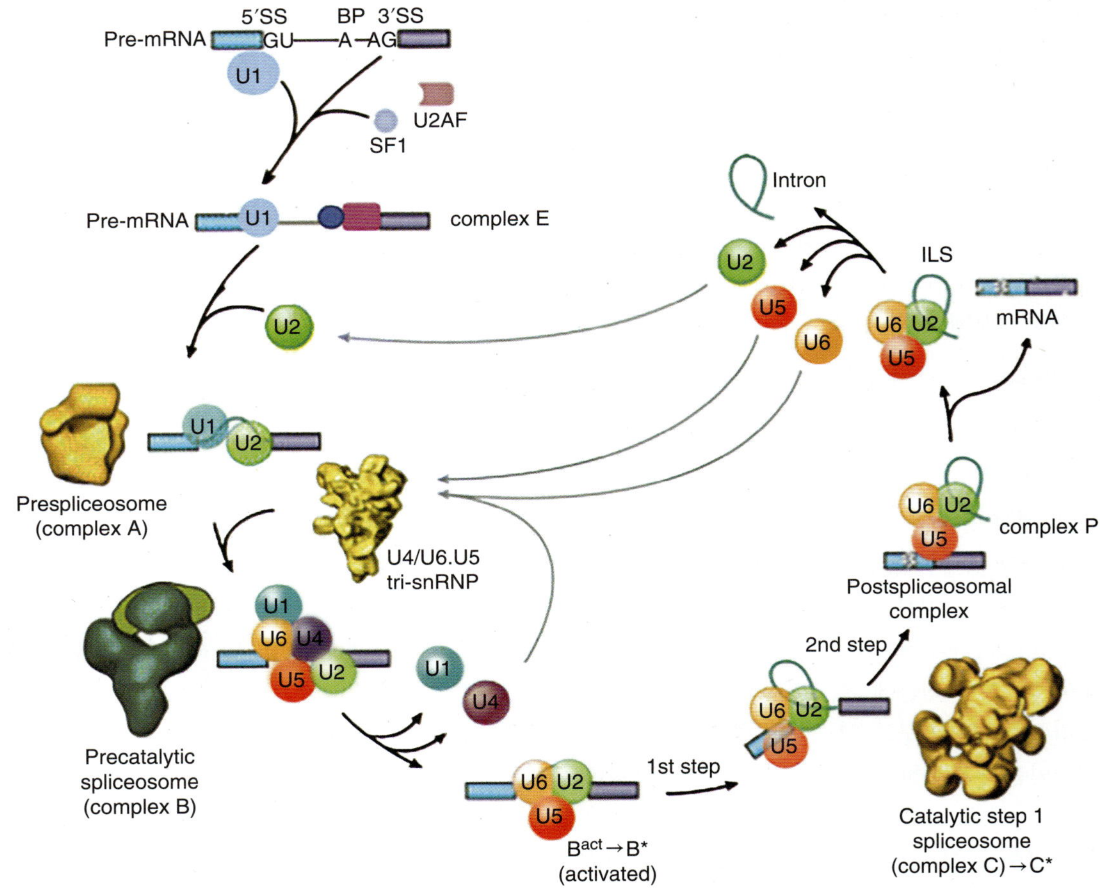

그림 11.18 핵 pre-mRNA 이어맞춤 경로.
인트론 제거는 5′와 3′ 접합자리(5′ SS, 3′ SS)에서 스플라이스오솜에 의해 일어나는 두 에스터 교환 단계를 필요로 한다. (출처: Modified from Lee & Rio. 2015. Annual Review of Biochemistry 84:291–323.)

성에 필수적인 핵심 성분인 **Prp8**을 포함한 30개 이상의 단백질로 구성된 1.5 MDa 크기의 거대한 복합체이다. 활성화된 스플라이스오솜(B^{act} complex)의 형성은 U1과 U4의 해리와 추가적인 단백질 이어맞춤 인자(예, 포유류에서 Prp19−CDC5L 복합체로 알려진 효모 19 복합체 [NTC] 및 NTC 관련 복합체 [NTR])에 의해 촉발된다. B^{act} 복합체는 구조적으로나 성분적으로나 더 재배열되면 촉매적으로 활성화된 스플라이스오솜(B* 복합체)으로 전환되어 첫 번째 단계 에스테르교환 반응을 촉매한다.

1단계 에스터화 반응 첫 번째 단계 에스터화 반응에서 가지점의 불룩한 A 잔기의 2′-OH는 5′ 이어맞춤 부위에서 인산기를 공격한다(그림 11.19a). U6 snRNA의 분자 내 스템 루프(ISL)에서 보존된 뉴클레오티드는 2개의 촉매 마그네슘 이온(Mg^{2+})을 결합한다. 첫 번째 단계 반응 동안, 5′ 엑손의 3′ 말단에 있는 뉴클레오티드는 U5 snRNA의 루프 I에 의해 고정되는 반면(그림 11.19b), 5′ 이어맞춤 부위 및 분기점 부위(BPS)는 U6 및 U2 snRNA에 의해 각각 인식된다. 이어맞춤 활성자리는 U6 snRNA의 ISL, U2−U6 듀플렉스의 나선 I, U5 snRNA의 루프 I, 2개의 Mg^{2+} 이온을 포함한다. M1과 M2로 명명된 두 금속은 주로 U6 snRNA의 인산염에 의해 결합된다. 에스테르 전환의 첫 번째 단계에서, M1은 친핵체를 활성화하는 반면, M2는 이탈기를 안정화시킨다(그림 11.19). 이 반응은 인트론에서 5′ 엑손이 절단되고 인트론의 5′ 말단이 분기점 2′-OH로 연결된다.

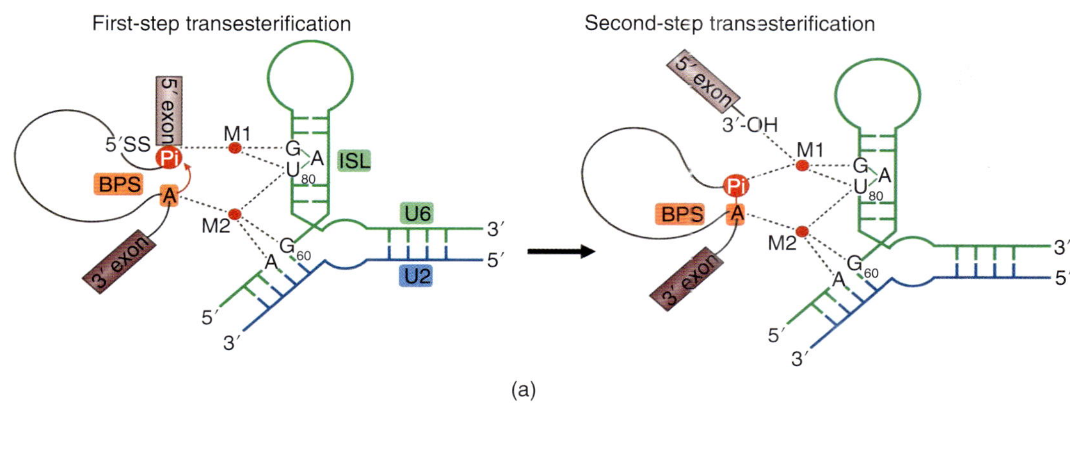

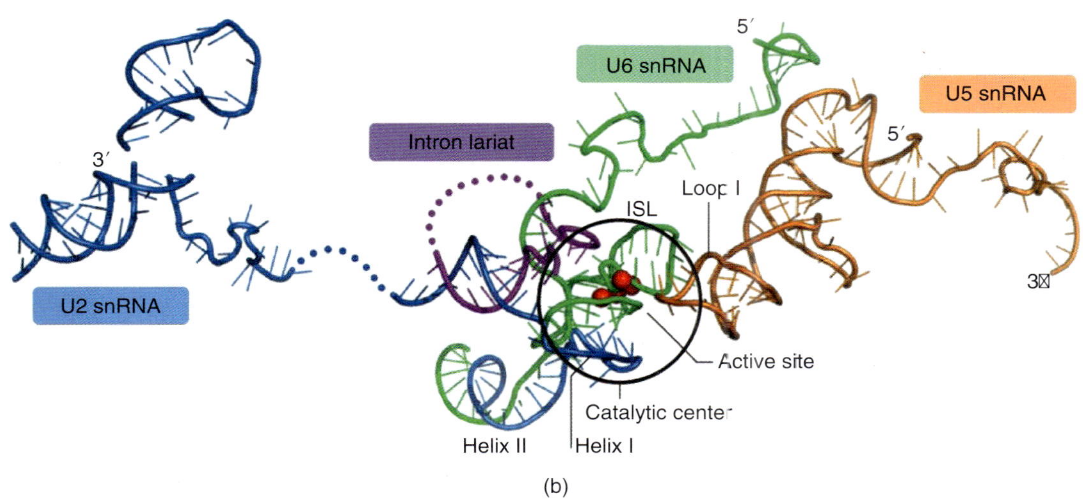

그림 11.19 pre-mRNA 이어맞춤 동안 에스터 교환의 두 단계가 일어난다.
(a) U6 snRNA에 의한 촉매 금속 이온의 배위. (b) 인트론 라리엇트 스플라이스오솜(ILS)에서 snRNA의 공간적 배열.
(출처: Redrawn from Shi. 2017a. *Nature Reviews Molecular Cell Biology* 18:655–670.)

이 인트론/3′-엑손 조각은 그룹 II 인트론에서와 같이 2′,5′-포스포다이에스터 결합을 포함하는 라리엇트 구조이다.

C 복합체와 2단계 전이 반응 이어맞춤 사이클이 계속됨에 따라, 이어맞춤은 C 복합체(촉매 단계 1 스플라이스오솜)를 형성하도록 재배열되고, 보조 단백질의 동적 교환을 통해 C* 복합체로 알려진 2단계 촉매 활성 스플라이스오솜을 형성한다(그림 11.18 참조). C* 복합체는 2단계 에스테르 전이 반응을 촉매한다. 두 번째 전이 반응에서 분리된 엑손의 3′-OH는 인트론의 3′ 말단에서 인산기를 공격한다. M1은 친핵체를 활성화하고, M2는 이탈기를 안정화시킨다(그림 11.19a 참조). 성 전환의 최종 결과는 두 엑손의 결찰과 인트론의 방출이며, 여전히 라리엇트의 형태이다.

Post-스플라이스오솜 P 복합체 및 인트론 라리엇트 스플라이스오솜(ILS) 복합체 두 번째 단계 전이 후, 스플라이스오솜 P 복합체는 인트라 라리엇트와 결합 엑손 모두를 포함한다. 추가적인 구성 및 구조 변화 시, mRNA가 방출되어 ILS 복합체를 떠난다. 스플라이스오솜 복합체는 후속적으로 인트론 라리엇트에서 방출되고 개별 snRNP 및 관련 단백질로 분해된다. 이것은 다른 스플라이

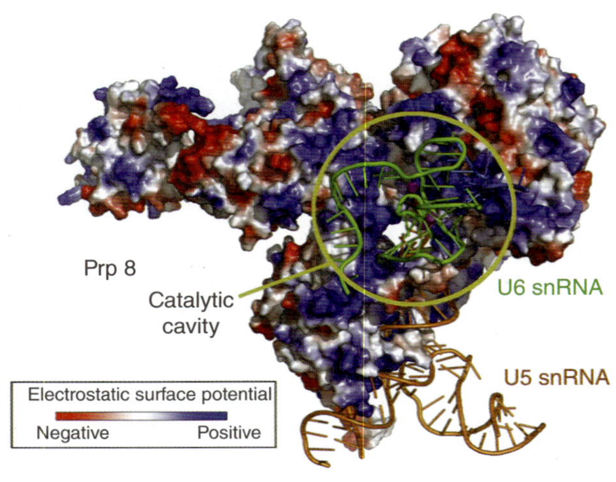

그림 11.20 중앙 스플라이스오솜 구성 요소 Prp8. pre-mRNA 이어맞춤 활성자리는 주로 Prp8의 양전하를 띤 촉매 공동 내에 있다. (출처: Shi. 2017b. *Journal of Molecular Biology* 429:2640–2653.)

스오솜의 신생 합성을 위한 성분을 자유롭게 한다. 라리엇트은 다단계 과정을 통해 분리되고 분해된다.

지금까지는 이어맞춤 사이클에서 snRNP의 역할에 초점을 맞추고 있다. 그러나 RNA 성분은 스플라이스오솜 질량의 10% 미만을 차지한다. 스플라이스오솜의 대부분을 구성하는 100여 개의 단백질이 이 복잡한 경로에서 어떤 역할을 할까?

스플라이스오솜은 단백질-유도 리보자임이다 단백질 Prp8이 정교하고 사전 조립된 U4/U6/U5 tri-snRNP의 일부로 동적 이어맞춤 기구와 결합되어 완전히 조립된 B 복합체를 형성한다는 것을 기억하자. Prp8은 이어맞춤에서 두 가지 중요한 역할을 한다. (i) 활성자리의 형태를 유지하여 양전하를 띤 공동을 형성한다. (ii) 기판 포지셔닝에 관여한다. Prp8 내의 주요 구조적 모티프는 기질 pre-mRNA, snRNP 및 기타 이어맞춤 인자 사이의 상호작용을 직접적으로 촉진한다. U6 snRNA는 이어맞춤에 필요한 촉매 금속 이온을 직접 조정하지만, 이는 Prp8의 공동 내에 자리 잡은 경우에만 그렇게 할 수 있다(그림 11.20). 이러한 방식으로 Prp8은 촉매 RNA의 기능을 하므로 스플라이스오솜을 단백질 방향 리보자임(Disease Box 11.3)으로 분류한다.

촉매 작용으로 이어지는 스플라이스오솜의 동적 리모델링은 snRNA 및 사전 mRNA 전사에서 많은 짧은 나선의 풀림 및 RNA-단백질 상호작용의 파괴를 필요로 한다. 상이한 스플라이스오솜 복합체 사이의 전환은 고도로 보존되고 RNA-의존적인 ATP 효소/나선효소에 의해 주도된다. 예를 들어, 특정 나선효소(효모에서는 Br2, 인간에서는 U5-200kD)는 활성 스플라이스오솜의 형성에 앞서 U4–U6 듀플렉스를 풀어준다. 또한 DEXD/H-박스 단백질은 RNA 재배열에서 중요한 역할을 한다. DExD/H 박스 단백질은 DExD/H 모티프(Asp-Glu-X-His/Asp, 여기서 X는 임의의 아미노산)를 포함하는 ATP-의존성 RNA 나선효소이다. 예를 들어, 첫 번째 단계 전환 이전과 도중에, DExD/H-박스 ATPase/나선효소 Prp2는 스플리세좀과 결합하여 ATP 가수분해를 통해 활성화된다. 또한, Prp16에 의해 매개되는 ATP 결합 및 가수분해는 2단계 에스터 전이 반응에 필요하며,

Disease Box 11.3

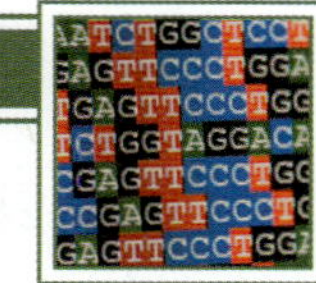

Prp8 유전자 돌연변이는 망막색소변성의 원인이다

망막색소변성(RP)은 망막의 광수용체가 퇴화되어 일어나는 유전질환이다. 이 질환은 전 세계적으로, 약 4,000명 중 1명 꼴로 발병하며, X 염색체 연계의 상염색체 우성 또는 열성 형태로 유전될 수 있다. 이 질환의 특징은 망막 내에 어두운 색소성 점이 생성되는 것이다. 막대세포라 불리는 야간 시력을 조절하는 세포가 가장 쉽게 영향을 받기 때문에, 이 질환은 처음에는 야맹증(밤이나 어두운 곳에서 시력이 떨어짐)으로 나타난다. 이후에는 주변 시력의 저하가 뒤따르고, 마지막에는 완전한 실명은 아닐지라도 눈이 멀게 된다. 질병에 대한 12개의 유전적 위치가 밝혀졌다. 대부분의 결함은 광수용체 분자 로돕신을 암호화하는 유전자와 같은 망막-특이적 유전자 내에 존재한다. 그러나 이 질환의 심각한 상염색체 우성 유형(RP13)은 최근 스플라이스오솜의 필수 구성 요소인 Prp8을 암호화하는 유전자 내의 돌연변이와 관련 있음이 밝혀졌다. Prp8 기능이 모든 세포 유형에서 필요하기 때문에 Prp8 결함과 망막 특이 장애의 연관성은 의문이 간다. 아마도 막대 광수용체 세포는 회전율이 빠르기 때문에 이어맞춤 기구의 변화에 특히 민감할 수 있다.

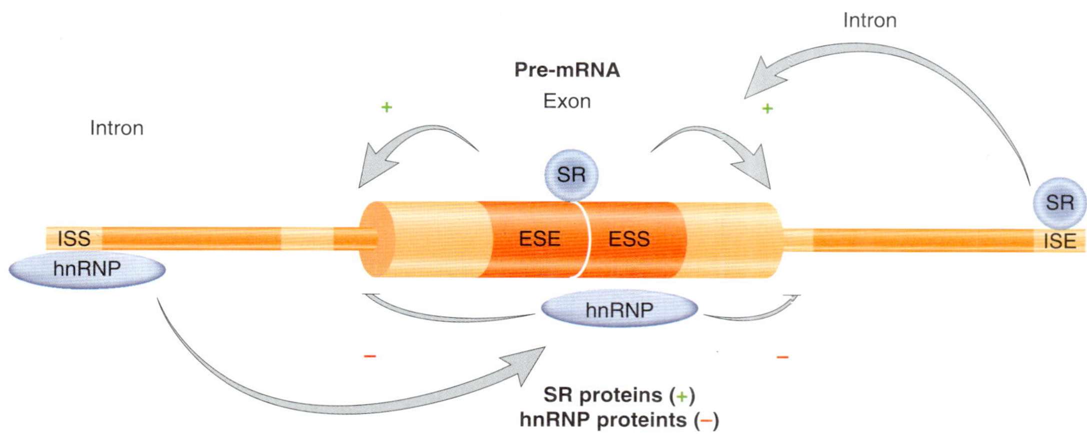

그림 11.21 이어맞춤 조절의 도식화 모델.
이어맞춤 인자들의 모집은 이어맞춤 조절 활성 단백질과 억제 단백질에 의해 조절되고, 다들은 엑손의 이어맞춤 증강자와 침묵자 (각각 ESEs와 ESSs) 뿐 아니라 인트론의 이어맞춤 증강자와 침묵자(각각 ISEs와 ISSs)와도 결합할 수 있다. (출처: Redrawn from Lee and Rio. 2015. *Annual Review of Biochemistry* 84:291–323.)

Prp22는 mRNA 방출에 필요하다.

이어맞춤 인자의 모집은 **엑소닉 이어맞춤 촉진자(exonic splicing enhancers)**와 **엑소닉 이어맞춤 침묵자(exonic splicing silencers**; ESE 및 ESS) 그리고 **인트로닉 이어맞춤 침묵자(intronic splicing enhancers** and **intronic splicing silencers**; ISS 및 ISS)에 결합할 수 있는 활성화 및 억제 조절 단백질에 의해 제어된다(그림 11.21). 예를 들어, 이어맞춤의 중요한 단백질 인자는 SC35와 ASF/SF2이다. 이러한 인자들은 고도로 보존된 세린/아르기닌(SR)이 풍부한 이어맞춤 인자의 일종으로, 구성 및 조절 이어맞춤을 자극하는 이중 역할을 하는 것으로 나타났다. 상간 핵에서 SR 단백질의 대부분은 이어맞춤 기구의 구성 요소를 위한 저장 저장소 역할을 할 수 있는 "작은 반점(speckles)"이라고 불리는 하위 핵 도메인에 상주한다(그림 11.22).

SR 단백질은 하나 또는 두 개의 N-말단 **RNA 인식 모티브(RNA recognition motifs**, RRM)의 공통 모듈 도메인 구조를 가지며, 뒤이어 C-말단 **RS 도메인(RS domain)**이 있다. RS 도메인은 여러 위치에서 인산화될 수 있는 반복적인 아르기닌–세린 다이펩티드를 포함한다. SR 단백질의 RRM은 서열 특이적 RNA 결합에 충분하지만, RS 도메인은 이어맞춤을 강화하기 위해 필요하다. 일반적으로, SR 단백질은 업스트림 3′ 이어맞춤 부위에 대한 U2AF 결합을 자극하기 위해 엑소닉 이어맞춤 인핸서 요소에 결합한다. 또한 5′ 스플라이스 부위에 U1 snRNP 결합을 자극하기 위해 분기점과 5′ 이어맞춤 부위에 결합한다. 대조적으로, 이종 핵 리보핵단백질(hnRNP) 단백질 패밀리의 구성원은 이어맞춤 침묵자에 결합하여 RNA 처리를 억제한다(그림 11.21 참조).

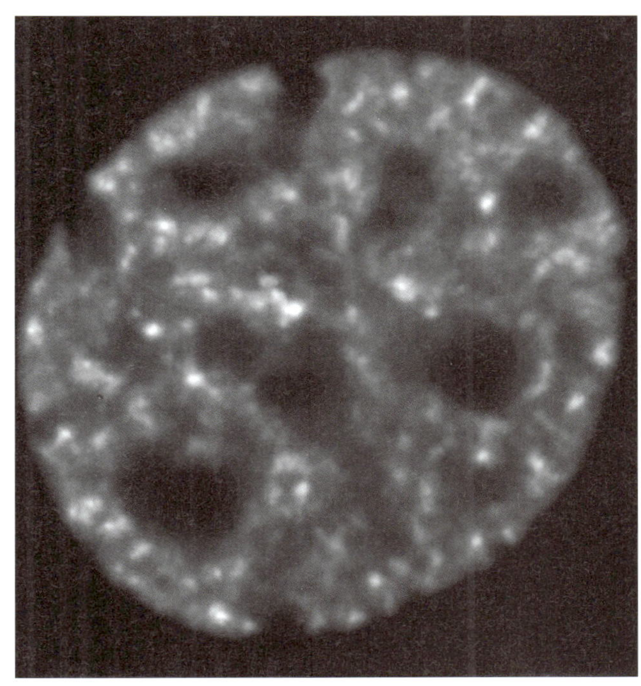

그림 11.22 핵 "작은반점"에서 SR 단백질의 분포.
사진은 디컨벌브드 데이터 세트의 3-D 최대 지점 투영으로, 살아 있는 쥐 10T1/2 배아 섬유모세포에서 모은 것이다. 세포는 증강된 녹색형광 단백질이 표지된 SR 단백질 SC35 발현 벡터를 형질감염하였다. 보정은 초점을 공유하는 현미경에서처럼 주어진 지점에서 초점이 희미한 것을 제외시켰지만, 메커니즘은 컴퓨터 알고리즘에 의한 수학적인 과정이다. (출처: Photograph courtesy of Michael J. Hendzel, University of Manitoba, Canada.)

U12형 인트론 이어맞춤 경로 일반적으로 분자생물학의 경우, 일반 규칙에는 예외가 있다. 모든 인트론이 동일한 기구로 접합되는 것은 아니다. 일부 유전자에는 **U12형 인트론(U12-type introns)**이라고 하는 소수의 희귀 인트론이 포함되어 있다. 주어진 유전체에서 모든 인트론의 0.5% 미만을 차지한다. 그것들은 종종 비정규 이어맞춤 공통 서열(DNA에서 GT-AG 대신 AT-AC)을 갖고, 뚜렷한 폴리피리미딘 관이 없지만, 뚜렷한 분기점 부위가 있으며, 별개의 스플라이싱 기구에 의해 절단된다. 이러한 인트론의 절단을 담당하는 저농도 스플라이스오솜에는 U1, U2, U4 및 U6 snRNP와 다르지만 기능적으로 유사한 4개의 snRNP(U11, U12, U4atac 및 U6atac)가 포함된다. U5 snRNP는 두 스플라이스오솜에서 공유된다. 아직 명확하지 않은 이유로 U12형 인트론의 동시전사 이어맞춤은 주요 스플라이스오솜에 의해 이어맞춤된 인트론보다 2배 이상 느리다. 경미한 경로이지만, 녹다운 실험(11.7절 참조)은 U12-의존적 이어맞춤이 다세포 유기체의 생존 및 발달을 포함한 여러 세포 과정에 필요하다는 것을 보여주었다.

11.5 선택적 이어맞춤

일반적인 인간 또는 마우스 유전자에는 8개의 엑손과 7개의 인트론이 있다. 원래 그 대부분의 유전자는 단일 유형의 접합된 mRNA를 생성하는 RNA로 전사되는 것으로 생각되었다. 이것은 선택적 이어맞춤의 몇 가지 알려진 예만 포함하는 신진 효모의 경우이다. 대조적으로, 최근의 고처리량 시퀀싱 연구는 인간 유전자의 >95~100%와 마우스 유전자의 약 63%에 대해 pre-mRNA 전사체가 적어도 2개의 대체 mRNA 동형을 생성하기 위해 교대로 이어맞춤되는 것으로 추정한다. 평균적으로, 각 유전자는 엑손이 선택적 이어맞춤에 의해 서로 다른 배열로 결합된 3개 이상의 mRNA 동형을 생성한다(그림 11.23). 이를 맥락에서 설명하자면, 인간 유전체에서 확인된 단백질 암호화 유전자는 약 25,000개에 불과하지만, 당신의 몸에 있는 것과 마찬가지로, 인간 세포도 90,000개의 서로

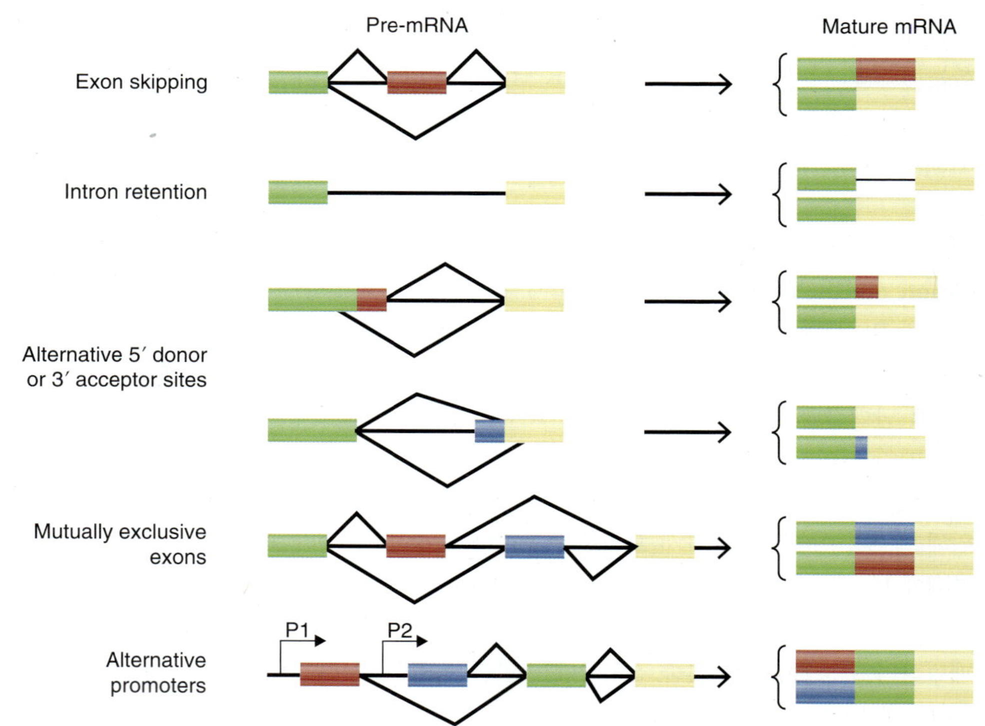

그림 11.23 선택적 이어맞춤의 패턴.
엑손은 색이 있는 상자로 표시되고 인트론은 검은색 선으로 표시된다. (출처: Redrawn from Le et al. 2015. *Acta Pharmacologica Sinica* 36:1212–1218.)

다른 단백질을 생산할 수 있는 것으로 추산된다. 본질적으로 선택적 이어맞춤은 유전자 발현을 조절하는 다양한 수단을 제공하여 프로테옴을 확장하여 단백질 다양성에 기여한다.

대부분의 엑손 이어맞춤은 구성적이다. 그들은 항상 최종 성숙 mRNA에 접합되거나 포함된다. 그러나 일부 엑손의 이어맞춤은 규제된다. 그것들은 성숙한 mRNA에 포함되거나 제외되며, 그것들의 포함은 상호배타적일 수 있다(그림 11.23 참조). 선택적 이어맞춤의 다른 메커니즘에는 특정 엑손을 연장하거나 단축하는 대안적인 5′ 및 3′ 이어맞춤 부위; 인트론 잔류, 즉 인트론 제거 실패; 또는 전사 시작 부위가 특정 엑손을 포함하거나 배제하는 대체 프로모터 사용 등이 있다. 선택적 이어맞춤은 유전자 발현에 어떤 영향을 미칠까? 자세히 살펴보자.

선택적 이어맞춤의 유전자 발현에의 효과

특정한 pre-mRNA은 종종 선택적 이어맞춤의 다양한 위치를 가지며, 단일 유전자로부터 관련된 단백질 패밀리가 생겨난다(Focus Box 11.2). 단백질 다양성을 생성하는 이 작용 메커니즘은 유전자의 놀랍도록 작은 세트로부터 어떻게 포유류의 복잡성이 나오는지를 부분적으로 설명할 수 있다. 단백질 동종형의 발현을 조절하는 것은 단지 이어맞춤의 효과만은 아니다. 선택적 이어맞춤으로 발생하는 mRMA 다양성의 대략 20%는 번역이 되지 않은 부위 내에 있다. 이러 5′와 3′ 비해독 부위는 보통 번역, 안정성 또는 mRNA의 위치 지정을 조절하는 요소들을 포함한다. 게다가, 선택적 이어맞춤의 3분의 1 이상은 전사체에서 정상보다 빠르게 종료 코돈을 삽입한다. 이는 대개 넌센스 매개성 분해에 의한 mRNA 분해를 유도한다(11.8절 참조). 선택적 이어맞춤에 의한 유전자 발현 조절은 몇 가지만 예로 들면, 성 결정, 세포자멸사, 축삭 안내, 세포 흥분, 그리고 세포 수축을 포함하는 많은 세포 및 발생 과정에서 중요하다. 결과적으로, 이어맞춤 조절의 오류는 수많은 다른 질병에 영향을 미친다(예, Disease Box 9.4 참조). 대략 점돌연변이의 15%가 이어맞춤의 오류에 의하여 인간 유전병의 원인이 된다.

선택적 이어맞춤의 조절

이어맞춤 분야에서 분자생물학자의 주요 목표는 선택적 이어맞춤이 어떻게 조절되는가를 이해하는 것이다. 시스-작용 조절 요소는 pre-mRNA의 엑손과 인트론에서 확인되었다. 즉, 엑손 또는 인트론 이어맞춤 촉진자와 엑손 또는 인트론 이어맞춤 침묵자(그림 11.21 참조)이다. 이러한 RNA 서열 요소는 이어맞춤을 조절하는 트랜스 작용 단백질에 의해 결합된다. 예를 들어, RNA는 N^6-메틸아데노신(m^6A)의 침착에 의해 종종 변형된다는 점을 상기하자. 이 "표시"는 m^6A 특이적 "리더" 단백질 hnRNPG를 모집하여 선택적 이어맞춤을 조절한다(그림 11.24). 차례로, hnRNPG는 RNA 중합효소 II의 인산화 CTD에 결합하여 RNA 중합효소 II가 m^6A 부위의 하류에서 체류 시간을 증가시

Focus Box 11.2

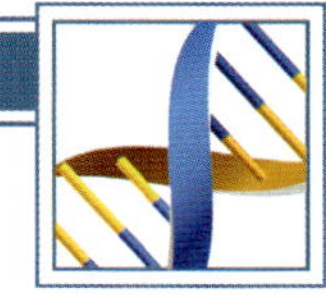

Dscam 유전자: 극심한 선택적 이어맞춤

선택적 이어맞춤의 극단적인 예는 다운증후군 세포부착분자(Dscam)를 암호화하는 초파리 유전자 안에서 일어난다. *Dscam* 유전자는 전체 115개 중에서 95개의 가변적 엑손을 가지고, 잠재적으로 38,016개의 다른 단백질 동종형을 만들 수 있다(그림 1). 이름에서 알 수 있듯이, 이 유전자는 사람에서 처음 발견되었고, 염색체 21번의 다운증후군 부위에 위치한다. Dscam 동종형은 초파리와 사람에서 신경 연결의 형성에 필요한 막걸침 신경세포 부착 분자의 새로운 유형이다. 인간 DSCAM의 세포외 영역은 초파리 Dscam과 높은 유사성을 가진다. 놀랍게도, 이들의 세포내 영역은 명확히 일치되는 서열을 가지지 않는다. 이러한 차이점에도 불구하고, 사람 DSCAM과 초파리의 그것은 축색 안내자로서의 비슷한 생물학적 기능을 가진다. 초파리 유전자와는 다르게, 사람의 DSCAM 유전자는 30개의 엑손을 가지며, 단지 3개의 다른 선택적 이어맞춤된 전사체가

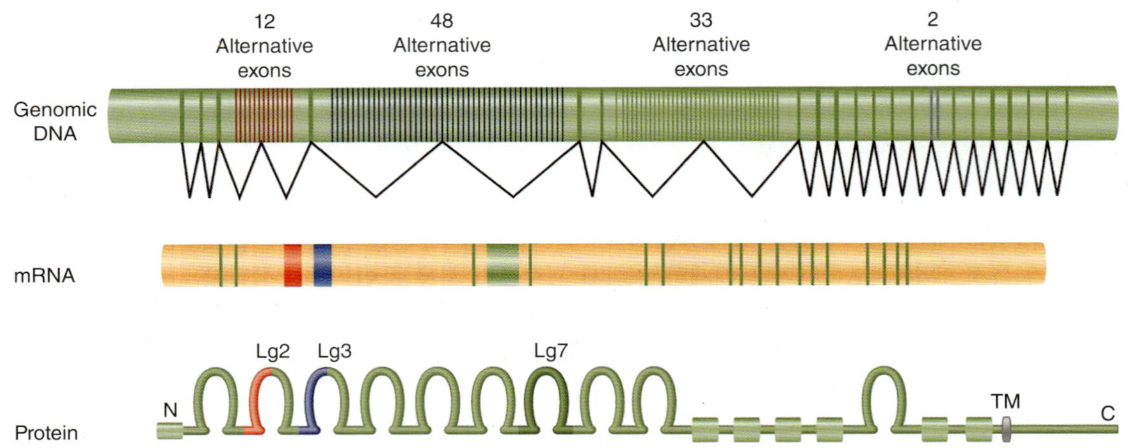

그림 1 극심한 선택적 이어맞춤.
Dscam 유전자, mRNA, 단백질의 모식도. Dscam 단백질은 보존적이고 가변적 영역을 모두 가진다. 4개의 가변 영역은 선택적 엑손(각기 다른 색으로 표시됨)에 의해 암호화된다. 전사체는 각 블록의 하나의 가변 엑손만을 가진다. *Dscam* 유전자는 면역글로불린 2(Ig2, 빨간색)의 N-말단 반쪽을 위해 12개의 가변 엑손, Ig3(파란색)의 N-말단 반쪽을 위해 48개의 가변 엑손, 그리고 Ig7(진녹색)을 위해 33개의 가변 엑손을 암호화한다. 이들은 2개의 가변 막걸침 영역(회색)이다. (출처: Reprinted from Wojtowicz et al. 2004. *Cell* 118:619–633, © 2004 Elsevier.)

밝혀졌다.

초파리에서는, 4개의 가변 영역이 선택적 엑손 블록에 의해 암호화된다(그림 1 참조). 다른 동종형은 신경세포에서 위치와 시기 특이적으로 발현하고, 개별 세포는 약 50개의 다른 동종형을 각각 발현한다. 각 신경세포에서 발현되는 동종형의 배열은 축삭 유도, 표적화 또는 시냅스 형성 과정에서 신경세포들 간의 상호작용을 조절하여 초파리의 특이적 신경 배선에 중요한 역할을 할 것으로 제안된다. 게다가, 초파리 면역-적격 세포(지방체 세포와 혈구, 곤충의 경우는 혈액 세포)는 다른 세포외 영역을 가진 면역글로불린 슈퍼패밀리 일원인 19,008개 이상의 동종형을 발현할 수 있는 잠재성을 지닌다. 비록 기구학적으로 항체 다양성을 일으키는 V(D)J 체강의 재배열과는 완전히 다르지만, 이런 선택적 이어맞춤 메커니즘은 비슷한 방식으로 작용하고 환경의 변화와 병리적인 위협에 있어서 파리 개체수 적응 잠재성을 높여 줄지도 모른다.

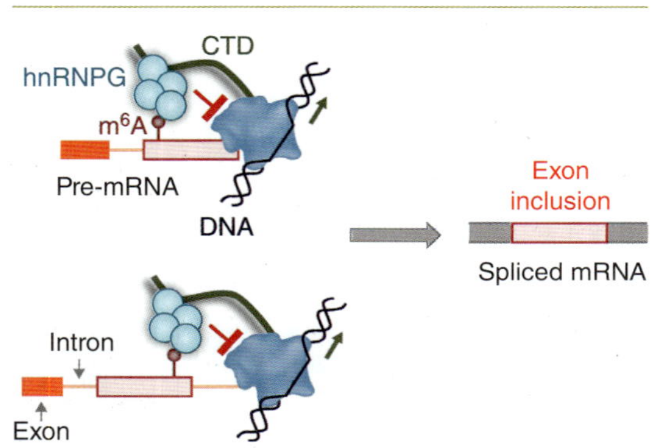

그림 11.24 N^6-메틸아데노신(m^6A)-의존적 엑손 포함 조절 모델.
RNA 중합효소 II(Pol II)는 이어맞춤 부위를 통해 전사되고 m^6A가 추가된다. hnRNPG 단백질과 m^6A의 상호작용 시, m^6A 부위의 하류에 있는 RNA 중합효소 II의 체류 시간이 증가하여 hnRNPG- 및 m^6A-의존적 엑손 포함이 발생한다. (출처: Redrawn from Zhou et al. 2019. *Molecular Cell* 76:70–81.)

킨다. 최근의 한 모델은 RNA 중합효소 II의 속도를 늦추거나 일시중지하면 이어맞춤 인자가 조립되기에 충분한 시간을 제공하여 성숙한 mRNA에 특정 엑손을 포함시킨다고 제안한다. 대부분의 시스템에서 이어맞춤 부위 선택의 변화는 초기 인자와 pre-mRNA의 결합과 스플라이스오솜 조립의 변화로 인해 발생한다. 또한 히스톤 변형은 이어맞춤 조절기의 모집에 영향을 주어 이어맞춤 결과에 영향을 미칠 수 있다. 염색질과 mRNA의 선택적 이어맞춤 사이의 이러한 상호작용은 이어맞춤이 동시 전사적으로 발생하기 때문에 가능하다.

선택적 이어맞춤의 가장 잘 설명된 예가 초파리의 경우이다. 돌연변이체의 유전적 분석으로 특이적 이어맞춤 조절자와 그들의 하위 대상을 밝혔다. 다음으로 조절 메커니즘의 생화학적 정밀 분석이 이루어졌다. 포유류계에서도 대부분의 이어맞춤 인자들이 생화학적으로 밝혀졌다. 이어맞춤 조절자의 기준을 만들기 위하여, 단백질은 시험관 내와 형질감염된 세포 모두에서 접합자리 선택에 영향을 줄 수 있어야 한다. 일반적으로, 선택적 이어맞춤의 조직-특이적, 발생 단계-특이적인 분자적 조절 메커니즘은 아직까지 거의 알려지지 않았다. 선택적 이어맞춤의 눈에 띄는 한 예는 포유동물 심장 발생 중에 일어난다. 다음에서 더욱 자세히 살펴보자.

포유동물의 심장 발생 과정의 선택적 이어맞춤 Ca^{2+}/calmodulin-의존적인 인산화효소 II δ (CaMKIIδ)의 선택적 이어맞춤은 SR 단백질 ASF/SF2에 의해서 조절되고, 포유동물의 심장 발생에 중요한 역할을 하는 것으로 보인다. CaMKIIδ는 세포에서 Ca^{2+} 작용의 주요 세포내 매개자이다. 심장 내에서, 그것은 흥분–수축 결합의 조절자로 작용하고, 심장 근육의 물리적인 수축을 가져오는 전기적 자극에 의해 진행된다. 심장 수축은 세포 내로의 Ca^{2+} 유입과 근육세포질세망에 저장된 것이 방출되면서 시작된다. 근육이 이완하는 동안, 세포질 Ca^{2+}의 작은 부분이 세포 바깥으로 방출되지만, 세포질 Ca^{2+}의 대다수는 Ca^{2+} 펌프를 통해서 다시 근육세포질세망으로 돌아와 재사용된다. 주요 Ca^{2+}-조종 단백질의 인산화는 부분적으로 CaMKIIδ에 의해 조절된다.

발달 중인 태아 심장에서, 2개의 심장 동종형인 CaMKIIδB와 CaMKIIδC, 그리고 하나의 신경 동종형인 CaMKIIδA가 발현된다. 1–2개월의 태아에서, CaMKIIδ는 선택적 이어맞춤을 진행하여 심장 동종형의 발현을 변화시킨다. 다른 동종형은 비슷한 촉매적 및 조직적 활성을 가진다. 그러나 세포내 위치 선정은 확연하게 다르다(그림 11.25). 신경 동종형(δA)은 개별 근육섬유를 둘러싸고 있는 sarcolemmal 막의 횡단(T) 세관에 위치한다. 반면, 한 심장 동종형(δC)은 근육세포의 세포질 내에 위치하고, 또 다른 하나(δB)는 핵에 위치한다. CaMKIIδB가 어떻게 핵에 위치할 수 있을까? 핵 위치 선정 서열이 선택적 이어맞춤 과정을 통해 삽입된다. 간단하지만 명쾌한 예는 선택적 이어맞춤의 힘을 보여준다. 세 동종형의 다른 세포내 위치 선정은 다른 인산화 표적을 가졌기에 기능적으로 중요하다. 결국, 신경 동종형의 부적절한 발현은 심장의 발달과 기능상의 결점을 가져온다.

트랜스-이어맞춤

pre-mRNA의 대다수에서, 엑손은 오직 개별 pre-mRNA 내에 존재한다. 그러나 드물게, 하나의 pre-mRNA의 엑손은 **트랜스-이어맞춤(*trans*-splicing)**이라 불리는 과정에서 다른 pre-mRNA의 엑손에 존재할 수 있다. 분자내 상태를 제외하고, 트랜스-이어맞춤은 그룹 II 인트론 내의 *cis*-이어맞춤과 pre-mRNA 스플라이스오솜 인트론의 두 단계와 정확하게 병행한다. 트랜스-이어맞춤은 흔하

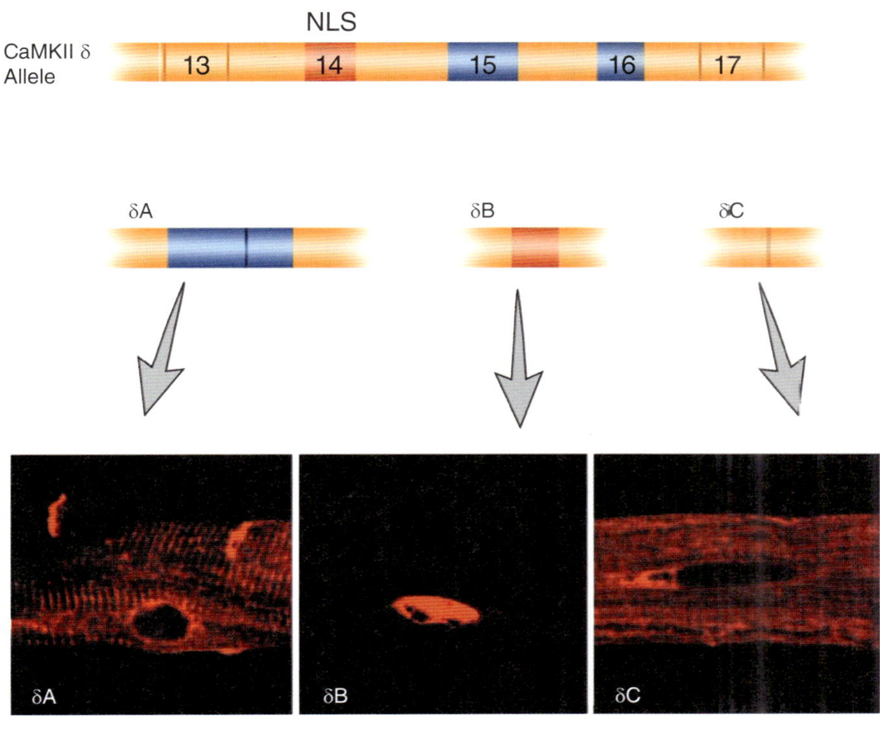

그림 11.25 포유류 심장 발생 동안 CaMKIIδ의 선택적 이어맞춤.
도식화된 그림은 CaMK IIδ 유전자의 세 선택적 엑손(14, 15 그리고 16)과 엑손 15와 16(δA), 엑손 14(δB), 그리고 선택적 엑손이 아닌 (δC)를 포함하는 세 주요 동종형을 나타낸 것이다. 엑손 14는 핵 위치 서열(NLS)를 포함한다. 면역염색은 다른 CaMKIIδ 동종형의 세포내 위치 선정을 보여준다. δA 신경 동종형의 선 모양은 sarcolemmal 막의 T 세관과 일치한다. δB 심장 동종형은 핵에 위치해 있고, δC 심장 동종형은 세포질 내에 널리 분포되어 있다. (출처: Reprinted from Xu et al. 2005. *Cell* 120:59–72, © 2005 Elsevier.)

지 않지만, 현재 편형동물, 원생생물 유글레나, 식물 세포기관, 선충류, 그리고 초파리 등의 다양한 유기체 내의 몇몇 특이적인 상황에서 일어나는 것으로 알려져 있다. 트랜스-이어맞춤은 어떤 아주 풍부한 바이러스성 pre-mRNA와 세포 pre-mRNA에서 일어나지만, 포유동물 세포에서 관찰되는 낮은 수준의 트랜스-이어맞춤이 필수 기능을 하는 단백질을 생산한다는 증거는 현재까지 없다. 트랜스-이어맞춤의 세 가지 주요 유형으로는 불연속적 그룹 II, 접합 선도체, 그리고 tRNA 트랜스-이어맞춤이 있다.

불연속적 그룹 II 트랜스-이어맞춤 불연속적 그룹 II 트랜스-이어맞춤은 두 식물 엽록체 유전체들의 서열이 분석되면서 처음 발견되었다. 리보솜 단백질의 아미노-말단 부분에 대한 암호화 서열은 유전자의 여분으로부터 30−60 kb 떨어진 곳에서 발견되었고, 반대편 DNA 가닥으로부터 전사 되었다. "접합 선도체" 범주와는 다르게, 이 "불연속적 그룹 II" 트랜스-이어맞춤은 mRNA의 5′ 말단에서 확인되지 않고, 같은 유전자 내에서 한 번 이상 발생할 수도 있다. 복합체 이어맞춤 과정은 몇몇 식물 미토콘드리아 단백질의 의미 있는 해독틀을 만들기 위해 필요하다. 예를 들어, NADH 탈수소효소1(*nad1*) pre-mRNA 전사체의 광범위한 트랜스-이어맞춤이 있다. NADH 탈수소효소는 세포 호흡에 관련된 효소이다(그림 11.26a). 달맞이꽃과 애기장대에는 3개의 분리된 전사체가 관여하여 5개의 엑손을 서로 연결한다. 기능적인 mRNA를 만들기 위해서, 두 시스-이어맞춤과 두 트랜스-이어맞춤 과정이 필요하다. 페튜니아와 밀은 4개의 분리된 전사체가 관여한다. 하나의 시스-이어맞춤과 세 트랜스-이어맞춤 과정이 NADH 탈수소효소 mRNA를 생산하기 위해 필요하다. 엑손의 분산은 대개 식물 미토콘드리아 유전체가 빈번하게 재배열하는 재조합 반응의 결과로 나타난다.

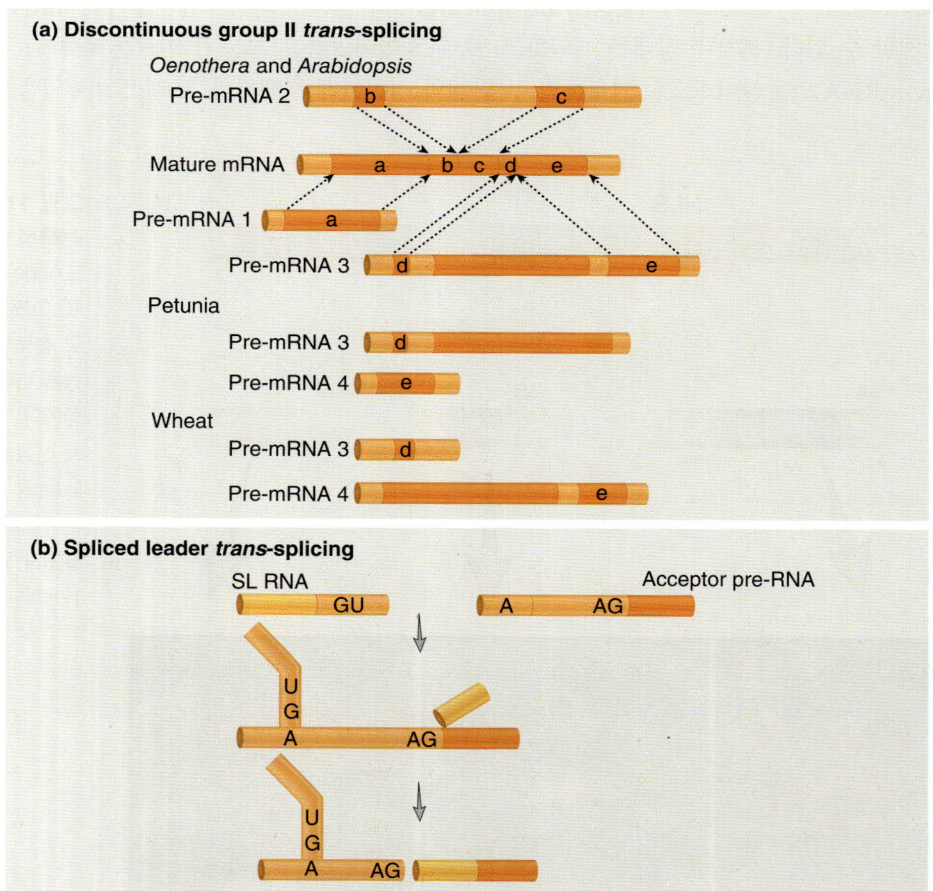

그림 11.26 트랜스 이어맞춤의 두 가지 주요 유형.
(a) 식물 미토콘드리아에서 불연속 그룹 II 전사. (b) 접합 리더 트랜스 이어맞춤.

암호화 서열의 주어진 조각은 특정 단백질을 위한 “그 유전자”를 복제하는 난제에 더하여 유전체 주위로 퍼뜨려진다.

접합 선도체 트랜스-이어맞춤 진핵생물 유전자의 인트론이 발견되고서 몇 년 후, 아프리카 파동편모충의 mRNA가 그들의 일치하는 유전자와 동일선상에 엄격하게 있지 않다는 것이 밝혀졌다. 각 mRNA는 5′ 말단에 동일한 비부호 서열을 가진다. 이러한 “소형 엑손들”은 파동편모충 유전체의 곳곳에서 암호화되어 있음을 발견하였다. 소형의 엑손들은 “**접합손도체 RNA(spliced leader RNA**, SL RNA)”로 표기되었다. SL RNA는 짧게 반복된 DNA 서열상의 인트론이 없는 유전자로부터 RNA 중합효소 II에 의해 전사된다. 이러한 유전자의 알려져 있는 유일한 기능은 짧은 (~15–50 nt) 선도 서열을 제공하는 것이다. 비록 유의성 있게 일치되는 서열을 가지지는 않지만, SL RNA는 SM 계열의 U-rich snRNA와 전체적으로 유사성을 가진다. 공통된 특징으로는 작은 크기, 변형된 5′ cap 구조, 그리고 U-rich Sm 단백질-결합자리가 있다. SL RNA는 pre-mRNA 접합 수용자 자리로 옮겨지고 성숙 mRNA의 5′ 말단이 된다(그림 11.26b)

예상 외로, 이어맞춤 과정은 스플라이스오솜에 의해 조절된다고 밝혀졌다. 분자내 트랜스-이어맞춤은 시스-이어맞춤에서처럼 두 단계 과정으로 일어난다. 첫 번째 에스터 교환 단계에서, 접합 선도체(SL) 공여자리에서의 잘림은 5′ SL 엑손이 떨어져 나가게 한다. SL RNA의 남은 부분은 Y 중간산물을 형성하는 2′,5′-포스포다이에시터 결합에 의해 수용자 pre-mRNA의 분지점 아데노신과 결합한다. 두 번째 단계에서, 3′ 접합자리에서의 잘림과 엑손 연결은 이어맞춤된 엑손과 잘려진 Y 인트론을 만들어낸다.

트랜스-이어맞춤 과정은 많은 무척추동물 개체와 우렁쉥이속 멍게 *Ciona intestinails*와 유형강 *Oikopleura dioica*와 같은 몇몇 척삭동물에서 pre-mRNA의 소수집단부터 100%까지 어느 곳에나 5′ 비부호 엑손을 제공한다. 선택적 이어맞춤과는 다르게, 접합 선도체의 첨가는 단백질 다양화를 유도하지는 않는 것 같다. 그 대신, 접합 선도체 트랜스-이어맞춤은 mRNA 기능에 있어서 몇몇 다른 역할을 가진다.

1. 5′ cap 구조를 제공. 캡 구조의 첨가는 파동편모충에서 RNA 중합효소 I에 의해 전사되는 단백질-부호 RNA에 필수적이다(10장 참조).
2. 폴리시스트로닉 RNA 중합효소 II 전사체를 개별적인 캡이 형성된 mRNA로 분해. SL RNA는 각 해독틀의 상위에 위치한 수용자 자리로 트랜스-이어맞춤된다. 이런 유형의 트랜스-이어맞춤은 파동편모충, 선충류, 편형류에서 일어난다.
3. mRNA 번역 효율을 향상. 파동편모충과 선충류에서 트랜스-이어맞춤에 의해 과도하게 변형된 캡 구조와 선도 서열의 첨가는 mRNA가 리보솜에 결합하는 효율을 증가시킬 수 있다.

tRNA 트랜스-이어맞춤 *Nanoarchaeum equitans*는 현재 알려진 나노고세균계의 유일한 구성원이다. 작은 고대 기생충의 유전체 서열은 이미 밝혀졌다. 유전체 서열이 분석되었을 때, 글루타메이트, 히스티딘, 트립토판 그리고 개시 메티오닌 tRNA를 암호화하는 유전자가 없었다. 컴퓨화적 접근을 활용한 유전체 조사에서, 분리된 tRNA 반쪽을 암호화하는 9개의 유전자를 밝혀내었다. 동시에, “missing” tRNA 유전자도 찾아냈다. tRNA 서열은 안티코돈 뒤 하나의 뉴클레오티드가 띄워져 있다: tRNA 인트론의 정상적인 위치. 두 반쪽은 재개 역상보 서열에 의한 특이한 트랜스-이어맞춤 메커니즘으로 결합한다고 제안되고 있다. 이제 연구진은 무엇을 찾아야 하는지 알게 되었으며, 다른 관련 없는 종의 고균에서 분할된 tRNA를 발견했다.

이 절에서 배웠듯이, RNA 전사체는 동시 전사적으로 광범위한 처리를 거친다. 한때 모든

mRNA의 뉴클레오티드 서열은 DNA 주형 서열의 단순하고 연속적인 사본인 것처럼 보였다. 인트론이 많은 유전자를 방해한다는 1977년의 발견은 이러한 관점을 극적으로 변화시켰고, 트랜스-이어맞춤 경로는 또 다른 반전을 추가했다. 이 단순한 모델에 대한 두 번째 주요 변화는 11년 후 **RNA 편집(RNA editing)**이 발견되면서 발생했다: mRNA 염기서열의 전사 후 변형. 시작 유전자에서 단백질 서열을 예측하려는 분자생물학자에게 이것은 또 다른 도전을 의미한다. 유전자 조절을 연구하는 분자생물학자에게 이는 새롭고 흥미로운 제어 수준을 나타낸다. RNA 편집이 다른 유형의 RNA 처리와 어떻게 다른지 살펴보자.

11.6 RNA 편집

RNA 편집은 파동편모충에서 처음으로 발견되었으며, 이후에 바이러스, 식물, 점균류, 포유동물(사람과 유대목 동물 포함), 오징어, 그리고 와편모충에서도 발견되었다. 현재는 단백질 구조 및 기능과 같이 변화하는 유전자-특이적 코돈의 작용 메커니즘으로 널리 알려져 있다. 파동편모충에서와 포유류에서, 편집에 대한 매우 다른 두 메커니즘이 주목 받고 있다.

파동편모충에서 RNA 편집

1980년대 초, 연구자들은 아프리카 파동편모충에서 미토콘드리아 유전체에 대한 일상적인 연구를 시작했는데, mtDNA의 유전자 함유와 구성에서 특이적인 것을 발견하지 못하였다. 파동편모충은 기생형 원생동물인 동시에 코트 변화의 레퍼토리를 통해 포유동물의 면역체계를 구성할 수 있는 놀라운 능력이 이미 알려졌다(Disease Box 10.5 참조). 그러나 *Trypanosoma brucei*의 미토콘드리아 거대 원의 개시 서열 분석과 관련된 두 종인 *Leishmania tarentolae*, *Crithidia fasciculata*의 분석은 조금의 과장 없이 난해하다.

단백질-부호 영역에서 내부 틀이동은 세 종 사이에 보존되어 있고, 많은 유전자의 번역 개시 ATG 코돈의 부재와 다른 모든 유기체의 미토콘드리아에 존재하는 몇몇 고보존된 전자 수송단백질의 명확한 부재가 연구되었다. 더 세밀한 조사에 따르면, 중요한 전자 수송사슬 효소를 암호화하는 주요 RNA 전사체가 DNA에 암호화되지 않은 뉴클레오티드를 포함하는 미토콘드리아 내에서 발견되었다. 싸이토크롬 산화효소 소단위체 II전사체 내에 4개의 유리딘 삽입이 1986년에 처음으로 발견되었다. 몇 년 후, 싸이토크롬-b 전사체의 5′ 말단의 몇몇 다른 자리에 34개의 유리딘이 추가된다는 것이 밝혀졌다. 이런 편집 과정은 내부 틀이동을 바로잡고, AUG 개시와 UAG/UAA 종결 코돈을 만들며, 해독틀을 만들어서 싸이토크롬-b을 생산하는 것으로 보여진다(그림 11.27). 싸이토크롬-b mRNA는 영양이 부족한 환경에 있는 체체 파리의 프로사이클릭 형태 기생동물에서 편집된 채로 발견되었고, 포유동물 숙주 내의 혈류 형태에서는 편집되지 않은 채로 발견되었다(Disease Box 10.5 참조). 대조적으로, NADH 수소화효소의 소단위체를 암호화하는 mRNA는 주로 혈류 형태로 편집되는 반면, ATPase 소단위체 6 mRNA는 두 가지 형태로 편집된다. 명백한 패턴은 없지만, 결론은 차등 편집으로 인해 파동편모충의 수명 주기 동안 다양한 호흡 복합체가 생성된다는 것이다.

이런 처음의 가정을 뒤엎는 연구들은 미토콘드리아 전사체 내의 수백 개의 U 삽입과 관련된 “pan-편집” 연구를 빠르게 뒤따랐다. 몇몇의 분석된 mRNA에서, RNA 길이를 2배로 만드는 매우 많은 U 삽입이 있었다. 파동편모충의 18개 mRNA 중 12개에 주로 U가 종종 삽입되고 드물게는 U가 결손되어 pre-mRNA 서열이 변하는 RNA 편집을 수행한다고 알려져 있다. 편집은 대부분의 경우 매우 광범위하기 때문에 "암호화된" 유전자 서열로부터 단백질-부호 서열을 추론하는 것이 가능하지 않다.

그 동안, 파동편모충의 RNA 편집은 "중심원리"를 뒤흔든 것으로 보였다. mRNA 서열 정보의 거의 절반 정도가 유전자를 암호화하지 않은 채 존재한다는 것은 이론적으로 설명하기 힘들었다. 만약 "RNA가 단백질을 암호화하고 이를 DNA가 암호화한다"면, 첨가된 유리딘은 무엇을 암호화하겠는가? 1990년에 RNA 편집에 대한 메커니즘이 발견되어, 유전자 발현을 조절하는 전례 없는 방식이 드러났다: 길잡이 RNA가 pre-mRNA의 뉴클레오티드 서열을 변화시키는 데 이용된다.

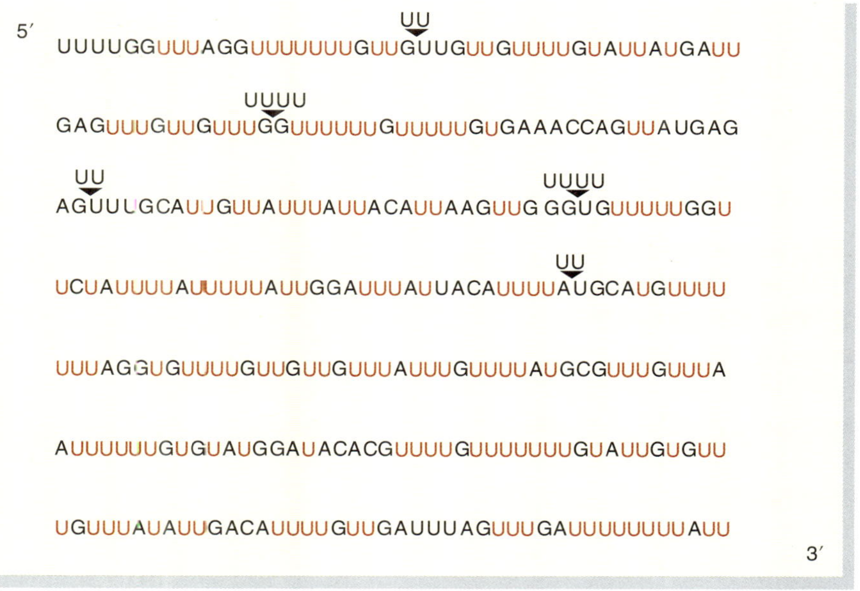

5′

UU

UUUUGGUUUAGGUUUUUUUGUUGUUGUUGUUUUGUAUUAUGAUU

UUUU

GAGUUUGUUGUUUGGUUUUUUGUUUUUGUGAAACCAGUUAUGAG

UU UUUU

AGUUUGCAUUGUUAUUUAUUACAUUAAGUUG GGUGUUUUUGGU

UU

UCUAUUUUAUUUUUAUUGGAUUUAUUACAUUUUAUGCAUGUUUU

UUUAGGUGUUUUGUUGUUGUUUAUUUGUUUUAUGCGUUUGUUUA

AUUUUUUGUGUAUGGAUACACGUUUUGUUUUUUUGUAUUGUGUU

UGUUUAUAUUGACAUUUUGUUGAUUUAGUUUGAUUUUUUUUAUU

3′

그림 11.27 ***Trypanosoma brucei*의 싸이토크롬 산화제 소단위체 III 전사체의 강력한 전사 후 편집.**
싸이토크롬 산화제 소단위체 III mRNA의 편집된 서열의 일부를 나타낸다. mRNA에서 제거된 U를 (유전자에서 T로 존재) 서열 위에 검은색 글자로 표시하였다. (출처: Redrawn from Feagin et al. 1988. *Cell* 53:413–422.)

길잡이 RNAs **길잡이 RNAs(Guide RNAs, gRNAs)**는 편집된 서열을 명시하는 50–70 뉴클레오티드 길이의 RNA이다. 많은 gRNA가 각 pre-mRNA 전사체를 편집하는 데에 필요하다. gRNA는 편집된 부분의 성숙한 mRNA와 정확하게 상보적인 형태로 GU 염기쌍을 형성할 수 있게 한다. RNA 상보성의 원리는 기능의 특이성을 부여하는 데 사용된다. *T. brucei*의 미토콘드리아 유전체는 "**운동핵 DNA(kinetoplast DNA)**"라고 명명되었다. 이는 제자리에서 연결된 DNA 원들의 원반-모양 구조를 형성하는 대략 50 동질 22 kb "최대원들"과 ~10,000 이질 1 kb "최소원들"의 두 분자 종으로 이루어진다. pre-편집된 mRNA는 더 큰 최대원들에 의해 암호화되는 반면, 더 작은 소형원들은 편집을 명시하는 서너 개의 gRNA를 암호화한다(그림 11.28). 다른 파동편모충종의 최대원들은 같은 RNA 혹은 rRNA를 암호화하지만 어떤 RNA가 얼만큼 편집되는지는 다르다.

RNA 편집 메커니즘 RNA 편집의 일반적인 메커니즘은 체체 파리 숙주에 존재하는 프로사이클릭 형태의 트리파노솜과 완전한 주기를 재생성하는 포유동물 혈류 형태의 트리파노솜에서 추출한 미토콘드리아 추출물을 사용하는 시험관 편집 분석의 개발에 의해 삽입과 제거 모두 결정되었다. 편집은 현재 트리파노좀의 수명 주기 단계마다 다른 "**에디토솜(editosome)**"이라고 불리는 3개의 뚜렷한 20S 다중 단백질 복합체에 의해 촉매되는 것으로 알려져 있다. 에디토좀은 키네토플라스티드(Kinetoplastids)에 특유한 것으로, *T. brucei* 외에도 샤가스병의 원인 물질인 *T. cruzi*와 피부 염증을 유발하고 일부 내부 장기를 손상시킬 수 있는 *Leishmania* 기생충을 포함한다. 각 에디토솜은 12개의 공통 단백질 세트를 공유하지만, 고유한 파트너 단백질과 뚜렷한 절단 특이성을 가진 단일의 다른 RNase III 엔도뉴클레에이스로 구별된다. RNA 편집은 미토콘드리아로 제한되지만, 흥미로운 사실은 편집 기구의 단백질 구성 요소가 핵 DNA에 의해 암호화된다는 것이다(그림 11.28 참조).

편집의 전체적인 방향은 mRNA의 3′에서 5′로 이어진다. U 삽입과 제거 과정은 다음과 같은 단계를 통한 효소 반응의 연속으로 일어난다(그림 11.29).

1 고정: 편집자리 부근에 상보적 염기쌍에 의한 pre-mRNA와 gRNA 사이에 "고정" 겹가닥의 형

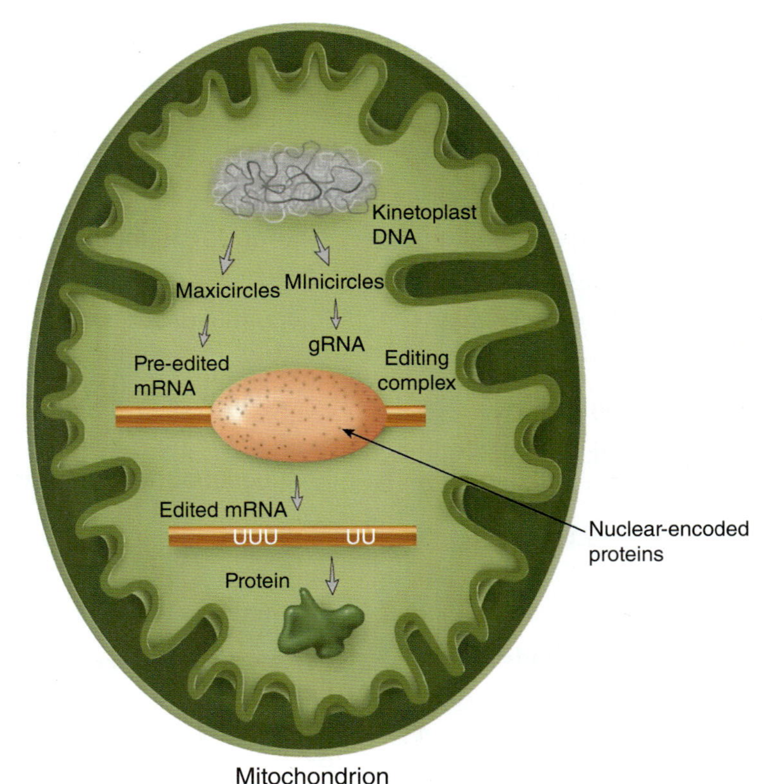

그림 11.28 RNA 편집은 파동편모충 내의 미토콘드리아와 핵 유전체에 의해 암호화된 단백질과 RNA를 필요로 한다.
운동핵 DNA를 만드는 최대원들과 최소원들의 연결 네트워크는 미토콘드리아 유전체를 대표한다. pre-편집 mRNA는 최대원으로부터 전사되지만, gRNA는 소형원으로부터 전사된다. 편집 복합체 단백질은 핵 암호화되고 미토콘드리아로 수송된다(긴 화살표). pre-편집 mRNA는 번역될 준비가 갖추어진 성숙 RNA를 생성하기 위하여 유리딘 삽입/제거에 의해 편집된다.

성한다. gRNA의 5′ 부위는 편집될 부분과 인접한 4−14 뉴클레오티드 상보적 영역에 의해 pre-mRNA를 인식한다.

2 절단: 고정 겹가닥의 상위 pre-mRNA와 gRNA 사이 부조화의 첫 단계는 리보핵산 분해효소가 pre-mRNA를 자르는 것이다. 또한, gRNA 전사 후 첨가되는 알려지지 않은 기능의 3′ 올리고(U) 꼬리를 가지고 있다. 그 꼬리는 mRNA의 5′ 절단 산물과 함께 gRNA의 3′ 부위와의 상호작용을 안정화시킨다고 제안된다.

3 유리딘 삽입 혹은 절단: 절단자리에서, U는 3′ **말단 유리딜 전이효소(terminal uridylyltransferase, TUTase)**에 의해 삽입되거나, **U-특이적 3′→5′ 핵산말단분해효소(ExoUase)**에 의해 제거된다.

4 연결: U 삽입 혹은 절단자리의 RNA 말단은 RNA 연결효소에 의해 연결된다.

5 편집 순환의 반복: RNA가 완전히 편집될 때까지 다음 부조화에서 과정이 반복된다. gRNA의 중심 정보 영역은 편집 자리와 더해지거나 제거될 U의 개수를 명시한다. 완벽한 편집은 gRNA와 pre-mRNA 사이에 연속적인 염기쌍을 갖게 한다.

편집의 이런 극단적인 형태는 파동편모충의 미토콘드리아에 분명하게 제한되어 있다. 그러나 이것의 발견은 분자생물학자로 하여금 다른 계에서 일어나는 편집 현상의 가능성을 고려하도록 만들었다. 파동편모충에서 편집에 대한 첫 번째 보고 이후 5년 내에, 아주 다른 메커니즘과 관련된 RNA 편집 현상이 포유동물을 포함한 수많은 개체에서 밝혀졌다. 말미잘에서부터 인간에 이르기까지 모든 다세포 진핵생물은 RNA 편집 효소를 발현하지만, 편집의 정도와 기능적 결과는 아직 연구되지 않았다. 다음 절에서는 포유류에서 잘 연구된 RNA 편집 사건에 초점을 맞춘다.

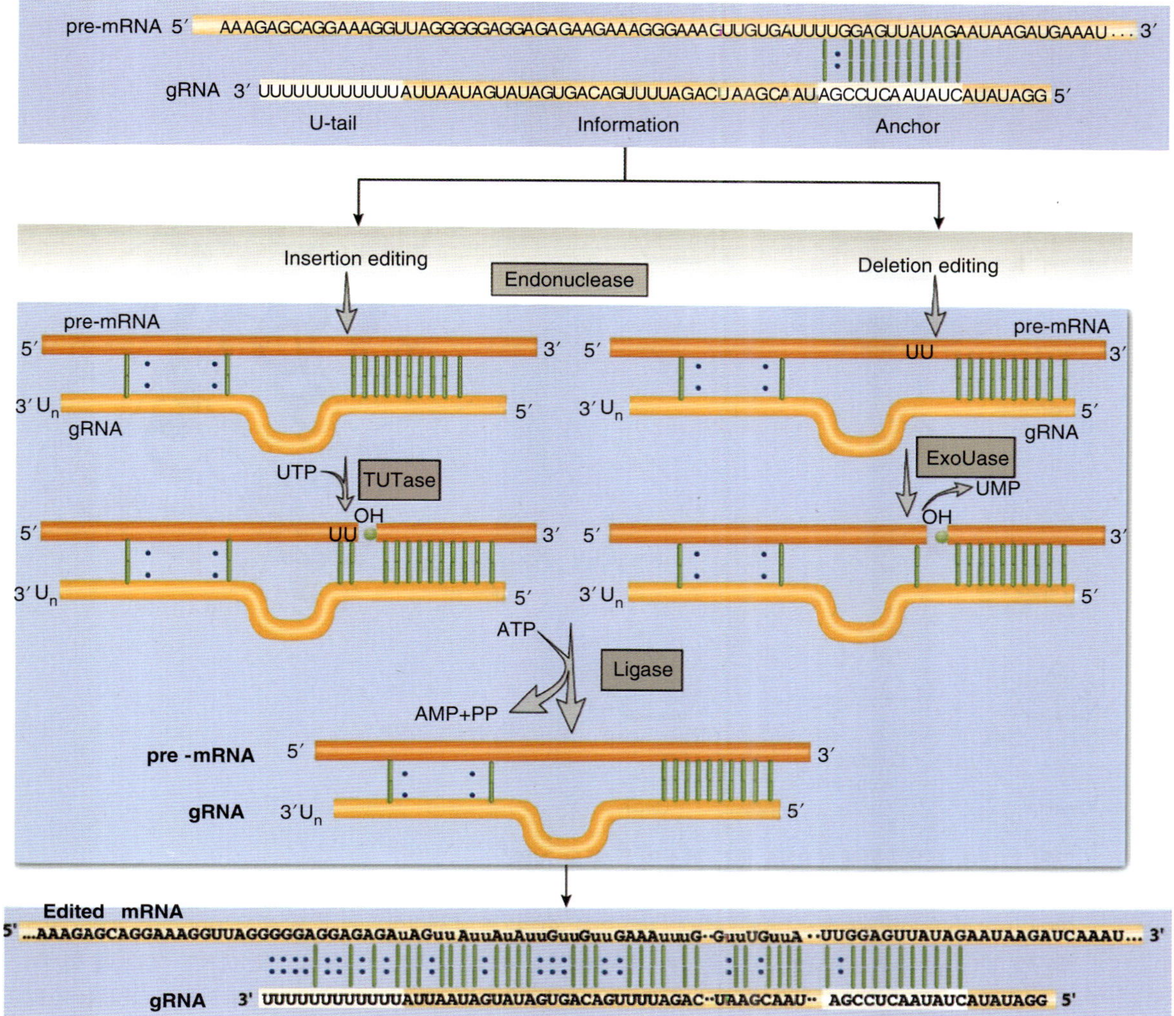

그림 11.29 삽입과 제거 RNA 편집의 일반적인 메커니즘.
pre-mRNA는 여러 자리를 편집하도록 명시하는 각 gRNA와 함께 3′에서 5′쪽으로 계속해서 편집된다. 왓슨-크릭 염기쌍(잘리지 않은 녹색 선)과 GU 염기쌍(파란색 점)에 의한 RNA 사이의 상호작용은 절단자리와 첨가되거나 제거될 U 뉴클레오티드의 개수를 결정한다. 편집은 촉매 과정의 연속으로 일어난다. (위와 아래 패널) gRNA는 19 U의 삽입과 4개의 U를 제거하게 한다. 삽입된 U는 소문자로 나타냈고, pre-RNA로부터 제거된 U의 위치는 검은색 점으로 나타내었다. (출처: Redrawn from Kable et al. 1996. *Science* 273:1189–1195.)

포유동물에서의 RNA 편집

포유동물에는 편집 효소의 두 주요 유형이 있는데, 둘 다 암호화된 뉴클레오티드를 탈아미노화한다. 하나는 아데노신(A)에서 이노신(I)을 생성하고, 다른 하나는 싸이티딘(C)에서 유리딘(U)을 생성시킨다(그림 11.30). 편집은 신경전달과 지질 대사의 측면을 포함하는 과정의 다양성을 조절하는 데 중요한 역할을 한다.

아데노신에서 이노신으로의(A → I) 편집 A → I 편집은 빈번히 일어나는데, 1,600개 이상의 유전자에 영향을 미친다. 이는 이중가닥 RNA-특이적 **ADAR(*a*denosin *d*eaminase *a*cting on *R*NA)**계의 요소에 의해 촉매된다(그림 11.30). ADAR의 최근 결정 구조가 특이함이 드러났다. 효소는 이노시톨 헥사키스포스페이트를 조효소로 필요로 한다. 이노시톨 헥사키스포스페이트는 포유동물의

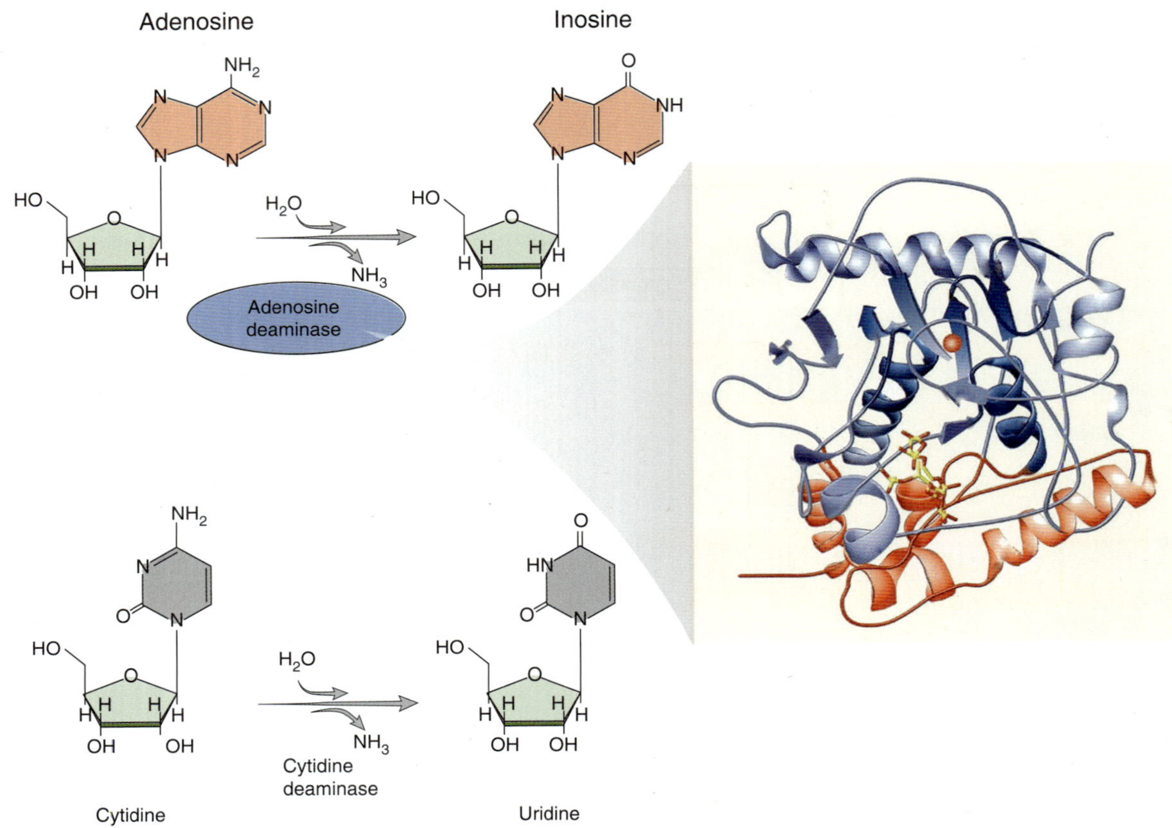

그림 11.30 포유동물에서 RNA 편집 효소의 두 주요 계열.
아데노신 탈아미노효소(예, ADAR)는 아데노신으로부터 이노신을 생성시키고, 싸이티딘 탈아미노효소(예, APOBEC1)는 싸이티딘으로부터 유리딘을 생성시킨다. (확대 그림) 인간 ADAR2 촉매 영역의 리본 모형. 활성-자리 아연 원자는 자홍색의 구로 나타내었다. N-말단 영역은 밝은 파란색; 탈아미노화 모티프 지역은 어두운 파란색; 그리고 이노시톨 헥사키스포스페이트(IP_6, 공과 막대)와 주로 결합하는 C-말단 나선 영역은 빨간색으로 표시되었다. (출처: Protein Data Bank, PDB: 1ZY7; reprinted from Macbeth et al. 2005. *Science* 309:1534–1539, © 2005 AAAS.)

세포에서 많이 존재하지만, 다양한 세포적 역할을 조절하는 중요한 역할을 하는 다재다능한 분자임이 밝혀진 것은 최근의 일이다.

몇몇 예로, A→I 편집은 번역된 단백질에서 아미노산을 바꾸어 기능의 변화를 야기한다. 이노신이 구아노신으로 인식되므로, 이 과정을 "기록부호화"라고 한다. 코돈의 변화(침묵의 돌연변이이든, 미스센스이든, 말도 안 되는 돌연변이이든)에 따라 최종 결과는 단백질 기능의 변화일 수 있다(7장 참조). 여기서는 포유류 편집에 초점을 맞추고 있지만 오징어 신경계의 전사체 중 60% 이상이 A→I 편집으로 변형된 것으로 보이며, 많은 편집 부위가 기록부호화로 이어질 것으로 보인다. 편집된 전사체의 그러한 광범위한 풀의 의미는 무엇인가? 연구자들은 신경계에서 다양한 단백질 세트를 이용할 수 있기 때문에 오징어가 빠르게 변화하는 환경 변수에 반응할 수 있다고 생각한다. 이 모델을 뒷받침하기 위해, 다른 연구에서는 높은 수준의 RNA 편집이 문어와 초파리가 온도 변화에 반응하는 능력과 상관관계가 있다고 제안한다.

그러나 보고된 편집 현상의 대부분은 인트론과 비해독 부위에서 일어난다. 밝혀진 편집자리의 대부분은 비해독 부위의 *Alu* 요소 내에 존재하므로, 사람에게서 높은 빈도의 RNA 편집은 *Alu* 요소의 존재로 설명될 수도 있다(10장 참조). 이러한 비해독 부위에서 일어나는 편집이 기능적인 유의성을 가지는지는 아직 밝혀지지 않았지만, 이런 편집 현상은 이어맞춤, RNA 위치 선정, RNA

안정성, 그리고 번역에 영향을 줄 수 있다. A → I RNA 편집은 뇌조직에서 특히 많이 일어나는데, 주로 수용체와 이온통로에서 일어난다. 편집 결함이 수많은 신경질환을 일으킨다는 것은 놀랍지 않다. 변화된 편집 양상은 감염, 간질, 우울증, 악성뇌교종(뇌종양), 그리고 근위측성 측색경화증(ALS)과 관련이 있다(Disease Box 11.4). 분석된 대부분의 종양 조직에서, ADAR이 과발현되어 유전체 전체에 걸쳐 A → I RNA 편집 수준이 높아진다. 예를 들어, 간암에서 *AZIN1* mRNA의 편집은 잘못된 돌연변이를 일으켜 세린의 코돈을 글리신의 코돈으로 변경한다. 이 단일 아미노산 변화는 단백질 기능을 변경하기에 충분하여 보다 공격적인 종양 형성을 유도한다.

싸이토신에서 유리딘으로의 (C → U) 편집 널리 알려진 A → I 편집과는 반대로, C → U 편집은 아포지질단백질 B(ApoB)와 신경섬유종증 유형1(NF1) 전사체 내에서만 밝혀졌다. 신경섬유종증 유형 1은 영향을 받은 개인을 다양한 유형의 암에 걸리도록 만드는 우성 유전 질병이다. C → U 변형을 유발하는 편집 현상은 미성숙 종결 코돈을 유발한다. NF1(neurofibromin) 단백질의 끊어진 유형은 종양-억제 기능이 결여되어 있다. 그러나 C → U 편집은 육상 식물의 미토콘드리아 및 엽록체와 같은 다른 유기체에서 일반적이다. 수많은 C → U 변형은 단백질 합성을 위한 AUG 시작 부위를 생성하거나 조기 중지 코돈을 제거하거나 RNA의 안정성을 변화시키면서 많은 장기성 전사물의 암호화 순서를 변경한다. C → U 편집이 어떻게 진행되는지 설명하기 위해 사람에서의 아폴리포단백질 B 편집에 대해 자세히 알아보자.

인간에서 아포지질단백질 B 편집 아포지질단백질 B(ApoB)는 혈장 지질단백질의 조립, 수송, 그리고 대사에 중요한 역할을 하는 혈장 단백질이다. 혈장 내를 순환하는 ApoB의 두 가지 유형이 있다. 긴 유형인 ApoB-100은 간에서 합성된다. 이것은 매우-낮은 밀도 그리고 낮은 밀도 리포단백질(LDLs)의 주요 구성 요소이며, LDL 수용체의 리간드이다. LDL 수용체는 이런 리포단백질을 혈류로부터 제거한다. 소장은 식이지방의 흡수와 수송에 필요한 짧은 유형의 ApoB-48을 생산한다. ApoB-48은 LDL 수용체의 수용체-결합 영역이 없고, 다른 수용체 경로에 의한 혈액 순환에서 제거된다. 2개의 다른 단백질은 하나의 단일 유전자에서 RNA 편집에 의해 생성된다.

Disease Box 11.4

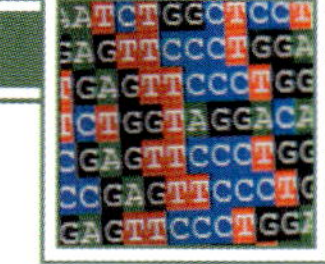

근위축측삭경화증: RNA 편집의 결함?

가장 흔한 운동신경 질병인 근위축측삭경화증(ALS)은 보통 루게릭병으로도 알려져 있으며, 위와 아래 운동신경의 선택적 상실이 특징이다. 이 병은 일반적으로 중년에 시작되어 근육 감소와 마비를 점진적으로 유도한다. J.M. Charcot에 의해 1874년에 처음 발견된 ALS는 전 세계적으로 100,000명당 0.8~7.3명 정도의 빈도를 가지며, 60세 이후로 나이-의존적으로 증가하는 병이다. 모든 ALS의 대략 5~10% 정도만이 유전적이다. 가족력 사례는 슈퍼옥시드 초과산화물디스뮤타아제 1 (SOD1), ALS2 및 세나탁신을 암호화하는 유전자를 포함하여 30개 이상의 유전자 결함과 관련이 있다. 이 유전자는 결함이 있을 때 산화 스트레스, 단백질 접힘 결함, 축삭 수송 결함 및 미토콘드리아 기능 장애를 비롯한 다양한 병리를 유발하는 많은 주요 세포 과정에 관여한다.

산발적 (유전되지 않는) ALS가 질환의 90%보다 많이 차지한다. TAR DNA-결합 병리(TDP-43 병리)와 α-AMPA(amino-3-hydroxyl-5-methyl-4-isoxazolepropionate) 수용체의 비효율적인 RNA 편집은 대부분의 대다수에서 운동 뉴런의 50%에서 관찰되었다. 산발성 ALS 환자. TDP-43 병리는 핵으로부터 TDP-43의 손실, 단편화 및 독성 세포질 응집체에서 과인산화된 단백질의 잘못된 국소화를 특징으로 하는 ALS의 특징이다. 산발적 ALS에서 선택적 신경 사멸의 한 가지 가설은 α-AMPA 수용체의 결함에 의한 흥분 독성이다. AMPA 수용체는 글루타메이트 수용체의 아형이다. 흥분 독성은 1970년대에 처음 밝혀졌으며, 중추신경계에서 글루타메이트 수용체의 활성을 야기한다. 높은 농도의 글루타메이트는 이들 수용체의 과도한 활성으로 세포를 죽게 할 수 있다. 보통, 신경세포들은 글루타메이트 전달체를 통한 글루타메이트의 축적을 막는다. 운동신경은 많은 글루타메이트 수용체를 발현하므로 글루타메이트에 의한 과도한 수용체 활성에 민감하다.

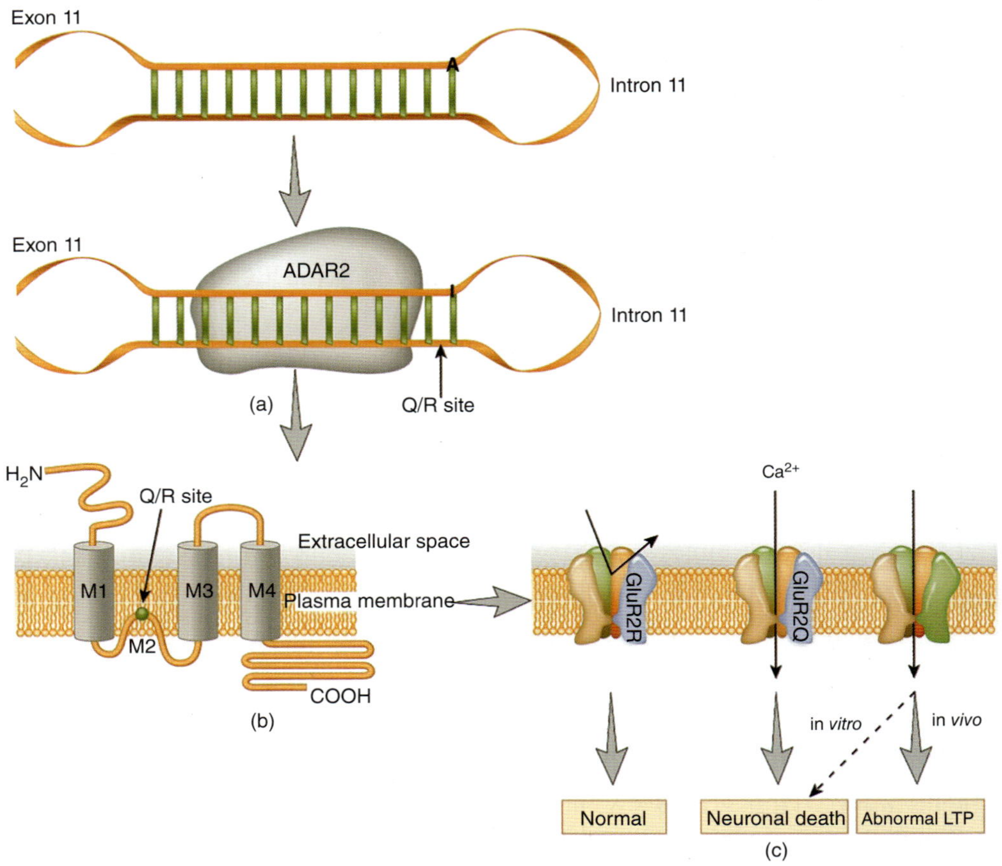

그림 1 RNA 편집과 AMPA 수용체 Ca^{2+} 투과성. (a) 편집은 GluR2 mRNA의 글루타민 (Q) 코돈을 아르기닌 (R) 코돈으로 대체한다. (b) GluR2 단백질의 구조: Q/R 자리는 두 번째-막 영역(M2)에 위치한다. (c) AMPA 수용체의 Ca^{2+} 투과력은 GluR2 소단위체를 포함하느냐 아니냐에 따라 확연하게 다르다. (출처: Adapted from Kwak and Kawahara. 2005. *Journal of Molecular Medicine* 83:110–120.)

AMPA 수용체의 RNA 편집

기능적인 AMPA 수용체는 4개의 소단위체 — GluR1, GluR2, GluR3, 그리고 GluR4 — 의 다양한 조합으로 구성된다. 대부분의 GluR2 mRNA는 두 번째 막경걸침(transmembrane) 영역의 "Q/R" 자리에 있는 글루타민 (Q) 코돈이 아르기닌 (R) 코돈으로 대체되는 RNA 편집 현상을 거친다(그림 1). AMPA 수용체의 Ca^{2+} 전도도는 편집된 GluR2 소단위체가 수용체의 구성 요소인지 아닌지에 따라 달라진다. GluR2이 없거나 편집되지 않은 GluR2(Q/R 자리에서 Q가 남아 있음)를 가지는 AMPA 수용체는 Ca^{2+} 투과력이 있지만, 적어도 하나의 편집된 GluR2 (Q/R 자리에서 R을 가짐) 소단위체를 가지면 Ca^{2+} 전도도가 낮다. 활성화된 AMPA 수용체–결합 통로를 통한 Ca^{2+} 유입의 증가는 신경세포 사멸과 비정상적 장기-강화 작용(LTP)에 중요한 역할을 하는 것으로 보인다.

ALS 척수 운동신경에서 GluR2 RNA 편집이 감소되어 있다. 편집 효율은 ALS 환자의 운동신경들 사이에서 크게 0에서부터 100%까지 변한다. 편집은 정상적인 대조군은 100% 편집을 보이는 것과 비교할 때 ALS 운동신경에서는 56%의 불완전한 편집을 보였다. 편집에서 이런 주목할 만한 감소는 GluR2Q-포함 수와 해로운 양을 증가시키는 Ca^{2+}-투과성 AMPA 수용체의 수에 영향을 미치고, 선택적인 운동 신경세포 사멸을 이끈다. ALS 환자의 RNA 편집 결함에 대한 숨은 메커니즘은 ADAR2 탈아미노효소 활성의 감소 때문으로 보인다. ADAR2 mRNA의 발현 정도는 ALS 운동 신경세포에서 감소되어 있다. ALS 운동 신경세포에서 이 효소 활성의 복원은 ALS 특이적 치료 전략을 제공할 것이다.

편집은 소장의 세포핵 내에서 전사 후에 일어난다(그림 11.31). *ApoB* 유전자는 길이가 43 kb이며, 29개의 엑손과 28개의 인트론을 가진다. 핵 내에서 pre-mRNA 전사체는 이어맞춤, 폴리아데닐화, 그리고 편집을 거친다. C→U 전이는 6666자리에서 글루타민(CAA) 코돈을 미성숙 종결 코돈(UAA)으로 바꾼다. 간 세포에 존재하는 편집되지 않은 RNA에서 두 번째 종결 코돈은 ApoB-100을 생산하는 데 이용된다.

C→U 편집의 분자적 메커니즘 연구의 중요한 발전은 정량적 시험관 내 RNA 편집 분석법이라는 간단한 방법을 통해 만들어졌다. 이 분석을 이용하여, 연구자들은 편집 활성을 가진 단편을 찾기 위해 세포 추출물을 분별할 수 있었다. 먼저 활성을 가진 단편은 원통 크로마토그래피로 정제되

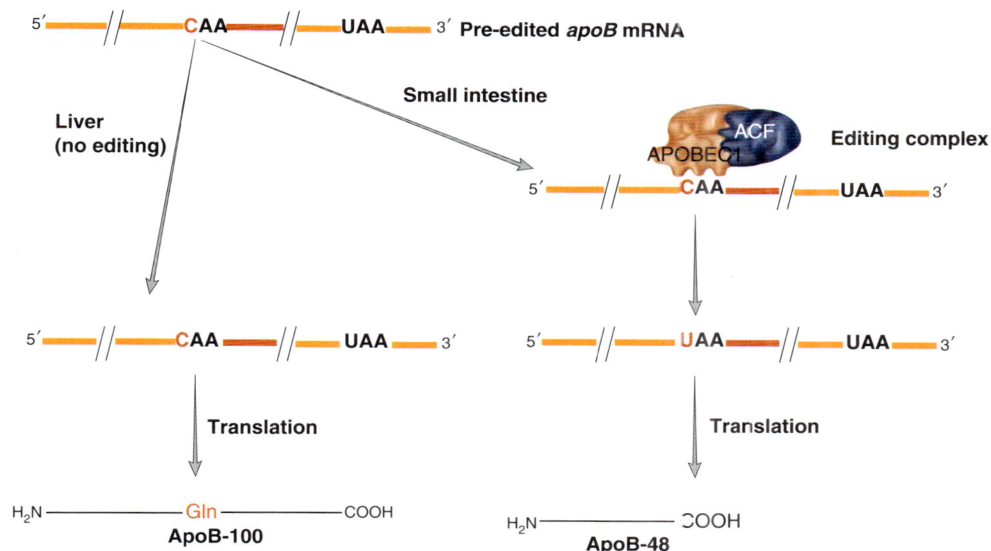

그림 11.31 아포지질단백질 B (ApoB) 편집은 소장 세포의 핵 내에서 전사 후에 발생한다. ApoB mRNA는 주황색 선으로 표시되었고, 빗금 표시들은 보여지지 않는 전사체의 긴 부분을 나타낸다. 두-소단위체 편집 복합체는 6666자리(빨강)에서 C의 탈아미노화에 의해 글루타민 (Gln) 코돈 (CAA)을 종결 코돈 (UAA)로 전환한다. APOBEC1(빨간색)은 촉매적 RNA-특이적 싸이티딘 탈아미노효소이다. ACF(파란색)는 11-nt의 "mooring 서열"(빨간색 선)을 인지하는 RNA-결합 단백질이다.

었다. 두-소단위체 편집효소 복합체는 인식과 촉매의 분리된 기능을 수행하는 것으로 보였다. 촉매적 소단위체는 "ApoB-편집 촉매 소단위체 1"인 APOBEC1이라 블리는 RNA-특이적 **싸이딘 탈아미노효소(cytidine deaminase)**이다. **APOBEC1**은 포유동물의 싸이미딘 탈아미노효소로 처음 밝혀졌다. APOBEC1은 느슨한 서열 특이성을 갖고, 근처의 어떤 C를 편집하게 된다. 편집 복합체의 다른 소단위체는 서열 특이성을 매개하는 APOBEC1 상보 인자(ACF)이다. ACF는 *apoB* mRNA의 편집된 C의 4개 뉴클레오티드 하위에 위치한 11-뉴클레오티드 nt의 "mooring 서열"을 인지하는 RNA-결합 단백질이다. APOBEC1의 정확한 싸이미딘 위에서 ACF와 RNA 전사체가 결합한다. *apoB* 유전자에는 375개의 CAA 삼중자들이 있는데, 이 중 100개는 클루타민을 위한 코돈이다. 놀랄 만큼 정확한 편집 복합체는 이런 독특한 CAA에서 거의 절대적인 특이성을 부여할 수 있다.

RNA 편집 경로의 특성은 분자생물학에서 획기적인 발견을 나타내지단, RNA "혁명"은 아직 끝나지 않았다. RNA 침묵 현상, 즉 **RNA 간섭 현상**(RNAi)은 또 다른 흥미롭고 혁명적인 발견이다.

11.7 RNAi에 의한 전사 후 유전자 조절

많은 과학자의 관심이 단백질-부호 유전자의 규명에 있었기 때문에, 진핵 유전자 조절의 전체 수준은 수십 년 간 간과되었다. 2002년, *Science* 저널은 "올해의 돌파구"로서 RNAi를 지명하였다. RNAi는 단세포 유기체에서 다세포 식물, 균류 및 동물에 이르기까지 모든 진핵생물에서 변이와 함께 발생하는 서열 특이적 유전자 침묵 과정이다. RNAi의 트리거는 작은 이중-나선 RNA(dsRNA) 분자이다. 이질염색질 형성을 촉진하고 전위 요소를 침묵시키는 데 관여하는 두 종류의 작은 RNA인 작은 간섭 RNA(siRNA)와 Piwi-interacting RNA(piRNA)를 이미 배운 사실을 상기하자(10장 참조). 이 절의 초점은 전사 후 유전자 침묵에 관여하는 small RNA의 두 가지 주요 클래스인 **작은 간섭 RNA(small interfering RNAs, siRNA)**와 **마이크로 RNA(microRNAs, miRNA)**에 있다. siRNA는 일반적으로 "동형침묵(autosilence)"으로, 동일한 유전적 유전자 위치 또는 이들이 유래한 매우 유사한 유전자 위치의 침묵을 유도한다. siRNA는 실험실 과학자가 세포에 삽입한 바이러스 또는 외인성 유전자에서 파생될 수 있다. 대조적으로, miRNA는 "이형침묵(heterosilence)"으로서 매우 다른 유전자를 침묵시키는 독특한 유전자에서 파생된다. miRNA 서열은 관련 유기체에서 거의 항상 보존되는 반면, 내인성 siRNA 서열은 거의 보존되지 않는다. 먼저 siRNA가 어떻게 작동하는지 살펴보겠다.

siRNA-유도된 RNAi 경로 개요

그림 11.32는 바이러스 이중-가닥 RNA(dsRNA) 또는 과학자-공급 dsRNA의 세포내 유입에 의해 유도되는 RNAi 경로의 4가지 주요 단계를 나타낸다. 다음 장에서 볼 수 있듯이, 동일한 경로가 세포 자체에서 생성된 miRNA에 의해 유도된다. 첫 단계로, "**다이서**"라 불리는 전문적인 세포질 리보핵산 분해효소 III 패밀리가 긴 dsRNA를 ~21−26 뉴클레오티드의 두-뉴클레오티드의 3′ 돌출을 가진 짧은 이중-가닥 siRNA로 가공한다. 그 후, siRNA는 **RNA-유도침묵복합체(RNA-induced silencing complex, RISC)**의 형성을 유도한다. RISC roading에서 나선효소 활성에 의한 siRNA 이합체의 ATP-의존적 풀림은 RISC의 활성화를 이끈다. "승객" 가닥은 분해되고 "길잡이" 가닥은 유지된다. 활성화된 RISC에서 길잡이 가닥은 상보적 염기쌍을 통해 표적 RNA 인식을 중재하고, 길잡이 siRNA 가닥이 결합된 부위에서 "슬라이서" 활성에 의해 바이러스 또는 세포 mRNA가 절단된다.

몇몇 바이러스 유전체는 dsRNA로 구성되기 때문에, RNAi 장치는 이들 바이러스에 대해 유전체를 방어하는 아주 오래되고 고도로 보존된 메커니즘을 나타낸다고 생각된다. 바이러스 감염은 dsRNA 중간산물을 만들고, 숙주 RNAi 장치에 의해 siRNA로 가공된 후 파괴를 위해 바이러스

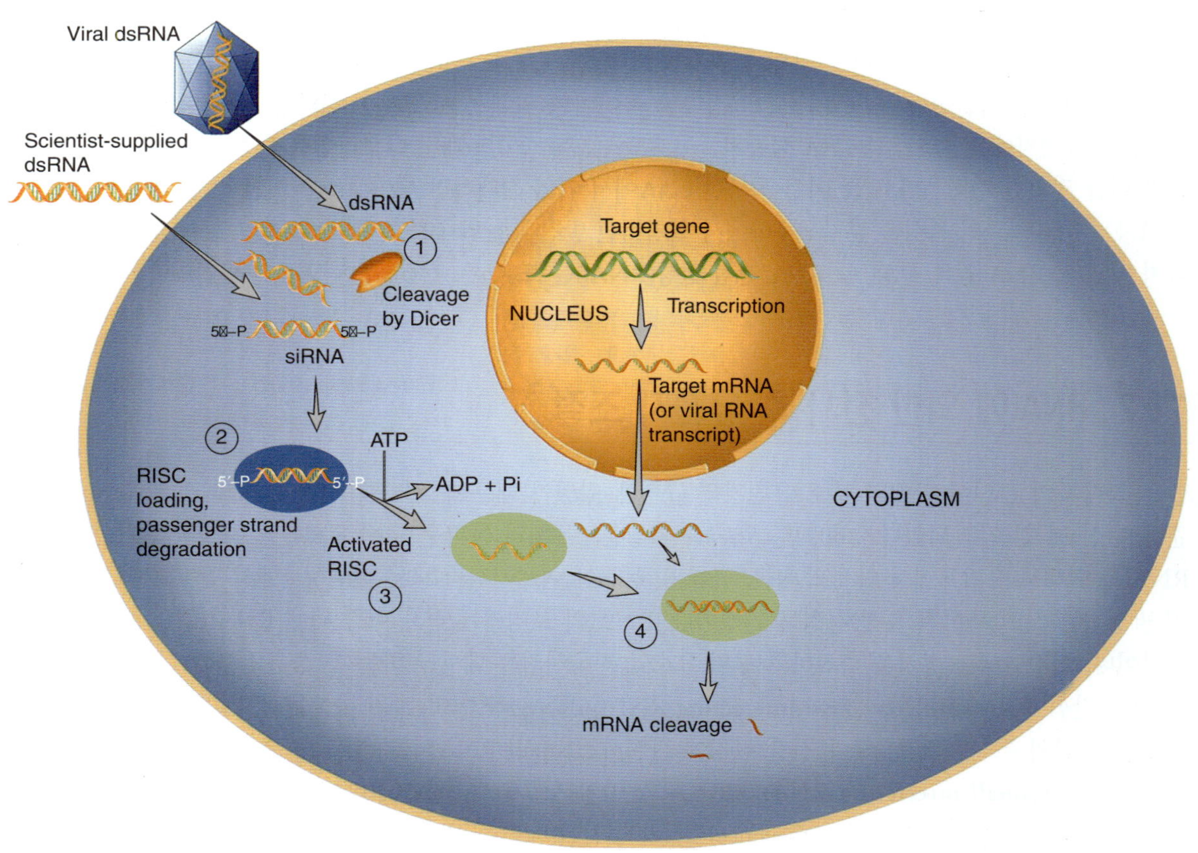

그림 11.32 siRNA 매개 RNA 간섭 메커니즘.
다이어그램은 바이러스 이중 가닥 RNA(dsRNA) 또는 과학자 제공 dsRNA를 세포에 도입함으로써 촉발되는 RNAi 경로의 네 가지 주요 단계를 보여준다.

RNA를 대상으로 한다. 식물, 균류, 무척추동물은 주로 바이러스에 대한 방어를 위해 RNAi를 사용하는 반면, 척추동물은 같은 목적으로 단백질 기반의 선천 면역체계에 의존한다. RNAi 기구는 척추동물에서 보존되지만, RNAi가 여전히 포유류에서 항바이러스 방어의 활성 모드인지 여부는 논쟁의 대상이다. 13장에서 배우게 되겠지만, 세균과 고세균도 유전적 간섭 경로를 통해 바이러스로부터 자신을 보호하지만, 이 경우 CRISPR RNA라고 하는 클러스터된 규칙적인 간격의 짧은 회문 반복에 의해 암호화된 작은 RNA는 매우 다른 일을 한다. CRISPR RNA는 외부 DNA의 절단을 명시한다.

RNAi 장치는 세포내 마이크로 RNA(miRNA)에 의한 유전자 활성을 조절하기 위하여 세포 자체에 의해 사용되기도 한다. miRNA는 dsRNA를 만들기 위해 헤어핀 모양으로 접힌 짧은 RNA 분자로서 RNAi 장치를 촉발시킨다. miRNA로 돌아가서 전사 후 유전자의 주요 기능에 대한 내용이 나오기 전에, 세포에서 이 흥미로운 경로의 발견이 이끄는 현상에 대하여 좀 더 자세히 살펴보자.

RNAi의 발견

RNAi의 발견은 피튜니아 실험의 예상하지 못한 결과에서 시작하여 순회적인 경로를 통해 이루어졌다. 1990년, Richard Jorgensen과 동료들은 짙은 보라색 혹은 붉은색 꽃을 가진 피튜니아를 만들고자 하는 시도에 대한 아주 흥미로운 보고를 게재하였다. 그들의 전략은 꽃의 색소 생합성에 중요한 효소를 암호화하는 칼콘합성효소 유전자의 추가적인 복사체를 유도하는 것이었다. 짙은 보라색 또는 붉은색 꽃 대신 어떤 것은 얼룩덜룩하고 또 다른 것들은 하얗게 나타났는데, 이는 트랜스 유전자와 내부 유전자 모두의 발현이 발현 억제를 유도함을 나타낸다. 리보핵산 분해효소 보호분석법으로 내인성 칼콘합성효소 mRNA가 야생형보다 50배 감소되어 있음을 알게 되었다. 몇 년 후 식물바이러스학자들은 바이러스-유도 유전자 침묵의 비슷한 현상을 관찰하였지만, 그 당시에 메커니즘은 알아내지 못했다. 식물에서 유전자 침묵의 첫 발견 이후, 많은 연구자들이 비슷한 현상이 다른 개체에서도 나타나는지를 연구하기 시작하였다. RNAi가 잘 밝혀지기 전, 이는 식물에서는 전사 후 유전자 침묵(PTGS), 곰팡이에서는 quelling, 동물에서는 RNAi 같이 많은 다른 이름들로 불리었다. 이러한 현상이 분자적 수준에서 밝혀지고 난 이후에서야 이들 모두가 동일한 장치를 이용한다는 것이 명확하게 되었다. RNAi가 Andrew Fire, Craig Mello와 동료들에 의해 1998년에 처음 밝혀져서 명명되었다.

Fire, Mello,그리고 동료들은 예쁜꼬마선충의 체강에 주입한 dsRNA는 상보적 서열을 가진 mRNA만 침묵시킨다는 것을 발견하였다. dsRNA는 엑손 부분을 포함하여야만 했다; 인트론과 촉진자 서열에 대한 dsRNA는 RNAi를 일으키지 못하였다. 예쁜꼬마선충으로의 dsRNA 도입은 벌레가 더욱 쉽게 dsRNA 분자를 발현하는 박테리아를 섭취함으로써 dsRNA를 유입시킬 수 있게 되었다. 그림 11.33a에 보이는 실험에서, GFP 정보 제공 유전자의 침묵이 형질전환 선충 벌레가 GFP dsRNA를 발현하는 세균을 섭취하였을 때 생긴다. 침묵은 GFP를 여전히 발현하는 꼬리의 몇몇 세포를 제외하고 벌레 전체에서 일어난다. 신호가 머리 근처뿐만 아니라 꼬리 근처의 장세포에서도 사라졌다. 자궁에서 GFP-발현 배아의 결손은 침묵의 유전을 의미한다. Fire와 Mello는 침묵이 RNAi에 대한 결함이 있는 동물에서는 침묵이 일어나지 않는다는 것도 보였다(그림 11.33b). Fire와 Mello가 2006년에 그들의 RNAi 발견을 인정받아 노벨상을 수상함에 따라 이 발견의 중요성이 정식으로 알려졌다.

Fire, Mello, 그리고 동료들의 발견에서 특별히 놀랄만한 것은 dsRNA의 효과는 세포 경계를 가로지르고, 효과가 개체 전체로 퍼진다는 것이다. 먼저 언급하였듯이, 예쁜꼬마선충은 탐침자로 안티센스 siRNA를 이용하고, 전체 길이의 dsRNA의 많은 복사체를 만들기 위한 주형으로서 mRNA를 대상으로 하는 **RNA-지시성 RNA 중합효소(RdRP)**라 불리는 효소를 가지고 있다. 이 새로운

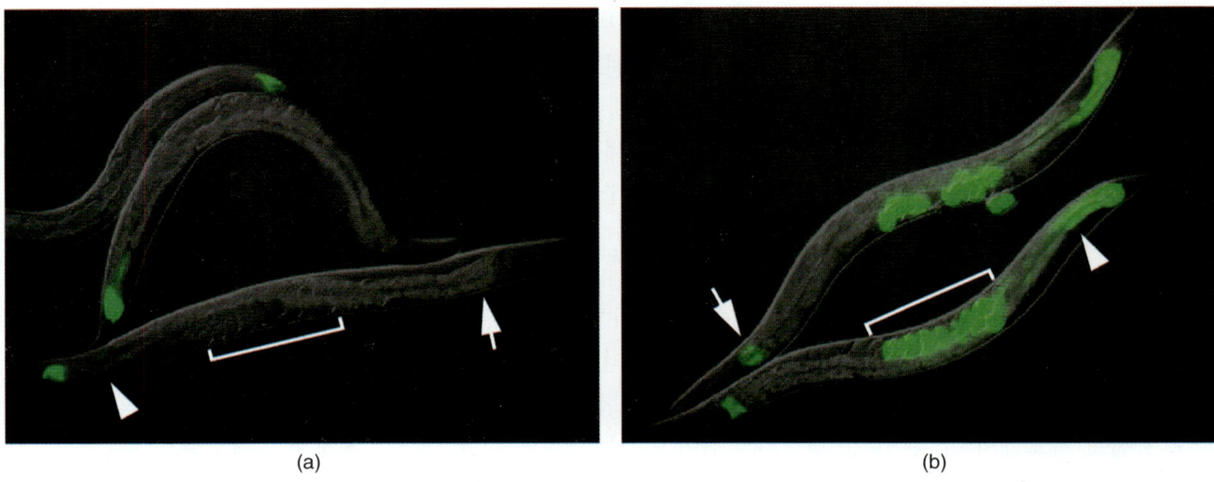

(a) (b)

그림 11.33 ***Caenorhabditis elegans*에서 RNAi.**
(a) GFP 정보제공 유전자의 침묵이 형질전환 선충 벌레가 GFP dsRNA를 발현하는 박테리아를 먹었을 때 일어난다. 꼬리 끝은 화살촉으로 표시되었고, 머리끝은 화살표로, 자궁은 괄호 부분이다. (b) RNAi에 대한 결함을 가진 동물에서는 침묵이 일어나지 않는다. (출처: Reprinted from Mello and Conte. 2004. *Nature* 431:338–342, © 2004 Springer Nature.)

dsRNA는 다이서에 의해 siRNA로 잘리고 계속적으로 순환한다. 후속 연구에 따르면, 초파리, 육상 식물 및 곰팡이도 RdRP를 사용하여 siRNA를 증폭하지만, 이 효소는 포유동물에는 존재하지 않는다.

이제, RNAi 장치의 정밀한 구조와 장치의 어떤 구성 요소가 전사 후 유전자 침묵에 정확한 특이성을 부여하는지 살펴보자.

RNAi 장치

이중 siRNA의 길잡이 가닥은 촉매 코어에 **Argonaute** 계열 단백질인 Argonaute-2(Ago2)의 구성원을 포함하는 RISC에 선택적으로 통합된다. siRNA의 승객 가닥은 초파리에서 Ago2와 C3PO(RISC의 엔도뉴클레에이스 성분 3 프로모터)라는 또 다른 단백질을 필요로 하는 과정에서 분해된다. 수년 동안 연구자들을 당황하게 만든 질문은 다음과 같다. 길잡이 가닥와 승객 가닥은 어떻게 선택될까? 선택은 스타워즈 테마를 계속하면서 R2D2(Dicer-2-관련 보조인자)가 siRNA 이중체의 열역학적 안정성을 감지하고 더 안정적인 5′ 끝, 결국 승객 가닥을 결정한다. Dicer-2는 RISC에 로드될 상보적인 길잡이 가닥을 선택한다.

Argonaute-2는 RNA-결합 PAZ(Piwi Argonaute Zwille) 도메인과 단백질 Piwi의 이름을 따서 명명된 뉴클레에이스 PIWI 도메인의 두 가지 특징적인 도메인을 가지고 있다(그림 11.34a).아르고노트는 PIWI 영역을 만드는 초승달 모양의 염기와 삼차 구조로 접힌다. PAZ 영역은 줄기 같은 지역에 의해 염기 위에 위치한다. 두 영역의 배치는 기질 결합을 위한 고랑을 형성한다. 안쪽 고랑의 표면은 음전하의 인산기 주골격 그리고 리보스 당의 2′-OH와 결합하는 양전하를 띠고 있다. mRNA 5′ 말단의 뉴클레오티드 11과 12 사이의 인산기는 활성자리 잔기 근처에 떨어진다. 길잡이 siRNA는 PAZ 틈 내의 3′ 말단과 틈의 다른 끝 근처인 5′ 말단과 결합한다. mRNA는 N-말단 영역과 PAZ 영역 사이로 들어가고 PAZ와 중간 영역 사이로 나간다. 완전히 상보적인 RNA 대상인 siRNA와 결합하면, RISC가 슬라이서 활성에 의해 산재된 위치에서 RNA를 자른다.

RISC의 어떤 소단위체가 슬라이서 활성을 가지는지를 결정하기 위하여, 연구자들은 배양된 포유류 세포주에서 실험을 수행하였다. 그들은 세포에 Myc-꼬리표 야생형 아르고노트2(Ago2WT) 또는 2개의 Ago2 돌연변이(Ago2D597A와 Ago2D669A)를 암호화하는 벡터들을 반딧불이 루시페

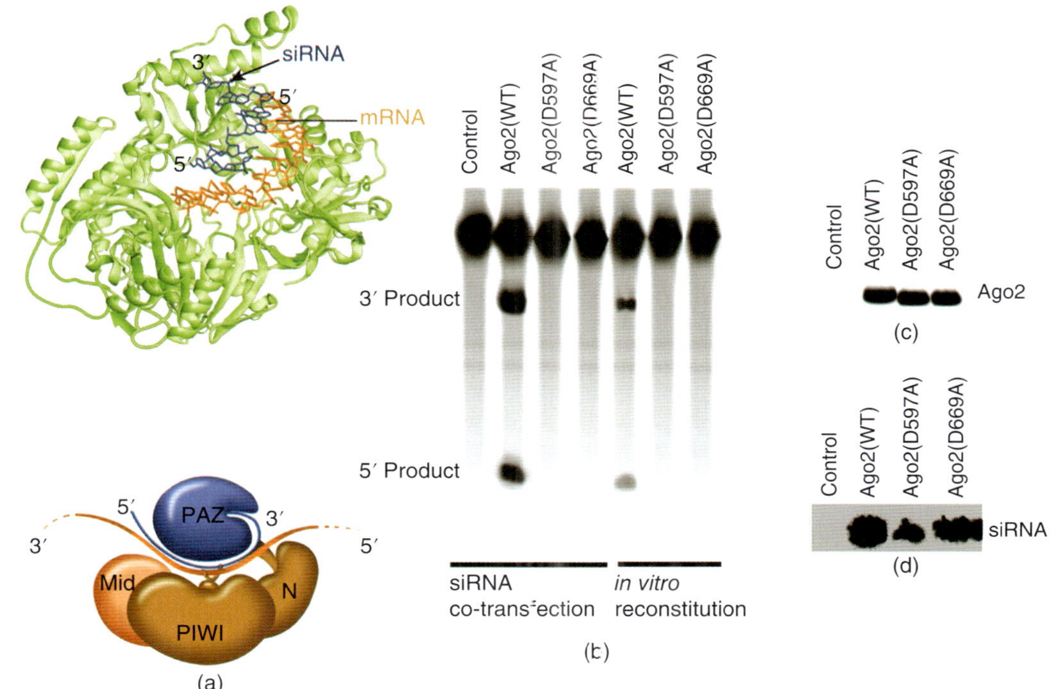

그림 11.34 아르고노트에 의한 siRNA-유도 mRNA 절단. (a) siRNA(파란색)과 mRNA(주황색)으로 표시된 고세균 *Pyrococcus furiosus*의 아르고노트 단백질의 결정 구조(위). 아래 도식에서 볼 수 있듯이, PIWI 영역의 활성자리(가위로 보여짐)는 siRNA 길잡이의 반대편 중간 mRNA를 자른다. (출처: Protein Data Bank, PDB: 1U04. Reprinted from Song et al. 2004. *Science* 305:1434–1437, © 2004 AAAS.) (b) 아르고노트가 슬라이서 활성을 가짐을 보여주는 실험. 생체 내 RISC로의 조립 후, Myc-꼬리표 야생형 아르고노트2 (Ago2WT) 또는 두 Ago2 돌연변이(Ago2D597A와 Ago2D669A)가 면역침강되고 표지된 반딧불이 루시페레이즈 mRNA에 대한 siRNA-지시성 절단을 조사하였다. 교대로, 그들은 시험관 내 재조합으로 조립되었다. mRNA의 5′과 3′ 절단 산물을 나타낸다. 대조군 레인은 아르고노트가 없는 세포를 나타낸다. (c) 야생형과 돌연변이 단백질 수준에 대한 웨스턴블롯 분석. (d) 야생형과 돌연변이 단백질의 siRNA와 결합하는 능력을 면역침강체의 노던 블롯팅으로 조사하였다. (출처: Parts B, C, and D reprinted from Liu et al. 2004. *Science* 305:1437–1441, © 2004 AAAS.)

레이스 mRNA에 대한 siRNA와 함께 동시 형질감염하였다. 생체 내에서 RISC로 조립된 후, 복합체는 표지된 반딧불이 루시페레이스 mRNA에 대해 면역침강되고 siRNA-지시성 절단을 조사하였다. 또한, 복합체는 친화-정제 단백질과 단일-가닥 siRNA를 섞어 시험관 내 재구성으로 조립되었다. 그런 다음, 시료는 젤 전기영동과 방사선 촬영술로 분석되었다. 대조군 레인은 아르고노트를 발현하지 않는 대조군 벡터와 동시 형질감염한 세포를 나타낸다.

그림 11.34b에서 보여지는 결과를 자세히 살펴보면, mRNA의 5′과 3′ 절단 산물은 단지 두 레인에만 존재하는 것—단지 야생형(WT) 아르고노트(Ago2)만이 mRNA 절단을 지시할 수 있다는 것—을 알 수 있다. 그런 다음, 연구진은 결과가 단백질 양의 차이 때문이 아니라는 것을 확신하기 위해서, 돌연변이 아르고노트 단백질이 야생형 아르고노트2와 비슷한 정도로 발현된다는 것을 재확인하였다. 그림 11.34c는 항-Myc 항체를 이용한 웨스턴 블롯의 결과를 보여준다. 야생형과 돌연변이 단백질 모두 비슷한 양으로 존재하였다. 마지막으로, siRNA 결합을 면역침강체의 노던 블롯팅으로 조사하였다(그림 11.34d). 이 실험은 야생형 Ago2처럼 돌연변이 단백질도 siRNA와 결합한다는 것을 보여주었다. 연구진은 아르고노트가 슬라이서 활성을 가지는 RISC 구성 요소라고 결론지었다.

지금까지, 과학자-공급 또는 바이러스 siRNA만이 RNAi를 촉발시킨다고 여겨지고 있다. 이제는 세포의 miRNA가 어떻게 발견되었는가와 전사 후 유전자 발현 조절 과정에 대하여 살펴보기로 한다.

예쁜꼬마선충에서 miRNA의 발견

miRNA는 1990년대에 선충류인 예쁜꼬마선충에서 처음 발견되었다. 연구자들이 벌레 내에서 발생 현상의 시간을 변화시키는 돌연변이를 연구하던 중에 이 예상치 못한 발견을 하게 되었다. mRNA에서 단백질로의 번역을 증가시킨 돌연변이는 단백질을 암호화하는 유전자가 아니라 매우 작은 RNA 분자를 암호화하는 두 번째 유전자에서 발견되었다. 야생형의 작은 RNA(*lin-4*)는 표적 mRNA의 3′ 비번역 부분에 대해서 상보적인 염기쌍을 통해 결합된 것으로 보인다. 유충 발생기 동안, *lin-4*는 첫 세 유충 단계에서 단계-특이적 발생의 발현을 조절하는 *lin-14*와 *lin-28*의 발현 감소를 유도한다. 원래의 해석은 *lin-4* RNA와 mRNA의 결합이 mRNA의 불안정화 없이 mRNA 번역을 직접 차단한다는 것이었다. 그러나 후속 결과로, lin-4 miRNA가 또한 표적 mRNA 분해를 촉진함을 알게 되었다. 연구자들은 *lin-4* miRNA가 처음 나타날 때, 발생 단계에서 *lin-14*와 *lin-28* 대상 mRNA 수준이 많이 감소되었음을 증명하였다.

lin-4 이후 7년 뒤, 또 다른 작은 조절 RNA인 *let-7*(*lethal-7*)이 발견되었을 때, 이러한 유형의 조절 메커니즘이 독특한 것이 아니라는 것이 분명하게 되었다. 하지만 작은 조절 RNA에 대한 관심을 월등히 증가시킨 것은 RNAi의 발견이었다. 분자생물학자들은 현재까지 조사한 모든 다세포 진핵생물에서 miRNA를 발견하였다. 수백 개의 다른 인간 miRNA가 확인되었는데, 여기에는 예쁜꼬마선충에 보존된 다수의 인간 miRNA가 포함된다. miRNA 유전자는 놀랍게도 모든 인간 유전자의 1%를 구성하는 것으로 추정된다. 이들 유전자는 어디에 위치하고, RNAi 촉발에 필요한 이중가닥 RNA를 어떻게 형성하는 것일까?

miRNAs의 가공

miRNA는 부분적인 헤어핀 구조를 형성할 수 있는 유전자 전사체로부터 가공된다. 대부분의 인간 miRNA는 유전체 전체에 흩어져 있지만, 몇몇은 대등하게 전사되고 발현되는 miRNA 무리에서 발견된다. 절반이 넘는 miRNA는 단백질-부호 mRNA의 인트론에 존재하지만, 다른 것들은 엑손 또는 비부호 RNA의 인트론에 위치한다. 인트론 내 miRNA는 아마도 몇몇 snoRNA와 유사하게 인트론 라리엇트 없이 진행된다(Focus Box 11.1 참조). 이들의 발현은 아마도 옆에 있는 mRNA의 발현과 같이 대등하게 조절될 것이다. 그러나 몇몇의 인트론 miRNA는 옆에 존재하는 mRNA에 대하여 안티센스 방향으로 존재하여, 적어도 몇 개는 그들 자신의 프로모터에 의해 전사될 수 있게 남아 있다. miRNA 생합성에는 두 가지 주요 경로가 있다: 정규 경로와 비정규 경로.

정규 miRNA 생합성 경로 마이크로 RNA는 처음에 1차 miRNA(pri-miRNA)라고 불리는 몇 백 뉴클레오티드 길이의 miRNA 전구체를 형성하는 대략 80 뉴클레오티드 RNA 줄기 고리의 한쪽 팔 부분으로 전사된다(그림 11.35). pri-miRNA는 5′ 7-메틸구아노신 캡과 3′ 다중(A) 꼬리를 가지고 있고, miRNA는 RNA 중합효소 II에 의해 전사된다. 동물에서, 1차 miRNA는 2개의 이중나선 RNA 특이적 리보핵산분해효소 III 효소인 **Drosha**와 Dicer에 의해 순차적으로 가공된다. Drosha는 **Microprocessor**라고 하는 더 큰 컴플렉스의 일부로서 이중가닥 RNA-결합 단백질 DGCR8(파리 및 선충류에서는 Pasha로 명명됨)과 함께 작용한다. 줄기 루프는 Drosha에 의해 절단되어 2개의 뉴클레오티드 3′ 돌출부를 포함하는 pre-miRNA라고 하는 더 짧은 ~60개 뉴클레오티드 헤어핀을 생성한다(그림 11.36). 핵 세포질 수송 인자(9장 참조)의 케리오페린계 일원인 Exportin-5는 pre-miRNA의 핵외 수송을 유도한다. 세포질에서, Dicer는 pre-mRNA 헤어핀의 염기에 존재하는 3′ 돌출 부위와 결합하고, 2개의 뉴클레오티드의 3′ 돌출 부위와 함께 ~22bp RNA 이합체로 떨어져 나간다. 단일 miRNA−miRNA 이합체는 각 헤어핀 전구체로부터 생성된다. 반대로, 다수의

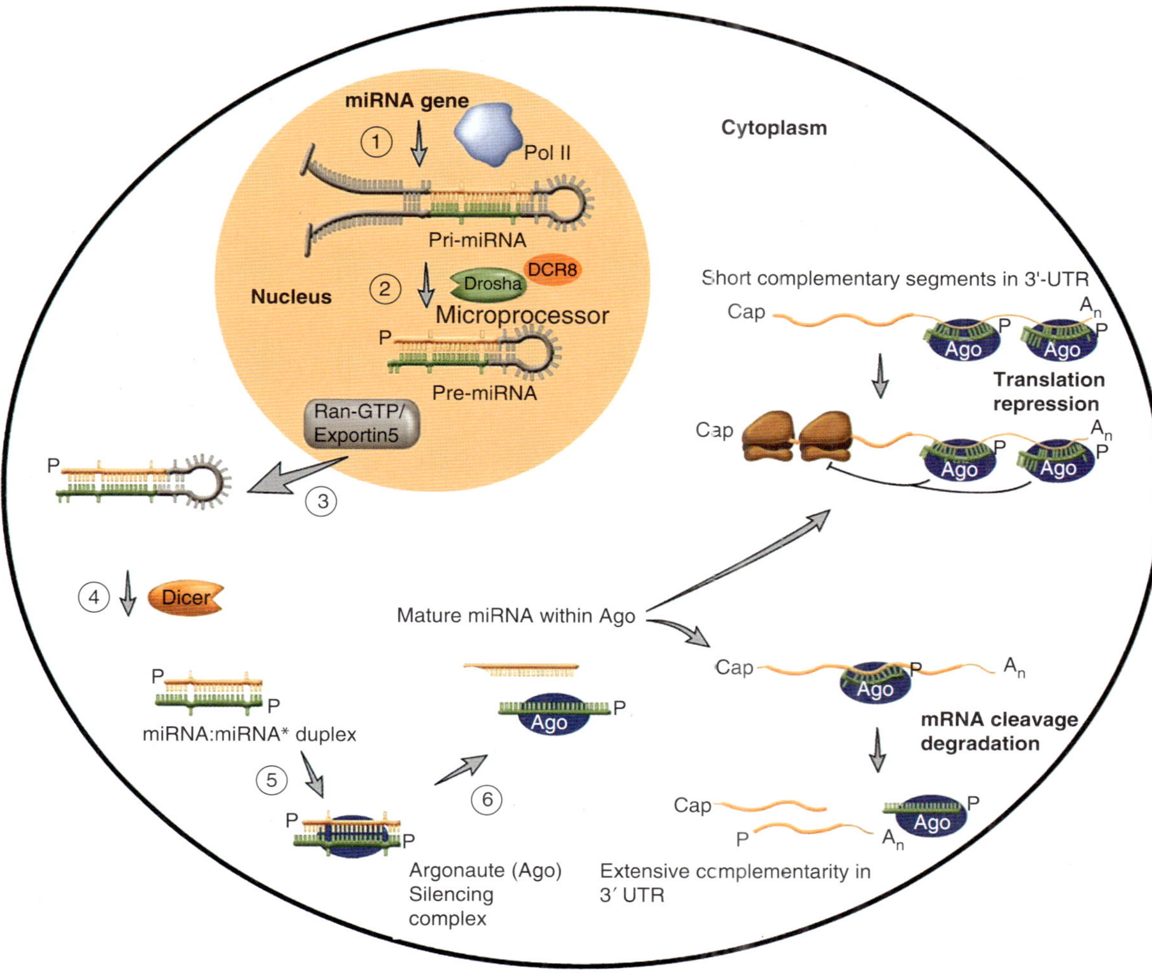

그림 11.35 miRNA의 생합성 경로.
miRNA 유전자가 RNA 중합효소 II(Pol II)에 의해 전사된 후, 전사체가 처리되고 Argonaute(Ago) 침묵 복합체로 조립되며, miRNA는 분해 또는 번역 억제를 위해서 상보적인 mRNA를 표적으로 한다.

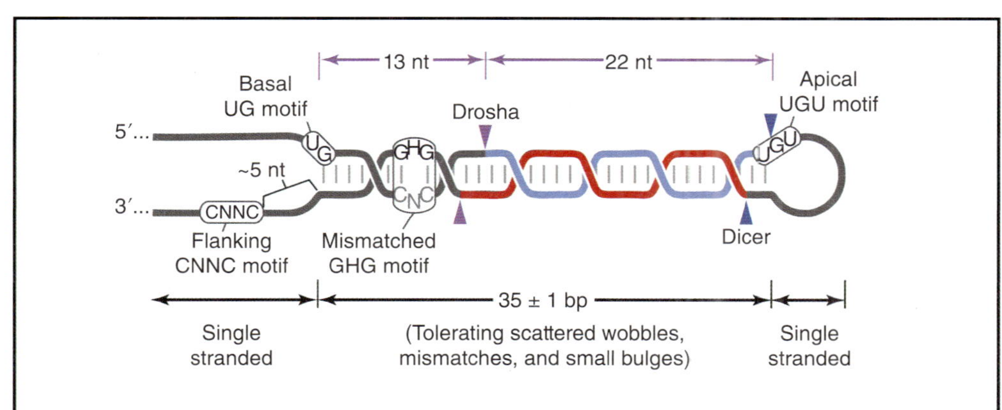

그림 11.36 전형적인 miRNA 헤어핀의 구조적 특징.
miRNA의 구조적 특징은 구조화되지 않은 루프와 구조화되지 않은 측면 영역이 있는 35개 염기쌍 줄기를 포함한다. Drosha는 기본 UG 모티브와 일치하지 않는 GHG 모티프(여기서 H는 A, C 또는 U임)를 포함하여 헤어핀(보라색 화살표)의 염기를 인식한다. DGCR8은 정점 UGU 모티프를 인식하고, 다른 요소는 측면 CNNC 모티프를 인식한다(여기서 N은 4개의 뉴클레오티드 중 하나임). Dicer 절단 부위도 표시된다(파란색 화살촉). (출처: Bartel, D.P. 2018. *Cell* 173:20–51.)

siRNA 이합체들은 각 siRNA 전구 분자로부터 생성된다(그림 11.32 참조).

표면적으로, 식물 miRNA의 경로는 동물 경로와 유사하게 보인다. 그러나 자세히 살펴보면 최소한 세 가지 주요 차이점이 있다. 첫째, 식물은 Drosha 상동체를 암호화하지 않는다. 대신, pri-miRNA가 pre-miRNA로, pre-miRNA가 miRNA를 성숙하게 하는 과정은 Dicer-like 1 단백질과 이중가닥 RNA-결합 단백질에 의해 매개되는 핵에서 발생한다. 둘째, 최근 증거는 식물 miRNA가 핵의 Argonaute-1에 로드되고 CRM1/exportin-1-의존적 방식으로 Argonaute-1−miRNA 복합체로 세포질에서 내보내짐을 시사한다. 예상치 못한 반전으로, 일부 식물 pri-miRNA는 짧은 ORF를 포함하는 것으로 나타났다. 이러한 pri-miRNA가 Dicer-like 1에 의해 처리되지 않고서 핵을 빠져나가면, miRNA ORF가 번역되어 마이크로펩티드를 생성한다. 이러한 마이크로펩티드는 상응하는 pri-miRNA의 전사를 향상시키는 역할을 하여 더 많은 miRNA를 생성하는 것으로 보인다.

비정규 miRNA 생합성 경로: 미르트론(mirtron) 짧은 인트론의 이어맞춤에 이어서, lariat debranching(그림 11.18 참조)은 Drosha 경로를 우회하는 mirtron이라고 하는 pre-miRNA 유사 헤어핀을 생성한다. Mirtron 헤어핀은 exportin-5에 의해 핵에서 내보내진 다음 Dicer에 의해 처리되어 정규 miRNA와 구별할 수 없는 성숙한 miRNA를 형성한다. mirtron 경로는 파리, 벌레 및 포유류에서 보존되지만, mirtron은 miRNA와 유사한 수준으로 거의 축적되지 않는다.

miRNA는 argonaute(Ago) 침묵 복합체에 로드된다

핵 유출 후, 식물과 동물의 miRNA 경로는 RNA 침묵의 중심 단계를 거친다. 그러나 Argonaute−miRNA 복합체가 배아줄기세포의 핵에서 표적 mRNA를 침묵시킬 수 있다는 새로운 증거가 있음을 주목해야 한다. 여기에서 초점은 잘 특성화된 정규 세포질 경로에 있다.

ATP-의존적 과정에서, 샤페론 단백질은 Argonaute가 고에너지 형태를 채택하도록 도와 짧은 miRNA 이중체에 결합할 수 있는 로딩 포켓을 노출시킨다(그림 11.35 참조). 일반적으로, Argonaute의 로딩 포켓은 5′ 말단 U 또는 A를 선호한다. 또한 5′ 말단이 덜 안정적으로 염기쌍을 이루는 miRNA 가닥이 가이드로 더 자주 선택된다. 로딩 후, Argonaute는 편안한 구조로 돌아가서 승객가닥 miRNA(종종 miRNA*로 지정되며, “miRNA star”로 발음됨)를 방출하여 성숙하고 활성화된 Argonaute 침묵 복합체를 형성한다.

miRNAs은 분해와 번역 억제할 mRNA를 표적으로 한다

수백 개의 miRNA가 복제 및/또는 예측되었고, 인증된 miRNA는 인간에서 500개 이상으로 집계되었으며, 각 miRNA는 수백 개의 서로 다른 RNA를 표적으로 삼는 것으로 생각된다. 종합적으로, 그들은 대부분의 단백질 암호화 유전자의 발현을 조절할 수 있다. 실제로, 특정 miRNA는 배아 줄기 세포 분화, 조직 발달, 포유동물 면역체계, 세포자멸사 및 세포 증식, 조혈(혈구) 분화, 뇌 형태형성 및 식물의 잎과 꽃 발달을 포함하여 발달 및 생리학의 광범위한 필수 과정에 기여한다. 그리고 그들의 표현의 조절 장애는 암을 포함한 다양한 인간 질병과 관련이 있다. Argonaute 침묵 컴플렉스는 번역 억제 또는 분해를 통해 단백질 암호화 mRNA의 발현을 침묵시킬 수 있다. miRNA와 표적 mRNA 사이의 상보적 염기쌍은 그 과정에 특이성을 부여한다.

miRNA는 광범위한 표적 mRNA를 조절할 수 있다

상보적 염기쌍은 주로 miRNA의 확장된 “시드” 영역(5′ 말단에 대해 뉴클레오티드 2−8)과 주로

mRNA의 3′ UTR에 위치한 진화적으로 보존된 서열 사이에서 발생한다. miRNA가 핵에서 분화를 촉진하는 기능을 하는 배아줄기세포에서, Argonaute 침묵 복합체는 3′ UTR 외에도 인트론 및 암호화 서열 내의 상보적 서열에 결합한다.

miRNA는 확장된 시드 영역의 정체성을 기반으로 패밀리로 그룹화된다. 시드 영역의 단일 뉴클레오티드 변경 조차도 miRNA의 표적화 특이성을 크게 변경할 수 있다. 이 절묘한 감도에도 불구하고, miRNA 계열은 광범위한 표적을 가질 수 있다. 예를 들어, 마이크로어레이 분석(14장 참조)은 miRNA가 많은 수의 표적 mRNA를 하향조절할 수 있음을 보여주었다. 자궁경부암 상피세포에서 유래한 인간 세포주에 뇌 특이 miRNA(miRNA-124)를 형질감염시키면 이들 세포의 mRNA 발현 양상이 뇌 쪽으로 이동했다. 대조적으로, 인간 상피세포가 근육 특이적 miRNA(miRNA-1)로 형질감염되었을 때, mRNA 발현 프로필은 근육 쪽으로 이동하였다(그림 11.37). 각각의 경우에 약 100개의 mRNA가 12시간 후에 하향조절되었다.

번역이 차단되거나 mRNA가 "절개"되는지 여부를 결정하는 것은 무엇인가?

전사 후 유전자 조절 방식은 miRNA와 표적 mRNA 사이의 불일치 정도에 따라 결정된다. Argonaute의 "절개" 활동에 의한 분해는 가장 상보적인 표적에 대한 결과이다. 표적 mRNA의 절단 후, miRNA는 손상되지 않은 채로 남아 있고 추가 mRNA의 인식 및 파괴를 할 수 있다. 효율적인 번역 억제는 여러 Argonaute 침묵 복합체의 협력 작용을 요구할 수 있다. 번역 억제 자체는 일반적으로 리보솜의 직접 차단 또는 억제와 대조적으로 mRNA 분해를 수반한다. Argonaute 침묵 복합체는 **데데닐레이즈 복합체(deadenylase complexes)**와 **디캡핑 효소(decapping enzymes)**를 모집해서, mRNA의 말단이 엑소뉴클레에이스에 접근할 수 있게 한다. 그런 다음, mRNA는 다음 절에서 설명할 세포 5′→3′ 붕괴 경로를 통해 분해 대상이 된다. 대부분의 경우 mRNA의 66~90%가 이러한 방식으로 분해되는 반면, mRNA의 6~26%만이 mRNA 분해를 포함하지 않는 "순수한" 번역 억제를 받는다.

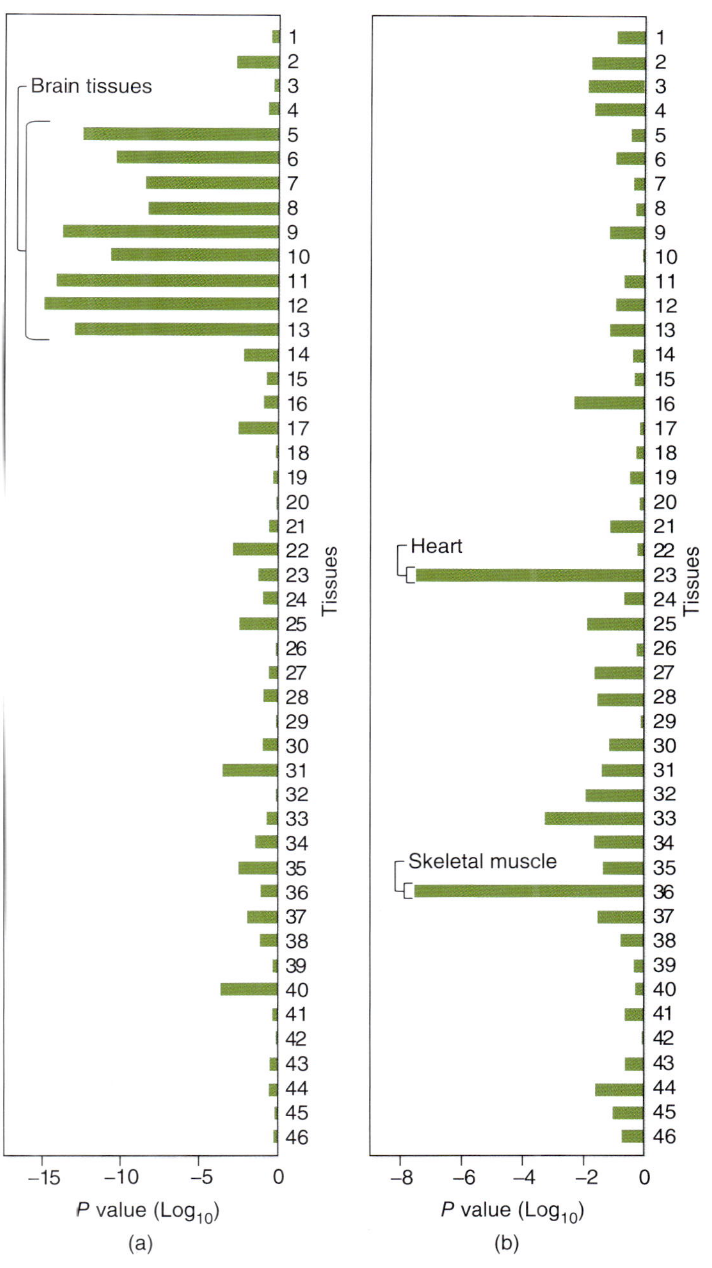

그림 11.37 miRNAs에 의해 하향조절된 유전자의 조직-특이적 유전자 발현.

miRNAs를 인간 세포에 형질감염하고, mRNA 발현 프로파일에서 변화를 조사하기 위하여 마이크로어레이를 이용하였다. 로그 (base 10) *P* 값은 46개 조직에서의 뇌-특이적 miR-124 (a)와 근육-특이적 miR-1 (b)의 하향조절 그래프이다. (출처: Reprinted from Lim et al. 2005. *Nature* 433:769–773, © 2005 Springer Nature.)

11.8 핵과 세포질에서의 RNA 전환

RNA 엑소좀(RNA exosome)에 의한 RNA 교체는 정상 상태 RNA 수준을 유지하는 데 중요한 부분이다. 핵과 세포질 모두에 존재하는 RNA 엑소좀은 지금까지 연구된 모든 진핵생물에서 보존된다. 진핵 세포에서의 전환은 종종 엄격하게 세포질적 사건으로 간주되는데, 평균적으로 개별

mRNA가 포유류 세포에서 약 3,000~10,000개의 단백질 분자를 생산하며, 비정상적인 mRNA는 넌센스 매개 mRNA 붕괴에 의해 제거된다. 사실, RNA 전환의 대부분은 핵에서 일어난다.

RNA 질적 조절과 핵 엑소솜

이어맞춤에 의해 제거되는 pre-mRNA 인트론과 짧은-수명의 rRNA, snoRNA 그리고 snRNA의 짧은-수명 가공 중간산물은 핵 엑소솜에 의해 분해된다. 게다가, 모든 pre-mRNAs는 "질적 조절"이라 불리는 과정을 거친다. 이는 결함이 있는 pre-mRNA 또는 핵 밖으로 나가는 데 실패한 mRNA를 파괴하는 특이적 핵 붕괴 경로이다. 자세히 살펴보자.

핵외 수송 적합한 RNPs의 형성 번역이 되기 전, mRNA는 핵에서 반출되어 세포질로 수송되어야만 한다. 핵외 수송은 핵공 복합체에 의해 민감하게 조절되는 과정이다. 핵공 복합체는 핵막을 관통하는 동적인 통로이다(9장 참조). mRNA는 외수송-적합 전달자 RNPs(mRNPs) 형성을 통해 핵의 파괴를 벗어날 수 있다. 외수송-적합 mRNPs의 핵내 생산은 복잡한 과정이며, 어떤 이상 mRNPs는 질적 조절 감시에 의해 빠르게 공격 당하여 핵 엑소솜에 의해 mRNA의 분해가 유도된다. 아마도 직접적인 mRNA 외수송은 복잡하고, 중복될 수 있는 과정이다. 다른 보조 단백질과 함께 **TREX** 및 SR 단백질은 **NXF1**과 같은 일반적인 핵 수출 인자를 mRNA에 동시 전사하여 모집함으로써 "어댑터" 기능을 제공한다(그림 11.38). TREX 복합체는 포유동물의 이어맞춤의 후반 단계 동안 pre-mRNA에 결합하지만, 효모의 TREX는 연장 단계 동안 전사 복합체에 결합한다. SR 단백질의 인산화 상태는 접합된 mRNP와 접합되지 않은 mRNP를 구별해서 유출시키는 능력이 있는 것으로 생각된다. NXF1은 저인산화된 셔틀링 SR 단백질과 우선적으로 상호작용한다. SR 단백질은 초기에 과인산화된 형태로 이어맞춤을 위해 pre-mRNA에 모집되고 이어맞춤 후에는 탈인산화된다.

잘못된 mRNP가 이러한 안전장치를 빗겨나가는 경우, mRNP 감시체계가 역시 핵 주변에서 작동된다. 효모에서 핵공 복합체의 핵 바구니에 위치한 2개의 실 모양의 단백질(Mlp1p와 Mlp2p)은 "분리 필터"로 기능하는 것으로 알려져 있으며, 알맞게 조립된 mRNP 입자와 우선적으로 상호작용한다. 이들은 아마도 5′ 접합자리에 결합한 구성 요소의 인지를 통해서 핵내에 이어맞춤되지 않은 전사체을 유지하는 역할을 할 것이다(그림 11.38 참조).

핵 엑소솜 pre-mRNA 질적 조절의 중심 매개체는 몇 개의 리보핵산말단분해효소를 포함하는 다중 소단위체 복합체인 **핵 엑소솜(nuclear exosome)**이다. pre-mRNA의 핵 붕괴는 먼저 3′→5′ 방향으로 일어난다. 효모에서 핵 엑소솜에 의한 RNA 분해는 ATP-의존적 RNA 나선효소, 아연 주먹 결절단백질, 그리고 다중(A) 중합효소를 포함하는 TRAMP라 불리는 복합체에 의해 촉진된다(그림 11.38 참조). 이 과정의 특징은 엑소솜의 모집과 활성화가 되기 전에 표적 분자에 짧은 다중(A) 꼬리의 첨가되는 것이다. 인간 세포에서 snRNA, snoRNA 및 히스톤 유전자의 3′ 생성물과 같은 "처리되지 않은" 전사체의 표적화는 NEXT라고 하는 핵 엑소좀 표적화 복합체에 의해 촉진되는 반면, 다중(A) 꼬리가 있는 "처리"되었지만 결함이 있는 전사체는 다중(A) 꼬리 엑소좀 표적화 복합체(PAXT)에 의해 표적화된다.

한 번 mRNP가 핵에서 질적 조절 장치를 성공적으로 탐색하고 핵공 복합체를 통과하여 세포질에 위치하면, 몇 가지 가능한 운명을 거친다.

세포질 RNA 전환

일단 세포질에 들어가면, mRNA는 번역적으로 침묵하는 상태로 유지될 수 있다. 번역된 다음 분해

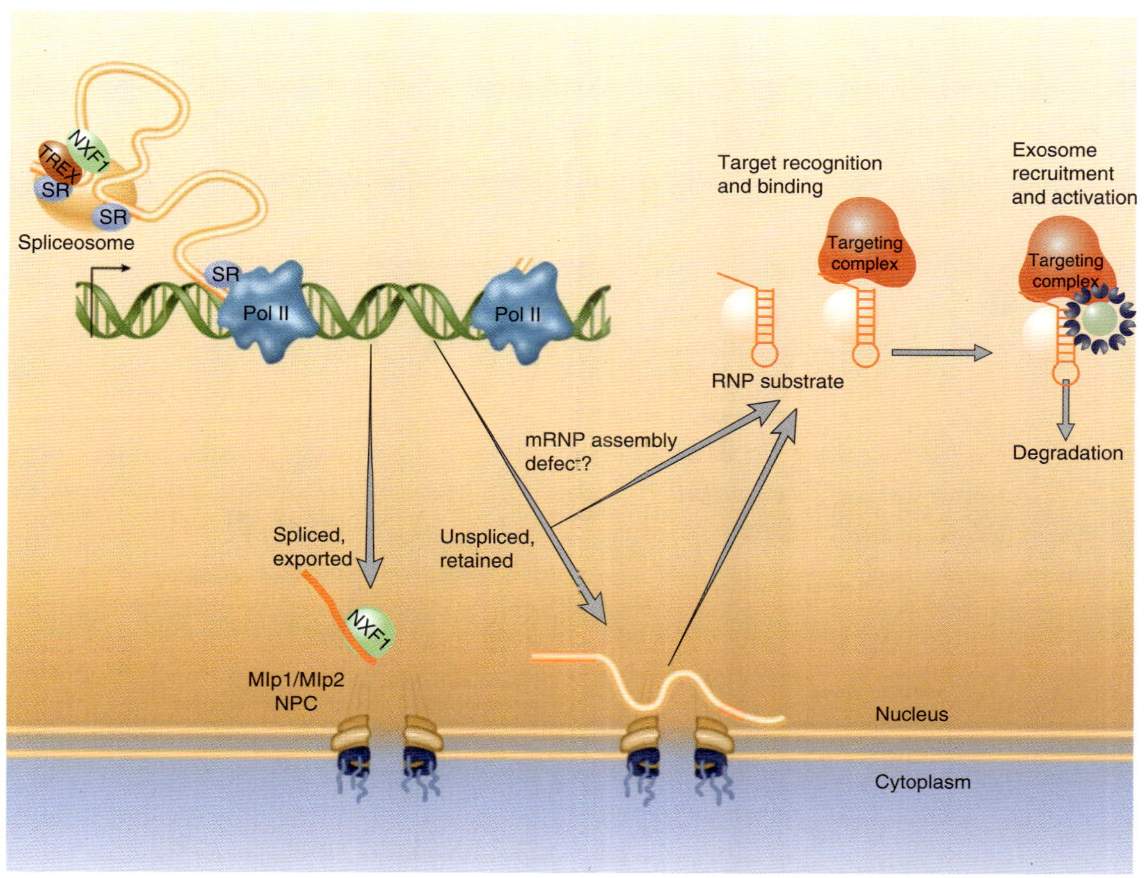

그림 11.38 pre-mRNA 질적 조절의 모델.
스플라이스오솜 조립과 이어맞춤은 RNA 중합효소 II(RNAP II)에 의해 합성된 pre-mRNA 전사체로 일어난다. TREX 복합체는 pre-mRNA와 결합하고, SR 단백질을 따라, 핵외 수송 인자인 TAP/NEX1를 끌어당긴다. 경로의 어떤 위치에서나 이상 전령 리보핵산 단백질(mRNP) 입자들이 질적 조절 감시에 의해 탐지되어 핵 엑소솜에 의해 mRNA의 분해를 이끈다. mRNA 감시는 핵공 복합체(NPC)에서도 일어난다. 표적화된 복합체는 결합이 있는 RNAs 혹은 RNPs와 상호작용하고 엑소솜에 의해 분해되기 위해 그들을 표적으로 한다.

되거나 조기 종결 코돈을 포함하는 경우, mRNA는 넌센스 매개 mRNA 붕괴라는 과정에 의해 빠르게 분해된다. 각각의 가능한 운명을 차례로 살펴보자.

번역적으로 침묵 mRNA의 보관 리보솜은 mRNA가 세포질로 외수송된 후 즉시 번역되거나 번역되지 않을 수 있다. 예를 들어, 다세포 동물에서 난자(미성숙 난자)는 몇 번의 배아 세포분열 후까지 새로운 전사가 일어나지 않기 때문에 초기 발생에 필요한 모든 mRNA를 축적한다. 개구리 난자에서 이러한 모성보관된 mRNA는 발생 기간에서 적절한 시간이 될 때까지 번역적으로 침묵 상태에 있다. 침묵은 초기 mRNA의 200−250 정도 길이의 아데노신들이 20−40 정도로 다중(A) 꼬리가 짧아지는 메커니즘을 통해 일어난다. 이러한 짧아짐은 mRNA의 3′ 비해독 부위에서 세포질 폴리아데닌화 요소(CRE)에 결합하는 단백질인 CPEB에 의해 매개된다(그림 11.39a 참조). 또한, CPEB는 eIF4E와 결합하는 데 있어서 진핵세포 번역개시 인자 4G(eIF4G)와 경쟁적으로 작용하는 단백질인 마스킨과 결합하고 세포질의 다중(A)-결합 단백질(PABPC)의 결합을 막는다. 다중(A) 꼬리는 번역에서 필수적이지 않지만 다중(A) 꼬리가 없는 RNA가 번역 장치 제한을 위해서 폴리아데닐화된 RNA와 경쟁할 때, 폴리아데닐화된 RNA가 더 효율적으로 번역된다. 난모세포가 수정에 의해서 완전한 감수분열이 유도될 때, CPEB는 인산화되고 세포질 다중(A) 중합효소에 의해 다중(A) 꼬리의 재첨가가 촉진된다. 그런 다음, 새로운 다중(A) 꼬리가 번역을 시작하기 위하여 eIF4G를 끌

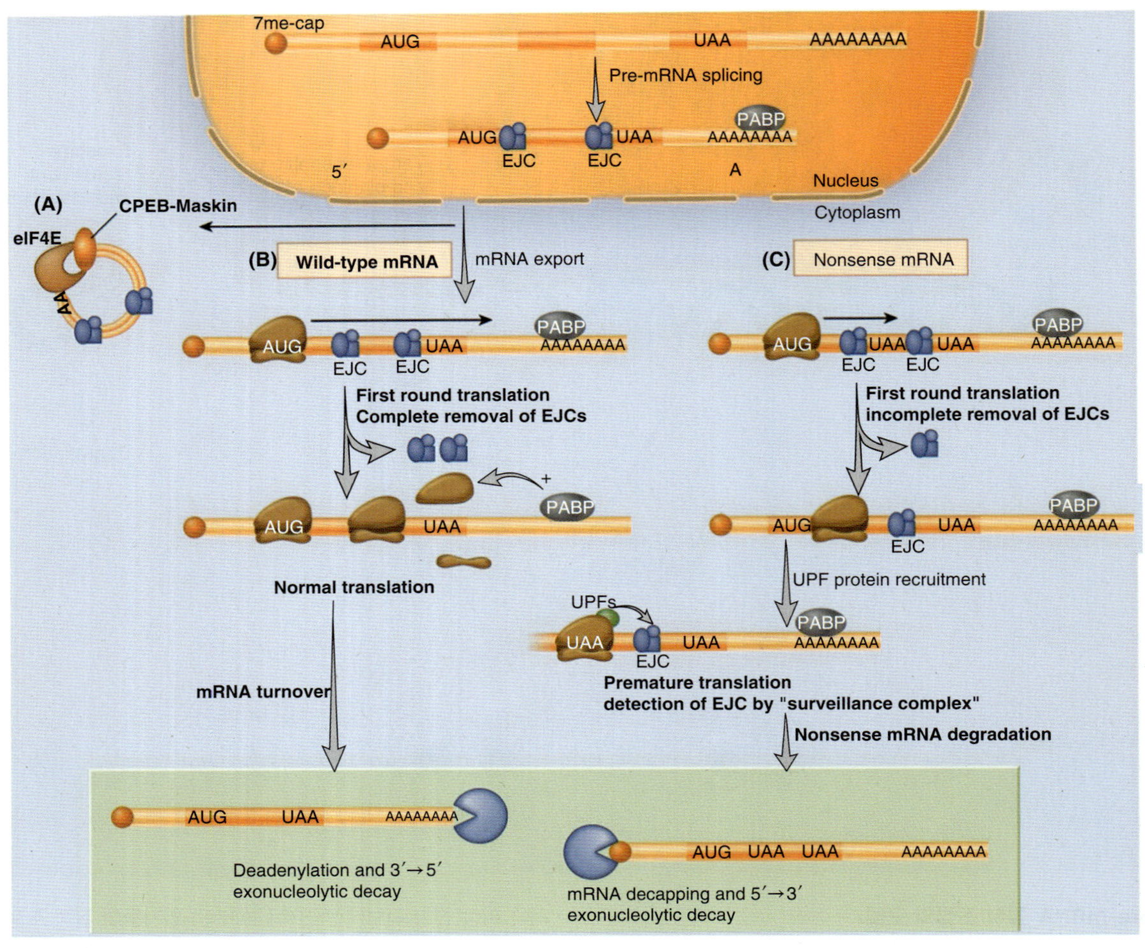

그림 11.39 세포질에서 대체 mRNA 운명.
핵 pre-mRNA 처리 이벤트는 번역을 위해 세포질로 내보내지는 mRNP를 형성한다. (a) 일부 mRNP는 번역 침묵 상태로 세포질에 저장된다. (b) 야생형 mRNA의 번역. 번역 후 mRNA 회전율은 일반적인 mRNA 분해 경로를 포함한다. (c) mRNA의 중지 코돈 매개 붕괴에 대한 모델. 중지 코돈 mRNA의 조기 종결 코돈으로 인해 리보솜이 EJC를 제거하지 못하면 감시 복합체가 모집된다. 중지 코돈 RNA와 감시 복합체 사이의 상호작용은 다중 붕괴 경로를 포함하는 RNA의 급속한 분해를 초래한다.

어당기는 PABPC에 결합한다.

세포가 바이러스 감염, 열 쇼크 또는 아미노산 기아와 같은 스트레스에 반응하면 전체 단백질 합성이 차단된다. 이 스트레스 반응의 일부로서, mRNA는 단백질 번역 개시에 관여하는 RNA-단백질 복합체를 격리하는 막 없는 소기관인 스트레스 과립(4장 참조)에 국한된다. 이러한 방식으로 mRNA는 세포 스트레스 동안 보호된다. 스트레스 과립 형성은 12장의 번역 제어의 맥락에서 논의될 것이다.

일반적인 mRNA 분해 경로 이미 보았듯이, miRNA는 분해를 위해서 RNA-유도침묵복합체(RISC)에 의해 특이적 mRNA를 표적할 수 있으나, 일반적인 mRNA 붕괴 경로 또한 존재한다. 일반적으로, mRNA 유전자 발현의 연속적인 수정을 위해서 비교적 빠른 전환을 수행한다. 대부분의 세포에서 주요 분해 장치는 mRNA의 끝을 공격한다. 3′ 다중(A) 꼬리는 탈아데닐화효소(deadenylases)에 의해 제거되고, 5′ cap은 탈-캡효소(decapping enzymes)에 의해 제거된다(그림 11.39b). 특정 mRNA가 주로 3′에서 5′ 또는 5′에서 3′으로 분해되는지 여부는 어떤 효소 세트가 특정 세포 유형에서 가장 활성화되어 있는지와 그 mRNA와 가장 효율적으로 결합하는지에 따라 결정된다. 붕괴는 붕괴 장치가 많은 전문화된 세포질 가공체(**P bodies**)에서 일어난다. 일반적인 분해 경로의 하나는 탈아데닐화-독립적 탈-캡이다. mRNA는 일반적으로 5′ cap에 의해 분해로부터 보호되기 때문에, 탈-캡효소에 의한 5′ cap의 제거는 5′→3′ 핵산말단분해효소에 의한 mRNA의 빠른 분해가 유도된다. 또 다른 mRNA 분해 경로에서, 탈아데닌화는 3′→5′ 분해를 일으킨다. 이는 핵산단말분해효소의 다량체 조립 형태인 **세포질 엑소솜(cytoplasmic exosome)**을 필요로 한다. 탈아데닌화-의존적인 탈-캡 경로에서, 다중(A) 꼬리가 약 10 뉴클레오티드로 줄어든 이후, 7-메틸구아노신 캡 구조가 가수분해된다. 결국, 남은 mRNA는 5′→3′과 3′→5′ 핵산말단분해효소의 복합적인 작용에 의해 분해된다.

넌센스-매개성 mRNA 분해 정상보다 이른 종결 코돈은 전사 또는 이어맞춤에서 유전자 돌연변이 또는 실수 때문에 일어난다. **넌센스-매개성 mRNA 분해(Nonsense-mediated mRNA decay)**는 세포에 해로운 절단된 단백질을 암호화하고 있는 넌센스 코돈을 지닌 mRNA 수준을 감소시킨다(그림 11.39c). 포유동물에서 정상보다 이른 종결 코돈을 지닌 mRNA의 인식은 mRNA의 해독틀 내에 단백질 복합체의 조립을 수행한다. 이러한 **엑손 교차 복합체(exon junction complexes, EJC)**는 mRNA 이어맞춤 이후 각 엑손–엑손 경계의 약 20~24 nt 상류에서 조립된다. EJC는 일반적으로 진핵생물 번역 개시 인자를 포함하여 4개의 핵심 단백질로 구성된다.

첫 번역 동안, 리보솜은 해독 중심에 들어가는 야생형 mRNA로부터 EJC를 옮겨 놓는다. EJC의 부재와 다중(A)-결합 단백질(PABP) 같은 남아 있는 RNP로부터의 양성 신호는 번역을 지속시킨다. 만일 mRNA에 정상보다 이른 종결 코돈이 존재한다면 감시 장치가 활성화된다. 3개의 다른 UPF 단백질이 EJC로 결합하여 "감시 복합체"를 형성한다. RNA 나선효소 UPF1은 번역 방출 인자들과 결합하고 UPF2과 UPF3X와 결합하여 감시 복합체와 번역 장치 사이의 연결을 제공한다. 이 감시 복합체는 정상보다 이른 종결 리보솜과 상호작용하고, 위에서 언급한 일반적인 mRNA 붕괴 경로에 의해 mRNA 분해를 촉진한다. 프로세스가 얼마나 효율적인가? 최근에, 단일 분자 이미징은 넌센스 매개 붕괴의 동역학을 엿볼 수 있는 기회를 제공했다. 주어진 mRNA에 대해 넌센스-매개 분해가 발생할 확률은 조기 종결 코돈과 인트론 사이의 거리 또는 EJC의 상류와 하류 모두의 인트론 수와 같은 여러 요인에 따라 달라진다. 전반적으로, 넌센스-매개 분해의 효율성은 가변적이며, 일부 mRNA는 감시를 완전히 피한다. 세포질에서 mRNA의 초기 경로와는 상관 없이, 마지막 결과는 분해이다.

장 요약

RNA의 전사 후 가공은 진핵세포에서 유전자 조절에 중요하다. RNA 이어맞춤은 정확한 접합자리에서 일차 RNA 전사체로부터 인트론이 제거되는 과정이며, 남은 RNA는 재연결되어 연속적인 mRNA, rRNA, 혹은 tRNA를 형성한다. 인트론 제거와 엑손 연결은 인트론-엑손 교차의 5′과 3′ 접합자리에 의해 지시된다. 인트론은 절단된 후 물리적으로 분리되어 남은 서열로 정의된다. 엑손은 절단된 후 서로 연결된 서열로 정의된다. 어떤 인트론은 snoRNA과 miRNA를 암호화하고, 어떤 엑손은 기능 있는 산물을 암호화하지 않는다.

Tetrahymena pre-rRNA 중 하나와 같은 그룹 I 인트론은 보존된 삼차 구조로 접히고 단백질 보조 인자가 없을 때는 시험관 내에서 자가-이어맞춤된다. 5′ 접합자리의 외부 구아닌 뉴클레오티드에 의한 공격으로 반응이 시작되어, 인트론의 5′ 말단에 G를 추가하고 첫 번째 엑손을 방출한다. 두 번째 에스터 교환 단계에서, 첫 번째 엑손은 3′ 접합자리를 공격하고, 두 엑손을 서로 연결하며, 선형 인트론을 방출한다. 그룹 II 인트론을 포함하는 RNAs는 보존된 삼차 구조로 접히고 새로운 2′,5′-포스포디에스터 결합을 가지는 A-가지 올가미 중간산물을 통해 자가-이어맞춤된다. 두 에스터 교환 단계의 첫 번째는 내부에 돌출된 A의 2′-OH에 의해서 시작된다. 몇몇 그룹 I과 그룹 II 인트론은 움직이고 인트론이 없는 대립유전자로 이동할 수 있다. 이동은 일반적으로 자가-이어맞춤된 인트론에 의해 암호화되는 고

도로 자리-특이적인 회귀 핵산내부분해효소에 의해 일어난다.

고세균 인트론은 엑손-인트론 교차에서 돌출-나선-돌출 형태를 인지하는 리보핵산내부분해효소에 의해 매개되는 잘림-재연결 메커니즘에 의해 제거된다. 만약 tRNA 전구체가 인트론을 지니고 있다면, 그것은 항상 같은 위치인 안티코돈의 3′ 쪽의 한 뉴클레오티드이다. tRNA 이어맞춤의 일반적인 메커니즘은 두 가지 주요 반응으로 일어난다. 첫째, pre-tRNA를 지닌 인트론은 쌍을 이룬 tRNA의 반쪽들을 만들기 위하여 리보핵산내부분해효소에 의해 잘린다. 짝지워진 반쪽들은 tRNA 연결효소에 의해 연결된다.

진핵세포의 pre-mRNA는 핵외 수송 전에 세 가지 방법으로 공유 가공된다: 전사체는 5′ 말단에 메틸화된 구아노신 뉴클레오티드로 캡 형성이 되고, 인트론은 이어맞춤에 의해 제거되며, 3′ 말단이 제거되고 다중(A) 꼬리로 연장된다. 세 가지 모든 과정은 전사와 함께 일어나고 RNA 중합효소 II CTD에 의해 매개된다. 캡 형성, 폴리아데닐화, 그리고 이어맞춤 단백질은 전사되는 동안 CTD와 결합하고 있다. 또한, RNA 전사체의 N^6-메틸아데노신(m^6A) 변형은 동시 전사적으로 발생한다. 선택적 이어맞춤, 핵외 수송, 안정성 및 번역 효율성을 포함하여 mRNA 구조 및 기능의 많은 측면을 조절한다.

5′ 7-메틸구아노신 캡은 단계적으로 만들어진다: 첫 번째, RNA 삼인산이 pre-mRNA의 말단 인산기를 제거한다; 다음으로, 구아닐기 전달효소가 GTP에 캡 형성된 GMP를 추가한다. 다음으로, 두 메틸기가 전달되어 캡 형성된 구아노신의 N-7과 두 번째 뉴클레오티드의 2′-*O*-메틸기를 메틸화시킨다. 캡은 mRNA를 분해로부터 보호할 수 있고, 이어맞춤, 핵외 수송, 그리고 번역의 효율을 높인다.

대부분의 진핵생물 mRNAs는 3′ 말단에 약 250 nt 정도 길이의 A잔기 사슬을 지닌다. 이러한 다중(A) 꼬리는 다중(A) 중합효소에 의해 전사 후에 추가되며, mRNA 안정성과 번역 효율을 높이는 기능을 한다. 효율적인 포유동물의 폴리아데닐화 신호는 pre-mRNA의 폴리아데닐화 위치의 약 20 nt 상류에 있는 AAUAAA 모티프로 구성되어, GU-풍부 모티프가 뒤따른다. 진핵생물 유전자의 전사는 폴리아데닐화 자리 너머로 연장된다. 전사체는 다중(A) 추가 부분에서 잘리고 절단에 의해 형성된 3′ 말단에서 폴리아데닐화된다. 포유동물에서의 절단과 폴리아데닐화에는 몇 가지 단백질이 필요하다: CPSF, CstF, CFIm, CFIIm, 다중(A) 중합효소, 그리고 RNA 중합효소 II CTD. 게다가, 적어도 β-글로빈 mRNA 경우의 절단은 자가-절단되는 전사 동시 절단자리에서도 일어난다. 중합효소와 결합된 채 남아 있는 전사체는 중합효소가 분리된 뒤에 핵산말단분해효소에 의해 공격받는다; 이 작용 후에 전사가 종결된다. 이어맞춤-의존적 또는 이어맞춤-독립적인 여부에 관계없이 대체 폴리아데닐화는 진핵생물 유전자 조절을 위한 광범위한 메커니즘으로, 각각 더 많거나 적은 단백질 제품 또는 다른 단백질 제품을 생산한다.

핵의 pre-mRNA 이어맞춤은 스플라이스오솜이라 불리는 동적인 RNP 입자에서 일어난다. 스플라이스오솜은 5개의 다른 snRNA와 200개 이상의 추가적인 단백질로 구성된다. 세포 내에 존재하는 snRNAs는 U1, U2, U4, U5와 U6로 지명되는 snRNP라 불리는 복합체에서 단백질과 결합한다. 5개 snRNPs는 모두 공통적으로 7개의 Sm 혹은 Sm-유사 단백질과 각 snRNP에 특이적인 몇 개의 다른 단백질 세트를 가진다. Sm 단백질은 도넛-모양 구조를 형성하여 snRNA에서 유라실-풍부 요소에 결합한다.

스플라이스오솜 순환은 전사 동시 조립, 이어맞춤 활성, 그리고 스플라이스오솜의 분리를 포함한다. 스플라이스오솜은 일련의 짧게 존재하는 중간산물 단계를 통해 "점차적"으로 진행된다고 제안한다. 조립은 복합체 형성을 위해 pre-mRNA의 보존된 5′ GU 접합자리에 U1 snRNP가 결합하면서 시작된다. 그 다음 U2가 분지점, 폴리피리미딘 영역, 그리고 3′ AG에 결합한다. U1-U2 복합체는 U4/U5/U6 tri-snRNP와 결합한다. U4에서 U6이 분리될 때, 5′ 접합자리에서 U1이 떨어져 나간다. 이는 스플라이스오솜을 활성화시키고 U1과 U4가 분리되게 한다. 이어맞춤은 그룹 II 인트론 이어맞춤에서 올가미-모양의 중간산물을 통한 두 에스터 교환 반응에 의해 진행된다. U6 snRNA가 pre-mRNA 이어맞춤의 촉매화에 작용한다. 단백질 Prp8은 U4/U6/U5 tri-snRNP의 일부로서 접합 기구에 합류하고 활성자리의 형태를 유지하며 기질 위치 지정에 관여한다. 스플라이스오솜 RNA 복합체의 동적인 리모델링은 DEXH/D box RNA 나선효소를 필요로 한다. SC35와 ASF/SF2는 일정하고 조절적인 이어맞춤을 촉진하는 두 역할을 하는 중요한 이어맞춤 인자이다. 변이적이지만, 높이 보존된 5′ 접합자리와 분지점을 가지는 인트론의 소수 분류는 U11, U12, U4atac과 U6atac를 포함하는 변이 분류의 도움으로 이어맞춤될 수 있다.

대체 이어맞춤은 유전자 발현 조절의 다양한 방법을 제공한다. 어떤 엑손의 이어맞춤은 이들이 성숙 mRNA에 포함될지 제거될지가 조절된다. 특정 mRNA는 가끔 교대 이어맞춤의 다양한 자리를 가지는데, 이는 하나의 유전자에서 다른 기능을 가진 관련 단백질계를 만들게 된다. 교대 이어맞춤은 불완전한 종결 코돈 혹은 핵 위치 지정 서열과 같은 조립 영역을 도입할 수 있다. 또한 mRNA 가변성은 mRNA의 번역, 안정화 혹은 위치 지정을 조절하는 인자가 포함된 비해독 부위 내에 교대 이어맞춤에서 나올 수 있다. 교대 이어맞춤은 시스-작용을 하는 엑손

이어맞춤 촉진자와 엑손 이어맞춤 침묵자에 의해 조절된다. 접합자리 선별의 변화는 개시 인자가 pre-mRNA에의 결합과 스플라이스오솜 조립의 변화에서 일어난다.

대부분의 pre-mRNA에서 엑손은 각 pre-mRNA에서만 연결된다. 그러나 아주 드물게 하나의 pre-mRNA의 엑손이 트랜스-이어맞춤에 의해 다른 pre-mRNA의 엑손과 연결될 수 있다. 불연속 그룹 II 트랜스-이어맞춤은 완벽한 해독틀을 형성하기 위하여 분리된 전사체로부터의 부호 서열과 결합한다. 접합 선도자 트랜스-이어맞춤에서, 짧은 서열이 mRNA의 5′ 말단에 첨가된다. 이 선도자 엑손은 5′ cap 구조를 제공하여, 폴리시스트론성 전사체를 각 캡 씌워진 RNA로 만들거나 mRNA 번역 효율을 향상시킨다. 일부 고고생물 종에서 tRNA 반쪽은 별도의 유전자로 암호화된 다음 트랜스-이어맞춤에 의해 연결된다.

RNA 편집은 mRNA의 염기서열의 전사 후 변형이다. 파동편모충 미토콘드리아 전사체는 해독특을 만드는 100여 개의 U가 삽입 혹은 제거되는 "전체-편집"을 수행한다. 편집은 편집 서열을 부여하고 에디토솜이라 불리는 다량-단백질 복합체에 의해 촉매화하는 다량의 짧은 길잡이 RNA(gRNA)에 의해 매개된다. 고정 이합체는 부조화 근처의 상보적인 염기쌍에 의해 pre-mRNA와 gRNA 사이에 형성된다. 리보핵산내부분해효소는 pre-mRNA를 자른다. 절단자리에 U가 3′ 말단 유리딘 전달효소에 의해 삽입되거나 U-특이적 리보핵산말단분해효소에 의해 제거된다. RNA 말단은 RNA 연결효소에 의해 연결되고, 이러한 순환은 RNA가 완벽하게 편집될 때까지 반복된다.

포유동물은 두 가지 주요 편집 효소의 분류를 가지는데, A→I 편집을 촉매하는 아데노신 탈아미노효소와 C→U 편집을 촉매하는 싸이티딘 탈아미노효소이다. A→I 편집은 종종 일어나고, 변형된 편집 양상은 근위축측삭경화증과 같은 많은 신경질환과 연관이 있다. C→U 편집은 아포지질단백질 B와 신경섬유세포분열 타입 I 전사체에서만 확인된다. 편집은 소장에서 C→U 편집으로 글루타민 코돈(CAA)을 종결 코돈(UAA)으로 바꾸어 아포지질단백질 B의 짧은 동종형을 암호화하는 mRNA를 만든다. 위치-특이적 탈아미노화는 촉매 소단위체인 APOBEC1와 RNA-결합 인지 소단위체인 ACF와 편집 복합체에 의해 매개된다.

작은 핵소체 RNA는 리보솜 RNA와 다른 RNA의 염기 변화를 매개한다. Box C/D snoRNA는 2′-*O*-메틸화를 이끌고, H/ACA snoRNAs는 가짜 유리딘 형성을 유도한다. rRNA와의 상보적인 염기쌍에 의해 snoRNA는 표적 위치에 변형 효소를 끌어들인다.

작은 비부호 마이크로 RNA는 mRNA를 분해하거나 전사를 억제한다. 이들은 매우 다른 유전자의 침묵을 명시하는 독특한 유전자로부터 만들어진다. 반면에, siRNAs는 바이러스, 유전자 전위 요소, 반복적 DNA, 또는 외인성의 유전자에서 유래하고, 이들이 원래 위치한 유전적 위치(혹은 아주 인접한 위치)의 침묵을 유도한다. miRNA는 부분적으로 헤어핀 구조를 형성하는 유전자 전사체에서 만들어진다. 일차 miRNA는 리보핵산분해효소 Drosha에 의해 잘려서 짧은 헤어핀 구조를 형성한다. 이 pre-miRNA는 세포질로 이동하여 Dicer에 의해서 ~22 bp 이합체 miRNA로 잘린다. 이때 siRNA와 miRNA 경로가 겹친다. 짧은 miRNA 또는 siRNA 이합체는 나선효소에 의해 풀리고, 한 가닥은 RNA-유도침묵복합체(RISC)에 삽입된다. RISC는 분해하거나 번역을 억제할 단백질-부호 mRNA를 표적으로 한다. 절단에 의한 분해는 대부분 miRNA와의 상보성을 가진 표적에서 일어난다. 예쁜꼬마선충에서 *lin-4*의 발견 이후, 수많은 miRNA가 발견되었다. 대부분의 miRNA 기능이 아직 밝혀지지 않았지만, 특이적 miRNA는 세포자멸사, 발생 시기, 조직-특이적인 유전자 발현 조절 등의 조절과 세포주기를 조절하는 데 기여하고, 항바이러스 방어를 매개할 것이다.

rRNA, snoRNA와 snRNA의 짧게 존재하는 가공 중간산물은 몇 개의 리보핵산말단효소를 포함하는 다량 소단위체 복합체인 핵 엑소솜에 의해 분해된다. 게다가, 불완전한 pre-mRNA 또는 외수송-적합 mRNPs 형성에 실패한 mRNP를 분해하는 특이적 핵 붕괴 과정이 존재한다. TRAMP 복합체는 엑소솜의 모집과 활성화 전에 표적 분자에 짧은 다중(A) 꼬리를 첨가한다. TREX와 SR 단백질은 일반적인 핵외 수송 인자를 끌어당기고 mRNP의 이어맞춤 여부를 식별하는 외수송 장치의 능력을 제공한다. 나아가 질적 조절 감시와 이어맞춤되지 않은 전사체의 유지가 핵공 복합체에서 일어난다.

세포질 내에서, mRNP는 몇 가지 운명이 있다. 어떤 mRNAs는 흔히 탈아데닐화를 통해 특정 발생 단계까지 번역적 침묵 상태로 저장된다. 대부분의 mRNAs는 즉시 번역된 후 일반적인 붕괴 과정을 통해 분해된다. 5′ cap은 핵산말단분해효소 작용에 뒤따르는 탈-캡효소에 의해 제거된다. 교대로, 3′ 다중(A) 꼬리는 탈아데닐화효소에 의해 제거되고, 남은 mRNA는 엑소솜에 의해 분해된다. 마지막으로, 정상보다 이른 종결 코돈을 지닌 mRNA는 넌센스-매개성 mRNA 분해라 불리는 과정에 의해 빠르게 분해된다. 엑손 연결 복합체(EJCs)는 mRNA 이어맞춤 후에 엑손–엑손 경계 근처에서 조립된다. 첫 번째 리보솜이 mRNA 번역을 시작할 때, EJCs는 정상적으로 분리된다. 만약 너무 정상보다 이른 종결 코돈이 나타나면, 감시 복합체를 활성화시킨다. 감시 복합체는 정상보다 이르게 종결되는 리보솜과 결합하고 mRNA 분해를 표적한다.

분석 질문

분석, 발견 및 실제 데이터 질문에 대한 해답은 부록을 참조하시오.

1 당신은 2개의 큰 인트론(인트론 1과 인트론 2)과 3개의 짧은 엑손(엑손 A, B, C) 을 지닌 유전자를 연구하고 있다. 다음과 같이 수행한 R-looping 실험의 결과를 보이시오.

(a) 엑손 A B, C를 지닌 mRNA와 외가닥 DNA

(b) pre-mRNA와 외가닥 DNA

(c) 엑손 A와 C만을 지닌 mRNA와 외가닥 DNA

2 새롭게 복제된 유전자의 서열 분석을 통해 엑손은 거의 보존되지 않고 인트론은 높은 수준으로 보존됨을 알았다. RNA의 어떤 특성을 살펴봄으로써 인트론 RNA의 가능한 기능을 결정하는 데 도움을 줄 수 있는가?

3 당신은 이어맞춤과 폴리아데닐레이션 모두를 위한 시험관 내 분석법을 개발하였다. 시험관 내에서 5′ cap을 가진 또는 갖지 않는 방사선 표지된 pre-mRNA 기질을 만들었다. 표지된 pre-mRNA와 포유동물의 세포 핵 추출물을 함께 항온 반응시켰고, 그 부산물들을 서열 분석 젤을 이용하여 분리되도록 했다. 그러고 나서 젤 위에 그들의 상대적인 크기 별로 분리된 부산물들을 구분하였다. 젤의 밴드로 나타난 상대적인 방사선 양과 관련된 플러스(+)의 개수를 보고 결과를 도출한다.

	Pre-mRNA	Spliced RNA	Poly(A)
RNA uncapped	+++	+	+
RNA capped	+	+++	+++

이런 결과들을 설명할 수 있는 가설을 세워 보시오.

4 당신은 snRNPs U110, U120, U140이 포함된 독특한 이어맞춤 장치를 이용하는 희귀한 인트론의 소수 부류를 발견했다. 조립 순서를 결정하기 위한 실험을 수행하였다. 한 pre-mRNA는 아가로스 비드를 붙여 정제된 이어맞춤 구성요소와 항온 반응되었다. 0에서 20분 시간에 따라, RNA를 비드로부터 추출해내고 각각의 RNA에 특이적 표지된 탐침자을 이용한 노던 블롯을 실시하여 분석하였다. 어떠한 순서로 snRNP가 조립되었는가?

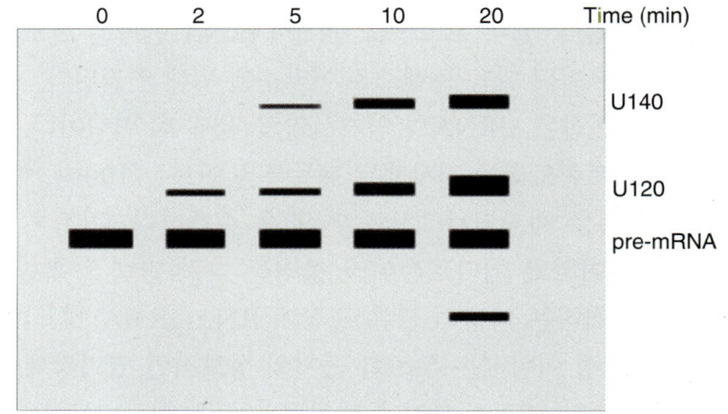

5 당신은 어떤 단일한 유전자가 초기 배아에서의 긴 단백질을, 성인 기관에서의 짧은 단백질을 암호화하는 단일 유전자를 분석하였다. 이 결과가 선택적 이어맞춤 또는 RNA 편집에서 나오는지를 확인할 수 있는 실험을 구상하시오. 이들 결과를 설명할 수 있는 가설을 제안하시오.

6 당신은 자신이 생각하기에 유전자의 완벽한 서열을 복제하였다. 그러나 더 면밀하고 자세한 분석을 통해서 그 서열이 다른 생물에서 일반적으로 발견되는 전체 엑손과는 다르게 부족한 점이 있다는 것이 나타났다. 이러한 결과를 설명해 줄 가설을 제안하시오.

발견 질문

그림 11.3 성공적인 촉매 작용이 인트론의 올바른 접기에 달려 있다는 증거를 제공하는 실험 전략을 제안하시오.

그림 11.4 돌출된 내부의 아데노신 아데노신 데옥시뉴클레오티드를 리보뉴클레오티드로 교체한 경우, 인트론 이어맞춤이 여전히 발생할지 예측하시오.

그림 11.5 유전체의 새로운 위치에 이동성 그룹 I 또는 II 인트론을 삽입하면 표현형 효과가 나타날 수 있는지 여부를 토론하시오.

그림 11.18 스프라이스오솜을 "단백질 지향" 리보자임이라고 불리는 이유를 설명하시오.

그림 11.29 mRNA의 서열 정보가 해당 유전자에 존재하지 않는다는 사실에도 불구하고 RNA 편집이 분자생물학의 중심 교

리와 일치하는 것으로 간주되는 이유를 설명하시오.

그림 11.32 siRNA가 유전자 발현을 "넉아웃"시키는 것이 아니라 "넉다운"한다고 말하는 이유를 설명하시오.

그림 11.35 하나의 miRNA가 어떻게 여러 유전자의 발현을 무너뜨릴 수 있는지에 대한 설명을 제공하시오.

그림 11.39 다음 시나리오에서 RNA 전사체의 운명은 어떻게 되는가? (a) 선택적 이어맞춤은 조기 종결 코돈을 생성한다. (b) 접합되지 않은 RNA를 초래하는 접합자리에 돌연변이가 있다.

실제 데이터 질문

그림 11.1 "Poly(A) tail"이라고 표시된 RNA 부분이 ovalbumin DNA에 혼성화하지 않는 이유를 설명하시오. (힌트: 그림 9.1 참조)

그림 11.9 연구진이 실험에서 α-아마니틴 저항성 RNA 중합효소 II 변이체를 사용한 이유를 설명하시오.

그림 11.15 cryo-EM이 시간이 많이 걸리고 기술적으로 어렵더라도 스프라이스오솜의 구조를 이해하려는 노력이 가치가 있는 이유를 설명하시오.

그림 11.17 연구자가 40분 후에 pre-mRNA에 결합된 snRNA의 양만 분석했다면 이 시점에서 어떤 결론을 내릴 수 있는가?

그림 11.22 만약 마우스 세포가 GFP-SC35와 핵 스페클에 국한된 mCherry 태그가 붙은 이어맞춤 인자로 동시 형질감염된 경우 두 이미지를 병합한 후 반점이 어떤 색으로 나타나는가?

그림 11.25 비기능성 NLS가 있는 돌연변이 형태의 엑손 14를 포함하는 δB 심장 동형체의 위치를 예측하시오.

그림 11.33 A 부분에 표시된 선형동물의 자궁에서 GFP 발현이 부족하다면 어떤 결론을 내릴 수 있는가?

그림 11.34 야생형 및 돌연변이 Argonaute-2 단백질이 Myc로 태그된 이유에 대하여 설명하시오.

그림 11.37 이 실험 결과는 miRNA가 발달 동안 특정 유전자의 조직 특이적 억제에 역할을 한다는 것을 시사한다. miR-1 및 miR-124에 의한 억제가 자연적으로 발생하는 시점을 결정하기 위한 실험을 제안하시오.

참고문헌

Adams, P.L., Stahley, M.R., Gill, M.L. et al. (2004). Crystal structure of a group I intron splicing intermediate. *RNA* 10: 1867–1887.

Alon, S., Garrett, S., Levanon, E.Y. et al. (2015). The majority of transcripts in the squid nervous system are extensively recoded by A-to-I RNA editing. *eLife* 4: e05198.

Ambros, V. (2004) The functions of animal microRNAs. *Nature* 431: 350–355.

Azubel, M., Wolf, S.G., Sperling, J., Sperling, R. (2004) Threedimensional structure of the native spliceosome by cryo-electron microscopy. *Molecular Cell* 15: 833–839.

Bachellerie, J.-P., Cavaillé, J., Hüttenhofer, A. (2002) The expanding snoRNA world. *Biochimie* 84: 775–790.

Baehr, W., Chen, C.K. (2001) RP11 and RP13: unexpected gene loci. *Trends in Molecular Medicine* 7: 484–486.

Bagga, S., Bracht, J., Hunter, S., Massirer, K., Holtz, J., Eachus, R., Pasquinelli, A.E. (2005) Regulation by *let-7* and *lin-4* miRNAs results in target mRNA degradation. *Cell* 122: 553–563.

Baker, K.E., Parker, R. (2004) Nonsense-mediated mRNA decay: terminating erroneous gene expression. *Current Opinion in Cell Biology* 16: 293–299.

Bartel, D.P. (2018). Metazoan microRNAs. *Cell* 173: 20–51.

Black, D.L. (2003) Mechanisms of alternative pre-messenger RNA splicing. *Annual Reviews in Biochemistry* 72: 291–336.

Bobbin, M.L. and Rossi, J.J. (2016). RNA interference (RNAi)-based therapeutics: delivering on the promise? *Annual Review of Pharmacology & Toxicology* 56: 103–122.

Bologna, N.G., Iselin, R., Abriata, L.A. et al. (2018). Nucleo-cytosolic shuttling of ARGONAUTE-1 prompts a revised model of the plant microRNA pathway. *Molecular Cell* 69: 709–719.

Borišek, J., Saltalamacchia, A., Galli, A. et al. (2019). Disclosing the impact of carcinogenic SF3b mutations on pre-mRNA recognition via all-atom simulations. *Biomolecules* 9: 633.

Bortolin, M., Kiss, T. (1998) Human U19 intron-encoded snoRNA is processed from a long primary transcript that possesses little potential for protein coding. *RNA* 4: 445–454.

Brecht, M., Niemann, M., Schlüter, E., Müller, U.F., Stuart, K., Göringer, H.U. (2005) TbMP42, a protein component of the RNA editing complex in African trypanosomes, has endo-exoribonuclease activity. *Molecular Cell* 17: 621–630.

Butcher, S.E., Brow, D.A. (2005) Towards understanding the catalytic core structure of the spliceosome. *Biochemical Society Transactions* 33: 447–449.

Chambon, P. (1981) Split genes. *Scientific American* 244: 60–71.

Chen, S., Wang, R., Zheng, D. et al. (2019). The mRNA export receptor NXF1 coordinates transcriptional dynamics, alternative polyadenylation, and mRNA export. *Molecular Cell* 74: 118–131.

Conti, E., Izaurralde, E. (2005) Nonsense-mediated mRNA decay. Molecular insights and mechanistic variations across species. *Current Opinion in Cell Biology* 17: 316–325.

Cortazar, M.A., Sheridan, R.M., Erickson, B. et al. (2019). Control of RNA pol II speed by PNUTS-PP1 and Spt5 dephosphorylation facilitates termination by a "sitting duck torpedo" mechanisms. *Molecular Cell* 76: 896–908.

Cramer, P. (2019). Organization and regulation of gene transcription. *Nature* 573: 45–54.

Cullen, B.R. (2004) Transcription and processing of human microRNA precursors. *Molecular Cell* 16: 861–865.

Curinha, A., Oliveira Braz, S., Pereira-Castro, I. et al. (2017). Implications of polyadenylation in health and disease. *Nucleus* 5: 508–519.

Davidson, N.O. (2002) The challenge of target sequence specificity in C → U RNA editing. *Journal of Clinical Investigation* 109: 291–294.

Davies, M.S., Wallis, S.C., Driscoll, D.M., Wynne, J.K., Williams, G.W., Powell, L.M., Scott, J. (1989). Sequence requirements for apolipoprotein B RNA editing in transfected rat hepatoma cells. *Journal of Biological Chemistry* 264: 133955–13398.

Demir, E., Dickson, B.J. (2005) *fruitless* splicing specifies male courtship behavior in *Drosophila*. *Cell* 121: 7855–794.

Driscoll, D.M., Casanova, E. (1990) Characterization of the apolipoprotein B mRNA editing activity in enterocyte extracts. *Journal of Biological Chemistry* 265: 214015–21403.

Eccleston, A., Eggleston, A.K., eds (2004) RNA interference. Nature insight. *Nature* 431: 337–378.

Eisenberg, E., Nemzer, S., Kinar, Y., Sorek, R., Rechavi, G., Levanon, E.Y. (2005) Is abundant A-to-I editing primate-specific? *Trends in Genetics* 21: 77–81.

Emblem, Å., Okkenhaug, S., Weiss, E.S. et al. (2014). Sea anemones possess dynamic mitogenome structures. *Molecular Phylogenetics and Evolution* 75: 184–193.

Englert, M., Beier, H. (2005) Plant tRNA ligases are multifunctional enzymes that have diverged in sequence and substrate specificity from RNA ligases of other phylogenetic origins. *Nucleic Acids Research* 33: 388–399.

Ernst, N.L., Panicucci, B., Igo, R.P., Jr., Panigrahi, A.K., Salavati, R., Stuart, K. (2003) TbMP57 is a 3terminal uridylyl transferase (TUTase) of the *Trypanosoma brucei* editosome. *Molecular Cell* 11: 1525–1536.

Feagin, J.E., Abraham, J.M., Stuart, K. (1988) Extensive editing of the cytochrome c oxidase III transcript in *Trypanosoma brucei*. *Cell* 53: 413–422.

Fire, A., Xu, S., Montgomery, M.K., Kostas, S.A., Driver, S.E., Mello, C.C. (1998) Potent and specifi c genetic interference by doublestranded RNA in *Caenorhabditis elegans*. *Nature* 391: 806–811.

Fong, N., Bentley, D.L. (2001) Capping, splicing, and 3 processing are independently stimulated by RNA polymerase II: different functions for different segments of the CTD. *Genes and Development* 15: 1783–1795.

Gall, J.G. (2003) The centennial of the Cajal body. *Nature Reviews Molecular and Cellular Biology* 4: 975–980.

Gesteland, R.F., Cech, T.R., and Atkins, J.F. (1999). *The RNA World*, 2e. Cold Spring Harbor, NY: Cold Spring Harbor Laboratory Press.

Gilbert, W.V., Bell, T.A., and Schaening, C. (2016). Messenger RNA modifications: form, distribution, and function. *Science* 352: 1408–1412.

Giraldez, A.J., Cinalli, R.M., Glasner, M.E., et al. (2005) MicroRNAs regulate brain morphogenesis in zebrafi sh. *Science* 308: 833–838.

Golas, M.M., Sander, B., Bessonov, S., Grote, M., Wolf, E., Kastner, B., Stark, H., Lührmann, R. (2010) 3D cryo-EM structure of an active step I spliceosome and localization of its catalytic core. *Molecular Cell* 40: 927–938.

Görnemann, J., Kotovic, K.M., Hujer, K., Neugebauer, K.M. (2005) Cotranscriptional spliceosome assembly occurs in a stepwise fashion and requires the cap binding complex. *Molecular Cell* 19: 53–63.

Grainger, R.J., Beggs, J.D. (2005) Prp8 protein: at the heart of the spliceosome. *RNA* 11: 533–557.

Halbig, K., De Nova-Ocampo, M., Cruz-Reyes, J. (2004) Complete cycles of bloodstream trypanosome RNA editing in vitro. *RNA* 10: 914–920.

Hang, J., Wan, R., Yan, C., and Shi, Y. (2015). Structural basis of pre-mRNA splicing. *Science* 349: 1191–1198.

Hastings, K.E.M. (2005) SL trans-splicing: easy come or easy go? *Trends in Genetics* 21: 240–246.

Haugen, P., Simon, D.M., Bhattacharya, D. (2005) The natural history of group I introns. *Trends in Genetics* 21: 111–119.

Hausner, G., Hafez, M., and Edgell, D.R. (2014). Bacterial group I introns: mobile RNA catalysts. *Mobile DNA* 5: 8.

Hoek, T.A., Khuperkar, D., Lindeboom, R.G.H. et al. (2019). Singlemolecule imaging uncovers rules governing nonsense-mediated mRNA decay. *Molecular Cell* 75: 324–339.

Höfer, K. and Jäschke, A. (2016). A surprise beginning for RNA. *Nature* 535: 359–360.

Huang, Y., Steitz, J.A. (2005) SRprises along a messenger's journey. *Molecular Cell* 17: 613–615.

Jinek, M., Doudna, J.A. (2009) A three-dimensional view of the molecular machinery of RNA interference. *Nature* 457:405–412.

Izaurralde, E. (2015). Breakers and blockers—miRNAs at work. *Science* 349: 380–382.

Jinek, M. and Doudna, J.A. (2009). A three-dimensional view of the molecular machinery of RNA interference. *Nature* 457: 405–412.

Johnson, J.M., Castle, J., Garrett-Engele, P., et al. (2003) Genomewide survey of human alternative pre-mRNA splicing with exon junction microarrays. *Science* 302: 2141–2144.

Kable, M. L., Seiwert, S. D., Heidmann, S., Stuart, K. (1996) RNA editing: a mechanism for gRNA-specified uridylate insertion into precursor mRNA. *Science* 273: 1189–1195.

Koslowsky, D.J. (2004) A historical perspective on RNA editing. How the peculiar and bizarre became mainstream. *Methods in Molecular Biology* 265: 161–197.

Kufel, J. and Grzechnik, P. (2019). Small nucleolar RNAs tell a different tale. *Trends in Genetics* 35: 104–117.

Kwak, S., Kawahara, Y. (2005) Defi cient RNA editing of GluR2 and neuronal death in amyotropic lateral sclerosis. *Journal of Molecular Medicine* 83: 110–120.

Kwon, S.C., Baek, S.C., Choi, Y.G. et al. (2019). Molecular basis for the single-nucleotide precision of primary microRNA processing. *Molecular Cell* 73: 505–518.

Lacadie, S.A., Rosbash, M. (2005) Cotranscriptional spliceosome assembly dynamics and the role of U1 snRNA:5ss base pairing in yeast.

Molecular Cell 19: 65–75.

LaCava, J., Houseley, J., Saveanu, C., Petfalski, E., Thompson, E., Jacquier, A., Tollervey, D. (2005) RNA degradation by the exosome is promoted by a nuclear polyadenylation complex. *Cell* 121: 713–724.

Lambowitz, A.M., Zimmerly, S. (2004) Mobile group II introns. *Annual Review of Genetics* 38: 1–35.

Le, K.Q., Prabhakar, B.S., Hong, W.J., and Li, L.C. (2015). Alternative splicing as a biomarker and potential target for drug discovery. *Acta Pharmacologica Sinica* 36: 1212–1218.

Lecellier, C.H., Dunoyer, P., Arar, K., et al. (2005) A cellular microRNA mediates antiviral defense in human cells. *Science* 308: 557–560.

Lee, Y. and Rio, D.C. (2015). Mechanisms and regulation of alternative pre-mRNA splicing. *Annual Review of Biochemistry* 84: 291–323.

Lehmann, K., Schmidt, U. (2003) Group II introns: structure and catalytic versatility of large natural ribozymes. *Critical Reviews in Biochemistry and Molecular Biology* 38: 249–303.

Lei, Q., Li, C., Zuo, Z. et al. (2016). Evolutionary insights into RNA *trans*-splicing in vertebrates. *Genome Biology & Evolution* 8: 562–577.

Li, W., Guan, K.L. (2004) The Down syndrome cell adhesion molecule (DSCAM) interacts with and activates Pak. *Journal of Biological Chemistry* 279: 32824–32831.

Liácer, J.L., Hussain, T., Marier, L. et al. (2015). Conformational differences between open and closed states of the eukaryotic translation initiation complex. *Molecular Cell* 59: 399–412.

Lim, L.P., Lau, N.C., Garrett-Engele, P., et al. (2005) Microarray analysis shows that some microRNAs downregulate large numbers of target mRNAs. *Nature* 433: 769–773.

Liu, J., Carmell, M.A., Rivas, F.V., et al. (2004) Argonaute2 is the catalytic engine of mammalian RNAi. *Science* 305: 1437–1441.

Luco, R.F., Pan, Q., Tominaga, K., Blencowe, B.J., Pereira-Smith, O.M., Misteli, T. (2010) Regulation of alternative splicing by histone modifi cations. Science 327: 996–1000.

Lykke-Andersen, J., Aagaard, C., Semionenkov, M., Garrett, R.A. (1997) Archael introns: splicing, intercellular mobility and evolution. *Trends in Biochemical Sciences* 22: 326–331.

Macbeth, M.R., Schubert, H.L., VanDemark, A.P., Lingam, A.T., Hill, C.P., Bass, B.R. (2005) Inositol hexakisphosphate is bound in the ADAR2 core and required for RNA editing. *Science* 309: 1534–1539.

Makino, D.L., Schuch, B., Stegmann, E. et al. (2015). RNA degradation paths in a 12-subunit nuclear exosome complex. *Nature* 524: 54–58.

Masuda, S., Das, R., Cheng, H., Hurt, E., Dorman, N., Reed, R. (2005) Recruitment of the human TREX complex to mRNA during splicing. *Genes and Development* 19: 1512–1517.

Mayerle, M., Yitiz, S., Soulette, C. et al. (2019). Prp8 impacts cryptic but not alternative splicing frequency. *Proceedings of the National Academy of Sciences of the United States of America* 116: 2193–2199.

McDermott, S.M., Guo, X., Carnes, J., and Stuart, K. (2015). Differential editosome protein function between life cycle stages of *Trypanosoma brucei*. *Journal of Biological Chemistry* 290: 24914–24931.

McDermott, S.M., Luo, J., Carnes, J. et al. (2016). The architecture of *Trypanosoma brucei* editosome. *Proceedings of the National Academy of Sciences of the United States of America* 113: E6476–E6485.

McNeil, B.A., Semper, C., and Zimmerly, S. (2016). Group II introns: versatile ribozymes and retroelements. *Wiley Interdisciplinary Reviews RNA* 7: 341–355.

Mello, C.C., Conte, D. (2004) Revealing the world of RNA interference. *Nature* 431: 338–342.

Meola, N., Domanski, M., Karadoulama, E. et al. (2016). Identification of a nuclear exosome decay pathway for processed transcripts. *Molecular Cell* 64: 520–533.

Moore, M. (2005) From birth to death: the complex lives of eukaryotic mRNAs. *Science* 309: 1514–1518.

Mordret, E., Dahan, O., Asraf, O. et al. (2019). Systematic detection of amino acid substitutions in proteomes reveals mechanistic basis of ribosome errors and selection for translation fidelity. *Molecular Cell* 75: 427–441.

Moss, E.G., Lee, R.C., Ambros, V. (1997) The cold shock domain protein LIN-28 controls developmental timing in *C. elegans* and is regulated by the *lin-4* RNA. *Cell* 88: 637–646.

Narayanan, U., Achsel, T., Lührmann, R., Matera, A.G. (2004) Coupled *in vitro* import of U snRNPs and SMN, the spinal muscular atrophy protein. *Molecular Cell* 16: 223–234.

Nawrocki, E.P., Jones, T.A., and Eddy, S.R. (2018). Group I introns are widespread in archaea. *Nucleic Acids Research* 6: 7970–7976.

Nielsen, H., Johansen, S.D. (2009) Group I introns. Moving in new directions. *RNA Biology* 6: 375–383.

Noto, T., Kurth, H.M., Kataoka, K. et al. (2010). The Tetrahymena Argonaute-binding protein Giw1p directs a mature ArgonautesiRNA complex to the nucleus. *Cell* 140: 692–703.

Pan, Q., Shai, O., Misquitta, C., et al. (2004) Revealing global regulatory features of mammalian alternative splicing using a quantitative microarray platform. *Molecular Cell* 16: 929–941.

Patel, A.A., Steitz, J.A. (2003) Splicing double: insights from the second spliceosome. *Nature Reviews Molecular Cell Biology* 4: 960–970.

Randau, L., Münch, R., Hohn, M.J., Jahn, D., Söll, D. (2005) *Nanoarchaeum equitans* creates functional tRNAs from separate genes for their 5- and 3′-halves. *Nature* 433 :537–541.

Reed, R., Cheng, H. (2005) TREX, SR proteins and export of mRNA. *Current Opinion in Cell Biology* 17: 269–273.

Ruby, S.W., Abelson, J. (1988) An early hierarchic role of U1 small nuclear ribonucleoprotein in spliceosome assembly. *Science* 242: 1028–1035.

Rusché, L.N., Cruz-Reyes, J., Piller, K.J., Sollner-Webb, B. (1997) Purifi cation of a functional enzymatic editing complex from *Trypanosoma brucei* mitochondria. *EMBO Journal* 16: 4069–4081.

Saguez, C., Olesen, J.R., Jensen, T.H. (2005) Formation of exportcompetent mRNP: escaping nuclear destruction. *Current Opinion in Cell Biology* 17: 287–293.

Sandy, P., Ventura, A., Jacks, T. (2005) Mammalian RNAi: a practical guide. *BioTechniques* 39: 215–224.

Sarshad, A.A., Juan, A.H., Muler, A.I.C. et al. (2018). ArgonautemiRNA complexes silence target mRNAs in the nucleus of mammalian stem cells. *Molecular Cell* 71: 1040–1050.

Schmidt, C.A. and Matera, A.G. (2019). tRNA introns: presence, processing, and purpose. *Wiley Interdisciplinary Reviews RNA* 11: e1583.

Schuster, S., Miesen, P., and van Rij, R.P. (2019). Antiviral RNAi in insects and mammals: parallels and differences. *Viruses* 11: 448.

Schwerk, C., Schulze-Osthoff, K. (2005) Regulation of apoptosis by alternative pre-mRNA splicing. *Molecular Cell* 19: 1–13.

Sharp, P.A. (1994) Split genes and RNA splicing (Nobel lecture). *Cell* 77: 805–815.

Shen, H., Green, M.R. (2004) A pathway of sequential arginineserine-rich domain splicing signal interactions during mammalian spliceosome assembly. *Molecular Cell* 16: 363–373.

Shi, Y. (2012). Alternative polyadenylation: new insights from global analyses. *RNA* 18: 2105–2117.

Shi, Y. (2017a). Mechanistic insights into precursor messenger RNA splicing by the spliceosome. *Nature Reviews Molecular Cell Biology* 18: 655–670.

Shi, Y. (2017b). The spliceosome: a protein-directed metalloribozyme. *Journal of Molecular Biology* 429: 2640–2653.

Siomi, H., Siomi, M.C. (2010) Posttranscriptional regulation of microRNA biogenesis in animals. *Molecular Cell* 38: 323–332.

Slobodin, B., Han, R., Calderone, V. et al. (2017). Transcription impacts the efficiency of mRNA translation via co-transcriptional N6-adenosine methylation. *Cell* 169: 326–337.

Small, I.D., Schallenberg-Rüdinger, M., Takenaka, M. et al. (2019). Plant organellar RNA editing: what 30 years of research has revealed. *Plant Journal* 101: 1040–1056.

Song, J.J., Smith, S.K., Hannon, G.J., Joshua-Tor, L. (2004) Crystal structure of Argonaute and its implications for RISC Slicer activity. *Science* 305: 1434–1437.

Sontheimer, E.J., Carthew, R.W. (2005) Silence from within: endogenous siRNAs and miRNAs. *Cell* 122: 9–12.

Sontheimer, E.J., Marraffi ni, L.A. (2010) Slicer for DNA. *Nature* 468: 45–46.

Soutschek, J., Akinc, A., Bramlage, B., et al. (2004) Therapeutic silencing of an endogenous gene by systemic administration of modifi ed siRNAs. *Nature* 432: 173–178.

Stark, H., Dube, P., Lührmann, R., Kastner, B. (2001) Arrangement of RNA and proteins in the spliceosomal U1 small nuclear ribonucleoprotein particle. *Nature* 409: 539–542.

Stevens, S.W., Ryan, D.E., Ge, H.Y., Moore, R.E., Young, M.K., Lee, T.D., Abelson, J. (2002) Composition and functional characterization of the yeast spliceosomal penta-snRNP. *Molecular Cell* 9 :31–44.

Stuart, K.D., Schnaufer, A., Ernst, N.L., Panigrahi, A.K. (2004) Complex management: RNA editing in trypanosomes. *Trends in Biochemical Sciences* 30: 96–106.

Tarn, W.-Y., Steitz, J.A. (1996) A novel spliceosome containing U11, U12, and U5 snRNPs excises a minor class (AT-AC) intron *in vitro*. *Cell* 84: 801–811.

Teixeira, A., Tahiri-Alaoui, A., West, S., et al. (2004) Autocatalytic RNA cleavage in the human β-globin pre-mRNA promotes transcription termination. *Nature* 432: 526–530.

Tollervey, D. 2004. Termination by torpedo. *Nature* 432:4 56–457.

Toor, N., Keating, K.S., Taylor, S.D., and Pyle, A.M. (2008). Crystal structure of a self-spliced group II intron. *Science* 320: 77–82.

Tycowski, K.T., Shu, M.-D., Steitz., J.A. (1996) A mammalian gene with introns instead of exons generating stable RNA products. *Nature* 379: 464–466.

Ule, J. and Biencowe, B.J. (2019). Alternative splicing regulatory networks: functions, mechanisms, and evolution. *Molecular Cell* 76: 329–345.

Valadkhan, S., Manley, J.L. (2003) Characterization of the catalytic activity of U2 and U6 snRNAs. *RNA* 9: 892–904.

Vicens, Q., Kieft, J.S., and Rissland, O.S. (2018). Revisiting the closed-loop model and the nature of mRNA 5′-3′ communication. *Molecular Cell* 72: 805–812.

Vinciguerra, P., Stutz, F. (2004) mRNA export: an assembly line from genes to nuclear pores. *Current Opinion in Cell Biology* 16: 285–292.

Viphakone, N., Sudbery, I., Griffith, L. et al. (2019). Co-transcriptional loading of RNA export factors shapes the human transcriptome. *Molecular Cell* 75: 310–323.

Voight, C., Dobrychtop, M., Kruse, E. et al. (2018). The OB-fold proteins of the Trypanosoma brucei editosome execute RNA-chaperone activity. *Nucleic Acids Research* 46: 10353–10367.

Wahl, M.C., Will, C.L., Lührmann, R. (2009) The spliceosome: design principles of a dynamic RNP machine. *Cell* 136: 701–718.

Wan, L. and Dreyfuss, G. (2017). Splicing-correcting therapy for SMA. *Cell* 170: 5.

Wan, R., Yan, C., Bai, R. et al. (2016). Structure of a yeast catalytic step I spliceosome at 3.4 Å resolution. *Science* 353: 895–904.

Wan, R., Bai, R., and Shi, Y. (2019). Molecular choreography of premRNA splicing by the spliceosome. *Current Opinion in Structural Biology* 59: 124–133.

Watanabe, Y., Yokobori, S., Inaba, T., et al. (2002) Introns in proteincoding genes in Archaea. *FEBS Letters* 510: 27–30.

Waterhouse, P.M. and Hellens, R.P. (2015). Coding in non-coding RNAs. *Nature* 520: 41–42.

Watson, F.L., Püttmann-Holgado, R., Thomas, F., et al. (2005) Extensive diversity of Ig-superfamily proteins in the immune system of insects. *Science* 309: 1874–1878.

West, S., Proudfoot, N.J., and Dye, M.J. (2008). Molecular dissection of mammalian RNA polymerase II transcriptional termination. *Molecular Cell* 29: 600–610.

Wissinger, B., Brennicke, A., and Schuster, W. (1992). Regenerating good sense: RNA editing and *trans*-splicing in plant mitochondria. *Trends in Genetics* 8: 322–328.

Wojtowicz, W.M., Flanagan, J.J., Millard, S.S. et al. (2004). Alternative splicing of *Drosophila* Dscam generates axon guidance receptors that exhibit isoform-specific homophilic binding. *Cell* 118: 619–633.

Wyers, F., Rougemaille, M., Badis, G. et al. (2005). Cryptic pol II transcripts are degraded by a nuclear quality control pathway involving a new poly(A) polymerase. *Cell* 121: 725–737.

Xu, X., Yang, D., Ding, J.H. et al. (2005). ASF/SF2-regulated CaMKIIδ alternative splicing temporally reprograms excitation–contraction coupling in cardiac muscle. *Cell* 120: 59–72.

Xu, X., Wang, Y., and Liang, H. (2018). The role of A-to-I RNA editing in cancer development. *Current Opinion in Genetics & Development* 48: 51–56.

Yamashita, T. and Kwak, S. (2019). Cell death cascade and molecular therapy in ADAR2-deficient motor neurons of ALS. *Neuroscience Research* 144: 4–13.

Yan, C., Hang, J., Wan, R. et al. (2015). Structure of a yeast spliceosome at 3.6-angstrom resolution. *Science* 349: 1182–1190.

Yan, C., Wan, R., Bai, R. et al. (2016). Structure of a yeast activated spliceosome at 3.5 A resolution. *Science* 353: 904–911.

Yong, J., Pellizzoni, L., and Dreyfuss, G. (2002). Sequence-specific interaction of U1 snRNA with the SMN complex. *EMBO Journal* 21: 1188–1196.

Yong, J., Kasim, M., Bachorik, J.L. et al. (2010). Gemin5 delivers snRNA precursors to the SMN complex for snRNP biogenesis. *Molecular Cell* 38: 551–562.

Zhou, K.I., Shi, H., Lyu, R. et al. (2019). Regulation of co-transcriptional pre-mRNA splicing by m^6A

through the low-complexity protein hnRNPG. *Molecular Cell* 76: 70–81.

Zorio, D.A.R. and Bentley, D.L. (2004). The link between mRNA processing and transcription: communication works both ways. *Experimental Cell Research* 296: 91–97.

C H A P T E R T W E L V E

번역 메커니즘

오늘날 우리는 과거의 우리가 리보솜 단백질(rRNA)에 시도하였던 어떤 방법들보다 효과적으로 rRNA에 대한 연구를 수행할 수 있다. 이에 따라 rRNA에 대해 매우 열정적으로 연구하고 있다.

Peter B. Moore*, The Ribosome: Structure, Function, and Evolution *(1990), p. xxi.

O U T L I N E

- 12.1 서론
- 12.2 리보솜의 구조와 집합
- 12.3 아미노아실-tRNA 합성효소
- 12.4 번역의 개시
- 12.5 연장과 리보솜 터널에서의 반응
- 12.6 번역의 종결
- 12.7 번역 및 번역 후 조절

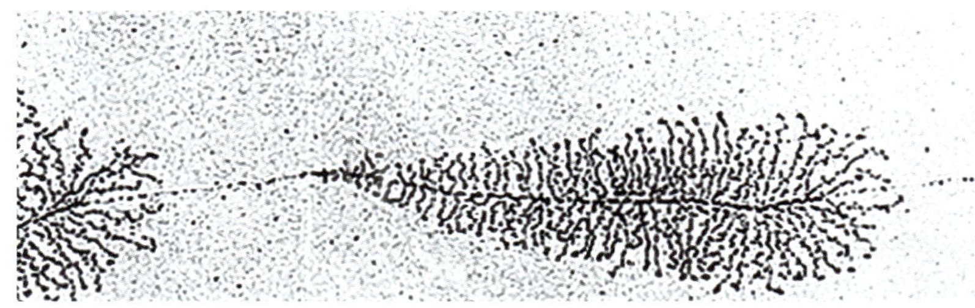

활성화된 리보솜 RNA 유전자의 펼쳐진 "크리스마스 트리" 구조. (Electron micrograph of Aimee Hayes Bakken, University of Washington.)

12.1 서론

이 장에서는 단백질 합성 메커니즘을 설명하고자 한다. 이 장의 주제는 진핵생물의 번역(translation)이지만, 세균의 번역 메커니즘이 보다 자세히 연구되어 있기 때문에 이를 참고하여 설명할 것이다. 번역 과정을 전반적으로 이해하기 위해서는 유전자 암호를 해독하는 데 관여하는 복잡한 메커니즘에 대한 이해가 필요하다. 2개의 아미노산이 펩티드 결합을 형성하는 단계에 이르기까지 수많은 반응이 일어난다. 리보솜(ribosomes)은 각기 다른 유전자 산물(gene product)을 만들기 위해 세포의 핵소체에 모인다. 운반 RNA(tRNA)는 적절한 아미노산으로 "장전(charged)"되고, 모든 조절 인자는 세포질에 함께 모인다. 진핵생물에서 번역의 조절은 유전자 조절의 또 다른 영역이다.

12.2 리보솜의 구조와 집합

리보솜 분야의 중요한 발견은 초원심분리(ultracentrifugation) 및 전자현미경 같은 세포 분획 기술의 발전과 더불어 진보하였다. 1940년대 초, 연구진은 세포 추출물로부터 "미세소체(microsomes)"라는 RNA가 풍부하고 미립자로 된 분획이 존재한다는 것을 발견하였다. 1950년대 중반, 물리학 연구는 미세소체가 단백질 성분과 RNA 성분을 거의 절반씩 포함하고 있는 리보핵산단백질 입자[ribonucleoprotein (RNP) particles]라는 것을 증명하였다. 미세소체는 직경이 약 250 Å(25 nm)이고, 분자량이 수백만에 이르는 구형 복합체이며,

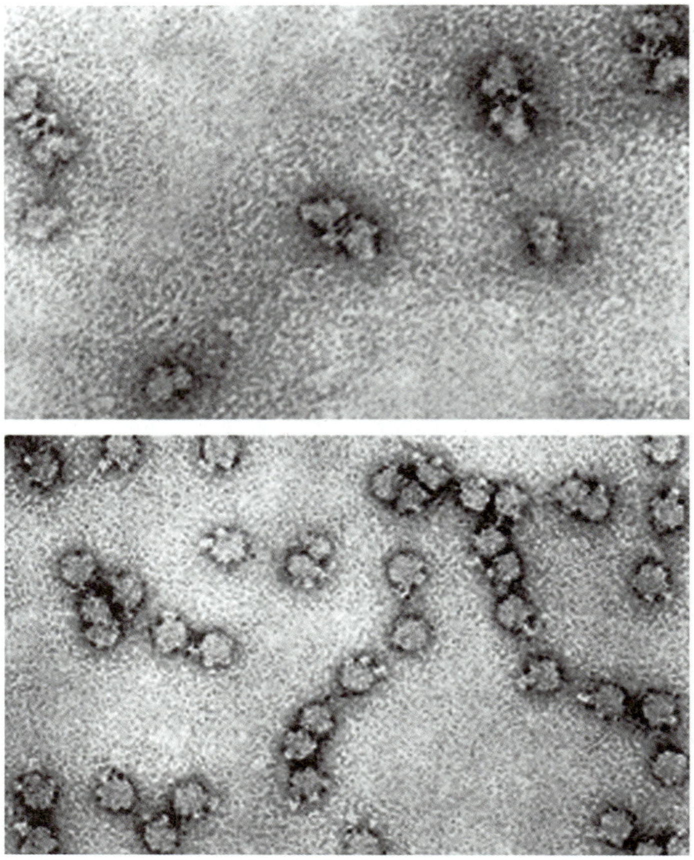

그림 12.1 대장균 작은 리보솜 소단위체(위)와 큰 리보솜 소단위체(아래)의 전자현미경 사진. 작은 소단위체는 작은 소단위체 리보솜 단백질 S6에 대한 항체로 반응시켰다. 이 항체는 작은 소단위체의 platform 부위와 반응한다. (출처: Electron micrographs courtesy of James Lake, University of California, Los Angeles.)

2개의 비대칭적인 소단위체로 구성되어 있다(그림 12.1). Dick Roberts는 커다란 RNP 입자를 명시하는 다양한 관용구들을 대체하는 용어로서 "**리보솜(ribosome)**"이란 단어를 1958년에 제안하였다. 그는 미세소체 입자와 단백질 합성에 대한 심포지움의 서론에 다음과 같이 썼다: "이것은 즐거운 소리를 가진 만족스러운 이름이다." 1966년 경, 비로소 단백질 합성에서 리보솜의 역할을 잘 알게 되었고, 번역에 대한 중요한 생화학적 메커니즘도 이해할 수 있게 되었다. 리보솜은 근본적으로 폴리펩티드 중합효소(polypeptide polymerase)이다. 이렇듯 새롭고 중요한 발견은 계속되고 있지만 풀리지 않은 의문은 여전히 남아 있다.

리보솜의 구조

리보솜의 구조(structure of ribosomes)는 생화학 및 유전학 연구결과, X-선 결정학 및 냉동전자현미경 분석, X-선 결정학과 냉동전자현미경(cryoelectron microscopy) 분석을 통한 연구에서 밝혀졌다. 그림 12.2에서 보여주는 전통적인 전자현미경 영상과 2개의 **리보솜 소단위체(ribosomal subunit)**를 가진 비대칭적인 모양의 리보솜 모델은 고해상도 X-선 구조 연구에 의해 확인되었다. 이런 연구를 통해서, 우리는 주목할 만한 분자적 기구를 형성하기 위해 모인 **리보솜 RNA(ribosomal RNA**, rRNA)와 단백질의 복잡한 접힘(folding) 상태를 관찰할 수 있었다. 리보솜에 대한 원자해상도 결정학(atomic resolution crystallography) 연구를 수행한 Venki Ramakrishnan, Tom Steitz와 Ada Yonath는 2009년에 노벨 화학상을 수상하였다. 표 12.1은 진핵생물(포유류)과 원핵생물(세균)의 리보솜 구성성분을 비교하여 보여주고 있다. 이제, 리보솜의 기본 구조를 자세히 살펴보자.

리보솜은 2개의 소단위체, 즉 50S인 큰 소단위체(large subunit)와 30S인 작은 소단위체(small subunit)로 구성되어 있다. "S"란 무엇인가? 여기서 "S"는 **Svedberg unit**를 뜻한다. 1920년대 물

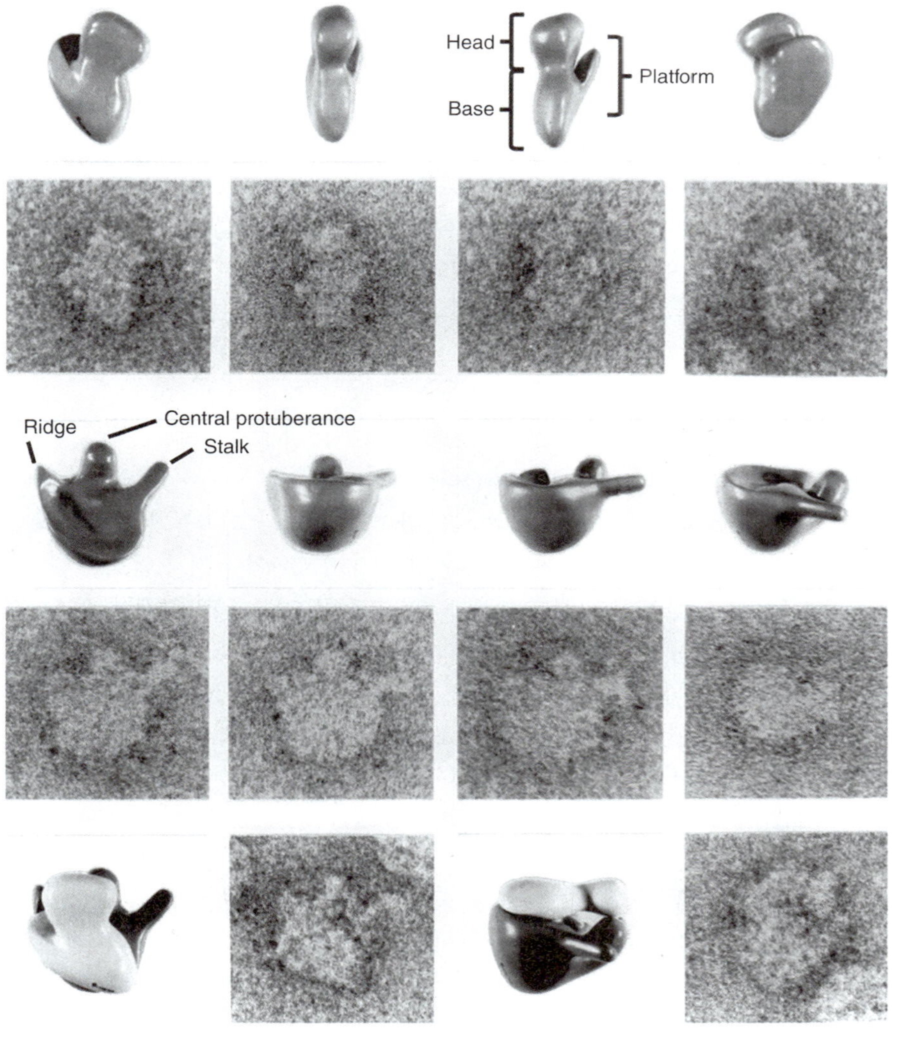

그림 12.2 대장균 리보솜의 전형적인 3차원 모델. 전자현미경 사진으로 모델을 비교하였다. 상단 2줄은 작은 소단위체, 다음 2줄은 큰 소단위체, 마지막 줄은 단량체 리보솜이다. 작은 소단위체는 머리(head), 기저(base) 및 받침대(platform)로 구성되어 있다. 큰 소단위체는 중앙돌기(central protuberance), 봉우리(ridge), 줄기(stalk)로 구성되어 있다. 온전한 리보솜 소단위체, 상대적인 방향성, 거울상은 약 35 Å 해상도이다. (출처: Images courtesy of James Lake, University of California, Los Angeles. Adapted with permission of the author from Lake. 1976. *Journal of Molecular Biology*. 105: 131–139.)

표 12.1 리보솜의 구성성분.

Ribosomes	Subunits	Ribosomal RNAs	Ribosomal proteins
Bacterial (Escherichia coli)			
70S	50S (large)	23S (2904 nt)	33 (L1, L2, L3, etc.)
Mass 2.5×10^6 Da		5S (120 nt)	
66% RNA	30S (small)	16S (1542 nt)	21 (S1, S2, S3, etc.)
Mammalian			
80S	60S (large)	28S (4718 nt)	49 (L1, L2, L3, etc.)
Mass 4.2×10^6 Da		5.8S (160 nt)	
60% RNA		5S (120 nt)	
	40S (small)	18S (1874 nt)	33 (S1, S2, S3, etc.)

리화학자 Theodor Svedberg는 초원심분리기(ultracentrifugation)를 개발하였다. 1 Svedberg unit는 10^{-13}초의 침강계수(sedimentation coefficient)와 동일하다. 즉, 수크로스 **밀도-기울기 원심분리(density-gradient centrifugation)** 실행 시의 침강속도(sedimentation velocity)이다. 이 방법은 분리하는 동안 그 분자가 가진 크기와 모양에 대한 정보를 제공한다. 수크로스 기울기는 점차적으로 감소되는 농도의 수크로스 농도 경사를 만든 시험관에 시료를 넣은 후 초원심분리를 실시한다. 이

조건에서, 시료는 입자의 질량과 모양에 따라 침강속도는 다르게 나타날 것이다. 일정 시간 동안 원심분리를 시행한 후 시험관 바닥에 작은 구멍을 만들어 시료가 놓인 위치에 따라 선별적으로 모은다. 첫 번째 분획은 가장 무거운 분자량의 입자일 것이고, 가장 높은 **S** 값을 가질 것이다. S는 분자의 질량에 따라 증가하지만, 그 증가가 엄격히 비례하거나 단순한 분획 상수를 따르지는 않는다. 예로, 온전한 리보솜은 70S로, 2개의 리보솜 소단위체인 50S와 30S의 합보다 적다. 그 이유는 침강속도는 측정한 질량 뿐만 아니라, 그 모양과 크기에 의해 결정되기 때문이다.

큰 소단위체와 작은 소단위체는 rRNA와 다수의 리보솜 단백질들로 구성되어 있다(표 12.1). 박테리아에서, 50S 소단위체는 1개의 23S rRNA와 1개의 5S rRNA가 모인 것이고, 30S 소단위체는 1개의 16S rRNA만을 가지고 있다. 진핵생물의 리보솜은 박테리아의 리보솜에 비해 전반적으로 좀 더 크다. 온전한 리보솜은 80S이며, 포유류의 리보솜은 60S의 큰 소단위체와 40S의 작은 소단위체로 구성되어 있다. 60S 소단위체는 부가적으로 2개의 5.8S rRNA를 더 가지고 있다. 5.8S rRNA의 서열은 박테리아 23S rRNA의 3′ 말단과 일치한다.

리보솜은 단백질 합성 과정을 조율하는 데 필요한 다수의 작은 인자들과 함께 작용한다. 그러나 두 가지의 주된 기능, 즉 전령 RNA(messenger RNA, mRNA)의 유전자 암호를 해독하고, 아미노산을 폴리펩티드로 만드는 펩티드 결합을 촉매하는 기능은 리보솜 그 자체가 수행한다. **펩티딜기 전달효소 중심부(peptidyl transferase center)**, 즉 촉매자리는 큰 소단위체 안에 위치한다. 작은 소단위체는 단백질 합성에 필요한 모든 인자들을 모으는 집합 안내자로 작용한다. mRNA의 해독은 작은 소단위체에서 일어난다. 리보솜은 3개의 tRNA-결합자리(tRNA-binding site)인 **A(수용체: acceptor)**, **P(펩티딜: peptidyl)** 및 **E(출구: exit)** 자리를 가지고 있다. 이 자리는 단백질 합성 회로가 진행되는 동안 특정 tRNA가 연속적으로 점령한다(그림 12.3). tRNA는 큰 소단위체와 작은 소단위체 사이에서 교량 역할을 한다. 즉, tRNA의 안티코돈 팔(anticodon arm)은 해독을 위해 작은 소단위체를 향하고, tRNA의 수용체 팔(acceptor arm)은 펩티딜기 전달효소가 작용하기 위해 큰 소단위체를 향하고 있어 2개의 리보솜 소단위체를 서로 연결한다.

리보솜은 세포질에서 작동하지만, 이들의 조립은 핵 안에 있는 핵소체라고 하는 막이 없는 특수한 하위 구획 내에서 발생한다. 핵소체는 액체-액체 상 분리에 의해 형성된다는 것을 기억하자(4장 참조). 핵소체의 구조는 무엇이며, 리보솜 생합성(biogenesis)은 어떻게 조절되는가?

핵소체

1836년, Gabriel G. Valentin은 **핵소체(nucleolus)**는 핵 안에 있는 어둡고, 둥근 알갱이 형태라고 묘사하였다. 세포질에 있는 소기관처럼 막에 결합되어 있지는 않지만, 이 핵내 소기관은 광학현미

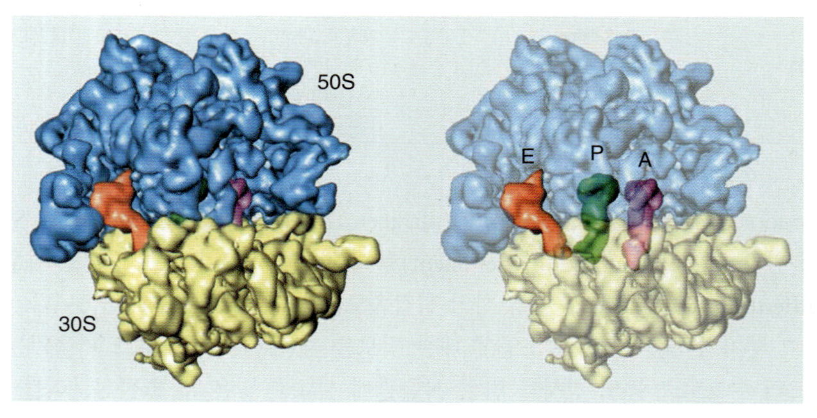

그림 12.3 냉동전자현미경 연구에 의한 70S 대장균 리보솜의 구조.
진하게 혹은 반투명하게 보이는 큰 소단위체(50S)와 작은 소단위체(30S). 그 사이에 tRNA의 E (exit), P (peptidyl), A (acceptor) 자리가 있다. (출처: Reprinted from Valle et al. 2003. *Cell* 114:123–134. © 2003 Elsevier.)

경에서 관찰할 수 있는 분명한 세포의 구성 요소이다. 1960년대에 비로소 핵소체의 역할이 rRNA 합성과 리보솜이 집합하는 장소라는 것을 알게 되었다. 500개 이상의 서로 다른 단백질이 사람의 핵소체와 결합되어 있고, 이 중 30%는 그 기능을 아직까지 모르고 있다. 대사작용이 활발한 세포의 핵소체는 수십에서 수백 종의 활성화된 리보솜 RNA 유전자를 갖는데, 이는 전체 세포 RNA 생산량의 약 50%에 해당한다. 일반적인 체세포에서, rRNA 유전자의 상당 부분은 비활성화된 전사(transcriptionally silent) 상태에 있다. 활성화된 어떤 유전자도 핵소체에서 볼 수 없다. 핵소체는 리보솜 생물 발생뿐만 아니라, RNA 가공(processing), 바이러스 복제 및 암 억제에 작용한다.

핵소체의 초미세 구조는 **원섬유 중심(fibrillar center)**, **치밀원섬유 부분(dense fibrillar component)** 및 **과립 부분(granular component)**으로 구성된 3개의 분획으로 구분된다(그림 12.4). 원섬유 중심은 tRNA 유전자를 포함하고 있다. 리보솜 RNA(rRNA) 유전자는 대다수가 염색체에 위치하며 직렬반복 배열을 하고 있다. 이 부분은 전기(metaphase)의 염색체에서 최초로 시각적으로 확인되었으며, **핵소체 형성 부위(nucleolus organizer regions**, NORs)로 불려진다. 사람의 세포는 5쌍의 NOR을 가진 염색체들 안에 약 400개의 rRNA 유전자 반복을 가지고 있다. 간기(interphase) 동안에 1개 이상의 NOR을 포함하는 염색체 집합체에서 rRNA가 반복되고, 핵소체 형성에 관여한다. 감수분열(mitosis) 시에는 rRNA 합성이 중단되고 핵소체는 해체된다.

핵소체의 치밀원섬유 부분에는 원섬유(fibrillarin) 단백질이 풍부하다. 치밀원섬유 부분은 고농도의 rRNA를 포함하고, rRNA 가공의 첫 단계가 일어나는 곳이다. 5S rRNA를 제외한 rRNA 유전자는 RNA 중합효소 I(RNA polymerase I)에 의해 전사되어 하나의 긴 pre-rRNA를 만든다(그림

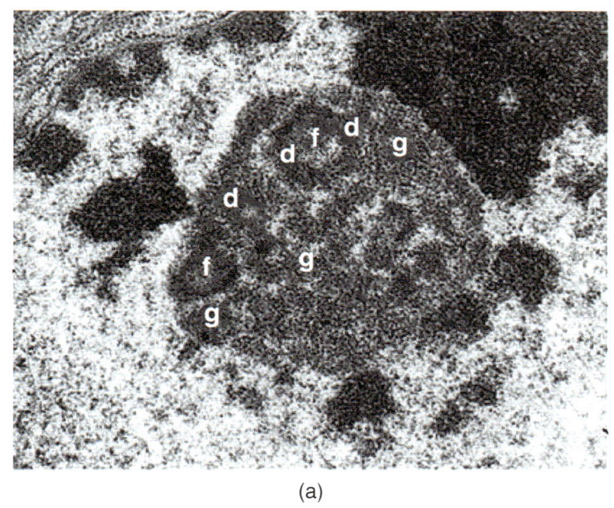

(a)

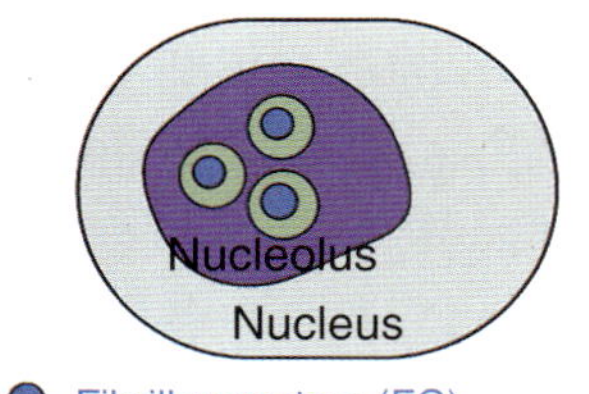

(b)

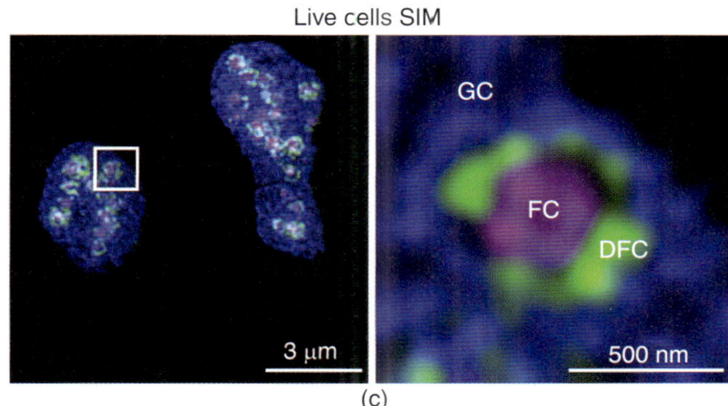

(c)

그림 12.4 포유류 핵소체의 구조.
(a) 원섬유 중심(f), 조밀한 원섬유 성분(d) 및 과립 성분(g)을 보여주는 췌장 각막 세포의 핵소체의 전자현미경 사진. (출처: Electron micrograph courtesy of Joe Scott, College of William and Mary.) (b) 핵소체의 세하위 영역의 개략도. (c) 구조조명 현미경(SIM)에 의해 시각화된 핵 소영역의 라이브 HeLa(인간) 세포 이미지. (출처: Yao et al. 2019. *Molecular Cell* 76: 767–783.)

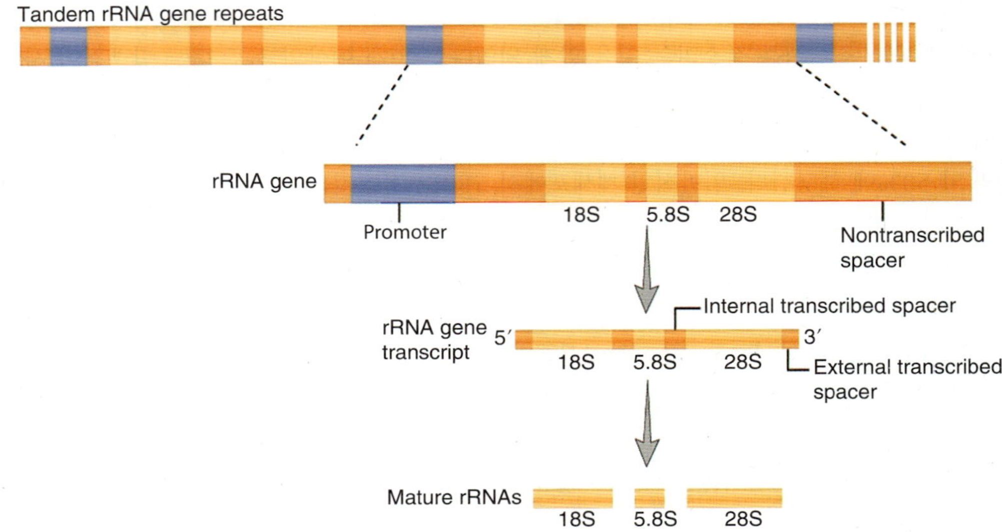

그림 12.5 리보솜 RNA (rRNA) 유전자 전사.
인간 리보솜 RNA 유전자 및 전사체의 도식적 표현.

12.5). 5S rRNA는 RNA 중합효소 III(RNA polymerase III)에 의해 별개의 유전자로부터 전사된다. 포유류 세포에서 45S pre-rRNA는 18S, 5.8S 및 28S rRNA 서열을 가지고 있고, pre-rRNA의 가공이 일어나는 동안 잘려 나가는 내-외 전사 간격(internal and external transcribed spacer)을 가지고 있다. 활성화된 rRNA 유전자는 "크리스마스 트리" 구조를 하는데, 양서류의 난모세포에서 핵 내용물이 확산되는 과정에서 처음으로 관찰되었다(이 장의 시작 부분에 있는 사진을 참조하시오).

원섬유 중심과 조밀한 원섬유 성분은 단백질 뉴클레오포스민이 풍부하고 프리리보솜 입자 조립 부위인 과립 성분을 포함하는 15 nm 과립의 덩어리에서 상 분리되어 있다. 3개의 구획이 어떻게 분리된 상태로 유지되는가? 최근 증거에 의하면 피브릴라린과 같은 핵형 단백질의 본질적으로 무질서한 영역이 단백질 응축물을 방울로 만드는 데 도움이 된다. 또한, RNA-결합 도메인은 하위 구획 특이성을 제공한다. 최종 결과는 올리브 오일의 발사믹 식초 방울처럼 물방울 단계는 서로 섞이지 않는다. 리보솜은 핵소체의 고도로 조직화된 미세구조 내에서 어떻게 조립되는가? 그리고 그들은 어떻게 세포질의 단백질 합성 부위에 도달하는가?

리보솜 생물 발생

진핵생물 리보솜의 큰 소단위체와 작은 소단위체는 세포질로 나오기 전에 핵소체에 집합한다. 리보솜의 집합(ribosome assembly)은 합성, 가공, pre-rRNA의 변형(modification), 리보솜 단백질과의 결집, 200종 이상의 비리보솜 인자들의 일시적인 결합 반응이 일어나는 상당히 복잡하고 역동적인 과정이다. 여기에는 작은 핵소체 RNP(small nucleolar RNPs, snoRNPs; 11장 참조)와 pre-rRNA을 가공하고, 변형하고, 접는 데(fold) 관여하는 핵산분해효소(nuclease), pseudouridine synthetases, methyltransferases, RNA 나선효소(helicase) 및 GTPases 같은 다수의 비리보솜 단백질이 관여한다. 진핵생물 리보솜은 80개 이상의 **리보솜 단백질(ribosomal proteins, r-protein)**과 4개의 서로 다른 rRNA(25S/28S, 18S, 5.8S 및 5S)를 포함하고, 이러한 구성성분이 적절한 집합체를 형성하기 위해서는 3종류의 RNA 중합효소(RNA polymerase)의 작용이 필요하다. 매우 다양한 참여 인자의 작용이 필요하지만 집합체는 매우 효율적으로 만들어진다. 사람 세포의 경우, 1분당 14,000개 정도의 리보솜 소단위체들이 집합체를 형성하여 핵소체를 떠난다.

리보솜 생합성에서 가장 초기의 전구체 입자는 1970년대 초에 처음으로 확인된 90S 전구체이다. 90S 전구체는 RNA 중합효소 I에 의해 합성되고 부분적으로 가공된 35S rRNA; RNA 중합효

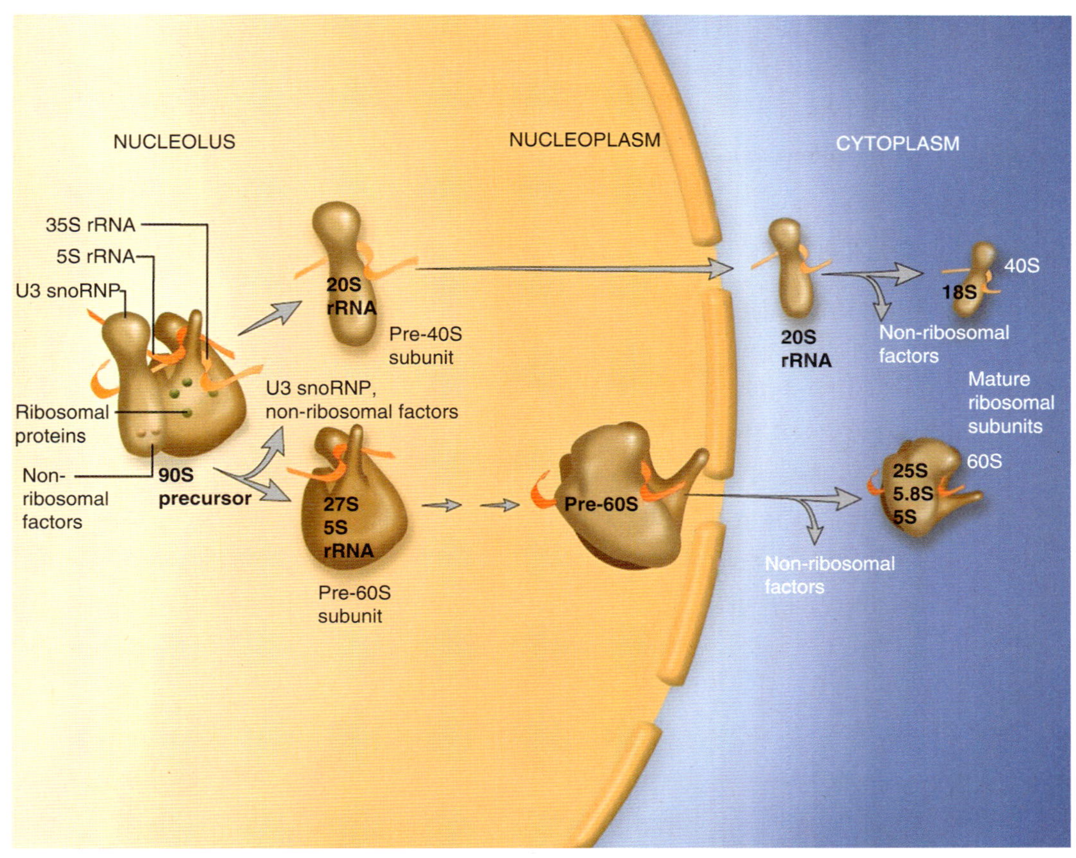

그림 12.6 리보솜 생합성. 효모의 40S와 60S 리보솜 소단위체가 핵소체에서의 집합, 성숙 및 핵에서 나가는 과정. 효모에서 가장 큰 rRNA는 25S rRNA이고, 사람에서는 28S rRNA이다. 다단계 화살표는 그림에서 보여주지 않는 부가적인 중간 단계가 있음을 의미한다.

소 III에 의해 만들어지는 5S rRNA; RNA 중합효소 II에 의해 만들어지는 snoRNAs 및 리보솜 단백질과 다른 비리보솜 단백질을 포함한다(그림 12.6). 35S pre-rRNA의 절단은 90S 전구체를 40S와 60S 전리보솜 소단위체로 나눈다. 핵공을 통해 세포질로 방출된 후에 남아 있는 비리보솜 인자들(nonribosomal factors)은 완성된 60S와 40S 리보솜 소단위체로부터 해리된다.

리보솜뿐만 아니라 단백질 합성 과정에 작용하는 또 다른 중요한 조절 인자는 유전자 암호에 의해 만들어진 유전 정보를 운반하는 mRNA와 tRNA이다. 유전 암호는 삼중항 코돈으로 읽혀지고 코돈은 20개의 일반적인 아미노산과 2개의 덜 일반적인 아미노산인 셀레노시스테인과 피롤리신을 지정한다는 것을 상기하자(4장 참조). 여기에서는 tRNA가 22개의 아미노산 중에 정확한 아미노산을 어떻게 장전하는가에 대해 보기로 한다.

12.3 아미노아실-tRNA 합성효소

번역 오류로 인한 아미노산 치환율은 통합 아미노산당 10^{-4}~10^{-3}으로 추정된다. 그러나 오류율은 단백질과 세포의 생리적 상태에 따라 상당히 다를 수 있다. 연구진이 단백질 군 전체의 오류를 면밀히 조사했을 때, 그들은 속도와 정확성 사이의 균형을 발견하기도 했다. 리보솜이 더 빨리 움직일 수 있는 mRNA를 따라 부위에서 번역 오류의 수가 증가했다. DNA 서열의 변화로 인한 것이 아닌 이러한 "표현형 오류" 오류로 인해 단백질이 잘못 접히거나 응집되거나 잘못된 결합 파트너와 상호작용할 수도 있다. 번역의 전체적인 효율은 코돈-안티코돈 인지와 **아미노아실-tRNA(aminoacyl-tRNA)** 합성, 이 두 가지 과정이 얼마나 정확하게 진행되는가에 의해 결정된다. 아미노아실-tRNA

는 적절한 아미노산과 tRNA의 3′-에스테르화에 의해 합성된다. 장전되지 않은(uncharged) tRNA가 장전(charged)되려면 아미노아실화가 일어나야 하고, 그 다음에 번역 연장 인자(translation elongation factor)와 상호작용한다. 이것은 매우 고효율적인 반응으로, **아미노아실-tRNA 합성효소(aminoacyl-tRNA synthetases)**로 알려진 효소계가 촉매한다.

아미노아실-tRNA의 장전

모든 아미노아실-tRNA 합성효소는 두 단계의 효소작용을 통해 아미노산을 tRNA에 연결한다(그림 12.7). 아미노산과 한 분자의 ATP가 효소의 활성자리로 들어간다. 첫 번째 단계에서 아미노산은 AMP를 첨가하여 아데닐화되기 위해 ATP와 반응하고, 파이로인산(pyrophosphate)을 방출한다. 아미노산은 아미노산의 카르복실기(carboxyl group)와 AMP의 인산기(phosphoryl group) 사이의 고에너지 에스터 결합을 통해 연결된다. 두 번째 단계에서 AMP는 방출되고, 아미노산은 class I 효소에 의해 2′-OH 부위, class II 효소에 의해 3′-OH 부위와 반응하여 tRNA의 3′ 말단으로 이동한다.

아미노아실-tRNA 합성효소계의 각 효소는 특정 아미노산과 정확하게 상호작용할 수 있는 안티코돈을 가진 tRNA를 만나면 반응한다. 특정 아미노아실-tRNA 합성효소는 3중 문자 아미노산 표

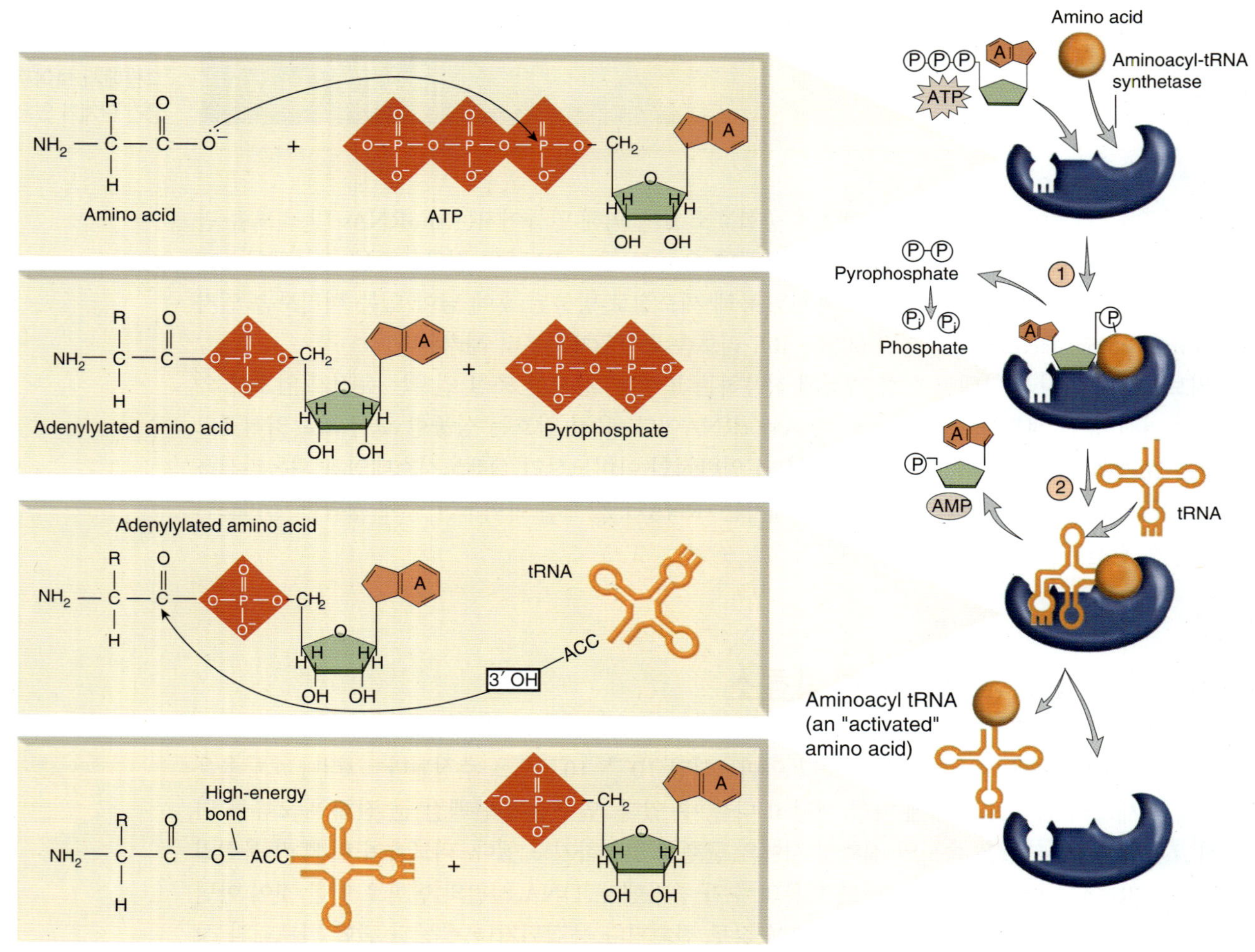

그림 12.7 아미노아실-tRNA 장전의 2단계.
이 과정은 클래스 II 아미노아실-tRNA 합성효소가 작용하는 것을 보여주고 있다.

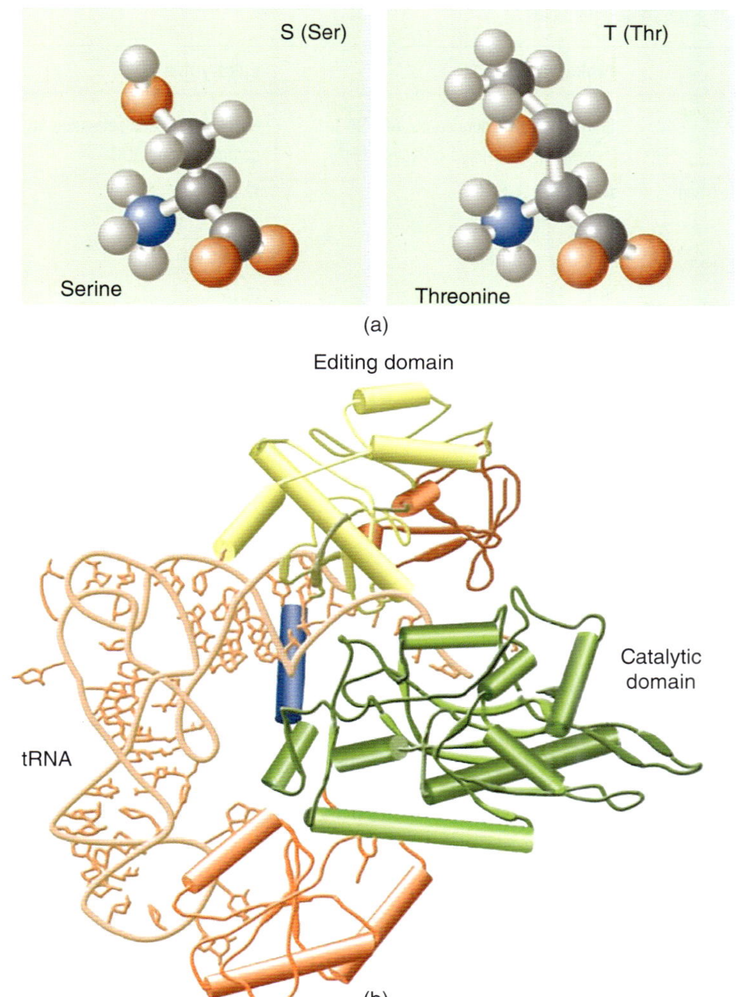

그림 12.8 ThrRS의 편집 도메인(editing domain). (a) 아미노산 세린과 트레오닌 원자의 공간배열 비교. (b) $tRNA^{Thr}$과 결합한 단량체 ThrRS의 전체적인 구조, 촉매 도메인과 편집 도메인을 보여준다. (출처: Protein Data Bank, PDB: 1QF6; adapted from Sankaranarayanan et al. 1999. *Cell* 97:371–381. ⓒ 1999 Elsevier.)

기에 의해 표시된다. 즉, MetRS는 메티오닐-tRNA(methioninyl-tRNA) 합성효소이다. 메티오닌(Methionie) tRNA 혹은 $tRNA^{Met}$는 메티오닌에 대해 특이적인 아미노산과 결합하지 않은, 즉 장전되지 않은 tRNA를 의미한다. 반면에 methionyl-tRNA 혹은 Met-tRNA는 메티오닌에 의해 아미노아실화되어 장전된 tRNA를 나타낸다.

아미노아실-tRNA 합성효소의 교정 활성

아미노아실-tRNA 합성효소의 실수율(error rate)은 약 10,000회 중 1회 정도로 일어난다. 이 효소가 이렇게 매우 낮은 실수율을 가지는 이유는 두 가지 특징 때문이다. 첫째, 아미노아실-tRNA 합성효소는 효소 활성자리에서 특정 아미노산과 tRNA가 만나기까지 매우 복잡한 반응들이 연속적으로 일어나야 한다. 그러므로 유사한 후보가 많이 존재하는 세포 환경에서도 정확한 기질에 대해서만 선택적으로 반응한다(그림 12.8). 둘째, 이 효소는 잘못 결합된 아미노산이 tRNA에 전달되기 전 혹은 후에 이를 가수분해하는 교정(proofreading) 활성을 가지고 있다. 효소가 티로신과 아스파르트산과 같이 매우 다른 곁사슬을 가진 2개의 아미노산을 구분할 수 있다고 상상하기는 쉽다. 트레오닌이나 세린처럼 아미노산의 곁가지가 매우 유사한 경우 잘못된 반응이 일어난다면 심각한 문제를 초래할 수 있을까(그림 12.8)? 최근, 트레오닐-tRNA 합성효소의 교정 도메인의 결정 구조가 세린 혹은 가수분해되지 않는 세린 유사체와 복합체를 형성한 조건에서 밝혀졌다. 세린으로 잘못

표 12.2 원핵생물과 진핵생물 번역의 비교.

	Prokaryotes	Eukaryotes
Ribosome-binding site on mRNA	Shine–Dalgarno sequence UAAGGAGG (near AUG, base-pairs with 16S rRNA)	Kozak consensus sequence ACCAUGG, sequence context around AUG
Initiation codon (downstream of binding site)	AUG, GUG, UUG	AUG
Initiation amino acid	*N*-formyl methionine	Methionine
Initiation tRNA	$tRNA_i^{f\text{-}Met}$	$tRNA_i^{Met}$
Initiation factors	IF1, IF2, IF3	~13 eIF factors: eIF1, eIF1A, eIF2, eIF2B, eIF3, eIF4A, eIF4B, eIF4E, eIF4F, eIF4G, eIF4H, eIF5, eIF5B
Elongation factors	EF-Tu, EF-Ts, SelB	eEF1A, eEF1B, mSelB
Translocation factor	EF-G	eEF2
Release factors		
Class I	RF1 (UAA, UAG) RF2 (UGA, UAA)	eRF1 (UAG, UAA, UGA)
Class II	RF3 (GTPase)	eRF3 (GTPase)

충전된 tRNA가 트레오닐-tRNA 합성효소를 만나면 깊은 편집 주머니(deep editing pocket)에 결합하고 세린은 물 매개 가수분해에 의해 제거된다. 그러나 편집 포켓이 너무 좁아 트레오닌을 수용할 수 없으면, 트레오닌의 메틸기는 포켓 바닥에 있는 아미노산의 측쇄와 충돌한다. 결론은 올바른 생성물인 Thr-$tRNA^{Thr}$이 입체적 배제(steric exclusion)로 인해 가수분해되지 않는다는 것이다(그림 12.8b).

12.4 번역의 개시

단백질 합성 과정은 기본적으로 세균에서 진핵생물에 이르기까지 거의 유사하다. 단지 일부 단계에서의 미세한 차이점과 각 단계가 진행될 때 필요한 구성성분만 조금 다르다(표 12.2). 번역이 일어나는 과정은 개시(initiation), 연장(enlongation) 및 종결(termination)의 3단계로 구분할 수 있다. 단백질 합성의 각 단계는 다수의 부속 인자와 GTP를 가수분해하여 만든 에너지가 필요하다. 개시는 가장 복잡하고 엄격하게 조절되는 단계이다. 이 단계는 느리기 때문에 속도 결정 단계(rate-limiting step)이며, 리보솜의 펩티딜(P)-자리에 결합된 **메티오닐 개시 tRNA(methionyl initiator tRNA)**와 mRNA에 있는 **개시 코돈(initiation codon)**이 모인다. 다음 단계인 연장은 빠르게 진행된다. 아미노아실-tRNA는 도킹이 일어나는 수용체(A) 자리로 들어온다. 만일 정확한 tRNA가 들어오면 리보솜은 들어온 아미노산과 폴리펩티드 사슬 사이에 펩티드 결합 형성을 촉매한다. tRNA와 mRNA는 자리옮김한 후 다음 코돈이 A 자리로 들어오는 과정이 계속 반복된다. 종결(termination)은 정지 코돈(stop codon)과 만났을 때 일어나며, 완성된 폴리펩티드 사슬은 리보솜에서 방출된다. 마지막으로, 리보솜 소단위체가 해리되고, mRNA는 방출되며, tRNA는 탈아실화한 후 새로운 시작을 준비한다.

이제 번역 프로세스에 대한 광범위한 개요를 얻었으므로, 개시부터 시작하여 진핵생물의 메커니즘에 대한 세부 사항을 자세히 살펴보기로 하자. 개시 단계는 다시 4단계로 세분할 수 있다: 삼원복합체(ternary complex)의 형성과 40S 소단위체에 싣기(loading), mRNA 싣기(loading), 스캐닝과 개시 코돈의 인지, 기능적인 80S 리보솜을 만들기 위한 40S와 60S 소단위체의 연결이다.

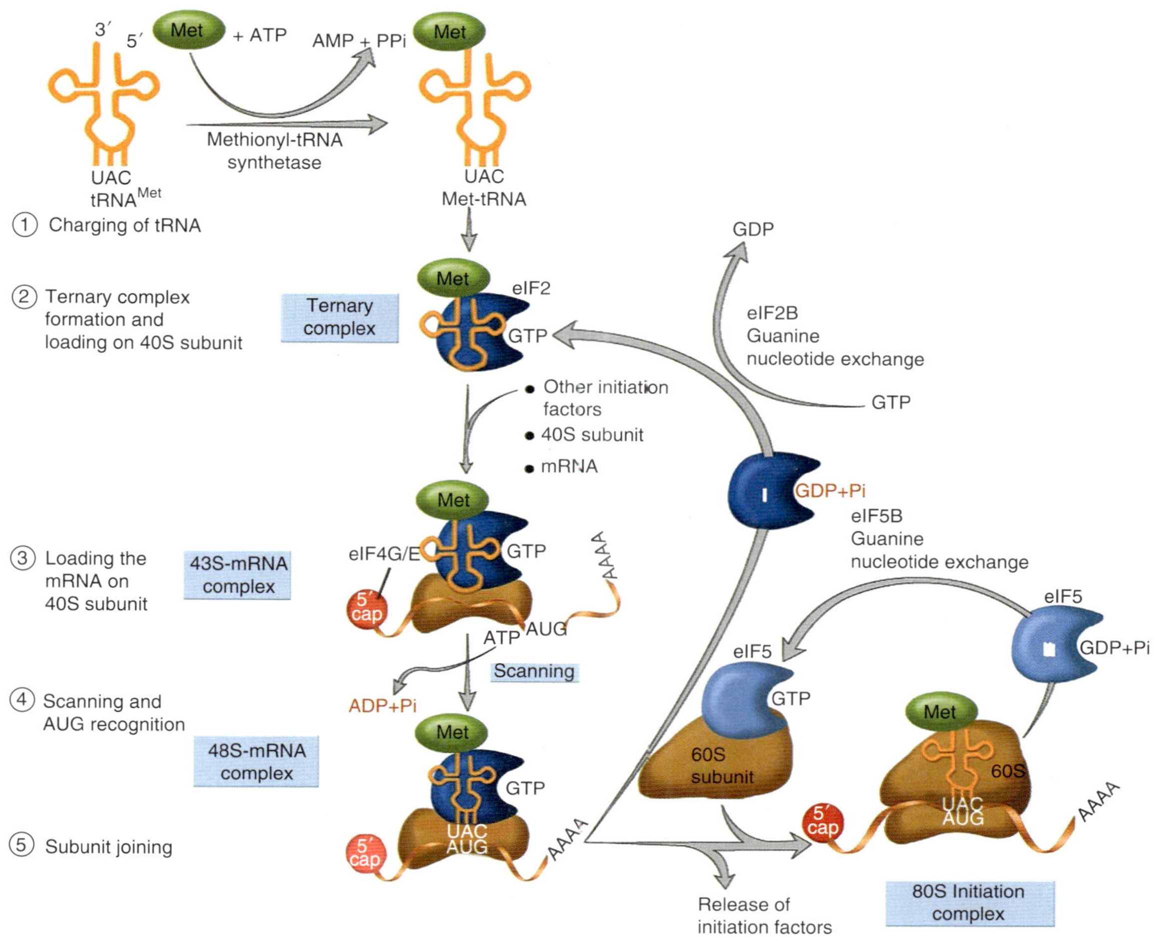

그림 12.9 번역 개시.
장전되지 않은 $tRNA^{Met}$는 메티오닐-tRNA 합성효소에 의해 메티오닌을 장전한다. 아미노아실-tRNA는 삼원 복합체(ternary complex)를 형성하기 위해 개시 인자 eIF2와 결합한다. 이 복합체는 43S 복합체를 형성하기 위해 40S 리보솜 소단위체에 실어진다. 또 다른 개시 인자 eIF4G/E와 결합하면, mRNA는 43S 복합체에 실리게 된다. 40S 소단위체가 AUG 개시 코돈을 검색하고, 개시 인자는 첫 번째 GTP 가수분해를 한 후 해리된다(I). 60S 소단위체와 40S 소단위체가 결합하여 80S 개시 복합체를 형성하고, 이 과정에서 두 번째 GTP의 가수분해가 일어난다(II).

삼원 복합체 형성과 40S 리보솜 소단위체에 싣기

개시 과정의 첫 단계에는 **진핵생물 개시 인자 2(eukaryotic initiation factor 2, eIF2)**, GTP 및 아미노산이 장전된 개시 tRNA(Met-tRNA)를 포함하는 **삼원 복합체(ternary complex)**의 조립이다(그림 12.9). 이 복합체는 40S 리보솜 소단위체와 결합하고, 다른 개시 인자들(eIF1, eIF1A, and eIF3)과 결합하여 43S 복합체를 형성한다.

40S 리보솜 소단위체에 mRNA 싣기

세균에서, 전사와 번역은 연결된 과정으로 **샤인–달가노 염기서열(Shine–Dalgarno sequence**; 표 12.2 참조)이 전사 장치에서 벗어나면 바로 작은 리보솜 소단위체에 결합한다. 이와 대조적으로, 진핵생물에서 번역되는 mRNA는 완전히 가공된 상태이고, 2차 혹은 3차 구조로 정확하게 접혀 있으며(folding), RNA를 보호하는 결합 단백질에 쌓여 있다. 진핵생물 mRNA의 중요한 2가지 특징인 5′ cap과 다중(A) 꼬리[poly (A) tail]는 이 지점에서 중요하다. m^7GpppN cap 구조는 mRNA의 5′

(a) Cap-dependent initiation: Closed loop model

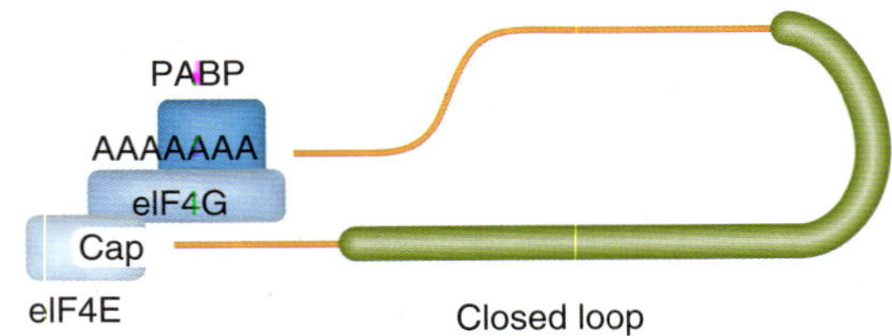

(b) Cap-dependent initiation: Proximity model

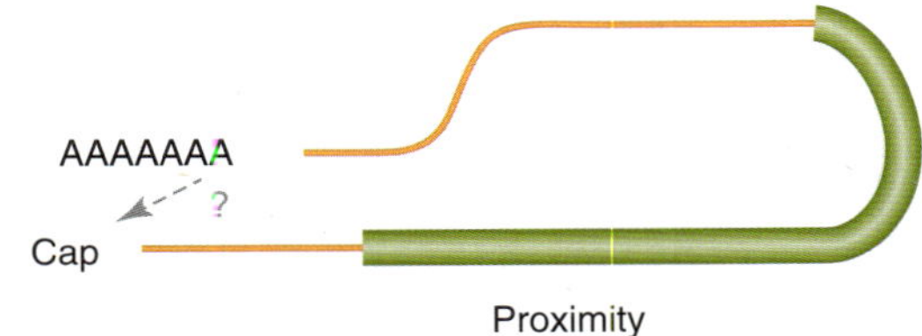

(c) Cap-independent initiation

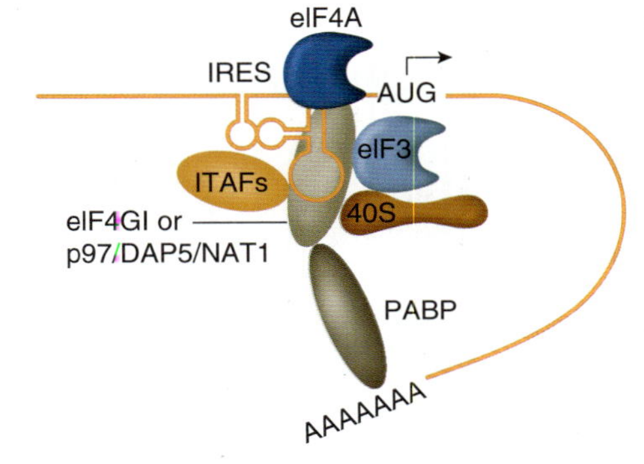

그림 12.10 캡-의존적 및 캡-비의존적 번역 개시 모델. (a) 캡 종속 개시: 폐쇄 루프 모델. (b) 종속 개시: 근접 모델. (c) 캡 독립 개시. 번역 기구의 주요 구성 요소만 표시된다. (출처: Adapted from Vicens et al. 2018. *Molecular Cell* 72: 805–812. (c) Cap-independent initiation. Only the key components of the translation machinery are depicted.)

말단에 존재한다. **RNA 나선효소(RNA helicase)** 활성을 가진 특정 개시 인자들(eIF4G와 eIF4E)이 mRNA의 5′ cap 및 특정 2차 혹은 3차 구조를 풀거나 RNA-결합 단백질을 제거한다. 또 다른 개시 인자가 3′-다중(A) 꼬리에 다중(A)-결합 단백질[poly(A)-binding protein, PABP]의 결합을 유도한다. 다중(A) 꼬리는 mRNA까지 43S 복합체를 끌어오고, PABP의 결합은 mRNA가 분해되지 않고 번역이 유지되게 하는 신호이다. 또한 5′과 3′ 개시 인자 복합체는 43S 복합체에 mRNA를 싣는 작용을 한다.

실험에 따르면 캡와 다중(A) 꼬리 모두를 포함하는 mRNA의 번역 속도는 그 자체로 각각 변형을 포함하는 mRNA의 번역 속도의 합보다 훨씬 높으며, 이는 다중(A) 꼬리가 RNA의 5′ 말단에 m^7GpppN 캡과 상승적으로 작용한다는 것을 시사한다. mRNA의 두 양끝은 어떻게 소통할까? 캡-의존적 개시에 대한 고전적 모델은 mRNA의 5′ 말단과 3′ 말단이 결합하여 폐쇄 루프를 형성하고, eIF4E, eIF4G 및 PABP가 이들 사이의 다리 역할을 한다고 제안한다(그림 12.10a). mRNA의 캡핑된 끝은 또한 eIF4G에 의해 40S 리보솜 서브유닛에 연결되며, 이는 리보솜의 eIF3에 결합한다. 그러나 보다 최근의 실험에 따르면 폐쇄 루프의 형성이 필수적이지는 않다. 이러한 자료를 고려해보면, 근접 모델은 mRNA의 5′ 말단과 3′ 말단이 서로 가깝지만 말단 사이의 "소통"이 다른 간접 상호작용을 통해 발생한다고 제안한다(그림 12.10b). 그러나 초고해상도현미경에 의한 mRNA 및 관련 단백질의 시각화는 유연한 막대형 구조만을 보여주었으며, 이는 mRNA의 5′ 및 3′ 말단이 멀리 떨어져 있음을 시사한다. 토론은 계속된다.

그러나 세포내 3~5%에 해당하는 mRNA는 5′ cap-비의존적 메커니즘에 의해 번역된다(그림 12.10c). 이 경우 리보솜은 내부 리보솜 유입자리(internal ribosome entry site, IRES)로 직접 들어온다. 이 반응에서 mRNA 5′ cap 구조와 eIF4E는 필요 없다. 캡-비의존적 개시에 의한 번역은 eIF4G의 상동체인 eIF4GI 혹은 p97/DAP5/NAT1 뿐만 아니라, IRES *trans*-acting factor (ITAFs) 알려진 부가적인 세포 단백질을 필요로 한다. IRES는 캡 구조 없이도 바이러스 RNA의 번역을 시작하는 피코르나바이러스(piconaviruses)에서 처음 발견되었다.

스캐닝과 AUG 인지

일단 mRNA가 결합하면, 43S 복합체는 AUG 개시 코돈을 찾기 위해 mRNA를 따라 5′에서 3′ 방향으로 훑는다(그림 12.9 참조). 스캐닝하는 동안 eIF2에 결합된 GTP는 가수분해되지만 해리된 인산염은 방출되지 않는다. 한 모델은 리보솜이 40S 소단위체의 3′ 쪽에 위치한 ATP-의존성 RNA 헬리케이즈가 mRNA의 2차 구조를 풀어 리보솜이 확산(diffusion)을 통해 지나갈 수 있도록 하는 톱니바퀴 메커니즘(ratchet mechanism)에 의해 움직인다고 제안한다. 리보솜은 풀린 구조의 mRNA를 따라 3′ 방향으로 무작위적으로 미끄러지며, 역방향 쪽으로 미끄러짐을 방지하기 위해 뒷부분의 모양을 변형시킨다. 결과적으로, 43S 복합체는 **코작 공통 서열(Kozak consensus sequence)** 안에 있는 AUG 코돈(대개 첫 번째 AUG)을 만난다. 이 서열은 발견자인 Marilyn Kozak에 의해 명명되었다(표 12.2 참조). 리보솜 복합체는 개시 코돈에서 정지하여 폐쇄되고 안정적인 48S 복합체를 형성하며, tRNA가 P 부위에 완전히 결합된다. 시작 코돈에 도달하면 코돈-안티코돈 염기쌍이 AUG

와 삼항 복합체의 개시자 tRNA 사이에서 발생한다. 코돈–안티코돈 상호작용은 tRNA와 mRNA 사이의 역평행 배향과 함께 상보적 염기쌍에 의해 발생한다(tRNA 구조, 3장 참조). 닫힌 복합체의 형성은 eIF1의 방출과 GTP 가수분해 후에 유지되었던 인산염의 해리를 유발한다.

리보솜은 때때로 "누출 스캐닝"에 의해 mRNA의 첫 번째 AUG 삼중항을 우회하고, 더 멀리 하류에 있는 두 번째 AUG에서 번역을 시작한다. 이는 첫 번째 AUG의 컨텍스트가 합의 서열에서 벗어나거나 첫 번째 AUG가 5′ cap에 매우 가깝게 위치한 경우 발생할 수 있다. 반대로 첫 번째 AUG의 바로 하류에 있는 줄기 루프 구조는 리보솜을 지연시킬 수 있다. 증가된 "체류 시간"은 리보솜이 두 번째 AUG까지 계속될 가능성을 줄인다. 연구진은 **toeprinting 분석법(toeprinting assays)**을 이용해 개시 코돈의 판별에 관여하는 인자들을 연구하였다(Tool Box 12.1). 이 연구법을

Tool Box 12.1

Translation toeprinting 분석법

리보솜과 mRNA에 결합한 인자의 정확한 위치를 확인하는 것은 번역 메커니즘을 이해하는 데 필수적이다. 연구자는 오랫동안 리보솜에 결합하여 ribonuclease의 절단으로부터 보호되는 올리고뉴클레오티드를 분석하는 방식으로 번역 시작자리를 제한적으로 알아내고 있었다. "Toeprinting"—프라이머 확장 억제 방법—은 강력하고 다목적인 기술이다(그림 1). 명칭은 chromatographic fingerprinting과 DNase footprinting의 전통을 이어 명명되었다.

Toeprinting 분석에서, 리보솜 복합체를 이용해 mRNA를 번역한다. 이 방법은 정제한 구성성분 혹은 세포 추출액을 이용한다. Cycloheximide 혹은 비가수분해형의 GTP 유사체가 첨가되면 연장 반응이 억제된다. 이것은 전사체에 리보솜이 접근하는 것을 방해한다. mRNA 복합체는 상보적인 표지된 프라이머와 역전사효소(reverse transcriptase)에 의해 cDNA로 복제된다. 관례적으로 방사성 동위원소로 표지된 프라이머를 이용하지만, 연구자는 최근에 형광으로 표지된 프라이머를 이용

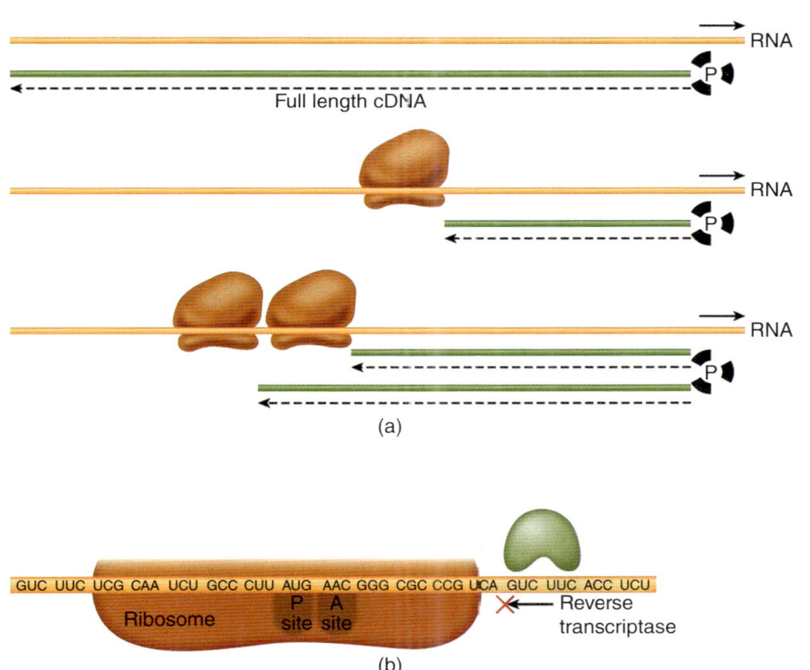

그림 1 Translation toeprinting 분석법.
(a) 분석 원리. 동위원소로 표지된 올리고뉴클레오티드 프라이머는 mRNA 주형에 상보적으로 결합하고, 역전사효소에 의해 cDNA로 만들어진다(점선 화살표). 본래의 mRNA에서 확장은 주형의 5′ 말단 방향으로 진행한다. 리보솜과 결합 인자들이 RNA에 결합되었을 때 그것들은 프라이머 확장을 억제하여 짧은 cDNA 조각을 만든다(즉, 조각 1, 2와 3). (b) Toeprint 자리와 리보솜의 A-와 P-자리 사이의 관계. P-자리에 AUG 코돈을 가지고 있는 리보솜은 RNA 주형에서 역전사효소의 움직임을 방해한다. 그로 인해 AUG 시작의 A의 16 nt 아래쪽에서 역전사가 중단된다.

하여 분석하기도 한다. 두 가지 경우에서 역전사효소는 mRNA가 결합한 리보솜과 만나면 중합반응(polymerization)은 중단되고, "toeprint" cDNA 조각이 생성된다. 일반적으로 반응한 리보솜의 P-자리의 위치는 toeprint의 15-17 nt 위쪽이다. 만일 전사체를 따라 리보솜의 위치가 규칙적이라면 반응하는 cDNA는 많이 있을 것이다. 이러한 결과는 젤에서는 밴드 형태로 분리하고, autoradiogram을 통해서 혹은 형광 표지된 cDNA에 대한 자동 DNA 염기서열 분석기를 이용하여 electropherogram에서 피크 형태로 볼 수 있다.

이용해 β-glucuronidase (GUS) mRNA 개시 코돈의 위쪽에 있는 서열을 분석한 결과, mRNA 기질은 "선호"(good: ACC**AUG**A) 혹은 "비선호"(bad: CAA**AUG**C) 서열을 구분하고 있었다. 다양한 개시 인자의 유무에 의해 48S 복합체를 형성하는 능력 차이가 있음을 관찰하였다. Toeprinting 분석 결과, 코돈-안티코돈 결합에는 eIF1, eIF4A, eIF4B 및 eIF4F가 중요한 역할을 한다는 것을 알 수 있었다. 부가적인 실험을 통해서, 43S 복합체는 eIF1가 없는 조건에서도 mRNA 스캐닝할 수 있지만, 개시 코돈의 "선호" 혹은 "비선호" 서열은 구분할 수 없었다.

40S와 60S 리보솜 소단위체의 연결

개시에는 2분자의 GTP 가수분해가 일어나는데, 하나는 개시 코돈의 인지 시 eIF2에 의한 가수분해가 일어나고, 다른 하나는 과정 종반부 80S 복합체가 형성된 후에 일어난다. eIF2에 의한 GTP 가수분해는 40S 소단위체 P-자리에서 개시 tRNA(initiator tRNA)를 방출하고, 다음 단계로 복합체에서 eIF2를 해리한다(그림 12.9 참조). 활성 형태로 재순환하고 또 다른 개시 Met-tRNA와 결합하기 위해, eIF · GDP는 뉴클레오티드 교환 반응을 거쳐 eIF2 · GTP로 전환된다. eIF2는 GTP보다 GDP에 대해 400배 이상 강한 친화력을 가진다. 강하게 결합된 GDP를 GTP로 교환하는 반응은 eIF2 전체 양에서 15~25% 농도로 존재하는 뉴클레오티드 교환 인자인 eIF2B를 필요로 한다. eIF2B의 이상은 중추신경계의 기능 손상에 심각한 영향을 미치기도 한다(Disease Box 12.1).

P-자리에 Met-tRNA가 결합한 후, eIF5-GTP는 커지는 복합체에 결합한다. 다른 개시 인자들이 방출되면, eIF5는 40S/Met-tRNA/mRNA 복합체에 큰(60S) 리보솜 소단위체가 결합하는 것을 돕는다. 이 결합 이벤트는 eIF5에 의한 GTP 가수분해를 촉발하고 리보솜에서 해리된다. 활성 형태로

Disease Box 12.1

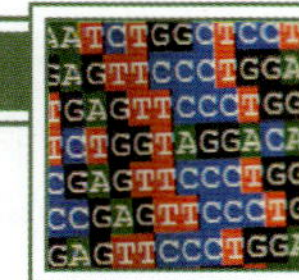

진핵세포 개시 인자 2B와 백질의 소실

오랫동안, 백질이 사라지는 leukoencephalopathy(혹은 central hypomyelination을 가지는 소아 운동실조)라 불리는 희귀 소아질환의 원인이 밝혀지지 않고 있었다. 이것은 열성 유전이며, 치명적인 증상은 대체적으로 5세 전에 말과 운동 기능을 점차적으로 상실하고 때때로 발작과 혼수상태를 초래한다. 열과 약간의 머리 손상 후에 급속하고 심각한 퇴보가 일어난다. 시간이 지나면, 백질이 뇌척수액으로 대체되어 사라진다. 백질은 뇌와 마이엘린화된 액손으로 구성된 척추에 존재한다. 경우에 따라서 백질의 감소는 수년이 걸리기도 하고 매우 빠르게 진행되기도 한다. 환자는 1~4일 동안 열이 난 후 혼수상태에 빠진다.

2001년, 이 질환을 가진 몇몇 환자에서 진핵생물 번역의 개시 인자 2B(eukaryotic initiation factor 2B, eIF2B)의 2개 소단위체를 암호화하는 유전자로부터 돌연변이가 발견되었다. eIF2B는 5개의 별개의 유전자에 의해 암호화되는 5개의 소단위체[α, β, δ, ε, γ]로 구성되어 있다. 백질 소실 증후군("vanishing white matter" syndrome)을 가진 환자에서 5개의 소단위체를 암호화하는 유전자 모두로부터 돌연변이가 발견되었다. 이 돌연변이는 대부분 missense 돌연변이였다. 질환의 심각성은 돌연변이가 유전자의 어디에 나타나는가에 의해 결정된다. 그러나 마이엘린(myelin)을 만드는 세포가 왜 eIF2B 손상에 특히 민감한지는 여전히 의문으로 남아 있다.

재순환하고, 또 다른 60S 소단위체와 결합하기 위해 eIF5·GDP는 eIF5B에 의한 뉴클레오티드 교환 반응을 통해 eIF5·GTP로 전환되어야 한다. 다중(A) 꼬리와 다중(A)-결합 단백질은 60S 리보솜 소단위체와 다중(A)-결합 단백질과 직접 결합함으로써 소단위체의 연결에 영향을 줄 것이다.

12.5 연장과 리보솜 터널에서의 반응

단백질 합성의 개시와 종료 단계와는 다르게, 연장(elongation) 단계에 이용되는 장치는 세균부터 진핵생물에 이르기까지 상당히 유사하게 보존되어 있다. 펩티드 사슬의 연장은 리보솜 P-자리의 펩티딜-tRNA와 옆의 빈 A-자리에서 시작한다(그림 12.11). 아미노아실-tRNA는 GTP 및 연장 인자 1A(elongation factor 1A, eEF1A)와 함께 삼원 복합체를 형성하며 A-자리로 운반된다. 첫 번째 아미노산의 아미노기가 A-자리로 들어가서 다음 아마노산과 연결될 준비를 한다. 해독 과정은 장전된 tRNA가 A-자리에 결합함으로써 일어난다. 정확한(cognate) 코돈-안티코돈 염기쌍 형성은 기존의 mRNA-tRNA 이합체와 18S rRNA에 있는 3개의 염기에서 일어난다. 이 상황에서 eEF1A의

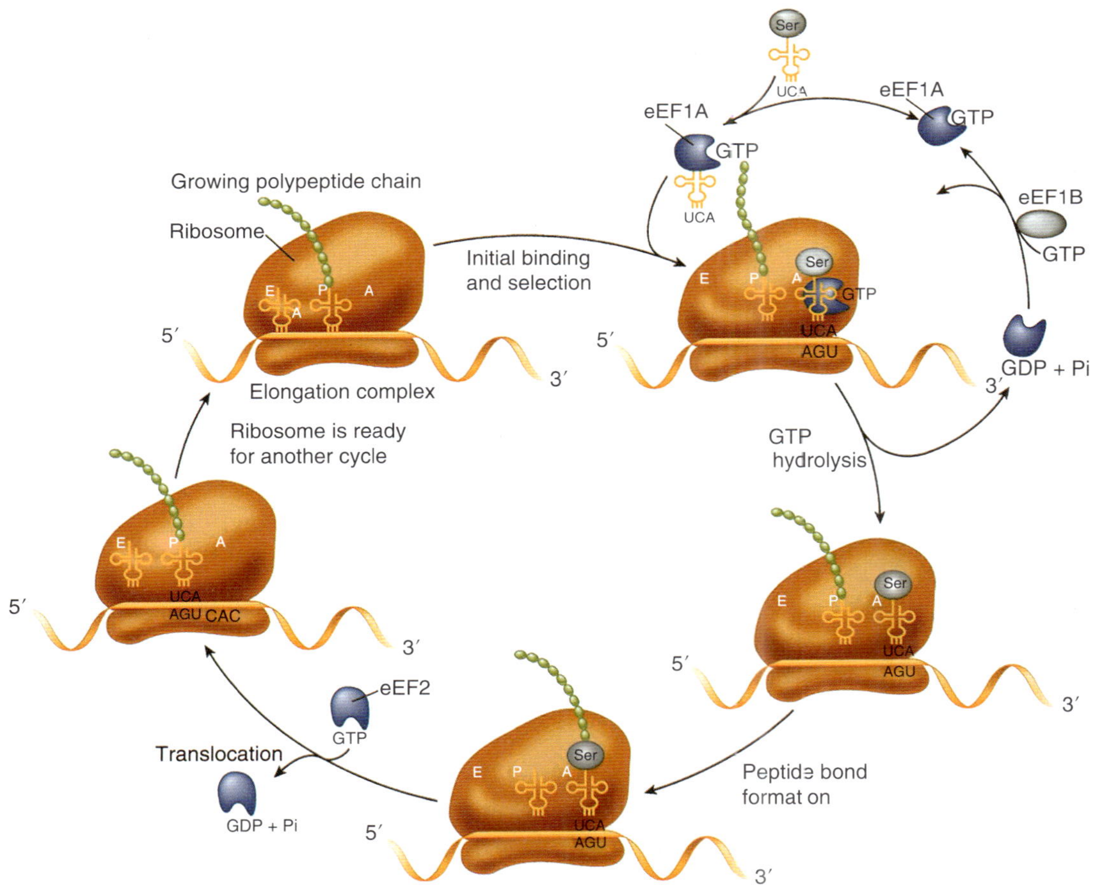

그림 12.11 진핵생물의 번역 연장.
아미노아실-tRNA(예로, Ser-tRNA)는 GTP-결합 eEF1A와 복합체를 형성하여 A-자리로 운반된다. Ser-tRNA는 해독이 일어나는 수용체 A-자리로 들어간다. 만일 정확한 tRNA가 존재한다면, GTP 가수분해가 일어나 A-자리에서 나오고, 리보솜은 펩티드 결합 형성을 촉매한다. 다음 코돈이 A자리로 들어오기 위해 tRNA와 mRNA의 자리옮김이 일어나며, 이 과정이 반복된다. 자리옮김은 eEF2에 의해 유도되고 GTP 가수분해가 필요하다.

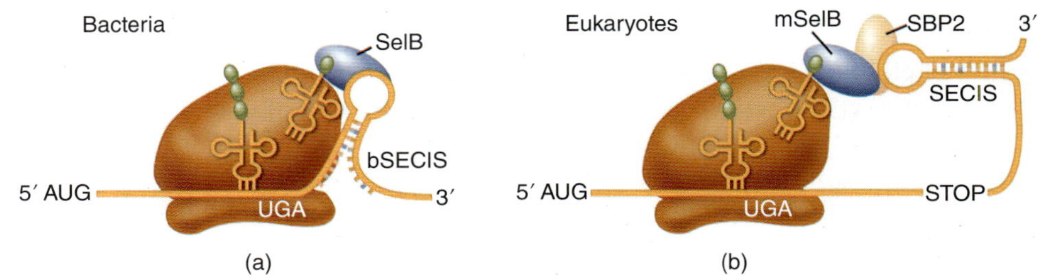

그림 12.12 정지 코돈에서 셀레노시스테인의 삽입.
UGA 코돈에서 셀레노시스테인을 삽입하기 위해서는 셀레노시스테인 삽입 서열(selenocysteine insertion sequence, SECIS)이 필요하다. (a) 진세균(eubacteria)에서 연장 인자 SelB는 UAG와 $tRNA^{Sel}$의 3′에 위치한 SECIS와 결합한다. (b) 진핵생물에서, 연장 인자는 어댑터 SBP2를 필요로 하고 SECIS는 3′ 비번역 부위에 위치한다. (출처: Modified from Namy et al. 2004. *Molecular Cell* 13:157–168.)

GTPase가 활성화된다. eEF1A · GDP는 펩티드 결합 형성을 지속할 수 있는 형태인 A-자리로 아미노아실-tRNA를 방출한다. 활성 형태로 재순환되며 또 다른 아미노아실-tRNA와 결합하기 위하여, eEF1A · GDP는 eEF1B에 의해 뉴클레오티드 교환 반응을 통해 eEF1A · GTP로 전환되어야 한다.

원핵생물에서, 특정한 UGA 부위에 셀레노시스테인(selenocysteine)의 삽입(incorporation)은 $tRNA^{Sel}$, 특정 연장 인자 SelB 및 UGA 뒤에 바로 인접한 셀레노시스테인 삽입 서열(selenocysteine insertion sequences, SECIS)의 존재 하에 일어난다(그림 12.12a). 진핵생물에서, SECIS 구성성분은 mRNA의 3′ 비번역 부위(untranslated region, UTR)에 위치한다(그림 12.12b). 고세균 mRNA의 피롤라이신 삽입 서열(pyrrolysine insertion element, PYLIS)은 SECIS와 유사한 방식으로 UAG 코돈에 피롤라이신(pyrrolysine)의 삽입을 유도한다.

메시지 해독

세균에 대한 연구로부터 알게 된 것은 tRNA가 번역 과정에서 정적인 "어댑터"로 작용하기보다는 매우 활동적인 역할을 담당한다는 것이다. 첫째, tRNA의 구조적 변화는 효과적인 tRNA 선택이 일어날 수 있는 유도 맞춤(induced fit)에 기초한다. 둘째, tRNA 자체는 작은 리보솜 소단위체의 해독 중심부와 GTP 가수분해와 펩티드 결합 형성을 촉진하는 큰 리보솜 소단위체를 기능적으로 직접 연결한다. 리보솜은 초기 선택(initial selection)과 교정(proofreading)이라는 2개의 연이은 선별 단계를 통해 부합하지 않는 다량의 아미노아실-tRNA로부터 정확하게 부합하는 아미노아실-tRNA와 mRNA 코돈을 선택한다(그림 12.13). 두 단계는 비가역적인 GTP 가수분해에 의해 구분된다. 새로운 아미노아실-tRNA는 **연장 인자 EF-Tu(elongation factor EF-Tu)**와 복합체를 형성하여 박테리아 리보솜 A-자리로 이동한다.

초기의 선택 단계에서, tRNA 선택은 전적으로 효소 역학에 의해 조절되고, 삼원 복합체가 정확한 tRNA를 가지고 있을 때 650배 빠른 GTP 가수분해가 일어난다. tRNA는 리보솜에 EF-Tu가 결합되었을 때 왜곡된다. 판별의 정확성은 매우 높으므로, 단백질에 삽입되는 아미노산 1,000~10,000개의 중에 단지 1개의 아미노산만 잘못 들어갈 수 있다. 유도 맞춤은 선택 과정 중 두 단계(GTP 가수분해에 의한 EF-Tu의 활성화와 A 자리에 아마노아실-tRNA 결합)의 속도를 선택적으로 가속화함으로써 효율을 증가시킨다(그림 12.13). 이러한 유도 맞춤은 GTP 가수분해와 펩티드 이동에 필요한 속도-제한적 구조 변화를 가속화하여 정확한 코돈–안티코돈 결합을 유도한다. GTP 가수분해가 일어나면, 아미노아실-tRNA는 EF-Tu에 의해 떨어져 나와 50S 소단위체의 펩티딜기 전달효소 중심부로 이동한다.

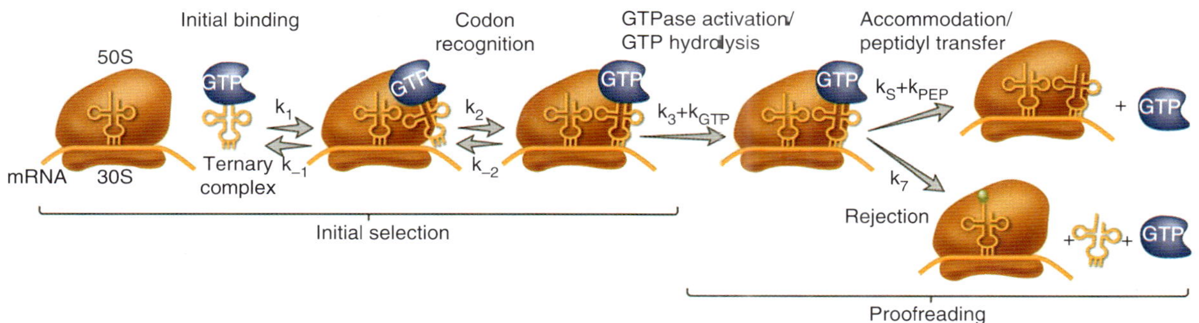

그림 12.13 리보솜에서 tRNA 선택의 반응 속도론.
리보솜에서 tRNA 선택은 2개의 주요 단계에 의해 일어난다: 초기 선택과 교정. 속도 상수는 동역학적으로 해결된 단계에 대해 표시된다. 두 가지 전진 단계는 GTP 가수분해와 조절이다. EF-Tu는 GTP 및 GDP 결합 형식에서 다른 형태로 표시된다. (출처: Adapted from Cochella and Green. 2005. *Science* 308:1178–1179.)

펩티드 결합 형성과 자리옮김

리보솜 펩티딜기 전달효소(peptidyl transferase) 중심부는 들어오는 아미노산과 펩티딜-tRNA 사이의 펩티드 결합 형성을 촉매한다. 펩티드 결합이 형성된 후, 리보솜은 크고 작은 소단위체가 서로에 대해 회전하는 주요 구조적 변화를 겪는다. 이 회전의 일부 과정으로, 탈아실화된 tRNA(deacylated tRNA)는 큰 리보솜 소단위체의 E-자리로 이동하고, 펩티딜-tRNA는 P-자리로 이동하며, mRNA는 A-자리에 다음 코돈을 놓기 위해 3개의 뉴클레오티드가 움직인다(그림 12.11 참조). 자리옮김(translocation)은 eEF2에 의해 일어나며, GTP 가수분해가 필요하다. GDP는 GTP에 비하여 eEF2에 대해 낮은 친화도를 가지며 빠르게 해리된다. 결합하지 않은 eEF2는 새로운 GTP 분자에 결합한다. 새로운 tRNA가 A 자리로 들어올 때 E 자리에 있는 tRNA는 방출된다. 이러한 순환은 정지 코돈을 만나서 종료 반응이 시작될 때까지 반복한다.

이 설명을 보면, 이 자리옮김이 순조로운 과정인 것처럼 들릴 것이다. 사실, 리보솜은 종종 mRNA가 머리핀이나 유사 매듭으로 접히는 것과 같은 장벽에 부딪히기도 한다. 리보솜의 진입 터널은 단일가닥 RNA만 수용할 수 있으므로, 리보솜은 헬리카케이즈 활성을 사용하여 RNA 2차 구조를 푸는 동안 속도가 느려진다.

펩티딜기 전달효소 활성

리보솜이 촉매하는 화학 반응은 단순하게 보면 펩티드 결합을 형성하여 아미노산을 연결하는 것이다. 그러나 앞에서 언급 하였듯이, 단백질 합성의 조율은 매우 복잡하고 정교하게 조절된다. 리보솜은 적어도 10^7배 펩티드 결합 형성 속도를 가속화한다. 이 과정에서 펩티드 결합 형성을 촉매하는 펩티딜기 전달효소의 활성이 단백질 효소인가 아니면 RNA 효소인가라는 의문을 오랫동안 가지게 되었다. 이 의문에 대한 답은 박테리아 리보솜 연구에서 얻을 수 있었다.

55여 년 전, 리보솜이 세포의 단백질 합성 장소라는 것이 발견된 후 리보솜 단백질에 대한 이론이 많이 달라졌다. 1960년대 펩티딜기 전달효소 부위가 박테리아 리보솜의 50S 소단위체에 있는 중심 돌기 부분에 위치한다는 것을 알게 되었다(그림 12.14). 초기의 가설은 리보솜의 주된 기능이 리보솜 단백질에 의한 것이라고 생각했다. 리보솜 단백질은 함께 모여 있거나 rRNA 틀을 형성하고 있다고 생각하였다. 50S 소단위체의 단백질은 펩티드 결합 형성을 촉매하는 반면에, rRNA의 역할은 tRNA와 mRNA 사이의 염기쌍 결합이 일어나는 곳이라고 여겼다. 이 모델은 단백질만이 생물학적 촉매제로 작용할 수 있다고 생각했던 그 당시 생화학자들의 일반적인 단백질 중심의 관점

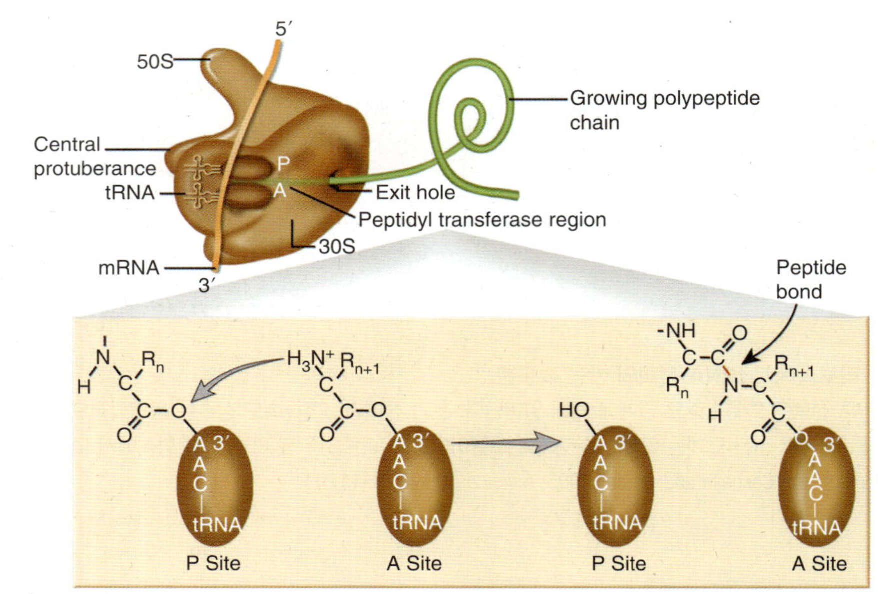

그림 12.14 리보솜에서 펩티딜기 전달효소 부위. 펩티드 결합 형성자리는 50S 큰 리보솜 소단위체에 있는 중심 돌기에 위치한다. 펩티딜기 전달효소 활성은 P-자리의 펩티딜 tRNA로부터 A-자리에 있는 또 다른 tRNA에 에스테르화된 아미노산까지 자라나는 폴리펩티드 사슬을 이동시킨다.

에 기초한 것이었다.

그러나 1970~1980년대 RNA 분자의 놀라운 기능을 알게 되었을 때 이러한 생각은 완전히 역전되었다. 핵산은 정보의 저장고이고, 단백질은 화학 반응을 촉매한다는 정설이 1981년 리보자임(ribozymes)이라는 RNA의 촉매 기능이 증명되면서 바뀌게 되었다(3장 참조). 이는 RNA에 근간을 두고 생명 현상을 바라보는 "RNA 세계의 가설"을 지지하게 만들었다(Focus Box 3.1 참조). 그러나 많은 생물학자들은 여전히 리보솜 RNA가 단백질 합성보다 더 중요한 반응에 작용할 가능성을 심각하게 고려하지 않았다. 1990년대 초반, 새로운 생화학적·구조적 증거들은 리보솜 기능의 주역이 바로 rRNA라는 것을 증명하기 시작하였다.

23S rRNA가 리보자임이라는 생화학적 증거

1992년, 캘리포니아-산타크루즈 대학의 Harry Noller의 연구실에서 중요한 실험이 진행되었다. Noller 그룹은 리보솜 RNA(rRNA)가 모델 펩티드 결합 형성을 촉매할 수 있는지 확인하기 위해 펩티딜기 전달효소 활성을 *in vitro*에서 측정할 수 있는 "조각 반응(fragment reaction)"을 실행하였다. 이 분석에서, P-자리 tRNA는 개시 아미노산 *N*-포밀-메티오닌(*N*-formyl methionine, f-Met)에 부착된 짧은 올리고뉴클레오티드(CAACCA)로 치환하였다. A-자리 tRNA는 항생제 **퓨로마이신(puromycin)**으로 치환하였다. 퓨로마이신은 아미노아실-tRNA 유사체(analog)이다. 이 분석법은 모델 펩티드 결합을 형성하기 위해 ^{35}S-표지된 f-Met가 퓨로마이신의 아미노기로 자리옮김하는 것을 측정하는 것이다(그림 12.15). 분명히 펩티딜기 전달효소의 활성은 50S 리보솜 소단위체에 남아 있었다. 조각 반응에 포함되어 있는 작은 리보솜 소단위체, mRNA, 다른 단백질 인자 혹은 GTP 조차도 불필요하였다.

Noller 그룹은 박테리아 *Thermus aquaticus*로부터 취한 50S 리보솜에 단백질분해효소 K(proteinase K)와 sodium dodecyl sulfate(SDS)를 처리하였다. 단백질분해효소 K는 단백질을 분해하는 단백질 분해효소이고, SDS는 핵산으로부터 단백질을 제거하기 위해 일반적으로 사용되는 강력한 이온성 세척제이다. 단백질 제거 후에 남아 있는 23S rRNA는 여전히 펩티딜기 전달효소 활성을 가지고 있었다(그림 12.15). 이 실험을 통해 알 수 있는 중요한 결과는 23S rRNA의 촉매 활성은 리보핵산 분해효소(ribonuclease)의 처리나 알려진 펩티딜기 전달효소 저해제의 처리에 의해서만 억제된다는

N-formyl methionine
Peptidyl-transferase
Adenine
CAACCA [f-[^{35}S]-Met]
Puromycin
50S ribosomal subunits or Proteinase K-treated 50S ribosomal subunits
Peptide bond
+ $^{5'}$ CAACCA$_{OH}$$^{3'}$
f[^{35}S]-Met-Puromycin

그림 12.15 펩티딜기 전달효소 활성을 시험하기 위한 시험관 내 "조각 반응(fragment reaction)".

것이다. 이 결과들은 23S rRNA만으로도 펩티드 결합 형성을 촉매할 수 있다는 것을 보여 주었다. Noller의 발견은 1998년 일본의 연구자들에 의해 다시 확인되었다. 그러나 23S rRNA가 리보자임이라는 것을 과학학회로부터 인정받기 위해서는 더 많은 증거들이 필요했다. 왜냐하면, 잔여 리보솜 단백질이 이 분석법에 여전히 남아 있으므로 그 가능성을 배제해야 했기 때문이다(그림 12.16).

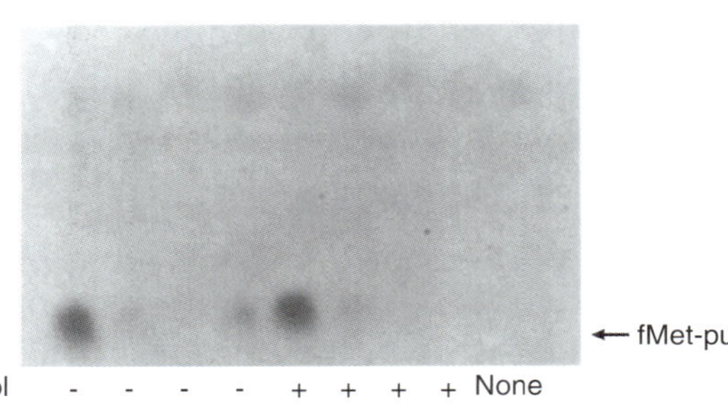

SDS-PK-phenol	-	-	-	-	+	+	+	+	None
Chloramphenicol	-	+	-	-	-	+	-	-	
Carbomycin	-	-	+	-	-	-	+	-	
RNase T1	-	-	-	+	-	-	-	+	

그림 12.16 펩티딜기 전달효소 저해제와 RNase에 대한 *Thermus aquaticus* 조각 반응의 민감도.
T. aquaticus 50S 리보솜 소단위체는 단백질 변성제(SDS-단백질분해효소 K-페놀), 펩티딜기 전달효소 저해제(chloramphenicol, carbomycin) 혹은 RNase T1을 처리하였다. 그런 다음, 그림 12.15에서 보여준 조각 반응에 의해 펩티딜기 전달효소 활성을 측정하였다. (출처: Reprinted from Noller et al. 1992. *Science* 256:1416–1419. © 1992 AAAS.)

rRNA가 리보솜의 활성자리를 형성한다는 구조적 증거

2000년에 발표된 원시생물 *Haloarcular marismortui*로부터 추출한 큰 리보솜 소단위체의 원자 해상도 영상(atomic resolution view)은 리보솜 연구에 또 다른 중요한 진보를 이루어냈다. 앞선 리보솜의 X-선 결정학적 영상은 20 Å 해상도의 구조를 보여주었지만, 새로운 영상은 2.4 Å의 해상도를 보여주었다(그림 12.17). 이 영상은 리보솜 질량의 3분의 2가 RNA로 구성되어 있음을 증명하였다. 구조 분석을 통해 rRNA가 리보솜의 구조적 틀이고, 동시에 주된 기능적인 부위임을 증명하였다. rRNA는 소단위체 간의 경계면, 펩티딜기 전달효소 중심부, 해독 부위, A와 P-자리를 형성한다. 이와 대조적으로, 리보솜 단백질은 리보솜의 바깥쪽에 풍부하게 존재하지만 활성자리에는 없었다. 리보솜 단백질은 RNA의 외형을 구성하고, 어떠한 단백질도 촉매자리 15 Å 내에는 위치하지 않았다. 2010년에 효모 *Saccharomycess cerevisiae*의 80S 리보솜의 결정 구조가 4.15 Å의 해상도로 규명되었다. 2015년에는 인간의 80S 리보솜을 평균 해상도 3.6 Å으로 볼 수 있었으며, 가장 안정적인 지역에서는 2.9 Å 해상도를 보였다. 연구진은 원핵생물에서 얻을 수 있었던 단백질 합성의 의문점에 대한 답을 진핵생물에서도 얻기 시작했다.

생화학적 그리고 효소 역학적 실험, 돌연변이를 이용한 연구 및 구조 분석 등의 연구를 통해 리보솜이 리보자임이라는 사실이 입증되었다. 그러나 촉매 반응이 정확히 어떻게 진행되는가에 대한 의문은 여전히 남아 있다. 리보솜에 의한 펩티드 결합 형성 증가 속도는 약 10^7배로 화학적 촉매 작용이라기보다 활성자리에서 23S rRNA에 의해 선택되는 기질에 의한 것이다. 23S rRNA는 연결고리와 나선효소로 구성된 6개의 도메인으로 되어 있다. 비규칙적인 나선효소가 구형의 구조를 형성하며 서로 쌓여 있다. 펩티딜기 전달효소 중심부는 23S rRNA의 V 도메인에 위치한다(그림 12.18). A-와 P-자리 tRNA의 3′ 말단 아데노신은 23S rRNA와의 A-약한 상호작용에 의해 펩티딜기 전달효소 자리에 위치한다(3장 참조).

또 다른 의문점은 리보솜에 존재하는 리보솜 단백질은 과연 어떤 작용을 하는가이다. 리보솜 RNA는 리보솜 단백질이 역학적으로 잘못 접힘(misfolding)이 일어나지 않도록 조정하여 단백질이 정확하게 모이도록 한다. 리보솜 단백질은 핵산분해효소(nuclease)의 공격으로부터 rRNA을 보

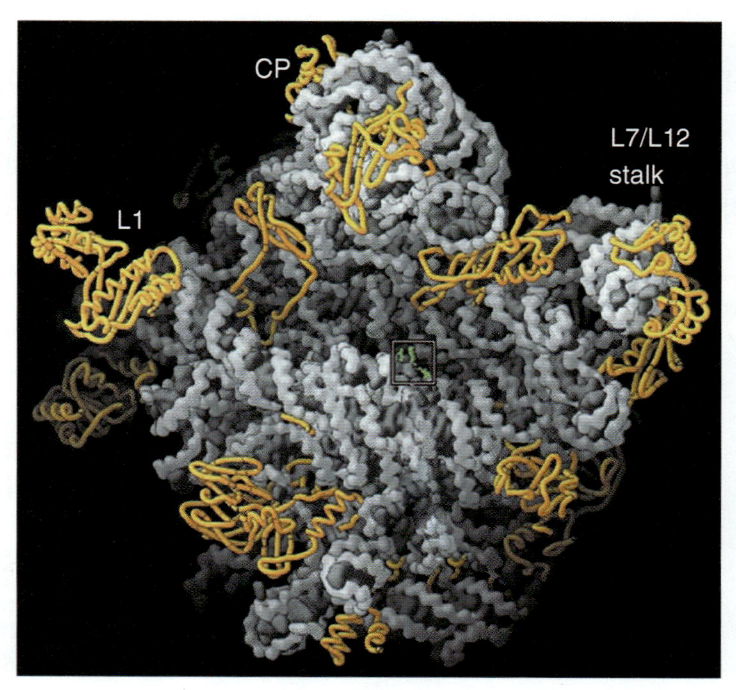

그림 12.17 리보솜의 원자 해상도 구조.
고세균 *Haloarcula marismortui*의 큰 리보솜 소단위체는 왕관으로 보인다. L7/L12 줄기는 오른쪽에 있고, L1 줄기는 왼쪽에, 중심 돌기(central protuberance, CP)는 꼭대기에 있다. 작은 소단위체와 결합하는 큰 소단위체의 표면이 정면을 향하고 있다. RNA는 회색으로 보인다. 단백질 골격은 금색으로 보인다. Yarus transition state 유사체(CCdA-인산-퓨로마이신, 초록색)는 펩티딜기 전달효소 지역을 나타낸다. 큰 소단위체의 직경은 약 250 Å이다. (출처: Reprinted with permission from Ban et al. 2000. *Science* 289:905–920. Copyright © 2000 AAAS.) *f*

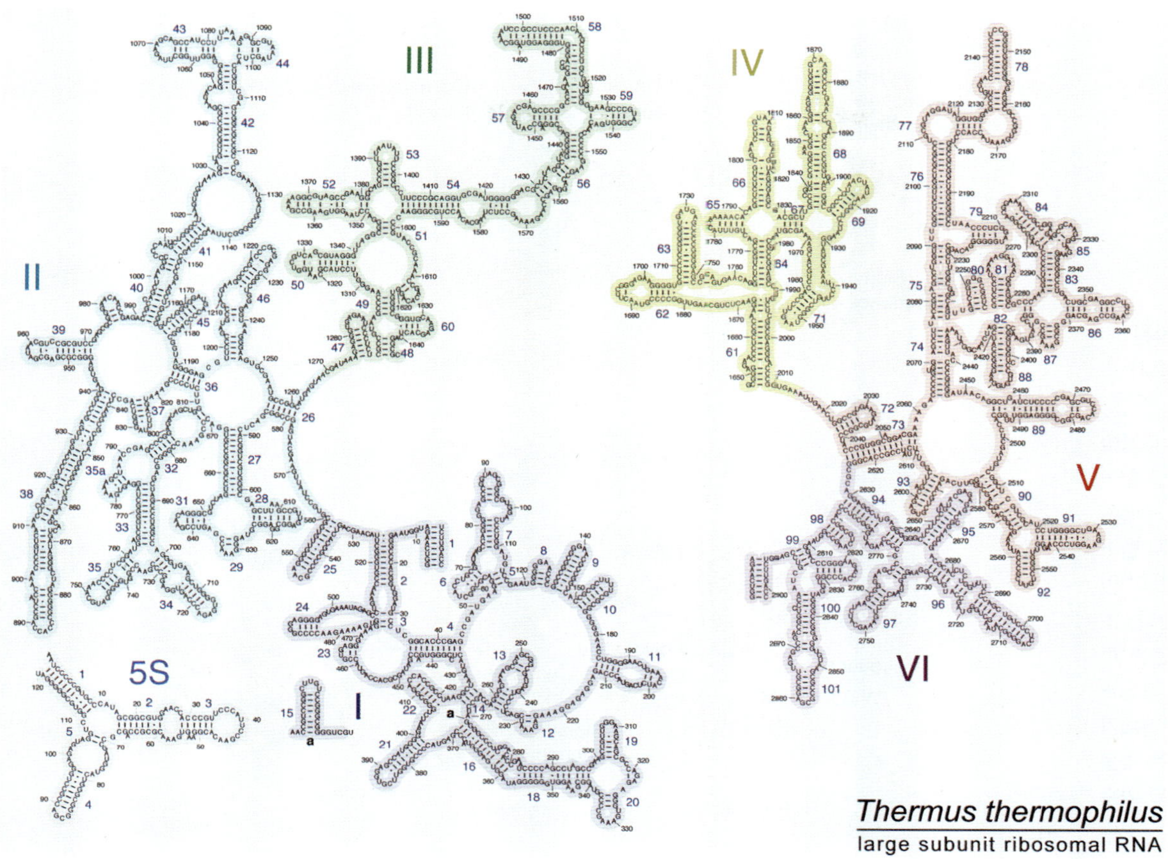

그림 12.18 대장균 23S rRNA의 2차 구조 모델.
펩티딜기 전달효소 부위는 도메인 V에 위치하고, 촉매 반응에 대한 기질이 위치하는 곳이다. (출처: Harry Noller, The Center for Molecular Biology of RNA at University of California, Santa Cruz; http://rna.ucsc.edu/rnacenter/ribosome_images.html.)

호하고, 보다 효율적인 구조로 rRNA가 접히도록 도울 뿐만 아니라, 효과적이고 정확한 단백질 합성이 일어나도록 공헌한다. 예로서, L27은 촉매 반응의 활성자리브다 펩티딜기 전달효소 중심부에 tRNA가 잘 위치하게 하여 펩티드 결합 형성에 기여한다. 더욱이 *Escherichia coli* 50S 소단위체에서 단백질 L4와 L22의 확장된 내부 고리는 새로 합성된 폴리펩티드 사슬을 방출하거나 그들의 이동을 조절하는 터널 부분과 연결된다.

리보솜 터널에서의 반응

리보솜의 주요 특징 중의 하나는 펩티딜기 전달효소 활성자리에서 펩티드 출구까지 큰 소단위체를 통해 새로 만들어진 단백질이 이동할 수 있는 100 Å 긴 터널(tunnel)이다(그림 12.14 참조). 냉동 전자현미경 사진에 의한 3차원 구조를 보면, 번역이 일어나고 있는 리보솜의 터널은 원래 생각했던 것 보다 좁은 통로가 아닐 수 있음을 알 수 있다. 이 터널은 폴리펩티드가 기본적인 구형 구조로 접히기 시작하면 확장할 수 있는 역동적인 구조이다. 그러나 초기 폴리펩티드의 3차 구조로의 접힘은 폴리펩티드의 상호작용 영역이 세포질에 노출된 후에만 시작할 수 있다. 놀라운 발견에서, 연구진은 세포질에서 단백질 복합체로의 폴리펩티드 소단위체의 번역, 접힘 및 조립이 조절된 공동 번역 과정이라는 것을 발견했다. 다시 말해서, 아미노아실-tRNA 합성효소와 같은 단백질 복합체는 단백

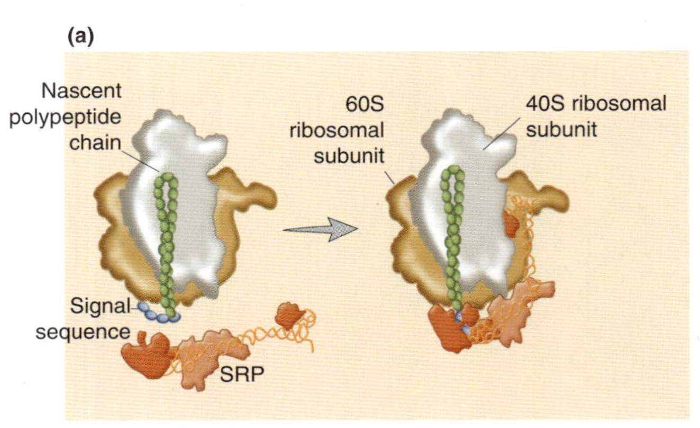

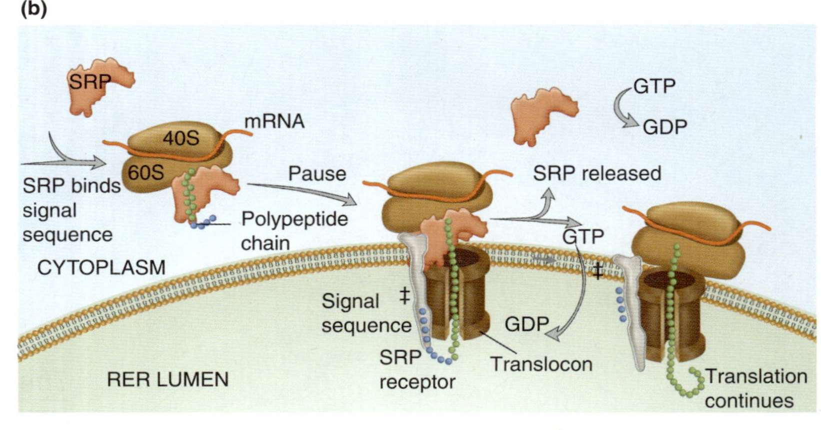

그림 12.19 리보솜에서 거친 소포체(RER) 내강으로의 동시 번역 전위 경로.
(a) 신호 인식 단백질(SRP)은 리보솜과 상호작용한다. 펩티드 터널 출구에서 소단위체 간 공간의 EFS(elongation factor-binding site)까지 뻗어 있으며, 연장 인자들과 경쟁하여 연장 정지(일시중지)를 유발한다. 초기 폴리펩티드 ER 신호 서열은 파란색으로 표시된다. (b) SRP 및 SRP 수용체는 리보솜–mRNA 복합체가 RER 트랜스로콘으로 전달되는 것을 제어하기 위해 GTP의 모집 및 가수분해 주기를 사용한다.

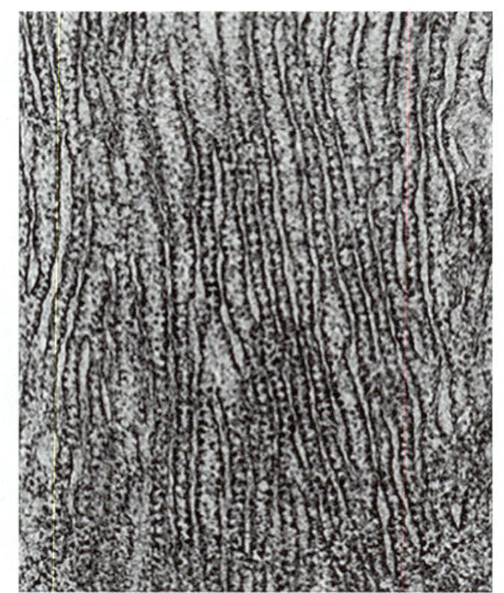

그림 12.20 조면 소포체(RER)의 전자현미경 사진.
RER은 분비된 단백질 합성에서 주된 역할로 인해 췌장 포상 세포에 특히 풍부하다. RER 막의 표면에는 수많은 리보솜(작은 구체)이 있다. 그들은 ER에 세분화된 모양을 부여하고 "거친" ER이라는 이름을 얻었다. (출처: Photograph courtesy of Evguenia Orlova, College of William and Mary.)

질의 소단위체 중 적어도 하나가 아직 만들어지는 동안에도 동시에 조립된다. 동시 번역 어셈블리를 위해 서로 다른 단백질 소단위체가 어떻게 결합되는지는 아직 밝혀지지 않았지만, 그 메커니즘은 mRNA를 근접하게 만드는 RNA-결합 단백질을 포함할 수 있다.

리보솜 터널의 구성 요소는 새로 만들어진 폴리펩티드가 필요한 것을 감지하거나 그 다음 과정으로 폴리펩티드를 연결한다. 예로, 신호인지입자(signal recognition particle, SRP)는 분비 및 통합 막 폴리펩티드를 합성하는 세포질 리보솜에 결합하는 라이보핵산단백질(ribonucleoprotein)이다(그림 12.19). 내막 시스템으로 들어갈 예정인 폴리펩티드는 N-말단 신호 서열을 가지며, 일반적으로 16~30개 아미노산 잔기 길이로 조면 소포체(RER)를 표적으로 하는 분자 "우편 번호"로 작용한다(그림 12.20). SRP는 리보솜 터널 출구에서 두 리보솜 소단위체의 경계면까지 뻗어 있는 막대 모양의 복합체이다(그림 12.19 참조). SRP는 2개의 도메인, 즉 7S RNA 구성성분을 포함하는 알루(*Alu*) 도메인과 S 도메인으로 구성되어 있다. 초기 폴리펩티드의 신호 서열에 대한 S 도메인의 결합은 *Alu* 도메인이 리보솜의 연장 인자–결합자리와 접촉하도록 하고 리보솜이 멈춘다. SRP-리보솜 복합체는 RER 막의 SRP–수용체를 표적으로 한다. SRP 방출 후 번역이 재개되면, 초기 폴리펩티드는 RER 막으로 통합되거나 Sec 트랜스로콘이라는 채널을 통해 RER 루멘으로 전위되어 내막 분비 경로를 통해 처리된다.

SRP는 단지 리보솜-초기 사슬 복합체와 결합하는 고분자 인자 중 하나이다. 대장균 **촉발 인자(trigger factor)**는 새로 합성된 폴리펩티드 사슬이 정확한 3차원적 접힘을 유지하게 도와주는 리보솜-결합 분자 샤페론(chaperone)의 한 예이다. 촉발 인자는 "웅크리고 있는 용처럼 출구 위로 몸을 굽히고" 초기 폴리펩티드를 위한 보호된 접힘 공간

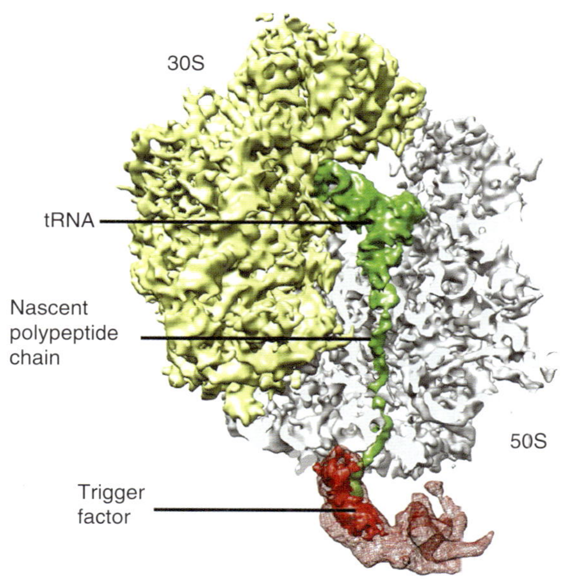

그림 12.21 대장균 촉발 인자. 펩티드 출구 터널을 따라 리보솜 조각에 결합된 촉발 인자의 Cryo-EM 구조. (출처: Deeng et al. 2016. Journal of Molecular Biology 428: 3588–3602. © Elsevier.)

을 만든다. 초기 폴리펩티드 사슬이 리보솜 터널에서 나올 때 촉발 인자는 소수성 영역과 상호작용하여 응집으로부터 보호한다(그림 12.21). 촉발 인자는 펼쳐진 또는 부분적으로 접힌 폴리펩티드의 잘못된 접힘을 방지할 뿐만 아니라, 다중 도메인을 가진 단백질에서 이미 접힌 구조의 변성을 차단한다.

12.6 번역의 종결

리보솜 펩티딜기 전달효소 중심부는 단백질 합성이 진행되는 연장 과정에서 펩티드 결합 형성을, 종결 과정에서는 새로 합성된 펩티드를 방출하는 2가지 중요한 반응에 관여한다. 번역의 종결은 리보솜 A-자리에 정지 코돈(UAG, UAA, UGA)이 나타나면 일어난다. 이 과정의 마지막 결과는 P-자리 tRNA와 연결된 폴리펩티드의 에스터 결합을 가수분해함으로써 완성된 폴리펩티드를 방출하는 것이다(그림 12.22).

리보솜에서 단백질 합성의 종료는 2개의 **방출 인자(release factor, RF)** class를 필요로 한다. class 1 인자는 정지 코돈을 해독하고, class 2 인자는 class 1 방출 인자의 활성을 자극하는 GTPase이다. 정지 코돈이 리보솜 A-자리에 들어가면, 방출 인자 1(eRF1)에 의해 인지된다. 진핵생물은 1개의 class 2 방출 인자, eRF3을 가지고 있다. eRF3의 역할은 펩티딜-tRNA 가수분해 후 리보솜으로부터 eRF1의 방출을 유도하는 것이다. 원핵생물에서 GDP-결합된 RF3가 class 1 방출 인자에 결합하고, 이어서 GDP에서 GTP의 교환 반응과 class 1 방출 인자의 해리가 일어난다. GTP 가수분해는 RF3의 방출을 유도한다. mRNA의 정지 코돈이 어떻게 이러한 방출 인자들에 의해 인지되는가? 최근, 박테리아 리보솜에 대한 구조 연구에서 정지 코돈은 RF1의 도메인(reading head)에 있는 β–sheet와 16S rRNA를 가진 3개의 주요한 뉴클레오티드 사이의 상호작용에 의해 형성된 주머니를 인지한다는 결과를 제시하였다. 해독자리에서 16S rRNA와의 상호작용은 tRNA 선택 과정에서 일어나는 것과 유사하다.

단백질 합성의 마지막 단계에서는 완성된 폴리펩티드의 분비, E 자리로부터 tRNA의 배출,

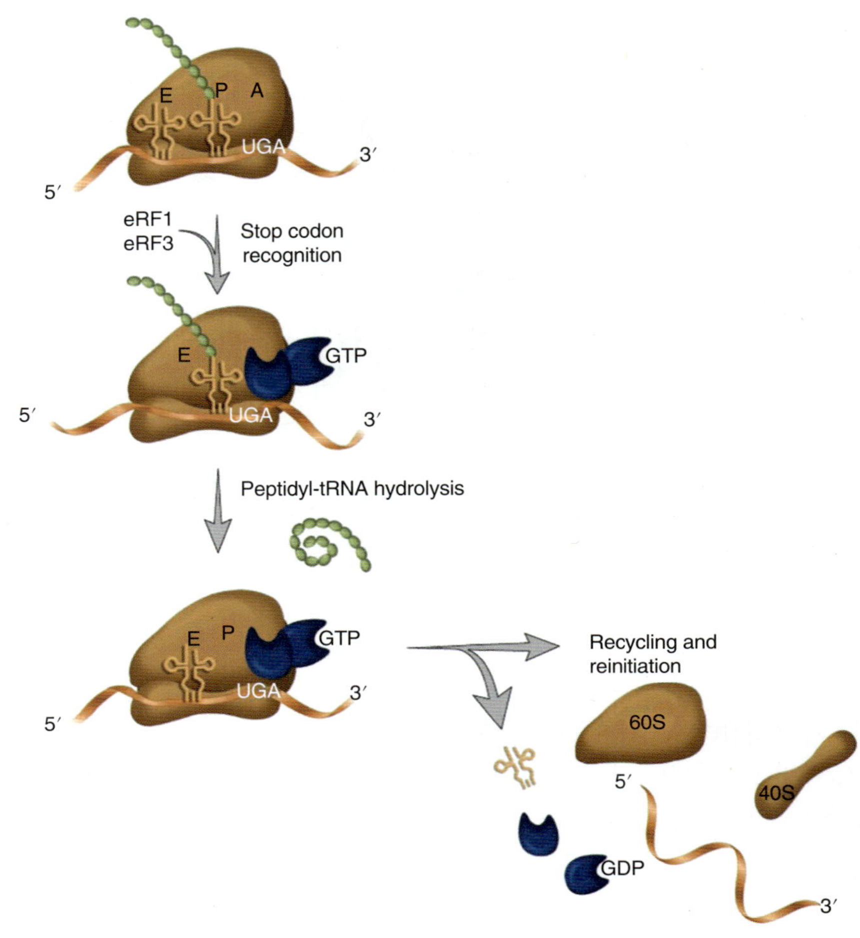

그림 12.22 진핵생물 번역의 종결.
정지 코돈은 진핵세포 방출 인자 1(eukaryotic release factor 1, eRF1)과 eRF3의 결합에 의해 인지된다. 완성된 폴리펩티드는 펩티딜-tRNA로부터 잘려나가고, tRNA의 방출, mRNA에서 리보솜의 해리 및 40S와 60S 소단위체의 해리가 연속적으로 일어난다. GTP 가수분해는 eRF1과 eRF3의 방출을 유도한다.

mRNA에서 리보솜의 해리 및 40S와 60S 소단위체의 해리 등이 일어난다. 그런 다음, 리보솜 하위 단위는 다른 개시 단계에서 사용할 수 있게 재활용된다.

12.7 번역 및 번역 후 조절

진핵생물의 유전자 발현 조절 메커니즘은 전사의 개시 부분에 대해 중점적으로 연구되었고(9장 참조), 그 다음으로 특정 mRNA의 운명과 연관된 전사 후 조절 과정(11장 참조)에 대한 연구들이 진행되고 있다. 특히, 환경적 스트레스에 반응하는 유전자의 번역 조절에 대한 연구 결과가 증가하고 있다. 환경적 스트레스는 DNA 손상, 온도에 의한 쇼크, 저산소증 혹은 활성산소 스트레스 및 영양물질 고갈 등이 있다. 세포는 이러한 스트레스에 대해 전반적으로 단백질 합성을 멈추고 빠르게 대응한다. 일반적으로, 이것은 43S 복합체가 mRNA와 결합하는 것을 막거나 혹은 삼원 복합체의 양을 감소시킴으로써 일어나게 된다. eIF2(그림 12.9 참조)에 의한 번역의 조절은 단백질 합성 단계에서 진핵생물 유전자 발현 조절이 일어난다는 것을 설명하는 첫 번째 예인데, 여전히 많은 연구가 필요한 부분이다. eIF2에 의한 번역 조절의 근본적인 메커니즘은 출아효모에서 포유류까지 공통적으로 일어나는 현상이다. 그 메커니즘을 통해 우리는 단백질 인산화와 단백질 변형이 번역 후 조절에 매우 중요하다는 것을 알 수 있었다.

eIF2α의 인산화는 삼원 복합체 형성을 방해한다

저산소증, 바이러스 감염, 아미노산 결핍 및 열 쇼크(heat shock) 등의 다양한 스트레스는 eIF2의 α-소단위체에 있는 51번 세린(Ser51)의 인산화를 유도함으로써 번역을 억제한다. 이 인산화는 eIF2B에 의해 촉매되는 eIF2 복합체에 대한 GDP에서 GTP로의 전환을 저해하고, 삼원 복합체(ternary complex) 형성을 방해한다(그림 12.23; 그림 12.9 참조).

eIF2α의 인산화는 대부분의 mRNA의 번역을 억제하지만 몇몇 예외적인 경우가 있다. 번역되지 않는 많은 mRNA는 스트레스 과립과 처리체, 세포질, 상 분리에 의해 형성된 막 없는 세포 소기관에 격리된다(4장 참조). 세포가 스트레스에서 회복되면 스트레스 동안 세포질에 남아 있던 mRNA와 유사하게 mRNA가 방출되고 번역 또는 분해를 겪는다. 번역의 전체적인 억제에는 몇 가지 예외가 있다. 여기서 인산화는 스트레스에 적응하고 번역을 회복하는 기능을 하는 단백질을 암호화하는 선택된 mRNA의 번역을 향상시킨다. 예로, 효모의 전사 활성 인자(transcriptional activator) GCN4와 포유류의 활성 전사 인자(activating trasnscription factor 4, ATF4)는 스트레스를 받는 동안 단백질 합성이 증가한다. 이러한 mRNA의 5′ 부위에는 다수의 상류열린판독틀(upstream open reading frames, uORFs), 즉 GCN4에 4개와 ATF4에 2개를 가지고 있다. 각 uORFs는 그 자신의 AUG와 정지 코돈을 가진다. 상류의 AUGs는 비인산화된 eIF2α에 의해 종결되지만 유전자 암호화 부위(gene-coding region)에 근접해 있는 AUG는 인산화된 eIF2α에 의해 보다 빈번하게 단백질 합성을 시작한다. 이와 유사하게, GADD34 mRNA의 번역도 인산화된 eIF2α에 의해 증가한다. GADD34는 단백질 인산염분해효소 1(protein phosphatase 1, PP1)의 촉매 소단위체에 결합하여 스트레스가 복구되는 동안 eIF2α의 탈인산화를 증진시킨다.

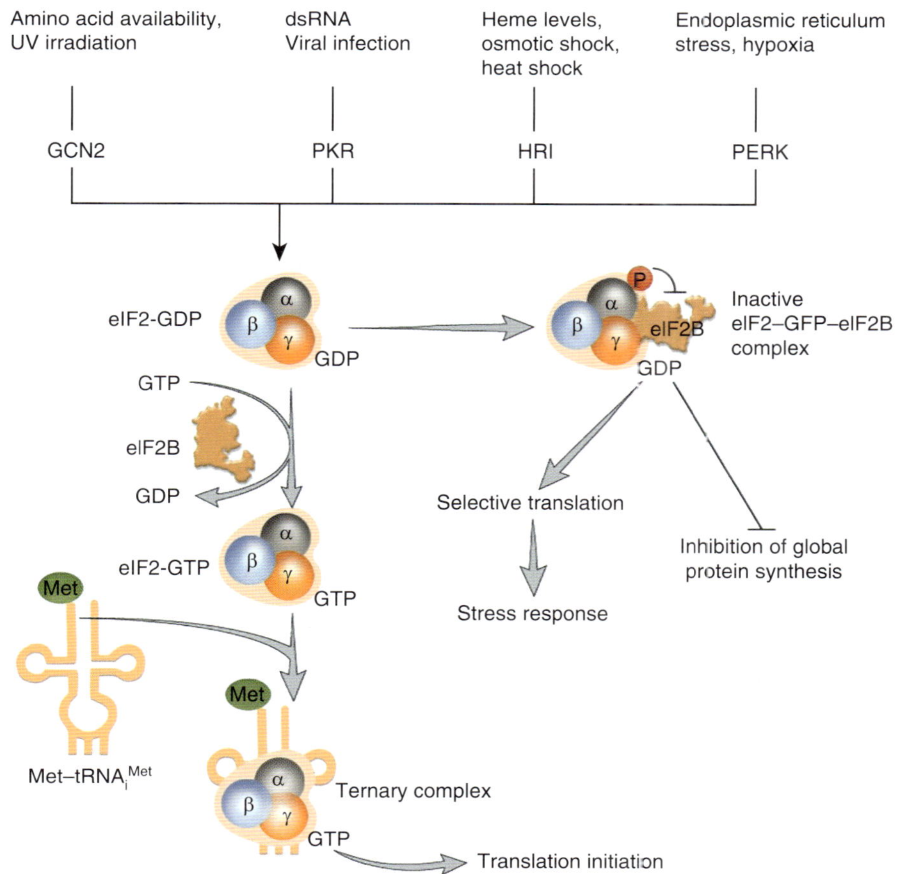

그림 12.23 진핵생물 개시 인자 2α(eukaryotic initiation factor 2α, eIF2α)의 인산화에 의한 번역 조절. 4개의 다른 단백질 인산화효소가 다양한 스트레스에 의해 활성화된다: GCN2, PKR, HRI 및 PERK. 인산화효소에 의한 eIF2α의 인산화는 뉴클레오티드 교환 인자 eIF2B의 해리속도를 감소시켜 GTP–GDP 교환을 억제한다. 이는 결과적으로 삼원 복합체 형성을 방해해 번역을 억제하게 한다. 세포는 스트레스 상황에 적응하는 데 필요한 일부 mRNA의 선택적 번역은 계속 진행한다. ER, endoplasmic reticulum(소포체).

eIF2α 인산화는 4개의 단백질 인산화효소에 의해 일어난다

eIF2α 인산화는 포유류에서 4종류의 단백질 인산화효소에 의해 일어난다: heme-regulated inhibitor kinase(HRI), protein kinase RNA(PKR), PKR-like endoplasmic reticulum kinase(PERK) 및 general control non-depressible 2(GCN2). 이 단백질 인산화효소의 인산화효소 도메인은 상호 간에 유사성이 매우 높고, 공통된 번역 조절 과정을 통해 다양한 스트레스에 반응한다(그림 14.23 참조). 번역 조절에 관여하는 다양한 신호전달 경로는 PKR과 HRI의 작용을 통해 효과적으로 설명할 수 있다.

PKR은 바이러스의 이중나선 RNA(double-strand RNA, dsRNA)에 의해 활성화되고, 활성화는 효소의 이합체 형성을 촉진한다. 이합체가 된 촉매 도메인의 Thr446 잔기는 자가인산화(autophosphorylation)되고, 인산화효소의 기능적 활성화를 촉진시킨다. 자가인산화는 PKR의 효소 활성을 증가시키고, 기질인 eIF2α와 특이적으로 반응하기 위해 필요하다. 활성화된 구조의 PKR은 eIF2α에 결합하고, 개시 인자의 51번 세린을 인산화시킨다(그림 12.24). X-선 구조 결정에 의하면, PKR의 촉매 도메인은 단백질 인산화효소에서 전형적으로 볼 수 있는 2개의 구로 구성되어 있다. 작은 N-말단 구와 큰 C-말단 구는 짧은 요체에 의해 연결되어 있다. eIF2α는 PKR의 C-말단 촉매구에

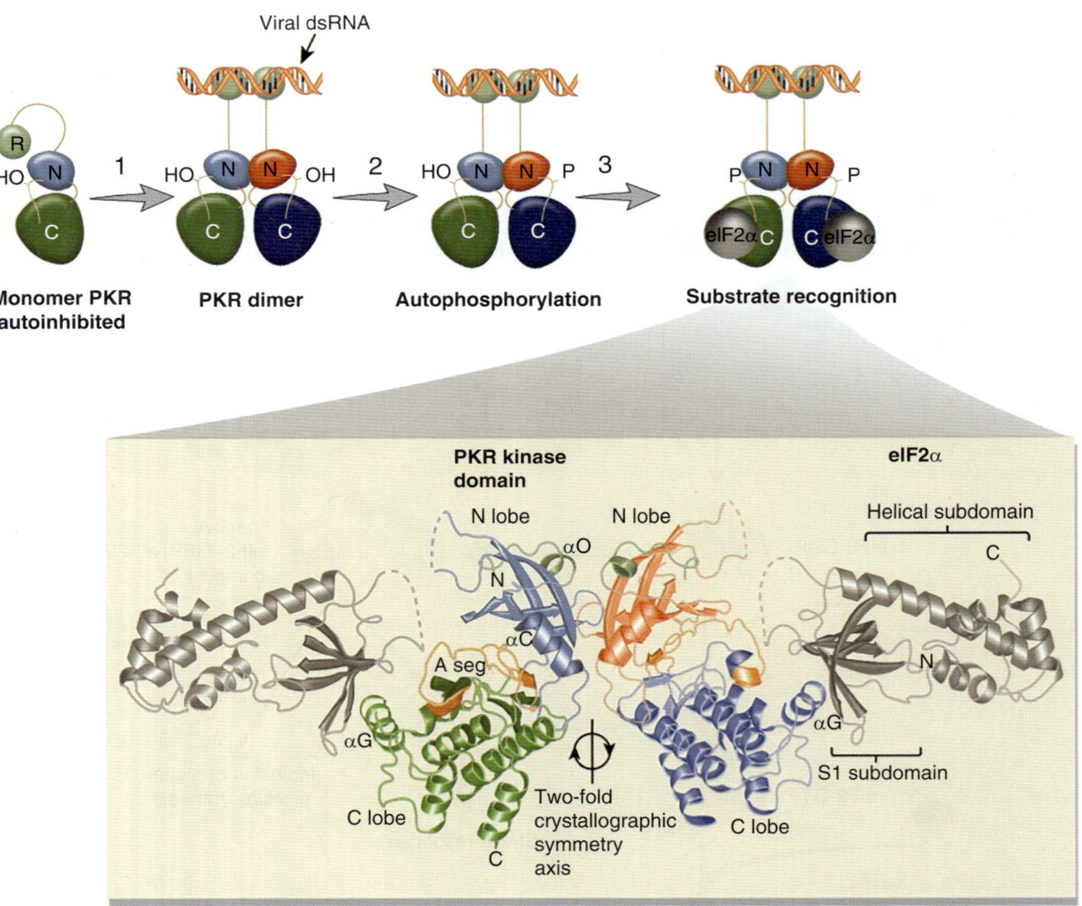

그림 12.24 단백질 인산화효소 RNA(Protein kinase RNA, PKR) 활성화 경로 모델.
PKR의 RNA-결합 도메인(R)의 N-말단 부위, N-말단 구(lobe) 인산화효소 도메인, C-말단의 구를 보여주고 있다. PKR은 3단계를 거쳐 활성화된다. (출처: Adapted from Dey et al. 2005. *Cell* 122:901–913.) (확대 그림) PKR–eIF2α 복합체의 리본 구조. 모델화되지 않은 부분은 점선으로 보여준다. (출처: Adapted from Dar et al. 2005. *Cell* 122:887–900. © 2005, Elsevier.)

결합하지만, 촉매-도메인 이합체 형성은 N-말단구에 의해 일어난다. PKR과의 결합은 eIF2α 세린 51(Ser51) 잔기의 지엽적인 풀림을 유도하고, 촉매 틈에 인산화 부위가 오게 한다.

생화학적 연구에 의하면, 유전자 발현의 조절과 번역 조절 사이에는 어떤 연관성이 있는 것으로 보인다. 연구자는 시험관 내 연구에서 얻은 결과의 생리학적 중요성을 입증하기 위해 생체내(*in vivo*) 연구에 적용하고 있다. 번역 조절의 생리학적 중요성에 대한 직접적인 증거는 HRI을 암호화하는 유전자를 파괴한 생쥐에 대한 연구로부터 얻을 수 있었다. HRI은 적혈구(erythroid cell)에서 주로 발현되고, 2개의 헴-결합 도메인(heme-binding domain)을 가지고 있어 헤모글로빈의 헴에 의해 활성화된다. $HRI^{-/-}$ 유전자 제거 생쥐(knockout mice) (자세한 설명을 위해서는 13장 참조)를 이용한 연구는 글로빈 유전자 발현 조절과 적혈구계 세포의 생존 조절에서 HRI의 중요성을 입증하였다. 이것을 어떻게 증명하였을까?

연구자는 $HRI^{+/+}$와 $HRI^{-/-}$ 생쥐에서 적혈구를 각각 분리하여, [^{35}S]메티오닌으로 표지하였다. 매 15분 간격으로 시료를 취해 전기영동과 autoradiography를 수행하여 글로빈 단백질 합성 속도를 분석하였다(14장의 연구법 참조). 그 결과는 그림 12.25의 가장 윗 패널에서 보여주고 있다. 글

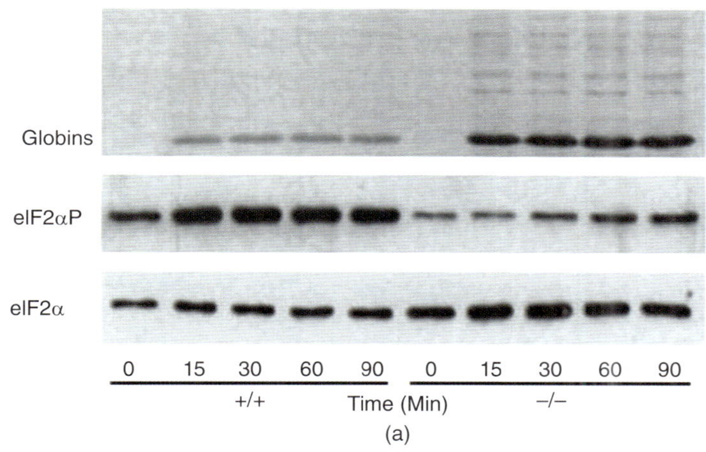

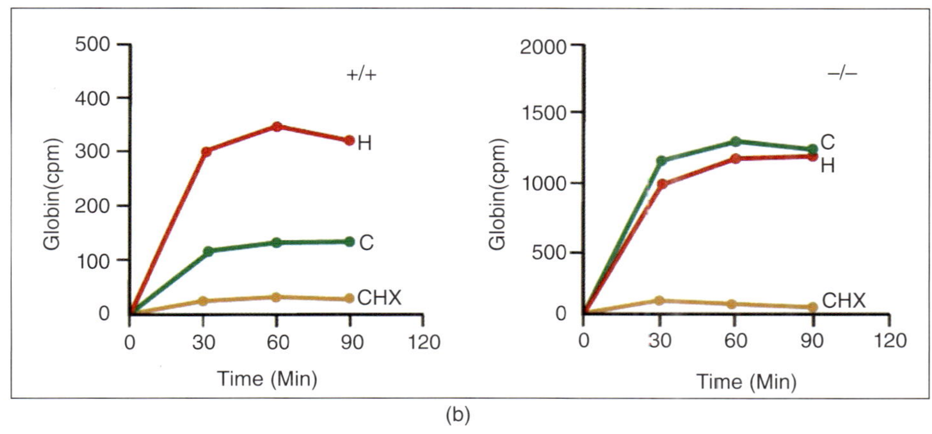

그림 12.25 $HRI^{-/-}$ 유전자 제거 생쥐의 망상적혈구에서 단백질 합성과 eIF2α 인산화.
(a) $HRI^{+/+}$와 $HRI^{-/-}$ 생쥐에서 분리한 망상적혈구(적혈구 세포의 전구체)에서 글로빈 단백질 합성(위), eIF2α (eIF2αP)의 인산화 정도(가운데)를 비인산화된 eIF2α(아래)와 웨스턴 블롯 분석법을 이용하여 비교하였다. (b) $HRI^{+/+}$ 혹은 $HRI^{-/-}$에서 분리한 망상적혈구를 hemin (H) 혹은 cycloheximide(CHX)가 있는 상태에서 [35S]메티오닌과 반응하였다. 아무것도 처리하지 않은 망상적혈구를 대조군으로 하였다(C). 시료를 매 30분마다 취하였고, 글로빈 합성을 분석하였다. (출처: Reprinted from Han et al. 2001. *EMBO Journal* 20:6909–6918. © 2001 © John Wiley & Sons.)

로빈 단백질에 해당하는 밴드는 $HRI^{-/-}$ 생쥐에서 더 두꺼운 것을 알 수 있었다. 다음 단계로 연구자는 eIF2α의 인산화를 eIF2α의 인산화에 대해 특이적으로 반응하는 항체를 이용한 웨스턴 블롯(Western blot) 분석법으로 분석하였다. 그림 12.25a의 가운데 패널에서 보여주듯, eIF2α의 인산화는 $HRI^{+/+}$ 생쥐보다 $HRI^{-/-}$ 생쥐에서 뚜렷하게 감소되어 있었다. 적은 양의 인산화된 eIF2α가 보이는 것은 PKR과 같은 다른 인산화효소에 의한 인산화 결과이다. 두 종류의 생쥐에서 전체적인 eIF2α의 양적 차이를 관찰할 수 없었다.

연구자는 $HRI^{+/+}$와 $HRI^{-/-}$ 생쥐로부터 분리한 적혈구를 hemin 혹은 cycloheximide가 존재하는 상태에서 [^{35}S]메티오닌과 함께 반응시켰다. Hemin은 heme의 Fe^{3+} 산화 산물이다. 이때 아무것도 처리하지 않은 적혈구를 대조군으로 사용하였다. 매 30분 간격으로 시료를 취해 글로빈 합성을 분석하였다. 단백질은 SDS−PAGE로 분리하고, 나이트로셀룰로오스 막에 옮긴 후 autoradiography를 실시하였다. 그 결과 $HRI^{-/-}$ 생쥐로부터 취한 적혈구는 헴-의존적 글로빈 합성이 심각하게 감소되어 있었고, hemin을 첨가하여도 단백질 합성은 증가하지 않았다. 이와 대조적으로 $HRI^{+/+}$ 생쥐로부터 얻은 적혈구는 대조군과 비교하여 글로빈 합성이 약 208% 증가되었다. 두 생쥐 모두에서 번역의 연장을 억제하는 cycloheximide가 존재할 때 단백질 합성은 HRI-비의존적으로 억제되어 있었다.

글로빈 합성은 매우 엄격하지만, 이런 생쥐를 이용한 연구만으로는 번역의 조절을 설명하기에 부족할 것이다. 정상 생쥐에서, 세포내 헴 농도가 감소했을 때, HRI는 활성화되고 eIF2α는 인산화된다. 과량의 헴이 존재할 때도 글로빈 합성을 억제한다. Fe^{2+}이 부족한 $HRI^{-/-}$ 생쥐는 대부분의 eIF2α가 비인산화되어 있다. $HRI^{-/-}$ 생쥐에서 α-와 β-글로빈의 합성은 지속적으로 일어난다. 번역 조절에도 불구하고, 적혈구 세포에서 글로빈의 응집, 빈혈, 가속화된 골수와 비장에서의 세포자멸사를 초래한다.

장 요약

단백질 합성은 리보솜에서 일어난다. 리보솜은 리보솜 RNA로 2개의 큰 소단위체와 작은 소단위체 및 다수의 리보솜 단백질로 구성되어 있다. 펩티딜기 전달효소 중심부는 큰 소단위체에 있다. mRNA의 해독은 작은 소단위체에서 일어난다. 리보솜에는 두 소단위체를 연결하는 3개의 tRNA-결합자리, A(수용체: acceptor), P(펩티딜: peptidyl) 및 E(출구: exit)자리가 있다.

진핵생물의 큰 리보솜 소단위체와 작은 리보솜 소단위체는 핵소체에서 모인다. 핵소체에서는 RNA 중합효소 I에 의해 45S pre-리보솜(pre-ribosomal) RNA의 전사가 일어난다. 45S pre-rRNA는 가공 과정을 거쳐 28S rRNA, 18S rRNA 및 5.8S rRNA를 만든다. 28S rRNA, 5.8S rRNA와 5S rRNA(RNA 중합효소 III에 의해 전사)는 리보솜 단백질과 결합하여 큰 소단위체를 형성한다. 18S rRNA와 결합 단백질은 작은 소단위체를 형성한다. 조립이 완료되면, 40S와 60S 소단위체는 세포질로 방출된다.

아미노아실-tRNA 합성효소는 2가지 효소반응 단계를 거쳐 적절한 아미노산과 tRNA를 고효율로 연결한다. 일차적으로, AMP가 아미노산에 결합하고, 그 다음 단계로 아미노산이 tRNA의 3′ 말단으로 이동한다. 각 아미노아실-tRNA 합성효소는 상보적인 안티코돈을 포함하는 tRNA와 특정 아미노산을 정확히 연결한다. 아미노아실-tRNA 합성효소의 교정 활성은 tRNA로 전달되기 전-후에 일치하지 않는 아미노산을 가수분해한다.

번역의 개시 단계는 4개의 과정으로 나눌 수 있다. 첫 번째는 장전되지 않은 $tRNA^{Met}$가 메티오닐-tRNA 합성효소에 의해 메티오닌으로 장전되고, 아미노아실-tRNA는 개시 인자 eIF2와 결합하여 삼원 복합체를 형성한다. 이 복합체는 40S 리보솜 소단위체와 결합하여 43S 복합체를 만든다. mRNA의 5′ cap과 3′ 다중(A) 꼬리는 그들 사이의 교량 역할을 하는 eIF4G에 의해 연결되어 막힌 고리를 만든다. 세포내 일부 mRNA는 리보솜이 내부 리보솜 유입자리(internal ribosome entry site, IRES)에 의해 직접적으로 끌고 오는 5′ cap-비의존적인 방식으로 번역된다. 두 번째로, 다른 개시 인자 eIF4G/E와 결합한 mRNA는 43S 복합체에 실린다. Toeprinting(primer extension inhibition) 분석을 통해 AUG 인지에 필요한 개시 인자들을 확인할 수 있었다. 세 번째로, 40S 소단위체는 AUG 개시 코돈을 찾아내고, 개시 인자는 GTP 가수분해를 거쳐 방출된다. 네 번째로, 60S 소단위체는 40S 소단위체와 결합하여 80S 리보솜 개시 복합체를 만든다. 이 과정에서 두 번째 GTP의 가수분해가 필요하다.

단백질 합성의 연장 과정 중 아미노아실-tRNA는 GTP-결합형의 eEF1A와 복합체를 형성하여 A-자리로 이동한다. 아미노아실-tRNA가 해독이 일어나는 수용체(A) 자리에 들어온다. tRNA 선택은 초기 선택(initial selection)과 교정(proofreading)의 2단계로 구성되어 있다. 두 단계는 비가역적인 GTP 가수분해에 의해 구분된다. 삼원 복합체 내에 정확한 tRNA가 있을 때, 초기 선택 단계는 보다 빠르게 일어나고 GTP 가수분해는 A-자리에서 tRNA를 방출한다. 펩티드 결합이 일어나는 부위는 50S 큰 리보솜 소단위체의 중심 돌기(central protuberance)의 기저에 위치하고 있다. 펩티딜기 전달효소 활성은 P-자리에 있는 펩티딜-tRNA를 A-자리에 있는 다른 tRNA의 에스터화한 아미노산과 폴리펩티드 사슬을 형성하여 자리옮김하게 한다. tRNA와 mRNA가 이동하고, 다음 코돈이 A-자리로 움직이는 과정이 반복된다. 자리옮김은 eEF2에 의해 일어나며 GTP 가수분해가 필요하다.

구조와 생화학적 분석을 통해 리보솜이 하나의 리보자임이라는 것이 입증되었다. 23S rRNA만이 펩티드 결합 형성을 촉매할 수 있고, 리보솜의 주된 기능은 rRNA를 만드는 것이다. 단백질은 활성자리의 주변에 위치한다. 리보솜에 의한 펩티드 결합 형성 속도 증가는 화학적 촉매보다 활성화 자리 내에 23S rRNA의 존재에 기인한다. 펩티딜기 전달효소 중심부에 있는 특정 뉴클레오티드는 종결되는 동안 펩티드 방출을 촉매한다.

리보솜 터널(tunnel)에서 나온 단백질은 다른 인자들과 결합한다. 신호인지 입자(signal recognition particles, SPR)는 소포체까지 운반되는 신호서열을 가진 폴리펩티드를 리보솜에 결합한다. SRP와 SRP 수용체는 소포체 트랜스로콘까지 리보솜–mRNA 복합체의 운반을 조절하기 위해 GTP 가수분해를 이용한다. 세균 촉발 인자는 새로 합성된 폴리펩티드가 단백질 분해효소에 의해 분해되는 것을 방지하고 펩티드 출구로 나갈 때 뭉치는 것을 막아 주는 역할을 한다.

번역이 종료되는 동안에 정지 코돈은 eRF3와 결합한 방출 인자 eRF1에 의해 인지된다. 완성된 폴리펩티드는 tRNA 방출, mRNA에서 리보솜의 해리 및 40S 및 60S 소단위체의 해리 과정을 거쳐 펩티딜-tRNA로부터 잘려나간다. GTP 가수분해는 eRF1과 eRF3의 방출을 유도한다.

번역의 조절은 진핵생물에서 유전자 조절의 또 다른 부분이다. 번역과 번역 후 조절의 대표적인 예는 eIF2의 인산화이다. 4개의 단백질 인산화효소는 다양한 스트레스 조건에서 활성화된다: GCN2, PKR, HR1 및 PERK. 예로, 이중나선 RNA는 PKR의 RNA-결합 도메인에 결합하고, 촉매-도메인 이합체 형성을 촉진한다. 촉매-도메인 이합체는 자가인산화를 촉진하고, PKR의 자가인산화는 자체 촉매 활성을 증진시키며, eIF2α의 특이적인 인지에 대해 관여한다. HRI은 낮은 헴 농도에서 활성화된다. 활성화된 HRI은 eIF2α를 인산화하고, 과량의 헴이 있을 때 글로빈의 합성을 억제한다. 인산화효소에 의한 eIF2α의 인산화는 뉴클레오티드 교환 인자 eIF2B의 해리 속도를 감소시킴으로써 GDP-GTP 교환을 방해한다. 이는 삼원 복합체 형성을 저해하므로 번역이 억제된다. 스트레스 조건에 적응하기 위해 필요한 일부 mRNA의 선택적 번역은 계속된다.

분석 질문

분석, 발견 및 실제 데이터 질문에 대한 해답은 부록을 참조하시오.

1 pre-40S 소단위체의 일부인 리보솜 단백질의 합성 부위에서 리보솜 소단위체로의 조립까지 경로를 요약하시오.

2 구아닌 뉴클레오티드 교환 인자(guanine nucleotide exchange factor)를 저해하는 eIF2의 작용 효과는 무엇인가? eIF2가 인산화된다면 결과는 다르게 나타날까?

3 단백질만이 효소라는 것에 대한 회의적인 생각. 리보솜이 리보자임이라는 것을 증명하는 X-선 구조 결정과 생화학적 증거를 논하시오.

발견 질문

그림 12.9 GTP 가수분해와 뉴클레오티드 교환의 차이점을 설명하시오.

그림 12.11 리보솜이 다른 주기를 시작할 준비가 되면, CAC 코돈이 위치한 A 자리에 어떤 tRNA와 해당 아미노산이 들어갈까(그림 왼쪽 참조)?

실제 데이터 질문

그림 12.16 단백질이 펩티딜트랜스퍼레이즈 활성에도 필요하다면 단편 반응의 결과가 어떻게 달라질지 예측하시오.

그림 12.25 HRI의 녹아웃이 글로빈 합성에 영향을 미치지 않을 경우 가능한 결과를 보여주는 그래프를 그리시오.

참고문헌

Abbot, C.M. and Proud, C.G. (2004). Translation factors: in sickness and in health. *Trends in Biochemical Sciences* 29: 25–31.

Ameismeier, M., Cheng, J., Berninghausen, O., and Beckmann, R. (2018). Visualizing late states of human 40S ribosomal subunit maturation. *Nature* 558: 249–253.

Ban, N., Nissen, P., Hansen, J. et al. (2000). The complete atomic structure of the large ribosomal subunit at 2.4 A resolution. *Science* 289: 905–920.

Behrmann, E., Loerke, J., Budkevich, T.V. et al. (2015). Structural snapshots of actively translating human ribosomes. *Cell* 161: 845–857.

Ben-Shem, A., Jenner, L., Yusupova, G., and Yusupov, M. (2010). Crystal structure of the eukaryotic ribosome. *Science* 330: 1203–1209.

Blight, S.K., Larue, R.C., Mahapatra, A. et al. (2004). Direct charging of $tRNA_{CUA}$ with pyrrolysine *in vitro* and *in vivo*. *Nature* 431: 333–335.

Cochella, L. and Green, R. (2005). An active role for tRNA in decoding beyond codon:anticodon pairing. *Science* 308: 1178–1180.

Dar, A.C., Dever, T.E., and Sicheri, F. (2005). Higher-order substrate recognition of eIF2α by the RNA-dependent protein kinase PKR. *Cell* 122: 887–900.

Daviter, T., Murphy, F.V. IV, and Ramkrishnan, V. (2005). A renewed focus on transfer RNA. *Science* 308: 1123–1124.

Deeng, J., Chan, K.Y., van der Sluis, E.O. et al. (2016). Dynamic behavior of trigger factor on the ribosome. *Journal of Molecular Biology* 428: 3588–3602.

Desai, V.P., Frank, F., Lee, A. et al. (2019). Co-temporal force and fluorescence measurements reveal a ribosomal gear shift mechanism of translation regulation by structured mRNA. *Molecular Cell* 75: 1007–1019.

Dey, M., Cao, C., Dar, A.C. et al. (2005). Mechanistic link between PKR dimerization, autophosphorylation, and eIF2α substrate recognition. *Cell* 122: 901–913.

Dock-Bregeon, A.C., Rees, B., Torres-Larios, A. et al. (2004). Achieving error-free translation: the mechanism of proofreading of threonyl-tRNA synthetase at atomic resolution. *Molecular Cell* 16: 375–386.

Egea, P.F., Stroud, R.M., and Walter, P. (2005). Targeting proteins to membranes: structure of the signal recognition particle. *Current Opinion in Structural Biology* 15: 213–220.

Ferbitz, L., Maier, T., Patzelt, H. et al. (2004). Trigger factor in complex with the ribosome forms a molecular cradle for nascent proteins. *Nature* 431: 590–596.

Feric, M., Vaidya, N., Harmon, T.S. et al. (2016). Coexisting liquid phases underlie nucleolar subcompartments. *Cell* 165: 1686–1697.

Francklyn, C., Perona, J.J., Puetz, J., and Hou, Y.M. (2002). Aminoacyl-tRNA synthetases: versatile players in the changing theater of translation. *RNA* 8: 1363–1372.

Gilbert, R.J.C., Fucini, P., Connell, S. et al. (2004). Three-dimensional structures of translating ribosomes by cryo-EM. *Molecular Cell* 14: 57–66.

Gould, P.S., Bird, H., and Easton, A.J. (2005). Translation toeprinting assays using fluorescently labeled primers and capillary electrophoresis. *BioTechniques* 38: 397–400.

Gromadski, K.B. and Rodnina, M.V. (2004). Kinetic determinants of high fidelity tRNA discrimination on the ribosome. *Molecular Cell* 13: 191–200.

Halic, M., Becker, T., Pool, M.R. et al. (2004). Structure of the signal recognition particle interacting with the elongation-arrested ribosome. *Nature* 427: 808–814.

Han, A.P., Yu, C., Lu, L. et al. (2001). Heme-regulated eIF2α kinase (HRI) is required for translational regulation and survival of erythroid precursors in iron deficiency. *EMBO Journal* 20: 6909–6918.

Hill, W.E., Dahlberg, A., Garrett, R.A. et al. (eds.) (1990). *The Ribosome: Structure, Function, and Evolution*. Washington: American Society for Microbiology. 678 pp.

Hinnebusch, A.G., Ivanov, I.P., and Sonenberg, N. (2016). Translational control by 5′-untranslated regions of eukaryotic mRNAs. *Science* 352: 1413–1416.

Holcik, M. and Sonenberg, N. (2005). Translational control in stress and apoptosis. *Nature Reviews Molecular Cell Biology* 6: 318–327.

Ibba, M. and Soll, D. (2000). Aminoacyl-tRNA synthesis. *Annual Review of Biochemistry* 69: 617–650.

Kapp, L.D. and Lorsch, J.R. (2004). The molecular mechanics of eukaryotic translation. *Annual Review of Biochemistry* 73: 657–704.

Khatter, H., Myasnikov, A.G., Natchiar, S.K., and Klaholz, B.P. (2015). Structure of the human 80S ribosome. *Nature* 520: 640–645.

Klaholz, B.P., Myasnikov, A.G., and Van Heel, M. (2004). Visualization of release factor 3 on the ribosome during termination of protein synthesis. *Nature* 427: 862–865.

Kobayashi, K., Jomaa, A., Lee, J.H. et al. (2018). Structure of a prehandover mammalian ribosomal SRP-SRP receptor targeting complex. *Science* 360: 323–327.

Krishnamoorthy, T., Pavitt, G.D., Zhang, F. et al. (2001). Tight binding of the phosphorylated α subunit of initiation factor 2 (eIF2α) to the regulatory subunits of guanine nucleotide exchange factor eIF2B is required for inhibition of translation initiation. *Molecular and Cellular Biology* 21: 5018–5030.

Lake, J.A. (1976). Ribosome structure determined by electron microscopy of *Escherichia* coli small subunits, large subunits and monomeric ribosomes. *Journal of Molecular Biology* 105: 131–139.

Laurberg, M., Asahara, H., Korostelev, A. et al. (2008). Structural basis for translation termination on the 70S ribosome. *Nature* 454: 852–857.

Leung, A.K., Andersen, J.S., Mann, M., and Lamond, A.I. (2003). Bioinformatic analysis of the nucleolus. *Biochemical Journal* 376: 553–569.

Liu, K., Maciuba, K., and Kaiser, C.M. (2019). The ribosome cooperates with a chaperone to guide multi-domain protein folding. *Molecular Cell* 74: 310–319.

Namy, O., Rousset, J.P., Napthine, S., and Brierley, I. (2004). Reprogrammed genetic decoding in cellular gene expression. *Molecular Cell* 13: 157–168.

Nissen, P., Hansen, J., Ban, N. et al. (2000). The structural basis of ribosome activity in peptide bond synthesis. *Science* 289: 920–930.

Nitta, I., Kamada, Y., Noda, H. et al. (1998). Reconstitution of peptide bond formation with *Escherichia coli* 23S ribosomal RNA domains. *Science* 281: 666–669.

Noller, H.F., Hoffarth, V., and Zimniak, L. (1992). Unusual resistance of peptidyl transferase to protein extraction procedures. *Science* 256: 1416–1419.

Pestova, T.V. and Kolupaeva, V.G. (2002). The roles of individual eukaryotic translation initiation factors in ribosomal scanning and initiation codon selection. *Genes and Development* 16: 2906–2922.

Pierron, G. and Weil, D. (2018). Re-viewing the 3D organization of mRNPs. *Molecular Cell* 72: 603–605.

Proud, C.G. (2005). eIF2 and the control of cell physiology. *Seminars in Cell and Developmental Biology* 16: 3–12.

Ramakrishnan, V. (2014). The ribosome emerges from a black box. *Cell* 159: 979–984.

Rapoport, T.A., Li, L., and Park, E. (2017). Structural and mechanistic insights into protein translocation. *Annual Review of Cell & Developmental Biology* 33: 369–390.

Raška, I. (2003). Oldies but goldies: searching for Christmas trees within the nucleolar architecture. *Trends in Cell Biology* 13: 517–525.

Roberts, R.B. (ed.) (1958). *Microsomal Particles and Protein Synthesis*. New York: Pergamon Press.

Rodnina, M.V., Beringer, M., and Bieling, P. (2005). Ten remarks on peptide bond formation on the ribosome. *Biochemical Society Transactions* 33: 493–498.

Sachs, M.S., Wang, Z., Gaba, A. et al. (2002). Toeprint analysis of the positioning of translation apparatus components at initiation and termination codons of fungal mRNAs. *Methods* 26: 105–114.

Sanghai, Z.A., Miller, L., Molloy, K.R. et al. (2018). Modular assembly of the nucleolar pre-60S ribosomal subunit. *Nature* 556: 126–129.

Sankaranarayanan, R., Dock-Bregeon, A.C., Romby, P. et al. (1999). The structure of threonyl-tRNA synthetase-tRNA (Thr) complex enlightens its repressor activity and reveals an essential zinc ion in the active site. *Cell* 97: 371–381.

Schmeing, T.M. and Ramakrishnan, V. (2009). What recent ribosome structures have revealed about the mechanism of translation. *Nature* 461: 1234–1242.

Shiber, A., Doring, K., Friedrich, U. et al. (2018). Cotranslational assembly of protein complexes in eukaryotes revealed by ribosome profiling. *Nature* 561: 268–272.

Spriggs, K.A., Buschell, M., and Willis, A.E. (2010). Translational regulation of gene expression during conditions of cell stress. *Molecular Cell* 40: 228–236.

Tschochner, H. and Hurt, E. (2003). Pre-ribosomes on the road from the nucleolus to the cytoplasm. *Trends in Cell Biology* 13: 255–263.

Valle, M., Zavialov, A., Sengupta, J. et al. (2003). Locking and unlocking ribosomal motions. *Cell* 114: 123–134.

Vicens, Q., Kieft, J.S., and Rissland, O.S. (2018). Revisiting the closed-loop model and the nature of mRNA 5′-3′ communication. *Molecular Cell* 72: 805–812.

Wilbertz, J.H., Voigt, F., Horvathova, I. et al. (2019). Single-molecule imaging of mRNA localization and regulation during the integrated stress response. *Molecular Cell* 73: 946–958.

Yao, R.W., Xu, G., Wang, Y. et al. (2019). Nascent pre-rRNA sorting via phase separation drives the assembly of dense fibrillar components in the human nucleolus. *Molecular Cell* 76: 767–783.

Youngman, E.M., Brunelle, J.L., Kochaniak, A.B., and Green, R. (2004). The active site of the ribosome is composed of two layers of conserved nucleotides with distinct roles in peptide bond formation and peptide release. *Cell* 117: 589–599.

C H A P T E R   T H I R T E E N

재조합 DNA 기술과 유전자 변형 생명체

때로는 좋은 생각이 당신이 생각지 않은 곳에서 우연히 당신에게 찾아오기도 한다. 거의 불가능할 것으로 생각되는 우연의 일치, 바보 같으면서도, 행운을 가져다 주는 실수의 조합을 통하여 그와 같이 큰 사건이 1983년 4월의 어느 금요일 저녁, 내가 내 차의 운전대를 쥐고서 북캘리포니아의 레드우드 시골로 달빛의 산을 따라 미끄러지듯 달려갈 때 나에게 찾아왔다. 그 일로 인해 내가 지금은 중합효소 연쇄반응(PCR)이라고 알려진 유전자의 무수한 복사물을 만들 수 있는 과정을 개발하게 되었다.

Kary B. Mullis*, Scientific American *(1990) 262:36.

O U T L I N E

▶ 13.1 서론
▶ 13.2 재조합 DNA 기술의 시작
▶ 13.3 DNA의 절단과 연결
▶ 13.4 분자 클로닝
▶ 13.5 라이브러리 스크리닝과 탐침자
▶ 13.6 제한지도 작성과 RFLP 분석
▶ 13.7 DNA 서열 분석
▶ 13.8 유전자 변형 생명체 기초 소개
▶ 13.9 형질전환 생쥐: 수정란 풋핵 미세주입법
▶ 13.10 생쥐 배아줄기세포의 유전자 표적화
▶ 13.11 CRISPR-Cas 유전자 편집
▶ 13.12 형질전환 동물 기술의 응용
▶ 13.13 핵 이식을 통한 클로닝
▶ 13.14 형질전환 식물

PCR의 결정적인 요소인 *Taq* 중합효소는 옐로우스톤 온천에서 살고 있는 *Thermophilus aquaticus*에서 분리되었다. (Photo © 2005, James H. Bassett.)

13.1 서론

SF 작가들이 가장 좋아하는 주제는 외딴 섬의 비밀 연구소에서 일하는 사악하거나 잘못된 과학자의 유전자 변형 괴물이 탈출하여 혼란을 일으키는 것이다. 고전적인 예는 H.G. Wells의 1896년 소설 *The Island of Doctor Moreau*에 나오는 짐승 같은 사람들이다. 또 다른 예는 거대하고 육식성이며, 독성이 있는 괴물에 대한 내용의 *The Killer Shrews*라는 1959년 영화이다. 종 사이의 유전자 공유와 유기체의 유전자 조작은 한때 터무니 없는 개념처럼 보였다. 다른 개인의 핵 DNA에서 클론을 생성하는 것도 공상과학 소설에서 나올 법한 것이었다. 특히 1978년 영화 *The Boys from Brazil*에서처럼 정글 실험실에서 일어나는 일이라면 더욱 그렇다. 사실, 많은 개별적인 연구의 재조합 DNA 기술로의 이행은 1972년과 1975년 사이에 주로 박테리오파지 람다(lambda, λ)를 연구한 몇몇 연구 집단의 노력에 의하여 이루어졌다. 이 분야의 역사에는 현재 연구자에게 유용한 많은 실험기법의 바탕이 된 기념비적인 발견들이 풍부하다. 형질전환 유기체는 1980년대부터 현실이 되었고, 1980년대 후반에는 유전자 표적에 의한 특정 염기 변화 수준에서 유기체의 유전체를 변경하는 전략이 개발되었으며, 이제 정밀한 유전체 편집 및 핵 이식에 의한 클론 생산이 가능하게 되었다. 이 장에서는 **재조합 DNA 분자(recombinant DNA molecule)**의 시작과 분자생물학자의 **유전자 변형 유기체(genetically modified organisms)** 제작을 포함하여 이러한 강력한 도구를 사용하는 방식을 탐구한다.

13.2 재조합 DNA 기술의 시작

오늘날 대부분의 분자생물학적 기술의 기초는 유전자이다. 유전자는 쉽게 연구하기 위해 분리될 수 있고 증폭될 수 있다. 연구대상 유전자의 분리와 증폭의 한 가지 방법은 유전자를 살아 있는 세포에서 증식할 수 있고, 전달자(vehicle)나 벡터(vector)로 작용하는 다른 DNA 분자에 삽입하여 클로닝하는 것이다. 이와 같이 서로 다르게 유래된 2개의 DNA가 합쳐진 것을 재조합 DNA 분자(recombinant DNA molecule)라고 한다. 교차(crossing-over)와 같은 유전학적 현상이 재조합 DNA를 만들기도 하지만, 일반적으로 재조합 DNA라는 용어는 다른 생물로부터 유래한 DNA 분절을 결합시켜 만들어진 DNA 분자를 지칭하는 것으로 사용되고 있다. 재조합 DNA 분자는 원핵이나 진핵세포 모두에 도입될 수 있다. 이후 숙주 세포는 증식하여 클론을 만들고 DNA를 포함한 벡터도 또한 증식한다. 따라서 외부 DNA의 숫자가 증식하게 되고, 다음 단계의 분석을 위하여 분리될 수 있다. 유전자 클로닝이 개발되기 이전, 1960년대 초기에 유전자 연구는 때때로 박테리오파지가 세균 유전자를 그들의 유전체에 삽입하는 것과 같은 간접적이거나 우연한 발견에 의존하였다. 예를 들어, *lac* 작동자(operator)는 유전체에 끼어들어간 파지 phi 80 strain이 Lac 억제자가 특이하게 DNA의 *lac* 작동자 서열에 결합함을 보여주는 데 이용되었다(8장 참조). 이제 분자생물학자가 실험실에서 DNA를 조작하는 데 필요한 방법을 만들게 해 준 박테리오파지에 대한 몇 가지 발견에 집중해 보자.

박테리오파지 람다 접착자리로부터의 통찰

1962년, Allan Campbell은 박테리오파지 λ의 선형 유전체는 숙주인 세균에 들어갈 때 원형을 형성한다고 보고하였다. 절단과 재접합의 **재조합(recombination)** 과정이 파지 DNA를 숙주의 염색체로 삽입한다. 계속적인 분석으로 파지 λ는 선형 유전체의 양쪽 끝에 서로 상보적인 단일나선의 DNA가 있음이 밝혀졌으며, 이러한 단일나선 부위는 **접착자리[cohesive (*cos*) sites]**라고 불린다(그림 13.1). *cos* 자리의 상보적인 염기쌍짓기는 선형 유전체가 숙주 세균 안에서 원형이 되게 한다. 복제의 **용원성 모드(lysogenic mode)**에서 파지 DNA는 파지 DNA와 세균 염색체에 존재하는 **부착자리[attachment (*Att*) sites]**에서 재조합이 일어나 숙주 염색체로 삽입된다. 숙주가 돌연변이를 유발하는 화학약품이나 자외선에 노출되는 것과 같은 어떤 특정한 상황에서 이러한 재조합의 역반응은 파지 DNA를 절제해 내기도 한다. 드물게, 여러 장소에서 동시에 일어나는 절제 반응은 파지 λ

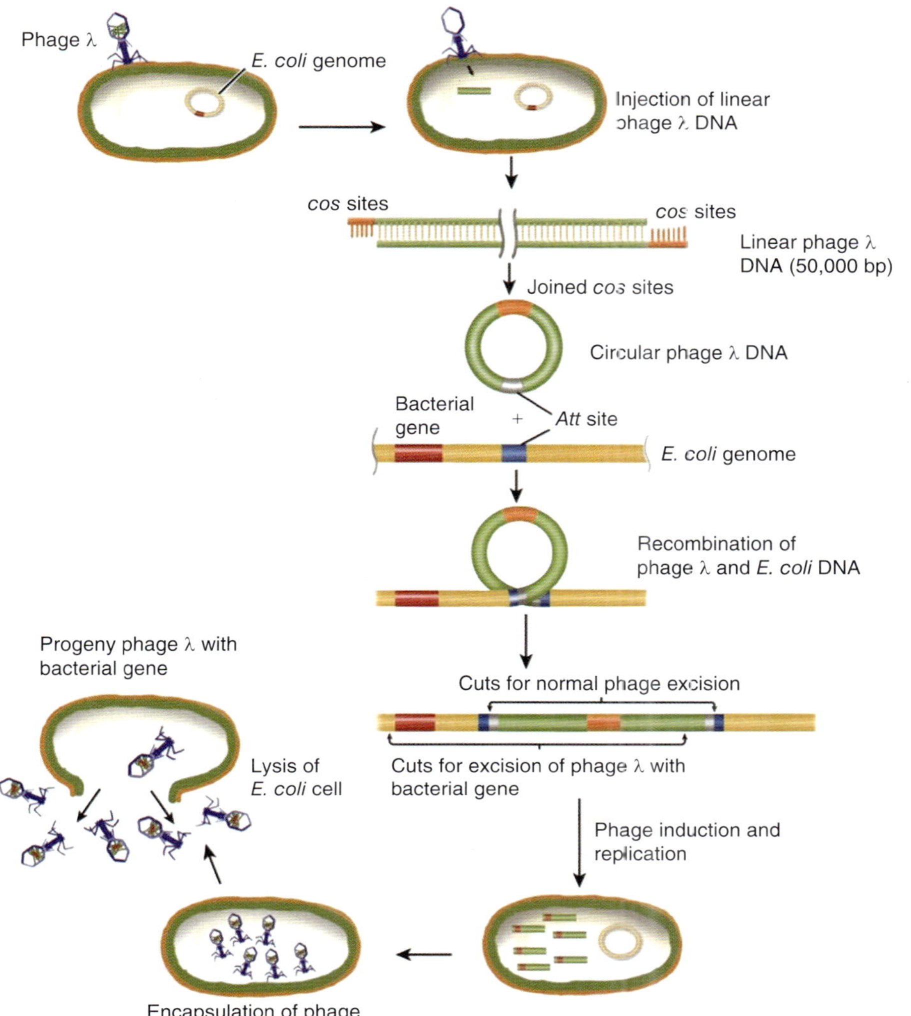

그림 13.1 박테리오파지 람다(λ) 접착자리. 대장균 숙주세포에서, 파지 유전체는 *cos* 자리를 연결시켜 원형이 된다. 복제의 용원성 모드에서 파지 DNA는 *Att* 자리에서 재조합되어 숙주 유전체로 삽입된다. 절제 과정에서 파지 λ는 때때로 세균 유전자를 얻게 된다. 파지 생활사의 용균 모드에서 세균 유전자를 자신의 유전체에 삽입한 파지 λ가 용균된 대장균에서 밖으로 노출된다.

가 세균 유전자의 일부를 끄집어 낼 수 있게 한다. 파지의 **용균성 모드(lytic mode)**에서 세균 유전자를 유전체에 삽입한 파지 자손이 파괴된 대장균에서 배출된다.

접착자리를 이용하여 DNA 분절을 연결하고자 하는 생각이 유전자 조작 기술의 개발을 견인하는 원리가 되었다. 세균에서의 제한과 변형 시스템의 분자적 특성화로 DNA 조각에 접착자리를 만드는 이상적인 조작 기술이 이미 제한효소의 형태로 이용될 수 있다.

세균의 제한과 변형 시스템에서의 통찰

예전부터, Salvador Edward Luria와 다른 파지 전문가들은 "**제한과 변형(restriction and modification)**"이라고 하는 현상에 흥미를 가지고 있었다. 한 가지의 세균 숙주에서 자란 파지는 다른 세균 종에서는 자랄 수 없었다("제한"). 그러나 매우 드물게 자손 파지 일부는 이러한 제한을 피할 수 있었다. 일단 제한적인 숙주에서 살게 되면, 그것들은 변형되어 이 숙주에서 정상적으로 자랐다. 이것의 전체적인 과정은 반복될 수 있어서 변형 과정이 비가역적인 변화가 아님을 알 수 있었다. 제한과 변형의 분자적 기초가 Werner Arber와 동료들에 의해 1962년에 정의되었다.

제한 시스템 파지 λ DNA가 제한적인 숙주 세균에서 분해되는 것을 보여준 후에 Arber와 동료 연구자들은 제한하는 물질이 DNA가 원래 있던 것인지 외부의 것인지를 구분하는 능력을 가지고 있는 뉴클리에이즈(nuclease, 핵산분해효소)일 것이라는 가설을 세웠다. 6년 후에, 그와 같은 뉴클리에이즈가 대장균 K-12에서 Matt Meselson과 Bob Yuan에 의해서 생화학적으로 특성화되었다. 분리된 효소는 λ·C 변형 DNA를 5개의 조각으로 잘랐지만, λ·K-변형 DNA를 공격하지 않았다. 따라서 제한 핵산내부가수분해효소(restriction endonuclease) — 간단히 제한효소(restriction enzyme) — 들은 침입하는 핵산을 분해하여 바이러스 감염을 제한하거나 예방하므로 이러한 이름을 얻게 되었다.

변형 시스템 당시에, 메틸기가 세균 DNA의 정해진 곳에 첨가된다는 것이 알려졌다. 중요한 것은 세균의 종에 따라 메틸기가 첨가되는 위치가 정해져 있다는 것이다. Arber와 그의 동료들은 변형 시스템이 제한효소의 공격에 취약한 일정한 부분의 DNA를 보호하기 위해 메틸기의 첨가로 구성되어 있다는 것을 보여주었다. 대장균에서는 아데닌 메틸화(6-메틸아데닌)가 사이토신 메틸화(5-메틸사이토신)보다 흔하다. 메틸-변형된 표적 부위는 더 이상 제한효소에 의해 인식되지 않으므로 DNA는 분해되지 않는다. 일단 완성된 메틸화 양상은 DNA가 복제되는 동안 유지된다. DNA가 복제될 때 부모나선(the old strand)은 메틸화된 채로 남아 있고, 새 나선은 메틸화가 되어 있지 않다. 이러한 반메틸화 상태에서 새로 복제된 나선은 특정한 메틸화효소(methylase)에 의해 빠르게 메틸화된다. 반면, 외부 DNA는 메틸화되어 있지 않고 숙주 세포의 DNA와 다른 메틸화 양상을 가지고 있어 제한효소에 의해 분해된다.

이러한 제한 변형 시스템이 어떻게 작동하는지를 알아보기 위하여 다음과 같은 특정한 예를 살펴보자. 대장균 숙주 균주 K-12가 파지 λ·K에 의해 감염이 될 때 무엇이 일어날까? K-12는 분자생물학 실험에 사용되는 대장균의 대표적인 균주이다. 그림 13.2a는 이러한 경우에 파지 DNA가 대장균 숙주 유전체와 동일한 메틸화 패턴을 갖고 있어서 외부 DNA로 인식되지 않는다는 것을 보여주고 있다. 파지 DNA가 복제될 때, 새롭게 복제된 DNA는 특정 메틸화효소에 의해 변형되어 패턴을 유지한다. 메틸화된 DNA는 제한 핵산내부가수분해효소에 의해 절단되지 않고, 결과적으로 파지 λ·K의 자손이 생산된다.

파지 λ가 대장균 C 균주에서 자라나 K-12 균주를 감염시키면 무슨 일이 일어날까? 그림 13.2b에서 볼 수 있듯이, 대장균 숙주 균주 K-12는 파지 λ·C에 감염되면 파지 DNA는 숙주 유전체와 동일한 메틸화 패턴을 갖고 있지 않으므로 외부 DNA로 인식된다. 파지 DNA는 특정 제한 핵산내부가수분해효소에 의해 절단되고, 파지 λ·C의 자손은 생산되지 않는다. 물론 이러한 제한 작용을 피하는 자손 파지가 매우 드물게 생겨서 주기가 진행되기도 한다.

첫 번째 클로닝 실험

Hamilton Smith와 공동 연구자들은 제한효소가 특이한 DNA 서열을 자른다는 것을 확실하게 증명하였다. 이후에 Daniel Nathans는 제한효소를 이용하여 simian virus 40(SV40) 유전체 지도를 작성하였고 복제의 시작 위치를 알아내었다. 이러한 주된 사건들은 DNA 연구에 있어서 제한효소의 거대한 잠재성을 강조해 주었다. 그들의 발견에 기초하여 Herbert Boyer, Stanley Cohen, Paul Berg와 동료들이 클로닝 실험을 1970년대 초에 수행함으로써 재조합 DNA 기술의 시대를 열었다.

재조합 DNA 기술로 만들어진 첫 번째 DNA 분자는 파지 λ와 SV40 바이러스 유전체의 하이브리드였다. 진핵 유전자가 1974년 처음으로 클로닝되었다. 남아프리카의 발톱개구리(clawed frog) *Xenopus laevis*의 증폭된 리보솜 RNA(rRNA) 유전자, 즉 리보솜 DNA(rDNA)가 제한효소에 의해 소화되었고 세균 플라스미드에 연결되었다. 당시에 증폭된 rDNA가 잘 특성화되었고, CsCl-구배 원심분리에 의하여 대량으로 분리될 수 있어서, 진핵 DNA의 재료로 사용되었다. 개구리의 난자에서, rDNA는 염색체외 인 순환(extrachromosomal nucleolar circle)으로부터 회전 순환(rolling

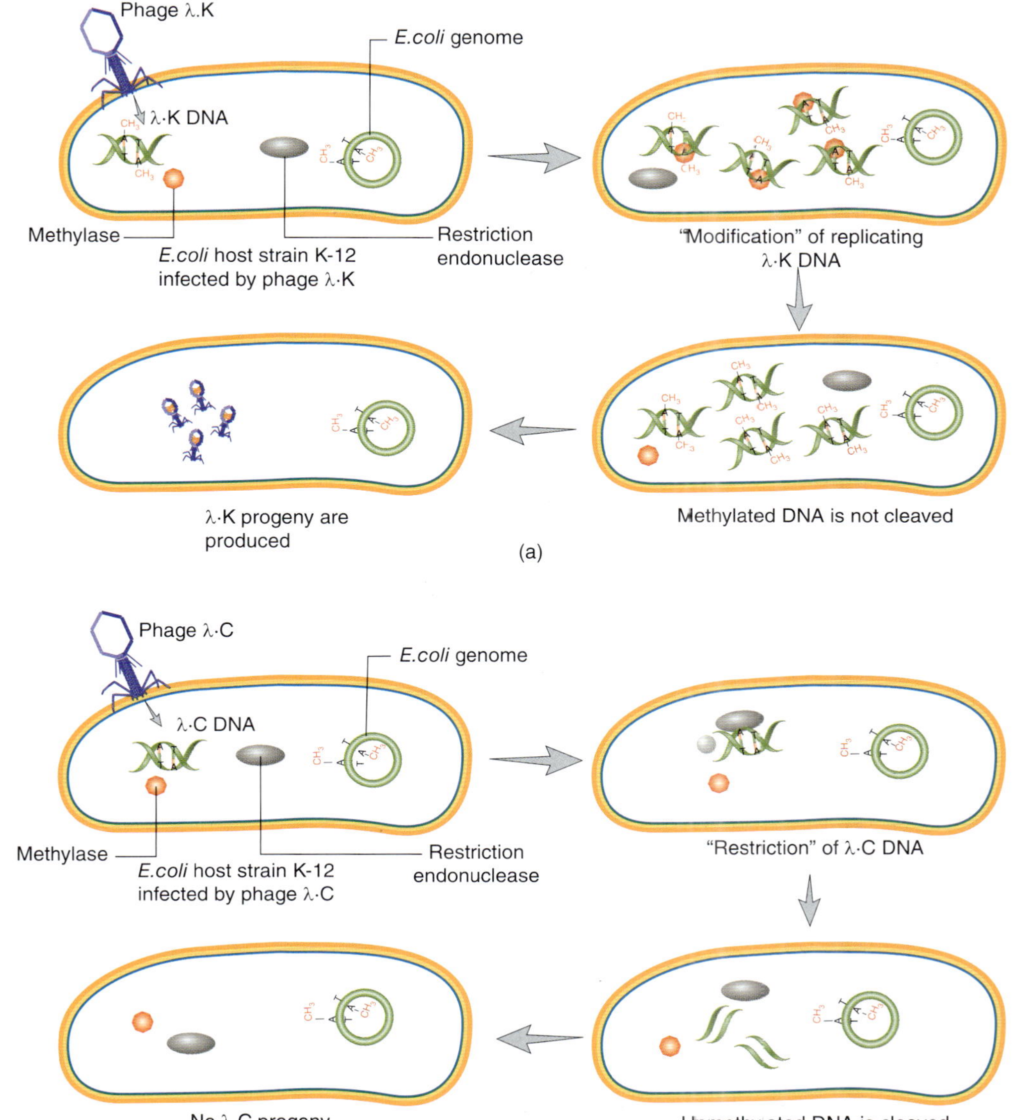

그림 13.2 세균의 제한과 변형 시스템.
제한 핵산내부가수분해효소와 그에 대응하는 메틸화효소는 박테리오파지 감염에 대항하여 세균을 보호하기 위해 작용한다. (a) 변형. (b) 제한.

circle) 메커니즘에 의해 특이하게 증폭된다(그림 6.23b 참조). 난자의 rRNA 유전자의 수는 같은 동물의 체세포의 rRNA보다 약 100배에서 1,000배 정도 많다. 과학계를 흥분시킨 것은 클로닝이 된 개구리 유전자들이 대장균에서 활발하게 전사가 된다는 것이었다. 이는 진핵과 원핵 DNA를 포함하는 재조합 플라스미드가 대장균에서 안정적으로 복제한다는 것을 보여주는 것이다. 따라서 유전학 기술은 자연환경에서 전혀 나타나지 않았던 새로운 조합의 유전자를 생산할 수 있음을 보임에 따라 재조합 DNA 연구의 안전성에 대한 광범위한 우려를 낳았다(Focus Box 13.1).

13.3 DNA의 절단과 연결

DNA의 분리와 재조합 DNA의 준비에 있어서 중요한 효소의 주된 두 가지 부류는 제한효소와 DNA 접합효소이다. 제한효소는 이중나선의 DNA 분자에서 제한자리(restriction site)라고 불리는 특이하고 비교적 짧은 서열을 인식하고, 효소의 형태에 따라 제한효소나 그 외의 부위에서 DNA를

Focus Box 13.1

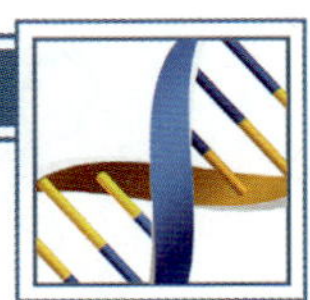

재조합 DNA 분자에 대한 공포

첫 번째 클로닝 실험 직후에 과학자들과 일반 대중으로부터 재조합 DNA 연구에 대한 가능한 위험성에 대한 염려가 있었다. 걱정거리는 주로 "자연에 순응"의 윤리와 유전학적으로 제조된 병원균 세균이 실험실로부터 유출될 가능성에 대한 것이었다. 클로닝이 된 종양 바이러스 DNA를 가지고 있는 대장균이 사람으로 옮겨가서 세계적인 암 발생을 유행시킬 것이라는 공포 같은 것이었다. 모든 사람이 이와 같은 공포에 공감한 것은 아니었다. James Watson은 유전학과 사회(*Genetics and Society*, 1993)라는 책의 본인이 집필한 부분에서 다음과 같이 서술하였다:

그러고 나서 나는 모든 위험 카탈로그(Whole Risk Catalogue)라고 불리는 책에 모으고자 했다. 그것은 노인과 젊은 사람 그리고 기타 등등에 대한 위험을 포함하게 될 것이다. 그것은 우리의 반편집적인(semi-paranoid) 사회에서 매우 인기 있는 책이 될 것이다. "D" 분류에 나는 다이너마이트, 개, 의사, 딜드린(농약)과 DNA를 포함하겠다. 나는 개로부터 더 많이 놀란다는 것을 고백해야 한다. 모두는 자신이 걱정하는 자신만의 것들을 가지고 있다.

1975년 샌프란시스코 근처의 아실로마 컨퍼런스 센터(Asilomar Conference Center)에서 기념비적인 회의가 열렸다. 회의에는 100명이 넘는 분자생물학들이 모였다. 이 회의에서 얻어진 권고사항은 미국 국립보건원(National Institutes of Health)의 재조합 DNA에 대한 위험성의 봉쇄(containment)에 대한 공식적인 가이드라인의 기초가 되었다. 시간이 지남에 따라 재조합 DNA 기술의 결과로 발생한 어떤 재앙도 없었고, 이러한 가이드라인 하에서는 재조합 DNA 기술 자체가 인간의 건강 또는 환경에 어떠한 위험도 일으키지 않는다고 대부분의 과학자들이 결론 내리게 되었다. 봉쇄는 매우 잘 작동하였으며, 조작된 세균과 벡터들은 자연적인 환경 하에서는 거의 살아남지 못하였다.

현재는 재조합 DNA 분자와 생명체를 다루는 활동은 미국 국립보건원의 재조합 DNA 분자를 이용한 연구의 가이드라인(*NIH Guidelines for Research Involving Recombinant DNA Molecules*)에 따라서 이루어져야 한다. 4단계의 위험이 최소에서 높은 수준으로 공인되었고, 4단계의 봉쇄(위험한 생명체의 탈출에 대한 물리적 생물학적 장벽)에 대한 대략적인 아웃라인이 정해졌다. 가장 큰 위험 단계는 매우 감염성이 높은 병원체와 적절한 예방이나 치료 방법이 없어서 중대하고 치명적인 인간의 질환을 일으키기 쉬운 독소를 다루는 실험에 대한 것이다. 예방책으로는 실험실 내 음압-공기 자물쇠와 여과된 공기로 라미나-흐름 후드에서 실험을 수행하는 것이 포함된다. 대장균의 비병원성 균주와 같이 분자생물학 실험에서 늘 사용되는 세균은 "위험군 I"에 속하는 미생물로 건강한 성인에서는 병을 일으키지 않는다. 재조합 DNA에 쓰이는 일반적인 벡터는 유전학적으로 재조합 DNA를 실험실 밖에서 퍼지게 할 확률이 매우 낮도록 설계된 것들이다.

오늘날, 공포의 초점은 재조합 DNA 기술 자체에는 그렇게 크게 모아져 있지 않고, 재조합 DNA 기술의 농업, 의학과 생물학적 테러리즘에 집중되어 있다. 예를 들어, 시장의 유전학적으로 제작된 식량에 대한 안전성, 유전자 이식 곡물에서 잡초에 이르기까지 제초제-저항 유전자의 만연, 우생학(인공적인 인간의 선택)을 위한 유전자 치료법의 사용과 재조합 DNA "설계자 무기"의 제작 등에 대한 염려이다. 후자는 감염성 병원체를 병원성이 더 강하고, 항생제에 저항하고 환경적으로 안정하게끔 조작하는 것을 말한다. 2002년 12월 13일, 새로운 연방 정부 법안이 미국 공중 건강과 안전 및 생물학적 테러리즘에 대한 대비와 반응 태세(the US Public Health and Security and Bioterrorism Preparedness and Response Act of 2002)를 수행하기 위하여 공표되었다(https://www.congress.gov/bill/107th-congress/housebill/3448). 이 법안들은 *Yersinia pesti*(plaque), *Bacillus anthracis*(anthrax)와 variola virus(smallpox)처럼 잠재적으로 생물학적 테러에 사용가능한 병원체의 소유, 사용과 이동에 적용된다.

자른다. **DNA 결합효소(DNA ligase)**는 인산다이에스터 결합을 형성하여 두 조각의 DNA를 연결한다.

제한효소의 분류

제한효소에는 크게 세 가지 부류가 있다. 이러한 분류는 인식하는 서열의 형태, DNA에서 만들어지는 절단 부위의 특성과 효소의 구조에 기초한다. 타입 I과 III는 제한효소 인식자리(recognition site) 이외의 부위에서 DNA를 잘라서 불규칙적인 절단 양상을 만듦으로 유전자 클로닝에 이용할 수 없다. 반면 타입 II는 특이한 부위를 인식하고 이 부위를 자르므로, DNA의 지도 작성과 재조합에 널리 이용된다(표 13.1). 또한 타입 II 핵산내부가수분해효소와 메틸화효소 활성은 분리된 단일

표 13.1 제한 핵산내부가수분해효소의 주요 분류.

Class	Abundance	Recognition site	Composition	Use in recombinant DNA research
Type I	Less common than type II	Cut both strands at a nonspecific location >1000 bp away from recognition site	Three-subunit complex: individual recognition, endonuclease, and methylase activities	Not useful
Type II	Most common	Cut both strands at a specific, usually palindromic recognition site (4–8 bp)	Endonuclease and methylase are separate single-subunit enzymes	Very useful
Type III	Rare	Cleavage of one strand only, 24–26 bp downstream of the 3′ recognition site	Endonuclease and methylase are separate two-subunit complexes with one subunit in common	Not useful

아단위 효소로 존재한다. 따라서 2개의 효소가 같은 표적 부위를 인식하더라도 그것들은 각각 다르게 분리될 수 있다. 몇 개의 타입 II 제한 핵산내부가수분해효소는 이러한 정의에 맞지 않아서 좀 더 세밀한 분류가 필요하기도 한다. 여기서의 설명은 분자생물학 연구에서 보편적으로 쓰이는 일반적인 타입 II 제한 핵산내부가수분해효소에 초점을 맞추었다.

제한 핵산내부가수분해효소는 그들이 발견된 생명체를 따라서 글자와 숫자의 시스템으로 이름이 붙여진다. 예를 들어, *Hin*dIII("hindee three"로 발음됨)는 *Haemophilus influenza*(균주 d)에서 발견되었다. *Hin*은 속명의 첫 글자와 종명의 첫 두 글자로부터 온다; d는 균주 타입을 뜻한다; III는 균주 타입에서 세 번째 효소를 말한다. Serratia marcescens로부터 *Sma*I이 왔으며 "smah-one"으로 발음된다. *Eco*RI("echo-r-one"으로 발음됨)은 대장균(*Escherichia coli*, 균주 R)에서 발견되었고, *Bam*HI은 *Bacillus amyloliquefaciens*(균주 H)에서 발견되었다. 현재까지 3,000개 이상의 타입 II 제한 핵산내부가수분해효소가 발견되고 특성화되었다. 600개 이상의 제한효소가 분자생물학자에게 상업적으로 이용가능하다.

II형 제한 핵산내부가수분해효소의 인식 서열

전형적인 타입 II 제한 핵산내부가수분해효소는 2개의 동일한 폴리펩티드가 아단위를 이루는 호모다이머이다. 이러한 호모다이머는 대칭을 이루고 있는 4−8 bp 길이의 DNA 서열을 인지한다. 6 염기쌍을 자르는 것이 분자생물학 연구에서 가장 흔하게 사용된다. 일반적으로, 5′→3′의 방향으로 읽은 서열은 상보적 나선에서 5′→3′의 방향으로 읽은 서열과 동일하게 된다. 양 방향에서 동일하게 읽히는 서열을 팔린드롬(palindrome: '되돌아 달리기, run back'을 뜻하는 그리스어 *palindromos*에서 유래)이라고 한다. 그림 13.3은 흔하게 사용되는 제한 핵산내부가수분해효소와 그들의 인식 서열을 보여주고 있다. *Eco*RI과 같은 몇 가지 효소들은 "ㄱ" 자 혹은 "ㄴ"자 모양의 절단면을 만드는데, 단일나선의 상보적 꼬리는 다른 DNA 조각의 상보적인 단일나선과 쉽게 수소 결합을 할 수 있으므로 **접착 말단(sticky end** 또는 cohesive end)이라고 불린다. 다른 재료에서 유래한 DNA 분자가 같은 팔린드롬의 인식 서열을 가지고 있다면 2개는 같은 제한 핵산내부가수분해효소로 소화되었을 때 상보적인 접착 말단을 갖게 될 것이다. *Sma*I과 같은 다른 타입 II 효소는 DNA의 이중나선을 같은 위치에서 절단하여 염기쌍을 이루지 않는 뉴클레오티드가 하나도 없는 **편평한 말단(blunt end)**을 만든다.

제한 핵산내부가수분해효소는 Lac 억제자가 DNA에 결합(8장 참조)하는 것과 같은 조절 단백질의 결합에서 보여지는 것보다 훨씬 더 높은 정도의 서열 특이도를 보여준다. 예를 들어, 중요한 작동자 서열의 단일 염기쌍 변화는 Lac 억제자의 친화도를 약 10배에서 100배 정도 감소시키지만, 제한 핵산내부가수분해효소의 인식 부위의 단일 염기쌍 변화는 효소 활성을 완전히 없앤다.

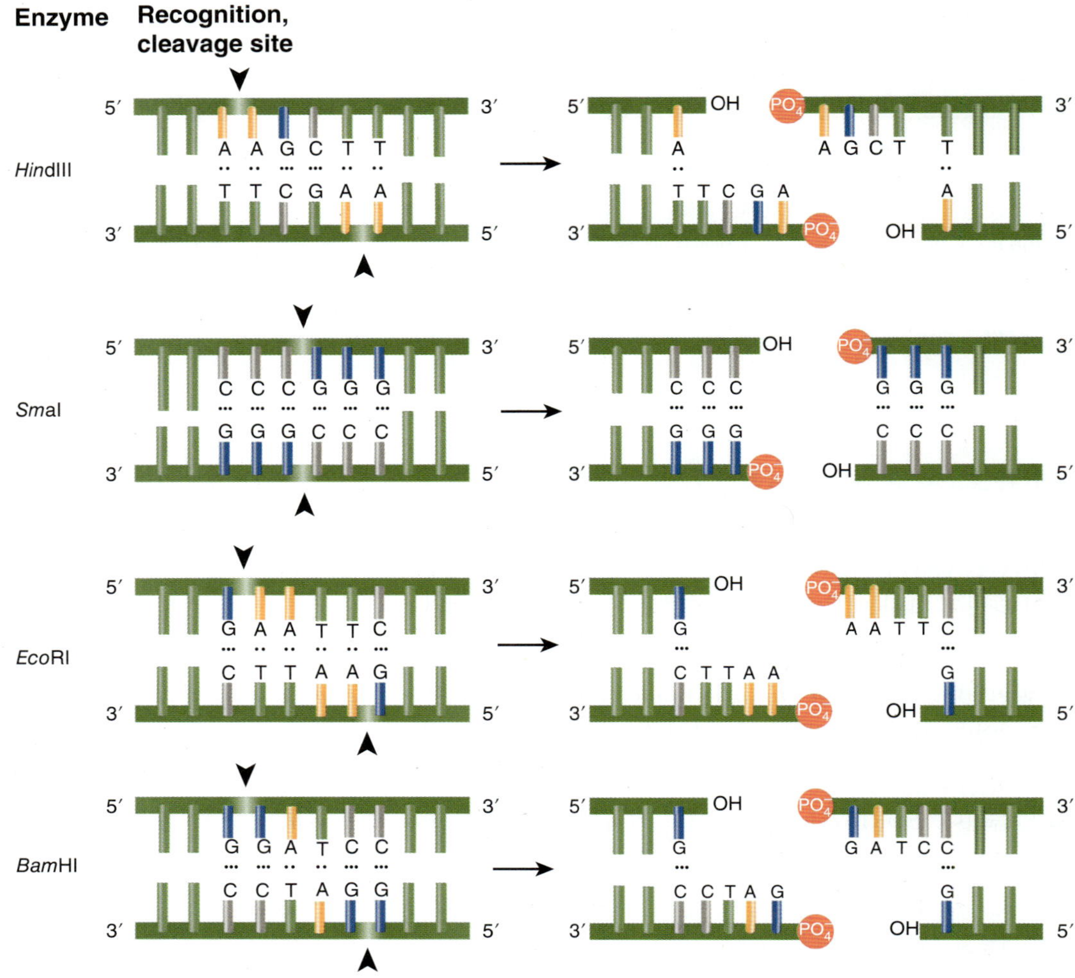

그림 13.3 보편적으로 사용되는 몇 가지 제한 핵산내부가수분해효소의 절단 패턴.
*Hin*dIII, *Sma*I, *Eco*RI과 *Bam*HI의 인식과 절단자리 그리고 절단 패턴을 보여주고 있다.

DNA 복구 단백질이 DNA에 결합하여 손상 받은 염기나 뉴클레오티드를 만날 때까지 DNA를 따라 움직인다는 것을 기억할 것이다(7장). 유사하게, 제한효소와 DNA 사이의 첫 번째 접촉은 비특이적이다. 제한 핵산내부가수분해효소가 DNA에 결합했을 때 어떻게 DNA를 자르지 않게 될까? 비특이적 결합은 일반적으로 염기와의 결합이 아니라 DNA 당-인산 골격과의 결합이다. 제한 핵산내부가수분해효소는 느슨하게 결합하고, 촉매 부위는 인산이에스터 골격과 안전한 거리로 유지되어 있다. 비특이적 결합은 효과적인 표적 부위의 위치 잡기의 전제 조건이다.

제한 핵산내부가수분해효소 *Bam*HI이 작동하는 것을 좀 더 면밀히 살펴보자. 그림 13.4는 *Bam*HI이 “sliding”이라고 불리는 과정에 의해 DNA를 따라 직선상으로 이동하는 것을 보여준다. Sliding은 50 bp 이하의 짧은 거리를 DNA의 그루브(groove)를 따라서 이동해야 하므로 나선 이동을 일으킨다. 이러한 방식의 이동은 단백질이 통과하여 찾는 데 필요한 공간의 부피를 일차원적으로 감소시킨다. 그럼에도 불구하고, 효소가 긴 DNA 사슬에서 효소절단자리를 어떻게 정확히 찾을 수 있을까?

직선적인 확산의 “**무작위적 이동(random walk)**” 성질은 전진과 후진에 대하여 동일한 확률을 제공한다. 따라서 비특이적 결합자리와 인식자리 간의 거리가 크게 되면(50 bp 이상), 단백질은 반복적으로 시작점으로 돌아올 것이다. 따라서 긴 거리에 대한 이동의 주된 방식은 “깡충뛰기(hop-

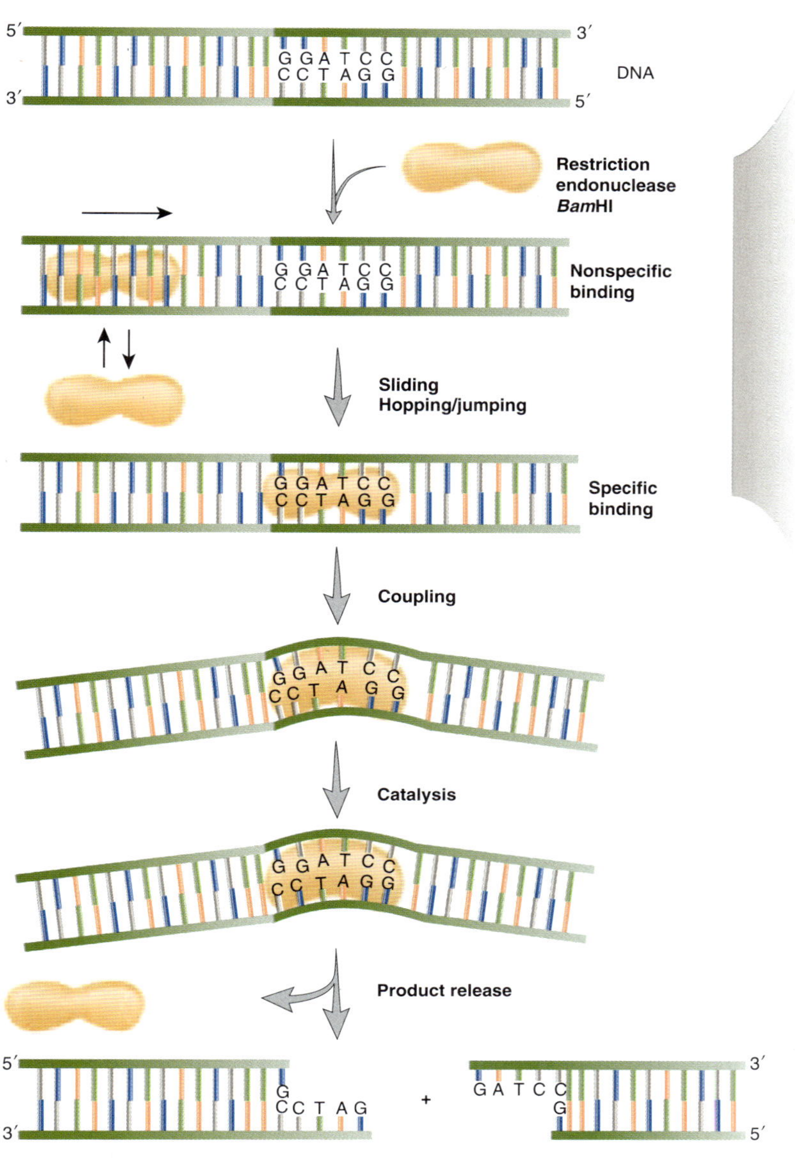

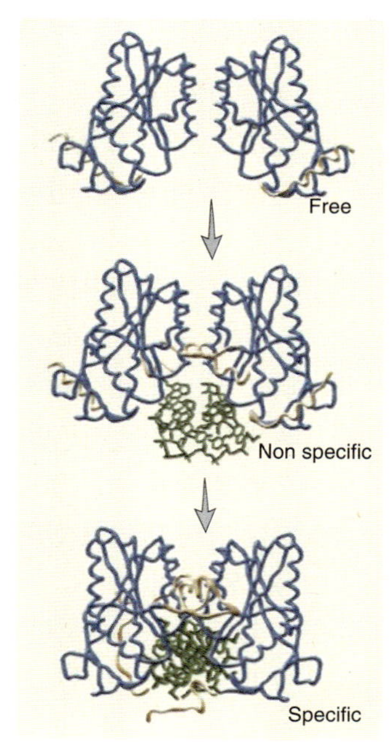

그림 13.4 II형 제한 핵산내부가수분해효소에 의한 DNA 결합과 절단에 관여된 과정. (Inset) *Bam*HI(파란색)은 비특이적에서 특이적 DNA 결합 모드로 진행되면서 DNA(초록색) 주위로 더욱 밀접하게 된다. (출처: Protein Data Bank, PDB: 1ESG; adapted from Viadiu and Aggarwal. 2000. *Molecular Cell* 5:889-895. © 2000 Elsevier.)

ping)" 또는 "점핑(jumping)"이다. 이 과정에서, 단백질은 같은 DNA 사슬의 다른 곳과 결합하기 전에 처음 결합자리와 떨어지면서 결합자리 사이를 삼차원 공간을 통하여 이동한다. 단백질의 비교적 작은 확산 계수에 의해서, 대부분의 재결합은 처음 결합자리의 뒤나 근처로의 짧은 거리의 "깡총(hop)"이 될 것이다. *Bam*HI의 예에서 표적 제한 위치를 찾게 되면 인식 과정은 DNA와 효소의 큰 구조적 변화—**coupling**으로 불리는 현상—를 일으키고, 이것이 촉매 센터의 활성화를 일으킨다(그림 13.4 참조). DNA 골격과 간접적 상호작용에 더하여 효소와 질소성 염기와의 직접적인 상호작용으로 특이한 결합이 이루어진다.

현재까지 X-선 결정 분석으로 알려진 전형적인 타입 II 제한 핵산내부가수분해효소의 구조들은 4개의 보존된 β-가닥과 하나의 α-나선으로 구성된 중심 구조가 공통적으로 있음을 알려주었다. 필수적인 조효소인 Mg^{2+}가 존재할 때, 효소는 동시에 인식 서열(제한 위치) 안이나 가까운 곳에서 양쪽 DNA 가닥을 자른다. ATP 가수분해를 필요로 하지 않는 반응으로, 효소는 DNA 이중나선을 하나의 뉴클레오티드의 인산과 인접한 뉴클레오티드의 당 사이의 인산이에스터 결합을 끊어 자유로운 5′-인산과 3′-수산기 말단을 만든다(그림 13.3 참조).

DNA 결합효소는 선형 DNA 조각을 연결한다

DNA 복제와 수복 과정에 대한 연구는 DNA 결합효소라고 불리는 DNA-연결효소를 발견하게 하였다(6장과 7장 참조). DNA 결합효소는 DNA 조각의 5′-인산 말단과 다른 DNA 조각의 3′-수산기 말단 사이의 인산이에스터 결합을 촉매한다. 이러한 DNA 조각의 직선적인 공유결합에 의한 연결을 라이게이션(ligation)이라고 부른다. II형 제한 핵산내부가수분해효소와 달리, DNA 결합효소는 조효소로 ATP를 필요로 한다. DNA 결합효소는 두 조각의 DNA를 연결할 수 있으므로 유전공학에서 중요한 효소가 되었다. 만약 다른 생물체로부터 유래한 DNA 조각이 제한효소에 의해 소화되고 적당한 조건하에 놓여진다면, DNA 조각은 접착 말단의 상보적인 염기쌍 사이의 수소결합에 의해 연결되어 재조합 분자를 형성할 수 있다. 그러나 두 가닥이 인산이에스터 결합에 의해 공유적으로 결합될 수는 없다. DNA 결합효소는 빈틈을 채워 두 가닥을 공유적으로 결합시켜 원형의 분자를 다시 만들게 한다. 실험실에서 가장 널리 사용되는 DNA 결합효소는 박테리오파지 T4로부터 유래된 것이다.

DNA가 *Sma*I처럼 편평한 말단을 만드는 제한 핵산내부가수분해효소에 의해 잘렸을 때도 재조합 DNA 분자가 만들어질 수 있다. 하지만 반응이 덜 효율적이고 높은 농도의 T4 DNA 결합효소가 필요하다. 반응의 효율성을 높이기 위해서 연구자들은 종종 편평 말단을 변형시키기 위해 **말단 데옥시뉴클레오티드 전달효소(terminal deoxynucleotidyl transferase)**라는 효소를 사용한다. 예를 들어, DNA 조각에 단일나선의 다중 (dA)[poly(dA)] 꼬리를 붙이고 다른 DNA 조각에는 단일나선의 다중 (dT)[poly(dT)] 꼬리를 첨가하면 상보적인 꼬리가 수소결합을 할 수 있다(그림 13.5). 그러고 나서 "원천 1" DNA와 "원천 2" DNA는 DNA 연결효소 처리로 공유적으로 연결될 수 있다. 이 과정에서 *Sma*I 자리는 없어지는 것을 알 수 있다.

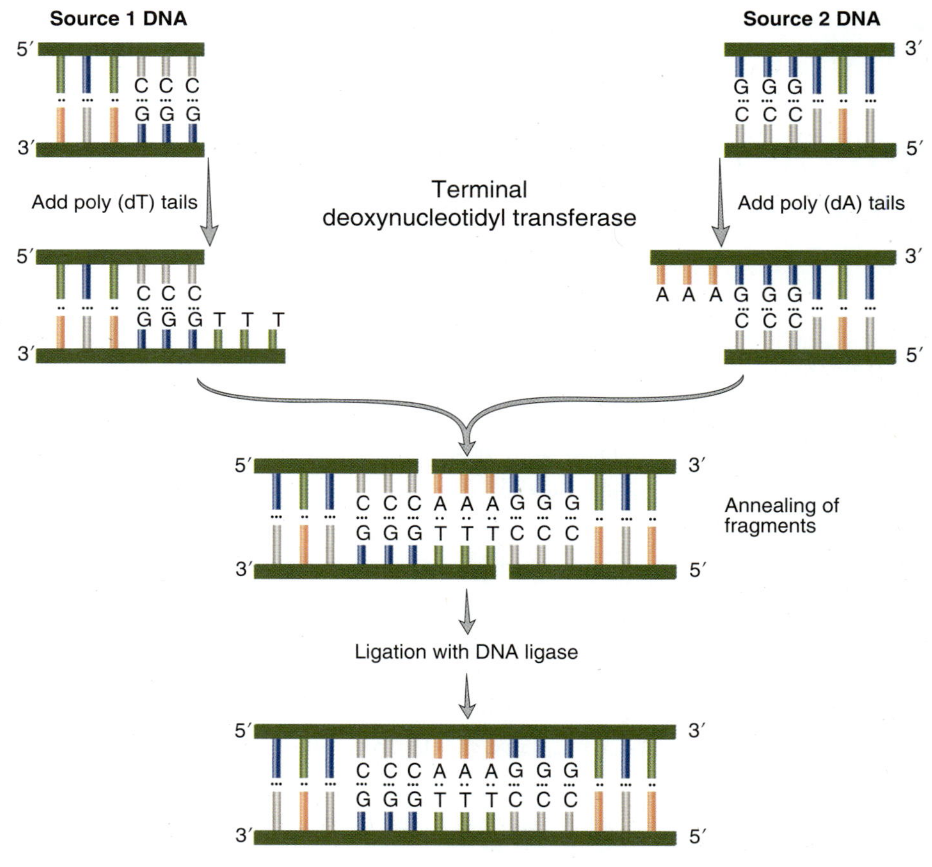

그림 13.5 변형된 편평 말단의 라이게이션.
재조합 DNA 분자는 *Sma*I과 같이 편평 종단을 만드는 제한 핵산내부가수분해효소로 잘려진 DNA로부터 만들어질 수 있다.

13.4 분자 클로닝

분자 클로닝의 기본적인 과정은 몇 가지 단계를 거친다. 첫 번째로 클로닝이 될 DNA 조각은 제한 핵산내부가수분해효소에 의해 만들어진다. 두 번째로 제한효소에 의해 만들어진 DNA 조각은 벡터로 작용하는 다른 DNA 분자에 연결된다. **벡터(vector)**는 숙주 세포에서 숙주 유전체와 상관없이 복제될 수 있다. 따라서 "스스로" 복제하는 능력은 새롭게 만들어진 재조합 DNA 분자의 조작을 도와준다. 세 번째로 재조합 DNA 분자는 숙주 세포로 전달된다. 이 세포 안에서 재조합 DNA 분자는 복제되어 클론이라고 불리는 수많은 동일한 복사체를 만들어낸다. 숙주 세포가 복제됨에 따라 재조합 DNA는 모든 자손으로 전달되어 클로닝이 된 서열을 운반하는 동일한 세포의 군집을 형성한다. 마지막으로, 클로닝이 된 DNA 절편은 숙주 세포로부터 회수되고 분리되어 여러 방법으로 분석된다. 클로닝 벡터의 특징에 대하여 좀 더 자세히 알아보자.

벡터의 선택은 삽입할 DNA의 크기와 클로닝의 목적에 따라 정해진다

클로닝 벡터는 운반체 DNA 분자이다. 모든 클로닝 벡터의 네 가지 중요한 특징은 (i) 독립적으로 자신의 DNA와 벡터가 운반하는 외부 DNA 조각을 복제할 수 있고, (ii) 벡터에 단 한 번씩 존재하는 각각의 제한 핵산내부가수분해효소에 대한 절단 위치가 다수 존재하며, (iii) **선택 표지(selectable marker)**가 존재하여 벡터를 포함한 숙주와 포함하지 않은 숙주 세포를 구분할 수 있게 해주고, (iv) 숙주 세포로부터 회수하기가 비교적 쉽다. 클로닝의 목적에 따라 선택가능한 벡터가 많이 있다. 매우 다양한 클로닝 벡터가 세균 숙주 세포인 대장균에서 사용되도록 개발되었다. 따라서 가장 첫 번째로 요구되는 분자생물학자의 기술은 일반적으로 세균을 배양할 수 있어야 하는 것이다.

고전적인 클로닝 벡터는 **플라스미드(plasmid)**, **파지(phage)**와 **코스미드(cosmid)**이며, 이들은 운반할 수 있는 삽입 DNA의 크기가 제한되어 있어서, 각각 10, 20 그리고 45 kb까지 각각 운반할 수 있다(표 13.2). 플라스미드와 파지의 특징 및 클로닝 벡터로서의 이용은 후반부에서 더 자세하게 논의할 것이다. 코스미드는 파지 λ *cos* 자리(site)를 가지고 있는 플라스미드이므로 파지 머리로 포장될 수 있다. 코스미드는 파지처럼 숙주 세균을 감염시키지만 플라스미드처럼 복제하고 숙주

표 13.2 다양한 클로닝 벡터 시스템의 특징과 적용.

Vector	Basis	Size limits of insert	Major application
Plasmid	Naturally occurring multicopy plasmids	≤10 kb	Subcloning and downstream manipulation, cDNA cloning, and expression assays
Phage	Bacteriophage λ	5–20 kb	Genomic DNA cloning, cDNA cloning, and expression libraries
Cosmid	Plasmid containing a bacteriophage λ *cos* site	35–45 kb	Genomic library construction
BAC (bacterial artificial chromosome)	*Escherichia coli* F factor plasmid	75–300 kb	Analysis of large genomes
YAC (yeast artificial chromosome)	*Saccharomyces cerevisiae* centromere, telomere, and autonomously replicating sequence	100–1000 kb (1 Mb)	Analysis of large genomes, YAC transgenic mice
MAC (mammalian artificial chromosome)	Mammalian centromere, telomere, and origin of replication	100 kb to >1 Mb	Under development for use in animal biotechnology and human gene therapy

세포를 깨뜨리지 않는다. 포유류 유전자는 자주 100 kb 이상이 되기 때문에 원천적으로 완전한 유전자 서열을 클로닝하기에 어렵다. 보다 최근에 개발된 벡터들은 숙주 세포 염색체의 성질과 비슷하게 만듦으로써 이러한 문제를 없앴다. 이러한 인공적인 염색체 벡터에는 **세균 인공 염색체(bacterial artificial chromosome, BACs)**, **효모 인공 염색체(yeast artificial chromosome, YACs)**와 **포유류 인공 염색체(mammalian artificial chromosome, MACs)**가 있다.

벡터로서의 플라스미드

플라스미드는 자연계에 존재하는 염색체 외부의 이중나선 원형 DNA 분자로 복제의 시작점을 가지고 있어 세균 세포 안에서 스스로 복제된다(5장). 1974년에 제작된 플라스미드 벡터 pBR322는 재조합 DNA에 사용될 목적으로 조작된 첫 번째 플라스미드 중의 하나이다. 플라스미드는 대문자와 숫자의 체계로 명명되며, 약자 "p"는 플라스미드를 뜻한다. pBR322의 경우에 BR은 벡터를 처음 제작한 사람들의 이름(Bolivar와 Rodriquez)에서 유래하였으며, 322는 플라스미드의 동정 번호이다. 초기에 사용된 이러한 벡터들은 각 세포에서 하나 또는 2개의 복사물을 만드는 **저복사물 숫자(low copy number)** 벡터들이었다. 그림 13.6에 나타낸 pUC18 벡터는 pBR322의 유도체인데, 이것은 세균 세포 안에서 500개 이상의 복사물을 만드는 **고복사물 숫자(high copy number)**의 플라스미드이다.

플라스미드 벡터는 특정 항생제에 대한 저항성 유전자와 여러 개의 제한 핵산내부가수분해효소

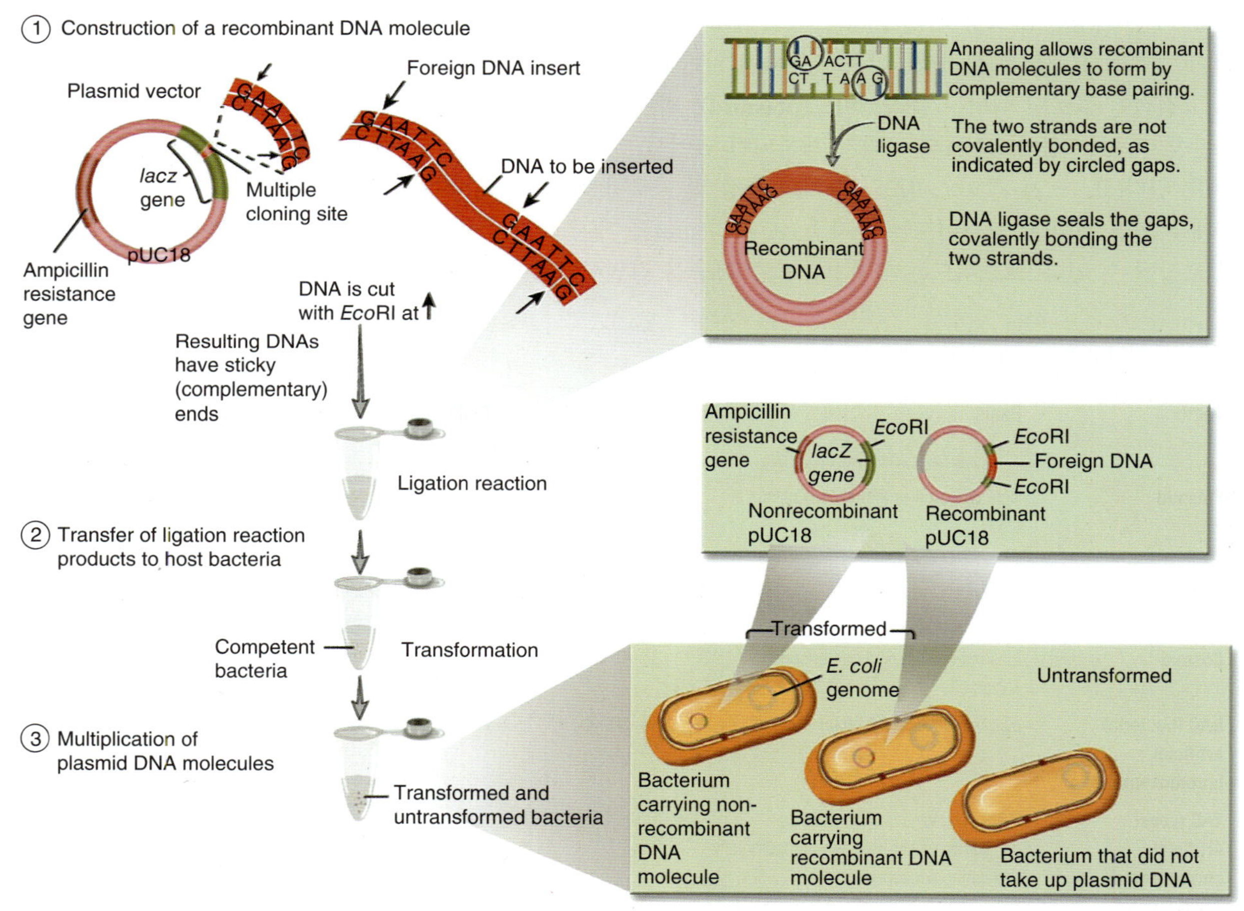

그림 13.6 플라스미드 벡터를 이용한 분자 클로닝.
재조합 DNA 분자는 제작되고, 라이게이션 반응 산물은 숙주 세균으로 전달되어 플라스미드가 증식한다.

에 대한 표적 위치를 가지고 있는 다발 클로닝 자리(multiple cloning site 또는 polylinker region)를 포함하도록 변형되었다. 원형 플라스미드를 이러한 효소들 중의 하나로 자르면, 한 군데가 잘려서 직선의 플라스미드가 생긴다. **삽입물(insert)**이라고 불리는 외부 DNA 분자도 같은 효소를 잘리면 **라이게이션(ligation)** 반응으로 벡터에 연결될 수 있다(그림 13.6 참조). 삽입물의 벡터로의 라이게이션은 100%의 효율로 이루어지지는 않는다. 왜냐하면, 플라스미드 벡터의 2개의 끝이 서로 다시 라이게이션될 수 있기 때문인데, 이런 반응을 자가 라이게이션(self-ligation)이라고 한다. 자가 라이게이션 반응의 정도는 말단의 5′-인산을 제거하는 포스파테이스(phosphatase, 인산가수분해효소)로 벡터를 처리함으로써 감소시킬 수 있다. 플라스미드에서 5′-인산이 제거되면 인산이에스터 결합을 만들 수 있는 것이 없어지므로, 플라스미드가 결합효소에 의해 다시 원형으로 만들어질 수 없다. 그러나 벡터가 외부 삽입물의 5′-인산과 연결되어 두 DNA가 연결된다. 다른 방법은 서로 비상보적인 접착 말단을 만드는 두 가지의 제한 핵산내부가수분해효소를 사용하는 것이다. 이것은 자가 라이게이션을 막고 외부 DNA가 벡터 안에서 정확한 방향으로 연결되는 것을 촉진시킨다.

마지막으로, **TA 클로닝(TA cloning)**이라고 하는 또 다른 기술은 제한 엔도뉴클레에이스의 필요성을 제거함으로써 외래 DNA를 벡터에 도입하는 과정을 간단하게 한다. TA 클로닝은 서로 다른 DNA 단편에 있는 아데닌(A)과 티민(T)의 상보적 염기쌍을 사용하여 결합하게 한다. 예를 들어, 중합효소 연쇄 반응(PCR) 산물(Tool Box 13.1 참조)의 3′ 말단에 하나의 데옥시아데노신을 첨가하는 *Taq* DNA 중합효소를 사용하여 증폭된 PCR 산물은 상보적인 3′ 데옥시티미딘(T) 잔기를 갖는 선형화된 상용 벡터에 결합된다. 이 기술을 추가적으로 조정하면, DNA 결합효소가 필요하지 않게 된다. **TOPO TA 클로닝(TOPO TA cloning)** 방법은 토포아이소머레이즈(topoisomerase) I의 라

Tool Box 13.1

중합효소 연쇄반응(PCR)

중합효소 연쇄반응은 최근 재조합 DNA 연구 분야에서 개발된 가장 강력한 기술들 중의 하나이다. PCR은 분자 클로닝과 유전학의 많은 영역에 큰 영향을 끼쳤다. 이 기술로 DNA의 표적 서열은 몇 시간 만에 10억 배 증폭될 수 있다. PCR에 의한 DNA 특정 부위의 증폭은 클로닝과 숙주 세포에서의 증식에 의한 DNA의 증폭과는 다음과 같은 점에서 구분된다. PCR은 완전히 시험관 내에서만 일어난다. 게다가 많은 분자 클로닝 방법에서의 이용에 더하여, PCR은 유전자 발현의 분석(9장 참조), 범죄 현장에서 분리된 극소량의 DNA 시료의 법의학적 분석(14장 참조)과 유전 질환들의 진단 검사(Disease Box 13.1 참조)에 이용된다.

PCR은 DNA 폴리머레이스 반응이다. 다른 DNA 폴리머레이스 반응처럼, PCR은 폴리머레이스가 반응을 시작하는 데 DNA 주형과 자유로운 3′-수산기가 필요하다. 주형은 증폭되어야 할 DNA 시료에서 얻어지고, 자리-특이 올리고뉴클레오티드 시발자에 의해 자유로운 3′-수산기가 제공된다. 시발자들은 증폭될 서열의 각 말단의 서열에 상보적이다. 생체 내 DNA 폴리머레이스는 RNA 시발자를 사용하지만, 시험관 내에서는 더 안정적이고 쉽게 합성할 수 있는 DNA 시발자가 사용되는 것에 유념하자. 반응의 세 가지 단계는 변성(denaturation), 시발자의 아닐링(annealing)과 시발자의 신장(extension)이다(그림 1).

1 **변성:** 첫 번째 단계에서 DNA의 표적 서열이 가열되어 주형가닥이 변성되고 DNA가 단일-나선으로 만들어진다.

2 **아닐링:** 그런 후에 DNA는 식혀져 시발자가 상보적 서열의 가닥에 결합하는 아닐링이 일어난다. 이 단계의 온도는 시발자의 크기, GC 함량과 표적 DNA에 대한 상동성의 정도에 따라 다르다. 시발자는 일반적으로 각각 약 20개 염기의 DNA 올리고뉴클레오티드이다.

3 **시발자의 신장:** Mg^{2+} 존재 하에서 DNA 폴리머레이스는 양 가닥에서 시발자를 5′에서 3′의 방향으로 신장시킨다. 시발자의 신장은 사용되는 특정 폴리머레이스의 최적 온도에서 수행된다. 현재 가장 흔하게 사용되는 효소는 *Taq* 폴리머레이스로, 이것은 열친화(thermophilic) 세균인 *Thermus aquaticus*의 DNA 폴리머레이스이다. 이 세균은 거의 끓는 정도의 온천에서 살아서 열에 안정적인 폴리머레이스를 필요로 한다.

이 세 가지 단계는 28에서 35번 반복된다. 각 주기마다 시발자 사이의 부위가 증폭된 조각이 더욱더 많이 생산된다. 이것들은 지수적으로 축적된다. 표적 부위를 넘어서까지 신장된 가닥은 일차함수적으로 증가하므로, 이런 가닥의 기여는 무시할 정도가 된다. 자동화된 열주기 기계에서 25주기 후에는 표적 서열이 2^{25}배 증폭된다. PCR 산물은 핵산 특이 형광화합물인 에티디움 브로마이드(ethidium bromide)나 사이버 그린(SYBR green)으로 염색된 젤 속에서 보여질 수 있다. *Taq*의 오류 빈도

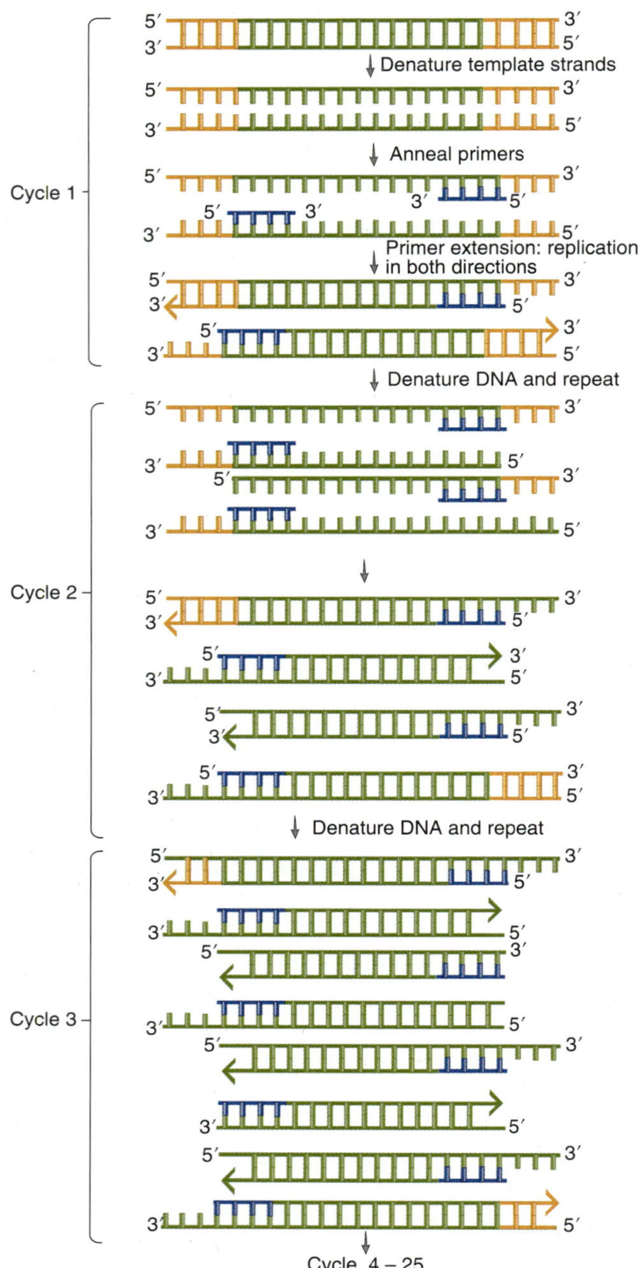

그림 1 중합효소 연쇄반응(PCR).
PCR은 시험관 내에서 DNA를 복제하는 방법이다. 시작 물질은 이중-나선의 DNA이다. 증폭할 표적 서열은 초록색으로 표시되어 있다. 증폭할 부위의 양쪽 끝의 하나의 가닥에 상보적인 서열을 가지고 있는 두 가지의 시발자(파란색)를 과량으로 첨가한다. 열 안정적인 DNA 폴리머레이스(예, *Taq* 폴리머레이스)와 dNTP도 첨가한다. 첫 번째 주기에서 95°C로 가열하면 이중-나선 DNA가 변성되고, 곧 바로 온도를 55~65°C로 낮추면 시발자가 표적 DNA의 상보적인 서열에 붙게 된다. *Taq* 폴리머레이스는 각 시발자를 5′에서 3′의 방향으로 신장시키고, 양 방향으로 주형가닥의 끝까지 합성되는 새로운 가닥을 만든다. 이 신장은 72°C에서 일어난다. 두 번째 주기에서 원래 가닥과 새롭게 만들어진 가닥은 95°C에서 변성되고 시발자는 55~65°C에서 그들의 상보적인 서열에 붙는다. 각각의 아닐링이 된 시발자는 다시 *Taq* 폴리머레이스에 의해 신장된다. 세 번째 주기에서 표적 서열과 정확히 같은 2개의 이중-나선 DNA 분자가 만들어진다. 이것들은 네 번째 주기에서 두 배가 되고 계속되는 주기마다 두 배씩 늘어난다.

는 2×10^{-4}이다. 만약 오류가 주기의 초기에 발생한다면, 오류가 큰 영향을 나타낼 수 있다. *Pfu*와 같은 다른 폴리머레이스는 더 높은 충실도를 가지고 있다. Pfu DNA 폴리머레이스는 *Pyrococcus furiosus*로부터 분리되었다. 중합 반응 중 드물게 발생하는 염기의 잘못된 삽입은 이 효소의 3′→5′ 핵산외부가수분해효소(교정) 기능에 의하여 빠르게 제거된다.

1985년, Kary Mullis가 PCR 방법을 처음으로 개발하였을 때, 그는 대장균의 DNA 폴리머레이스를 사용하였다. 대장균의 DNA 폴리머레이스는 열에 약하기 때문에 95°C에서의 변성 단계에서 활성이 파괴되었다. 따라서 새 효소를 각 주기마다 첨가해 주어야 했다. *T. aquaticus*에서 DNA 폴리머레이스의 분리와 클로닝이 이 반응을 훨씬 단순하게 만들었다. 첫 번째 실험에서 Mullis는 반응을 다른 온도 사이에서 수동으로 옮겨 주어야 했다. 운이 좋게도, 이 과정은 열 회전 기계(thermal cycler)의 개발로 자동화되었다. 이 기계는 PCR 반응에 필요한 온도 사이에서 자동적으로 바뀌는 능력이 있다. 따라서 반응이 셋팅되어 열 회전 기계에 놓이면 반응이 일어나고, 연구자는 몇 시간 후나 다음날 아침에 돌아와 결과를 볼 수 있다.

이게이션 활성을 이용하여 PCR 산물을 벡터에 한 번에 삽입한다. 토포아이소머레이즈 I이 초나선 DNA 말단을 절단하고 다시 결합한다는 것을 상기하자(2장 참조). 이 전략에서, 선형화된 상용 벡터 DNA는 두 가닥의 3′ 말단에 공유적으로 부착된 토포아이소머레이즈 I과 함께 제공된다. PCR 삽입물의 5′ 말단이 토포아이소머레이즈가 결합된 각 벡터가닥의 3′ 말단에 부착될 때, 가닥들은 결합된 토포아이소머레이즈에 의해 공유적으로 연결된다.

형질전환: 재조합 플라스미드 DNA의 세균 숙주 세포로의 이동 앞에서 기술된 재조합과 재조합되지 않은 DNA의 라이게이션 혼합물은 **형질전환(transformation)**이라는 과정에 의하여 세균 세포로 도입될 수 있다(그림 13.6 참조). 전통적인 방법은 DNA가 세포막을 들어갈 수 있도록 만들기 위해 농축된 칼슘염 용액에 세균을 일정시간 놓는다. 양으로 하전된 칼슘 이온과 인지질 세포막

에서 음으로 하전된 인산염 사이의 상호작용이 막을 불안정하게하고 일시적으로 구멍을 만든다. 세포막이 DNA가 들어갈 수 있게 만들어진 세포를 **적격 세포(competent cell)**라고 하며, 이 세포에 DNA를 섞어주면 DNA가 세균 세포로 들어가게 된다. 다른 방법으로는 **전기천공법(electroporation)**이 있으며, 강한 전류로 DNA를 세포로 들어가게 한다.

세균은 제한-변형 시스템을 사용하여 적절한 메틸화 양상이 없는 플라스미드를 포함한 외부의 DNA를 제거하므로 한 가지 의문이 생긴다: 형질전환된 세균은 왜 외부의 DNA를 제거하지 않는 것일까? 이러한 이유는 분자생물학자가 실험실에서 흔하게 사용되는 대장균 DH5α처럼, 제한과 변형 시스템이 결핍된 돌연변이 세균 균주를 사용하기 때문이다. 성공적으로 형질전환된 세균은 재조합 플라스미드 DNA 또는 재조합이 되지 않은 플라스미드 DNA를 운반하게 될 것이다. 영양분을 함유한 고형(아가 플레이트, agar plate)의 표면에 놓여진 하나의 세균 세포는 수백만 개의 동일한 세포로 이루어진 콜로니를 형성하여 눈에 보이게 된다(그림 13.7). 숙주 세포가 분열함에 따라 플라스미드 벡터는 자손으로 이동하고 거기서 계속 복제된다. 하나의 형질전환된 세균의 수많은 세포 분열로 단일 부모세포의 클론을 형성하게 된다. 이와 같은 세포의 클론은 아가플레이트 상에서 자라는 세균 콜로니로 보인다. 이러한 과정으로 "**클로닝(cloning)**"이란 이름이 붙여지게 되었다.

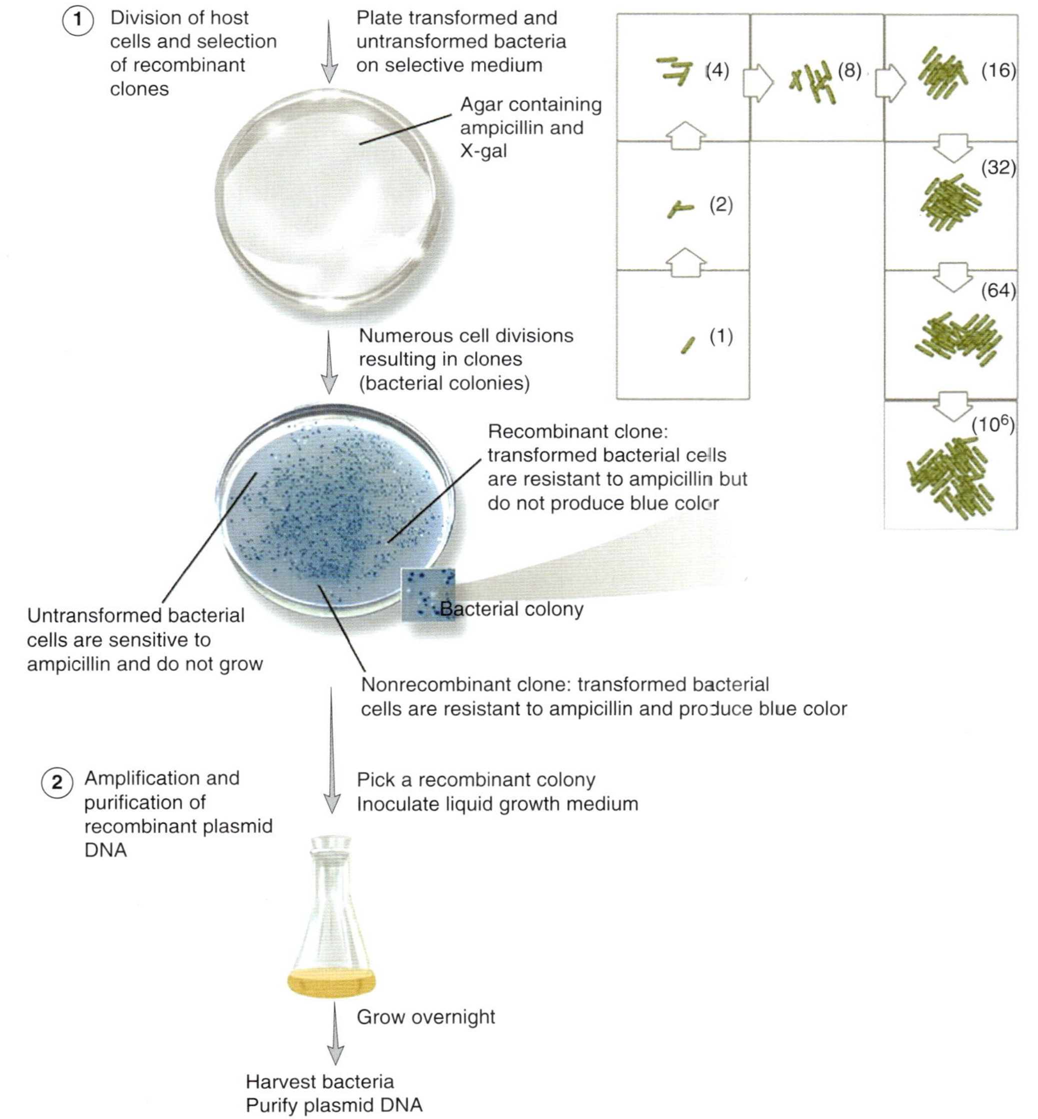

그림 13.7 블루-화이트 스크리닝에 의한 재조합 클론의 선택. 재조합 클론들이 선별된 후 재조합 플라스미드 DNA의 증폭과 분리가 이루어진다. (출처: Photograph courtesy of Vinny Roggero and the Spring 2006 Molecular Genetics Lab, College of William and Mary.)

그러고 나서 클로닝이 된 DNA는 세균 세포의 클론에서 분리될 수 있다.

재조합 DNA의 선별 형질전환이 되지 않은 세균 세포가 전혀 자라지 못하게 하기 위해서는 배지에 무엇을 포함시켜야 할까? 이것에 대한 해답은 각각의 벡터에 달려 있다. 그림 13.6의 pUC18은 항생제인 암피실린(ampicillin)에 대한 저항성을 나타내는 선별표지 유전자(selectable marker gene)를 갖고 있다. 암피실린은 페니실린의 유도체로서 대장균의 내부 세포막과 외부 세포막 사이에 놓여 있는 펩티도글리칸 층의 합성을 차단한다(표 13.3). 암피실린은 세포 외벽이 완전한 기존의 세포에는 작용하지 않고, 새로운 펩티도글라이칸을 합성하면서 분열하는 세포만 죽인다. 재조합 플라스미드가 운반한 암피실린 저항성 유전자는 항생제의 작용에 필수적인 β-락탐 고리에 있는 특이한 결합을 자르는 β-락타메이즈(β-lactamase)라는 효소를 생산한다. 만약 플라스미드 벡터가 플라스미드가 없어 항생제에 예민한 세균 세포에 도입되면, 세포는 암피실린에 저항하게 된다. 형질전환이 되지 않은 세포는 pUC18 DNA를 가지고 있지 않아서 항생제에 저항하지 않으며, 그들의 성장은 암피실린이 포함된 배지에서 억제된다(그림 13.7 참조). 형질전환된 세균 세포들은 재조합되지 않은 pUC18 DNA(자가 라이게이션된 벡터) 또는 재조합 pUC18 DNA(외부 DNA 삽입물을 포함한 벡터)를 가지고 있을 것이다. 두 가지 형태의 형질전환된 세균 세포는 모두 암피실린에 저항한다.

블루-화이트 스크리닝 재조합 형질전환 세포로부터 형질전환이 되지 않은 세포를 구분하기 위하여 **블루-화이트 스크리닝[Blue-white screening, 락 선별(*lac* selection)**이라고도 불린다]이 pUC18과 같은 벡터를 대상으로 시행될 수 있다(그림 13.7과 13.8 참조). 세균 콜로니는 암피실린과 색깔이 없는 **X-gal**(5-bromo-4-chloro-3-indolyl-β-D-galactoside의 약자)이라고 불리는 화합물이 포함된 선택 배지에서 자란다. pUC18은 *lacZ'*이라고 불리는 *lacZ* 유전자의 일부분을 가지고 있으며, 이것은 β-갈락토시데이스(β-galactosidase)의 처음 146개의 아미노산을 암호화한다. 이 효소는 세균 세포의 락토스 대사에 관여한다(8장 참조). 다발 클로닝 자리는 암호화 부위에 존재한다. 만약 *lacZ'*이 삽입 DNA에 의해 차단되지 않으면 β-갈락토시데이스의 아미노-말단 부위가 합성된다. 중요한 것은 *lacZ*에 돌연변이 서열을 가지고 있어 β-갈락토시데이스의 카복실-말단만을 암호화(*lacZ'* ΔM15)하는 돌연변이 대장균 균주(예, DH5α)가 실험에 사용된다. 플라스미드와 숙주의 *lacZ* 조각은 각각 기능을 하지 못하는 단백질을 암호화한다. 그러나 α-보충(α-complementation)에 의해 2개의 부분적인 단백질이 결합하여 기능성 효소를 형성할 수 있다. β-갈락토시데이스 효소는 X-gal의 가수분해를 촉매하여 색깔이 없는 기질을 파란색의 산물로 전환시킨다(그림 13.7과 13.8 참조).

재조합 플라스미드 DNA의 증폭과 분리 양성 (흰색) 콜로니는 제한 핵산내부가수분해효소를 처리하여 삽입물의 존재와 방향을 확인함으로써 스크리닝을 더 할 수 있다. 재조합 플라스미드 DNA를 가지고 있는 양성 콜로니가 무균적으로 액체의 배양 배지로 옮겨지면, 세포는 지수적으로 분열을 계속할 것이다(그림 13.7 참조). 하루 또는 이틀 안에 10^{12} 이상의 동일한 세포가 배양될 수 있다.

표 13.3 보편적으로 사용되는 항생제와 항생제 저항 유전자.

Antibiotic	Mode of action	Resistance gene
Ampicillin	Inhibits bacterial cell wall synthesis by disrupting peptidoglycan cross-linking	β-Lactamase (*amp*^{r}) gene product is secreted and hydrolyzes ampicillin
Tetracycline	Inhibits binding of aminoacyl-tRNA to the 30S ribosomal subunit	*tet*^{r} gene product is membrane-bound and prevents tetracycline accumulation by an efflux mechanism
Kanamycin	Inactivates translation by interfering with ribosome function	Neomycin or aminoglycoside phosphotransferase (*neo*^{r}) gene product inactivates kanamycin by phosphorylation

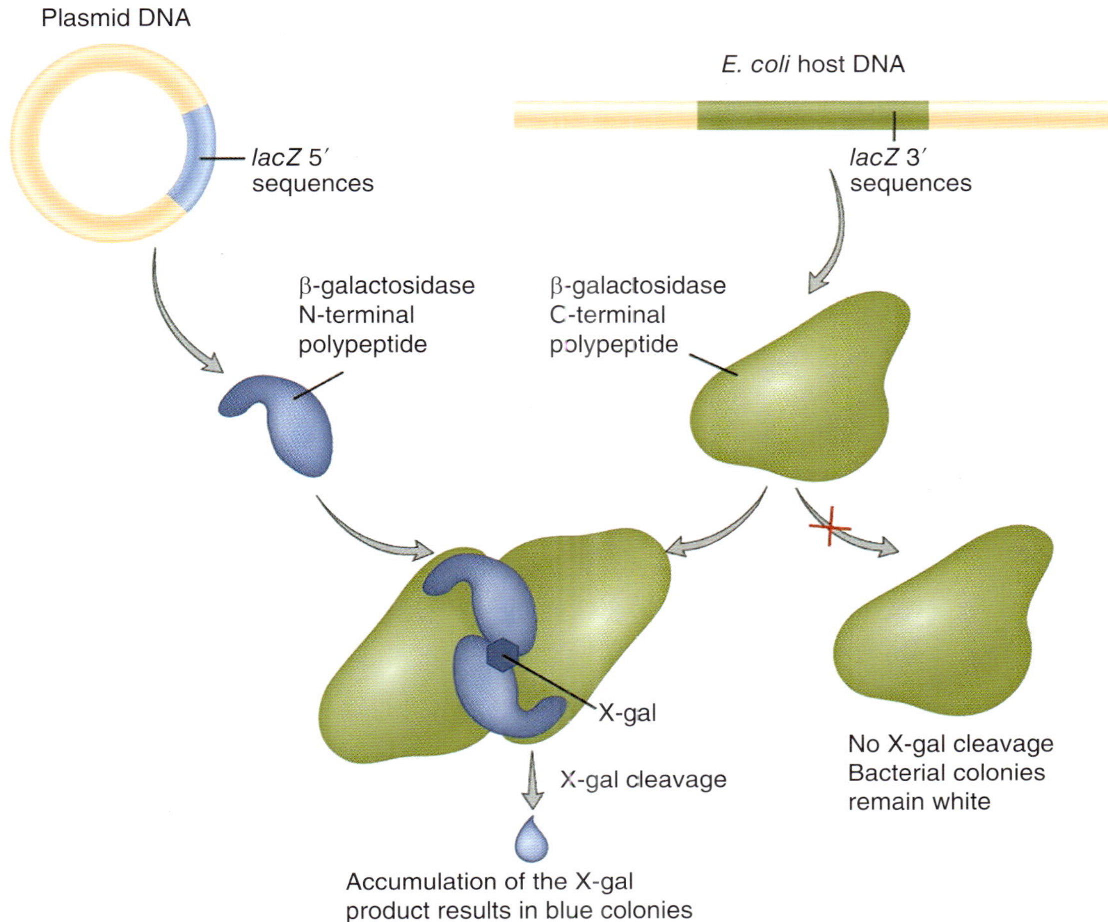

그림 13.8 β-갈락토시데이스 활성은 외부 DNA 삽입물의 존재를 나타내는 표시물질로 이용될 수 있다.
β-갈락토시데이스의 N-말단 조각(*lacZ* 5′)을 발현하는 플라스미드가 효소의 C-말단(*lacZ* 3′ 서열)을 발현하는 대장균 균주에 사용될 수 있다. N-말단과 C-말단 조각들은 연결되고 4개의 아단위들은 함께 기능을 하는 사합체-효소를 형성한다. X-gal의 절단은 파란색을 나타내는 산물을 만들어 아가 플레이트에서 볼 수 있다. 만약 외부 삽입물이 *lacZ* 5′ 암호화 서열을 파괴하면 C-말단 폴리펩티드만이 세균 세포에서 만들어질 것이다. 따라서 X-gal은 잘리지 않고 세균 콜로니들은 흰색으로 남는다.

분자 클로닝의 마지막 단계는 클로닝이 된 DNA의 회수이다. 플라스미드 DNA는 세포질액을 적절한 조건하에서 핵산과 결합하여 단백질과 다당류를 제거할 수 있는 실리카 젤이나 음이온 교환 수지를 이용한 **크로마토그래피(chromatography)** 방법으로 분리될 수 있다(Tool Box 13.2 참조). 분리된 플라스미드 DNA는 용출되어 1가의 양이온 존재 하에서 에탄올에 의한 침전으로 회수될 수 있다. 수용액에서 플라스미드 DNA를 에탄올로 침전시키면 적절한 완충 용액에 쉽게 용해되는 투명한 침전물이 생성된다.

벡터로서의 박테리오파지 람다(λ)

박테리오파지 람다는 1974년의 첫 번째 바이러스 클로닝 벡터의 제작 이후 재조합 DNA에서 널리 사용되어 왔다. 파지 λ는 플라스미드 벡터보다 큰 크기의 DNA를 유지할 수 있으므로, 유전체 라이브러리(genomic library)를 제작하는 데 특히 유용하다. 오늘날 λ 벡터의 많은 변형물이 존재한다. 삽입 벡터(insertion vector)는 특정 제한 핵산내부가수분해효소의 인식 위치를 가지고 있어 파지 λ 유전체에 더하여 작은 DNA 조각의 클로닝을 할 수 있게 해 준다. 이는 cDNA 발현 라이브러리를 제작하는 데 자주 이용된다. 교환 벡터(replacement vector)는 **중앙 유전자 군집(central gene cluster)**의 양쪽으로 클로닝 위치를 쌍으로 가지고 있다. 중앙 군집은 용해주기(lytic life cycle; 그림 13.1 참조)에 필수적이지 않은 용원 현상(lysogeny)과 재조합에 대한 유전자가 포함되어 있다. 중앙 유전자 군집은 제거되고 외부 DNA가 "팔(arms)" 사이에 끼어들어 갈 수 있다. 클로닝 벡터로 사용되는 모든 파지 벡터는 안전을 위하여 감염성이 제거되었으며 특별한 실험실 조건하에서만 기능할 수 있다.

파지 λ 교환 벡터 사용에 대한 전형적인 방법이 그림 13.9에 묘사되었다. 이 예에서, DNA는 파지 λ에서 추출되고, 중앙 유전자 군집은 제한 핵산내부가수분해효소에 의해 제거된다. 클로닝할 외부 DNA는 같은 효소로 잘리고 파지 λ DNA의 오른쪽과 왼쪽의 "팔(arms)"로 라이게이션된다. 재조합 DNA는 시험관 내에서 파지 단백질들과 혼합된다. 이 단계에서 DNA는 파지 머리로 포장되고 꼬리 섬유는 자가-조립 경로로 부착된다. 이제 재조합 바이러스 입자는 "**형질도입(transduction)**"이라고 하는 과정에 의해 세균 숙주 세포를 감염시킬 수 있다. 숙주 세포는 파지가 증식하면 터져서 자손 바이러스 입자들을 배출한다. 바이러스 입자는 세균의 잔디 위에서 터진 세균의 투명한 점 또는 "**플라크(plaque)**"로 보인다. 각각의 플라크는 하나의 재조합 파지의 자손이며 수백만 개의 파지 입자를 함유하고 있다. 현재 사용되고 있는 대부분의 벡터는 *lacZ'* 유전자를 가지고 있어 블루–화이트 스크리닝이 가능하다.

인공 염색체 벡터들

세균 인공 염색체(bacterial artificial chromosomes, BACs)와 효모 인공 염색체(yeast artificial chromosomes, YACs)는 복잡한 진핵 유전체의 지도를 작성하고 분석하는 데 중요한 도구이다. 인간 유전체 프로젝트(human genome project)와 다른 유전체 서열 분석 프로젝트들은 300 kb 이상의 외부 DNA를 유지할 수 있는 BAC과 YAC과 같은 인공 염색체를 사용함으로써 가능하게 되었다. BACs은 대장균의 수정 인자 플라스미드[fertility factor plasmid, F 인자(factor)]를 사용하여 만들어진다. 이 플라스미드는 자연적으로 크기가 100 kb이며, 숙주 세포에서 매우 적은 숫자로 증식한다. 제작된 BAC 벡터는 7.4 kb(복제 기점, 클로닝 위치와 선택 표지를 포함하여)이고, 따라서 큰 크기의 외부 DNA에도 잘 이용될 수 있다.

처음으로 인공염색체가 만들어진 바로 이후 포유류 인공 염색체(mammalian artificial chromo-

Tool Box 13.2

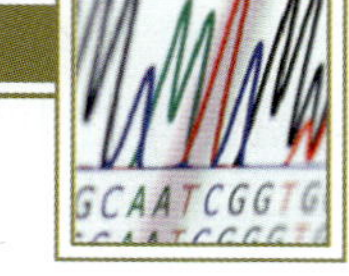

액체 크로마토그래피

분자생물학 연구에서 중요한 방법 중의 하나는 크로마토그래피이다. 액체 크로마토그래피(Liquid Chromatgraphy) 기술은 1900년대 초에 식물학자인 Mikhail Semenovich Tswett에 의해 개발되었다. Tswett은 어떤 흡수성의 레진이 채워진 수직의 관으로 나뭇잎 추출물을 통과시켰다. 이 과정을 통하여 그는 나뭇잎의 주요 색소인 초록색소와 주황색소를 분리할 수 있었다. 엽록소(chlorophylls), 황색색소(xanthophylls)와 카로틴(carotene)이 컬럼에서 각기 다른 색을 띤 밴드로 나타났다. 이러한 관찰에 근거하여, Tswett은 이 기술을 크로마토그래피라고 명명하였다[색깔을 뜻하는 그리스어 "크로마(*khroma*)"와 쓰다(to write)를 뜻하는 "그라파인(*graphein*)"에서].

오늘날 크로마토그래피의 많은 변형 방법이 있지만, 그것들은 모두 Tswett이 처음으로 관찰한 용액에 녹아 있는 분자는 고체의 표면과 상호작용(붙거나 떨어져)한다는 원리에 기초하고 있다. 용액이 표면을 가로질러 흐르게 되면, 고체 표면과 약하게 상호작용하는 분자는 표면과 결합하는 데 적은 시간이 걸리고 표면과 강하게 상호작용하는 분자보다 더 빠르게 이동할 것이다. 액체 크로마토그래피는 구형의 비드로 채워진 컬럼을 통과시켜 핵산과 단백질의 혼합물을 분리하는 데 보편적으로 이용된다. 이러한 비드의 성질이 핵산이나 단백질의 분리가 질량(젤 여과 크로마토그래피), 전하(이온교환 크로마토그래피) 또는 친화도(친화 크로마토그래피)의 차이에 좌우되는지를 결정한다(그림 1).

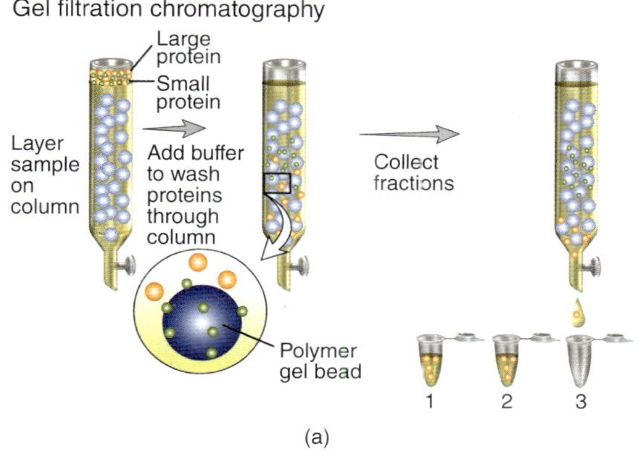

(a)

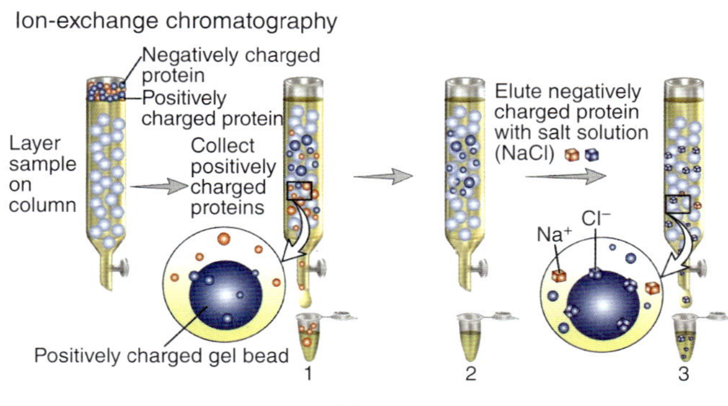

(b)

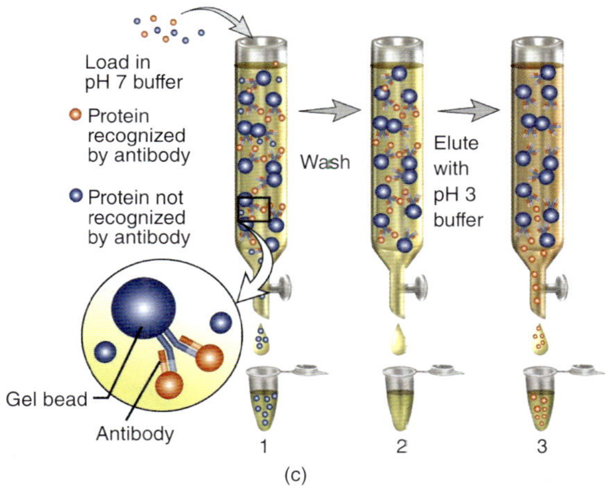

(c)

그림 1 액체 크로마토그래피 기술들.
(a) 젤 여과 크로마토그래피는 크기가 다른 거대분자를 분리하는 데 사용된다. 예를 들어, 단백질 혼합물을 구멍이 있는 비드(아가로스 또는 아크릴아마이드)로 채워진 컬럼의 위에 얹는다. 큰 단백질은 비드의 주위로 흐른다. 작은 단백질은 비드 속으로 들어가므로 큰 단백질보다 더 천천히 비드를 통과하여 지나간다. 크기가 다른 단백질은 각기 다른 액체 분획으로 나뉘어 모여질 수 있다. (b) 이온-교환 크로마토그래피는 순전하(net charge)가 다른 거대 분자(단백질이나 핵산)를 분리하는 데 이용된다. 예를 들어, 단백질을 중성 pH에서 양전하나 음전하를 띠는 아미노(NH^{3+}) 또는 카복실(COO^{-})기로 코팅된 비드를 채운 컬럼 위에 얹는다. 반대 전하를 띠는 산성 단백질(음으로 순하전)은 양전하를 띠는 비드에 결합하고 같은 순전하의 염기성 또는 중성 단백질은 컬럼을 통하여 흐른다. 이 경우에 음전하를 띠는 결합한 단백질은 컬럼으로 염 구배를 통과시켜 용출시킬 수 있다. 음전하를 띠는 염 이온이 비드에 결합함에 따라 단백질이 분리된다. (c) 친화 크로마토그래피는 단백질 또는 핵산이 특이하게 다른 단벅질에 결합하는 능력을 이용한다. 연구 대상의 단백질이나 핵산에 특이하게 결합하는 리간드가 공유적으로 결합되어 있는 비드로 컬럼을 만든다. 리간드는 특이 거대 분자에 결합하는 항체, 효소 기질 또는 다른 작은 분자가 될 수 있다. 항체에 높은 친화도를 가지는 단백질만이 질량이나 전하에 관계없이 컬럼에 남아 있고, 다른 단백질은 흘러서 지나간다. 결합된 단백질은 과량의 리간드를 첨가하거나 염 농도를 변화시켜 산성 용액에 용출시킬 수 있다.

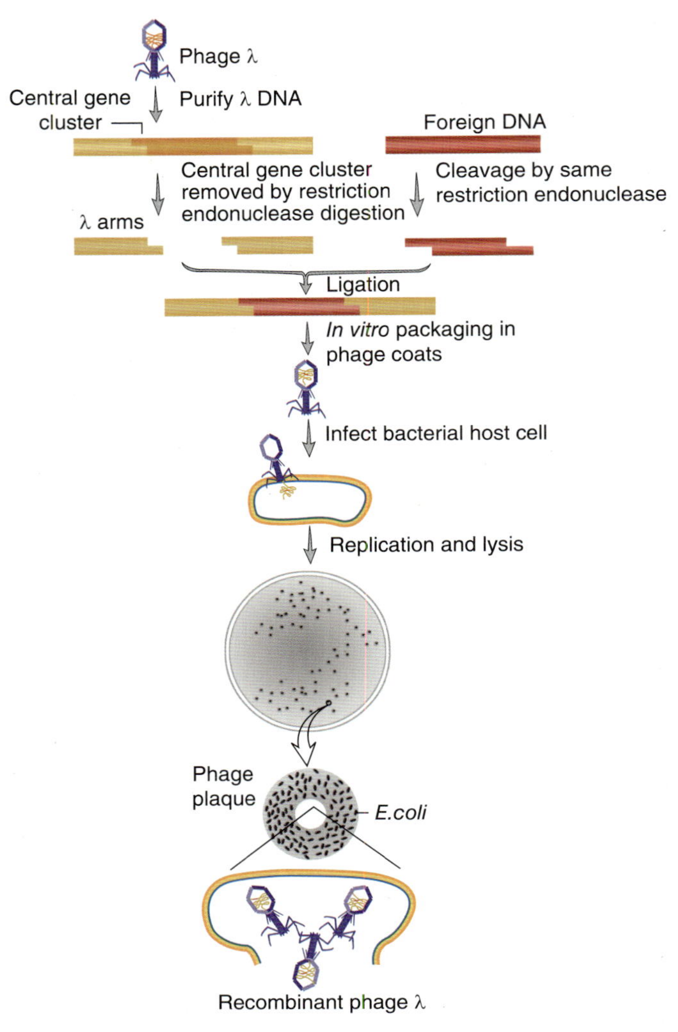

그림 13.9 클로닝 벡터로 박테리오파지 람다(λ)의 사용. 숙주 세균층에 형성된 각 플라크는 단일 재조합 파지의 자손을 나타내는 것이다.

some, MAC)를 제작하려는 노력들이 시도되었다. MAC은 중심절 서열, DNA 복제를 개시하는 서열과 텔로미어 서열에 의존한다. MAC의 개발은 두 가지 주된 이유에 의해서 동물생명공학과 인간 유전자 치료에 있어서 중요한 발전으로 여겨지고 있다. 첫 번째는 다른 벡터에서는 염색체로의 무작위 삽입이 일어나지만, 이것은 포유류 세포 안에서 스스로 복제와 분리가 일어난다. 두 번째는 암호화 부위뿐만 아니라, 모든 조절 인자를 포함하여 큰 유전자의 발현 시스템으로 사용될 수 있도록 변형될 수 있다. 하지만, 현재 알려진 사용상의 단점은 이것들이 크기가 너무 커서 다루기가 힘들고, 매우 적은 양으로만 회수될 수 있다는 것이다. MAC 생산을 위해서는 두 가지 방법이 있다. 한 가지 방법은 클로닝이 된 중심절, 텔로미어와 복제 기점을 시험관 내에서 조립하는 것이다.

효모 인공 염색체 벡터 효모는 진핵세포이지만, 작은 단일 세포여서 실험실에서 세균처럼 조작하고 자라게 할 수 있다. YAC 벡터는 염색체처럼 활동하도록 설계되었다. 이들의 설계는 염색체의 안정성과 복제를 위해 필요한 것과 돌연변이 효모와 생화학적 경로의 유전적 분석에 대한 자세한 지식이 없었다면 가능하지 않았을 것이다. YAC 벡터는 복제 기점(autonomously replicating sequence, ARS)(6장 참조), 딸세포로의 분리를 확실하게 해 주기 위한 중심절, 염색체의 안정성을 유지시키기 위해 염색체 양끝을 봉합하는 텔로미어와 양 팔에 성장 선택 표지를 가지고 있다(그림 13.10). 이러한 표지는 팔이 연결되고 외부 삽입물을 포함하는 분자를 선택할 수 있게 해 준다.

예를 들어, 그림 13.10에 나오는 것처럼, 효모 유전자인 *URA3*와 *TRP1*은 자주 표지로 사용된다. 양성 선택(positive selection)은 성장하기 위해서 우라실과 트립토판의 보충을 요구하는 *ura3-trp1* 돌연변이 효모주의 영양요구 변이주 보충(auxotrophic complememtation)으로 이루어진다. ***URA3***는 질소염기인 우라실의 생합성에 필요한 효소를 암호화한다. ***TRP1***은 아미노산의 일종인 트립토판의 생합성에 필요한 효소를 암호화한다. YAC 벡터는 외부 DNA를 삽입하기 전에는 원형으로 유지된다. 제한 핵산내부가수분해효소 *Bam*HI과 *Eco*RI으로 잘리고, 왼쪽 팔과 오른쪽 팔은 직선이 되며, 말단의 서열은 텔로미어를 형성한다. 외부 DNA를 *Eco*RI으로 자르고, YAC 팔과 외부 DNA를 연결하고 나서 효모 숙주 세포로 전달한다. 효모 숙주 세포는 스퍼로플라스트(spheroplast, 효모 세포벽이 없는)로 유지된다. 효모 세포는 양 팔이 연결되어 *URA3*와 *TRP1* 유전자가 모이도록 된 분자들을 찾아내기 위해서 우라실과 트립토판이 없는 선택 영양분 재생 플레이트에서 자라게 한다. 재조합된 YAC과 재조합되지 않은 YAC을 어떻게 구분할까?

레드-화이트 선별 그림 13.10에서 나타낸 예에서, 재조합 YAC은 "**레드-화이트 선별(red-white selection)**" 과정에 의하여 스크리닝된다. 이 예에서는 YAC의 다발 클로닝 자리 안에 또 다른 표지인 *SUP4*가 있다. *SUP4*는 *Ade2-1* UAA 돌연변이를 억제하는 tRNA를 암호화한다. *ADE1*

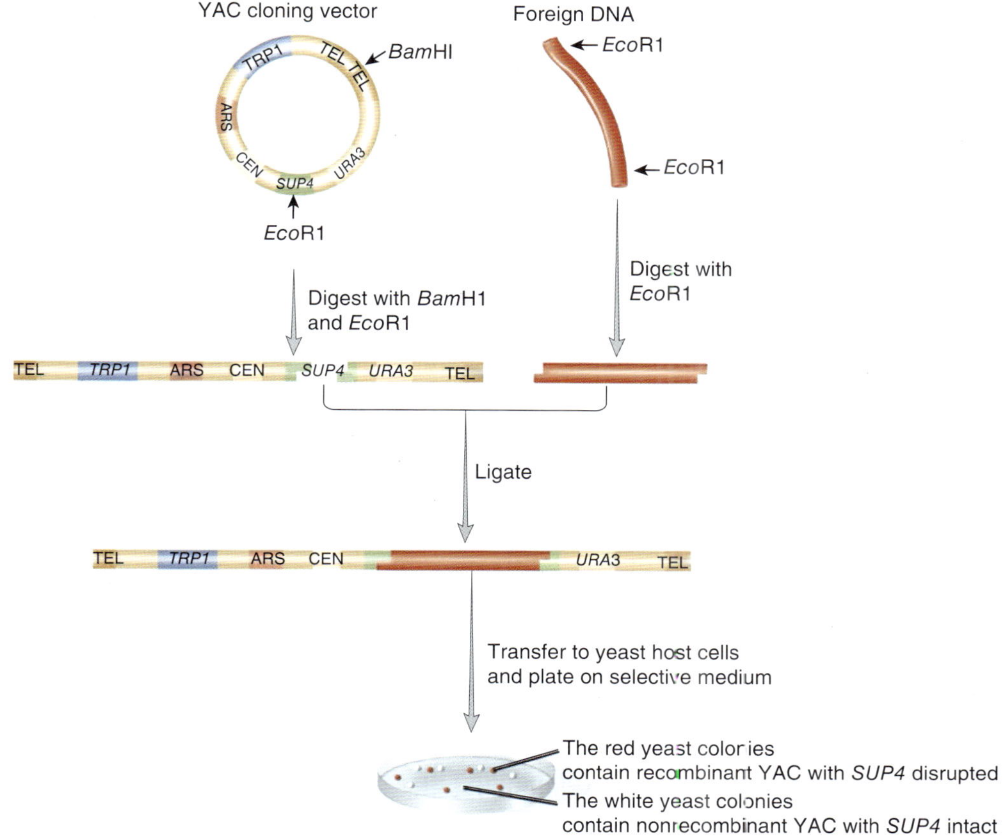

그림 13.10 효모 인공염색체(YAC) 클로닝 벡터의 사용.
본 예에서 나타난 YAC은 복제의 개시 부분으로 작용하는 자가 복제 서열(ARS), 세포 분열시 염색체 분리를 위한 중심절(CEN) 요소, 염색체 안정성을 위한 텔로미어(TEL) 서열, 성장 선택 표지자(*URA3*와 *TRP1*)를 포함하고 있다. *Eco*RI 자리로의 DNA 삽입에 의한 *SUP4*의 불활성화는 빨간색 콜로니를 형성하게 한다.

과 *ADE2*는 아데닌의 생합성에 관여하는 효소를 암호화한다. 이러한 중요한 효소가 없으면 *Ade2-1* 돌연변이 세포는 빨간색 색소를 생산한다. 그러나 *SUP4*를 발현하는 *Ade2-1* 돌연변이 세포는 *Ade2-1* 돌연변이가 억제되어 흰색(정상 효모주의 색깔)이다. 외부 DNA가 다발 클로닝 자리에 끼어들어가게 되면 *SUP4* 발현은 방해를 받게 된다. *SUP4*의 발현이 없을 때에는 *Ade2-1*이 더 이상 억제되지 않으므로 빨간색 색소가 다시 나타난다. 반면에, 재조합되지 않은 YAC 벡터는 활성을 띠고 있는 *SUP4* 억제자를 가지고 있다. 따라서 빨간색 콜로니는 재조합 벡터 DNA를 함유하고 있고, 흰색 콜로니는 재조합되지 않은 YAC 벡터 DNA를 갖고 있는 것이다.

클로닝을 위한 DNA의 원천

현재까지 기술된 클로닝 방법은 어떠한 DNA 조각에도 적용할 수가 있다. 그러나 많은 클로닝 실험의 목적은 특정 단백질의 발현을 지시하는 DNA 서열의 획득이므로, 우리는 먼저 그러한 DNA를 어디서 얻을 수 있을 것인지를 고려해야 한다. 클로닝을 위한 DNA는 연구자의 궁극적인 목적에 따라서 특정 유전자나 유전자의 일부분을 나타내는 DNA 조각이거나 한 생명체의 완전한 유전체일 수도 있다. 전형적인 삽입물은 유전체 DNA, cDNA(Tool Box 13.3), 중합효소 연쇄반응(PCR) 산물(Tool box 13.1 참조)과 화학적으로 합성된 올리고뉴클레오티드이다. 먼저 분리가 된 클론이 또 다른 목적으로 다른 벡터로 옮겨지는 것을 "**서브클로닝(subcloning)**"이라고 한다.

DNA 라이브러리의 제작

벡터들은 다양한 종류의 생명체의 유전체로부터 분리된 DNA 조각의 라이브러리를 하나로 종합하는 데 이용된다. 이러한 조각의 수집은 특정 유전자와 연구대상의 DNA 서열의 분리에 사용될 수 있다. DNA 조각은 DNA를 특정 제한 핵산내부가수분해효소로 잘라서 만들어진다. 이러한 조각은 벡터 분자에 연결되고, 재조합 분자의 집합체는 숙주 세포 하나당 하나의 분자씩 전달된다. 모든 DNA 분자의 총 숫자가 **라이브러리(library)**를 구성한다. 이 라이브러리는 표적 DNA를 동정하는 분자 탐침자에 의하여 조사되고 스크리닝된다. 이 라이브러리는 일단 제작되면 두 가지의 주된 형태의 라이브러리가 특정 DNA를 동정하는 데 이용될 수 있다: 유전체 라이브러리와 cDNA 라이브러리.

Tool Box 13.3

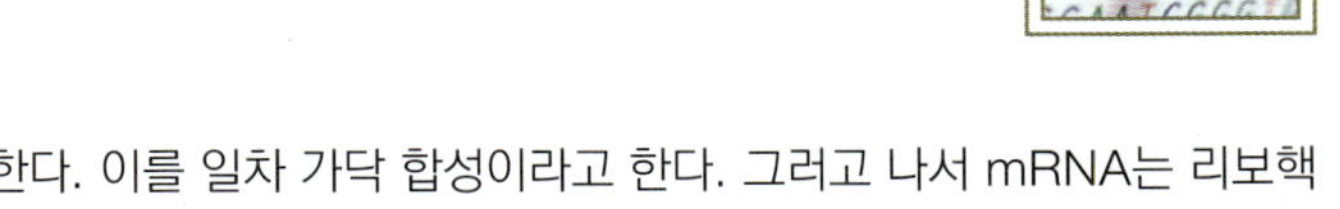

상보적 DNA(cDNA) 합성

대부분의 진핵세포 mRNA는 3′ 말단에 아데닌이 많이 붙어 있어 다중(A) 꼬리를 형성한다. 이것은 분자생물학자에게 중요하게 이용되고 있다. 다중(A) 부위는 총 RNA에서 친화 크로마토그래피(그림 1a)에 의해 mRNA만을 선택적으로 분리하는 데 이용될 수 있다. 분리된 mRNA는 상보적 DNA 합성의 주형으로 이용될 수 있다(그림 1b, c).

mRNA의 분리

총 RNA는 특이 유전자 세트를 발현하는 특정 종류의 세포로부터 분리된다. 이러한 총 세포 RNA 중에서 80~90%는 rRNA, tRNA와 히스톤 mRNA이며, 이들은 다중(A) 꼬리가 없다. 이러한 RNA는 올리고(dT) 또는 올리고(U)가 결합된 레진 비드를 통과시킴으로써 다중(A) mRNA와 분리될 수 있다. 상대적으로 높은 염 농도의 상황에서 다중(A) RNA는 상보적 염기와 수소결합을 형성하여 남아 있고 다중(A) 꼬리가 없는 RNA는 흘러서 내려간다. 교잡을 위한 염 조건은 세포 안의 이온 농도와 유사하다(예, 0.3~0.6 M NaCl). 다중(A) mRNA는 컬럼으로부터 하이브리드(hybrid)의 변성을 촉진하는 낮은 염의 용출 완충액(예, 0.01 M NaCl)으로 용출된다.

cDNA의 일차 가닥 합성

분리된 mRNA로부터 cDNA를 합성하는 데 많은 방법이 이용될 수 있다. 한 가지 방법은 다음과 같다. 간략히 기술하자면, cDNA는 역전사효소와 DNA 폴리머레이스의 작용에 의해 합성된다(그림 1b). 역전사효소는 mRNA 주형으로부터 단일가닥의 DNA 합성을 촉매한다. 일반적인 DNA 폴리머레이스처럼, 역전사효소도 반응을 시작하기 위해서는 시발자가 필요하다. 다중(dT) 시발자는 데옥시뉴클레오시드 트리포스페이트(dNTP) 존재 하에서 역전사효소에 의한 확장에 이용될 수 있는 자유로운 3′-수산기 말단을 제공하기 위해 첨가된다. 일반적으로 avian myeloblastosis virus(AMV)와 같은 바이러스의 역전사효소가 이용된다. 역전사효소는 상보적 염기쌍 짓기에 의해 5′에서 3′의 방향으로 dNTP를 첨가한다. 이를 일차 가닥 합성이라고 한다. 그러고 나서 mRNA는 리보핵산분해효소(ribonuclease)나 알칼라인 용액으로 분해된다.

cDNA의 이차 가닥 합성

cDNA 클로닝을 포함한 대부분의 응용을 위해서 이중-나선의 DNA가 필요하다. 이차 DNA 가닥은 대장균 DNA 폴리머레이스 I의 클레나우 조각에 의해 만들어진다(그림 1c 참조). 대장균 DNA 폴리머레이스 I의 5′→3′ 핵산외부가수분해효소 활성은 많은 응용에 이 효소가 적당하지 않게 한다. 그러나 이러한 효소 활성은 프로테이스에 노출시켜 바로 제거할 수 있다. 단백질 가수분해에 의해 생기는 DNA 폴리머레이스 I의 큰 조각, 즉 클레나우 조각은 5′→3′ 폴리머레이스와 3′→5′ 핵산외부가수분해효소(교정) 활성을 가지고 있으며 분자생물학에서 널리 사용되고 있다. 상업적으로 사용 가능한 클레나우 조각은 일반적으로 세균에서 DNA 폴리머레이스 I 유전자의 절단 형태(truncated form)를 세균에서 발현시켜 생산한다.

일차 가닥의 합성에 사용된 역전사효소는 일차 가닥의 끝에서 뒤로 루프를 만들고서 또 하나의 상보적 가닥의 합성을 시작하려는 경향이 있다. 이 헤어핀은 DNA 폴리머레이스에 대한 자연적인 시발자를 형성하여 이차 가닥 DNA가 합성된다. S1 핵산분해효소(*Aspergillus oryzae*에서 분리된)를 단일가닥의 DNA 헤어핀을 제거하기 위해 첨가한다. 사용하려는 클로닝 벡터와 상보적인 말단을 갖고 있는 이중-나선의 DNA 연결자(linker)를 라이게이션 전에 이중-나선의 DNA 분자에 첨가한다. 유전자의 암호화 가닥 서열인 mRNA 서열과 일치하는 이차 가닥을 가지는 이중-나선의 cDNA가 만들어진다. 문헌에 나타나는 서열은 이차 가닥의 cDNA의 5′→3′ 서열이다. 인트론과 프로모터 및 전사 개시 자리의 위쪽에 있는 부위에 해당하는 서열은 cDNA에 나타나지 않는다. 특정 세포의 mRNA에서 유래한 cDNA로부터 만들어지는 라이브러리는 cDNA 클론의 cDNA 라이브러리를 형성한다.

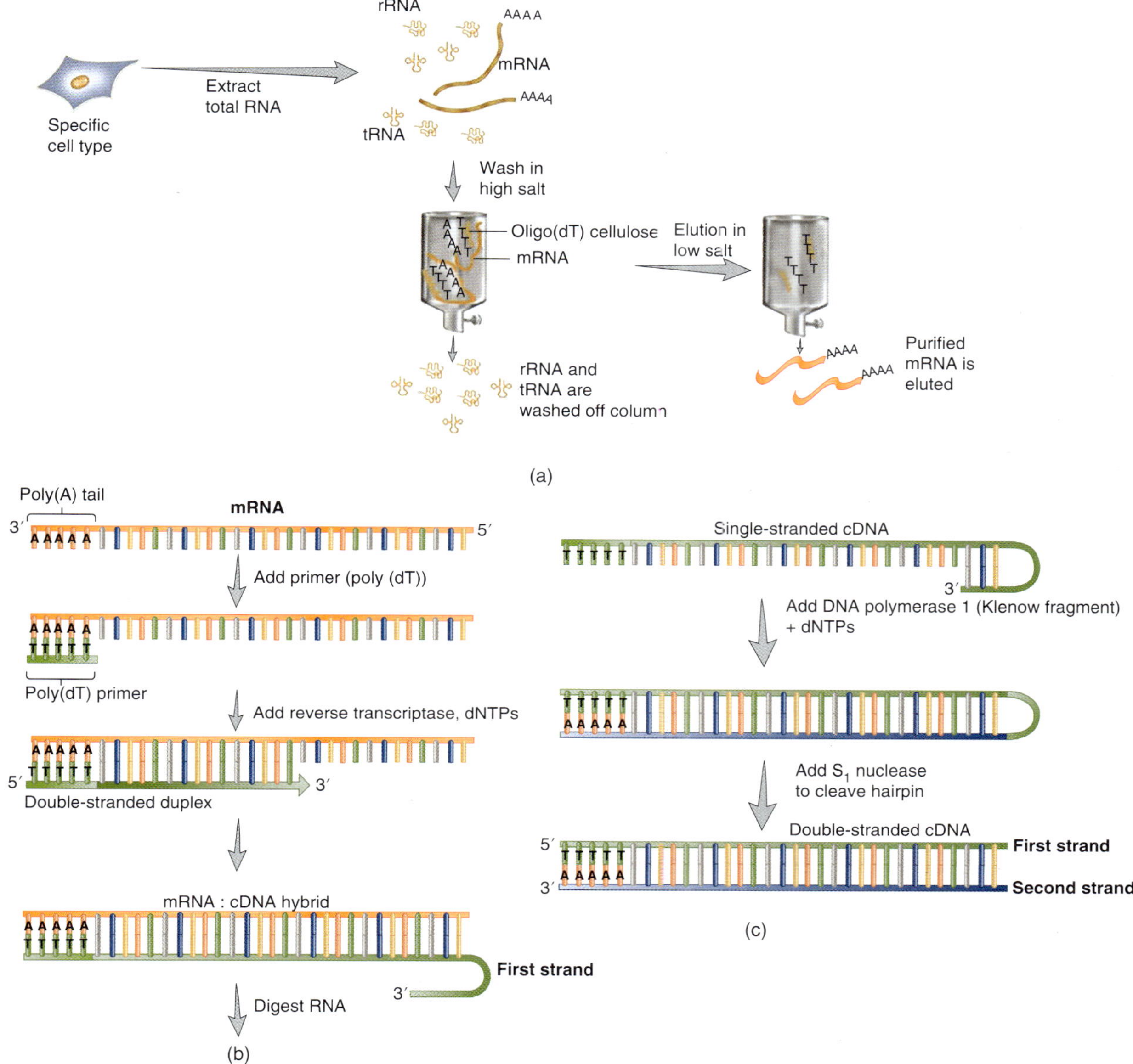

그림 1 전통적인 cDNA 합성.
(a) mRNA의 분리. 특정 세포 종류에서 분리된 총 RNA를 올리고(dT) 친화 크로마토그래피 컬럼에 mRNA의 3′ 다중(A) 꼬리와 컬럼 기질에 공유적으로 결합되어 있는 올리고(dT) 사이의 교잡을 촉진하는 상황(높은 염 완충액)에서 얻는다. 교잡 후에 rRNA와 tRNA를 컬럼으로부터 세척한다. mRNA는 낮은 염 완충액으로 용출한다. (b) 일차 가닥 합성. 일차 가닥의 합성은 dNTP 존재하에서 역전사효소와 다중((dT) 시발자를 이용하여 이루어진다. mRNA–cDNA 하이브리드가 합성되고, mRNA는 알칼라인 용액이나 리보핵산분해효소로 소화된다. (c) 이차 가닥 합성. 이차 가닥 cDNA 합성은 자가-시발 방법을 이용한다. DNA 폴리머레이스 I의 클레나우 조각은 시발자로서 일차 가닥의 헤어핀을 이용하여 이차 가닥의 합성을 촉매한다. 헤어핀은 단일가닥 DNA 핵산분해효소(S1 핵산분해효소)로 잘려진다.

유전체 DNA 라이브러리 **유전체 DNA 라이브러리(genomic DNA library)**는 한 생명체의 전체 유전체를 나타내는 DNA 조각들을 포함한다. 유전체 라이브러리 제작의 첫 번째 단계는 주로 제한 핵산내부가수분해효소의 부분적인 소화를 이용하여 DNA를 조작할 수 있을 정도의 크기로 자르는 것이다. 파지 λ 벡터로의 클로닝을 위해서는 DNA 조각의 크기가 15~20 kb의 정도여야 한다. 제한적인 상황에서는 제한자리가 간헐적으로만 잘리므로 모든 위치가 잘리지 않는다. 이것은 중복되는 조각의 연속을 만든다. 두 번째 단계는 젤 전기영동이나 원심분리의 기술을 이용하여 이상적인 크기의 조각을 분리하는 것이다. 마지막 단계는 DNA 조각을 적당한 벡터로 삽입하는 것이다.

인간에서, 유전체 크기는 대략 3×10^9 bp이다. 평균적인 삽입물의 크기가 20 kb라고 하면 모든 서열이 높은 확률(95~99%)로 표현될 무작위적인 조각의 숫자는 대략 10^6 클론이다. 수학적으로 따지면 1.5×10^5[즉, $(3 \times 10^9$ bp$)/(2 \times 10^4$ bp$)$]이지만, 삽입이 무작위적으로 일어나므로 실험상에서는 더 많은 클론들이 필요하다. 박테리오파지 λ 또는 코스미드 벡터가 전형적으로 유전체 라이브러리 제작에 이용된다. 이러한 벡터는 플라스미드와 비교하여 더 큰 크기의 삽입물이 사용가능하므로 단일 클론 안에서 유전자의 암호화 서열과 조절 요소 모두를 함께 클로닝할 확률이 높아진다.

cDNA 라이브러리 cDNA 클로닝의 바탕을 이루는 원리는 특정 조직, 세포의 종류 또는 발달의 단계(예, 배아 mRNA)에서 추출한 mRNA 군집이 각 세포 종류와 그 단계에서 발현이 되고 있는 모든 단백질에 대한 mRNA를, 많은 종류의 세포와 발달의 단계에서 공통적인 리보솜 단백질 또는 다른 mRNA와 같은 필수 불가결한 단백질을 암호화하는 "하우스키핑(housekeeping)" mRNA와 함께 포함하고 있다는 것이다. 따라서 만약 mRNA가 분리가 되면 유전체에 있는 모든 유전자 중의 일부가 연구될 수 있다. mRNA는 바로 클로닝이 될 수 없지만, mRNA의 cDNA 복사물이 클로닝될 수 있다(Tool Box 13.3 참조). cDNA 라이브러리는 mRNA로부터 유래하므로, 라이브러리는 인트론이나 조절 부위 없이 발현되는 유전자들의 암호화 부위만을 포함하고 있다. 이 장(그리고 15장)의 후반에서 볼 수 있듯이, 이것은 재조합 DNA 기술을 유전자 이식 동물과 인간 유전자 치료법으로 응용하는 데 중요한 요인이 되었다.

13.5 라이브러리 스크리닝과 탐침자

라이브러리에서 클로닝이 된 특정 서열을 찾는 것을 **라이브러리 스크리닝(library screening)**이라고 한다. 최근에는 많은 생명체에 대한 유전체 서열 정보가 이용가능해져서 연구하고자 하는 DNA 서열을 라이브러리 스크리닝보다는 PCR(Tool Box 13.1 참조)로 더 쉽게 얻을 수 있다. DNA 클로닝과 PCR은 모두 DNA를 반복적인 DNA 복제 과정을 통해 적은 양의 DNA를 많은 양의 DNA로 증폭한다. DNA 클로닝은 숙주의 세포 분열 주기를, PCR은 시험관 내에서 DNA 합성과정을 이용한다. PCR에서 사용되는 한 쌍의 올리고뉴클레오티드 프라이머는 증폭 과정을 처음부터 연구 대상의 특정 DNA 서열로 한정한다. 반대로 DNA 라이브러리는 일단 제작되면 숙주 세포에서 영구적으로 존재할 수 있고 연구자가 특정 조각을 찾고자 할 때 언제나 즉시 회수하는 데 사용될 수 있다.

라이브러리 스크리닝 시에 유전자를 동정하는 데 필요한 필수적인 요소 중의 하나가 탐침자이다. "**탐침자(probe)**"라는 용어는 일반적으로 연구 대상의 유전자 또는 DNA 서열과 같거나 비슷한 서열을 갖는 핵산, 그중에서도 주로 DNA을 말한다. 변성된 탐침자와 표적 DNA는 다시 원래의 형태로 바뀌면(renatured) 서로 교잡(hybridize)될 수 있다. 단일-나선 핵산의 상보적인 염기쌍짓기가 복제, 재조합, DNA 수복, 전사와 번역 등과 같은 중요한 생물학적 과정의 기반을 형성한다. 라이브러리 스크리닝은 이중-나선 핵산의 변성 또는 단일-나선으로의 용해 그리고 핵산 탐침자와의 자발적인 교잡나선 형성과 같은 기본적인 성질을 이용하는 것이다. 이 기술의 힘은 핵산 탐침자가 복잡한 혼합액 속에서도 매우 높은 민감도와 정교한 특이도로 상보적 분자를 검출할 수 있을 정도이다.

탐침자가 라이브러리 스크리닝 동안에 어떻게 사용되는지를 알아보기에 앞서, 탐침자의 핵심적인 특성과 탐침자의 제조법에 대하여 먼저 알아보자.

DNA 탐침자와 RNA 탐침자의 종류

교잡은 DNA와 DNA, DNA와 RNA, RNA와 RNA 사이에서 일어날 수 있다. 세 가지의 주된 형태의 탐침자가 있다: (i) **올리고뉴클레오티드 탐침자(oligonucleotide probes)**, 화학적으로 합성되고 끝이 표지된다; (ii) **DNA 탐침자(DNA probes)**, 클로닝이 된 DNA이며 끝이 표지되거나 시험관 내 복제(*in vitro* replication) 과정 중에 안쪽이 표지된다; (iii) **RNA 탐침자(라이보탐침자, riboprobe)**, 클로닝이 된 DNA를 주형으로 시험관 내 전사(*in vitro* transcription) 과정 중에 안쪽이 표지된다. RNA 탐침자와 올리고뉴클레오티드 탐침자는 일반적으로 단일-나선이다. DNA는 이중-나선 또는 단일-나선으로 표지될 수 있으나 단일-나선으로 되었을 때만 이용 가능하므로 사용 전에 변성이 되어야 한다. 올리고뉴클레오티드, 클로닝이 된 DNA와 RNA 탐침자에는 두 가지의 주된 형태가 있다: 이형(heterologous)과 동형(homologous).

이형 탐침자(heterologous probe)는 연구 대상의 핵산 서열과 유사하지만 정확히 일치하지 않는 탐침자를 말한다. 만약 찾고자 하는 유전자가 이전에 클로닝이 된 유전자와 비슷한 뉴클레오티드 서열을 가지고 있다고 알려지면 탐침자로 이미 알려진 서열을 쓰는 것이 가능하다. 한 예로, 생쥐의 탐침자가 인간 유전체 라이브러리를 조사하는 데 이용될 수가 있을 것이다. 반면에, **동형 탐침자(homologous probe)**는 연구대상의 핵산 서열과 정확히 상보적인 탐침자를 말한다. 동형 탐침자는 여러 가지 방법으로 설계하고 만들 수 있다. 축퇴 탐침자(degenerate probe), 발현 서열 꼬리표(expressed sequence tag, EST)-기반 탐침자와 전체 클론의 위치를 결정하기 위한 cDNA 탐침자가 동형 탐침자의 예에 속한다.

EST-기반 탐침자는 전체 유전체 서열을 사용할 수 있는 생명체에는 더 이상 자주 사용되지 않지만 제한된 서열 정보만 사용할 수 있는 생명체에는 여전히 유용하다. EST는 약 200–400 염기쌍 길이의 부분 cDNA 서열이다. 그것들은 cDNA의 짧은 일부분을 나타내므로 "꼬리표(tag)"라고 불린다. 컴퓨터 프로그램은 유전부호를 적용하여 EST를 부분적인 아미노산 서열로 번역한다. 연구 중인 단백질과 일치하는 것이 발견되면, EST는 cDNA의 해당 부분에 대한 고유한 DNA 서열을 제공한다. 그런 다음, 탐침자를 합성하여 전체 cDNA 또는 유전체 클론에 대한 라이브러리를 스크리닝하는 데 사용할 수 있다. cDNA에는 유전자의 암호화 영역만 포함되어 있기 때문에 연구자는 조절 영역, 인트론 또는 번역되지 않은 영역의 분석을 위해 유전체 클론을 분리해야 하는 경우가 많다. 유전체 클론을 찾기 위해 확인된 cDNA를 사용하면 연구대상 유전자에 대하여 매우 특이적인 탐침자를 얻을 수 있다.

탐침자의 표지

탐침자는 연구대상 유전자와 같거나 유사한 서열을 갖고 있어야 할 뿐만 아니라, 연구자가 교잡을 검출할 수 있어야 한다. 즉, 탐침자는 몇 가지 방법을 통해 화학적으로 변형되어 탐침자와 교잡된 무엇이든 검출할 수 있게 된다. 방사성과 비방사성 표지법이 Tool Box 13.4에 기술되었다. RNA와 DNA를 표지하는 다양한 방법이 있다. 방법의 선택은 탐침자의 적용 목적과 형태에 좌우된다. 탐침자는 표지된 많은 뉴클레오티드가 시험관 내에서 DNA와 RNA가 합성되는 동안 일정하게 끼어 들어가는 내부 표지법(internal labeling)으로 만들어질 수 있다. 반면에 말단-표지법(end-labeling)은 표지된 뉴클레오티드를 DNA 나선의 3′ 말단에 첨가하거나 5′ 인산을 표지된 인산으로 바꾸는 것이다. 핵산 표지 방법에 대한 더 자세한 정보는 Tool Box 13.5를 참고한다.

Tool Box 13.4

방사성과 비방사성 표지 방법

세포와 거대 분자의 세계는 맨 눈으로 볼 수 없다. 분자생물학 도구의 개발은 연구자가 이 세계를 눈으로 볼 수 있게 허락하였다. 2차 세계대전 이후 방사성 물질이 핵 물리학 연구의 산물로서 널리 이용가능해진 이후 이것들은 생물학적 분자를 검출하는 데 없어서는 안 되게 되었다. 수백 가지의 생물학적 성분(예, 뉴클레오티드, 아미노산과 수많은 대사의 중간물질)은 상업적으로 이용가능하다. 방사성 동위원소의 존재가 방사성으로 표지된 거대 분자의 전구물질의 화학적 성질들을 바꾸지는 않는다. 시험관 내와 생체 내의 효소들은 표지되지 않은 기질을 촉매하는 것처럼 표지된 기질의 반응도 즉시 촉매한다. 방사성 동위원소는 쉽게 검출되는 입자를 방출하기 때문에 방사성으로 표지된 분자의 운명도 세포와 세포의 추출물에서 쉽게 추적될 수 있다. 예를 들어, 핵산을 표지하는 것은 그들의 위치를 추적하고, 합성 과정을 정의하며, 교잡 탐침자의 표지에 중요하다.

분자생물학에서 보편적으로 사용되는 방사성 동위원소

방사성 동위원소는 어떤 원소의 불안정한 동위원소이다. 동위원소는 같은 수의 양성자를 갖지만 다른 수의 중성자를 갖는다. 방사능의 분해 동안 중성자와 양성자의 숫자가 불안정한 조합에서 더 안정한 조합으로 변한다. 핵종(nuclide)은 분해 후에 더 작은 질량을 갖는다(질량은 에너지로 전환된다). 분자생물학에 사용되는 동위원소에서, 이러한 에너지는 베타(β) 입자(작고, 전기적으로 전자와 같이 하전된 입자)나 감마(γ) 선으로 발산된다. 예를 들어, 황-35[^{35}S]로 표지된 아미노산인 메티오닌과 시스테인은 세포의 단백질을 표지하는 데 널리 사용된다(표 1). 인-32[^{32}P]로 표지된 뉴클레오티드는 통상적으로 세포-유리 시스템(cell-free system, 시험관 내)에서 RNA와 DNA를 모두 표지하는 데 이용된다. 대사적 표지(생체 내 표지)를 위해서는 수소-3[^{3}H, 트리튬]으로 표지된 화합물이 더 보편적으로 사용된다. 예를 들어, RNA 합성의 장소를 알아내기 위하여 세포를 짧은 기간 동안 ^{3}H-유리딘(uridine)과 함께 배양하고 분획화 과정을 통하여 다양한 세포내 소기관을 분리하거나 자가방사도법을 시행한다. 동위원소 요오드-125[^{125}I]를 특정 단백질의 검출을 위해 항체에 공유적으로 결합시킨다.

검출 방법

자가방사도법은 방사성 동위원소가 사진 필름을 감광한다는 사실을 이용하는 것이다. 필름 위의 볼 수 있는 은 알갱이를 세어 방사성 물질의 양을 측정할 수 있다. 표지된 물질에서 방사능의 정량적 측정은 몇 가지의 기계를 이용하여 수행될 수 있다. 표지된 물질의 방사능은 몇 가지 기구를 사용하여 측정될 수 있다. 가이거 계측기(Geiger counter)는 방사성 동위원소로부터 발산되는 β-입자나 γ-선에 의해 만들어진 이온을 측정한다. 섬광 계측기(scintillation counter)에서는 방사성으로 표지된 시료가 동위원소의 붕괴 시 발산되는 β-입자나 γ-선의 에너지를 흡수하면 빛의 섬광을 내는 형광 화합물을 포함하는 액체와 혼합된다; 기계 속의 광전관(phototube)이 이러한 빛의 섬광을 검출하여 개수를 센다. 포스포이미저(phosphorimager)는 표면에 있는 방사성으로 표지된 화합물을 검출하고 표면의 작은 픽셀의 분당 분해(disintegration)를 방사능 붕괴의 디지털 데이터로 표현하여 저장한다. 이러한 기계는 통상적으로 젤 전기영동에 의해 분리된 방사성 분자를 정량하는 데 사용되고, 이러한 목적으로 기존에 사용되던 사진 필름을 대체하고 있다.

비방사성 표지

위에서 언급하였듯이, 전통적으로 핵산은 방사성 동위원소로 표지되어 왔다. 이러한 방사성 표지 탐침자는 매우 예민하지만, 이것은 미국 내에서 연방핵규제위원회(Federal Nuclear Regulatory Commission)에 의해 규제되는 매우 엄격한 안전성 예방책 따라서 다루어져야 하고, ^{32}P와 ^{35}S의 신호는 비교적 빨리 붕괴된다. 더욱 최근에 색깔이나 화학적 발광(chemiluminescent) 신호를 만드는 비방사성 표지 방법이 개발되었다. 널리 사용되는 표지는 디곡시제닌(digoxigenin)으로, 이것은 폭스글

표 1 분자생물학 연구에서 보편적으로 사용되는 방사성 동위원소들.

Radioisotope	Symbol	Labeled macromolecule	Half-life[a]	Application
Tritium (hydrogen-3)	^{3}H	Nitrogenous bases (e.g. ^{3}H-uridine, ^{3}H-thymidine)	12.28 years	RNA and DNA labeling *in vivo*
		^{3}H-dNTPs, ^{3}H-NTPs		Probes for *in situ* hybridization
Carbon-14	^{14}C	^{14}C-chloramphenicol	5730 years	Chloramphenicol acetyltransferase (CAT) assays
Phosphorus-32	^{32}P	^{32}P-NTPs ^{32}P-dNTPs	14.29 days	Hybridization probes
Sulfur-35	^{35}S	Amino acids (^{35}S-cysteine, ^{35}S-methionine)	87.4 days	Protein labeling (*in vivo* and *in vitro*)
Iodine-125	^{125}I	N/A	60.14 days	Antibody labeling

[a] The half-life is a means of classifying the rate of decay of radioisotopes according to the time it takes them to lose half their strength (intensity).

로브(foxglove)로부터 분리된 식물성 스테로이드인 디지털리스(digitalis)이다. 이것은 뉴클레오티드에 접합되어 DNA, RNA 또는 올리고뉴클레오티드 탐침자에 끼어들어 갈 수 있고 디곡시제닌에 대한 항체를 사용하여 검출될 수 있다. 이 항체에는 공유적으로 신호의 검출을 도와주는 형광 색소나 효소를 붙일 수 있다. 예를 들어, 항-디곡시제닌 항체들은 알칼라인 포스파타제(alkaline phosphatase)에 결합된다. 특이 기질이 첨가되면, 결합된 효소는 화학 반응을 촉매하여 X-선 필름을 감광하는 빛을 발생시킨다. 또 다른 시스템은 비타민인 바이오틴(biotin)과 이것과 매우 큰 친화도로 결합하는 세균 단백질인 스트렙타비딘(streptavidin)을 사용한다. 바이오틴-접합 뉴클레오티드는 표지로서 끼어들어가고, 효소-접합 스트렙타비딘을 사용하여 검출된다(응용을 위해서는 Focus Box 8.1 참조).

Tool Box 13.5

핵산 표지

RNA와 DNA를 표지하는 다양한 방법이 있다. 방법은 적용 목적에 따라 좌우된다. 가장 큰 특이 활성(탐침자 질량당 끼어들어간 표지의 비율)의 탐침자는 표지된 뉴클레오티드가 시험관 내에서 DNA나 RNA의 합성 동안 일정하게 많이 끼어 들어가는 내부 표지법(internal labeling)에 의해 만들어진다. 말단 표지는 표지된 뉴클레오티드를 DNA 가닥의 3′-수산 말단에 첨가하거나 표지되지 않은 5′-인산을 표지된 인산으로 바꾸어서 할 수 있다. 표지 방법을 결정할 때 첫 번째 질문 중의 하나는 내부 표지 또는 핵산의 말단-표지가 적당한지를 알아보는 것이다(표 1). 내부 표지는 최대한의 표지를 제공하고 라이브러리 또는 서던 블롯을 위한 탐침자를 만드는 데 자주 사용된다(Tool Box 13.7 참조). 말단-표지는 DNA(5′ 또는 3′)의 말단에 대한 정확한 정의가 필요할 때 사용된다. 이것에 대한 하나의 예는 연구자가 조각의 방향을 알기 원하는 곳에서 DNase I 발자국 검증법(footprinting; 14장 참조)에 사용될 DNA 조각을 표지하는 것이다; 즉, 단백질-결합자리가 DNA 서열의 5′ 또는 3′ 근처인가? 균일하게 표지하는 공통적인 방법은 DNA 또는 RNA 합성 반응과 연관되어 있다; 예를 들어, 무작위 시발 표지(random primed labeling)와 리보 탐침자(riboprobe)의 합성. 올리고뉴클레오티드는 일반적으로 다른 효소-매개 반응에 의해 말단-표지되는 반면, DNA 조각의 일부 방법은 DNA 합성 반응과 관련되어 있다(예, 클레나우 채우기, Klenow fill-in).

무작위 시발 표지

무작위 시발 표지는 DNA 조각의 길이를 따라서 방사성 뉴클레오티드를 끼워 넣는 방법이다. DNA는 변성되고 무작위 올리고뉴클레오티드는 양 가닥으로 붙는다. 무작위 올리고뉴클레오티드의 각 묶음은 가능한 모든 서열(실험에 가장 많이 쓰이는 헥사머의 경우 4,096가지의 올리고뉴클레오티드가 될 것이다)들을 포함하고 있어서 어떤 DNA 주형들이라도 이 방법으로 사용될 수 있다. 이 시발자의 일부가 연구하고자 하는 DNA에 붙게 될 가능성이 있다. 올리고뉴클레오티드 시발자는 DNA 합성의 개시에 필요한 자유로운 3′-수산기를 제공한다. 대장균 DNA 폴리머레이스 I의 클레나우 조각이 반응액에서 제공되는 세 가지의 표지 안 된 ("찬, cold") 뉴클레오티드와 한 가지의 방사성으로 표지된("뜨거운, hot", 또는 방사성으로 표지된 뉴클레오티드) 뉴클레오티드를 이용하여 올리고뉴클레오티드를 신장함으로써 일정하게 표지된 이중-가닥 탐침자를 만든다. 곧 이어, 이중-가닥 탐침자는 변성되고 교잡 용액에 첨가된다(그림 1a).

시험관 내 전사

RNA는 DNA 주형으로부터 시험관 내 전사(*In vitro* transcription)에 의해 표지될 수 있다. DNA 주형(cDNA가 자주 이용됨)은 특별한 플라스미드 벡터에 클로닝되어 전형적으로 SP6 RNA 폴리머레이스, T7 RNA 폴리머레이스 또는 T3 RNA 폴리머레이스와 같은 박테리오파지 RNA 폴리머레이스가 인식하는 프로모터의 조절 하에서 전사될 수 있다. 전사 반응은 한 가지 또는 그 이상이 표지된 dNTP를 포함하여 모든 네 가지의 dNTPs와 적절한 파지 RNA 폴리머레이스의 첨가에 의해 시험관 내에서 일어난다(그림 1b). 표지된 RNA는 RNA 재단 경로를 분석하여 세포 내에서 RNA 전사체의 이동과 위치를 추적하거나 교잡 탐침자로 이용될 수

표 1 핵산의 표지.

Labeling method	Type of labeling	Enzyme	Example of application
Random priming	Uniform	Klenow DNA polymerase	Hybridization probes
In vitro transcription	Uniform	Phage SP6, T7, or T3 RNA polymerase	Hybridization probes, tracking RNA localization
Klenow fill-in	3′-end-labeling	Klenow DNA polymerase	DNase I footprinting
Oligonucleotides	5′-end-labeling	T4 polynucleotide kinase	Hybridization probes, electrophoretic mobility shift assay (EMSA)
	3′-end-labeling	Terminal transferase	

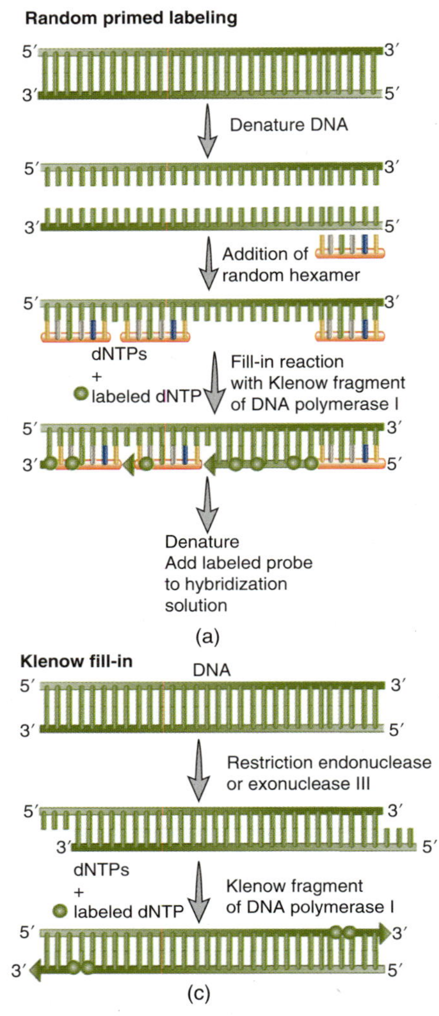

그림 1 핵산 표지의 몇 가지 방법.
균일 표지의 두 가지 방법과 말단-표지의 한 가지 방법이 핵산 합성 반응과 연관이 있음을 보여주고 있다. (a) 무작위 시발 표지에서는 주형 DNA가 변성되고 무작위 헥사머가 양 가닥에 아닐링된다. 그림은 간략하게 표현하기 위하여 하나의 가닥만을 보여주고 있다. 시발자는 DNA 폴리머레이스 I의 클레나우 조각과 표지된 dNTP의 첨가로 일어나는 DNA 합성의 개시를 위한 3′-수산기를 제공한다. 결과적으로 생긴 표지된 이중나선 DNA 탐침자는 변성되고 교잡 용액에 첨가된다. (b) 시험관 내 전사는 DNA 주형으로부터 표지된 RNA를 만든다. DNA 주형(cDNA)은 박테리오파지 SP6 RNA 폴리머레이스의 프로모터를 포함하는 플라스미드 벡터에 클로닝된다. 전사 반응은 표지된 NTP들과 표지되지 않은 NTP들을 SP6 RNA 폴리머레이스와 함께 첨가하면서 이루어진다. 그러고 나서 표지된 RNA 탐침자는 분리되고 교잡 용액에 첨가된다. (c) 클레나우 채우기는 5′ 단일가닥 돌출을 남기는 제한효소에 의해 잘려서 생긴 조각에 편평 말단을 만드는 데 이용된다. 이 반응은 개념적으로 (a)에 기술된 것과 동일하지만, (a)에 비해 긴 시발자와 단일가닥 주형의 매우 짧은 부분으로 반응이 일어난다.

있다. RNA 탐침자(리보 탐침자)는 목적에 따라 DNA의 센스 또는 안티센스 가닥에 상보적이다.

클레나우 채우기

"채우기" 반응은 5′ 단일가닥 돌출을 남기는 제한효소에 의해 잘려서 생긴 조각에 편평 말단을 만드는 데 이용된다. 대장균 DNA 폴리머레이스 I의 클레나우 조각이 하나의 표지된 dNTP를 포함하여 dNTP들의 존재하에서 5′에서 3′의 방향으로 빈틈을 채우는 데 사용된다(그림 1c). 결과적으로 3′ 말단이 표지된 이중-나선 DNA가 만들어진다.

올리고뉴클레오티드 표지

말단-표지 뉴클레오티드를 위한 방법은 DNA-합성 반응을 이용하지 않는다. 대신에 다른 효소를 사용한다. 5′ 말단 표지에서 ATP의 γ-인산은 올리고뉴클레오티드의 5′ 말단에 T4 폴리뉴클레오티드 인산화효소(polynucleotide kinase) 효소에 의해 첨가된다. 3′ 말단 표지에서 표지된 dNTP는 말단 전이효소(terminal transferase)에 의해 3′ 말단에 첨가된다.

라이브러리 스크리닝

분자생물학에서의 여러 과정처럼, 라이브러리 스크리닝(library screening) 과정은 단순하게 들리지만 실제로 실험을 할 때에는 매우 많은 노동력이 필요하고 교잡의 조건이 충분히 엄격하지 않으면 "위양성(false positive)"의 결과를 많이 얻게 된다. 그림 13.11에 나와 있는 예는 플라스미드 벡터에 클로닝되어 있는 cDNA 라이브러리를 스크리닝하는 것을 나타낸다. 이와 유사한 프로토콜이 파지 라이브러리 스크리닝에 이용될 것이지만, 콜로니 교잡 반응 대신 플라크 교잡 반응이 포함될 것이다.

첫 번째 단계에서, 전체 라이브러리를 표현하는 삽입물이 포함된 재조합 벡터들의 세균 콜로니들은 영양 아가(agar) 플레이트 위에서 자라서 수백에서 수천 개의 콜로니를 형성한다(그림 13.11, 1단계 참조). 콜로니는 작은 압력을 가해 복제물(replica)을 만듦으로써 나이트로셀루로스(nitrocellulose)나 나일론(nylon) 막으로 이동된다. 세균은 막에 붙고 세포는 깨지며(2단계), DNA는 알칼리와 프로테이스(protease)를 처리하여 노출된다. 이 DNA는 변성되어 단일가닥이 되고 열처리나 자외선 조사에 의해 막에 고정된다. DNA는 당-인산 골격에 의해 막에 공유적으로 결합하며 쌍을 이루지 않는 염기는 노출되어 염기쌍 짓기를 할 수 있다.

라이브러리 스크리닝의 다음 단계는 방사능 물질에 표지된 단일가닥 DNA 탐침자를 투여하는

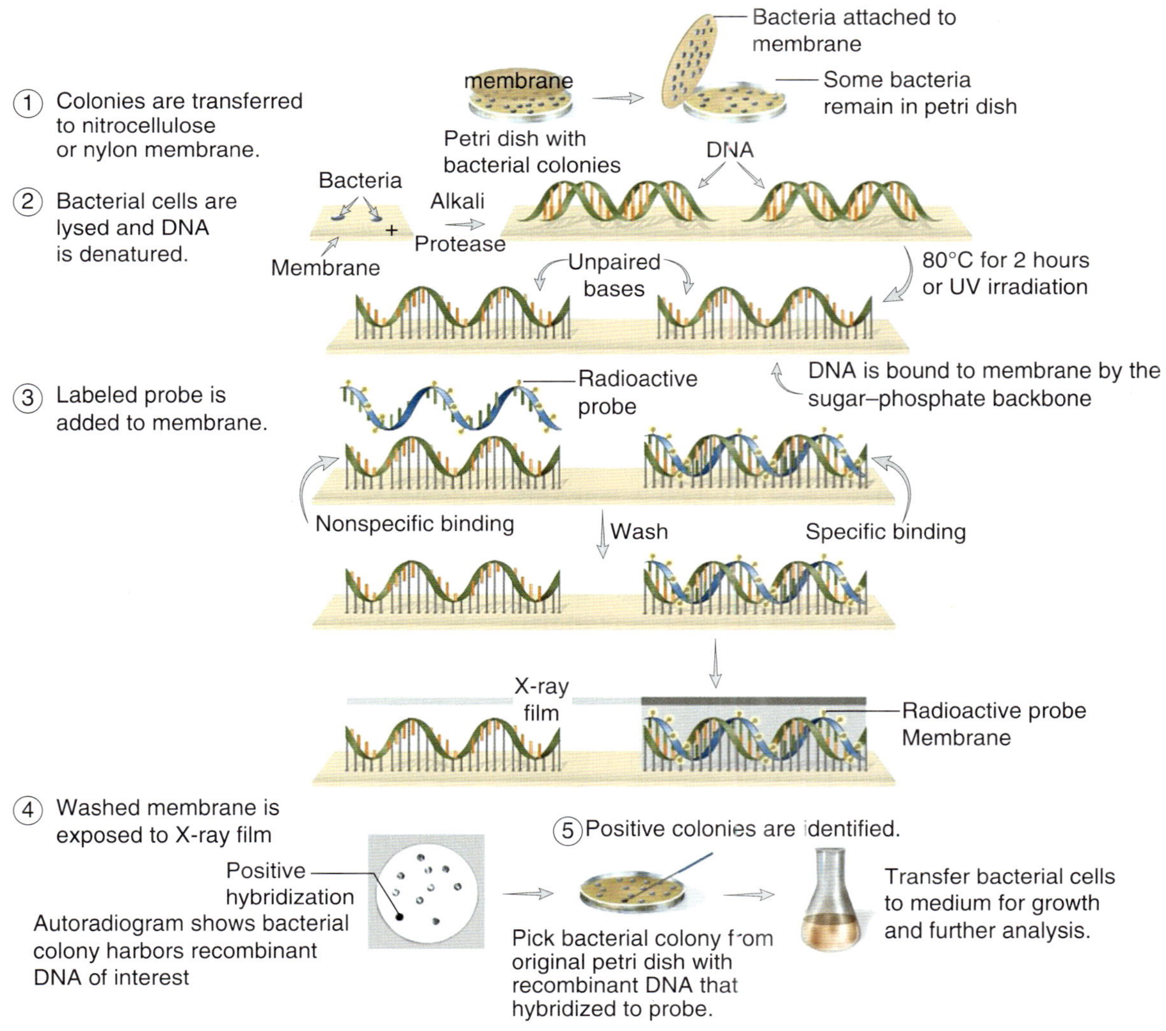

그림 13.11 핵산 교잡에 의한 라이브러리의 스크리닝.
본 예는 방사능으로 표지된 탐침자를 사용한 cDNA 라이브러리 스크리닝의 방법을 묘사하고 있다.

것이다(그림 13.11, 3단계 참조). 교잡 단계는 탐침자가 유사한 서열을 가지고 있는 모든 클론에 결합할 수 있게 비엄격성(nonstringent) 온도에서 수행된다. 동시에 클론의 일부는 제한되지만 유의하지 않은 유사성을 가지고 있으므로 비특이적인 교잡이 일어날 것이다. 여러 단계의 세척을 비특이적인 방법으로 붙어 있는 모든 탐침자를 제거하기 위하여 충분히 높은 엄격한 온도에서 수행한다.

이질 중복 부위, 즉 "**이질이중가닥(heteroduplex)**"의 안정성은 염기 사이의 수소결합의 수와 2개의 단일가닥을 서로 잡고 있는 소수성 상호작용에 의한 염기 쌓기의 영향을 받는다. 수소결합의 수는 이중나선의 길이, GC 함량, 탐침자와 상보적인 DNA 서열 사이의 불일치(mismatch)의 정도를 포함한 이질 중복 부위의 다양한 성질에 의해 결정된다. 이중가닥이 짧을수록, GC 함량이 낮을수록, 불일치가 많을수록 수소결합이 적어지고 염기-치쌓기가 저해되므로, **융점(melting temperature, T_m)**은 낮아질 것이다(2장 참조). 적절한 교잡의 온도는 다음의 공식에 따라 GC 함량과 탐침자의 상동성의 정도에 따라 계산된다:

$$T_m = 49.82 + 0.41(\%G + C) - (600 / l)$$

여기서 l은 염기쌍을 이루고 있는 하이브리드의 길이이다.

서열이 유사하거나 정확히 일치하는 서열의 클론에서 탐침자를 제거하지 않도록 온도를 너무 높게 하지 않는 것이 중요하다. 따라서 탐침자의 원천에 대한 고려—이형 또는 동형—가 높은 엄격성의 세척이 수행될 온도를 결정한다.

라이브러리 스크리닝의 마지막 단계에서 X-선 필름을 막 위에 얹고, 남아 있는 방사능 물질의 탐침자(그림 13.11, 4단계 참조)에 의해 노출된다. 결과적인 자가방사선사진(autoradiogram)은 서열의 상보성에 의해 형성된 DNA-DNA 하이브리드가 있는 곳에서 검은색 점으로 나타난다. 유전자가 크다면 조각이 났을 수도 있다. 여러 클론에서의 다양한 조각은 중복된 조각을 찾고 순서대로 재조립해서 동정될 수 있다. 원래의 플레이트는 탐침자에 교잡된 재조합 플라스미드를 가지고 있는 세균 세포를 골라내는 데 사용된다(5단계). 세포를 배지로 옮겨서 분석을 더 진행할 수 있게 자라게 하여 유전자 조각을 증폭하게 한다.

발현 라이브러리 스크리닝

발현 라이브러리(expression library)는 프로모터 부위와 같은 유전자 발현에 필요한 조절 요소를 포함한 클로닝 벡터로 만들어진다. 대장균 플라스미드 또는 박테리오파지 발현 벡터에서 대장균 조절 부위는 DNA가 삽입될 수 있는 특정 제한 위치 옆에 위치한다. 외부 DNA가 전사개시 부위에 대한 정확한 방향과 정확한 판독틀(reading frame)로 발현 벡터에 삽입이 될 때, 암호화 부위는 대장균 숙주 세포에서 전사되고 번역된다. 발현 라이브러리는 유전자 또는 cDNA에 의해 암호화되는 단백질에 대한 항체가 사용가능할 때, 연구하고자 하는 cDNA를 포함한 클론을 동정하는 데 유용하다. 핵산 이종교배와 유사한 방법으로 방사능 물질이 표지된 항체(Tool Box 13.4 참조)를 결합시켜 발현 라이브러리의 클론 중의 하나에서 만들어지는 특정 단백질을 동정하는 데 사용될 수 있다. 이런 경우에 라이브러리는 항체와 교잡이 아니라 "incubation(항온배양)"된다고 말한다. 분자생물학 연구에서 항체의 사용에 대해서는 14장에서 자세히 소개될 것이다.

13.6 제한지도 작성과 RFLP 분석

일단 연구하고자 하는 클론이 분리되면, 분석의 첫 번째 단계는 대개 제한지도 작성(restriction map)이다. 제한지도 작성은 클로닝이 된 DNA 조각에 존재하는 제한효소자리의 개수와 순서 그리고 거리를 편집하는 것이다. 또한 제한지도 작성과 제한단편길이다형성(restriction fragment length polymorphism, RFLP) 분석은 DNA의 특성을 비교하고 유전자의 위치를 결정하며, 유전 질환의 진단법 개발에 중요한 역할을 한다.

제한지도 작성

제한지도를 작성하기 위해서는 클로닝이 된 DNA 조각이 제한 핵산내부가수분해효소로 절단되고 **아가로스 젤 전기영동(agarose gel for electrophoresis)**이 되어야 한다(Tool Box 13.6). DNA 조

Tool Box 13.6

DNA와 RNA 전기영동

전기영동은 크기와 전하 또는 구조가 다른 DNA와 RNA 조각을 분석하고 동정하며 분리하는 기본적인 방법이다. 이 방법은 분자생물학에서 가장 널리 사용되는 기술 중의 하나이다. 어떤 분자생물학 실험실에 들어가든지 최소한 하나의 젤 장치가 작동하는 것을 보게 될 것이다. 전하를 띤 분자가 전기장에 배치되면 전하에 따라 양(양극, 빨간색)이나 음(음극, 검정색) 쪽으로 이동한다. 순수 양전하 또는 순수 음전하를 가질 수 있는 단백질과 달리, 핵산은 인산 골격으로 인해 항상 음전하를 가지고 양극으로 이동한다. 단백질과 핵산은 기질 또는 "젤" 내에서 전기영동에 의해 분리된다. 가장 일반적으로 젤은 시료를 얹기 위한 홈(well)이 있는 얇은 판의 형태로 만들어진다. 젤은 전류를 전달하는 이온을 제공하는 전기영동 완충액과 pH를 비교적 일정한 값으로 유지하는 특정 완충액 안에 잠겨 놓여진다.

전기영동에 사용되는 젤은 아가로스 또는 폴리아크릴아마이드로 구성된다. 아가로스 젤은 수평형 젤 장치에 사용되고 폴리아크릴아마이드 젤은 수직형 젤 장치에 사용된다. 이 두 가지는 분해능에서 차이가 있다. 아가로스 젤은 중등도 분해능으로 100~50,000 bp 크기의 단편의 분석과 제조에 사용되고, 폴리아크릴아마이드 젤은 단일 뉴클레오티드 분해능으로 작은 분자의 분석과 제조에 사용된다. 이러한 고해상도는 DNA 서열분석, DNase I 발자국법(footprinting) 및 전기영동 이동성 변화 측정(electrophoretic mobility shift assay)과 같은 응용 방법에 요구된다(14장 참조). 아가로스와 대조적으로, 폴리아크릴아미드 젤은 단백질의 전기영동에도 널리 사용된다(14장 참조).

아가로스 젤 전기영동

아가로스는 해초에서 추출한 다당류이다. 아가로스 젤은 아가로스 분말을 완충 용액과 혼합하고, 전자레인지에서 끓여서 녹인 후, 아가로스(일반적으로 0.5~2.0%)가 편평한 판(그림 1)으로 응고되는 주형에 주입하면 쉽게 제조된다. 아가로스 젤은 분리 범위가 크지만 분해능은 상대적으로 낮다. 아가로스의 농도를 변화시킴으로써 약 100~50,000 bp의 DNA 조각을 표준 전기영동 기술을 사용하여 분리할 수 있다. 이빨 모양의 빗이 아가로스에 홈을 만든다. 아가로스 젤 판은 완충 용액에 잠기고 전류가 젤을 통과하며, (당-인산 골격에 의해) 음전하를 띤 DNA는 음극에서 양극으로 이동한다. 아가로스 분자 사이의 기공은 크기에 따라 분자를 분리하는 체와 같은 역할을 한다. 젤 여과 크로마토그래피(Tool Box 13.2 참조)에서 핵산은 구형 아가로스 비드 주위를 흐른다. 대조적으로, 전기영동 젤에서 핵산은 기공을 통해 이동하므로, 조각은 크기에 따라 분리되며, 가장 작은 조각은 젤을 통해 가장 빠르고 멀리 이동한다. DNA 자체는 젤에서 보이지 않으므로, DNA는 에티디움 브로마이드(Ethidium Bromide, EtBr)와 같은 형광 시약으로 염색된다. EtBr은 염기 사이에 삽입되어 형광 시약이 자외선을 받을 때 DNA가 주황색으로 빛나게 한다.

간헐영역 젤 전기영동(Pulsed-field gel electrophoresis, PFGE)

DNA는 젤을 통해 이동하면서 확장된 형태와 압축된 형태 사이를 번갈아가며 구조를 변화시킨다. DNA 분자의 이동성은 젤의 기공 크기와 압축된 형태로 있는 DNA의 구형 크기 사이의 관계에 따라 결정되며, 더 큰 분자는 더 느리게 움직인다. DNA가 임계 크기에 도달하면, 분자는 너무 커서 아가로스 젤의 기공을 통과할 수 없으며 확장된 분자로만 움직일 수 있다. 따라서 DNA의 이동성은 크기와 무관하게 되어 모든 큰 분자가 동시에 이동하게 된다. YAC과 같은 큰 DNA 분자를 분획화하기 위해, 아가로스 젤 전기영동이 간헐적 전기장에서 수행된다. 주기적인 장은 DNA 분자의 방향을 바꾸게 한다; 더 긴 분자는 더 짧은 분자보다 재정렬하는 데 더 오래 걸리고, 따라서 젤을 통한 진행을 지연시키고 그것들이 분리되게 한다. 최대 200~400 Mb 크기의 DNA 분자는 다양한 간헐영역-기반 방법으로 분리되었다.

폴리아크릴아미마이드 젤 전기영동 (Polyacrylamide gel electrophoresis, PAGE)

폴리아크릴아마이드는 아크릴아미드의 교차-연결 중합체이다. 중합체 사슬의 길이는 사용된 아크릴아마이드의 농도에 의해 결정되며, 일반적으로 3.5%에서 20% 사이이다. 폴리아크릴아마이드 젤은 아가로스 젤보다 제조가 훨씬 더 번거롭다. 산소는 중합 과정을 억제하기 때문에 아크릴아마이드를 유리판 사이에 부어야 한다. 젤은 비변성이거나 변성[예, 8몰의 유레아(urea) 포함]으로 만들어질 수 있다. 예를 들어, 변성 젤은

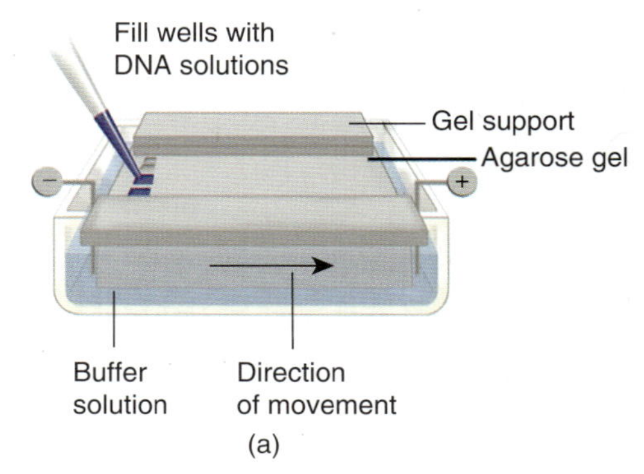

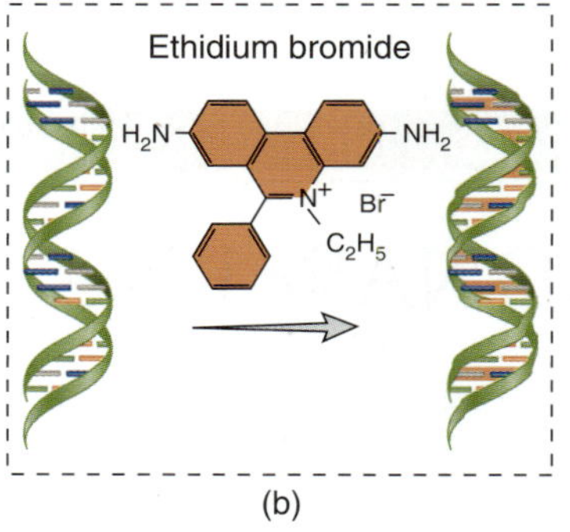

그림 1 Agarose gel 전기영동은 크기에 따라 DNA(그리고 RNA) 분자를 분리하기 위해 사용된다.
(a) 수평 젤 장치의 아가로스 젤에 DNA 시료를 얹기 위해 피펫이 사용된다. 음전하를 띤 핵산은 양극 쪽으로 이동한다. 더 큰 분자는 작은 분자보다 더 느리게 움직이므로 DNA(또는 RNA) 분자는 크기에 따라 분리된다. (b) DNA 밴드를 볼 수 있게 에티디움 브로마이드(ethidium bromide, EtBr)로 염색된 아가로스 젤의 사진. EtBr 분자는 염기 사이에 끼어 들어가(삽입 그림 참조), 젤이 자외선으로 조명될 때 DNA가 주황색으로 형광을 띠게 한다. (출처: Photograph courtesy of Vinny Roggero, College of William and Mary.)

DNA 염기서열 분석에서와 같이 단일가닥 DNA를 분석할 때 사용된다(Allison, 그림 13.14 참조). 폴리아크릴아마이젤은 분리 범위가 다소 작지만 분해능이 매우 높다. DNA의 경우 약 500 bp 미만의 단편을 분리하기 위해 폴리아크릴아마이드가 사용된다. 그러나 적절한 조건하에서 단일 염기쌍에 의해 길이가 다른 DNA 조각도 쉽게 분리된다. 폴리아크릴아미드 젤에서의 밴드는 은염색(silver staining)으로도 알 수 있지만, 일반적으로 자가방사선촬영에 의해 검출한다.

각의 길이는 젤 상에서 이미 길이가 알려진 DNA 조각과 그들의 위치를 비교하여 결정될 수 있다. DNA 조각은 젤 상에서 일정한 범위 안에서 염기쌍 길이의 로그값에 반비례하는 관계의 거리로 이동한다. 따라서 아가로스 젤 전기영동(agarose gel electrophoresis)은 제한효소 조각의 길이를 결정할 수 있게 해준다. 단일이나 이중 절단의 양상은 두 위치 사이의 관계가 어떤 지를 표시해 준다.

예를 들어, 여러분이 cDNA를 플라스미드 벡터에 서브클로닝을 하려고 한다고 가정해보자. 여러분은 블루-화이트 스크리닝으로 양성 클론을 얻었다. 여러분은 안티센스 RNA 탐침자의 제작을 위해 재조합 플라스미드 DNA를 사용하기를 원하므로, 플라스미드 벡터 안에 들어 있는 삽입물의 방향이 올바르게 되어 있는지를 체크할 필요가 있다. 그림 13.12에 나와 있는 플라스미드 지도에 따라 삽입물이 원하는 방향으로 끼어들어갔으면, *Eco*RI와 *Hind*III의 두 번 소화에 의한 조각의 크기는 각각 4.5와 1.3 kb가 될 것이다. 만약 삽입물이 거꾸로 들어갔다면, 제한 위치의 순서는 반대가 될 것이고 조각의 크기는 3.5와 2.3 kb가 될 것이다. 제한 핵산내부가수분해효소에 의한 소화의 결과가 삽입물이 올바른 방향으로 끼어들어 갔음을 보여 줄 것이고, 여러분이 성공적으로 시험관 내 리보 탐침자의 제작을 위한 주형을 서브클로닝했는지를 알려줄 것이다.

제한단편길이다형성(RFLP)

RFLP("rif-lip"으로 발음)는 서로 크기가 다른 제한 조각들이 연관된 서로 다른 대립유전자의 존재로 정의된다. RFLP는 각 개인의 DNA를 제한 핵산내부가수분해효소로 자르고 조각을 분리하기 위한 젤 전기영동과 이후 **서던 블롯(Southern blotting**; Tool Box 13.7)과 조사 중인 로커스(locus)

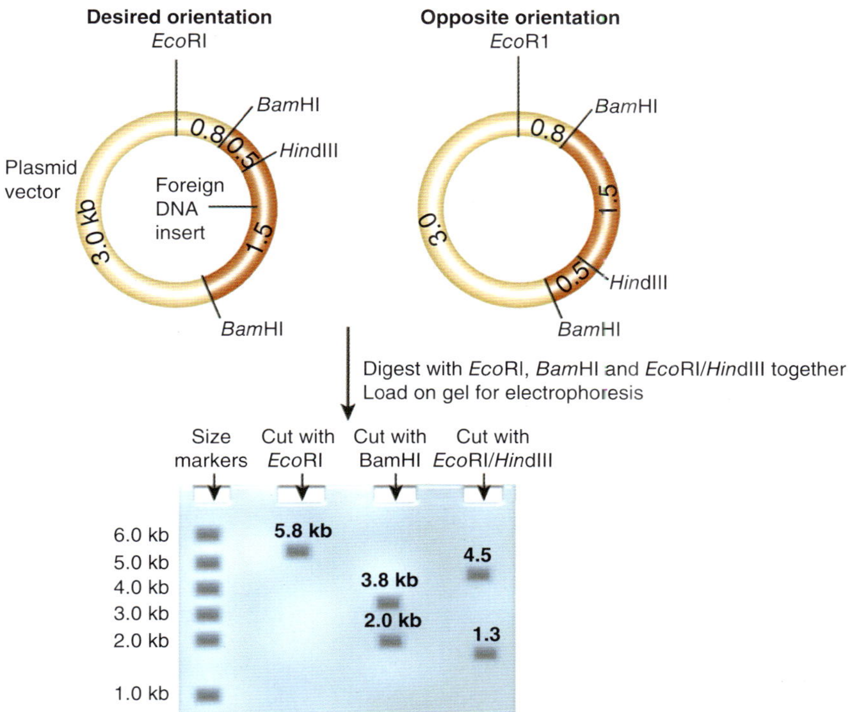

그림 13.12 제한 핵산내부가수분해효소 소화로 재조합 DNA의 분석.
전개된 제한 단편들의 크기는 인접한 레인의 분자량 기준과 비교하여 측정된다. *Eco*RI은 5.8 kb 플라스미드를 직선으로 만들어 젤 상에서 단일 밴드로 나타난다. *Bam*HI은 각각 벡터와 삽입물인 3.8과 2.0 kb 크기의 2개의 조각을 만든다. *Eco*RI과 *Hind*III로 소화시킨 것은 4.5와 1.3 kb의 조각을 만든다. 이러한 결과들은 외부 DNA가 원하는 방향으로 삽입되었음을 나타낸다. 만약 DNA가 반대의 방향으로 삽입되었다면, *Eco*RI과 *Hind*III의 2개로 소화시킨 것은 3.5와 2.3 kb 크기의 조각을 만들어낼 것이다.

를 동정하는 표지된 탐침자에 교잡을 시행함으로써 눈으로 확인할 수 있다. RFLP는 한 개인의 서던 블롯 양상이 다른 사람과 다를 때마다 나타난다. 변동되는 부위는 반드시 유전자에서 일어나지는 않으며, 인간 유전체 안에서 이러한 것의 대부분 기능은 알려지지 않았다. 예외적인 것으로 **낫모양적혈구병(sickle cell disease;** 그림 13.13)을 진단하는 데 사용될 수 있는 RFLP가 있다. 낫모양

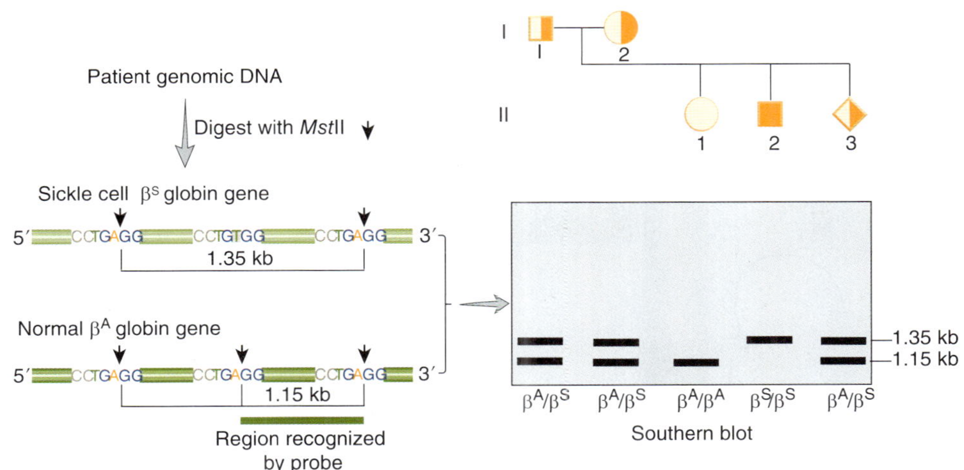

그림 13.13 제한단편길이다형성(RFLP)과 서던 블롯에 의한 낫모양적혈구빈혈의 진단.
검은색 화살은 β-글로빈 유전자에서 제한 핵산내부가수분해효소 *Mst*II의 인식 자리를 표시한다. 돌연변이 β-글로빈 유전자(β^S)에서는 점돌연변이(GAG → GTG)가 하나의 *Mst*II 인식자리를 파괴한다. 환자 유전체 DNA를 *Mst*II로 소화시키면 1.35 kb DNA 조각이 나오며, 정상 사람에서는 1.15 kb DNA 조각이 나온다. 진단을 위하여 제한효소로 소화된 DNA 조각을 젤 전기영동으로 전개시키고 나일론이나 나이트로셀룰로스 막에 이동시킨다(Tool Box 13.7 참조). 조각은 β-글로빈 유전자에서 1.15 kb *Mst*II 제한 조각이 위치하는 부분에 걸치는 탐침자를 사용한 교잡으로 눈에 볼 수 있게 검출된다. 가계도에서 본 가계에는 1명의 정상 동형 딸(II-I)과 증상이 발현되는 동형 아들(II-2) 그리고 증상이 발현되지 않는 이형 태아(II-3)가 있다. 각 가족 구성원의 유전형은 서던 블롯의 결과로 바로 알 수 있다.

Tool Box 13.7

서던 블롯

아가로스 젤에서 전개된 DNA 조각의 젤에서 고형의 지지체로의 모세관 전달은 Edwin Southern에 의해 처음으로 수행되었다. 이에 따라 이 기술은 그의 이름을 따서 서던 블롯으로 불린다. 서던 블롯은 많이 응용되지만, 이것의 첫 번째 목적은 젤에 있는 많은 DNA 밴드에서 특이 유전자 조각을 동정하는 것이다.

서던 블롯의 방법

전형적인 서던 블롯 방법에서 DNA 시료는 DNA 분자의 크기를 감소시키기 위해 먼저 하나 또는 여러 개의 제한 핵산내부가수분해효소로 소화된다(그림 1). 여섯 염기쌍 인식 서열을 가지고 있는 핵산내부가수분해효소는 통계적으로 매 4^6 염기쌍당 한 번씩 잘라서 고등 진핵 유전체를 수천 개의 조각으로 만든다. 예를 들어, 732,422 제한 조각들이 생쥐 유전체 DNA에서 *Eco*RI에 의해 만들어질 것이다. 그리고 소화된 DNA는 아가로스 젤 전기영동에 의해 전개된다. DNA 조각은 알칼리(높은 pH) 완충액으로 변성되고, 단일가닥은 모세관 작용에 의해 나일론이나 나이트로셀룰로스 막으로 전달된다. 막은 아가로스 젤의 복사물이다. 찾고자 하는 유전자를 포함하는 DNA 조각을 동정하기 위하여 연구 대상 DNA의 일부 작은 부위와 같은 특이 DNA 탐침자를 콜로니 교잡에서 기술했던 것처럼 막과 교잡하는 데 사용할 수 있다. 탐침자가 막에 있는 조각에 교잡하면, 사진 필름을 막에 얹어 탐침자가 교잡된 특이 DNA 밴드의 위치가 감광될 것이다.

적용

서던 블롯은 클로닝이 된 제한지도 작성을 보완하고 중복되는 조각을 알

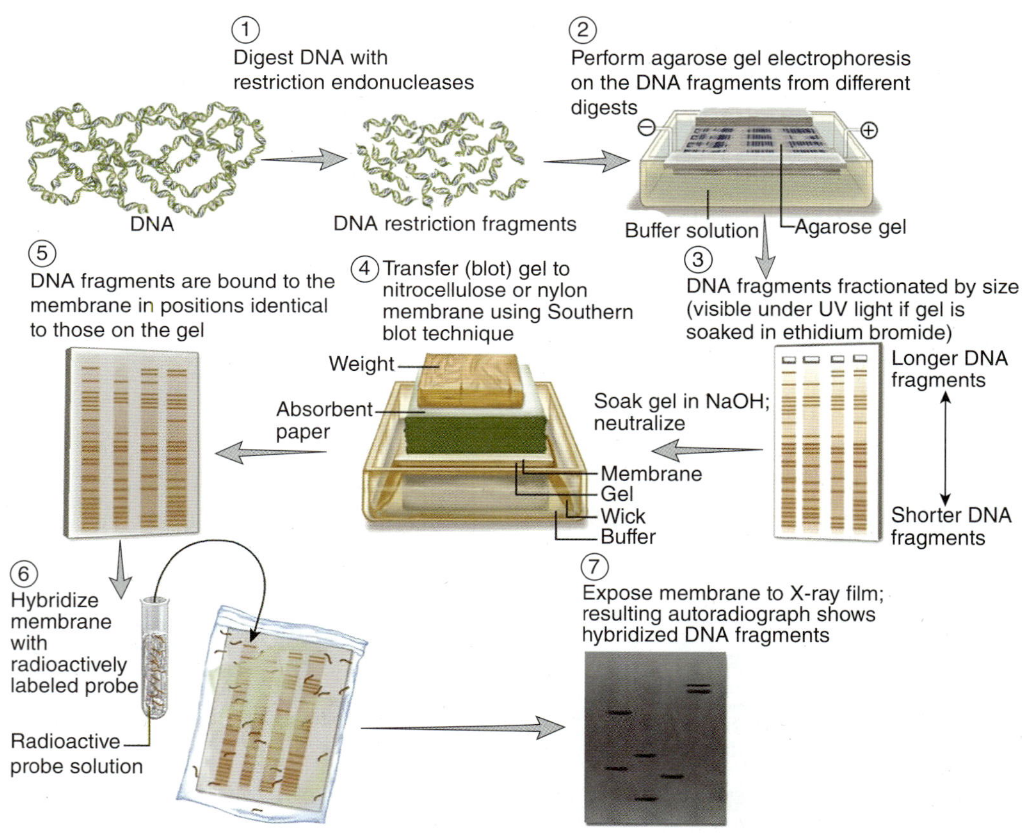

그림 1 서던 블롯.
서던 블롯 교잡을 수행하는 데 관련된 단계가 설명되고 있다. (1−3) 연구하고자 하는 DNA 시료를 제한 핵산내부가수분해효소로 자르고 조각을 젤 전기영동으로 전개한다. (4) DNA를 변성시키기 위해 젤을 알칼라인 용액에 담그고 나서, 젤, 막, 여과지와 흡수지의 샌드위치 형태로 만들어 단일-나선 DNA를 DNA 결합막으로 옮긴다. 블롯은 무거운 물체를 얹어 위치를 고정시킨다. (5) 모세관 현상이 완충액을 젤을 통하여 끌어올려 DNA 조각의 양상을 젤에서 막으로 전달한다. (6) 막은 방사성 표지된 탐침자와 교잡되고 비특이적으로 결합한 탐침자를 제거하기 위하여 세척된다. (7) 막 위에 X-선 필름을 자가방사도법을 위하여 얹는다. 교잡된 조각은 X-선 필름에 밴드로 나타난다.

아내는 데 사용된다. 예를 들어, 더 많은 분석이나 서열 분석이 될 수 있도록 외부 DNA의 10 kb 삽입물 안에서 2.0 kb cDNA의 정확한 위치가 확인될 수 있다. 아니면 서던 블롯은 RFLP를 통하여 유전체 사이의 구조적 차이를 알아내거나 관련된 DNA 서열의 집단을 연구하는 데 사용될 수 있다. 이 점을 설명하기 위하여 연구 대상 유전자의 내부에 어떤 *Hind*III 자리가 없다고 가정해 보자. 만약 클론(예, 어떤 유전자에 대한 cDNA 클론)이 시료 DNA의 *Hind*III 소화물에 교잡하고 2개의 조각이 보인다면, 분석되고 있는 생명체는 이 유전자에 대한 2개의 복사물을 가지고 있다고 결론을 내릴 수 있다. 정상적으로 분석을 시작할 때는 어떤 제한 핵산내부가수분해효소 자리가 이 유전자에 존재하는지 알려져 있지 않아서 일련의 소화와 교잡 반응이 수행되어야 한다. 5개의 제한 핵산내부가수분해효소 중에서 4개가 2개의 밴드를 보이고 탐침자가 다섯 번째 제한 핵산내부가수분해효소(예, *Eco*RI)로 소화된 DNA의 3개 조각과 교잡하면, 2개의 유전자가 존재하고 이것 중 하나가 *Eco*RI에 대한 제한자리를 포함하고 있다고 결론을 내릴 수 있다. 유전자 이식 동물과 식물의 경우에 서던 블롯은 외부 유전자가 존재하고 숙주 염색체의 일부분이 되었는지를 결정하는 데 사용될 수 있다. 외부 DNA의 삽입은 제한 조각 크기의 증가로 보여질 수 있다.

적혈구빈혈이 있는 환자에서는 β-글로빈(β-globin) 유전자의 점변이(point mutation)가 제한 핵산내부가수분해효소 *Mst*II의 제한자리를 파괴한다. 이러한 돌연변이는 서던 블롯으로 환자에게서 정상인과 비교하여 더 큰 제한 조각이 나오는 것을 보고 구분할 수 있다.

RFLP는 유전 질환의 표지자로 사용될 수 있다 유전 질환을 앓고 있는 가계의 구성원의 DNA를 면밀히 조사함으로써, 특정 RFLP가 질환에 따라서 유전되는 경향이 있음을 찾는 것이 가능하였다. 가장 간단한 RFLP는 단일염기쌍의 치환으로 생기는 것이다. 그러나 RFLP는 전위요소(transposable element)의 삽입 또는 직열복사(tandem duplication), 결손(deletion), 전좌(translocation) 또는 그 외 염색체의 재조합(chromosomal rearrangement)에 의해서도 발생할 수 있다. **연관분석(linkage analysis)**을 통하여 가족이 유전 질환에 걸릴 위험에 있는 가계를 알아낼 수 있다. 양 부모가 모두 특정 질환과 연관되어 있는 상염색체 열성 돌연변이에 대하여 이형인 경우가 한 예가 될 것이다. 그러고 나서, 특정 RFLP 표지가 질환을 일으키는 돌연변이 대립유전자와 분리되는 빈도를 결정하기 위하여 다양한 가족 구성원으로부터 DNA 시료가 분석되다. 이 빈도는 표지와 돌연변이-결정 로커스 사이의 거리 측정이다.

일반적으로, 조각 크기의 차이는 제한자리가 생기거나 질환 자체에 의해 파괴가 일어나는 것이 아니라, 관련된 유전자 근처에서 뉴클레오티드 서열의 변화가 바로 생겨서 일어나는 것이다. 다형성의 특정 형태는 질환을 일으키는 유전자와 매우 가까워서 감수분열 중 일어나는 교차, 즉 재조합 시에 유전자와 함께 있으려는 경향을 보인다. 상대적으로 큰 염색체의 조각이 교차를 일으키므로, 서로 가까이에 있는 표지는 멀리 떨어져 있는 표지보다 함께 전달(재조합 과정 중 분리되지 않는다)되기가 훨씬 더 쉽다. 따라서 연관이란 감수분열을 거치면서 다른 표지와 함께 전달되려는 경향을 말한다. 빈번하게 같이 전달되는 표지를 밀접하게 연관되어 있다고 말한다. 따라서 RFLP는 질환을 일으키는 유전자 속에 존재하지 않더라도 질환의 표지로 사용될 수 있다. RFLP는 낭성 섬유증(cystic fibrosis)과 헌팅턴 질환(Huntington's disease) 및 혈우병(hemophilia)과 같은 유전 질환을 검출하는 데 유용하게 사용되어 왔다.

RFLP는 PCR의 출현 전까지 연관분석에 사용된 DNA 변형의 주된 형태였다. PCR을 기반으로 한 방법에 비해 RFLP 분석의 주 이점은 사전에 서열에 대한 정보나 올리고뉴클레오티드 합성이 필요하지 않다는 것이다. 그러나 특정 로커스를 타이핑하는 PCR 분석법이 개발되고 나서 RFLP보다 PCR에 의한 방법이 더 선호되고 있다. 어떤 경우에는 PCR과 RFLP를 조합한 방법으로 분석하고 있다. PCR-RFLP 분석의 한 예로 단풍시럽뇨 질환(maple syrup urine disease)의 진단에 사용되는 PCR-RFLP 방법이 기술되었다(Disease Box 13.1).

Disease Box 13.1

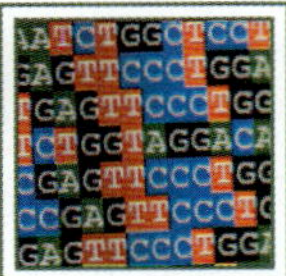

단풍시럽뇨 질환 진단을 위한 PCR-RFLP

단풍시럽뇨 질환(Maple syrup urine disease, MSUD)은 1954년에 처음으로 보고되었다. 이것은 대사 질환으로 상염색체 열성으로 유전되고 3개의 곁-사슬 아미노산, 즉 류신, 아이소 류신, 발린의 대사에 영향을 미친다. 정상적인 사람은 성장에 필요한 것보다 더 많은 단백질이 소모되는 경우 곁-사슬 아미노산이 분해되어 에너지를 생산한다. 이러한 아미노산의 분해에는 일련의 화학적 반응이 관련되어 있다. 분해 과정의 두 번째 단계는 다효소 곁-사슬 α-키토산 탈수소효소 복합체(multienzyme branched-chain α-keto acid dehydrogenase complex)라고 불리는 6개 성분으로 구성된 효소계(그림 1a)에 의해 매개된다. MSUD에서 이 복합체를 암호화하는 하나 또는 여러 개의 유전자가 돌연변이되어 있다. 따라서 분해 경로가 막혀 있어 아이소류신, 류신과 발린의 α-케토산 유도체가 혈액과 소변에 축적된다. 키토산의 축적은 병에 걸린 환아의 소변에서 단풍시럽과 유사한 달콤한 냄새가 나게 하고, 뇌의 기능을 방해하는 독성 효과를 일으킨다.

전형적인 MSUD에 걸린 영아는 정상인 것처럼 태어나 생후 4~7일 후에 증상이 나타난다. 그들은 기면, 경련, 혼수의 신경학적 장애가 진행성으로 나타나고, 치료하지 않을 경우 2~3주 후에 사망한다. MSUD 환아가 정상적으로 발육하기 위해서는 초기 진단이 필수적이다. 치료는 단

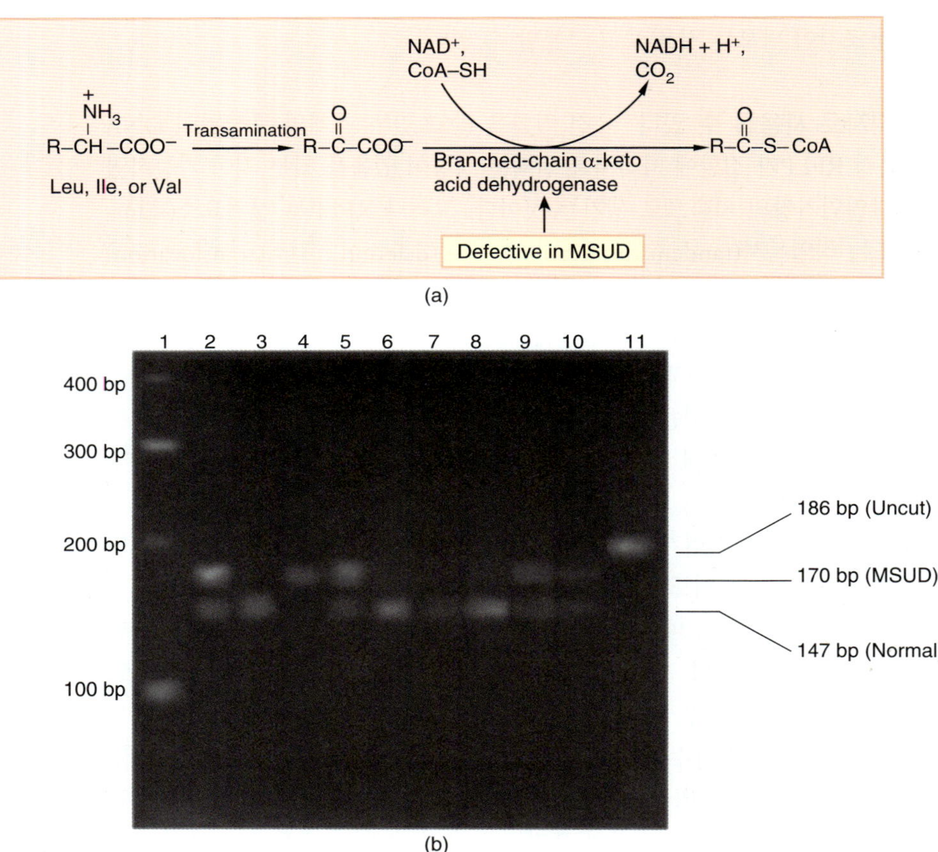

그림 1 단백시럽뇨 질환의 진단.
(a) 류신, 아이소류신, 발린의 분해는 아미노기 전이 반응으로 시작하고, 이후 각각의 키토산의 산화적 탈카르복실 반응(oxidative decarboxylation)이 일어난다. 후자의 반응은 곁사슬 α-키토산 탈수소효소로 불리는 다효소 복합체에 의해 일어나며, MSUD 환자에서 이것이 결핍되어 있다. (b) PCR-RFLP 검사에 의해 MSUD의 유전형 분석. DNA 시료를 MSUD 대립유전자에 특이한 시발자로 PCR을 시행하여 증폭한다. 제한 핵산내부가수분해효소 *ScaI*으로 소화시키고, 아가로스 젤 전기영동과 에티디움 브로마이드(ethidium bromide)로 염색을 하여 관찰한다. 이형(heterozygous)인 사람은 170과 147 bp DNA 조각이 모두 검출되는 것으로 알 수 있다: 레인 2(아버지), 레인 5(형제), 레인 9(어머니), 레인 10(외조모). 동형의 정상 대립유전자를 가지고 있는 사람은 147 bp 조각만을 보인다: 레인 3(조모)와 레인 6~8(각각, 외증조부, 외조부, 외증조모). 레인 4에서는 가족 중 1명이 가지고 있는 동형 MSUD 대립유전자로부터 생기는 170 bp 조각이 보인다. 레인 11은 소화시키지 않은 186 bp PCR 산물을 보여준다. (출처: Love-Gregory et al. 2001. *Journal of Inherited and Metabolic Diseases* 24:393-403. © 2001 SSIEM and Kluwer Academic Publishers. Reprinted with kind permission of John Wiley & Sons.)

백질 흡수를 자세히 모니터링하면서, 특별히 조심스럽게 음식을 조절하는 것이다. 음식은 영양분과 류신, 아이소류신, 발린을 제외한 모든 아미노산을 공급하는 합성 식이법을 중심으로 한다. 그러고 나서, 이 세 가지 아미노산을 조심스럽게 관용의 한계를 넘지 않고 정상 성장과 발달을 위해 충분한 양을 제공하기 위하여 조절하면서 음식에 첨가시켜 준다. 나이가 넘은 환자에서 이 특별 대사산물은 기본 영양소를 제공하고 정상 식이에서 우유를 대신한다. 식이의 나머지 것은 식물성 식이이다.

전 세계적으로 MSUD는 185,000~225,000명당 1명의 비율로 발병한다; 하지만 오래된 종교인 메노파 교도(Old Order Mennonite) 사회에서는 전형적인 MSUD의 발병률이 출생 인구 176명당 1명으로 조사되었다. 메노파 MSUD 환자의 결함은 효소 복합체의 한 성분을 암호화하는 유전자 중의 하나에 단일 염기 변화에 의해 생긴다. 이 과오 돌연변이(missense mutation)는 타이로신(Y)을 아스파라진(N)으로 변화를 일으키므로 Y393N 대립유전자라고 불린다. 메노파가 아닌 인구에서의 MSUD는 임상적으로 그리고 유전학적으로 다양하다; 그러나 Y393N 대립유전자는 메노파가 아닌 MSUD 환자에서 유의하게 발생한다. 부적합(mismatch) PCR-RFLP 분석법이 Y393N 대립유전자를 동정하기 위하여 개발되었다. 종교와 문화적 이유로 산전 검사가 메노파 교도 사회에서 허용되지 않는다. 따라서 출생 시에 시행하는 검사가 필수적이다. 여러 가지 검사법으로 아미노산과 그들의 α-키토산 유도체의 양을 혈액과 소변에서 측정할 수 있다. 전통적인 혈청-기반 검사법으로는 충분히 빠르게 결과를 얻을 수 없어 결과를 보기도 전에 영아가 사망했다는 보고도 있었다. 부적합 PCR-RFLP 검사법에 소요되는 시간은 매우 짧다. 이 검사법은 DNA-기반 방법이므로 혈청에서 약 72시간이 걸리는 키토산 유도체 농도의 증가를 기다릴 필요가 없다. 구강 점막 또는 혈액 시료를 이용하여 최소 8시간이면 결과를 얻을 수 있다. 정상 대립유전자(147 bp)의 동정은 PCR 산물이 *ScaI* 자리에서 잘려서 생긴다. Y393N 대립유전자(170 bp)에서는 두 번째 *ScaI* 자리가 없어진다(그림 1b).

13.7 DNA 서열 분석

1977년까지 DNA의 염기서열을 결정하는 것은 노동력-집약적인 과정이었으며, tRNA에 대한 주형 부위와 같은 매우 짧은 서열에만 적용할 수 있었다. 신속하고 대량의 **DNA 서열 분석(DNA sequencing)**을 할 수 있는 기술이 개발되면서 오늘날 분자생물학자는 DNA 염기서열을 일상적인 실험으로 결정한다. DNA 서열 분석은 어떤 유전자가 클로닝이 되거나 PCR에 의해 증폭되었을 때 유전자의 결정적인 특성 분석의 방법으로 사용되고 있다. 서열 그 자체는 제한적인 가치가 있지만 클로닝이 된 유전자의 더 많은 정보를 얻기 위해 필요한 디딤돌이다. DNA 서열 분석은 유전자들을 동정하고, 발현을 조절하는 프로모터와 그 외 조절 DNA 요소의 서열, 유전자와 그 외 DNA 서열의 세밀한 구조, cDNA와 시험관 내 돌연변이 유도 제작과 같이 시험관 내에서 합성된 다양한 DNA의 서열을 결정하고, 또한 유전자의 아미노산 서열과 DNA 서열로부터 cDNA 서열을 추론하기 위해 사용된다. 자동화된 DNA 서열 분석 기술의 출현으로 대량의 유전체 서열 분석 프로젝트가 유전체의 진화에 대한 정보, 암호화 부위, 조절 요소와 다른 서열에 대한 위치와 유전 질환들을 일으키는 돌연변이의 존재에 대한 정보를 만들고 있다. 전체 유전처 서열 분석과 비교 유전체 분석으로부터 발견된 사실은 15장에서 다룬다.

생어의 "다이데옥시" DNA 방법에 의한 DNA 서열 분석

1977년, Frederick Sanger, Allan Maxam, Walter Gilbert는 DNA 서열 분석을 최초로 성공하였다. Maxam과 Gilbert의 서열 분석 방법은 염기의 선택적인 분해를 일으키는 화학적 방법을 이용하였다. 가장 광범위하게 사용되는 DNA 서열 분석 방법은 **다이데옥시 서열분석(dideoxy sequencing)**법(생어 서열분석법으로도 알려짐)으로, 핵심적인 기술은 DNA 합성 반응이다(그림 13.14). 이 방법에서 단일가닥 DNA는 방사능이 표지된 시발자와 혼합되며, 시발자는 DNA 폴리머레이스가 DNA 합성을 개시되는 데 필요한 3′-수산기를 제공한다. 시발자는 흔히 다발 클로닝 자리 바로 바깥쪽의 벡터 부위에 상보적이다. 그러고 나서, 시료는 4개로 나뉘어지며, 각각은 DNA 폴리머레이스, 4종류의 dNTP(높은 농도의)와 낮은 농도의 **복제 종료자(replication terminator)**를 포함하고 있다. 복제 종료자는 3′-수산기가 없는 **다이데옥시뉴클레오시드 트리포스페이트(dideoxynucleo-**

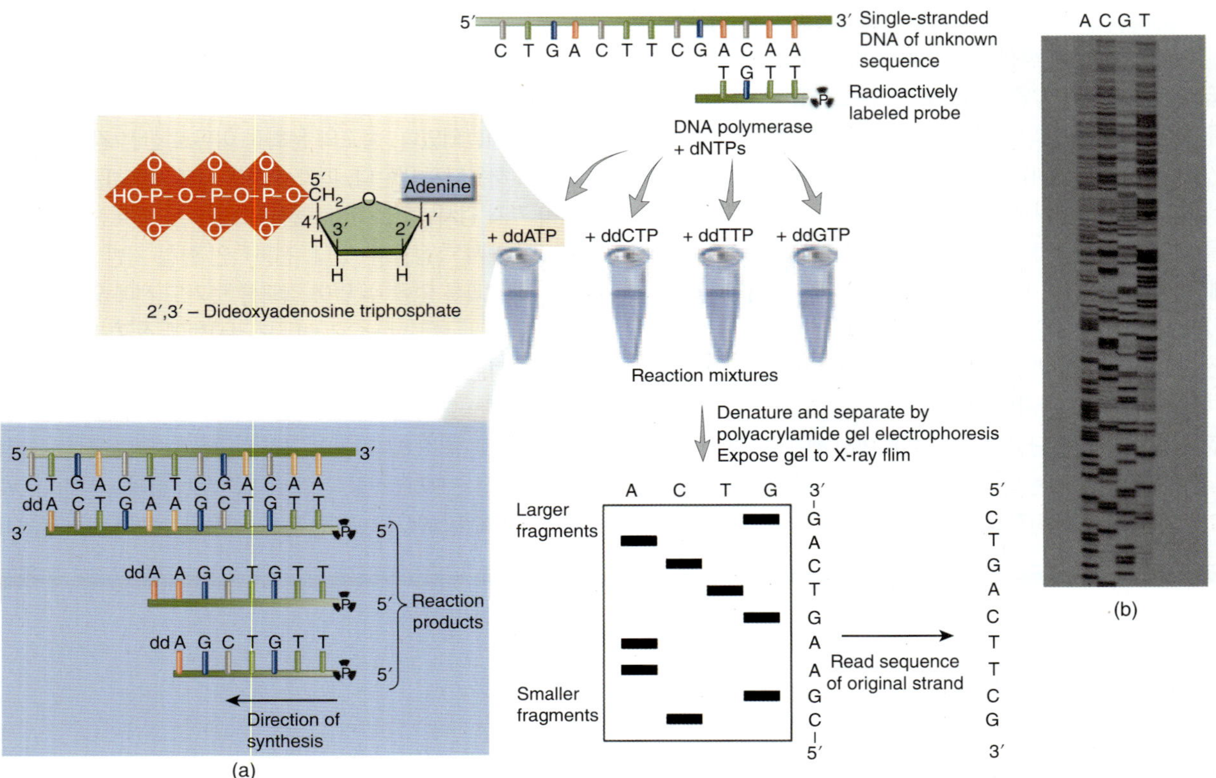

그림 13.14 생어의 "다이데옥시" DNA 서열 분석.
(a) 4개의 DNA 합성 반응 혼합액들을 주형 DNA, 표지된 시발자, DNA 폴리머레이스와 dNTP 혼합액과 4개의 다이데옥시 NTP(ddNTPs) 중 각 하나를 포함시켜 만든다. 합성의 방향은 5′에서 3′의 방향이다. 각 반응 혼합액의 방사성 산물은 폴리아크릴아마이드 젤 전기영동으로 전개되고, X-선 필름에 노출시켜 위치를 알게 된다. 새롭게 합성된 뉴클레오티드 서열은 자가방사성 사진의 아래쪽에서 시작하여 5′ → 3′의 방향으로 직접 읽혀진다. 원래 가닥의 서열은 이것에 상보적이다(3′ → 5′). (삽입 그림) 다이데옥시 ATP의 만들어지는 사슬로의 삽입은 새롭게 만들어지는 사슬에서 발견되는 아데닌이 있는 가능한 모든 곳에서 끝나는 일련의 크기 순서의 DNA 조각을 만든다. 이것은 원래 가닥에서 티민이 있는 위치에 해당한다. (b) DNA 서열 분석 젤의 노출된 X-선 필름. 4개의 레인이 있는데, 각각 A, C, G와 T 다이데옥시 반응 혼합액이다. (출처: Photograph courtesy of Jim Nicoll, College of William and Mary.)

side triphosphate, ddNTP)이다. 3′-수산기가 없기 때문에 다른 뉴클레오티드와 인산이에스터 결합을 만들 수 없다. 따라서 각 반응은 복제 종료자가 첨가될 때까지만 진행되며, 네 번의 서열 분석 반응은 마지막 가닥보다 한 염기씩 긴 일련의 단일가닥 DNA 분자들을 만든다.

서열 분석 혼합물은 변성 폴리아크릴아마이드 젤에 각각 다른 레인을 통해서 전기영동되어 DNA 조각을 분리하여 전개한다. 자가방사능 사진 촬영으로 방사성의 밴드를 검출한다. 방사성 물질이 표지된 시발자는 새롭게 만들어진 DNA 분자의 5′ 말단에 있다. 따라서 젤의 가장 밑에 있는 가장 작은 조각이 DNA의 5′ 말단을 나타낸다. 아래쪽에서 위쪽으로(5′ → 3′)의 서열 판독은 서열 반응에서 합성된 DNA 분자의 서열을 나타낸다. DNA의 원래 조각의 서열은 젤에서 읽힌 서열에 상보적이다(3′ → 5′). 이 방법은 대략 500 뉴클레오티드의 DNA를 전개할 수 있다. 더 긴 서열의 분석을 위해서는 중복되는 조각의 서열을 분석한다. 이 방법은 매우 노동력이 필요하며, 서열은 수기로 읽혀져야 한다.

자동화 DNA 서열 분석

1986년, Leroy Hood와 Lloyd Smith가 생어의 방법을 자동화하였다. 이 새로운 서열 분석 기술에서는 방사성의 표지가 형광 표지로 교체되었다. 각각의 ddNTP 종료자는 다른 색깔의 형광물질로

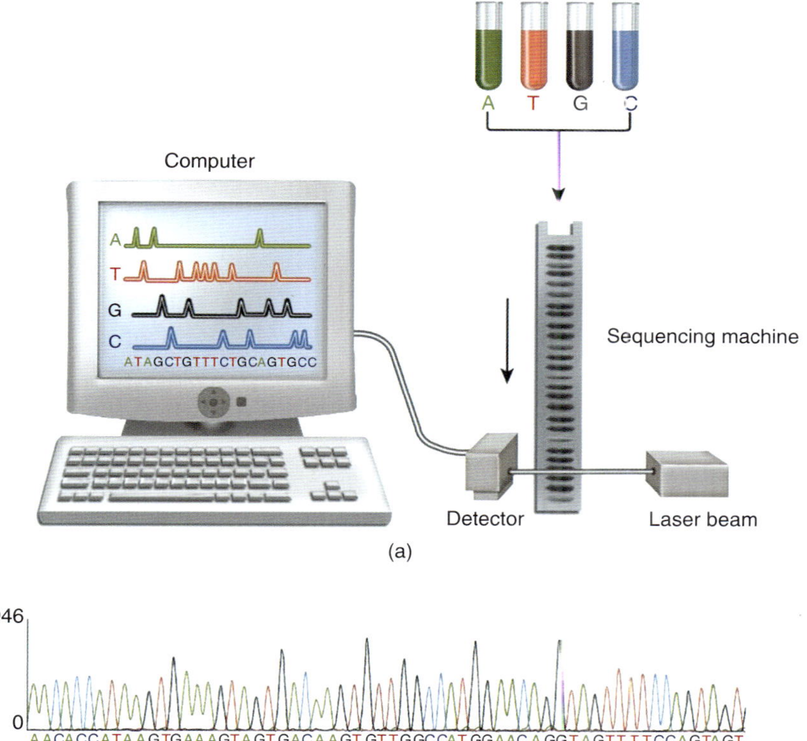

그림 13.15 자동화된 DNA 서열 분석. (a) 자동화된 DNA 서열 분석 과정을 나타낸다. 이 기술은 그림 13.14에서 소개한 수동의 방법에서와 같이 다이데옥시뉴클레오티드를 이용하지만, 각 4개의 반응에서 사용되는 시발자에 각각 다른 형광 분자로 꼬리표가 달려 있다. 각 시험관에서의 생산물은 빛으로 활성화되었을 때 다른 색깔의 형광을 발산한다. (b) 자동화된 DNA 서열 분석 실험이 컴퓨터로 출력된 예. (출처: Electropherogram courtesy of Ghislain Bonamy, College of William and Mary.)

표지된다: 빨간색, 초록색, 파란색 또는 노란색. 따라서 4개의 다른 서열 반응이 영동될 필요 없이 반응물은 하나의 시험관에 합쳐질 수 있다(그림 13.15). 첫 번째 자동화된 서열 분석기는 시료를 분석하기 위해 폴리아크릴아마이드 젤, 형광 분자가 젤 끝 부분에 있는 검출기에 이르렀을 때 이를 활성화시키는 레이저와 DNA 서열의 결과를 판독하는 컴퓨터를 이용하였다. 이 시스템에서 각 자동화된 서열 분석기는 하루에 4,800개 염기의 서열을 만들 수 있다.

현재 사용되고 있는 자동화 시스템은 구형에서 쓰이는 젤 대신에 각각의 관이 젤의 "레인" 역할을 하는 작은 모세관을 사용한다. 펌프가 분리 기질로 작용하는 중합체를 특별한 모세관에 채운다. 96-우물(well) 플레이트의 DNA 시료가 동전기적 주입(electrokinetic injection)이라고 하는 전기영동의 짧은 폭발(burst)로 모세관 다발에 채워진다. 모세관 다발은 전개 완충액(running buffer)에 잠기고, DNA 조각은 모세관의 기질을 통하여 크기에 따라 가장 작은 것에서부터 가장 큰 것의 순서로 이동한다. DNA 조각이 검출창(detection window)에 이를 때, 레이저 광선이 형광 분자를 활성화시켜 형광을 띠게 한다. 96개의 모세관에서 나오는 빛은 한 번에 모아지고, 네 가지 색깔로 나뉘어 CCD 카메라로 모인다. 컴퓨터 소프트웨어가 피크의 양상을 해석하고 시간에 대한 형광 진하기에 대한 그래프(**electropherogram**)를 만들어내며, 이는 DNA 서열로 변환된다(그림 13.15 참조). 이러한 시스템으로 2백만 개의 염기가 하루에 분석될 수 있다.

차세대 서열 분석

분자생물학자는 하루에 2백만 염기의 속도에 만족하지 않고, 더 빠른 속도의 서열 분석 방법을 개발하고자 하였다. **차세대 서열 분석(next-generation sequencing)**으로 불리는 기술이 빠른 속도로 개발되었다. 최근의 발전은 유전체를 몇 시간에서 몇 일 이내로 분석할 수 있게 하였다.

널리 사용되는 차세대 서열분석 방법 중 하나는 **일루미나 서열분석(Illumina sequencing)**이며,

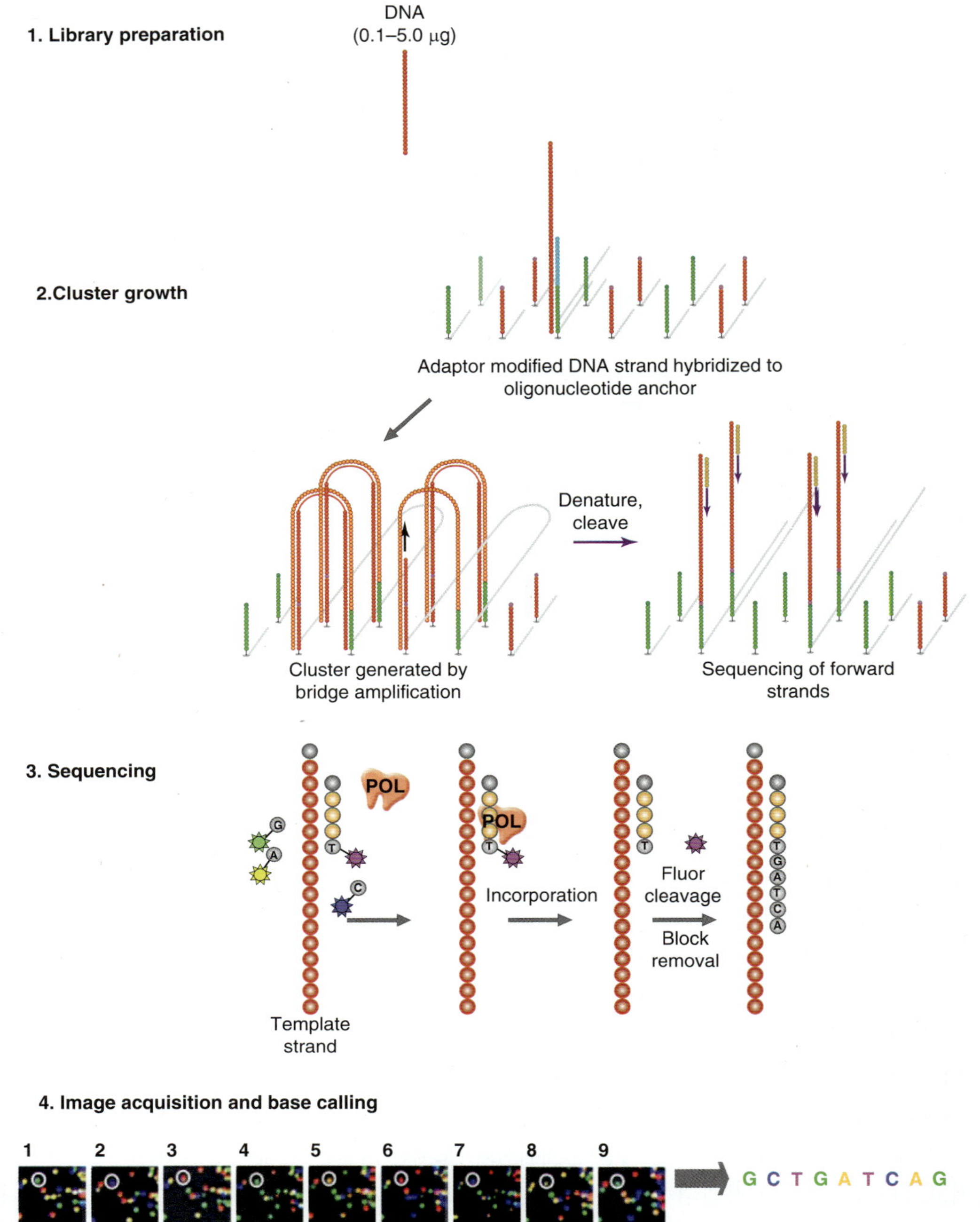

그림 13.16 차세대 염기서열 분석.
어댑터에 의해 변형된 단일-나선 DNA 라이브러리가 플로우 셀에 첨가되고 교잡에 의해 고정된다. 브릿지 증폭은 클론으로 증폭된 군집을 형성한다. 군집들은 변성되고 절단된다. 합성에 의한 DNA 서열분석이 시발자, DNA 폴리머레이스(POL), 4개의 가열적 형광 종결자를 첨가하면서 시작된다. 삽입 후에 발광하는 형광이 기록되고, 영상 분석에 의해 각 염기가 동정된다. 다음 합성 과정 전에 형광단과 블록이 제거된다.

합성에 의한 4색 서열분석 접근 방식으로 가역적 종결자 뉴클레오티드를 통합하면, 각 주기 동안 A, C, G 및 T에 대하여 고감도 카메라에 의해 감지되는 형광 신호가 생성된다(그림 13.16).

다양한 차세대 서열 분석 플랫폼이 전체적인 설계와 서열 분석 화학의 측면에서 다르기는 하지만 공통적인 한 가지 주요 특징을 갖고 있다. 각각은 공간적으로 분리된, 클론으로 증폭된 DNA 주형 또는 단일 DNA 분자를 대규모의 배열을 통하여 동시에 대량으로 분석하는 것이다. 반복적인 주기를 통하여 메가베이스에서 기가베이스 범위의 DNA 서열을 빠르게 얻을 수 있다. 출력되는 자료는 엄청나다. 분자생물학자가 차세대 염기서열 분석으로 얻은 모든 DNA 염기서열을 어떻게 다루느냐가 14장의 주제다. 이제, 재조합 DNA 기술의 도구가 유전체를 조작하는 데 어떻게 사용될 수 있는지 알아보자.

13.8 유전자 변형 생명체 기초 소개

유전자 전환 생명체(transgenic organism)는 유전자가 옮겨져서 유기체의 유전체의 무작위적인 장소에 삽입된 것을 말한다. **유전자 표적화(Gene targeting)**—배아줄기세포에서 특정 유전자의 대체 또는 돌연변이는—거의 모든 유전자에 돌연변이가 있는 "녹아웃(knockout)" 유기체 변종을 만드는 수단을 제공한다. **크리스퍼-캐스 유전자 편집(CRISPR-Cas gene editing)**은 거의 모든 세포 유형에서 표적 유전체 영역을 정확하게 편집할 수 있게 한다. **복제**는 성체 세포로부터 수정되지 않은 난자로 핵이식을 하여 유전적으로 동일한 동물을 생산하는 것이다. 표 13.4는 유기체의 유전자 조작을 위한 이 네 가지 별개의 방법을 비교하고 대조하였다.

다음 절에서는 신경생물학, 인간 유전질환, 면역학, 암, 발달 등 많은 분야에서 핵심적인 발전을 이끌어 온 마우스 내 다양한 유전자 조작 방법에 대해 설명한다. 생쥐에 외래 또는 변형 유전자를 도입하는 능력은 유전자 조절 연구를 위한 비할 데 없는 자원을 제공한다. 체외 또는 배양된 세포에서 수행되는 유사한 조사와는 달리, 전이 유전자는 전체 유기체의 맥락에서 연구될 수 있다. 유전자 변환, 유전자 표적화 및 유전자 편집 전략은 마우스에서 유전자를 과발현하거나 수정하거나 비활성화하는 데 사용될 수 있다. 이러한 유전자 조작은 신체의 모든 조직, 특정 세포 유형 또는 발달의 특정 단계로 유도될 수 있다. 이를 통해서 유전자 기능 효과의 손실 및 이득 분석뿐만 아니라, 조직 특이적이고 발달적인 유전자 발현을 연구할 수 있다.

표 13.4 형질전환 기술, 유전자 표적화, 그리고 핵 이식을 통한 클로닝의 비교.

	Method of DNA introduction	Recipient cell	Result	Common use in analysis of gene expression
Transgenic technology	Pronuclear microinjection	Fertilized egg	Random integration of transgene	Gain-of-function analysis
Gene targeting	Homologous recombination in embryo-derived stem (ES) cells	Blastocyst-stage embryo	Disruption or mutation of targeted gene	Loss-of-function analysis (knockout), or gain-of-function (knockin)
Gene editing	CRISPR-Cas	Any cell type	Precise editing of a specific gene	Loss of function, gain of function
Cloning by nuclear transfer	Transfer of entire nucleus	Enucleated, unfertilized egg	Genetically identical individual to donor nucleus	Analysis of genome reprogramming

표 13.5 핵 이식을 통한 클로닝의 역사.

Year	Animal cloned	Source of donor nucleus
1952	Cloning by nuclear transfer first demonstrated in the frog *Rana pipiens*	Blastula cells
1966	Cloning in the frog *Xenopus laevis* achieved by nuclear transfer	Intestinal epithelial cells of feeding tadpoles
1986–1997	Cloning of mammals (sheep, rabbits, pigs, mice, cows, and monkeys)	Very early embryos
1996	Cloning of the sheep Megan and Morag	Embryonic stem cell line (from day 9 embryo)
1996	Cloning of the sheep Dolly	Adult sheep cell
1997	Cloning of the sheep Polly	Stably transfected (transgenic) fetal sheep cells
1998–2018	Cloning of mice, cows, pigs, goats, rabbits, cats, horses, mules, dogs, rats, ferrets, red deer, buffalo, camels, and monkeys	Adult cells, fetal fibroblasts

또한, 이러한 방법은 잠재적으로 새로운 특성을 추가하거나 기존 특성을 개선함으로써, 상업적으로 중요한 동식물의 성능을 높이거나 치료 목적으로 외래 단백질을 과량 생산하도록 사용될 수 있다. 마지막으로, 핵 이식에 의한 복제는 발달, 세포 분화, 핵 재프로그래밍, 유전체 각인, 노화의 메커니즘에 대한 통찰력을 제공하는 잠재력의 맥락에서 생각될 수 있다. 현재의 복제 방법론에는 많은 실질적인 제약이 있다. 그러나 우수한 동물 가축의 유지, 야생 동물 보호, 치료 용도 등에 대한 잠재적 가치가 논의되고 있다.

13.9 형질전환 마우스: 수정란 풋핵 미세주입법

수정란에 외래 DNA를 미세주입함으로써, 최초의 형질전환 생쥐가 1980년에 만들어졌다. 재조합한 바이러스 DNA 구조물이 생쥐 유전체에 성공적으로 삽입되었지만, 재배열이 일어나서 유전자가 발현되지는 않았다. 1982년에 Richard Palmiter와 Ralph Brinster는 표현형 변화를 관찰할 수 있게 된 최초의 형질전환 생쥐를 발표하였다. 이들은 생쥐에서 쥐 성장 호르몬 유전자의 암호화 서열을 삽입하고 발현시키는 데 성공하였다. 기대 이상의 놀라운 결과로, 일부 생쥐가 정상적인 형제보다 2배의 크기로 자라났다. 이들 "수퍼" 생쥐의 이미지는 일반 대중과 과학자 모두의 관심을 사로잡았다(그림 13.17). 이후로, 형질전환 분야는 많은 기술적 진보와 세밀함이 더해짐에 따라 급속도로 발전하여 왔다.

형질전환 생쥐의 제조 방법

외래 DNA를 수정란에 미세주입(microinjection)하여 형질전환 생쥐를 만들기 위한 표준 과정을 그림 13.18에 나타내었다. 미세주입 결과, 삽입유전자는 수정된 생쥐 난자의 염색체 내로 도입되어 진다. 만일 삽입유전자가 배아 염색체 중 하나에 삽입되면, 생쥐는 모든 세포에 이 새로운 정보를 갖고 태어날 것이다. 이 과정에는 세 가지 주요 단계가 있다: (i) 수정된 생쥐 난자의 **풋핵(pronuclei)**으로 DNA를 미세주입; (ii) 미세주입된 배아를 대리모 내에 착상; (iii) 삽입유전자가 안정적으로 삽입되고 발현하는지 확인하는 새끼 생쥐 및 후속 세대의 분석이 있다. 다음으로 각 단계를 살펴도록 하자.

풋핵 미세주입 형질전환 생쥐를 만들기 위한 첫 단계는 암컷 생쥐에서 난자를 수술로 추출한 후 이를 생쥐 정자와 수정시키는 것이다(그림 13.18, 1단계 참조). 두 번째 단계로 수정란에 외래 DNA를 미세주입한다. 형질전환 생쥐는 보통 어떤 관심 유전자(a gene of interest)를 과발현하도록 설계한다. 이는 "기능 획득(gain of function)" 생쥐 모델을 의미한다. 형질전환을 위한 최소한의 유전자 구조물로는 프로모터 요소, 관심 유전자의 cDNA, 그리고 폴리아데닐화 신호가 필요하다. 프로모터 염기서열은 RNA 중합효소와 전사인자의 결합자리이므로 필요하다(9장 참조). 조직 특이적이거나 유도 가능한 프로모터를 선택하면, 외래 유전자의 발현을 공간적으로 그리고 시간적으로 조절할 수가 있다. 예를 들어, 앞에서 언급한 "수퍼" 생쥐의 경우, 생쥐 메탈로티오네인(MT) 유전자 프로모터의 통제 아래에 놓인 쥐 성장 호르몬 cDNA를 가진 유전자 구조물(재조합 플라스미드 운반체)을 수정란에 주입하였다. 이때 MT 프로모터는 중금속 아연이나 카드뮴에 의해 유도가 가능(발현)하기에 선택되었다. MT 유전자는 간에서 활성을 보이는 중금속-결합 단백질을 암호화한다. 유전자의 발현을 유도할 수 있도록 최근에 개발된 새로운 방법은 이 절의 말미에 기술하였다.

미세주입의 시기는 매우 중요하다. 외래 DNA는 첫 난할이 일어나기 전 유전 물질이 2배가 되는 시기 이전에 생쥐 유전체 내로 삽입되어야 한다. 만일 외러 DNA가 첫 번째 난할 이후에 생쥐 유전체 내로 삽입되면, 세포의 다수가 새로운 유전자를 갖고 있지 않은 모자이크(mosaic) 생쥐가 생길 수도 있다. 이러한 이유로, 삽입유전자는 가능한 한 가장 이른 시기; 즉, 수정 직후의 풋핵 시기에 수정란에 도입된다.

정자가 난자에 들어간 후 수 시간 동안, 정자핵과 난자핵—앞수 풋핵이라 부름—은 각각 개별 구조로 현미경적으로 관찰된다. 주입은 반수체인 정자와 난자 풋핵이 이배체 접합자 핵을 형성하려고 융합되기 전에 진행해야만 한다. 용액 내 수백 카피의 삽입유전자를 유리 재질의 미세바늘에 실어, 이 DNA를 풋핵 중 하나에 직접 주입한다. 보통은, 수컷 풋핵의 크기가 더 크고 난자 표면에 더 가까이 있으므로 여기에 주입한다. 난자 자체의 직경은 겨우 50 μm 정도에 불과하므로, 이 주입 과정은 좋은 기술과 인내를 필요로 한다. 주입 과정은 매우 지루하여 아무리 경험이 풍부한 기술자라도 하루에 겨우 5~10회 정도만 성공적으로 주입할 수 있다.

그림 13.17 "수퍼" 생쥐.
생쥐의 메탈로티오네인(metallothionein) 유전자 프로모터의 통제 아래 놓인 쥐의 성장호르몬 유전자를 발현하는 형질전환 생쥐(왼쪽)는 정상적인 형제 생쥐(오른쪽)보다 2배의 크기로 자랐다. (출처: Photograph courtesy of Ralph Brinster, University of Pennsylvania.)

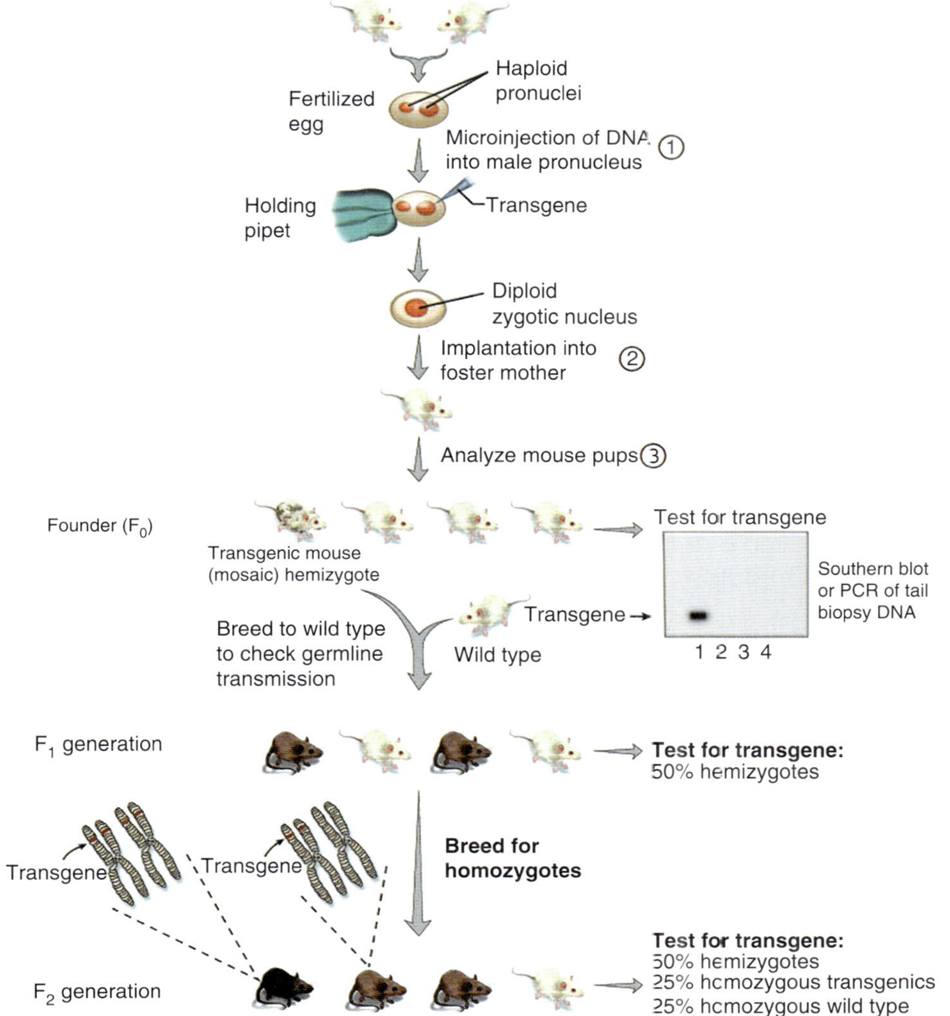

그림 13.18 형질전환 생쥐의 제조법.
수정란에 외래 DNA를 미세주입하여 형질전환 생쥐를 만드는 표준 과정의 세 가지 주요 단계를 보여주고 있다: (1) DNA를 생쥐 수정란의 풋핵으로 미세주입함; (2) 미세주입된 배아를 대리모에 착상함; (3) 삽입유전자가 안정적으로 도입되었는지 새끼 생쥐 및 그 후속 세대들을 분석함.

대리모 내에 착상하기 형질전환 생쥐가 태어나려면, 조작된 배아를 암컷 생쥐의 생식관에 이식시켜야 한다(그림 13.18, 2단계 참조). 배아를 이식 받을 암컷 생쥐는 정관절제시술을 받은 수컷과 교배시켜 미리 준비한다. DNA가 성공적으로 주입된 2~15개 범위 이내의 배아를 수용자인 "상상임신(pseudopregnant)" 생쥐의 자궁에 이식한다. 암컷의 임신은 배아 이식 후 약 2주일 이내에 알 수 있으며, 약 1주일이 더 지나면 새끼를 출산한다. 약 3~4주 쯤 지나면 새끼 생쥐를 이유(weaning)하고 분석한다.

새끼 생쥐의 분석 새끼 생쥐를 분석할 준비가 되면, 다음 두 가지 중요한 질문에 대한 답을 구해야 한다. 첫째, 생쥐 유전체 내로 삽입유전자가 안정적으로 삽입(stable integration)되었는가? 다른 말로 하면, 생쥐는 실제로 형질전환되었는가? 둘째, 만일 삽입유전자가 생쥐 유전체 내에 존재한다면, 이것이 적당히 발현되는가? 이 문맥에서, "적당한(appropriate)"이란 그 유전자가 발생 과정의 알맞은 시기에, 알맞은 조직(들)에서, 알맞은 양 만큼 발현되느냐는 뜻이다.

안정적인 삽입의 분석 새끼 생쥐로부터 꼬리 조직 절편을 얻어 분석에 필요한 DNA를 확보한다. DNA를 서던 블롯 혼성(Southern blot hybridization)이나 중합효소 연쇄반응(PCR)으로 검사하여 삽입유전자의 존재 여부를 시험한다(그림 13.18, 3단계 참조). 삽입유전자 DNA가 성공적으로 도입되어 있는 생쥐를 새로운 형질전환 계통의 창시자(F_0)라고 부른다. 삽입유전자는 이제 유전 가능하며, 세대를 거쳐 생쥐 유전체의 일부로 전달될 것이다. 생쥐에서 안정적인 삽입의 성공률은 2.5~6% 정도이다.

삽입 과정은 보통 비상동유전자 재조합을 통해서 일어나는데, DNA 복구 효소에 의해서(7장 참조) 유발되며, 이는 배아 유전체 내로 외래 DNA가 무작위적으로 삽입되는 결과를 낳는다. 이들 효소는 외래 DNA(삽입유전자)의 자유 말단(free ends)에 의해 유도되어 염색체 DNA에 이중가닥 절단(double-stranded breaks)을 생성할 것으로 생각된다. 같은 삽입유전자를 받은 2개의 배아에서 동일 위치 내에 삽입이 일어날 가능성은 매우 낮을 것이다. 또한 사본 중 몇 개가 삽입유전자가 배아에 도입될지, 그리고 연속적으로 서로 이어진 단일 선형 배열—**concatamer**라 부름—로 몇 개(1개에서 150개 사본까지 다양)가 서로 붙어서 도입될지를 정확하게 조절하기는 불가능하다. 창시자의 유전체 내로 도입된 어떤 삽입유전자의 전체 숫자를 사본 수(copy number)라고 부른다. 사본 수가 삽입유전자의 생쥐 내 발현 정도와 크게 연관되어 있지는 않아 보인다.

형질전환 생쥐의 첫 번째 세대를 "**모자이크(mosaic)**" 또는 "**키메릭(chimeric)**"하다고 한다. 일반적으로, 이들은 외래 DNA를, 전부가 아닌 일부 생식계열(germline) 세포와 체세포에 갖고 있다. 형질전환된 창시자 생쥐를 동계 교배하여 F_1 세대라 부르는 두 번째 세대를 얻는다. 이 세대의 생쥐도 삽입유전자가 안정적으로 삽입되어 있는지 분석한다. 만일 창시자(모자이크이거나 아니거나)의 생식세포가 삽입유전자를 안정적으로 전달한다면, 이 생쥐의 모든 후손은 이 유일한 형질전환 계통의 구성원이 된다. 창시자의 유전형은 삽입유전자에 대하여 이형접합(heterozygous)이라기보다는 **반접합(hemizygous)**이라고 하는데, 왜냐하면 새로운 삽입유전자 좌위를 특정 염색체 쌍 중 하나에만 갖고 있기 때문이다. 삽입유전자의 대립유전자가 각 염색체마다 쌍으로 존재하는 경우, 동형접합(homozygous) 유전형은 반접합자인 F_1 자손들을 교배하면 얻을 수 있다(그림 13.18 참조). 유전자의 삽입자리가 다를 수 있으므로, 서로 다른 창시자 계통으로부터 비록 동일한 삽입유전자를 가진 생쥐들을 얻어 이들을 교배한다 해도, 각 유전자 좌위의 독립적인 분리가 예측 가능한 진정한 동형접합자를 얻을 수는 없을 것이다.

삽입유전자 발현의 분석 만일 삽입유전자가 생쥐 유전체 내에 있음을 확인했다면, 그 다음 질문은 이 유전자가 새 환경에서 제대로 작동할 수 있도록 잘 조절되는지 여부이다. 이 질문에 답하기 위해서는 RNA와 단백질의 발현 정도를 분석해야 한다. 삽입유전자의 전사 활성을 평가하기 위해서는 노던 블롯법(Northern blots), 역전사 효소 PCR(RT−PCR), 제자리 부합법(*in situ* hybridization) 등의 다양한 기법이 가능하다. 번역 수준에서 삽입유전자 발현을 분석하기 위해서는 웨스턴 블롯법(Western blots)과 면역조직화학(immunohistochemistry)이 자주 이용된다(실험방법은 14장 참조). 유전자가 발현되었는지 알아보는 기술 중 가장 놀라운 한 가지는 GFP를 보도자(reporter)로 사용하는 것이다. 그림 13.19에 나타내었듯이, GFP를 발현하는 생쥐는 자외선 조명하에서 정상 형제 생쥐와 쉽게 구별할 수 있다.

여러 연구의 결과로 특정 삽입유전자의 개별 자손 배아 내에서의 발현 정도의 다양한 차이는 단지 무작위적인 삽입자리 차이에서 비롯됨이 확인되었다. 앞에서 언급하였듯이, 삽입유전자(쥐 성장 호르몬 유전자)를 발현시킬 수 있었던 최초의 형질전환 생쥐는 정상 형제 생쥐의 2배 크기였다. 또 다른 특징으로 암컷은 번식 능력이 떨어졌으며 암수 모두 일찍 죽었다. 연구진이 내린 결론은 제어 불능의 과량의 성장 호르몬이, 유도 가능한 MT 유전자 프로모터의 통제 아래에 있는 외래 cDNA로부터 성성된다는 것이었다. 따라서, 적절한 수준으로 발현을 통제하려면 부가적으로 유전자 특이적인 조절 부위가 더 필요할 것으로 여겨졌다(9장 참조).

삽입유전자 자체의 발현과 관련된 문제와 더불어, 삽입유전자는 흔히 생쥐의 내재(endogenous) 유전자로 무작위적으로 삽입되어 그 유전자의 발현에도 영향을 미친다. 이러한 돌연변이는 무해하거나 치명적일 수 있으며, 독특한 돌연변이 표현형을 가진 생존 가능한 생쥐를 유발하기도 한다. 이러한 "**삽입에 의한 돌연변이 유발 과정(insertional mutagenesis)**"의 경우 삽입유전자의 삽입자리를 확인함이 매우 중요한데, 이는 중요한 역할을 하는 내재 유전자의 위치를 지도화할 수 있기 때문이다. 이들 돌연변이는 그 결함이 단지 한 계통에서만 나타나므로 삽입유전자의 진짜 표현형과는 구별이 가능하다. **Transposon tagging**(Tool Box 13.8)의 예처럼, 이 기술은 전이 요소(transposable elements)의 기동성을 이용하여, 삽입에 의한 돌연변이 유발 과정으로 유전자 녹아웃을 시킨 후 포유류 유전자의 기능을 알아보는 방법이다.

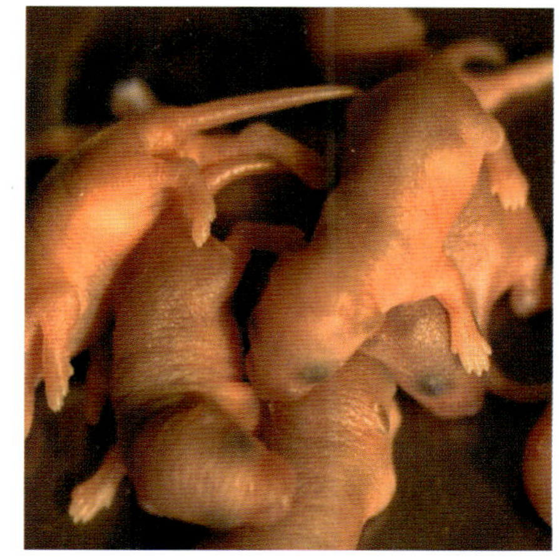

그림 13.19 GFP를 발현하는 형질전환 생쥐.
위쪽 사진은 자연광에서, 아래쪽 사진은 자외선 광에서 각각 촬영하였다. 형질전환되지 않은 생쥐는 형광을 내지 않는다. (출처: Reprinted from Okabe et al. 1997. *FEBS Letters* 407:313-319. © 1997, with permission from Federation of the European Biochemical Societies. Photograph courtesy of Masaru Okabe, Osaka University, Japan.)

유도 가능한 형질전환 생쥐

때로는 삽입유전자의 도입으로 인해 생쥐가 죽거나 또는 교배를 통해서는 형질전환 생쥐를 유지하기 어렵거나 불가능할 정도로 번식력이 감퇴하는 경우가 생겨난다. 예를 들어, 어떤 삽입유전자 서열이 자궁 내(*in utero*)에서 활성화되고 배아 생존에 영향을 미칠 수도 있다. 이러한 경우에는, 먼저 형질전환 계통을 다 완성한 다음에 삽입유전자를 활성화시킬 수 있도록 설계하면 될 것이다. **유도 가능한 발현 시스템(inducible expression system)**의 개발은 연구자가 형질전환 연구와 관련하여 겪는 일부 문제를 극복하는 데 도움이 되었다. 예를 들면, "테트-오프(Tet-off)"는 흔히 이용되는 발현 시스템의 하나인데, 이는 삽입유전자의 발현을 유도 가능한 전사 활성 인자의 통제 아래에 있도록 하였다. 이 전사 활성 인자의 발현은, 형질전환 동물을 다양한 농도의 항생제 테트라사이클린 또는 독시사이클린 같은 테트라사이클린 유사체에 노출시킴으로써 가역적이고 정량적으로 조절할 수 있다.

그림 13.20에 나타내었듯이, **테트라사이클린(Tet)-오프 시스템**에서, 테트라사이클린 통제 하의 전사 활성 단백질(tTA)이 TetOp 프로모터라고 부르는, 테트라사이클린에 반응하는 DNA 조절 요소에 결합할 때에 관심 유전자(X)의 전사가 일어난다. 만일 테트라사이클린이 없다면, tTA는

Tool Box 13.8

트랜스포존 태깅

트랜스포존은 분자생물학자가 삽입에 의한 돌연변이 유발 과정에 흔히 사용하는 강력한 도구이다. 이는 표현형과 유전체 서열 간의 관계를 알 수 있는 방법을 제공한다. 예를 들어, "트론스포존 태깅"이라고 부르는 기술에서는, 항생제 저항성 유전자를 가진 트랜스포존을 병원성 세균 내로 도입할 수 있다. 그런 다음, 기능이 없는 돌연변이 세균을 스크리닝한다. 만일 세균이 더 이상 병원성이 아니라면, 이는 트랜스포존의 삽입으로 인해 병원성 유발에 중요한 유전자가 손상되었음을 나타낸다. 이제 항생제 내성 표현형으로 표지된(tagged) 질병 유전자는 쉽게 클로닝할 수 있다. 초파리의 P 전이요소(P transposable elements)가 이와 유사한 방법으로 형질전환 초파리에서 삽입에 의한 돌연변이 과정 연구에 사용된다. 이 기술은 발생 및 행동에 관여하는 다수의 중요한 유전자를 확인하는 데 사용되어 왔다.

최근에는, 삽입에 의한 돌연변이 유발로 유전자 녹아웃을 만든 후 이 포유류 유전자의 기능을 결정하는 데 트랜스포존이 사용되고 있다. 잠자는 숲속의 공주(Sleeping Beauty)라 부르는 *Tc1/mariner* 타입 DNA 트랜스포존을, 이미 Sleeping Beauty 전이효소(transposase)를 갖고 있는 생쥐 종의 유전체에 삽입시키면, 이는 다음 세대에 한 자리에서 다른 자리로 이동한다(그림 1). 트랜스포존은 대개 "지역적 이동(local hopping)"을 하므로, 삽입은 원래 트랜스포존 자리에 비교적 가까이 집중되는 경향이 있다. 이에 반해 LINEs은 전체 유전체에 걸쳐 무작위로 먼 자리에 역전이(retrotranspositions)를 일으킬 가능성을 제공한다. 하지만, 이제껏 형질전환 생쥐에서 그 효율은 낮다. 사람 LINE 전이유전자의 역전이는 대략 자손의 매 15~20명당 1명 정도로 일어난다.

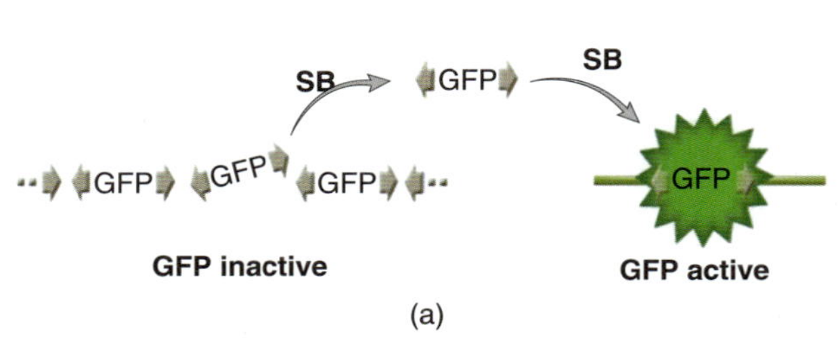

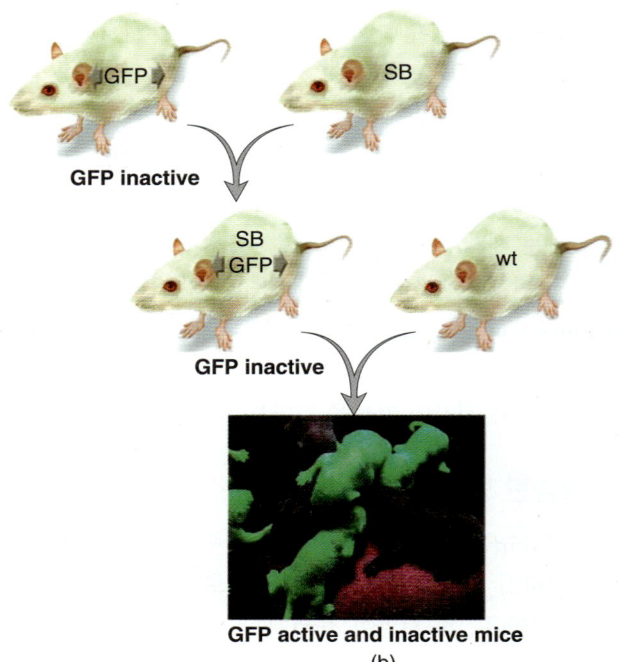

그림 1 Sleeping Beauty 전이는 형질전환 생쥐에서 녹색형광단백질(GFP)을 활성화시킨다.

(a) 실험 전략의 개요. 다수 삽입된 *GFP* 유전자는 생쥐 염색체의 원래 삽입자리에서 양쪽에 놓인 Sleeping Beauty 전이요소(회색 화살표)의 DNA 메틸화에 의해 후성 유전적으로 발현이 억제되어 있다. Sleeping Beauty 전이효소의 작용으로 이 트랜스포존이 잘려나가면 *GFP* 유전자의 억제가 풀린다. 이러한 전이현상은 새로운 부위에서 GFP 활성이 나타남으로써 알 수 있다. (b) *ITRA-GFP* 생쥐(Sleeping Beauty 전이요소 사이에 놓인 GFP 유전자를 가짐)와 *SB* 형질전환 생쥐(Sleeping Beauty 전이효소 유전자를 가짐)를 교배시켜 *ITRA-GFP:SB* 이중 형질전환 생쥐를 얻었다. GFP 유전자만을 가진 *ITRA-GFP* 형질전환 생쥐이거나 *ITRA-GFP:SB* 이중 형질전환 생쥐는 둘 다 GFP 신호를 나타내지 않았다. 하지만, 야생형 생쥐와 *ITRA-GFP:SB* 이중 형질전환 생쥐를 교배하여 얻은 자손 일부에서는 GFP 신호가 나왔는데, 이는 Sleeping Beauty 전이효소의 작용으로 GFP의 염색체 내 전이가 일어나 새로운 염색체 부위에서 GFP가 활성화되었음을 의미한다. (출처: Reprinted with permission from Horie et al. 2001. *Proceedings of the National Academy of Sciences USA* 98:9191-9196. © 2001 National Academy of Sciences, USA.)

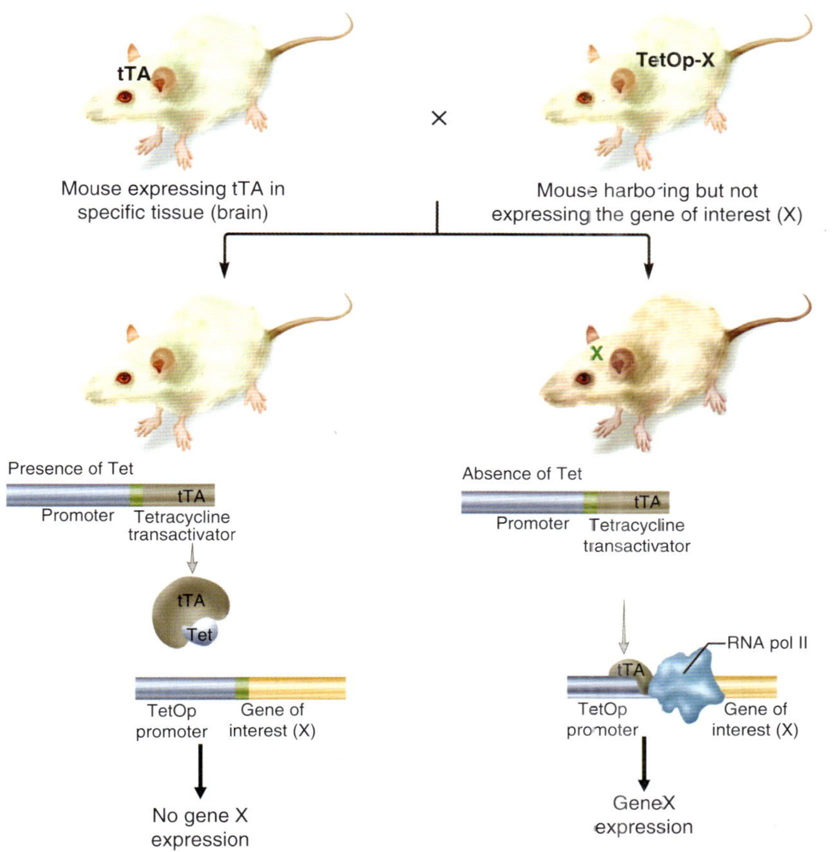

그림 13.20 유도 가능한 삽입 유전자의 발현. 두 독립적인 형질전환 생쥐 라인을 만들면 Tet-오프 시스템을 생쥐에 도입할 수 있다. 이들 두 라인의 형질전환 생쥐를 교배하면 Tet로 발현 유도가 가능한 새로운 형질전환 생쥐 라인을 얻게 된다.

TetOp 프로모터에 결합하고 표적 삽입유전자의 전사를 활성화시킨다. 테트라사이클린이 있는 경우에는, tTA가 TetOp 프로모터에 결합하지 못하여 표적 삽입유전자의 발현이 일어나지 않는다. 두 독립적인 형질전환 생쥐 라인을 만들면 Tet-오프 시스템을 생쥐에 도입할 수가 있다. 한 형질전환 생쥐 라인은 tTA를 특정 조직(예, 뇌 조직)에서 발현한다. 다른 형질전환 생쥐 라인은 TetOp 프로모터 통제 아래에 있는 유전자 X(TetOp-X)를 가지고 있다. 유전자 X는 이 라인에서는 발현되지 않는다. 이들 두 라인의 형질전환 생쥐를 서로 교배하면 Tet로 발현 유도가 가능한 새로운 형질전환 생쥐 라인을 얻게 된다. 이 새로운 생쥐에서 테트라사이클린이 없는 경우에, tTA를 발현하는 조직(예, 뇌 조직)에서는 유전자 X도 발현시킬 수 있다. Tet가 있을 때는 유전자 X의 전사가 차단된다.

13.10 마우스 배아줄기세포의 유전자 표적화

클로닝한 유전자가 만드는 단백질의 아미노산 서열 예측과 부가적인 단백질 모델링을 하면, 그 역할에 대한 정보(특히, 만일 관심 단백질이 이미 잘 동정된 단백질과 서열 유사성이 있다면)를 얻을 수 있을 것이다. 하지만 아직 알려져 있지 않은 단백질이거나 여러 다양한 역할을 하는 유전자의 경우에는, 생물체에서 그 유전자의 기능을 규명하기 위한 가장 좋은 방법은 모델 생물에서 그 기능을 분석하는 것이다. 풋핵 미세주입(13.9절 참조)을 통해 생산된 형질전환 생쥐는 일반적으로 "기능 획득" 돌연변이인데, 이는 삽입유전자가 새로운 산물을 발현하거나 정상 유전자를 다르게 발현하도록 설계되어 있기 때문이다. 생체 내에서 유전자 기능을 시험하기 위한 또 다른 수단으로는 특정 유전자를 고의로 손상시키는 유전자 "**녹아웃**"이 있다. 이 방법으로 조작된 형질전환 생쥐를 "기능 상실(loss of function)" 돌연변이체라고 한다.

Mario Capecchi의 비전과 끈기로 인해 얻은, 어떤 원하는 유전형을 가지는 생쥐를 만들 수 있는 능력은 공상과학 소설을 현실화시켰다. 1980년에 Capecchi는 그가 "유전자 표적화(gene targeting)"라고 부른 연구의 가능성을 시험하기 위해 미국 국립보건원(NIH)에 연구비를 요청하였다. 그는 외래 DNA 서열과의 상동유전자 재조합을 통해 생쥐 배아줄기(ES)세포 내의 내재 유전자를 정확히 바꿀 수 있다고 제안했다. 그의 제안은 거부되었는데, 심사자들은 상동유전자 재조합이 일어날 가능성이 거의 불가능에 가깝다고 생각하였기 때문이었다. Capecchi는 다른 프로젝트의 연구비를 사용하여 그의 실험을 계속 수행하였고, 유전자 표적화가 실제로 가능함을 증명하는 결과를 얻을 수 있었다. 1984년에, Capecchi는 NIH에 다시 연구비를 신청해서 연구비를 지원 받았다. Capecchi는 1994년에 *Scientific American* 잡지에 실은 기고문에서 "이 연구 제안에 대한 심사평은, '당신이 우리의 충고를 따르지 않아서 기쁘다'라는 문장으로 시작하였다"고 서술했다.

Capecchi는 1990년에 그의 유전자 표적화 방법을 사용하여 만든 최초의 "녹아웃" 생쥐를 보고하였다. 원종양유전자(proto-oncogene)인 *int-1*을 모두 상실한 동형접합자 생쥐에서는 중간뇌와 소뇌 발달이 매우 비정상적이었다. 이후로, 이 기술의 다양한 변형 방법이 개발되어졌다. 예를 들어, "녹인(knockin)"과 "녹다운(knockdown)" 생쥐가 제조되었는데, 이는 내재 유전자의 발현을 완전히 불활성화시키지는 않고 다소 변조한 형태였다. 이들 경우에, 표적화 변화는 해당 유전자의 암호화 영역이나 상류조절 요소(upstream regulatory elements)의 염기서열 내로 도입된다. 또한 유도 가능한 조건부 발현 시스템도 유전자 표적화 생쥐 모델로 설계되었다.

녹아웃 생쥐

녹아웃 생쥐를 만들기 위해서는 관심 유전자의 완전한 DNA 서열이나 적어도 중요한 일부 서열에 대한 정확한 지식이 필요하다. 이는 반응에 관여하는 어떤 유전자를 찾기 위한 선별 기술이라기보다는 이미 알고 있는 유전자에게 아직까지 잘 안 밝혀져 있거나 또는 전혀 새로운 역할을 부여하는 수단이라는 의미이다.

Capecchi에 의해 고안된 녹아웃 생쥐를 만드는 방법은 다음 5가지의 주요 단계: (i) 표적화 운반체 DNA의 구성; (ii) 배아줄기세포에서의 유전자 표적화; (iii) 유전자가 표적화된 세포의 선택; (iv) 생쥐 배아로 표적화된 배아줄기세포의 도입 및 대리모 내 착상; (v) 키메라 생쥐의 분석 및 동계 교배로 이루어진다(그림 13.21). 이 절에서는 형질전환 생쥐에 중점을 두고 있지만, 사실 녹아웃 기술은 이 모델 생물에만 국한된 것은 아니다. 제브라피쉬, 초파리, 그리고 다수의 다른 진핵생물계의 유전자 녹아웃 개체들도 유사한 방법으로 생산되어 왔다. 가장 최근에는, 비록 실험은 줄기세포 단계에서 중단되었지만, 유전자 표적화된 인간 배아줄기세포도 만들어졌다.

표적화 운반체의 구성 "**표적화 운반체(targeting vector)**"라 부르는 재조합 DNA 분자가 연구자들에 의해 실험실에서 구성되었다(그림 13.21 참조). 클로닝된 관심 유전자는 주로 네오마이신 인산전이효소(neomycin phosphotransferase)를 암호화하는 neo^r 유전자의 삽입으로 파괴되는데, 이는 운반체 DNA가 생쥐 염색체 내로 삽입되었는지 여부를 알려 주는 표지로 작용한다. neo^r 유전자는 관심 유전자 양끝 염기서열 안쪽에 둘러싸여 있다. 이들 유전자 특이 부위는 대응되는 생쥐의 내재 유전자와 재조합 시에 필요한 상동 부위를 제공한다. 표적화 운반체는 한 쪽 끝에 두 번째 표지로 허피스바이러스 티미딘인산화효소(tk) 유전자를 갖도록 설계되어 있다. 이들 표지를 일반적으로 사용하지만, 이들 대신 다른 표지를 쓸 수도 있다.

배아줄기세포에서의 유전자 표적화 녹아웃 생쥐를 만드는 다음 단계로 초기 생쥐 배아로부터 배아줄기세포를 얻어야 한다. 배아줄기세포는 두 가지 주된 이유로 사용된다. 첫째, 이들은 실험실에

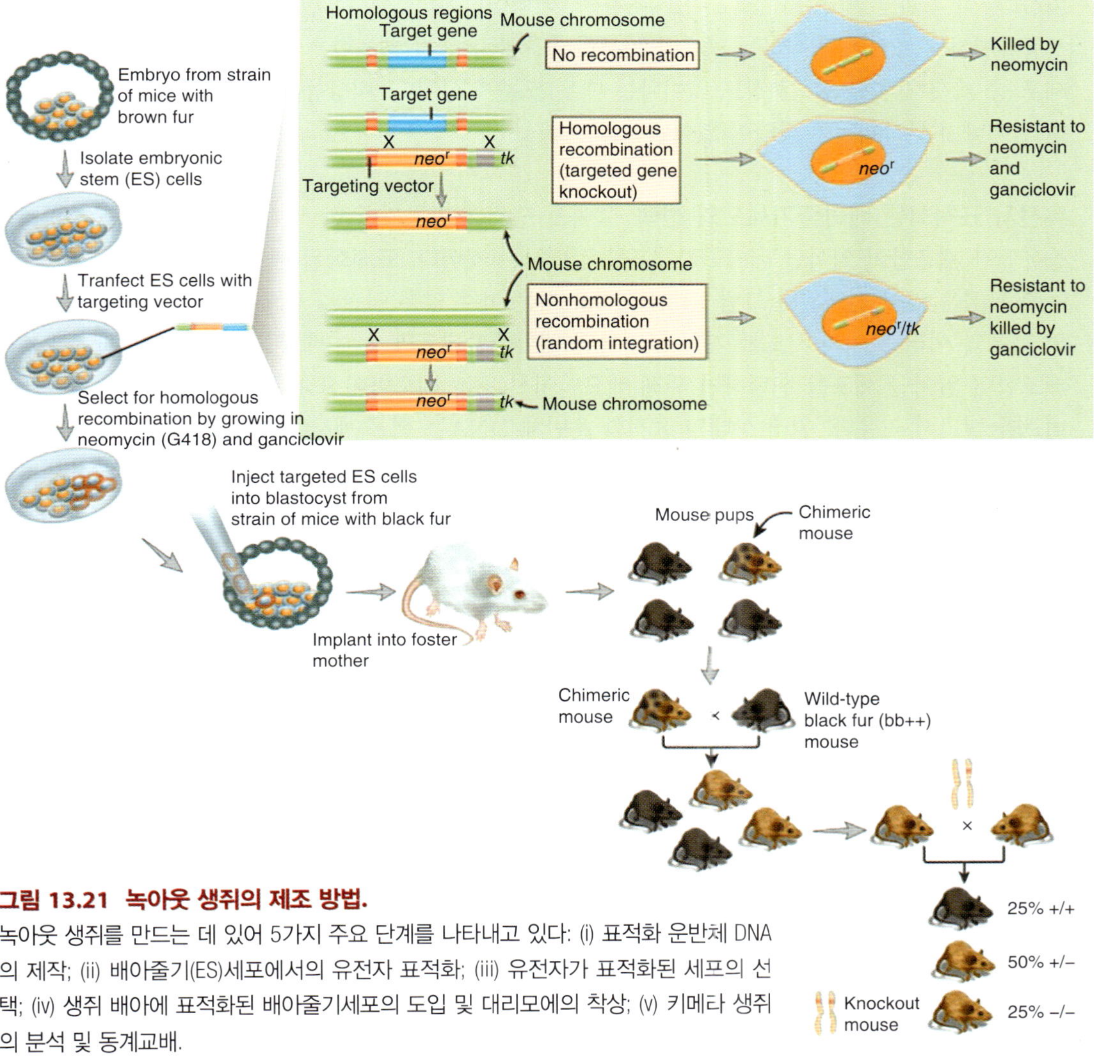

그림 13.21 녹아웃 생쥐의 제조 방법.
녹아웃 생쥐를 만드는 데 있어 5가지 주요 단계를 나타내고 있다: (i) 표적화 운반체 DNA의 제작; (ii) 배아줄기(ES)세포에서의 유전자 표적화; (iii) 유전자가 표적화된 세포의 선택; (iv) 생쥐 배아에 표적화된 배아줄기세포의 도입 및 대리모에의 착상; (v) 키메타 생쥐의 분석 및 동계교배.

서 무한정 배양할 수 있다. 둘째, 이들은 **다능(pluripotent)**하다. 즉, 아직 전문화되지 않았기에 다양한 세포 타입으로 분화할 수 있다. 연구자는 배아줄기세포가 배아에서 살아남았는지 여부를 쉽게 알 수 있도록 신생 새끼 생쥐의 털색을 식별이 가능한 가이드로 사용하면 편리함을 알았다. 그림 13.21에 나타낸 예에서는, 갈색 털을 가진 생쥐에서 배아줄기세포를 얻은 후 검은색 털 생쥐의 배아에 착상하였다. 배아줄기세포는 두 사본의 아구티(*agouti*) 유전자를 갖고 있는데, 이는 털줄기의 검은색 색소 옆에 노란색 색소가 침착되도록 안내하여 궁극적으로 갈색 털을 나타나게 한다. 노란색 및 검은색 색소 합성은 다른 유전자들이 담당하고 있다. 아구티 유전자는 우성이므로 세포 내에 단일 사본만 있어도 갈색 털을 생성한다. 역으로, 배아줄기세포를 검은색 털(우성)을 가진 생쥐에서 얻은 후에, 이를 알비노(열성, 백색) 생쥐의 배아에 착상하기도 한다.

배아줄기세포에 화학적 형질감염이나 전기 천공법을 이용하여 표적화 운반체를 도입한다. 표적화 운반체는 관심 있는 어느 DNA 서열, 즉 다른 대립유전자(기능적이거나 비기능적인 경우 둘 다), 다른 유전자 또는 보고유전자를 갖고 있다. 삽입물과는 무관하게, 표적화 유전자 좌위와 염기서열이 동일한 양쪽면 DNA 일부를 반드시 갖고 있어야 한다. 양성 선택표지(이 경우, 네오마이신 내성, *neo*^{r}) 이외에, 종종 음성 선택표지(즉, 티미딘 인산화효소, *tk*)도 표적화 운반체에 추가된다. 음성 선택표지는 운반체 DNA와 생쥐 염색체 상의 표적화 좌위 간 염기 유사 부위 바깥쪽에 위치한다. 이 결과로 세 가지 경우, 즉 재조합이 안 일어나거나, 상동유전자 재조합이 일어나거나, 비상동유전자 재조합이 일어나는 경우가 가능하다. 상동유전자 재조합은 포유류 세포에서는 1,000개 세포 중 기껏해야 단 한 개 정도 일어나는 매우 드문 현상이다. 비상동유전자 재조합이 보다 더 흔히 일어나며 무작위적인 삽입이 일어난다.

유전자 표적화된 배아줄기세포의 선택 녹아웃 생쥐를 만들기 위한 세 번째 단계는, 드물지만 상동유전자 재조합이 일어난 배아줄기세포를 선택하는 것이다. 표적화된 세포는 오랜 동안의 선별과 농축 과정을 거쳐 선택된다(그림 13.21 참조). 이는 아주 많은 시간을 필요로 하는 단계로, 많은 수의 세포와 여러 차례의 시도를 거쳐 표적화된 배아줄기세포의 순수 배양을 얻게 된다. 상동유전자 재조합이 일어난 세포를 선택하기 위해 네오마이신(또는 네오마이신 유사물질 G418)과 갠시클로비르를 넣고서 키운다. 원래 상태의 표적화 운반체 DNA는 핵 속에서 복제하지 못하고, 세포 분열 과정에서 곧 소실된다. 세 가지 결과가 가능하다:

1 표적화 운반체와 생쥐 염색체 간에 재조합이 일어나지 않는다. 이들 세포는 네오마이신에 의해 죽는다.

2 상동유전자 재조합이 일어난다. 아직 잘 안 밝혀진 메커니즘에 의해, 표적화 운반체는 표적할 유전자를 찾고 양쪽 면의 상동서열 사이에서 재조합이 일어난다. 이 결과로 표적화 생쥐 좌위를 대신하여 염색체 내에 *neo*^{r} 유전자(양성 선택표지)가 삽입된다. 음성 선택 표지는 이 과정에서 염색체 내로 삽입되지 않는다. 이들 세포는 네오마이신과 갠시클로비르 두 물질 모두에 대한 내성을 갖게 된다.

3 비상동유전자 재조합이 일어난다. 만일 표적화 운반체가 생쥐 유전체의 비상동 부위와 정렬하면, 재조합이 무작위적으로 일어나고 양성(*neo*^{r})과 음성(*tk*) 선택표지 둘 다 유전체 내로 삽입된다. 이 재조합 결과로 생겨난 세포는 네오마이신에 대한 내성을 갖지만 갠시클로비르에 의해서 죽게 된다.

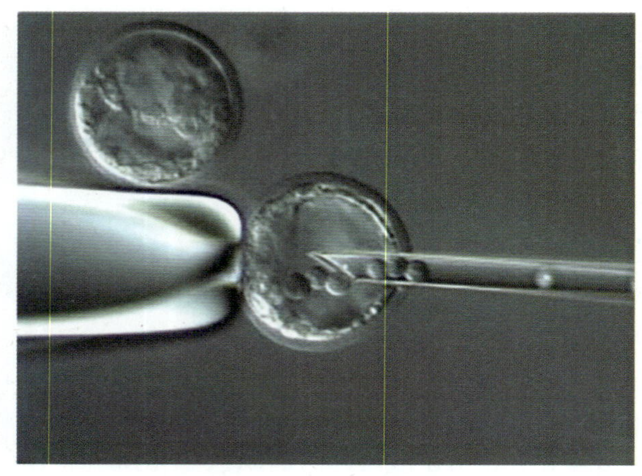

그림 13.22 4일차 마우스 배반포에 배아줄기(ES)세포 미세 주입.
(출처: Photograph courtesy of the laboratory of Dr. Manfred Baetscher, Oregon Health & Science University Transgenic Core, Portland.)

생쥐 배아에 표적화된 배아줄기세포의 도입 및 대리모 내 착상 배반포 시기의 생쥐 배아(4.5일 경과)는 아직 모체의 자궁에 닿지 않은 상태이므로 페트리 접시에서 조작이 가능하다. 표적화된 배아줄기세포의 순수배양 집단이 확인되면, 이들 세포를 검정색 생쥐 종에서 유래한 **배반포(blastocyst)**의 포배강 속에 주입한다(그림 13.21, 그림 13.22 참조). 이들 수용자 배반포는 표적화된 배아줄기세포에 존재하는 아구티 유전자를 갖고 있지 않다. 따라서 배아줄기세포가 없으면, 배아는 전부 검은색 털만 나타낼 것이다. 위의 배아를 수술을 통해 대리모의 자궁에 착상하고 분만할 때까지 자라도록 둔다.

키메라 생쥐의 분석 및 동계 교배 새끼 생쥐가 몇 주 이후에 태어나면, 연구자는 우선 신생아의 털색을 검사한다. 완전한 검은색 털은 배아줄기세포가 전 과정에서 살아남지 못했음을 의미한다. 만일 새끼의 털색이 갈색과 검은색이 섞여 나왔다면, 이는 배아줄기세포가 생존하고 증식하여 다수 생쥐 조직의 형성에 기여했음을 뜻한다(그림 13.21 참조). 이들 생쥐는 두 서로 다른 종의 생쥐로부터 유래한 세포들을 갖고 있으므로, "키메라(chimera)"라고 부른다. 이들 생식세포의 일부는 표적화된 배아줄기세포로부터 기원하였을 것이고, 다른 세포는 수용자 배반포로부터 기원하였을 것이다. 표적화된 배아줄기세포가 생식세포로 되는 것은 순전히 우연의 결과이다. 따라서 다수의 키메라 생쥐를 생산하고 교배하여야만 표적화된 돌연변이를 다음 세대로 성공적 전달할 수 있는 생쥐를 얻을 수 있다.

순수 계통을 얻기 위하여, 키메라 수컷을 검은색(아구티가 아닌) 암컷과 교배시킨다. 검은색 털색의 자손은, 유전자 녹아웃이 일어나지 않은 정자에서 유래한 생쥐이기에, 모두 제외한다. 갈색 털을 가진 생쥐 자손은, 이 생쥐가 표적화된 유전자 녹아웃에 대하여, 한 염색체는 관심 유전자가 파괴되었고 염색체 쌍의 나머지 염색체는 온전한 유전자를 갖고 있는 이형접합자임을 나타낸다. 이제 표적화된 유전자 녹아웃을 가지고 있는 암수 생쥐는 서로 교배하면 두 염색체 쌍 모두에 관심 유전자가 파괴된 동형접합 생쥐를 얻을 수 있게 된다. 이들 생쥐는 서던 블롯이나 PCR로 DNA를 직접 분석하여 식별할 수 있다. 이후, 연구자는 이 생쥐 몸의 모든 조직에서 표적화된 유전자 산물이 정말로 안 만들어지는지를 확인한다. RNA의 발현 정도는 노던 블롯팅이나 역전사효소 PCR로, 단백질 발현은 웨스턴 블롯팅 등의 방법으로 분석한다(14장 참조). 마지막으로, 생쥐의 형태학적 또는 행동학적 이상 여부를 세밀히 관찰한다. 생쥐의 표현형은 특정 유전자가 그 발달과 생리에 미치는 영향을 나타낸다.

그림 13.23에 이 기술의 강점을 나타내었다. RNA 간섭(11장 참조) 과정의 "슬라이서(slicer)" 활성을 암호화하는 *Argonaute2*(*ago2*) 유전자를, 그림 13.21에 기술한 방법과 비슷한 유전자 표적화 방법으로 파괴하였다. 야생형 또는 돌연변이 배아(Ago2$^{-/-}$)의 전체 RNA를 분리하여 *ago2* 및 두 가지 다른 Argonaute 패밀리 구성원인 Ago1과 Ago3의 발현을 역전사효소 PCR로 시험하였다. 대조군으로서 Actin도 또한 시험하였다. 녹아웃 배아에서는 *ago2* mRNA의 발현이 없는 반면, *ago1*과 *ago3* mRNA는 정상 수준으로 존재하였다. 배아 발달 단계 중 E10.5에, Ago2$^{-/-}$ 배아는 이형접합자나 야생형 형제에 비해 극심한 발달 지연을 보이는데, 이는 *ago2*가 생쥐의 발달 과정에 있어 필수적인 유전자임을 나타낸다.

녹인(knockin) 생쥐

연구 목적에 따라서, 연구자는 알려진 조절 요소를 이용하여 삽입유전자를 발현시키거나 표적유전자를 단지 불활성화시키기보다는 다소 변형시키는 데 더 관심이 있을 수 있다. 도입한 DNA 서열을 이처럼 발현시키고자 한다면 **녹인 생쥐(knockin mouse)**를 생성함으로써 가능해진다. 이 방법은 기본적으로 녹아웃 생쥐를 생산하는 것과 같은—외래 DNA 삽입물을 가진 표적화 운반체를 상동유전자 재조합을 통해 배아줄기세포의 특정 좌위에 도입—방법이다. 이 방법은 생체 내 자리 특이적인 돌연변이 유발 과정(14장 참조)에 흔히 사용된다. 한 완전한 동물 내에서 유전자 산물의 구조와 기능의 상관관계를 연구하기 위하여 단일 뉴클레오티드 치환이나 삭제를 만들 수 있다. 내재 유전자의 상류 조절서열은 온전히 둔 채로 암호화 부위만 녹인 대립유전자로 바꿀 수 있다. 녹인 대립유전자는 일반적으로 내재 유전자가 발현되는 것과 똑같이 발현된다.

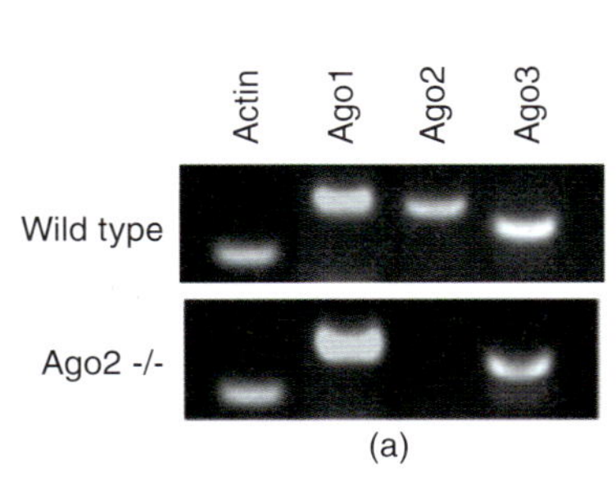

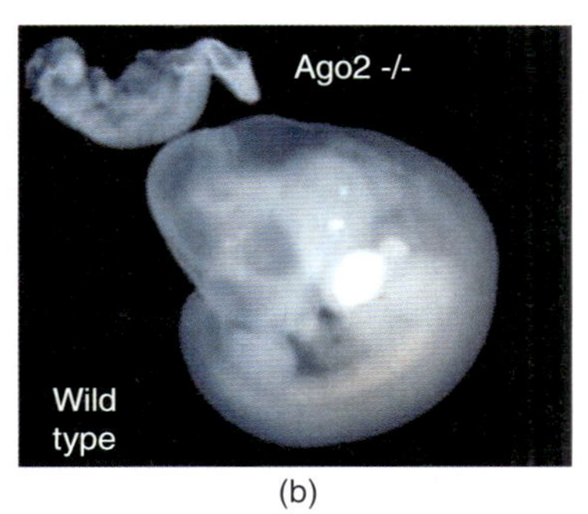

그림 13.23 Argonaute-2 녹아웃 생쥐.
Argonaute2(*ago2*) 유전자를 유전자 표적화 방법으로 파괴하였다. (a) 야생형 또는 돌연변이 배아(Ago2$^{-/-}$)에서 얻은 *ago1*, *ago2*, *ago3* mRNA 양의 역전사-PCR 분석. (b) 야생형과 Ago2$^{-/-}$ 배아의 배아 발달 분석. (출처: Reprinted from Liu et al. 2004. *Science* 305:1437-1441. © 2004, with permission from AAAS.)

녹다운(knockdown) 생쥐

유전자 표적화 방법은 시스 조절 요소(예, 프로모터 영역이나 기타 상류 조절서열; 9장 참조)를 변형시켜서 유전자의 발현 정도를 불활성화하거나 변화시키는 데도 적용이 가능하며, 동물 전체에서 내인성 유전자 발현에 미치는 영향을 분석할 수 있다는 장점도 있다. 단일 뉴클레오티드 치환이나 삭제 등을 통해, 이를테면 조직 특이적이거나 발생 단계 특이적인 유전자 발현에 꼭 필요한 조절서열을 연구할 수 있다. **녹다운(knockdown)** 표적화 서열은 암호화 부위는 그대로 둔 채로 내재한 상류 조절서열을 파괴한다. 이후, 이 표적화 돌연변이의 유전자 전사에 대한 효과를 녹다운 생쥐에서 분석한다.

조건부 녹아웃 및 녹인 생쥐

가끔 유전자 녹아웃은 배아시기 치사(embryonic lethality)를 초래하기도 한다. 이 경우, 발생 단계의 후반부나 성체 생쥐에서의 어떤 유전자의 역할을 연구하려면, 표적화 유전자의 **조건부 돌연변이(conditional mutation)**를 설계하면 유용할 것이다. 특정 유전자(기본적인 염기서열을 알고 있는)의 발현이나 붕괴를 원하는 시기나 조직에서 표적화할 수 있도록 유전자 스위치를 구비할 수가 있다. 이들 유전자 스위치의 한 예로 **Cre/*lox* 시스템(Cre/*lox* system)**이 있다. 이 시스템은 **자리-특이적 DNA 재조합(site-specific DNA recombination)**을 이용한다.

자리-특이적 재조합을 위한 Cre/*lox* 시스템 **자리-특이적 DNA 재조합효소(site-specific DNA recombinases)**는 분자생물학의 초창기부터 알려져 있었다. 자리-특이적 재조합효소 중 "Int" 패밀리의 첫 구성원이 박테리오파지 람다(λ)의 삽입 불가능(int^-) 돌연변이를 연구하는 과정에서 발견되었다. 이들 돌연변이는 파지 λ DNA가 숙주 세포의 염색체에 드나드는 삽입과 삭제 과정에 결함을 갖고 있었다. 1960년대 이래로, Int 패밀리는 100여 가지 이상의 구성원으로 늘어났다. 이 패밀리의 가장 잘 알려진 구성원 중 하나가 박테리오파지 P1의 Cre(*c*yclization *re*combination) 재조합효소이다. 과학자는 Cre의 특징과 역할을 자세하게 이해하여 이를 생쥐에서 유전자 발현을 조절할 수 있는 아주 멋지고 정교한 방법을 개발하는 데 이용할 수 있었다.

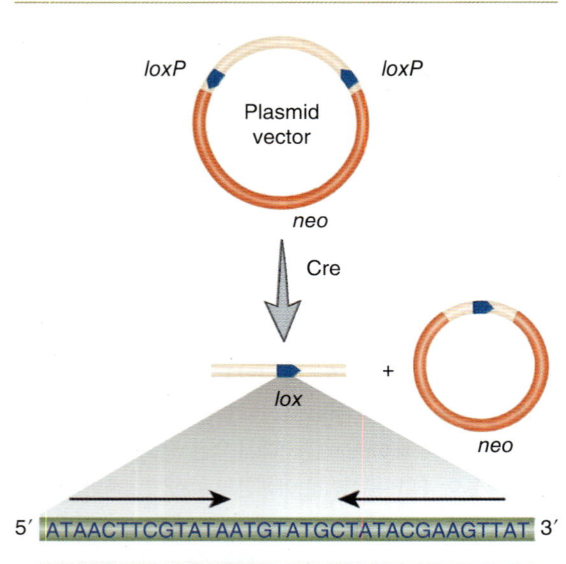

그림 13.24 Cre가 매개하는 재조합.
lox 서열의 역반복서열을 얇은 화살표로 표시했다.

Cre는 박테리오파지 P1 유전체 상의 *lox*(*l*ocus *o*f *X*-over)라 부르는 34개의 염기쌍 서열을 특이적으로 인식하고 *lox* 서열 쌍 사이의 상호교환 재조합을 촉매한다. Int 패밀리의 여러 재조합 효소들과 달리, Cre가 매개하는 재조합 과정에는 다른 부가적인 숙주 단백질이 필요하지 않으며, 바로 이 특징으로 인해 Cre는 진핵 세포의 유전자 조작에 매우 유용하게 사용된다. 그림 13.24는 네오마이신 내성 유전자(*neo*)를 두 *lox* 서열(파란색 화살표로 표시) 사이에 갖고 있는 한 플라스미드 운반체의 자리-특이적 재조합을 통하여 삽입유전자 발현을 활성화시키는 한 예를 보여준다. *lox* 서열은 "중복(overlap)" 혹은 "교차(crossover)"라 부르는 6개 염기쌍 중심과 이에 따라 나뉘어진 13개 염기쌍의 역반복서열(inverted repeats)로 이루어져 있다. *lox* 서열 중 13개 염기쌍의 역반복서열에 Cre 단량체가 각각 하나씩 결합한다. 이 플라스미드가 삽입되어 있는 세포에서는, Cre가 매개하는 재조합 결과로 화살표 사이에 놓인 DNA 부분의 제거가 일어난다. 이로 인해 *neo* 유전자가 소실된다.

Cre가 매개하는 형질전환 생쥐 내 유전자 발현의 활성화는 관심 프로모터와 "유해(toxic)" 유전자 또는 보고 유전자(예, 치사 유전자 또는 교배를 통한 형질전환 생쥐를 유지하기 어렵거나 불가능하도록 생존력을 매우 낮추는 유전자) 사이에 하나의 *lox* "STOP" 카세트를 배치하는 것으로 시작된다. "STOP" 신호는 유전자의 전사를 막는 역할이다. 이 불활성화된 삽입유전자를 갖고 있는 생쥐를 *cre* 유전자가 형질전환된 생쥐와 교배시킨다. 이중으로 형질전환된 생쥐는, Cre가 매개하는 재조합의 결과로 STOP 서열이 제거되고 관심있는 유전자가 발현할 수 있게 된다. 적당한 프로모터를 보고 유전자와 *cre* 유전자 둘 모두에 붙이면 삽입유전자를 특정조직에서만 특이적으로 발현시킬 수도 있다.

조건부 녹아웃 생쥐 돌연변이를 만들기 위하여, 배아줄기세포 내에서 상동 유전자 재조합을 통해 표적전자가 *lox* 서열들 사이에 놓이도록 변형할 수 있다. 그림 13.25에서, 생쥐의 관심 유전자를 배아줄기세포에서 유전자 표적화로 변형하여 두 *lox*(*loxP*) 서열 사이에 놓이도록 만드는 방법을 나타내었다. 이 그림에서는 이해하기 쉽도록 하나의 대립유전자만 표시했다. 세 번째 *lox* 서열도 도입하였는데, 이는 배아줄기세포에서 Cre의 일시적인 발현을 통해 네오마이신 내성(*neo*) 유전자가 제거될 수 있도록 하기 위함이다. *neo*가 제거되고(Δ*neo*) 표적 유전자가 *loxP* 서열 사이에 놓인 배아줄기세포를 확인한 다음, 표준화된 과정(그림 13.21 참조)을 통해 이들 배아줄기세포로부터 생쥐를 생산하였다. *lox*로 변형된 이 생쥐를 조직 특이적 프로모터의 통제 아래에 있는 *cre* 유전자로 형질전환된 다른 생쥐와 교배하였다. 이중으로 형질전환된 자손에서, *cre* 삽입유전자가 발현되는 조직에서는 *lox*로 변형된 유전자가 제거될 것이다. 이 그림의 예에서 보였듯이, Cre는 *cre* 형질전환 생쥐의 귀에서만 발현된다. 이중으로 돌연변이된 생쥐에서, *lox*로 변형된 표적유전자의 제거는 귀에서만 일어난다.

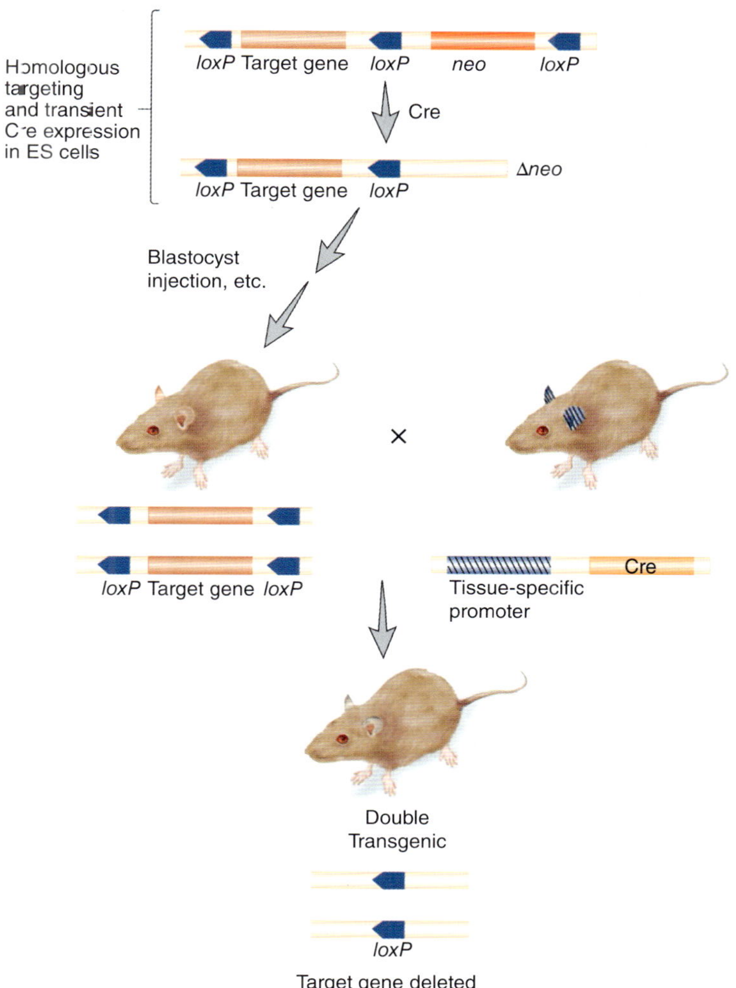

그림 13.25 Cre가 매개하는 재조합을 통한 조건부 유전자 녹아웃. 생쥐의 관심 유전자를 배아줄기세포에서 유전자 표적화로 변형하여 두 *lox*(*loxP*) 서열 사이에 놓이도록 만들었다. *lox*로 변형된 이 생쥐를 조직 특이적 프로모터의 통제 아래에 있는 *cre* 유전자로 형질전환된 다른 생쥐와 교배하였다. Cre는 *cre* 형질전환 생쥐의 귀(파란색 줄무늬로 표시)에서만 발현된다. 이중으로 돌연변이된 생쥐에서, *lox*로 변형된 표적 유전자의 제거는 귀에서만(회색) 일어난다.

13.11 CRISPR-Cas 유전자 편집

1960년대부터 제한효소는 재조합 DNA 기술을 위한 필수 도구뿐만 아니라 외부 DNA에 대한 세균 방어의 초석으로 간주되었다(13.2절 참조). 분자생물학자는 수십 년 동안 원핵생물이 외래 DNA의 위협에 대처할 수 있는 다른 방법이 있을지도 모른다는 것을 눈치채지 못했다. 1987년 대장균 유전자의 염기서열 분석 중에 "비정상적인" 반복 군집이 처음 발견되었지만, 당시에는 그 중요성이 이해되지 않았다. 그리고 2002년부터 2005년까지 보고된 일련의 발견에서 세균과 고세균 모두에 존재하는 또 다른 원핵생물 방어 체계가 밝혀졌다. 이 새로운 시스템의 놀라운 특징은 후천 면역의 형태를 제공하면서 박테리오파지에 대한 내성을 부여한다는 것이다. 이 방어 시스템은 **CRISPR-Cas**로 명명되었는데, 여기서 CRISPR는 "clustered regularly interspaced short palindromic repeats"를 의미하며, Cas는 "CRISPR 관련" 단백질의 약자이다.

CRISPR-Cas 적응 면역체계

세균 및 고세균의 CRISPR 유전자좌는 파아지, 플라스미드 또는 전위 요소 기원의 동등하게 짧은 "스페이서" 서열에 의해 간격을 두고 있는 약 30~40개 염기쌍의 부분적으로 회문형 반복 서열 배열로 구성된다. 염기 분석된 세균의 약 절반은 CRISPR-Cas 적응 면역체계를 위한 유전자를 가지고 있다. 현재까지 6종류, 30종류 이상의 아종으로 구성된 2종의 CRISPR-Cas가 특징지어졌다. 클래스 1 시스템은 다중 장치 Cas 복합체를 갖는 타입 I, III, IV를 포함한다. 클래스 2 시스템은 단일 소단위체 Cas 단백질을 갖는 타입 II, V, VI를 포함한다. 타입 III 시스템의 흥미로운 특징은 단일 가닥 RNA와 전사 활성 DNA를 표적으로 한다는 것이다.

구성은 다양하지만, 이러한 세균성 항파아지 방어체계는 모두 3단계 과정을 통해 서열별 방식으로 외래 DNA를 표적으로 삼는다(그림 13.26a). 파아지 DNA가 숙주 세포로 들어간 후, 첫 번째 단계에서 새로운 스페이서는 침입한 파아지의 짧은 DNA 조각으로부터 획득되고 CRISPR 위치에 통합된다. 두 번째 단계에서, CRISPR 배열은 긴 전구체 **CRISPR RNA(crRNA)**로 전사되며, 리보핵산분해효소에 의해 각각 보존된 반복 영역과 특정 스페이서 서열을 포함하는 짧고 성숙한 crRNA로 처리된다. 세 번째 단계에서, crRNA는 하나 이상의 Cas 단백질과 상호보완적인 바이러스 DNA를 목표로 하는 Cas 간섭 복합체에 결합하고, 복합체에 의해 분해된다.

하지만 이 시스템은 완벽하지 않다. 세균과 파아지는 지속적인 "군비 경쟁"을 벌이고 있는데, 파아지는 세균 방어체계와 세균을 극복하기 위한 전략을 발전시킨 다음 새로운 저항 메커니즘으로 진화시킨다. 파아지는 Cas 복합체가 더 이상 결합할 수 없도록 파아지 DNA 또는 **프로토스페이서 인접 모티프(protospacer adjacent motif, PAM)** 서열에 포인트 돌연변이가 축적된다(그림 13.26b). 세균 유전체에는 PAM 염기서열이 없으므로, 이 염기서열은 "자아"와 "비자아"를 구별하는 하나의 방법으로 작용한다. 또한 파아지는 CRISPR-Cas 기계의 기능을 억제하는 **안티크리스퍼 억제제 단백질[anti-CRISPR inhibitor(Acr) proteins]**을 암호화하는 유전자를 발현시켜 PAM 염기서열에 결합하고 이중가닥 DNA 표적의 검출을 막는다. 항-CRISPR 억제제 단백질은 고산성 잔기로 구성되어 있으며, DNA 모방체로 작용하여 핵산 내 효소가 일반적으로 바이러스 DNA에 결합하는 Cas9의 부위를 차단한다. 초기 단계 감염은 성공하지 못할 가능성이 높지만, Acr 단백질의 존재는 세균이 또 다른 단계의 감염에 더 취약하게 만든다. 특히, Acr 단백질은 고세균 바이러스에서도 발견되어 특성화된 항-CRISPR 억제제의 수를 50개로 늘린다. 연구자들은 Acr 단백질을 생물 공학이나 의학을 위한 유전자 편집 응용의 활동을 통제하기 위한 "꺼짐" 스위치로 사용할 가능성에 대해 탐구 중이다. 마치 이 모든 전략이 충분하지 않았던 것처럼, 점보 파아지, ϕKZ는 효과적으로 Cas 복합체를 배제하고 DNA가 손상되는 것을 보호하기 위해, 그것의 유전체 주위에 핵과 같은 구조를 형성하는 단백질 장벽을 조립한다.

CRISPR-Cas의 응용

새롭게 발견된 이 분야의 최전선에 있는 과학자에게 감질나는 질문이 떠올랐다. 원핵생물 면역체계가 실험실에서 표적 유전체 영역을 선택적으로 편집하기 위해 이용될 수 있을까? 대답은 '그렇다'였다. 2012년, Emmanuelle Charpentier와 Jennifer Doudna에 의해 크리스퍼 혁명이 시작되었고 분자생물학 연구가 전환되었다. 이 분야의 눈부신 발전은 CRISPR-Cas가 2015년 *Science*의 "올해의 대발명"으로 발표되면서 절정에 달했다. 전 세계의 분자생물학자는 현재 이 방법을 사용하여 광범위한 세포 유형과 유기체의 유전체를 편집하고 있다.

실험실에서 CRISPR-Cas 유전자 편집 시스템은 짧은 가이드 RNA 서열과 Cas 엔도뉴클레에이스, Cas9(유형 II 시스템) 또는 Cas12(유형 V 시스템)의 두 가지 구성 요소만 포함하여 DNA를 수

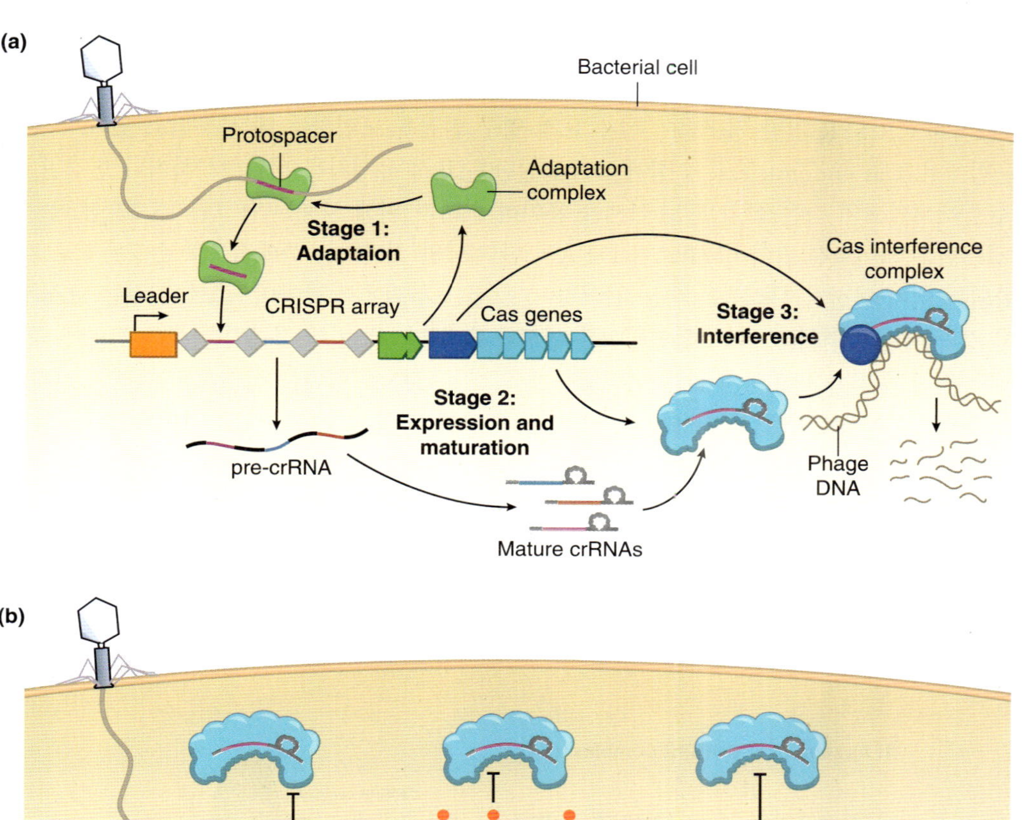

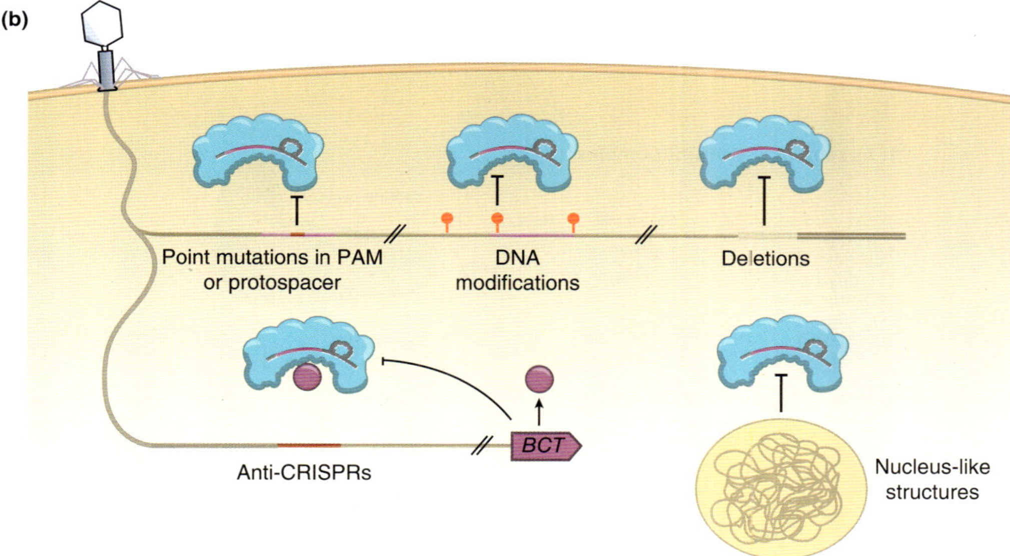

그림 13.26 세균의 적응 면역.
(a) CRISPR-Cas 적응 면역의 세 단계인 적응, 발현 및 성숙, 간섭이 묘사된다. crRNA, CRISPR RNA. (b) 파지가 CRISPR-Cas 방어를 극복할 수 있는 몇 가지 방법이 표시된다. (출처: Redrawn from Hampton et al. 2020. *Nature* 577:327-336.)

정하도록 간소화되었다. 그림 13.27은 Cas9을 예로 들어 유전자 편집이 어떻게 작동하는지 보여준다. 특정 DNA 표적 염기서열은 유도 RNA에 의해 결정되는데, 이는 Cas9과 복합체를 형성하여 엔도뉴클레이스가 짧은 crRNA 염기서열을 보완하는 염기서열을 포함하는 유전체 부위를 표적화할 수 있게 한다. 표적 서열을 보완하는 crRNA 서열을 스페이서라고 한다. Cas9은 또한 Cas9 유전자의 세균 종에 따라 달라지는 특정 PAM이 필요하다. 예를 들어, *Streptococcus pyogenes*에서 파생된 Cas9 핵산분해효소는 표적 서열의 바로 하류에 있는 유전체 DNA의 비표적 가닥에서 발견되는 NGG의 PAM 서열을 인식한다. 일단 자리를 잡으면, Cas9은 DNA를 절단하고 이중가닥이 끊어진다. 이중가닥 절단은 상동성 종단 결합 경로 또는 상동 재결합(7장 참조)을 활성화할 수 있으며, 이를 homology-directed repair(HDR)라고 한다. Non-Homologous End Joining(NHEJ) 경로는 오류가 발생하기 쉽고 삽입 또는 첨삭(indel) 돌연변이로 이어지기 때문에, 연구자는 DNA 단절을 복구하기 위해 상동 서열을 사용하는 HDR의 활성화를 촉진하는 데 주력하고 있다.

몇 가지 CRISPR 기반 접근법이 현재 표적 영구 편집을 도입하는 데 사용되고 있다. 고전적인 접근법에서, Cas endonuclease와 함께 DNA 절단은 표적 유전자를 비활성화하거나 변경할 수 있는 뉴클레오티드의 작은 삽입 또는 삭제를 용이하게 하기 위해 사용된다(그림 13.27 참조). 또 다른 접근법은 사이토신 탈아미노효소가 DNA의 한 가닥만 절단하는 촉매적으로 손상된 Cas 효소에 융합되는 염기 편집기 시스템을 사용하는 것이다. 절단 부위에서 탈아미노효소 활성은 표적 DNA에서 정확한 단일 염기(C→T) 돌연변이를 생성할 수 있다. 세 번째 접근법은 세포 경로에 의한 이중가닥 절단 수리가 필요하지 않은 메커니즘에 의해 큰 DNA 절편을 삽입하기 위해 CRISPR 관련 트랜스포사아제(CAST)를 사용한다. 이 경우, 사용자 정의 DNA는 PAM 사이트의 60~66 염기쌍에 통합되지만 트랜스포존의 말단을 포함한다. 최근에는 가이드 RNA의 맞춤화된 부분을 템플릿으로 사용해서, 절단 부위에서 새로운 DNA를 추가하는 역전사효소뿐만 아니라 DNA의 한 가닥만 잘라내는 Cas9의 변형 버전에 의존하는 '프라임 편집'이 개발됐다.

모든 유전자 편집 접근법에 대한 우려는 DNA 변형이 원하는 지역에서만 발생하는 것이 아니라, 의도하지 않은 다른 위치에서 "표적을 벗어난다"는 것이다. 연구자는 RNA 가이드 설계 전략과

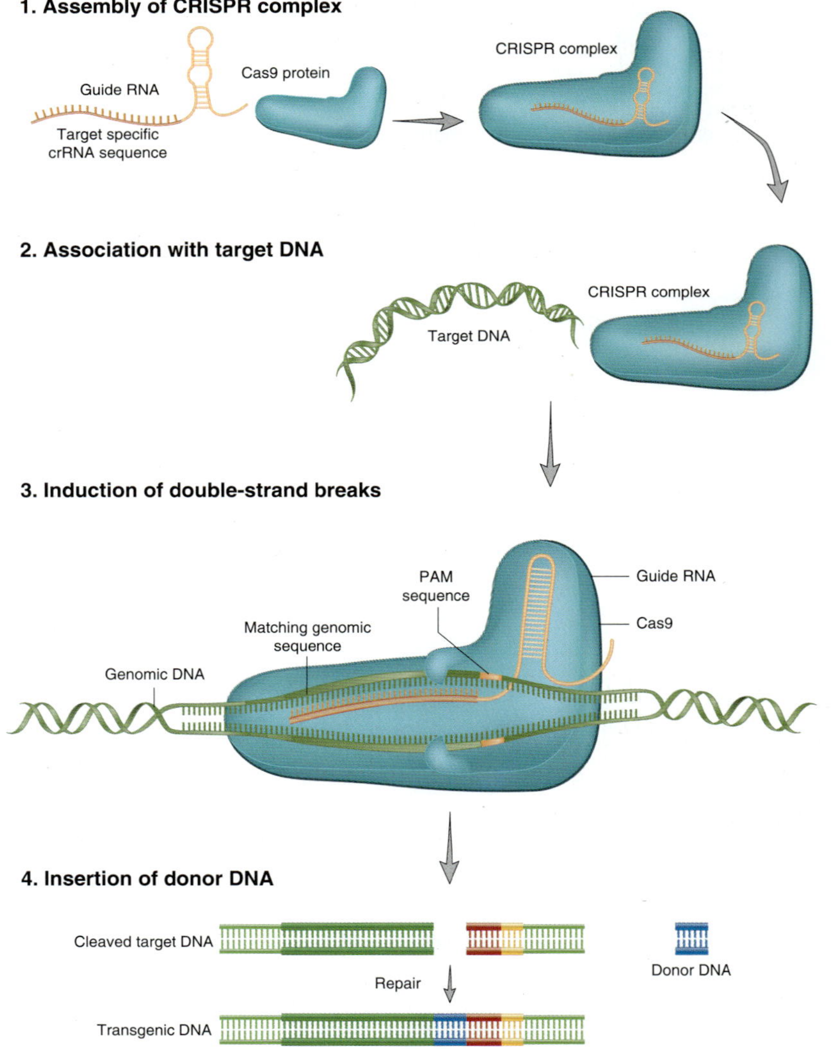

그림 13.27 CRISPR-Cas 유전자 편집의 네 가지 주요 단계.

단백질 공학을 통해 Cas9의 표적 외 효과를 최소화하고, DNA 염기서열 분석 접근법에 의한 표적 외 효과 검출 방법을 개선하는 데 상당한 진전을 이루었다. 예를 들어, Cas9은 염기서열 인식을 위해 가이드 RNA에 더 많이 의존하도록 조작되어 결합 특이성을 향상시켰다.

필요한 모든 것을 위한 마우스

배아줄기세포를 대상으로 하는 유전자가 개발된 직후 국제 컨소시엄이 설립됐다. 그 목적은 21,000개의 쥐 유전자를 하나씩 체계적으로 녹아웃하여 그들의 기능을 연구하는 것이었다. 2016년, 각각의 유전자 표적 쥐 계통을 만드는 데 최대 2년이 소요되었으며, 컨소시엄은 목표의 약 4분의 1을 달성하였다. 이에 비해 유전자 편집 생쥐의 계통은 6개월 이내에 생성될 수 있다(그림 13.28). 이 기술에서 유전자 편집은 필요한 CRISPR-Cas 성분을 주입하여 접합체에 수행되며, 편집된 2세포 배아는 가임신(pseudopregnant) 암컷 생쥐에 이식된다. CRISPR-Cas 유전자 편집의 등장으로 연구자는 CRISPR-Cas의 속도와 비용 절감이 발전을 가속화할 것으로 기대하고 있다. 녹아웃에 관한한 CRISPR-Cas는 강력한 도구이지만 조건부 녹아웃을 만드는 것을 포함하여 새로운 DNA를 녹인하는 데는 덜 효율적이다. 따라서 적어도 단기적으로, 어떤 목적을 위해, 연구자는 돌연변이 유전자의 생식선 전달을 얻기 위해 배아줄기세포를 수정하고 여러 세대의 쥐를 번식시키는 덜 효율적인 기술을 고수할 필요가 있을 수 있다

13.12 형질전환 동물 기술의 응용

지금까지 이 장에서는 형질전환 또는 유전자 표적화된 생쥐를 이용한 기초 연구에 대한 것을 주로 다루었다. 형질전환 기술은 농장 동물, 원숭이, 제브라피쉬 등 여러 다른 동물들에서도 응용되어 어느 정도는 성공적으로 사용되고 있다. 형질전환 동물은 예술품에서부터 치료제에 이르기까지 다양한 응용 목적으로 연구되고 있다. 치료 목적을 위한 인간 유전체 조작은 15장에서 논의된다.

형질전환 비인간 영장류

생쥐는 인간의 생리나 질병병리학 연구에 대한 정확한 모델이 아닐 수가 있다. 예를 들어, 레쉬-니한(Lesch-Nyhan) 증후군의 생쥐 모델은 이 병의 전형적인 증상을 흉내내지 못한다. Lesch-Nyhan은 X 염색체에 연관된 희귀 질병의 하나로, HPRT(hypoxanthine-guanine phosphoribosyl transferse)라는, 퓨린 대사과정에 중요한 역할을 담당하는 효소의 활성이 소실되어 생기는 병이다.

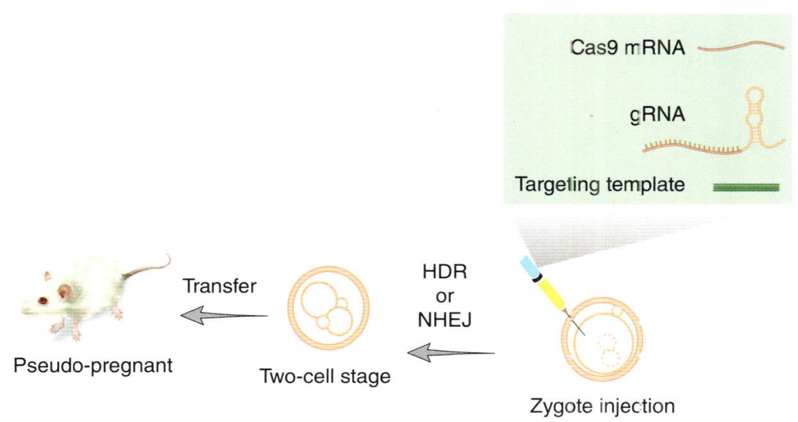

그림 13.28 유전자 편집 마우스를 만드는 방법.
HDR, 상동성 유도 복구; NHEJ, 비동종 말단-결합.

이 효소의 결핍으로 인해 어린아이에게서 입술이나 손가락을 물거나 머리를 찧는 등의 심각한 자해 행동과 운동 및 지능 장애가 나타난다. *HPRT* 유전자를 녹아웃시켜 만든 녹아웃 생쥐는 이 효소가 결핍되어 있음에도 불구하고 미약한 정도의 신경화학적 또는 기능적 변화만을 보이는데, 그 이유는 생쥐는 인간에게 없는 퓨린 대사의 대체 경로를 갖고 있기 때문이다. 생쥐 모델을 개발함에 따른 이러한 문제점 때문에, 형질전환 및 유전자 표적화 연구를 인간 이외의 다른 영장류에게로 확대 적용하는 것에 관심이 생기게 되었다. 생쥐의 발생 과정보다 영장류의 발생 과정이 인간과 훨씬 더 유사하므로, 인간의 유전질환을 이해하고 치유하는 데 있어 이들이 더 좋은 기회를 제공할 것이다. 그렇지만, 영장류를 실험의학 등에 사용하여 얻을 수 있는 잠재 이익이 윤리적, 경제적 비용 문제 등을 상쇄할 수 있을 정도로 충분히 커야만 할 것이다.

최초의 형질전환 영장류—레수스(rhesus) 원숭이—가 기존 유전자 전달의 대체 방식을 사용하여 2001년 1월에 만들어졌다. 형질전환 생쥐에 널리 쓰이는 표준 유전자 전달 방식인 풋핵 미세주입으로는 이보다 더 큰 종의 형질전환 동물을 생산하는 데 있어 성공이 제한적이었다. 대신에, 연구자는 미수정된 레수스 원숭이 난자에 *GFP* 유전자를 도입하였다. 유전적으로 변형된 레트로바이러스 운반체를 이용하여 **레트로바이러스를 매개로 한 유전자 전달(retrovirus vector-mediated gene transfer)**(더 자세한 방법은 15장 참조)이 성공적으로 일어나서, 난자의 염색체 내에 외래 유전자가 무작위적으로 삽입되었다. 난자는, 수시간 후에 정자를 세포질 내로 주입하는 방법—이전에 이미 소에서 개발된 방법—으로 수정시켰으며, 이 수정된 배아를 암컷 레수스 원숭이에게 착상하였다. 여러 번(224회)의 시도 끝에, *GFP* 삽입유전자를 갖고 있고 비교적 소량이지만, 그 mRNA도 발현시키는 한 마리의 새끼가 태어났다. 이 형질전환 원숭이를 “삽입된 DNA(inserted DNA)”를 역순으로 적어 앤디(ANDi)라고 이름지었다. 하지만 앤디는, 밝혀지지 않은 이유로, 어느 조직에서도 녹색 형광을 발하지 않았다.

ANDi의 성공에 이어, 다음 이정표는 유전자 변형 렌티바이러스 벡터를 사용하여 2008년 헌팅턴병(HD)의 형질전환 붉은털원숭이 모델을 성공적으로 생성한 것이다. 이후의 연구에서 단백질 발현과 생식선 전달이 확인되었다. 그 이후로 파킨슨병, 자폐증 및 폴리글루타민 질환을 포함하여 수많은 인간 질병의 원숭이 모델이 만들어졌다. 이제 중국의 연구진은 CRISPR-Cas 유전자 편집으로 눈을 돌렸다. 2019년에는 유전자 편집을 사용하여 원숭이의 일주기 리듬에 중요한 유전자를 파괴하여 원숭이가 비정상적인 수면-각성 주기를 갖도록 했다. 연구진은 계속해서 유전자 편집된 개체로부터 5마리의 원숭이를 복제(13.13절 참조)한 결과, 복제된 원숭이가 우울증, 불안, 정신분열증과 관련된 행동의 징후를 보이기 시작했음을 발견했다. 이들 모두는 수면 장애와 관련이 있다. 유전자 편집 원숭이의 복제는 유전적으로 동일한 비인간 영장류의 개체군이 인간 질병의 모델 역할을 하게 만들어질 수 있는 가능성을 높인다. 그러나 이 과정은 매우 비효율적이었다. 5마리의 생존 가능한 원숭이를 얻기 위해서, 연구진은 325개의 복제된 유전자 편집 배아를 거쳤다. 또한 일부 과학자는 마우스 모델과 같은 적절한 대안이 없는 한, 원숭이의 높은 인지 기능으로 인해 원숭이를 모델로 사용하는 것을 반대한다.

형질전환 가축과 유전자 파밍

형질전환 기술은, 상업적으로 중요한 동물에 새로운 형질(예, 빠른 성장률, 질병 내성, 체지방 저하)을 더하거나 기존 형질(예, 고기와 젖 수확량 또는 질)을 증진하여 성능을 향상시킬 수 있는 잠재능이 있어 농업 분야에서도 관심이 높았다. 2015년, AquAdvantage라고 하는 빠르게 성장하는 대서양 연어(*Salmo salar*) 품종이 유전자 조작 동물로서는 최초로 미국에서 식용으로 승인되었지만, 제품 라벨링 방법에 대한 논쟁으로 인해 2019년 되어서야 연어 판매가 허용되었다(그림 13.29). AquaBounty Technologies에서 생산한 유전자 변형 대서양 연어에는 치누크 연어(*Oncorhynchus tshawytscha*)의 성장 호르몬 조절 유전자와 바다 멍게(*Zoarces americanus*)의 프로모터 서열이 포함되어 있다. 그 결과, 기존 연어보다 약 2배 빠르게 성장하는 유전자 변형 연어가 생산되었다. 소비자가 유전자 변형 연어에 어떻게 반응할지 말하기는 너무 이르다. 특히 많은 미국 식료품점 체인이 비축하지 않을 것이라고 말했기 때문이다. 캐나다에서는 2017년부터 유전자 변형 연어가 식탁에 올라왔다.

그림 13.29 AquaBounty의 유전자 변형 "AquAdvantage" 연어는 기존의 대서양 연어보다 더 빨리 자란다.
(출처: AquaBounty Technologies, www.aquabounty.com.)

유전자 변형 동물 기술의 또 다른 적용은 **유전자 파밍(gene pharming)**으로 동물을 단백질-기반 인간 치료제를 위한 제약 생물 반응기로 사용하는 것이다. 일단 만들어지면, 이 동물은 농장에서 가축을 유지하는 비용 같은 비교적 저렴한 비용으로 약을 계속 생산할 수 있다. 예를 들어, 한 제약 회사에서는 유전자 변형 양 무리를 유전자 조작하여 유전성 폐기종 및 낭포성 섬유증의 치료제로 사용하는 α_1-항트립신(AAT)을 생산하는 효소를 생산했다; 형질전환 소는 코로나바이러스 COVID-19, 인플루엔자, 에볼라 및 지카 같은 전염병을 치료하는 데 사용할 수 있는 인간 항체를 생산하도록 조작되었다. 미국 식품의약국(FDA)은 이미 계란 흰자에 순수한 재조합 인간 단백질을 상업적인 양으로 생산하는 형질전환 닭을 승인했다. 이 경우, 생산된 단백질은 신체가 지방과 콜레스테롤을 분해하지 못하게 하여 간 질환과 심혈관 질환을 유발하는 열성 유전 질환인 리소좀산 리파제 결핍증을 치료하는 데 사용된다. FDA는 또한 치명적인 혈전을 예방하기 위해 형질전환 염소의 우유에서 채취한 약물, 그리고 심한 부기를 유발하는 생명을 위협하는 유전 질환인 유전성 혈관부종을 치료하기 위해 형질전환 토끼의 우유에서 채취한 약물을 승인했다.

유전자 드라이브

유전자 드라이브(gene drives)는 파리, 생쥐 및 기타 유기체에서 발견되는 자연 발생 유전 요소로서, 유전율이 정상보다 높다. 과학자는 이제 이론적으로 모든 유성 생식 유기체에 사용될 수 있는 합성 유전자 드라이브를 엔지니어링하고 있다. 유전자 드라이브 기술은 CRISPR-Cas 유전자 편집의 발달로 부스트되어 유전자 드라이브의 도입이 훨씬 간단해졌다. 여기서 꼬인 것은 CRISPR-Cas에 의한 관심 유전자의 일반적인 삽입 외에도 전체 드라이브가 상동 염색체에 복사되어 유전체가 더 이상 야생형 대립유전자를 갖지 않고 대신 2개의 유전자 드라이브(그림 13.30)로 된다는 것이다. 그런 다음, 유전자 드라이브는 약 50%가 아닌 최대 100%의 자손에게 전달되어 해로운 변이체가 효과적으로 개체군 전체에 빠르게 퍼질 수 있다. 2014년부터 과학자들은 모기, 초파리, 곰팡이에서 CRISPR 기반 유전자 구동 시스템을 조작했다. 2019년에는 마우스가 목록에 추가되었다. 유전자 드라이브는 *Anopheles* 모기에 의한 말라리아 확산과 같은 곤충 매개 질병을 줄이거나 근절하고 해충을 통제하는 방법으로 제안되었다. 예를 들어, 수컷 모기에 대한 성비를 왜곡하는 유전자 드라이브는 암컷 모기만이 사람을 물고 말라리아 기생충을 전염시키므로 질병 전염을 낮출 것으로 예상된다. 또 다른 전략에서, 연구자는 암컷 모기 생식 기관의 발달에 필요한 이중성 유전자(*double sex*)를 파괴하기 위해 유전자 드라이브 기술을 성공적으로 사용했다. 쥐의 경우, 목표는 야생 개체군을 없애는 것이 아니라 새로운 변종 실험용 쥐를 만드는 것이다.

그러나 극복해야 할 한 가지 단점은 시간이 지남에 따라 동물이 저항을 제공하고 드라이브가 확산되는 것을 방지하는 돌연변이를 축적하는 경향이 있다는 것이다. 그러나 가장 큰 문제는 이러한 조작된 유기체가 야생으로 방출되어야 하는지 여부이다. 전 세계 정부는 그들의 안전이 철저한 조사를 받을 때까지 유전자 드라이브를 운반하는 유기체의 방출을 일시적으로 금지할지 여부를 고려하고 있다.

13.13 핵 이식을 통한 클로닝

클론이란 유전적으로 동일한 개체를 말한다. 일란성 쌍둥이는 자연적으로 생겨나는 클론인데, 핵이식을 통해 인공적으로 클론을 만드는 것도 가능하다. 이 방법에서, 핵을 체세포로부터 제거한 다음 자신의 핵이 제거된 난자에 이 핵을 옮겨 넣는다. 최초의 동물 클로닝 실험은 1950년대에 발생생물학자인 Robert Briggs와 Thomas King이 송장개구리 *Rana pipiens*에서 핵 이식방법을 개발함으로써 수행되었다. 그들의 클로닝 목적은 개구리를 여럿 생산하기 위함이 아니었다. 대신에, 그들은 발생과 세포 분화 있어 체세포 핵의 유전적 등가성(genetic equivalence)에 관한 의문을 직접 시험해

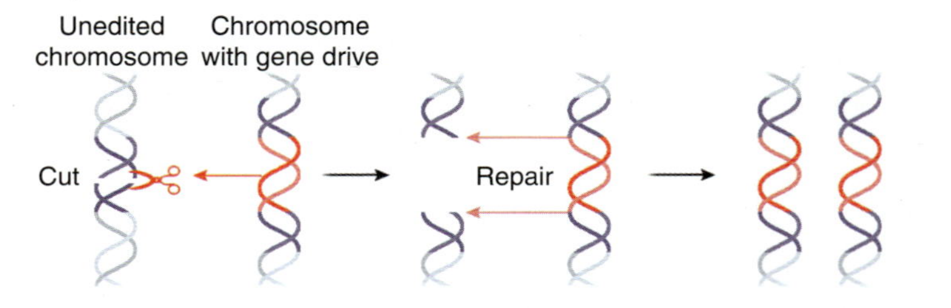

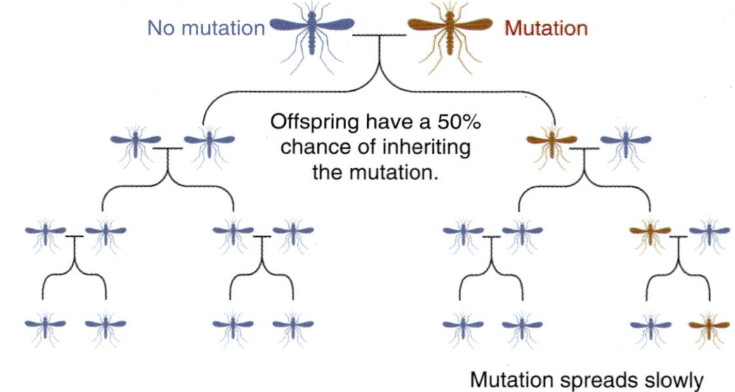

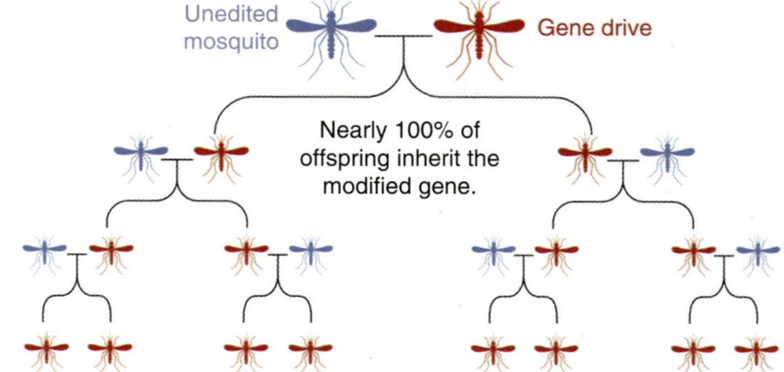

그림 13.30 모기의 유전자 드라이브 예.
편집된 염색체가 하나 있는 형질전환 모기의 초기 발달 동안 해당 염색체에 있는 유전자 드라이브의 CRISPR-Cas 부분이 상동체를 절단한다. 상동성 유도 복구는 유전자 드라이브를 템플릿으로 사용하여 유전자 드라이브의 두 사본을 가진 자손을 생성한다. 그런 다음, 유전자 드라이브는 정상보다 높은 유전율로 집단 전체에 퍼진다. (출처: Redrawn from Scudellari. 2019. *Nature* 571:160-162.)

보는 데 관심이 있었다. 달리 말해서, **세포 분화(differentiation)**에는 유전자 발현의 변화에 의해 일어나는가 또는 유전체 내용물의 변화에 의해 일어나는가인데, 이는 발생생물학의 오랜 의문으로 남아 있었다.

체세포 핵의 유전적 등가성: 개구리의 클로닝 실험

1893년, August Weismann은 세포가 분화함에 따라 특화된 세포 타입에 더 이상 필요 없게 된 유전자는 소실되거나 영구히 불활성화될 거라고 제안하였다. Hans Spemann이 1914년에 행한 실험 결과는 이 제안을 반박하는 것으로 보였다. Spemann의 결과가 제시한 바에 의하면, 완전한 유전체가 세포 분열 동안(적어도 초기 난할 동안) 복제되었다. 하지만, 결정적인 실험은 거의 40년이 지난 후 Briggs와 King에 의해 수행된 것이었다. 그들은 탈핵한 난자에 **포배기 세포(blastula cell**; 매우 초기의 배아)의 핵을 이식하면 정상적으로 부화하는 *R. pipiens*의 올챙이를 얻을 수 있음을 증명하였다. 세포가 더 오래된 배아로 분화해 감에 따라, 개구리로 발생할 능력은 급격히 감소하였다(그림 13.31). 그들은 실험에서, 성체 송장개구리(*Rana pipiens*)를 교배하여 수정란을 약 3,000개의 세포 수가 있는 포배기까지, 또는 더 이후인 올챙이 시기까지 발생시켰다. 그런 다음, 핵 제공자로 이용할 단일 세포를 얻기 위해 배아를 해체하였다. 암컷은 핵을 수용할 난자를 제공하였는데, 이때 난자를 날카로운 유리바늘로 찔러 인공적으로 활성화시켰다. 활성화된 난자에는 레이저나 자외선 조사를 하여 탈핵하였다. 해체한 제공자 세포를 피펫을 사용하여 탈핵한 난자에 주입하였다(핵 이식). 포배시기의 세포를 사용하면, 약 40%의 배아가 정상 개구리로 발생하였다. 올챙이 시기의 세포에서 얻은 핵은 비정상적인 발생만을 초래하였다. 1960년대에, John Gurdon과 동료 연구자들은 남아프리카 발톱개구리 *X. laevis*를 이용하여 유사한 핵 이식실험을 수행하였다. 개구리의 내장 상피세포로부터의 핵을 사용하였는데, 약 1%의 배아가 정상적이고 번식 능력이 있는 성체 개구리로 발달하였다(그림 13.32).

Gurdon과 동료 연구자들의 실험 결과는 세포가 더 분화해 감에 따라 이식한 핵이 정상 발생을 촉진할 능력이 감소한다는 Briggs와 King의 결론을 입증하였다. 하지만, 그들만의 흥미롭고 새로운 결론은 일부 정상 성체 개구리는 심지어 가장 분화된 세포의 핵으로부터도 발생할 수 있다는 사실이었다. 이러한 결과로 세포 분화의 과정 중에 세포의 유전적 구성의 영구적인 변화가 반드시 필요한 것은 아니라는 기본적인 개념이 확립되었다. 세포 분화는 유전체의 내용물 변화가 아니라 유전체 발현의 변화에 의해 결정된다. 이들의 발견을 포유류 세포에서 확인하기까지는 그로부터 30년이 더 지나고 나서야 가능했다.

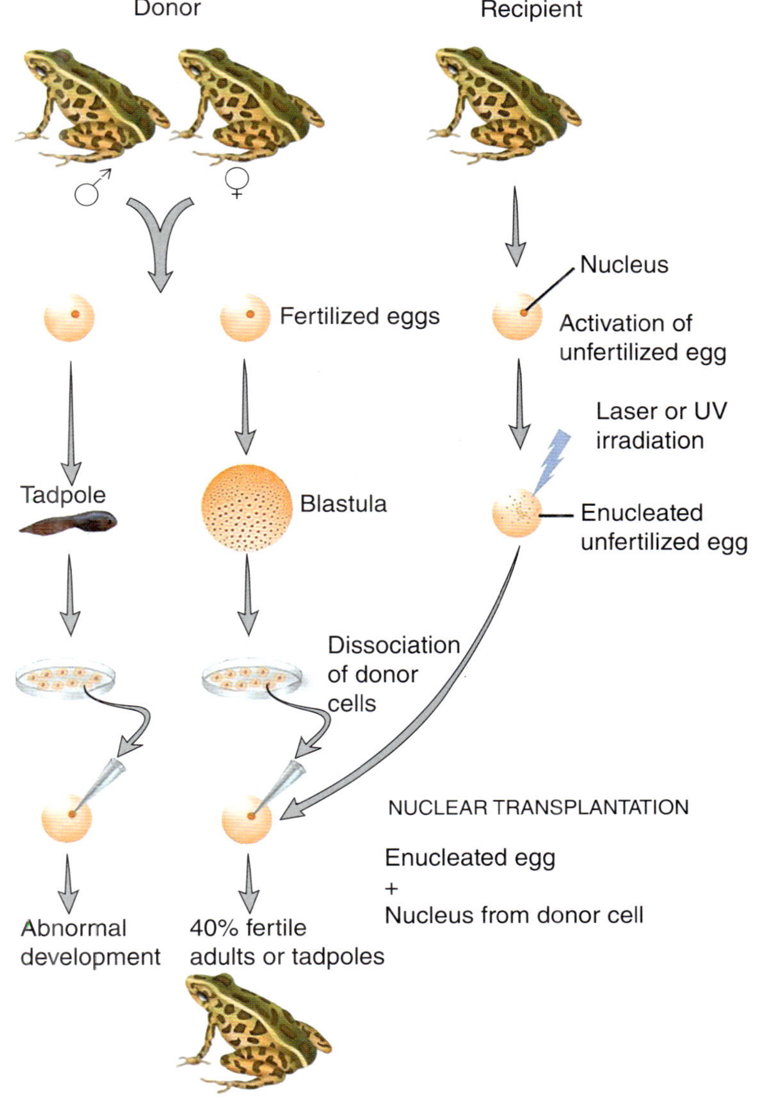

그림 13.31 핵 이식에 의한 송장개구리 클로닝.

핵 이식을 통한 포유류의 클로닝

포유류에서 체세포의 핵 이식을 수행하는 데 있어 주된 어

그림 13.32 남아프리카 발톱개구리(*Xenopus laevis*)의 클로닝. 야생형(색소가 있는) 암컷 개구리에서 얻은 난자를 탈핵시키고, 여기에 알비노 암컷의 꼬리싹 시기의 올챙이 세포로부터 얻은 핵을 이식하여 *X. laevis* 클론을 생성하였다. 이때 생겨난 개구리는 전부 다 암컷 알비노이다. (출처: Photograph courtesy of John Gurdon, Wellcome Trust/Cancer Research UK Gurdon Institute, Cambridge, UK.)

려움은 포유류 난자 크기가 작다는 점이다. 포유류의 난자(제2 감수분열 중기)는 개구리 난자 용량의 0.1% 미만이다. 1960년대 후반에서 1970년대 초반에서야 미세조작, 탈핵 및 난자와 체세포의 융합기술이 개발되었다. 더구나 1986년이 되어서야 탈핵한 양의 난자에 초기 배아 핵을 이식하는데 성공하였다. 이 성공이 있고서 매우 초기 단계의 배아로부터 얻은 제공자 핵을 이용한 토끼, 돼지, 생쥐, 소, 원숭이의 클로닝이 가능했다(표 13.4). 1996년에, Keith Campbell과 Ian Wilmut는 이 기술을 더욱 발전시켜, 탈핵한 양의 난자에게 미리 확립해 둔 배아줄기세포주의 핵을 이식하는 실험을 수행하였다. 핵 이식 결과로, Megan과 Morag이라 이름 지어진 두 마리의 건강한 클로닝된 양이 태어났다.

"올해의 대발명": Dolly의 클로닝

10여 년 간, 포유류 클론은 클로닝된 개구리(발생학 분야 연구자로 한정되었기에)보다 약간 더 주목을 받았을 뿐이었다. 그러고서는 1996년에 Dolly의 탄생으로, 언론 매체의 엄청난 관심이 클로닝에 집중되었다(그림 13.33 참조). *Science*(1997년 12월 19일자)지의 표지는 Dolly를 "올해의 대발명"이라 불렀다. 암컷 양인 Dolly는 스코틀랜드에서 Wilmut, Campbell과 동료 과학자에 의해 성체 양의 유선 세포로부터 클로닝되었다. 이전까지 포유류의 클로닝은 매우 초기 배아기의 핵을 사용해서만 가능했었다. Dolly는 성체세포로부터 클로닝된 최초의 포유동물이 되었다. 하지만 유선세포는 다양한 종류의 세포 형태와 여러 분화 시기가 공존하기 때문에 Dolly가 최종 분화한 유선세포로부터 생겼는지 또는 줄기세포로부터 생겼는지에 대한 일부 논쟁이 있었다. 당연히, 성체 체세포의 사용은 일반 대중, 과학자, 소설가, 언론인, 영화제작자, 정치인, 사학자, 윤리학자에게 클로닝을 인간에게도 적용시킬지 모른다는 생각을 하게 만들었다.

보다 근본적인 의의는, Dolly의 클로닝은 유전적 등가성(genetic equivalence)의 두 가지 핵심 원리를 확증하였다는 것이다. 첫째, 분화된 동물세포 자체가 완전한 개체로 발달하지는 못하지만 가장 분화한 세포의 핵이야 말로 모든 필요한 유전정보를 갖고 있다. 둘째, 분화 세포로부터 탈핵한 난자 환경으로 핵을 이식하면 핵이 재프로그래밍(과거를 잊게 만듦)되고 체세포 제공자와 유전적으로 똑같은 성체로 완전히 발생할 수 있도록 한다.

Dolly 이후로, 여러 다른 포유동물도 성체 제공자 세포핵으로부터 클로닝되었다. 이들의 예로

그림 13.33 복제된 양 Dolly. Dolly는 Finn Dorset 암양의 유선 세포의 핵을 사용하여 복제되었다. 암양의 오른쪽에는 대리모였던 스코틀랜드 블랙페이스 암양이 있다. (출처: Reprinted from Wilmut et al. 1997. *Nature* 385:810-813. © Springer Nature.)

소, 돼지, 생쥐, 집고양이, 말, 그리고 심지어 노새도 있다(표 13.4; 그림 13.34a와 b 참조). 후자의 경우는 특히 독창적인데, 왜냐하면 노새는 수컷 당나귀와 암컷 말을 교배하여 생겨난 번식 능력이 없는 잡종이기 때문이다. 2018년에, 최초의 비인간 영장류 종인 사이노몰구스 원숭이가 태아 섬유아세포를 사용한 체세포 핵 이식에 의해 복제되었다(그림 13.34c). 포유류 핵 이식실험의 효율은 개구리에서 얻은 것과 매우 유사하다. 분화한 성체 세포로부터의 핵 이식한 모든 경우의 1% 미만만 정상으로 보이는 자손을 낳는다.

핵 이식을 통한 클로닝의 방법

핵 이식을 통한 클로닝, 또는 "**번식 클로닝(reproductive cloning)**"에 필요한 기본 기술은 양을 예로 들어 그림 13.35에 나타내었다. 클로닝은 네 가지 주요 단계가 있다: (i) 제공자 세포의 준비; (ii) 미수정란의 탈핵; (iii) 세포 융합을 통한 핵 이식; 그리고 (iv) 배아의 대리모 내에 착상 및 클론의 분석이다. 각 단계를 자세히 알아보자.

제공자 세포의 준비 핵 이식에 필요한 제공자 세포의 기원은 **전능한(totipotent)** 배아줄기세포이거나 분화한 체세포이다. 이 방법은 **체세포 핵 이식(somatic cell nuclear transfer**; 종종 SCNT로 축약됨)이라고 한다. 핵 이식을 성공하기 위한 핵심은 제공자 핵과 난자가 둘 다 세포주기의 같은 시기에 있도록 하는 것이다. 수정 전에, 난자의 핵은 매우 비활성인 상태에 있다. 제공자 세포의 핵 또한 비활성 상태로 유지해야 하며, 그렇지 않으면 재프로그래밍이 일어나지 않아 발생에 실패할 것이다. 비활성화시키기 위해서는 제공자 세포를 배양하면서 어떤 필수 영양소를 결핍시켜야 한다. 영양이 결핍된 세포는 세포주기 중 유전자 발현이 일어나지 않는 비분열 상태(G_0 시기)에 머물러 있게 된다(그림 13.35, 단계 1). 이 정지기 핵이 이식 가능하다.

미수정란의 탈핵 미수정란—**난모세포(oocyte**; 제2 감수분열 중기에 머물러 있는 난자세포)라고도 부름—의 염색체를 미세 피펫을 사용하여 제거한다(그림 13.35, 단계 2 참조). 최근, 일부 연구자들은 보다 완화된 과정을 사용하기 시작했다. 미세 피펫으로 핵을 제거하는 과정은 세포 분열을 조절하는 단백질 도구에 손상을 줄 수도 있으므로, 보다 최근 방법은 난자의 세포막에 작은 구멍을 내고 핵을 짜내는 것이다.

(a)

(b)

(c)

그림 13.34 클론의 사진.
(a) 생쥐 후퍼(Hooper)와 그의 "아버지". 이 생쥐는 E14 시기 배아줄기세포의 핵을 이용하여 클로닝되었다. (출처: Reprinted from Wakayama et al. 1999. *Proceedings of the National Academy of Sciences USA* 96:14984-14989. © 1999 National Academy of Sciences, USA.) (b) 3마리의 노새들. 이들은 45일 지난 태아에서 유래한 섬유아세포 주의 핵을 이용하여 클로닝하였다. (Credit: University of Idaho/Kelly Weaver.) (c) 화화라는 이름의 긴-꼬리 아기 원숭이는 처음으로 복제된 원숭이 중에 하나이다. 화화는 태아 세포 핵으로부터 복제되었다. (출처: Image © Qiang Sun and Mu-ming Poo/Chinese Academy of Sciences.)

핵 이식 탈핵한 후, 난자의 세포막과 난자 둘레의 비세포성 막 사이 공간에 미세 피펫으로 온전한 제공자 세포를 주입한다(그림 13.35, 단계 3 참조). 일반적으로 전기 융합을 통해 두 세포를 합친다. 난자와 핵 제공자 세포에 세포막을 부수는 전기 충격을 주게 되면, 와해된 막이 재생되면서 세포의 내용물이 섞이게 된다. 핵 이식으로 미수정란은 이제 이배체 상태로 염색체를 갖추게 되므로 정자가 더 이상 필요하지 않다. 전기 방전은 일부 난자가 난할을 시작하도록 활성화할 수 있다. 하지만, 대부분의 경우에는 전기 충격 등과 같은 부가적인 처리가 필요하다.

착상 및 클론의 분석 페트리 접시에서 약 7일 동안 키운 후, 포배기의 배아를 대리모의 자궁에 착상시킨다. 만약 임신이 성공하면, 그 결과 생겨난 클로닝된 자손은 원래 제공자 핵과 유전적으로 동일하다(그림 13.35 참조). 임신이 성공하면, 복제된 자손은 원래 기증자 핵과 유전적으로 동일하다. 이를 확인하기 위해 조사관은 DNA-유형 지정 기술을 사용하여 자손과 원래 기증 동물 사이의 종 특이적 STR(short tandem repeat) 유전자좌를 비교한다(방법은 14장 참조).

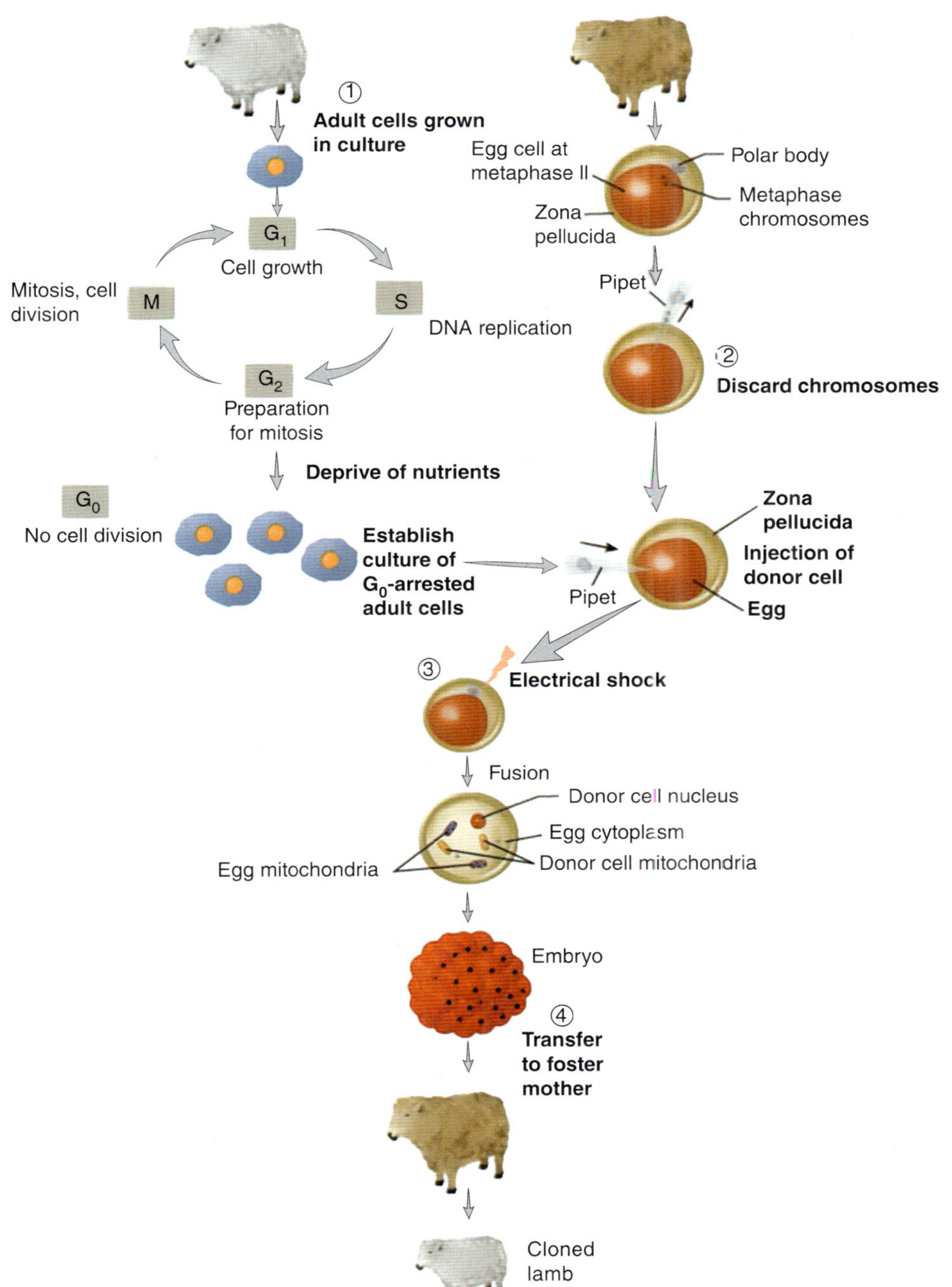

그림 13.35 핵 이식을 통한 클로닝.
핵 이식을 통한 클로닝 혹은 "번식 클로닝(reproductive cloning)"의 네 가지 주요 단계를 양을 예로 들어 나타내었다. (1) 제공자 세포의 준비. (2) 미수정란의 탈핵. (3) 세포 융합을 통한 핵 이식. 재구성된 배아는 난자의 세포질과 제공자의 핵 및 이와 동반된 세포질을 갖게 된다. (4) 배아의 대리모 내 착상. 이 결과로 클로닝된 자손은 원래의 성체 세포핵과 유전적으로 동일할 것이다.

클론 내 미토콘드리아 DNA의 기원

세포 융합 방법이 사용될 때(그림 13.35 참조), 재구성된 배아는 난자의 세포질과 동반 세포질을 갖고 들어온 제공자 핵을 함께 갖게 된다. 따라서 배아는 양쪽 모두의 미토콘드리아를 가진다; 즉, 미토콘드리아 DNA(mtDNA)에 대하여 이종조직적(heteroplasmic)이다. 핵 수용자인 난자로부터 유래한 미토콘드리아가 미토콘드리아의 유전자 발현에 의존하는 근육의 발달 및 생리 작용의 기능에 있어 더 주된 영향을 준다. 그러므로, 만일 미토콘드리아 DNA도 고려한다면 한 클론이 진정 유전적으로 동일한 것은 아니다. 예외적인 경우로, 만일 자기 자신의 난자를 수용자로 하여 성체 암컷 체세포의 핵을 주입하여 어떤 클론을 만드는 경우에 있어서는 진정 유전적으로 동일할 것이다.

핵 이식을 통한 클로닝은 왜 효율이 낮을까?

아직까지도 클로닝 과정의 위험 요소가 전혀 없음이 입증된 것은 아니다. 현재, 이 기술은 매우 효율이 낮아, 클로닝한 포유류 배아 전체의 1~10% 미만이 자손을 낳는 정도이다. 예를 들어, Dolly를 생산하기 위해서 277번의 시도가 있었다; 즉, 276개의 배아는 이 과정에서 생존하지 못했다. 더구나, 생존한다 하더라도 비정상적인 자손이 나올 확률이 매우 높다. 클로닝의 성공과 실패는 특히, 일부 과학자가 인간의 클로닝을 제안하면서 여러 국가에서 열띤 논쟁을 초래하였다. 클로닝한 포유류에서 출생 후 여러 결함이 관찰되기 때문에 어떤 이유와 상관없이 인간의 클로닝은 불법화해야 한다는 주장이 다수 있다.

다수의 유전자 결함이 클로닝한 생쥐에서 관찰된다. 10,000개의 유전자를 선별하였을 때 4%는 부정확하게 기능함이 밝혀졌다. 클로닝한 동물은 수태 기간의 연장, 출생 시 몸무게 증가, 부정확한 태반의 형성, 신장, 뇌, 심혈관계, 근육 등 여러 기관의 조직학적 결함 등을 포함한 발달 장애를 겪는다. 또한, 비만, 간 기능 저하, 폐렴, 조기 사망하는 경향이 있다. 이제껏 시험한 일부 종(생쥐와 돼지)에서, 이러한 비정상적인 표현형이 후대에까지 유전되지는 않았다.

이들 영향은 적어도 첫 세대 클론에 대한 재프로그래밍이 비효율적이기 때문일 수 있다. 즉, 핵이 그 "과거(history)"를 완전히 지우지 못하는 경우이다. **핵의 재프로그래밍(Nuclear reprogramming)**은 이미 분화한 세포의 유전자 발현 양상을 거꾸로 돌려 전능한 초기 상태로 만들고 정상적인 발생을 이끌 수 있도록 함을 말한다. 이와 더불어, 제공자 핵의 나이에 따른 세포 노화의 영향이 있을 수 있다. 마지막으로, 유전적 결함은 배아 세포 분열 중에 염색체의 분리가 부적절하게 일어나서 생길 수도 있다. 핵 이식을 통해 생산한 레수스 원숭이 배아는 체세포분열 시 방추체의 중요 구성원이 소실된 것으로 밝혀졌다(그림 13.36). 이 결과 핵 이식 후에 이수성(aneuploid, 염색체 수를 반수체 수의 정확한 배수보다 더 갖거나 덜 가진 경우) 배아가 생긴다. 이 연구사례의 경우에서는 33번의 배아 이식에도 임신을 성공시킬 수 없었다.

유전체의 재프로그래밍 배아 발생의 매우 초기 단계에 있는 세포는 "전능(totipotent)"하다—즉, 이들은 어떤 종류의 세포 형태로도 발달할 수 있으며, 만일 배아에서 분리하면 완전한 개체로 자랄 수도 있다. 이보다 발생 후기의 배아 세포는 "다능(pluripotent)"하다. 즉, 이들도 몇몇 서로 다른 세포 형태로 발달할 수 있다(그림 13.37). 발생이 진전함에 따라, 세포는 특정한 기능을 하도록 분화(전문화)되어 간다. 이러한 발생 능력의 제한은 차별적인 유전자 발현과 관련되어 있다. **조직-특이적인 유전자(tissue-specific genes)**는 일부 특정한 세포 형태에서만 활성화된다. 반대로, 어떤 유전자—"**가사 유전자(housekeeping genes)**"라 부름—는 단백질 합성이나 세포골격 유지 등과 같은 기본적인 역할에 필요하므로 모든 세포 형태에서 활성화된다. 분화한 한 세포에서는 비교적 소수의 유전자—유전체 내 전체 유전자의 10% 미만으로 추정됨—만 높은 양으로 발현되며, 유전자의 상당수는 비활성 상태로 남아 있다.

중요한 의문점 하나는 클로닝 동안에 이들 세포가 새 운명을 택하고자 유전적으로 재프로그래밍될 것인지 여부와 그렇다면 어떤 방식일까이다. 체세포의 핵 이식을 통한 클로닝이 성공하려면 이미 분화된 세포의 제공자 핵이 미분화 상태로 재프로그래밍 되어야 한다. 즉, 한 동물을 만드는 데 필요한 모든 다양한 세포 형태의 발달이 가능하도록 되어야만 한다. 클로닝은, 부분적으로 비효율적인데, 이는 클로닝한 배아에서 유전자 침묵(gene silencing)을 되돌리기가 어렵기 때문이다. 일단 세포가 특정 형태들로 분화가 일어나면, 원치 않는 유전자 발현의 침묵은 매우 엄격하게 조절된다. 예를 들어, 클로닝한 생쥐의 배아에서는 대부분의 생체조직 내에서 침묵 상태로 있지만, 초기 발생에 꼭 필요한 유전자들—이른바 "**다능 유전자(pluripotent genes)**"—을 재활성화하는 데 결함이 있어 보인다.

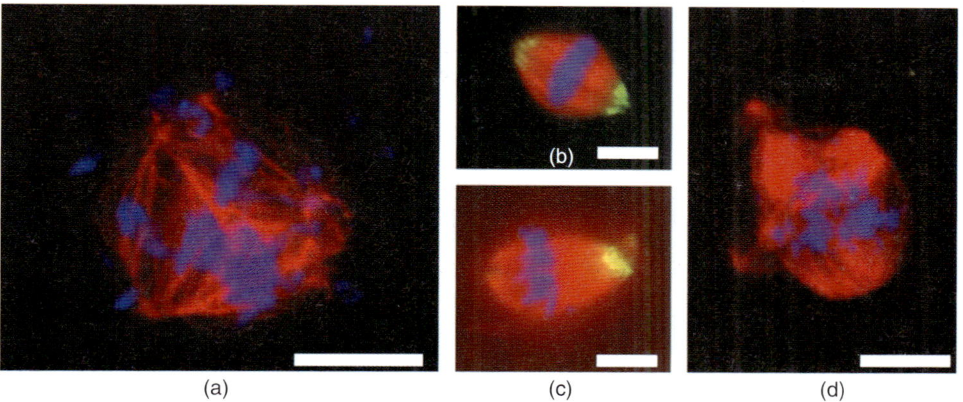

그림 13.36 영장류 핵 이식의 실패.
(a) 핵 이식 후 레수스(rhesus) 원숭이 배아에서 방추체 결손으로 인한 배아 염색체의 잘못된 정렬을 면역염색법으로 분석하였다. (b~d) NuMA(nuclear mitotic apparatus)는 분열 중인 세포에서 일반적으로 중심체에 모여 있고, 방추체 극 어셈블리에 관여하는 바탕질 단백질이다. 중심체 NuMA는 정상적인 영장류 세포에서는 감수분열(b) 및 체세포분열(c) 동안 존재하는데, 핵 이식 이후 체세포 분열시의 방추체에는 보이지 않는다(d). 파란색, DNA; 빨간색, 베타 튜블린; 녹색, NuMA. Scale bar, 10 μm. (출처: Reprinted with permission from Simerly et al. 2003. *Science* 300:297. Copyright © 2003 AAAS.)

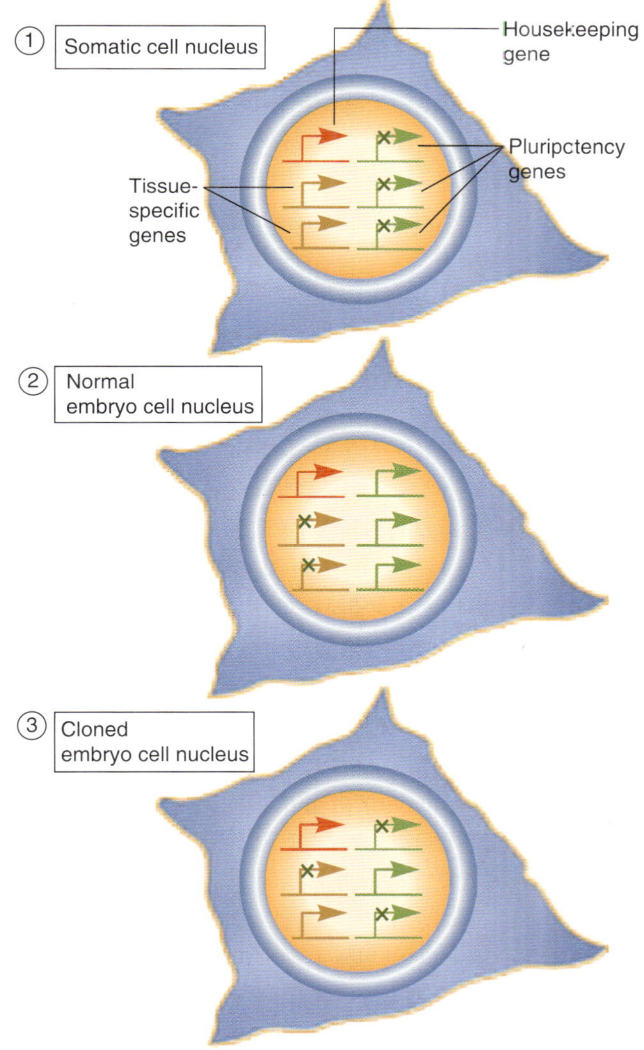

그림 13.37 체세포 핵 이식을 통한 클로닝의 효율이 왜 낮은지에 대한 모델.
(1) 한 개의 활성화된 가사 유전자, 2개의 활성화된 조직 특이성 유전자, 그리고 세 개의 불활성한 다능 유전자를 가진 체세포 하나를 나타내고 있다. (2) 정상 배아에서, 가사 유전자와 다능 유전자는 활성화되고, 조직 특이성 유전자는 불활성 상태이다. (3) 체세포의 핵으로 클로닝한 후, 여러 클로닝한 배아에서 유전자 활성이 제대로 재프로그래밍되지 않는다. 이 그림 예의 경우에, 가사 유전자는 활성화되어 있지만, 각각 하나씩의 조직 특이성 및 다능 유전자만이 활성화되었다.

한편, 일부 형태의 유전자 침묵은 다른 경우보다 더 쉽게 되돌릴 수도 있어 보인다. 클로닝한 얼룩무늬 고양이의 주황색 및 검은색 털색에서 볼 수 있듯이(Focus Box 13.2), X 염색체의 불활성화는 배아에서 높은 효율로 되돌릴 수 있으며 무작위적으로 일어난다. 이와는 대조적으로, DNA 메틸화와 유전자 각인에 의한 결과는 덜 분명하다. DNA에 메틸기를 붙이는 변형(메틸화)과 DNA를 염색질로 단단히 만드는 히스톤 단백질의 메틸화는 흔히 유전자 침묵과 관련이 있다(10장 참조). 각인은 배우자 형성(정자와 난자의 분화)과 초기 발생 시 자연적으로 일어나는 과정으로, 어떤 유전자가 모계 또는 부계 염색체로부터 발현될지 여부를 조절한다. 이러한 각인된 유전자에 대한 클로닝의 효과는 많은 관심의 대상이다.

재프로그래밍에 관여하는 메커니즘을 더 연구하면 세포 분화가 어떤 방식으로 유지되는지 알 수 있을 것이다. 이는 기초 연구는 물론 암 생물학의 이해에도 관련이 있으며, 치료 목적으로 줄기세포를 클로닝하는 길을 열어 줄 것이다.

세포 노화의 영향 성체 세포를 사용하는 클로닝 시 생기는 또 하나의 의문점은, 제공자 세포의 나이에 의한 부수 효과가 있느냐는 점이다. 예를 들면, 텔로미어(6장 참조)의 길이를 회복하기 위해

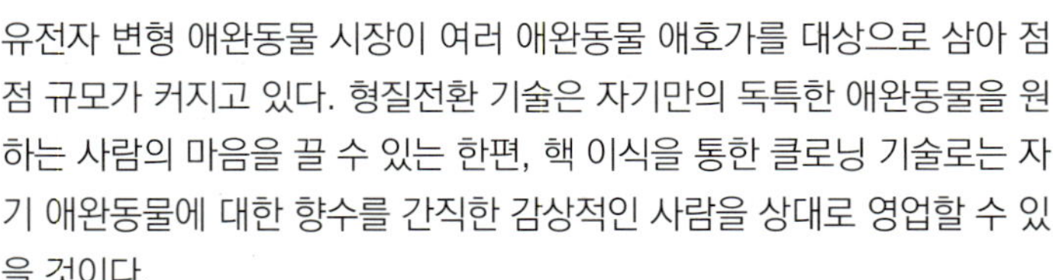

Focus Box 13.2

유전자 변형 애완동물

유전자 변형 애완동물 시장이 여러 애완동물 애호가를 대상으로 삼아 점점 규모가 커지고 있다. 형질전환 기술은 자기만의 독특한 애완동물을 원하는 사람의 마음을 끌 수 있는 한편, 핵 이식을 통한 클로닝 기술로는 자기 애완동물에 대한 향수를 간직한 감상적인 사람을 상대로 영업할 수 있을 것이다.

발광 물고기

2004년 1월, 최초의 유전자 변형 애완동물인 "발광물고기(Glofish)"가 생산되어 5달러의 소비자 권장 가격으로 출시되었다. 발광물고기는 적색 형광단백질 유전자를 발현시키도록 형질전환된 제브라피쉬로 열대 수족관 애호가를 주요 고객으로 기대한다. 이 제브라피쉬는 일반 환경에서 검은색 줄무늬를 가진 은색의 물고기인데, 자외선 하에서는 빨간색을 나타낸다(그림 1a). 미국 식품의약국(FDA)은 이 물고기 판매와 관련하여 공중보건에 미칠 위험요소가 없다고 판단하고 별도의 공식적인 환경 안정성 평가가 필요치 않다고 선언하였다. 형광 제브라피쉬를 생산한 원래의 목적은 발생 과정에서의 유전자 발현을 분석하는 데 이들을 사용하고자 함이었다. 다른 관심은 이 생물을 중금속 등과 같은 환경오염물을 감시하는 생물 모니터로서 사용하는 것이다. 이 목적를 위해서는 환경 독소가 있을 때만 형광을 내도록 하는 조절 스위치가 추가되어야 할 것이다.

클로닝한 고양이

최초로 클로닝된 집고양이(*Felis domesticus*)는 무지개(Rainbow)라는 이름을 가진 얼룩무늬 연구용 고양이의 난자 주변 퇴적 세포의 핵에서 기원하였다. 생기발랄하고 정상적으로 보이는 새끼 고양이가 2001년 12월 22일에 태어났으며, Copy Cat(또한 Carbon Copy)을 줄여서 CC라고 명명하였다(그림 1b). 하지만, CC는 얼룩무늬색 제공자와 아주 똑같은 복제는 아니었는데, 왜냐하면 이들의 털색 특징이 발생 중 일어난 무작위적 과정으로 다소 달라져 있었기 때문이다. 고양이의 털색에 영향을 주는 2개의 대립유전자는 X 염색체 상에 존재하며, 이 중 한 대립유전자는 주황색, 다른 것은 검은색 털색을 결정한다. 주황색과 검은색 대립유전자를 함께 가진 이형접합자 암컷은 두 색이 섞여 "얼룩무늬(calico)" 또는 모자이크 털색을 나타내게 된다. 이러한 색 섞임은 발생 중인 배아에서 무작위적으로 일어난 X 염색체 불활성화 때문이다. 주황색 대립유전자를 가진 X 염색체가 일부 세포 계통에서 불활성화되고 검은색 대립유전자를 가진 X 염색체가 활성화되면, 이 결과로 검정색 털이 나타난다. 검은색 대립유전자를 가진 X 염색체가 불활성화되고 주황색 대립유전자를 가진 X 염색체가 활성화 상태인 세포 계통에서는 주황색 털색이 나온다. 만일 상염색체 상에 위치하는 또 다른 털색 결정 유전자 S가 발현되어 색소형성을 방해 받는 일부 세포 계통이 있다면, 이들은 흰색 털 얼룩으로 반영된다. 몸의 전체 세포가 아닌 일부 세포에서만 S 유전자가 발현되는 이유는 아직까지 모른다. 분자생물학자가 갖는 가장 큰 관심은 클로닝한 이들 새끼 고양이에서 두 X 염색체가 "다시 프로그램되었다(reprogrammed)"는 점이다. 만일 X 염색체 불활성화가 가역적으로 뒤바뀌지 않았다면, 클로닝한 고양이는 어떤 X 염색체가 제공자 핵에서 불활성화 상태였었는지에 따라 흰색 얼룩을 일부 가진 검은색 또는 흰색 얼룩의 주황색 털색만을 나타낼 것이다.

CC의 탄생은, 출생과 관련한 기본적인 지식은 제쳐 두고서라도, 가족이 사랑하는 애완동물을 클로닝할 수 있다는 가능성만으로도 일부 부유한 애완동물 소유자의 관심을 사로잡았다. 2005년 12월에 샌프란시

그림 1 유전자 변형 애완동물들.
(a) Glofish는 적색형광단백질 유전자를 발현하도록 형질전환된 제브라피쉬이다. 일반 환경조건에서, 제브라피쉬는 검은색 줄무늬를 가진 은색으로 보인다. 자외선 하에서 이 물고기는 빨간색을 발한다. (제공: Andrew Cutraro/NewsCom). (b) 최초의 복제 고양이 Copy Cat. 최초로 복제된 집고양이는 Rainbow (i)라는 이름의 얼룩무늬 연구용 고양이의 난자 주변 퇴적 세포의 핵에서 기원하였다. Copy Cat (ii)은, 그녀의 얼룩무늬색 제공자 고양이와 완전히 똑같은 복제 고양이는 아닌데, 그 털색이 발생 중의 무작위적인 과정에 의해 다소 달라졌기 때문이다. Copy Cat과 그녀의 대리모 사진을 보여주고 있다. (c) (i) 출생 후 67일된 최초의 복제 개 스너피(오른쪽)와, 그를 복제하는 데 사용한 몸 피부세포를 제공한 3살의 수컷 아프간하운드(왼쪽). (ii) 스너피(왼쪽)는 초기 배아 상태로, 오른쪽에 있는 대리모인 황색 라브라도 리트리버에 착상되고 길러졌다. (출처: Reprinted from Lee et al. 2005. *Nature* 436:641. © Springer Nature.)

스코에 있는 "Genetic Savings and Clones"사는 Little Nicky라 부른 새끼 고양이를 클로닝하였다. 달라스시에 사는 한 사람이 미화 50,000 달러에 클로닝한 새끼 고양이 Little Nicky를 구입했다!

클로닝한 개

클로닝한 개는 2005년 6월에 한국에서 최초로 태어났다. 스너피(Snuppy, 이는 Seoul National University puppy를 의미함)는 성체 아프간하운드의 몸 피부세포로부터 클로닝되었다(그림 1c). 애완견의 클로닝은 이 과정의 효율이 매우 낮으므로 당장 상업화되기는 어려워 보인다. 총 1,095개의 배아를 123마리의 대리모에 착상시킨 결과 두 마리가 출산되었고 이 중 한 마리만 생존하였다.

텔로머레이즈가 재활성화되는가? 복제양 Dolly는 두 살 때 더 나이든 동물에게서 특징적으로 나타나는 노화의 징후를 이미 보이기 시작했으며, 비교적 젊은 5.5살 때 관절염이 생겼다. Dolly는 집안에서 기르는 늙은 양에게 흔히 나타나는 바이러스 유발 폐암의 합병증을 보임에 따라 2003년 2월 14일, 6살 때 안락사시켰다. Dolly 세포는 20%의 텔로미어 소실을 보였다. 제공자 핵의 나이(유선 세포는 6살된 암컷 양으로부터 왔다)와 핵 이식 전 증식 배양 과정이 텔로미어의 소실에 기여했을 것으로 여겨진다.

일부 종에서, 제공자 핵의 나이는 고려할 사항이 아닐 수도 있다. 한 예로, 클로닝한 소에서는 텔로미어의 길이가 재생성되었다. 배양한 성체 세포나 태아 세포의 제공자 핵을 사용하였을 때, 두 경우 모두에서 텔로머레이즈 활성이 배반포 시기에 재프로그래밍되어, 같은 연령대의 대조군과 비슷한 길이의 텔로미어를 만들 수 있었다.

핵 이식을 통한 클로닝의 응용

클로닝 기술을 발전시켜 온 추진력은, 다른 기초과학 분야의 발달 과정과 마찬가지로, 다수의 클론을 만드는 데 있지 않고 새로운 원천 지식을 찾고자 함이었다. 그렇지만, 핵 이식을 통한 클로닝에 대해 상당수의 상업적, 의학적 관심 또한 있는 것도 사실이다. 예로서, 형질전환 동물의 클로닝, 우수 농장 동물이나 경주마의 클로닝, 애완동물(Focus Box 13.2 참조) 및 멸종위기 종의 클로닝, 그리고 줄기세포를 얻기 위한 클로닝이 있다.

형질전환 동물의 클로닝 핵 이식을 통한 클로닝의 한 관심사는 "유전자 파밍"의 확장이다. 클로닝은 가치가 높은 인간 단백질을 생산하는 다수의 형질전환 또는 유전자 표적화 농장 동물을 신속하게 생성하는 데 이용할 수 있다. Dolly가 태어난 이후에, Polly라는 양이 핵 이식을 통해 클로닝되었다. "Dolly"와 "Polly"의 차이점은 Polly를 만들기 위해 사용한 핵은 안정하게 형질전환한 양의 섬유아세포로부터 얻었다는 것이다. 제공자 핵에 갖고 있는 삽입유전자는 인간 응고인자 IX를 양의 젖에서 생성하도록 설계하였다. 혈우병 B라는 질환은 혈액응고에 필수적인 이 혈액 단백질이 소량이거나 완전히 없기 때문에 생긴다. 양젖에서 생산되는 인간 단백질의 순도에 대한 우려로 인해 이 연구의 진행이 느려졌다.

다른 연구자들은 특정 관심 형질에 대하여 형질전환된, 농업적으로 중요한 동물들을 클로닝하는 데 관심이 있다. 주목할 만한 예로, 한국의 한 연구자 그룹은 소의 해면 양 뇌종(광우병; 4장 참조)에 내성을 갖는 유전자 변형 소를 클로닝하는 것을 목표를 갖고 있다. 또 다른 응용으로는 동물기관 인체이식법(xenotransplantation) — 인간에게 이식하기에 적합한 장기를 얻고자 유전자 변형 돼지를 이용함 — 이 있다. 이종이식은 2000년대 초반에 추진력을 잃었는데, 부분적으로는 면역계 거부반응 극복의 어려움 그리고 장기와 함께 돼지 바이러스를 옮길 가능성이 있기 때문이다. CRISPR-Cas9 유전자 편집은 효소 α-1,3-갈락토실트랜스퍼라제를 암호화하는 유전자와 같은 주요 돼지 유전자를 보다 쉽게 편집하는 데 사용할 수 있다. 이 효소는 대부분의 인간 면역 반응의 근원인 돼지 세포 표면의 당 분자인 α-1,3-갈락토스를 만드는 데 필요하다.

우수 동물의 복제 동물의 클로닝은 정상적인 교배주기의 제약을 극복할 수 있는 잠재능을 갖는다. 동물 육종가는, 많은 양의 우유를 생산하는 소나 챔피언 경주마처럼, 우수한 형질을 가진 엘리트 동물을 만들고 빠른 속도로 번식시키는 데 관심이 많다. 우수 동물은 일반적으로 성체가 되기 전까지는 확인하기 어려우므로, 그 분화된 성체 세포를 클로닝에 사용해야만 한다. 다수의 수컷 경주마는 "경기에 열중하고 이성에 대한 생각을 하지 않도록" 거세시킨다. 클로닝은, 이렇게 거세된 경우에도, 우승마가 그 유전형을 후속 세대에 전달할 수 있게 한다. 최근에, 순종경마클럽(Thoroughbreds' Jockey Club)과 미국경마협회(American Quarter Horse Association)는 클론을 등록시키지 않기 때문에 클로닝의 실제적인 응용이 여기서는 없을 수 있지만, 기초 연구의 측면에서 경주마의 클로닝은 성격이나 운동 능력과 같은 형질을 재현시킬 수 있는지 시험하는 기회를 줄 것이다. 그렇지만, 클론 내 mtDNA의 이종조직성을 고려할 필요가 있다. 이전 절에서 언급했듯이, 수용자 난자에서 전해진 미토콘드리아는 근육 발달과 같은 운동 능력의 핵심 측면에 주요한 영향을 준다.

야생생물의 보존 클로닝은 집단의 크기가 줄어들 때 집단 내 개체수를 늘리는 방법 중 하나이다. 소수의 개체를 가진 집단은 일부 유전적 다양성을 잃게 된다. 만일, 개체를 클로닝하면 이론상 유전적 다양성을 보존하여 종의 장기적인 적응도를 높일 수도 있을 것이다. 핵 이식을 통한 클로닝의 최근 성공률이 매우 낮으므로, 수백 회의 핵 이식을 시행하여 겨우 한 자손을 얻을 수 있을지도 모른다. 이는 특히, 필요한 만큼 많은 수의 난자를 얻을 수 없을 것이기에 멸종 위기에 처한 종에게는 큰 문제가 된다. 예를 들어, 자이언트 판다는 매해 한두 개의 난자만을 배란한다.

종을 보존하려는 시도로 일부 멸종위기 종의 클로닝이 시행되었다; 하지만, 이는 "**트랜스-종 클로닝(trans-species cloning)**" 방법을 사용하였으므로, 실제로는 유전적 잡종이다(그림 13.38). 트랜스-종 클로닝 결과로 생겨난 동물은 과학적으로 의미가 있지만, 멸종위기 집단을 살리는 데 직접적으로 유용하지는 않다. 트랜스-종 클로닝의 최근의 한 예는 매사추세츠 우스터 시의 Advanced Cell Technology사의 과학자들이 만든 들소(*Bos gaurus*)이다. 이는 동남아시아 원산지의 야생 황소이다. 불행하게도, 성체 수컷 들소의 피부 세포를 이용하여 만든 이 클론은 출생 후 이틀 만에 이질에 걸려 죽었다. 또 다른 시도로, 과학자들은 야생의 유제 포유류인 자바산 들소(*Bos javanicus*)를 클로닝하였다. 1980년에 죽은 한 자바산 들소(밴팅, banteng) 동결조직의 피부 세포 핵을 이용하여 클로닝한 이 밴팅 소는 건강해 보였다. 두 경우 모두, 배아를 만드는 데 쓰인 난자 세포질은 일반 가축소(*Bos taurus*)에서 유래하였다. 그러므로, 배아는 두 종의 미토콘드리아를 함께 갖고 있는 독특한 타입의 잡종을 만들었다. 만일 이와 같은 클로닝한 암소를, 그 핵 유전체가 같은 숫소와 교배한다 해도 그 미토콘드리아 DNA는 모체의 세포질을 거쳐 유전되므로, 자손은 여전히 원래 제공자와 암소 난자에서 기원한 미토콘드리아를 함께 갖고 있을 것이다. 하지만, 교배 가능한 연령의 수컷

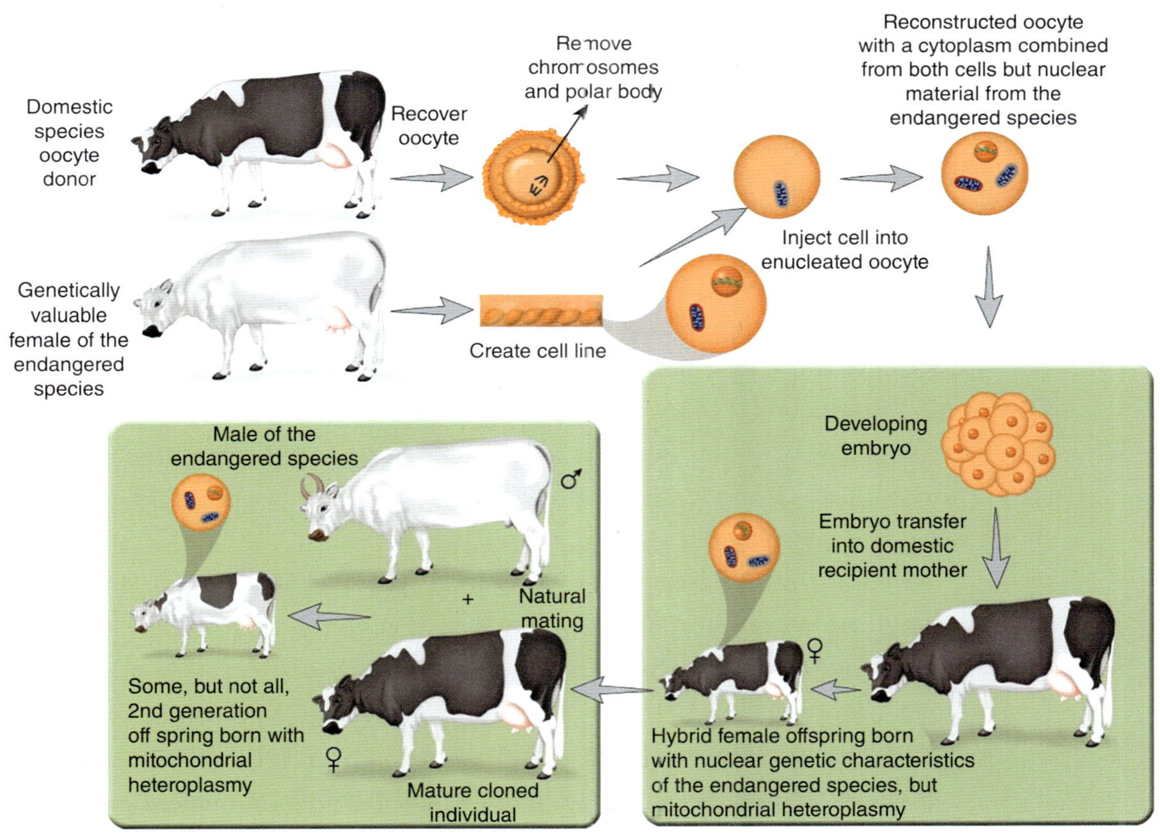

그림 13.38 멸종위기 종의 클로닝.
그림은 체세포 핵 이식을 통한 트랜스 종(trans-species) 클로닝을 수행할 때 미토콘드리아(미토콘드리아 DNA)의 공급원을 고려함이 왜 중요한지를 나타내고 있다. 이 예에서, 가축 소는 난자 세포질을 공급하는 한편, 멸종위기 종(예, 자바 산 들소) 암컷에서는 제공자 핵과 그 동반된 세포질이 유래한다. 이렇게 재구성된 배아는 두 종 모두의 미토콘드리아를 가진(mitochondrial heteroplasmy, 미토콘드리아 이종조직성) 잡종이다. 만일 클로닝한 암소를 멸종위기 종의 숫소와 자연교배시켜 자손을 얻는다면, 이들 자손은 원래 제공자인 가축소에서 기원해 온 미토콘드리아를 여전히 갖고 있을 것이다. (출처: Adapted from Holt et al. 2004. *Reproduction* 127:317–324.)

클론은 잡종 미토콘드리아를 다음 세대에 유전하지 않을 것이므로, 특별히 중요한 가치가 있는 수컷 유전 라인의 핵 유전체는 복원될 수 있을 것이다. 이러한 주의사항에도 불구하고, 체세포 핵 이식을 통해 멸종 위기에 처한 종을 보존하려는 탐구는 계속된다. 2017년에는 멸종 위기에 처한 박트리아 낙타가 성인 피부 섬유아세포와 단봉 낙타의 기증자 난자를 사용하여 복제되었다.

줄기세포를 얻기 위한 클로닝 1997년, 복제양 Dolly의 탄생과 1998년 인간 배아줄기세포의 분리 이후로, 과학자들은 이 두 가지 기술을 접목시키기를 희망하였다. 그들의 목표는 "치료용 클로닝(therapeutic cloning)", "**줄기세포를 얻기 위한 클로닝(cloning for stem cells)**" 또는 "세포 대체 클로닝(cell replacement cloning)"이라고 부르는 방법인, 환자의 것과 일치하는 유전자를 가진 배아줄기세포를 만드는 것이다. 아직까지 실제 치료 용도로 사용하기는(조금이라도 가능하다면) 먼 장래의 일이므로, 현시점에서는 줄기세포를 얻기 위한 클로닝이란 용어가 가장 정확한 표현일 것이다. 이들 용어는 이 방법(다른 인간을 생산할 시도가 아닌)과 소위 번식 클로닝(이의 궁극적인 목표는 또 다른 생물을 생산하는 것)을 분명하게 구별하기 위해 만들어졌다.

줄기세포를 얻기 위한 클로닝은 자체 핵을 제거한 인간의 난자에 환자 세포의 핵을 이식하여 배아를 생산하는 방법이다. 클로닝한 세포는 배반포 시기(30~150 세포 수)까지 발생하게끔 한다. 그리고는 내부 세포덩어리에서 세포를 꺼내, 줄기세포를 얻기 위해 이를 배양한다(그림 13.39). 기대하는 바는 이 줄기세포를 파킨슨병, 당뇨, 척수 손상 등과 같은 질환을 치료할 수 있도록 특정한 세포 형태로 자랄 수 있게 기술을 개발하는 것이다. 이들 세포는 환자 자신의 세포에서 기원하였기에 이론상으로는 손상된 조직이나 질병 조직의 치유를 위해 이들 세포에서 유래할 이식조직(grafts)은 면역 거부반응이 없을 것이다. 인간과 쥐의 배아줄기세포를 이용하여, 연구자는 배양 접시에서 **오가노이드(organoids)**라고 불리는 특별한 3차원 구조를 만들어냈다. 눈, 장, 뇌하수체, 간, 신장, 췌장, 전립선, 심장, 폐, 위, 유방, 대뇌 피질 및 신경관의 광학 컵에서 조직과 유사한 기본 오가노이드가 생성되었다. 참신함은 제쳐두고, 이러한 오가노이드는 질병 모델 및 약물 스크리닝 플랫폼으로서 인간 발달을 연구하기 위한 강력한 시스템임이 입증되었다.

이러한 연구를 어떻게 감독할 지에 대한 열띤 논쟁이 있다; 의견은 각 나라마다 다양하다. 최근 이런 형태의 줄기세포 연구에는 미국 연방정부의 연구비 지원이 없다. 줄기세포의 클로닝에 대한 주된 윤리적인 반대는 30−150개 세포의 인간 배아를 생성한 후, 세포 배양을 위해서 이를 해체한다는 점이다. 일부의 견해는 배반포는 미래의 인간이므로, 상업화되고 "부품(spare parts)"으로 쓰여서는 안 된다는 것이다. 다른 견해는 배아는 착상 없이는 인간으로 발전될 가능성이 없는 단지 세포덩어리에 불과하다는 것이다. 줄기세포의 클로닝에 대한 또 다른 제약은 수용자인 인간 난자를 충분히 확보할 수 없다는 점이다.

핵 이식 분야 연구자의 근본적인 목적 중 하나는 난자의 재프로그래밍 활성을 매개하는 분자 성분들을 확인하는 일이다. 이 놀라운 과정을 더 잘 파악하게 되면, 언젠가는 성인 인간의 체세포를 시험관 내에서 재프로그래밍하고 배양기에서 키울 수 있을 것이다. 만일 이들 분화 세포가 클로닝 없이도 배아기의 "전능한" 상태로 되돌아 갈 수 있다면, 세포 대체 치유 방법에 대한 많은 윤리적인 반대도 없어질 것이다. 2006년에, 연구자들은 예상 외로 4개의 특정 유전자 또는 합성 RNA를 성체 세포에 도입하면 재프로그래밍을 촉발하여 **유도만능줄기세포(induced pluripotent stem cells**, iPSC)를 형성할 수 있음을 보여주었다. 이러한 주요 재프로그래밍 유전자는 전사 인자 OCT4(옥타머 결합 전사 인자4), SOX2(성별 결정 영역 Y-박스), KLF4(Kruppel 유사 인자 4) 및 cMYC(세포 골수세포종증)를 암호화한다. 이제 과제는 이러한 iPSC가 인간 배아줄기세포와 얼마나 유사하거나 얼마나 다른지를 결정하는 것이다. 한편, iPSC와 이로부터 유래된 분화 세포는 약물 개발, 인간 질병 모델링, 재생 의학 및 유전자 조절 연구를 위한 도구로 탐색되고 있다.

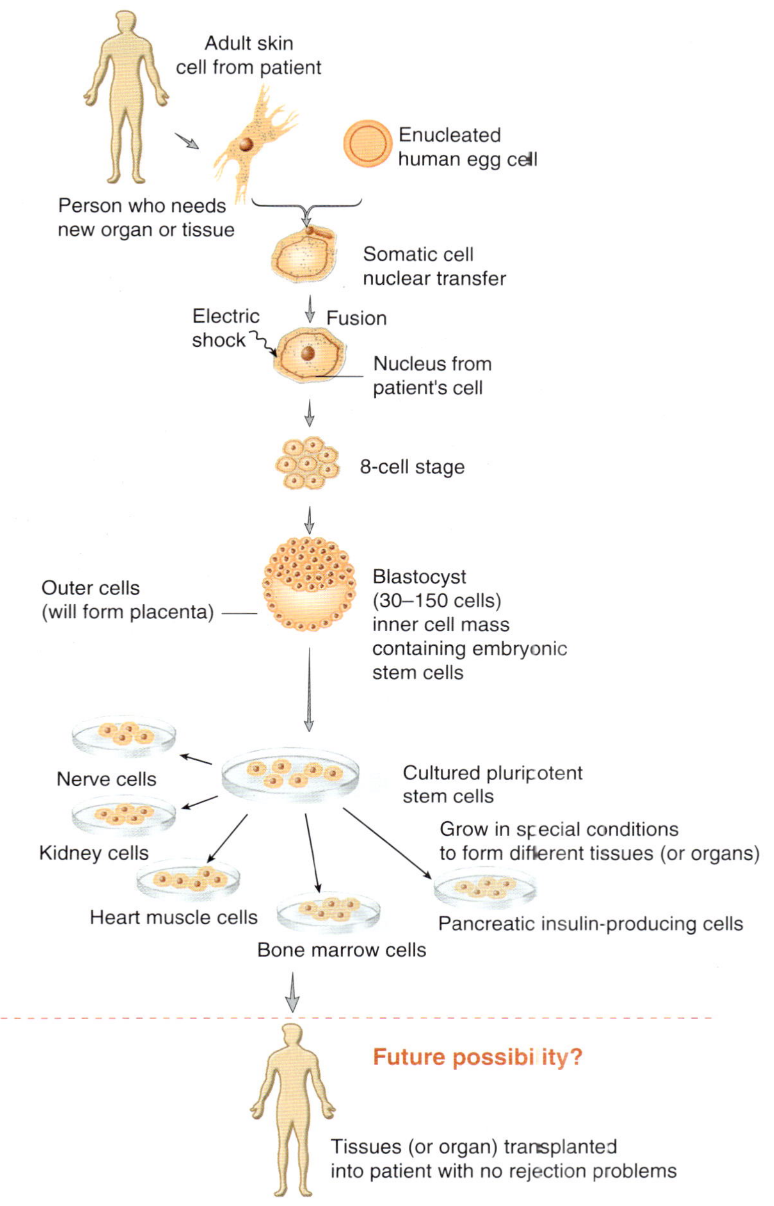

그림 13.39 줄기세포를 얻기 위한 클로닝.
이 그림은 줄기세포를 클로닝하여 치료용 목적으로 쓰기 위한 가상 전략을 보여준다. 아직까지 실제 치료용도의 사용은 먼 미래에나 가능한 일이다. 어떤 환자의 세포에서 얻은 핵을, 자체 핵을 제거한 인간 난자 세포 내에 이식하여 배아를 생성한다. 클로닝한 세포는 배반포 시기(30~150 세포 수)까지 발생시킨다. 그리고는 안쪽 세포덩어리로부터 세포를 분리한 후, 이를 배양하면 줄기세포를 얻게 된다. 이 줄기세포를 특수한 조건하에서 배양하여 다양한 조직(또는 기관)의 형성을 촉진한다. 이렇게 얻은 조직은 파킨슨병, 당뇨, 또는 척수 손상 등과 같은 질환 상태를 치유하는 데 이용할 수 있다. 실제 치료는 먼 미래에나 가능하다.

13.14 형질전환 식물

형질전환 기술은 또한 상업적으로 중요한 식물에 새로운 형질(예, 제초제와 해충에 대한 내성)을 더하거나 기존의 형질(예, 과일과 곡물의 생산량 또는 품질)을 향상시켜 가치를 높이는 데 사용할 잠재 능력이 있다. 그러나 **유전자 변형작물[genetically modified (GM) crops]**을 먹이사슬계에 도입하는 일은, 특히 유럽에서, 많은 논란과 대중적 우려를 낳고 있다. GM 작물과 관계 있는 일부 인간건강 문제로는 GM 식품을 섭취한 사람들에게 알러지 반응을 유발할 수 있는 전혀 새로운 항원성 단백질을 발현하거나, 기타 의도하지 않았거나 유해한 효과를 내거나, 영양 성분에 유해한 변화를 줄 가능성 등이 있다. 적어도 아직까지, 과학적 증거는 GM 식품이 일상적인 동일 식품과 마찬가지로 안전하고 영양가 있다는 것이다(Focus Box 13.3).

형질전환 쌍자엽 식물을 만드는 방법은 다음과 같은 이유로 인해 비교적 단순하다. 첫째, 자연적

Focus Box 13.3

유전자 변형 작물: 당신은 유전자 변형 토마토를 먹는가?

대다수의 사람들은 슈퍼마켓에서 파는 맛 없는 토마토를 잘 알고 있다. 녹색 토마토를 싣고 와서 나중에 화학적으로 익히는 과정 때문에 맛이 덜해진다고 한다. 덩굴에서 그대로 익힌 토마토는 금방 상하기 때문에 장거리 운송이 불가능하다. 1990년대 초반, 과학자들이 형질전환 기술을 사용하여 이 문제를 해결하려고 시도하였다. 이들은 과일 숙성의 한 단계인 "연화(softening)" 과정을 변경한 토마토를 만들었다. 과일의 연화 과정은 부분적으로 펙틴(과일의 세포벽 지지에 관여하는 화합물)의 분해로 일어나므로, 펙틴 분해효소의 하나인 폴리갈락투로나제(polygalacturonase)에 내성을 갖도록 변화를 주었다. 즉, 폴리갈락투로나제 전령 RNA(mRNA)에 대응하는 RNA를 암호화한 안티센스(antisense) 폴리갈락투로나제 유전자 서열로 토마토 식물을 형질전환하였다. 두 RNA(센스와 안티센스)는 서로 결합하여 분해되므로 효소 단백질로의 번역을 방해하게 된다. 이 결과로 "Flavr-Savr" 토마토가 만들어졌는데, 이 토마토는 수확 후에도 쉽게 상하지 않아 덩굴에서 더 숙성시킬 수 있고, 맛이 더 풍부하며, 가게로 좀 더 늦게 배송하여도 되었다.

1991년 후반기에, Calgene사는 판매용으로 Flavr-Savr 토마토의 개량종을 만들었다. 이는 그 당시에 생산 단계에까지 도달한 최초의 유전자 변형 식품이었기에, 미국 식품의약국(FDA)의 의견을 요청하였다. 식품 안전성에 대한 대중적 염려 또한 Calgene사가 서둘러 이 식품 내에 들어 있는 항생제 내성 유전자의 안전성에 관하여 FDA의 의견을 요청한 이유 중 하나였다. Calgene사는 1994년 중반에 이 토마토에 관한 FDA의 승인을 얻었고, 시카고 지역의 시장에서 이를 판매하기 시작했다. 이 토마토에는 "유전자가 변형된(genetically modified)"이라는 문구가 분명하게 표시되어 있으며, 관련된 정보의 안내 책자도 함께 제공되었다. 제품 불매운동 단체의 계속되는 반대에도 불구하고, 이 토마토에 대한 시장의 반응은 호의적이었다. 이 민감한 토마토를, 전혀 하자 없이 운송하기가 매우 어려웠고, 플로리다 생산농장에서의 생산 첫 해에는 잘 자라지도 않았으며, 또한 생산비용은 많이 들었지만, 이후 수년 동안 전체 토마토의 시장 가격은 낮은 상태로 있었다. 1997년 3월경에, Flavr-Savr 토마토는 결국 시장에서 철수하였으며, Calgene사는 이 토마토 소유권을 몬산토(Monsanto)사에 판매하였다.

그러나 이와 같은 좌절이 식물 분자생물학자를 막지는 못했다. 최근 여러 연구 그룹에서 CRISPR-Cas9 유전자 편집을 사용하여 토마토의 야생 친척에서 특정 유전자를 수정하여 대규모 농업에 적합하면서도 여전히 풍미가 풍부한 식물을 만들었다. 그렇다면 샌드위치에 있는 토마토 조각은 유전자 변형인가? 대답은 '아니오'이다. 현재 미국 시장에는 통 토마토나 가공 토마토 식품으로 존재하는 GM 토마토가 없다. 또한 유럽 사법재판소(European Court of Justice)는 CRISPR-Cas 유전자 편집으로 생산된 식품이 다른 GM 작물과 동일한 규정을 따라야 하므로, 더 좋은 맛의 토마토가 시장에 출시되는 데 오랜 시간이 걸릴 수 있다고 판결했다.

그림 1 슈퍼마켓에 있는 형질전환 토마토.
(Photo credit: Gustavo ramirez/Getty Images.)

그러나 대두, 옥수수, 카놀라유, 면실유, 사탕무, 자주개자리, 여름 호박, 하와이 파파야, 갈변되지 않는 사과, 멍이 없는 감자를 포함하여 광범위하게 유통되는 다른 많은 GM 식품이 있다. GM 대두, 면화, 옥수수 제품이 시장의 약 90%를 차지한다. 비타민 A 전구체인 베타카로틴으로 유전적으로 강화된 황금쌀은 미국, 캐나다, 호주, 뉴질랜드에서 소비가 승인되었지만, 이 작물을 재배할 계획은 없다. 방글라데시는 20년이 넘는 논쟁 끝에 곧 황금쌀 재배를 승인한 최초의 국가가 될 것이다. 그 다음으로는 트로피컬 레이스 4(TR4)라고 불리는 치명적인 푸사리움 균류에 저항하는 CRISPR-Cas 유전자 편집 바나나가 있다.

으로 일어나며 효율이 높은 Ti 플라스미드 기반의 유전자 전달계를 사용할 수 있다. 둘째, 동물 세포와 달리, 분화한 식물 세포는 전능하다. 즉, 이들은 여전히 모든 형태의 세포를 생성할 능력을 갖고 있다. 셋째, 적어도 일부 종에서는, 분화한 식물 세포를 적당한 조건하에서 완전한 성체 식물로 재생할 수 있다. **쌍자엽 식물(dicotyledons)**은 2개의 떡잎을 갖는 배아를 가지는 개화식물의 일종이다. 이들은 토마토, 감자, 콩, 완두 등과 같은 낯익은 식물과 도델 식물 *Arabidopsis*(14장 참조)를 포함한다. 단자엽 식물에는 이와 유사한 자연적 유전자 전달체계가 없으므로, 대체 기술이 개발되었다. **단자엽 식물(monocotyledons)**은 나팔수선화, 백합, 곡물류, 벼과 식물처럼 한 개의 떡잎을 갖는 배아를 가진 개화식물의 일종이다.

T-DNA를 매개로 한 유전자 전달

아그로박테리아(*Agrobacterium tumefaciens*)의 **Ti (tumor-inducing) 플라스미드**에서 잘라낸 **운반 DNA(transferred DNA, T-DNA)**를 이용하여 살아 있는 식물이나 배양 중인 식물 세포를 형질전환할 수 있다. *A. tumefaciens*는 그람 음성의 흙속 세균으로 여러 쌍자엽 식물에 뿌리혹병(crown gall disease)을 일으킨다. T-DNA 영역은 정상적으로 식물 호르몬과 오파인(변형된 아미노산) 합성 효소를 암호화한 유전자를 운반하고 있다. 뿌리혹병은 식물 유전체가 세균의 접합(conjugation)과 비슷한 과정으로 Ti 플라스미드의 이 부분에 의해 형질전환되면 생긴다. 종양을 유발하는 플라스미드의 이 부분을 외래 유전자로 대체할 수 있으며, 숙주 유전체에도 여전히 전달 가능하다.

일반적인 전략은 잎 절편을 자른 다음(세포 손상을 유발), 병을 유발하지 못하도록 무장해제시킨, 재조합한 Ti 운반체를 갖는 아그로박테리아와 반응시키는 것이다. 잎 절편을 이제 줄기유도배지로 옮기고 동시에 T-DNA 상의 표지를 선별한다. 몇 주 경과 후에, 줄기가 나온 절편을 뿌리유도배지로 옮기고, 또 다시 몇 주 후에 이 어린 식물을 흙에 옮겨 심는다. 각 단계의 세부 내용을 자세히 알아보자.

형질전환 식물을 만드는 일반적인 방법을 담배를 모델로 하여 개략적으로 그림 13.40에 나타내었다. 잎 절편을 자른 다음, 이 절편을 선택 가능한 표지와 삽입할 유전자를 포함하도록 재조합한 종양유발(Ti) 플라스미드를 갖고 있는 아그로박테리아(*Agrobacterium tumefaciens*)와 함께 배양기에서 반응시킨다. *A. tumefaciens*는 독성(*vir*) 유전자와 운반 DNA(T-DNA) 부위를 포함하고 있는 Ti 플라스미드를 갖고 있다. 이 플라스미드의 T-DNA 부위에 관심 유전자를 삽입할 수 있다. 그림의 예에서는 T-DNA 서열을 변형시켜서, 25개 염기쌍으로 된 T-DNA 반복서열 사이를 선택가능한 표지(카나마이신 내성 유전자, Kan^R)와 삽입유전자(루시퍼라제)로 교체하였다.

잎 절편 가장자리의 상처가 난 세포는 페놀 계열의 방어 화합물을 배출하여 *A. tumefaciens*를 모여들게 하고 *vir* 유전자의 발현을 유발한다. 이 독성 단백질은 Ti 플라스미드의 T-DNA 영역을 절단하여 T 가닥을 만든다. *A. tumefaciens*가 식물 세포에 부착한 후, T 가닥과 여러 종의 독성 단백질은 운반통로를 거쳐 식물 세포 내로 전달된다(그림 13.40 참조). 식물 세포 내에서, 독성 단백질은 T 가닥과 결합하여 T 복합체를 이루게 된다. 이 복합체는 핵으로 이동하며, 핵에서 T-DNA는 식물 유전체 내로 삽입되고, 운반한 유전자가 발현된다. 플라스미드 DNA를 수용하고 선택 표지 유전자를 발현하는 식물 세포만이 생존하여 캘러스(미분화한 세포덩어리)를 형성하도록 자란다. 이 캘러스에 성장 인자를 줘서 줄기와 뿌리를 유도한다. 이제 뿌리가 나온 어린 식물은 삽입유전자를 가진 성체 식물로 자랄 것이다.

전기천공법과 미세발사체법

다른 식물(주요 곡물 종, 쌀, 밀, 옥수수 등)을 변형시키기 위한 대체 기술이 또한 개발되었다. 원형질체의 전기천공법(electroporation)은, 비록 모든 종을 단일세포로부터 재생할 수 있지는 못하더라도 일부 종에는 적합하다. 가장 광범위하게 적용 가능한 기술은 **미세발사체법을 이용한 형질전환(microballistic transfection)**이며, 다양한 종의 쌍자엽과 단자엽 식물들을 형질전환시키는 데 이용하고 있다. 미세발사체 투하법은, 고밀도의, 세포보다 작은 크기의 입자를 고속으로 가속시켜서 DNA나 RNA를 살아 있는 세포에 주입하여 세포를 형질전환하는 물리적인 방법이다. 일반적으로

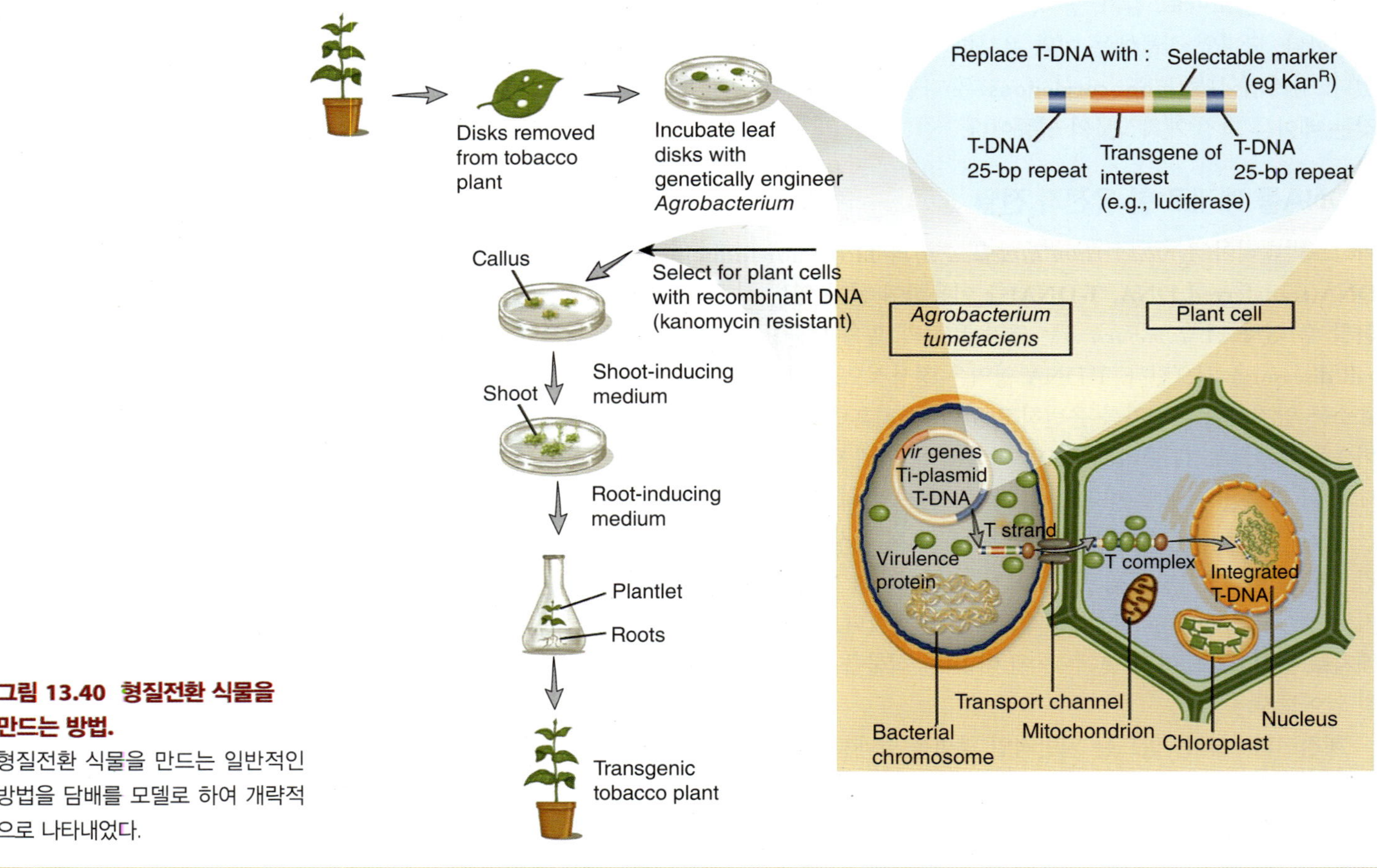

그림 13.40 형질전환 식물을 만드는 방법. 형질전환 식물을 만드는 일반적인 방법을 담배를 모델로 하여 개략적으로 나타내었다.

0.6 μm의 직경을 가진 금 나노입자를 운반자로 사용한다. 이들 입자는 "유전자 총(gene gun)"으로부터 발사된다.

이러한 방식으로, 연구자는 식물 유전자 편집을 위해 CRISPR-Cas 성분을 세포에 전달할 수도 있다. 더 최근의 개발에서, 옥수수 꽃가루는 CRISPR-Cas 성분을 전달하도록 조작되어, 벌레 저항성과 같은 특징을 도입하기 위해 옥수수 유전체를 더 쉽게 수정할 수 있는 문을 열었다. 다른 연구자들은 자연적으로 식물 세포를 감염시키는 조작된 식물 제미니바이러스를 사용하여 가이드 RNA와 Cas 단백질을 암호화하는 유전자를 식물 세포에 전달하고 있다.

장 요약

박테리오파지 λ 접착자리, 세균의 제한과 변형 시스템에 대한 지식은 유전 공학을 탄생시키고, 제한효소의 특성을 분석하게 하였다. II형 제한효소는 이중나선의 DNA에서 4−8 bp의 서열을 인식하고, 그 위치에서 두 가닥을 자르기 때문에 시험관 내에서 DNA의 지도 제작과 재건축에 널리 사용된다. 제한효소는 호모다이머로 기능한다. DNA와의 첫 번째 접촉은 비특이적이다. 반복된 해리/재연합을 조합하여 DNA를 따라 선상의 확산(미끄러짐)에 의해 이 효소는 표적 제한 위치를 찾는다. 인식 과정은 효소와 DNA의 큰 구조적인 변화를 일으켜 촉매 작용이 일어난다. 두 가닥에 있는 절단은 흔하게 엇갈려 있으므로, 제한효소는 2개의 DNA 분자가 시험관 내에서 연결되는 것을 도울 수 있는 접착 말단을 만들 수 있다. DNA 연결효소는 두 조각의 DNA를 연결하여 재조합 DNA 분자를 만드는 데 이용된다.

클로닝 벡터는 운반 DNA 분자로서, 독립적으로 자신의 DNA와 숙주 세포로 이동시킨 외부 DNA 조각을 복제시킬 수 있다. 외부 DNA의 재료는 유전체 DNA, cDNA, 중합효소 연쇄반응 산물과 화학적으로 합성된 올리고뉴클레오티드가 될 수 있다. 클로닝의 목적과 외부 삽입물의 크기에 따라 선택 가능한 벡터의 종류가 다양하다. 고전적인 클로닝 벡터는 플라스미드, 파지와 코스미드이고, 이것들에 이용될 삽입물의 크기 한계는 각각 10, 20 또는 45 kb이다. 훨씬 더 큰 삽입물을 운반할 수 있는 새로운 인공 염색체 벡터에는 세균 인공염색체, 효모 인공염색체와 포유류 인공염색체가 있다.

플라스미드 클로닝 벡터의 1세대 중에는 세균을 형질전환시킨 후에 세균에서 스스로 복제할 수 있는 pUC 계통의 플라스미드가 있다. 이것은 암피실린 저항성 유전자를 가지고 있으며, 부분적인 *lacZ*(β-갈락토시데이스) 유전자를 파괴하는 다발 클로닝 자리를 가지고 있다. 다발 클로닝 자리는 2개의 서로 다른 제한자리로 클로닝하는 방향성 클로닝(directional cloning)을 편리하게 이용할 수 있게 해 준다. 암피실린 저항 클론은 β-갈락토시데이스를 만들지 않아서 지시 기질인 X-gal, 블루를 변화시키지 않는 성질로 스크리닝한다. 양성 세균 콜로니는 배양 성장 배지에서 증폭되고, 액체크로마토그래피 방법으로 증폭된 재조합 플라스미드를 분리할 수 있다. 이온-교환 크로마토그래피가 그들의 전하에 의해 기질을 분리하는 데 이용될 수 있다. 젤 여과 크로마토그래피는 레진에 있는 구멍보다 작은 물질은 들어가게 하고, 더 큰 것은 들어가지 않게 하는 다공성의 레진으로 채워진 컬럼을 이용한다. 따라서 작은 물질일수록 컬럼을 통하여 더 천천히 이동하지만 큰 물질은 비교적 빠르게 컬럼을 통과한다.

없어도 되는 유전자를 제거하여 삽입물을 위한 공간을 마련하도록 제작된 파지 λ는 각 클론에서 큰 크기의 유전체 DNA를 가지는 것이 중요한 유전체 라이브러리를 만드는 데 유용하다. 더 유용한 것은 숙주 효모 세포에서 염색체처럼 작용하도록 설계된 YAC 벡터로서 1 Mb 크기의 외부 DNA까지 적용가능하다. YAC 벡터는 복제의 개시점과 중심절, 말단절과 각 팔에 성장 선택 가능 표지를 가지고 있다. 양성 선택은 팔이 함께 연결되는 곳에 있는 분자에 대한 영양요구 보충의 방법으로 이루어진다. 재조합 YAC는 "레드-화이트" 선택 과정에 의해 스크리닝되고, 외부 DNA의 삽입은 효모의 특정 돌연변이 주에서 빨간색 색소의 침착을 일으킨다.

유전체 라이브러리는 한 생명체의 모든 유전체 전체를 나타내는 DNA 조각을 포함하고 있다. 특정 세포에서 발현되는 mRNA로부터 유래한 모든 cDNA로부터 만들어진 라이브러리를 cDNA 라이브러리라고 한다. cDNA 라이브러리를 만들기 위해서 일차 가닥에 대한 주형으로 세포의 mRNA를 사용하여 한 번에 하나의 cDNA 가닥을 합성할 수 있는데, 이 일차 가닥은 이차 가닥의 주형으로 이용된다. 역전사효소는 일차 가닥을 만들고 대장균 DNA 중합효소 I의 Klenow 소단위체는 이차 가닥을 만든다. 적절한 클로닝 벡터에 상보적인 말단을 가진 이중나선의 DNA 링커가 클로닝 벡터에 대한 연결 전에 cDNA에 붙여질 수 있다. 발현되는 유전자의 유전자 암호화 서열이 라이브러리에 표현된다. 인트론과 조절 부위에 대한 서열은 존재하지 않는다.

중합효소 연쇄반응은 두 군데의 미리 결정된 자리 사이의 DNA를 증폭한다. 이 자리에 상보적인 올리고뉴클레오티드가 이 자리 사이의 DNA의 복사물의 합성을 위한 시발자로 작용한다. PCR의 각 주기는 증폭된 DNA의 복사물의 숫자를 배가시켜 대량으로 만들어지게 한다. PCR은 분자 클로닝, 유전자 발현 분석과 유전 질환 진단의 많은 분야에서 광범위하게 사용되고 있다.

라이브러리에 있는 특정 재조합 DNA 클론은 표지된 탐침자나 발현 벡터가 사용될 경우에는 항체를 사용하여 콜로니 또는 플라크 교잡으로 검출될 수 있다. 특정 클론은 유전자 자체에 결합하는 이종 또는 동종 탐침자를 사용하여 동정될 수 있다. 유전자 산물의 아미노산 서열을 알면, 이러한 아미노산 서열의 일부분을 암호하는 축퇴 또는 발현 서열표지(EST)를 기반으로 한 올리고뉴클레오티드를 설계할 수 있다. cDNA 탐침자는 유전체 라이브러리를 스크리닝하는 데 사용된다.

RNA와 DNA를 표지하는 데는 다양한 방법이 사용된다. 가장 높은 특이도를 가지는 탐침자는 많은 표지된 뉴클레오티드가 DNA 또는 RNA가 시험관 내에서 합성되는 동안에 일정하게 끼어들어가는 내부 표지를 사용하여 만들어진다. 말단-표지는 표지된 뉴클레오티드를 DNA 가닥의 3′-수산기에 첨가하거나 5′-인산기를 표지된 인산으로 바꾸어서 할 수 있으며, DNA의 한 끝을 정확히 알고 있을 때 사용된다. 탐침자가 방사능으로 표지되면 X-선 필름이나 포스포이미저(phosphorimager)를 이용한 자가방사능사진촬영술이나 액체 섬광(liquid scintillation)으로 검출할 수 있다. 현재는 매우 예민도가 높은 비방사능 표지 방법을 이용할 수 있다. 화학적 발광을 이용하는 것은 자가방사능사진촬영술이나 포스포이미징 방법으로 검출될 수 있다. 색깔을 띤 산물을 만드는 것은 직접 검출될 수 있다.

제한지도 작성은 클로닝이 된 DNA 조각의 제한효소의 절단자리 사이의 숫자, 순서와 거리를 결정하는 것이다. 제한지도를 작성하기 위해서는 클로닝이 된 DNA 조각을 제한 핵산내부가수분해효소로 자르고서 아가로스 젤 전기영동을 통해 확인한다. DNA와 RNA 조각은 젤 전기영동으로 크기에 따라 분리가 된다. 핵산 전기영동에 가장 흔하게 사용되는 것은 아가로스이지만, DNA 서열 분석에서처럼 더 작은 조각의 분리에는 폴리아크릴아마이드가 사용된다. 일부 RFLP들은 유전 질환의 표지로 사용된다.

표지된 DNA(또는 RNA) 탐침자는 서던 블롯으로 동일하거나 또는 매우 유사한 서열의 DNA에 교잡되도록 이용될 수 있다. 짧은 탐침자에 교잡하는 밴드의 숫자가 생명체에서 매우 가깝게 관계된 유전자의 숫자를 추측하게 해 준다. 서던 블롯은 RFLP 분석을 통하여 클로닝이 된 DNA의 제한지도 작성을 보충하고 중복되는 조각을 동정하거나 유전체 사이의 구조적 차이를 확인하는 데 사용될 수 있다.

Sanger의 DNA 서열 분석 방법은 DNA 중합효소가 합성을 시작하는 데 필요한 시발자(방사능이 표지된)와 DNA 합성을 종료하는 데 이데옥시뉴클레오티드(ddNTPs)를 사용하여 한 염기씩 길이 차이가 나는 방사능으로 표지가 된 일련의 DNA 조각을 만든다. 이러한 조각은 전기영동에 의해 크기에 따라 전개된다. 각 조각의 마지막 염기의 종류는 우리가 각각 네 가지의 반응을 종료시키기 위해 각 ddNTP를 사용하였으므로 알고 있다. 크기에 따른 조각의 순서가 DNA 염기서열을 말해준다. DNA의 원 가닥 서열은 젤의 방사능사진촬영술로부터 읽혀진 서열에 상보적이다. 자동화된 DNA 서열 분석기에서는 방사능 표지자를 형광 표지자로 교체하였다. 시간에 대한 형광 진하기의 그래프인 전기영동도(electropherogram)가 DNA 서열로 전환된다. 차세대 서열 분석 방법은 공간적으로 떨어져 있으면서 단일 클론으로 증폭된 DNA 주형을 동시에 대량의 배열을 통해서 분석한다. 메가베이스에서 기가베이스 길이의 DNA 서열이 신속히 분석될 수 있다.

형질전환 생물체는 유전체의 무작위적인 자리에 외래 유전자가 삽입되어 있는 생물을 말한다. 풋핵 주입을 통해 삽입유전자 구조물을 수정란에 도입하고, 이후 미세주입한 배아를 대리모에 착상한다. 그런 다음, 이 삽입유전자의 발현을 완전한 한 개체에서 전사, 번역, 그리고 형태학적 특징 수준에서 분석할 수 있다.

어떤 유전자의 역할을 알아볼 수 있는 다른 방법은 해당 유전자를 생쥐(또는 다른 생물체)에서 표적화로 파괴 또는 돌연변이시킨 후, 이 "녹아웃" 생쥐에서 기능 상실 돌연변이의 영향을 살펴보는 것이다. 특정 유전자의 표적화 파괴는 배아줄기세포에서 상동유전자 재조합을 통해 가능하다. 유전자가 표적화된 세포를 선택하여 배반포 시기의 배아에 주입한 다음, 이를 대리모에 착상시킨다. 동형접합된 녹아웃 생쥐의 계통은 자손을 동계교배하면 얻을 수 있다.

형질전환 및 유전자 표적화 전략은 조직 특이적 조절 요소의 지배하에 있는 외래 유전자를 도입하여 선택한 세포나 조직 내에서 유전자를 과발현시키거나 변형 또는 불활성화하는 데에도 이용할 수 있다. 발생 단계 특이적인 유전자의 발현을 연구하기 위해서는 유도 가능한 발현 시스템을 사용할 수 있다. 이러한 예로서, 테트라사이클린 농도에 따라 발현 조절이 가능한 전사 활성 인자의 활성에 의존하는 유도 시스템이 있다. 또 다른 예는 Cre/*lox* 시스템인데, 이는 삽입유전자의 발현을 활성화시키거나 조직 특이적으로 유전자 녹아웃을 유도할 수 있게 하기 위해 부위-특이적 DNA 재조합을 이용하고 있다.

원핵생물의 CRISPR-Cas 적응 면역체계는 유전자 서열을 삽입하거나 삭제하여 유전체 영역을 정밀하게 편집할 수 있는 강력한 도구로 개발되었다. 특정 DNA 표적 서열은 Cas와 복합체를 형성하는 가이드 RNA에 의해 결정되어 엔도뉴클레에이스가 짧은 CRISPR RNA(crRNA) 서열에 상보적인 서열을 포함하는 유전체 부위를 표적으로 할 수 있다. CRISPR-Cas 유전자 편집은 유전자 편집 유기체의 계보를 생성하기 위해 유전자 변형 기술과 결합될 수 있다.

생쥐를 유전자 조작을 위한 모델 생물로 이용함으로써 분자생물학에서 여러 핵심적인 진전이 있어 왔다. 이 기술의 응용으로 새로운 형질을 더하거나 기존의 형질을 향상시켜 상업적으로 중요한 동물의 질을 높이는 방법, 또는 치료용 목적으로 외래 단백질을 과발현시키기 위한(유전자 파밍) 방법 등을 들 수 있다.

핵 이식을 통한 클로닝은 제공자 세포의 전체 핵을 미리 탈핵시킨 미수정란에 이식하는 것이 필요하다. 세포가 융합하고, 이로부터 생겨난 배아를 대리모에 착상하게 된다. 이 결과로 생겨난 클론은 제공자의 핵과 유전적으로 동일하다; 하지만, 미토콘드리아 DNA는 핵 제공자 세포와 수용자 난자 둘 모두에서 오게 된다. 체세포 핵 이식을 통한 클로닝은 1950년대에 최초로 양서류에서 시도되었다. 그러나 성체의 체세포 핵 이식을 통한 포유류의 클로닝은, 1997년에 복제양 Dolly의 클로닝이 있기 전까지는 불가능하리라 여겨져왔다. 이 기술은 아직까지도 특히 영장류의 경우에 성공률이 매우 낮으며, 클로닝된 첫 세대는 발생학적 이상 징후를 많이 겪는다. 핵 이식을 통한 클로닝은 발생, 세포 분화, 분화 세포에서 미분화(전능) 상태로의 핵 재프로그래밍, 각인, 그리고 노화 등의 메커니즘에 관한 이해를 높이는 데에도 이용된다. 핵 이식을 통한 번식 클로닝은 또한 형질전환 동물의 클로닝, 우수 동물종의 유지 및 야생생물 보존 등에도 이용할 수 있는 잠재적 가치를 갖고 있다. 치료 목적으로 이용할 수 있게 줄기세포를 얻고자 시도하는 클로닝은 많은 관심과 논란이 공존하는 분야이다.

형질전환 기술은 새로운 형질을 더하거나 기존의 형질을 향상시켜 상업적으로 중요한 식물의 질을 높이려는 시도로 식물에도 적용되어 왔다. 유전자 변형 작물은 인류 건강과 관련한 염려 탓에 일반 대중들로부터 언제나 환영만 받는 것은 아니다. 클로닝한 유전자를 식물의 잎 절편으로 전달하기 위해서는 아그로박테리움(*Agrobacterium*)이 갖고 있는 Ti 플라스미드와 같은 식물 운반체 DNA를 이용하거나 또는 전기천공법이나 미세 발사체를 이용한 형질전환 방법이 사용된다. 그런 다음, 절편을 줄기 및 뿌리 유도가 가능한 배지로 옮겨서 작은 식물체로 자라나게 한다.

분석 질문

분석 및 발견 질문에 대한 답변은 해답을 참조하시오.

1 당신은 아래의 4.0 kb의 플라스미드 벡터의 다발 클로닝 자리에 있는 *Eco*RI 자리에 1.5 kb 크기의 외부 DNA를 연결하려고 한다.

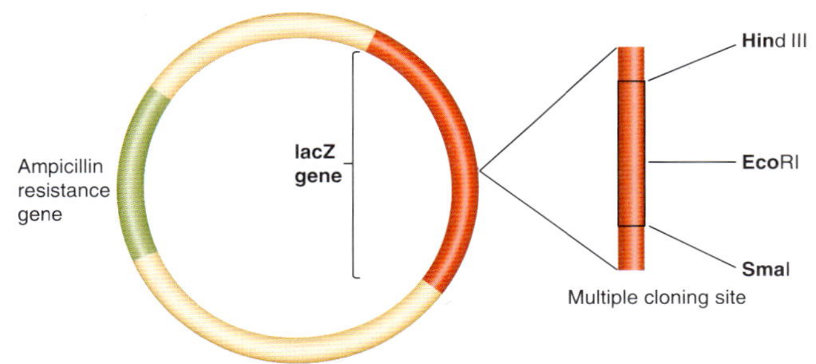

(a) 당신은 라이게이션 후에 라이게이션 혼합물에 있는 DNA를 이용하여 세균을 형질전환시키려고 한다. 제한 변형 시스템이 결핍된 숙주 세균을 사용하는 것이 왜 중요한가?

(b) 당신은 재조합 플라스미드 DNA로 형질전환됐을 것으로 예상되는 세균을 찾으려고 한다. 암피실린과 X-gal이 포함된 아가 플레이트에서 자라는 세균 콜로니 중 일부는 흰색이고 일부는 푸른색이다. 이러한 결과에 대해 설명하시오.

(c) 외부 DNA 삽입물의 존재를 확인하기 위하여 당신은 세균 콜로니에서 추출한 DNA를 *Eco*RI 제한효소로 소화시킨다. 전기영동 후 젤을 에티디움 브로마이드(ethidium bromide)로 염색하고 나서 *Eco*RI에 의해 소화된 재조합 플라스미드와 재조합되지 않은 플라스미드의 밴드 패턴을 예상하여 그리시오. (각 전극의 위치와 전류가 흐르는 방향도 표시하시오.)

2 올리고-dT가 화학적으로 반응성이 없는 물질에 연결된 크로마토그래피 컬럼은 진핵 mRNA를 다른 RNA 분자로부터 분리하는 데 유용하다. 이와 같은 컬럼이 이런 목적으로 사용되는 원리에 대해 설명하시오.

3 인간 DNA 연결효소 I 유전자의 뉴클레오티드 서열을 가지고서, 당신이 복어 *Tetraodon nigroviridis*처럼 유전체의 서열이 이미 알려진 다른 생명체에서 본 유전자의 상동 유전자를 어떻게 찾을 수 있는지를 기술하시오. 그리고 당신이 찾은 유전자에서 단백질을 어떻게 얻을 수 있고 단백질의 연결효소 활성이 있는지를 알아볼 수 있는가에 대해 기술하시오.

4 당신은 아래와 같은 서열의 DNA를 굵게 표시된 부분과 일치하는 6개의 뉴클레오티드로 된(헥사머, hexamer) 시발자를 가지고서 중합효소 연쇄반응을 사용하여 증폭하고자 한다. (실제로 헥사머는 너무 짧아 대부분 이러한 목적으로는 사용할 수 없다.) 당신이 사용해야 할 시발자 올리고뉴클레오티드의 서열을 5′ → 3′의 방향으로 적고, 증폭으로 생기는 DNA의 서열도 적으시오.

5′-TAGGCAT**GCAATG**GTAATTTTTCAGGAAC-
CAGGGCCCTT**AAGCCG**TAGGCAT-3′

3′-ATCGGTA**CGTTAC**CATTAAAAAGTCCTTG-
GTCCCGGGAA**TTCGGC**ATCCGTA-5′

5 아래의 그림은 RFLP 분석을 하려는 부위의 물리적 지도(physical map)이다.

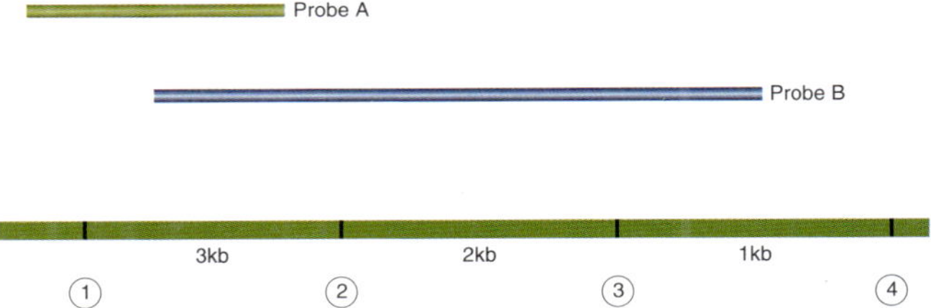

DNA 안의 직선은 *Sma*I의 제한자리를 나타낸다. 자리 2, 3은 다형성이며, 나머지는 그렇지 않다. 당신이 DNA를 *Sma*I으로 자르고서 조각을 전기영동한 후 막으로 서던 블롯하였다. 당신은 위의 그림에 나타난 것처럼, DNA를 인식하는 2개의 탐침자를 가지고 있다: 탐침자 A, 초록색 선; 탐침자 B, 파란색 선.

(a) 분석을 위하여 어떤 탐침자를 사용할지 설명하시오. 다른 탐침자는 왜 사용할 수 없는가?

(b) 다음과 같이 자리 2와 3에 대한 상동 유전형을 가지고 있는 사람의 DNA에서 검출되는 밴드의 크기를 말하

시오.

Haplotype	Site 2	Site 3
A	Present	Present
B	Present	Absent
C	Absent	Present
D	Absent	Absent

6 다음의 그림을 완성하여 NTP, dNTP와 ddNTP(예를 들어, CTP, dCTP, ddCTP) 사이의 구조적 차이를 보이시오.

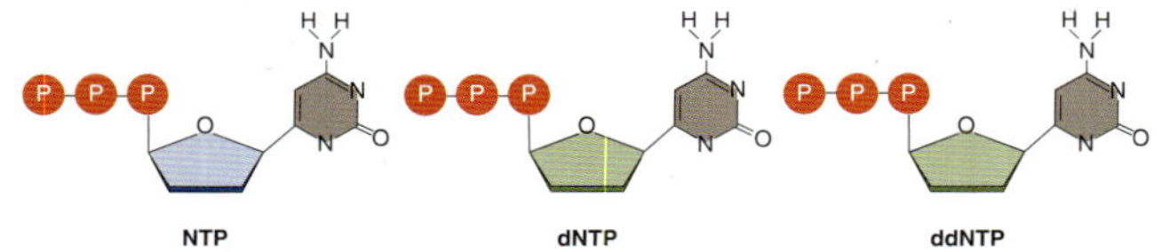

(a) "d"와 "dd"는 무엇의 약자인가?

(b) DNA 서열 반응에서 ddNTP가 "사슬 종료자"로 불리는 이유를 설명하시오.

7 DNA 조각의 뉴클레오티드 서열이 Sanger의 DNA 서열 분석법에 의하여 결정되어 아래와 같은 결과를 얻었다. 원래 DNA 조각의 5′ → 3′ 방향의 뉴클레오티드 서열은 무엇인가?

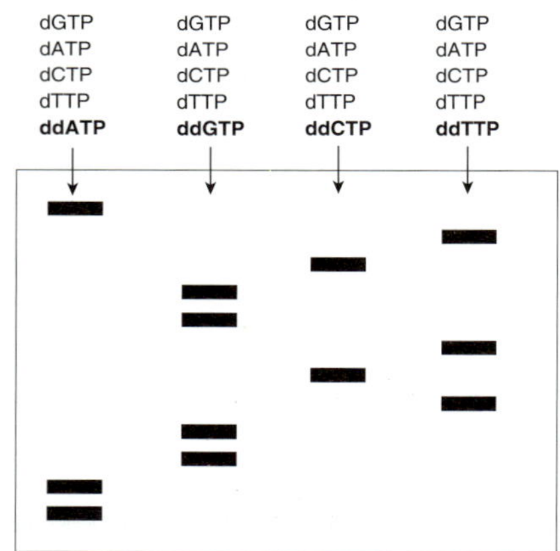

8 항구적인 프로모터(constitutive promoter)의 통제 아래 놓인 *GFP* cDNA를 삽입한 어떤 형질전환 생쥐의 DNA에 이 유전자가 있는지를 검사하기 위한 서던 블롯 실험을 설계해 보시오. 표적 생쥐 염색체와 *GFP* 삽입유전자 내에 당신이 원하는 아무 제한효소 자리들이 있다고 가정하시오.

(a) 삽입이 성공하였을 때와 성공하지 못하였을 때의 결과를 각각 예시해 보시오.

(b) 다른 창시자의 계통으로부터의 생쥐도 삽입유전자가 똑같은 자리에 들어 있겠는가?

(c) 이 형질전환 생쥐 삽입유전자의 전사 및 번역을 분석하기 위해 당신이 사용하고자 하는 기술을 적으시오.

9 만일 유전자 표적화(녹아웃) 생쥐를 만드는 과정이 다음과 같이 (각 상황을 각각 고려하시오.) 변경되었다면 어떤 결과물을 예상하는가?

(a) 배아줄기세포가 수용자 배반포의 세포와 다른, 육안으로 식별 가능한 표현형질(아구티 털색과 같은) 유전자를 갖고 있지 않았다.

(b) 주입한 "파괴" 유전자(예, *neo*r)가 관심 유전자 내로 삽입되지 않았다.

(c) 화학적 형질감염이나 전기천공법이 실패했다.

(d) 유전자 녹아웃으로 배아의 치사(embryonic lethal)가 일어났다.

10 다음 가상의 시나리오를 고려해 보시오.

"한 어린 과학천재, Dolly가 결국 결장암에 걸렸다. 그녀가 죽음에 이르자, 그녀의 부모는 과학계의 가장 위대한 영혼 중 하나가 그녀와 함께 사라질 것으로 생각하고, 또한 이 세상에 이런 일이 일어나지 않도록 막을 책임이 자신들에게 있다고 느낀다. 이들 가족은 "번식 클로닝"(체세포 핵 이식을 통한 클로닝)을 하고 있다는 소문을 전해 듣고서, 해안과 떨어진 한 작은 섬에 있는 비밀 실험실을 찾아 떠난다. Dolly의 부모는 그녀의 피부 세포 하나로부터 그녀를 클로닝하길 원하고 있다"

(a) 만일 그 실험실이 Dolly를 클로닝하는 데 성공한다면, 그들은 Dolly의 클론도 Dolly처럼 학문적으로 천부적일 것이라고 보장할 수 있을까?

(b) Dolly와 그녀의 클론은 동일한 DNA "지문"을 가지겠는가? 그렇게 생각한 이유는?

(c) Dolly와 그녀의 클론은 똑같은 미토콘드리아 DNA를 가지겠는가? 그렇게 생각한 이유는?

(d) Dolly의 피부 세포내 텔로미어와 그녀의 배아 클론의 세포내 텔로미어 간의 길이에 차이가 있을 것이라고 생각하는가? 그렇게 생각한 이유는?

11 어떤 분자생물학자 팀이 배아줄기세포에서의 유전자 표적화를 통해서, 또는 외래 DNA를 수정란의 풋핵에 미세주입하여 형질전환 생쥐를 만들거나 CRISPR-Cas 유전자 편집 마우스를 생성하기 위해 유전자 구조물을 준비할 때 여기에 절연체(insulators)와 바탕질 부착 영역 등의 조절 요소들을 포함시키는 것이 중요할지 아닐지 여부와 관련하여 당신에게 조언을 구하고 있다. 당신의 조언을 제공하고 그 이론적 근거를 설명하시오.

참고문헌

Abbott, A. (2010). Mouse project to find each gene's role. *Nature* 465: 470.

Alper, J. (2003). Hatching the golden egg: a new way to make drugs. *Science* 300: 729–730.

Ausubel, F.M., Brent, R., Kingston, R.E., Moore, D.D., Seidman, J.G., Smith, J.A., Struhl, K., eds. (2002) Short Protocols in Molecular Biology, 5th ed. Wiley, New York.

Bernheim, A. and Sorek, R. (2018). Viruses cooperate to defeat bacteria. *Nature* 559: 482–484.

Betts, D.H., Bordignon, V., Hill, J.R. et al. (2001). Reprogramming of telomerase activity and rebuilding of telomere length in cloned cattle. *Proceedings of the National Academy of Sciences of the United States of America* 98: 1077–1082.

Campbell, K.H.S., McWhir, J., Ritchie, W.A., and Wilmut, I. (1996). Sheep cloned by nuclear transfer from a cultured cell line. *Nature* 380: 64–66.

Capecchi, M.R. (1994). Targeted gene replacement. *Scientific American* 270: 34–41.

Chan, A.W.S. (2014). Production of transgenic nonhuman primates. In: *Transgenic Animal Technology: A Laboratory Handbook*, 3e (ed. C.A. Pinkert), 359–386. Elsevier, London.

Chan, A.W.S., Chong, K.Y., Martinovich, C. et al. (2001). Transgenic monkeys produced by retroviral gene transfer into mature oocytes. *Science* 291: 309–312.

Chang, K., Qian, J., Jiang, M. et al. (2002). Effective generation of transgenic pigs and mice by linker-based sperm-mediated gene transfer. *BMC Biotechnology* 2: 5.

Cohen, J. (2016). Mice made easy. *Science* 354: 539–542. Echols, H. (2001). *Operators and Promoters: The Story of Molecular Biology and Its Creators*. Berkeley: University of California Press.

Galli, C., Lagutina, I., Crotti, G. et al. (2003). Pregnancy: a cloned horse born to its dam twin. *Nature* 424: 635.

Gong, Z., Ju, B., and Wan, H. (2001). Green fluorescent protein (GFP) transgenic fish and their applications. *Genetica* 111: 213–225.

Gowers, D.M., Wilson, G.G., and Halford, S.E. (2005). Measurement of the contributions of 1D and 3D pathways to the translocation of a protein along DNA. *Proceedings of the National Academy of Sciences of the United States of America* 102: 15883–15888.

Grunwald, H.A., Gantz, V.M., Poplawski, G. et al. (2019). Super-Mendelian inheritance mediated by CRISPR-Cas9 in the female mouse germline. *Nature* 566: 105–109.

Gurdon, J.B. and Byrne, J.A. (2003). The first half-century of nuclear transplantation. *Proceedings of the National Academy of Sciences of the United States of America* 100: 8048–8052.

Hampton, H.G., Watson, B.N.J., and Fineran, P.C. (2020). The arms race between bacteria and their phage foes. *Nature* 577: 327–336.

Harrington, J.J., van Bokkelen, G., Mays, R.W. et al. (1997). Formation of *de novo* centromeres and construction of first generation human artificial microchromosomes. *Nature Genetics* 125: 345–355.

Holt, W.V., Pickard, A.R., and Prather, R.S. (2004). Wildlife conservation and reproductive cloning. *Reproduction* 127: 317–324.

Horie, K., Kuroiwa, A., Ikawa, M. et al. (2001). Efficient chromosomal transposition of a *Tc1/mariner*-like transposon *Sleeping beauty* in mice. *Proceedings of the National Academy of Sciences of the United States of America* 98: 9191–9196.

Hou, Z. and Zhang, Y. (2019). Inserting DNA with CRISPR. *Science* 365: 25–26.

Katoh, M., Ayabe, F., Norikane, S. et al. (2004). Construction of a novel human artificial chromosome vector for gene delivery. *Biochemical and Biophysical Research Communications* 321: 280–290.

Kurpiewski, M.R., Engler, L.E., Wozniak, L.A. et al. (2004). Mechanisms of coupling between DNA recognition and specificity and catalysis in *Eco*RI endonuclease. *Structure* 12: 1775–1788.

Lee, B.C., Kim, M.K., Jang, G. et al. (2005). Dogs cloned from adult somatic cells. *Nature* 436: 641.

Lipps, H.J., Jenke, A.C.W., Nehlsen, K. et al. (2003). Chromosomebased vectors for gene therapy. *Gene* 304: 23–33.

Liu, J., Carmell, M.A., Rivas, F.V. et al. (2004). Argonaute2 is the catalytic engine of mammalian RNAi. *Science* 305: 1437–1441.

Liu, Z., Cai, Y., Wang, Y. et al. (2018). Cloning of macaque monkeys by somatic cell nuclear transfer. *Cell* 172: 881–887.

Liu, L., Yin, M., Wang, M., and Wang, Y. (2019). Phage AcrIIA2 DNA mimicry: structural basis of the CRISPR and anti-CRISPR arms race. *Molecular Cell* 73: 611–620.

Love-Gregory, L.D., Dyer, J.A., Grasela, J. et al. (2001). Carrier detection and rapid newborn diagnostic test for the common Y393N maple syrup urine disease allele by PCR-RFLP: culturally permissible testing in the Mennonite community. *Journal of Inherited and Metabolic Diseases* 24: 393–403.

Malarkey, T. (2003). Human health concerns with GM crops. *Mutation Research* 544: 217–221.

Marraffini, L.A. (2015). CRISPR-Cas immunity in prokaryotes. *Nature* 526: 55–61.

Matoba, S. and Zhang, Y. (2018). Somatic cell nuclear transfer reprogramming: mechanisms and applications. *Cell Stem Cell* 23: 471–485.

Mendoza, S.D., Nieweglowska, E.S., Govindarajan, S. et al. (2020). A bacteriophage nucleus-like compartment shields DNA from CRISPR nucleases. *Nature* 577: 244–248.

Meng, L., Ely, J.J., Stouffer, R.L., and Wolf, D.P. (1997). Rhesus monkeys produced by nuclear transfer. *Biology of Reproduction* 57: 454–459.

Mikkola, H.K.A. and Orkin, S.H. (2004). Gene targeting and transgenic strategies for the analysis of hematopoietic development in the mouse. In: *Methods in Molecular Medicine, Developmental Hematopoiesis: Methods and Protocols*, vol. 105 (ed. M.H. Baron), 3–22. Totowa, NJ: Humana Press, Inc.

Morrow, J.F., Cohen, S.N., Chang, A.C.Y. et al. (1974). Replication and transcription of eukaryotic DNA in *Escherichia coli. Proceedings of the National Academy of Science of the United States of America* 71: 1743–1747.

Mullis, K.B. (1990). The unusual origin of the polymerase chain reaction. *Scientific American* 262: 36–43.

Nash, S. (2004). Glofish gives new shine to GM debate. *The Scientist* 18: 46–47.

Okabe, M., Ikawa, M., Kominami, K. et al. (1997). 'Green mice' as a source of ubiquitous green cells. *FEBS Letters* 407: 313–319.

Ow, D.W., Wood, K.V., DeLuca, M. et al. (1986). Transient and stable expression of the firefly luciferase gene in plant cells and transgenic plants. *Science* 234: 856–859.

Palmiter, R.D., Brinster, R.L., Hammer, R.E. et al. (1982). Dramatic growth of mice that develop from eggs microinjected with metallothionein-growth hormone fusion genes. *Nature* 300: 611–615.

Park, J.E. and Silva, A.C. (2019). Generation of genetically engineered non-human primate models of brain function and neurological disorders. *American Journal of Primatology* 81: e22931.

Picciotto, M.R. and Wickman, K. (1998). Using knockout and transgenic mice to study neurophysiology and behavior. *Physiological Reviews* 78: 1131–1164.

Pingoud, A. and Jeltsch, A. (2001). Structure and function of type II restriction endonucleases. *Nucleic Acids Research* 29: 3705–3727.

Platt, R.J. (2019). CRISPR tool enables precise genome editing. *Nature* 576: 48–49.

Reik, W. and Dean, W. (2003). Silent clones speak up. *Nature* 423: 390–391.

Sambrook, J. and Russell, D.W. (2001). *Molecular Cloning: A Laboratory Manual*, 3e. Cold Spring Harbor, NY: Cold Spring Harbor Laboratory Press.

Sauer, B. (1998). Inducible gene targeting in mice using the Cre/*lox* system. *Methods: A Companion to Methods in Enzymology* 14: 381–392.

Schnieke, A.E., Kind, A.J., Ritchie, W.A. et al. (1997). Human factor IX transgenic sheep produced by transfer of nuclei from transfected fetal fibroblasts. *Science* 278: 2130–2133.

Scudellari, M. (2019). Self-destructing mosquitoes and sterilized rodents: the promise of gene drives. *Nature* 571: 160–162.

Shin, T., Kraemer, D., Pryor, J. et al. (2002). A cat cloned by nuclear transplantation. *Nature* 415: 859.

Simerly, C., Dominko, T., Navara, C. et al. (2003). Molecular correlates of primate nuclear transfer failures. *Science* 300: 297.

Surani, M.A. (2001). Reprogramming of genome function through epigenetic inheritance. *Nature* 414: 122–128.

Thomas, K.R. and Capecchi, M.R. (1990). Targeted disruption of the murine *int−1* proto-oncogene resulting in severe abnormalities in midbrain and cerebellar development. *Nature* 346: 847–850.

Viadiu, H. and Aggarwal, A.K. (2000). Structure of *Bam*HI bound to nonspecific DNA: a model for DNA sliding. *Molecular Cell* 5: 889–895.

Voelkerding, K.V., Dames, S.A., and Durtschi, J.D. (2009). Nextgeneration sequencing: from basic research to diagnostics. *Clinical Chemistry* 55: 641–658.

Vogel, G. (1999). Mice cloned from cultured stem cells. *Science* 286: 2437.

Vogel, G. (2001). Cloned gaur a short-lived success. *Science* 291: 409.

Vogel, G. (2010). Reprogrammed cells come up short, for now. *Science* 327: 1191.

Vogel, G. (2010). New technique RiPS open the stem cell field. *Science* 330: 162.

Wakayama, T., Rodriguez, I., Perry, A.C. et al. (1999). Mice cloned from embryonic stem cells. *Proceedings of the National Academy of Sciences of the United States of America* 96: 14984–14989.

Watson, J. (1993). The human genome initiative. In: *Genetics and Society* (eds. B. Holland and C. Kyriacou), 13–26. New York: Addison-Wesley Publishing Co.

Weismann, A. (1893). *The Germ−Plasm: A Theory of Heredity*. London: Walter Scott Ltd.

Willyard, C. (2015). Rise of the organoids. *Nature* 523: 520–522.

Wilmut, I., Schnieke, A., McWhir, J. et al. (1997). Viable offspring derived from fetal and adult mammalian cells. *Nature* 385: 810–813.

Wolff, S.C. and Purvis, J.E. (2019). Reprogramming favors the elite. *Science* 364: 330–331.

Woods, G.L., White, K.L., Vanderwall, D.K. et al. (2003). A mule clone from fetal cells by nuclear transfer. *Science* 301: 1063.

Wu, J., Ocampo, A., and Belmonte, J.C.I. (2016). Cellular metabolism and induced pluripotency. *Cell* 166: 1371–1385.

C H A P T E R F O U R T E E N

유전자 발현과 기능, 그리고 유전체를 분석하기 위한 기법들

포스트 유전체 시대에서, 연구자들은 생물의 기능을 직접적으로 관찰할 수 있는 기법을 원하였고, 녹색형광단백질(GFP)이 이러한 기법으로 판명되었다.

***Atsushi Miyawaki*, Cell *(2008)*. © 2008 Elsevier.**

OUTLINE

- 14.1 서론
- 14.2 DNA 타이핑
- 14.3 유전체학, 단백체학과 그 이상
- 14.4 전체-유전체 염기서열 분석
- 14.5 리포터 유전자
- 14.6 전사체학: RNA 발현과 위치
- 14.7 프로테오믹스: 단백질 발현과 위치
- 14.8 핵산-단백질 간의 상호작용 분석
- 14.9 단백질-단백질 간의 상호작용 분석
- 14.10 단백질의 구조 분석

생물발광 해파리 *Aequorea Victoria*.
(Photo credit: David Wrobel/Visuals Unlimited/Getty Images Inc.)

14.1 서론

재조합 DNA 기술의 발달은 유전자의 구성과 발현에 대한 연구에 있어서 혁명적 변화를 초래하였다. 최근의 기술적 진보와 유전체 구조에 대한 이해 증가는 분자생물학자로 하여금 종간 및 종내 개별적 유전체를 비교할 수 있게 하였으며, 10년 전에는 도저히 가능하지 않았던 정확도를 가지고 유전체를 연구할 수 있도록 만들어 주었다. 이 장에서는 DNA 타이핑—개개인 간의 반복적 DNA 다양성 검사를 통한 신원확인—에서 전체 유전체 비교 검사와 같은 것들이 논의된다. 이러한 기술은 종의 구별뿐만 아니라 개인별 특징을 알아내는 데도 적용된다. 이러한 자료는 매우 방대하고, 때로는 다루기 힘든 일이다; 하지만 이 기술의 응용은 엄청나다.

추가로 생물정보학(bioinformatics), 유전체학(genomics), 단백체학(proteomics)의 최근 연구 결과와 생물정보학 도구들에 대해서도 기술하고 있다.

이 장에서는 전사 및 번역 수준에서 단일 유전자의 발현 분석과 함께 세포, 조직 유형 또는 유기체에서 발현된 RNA 및 단백질의 완전한 보체를 분석하는 방법을 포함하여 유전자 조절 및 기능을 분석하기 위한 도구를 다룬다. 또한 DNA–단백질, RNA–단백질 및 단백질–단백질 상호작용을 분석하는 기술이 설명된다. 처음부터 끝까지 계속 읽는 것보다 개별 섹션이 이후 또는 이전 장에서 언급된 실험을 이해하는 데 관련이 있을 때 참고로서 더 잘 사용될 수 있을 것이다. 개별 유전체 변이 분석부터 시작하여 더 확장된 수준으로 이동해 보기로 하자.

14.2 DNA 타이핑

DNA 타이핑(DNA typing)은 개인의 신상을 확인해 주는 가장 확실한 방법이다. 처음에는 "DNA 지문검색(fingerprinting)"이라 불렸으며, 1985년 알렉 제프리와 그의 동료들이 이 기술을 발전시켰다. 이 명칭은 본래 피부 지문검색으로부터 구분되어지면서 DNA 타이핑(typing)으로 바뀌게 되었다. DNA 타이핑은 다음과 같은 여러 분야에서 사용되고 있다: (i) 친부모와 친지 확인(그림 14.1); (ii) 장기 이식에서의 기증자와 수여자 확인; (iii) 재난 희생자의 신원 조회(예, 동남아시아의 2004년 쓰나미 대참사 희생자); (iv) 세균, 공기, 물, 그리고 음식의 오염물 검출; (v) 클론이 기증자의 것인지 아닌지 여부 확인(13장 참조); (vi) 야생동물 관계자들에 대한 도움으로 멸종위기종과 보호종의 식별(Focus Box 14.1). DNA 타이핑으로 가장 잘 알려진 것은 범죄현장에 남겨진 DNA를 확인하여 범죄자를 확인하는 것과 억울하게 범죄 용의자로 지목된 사람에 대한 무죄 규명이다.

법의학자들은 범죄현장에 남아 있는 증거품(예, 혈흔, 정액, 머리카락, 침, 그리고 조직)을 검사해 달라는 요구에 자주 접하게 된다. 본래 법의학자는 혈액형과 다형성 단백질 그리고 효소 검사로부터 얻은 제한된 정보에 의존하여 검사를 하였다. 1987년부터 법의학적 DNA 타이핑은 미국에서 범죄 재판과 친부모 확인의 증거로 사용되었다. 이러한 유전적 증거는 전체 기소사건에서 1% 미만으로 적게 이용되었지만, 이러한 사례의 대부분은 살인이나 강간과 같은 중범죄에 대한 평결에 있어서 커다란 영향을 주었다. DNA 정보가 처음으로 법정에서 이용이 되어졌을 때, 회의론자는 이러한 검사가 과연 그 사람의 신원을 확인할 수 있는지에 대해 의문을 가졌었다. 하지만 현재, 판사와 배심원들은 사건에 사용된 물품과 시료에 대한 DNA 검사 결과를 증거로 받아들이고 있다.

그림 14.1 친자확인검사를 선전하는 광고판. (출처: Photograph courtesy of Identigene.)

Focus Box 14.1

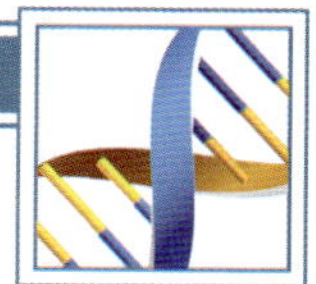

비인간 DNA 타이핑

인간이 아닌 종에 대한 생물학적 검사는 법의학자 및 다른 연구자에 의해서 이루어졌다. 예를 들면, 비인간 DNA 타이핑은 천연기념물이나 야생종을 보호하는 데 사용되었고, 범죄 해명에도 활용되었다. 이러한 비인간 DNA 타이핑은 STR 다형성을 기본으로 진행된다.

일본 시장에서 발견된 천연기념물 고래의 DNA

DNA 타이핑은 불법적인 고래잡이를 없애기 위한 노력에 일정 부분 기여하였다. 일례로, 남쪽 영역에서 활동하는 "세이"라고 불리우는 세이고래의 DNA 자료가 일본 소매시장에서 고래 고기를 비교하는 데에 사용되어졌다. 세이고래(*Balaenoptera borealis*)는 청고래와 긴수염고래 다음으로 긴 고래수염을 가지고 있는 고래이다. 이들 종은 멸종위기에 처해 있어서, 국제고래협회와 멸종위기협회에서 보호를 받고 있는 고래이기도 하다. 이러한 DNA 타이핑은 세이고래 고기를 시장에서 팔지 못하도록 하는 데 도움이 될 것이다.

범죄 사건에 연관된 애완견

여러 가지 사건들 중에, 사랑을 받는 애완견이 주인에게 유죄를 씌우게 된 사건을 소개한다. 2004년 오하이오에서 어떤 남성의 애완견인 로트와일러가 두 명의 여성을 공격하였고, 이에 따라 6달 구형과 $5000의 벌금을 물게 되었다. 한 여성은 중상을 입었고 한 여성은 사망하였다. 두 희생자의 옷에 묻은 침에서 채취한 DNA가 애완견의 것과 일치하였기 때문이다.

또 다른 잘 알려진 사건으로는 스노우볼이라 불리는 짧은 털을 가진 미국의 흰색 고양이가 주인을 2급 살인범으로 몰고 간 경우이다. 1994년 가을, 프린스 에드워드 아일랜드에 사는 어떤 한 여성이 그녀의 집에서 사라졌다. 희생자의 피가 묻은 남성의 가죽 재킷은 희생자의 집에서 8 km 떨어진 곳에서 발견되었다. 그 코트에서 흰색고양이털을 발견하였다. 주변을 탐문해 보았더니 희생자의 남자친구가 스노우볼이라는 흰색 고양이를 키운다는 것을 알게 되었다. 다음 해 봄에 희생자의 사체를 무덤 근처에서 찾을 수 있었고, 그의 남자친구는 살인죄로 기소되었다. 비슷한 시기에 우연히 분자생물학자인 Marilyn Menotti-Raymond, Stephen J. O'Brien 그리고 여러 동료들에 의해 고양이의 STR 표지자 위치를 찾았다는 논문이 발표되었다. Menotti-Raymond와 O'Brien 등은 DNA 타이핑을 위해서 스노우볼로부터 피를 채취하였고, 범죄현장에 있는 고양이털로부터는 분별 검사를 하기에 충분한 DNA를 얻었다. 2개의 시료에서 10개의 STR이 같은 결과를 보였다. 그러나 아일랜드 고양이 전체에서 유전적 차이점을 확인하기는 어려운 상황이었다. 고양이들이 높은 동계교배율을 가질 경우와 무작위로 선택된 두 고양의 STR 위치를 비교하였을 때 우연히 여러 유전자 자리에서 같은 결과를 나타낼 가능성을 완전히 배제할 수는 없었다. 이러한 가능성을 배제하기 위하여, 전혀 관련이 없는 프린스 에드워드 아일랜드에 사는 19마리의 고양이와 미국의 다른 곳에 있는 9마리의 고양이 혈액을 채취하여 비교하였다. 두 군에서의 STR을 비교 연구함으로써, 아일랜드 고양이의 유전적 구조와 미국의 다른 곳에 사는 고양이와의 차이점을 알 수 있게 되었다. 이러한 연구 결과, 혈흔이 묻어 있는 재킷에서 발견된 흰색 털과 스노우볼의 DNA가 같을 확률은 40,000,000의 1보다 더 적은 것으로 계산되었다.

DNA 다형성: DNA 타이핑의 기초

인간 유전체의 약 0.1%(약 3백만 염기)만이 사람 간의 차이를 보인다. 사람 백혈구 항원(HLA) 위치를 제외하면, 유전적 차이는 암호화 DNA에서 비교적 제한적으로 나타난다. 발현되는 유전자로부터의 이러한 결과는 그 기능을 유지하기 위해 진화되는 동안, 선택 압력에 영향을 받은 것으로 여겨진다. 적어도 인간 유전체의 40% 정도는 유전자와 인트론과 거짓유전자(pseudogene) 관련 서열을 포함한다(5장 참조). 인간 유전체 대부분은 유전자 간 DNA(intergenic DNA) 부분에 해당된다. 유전자 간 DNA 부위는 일반적으로 선택 압력에 의해 조절 받지 않으며, 이 위치에 존재하는 돌연변이는 거의 유지되어 다음 세대로 전달된다.

대부분의 DNA 타이핑 체계는 일렬 반복 DNA 염기서열을 가지는 유전자 자리에 기초하여 법의학적 분석이 진행된다. 이러한 반복 길이에 의존한 짧은 일렬 반복 서열은 **미소부수체(minisatellite)**와 **짧은 일렬 반복(short tandem repeats, STRs)**으로 다시 세분한다(표 14.1). 이러한 변이 부위는 특히 법의학자에게 매우 유용하다. 왜냐하면, 각 개인의 고유한 DNA 정보를 생산할 수 있기 때문이다. 하지만 이러한 부위가 각 개인의 표현형적인 특징에 대한 정보를 제공하는 것은 아니다. DNA 증거는 통계에 의존한다. 특히 법의학자는 여러 가지 다양한 부위를 대상으로 검사

표 14.1 법의학 유전학 분야에서 활용되는 DNA 다형성.

Preferred name	Alternate name	Length of repeat	Total length of tandem array	Location in genome	Current use
Minisatellite	Variable number tandem repeat (VNTR)	15–50 bp	500 bp to 20 kb	More common in subtelomeric regions	Used in some paternity testing labs
Short tandem repeat (STR)	Microsatellite	2–6 bp	50–500 bp	Widely distributed throughout entire genome	Method of choice in forensic DNA typing labs

를 하는데, 이를 **다형성 표지자(polymorphic marker)**라고 한다. 이들의 목표는 오직 한 사람만을 분별할 수 있는 표지자를 선택하는 것인데, 이는 10^{15} 정도가 되는 표지자의 정보를 가지는 것이다. 다양한 DNA 기술이 법의학 검사에 활용되고 있으며, 이러한 검사에는 미소부수체 검사를 기반으로 한 PCR 검사, STR 검사, 사립체 DNA 타이핑, Y 염색체 검사, 그리고 무작위 증폭 다형 DNA(RAPD) 검사 등이 있다.

미소부수체 검사

법의학 검사에서 미소부수체 검사는 최초의 DNA 타이핑 적용 사례 중 한 가지이다. STR 검사가 소개되기 전까지는, 미소부수체(VNTR) 검사가 법의학 실험실에서 가장 많이 이용되는 방법이었다. 미소부수체 검사의 두 가지 주요 결점은 DNA의 양이 많이 필요하다는 점과 시료가 오물이나 곰팡이 같은 환경 요소로 인해 변질될 수 있다는 것이다.

제한 조각 길이 다형성(RFLP)은 제한효소에 의해서 DNA 시료가 절단되고, 이 결과로 얻게 된 다양한 DNA 조각 길이를 검사하는 것이다(13장 참조). 본래 RFLP는 제한효소의 절단자리에서 염기쌍이 변화되어 나타나는 결과이다. 이와는 반대로, 미소부수체는 염기서열의 변화가 아닌 반복 횟수의 변화로부터 결과가 얻어지는 특별한 종류의 RFLP이다. 반복 횟수의 변화는 매우 다양하다; 한 예로, 미소부수체 위치는 유전자 다형성이 매우 높다. 이러한 다양성은 염색체 짝지음과 비균등 교차(unequal crossing-over) 동안 반복 부위의 배열 오류로 인해 발생되었다. 미소부수체 반복이나 VNTR은 유전체에 분산되어 있지만, 끝분절(telomere) 근처에 뭉쳐 있는 경향이 있다. 미소부수체의 종류는 수천 가지이지만, 각 유전자 자리에 따라서 특유한 반복 단위를 보여준다. 그러나 이러한 유전자좌 중 일부는 더 짧고 GC가 풍부한 공통 핵심 서열을 공유하므로 한 번에 여러 유전자좌를 분석할 수 있다.

고전의 "DNA 지문술": 다지점 탐침을 가지는 미소부수체 검사

1985년에 알렉 제프리(Alec Jeffreys)와 그의 동료는 미소부수체의 "고변이(hypervariable)"라는 성질을 이용하여 인간 유전자 지도 작성을 위한 기술을 개발하였다. 미소부수체 검사를 통해 얻은 전형적인 DNA 프로파일 또는 "DNA 지문감식"의 단순화된 예를 그림 14.2에 나타내었다. 이 경우에서, 세 사람은 특이한 일렬 반복 염기서열(미소부수체)의 수많은 다른 사본을 가지고 있다. 개체 내에 있는 상동염색체는 특이적인 일렬 반복 염기의 수많은 복제를 가지며, 이는 다양하다. 각 개체로부터 얻은 DNA는 미소부수체 부위가 아닌 염기서열 자리에서 제한효소에 의해 잘려진다. 미소부수체 검사에 사용하는 가장 좋은 제한효소는 *Hae*III, *Hin*fI, *Sau*3A와 같은 4개의 염기를 인식하여 절단하는 효소이다. 이러한 효소의 작용으로 미소부수체(minisatellite) 서열 안에서 잘려지지 않게 되고, 몇 백 개의 염기쌍으로 구성된 양쪽 측면 서열에서 잘려질 것이다.

제한효소 분해로부터 얻은 DNA 조각의 결과를 아가로스 겔을 통한 전기영동법으로 분리시키고 서던 블롯팅을 하였다(Tool Box 13.7 참조). 이 블롯팅은 기본 반복 단위(보통 핵심 서열)와 혼

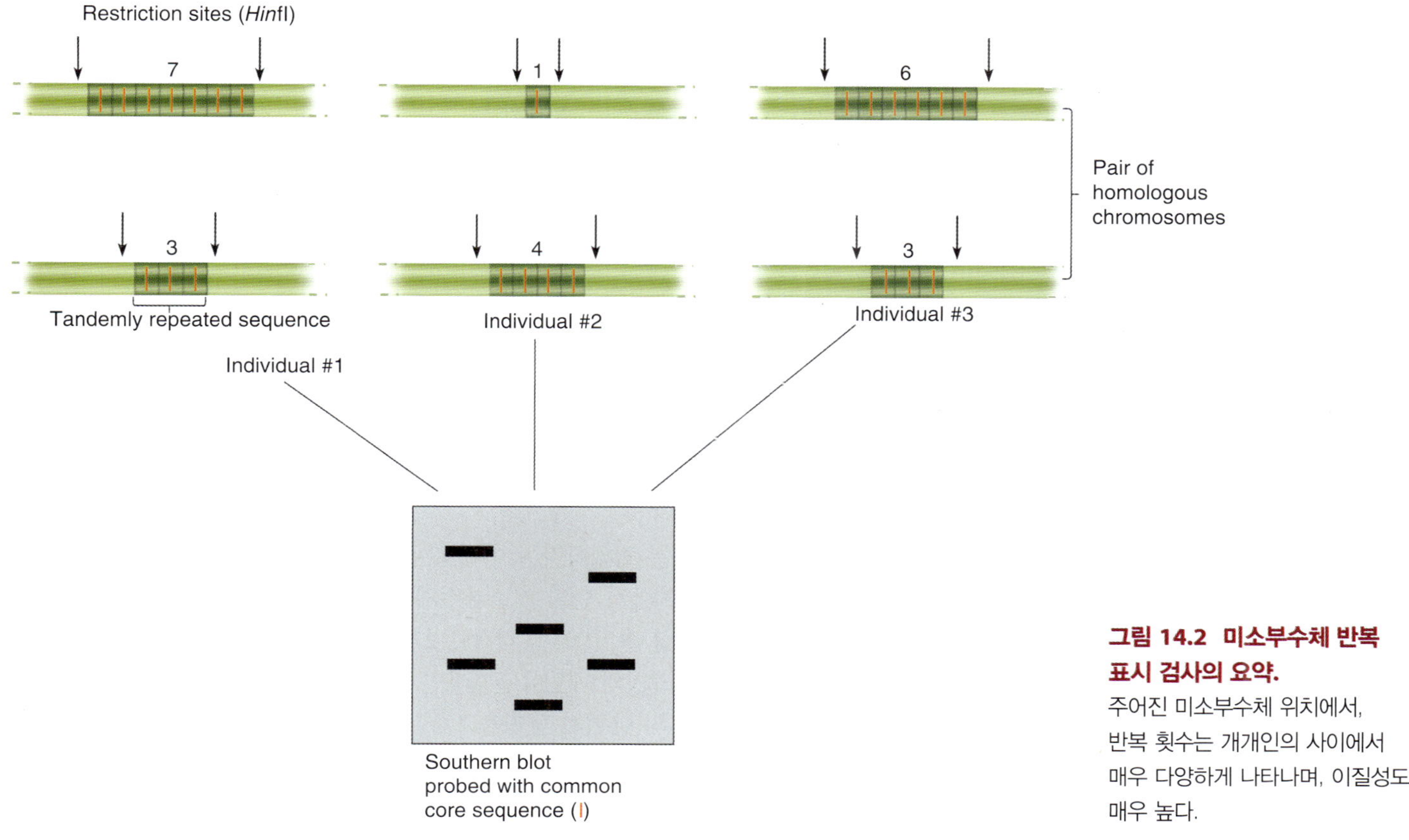

그림 14.2 미소부수체 반복 표시 검사의 요약. 주어진 미소부수체 위치에서, 반복 횟수는 개개인의 사이에서 매우 다양하게 나타나며, 이질성도 매우 높다.

성화되는(hybridize) 다지점 탐침(probe)과 다른 지점(이 예에서는 단순화를 위해 오직 한 지점만 사용)에서 다양한 미소부수체 검출이 확인된다. 그림 14.2에는 단순화를 위해 하나의 유전자좌만 표시되어 있다. 탐침은 동위원소나 비동위원소를 이용하여 분류하는 방법이다. 비동위원소 화학형광 표지 및 검출 방법이 최근에 인기를 끌었다. 다른 띠의 유형은 방사선 사진에서 각각 얻을 수 있다.

그림 14.3에 나온 실제 DNA 지문감식 유형은 그림 14.2에 나온 개략적 그림보다는 훨씬 더 복잡하다. 연관되어 있지 않은 다형 지점 10~40개를 검출하는 방식으로 연관 관계가 없는 두 사람의 전체 유전체 상의 "지문감식" 유형을 제공한다. 다지점 탐침을 이용한 미소부수체 검사에서는 30개나 그 이상의 띠에서 특이한 띠 유형을 제공하므로, 두 사람이 우연히 같은 띠 형태를 공유할 가능성은 극히 희박하다.

DNA 정보는 일란성 쌍둥이를 제외한 각 개체의 특이한 생물학적 특징으로 활용된다. 중요한 점은 간단한 멘델의 유전 양상이 여기에도 존재한다는 것이다. 즉, 아이에게 있어서 50%의 띠는 어머니에게서 오고, 다른 50%는 아버지에게서 얻는다. 그러므로 부계에 대한 친자확인 검사에서 어머니로 부터 온 띠를 확인할 수 있다; 남아 있는 띠는 아버지에게서 온 것이고, 이는 아버지일 가능성이 있는 사람의 DNA를 비교하여 확인할 수 있다(그림 14.3a). 때때로 새로운 돌연변이 띠가 나오지만, 이는 매우 낮은 빈도를 가진다. 이 정보는 DNA(혈흔, 정액, 침 등등에서 나온) 출처에 관계없이 항상 동일하다. 두 띠가 같을 때는 양성의 결과를 가진다. 예를 들면, 범죄현장에서 채취한 시료의 DNA 정보가 용의자의 것과 일치하지 않다면 그 사람은 범죄현장에 없었을 것이다(그림 14.3b).

다지점 탐침(Multilocus probes)은 법의학 판례에서 매우 성공적이라고 할 수 없었다. 그 이유는, 이 방법을 초기에 사용하는 데 있어서 발생한 적어도 두 가지 결점 때문이다. 첫째, 증거의 비교 평가에 있어서 통계적인 문제를 가진다. 둘째, 기술의 표준화에 있어서 문제를 가진다. 계속적으

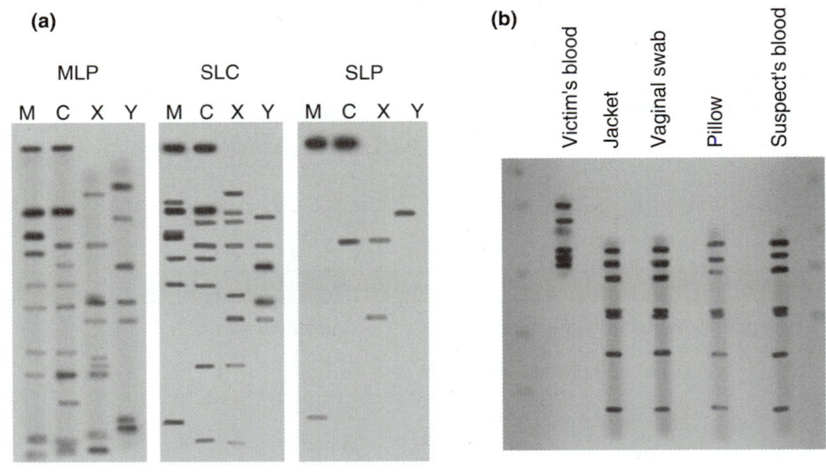

그림 14.3 친자확인과 법의학 검사를 위한 다위치 대 단위치 탐침을 사용하는 미소부수체 반복 검사에 대한 비교. (a) 친자확인 검사를 하기 위한 서던 블롯팅의 세 가지 예(M. 어머니 DNA; C, 자녀의 DNA; X, 친아버지의 DNA; Y, 의심이 되는 아버지의 DNA): 다위치 탐침(Multilocus probe, MLP), 네 가지 다른 단위치 탐침을 포함하는 단위치 혼합물(Single locus cocktail, SLC), 단위치 탐침(SLC) (b) 범죄 현장에서 사용되어진 서던 블롯팅의 예. 4개의 다른 단위치 탐침을 이용한 혼합물로 검사를 진행.

로 미소부수체 위치 검사를 이용하려는 법의학자는 이제 단위치 탐침을 사용하려 하고 있다. 단위치(single-locus) 탐침은 하나의 염색체에서 단일 미소부수체 DNA를 검출하는 데 이용된다. 대부분 서던 블롯팅에서 2개의 띠를 발견할 수 있으며, 각각은 2개의 염색체 쌍 중 각각의 위치에서 발현된다(그림 14.3a 참조). 만약 같은 크기의 대립유전자라면 오직 1개의 띠만 관찰된다. 개인 식별의 민감도를 높이기 위해서는 3~5개의 단위치 탐침을 "혼합물"처럼 잘 섞어서 사용한다. 이러한 탐침 혼합물은 동시에 서던 블롯팅에서 다른 자리(locus)에 대한 검사를 할 수 있다.

중합효소 연쇄반응(PCR)을 기초로 한 검사

PCR은 유전자 조각을 직접적으로 증폭시킬 수 있는 기술이다(Tool Box 13.1 참조). 생물학 시료에서 얻은 DNA 절편을 수백만 개의 복사본으로 증폭시킬 수 있다. PCR은 알고 있는 표적 위치에 대한 서열을 필요로 하고, 증폭이 된 두 가지 특정 위치 사이의 부위를 비교해 본다. 법의학에서 DNA 타이핑을 할 때, 이러한 기술을 사용함으로써 1개의 세포 수준에서도 검사를 가능하게 한다. 예를 들어, 엽서의 우표에 묻은 침이나, 담배꽁초, 사체의 골격에서 얻은 뼈에서도 충분한 DNA를 얻을 수 있다. 표적 염기서열만 안정되어 있다면, 심하게 손상된 DNA의 일부 조각만으로도 충분히 증폭시켜서 검사할 수 있다. 또한 지문에 남겨진 몇 안 되는 피부 세포에서 추출한 DNA인 "터치 DNA"에서 생성된 DNA 프로필을 범죄 현장에 있는 사람의 확실한 증거로 간주해서는 안 된다. 터치 DNA는 누군가와 악수를 한 다음 표면을 만져 피부 세포 일부를 해당 표면으로 옮기는 것과 같은 2차 전달의 결과일 수 있다.

PCR 방법이 관심 있는 DNA 부위에 대하여 많은 복사본을 만들 수 있다면, 증폭된 조각 내의 유전적 변이를 검출하기 위한 다른 접근법도 가능하다. 최근에는 PCR 방법을 이용한 STR 검사가 법의학적 확인 검사에 가장 많이 이용되고 있다.

짧은 일렬 반복(STR) 검사

STR 검사는 법의학 검사실에서 DNA 타이핑 검사법으로 가장 많이 사용하고 있다. 이 검사는 미소부수체 검사보다 구분을 더 잘할 수 있고, 보다 적은 시료의 DNA로도 검사가 가능하다. 미소부수체(표 14.1 참조)보다 작은 STR은 매우 부패되기 쉬운 시료의 DNA에서 본래 서열을 보존해 줄 수 있다. STR은 유전체를 통하여 넓게 분포되어 있고, 대략 6−10 kb의 위치에서 나타난다. STR 지역의 다양성은 다른 것에서부터 DNA 정보를 구별하기 위해 사용된다. STR 지역의 다양성은 비균등 교차(unequal crossing-over)보다 DNA 복제 동안에 생기는 미끄러짐 현상(slippage)에 의해 일어난다(7장 참조). STR은 몇 백 종류가 있고, 그 이상의 STR 구분이 가능하며, 같은 결과를 가지는 두 개체의 DNA를 얻는 경우는 드물다. 이 기술의 효과는 복합화(multiplexing) — 다른 STR 조합의 검사나 추출 — 가 가능하다는 것이다.

다양한 STR 검사 일반적으로, STR 검사는 **복합 PCR(multiplex PCR)** 반응을 조합하여 수행한다. 복합 PCR은 한 쌍의 시발체보다 더 많은 시발체를 사용함으로써 관심 있는 표적을 동시다발적으로 증폭시키는 반응을 하게 해 주는 PCR 방법이다. 형광을 기초로 하는 기술의 소개와 자동 DNA 서열 분석기는 (13장 참조) 자동화가 잘 되어진 다중검사를 가능하게 한다(그림 14.4). 젤 전기영동은 STR 위치를 확인하는 방법임에도 불구하고, 다중채널 모세관 전기영동(multichannel capillary electrophoresis)의 분리 기술을 더 이용한다. 검사 결과의 해석과 유전자의 명칭 부여 등은 주로 컴퓨터를 의존하여 진행한다.

이 복합 PCR 과정에서는 3개의 다른 형광 염색을 이용한 시발체를 사용하는데, 이는 4개의 색깔 검출이 가능한 기기를 통하여 진행된다. PCR 증폭 산물은 내부 표준 물질과 섞여서 자동 염기서열 분석기를 통해 분석된다. 다른 STR의 위치와 형질은 크기(젤에서 이동속도)에 의해서 분리가 되고, 레이저에 의해 유도된 형광 염색물질의 흥분 이후 발생하는 색깔을 검출하게 된다. 내부 표준 물질의 분절 크기와 비교한 표지된 STR 자리의 피크를 보이는 전기이동그림(electropherogram)은 컴퓨터 프로그램을 활용하여 분석된다. 상업적인 다중 시스템 중 하나는 성별을 구분하게 해 주는 아멜로제닌(amelogenin) 자리 증폭이다. 106 bp의 X-특이적 띠와 112 bp Y-특이적 띠가 산출되어진다(그림 14.4 참조). 아멜로제닌은 치아 광택제의 주요한 단백질 조성 물질이다. 이것은 성염색체 상의 두 가지 비대립유전자(nonalleic genes) 부위로부터 발현이 된다.

미국에 있는 미연방수사국(FBI)에서는 **CODIS**(Combined DNA Index System: 조합된 DNA 목차 시스템)에서의 특이적 STR 위치를 검사하는 13가지 표준 세트를 사용한다. CODIS는 지방과 주 그리고 국내에서 유죄를 선고 받은 범죄자와 풀리지 않은 범죄의 증거나 실종 사건의 DNA 정보를 갖고서 분석하는 소프트웨어 프로그램이다. 국제적인 DNA 정보는 매우 빠르게 늘어나고 있다. 13개의 유전자 자리에서 동일한 DNA 정보를 가지는 2개체의 확률은 10억분의 1 정도된다.

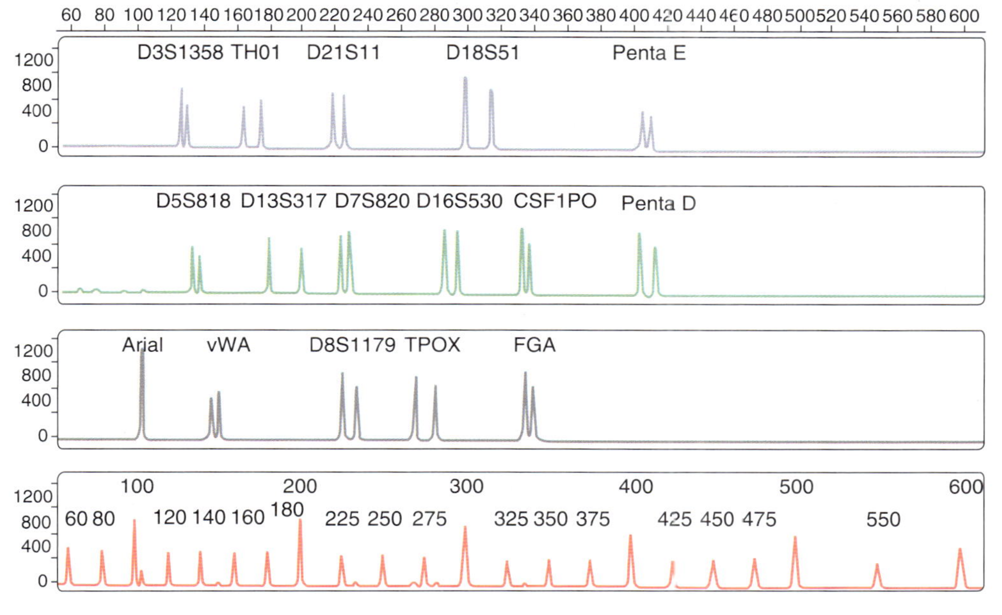

그림 14.4 복합 짧은 일렬 반복(STR) 검사.
15개의 다른 STR과 성별 특이적인 표지자는 PCR에 의해 단일 DNA 주형으로부터 동시에 증폭이 되고, 복합쌍 시발체 혼합물을 사용한다. 내부 표준 물질(internal lane standards)은 빨간색 피크로 표시된다.
(출처: Reprinted with permission from Promega Corporation.)

표 14.2 8개 STR 위치의 비율과 15개의 STR 위치를 다양한 인구에서 비교.[a]

STR system	African-American	Caucasian-American	Hispanic-American	Asian-American
8 STR loci	1 in 2.77×10^{8}	1 in 1.15×10^{8}	1 in 1.45×10^{8}	1 in 1.32×10^{8}
15 STR loci	1 in 1.41×10^{18}	1 in 1.83×10^{17}	1 in 2.93×10^{17}	1 in 3.74×10^{17}

[a] Adapted from Promega Corporation Technical Manual No. D012 (10/02).

법의학 실험실에서 극도로 높은 구별 가능성을 나타내는 15-플렉스는 인기가 점점 많아졌다. 관련이 없는 두 개체를 비교할 때, 동일한 결과를 나타낼 우연적 확률은 이러한 복합성으로 인해 10^{17}보다 더 적다(표 14.2).

사립체 DNA 검사

가끔은 검사에 있어서 핵 DNA가 충분하지 않거나, 매우 심하게 분해되어 검사하는 데 어려움을 겪을 수 있다. 모든 세포들은 수백 개의 사립체와 mtDNA 분자를 가지고 있고, mtDNA는 핵 DNA보다 덜 분해되기 때문에, 오래된 생물학적 시료(예, 머리카락, 뼈나 이빨)에서는 핵 DNA를 대신해서 풍부하게 존재하는 mtDNA를 분석한다. 호주에 있는 뭉고(Mungo) 호수에서 나온 60,000년이나 지난 남자의 화석으로부터 mtDNA를 분리하는 것이 가능해졌다. 이러한 mtDNA 검사는 뭉고 호수에 살았던 한 남자의 mtDNA 유전자가 다른 화석이나 현재의 인류와는 다르다는 흥미로운 발견을 할 수 있게 해 준다. 현대인들에 있어서는 이러한 염기서열이 핵 유전체 중 염색체 11번에 존재하고 있다.

STR(또는 미소부수체) 검사를 근거로 전문가가 정교한 비교를 하고자 할 때, 핵 DNA의 양이 필요한 만큼 발현되지 않을 때는 법의학적 시료를 대상으로 하는 DNA 검사에서 mtDNA 검사를 이용한다. 일반적으로, 이러한 검사에는 PCR 증폭을 포함하고, **고변이(hypervariable, HV) 부위 1, 2**라고 부르는 mtDNA의 **D 고리**에서 직접적인 서열의 두 가지 높은 변이 부위와 연관되어 있다(그림 14.5). 희생자의 머리에서 발견된 mtDNA의 검사를 함으로써, 1996년 미국 법정에서 처음 mtDNA를 살인사건에 이용하였다(6장 참조). 이 사건은 피해자에게서 발견된 머리카락의 mtDNA 분석과 관련이 있다. mtDNA 검사는 현재 개인 신원확인 방법으로써 사용되며, 전 세계 법정에서도 사용되고 있다. 그러나 시료 비교의 통계적 해석은 핵 DNA보다 훨씬 복잡하며, 인구 구조와 시료 비교의 오류 수정을 적절히 수용해야 한다. 돌연변이 비율, 이종조직성(heteroplasmy; Focus Box 5.1을 참조), 그리고 가끔 사용된 통계적인 분석은 자료의 해석을 어렵게 만든다. 핵 DNA는 유사성과 차이성을 확실하게 구별할 수 있으므로, 법의학 검사에서 보다 많이 사용된다.

몇 년 간 미지의 사건으로 끝나 버릴 검사가 mtDNA로 증명을 함으로써 진가를 발휘하게 된 경우도 있다. 게다가, 미확인으로 남아 있는 사건에서 mtDNA를 외가와 친가의 정보를 비교함으로써 실종사건을 해결하는 데 매우 중요한 도움이 된 경우도 있다. 만약 그 비교한 결과가 매우 비슷하다면, 두 개체가 매우 연관되어 있다는 것으로 결론지어질 수 있다. 그러나 다음 세대로 지나갔음에도 불구하고, 그 사람의 모계 혈통만을 확인할 수 있다는 것은 mtDNA 검사가 가지는 한계이다.

최근에 핵 DNA는 여러 부위를 성공적으로 검사할 수 있게 되었다. 보스니아에서 발칸 전쟁의 희생자를 식별하는 데 있어서 성공률은 90% 이상이었고, 2004년 있었던 동남아시아의 쓰나미 피해자에서 얻은 치아나 뼈 조직으로부터 STR의 복합 검사 결과는 성공률이 79%였다. 하지만 DNA 타이핑 방법만을 사용한 분석법으로 진행된 2001년 9월 11일의 세계무역센터(World Trade center) 테러 공격 때 사망한 희생자에서는 53%만이 식별되었다. 법의학적 기술은 아직 한계를 가지고 있다.

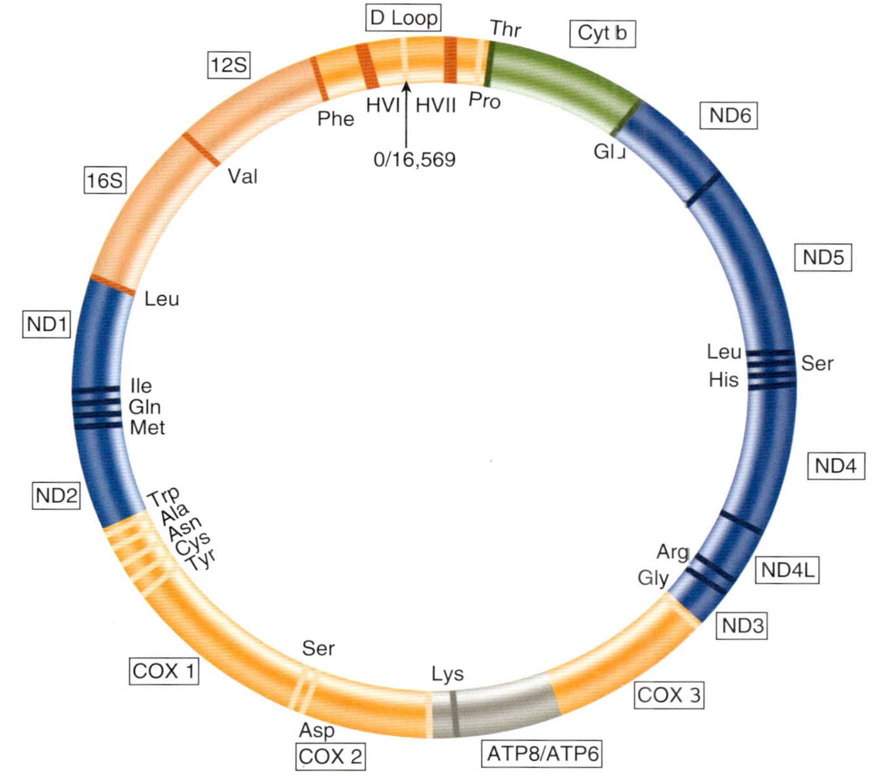

그림 14.5 인간 사립체 DNA (mtDNA)의 지도. D 고리(또한 "전위" 루프)는 mtDNA 위치(0/16,569)의 무거운 가닥이 복제가 되는 위치를 포함한다. D 고리 안에 초가변위치 Ⅰ(HVI) 뉴클레오티드 57–372 구간(span), 그리고 초가변부위 II(HVII) 16,569 kb mtDNA 유전자의 뉴클레오티드 16,024–16,383 구간. Cyt b, 사이토크롬 b 유전자; ND1–4, NADH 탈수효소유전자; COX1–3, 사이토크롬 옥시데이스 유전자;12S 그리고 16S, 라이보솜 RNA 유전자; ATP8/ATP6, ATP 신테이스 유전자; 아미노산 생략, 운반 RNA 유전자.

Y 염색체 검사

Y 염색체는 아버지에서 아들에게 직접 유전되므로, Y 염색체 유전적 표지자 검사는 남성 사이의 관계를 추적하는 데 매우 유용하다. Y 염색체는 다양성이 전체적으로 낮음에도 불구하고, STR을 포함하는 다형성 부위가 있게 된다. Y 염색체–특이적 STR 검사는 친자 확인과 다양한 남성 범죄자의 자료에 연관되어짐으로써 범죄 사건의 생물학적 검사에서 매우 유용하다. 남성과 여성의 흔적이 섞이는 경우는 남성 범죄자에 의한 여성 성폭행 결과에서 자주 접하게 된다. 남성 DNA의 선택적인 표적 부위를 증폭하는 것은 PCR 동안 여성 DNA에 대한 증폭 가능성을 배제할 수 있게 된다. 이는 남성의 유전자 정보가 명백하지 않을 때 사용된다.

무작위 증폭 다형성 DNA(Randomly amplified polymorphic DNA, RAPD) 검사

또 다른 DNA 타이핑의 PCR을 기초로 한 기술을 **RAPD**("레피트"라 발음한다)라 부르고, "**무작위 증폭 다형성 DNA**"이라 한다. RAPD 표지자는 무작위 서열(일반적으로 10~15 bp 길이)로 구성된 PCR 시발체가 있는 단일 표준 PCR 반응에 의해 만들어진다. DNA 주형과 상동서열을 가지는 PCR 시발체가 어디에 있든지 결합할 것이고, 다양한 크기의 PCR 생산물이 생성될 것이다. RAPD 분석의 장점은 이 기술을 수행하는 데 유기체의 DNA 서열에 대한 사전 지식이 필요하지 않다는 것이다. 따라서 이 기술은 분석 중인 유기체의 유전체에 대해 알려진 것이 거의 없을 때 유용하다. 이러한 기술은 유기체 검사를 할 경우, 그 유기체의 유전자에 대한 지식이 거의 없을 때 유용하다. 그러나 재현 가능한 밴딩 패턴을 얻기 위해서는 PCR 조건을 일정하게 유지해야 한다. RAPD 검사는 세균 검사를 위해 공통적으로 사용되거나, 고등식물의 다양한 유전자를 검사하기 위해 사용된다.

그림 14.6은 RAPD 반응의 결과를 보여주고 있다. 다른 세균 종으로부터 DNA를 추출한 것은 탄저균의 원인이 되는 탄저균 생식세포를 포함하고 있다. PCR에 의해 증폭된 시료는 임의 서열과 함

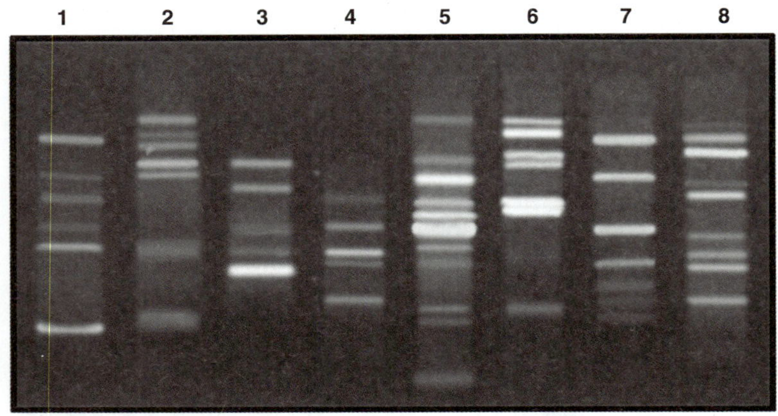

그림 14.6 다형성 DNA의 무작위 증폭(RAPD)으로 인한 세균 종 간의 차이점.
레인 1, 탄저균(*B. antracis*); 레인 2, 나비세균(*B. thuringiensis thuringiensis*), 레인 3, (*B. thuringiensis israeliensis*), 레인 4, 손가락 선인장 세균(*B. cereus*) 569; 레인 5, (*B. licheniformics*); 레인 6, 고초균(*B. subtilis*); 레인 7, (*B. cereus/thuringinesis*); 레인 8, (*B. mycoides*). (출처: RReproduced from Levy et al. 2005. *FEMS Microbiology Letters* 244:199–205, © Elsevier.)

께 짧은 시발체를 사용하였다. 증폭된 생산물은 젤 전기영동에 의해서 분리되고, 에티디움 브로마이드(ethidium bromide)로 염색을 하여 확인한다. 매우 적은 공통 DNA 띠는 시료종(예, 레인 2, 3)의 가계에서 얻을 수 있는데, 이는 종 사이의 연관성을 충분히 구분할 수 있고, 생물학적 테러를 하는 동안에 탄저균과 같은 병원균을 쉽게 감지하기 위한 방법으로서 RAPD 방법이 적합하다는 것을 말한다.

RAPD 방법은 형사나 민사 재판에 인용돼서 사용되고 있다. 살인 현장에 있었던 자동차 뒤쪽에서 발견된 팔로 베르테 나무(*Cercidium* spp.)씨의 꼬투리로부터 얻은 DNA 정보를 증거로서 인용한 것이 잘 알려진 사건이다. 각각의 팔로베르테 나무는 특이한 RAPD 정보를 가지고 있다. 혐의가 의심이 되는 자동차에서 발견된 씨의 정보가 범죄 현장에서 발견된 부러진 가지의 팔로 베르테에서 얻은 정보와 일치함을 알아냈다.

14.3 유전체학, 단백체학과 그 이상

20여 년 전의 분자생물학 실험실을 보면, 오직 워드프로세스를 중점으로 사용하는 컴퓨터 밖에 볼 수 없었다. 하지만, 현재의 분자생물학 실험실은 다양한 컴퓨터와 특별한 DNA 조각을 확인할 수 있는 많은 장비와 워드프로세싱과 영상 검사뿐만 아니라, DNA나 단백질 서열을 검사할 수 있는 장비들을 확인할 수 있다. 최근의 컴퓨터 서열 분석기는 새로운 세대의 분자생물학자들이 일상적으로 사용하는 장비가 되었다.

유전자의 발견은 DNA 서열화를 통해 이루어지는 것에 반해, 모든 유전체의 서열화는 여러 가지 유전자의 발견을 이룰 수 있게 해 준다. 인간 유전체 사업의 목표는 유전적, 물리적 지도 그리고 유전자의 서열을 완벽하게 만들어내는 것이다. 이러한 서열 정보의 이용이 가능하게 된다는 것은 의학, 약학 발전, 그리고 유전질환의 질병 발생 메커니즘 이해 등의 장점을 제공해 줄 수 있다는 희망을 가지게 된다. 물론 이러한 종류의 개인 DNA 정보가 잘못 사용되어지는 것에 대한 걱정도 있다. 예를 들면, 직업을 얻을 때 또는 보험회사에서 개개인의 특별한 유전형에 의한 차별이 있을 수 있다. 이 장에서는 유전체, 단백체 및 그 이후의 시대에서 생물학적인 연구 프로그램을 사용하여 생물정보학이 발전해 가는 전반적인 개요를 정리하였다.

생물정보학은 무엇인가?

생물정보학(Bioinformatics)은 인터넷에 있는 막대한 양의 사용가능한 자료와 지난 몇 년 간 급격하게 발전한 생물기술을 함께 다루는 정보 기술을 조합하는 학문이다. 유전학이나 단백체학 실험실에 의해 만들어진 많은 양의 자료와 단백질 서열을 조직화하고 분석하며 자료를 수집하는 데 관여하는 컴퓨터 과학 분야이다. 이 학문은 빠르게 발전되어 왔고 여러 분야를 변화시켰다.

생물정보학은 연구자가 여러 가지 다른 방법으로 정보를 검사하는데, 여기에는 다음과 같은 것들이 있다. (i) **접근 번호(accession number)** 또는 핵심 단어 검색에 의한 공공 자료의 서열 위치; (ii) 두 가지 서열 및 다양한 서열들의 정렬 과정; (iii) 데이터베이스에서 관심을 가지는 서열과 유사한 서열 찾기; (iv) 일치하는 서열에서 서열 조각의 주요 염기서열 추출(consensus sequence); (v) 단백질의 물리적, 화학적 특성 검사; (vi) 제한효소 위치, 프로모터, DNA-결합 영역, 단백질 모티프 위치의 서열 유형 검사; 그리고 (vii) 계통도(진화) 검사의 수행.

이러한 분석에서 가장 보편적으로 사용하는 유전자 프로그램은 BLAST(**basic local alignment search tool**: 염기서열 배열 검색 도구)이다. BLAST 프로그램은 다른 단백질이 암호화된 유전자 사이의 유사한 위치를 찾는다. BLAST 검색은 소위 "**의문 서열(query sequence, 흥미로운 서열)**"이 연관되어 있는 모든 단백질 서열을 추측하기 위해서 유전체나 다른 유기체의 유전체를 찾는 것이다. BLAST에서 사용하는 통계적 방법은 가능성을 가진 "**적중**"(**hits**; 유사한 기능을 가진 의문 서열에 의해 확인된 단백질이나 유전자)에 의하여 결정된다.

그림 14.7에서 보여준 예는, 아연 손가락(zinc finger) DNA-결합 모티프(9장 참조)의 특이한 형태로 구성된 조절 단백질을 암호화(encode)하는 유전자이다. 갈색 노르웨이 쥐(*Rattus norvegicus*)로부터 얻은 타이로이드 호르몬 수용체 α의 특이적 아연 손가락 DNA-결합 영역의 아미노산 잔기 서열은 공식적으로 이용 가능한 BLAST 웹사이트(www.ncbi.nlm.nih.gov/BLAST)를 통하여 단백질 서열 데이터베이스의 "질문(query)"을 이용하였다. 검색 결과는 수분 내에 얻어진다. 높은 점수를 가진 "적중(hits)"의 몇몇 예가 보여진다. 첫 번째 적중(hits)은 자체적인 쥐의 타이로이드 호르몬 수용체 α(c-ErbA)이다. 타이로이드 호르몬 수용체 α는 라이간드(ligand) 활성 전사 인자다. 두

```
> □gi|55932|emb|CAA31237.1| G c-erb-A thyroid hormone receptor [Rattus norvegicus]
        Length = 398

  Score = 73.6 bits (179), Expect = 2e-12
  Identities = 30/30 (100%), Positives = 30/30 (100%), Gaps = 0/30 (0%)

 Query  1    CVVCGDKATGYHYRCITCEGCKGFFRRTIQ  30
             CVVCGDKATGYHYRCITCEGCKGFFRRTIQ
 Sbjct  41   CVVCGDKATGYHYRCITCEGCKGFFRRTIQ  70

> □gi|47216914|emb|CAG02086.1| unnamed protein product [Tetraodon nigroviridis]
        Length = 385

  Score = 73.6 bits (179), Expect = 2e-12
  Identities = 30/30 (100%), Positives = 30/30 (100%), Gaps = 0/30 (0%)

 Query  1    CVVCGDKATGYHYRCITCEGCKGFFRRTIQ  30
             CVVCGDKATGYHYRCITCEGCKGFFRRTIQ
 Sbjct  28   CVVCGDKATGYHYRCITCEGCKGFFRRTIQ  57

> □gi|209662|gb|AAA42393.1| polyprotein gag-p75-erbA [Avian erythroblastosis virus]
        Length = 455

  Score = 71.2 bits (173), Expect = 9e-12
  Identities = 29/30 (96%), Positives = 29/30 (96%), Gaps = 0/30 (0%)

 Query  1    CVVCGDKATGYHYRCITCEGCKGFFRRTIQ  30
             CVVCGDKATGYHYRCITCEGCK FFRRTIQ
 Sbjct  94   CVVCGDKATGYHYRCITCEGCKSFFRRTIQ  123

> □gi|22087251|gb|AAM90896.1| G farnesoid X receptor [Gallus gallus]
 gi|45383880|ref|NP_989444.1| G nuclear receptor subfamily 1, group H, member 4
        Length = 473

  Score = 62.4 bits (150), Expect = 4e-09
  Identities = 24/29 (82%), Positives = 27/29 (93%), Gaps = 0/29 (0%)

 Query  1    CVVCGDKATGYHYRCITCEGCKGFFRRTI   29
             CVVCGDKA + GYHY + TCEGCKGFFRR + I
 Sbjct  128  CVVCGDKASGYHYNALTCEGCKGFFRRSI   156
```

그림 14.7 BLAST 검색의 예. 갈색 노르웨이 쥐(*Rattus norvegicus*)로부터 얻은 타이로이드 호르몬 수용체 α의 특이적 아연 손가락(zinc finger) DNA-결합 영역의 아미노산 잔기 서열을 BLAST 단백질 서열 데이터베이스의 "질문(query)"을 이용하였다.

번째 적중은 복어(*Tetraodon nigroviridis*)로부터 얻은 무명의 단백질 생산물이다. 179의 점수는 쥐 타이로이드 호르몬 수용체 α와 복어 단백질 사이를 비교하는 것이다. 30개의 아미노산 잔기 중 30개 전체가 같은 것(100% 같은 것)으로 확인되었으며, 이는 복어 단백질, 라이간드 활성 핵 수용체 같은 기능을 가질 것이라는 것을 제안하고 있다. 점수 173은 Gag-p75-ErbA(v-erbA) 단백질에서 얻었는데, 이는 타이로이드 호르몬 수용체 α의 발암유전자 상동 부위이다(15장 참조). 이 사례에서 30개 중 29개의 아미노산 잔기가 같았다(96% 동일). 네 번째 적중은 닭(*Gallus gllus*)에서 얻은 farnesoid X 수용체이다. 이 수용체와는 150의 점수가 할당되었다. 29 아미노산 잔기의 24개가(82%) 같은 것으로 확인되었고, 잔기 중 27개는 같거나 유사한 것으로 생각되었다; 이는 보존적인 아미노산 대체를 반영한 결과이다. Farnesoid X 수용체는 최근에 담즙산 합성, 포합(conjugation), 그리고 수송을 조절하는 담즙산 활성 핵 수용체로 확인되었으며, 지질 대사의 조절에도 관여한다.

생물정보학의 제1세대는 인간 유전체 프로젝트로 시작이 되었고, 셀레라 제노믹스나 인간 유전체 프로젝트 국제 협회에 의해 인간 유전체의 서열이 밝혀짐에 따라 2001년에 종료되었다. 생물정보학의 2세대에서는 강조하는 분야가 유전자 염기서열의 발견에서 서열정보 요약과 치료약물의 개발 및 진단방법의 개선과 같은 분야로 옮겨졌다. 웹브라우저는 대부분의 분자생물학자들이 생물정보에 접근하기 위한 일차적인 도구였다. 여기에는 1,500개가 넘는 핵심 데이터베이스가 포함되는데 이들에는 NCBI(생물기술정보학 국립센터), Map Viewer(유전자 브라우저), UCSC(캘리포니아 대학, 산타클라라) 유전 정보학, 그리고 스위스 단백질의 데이터베이스들이 포함된다. 기초적인 염기서열 정보 외에도, 이들 데이터베이스는 유전자의 발현, 분자 내 상호작용, 대사 경로, 병리학, 생물학적 기능 및 많은 정보들을 제공해 준다.

생물정보학에 영향을 미친 중요한 경향성은 "**대용량(high-throughput)**"의 스크리닝 방법이었다. 이러한 용량의 증가 경향은 DNA 타이핑이나 유전자 발현 검사 같은 프로젝트에 대한 자동적 접근 방식을 이끌어내었다. 이러한 대규모의 유전체, 단백체 연구 프로그램은 컴퓨터의 사용을 더 강하게 요구하게 되었다.

유전체학과 합성유전체학

유전체학(Genomics)은 단일 유전자나 단일 단백질에 대한 것 이상의 개별 분자의 상호작용이나 모든 종류의 유전자에 대한 것을 포함하는 포괄적인 학문이다. 또한 이 분야는 완벽하게 밝혀낸 유전자 서열을 기초로 하여 진행하는 유전자 비교 검사이기도 하다. 유전체학은 자동화에 기초하고, 높은 처리량(high throughput)의 실험 자료들을 가지게 되며, 연구의 범위로는 유전자 서열, 유전자 발현 정도, 단일염기 다형성(SNPs) 검사까지 포함된다. 유전체학에 의해 생산된 대용량 정보는 생물정보학적인 도구를 사용함으로써 요약되고 해석된다. 실제적으로, 유전체학이 분자생물학의 실험적 측면을 기초로 하는 반면에, 생물정보학은 컴퓨터 과학, 수학, 그리고 정보에 대한 이론적 접근과 같은 것들을 기초로 한다.

합성 유전체학(synthetic genomics)은 유전체를 처음부터 구축하는 것을 목표로 유전체학 분야를 더욱 발전시킨다. 이 접근법은 자유 생존 세포에 필요한 최소 유전자 세트를 정의하는 데 사용되어 박테리아 *Mycoplasma mycoides*의 유전체 크기를 50%까지 줄였다. 지금까지의 기록은 대장균 유전체의 400만 염기쌍 합성 버전이다. 이 접근법에서 유전체 세그먼트는 컴퓨터에 의해 설계되고, 단편으로 화학적으로 합성되고, 조립된 다음, 숙주 세포에 도입되어 유전체를 대체한다. 뿐만 아니라 유전체는 59개의 코돈만 사용하여 20개의 아미노산을 암호화하도록 "재부호화"되어 18,214개의 코돈을 변경해야 한다. 결론은 무엇인가? 연구자는 세포가 생명 공학 및 의료 응용 프로그램을 위한 특수 기능을 수행하도록 지시할 수 있는 맞춤 설계된 유전체를 구축하는 것을 상상한다.

단백체학

단백체학(Proteomics)은 유전체에 의해 암호화된 전체 단백질에 대한 포괄적 학문 분야이다. 전체적인 의미로 설명하자면, 단백체학은 높은 처리량을 기반으로 하는 단백질 생화학을 의미한다. 한번에 한 단백질을 검사하는 대신, 연구자는 지금 'en masse'라는 개념으로 단백질을 전체적으로 학습할 수 있게 되었다. 생물정보학 도구를 이용하면, 기능 유전체학이나 비교유전체학을 연구할 수 있게 도와준다. **단백체(proteome)**라는 용어는 처음에는 유전체에 의해서 암호화된 단백질의 세트를 의미하는 용어로 사용되었다. 단백체, 단백체학의 연구는 주어진 세포에서 모든 단백질 뿐만 아니라, 모든 단백질의 동종형과 변형(isoform and modification), 그들 사이의 상호작용, 단백질 구조에 대한 묘사, 그리고 고차원 복합체—기본적으로 대부분 "유전체학-이후 시대"—의 모든 것을 포함하였다. 물론, 단백체학은 생물정보학의 컴퓨터 알고리즘이나 단백체학 학문의 주요 관점이 되는 유전자 산물의 청사진을 제시하는 유체전학의 도움 없이는 가능하지 않은 학문 분야이다.

"-체학(Omics)"의 시대와 체계 생물학

유전체학이나 단백체학 같은 단어의 사용은 데이터베이스의 비고 분석을 위해 연관되어 있는 모든 종류의 용어들을 확대하게 되었다. 이는 "전사체학"(Transcriptomics, 유전체에서 암호화, 비암호화 부위 및 모든 전사 단위에 대한 학문 분야); "대사체학"(Metabolomics, 대사경로에 대한 학문 분야); "인산효소체학"(Kinomics, 인산화효소에 대한 학문 분야); "메틸체학"(Methylomics, 유전체 전반의 메틸화 유형에 대한 학문); 그리고 "세포소기관 단백체학"(organellar proteomics, 세포 내의 단백질 위치에 대한 학문 분야)을 포함한다.

마지막에 위치하는 "-체학(Omics)"은 어떤 요소가 광범위한 규모에서 서로 상호작용하는지를 연구하는 분야를 의미한다. "상호작용체학(interactomics)"은 세포내 전체에 위치하는 단백질-단백질 상호작용을 도식화하여 거대분자에 대한 연구를 하는 학문이다. 예를 들면, 예쁜꼬마선충(*Caenorhabditis elegans*)의 상호작용체가 5,460개의 상호작용으로 2,898개의 단백질에 관여한다. 최근에 진행된 발아 효모의 전체 유전자 중 75%에 대한 상호작용의 도식화는 세포내 복합 기능 지도를 밝히는 데 기여하였다. 상호작용체는 분자생물학의 기초 원리 중 하나라는 점을 강조한다: 여러 세포의 일은 개별 단백질의 작용으로 인해서 끝마쳐지지 않고 고분자복합체에 의해서 종료된다. 이는 보다 더 대규모, 광범위한 질문을 유발한다. 어떤 생체분자 간의 상호작용을 세포나 전체 개체에서 고려하여야 할까?

유전자, 단백질, 다른 분자의 전체 체계 내에서 상호작용하는 '체계(systems)"는 깜짝 놀랄만한 관심을 집중하게 한다. "**체계 생물학(systems biology)**" 분야는 최근 각광 받는 학문 분야이며, 이러한 상호작용을 모델화하는 컴퓨터 접근 방식 및 실험적 접근 방식을 동시에 적용하는 연구 분야이다. 이러한 도전은 대단하다. 이 분야가 "조각들을 모아서 모든 것으로"라는 개념을 제시하는 것은 그리 놀랍지 않은 일이다.

14.4 전체-유전체 염기서열 분석

유전체 서열 분석에서 주요한 기념비적인 사건은 1986년 개발된 자동 DNA 서열 분석기이다(13장 참조). 1987년에, 미국 에너지부(DOE)는 공식적으로 인간 유전체 계획을 시작하였다. 몇 년 후 미국 국립보건원(NIH)에서 이 계획을 다시 진행하였고, 1989년 국립인간유전체연구소(NHGRI)가 미국 국립보건원이 있는 메릴랜드에 설립되었다. 몇 년이 지나고서, 여러 나라들이 이 계획에 공동 참여를 하게 되었다. 영국의 캠브리지에 있는 Sanger 센터와 NHGRI가 주도하고 국제염기서열 계획의 공적자금을 기반으로 하여 시작한 인간과 유기체 유전체에 대한 염기서열 분석 작업은 1990년에 본격화되었다. 같은 시기에, BLAST 알고리즘은 상동성 검색을 위하여 개발되었다. 게다가, 1992년에, 세균 인공 염색체(BACs)가 사용가능하게 되었다. BACs와 BLAST 알고리즘은 클론 유전체를 순서대로 배열하게 함으로써 공공 연구를 위한 컨소시엄에서 중요한 역할을 하였다.

클론 유전체 배열 방식으로 정리된 클론

염기서열 분석을 위한 **클론 접근법(clone-by-cloneapproach)**은 DNA 서열 분석을 위한 전통적인 방법이었다(그림 14.8). 이 방법은 다음과 같이 진행된다. 유전체의 많은 복사본은 제한효소의 부분적 절단 과정을 통해 150,000 bp 정도의 조각으로 잘린다. 염기 절편의 길이가 너무 긴 경우 분석이 불가능하기 때문에 개별 염기서열 결정을 위해 부분적 절단을 사용하였다. 큰 DNA 조각은 BAC에서 복제되었고, 세균 숙주에서 증폭되었다. 추가적인 분석을 위해서 클론은 정제되었다. 각 클론의 작은 부분들에 대한 특징을 분석하기 위하여 각각의 클론은 제한효소에 의해 완벽하게 절단되었다. 유형의 비교에서는 클론들 사이의 중복 부분이 나타나게 되었고, 유전체 내의 위치를 파악하기 위하여 제한효소로 잘라서 지도화 작업을 진행하였다. 이러한 결과를 "**물리적 지도(physical map)**"라 부른다. 각각의 BAC 클론은 작은 조각으로 잘라내고 다시 클론화한다. 결과적으로, 보조 클론을 염기서열 분석하여 원래 클론의 각 부분들을 수차례 분석하여 결과를 재확인한다. 각각의 BAC 클론의 염기서열은 물리적 지도를 안내자로 사용하여 조합하게 된다. 최종적으로, 모든 유전체 서열은 짜맞추어지게 된다. 낮은 해상도의 유전자 지도나 세포유전학 지도를 통해 얻는 정보들은 염기서열의 방향이나 순서를 결정하는 데 도움을 주기 위하여 사용한다. "**유전자 지도(genetic map)**"(또는 연관지도라 불림)는 염색체에서 유전자의 순서를 나타내는 도표이고, 감수분열 동안 이들 유전자 사이의 재조합 빈도율을 나타내는 유전자 사이의 거리이다. "**세포유전자 지도(cytogenetic map)**"는 광학현미경으로 관찰한 유전체의 다른 부위에 대한 염색 양상의 차이에 기반한 지도이다.

클론별 복제 방법은 시간이 오래 걸리지만 정확하다. 이 방법은 일반적으로 진정염색질의 "풍부한 유전자(genetic rich)"나 이질염색질의 "부족한 유전자(genetic poor)"를 포함하여 유전체의 모든 위치를 정확하게 표시해 준다. 그러나 본래 유전체의 모든 부분을 포함하지 못하는 BAC 클론이기 때문에 연속된 서열 중 일부의 빈틈(gap)이 있을 수 있다. 또한, 클론들 간 유전체 서열의 일부 오류도 있을 수도 있고, 유전체에서 대량으로 나타나는 반복적 염기서열도 있기 때문에 이러한 오류는 계속된다. 이러한 절차를 이용하여, Francis Collins에 의해 주도된 공공 컨소시엄에서는 대략 25,000개의 겹치는 인간 DNA BAC 클론을 기반으로 염기서열을 결정할 수 있게 되었다. 인간 유전체의 DNA 근원은 수많은 익명의 기증자들로부터 나왔다.

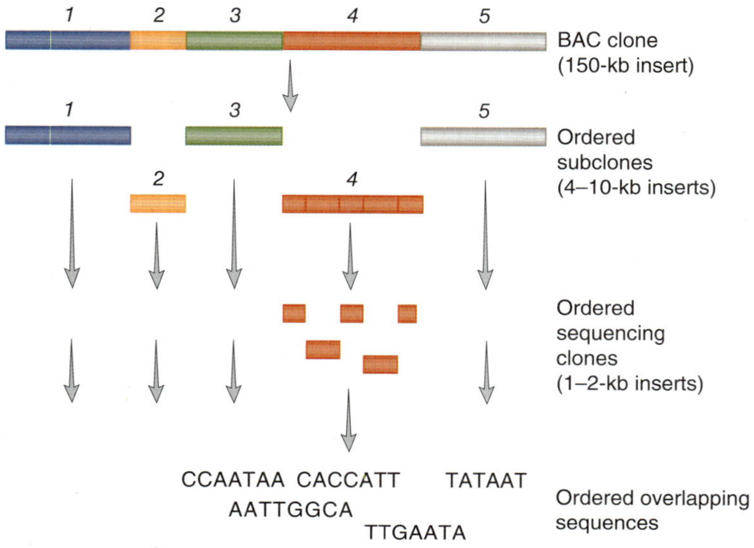

그림 14.8 클론대 클론 방법을 이용한 유전체 서열 분석 방법.
BAC, bacterial artificial chromosome.

전체 유전체 샷건 접근법

J. Craig Venter의 회사인 셀레라 지노믹스(Genomics)는 공적으로 진행된 유전체 계획과는 다르게 독립적으

로 투자하여 계획을 진행하였는데, 이는 **전체 유전체 샷건 접근법(whole-genome shotgun approach)**이라고 불리었으며, 기존의 방법을 대체하는 빠른 방법이었다(그림 14.9). 그들은 1998년까지 시작 조차 못하고 있었지만, 공공 컨소시엄에서 연구를 마치는 시간과 비슷한 시기에 계획을 끝낼 수 있었다. 이 방법은 지도화된 BAC이 아닌 전체 유전체 DNA로부터 직접 얻은 작은-삽입 클론을 준비하여 진행하는 것이다. 중복되게 준비된 클론들은 2~10 kb 크기이다. 플라스미드 벡터 안에 클론된 유전체 조각은 무작위로 선택되어 분석되었고, 적어도 300대의 고성능 DNA 염기서열 분석기(각각의 가격은 US$300,000)를 이용하였다. 모든 조각이 서열화된 후에는, 슈퍼 컴퓨터의 도움으로 서열들을 다시 재정렬하였다. 이 방법은 중복을 검출하는 전체 유전체 배열 알고리즘을 사용하여 진행되었고, 완전하지는 않은 형태인 "**contig**"로 삽입된 DNA 염기서열들을 정렬하였다. 이상적으로는, 컨티그가 빈틈(gap)이 없이 유전체의 계속적인 염기서열을 제공할 수 있도록 클론된 DNA 조각의 중복 세트여야 한다. 전체 유전체 샷건 접근법에서 모든 위치에 대한 염기서열을 정확하게 읽는 것은 실패하였다. 그러나 Celera 연구자들로부터 얻은 BAC 클론의 공공 정보 사용은 인간 유전체 염기서열의 초안(draft sequence)을 작성하는 데 많은 도움을 주었다.

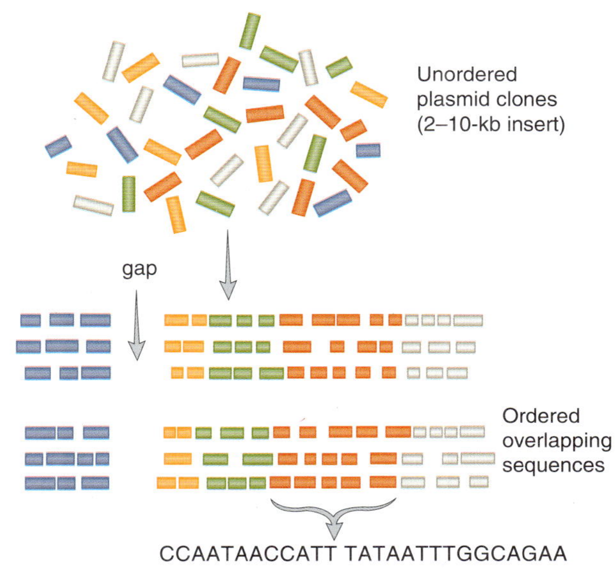

그림 14.9 샷건 염기서열 분석법.

아마 알고 있겠지만, 유전체 조립은 퍼즐을 맞추는 것과 같지만 최종 그림에 대한 아이디어가 없다. 조각이 클수록 퍼즐을 맞추기가 더 쉽다. 이전 세대의 시퀀싱 기구는 약 150−300개의 염기쌍 길이 또는 최대 수천 개의 짧은 읽기를 생성했으며, 적어도 하루가 걸렸다. Pacific Biosciences(PacBio)의 **SMRT(single-molecule real-time) 시퀀싱**과 같은 최신 기술은 0.5~6시간 내에 10,000~16,000 염기쌍 길이의 판독을 생성한다. 그러나 30억 염기쌍의 유전체를 시퀀싱하려면 수십만 번의 판독이 필요하다는 점을 명심하자. 시퀀싱 비용은 지난 15년 동안 현저하게 감소했다. 이를 고려하면, 2005년에 침팬지 유전체 초안을 만드는 데 5천만 달러와 5년이 소요되었다. 이에 비해 2016년에는 고릴라 염기서열이 1년 만에 완성되었으며, 비용은 7만 달러에 불과했다.

개략적 초안 대 최종 염기서열

2001년에 공공 컨소시엄와 Celera의 두 단체는 인간 유전체의 개략적 **초안**을 완성하였다고 발표하였다. 이러한 서열은 최종 염기서열보다 낮은 정확도—몇몇 부분들은 사라지거나 또는 잘못된 순서나 방향(orientation)—때문에 "개략적 초안(rough draft)"으로 생각되었다. 본래 개략적 초안에는 수천 개의 빈틈이 있었다. 공공 부분과 사적 부분이 만든 염기서열 둘 다 유전체의 진정염색질 부분 중 10% 정도가 빠져 있었으며, 전체(이질염색질 부위도 포함) 유전체 중에서는 30% 정도가 빠진 상태였다. 2004년 10월 21일, 공공 부분은 서열화가 "완성되었다(finished)"고 발표하였다. 이 최종판 염기서열은 100,000개의 DNA 염기 중 1개 미만의 오류 빈도로 정확도를 가진 것으로 확인되었고, 거의 빈틈이 없이 염색체를 따라서 염기서열이 정확한 순서와 방향으로 정렬되었다(오직 341개의 빈틈이 남아 있었다). 과학자들은 "완성된(finished)" 서열이 현재 유전체 진정염색질의 99%까지를 밝힌 것이라고 추정하였다. 그리고 그것은 하나의 시퀀스가 아니다. 100,000 유전체 프로젝트는 영국에서 87,231개의 전체 유전체 염기서열을 생성하여 개인 간의 변이를 목록화했다. 이 변화를 분석하여 얻을 수 있는 정보에 대해서는 15장에서 다룬다.

유전체의 비교 분석

많은 수의 세균 유전체 염기서열 분석은 첫 번째 진핵생물 유전체의 분석 이전에 완료되었는데, 이는 세균 유전체의 작은 크기 때문이다. 첫 번째 염기서열이 완료된 개체는 1995년 헤모필루스 인플루엔자(*Haemophilus influenzae*)로서, 이는 세균성 수막염(bacterial meningitis)을 유발하는 병원균이다. 1996년 발아하는 효모(*Saccharomyces cerevisiae*)에서 최초의 진핵생물 유전체 분석이 완료되었다. 2년 뒤, 선충류인 예쁜꼬마선충(*Caenorhabditis elegans*)에 대한 유전체 분석은 최초의 다세포 진핵생물 유전체 분석 결과였다. 지금까지 가장 큰 유전체 분석은 일본의 희귀종 꽃인 *Paris japonica*에 대한 분석이었다. 이 식물은 유전체의 총 염기가 1,490억 개의 염기쌍으로 되어 있는데, 이는 인간 유전체의 약 50배 크기이다.

많은 다양한 개체의 완전한 염기서열을 비교하는 것은 개체들의 유사성 차이를 푸는 매우 중요한 열쇠가 될 것이다. 인간 유전체의 초판 염기서열 분석 전에 과학자들은 인간 유전체가 적어도 10만 개 이상의 유전자를 가지고 있을 것으로 추정하였다. 그러나 초판 염기서열의 분석 작업 결과에서, 인간 유전자의 개수는 대략 30,000~40,000으로 추정되었다. 인간이 벌레 유전자 개수의 2배가 안 된다는 사실은 매우 놀라운 것이었다(표 14.3). 현재의 종료된 염기서열에 기반한 추정치는 19,000−22,000개(최근 집계에 따르면 최대 21,306개)의 단백질-암호화 유전자이며, 이는 벌레의 개수와 거의 근접한 수준이다. 그러나 아직도 얼마나 많은 유전자가 실제 인간 유전체에 존재하는지는 명확하지 않다.

표 14.3 진핵세포 유전체의 염기서열 분석 자료들.

Organism	Year	Millions of bases sequenced	Predicted number of protein-coding genes
Saccharomyces cerevisiae (budding yeast)	1996	12	6000
Caenorhabditis elegans (roundworm)	1998	97	19 099
Drosophila melanogaster (fruit fly)	2000	116	14 000
Arabidopsis thaliana (wild mustard weed)	2000	115	25 498
Human: rough draft/finished (public sequence)	2001–2004	2693/2900	20 000–25 000
Human: rough draft (Celera sequence)	2001	2654	39 114
Takifugu rubripes/Tetraodon nigroviridis (pufferfish)	2001/2004	365/342	20 000–25 000
Oikopleura dioica (marine chordate, larvacean)	2001	~65	15 000
Mus musculus (mouse)	2002	2600	30 000
Anopheles gambiae (malarial mosquito)	2002	278	14 000
Ciona intestinalis (sea squirt)	2002	153	16 000
Rattus norvegicus (brown Norway rat)	2004	2750	30 000
Gallus gallus (red jungle fowl, ancestor of domestic chicken)	2004	1000	20 000–23 000
Oryza sativa (rice)	2005	389	37 544
Pan troglodytes (common chimpanzee)	2005	2843	20 000–25 000
Daphnia pulex (water flea, pond crustacean)	2009	200	39 000
Ailuropoda melanoleuca (giant panda)	2010	2250	21 000
Ambystoma mexicanum (neotenic salamander)	2018	28 400	23 251
Cercocebus atys (sooty mangabey)	2018	2850	20 829
Sequoia sempervirens (coast redwood)	2019	26 200	~38 000
Sequoiadendron giganteum (giant sequoia)	2019	8200	37 963

또 다른 재미있는 사실은 대부분의 척추동물에 비해서 매우 작은 유전체를 가지는 복어(puffer-fish)가 인간의 유전자와 비슷한 수를 가지고 있다는 사실이다. 이는 부분적으로 비암호화 부위의 소실에 기인한 것으로 생각된다. 복어 유전체의 분석은 유전체 진화에 대한 많은 정보를 제공하였다(Focus Box 14.2). 척추동물의 기원에 관련된 추가적인 사실은 해양의 벌레인 *Oikopleura dioica*의 분석으로부터 나왔는데, 이는 척색동물(chordate) 중 가장 작은 유전체를 가지고 있다. 척색동물

Focus Box 14.2

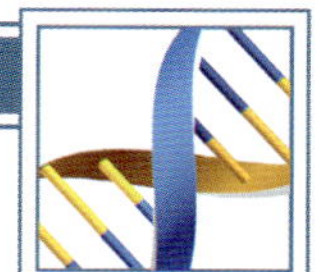

유전체의 비교 분석: 복어와 닭에서의 통찰

유전체 비교 분석(Comparative genome analysis)은 진화과정 동안 발생한 염기서열과 유전자 구조 변화를 연구할 수 있게 해 준다. 이러한 비교는 유전체 내의 단백질 암호화 부위와 조절 부위를 확인하는 데 도움을 준다. 만약 공통의 조상을 가지고 있다면, 2개의 염기서열이 동형인지 고려해 보아야 한다. 상동 유전자는 동일조상(orthologs, *ortho*, "정확한")이나 이원성(paralogs, *para*, "병렬의")일 것이다. 동일조상은 공통 조상으로써 유전자가 파생되어 두 종 간의 유전자의 동질성이 만들어진 경우이다(예, 사람과 쥐에서 α-글로빈 유전자). 이원성은 유전자의 중복에서 파생되므로 유사성을 가지고 있는 유전체의 2개 유전자이다(예; 인간 α-그리고 β-글로빈 유전자, 또는 쥐의 α-그리고 β-글로빈 유전자). 비교 유전체 연구는 또한 관련이 전혀 없는 동물들 간에도 유전자 사이의 신테니(synteny)(유전적 연관성의 보존) 정도가 높다는 것을 밝혔다. 이는 다른 종들에서도 같은 염색체에서 같은 순서를 가지고 있는 유전적 위치가 있다는 것을 의미하며, 이러한 보존적 순서는 유전자 조절 과정에서 중요할 것으로 생각된다.

복어 유전체에서 통찰

복어의 두 종은 전체 유전체 샷건 접근법을 통하여 유전체가 서열화되었다. 첫 번째로 유전체 서열을 완성시킨 것은 일본 복어인 *Takifugu rubripes*(자주복)이라고 하는 독성이 제일 많은 물고기인데, 이 고기는 초밥으로도 유명하다. 두 번째 유전체 서열화는 초록색 점복인 *Tetraodon nigroviridis*(초록점복)로서, 인기 많은 민물고기이다. 복어는 몸을 팽창시키는 동그란 고기로 잘 알려져 있다. 위협을 받으면 물을 섭취하여 자기 몸의 두 배의 크기로 부풀리는 모습에서 따온 이름이다. 일본 복어(간, 근육, 피부 그리고 난소를 포함하여)는 tetrodotoxin이라고 불리는 아주 강하고, 마비를 일으키는 독을 가지고 있다. 이 독은 수많은 소듐(sodium) 채널과 근육섬유를 선택적으로 방해하여, 신경 자극의 생성 과정과 근육 수축을 방해한다. 이 독에 대한 해독제는 아직 알려지지 않았으며, 청산가리보다 몇 천배는 더 치명적이다. 일본에서는 복어(메뉴에서는 "fugu"라 불린다)가 식용으로 쓰이지만, 독의 양을 최소화하도록 교육 받은 요리사만이 복어 요리를 할 수 있다. 이러한 독성에도 불구하고 많은 일본인들이 복어를 섭취하여 사망하는 경우가 종종 발생한다.

일본 복어와 초록점복의 유전체 서열 분석 결과, 1800~3000만 년 사이에 같은 조상에서 갈라지게 되었고, 약 4억 5천만 년 전에 같은 포유류 조상 — 원시 뼈 있는 고기 — 을 가지고 있다(그림 1). 이 두 종은 인간 DNA보다 약 8~9배 적은 DNA를 가지는데, 이는 반복 염기서열이 없는 것에 기인한다[초록점복 유전체에서 전이요소(transposable element)는 매우 드물다]. 인간의 유전자 추정치를 비교하여 볼 때, 복어의 단백질-암호화 유전자 수는 20,000~25,000개 정도이다. 인간의 염색체에 관련된 각각 복어 염색체의 유전자를 비교하면, 오래전에 멸종된 Actinopterygians(가오리, 복어를 포함)과 육기어류(sarcopterygians, 엽상형 지느러미를 가지고 있는 어류, 인간에게 나타난 혈통)는 12쌍의 염색체를 가지고 있다. 이와 반대로, 현대 복어의 유전체는 21쌍의 염색체를 가지고 있다. 더 나아가서 서열 분석에 따르면 전체 유전체의 복제가 아마도 2억 3천만 년 전 경골어류의 기원에 가까운 가오리 지느러미 물고기 계통 내에서 어느 시기인가에 발생했다고 제안한다.

닭 유전체에서 통찰

현재 사육닭의 야생 조상이 되는 빨간정글거위(*Gallus gallus*)의 유전체는 여러 연구방식을 복합적으로 사용하여 서열화되었다: 전체 유전체 샷건 자료를 재검토하고, 180,000 BAC 클론의 물리적 지도에 근거하여 정확하게 정돈되었다. 흥미롭게도, 닭 유전체의 초안(대략 98%가 완성된)은 인간, 생쥐 및 쥐와 같은 포유류 유전체 염기서열의 1/3 정도의 크기이다. 이것은 산재해 있는 일렬 반복요소(tandem repetitive elements)의 양이 적고, 전체적으로 유전자의 중복 복사본이 적으며, 거짓 유전자(pseudogene)의 수가 감소된 결과로 생각된다.

닭의 유전체에 대한 광범위한 관심은 비교유전체 분석을 이용하여 인간 유전체에 존재하는 조절 요소(regulation element)에 대한 지도 작성을 위한 중요성에 기인한다. 지난 3억 년 이상 동안에 걸쳐 발생한 인간과 닭의 염기서열 사이에 축적된 차이에도 불구하고, 잘 보존되고 있는 염기서열 부위에 관심이 집중되고 있다. 이 비교에 의하면, 7천 5백만 년 전에 사람과 나뉘어진 쥐의 염기서열의 경우에는 높은 유사성으로 인하여 조절 요소(regulation element)를 확인하는 것이 어렵다. 초기연구 결과에서, 7천만 개의 염기서열이 인간과 닭 사이에서 매우 잘 보존되어져 있었다. 이들 부위는 유전자-암호화 위치뿐만 아니라 유전자 암호화 사이의 염기서열도 포함하므로, 이런 부위들이 잠재적 조절 요소 관련 부위가 될 것이다.

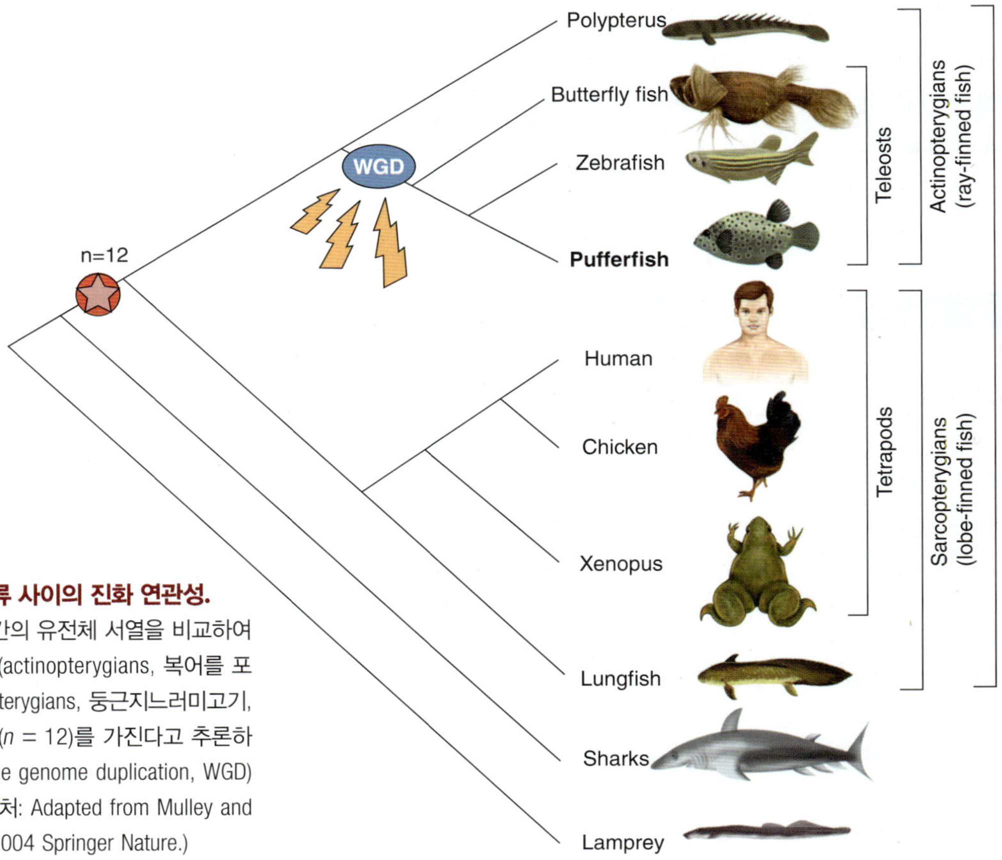

그림 1 인간, 복어, 그리고 다른 포유류 사이의 진화 연관성. 초록점복, *Tetraodon nigroviridis*와 사람 간의 유전체 서열을 비교하여 보면 연구자들은 멸종된 액티노테리지안(actinopterygians, 복어를 포함한 가오리)의 조상이나 육기어류(sarcopterygians, 둥근지느러미고기, 인간에게 나타난 혈통)는 12쌍의 염색체(n = 12)를 가진다고 추론하였다. 추가적으로, 전체 유전체 중복(Whole genome duplication, WGD) 현상이 가오리의 진화 동안 일어났다. (출처: Adapted from Mulley and Holland. 2004. *Nature* 431:916-917. © 2004 Springer Nature.)

에는 척추동물, 두색류(cephalochordates, 예; 활유어, amphioxus) 및 미색류(urochordates, 예; 멍게)가 포함된다.

시퀀싱된 진핵 유전체의 샘플링이 표 14.3에 제공되어 있다. 일부 새로운 동물, 식물 또는 기타 유기체가 거의 매주 또는 매월 배열되기 때문에 이 표는 결코 모든 것을 포함하는 것은 아니다. 사실, 2018년에 Earth BioGenome 프로젝트는 향후 10년 동안 알려진 약 150만 종의 모든 동물, 식물, 원생동물 및 곰팡이 종의 유전체를 시퀀싱하는 것을 목표로 시작되었다. 현재 진행 중이거나 염기서열 분석이 끝난 다른 유전체들로는 많은 세균을 포함하여, 닭(*Gallus gallus*)(Focus Box 14.2 참조), 쌀(*Oryza sativa*), 지브라피쉬(*Danio rerio*), 개(*Canis familiaris*), 말(*Equus caballus*), 소(*Bos taurus*), 남미의 짧은꼬리회색오퍼섬(*Monodelphis domesticus*), 짧은꼬리 붉은털원숭이(*Macaca mulatta*), 돼지(*Sus scrofa*), 아프리카 사바나 코끼리(*Loxodonta africana*), 미국 고양이(*Felis satus*), 오랑우탄(*Pongo pygmaeus*), 토끼(*Oryctolagus cuniculus*), 유럽 보통 쉬리(*Sorex araneus*), 점균류(*Dictyostelium discoideum*), 단세포 섬모충(*Oxytricha trifallax*), 와충류(*Schmidtea mediterrancea*), 꿀벌(*Apis mellifera*), 바다 칠성장어(*Petromyzon marinus*), 그레이트 베리어리프(Great Barrier Reef)에서 얻은 해면(*Amphimedon queenslandica*), 오리너구리(*Ornithorynchus anatinus*), 자이언트 판다(*Ailuropoda melanoleura*), 서양발톱 개구리(*Xenopus tropicalis*) 등이 있다.

염기서열 분석은 살아 있는 종에 국한되는 것은 아니다. 화석을 이용한 분석 작업 또한 유전체 자료은행에 기여하고 있다. 멸종된 양모 맘모스와 네안데르탈인 여성(*Homo neanderthalensis*)에 대한 분석 또한 대략적인 염기서열 분석이기는 하지만 이루어지고 있다.

인간 가계

두 고대 유인원인 네안데르탈인과 데니소바인의 유전체를 시퀀싱한 결과 놀라운 사실이 드러났다. 호모 사피엔스는 약 40,000~60,000년 전에 네안데르탈인 뿐만 아니라 두 별개의 인구인 데니소바인과 함께 자녀를 낳았다. 데니소바인은 약 3억 9천만 년에서 4억 4천만 년 전에 분리된 네안데르탈인의 멸종된 자매 그룹이다. 그들은 러시아 알타이 산맥의 데니소바 동굴에서 처음으로 확인된 소수의 이빨과 뼈 조각에서만 알려져 있다. 분명히 네안데르탈인과 데니소바인은 함께 어울렸다. 최근에 데니소바인 아버지와 네안데르탈인 어머니를 둔 “데니”라는 여성의 화석 뼈 조각이 발견되었다(mtDNA 분석 기반).

이 고대 친척들로부터 유래한 인간 유전체의 비율은 적다. 대부분의 유럽인과 아시아인은 약 2~4%의 네안데르탈인이다. 데니소바인 DNA는 오늘날의 호주 원주민과 파푸아뉴기니와 멜라네시아의 다른 지역 인구에서 유전체의 약 6%를 구성한다. 동아시아인, 아메리카 원주민 및 폴리네시아인의 유전체에는 더 낮은 비율(1~5%)로 존재한다. 그렇다면, 인간은 멸종된 친척에게서 유용한 특성을 얻었을까? 내피 PAS 도메인 함유 단백질 1(EPAS1)의 데니소반 대립유전자에 대한 양성 선택을 가리키는 적어도 하나의 예가 있다. EPAS1은 혈액 내 헤모글로빈의 양을 줄여 현대 티베트인이 높은 고도에 존재하는 낮은 수준의 산소에 대처하는 데 도움이 된다. 하지만 다른 분석에 따르면, 네안데르탈인의 변종들은 골다공증, 우울증 및 비만과 같은 질환에 대한 위험을 약간 증가시켰다.

모든 포유동물의 유전체 서열은 연구자들이 인간 유전체 해석을 하는 데 중요한 역할을 한다. 비포유동물의 유전체 서열과 비교분석을 해보면, 다양한 종(species)에서 각 종들 간의 해부학, 생리학, 발생학, 그리고 행동의 진화 과정에 있어 특별한 견해를 제시해 준다. 예를 들어, 그을음 망가베이 유전체의 시퀀싱은 왜 원숭이 면역결핍 바이러스(SIV)가 이 영장류에서 비병원성인 반면, 인간 면역결핍 바이러스(HIV)는 인간에서 후천성 면역결핍 증후군(AIDS)을 유발하는지에 대한 통찰력을 제공한다. 우리가 가지고 있는 인간 유전체 지식은 인간과 침팬지(*Pan troglodytes*)의 서열을 비교함으로써 높아졌다. 무엇이 우리를 인간으로써 침팬지와 다르게 만들었는지에 대한 대답은 3천 5백만 개의 단일염기 변화와 6백만 개의 작은 삽입과 삭제, 위치 재배열 그리고 염색체 융합(chromosomal fusion)의 어딘가에 그 차이가 있다는 것이다.

유전자는 무엇이며, 인간 유전체에 얼마나 많이 있는가?

인간 유전체 프로젝트의 염기 서열화 단계는 정렬된 염기의 방대한 데이터 세트를 제공했지만, 유전자가 어디서 시작하거나 끝나는지와 그들이 무엇을 하는지는 보여주지 않았다. 염기서열 분석 단계가 본질적으로 완료됨에 따라서 24개의 인간 염색체 각각에 주석을 달게 되었다. 유전체의 **주석**은 유전체의 모든 기능적 요소를 심층적으로 분석하는 것이다. 모든 유전자와 그들의 기능을 특징짓는 것을 목표로 하여, 대부분의 강조는 유전자 내용에 있다. 이 장의 뒷부분에서, 당신은 유전체 염기서열 분석 결과가 유전자 발현에 대한 고처리량 연구와 어떻게 결합될 수 있는지 보게 될 것이다. 그보다 먼저 근본적인 질문에 대해 살펴보기로 하자. 유전자란 무엇인가?

“유전자(gene)”라는 말은 1900년대 초에 형질의 유전적 근거를 설명하기 위해 처음 사용되었다. 1930년에 George Beadle과 Edward Tatum은 하나의 유전자가 하나의 단백질을 암호화하고 있다고 주장하였다(1장 참조). 이는 나중에 하나의 유전자가 여러 개의 단백질이나 기능적 RNA 생산물을 암호화하고 있음이 밝혀졌다. 여기에 새로운 개념을 더하여 해석하자면, 유전자는 기능적 생산물을 만드는 완전한 염색체 조각으로 정의할 수 있다. 이러한 정의는 유전자의 세 가지 주요한 특징을 강조하고 있다: 생산물의 발현, 그 생산물의 기능적 필요성, 암호화 부위와 조절 부위의 포함.

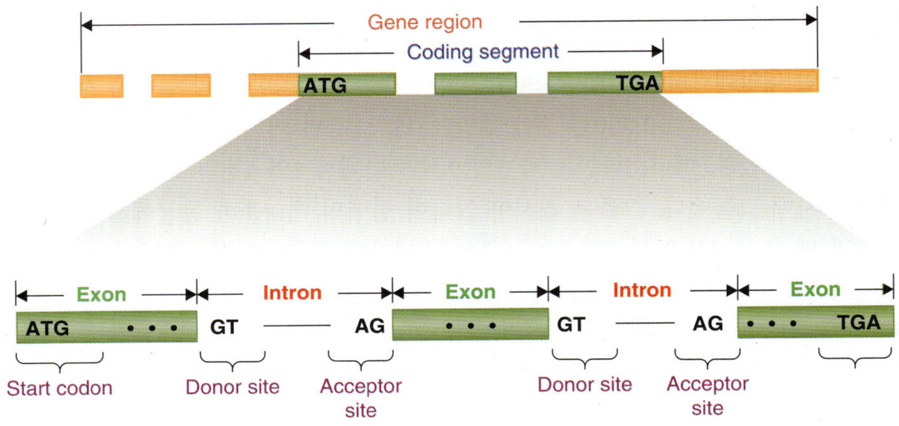

그림 14.10 유전자 예측 모티프 신호.

흔히 상보적 DNA(cDNA)는 오직 암호화된 지역만 포함하고 있음에도 불구하고 "유전자"로서 여겨진다. 이는 용어의 잘못된 사용 및 과도하게 간소화하여 사용하는 경우로서 지금부터라도 적절한 유전자 발현에 필요한 조절 요소의 중요성을 알아야 한다(9장 참조).

유전자 탐색(예상) 컴퓨터 프로그램은 점점 복잡해지고 있다. 대부분은 두 가지 접근방식을 사용한다. 첫 번째 접근법은 번역, 촉진자(promoter) 부위, 엑손-인트론 이어맞춤의 시작과 끝 부위 같은 DNA 서열의 특이한 형태를 검출함으로써 유전자를 인식하는 것이다(그림 14.10). 그러나 유전자가 너무 짧거나 큰 인트론 사이에 위치한 작은 엑손이 RNA 이어맞춤(splicing)하는 경우에는 열린판독틀(ORF)을 발견하기 어렵다. 새로운 유전자를 밝히는 또 다른 접근법은 이미 알고 있는 유전자의 유사성을 기초로 하여 진행하는 것이다. 이 접근법은 다른 유전자와 명백하게 연관성이 없는 유전자의 경우에는 놓칠 수 있다. 결과적으로, 연구자는 컴퓨터를 떠나, 실험실 의자로 돌아와서 분자생물학적 기기들을 이용하여 예상된 유전자의 기능에 대해서 검사를 해 봐야 알 수 있다.

인간의 유전자 수에 대한 최고의 추정치는 대략 19,000~22,000개의 단백질-암호화 유전자가 존재할 것이라는 추정이고, 또한 이는 전체 DNA의 오직 1~2%만이 엑손 부분일 것이라는 추정이다. 그러나 이 "유전자" 중 몇몇은 **거짓유전자(pseudogene)**일 수 있다. 거짓유전자는 정상적인 유전자 서열과 비슷하지만, 틀 이동변이(frameshift)나 암호화 부분의 정지코돈 생성으로 인한 유전자의 분명한 결손이 있는 것들이다. 이들 거짓유전자는 기능적인 생산물이 없으며, 생명체에서 표현형의 발현이 없게 된다. 거짓유전자는 동물, 곰팡이, 식물, 그리고 세균에 다양하게 퍼져 있다. 이들 거짓유전자는 상당히 높은 빈도로 관찰되는데; 예를 들면, 인간 유전체에서 라이보소체 단백질 유전자가 80개인 데 비해 2,000개 이상의 관련 거짓유전자가 있다. 더욱이, 이 추정치는 기능적 RNA 분자를 암호화하는 유전자를 고려하지도 않았다. 보다 정확한 유전자 수에 대한 추정치를 알기 위해서 진행하고 있는 **DNA 요소 백과사전 계획[*Enc*yclopedia *o*f *D*NA *E*lements (ENCODE) Project]**의 목표는 인간 유전체 염기서열 중에서 모든 기능적 요소를 밝히는 데 있다—이것은 단백질-암호화 유전자, 비단백질-암호화 유전자, 전사 조절 요소, 그리고 염색체 구조와 역동성을 유지하는 염기서열을 모두 포함한다. ENCODE 컨소시엄은 현재 네 번째 단계에 있다.

데이터 세트는 전사 인자-결합 부위의 유전체 전체 식별, 염색질 조직 맵 및 DNA 메틸화의 유전체 전체 맵을 포함하도록 빠르게 확장되고 있다. 예를 들어, **ATAC-seq(시퀀싱을 사용한 Transposase-Accessible Chromatin에 대한 분석)**는 상대적으로 작은 세포 시료에서 유전체 전체의 염색질 접근성을 검사하는 데 사용되는 기술이다. Tn5 트랜스포사제는 접근 가능한 염색질 영역에 시퀀싱 어댑터를 삽입하는 데 사용된다. 그런 다음, 고처리량 시퀀싱을 사용하여 DNA의 어느 영역이 접근성이 증가했는지 파악하고 전사 인자-결합 영역과 뉴클레오솜 위치를 매핑한다.

유전자에서 유전자 발현까지

1974년, 최초의 진핵생물 유전자 복제 이후 수천 개의 진핵생물 유전자가 분리되었다. 현재 진행 중인 유전체 프로젝트는 수많은 유기체에 대한 전체 유전자 보체의 식별로 이어진다. 새로운 유전자가 클로닝된 후 다음 단계는 유전자의 구조, 발현이 어떻게 조절되는지, 암호화된 유전자 산물의 생물학적 기능을 조사하는 것이다. **유전자 발현**은 유전자들 내에서 암호화된 유전적 정보로부터 기능적인 단백질이나 RNA를 생성하는 것이다. 넓은 의미에서, 유전자 발현은 전사와 번역 모두를 포함하지만, 단지 전사 과정만을 지칭하기도 한다. 단일세포에서 다세포 유기체로 급진적으로 발달할 때, 정상 세포와 암세포 또는 피부세포와 간세포에서 유전자의 발현이 다르게 나타난다. 따라서 유전자 발현을 조절하는 분자적 메커니즘에 대한 이해는 광범위한 영향을 지닌 중요한 분야이다.

살아 있는 세포의 세계는 굉장히 복잡하다. 세포의 분자적 변화가 어떻게 이행되는지 이해하기 위해서는 생화학적 방법에서부터 유전적 분석과 현미경을 이용한 시각화에 이르기까지 다양한 실험적 접근이 요구된다. DNA 복제, RNA 전사, 단백질 번역, 그리고 유전자 조절에 대한 기본적인 분자적 메커니즘은 처음 람다 박테리오파지와 대장균으로부터 밝혀졌다. 이런 초기 연구는 진핵생물체의 보다 복잡한 과정을 이해하기 위한 기초를 제공하였다. 규명하고자 하는 특정 질문에 따라, 분자생물학자는 세포 배양 또는 **모델 유기체(model organism)**에서 연구를 수행할 것이다. 각 모델 유기체는 생물학의 특정 복잡한 관점을 연구하기 위하여 단순화되어 있는 모델로 구별되어 적용된다(Focus Box 14.3).

Focus Box 14.3

모델 유기체

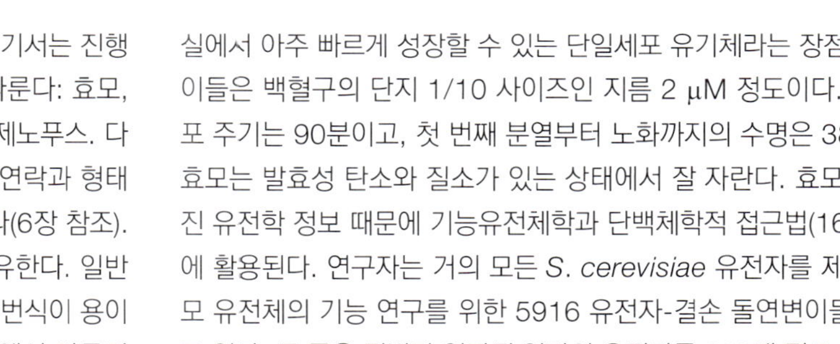

많은 종들이 진핵생물을 모델 유기체로 활용될 수 있었다. 여기서는 진행생물의 분자생물학 연구에서 가장 많이 이용되는 7가지를 다룬다: 효모, 예쁜꼬마선충, 초파리, 제브라피쉬, 애기장대, 생쥐, 그리고 제노푸스. 다른 유기체로 점균류인 노란공먼지곰팡이는 세포–세포 상호연락과 형태형성, 섬모충막구류는 끝분절 연구의 모델 유기체로 활용된다(6장 참조). 모델 유기체는 공통적인 속성뿐 아니라 특이한 성질들도 공유한다. 일반적으로, 비교적 저렴하고, 풍부하며, 기르는 데 비싸지 않고, 번식이 용이하며, 임신기간이 짧아 많은 자손을 생산할 수 있고, 실험실에서 다루기 쉽다. 또한 상당히 작고 비교적 단순한 유전체를 가진다.

일반인 그리고 다른 과학자들 조차, 가끔 벌레나 파리에서 발견된 것이 인간 생물학에 적용될 수 있는지 궁금해 한다. 실제로, 이런 유기체에서의 많은 발견은 중요한 의학적 돌파구가 된다. 차이점이 있음에도 불구하고, 그들은 정상 세포 생리학과 질병 세포의 병리학을 이해하는 중요한 관점을 제공한다.

효모: *Saccharomyces cerevisiae*와 *Schizosaccharomyces pombe*

과학적 테두리 밖에서, 효모는 맥주와 빵을 만드는 데 중요하게 작용한다는 것은 잘 알려져 있다. 과학적 테두리 안에서, 효모는 세포 주기 조절을 이해하는 데 중요하다는 것 또한 잘 알려져 있다. 효모의 두 종, 발아 효모 *S. cerevisiae*와 분열 효모 *S. pombe*는 모델 유기체이다. 둘 다 실험실에서 아주 빠르게 성장할 수 있는 단일세포 유기체라는 장점을 지닌다. 이들은 백혈구의 단지 1/10 사이즈인 지름 2 μM 정도이다. 이들의 세포 주기는 90분이고, 첫 번째 분열부터 노화까지의 수명은 38시간이다. 효모는 발효성 탄소와 질소가 있는 상태에서 잘 자란다. 효모의 잘 알려진 유전학 정보 때문에 기능유전체학과 단백체학적 접근법(16장을 참조)에 활용된다. 연구자는 거의 모든 *S. cerevisiae* 유전자를 제거시켜, 효모 유전체의 기능 연구를 위한 5916 유전자-결손 돌연변이들을 제공하고 있다. 두 종은 질병과 연관된 인간의 유전자를 200개 정도, 암과는 23개의 유사 유전자를 가진다.

벌레: 예쁜꼬마선충(*Caenorhabditis elegans*)

예쁜꼬마선충은 양 끝으로 갈수록 점점 가늘어지는 원통형 몸을 가진 1 mm 길이의 작은 벌레이다. 이 벌레는 박테리아를 섭취하고, 수명이 2~3주로 실험실에서 기르기에 용이하다. 이는 인간 생물학과 질병을 연구하기에 중요한 특징들을 지닌 가장 원시적인 동물이다. 예쁜꼬마선충의 다양한 유전학 정보와 1,090개 세포의 세포 운명에 대한 완벽한 지도는 기관 발생의 유전적 조절에 대한 결정적 발견과 세포자멸사(예정세포사) 연구 분야에 적용된다. 예쁜꼬마선충은 행동 연구를 할 수 있는 신경계를 포함한 모든 분화된 조직을 가진다. 이는 기능유전체학을 연구하기에 용이하다. 유전체 서열이 완벽하고 잘 분석되어 있어서, 간섭 RNA (RNA)를 이용하여 체계적인 유전자 기능이 연구된다.

파리: 초파리(*Drosophila melanogaster*)

아주 흔한 초파리 *D. melanogaster*는 동물 유전학 연구의 고전적인 유기체이다. 수명이 짧으며(2주), 기르기 쉽고, 높은 생식력(암컷은 하루에 100개가 넘는 알을 낳을 수 있다) 덕분에 20세기 초 Thomas Hunt Morgan에 의해 실험실에 소개되었다. 수천 개의 유전자 중 특정 결함을 가진 돌연변이 파리가 현재 유전학, 발생학, 행동과 다른 주제에 대한 연구에 활용된다. 초기 발생기의 유전적 조절과 몸의 계획, 몸 분절의 생성을 조절하는 초파리 유전자의 결정에 의해 주요 기관의 발달이 이루어지고, 향후 유전자가 어떻게 조절되느냐에 따라서 몸 분절이 특정 기관으로 발달한다.

물고기: *Danio rerio*

*D. rerio*는 아시아 남동부에 서식하는 작고, 전형적인 제브라피시다. 이 물고기는 기르기 쉽고, 한 번에 평균 200개의 알을 낳는다는 점에서 모델 유기체로 채택되었다. 외부 수정은 유전자 조작과 분석을 용이하게 하고, 투명한 배아는 성체가 될 때까지 3개월이 걸린다. 이들의 수명은 거의 5년이다. 투명한 배아를 광학현미경으로 관찰함으로써 발생 결함을 추적할 수 있다. 제브라피시는 이들보다 더 상위 척추동물과 많은 구조를 공유하므로, 발생학과 병리학의 모델로서 이용된다. 많은 제브라피시 돌연변이는 정맥에 흘러 다니는 혈액 세포의 색깔과 수를 관찰하거나 뇌와 심장 기형 같은 주목할 만한 결함을 관찰함으로써 처음 동정되었다.

식물: 애기장대(*Arabidopsis thaliana*)

*Arabidopsis thaliana*는 일반적으로 thale cress 또는 mouseear cress로 알려져 있다. 이 풀은 Johannes Thal이 처음 발견한 16세기 이후에 알려졌다. 애기장대 식물의 첫 돌연변이는 1873년 Alexander Braun이 보고하였다. 재배하기 쉽고, 발아부터 성숙한 씨앗을 생산하는 수명 주기가 6주로 아주 빠르며, 높은 씨앗 생산력(한 식물당 5,000개의 씨앗), 그리고 작은 유전체로 인한 형질 변형하였기에 모델 식물로 하기에 반박의 여지가 없다. 애기장대의 기본 중요성에 대한 많은 발견은 옥수수, 밀, 쌀과 같은 작물의 개량에 많이 활용된다.

생쥐: *Mus musculus*

지난 세기 동안, *M. musculus*는 다른 모델 유기체와 비교했을 때 긴 세대 기간을 가졌음에도 불구하고, 사실상 연구 실험실에서 필수적이 되었다. 임신 기간이 19~21일이며, 한배에서 평균 1~10마리의 새끼를 낳는다. 생쥐는 생후 4주 이후 성적 성숙기에 이르고, 1.3~3년의 수명을 가진다. 진화적으로 생쥐와 인간은 대략 7천5백~1억 년 전에 분리되어 있지만, 생쥐 DNA의 85%가 인간과 동일하다. 인간의 유전자와 상보성이 없는 생쥐 유전자는 1% 이하에 불과하다. 유일한 포유류 모델 유기체로서, 이들의 생리가 인간과 거의 비슷하므로 생쥐는 인간 질병의 모델로 선호된다.

개구리: *Xenopus laevis*와 *Xenopus tropicalis*

남아프리카 발톱개구리인 *Xenopus laevis*는 발생학 연구에 광범위하게 사용된다. 수정란은 지름이 1.2 mm이고, 외부에서 거대한 배아가 발생한다. *X. laevis*는 단일 교배로 빠르게 수천 개의 배아를 생산할 수 있다. 연구자는 조작하고자 하는 발생의 효과와 유도를 연구하기 위하여 미량주입을 통해 배아를 외과적으로, 화학적으로 다룰 수 있다. 유도는 발생의 한 과정으로 조직 또는 세포가 직접적으로 인접한 조직 또는 세포의 발달을 특별한 방법으로 유도하는 것이다. 이 모델 유기체를 사용하는 데 한 가지 주요 한계는 4배수체이기 때문에 유전적 분석이 불가능하다. 또한, 성적 성숙기에 이르기까지 몇 년이 걸린다. 이 두 가지 문제점 때문에, 현재 개구리 연구자들은 발톱개구리의 다른 종인 *X. tropicalis*를 사용한다. 이는 좀 더 작은 개구리로서, 2배수체이고 성석 성숙기에 이르는 데 3개월이 채 안 걸린다.

유전자 발현의 분석과 분석적 클로닝을 위한 가장 중요한 기초적 기술 중의 하나가 세포 내로의 DNA 도입이다. 세균 세포 내로 DNA를 도입하기 위해 "형질전환"이라 불리는 고효율적인 기법이 흔히 사용된다는 사실을 상기하자(13장 참조). 기술의 다양성은 진핵세포 내로 DNA를 도입도하는 것도 가능하게 한다. 대부분의 세포는 "**형질감염(transfection)**"이라 불리는 과정을 통하여 노출된 DNA를 받아들인다. 노출된 DNA를 흡수하기 위한 방법에는 화학적 형질감염, 리포펙션, 전기침공법, 직접적 주입법 그리고 미세탄도법 등이 있다(표 14.4). 또 다른 유전자 도입 기술로는 DNA를 바이러스 캡시드에 싸서 흡수시키는 방법이 있다.

박테리아와 효모에서, 플라스미드 벡터는 숙주세포의 염색체외 유전자로 복제되고 유지된다(즉, 숙주 유전제와 구분된다). 그러나 포유동물 세포에서 플라스미드 DNA는 복제되지 않고 재조합 벡터의 세포 분열을 통한 희석과 재조합 벡터의 분해로 인해 최종적으로 사라진다. 많은 실험에서 이 DNA가 안정적으로 남아 있을 필요는 없다. 이 경우 "**일시적 형질감염(transient transfection)**"—짧은 기간 동안 DNA를 세포 내로 도입—으로 충분하다(그림 14.11). 예를 들어, 14.5절에서 언급할 리포터 유전자 분석법 같은 실험은 24~72시간 정도의 비교적 짧은 시간 동안 수행한다.

단백질 과발현과 같은 더 긴 시간의 분석이 요구되는 실험에서는 "**안정적 형질감염(stable transfection)**"이 요구된다(그림 14.12). 진핵세포 내로 도입된 플라스미드 DNA는 종종 유전체로

표 14.4 다양한 세포 형질감염 방법들.

Method	Comments
Chemical transfection	Many methods, e.g. calcium phosphate or diethylaminoethyl (DEAE)-dextran transfection of animal cells. DNA is internalized by endocytosis.
Lipofection	DNA complexed with cationic liposomes and taken up by endocytosis. Highly efficient method for transfecting animal cells, yeast spheroplasts, and plant protoplasts.[a]
Electroporation	Naked DNA taken into cells through transient pores created by brief pulses of high voltage. Very efficient method for the transfection of yeast, plant, and animal cells.
Direct injection	Labor-intensive but 100% efficient. Routinely applied to animal oocytes, eggs, and zygotes (see Chapter 13).
Microballistics (biolistics)	The use of microprojectiles, tungsten, or gold particles coated with DNA, which are fired into cells at high velocity using a gene gun. Gives efficient transfection of plant cells without removing cell walls. Can also be used to transfect whole plant and animal tissues (see Chapters 13 and 15).
Lentivirus-mediated	Lentiviral transduction is an efficient method for the delivery of DNA into mammalian cells, with robust expression in stable cell lines.

[a] A spheroplast is a yeast cell from which the cell wall has been removed. A protoplast is a plant cell with the cell wall removed.

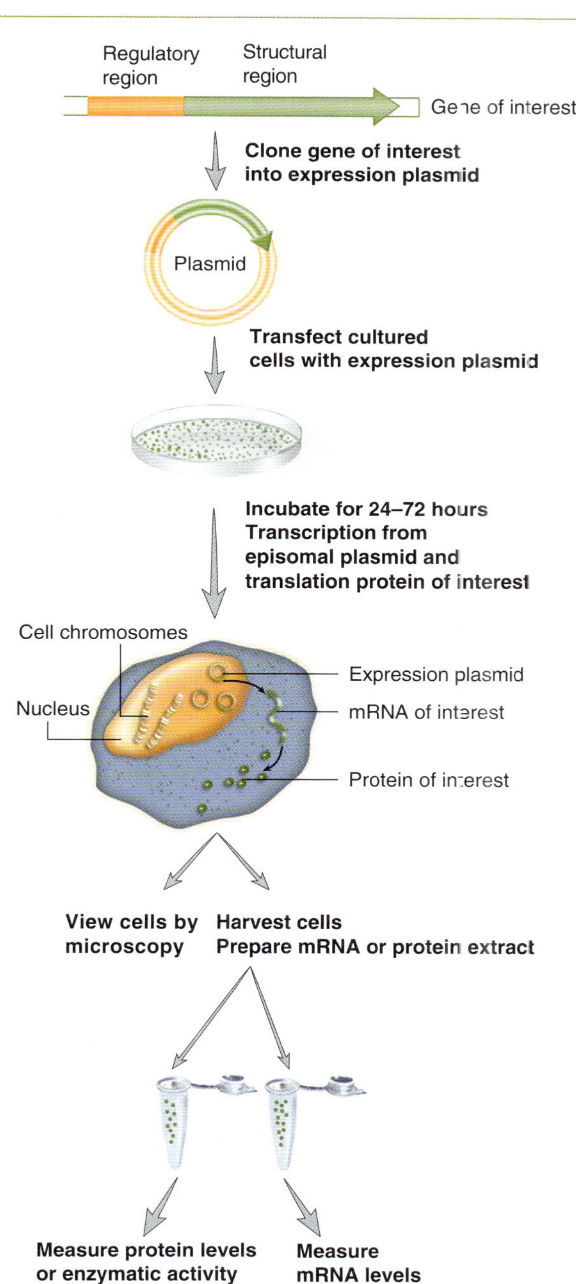

그림 14.11 일시적 형질감염 방법.

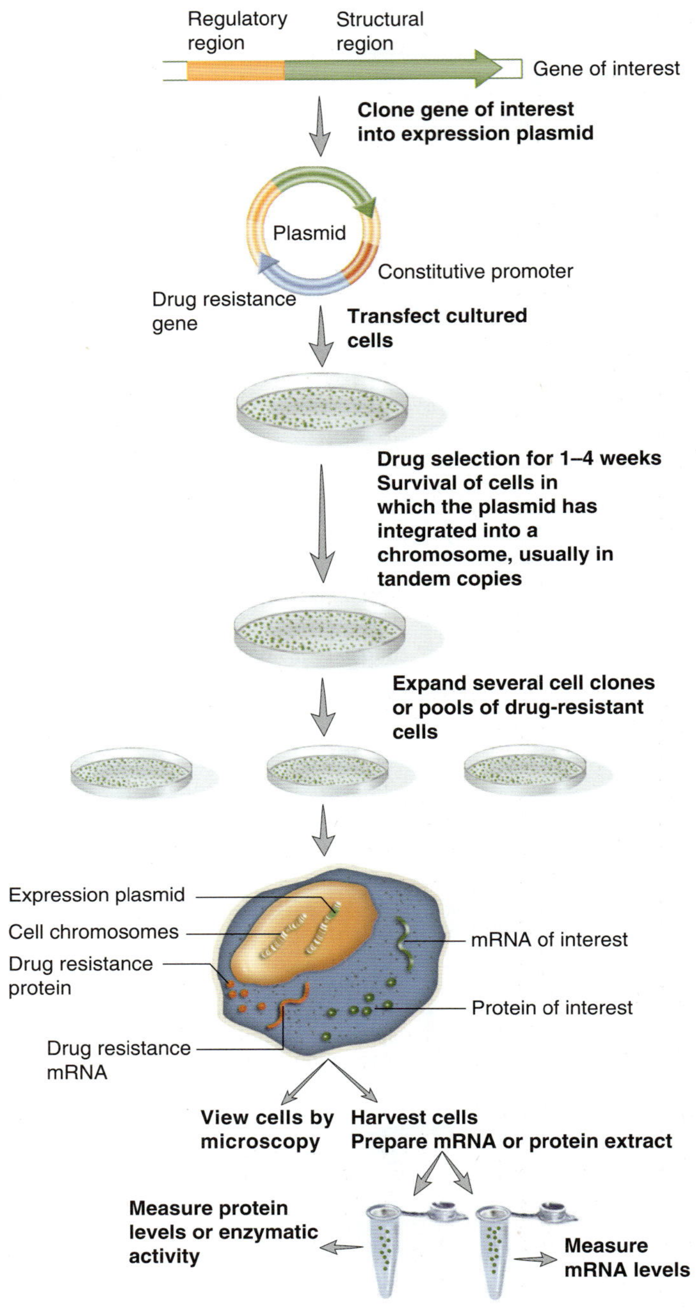

그림 14.12 안정적 형질감염 방법.

무작위적으로 통합된다. 이것이 일어난 세포는 플라스미드 벡터가 네오마이신 저항 유전자와 같은 약제 저항성 유전자를 함유했을 때 구별해 낼 수 있다. 약제 선택 구별 이후, 플라스미드가 염색체 내로 안정적으로 통합된 세포만 살아 남을 것이다. 전형적으로, 일반적으로 플라스미드 DNA의 여러 복사본이 직렬 배열의 염색체 부위에 무작위로 통합된다. 각각의 안정적으로 형질감염된 세포에는 고유한 통합 부위가 있다. 간혹 과다발현이 세포내 유전자 생성물의 비정상적 기능 또는 잘못된 위치 선정을 이끌 수 있으므로 투여 농도를 고려하여야 한다.

일부 경우에, 형질감염 분석의 목표는 안티센스 올리고뉴클레오티드, 모르폴리노 또는 작은 간섭 RNA를 세포에 도입하여 세포에서 유전자 발현을 하향 조절하거나 "녹다운"하는 것이다(Tool Box 14.1). 상동 재조합에 의해 특정 염색체 부위에서 유전자("녹아웃" 또는 "녹인")의 통합을 위해 배

Tool Box 14.1

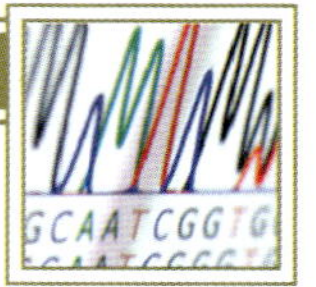

안티센스 기술

1978년, 분자생물학자들은 상보적인 핵산 가닥 사이의 결합 특이성이 유전자 발현의 특정 억제제를 만들기 위해 이용될 수 있음을 입증했다. 이것은 유전자 기능에 대한 주요 통찰력을 제공하였고, 치료 적용을 위해 시험 중인 "유전자 발현의 안티센스 매개 억제"라는 분야의 시작을 표시했다. 표적 유전자의 발현을 억제하기 위해 여러 유형의 안티센스 방법이 사용된다. 여기에는 안티센스 올리고뉴클레오티드 및 RNA 간섭(RNAi)이 포함된다(RNAi에 대한 자세한 내용은 11장 참조).

안티센스 올리고뉴클레오티드

안티센스 분야의 초기 연구에서는 주로 안티센스 올리고뉴클레오티드를 세포에 도입하는 데 사용했다. 15~25개의 뉴클레오티드로 구성된 안티센스 올리고뉴클레오티드는 왓슨-크릭 염기쌍에 의해 특정 메신저 RNA(mRNA)에 선택적으로 결합하도록 설계되었다. 형성된 DNA-RNA 이중체는 mRNA 스플라이싱, 번역 및/또는 분해를 변경하여 mRNA의 해당 단백질로의 번역을 억제한다. 일반적으로 하이브리드 이중체의 mRNA 가닥은 리보뉴클레에이스 H(RNase H)에 의해 절단되거나 번역 정지는 리보솜에 의한 read-through 차단에 의해 매개된다(그림 1). 일반적으로 안티센스 올리고뉴클레오티드는 부분적으로 세포와 표적 mRNA로의 비효율적인 전달 때문에 유전자 발현을 상대적으로 잘 억제하지 못한다.

또 다른 안티센스 전략은 표준 방법에 의해 안티센스 RNA를 암호화하는 재조합 발현 벡터를 숙주 세포에 도입하는 것이다. 안티센스 RNA는 주형 DNA에서 전사된 다음 상보적 mRNA와 이중체를 형성한다. 이것이 해당 단백질의 번역을 방지한다. 안티센스 구조는 세포 내에서 발현되기 때문에 안티센스 올리고뉴클레오티드에 비해 오래 지속된다. 그러나 안티센스 RNA 발현의 광범위한 사용은 낮은 형질전환 효율로 인해 제한되었다.

올리고뉴클레오티드의 화학적 특성의 주요 개선은 안티센스 모르폴리노와 같은 다양한 변형된 올리고뉴클레오티드의 개발과 함께 이루어졌다. 이들은 제브라피쉬 발달 연구에 특히 유용했다. Morpholino oligonucleotides는 음전하가 없는 변경된 골격 연결을 가진 변형된 DNA 유사체이다(그림 2). 일반적으로, 18-25개의 소단위체가 비이온성 포스포로디아미데이트 소단위체 간 결합에 의해 특정 순서로 연결되어 모르폴리노 올리고뉴클레오티드를 생성하지만 길이는 제한이 없다. 비교를 위해 그림 2에서 모르폴리노 올리고뉴클레오티드의 구조는 뉴클레오티드 소단위체가 포스포디에스테르 결합으로 연결된 DNA 올리고뉴클레오티드 옆에 표시되었다. 안티센스 모르폴리노는 배양된 세포 또는 배아로 쉽게 전달된다. 변형에도 불구하고, 왓슨-크릭 염기쌍에 의해 상보적인 RNA 서열에 결합한다. 표적 RNA-모르폴리노 하이브리드는 RNase H의 기질이 아니므로, mRNA가 분해되지 않는다. 모르폴리노는 일반적으로 리보솜이 결합하는 것을 방지하여 단백질 합성을 차단하기 위해 표적 mRNA의 5′ 비번역 영역 또는 시작 코돈을 표적으로 한다.

RNA 간섭(RNAi)

지난 20년 동안 가장 흥미롭고 혁신적인 발견 중 하나인 RNAi는 전사 후 수준에서 발생하는 서열 특이적 유전자 침묵 과정이다(11장 참조). RNAi의 트리거는 이중가닥 RNA 분자이다. 이들은 siRNA(작은 간섭 RNA)라고 하는 ~21-26개 뉴클레오티드 길이의 짧은 RNA로 처리된다.

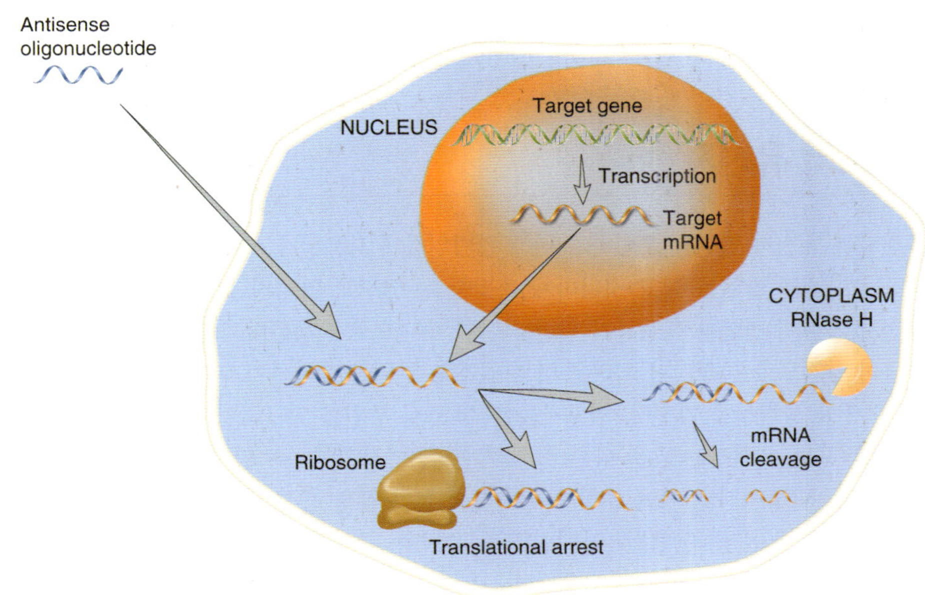

그림 1 안티센스 올리고뉴클레오티드 매개 유전자 발현 억제. 표적 mRNA의 서열에 상보적인 서열을 갖는 안티센스 올리고뉴클레오티드가 세포에 도입되고, 그것은 표적 mRNA와 혼성화 후 Rase H에 의한 번역 정지 또는 mRNA 절단을 통해 mRNA 번역을 차단한다.

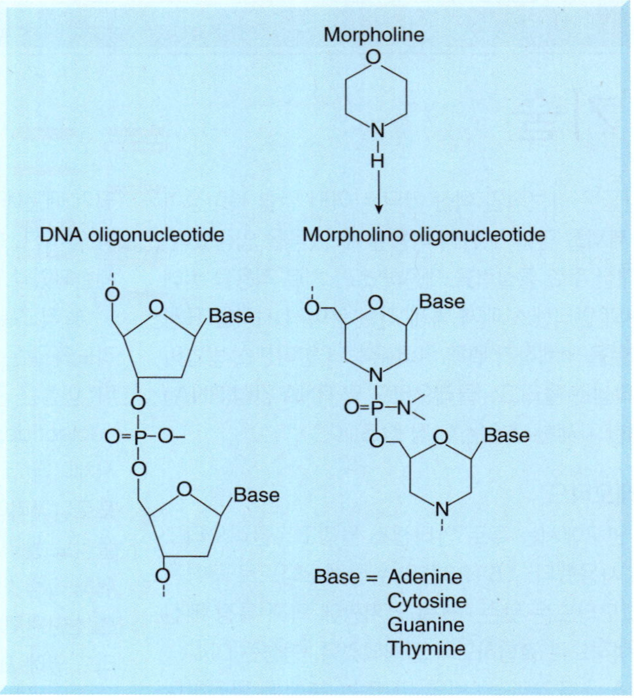

Morpholine

DNA oligonucleotide

Morpholino oligonucleotide

Base

Base = Adenine
Cytosine
Guanine
Thymine

그림 2 DNA와 모르폴리노 올리고뉴클레오티드의 구조. 모르폴리노 올리고뉴클레오티드는 4개의 서로 다른 모르폴리노 소단위체로부터 조립되며, 각각은 6원 morpholine ring에 연결된 4개의 염기(아데닌, 사이토신, 구아닌, 티민) 중 하나를 포함한다.

siRNA의 안티센스 가닥은 RISC(RNA-induced silencing complex)를 유발하여 상보적 mRNA를 인식하고 절단하며, 이는 빠르게 분해된다. RNAi의 초기 발견 이후, 유전자 발현을 억제하기 위한 RNAi의 사용은 기하급수적으로 증가했다. 직접 주입에 더하여, 표적 mRNA에 특이적인 siRNA는 화학적 합성에 의해 생성되고, 표준 형질전환 절차에 의해 세포에 전달될 수 있거나 siRNA에 대한 재조합 발현 벡터가 세포에 도입될 수 있다. 유전자를 억제하면 세포에서 유전자 산물의 역할을 시험할 수 있다. RNAi는 유전자의 발현을 완전히 제거할 수 없으므로, 유전자 서열이 제거되는 "녹아웃" 절차와 구별하기 위해 "녹다운"이라고 한다(13장 참조).

아 줄기세포에서 시행되는 유전자 표적화는 또 다른 옵션임을 상기하자(13장 참조). 또한, CRISPR(Clustered regular interspaced short palindromic repeat)-Cas 유전자 편집의 출현으로 연구자들은 이제 정확하게 변형된 유전체 배양 세포주를 신속하게 설정할 수 있다(13장 참조). 유전자 기능 분석을 위한 한 가지 강력한 도구는 리포터 유전자를 사용하는 것이다. 자세히 살펴보자.

14.5 리포터 유전자

리포터 유전자는 유전자 발현을 분석하기 위해 광범위하게 사용된다. **리포터 유전자(reporter gene)**는 RNA 또는 단백질 발현을 쉽고 정확하게 측정할 수 있도록 알려진 유전자이다. 따라서 이들 유전자는 유전자 발현의 변화를 측정하기 위한 간단한 수단으로 이용된다. 리포터 유전자는 종종 단백질 생성물들이 양적으로 측정되기 어려운 다른 암호화 부위를 대체하기 위해 사용된다. 리포터 유전자는 몇 가지 주요 장점들을 가진다. 연구자들은 각 조절 부위를 연구하기 위한 별개의 분석법이 필요하지 않고, 리포터 유전자는 많은 다른 특성과 현상을 "보고"할 수 있다. 예를 들어, 리포터 유전자는 조직별 또는 발생시기별 어떤 유전자의 조절 부위의 활성 측정, 유전자 전달 시스템의 효율성, 유전자 산물의 세포내 운명, 단백질–단백질 또는 DNA–단백질 간의 상호작용, 그리고 분자적 클로닝 시도의 성공을 측정하기 위하여 이용된다.

흔히 사용되는 리포터 유전자

일반적으로 리포터 유전자는 대부분의 진핵생물 세포에서 발견되지 않는 효소 활성 또는 형광 성질을 가진 단백질을 암호화한다. 더 흔히 사용되는 리포터 유전자 중에는 다음의 단백질로 암호화되어 있는 것들이 있다: *Escherichia coli*의 **β-갈락토시데이즈(β-Gal)**; 개똥벌레 *Photinus pyralis*의 **루시퍼레이즈(Luc)**; 대장균 트란스포존인 Tn9의 **클로람페니콜 아세틸 전이효소(CAT)**; 대장균의 **β-글루쿠로니데이즈(GUS)**, 그리고 해파리 *Aequorea victoria*의 **초록 형광 단백질(GFP)**(표 14.5). 적용할 세포 체계, 요구되는 민감도, 요구되는 분석 방법(시험관 내, 생체 내, 또는 제자리 분석법인지 아닌지) 등과 같은 다양한 요소들에 의해 리포터 유전자의 사용이 선택된다.

GUS가 글루쿠로니드를 가수분해하는 반면, β-갈락토시데이즈는 β-갈락토시드의 가수분해를 촉진한다(13장을 참조). β-Gal과 GUS 분석법에서 사용되는 표준적 기질은 분광광도계를 사용하여 정량화할 수 있는 반응 생성물을 발생시킨다. 루시퍼레이즈는 루시페린을 산화시키는 효소로 산출된 형광 생성물이 방출되는 빛을 측정함으로써 정량화할 수 있다. CAT 효소는 아세틸-CoA에 의해 제공되는 아세틸기를 가지는 클로람페니콜의 아세틸 반응을 촉진시킨다. 아세틸화된 클로람페니콜은 다양한 방법들로 검색될 수 있다. 가장 흔히, ^{14}C-클로람페니콜은 반응의 기질로서, 아세틸화되지 않은 형태로부터 아세틸화된 것을 분리시키는 **얇은-층 크로마토그래피(thin-layer chromatography, TCL)**를 수행하여 방사성 측정을 통해 아세틸 반응이 검색된다. [^{14}C] 클로람페니콜이 아세틸 [^{14}C] 클로람페니콜로 전환되는 퍼센트는 TLC 판의 인광영상 분석 방법 또는 TLC 판의 방사능 점들의 방사량을 측정할 수 있고, 섬광계측기로 측정할 수 있다. 뜨한, CAT 단백질의 존재는 14.7절에 소개되어 있는 효소결합면역흡착측정법(ELISA)으로 측정할 수 있다. 초록 형광 단백질은 자연적으로 형광을 띤 단백질이다. 그것은 빛을 생성하기 위한 기질 또는 조효소를 요구하지 않는다. 방출되는 빛은 보통 온전한 세포에서 측정되어, 리포터 유전자 발현을 위한 간단한 분석법으로 이용된다.

유전자 조절의 분석

리포터 유전자의 가장 흔한 사용 목적 중 하나는 유전자의 발현이 어떻게 조절되는지 분석하는 것이다. 예를 들어, 전형적으로 단백질을 암호화하고 있는 유전자는 전사 개시점 상류에 있는 조절

표 14.5 흔히 사용되는 리포터 유전자의 비교.

Reporter gene	Species	Product	Use
lacZ (*lac* operon)	*Escherichia coli* (bacteria)	β-Galactosidase (β-Gal)	Widely used reporter system. The enzyme hydrolyzes the colorless substrate X-gal to a blue precipitate for localization of gene expression *in situ*. Converts ONPG into a soluble yellow product for quantification of enzyme activity in cellular extracts. Inducible by IPTG.
luc	*Photinus pyralis* (firefly)	Luciferase (Luc)	Highly sensitive reporter enzyme that oxidizes luciferin and generates a bioluminescent product (photons).
cat	*E. coli* Tn9	Chloramphenicol acetyltransferase (CAT)	A useful reporter for *in vitro* assays, but protein gives poor resolution *in situ*. CAT transfers nonradioactive acetyl groups to radioactive chloramphenicol; the extent of acetylation can be determined by thin-layer chromatography in a CAT assay, or the amount of CAT protein can be determined by ELISA.
GUS	*E. coli*	β-Glucuronidase (GUS)	Generally used reporter in plant systems; hydrolyzes colorless glucuronides (e.g. X-gluc) to yield colored products for localization of gene expression *in situ*.
gfp	*Aequorea victoria* (jellyfish)	Green fluorescent protein (GFP)	A reporter that fluoresces on irradiation with UV; because it is autofluorescent, it has the distinct advantage that it can be used for imaging live cells.

IPTG, isopropyl-β-D-thiogalactopyranoside; ONPG, O-nitrophenyl-β-D-galactopyranoside; X-gal, -bromo-4-chloro-3-indolyl-β-D-galactopyranoside; X-gluc, 5-bromo-4-chloro-3-indolyl-β-D-glucuronide.

부위와 해독틀(ORF)과 5′ 또는 3′의 번역되지 않는 부위(UTRs)를 포함하는 구조적 부위로 이루어진다(그림 14.11 참조). 재조합 DNA 구조물은 리포터 유전자가 특정 조절 부위[예로, 프로모터(promoter), 증강자(enhancer)]에 붙도록 만들어지고, 이 구조물은 세포 내로 형질감염되거나 유기체 내로 도입된다. 이 배열에서, 자연적인 유전자의 발현에 영향을 주는 어떠한 것들은 그 리포터 유전자의 발현에도 영향을 미친다. 유전자 조절 분석은 또한 관심 조절 요소가 시험관 내 돌연변이 유발에 의해 변형된 일련의 리포터 플라스미드의 활성을 비교하는 것을 포함할 수 있다(Tool Box 14.2).

Tool Box 14.2

시험관 내 돌연변이 유발

단 DNA 분자가 클로닝되면, 서열 변환을 위해 시험관 내 돌연변이 발생(*in vitro* mutagenesis) 기술이 이용된다. 이들은 돌연변이와 야생형 복제물 사이 기능적인 대조를 주는 특수한 돌연변이체가 될 수 있다. 예로, 조절요소 또는 결정적 아미노산 코돈을 확인하기 위해서이다. 선택적으로 그들은 많은 변형의 스크리닝을 허락하는 규정된 부위에서의 무작위적 돌연변이가 될 수 있다. 예로, 증진된 또는 축소된 작업으로 그것들을 확인하기 위해서이다. 유전자 조절 분석법은 관심 있는 조절요소가 시험관 내 돌연변이 발생에 의해 변형된 일련의 리포터 플라스미드들의 활성을 비교하는 것에 속한다. 이러한 분석은 상이한 세포 용해물을 사용한 시험관 내 전사, 리포터 플라스미드의 세포 내로의 일시적 형질감염, 또는 다세포 유기체의 경우 플라스미드를 생식선으로 도입함으로써 수행될 수 있다.

시험관 내 돌연변이 발생의 세 가지 주요 유형이 있다: 삭제, 스캐닝, 그리고 부위-특이적. 비록 많은 다른 방법이 세 가지 유형 모두에 이용될 수 있지만, 대부분의 분자생물학자들은 PCR을 기초로 한 방법을 사용한다. 많은 생명 공학 회사는 이제 원하는 서열을 회사 웹사이트에 업로드하기만 하면 몇 주 안에 플라스미드 벡터에서 관심 서열을 받을 수 있는 유전자 합성 서비스를 제공한다.

중합효소 연쇄반응을 이용한 삭제 돌연변이 발생

삭제 돌연변이 발생(Deletion mutagenesis)은 클론에서 DNA 조각을 제거한다. 이는 유전자 프로모터와 같은 DNA의 조절 서열을 분석하는 데 유용한 방법이다 — 이 기술은 종종 "프로모터 공격(promoter bashing)"으로 불린다. 삭제는 DNA-결합 영역 또는 활성 영역과 같은 조절 단백질 내의 기능 영역의 위치 정보를 제공하는 데에도 유용하다. 그림 1A에서 보여주듯이, 중합효소 연쇄반응은 이러한 삭제를 생성하는 편리한 방법이다. 이 방법을 이용한 간단한 프로모터 삭제 돌연변이를 위한 도면을 묘사한다. 2개의 올리고뉴클레오티드 시발체는 삭제의 5′과 3′ 말단을 인지하는 데 사용하였다. 제한핵산내부가수분해효소의 작용 위치는 일반적으로 올리고뉴클레오티드의 끝에 리포터 플라스미드 안에 증폭된 절편을 서브클로닝을 할수 있도록 첨가된다.

연결-스캐닝 돌연변이 발생

스캐닝 돌연변이 발생(scanning mutagenesis)은 기능을 밝히고자 하는 유전자 클론의 각 부분에 대한 체계적인 대체(치환)이다. 그림 1b에 보여지는 예는, DNA 서열의 작은 부분이 제거된 뒤 유전자 클론을 따라 각 위치에 올리고뉴클레오티드 연결자들로 대체된다. 고전적인 방법으로, 삭제의 5′와 3′ 집합적인 세트가 엑소뉴클리에이스에 의해 처음으로 생성된다. 그 다음, 집합의 두 구성체가 정상 서열에서 9개의 염기쌍이 대체된 올리고 뉴클레오티드 연결자를 통해 결합된다. 조절 지역 곳곳에 연결자가 배치되므로 해서 남은 조절 지역을 교체하거나 간격을 두지 않고 전체 지역의 기능적 요소를 스캔할 수 있다. 종종, DNA 조절 부위 또는 단백질 구역의 간격두기 부위가 그 기능에 필수적이다.

부위-특이적 돌연변이 발생

클로닝된 DNA 분자에서 규정된 자리에서 특정 염기 대체 또는 작은 삽입의 도입을 부위-특이적 돌연변이 발생(site-directed mutagenesis)이라 부른다. 널리 이용되는 단백질의 부위-특이적 돌연변이 발생의 변이는 알라닌 치환(alanine substitution)이다. 메틸기 곁사슬을 가진 작은 소수성 아미노산인 알라닌을 위한 코돈이 이전 아미노산 코돈의 위치에 도입된다. 단백질의 표면이 용매에 노출될 때, 알라닌은 구조상으로 영향을 거의 갖지 않는다고 추측한다. X-선 결정학과 연계하여, 부위-특이적 돌연변이 발생은 단백질 구조와 기능에서 결정적인 아미노산의 중요성을 증명하는 데 사용될 수 있다.

그림 1c는 중합효소 연쇄반응을 이용한 부위-특이적 돌연변이 발생을 나타낸다. 예를 들어, 중합효소 연쇄반응은 조절 부위 안에 불일치를 생성시키는 데 사용된다. 이 방법을 이용하면, 어떤 크기의 돌연변이(하나에서 수십 개의 염기쌍)을 적절한 시발체를 이용하여 만들 수 있다. 돌연변이는 세 단계로 합성된다. 첫 번째로, 돌연변이를 발생시킬 내부 시발체(시발체 2와 3)와 2개의 측면 시발체(시발체 1과 4)로 2개의 돌연변이 중합효소 연쇄반응 조각을 생성하는 데 사용된다. 시발체 2와 3 사이에 15 염기쌍 지역이 겹치도록 내부 시발체는 디자인된다. 그렇기 때문에, 첫 조각의 하위 끝과 두 번째 조각의 상위 끝에 15 염기쌍 지역이 겹치게 된다. 두 번째 단계로, 2개의 중합효소 연쇄반응 산물은 변성되고 첫 번째 산물의 위

가닥은 두 번째 산물 아래 가닥과 융합된다. Taq 중합효소는 두 조각을 연결하는 끝을 "채우는" 데 사용된다. 세 번째 단계로, 그 조각은 측면 시발체(시발체 1과 4)를 사용하여 증폭된다. 마지막으로, 돌연변이 중합효소 연쇄반응 산물은 분석을 위한 리포터 플라스미스에 삽입된다.

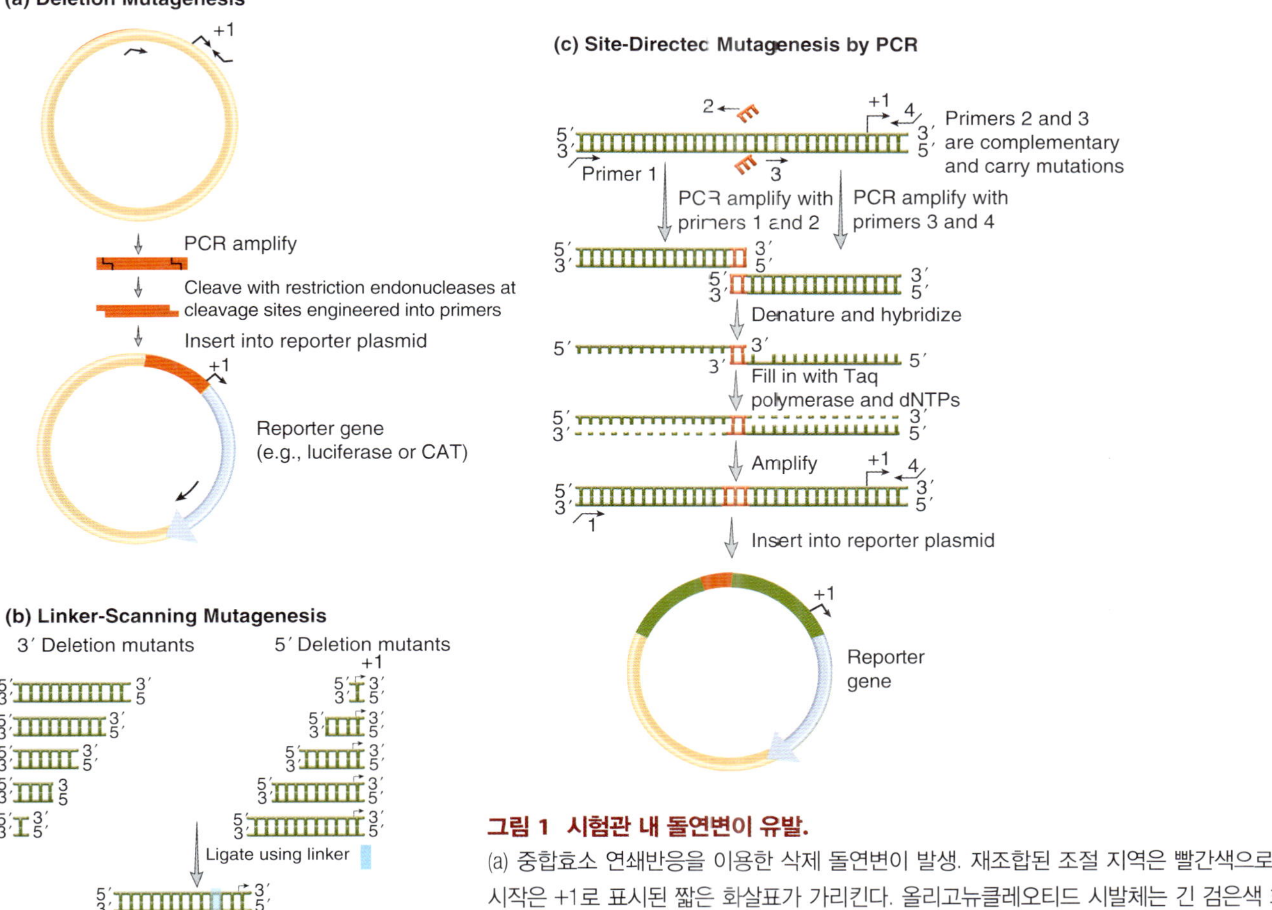

그림 1 시험관 내 돌연변이 유발. (a) 중합효소 연쇄반응을 이용한 삭제 돌연변이 발생. 재조합된 조절 지역은 빨간색으로 묘사했다. 전사 시작은 +1로 표시된 짧은 화살표가 가리킨다. 올리고뉴클레오티드 시발체는 긴 검은색 화살표로 표시하였다. (b) 연결-스캐닝 돌연변이 발생. 삭제 집합 세트의 구성원은 정상 서열에서 사라진 9개의 염기쌍이 대체된 올리고 뉴클레오티드 연결자와 결합한다. (c) 부위-특이적 돌연변이 발생. 보여지는 예로, 조절 부위의 불일치를 생성하는 데 중합효소 연쇄반응을 사용하였다. 돌연변이를 야기하는 내부 시발체(시발체 2와 3)는 빨간색, 두 측면 시발체(시발체 1과 4)는 검은색으로 보여진다.

종종 연구자들은 관심 있는 제어 부위에 의해 조절되는 리포터 유전자를 활성화시키거나, 내재적 유전자를 활성화시키기 위해 DNA-결합 단백질의 능력을 시험한다(그림 14.13). DNA-결합 단백질을 암호화하고 있는 cDNA는 벡터로 삽입되어 배양된 세포로 도입된 후 발현을 유도한다. 포유동물 세포를 위한, 흔히 쓰이는 발현 벡터는 사이토메갈로 바이러스(CMV)에서 유래한 것과 같은, 강한 바이러스성 프로모터와 증강자를 함유한다. 이러한 유형의 실험에서 배양된 세포는 발현 플라스미드와 리포터 플라스미드로 동시 형질감염된다. 리포터 유전자 분석법은 제어 부위의 활성에서 과발현된 단백질의 영향을 검출하기 위해 사용된다.

정제와 탐지 꼬리표들: 융합 단백질들

리포터 유전자는 오직 리포터 단백질을 만들기 위해, 또는 리포터 단백질이 또 다른 단백질로 융합

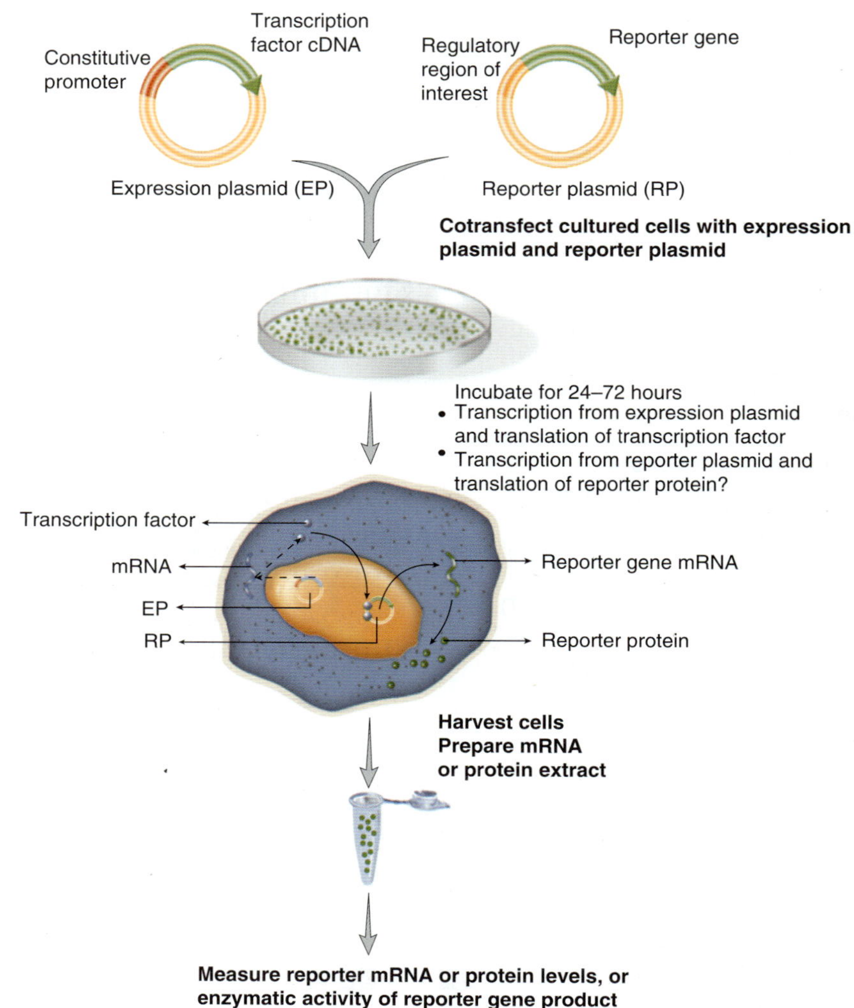

그림 14.13 동시 형질감염 방법.
전사 인자의 동시 발현에 의해 리포터 유전자의 발현이 활성화된다. 관심 대상의 조절 부위 활성은 리포터 유전자의 활성을 측정함으로써 결정된다. 사용되는 리포터 유전자에 따라 측정 방법이 결정된다.

되기 위해 다른 서열에 붙을 수 있다. 종종 전체 보고 단백질 대신에, **친화성 꼬리표(affinity tag)** 또는 **항원 결정기 꼬리표(epitope tag**, 항원적 탐지)로서 역할을 하는 짧은 펩티드 서열이 사용된다. 항원 결정기 꼬리표는 특이적 항체에 의해 인지되는 항원 결정체이다. 단백질 발현 벡터는 전형적으로 단백질 또는 펩티드 꼬리표를 암호화하는 염기서열로 설계된다. 보고자 하는 유전자는 꼬리표의 틀과 대비하여 클로닝된다. 발현이 될 때, 관심 있는 단백질은 보고 단백질 또는 펩티드 꼬리표를 가진 융합 단백질로서 합성된다. 설계된 꼬리표의 고특이적 항체로의 능력은 각기 새롭게 복제된 유전자로부터 단백질로 만들어진 항체의 시간-소모적인 단계를 없앨 수 있다.

흔히 사용되는 단백질 또는 펩티드 꼬리표는 **6-히스티딘(6-histidine, His)**, **글루타티온-*S*-전이효소(glutathione-*S*-transferase, GST)**, 전사효소 **c-Myc**, **FLAG**(아미노산 서열 Asp-Tyr-Lys-Asp-Asp-Asp-Asp-Lys), 그리고 **독감 A 바이러스 혈구응집소(influenza A virus hemagglutinin, HA)**가 있다(그림 14.14). 일반적으로, 이 서열은 단백질의 구조와 기능을 방해하지 않고 항체 탐지를 더 잘 할 수 있도록 단백질의 N-또는 C-말단에 융합된다. 그 꼬리표는 항체 친화적 합성수지로 단단히 결합하거나 다른 유형의 친화적 합성수지로 단단히 결합한다. 그 후 융합 단백질은 단백질 혼합물로부터 정제된다(Tool Box 14.3; 또한 Tool Box 13.2를 참조). 융합 단백질은 단백질 분포, DNA-단백질 간의 상호작용, 그리고 단백질-단백질 간의 상호작용의 연구에 사용될 수 있고, 구조적 연구를 위해 더 많은 양의 단백질을 만드는 데 사용된다. 이들 꼬리표 중 몇 개를 좀 더 자세히 살펴보자.

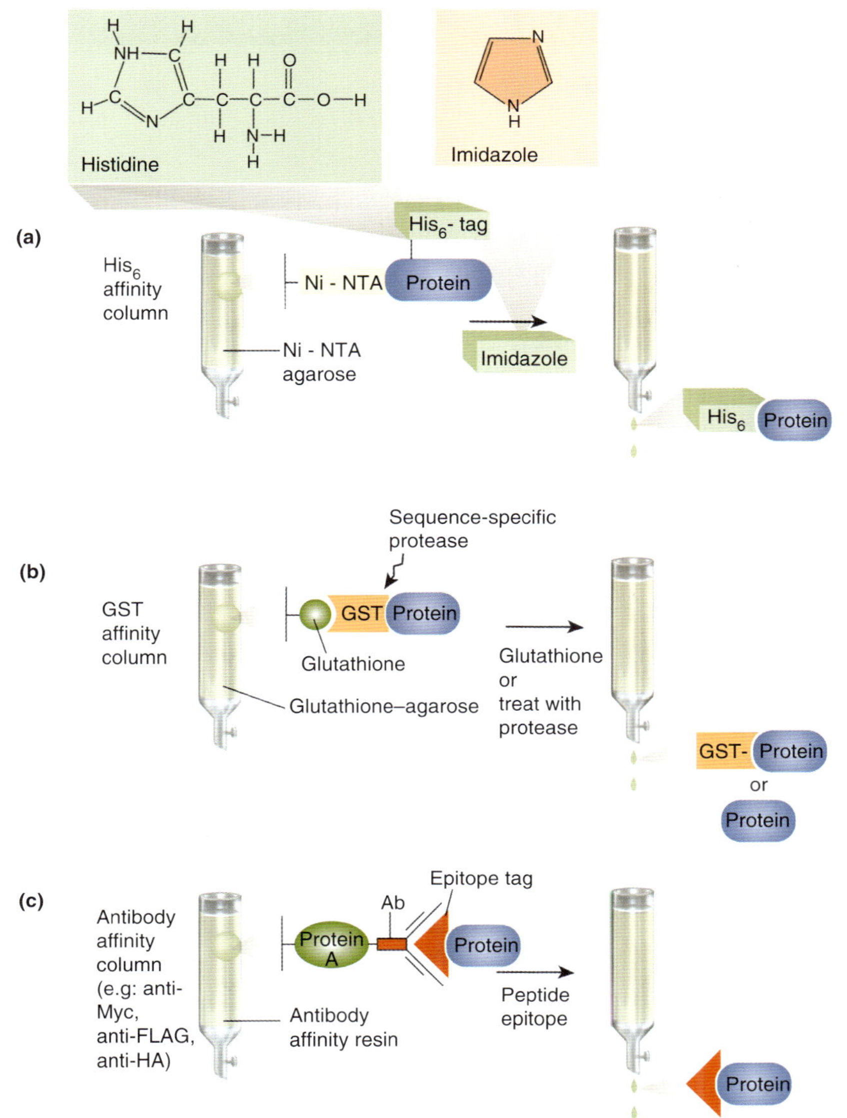

그림 14.14 흔히 사용되는 정제와 탐지 꼬리표. (a) 히스티딘(His_6) 꼬리표. 이미다졸이 히스티딘과 경쟁하여 수지로부터 히스티딘-꼬리표 단백질을 추출한다. (b) GST 꼬리표. 융합 단백질의 GST 부분이 기질과 결합하고, 과량의 자유 글루타티온을 첨가하여 추출할 수 있다. (c) 면역꼬리표. 특이적 항체는 단백질 A-세파로즈 (또는 아가로즈) 또는 활성화된 친화성 합성수지의 다른 유형과 공유결합한다. 부착된 단백질은 고농도의 염분 농축으로 조절되고 항원 요소에 상응하는 여분의 펩티드로 용리된다.

히스티딘 꼬리표 히스티딘 꼬리표 발현 벡터는 6개의 히스티딘(His_6)(그림 14.14a)을 암호화한다. 박테리아(*E. Coli*) 용해물은 니켈-니트릴로트리아세트산(Ni-NTA)과 결합된 수지(예, 아가로스) 컬럼에 의해 분리될 수 있는 융합 단백질을 가진다. His_6-꼬리표가 붙은 단백질의 히스티딘은 수지 위에서 금속과 결합하여, 단백질이 컬럼 매트릭스와 결합하게 한다. 대부분의 대장균 단백질은 Ni-NTA와 결합하지 않고 컬럼을 통과한다. His_6-꼬리표가 붙은 단백질은 결합하여 이미다졸을 함유한 완충액을 이용하여 컬럼으로부터 추출된다. 히스티딘과의 구조적 유사성 때문에, 이미다졸은 금속에 대해 히스티딘과 경쟁하고, 그 결합을 파괴함으로써 수지로부터 단백질이 추출되게 한다.

GST 꼬리표 GST 발현 벡터는 26 KD 단백질인 글루타티온-*S*-전이효소를 암호화한다(그림 14.14b). 융합 단백질을 함유한 박테리아 용해물은 글루타티온-아가로스 컬럼을 통과하게 된다. 융합 단백질의 GST 부분은 기질에 부착되어 과량의 자유 글루타티온을 추가함으로써 추출될 수 있다. GST 벡터는 종종 서열-특이적 단백질 분해효소를 위한 절단자리를 함유한다. 만약 단백질의 생화학적 분석법을 촉진하기 위해 꼬리표의 제거가 필요하면, 단백질 분해효소의 처리는 GST 꼬

Tool Box 14.3

재조합 단백질의 생산

연구를 위해 의학적으로 사용되는 많은 단백질은 일반적으로 매우 낮은 농도로 발현된다. 재조합 DNA 기술을 통해, 많은 양의 관심 있는 단백질을 생산할 수 있다. 이를 재조합 단백질의 "과발현"이라 부른다. 재조합 단백질의 생산은 "발현 벡터"로 요구되는 단백질을 암호화하고 있는 cDNA를 클로닝함으로써 이루어진다. 발현 벡터는 cDNA가 발현되기 위한 프로모터를 가지고 있다. 다음으로, 재조합 발현 벡터는 단백질이 과발현되도록 박테리아 또는 진핵 숙주 세포 내로 도입된다. 이는 또한 시험관 내 번역이 가능한 체계이다.

박테리아에서 재조합 단백질의 과발현

흔히 사용되는 박테리아 발현 벡터는 복합적 클로닝 부위의 상류에 프로 *lac* 모터를 가지고 있다. 락토오즈 유사물인 아이소프로필 싸이오갈락토시드(IPTG)는 관심 있는 단백질을 암호화하고 있는 복제된 cDNA의 발현을 자극한다(그림 1a). 복제된 유전자는 (그들의 자연적 상태에서) 본래의 단백질을 생산하거나 또는 외부 폴리펩티드가 벡터-암호화된 항원 결정기 꼬리표(예로, GST, His, 또는 FLAG)로 융합된 단백질을 생성하도록 발현될 수 있다. 본래의 단백질은 융합 단백질이 인간에게서 면역성을 가질 수 있기 때문에 치료용으로 사용되기도 한다. 그러나 융합 단백질이 보통 대장균 내에서는 더 안정적이다. 이는 그들이 내인성 단백질과 닮았기 때문이다. 반면, 본래의 단백질은 분해의 표적이 될 수 있다. 융합 단백질은 또 다른 장점을 가진다: 그들은 친화성 크로마토그래피에 의해서와 같이 쉽게 정제될 수 있다. 그것은 때때로 본래의 단백질을 추출하기 위해, 특이적 단백질 분해효소를 사용하여 융합 단백질로부터 벡터에서—유래된 폴리펩티드를 자를 수 있다.

비록 대장균에서 복제된 유전자의 과발현이 많은 원핵과 진핵세포 단백질의 상업적-규모의 합성을 용이하게 함에도 불구하고, 이 체계에 관련하여 많은 문제점을 가진다. 과발현된 외부의 단백질은 종종 단백질을 변성시키는 엄격한 화학 처리로만 깨질 수 있는 불용성 세포 함유물체를 형성할 수 있다. 대장균은 종종 진핵세포 단백질을 알맞게 접고 가공처리하는 데 실패한다. 이는 아마도 진핵세포에서 존재하는 샤페론이 부족하기 때문일 것이다. 예를 들어, 분열 또는 글리코실화 같은 번역 후 변형은 일어나지 않고 올바른 이황화물 연결이 형성되지 않는다.

진핵세포에서 재조합 단백질의 과발현

세균 세포는 발현된 단백질을 정확히 가공처리하는 데 실패하지만, 진핵세포는 선택적으로 발현 숙주를 이용할 수 있다. 진핵세포 숙주의 세 가지 유형은 단백질 과발현을 위해 사용된다: 효모, 곤충 세포 그리고 포유동물 세포. 곤충세포 체계는 외부 유전자가 바큘로바이러스에 감염된 곤충 세포에서 불필요한 폴리헤드린 유전자의 강한 프로모터로부터 과발현되는 바큘로바이러스 발현 체계를 이용한다. 포유동물 세포 체계는 적어도 세 가지 효율성이 있다. 때때로 그들은 가공처리 과정 중이나 번역 후 변형이 정확히 일어나지 않을 때, 재조합 단백질 생산을 위한 특정한 선택이 필요하다.

재조합 단백질의 시험관 내 번역

세포-독립적 추출물에서 시험관 내 번역은 DNA 원형 또는 정제된 mRNA로부터 분석을 위한 표식된 단백질의 적은 양을 생산하는 데 사용될 수 있다. 그림 1b에서 볼 수 있듯이, 단백질은 토끼 망상적혈구 용해물을 이용하여 시험관 내 번역이 가능하다. 이 용해물은 적혈구 전구체로부터 만들어진 세포-독립적 추출물이다. 이는 단백질 합성에 필요한 세포의 구성성분(tRNA, 리보솜, 개시, 연장 그리고 종결 인자)을 함유하고 있다. 이 체계에서 cDNA는 SP6, T3 또는 T7 같은 파지 RNA 중합효소 프로모터에 의해 발현 벡터로부터 복제된다. 세포 용해물에 적절한 파지 중합효소가 첨가됨에 따라, mRNA 전사가 일어나고 이어 번역이 일어난다. 만약 ^{35}S-메티오닌 같은 방사능 표지된 아미노산이 반응 용액에 포함되어 있다면 표식된 단백질이 생산된다.

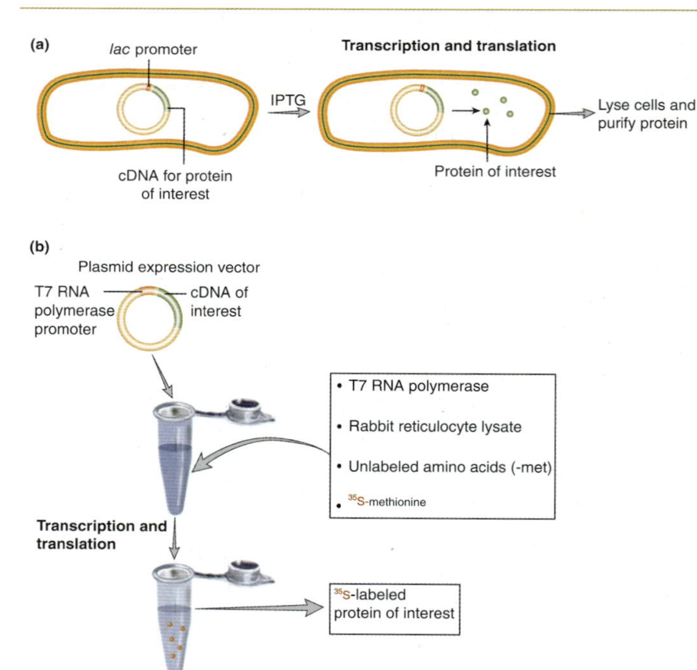

그림 1. 박테리아 숙주 내와 시험관 내 번역에 의한 재조합 단백질의 생성 비교.
(a) IPTG로 유도함으로써, 대장균 내에서 재조합 단백질이 발현된다. (b) 세포 용해물에서 재조합 단백질의 시험관 내 번역.

리표로부터 관심 단백질을 잘라내기 위해 이용된다. 꼬리표의 절단은 컬럼으로부터 추출되게 한다.

면역 꼬리표 어떤 종류의 발현 벡터는 클론 cDNA의 5′ 또는 3′ 말단에 Myc, FLAG, 그리고 독감 A 바이러스 혈구 응집소(HA)와 같은 항원 결정기 꼬리표를 암호화하고 있다(그림 14.14c). 특이적 항체는 단백질 A-세파로즈 (또는 아가로즈) 또는 활성화된 친화성 합성수지의 다른 유형과 공유결합한다. 단백질 A는 비특이적으로 대부분의 항체와 결합하는 *Staphylococcus aureus* 세균 단백질이다. 융합 단백질을 함유한 세포 추출물은 컬럼 또는 회분 크로마토그래피를 통한 항체 친화적 합성수지를 통과하게 된다. 합성수지는 비특이적으로 붙은 단백질을 제거하기 위해 고농도 염분 완충액에 세척된다. 부착된 단백질은 고농도의 염분 농축으로 조절되고 항원 요소에 상응하는 여분의 펩티드로 용리된다. FLAG 항체는 결합을 위해 Ca^{2+}이 요구된다; EGTA에 의한 Ca^{2+}의 제거는 FLAG 꼬리표로부터 항체 분리를 야기시켜 용리를 위한 쉬운 방법을 제공한다.

형광 단백질 꼬리표

초반에 언급했던 것처럼, 초록 형광 단백질(GFP)을 암호화하는 유전자는 해파리 *Aequorea victoria*로부터 분리되었다. 젤리피쉬가 빛을 왜 발광하는가? 한 가지 성각은 형광 단백질이 초식 동물의 먹이를 유혹하는 역할을 한다는 것이다. 순진한 먹이는 빛나는 촉수를 형광을 발하는 식물의 광합성 색소인 엽록소의 지표로 본다. GFP는 분자생물학자가 세프의 동적 과정을 연구하는 방식을 혁신적으로 변화시킨 믿을 수 없을 정도로 강력한 도구로 밝혀졌다. 이 획기적 발견을 인정하여, 2008년 Osamu Shimomura, Martin Chalfie와 Roger Tsien에게 노벨화학상이 수여되었다. *GFP*는 두 가지 주요 이유로 단백질의 세포상의 분포와 조직-특이적 유전자 발현의 연구를 위한 리포터 유전자로서 널리 사용되고 있다. 첫째, GFP의 형광은 살아 있는 세포에서 직접적으로 탐지될 수 있다(Tool Box 14.4). 반대로, 다른 리포터 유전자 생성물의 탐지는 세포의 고정 또는 용해를 요구한다. 둘째, GFP는 효율적으로 박테리아, 효모, 식물, 예쁜꼬마선충, 초파리, 제브라피시, 개구리 그리고 쥐를 포함한 지금까지 시험을 거친 모든 세포 유형과 유기체에서 인위적으로 발현될 수 있다. 무엇이 GFP를 빛나게 만드는가?

GFP는 산소-의존적인 자가 촉매적, 번역 후 변형으로 발생한 고유의 펩티드 형광 물질을 함유한다(그림 14.15a). **형광 물질(fiuorophore)**은 화합물의 색을 내고 빛 에너지를 흡수하는 역할을 하는 분자 내 원자의 무리이다. GFP 형광 물질은 238개의 아미노산 폴리펩티드에서 65번 위치의 세린, 66번 위치의 타이로신, 그리고 67번 위치의 글리신(Ser65-Tyr66-Gly67) 유래의 고리형의 트리펩티드로 구성되어 있다. Gly67의 아미노기 질소와 Tyr66의 카르복실기 탄소 사이의 반응이 Ser-Tyr-Gly 트리펩티드와 Tyr66의 1,2-수소 이탈 반응의 고리화를 이끈다.

GFP의 X-선 결정학 분석은 정말 놀랍고 멋진 3차원적 구조를 보인다. 형광 물질은 복잡하게 접힌, 11가닥 β-배럴로 형성된 거의 완벽한 원통형의 중심부에 위치해 있다(그림 14.15b). 이 구조는 용제와 산소를 차단함으로써 형광 물질 활성을 위한 적절한 환경을 제공한다. 자외선이나 푸른 빛에 들뜬 상태가 되면, 형광 물질이 완전한 단백질 내로 들어갔을 때에만 초록빛을 발한다(그림 14.15c).

플라스미드 벡터는 강력한 프로모터, GFP를 암호화한 부위, 그리고 관심 있는 단백질을 암호화하고 있는 cDNA를 삽입하기 위한 다양한 클로닝 부위를 포함하도록 설계되어 있다. 플라스미드 DNA는 세포 내로 도입 또는 형질전환 동물을 만드는 데 사용된다(13장 참조). 관심 있는 단백질과 GFP를 암호화하는 부위를 포함하고 있는 RNA 전사체는 하나의 단위로서 전사된다. 이 RNA는 그 후 번역되고, 그 결과 벡터 디자인에 따라, 관심 있는 단백질이 GFP의 C-말단 또는 N-말단에 부착되어 가상의 단백질을 만들게 된다. 일례로, 세포에서 GFP-꼬리표 **갑상선 호르몬 수**

Tool Box 14.4

형광, 공초점 그리고 다광자현미경

현미경의 궁극적인 목적 중 하나는 "실시간"으로 화학적이고 생물학적인 용매 환경에서 단일 분자의 역학관계를 관찰하고 찾아낼 수 있는 것이다. 이 기술의 장점과 GFP 같은 새로운 형광 탐침자는 살아 있는 생물학적 표본에서 상을 비추는 광학현미경에 혁명을 가져다 주었고, 현미경적 시각으로 완전히 새로운 세계를 열었다. 형광, 공초점, 그리고 다광자현미경은 유전자 발현과 세포 구성 요소의 분포를 가시화하기 위해 그리고 마이크로어레이를 스캐닝하기 위해 분자생물학자와 세포생물학자에 의해 가장 흔히 사용되어지는 기법 중에 속한다. 분자생물학에서 이런 현미경의 주요 사용 목적은 고정되어 있거나 살아 있는 세포에서 하나 또는 그 이상의 형광 탐침으로 표지된 상을 비추기 위해서이다. 통상적으로 형광현미경을 사용하여 표본의 상을 비추었을 때, 표본 내 관심 있는 부위에서 떨어져 있는 형광 물질이, 특히 대략 2 μm 이상의 두께를 가진 표본일 때 초점면에서 구조적 해상도가 방해를 받는다. 공초점과 다광자현미경의 발달은 실질적으로 또렷한 형광으로 조직의 분리된 부위에서 상을 비추는 것을 가능하게 했다(그림 1). 초고해상도현미경은 광학 해상도의 한계를 ~250 nm에서 ~10nm로 변경한다. 형광 프로브 분자를 사용하여 초고해상도현미경은 세포 구조를 정교한 세부 사항으로 나타낼 수 있으며, 단일 분자를 실시간으로 추적할 수 있다.

형광 용어

형광 색소는 형광을 띨 수 있는 자연적인 혹은 합성된 염료 또는 분자이다. 이들은 형광 분자, 형광 탐침, 형광 염료, 또는 형광 꼬리표라고 불리기도 한다. 형광 색소는 주로 비국지화된 전자 체계를 가진 질소, 황, 그리고/또는 산소를 함유한 분자와 단백질 및 아미노산과 결합하여 화합물을 형성할 수 있는 활성을 가지는 이종 고리형 분자이다. 가장 흔히 사용되는 형광 색소 중 하나는 플루오레세인 이소티오시아네이트(FITC, "핏-씨"라고 발음함)이다. FITC는 자외선에서 들떴을 때 노란-초록색 빛을 낸다.

인기가 증가하고 있는 또 다른 용어는 "형광 물질"이다. 형광 물질은 형광을 나타낼 수 있는 분자의 부위로 규정된다. 다른 말로, 형광 물질은 형광 색소와 결합되어 있다. 예를 들어, 형광 물질 FITC가 핵산 또는 단백질에 결합되어 있다면 FITC는 그때 "형광 물질"이라 지칭된다. 비슷하게, GFP가 리포터 단백질로서 사용될 때 형광 물질로 지칭된다. 이들 용어들 모두 과학 저술 등에서 뒤바뀌어 사용되는 경향이 있는 건 놀랄 일도 아니다.

공초점현미경

공초점현미경에서 상 형성의 방법은 전체 표본이 수은에서 온 빛에 노출되는 통상적인 광-시야현미경과 기본적으로 다르다. 그 상은 눈에 의해 직접적으로 보여질 수 있다. 반대로 공초점현미경에서 투광은 표본을 통과하는 광선으로부터 빛의 하나 또는 그 이상의 집중된 광선을 스캐닝함으로써 이루어진다(그림 1을 참조). 공초점현미경은 두 번의 대물렌즈 분해능을 사용한다; 첫째, 투광 빛이 회절-제한적 지점에 초점을 맞춘다; 둘째, 신호 광자가 흩어지면 초점화된 빛을 받아들이지 않는 검출기 구멍으로 초점이 맞춰진다. 이 방법으로 표본을 스캐닝함으로써 생성된 상은 '광학적 단면들'이라 불린다. 이 용어는 표본을 "절단"하는 물리적 수단보다 빛을 사용한, 기계에 의한 상을 수집하는 비침습성 방법으로 해석된다. 그 같은 광학적 단면들 또는 "얇은 조각들"의 시리즈를 모음으로써(Z 시리즈라 불림), 연구자는 정교한 컴퓨터 알고리즘의 도움을 받아 고해상도의 3차원적 표본 상을 형성할 수 있다.

현재 공초점 상을 얻는 방법에는 광선 스캐닝과 스파이닝 디스크 체계의 두 가지가 있다. 광선 스캐닝 공초점현미경은 표본을 통과한 하나의 광선에 의해 생성된 지점을 스캔하기 위해 모터화(motorized)된 거울을 사용한다. 광전자 증폭관(PMTs)은 방출된 빛을 탐지하기 위해 사용된다. 스파이닝 디스크 공초점현미경에서, 다수의 구멍을 함유한 디스크는 표본이 초당 1,000개의 비율로 동시에 다수의 지점에서 스캔되어지기 위해 회전한다. 스파이닝 디스크 체계는 PMTs보다 CCD 카메라를 사용한다. 스파이닝 디스크 체계의 주요 장점 중 하나는 그들이 실시간으로 살아 있는 세포를 더 쉽게 상을 만들 수 있는 것이다. 표준적 광선 스캐닝 공초점 기술은 하나의 지점에 빛을 집중시켜 잠재적으로 광표백 또는 세포 죽음을 야기시킨다. 반대로, 스파이닝 디스크 공초점현미경은 전체 초점적 지역에 동일한 양의 빛을 흩뿌려 표본에 손상을 덜 주면서 오랜 시간 동안 연구자가 스캔할 수 있게 한다.

다광자현미경

더욱 최근에는 흔히 2개의-광자현미경이라고 알려진 다광자 들뜸현미경이 개발되었다(그림 1을 참조). 전형적으로, 다광자현미경에서 사용되는 광선은 적외선 범주 근처(700~1000 nm)에서 빛을 방출하는 사파이어 방식-잠금 광선(티타늄 이온에 둘러싸인 사파이어 크리스탈)인 Ti이다. 이 들뜬 파장은 세포 또는 대부분의 화학적 체계에서 실질적으로 흡수가 없는 분광 지역이다. 고에너지 단계로 형광 물질의 들뜸은 들뜬 빛의 두 가지 광자를 동시에 흡수함으로써 이루어진다. 보통 형광 물질은 더 짧은 파장을 가진 하나의 광자에 의해 들뜬다. 2개의-광자 들뜸의 비선형의 광학적 흡수는 초점의 포인트로 형광 물질의 들뜸을 제한한다. 적외선의 들뜬 빛은 더 낮게 흩어지고 형광의 배경 없이 더 깊은 침투를 제공한다. 탐지의 감도는 공초점현미경보다 더 높다. 이는 방출 경로에서 요구되는 틈이 없고 많은 수의 광자가 광탐지계에 도달하기 때문이다. 노출된 전체 표본보다 초점의 포인트로 제한된 들뜬 빛은 표본의 전체 광표백과 광손상을 상당히 줄인다. 이들 특징들은 살아 있는 세포 분석, 특히 두꺼운 조직을 위해 중요하다.

초고해상도현미경

기존 현미경의 회절 한계를 극복하기 위해 여러 초해상도현미경 접근 방식이 개발되었다. 그중 하나가 3차원 확률론적 광학 재구성 현미경

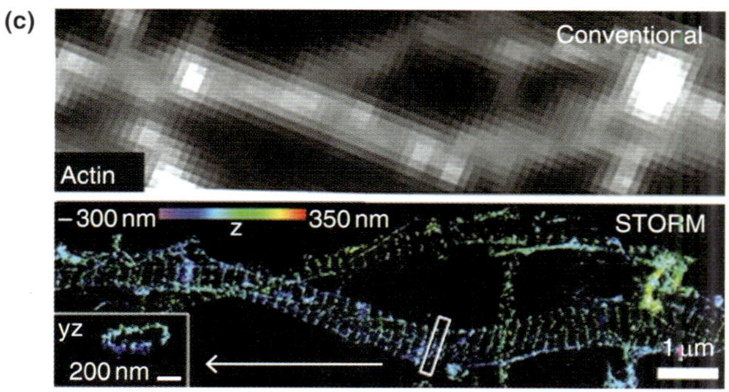

그림 1 통상적인 형광현미경과 공초점현미경 그리고 초고해상도현미경의 대조.

(a) 광-시야현미경(왼쪽)에서, 표본은 빛의 근원과 농축에 의해 연장된 부위까지 비추어진다. 그 탐지기는 동시에 도착한 빛의 광선 모두를 합하여 상을 형성한다. 표본에서 빛의 광선들은 세 가지 포인트로 보인다. 어둡게 그어진 선들은 중심쪽으로 위치된 포인트를 보이는 것이고, 밝게 그어진 선들은 측면 포인트를 보이는 것이며, 점선은 윗면을 나타내지만 초점면의 아래에 위치해 있고 탐지기에서 흐릿한 상을 보여준다. 공초점현미경(오른쪽)에서, 2개의 구멍 틈이 존재한다. 위쪽 틈은 오직 윗면으로부터의 초점이 맞춰진 빛 광선을 허락하여 탐지기로부터 통과하며 표본에 초점화된 포인트를 준다(어둡게 그어진 선들). 아래쪽 틈은 위쪽 구멍 틈에서 보여진 포인트에 초점을 맞추기 위해 투광을 제한한다. 다른 2개의 포인트로부터 나온 빛 광선은 탐지되지 않는다. (b) 두꺼운 (0.5 μm) 형광 표본에서의 상 대조. 표본은 닭의 배아로서 세포 핵을 염색하기 위해 요오드화 프로피디엄(빨간색)으로 또한 튜뷸린(세포 골격 구성성분)에 대한 FITC를 부착한 항체(초록색)로 염색하였다. (왼쪽 위) 전체 배아의 저배율 광학현미경 이미지. (오른쪽 위) 동일한 배율의 형광현미경에서의 광학렌즈 이미지. (가운데 줄) 요오드화 프로피디엄(빨간색)과 튜뷸린(초록색) 분포를 위한 동일 시야에서 보이는 통상적인 형광현미경의 이미지. 많은 양의 또렷한 빛은 명확한 세포 구조를 볼 수 있게 한다. (왼쪽 아래) 가운데 줄과 정확히 동일한 영역과 초점판에 대한 공초점현미경 관찰 상들. (오른쪽 아래) 동일한 시야 부위를 고배율로 본 것. 튜뷸린의 다발(초록색)과 응축된 염색질을 가진 핵(빨간색)을 볼 수 있다(흰 점선의 타원). (출처: PParts A and B reprinted from Murray. 2005. Images kindly provided by John Murray, University of Pennsylvania, and Camille DiLullo, Philadelphia College of Osteopathic Medicine.) (c) 축삭에서 액틴의 기존 회절 제한(상단) 및 3D-STORM(3차원 확률적 광학 재구성 현미경) 초해상도(하단) 이미지의 비교. 초해상도 이미지는 기존의 현미경으로는 볼 수 없는 축삭을 따라 주기적으로 분포하는 액틴 고리를 노여준다. (출처: Sigal et al. 2018. Science 361:880-887. © AAAS.)

(3D-STORM)이다. 3D-STORM을 사용하여 연구자는 x, y, z 방향으로 수십 나노미터로 측정된 광학 해상도로 생물학적 시스템을 시각화할 수 있다. 어떻게 가능한가? 세포에서 초해상도로 시각화하는 액틴 필라멘트를 예로서 살펴보자.

이 경우 세포의 액틴은 형광단으로 표시된다. 그런 다음, 3D-STORM 현미경 시스템에 의한 강력한 레이저 여기를 사용하여 대부분의 형광단을 “어두운” 상태로 밀어내고, 이 상태에서 단일 형광단이 확률적으로 방출 상태로 돌아갈 수 있다. 단일 에미터는 다수의 이미징 프레임에 걸쳐 기록된다. 수천 개의 단일 이미지에 대해 단일 이미터를 이미징하고 회절이 저한된 영역에 맞추면, 식별된 모든 이미터의 합성 재구성을 생성하기에 충분한 데이터가 수집된다. 식별된 각 액틴 분자의 위치는 통계적으로 적합하고, 단일 복합 초해상도 재구성에 매핑되어 세포의 액틴 미세 필라멘트를 나타낸다(그림 1c).

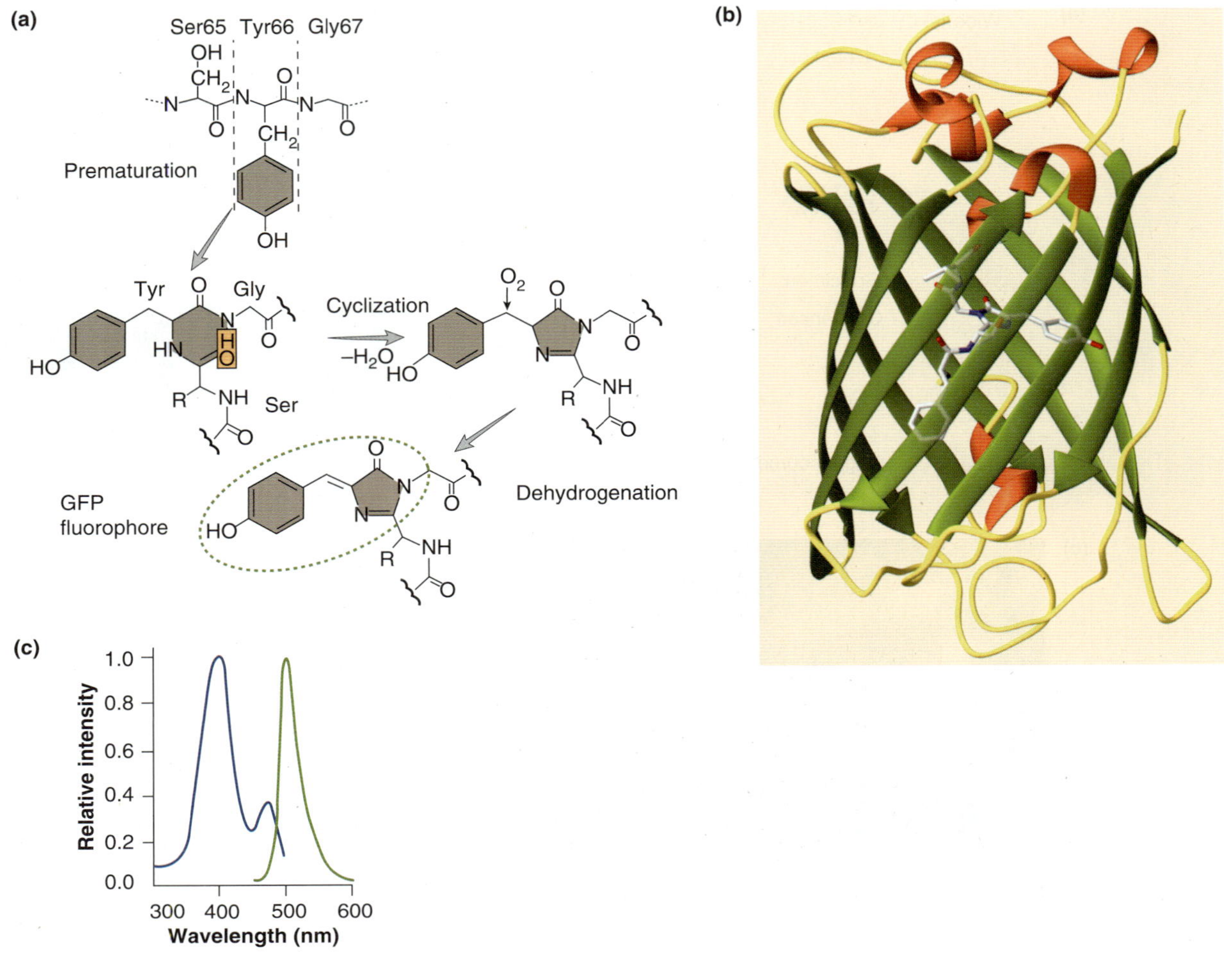

그림 14.15 초록 형광 단백질(GFP)의 특성.
(a) GFP 형광 물질의 형성. (b) GFP 구조의 리본 도식표. α-나선은 빨간색으로 보이고, β-가닥은 초록색으로 보이며, 형광 물질은 공과 막대기 모형으로 보인다. 11-가닥으로 된 β-배럴은 중심 쪽에 하나의 α-나선이 관통하고, 직경 2.4 nm에서 길게는 4.2 nm의 원통 구조를 이룬다. 형광 물질은 β-가닥을 둘러쌈으로써 대부분의 용매로부터 그것을 보호할 수 있는 중심적 나선의 중심에 위치하고 있다. (출처: Protein Data Bank, PDB:1EMB). (c) *Aequorea victoria*로부터의 원래의 GFP(파란색)의 들뜸 분광은 두 가지 들뜸 상태인 최대 395 nm와 470 nm이다. 형광 물질 방출 분광(초록색)은 540 nm에서 어깨를 이루고 509 nm에서 절정을 이룬다.

용체(thyroid hormone receptor) 단백질의 발현이 그림 14.16에 보여진다. 갑상선 호르몬 수용체는 갑상선 호르몬에 반응하여 유전자 발현이 변하는 전사 인자로 핵에 존재할 것으로 예상되었다. 실험에서 보여지기를, 세포에 GFP 발현 플라스미드 또는 GFP-꼬리표 갑상선 호르몬 수용체 단백질(GFP-TR) 발현 플라스미드를 형질감염 GFP와 GFP-TR의 세포내 위치를 비교하였다. 전사와 번역에 필요한 시간 이후, 세포를 **형광현미경(fluorescence microscopy)** 또는 **노마르스키 간섭현미경(Nomarski interference microscopy)**으로 관찰하였다. 노마르스키 광학은 세포 구조를 강조하기 위하여 빛의 굴절을 이용한다. 왼쪽 형광현미경 이미지에서 볼 수 있듯이, GFP는 세포 전체에 퍼져 있다. 반면, 오른쪽 이미지는 GFP-TR이 세포 핵에 위치하는 것을 보여준다. 핵은 DAPI(4′,6-diamidino-2-phenylindole)라고 불리는 DNA-특이적 염색약으로 염색하여 관찰할 수 있다.

야생형 GFP의 도입 이후로, 강화된 GFP(EGFP), 청록 형광 단백질(CFP), 그리고 노란 형광 단

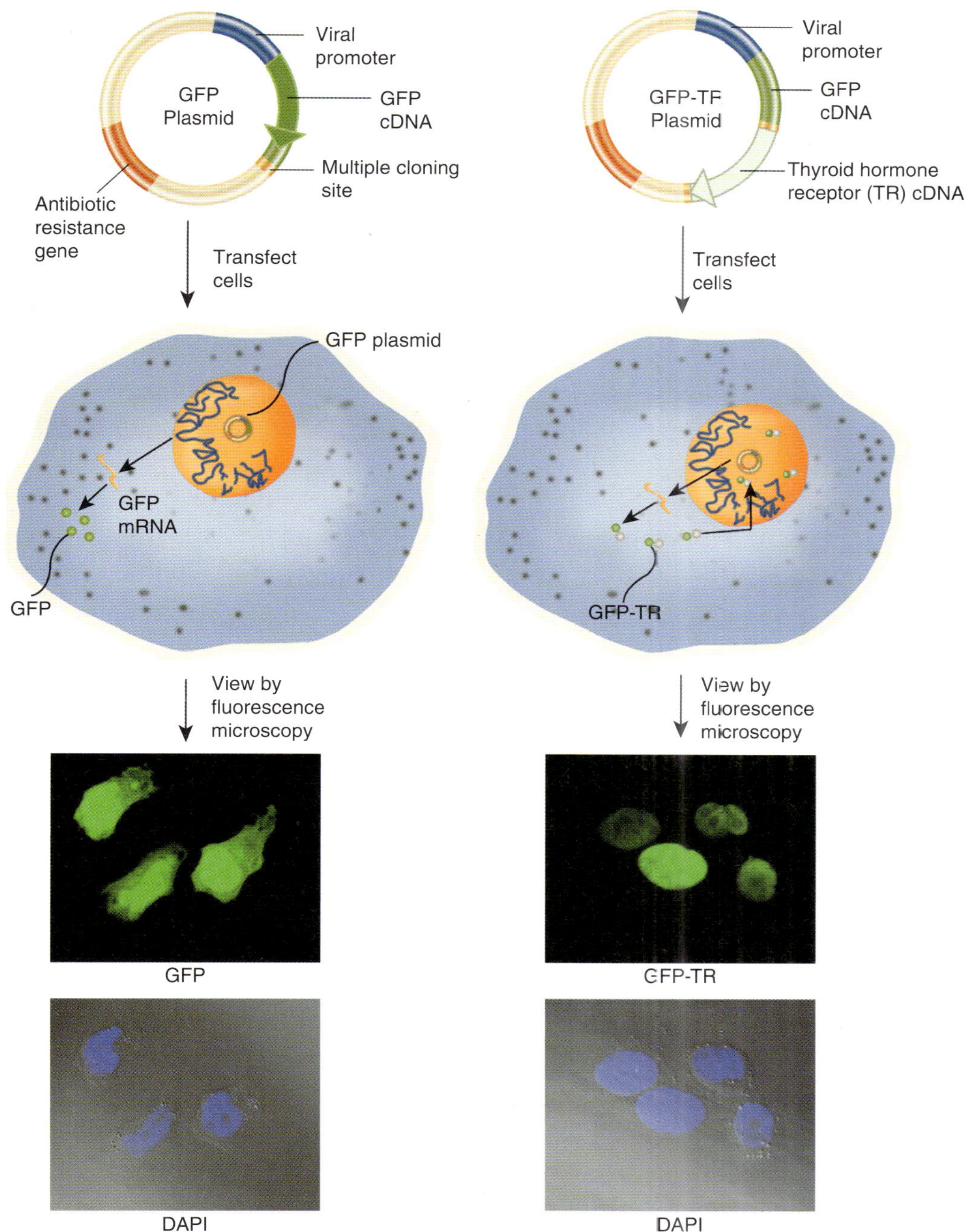

그림 14.16 세포내 위치 관찰을 위한 GFP 융합 단백질의 사용.
GFP 꼬리표 갑상선 호르몬 수용체(초록색)는 세포핵(파란색)에 위치하는 반면, GFP는 세포 전체에 퍼져 있다. 두 패널은 동일한 영역이지만 GFP와 DAPI로 염색된 DNA에 대한 특이적인 형광 관찰 필터를 이용하여 다르게 관찰되었다. (출처: Photographs courtesy of Ghislain Bonamy and the author, College of William and Mary.)

백질(YFP) 같은 많은 돌연변이 형태가 형광 물질의 아미노산 서열을 바꿈으로써 생성되었다. 이들 돌연변이는 다른 분광의 형광을 보인다. 예를 들어, 붉게-이동한 변형 EGFP는 Phe64에서 Leu로 그리고 Ser65에서 Thr로 이중 아미노산 교환이 있다. 돌연변이 형광 물질은 488 nm에 들떴을 때 야생형 GFP보다 35배 더 강했다. CFP는 6개의 아미노산 교환이 있다. 이들 돌연변이 중 하나인, Tyr66에서 Trp로의 돌연변이는 형광 물질의 들뜸과 발광 특성이 이동된 반면에, 다른 5개의 교

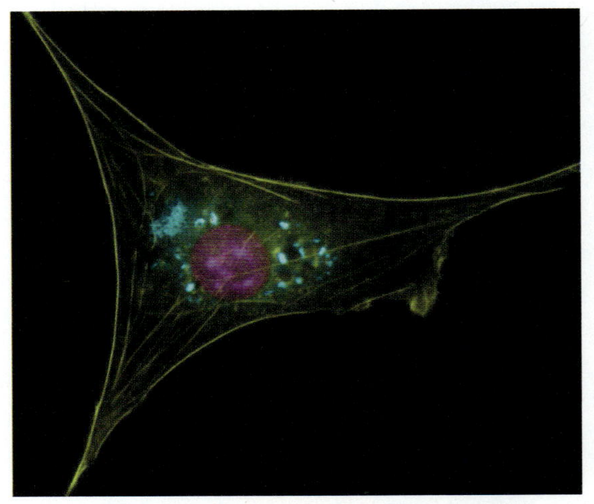

그림 14.17 CFP 태그가 붙은 골지 특정 단백질과 YFP 태그가 붙은 액틴이 있는 HeLa 세포의 이중 표지.
핵은 DAPI(가색 마젠타색)로 염색되었다. (출처: Photograph courtesy of Ghislain Bonamy and the author, College of William and Mary.)

환은 단백질의 광도와 가용성이 향상되었다. 최근에, 새로운 형광 단백질 유전자인, 붉은 형광 단백질(DsRed)이 열대산호(*Discosoma striata*)로부터 분리되었다. DsRed로부터, "과일 형광 단백질"이라는 돌연변이 세트가 개발되었다. 이들은 mCherry, pmBanana, tdTomato와 같은 매력적인 이름을 가진다. 이들의 다른 색깔의 형광 단백질의 활용은 같은 세포 내의 다른 기관이나 구조 또는 동일 유기체 내의 다른 조직이나 세포를 다양하게 표지할 수 있게 한다. 그림 14.17은 CFP-꼬리표의 골지 특이적 단백질과 YFP-꼬리표 액틴의 이중 표지를 보여준다.

14.6 전사체학: RNA 발현과 위치

세포내 유전자 발현 수준은 다른 발현을 조절하는 복잡한 메커니즘처럼 연구자에게 매우 흥미롭다. 비록 예외가 있긴 하지만, 일반적으로 세포내 mRNA 수준의 변화는 그에 상응하는 단백질 수준과 직접적으로 관련이 있다. 일반적으로, 유전자는 본질적으로, 일시적으로 또는 공간적으로 발현된다. **본질적인 발현(constitutive expression)**은 유전자가 항상 발현된다는 것을 내포하고 있다. **공간적 발현(spatial expression)**을 하는 mRNA는 기관의 특정 조직에서만 발견된다. 유전자가 발생 기간의 특정 시간에서만 발현된다면, **일시적 발현(temporal expression)**이라고 한다. 발현 패턴의 조합도 가능한다. 예를 들어, 유전자가 항상 간에서 발현된다면, 본질적인 공간적 발현이다. 그러나 만약 간 조직에서 성인이 되어야만 탐침자가 RNA와 융합된다면, 이것은 오직 성인 간에서만 발현되고 시간적 그리고 공간적 발현을 보이는 것이라 결론지을 수 있다.

노던 블로팅(Northern blotting), **제자리 부합법(*in situ* hybridization)**, **리보핵산분해효소 보호 분석법[ribonuclease (RNase) protection assays]**, **역전사효소-중합효소 연쇄반응(reverse transcription-PCR, RT-PCR)**과 같은 많은 다른 기술을 사용하여 한 가지 유형의 mRNA 또는 비암호화 RNA 분자의 수준을 모니터링할 수 있다. **실시간 정량적 중합효소 연쇄반응(real-time quantita-tive PCR, Q-PCR)** 기술의 출현은 정확한 RNA 수준의 정량적 분석을 가능하게 한다(표 14.6).

연구자들은 과거에 단일 유전자 분석에 국한되었던 모든 종류의 연구를 확장하고 있다. 수천 개의 유전자 활동을 동시에 모니터링하는 고처리량 기술은 **DNA 마이크로어레이(DNA microarray)** 및 **RNA 시퀀싱(RNA sequencing, RNA-seq)**을 포함하여 이 분야에 혁명을 일으켰다. RNA-seq를 사용하면 단일 세포(단일 세포 RNA-seq 또는 scRNA-seq) 내에서도 RNA 수준을 정교하게 정밀

표 14.6 유전자 발현을 분석하기 위해 흔히 사용되는 기술의 요약.

Level	Methods
Inhibition	*In vitro* mutagenesis
	Antisense oligonucleotides
	Expression of antisense RNA
	RNA interference (RNAi)
Transcription	Northern blot
	In situ hybridization
	RNase protection assay (RPA)
	Reverse transcription–PCR
	Quantitative real-time PCR (Q-PCR)
	DNA microarray
	RNA sequencing (RNA-seq)
	In situ transcriptomics (RNAscope, Slide-seq)
Translation	Reporter gene enzyme activity
	Western blot
	In situ analysis
	Enzyme-linked immunosorbent assay (ELISA)
	Protein arrays
	Mass spectrometry
Nucleic acid–protein interactions	Electrophoretic mobility shift assay (EMSA)
	DNase I footprinting
	Chromatin immunoprecipitation (ChIP) assay (for DNA)
	Cross-linking and immunoprecipitation (CLIP) (for RNA)
Protein–protein interactions	Pull-down assays
	Yeast two-hybrid assay
	Coimmunoprecipitation assay
	Fluorescence resonance energy transfer (FRET)
	Proximity-dependent biotinylation (BioID)
Protein structure	X-ray crystallography
	Cryoelectron microscopy (cryo-EM)
	Nuclear magnetic resonance (NMR) spectroscopy
	Atomic force microscopy (AFM)

하게 정량화할 수 있다. 또한 **Slide-seq** 및 **RNAscope**를 포함하여 단일 세포 분석에 공간 구성 요소를 추가하는 12개 이상의 **실시간 전사체학(*in situ* transcriptomics)** 기술이 개발되고 있다. 먼저 단일 유전자 분석 기술을 조사한 다음 전체 전사체학을 조사하는 방법을 살펴보자.

노던 블롯

13장에서 묘사된 DNA 블롯팅과 부합법 그리고 유사한 이 방법(Tool Box 13.7 참조)은 RNA 분자를 탐침하는 데 이용될 수 있다. Edward Southern 이후로 DNA에 기초를 둔 방법을 "서던 블롯팅"이라 부르기 때문에, RNA에 기초를 둔 방법을 해학적으로 "노던" 블롯 부합법이라 부른다(그림 14.18a). 서던 블롯 첫 번째 단계는 일반적으로 내부핵산가수분해효소로 DNA를 자른다. mRNA는 일반적으로 5 kb 이하로 비교적 짧기 때문에, 아가로스 젤 전기영동을 하기 전에 어떤

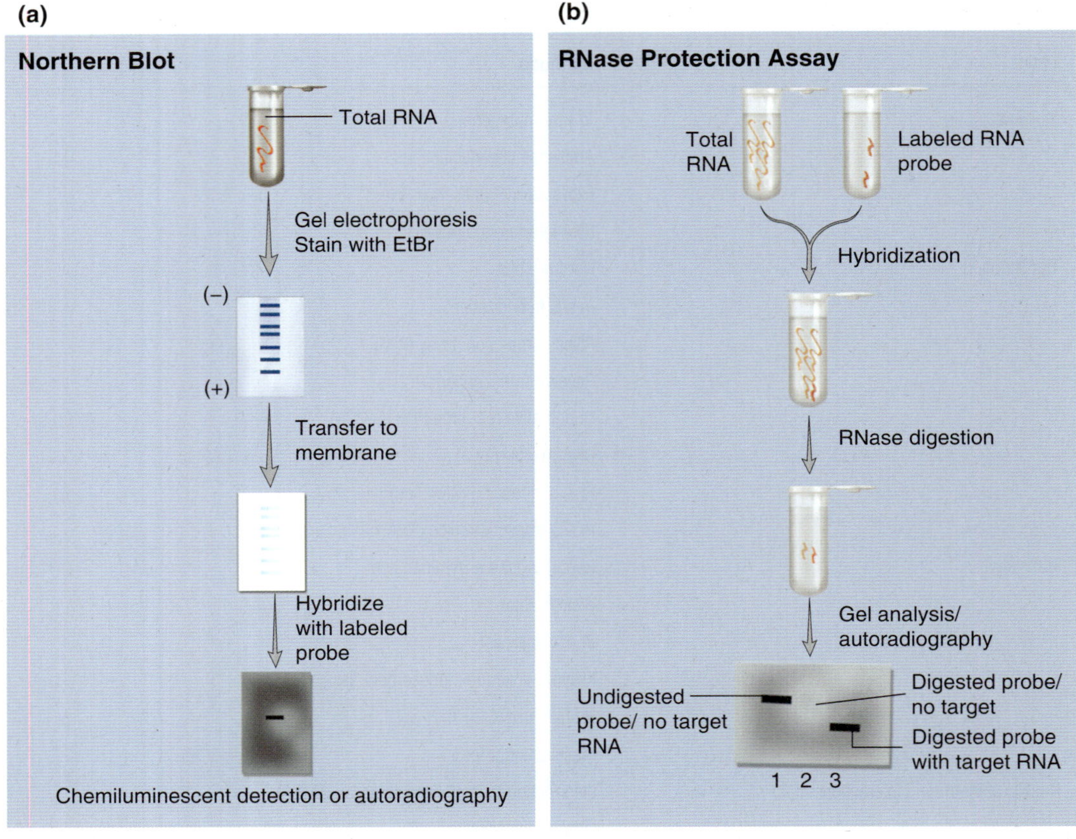

그림 14.18 전사 수준에서 유전자 발현 분석 방법 비교. (a) 노던 블롯. (b) RNase 보호 분석(RPA).

효소로 자를 필요가 없다. 전기영동을 한 뒤, RNA는 에티디움 브로마이드(EtBr) 염색으로 관찰할 수 있다. RNA는 니트로셀룰로스 또는 나일론막에 옮겨지고, 외가닥 DNA 또는 안티센스 RNA 탐침자와 융합된다. 상보적인 RNA와 방사능 표지된 탐침자의 융합은 방사선 촬영술에 의해 보여질 수 있다. Band의 밀도는 mRNA의 양과 비례한다.

노던 블롯 부합법은 특정한 전사된 RNA의 크기를 관찰하고 양을 측정하는 데 사용된다. 그러므로, 이 방법은 특정한 유전자의 발현을 학습하는 데 유용하다. 예를 들어, RNA는 다른 조직으로부터 그리고 기관의 다른 발달 단계에서 분리되고 분석될 수 있다. 분자량이 다른 RNA 이어맞춤 변이체도 노던 블럿 분석에 의해 밝혀질 수 있다. 노던 블롯팅은 킬로 베이스 정도의 유전자 전사체 크기의 근사값을 제공하지만, 이 기술은 매우 민감하지 않기에 적은 양의 RNA를 관찰하는 것은 어렵다.

리보핵산분해효소 보호 분석법(RPA)

RPA는 전체 RNA 또는 mRNA 분자의 복합체에서 특별한 mRNA를 발견하고 정량화하는 민감한 방법이다(그림 14.18b). RPA의 기본적인 원리는 다음과 같다. 관심 있는 RNA 서열에 대한 상보적인 표지된 RNA 탐침자를 시험관 내 전사 반응으로 합성한다. 그 뒤, 표지된 안티센스 RNA 탐침자를 전체 RNA 혹은 mRNA 시료와 융합시킨다. 융합 후, 외가닥 RNA와 이중 탐침자–대상 융합체의 혼합물에 모든 외가닥 RNA를 분해하는 외가닥 특이적 리보핵산분해효소(RNase)를 처리한다. 분해되지 않고 남아 있는 RNA는 안티센트 탐침자에 상보적이므로 관심 있는 유전자에서 전사되었다. 시료는 젤 전기영동과 방사선 촬영술로 분석된다.

전사체에 의해 보호되는 탐침자 절편의 길이는 전사체의 끝에 위치한다. 전사의 농도에 비례한 전사물에 의해 탐침자의 양이 보호되기 때문에, RPA은 양적인 방법으로 사용될 수 있다. 높은 민감성과 해상도 때문에, RPA은 전사 시작의 지도 제작과 같이 mRNA의 내부와 외부의 경계를 지도화할 때 적합하다.

고처리량 시퀀싱 분석을 활용하여 연구자는 최근 **NET-seq**(네이티브 연장 전사 시퀀싱), **GRO-seq**(글로벌 런온 시퀀싱) 및 **PRO-seq**(정밀 핵 런온 및 시퀀싱), 전사 시작 부위와 일시정지 부위를 감지하여 전사체에서 RNA 중합효소 II의 진행 상황을 시각화할 수 있다. GRO-seq에서 RNA 중합효소 II는 새로 합성된 RNA를 정제하고 서열을 지정하기 위해 표지된 뉴클레오티드로 시험관 내에서 다시 시작된다. PRO-seq는 초기 RNA 3′ 말단의 단일 뉴클레오티드 분해능을 제공하는 GRO-seq 방법을 개선한 것이다. NET-seq의 경우, RNA 중합효소 II 신장 복합체가 면역침전되고 RNA가 추출되어 시퀀싱을 위해 cDNA로 역전사된다.

제자리 부합법

제자리 부합법은 연구자가 세포 안에 RNA의 정확한 위치를 볼 수 있게 한다. 이 기술은 종종 노던 블롯의 결과를 재확인하는 데 사용된다. 본질적으로 핵산 부합법과 같은 원리로 사용되지만, 표지된 탐침자와의 융합은 분리된 RNA 대신 세포나 조직절편위(그림 14.19a) 또는 전체 배아(그림

(a)

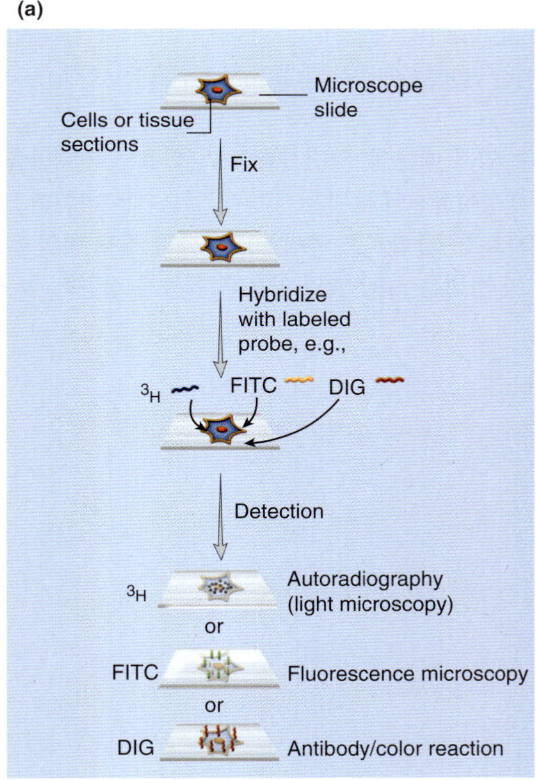

(b)

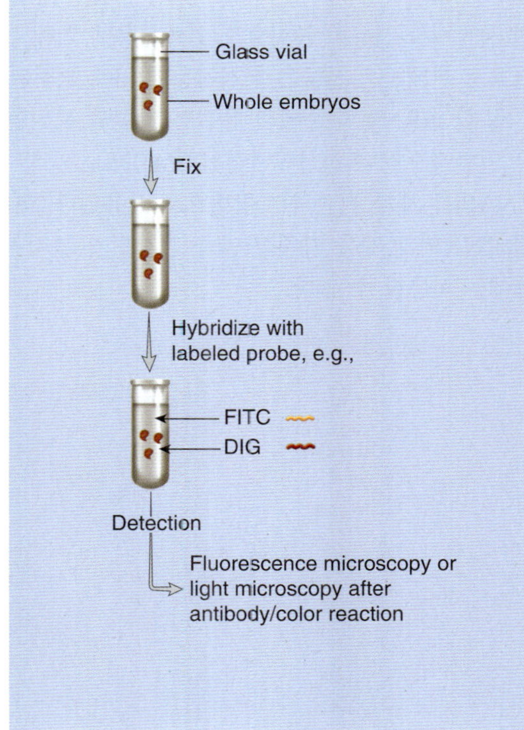

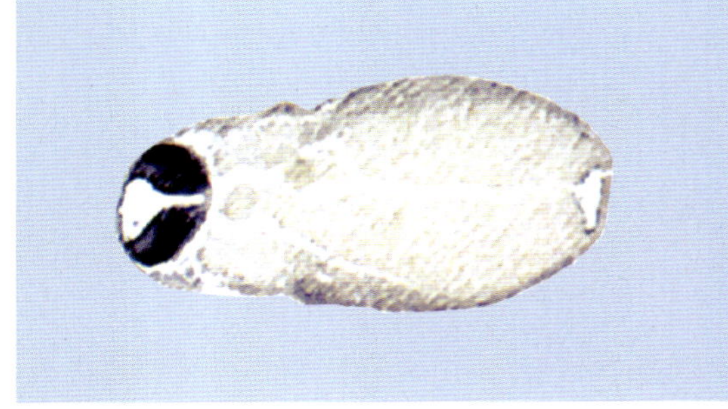

그림 14.19 제자리 혼성화. 표지된 DNA 또는 RNA 프로브는 슬라이드(a)에 고정된 세포 또는 조직 섹션 또는 유리 바이알에 고정된 전체 배아(b)에 혼성화된다. 검출 방법은 프로브의 라벨링 방식에 따라 다르다. Xenopus 배아의 횡단면은 후뇌 및/또는 신경관에 국한된 신경 β-튜불린 발현을 보여준다(왼쪽). 전체 Xenopus 배아에서 신경 β-튜불린 발현은 발달 중인 신경계 전체에서 관찰될 수 있다(오른쪽). (출처: Photographs courtesy of Matthew R. Wester, College of William and Mary.)

14.19b)에서 실행된다. ^{3}H는 32^P(Tool Box 13.4 참조)보다 낮은 에너지를 방출하기 때문에 방사능 활성이 있는 표지를 위해 ^{3}H가 종종 사용되어 보다 정확한 위치를 파악할 수 있다. ^{3}H 표지된 탐침자를 항온 처리한 후, 슬라이드를 사진 유탁액에 살짝 담그고 현상한다. 은 알갱이는 DNA 또는 안티센스 RNA인 상보적인 탐침자의 위치를 나타낸다.

방사능을 사용하지 않는 방법은 형광 표지된 탐침자를 사용하거나 항원 꼬리표가 달린 탐침자를 사용하는 것이다. 형광이 표지된 탐침자를 사용한 방법을 **형광제자리부합법(fluorescent *in situ* hybridization, FISH)**이라 부른다. 시료는 형광현미경으로 관찰한다. 물론, FISH는 제자리 DNA를 관찰하는 데 사용되고, 일반적으로 중기 염색체의 특별한 유전자 서열의 위치 추정에 사용된다. 탐침자가 항원 꼬리표를 달았을 때, 효소-결합 항체 반응이 융합이 일어난 곳에서 색깔이 나타나는 산물을 생성하도록 하는 데 사용된다. RNA의 위치를 표시하는 색깔 산물은 광학현미경으로 관찰할 수 있다.

역전사효소-중합효소 연쇄반응(RT-PCR)

역전사효소-중합효소 연쇄반응은 mRNA의 발견을 위한 민감한 방법이다(그림 14.20). mRNA 분석에 일반적으로 사용되는 두 가지 방법인 노던 블롯 분석과 RPA를 비교하면, 역전사효소-중합효소 연쇄반응은 더 적은 시료로부터 mRNA를 발견할 수 있다. 첫 번째 단계로, 전체 RNA에서 cDNA로의 복사는 역전사효소에 의해 합성된다(Tool Box 13.3 참조). 두 번째 단계는 유전자 특이적 시발체를 사용한 중합효소 연쇄반응에 의해 특별한 cDNA가 증폭된다(Tool Box 13.1 참조). 중합효소 연쇄반응 산물은 전기영동에 의해 분석된다.

또한 mRNA 수준에서 유전자 발현을 분석할 수 있기 때문에, 역전사효소-중합효소 연쇄반응은 일반적으로 후천성면역결핍증(AIDS), 홍역, 유행성이하선염과 같은 질병을 일으키는 바이러스 RNA의 존재를 진단하는 방법으로 사용된다. 역전사효소-중합효소 연쇄반응은 단일 세포 내의 특정 RNA의 존재를 감지할 만큼 민감도가 높지만, 이 방법은 mRNA의 양을 정확하게 정량화하는 데에는 사용할 수 없다.

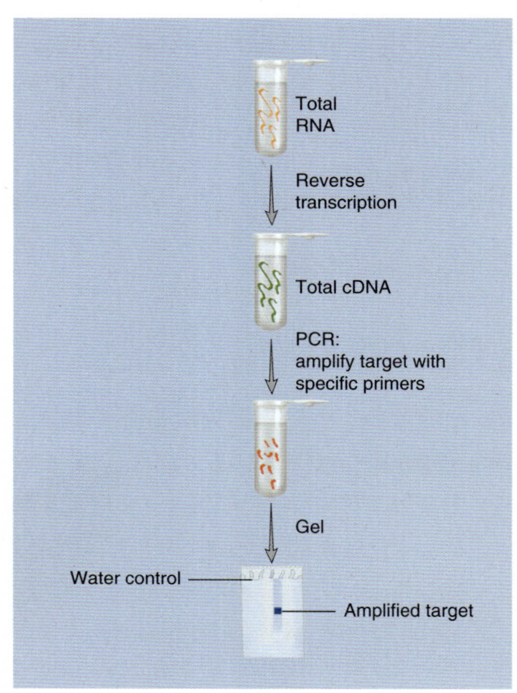

그림 14.20 역전사효소-중합효소 연쇄반응(RT-PCR).

정량적 실시간 중합효소 연쇄반응(Q-PCR)

중합효소 연쇄반응 반응물에 형광 염료 혹은 형광 표지한 시발자를 첨가하여 중합효소 연쇄반응 산물을 실시간 측정할 수 있으므로, 원래 mRNA의 양을 정확히 정량화할 수 있다. 이 방법을 정량적 실시간 중합효소 연쇄반응 또는 간단히 실시간 중합효소 연쇄반응이라 부른다. 분자생물학자에 의해 Q-PCR, qRT-PCR, 그리고 RT-PCR과 같은 다양한 약어들이 사용된다. 그림 14.21은 **SYBR 초록(SYBR Green)** 기법을 이용한 실시간 중합효소 연쇄반응을 묘사한 것이다. 역전사를 통해 mRNA에서 cDNA를 합성한 후, cDNA는 SYBR 초록 염료가 있는 상태에서 유전자 특이적 시발자를 이용하여 증폭된다. 이 염료는 중합효소 연쇄반응 산물과 같은 이중가닥 DNA에 결합하였을 때에만 밝은 형광을 띤다. 연장기 동안, 갈수록 더 많은 SYBR 초록 염료가 중합효소 연쇄반응 산물과 결합하게 되고, 형광 세기가 더 증가하게 된다. 결과적으로, 각 다음 중합효소 연쇄반응 순환 동안 더 많은 형광 신호가 실시간 중합효소 연쇄반응 기구에 의해서 감지된다.

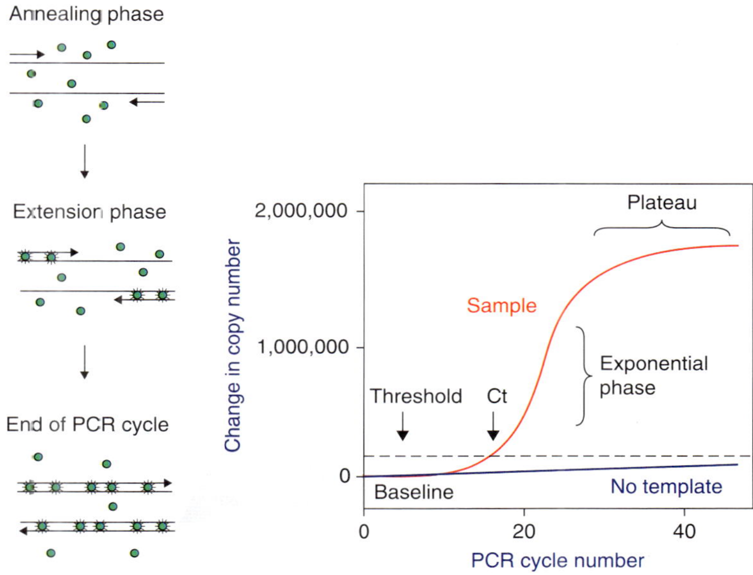

그림 14.21 정량적 실시간 중합효소 연쇄반응.
SYBR 녹색 염색약(녹색 부호)은 이중 DNA와 결합되었을 때에만 형광을 띤다. 실시간 중합효소 연쇄반응 기구의 형광 감지 필터는 각 중합효소 연쇄반응 확장 단계의 끝에서 형광 신호를 측정하는 데 사용되고, 데이터는 그래프로 그려진다.

이것을 어떻게 측정하는가? 그림 14.21의 그래프는 실시간 중합효소 연쇄반응 기구에서 하나의 중합효소 연쇄반응 순환으로부터 전형적으로 읽혀지는 형태를 보여준다. 나타난 값은 절대적인 단위를 가지지 않는다는 것—나타난 값은 각 세포의 정확한 mRNA 복사체 숫자를 반영하는 것은 아니다—을 기억하자. 대신, 세로 축은 임의적인 단위로 복사체 수의 차이를 나타낸다. 가로축은 PCR 사이클 번호를 나타내는데, 이는 용해, 어닐링 및 프라이머 확장의 중합효소 연쇄반응 사이클이 발생한 횟수를 의미한다(Tool Box 13.1 참조). 점으로 표시된 역치선은 "순환 역치" 또는 **Ct(cycle threshold)**를 결정하는 임의의 값이다. Ct는 "주형이 없는" 대조군에서 형광 신호가 나타나는 순환 수를 의미한다. 낮은 Ct 값일수록 시료에서 더 많은 보사체가 나타난다. 선그래프로 나타내면, 더해지는 시발자의 양에 따라 지수기와 정체기를 가지는 S자 모양의 곡선이 된다. 이론적으로, 지수기 동안 각 순환기마다 DNA의 양은 2배가 되지만, 사용된 시발자의 효율에 따라 영향을 받는다. 실험 시료 간의 RNA 양과 질적인 면에서의 차이를 정량화하고 보장하기 위해서, 대상 유전자의 발현을 모든 세포 종류에서 비교적 풍부하게 발현되는 "하우스키핑" 유전자의 발현으로 보정해 준다. 일반적인 하우스키핑 유전자로는 18S rRNA, GAPDH mRNA와 actin mRNA가 있다.

DNA 미세배열

DNA 칩이라 알려져 있는 **DNA 미세배열(DNA microarray)** 결과가 처음으로 1995년에 알려졌다. 이 실험에서 동시에 두 가지 색깔의 형광물질을 이용한 혼성화 실험을 통하여 45 애기장대(Arabidopsis) 유전자의 발현 차이를 측정하였다. 더 나아가서 DNA 미세배열 기술의 반전은 현재 연구자가 몇 천 개의 유전자의 전사 활성도를 동시에 연구할 수 있게 해 주었다. 특이적 생리 반응이나 발달 과정 또는 질병의 상태에 따라서 생명체의 완전한 전사 상태를 분석할 수 있게 된 것이다. 그림 14.22의 예에서, 실험 목적은 암이 있는 조직과 건강한 조직의 유전자의 발현 양상을 비교함으로써 암 형성에 있어서 더 작거나 더 많은 활성도가 생기는 유전자를 확인하는 데 있다.

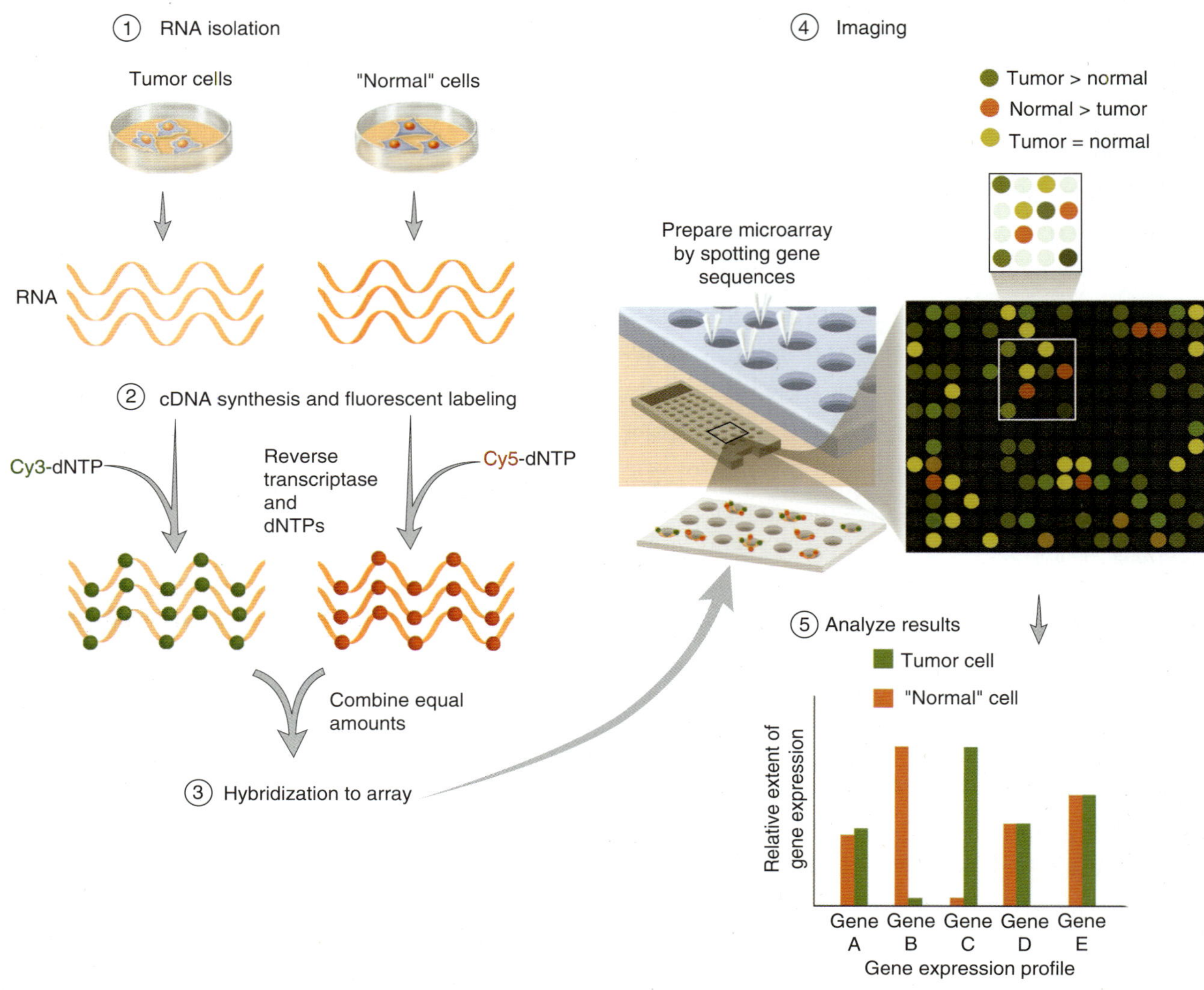

그림 14.22 DNA 미세배열.
이 방법은 5개의 주요 단계를 거친다. (1) 전체 RNA 추출. (2) cDNA 합성과 형광물질 표지. (3) 준비된 미세배열에 혼성화. (4) 사진 찍기. (출처: Photograph courtesy of Katie Hoadley and Charles Perou, University of North Carolina at Chapel Hill.) (5) 양적인 자료 해석.

DNA 미세배열 또는 칩을 준비하기 위해서는 부분적인 cDNA나 올리고뉴클레오티드와 같은 개별적인 유전자 서열을 PCR에 의해 증폭하고, 로봇 장비에 의해 현미경 슬라이드 유리에 점적하게 된다. 상업적인 미세배열(예를 들어, Affymetrix)은 슬라이드 위에 PCR 산물이 아닌 올리고뉴클레오티드를 이용하여 합성된다. 화학적으로 처리된 또는 열에 의해 처리된 유전자 염기서열은 유리 슬라이드 위에 붙인 뒤 변성시킨다. 미세배열은 유리 슬라이드 표면에 있는 매우 밀집된 지역에 몇천 개의 다른 유전자 서열을 가진 격자 형태로 나타나게 된다. DNA 미세배열은 5가지의 주요한 단계를 포함하며, 이를 그림 14.22에 도식화하였다.

1 전체 RNA를 추출한다. 예를 들면, 암세포와 "정상 세포"에서 추출한다.

2 역전사효소와 삼인산 데옥시뉴클레오시드(dNTP)를 이용하여 정제된 RNA로부터 형광 표지된 cDNA를 합성한다. 암세포 cDNA는 Cy3가 표지된 dNTP를 포함하게 하여 녹색 형광물질로

표지한다. 정상 세포 cDNA는 Cy5가 표지된 dNTP를 반응시켜 빨간색 형광물질로 표지한다.

3 cDNA에 두 가지 종류의 표지를 할 때는 같은 양을 섞어 주고 준비된 미세배열에 혼성화시킨다.

4 반응시킨 미세배열은 형광현미경으로 관찰한다. 결과는 미세배열의 혼성화 정도를 의미하는 격자 배열된 형광점으로 표시하므로, 이 점은 세포에서 발현하는 특이 유전자를 의미하게 된다. 그림 16.9의 예에서 밝은 녹색 점은 암세포에서의 과발현을 가리키고, 밝은 빨간색 점은 정상 세포의 과발현, 밝은 노란색 점은 두 세포에서 동시 발현한다는 사실을 의미한다.

5 결과는 컴퓨터 디지털 화상을 통해 분석한다. 양적인 자료 해석은 형광의 세기에 기초하여 유전자 발현 정도와 연관되어 나타난다. 유전자 발현 자료 그래프는 암의 발생에 매우 중요한 유전자를 의미하는 것이며, 이는 암세포에서 유전자 발현의 증가나 감소(단지 1.5~2배 정도)에 의해서 이루어진다.

DNA 미세배열은 유방암, 수모 세포종(medulloblasoma, 유아기 뇌암)의 임상결과 예측에 사용되었다. 그러나 DNA 미세배열 기술은 훨씬 더 강력한 기술인 RNA 시퀀싱 또는 줄여서 RNA-seq에 의해 빠르게 줄어들고 있다.

RNA 시퀀싱(RNA-seq)

RNA-seq는 높은 처리량 시퀀싱 방법의 기능을 사용하여 세포의 전사체에 대한 통찰력을 제공한다. 즉, 유전자 발현의 유전체 전체 패턴을 분석한다(그림 14.23). 이 방법에서는 단일 세포 또는 조직 유형에서 RNA를 추출하고, cDNA를 생성하며, 차세대 시퀀싱을 사용하여 수백만 개의 cDNA를 시퀀싱한 다음 cDNA 시퀀스를 참조 유전체로 다시 매핑한다. 그런 다음, 연구자는 유전체의 어느 영역이 전사되었고, 어떤 빈도로 전사되었는지 분석한다. 단일 세포 RNA-seq(scRNA-seq)는 분화 과정에서 세포의 전사체를 포착하거나, 예를 들어 인간 생식계열 세포 발달 또는 종양 발달 동안 발생하는 다양한 세포 유형을 탐색할 수 있다.

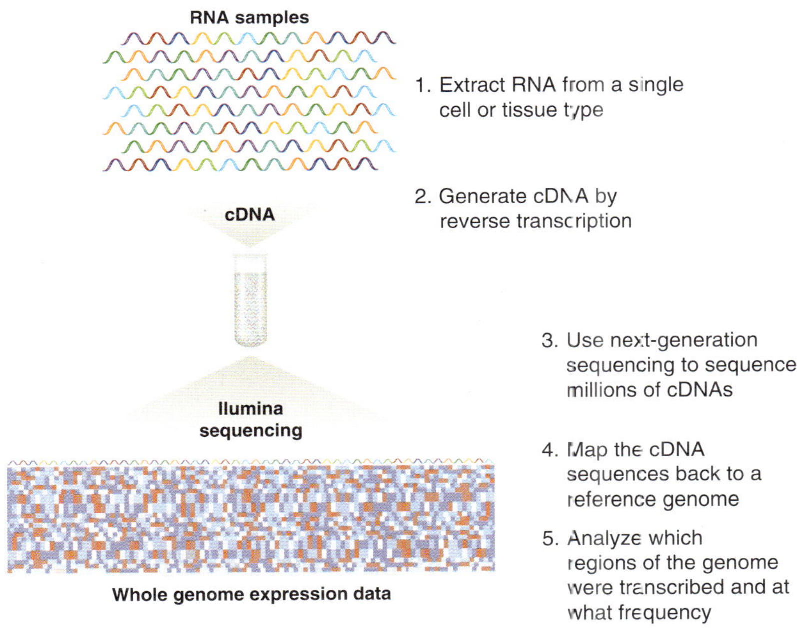

그림 14.23 RNA 시퀀싱(RNA-seq).

제자리 전사체학

제자리 전사체학은 조직 맥락에서 세포의 유전자 발현 패턴을 매핑하는 데 사용된다. 둘 중 하나에 의존하는 개발된 방법이 적어도 12가지가 있다. 유전자 발현 값을 세포의 공간 좌표와 일치시키기 위해 혼성화 또는 DNA 시퀀싱에 의존하는 적어도 12가지 방법이 개발되었다. 많은 것 중에서 두 가지 예를 살펴보겠다. RNA 스코프는 표적 RNA 염기서열을 검출하기 위해 짧고 형광 라벨이 부착된 보완 탐침을 사용하는 실시간 혼성 기반 접근법이다. 12개의 RNA 스코프은 3번의 영상촬영을 통해 구분할 수 있다. Slide-seq에서 RNA는 조직 부분으로부터 공간적으로 분해되고, 독특하게 DNA 바코드로 된 10 μm 비드의 배열로 전달된다. 각각의 RNA의 세포 위치는 염기서열을 통해 추론할 수 있다. 바코드된 구슬은 일례로서 마우스 뇌의 단세포 두께 특징을 해결할 수 있을 정도로 작다.

14.7 프로테오믹스: 단백질 발현과 위치

단백질 발현은 단백질 전기영동(Tool Box 14.5) 그리고 **웨스턴 블롯(Western blot)**, 제자리 분석법과 **효소결합면역흡착측정법(ELISA)**을 포함하는 면역학적 기법(Tool Box 14.6), 탐지가 쉬운 꼬리표를 융합한 단백질을 사용하여 다양한 방법으로 분석할 수 있다. 프로테옴을 조사하는 고처리량 기술에는 단백질 미세배열, **MALDI-TOF** 및 **탠덤 질량 분석법**의 사용이 포함된다. 단일 단백질 분석에서 시작하여 고처리량 접근 방식으로 끝나는 이러한 각 방법에 대해 자세히 살펴본다.

웨스턴 블롯

앞서 언급한 핵산 블롯 및 혼성화와 유사한 방법을 사용하여 단백질을 조사할 수 있다. 서던(DNA)과 노던(RNA) 블롯의 명명법과 일치하게, 전기영동 젤로부터의 단백질 블롯팅을 웨스턴 블롯이라 부른다. 보고자 하는 단백질을 표지된 항체로 인식하기 때문에, 웨스턴 블롯을 "**면역 블롯팅(immunoblotting)**"이라고도 부른다. DNA와 결합하는 특이적인 단백질을 분석하는 기법을 "**사우스웨스턴(Southwestern)**"이라 부르지만, 이스턴 블롯은 없다.

웨스턴 블롯은 종종 다른 단백질과 섞여 있는 아주 낮은 농도와 다른 단백질과 섞여 있는 특이적인 단백질을 감지하는 데 사용된다. 진행 단계는 그림 14.24에 묘사되었다. 첫 단계는 **SDS−폴리아크릴아마이드 젤(SDS−polyacrylamide gel)**을 이용한 단백질 혼합물을 분리하는 것이다. 단백질이 젤 내로 이동하면, 그 이동한 거리가 크기의 로그 값에 비례한다. 폴리아크릴아미드 젤에서 단백질 시료를 분리한 후, 단백질은 젤에서 보이는 분리와 똑같은 패턴으로 멤브레인에 전기영동 전달하여 얼룩이 진다. 웨스턴 블롯팅은 모세관 확산부터 전기영동적 이동까지 다양한 방법에 의해 수행될 수 있다. 후자가 수행 속도와 정확성 때문에 가장 널리 사용된다. "탱크"에서 전기영동적 이동은 젤과 막을 카세트에 조립하고 완충액으로 가득찬 탱크의 전극판 사이에 세로로 매단다. 이 방법은 높은 완충 능력과 온도 조절 능력 때문에 이동 시간이 오래 소요될 때 사용된다. **"반건조" 전기영동적 이동(Semidry electrophoretic transfer)**은 비교적 낮은 전압에서 빠른 이동과 아주 적은 완충용액을 사용하므로 많이 사용되는 방법이다(그림 14.24 참조).

반건조 전기영동적 이동은 젤과 막은 이동 완충액으로 적셔 주고 완충액을 적신 블롯팅 종이 사이에 수평으로 쌓은 후, 고체 전극 사이에 둔다. 젤 대신 블롯을 사용하는 것은 다음과 같은 몇 가지 장점을 가진다. (i) 블롯팅 막은 끈적이고 찢어지기 쉬운 흐물흐물한 젤보다 다루기 쉽고; (ii) 염색과 탈염색이 빠르며; (iii) 블롯은 젤의 영구적인 기록을 제공하고; (iv) 젤의 두께에 퍼져 있는 단

Tool Box 14.5

단백질 전기영동

젤 전기영동은 유용한 분석 방법 중 하나이다. 단백질 분석을 위해 아가로스 대신 더 좋은 해상력을 가지는 폴리아크릴아마이드를 사용한다. 단백질은 분리될 뿐만 아니라 볼 수 있게 되고, 연구자는 혼합물 내의 수많은 단백질 또는 특정 단백질의 순도를 빠르게 추측할 수 있다. 또한, 젤 전기영동은 등전점이나 대략적인 분자량 등 단백질의 중요한 성질을 측정할 수 있다. 단백질의 등전점 또는 pI는 단백질이 양전하와 음전하를 동일한 수로 가지면서 나타나는 pH이다. 단백질은 1차원(1D) 또는 2차원(2D) 폴리아크릴아마이드(PAGE) 전기영동에 의해 분리될 수 있다. 1D-PAGE는 크기에 의해 단백질을 분리하고, 2D-PAGE는 크기와 전하 둘 다에 의해 단백질을 분리한다.

1차원 PAGE: SDS-PAGE

핵산 전기영동처럼, 각 단백질의 전하와 질량 비율에 의해 폴리아크릴아마이드 젤에서 이동 비율이 결정된다. 단백질 분자의 탄소골격은 음전하를 띠지 않으므로, 로딩 시료, 젤, 전기영동 완충액 속에 포함된 음이온 계면활성제인 SDS가 음전하를 제공한다(그림 1). 이러한 이유 때문에, 1차원 전기영동을 SDS-PAGE라고 한다. SDS의 결합은 하나 이상의 소단위체를 가지는 단백질을 분리시키고 모든 폴리펩티드 사슬의 구조적 변성을 일으킨다. 또한, 시료 완충액에는 베타머캅토에탄올 또는 디티오트레이톨과 같은 환원제가 포함되어 있어, 단백질의 이황화 결합을 끊고 다중 소단위체 복합체에서 모든 폴리펩티드를 개별적으로 분리시켜 분석된다.

(a) One-dimensional SDS-PAGE

Protein mixture
Load sample onto gel with pipet
Cathode
Plastic gel apparatus
Sample wells
Buffer
Glass plates
SDS-polyacrylamide gel
Anode
Buffer
Electrophoresis; stain to visualize separated bands
(−)
Direction of migration
(+)
A
D
C
B

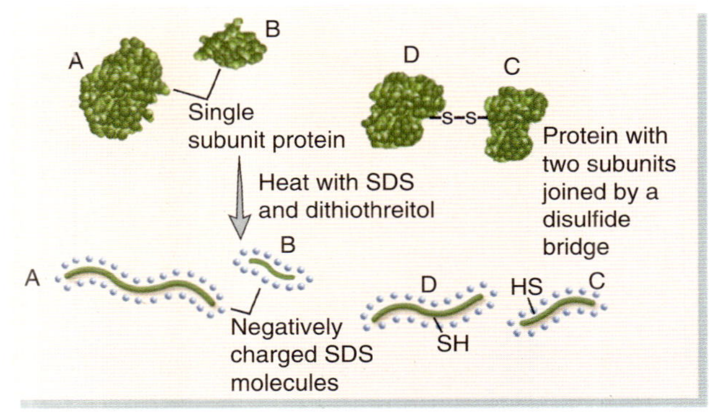

(b)

그림 1 1차원 PAGE.
(a) 1차원 (1D) 폴리아크릴아마이드 젤 전기영동 : SDS-PAGE. (b) SDS-PAGE에 의한 단백질 시료의 분석. 사진은 GST-꼬리표 달린 융합 단백질의 정제의 연속적인 과정에서 단백질의 존재를 확인하는 데 사용되고 있는 쿠마시로 염색한 젤을 보여주고 있다. 가장 왼쪽 레인(레인 1)은 단백질 크기 마커로 사용되는 분자량을 알고 있는 단백질의 혼합물이다. 레인 4는 세균 세포 추출물에서부터 쿠리한 단백질 혼합물이고, 레인 2와 3은 글루타치온 친화 컬럼에서 얻은 분리물이다. 염료로 염색되었을 때 각 단백질은 얇게 나타나고, 너무 많은 단백질이 포함되었을 때는 넓은 밴드로 나타난다. (출처: Photo credit: Allison Lab, College of William and Mary.)

각 단백질과 결합한 SDS의 양은 단백질의 분자량에 비례하고, 젤을 통과하여 이동하는 속도는 분자량의 로그 값에 비례한다. 왜냐하면, SDS-PAGE 분리에서 이동은 폴리펩티드의 본질적인 전하에 의해서가 아니라 분자량에 의해서 결정되기 때문이다. SDA-PAGE는 하나 이상의 단백질을 함유한 혼합물의 특이적 구성 성분을 정제하는 데 사용되기도 한다. 전기영동 동안, 음전하를 띠는 SDS–단백질 복합체는 폴리아크릴아마이드의 구멍들 사이로 이동한다. 작은 단백질은 큰 단백질보다 쉽고 빠르게 구멍을 통과해서 이동할 수 있다. 그래서, 단백질이 젤을 통과해서 이동함에 따라 그들의 크기에 따라서 밴드로 분리된다. 세로의 편평한 젤로 전기영동 후, 단백질은 젤 상에서 단백질과 결합할 수 있는 염료에 의해 보여질 수 있다(예, 쿠마시 블루 또는 은염색). 방사선 표지된 단백질 시료는 방사선 촬영술로 관찰할 수 있다.

2차원 PAGE

2차원으로 단백질을 분리시키면 분자의 더 좋은 해상도의 단백질을 얻을 수 있다. 단백질은 2개의 기본 성질(등전점과 분자량)에 따라 분리되어 한 번의 실험으로 수많은 다른 단백질을 분리해 낼 수 있다(그림 2).

먼저, 단백질을 등전집중법으로 등전점에 따라 분리한다. 단백질의 순전하는 아미노산 구성에 의해 결정된다. 양전하의 합이 음전하의 합을 초과하는 것처럼, 만약 아미노산이 조금 더 양전하를 띤다면, 그 단백질은 전체적으로 양전하를 띠게 된다. 단백질에서 단 하나의 아미노산이 달라지더라도 전체 전하가 달라지므로 전기영동에 의해 구별된다. 단백질은 양쪽성 화합물(산성과 염기성 성질을 모두 가짐)이므로, 순전하는 그들이 녹아 있는 배지의 pH에 의해 결정된다. 등전점보다 높은 pH의 용액에서, 단백질은 순음전하를 가지고 전기장에서 양극으로 이동한다. 등전점보다 아래에서는, 단백질이 양전하를 띠게 되어 음극으로 이동한다. 단백질을 움직이게 하는 순전하는 단백질의 크기와는 무관하다. 즉, 단백질의 단위 길이당 움직일 수 있는 전하는 단백질마다 다르다. 등전점은 단백질이 순전하를 띠지 않을 때의 pH이므로, pH 변화에 따라 움직이지 않고 고정된다. 그러므로, pH 4.0에서 10.0까지의 변화를 고정한 튜브를 알

(a) Two-dimensional PAGE

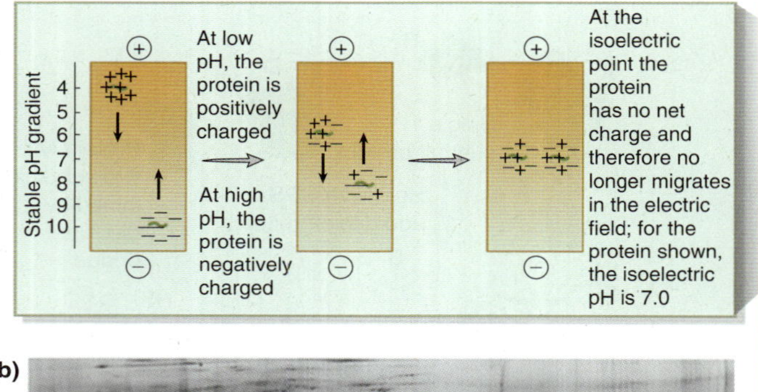

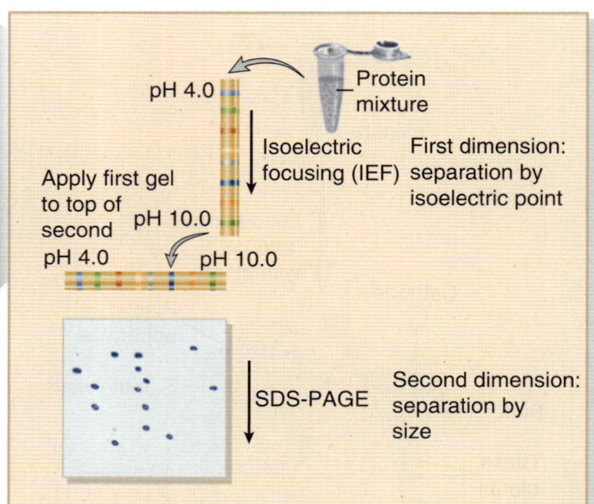

(b)

그림 2 2차원 PAGE.

(a) 2차원 (2D) PAGE. 등전집중법으로 2D 단백질 젤을 준비하고 SDS-PAGE를 수행한다. (b) 안티센스 올리고뉴클레오티드를 처리한 흑색종 세포의 단백질 추출물을 2차원 젤로 관찰한 그림이다. 각각의 점은 다른 폴리펩티드 사슬에 해당한다. 점의 강도와 크기는 존재하는 단백질의 양과 상응한다. (출처: Photograph courtesy of Johannes Winkler, University of Vienna, Austria.)

맞은 방향으로 강한 자기장에 두면, 각 단백질은 각 등전 pH에 얇은 밴드를 형성할 때까지 움직인다. 두 번째-차원 분리를 위해서, 튜브를 SDS가 포함된 수직의 편평한 젤 위에 수평으로 놓으면, 단백질은 전기영동을 통해 튜브를 빠져 나와 1D PAGE에서처럼 크기에 의해서 젤 안으로 분리된다. 2D 분리에서는 단백질이 밴드라기 보다는 점처럼 보인다.

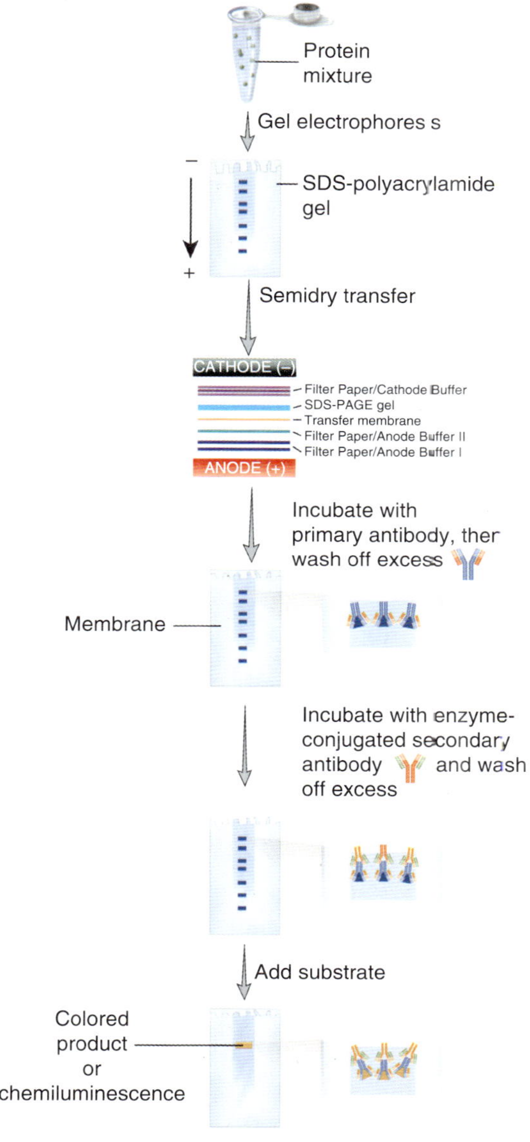

그림 14.24 웨스턴 블롯.
밴드가 젤과 얼룩에 표시되어 어떤 일이 일어나고 있는지 설명하지만, 실제로는 마지막 단계인 유색 밴드가 형성될 때까지 보이지 않는다.

백질이 젤 표면에 응집되어 있기에 적은 양의 단백질이어도 쉽게 탐지할 수 있다.

블롯팅 후, 표지된 항체는 목표 단백질(항원) 확인을 위한 탐침자로 이용된다. 이 단백질이 있는 밴드만이 항체와 결합하고, 항체 분자와 층을 형성한다. 블롯팅 후, 막은 보고자 하는 단백질(항원)에 대한 특이적인 단일클론 항체 혹은 다중클론 항체 용액에서 항온 반응시킨다(Tool Box 14.6 참조). 결합에 필요한 충분한 시간이 지난 후, 막은 다량의 결합하지 않은 1차 항체를 제거하기 위하

Tool Box 14.6

항체 생산

항체는 분자생물학 연구의 도구와 제약의 목적으로 광범위하게 사용된다. 이들은 면역체계의 B 세포에서 만들어지는 단백질이다(12장 참조). 그들은 F_c와 F_{ab} 2개의 조각으로 이루어진다(그림 1a). F_c 조각은 모든 항체에 존재하는데, 항체를 제공하는 동물과 정확히 일치하는 형태를 가진다. 이를테면, F_c 조각은 예를 들어 "이것은 토끼의 항체다"라고 나타낸다. F_{ab} 조각은 다양하며 항원 결정기를 인지하여 결합한다. 항원은 면역반응을 유도할 기질이다. 항원 결정기는 항체가 결합하는 항원 부위의 이름이다. 하나의 항체는 단 하나의 항원 결정기를 인지하고 결합할 수 있다. 용도에 따라, 항체는 1차 또는 2차 항체로 분류된다. 1차 항체는 다중클론 항체 또는 단일클론 항체이다.

1차 항체

다중클론 항체

단백질 같은 항원이 동물에 (보통 쥐, 토끼, 염소) 주입되면, 항체의 혼합

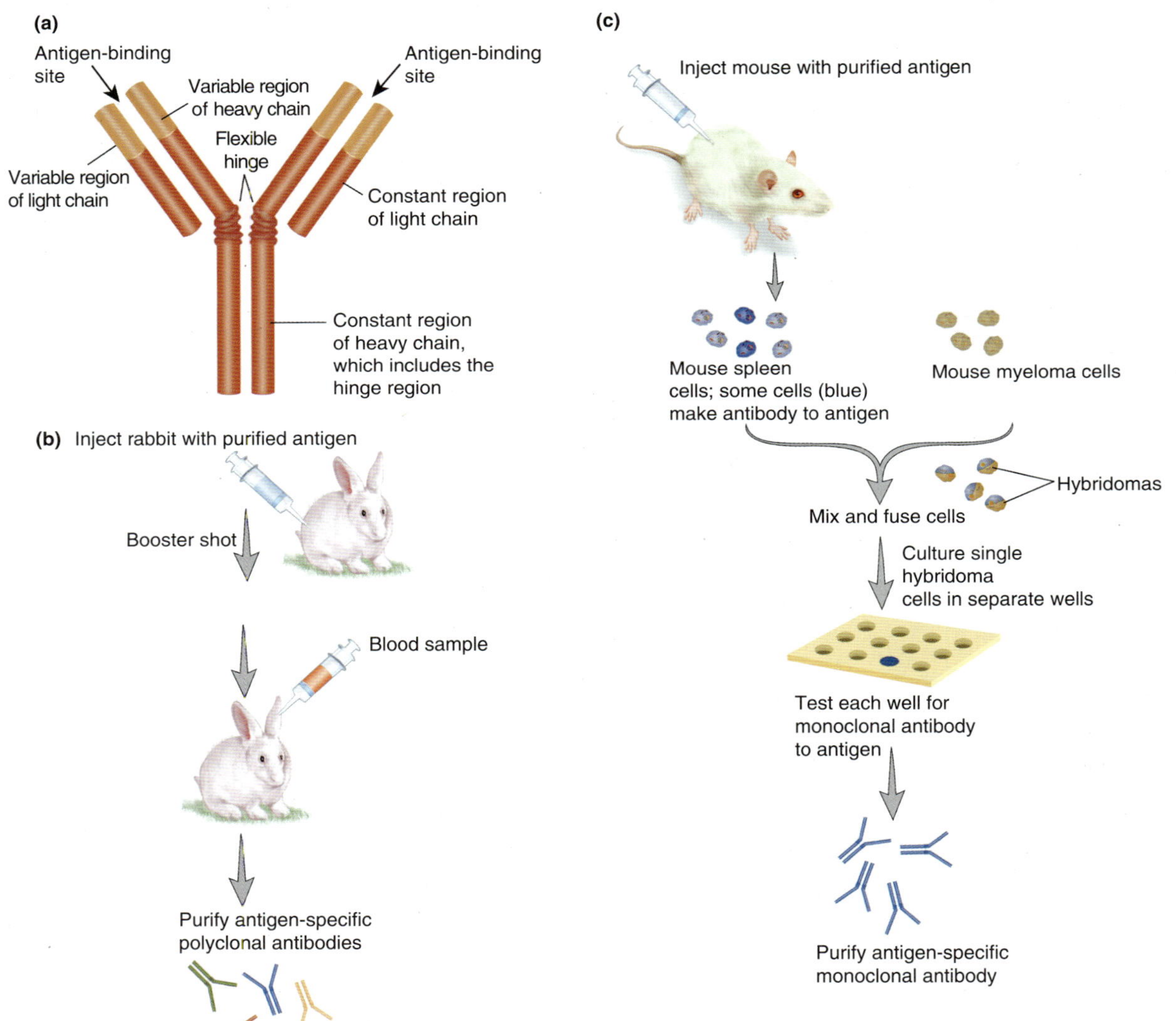

그림 1 다중클론과 단일클론 항체.
(a) 항체는 2개의 무거운 폴리펩티드 사슬과 2개의 가벼운 사슬로 구성된다. F_c 조각은 무거운 사슬과 가벼운 사슬의 일정한 부분에 의해 형성되고, 모든 항체에 존재하며, 항체를 제공하는 동물과 정확히 일치하는 형태를 가진다. F_{ab} 조각은 무거운 사슬과 가벼운 사슬의 가변 부분으로 구성되고 항원 결정기를 인지하여 결합한다. (b) 토끼 다중클론 항체의 생산. (c) 생쥐 단일클론 항체의 생산.

물이 생성되고 분리된다. 단백질의 수백 수천의 다른 부분(항원 결정기)은 각각 다른 항체를 생성하는 수백 수천의 B 세포 클론의 활성화에 관여한다. 다른 항원 결정기에 대한 다른 특이성을 가지므로, 이들을 다중클론 항체라 부른다. 따라서 혼합물 내의 각 항체는 단백질 분자 안의 특이적인 항원 결정기를 인지한다. 우리의 면역체계가 박테리아와 같은 외부 항원의 침입에 반응할 때에도 동일한 과정이 일어난다.

그림 1b는 토끼에서 다중클론 항체의 생산을 나타낸다. 정제된 항원(예를 들어, 단백질)을 토끼에 주입한다. 2주 뒤에 추가 접종을 한다. 토끼 면역체계의 B 세포에 의해 항체의 혼합물이 생성되고, 각각의 항체는 항원의 특이적인 항원 결정기를 인지한다. 토끼의 귀에서 혈액을 뽑아서 항체를 정제한다.

단일클론 항체

다중클론 항체와는 대조적으로, 단일클론 항체(MAbs)는 하나의 세포에서 유래한 클론에서 생산되는 단백질의 특이적인 항원 결정기를 인지하는 항체이다. 단일클론 항체는 연구자에게 제한된 양의 아주 특이적인 항체를 제공한다. 그림 1c는 생쥐에서 단일클론 항체의 생산을 나타낸다. 쥐에 정제된 항원을 주사한다. 쥐의 비장에서 B 세포를 분리하여 골수종 세포와 융합시켜 — B세포의 암세포화 — 배양조건에서 무한으로 분열할 수 있게 한다. 단일 융합세포를 플라스틱 마이크로 플레이트에서 분리하여 배양한다. 각각의 well은 항원에 대한 단일클론 항체로 시험된다. 융합세포라고 불리는 융합체는 특별한 항원에 대한 한 종류의 항체를 분비한다. 융합세포에서 유래한 세포는 모두 클론을 형성하고 동일한 단일클론 항체를 생산한다.

2차 항체

만약 1차 항체(특이적인 항원 결정기를 인지하게 만들어진 첫 번째 세트의 항체)가 형광 색소와 융합되면, 목표 단백질은 형광 항체로 표지되어 형광현미경에 의해 확인될 수 있다. 그렇지 않으면, 1차 항체는 무색의 기질을 색깔을 띠는 침전물로 변환시킬 수 있는 효소와 결합될 수도 있다. 그러나 일반적으로 1차 항체에는 표지를 하지 않고, 2차 항체를 1차 항체의 F_C 부분을 인지하게 만든다.

관찰 가능한 꼬리표를 공유결합시킨 2차 항체를 사용하면 다음과 같은 두 가지 장점을 얻을 수 있다. 첫째, 2차 항체는 신호 증폭에 필요한 추가적인 단계를 거쳐 분석의 민감도를 증가시킨다. 둘째, 표지된 2차 항체는 1차 항체를 제공한 종의 모든 1차 항체에 대응하여 직접적으로 사용할 수 있으며, 이것은 다양한 1차 항체에 널리 사용된다. 이것은 연구자가 사용하는 각각의 1차 항체에 표지하지 않아도 된다는 것을 의미한다. 항체에 표지하는 것은 시간과 돈을 소비하는 과정이므로 이것은 장점이 된다. 게다가, 어떤 1차 항체는 직접 표지하기에 적합하지 않다. 더 편리하게 하기 위해, 적합한 2차 항체는 상업적으로 판매된다. 예를 들어, 연구자가 토끼에서 만들어진 1차 항체를 사용하는 경우, 염소에서 만든 토끼의 2차 항체를 구입해야 한다.

여 씻어 준다. 다음 단계로, 막을 알칼리성 인산염분해효소와 같은 효소가 공유결합된 2차 항체와 항온 반응시켜 준다. 2차 항체는 1차 항체와 특이적으로 결합한다. **발색 기질(chromogenic substrate)**을 첨가시키면, 효소가 반응을 촉매하여 짙은 보라색의 침전을 형성하므로 보고자 하는 단백질이 포함된 밴드가 표시된다. 또한, **화학발광성 기질(chemiluminescent substrate)**을 첨가하면, 빛을 발생한다. 이 경우, 막을 X-선 필름에 노출시킨다. 웨스턴 블롯팅은 연구자가 특정적으로 준비된 시료에서 특이적 단백질의 존재, 양 크기를 탐지할 수 있게 한다.

제자리 분석

형광 단백질 꼬리표가 달린 융합 단백질의 발현과 위치는 살아 있는 세포에서 직접적으로 분석할 수 있다. 또한, 제자리(*in situ*) 면역 분석법은 연구자가 형광 꼬리표 없이 정확한 단백질의 위치를 볼 수 있게 해 준다. 이 경우, 세포를 면역 염색 전에 고정(보전)을 시켜야 하는데, 일반적으로 현미경 슬라이드 위에 부착시킨다. 제자리 면역분석법은 종종 웨스턴 블롯의 결과를 확인하고 연장시키는 데 사용된다(그림 14.25). 형광 꼬리표 달린 **1차 항체(primary antibodies)**를 이용하여 관찰할 때, 이 기술을 **직접 면역형광분석법(direct immunof uorescence assay)**이라고 한다. 목표 단백질에 대응하는 1차 항체의 관찰에 형광 꼬리표 달린 **2차 항체(secondary antibodies)**가 사용되면, 이 기술을 **간접 면역형광분석법(indirect immunof uorescence assay)**이라고 한다. 효소가 결합된 2차 항체를 사용할 때, 시료의 유형에 따라 두 가지 다른 이름으로 불린다. 기관의 절편 또는 전체 배아를 항체로 표지하면, "**조직면역화학분석(immunohistochemistry)**"이라 부른다. "**면역세**

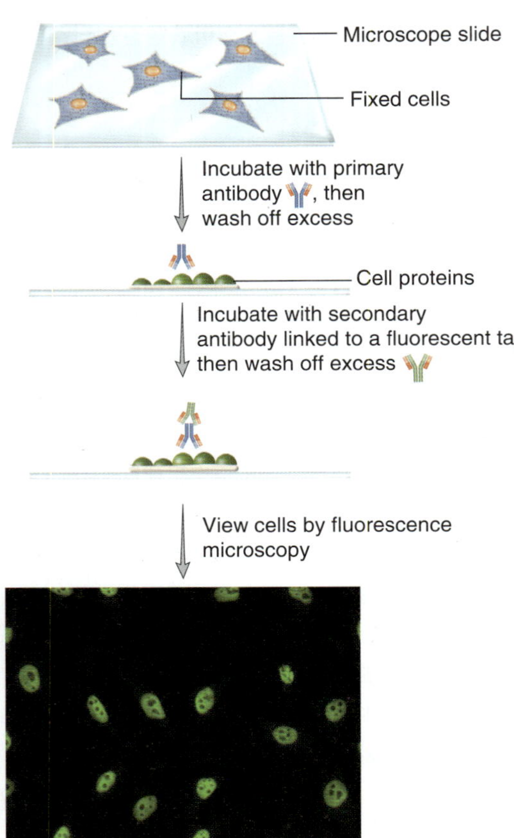

그림 14.25 간접 면역형광분석법.
(삽입 그림) 핵 단백질의 위치를 보여주는 배양된 세포의 현미경 사진. 세포를 고정시키고, 핵 단백질에 특이적으로 결합하는 항체로 염색하였으며, 초록 형광을 띠는 FITC가 표지된 이차 항체로 염색하였다. (출처: Photograph courtesy of Vinny Roggero, College of William and Mary.)

포화학분석(immunocytochemistry)"은 세포내 물질을 분석할 때 사용된다. 최근에, 연구자들은 면역형광현미경으로 인간 프로테옴의 고해상도 "Cell Atlas"를 구축하였는데, 이는 세포내 12,003개 단백질의 정확한 위치를 보여주며, 단백질 발현 패턴의 단일 세포 변이를 탐구한다.

효소결합면역흡착측정법(ELISA)

면역 분석법은 항원-항체 반응을 정량화한다. 면역 분석법에서 가장 공통적으로 사용되는 방법 중 하나는 효소결합면역흡착측정법이다. 효소결합면역흡착측정법은 간단한 효소 분석법의 민감도와 항체의 특이성이 결합된 방법이다. 이 방법은 두 가지 주된 변형이 있다: 효소결합면역흡착측정법은 항체에 의해 인지되는 항원의 존재를 확인하는 데 사용되거나 항원을 인지하는 항체를 시험할 때 사용된다. 효소결합면역흡착측정법의 가장 일반적인 방법 중 하나는 **샌드위치 효소결합면역흡착측정법(sandwich ELISA)**이다. 과정은 그림 14.26에 묘사되어 있다.

먼저, CAT에 대한 항체(anti-CAT)는 96칸 플라스틱 마이크로 플레이트의 구멍 표면에 붙어 있게 된다. 두 번째로 CAT 리포터 유전자를 일시적으로 형질전환한 세포 추출물을 구멍에 첨가한다; 추출물에 존재하는 CAT는 플레이트 표면에 먼저 붙어 있던 anti-CAT 항체에 결합하게 된다. 세 번째, 디고시제닌이 표지된 CAT에 대한 항체(anti-CAT-DIG)가 첨가되어 플레이트에 붙은 CAT 단백질과 결합하게 된다. 네 번째 단계에서는 과산화효소와 결합된 디고시제닌에 대한 항체(anti-DIG-POD)가 첨가되어 디고시제닌과 결합하게 된다. 마지막 단계로, 과산화효소 기질이 첨가되어 색깔을 띠는 반응물을 만든다. 시료의 흡광도는 마이크로플레이트(ELISA) 측정기로 측정하여 세포 추출물에 존재하는 CAT 수치로 직접 환산된다.

효소결합면역흡착측정법은 다른 면역분석법과 비교하여 높은 민감도와 비교적 비용이 적게 드는 방법이므로 진단의 한 방법으로 사용된다. 이 방법은 종종 간염, HIV-1, 풍진 그리고 단순포진 등 바이러스 간염을 관찰하는 데 사용된다.

단백질 배열

단백질 배열(array)의 구성은 단백체 수준에서 단백질 활성도에 대한 검사를 신속히 할 수 있도록 해 주었다. 이 배열 검사는 재조합 단백질 또는 항체, 펩티드, 작은 분자를 포함한 단백질과 특이적인 상호작용을 하는 시약이나 재조합 단백질을 기초로 구성된다. 단백질 기초 배열 검사에서 얻은 자료는 단백질 상호작용, 단백질 변형, 효소 활성으로부터 추출되었다. 두 종류의 보편적인 단백질 배열로는 분석, 기능 검사가 있다.

분석적 단백질 배열은 임상적 진단(그림 14.27a) 목적으로 단백질 발현 정도를 측정한다. 분석적 단백질 배열에서는 특수 처리된 표면에서 높은 친화도와 특이성을 가진 항체, 항원, DNA 또는 RNA, 탄수화물 또는 저분자 등 다양한 유형의 리간드를 발견할 수 있다. DNA 미세배열 실험과 유사한 과정으로 진행되지만, 단백질 배열에서는 비교대상인 두 가지 생물학적 상태에서 얻은 단백질 시료를 빨간색이나 녹색 형광표지, 혼성화, 그리고 칩으로 배양하는 방법으로 결합시킨다. 빨간색과 녹색 형광점은 특이 리간드와 결합하는 특정 단백질을 파악하는 데 활용된다.

기능 단백질 배열(functional protein array)에서는 본래 단백질 또는 펩티드가 각각 대용량 처리 방식으로 합성되거나 정제되어 사용된다. 몇 천 개의 단백질은 나이트로셀룰로스(nitro cellulose) 또는 수정된 유리 마이크로어레이 표면에 중복된 형태로 찍어진다(그림 14.27b). 상업적으로 준비된 단백질 기능 배열은 전체 길이의 ORF(열린 판독틀)가 GST (glutathione-*S*-transferase) 융합단백질로 발현된 집합으로 구성되어 있다. 예를 들면, 효모 단백질 배열은 거의 모든 단백질 구성 요소인 4,000개 이상의 특이 단백질로 구성되어 있다. 그런 다음, 표지된 단백질, DNA, RNA, 기타 리간드 또는 효소 기질을 칩과 함께 배양한다. 이러한 칩은 효소 활성, 단백질–단백질 상호작용, 그리고 번역 후 변형(post-translational modification, 인산화 같은)을 검사하는 데 사용된다. 기능적 배열은 적절한 검출 방법을 이용하여 관심 있는 효소의 기질을 확인하는 작업에 활용된다. 결과적으로, 이러한 종류의 칩은 약물이나 약물-표적 확인 그리고 생화학적 경로의 지도화에 특이 유용하다.

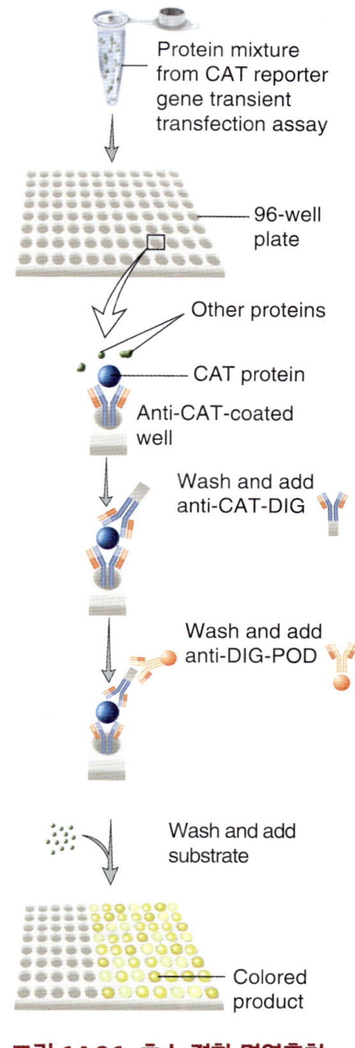

그림 14.26 효소 결합 면역흡착 분석(ELISA).
CAT 샌드위치 ELISA의 예가 표시된다.

질량 분광법

질량 분광법(mass spectrometry)은 단백질과 펩티드 같은 분자의 질량을 측정하는 데 매우 유용한 기술이다. 그러므로, 이 방법은 단백체학 연구의 기초 장비가 된다. 질량 분광법을 기초하여 단백질을 확인하는 두 가지 보편적인 방법은 다음과 같다; (i) 한 가지는 단백질에서 분리한 단일 펩티드 질량 지문감식법으로, **질량의 이동 시간[using matrix-assisted laser desorption/ionization−time of flight (MALDI-TOF) mass spectrometry]**을 레이저를 이용하여 탈착과 이온화 정도를 알아보는 방법이다; 그리고 (ii) 다른 한 가지는 **직렬 질량 분광법(tandem mass spectrometry, MS/MS)**을 이용한 전체 "단백질"의 샷건 단백체학이다.

MALDI-TOF를 사용한 펩티드 질량 지문감식 일반적으로 **펩티드 질량 지문감식법(peptide mass fingerprinting)**의 과정은 세포나 조직의 분획화 및 관심 단백질의 분리, 추출을 통해 일반적으로 시작한다(그림 14.28). 1차원 또는 2차원 단백질 젤이나 액체 크로마토그래피로부터 추출한 단백질 점으로 시작한다. 추출된 단백질은 일반적으로 트립신 효소로 소화한다. 트립신은 부분적으로 알지닌과 라이신(C-말단에 있는 프롤린을 제외하고) 아미노산의 카복실기(carboxyl side)의 단백질을 선택적으로 자른다. 다음으로 수집된 펩티드의 분자 무게는 MALDI-TOF 질량 분광기로 측정한다.

MALDI-TOF 질량 분광법은 이온 발생기와 이온화된 펩티드의 전하 비율(m/z)의 질량 대비 전하량을 측정하는 질량검사기, 그리고 각각의 m/z 값의 이온수를 측정하는 검출기로 구성이 되어 있다. 펩티드는 결정행렬(matrix)(예, α-cyano-4-hydroxy-ciannamic acid)이 끼워져 있고 표적 금속에 정렬되어 있다. 자외선 레이저 파장은 펩티드를 이온화된 가스 단계로 증발시킨다. 이온은 전기장의 도움으로 관에 들어가고, "이동(fly)"이 검출기 앞의 관쪽으로 진행된다. 이동속도는 질량에 반비례하고, 단백질의 전하에 비례한다. 작은 질량의 분자는 속도를 가속화하기 때문에 많은 질량 분자와 비교하여 검출기에 빨리 도착하게 된다. 이동시간은 알려진 질량의 분자를 이용한 기기 보정을 통하여 질량으로 전환하게 된다.

이 과정의 마지막은 단백질의 자료에 반하는 MALDI-TOF 분광을 비교하고 본래 펩티드 단백질을 규명하기 위해 설계된 실험실(*in silicon*) 컴퓨터 알고리즘의 적용이다. *In silico*의 문맥적 의미는 "실험실 설계(in silico)"이며, 컴퓨터나 컴퓨터 시뮬레이션을 통하여 조작을 실행하는 것이다. 이러한 접근방식은 이용 가능한 유전체 서열의 증가로 인해서 대부분 폴리펩티드(polypeptide)의 화학적인 서열을 규명할 필요성이 없어지고 있다.

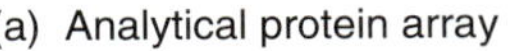

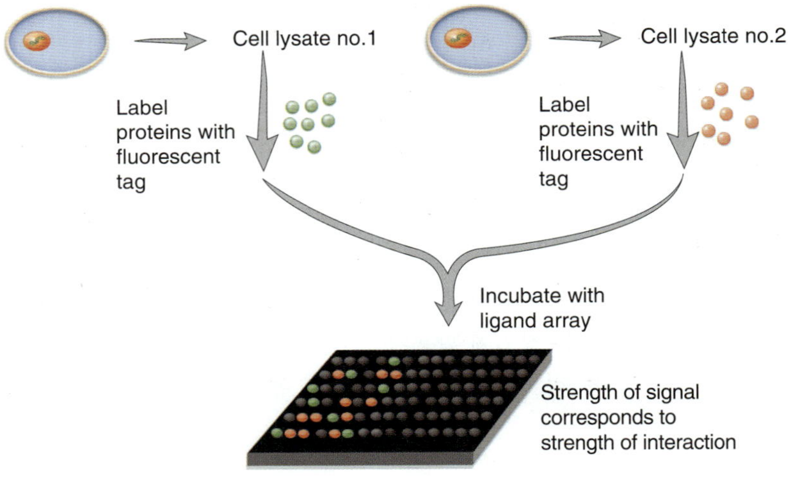

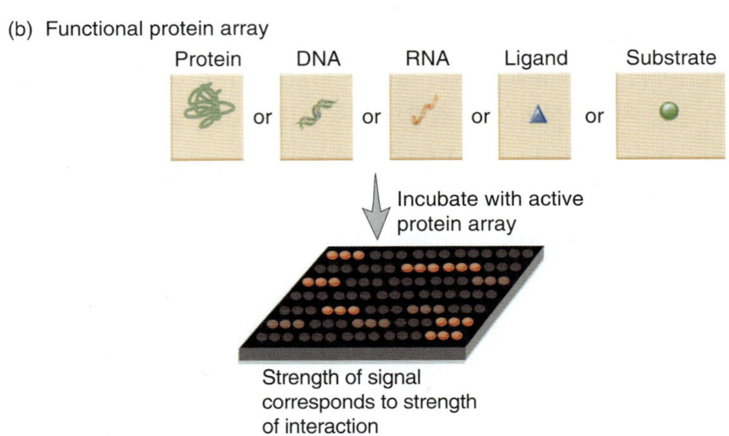

그림 14.27 단백질 배열.
(a) 분석적 배열. (b) 기능적 배열.

MS/MS를 사용한 샷건 단백체학 **샷건 단백체학(shotgun proteomics)**이라 불리는 방법은 전체 단백체학을 효소로 소화시키고, 크로마토그래피에 의해 분리한 뒤 MS/MS를 사용하여 "분석(interrogated)"하는 것이다(그림 14.29). 첫 번째로 단백질 혼합물은 여러 종류의 다양한 재료로부터 추출된다. 단백질은 복잡한 펩티드 혼합물에서 효소 분해를 통해 1개의 단백질에서 대략 40개의 펩티드로 소화된다. 소화된 펩티드는 크로마토그래피 방법에 의해서 분리된다. 예를 들어, 액상 크로마토그래피 또는 2D-PAGE와 같은 방법을 사용하게 된다. 펩티드는 전자분무의 이온화를 통하여 각각 이온화되고, 질량 분석기에 투입된다.

펩티드 이온은 적은 가스 원자로 충격을 주어 펩티드 결합에 있어 중추적인 아마이드 결합을 자르기 위한 에너지를 제공한다. 이 과정은 아미노산 1개의 차이로 인해 질량 차이를 보이는 펩티드 이온 조각의 수집을 통해 이루어진다. 이온화된 펩티드는 m/z 값에 따라 분리된다. 풍부한 펩티드 양이온은 MS/MS를 통하여 분획화된다. 그림 14.29의 예에서는 펩티드가 추가 분석을 통해 "PEPTIDE"라는 서열을 갖는 결과를 제시하고 있다. 다음에 나오는 펩티드 이온의 분획은 펩티

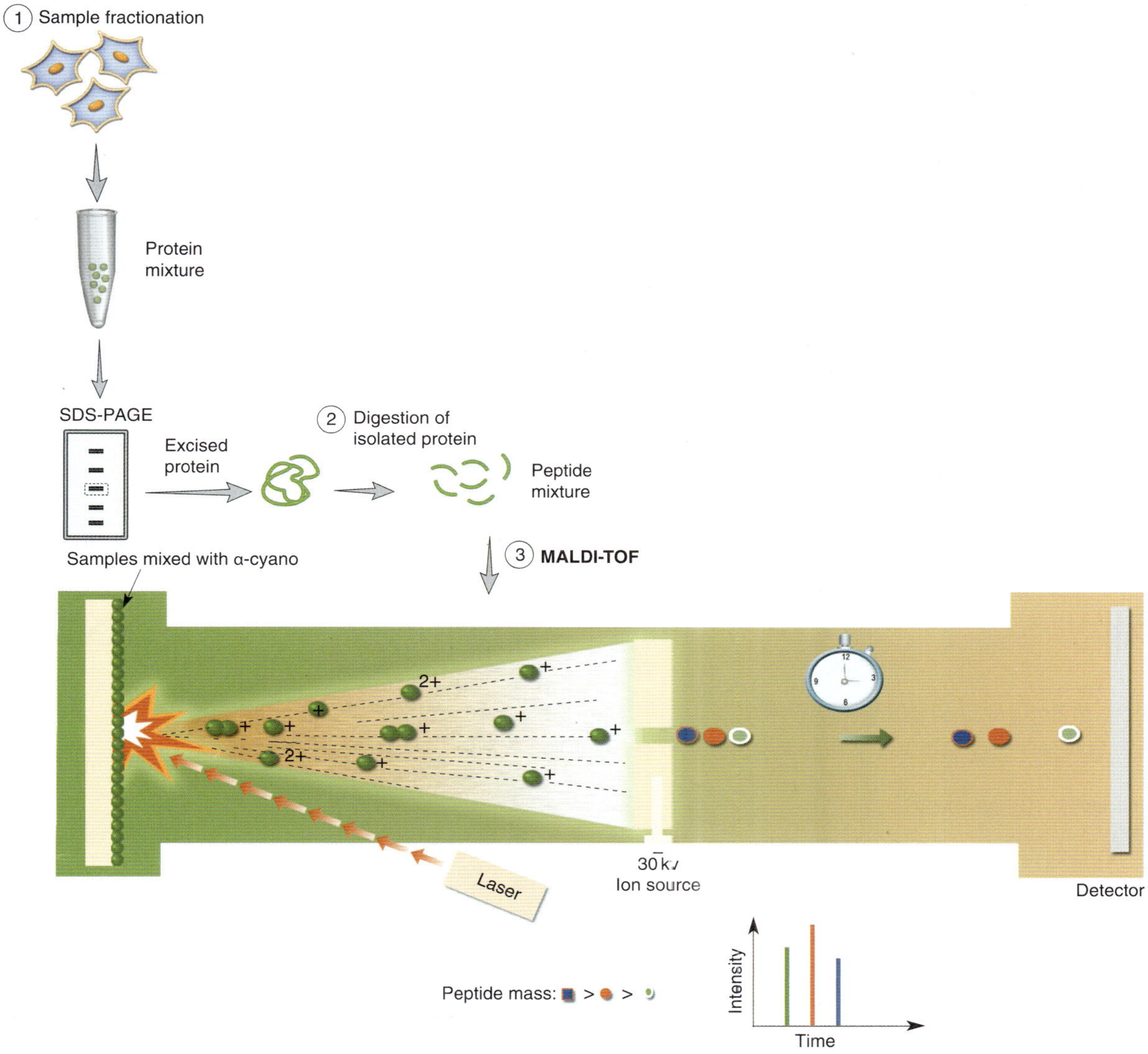

그림 14.28 MALDI-TOF를 이용한 펩티드 질량 지문감식법.
세 가지의 주요 과정을 거친다: (1) 세포나 조직을 구분하기 위한 분획화와 흥미로운 단백질의 분리; (2) 트립신 같은 효소를 이용한 단백질 소화; 그리고 (3) MALDI-TOF 질량 분광법에 의한 펩티드 혼합물 결과의 분석.

드 서열을 의미하며, 새롭게 만들어진 분획들은 직렬 MS 스펙트럼(tandem MS spectrum)을 생산함으로써 m/z 분석을 하였다. 예를 들면, 직렬 MS 스펙트럼은 연속적인 펩티드 조각 이온인 PE, PEP, TIDE 등등을 포함한다. 조각의 질량 대비 전하(m/z) 비율의 측정은 아미노산 서열 결정을 가능하게 한다.

이러한 방법을 통하여, 효모와 몇몇 세균의 단백체 및 다양한 유기물의 단백체에 대한 부분적인 분석을 하였다(Focus Box 14.4). 효모의 경우 연구자들은 각각 고유한 융합 유전자 구조를 포함하는 4,100개의 균주를 개발했다. 이 ORF−GFP 컬렉션을 사용하여 연구자들은 살아 있는 세포에서 프로테옴 역학을 연구할 수 있었다. 질량 분석 기반 기술은 또한 프로테옴에 걸친 번역 후 변형과정을 연구하는 데 사용될 수 있다. 단일 세포주에 대한 한 연구를 통해 프로테옴의 최소 75%에서 50,000개의 인산화 결과를 얻을 수 있다.

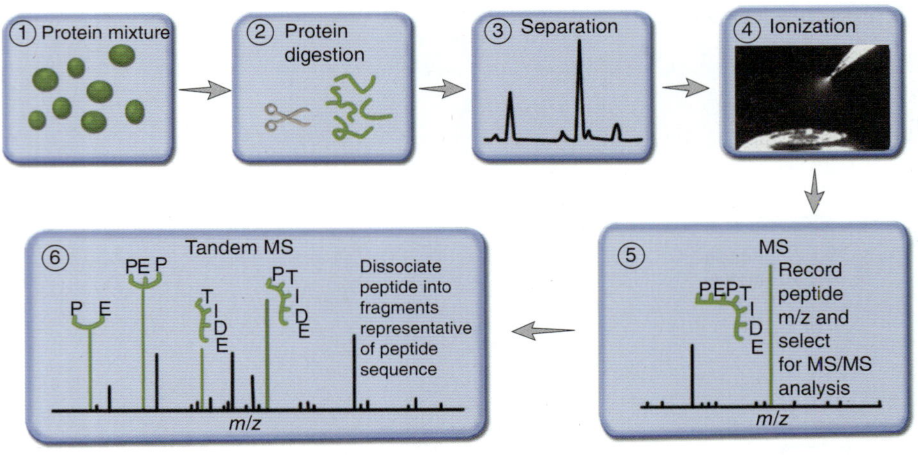

그림 14.29 직렬 질량 분광법을 사용한 샷건 단백체학(MS/MS).
이 과정은 6개의 주요 단계로 되어 있다. (1) 단백질 혼합물은 어떤 종류의 재료로부터도 가능하다. (2) 단백질은 복잡한 펩티드 혼합물에서 효소적으로 소화를 진행한다. (3) 소화된 펩티드는 크로마토그래피 방법에 의해서 분리가 된다. (4) 펩티드는 전자분무의 이온화를 통하여 각각 이온화된다. (5) 이온화된 펩티드는 그들의 *m/z* 값에 기초하여 분리되었다. (6) 풍부한 펩티드 양이온은 MS/MS를 통하여 분획화된다. (출처: Reprinted with permission from Coon et al. 2005. *BioTechniques* 38: 519–523, © 2005 Future Science Group.)

Focus Box 14.4

핵내 단백체

최근의 질량 분광법은 리보솜 생합성에서 그 역할이 잘 알려진 핵의 소기관 중의 하나인 핵소체의 단백질 구성을 구별하기 위해서 적용되었다(그림 1). 핵소체는 슈크로스 밀도 원심분리기를 이용하여 배양된 사람의 세포에서 정제되었고, 단백질을 추출하였다. 단백질 혼합물은 2

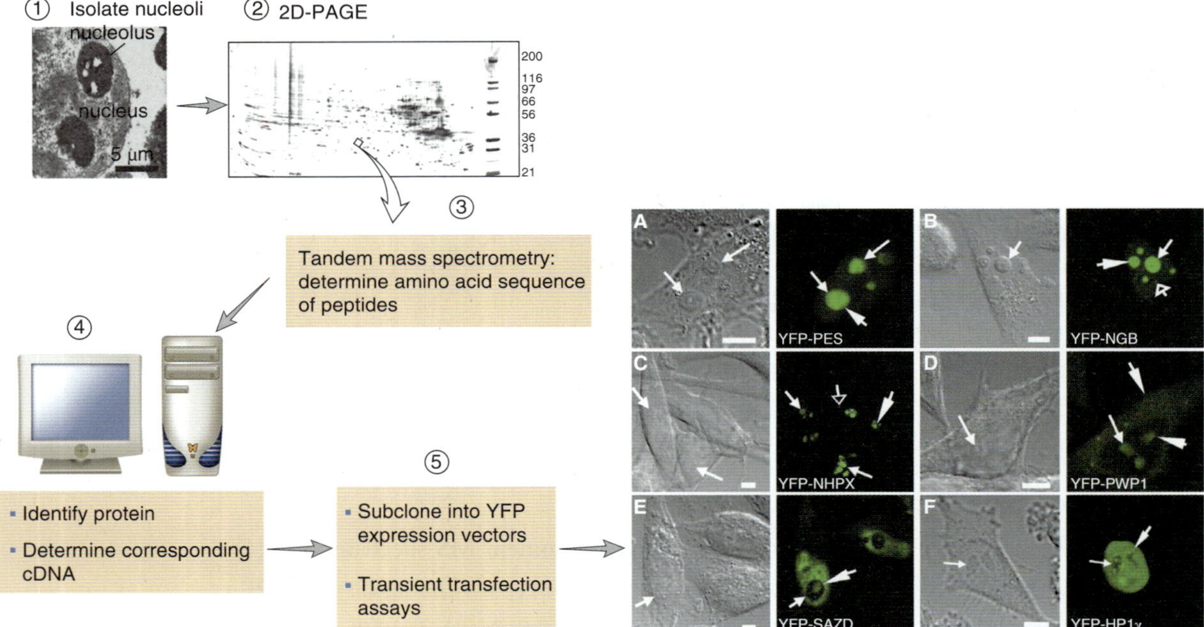

그림 1 핵소체 단백질체.
핵소체 단백질체 분석의 과정은 위에 나타났다. (1) 핵소체의 분리. 2개의 핵소체(화살표)가 있는 HeLa(인간세포) 세포핵의 얇은 섹션의 전파전자현미경(Transmission electron microscopy, TEM) 사진은 분리를 하기 전에 보여진다. (2) 2D-PAGE에 의한 단백질 분획화. 사진은 핵소체 단백질 시료의 은염색(silver-stained)된 2차 젤을 보여주고 있다. 분자 무게 표지자는 오른쪽에 보여주고 있다(kDa) (3) 직렬 질량 분광법. (4) 단백질 확인과 상응하는 cDNA에 대한 것은 자료검색에 의해서 할 수 있다. (5) 후보(candidate) 단백질의 핵소체 내 위치의 확인. 후보 단백질은 HeLa 세포에서 YFP 융합 단백질로서 발현이 된다. 6개의 단백질이 그려졌고(A~F), 각각의 칸은 세포의 형태를 보여주는데, 오른쪽에는 공초점 형광현미경 사진이고, 왼쪽에는 대응 광학현미경 사진이다. 융합단백질은 핵소체에서 축적되고, 유형의 변화를 준다. 작은 화살표는 핵소체를 가리키고, 큰 화살표는 핵소체 안에 있는 융합단백질의 위치를 가리키며, 가운데 빈 화살표는 융합단백질에 의해 표지된 소핵체이다. (YFP-NGB와 YFP-NHPX의 케이스이다). 축척자: 5 μm. (출처: Adapted from Andersen et al. 2002. *Current Biology* 12:1-11. © 2002 Elsevier.)

차 폴리아크릴아마이드 젤 전기영동(2D-PAGE)에 의해 분석하였다. 젤의 점은 얇게 잘랐으며, 트립신과 같이 녹였고, 질량 분광법으로 분석하였다. 스펙트럼의 결과는 혼합물에서 펩티드의 질량으로 나타난다. 아미노산 서열은 2차 분획화와 질량 분석을 사용하여 얻었다(직렬 질량 분광법, tandem mass spectrometry; 그림 14.29 참조). 컴퓨터 알고리즘은 펩티드의 기원이 된 단백질의 분석을 위해 단백질 서열의 분광과 비교하는 방법이다. 그 후에, 선택된 핵소체 단백질 후보 그룹을 질량 분광법으로 확인하는데, 새롭게 발견된 것이나 핵소체로 알려지지 않은 단백질은 앞으로의 연구에 이용될 것이다. 상응하는 cDNA를 확인하고, 이것은 YFP 발현 벡터를 통해 서브 클론될 것이다. 표지된 단백질은 공초점현미경(confocal microsscopy)에 의해 배양된 세포에서 일시적으로 이입된 핵소체 안에서 축적된 것들이 보여졌다. 부가 연구에서는 핵소체의 동적인 성질 — 특별하지는 않지만, 유기체의 완성된 단백질체, 단백질체가 중복도 지는 않더라도, 세포의 상태와 관련되어 있는 — 을 제시하였다.

14.8 핵산-단백질 간의 상호작용 분석

DNA와 단백질의 상호작용은 DNA의 복제와 유전자 전사를 포함한 세포의 필수적인 다양한 기능을 조절하는 데 중추적인 역할을 한다. 연구자들은 종종 전사 인자가 결합하는 유전자의 프로모터 부위처럼 단백질과 결합하는 DNA의 특정 부위를 알고자 한다; 예를 들어, 후보 전사 인자가 유전자의 프로모터 영역에 결합하는가? 단백질과 DNA 사이의 연관성을 입증하기 위해 일반적으로 네 가지 방법이 사용된다. **전기영동 이동 분석법(Electrophoretic mobility shift assay, EMSA)** 은 살아 있는 세포 내부에서가 아닌 시험관 내에서 DNA와 단백질 간 상호작용을 분석하는 기술이다. **데옥시리보핵산분해효소(Dnase I) 발자국 감정법**은 일반적으로 시험관 내에서의 DNA와 단백질 간 상호작용을 분석하는 방법이지만, 첫 번째 단계인 데옥시리보핵산분해효소 처리는 생체 내에서 행해질 수 있다. **염색질 면역침강법(Chromatin immunoprecipitation, ChIP)**은 살아 있는 세포 내에서 DNA와 단백질 상호작용을 연구할 수 있게 한다. RNA-단백질 상호작용은 **CLIP (cross-linking and immunoprecipitation)**로 알려진 ChIP에 필적하는 기술에 의해 연구된다.

전기영동 이동 분석법(EMSA)

EMSA의 원리는 단백질-DNA 복합체는 전기영동에서 결합하지 않은 DNA보다 더 늦게 이동하거나 "옮겨진 이동"을 가진다는 것이다. 이 분석법은 젤 이동 분석법과 젤 지연 분석법을 포함한 다양한 약어로 불린다. EMSA는 단백질이 DNA의 특정 절편과 결합하는지를 알려주지만, 단백질이 결합하는 정확한 뉴클레오티드 서열을 알 수는 없다.

그림 14.30에서 볼 수 있듯이, ^{32}P로 표지된 DNA 탐침자와 결합한 서열의 이동은 비변성 젤 상에서 단백질과 결합한 탐침자의 이동과 비교된다. 실험에 사용되는 단백질은 정제된 단백질, 자연적이거나 재조합 단백질, 또는 단백질 혼합물이 포함된 세포 추출물이다. 전기영동 후, 젤은 X-ray 필름에 노출된다. 단백질-^{32}P-DNA 복합체와 ^{32}P-DNA는 방사선 사진에 밴드로 나타난다. 단백질은 표지되지 않았기 때문에 혼자서는 밴드로 나타나지 않는다. 세포 추출물을 이용한 EMSA에서 결합 특이성을 위한 대조군은 단백질 특이적인 항체가 결합 반응에 더해져서 "초이동(supershift)"을 일으킨다.

데옥시리보핵산분해효소 I 발자국 감정법

데옥시리보핵산분해효소 I '발자국 감정법'은 크로마토그래피 분석의 방법인 "지문 감정법"으로 알려졌다. 이 기술은 DNA에 단백질이 결합하는 부위를 정확하게 분석하기 위하여 사용된다. 사실상 이 기법은 시발체 확장 억제로 알려진 '발가락 감정법'이라고 불리는데, 이는 mRNA 전사체 상에

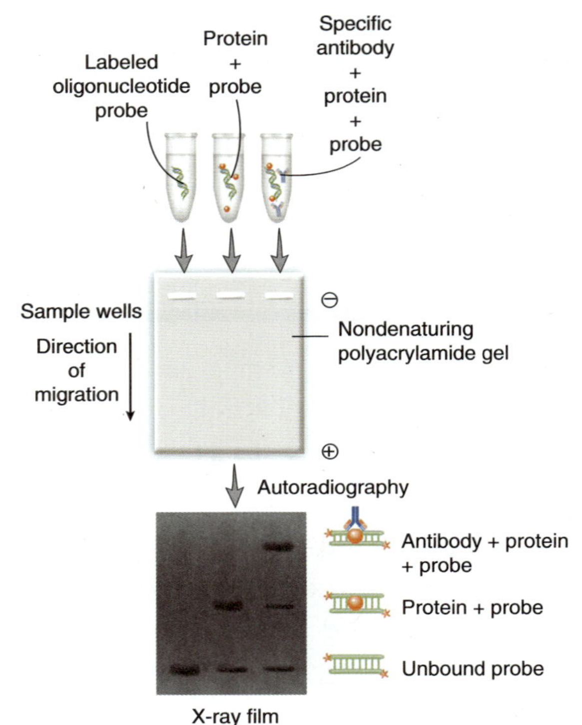

그림 14.30 전기영동 이동 분석법(EMSA).
(출처: John Wiley & Sons, Inc © 2012.)

멈춰진 리보솜의 위치를 파악하는 데 이용된다(Tool Box 12.1을 참조).

데옥시리보핵산분해효소 I 발자국 감정법을 위해서는 보고자 하는 유전자 조절 서열의 끝이 표지된 이중 DNA 조각을 정제된 DNA-결합 단백질을 함유하거나 함유하지 않은 결합 완충액에서 항온 반응시킨다(그림 14.31a). 보통 제한단편은 단일가닥 끝부분에 방사선 동위원소가 선택적으로 표지될 수 있게 된다. 5′ 말단의 위치로 서열 정보의 방향과 조화를 알 수 있다. 데옥시리보핵산분해효소 I은 모든 DNA가 아닌 몇몇 특정 포스포다이에스터 결합을 끊음으로써 끝이 표지된 DNA의 부분 잘림은 독특한 길이의 조각을 만든다. 일반적으로 DNA 분자당 하나의 잘림이 생긴다. 보고자 하는 단백질과 항온 반응한 시료에는 모든 DNA 분자의 동일 부분이 잘리지 않고 보호된다. 변성 폴리아크릴아마이드 젤 전기영동 후, 시료는 방사선 사진으로 관찰할 수 있다. 데옥시리보핵산분해효소 I 절단으로부터 보호되는 포스포다이에스터 결합이 존재하는 부분이 발자국처럼 밴드 패턴에서 구멍으로 나타난다(그림 14.31b). 발자국에 해당하는 DNA 서열의 정확한 위치를 표지된 DNA와 비교함으로써 파악할 수 있다. 핵산분해효소의 분해의 결핍은 단백질과 결합하는 DNA의 특정 지역을 보여준다.

염색질 면역침강 분석법(ChIP)

염색질 면역침강 분석법은 살아 있는 세포 내인 생체 내 DNA−단백질 또는 RNA−단백질 상호작용을 연구하는 중요한 기술이다(그림 14.32). 첫 번째 단계는 보통 포름알데하이드 또는 UV 빛 처리로 DNA에 결합하는 단백질을 고정(교차 연결)하는 것이다. 두 번째 단계는 높은 분자량 DNA를 고주파 분해(초음파), 핵산분해효소, 또는 제한효소에 의해 작은 조각으로 쪼개는 것이다. 마지막 단계는 면역침강법으로 DNA 조각을 보고자 하는 단백질에 대한 특이적인 1차 항체와 항온 반응시키는 것이다. 그 다음 1차 항체는 2차 항체와 결합한다. 2차 항체는 이미 수지(protein A−sepharose)와 결합되어 있고, 원심분리에 의해 침전물을 형성한다. 만약 보고자 하는 단백질과 DNA 조각이 결합하면, 이 결합으로 인해 침전으로 회수될 수 있다. 결합하지 않은 DNA는 원심분리 후에 상층

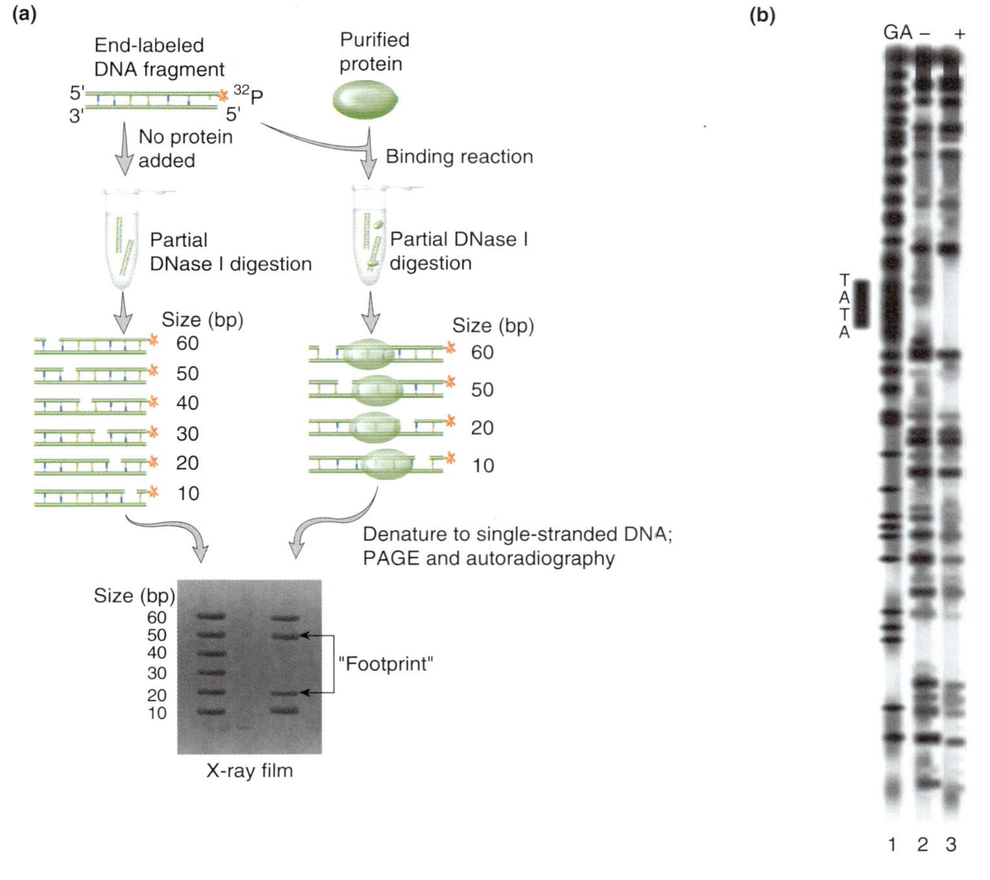

그림 14.31 데옥시리보핵산 분해효소 I(DNase I) 발자국 감정법.
(a) DNase I 발자국 감정법 개략도. (b) 유전자 조절 서열인 TATA box에 특이적으로 결합한 TBP (+)를 보여주는 데옥시리보핵산분해효소 I 발자국 감정법을 보여주는 젤의 방사선 촬영사진. 마커(GA)는 끝이 표지된 DNA 조각으로 DNA 서열 분석한 것이다. (출처: Reproduced from Imbalzano et al. 1994. *Nature* 370: 481-485. © 1994 Springer Nature. Photograph courtesy of David Stillman.)

액에 남아 있다. 면역침강된 DNA는 여러 가지 방법으로 단백질과 분리된 후 분석된다. 예를 들어, DNA 시퀀싱이 최종 단계인 경우 이 기술을 **ChIP-seq**라고 한다.

염색질 면역 침전과 마이크로어레이 분석을 결합한 "**ChIP-on-chip**"을 포함하여 ChIP의 수많은 파생된 분석법이 있다. **크로마틴 형태 캡처(3C)**는 ChIP와 유사한 원리인 고정된 단백질-DNA 상호작용을 사용하지만, 3C는 단백질 인자로 연결된 2개의 서로 다른 유전체 부위 사이의 상호작용을 연구하는 데 사용된다. **Hi-C**는 3C를 한 단계 더 발전시켜 고리형 조각을 배열하여 유전체 전체에 걸친 상호작용 지도를 생성해서 염색체의 3차원 접힘을 나타낸다.

가교 및 면역침전(CLIP)

CLIP는 생체 내에서 RNA-단백질 상호작용을 연구하는 데 사용된다. UV 가교 및 면역침전 단계를 수행함으로써, 연구자는 특정 단백질에 가교결합하는 짧은 RNA 단편을 정제할 수 있다. 면역침전된 RNA 단편은 역전사되고, 시퀀싱에 의해 식별된다. 높은 처리량 시퀀싱과 결합할 때 CLIPseq는 RNA-단백질 상호작용 부위의 전사체 전체 지도를 생성할 수 있다. 교차 연결 및 친화성 정제인 "CLAP" 및 다중(A)- 결합 단백질이 mRNA와 상호작용하는 부위를 식별하는 데 사용되는 "PAPERCLIP"과 같은 많은 다른 관련 프로토콜이 개발되었다. 이 방법의 또다른 변형은 **RNA 안티센스 정제 질량 분석법(RAP-MS)**으로서, 생체 내에서 특정 긴 비암호화 RNA와 직접 작용하는 단백질을 식별하기 위해 개발되었다. RAP는 긴 비암호화 RNA와 매우 안정적인 하이브리드를 형성하는 비오틴화된 안티센스 DNA 프로브를 사용하여 UV 교차-연결 후 RNA를 정제할 수 있다. 동시면역침강하는 단백질은 정량적 질량분석법으로 식별된다.

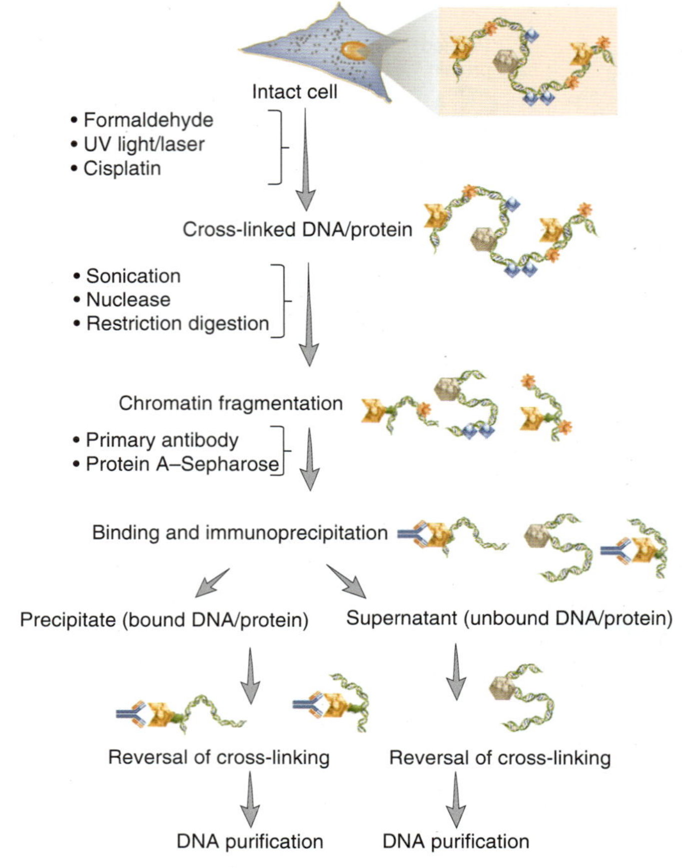

그림 14.32 염색질 면역침전 (ChIP) 분석.

14.9 단백질–단백질 간의 상호작용 분석

새롭게 밝혀진 유전자 산물의 기능을 밝히는 강력한 방법 중 하나는 결합하여 상호작용하는 대상을 밝히는 것이다. 예를 들어, 같은 복합체의 어느 한 부분이나 또 다른 단백질과 상호작용을 하는 단백질은 일반적으로 동일한 세포 활동에 관여한다. 주요 세포 활동은 단백질 "기구" 또는 10개 혹은 그 이상의 단백질 집합체에 의해 수행된다. 단백질 간의 상호작용을 밝히기 위해 일반적으로 사용되는 다섯 가지 방법이 있다. **풀-다운 분석법(pull-down assay)**은 살아 있는 세포 내에서가 아닌 시험관 내에서의 DNA와 단백질 간의 결합을 분석하는 기법이다. **효모 이중-보합계 시스템(yeast two-hybrid system)** 그리고 **동시면역침강(coimmunoprecipitation)** 분석법은 살아 있는 세포 내인 생체 내에서의 단백질과 단백질 간의 상호작용을 분석하는 기법이다. 그러나 이를 분석하는 데에 있어서 효모 이중-보합계 시스템은 인공적인 구조물이 필요하고, 면역침강 분석법은 세포의 분해가 필요하므로, 세포 내에서의 정확한 단백질 간의 상호작용 위치를 단정지을 수 없다. 이와는 대조적으로, **형광 공명 에너지 전달(fluorescence resonance energy transfer, FRET)**는 단백질 간의 작용이 일어나는 위치를 정확하게 알 수 있는 제자리법으로 연구할 수 있다. 생체 내 **근접성 비오틴화(proximity-dependent biotinylation, BioID)** 분석을 사용하여 한 번에 수백 개의 단백질 간의 연결을 매핑할 수 있다. 이러한 각 기술을 더 자세히 살펴보기로 한다.

풀-다운 분석법

풀-다운 분석법은 시험관 내에서 단백질과 단백질 간의 상호작용을 분석하는 데 이용된다. 예를 들어, GST 풀-다운 분석법은 "**미끼(bait)**"로 불리는 GST-꼬리표가 달린 단백질과 "**먹이(prey)**"로 불리는 다른 단백질의 상호작용을 확인한다(그림 14.33). 미끼는 새로운 결합 단백질의 규명 또는 이전에 알려진 결합 단백질을 재확인하기 위한 2차 친화력을 제공한다(예, bacterial host). 그런 다음, 컬럼의 글루타티온 친화성 겔에 고정된다. 먹이 단백질 정제된 재조합 단백질, 세포 용해물 또는 시험관 내의 번역 반응 등의 다양한 방법으로 얻을 수 있다. 만약 먹이가 GST-꼬리표가 달린 미끼와 결합한다면, 수지로부터 이전 단계에서 씻겨 나가기보다 미끼와 함께 추출될 것이다. 추출된 단백질은 SDS-PAGE를 통해 시각화될 수 있다. 탐지 방법은 상호작용하는 단백질의 민감성 조건에 의존적일 것이다. 이러한 탐지 방법에는 쿠마시 또는 은염색, 웨스턴 블롯팅, 그리고 ^{35}S 방사선 동위원소 탐지 등이 있다.

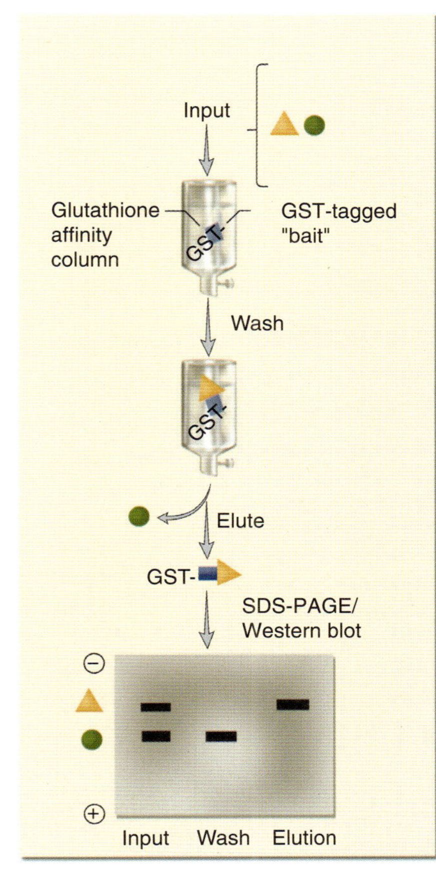

그림 14.33 시험관 내 GST 풀-다운 분석.

동시면역침강 분석법

동시면역침강 분석법은 생체 내에서의 단백질과 단백질 간의 상호작용을 분석하는 데 사용된다. 이 기술의 주요 단계는 그림 14.34a에 묘사되었다. 세포가 용해되고, 용해물은 단백질 X에 특이적인 1차 항체와 항온 반응된다. 1차 항체는 2차 항체와 결합한다. 2차 항체는 단백질 A-아가로스와 같은 수지에 붙어 있으므로 원심분리로 침전화될 수 있다. 만약 단백질 Y가 단백질 X와 결합한다면, 이들의 결합 때문에 면역침강 침전에서 분리될 것이다. 용해물의 결합하지 않은 단백질(단백질 Z)은 상층액에 남아 있게 된다. 면역침강 단백질은 상호작용하는 결합 단백질을 재확인하기 위하여 SDS-PAGE, 방사선 사진술, 또는 웨스턴 블롯으로 분석된다.

효모 이중보합계

효모 이중보합계는 생체 내에서의 단백질과 단백질 간의 상호작용을 분석하고 식별하는 데 사용된다. 이 기술의 발달을 위한 기본 원리인 많은 진핵체의 전사 인자는 자연상태에서 구성단위를 형성한다는 것이 분자생물학자에 의해 발견된 것이다(9장 참조). 전사 인자는 부위특이적 DNA-결합 영역과 전사 기구의 운집을 일으키는 전사 활성 영역을 가진다. 결합 영역과 활성 영역이 반드시 같은 폴리펩티드에서 존재하는 것은 아니다. 사실상, DNA-결합 영역을 가지는 단백질은 활성 영역을 가지는 다른 단백질과 결합하면 전사를 활성화할 수 있다. 이것이 효모 이중보합계 기법의 기초가 되는 원리이다. 전형적으로, "미끼"라 불리는 DNA-결합 영역과 융합된 보고자 하는 단백질은 상호작용하는 결합 단백질을 선택하기 위하여 "먹이"라 불리는 활성 영역 혼성체의 라이브러리에 대하여 선별된다. 이중보합계 체계는 DNA-결합 영역이나 활성 영역 융합 단백질을 발현하는 균주의 정해진 배열을 확립함으로써 대량의 선별이 가능하다.

그림 14.34b는 효모 이중보합계 분석의 일반적인 전략의 예를 보여준다. 보고자 하는 단백질(단백질 X)을 암호화하는 DNA 서열을 잘 알려진 전사 인자인 GAL4의 DNA-결합 영역을 암호화하는 DNA 서열과 융합시킨다. 결합 가능성이 있는 단백질(단밸질 Y)을 암호화하고 있는 DNA 서열을 GAL4의 전사 활성 영역을 암호화하고 있는 서열과 융합시킨다. 활성 영역 융합체는 이미 DNA-결합 영역 융합체를 발현하고 있는 효모 균주 내로 도입된다. 단백질 X와 단백질 Y의 상호작용은 DNA-결합 영역과 활성 영역을 함께 가져옮으로써 전사 인자의 활성을 회복시킨다. 이는 GAL4 DNA-결합 영역에 대한 인지 영역을 가지는 리포터 유전자의 발현을 이끈다. 일반적으로, 결과물인 β-갈락토시데이즈는 색깔 지표인 X-gal에 의해 무색에서 파란색으로 전환되어 쉽게 관찰 가능한 *lacZ*가 리포터 유전자로 이용된다. 생산되는 리포터자의 양으로 단백질 X와 잠재적인 결합

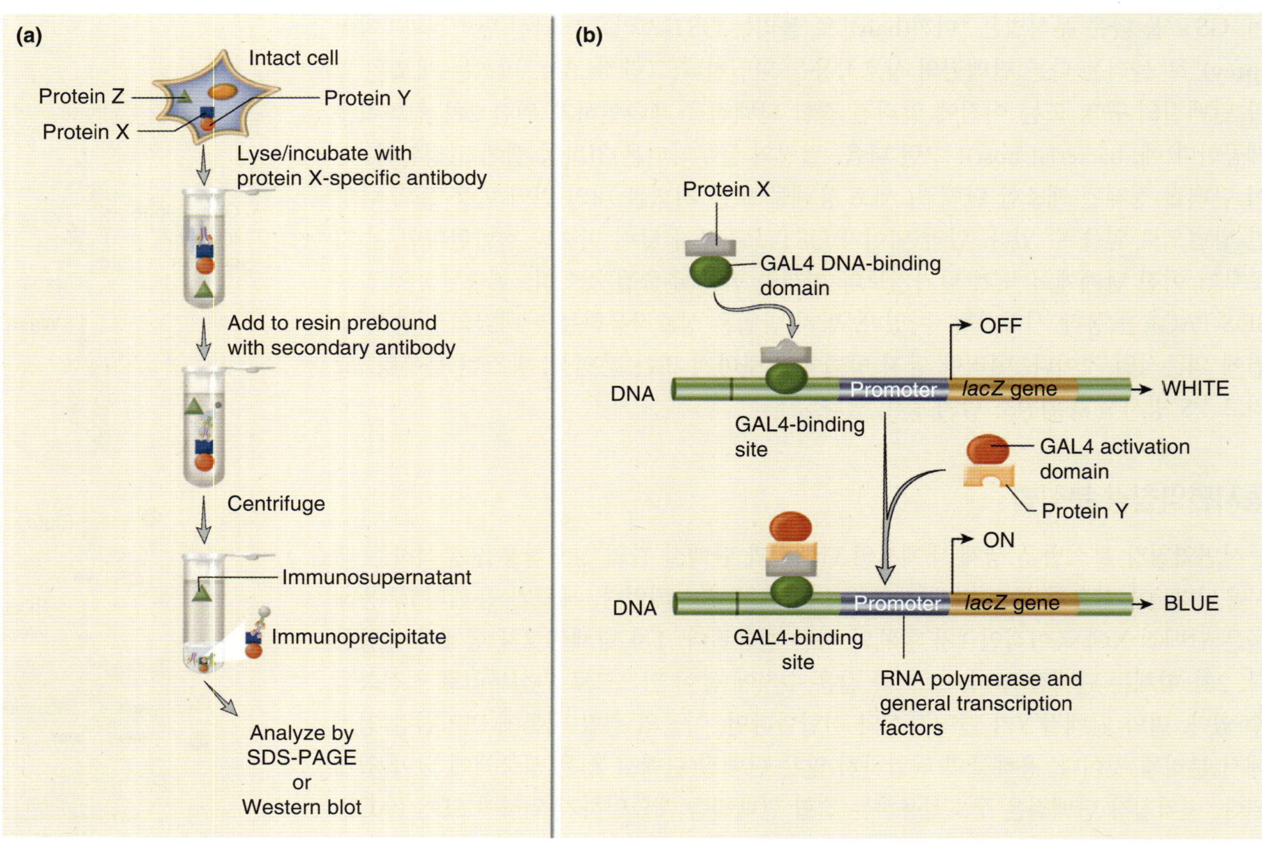

그림 14.34 단백질–단백질 간의 생체 내 분석하기 위한 실험방법.
(a) 동시면역침강 분석법. (b) 효모 이중보합계 분석법.

인자인 단백질 Y와의 상호작용을 측정할 수 있다. 이 방법은 히스티딘 합성과 같은 필수적인 성장에 관여하는 리포터를 사용할 수도 있다.

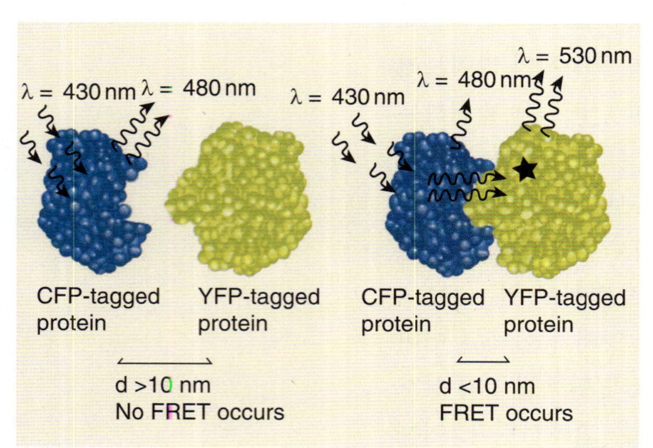

그림 14.35 형광공명에너지 전이법(FRET).
이 방법은 제자리에서 단백질–단백질 상호작용을 연구하는 데 사용할 수 있다.

형광공명에너지 전이법(FRET)

생체 내에서의 단백질 간의 상호작용을 탐지하기 위한 다른 방법은 상호작용하는 단백질들에 형광꼬리표 간의 형광공명에너지 전이를 이용하는 것이다. 특히, 형광공명에너지 전이는 살아 있는 세포에서 직접적으로 측정하므로, 명확하고 강한 기법이다. 세포 내에서 단백질 간 상호작용이 일어나는 정확한 부위를 제자리 분석으로 알 수 있다. 둘째, 단일 세포에서 실시간으로 단백질 간의 일시적인 상호작용을 추적할 수 있다.

그림 14.35에 묘사되었듯이, 형광공명에너지 전이법은 들뜬 기증 형광의 에너지가 10 nm 정도 인접한 수용 형광으로 전이되는 비방사성 과정이다. 형광공명에너지 전이가 일어난다는 것은 두 단백질 간의 직접적인 접촉을 의미한다. 첫 형광의 들뜬 후에, 형광공명에너지 전이는 두 번째 형광의 방출을 적절한 필터 혹은 기증 형광의 변화로 측정된다. 두 형광으로는 주로 초록형광단백질(GFP)의 변이체인 붉은형광단백질(CFP)과 노란형광단백질(YFP)이 사용된다.

Proximity-dependent biotinylation(BioID)

BioID는 생체 내에서 관심 단백질의 모든 단백질 "파트너"를 스크리닝하는 데 사용되는 최근 개발된 기술이다. 첫 번째 단계는 BioID ligase의 암호화 영역이 관심 단백질의 암호화 영역에 융합된 BioID 융합 단백질에 대한 발현 플라스미드를 생성하는 것이다. 여기서 비결은 비오틴 리가아제가 비규칙적인 효소라는 것이다. 즉, 근접성을 기반으로 모든 단백질 기질을 비오틴화한다. 두 번째 단계는 발현 플라스미드를 세포에 도입하는 것이다. BioID 융합 단백질이 세포에서 발현될 때, 관심 있는 단백질은 비오틴 리가아제를 상호작용 파트너와 가깝게 만들고, 리가아제는 이러한 근처의 내인성 단백질을 비오틴화한다. 비오틴화는 세포에서 드문 단백질 변형이므로, BioID 융합 단백질에 의해 내인성 단백질에 비오틴을 추가하면 표준 비오틴 친화성 캡처를 사용하여 선택적 분리를 위한 태그를 제공한다. BioID에 의해 풀-다운된 모든 단백질은 질량 분석기로 식별된다. 이 단백질은 관심 단백질의 후보 단백질 파트너로 간주되며, 동시면역침강과 같은 기술에 의한 직접적인 상호작용에 대해 다시 스크리닝되어야 한다. BioID는 불용성 및 막 관련 단백질의 상호작용 파트너뿐만 아니라 약하거나 일시적인 상호작용이 있는 단백질 파트너를 스크리닝하는 데 특히 유용하다.

14.10 단백질의 구조 분석

단백질 기능을 이해하기 위해서는 궁극적으로 단백질 구조에 대한 세밀한 지식이 필요하다. **X-선 결정학(X-ray crystallography)**, **동결전자현미경(cryo-EM)**, **핵자기공명(NMR)분광학**, 그리고 **원자힘현미경법(atomic force microscopy)**을 이용하여 서로 다른 정보를 얻을 수 있다. 예를 들어, X-선 결정학은 각각 소단위체의 세밀한 모습을 제공하는 반면, 동결전자현미경은 많은 소단위체로 구성된 큰 단백질의 전체 조합에 대한 그림을 제공한다. 핵자기공명분광학과 원자힘현미경법은 상태특이적 상황에서 단백질 구조의 기능적 변화들에 대한 정보를 제공한다.

X-선 결정학

1950년대에 Max Perutz와 John Kendrew에 의해 창시된 X-선 결정학은 형태생물학에서 가장 오래된 기법으로 여전히 많이 사용되고 있다. 이것은 구조를 가장 정밀하게 제공하기 때문에 단백질의 3차 구조를 설명하는 데 가장 많이 사용되는 기법이다. 그러나 동적인 거대분자가 정적인 결정으로 변형되어야 하므로, 이 방법은 단백질 조합의 역동성을 분석하지는 못한다.

이 기술은 원자를 분해하기에 충분한 짧은 파장(0.1−0.2 nm)의 X-선 광선이 단백질 결정을 통과한다(그림 14.36a). X-선의 좁은 빔이 단백질 결정을 때리면, 일부는 직선으로 통과되고 잔여분은 단백질 결정 내의 원자들에 의해 다방향으로 분산된다. 사진 필름에 이들을 노출시키면 개별 점들의 회절 패턴을 알 수 있다. 분산된 파장의 강도는 X-선 필름이나 고체 상태 전자 측정기에 의해 기록된다. 전기의 밀도는 분해되는 패턴으로부터 얻어지고, 구조 모형은 전자 밀도와 일치한다. 하나의 작은 단백질에서 25,000개 정도의 회절점을 얻을 수 있고, 이 패턴으로부터 단백질 구조를 푸는 것은 도전적이고 복잡한 과정이다. 이 과정은 연못에서 잔물결이 일어나는 모양으로 바위의 형태를 재구성하는 것에 비유된다. 회절 패턴을 해석하기 위해서는 중금속의 결합과 같은 단백질의 광범위한 계산과 수정이 이루어져야 한다.

동결전자현미경(Cryo-EM)

단일 입자 cryo-EM은 결정화하기 어려운 크고 역동적인 단백질 복합체의 구조를 결정하는 데 특

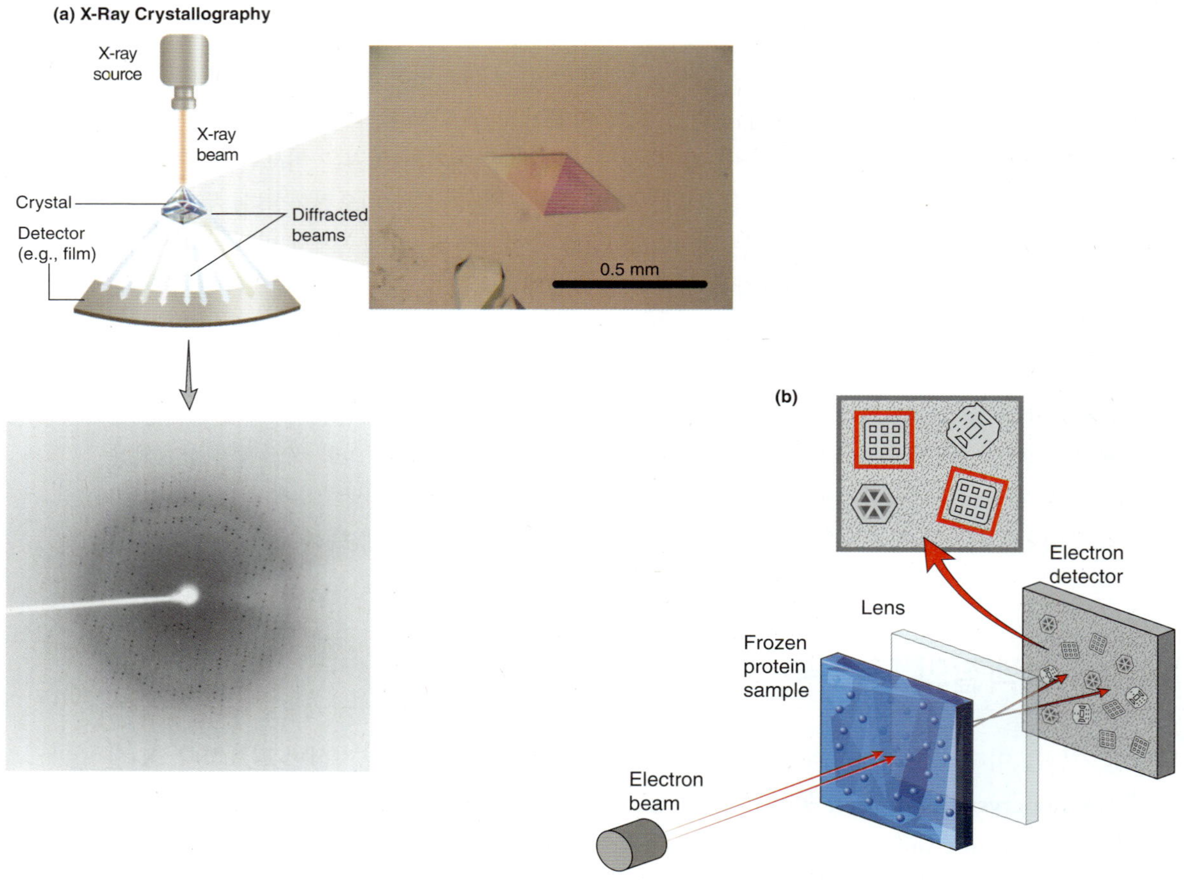

그림 14.36 단백질 구조 풀기.
(a) X-선 결정학. 이 삽화는 *Haemophilus influenzae* 탄산 탈수효소 결정과 결과적인 X-선 회절 패턴을 보여준다. (b) 극저온 전자현미경(cryo-EM). (출처: Redrawn from Callaway. *Nature* 525:172-174. 2015.)

히 유용하다. 한때 고해상도 단백질 구조를 위한 첫 번째 선택이 아니었지만, 이제는 해상도에서 X-선 결정학에 필적한다. 예를 들어, 스플라이스오솜과 리보솜 구조 및 기능에 대한 주요 진행은 동결전자현미경 분석과 X-선 결정학의 결과를 결합하여 나온다. 이제 cryo-EM은 연간 해결되는 구조의 수에서 X-선 결정학을 추월하기 시작했다.

cryo-EM에서, 단백질 시료는 액체 헬륨(−180에서 −260°C)에서 극도로 낮은 온도에서 급속 동결된다(그림 14.36b). 그렇게 빨리 얼면, 단백질은 유리체 얼음에 묻힌 물 결정 없이 완전히 수화된다. 구조는 저온전자현미경으로 검사된다. 사진은 구조에 대한 방사선 유발 손상을 방지하기 위해 낮은 선량의 전자를 사용하여 필름에 기록된다. 컴퓨터 알고리즘은 이미지를 분석하고 단백질의 구조를 3차원으로 재구성하는 데 사용된다. 이를 통해 기존의 전자현미경에서 고정된 물질과 달리 원래 형태의 단백질을 분석할 수 있다. 단백질은 여러 가지 형태로 급속 동결될 수 있어 연구자가 단백질 분자 기구의 작용 메커니즘에 대한 전례 없는 통찰력을 얻을 수 있다.

핵자기공명분광법(NMR)

X-선 결정학은 생체 분자 구조 데이터베이스에서 구조의 핵심을 제공하지만, 핵자기공명분광법에 의해 측정된 분획 역시도 중요하다. 핵자기공명분광법은 액체 상의 단백질 역동학 연구를 원자 수

준에서 가능하게 한다. 이 기술은 농축된 단백질 용액을 전기장에 두고 다른 원자 공명의 다른 무선 주파수의 효과를 측정한다.

핵자기공명분광법은 액체 상태에서 수행되기 때문에, 분자내 운동을 인지할 수 있다. 어떤 원자의 움직임은 멀리 떨어진 잔기보다 가까이 인접한 잔기가 더 동요되므로 인접 잔기의 원자에 의해 영향을 받게 된다. 공명 규모로부터 잔기 사이의 거리가 계산된다. 이들 거리는 단백질의 3차원 구조 모형을 만드는 데 이용된다. 핵자기공명분광법은 20 kDa보다 작은 단백질에 제한적으로 사용되기 때문에, 분자의 어떤 부분이 유연성이 있고 어떤 부분이 단단한지 등의 영역 분석에 종종 사용된다. 핵자기공명분광법은 만약 전체 단백질을 결정화할 수 없는 구조일 때 어떤 영역이 결정화를 위한 좋은 후보인지 파악할 수 있다. 마지막으로, 핵자기공명분광법은 결합 친화도를 측정하는 데 사용될 수 있다.

원자힘현미경(AFM)

원자힘현미경은 물체의 단단한 표면에서부터 원자 수준까지 모든 것을 분석하는 기술이다. 원자힘현미경은 기계적인 탐침인 지름이 약 10 nm의 캔틸레버 팁을 이용하여 표면 부위를 1억 배 확장시킨다. 표면에 나타나는 캔틸레버의 굴절을 측정함으로써, 원자힘현미경은 표면의 정밀사진과 삼차원 영상을 만들 수 있다(그림 14.37). 많은 응용 중에서, 이 기술은 단백질의 기계적, 구조적인 특징을 기술하는 데 사용되며, 제자리 완충제 구성 변화에 따른 다양한 자극의 동적인 반응을 관찰하는 데 사용된다.

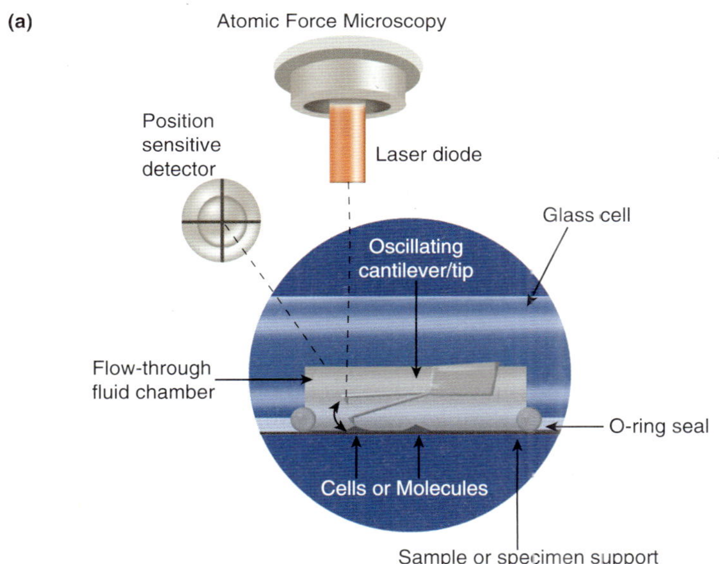

그림 14.37 원자힘현미경. (a) 그림은 캔틸레버 팁과 교차한 표면의 정밀한 영상과 캔틸레버의 굴절을 측정하는 원자힘현미경을 나타낸다. (b) DNA-수선 복합체 Mre11–Rad50–Nbs1(7장 참조)의 고해상도 원자힘현미경 영상. 구형의 영역으로부터, 2개의 꼬인 코일이 겹치지 않거나(열린 구조, 왼쪽) 겹치지 않게(닫힌 구조, 오른쪽) 연장된다. 측정자, 25 nm. (출처: Reprinted from Moreno-Herrero et al. 2005. *Nature* 437: 440-443. © Springer Nature.)

장 요약

현대의 DNA 타이핑은 DNA 프로브 패널을 사용하여 인간을 포함한 개별 유기체의 가변 부위를 감지한다. 법의학 도구로서, DNA 타이핑은 혈통을 시험하거나 범죄자를 식별하거나 무고한 사람을 의심에서 제거하는 데 사용할 수 있다. 인간 유전체의 약 0.1%만이 사람마다 다르다. 이러한 가변성의 대부분은 유전체의 >60%를 구성하는 DNA의 유전자 간 영역에 있다.

법의학 연구에서 DNA 타이핑 시스템의 대부분은 정렬된 반복 DNA 서열, 미소부수체나 짧은 반복(STRs)의 다양한 수를 가지는 유전적 위치의 RFLP 분석에 기초한다. 일반적으로, 대부분 널리 사용되는 DNA 타이핑 방법은 13~15개의 다른 위치에 존재하는 STRs의 수와 다양성을 검출하는 복합적 PCR 분석이다. mtDNA의 D-고리 부분에 위치한 2개의 높은 다양성 부위에 대한 PCR 증폭과 직접 염기서열 결정은 분석을 위해 핵 DNA 시료의 양이 충분하지 않을 때 사용된다. Y-염색체-특이 STRs의 분석은 친자확인 또는 남성 용의자의 자료에 기반하여 범죄에서의 생물학적 증거 분석에 사용된다. 염기서열 정보가 거의 없는 유기체의 경우, DNA 유형 지정을 위해 RAPD (random amplification of polymorphic DNA) 분석이 종종 사용된다.

생물정보학은 생물학적 데이터베이스를 수집, 조직화하고 조작하는 학문이다. 대부분의 데이터베이스 복합체는 유전체의 DNA 서열로 이루어진다. 생물정보학의 기술은 유전자 구조와 발현에 대한 지식을 얻기 위해 대규모 유전체 정보로부터 필요한 정보를 발굴하는 것이 필수적이다. 공공 데이터베이스는 유전체, 단백질체의 정보를 포함하는 막대한 생물학적 정보의 저장으로 이루어진다. 대부분 가장 많이 사용되는 유전체 분석방법은 BLAST(basic local alignment search tool)이다. 이 기술의 사용을 통해서, 연구자는 DNA 서열 또는 아미노산 서열을 확인하여 연구를 시작하고, 이것들이 속한 유전자/단백질을 발견할 수 있으며, 비슷한 유전자와 그들의 생산물인 단백질들의 서열을 비교한다.

유전체학은 유전체 전체의 포괄적인 연구와 그들의 상호작용에 대한 비교학문이다. 유사하게, 생물의 모든 단백질의 합을 단백체라고 하고, 이들 단백질들을 작은 세트임에도 불구하고 연구하는 경우를 단백체학이라고 한다. 연관된 많은 용어들이 다른 데이터베이스의 비교 분석을 서술하기 위해 만들어져 왔다. 예를 들면, 생물에 의해 생산된 모든 RNA의 총합은 전사체이고, 이런 전사체를 연구하는 것은 전사체학이다.

세균으로부터 동물과 식물에 이르기까지 다양한 생명체의 DNA 염기서열 분석이 이루어졌다. 방대한 서열 결정 계획은 두 가지 방식으로 진행된다: (i) 유전체의 물리적 지도는 클론의 유전체 배열 방식에 의한 클론이 준비되고, 이들 클론은(대부분 지도화에서 사용되는 BACs) 염기서열 분석되었다. 정렬된 서열의 위치는 서로 결합할 수 있다. (ii) 샷건 방식에서, 플라스미드 벡터로 이루어진 클론 라이브러리는 다른 크기의 삽입물을 집합시킨다; 삽입된 염기서열에 대한 분석은 임의로 진행된다. 이 방법은 염기서열과 각 단편 사이의 중복 부분을 찾기 위한 컴퓨터 프로그램의 도움을 통하여 진행된다. 이런 방법의 조합은 인간 유전체 서열 분석 작업에 사용되었다.

인간 유전체의 초안은 2001년에 두 그룹에 의해 보고되었다. 유전체에 대한 주석은 인간이 약 19,000−22,000개 정도 예상했던 것보다 더 적은 단백질 암호화 유전자를 포함하고 있음을 보여주었다. 이러한 추정치는 기능적 RNA 분자, 거짓유전자(pseudogene) 또는 대체 이어맞춤(splicing)과 번역 후 변형에 의해 만들어지는 수많은 다양성은 제외한 결과이다. 2004년에 보고된 인간 유전체의 완성된 서열은 개략적인 초안보다 더욱 정확하다고 발표되었지만, 아직 몇몇의 빈틈을 포함하고 있다.

인간과 밀접하게 관계가 있거나 관계가 멀리 떨어진 생물의 유전체 비교는 종의 진화 과정을 연구함으로써 알 수 있을 것이다. 침팬지를 포함하는 다른 척추동물과 인간 유전체의 비교는 인간 유전체가 이들 유전체와 상당한 정도의 유사성과 차이가 있다고 밝혀졌으며, 유전체 내부의 단백질 암호화 부위와 조절 부위를 알아내는 데 많은 도움이 되었다. 앞으로는 이러한 비교가 인간의 유전적 질병에서 결함이 있는 유전자의 발견에 도움을 줄 것이다.

진핵생물 분자생물학은 효모, 예쁜꼬마선충, 초파리, 제브라피시, 애기장대, 생쥐, 제노푸스 같은 동물 유기를 이용한 유전자 발현을 연구함으로써 많은 발전을 가져왔다. 각각의 유기체는 복잡한 분자 및 세포 과정에 대한 연구를 위하여 단순화된 모델로서 특징적으로 맞추어진다.

진핵세포에서 유전자 발현은 일시적 형질감염과 안정적 형질감염 분석을 이용하여 연구되기도 한다. 안티센스를 이용한 유전자 발현의 억제는 유전자의 기능을 분석하는 강력한 기술이다. 안테센스 올리고뉴클레오티드는 특정 mRNA에 선택적으로 결합하게끔 제작된다. DNA−RNA 이중가닥을 형성한 mRNA는 리보핵산분해효소 H에 의해 분해되거나 번역이 중지되어 리보솜에 의해 연속 판독이 억제된다. 안티센스 올리고뉴클레오티드는 일반적으로 비능률적이긴 하지만, 모르피노 올리고뉴클레오티드와 같은 몇몇 변형된 올리고뉴클레오티드는 유전자 침묵에 더욱 효과적임이 입증되었다.

전사후 유전자 침묵 또는 RNAi는 세포가 이중가닥 RNA를 만났을 때 일어난다. 이 메커니즘은 분자생물학자에 의해 유전자 발현의 '녹다운'에 의한 유전자 기능을 분석하는 데 활용된다. 이중가닥 RNA는 작은 방해 RNA(siRNA)로 가공된다. 안티센스 siRNA는 상보적인 mRNA를 자르는 RNA-유도 침묵 복합체(RISC)를 활성화하여 빠르게 분해시킨다.

촉진자 또는 다른 조절 부위의 활성을 측정하기 위하여, 조절 부위는 베타갈락토시데이즈, CAT 루시퍼레이즈, GUS, GFP를 암호화하는 유전자인 리포터 유전자와 연결시켜 리포터 유전자의 결과물을 측정함으로써 조절 지역의 활성을 알 수 있다. 리포터 유전자는 다른 서열에 결합시켜 보고자 하는 단백질이 리포터 단백질 또는 펩티드 꼬리표와 융합되도록 할 수 있다. 펩티드 꼬리표는 세균 세포에서 과발현시킨 것과 같은 단백질 혼합물로부터 친화크로마토그래피에 의해 재조합 융합 단백질로 정제 가능하도록 한다. 융합 단백질은 단백질 위치, DNA–단백질 간의 상호작용, 단백질–단백질 간의 상호작용, 그리고 단백질 구조에 대한 연구에 이용될 수 있다. 살아 있는 세포에서의 연구를 위해서, 초록형광단백질(GFP)이 리포터 단백질로 선택된다. GFP와 변이체는 통 모양의 단백질 중심에 내재된 펩티드 형광을 가지고 있어 자연적으로 형광을 띤다. GFP와 다른 형광 꼬리표가 달린 단백질은 형광현미경, 공초점현미경, 다광자현미경에 의해 세포 내에서 관찰 가능하다.

시험관 내 돌연변이 발생 기술은 돌연변이와 야생형 클론 사이의 기능을 비교하기 위하여 서열의 변화를 유도하는 데 사용될 수 있다. 예를 들어, 유전자의 조절 부위 혹은 단백질의 중요한 아미노산은 결손, 스캐닝, 위치선택적 돌연변이 발생을 통해서 밝혀질 수 있다. 결손 돌연변이 발생은 클론에서 DNA 조각을 제거한다. 스캐닝 돌연변이 발생은 유전자 클론의 기능을 결정하는 각 부위를 체계적으로 대체한다. 클론된 DNA 분자의 특정 자리에 특이적 염기 치환 또는 작은 삽입을 유도하는 것을 위치선택적 돌연변이 발생이라 한다.

유전자는 모든 시간에 발현되거나(지속적 발현), 특정한 발달 시기에 발현되거나(일시적인 발현) 또는 개체의 특정한 부위(공간적 발현)에서 발현된다. 유전자 발현은 유전자의 mRNA의 전사물의 축적을 측정함으로써 정량화할 수 있다. 노던 블롯팅, 제자리 부합법, 리보핵산분해효소 보호 분석법(RPA) 그리고 역전사 중합효소 연쇄반응이 일반적으로 수행되는 방법이다. 노던 블롯은 서던 블롯과 비슷하지만, DNA 대신 RNA를 전기영동적으로 분리한다. 블롯 위의 RNA 전사물은 표지된 탐침자와의 결합함으로써 확인할 수 있다. 밴드들의 세기는 특정한 RNA의 상대적인 양을 나타낸다. 세포 내에서 RNA 전사체의 위치를 알아보기 위해서, 표지된 탐침자를 세포 또는 조직에 부합시킬 수 있다. 이것을 제자리부합법이라고 부르는데, 만약 형광 표지된 탐침자를 사용하면 형광제자리부합법(FISH)이라고 부른다. 유전자 또는 특이적 DNA 서열의 위치를 알아보기 위하여 전체 염색체에 대하여 표지된 탐침자를 부합하기도 한다. 리보핵산분해효소 보호 분석법에서, 표지된 RNA 탐침자는 전사체의 5′ 또는 3′ 말단 관찰에 사용된다. 탐침자와 전사체의 부합은 외가닥 RNA를 특이적으로 분해하는 리보핵산분해효소에 의한 분해를 막는다. 전사체에 의해 보호되는 탐침자의 길이는 탐침자 말단의 알고 있는 위치에 전사체의 말단이 위치한다. 전사체에 의해 보호되는 탐침자의 양은 전사체의 농도에 대해 상대적이므로, 리보핵산분해효소 보호분석법은 정량적 방법으로 사용될 수 있다. 역전사효소–중합효소 연쇄반응은 RNA를 감지하고 정량하는 매우 민감한 기술이다. 첫 번째 단계에서는 전체 RNA 시료에서 역전사를 통해 cDNA 복제물이 합성된다. 두 번째 단계에서는 중합효소 연쇄반응에 의해 특정 cDNA가 증폭된다. 중합효소 연쇄반응 혼합물에 형광 염료 혹은 형광 표지된 시발자를 첨가하면 만들어지는 중합효소 연쇄반응 산물의 실시간 측정이 가능하고, 원래 mRNA의 정확한 양을 측정할 수 있는 높은 민감도를 가질 수 있다.

높은 처리량을 근거로 한 기능 유전체학의 접근 중 하나는 수천 개의 cDNA 또는 올리고뉴클레오티드를 가지고 있는 DNA 미세배열(또한 DNA chip으로 알려짐)을 만들어낸 것이고, 이러한 배열에서 세포로부터 분리된 RNA가 일치하는 표지된 cDNA의 혼성화를 만든다. 각 지점의 혼성화된 강도는 일치하는 유전자의 발현 정도를 나타낸다. 미세배열(microarrays)로 여러 유전자의 발현 양상(일시적이고 공간적인)을 한 번에 조사할 수 있다. 시간과 공간에서 유전자 발현을 집단화시키는 과정을 통해서, 우리는 유전자 산물인 단백질이 어떤 일을 하는 데 같이 하게 된다는 것을 알게 된다. 만약 기능을 모르는 유전자가 하나 또는 그 이상의 아주 잘 연구된 유전자와 함께 있다는 사실을 확인한다면, 이는 그 동안 기능을 몰랐던 유전자에 대해 유용한 정보를 제공하는 것이다. 암과 같은 질병 발생 동안에 전사된 단백질을 분석하는 것도 가능해졌다. RNA-seq는 분자생물학을 변형시켜 단일 세포에서도 전체 전사체를 분석할 수 있다.

SDS-PAGE는 그 분자량에 따라 폴리펩티드를 분리하는 데 사용된다. 폴리펩티드의 고해상도 분리는 일차적으로 등전집중법을 이용하고, 이차적으로 SDS-PAGE를 수행하는 이차원 젤 전기영동으로 얻을 수 있다.

유전자 발현은 유전자에서 생성되는 단백질 산물의 축적을 측정하여 정량화할 수 있다. 웨스턴 블로팅(면역 블로팅), 제자리 분석법, 효소결합면역흡착측정법이 수행되는 일반적인 방법이다. 웨스턴 블롯은 단백질을 전기영동으로 분리시키고, 막으로 전이시켜 표지된 항체와 결합시킨다. 제자리면역법은 세포나 조직에서 단백질 위치를 분석하는 데 사용된다. 대상 단백질을 형광 꼬리표가 달린 이차 항체를 사용하여 감지하면 이 방법을 간접 면역형광분석법이라고 부른다. 초록형광단백질 꼬리표가 융합된 단백질의 발현은 살아 있는 세포에서 직접적으로 관찰할 수 있다. 효소결합면역흡착측정법은 마이크로플레이트 상에서 항체의 특이성과 단순 효소반응의 민감도를 합친 것이다. 관심 있는 항원에 대한 1차 항체와 효소가 결합된 2차 항체를 사용해서, 효소결합면역흡착측정법은 항체에 의해 인지되는 항원의 존재를 조사하거나 항원을 인지하는 항체를 시험할 때 사용될 수 있다.

분석적-기능적 단백질 배열을 기초로 한 연구방법은 단백체학 수준으로 단백질 활성에 대한 연구를 하는 데 사용되고 있다. 이들 배열에는 재조합된 단백질(기능적 분석), 특별하게 단백질과 상호작용하는 시약, 항체, 펩티드, 리간드(요약적 분석) 같은 작은 분자를 포함한다. 이런 단백질 배열 검사는 단백질-단백질 상호작용, 단백질 변형, 효소 활성의 연구에 사용된다.

단백질이 단백체에서 분리되면, 단백질을 확인해야 한다. 가장 좋은 방법은 단백질 분해효소에 의한 소화를 진행한 뒤, 질량 분광법에 의한 펩티드 결과를 확인하는 것이다. MALDI-TOF를 이용한 분리된 단일 단백질에 대한 펩티드 질량 지문법과 직렬 질량 분광법(MS/MS)을 이용한 전체 단백체에 대한 샷건 단백체학 연구 방법론은 단백질 연구 방법론에서 흔한 두 가지 분석 방법이다. 두 방법의 마지막 단계는 펩티드의 기원이 된 단백질과 유전자를 찾기 위한 *in silico* 방법을 이용한 분석 작업으로, 공공 단백질 데이터베이스에서 질량 분광법 스펙트럼에 맞는 단백질을 비교하는 컴퓨터 알고리즘을 적용하는 것이다.

DNA-단백질 상호작용은 유전자 발현에서 중요한 역할을 한다. 전기영동 이동 분석법(EMSA)은 단백질과 결합한 표지된 DNA 단편이 전기영동에서 천천히 이동하는 것으로 단백질과 DNA의 결합을 찾아낸다. 발자국 감정법은 DNA-결합 단백질에 대한 대상 DNA 서열 또는 결합 부위를 찾는 방법이다. 데옥시리보핵산분해효소 지문 감정법은 단백질과 말단이 표지된 DNA를 결합시키고, DNA-단백질 복합체를 데옥시리보핵산분해효소와 항온 반응시킨다. 그 후 DNA 단편을 젤 전기영동으로 분리하면, 단백질이 DNA의 분해를 막아 주어 단백질 결합 부위는 구멍 또는 "발자국"으로 나타난다. 염색질 면역침강분석법(ChIP)은 생체 내에서 DNA-단백질 상호작용을 연구하는 데 이용된다. 세포는 DNA와 어떤 단백질 사이에 공유결합을 형성하도록 교차연결제를 처리한다. 세포 추출물이 만들어지고, 단백질-DNA 복합체는 보고자 하는 단백질에 대한 항체에 의해 면역침강된다.

유전자 발현은 다단백질 복합체 또는 'machines'에 의해 조절된다. 단백질-단백질 간의 상호작용을 분석하는 방법으로 여러가지가 있다. GST 풀-다운법과 같은 시험관 내 풀-다운법은 펩티드 꼬리표 단백질(일명 '미끼')과 다른 단백질('먹이') 사이의 상호작용을 조사한다. 친화성 수지에 결합한 미끼는 단백질 짝 동정을 위한 이차 친화성을 제공한다. 효모 이중보합계는 생체 내에서 단백질-단백질 간의 상호작용을 확인하는 데 사용된다. 전사 인자의 DNA-결합 영역과 융합된 단백질(미끼)은 활성 영역 혼성체(먹이)의 라이브러리를 대상으로 선별된다. 결합 단백질은 리포터 유전자 발현의 활성을 측정함으로써 확인된다. 단백질 X와 단백질 Y의 상호작용은 DNA-결합 영역과 활성 영역이 함께 인접하여 전사 인자의 활성이 나타난다. 동시면역침강법에서는 상호작용하는 단백질 파트너를 밝히기 위하여 세포 추출물을 만들고, 관심 단백질에 대한 항체로 면역침강하며, 젤 전기영동 또는 웨스턴 블롯으로 분석한다. 형광공명에너지 전이법은 단백질-단백질 간의 상호작용을 제자리 분석할 수 있다. 두 꼬리표가 달린 단백질이 인접했을 때에만, 들뜬 기여 형광(예, CFP)의 에너지가 수용 형광(예, YFP)으로 전이된다. BioID 풀-다운은 생체 내에서 관심 단백질의 상호작용하는 단백질 파트너를 식별할 수 있다.

단백질 구조에 대한 정보는 다양한 방법으로 얻을 수 있다. X-선 결정학에서는 원자를 분해하기에 충분히 짧은 파장의 X-선 빔을 단백질 결정으로 투과시키고 나머지 산란된 패턴이 구조를 푸는 데 사용된다. 핵자기 공명분광법에서 농축된 단백질 용액을 자기장에 놓고서 다른 원자 공명에 대한 다른 무선 주파수의 효과를 측정한다. 특정 원자의 움직임은 인접한 원자에 의해 영향을 받는다. 효과의 규모로부터 잔기들 사이의 거리가 계산되고 단백질의 삼차원 구조 모델을 만들 수 있다. 핵자기공명분광법은 20 KDa보다는 짧은 단백질에 제한적으로 사용된다. 동결전자현미경법은 결정화되기 힘든 큰 단백질의 구조를 측정하는 데 사용된다. 단백질은 극히 낮은 온도에서 순간 동결되어 기존의 구조를 유지하고 동결전자현미경으로 관찰된다. 원자힘현미경법은 단백질 표면의 정밀 영상을 만들고 역동적인 형태적 변화를 관찰하기 위하여 기계적인 탐침자를 이용한다.

분석 질문

분석 및 발견 질문에 대한 답변은 해답을 참조하시오.

1 폭행 현장에서 발견된 담배꽁초의 종이에 묻어 있는 상피세포를 얻어 DNA 추출과 분석을 하였다. 증거(X)의 세 가지 탐침(locus 1, locus 2, locus 3)과 4명의 용의자(A~D)에 대한 검사 결과가 아래에 나와 있다. 어떤 용의자가 배제되는가? 아니면 어떤 사람이 의심되는가? 여러분은 범죄자를 밝혀낼 수 있는가? 이유를 설명하시오.

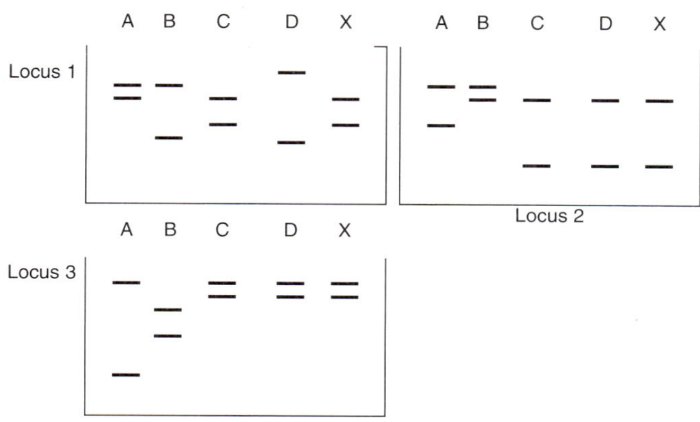

2 DNA 지문법(다위치 탐침을 사용한 미소부수체 검사) 결과에 기초하여 밑의 그림이 나와 있다. Mr X와 Mr Y 중 누가 친아버지일까? 여러분의 답을 설명해 보시오.

Lane 1 : mother
Lane 2 : mother's child
Lane 3 : Mr.Y
Lane 4 : Mr.X

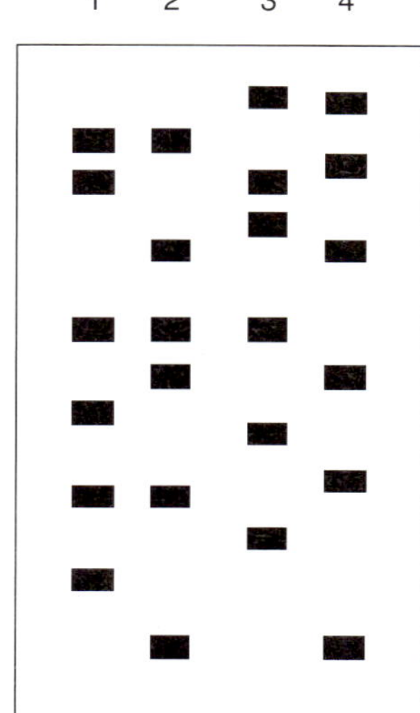

3 당신은 정제된 단백질을 가지고 있다. SDS-PAGE를 수행하였을 때, 2개의 밴드가 나타났다. 가능한 설명을 하고 가설을 증명할 방법을 묘사하시오.

4 노던 블롯팅에서,

(a) 블롯에서 DNA 탐침자의 어떤 가닥이 mRNA와 결합하겠는가?: 안티센스 가닥, 센스 가닥, 두 가닥 모두?

(b) 아래의 DNA-RNA 보합체 그림에서, DNA 탐침자가 mRNA와 결합할 때 어떤 결합이 형성되는가?

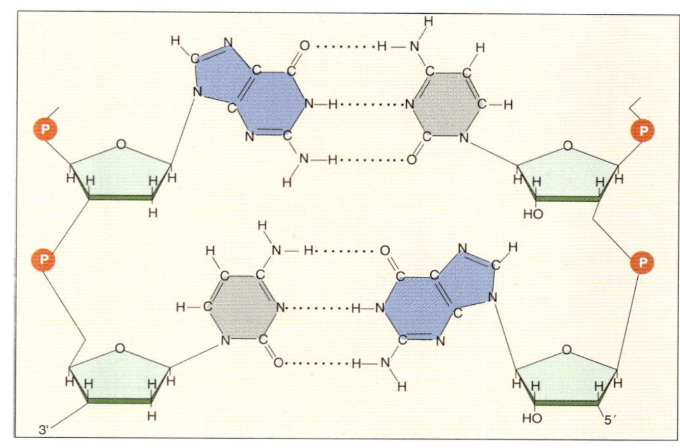

5 전사를 활성화하기 위해 함께 작동하는 것으로 의심되는 두 가지 추정 전사 인자에 대한 발현 벡터와 CAT 리포터 유전자에 부착된 관심 조절 영역을 사용하는 동시형질감염 분석을 고려하시오. 조절 지역에 2개의 삭제 (Δ) 돌연변이체들도 조사하시오.

(a) 전사 인자가 형질감염된 세포에서 전사되고 번역된다는 것을 어떻게 확인할 수 있는가? 아주 작은 세포 시료에서 전사를 정량화하려면 어떤 기술을 사용해야 하는가? 당신의 답을 설명하시오.

(b) 두 전사 인자 간의 단백질-단백질 상호작용을 생체 내와 시험관 내에서 어떻게 보여줄 수 있는가? 실험의 결과를 제시하시오.

(c) 단백질과 DNA의 직접적인 결합을 밝힐 수 있는 방법을 제시하시오. 실험의 결과를 제시하시오.

6 5번 문제의 전사 인자 A에 대한 siRNA를 전사 인자가 정상적으로 발현되는 세포에 형질전환하였다.

(a) CAT 리포터 유전자 발현이 어떻게 되겠는가?

(b) 이 경우 RNAi가 mRNA 수준에 작용하는지 혹은 번역 수준에 작용하는지 어떻게 규명할 수 있는가?

7 당신은 2D-PAGE에 의해 단백질 분리를 하였다. 1개의 단

백질 점 부위에서 펩티드의 아미노산 서열을 질량 분광법으로 얻었다.

EQAGGDATENFEDVGHSTDAR

BLAST를 이용하여 미지의 단백질을 밝히시오.

8 전체-유전체 샷건 접근법에 의해서 새로운 생명체의 전체 유전체를 서열화시킨 뒤, 여러분은 전사의 시작과 정지 신호를 컴퓨터를 이용하여 조사하고, 데이터베이스에서 유사한 cDNA를 기초로 하여 상동성을 조사하였다. 대략 20,000개의 유전자를 예상하였다. 이 생명체에서 전체 유전자 수가 정확한가? 왜 그러한가? 아니면 왜 아닌가?

9 정상 세포 mRNA로부터 얻은 cDNA는 녹색 형광표지로 표지하였다. 질병 mRN로부터 얻는 경우에는 적색 형광표지로 표지하였다. 표지된 cDNA는 혼합되었고 준비된 DNA 미세배열에서 혼성화시켰다. 미세배열의 작은 부분으로부터 얻은 격자 형식의 결과가 아래에 보여진다. 앞으로의 분석에 어떤 유전자를 선택할 것인가? 여러분의 대답을 설명하시오.

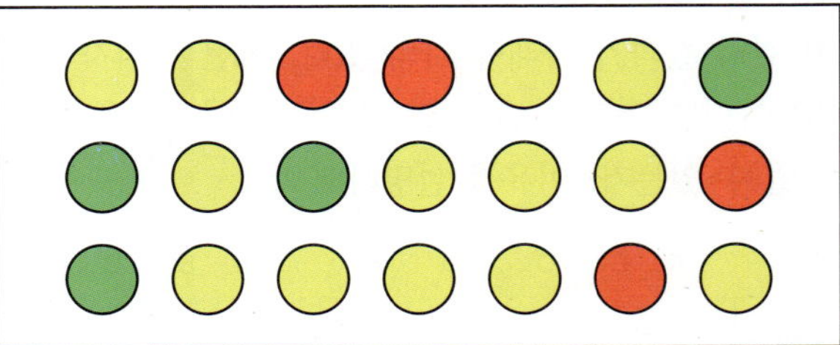

참고문헌

Abbott, A. (2008). A fiendish puzzle. *Nature* 455: 1165–1167.

Aebersold, R. and Mann, M. (2016). Mass-spectrometric exploration of proteome structure and function. *Nature* 537: 347–355.

Andersen, J.S., Lyon, C.E., Fox, A.H. et al. (2002). Directed proteomic analysis of the human nucleolus. *Current Biology* 12: 1–11.

Andersen, J.S., Lam, Y.W., Leung, A.K.L. et al. (2005). Nucleolar proteome dynamics. *Nature* 433: 77–83.

Ardui, S., Ameur, A., Vermeesch, J.R., and Hestand, M.S. (2018). Single molecule real-time (SMRT) sequencing comes of age: applications and utilities for medical diagnostics. *Nucleic Acids Research* 46: 2159–2168.

Ausubel, F.M., Brent, R., Kingston, R.E. et al. (eds.) (2002). *Short Protocols in Molecular Biology*, 5the. New York: Wiley.

Bahls, C., Weitzman, J., and Gallagher, R. (2003). Biology's models. *Scientist* 17 (Suppl. 1): S5–S34.

Barnum, S.R. (2005). *Biotechnology: An Introduction*. Belmont, CA: Brooks/Cole: Thomson Learning, Inc.

Beltrao, P., Cagney, G., and Krogan, N.J. (2010). Quantitative genetic interactions reveal biological modularity. *Cell* 141: 739–745.

Biesecker, L.G., Bailey-Wilson, J.E., Ballantyne, J. et al. (2005). DNA identifications after the 9/11 World Trade Center attack. *Science* 310: 1122–1123.

Biswas, D., Imbalzano, A.N., Eriksson, P. et al. (2004). Role for Nhp6, Gcn5, and the Swi/Snf complex in stimulating formation of the TATA-binding protein–TFIIA–DNA complex. *Molecular and Cellular Biology* 24: 8312–8321.

Brejc, K., Sixma, T.K., Kitts, P.A. et al. (1997). Structural basis for dual excitation and photoisomerization of the *Aequorea victoria* green fluorescent protein. *Proceedings of the National Academy of Sciences of the United States of America* 94: 2306–2311.

Callaway, E. (2015). The revolution will not be crystallized: a new method sweeps through structural biology. *Nature* 525: 172–174.

Carey, M. and Smale, S.T. (2000). *Transcriptional Regulation in Eukaryotes: Concepts, Strategies, and Techniques*. Cold Spring Harbor, NY: Cold Spring Harbor Laboratory Press.

Carracedo, A. and Sanchez-Diz, P. (2004). Forensic DNA-typing technologies: a review. In: *Methods in Molecular Biology 297: Forensic DNA Typing Protocols* (ed. A. Carracedo), 1–12. Totowa, NJ: Humana Press, Inc.

Cheng, Y. (2015). Single-particle cryo-EM at crystallographic resolution. *Cell* 161: 450–457.

Chong, Y.T., Koh, J.L.Y., Friesen, H. et al. (2015). Yeast proteome dynamics from single cell imaging and automated analysis. *Cell* 161: 1413–1424.

Coon, J.J., Syka, J.E.P., Shabanowitz, J., and Hunt, D.F. (2005). Tandem mass spectrometry for peptide and protein sequence analysis. *BioTechniques* 38: 519–523.

Costanzo, M., Baryshnikova, A., Bellay, J. et al. (2010). The genetic landscape of a cell. *Science* 327: 425–431.

Das, P.M., Ramachandran, K., vanWert, J., and Singal, R. (2004). Chromatin immunoprecipitation assay. *BioTechniques* 37: 961–969.

Day, R.N., Periasamy, A., and Schaufele, F. (2001). Fluorescence resonance energy transfer microscopy of localized protein interactions in the living cell nucleus. *Methods* 25: 4–18.

Deng, Y.J., Li, Y.Z., Yu, X. et al. (2005). Preliminary DNA identification for the tsunami victims in Thailand. *Genomics, Proteomics & Bioinformatics* 3: 143–157.

Dennis, C. and Gallagher, R. (2001). *The Human Genome*. Basingstoke, UK: Palgrave-Nature.

Dey, B., Thukral, S., Krishnan, S. et al. (2012). DNA-protein interactions: methods for detection and analysis. *Molecular and Cellular Biochemistry* 365: 279–299.

Eccleston, A. and Eggleston, A.K. (eds.) (2004). RNA interference. *Nature* 431: 337–378.

ENCODE Project Consortium (2004). The ENCODE (ENCyclopedia of DNA elements) project. *Science* 306: 636–640.

Fredens, J., Wang, K., de la Torre, D. et al. (2019). Total synthesis of *Escherichia coli* with a recoded genome. *Nature* 569: 514–518.

Goldman, R.D. and Spector, D.L. (2005). *Live Cell Imaging: A Laboratory Manual*. Cold Spring Harbor, NY: Cold Spring Harbor Laboratory Press.

Green, R.E., Krause, J., Briggs, A.W. et al. (2010). A draft sequence of the Neandertal genome. *Science* 328: 710–725.

Gunter, D. and Dhand, R. (eds.) (2005). The chimpanzee genome [series of articles]. *Nature* 437: 47–108.

Hedges, S.B. and Kumar, S. (2002). Vertebrate genomes compared. *Science* 297: 1283–1285.

Hinds, D.A., Stuve, L.L., Nilsen, G.B. et al. (2005). Whole-genome patterns of common DNA variation in three human populations. *Science* 307: 1072–1079.

Hohlbauch, S. and Ohler, B. (2004). Atomic force microscopy. Unfolding new biological applications. *Biophotonics International* 11: 38–43.

Holden, C. (2001). Oldest human DNA reveals Aussie oddity. *Science* 291: 230–231.

Imbalzano, A.N., Kwon, H., Green, M.R., and Kingston, R.E. (1994). Facilitated binding of TATA-binding protein to nucleosomal DNA. *Nature* 370: 481–485.

International Chicken Genome Sequencing Consortium (2004). Sequence and comparative analysis of the chicken genome provide unique perspectives on vertebrate evolution. *Nature* 432: 695–716.

International Human Genome Sequencing Consortium (2004). Finishing the euchromatic sequence of the human genome. *Nature* 431: 931–945.

International Rice Genome Sequencing Project (2005). The map-based sequence of the rice genome. *Nature* 436: 793–800.

Jaillon, O., Aury, J.M., Brunet, F. et al. (2004). Genome duplication in the teleost fish *Tetraodon nigroviridis* reveals the early vertebrate proto-karyotype. *Nature* 431: 946–957.

Jasny, B.R. and Kennedy, D. (2001). The human genome. *Science* 291: 1153.

Jeffreys, A.J., Wilson, V., and Thein, S.L. (1985). Hypervariable minisatellite regions in human DNA. *Nature* 314: 67–73.

Kronenberg, Z.V., Fiddes, I.T., Gordon, D. et al. (2018). Highresolution comparative analysis of great ape genomes. *Science* 360: 1085.

Lee, L.K. and Roth, C.M. (2003). Antisense technology in molecular and cellular bioengineering. *Current Opinion in Biotechnology* 14: 505–511.

Lee, F.C.Y. and Ule, J. (2018). Advances in CLIP technologies for studies of protein-RNA interactions. *Molecular Cell* 69: 354–369.

Levy, H., Fisher, M., Ariel, N. et al. (2005). Identification of strain specific markers in *Bacillus anthracis* by random amplification of polymorphic DNA. *FEMS Microbiology Letters* 244: 199–205.

Li, R., Fan, W., Tian, G. et al. (2010). The sequence and *de novo* assembly of the giant panda genome. *Nature* 463: 311–317.

Marte, B. (ed.) (2003). Proteomics: nature insight [series of articles]. *Nature* 422: 191–237.

Mayer, A., di Iulio, J., Maleri, S. et al. (2015). Native elongating transcript sequencing reveals human transcriptional activity at nucleotide resolution. *Cell* 161: 541–554.

Miesfeld, R.L. (1999). *Applied Molecular Genetics*. New York: Wiley-Liss.

Mills, J.C., Roth, K.A., Cagan, R.L., and Gordon, J.I. (2001). DNA microarrays and beyond: completing the journey from tissue to cell. *Nature Cell Biology* 3: E175–E178.

Miyawaki, A. (2008). Green fluorescent protein glows gold. *Cell* 135: 987–990.

Moreno-Herrero, F., de Jager, M., Dekker, N.H. et al. (2005). Mesoscale conformational changes in the DNA-repair complex Rad50/Mre11/Nbs1 upon binding DNA. *Nature* 437: 440–443.

Mulley, J. and Holland, P. (2004). Small genome, big insights. *Nature* 431: 916–917.

Murray, J. (2005). Confocal microscopy, deconvolution, and structured illumination methods. In: *Live Cell Imaging: A Laboratory Manual* (eds. R.D. Goldman and D. Spector), 239–279. Cold Spring Harbor, NY: Cold Spring Harbor Laboratory Press.

Palesch, D., Bosinger, S.E., Tharp, G.K. et al. (2018). Sooty mangabey genome sequence provides insight into AIDS resistance in a natural SIV host. *Nature* 553: 77–81.

Pevsner, J. (2003). *Bioinformatics and Functional Genomics*. Hoboken, NJ: Wiley.

Rodriques, S.G., Stickels, R.R., Goeva, A. et al. (2019). Slide-seq: a scalable technology for measuring genome-wide expression at high spatial resolution. *Science* 363: 1463–1467.

Roux, K.J., Kim, D.I., Burke, B., and May, D.G. (2018). BioID: a screen for protein-protein interactions. *Current Protocols in Protein Science* 91: 19.23.1–19.23.15.

Sambrook, J. and Russell, D.W. (2001). *Molecular Cloning: A Laboratory Manual*, 3rde. Cold Spring Harbor, NY: Cold Spring Harbor Laboratory Press.

Schena, M., Shalon, D., Davis, R.W., and Brown, P.O. (1995). Quantitative monitoring of gene expression patterns with a complementary DNA microarray. *Science* 270: 467–470.

Sigal, Y.M., Zhou, R., and Zhuang, X. (2018). Visualizing and discovering cellular structures with super-resolution microscopy. *Science* 361: 880–887.

Slon, V., Mafessoni, F., Vernot, B. et al. (2018). The genome of the offspring of a Neanderthal mother and a Denisovan father. *Nature* 561: 113–116.

Snyder, J. and Gerstein, M. (2003). Defining genes in the genomics era. *Science* 300: 258–260.

Srivastava, M., Simakov, O., Chapman, J. et al. (2010). The *Amphimedon queenslandica* genome and the evolution of animal complexity. *Nature* 466: 720–726.

The Thousand Genomes Project Consortium (2010). A map of

human genome variation from population-scale sequencing. *Nature* 467: 1061–1073.

Thul, P.J., Åkesson, L., Wiking, M. et al. (2017). A subcellular map of the human proteome. *Science* 356: 820.

Vernot, B. and Pääbo, S. (2018). The predecessors within. *Cell* 173: 6–7.

Wade, C.M., Giulotto, E., Sigurdsson, S. et al.; Broad Institute Genome Sequencing Platform; Broad Institute Whole Genome Assembly Team (2009). Genome sequence, comparative analysis, and population genetics of the domestic horse. *Science* 326: 865–867.

Walsh, S.J. (2004). Recent advances in forensic genetics. *Expert Reviews in Molecular Diagnostics* 4: 31–40.

Warren, M. (2019). Biggest Denisovan fossil yet spills ancient human's secrets. *Nature* 569: 16–17.

Warren, W.C., Hillier, L.W., Marshall Graves, J.A. et al. (2008). Genome analysis of the platypus reveals unique signatures of evolution. *Nature* 453: 175–183.

Williams, T. and Fried, M. (1986). A mouse locus at which transcription from both DNA strands produces mRNAs complementary to their 3′ ends. *Nature* 322: 275–279.

Wong, M.L. and Medrano, J.F. (2005). Real-time PCR for mRNA quantitation. *BioTechniques* 39: 75–85.

C H A P T E R   F I F T E E N

의학 분자생물학

병에 관하여, 두 가지 성질을 갖는다—돕거나, 혹은 적어도 해를 끼치지 않는다.

Hippocrates, in* Epidemics, *translated by W.H.S. Jones (1923), Vol. I, p. 165.

O U T L I N E

- 15.1 서론
- 15.2 유전체 의학
- 15.3 암의 분자생물학
- 15.4 유전자 치료

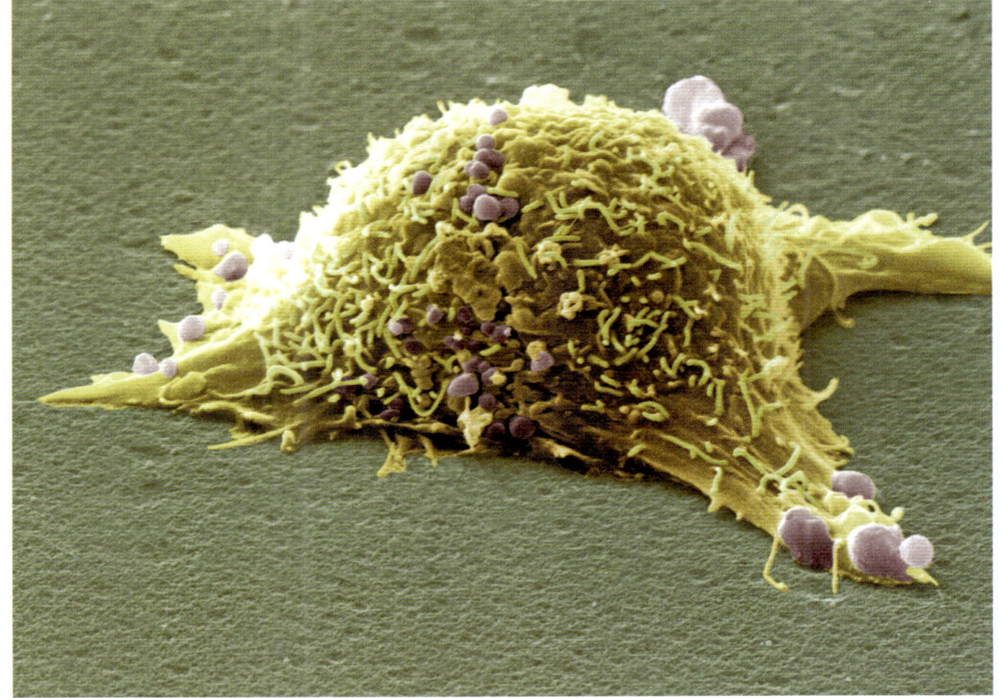

배양된 흑색종 세포의 주사현미경 사진은 암세포의 특징인 많은 물집(bleb, 분홍색)과 융모(microvilli, 노란색)를 보여주고 있다. (출처: Steve Gaschmeissner/Science Source)

15.1 서론

이 장을 통해서, 여러분은 분자생물학 분야의 매우 기념비적인 발견들에 대해서 알게 될 것이다. 이러한 발견은 세포 내에서 이루어지는 복제부터 유전자 발현까지의 다양한 과정에 대한 이해를 체계화할 것이다. 이러한 발견 중 많은 것은 의학과 인간 질병에 대한 성질을 이해하게 도와주었으며, 치료법의 발전에도 많은 향상을 이룩했다. 지난 수십 년 간 암이 어떻게 발생하는지에 대한 이해가 놀라울 만큼 진척되었다. 이 장은 암의 근원적 발생에서 분자적 메커니즘에 대한 탐구와 유전자 치료 과정에 초점을 맞춘다. 그동안 환상의 영역이라고만 생각됐던 체세포 유전자 치료가 현재는 일부 유전적 또는 후천적 질병을 치료하는 데 부분적인 성공을 거두어 왔다는 사실에 대하여 살펴볼 것이다.

15.2 유전체 의학

염기서열분석(시퀀싱, sequencing)이 이루어진 인간 유전체 수는 기하급수적으로 증가하고 있다(14장 참조). 분자생물학자들이 수천 개의 유전체에서 얻은 염기서열 데이터를 가지고 있어야 하는 이유는 무엇인가? 한 가지 대답은 유전체를 비교함으로써, 연구자들이 유전적 돌연변이를 확인할 수 있다는 것이다. 100,000 Genomes Project Consortium에서 언급한 바와 같이, 목표는 "유전형과 표현형 간의 관계를 조사하기 위한 기초로서 인간 유전체 서열 변이에 대한 심층적인 특성화를 제공하는 것"이다. 모든 개별 인간은 대략 99.9% 동일한 유전체 서열을 공유한다. 나머지 변수 0.1%는 개인 간의 유전적 다양성을 담당한다. 하지만 그게 전부는 아니다. 인간 마이크로바이옴은 우리가 누구인지 정의하는 핵심 요소로 떠오르고 있다.

GWAS 및 개인 맞춤의학

가장 흔한 인간의 특성과 질병은 유전의 **다유전자(polygenic)** 유형을 가지고 있다. 이것은 많은 유전적 자리(locus)에서 DNA 서열 돌연변이가 표현형에 영향을 미친다는 것을 의미한다. **GWAS (Genomewide Association Studies)**는 인간의 특성 및 질병과 관련된 수천 가지 돌연변이를 확인했다. 예를 들어, GWAS는 400개 이상의 유전자 자리에서 ~700개의 유전 돌연변이가 성인 키에 영향을 미치는 것으로 나타났으며, 일부 돌연변이는 일반적이고 일부는 드물다. 당뇨병, 알츠하이머병, 염증성 장질환, 다발성 경화증 및 기타 질환을 가진 사람의 암 유전체와 정상 유전체를 조사하는 계획이 진행 중이다. 이러한 유형의 "메타 분석, meta analysis"은 특정 형질과 각 다형성의 연관성을 시험하기 위해 단일염기다형성 또는 일부 경우에는 구조적 변이체(SV)의 데이터베이스를 스크리닝한다. 또 다른 접근 방식에서, Exome Aggregation Consortium은 다양한 조상을 가진 60,706명의 인간에서 단백질 부호화 유전 돌연변이를 분류하여 "엑솜"의 8개 염기마다 평균 하나의 돌연변이를 찾았다. 연구자들이 질병 유발 유전자를 세포 표현형에 매핑하고자 하는 노력에 힘입어 전체 유전체 염기서열분석 및 단일 세포 유전체학도 도약하고 있다.

이 작업의 많은 부분에서 가장 중요한 목표는 질병으로 이어지는 유전적 변화에 대한 더 나은 이해와 개인의 고유한 유전형을 기반으로 한 개인 맞춤형 의학의 개발이다(그림 15.1). 정밀 의학의 목표는 의사가 환자에게 가장 적합한 치료법을 빠르고 정확하게 예측하는 것이다. 환자는 유사한 일련의 증상을 공유할 수 있지만, 뚜렷한 유전적 돌연변이로 인해 다른 치료에 더 잘 또는 덜 반응할 수 있다. 예를 들어, 폐암 원인은 여러 가지가 있지만, 상피세포 성장인자 수용체(EGFR) 유전자의 특정 돌연변이 대립유전자가 있는 사람만이 타이로신 인산화효소 억제제 치료에 반응한다. 지금까지 약 80가지 약물에 영향을 미치는 최소 20가지 유전자에서 유전적 돌연변이가 확인되어 **약물유전체학(pharmacogenomics)** 분야가 확립되었다. 인간의 유전적 돌연변이를 이해하기 위해 먼저 단일염기다형성과 그것들이 어떻게 연구되는지 자세히 살펴본다.

단일염기다형성

유전체에서 특정 지도화된 위치에서 2개나 그 이상이 가능한 뉴클레오티드가 발생한 것을 **단일염기다형성(single nucleotide polymorphism, SNPs)**("스닙"이라 발음한다)이라고 하며, 개개인 사이의 유전적 변화 중 가장 흔한 예이다. 예를 들면, SNP는 DNA 서열을 ATGCCTA에서 ATGCTTA로 바꾼다. 개체들은 동형접합체(예, T/T 또한 C/C), 또는 다형성 위치에서 다른 염기(예, T/C)인 이형접합체일 것이다.

국제적인 HapMap Project에 따르면, 이렇게 SNP에서 고려되는 돌연변이는 적어도 인구의 1%

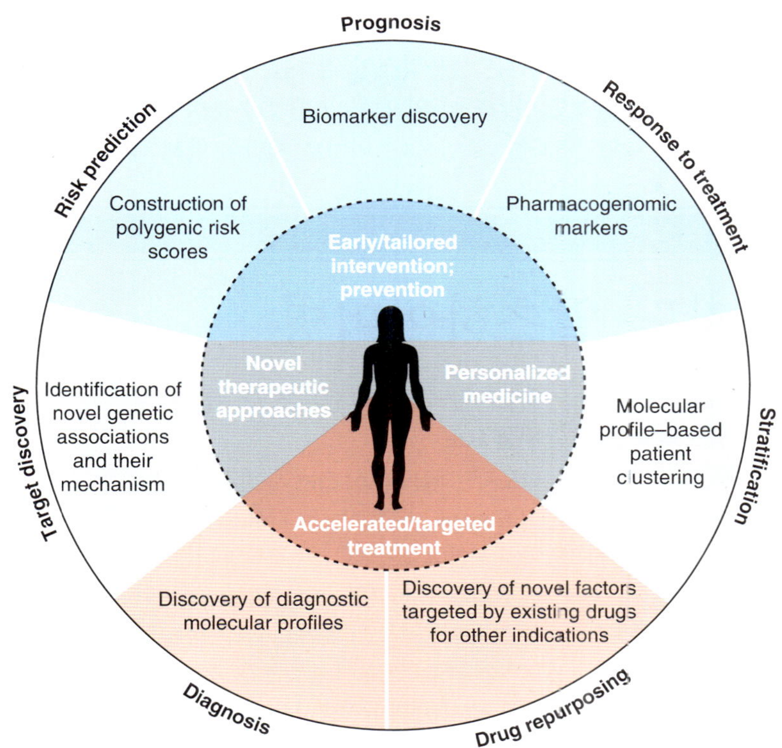

그림 15.1 질병 유전체학이 인간 건강 개선으로 이어질 수 있는 방법.
(출처: Redrawn from Zeggini et al. 2019. *Science* 365:1409-1413.)

정도가 발생될 것으로 생각된다. 지금까지 다양한 염기서열분석 연구를 통해 6억 개 이상의 SNP가 정리되었다. 전 인구를 통틀어 적어도 5%의 빈도로 관찰되는 것은 7백만 개 정도의 공통 SNP이다. 추가로 4백만 SNP는 1%와 5% 사이의 대립유전자 빈도로 존재할 것이다. 최소의 돌연변이는 성염색체(X와 Y)에서 나타난다. 세 가지 전체 SNP에서의 두 가지는 사이토신(C)이 티민(T)으로 교체되어 발생한다(단일 염기 변화의 토의를 위한 7장을 참조). SNP들은 부호화-유전자 부위와 비부호화 위치 둘 모두에서 발견된다. 다른 개인들의 DNA를 바탕으로 한 재서열 분석 작업은 SNP 지도를 작성하기 위함이다. 이 지도는 연구자가 질병에 관여된 **일배체형(haplotype)**의 인간 유전체를 조사하기 위해 사용된다(Disease Box 15.1). 일배체형은 돌연변이 염기서열 분석을 위해 사용되며, 이는 특이 대립유전자 쌍의 연속적 DNA 부분이다. SNP가 필수적인 질병의 원인은 아니지만, 특정 질병으로 발전이 될 가망성을 연구하는 데 도움을 준다 SNP 외에도 일반적으로 50개 미만의 염기쌍으로 이루어진 400,000~500,000개의 작은 삽입/결실(결실) 돌연변이가 있으며, 이는 한 개인의 유전체 서열을 참조 서열과 비교할 때 다르다.

구조 돌연변이

전형적인 GWAS는 개인 간 SNP에 집중하였다. 그러나 많은 연구자료들은 인간 유전체 돌연변이를 주도하는 중요한 요소로서 **구조적 변이(structural variants, SVs)** 또는 "**복제수 변이(copy number variants, CNVs)**"를 지적하였다. 이는 전체 유전자 또는 유전체 부위가 결실되거나, 복제되거나, 재배열되어 나타난다. SNPs는 하나의 뉴클레오티드 쌍에 영향을 미치지만, SVs는 DNA의 1,000개에서부터 수백만 개의 염기까지 영향을 미치게 된다. 모든 사람에게는 유전체의 부위가 사라지거나 다른 복제 부위에 존재하는 것으로 생각했다. 그 결과는 무엇일까? 몇몇 SVs의 경우에서 질병과 연관된다는 사실이 발견되었다. 예를 들어, 매우 드문 유전자의 구조적 돌연변이가 신경계의 발달이나 신호전달에 영향을 미친다는 사실이 발견되었다. *De novo* SVs는 자폐 스펙트럼 장애

사례의 30~60%를 차지할 수 있다. 자폐증을 가지는 사람은 독특한 "자폐증 자리" 염기서열을 가지게 되지만, CNVs에 의해 영향을 받은 생물학적인 경로는 많은 사람에서 비슷하다. SVs는 또한 신경모세포종(neuroblastoma)과도 연관되어 있으며, 크론병과 조현병에서도 관련이 있다. 이러한 연관성 경향을 미래의 연구자가 검사할 수 있을까? 아마도 시간이 말해 줄 것이다.

Disease Box 15.1

SNP에 연관된 질병의 지도: 알츠하이머병

다형성 서열의 확인 그 자체만으로는 질병의 표지자 발견의 의미를 가지고 있지는 않다. 질병-연관 SNP를 지도화하는 작업은 느리고 매우 힘이 드는 과정이다. 여기에는 질병에 분명히 연관된 몇 개의 예가 나와 있다. 두 가지로 잘 구분이 된 SNP의 예에는 낫모양적혈구병을 야기하는 과오돌연변이, 그리고 뒤 늦게 발병하는 알츠하이머병과 관련이 있는 아포지단백질(apolipoprotein) E4 대립유전자가 있다.

알츠하이머병은 나이가 든 사람에게 보편적으로 나타나는 노인성 치매이다. "노인성 치매"라는 말은 생각, 기억, 그리고 언어를 조종하는 뇌의 부분에 이상이 생김으로써 나타나는 증상을 말한다. 증상에 있어서는 익숙한 곳을 잃어버리는 것, 친구나 친지를 알아보지 못하는 것, 정확한 장소를 찾지 못하거나, 같은 질문을 반복적으로 하고, 개인적인 안전이나 위생에 무관심한 것이다. 이 질병의 이름은 Alois Alzheimer라는 독일 박사가 1906년 비정상적 정신병으로 죽은 여성의 뇌세포에서 비정상 덩어리[최근에는 아밀로이드 판(amyloid plaques)이라 불린다]와 엉킨 섬유 묶음[최근에는 신경섬유매듭(neurofibrillary tangles)이라 불린다]을 찾은 후 명명되어졌다. 뇌에 있는 이들 판과 엉킴은 알츠하이머병의 원인이 될 것이라 생각된다(그림 1a). 이러한 신경판은 주로 아밀로이드 단백질의 응집으로 생성된다. 신경섬유매듭은 건강한 신경세포의 내부 모티프인 타우 단백질의 비정상적 섬유화에 의해서 형성된다. 병리적으로 비정상 형태는 구조적 역할을 하지 못하고, 세포에 손상을 준다.

미국 인구 중 400만 명 넘는 사람이 이 질병을 앓고 있다. 과학자들은 아직 알츠하이머병의 원인을 정확하게 파악하지는 못했다. 알려진 바로는 아마도 하나의 원인이 아닌, 사람마다 다르게 영향을 미치는 여러 요인이 있다는 것이다. 알츠하이머 같은 다유전적 특성의 질병 원인은 유전적 검사를 힘들게 만든다. 위험 요소 중 가장 문제가 되는 요소는 '나이'이다. 65세를 넘긴 노인에서 5년 간격으로 질병의 위험률은 두 배 이상씩 높아진다. 또 다른 위협 요소는 가족력이다. 예를 들면, 가족력이 나타난 알츠하이머병은 드물게 관찰되지만, 유전되는 특성이 있고, 대부분이 30~60세 정도에 나타난다. 그러나 이 질병의 보편적 형태는 가족력을 보이지 않고, 뒤늦게 발병하는 특징의 질병(late-onset Alzheimer's disease)이다. 증상은 보통 60세 이상에서 시작이 되고 나이가 들수록 위험도 증가한다. 이 질병의 진행은 천천히 일어나며, 처음에는 가벼운 기억력의 문제(mild memory problem)를 시작으로 종국에는 심각한 뇌 손상까지 일으킬 수 있다. 평균적으로, 알츠하이머 환자로 진단 받은 이후 8~10년 가량 생존한다. 뒤늦게 발병하는 알츠하이머병의 또 다른 위험 요소는 아포지단백질(apolpoprotein) E4 대립유전자이다.

아포지단백질 E4 대립유전자: 뒤늦게 발병하는 알츠하이머병의 위험 요소

아포지단백질 E(ApoE)는 지질대사에 관여하는 단백질이다. 아포지단백질 E(*apoE*) 유전자는 두 가지 SNP으로 이루어진 세 가지 대립유전자가 존재한다: ε2, ε3, ε4. 각각의 대립유전자는 하나의 DNA 염기에 의해 달라지고, 하나의 아미노산(apolipoprotein E2, E3, and E4)에 의해 각 대립유전자의 다양한 단백질 생산물(동종형-isoform)이 달라진다. 이러한 단일 아미노산 변화는 단백질 구조나 기능에 중요하게 영향을 미친다. 각 개체의 유전형인 *apoE* 유전자는 어머니와 아버지의 복사본이다. *apoE* ε3 대립유전자는 현재까지 연구한 모든 인구에서의 가장 공통된 대립유전자이다. 이 대립유전자에서, TGC는 단백질에서 112번의 cystein을 부호화하고, CGC는 158번의 arginine을 부호화한다. ε2 대립유전자에서는, 158번 아미노산 자리가 cystein을 부호화하는 또 다른 TGC로 변화된 결과이다. 대신, ε4 대립유전자는 CGC 코돈이 112번 위치에서 arginine을 부호화하고 있다. 이들 세 가지 *apoE* 대립유전자는 6가지의 유전형을 만들어낸다: 즉, 각 세 가지의 동형접합체(ε4/4, ε3/3, ε2/2)와 이형접합체(ε3/4, ε2/3, ε2/4)이다. 그림 1B는 PCR-증폭 조각에 대한 제한효소 절편의 다형성을 이용한 apoE 유전 검사의 예를 보여주고 있다. 제한효소인 AϕλIII 그리고 *Hae*II는 코돈 112와 158에 특이적 대립유전자 뉴클레오티드 치환을 인식한다. 증폭된 218 bp의 PCR 산물에 대한 제한효소의 작용은 *apoE* ε3, ε2, ε4 대립유전자를 특별하게 인식하는 145 bp, 168 bp 그리고 195 bp 조각의 산물을 만들어낸다.

연구자는 적어도 하나의 *apoE* ε4 대립유전자 유전형이 알츠하이머병을 야기시킨다는 결과를 보고하였다. ε4 대립유전자를 가지고 있는 미국에 존재하는 알츠하이머병에 걸린 사람은 50% 정도이다. ε4 대립유전자는 아밀로이드판의 비율 및 신경섬유매듭 형태의 확대와 연관되어 있다. 게다가, ε4 대립유전자를 가지고 있는 사람은 총 혈청 콜레스테롤 수치를 증가시키는 것을 보여주고, 관상동맥 심장 질환을 가지고 있다. 반대로, ε2 대립유전자는 장수와 알츠하이머병 발생을 줄이는 데 관여한다. 그러나 SNP는 질병 발생에 절대적인 지시자가 아니라는 것은 중요하다. 2개의 유전된 ε2 대립유전자를 가진 사람은 알츠하이머병을 발생시키지만, 2개의 ε4 대립유전자를 지닌 사람은 발병하지 않기도 한다. *apoE* 유전자는 알츠하이머병에 연관된 여러 가지 요인 중에 하나의 유전자일 뿐이다.

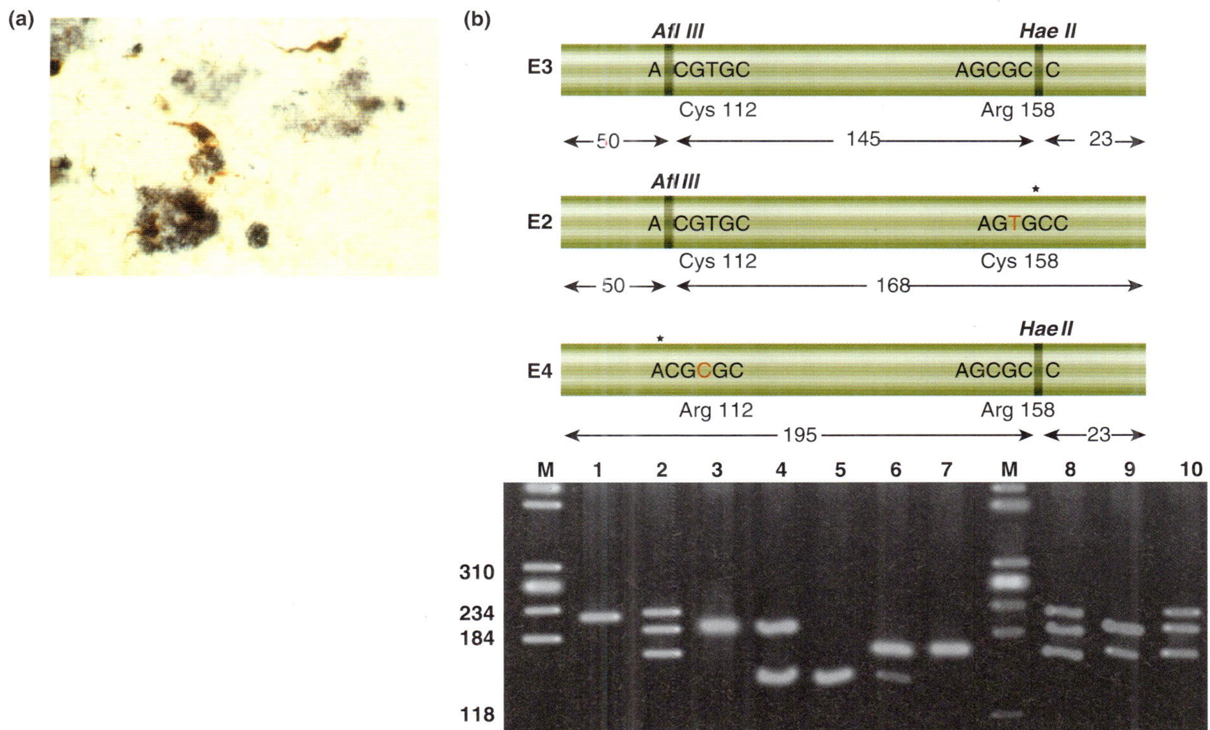

그림 1 아포지단백질 E 유전자에서의 단일염기다형성(SNP)은 알츠하이머병과 연관되어 있다.
(a) 알츠하이머병에 영향을 받은 속후각뇌피질(entorhinl cortex brain tisssue) 조직의 광학현미경 사진. 여기서 두 가지 특징을 볼 수 있다: 신경섬유매듭(갈색) 그리고 신경판(회색). 세포 구역은 anti-tau 항체로 면역염색을 하였다. (출처: Dr. M. Goedert/Science Source.) (b) 218 bp 증폭된 조각을 *Afl*III 그리고 *Hae*II 제한효소로 동시에 처리하여 조각을 내서 *apoE* 유전자 검사를 진행(위쪽 패널). *Afl*III 그리고 *Hae*II 서열의 인식 부위가 표시되었고, 수직선은 그들의 절단 부위를 나타낸다. 별표는 *apoE* ε2와 ε4 대립유전자에서 제한효소 자리의 손실을 가르친다(아래의 패널). 아가로스 젤에서 모든 *apoE* 유전자형을 전기영동으로 분리시켰다. Lane 1은 218 bp, 그리고 lane 2~7은 ε2/ε4, ε4/ε4, ε3/ε4, ε3/ε3, ε2/ε3 그리고 ε2/ε2 유전형을 나타낸다. 레인 8~10에서 보이는 잘려지지 않은 218 bp 조각은 ε2/ε4 이질 이중가닥을 나타낸다. X174를 *Hae*III로 절단한 표지자(M)는 기준으로 사용이 되었다. (출처: Reprinted from Zivelin et al. 1997. *Clinical Chemistry* 43:1657-1659. © 1997 with permission from American Association for Clinical Chemistry, Inc.)

낭포성 섬유증을 유발하는 낭포성 섬유증 막횡단 전도조절자(CFTR) 유전자 돌연변이와 같은 단일 유전자 결함의 영향을 결정하는 것은 비교적 간단하지만, 유전자 다형성을 인간 행동과 같은 복합형질과 관련시키는 것은 그리 간단하지 않다. 연구자들이 이 문제를 어떻게 해결하는지 살펴보자.

유전자 다형성과 인간 행동

1874년, Francis Galton이 첫 번째 질문을 한 이래로, 본능-환경 논쟁은 과제로 남아 있었다. 어떤 유전자가 꿀벌 또는 초파리 교배 습성에서 진행된 행동 연구 모델 시스템에서 행동을 결정하였는가와 같은 문제에 대한 대답을 통해 많은 성과가 이루어졌다. 그러나 인간 행동과 같은 복합적 영역에 대한 연구는 매우 어렵다는 것이 밝혀지고 있다. "인간 행동"은 개성, 기질 및 인지 방법에서부터 정신질환에 이르는 모든 분야를 포함한다. 단순화 모델에서는 개별적인 유전자와 행동 사이에 직접적으로 관계가 있을 것으로 예상하였다. 실제에서 관련성은 매우 복잡하다. 행동 양식은 다유전자(polygenic)에 기반한다. 예를 들면, 하나 이상의 유전자에 의해 지배되고, 각각의 유전자는 다형적일지도 모른다. 다형성 유전자 네트워크와 복합적 환경요인은 뇌의 발달과 기능에 영향을 준다. 이는 다시 행동에 영향을 줄 것이다(그림 15.2). 유전형질은 분명히 행동에서 어떤 역할을 하지만, 문제는 결정

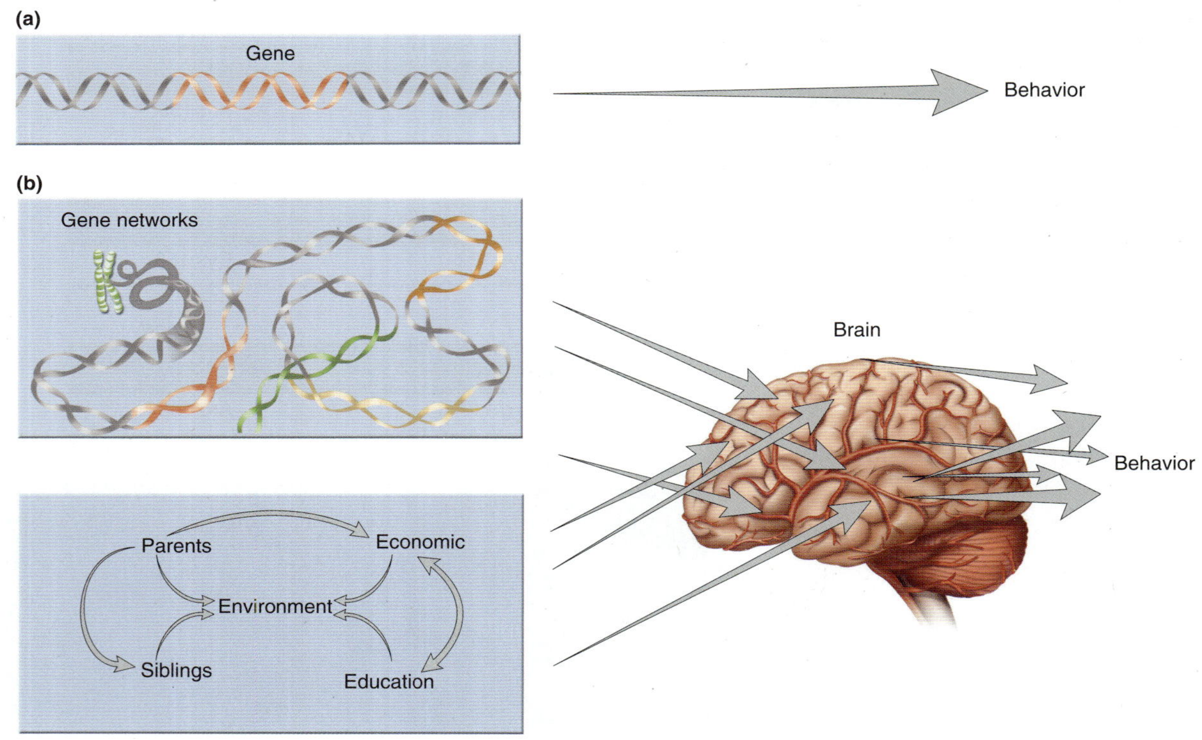

그림 15.2 인간 행동의 두 가지 측면.
(a) 인간 행동의 극히 단순화한 모델에서 개별 유전자와 행동 사이에 직접적인 직선 관계가 있다. (b) 보다 정확한 모델에서는 복합 유전자 네트워크와 복합적인 환경요인이 뇌의 발달, 기능 및 이를 통한 행동에 대한 영향을 줄 수 있음을 묘사하고 있다. (출처: Reprinted from Hamer. 2002. Science 298:71-72. Illustration: Redrawn from original illustration by Katharine Sutliff. © 2002 American Association for the Advancement of Science.)

론이나 "운명으로서의 DNA"로 번역하려는 사회적 경향이다. 일반적으로, 과학자는 인간 행동 양상의 한 측면에 대한 "유전자"에 대한 발견을 대중매체에 소개할 때 무척 조심해야 한다.

많은 요인들이 인간 행동연구를 특히 도전적인 분야로 만들었다. 행동 경향은 측정하거나 정량화하는 데 어려우므로 부정확하게 정의하는 경향이 있다. 예를 들어, 잘못된 진단이 내려지거나, 행동 경향이 연구 종료 후에 나타날 수도 있다. 연구 결과는 종종 충분하지 않은 시료의 크기, 시료 선정 오류 또는 부적절한 통계 방법 사용과 같은 오류에 의하여 나타난다. 흔히 다형성의 빈도가 일반 대중에서 어느 정도인지 또는 인종 간의 차이가 어떤지는 잘 모른다. 전 세계 연구자는 지능, 새로운 사실의 발견, 중독, 우울증과 연관된 유전자의 연구를 포함하여 여러 세대에 걸친 인간 행동의 많은 측면을 연구해 왔다. 이 장에서는 공격적 행동과 조현병에 연관된 유전자를 찾으려는 연구자의 노력에 대하여 논의할 것이다. 이 두 가지 예는 유전자와 환경 사이 상호작용의 이해에서 어느 정도의 진전이 이루어진 분야이다.

공격적, 충동적, 폭력적 행동

가족, 쌍둥이와 입양 연구에서는 폭력적 행동에 대한 유전적 소인이 0%에서 50% 이상까지 관여할 수 있다고 제안하였다. 유전성은 유전적 요인으로부터 행동 경향이 나타나는 정도를 나타낸다. 1960년대, 연구자들은 남성에서 추가된(extra) Y 염색체가 폭력 범죄와 관련된다고 보고하였다. 추가적인 연구 결과에서는 어떠한 것도 관련이 없음을 다시 보고하였다. 이는 최초의 연구가 감옥의 입소자를 대상으로 하여 사용한 시료 선택의 오류로 인해서 나타난 경우이다. 나중에 extra Y는 일반인에서도 빈번하게 관찰된다는 사실을 밝혀내었다. 더 심한 사례가 공격적 행동과 **모노아민 산화**

효소 A(monoamine oxidase A, MAOA)를 부호화하는 X 염색체 유전자 사이의 관련성 연구에서 나타났다. MAOA는 뇌에서 도파민, 세로토닌과 같은 여러 신경전달 물질을 대사시키는 효소이므로, 뉴런 사이의 소통을 간섭하는 과량의 신경전달 물질을 억제하게 된다.

MAOA 기능적 길이 다형성 1993년, 네덜란드의 한 가족에서 *MAOA* 유전자 엑손 8번의 사슬 종결 돌연변이가 비정상적인 범죄 행동과 관련되었음이 보고되었다. 그러나 이 연구에는 행동에 영향을 주는 환경적 효과에 대한 아무런 정보가 없었다. *MAOA* 유전자 전사 조절 부위에 있는 기능적 길이 다형성은 현재 전사 활성 조절에 관여된다고 알려진다. 이를 어떻게 관찰했을까? 더욱 세밀하게 살펴보자.

MAOA 유전자(그림 15.3a)의 상류에는 30 bp 길이의 반복 염기서열이 3, 3.5, 4번 또는 5번까지 반복적으로 존재한다. 그림 15.3b는 연구진이 JAR(human placental choriocarcinoma cell line) 세포에 *MAOA*의 촉진자(promoter) 부위 1, 2, 3, 4번 대립유전자를 반딧불이(firefly) 발광효소(luciferase, 루시퍼레이스)와 융합시킨 플라스미드를 이용하여 세포에 감염시킨 실험을 제시하고 있다. 세포는 항상 발현하는 바이러스 촉진자(Herpes simplex virus thymidine kinase promoter region)의 조절 하에 *Renilla* 루시퍼레이스 부호화 서열을 포함하는 플라스미드와 공동이입(cotransfected)하였다. 48시간 배양 후, 세포 추출물을 준비하여 반딧불이 발광효소(luciferase)와 *Renilla* 발광효소 활성을 분석하였다. *Renilla* 발광효소 활성은 치료로 영향받지 않았고, 내부 표준물질로 사용하였다. 반딧불이 대 *Renilla* 발광효소의 비는 임의의 발광 정도로 반복 실험한 결과를 보여준다. 비슷한 실험 결과를 다른 세포주를 이용하여 얻었다. 전사 활성의 차이는 매우 놀라웠다. 연구자진이 3.5번 또는 4번 반복하는 대립유전자는 매우 효과적으로 전사되어 MAOA 효소(높은 활성 대립유전자)를 많이 생산하는 반면, 3번 또는 5번 반복의 경우에는 적은 MAOA 효소를 생산하고 신경전달 물질을 거의 대사시키지 않는다(낮은 활성 대립유전자)고 결론지었다.

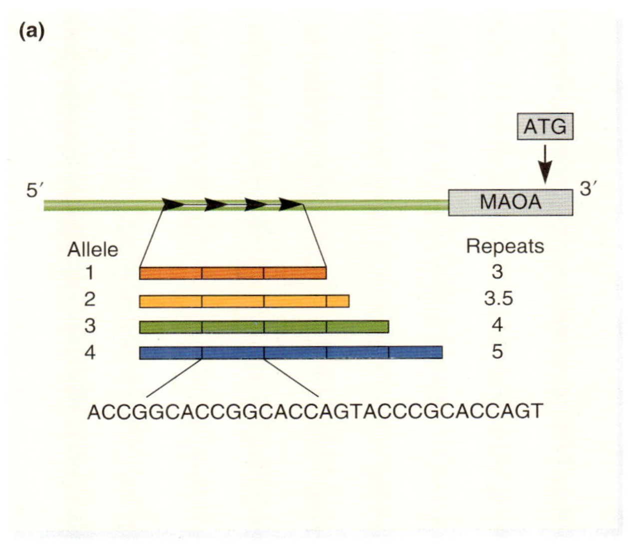

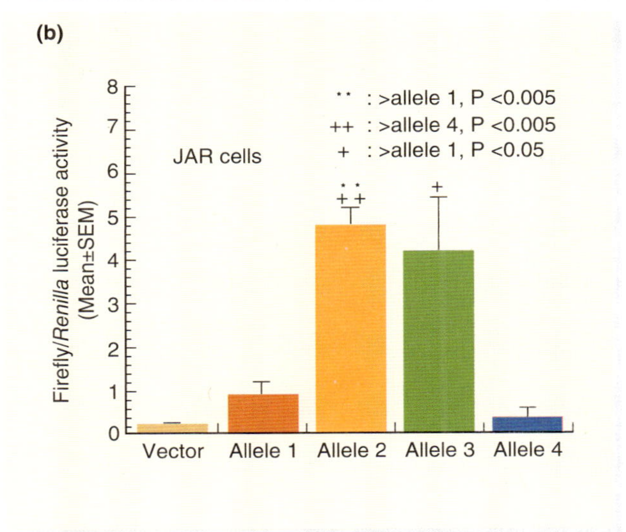

그림 15.3 MAOA 유전자 다형성의 기능적 다형성은 공격적, 충독적, 폭력적 행동과 연계되어 있다.
(a) 인간 *MAOA* 유전자 촉진자 부위의 지도. (b) 발광 보고 유전자를 이용한 촉진자 융합 분석(promoter fusion assay). (출처: Reprinted from Sabol et al. 1998. *Human Genetics* 103:273-279. © 1998 Springer Nature.)

뉴질랜드에서 진행된 연구는 출생부터 성인에 이르는 1,037명의 남성을 대상으로 진행하였고, 반복 다형성이 공격적 행동과 연관성이 있음을 밝히는 증거를 제시하였다. 그러나 이것은 초기 환경에 의존적이었다. 저자들은 높은 활성 대립유전자를 가진 학대 받는 아이가 반사회적 행동을 낮게 유발한다고 보고하였다. 대조적으로, 낮은 활성 대립유전자를 가진 학대 받는 아이의 경우 반사회적인 행동을 더 많이 하였다. 낮은 활성 대립유전자를 가지는 남성은 아마도 제한적인 양의 효소만을 생산하게 됨에 따라서, 이들이 아동학대나 알코올 중독에 노출되면, 공격적, 충동적, 폭력 범죄를 일으킬 확률이 4배나 증가되는 것이다. 여성 또한 두 대립유전자 모두 유전될 수 있지만, 남성의 경우 하나의 X 염색체만을 가지기 때문에 효과를 연구하기 쉬웠다.

인간의 연구와 비슷하게, 영장류의 공격적 행동연구도 진행되었다. 또 다른 연구에서, *MAOA* 유전자의 같은 30 bp 반복 또는 더 짧은 18 bp의 반복을 600마리의 영장류 시료를 통해 진행하였다. Apes와 Old World(Asian과 African) 원숭이는 이들 대립유전자를 가지고 있는 반면, New

World(South American) 원숭이는 가지고 있지 않았다. 최근 연구는 붉은털원숭이의 *MAOA* 유전자 촉진 부위에서 발견된 반복 다형성이 수컷의 공격적 행동과 연관되지만, 초기 환경에 또한 의존적이라는 것을 보고하였다.

조현병 민감 유전자 자리들(loci)

조현병(과거 정신분열증, schizophrenia)은 일반 인구집단의 1%가 걸리는 매우 심각한 정신질환이다. 이 질병은 피해망상, 환청, 흥미나 욕구 감소, 감정적 반응의 변화, 혼란스러운 행동과 같은 정신병 증상이 특징이다. 이런 특징은 일반적으로 10대 후반에서 20대 초반 사이에 나타난다. 치료에도 불구하고 치료 결과는 다양하게 나타나며, 전형적인 질병 진행은 부분적인 치료 효과 이후에 이어지는 재발을 특징으로 하고 있다. 조현병을 겪고 있는 사람은 작업장이나 사회적 공간에서 정상적인 생활을 하는 것이 극히 어렵다고 한다. 쌍둥이 연구, 입양 연구의 결과에서 환자의 친척들이 높은 조현병 발병율을 보인다는 사실이 확인되었다. 유전 양상이 복합적으로 관찰되는 것으로 봐서, 이 질병은 여러 위치의 유전자가 관여하는 모델이 적합한 것으로 생각된다. 그러나 많은 연구자가 집중적인 노력을 기울였음에도 불구하고, 질병 감수성이 있는 위치의 수, 각 유전자 자리와 연관된 질병 위험률, 유전적 다양성의 정도 및 각 유전자 위치 간의 상호작용 정도에 대해서는 아직 잘 모른다.

수년에 걸쳐 조현병과 관련된 GWAS-중요 유전자자리의 수는 246개로 늘어났으며, SVs도 조현병과 관련이 있었다. 가장 유망한 후속 데이터를 이용할 수 있는 추정되는 감수성 유전자는 글루탐산성 신경전달, 칼슘 채널 기능, 신경 발달 및 보체 조절(면역체계 구성 요소)의 구성 요소를 부호화하는 유전자이다. 항 위험 후보 유전자인 dysbindin(DTNBP1, dystrobrevin-결합 단백질 1로 알려짐)은 상위에 자리매김되어 있다. 조현병 환자에서 dysbindin-1은 작업 및 일화 기억에 핵심적인 역할을 하는 뇌의 일부인 해마 형성 과정에서 하향조절된다. dysbindin-1은 "허브" 단백질로 기술되어 있는데, 이는 신경 발달 및 신경 가소성과 관련된 다양한 기능을 조절하는 데 관여한다는 의미이다. 퍼즐 조각이 제자리에 계속 떨어진다.

인간 마이크로바이옴

정밀의학은 개인의 유전적 다양성, 환경, 생활양식 등을 고려하여 시작되었다. 이제 연구자는 인간 미생물군 유전체의 다양성도 고려되어야 함을 깨닫았다. 통합 인간 미생물군 유전체 프로젝트가 바로 그러한 일을 하고 있다. 우리는 모두 피부, 장, 기도 등의 우리 몸과 몸에 사는 대부분의 개별적인 미생물군을 가지고 있다. 몸과 관련된 모든 세포를 세고 분류한다면, 90%가 미생물이라는 것을 알게 될 것이다.

이 방대한 미생물군집의 구성은 환경과 개체군에 따라 다르며, 종의 구성에서 비교적 빠른 변화를 겪을 수 있다. 바이러스 감염, 임신, 자폐 스펙트럼 장애, 당뇨병, 염증성 장 질환 및 암과 관련된 변화를 포함하여 다양한 조건에서 인간과 미생물군집 간의 상호작용이 조사되고 있다. 인간 건강에 대한 마이크로바이옴의 영향은 어떤 경우에는 놀랍다. 예를 들어, 질내 미생물군집에 비교적 희귀한 종의 세균인 *Prevotella bivia*가 1% 이상 있는 남아프리카공화국의 여성은 그렇지 않은 여성보다 인간 면역결핍 바이러스(HIV)에 감염될 가능성이 거의 13배 더 높다. 두 개의 대규모 유럽인 그룹을 대상으로 한 연구에서, 장내 세균인 코프로코커스(*Coprococcus*)와 다이알리스터(*Dialister*)의 2개 속이 우울증을 앓고 있는 사람들에게서는 많이 발견되지 않는 것으로 확인되었다. 이들 세균의 부재가 우울증의 원인인지 결과인지는 분명하지 않지만, 많은 장내세균이 신경세포 기능에 영향을 미치는 물질을 합성하거나 분해하는 것으로 알려져 있다. 미생물군 유전체 프로파일링이 치료의 표준이 되어야 할 수도 있다.

15.3 암의 분자생물학

암(cancer)에 대한 가장 오래된 기록은 Edwin Smith Papyrus에서 발견되었다—약 BC 1600년경에 적힌 고대 이집트인의 의학 원고에는 다음의 내용이 쓰여 있다: "만약 당신이 가슴에 암을 갖고 있는 남자를 검사한다면, 치료법은 없다." 오늘날, 암은 미국에서 죽음을 야기하는 두 번째 원인이 된다. 미국에서 모든 남성의 절반과 모든 여성의 1/3이 그들의 일생 동안에 암을 겪게 된다.

정상 세포는 정해진 수명을 갖는다—세포는 규칙적인 틀 안에서 성장하고 분열하며 자멸사한다. 결정적인 균형은 세포 성장, 증식, 분열, 세포자멸사로 유지된다. 물려받은 유전자 결함, 화학적 발암물질, 바이러스 감염 혹은 방사선 노출 등과 같은 종양 유발 원인이 존재하는 경우, 이러한 균형은 무너지게 된다. 신체 한 부분의 세포가 조절되지 않는 상황이 될 때, 암이 발생하는 것이다. 세포가 암으로 변환되는 과정에서 다음과 같은 세 가지 특징적인 변화가 일어난다(그림 15.4).

1 **불멸성(Immortalization).** 암세포는 무기한으로 성장, 분열하는 능력을 지닌다.

2 **변환(Transformation).** 암세포는 정상적인 성장 억제를 관찰할 수 없다. 즉, 성장 과정이 세포의 성장 인자와 독립적으로 진행된다. 변환된 세포는 고형 종양(solid tumor)을 형성할 수도 있다. 성장하는 암세포의 경우에는 **혈관신생(angiogenesis)** 과정을 통해 혈액을 공급 받아야만 한다—새로운 혈관 형성.

3 **전이(Metastasis).** 암세포는 종종 본래의 조직으로부터 다른 부분으로 이동하여 성장하며, 그곳

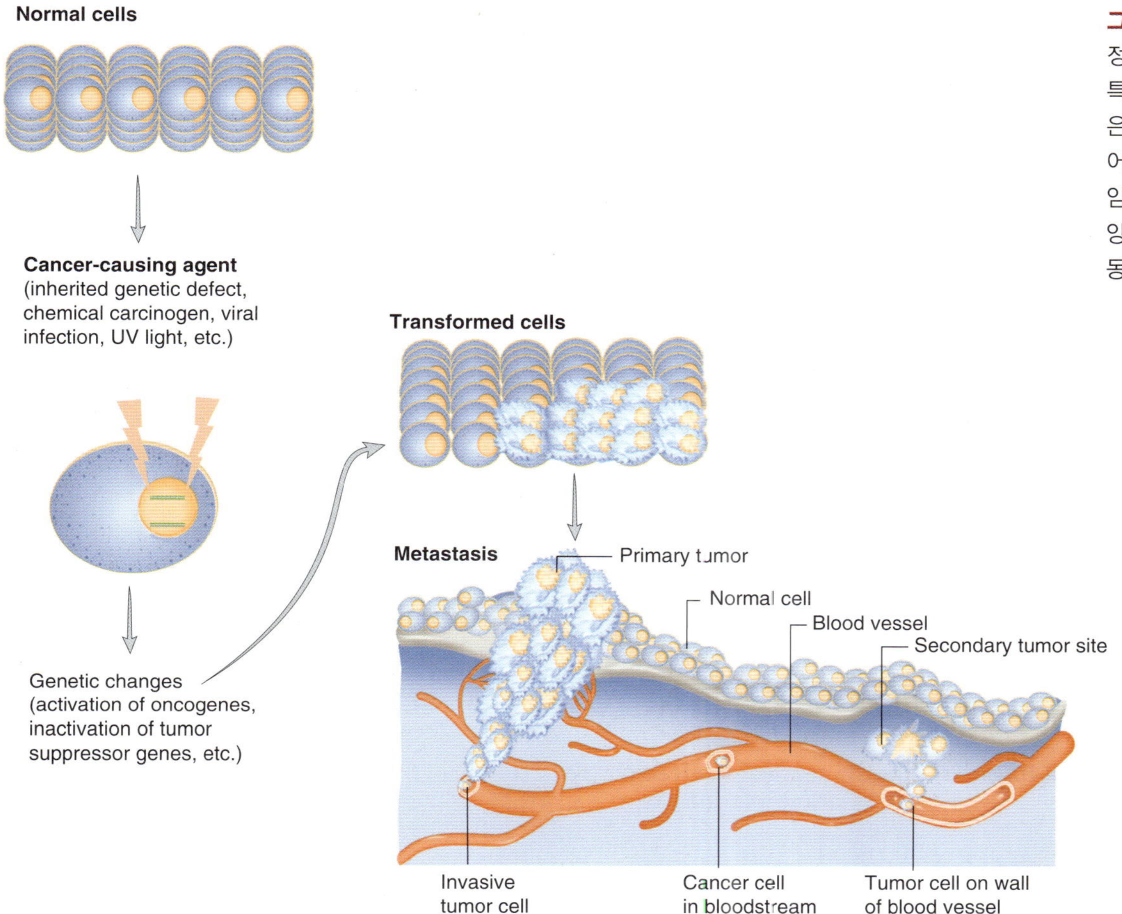

그림 15.4 암 발생 과정. 정상 세포의 성장은 각 개별 조직의 특성에 의해 제한된다. 발암 물질은 돌연변이를 유발하고, 조절을 벗어난 성장을 시작하게 한다. 전이는 암세포가 다른 장소에서 더 많은 종양을 유발하기 위해 혈류를 통해 이동할 때 발생된다.

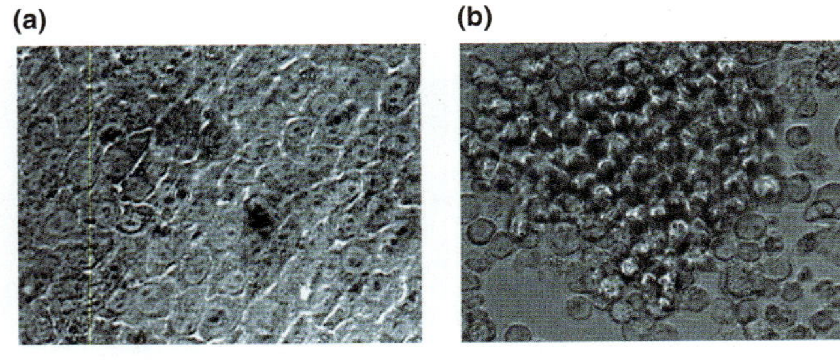

그림 15.5 배양에서 세포의 형질전환.
(a) 정상적인 쥐 섬유아세포 배양. (b) 형질전환된 세포. (출처: Reprinted from Yeatman. 2004. *Nature Reviews Cancer* 4:470-480. © Springer Nature.)

의 정상 조직을 대신하기도 한다. 전이라 불리는 이 과정은 혈류 혹은 림프관을 통해 진행되며, 다른 조직을 침입하는 능력을 지닌 암세포에 의해 유발된다. 결장암 같은 암으로부터 분리되어 나온 암세포가 폐와 같은 다른 기관에 퍼진 경우에도, 여전히 결장암이라고 지칭하며 폐암이라고 하지 않는다. 이러한 궤적은 종양의 형태적 특징이다; 예를 들어, 전립선암은 종종 뼈에 전이하고, 유방암은 폐에 전이한다. 히포크라테스는 악성종양의 무제한적 성장을 묘사하기 위해, 게(crab)에 빗대어서 그리스어로 "종양(*Carcinos*)"이라고 명명했다.

서로 연결된 과정이 계속해서 나타나는 것처럼, 우리가 암의 발병에 대한 메커니즘을 이해하는 과정은 지속적이며 복잡하게 증가하고 있다. 분자생물학자들은 처음으로 종양유전자에 대하여 학습했을 때(아래에 보이듯이), 초점은 "암유전자"를 찾는 데 있었다. 암이 단지 하나의 질병이 아니라 매우 다양한 유전질환의 집합체이며, 각각 개별 종양이 그 자신만의 "**유전적 지문(genetic signature)**"을 가지고 있다는 것은 명백하다. 종양세포에서 획득된 유전자 돌연변이는 다음 세대에서 모든 세포의 유전적 특징이 된다. 암은 여러 단계를 거치는 질병이다. 종양세포 출현은 수년 간에 걸쳐 누적된 보통 4개에서 8개 정도의 유전적 변화 축적이 필요한 것으로 확인된다. 암은 이 단일 비정상 세포 클론 확장으로 인해 발생한다. **암 운전자 유전자(cancer driver genes)**는 돌연변이(운전자, **driver 돌연변이**)가 종양 성장을 유발하는 유전자이다. 많은 운전자 유전자는 조직 특이적이고 단일 암과 관련이 있는 반면, 일부는 두 가지 이상 암 유형에서 운전자 역할을 한다. DNA 서열 분석에 따르면 돌연변이는 암세포가 증식함에 따라 계속 축적되며, 일반적으로 1000~20,000개의 체세포 점 돌연변이와 수십에서 수백 개의 삽입, 결실 및 재배열을 초래한다.

암 발생률을 높이는 유전자 돌연변이는 유전적(표 15.1)이거나 혹은 후천적으로 진행될 수도 있다. 후천적 유전자 변화는 DNA 복제 동안 자발적이거나 환경적으로 받은 실수로 인해서 발생한

표 15.1 암 소인 증후군의 선택적 표.

Cancer syndrome	Primary tumor	Defective gene(s)	Normal function of gene product	Cross-reference
Hereditary nonpolyposis colon cancer	Colorectal cancer	*MSH2, MLH1, PMS1, PMS2, MSH6*	DNA mismatch repair	Chapter 7
Xeroderma pigmentosum	Skin cancer	*XPA, XPB, XPC, XPD, XPF, XPG*	Nucleotide excision repair	Chapter 7
Familial breast cancer	Breast and ovarian cancer	*BRCA1, BRCA2*	Repair of DNA double-strand breaks	Chapter 7
Beckwith–Wiedemann syndrome	Wilms' tumor (kidney), adrenocortical carcinoma, hepatoblastoma (liver cancer)	Loss of imprinting in region of chromosome 11 including: *IGF2* $p57^{KIP2}$	Growth-promoting Growth-suppressing	Chapter 10
Neurofibromatosis type 1	Tumors that grow on a nerve or nerve tissue	*Neurofibromin (NF1)*	Tumor suppressor	Chapter 11
Li–Fraumeni syndrome	Sarcomas, breast cancer, leukemia, brain tumors	*p53*	Transcription factor: cell cycle regulation, apoptosis	Chapter 15
Familial retinoblastoma	Tumor of retina, osteogenic sarcoma	*RB1*	Cell cycle regulator	Chapter 15

다. 종양 발생과 연관된 유전자 변화는 기능획득과 기능소실이라는 두 가지 주요 범주로 나눠 볼 수 있다(기능획득과 기능소실, gain of function, loss of function). 기능획득은 **원종양유전자(protooncogenes)**와 **종양유전자(oncogenes)**의 부적절한 활성화를 초래한다. 이 유전자는 성장을 자극하고 세포 분열을 조절하며, 과민성일 때 암을 유발할 수 있다. 암세포의 또 다른 기능적 이득은 텔로머레이즈 활성을 회복시키는 텔로머레이즈 역전사효소(TERT)의 재활성화이다(6장 참조). 텔로머레이즈는 일반적으로 체세포에서 억제되지만, 공격적 암의 90%에서 부적절하게 발현된다. 또한 4가지 핵심 히스톤 모두의 N-말단 돌연변이는 종양의 약 4%에서 발생하는 암의 일반적인 발암성 원인이다. 돌연변이는 전사 기구에 대한 염색질 접근성을 조절하는 중요한 번역 후 변형을 방해한다. 기능소실은 **종양억제유전자(tumor-suppressor gene)** 불활성화를 야기한다. 이들은 세포 성장을 억제하고 발현되지 않으면 암을 유발하는 유전자이다. 기능소실의 다른 주요 역할은 DNA 복제 및 복구와 관련된 유전자와 세포자멸사 유전자이다. 복구 유전자 돌연변이는 잠재적으로 암을 유발할 수 있는 돌연변이를 교정하는 세포의 능력을 차단하고(7장 참조), 세포자멸사 메커니즘이 손상되면 암세포가 계속 증식할 수 있다.

원종양유전자와 종양유전자의 활성화

종양유전자는 생산물이 진핵세포의 악성 돌연변이를 야기하는 능력을 갖고 있는 유전자라고 정의한다. 이들은 원래 몇몇의 DNA와 RNA 종양바이러스로부터 옮겨진 "형질전환된 유전자"로 밝혀졌다. 이 "원종양유전자"는 종양유전자로 변화할 가능성을 가지는 세포의 유전자를 말한다. 이들은 레트로바이러스에 의해 옮겨진 종양유전자가 진핵세포 유전자 내부에 복제된 사본이다. 원종양유전자는 효모에서부터 인간에 이르기까지 잘 보전되어 있다. 형질전환된 레트로바이러스가 세포에서 처음 확인된 원종양유전자의 경우에는 "c-, cellular를 의미"로 명시되고, 레트로바이러스에서 처음 확인된 경우에는 반대로 "v-, viral를 의미"를 붙여서 사용한다. 종양우전자는 일반적으로 최초로 분리한 바이러스로부터 3개의 문자를 선택하여 명명된다(예를 들어, *src*, *myc*). 어떤 바이러스의 경우에는 하나 이상의 종양유전자를 유발한다(예를 들어, *erbA*, *erbB*)(표 15.2). 규약에 의하면, 유전자의 이름은 소문자와 이탤릭체로 표기하며, 단백질의 이름은 첫 글자를 대문자로 시작하고 기울여

표 15.2 바이러스 종양유전자의 선택적 표.

Retrovirus	Oncogene	Function of proto-oncogene-encoded proteins
Rous sarcoma virus	v-*src*	Tyrosine kinase
Simian sarcoma virus	v-*sis*	Platelet-derived growth factor (PDGF) β chain
Avian erythroblastosis virus	v-*erbA*	Thyroid hormone receptor
	v-*erbB*	Epidermal growth factor receptor
Kirsten strain of murine sarcoma virus	v-K-*ras*	Membrane-associated GTP-binding protein
Harvey strain of murine sarcoma virus	v-Ha-*ras*	Membrane-associated GTP-binding protein
MC29 avian myelocytoma virus	v-*myc*	Transcription factor
Abelson murine leukemia virus	v-*abl*	Tyrosine kinase
Feline osteosarcoma virus	v-*fos*	Transcription factor (often interacts with a second proto-oncogene, c-*jun*, to form the AP-1 transcription complex) (see Chapter 9)

GTP, guanosine triphosphate.

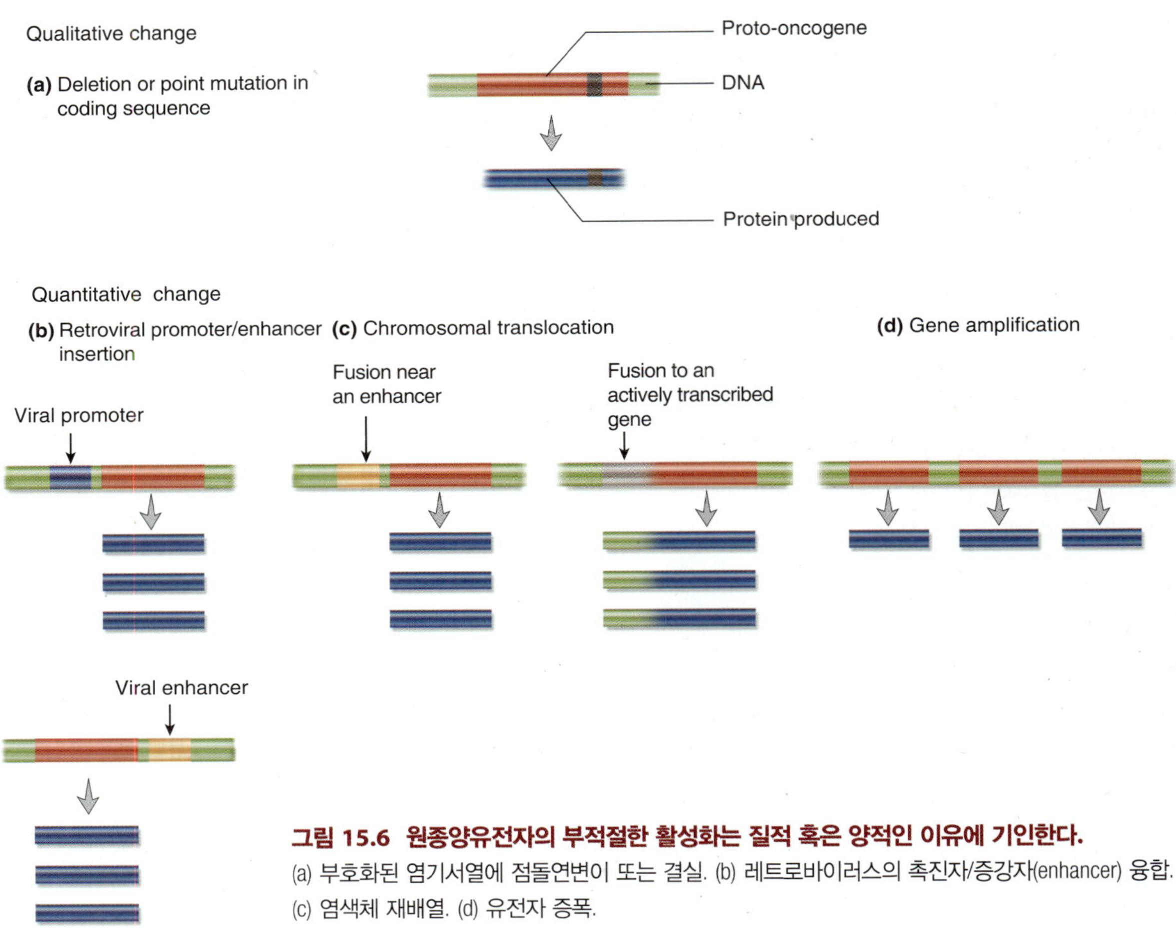

그림 15.6 원종양유전자의 부적절한 활성화는 질적 혹은 양적인 이유에 기인한다. (a) 부호화된 염기서열에 점돌연변이 또는 결실. (b) 레트로바이러스의 촉진자/증강자(enhancer) 융합. (c) 염색체 재배열. (d) 유전자 증폭.

쓰지 않는다. 전형적으로, 사람의 유전자와 단백질을 표시할 때는 대문자 표기를 전부 사용한다.

원종양유전자의 부적절한 활성화는 질적, 양적인 변화로 인한 것이다. 질적 변화는 점돌연변이와 삽입돌연변이 같이 부호화된 염기서열의 돌연변이로 인한 것이다(그림 15.6a). 반면에 양적 변화는 유전자 발현의 부적절한 조절로 인한 것이다. 이는 레트로바이러스의 촉진자(promoter)/증강자(enhancer) 융합, 염색체 자리옮김, 유전자 증폭과 과발현으로 야기된다(그림 15.6b). 레트로바이러스의 융합에 의해 강한 촉진자가 상위 부분에 위치하면 정상 단백질의 과생산을 유발한다. 강한 증강자 근처(상위 부분 혹은 하위 부분) 배열 또한 정상적인 단백질 과생산을 유발한다. 염색체 재배열은 또한 유전자 주변에 강한 증강자를 유발하여 정상 단백질을 과다 생산하게 된다(그림 15.6c). 또 다른 방식으로, 하나의 유전자에 이미 활성화된 유전자를 융합하게 되면 융합 생산물의 과다 생산이나 융합 단백질의 과잉 활성화를 초래한다. 마지막으로, 유전자 증폭은 유전자의 과다 발현을 유발하고, 정상 단백질을 매우 많이 생산하게 된다(그림 15.6d). 종양유전자가 바이러스(예를 들어, DNA 종양 바이러스나 레트로바이러스)에 의해 들어가는 경우 유전체 내의 원종양유전자 돌연변이를 유발하는데, 이는 원종양유전자를 우성 대립유전자가 되게 한다.

원종양유전자는 세포 내에서 수행하는 정상적인 기능에 기초하거나 혹은 다른 알려진 단백질에서 서열의 상동성에 근거하여 분류되어질 수 있다(그림 15.7). 예측하는 바와 같이, 원종양유전자는 세포 성장과 증식, 분화, 그리고 세포자멸사(apoptosis)를 조절하는 다양한 신호전달 모든 단계에서 확인되었다. 이들은 분비형 성장인자, 세린 인산화효소(serine kinase)와 타이로신 인산화효소(tyrosine kinase) 같은 세포질 단백질, 신호전달을 포함하고 있는 표면 또는 막-연관 단백질, 그리

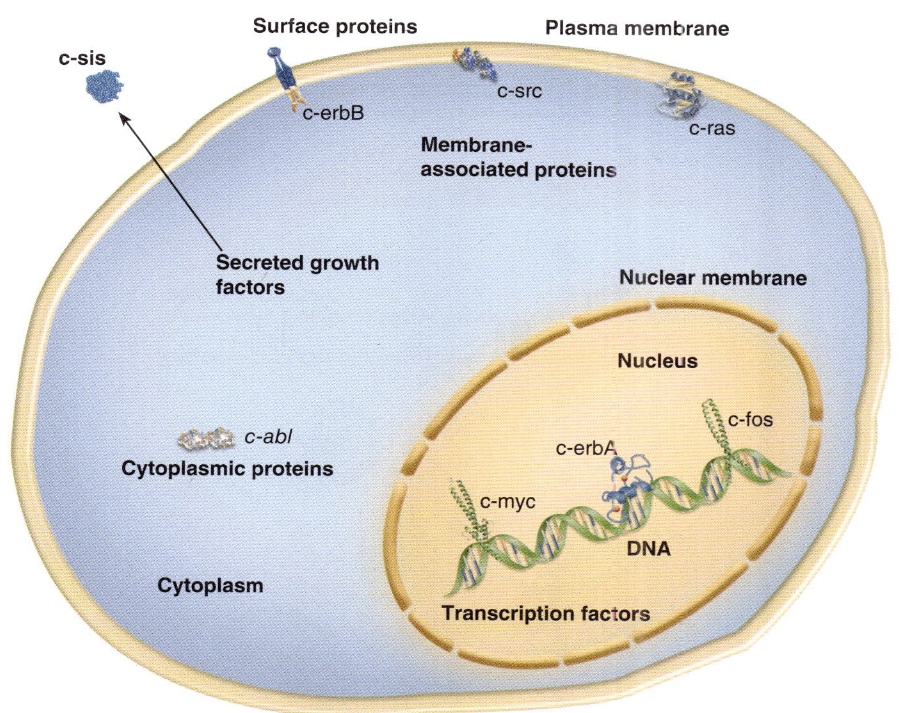

그림 15.7 부호화된 원종양유전자 단백질의 세포 위치와 기능. 원종양유전자는 분비되는 성장인자, 세포질 단백질, 신호전달 과정에 포함된 표면 및 막 연관 단백질, 그리고 전사인자를 부호화한다.

고 전사인자와 같은 단백질을 부호화하는 유전자를 포함하고 있다. 현재까지 알려진 모든 원종양유전자(>100)에 대한 토의 과정은 이 책의 유효 범위를 넘어선다. 대신에, 아주 잘 특정화된 몇몇 유전자에 대한 선택적인 설명을 이 절에 포함하였다. 타이로신 인산화효소와 전사인자의 예는 종양유전자에 의해 강한 영향을 받는 복합경로를 설명하는 데 사용된다.

v-*src* 타이로신 인산화효소 **타이로신 단백질 인산화효소(tyrosine protein kinase)**는 인산염을 아데노신삼인산(ATP)으로부터 표적 단백질 위에서 특이한 타이로신 위치로 옮기는 효소이다. 표적 단백질의 인산화 작용은 다양한 과정, 즉 세포 성장, 분화, 자멸사에서 중요한 역할을 갖는 신호전달 경로 활성화를 이끈다. 많은 종양유전자는 인간의 암에서 과발현되거나 규칙을 깨버리게 되는 타이로신 인산화효소를 부호화한다. 이들 중 하나인 v-*src*는 최초의 종양유전자로 발견되었다. 이는 라우스 육종 바이러스 복제를 목적으로 하지 않은 "추가" 유전자로 1970년에 발견되었다.

c-*src* 유전자는 막연관 비수용체 타이로신 인산화효소를 부호화한다. 이 단백질은 4개의 **SRC 상동(SRC homology, SH) 영역**을 가지게 된다. SH1 영역은 인산화효소 활성을 가지게 된다. 인간 c-*src*의 불활성화는 C-말단에 c-Src 타이로신 인산화효소(CSK)에 의해 인산화될 때 생겨난다(그림 15.8). 인산화될 때, C-말단은 화학 분자 구조가 변하고 단백질에 SH(SRC 상동) 영역과 상호작용한다. SH3 영역과 인산화 영역 간 상호작용에 따라 닫힌 구조를 만들고, 이는 기질이 인산화 영역에 접근하는 것을 막게 된다. C-말단은 PTP1B와 같은 인산염분해효소에 의해 탈인산화되고, c-Src는 활성화된다. 이러한 결과는 열린 구조를 초래하게 되는데, 이는 기질의 인산화 영역에 접근을 허용하게 하는 것이다. 완전한 활성화는 c-Src에 Tyr419(Y419) 혹은 v-Src에 Tyr416(Y416) 자리의 자가인산화가 관여한다. 바이러스 종양단백질인 v-Src는 C-말단 음성 조절 영역이 결핍되어 있고, 단백질 전체를 통해 많은 아미노산 변화를 가진다. 이러한 결과는 정상적으로 효소의 SH 영역과 상호작용하여 닫힌 구조 또는 불활성화된 입체형태를 안정화시키는 아미노산의 소실을 유발한다.

c-Src 과발현과 효소 활성 증가는 결장암, 간세포암, 췌장암, 위암, 식도암, 유방암, 난소암 그리

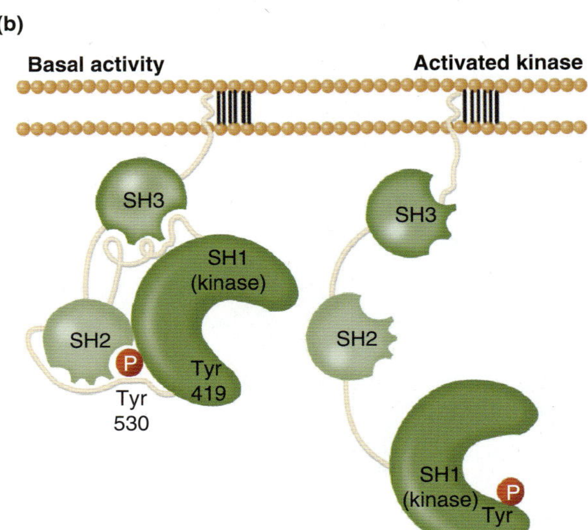

그림 15.8 c-Src의 활성화. (a) 인간의 c-Src와 바이러스의 c-Src의 구조 비교. (b) 인간 c-Src의 불활성화는 인산화에 의해 불활성화되고 탈인산화에 의해 활성화된다. P, 인산화. (출처: Adapted from Martin. 2001. *Nature Reviews Molecular Cell Biology* 2:467-475. © 2001 Springer Nature.)

Focus Box 15.1

암세포는 어떻게 전이되는가: Src의 역할

발생한 곳의 암조직으로부터 다른 조직으로 퍼지고 이어서 계속적으로 성장하는 현상인 전이는 이 질병의 생명을 가장 위협하는 특징이다. 전이되기 위하여, 암세포는 세포와 세포 사이의 연결을 상실하여 운동성을 갖게 된다. 어느 곳이든지 20개에서부터 95개까지의 다른 유전자 또는 유전자 패밀리의 부적절한 발현은 암 세포의 침투와 밀접하게 연관되어 있다. 여러 증거들은 *src* 종양유전자가 전이 과정에서 중추적인 역할을 하고 있다고 제안한다.

세포의 운동성은 높은 조절 과정으로 제어되고, 여러 단계의 현상으로 일어난다. 첫 단계 중 하나는 라멜리포디아(lamellipodia)와 필로포디아(filopodia) 같은 세포 돌출의 형성이다. Ha- 그리고 K-*ras*는 다른 침범 관련 유전자의 전사와 라멜리포디아의 신장을 촉진시켜 주는 작은 GTPases이다. 이 원종양유전자는 암세포에서 종종 부적절하게 발현된다. 세포는 세포 돌출의 형성과 연장 과정을 통해서 방향성을 가지고 움직이는 것으로 생각된다. 이러한 돌출은 진행하는 부분의 모서리 쪽에 위치한 세포외 기질과 안정적인 부착을 형성하여 돌출을 앞으로 이끌게 된다. 이것은 다른 세포(점착 접합, adherens junctions)와 기저막 기질(focal adhesions)로부터 점착의 유리와 후미부 말단의 퇴축(retraction) 과정이 이어진다. 점착 접합(adherens junction)은 주변 세포 사이의 E-카드헤린 당단백질 사이에 발생하는 결합을 통하여 세포–세포 사이 접합 상태를 가능하게 한다. 세포질 복합체는 다양한 카테닌과 c-Src에 의하여 구성되며,액틴 세포 골격에 E-카드헤린 동종이합체를 연결한다. 국소 부착(focal adhesion)에서, α-와 β-인테그린 소단위체의 이종이합체는 그들의 세포외 영역을 통해서 세포외 기질과 결합한다. 이들의 세포질 영역은 액틴 세포골격에 인테그린을 연결하는 c-Src를 포함하는 단백질 복합체에 결합한다. 점착 접합과 국소 부착의 파괴는 c-Src에 의해 조절된다.

c-Src는 기질-금속단백질분해효소(matrix-metalloproteases, MMPs)와 그들의 조직 억제제를 조절하여 암세포의 운동성에 영향을 미친다. 기질-금속단백질분해효소는 주변 조직의 침입과 운동성을 방해하는 세포외 기질을 분해한다. 게다가, STAT3(signal transducer and activator of transcription 3)의 c-Src에 의한 활성화는 종양내 혈관신생을 촉매하는 신호 분자인 VEGF(vascular endothelial growth factor)의 발현을 증가시킨다. c-Src의 이런 다양한 기능은 종양 진행과 전이에서 기여를 한다.

고 폐암을 포함한 수많은 암에서 관찰된다. c-Src가 가장 많이 연구된 원종양유전자 중 하나임에도 불구하고, 암에서의 역할은 아직 완전히 밝혀지지 않았다. 그러나 c-Src를 경유하는 많은 경로는 밝혀지기 시작하였다. 왕성한 세포 증식 촉진 기능 이외에도, 암에서 c-Src의 주요 역할은 **상피에서 간엽으로의 전이(epithelial-to-mesenchymal transition)**를 조절하는 것이다(Focus Box 15.1). 이러한 모든 세포내 기본적 과정은 종양 진행과 전이 동안 조절이 안 된 상태가 된다.

c-*myc* 전사인자 c-*myc*은 변형된 유전자 발현을 통해 세포 기능의 다양성을 조절하는 중추적 "종양 유발 스위치"이다. v-*myc* 유전자는 원래 조류 골수세포종 바이러스에서 확인되었다(표 15.2). c-*myc*은 나선-고리-나선 전사인자(9장 참조)를 부호화하며, 나선-고리-나선 상대방인 Max와 같이 이합체를 형성한다. 정상 세포에서, c-*myc*은 단지 세포가 활발하게 분열하거나 대부분 세포 유형의 말단 분화를 억제할 때 발현된다. Myc−Max 이종이합체 단백질은 세포주기 조절과 세포자멸사, 또는 세포 점착과 관련된 많은 유전자의 발현을 조절한다(그림 15.9). c-*myc* 과잉 발현은 종종 유방암, 결장암, 자궁경부암, 전립선암, 피부암, 간세포암(간), 그리고 소세포 폐암, 그리고 백혈병의 몇몇 형태를 포함한 많은 악성종양과 연관된다. 미국내 연간 암 사망자 중 대략 100,000명이 c-*myc* 유전자 혹은 그 발현의 변화와 연관되었다고 추정된다.

종양억제유전자의 불활성화

세포 원종양유전자 발견은 암의 발생 메커니즘을 밝히는 한 가지 방식을 알려주었다. 게다가, 이들의 발견은 종양억제유전자인 세포 유전자의 다른 부류를 확인하는 데 도움을 주었다. 종양억제유전자 생산물은 종양유전자의 생산물과 같이 세포 성장과 분열을 조절하는 중추적인 역할을 하며, 정상 세포의 기능을 유지하는 데 필요하다. 암은 종양억제유전자에 두 가지 독립적인 돌연변이가 발생하였거나 종양억제 대립유전자의 기능을 소실하는 "적중(hits)"이 생겼을 때 발생한다. 이러한 기능 소실은 산발적이거나 유전적인 경우 모두 나타날 수 있다. 만약 하나의 대립유전자 손상이 유

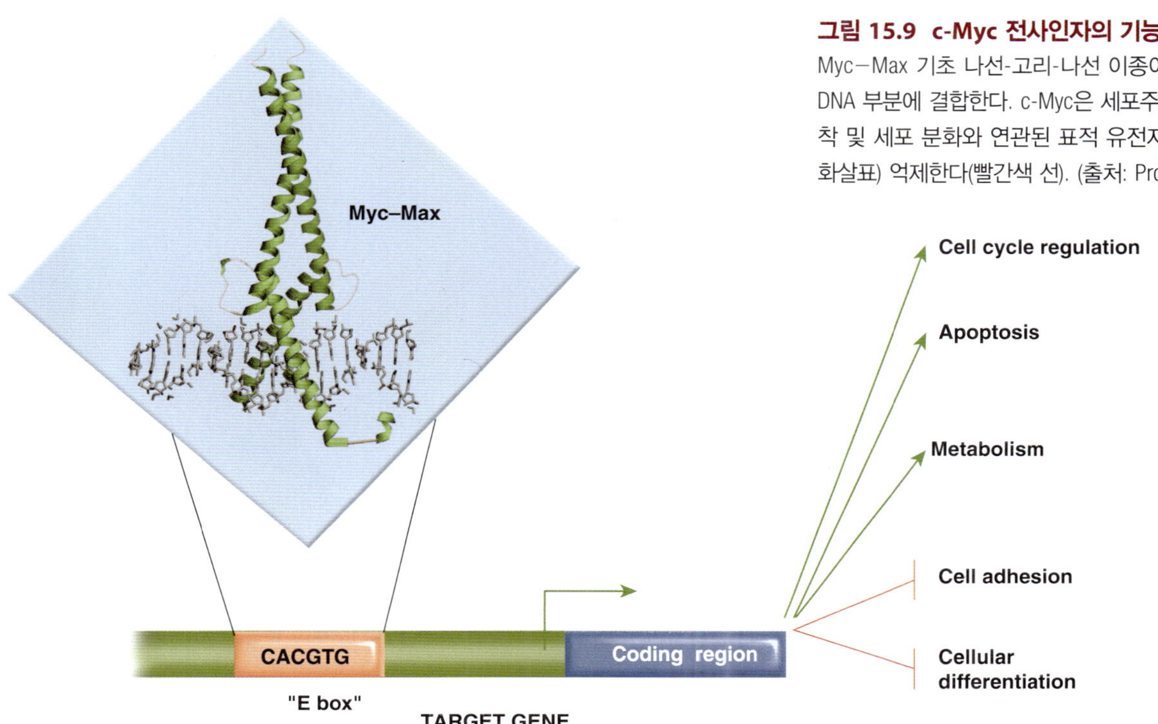

그림 15.9 c-Myc 전사인자의 기능. Myc−Max 기초 나선-고리-나선 이종이합체는 E 박스라 불리는 표적 DNA 부분에 결합한다. c-Myc은 세포주기 조절, 자멸사, 대사, 세포 점착 및 세포 분화와 연관된 표적 유전자의 발현을 활성화하거나(녹색 화살표) 억제한다(빨간색 선). (출처: Protein Data Bank, PDB: 1NKP.)

전되면, 개체는 암에 대해 "**유전적 경향(genetic predisposition)**"을 갖게 된다고 말한다. 체세포의 두 번째 대립유전자에 발생한 산발적 돌연변이는 종양을 유발하게 된다. 종양억제유전자의 기능 결손은 동일 세포에서 2개의 산발적 돌연변이에 의해서는 매우 낮은 빈도로 발생하게 된다. 가장 잘 연구된 두 가지 종양억제유전자는 망막모세포종양(pRB)과 p53 단백질을 부호화하는 유전자이다.

망막모세포 단백질: 세포주기 통제 스위치 망막모세포(RB) 단백질 유전자는 최초로 클론된 종양억제유전자이다. 이 유전자는 소아에서 유전적인 암 증후군을 유발하는가? **망막모세포 단백질(retinoblastoma protein, pRB)**은 "주머니(pocket)" 단백질 패밀리 중 하나이다. 이 패밀리는 바이러스 종양단백질 결합 영역을 공유하는 것으로 알려져 있다. 처음에는 하나의 기능을 가지고 있다고 알

Disease Box 15.2

Knudson의 "two-hit" 가설과 망막모세포종

수년 동안, 암 생물학에서 풀리지 않는 문제는 어떻게 몇몇 암의 형성은 유전적(inherited)이고, 다른 것들은 산발적(sporadic)으로 될 수 있는가였다. 두 적중 가설(two-hit hypothesis)은 1971년 Alfred G. Knudson 박사가 다른 정상 세포에서 돌연변이를 임의로 야기하기 때문에 발생한 "감수성 유전자"를 가진 사람의 암 발생과 정상 유전자의 산발적인 돌연변이에 의해 생성된 암에 대한 이해를 위해 통합된 모델을 제시되었다.

Knudson은 망막 종양의 하나인 망막모세포종에 걸린 아이를 연구하고 있었다. 그는 종양이 유전된 경우와 질병에 "민감성"을 보이지 않는 경우의 환자들 사이에서 차이점을 발견하였다. 결함 있는 대립유전자가 유전된 몇몇 아이는 종양이 발생하지 않았다는 사실을 바탕으로, 돌연변이의 유전만으로는 종양 형성에 충분하지 못하다는 것을 알았다. knudson이 제안한 것은 돌연변이 대립유전자를 유전시키는 "첫 번째 적중(first hit)"과 수정 후에 생긴 또 다른 적중이 종양을 만든다는 사실이었다. 두 번째 대립유전자의 결손은 "속도 제한적" 단계에 해당되고, 망막세포의 산발적인 돌연변이에 의해 발생된다. 유전 경향을 보이지 않은 아이에서도 *RB*로 알려진 동일 유전자는 발생하지만, 이 아이는 수정 후에 "두 적중"을 갖게 된 경우이다(그림 1). 이러한 "적중"은 환경 독성, 식이 요소, 방사선 또는 때때로 정상 세포의 분열 동안 발생하는 무작위적인 여러 종류의 돌연변이와 같은 많은 방법으로 발생될 수 있다. 예를 들면, "이형접합성의 소실(loss of heterozygosity)"은 유전자 전환, 비분리(nondisjunction) 현상 혹은 유사분열 동안의 재조합에 의해 일어날 수 있다.

1976년에, Knudson과 동료들은 망막모세포종을 갖고 있는 몇몇 환자에서 염색체 13번의 일부 부위가 소실된 것을 발견하였다. 1986년에, 과학자들이 이 위치에서 *RB* 유전자를 클론하였고, 종양억제유전자와 같은 기능을 자세하게 연구하였다. *RB*의 결손은 역시 골육종을 포함하는 다른 급성암과 작은 소세포 폐암을 야기한다. *RB*의 파괴와 그 이상의 추가적인 돌연변이는 망막모세포종 혹은 다른 암 발생에서 필수적으로 나타나는 현상이다. 생쥐 모델은 이런 돌연변이가 세포의 분화 과정을 조절하는 유전자에서 발생한다는 것을 보여준다. 망막 세포가 특히 *RB*의 파괴를 만드는 형질전환에 대한 감수성이 왜 높은지에 대한 설명은 아직 숙제로 남겨진 상태이다.

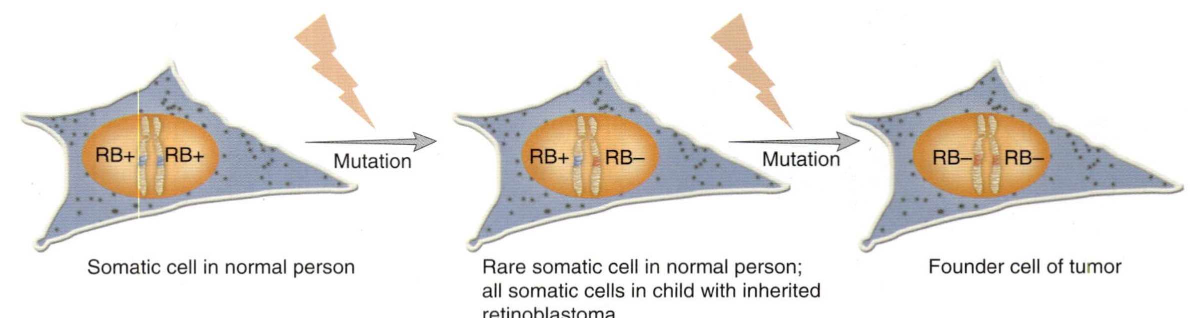

그림 1 Knudson의 두 적중 가설과 망막모세포종의 발생.
망막의 종양인 산발성 망막모세포종은 단지 하나의 적중만을 요구한 유전성 형태로부터 높은 침투도를 보여야 하며, 두 번째 적중이 있어야 발생한다.

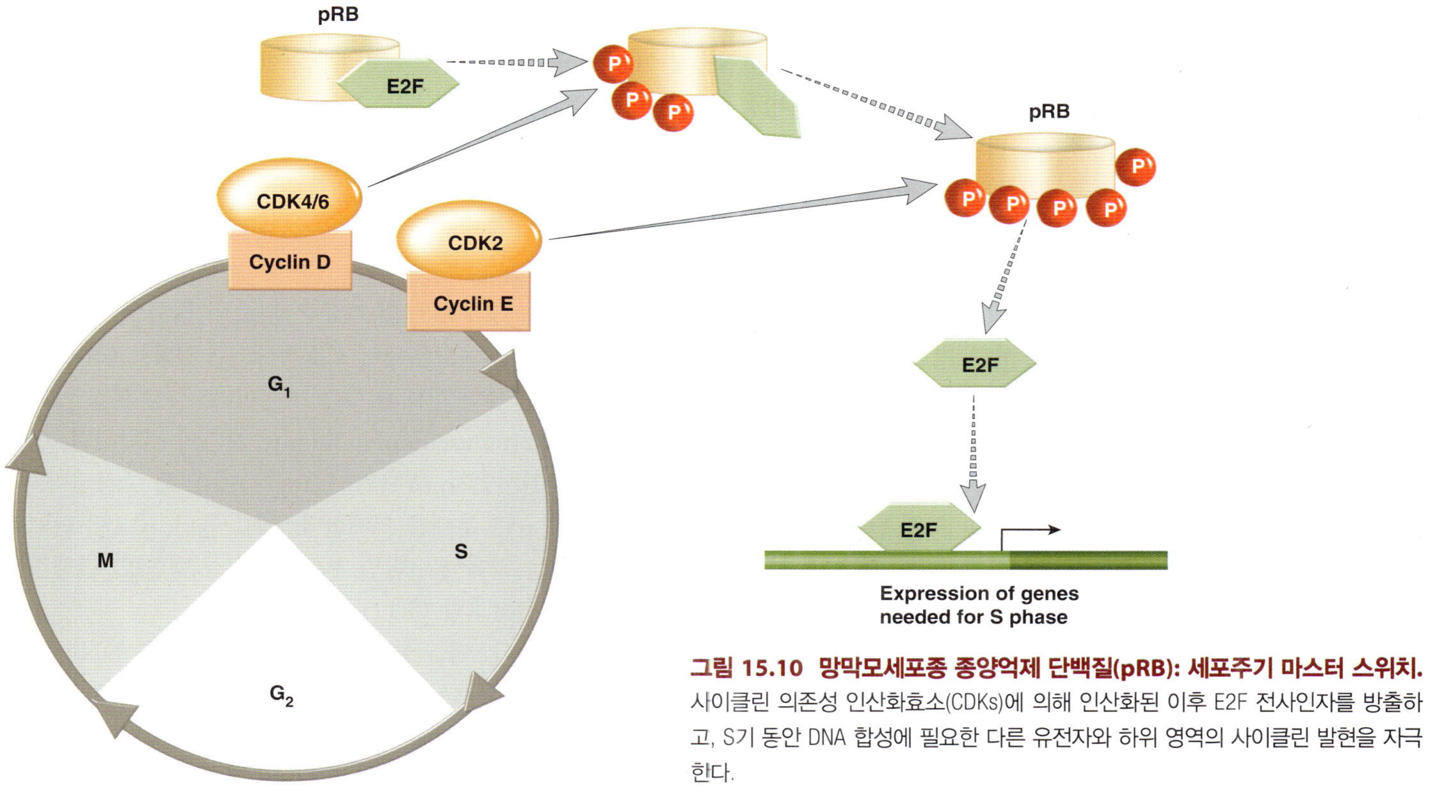

그림 15.10 망막모세포종 종양억제 단백질(pRB): 세포주기 마스터 스위치. 사이클린 의존성 인산화효소(CDKs)에 의해 인산화된 이후 E2F 전사인자를 방출하고, S기 동안 DNA 합성에 필요한 다른 유전자와 하위 영역의 사이클린 발현을 자극한다.

려진 다른 단백질들처럼, 지금은 pRB가 많은 기능을 갖고 있다고 알려진다. 이 때문에, pRB는 "세포주기 통제 스위치"라고 종종 불린다.

종양억제유전자 단백질은 DNA 복제, 세포 분화, DNA 복구, 세포주기 점검점, 그리고 세포자멸사 조절에 연관되어진다. 사실, pRB는 100개의 다른 세포 단백질 이상과 상호작용할지 모른다. pRB의 정상 세포 기능 중 하나는 세포가 DNA의 복제시기인 S기에 들어서는 것을 막는 것이다(그림 15.10). 인산화가 적게(hypophosphorylated)된 pRB는 E2F 전사인자 복합체와 결합하고, 표적 유전자의 조절 요소에 결합하려는 E2F를 막고 있다. E2F 복합체는 DNA 복제와 세포 증식에 필요하다. 세포주기의 중후반부 G_1기 동안, pRB는 사이클린-D와 사이클린 E−의존 인산화효소 복합체에 의해서 인산화된다. 세포주기가 조화된 CDK(cyclin-dependent kinase) 복합체의 활성화에 의해서 진행된다는 사실을 상기하자(6장). CDKs는 전체 세포주기에서 발현되지만, 사이클린과 같은 활성화된 소단위체는 빠른 합성과 분해 사이를 왕복한다. CDKs는 인산화를 통해 pRB를 불활성화시키는데, 이는 G_1에서 S기로 넘어가는 것을 조절하는 중요한 점검점이 pRB이기 때문이다. pRB가 인산화된 후, E2F 복합체는 유리되고 그것의 표적 유전자를 활성화시킬 수 있다.

한편, 만약에 pRB가 없다면, E2F 복합체는 제한 없는 세포 성장의 결과를 초래하여 S기 특이 유전자를 지속적으로 자극하게 될 것이다. 이 점을 확인하기 위해 가장 흔한 소아암인 급성 림프성 백혈병의 경우를 살펴보기로 한다. pRB는 CDK2의 촉매 활성으로 인해 인산화된 상태로 pRB를 유지하기 때문에 효과적으로 "결실 상태"가 된다. 비록 이런 세포 증식이 높게 나타나지 않을지라도, 세포자멸사나 분화 과정의 소실은 결과적으로 악성세포 축적을 초래한다. pRB의 결정적 중요성은 녹아웃(knockout) 쥐 연구에서 가장 두드러진다. $pRB^{-/-}$ 쥐는 눈의 수정체, 근육, 혈액, 뼈, 그리고 신경 세포를 포함하는 많은 조직에서 발생 단계의 심각한 결손과 함께, 배 발생 13.5일 쯤에 자궁 내에서 죽는다.

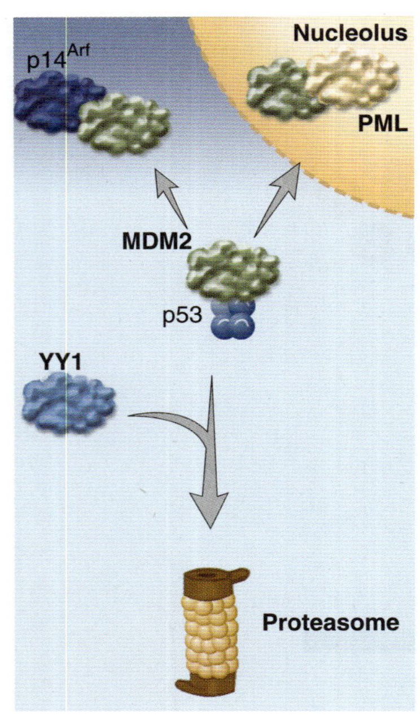

그림 15.11 p53 분해 메커니즘. p53은 프로테아솜 매개 분해에 의해 세포에서 낮은 수준으로 유지된다.

p53: "유전체의 수호자" 종양억제 단백질 **p53**(53 kDa의 분자량에서 이름을 명명)은 종종 "유전체 수호자"로서 인용된다. 이는 DNA 손상 조절 체계의 다양한 구성 요소를 조절하고, 세포 스트레스 신호 반응으로 유도되는 가장 흔한 유전자 중 하나이다. 전사인자로서 p53은 많은 표적 유전자를 활성화 혹은 억제할 수 있다. 미세배열(microarray) 분석을 통해 100개가 넘는 유전자가 p53에 의해 조절 받는다고 알려졌다. 생물정보학 연구는 4,000개 이상의 인간 유전자가 촉진자(promoter) 지역에서 p53 결합자리를 포함하는 것으로 보아 더 많은 수의 유전자가 p53에 의해 조절될 것이라 예견된다.

p53 조절은 아주 복잡하다. 정상 세포의 경우 p53의 수준은 낮으며 끊임없이 바뀐다. p53 발현 수준은 전사 단계 및 전사 후 단계 양쪽 모두에서 조절 받을 수 있다. 그러나 대부분 조절은 주로 p53 단백질의 안정성 증가를 통한 단백질 수준 조절이다. 정상 환경 아래에서, p53이 유비퀴틴 E3 연결효소인 MDM2(mouse double minute 2)와의 결합하면, 단백분해소체 분해의 표적이 된다. 이 과정은 전사인자 YY1(Yin Yang 1)에 의해 증강된다. 다양한 억제 단백질은 여러 메커니즘을 통해 p53 분해를 억제한다. 예를 들면, $p14^{Arf}$ 단백질은 MDM2와 결합하여 E3 연결효소 활성을 억제하는 반면, PML(골수성 백혈병) 단밸질은 MDM2와 결합하여 핵소체에 그것을 격리한다(그림 15.11).

세포 스트레스 신호는 p53 발현을 유발한다. 예를 들면, 자외선 조사로 인한 DNA 손상은 태양에 노출되어 화상을 입은 피부 세포에서 p53 활성화를 유발한다. 세포주기의 단계에 따라, DNA 손상은 두 가지 가능성 있는 결과를 초래한다; 세포주기 정지와 복제 전 DNA 복구 혹은 세포자멸사(예로 심한 태양광에 의한 화상을 입은 피부의 박피현상). 만약 DNA 손상이 G_1기 초기에 발생한다면, 점검점(checkpoint)은 세포주기를 막는 p53에 의해 유도된다. p53은 CDK 억제자를 부호화하는 *p21* 유전자를 활성화한다. 억제자는 사이클린 D–CDK4와 사이클린 E–CDK2의 작용을 막고 G_1기의 정지를 일으킨다(그림 15.12). 결론적으로, pRB는 S기 특이 유전자 활성화에 필요한 E2F 전사 복합체 분해를 이끌게 되고, pRB는 과도한 저인산화 상태를 유지한다(그림 15.10 참조). 세포주기는 손상이 복구될 때 다시 진행한다. 비록 미토콘드리아-매개와 사망 수용체-매개 세포자멸사 경로에서 역할을 하는 것은 알려졌지만, 세포자멸사의 촉진자로서 p53의 능력은 잘 알려지지 않았다.

암에서 p53의 역할 *p53* 유전자의 변화는 자궁, 유방, 신장, 전립선, 간, 폐, 피부 그리고 결장을 포함하는 많은 암과 연관되어 있다. 인간의 모든 암 중 80%는 p53 단백질의 한쪽 대립유전자 과오 점돌연변이나 염색체 17번에 위치한 p53 단백질 결손(pRB와 유사)을 초래하는 양쪽 대립유전자의 결손으로 인하여 발생한다. *p53* 돌연변이는 유전성 종양 증후군인 리-프라우메니(Li-Fraumeni) 증후군(1969년 발견자의 이름에서 명명)과 연관되어졌고, 이는 뇌종양, 육종, 백혈병, 그리고 유방암에 대한 높은 발병율을 나타낸다(표 15.1 참조).

*p53*의 한쪽 대립유전자에서 발생한 과오 점돌연변이는 우성 음성(dominant negative) 돌연변이 단백질 생산 결과를 초래한다. 우성 음성 방식의 이러한 형태는 흔히 종양유전자와 연관되었으며, *p53*이 종양유전자인지 종양억제유전자인지에 대한 초기 혼란을 유발하였다(Focus Box 15.2). 우성 음성 *p53*은 종양억제유전자 기능을 잃을 뿐만 아니라 불활성 이형사합체(heterotetramer)를 형성하여 야생성 p53의 활성을 억제하였다(그림 15.13). 야생성 p53 이형사합체(heterotetramer)는 종양억제 기능을 유지하지만, 단지 1개의 돌연변이가 포함된 *p53* 소단위체를 가지는 이형사합체의 경우에도 제어되지 않는 세포 증식을 이끌어낸다. 돌연변이 *p53* 단백질에 대한 기능 조절은 거의 알려지지 않았지만, 야생형 p53과 결합하는 상대방 단백질에 대해서는 알려져 있다. 인간 암에서 발견된 *p53* 돌연변이의 80% 이상은 p53의 자멸사 기능을 조절하는 단백질과 DNA-결합 단백질 중

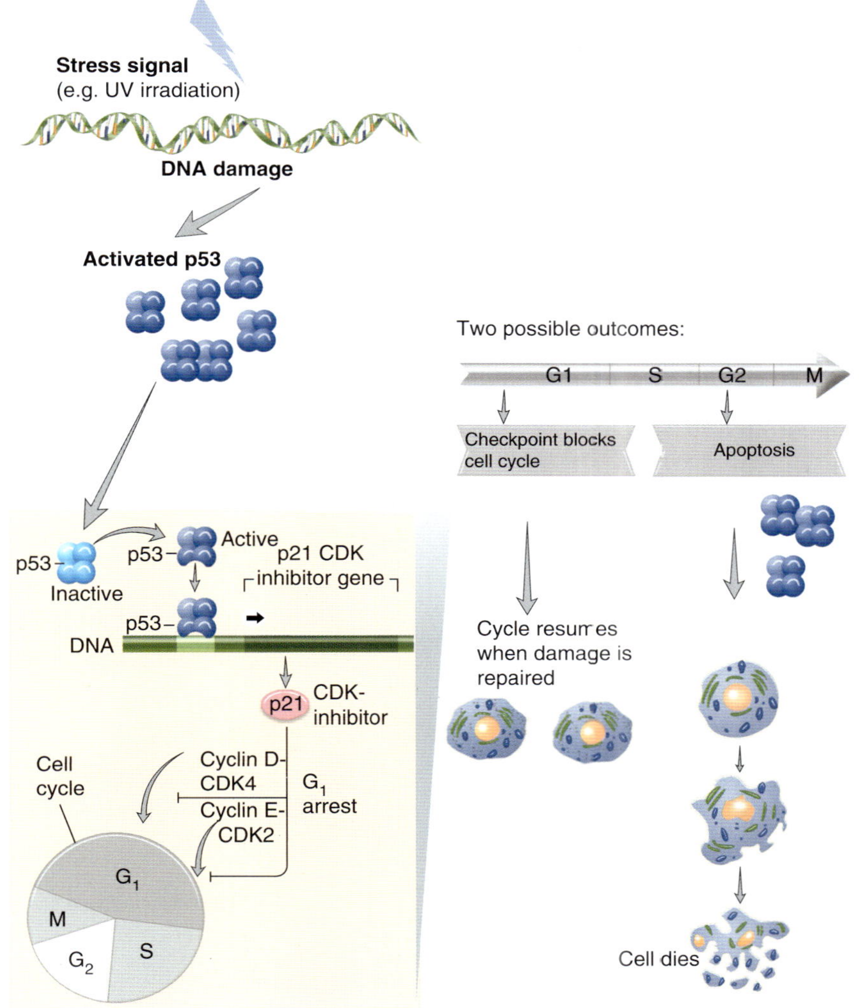

그림 15.12 종양억제 단백질 p53: "유전체 수호자." 자외선 조사와 같은 세포손상 신호는 p53과 전사 활성 증가를 유도한다. 세포주기 중 G1 초기에 DNA 손상이 발생하면, p53은 세포주기 정지를 중재하고, 그 다음 DNA 복구를 진행한다. 세포주기 후반 DNA 손상이 발생하면, p53은 세포자멸사를 촉진한다.

앙 영역에 위치한다. 결과적으로, 대부분 점돌연변이는 p53이 DNA와 결합하거나 세포자멸사를 촉진하는 작용을 막게 되는 것이다. 돌연변이 중 일부는 세포주기 정지를 유도하는 데 있어 야생형 p53만큼 유능하다.

암에서 비부호화(noncoding) *RNA*의 부적절한 발현

수년 동안, 연구자의 초점은 암 진행에서 단백질 부호화 유전자 역할에 있었다. 그러나 이제 관심이 긴 비부호화 RNA(lncRNA), 마이크로RNA(miRNA), 원형 RNA(circRNA)를 포함한 비부호화 RNA로 옮겨갔다(3장 및 11장 참조). 현재까지 이러한 조절 RNA 중 거의 40개가 생체 내에서 세포 성장촉진 또는 성장억제 기능을 갖는 것으로 나타났으며, 다른 많은 것에 관한 연구가 진행 중이다. 암에 대한 바이오마커 또는 치료법으로 비부호화 RNA를 포함하는 수백 개의 임상 시험이 진행 중이다. 가장 잘 특성화된 비부호화 RNA는 miRNA이다. miRNA는 전사 후 유전자침묵에 관여한다는 것을 상기하자. miRNA는 포유류 유전체의 약 1%에 불과하지만, miRNA 유전자 50% 이상이 암의 증폭, 결실 및 자리옮김과 관련된 영역 내에 있다. miRNA 유전자의 변형된 발현은 연구된 모든 암 유형에서 발견되었으며, miRNA 발현 패턴은 종양 유형에 따라 극적으로 변

Focus Box 15.2

p53의 발견

p53은 형질전환된 세포의 주요 핵 항원 중의 하나로 1979년에 발견되었다. 이는 원숭이 바이러스 40(SV40) 큰 T 항원과 연관되었다(DNA 종양 바이러스의 섹션 참조). 초기에는, 야생형 유전자보다 오히려 *p53* 유전자의 돌연변이 형태가 실험 중에 우연히 사용되었다. 돌연변이 *p53* 유전자는 형질전환된 세포의 라이브러리로부터 온 몇몇의 클론에 확실히 오염된 쥐 간의 라이브러리로부터 클론하였다. 이런 상보성 DNA(cDNA) 클론은 세포 배양에서 세포에 대해 형질전환 활성을 가지고 있었고, 이를 통해 *p53*이 종양유전자라고 결론지었다(그림 1). 그러나 동시에 다른 쥐 라이브러리(쥐 F9 기형암 세포)로부터 만들어진 *p53* cDNA 클론은 형질전환 활성을 갖지 않았다. 마침내, 연구진은 "정상" 간 세포로부터 얻은 cDNA 클론이 돌연변이 p53을 부호화하는 유전자였고, 기형암(teratocarcinoma) 세포로부터 *p53* cDNA는 야생형이었다는 사실을 확인하였다. 야생형 p53이 세포 배양에서 세포의 형질전환을 유도하는 다른 종양유전자의 작용을 막을 수 있다는 실험적 입증을 통해, 실제로 *p53* 유전자는 "항-종양유전자" 혹은 "종양억제유전자"이라는 사실이 명백해졌다.

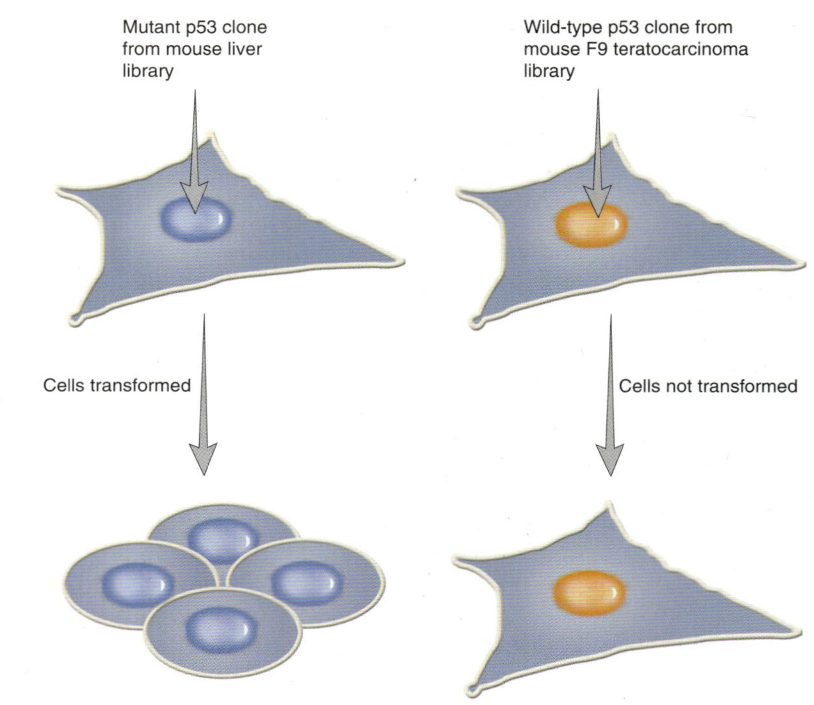

그림 1 야생형 p53은 종양억제 유전자 단백질이다.
"정상" 간 세포로부터 얻어진 p53 cDNA 클론은 세포 배양에서 형질전환 활성을 갖는 p53 돌연변이 유전자로 밝혀졌다. 야생형 p53의 cDNA 클론은 형질전환 활성을 갖지 않는 쥐 F9 기형암 세포에서 얻었다.

하는 것으로 나타났다. 연구자들은 여전히 암에 대한 miRNA의 기여를 탐구하고 있지만, 그것은 종양억제인자 또는 종양유전자로 작용하는 것으로 보인다.

한 예로서, 연구진은 *mir-17-19b* miRNA 유전자 클러스터 과발현의 생물학적 결과를 조사하기 위해 B 세포 림프종 형질전환 마우스 모델을 사용했다(그림 15.14). 이 형질전환 마우스는 면역글로불린 중쇄 증강자(Eμ-myc) 제어 하에 원종양유전자 c-myc를 가지고 있다. 쥐는 4~6개월에 걸쳐 B 세포 림프종이 발병되었다. 태아 간에서 유래한 조혈 줄기세포는 면역 글로불린 중쇄 증강자(Eμ-myc)의 조절 하에 *c-myc* 종양유전자를 운반하는 유전자 조작 쥐로부터 얻었다. 치명적 방사선 조사를 거친 Eμ-myc 쥐는 MSCV 레트로바이러스 벡터(MSCV *mir-17-19b*)와 대조군 MSCV 바이러스를 이용하여 *mir-17-19b*를 발현하는 조혈 줄기세포로 재구성하였다. 또한 바이러스 벡터 역시 생체에서 림프종 형성 경우나 시험관에서 변형된 줄기세포를 추적할 수 있도록 GFP 이식 유전

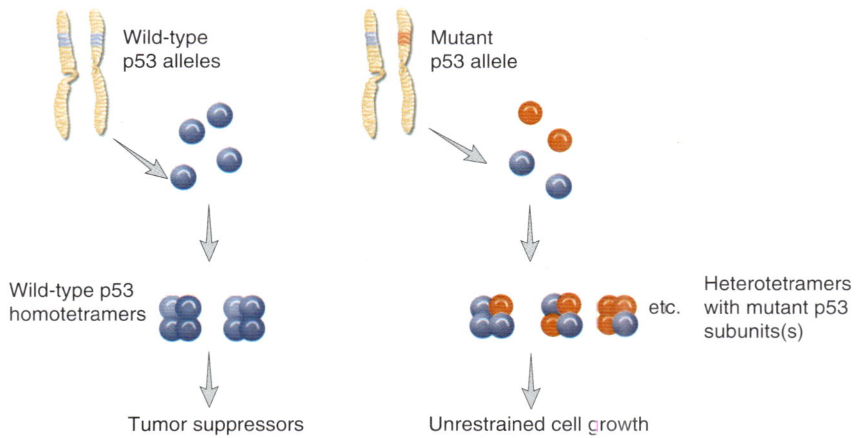

그림 15.13 돌연변이 p53은 암에서 우성 음성(dominant negative) 단백질로서 기능을 한다.
p53의 한 대립유전자의 미스센스 점 돌연변이는 우성 음성 돌연변이 단백질을 생성한다. 돌연변이 p53 소단위체가 하나만 있는 이종사량체는 억제되지 않은 세포 성장과 증식을 촉진한다.

자를 포함하였다. 대조군 쥐와 비교하면, 림프종 발병 속도가 얼마나 엄청나게 증가하는지와(대조군에서 3~6개월인 데 비해서 51일 소요) 쥐에서 암의 빈도(전체 동물의 30~100%에서 발병)가 증가하는지를 알 수 있다. "oncomiRs"로 지정된 이러한 특정 miRNA 유전자의 변형된 발현은 암의 시작과 진행에 기여한다.

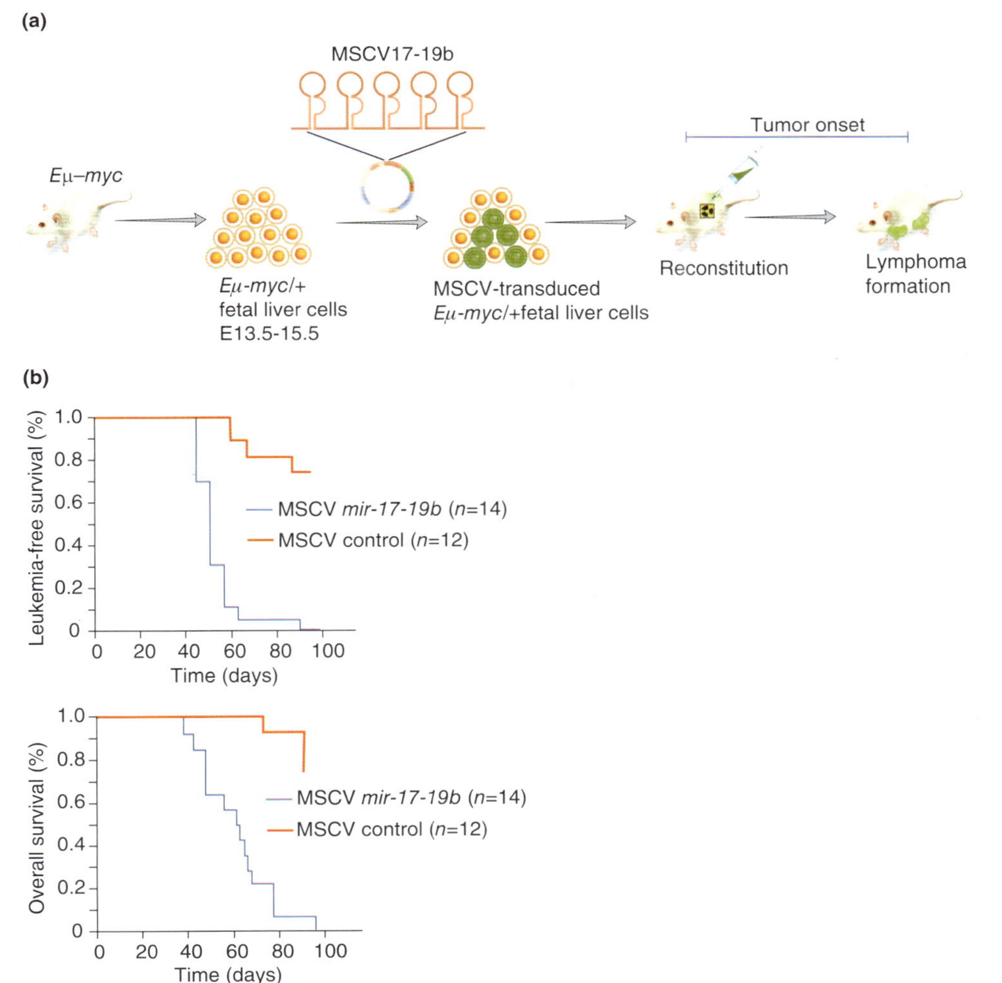

그림 15.14 종양유전자 miRNA: mir-17-19b miRNA 유전자 집단의 과발현은 c-myc 유발 B 세포 림프종을 가속화한다.
(a) 실험방법의 개략적 설명. (b) 쥐의 백혈병 없는 생존율과 전체 생존율의 퍼센트는 이식 후 5주부터 분석되었다. (출처: Reprinted from He et al. 2005. *Nature* 435:828-833. © 2005 Nature Publishing Group and Macmillan Publishers Ltd.)

염색체 재배열과 암

인간 유전체 염기서열 분석과 분자 세포유전학의 기술적 진보는 종양생물학의 중요한 진전을 가능하게 한 주요 원인이다. 염색체 지도는 특정 염색체 상 유전자의 정확한 위치를 표시할 수 있게 한다. 많은 암은 특히 자리옮김(translocation, 두 부분이 다른 염색체의 두 부분과 연관하여 발생하는 염색체 파손)과 같은 염색체 변이와 깊은 연관이 있다. 종양세포에서 많은 손상점(breakpoints)은 알려진 원종양유전자 위치와 매우 가깝다(표 15.3 참조). 염색체 재배열은 잘못된 촉진자나 증강자 조절 하에 세포 원종양유전자를 배열하는 결과를 초래한다(그림 15.6 참조). 예를 들면, 버킷 림프종에서 8번 염색체 *c-myc* 원종양유전자는 면역글로불린 중쇄 유전자에 가까운, 14번 염색체 자리로 자리옮김되었다. 이에 따라, 원종양유전자는 B 림프구에서 매우 활성화된 면역글로불린 촉진자 조절 하에서 놓이게 된다.

급성 전골수성 백혈병의 경우, 염색체 재배열은 종양유전자의 특성을 지닌 혼성 단백질을 만든다. *PML*(전골수성 백혈병) 유전자는 레티노이드산 수용체(RAR)와 상호 자리옮김된 형태로 발견된다. 이 결과 염기서열은 혼합 단백질인 PML-RAR을 부호화한다. PML-RAR은 레티노이드산 반응 표적 유전자의 전사를 억제하고, 골수성 세포 분화를 막는다. 혼합 단백질은 또한 전골수성 세포의 증가된 생존력을 이끄는 p53 기능을 억제한다. 분화 억제와 증가된 생존력 양쪽 모두 혼합 단백질에 의해 히스톤 탈아세틸기효소(HDAC)의 보충으로 조절된다(그림 15.15). 레티노이드산의 약물적(비생리적) 농도는 정상 분화경로를 회복하는, 혼합 단백질 분해 및 PML-RAR–HDAC 복합체 분열을 야기한다. 레티노이드산 처리는 몇몇 환자 치료에서 성공적으로 사용되어 왔다. 혼합 단백질은 아마도 백혈병을 유도하기에는 충분하지 않은 것 같다. "two-hit" 모델은 "전백혈병" 상태를 유도하고, 전체 백혈병 표현형에 필요한 2차 유전자 돌연변이 발생을 선호한다고 가정한다.

표 15.3 암과 연관된 염색체 자리옮김.

Disease	Translocation	Result
Burkitt's lymphoma	8 to 14	c-*myc* proto-oncogene inserted close to immunoglobulin heavy-chain promoter
Chronic myelogenous leukemia	9 to 22 (Philadelphia chromosome named after the city of its discovery in 1960)	Fuses gene *bcr* and proto-oncogene c-*abl*, encoding a BCR-ABL fusion protein that has unregulated tyrosine kinase activity
Acute promyelocytic leukemia	15 to 17	PML (or PLZF) RAR fusion protein that inhibits p53 activity by promoting its deacetylation and degradation

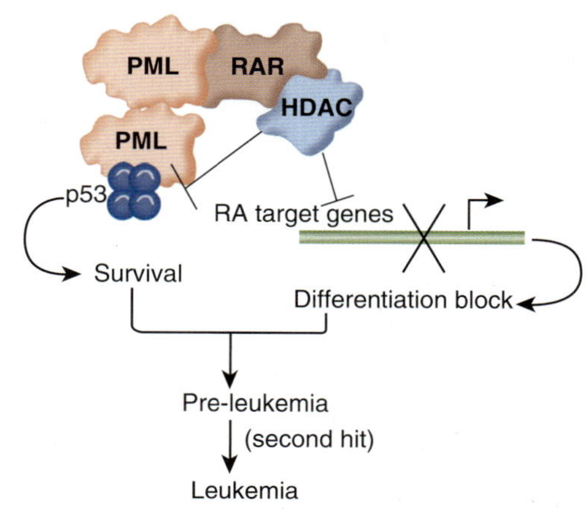

그림 15.15 염색체 재배열은 암을 유발할 수 있다.
염색체 자리옮김 t(15;17)은 *PML*과 *RAR* 유전자 양쪽에서 진행되어 혼성 단백질 PML-RAR의 합성을 유발한다. PML-RAR은 히스톤 탈아세틸화효소를 끌어 모으고, 레티노이드산 반응 표적 유전자의 전사와 p53의 기능을 억제한다. (출처: Modified from Insinga et al. 2004. *EMBO Journal* 23:1144-1154.)

단일 이벤트가 **만성 골수성 백혈병(chronic myelogenous leukemia)**을 유발한다; 염색체 자리옮김는 ABL 및 BCR(중단점 클러스터 영역 단백질)을 부호화하는 유전자를 융합한다(그림 15.16). BCR은 ABL 타이로신 인산화효소의 활성화에 필수적인 GTPase 활성화 단백질이다. c-*abl*은 v-*abl*의 세포 상동체이다(Abelson 뮤린 백혈병 바이러스 종양유전자 상동체 1). 생성된 융합 단백질 BCR-ABL은 조절되지 않은 타이로신 인산화효소 활성을 가지고 있다(그림 15.17). 최근에 높은 특이성을 지니는 단백질 타이로신 인산화효소 억제자는 종양 진행을 늦추기 위하여 개발되었다. 이매티닙 메실레이트(Imatinib mesylate, 글리벡 Gleevac)라고 불리는 작은 약물 분자는 초기 상태 백혈병 환자에서 BCR-ABL 활성을 억제함으로써 만성 골수성 백혈병을 치료하였다. BCR-ABL이 "인산화효소 주머니(kinase pocket)"에서 ATP 분자와 결합할 때, 기질은 1개의 타이로신 잔기 인산화에 의해 활성화된다. 이는 다른 하류 효과 분자를 활성화할 수 있다. 이매티닙이 인산화효소 주머니를 차지할 때, BCR-ABL 작용은 억제되고 기질 인산화도 방해받는다.

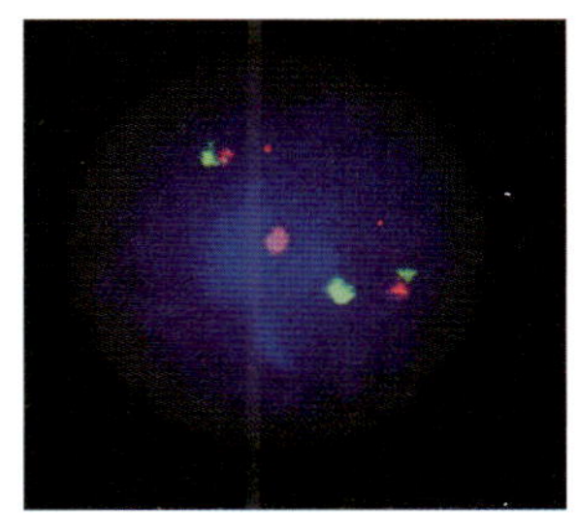

그림 15.16 만성 골수성 백혈병에서 *BCR-ABL* 재배열.
상호간 자리옮김인 t(9;22)는 2개의 융합 신호를 발생시킨다. 정상 *ABL*(빨간색)과 *BCR*(녹색)이 보이고 있다. (출처: Reprinted from Debernardi et al. 2004. *European Journal of Cancer* 40:1960-1967. © 2004 Elsevier.)

바이러스와 암

종양세포는 특이 종양바이러스의 활성과 같은 비유전적 수단으로도 발생할 수 있다. 종양 바이러

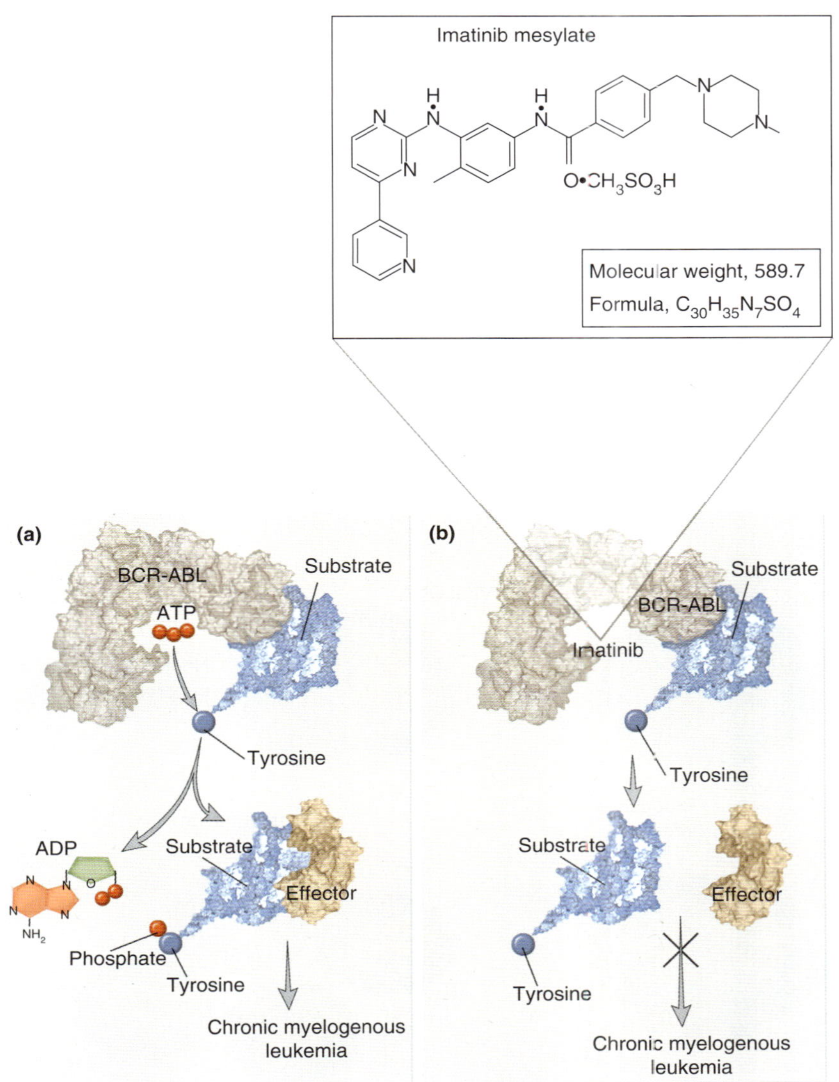

그림 15.17 만성 골수성 백혈병의 치료.
(a) 만성 골수성 백혈병에서 BCR-ABL의 작용 메커니즘. (b) 약물 imatinib mesylate에 의한 BCR-ABL의 억제. (출처: Modified from Savage and Antman. 2002. *New England Journal of Medicine* 346: 683-693.)

스는 종양유전자나 종양억제유전자의 복사본을 운반하거나 이들 유전자 중 하나에서 돌연변이 발현을 하기 때문에 암을 유발한다. 만약 바이러스가 세포 일부 위치에 존재하거나 세포 특성을 변하게 한다면, 세포는 "형질전환되었다"라고 한다. 바이러스에 의한 형질전환은 바이러스 유전자에 의한 세포 기능 변화로 정의할 수 있다. 이러한 변화는 종종(항상은 아니다) 바이러스 유전체가 숙주 세포 유전체로 삽입됨에 따라서 발생한다. 세포 배양에서 세포 형질전환은 형태적 변화를 초래하여 눈으로 직접 확인할 수 있다. 세포들이 잘 배열된 단막층에서 기질결합을 유지하는 접착성을 잃게 된다면, 세포는 둥글게 모이거나 분산되며, 세포 배양배지에서 뜨기 시작한다(그림 15.5 참조). 생명체는 기본적으로 제한된 수명이 있는 반면, 형질전환된 세포는 불멸화된다. 종양바이러스는 두 가지 독특한 형태가 있다: DNA 유전체를 갖고 있는 것(예, 유두종바이러스 및 아데노바이러스)과 RNA 유전체를 갖는 것(레트로바이러스).

DNA 종양 바이러스 50년 전보다 더 이전에, DNA 바이러스가 동물에서 종양을 유발하고 "복제 비허용" 숙주 세포를 형질전환할 수 있다는 것이 알려져 있었다. 이들 유전체는 비교적 소수 유전자만을 부호화하므로, 바이러스는 형질전환을 연구하는 데 필요한 간단한 유전적 체계를 제공한다. DNA 종양 바이러스에 의한 감염의 두 가지 가능성을 살펴보면, 생산적 감염 또는 형질전환의 결과이다(그림 15.18). 이 결과는 감염된 세포의 종류와 또 다른 아직 잘 밝혀지지 않은 조건에 의존적이다. 바이러스의 관점에서 보자면, 세포는 "**복제 허용(permissive)**" 또는 "**복제 비허용(nonpermissive)**" 둘 중 하나일 것이다. 복제 허용 세포의 경우, 바이러스 유전체의 모든 유전체가 발현되고, 이는 바이러스 복제, 세포 용해 및 세포자멸사를 이끌어낸다. 복제 비허용 세포의 경우, 바이러

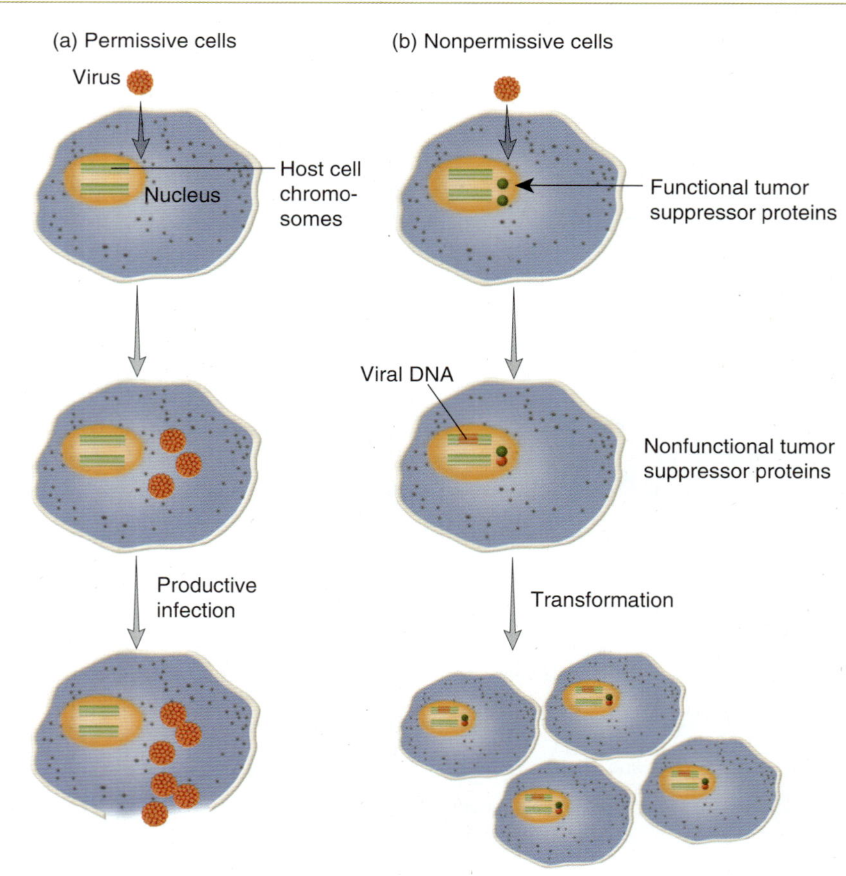

그림 15.18 DNA 종양 바이러스 감염시 가능한 결과. (a) 바이러스(빨간색 기호)가 복제 허용 세포에 들어갈 때, 바이러스 구성 요소가 생산되고 바이러스 구성 분자는 조립된다. (b) 바이러스가 복제 비허용 세포에 들어갈 때, 바이러스 DNA(빨간색 선)는 안정적으로 숙주 세포 유전체(녹색 선)에서 통합된다(integrate). 숙주 세포 단백질(녹색 원)과 바이러스 부호화 단백질(빨간색 원) 사이의 상호작용은 정상 종양억제자 기능을 억제한다.

스 DNA는 일반적으로 안정되게 세포 염색체(항상은 아니며, 일반적인 경우)의 일부 부위에 무작위적으로 통합되며, 오직 바이러스 유전체 일부분만이 발현된다. 바이러스 구조단백질은 발현하지 않으므로, 어떤 후계 바이러스도 방출되지 않고 감염 기능은 소실된다. 예를 들어, 원숭이 바이러스 40(SV40, simian virus)은 복제 허용된 아프리카 초록원숭이 세포에서 세포 용해를 유발하는 반면, 복제 비허용 설치류의 세포는 형질전환시켰다.

대부분 경우, DNA 종양 바이러스에 의한 세포 형질전환은 단백질-단백질 상호작용의 결과로 나타난다. DNA 종양 바이러스에 부호화된 단백질은 세포 내에 어떤 상대방도 존재하지 않지만, 형질전환된 상태와 종양 발생의 개시 및 유지에 꼭 필요하다. 바이러스 유전자가 부호화된 단백질은 이들 종양이 발생한 동물에서 이물질로 인식되어 이 바이러스 항원에 대항하는 항체를 생산하게 된다. 이런 이유로, 이 바이러스 항원은 큰(T) 그리고 작은 (t) 종양 항원(viral antigens)이라고 부른다. 이런 종양 항원은 일차 종양억제 단백질인 세포 단백질과 상호작용한다. 이 상호작용은 효과적으로 세포 안에서 이들 복합체를 정상 기능 부위로부터 멀리 격리하게 한다. 이것이 정상 억제 기능의 소실이 세포의 형질전환을 초래하는 메커니즘이다.

많은 종류 인간 종양에서 그 역할이 강하게 밝혀진 많은 DNA 종양 바이러스가 있다. 세계적으로 가장 많이 발생하는 암 중 하나인 간세포(간) 암은 간염 B 바이러스와 연관된다. 인유두종 바이러스는 음경암, 자궁암, 자궁경부암과 관련된다고 밝혀졌다(Disease Box 15.3). 헤르페스 바이러스,

Disease Box 15.3

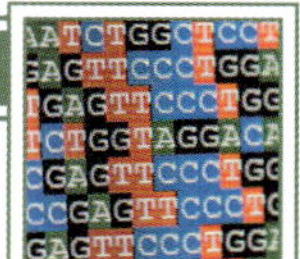

인유두종 바이러스(HPV)와 자궁경부암

유두종 바이러스(human papilloma virus)는 대략 8,000 bp의 이중가닥 DNA 유전체를 포함하는 작고 외피가 없는(nonenveloped) 바이러스이다. 이들은 동물계에 광범위하게 퍼져 있다. 유두종 바이러스는 활동적인 분열을 하는 상피 조직의 세포층의 기저 상피세포를 감염시키는 바이러스로 사마귀를 유발한다. 사마귀는 보통 양성이지만, 악성 암종(carcinoma, 상피조직 종양)으로 바뀔 수 있다. 유두종은 전 세계적으로 모든 암의 약 10%와 여성 암 16%의 원인이 된다. 역학 연구는 바이러스가 암의 원인임을 강력하게 제안한다. 그러나 바이러스가 보통 종양과 연관되어 있다는 사실만으로는 바이러스가 세포의 형질전환을 유발한다는 사실을 입증하지는 못한다. 많은 동물에서 진행된 바이러스 실험은 사람의 종양에서 얻어진 바이러스를 동물에 주사하여 암이 발생하는지를 확인하는 것이다. 하지만 명백한 윤리적인 이유로 인해 중요 실험은 진행하지 않았다.

대략 200가지 이상의 HPVs가 특성화되었다. 개별 바이러스는 암을 발병하는 특성에 따라 높은 위험군이나 낮은 위험군으로 분류된다. 대부분의 HPVs는 낮은 위험도를 갖게 되므로 치료하지 않아도 암에 걸리지 않으며, 대개는 국소화된 양성 사마귀를 만든다. HPV-5와 HPV8은 우상 표피 이형성의 발병과 연관이 있다고 알려진 높은 위험군의 바이러스이다. 바이러스에 의한 이 질환은 소아 시절에는 편평 사마귀와 유사한 초기 피부 손상에서 일생 동안 피부암으로 발전할 수 있는 매우 희귀한 피부질환이다(그림 1). HPV-6나 HPV-11과 같은 낮은 위험도를 갖는 HPVs는 생식기 사마귀를 야기하는(콘딜로마, condyloma accuminata) 반면에, 높은 위험도를 갖는 HPVs는 침윤성 편평상피암으로 발전하는 병변 부위를 야기할 수 있다. 대부분 자궁경부암은 높은 위험도를 가진 HPV 감염과 연관되어 있다. HPV-16이 가장 흔하게 발견되며, 이외에도 HPV-18, HPV-31 등이 있다.

HPV 매개 자궁경부암

HPV 매개 자궁경부암의 주요 사건 중 하나는 숙주 염색체에 높은 위험을 갖은 HPV 유전체의 통합이다. 이 통합으로 몇몇 HPV 유전자 발현이 결실을 소실하지만, 바이러스 *E6*와 *E7* 유전자의 발현은 지속된다. E6와 E7 바이러스 단백질은 각자 p53과 pRB 종양억제자를 불활성화한다. E7은 세포주기 조절 과정에서 기능을 수행하는 pRB와 직접적으로 상호작용하여 조절 기능을 억제한다. 세포 E6-AP 단백질 복합체를 형성하는 E6 단백질은 p53의 유비퀴틴화와 빠른 단백분해소체 분해를 유도한다. 게다가, 바이러스 E6는 텔로머레이즈의 역전사효소(hTERT) 소단위체를 부호화하는 유전자 전사를 활성화할 수 있다. 이것은 c-myc이 hTERT 유전자 촉진자 부위의 c-myc 반응 요소와 결합하여 발생한다. 그러므로, 높은 위험군의 HPV E6와 E7 단백질의 발현은 pRB와 p53 종양억제자 경로의 불활성와 텔로머레이즈의 활성 유발을 통해 자궁경부암의 발병 원인이 된다. 다른 연구에서는 SV40 큰 T 항원, SV40 작은 t 항원, *hTERT*, 그리고 Ha-ras 종양유전자 발현이 실험실에서 유발하는 형질전

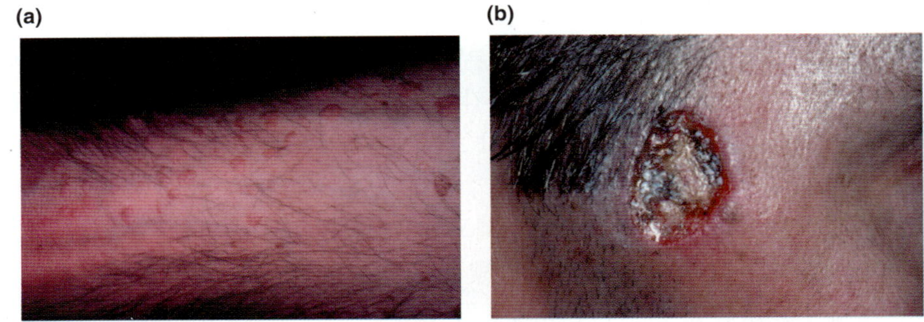

그림 1 인유두종 바이러스(HPV)와 암.
(a) 환자의 팔에 있는 다수의 편평 사마귀. (b) 얼굴의 편평 상피암은 이 우상표피이형성 장애로부터 발달하였다. (출처: Photographs courtesy of Daniel Wallach, M.D., Hôpital Tarnier-Cochin, Paris, France.)

환된 인간상피세포에서 최소로 요구되는 것임을 밝혔다. SV40 큰 T 항원은 p53과 pRB을 불활성화하는 반면, SV40 작은 t 항원은 단백질 인산분해효소 2A와 상호작용을 통해 억제한다. 그러므로, E6과 E7 단백질은 형질전환을 위한 최소한의 요구사항에 해당된다. 추가적인 발암 관련 사건은 E6/E7 발현 세포의 시험관 및 생체 내에서 완전한 형질전환을 만들어내기 위해 필요하다.

Epstein–Barr 바이러스는 감염성 단핵구종 혹은 "단핵"의 병원체로 알려지지만, 어떤 종류 암과는 강한 연관을 갖는다. 몇몇 DNA 종양 바이러스와는 다르게, 헤르페스 바이러스는 숙주 세포 유전체로 통합되지 않는 대신에 염색체의 파괴를 유도할 수 있다. Epstein–Barr 바이러스는 아프리카 버킷(Burkitt's) 림프종, 중국과 동남아시아 비인두암, 면역저하가 관찰되는 환자에서 발생하는 B 세포 림프종(장기 이식이나 AIDS의 경우), 그리고 호지킨 림프종과 연관이 있다(표 15.3 참조). 이들 바이러스가 왜 몇몇 사람에서는 양성 질병을 야기하고, 다른 사람에서는 악성 질병을 일으키는지는 알 수 없다.

RNA 종양바이러스(레트로바이러스) 1911년에, Peyton Rous는 나중에 Rous 육종바이러스(RSV)로 알려지게 된 RNA 종양바이러스에 의해 유발된 닭의 육종(결합조직 종양)을 발견하였다. 그는 이 업적으로 1966년에 노벨상을 받았다. RNA 종양바이러스는 닭, 쥐, 고양이에게서는 흔하지만, 인간에게서는 매우 드물다. 레트로바이러스에 의한 종양유전자 전달 연구는 암의 분자적 기초를 이해하는 데 중요한 진전을 이끌어냈다. 그러나 대부분의 인간종양에서는 레트로바이러스성 감염의 결과가 아니다. AIDS 원인 병원체인 인간 면역결핍 바이러스 1(HIV-1)은 여러 종류의 암에서 높은 위험률을 보이며, 특히 카포시육종(Kaposi's sarcoma)과 비호지킨암의 경우에서 그렇다. 인간 T 세포 백혈병 바이러스 1(HTLV-1)은 일본의 몇몇 섬, 카리브해 연안, 라틴아메리카, 그리고 아프리카에서 발견된 성인 T 세포 백혈병과 연관되고, 성적 전파로 확산된다. 레트로바이러스는 서로 다른 두 가지 주요 메커니즘에 의해 감염된 세포를 형질전환한다: 종양유전자 또는 촉진자/증강자 삽입의 도입.

레트로바이러스에 의한 종양유전자의 도입 레트로바이러스가 세포 RNA 유전체에 감염될 때, 바이러스의 부호화된 역전사효소(reverse transcriptase)에 의해 DNA로 변환한다. 이 DNA는 세포 분열 과정 동안 복제돼서 숙주 세포 유전체에 통합된다. 레트로바이러스 끝에는 긴 말단 반복(LTRs, long terminal repeats)이라고 하는 매우 효과적인 촉진자(promoter) 염기서열이 있다. LTRs는 새로운 바이러스 분자 생산에 필요한 바이러스 DNA 전사를 촉진한다. 몇몇 경우, 통합 과정이 바이러스 유전체 재배열과 바이러스 유전체 내 숙주유전체의 일부 통합을 유도하기도 한다(그림 15.19). 때때로, 레트로바이러스는 세포 성장 절에 정상적으로 연결된 숙주유전자를 획득하기도 한

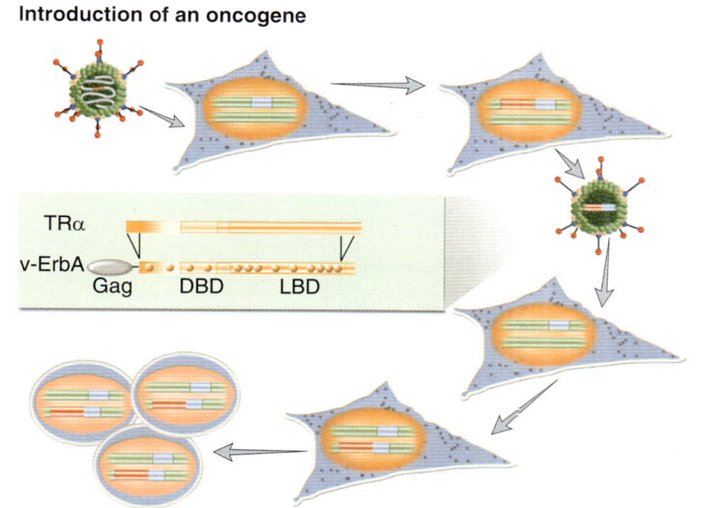

그림 15.19 레트로바이러스 감염에 의한 세포의 형질전환. 조류 적혈구모세증 바이러스(AEV) 유전체(빨간색 막대)는 타이로이드 호르몬 수용체 α(TRα)(파란색 막대)의 부호화 지역 부분에 도입되고, 시간이 흐름에 따라 돌연변이의 표적이 된다. v-*erbA*는 종양유전자로서, TRα의 우성 음성 억제자로 활동하는 혼성 단백질을 부호화한다. (확대 그림) TRα와 상동성을 보이는 종양 단백질 v-ErbA에 대한 개략도. v-ErbA는 C-말단과 N-말단 양쪽 모두의 결손 부위 주변으로 여러 아미노산의 치환(원)과 레트로바이러스 Gag 서열을 갖는 C-말단 부위 융합에 의해 TRα와는 차별된다. DBD, DNA 결합 영역; LBD, 리간드 결합 영역.

다. 유전자가 바이러스에 의해 획득된 후, 돌연변이가 일어나기도 한다. 아미노산 치환이나 결실과 같은 변화는 다른 번역 생산물을 만들어낸다. 이 결과, 바이러스 종양유전자 세포내 동종체(homologs)는 그들이 상응 바이러스 종양유전자와 똑같지는 않다. 레트로바이러스 LTRs와 연관되어 나타나는 유전자 과발현뿐만 아니라, 이 과정 동안의 세포 유전자 돌연변이로 인해 종양유전자는 감염된 세포에서 성장 이점을 획득하게 된다. 이런 과정의 끝은 종양발생(tumorigenesis) 시 관찰되는 무절제한 세포 증식이다.

많은 레트로바이러스는 재배열(rearrangement) 동안 일부 유전체 부위를 소실한다. 이것은 적어도 두 가지 가능성 있는 결과를 초래한다: (i) 종양유전자에 의해 부호화된 단백질은 종종 다른 바이러스가 부호화한 아미노산 부위 접착을 통해 융합단백질의 일부가 된다; 그리고 (ii) 바이러스는 스스로 모든 생산물을 만들 수 없으므로, 숙주 세포로부터 복제되고 출아되기 위해 보조 바이러스를 필요로 할 수 있다. 예를 들면, 조류 적아세포증 바이러스(avian erythroblast virus, AEV)는 바이러스 유전체 재배열 결과로 인해 복제 결함이 나타난다. AEV에 의해 옮겨진 종양유전자 중 하나인 v-*erbA*는 바이러스 Gag 다단백질 부분에 융합 단백질을 부호화하는데, 이는 갑상샘호르몬 수용체(c-*erbA*)의 높은 돌연변이 동종체(homologs)이다. 융합단백질은 리간드-의존적 전사인자인 타이로신 호르몬 수용체의 우성 음성억제자로서 역할을 한다(그림 15.19 참조). v-ErbA는 DNA-결합 자리에 타이로신 호르몬 수용체와의 경쟁을 통해 결합하여 암을 촉진시킨다. 이는 갑상샘 호르몬 반응 유전자 전사 조절에 관련된 보조인자나 세포질에서 정상 수용체의 잘못된 위치에 배치됨으로 인해서 나타난다.

레트로바이러스 촉진자/증강자 삽입 몇몇 레트로바이러스는 종양유전자를 운반하지는 않지만 촉진자나 증강자 삽입 메커니즘을 통해 여전히 암을 촉매할 수 있다. 몇몇 경우, 레트로바이러스 유전체 통합(integration)은 정상적인 세포 성장조절과 관련된 숙주 유전자 가까운 곳의 LTRs 부위에서 이루어진다. 만약 유전자가 LTR 조절하에 비정상적으로 발현이 증가된다면, 이는 세포 형질전환의 결과를 초래한 것이다. 예를 들어, 조류 백혈병 바이러스는 그것이 c-*myc* 원종양유전자(c-*myc* 전사인자 참조, 위로)의 상류이든(upstream) 하류이든(downstream) 간에 통합될 때, 조류에서 종양 형성을 야기한다. 이를 통해 c-*myc* 유전자는 각각 과발현을 이끌어내는 강한 바이러스 촉진자나 증강자의 영향하에 위치하게 된다.

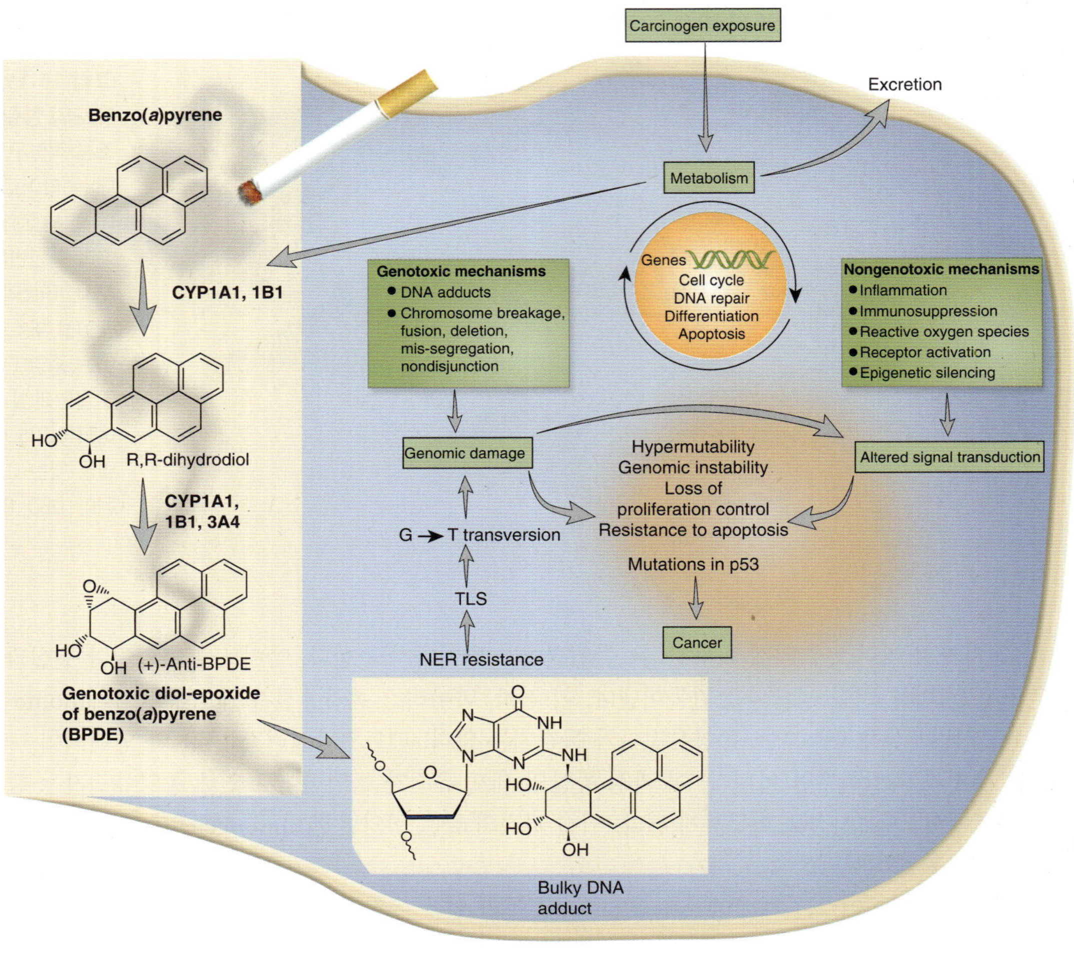

그림 15.20 암의 유전독성과 비유전독성 효과의 개요. 흡연시 발생되는 발암물질인 벤조피렌은 유전독성이 있는 diol-epoxide로 전환되어 핵산절제 복구(nucleotide excision repair, NER)에 대한 저항성을 유발한다. DNA 복제와 장애물 통과 합성(Translesion synthesis, TLS) 동안 G → T 전환을 야기하여 *p53*과 같은 종양억제유전자의 돌연변이를 만든다. 유전독성과 비유전독성 메커니즘은 동시에 신호전달 메커니즘의 이상을 초래하여 암을 유발한다. (출처: Adapted by permission from Luch. 2005. *Nature Reviews Cancer* 5:113-125. © 2005 Springer Nature.)

화학적 발암

암은 1915년 토끼의 귀에 콜타르를 적용함으로써 실험적으로 처음 발병하였다. 오늘날에는 약 200여 개의 다른 화학 합성물과 혼합물이 **발암물질(carcinogens)**로 분류되고 있다. 플라스틱, 석면, 방향족 탄화수소(polycyclicaromatic hydrocarbons, PAHs), 흡연 시 벤조피렌[benzo(*a*)pyrene] 물질과 같은 합성물과 비닐 클로라이드도 여기에 포함된다. 환경 노출은 때때로 발암 과정에 많은 기여를 한다. 서구 공업화된 국가에서는 암으로 인한 사망의 80%가 담배, 술, 감염, 직업적 노출 등과 같은 인자들에 의해 발생되며, 이 중에서 식이(35%)와 담배(30%)가 주요 위험요소이다.

화학적 발암물질이 세포에 흡수되면 이들은 곧 대사되고, 이 결과 발생한 대사산물은 세포에 머무르거나 배설된다. 세포 안에서 발암물질이나 이들 대사산물은 직간접적으로 유전자 발현에 영향을 미칠 수 있다(그림 15.20). 몇몇 발암물질은 "**유전독성(genotoxic)**" 메커니즘에 의해 작용한다. 예를 들어, 벤조피렌은 복제와 전사를 방해하는 DNA 부가물 형성을 초래할 수 있다. 발암물질은 또한 세포 분열 동안 파괴, 융합, 결실, 잘못된 분리(mis-segregation)나 비분리(nondisjunction) 현상 같은 염색체 변화를 일으킬 수 있다. 다른 발암물질은 "**비유전독성(nongenotoxic)**" 메커니즘에 의해 작용한다. 비유전독성 메커니즘에는 염증유도, 면역억제, 활성산소 형성, arylhydrocarbon이나 에스트로겐 수용체의 활성과 후생유전적 침묵(epigenetic silencing)을 포함한다. 이들 유전독성과 비유전독성 메커니즘 모두는 세포주기, DNA 복구, 세포 분화 또는 세포자멸사의 중요한 신호전달 경로를 변경할 수 있다. 결과적으로, 세포는 세포자멸사에 대한 저항성과 돌연변이를 가지기 쉬운 불안정한 유전체로 인해 성장에 대한 조절을 잃어버리게 된다. 이는 암세포의 전형적인 특징이다.

발암물질의 유전독성 효과 알려진 발암물질 중 일부는 "직접 발암물질"인데, 이는 DNA와 공유결합으로 붙는 것을 의미한다(예를 들어, ethylene oxide). 대부분 발암물질은 DNA와 직접적으로 반응하지 않으며, 발암물질로 전환하기 위해서는 효소 작용이 필요한 "**풋발암물질(procarcinogen)**"이다. 담배 연기의 발암물질인 벤조(*a*)피렌은 사이토크롬 P450-의존성 모노-산소화효소(CYP) 계열 구성원에 의해 매개되는 일련의 효소 단계를 통해서 유전독성 벤조(*a*)피렌 다이올-에폭사이드(BPDE)로 전환된다(그림 15.20 참조). 이러한 발암물질 형태는 DNA와 달라붙고 돌연변이유발(mutagenic)을 하여 피부암, 폐암 및 위암을 발생시킨다. 이들 다이올에폭사이드에 의한 거대한 DNA 부가물은 뉴클레오티드 절제 복구(Nucleotide excision repair)에 의해 복구된다. 그러나 이러한 첨가물 복구는 비효율적이며, p53/p21 매개에 의한 G_1 점검점은 거의 활성화되지 않는다. 복구가 안 된 거대한 부가물(장애물 통과 합성)을 지나서 진행되는 DNA 복제는 *p53*과 같은 종양억제유전자와 원종양유전자에서 G → T 염기쌍 전환을 유도할 수 있다. 흡연자에서 발생하는 폐암의 60%는 *p53* 유전자 불활성화를 초래하는 돌연변이를 나타낸다. 세포 배양 실험에서 벤조피렌은 기관지 상피세포에서 G → T 전환을 놀라울 정도로 유발한다. 이러한 G → T 전환으로 나타나는 *p53* 유전자 특이 코돈 3개의 돌연변이 유도는 폐암과 관련된 같은 돌연변이 "핫스팟"과 연관된다.

발암물질의 비유전독성 효과 DNA에 대한 직접적 효과 외에도, 벤조피렌은 또한 arylhydrocarbon 수용체 매개 신호전달을 통해 종양 형성을 촉진한다. 이 수용체의 잘 알려진 리간드는 일반적으로 다이옥신이라고 알려진 TCDD(2,3,7,8,-tetrachloro dibenzo-*p*-dioxin)이다. 다이옥신은 폐기물 소각을 통해 발생되는 polychlorinated 페놀 부산물로 만들어진다. 다이옥신 또는 벤조(*a*)피렌이 AhR에 결합하면 복합체가 활성화되고 핵으로 자리옮김된다(그림 15.21). AhR 핵 자리옮김(ARNT)로 이종이량체화한 후, 복합체는 생체 이물 반응 요소(XRE)에 결합하고 발암물질 대사에 관여하는 다양한 상이 유전자 발현을 유도한다.

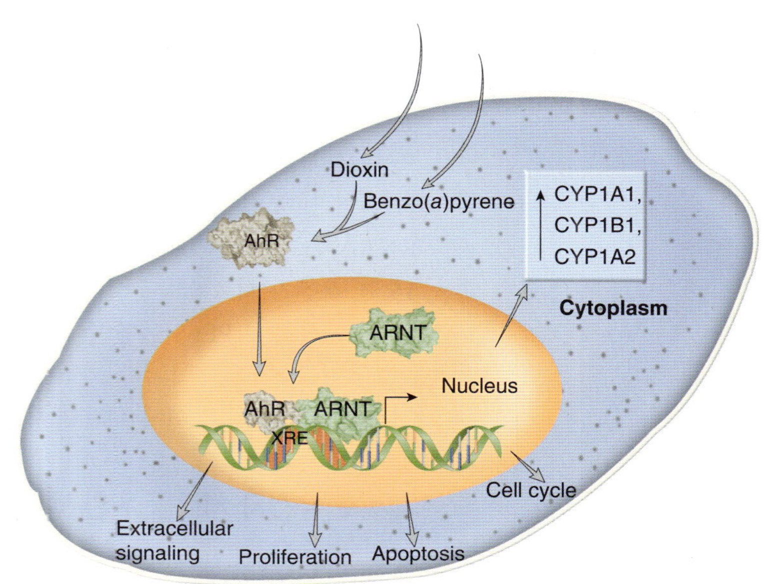

그림 15.21 arylhydrocarbon receptor(AhR) 매개의 신호전달 과정을 통한 종양 촉진.
다이옥신 또는 벤조피렌 같은 화합물은 arylhydrocarbon receptor(AhR) 매개의 신호전달 과정을 통해 종양을 촉진한다. (출처: Adapted by permission from Luch. 2005. *Nature Reviews Cancer* 5:113-125. © 2005 Springer Nature.)

적어도 112개 mRNA의 수준이 세포가 다이옥신에 노출된 후에 두드러지게 향상되거나 억제된다는 사실을 미세배열(microarray) 분석을 통해 알게 되었다. 다이옥신 반응 유전자는 생체 이물 화합물(xenobiotic compounds, 생물학 체계에서 외부 물질로 인식되는 화합물) 대사에 관여하는 효소를 포함하여 다양한 종류 단백질을 부호화한다. 대부분 풋발암물질에서 발암물질로의 효소 전환 과정은 사이토크롬 P450-dependent monooxygenase(CYP) 구성원이 관여하고 있다. CYP 구성원은 광범위하고 겹치는 기질특이성을 보여주며 조직특이적 발현 양상이 나타난다. 예를 들면, CYP1A1은 인간의 폐에서 가장 중요한 형태이고, CYP1A2, CYP2A6, CYP2E1 또는 CYP3A4는 주로 간에서 발현된다. 또한, CYP1B1은 간과 폐를 제외한 거의 모든 장기에서 발현된다. AhR은 또한 세포 외 신호전달, 증식, 세포자멸사 및 세포주기 조절에 관여하는 유전자의 발현 패턴을 변화시킨다.

15.4 유전자 치료

지난 10년 간, 인간 질병을 치료하기 위해 유전자 치료를 시도하려는 생각이 실험실에서 병원으로 이동하였다. **체세포 유전자 치료(somatic cell gene therapy)** 원리는 환자의 체세포에서 정확한 기능적인 유전자를 주입하여 기능장애가 있는 유전자를 대체하거나 보완하는 것이다. 단지 체세포만 유전적으로 변경되기에, 이 치료법은 유전성이 아니며 오직 당대 환자 개개인에게만 영향을 미친다. 이에 비해 **생식세포 유전자 치료(germline gene therapy)**는 다음 세대에 유전될 수 있는 생식세포 또는 배아의 유전적 변형을 일으킨다. 이로 인한 많은 윤리적인 논란이 있으므로, 이 치료법은 시도되지 않았다.

크리스퍼-캐스(CRISPR-Cas) 유전자 편집(13장 참조)이 출현함에 따라, 시험관 내에서 성장한 인간 배아의 질병 관련 돌연변이를 수정하기 위해 이 기술을 사용하는 데 대한 관심이 높아졌다. 2018년 중국 과학자 He Jiankui가 쌍둥이 유전자 편집 아기의 탄생을 발표하자 이에 분노한 많은 국가의 연구자들은 기술, 과학, 의료, 사회, 윤리적, 도덕적 문제에 대한 완전한 논의가 이루어질 때까지 인간 생식계열 편집의 모든 임상적 사용에 대한 전 세계적인 일시적 중단을요구해 왔다. 그 아기는 한 쌍의 CCR5 유전자 사본과 다른 쌍의 한 사본을 모두 제거하여 HIV에 내성을 가지도록 유전적으로 변형되었다. 덜 논란의 여지가 있는 연구에서, 유전자 편집은 생쥐와 사람 모두에게 난청을 유발하는 유전자를 가진 생쥐의 청력 손실을 줄이고, 근이영양증을 지닌 비글이 디스트로핀을 만드는 능력을 회복시키는 데 사용되었다. 암, HIV 및 낫모양적혈구병을 포함한 다양한 상태에 대한 치료제로서 CRISPR-Cas9를 시험하는 12개 이상의 활성 연구가 있다.

유전자 치료의 진전

네오마이신 저항성(neo^r)을 표지자로 하는 유전자의 첫 번째 전달은 1989년에 행해졌다. 이 시도는 선천성 면역결핍증후군을 위해 미국 내에서 최초로 승인된 유전자 치료로 이어지게 되었다. 현재 2,000종류 이상의 임상 실험이 전 세계에서 진행되고 있으며, 이 중 2/3는 다양한 형태와 단계의 종양에 대한 치료를 목적으로 하고 있다. 많은 다른 유형 암에서 *p53*이 결핍되어 있으므로, 많은 치료전략이 *p53* 유전자 치료에 기반하여 시험되고 있다(Disease Box 15.4). 광범위한 형태의 또 다른 시도 또한 진행되고 있는데, 이들 중 많은 것으로는 심혈관계 질환, 감염 질환(거의 모두 HIV-연관) 및 낭성섬유증과 같이 단일유전자 결손으로 초래되는 유전성 일반염색체 열성질환이다. RNAi 치료는 또한 노화-연관 황반 변성과 같은 질환의 치료를 위해 적용되고 있다(Disease Box 15.5). 유전자 치료 약물은 척수성근위축, 흑색종, B 세포 림프모구성 백혈병, B 세포 림프종 및 이중 대립유전자 RPE65 돌연변이 관련 망막 영양장애를 포함한 여러 질병에 대하여 미국에서 승인되었다. 유전자 치료의 추정 가격은 현재 환자 1인당 미화 100만 달러이며, 비용이 어떻게 충당될지는 확실하지 않다. 이제 유전자 치료의 주요 전략에 대해 집중적으로 알아보기로 한다.

체세포 유전자 치료를 위한 벡터

체세포 유전자 치료의 두 가지 방법으로는 생체 내(*in vivo*) 방법과 생체 외(*ex vivo*) 방법이 있다. 생체 내 방법에서는 표적 유전자가 환자 안에 존재하는 원하는 세포 유형에게 전달된다. 생체외 방법에서는 세포를 신체 밖으로 조작한 뒤 환자에게 재이식된다(그림 15.22). 표적 세포는 제거할 수 있고, 인체에 재이식될 수 있으며, 오래 생존하고, 단단하며, 다루기 쉬울 필요가 있다(예를 들어, 분무식 전달, 혈류 주사, 수술을 통한 제거와 조작). 줄기세포는 활발히 분열하기 때문에 드물게 사용된다. 그럼에도 줄기세포는 거의 사용하지 않는데, 이는 조작에 대한 내성이 거의 없기 때문이다.

Disease Box 15.4

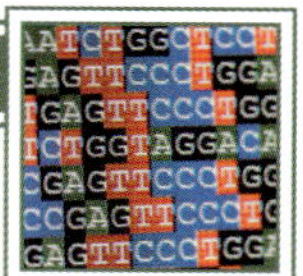

암 유전자 치료: "마법의 탄환?"

유전자 치료는 중국에서 매년 약 30만 명의 목숨을 위협하는 치명적 암인, 두경부 편평세포암의 치료를 위해 Gendicine의 중국 판매 허가와 시장 내 판매를 근거로 첫 번째 상업적 성과를 거두었다. Gendicine은 *p53* 종양억제유전자를 운반하는 재조합 아데노바이러스 벡터를 포함하고 있다. 이 약의 생산은 Shenzen SiBiono Gene Technologies Co. Ltd.라는 중국의 첫 번째 유전자 치료 회사에 의해 시판되었다. 이 약은 여전히 미국 식품의약국(FDA) 승인을 기다리고 있다.

중국인의 연구에서, 8주 동안 매주 120명의 환자에게 Gendicine을 주사하였다. 64%의 환자에서 종양은 완전히 사라졌고, 32%에서는 부분적으로 치료 효과를 보였다. 일반적인 화학요법이나 방사선 치료를 병행한 복합 치료의 경우에는 치료 효과가 3배 이상 향상되었고, 3년 단위의 정기적인 검진에서 재발한 경우는 없었다. 비슷한 종류의 p53을 포함하는 유사 아데노바이러스 벡터 치료법은 인트로젠 제약회사에 의해 만들어졌으며, 미국 내에서는 "orphan drug" 상태로 있다. Advexin은 매우 두드러진 성공을 보인 약물로, 현재 진행중인 20번의 임상 1상, 2상, 3상 시험에서 다른 암을 가진 500명 이상의 환자에게 사용되고 있는 중이다. 그러나 어떤 치료도 유럽이나 미국에서는 아직 상업적인 사용이 승인되지 않은 상태다. 많은 암은 손상된 *p53*을 갖고 있으므로, 연구자들은 *p53*에 근거한 치료법이 항암치료에서 "마법 탄환"이 될 수 있다고 확신한다.

Disease Box 15.5

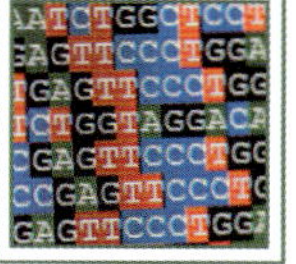

RNAi 치료법

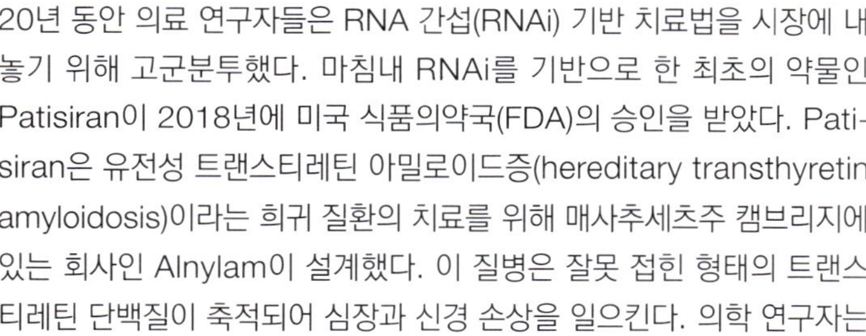

20년 동안 의료 연구자들은 RNA 간섭(RNAi) 기반 치료법을 시장에 내놓기 위해 고군분투했다. 마침내 RNAi를 기반으로 한 최초의 약물인 Patisiran이 2018년에 미국 식품의약국(FDA)의 승인을 받았다. Patisiran은 유전성 트랜스티레틴 아밀로이드증(hereditary transthyretin amyloidosis)이라는 희귀 질환의 치료를 위해 매사추세츠주 캠브리지에 있는 회사인 Alnylam이 설계했다. 이 질병은 잘못 접힌 형태의 트랜스티레틴 단백질이 축적되어 심장과 신경 손상을 일으킨다. 의학 연구자는 화학적으로 합성된 작은 간섭 RNA(siRNA)를 주로 간에 전달하여 간에서 생성되는 상보적 트랜스티레틴 mRNA의 서열 특이적 침묵을 유발하는 지질 나노입자를 개발했다. 임상 시험에서 이 질병으로 인한 신경 손상 환자 225명이 개선을 보였다. 평균 보행 속도는 위약을 투여 받은 환자에 비해 상당히 개선되었다. 이 성공 이후 기업들은 뇌와 척수를 표적으로 삼는 방법을 모색하고 있으며, 낭포성 섬유증에 대한 흡입 가능한 RNAi 치료제를 개발하고 있다.

유전자 치료는 동물 모델에서 이뤄진 기적적인 치료 효과에도 불구하고 기존의 치료법을 월등히 능가하는 데 실패하였으며, 결론적으로 아무것도 아닌 결과를 얻게 된 수많은 임상 연구들을 통해서 시간 낭비임을 입증하였다. 대부분 연구자는 벡터의 어려움이 이러한 실패의 원인이라고 생각한다. 결국, 유전자 전달 능력의 부족과 발현 유지 실패 및 잠재된 숙주 면역 반응이 원인으로 지적된다. 비록 많은 연구자의 관심 분야임에도 불구하고, 대부분의 벡터는 특정 세포 유형만을 목표로 하지 않는다. 유전자 치료 시도 대부분은 바이러스 벡터를 사용하였지만, 일부에서는 리포솜(liposome)과 DNA 자체(naked DNA) 사용이 시도되고 있다(표 15.4). 네 가지 주요 바이러스 벡터는 레트로바이러스, 렌티바이러스, 아데노바이러스 및 아데노 관련 바이러스(AAV)이다.

리포솜 벡터 **리포솜(liposomes)**의 장점은 무독성과 면역 반응이 없다는 것이다. 그러나 유전자 전달은 대단히 비능률적이며, 발현은 일시적이다(표 15.4 참조). 리포솜은 인지질이중층 안쪽에

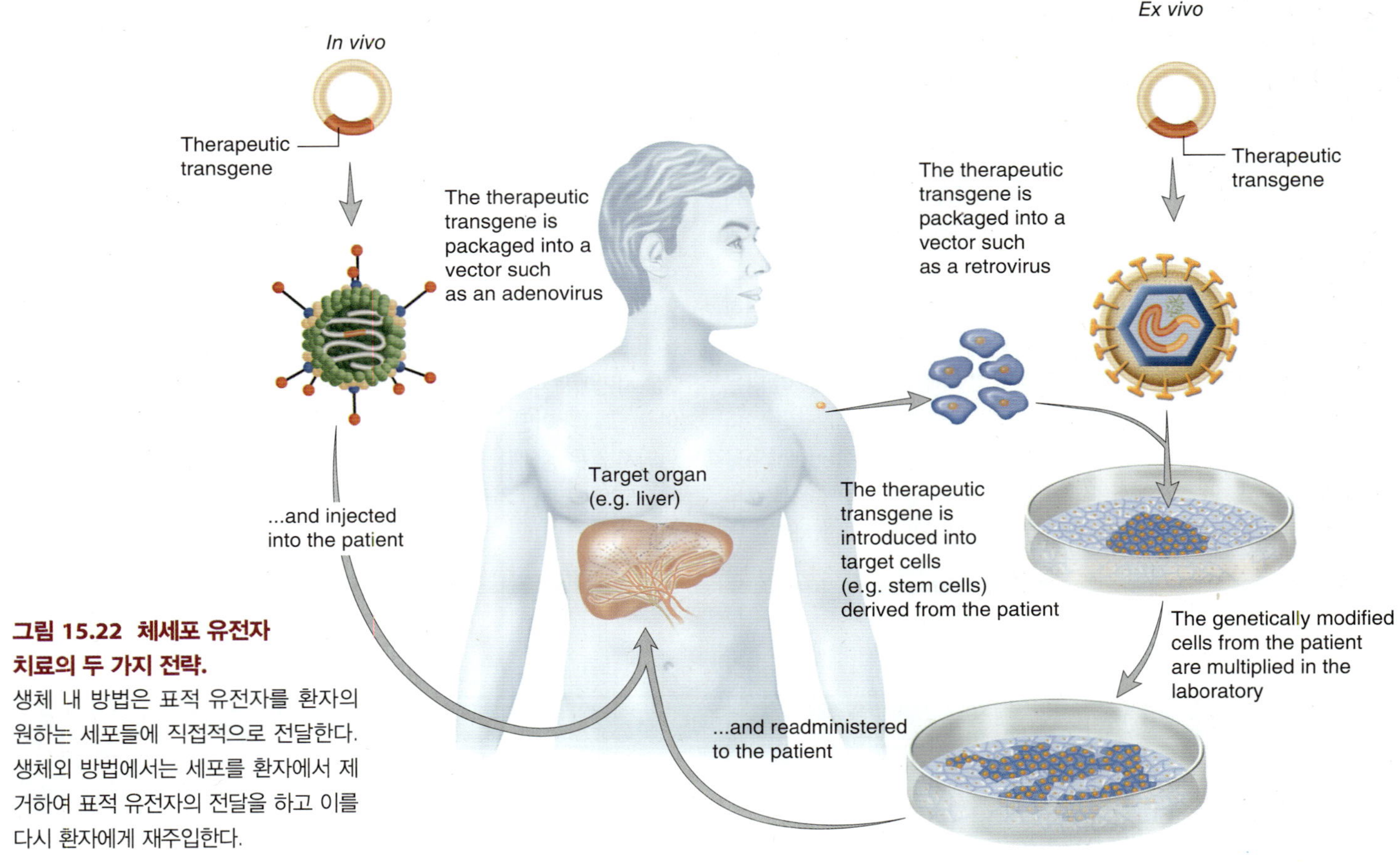

그림 15.22 체세포 유전자 치료의 두 가지 전략. 생체 내 방법은 표적 유전자를 환자의 원하는 세포들에 직접적으로 전달한다. 생체외 방법에서는 세포를 환자에서 제거하여 표적 유전자의 전달을 하고 이를 다시 환자에게 재주입한다.

DNA를 포함하는 소지질체구(tiny lipid spheres)이다. 리포솜 이중층은 항체, 펩티드, 일부분의 탄수화물을 이용하여 특정 세포와 결합을 향상시키기 위해 구성될 수 있다. 플라스미드-리포솜 복합체는 세포막과 융합하여 세포로 들어간다. 대부분 도입된 물질은 핵으로 가는 대신에 엔도솜(endosome)에 결합한다. 엔도솜은 세포질 내 소기관으로 물질 분해 과정에 관여한다. 몇몇 경우에는 핵으로 갈 수 있지만, DNA는 숙주 염색체 안으로 통합되지 않는다(그림 15.23).

레트로바이러스 벡터 레트로바이러스가 현재 유전자 치료의 임상적 시도 중 약 34%에 관여한다(Focus Box 15.3). **레트로바이러스 벡터(Retrovirus vectors)**는 숙주 염색체로 안정되게 통합되지만, 유전자 내에 모든 조절 부위를 수용하게 하기에는 삽입 부분(insert) 크기가 제한된다. 레트로바이러스 벡터는 전적으로 무작위 통합(integration)을 한다고 오랫동안 생각되었지만, 최근 연구결과는 전적으로 무작위적인 통합은 아니라는 사실을 보여주었다. DNA의 다른 부분보다 유전자에 더 삽입하려는 경향성을 보였다. 게다가, 많은 체세포는 이미 분화되었고 활동적으로 분열하지 않으므로, 레트로바이러스 감염을 이용하는 것도 쉽지 않다(표 15.4 참조).

렌티바이러스 벡터 렌티바이러스는 다른 종류 레트로바이러스와 달리, 감염, 복제 및 일부 비분열 세포에 통합될 수 있다. 처음에는 병원성을 고려하여 HIV로부터 유전자 치료 벡터를 개발하는 데 어려움이 있었지만, 연구진은 결국 비분열 및 분열 세포 모두에 사용하기에 적합한 효과적인 벡터를 개발했다(표 15.4 참조). 이 벡터는 유전체에 반 무작위로 통합되어 줄기세포와 함께 사용하기 위한 벡터로 선택되었다.

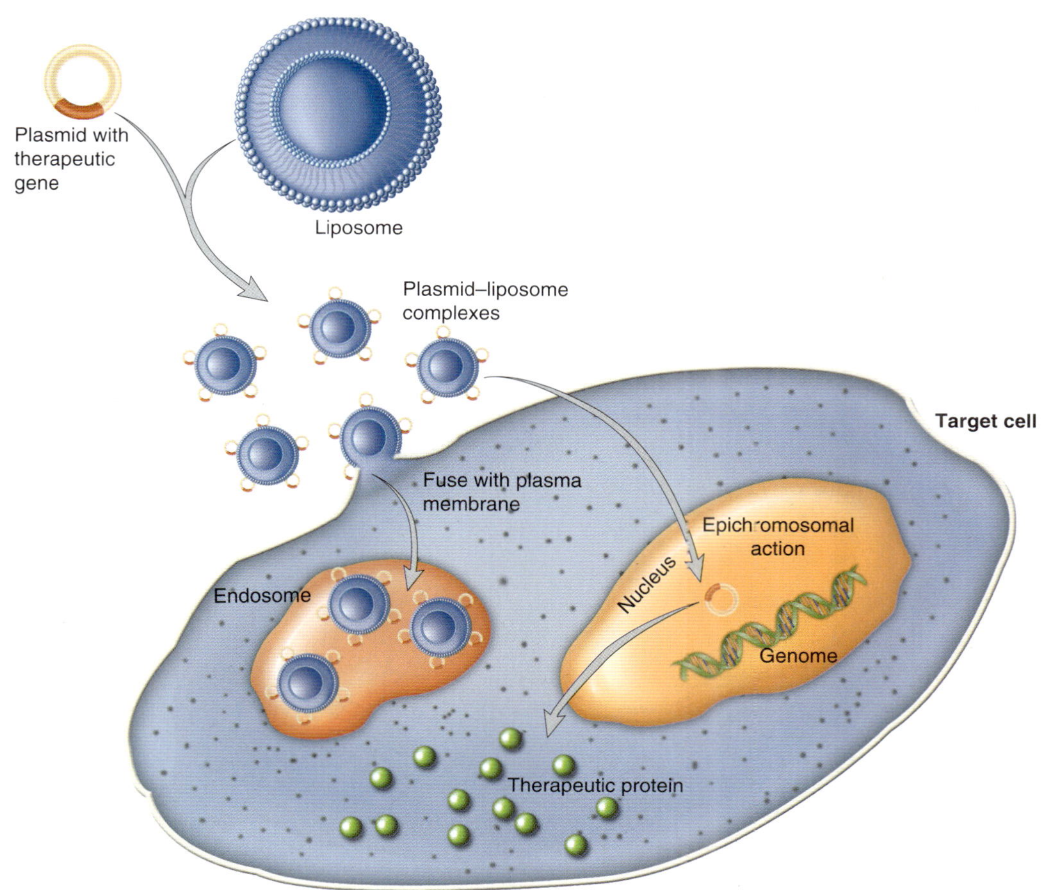

그림 15.23 리포솜 매개의 유전자 전달. 복합체는 리포솜과 치료 유전자를 포함하는 플라스미드 사이에서 형성된다. 복합체는 세포막과 융합하여 세포 안으로 들어온다. 플라스미드 DNA의 대부분은 엔도솜에서 분해된다. 그러나 몇몇 플라스미드 DNA는 핵으로 들어간다.

아데노바이러스 벡터 **아데노바이러스 벡터(Adenovirus vectors)**는 현재 진행되는 유전자 치료 시도법 중 약 20% 이상에서 사용되었다. 그러나 이 벡터는 유전자 치료를 통한 첫 번째 사망자를 발생시킨 오점을 남겼다(Focus Box 15.4). 아데노바이러스는 척추동물에 감염하여 기도, 결막과 각막, 위장관 및 비뇨생식기계의 가벼운 질환만을 유도하는 커다란 무껍질의(nonenveloped) 이중가닥 DNA 바이러스의 큰 구성원에 해당한다. 아데노바이러스는 처음 감염된 환자의 아데노이드에

Focus Box 15.3

레트로바이러스 매개 유전자 전달: "안전한 벡터" 만드는 방법

유전자 치료에서 유전자 전달의 최초 방법은 1980년대에 개발되었다. 이 방법은 세포에 높은 효율성을 가지고 들어가는 레트로바이러스의 본래의 능력을 이용하였다. 이 방법에서, 프로바이러스 DNA 구성은 바이러스 핵심 유전자 부위와 외피 부분을 조작하였고, 역전사효소 부위는 치료 상 유전자로 대치하였다(그림 1). 전형적인 선택표지 유전자인 항생제 저항성 유전자 부위를 구성에 포함하였다. 실험실에서 만들어진 이후에, 프로바이러스 DNA는 "안전한 벡터"로 패키징하기 위해 특별한 세포 주로 전기천공(electroporation)된다. 패키징된 세포는(보통 마우스 섬유모세포로부터 유래) 바이러스 단백질을 부호화하는 도움(helper) 바이러스는 포함하지만, 바이러스 입자의 RNA 포함을 위해 필요한 psi sequence부분은 결핍된 상태이다. 패키징된 세포로 들어간 뒤, 치료 상의 프로바이러스는 세포 유전체에 통합되고 전사된다. 치료 상의 RNA 전사는 psi sequence를 가지기 때문에, 치료 상의 RNA는 바이러스 입자로 집합될 수 있다. 패키징된 세포 안에 집합된 "안전한 벡터"는 역전사효소,

치료 상의 RNA, 다른 바이러스 단백질을 포함하고 있으나, 다른 어떤 바이러스 유전체 RNA도 포함하지 않는다.

정제 후, 안전한 벡터는 *ex vivo* 상태로 환자의 표적 세포와 배양한다. 바이러스 입자는 세포 내로 들어가고, RNA 유전체는 DNA로 역전사된다. 바이러스 DNA는 오직 세포의 분열과정 중 핵막이 파괴될 때에만 숙주 염색체에 도달할 수 있기 때문에 프로바이러스의 통합은 세포의 활발한 분열을 요구한다. 환자 세포의 유전체로의 통합과 치료 상의 mRNA의 전사를 통해, 치료 상의 단백질은 생산된다. 치료용 바이러스는 다른 바이러스 단백질이 없기 때문에, 바이러스가 재생하거나 또는 감염 입자를 형성할 수 없다. 표적 세포는 네오마이신 저항성과 같은 항생제 선택 조건에서 며칠 간 배양하고 나서 환자에 재이식된다(그림 1 참조).

이와 비슷한 기술들은 "안전한" 아데노바이러스와 아데노-관련 바이러스(AAV) 벡터를 준비하기 위해 사용되었다. 임상적 시도에 앞서, 세포 배양과 동물 모델, 예를 들면 마우스와 영장류에서 실험되어졌다. 연구자들은 병리학적 소견(질병이 있는 조직), 면역 반응 및 악성 여부(종양 형성)들을 점검했다. 중요사항 한 가지는 유전자의 통합 과정(레트로바이러스와 AAV 벡터에서)이 주변 유전자의 기능을 변경하거나 또는 종양유전자를 활성화시킬 수 있는가 하는 문제였다. 또 다른 문제는 도입하려는 "유전자"가 적절히 발현하는가의 문제이다. 레트로바이러스 프로바이러스는 오직 7 kb 크기 미만의 DNA만 삽입될 수 있다. 그래서 모든 cis-regulatory element를 포함하는 유전체 클론 대신에, 관심 유전자의 cDNA 클론을 바이러스 촉진자의 제어아래 위치하여 사용하였다. 또 다른 잠재적인 관심 사항은 "안전한" 바이러스 벡터가 내부 숙주 또는 바이러스 염기서열의 재조합을 유발하는지에 대한 문제이다. 이는 감염성 바이러스나 바이러스 단백질에 노출(아데노바이러스와 AAV의 경우에)될 경우 면역 독성 반응을 야기할 수 있기 때문이다.

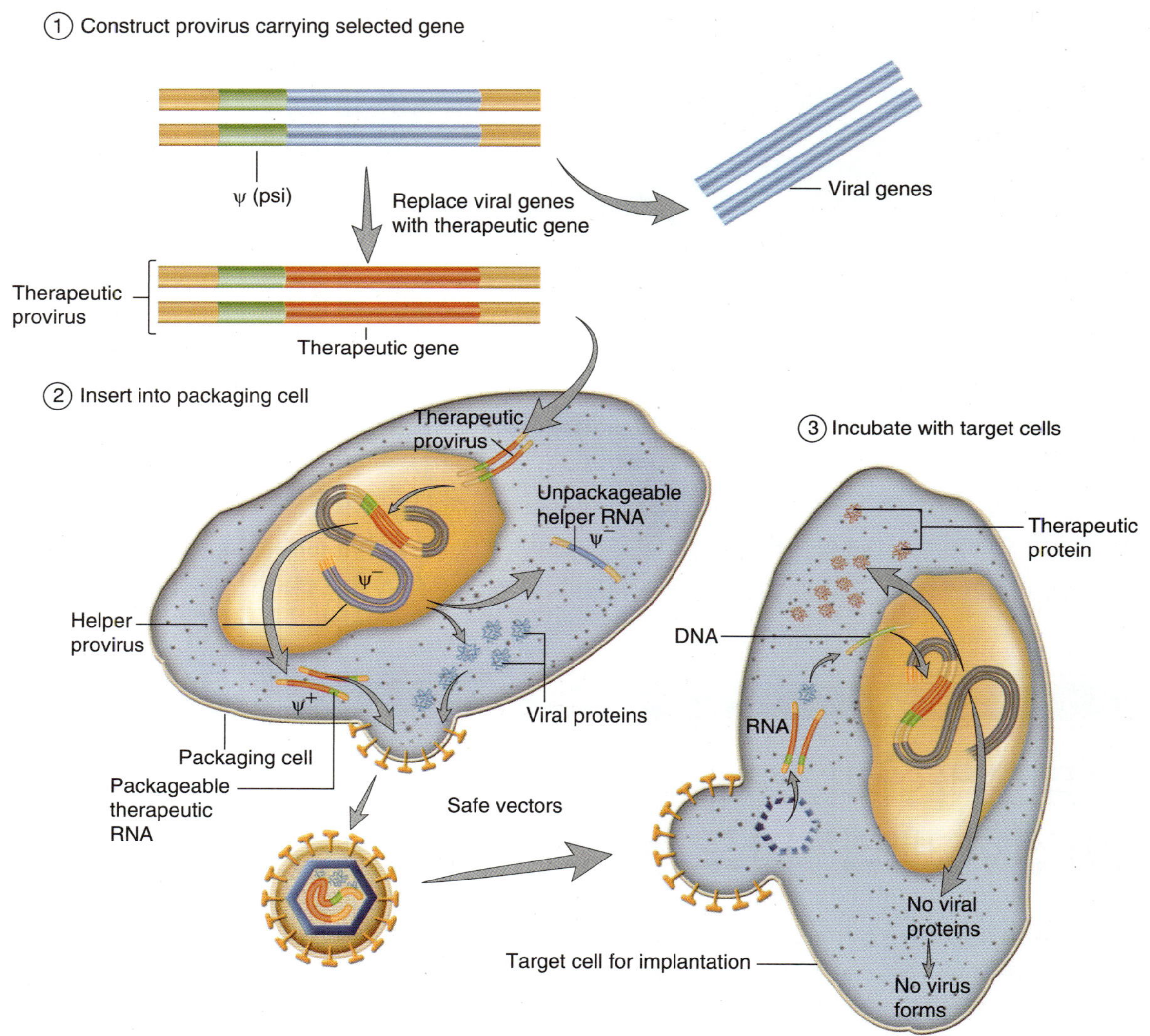

그림 1 레트로바이러스 매개 유전자 전달.
"안전한 벡터"를 준비하는 단계를 나타낸다. psi 서열(ψ)은 바이러스 입자에 RNA를 포함하는 데 필요하다.

표 15.4 유전자 치료 벡터.

Vector	Advantages	Disadvantages
Retrovirus	Enters cells efficiently Few immunity problems Integrates stably into host chromosomes	Hard to produce Limited insert size (~7 kb) Integration may cause insertional mutations; preferentially inserts near active genes Infects only dividing cells
Lentivirus	Same as retrovirus	Same as retrovirus, but can infect both dividing and nondividing cells
Adenovirus	Enters cells efficiently Larger capacity for foreign genes (>30 kb) Produces high expression of therapeutic genes Infects both dividing and nondividing cells	Does not provide long-term gene expression due to lack of integration (extrachromosomal) Very immunogenic, can be toxic
Adeno-associated virus	Causes no known human diseases Does not produce an immune response	Small capacity for foreign gene sequences Does not provide long-term gene expression due to lack of integration (extrachromosomal) Rarely integrates into chromosome, but preferentially inserts near active genes
Herpesvirus	High expression of therapeutic genes Targets nondividing nerve cells	Hard to produce Possible immune response
Liposomes	Nonpathogenic, no immunity problems No limit to size of foreign gene	Much less efficient at transferring genes to cells Low rate of stable integration and long-term gene expression
Biolistics (gene gun and naked DNA)	Same as liposome-mediated transfer Promising as a vaccination method	Limited to dermal tissue Low rate of stable integration Less efficient

서 분리되었고, 여기에서 이름이 명명되었다. 참조된 다양한 분화와 분화되지 않는 세포를 감염시키는 아데노바이러스 능력 때문에, 포유류 세포에서 유전자 전달에 가장 효율적인 벡터 중 하나이다(표 15.4 참조). 게다가, 외부 유전자에 수용력이 크다. 주요한 단점은 바이러스성 DNA 때문에 통합되지 않기에, 벡터의 반복된 도입이 필요할 수 있다. 차례로, 바이러스성 단백질의 반복된 도입은 잠재적으로 태아 환자의 면역 반응을 유발할 수 있을 것이다.

아데노-관련 바이러스 벡터 **아데노-관련 바이러스(AAV)**는 한 가닥 DNA 유전체를 가진 파보바이러스(parvovirus)이다. 한 가닥 비리온(virion) DNA는 전사와 복제를 위해서 두 가닥 DNA로 전환된다. 유전자 치료 연구자의 시도 초창기에 관심을 끌었던 이유는 두 가지 중요한 점 때문이다: (i) AAV는 인간에서 어떤 질병도 유발하지 않는다. 또한, (ii) 대부분이 아데노바이러스인 도움(helper) 바이러스 부재하에서는 활성되지 않은 채 남아 있는 경향이 있다(표 15.4 참조). 바이러스 복제 단백질(Rep) 중 하나는 인간 19번 염색체 특이 부위로 자연적 바이러스 통합을 매개한다. 대부분 AAV 관련 벡터는 바이러스 단백질에 대한 환자 면역 반응 유발 가능성으로 인해 *rep* 유전자를 포함하지 않는다. 재조합 AAV 관련 벡터(rAAV)는 주로 에피솜(episomally) 기능을 하는 *rep* 단백질이 결핍된 상태이다. 이들은 비록 비효율적이기는 하지만, 숙주 세포 염색체로 통합할 수 있다.

처음에는 *rep* 부재로 인해서 염색체 내 통합 과정이 무작위적으로 발생할 것이라고 생각하였다. 그러나 연구진은 그렇지 않다는 것을 보여주었다. DNA에 rAAV 벡터가 포함된 마우스에서 간 세포를 추출한 다음 벡터 주변의 DNA를 염기서열 분석했다. 염기서열을 마우스 유전체 염기서열 데이터베이스와 비교하여 알려진 유전자와 일치하는지 확인했다. 결과는? rAAV가 숙주 세포 염색체에 통합되면 ~72%의 시간이 활성 유전자에 통합된다. 이러한 발견에도 불구하고, 심각한 형태 척수성 근위축증이 있는 15명의 아기는 결핍된 운동뉴런의 생존(SMN) 유전자를 보유하는 rAAV로 치료를 받았다. 결과는 고무적이다. 이제 대부분 어린이가 앉을 수 있고 두 명은 걸을 수 있게 됨에 따라 임상 시험에서 이 벡터를 더 많이 사용할 수 있다는 희망을 불러일으켰다. 그러나 보다 최근의 연구에서, rAAV 벡터가 고용량에서 붉은털원숭이와 돼지에게 독성이 있는 것으로 판명되었으며, 혈우병 치료를 받는 개에서 거의 원종양유전자를 통합하는 것으로 나타났다. 이러한 발견은 벡터 통합 및 잠재적 독성의 결과가 더 완전히 이해될 때까지 위험/이점 고려 사항에서 고려해야 함을 일깨워준다.

유전적 기술의 혁신

이론적으로, **유전공학의 증강**을 통한 기술 발전은 유전 질환의 치료에 사용된 동일한 기술을 다수의 유전자와 연관이 있거나 또는 환경과 광범위한 상호작용에 의해 발생하게 되는 복합질환을 치료하거나 특성을 변환하기 위해 사용하였다. 이런 연구에 기초하여, IGF-*1* 유전자 추가 복사본을 가진 형질전환 마우스는 펜실베니아 대학교의 H. Lee Sweeney와 연구원들에 의해 2001년에 만들어졌다. 형질전환된 쥐는 정상 쥐보다 두 배나 많은 근육을 보유하였고, 더 오래 살며, 외상에서 더 빨리 회복하였다. 운동 없이도 근육을 만들었으며, 노화 진행이 느렸다. 슈왈츠제네거(Schwarzenegger) 마우스라고 명명함으로써 방송에 대대적으로 소개되었다(그림 15.24). 이는 테스토스테론과 스테로이드 제재와 같은 약물을 사용한 도핑 방법 대신 유전자 치료 기술을 활용하여 미래에는 가짜 운동선수들을 만들어낼 것이라는 생각이 넓게 퍼졌다. 이것에서 더 나아가, Sweeney와 연구원들은 쥐의 근육에 *IGF-1* 유전자를 직접적으로 삽입하는 AAV를 사용하여 정상보다 20~30% 정도 증가한 근육량을 보이는 쥐를 생산하였다. 유전자와 운동 능력의 상관 관계를 사람에서 입증하기는 어렵다. 그러나 α-actinin과 angiotensin 전환 효소(ACE) 두 유전자의 특별한 유형은 엘리트 운동선수의 능력과 깊은 연관이 있다는 사실을 밝혀냈다. α-actinin의 유형은 단거리 선수에서 연관되어 있었던 반면에, ACE 다양성은 인내심이 요구되는 운동선수에서 보다 더 많이 관찰되었다.

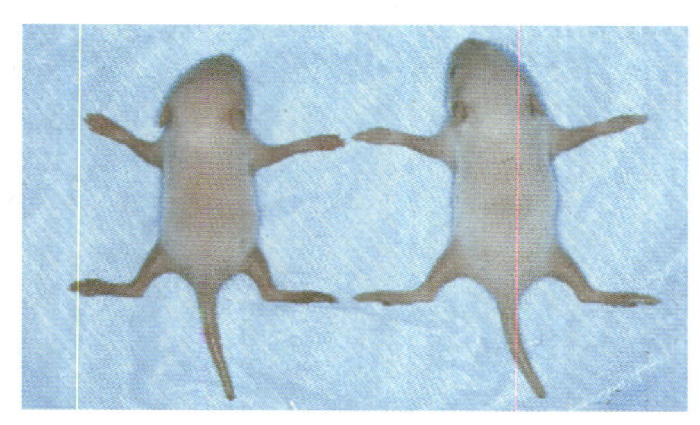

그림 15.24 "슈왈츠제네거 마우스." 유전자 전이 생쥐는 쥐의 미오신 경쇄 부위에서 골격근-특이 조절 요소에 의해 구동되는 인슐린 유사 성장인자 1 cDNA로 생성되었다. 사진은 생후 10일된 정상 쥐의 왼쪽과 오른쪽의 유전자 변형 쥐의 새끼를 보여준다. (출처: Reprinted from Musaro et al. 2001. *Nature Genetics* 27:195-200. © Springer Nature.)

선천성 면역결핍증후군의 유전자 치료

유전질환에 대한 첫 번째 유전자 치료의 임상적 시도는 1990년 9월에 시작하였다. 유전자 치료 방법은 **아데노신 탈아미노기효소(adenosine deaminase, ADA)** 결핍으로 인한 심각한 **복합면역결핍(severe combined immunodeficiency, SCID)**을 보이는 4살된 여아를 치료하기 위해 계획되었다. ADA는 아데닌과 구아닌의 대사에 관여하는 필수 효소이다. T 림프구는 ADA의 결핍으로 파괴되었고, 이는 지속적이며 반복적인 감염의 질병 소인을 보였다. 유전자 치료는 심각한 **X 염색체-연관 복합면역결핍 질환(X chromosome-linked form of severe combined immunodeficiency, SCID-X1)**의 유전 형태를 치료하기 위해 사용되었다. 이는 인터류킨에 반응하는 수용체인 γc-cytokine 수용체의 부호화 유전자 부위의 돌연변이로 인해 발생하는 치명적인 질환이다. 이 질환은 T 림프구와 자연살해(natural killer) 세포 분화 과정 방해로 인한 결핍 현상으로 인해 발생하는 질병이다. 1999년 이래로, 유전자 치료는 ADA-SCID 또는 SCID-X1을 겪고 있는 22명의 아이에서 면역체계를 복구시키는 데 도움이 되었다. Jesse Gelsinger's의 죽음을 통해서(Focus Box 15.4), 우리는 유전자 치료가 희망을 불러일으킨 사례를 살펴볼 수 있다.

Focus Box 15.4

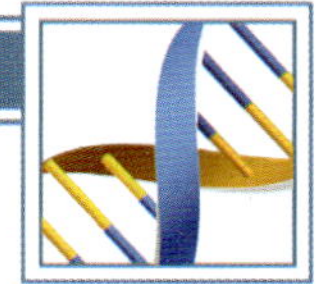

최초 유전자 치료의 치명성

1999년 9월 17일 이전에는 심각한 질병을 치료할 목적으로 체세포 유전자 치료를 하는 것은 윤리적인 치료 옵션이라는 데 일반적인 합의가 있었다. 생명을 위협하거나 말기 질환의 경우에서는 잠재적인 이익이 비용과 위험을 능가한다고 느꼈다. Jesse Gelsinger가 비표적 치료에 필요한 다량의 벡터에 대한 과면역 반응으로 사망했을 때 이러한 일반적인 합의에 의문이 제기되었다.

Jesse Gelsinger는 식이요법과 약물로 조절할 수 있는 경미한 형태의 부분적인 오르니틴 트랜스카바밀레이스(OTC) 결핍이 있는 비교적 건강한 18살의 남자였다. 그러나 요법은 매우 엄격했다. 이 질병의 특징은 식이 단백질(질소)을 올바르게 분해하지 못해서 출생 직후에 독성 암모니아가 축적된다는 것이다. 1999년 9월 13일, 이 장애를 교정하기 위한 유전자 치료 실험이 시작되었다. Gelsinger는 간을 공급하는 혈관인 문맥을 통해 정상 OTC 유전자를 운반하는 재조합 아데노바이러스 벡터 입자를 고용량으로 투여 받았다. 그는 38조 개의 바이러스 입자를 투여 받았는데, 이는 임상 시험에서 주어진 가장 높은 용량이다. 그럼에도 불구하고, 전달된 유전자의 1%만이 간에 도달하였으며, 간에서 유의한 유전자 발현은 없었다. 바이러스 입자는 비장, 폐, 갑상선, 심장, 신장, 고환, 뇌, 췌장, 림프절, 골수 및 방광을 포함하여 검사한 그의 다른 모든 기관을 침범했다. 4일 후 Gelsinger는 바이러스 단백질에 대한 전신 염증 반응으로 인해 다발성 장기 부전으로 사망했다.

2000년 1월 21일, 미국 식품의약국(FDA)은 18개 영역에 대한 이 시험의 감독 및 모니터링에서 "심각한 결함"을 발견한 후 펜실베니아 주립대학교는 5건의 유전자 치료 시험을 중단했다. 일례로, 실험적 치료를 받은 두 마리의 붉은털원숭이의 죽음에 대해 환자에게 알리지 않았고, 동의서 양식이 제대로 작성되지 않았다는 주장이 제기되었다. Jesse가 사망한 지 5년 후, 미국 법무부는 상당한 벌금 및 임상 연구 제한에 대해서 연구원 및 해당 기관과 합의에 도달했다.

ADA-SCID ADA-SCID를 위한 원래 치료는 골수이식과 ADA를 매주 주사하는 방법이었다. 이식 실패와 많은 환자에서 효소 치료 효과가 없었으므로, 유전자 치료는 치료의 또 다른 방법으로 개발되었다. 1990년에 시작된 첫 번째 시도는 1991년에도 뒤를 이어 진행되었다. 부작용은 없었기 때문에, 1996년까지 추가적으로 11명의 아이에게 유전자 치료를 시도하였다. *ex vivo*의 접근법은 레트로바이러스 매개 유전자 전달에 의해 T 림프구에 도입된 ADA cDNA를 이용하여 진행되었다. 유전자가 고쳐진 T 림프구를 환자에게 재주입하였다.

17살이 되었을 때, 첫 번째 치료를 받은 여자아이는 정상적인 생활과 높은 면역 반응을 가지게 되었다. 그녀는 학교에 출석할 수 있었고, 감염도 없었으며, 다른 부작용도 없었고, T 세포 수도 증가하였다. T 세포를 줄기세포 수명만큼 유지할 수 없었기 때문에, 반복치료가 요구되었다. 이는 틀렸음이 밝혀졌다: T 세포에서 ADA 유전자 발현은 적어도 13년 간 지속된다. 그녀는 비록 계속해서 ADA 주사를 맞고는 있지만, ADA 효소 치료만을 했을 경우보다 현저하게 좋아졌다. 이 연구에 동참했던 다른 환자들 대다수에서 유전자 치료가 통계적으로 의미있는 치료법이었는지는 불명확하다. 유전자 치료 동안 ADA를 계속적으로 투여하는 것은 잘 알지 못하는 치료에 대한 연구 과정 때문에 생명을 구할 수 있는 치료법을 멈추거나 지연시키는 윤리적인 문제를 피하기 위해 요구되고 있다.

SCID-X1 2000년 4월, SCID-X1을 가진 프랑스의 두 유아는 8, 11개월 되었을 때, 유전자 치료법으로 치료받았다. 두 유아는 모두 폐렴, 설사, 피부 질환으로 매우 아픈 상태였다. 유아의 골수조직 시료를 채취하고, 여기서 얻은 조혈모세포를 γc-receptor cDNA를 운반하는 레트로바이러스 벡터를 이용하여 *ex vivo*로 치료하였다. 유전자를 치료한 세포를 환자에게 다시 주입하였다. 다른 치료를 제공하거나 요구되지 않았다. 처음 결과는 매우 좋았고, 이에 따라 임상적 시도는 확대되었다. 하지만, 두 유아에게서 백혈병이 발병하였고, 이 중 한 명은 사망하였다. 이 두 경우 모두에서 레트

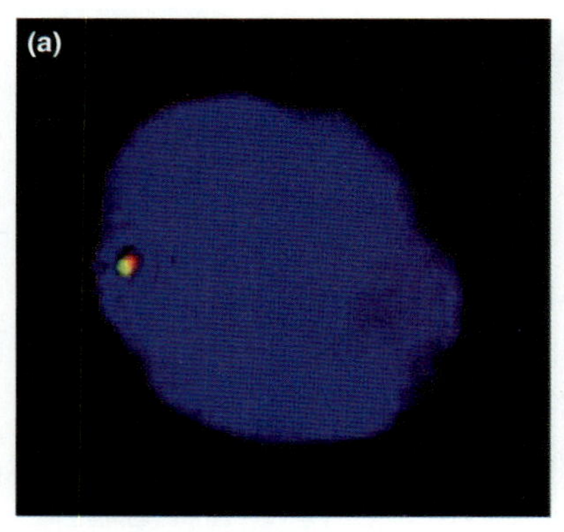

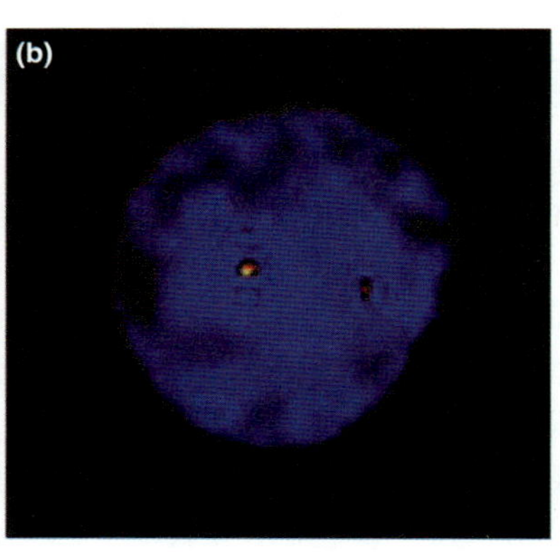

그림 15.25 SCID-X1 유전자 치료 시험에서 *LMO2* 원종양 유전자의 삽입 돌연변이 유발.
2명의 환자 (a) 및 (b)에 대한 단일가닥 DNA 프로브를 사용한 활성화된 *LMO2* 대립유전자의 RNA 형광 제자리 혼성화(FISH) 분석. DNA의 DAPI(4′,6-diamidino-2-phenylindole) 염색은 파란색으로 표시된다. (출처: Reprinted from Hacein-Bey-Abina et al. 2003. Science 302: 415-419. © 2003 AAAS.)

로바이러스 벡터는 *LMO2* 원종양유전자 근처에 삽입되었다. *LMO2*는 조혈 과정에서 요구되는 전사인자를 부호화하고 있는 유전자이다. 이 유전자의 과발현은 백혈병을 유발한다. 그림 15.25에는 단일-가닥 DNA 탐침을 갖고서 활성화된 *LMO2* 대립유전자에 대한 RNA 형광 제자리 혼성화(Fluorescence in situ hybridization, FISH) 분석을 보여주고 있다. 안티센스 LMO2 탐침(녹색 화살표)과 센스 γc-사이토카인 수용체 탐침(빨간색 점선 화살표)은 유전자 치료 후 백혈병이 발병한 환자(P4)의 T 세포에 혼성화시켰다. 두 탐침은 모두 LMO2 촉진자에서 시작하는 전사 과정(transcription)에서 관찰되었다. 안티센스 LMO2 탐침과 안티센스 γc 탐침(빨간색 실선)은 백혈병이 발병된 다른 환자(P5)의 T 세포와 혼성화되었다. 안티센스 γc 탐침은 내부 γc 유전자의 전사 과정에서도 관찰되었다. 레트로바이러스의 통합은 세포 성장과 분화를 자극하는 γc-사이토카인 수용체와 함께하는 *LMO2*를 활성화시켰을지도 모른다.

2003년 1월 27일, 이런 어려운 문제의 발생으로 인해, 미국에서 진행하던 27개의 임상적 시도가 중지되었다. 2004년 2월, SCID-X1의 유전자 치료는 계속되도록 허락되었지만, 오직 골수이식이 실패한 아이에게만 허용되었다. 2005년, 총 5명의 아이에서 백혈병이 발생하였고, 그 결과 프랑스에서는 유전자 치료가 중지되었으며, 미국 식품의약국(FDA)은 세 번째 SCID-X1 시도를 연기하였다. 아이들 중 4명은 항암치료 후 장기적인 완치 상태를 유지하고 있지만, 1명은 사망하였다. 임상시험에서 다른 아이들을 치료하는 데 성공하였기에, 연구원들은 포기하지 않았다. 그들은 SCID-X1의 치료에 보다 안전하고 효과적인 변형 바이러스 벡터를 설계할 수 있게 되었다.

낭포성 섬유증 유전자 치료

낭포성 섬유증(cystic fibrosis)은 백인 2,000명당 1명에서 발병하는 열성 유전질환이지만, 다른 인종에서는 발병 빈도가 매우 낮다. 낭포성 섬유증을 가진 사람은 땀으로 과도한 염분 소실을 초래하며, 호흡기에서 관찰되는 매우 끈적끈적한 점액을 특징으로 한다. 또한 주기적인 폐 감염, 회복할 수 없는 폐 손상, 췌장관의 폐쇄도 흔하게 관찰된다. 이 질병은 낭포성 섬유증 막횡단 전도도 조절자(cystic fibrosis transmembrane conductance regulator, CFTR) 부호화 유전자의 손상으로 발병된다. *CFTR* 유전자는—총 250 kb로 매우 크며, 27개의 엑손을 갖는다—1991년에 클론되었다. CFTR 단백질은 cAMP 매개의 염소 채널을 담당하는데, 이는 폐에서 점액질 제거를 통해 호흡기를 유지시키는 기능을 하는 단백질이다. 70%의 낭포성 섬유증 환자에서는 *CFTR* 유전자 508번 페닐알라닌 아미노산의 코돈에 해당하는 3개의 염기쌍 결실(Δ508)이 원인이다(그림 15.26).

인간 임상 시도: AAV-매개 유전자 전달 비록 아데노바이러스-매개 또는 리포솜 매개 유전자 치료가 $CFTR^-/CFTR^-$ 녹아웃(knockout) 마우스에서 둘 다 효과적일지 몰라도 비슷한 기술을 낭포성 섬유증 환자에게 적용하는 것은 효과가 없다는 것이 입증되었다. 아데노바이러스 또는 리포솜 벡터에 의해 운반된 *CFTR* cDNA는 코에 분무(spray)해서 코의 기도 상피 또는 상부 호흡기계에 투입된다. 두 결과는 모두 실망스러운 결과를 초래하였다. 아데노바이러스-매개 유전자 전달과 관

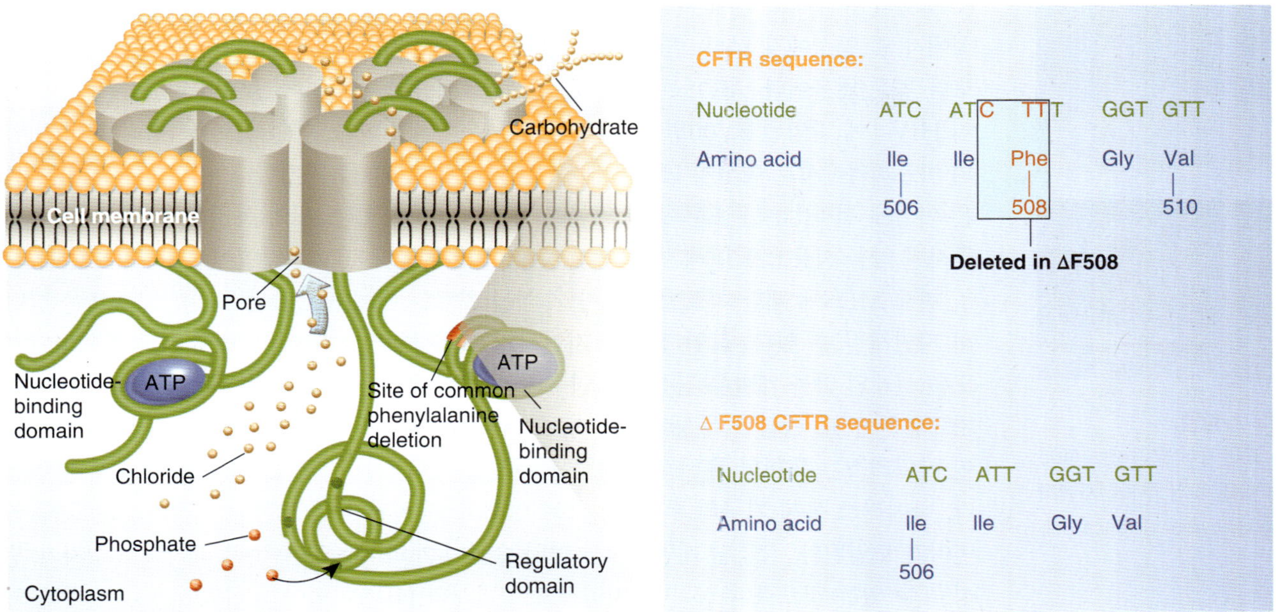

그림 15.26 *CFTR* 유전자에서 가장 흔한 돌연변이.
낭포성 섬유증 환자에서 돌연변이의 약 70%는 낭성 섬유증 막횡단 전도 조절자(CFTR) 유전자의 뉴클레오티드 서열에서 3개 염기쌍의 특정 결실에 해당한다. 이는 CFTR 단백질의 위치 508(ΔF508)에서 페닐알라닌의 손실을 초래한다.

련된 면역 반응으로 인해서, 연구진은 아데노-관련 바이러스의 사용으로 방향을 바꾸었다.

아데노-관련 바이러스 제2혈청형(rAAV2)을 이용한 재조합은 잠복기, 임상 1상(vector safety), 임상 2상(안정성과 효율) 시도를 통해 개선되었다. 이 방법은 안전한 치료법이라는 것을 입증하였고, 위약을 사용한 실험군에 비하여 DNA 전달의 일관된 수준, 폐 기능의 단기간 내 임상적 증진에 대한 긍정적 증거를 보여주었다. 그러나 12세 이상 102명의 피험자를 치료한 IIb 임상시험에서는 위약에 비해 폐 기능이 통계적으로 유의미하게 개선되지 않았다. 게다가, rAAV2 벡터가 유전자를 포함하지 않는 DNA 영역보다 더 자주 유전자에 통합된다는 것을 보여주는 연구결과를 보여서 여러 우려가 제기되었다. 이 발견은 벡터가 잠재적으로 종양억제유전자의 부적절한 활성을 야기함으로써 SCID-X1 환자에서 백혈병 유발과 같은 결과를 초래할 수 있음을 지적하였다. 연구진은 AAV가 레트로바이러스-기반 벡터와는 차이가 있으므로, 이러한 염려가 단순한 기우이기를 희망하고 있다. 레트로바이러스는 DNA에 스스로를 삽입하여야 하는 반면, AAV 통합은 비효율적이기 때문에 이러한 영향은 무척 낮게 발생할 것이다. 조직에서 AAV 유전자 전달벡터의 지속성은 주로 염색체 외 기능에 기인한다. 대안으로, 낭포성 섬유증 돼지 모델에서 성공적인 것으로 입증된 렌티바이러스 벡터를 시험하기 위한 임상 시험이 설계되고 있다.

연구자는 여전히 새로운 벡터 디자인으로 유전자 치료가 현실이 될 수 있다고 낙관하고 있다. 그러나 결론은 낭포성 섬유증 유전자가 발견된 지 30년이 지난 후에도 여전히 이 질병에 대한 치료법이 없다는 것이다.

HIV-1 유전자 치료

후천성면역결핍증(AIDS)인 HIV-1 감염과 관련된 질병은 1980년대 초반 이후 이미 약 3,700만 명이 사망한 것으로 추정되는 전염병이며, 계속 확산되고 있다(그림 15.27). 질병통제 예방센터

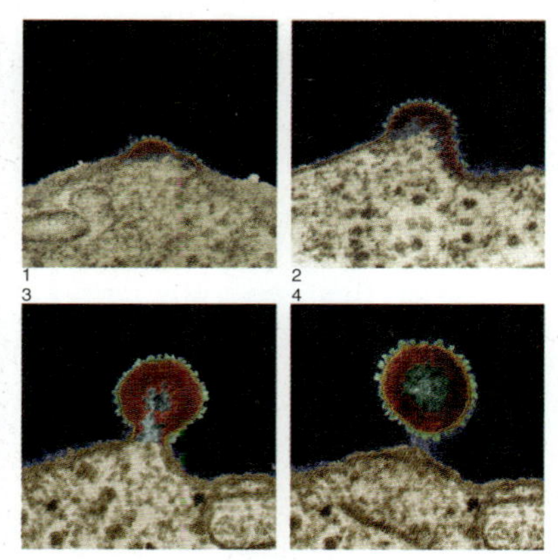

그림 15.27 HIV-1 감염.
T 림프구 백혈구 표면에서 발아하는 AIDS 바이러스(적색/녹색)의 컬러 투과전자현미경 사진(TEM). (출처: Eye of Science/Science Source)

(CDC)의 예측대로 현재 비율이 계속된다면, 미국 남부에 거주하는 아프리카계 미국인 동성애자 및 양성애자 남성 2명 중 1명은 HIV에 감염될 것이다. 이는 세계 다른 어떤 지역보다 높은 비율이다. AIDS는 처음에는 주로 남성 동성애자의 질병이었지만, 현재는 여성이 HIV-1에 감염된 3,700만 인구의 거의 절반을 차지한다. 예를 들어, 사하라 사막 이남의 아프리카에서는 여성이 HIV-1에 감염된 사람의 60%를 차지한다. 이러한 감염 대부분은 이성애 전파(80%) 또는 주사 약물 사용(19%) 때문이다. 이와 동일한 위험 요소, 특히 주사된 약물 사용으로 인해 아시아 및 중부 유럽 여성의 HIV-1 감염이 50% 증가했다.

현재 AIDS에 대한 치료법은 없지만, 약물 치료는 이제 AIDS 관련 질병의 발병을 상당히 지연시킬 수 있다. 감염 진행을 지연시키거나 감염된 개인에서 HIV-1 복제를 차단하도록 설계된 약물 개발은 집중적인 연구 노력의 주제였다. 지금까지 완전히 효과적인 약물 치료법은 없고, 상당한 독성이 있으며, 약물에 내성을 가진 HIV-1 균주가 증가하고 있다. 이 바이러스는 특별한 유전적 다양성을 가지고 있어 HIV 백신을 만드는 것이 특히 어렵다. 바이러스 복제 기구의 부정확성으로 인해서, 생성된 거의 모든 비리온에 새로운 돌연변이가 도입된다. 감염된 개인에게서 매일 수십억 개의 새롭고 독특한 바이러스 입자가 생성될 수 있는 것으로 추정된다. 지리적으로 별개의 HIV 아형이 밀집되어 있다. 서반구와 서유럽의 AIDS 전염병은 하나의 아형에 의해 발생하는 반면, 사하라 사막 이남 아프리카와 인도 아대륙의 전염병은 다른 아형에 기인한다. 따라서 항 HIV-1 유전자 요법과 같은 추가적인 치료적 접근에 대한 조사가 큰 관심을 받고 있다. 그러한 치료법을 설계하려면 잠재적인 표적을 결정하기 위해 HIV-1 수명 주기에 대한 심층적인 이해가 필요하다(Focus Box 15.5).

Focus Box 15.5

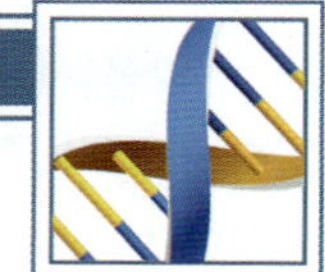

HIV-1 수명 주기

HIV-1은 레트로바이러스과에 속하는 렌티바이러스이다. 이 바이러스는 9 kb 유전체의 2개의 플러스 가닥 RNA 사본을 포함한다. 유전체에는 *gag*, *pol* 및 *env* 유전자와 *tat*, *rev*, *nef*, *vif*, *vpr* 및 *vpu*라는 최소 5개의 보조 유전자가 포함되어 있다. *tat* 및 *rev* 유전자는 바이러스 복제에 절대적으로 필요한 조절 단백질을 암호화한다. *nef*, *vif*, *vpr* 및 *vpu*는 작은 보조 단백질을 암호화한다. 이들의 발현은 일반적으로 시험관 내에서는 필요하지 않지만, 생체 내에서 바이러스 복제 및 발병 메커니즘에 필수적이다. HIV-1의 수명 주기는 바이러스-수용체 상호작용을 포함하여 인간 표적 세포의 성공적인 감염에 필요한 일련의 단계를 포함한다. 바이러스 진입; 역전사; 바이러스 통합; 전사; 접합 및 핵 수출; 번역; 조립, 출시 및 성숙(그림 1). HIV-1은 주로 T 림프구, 단핵구 및 CD4 세포 표면 수용체($CD4^+$ 세포)를 표시하는 대식세포를 감염시킨다. 그러나 중추신경계의 일부 세포(예, 성상교세포 및 뇌 소교세포)도 표적이다. 감염은 여포 수지상 세포를 포함하는 림프 조직으로 퍼진다. 면역 체계의 이러한 특수 세포는 잠복 바이러스의 저장 장소 역할을 할 수 있다. 시간이 지남에 따라 바이러스 복제는 면역 체계의 느리고 점진적인 파괴로 이어진다.

바이러스-수용체 상호작용 및 바이러스 진입

원형질막에서의 수용체 매개 융합은 HIV-1 외피(Env) 단백질에 의해 매개된다. Env는 세포 프로테아제에 의해 번역 후 절단되어 삼량체 구조로 함께 비공유적으로 연결된 2개의 폴리펩티드, gp41 및 gp120을 생성한다. gp41은 막횡단 영역을 형성하고, gp120은 CD4 세포 표면 수용체에 특이적으로 결합하는 역할을 하는 표면 소단위체이다. CD4에 대한 결합은 gp120의 구조적 변화를 일으켜 케모카인 공수용체 결합 부위를 노출시킨다. 공수용체의 결합은 gp41 융합 펩티드가 표적 세포막으로 삽입되게 한다. 이것은 막 융합을 일으켜 바이러스 코어가 세포에 들어갈 수 있게 한다.

역전사

숙주 세포의 세포질에서 RNA 유전체는 역전사 과정을 통해 DNA 형태로 변환된다. 바이러스 역전사효소 효소는 역전사효소, RNase H 활성(RNA-DNA 하이브리드에서 유전체 RNA 절단) 및 DNA 중합효소 활성(프로바이러스 DNA의 두 번째 가닥 합성)의 세 가지 필수 활성을 가지고

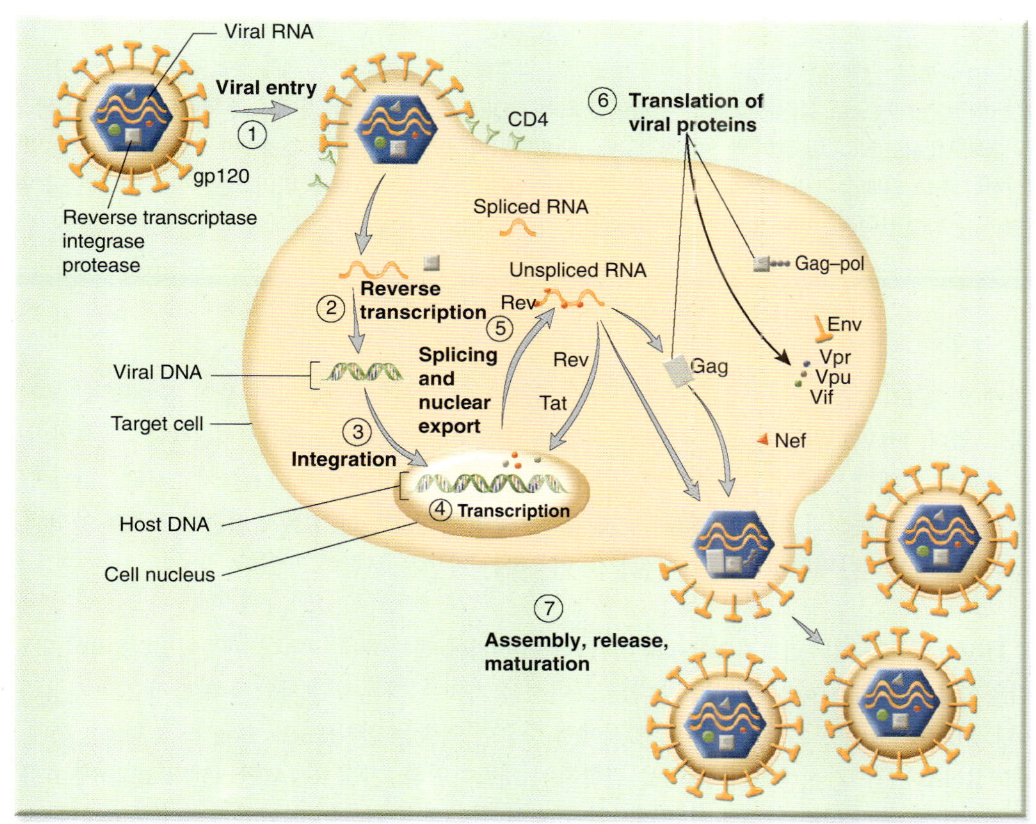

그림 1 HIV-1 수명 주기의 7가지 주요 단계의 개략도. (1) 바이러스-수용체 상호작용 및 바이러스 진입; (2) 역전사; (3) 프로바이러스 통합; (4) 전사; (5) 접합 및 핵 수출; (6) 바이러스 단백질 번역; 및 (7) 바이러스 입자의 조립, 방출 및 성숙.

있다. 세포 전달 RNA인 $tRNA_3^{Lys}$는 프라이머 역할을 하며 마이너스 가닥 DNA 합성을 시작한다. 역전사효소는 바이러스 복제에 필수적이므로, 항바이러스 요법의 가장 인기 있는 표적 중 하나이다.

프로바이러스 통합

이중가닥 프로바이러스 DNA의 합성 후, 다음 단계는 DNA 함유 캡시드를 핵으로 자리옮김시키는 것이다. 이 과정은 Vpr, 기질 단백질 또는 바이러스 통합효소를 포함하는 독립적인 경로에 의해 매개된다. Vpr은 핵 국소화 신호를 포함하고 비분할 세포에서 핵공 복합체를 통해 사전 통합 복합체의 핵 수입을 매개하는 것으로 생각된다. 바이러스 통합효소는 숙주 세포 DNA를 절단하고 프로바이러스를 숙주 유전체에 삽입한다.

바이러스 RNA의 전사

HIV-1 유전자 발현은 AP-1, NF-κB, CREB 및 Sp1을 포함한 다수의 숙주 세포 전사인자와 바이러스 Tat 단백질 간의 상호작용에 의해 제어된다. Tat(전사 활성화제) 단백질은 TAR(transactivation response element region)이라고 하는 1차 바이러스 전사체의 5′ 줄기-고리 구조를 인식한다. Tat–TAR 상호작용은 HIV-1 유전자 전사의 활성화에 필수적이므로, 항바이러스 전략의 인기 있는 표적이다.

접합, 핵 유출 및 번역

바이러스 유전자 발현은 초기 단계와 후기 단계로 나눌 수 있으며, 각각 Rev-독립적 및 Rev-의존적이다. 초기 단계에서 RNA 전사체는 세포 접합 기구에 의해 여러 RNA로 접합된다. 완전히 접합된 RNA의 번역은 Tat, Rev(비리온 단백질의 발현 조절기) 및 Nef(음성 효과기) 단백질을 생성한다. 세포질에서 번역된 후 Rev 단백질은 importin-β1과의 상호작용을 통해 핵으로 수입된다. Rev가 핵에 임계 수준까지 축적되면, mRNA 생산은 후기 유전자 발현의 특징인 다중 접합에서 단일 접합 및 비접합 전사체로 이동한다.

Rev에는 Rev 반응 요소(RRE)라고 하는 RNA 내의 줄기-고리 구조와 직접 상호작용하는 RNA 결합 모티프가 포함되어 있다. Rev–RRE 복합체는 번역이 진행될 수 있는 세포질로의 비접합 및 단일 접합 RNA의 내보내기를 자극한다. Rev의 핵 유출은 유출 요인 CRM1에 의해 중재된다. 비접합 RNA 및 단일 접합 RNA의 번역은 Gag(그룹 특이적 항원) 및 Gag–Pol(그룹 특이적 항원–중합효소), Vpu(바이러스 단백질 u), Vif(비리온 감염 인자)와 Vpr(바이러스 단백질 r) 및 Env 같은 다양한 단백질을 생성한다.

바이러스 입자 집합체

합성 후 바이러스 성분은 원형질막에 모여서 증식할 수 있는 새로운 비리온을 형성한다. 바이러스 RNA 유전체의 psi 서열은 조립에 필요하다. 고도로 보존된 psi 서열은 Gag 단백질의 뉴클레오캡시드 단백질 도메인에 의해 인식되는 4개의 줄기-고리를 포함한다. 바이러스 유전체 외에도 여러 세포 tRNA가 바이러스 입자에 포장되어 있다. 어셈블리는 부분적으로 Vpu 및 Vif 단백질에 의해 조절된다.

방출 및 바이러스 성숙

세포 표면에서 바이러스 발아 후, Gag 및 Gag-Pol 다단백질은 Gag-Pol 전구체의 프로테아제 도메인에 의해 단백질 분해적으로 절단된다. Gag의 절단은 기질(MA), 캡시드(CA), 뉴클레오캡시드(NC) 및 코어 엔벨로프 링크(CEL) 바이러스 단백질을 생성한다. MA 단백질은 바이러스 외피 아래에 매트릭스를 형성하고 CA 단백질은 NC 코팅된 RNA 유전체를 둘러싸는 원추형 코어를 형성하기 위해 응축된다. Vpr의 포장을 매개하는 것 외에도 CEL 단백질은 Env 단백질과 연관되는 것으로 생각된다. Gag-Pol 다단백질의 절단은 통합효소(IN), 역전사효소(RT) 및 단백질분해효소(Pro)를 해방한다. 성숙 후 바이러스는 또 다른 감염을 위한 준비가 된다.

현재 안티 HIV-1 유전자 치료는 혈장 바이러스 양에 대한 감소와 환자 삶의 질 개선을 목적으로 하고 있다. HIV-1 감염된 모든 세포의 전멸은 사실상 불가능하다. 희망사항은 다른 치료법의 부가적 효과를 기대할 만큼 충분하게 바이러스를 억제하는 것이다. 다수의 다른 치료전략으로는 단백질에 근거하거나(독성과 항체) RNA에 기반을 둔 방법을 포함한다. RNA 접근법으로는 안티센스, 리보자임, RNA 앱타머와 RNA 간섭 현상을 이용하는 방법을 포함하고 있다.

안티 HIV-1 리보자임 리보자임은 다른 HIV-1 유전자에 특별하게 맞추어 만들어졌다. 바이러스의 큰 다양성을 극복하는 하나의 방법은 다른 특이성을 가지는 다른 리보자임을 복합적으로 사용하는 것이다. HIV LTR 부분은 바이러스 생활사에서 중요한 역할을 한다(Focus Box 15.5 참조). 촉매 안티센스 RNAs는 두 가지 억제적 특징을 결합하여 개발하였다: 기질 RNA(안티센스 효과)에 효율적으로 결합하는 줄기-고리 안티센스 모티프와 특별한 절단을 촉매하는 헤어핀 또는 hammerhead 모티프. 억제 RNAs는 LTR 부분을 절단하기 위하여 특이적으로 고안된 헤어핀 또는 hammerhead 리보자임과 연결된 상보적 영역 TAR(transactivation responsive element region)로 구성되어 있다(그림 15.28). 촉매 안티센스 RNAs는 p24 수준(캡시드 단백질)의 감소로 측정되는 진핵세포 내부 HIV-1 복제에서 90%에 이르는 억제를 보인다. 이러한 가능성 있는 결과에도 불구하고, 어떤 안티-HIV-1 유전자 치료 방법이라도 보편적인 임상치료법이 되기까지는 해야 할 일들이 많이 남아 있다.

유전자 치료의 미래

유전자 치료는 실망으로 이어진 약속의 롤러코스터로 생각되며 비극으로 정리되었다. 위에서 언급한 예에서 보듯이, 결론은 유전자 치료의 미래가 비관적이라는 것이다. 그러나 최근 유전자 치료는 몇몇 성공적인 이야기들을 제시하고 있다. HIV-유래 벡터는 심각한 신경퇴행성 질환인 **X-연관 부신백색질형성장애증(X-linked adrenoleukodystrophy)**을 겪고 있는 두 어린아이를 치료하는 조혈줄기세포에 활용되었다. 이 질병은 신경 주위의 마이엘린 수초를 유지하는 단백질의 결함으로 인해 보통 10세 이전에 사망하게 되는 질환이다. 결과는 매우 낙관적이다. 두 아이는 치료 유전자의 안정적 발현을 보이고 있으며, 뇌의 탈수초화(demyelination)가 멈춘 상태이다. 아직까지, 그들은 진행성 뇌 손상 증상을 보이지 않았지만, 소년들은 유전자 치료의 장기적인 결과를 확인하기 위해 계속해서 추적될 것이다.

또 다른 성공 이야기는 매우 희귀한 유전적 시각상실 질환인 **레버씨 선천성 흑암시(Leber's congenital amaurosis)**를 치료하는 데 사용된 빛-감지 색소를 생성하는 단백질 부호화 유전자를 바이러스 벡터로 환자의 한쪽 눈에 직접 주입하여 치료한 경우이다. 빛의 감지는 치료를 받은 12명의 아이들 모두에서 증가되었다. 하지만, 더 인상적인 결과가 4명의 아이들에서 나타났다. 그들은 술래잡기와 같은 아이들의 정상적인 놀이 활동에 참여할 수 있을 정도로 충분한 시각을 회복하게 되었다.

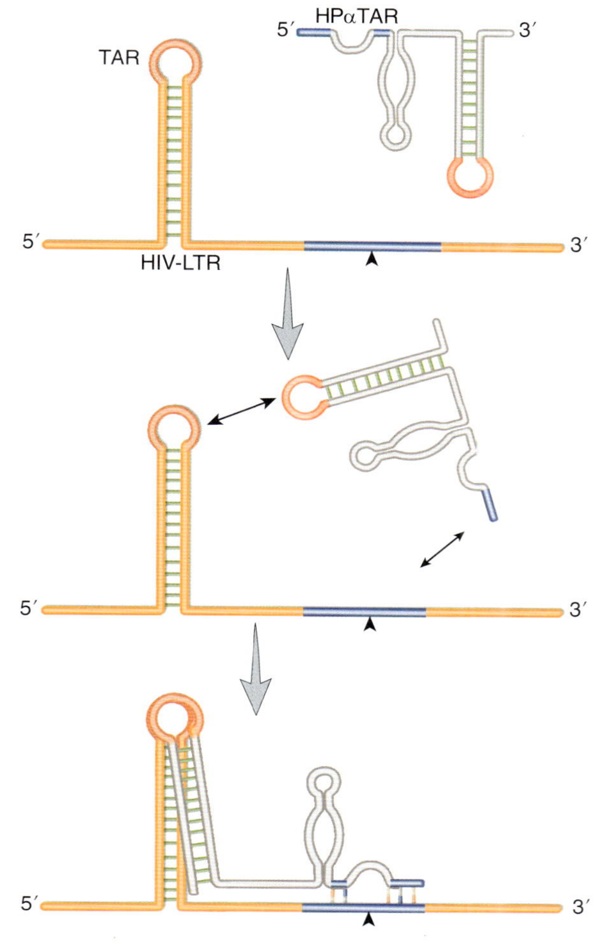

그림 15.28 Anti-HIV-1 LTR 촉매 안티센스 RNA. HIV LTR에 대한 헤어핀 유래 촉매 안티센스 RNA(HPαTAR)의 가설된 작용의 도식적 표현. 안티센스 도메인은 TAR 상보적 줄기 루프 도메인(αTAR)이다. 분자는 축척에 맞게 그려지지 않았다는 사실을 상기하자. 화살표는 절단 부위를 나타내고 파란색 상자는 기질 RNA 내의 표적 서열을 나타낸다. (출처: Modified from Puerta-Fernandez et al. 2005. *AIDS* 19:863-870.)

장 요약

유전체-광역 연합연구(GWAS)는 단일염기다형성 및 어떤 경우의 복제수 변이 자료은행을 검사하여 각각의 다형성을 가지는 특정 형질에 대한 연합 여부를 검사하는 것이다. 단일염기다형성(SNP)은 단일 유전자에 의해 야기되는 많은 유전자 상태와 연관되어 있다. SNP이 질병을 일으키지는 않지만, 특별한 질병의 발전 가능성을 결정하는 데 있어서 도움을 줄 것이다. 여기에 관련된 몇 가지 확실한 질병이 나와 있다. 예를 들어, 낫모양빈혈증(sickel cell anemia)을 야기하는 과오돌연변이(missense mutation), 그리고 알츠하이머병을 발병시키는 아포지단백질(apolipoprotein) E4 대립유전자이다. 효과를 미치지는 못하는 SNP에서 중요한 SNP를 분리하는 작업은 매우 도전적인 과제이다. 구조적 돌연변이는 많은 질병(자폐증, 신경모세포종, 크론병 및 조현병을 포함)과 연관되어 있다.

인간 행동 특성은 하나의 유전자보다 많은 유전자(polygenic)에 의해 제어되고 복합적 환경요인에 의해 영향을 받는다. 유전은 행동에서 몇 가지 역할을 하지만, DNA는 "운명"이 아니다. 유전자 전사의 수준을 변경하는 monoamine oxidase A (MAOA) 유전자 촉진자 부위의 다양한 반복 횟수의 염기서열은 공격적, 충동적, 폭력적인 행동과 연관되어 있다. 낮은 활성을 가지는 대립유전자를 가진 남성은 높은 반사회적 행동 경향을 보여주지만, 이는 아동 학대에 노출되거나 알코올 중독이 있는 경우에 한해서 나타났다. 조현병의 발병과 관련하여 많은 수의 가능성 있는 질병 감수성 유전자 자리가 알려졌다. 연관 분석 결과 알려진 이들 단백질을 부호화하는 유전자 자리는 대부분 신경전달 물질, 축색 유도(axon guidance), 뇌에서 세포-세포 신호전달 과정에 관여하는 부분이었다. 그러나 각각의 유전자 위치, 유전적 다양성의 정도 및 유전자와 환경 상호작용의 정도에 따른 질병 위험률은 아직 모르는 상태이다.

분자생물학의 발견은 암의 기본적 성질에 대한 이해와 치료 방법의 개발에 있어서 중요한 진전을 이룩하였다. 암은 세포 성장, 분열, 분화와 세포자멸사 간에 유지되는 중요한 균형이 깨져서 나타나는 유전적으로 다양한 질환의 집단이라고 할 수 있다. 정상 세포가 제한된 수명을 가지는 반면, 암세포는 죽지 않는다. 종양 세포의 출현은 수년에 걸쳐 적어도 4~8번 정도의 유전적 변화 축적을 요구한다. 형질전환된 세포는 종종 전이를 하게 되어 원래 있는 신체 부위로부터 다른 조직으로 이동하게 된다. 종양 형성을 촉진하는 것에는 유전되는 유전자 결손, 화학적 발암물질, 바이러스 감염 또는 방사선과 같은 것이 있다.

종양유전자는 산물이 세포의 악성 형질전환을 유발하는 능력을 가지는 유전자이다. 이들은 원래 몇몇 종양 바이러스가 지니고 있는 유전자로 확인되었다. 종양유전자로 발전할 수 있는 잠재적인 세포 유전자를 원종양유전자라고 한다. 원종양유전자의 기능획득이나 부적절한 활성은 질적 변화(점돌연변이나 삽입 돌연변이) 또는 양적 변화(부적절한 발현 조절) 때문에 발생한다. 원종양유전자가 부호화하는 세포 산물은 세포 성장과 증식, 분화 및 세포자멸사 조절에 관여한다. 예로는 타이로신 인산화효소 c-Src와 전사인자 c-Myc과 같은 것이 있다. 이들 단백질을 부호화하는 유전자의 질적 또는 양적 변화는 다양한 형태의 종양과 관련되어 있다. Rous sarcoma 바이러스에서 운반된 v-*src* 종양유전자는 C-말단으로부터 아미노산을 잃고, 지속적으로 표적 단백질을 인산화하는 열린 입체 구조로 남아 있는 타이로신 인산화효소를 부호화한다. c-Myc은 정상적으로 세포 분화를 억제한다; 하지만 부적절한 과발현은 높은 악성을 보이는 종양과 관련이 있다.

종양억제유전자 산물은 정상 세포 기능에서 요구된다. 암은 유전자 위치에서 종양억제 대립유전자의 기능 손실을 유발하는 독립적인 돌연변이 또는 "hit, 적중"이 두 번 발생할 때 나타난다. 유전에 의해 하나의 대립유전자 손실이 있는 경우, 우리는 그 사람을 종양에 대한 유전적 소인을 가진다고 말한다. 체세포에서 나타나는 두 번째 대립유전자의 산발적(somatic) 돌연변이는 종양 형성을 유발한다. 망막모세포종 단백질(pRB)과 p53 단백질은 종양억제유전자의 표준적인 예이다. 2개의 *RB* 대립유전자 모두의 결실은 망막모세포종을 일으킨다. 정상적으로, 저인산화된 pRB는 E2F 전사인자 복합체와 결합하여 DNA 복제에 필요한 유전자 활성을 억제해서 S기로 들어가려는 세포를 억제한다. 사이클린-CDK 복합체에 의한 pRB의 인산화는 E2F 복합체로부터 pRB를 분리한다. pRB가 없다면, E2F는 계속적으로 활성화되어 무제한적인 세포 증식의 결과를 초래한다. UV 방사선과 같은 세포 스트레스 신호는 p53 발현을 유도한다. DNA 손상은 두 가지 결과를 만들 수 있다: 복제 전 세포주기 정지와 DNA 복구 또는 세포자멸사가 그것이다. p53의 한쪽 대립유전자에서 과오 점돌연변이가 나타나면, 이는 음성 우성 효과를 가지는 돌연변이 단백질의 생산을 통해 불활성화된 이형사합체 형태로 야생형 p53과 연합하게 된다. 세포 증식은 손상된 DNA 복구 없이 발생하고, 세포자멸사는 억제된다. 더 나아가 돌연변이를 지속적으로 축적하게 되고, 이는 결국 종양 형성을 유발한다.

어떤 miRNAs 집단의 상향조절이나 하향조절은 여러 종류의 암과 연관되어 있다. 이는 miRNA의 변화된 발현이 암의 개시와 진행에 기여하는 것으로 제안된다. 다른 종류 암과 연관된 유전적 변화로는 염색체 재배열이 있다. 염색체 재배열은 잘못된 촉진자나 증강자의 조절하에 세포 원종양유전자를 운반하거나 발암 성질을 가지는 융합 단백질을 생성하는 작용을 한다. 이러한 재배열은 백혈병에서 흔하게 관찰된다.

종양 세포는 특이 DNA 또는 RNA 종양 바이러스의 활동을 통한 비유전적 방법에 의해서도 발생한다. 이들 종양 바이러스는 종양유전자나 종양억제유전자의 복제본을 운반하거나 촉진자나 증강자의 도입을 통해 비정상적인 유전자 발현을 유발한다. 형질전환된 세포는 바이러스가 세포에 거주하면서 성장 특징을 변화시키지만, 바이러스 복제는 허용하지 않는 세포이다. 예를 들면, 자궁경부암의 대부분은 높은 위험성의 인유두종 바이러스와 관련되어 있다. 바이러스 유전체가 숙주 세포 내로 통합된 뒤, E6, E7 바이러스 단백질이 발현한다. 이들 바이러스 단백질은 p53과 pRB를 불활성화시키고, 억제되지 않은 세포 증식과 불멸성을 유발하는 텔로머레이즈의 역전사효소 단위체 발현을 활성화한다. 레트로바이러스는 숙주 유전체로 통합되는 동안 숙주로부터 원종양유전자를 획득할 수 있다. 유전자가 바이러스에 의해 획득한 뒤에, 돌연변이의 대상이 되거나 종종 다른 바이러스 부호화 아미노산과 융합 단백질 일부분으로 작용한다. 이러한 유전적 변화는 종양 유발 특성을 일으킨다.

화학적인 발암물질 및 그 대사산물은 직접적으로 또는 간접적으로 유전자 발현에 영향을 미칠 수 있다. 흡연시 벤조피렌 같은 몇몇 발암물질은 유전독성 작용 메커니즘으로 작용하고, DNA 부가물의 형성은 복제와 전사를 방해하거나 염색체 재배열을 유발한다. 다른 발암물질은 비유전 독성 메커니즘으로 작용한다. 예를 들면, 벤조피렌은 세포주기 조절에 중요한 아릴탄화수소(arylhydrocarbon) 수용체-매개 신호전달 과정을 변화시킴으로써 종양 형성을 촉진시킨다. 증가 조절되는 표적 유전자로는 전발암물질을 발암물질로 전환하는 cytochrome p450-의존성 monooxygenase(CYP) 효소군이 포함된다.

전 세계적으로 2,000여 개의 임상 유전자 치료 시도가 진행 중에 있다. 이 중 약 2/3은 암치료와 관련된 것이다. 나머지는 하나의 유전자 결함으로 진행되는 일반염색체 열성 질환이나 감염성 질환(HIV-관련)에 대한 것이다. 체세포 유전자 치료는 기능부전 유전자를 환자의 체세포에서 적절한 기능을 하는 유전자로 대체하거나 보완하는 방법을 통해 진행한다. 체세포 유전자 치료에는 두 가지 주요 방법이 있다: 생체 내와 *ex vivo*. 유전자 치료 시도의 대부분은 레트로바이러스, 아데노바이러스, 아데노-관련 바이러스와 같은 바이러스 벡터를 사용하지만, 몇몇은 리포솜과 노출된 DNA를 사용한다. 유전자 치료 시험은 주로 유전자 전달의 효율성 부족과 지속적인 발현, 바이러스 벡터에 대한 면역 반응으로 인해 많은 기복이 있었다.

이론적으로, 유전질환 치료에 사용된 같은 기술을 개선하거나 또는 "강화된" 유전공학을 통해 형질전환을 할 수 있었다. 이러한 기술을 통하여, 보통 쥐보다 큰 근육을 가진 쥐는 insulin-like growth factor 1 유전자를 바이러스-매개 도입에 의한 "유전자 치료"를 통해 생산되었다.

유전 질환의 유전자 치료에 대한 첫 번째 임상적 시도는 1990년에 아데노신 탈아미노 효소(ADA)가 부족한 선천성면역결핍증(SCID)을 보인 소녀에 대한 치료에서 전통적인 효소대체 치료법과 결합하여 진행되었다. 또한 SCID의 X 염색체 연관 형태(SCID-X1)의 치료에도 유전자 치료가 사용되었다. 1999년 이래로, ADA-SCID 유전자 치료는 ADA-SCID 또는 SCID-X1을 가진 적어도 22명의 아이에서 면역체계 복구를 도와주었다. 그러나 SCID-X1 시험에서, 4명의 환자는 *LMO2* 원암유전자 근처에 삽입된 레트로바이러스 벡터로 인해 백혈병이 발생하여 부적절한 활성화를 초래했다. 열성 유전 질환인 낭포성 섬유증에 대한 유전자 치료는 지금까지 효과가 없었다.

HIV-1 유전자 치료법은 바이러스를 감소시키고 환자의 삶의 질을 향상시키는 것이 목적이다. 비록 바이러스의 완전한 제거는 가능하지 않지만, 전통적인 약물치료에 첨가적인 효과를 통해 바이러스 증식을 억제하는 희망으로 진행되었다. 안티센스 리보자임은 바이러스 생활사의 다른 부분에서 특정 표적 HIV-1 RNA 전사물을 고려하여 개발되었다. 세포 배양을 통한 실험은 유망해 보였지만, 안티-HIV-1 유전자 치료를 일반적인 임상치료 수준으로 진행하기 위해서는 아직 해야 할 일이 많이 남아 있다.

분석 질문

분석 및 실제 데이터 질문에 대한 답변은 해답을 참조하시오.

1 *apoE* 유전자 위치의 SNP 검사를 한 후에, 환자가 *apoE* ε4 대립유전자의 보인자라고 결정하였다. 이 대립유전자는 알츠하이머병과 연관되어 있다. 그의 예후를 고려해서 환자와 상담하시오.

2 100명의 백인 남성을 포함하는 연구에서, 신경전달 물질 수용체 유전자에서 다형성을 찾았다. "긴 대립유전자"는 무모한 행동과 연관되어 있다. 이 연구의 결과를 통해 이끌어낼 수 있는 결론은 무엇인가? 당신은 이러한 "무모한" 유전자 발견에 대하여 언론 발표회를 가질 것인가?

3 당신은 자신이 클론한 유전자가 원종양유전자일 것으로 의심하고 있다. 당신의 실험적 가설을 어떻게 실험할 것인가? 그 결과를 예상하시오.

4 골암(bone cancer) 세포에서 DNA microarray 분석 결과는 pRB 종양억제유전자가 발현하지 않는 것으로 나타났다. 당신은 정상과 골암 세포 사이에서 발현 양상의 차이가 나타날 것으로 기대하는가? 왜 그러한가?

5 다른 세포의 분석 결과, pRB는 정상 발현하고 있지만 세포는 무제한의 성장을 보여주고 있다. 이를 설명하고 당신의 가설을 입증할 실험방법을 제안하시오.

6 당신의 친구는 흡연 시 나타나는 벤조피렌이 진짜 발암물질이 아니라고 말한다. 그것이 옳은가?

7 당신은 *SMN*(survival of motor neurons) 유전자의 결함에 의해 야기되는 유전질환인 척수근육위축(spinal muscular atropy)을 위한 체세포 유전자 치료 방법을 만들었다. 당신은 *SMN* cDNA를 클론하였다.

(a) 세포에서 cDNA의 전사물을 얻기 위해 *SMN* cDNA에 연결할 필요가 있는 최소한의 *cis*-acting DNA 조절 요소(regulatory elements)는 무엇인가?

(b) *ex vivo*를 통해 환자 표적 세포에 *SMN* cDNA를 레트로바이러스-매개 유전자 전달법을 사용하여 주입한다고 가정하자. 유전자 전달을 위한 벡터의 이런 선택에 있어서 장점과 단점은 무엇인가? 다른 벡터를 사용할 경우 더 좋은가?

실제 데이터 질문

그림 15.3 반딧불이 루시퍼레이스 활성이 *Renilla* 루시퍼레이스 활성과 비교하여 측정된 이유를 설명하시오.

참고문헌

Aiuti, A., Slavin, S., Aker, M. et al. (2002). Correction of ADA-SCID by stem cell gene therapy combined with nonmyeloablative conditioning. *Science* 296: 2410–2413.

Allen, H.L., Estrada, K., Lettre, G. et al. (2010). Hundreds of variants clustered in genomic loci and biological pathways affect human height. *Nature* 467: 832–838.

Audano, P.A., Sulovari, A., Graves-Lindsay, T.A. et al. (2019). Characterizing the major structural variant alleles of the human genome. *Cell* 176: 663–675.

Bayer, M. (2010). The search for association. *Nature* 467: 1135–1140.

Beckmann, J.S., Estivill, X., and Antonarakis, S.E. (2007). Copy number variants and genetic traits: closer to the resolution of phenotypic to genotypic variability. *Nature Reviews Genetics* 8: 639–646.

Beltrao, P., Cagney, G., and Krogan, N.J. (2010). Quantitative genetic interactions reveal biological modularity. *Cell* 141: 739–745.

Blume-Jensen, P. and Hunter, T. (2001). Oncogenic kinase signalling. *Nature* 411: 355–365.

Boehm, J.S. and Hahn, W.C. (2005). Understanding transformation: progress and gaps. *Current Opinion in Genetics and Development* 15: 13–17.

Bonamy, G.M., Guiochon-Mantel, A., and Allison, L.A. (2005). Cancer promoted by the oncoprotein v-ErbA may be due to subcellular mislocalization of nuclear receptors. *Molecular Endocrinology* 19: 1213–1230.

Brunner, H.G., Nelen, M., Breakefield, X.O. et al. (1993). Abnormal behavior associated with a point mutation in the structural gene for monoamine oxidase A. *Science* 262: 578–580.

Caspi, A., McClay, J., Moffitt, T.E. et al. (2002). Role of genotype in the cycle of violence in maltreated children. *Science* 297: 851–854.

Cavazzana, M., Six, E., Lagresle-Peyrou, C. et al. (2016). Gene therapy for X-linked severe combined immunodeficiency: where do we stand? *Human Gene Therapy* 27: 108–116.

Cavazzana-Calvo, M., Hacein-Bey, S., de Saint Basile, G. et al. (2000). Gene therapy of human severe combined immunodeficiency (SCID)-X1 disease. *Science* 288: 669–672.

Cavazzana-Calvo, M., Thrasher, A., and Mavilio, F. (2004). The future of gene therapy. *Nature* 427: 779–781.

Debernardi, S., Lillington, D., and Young, B.D. (2004). Understanding cancer at the chromosomal level: 40 years of progress. *European Journal of Cancer* 40: 1960–1967.

DeFrancesco, L. (2004). The faking of champions. *Nature Biotechnology* 22: 1069–1071.

Diskin, S.J., Hou, C., Glessner, J.T. et al. (2009). Copy number variation at 1q21.1 associated with neuroblastoma. *Nature* 459: 987–991.

Dyer, M.A. and Bremner, R. (2005). The search for the retinoblastoma cell of origin. *Nature Reviews Cancer* 5: 91–101.

Eccles, S.A. (2005). Targeting key steps in metastatic tumour progression. *Current Opinion in Genetics and Development* 15: 77–86.

Flotte, T.R., Schwiebert, E.M., Zeitlin, P.L. et al. (2005). Correlation between DNA transfer and cystic fibrosis airway epithelial cell correction after recombinant adeno-associated virus sertotype 2 gene therapy. *Human Gene Therapy* 16: 921–928.

Frame, M.C. (2004). Newest findings on the oldest oncogene; how activated *src* does it. *Journal of Cell Science* 117: 989–998.

Guzman, E., Langowski, J.L., and Owen-Schaub, L. (2003). Mad dogs, Englishmen, and apoptosis: the role of cell death in UVinduced skin cancer. *Apoptosis* 8: 315–325.

Hacein-Bey-Abina, S., Von Kalle, C., Schmidt, M. et al. (2003). LMO2-associated clonal T cell proliferation in two patients after gene therapy for SCID-X1. *Science* 302: 415–419.

Hamer, D. (2002). Rethinking behavior genetics. *Science* 298: 71–72.

He, L., Thomson, J.M., Hemann, M.T. et al. (2005). A micro-RNA polycistron as a potential human oncogene. *Nature* 435: 828–833.

Hinds, D.A., Stuve, L.L., Nilsen, G.B. et al. (2005). Whole-genome patterns of common DNA variation in three human populations. *Science* 307: 1072–1079.

Hyde, S.C., Gill, D.R., Higgins, C.F. et al. (1993). Correction of the ion transport defect in cystic fibrosis transgenic mice by gene therapy. *Nature* 362: 250–255.

Insinga, A., Monestiroli, S., Ronzoni, S. et al. (2004). Impairment of p 53 acetylation, stability, and function by an oncogenic transcription factor. *EMBO Journal* 23: 1144–1154.

The Integrative HMP (iHMP) Research Network Consortium (2019). The integrative human microbiome project. *Nature* 569: 641–648.

Ishikawa, T., Zhang, S.S., Qin, X. et al. (2004). DNA repair and cancer: lessons from mutant mouse models. *Cancer Science* 95: 112–117.

Kaiser, J. (2003). Seeking the cause of induced leukemias in X-SCID trial. *Science* 299: 495.

Kirchhoff, F. (2008). Silencing HIV-1 *in vivo*. *Cell* 134: 566–568.

Lee, S., Barton, E.R., Sweeney, H.L., and Farrar, R.P. (2004). Viral expression of insulin-like growth factor-I enhances muscle hypertrophy in resistance trained rats. *Journal of Applied Physiology*

96: 1097–1104.

Lek, M., Karczewski, K.J., Minikel, E.V. et al.; Exome Aggregation Consortium (2016). Analysis of protein-coding genetic variation in 60,706 humans. *Nature* 536: 285–291.

Letvin, N.L. (2005). Progress toward an HIV vaccine. *Annual Reviews of Medicine* 56: 213–223.

Levine, A.J., Finlay, C.A., and Hinds, P.W. (2004). p53 is a tumor suppressor gene. *Cell* S116: S67–S69.

Lu, X. (2005). p53: a heavily dictated dictator of life and death. *Current Opinion in Genetics and Development* 15: 27–33.

Lu, J., Getz, G., Miska, E.A. et al. (2005). MicroRNA expression profiles classify human cancers. *Nature* 435: 834–838.

Luch, A. (2005). Nature and nurture – lessons from chemical carcinogenesis. *Nature Reviews Cancer* 5: 113–125.

Marte, B. (ed.) (2004). Cell division and cancer. *Nature* 432: 293–341.

Martin, G.S. (2001). The hunting of the Src. *Nature Reviews Molecular Cell Biology* 2: 467–475.

McCarty, D.M., Young, S.M. Jr., and Samulski, R.J. (2004). Integration of adeno-associated virus (AAV) and recombinant AAV vectors. *Annual Review of Genetics* 38: 819–845.

Minn, A.J., Gupta, G.P., Siegel, P.M. et al. (2005). Genes that mediate breast cancer metastasis to lung. *Nature* 436: 518–524.

Munger, K., Baldwin, A., Edwards, K.M. et al. (2004). Mechanisms of human papillomavirus-induced oncogenesis. *Journal of Virology* 78: 11451–11460.

Musarò, A., McCullagh, K., Paul, A. et al. (2001). Localized Igf-1 transgene expression sustains hypertrophy and regeneration in senescent skeletal muscle. *Nature Genetics* 27: 195–200.

Nacev, B.A., Feng, L., Bagert, J.D. et al. (2019). The expanding landscape of 'oncohistone' mutations in human cancers. *Nature* 567: 473–478.

Nakai, H., Montini, E., Fuess, S. et al. (2003). AAV serotype 2 vectors preferentially integrate into active genes in mice. *Nature Genetics* 34: 297–302.

Naldini, L. (2009). A comeback for gene therapy. *Science* 326: 805–806.

Newman, T.K., Syagailo, Y.V., Barr, C.S. et al. (2005). Monoamine oxidase a gene promoter variation and rearing experience influences aggressive behavior in rhesus monkeys. *Biological Psychiatry* 57: 167–172.

Nielsen, M.H., Pederson, F.K., and Kjems, J. (2005). Molecular strategies to inhibit HIV-1 replication. *Retrovirology* 2: 10.

Owen, M.J., Craddock, N., and O'Donovan, M.C. (2005). Schizophrenia: genes at last? *Trends in Genetics* 21: 518–525.

Pelengaris, S., Khan, M., and Evan, G. (2002). c-Myc: more than just a matter of life and death. *Nature Reviews Cancer* 2: 764–776.

Puerta-Fernandez, E., Barroso-del Jesus, A., Romero-Lopez, C. et al. (2005). Inhibition of HIV-1 replication by RNA targeted against the LTR region. *AIDS* 19: 863–870.

Quinn, T.C. and Overbaugh, J. (2005). HIV/AIDS in women: an expanding epidemic. *Science* 308: 1582–1583.

Raber, J., Huang, Y., and Ashford, J.W. (2004). ApoE genotype accounts for the vast majority of AD risk and AD pathology. *Neurobiology of Aging* 25: 641–650.

Reilly, P.R. (2000). *Abraham Lincoln's DNA and Other Adventures in Genetics*. Cold Spring Harbor, NY: Cold Spring Harbor Laboratory Press.

Richards, L. (2004). Cystic fibrosis: pipeline of promise. *Modern Drug Discovery* 7: 27–29.

Robinson, G.E. (2004). Beyond nature and nurture. *Science* 304: 397–399.

Roskoski, R. Jr. (2004). Src protein-tyrosine kinase structure and regulation. *Biochemical and Biophysical Research Communications* 324: 1155–1164.

Sabol, S.Z., Hu, S., and Hamer, D. (1998). A functional polymorphism in the monoamine oxidase a promoter. *Human Genetics* 103: 273–279.

Sahai, E. (2005). Mechanisms of cancer cell invasion. *Current Opinion in Genetics and Development* 15: 87–96.

Savage, D.G. and Antman, K.H. (2002). Imatinib mesylate – a new oral targeted therapy. *New England Journal of Medicine* 346: 683–693.

Schmitz, N.M.R., Leibundgut, K., and Hirt, A. (2005). CDK2 catalytic activity and loss of nuclear tethering of retinoblastoma protein in childhood acute lymphoblastic leukemia. *Leukemia* 19: 1783–1787.

Shendure, J., Findlay, G.M., and Snyder, M.W. (2019). Genomic medicine – progress, pitfalls, and promise. *Cell* 177: 45–57.

Slack, F.J. and Chinnaiyan, A.M. (2019). The role of non-coding RNAs in oncology. *Cell* 179: 1033–1055.

Soutschek, J., Akinc, A., Bramlage, B. et al. (2004). Therapeutic silencing of an endogenous gene by systemic administration of modified siRNAs. *Nature* 432: 173–178.

Strayer, D.S., Akkina, R., Bunnell, B.A. et al. (2005). Current status of gene therapy strategies to treat HIV/AIDS. *Molecular Therapy* 11: 823–842.

Thyme, S.B., Pieper, L.M., Li, E.H. et al. (2019). Phenotypic landscape

of schizophrenia-associated genes defines candidates and their shared functions. *Cell* 177: 478–491.

Varley, J.M. (2003). Germline TP53 mutations and Li–Fraumeni syndrome. *Human Mutation* 21: 3113–3320.

Verma, I.M. (1990). Gene therapy. *Scientific American* 263: 34–41.

Vogel, G. (2004). A race to the starting line. *Science* 305: 632–635.

Vousden, K.H. and Prives, C. (2009). Blinded by the light: the growing complexity of p53. *Cell* 137: 413–431.

Waddington, J.L., Zhen, X., and O'Tuathaigh, C.M.P. (2020). Developmental genes and regulatory proteins, domains of cognitive impairment in schizophrenia spectrum psychosis and implications for antipsychotic drug discovery: the example of dysbindin-1 isoforms and beyond. *Frontiers in Pharmacology* 10: 1638.

Weiner, M.P. and Hudson, T.J. (2002). Introduction to SNPs: discovery of markers for disease. *BioTechniques* (Suppl): 4–13.

Williams, D.A. and Baum, C. (2003). Gene therapy – new challenges ahead. *Science* 302: 400–401.

Yeatman, T.J. (2004). A renaissance for *src*. *Nature Reviews Cancer* 4: 470–480.

Young, A.I., Benonisdottir, S., Przeworski, M., and Kong, A. (2019). Deconstructing the sources of genotype-phenotype associations in humans. *Science* 365: 1396–1400.

Zeggini, E., Gloyn, A.L., Brton, A.C., and Wain, L.V. (2019). Translational genomics and precision medicine: moving from the lab to the clinic. *Science* 365: 1409–1413.

Zivelin, A., Rosenberg, N., Peretz, H. et al. (1997). Improved method for genotyping apolipoprotein E polymorphisms by a PCR-based assay simultaneously utilizing two distinct restriction enzymes. *Clinical Chemistry* 43: 1657–1659.

부 록

이 부록에는 각 장에 제시된 분석 질문, 발견 질문 및 실제 데이터 질문에 대한 답변이 포함되어 있다.

Chapter 1

분석 질문

1. 이교배의 Punnett 사각형은 F_2 세대의 가능한 모든 유전자형을 보여준다.

	RYC	RYc	RyC	Ryc	rYC	rYc	ryC	ryc
RYC	RRYYCC	RRYYCc	RRYyCC	RRYyCc	RrYYCC	RrYYCc	RrYyCC	RrYyCc
RYc	RRYYCc	RRYYcc	RRYyCc	RRYycc	RrYYCc	RrYYcc	RrYyCc	RrYycc
RyC	RRYyCC	RRYyCc	RRyyCC	RRyyCc	RrYyCC	RrYyCc	RryyCC	RryyCc
Ryc	RRYyCc	RRYycc	RRyyCc	RRyycc	RrYyCc	RrYycc	RryyCc	Rryycc
rYC	RrYYCC	RrYYCc	RrYyCC	RrYyCc	rrYYCC	rrYYCc	rrYyCC	rrYyCc
rYc	RrYYCc	RrYYcc	RrYyCc	RrYycc	rrYYCc	rrYYcc	rrYyCc	rrYycc
ryC	RrYyCC	RrYyCc	RryyCC	RryyCc	rrYyCC	rrYyCc	rryyCC	rryyCc
ryc	RrYyCc	RrYycc	RryyCc	Rryycc	rrYyCc	rrYycc	rryyCc	rryycc

   표현형은 다음과 같다. 보라색 꽃이 있는 27개의 둥근 노란색 씨앗; 흰색 꽃이 있는 9개의 둥근 노란색 씨앗; 보라색 꽃이 있는 9개의 둥근 녹색 씨앗; 보라색 꽃이 있는 9개의 주름진 노란색 씨앗; 흰색 꽃이 있는 3개의 둥근 녹색 씨앗; 흰 꽃이 있는 주름진 노란색 씨앗 3개; 보라색 꽃이 있는 3개의 주름진 녹색 씨앗; 및 흰색 꽃이 있는 주름진 녹색 씨앗 1개.

2. S-스트레인 박테리아의 추출물을 페놀로 처리한 다음 살아 있는 R-스트레인 세포와 함께 마우스에 주입하면, 여전히 마우스가 죽을 것으로 예상할 수 있다. 페놀은 단백질을 변성시키지만 박테리아 추출물의 핵산은 변성시키지 않는다. S-스트레인 박테리아 DNA는 R-스트레인 박테리아를 변형시킬 수 있다. S-스트레인 박테리아의 추출물을 수산화나트륨으로 처리한 다음 살아 있는 R-스트레인 세포와 함께 마우스에 주사하면 쥐가 여전히 건강할 것으로 기대한다. DNA가 분해될 것이기 때문에 추출물은 형질전환을 촉진하지 않을 것이다.

3. 파지 RNA와 DNA에 표지된 인이 혼입되어 있어도 용해된 균에서 분리된 자손 입자에 파지 DNA만 포장되어 있기 때문에 실험 결과에는 영향을 미치지 않는다. 어느 쪽이든, 실험은 여전히 단백질 코트가 숙주 박테리아에 들어가지 않았기 때문에 유전 정보를 제공할 수 없다는 것을 보여주었다.

4. 메티오닌의 생합성 경로에서 4가지 화합물의 순서는 *O*-아세틸 호모세린 → 시스타치온 → 호모시스테인 → 메티오닌이다.

   돌연변이 B는 시스타티온과 호모시스테인이 모두 보충된 배지에서 성장할 수 있지만, *O*-아세틸호모세린만 보충된 배지에서는 성장할 수 없다. 이는 경로 차단이 호모세린 이후에 발생해야 하지만 시스타티온 및 호모시스테인 이전에 발생해야 함을 나타낸다. 돌연변이 C는 호모시스테인이 보충된 배지에서 성장할 수 있지만 시스타티온이 없는 배지에서는 성장할 수 없다. 이는 경로 차단이 시스타치온 이후에 발생하지만 호모시스테인보다 먼저 발생한다는 것을 나타낸다. 이로부터 이 네 가지 화합물의 순서를 추론할 수 있다.

5. 자연선택은 개체군의 적응을 점진적으로 형성하고 개체군에서 개체의 생존 및 번식 능력에 영향을 미치는 힘이다. 헌팅턴병은 일반적으로 중년이 될 때까지 그 효과를 나타내지 않으므로, 이미 재생산되어 결함이 있는 유전자를 자손에게 전달했을 수 있다.

발견 질문

그림 1.7

이 방법에서는 *N. crassa*의 돌연변이 균주(예, aa)를 야생형 균주(예, AA)와 교배하여 자실체로 발달하는 복체 세포(Aa)를 형성한다. 하나의 자낭(감수분열의 산물, 하나의 유사분열)에서 나온 8개의 자낭포자는 니아신 합성 경로에서 특정 중간체가 없는 최소 배지에 배치된다. 멘델 유전학의 원리(그림 1.4 참조)는 결함이 유전적 요인으로 인한 것인지 예측한다. 돌연변이가 발생하면, 자낭의 반수체 자낭포자 중 4개(a, a, a, a)는 자랄 수 없고 나머지 4개(A, A, A, A)는 자랄 수 있다.

그림 1.8

블렌더의 유체는 ^{35}S로 표시된 단백질을 포함하는 빈 파지 코트가 ^{32}P로 표시된 파지 DNA를 포함하는 더 큰 박테리아로부터 분리되었기 때문에 대부분 ^{35}S를 포함할 것으로 예상된다.

Chapter 2

분석 질문

1.
   (a) 21% 시토신
   (b) 29% 아데닌, 29% 티민, 21% 구아노신, 21% 시토신
   (c) G + C 함량 = 42%

   답은 Chargaff의 규칙에 따라 계산되었다. [A] = [T] 및 [G] = [C], [A]+ [G] = [T]+ [C].

   아데닌의 비율은 29%이고 [A] = [T]이므로, 티민의 비율도 29%이다. 따라서 [A] + [T] 함량은 29% + 29% = 58%이다. 따라서 [G + C] 함량은 100% − 58% = 42%여야 한다. 따라서 [C] = 21% 및 [G] = 21%이다.
2. b에 표시된 DNA 분자는 서열이 GC가 풍부하기 때문에 가장 높은 용융 온도(T_m)를 갖는다. GC 염기쌍은 AT 염기쌍의 2개마다 3개의 수소 결합을 가지고 있다. 또한, GC 염기쌍과 인접 염기쌍의 염기 적층(소수성) 상호작용은 AT 염기쌍과 인접 염기쌍의 상호작용보다 에너지적으로 더 유리하다. 따라서 주어진 DNA 분자의 GC 함량이 높을수록 DNA를 변성시키는 데 필요한 온도가 높아진다.

   a에 표시된 DNA 분자는 ATAT의 직렬 반복으로 구성되어 있기 때문에 원래 구조를 재구성할 가능성이 가장 낮다. 이러한 직렬 반복은 대체 가닥에서 단일가닥 루프를 보상하는 미끄러진 구조를 형성할 가능성이 있다.
3. 두 곡선의 모양은 비슷하지만, 대부분 반복되는 DNA 시퀀스를 포함하는 샘플이 더 빠르게 복원된다. 종의 유전체에서 두 번 이상 발견되는 고유한 DNA 서열을 가진 DNA 샘플은 더 천천히 복원된다.

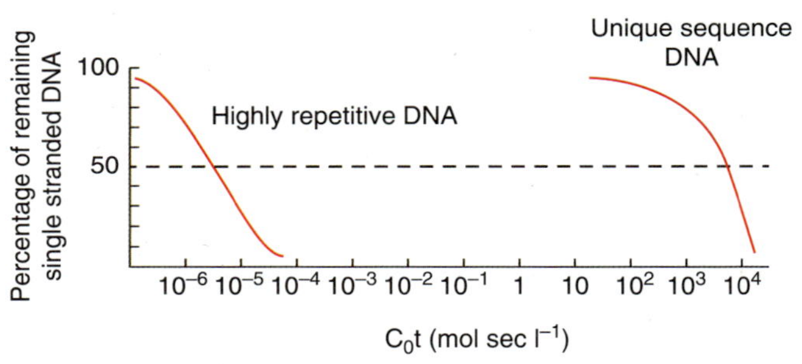

4. 이중가닥 유전체 DNA의 염기 중첩은 염기가 UV 광을 흡수하는 능력을 소멸시킨다. mRNA는 단일가닥이기에 더 큰 상대 흡광도를 가질 것으로 예상된다.
5. 예측은 유기체가 긍정적으로 초코일된 DNA를 가질 것이라는 것이다. 포지티브 초코일링은 이중나선을 변성시키지 않도록 안정화시키므로 고온 적응의 핵심 요소로 여겨진다.

발견 질문

그림 2.10
아래 표를 보면, 주 홈은 "메시지"에서 4개의 변수 포인트 패턴을 가지고 있는 반면, 보조 홈은 3개만 가지고 있는 것을 알 수 있다. AT 및 TA 염기쌍은 큰 홈에서는 구분할 수 있지만, 작은 홈에서는 구분할 수 없다. GC 및 CG 염기쌍은 주 홈에서 구분할 수 있지만, 보조 홈에서는 구분할 수 없다. GC 및 AT 염기쌍은 주 홈과 보조 홈 모두에서 구별할 수 있다.

Major groove						Minor groove				
T	○ (red)	○ (red)	○ (blue)	○ (red)	A	T	○ (red)	○ (green)	○ (red)	A
A	○ (red)	○ (blue)	○ (red)	○ (red)	T	A	○ (red)	○ (green)	○ (red)	T
C	○ (green)	○ (blue)	○ (red)	○ (red)	G	C	○ (red)	○ (blue)	○ (red)	G
G	○ (red)	○ (red)	○ (blue)	○ (green)	C	G	○ (red)	○ (blue)	○ (red)	C

그림 2.20
포지티브 수퍼코일링은 DNA에서 회전당 염기쌍의 수를 줄인다. 턴당 9.5 bp가 있을 것이다. 여기서 연결 수(L) = 11이고, 턴수(T) = 11이다.

실제 데이터 질문

그림 2.2
연어의 아데닌(A) 대 구아닌(G)의 비율은 표에 1.43으로 나와 있다. 20에 1.43을 곱하면 28.6이 된다. 반올림하면, 연어 DNA에서 염기 A의 비율은 약 29%이다.

그림 2.14
낮은 농도의 소금에서 녹는 온도는 약 70°C인 반면, 높은 농도의 소금에서는 90°C이다.

Chapter 3

분석 질문

1. RNA는 단일가닥이며, RNA 사슬은 여러 가지 고유한 2차 및 3차 구조로 접힐 수 있다. 단일가닥이므로, RNA는 다른 RNA 분자 또는 DNA와 염기쌍을 형성할 수 있다. 리보스 2′-OH 그룹은 좋은 수소 결합 수용체이며, 자가-스플라이싱 리보자임에서 친핵체 역할을 한다. RNA는 3차 구조와 함께 단백질에 대한 결합자리를 제공하는 많은 변형된 염기를 포함한다.
2. 그릴 수 있는 많은 가능한 시퀀스 중 하나는 다음과 같다.
기본 구조: 5′-ACGUGCUCGAUCGACA GAACCUC-GAUCGAGGCGCAA-3′

2차 구조:

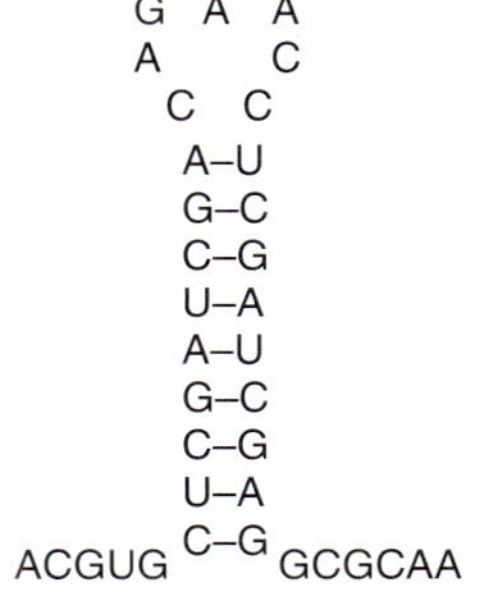

유사매듭 모티프는 단일가닥 루프가 이 루프 외부의 상보적 서열과 염기쌍을 이룰 때 형성된다. 위의 서열은 루프와 루프의 서열 3′ 사이에 상보적인 염기 짝짓기를 허용하도록 수정되어야 한다. 한 가지 가능한 예가 아래에 나와 있다.

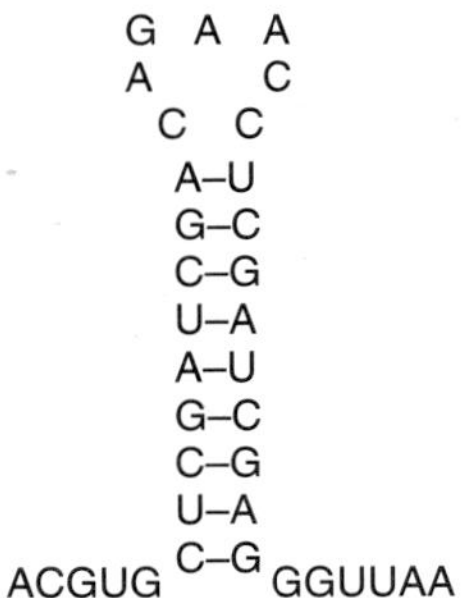

3. DNA 템플릿에서 시험관 내 전사를 통해 표지된 인트론 함유 전구체 RNA(pre-RNA)를 준비한다. 관련 단백질이 있거나 없는 상태에서 pre-RNA를 작은 RNA와 함께 배양한다. 폴리아크릴아미드 젤 전기영동으로 샘플을 분리하고 방사선 사진으로 결과를 시각화한다. 작은 RNA가 촉매 RNA로 기능하는 경우, RNA만 pre-RNA에서 인트론을 제거한다. 작은 RNA가 촉매적 RNP로 기능한다면, 관련된 단백질이 반응에 존재할 때만 pre-RNA에서 인트론을 제거한다. 두 경우 모두 단백질 단독으로는 인트론 제거를 매개하지 않는다. 첫 번째 시나리오에 대한 샘플 양성 결과가 표시된다.

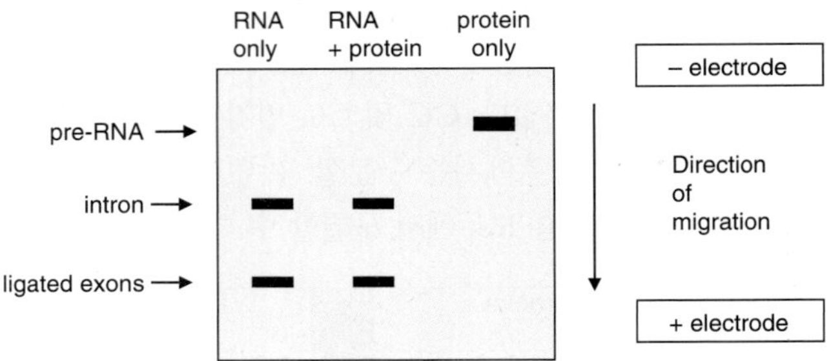

4. 바이러스 유전체는 리보뉴클레오티드와 염기 우라실을 포함하고 있어 RNA로 구성되며, G의 백분율이 C와 같지 않고 A의 백분율이 U와 같지 않으므로 단일가닥이다.

발견 질문

그림 3.14

대체 나선은 촉매 중심을 막거나 촉매 중심이 기능적 형태로 형성되지 않게 할 수 있다. 이것은 리보자임에 대한 기질의 결합을 차단하거나 감소시킬 수 있으며, 리보자임은 촉매로 작용할 수 없거나 비효율적으로 작용할 수 있다. 또는 모양 변화로 인해 다른 기질이 촉매 중심에 결합할 수 있다.

그림 3.15

테트라루프 모티프를 포함하는 RNA의 절단 패턴을 테트라루프 모티프가 결여된 돌연변이 RNA의 절단 패턴과 비교하여 하이드록실 라디칼 발자국 실험을 수행한다. 접힌 RNA 분자 내의 3차 접촉은 용매 접근성을 국소적으로 감소시킨다. 하이드록실 라디칼은 보호된 백본 당과 반응할 수 없으므로 전기영동으로 시각화할 수 있는 보호된 뉴클레오티드의 절단이 감소한다. 테트라루프 모티프가 활성 형태로 접히는 데 필요한 경우 돌연변이 RNA는 용매에 더 쉽게 접근할 수 있고 향상된 절단을 보일 것으로 예상된다.

실제 데이터 질문

그림 3.17

인트론은 pre-26S rRNA가 GTP가 있는 스플라이싱 완충액에서 30°C에서 75분 동안 배양될 때 제거된다. 리보자임의 2차 및 3차 구조가 이 온도에서 변성되고 비활성되므로, pre-26S rRNA가 GTP와 함께 스플라이싱 완충액에서 95°C에서 75분 동안 배양될 때, 인트론은 제거되지 않는다.

그림 3.18

아니오. 다양한 조건에서 tRNA의 처리가 발생했는지 여부를 확인하기 위해서는 비절단 tRNA(레인 1)의 크기와 절단 반응 생성물의 크기, 처리된 tRNA 및 5′ 리더 서열(레인 2)을 알 필요가 있다.

Chapter 4

분석 질문

1.
   (a) 5′-AGCAAUGCAUGCAUCGUUAUGG-3′
   (b) AUG
   (c) 아니오. 주형 가닥의 첫 번째 C는 mRNA의 첫 번째 G에 해당한다. 이 G는 5′에 있다. mRNA의 번역되지 않은 영역, 즉 AUG 시작 코돈 앞에 있음을 의미한다. 템플릿 DNA에서 G로 변경하면, mRNA에서 C가 생성되지만 번역되지 않으므로 번역에 직접적인 영향을 미치지 않는다. 즉, 아미노산 서열은 동일할 것이다.
   (d) 예. AUG부터 시작하여 상보적 mRNA의 삼중항 코드를 읽는다. DNA의 G가 T로 바뀌면, 알라닌을 암호화하는 코돈 GCA가 글루탐산을 암호화하는 GAA로 바뀐다.
   (e) 예. 이것은 트립토판을 암호화하는 UGG를 정지 코돈인 UAG로 변경한다.
   (f) 예. 어떤 경우에는 UAG 코돈이 종결보다는 피롤리신(22번째 아미노산)의 통합을 유발할 수 있다.

2.
   (a) 정상: AUGGUGCACCUGACUCCU-GAGGAGAAGUCU
   낫모양적혈구: AUGGUGCACCUGACUCCU-<u>GUG</u>GAGAAGUCU
   (b) (Met) Val-His-Leu-Thr-Pro-Glu-Glu-Lys-Ser 발린(밑줄 친 코돈)에 의한 글루탐산의 대체는 낫모양적혈구 형태로 이어진다.
   (c) 글루탐산은 산성 아미노산이다. 발린은 비극성이다. 서로 다른 측쇄는 고유한 특성을 가지므로, 2차, 3차 및 4차 상호작용의 변화를 초래한다.

3. 2개의 α-나선으로 된 필라멘트 코일인 단백질은 α-케라틴과 같은 섬유질의 구조적 단백질일 가능성이 높다. 효소는 일반적으로 접힌 영역 사이의 깊은 주머니 내에 활성 부위가 있는 3차 구조로 접히는 구형 단백질이다.
4. PYP는 연속체에서 "평형 접힘/펼침낫모양적혈구"과 "잔여 구조가 있는 무질서한 단백질" 사이에 위치할 수 있다. 청색광에 노출되면 대부분 무질서하게 되지만, 청색광이 없으면 PYP는 일부 정렬된 β-시트를 갖는다. 빌린처럼 빠르게 접히는 영역이 있다.
5. 연구자들은 돌연변이 아밀로이드-β가 정상 아밀로이드-β를 잘못 접히게 하고, 돌연변이 아밀로이드-β가 전염된다는 것을 보여주는 실험을 수행할 필요가 있다; 즉, 자가 전파 돌연변이는 접촉을 통해 한 사람에서 다른 사람으로 전염될 수 있다.

발견 질문

그림 4.19
리소자임의 35번 위치에 기인하는 글루탐산 잔기의 카르복실산 측쇄가 산 촉매로 작용한다. NAG-NAM 다당류 기질에서 4번째와 5번째 당 단위 사이의 불안정한 탄소-산소 결합의 산소에 양성자를 제공하고 결합을 끊는다. 류신은 비극성, 전하를 띠지 않는 측쇄를 갖고 있어 산 촉매로 작용할 수 없다. 따라서 효소는 비활성화되고, 당 단위 사이의 결합은 끊어지지 않는다.

그림 4.25
ATP-γ-S는 Hsp90의 N-말단 ATPase 영역에 결합하고 "뚜껑"이 닫힌다. ATP-γ-S는 가수분해되어 ADP를 형성할 수 없으므로, 뚜껑은 닫힌 위치에 고정된다.

실제 데이터 질문

그림 4.17
건조한 조건에서 생존을 시험한 후 수분을 보충하는 실험만 했다면, TDP가 특별히 건조에서 살아남는 데 필수적인지, 아니면 일반적으로 생존에 필수적인지 알지 못했을 것이다.

Chapter 5

분석 질문

1. 그림 5.2의 그래프를 기반으로 유기체가 약 20,000개의 유전자를 가질 것이라고 가정할 수 있지만 정확한 예측을 하는 것은 불가능하다. 유전체 크기와 단백질 암호화 유전자의 수 사이에는 직접적인 연관성이 없다. 크게 확장된 유전체에서 대부분의 DNA는 비암호화일 수 있다.
2. 솔레노이드는 고전적인 모델이지만, 새로 개발된 이미징 기술은 30 nm 섬유가 생체 내에 존재하지 않음을 시사한다. 대신에, 고차 염색질은 염색질 덩어리를 형성하는 불규칙하게 접힌 10 nm 섬유로 구성되었을 것으로 생각된다.
3. 바이러스 유전체는 단일가닥 RNA로 구성된다. 뉴클레오티드는 모두 NTP(nucleoside triphos phate)이며, RNA에서만 발견되는 염기 우라실을 포함한다. DNA에서 발견되는 deoxynucleo side triphosphates(dNTPs)는 없다. Chargaff의 규칙에 따르면, 이중가닥 핵산에서 [A] = [T/U] 및 [G] = [C], [A] +[G] = [T/U] +[C]. G와 C의 몰 농도는 같지 않으며(각각 15%와 33%), A와 U의 몰 농도도 같지 않다(각각 22%와 30%). 따라서 RNA는 이중가닥이 될 수 없다.
4.

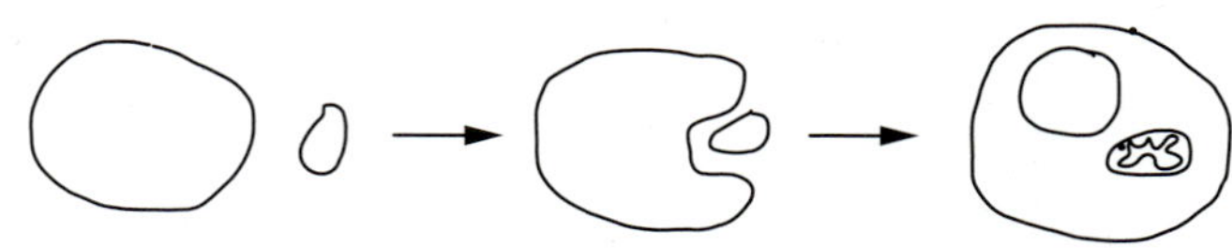

당신의 그림은 α-프로테오박테리움(작은 타원형)을 집어삼키는 고대 숙주 세포(큰 원)를 보여야 하고, 다른 그림은 숙주 세포(큰 원)가 핵(작은 원)과 미토콘드리아를 가진 진핵세포로 진화했음을 보여야 한다(작은 타원형). 연구자들이 미토콘드리아는 포함하지만 핵은 포함하지 않는 중간 고세균 세포를 발견한다면, 이것은 모델에 대한 증거를 제공할 것이다.

발견 질문

그림 5.9

유사분열 염색체는 중심절에 의해 연결된 2개의 소시지 모양의 자매 염색분체를 보여주는 간단한 그림일 수 있다. 각 염색분체는 하나의 이중가닥 DNA 분자(이중나선)로 구성된다. 복제된 전체 염색체는 2개의 이중가닥 DNA 분자를 포함한다.

그림 5.26
핵 DNA 유전체에서 효소의 다른 소단위를 암호화하는 유전자의 서열을 찾으시오. 유전자가 미토콘드리아에서 핵으로 구획간 DNA 이동을 겪었을 가능성이 있다.

실제 데이터 질문

그림 5.5
낮은 농도의 미세구균 뉴클레아제로 염색질을 처리하면, DNA가 부분적으로 분해되어 DNA의 단일 뉴클레오솜 반복 길이(~180~200 bp의 배수)에 의해 서로 다른 샘플이 생성된다. 더 긴 소화는 뉴클레오솜 사이에 있는 모든 링커 DNA를 절단해서 코어 히스톤 옥타머 주위에 감긴 DNA를 온전하게 남긴다.

그림 5.6
히스톤 H1의 분자량은 >20 kDa이다. 30-kDa 단백질은 히스톤 H1보다 크므로, 젤을 통해 더 천천히 이동하고, 히스톤 H1 밴드 위, 젤의 우물에 더 가까운 밴드 형태로 나타난다.

그림 5.20

폴리텐 염색체의 어두운 띠는 이질염색질에 해당한다. HP1α는 이질염색질의 형성을 촉진하는 단백질이기 때문에 어두운 밴드에 국한될 것으로 예상할 수 있다.

Chapter 6

분석 질문

1. 복제 DNA 중합효소는 5′ → 3′ 중합효소 활성을 갖는 활성 부위 외에도 엑소뉴클레아제 활성을 갖는 활성 부위를 갖는다. 그들은 교정 과정에서 일치하지 않는 뉴클레오티드를 제거하기 위해 3′ → 5′에서 일시중지하고 역추적할 수 있다.

2.

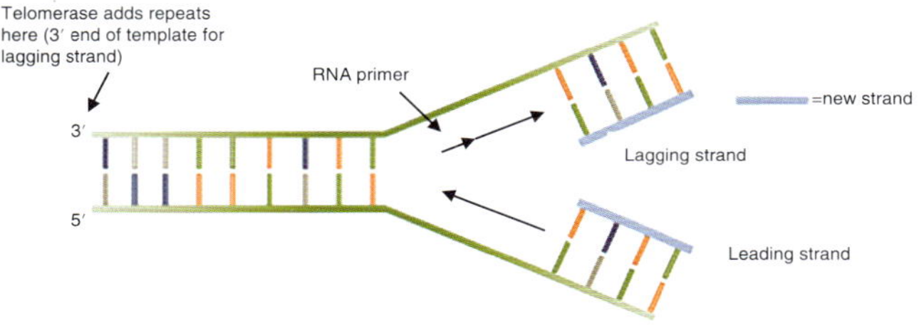

3. 그림 6.14에 표시된 것과 유사한 실험을 설계할 수 있다. 관심 단백질(단백질 X)의 유무에 관계없이 복제 기원(스트렙타비딘 암호화된 자기 비드에 결합됨)을 포함하는 DNA를 배양한다. 다음으로, 이 단백질이 고갈된 세포 추출물을 추가하거나 정제된 라이선스 복합 단백질을 추가한다. 비드를 수집하고, 세척하며, 면역 블로팅으로 관련 단백질을 분석한다. 라이센싱 단백질 복합체의 구성요소(예, Mcm2~7 및 Cdc6)가 DNA에 관심 단백질이 미리 배양되었을 때만 존재하는 경우, 이는 관심 단백질이 라이선싱 복합체의 다른 구성 요소를 모집하는 기능을 한다는 것을 나타낸다.

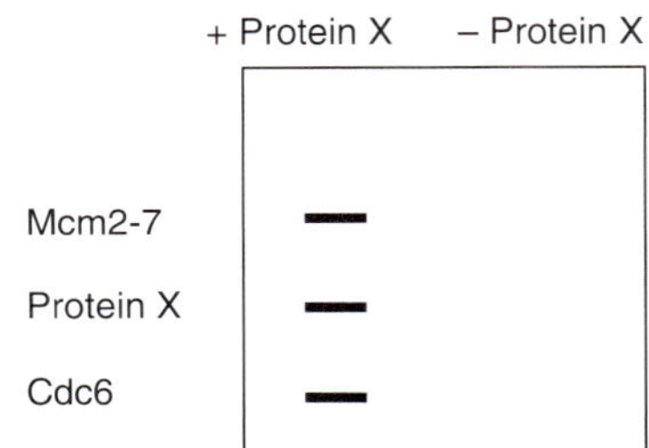

4. 초나선형 원형 DNA(예, 플라스미드 DNA) 샘플을 2개의 튜브로 나눌 수 있다. 한 튜브에 버퍼를 추가하고 두 번째 튜브에 버퍼와 토포이소머라제 활성이 의심되는 단백질을 추가한다. 샘플을 배양한 다음, 아가로스 젤 전기영동으로 분리한다. 에티듐 브로마이드로 젤을 염색한 후 자외선으로 관찰한다. 단백질이 토포이소머라제 활성을 가진다면, 그것은 대부분의 초나선 플라스미드 DNA를 이완시킬 것이다. 이완된 원형 DNA는 초나선형 원형 DNA보다 덜 조밀하고 젤에서 더 느리게 작동하므로, 음극에 더 가깝게 유지된다.

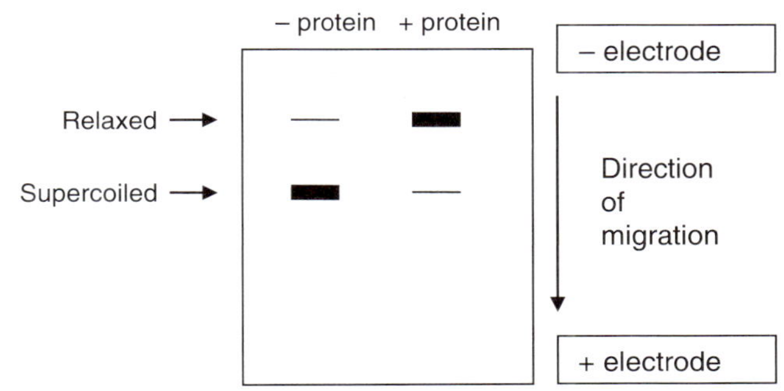

5. 바이러스 유전체가 하나 이상의 기원을 가지고 있는지 여부를 결정하기 위해 다양한 기술을 사용할 수 있다. 방사성 뉴클레오티드가 있는 경우 바이러스 DNA가 한 세대 동안 복제되고 두 번째 세대의 일부가 복제되게 한다. autoradiography 촬영으로 양방향 복제 포크가 2개 이상 있는지 시각화한다. 복제 바이러스 DNA의 전자현미경은 또한 하나 이상의 복제 거품의 형성을 시각화하는 데 사용할 수 있다. 복제 기점은 2차원 아가로스 젤 전기영동 기술을 사용하거나 기점-결합 단백질이 있는 ChIP-seq에 의해 매핑될 수 있다.

6. 텔로머라제 활성을 시험하기 위해서 그림 6.30에 표시된 것과 유사한 실험을 설계할 수 있다. 불멸 세포에서 무세포 추출물을 준비하고 포유류 텔로미어 반복 서열 TTAGGG(입력)의 4개 반복을 갖는 합성 올리고뉴클레오티드 프라이머로 추출물을 배양한다. ^{32}P-labeled dGTP와 unlabeled dNTPs 존재하에서 배양한 후, 전기영동으로 생성물을 분리하고 autoradiography로 검출한다. 텔로머라제 활성이 있는

경우, 레인은 텔로미어의 주기적 확장을 보여야 한다. 대조군으로 *E. coli* DNA 중합효소 I의 Klenow 단편이 있는 레인을 포함한다. 이 레인에서는 반복이 추가되지 않을 것으로 예상된다.

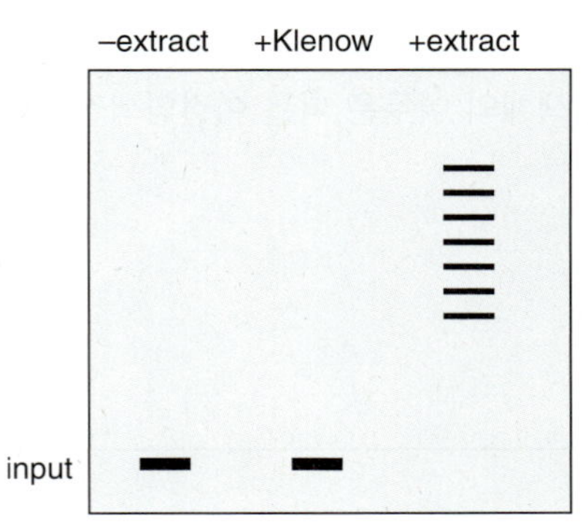

발견 질문

그림 6.1

보존적 복제에서, 한 딸 분자는 원래 부모로 구성되고 다른 딸 분자는 완전히 새로운 DNA가 된다. ^{14}N으로 이동한 후 한 셀 생성에는 하나의 무거운 밴드와 하나의 가벼운 밴드가 있다. ^{14}N으로 이동한 후 2개의 셀 세대가 있어도 여전히 무거운 밴드와 가벼운 밴드가 있을 것이다. 반보존적 복제에서와 같이 중간 밴드가 없을 것이다.

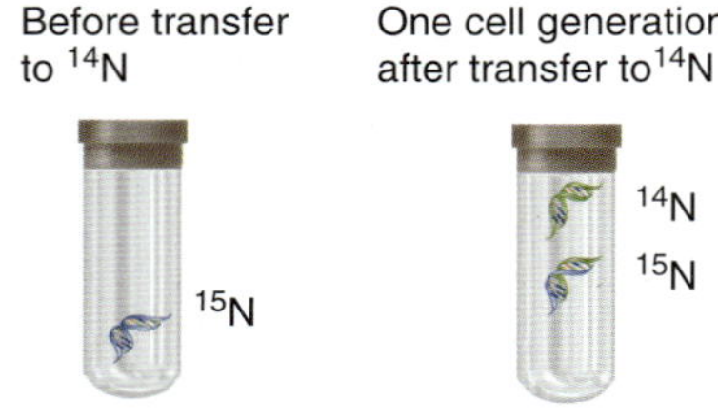

그림 6.3

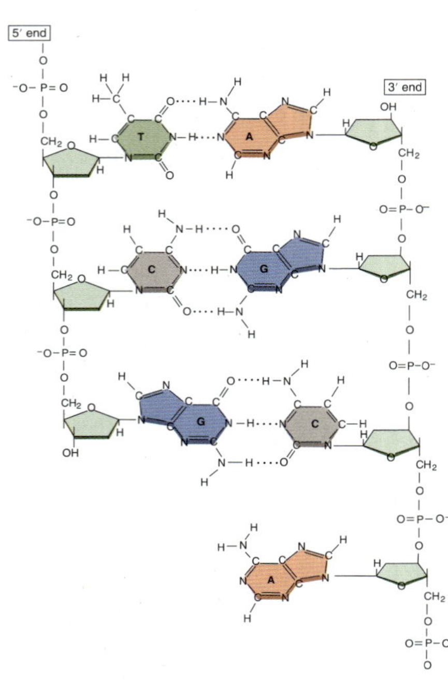

그림 6.9

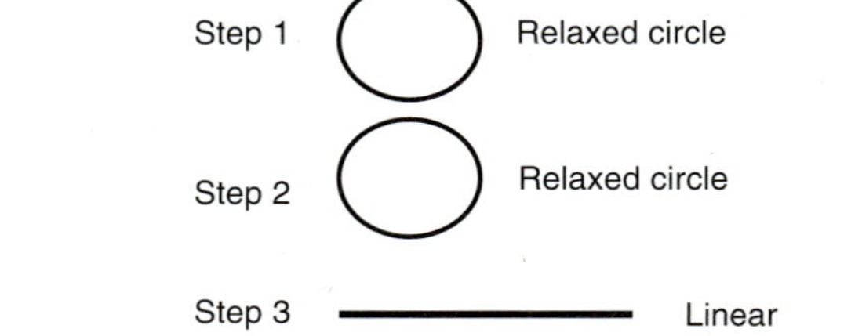

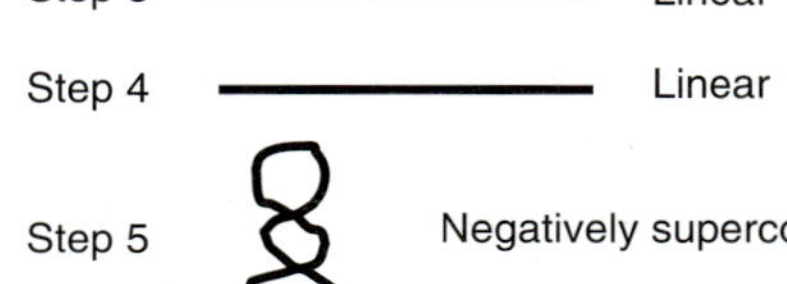

그림 6.11

프로브 1은 초기 가닥을 선택하고, 프로브 2는 복제되지 않는 온전한 DNA와 부모 가닥만 선택하는 패턴으로 반전된다.

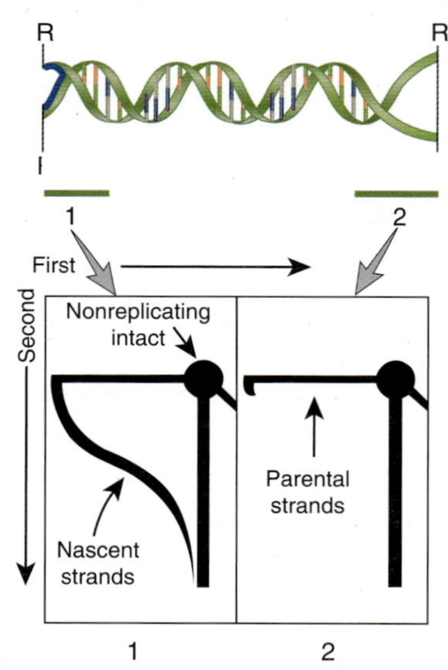

그림 6.31

주형의 길이를 늘려 텔로미어의 길이를 유지하였으므로, 중요한 유전정보의 손실이 없다.

실제 데이터 질문

그림 6.2

복제가 반보존적이기 때문에 한 번만 복제된 DNA 부분은 원래 가닥 하나와 새로 합성된 가닥 하나를 갖게 되며, 그림 6.2의 루프 A와 C에서 표지된 가닥(실선)과 표지되지 않은 가닥(점선)에 해당한다. 표지된 가닥에는 3개의 H-티미딘이 포함되어 있으며, 이는 DNA 합성 중에만 결합된다.

그림 6.7

인산염 작용기로 인해서, DNA는 순 음전하를 띠고 있다. 전기영동 동안, supercoiled DNA는 양극 쪽으로 더 빠르게 이동할 것이다.

그림 6.12

포유류 세포의 복제 분기점은 핵 전체에 분산되어 있지 않는다. 만약 그랬다면, 전체 핵이 희미한 녹색으로 보였을 것이다.

그림 6.14

연구자들은 ORC가 고갈된 추출물을 사용함으로써, 실험에서 유일한 ORC 활성이 ATP 또는 ATP-γS가 미리 로드된 정제된 ORC에서 나온 것임을 확인했다. 세포 ORC도 있었다면, 결과를 해석하기 어려웠을 것이다.

그림 6.30

반복이 추가되지 않아, 일반 DNA 중합효소가 텔로미어를 확장할 수 없음을 보여준다.

그림 6.33

S기 이외의 세포 주기의 모든 단계에서, 텔로머라제는 Cajal 소체에 집중된다. TERT(텔로머라제)는 핵의 Cajal 소체에서 코일린과 함께 국소화된다. 즉, 녹색 형광 도트와 파란색 형광 도트가 겹친다. TRF2(텔로미어)는 핵 내의 다른 위치에서 별도의 빨간색 점으로 나타난다.

그림 6.37

텔로머라제 역전사효소는 텔로머라제 RNA를 주형으로 사용하지 않고 텔로미어 반복을 추가할 수 없으므로, 텔로머라제 RNA 녹아웃은 텔로머라제 활성을 억제하기에 충분하다.

Chapter 7

분석 질문

1.

(a) 2개의 뉴클레오티드가 mRNA의 중간에 삽입되면, 판독 프레임이 이동하고 돌연변이 부위에서 하류의 모든 아미노산이 변경된다.

(b) 3개의 뉴클레오티드가 삽입되면, 프레임 이동이 발생하지 않지만 mRNA는 하나의 추가 아미노산을 암호화한다. 이 추가 아미노산이 유전자 기능에 영향을 미쳤는지 여부는 아미노산 삽입 위치와 이것이 중요한 2차 또는 3차 접힘 상호작용을 방해하는지 또는 단백질과 다른 단백질 또는 핵산의 상호작용을 방해하는지 등에 달려 있다.

(c) 하나의 뉴클레오티드가 하나의 코돈에 삽입되고 다른 코돈에서 하나를 빼면 판독 프레임이 변경되지 않지만, 뉴클레오티드 치환이 침묵, 미스센스 또는 넌센스 돌연변이인지 여부에 따라 단백질의 기능이 중단될 수 있다.

(d) 두 번째 DNA 복제 후, AC 미스매치가 있는 DNA 분자가 복제되어 AT 염기쌍이 있는 돌연변이 분자 하나와 GC 염기쌍이 있는 야생형 분자 하나가 생성된다.

(e) O^6-메틸구아닌은 종종 티민과 짝을 이루지 못한다. 따라서 손상이 염기 절단 복구 경로에 의해 제거되지 않거나 메틸트랜스퍼라제에 의해 반전되지 않으면, 손상된 DNA가 복제될 때 GC 염기쌍이 하나의 딸 분자에서 AT 염기쌍으로 변경된다(d에 설명된 대로). 이 뉴클레오티드 치환은 리딩 프레임에 영향을 미치지 않지만, 뉴클레오티드 치환이 침묵, 미스센스 또는 넌센스 돌연변이인지 여부에 따라 단백질의 기능이 중단될 수 있다.

2. 색소성 피부건조증은 자외선에 비정상적으로 높은 민감도와 햇빛에 의해 유발된 암의 위험이 크게 증가하는 드문 증후군이다. UV 광선은 DNA 손상을 촉진하며, 대부분 티민 형태로 나타난다; 티민(피리미딘) 이량체. 공유 결합이 같은 가닥의 티민 사이에 형성되기 때문에 이중나선을 형성하는 상보적인 염기쌍을 파괴한다. T−T 이합체는 DNA의 구조

를 왜곡하고 중합효소의 움직임을 차단하여 전사와 복제를 방해할 수 있다. 이러한 유형의 손상은 일반적으로 뉴클레오티드 절단 복구 경로에 의해 복구되거나 전이 합성 동안 복구 폴리머라제에 의해 우회된다. 복구 중합효소 중 하나인 DNA 중합효소 η는 2개의 아데닌 잔기를 삽입하여 T–T 이합체를 넘어서는 전이 합성을 수행한다. 결과적으로, 병변이 오류 없이 우회된다. 대조적으로, DNA 중합효소 η와 같은 다른 수리 중합효소는 오류가 발생하기 쉬우므로 돌연변이가 축적된다. 색소성 피부건조증이 있는 개인은 뉴클레오티드 절단 복구 경로에 관여 하는 단백질을 암호화하는 7가지 유전자 중 하나 또는 DNA 중합효소 η를 암호화하는 유전자에 결함이 있다. 손상된 DNA를 복구하는 능력이 손상되면 돌연변이 빈도가 증가하여 피부암의 위험이 증가한다. 선탠 대회에 참여하지 마시오!

3. 복구 단백질은 DNA에 비특이적으로 결합될 때 손상을 "검색"하기 위해 핵질의 3차원 확산과 1차원 회전 확산의 조합을 사용한다. 예를 들어, DNA 글리코실라아제 hOGG1에는 일련의 두 "게이트"가 있다. 먼저 G 베이스를 G-특정 포켓으로 뒤집은 다음, oxoG를 병변 인식 포켓에 더 깊숙이 삽입한다. 반면에 XPC/Rad4는 "트위스트 오픈" 메커니즘을 사용하여 손상을 포함하는 뉴클레오티드를 뒤집는다.
4. 그림 7.13과 같이 시험관 내 시스템을 사용하여 실험을 설계한다. 여기서 효율적인 불일치 복구는 *Eco*RI 인식 부위도 포함하는 5.0 kb의 원형 DNA에서 제한 엔도뉴클레아제(*Hin*dIII) 인식 부위를 재생성한다. 단백질 X(효율적인 복구에 필수적인 것으로 의심되는 단백질)가 있거나 없는 상태에서 다른 정제된 복구 인자와 함께 배양된 후, 샘플은 *Hin*dIII 및 *Eco*RI로 분해된다. 그런 다음, 샘플을 아가로즈 젤 전기영동으로 분리한다. 성공적인 수리는 아가로스 겔(3.0 및 2.0 kb)의 두 조각으로 표시되며, 실패한 수리는 *Eco*RI로 단일 절단 후 5.0 kb 선형 단편을 생성한다.

발견 질문과 실제 데이터 질문

그림 7.13
젤에 3.1 kb 및 3.3 kb 밴드가 모두 있으면 복구가 발생했음을 나타낸다. 수리에 필수적인 요소를 결정하려면 이 두 밴드가 없는 레인을 찾은 다음 어떤 요소가 생략되었는지 확인한다(빼기 기호로 표시). 이 분석에 따르면, MutSα, EXO1 및 DNA 중합효소 δ는 필수 불가결하다. 이러한 요인이 반응에서 제외되면, 6.4 kb 밴드만 젤에 표시되어 불일치가 복구되지 않았음을 나타낸다.

그림 7.16
상동 재조합은 손상되지 않은 상동 염색체에서 유전 정보를 검색하여 이중가닥 파손을 복구한다. 두 염색체가 서열에서 정확히 동일하지 않은 경우(즉, 고유 대립유전자가 변경된 경우) 유전자 전환이 일어날 수 있다. 이 경우, 복구된 영역의 시퀀스가 원래 시퀀스와 약간 다르므로, 생성된 DNA 이중체는 원래 상태로 복구되지 않는다.

Chapter 8

분석 질문

1. ACGCAC
ATACAC
GTGCAC
ACGCAC
ATACAC
ATGTAT
ATGCGC
ACGCAT
GTGCAT
ATGCGC

consensus 서열은 ATGCAC이다.

서열에 약간의 변이가 있지만, 특정 뉴클레오티드가 높

은 빈도로 존재하는 경우(분석된 유기체의 70~80%에서), 해당 뉴클레오티드는 공통 서열을 구성한다.

2.

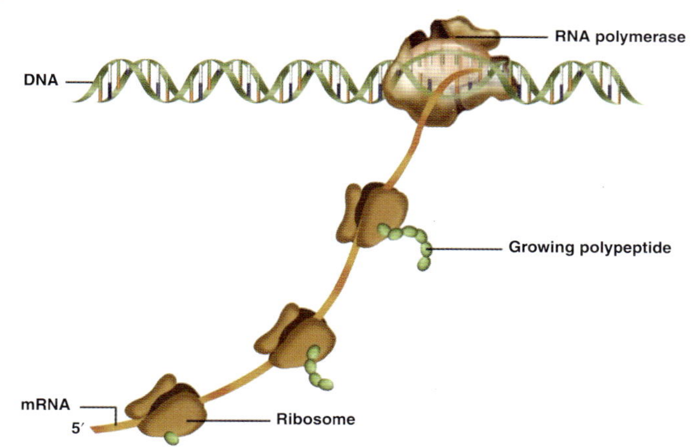

3.

(a) Lac 억제 인자에 결합할 수 없는 돌연변이 *lac* 연산자 서열은 *lac* 오페론의 지속적 발현을 초래할 것이다. 유당이 있거나 없을 때 β-갈락토시다아제와 유당 대사에 필요한 기타 효소가 생성된다.

(b) *lac*에 결합할 수 없는 돌연변이 Lac 억제 인자는 돌연변이 *lac* 연산자와 동일한 효과를 가진다. 락토오스의 존재와 부재 모두에서 *lac* 오페론의 지속적 발현이 있을 것이다.

(c) 알로락토오스는 Lac 억제 인자를 결합하여 Lac에서 분리되도록 하는 실제 유도제이다. 알로락토스에 결합할 수 없는 돌연변이 Lac 억제 인자는 알로락토스의 존재 및 부재 모두에서 *lac* 오퍼레이터에 결합된 상태로 유지되어 *lac* 오페론의 전사를 억제할 것이다. *lac* 오페론은 유도되지 않는다.

(d) CAP와 cAMP에 결합할 수 없는 돌연변이 *lac* 프로모터는 CAP가 RNA 폴리머라제를 프로모터로 모집하는 역할을 하기 때문에 락토스가 있는 경우 전사를 활성화할 수 없다. Lac 억제 인자가 *lac* 오퍼레이터로부터 방출되어 RNA 중합효소가 프로모터에 접근할 수 있게 되지만, CAP가 없는 경우 RNA 중합효소는 프로모터에 매우 잘 결합하지 않는다. 따라서 유당이 존재하는 경우에는 전사의 기저(낮은) 수준만 발생한다.

4.

(a) 다음과 같은 예측이 가능하다. 아미노산 티로신이 세균 세포에 풍부할 때 오페론(리더 서열)의 5′ 말단에서 짧은 오픈 리딩 프레임을 번역하는 리보솜은 탠덤 티로신에서 정지하지 않는다. 리더 서열의 코돈은 리더 서열의 정지 코돈에 빠르게 도달한다. RNA 전사체에 터미네이터 헤어핀이 형성되어 전사가 종료된다. 티로신 생합성에 관여하는 효소의 구조 유전자는 전사되지 않는다. 세균 세포에서 티로신이 결핍되면, 하전된 $tRNA^{Tyr}$의 결핍은 리더 서열에 있는 2개의 탠덤 티로신 코돈 중 하나에서 번역 리보솜을 지연시킨다. 이러한 지연은 RNA 전사체에서 안티터미네이터 헤어핀이 형성되게 해서 터미네이터 형성을 방지한다. 구조적 유전자 암호화 영역의 전사가 일어나고, 티로신 생합성에 필요한 효소가 번역된다.

(b) 오페론은 위에서 설명한 대로 티로신에 의해 억제될 것으로 예측된다. 세균 세포에 티로신이 풍부하면 티로신 생합성 효소가 필요하지 않다.

(c) 리더 펩티드의 번역이 RNA 전사체에서 터미네이터 헤어핀 형성을 유도하는 이러한 종류의 조절은 전사와 번역이 분리되어 있으므로, 진핵 세포에서는 작동하지 않을 것이다(전사는 핵에서 일어나고 번역은 세포질에서 일어난다).

5. 나선형 트위스트 실험을 수행한다. 상류 연산자 사이트와 프로모터 근처의 연산자 자리 사이의 아무 곳에서나 오페론 서열에 DNA 나선의 반회전을 도입한다. 추가된 반회전은 억제 단백질이 DNA의 반대쪽에 결합하는 두 부위 중 하나를 회전시켜서 단백질–단백질 상호작용을 방해하고 DNA 루프 형성을 방해한다. 반회전의 도입은 오페론의 억제를 감소시킬 것으로 예측되는 반면, DNA의 동일한 면에 억제 인자 결합자리를 유지하는 정수 회전의 도입은 억제를 방해하지 않을 것이다.

발견 질문

그림 8.7

RNA 중합효소에 의한 전사 개시에는 여러 단계가 있다. RNA 폴리머라제가 프로모터를 "검색"하는 것부터 개방형 프로모터 복합체를 형성하기까지의 각 단계는 환경 또는 대체 시그마 인자의 가용성에 의해 조절될 수 있다. 닫힌 복합체가 형성될 때까지 개시 과정의 단계는 되돌릴 수 있다. 그러나 폐쇄된 콤플렉스를 형성한 후에도 개시가 보장되지는 않는다. 중요한 활성 단백질이 존재하지 않는 한 프로모터 탈출 없이 전사가 중단될 수 있다.

그림 8.14
시스-작용 서열: Lac 억제 프로모터(P_I), CAP 결합자리, *lac* 오페론 프로모터 (P_{lac}) 및 연산자(O). 트랜스-작용 인자: Lac 억제인자, CAP.

그림 8.22
포도당은 설탕이기도 한 아라비노스보다 먼저 사용된다. 포도당의 존재는 감소된 cAMP 수준으로 인한 CAP 결합을 방해하거나 아라비노스의 세포 흡수를 차단함으로써, 아라비노스 오페론의 전사를 억제할 수 있다.

그림 8.23
트립토판의 존재하에 2개의 트립토판 잔기를 포함하는 리더 펩티드가 합성될 수 있고, *trp* 오페론 리더 전사체에서 터미네이터 헤어핀이 형성될 것이다. 전사가 종료된다.

실제 데이터 질문

그림 8.5
가장 단단히 결합된 RNA 중합효소는 60분 시점에서, 마지막으로 표지된 DNA에서 해리된다.

그림 8.25
"No Mg^{2+}"라고 표시된 차선의 자동 방사선 사진에는 아래쪽에 어두운 밴드가 없으며, 이는 GlcN6P의 존재에도 불구하고 절단이 발생하지 않았음을 보여준다. 리보스위치 리보자임에 의한 상당한 절단은 Mg^{2+}와 GlcN6P가 모두 존재하는 경우에만 발생한다고 결론지을 수 있다.

Chapter 9

분석 질문

1. 핵심 프로모터 요소는 전사 시작 부위 근처에 위치할 때만 개시 빈도를 증가시킨다. 대조적으로, 인핸서는 업스트림, 다운스트림, 인트론 내에서, 거리에서, 그리고 프로모터에 대해 어느 방향으로든 기능할 수 있다. 다양한 플라스미드 구조물은 리포터 유전자의 발현을 구동하는 바이러스 프로모터에 대해 다른 위치에서 인핸서를 사용하여 만들 수 있다. 이러한 구성은 리포터 유전자의 전사를 향상시키는 능력을 시험하기 위해 일시적인 형질감염 분석에 사용될 수 있다. (방법은 14장을 참조하시오.)
2. 전사 인자는 모티프당 류신 지퍼를 포함할 가능성이 있다. DNA에 결합하기 위해서, 전사 인자는 류신 지퍼 모티프를 포함하는 다른 폴리펩티드와 이종이량체를 형성해야 한다. 2개의 류신 지퍼 함유 폴리펩티드의 결합은 이량체 복합체에서 2개의 인접한 기본 DNA-결합 도메인의 정확한 위치를 초래할 것이다. 이량체화 파트너가 EMSA에 포함된 경우, 이종이량체는 표지된 올리고뉴클레오티드에 결합할 수 있다.
3. 헬리카제 활성에 대한 분석을 수행한다. 단일가닥 DNA의 표지된 짧은 조각을 훨씬 더 큰 표지되지 않은 단일가닥 DNA의 상보적 영역에 혼성화한다. ATP의 유무에 관계없이 전사 인자를 사용하거나 사용하지 않고서 기질을 배양한다. DNA 헬리카제 활성은 부분 이중체를 풀고 더 큰 DNA 조각에서 표지된 더 짧은 DNA를 방출한다. 더 짧은 단편 DNA는 젤 전기영동 및 자가방사선촬영에 의해 잡종과 구별될 수 있다. 샘플 결과는 그림 9.16에 묘사된 실험과 유사하다. EMSA는 헬리카제 및 RNA 중합효소를 프로모터에 모집하는 데 다른 전사 인자가 필요한지 여부를 시험하기 위한 예비 연구로 사용될 수 있다. 다양한 조합의 프로모터를 포함하는 말단 표지 DNA 단편, 배양 단백질이 없는 경우, 헬리카제, 전사 인자 및 RNA 폴리머라제의 인자가 개별적으로 프로모터에 결합할 수 있는지(복합체의 이동성의 변화로 시각화) 또는 전사 인자가 폴리머라제 및 헬리카제 결합을 위해 존재해야 하는지 여부를 결정한다.
4. RNA 중합효소 II의 C-말단 도메인(CTD)은 전사 주기 동

안 동적 인산화를 겪는다. 전사 개시에는 인산화되지 않은 CTD가 필요하다. 전사체의 프로모터 제거 및 신장에는 인산화된 CTD가 필요하다. TFIIH의 단백질 키나아제 활성이 억제되면 신장이 차단된다. G-less 카세트 분석을 사용하여 전사체 합성을 시험할 수 있다(그림 9.11 참조). 전사체 신장이 억제제에 의해 차단되는 경우, 분석 중에 합성되는 표지된 전장 전사체의 양이 상당히 감소해야 한다.

5. 전사 인자는 억제제 단백질에 결합하여 세포질에서 격리될 수 있다. 전사 인자 핵 도입은 NF-κB 또는 글루코코르티코이드 수용체의 신호 매개 핵 도입과 유사한 신호전달 경로에 의해 조절될 수 있다. 일시적인 형질감염 분석 및 형광 현미경 검사법은 의심되는 세포외 신호(리간드)의 존재 또는 부재하에 세포 내에서 GFP 태그 TF의 움직임을 추적하는 데 사용할 수 있다.

발견 질문

그림 9.9

ADP로의 ATP 가수분해는 TFIIH의 키나제 모듈에 의한 CTD의 인산화에 필요하다. ATP의 비가수분해성 유사체가 존재하는 경우, CTD는 인산화되지 않고 키나제 모듈은 TFIIH와 연결된 상태로 유지된다. 완전히 조립된 개시 전 복합체의 형성은 차단될 것이다.

그림 9.33

RanGTP는 가져오기와 내보내기에서 매우 다른 기능을 가지고 있다. 핵 도입 경로에서, RanGTP는 화물 수입 단지의 분해를 일으킨다. 핵 유출 경로에서, RanGTP는 화물-엑스포틴의 복합체에 필요하다.

Disease Box 9.1, 그림 1

DNase I은 DNA 이중나선에서 디옥시리보뉴클레오티드 사이의 포스포디에스테르 연결을 끊는다.

실제 데이터 질문

그림 9.4

TATA 상자가 없는 pBR322는 음성 대조군으로 포함되었다. TATA 상자가 없는 pBR322에 의해 밴드(run-off transcript)가 생성되지 않았으므로, 이 결과는 TATA 상자가 전사에 필요함을 보여준다.

그림 9.11

G-less 카세트 분석에 추가된 Mediator의 양이 >20 μg으로 증가함에 따라 전사 시스템이 포화될 때 곡선이 결국 평평해졌다.

그림 9.16

시험관 내 반응은 일반적으로 100% 효율적이지 않으므로, 이러한 샘플에 헬리카제 활성이 있지만 더 긴 7000-nt 단편에서 더 짧은 표지된 41-nt 단편을 모두 푸는 것만으로는 충분하지 않았다. 더 많은 양의 RAD25를 반응에 추가하면 효율성이 증가할 수 있다.

그림 9.23

레인 14~16에 단백질-DNA 복합체가 없다는 것은 Myc가 표지된 DNA와 결합하지 않는다는 것을 보여준다. 이러한 결과는 DNA에 대한 Fos 및 Jun의 협력적 결합이 이러한 전사 인자에 특이적이라는 증거를 제공한다. Fos 또는 Jun과 관련 없는 bZIP 단백질인 Myc의 상호작용은 없었다.

그림 9.30

인핸소솜 모델은 전사 인자 간의 상호작용이 전사 복합체에 탁월한 안정성을 제공한다고 제안한다. 이 경우 아래에 표시된 회복 곡선에 표시된 대로 광표백 후 핵의 표백된 영역에 형광이 거의 또는 전혀 회복되지 않아야 한다.

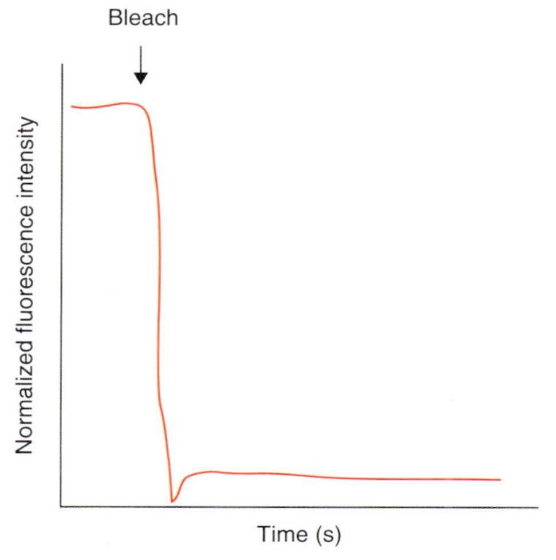

Chapter 10

분석 질문

1.
   (a) 5-Azadeoxycytidine은 복제 중에 DNA에 통합될 수 있는 정상적인 deoxycyti dine triphosphate의 유사체이다. 그러나 정상적인 시토신의 5-탄소가 질소로 대체되기 때문에 메틸화될 수 없다. 약물 치료는 시토신에서 메틸기의 점진적인 손실로 이어진다. 5-아자데옥시시티딘으로 성체 마우스를 치료하면 각인 제어 영역의 탈메틸화가 발생하여 각인이 손실될 수 있다. 이 경우 *MAMA*의 모계 및 부계 대립유전자가 모두 발현된다.
   (b) 탈메틸화는 레트로트랜스포존 내에서 잠복 촉진제를 활성화하고, *agouti viable yellow* 대립유전자를 부적절하게 활성화했을 수 있다(예, 그림 12.14 참조).
2. *Hin*dIII는 희귀 절단 효소로서, *Hpa*II는 부계 염색체(CCGG)의 메틸화되지 않은 제한 부위만 절단하고 모체 염색체의 메틸화 제한 부위는 절단하지 않는다. 프로브는 2개의 제한 부위 (PW71B) 사이에 위치한 DNA 서열에 상보적이다. 부계 염색체의 4.4 kb *Hpa*II−*Hin*dIII 단편은 서던 블롯에서 프로브와 혼성화하지만, 모체 염색체의 6.0 kb *Hin*dIII−*Hin*dIII 단편만 프로브와 혼성화한다.

   레인 1: 영향을 받지 않은 아동은 모계 및 부계 단편(6.0 및 4.4kb 밴드)을 모두 가지고 있다.

   레인 2: 프라더−윌리 증후군(PWS)이 있는 어린이는 양친자 결실, 일가성 이염색체 또는 ICR 돌연변이로 인해 각인된 영역에 대한 기능적 부계 기여가 부족하므로, 모계(6.0 kb) 단편만 보인다.

   레인 3: Angelman 증후군(AS)이 양친자 결손, 일친성 이염색 체성 또는 ICR 돌연변이로 인한 것일 때, 아이는 각인된 영역에 대한 기능적 모성 기여가 부족하다. 이 경우 부계(4.4 kb) 단편만 표시된다.

   레인 4: AS가 *UBE3A* 유전자의 고전적 돌연변이로 인한 것일 때, 메틸화 패턴은 영향을 받지 않은 어린아이의 패턴과 동일하다. 모성 및 부계 조각이 모두 표시된다.
3. *XIST* 유전자의 상류에 있는 CpG 섬은 *XIST*가 비활성 X 염색체에서 활발하게 전사되기 때문에 비메틸화(저메틸화)될 가능성이 높다.
4.
   (a) 번역 억제제는 효모 *Ty* 요소(레트로트랜스포존)와 척추동물 *Tc1/mariner* 요소(DNA 트랜스포존) 모두의 전위를 차단한다. 레트로트랜스포존은 엔도뉴클레아제와 역전사 효소를 암호화하고, 트랜스포존은 트랜스포사제를 암호화한다. 이러한 필수 단백질은 합성되지 않는다.
   (b) 전사 억제제는 효모 *Ty* 요소(트랜스포존)와 척추동물 *Tc1/mariner* 요소(DNA 트랜스포존 모두의 전위를 차단한다. 레트로트랜스포존은 엔도뉴클레아제와 역전사 효소를 암호화하고, 트랜스포존은 트랜스포사제를 암호화한다. 이러한 필수 단백질은 mRNA가 전사되지 않으면 합성될 수 없다.
   (c) 이중가닥 DNA 복제의 억제제는 효모 *Ty* 요소(레트로트랜스포존)와 척추동물 *Tc1/mariner* 요소(DNA 트랜스포존) 모두의 전위에서 최종 단계를 차단한다.
   (d) 역전사 억제제는 효모 *Ty* 요소(레트로트랜스포손)의 전위만 차단한다. 그들은 역전사에 의해 DNA로 복사되어야 하는 RNA 중간체를 포함하는 "복사 및 붙여넣기" 메커니즘에 의해 전위된다.
5. 여러 가지 가능한 전략이 있다. 하나는 효모 균주에서 공여자 *HMRa* 유전자좌의 서열을 약간 변경하기 위해 돌연변이 유발 기술을 사용하는 것이다. 이 변경된 대립유전자의 움직임과 그에 따른 발현은 변경된 대립 유전자에 대해 특이적인 프라이머를 사용하여 RT-PCR을 사용하여 추적할 수 있다.
6. 항원 전환의 가장 일반적인 방식이 유전자 전환(중복 전위)을 포함하기 때문에 시간이 지남에 따라 *VSG* 유전자의 점진적인 손실이 없다. 이 메커니즘에서 활성 발현 부위의 *VSG*는 분해되고 상동 재조합에 의해 침묵하는 공여자 *VSG*의 복제된 사본으로 대체된다. 대부분의 경우 분해된 *VSG*는 여전히 트리파노솜 유전체의 다른 곳에 존재하는 침묵 사본을 가지고 있다.
7. 골수 줄기세포의 유전체 DNA는 성숙한 B 세포의 유전체 DNA와 동일하지 않다. 줄기세포에는 면역 글로불린 유전자에 대한 여러 V, D, J 및 C 영역이 있다. 성숙한 B 세포에서 V, D 및 J 유전자 절편이 재배열되어 하나의 고유한 기능적 암호화 영역을 형성한다.

발견 질문

그림 10.6

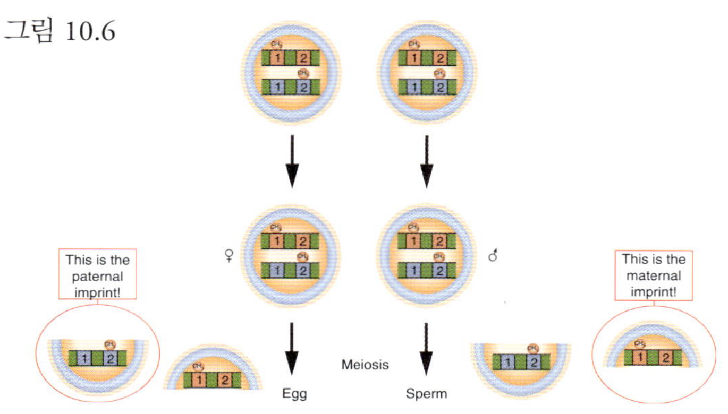

그림 10.8

암컷은 2개의 X 염색체를 가지고 있으며, 각 세포는 무작위로 하나씩 꺼진다. 여성 환자가 이형접합체일 때, 그녀는 하나의 취약한 X 염색체와 하나의 정상 X 염색체를 가지고 있다. 무작위로 대부분의 세포가 취약 X 사본을 끄면, 환자는 취약 X 증후군의 외부 징후를 거의 보이지 않을 수 있다. 그러나 정상 X가 대부분의 세포에서 차단되면, 그녀는 질병의 영향을 더 심하게 받을 수 있다.

그림 10.25

외래 항원은 항원 특이적 수용체의 방대한 레퍼토리를 통해 B 세포에 의해 인식된다. 새로운 외래 항원을 인식하는 다른 항원 특이적 수용체를 가진 다른 B 세포가 활성화될 가능성이 가장 높다.

실제 데이터 질문

그림 10.4

*GAPDH*는 구성적으로 발현되는 "하우스키핑(housekeeping)" 유전자로, 치료를 덜 고려하는 모든 세포에서 유사한 수준으로 발현되어야 한다. 데이터를 정규화하면 *BNIP3* 수준의 차이가 절차 중 샘플 손실이나 기타 기술적 오류로 인한 것이 아님을 확인했다.

그림 10.19

A^{vy} 마우스의 털은 5′ LTR 프로모터에 부착된 메틸기의 수에 따라 노란색, 갈색 또는 둘의 옥양목과 같은 혼합물이 될 수 있다. 각 얼룩덜룩한 마우스는 레트로트랜스포존의 확률적 침묵으로 인해 다르다.

그림 10.24

RNA 중합효소 I이 리보솜 RNA 유전자를 전사하는 중합효소이기 때문에 항-RNA 중합효소 I 항체도 핵소체를 염색한다. 리보솜 RNA 유전자는 리보솜이 조립되는 부위인 핵소체에 국한되어 있으므로 RNA 중합효소 I이 핵소체에 축적될 것으로 예상된다.

Chapter 11

분석 질문

1.

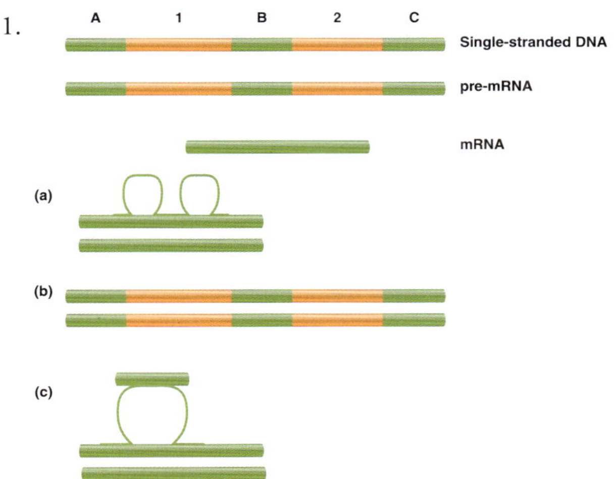

2. 인트론이 리보솜 RNA에 대한 서열 상보성을 보인다면, snoRNA(소 핵성 RNA)에 대한 유전자를 포함할 수 있다. 인트론이 특정 mRNA에 대해 서열 상보성을 보인다면, 마이크로RNA(miRNA)에 대한 유전자를 포함할 수 있다.
3. 5′ 캡은 효율적인 접합 및 폴리 아데닐화에 필수적이다.
4. U120 snRNP가 먼저 컴플렉스에 합류하고, U140과 U110이 뒤를 이었다.
5. 더 길고 더 짧은 단백질이 대체 스플라이싱의 결과인 경우, 성체 세포와 비교하여 배아 세포에 더 길고 더 짧은 mRNA가 존재할 것으로 예상된다. RNA는 배아 세포와 성체 세포에서 추출하고 mRNA에 특이적인 표지된 프로브를 사용

한 노던 블롯 또는 특정 프라이머를 사용한 역전사 중합효소 연쇄반응(RT-PCR)에 의해 분석할 수 있다. 배아에서는 느리게 움직이는 밴드와 성인에서는 더 빠르게 움직이는 밴드의 두 가지가 예측될 것이다. 더 길고 더 짧은 단백질이 RNA 편집으로 인해 생성된 경우 mRNA의 길이는 동일할 것으로 예상되며, Northern blot 또는 RT-PCR의 산물에는 하나의 밴드만 존재할 것이다. 아마도 더 짧은 단백질을 암호화하는 mRNA에서 조기 종결 코돈의 형성을 초래하는 단일 뉴클레오티드 변화가 있을 것이다. cDNA는 역전사에 의해 준비될 수 있고, 이 가설을 확인하기 위해 DNA 시퀀싱이 뒤따를 수 있다.

6. 엑손은 별도의 유전자에 의해 암호화된 다른 pre-RNA 전사체에 존재할 수 있다. 그런 다음, 엑손은 트랜스-스플라이싱에 의해 mRNA의 나머지 부분에 연결된다.

발견 질문

그림 11.3

한 가지 가능한 실험 전략은 P4-P6 나선을 형성하는 상보적인 염기쌍이 더 이상 존재하지 않도록 서열을 변경하여 돌연변이 인트론을 구성하는 것이다. 그런 다음, 돌연변이 인트론의 자가 접합 능력을 시험할 수 있다.

그림 11.4

인트론 접합이 발생하지 않는다. 데옥시뉴클레오티드의 탄소 2에 수소가 있기 때문에 첫 번째 에스테르 교환 반응을 시작한다.

그림 11.5

유기체의 세포 소기관 또는 핵 유전체의 새로운 위치에 이동성 그룹 I 또는 II 인트론을 삽입하는 것은 그것이 여전히 효율적으로 접합되어 있는 한 표현형에 최소한의 영향을 미칠 것이다.

그림 11.18

U6 snRNA는 접합에 필요한 촉매 금속 이온을 직접 조정하지만, Prp8의 공동 내에 자리 잡은 경우에만 그렇게 할 수 있다. Prp8은 활성자리 모양을 유지하고 기판 위치 지정에 관여한다. 이러한 방식으로, Prp8은 스플라이세오솜을 단백질 유도 리보자임으로 분류하는 촉매 RNA의 기능을 지시한다.

그림 11.29.

언뜻 보기에 RNA 편집은 “DNA code for RNA code for protein”의 중심 교리를 어기는 것처럼 보이지만, 편집된 RNA의 최종 서열은 유전자의 산물인 가이드 RNA에 의해 지정되므로, 그 정보는 간접적이긴 하지만 여전히 DNA에서 RNA로 “흐른다”.

그림 11.32

siRNA는 RNAi 경로를 통한 절단을 위해 mRNA를 표적으로 한다. 이 과정이 100% 효율적이지 않으므로, 유전자 발현이 감소할 뿐 완전히 제거되지는 않는다. 따라서 “넉다운”이라는 용어가 사용된다. “Knock out”은 유전자가 제거되었음을 의미한다.

그림 11.35

miRNA는 표적 mRNA와 상보적인 염기쌍을 형성하여 유전자 발현을 떨어뜨린다. miRNA는 서로 다른 mRNA가 miRNA가 인식하는 공통 서열을 공유하거나 miRNA가 표적 서열과 완벽하게 상보적인 염기쌍을 이루지 않는 경우 하나 이상의 표적 mRNA를 인식할 수 있다. 후자의 경우, 2개의 다른 mRNA가 관련되어 있지만 동일한 miRNA가 결합할 수 있는 별개의 서열을 가질 수 있다.

그림 11.39

(a) 대체 스플라이싱이 조기 종결 코돈을 생성하는 경우, mRNA는 넌센스 매개 mRNA 붕괴에 의해 빠르게 분해될 가능성이 가장 높다. 엑손 접합 복합체(EJC)가 조립된다. mRNA 스플라이싱 후 엑손–엑손 경계 근처. 첫 번째 리보솜이 mRNA를 번역하기 시작하면 EJC가 정상적으로 옮겨진다. 조기 종결 코돈이 있으면 감시 복합체가 활성화된다. 감시 복합체는 조기에 종료되는 리보솜과 상호작용하고 분해를 위해 mRNA를 표적으로 한다.

(b) 접합 부위에 돌연변이가 있어 접합되지 않은 RNA가 생성되는 경우 접합되지 않은 RNA는 핵에 유지되어 핵 엑소좀에 의한 분해의 표적이 될 가능성이 높다. mRNP 감시는 또한 핵 주변부에서 발생하는 것으로 보인다. 효모(Mlp1p 및 Mlp2p)의 핵공 복합체의 핵 바구니에 고정된 2개의 사상 단백질은 적절하게 조립된 mRNP 입자와 우선적으로 상호작용하는 “분류 필터”로 기능하도록 제안되었다. 그들은 아마도 5′ 스플라이스 부위와 관련된 구성 요소의 인식을 통해 핵 내에서 스플라이싱되지 않은 전사체를 유지하는 역할을 할 수 있다.

실제 데이터 질문

그림 11.1

그림 9.1에 묘사된 바와 같이, 폴리아데닐화[다중(A) 꼬리의 추가]는 pre-mRNA 전사체의 3′ 말단의 변형이며 유전자 조절의 동시 전사/전사 후 수준에서 발생한다. 폴리아데닐화는 DNA를 주형으로 사용하지 않는 RNA의 공유 변형이다(추가 정보는 11.4절 참조).

그림 11.9

α-아마니틴의 첨가는 형질감염된 세포에 존재하는 내인성 RNA 폴리머라제 II를 중독시켜서 정상적인 세포 폴리머 효소에 의한 더 이상의 전사를 방지한다. 따라서 이 시간 이후에 만들어진 모든 mRNA는 α-아마니틴 내성 대형 서브유닛을 포함하는 RNA 폴리 머라제 II에 의해 합성되어야 했으며, 따라서 연구자는 절단된 CTD가 있는 변이체의 스플라이싱에 대한 영향을 분석할 수 있었다.

그림 11.15

스플라이소솜의 구조를 이해하는 것은 pre-mRNA 스플라이싱이 어떻게 촉매되는지에 대한 기계론적 이해에 중요하다.

그림 11.17

40분 후, 모든 snRNA는 비슷한 양으로 결합되어 연구자는 어떤 snRNP가 pre-mRNA에 가장 먼저 결합했는지에 대하여 결론을 내릴 수 없었을 것이다.

그림 11.22

두 개의 단백질이 핵 반점에 공존하므로, 녹색 이미지를 빨간색 이미지와 병합한 후 핵 반점은 노란색으로 나타난다.

그림 11.25

돌연변이 이소형은 결함이 있는 NLS를 가지고 있으므로 세포질에 남아 있을 것이다. 그것은 엑손 14와 15를 포함하지 않기에 sarcolemma 막과 연관되지 않는다.

그림 11.33

자궁과 자궁 내에서 발달하는 배아에서의 GFP 발현의 결여는 도입된 dsRNA의 효과가 전체 유기체에 퍼지고 다음 세대로 전달될 수 있음을 보여주었다.

그림 11.34

웨스턴 블롯을 수행하기 위해서, 연구자는 관심 있는 단백질에 특이적인 항체가 필요하다. 항체를 쉽게 구할 수 없는 경우, 연구자는 종종 관심 있는 단백질에 Myc 태그를 추가한 다음 상업적으로 이용 가능한 항-Myc 항체를 사용한다(방법은 14장 참조).

그림 11.37

한 가지 가능한 실험은 제자리 교잡 또는 RNA 시퀀싱을 사용하여 *Xenopus*, *Drosophila* 또는 *C. elegans*와 같은 다양한 발달 단계에서 miR-1 및 miR-2 상동체의 발현 패턴을 조사 하는 것이다. 특정 발달 단계에서 마이크로 RNA의 발현은 마이크로 RNA가 그 단계에서 성장 및/또는 발달에 역할을 할 수 있음을 나타낼 것이다.

Chapter 12

분석 질문

1. 리보솜 단백질은 세포질에 없는 리보솜의 mRNA에서 번역된다. 일단 합성되면, 그것은 핵공 복합체를 통해 핵으로 이동하고 핵소체를 표적으로 하여 rRNA와 함께 pre-40S 소단위로 조립될 것이다.
2. eIF2는 eIF2B(구아닌 교환 인자)가 억제되면 메티오닐-tRNA와 삼원 복합체를 형성할 수 없다. eIF2B는 eIF2 콤플렉스에서 GTP에 대한 GDP 교환을 중재한다. eIF2의 GTP 결합 형태만이 개시제 tRNA에 결합할 수 있다. eIF2가 인산화된 경우 결과는 동일할 것이다. eIF2의 인산화는 eIF2 복합체에서 GDP와 GTP의 교환을 억제하여 삼원 복합체의 형성을 방지한다.
3. Harry Noller의 그룹은 리보솜 RNA 단독으로 모델 펩티드 결합의 형성을 촉매할 수 있는지 여부를 시험하기 위해 펩티딜트랜스퍼라제 활성에 대한 간단한 시험관 내 분석인 "단편 반응"을 사용했다. 그들은 proteinase K와 SDS로 세균성 50S 리보솜을 처리했다. 그들은 단백질 추출 후 나머지 23S rRNA가 여전히 펩티딜트랜스퍼라제 활성을 가지고 있음을 보여주었다. 중요하게, 그들은 또한 이 촉매 활성

이 리보뉴클레아제 및 알려진 펩티딜트랜스퍼라제 억제제에 의한 처리에 의해 억제된다는 것을 보여주었다. 그들의 발견은 23S rRNA 단독으로 펩티드 결합 형성을 촉매할 수 있음을 강력하게 시사했다. 고고학자 *Haloarcula marismortui*에서 나온 큰 리보솜 소단위의 원자 분해능은 리보솜 질량의 약 2/3가 RNA로 구성되어 있음을 보여준다. rRNA는 둘다 리보솜의 구조적 프레임워크를 생성하는 동시에 기능 부위의 주요 특징을 형성한다. rRNA는 소단위간 경계면, 펩티딜트랜스퍼라제 중심, 해독 부위, A 및 P 부위의 대부분을 형성한다. 리보솜 단백질은 리보솜 외부에 풍부하지만 활성 부위에는 없다. 리보솜 단백질은 RNA의 윤곽을 따른다. 촉매 부위의 15 Å 이내에 단백질이 없다.

발견 질문

그림 12.9

GTP 가수분해는 GTP에서 말단 인산염을 제거하여 GDP를 형성하는 것을 포함한다. 뉴클레오티드 교환은 예를 들어, eIF2에서 GDP를 제거하고 GTP로 교체하는 것을 포함한다(GDP에 인산염을 추가하는 것을 의미하지는 않음).

그림 12.11

CAC는 히스티딘의 코돈이다. tRNA 안티코돈은 GUG이다.

실제 데이터 질문

그림 12.16

rRNA가 펩티딜트랜스퍼라제의 핵심 인자인 경우 예상대로 온전하거나 단백질 변성제로 처리된 *T. Aquaticus* 50S 서브유닛에 의해 수행된 단편 반응은 카르보마이신, 클로람페니콜 및 RNase에 의해 억제되었다. 단편 분석에서, P-부위 tRNA는 개시 아미노산 f-Met에 부착된 짧은 올리고뉴클레오티드로 대체되고, A-부위 tRNA는 아미노아실화 tRNA인 퓨로마이신으로 대체됨을 상기하자. 분석은 모델 펩티드 결합을 형성하기 위해 퓨로마이신의 아미노기로 f-Met의 전달을 측정한다. 단백질이 펩티딜트랜스퍼라제 활성을 위해서도 필요하다면, 리보솜이 SDS−프로테이나제 K−페놀로만 처리될 때 f-Met−puromycin이 형성되지 않을 것이다.

그림 12.25

그래프는 대조군에 비해 헤민이 있을 때, 글로빈 합성이 약 200% 증가하여 $HRI^{+/+}$에 대해 표시된 그래프와 매우 유사해야 한다.

Chapter 13

분석 질문

1.

(a) 숙주 박테리아가 온전한 제한 변형 시스템을 가지고 있다면, 메틸화되지 않은 플라스미드 DNA는 외래 DNA로 인식되고 숙주 제한 엔도뉴클레아제에 의해 절단될 것이다.

(b) 박테리아는 항생제 암피실린과 기질 X-gal을 포함하는 선택적 한천 배지에 도말된다. 외래 DNA가 다중 클로닝 부위에 삽입되면, *lacZ′* 암호화 영역이 파괴되고 β-갈락토시다아제의 N-말단 부분이 생성되지 않는다. 박테리아에는 기능성 β-갈락토시다제가 없기 때문에 기질 X-gal은 무색으로 남아 있고, 재조합 플라스미드 DNA를 포함하는 박테리아 집락은 흰색으로 나타나므로 복제된 DNA 삽입물을 운반하는 집락을 직접 식별할 수 있다. 다중 복제 부위에 외래 DNA가 삽입되지 않은 경우, *lacZ′* 유전자는 손상되지 않고 효소 활성 β-갈락토시다제가 생성된다. 따라서 비재조합 플라스미드 DNA를 포함하는 박테리아 콜로니는 파란색으로 보인다.

(c)

EcoRI-digested recombinant plasmid | EcoRI-digested non-recombinant plasmid

4.0 kb →

1.5 kb →

– electrode

Direction of migration

+ electrode

2. 대부분의 진핵생물 mRNA는 3′에서 폴리아데닐화된다. 다중(A) 꼬리를 형성하는 끝. 다중(A) 영역은 핵산의 상보적 염기쌍 및 혼성화의 원리에 의해 총 RNA로부터 mRNA를 선택적으로 분리하는 데 사용할 수 있다. 상대적으로 염도가 높은 조건에서 다중(A) RNA는 아데닌과 티민 사이의 수소 결합 형성에 의해 유지되고 다중(A) 꼬리가 없는 RNA는 통과한다. 다중(A) mRNA는 저염 완충액의 컬럼에서 용출되어 하이브리드의 변성을 촉진한다.

3. 가능한 접근법이 많이 있다. 인간 DNA 리가제 I 유전자의 뉴클레오티드 서열은 복어 cDNA 라이브러리를 스크리닝하기 위한 프로브로 사용될 수 있다. 또는 컴퓨터 데이터베이스 검색을 사용하여 상동 복어 서열을 찾을 수 있다. 이 서열은 중합효소 연쇄반응(PCR)에 의해 복어 암호화 영역을 분리하기 위한 프라이머를 설계하는 데 사용할 수 있다. PCR 산물은 적절한 플라스미드 발현 벡터에 삽입될 수 있으며, 단백질은 시험관 내 전사 및 번역에 의해 발현될 수 있고 리가제 활성에 대해 시험될 수 있다. 단백질에 리가제 활성이 있으면 DNA의 선형 단편과 결합할 수 있어야 한다. 알려진 크기의 두 조각 이 함께 연결되어 있는지 또는 별도의 조각으로 남아 있는지 여부는 아가로스 젤 전기영동으로 분석할 수 있다.

4. 시발자: 5′-CGGCTT-3′ and 5′-GCAATG-3′

증폭된 서열:

5′-GCAATGGTAATTTTTCAGGAACCAGGGC-CCTTAAGCCG-3′

3′-CGTTACCATTAAAAACTCCTTGGTCCCGG-GAATTCGGC-5′

5.

(a) 모든 잠재적인 제한 단편에 대한 상보성 영역이 있으므로 프로브 B를 사용한다. 프로브 A는 모든 제한 단편에 혼성화되지 않는다.

(b) Haplotype A: 3 kb, 2 kb, 1 kb

Haplotype B: 3 kb

Haplotype C: 5 kb, 1 kb

Haplotype D: 6 kb

6.

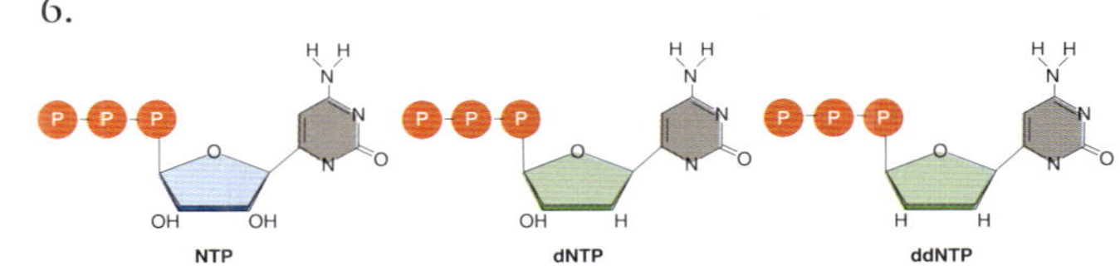

(a) “d”는 “데옥시”를 나타내며, 이는 설탕에 2′-OH가 없음을 의미한다. “dd”는 “dideoxy”를 나타내며, 이는 3′-OH와 2′-OH가 모두 누락되었음을 의미한다.

(b) ddNTP는 3′-OH 기가 없으므로, 다른 뉴클레오티드와 포스포디에스테르 결합을 형성할 수 없다. 따라서 각 시퀀싱 반응은 “사슬 종결자”가 추가되고 DNA 복제가 중지될 때까지 진행된다.

7. 원래 DNA 단편의 뉴클레오티드 서열은 5′- TAGC-CAGACCTT-3′이다.

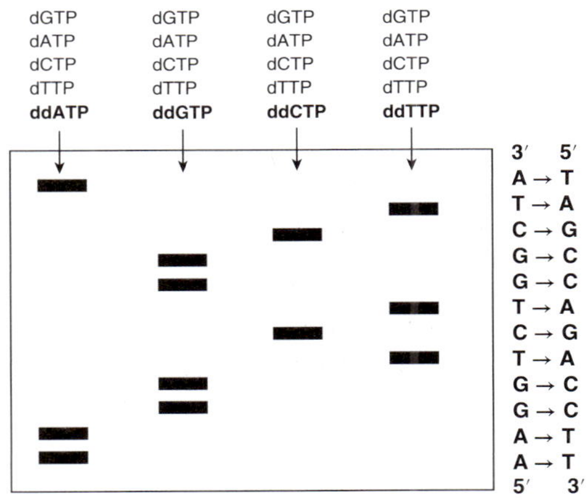

8.

(a) *GFP* cDNA 프로브와 혼성화된 형질전환 마우스 DNA의 서던 블롯

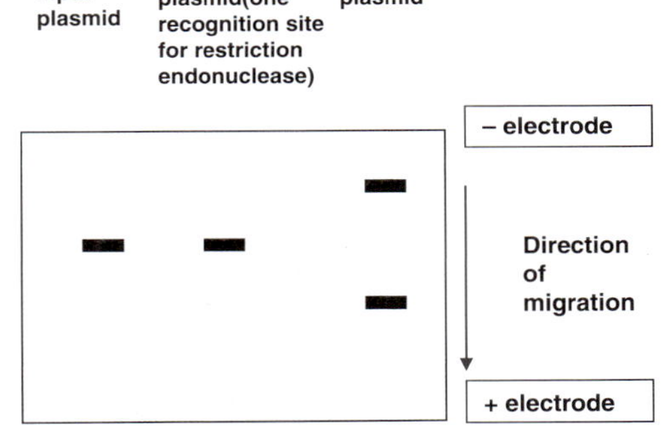

(b) 다른 창시자 혈통의 마우스는 통합 부위가 무작위이므로, 통합 부위가 동일하지 않을 수 있다.

(c) 이식 유전자의 전사, 노던 블롯, RT-PCR 또는 제자리에서 마우스를 분석하기 위해 혼성화를 사용할 수 있다. 이식 유전자의 번역에 대해서 마우스를 분석하기 위해 웨스턴 블롯을 수행하거나 마우스(전체 동물 또는 세포)를 UV 광 아래에서 관찰하여 GFP 발현을 찾을 수 있다.

9.

(a) ES 세포가 받는 배반포의 세포와 다른 가시적 표현형 형질을 담당하는 유전자를 갖고 있지 않다면, 절차의 결과는 동일하지만 선별 프로토콜은 훨씬 더 많은 노동 집약적이고 번거롭다. 번식 전에 모든 마우스는 PCR 또는 서던 블롯 분석으로 유전자형을 확인해야 한다.

(b) "파괴 유전자"(예, neo^R)가 관심 유전자에 삽입되지 않은 경우, 모든 ES 세포는 네오마이신에 민감하고 배양에서 선택될 것이다. 수용자 배반포에 주입할 ES 세포가 없을 것이다.

(c) 화학적 형질감염 또는 전기천공 절차가 실패하면, 모든 ES 세포가 네오마이신에 민감하고 배양에서 선택될 것이다.

(d) 유전자 녹아웃이 태아에게 치명적이었다면, 이형 마우스의 교미에서 태어난 마우스 새끼가 없기 때문에 녹아웃에 대한 동형 접합체를 얻는 것이 불가능할 것이다.

10.

(a) 지능은 유전자–유전자 및 유전자–환경 상호작용에 의존하는 다유전적 특성이므로, Dolly의 클론이 Dolly만큼 학문적으로 재능이 있다는 보장은 없다.

(b) Dolly와 그 양의 클론은 핵 DNA가 동일해야 하므로 동일한 DNA "지문"을 가질 가능성이 가장 높다.

(c) Dolly의 클론은 Dolly의 기증자 핵과 수혜자 난자의 미토콘드리아를 동반하는 세포질의 미토콘드리아 DNA(mtDNA)를 포함하는 잡종일 것이다. Dolly가 수혜자 난자를 제공했다면 동일한 mtDNA를 갖게 된다.

(d) 이것은 텔로머라제가 배아 클론에서 재활성화되었는지 여부에 달려 있다. 그렇지 않다면, 돌리의 피부 세포핵에서 이미 짧은 텔로미어가 세포 분열과 DNA 복제의 각 라운드에서 계속해서 점점 더 짧아질 것이다. 텔로머라제가 재활성화되면, 텔로미어가 확장되고 유지되며 Dolly의 피부 세포에 있는 것보다 더 길어진다.

11. 수정란의 전핵에 외래 DNA를 미세주입하여 형질전환 마우스를 생성하기 위한 유전자 구성체에 인핸서 및 절연체와 같은 조절 요소를 포함하는 것이 더 중요할 것이다. 이는 이 기술에서 이식 유전자의 무작위 통합이 발생하고 다음 중 하나에 통합될 수 있기 때문이다. euchromatin 또는 heterochromatin 또는 다른 유전자의 인핸서 또는 사일런서에 의해 부적절하게 활성화되거나 억제된 DNA 영역에 삽입된다. 구성체에 절연체를 포함하면 위치 독립적인 염색질 도메인의 형성이 촉진된다. 유전자 표적화는 부위 특이적 상동 재조합에 의해 발생하므로, 이러한 조절 요소는 필요하지 않다. 유전자 편집은 특정 부위에서 수행된다. 예를 들어, 연구자가 내인성 유전자의 암호화 영역을 변경한다면, 조절 요소는 이미 제자리에 있을 것이다.

Chapter 14

분석 질문

1. 용의자 A, B, D는 분석된 세 유전자좌 모두에서 일치하는 밴드가 없기 때문에 제외될 수 있다. 밴딩 패턴이 세 위치 모두에서 일치하므로 용의자 C를 제외할 수 없다. 밴드 패턴이 우연히 동일하지 않을 가능성을 높이려면 더 많은 유전자좌를 분석해야 한다. 현재 FBI는 최소 13개의 다른 유전자좌를 시험하고 있다. 용의자 C를 범죄로 기소하려면 더 많은 증거가 필요하다. 담배꽁초는 용의자 C가 폭력 범죄를 저질렀다는 것이 아니라 범죄 현장에 있었다는 것만 암시하기 때문이다.

2. Mr. X는 아이의 아버지이다. 간단한 멘델식 상속 패턴이 있다. 어린이의 경우, 밴드의 50%는 어머니로부터, 50%는 아버지로부터 파생된다. 어머니에게서 오는 밴드를 식별할 수 있다. 나머지 밴드는 아버지에게서 온 것이어야 하며, 이들은 Mr. X를 나타내는 레인에 있는 밴드와 일치한다.

3. 단백질은 2개의 폴리펩티드 소단위로 구성될 수 있다. SDS-PAGE가 적용되면, 단백질이 변성되고 소단위체가 SDS 처리에 의해 해리되며 단백질의 이황화 결합은 샘플 버퍼(2-머캅 토에탄올 또는 디티오트레이톨)의 환원제에 의해 끊어진다. 이 가설을 시험하기 위해 비변성 및 비환원 조건에서 전기영동을 수행할 수 있다. 하나의 밴드만 존재한다면, 이것은 2-소단위 복합체를 제안할 수 있다

4.

(a) DNA 프로브의 안티센스 가닥은 mRNA에 상보적이며 얼룩의 mRNA에 혼성화된다.

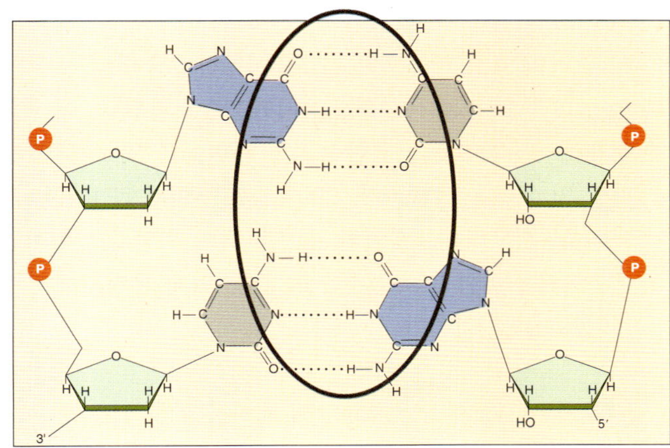

(b) DNA 프로브가 mRNA에 혼성화할 때 상보적 염기쌍 사이에 수소 결합(원)이 형성된다.

5.

(a) 전사 인자가 형질감염된 세포에서 전사되고 번역되는지 확인하기 위해서, 웨스턴 블롯을 수행하고 각 전사 인자에 대해 특이적인 항체로 이를 조사할 수 있다.

(b) 다양한 방법을 사용할 수 있다. 예를 들어, GST 풀다운 분석을 사용하여 두 전사 인자가 시험관 내에서 직접 상호작용한다는 것을 보여줄 수 있다. 샘플 양성 결과는 그림 14.33에 묘사된 결과와 유사하게 나타나야 한다.

(c) 다양한 방법이 사용될 수 있다. 시험관 내에서 DNA에 대한 단백질의 직접 결합은 전기영동 이동성 변화 분석(EMSA) 또는 DNase I 발자국을 사용하여 시험할 수 있다. 생체 내 DNA−단백질 상호작용은 염색질 면역침전(ChIP) 분석을 사용하여 시험할 수 있다. 샘플 양성 결과는 그림 14.32에 묘사된 결과와 유사하게 나타나야 한다.

6.

(a) siRNA는 CAT 리포터 유전자의 전사에 필요한 전사 인자 A의 발현을 녹다운할 것이다. 녹다운 수준에 따라 CAT 리포터 유전자 발현이 크게 감소할 것으로 예상된다.

(b) 정량적 역전사−PCR 또는 노던 블롯을 사용하여 전사 인자 A mRNA 수준의 감소가 있는지 여부를 결정할 수 있다. 전사 인자 A 단백질 수준의 감소가 있는지 여부를 결정하기 위해 웨스턴 블롯을 사용할 수 있다. mRNA 수준의 감소와 이에 상응하는 단백질 수준의 감소가 있었다면, 이는 RNAi가 mRNA 분해 수준에서 작용한다는 것을 암시할 것이다. mRNA 수준에는 변화가 없지만 존재하는 단백질 양이 감소하면, RNAi가 번역 억제 수준에서 작용한다는 것을 암시한다.

7. 알려지지 않은 단백질은 시토크롬-b5이다.

8. 번역을 위한 시작/중지 신호 및 cDNA와의 유사성을 찾는 것은 단백질 암호화 유전자만을 예측할 것이다. 이것은 기능적 RNA(예, microRNA, small nucleolar RNA, rRNA, tRNA, small nuclear RNA)를 암호화하는 모든 유전자를 놓치기 때문에 유기체의 총유전자 수를 정확하게 나타내지 못한다.

9. 병든 세포와 정상 세포에서 차등적으로 발현되는 유전자는 추가 분석을 위해 선택해야 한다. 모든 녹색 반점은 정상 세포에서 더 높은 수준으로 발현되는 유전자를 나타낸다. 모든 붉은 반점은 병든 세포에서 더 높은 수준으로 발현되는 유전자를 나타낸다. 특정 유전자의 발현 여부는 질병의 진행에서 동등하게 중요할 수 있다. 노란색 반점은 두 세포 유형에서 유사한 수준으로 발현되고, 이 시점에서 추가 분석을 위해 선택되지 않는 유전자를 나타낸다.

Chapter 15

분석 질문

1. 적어도 하나의 *apoE* ε4 대립유전자를 유전 받은 개인은 알츠하이머병에 걸릴 확률이 더 높다. 그러나 이 대립유전자의 유전이 질병 발달의 절대적인 지표는 아니다. 2개의 ε4 대립형질을 유전 받은 사람은 알츠하이머병이 발병하지 않을 수 있는 반면, 2개의 ε2 대립형질을 유전 받은 다른 사람은 알츠하이머병에 걸릴 수 있다. *apoE* 유전자는 알츠하이머병과 관련된 여러 유전자 중 하나일 뿐이다.
2. "긴 대립유전자"와 무모한 행동을 연결하는 기자 회견은 시기상조일 것이다. 이 연구에는 100명의 백인 남성을 대상으로 한 아주 작은 선택적인 표본이 포함되었다. 이 행동에서 환경의 역할에 대해 언급된 것은 없다. 행동 특성은 다유전적이며, 많은 유전자–유전자 상호작용 및 여러 환경 요인을 포함한다. 또한 행동 특성이 부정확하게 정의되는 경향이 있다. 또한 이 연구에서 불분명한 것은 일반 인구에서 다형성의 유병률과 인종 그룹에서의 다양성이다.
3. 유전자가 원암 유전자인 경우, 부적절한 과발현으로 인해 세포 변형이 발생할 수 있다. 원발암유전자 cDNA는 발현 벡터로 클로닝되고, 배양된 세포에 도입되며, 형질전환 활성에 대해 분석될 수 있다. 형질전환된 세포는 반올림되어 배양 플레이트에서 분리되고 배양에서 무기한 증식한다.
4. 골암 세포주에서 pRB 종양 억제 유전자의 발현이 없는 것은 정상 세포와 암세포 사이의 발현 패턴의 많은 차이점 중 하나일 것으로 예상된다. 암은 다단계 질병이며, 종양 세포의 출현은 적어도 4~8개의 유전적 변화의 축적을 필요로 한다.
5. pRB의 정상적인 발현 수준이지만 억제되지 않은 세포 성장은 pRB가 CDK2 촉매 활성에 의해 인산화된 상태로 유지되고 있음을 나타낼 수 있다. pRB가 인산화된 상태로 남아 있으면, E2F 복합체에 결합할 수 없으며 E2F 복합체는 계속해서 위상 특이적 유전자를 자극한다. 이 가설을 시험하기 위해 세포주 추출물의 pRB를 pRB에 특이적인 항체를 사용하여 웨스턴 블롯으로 분석할 수 있다. 대조군으로 정제되지 않은 인산화 pRB 및 인산화 pRB가 오점에 포함될 것이다. 인산화된 pRB는 이동성의 이동을 보여주고 인산화되지 않은 pRB와 비교하여 느리게 움직이는 밴드로 나타난다.
6. 벤조(*a*) 피렌은 담배 연기의 "전발암 물질"이다. 세포 내에서 일련의 효소 매개 반응을 통해 유전독성 발암 물질인 벤조(*a*)피렌 디올-에폭사이드(BPDE)로 전환된다. 이 발암성 형태에서는 DNA에 결합하고 돌연변이를 일으켜서, 피부, 폐암 및 위암을 유발한다. DNA에서 부피가 큰 BPDE 부가물의 복구는 비효율적이며, 돌연변이의 축적으로 이어진다. 예를 들어, 폐암의 60%는 *p53* 종양 억제 유전자에서 돌연변이를 비활성화한다.
7.
   (a) 프로모터 요소는 cDNA의 전사를 위한 최소 요구 사항이다.

   (b) 장점은 레트로바이러스 벡터가 세포에 효율적으로 들어가고, 면역 문제가 적으며, 치료 유전자가 숙주 염색체에 안정적으로 통합된다는 것이다. 단점은 생산이 어렵고, 생체외 접근이 필요하며, 삽입 크기가 제한적(~7 kb)이고, 분열하는 세포만 감염시키며, 통합될 수 있다는 것이다. 활성 유전자 근처에 우선적으로 삽입하는 것으로 보이기 때문에 삽입 돌연변이를 일으킨다. 척수성 근위축은 운동 뉴런에 영향을 미치기 때문에 표적 세포는 생체 외에서 조작하기 어려울 수 있다. 이 바이러스는 비분열 신경 세포를 표적으로 하기 때문에 또 다른 가능성은 헤르페스 바이러스 매개 접근 방식일 수 있다. 단점은 면역 반응의 가능성을 포함한다.

실제 데이터 질문

그림 15.3

Renilla 루시페라아제는 구성 바이러스 프로모터(단순 포진 바이러스 티미딘 키나아제 프로모터 영역)의 제어 하에 있으므로, 레닐라 루시페라아제 활성은 처리에 의해 영향을 받지 않으며 실험을 위한 내부 제어 역할을 한다.

용어해설

2-미크론 플라스미드(2-micron plasmid) 2μ 플라스미드 참조

2μ 서클(2μ circle) 2μ 플라스미드와 동일

2μ 플라스미드(2μ plasmid or 2μ circle, 2μ 서클) *Saccharomyces cerevisiae* 효모에서 발견되는 다수의 사본을 가지는 플라스미드. 이 플라스미드의 유도체는 벡터로 널리 사용된다.

30 나노미터 섬유(30 nanometer fiber) 직경이 약 30 nm인 나선으로 배열된 뉴클레오솜의 사슬

30S 개시 복합체(30S initiation complex) 세균의 리보솜의 작은 소단위체만을 포함하는 번역 개시 복합체

30S 소단위체30S subunit) 70S 리보솜의 작은 소단위체

3′ 이어맞추기 부위(3′ splice site) 인트론의 하류 또는 3′ 말단에 이어맞추기를 위한 인식 지점

3′-핵산말단가수분해효소(3′-exonuclease) 3′ 말단으로부터 DNA를 분해하는 효소

3′-비번역 부위(3′-untranslated region, 3′-UTR) 최종 종결 코돈의 하류, 단백질로 번역되지 않는 mRNA의 3′ 말단의 서열

40S 소단위체(40S subunit) 80S 리보솜의 작은 소단위체

***454* 서열분석법(*454* sequencing)** 디옥시리보핵산 중합효소에 의하여 더해지는 뉴클레오티드를 결정하기 위해 파이로시퀀싱을 이용하는 차세대 염기 서열 결정 방법

4-메틸벨리퍼릴 인산(4-methybelliferyl phosphate) 알칼리성 인산가수분해에 의해 분해되어 형광을 방출하는 인공적인 기질

50S 소단위체(50S subunit) 70S 리보솜의 큰 소단위체

5′ 이어맞추기 부위(5′ splice site) 인트론의 상류 또는 5′ 말단에 이어맞추기를 위한 인식 지점

5′ 말단 올리고피리미딘(5′-terminal oligopyrimidine, 5′-TOP) mRNA의 5′ 말단과 번역 개시 사이에 피리미딘을 많이 포함하는 긴 염기 서열

5′-비번역 부위(5′-untranaslated region, 5′-UTR) mRNA의 5′ 말단과 번역 개시 지점 사이의 부위

60S 소단위체(60S subunit) 80S 리보솜의 큰 소단위체

70S 개시 복합체(70S initiation complex) 세균의 리보솜의 두 가지 소단위체를 모두 포함하는 번역 개시 복합체

70S 리보솜(70S ribosome) 세균에서 발견되는 리보솜의 종류

7SL RNA 진핵생물의 세포 내 단백질 이동에 관여하는 기구의 일부를 구성하는 비번역 RNA

80S 리보솜(80S ribosome) 진핵세포의 세포질에서 발견되는 리보솜의 종류

−10 서열(−10 sequence) 세균의 프로모터 영역으로 전사 개시로부터 10 염기 앞에 있으며, RNA 중합효소가 인지한다.

−35 서열(−35 sequence) 세균의 프로모터 영역으로 전사 개시로부터 35 염기 앞에 있으며, RNA 중합효소가 인지한다.

α-나선[α-(alpha) helix] 단백질에서 발견되는 나선형의 2차 구조

β-병풍[β-(beta) sheet] 단백질에서 발견되는 편평한 병풍 같은 2차 구조

β-갈락토시데이스(β-galactosidase, β-갈락토오스가수분해효소) 젖당 그리고 갈락토오스의 다른 화합물질을 분해하는 효소

β-락타메이스(β-lactamase, β-락탐분해효소) 페니실린과 세팔로스포린을 포함한 β-락탐계 항생제를 분해하는 효소

β-데르캅토에탄올(β-mercaptoethanol, BME) 자유 황화수소기를 가진 작은 분자로서 흔히 단백질의 이황화 결합을 절단하는 데 사용된다.

람다부착지점(λ attachment site, lambda attachment site, *att*λ) 박테리오파지 람다가 통합되는 대장균 염색체 상의 인식 서열

A(수용체) 부위[A (acceptor) site] 리보솜에 다음 아미노산을 운반하는 tRNA가 결합하는 부위

Ac 인자(Ac element) 옥수수에서 발견되는 전이 인자의 온전하고 활성이 있는 이형 사본

수용체 축(acceptor stem) 아미노산이 부착되는 tRNA의 염기쌍 축

아세틸화(acetylation) 아세틸기(CH_3CO)를 부착하는 반응

아코니타제(aconitase) 크레브스 회로를 구성하는 효소 중의 하나. 동물에서는 철 조절 단백질(IRP)의 기능도 수행함

아크리딘오렌지(acridine orange) 개재되어 돌연변이를 유발하는 물질

액틴(actin) 세포골격의 한 성분인 작은 소단위체의 긴 섬유

활성 또는 활성자 도메인(activation domain) 전사기구와 상호작용하는 전사 인자의 일부분

활성인자 단백질(activator protein) 한 유전자를 켜는 단백질

활성 부위(active site) 다른 분자들이 결합하여 화학 반응을 일으키는 단백질의 특정 부위

아실인산(acyl phosphate) 인산이 카르복실기에 부착된 인산 유도체

아데닌(adenine, A) 티민과 결합하는 푸린 염기로 DNA 혹은 RNA에서 발견된다.

아데노신 1인산(adenosine monophosphate, AMP) 아데닌과 (디옥시) 리보오스 및 인산을 포함하는 뉴클레오티드

부착소(adhesin) 세균이 동물 세포에 부착하도록 도와주는 단백질. 집락형성 인자와 동일

A-DNA 이중가닥 나선 DNA의 드문 대체 형

A형(A-form) 이중나선의 대체 형으로 회전당 11 염기쌍을 지님. 이중가닥 RNA의 경우는 흔하지만 DNA에서는 드물다.

인류의 어머니(African Eve) 약 10만 년에서 20만 년 전 아프리카에 살았을 것으로 여겨지는 가상적인 모계 조상

아가로오스(agarose) 해초로부터 유래한 다당류. 전기영동에 의해 핵산을 분리하기 위한 젤을 만드는 데 이용됨

아가로오스 젤 전기영동(agarose gel electrophoresis) 아가로오스로 만든 젤에 전류를 통과시켜 핵산 분자를 분리하는 기술

알칼리성 인산가수분해효소(alkaline phosphatase) 다양한 분자로 부터 인산기를 분해하는 효소

대립유전자(allele) 유전자의 특정형, 보다 넓게는 DNA 분자에서 유전자자리의 특정형

알로-락토오스(*allo*-lactose) 락토오스 오페론의 세포 내 유도원. 락토오스의 이성질체임

다른자리입체성 효소(allosteric enzyme) 작은 분자와 결합하였을 때 모양이 변하는 효소

다른자리입체성 단백질(allosteric protein) 작은 분자와 결합하였을 때 구조가 변하는 단백질

알파 탄소[alpha-(α-) carbon] 아미노기와 카르복실기 두 가지를 운반하는 아미노산의 중앙 탄소 원자

알파 상보성(alpha complementation) N-말단 알파 단편과 나머지 단백질로부터 기능성 β-갈락토오스가수분해효소의 조립

알파 DNA(alpa DNA) 사람 DNA의 동원체 근처에서 발견되는 직렬반복 DNA

알파 단편(alpha fragment) β-갈락토오스가수분해효소의 N-말단 단편

대체 시그마 인자(alternative sigma factor) 특정 그룹의 유전자를 인식하는 데 필요한 비표준적인 시그마 인자

선택적 이어맞추기(alternative splicing) 동일한 유전자의 다른 부위를 이어맞춰 2개 또는 그 이상의 다른 mRNA들을 만드는 방법

아미노산(amino acid) 단백질의 폴리펩티드 사슬을 만드는 단위체

아미노- 또는 N-말단(amino- or N-terminus) 처음 만들어지며, 자유 아미노기를 가진 폴리펩티드의 말단

아미노아실 tRNA 합성효소(amino-acyl tRNA synthetase) tRNA에 아미노산을 결합시키는 효소

아미노글리코시드(aminoglycoside) 단백질 합성을 방해하는 항생제군. 스트렙토마이신, 네오마이신, 가나마이신, 아미카신, 겐타마이신을 포함

***amp* 유전자(*amp* gene)** β-락타메이스를 암호화하며, 암피실린과 암피실린 관련 항생제에 저항성을 전하는 유전자. *bla* 유전자와 같음

암피실린(ampicillin) 널리 이용되는 페니실린계 항생제

혐기성호흡(anaerobic respiration, 무산소호흡) 산소 대신 질산염과 같은 산화제를 이용하는 호흡

유사체(analog) 특정 화학적 기질과 무척 비슷하여 생체 고분자, 특히 특정 효소, 수용체 단백질, 조절 단백질이 그러한 기질로 착오를 일으킬 만큼 비슷한 화학적 기질

닻 서열(anchor sequence) 프라이머나 탐침에 첨가된 서열. 지지물에 결합시키는 데 사용하거나 편리한 제한효소 절단 부위를 삽입하거나 나중에 조작을 위한 프라이머 결합자리 혹은 다음의 PCR 반응을 위한 프라이머 결합자리로 사용될 수 있다.

이수체(aneuploid) 불규칙적인 염색체 수를 갖는 세포

두 가닥 복원(annealing) DNA의 분리된 외가닥이 이중나선을 형성하기 위해 다시 쌍을 이룸

항생제(antibiotics) 특수한 생화학 과정을 저해하여 환자는 죽이지 않고 선택적으로 세균 성장을 중지시키는 화학물질

항체(antibody) 면역계에 의해 만들어진 단백질로 외부 단백

질 또는 다른 고분자를 인식하고 결합함

역코돈(anticodon, 안티코돈) mRNA의 코돈을 인지하고 결합하는 tRNA 상의 3개의 상보적인 염기 집단

역코돈 고리(anticodon loop) 역코돈을 가지고 있는 tRNA 분자의 고리

역평행(antiparallel) 반대 방향으로 달리는 평행

역전사 RNA(antisense RNA, 안티센스 RNA) mRNA 또는 다른 기능의 RNA 분자와 상보적인 염기 서열로 이루어진 RNA

안티센스 가닥(antisense strand) 상보적 염기쌍형성에 의해 새 가닥이 합성될 때 주형으로 이용되는 DNA 가닥

역-샤인-달가르노 서열(anti-Shine-Dalgarno sequence) mRNA의 샤인-달가르노 서열에 상보적인 16S rRNA 상의 서열

항-시그마 인자(anti-sigma factor) 시그마 인자에 결합하여 시그마 인자의 전사 개시 기능을 억제하는 단백질

항-전사 종결 단백질(anti-terminator proteins) 전사 종결 부위를 무시하고 전사가 계속 진행되도록 하는 단백질

AP 핵산내부가수분해효소(AP endonuclease) AP 지점 바로 옆 DNA를 자르는 핵산내부가수분해효소

AP 지점(AP site) 염기가 없는 DNA 지점(AP 지점 = 없는 염기의 종류에 따라 푸린 결여(apurinic) 또는 피라미딘 결여(apyrimidinic)

아포단백질(apoprotein) 여타의 보조인자나 보결분자단 없이 폴리펩티드 사슬들로만 구성된 단백질 부분

세포자멸사(apoptosis) 필요 없는 세포의 계획된 자살

후천성 면역결핍 증후군(acquired immunodeficiency syndrome, AIDS) 면역 체계를 파괴하는 인간 면역결핍 바이러스(HIV)에 의한 질병

***araBAD* 오페론(*araBAD* operon)** 당 아라비노오스의 대사에 관여하는 단백질을 암호화하는 오페론

아라비노오스(arabinose) 식물 세포의 세포벽 물질에서 흔히 관찰되는 5탄당. 많은 세균이 탄소원으로 이용함

원시생물계(Archaea) 고세균의 새로운 이름

고세균(Archaebacteria or Archaea) 유전적으로 구분되는 생명의 도메인을 형성하는 세균 형. 극한 환경에서 자라는 많은 세균이 포함된다.

고세균(archaebacteria) "고대의" 세균으로 구성된 생물 3 도메인의 하나

아고넛 그룹[Argonaut (AGO) family] siRNA의 인도 가닥에 상보적인 세포내 RNA는 모두 파괴하는 RISC 복합체 내에서 발견되는 효소

자낭균류(ascomycete) 자낭이라는 구조 내 4개의 (또는 8개의) 포자를 생성하는 균류

자낭(ascus) 자낭균류의 특수 포자 형성 구조

무성 또는 영양 생식(asexual or vegetative reproduction) 2개체 간의 유전자 재조합이 없는 생식 형태

비대칭 중심(asymmetric center) 4개의 서로 다른 기를 달고 있는 탄소 원자. 이로 인해서 광학 이성질체가 된다.

전사감쇠(attenuation) 전사의 조기 종결에 의해 일어나는 전사 조절의 한 종류. mRNA 선도영역의 대체 헤어핀 구조에 따라 발생한다.

전사감쇠 단백질(attenuation protein) 전사감쇠에 관여하는 조절 단백질로 mRNA의 선도영역에 결합한다.

자가조절(autogenous regulation) 자신에 의한 조절. 예, 어떤 DNA-결합 단백질은 자기 자신의 유전자 발현을 조절함

방사선 자동사진법(autoradiography) 방사성 DNA의 정확한 위치를 알기 위해서 젤 위에 사진용 필름을 놓는 것

옥신(auxin) 식물 세포의 성장을 촉진하는 호르몬

아비딘(avidin) 비오틴과 매우 강하게 결합하는 달걀 흰자로부터 분리한 단백질

세균(bacteria) 원시적이고 다소 단순하며, 핵이 없는 단세포 생물

세균 70S 리보솜(bacterial 70S ribosome) 세균에서 발견되는 리보솜의 종류

세균 인공 염색체(bacterial artificial chromosome, BAC) 매우 긴 DNA 삽입체를 운반할 수 있는 대장균의 F-플라스미드를 기본으로 한 한 사본 벡터. 인간 유전체 프로젝트에 널리 이용되었음

박테리오신(bacteriocin) 세균이 근연종의 다른 세균을 죽이기 위해 생성하는 독성 단백질

박테리오 페리틴(bacterioferritin) 세균에 존재하는 페리틴-유사 단백질, 철을 저장하는 기능 수행

박테리오파지(파지)[bacteriophage(phage)] 세균을 감염하는 바이러스

람다 박테리오파지(bacteriophage lambda) 생활사에서 용균과 용원을 교대하는 대장균 바이러스로 클론 벡터로 널리 이용됨

M13 박테리오파지(bacteriophage M13) 환형 외가닥 DNA

를 가지고 있으며, 대장균을 침입하는 소형 웅성 특이 사상형 바이러스

Mu 박테리오파지(bacteriophage Mu) 전이로 복제하고 숙주 세포 유전자 내에 끼어들어 돌연변이를 일으키는 세균 바이러스

T7 박테리오파지(bacteriophage T7) 프로모터가 오직 자신의 RNA 중합효소에 의해 인식되는 대장균을 감염하는 박테리오파지

Φ174 박테리오파지(bacteriophage Φ174) 환형 외가닥 DNA를 가지고 대장균을 침입하는 작은 구형 바이러스

미끼(bait) 전사활성화 단백질의 DNA-결합 도메인과 다른 단백질과의 융합체로서 단백질 잡종 분석에 사용된다.

밴드이동 분석법(bandshift assay) 전기영동 중에 DNA의 이동거리 변화를 측정함으로써, 어떤 단백질이 DNA에 결합하는지를 조사하는 방법. 젤 지체 분석법이나 이동성 변화 분석법과 같은 용어임

바코드 서열(barcode sequence) 특정 유전자에 차후의 분석을 위한 표지자를 붙이기 위하여 카세트에 첨가되는 20 염기쌍의 고유 서열

바소체(Barr body) 광학현미경으로 관찰되는 비활성이고 고도로 응축된 X-염색체

염기(base) 알칼리성 물질, 분자생물학에서는 특별히 DNA와 RNA에서 발견되는 고리형 질소 화합물

염기 유사체(base analog) DNA 염기와 유사한 모양의 화학적 돌연변이 물질

염기절제 수선(base excision repair) 나선의 뒤틀림을 일으키지 않는 DNA의 돌연변이를 인식하고 수선하는 체계

염기쌍(base pair) 수소결합에 의해 쌍을 이루는 두 상보적 염기 (A와 T 혹은 G와 C)

염기치환(base substitution) 하나의 염기가 다른 것으로 바뀌는 돌연변이

굽은 DNA(bent DNA) 여러 A-궤적으로 인해 굽은 이중나선 DNA

베타-갈락토오스가수분해효소(beta-galactosidase, β-galactosidase, 베타갈락토시데이스) 락토스나 다른 베타 갈락토시드를 분해하여 갈락토오스를 방출하는 효소

베타-락탐(beta-lactam, β-lactam) 세균 세포벽인 펩티도글리칸의 교차결합을 방해하는 항생제 그룹으로 페니실린과 세팔로스포린이 속한다.

베타-락탐분해효소(beta-lactamase, β-lactamase, 베타-락타메이스) 페니실린과 세팔로스포린을 포함한 베타-락탐계 항생제를 분해하는 효소

B형(B-form, B-DNA) 원래 왓슨과 크릭에 의해 기술된 이중나선 DNA의 정상 형

양방향 복제(bi-directional replication) 공통의 원점으로부터 두 방향으로 진행된 복제

이분법(binary fission) DNA 복제가 일어난 후 세포가 늘어나고 가운데가 갈라지는 단순한 형태의 세포 분열

결합 단백질(binding protein) 다른 분자를 결합시키는 기능을 지닌 단백질

생물정보학(bioinformatics) 대량의 생물학적 서열 자료의 전산화 분석

바이오패닝(biopanning) 원하는 표출 단백질을 찾기 위하여 고형 지지대에 부착된 미끼 분자에 결합시킴으로써 파지 표출 라이브러리를 검사하는 방법

비오틴(biotin) DNA 분자의 화학적 표지에도 널리 사용되는 비타민 B 계열의 하나

***bla* 유전자(*bla* gene)** 베타-락타메이스를 암호화하며, 암피실린과 암피실린 관련 항생제에 대한 저항성을 전하는 유전자. *amp* 유전자와 같음

청색/백색 선별(blue/white screening) 베타-갈락토오스가수분해효소 유전자의 삽입 불활성화를 기반으로 한 선별 과정

평활 말단(blunt ends) 완전히 염기쌍을 이루어 비염기쌍의 외가닥 돌출부가 없는 이중가닥 DNA 분자의 말단

우해면양뇌증(bovine spongiform encephalopathy, BSE) 광우병과 동일

bp 염기쌍의 약어

분지점(branch site) 이어맞추기 과정에서 분지가 일어나는 인트론 내 한 부위

출아(budding) 모세포에서 새 세포가 튀어나와 커져서 결국 분리되는 효모의 세포 분열 방식

CAAT box 진핵세포 프로모터의 상부에 흔히 존재하는 염기서열로 전사 인자가 결합한다.

칼모듈린(calmodulin) 동물 세포에 있는 작은 칼슘 결합 단백질

캡(cap) 진핵세포의 mRNA의 5′ 말단에 존재하는 구조로서 메틸화된 구아노신이 역방향으로 결합되어 이루어짐

캡시드(capsid) 바이러스 입자의 DNA 또는 RNA를 둘러싼 단백질 껍질 또는 보호층

카르복시(carboxy-) 혹은 C-말단(C-terminus) 마지막으로 만

들어지고 자유 카르복실기를 갖는 폴리펩티드 사슬의 말단

CTD(carboxy-terminal domain) RNA 중합효소 II의 C-말단에 있는 인산화 가능한 반복 영역

운반단백질(carrier protein) 몸 주변 또는 세포 내로 다른 분자들을 운반하는 단백질

CAT(Chloramphenicol acetyl transferase) 클로람페니콜에 아세틸 그룹을 부착시켜 불활성화시키는 효소

연쇄체(catenane) 2개 이상의 원형 DNA가 서로 맞물려 있는 구조

CD4 단백질(CD4 protein) 면역 반응 도중 수용기로 작용하는 T-세포 표면상의 단백질

cDNA 라이브러리(cDNA library) 인트론이 결여된 cDNA 형태의 유전자 수집물

cDNA(complementary DNA) mRNA에서 역전사로 만들어져 인트론이 없는 DNA 사본

세포주기(cell cycle) 세포가 하나의 세포 분열로부터 다음 세포 분열까지 겪는 일련의 단계

세포(cell) 생명의 기본 단위. 각 세포는 막으로 둘러싸이며, 세포 작용에 필요한 유전정보를 제공하는 유전자 한 벌을 대부분 가지고 있다.

세포 PrPC(cellular PrPC) 프라이온 단백질의 건강한 정상적인 형태

Cen 서열(Cen sequence) centromere sequence(동원체 서열)를 참조

중심원리(central dogma) 생물 세포에서 유전자(DNA), 정보전달(RNA) 및 단백질을 관련시킨 유전정보의 흐름에 대한 기본 개요

원심분리(centrifugation) 시료를 고속으로 회전시켜서 원심력에 의해 크고 무거운 성분이 바닥에 침전하게 하는 과정

동원체 서열[centromere (Cen) sequence] 세포 분열 동안에 염색체의 정확한 분리를 위해 필요한 진핵세포 염색체의 동원체에 있는 서열

동원체(centromere) 진핵생물 염색체의 중간쯤 부위로 감수분열과 유사분열 동안 미세소관이 부착한다.

동원체 서열(centromere sequence, CEN) 동원체에서 발견되는 인식 서열로 방추사의 부착에 필요하다.

세팔로스포린(cephalosporin) 세균 세포벽의 펩티도글리칸 교차결합을 방해하는 β-락탐 타입의 항생제 중 하나

CG-섬(CG-island) 진핵세포 DNA에 있는 CG 염기 서열이 밀집한 지역. 시토신 메틸화의 표적이 되는 지역임

사슬 종결 돌연변이(chain termination mutation) 정지 돌연변이와 동일

사슬 종결 서열결정법(chain termination sequencing) 다이디옥시뉴클레오티드를 사용하여 DNA 사슬의 합성을 종결함으로써 DNA 서열을 결정하는 방법. 다이디옥시서열결정법과 동일한 용어임

혼란물질(chaotropic agent) 물의 구조를 교란시켜서 소수성 기들이 녹을 수 있게 하는 화학물질

보호자단백질(chaperone) 때로 "분자 샤프론"으로 불림; 샤페로닌과 동일

샤페로닌(chaperonin) 다른 단백질들의 바른 접힘을 도와주는 단백질

샤가프 법칙(Chargaff's rule) 각각의 DNA 가닥에서 A와 T 그리고 G와 C가 항상 짝을 형성하므로 푸린과 피리미딘의 비율은 1:1이다.

충전 tRNA(charged tRNA) 아마노산이 결합된 tRNA

화학발광(chemiluminescence) 화학 반응에 의한 빛의 생성

카이 부위(chi site) 원핵생물의 특이 서열로서 교차가 일어나는 지점

키아스마(chiasma; 복수형 chiasmata) 두 상동염색체가 절단되고 상대 가닥과 재결합되는 지점

키메라(chimera) 하나 이상의 기원 또는 생물로부터 온 DNA를 포함하는 혼성 분자

경상대칭 중심(chiral center) 비대칭 중심과 동일

클로람페니콜(chroramphenicol) 세균의 단백질 합성을 저해하는 항생제

엽록소(chlorophyll) 광합성 동안 빛을 흡수하는 녹색 색소

콜레라독소(choleratoxin) 콜레라 세균 *Vibrio cholerae*에 의해 만들어지는 독소

염색분체(chromatid) 염색체 전체 혹은 절반을 이루는 이중나선 DNA 단일 분자이며, 히스톤과 다른 DNA 연관 단백질을 포함한다.

염색질(chromatin) 진핵생물 염색체를 구성하는 DNA와 단백질의 복합체

염색질 면역침강법(chromatin immunoprecipitation, ChiP) DNA를 전사 인자에 교차결합시키고 나서 전사 인자를 면역침강시킴으로써 특정 전사 인자에 대한 DNA 결합 위치를 확인하는 기술

염색질 개조 복합체(chromatin remodeling complex) 전사가 일어날 수 있도록 염색질의 히스톤을 재배치하는 단백질 조립체

크로미드(chromid) 염색체와 플라스미드의 특징으로 박테리아 유전물질을 설명하기 위해 염색체(chromosome)와 플라스미드(plasmid)를 합친 용어

색소생성 기질(chromogenic substrate) 효소에 의해서 강한 색깔을 내는 산물로 전환되는 무색 또는 옅은 색의 기질

염색체분염법(chromosome banding technique) 유전자가 없는 부위를 강조하는 특수 염색을 사용하여 염색체의 띠로 시각화하는 법

염색체(chromosome) 세포의 유전자를 지니고 있는 구조이며, 단일 DNA 분자로 구성된다.

더듬기식 염색체탐색법(chromosome walking) 중복되는 탐침을 이용하여 혼성화의 연속적인 주기에 의해 염색체의 인접 부위를 클로닝하는 방법

***cI* 유전자(*cI* gene)** 람다 억제 인자 또는 cI 단백질을 암호화하는 유전자

cI 단백질(cI protein) 박테리오파지 람다를 용원 상태로 유지하도록 하는 람다 억제 단백질

시프로플록사신(ciprofloxacin) DNA 자이레이즈를 억제하는 불소퀴놀론 항생제

시스트론(cistron) 하나의 폴리펩티드 사슬을 암호하는 DNA (또는 RNA)의 단편

클램프 적하 복합체(clamp-loading complex) DNA 중합효소의 활주 클램프를 DNA에 적하하는 단백질군

클라불란산(clavulanic acid) 유도체들이 β-락타메이스(락탐분해효소)에 결합하여 효소를 죽이는 단백질에 공유결합을 형성함

클론 벡터(cloning vector) 세포 내에서 스스로 복제가 가능하고, 클로닝한 유전자 또는 DNA 분절을 운반하는 데 이용되는 DNA 분자. 일반적으로 작고 다수의 사본을 가지는 플라스미드 또는 변형된 바이러스

클로버잎 구조(cloverleaf structure) tRNA 분자에서 염기쌍 형성을 나타낸 2차원 구조

암호가닥(coding strand) 서열에 있어서 전령 RNA와 동등한 DNA의 가닥(양성 가닥과 동일)

공동우성(co-dominance) 2개의 다른 대립유전자가 관찰된 성질에 모두 공헌할 때

코돈 중복성(codon degeneracy) 4개의 코돈으로 된 세트가 모두 동일 아미노산을 암호화하는 현상으로 코돈의 세 번째 염기의 변화는 번역에 차이를 주지 않는다.

코돈(codon) 단일 아미노산을 암호하는 3개의 DNA 또는 RNA의 염기들

보조인자(cofactor) 폴리펩티드 사슬의 일부는 아니고 비공유결합에 의해 단백질에 부착된 화학기

공동면역침강법(co-immunoprecipitation) 하나의 단백질에 항체를 사용하여 단백질-단백질 상호작용을 알아내는 방법

공동삽입체(cointegrate) 전이, 재조합 또는 유사한 과정 중 두 DNA 분자 가닥들을 연결하여 형성된 일시적 구조

콜드("cold") 비방사성에 대한 속어

ColE 플라스미드(ColE plasmid) E 그룹의 콜리신 유전자를 지니는 소형 다수 사본의 플라스미드. 널리 쓰이는 클론 벡터 기본원리로 사용된다.

콜리신(colicin) 대장균이 매우 가깝게 연관된 세균을 죽이기 위해 만드는 독성 단백질 또는 박테리오신

집락형성 인자(colonization factor) 세균이 동물 세포의 표면에 부착하도록 도와주는 단백질. 부착소와 동일

군집 프로파일링(community profiling) PCR을 이용하여 어떤 환경에 존재하는 세균의 양과 다양성을 조사하는 것

수용성세포(competent cell) 주위 배지로부터 DNA를 흡수할 수 있는 세포

경쟁적 억제 인자(competitive inhibitor) 진정 기질과 착각할 만큼 유사하여 효소를 억제하는 화학적 기질

상보적 DNA(complementary DNA, cDNA) 역전사효소에 의하여 전령 RNA를 주형으로 만들어진 인트론이 없는 진핵생물 유전자의 사본

상보성 서열(complementary sequences) 한 서열의 A, T, G, C가 다른 서열의 T, A, C, G에 상응하기 때문에 서로 쌍을 이루는 핵산의 두 서열

복합 전이 인자(complex transposon) 복제성 전이로 이동하는 전이 인자

조건돌연변이(conditional mutation) 온도나 pH와 같은 환경적 조건에 따라 표현형이 달라지는 돌연변이

접합단백질(conjugated protein) 단백질과 다른 분자의 복합체

접합가교(conjugation bridge) 접합 도중 두 세포 간에 형성되어 DNA가 공여체에서 수용체로 이동하는 통로를 만들어주는 접합점

접합(conjugation) 세포 대 세포의 접촉으로 유전자가 전달되

는 과정

접합 전이 인자(conjugative transposon) 접합을 통하여 한 세균에서 다른 세균으로 이동할 수 있는 전이 인자

공통서열(consensus sequence) 각 위치에서 가장 자주 발견되는 염기로 구성된 이상화된 염기 서열

보존적 치환(conservative substitution) 하나의 아미노산이 유사한 화학적, 물리적 특성을 가진 다른 아미노산으로 치환되는 것

보존적 전이(conservative transposition) 자르고-붙이는 전이와 동일

구성 유전자(constitutive gene) 항상 발현되는 유전자

콘틱(contig) 간격이 없이 연결되어 있는 알려진 DNA 서열 전체

제어된 공극유리(controlled pore glass, CPG) 균일한 크기의 막공을 지니며, 인공적인 DNA 합성과 같은 화학 반응을 위한 고체 지지대로 이용되는 유리

Coomassie Blue 단백질들을 염색하는 데 사용되는 청색소

사본 수(copy number) 한 유전자에 존재하는 복사본의 수

사본 수 변이(copy number variation, CNVs) 다른 개체의 유전체와 비교하여 한 유전체가 지니고 있는 삽입이나 결손 등의 구조적 변이형

핵심효소(core enzyme) sigma(인식) 소단위체가 없는 세균 RNA 중합효소

보조억제 인자(co-repressor) 원생생물에서는 억제 단백질이 DNA에 결합하기 위해 요구되는 작은 신호 분자를 의미함. 진핵생물에서는 유전자 발현 억제에 관여하는 부수적인 단백질로서 주로 히스톤 탈아세틸효소가 해당됨

***cos* 서열(*cos* sequences; lambda cohesive ends)** 람다 유전체의 선형의 각 말단에서 볼 수 있는 상보적인 12 bp 길이의 돌출부

코스미드(cosmid) 람다의 *cos* 위치를 가지고 있고 약 45 kb의 클론 DNA를 운반할 수 있는 작은 다수 사본의 플라스미드

동시전달 빈도(co-transfer frequency) 세포간 DNA가 전달되는 동안 두 유전자가 계속 연합되어 있는 빈도

번역동시 외분비(cotranslational export) 리보솜에 의해서 단백질이 아직 합성되고 있는 동안에 막을 통한 단백질의 외분비

전사-번역 연계(coupled transcription-translation) mRNA 분자가 DNA로부터 전사 중인 상태에서 세균의 리보솜이 번역을 시작할 경우

공유결합 폐환형 DNA(covalently closed circular DNA, cccDNA) 두 가닥 모두에 틈이 없는 원형 DNA

cPABP(chloroplast polyadenylate-binding protein) 엽록체 mRNA의 번역을 조절하는 번역 활성화 단백질

크리스퍼 좌위(CRISPR locus) 침입하는 바이러스의 핵산으로부터 획득한 일련의 작은 서열 요소를 가지는 세균 유전체의 구역

크리스퍼 체계(CRISPR system) 상보적 서열을 가진 RNA를 찾아서 파괴하기 위해 크리스퍼 좌위에서 유래한 짧은 외가닥 RNA와 결합된 효소복합체를 사용하는 세균의 방어 체계

크리스타(crista) 미토콘드리아 호흡막의 주름

교차(crossing over) 다른 DNA 두 가닥이 절단되고 서로 결합됨

교차 위치특이성재조합촉진효소(crossover resolvase) 공유결합으로 융합된 염색체들을 분리하는 세균 효소

교차(crossover) 두 DNA 분자의 가닥이 잘려지고 서로 연결하였을 때 형성되는 구조

근두암종(crown gall) Ti 플라스미드를 가지는 *Agrobacterium*의 감염으로 식물에서 형성되는 종양

CRP(cyclic AMP receptor protein) cAMP와 결합한 후 DNA에 결합하는 세균 단백질

십자형 구조(cruciform structure) 역반복으로부터 형성된 이중가닥 DNA(혹은 RNA)의 십자형 구조

잠재성 플라스미드(cryptic plasmid) 확인된 특징이나 표현형을 제공하지 않는 플라스미드

자르고-붙이는 전이(cut-and-paste transposition) 전이 인자가 원 위치에서 완전히 잘려 나와 단위 전체가 다른 위치로 이동하는 유형의 전이

사이클로헥시미드(cycloheximide) 진핵생물의 단백질 합성을 저해하는 항생제의 일종

세포질 분열(cytokinesis) 세포 분열

시토키닌(cytokinin) 식물 세포의 분열을 촉진하는 호르몬

세포질(cytoplasm) 세포막의 안쪽이지만 핵 바깥인 세포의 부분

시토신(cytosine, C) 구아닌과 결합하는 피리미딘 염기로 DNA 혹은 RNA에서 발견된다.

세포골격(cytoskeleton) 진핵세포의 내부 구조 요소로 세포 모양을 유지하고 세포내 물질과 세포소기관을 한 장소에서 다른 곳으로 이동시키기 위한 구조를 제공한다.

데이터마이닝(data mining) 다량의 자료를 여과하고 감별함으로써 유용한 정보를 찾기 위한 컴퓨터 분석

***de novo* 메틸화효소(*de novo* methylase)** 메틸화가 전혀 되지 않은 부위에 메틸기를 전달하는 효소

탈아미노효소(deaminase) 아미노기를 제거하는 효소

탈아미노화(deamination) 아미노기의 유실

결손파지(defective phage) 바이러스 입자를 만들기 위한 유전자가 결여된 돌연변이체 파지

축퇴성 프라이머(degenerate primer) 특정 위치에 서너 개의 대체 염기를 가진 프라이머

결손(deletion) DNA 서열에서 하나 이상의 염기가 결실되는 돌연변이

탈메틸화효소(demethylase) 메틸기를 제거하는 효소

변성제(denaturant) 특히 수소결합의 파괴에 의하여 단백질의 3차 구조를 파괴하는 화학물질

변성(denaturation) DNA의 경우 DNA의 이중가닥이 2개의 외가닥들로 분리되는 것; 단백질의 경우 정확한 3차원 구조를 상실하는 것

디옥시뉴클레오시드(deoxynucleoside) 당으로 디옥시리보오스를 포함하는 뉴클레오시드

디옥시뉴클레오티드(deoxynucleotide) 당으로 디옥시리보오스를 포함하는 뉴클레오티드

디옥시리보핵산가수분해효소(deoxyribonuclease, DNase) DNA를 절단하거나 분해하는 효소

디옥시리보핵산가수분해효소 I(deoxyribonuclease I, DNase I) DNA 상의 어떤 두 염기 사이를 비특이적으로 잘라주는 핵산가수분해효소. 족문 분석에 자주 사용된다.

디옥시리보핵산(deoxyribonucleic acid, DNA) 유전자의 구성성분인 핵산 중합체

디옥시리보뉴클레오시드 5′-3인산 또는 디옥시-NTP(deoxyribonucleoside 5′-triphosphate, deoxyNTP) 염기, 디옥시리보오스와 3개의 인산기로 구성된 DNA 합성의 전구체

디옥시리보오스(deoxyribose) DNA에 있는 탄소 5개의 당

세제(detergent) 한쪽 끝은 소수성이나 다른 끝은 매우 친수성이며 지방이나 그리스를 용해시키는 분자

다이서(Dicer) 이중가닥 RNA를 21–23 염기쌍 정도의 크기로 절단하는 RNA 가수분해효소

2디옥시순서분석법(dideoxy sequencing) 2디옥시뉴클레오티드를 사용하여 DNA 사슬의 합성을 종결함으로써 DNA서열을 결정하는 방법. 사슬 종결서열결정법과 동일한 용어임

2디옥시뉴클레오티드(dideoxynucleotide) 당이 리보오스나 디옥시리보오스 대신에 2디옥시리보오스인 뉴클레오티드

2디옥시리보오스(dideoxyribose) 2′과 3′ 수산기에서 산소가 결핍된 리보오스의 유도체

***dif* 부위(*dif* site)** 공유결합으로 융합된 염색체를 분리하기 위해 교차 위치특이성재조합촉진효소에 의해 이용되는 세균 염색체의 부위

차등표출 PCR(differential display PCR) RT-PCR의 변형된 형태로 진핵세포로부터 oligo(dt) 시발체를 사용하여 mRNA를 특이적으로 증폭한다.

분화(differentiation) 생물체의 세포 구조와 유전자 발현의 점진적인 변화로 다양한 세포 형을 만든다.

디곡시제닌(digoxigenin) DNA 분자의 화학적 표지를 위해 널리 이용되는 디기탈리스 식물로부터 분리한 스테로이드

디히드로폴레이트(dihydrofolate, DHF) DNA와 RNA 합성을 위한 전구체의 제조를 포함한 여러 가지 역할을 하는 보조인자

디히드로폴레이트환원효소(dihydrofolate reductase) 디히드로폴레이트를 4수소엽산으로 다시 전환하는 효소

디메소시트리틸기[dimethoxytrityl (DMT) group] 인공적인 DNA 합성 과정에서 뉴클레오티드의 5′-수산기를 차단하기 위해 이용되는 기

디프타미드(diphthamide) 디프테리아 독의 표적인 진핵생물 신장인자. eEF2에서만 발견되는 변형된 아미노산

2배체(diploid) 각 유전자의 두 사본을 가지고 있음

양극성 이온(dipolar ion) 양성이온과 동일; 양전하와 음전하 모두를 가진 분자

유도 돌연변이(specific recombination) 다양한 인공적 기술을 사용하여 유전자의 DNA 서열을 인위적으로 바꾸는 것

이황화결합(disulfide bond) 2개의 황화수소기, 특히 시스테인의 황화수소기들 사이에 형성되는 황과 황의 결합은 두 단백질 사슬을 함께 결합시킴

***Dmd* 유전자(*Dmd* gene)** 듀켄씨 근이영양증의 원인이 되는 유전자

DNA 디옥시리보핵산; 유전자를 만드는 핵산 중합체

DNA 아데닌 메틸화효소(DNA adenine methylase, Dam) GATC 서열의 아데닌을 메틸화하는 세균 효소

DNA 결합 도메인(DNA binding domain) DNA에 결합하는 전사 인자의 일부분

DNA칩(DNA chip) DNA-DNA 혼성화에 의해 수많은 짧은 DNA 조각을 동시에 탐지하고 동정하기 위해 사용되는 칩. DNA 정렬 또는 올리고뉴클레오티드 정렬 검출기로도 알려져 있음

DNA 시토신 메틸화효소(DNA cytosine methylase, Dcm) CCAGG와 CCTGG 서열의 시토신을 메틸화하는 세균 효소

DNA 지문(DNA fingerprint) 제한효소를 사용하고 전기영동으로 분리하여 서던 흡입법으로 가시화된 다수 DNA 띠의 개체마다 고유한 양상

DNA 당화효소(DNA glycosylase) DNA 축의 염기와 디옥시리보오스 사이의 결합을 끊어주는 효소

DNA 자이레이즈(DNA gyrase) DNA에 음성 초나선을 도입하는 효소로 II형 DNA 회전효소의 일종

DNA 풀기효소(DNA helicase) 이중나선 DNA를 풀어주는 효소

DNA 라이브러리(DNA library) 특정 생물체의 모든 유전자 사본을 적어도 1개 이상 포함하기에 충분히 큰 클론 DNA 단편의 수집물. 유전자 라이브러리와 같음

DNA 연결효소(DNA ligase) DNA 단편의 말단과 말단을 공유결합으로 연결하는 효소

DNA 미세배열, DNA 배열(DNA microarray, DNA array, DNA 유전자 미세배열) 많은 RNA나 DNA 분절을 혼성화로 동시에 탐지하고 동정하기 위하여 사용되는 DNA 절편칩의 정렬. DNA 칩 또는 올리고뉴클레오티드 정렬로도 알려져 있음.

DNA 중합효소(DNA polymerase) DNA를 합성하는 효소

DNA 중합효소 I(DNA polymerase I, Pol I) Okazaki 단편 사이나 손상된 DNA 수선 과정에서 간격을 채우기 위해 짧은 길이의 DNA를 만드는 세균 효소

DNA 중합효소 III(DNA polymerase III, Pol III) 세균 염색체가 복제될 때 DNA의 대부분을 만드는 효소

DNA 중합효소 V(DNA polymerase V) 피리미딘 이량체와 AP-지점을 통과하여 복제하는 수선 중합효소

DNA 중합효소 α(DNA polymerase α) 동물 염색체의 복제시 개시 DNA의 짧은 단편을 만드는 효소

DNA 중합효소 δ(DNA polymerase δ) 동물 염색체가 복제될 때 대부분의 지체가닥 DNA를 만드는 효소

DNA 중합효소 ε(DNA polymerase ε) 동물 염색체가 복제될 때 대부분의 선도사슬 DNA를 만드는 효소

DNA 바이러스(DNA virus) DNA로 구성된 유전체를 갖는 바이러스

DnaA 단백질(DnaA protein) 박테리아 염색체의 기점에 결합하여 복제의 개시를 돕는 단백질

도메인(domain) (생물의) 생물의 가장 근본적인 유전적 성질에 근거한 가장 상위의 생물 분류군

도메인(domain) (단백질의) 다소 독립적으로 접혀서 국부적인 3차 구조를 이루는 폴리펩티드 사슬의 한 영역

우성 대립유전자(dominant allele) 한 사본으로 있든 두 사본이든 성질이 표현형에 나타나는 대립유전자

공여체세포(donor cell) 다른 세포로 DNA를 주는 세포

이중나선(double helix) 서로를 나선형으로 꼬는 DNA의 두 가닥에 의해 형성된 구조

Ds 인자(Ds element) 옥수수에서 발견된 결함이 있는 Ac 전이 인자 사본; 이동에 전달효소를 제공하는 Ac 인자가 필요

듀켄씨 근이영양증(Duchenne muscular dystrophy) 근육 기능에 영향을 주는 몇 가지 유전병 중의 하나

중복(duplication) DNA의 일정 조각이 중복되는 돌연변이

E(출구) 부위[E (exit) site] tRNA가 리보솜에서 빠져나가기 직전에 자리하는 부위

초기발현유전자(early gene) 주로 바이러스 DNA(또는 RNA)의 복제에 관여하는 효소를 암호화하며 바이러스의 감염 초기에 발현되는 유전자

EDTA(ethylene diamine tetraacetate) 칼슘과 마그네슘과 같은 2가 양이온과 결합하여 킬레이트제로 널리 이용됨

전기영동(electrophoresis) 전기장에 의해 전하를 띤 분자의 이동. 핵산과 단백질을 분리하거나 정제하는 데 이용됨

전기천공법(electroporation) 전류로 세포막에 작은 구멍 또는 입구를 유도하는 것; 세균, 포유류 세포, 효모 및 다른 소형 생물에 사용됨

전기천공기(electroporator) 세포가 DNA를 받아들이는 수용성이 될 수 있도록 고전압 방전을 가하는 기기

전자분무이온화법(electrospray ionization, ESI) 용액 상의 이온들로부터 기체 상의 이온을 발생시키는 질량분석법의 종류

신장인자(elongation factors) 자라는 폴리펩티드 사슬이 신장되는 데 요구되는 단백질

거울상체(enantiomers) 한 쌍의 거울상 광학 이성질체(예, D-와 L- 이성질체)

핵산내부가수분해효소(endonuclease) 핵산을 내부에서 절단하는 핵산가수분해효소

소포체(endoplasmic reticulum) 진핵세포에서 발견되는 내부 막계

세포 내공생(endosymbiosis) 한 생물이 다른 생물의 내부에서 사는 공생의 형태

증폭자(enhancer) 프로모터의 바깥, 때로는 먼 거리에 위치한 조절 서열로 전사 인자와 결합한다.

Entamoeba 미토콘드리아가 없는 매우 원시적인 단세포 진핵생물

내독소(enterotoxin) 독성 *E. coli* 균주를 포함한 장내 세균이 만드는 독소

효소(enzyme) 화학 반응을 촉매하는 단백질 혹은 RNA 분자

후성유전학(epigenetics) 뉴클레오티드 DNA 서열상의 변화 없이 일어나는 표현형의 차이의 유전; 흔히 DNA의 메틸화 양상 또는 히스톤에 대한 번역 후 변형 양상을 가리킨다.

상위(epistasis) 한 유전자의 돌연변이가 다른 유전자에서의 변형 효과를 감추는 것

오류유발수선(error-prone repair) 돌연변이를 유발하는 DNA 수선 과정

에리트로마이신(erythromycin) 세균의 단백질 합성을 저해하는 항생제의 일종

대장균(*Escherichia coli*) 분자생물학에서 자주 사용되는 세균의 종 이름

브롬화 에티듐(ethidium bromide) DNA나 RNA에 특이하게 결합하는 염료로서 자외선 하에서 보면 주황색을 나타낸다.

진정세균(Eubacteria) 유전적으로 구분되는 고세균과 대조되는 일반 종류의 세균

진정염색질(euchromatin) 이질염색질과 대조되는 일반 염색질

진핵생물(eukaryote) 핵이라는 구획 안에 1개 이상의 염색체를 갖는 진화된 세포로 구성된 고등생물

진핵 (80S) 리보솜[eukaryotic (80S) ribosome] 진핵세포의 세포질에서 발견되며, 핵에 있는 유전자에 의하여 암호화되는 리보솜의 종류

절제수선 체계(excision repair system) "자르고 붙이는" 수선으로도 알려져 있음. DNA 이중나선의 튀어나온 부분을 인식하며, 손상된 가닥을 제거하고 대체하는 DNA 수선 체계

절제효소(excisionase) 삽입된 DNA 이중가닥 조각을 제거하고 남아 있는 DNA 간극을 다시 연결시켜 주는 효소. 특히 람다 절제효소는 삽입된 람다 DNA를 절제해 준다.

엑손카세트 선택(exon cassette selection) 일차 전사물에서 엑손을 다르게 선택하여 다른 mRNA 분자들을 합성하는 대체의 이어맞추기

엑손(exon) 가공이 끝난 후에 전령 RNA에 남아있는 단백질을 암호화하는 유전자의 단편

엑손 트래핑(exon trapping) 엑손에 연결된 이어맞추기 인식부위를 사용하여 엑손을 분리해 내는 실험 과정

핵산말단가수분해효소(exonuclease) 핵산을 말단에서 자르는 핵산가수분해효소

발현 서열 꼬리표(expressed sequence tag, EST) mRNA로 전사되는 DNA 영역으로부터 유래된 STS의 특정 형태

발현 벡터(expression vector) 클론 유전자를 플라스미드 유래 프로모터의 조절 하에 두도록 특별히 고안된 벡터

엑스테인(extein) 이어맞추기에 의해 인테인이 제거된 후 남아있는 단백질 조각

유전자외 억제(extragenic suppression) 다른 유전자의 2차 변화에 의한 복귀 돌연변이

Fe_4S_4 무리(Fe_4S_4 cluster) 몇 종의 단백질에서 보조인자로 작용하는 무기 철원자와 황원자의 그룹

페리틴(ferritin) 철 저장 단백질

수정 플라스미드(fertility plasmid) 세포가 접합으로 DNA를 공여하도록 하는 플라스미드

잡종세대(filial generation) 한 유전 교배에서 나타난 자손들의 연속적인 세대로 순서를 기억하기 위하여 F1, F2, F3 등으로 표시한다.

FISH fluorescence in situ hybridization을 참조

FLAG tag 짧은 표지 펩티드(AspTyrLysAspAspAspAspLys)로서 anti-FLAG 항체와 결합하는데, 이는 단백질의 칼럼 정제에 사용되는 레진에 부착될 수 있다.

Flp 재조합효소(Flp recombinase or flippase) 역반복 서열인 FRT 지점 사이의 재조합을 촉진하는 효모의 2μ 플라스미드가 암호화하는 효소

Flp 재조합 표적 또는 FRT 지점(Flp recombination target or FRT site) Flp 재조합효소의 인식 부위

형광활성세포분류기(fluorescence activated cell sorter, FACS) 형광 표지를 근거로 세포(또는 염색체)를 분류하는 기구

형광제자리잡종화(fluorescence *in situ* hybridization, FISH) 자연의 상태에서 DNA 또는 RNA 분자를 시각화하기 위하여

형광탐침을 이용하는 것

형광(fluorescence) 분자가 한 파장의 빛을 흡수하여 다른 파장, 즉 길고 낮은 에너지 파장의 빛을 방출하는 과정

형광 공명에너지 전달기(fluorescence resonance energy transfer, FRET) 에너지를 짧은 파장의 형광체로부터 긴 파장의 형광체로 전달하여 짧은 파장의 방출 세기를 줄임

형광단(fluorophore) 형광을 띤 그룹

엽산(folate) DNA 합성 시 탄소기 하나를 운반하는 역할을 하는 보조 인자

족문(footprint) 특정 단백질이 화학 분해로부터 DNA를 보호하는 정도로 단백질의 DNA 결합을 시험해 보는 방법

F-플라스미드(F-plasmid) 숙주인 대장균에게 교배할 능력을 부여하는 특정 플라스미드

틀이동(frameshift) 폴리펩티드 합성에서 해독틀의 변경

FRT 지점(FRT site) Flp 재조합효소의 인식지점으로 Flp 재조합 표적

기능유전체학(functional genomics) 전체 유전체와 이의 발현을 연구하는 것

철 흡수 조절 인자(Fur, ferric uptake regulator) 세균에 존재하는 철의 양을 감지하는 조절 단백질

푸시딕산(fusidic acid) 단백질 합성을 저해하는 항생제의 일종

G1기(G1 phase) 세포 분열 다음에 오는 진핵세포 세포주기의 단계; 세포 성장이 일어남

G2기(G2 phase) DNA 합성과 유사분열 사이의 진핵세포 세포주기의 단계; 분열의 준비

갈락토시드(galactoside) 젖당, ONPG, X-갈과 같은 갈락토오스 복합체

배우자(gametes) 한 세트의 유전자를 갖는 반수체이며 유성생식을 위해 특수화된 세포

배우체(gametophyte) 이끼나 우산이끼 같은 하등식물의 반수체기. 구별되는 다세포 몸체를 형성한다.

간격(gap) DNA 또는 RNA 가닥에서 염기쌍이 없는 갈라진 틈

GC 비율(GC ratio) 시료 DNA의 모든 염기에 대한 G와 C의 양으로 보통 %로 표시된다.

젤 전기영동(gel electrophoresis) 젤 망을 통해서 전하를 띤 분자를 크기에 따라 분리하기 위한 전기영동

유전자(gene) 유전 정보의 단위

유전자 카세트(gene cassette) 편리한 제한효소 절단 위치가 측면에 존재하는 잘 고안된 DNA 마디로 일반적으로 항생제에 대한 저항성 유전자 혹은 다른 쉽게 관찰될 수 있는 형질의 유전자를 운반한다.

유전자 전환(gene conversion) 감수분열 도중 한 대립유전자가 다른 대립유전자로 교체되는 DNA의 재조합 및 수리. 그 결과 유전적 교차가 일어난 자손 간에는 멘델 비율이 들어맞지 않을 수 있다.

유전자 생물(gene creature) 주로 유전적 정보로만 구성된 유전적 존재. 때때로 방어성 포장을 가지기도 하지만, 스스로 에너지를 생성하거나 거대 분자를 복제할 기구가 없다.

유전자군(gene family) 연속적인 중복으로 생긴 유사한 기능을 가진 유연성 유전자 그룹

유전자 융합체(gene fusion) 두 유전자의 일부분 특히 어떤 유전자의 조절 부위를 보고 유전자의 암호화 부위와 연결시킨 구조

유전자 라이브러리(gene library, 유전자 도서관) 특정 생물체의 모든 유전자 사본을 적어도 1개 이상 포함할 만큼 충분히 큰 클론 DNA 단편의 수집물. DNA 라이브러리와 같음

유전자 산물(gene product) 유전자 발현의 최종 산물; 일반적으로 단백질이지만, rRNA, tRNA 및 snRNA와 같은 다양한 미번역 RNA들도 포함한다.

대가족 유전자군(gene superfamily) 몇 단계의 연속적인 중복으로 생긴 유연성 유전자 그룹. 대가족 유전자군의 유전자들은 간혹 계통상 확인하기 어려울 정도로 멀리 분기하기도 한다.

유전자칩 배열(GeneChip array) 애피메트릭스사에 의해 만들어진 최초의 DNA 칩 이름

일반적 전사 인자(general transcription factor) 대부분 진핵생물 유전자의 발현에 요구되는 전사 인자

보편형질도입(generalized transduction) 세균 DNA의 절편이 마구잡이로 포장되고, 모든 유전자가 거의 동일한 전달 확률을 가지고 있는 형질도입의 유형

세대기간(generation time) 한 세포 분열의 개시에서 다음 세포 분열 개시까지의 시간

유전암호(genetic code) DNA나 RNA의 염기를 3개씩(코돈) 읽어 아미노산을 암호화하는 체계

유전 인자(genetic element) 유전 정보를 가지고 있고 유전적 단위로 작동하는 DNA 또는 RNA 분자 또는 조각

유전체 마이닝(genome mining) 다량의 생물학적 서열 자료를 여과하고 감별함으로써 유용한 정보를 찾기 위한 컴퓨터 분

석의 활용

유전체(genome) 개체의 전체 유전 정보

유전체학(genomics) 개개의 유전자보다는 유전체 전체를 대상으로 연구하는 학문

유전자형(genotype) 생물의 유전적 조성

속(genus) 유연관계가 가까운 종의 무리

생식세포(germ cells) 다음 세대의 생물에 유전 정보를 전달하도록 특화된 세포; 배우자 참조

생식계열 세포(germline cell) 다음 세대 형성에 필요한 난자나 정자를 만드는 생식세포

기가염기쌍(Gbp) 10^9 염기쌍

글로빈(globin) 동물의 혈액과 조직에서 산소를 운반하는 헤모글로빈과 미오글로빈을 포함한 유연성 단백질군

글루타티온 S전달효소(Glutathione-S-transferase, GST) 트리펩티드인 글루타치온에 결합하는 효소. GST는 흔히 융합단백질을 만드는 데 사용된다.

글리신(glycine) 가장 간단한 아미노산

글리코겐(glycogen) 세균과 동물의 간에서 발견되는 저장형 탄수화물

당단백질(glycoprotein) 단백질과 탄수화물 복합체

골지장치(Golgi apparatus) 진핵세포 밖으로 물질을 수송하는 데 관여하는 막으로 싸인 세포소기관

그람음성세균(gram-negative bacterium) 세포막 바깥에 추가 외막을 가진 진정세균의 종류

그람양성세균(gram-positive bacterium) 세포막은 있지만 외막은 없는 진정세균의 종류

녹색 형광 단백질(green fluorescent protein, GFP) 녹색 형광을 내는 해파리 단백질로서 유전 분석에 광범위하게 사용되고 있다.

그레고르 멘델(Gregor Mendel) 완두콩의 교배실험으로 유전학의 기본 법칙들을 발견하였음

구아니딘(guanidine) 구아니디니움이 이온화되지 않은 형태

염화구아니디니움(guanidinium chloride) 광범위하게 사용되는 단백질 변성제의 일종

구아닌(guanine, G) 시토신과 결합하는 푸린 염기로 DNA 혹은 RNA에서 발견된다.

안내 RNA(guide RNA, gRNA) RNA 편집 과정 중 긴 mRNA에서 서열의 위치를 찾아내기 위해 사용되는 짧은 RNA

헤어핀(hairpin) 외가닥 DNA 혹은 RNA가 자체적으로 접혀 형성된 이중가닥 염기쌍 구조

반수체 유전체(haploid genome) 모든 유전자를 한 사본 포함하는 완전한 세트(일반적으로 유전자 세트가 둘 이상인 생물을 설명할 때 사용)

반수체(haploid) 각 유전자를 한 사본만 가지고 있음

반수체형(단상형, haplotype) 감수분열 동안 한 단위로 유전되는 대립유전자 혹은 유전적 표지의 조합

H-DNA 삼중나선으로 구성된 DNA 형. 산성 조건과 연속적인 푸린 염기에 의해 형성이 촉진된다.

열충격 단백질(heat shock protein, HSP) 고온에 반응하여 유도되는 단백질. 많은 열충격 단백질이 샤페로닌이다.

열충격 반응(heat shock response) 높은 온도에 대한 반응으로 일련의 열충격 단백질 유전자가 발현됨

헬리트론(helitron) 회전환 복제로 전이하는 진핵생물에서 발견되는 전이 인자

나선-고리-나선(helix-loop-helix, HLH) 단백질들에 공통적인 DNA-결합 부위의 한 가지 유형

나선-회전-나선(helix-turn-helix, HTH) 단백질들에 공통적인 DNA-결합 부위의 한 가지 유형

보조 파지(helper phage) 결손 파지가 바이러스 입자를 만들 수 있도록 필요한 유전자를 공급하는 파지

도움 바이러스(helper virus) 결손 바이러스, 위성 바이러스 및 위성 RNA에게 필수적인 기능을 마련해 주는 바이러스

반메틸화(hemi-methylated) 한쪽 가닥만 메틸화된 것

용혈소(hemolysin) 적혈구를 용혈시키는 독소

헤르페스바이러스(herpesvirus) 숙주 세포의 핵막으로부터 훔쳐온 외피 물질을 가지고 있는 구형 동물 DNA 바이러스의 과

이질염색질(heterochromatin) 고도로 응축된 염색질 형으로 RNA 중합효소가 접근할 수 없으므로 전사될 수 없다.

이형 이합체(heterodimer) 2개의 서로 다른 구성 단위로 이루어진 이합체

이형 이중가닥(heteroduplex) 2개의 다른 DNA 분자에서 유래한 외가닥들로 이르어진 DNA 이중나선

이형접합성(heterozygous) 한 유전자의 2개 다른 대립유전자를 가짐

Hfr-균주(Hfr-strain) 통합된 수정 플라스미드 때문에 높은 빈도로 염색체 유전자를 전달하는 세균 균주

고반복DNA(highly repetitive DNA) 수십만의 사본들로 존재하는 DNA 서열

His tag 6개의 직렬 히스티딘 잔기로서 단백질에 융합됨. 그리하여 고형지지대에 부착된 니켈 이온에 결합하여 단백질 정제를 가능하게 함. 폴리히스티딘 표지 단백질로도 알려짐.

히스톤(histone) DNA에 결합하고 진핵생물의 염색체 구조 유지를 돕는 양전하를 띠는 특수 단백질

히스톤 아세틸기 전달효소(histone acetyl transferase, HAT) 히스톤에 아세틸기를 붙이는 효소

히스톤 탈아세틸효소(histone deacetylase, HDAC) 히스톤에서 아세틸기를 제거하는 효소

히스톤-유사 단백질(histone-like protein) 세균의 단백질로 DNA에 비특이적으로 결합하며 핵양체의 구조를 유지하는 데 관여함. 실제로는 히스톤과 공통적인 특성은 별로 없음

H-NS 단백질(histone-like nucleoid structuring protein) 세균의 단백질로 DNA에 비특이적으로 결합하여 핵양체의 고등 구조 유지를 돕는다.

홀러데이 접합부(Holliday junction) 재조합 중 형성되는 DNA 구조로, 두 DNA 분자가 연결되는 교차점에서 발견된다.

완전효소(holoenzyme) 다수의 기능적 소단위체로 구성된 활성적인 효소복합체로 다수의 단백질로 구성된다.

완전단백질(holoprotein) 폴리펩티드 사슬과 그 밖의 금속 이온, 보조인자 또는 보결분자단으로 구성된 완전한 단백질

귀소 인트론(homing intron) 표적 유전자의 인식 서열 속으로 자신을 삽입시킬 수 있는 단백질을 암호화하는 이동성 인트론

상동 염색체(homologous chromosomes) 동일한 유전자 서열을 동일한 순서로 가지고 있는 두 염색체

상동 재조합(homologous recombination) 2개의 동일한 또는 거의 유사한 서열의 DNA 부위 사이에 일어나는 재조합

후그스틴 염기쌍(Hoogsteen base pairs) 피리미딘이 푸린에 옆으로 붙어 있는 삼중나선 DNA에서 발견되는 비정상적 유형의 염기쌍

수평 유전자 전달(horizontal gene transfer) 비유연성 생물 간에 일어나는 유전자의 갓길 이동. 측면 유전자 전달과 같은 의미

고온 개시 PCR(hot start PCR) 항체나 다른 저해 단백질을 이용하여 DNA가 충분히 변성될 때까지 PCR의 다른 재료와 *Taq* 중합효소가 접촉하는 것을 방지하는 PCR 방법

돌연변이 다발점(hotspot) DNA나 RNA에서 비정상적으로 돌연변이 빈도가 높은 지역

항존 유전자(housekeeping gene) 생명현상 유지에 필수적이어서 항상 발현되는 유전자

HU 단백질(heat-unstable nucleoid protein) 세균 단백질로 DNA에 낮은 특이성으로 결합하며 DNA 굽힘에 관여한다.

인간 유전체 프로젝트(Human Genome Project) 인간 유전체의 모든 서열을 결정하는 프로그램

인간 면역결핍 바이러스(human immunodeficiency virus, HIV) AIDS를 유발하는 레트로바이러스

혼성 DNA(hybrid DNA) 다른 두 출처의 외가닥들이 염기쌍을 형성하여 만든 인위적 이중나선 DNA

혼성화(hybridization) 다른 두 출처의 외가닥들의 복원에 의한 이중나선 DNA 분자의 형성

수소결합(hydrogen bond) 양성 수소원자가 음전하를 갖는 다른 두 원자 모두에 끌리는 힘에 의해 나타나는 결합

친수성(hydrophilic) 물을 좋아함. 물에 잘 녹는다.

얼음 핵형성 인자(ice nucleation factor) 얼음 결정의 형성을 촉진하는 특정한 세균의 표면에서 발견되는 단백질

IHF(integration host factor) 세균 단백질로 DNA를 굽혀 특정 유전자의 전사 개시를 도와주는 역할을 한다. 람다 박테리오파지가 대장균의 DNA로 삽입되는 과정을 돕기에 그 역할을 따라 명명되었음

일루미나/솔렉사 서열분석법(Illumina/Solexa sequencing) DNA 중합효소에 의해 첨가되는 뉴클레오티드를 동정하기 위해 가역적 색소 종결자를 사용하는 방법

면역 단백질(immunity protein) 면역성을 제공하는 단백질. 특히 박테리오신 면역 단백질은 대응하는 박테리오신에 결합하여 무해하게 만든다.

면역(immunization) 약하거나 죽은 감염성 매체를 환자에게 처리하여 차후 감염에 대비한 면역계를 준비하는 과정

면역학적 선별(immunological screening) 표적 단백질에 항체의 특이적 결합에 의존하는 선별 과정

유전자 각인(imprinting) 특정 대립인자의 발현이 이 대립인자의 기원(부계 또는 모계)에 의해 결정되는 현상(유전자 각인은 유전의 우열의 법칙에서 벗어난 드믄 예외적인 현상임)

시험관 내 포장(*in vitro* packaging) 감염 가능한 바이러스 입자를 조립하기 위하여 시험관 내에서 바이러스 단백질과 DNA를 혼합하는 과정. 종종, 재조합 DNA를 박테리오파지 람다로 포장하는 데 이용됨

부적합성(incompatibility) 동일한 숙주 세포에서 같은 과의 두 플라스미드가 동시에 존재할 수 없음을 일컬음

유도적합(induced fit) 기질의 결합이 효소의 구조 변화를 유도하여 효소와 기질이 더 잘 맞게 됨

유도 돌연변이(induced mutation) 돌연변이 유발 화합물이나 방사선 조사와 같은 외부 요인으로 발생된 돌연변이

유도원(inducer) 전사 조절 단백질에 결합하여 유전자 발현을 시작하게 하는 신호 분자

유전 질병(inherited disease) 한 세대에서 다음 세대로 유전되는 유전적 결함으로 일어나는 질병

개시 복합체(initiation complex for replication) 기점에 결합하여 DNA 복제를 시작하는 단백질들의 집합체

개시 인자(initiation factors) 새로운 폴리펩티드 사슬의 개시를 위하여 요구되는 단백질들

개시 상자(initiator box) 진핵생물 유전자의 전사 개시 위치의 서열

개시 DNA(initiator DNA, iDNA) 동물의 염색체 복제 시 RNA 프라이머 바로 다음에 만들어지는 짧은 DNA 단편

개시 tRNA(initiator tRNA) 새로운 폴리펩티드 사슬을 시작할 때 리보솜으로 첫 번째 아미노산을 운반하는 tRNA

이노신(inosine) 특이 염기인 히포크산틴을 포함하는 운반 RNA에서 가장 자주 발견되는 푸린 뉴클레오시드

삽입(insertion) DNA 서열에서 하나 이상의 추가염기가 삽입되는 돌연변이

삽입 서열(insertion sequence) 유전자를 암호화하는 전달효소를 둘러싸는 역반복 서열로만 구성된 단순 전이 인자

삽입 불활성화(insertional inactivation) 외부 DNA 단편을 암호화 서열의 중간으로 삽입하여 일어나는 유전자의 불활성

격리자(insulator) 증폭자의 작용으로부터 프로모터를 보호하는 DNA 염기 서열로 이질염색질 구조가 전파되는 것을 막는 기능도 한다.

격리자 결합 단백질(insulator binding protein, IBP) 격리자가 기능을 수행하는 데 필요한 격리자 서열에 결합하는 단백질

인테그레이즈(integrase) 한 이중가닥 DNA 분절을 다른 DNA 분자의 특정 인식 서열에 삽입하는 효소. 람다 인테그레이즈는 람다 DNA를 대장균 염색체에 삽입한다.

Int 단백질(Int protein) 인테그레이즈와 동일

삽입(integration) 한 이중가닥 DNA 분절을 다른 DNA 분자의 특정 인식 서열에 삽입하는 것

인테크론(integron) 인테그레이즈를 암호화하는 유전자와 삽입 지점을 가지는 유전 인자

인테인(intein) 단백질에서 발견되는 자가이어맞추기를 하는 개재서열

끼어들기(intercalation) 납작한 화학 분자가 DNA 염기 사이에 삽입되는 것. 종종 돌연변이를 유도한다.

유전자 간 DNA(intergenic DNA) 유전자 사이에 있는 비암호화 DNA

유전자 간 부위(intergenic region) 유전자 사이의 DNA 서열

간기(interphase) 차기 세포 분열까지 G1-, S- 및 G2-기들로 구성된 진핵세포 주기의 부분

개재서열(intervening sequence) 인트론의 또 다른 이름

세포 내 기생체(intracellular parasite) 숙주 생물의 세포 내에 서식하는 기생 생물

유전자내 억제(intragenic suppression) 동일 유전자내 다른 지점의 2차 변화로 일어난 복귀 돌연변이

인트론(intron) 전사되고 일차전사체의 부분을 형성하지만 단백질을 암호화하지 않는 유전자의 단편

역PCR(inverse PCR) 주형 분자를 원형으로 만들어서 알지 못하는 서열을 증폭하기 위해 사용하는 PCR 방법

역위(inversion) 특정 DNA 조각이 동일 위치에서 방향만 역방향으로 되는 돌연변이

역반복(inverted repeat) 앞에서부터 읽은 DNA 서열이 상보가닥의 뒤에서부터 읽은 서열과 동일함. 회문구조의 한 유형

이온화 방사선 조사(ionizing radiation) 충돌한 분자를 이온화시키는 방사선 조사

IPTG(*iso*-propyl-thiogalactoside) *lac* 오페론의 무상유도물질

철-황군집(iron sulfur cluster) 산화/환원 반응에 관여하는 단백질에서 발견되는 일단의 철원자와 황원자

철-조절 단백질(iron-regulatory protein, IRP) 동물에서 철의 양에 반응하여 mRNA의 발현을 조절하는 번역 조절인자

철-반응 요소(iron-responsive element, IRE) mRNA에서 IRP가 결합하는 부위

비가역적 억제(irreversible inhibition) 효소가 화학적 변화에 의해서 영구적으로 불활성화되는 억제 유형

등전점전기영동(isoelectric focusing) 단백질들을 전기영동의 방법에 의해 pH기울기로 이들의 전하에 따라 분리하는 기술

동일전달제한효소(isoschizomers) 같은 인식 서열을 공유하는 다른 종으로부터 온 제한효소

뛰기 유전자(jumping gene) 전이 인자의 대중적 이름

불용 DNA(junk DNA) 숙주 세포에는 소용이 없고 더 이상 이동하거나 자신의 유전자를 발현할 수 없는 결손 이기적 DNA

가나마이신(kanamycin) 단백질 합성을 방해하는 아미노글리코시드 계통의 항생제

핵형(karyotype) 특정 개체의 세포에서 발견되는 염색체의 완전한 세트

인산화효소(kinase) 인산기를 다른 분자에 붙여주는 효소

활동적 교정(kinetic proofreading) DNA 합성 과정에서 일어나는 DNA의 교정

방추사부착점(kinetochore) 세포 분열 동안 동원체의 DNA에 부착하는 단백질 구조로 미세소관과도 결합한다.

계(kingdom) 진핵생물의 주요 분류군. 특히 식물계, 균류계 및 동물계

Klenow 중합효소(Klenow polymerase) 5′ → 3′ 말단 핵산가수분해효소 도메인이 제거된 대장균의 DNA 중합효소 I

K_m 미카엘리스 상수 참조

L-형 및 D-형(L- and D-forms) 광학적 활성물질의 두 가지 이성질체의 형태; L-이성질체와 D-이성질체라고도 함

LacI 단백질(LacI protein) *lac* 오페론을 조절하는 억제 인자

락토오스 투과효소(lactose permease, LacY) 락토오스의 수송 단백질

***lacZ* 유전자(*lacZ* gene)** β-갈락토오스가수분해효소를 암호화하는 유전자; 보고 유전자로 널리 사용된다.

지체 가닥(lagging strand) 복제 동안에 짧은 단편들로 합성되고, 후에 연결되는 DNA의 새로운 가닥

람다 또는 λ(lambda or λ) 세균 염색체 내로 자신의 DNA를 삽입하는 대장균의 특수 형질도입 파지

람다 부착지점(lambda attachment site, *att* λ) 람다 DNA가 대장균 염색체에 통합될 때 사용되는 DNA 상의 인식 지점

람다 좌측 프로모터(lambda left promoter; *PL*) 람다 억제 인자 또는 cI 단백질의 결합에 의해 억제되는 프로모터의 하나

람다 억제 인자 또는 cI 단백질(lambda repressor; cI protein) 박테리오파지 람다를 용원 상태로 유지하도록 하는 억제 단백질

큰 소단위체(large subunit) 2개의 리보솜 소단위체 중 더 큰 것으로, 세균의 50S, 진핵생물의 60S

올가미 구조(lariat structure) 이어맞추기 과정에서 제거된 인트론이 형성하는 분지된 고리형 RNA 조각

후기 발현 유전자(late genes) 주로 바이러스 입자의 조립에 관여하는 효소들을 암호화하며 바이러스의 감염 후기에 발현되는 유전자

잠복기(latency) 대부분 비활성으로 남아서 새로운 바이러스 입자를 만들지 않고 숙주 세포와 보조를 맞추어 유전체를 복제하는 유형의 바이러스 감염. 용원성과 같은 의미이지만 동물 바이러스에 사용됨

측면 유전자 전달(lateral gene transfer) 비유연성 생물들 간에 일어나는 유전자의 갓길 이동. 수평 유전자 전달과 같은 의미

선도서열 펩티드가수분해효소(leader peptidase) 단백질을 외분비한 다음 선도서열을 제거하는 효소

선도펩티드(leader peptide) 특정 오페론이 생산하는 아미노산에 반응하는 코돈을 갖는 전사감쇠된 유전자에서 만들어진 짧은 단백질

선도영역(leader region) 감쇠 메커니즘의 조절에 관여된 mRNA 분자에서 구조 유전자의 상부지역

선도가닥(leading strand) 복제 동안에 연속적으로 합성되는 DNA의 새로운 가닥

불완전 돌연변이(leaky mutation) 일부의 활성이 남아 있는 돌연변이

루신 지퍼(leucine zipper) 단백질에 공통적인 DNA 결합 구조의 한 가지 유형

LINE(Long interspersed element) 긴고반복서열 참조

LINE-1(L1) 요소(LINE element) 인간과 포유류의 유전체에 다수 존재하는 LINE 중 하나

연관군(linkage group) 같은 DNA 분자(즉, 같은 염색체)에 수송되는 대립유전자군

연관(linkage) 우연에 의한 경우와 비교해 더 빈도 높게 두 대립유전자가 함께 유전될 때 연관되어 있다고 한다. 이는 두 대립유전자가 동일한 DNA 분자(즉, 같은 염색체) 상에 있기 때문이다.

고리수(linking number, L) 초나선 비틀림(W)과 이중나선 회전(T)을 합한 수

지방단백질(lipoprotein) 단백질과 지방의 복합체

L-이성질체(L-isomer) 광학이성질체 한 쌍 중에 반시계 방향

으로 빛을 회전시키는 이성질체

살아 있는 세포(living cell) DNA 유전체를 가지고 있으며 유전자(DNA)의 유전 메시지(RNA)를 자신의 리보솜으로 보내어 스스로 생산한 에너지로 자신의 단백질을 만드는 생명체 단위

자물쇠와 열쇠 모델(lock and key model) 효소의 활성 부위가 기질과 정확하게 맞아야 한다는 효소 작용에 대한 모델

유전자자리(locus) 염색체 상의 장소 혹은 위치; 진정한 유전자이거나 RFLP나 VNTR처럼 검출될 수 있는 DNA 서열에 변이가 있는 위치

LOD 값(logarithm of the odds)(Z) 두 유전자자리가 염색체 상 서로 가까이에서 발견되는지에 대한 통계적 추정

긴고반복서열(LINE 혹은 Long Interspersed Element) 포유류의 중간 단위 혹은 고단위로 반복되는 DNA 서열의 상당 부분을 차지하는 긴반복서열

긴 비암호화 RNA(long non-coding RNA, lncRNA) 진핵세포의 보다 긴 조절 RNA 분자(>200 염기)

원거리 PCR(long PCR) 일반 PCR과 비교하여 더 긴 서열을 증폭하기 위해 특별히 사용되는 PCR 반응

긴말단반복(long terminal repeat, LTRs) 레트로바이러스 DNA가 숙주 세포 DNA에 통합하는 데 필요한 레트로바이러스 유전체의 말단에 있는 직접반복 서열

***luc* 유전자(*luc* gene)** 진핵생물로부터 루시페레이스를 암호화하는 유전자

루시페레이스(luciferase) 에너지를 소비하여 빛을 방출하는 효소

루시페린(luciferin) 루시페레이스가 빛을 방출하기 위해 사용하는 화학적 기질

루미-포스(lumi-phos) 분열하여 빛을 방출하는 알칼리성 인산가수분해효소의 기질

***lux* 유전자(*lux* gene)** 세균에서 루시페레이스를 암호화하는 유전자

라임병(Lyme disease) *Borrelia burgdorferii*에 의해 야기되는 전염병으로 진드기에 의해 옮겨짐

용원(lysogen) 용원성 바이러스를 가지고 있는 세포

용원성(lysogeny) 새로운 바이러스 입자를 만들거나 숙주 세포를 파괴하지 않고 숙주 세포와 보조를 맞추어 유전체를 복제하는 유형의 바이러스 감염. 잠복기와 같은 의미이지만 주로 세균 바이러스에 표현을 설명할 때 사용됨

리소좀(lysosome) 분해효소를 포함하고 있는 막으로 싸인 진핵세포의 세포소기관

용균 생장(lytic growth) 세포를 죽이고 수많은 바이러스 입자의/방출을 야기하는 바이러스 생장

M13 대장균에 감염하는 막대 모양의 박테리오파지로서 환형 외가닥 DNA를 가지고 있으며, 서열 결정을 위하여 DNA를 생성할 때 사용된다.

고분자(macromolecule) 생물 세포의 큰 중합체 분자; 특히 DNA, RNA, 단백질 및 다당류

광우병(mad cow disease) 소에서 인간으로 전염되는 감염성 프라이온 질병

메틸화유지 메틸화효소(maintenance methylase) 반메틸화 부위의 상대편 DNA 가닥에 두 번째 메틸기를 붙이는 효소

질량분광계(MALDI) Matrix-assisted laser desorption-ionization 참조

웅성-특이 파지(male-specific phage) "웅성" 세균, 즉 F-플라스미드를 가진 세균만을 침입하는 바이러스

말토오스 결합 단백질(maltose-binding protein, MBP) 이동되는 동안에 말토오스에 결합하는 대장균의 단백질. MBP는 자주 융합 단백질을 만드는 데 사용된다.

마리너 인자(Mariner elements) 초파리에서 처음 발견되었으며, 많은 진핵생물에서 발견되는 보존적 DNA 전이 인자

질량분석법(mass spectrometry) 기화된 분자로부터 비롯된 분자 이온들의 질량을 측정하는 기술

기질 결합 부위(matrix attachment region, MAR) 진핵세포의 DNA에 존재하며, 핵기질에 있는 단백질 또는 염색체 구조의 단백질과 결합하는 부위. SAR 부위와 동일

matrix-assisted laser desorption-ionization(MALDI) 레이저 펄스에 의해 고체상의 시료로부터 기체상의 이온을 발생시켜서 행하는 질량분석법의 종류

최대 속도[maximum velocity; V_m or V_{max}] 효소의 모든 활성 부위가 기질로 채워졌을 때 도달하는 반응속도

Mbp 백만 염기쌍의 약어

기계 단백질(mechanical protein) 화학에너지를 사용하여 물리적인 일을 수행하는 단백질

매개체(mediator) 진핵세포에서, 전사 인자로부터 RNA 중합효소로 신호를 전달하는 단백질 복합체

감수분열(meiosis) 2배체 부모 세포로부터 반수체 배우자의 형성

녹는 온도(melting temperature, T_m) DNA 분자의 두 가닥

이 절반 분리되었을 때의 온도

녹음(melting) DNA의 상태를 기술하는 경우, 가열의 결과 두 가닥이 분리되는 것

막(membrane) 모든 생물 세포를 싸고 있는 단백질과 인지질로 구성된 얇은 유동성 구조층

막결합성 세포소기관(membrane-bound organelle) 막에 의해 나머지 세포질과 분리된 세포소기관

멘델 형질(Mendelian character) 분명한 별개의 성질로서, 한 범주 아니면 다른 범주로 분명하게 배정될 수 있다.

멘델 비율(Mendelian ratios) 유전 교배 결과 나타난 유전 형질의 정수 비율

전령 RNA(messenger RNA, mRNA) 유전자로부터 세포의 다른 부분으로 유전 정보를 운반하는 RNA 분자의 한 유형

물질대사(metabolism) 영양 분자가 수송되고 세포 내에서 에너지를 방출하고 새로운 세포 물질을 공급하기 위해 변형되는 과정

대사체(metabolome) 세포나 생물체에 존재하는 작은 분자와 대사중간물의 총체

메타게놈 라이브러리(metagenomic library) 특정 환경에서 발견되는 다수 생물로부터 유래한 클론 DNA 단편의 수집물

메타유전체학(metagenomics) 생물학적 군집 전체에 대한 유전체 수준의 연구

메탈로티오네인(metallothionein) 독성 금속과 결합하여 동물 세포를 보호하는 단백질

메토트레사트 또는 아메토프테린(methotrexate or amethopterin) 동물의 디히드로폴레이트 환원효소를 억제하는 항암제

메틸시토신 결합 단백질(methylcytosine-binding protein, MeCP) 메틸화된 CG-섬을 인식하는 진핵세포의 단백질

미카엘리스 상수[Michaelis constant(K_m)] 효소 반응에서 최대 속도의 반에 도달하는 기질의 농도. 이는 활성 부위 기질의 친화도에 대한 역치이다.

미카엘리스-멘텐 방정식(Michaelis-Menten equation) 기질 농도와 효소의 반응율 사이의 상관관계를 나타내는 방정식

미소 RNA(miRNA, micro RNA) 진핵세포에 존재하는 소형 조절 RNA 분자

미소부수체(microsatellite) 반복 단위가 약 13 염기쌍인 직렬 반복변수의 또 다른 이름

꼬마부수체(minisatellite) 반복 단위가 약 25 염기쌍인 직렬 반복변수의 또 다른 이름

거울상 회문구조(mirror-like palindrome) 한 가닥에서 앞에서부터 읽거나 뒤에서부터 읽거나 동일하게 읽히는 DNA 서열. 회문구조의 한 유형

짝짝이 수선(mismatch repair) 잘못 짝지어진 염기쌍을 인식하고 교정하는 DNA 교정시스템

짝짝이 수선 체계(mismatch repair system) 잘못 짝지어진 염기를 인식하고 잘못된 염기를 포함하는 DNA 가닥의 부분을 잘라내는 DNA 수선계

짝짝이(mismatch) DNA의 이중나선에서 두 염기쌍의 잘못된 짝지움

과오 돌연변이(missense mutation) 단일 코돈이 변이된 돌연변이로서 하나의 아미노산이 다른 아미노산으로 대체된 것

번역오류(mistranslation) 번역에서 생성된 착오

미토콘드리아(mitochondrion) 호흡에 의해 에너지를 생산하는 막으로 싸인 진핵세포의 세포소기관

유사분열 또는 체세포 분열(mitosis) 진핵세포가 동일한 염색체 세트를 지닌 딸세포로의 분열

이동성 DNA(mobile DNA) 동일 DNA 분자나 다른 DNA 분자의 한 위치에서 다른 위치로 이동하는 DNA 조각

이동성 유전 인자(mobile genetic element) 전이, 삽입 및 절제를 통해 거대한 DNA 분자 내에서 위치를 바꿀 수 있는 특정 DNA 조각

이동성 변화 분석법(mobility shift assay) 전기영동 중에 DNA의 이동거리의 변화를 측정함으로써 어떤 단백질이 DNA에 결합하는지를 조사하는 방법. 젤 지체 분석법이나 밴드 이동 분석법과 같은 용어임

이동성(mobilizability) 이동 능력이 있는 플라스미드가 하나의 숙주 세포에서 다른 세포로 이동할 때 이동 능력이 없는 플라스미드가 이동하는 것

중반복서열(moderately repeated sequence) 수천에서 수십만 이하의 사본으로 존재하는 DNA 서열

변형효소(modification enzyme) 상응하는 제한효소와 같은 인식 부위의 DNA에 결합하여 DNA를 메틸화시키는 효소

변형염기(modified base) 핵산이 합성된 다음 화학적으로 변형된 핵산의 염기

변경유전자(modifier gene) 다른 유전자의 발현을 변경하는 유전자

다합체성(multimeric) 다수의 소단위체로 구성됨

다중 클로닝 부위(multiple cloning site, MCS) 7~8개의 널

리 이용되는 제한효소의 절단 부위를 함유한 인위적으로 합성된 DNA 부위. 다중연결자와 같음

다중중합효소 연쇄반응(multiplex PCR) 하나 이상의 표적 서열을 증폭하기 위하여 양적 또는 실시간 PCR 반응에 다른 탐침에 다른 형광 염료를 이용하는 것

돌연변이원(mutagen) 돌연변이를 일으킬 수 있는 물질. 화합물 또는 방사선 조사 등

돌연변이(mutation) 유전정보를 가지는 DNA(또는 RNA)의 변이

돌연변이 유발 유전자(mutator gene) 일반적으로 DNA 합성이나 수선에 관여하는 단백질 유전자로, 이들 유전자에 돌연변이가 일어나면 개체의 돌연변이 빈도를 변하게 하는 유전자

MyoD 진핵생물의 근육세포의 분화에 관여하는 진핵세포 전사활성화 인자

나노공 DNA 탐지기(nanopore detector for DNA) 한 번에 하나의 외가닥 DNA가 통과 할 수 있는 극히 좁은 구멍을 가지고 있으며, DNA 분자가 구멍을 통과할 때 탐지기가 이것의 존재와 특성은 기록한다.

음성 조절(negative control or regulation) 전사 억제 인자가 유전자에 결합하여 이 인자가 제거되기 전까지 유전자 발현을 억제하는 조절 메커니즘

음성 되먹임(negative feedback) 회로의 최종 산물이 회로의 첫 번째 효소를 억제하는 음성 조절의 형태

음성 또는 "음성" 가닥(negative or "minus" strand) RNA 또는 DNA의 비암호 가닥

음성 초코일링(negative supercoiling) 좌회전 혹은 시계 반대 방향의 초나선꼬임

니오마이신(neomycin) 단백질 합성을 방해하는 아미노글리코시드 항생제 그룹 중 하나

니오마이신 인산전달효소(neomycin phosphotransferase) 인산기를 첨가하여 가나마이신과 니오마이신을 불활성화하는 효소

중성부력(neutal buoyancy) 물질의 밀도가 그 물체가 떠 있는 용액과 같은 점

중성 돌연변이(neutal mutation) 한 아미노산을 유사한 화학적 물리적 성질을 가진 또 다른 아미노산으로의 교체

_N_-포르밀-메티오닌 또는 fMet(_N_-formyl-methionine or fMet) 세균에서 단백질이 합성될 때 첫 번째 아미노산으로 사용되는 수식된 메티오닌

틈(nick) DNA나 RNA 분자의 골격에 생긴 틈(그러나 염기쌍이 빠진 것은 아님)

틈번역(nick translation) 틈으로부터 시작하여 DNA나 RNA의 짧은 부분을 제거하고 새로운 DNA로 교체하는 것

핵자기공명분광학(NMR spectroscopy) 시료 내에 전자의 회전을 변화시키기 위해 교차의 자기장을 이용하여 단백질의 구조를 결정하는 기술

비암호화 DNA(non-coding DNA) 단백질이나 기능성 RNA를 암호화하지 않는 DNA

비번역 조절 RNA(non-coding regulatory RNA) 번역 억제자로 기능을 하는 조절 단백질(즉, CsrB와 CsrC)을 킬레이트하는 RNA 분자

비암호화 RNA(non-coding RNA) 단백질을 암호화하지 않는 RNA

비상동성 말단 연결(non-homologous end joining) 이중가닥 절단을 수선하는 진핵생물에서 발견되는 DNA 재조합 체계

비상동 재조합(non-homologous recombination) 거의 연관되지 않는 DNA 부위 사이 일어나는 재조합. 이것은 특정 서열을 인식하는 단백질이 두 DNA 사이의 교차를 끌어낸다. 위치-지정 재조합과 동일하다.

정지 돌연변이(nonsense mutation) 아미노산을 코드하는 코돈이 종결 코돈으로 바뀌는 돌연변이

노던 블롯팅(Northern blotting) DNA 탐침이 RNA 표적 분자와 결합하는 혼성화 기술

노보바이오신(novobiocin) B-소단위체에 결합함으로써 유형 II DNA 회전효소, 특히 DNA 자이레이즈를 억제하는 항생제

***npt* 유전자(*npt* gene)** 니오마이신 인산전달효소의 유전자. 가나마이신과 니오마이신에 저항성 부여

핵막(nuclear envelope) 진핵세포의 핵을 둘러싸는 2개의 동심원적 막으로 구성된 피막

핵기질(nuclear matrix) 핵막의 내부에 존재하는 섬유상 단백질로 이루어진 그물 구조. DNA를 고착하는 데 이용됨

핵공(nuclear pore) 핵막에 있는 구멍으로, 이를 통해 RNA와 단백질이 핵에서 세포질로 나가거나 또는 세포질에서 핵으로 들어온다.

핵산가수분해효소(nucleases) 핵산을 절단하거나 분해하는 효소

핵산(nucleic acid) 유전 정보를 수송하는 뉴클레오티드로 구성된 중합체 분자

뉴클레오캡시드(nucleocapsid) 바이러스 입자의 핵산을 지닌 내부 단백질 껍질

핵양체(nucleoid) 염색체가 발견되는 세균의 영역: 막에 의해 둘러싸여 있지 않다.

인 형성체(nucleolar organizer) 인과 관련된 염색체의 영역; 실제로는 rRNA 유전자들의 무리

인(nucleolus) rRNA의 합성과 후처리가 일어나는 핵의 부위

핵소체(nucleomorph) 이차 세포 내공생에 의하여 다른 진핵 세포 내로 병합된 공생 진핵생물 핵의 퇴화된 잔해

핵산단백질(nucleoprotein) 단백질과 핵산 복합체

뉴클레오시드(nucleoside) 푸린 혹은 피리미딘 염기와 5탄당의 결합

뉴클레오솜(nucleosome) 히스톤 단백질 주위로 감긴 DNA로 구성된 진핵생물 염색체의 소단위체

뉴클레오티드(nucleotide) 5탄당과 염기와 인산기로 구성된 핵산의 단위체 혹은 소단위체

핵(nucleus) 핵막으로 둘러싸이고 염색체를 갖고 있는 내부 구획. 고등생물의 세포만 핵을 갖는다.

비대립유전자(null allele) 모든 활성이 완전히 결여된 유전자의 돌연변이 형

삭제 돌연변이(null mutation) 유전자를 완전히 불활성화시키는 돌연변이

Nus 단백질(Nus 단백질) 전사의 종결 또는 항-전사 종결에 관여하는 일군의 세균 단백질

NusA 단백질(NusA 단백질) 세균의 전사 종결에 관여하는 단백질

기름방울 모델(oil drop model) 소수성기들은 내부에 함께 무리를 이루어 물 분자로부터 멀어지게 한 단백질 구조 모델

오카자키 단편(Okazaki fragment) 지체가닥을 만드는 짧은 DNA 단편

올리고(dT)(oligo dT) 오직 티미딘으로 구성된 DNA 가닥

올리고(U)(oligo [U]) 오직 U 또는 우리딘 잔기로 구성된 외가닥 RNA의 확장

올리고뉴클레오티드 배열(oligonucleotide array) 짧은 RNA나 DNA를 동시에 탐지하고 동정하기 위하여 사용되는 DNA 배열. DNA 배열이나 DNA 칩으로도 알려짐

올리고뉴클레오티드 배열 탐지기(oligonucleotide array detector) 수많은 짧은 DNA 조각을 DNA-DNA 혼성화를 통해 동시에 탐지하고 동정하는 데 사용되는 칩

***o*-니트로페닐 갈락토시드(*o*-nitrophenyl galactoside, ONPG)** β-갈락토오스가수분해효소에 의해 분해되어 노란색의 *o*-니트로페놀을 내어 놓는 인공적인 기질

***o*-니트로페닐인산(*o*-nitrophenyl phosphate)** 알칼리성 인산가수분해효소에 의해 분해되어 노란색의 *o*-니트로페놀을 내어 놓는 인공적인 기질

ONPG(o-nitrophenyl galactoside) β-갈락토오스가수분해효소에 의해 분해되어 노란색의 *o*-니트로페놀을 내어 놓는 인공적인 기질

열린고리(open circle) 한 가닥에 틈이 생겨 초나선이 없는 원형 DNA

번역개시위치(open reading frame, ORF) 하나의 단백질로 번역될 (최소한 이론적으로) 수 있는 (DNA 또는 RNA) 염기서열들

작동유전자(operator) DNA에 전사 억제 인자가 결합하는 부위

오페론(operon) 함께 전사되어서 단일 mRNA(폴리시스트론 mRNA)를 이루는 원핵 유전자들의 무리

광학 이성질체(optical isomers) 분자들이 3차원적인 배열에서만 차이나는 이성질체로 편광의 회전에 영향을 미친다.

세포소기관(organelle) 특수한 기능을 수행하는 준세포성 구조. 막에 싸인 세포소기관은 막에 의해 나머지 세포질과 분리되지만 리보솜 같은 세포소기관은 둘러싸는 막이 없다.

복제기점(origin of replication, oriC) 염색체 복제의 기원

이종상동유전자(orthologous gene) 상동유전자를 지닌 생물들이 분기하여 갈라진 각 종에서 발견되는 상동유전자

오르토-니트로페닐 갈락토시드(*ortho*-nitrophenyl galactoside, ONPG) β-갈락토오스가수분해효소에 의해 분해되어 노란색의 *o*-니트로페놀을 내어 놓는 인공적인 기질

외막(outer membrane) 그람양성균이 아닌 그람음성균의 세포벽 바깥에 위치한 추가 막

중복 프라이머(overlap primer) 2개의 다른 유전자 조각의 작은 지역과 일치하는 PCR 프라이머이며 다른 출처로부터 유래된 DNA 단편을 연결하는 데 이용된다.

P (펩티드) 결합 부위[P (peptide) site] 리보솜 내에 자라는 폴리펩티드 사슬을 잡고 있는 tRNA가 결합하는 부위

P1 인공 염색체(P1 artificial chromosome, PAC) 매우 긴 DNA 삽입체를 운반할 수 있는 대장균의 P1-파지/플라스미드를 기본으로 한 사본 벡터

P1 대장균의 보편형질도입 파지

P22 *Salmonella*의 보편형질도입 파지

회문구조(palindrome) 앞에서부터 읽거나 뒤에서부터 읽거나 동일하게 읽히는 서열

유사유전자(paralogous gene) 유전자 중복으로 같은 생물 내에 만들어진 상동유전자

기생자(parasite) 다른 생물을 희생하여 복제하는 생물이나 유전물질

부분우성(partial dominance) 기능성 대립유전자가 결함 대립유전자를 부분적으로 가릴 때

분할(partitioning) 세포 분열시 각각의 복제된 염색체 사본이 각각의 딸 세포로 이동하는 것

패치 재조합체(patch recombinant) 교차의 일시적 형성으로 작은 조각의 이형이중가닥을 가진 DNA 이중나선

병원성(pathogenic) 병을 일으키는

병원성 섬(pathogenicity island) 세균 염색체의 독성 유전자들이 모여 있는 영역

PCNA 단백질(PCNA protein) 진핵세포의 DNA 중합효소를 위한 활주 클램프(PCNA = 증식하는 세포의 핵 항원)

PCR 기계(PCR machine) *Thermocycler*를 참조

PCR 프라이머(PCR primer) 짧은 조각의 외가닥 DNA로서, 표적 DNA의 양 끝 서열 중 하나에 상보적이며 PCR 과정에서 DNA 합성을 개시하는 데 필요하다.

침투도(penetrance) 대립유전자의 표현형적 발현에서의 변이

페니실린(penicillin) 빵에서 자라 푸른색 층을 형성하는 *Penicillium*이라 부르는 곰팡이가 만드는 항생제

페니실린(penicillins) 세균 세포벽인 펩티도글리칸의 교차결합을 방해하는 베타-락탐 타입의 항생제 군

5탄당(pentose) 리보오스나 디옥시리보오스 같은 탄소 5개인 당

펩티드 결합(peptide bond) 폴리펩티드 사슬에서 아미노산을 함께 잡아주는 화학결합의 유형

펩티드 핵산(peptide nucleic acid, PNA) 폴리펩티드 골격을 지닌 인공적인 핵산의 유사체

펩티도글리칸(peptidoglycan) 진정세균의 세포벽을 만드는 중합체; 당질 유도체의 긴 사슬로 구성되며, 일정 간격으로 짧은 아미노산 사슬과 연쇄되어 있다.

펩티드기 전달효소(peptidyl transferase) 펩티드 결합을 만드는 리보솜의 효소 활성; 실제로는 23S rRNA(세균) 또는 28S rRNA(진핵세포)

투과효소(permease) 막을 통하여 영양분 또는 다른 분자들을 운반하는 단백질

파지(phage) 박테리아에 감염하는 바이러스인 박테리아파지의 줄임

약리유전학(pharmacogenetics) 개인의 약물 반응에 영향을 주는 특정 유전자를 연구하는 것

약리유전체학(pharmacogenomics) 약리 물질에 대한 개인의 반응에 대하여 개개의 유전자형의 연관성을 연구하는 분야

페놀 추출법(phenol extraction) 페놀로 단백질을 녹임으로써 핵산으로부터 단백질을 제거하는 기술

표현형(phenotype) 유전자형의 눈에 보이는 혹은 측정할 수 있는 효과

페로몬(pheromone) 동일 생물체 내에서 순환하기 보다는 생물체 간을 이동하는 호르몬 또는 전령 분자

***phoA* 유전자(*phoA* gene)** 알칼리성 인산가수분해효소를 암호화하는 유전자

인산가수분해효소(phosphatase) 인산기를 제거하는 효소

인산기(phosphate group) DNA와 RNA의 골격에서 발견되는 중앙의 인 원자와 이를 둘러싸는 4개의 산소 원자들

인산디에스테르(phosphodiester) 핵산에서 뉴클레오티드 사이의 결합으로 양쪽에서 당의 히드록시기에 에스테르화된 중앙의 인산기로 구성됨

인지질(phospholipid) 글리세롤 인산에 부착된 두 지방산과 수용성 머리기로 구성되고 세포막의 성분으로 발견되는 소수성 분자

포스포라미드산(phosphoramidate) 인산기가 아미노기에 부착된 인산 유도체

포스포라미디트 방법(phosphoramidite method) 뉴클레오티드 사이의 결합을 위하여 활성 포스포라미디트기를 이용하는 인공적 DNA 합성의 방법

포스포로티오에이트(phosphorothioate) 가운데 인산을 둘러싼 4개의 산소원자 중 1개가 황으로 대체된 인산기

문(phylum, 복수는 phyla) 동물의 주요 분류군, 대체로 식물과 세균의 문에 해당된다.

PiWi-상호작용 RNA(Piwi-interacting RNA, piRNA) 중심립에 있는 유전체의 직열반복으로부터 유래한 siRNA보다는 약간 긴 작은 RNA 분자로서, Argonaut-같은 단백질을 통하여 트랜스포손의 확산을 막는다.

용균반(plaque) (바이러스를 지칭할 때) 바이러스의 세포 파

괴로 인한 배양 세포층 또는 세균 깔개에 나타나는 투명대

플라스미드(plasmid) 진핵세포와 원핵세포 모두에서 간혹 발견되는 자기 복제하는 유전 요소로서, 염색체도 아니며 숙주 세포의 영구적인 유전체의 일부도 아니다. 대개의 플라스미드는 이중가닥 DNA의 원형 분자이지만 드물게 선형 혹은 RNA 플라스미드도 있다.

말라리아열원충(*Plasmodium*) 정복합체포자동물문에 속하는 원생생물인 말라리아 기생충

색소체(plastid) 기능과는 상관없이 유전적으로 엽록체와 동등한 세포소기관

배수(ploidy) 생물이 가지고 있는 염색체 조의 수

PNA클램프(PNA clamp) 유연한 연결자에 의해 결합된 2개의 동일한 PNA 가닥으로 상보적인 DNA 또는 RNA 가닥과 3중나선 형성이 가능함

점돌연변이(point mutation) 단일 염기쌍에 영향을 미치는 돌연변이

방향성(polarity) DNA 조각의 삽입이 일반적으로 전사를 방해하면서 하위에 존재하는 유전자의 발현에 영향을 미칠 때

폴린톤(polinton) 원래 사본의 절제를 거쳐 한 장소에서 다른 장소로 이동할 수 있는 스스로 복제하는 요소로, 폴린톤에 의해 암호화된 DNA 중합효소에 의해 또 다른 DNA 사본을 합성하고, 그때 폴린톤에 의해 암호화된 인테그레이즈를 이용하여 재통합됨

다중(A) 중합효소[poly (A) polymerase] mRNA의 3′말단에 다수의 A를 결합시키는 효소

다중(A) 꼬리[poly (A) tail] mRNA의 3′말단에서 발견되는 A로 이루어진 염기 서열(100~200개의 A가 연결되어 있음)

다중(A)-결합 단백질[poly (A)-binding protein, PABP] mRNA의 다중(A) 꼬리에 결합하는 단백질

폴리아크릴아미드(polyacrylamide) 젤 전기영동에 의해 단백질의 분리나 매우 작은 핵산 분자의 분리에 이용되는 중합체

폴리아크릴아마이드 젤 전기영동(polyacrylamide gel electrophoresis, PGAE) 폴리아크릴아마이드 젤을 이용한 전기영동으로 단백질을 분리하는 기술

다중(A) 형성 복합체(polyadenylation complex) 진핵세포 mRNA에 다중(A)를 형성하는 단백질 복합체

폴리히스티딘 표지 단백질(polyhistidine tag; His tag) 6개의 병렬로 된 아미노산 잔기로서 단백질에 부착되었을 때 니켈 이온에 결합하는 성질을 가지며, 이를 이용하여 니켈을 지지대에 부착시킴으로써 단백질을 분리하게 함. His tag으로도 알려짐

다중연결자(polylinker) 7 또는 8개의 널리 이용되는 제한효소 절단 부위를 갖는 인위적으로 합성된 DNA 부위. 다중 클로닝 부위(MCS)와 같음

중합효소 연쇄반응(polymerase chain reaction, PCR) DNA 가닥의 분리와 복제의 주기를 반복적으로 하여 DNA 서열을 증폭시키는 것

중합효소(polymerase) 핵산을 합성하는 효소

중합효소 에타(polymerase eta) 지난 티민 이합체를 복제할 수 있는 동물의 수선 DNA 중합효소

다형성(polymorphism) 연관된 2개체 사이에서의 DNA 서열의 차이

폴리펩티드 사슬(polypeptide chain) 아미노산으로 구성된 중합체

폴리인산(polyphosphate) 고에너지 인산 결합으로 연결되어 다중인산기로 구성된 화합물

폴리펩티드(polypeptide) 아미노산의 중합체 사슬

배수성(polyploidy) 각각의 유전자의 2개 이상 사본을 갖는 것

다단백질(polyprotein) 여러 개의 작은 단백질을 만들며 잘라지는 긴 폴리펩티드

폴리솜(polysome) 동일한 mRNA에 결합하여 전좌하는 리보솜의 집단

양성조절(positive control or regulation) 결합했을 때 유전자의 발현을 증진하는 활성화 인자에 의한 조절

양성 또는 "양성" 가닥(positive or "plus" strand) RNA 또는 DNA의 암호가닥

양성 조절(positive regulation) 결합하였을 때 유전자 발현을 촉진하는 활성화 인자에 의한 조절

번역후 변형(post-translational modification) 번역(해독)이 완료된 후 단백질 또는 단백질의 구성 아미노산의 변형

잠재적 가닥간 삼중체(potential intrastrand triplex, PIT) 염기 서열로부터 H형 삼중체 DNA를 형성할 것으로 예상되는 DNA 부위

마마바이러스(poxvirus) 150개에서 200개의 유전자를 가지고 있는 크고 복잡한 dsDNA 동물바이러스의 과

전-적하 복합체(pre-loading complex, pre-LC) 복제기점에 결합하기 전에 형성되는 단백질 복합체이지만, pre-RC의 정확한 연관을 촉진하는 데 필수적임

전-복제 복합체(pre-replicative complex, pre-RC) 진핵생

물의 DNA 복제 시 복제기점에 조립되는 효소복합체(ORC, Cdc6, Cdt1 및 MCM)

먹이(prey) 전사활성화 단백질의 활성 도메인과 다른 단백질과의 융합체로서 단백질 잡종 분석에 사용된다.

PriA 프리마제 결합을 돕는 프리모솜의 단백질

프리브노우 상자(Pribnow box) 세균의 프로모터의 −10 영역에 대한 다른 이름

일차대기(primary atmosphere) 대부분 수소와 헬륨으로 구성된 지구의 초기 대기

일차 세포내공생(primary endosymbiosis) 미토콘드리아와 엽록체를 만들어낸 진핵세포 조상에 의한 원핵생물의 초기 흡수

일차 구조(primary structure) 중합체에서 단위체가 배열된 선형 순서

일차 전사체(primary transcript) DNA 주형의 전사로부터 얻은 가공과 변형이 일어나기 전의 원래 RNA 분자

프리메이즈(primase) RNA 프라이머를 합성하여 DNA의 새로운 가닥을 시작하도록 하는 효소

프라이머 신장법(primer extension) 5′ 말단의 전사 개시점을 역전사효소를 사용하여 mRNA에 결합한 프라이머를 5′ 말단까지 신장시켜서 결정하는 방법

프라이머 보행(primer walking) 긴 DNA 클론의 염기 서열을 결정할 때 접근하는 방법으로 긴 분자를 따라 단계적으로 위치하는 연속적인 프라이머를 사용하는 방법

원시수프(primitive soup) 초기 지구 용액 속의 아미노산, 당 및 핵산염기를 함유한 마구잡이 분자들의 혼합물

프리모솜(primosome) DNA 복제시 새로운 RNA 프라이머를 합성하는 단백질의 집단(PriA와 프리메이즈를 포함)

프리온(prion) 병리학적 형태로 잘못 접혀서 자가촉매로 자기 형성을 촉진하는 단백질. 잘못 접힌 프리온 단백질은 면양퇴행성 신경증후군, 쿠루병 및 소해면뇌병증을 포함한 해면뇌병증으로 알려진 신경퇴행성 질병을 일으킨다.

프리온 단백질(prion protein, PrP) 포유동물의 신경조직에서 발견되며, 잘못 접힌 형태가 프라이온 질병을 일으키는 단백질

탐침(probe) 탐침 분자의 짧은 표현

탐침 분자(probe molecule) 어떤 방법(일반적으로 방사성이나 형광)으로 표지된 분자로서, 또 다른 분자와 결합하여 탐지하기 위해서 이용됨

처리된 위유전자(processed pseudogene) 역전사효소에 의해 역전사된 mRNA에 유래되어 인트론이 없는 위유전자

원핵생물(prokaryote) 세균과 같이, 염색체가 하나이고 핵이 없는 원시적 세포인 하등생물

프로모터(promoter) RNA 중합효소가 결합하여 유전자 발현을 촉진하는 한 유전자의 앞쪽에 있는 DNA 영역

교정(proofreading) 새로운 DNA에 정확한 뉴클레오티드가 삽입되었는지를 검사하는 과정. 일반적으로 DNA 중합효소가 자신이 정확한 염기를 삽입하였는지를 검사한다.

프로파지(prophage) 세균 숙주 세포의 DNA에 통합되는 박테리오파지 유전체

보결분자단(prosthetic group) 폴리펩티드 사슬의 일부는 아니고 공유결합에 의해 단백질에 부착된 화학기

단백질가수분해효소(protease) proteinase와 동일; 단백질을 분해하는 효소

프로테아좀(proteasome) 진핵세포에서 발견되는 단백질을 분해하는 단백질 조합체

단백질(protein) 아미노산으로 구성된 중합체로 세포의 구조 대부분을 형성하고 대부분의 일을 담당한다.

단백질 A(protein A) *Staphylococcus*로부터 분리된 항체 결합 단백질로서 융합 단백질을 만드는 데 흔히 사용된다.

단백질 상호작용체(protein interactome) 특정 세포나 생체에서의 단백질-단백질 상호작용의 총체

단백질 인산화효소(protein kinase) 다른 단백질에 인산기를 첨가하는 효소

단백질 미세배열(protein microarray) 단백질이 고정된 미세배열로서 단백질체 분석에 사용되며 형광이나 방사성동위원소로 표지하여 검사한다.

단백질 프라이머(protein primer) 일부 세균이나 바이러스에서 DNA 합성을 위한 프라이머로서 RNA 대신에 이용되는 단백질

프로테이노이드(proteinoid) 아미노산이 마구잡이로 연결된 인공적으로 합성된 폴리펩티드

단백질체(proteome) 유전체에 의해 암호화된 단백질의 전체 세트 혹은 어떤 생물체에 존재하는 단백질 총체

기본단위체(protomer) 고단위의 조립에 그 자체가 소단위체인 단일중합체 사슬

프로바이러스(provirus) 숙주 세포의 DNA에 통합되는 바이러스 유전체

위유전자(pseudogene) 진정한 유전자의 결함이 있는 사본

유사우리딘(pseudouridine) 전사 후 변형 과정에 의해 RNA

에 존재하는 우리딘의 이성체

퓨린(purine) DNA와 RNA에서 발견되는 고리가 둘인 질소 함유 염기 종류

피리미딘(pyrimidine) DNA와 RNA에서 발견되는 고리가 하나인 질소 함유 염기 종류

파이로시퀀싱(pyrosequencing) DNA 중합효소에 의해 성장하는 뉴클레오티드 사슬에 염기를 첨가하였을 때 빛펄스의 발생을 기초로 한 염기서열 분석 방법

유사종(quasi-species) 빈번한 오류나 돌연변이로 개별적인 차이는 있지만 유연성이 높은 서열들의 세트

4차 구조(quaternary structure) 최종적인 구조를 이루기 위한 하나 이상 중합체 사슬들의 집합

소광자기(quenching group) 형광단에 결합하여 이것의 활성화 에너지를 흡수함으로써 형광을 억제하는 분자

퀴놀론 항생제(quinolone antibiotics) A 소단위체에 결합하여 DNA 자이레이즈와 다른 II형 DNA 회전효소를 억제하는 날리디식산, 노르플록사신 및 시프로플로사신을 포함하는 항생제

RACE 고속 cDNA 말단 증폭을 참조

Rad 단백질(Rad protein) Rad 효모와 동물 세포에서 재조합과 DNA 손상을 수선에 관여하는 일군의 단백질. Rad51은 원핵생물의 RecA 단백질에 상응하는 단백질이다.

방사선 잡종(radiation hybrid) 어떤 세포주(보통 설치류의 세포)를 말하며, 이와 다른 종의 염색체에 방사선을 쬐어서 만들어진 염색체 조각들을 가지고 있다.

급진적 치환(radical replacement) 하나의 아미노산이 다른 화학적 물리적 특성을 가진 다른 아미노산으로 치환되는 것

방사성 동위원소(radioisotope) 원소의 방사성 형태

마구잡이 나선(random coil) 폴리펩티드 사슬에서 2차 구조가 결여된 영역

무작위 증폭 다형성 DNA(randomly amplified polymorphic DNA, RAPD) PCR을 사용하여 선택된 서열을 임의적으로 증폭함으로써 유전적인 유연관계를 조사하는 방법

고속 cDNA 말단 증폭(rapid amplication of cDNA ends, RACE) RT-PCR에 기반한 기술로서 부분적인 서열로부터 시작하여 cDNA의 완전한 5′ 혹은 3′ 말단을 만드는 기술을 말한다.

해독틀(reading frame) DNA 또는 RNA에 있는 염기서열을 코돈으로 나누는 세 가지 선택 중의 하나

RecA 단백질(RadA protein) *E. coli*에서 외가닥 DNA와 결합 재조합과 수선에 관여하는 단백질

열성 대립유전자(recessive allele) 우성 대립유전자에 의해 가려짐으로써 성질이 관찰되지 않는 대립유전자

수용체 세포(recipient cell) 다른 세포로부터 DNA를 받는 세포

재조합체(recombinant) 유전적 재조합이 일어난 배우자

재조합(recombination) 염색체와 다른 DNA 사이 유전적 정보의 교환

리컴바이니어링(recombineering) DNA 절편을 벡터로 삽입하기 위하여 동형 재조합을 이용하는 기술

조절 뉴클레오티드(regulatory nucleotide) 신호 분자로 이용되는 변형된 핵산 염기

조절 단백질(regulatory protein) 유전자의 발현 혹은 다른 단백질의 활성을 조절하는 단백질

조절 부위(regulatory region) 단백질을 암호화하기 보다는 조절을 위해 사용되는 유전자 앞의 DNA 서열

동류오페론(regulon) 하나의 신호에 반응하는 하나의 동일한 조절 단백질에 의해 발현이 촉진되거나 억제되는 한 무리의 유전자나 오페론들을 의미하며, 하나의 동류 오페론에 속하는 유전자들은 염색체 상에서 서로 독립적으로 떨어져 존재한다.

방출 인자(release factor) 정지 코돈을 인지하여 끝난 폴리펩티드 사슬을 리보솜으로부터 방출시키는 단백질

재생(renaturation) DNA 외가닥의 재결합 혹은 변성된 단백질이 자연적인 원래의 3차 구조를 만들기 위해 다시 접힘

반복서열(repeated sequence) 다수 복제로 존재하는 DNA 서열

복제 기포 또는 복제눈(replication bubble; replication eye) 복제 과정 중에 있는 DNA의 부푼 곳

복제(replication) 세포 분열 전에 DNA의 복제

복제요소C(replication factor C, RFC) 개시 DNA에 결합하여 DNA 중합효소 및 활주 클램프(PCNA 단백질)가 DNA에 적합하도록 하는 진핵세포의 단백질

복제 분지(replication fork) DNA 복제효소가 풀린 외사슬 DNA에 결합하는 부위

복제형(replicative form, RF) 외가닥 DNA(혹은 RNA) 바이러스의 두 가닥 형태. RF는 우선 자신을 복제하고 나중에 바이러스 입자에 넣기 위하여 ssDNA(혹은 ssRNA)를 생산하는 데 사용된다.

복제적 전이(replicative transposition) 두 사본의 전이 인자가 생성되는 전이로 하나는 원 위치에 다른 하나는 다른 위치

에 삽입된다.

복제단위(replicon) 복제기점을 가지고서 스스로 복제할 수 있는 DNA나 RNA 분자

리플리솜(replisome) DNA를 복제하는 단백질 집합체(프리메이스, DNA 중합효소, 풀기효소, SSB 단백질을 포함)

보고 유전자(reporter gene) 그 산물을 분석하거나 탐지하기가 편리하여서 유전자 분석에 사용되는 유전자

리포터 단백질(reporter protein) 탐지하기가 쉬워서 그 위치 또는 유전자 발현 수준을 나타낼 수 있는 신호 단백질

억제 인자(repressor) 유전자의 전사를 방지하는 조절 단백질

분리(resolution) 두 DNA 분자가 붙어 있는 접합부를 자르고 두 DNA를 독립된 분자로 방출하는 것. 재조합 중 형성된 교차나 전이 중 형성된 공동 삽입체(cointegrate)를 분해하는 것을 의미한다.

리솔베이즈(resolvase) 위치 특이적으로 DNA의 재조합을 촉진하는 효소

제한효소(restriction enzyme) 인식 부위라는 특정 염기 서열에서 두 가닥 DNA를 절단하는 핵산내부가수분해효소

제한효소 단편 길이 다양성(restriction fragment length poly-mer-phism, RFLP) 2개의 연관된 DNA 분자 사이에 제한효소의 위치가 상이함으로 인해 다른 크기의 제한 단편이 초래되는 현상

제한지도(restriction map) DNA 단편 위에 제한효소의 절단 위치를 보여주는 도형

레트로 인자(retroelement) RNA 유전체를 DNA 사본으로 만드는 역전사효소를 사용하는 유전적 인자

레트론(retron) 세균에서 발견되는 유전 인자로 역전사효소를 암호하고 있으며, 특이한 RNA/DNA 혼성 분자를 만든다.

레트로포존(retroposon) 레트로트렌스포존의 줄임말

레트로-위유전자(retro-pseudogene) 처리된 위유전자 다른 이름

레트로트렌스포존(retrotransposon) RNA 유전체를 DNA 사본으로 만드는 역전사효소를 사용하는 전이 인자

레트로바이러스(retrovirus) 바이러스 입자 안에서는 RNA가 유전자인 바이러스의 형태이지만, 숙주 세포 내에서는 역전사효소를 이용하여 RNA를 DNA 사본으로 전환함

역전사효소(reverse transcriptase) 외가닥 RNA를 주형으로 사용하여 이중가닥 DNA를 만드는 효소

역전사효소 PCR(reverse transcriptase PCR, RP-PCR) PCR에 의한 방법으로 mRNA로부터 시작하고 역전사효소를 사용하여 유전자를 증폭시키며, 인트론이 없는 DNA로 클로닝하게 한다.

역전사(reverse transcription) 외가닥 RNA가 주형으로 사용되어 이중가닥 DNA를 만드는 과정

역회전(reverse turn) 회전한 다음 같은 방향으로 되돌아가는 폴리펩티드 사슬의 영역

역돌연변이(reversion) 원 돌연변이의 효과를 되돌리는 DNA 변이

R-기(R-group) 명기하지 않은 화학적 작용군; 특히 아미노산의 측쇄

Rho 단백질(Rho protein) 특정한 전사 종결자에서 성공적인 종결이 되는 데 요구되는 단백질 요소

Rho 의존성 종결자(Rho-dependent terminator) Rho 단백질에 의존하는 전사 종결자

Rho 독립성 종결자(Rho-independent terminator) Rho 단백질이 필요 없는 전사 종결자

리보핵산가수분해효소(ribonucleases, RNases) RNA를 절단하거나 분해하는 효소

RNA 분해효소(ribonuclease, RNase) RNA를 분해하는 효소

RNA 가수분해효소(ribonuclease) RNA를 분해하는 효소

RNA 가수분해효소 H(ribonuclease H, RNase H) DNA:RNA 하이브리드 이중나선의 RNA 가닥을 분해하는 효소. 세균에서는 DNA 합성을 개시하기 위해 이용된 RNA 프라이머의 대부분을 제거함

리보핵산분해효소 H(ribonuclease H) RNA-DNA 이형접합체에 특이성을 가지는 리보핵산분해효소

RNase III(ribinucleaseIII) 세균의 RNA 분해효소로서, 주로 rRNA와 tRNA 전구체의 후처리에 관여한다.

리보핵산가수분해효소 P(ribonuclease P) 하나의 RNA 리보자임과 하나의 부수적인 단백질로 구성된 세균의 tRNA 후처리 관련 리보핵산가수분해효소

리보핵산(ribonucleic acid, RNA) 디옥시리보오스 대신 리보오스를 갖고 티민 대신 우라실을 갖는 면에서 DNA와 다른 핵산

리보뉴클레오시드(ribonucleoside) 당으로 리보오스를 포함하는 뉴클레오시드

리보뉴클레오티드 환원효소(ribonucleotide reductase) 뉴클레오티드를 디옥시리보뉴클레오티드로 환원하는 효소

리보오스(ribose) RNA에 있는 탄소 5개의 당

리보솜 RNA(rRNA) 리보솜 구조의 일부를 형성하는 RNA 분자의 종류

리보솜 결합자리(ribosome binding site, RBS) 사인-달가르노 서열과 동일; mRNA의 전방 가까운 곳에 있으며, 리보솜이 인지하는 서열; 원핵 세포에만 발견된다.

리보솜 수식 인자(ribosome modulation factor, RMF) 세균에서 생장이 지연되거나 정지기에 여분의 리보솜들을 불활성화시키는 단백질

리보솜 재순환 인자(ribosome recycling factor, RRF) 폴리펩티드 사슬이 완성되어 방출된 다음 리보솜 소단위체를 해체하는 단백질

리보솜(ribosome) 단백질을 만드는 세포의 기계

리보스위치(riboswitch) mRNA에 존재하는 특정 부위로 신호에 따라 자신의 이차 구조를 변경하여 이 mRNA의 번역을 조절함

리보자임(ribozyme) 효소 활성을 가진 RNA

RNA 효소(ribozyme) RNA 효소, 즉 촉매 활성을 가진 RNA 분자

리케차(rickettsias) 절대 기생자로 다른 고등생물을 감염하는 퇴화된 세균

우회전 이중나선(right-handed double helix) 우회전 이중나선에서는 (양 방향에서) 나선 축을 내려다보면 각 가닥이 관찰자로부터 멀어지면서 시계 방향으로 회전한다.

R-고리 분석(R-loop analysis) 한 유전자의 DNA 사본과 상응하는 mRNA의 혼성화. 그 결과, mRNA에는 그 파트너가 없는 DNA의 개재 서열을 나타내는 고리가 출현한다.

RNA 편집(RNA editing) 전사된 RNA에 존재하는 염기를 변화시키거나 새로운 염기를 더 해주거나 또는 제거하여(대부분의 경우, U) 이 RNA의 번역 염기 서열을 변화시키는 과정

RNA 방해(RNA-interference) dsRNA의 존재에 의해 유발되는 반응으로서, 이 반응을 유도한 dsRNA와 유사한 염기 서열을 가진 mRNA나 다른 RNA를 파괴한다.

RNA 중합효소(RNA polymerase) DNA를 주형으로 사용하여 RNA를 합성하는 효소

RNA 중합효소 I(RNA polymerase I) 큰 리보솜 RNA 유전자들을 전사하는 진핵생물의 RNA 중합효소

RNA 중합효소 II(RNA polymerase II) 단백질을 암호하는 유전자들을 전사하는 진핵생물의 RNA 중합효소

RNA 중합효소 III(RNA polymerase III) 5S rRNA와 운반 RNA 유전자들을 전사하는 진핵생물의 RNA 중합효소

RNA 프라이머(RNA primer) 복제 동안에 새로운 DNA 가닥의 합성을 개시하는 데 이용되는 RNA의 짧은 단편

RNA 복제효소(RNA replicase) RNA 바이러스가 RNA 유전체를 복제하기 위하여 사용하는 특수 RNA 중합효소

RNA 온도감지기(RNA thermosensor) mRNA 번역을 조절하기 위해 온도에 반응하는 분화된 리보스 위치

RNA 바이러스(RNA virus) RNA로 구성된 유전체를 갖는 바이러스

RNA 세계(RNA world) RNA가 유전정보를 암호화하고 DNA나 단백질의 도움 없이 효소 반응을 수행하는 초기 생명체 형성의 가설적인 단계

RNA-의존 RNA 중합효소(RNA-dependent RNA polymerase, RdRP) RNA를 주형으로 RNA를 합성하는 효소. RNAi의 효과를 증폭시키는 데 관여함

RNA-유도 침묵 복합체(RNA-induced silencing complex, RISC) siRNA에 상보적인 염기 서열을 가진 ssRNA를 분해하는 단백질 복합체로서, siRNA의 존재에 의해 형성된다.

RNA-서열 분석(RNA-seq) RNA 시료의 특성을 파악하기 위하여 고효율 cDNA 서열 분석을 이용하는 것

회전환 복제(rolling circle replication) 고리형 DNA의 복제 메커니즘으로서 한 가닥에 틈을 내고 틈이 생긴 가닥을 풀어주면서 복제가 시작되며, 여전히 고리형으로 남은 다른 가닥을 주형으로 DNA를 합성한다. 일부 플라스미드와 바이러스가 이를 사용한다.

R-플라스미드(R-plasmid) 항생제 저항성 유전자를 운반하는 플라스미드

Rubisco(ribulose bisphosphate carboxylase) 광합성에서 이산화탄소 고정 과정의 중요 효소

S1 핵산가수분해효소(S1 nuclease) *Aspergillus oryzae*로부터 추출한 핵산내부가수분해효소는 외가닥의 RNA나 DNA는 절단하지만, 이중가닥의 핵산은 자르지 못한다.

S1 핵산가수분해효소 지도 작성(S1 nuclease mapping) S1 핵산가수분해효소를 이용하여 전사체의 5′ 말단이나 3′ 말단의 위치를 결정하는 방법

위성 RNA(satellite RNA) 복제와 캡시드 형성을 위하여 도움 바이러스를 필요로 하는 기생성 RNA 분자

위성 바이러스(satellite virus) 필수 기능을 위해서 동일한 숙주 세포를 침입하는 비유연성 도움 바이러스가 필요한 결손 바

이러스

포화된(saturated) (효소에 대하여) 모든 활성 부위가 기질로 차 있으며, 효소가 더 이상 빨리 작용할 수 없을 때

스캐폴드 부착 부위(scaffold attachment region, SAR) 염색체 스캐폴드 또는 핵 기질의 단백질과 결합하는 진핵생물의 DNA 부위

섬광체(scintillant) 방사능 입자에 의해 가격되었을 때 빛의 펄스를 방출하는 분자

섬광계수기(scintillation counter) 광 펄스를 탐지하고 계산하는 기계

Scorpion 프라이머(Scorpion primer) 분자 부표에 불활성 연결자에 의해 결합된 DNA 프라이머. 탐침 서열이 표적 DNA에 결합했을 때, 소광제와 형광단이 분리되어 형광이 나타난다.

스크래피(scrapie) 면양퇴행성 신경증후군을 야기하는 감염인자로 잘못접힌 프라이온 단백질에 의해 야기됨

스크래피 PrP(scrapie PrPSc) 면양퇴행성 신경증후군 인자로 알려진 프리온 단백질의 병리학적 형태

이차 세포 내 공생(secondary endosymbiosis) 진핵세포 조상에 의한 단세포 진핵생물의 흡수. 특히 조류를 흡수하여 간접적으로 엽록체를 마련함

이차 구조(secondary structure) 수소결합에 의한 중합체의 일차적 접힘

이차-부위 복귀 돌연변이체(second-site revertant) 원래 돌연변이와 다른 부위에서의 DNA 변화가 돌연변이 효과를 억제하는 복귀 돌연변이체

분리(segregation) (서열이 다른 두 가닥의) 혼성 DNA 분자를 복제하여 서열이 다른 두 독립된 DNA 분자로 만드는 것

셀레노시스테인(selenocysteine, Sec) 시스테인과 비슷하지만, 황 대신 셀레늄을 함유한 아미노산

셀레노시스테인 삽입 서열(SECIS 요소) [selenocysteine insertion sequence (SECIS) element] UGA 정지 코돈에 셀레노시스테인의 삽입을 신호하는 인지 서열

자가조립(self-assembly) 소단위체로부터 생물학적 구조의 자동적 조립

이기적 DNA(selfish DNA) 복제하지만 거처하는 숙주 세포에는 소용이 없는 DNA 서열

자가이어맞추기(self-splicing) 별도의 단백질을 요구하지 않고, 인트론이 가진 리보자임 활성에 의해 이어맞추기가 일어남

반보존적 복제(semi-conservative replication) 딸분자가 2개의 본래 사슬 중 한 사슬과 새로운 상보적 사슬을 갖게 되는 DNA 복제의 방식

센스 RNA(sense RNA) 비-암호화 가닥의 DNA를 주형으로 사용하여 합성된 정상적인 RNA

센스 가닥(sense strand) mRNA와 서열에서 동등한 DNA 가닥

신호감지 인산화효소(sensor kinase) 특정한 신호(주로 환경의 변화에 의한 자극이 신호로 작용하나 때로는 세포 내에서 나오는 자극이 작용할 수도 있음)를 감지하여 자신을 인산화하는 단백질

격막(septum) 분열 후 2개의 새로운 세균 세포를 분리하는 격벽

염기 서열 분석효소(Sequenase®) DNA 염기 서열 분석에 이용되는 박테리오파지 T7에서 유래된 유전적으로 변형된 DNA 중합효소

서열 꼬리표 부위(sequence tagged site, STS) 단순히 짧은 서열이며(대부분 100−500 염기쌍), 이들은 유전체 내에서 단 하나 존재하고 PCR에 의해 쉽게 탐지될 수 있다.

보족 단백질(sequestration protein, SeqA) 복제기점에 결합하여 메틸화를 지연시키는 단백질

성선모(sex pilus) 적합한 수용체와 결합하여 두 세포를 함께 끌어당기는 공여체 세균이 만드는 단백질 섬유

유성생식(sexual reproduction) 2개체 간에 유전자 재조합이 일어나는 생식 형태

사인-달가르노(S-D) 서열[Shine-Dalgarno(S-D) sequence] RBS와 동일; mRNA의 전방 가까운 곳에 있으며, 리보솜이 인지하는 서열; 원핵세포에서만 발견된다.

짧은고반복서열(SINE 혹은 Short Interspersed Element) 포유류의 중반복 DNA 혹은 고반복 DNA의 대부분을 구성하는 다수 사본으로 발견되는 짧은 서열

샷건 순서결정법(shotgun sequencing) 서열을 결정하기 위하여 유전체를 작은 조각으로 자르는 접근 방법. 전체 유전체 서열은 개개의 서열들을 컴퓨터를 이용해서 중복 서열 부분을 탐색하여 연결함으로써 결정된다.

왕복수송 벡터(shuttle vector) 한 종류 이상의 숙주 세포에서 살아남고 숙주 사이를 이동할 수 있는 벡터

시그마 소단위체(sigma subunit) 프로모터 서열을 인지하고 결합하는 세균의 RNA 중합효소의 소단위체

신호 분자(signal molecule) 조절 단백질에 결합하는 것에 의해 조절 반응을 야기하는 작은 분자

신호 서열(signal sequence) 단백질의 전반부에 외분비를 표시하는 짧으면서 대체적으로 소수성인 아미노산 서열

유전자 억제(silencing) 비교적 비특이적인 메커니즘에 의한 유전자 발현 억제를 의미하는 유전학 용어

침묵 돌연변이(silent mutation) DNA 조각의 변이가 표현형에 대한 영향이 없는 것

유인원 바이러스 40(simian virus 40, SV40) 숙주 염색체에 DNA를 삽입하여 원숭이의 암을 일으키는 작은 구형 dsDNA 바이러스

단순 서열 길이 다형성(simple sequence length polymorphism, SSLP) 개인 간에 반복수의 차이가 나타나는 직렬 반복서열을 가지고 있는 DNA의 지역을 말하며, VNTR, 미소부수체 그리고 다른 직렬 반복서열을 포함한다.

짧은고반복염기순서(SINE) 짧은 산재성 인자

단일 뉴클레오티드 다형성(single nucleotide polymorphism, SNP) 2개체 사이에 있어서 단일 염기 서열의 차이

외가닥 DNA 결합 단백질(single strand binding protein, SSB protein) 분리된 DNA 가닥을 분리된 채로 유지하는 단백질

위치-지정 돌연변이(site-directed mutagenesis) 인공적 기술을 사용하여 특정 지점의 DNA 서열을 인위적으로 바꾸는 것

위치-특이성 재조합(site-specific recombination) 거의 연관되지 않은 두 DNA 사이 재조합. 특정 서열을 인식하고 교차를 형성하는 특정 단백질이 여기에 관계한다. 비상동성 재조합과 동일

절편절단기(slicer) RISC 복합체의 리보핵산가수분해효소 활성

활주 클램프(sliding clamp) DNA를 둘러싼 DNA 중합효소의 소단위체, DNA를 둘러싼 핵심 효소를 DNA 상에 잡아둠

미세 세포질 RNA(small cytoplasmic RNA, scRNA) 진핵세포의 세포질에 존재하는 미세 RNA들로 다양한 기능을 수행함

미세핵 리보단백질(small nuclear ribonucleoprotein, snRNP) 미세핵 RNA와 단백질의 복합체

미세핵 RNA(small nuclear RNA, snRNA) 진핵세포의 핵에서 다른 RNA의 후처리에 관여하는 작은 RNA 분자

미세인 RNA(small nucleolar RNA, snoRNA) 진핵세포의 인에 존재하는 리보솜 RNA 염기 변형을 담당하는 작은 RNA 분자

미세 RNA(small RNA, sRNA) 번역 억제자로 작용하는 조절 단백질(예, CsrB와 CsrC)을 킬레이이트하는 RNA 분자

작은 소단위체(small subunit) 2개의 리보솜 소단위체 중 더 작은 것으로 세균의 30S, 진핵세포의 40S

SMRT 서열분석법(SMRT sequencing) (단일 분자 실시간을 위해) 형광으로 표지된 피로인산을 이용하여 성장하는 DNA 가닥에 DNA 중합효소에 의해 첨가되는 뉴클레오티드를 동정하는 3세대 서열분석법

snurp snRNP 또는 작은 핵의 리보핵산단백질

체세포(somatic cell) 생식계열에 반해 몸체를 만드는 세포

SOS 체계(SOS system) 심각한 DNA 손상에 반응하는 오류 유발 수선 체계

서던 흡입법(Southern blotting) DNA와 결합할 수 있는 탐침을 이용하여 나일론 막에 옮겨진 외가닥 DNA를 탐지하는 방법

특수형질 도입(specialized transduction) 세균 DNA의 특정 영역이 선택적으로 운반되는 형질 도입의 유형

종(species) 비교적 최근까지 공통 조상을 가지는 밀접하게 관련된 생물들의 무리. 동물에서 종은 자신끼리만 교배하고 다른 개체군의 개체들과는 교배하지 않는 개체군이다. 세균과 유성생식을 하지 않는 다른 생물에 대해서는 만족할 만한 정의가 없다.

특이 조절(specific regulation) 하나의 유전자나 하나의 오페론 또는 적은 수의 연관된 유전자들의 발현에만 영향을 미치는 조절

특이 전사 인자(specific transcription factor) 특정 조건에서 특정 유전자의 발현을 위해 필요한 전사 인자

S-기(S-phase) 진핵세포 세포주기의 하나로 염색체가 배가되는 단계

이어맞추기 복합체(spliceosome) mRNA의 이어맞추기를 수행하는 미세핵 RNA와 단백질의 복합체

이어맞추기(splicing) 중간에 끼어 있는 부분을 제거하고 양 끝을 결합하는 과정. 주로 RNA에서 인트론을 제거하는 과정을 의미함

자연 돌연변이(spontaneous mutation) 돌연변이 화합물이나 방사선 조사 없이도 "자연적으로" 일어나는 돌연변이

포자(spore) 열악한 환경에서 살아남기 위해 또는 다른 곳으로 퍼져 나가기 위해 특별히 만들어진 세포

스타 활성(star activity) 오직 특정 반응 조건에서 일어나는 제한효소에 의한 DNA 부정확한 또는 임의의 절단

개시 코돈(start codon) 단백질의 시작을 신호하는 특정한 AUG 코돈

줄기-고리(stem and loop) 역반복 서열의 접힘에 의해 형성된 구조

스테로이드 수용체(steroid receptor) 스테로이드 호르몬에 결합하는 단백질

점착성 말단(sticky ends) 엇자르기에 의해 야기된 염기쌍이 형성되지 않은 외가닥 돌출을 갖는 두 가닥 DNA의 말단

종결 코돈(stop codon) 단백질의 끝을 암호하는 코돈

스트렙트아비딘(streptavidin) *Streptococcus*로부터 추출된 것으로 바이오틴에 강하게 그리고 특이적으로 결합한다. 바이오틴으로 표지된 분자들을 탐지하는 데 사용된다.

스트렙토마이신(streptomycin) 단백질 합성을 저해하는 아미노글리코시드 계열 항생제의 일종

충실 반응(strigent response) 영양분을 제한적으로 공급할 대비 필수 유전자의 감소하는 전사

구조 유전자(structural gene) 단백질을 암호하거나 비번역 RNA 분자를 암호하는 DNA (또는 RNA) 서열

구조 단백질(structural protein) 세포 구조의 일부를 형성하는 단백질

기질(substrate) 효소에 결합하며 효소 활성의 표적이 되는 분자

삭감 혼성화(subtractive hybridization) 혼성화에 의해 원하지 않는 DNA나 RNA를 제거하기 위해 이용되는 기술로서, 관심의 DNA 또는 RNA 분자가 뒤에 남는다.

준바이러스 인자(subviral agent) 바이러스보다 더욱 원시적이며 자신의 기능에 필요한 극소수의 유전자를 암호화하는 감염 인자

황화수소기(sulfhydryl group) −SH; 황화 수소의 화학적 작용기

초코일링(supercoiling) 이미 이중나선인 DNA의 상위 단계 꼬임

억제 돌연변이(suppressor mutation) 전 돌연변이의 효과를 억제하여 결함이 있는 유전자의 기능을 회복하는 돌연변이

억제 tRNA(suppressor tRNA) 종결 코돈을 인식하여 아미노산을 삽입해 주는 돌연변이 tRNA

S 값(S-value) 침강계수는 침강속도를 원심력으로 나눈 것이다. 질량에 의존하며, 스베드버그 단위로 측정된다.

Swi/Snf("switch sniff") 복합체 다수의 구성 단위 단백질로 이루어진 분자량이 큰 염색체 개조 복합체

SYBR Green I 오직 두 가닥 DNA와 결합하는 DNA-결합 형광 염료로 오직 결합했을 때만 형광을 낸다.

공생(symbiosis) 상호작용하며 살아가는 두 생물의 연합

공생이론(symbiotic theory) 진핵세포의 소기관이 공생 원핵생물에서 유래되었다는 이론

시냅시스(synapsis) 동형 부친과 모친 염색체가 배열하는 과정으로 각각의 유전자는 같은 장소에 존재한다.

시스템생물학(systems biology) 어떤 환경 내에서 생물체의 생물학적 상태를 정의하는 것을 목적으로 많은 다른 연구 형태를 통합하는 것을 의미하는 용어

T4 연결효소(T4 ligase) 박테리오파아지 T4로부터 분리하고 두 가닥 말단을 연결할 수 있는 DNA 연결효소의 형태

TA 클로닝(TA cloning) *Taq* 중합효소를 사용하여 DNA를 증폭시켰을 때 생기는 3′-A 돌출 서열과 이와 대응되는 벡터의 3′-T 돌출 서열을 이용하여 클로닝하는 방법

TA 클로닝 벡터(TA cloning vector) *Taq* 중합효소를 사용하여 DNA를 증폭시켰을 때 생기는 3′-A 돌출 서열과 이와 대응되는 3′-T 돌출 서열을 가지고 있는 벡터

꼬리 특이 단백질가수분해효소(tail specific protease) 잘못 만들어진 단백질을 꼬리, 즉 카르복시 말단부터 분해하여 파괴하는 효소

직렬 복제(tandem duplication) 특정 DNA 조각이 중복된 후 원 사본 뒤에 두 번째 사본이 남아 있는 돌연변이

직렬 질량분석법(tandem mass spectrometry; MS/MS) 두 번의 연속적인 질량분석을 수행하는 것으로서, 먼저 부모 이온을 분리하고 이를 조각내서 딸이온으로 만들어 좀 더 자세히 분석하는 방법

직렬 반복(tandem repeat) 서로 인접하게 놓인 DNA 혹은 RNA의 반복서열

***Taq* 중합효소(*Taq* polymerase)** *Thermus aquaticus*로부터 유래된 열에 안정한 DNA 중합효소로 PCR에 사용된다.

TaqMan 탐침(TaqMan probe) 2개의 형광체가 하나의 DNA 탐침에 의해 연결되어 있는 형광 탐침. 형광은 오직 연결 DNA가 분해되어 형광체가 분리될 때에만 증가된다.

표적 DNA(target DNA) 혼성화 과정에서 탐침에 의한 결합의 표적이 되거나 또는 PCR에 의한 증폭을 위한 표적이 되는 DNA

표적 서열(target sequence) (i) PCR 반응에서 증폭될 원래 DNA 주형 내에 있는 서열, (ii) 전이 인자가 삽입하는 숙주 DNA 분자 서열

TATA 결합 단백질(TATA binding protein, TBP) TATA 상자를 인지하는 전사 인자

TATA 상자(TATA box) 진핵생물에서 RNA 중합효소 II를 프로모터로 안내하는 전사 인자의 결합자리

TATA 상자 인자(TATA box factor) TATA 결합 단백질의 별칭

토토머화(tautomerization) 분자의 변이로서, 염기가 두 이성질체 구조를 번갈아 가지는 것

Tc1 인자(Tc1 element) 프랜스포손 *Caenorhabditis* 1. 선충류인 *Caenorhabditis*에서 발견되는 마리너 그룹의 한 전이 인자

T-DNA(Tumor-DNA) Ti-플라스미드에서 식물 세포의 핵으로 이동하는 부분

말단소체복원효소(telomerase) 염색체의 DNA 말단 혹은 말단소체에 DNA를 추가하는 효소

말단소체(telomere) 진핵생물의 선형 염색체의 양 말단에서 발견되는 특정 DNA 서열

온도 민감성 돌연변이(temperature-sensitive mutation) (ts 돌연변이) 표현형이 온도에 따라 다른 돌연변이

주형가닥 또는 주형사슬(template strand) 상보적인 염기쌍 형성에 의해 새로운 사슬의 합성을 지시하는 외가닥 DNA

***Ter* 부위(*Ter* site)** 복제 분지의 이동을 막는 말단 부분의 부위

기형유발원(teratogen) 심한 구조적 변이를 가져오는 비정상적 발생을 유도하는 물질

종결자(terminator) 유전자의 말단에 있는 DNA 서열로서, RNA 중합효소의 전사 종결을 명령한다.

말단(terminus) 복제가 종료되는 염색체의 부분

삼차 대기(tertiary atmosphere) 생물학적 활동으로 생긴 지구의 오늘날 대기

삼차 구조(tertiary structure) 중합체 사슬의 삼차원적인 최종 접힘

***tet* 오페론(*tet* operon)** 항생제 테트라사이클린에 저항성을 주는 단백질은 만드는 세균 유전자

테트라사이클린(tetracycline) 16S 리보솜 RNA와 결합 단백질 합성을 방해하는 항생제

사분 염색체(tetrad) 감수분열의 전기 I에 발견되는 구조로, 2개의 배가된 염색질이 배열하여 4개의 동형염색체의 복합체을 만든다.

테트라하이드로폴레이트(teterahydrofolate, THF) DNA와 RNA 합성을 위한 전구체를 만드는 데 필요한 디히드로폴레이트 조효소의 환원된 형태

4배체(tetraploid) 각 유전자를 4개 사본 가지고 있는 세포

유전자 증폭기(thermocycler) PCR용으로 미리 설정된 순서로 시료를 여러 온도 사이를 빠르게 이동하는 데 사용되는 기계

온천 세균(*Thermus aquaticus*) 온천에서 발견되는 호열성 세균 열 안정성 DNA 중합효소의 재료로 사용된다.

θ 복제(theta replication) 두 복제 분지가 환형 DNA 분자의 반대 방향으로 이동하는 복제 방식

셋째 염기 중복성(third base redundancy) 4개의 코돈 한 세트가 하나의 동일 아미노산을 암호하는 경우로서 코돈의 세 번째 염기는 번역 시 전혀 영향을 주지 못하는 것을 말한다.

티미딜레이트 합성효소(thymidylate synthetase) 메틸기를 첨가하는 효소로 dUPM의 우라실을 티민으로 전환한다.

티민(thymine, T) 아데닌과 결합하는 피리미딘 염기로서, DNA에서 발견된다.

Ti-플라스미드(Ti plasmid) 종양을 유도하는 플라스미드. *Agrobacterium* 그룹의 토양 박테리아가 가지는 플라스미드로서, 식물을 감염하는 종양을 형성하는 능력이 있다.

완전 돌연변이(tight mutation) 특정 유전자 산물의 기능이 완전히 손실되어 표현형이 분명한 돌연변이

타일 배열(tiling array) 오직 암호화 서열만이 아니라 전체 유전체를 대변하는 탐침으로 된 미세 배열의 형태

time-of-flight(TOF) 하나의 이온이 이온 출처로부터 탐지기까지 이동하는 시간을 측정하는 질량분석 탐지기의 종류

tmRNA 리보솜이 손상된 mRNA에 의해서 정지되었을 때 단백질 합성을 종결하는 데 사용되는 특수한 RNA

담배모자이크바이러스(tobacco mosaic virus) 광범위하게 식물을 침입하는 섬유형 외가닥 RNA 바이러스

DNA 회전효소(topoisomerase) 초나선꼬임이나 연쇄화의 정도를 변화시키는 효소(위상학적 형태를 바꿈)

DNA 회전효소 IV(topoisomerase IV) 세균의 DNA 복제에 관련된 특정 회전 효소

위상이성질체(topoisomer) 초나선꼬임이나 연쇄화의 정도 같은 위상이 다른 이성질체

개체 형성능(totipotent) 완전한 다세포 생물을 만들 수 있는 능력

트라 유전자(tra gene) 플라스미드 전달에 필요한 유전자

전사(transcription) DNA의 정보가 상응하는 RNA로 전환되는 과정

전사 방울(transcription bubble) 전사가 일어나도록 DNA 이중나선이 일시적으로 열린 영역

전사 인자(transcription factor) 유전자의 조절 영역에 있는 DNA에 결합하여 유전자 발현을 조절하는 단백질

전사-동시 수선(trnacription-coupled repair) 전사되는 주형을 선호하여 수선

전사체(transcriptome) 어떤 특정 조건 하에서 특정 세포에서 발견되는 RNA 전사물의 총집합

형질도입(transduction) 유전자가 바이러스 입자를 통하여 전달되는 과정

형질주입(transfection) 정제 바이러스 DNA가 세포로 들어가 형질전환을 일으키는 과정. 바이러스 기원이 아니더라도 간혹 DNA가 동물 세포로 유입되는 경우에도 인용됨

운반 RNA(transfer RNA, tRNA) 리보솜으로 아미노산을 수송하는 RNA 분자

전달성(transferability) 하나의 숙주로부터 다른 숙주로 이동하기 위한 플라스미드의 능력

형질전환(transformation) (암 표현에 사용) 세포 내에 DNA가 추가되지 않더라도 정상 세포가 암세포로 변환되는 경우

전이(transition) 피리미딘이 다른 피리미딘으로 또는 퓨린이 다른 퓨린으로 대체된 돌연변이

전이상태 유사체(transition state analog) 기질보다는 반응의 중간체 또는 전이 상태와 유사한 효소 억제제

전이 상태(transition state) 화학 반응에서 활성화된 중간체에 대한 별칭

전이 상태 에너지(transition state energy) 반응 물질과 활성화된 반응 중간체 또는 전이 상태 간의 에너지 차이

번역(translation) 전령 RNA에 의해서 제공된 정보를 사용하여 단백질을 만드는 과정

번역 활성화 단백질(translational activator) 특정 mRNA에 결합하여 그 mRNA의 번역을 촉진하는 단백질

번역 억제(translational repression) 유전자 발현 조절 메커니즘의 하나로서, mRNA의 번역 과정을 억제함

번역 억제자(translational repressor) mRNA에 결합하여 이 mRNA의 번역을 억제하는 단백질

번역체(translatome) 실제 번역되어 만들어진 그리고 어떤 세트의 조건에서 하나의 세포에 존재하는 단백질의 전체 세트

전좌효소(translocase) 막을 통하여 단백질을 운반하는 효소 복합체

전좌(translocation) (i) 새로 합성된 단백질을 전좌효소에 의해서 막을 가로지르는 수송, (ii) 번역 과정에서 mRNA 상의 리보솜의 측면 이동, (iii) 염색체로부터 한 토막의 DNA를 떼어내어 다른 자리에 삽입하는 것

전이 스펀지 형태 뇌병증(tranmissable spongiform encephalopathy) 감염 프리온 질병에 대한 기술적 명칭

수송 단백질(transport protein) 막을 가로질러서 혹은 몸 전체로 다른 분자를 수송하는 단백질

전이 인자(transposable element) 한 곳에서 다른 곳으로 이동할 수 있지만 언제나 다른 DNA 분자의 일부로 남아 있는 DNA의 절편

전달효소(transposase) 전이 인자를 이동시키는 효소

전이(transposition) 전이 인자가 숙주 DNA 분자의 한 위치에서 다른 위치로 이동하는 과정

전이 인자(transposon) 이동성 유전자와 동일. 그러나 보통 이 용어는 역전사효소를 사용하지 않는 DNA 인자에 한정한다.

엇갈린 이어맞추기(trans-splicing) 2개의 다른 일차 전사 RNA의 엑손을 연결하는 이어맞추기

교차형 염기 전이(transversion) 피리미딘이 퓨린으로 또는 퓨린이 피리미딘으로 대체되는 돌연변이

3배체(triploid) 각 유전자를 세 사본 가지고 있는 세포

진정 역돌연변이체(true revertant) 원 염기 서열이 정확하게 회복된 돌연변이체

트리파노솜(trypanosome) 수면병과 기타 열대병을 일으키는 기생체 단세포 진핵생물 그룹

Tus 단백질(Tus protein) *Ter* 부위에 결합하여 복제 분지의 이동을 막는 세균 단백질

꼬임수(twist, T) DNA(혹은 이중가닥 RNA) 분자에서 이중나선의 회전수

2개의 구성단위 조절 체계(two-component regulatory system) 2개의 단백질-신호감지 인산화효소와 DNA-결합 조절 단백질로 구성된 조절 체계

단백질 잡종 체계(two-hybrid system) 전사 활성 인자 단백질의 두 도메인을 분리하여 조사하고자 하는 단백질을 각각 융합시켜서 이를 단백질−단백질 상호작용 분석에 사용하는 방법

Ty1 인자(Ty1 element) 트랜스포손 효모 1. RNA 중간산물을 통해 이동하는 효모의 레트로트렌스포존

I형 제한효소(type I restriction enzyme) 인식 부위로부터 1,000 염기쌍 또는 그 이상 떨어진 DNA를 절단하는 제한효소

의 유형

I형 DNA 회전효소(type I topoisomerase) 외가닥을 절단하는 DNA 회전효소로 고리수를 하나씩 변화시킨다.

II형 제한효소(type II restriction enzyme) 인식 부위의 중간에서 DNA을 절단하는 제한효소의 유형

II형 DNA 회전효소(type II topoisomerase) 두 가닥을 절단하는 DNA 회전효소로 고리수를 둘씩 변화시킨다.

U1 이어맞추기 상류 부위를 인식하는 미세핵 리보단백질(snRNP)

U2 분지점을 인식하는 미세핵 리보단백질

유비퀴틴(ubiquitin) 분해 대상 단백질에 대한 신호로서 다른 단백질에 결합하는 작은 단백질; 진핵세포에서만 사용되며 박테리아에는 사용되지 않는다.

미충전 tRNA(uncharged tRNA) 아미노산이 결합하지 않은 tRNA

부등교차(unequal crossing over) 교차하는 두 단편의 길이가 다른 교차로, DNA 가닥들이 쌍형성 동안 잘못된 정렬에 기인한다.

Ung 단백질(Ung protein) 우라실-N-당화효소와 동일

보편적 유전 암호(universal genetic code) 대부분 모든 생물에 의해서 사용되는 유전 암호

상류 인자(upstream element) 특정 단백질에 의해 인식되는 진핵생물 프로모터에 있는 TATA 상자의 상류 DNA 서열

상류 영역(upstream region) 한 구조 유전자의 앞쪽(5′-말단에)에 위치하는 DNA 영역; 그 염기는 전사 개시점으로부터 뒤로 가면서 음의 숫자로 번호를 매긴다.

우라실(uracil, U) 아데닌과 결합하는 피리미딘 염기로 RNA에서 발견된다.

우라실-N-당화효소(uracil-N-glycosylase) DNA에서 우라실을 제거하는 효소

요소(urea) 동물의 질소 폐기물이며, 단백질 변성제로 널리 사용된다.

예방접종(vaccination) 외부 단백질이나 다른 항원 주입에 의한 면역 반응의 인위적 유도

벡터(vector) (i) 분자생물학에서 벡터는 복제할 수 있고 클론된 유전자나 DNA 절편을 수송하는 데 이용되는 DNA 분자이다. (ii) 일반생물학에서 벡터는 황열병이나 말라리아와 같은 질병을 일으키는 미생물을 수송하고 퍼트리는 모기와 같은 생물이다.

수직 유전자 전달(vertical gene transfer) 한 생물에서 자손으로의 유전 정보 전달

수직 유전자 전달(vertical gene transmission) 한 생물에서 자손으로의 유전 정보 전달

국소 DNA 수선("very shor patch repair") Dcm 메틸화효소 인식 서열인 CCAGG 또는 CCTGG 내에 T/G 짝짝이 염기쌍을 두른 짧은 외가닥 DNA를 제거하는 시스템

바이러스 유전체(viral genome) 바이러스의 유전자를 지닌 DNA 또는 RNA 분자

비리온(virion) 바이러스 입자

바이로이드(viroid) 안정된 염기쌍을 형성하고 있는 간상 구조이며, 감염 식물 세포 내에서 복제되는 나출 외가닥 환형 RNA. 바이로이드는 단백질을 암호화하지 않지만 자가절단되는 RNA 효소 활성을 가지고 있다.

독성 인자(virulence factor) 감염성 세균의 독성을 촉진하는 단백질. 독소, 부착소 그리고 세균을 면역세포로부터 방어하는 단백질 등이 이에 속한다.

독성 플라스미드(virluence plasmid) 세균 감염에 역할을 하는 독성인자 유전자를 가지는 플라스미드

바이러스(virus) 에너지와 단백질 합성을 의지하는 숙주 세포 안에서 복제하며, DNA 혹은 RNA로 구성된 유전자를 갖는 준세포성 기생자. 세포 밖에서는 바이러스 유전자가 보호 외투 안에 있는 형태이다.

VNTR 다양한 수의 직렬 반복을 참조

웨스턴 블롯팅(Western blotting) 일반적으로 항체인 탐침이 단백질 표적 분자와 결합하게 하는 탐지 기술

야생형(wild-type) 유전자 혹은 생물의 원래 혹은 자연형

워블 규칙(wobble rules) 덜 견고한 염기쌍이나 오직 코돈/안티코돈 결합을 허용하는 규칙

초나선수(writhing number, W) DNA(혹은 이중가닥 RNA) 분자에서 초나선의 수

X-염색체(X-chromosome) 여성 성염색체; 포유류에서 X 염색체 2개를 가지면 여성이 된다.

X-갈(gal)(5-bromo-4-chloro-3-indoyl β-D-galactoside) 베타-갈토시데이스에 의해 분해되어 푸른색의 색소를 내어놓는 인공적인 기질

X-염색체 비활성화(X-inactivation) 암컷 포유동물의 세포에 있는 2개의 X-염색체 중 하나의 염색체가 응축되어 유전자 발현이 완전히 일어나지 않는 현상

Xis 단백질(Xis protein) 삽입된 DNA 이중가닥 조각을 빼내고 남아 있는 DNA의 갭을 다시 연결시켜 주는 효소. 절제효소와 같음. X 염색체의 억제에 관여하는 Xist RNA와 혼동하지 말것

***Xist* 유전자(*Xist* gene)** X-염색체에 존재하는 유전자로 X-염색체의 비활성화를 일으킴

X-포스(X-phos) 5-bromo-4-chloro-3-indolyl phosphate의 약칭으로 알칼리성 인산가수분해효소에 의해 분해되어 푸른색 색소를 내어놓는 인공적인 기질이다.

Y-염색체(Y-chromosome) 남성 성염색체; 포유류에서 X 염색체 한 개에 더해서 Y 염색체 하나를 가지면 남성이 된다.

효모 인공 염색체(yeast artiticial chromosome, YAC) 매우 긴 DNA 삽입체를 운반할 수 있는 효모 염색체를 기본으로 한 한 사본 벡터. 인간 유전체 프로젝트에 널리 이용되었음

Y-남성(Y-guy) 약 10만 년에서 20만 년 전 아프리카에 살았던 가상적인 부계 조상

Z-DNA 이중가닥 나선 DNA의 대체 형으로 회전당 12 염기쌍을 갖고 좌회전한다.

Zero-mode waveguides 배경 빛을 감소시킨 작은 나노 크기의 금속 원통형 공간으로 원통의 오직 작은 부분만 형광섬광만을 보이게 할 수 있다.

Z형(Z-form) 회전당 12 염기쌍을 갖고 좌회전하는 이중나선 DNA의 다른 형. DNA나 dsRNA 모두 Z형일 수 있다.

아연손가락(zinc finger) 단백질에 공통적인 DNA 결합 구조 요소의 한 가지 유형

양성 이온(zwitterion) 양극성 이온과 동일; 양전하와 음전하 모두를 가진 분자

접합자(zygote) 정자와 난자의 결합으로 형성된 세포로 새로운 개체로 발달된다.

찾아보기

기타

−10 서열 235
α-amanitin 403
α-아마니틴 403
β-D-glucosylhydoxymethyluracil 381
β-D-글루코실 하이드록시메틸 우라실 381
β-galactosidase 250
β-갈락토시데이즈 250
β-갈락토시데이즈(β-Gal) 591
β-글루쿠로니데이즈(GUS) 591
θ 구조 158
1차 항체 615
1형 사람 면역결핍바이러스 70
2차 구조 89
2차 항체 615
3차 구조 41, 89
4차 구조 93
5′ → 3′ 방향성 24
5′-7-methylguanosine cap 404
5′-7-메틸화구아노신 캡 404
5-azacytosine 342
5-azadeoxycytidine 342
5-bromo-2-deoxyuridine(BrdU) 171
5-Methylcytosine 341
5-메틸시토신 341
5-브로모-2′-데옥시우리딘 171
5-아자데옥시시티딘 342
5-아자사이토신 342
6-histidine(His) 594
6-히스티딘 594
10~11 nm 섬유 126
12/23 rule 386
12/23 법칙 386
30-nm fiber 128
30-nm 섬유 128

ㄱ

가닥 결합 모델 186
가닥 교체 모델 186
가변부 382
가변 횟수 일렬 반복 139
가사 유전자 548
가성보통염색체 359
가족성 자율신경 실조증 320
각인 조절 부위 352
간염 델타 바이러스(HDV) RNA 리보자임 67
간접 면역형광분석법 615
갈등 가설 356
갑상선 호르몬 수용체 597
개시 코돈 83, 460
개체 밀도 감지 264
거대자가포식 107
거의 중립 이론 16
거짓유전자 138, 584
건축 단백질 119
겨울상이성질체 86
경사슬 382
고리 부위 43
고리 영역 130
고리형 아데노신 모노포스페이트 251
고변이 부위 1, 2 572
고복사물 숫자 494
고세균 44, 120
고세균 바이러스 148
공간적 발현 602
공동억제자 284
공동활성자 284
공여자 유전자좌 374
공유결합 22
공통 서열 169
공통 조상 15
과거 정신분열증 644
과립 부분 455
광반응성 황색 단백질 96
광부활 212
광표백 후 형광회복 316
교정 163
교체형 시그마 인자 263
구아닌 21
구조 단백질 43
구조적 변이 639
그룹 I 인트론 397
그룹 II 인트론 397
그리그 첨두합지증 303
근위축성 측색 경화증 110
근접성 비오틴화 624
근접 프로모터 요소 276
글루코코르티코이드 반응 요소 304
글루코코르티코이드 수용체 304
글루타티온-*S*-전이효소 594
글리코실 포스파티딜이노시탈 376
금속단백질 101
급성 전골수성 백혈병 658
긍정적 선택 15
기능 단백질 배열 617
기록자 308
기점인식 복합체 173
기질 99
길잡이 RNAs 425
꺾임-돌이 57
꼬임 41
끝결중심체 133

ㄴ

나선-꺾임-나선 모티프 298
나선-돌림-나선 254
나선효소 164, 288
난모세포 545
낫모양적혈구병 515
낭포성 섬유증 674
내공생체 142
내공생체 가설 142
넌센스-매개성 mRNA 분해 443
노던 블로팅 602
노마르스키 간섭현미경 600
노화 194

녹다운 534
녹인 생쥐 533
뉴클레오솜 43, 124
뉴클레오시드 22
뉴클레오시드 삼인산 23
뉴클레오이드 146
뉴클레오티드 9, 20
뉴클레오티드 제거 복구 215

ㄷ

다능 531
다능 유전자 548
다른자리 입체성 변화 255
다른자리 조절 103
다른자리 효과기 103
다사염색체 136
다양성 383
다운 증후군 111
다유전자 638
다이데옥시뉴클레오시드 트리포스페이트 519
다이데옥시 서열분석 519
다중(A)-결합 단백질 407
다중(A) 중합효소 407
다형성 표지자 568
단백질 9, 80
단백질분해효소 9
단백질성 RNase P 66
단백체 577
단백체학 577
단산재 핵 요소 368
단일가닥 DNA 25
단일가닥 DNA에 결합하는 단백질 165
단일 대립유전자성 발현 346
단일염기다형성 638
달톤(Da) 88
당단백질 101
대립유전자 346
대립유전자 배제 373
대립형질 6
대사산물-감지 리보변경자 260
대안적 연장 191
대용량 576
대응코돈 55
대응코돈 고리 55
데그론 110
데데닐레이즈 복합체 439
데옥시뉴클레오시드 삼인산 23
데옥시리보뉴클레익산 2
데옥시리보스 21
데옥시리보핵산 20
데옥시리보핵산분해효소 9
데옥시리보핵산분해효소(Dnase I) 발자국 감정법 621
독감 A 바이러스 혈구응집소 594
독립유전의 법칙 5
돌연변이 204
돌연변이원 207
동결전자현미경(cryo-EM) 627
동시면역침강 624
동원체 131
동족 84
동종이량체 93
동주성 균주 373
동축 치쌓기 55
동형이합체 305
동형 탐침자 507
두 부분으로 된 NLS 323
디아민화 344
디캡핑 효소 439

ㄹ

라이게이션 495
라이보탐침자 507
라이브러리 504
라이브러리 스크리닝 506
라이신 특이성 탈메틸화효소1 311
락 선별 498
락토오스 퍼메이즈 250
램프솔 염색체 129
레굴론 264
레드-화이트 선별 502
레버씨 선천성 흑암시 678
레트로바이러스 15, 74
레트로바이러스를 매개로 한 유전자 전달 540
레트로바이러스 벡터 668
레트로트랜스포존 362
롤링 원 복제 184
루시퍼레이즈(Luc) 591
리간드 103
리보변경자 260
리보변경자 리보자임 263
리보솜 48, 452
리보솜 RNA 48, 452
리보솜 단백질 456
리보솜 소단위체 452
리보스 20
리보스 지퍼 57
리보핵단백질(RNP) 입자 49
리보핵산 9, 20
리보핵산분해효소 9
리보핵산분해효소 P 50
리보핵산분해효소 보호 분석법 602
리소좀 109
리졸베이좀 227
리포솜 667
리포터 유전자 590
리플리솜 162
리플리코아 242

ㅁ

마이크로 RNA 431
마지막 진핵생물 공통조상 141
만성 골수성 백혈병 659
만성 소모성 질환 111
말단 복제 문제 187
말단 유리딜 전이효소 426
말단중심체 133
망막모세포 단백질 652
망치머리 및 헤어핀 리보자임 67
매개자 288
먹이 625
메티오닐 개시 tRNA 460
메틸-CpG-결합 단백질 2(MeCP2) 351
메틸기전달효소 212
메틸화 308
면역 블롯팅 610
면역세포화학분석 615
모노아민 산화효소 A 642
모델 유기체 585
모자이크 526
모티프 98, 298
무염기 자리 209
무의미 돌연변이 206

무작위적 이동 490
무작위 증폭 다형성 DNA 573
물리적 지도 578
미끄러짐 207
미끄럼 조임쇠 164
미끼 625
미세 RNA 49
미세발사체법을 이용한 형질전환 557
미소부수체 567
미스매치 복구 215
미토콘드리아 142
미토콘드리아 DNA 142
밀도기울기 원심분리법 156

ㅂ

바르체 358
바르쿠드 위성(VS) RNA 리보자임 67
바이러스 11, 121
바이러스계 149
바이로이드 68, 74
바이루소이드 75
바이설파이트-PCR 방법 349
박테리오파지 74, 148
박테리오파지 T2 11
반건조 전기영동적 이동 610
반데르발스 결합 27
반복 DNA 서열 35
반불연속 DNA 복제 160
반접합 526
발색 기질 615
발암물질 664
발현 라이브러리 512
발현자리 연관 유전자 379
발현 플랫폼 260
방사성동위원소 11
방출 인자 473
배반포 532
번식 클로닝 545
번역 15
범유전체학 149
벡위드-위더만 증후군 356
벡터 493
변환 207
보존 234
보통염색체 133
"복사해서 붙여넣기" 메커니즘 366
복제 15
복제 공장 171
복제 기점 158
복제 단백질 A 176
복제 분기점 158
복제 비허용 660
복제수 변이 639
복제 종료자 519
복제중합효소 178
복제 허가 173
복제 허용 660
복합 PCR 571
복합면역결핍 672
본질적으로 무질서한 단백질 94
본질적으로 무질서한 단백질 영역 96
본질적인 발현 602
부착자리 484
부호 가닥 83
분리 요소 361
분리의 법칙 4
분석적 단백질 배열 616
분자생물학 1
분자생물학의 "센트럴 도그마" 14
분자 샤페론 105
분획 간 DNA 전달 144
불변부 382
브로모도메인 310
블루-화이트 스크리닝 498
비-LTR 레트로트랜스포존 367
비번역 지역 83
비부호 가닥 83
비상동 말단-연결 225
비왓슨-크릭 염기쌍 51
비유전독성 664
비정통적 염기쌍 51

ㅅ

사우스웨스턴 610
사이클린 175
사이클린-의존성 단백질 인산화효소-7 288
사이클린-의존성 인산화효소 103, 175
사이토신 21
사일런서 279
사중고리 57
산 22
산물-결합 부위 242
산재 요소 139
삼원 복합체 461
삼중나선 DNA 39
삽입물 495
삽입 서열 362
삽입에 의한 돌연변이 유발 과정 527
삽입제 209
상동 재조합 225
상류 활성화 서열 278
상보성 염기쌍 25
상 분리 110, 291
상피에서 간엽으로의 전이 651
상호재조합 380
색소성 건피증 221
샌드위치 효소결합면역흡착측정법 616
생물정보학 574
생식세포 유전자 치료 666
생체 내 6
샤인-달가노 염기서열 461
샤페론 매개 자가포식(CMA) 107, 108
샷건 단백체학 618
서던 블롯 514
서브클로닝 503
선도가닥 160
선천 면역 반응 382
선택 표지 493
섬유아세포 193
성염색체 133
세균 인공 염색체 494
세포 분화 543
세포유전자 지도 578
세포 주기 173
세포질 엑소솜 443
센스 83
소닉 헤지호그 304
소단위체 93
소수성 26
소수성 결합 27
소위성체 139
소형 유비퀴틴-유사 변형자 312
수면병 376
수모화 308
수소결합 25

수평 유전자 이동 140
쉘터린 188
슈도우리딘 54
슈퍼-인핸서 279
스테로이드 호르몬 330
스테로이드 호르몬 수용체 330
스트레스 과립 110
스플라이스오솜 409
슬립 구조 36
시그마 인자 235
시퀀싱을 사용한 Transposase-Accessible Chromatin에 대한 분석 584
시험관 내 6
시험관 내 런-오프 분석 277
신호인식입자 49
실버–러셀 증후군 356
실시간 전사체학 603
실시간 정량적 중합효소 연쇄반응 602
십자가형 38
싸이딘 탈아미노효소 431

ㅇ

아가로스 젤 전기영동 513
아데노-관련 바이러스(AAV) 671
아데노바이러스 150
아데노바이러스 벡터 669
아데노신 탈아미노기효소 672
아데닌 21
아라비노스 오페론 257
아미노기 80
아미노 말단 81
아미노산 48, 80
아미노아실-tRNA 457
아미노아실-tRNA 합성효소 458
아밀로이드 미세섬유 110
아세틸화 308
아연 손가락 모티프 299
아프리카 트리파노솜 376
안정적 형질감염 586
안젤만 증후군 353
안티센스 83
안티코돈 84
안티크리스퍼 억제제 단백질 536
알로락토오스 250
알츠하이머병 111
암 39
암 운전자 유전자 646
압타머 260
야생형 9, 205
약물유전체학 638
얇은-층 크로마토그래피 591
어그레솜 109
에디토솜 425
에스터 교환 397
에피게놈 345
에피제네틱스 339
엑소닉 이어맞춤 촉진자 417
엑소닉 이어맞춤 침묵자 417
엑손 122, 394
엑손 교차 복합체 443
엑스포틴 321
역전사 15, 74
역전사효소–중합효소 연쇄반응 602
역회귀 401
연결 히스톤 125
연관분석 517
연관 상수 42
연산자 DNA 249
연장 인자 EF-Tu 466
열린 판독틀 83
열린 프로모터 복합체 240
열성 형질 4
열 충격 단백질 105
열-충격 단백질 90(Hsp90) 330
염기 9
염기 밀어냄 32
염기 변환 돌연변이 204
염기 삼중자 52
염기성 21
염기성 나선-고리-나선 모티프 299
염기성 류신 지퍼 모티프 299
염기쌍 24, 25
염기 쌓임 27
염기 유사체 209
염기 제거 복구 215
염색질 124
염색질 면역침강법 621
염색체 구역 137
염색체 채색법 272
염색체 퍼프 136
엽록체 142
엽록체 DNA 144
영양요구체 9
오가노이드 554
오인 돌연변이 206
오카자키 절편 160
오페론 모델 247
올가미 398
올리고뉴클레오티드 24
올리고뉴클레오티드 탐침자 507
완전효소 235
왓슨-크릭 DNA 30
왓슨-크릭 염기쌍 25
용균성 모드 485
용량 보상 357
용원성 모드 484
우라실 21
우성의 법칙 5
우성형질 4
운동실조증 225
운동핵 DNA 425
운반 DNA 557
워블가설 84
워블 염기쌍 84
원거리 조절 요소 279
원섬유 중심 455
원암 유전자 304
원자힘현미경법 627
원종양유전자 647
원핵생물 120
원형 RNA 50
웨스턴 블롯 610
위상적 연관 영역 272
위상적으로 연관된 도메인 137
위성 RNA 68
위성체 139
유도 249
유도 가능한 발현 시스템 527
유도 돌연변이 204
유도만능줄기세포 554
유도적합 99
유리한 변이 15
유비퀴틴 107, 311
유비퀴틴–프로테아좀 시스템(UPS) 107
유비퀴틴화 107, 308

유사-인슐린 성장인자 2 수용체 354
유전 4
유전독성 664
유전성 비용종성 대장암 217
유전암호 82
유전에 대한 염색체 이론 6
유전자 6, 80
유전자 드라이브 541
유전자 발현 585
유전자 변형 유기체 484
유전자 변형작물 555
유전자 사이 영역 138
유전자 이식 동물 279
유전자 전환 생명체 523
유전자 지도 578
유전자 파밍 541
유전자 표적화 523
유전자 프로모터 276
유전자형 14
유전적 경향 652
유전적 지문 646
유전적 흐름 16
유전체 119
유전체 DNA 123
유전체 DNA 라이브러리 505
유전체 각인 348
유전체 복구 223
유전체학 576
유전학적 스크리닝 11
유해한 변이 15
융점 512
의문 서열 575
이노신 54
이량체화 93
이량체화 품질 관리 106
이소프로필싸이오갈락토시드 254
이식 유전자 279
이어맞추기 49
이어맞춤 핵산내부분해효소 401
이종이량체 94
이중가닥 DNA 25
이중가닥 DNA 절단 209
이중나선 12
이질염색질 135
이질염색질 단백질 1α 136
이질이중가닥 512
이질중복부위 DNA 227
이합체화 영역 298
이형이합체 305
이형 탐침자 507
이형 핵 리보핵단백질 60
이화 활성자 단백질 251
이황화(S–S) 결합 89
인간 유두종 바이러스 149
인산다이에스터 결합 22
인산염분해효소 102
인산화 102, 308
인산화효소 102
인산화효소 단위 288
인설레이터 279
인지 나선 255
인트로닉 이어맞춤 침묵자 417
인트론 122, 394
인핸서 279
인핸소좀 모형 316
일렬 반복 139
일렬 반복 DNA 염기서열 139
일롱게이터 318
일루미나 서열분석 521
일배체형 639
일시적 발현 602
일시적 형질감염 586
일치성 서열 234
임포틴 321
임포틴-α 323
임포틴-β1 323
입맞춤 헤어핀 고리 60

ㅈ

자가방사선술 158
자가포식소체 109
자기유도물질 263
자리-특이적 DNA 재조합 534
자리-특이적 DNA 재조합효소 534
자연 발생 돌연변이 204
자연선택 15
자율복제서열 169
자율신경계 320
자이레이스 167
작은 간섭 RNA 431
작은 고랑 29
작은 핵 RNA 49, 410
작은 핵소체 RNA 49
잔기 81
"잘라서 붙여넣기" 메커니즘 365
장산재 핵 요소 368
장애물 통과 합성 210
재조합 484
재조합 DNA 분자 484
재조합 인핸서 375
저복사물 숫자 494
적격 세포 497
적응 면역 반응 382
적중 575
전개시 복합체 284
전기영동 이동 분석법 621
전기천공법 497
전능 545
전달 RNA 48
전령 RNA 48
전사 15
전사 감쇠 259
전사 거품 240
전사 공장 272
전사-연계 복구 223
전사 인자 276
전염성 해면상 뇌병증 111
전위 139
전위 요소 138
전이 돌연변이 204
전이인자 4
전체 유전체 샷건 접근법 579
절단과 폴리아데닐화 특이적 인자 406
절단 촉진 인자 406
점 돌연변이 204
접근 번호 574
접착 말단 489
접착자리 484
접합손도체 RNA 423
접합자리 394
접히지 않은 단백질 반응 106
정제된 선택 16
제2형 당뇨병 111
제자리 부합법 602
제한과 변형 485

조건부 녹아웃 생쥐 352
조건부 돌연변이 534
조임쇠 적재기 164
조절 네트워크 263
조직면역화학분석 615
조직-특이적인 유전자 548
조현병 644
종 15
종결자 259
종결 코돈 83
종양억제유전자 647
종양유전자 647
좌위 조절 영역 279
준보존 복제 156
줄기 세포 193
줄기세포를 얻기 위한 클로닝 554
중립적 변이 15
중심 원리 14
중심체 131
중앙 유전자 군집 500
중앙중심체 133
증식성 세포 핵 항원 178
지연가닥 160
지우개 308
지질단백질 101
직렬 반복 36
직렬 질량 분광법 617
직렬 친핵성 치환 68
직접 면역형광분석법 615
진정염색질 135
진핵생물 9, 120
진핵생물 개시 인자 2 461
진핵세포 RNA 바이러스 70
진핵체 번역개시 인자 4E 405
진화 15
질량의 이동 시간 617
질소 염기 21
짝지어져 있다 234
짧은 일렬 반복 139, 567

ㅊ

차세대 서열 분석 521
체계 생물학 577
체세포 유전자 치료 666
체세포 핵 이식 545
초록 형광 단백질(GFP) 591
초세대 후성 유전 372
초코일 41
촉매 60
촉발 인자 472
측면 유전자 이동 140
치밀원섬유 부분 455
친화성 꼬리표 594
침묵 정보 조절(Sir) 단백질 376

ㅋ

카복실기 80
카복실 말단 82
카테네이션 166
캐리오페린 321
캐리오페린-β-패밀리 323
캡-결합 복합체 405
캡시드 150
코돈 55, 83
코돈 편향 86
코스미드 493
코작 공통 서열 462
코헤신 131
콘덴신 130
쿠루 111
크로마토그래피 499
크로마틴 형태 캡처(3C) 623
크로이츠펠트–야콥병 111
크리스퍼-캐스 유전자 편집 523
큰 고랑 28
클레노우 조각 163
클로닝 497
클로람페니콜 아세틸 전이효소(CAT) 591
클론 접근법 578
키메릭 526
킬로 염기쌍(kb 또는 kbp) 24

ㅌ

타이로신 단백질 인산화효소 649
탈아미노화 반응 207
탐침자 506
탠덤 질량 분석법 610
테트라사이클린(Tet)-오프 시스템 527
텔레스크립트(telescripting) 408
텔로머레이즈 189
텔로머레이즈 RNA 189
텔로머레이즈 RNA 성분 189
텔로머레이즈 역전사효소 189
텔로미어 40, 187
텔로미어 루프 190
텔로미어 발현자리 379
텔로미어 트리밍 193
텔리머레이즈 50
토포아이소머 165
토포아이소머레이즈 165
퇴화부호 83
트랜스벡션 279
트랜스아세틸레이즈 250
트랜스-이어맞춤 421
트랜스-종 클로닝 553
트랜스포세이스 362
트랜스 활성화 영역 298
트리뉴클레오티드 반복 207
트립토판 (*trp*) 오페론 259
틀이동 돌연변이 206
틈 번역 163
티민 21

ㅍ

파지 11, 74, 493
파킨슨병 111
판독자 308
펄스 추적 기술 171
펩티드 80
펩티드 결합 80
펩티드 질량 지문감식법 617
펩티딜기 전달효소 중심부 454
편평한 말단 489
폐쇄 프로모터 복합체 240
포배기 세포 543
포유류 DNA 바이러스 148
포유류 인공 염색체 494
포유류 절단 인자 I과 II 406
포자 9
폴리아데닐레이션 407
폴리펩티드 81
폴리피리미딘 길 413
표적화 운반체 530
표현된 유전자좌 374
표현형 4

풀-다운 분석법 624
풋발암물질 665
풋핵 524
퓨로마이신 468
퓨린 21
프라더-윌리 증후군 353
프라이머 158
프로모터 234
프로모터 강도 234
프로모터 제거 240
프로모터 탈출 240
프로테아좀 108
프로토스페이서 인접 모티프 536
프리메이즈 165
프리온 114
플라스미드 38, 146, 493
플라크 500
플랩 엑도뉴클레이즈 1 181
피리미딘 21
피리미딘 2합체 209

ㅎ

하이드록실 라디칼 발자국 측정법 60
합성 유전체학 576
항원 382
항원 결정기 꼬리표 594
항원제시세포 382
항종결자 259
항체-매개성 면역 382
항체 유전자 382
핵공 복합체 272, 321
핵막 321
핵 배출 신호 321
핵산 20
핵산말단분해효소 406
핵소체 454
핵소체 형성 부위 455
핵심 프로모터 276
핵심 히스톤 125
핵심 히스톤 팔합체 126
핵 엑소솜 440
핵 외 배출 서열 298
핵 위치화 서열 298
핵 위치화 신호 321
핵의 재프로그래밍 548
핵자기공명(NMR)분광학 627
핵자기공명 분광법 56
헌팅턴병 111
헤이플릭 한계 194
헤테로플라스미 142
혈관신생 645
협동적 278
협력적 결합 254
형광 공명 에너지 전달 317
형광 물질 597
형광제자리부합법 606
형광현미경 600
형질감염 586
형질도입 500
형질전환 496
형질전환의 원리 6
호모플라스미 142
홀리데이 교차점 227
화학발광성 기질 615
활성자 361
활성자리 99
회귀 400
회전 41
효모 이중-보합계 시스템 624
효모 인공 염색체 494
효소 99
효소결합면역흡착측정법(ELISA) 610
후생유전자 340
후천성면역결핍증 69
후천성면역결핍증(AIDS) 675
흥미로운 서열 575
히스톤 124
히스톤 메틸기 전이효소 309
히스톤 아세틸 전이효소 308
히스톤 암호 가설 310
히스톤 탈메틸화효소 311
히스톤 탈아세틸화 효소 309
히스톤 폴드 도메인 127
"힛-앤-런" 모형 316

A

abasic site 209
acceptor 454
accession number 574
acetylation 308
acid 22
acrocentric 133
Activator(*Ac*) 361
active site 99
adaptive immune response 382
ADAR 427
adenine(A) 21
adenosin deaminase acting on RNA 427
adenosine deaminase(ADA) 672
adenovirus 150
adenovirus vectors 669
A-DNA 30
ADP-ribosylation 308
ADP-라이보실화 308
affinity tag 594
African trypanosome 376
agarose gel for electrophoresis 513
aggresome 109
agouti variable yellow 371
agouti 유전자 371
Air 유전자 355
allele 6, 346
allelic exclusion 373
allolactose 250
allosteric change 255
allosteric effector 103
allosteric regulation 103
alternative lengthening of telomeres(ALT) 191
alternative sigma factor 263
Alu element family 368
Alu 요소 가계 368
Alzheimer's disease 111
amino acid 48, 80
aminoacyl-tRNA 457
aminoacyl-tRNA synthetases 458
amino group 80
amino terminus 82
amyloid fibrils 110
amyotrophic lateral sclerosis 110
Angelman 353
angiogenesis 645
antibody-mediated immunity 382
anticodon 55, 84
anticodon loop 55

anti-CRISPR inhibitor(Acr) proteins 536
antigen 382
antigen presenting cell(APC) 382
antisense 83
antiterminator 259
APOBEC1 431
aptamer 260
arabinose operon 257
archaea 44, 120
archaeal viruses 148
architectural protein 119
Argonaute 434
arhitectural protein 43
ATAC-seq 584
ataxia telangiectasia 225
atomic force microscopy 627
ATPase 313
ATP 합성효소 94
attachment (*Att*) sites 484
autoinducer 263
autonomic nervous system 320
autonomous replicating sequence(ARS) 169
autophagosome 109
autoradiography 158
autosome 133
auxotrophs 9
A^{vy} 대립유전자 371
A(수용체) 454
A-작은 고랑 모티프 57

B

bacterial artificial chromosome(BACs) 494
bacteriophage 11, 74, 148
bait 625
Barr body 358
base 9, 21
base analog 209
base excision repair 215
base flipping 32
base pairing 25
base pairs(bp) 24
base stacking 27
base triples 52
basic leucine zipper motif 299
basic local alignment search tool 575
B-DNA 30
Beckwith−Wiedemann syndrome 356
Bioinformatics 574
bipartite NLS 323
blastocyst 532
blastula cell 543
Blue−white screening 498
blunt end 489
bromodomain 310
B 세포 382

C

cAMP 253
cancer 39
cancer driver genes 646
cap-binding complex(CBC) 405
capsid 150
carboxyl group 80
carcinogens 664
catabolic activator protein(CAP) 251
catalyst 60
catenation 166
CCCTC-binding factor(CTCF) 281
CCCTC-결합 인자 281
Cdc6 173
Cdt1 173
cell cycle 173
CENP-A 132
central dogma 14
central gene cluster 500
centromere 131
CFIm 406
CFIIm 406
chaperone-mediated autophagy(CMA) 107
Chargaff's rules 21
Chargaff의 법칙 21
chemiluminescent substrate 615
chimeric 526
ChIP-on-chip 623
ChIP-seq 623
chloroplast 142
chromatin 124
Chromatin immunoprecipitation(ChIP) 621
chromatography 499
chromogenic substrate 615
chromosomal territories 137
chromosome puff 136
chronic myelogenous leukemia 659
chronic wasting disease(CWD) 111
circular RNAs(circRNA) 50
cis-acting sequence 249
cis-작용 서열 249
clamp loader 164
cleavage stimulation factor(CstF) 406
CLIP (cross-linking and immunoprecipitation) 621
clone-by-cloneapproach 578
cloning 497
cloning for stem cells 554
c-Myc 41, 594
coactivator 284
Coaxial stacking 55
coding strand 83
CODIS 571
codon 55, 83
codon bias 86
cognate 84
cohesin 131
cohesive (*cos*) sites 484
coimmunoprecipitation 624
competent cell 497
complementary 25
concatamer 526
condensin 130
conditional knockout mice 352
conditional mutation 534
conflict hypothesis 356
conidia 9
consensus sequence 169, 234
conserved 234
constant region(C) 382
constitutive expression 602
contig 579
conversion 207
cooperative binding 254
copy-and-paste 366
copy number variants(CNVs) 639
core histone octamer 126

core histones 125
corepressor 284
core promoter 276
cosmid 493
Cot 35
Cot curve 35
Cot 곡선 35
coupled 234
coupling 491
covalent bond 22
CpG island 343
CpG 섬 343
Cre/*lox* system 534
Cre/*lox* 시스템 534
CRISPR-Cas 50, 535
CRISPR-Cas gene editing 523
CRISPR RNA 50
CRISPR RNA(crRNA) 536
crRNA 50
cruciform 38
cryo-EM 627
Ct(cycle threshold) 607
C-terminal domain(CTD) 285
cut and paste 365
C-value paradox 137
cyclic adenosine monophosphate(cAMP) 251
cyclin 175
cyclin-dependent kinase(CDK) 103, 175
cyclin-dependent protein kinase 7 288
cystic fibrosis 674
cytidine deaminase 431
cytogenetic map 578
cytoplasmic exosome 443
cytosine(C) 21
C-값 역설 137
C-말단 82
C-말단 영역 285

D

deadenylase complexes 439
deamination 207, 344
decapping enzymes 439
degenerate code 83
degron 110
deleterious changes 15
dense fibrillar component 455
density-gradient centrifugation 156, 453
deoxiribonucleic acid(DNA) 2
deoxynucleoside triphosphates(dNTPs) 23
deoxyribonuclease 9
deoxyribonucleic acid(DNA) 20
deoxyribose 21
dideoxynucleoside triphosphate(ddNTP) 519
dideoxy sequencing 519
differentiation 543
dimerization 93
dimerization domain 298
dimerization quality control 106
direct immunof uorescence assay 615
dissociation(*Ds*) 361
disulfide bond 89
diversity(D) 383
D-loop 55
DNA-binding domain 298
DNA glycosylase 215
DNA ligase 165, 488
DNA loop 257
DNA methylation 341
DNA methyltransferase 341
DNA microarray 602, 607
DNA photolyase 212
DNA polymerase 66, 158
DNA probes 507
DNA−protein cross-links(DPC) 209
DNA sequencing 519
DNA transposon 362
DNA typing 566
DNA-결합 영역 298
DNA 결합효소 488
DNA 고리 257
DNA 광분해효소 212
DNA-단백질 교차 결합 209
DNA 당화효소 215
DNA 라이게이즈 165
DNA 마이크로어레이 602
DNA 메틸기 전달효소 341
DNA 메틸화 341
DNA 미세배열 607
DNA 부가물 209
DNA 서열 분석 519
DNA 요소 백과사전 계획 584
DNA 중합효소 66, 158
DNA 타이핑 566
DNA 탐침자 507
DNA 트랜스포존 362
domain 98
dominant trait 4
dosage compensation 357
double-strand DNA break 209
double-stranded DNA(dsDNA) 25
driver 돌연변이 646
Drosha 436
D 고리 55
D-아미노산 87

E

E6-AP 유비퀴틴-단백질 연결효소(UBE3A) 350
editosome 425
electropherogram 521
Electrophoretic mobility shift assay(EMSA) 621
electroporation 497
elongation factor EF-Tu 466
Elongator 318
enantiomer 86
Encyclopedia of DNA Elements (ENCODE) Project 584
endosymbiont 142
endosymbiont hypothesis 142
end replication problem 187
enhanceosome model 316
enhancer 279
enzyme 99
epigenetics 339
epigenome 340, 345
epithelial-to-mesenchymal transition 651
epitope tag 594
eraser 308
euchromatin 135
eukaryote 9, 120
eukaryotic initiation factor 2(eIF2) 461
eukaryotic RNA viruses 70

eukaryotic translation initiation fac-tor 4E(eIF4E) 405
evolution 15
exit 454
exon 122, 394
exonic splicing enhancers 417
exonic splicing silencers 417
exon junction complexes(EJC) 443
exonuclease 406
ExoUase 426
exportin 321
expression library 512
expression platform 260
expression site-associated genes(ESAGs) 379
E(출구) 454

F

F_1 generation 4
F_1 세대 4
F_2 generation 4
F_2 세대 4
FACT(facilitates chromatin transcription) 318
familial dysautonomia 320
FEN-1 181
FG repeat 323
FG 반복서열 323
fibrillar center 455
fibroblast 193
fiuorescence microscopy 600
fiuorescence resonance energy transfer(FRET) 624
fiuorescent *in situ* hybridization(FISH) 606
fiuorophore 597
FLAG 594
fluorescence recovery after photobleaching(FRAP) 316
frameshift mutation 206
FRET 317
functional protein array 617

G

G_1기 173
G_2기 173
G + C content 22
GC 염기쌍 39
G + C 함량 22
gene 6, 80
gene drives 541
gene pharming 541
gene promoter 276
gene targeting 523
genetically modified (GM) crops 555
genetically modified organisms 484
genetic drift 16
genetic map 578
genetic predisposition 652
genetic screen 11
genetic signature 646
genome 119
genomic DNA 123
genomic DNA library 505
genomic imprinting 348
genomics 576
genotoxic 664
genotypes 14
germline gene therapy 666
GLI3 유전자 303
glmS 리보스위치 리보자임 67
global genome repair(GGR) 223
glucocorticoid receptor 304
glucocorticoid response element(GRE) 304
glutathione-*S*-transferase 594
glycoprotein 101
glycosyl phosphatidylinosital(GPI) 376
G-quadruplex 40
granular component 455
Greig cephalopolysyndactyly syndrome 303
GRO-seq 605
Group I intron 397
Group II intron 397
GTPase Ran 325
guanine(G) 21
Guide RNAs(gRNAs) 425
GWAS(Genomewide Association Studies) 638
gyrase 167
G-사중체 40

H

haplotype 639
Hayflick limit 194
heat shock protein 90(Hsp90) 330
heat shock proteins 105
helicase 164, 288
helix-loop-helix motif 299
helix-turn-helix(HTH) 254
helix-turn-helix motif 298
hemizygous 526
hereditary nonpolyposis colorectal cancer 217
heredity 4
heterochromatic small interfering RNA(siRNA) 370
heterochromatin 135
heterodimer 305
heterodimers 94
heteroduplex 512
heterogeneous nuclear ribonucleoprotein(hnRNP) 60
heterologous probe 507
heteroplasmy 142
Hi-C 623
high copy number 494
high-throughput 576
histone 124
histone acetyltransferase(HAT) 308
histone code hypothesis 310
histone deacetylase(HDAC) 309
histone demethylase(HDM) 311
histone methyltransferase(HMT) 309
"hit-and-run" model 316
hits 575
HMRa 374
HMRα 374
Holliday junction 227
holoenzyme 235
homing 400
homodimer 305
homologous probe 507
homoplasmy 142
homothallic strain 373
Hoogsteen AT 39
horizontal gene transfer 140

housekeeping genes 548
HO 핵산내부가수분해효소 373
hromosome painting 272
human papilloma virus(HPV) 149
Huntington's disease 111
hydrogen bonds 25
hydrophobic 26
hydrophobic bonding 27
hydroxyl radical footprinting assay 60
hypervariable(HV) 572

I

IAP(intracisternal A particle) 367
Igf2-H19 imprinted locus 355
Igf2-H19 각인 유전자위 355
II군 리보자임 67
IKBKAP 유전자 320
Illumina sequencing 521
immunoblotting 610
immunocytochemistry 616
immunoglobulin genes 382
immunohistochemistry 615
importin 321
importin-β1 323
imprinting control region(ICR) 352
indirect immunof uorescence assay 615
induced-fit 99
induced mutation 204
induced pluripotent stem cells(iPSC) 554
inducible expression system 527
influenza A virus hemagglutinin(HA) 594
initiation codon 460
innate immune response 382
Inosine(I) 54
insert 495
insertional mutagenesis 527
insertion sequences 362
in situ hybridization 602
in situ transcriptomics 603
insulator 279
insulin-like growth factor 2 receptor(*Igf2r*) 354
intercalating agent 209
intercompartmental DNA transfer 144
intergenic regions 138
interspersed elements 139
intrinsically disordered protein(IDP) 94
intrinsically disordered protein regions(IDPR) 96
intron 122, 394
intronic splicing enhancers 417
intronic splicing silencers 417
in vitro 6
in vitro run-off assay 277
in vivo 6
isopropylthiogalactoside(IPTG) 254
I-κB 328
I군 리보자임 67

J~K

Jpx 전사물 358
karyopherin 321
karyopherin-β family 323
kinase 102
kinase module 288
kinetochore 131
kinetoplast DNA 425
Klenow fragment 163
knockdown 534
knockin mouse 533
Kozak consensus sequence 462

L

L1 elements 368
L1 요소 368
lacA 250
Lac repressor 249
lac selection 498
lactose permease 250
lacY 250
lacZ 250
Lac 억제자 249
lagging strand 160
lampbrush chromosome 129
lariat 398
last eukaryotic common ancestor(LECA) 141
last universal common (cellular) ancestor (LUCA) 15
Lateral gene transfer 140
law of dominance 5
law of independent assortment 5
law of segregation 4
leading strand 160
leavage and polyadenylation specificity factor(CPSF) 406
Leber's congenital amaurosis 678
library 504
library screening 506
ligand 103
ligation 495
linkage analysis 517
linker histones 125
linking number(L) 42
lipoprotein 101
liposomes 667
lncRNA 49
locus control region(LCR) 279
long interspersed nuclear elements 139
long interspersed nuclear elements(LINEs) 368
long noncoding RNA 49
long-range regulatory element 279
loop domains 43, 130
low copy number 494
LTR retrotransposons 367
LTR 레트로트랜스포존 366
LUCA 15
Lyon hypothesis 357
Lyon 가설 357
lysinespecific demethylase1(LSD1) 311
lysogenic mode 484
lysosome 109
lytic mode 485
L-아미노산 87

M

macroautophagy 107
macrocentric 133
major groove 28
MALDI-TOF 610
mammalian artificial chromosome(MACs) 494
mammalian DNA viruses 148
MATa 374

MATα 374
Mcm2−7 173
mediator 288
melting temperature(T_m) 512
metabolite-sensing riboswitch 260
metagenomics 149
metalloprotein 101
methionyl initiator tRNA 460
methylation 308
methyltransferases 212
MHC 복합체 382
microballistic transfection 557
microprocessor 436
microRNAs(miRNA) 431
minisatellite 139, 567
minor groove 29
miRNA 49
mismatch repair 215
missense mutation 206
mitochondrial DNA(mtDNA) 142
mitocondria 142
model organism 585
molecular biology 1
molecular chaperone 105
monoallelic expression 346
monoamine oxidase A(MAOA) 643
mosaic 526
motif 98, 298
mRNA 48
multiplex PCR 571
mutagen 207
mutation 204
M기 173

N

N^6-methyladenine 341
N^6-메틸아데닌 341
natural selection 15
nearly neutral theory 16
NET-seq 605
neutral changes 15
next-generation sequencing 521
NF-κB(nuclear factor of κ-light polypeptide gene enhancer in B cells) 328
nick translation 163
nitrogenous bases 21
NMR 627
Nomarski interference microscopy 600
noncanonical base pairs 51
noncoding strand 83
nongenotoxic 664
non-LTR retrotransposons 367
nonpermissive 660
nonsense-mediated mRNA decay 443
nonsense mutation 206
non-Watson-Crick base pairs 51
Northern blotting 602
N-terminus 82
nuclear envelope 321
nuclear exosome 440
nuclear export sequence(NES) 298
nuclear export signal(NES) 321
nuclear localization sequence(NLS) 298
nuclear localization signal(NLS) 321
nuclear pore complex(NPS) 272, 321
nuclear reprogramming 548
nucleic acid 20
nucleoid 146
nucleolus 454
nucleolus organizer regions(NORs) 455
nucleoside 22
nucleoside triphosphates(NTPs) 23
nucleosome 124
nucleotide 9, 20
nucleotide excision repair 215
NXF1 440
N-말단 82

O

Okazaki fragment 160
oligonucleotide 24
oligonucleotide probes 507
oncogenes 647
oocyte 545
open reading frame(ORF) 83
operator DNA 249
operon model 247
organoids 554
origin of replication 158
origin recognition complex(ORC) 173

P

p53 654
Parkinson's disease 111
P bodies 442
P element 362
peptide 80
peptide bond 80
peptide mass fingerprinting 617
peptidyl 454
peptidyl transferase center 454
permissive 660
phage 11, 74, 493
pharmacogenomics 638
phase separation 291
phenotype 4
phosphatase 102
phosphorylation 102, 308
photoreactivation 212
photoreactive yellow protein(PYP) 96
physical map 578
piRNA 49
PIWI-interacting RNA(piRNA) 370
PIWI-상호작용 RNA 49
plaque 500
plasmid 146, 493
plasmids 38
pluripotent 531
pluripotent genes 548
point mutation 204
poly(A)- binding protein 407
polyadenylated 407
poly(A) polymerase 407
polygenic 638
polymorphic marker 568
polypeptide 81
polypyrimidine tract 413
polytene chromosome 136
positive selection 15
Prader-Willi 353
preinitiation complex 284
prey 625
primary antibodies 615
primase 165
primer 158
prions 114

probe 506
procarcinogen 665
prokaryotes 120
proliferating cell nuclear antigen(PCNA) 178
promoter 234
promoter strength 234
pronuclei 524
proofreading 163
PRO-seq 605
protease 9
proteasome 108
protein 9, 80
proteome 577
proteomics 577
proto-oncogene 304
protooncogenes 647
protospacer adjacent motif(PAM) 536
proximal promoter element 276
proximity-dependent biotinylation(BioID) 624
Prp8 414
pseudoagouti 372
pseudoautosomal 359
pseudogene 138, 584
pseudouridine(Ψ) 54
pull-down assay 624
purifying selection 16
purine 21
puromycin 468
pyrimidine 21
pyrimidine dimers 209
P 요소 362
P(펩티딜) 454

Q

quaternary structure 93
query sequence 575
quorum sensing 264

R

radioisotope 11
RAG recombinase 384
RAG 재조합효소 384
random walk 490
Ran guanosine-nucleotide exchange factor(RanGEF) 325
Ran-specific GTPase-activating protein(RanGAP) 326
Ran 구아노신-뉴클레오티드 교환인자 325
Ran-특이적 GTPase-활성화 단백질 326
RAPD 573
RAP-MS 623
RdRP 433
reader 308
real-time quantita-tive PCR(Q-PCR) 602
recessive trait 4
reciprocal recombination 380
recognition helix 255
recombinant DNA molecule 484
recombination 484
recombination enhancer(RE) 375
red−white selection 502
regulatory network 263
regulon 264
release factor(RF) 473
repeated DNA sequences 35
replication 15
replication factories 171
replication fork 158
replication licensing 173
replication protein A(RPA) 176
replication terminator 519
replicative polymerases 178
replichores 242
replisome 162
reporter gene 590
reproductive cloning 545
residues 81
resolvasome 227
restriction and modification 485
retinoblastoma protein(pRB) 652
retrohoming 401
retrotransposon 362
retrovirus vector−mediated gene transfer 540
retrovirus vectors 668
reverse transcription 15, 74
reverse transcription−PCR(RT−PCR) 602
Rho-dependent terminator 246
Rho-independent terminators 246
Rho protein 246
Rho utilization(*rut*) 246
Rho 단백질 246
Rho-독립성 종결 246
Rho-의존성 종결자 246
Rho 이용자리 246
ribonuclease 9
ribonuclease (RNase) protection assays 602
ribonucleic acid(RNA) 9, 20
ribonucleoprotein (RNP) particles 49
riboprobe 507
ribose 20
ribosomal proteins(r-protein) 456
ribosomal RNA(rRNA) 452
ribosomal subunit 452
ribosome 48, 452
riboswitches 260
riboswitch ribozyme 263
R-looping 64
R-loop mapping 394
RNA editing 424
RNA exosome 439
RNA (guanine 7) methyltransferase 404
RNA guanylyltransferase 404
RNA helicase 246, 462
RNA-induced silencing complex(RISC) 432
RNA interference(RNAi) 97, 370
RNA polymerase 234
RNA polymerase II 275
RNA recognition motifs(RRM) 417
RNAscope 603
RNase MRP 186
RNase P 50
RNA sequencing(RNA-seq) 602
RNA splicing 394
RNA thermometer 261
RNA triphosphatase 404
RNA world 64
RNA world hypothesis 63
RNA 간섭 97, 370
RNA 간섭 현상 431
RNA (구아닌 7) 메틸화 전이효소 404
RNA 구아닐전이효소 404

RNA 나선효소 246, 462
RNA 삼인산염분해효소 404
RNA 세계 64
RNA 세계 가설 63
RNA 시퀀싱 602
RNA 안티센스 정제 질량 분석법(RAP-MS) 623
RNA 엑소좀 439
RNA 온도계 261
RNA 유도 침묵 복합체(RISC) 370, 432
RNA-의존 RNA 중합효소 70
RNA 이어맞춤 394
RNA 인식 모티브 417
RNA 중합효소 234
RNA 중합효소 I 275
RNA 중합효소 II 275
RNA 중합효소 III 275
RNA 중합효소 IV 275
RNA 중합효소 V 275
RNA-지시성 RNA 중합효소 433
RNA 탐침자 507
RNA 편집 424
Rolling circle replication 184
rRNA 48
RS domain 417
RS 도메인 417
R-고리 지도 작성 394
R 고리화 64

S

sandwich ELISA 616
satellite 139
satellite RNA 68
schizophrenia 644
SDS−polyacrylamide gel 610
SDS−폴리아크릴아마이드 젤 610
secondary antibodies 615
secondary structure 89
selectable marker 493
semiconservative replication 156
semidiscontinuous DNA replication 160
Semidry electrophoretic transfer 610
senescence 194
sense 83
severe combined immunodeficiency(SCID) 672
sex chromosome 133
shelterin 188
Shine−Dalgarno sequence 261, 461
Shine−Dalgarno 서열 261
short interspersed nuclear elements(SINEs) 139, 368
short tandem repeats(STRs) 139, 567
shotgun proteomics 618
sickle cell disease 515
sigma factor 235
signal recognition particle(SRP) 49
silencer 279
Silent information regulatory (Sir) proteins 376
Silver−Russel syndrome 356
single nucleotide polymorphism(SNPs) 638
single-stranded DNA−binding proteins(SSB) 165
single-stranded DNA(ssDNA) 25
site-specific DNA recombinases 534
site-specific DNA recombination 534
sleeping sickness 376
Slide-seq 603
sliding clamps 164
slippage 207
slipped structure 36
small interfering RNAs(siRNA) 431
small ubiquitin-like modifer(SUMO) 312
SMRT(single-molecule real-time) 579
SMRT 시퀀싱 579
snoRNA 49
snRNA 49, 410
snRNPs 410
somatic cell gene therapy 666
somatic cell nuclear transfer 545
Sonic hedgehog 304
Southern blotting 514
Southwestern 610
spatial expression 602
species 15
S phase 173
spliced leader RNA 423
spliceosome 409
splice sites 394
splicing endoribonuclease 401
spontaneous mutation 204
SPRTN 213
SRC homology(SH) 649
SRC 상동 영역 649
stable transfection 586
start codon 83
stem cell 193
steroid hormone receptor 330
sticky end 489
stop codon 83
strand coupled model 187
strand displacement model 186
stress granules 110
structural variants(SVs) 639
subcloning 503
substrate 99
subunit 93
sumoylation 308
supercoil 41
super-enhancer 279
SV40(simian virus 40) 149
Svedberg unit 452
SYBR Green 607
SYBR 초록 607
synergistic 278
synthetic genomics 576
systems biology 577
S기 173

T

TA cloning 495
tandem mass spectrometry(MS/MS) 617
tandem repeat 36, 139
tandem repetitive DNA sequences 139
targeting vector 530
TATA-binding protein(TBP) 29, 278, 287
TATA box 29, 277
TATA-결합 단백질 29, 278, 287
TATA 박스 29, 277
TA 클로닝 495
TBP-associated factors(TAFs) 287
TBP-연관 인자 287
Tc1/mariner superfamily 362
Tc1/mariner 대가계 362

telocentric 133
telomerase 50, 189
telomerase reverse transcriptase(TERT) 189
telomerase RNA component(TERC) 189
telomerase RNA(TER) 189
telomere 40, 187
telomere trimming 193
telomeric expression site 379
telomeric loop 190
temporal expression 602
terminal uridylyltransferase(TUTase) 426
terminator 259
ternary complex 461
tertiary structure 41, 89
TFIIB 284
TFIIB recognition element 278
TFIIB 인식 요소 278
TFIID 284
TFIID complex 278
TFIID 복합체 278
TFIIE 284
TFIIF 284
TFIIH 284
theta structure 158
thin-layer chromatography(TCL) 591
thymine(T) 21
thyroid hormone receptor 600
tissue-specific genes 548
Ti (tumor-inducing) 플라스미드 557
t-loop 55, 190
toeprinting assays 463
toeprinting 분석법 463
topoisomer 165
topoisomerase 165
topologically associated domain(TAD) 137, 272
TOPO TA cloning 495
TOPO TA 클로닝 495
totipotent 545
transacetylase 250
trans-acting factor 249
transactivation domain 298
transcription 15
transcriptional attenuation 259
transcription-coupled repair(TCR) 223
transcription factor 275
transcription factory 272
transduction 500
transesterification 397
transfection 586
transferred DNA(T-DNA) 557
transformation 496
transforming principle 7
transgene 279
transgenerational epigenetic inheritance 372
transgenic animals 279
transgenic organism 523
transient transfection 586
transition mutation 204
translation 15
translesion synthesis 210
transmissible spongiform encephalopathies 111
transposable element 4, 138
transposase 362
transposition 139
Transposon tagging 527
trans-species cloning 553
trans-splicing 421
transvection 279
transversion mutation 204
trans-작용 인자 249
TREX 440
trigger factor 472
trinucleotide repeats 207
triple helix DNA 39
tRNA 48
TRP1 502
tumor-suppressor gene 647
type 2 diabetes 111
tyrosine protein kinase 649
T-고리 55
T 세포 382

U

U2 snRNP auxiliary factor(U2AF) 413
U2 snRNP 보조 인자 413
U12-type introns 418
U12형 인트론 418
ubiquitin 107, 311
ubiquitination 107
ubiquitin–proteasome system(UPS) 107
ubiquitiylation 308
unfolded protein response(UPR) 106
untranslated region(UTR) 83
UP element 234
upstream activating sequence(UAS) 278
UP 인자 234
URA3 502
uracil(U) 21
using matrix-assisted laser desorption/ionization-time of flight (MALDI-TOF) mass spectrometry 617
U-turn 55
U-돌이 55
U-특이적 3′ → 5′ 핵산말단분해효소 426

V

van der Waals interactions 27
variable number tandem repeats(VNTR) 139
variable region(V) 383
V(D)J recombination 382
V(D)J 재조합 382
vector 493
viroid 68, 74
virosphere 149
virus 11, 121
virusoid 75

W

Western blot 610
whole-genome shotgun approach 579
wild type 9, 205
wobble base pairs 84
wobble hypothesis 84
writer 308

X

X chromosome–linked form of severe combined immunodeficiency(SCID-X1) 672
xeroderma pigmentosum 221
X-gal 498

X inactivation center 358
XIST(X inactivation specific transcript) 358
X-linked adrenoleukodystrophy 678
X-ray crystallography 30, 627
X-ray diffraction 29
X-ray 결정학 30
X-ray 회절 29
X 불활성화 중심부 358
X-선 결정학 627
X-선 회절 분석 12
X-연관 부신백색질형성장애증 678
X 염색체-연관 복합면역결핍 질환 672

Y~Z

yeast artificial chromosome(YACs) 494
yeast two-hybrid system 624
Z-DNA 30
zinc finger motif 299